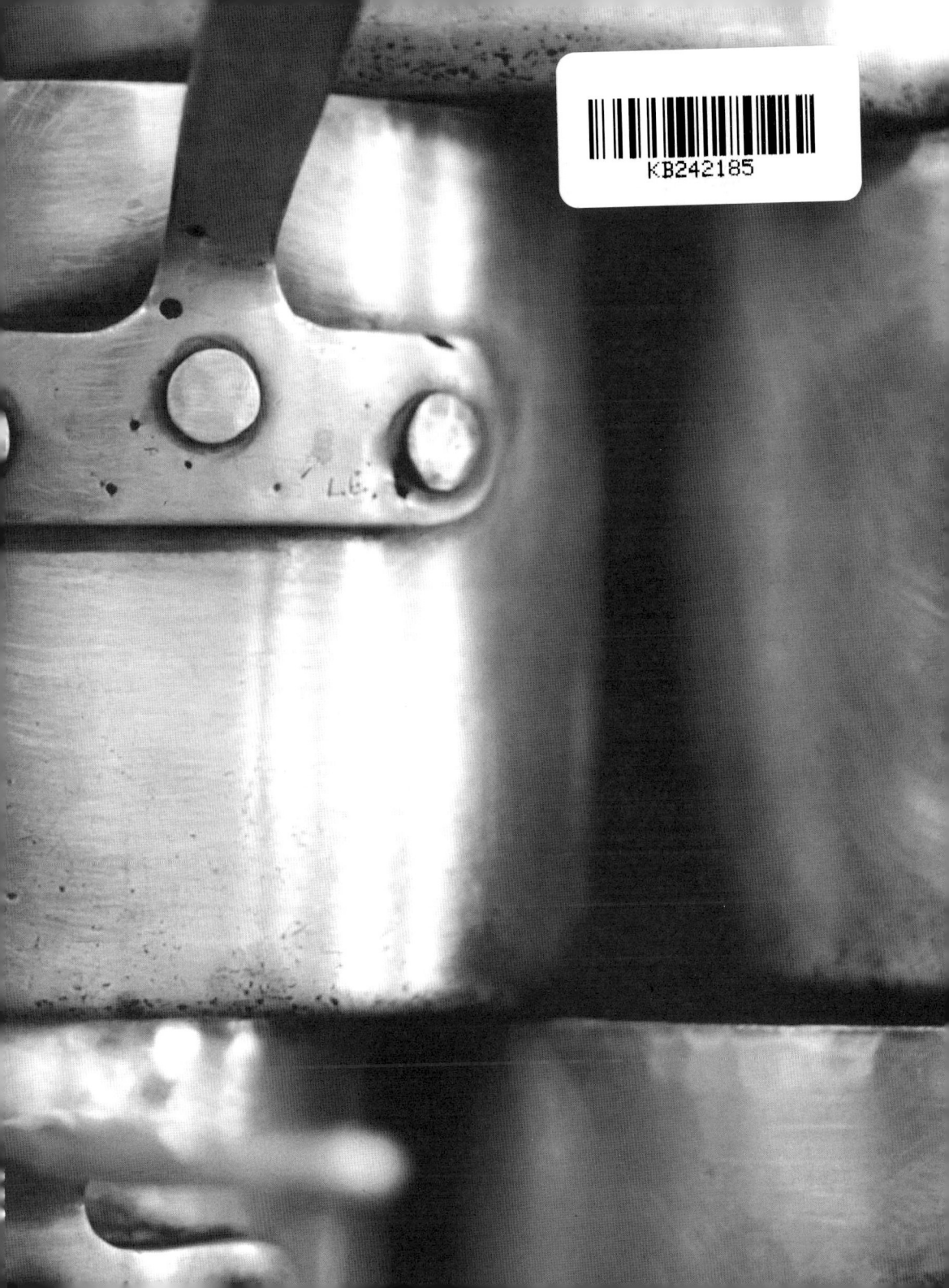

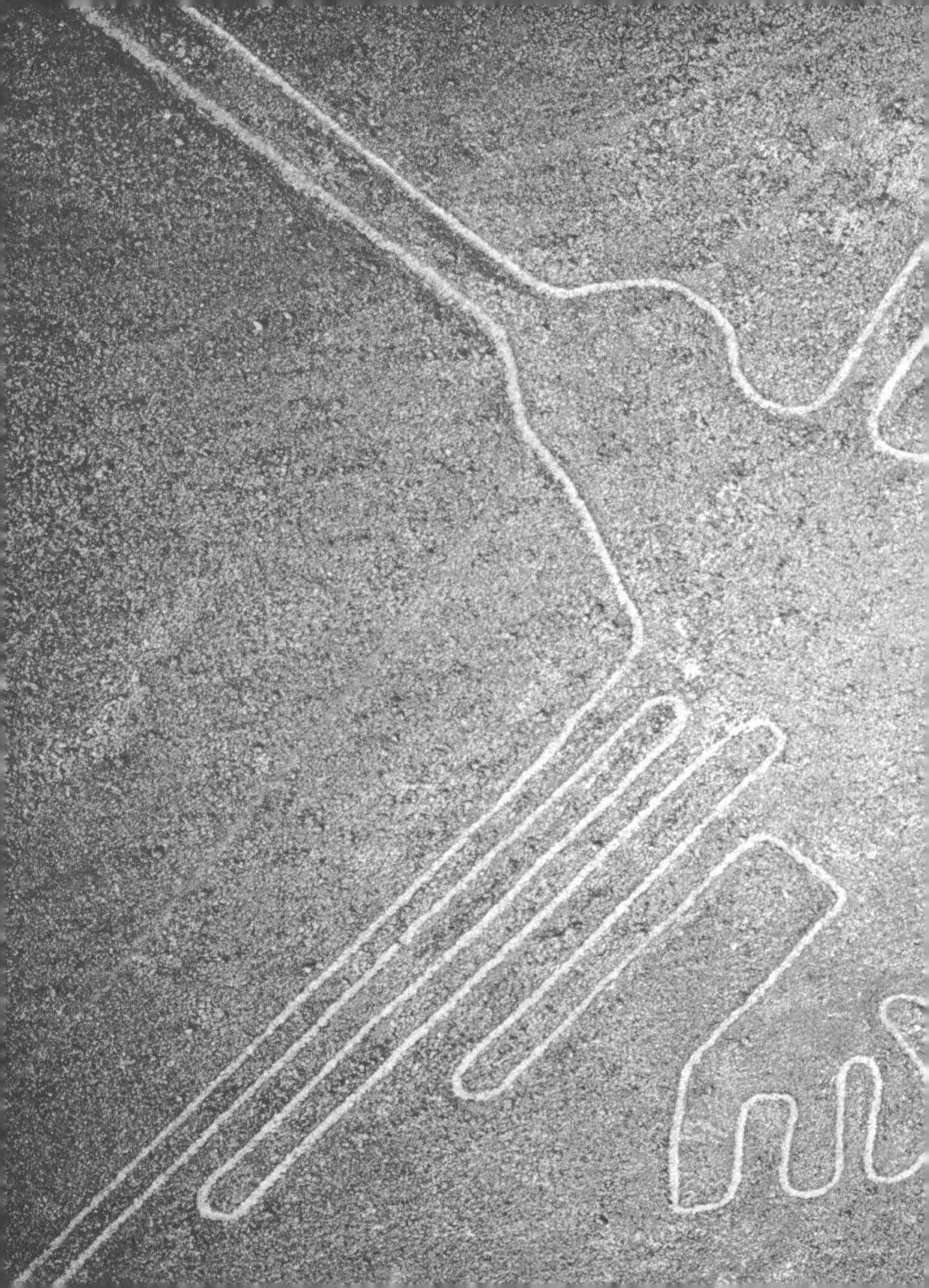

1001 FOODS

죽기 전에 꼭 먹어야 할 세계 음식 재료 1001

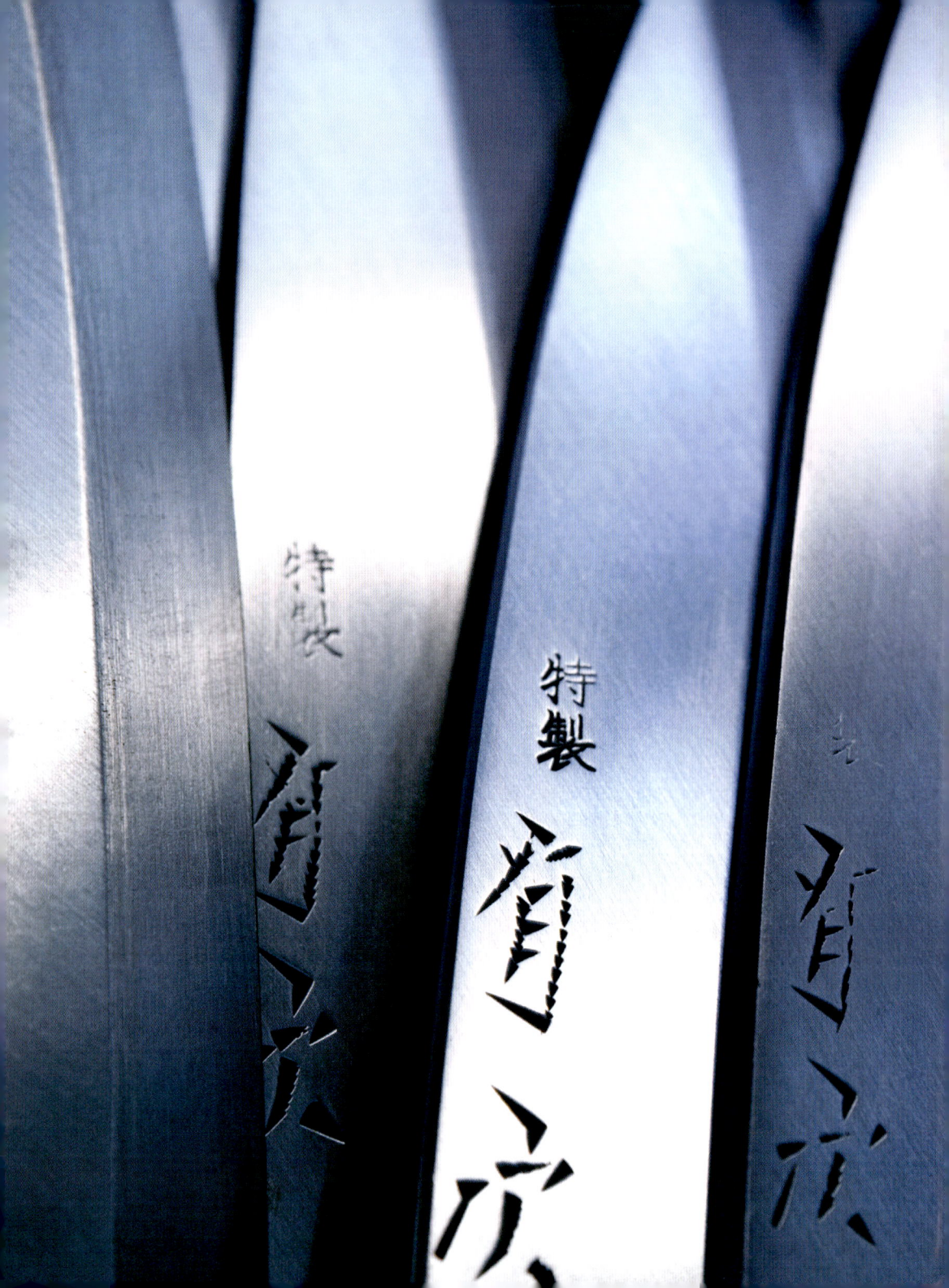

1001 FOODS

죽기 전에 꼭 먹어야 할 세계 음식 재료 1001

프랜시스 케이스 책임편집
그렉 윌리스 추천의글
박누리 옮김

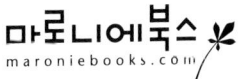
마로니에북스
maroniebooks.com

1001 FOODS
YOU MUST EAT BEFORE YOU DIE

Copyright © 2008 Quintessence.

죽기 전에 꼭 먹어야 할 세계 음식 재료 1001

책임 편집   프랜시스 케이스
옮긴이   박누리

초판 1쇄   2009년 3월 15일
초판 4쇄   2014년 1월 15일

펴낸이   이상만
펴낸곳   마로니에북스
등   록   2003년 4월 14일 제2003-71호
주   소   (413-756) 경기도 파주시 문발동 파주출판도시 521-2
전   화   02-741-9191(대)
편집부   031-8070-8250
팩   스   031-955-4921
홈페이지 www.maroniebooks.com

* 책값은 뒤표지에 있습니다.

ISBN   978-89-6053-165-9
         978-89-91449-83-1(set)

Contents

추천의 글
그렉 월리스

신선한 식재료를 다루는 일에 거의 모든 인생을 걸어온 나와 같은 사람에게 이 책은 즐거움 그 자체이다. 페이지마다 전 세계 곳곳에서 생산되는 최상의 먹을 거리가 소개되어 있지 않은가! 제아무리 똑똑한 사람이라도 혹은 여행을 많이 다녔던 사람이라도 이 세상에 가득한 요리 세계의 모든 경이로움을 다 알고 있다고 자부할 수는 없을 것이다. TV에서 '음식 재료 전문가'로 소개되는 본인 역시도 그러하다.

당연한 이야기이지만 상세한 도해가 없다면 이 책에서 전달하고자 하는 수 많은 내용들은 제대로 전달되지 않을 것이다. BBC TV 프로그램 〈MasterChef〉에 판정가로 출연하면서 요리의 맛과 향기를 말로 설명하는 것이 얼마나 어려운 일인지 체험하게 되었는데, 어떤 프랑스 염소의 치즈라든가 망고스틴처럼 재미 있게 생긴 과일의 외양을 글로 완벽하게 설명하는 것은 그 어떤 작가에게게도 쉬운 일은 아닐 것이다. 그러한 점에서 이 책에 삽입된 아름다운 사진들은 여러분에게 페이지 곳곳에서 각각의 식재료가 갖는 풍미와 아로마를 조금이나마 느낄 수 있게 해줄 것이다.

나는 개인적으로 음식의 역사에 상당한 애착을 갖고 있다. 모든 음식은 이 세상 어딘가에 그 기원을 두고 있게 마련인데, 예를 들어 유럽에서 일어난 탐험 시대의 황금기는 유럽뿐만 아니라 구세계 전체의 식탁에 새로운 풍미와 질감, 시각적인 자극을 가져다주었다. '세계 음식 재료 1001'에는 여러 친숙한 재료들과 또 낯선 음식 재료들 뒤에 숨어 있는 재미난 일화와 역사가 잘 소개되어 있다.

농작물을 재배하는 한 사람으로서 과일 및 채소를 다루는 부분은 특히나 더 매혹적이었다. 고백하자면 나는 그 섹션에 소개된 모든 과일, 모든 채소를 다 알고 있다는 것에 매우 의기양양했지만, 익히 잘 알고 있는 재료들임에도 불구하고 이 책의 저자들이 집필한 각 재료들의 설명은 내 지식 체계에 듬성듬성 난 구멍을 채워주고도 남음이었다. 특히 복잡한 향료에 대한 부분이 그러했다. 내게는 운 좋게도 이 세계의 모든 요리 관련 서적으로 가득한 부엌이 있는데, 이 『죽기 전에 꼭 먹어야 할 세계 음식 재료 1001』을 『Larousse gastronomique』라든가 앨런 데이비슨의 『Oxford Companion to Food』 옆에 세워 두려고 한다. 많은 이들이 참조하는 두 책처럼 이 책 역시 앞으로 계속해서 손때를 묻히며 자주 읽어볼 책이 될 것임을 확신하기 때문이다.

이 책을 읽는 지난 1주일간, 매번 식사를 준비할 때마다 그 음식들에 대해 대체 어떤 내용이 적혀 있을까 궁금해서 해당 페이지를 뒤적거리지 않은 적이 없다. 그렇게 읽을 때마다 각각의 재료가 지닌 헤라클레스와 같은 가능성을 실감하는 동시에, 앞으로도 다른 1천여 가지의 재료를 맛보아야 하는 신성하고도 머나먼 여정이 펼쳐져 있음을 깨닫게 된다. 그 모든 재료를 맛본다는 것은 어설픈 꿈으로 끝날지도 모르지만 큰 기쁨이 될 것은 분명하다. 설사 그 모든 발견의 여정을 마치지 못한다고 하더라도 최소한 여행을 떠날 때 어떠한 음식들을 맛볼 것인가 하는 소망 목록 정도는 만들 수 있지 않겠는가. 이 책을 읽으면서 전에 방문했던 여행지에서 놓쳤던 수많은 훌륭한 식재료들이 진심으로 아쉬웠다. 그렇기에 다시 그 나라를 방문한다면 이 책을 꼭 여행 가방에 함께 챙겨갈 작정이다. 독자 여러분이 세계 어디를 가든지 또는 어떠한 요리를 하든지 그 초석은 훌륭한 음식 재료라고 할 수 있다. 그런 면에서 이 책은 필수 아이템이다.

이 책에 실린 그 수많은 내용 중에서도, 과일, 채소, 허브에 관심이 많은 내가 무엇보다도 경탄을 금치 못한 것은 저장육을 다룬 부분이었다. 음식의 보존이라는 주제는 항상 나를 매혹시킨다. 생존이라고 하는 명제 앞에서 인류는 예전부터 도축한 동물을 어떻게 보존할 것인지 궁리해왔다. 이 책은 친숙한 소금 절임이나 육포에 대해 자세히 설명하고 있을 뿐만 아니라 지금까지 존재 자체도 생각해 볼 수 없었던 여러 고기에 대해서도 잘 설명하여 입맛을 돋우었다.

BBC TV 프로그램 〈MasterChef〉를 본 적이 있다면 내가 단것을 얼마나 좋아하는지 알 것이다. 그런 점에서 한 챕터에 걸쳐 과자류와 사탕류가 소개된 것은 더욱 더 이 책에 애착을 갖게 한다. 단 음식은 우리의 유년기 때부터 큰 부분을 차지하고 있으며 때때로 어른이 되어서도 그 열정을 잃지 않는다. 지난 겨울 스칸디나비아로 스키 여행을 갔으면서도 그곳의 유명한 물고기 모양의 소금 절임 감초 과자의 존재를 몰라 가방 가득 사오지 못한 것이 지금도 너무나 아쉽다. 또 언젠가는 쿰 소한이라고 하는 이란의 벌꿀 너트 과자를 잔뜩 사러 가고자 하는 소망도 품고 있다. 나를 더욱 괴롭게 하는 것은 허니콤 토피가 몇 년 전부터 영국에서 판매되고 있었는데도 한번도 맛본 적이 없다는 것이다. 이 글을 마치는 대로 바로 검색 엔진에 '허니콤 토피'를 입력한 다음 한 보따리를 주문할 예정이다.

『죽기 전에 꼭 먹어야 할 세계 음식 재료 1001』은 수많은 정보와 독자 여러분이 지금까지 알지 못했던 여러 이야기를 담고 있는 진정으로 아름다운 책이다. 나 역시 앞으로 여기 소개된 많은 재료들을 경험해 볼 생각이다.

서문
책임편집자 프랜시스 케이스

음식은 우리 인생의 필수적인 요소이자 큰 기쁨의 근원이기도 하다. 자신의 이름을 딴 치즈로도 유명한 18세기의 미식가 장 앙텔므 브리야 사바랭은 "새로운 요리의 발견이 새로운 별의 발견보다 더 큰 행복을 인류에 안긴다"라는 말을 남긴 바 있다. 오늘날 음식에 대한 정열은 세계 여러 곳에서 전 세계 각지의 요리에 관하여 점점 더 커가고 있다.

아질산염, 안정제, 트랜스 지방, 글루타민처럼 도저히 부엌 선반에서 기대할 수 없는 낯선 화학 첨가제들이 포함된 음식 같지 않은 음식들이 슈퍼마켓에서 팔리는 요즘, 우리는 땅과 전통 유산에 더욱 애착을 느끼게 된다. 이러한 이유로 직접 과일과 채소를 재배하고 유기농에 생산자가 추적 가능한 식재료를 구매하는 것이 큰 인기를 얻고 있으며 "적은 것이 더 좋은 것이다"라는 믿음이 더욱 커가는 것일 터이다. 슈퍼마켓에서 산 고기에 첨가물이 적을수록 더 좋은 것이 아닌가.

최근에는 책임감 있는 식사라는 개념이 유행하고 있다. 음식 생산이 환경에 끼치는 위험이라든가 먼 해외에서 배나 비행기로 음식을 수입하는 문제에 대해 많은 이들이 우려를 표하고 있다. 샌프란시스코에서 런던에 이르기까지 주요 도시에서는 농민이 직접 농산물을 판매하는 농산물 직판장이 생겨나고 있으며 도시에 위치한 주요 상점들은 판매지와 몇 마일 떨어지지 않은 곳에서 재배한 식재료를 판매하는 것에 대해 큰 자부심을 갖고 있다. 런던의 콘스탐 같은 식당들은 여기서 더 나아가 런던 시의 경계 안에서 생산된 재료만을 사용한다는 점을 홍보하는 실정이기도 하다.

한편 많은 사람들이 이전에 경험하지 못했던 미식이나 특이한 식재료를 접하게 되면서 지속 가능성이라고 하는 주제 역시 많은 관심을 받고 있다. 특히 해산물의 지속 가능성은 아주 뜨거운 관심을 받고 있는데 이 책에서는 그 종을 보호하기 위해 우리가 절대 먹어서는 안 될 음식들에 대해서도 경고하고 있다. 일부 어종의 경우에는 이미 찾아보기 어려운 형편이다. 특정한 바다 생물의 과도한 포획은 그 개체의 수를 너무나 감소시키고 있으며 기후 변화 역시 해양 생태계에 큰 충격을 가하고 있다.

예를 들어 뉴질랜드의 유명한 대합조개류인 토헤로아라든가 사르가소 해에서 잡히는 앵글로-스패니쉬 뱀장어의 새끼는 그 개체가 상당히 감소되었다. 심지어는 참치나 대구 같은 생선들도 멸종의 위험에 처해 있다. 이 책을 집필하기 위한 연구 중에 가장 슬펐던 것은 지난 10년간 이미 멸종되어 버린 식재료를 접할 때였다. 예를 들어 메콩 강의 대형 메기는 그 훌륭한 맛으로 유명했는데 그로 인하여 멸종되고 말았다. 전 세계의 어획량을 볼 때 그 중 76%는 보통 이상으로 남획되고 있으며 많은 종들이 이미 멸종되었다. 과학자들은 이제 우리가 미래 세대를 위해 해양의 건강을 담보할 수 있도록 해양 양식에 대해 급진적인 접근 방법을 찾아야 한다는 점에 동의하고 있다.

지역성은 우리에게 정열을 불러일으키는데 특히 음식에 있어서는 그 경향이 더욱 강하다. 많은 유럽 치즈들은 소, 염소, 양을 치는 산 주변에서 만들어지며 이 산들은 또한 각국의 경계를 이루기도 한다. EU의 농업 관련 법규는 이러한 전통적인 음식들을 보호하기 위해 존재하며 기준 이하의 제품이 시장에 진입하여 그 평판을 떨어뜨리는 일을 막고 있다. 또한 AOC(원산지 호칭 구역 법규) 가이드라인은 15세기까지 거슬러 올라가는 전통적인 생산 방법을 고시하고 있으며 이는 엄격하게 적용되고 있다. 예를 들어 가문비나무에서 숙성되는 산악 지방 치즈인 바슈랭을 두고 프랑스와 스위스는 서로 그 이름에 대해 소유권을 주장하며 자신들이 생산한 바슈랭만이 진품이라 강변했다. 이와 비슷한 분쟁이 에멘탈 치즈를 두고도 있었다. 40종 이상의 프랑스 치즈가 AOC 레이블을 달고 있는데 심지어는 르 퓌 앙블레의 렌즈콩에도 이 레이블이 붙어 있는 형편이다.

어떤 국가든지 전통 유산이 있는 만큼 전통의 음식이 있기 마련이며 외부인에게는 도저히 먹을 만한 것으로 생각되지 않는 그 국가 특유의 음식은 보통 그곳에서 풍부하게 공급되는 동식물에서 유래하는 일이 잦다. 예를 들어 스칸디나비아 반도 사람들은 말코손바닥사슴 고기를 좋아하는데 스웨덴에 전 세계에서 가장 많은 말코손바닥사슴 떼가 있다는 사실은 우연이 아닐 것이다. 또한 많은 폴란드 요리는 양배추와 감자를 기본으로 하는데 이들 채소 역시 이 지방에서 풍부하게 재배되고 있다. 공급과 수요 간에는 자연스러운 균형이 존재하는 것이다.

오늘날 TV에서 방영하는 요리 프로그램은 많은 인기를 얻고 있다. 쇼에 등장하는 요리사들은 대단한 유명인들로, 어떤 식재료를 레시피에 사용하는 것만으로도 그 매출을 3배까지 높일 수 있는 영향력을 갖고 있다. 마사 스튜어드, 델리아 스미스, 니겔라 로슨, 볼프강 퍽, 안토니 보데인 등은 많은 나라에서 상당한 지명도를 갖는다. 이들의 TV 프로그램은 많은 시청자들을 매혹한다. 예를 들어 니겔라 로슨의 최근 시리즈인 Nigella Express는 영국에서만 매회 3백3십만 명이 시청한 것으로 나타났다. Food Network 케이블 채널은 미국 내에서 9천만 가구가 시청하고 있다. 오늘날 우리는 부엌에서 직접 음식을 준비하기보다는 TV에 나오는 요리 장면을 보는 데 더 많은 시간을 할애한다. 아마 요리에 대한 책을 읽는 것도 그러하지 않을까 싶다.

이 책은 각 대륙과 국가의 훌륭한 요리와 미각을 반영할 역량있는 국제적인 팀으로 구성된 필진을 조직하여 집필하였다. 그럼에도 불구하고 일부 특정 국가에 편향된 부분이 존재한다. 예를 들어 패블로바는 호주와 뉴질랜드에서 인기가 있는 음식인데 상대 국가에서도 이를 좋아한다는 점은 서로 잘 알려져 있지 않다. 그렇기에 자국의 전통 음식이 폴란드 음식으로 소개되어 있는 점을 발견한 우크라이나인, 일요일에 즐기는 특별한 요리가 에스토니아 것으로 설명된 사실을 발견한 리투아니아인, 자신들의 전통 요리를 스웨덴에서 훔쳤다고 생각할 노르웨이인 독자들에게 진심으로 사과의 말을 드리고 싶다.

　1001가지의 음식을 선정하는 것은 쉬운 일이 아니었다. 필자들은 진귀한 재료에 더불어 충분히 일상에서 구매 가능하면서도 특이한 재료들을 잘 배합하느라 노력했으며 그 균형을 맞추는 것은 상당히 어려웠다. 소개하기 위해 선택하는 각각의 재료는 1001개의 목록에 포함되기 위해 충분한 정당화가 필요했다. 수백 가지의 버섯 중에서 대체 무엇을 1001가지에 포함시켜야 하며 그 이유는 무엇인지 고민하고 또 고민했다. 한편 책에서 소개하는 미각에 대해서도 독자마다 서로 다른 반응을 보일 것이다. 예를 들어 자극적인 송로버섯이 모든 사람의 입맛에 맞지는 않을 것이다. 어떤 사람들은 그보다 끈적하게 달콤한 수르스트뢰밍(발트해 청어를 발효한 것)을 선호할 수도 있다. 그렇지만 동류의 다른 재료보다 더 많은 사람들에게 사랑 받는 음식도 존재하기 마련이다. 우리는 전통을 가진 기업에서 제조한 초콜릿, 굴, 랍스터 같은 럭셔리한 음식과 함께 지구상에서 가장 비싼 식물성 별미인 홉 줄기도 목록에 포함시켰다.

　필자들은 또한 석류나 에다마메 같은 재료에서부터 회향풀, 후추, 쪽파처럼 흔히 접할 수 있는 재료에 이르기까지 다양한 범위의 과일과 채소도 이 목록에서 다뤘다.(필자들의 관점은 제프리 스타인가르텐이 자신의 저서 『The Man Who Ate Everything』에서 대담하게 말한 것과 마찬가지로 식물학이 아닌 미식에 있다. 그렇기에 토마토는 과일이 아닌, 샐러드에 함께할 동료들이 모여 있는 채소 챕터에서 소개된다.)

　『죽기 전에 꼭 먹어야 할 세계 음식 재료 1001』은 독자 여러분이 더 많은 음식을 탐구하고 무엇을 맛봐야 할 것인지 제시해 줄 것이다. 어떤 음식은 좀처럼 찾기 어려울 것이고 일부는 너무나 진귀한 것들이다. 예를 들어 미라클베리의 경우엔 너무나 달기 때문에 그것을 먹은 다음 레몬을 먹어도 달게 느껴질 정도이다. 아마존 강의 투루라고 하는 나무 벌레는 굴의 맛을 낸다. 또한 상하이의 황여우시에는 암컷 게를 햇볕에 말려 내장이 마치 버터처럼 녹아내린 것으로 매우 진귀하다. 그 외에 친숙한 재료 중에서도 가장 높은 평가를 받고 있는 것들을 소개하였다. 예를 들어 한때 유럽에서 가장 큰 온실이었던 아조레스 제도의 유리 온실에서 사랑스럽게 자라난 아조레스 파인애플, 블렌하임의 유서 깊은 살구, 콕스 오렌지 피핀 사과 등에 대해 다루고 있다. 이 책은 질감보다 맛에 초점을 두고 있지만 입 안에서의 질감으로 유명한 일부 중국 별미, 즉 해파리, 해삼, 새둥지 등도 소개하였다.

　굴이나 아스파라거스가 갖는 최음 효과를 비롯하여 어떤 음식들에 관해 이루어지는 사실에 근거한 주장에 이르기까지 음식이 가진 신화와 전설은 특정한 별미가 지닌 높은 매력과 결부되어 있다. 뽀빠이는 시금치를 먹고 울퉁불퉁한 근육을 유지하는데, 이렇게 철분이 풍부한 채소를 먹는다면 뽀빠이만큼은 아니더라도 우리 모두 좋은 효과를 기대할 수 있다. 필자는 이 책이 전 세계 모든 음식에 대한 글로벌 가이드로서 지구상 7개 대륙에서 나는 식재료를 모두 포괄하고자 했다. 그러나 남극의 경우엔 상당히 어려움을 겪었다.(혹시 남극의 연구원인 독자가 있다면 연락하기 바란다.)

『죽기 전에 꼭 먹어야 할 세계 음식 재료 1001』은 음식 재료와 그 맛에 대해 다루지 그것을 통해 만드는 요리에 대해서 말하지는 않는다. 언젠가는 『죽기 전에 꼭 맛봐야 할 요리 1001』이라는 책이 나오겠지만 이 책은 아니다. 그러므로 염소고기 카레라든가 바닷가재 크림 구이는 누구든 죽기 전에 꼭 맛봐야 할 요리임에도 불구하고 이 책에서는 찾을 수 없다. 그렇다고 하여 이 책이 식재료들을 나열한 단순한 사전인 것은 아니다. 여기에 소개된 모든 음식은 그것이 특별하기에 선정된 것이다. 어떤 국가(또는 전 세계)의 아이콘인 재료이기에, 그야말로 맛있기에, 어떤 흥미로운 이야기의 주인공이기에, 또는 독특하거나 특이하기에 여러분에게 제시하는 것이다. 필자들은 한철에 먹는 음식들을 사랑한다. 크리스마스 빵과 케이크 중에 하나를 고르는 것은 참 어려웠으며, 1001가지의 목록을 완결한 다음에 핀란드의 줄루토르투 패스트리라는 것을 알게 된 일도 애석한 일이었다.

마지막으로 혹독한 마감 일정 아래 환상적인 책을 만들어낸 우리의 필진들에게 감사의 말을 전하고 싶다. 특히 치즈에 대한 열정과 EU의 치즈 관련 법규에 대해 인내심 있는 탐구로 기대 이상의 작업을 마친 마이클 라파엘과 공공 부문 및 기업 부문에서 어류의 보호에 힘쓰고 있는 자선 회사인 Seafood Training School의 C. J. 잭슨과 그녀의 팀에게 고마움을 전한다. 토니 힐은 스파이스에 대한 놀라운 지식을 지니고 있었으며 직접 찾고 구매하여 맛보기까지 하는 수고를 아끼지 않았다. 또한 비버리 르블랑의 미국적인 실용주의와 기적을 이끌어내는 능력에도 감사한다. 셜리 부스는 일본 음식에 대한 지식과 열광으로 팀에 기여하였으며 앤-마리 서클리프는 마니와 그리스 지방을 담당하였다. 롭 로슨의 환상적인 사진에도 찬사를 보낸다. 자라는 모든 것에 대해 수자 홀이 보인 열광과 전체 프로젝트가 올바른 길을 갈 수 있도록 힘쓴 빅토리아 위긴스와 피오나 플로우먼의 노력도 잊을 수 없을 것이다. 개인적으로 또한 책의 출판이라고 하는 너무나 큰 과제를 수행하는 동안 내게 도움을 준 빅터 서클리프, 하워드 케이스, 프랜시스 보스, 미쉘 제파르, 자카로 서클리프에게 감사의 말을 드린다.

이 책을 통해 독자 여러분이 새로운 음식을 발견하고 입맛을 넓히며 새로운 풍미를 발견하기를 진심으로 바란다. 맛보는 음식마다 모두 입에 맞지는 않겠지만(사르디니아 치즈 카수 마르주를 먹으면 정신이 번쩍 들 것이다) 분명 이 모든 실험은 여러분에게 즐거움을 줄 것이다.

음식 재료 색인

Meats (육류)

Aromatics (향신료, 양념류)

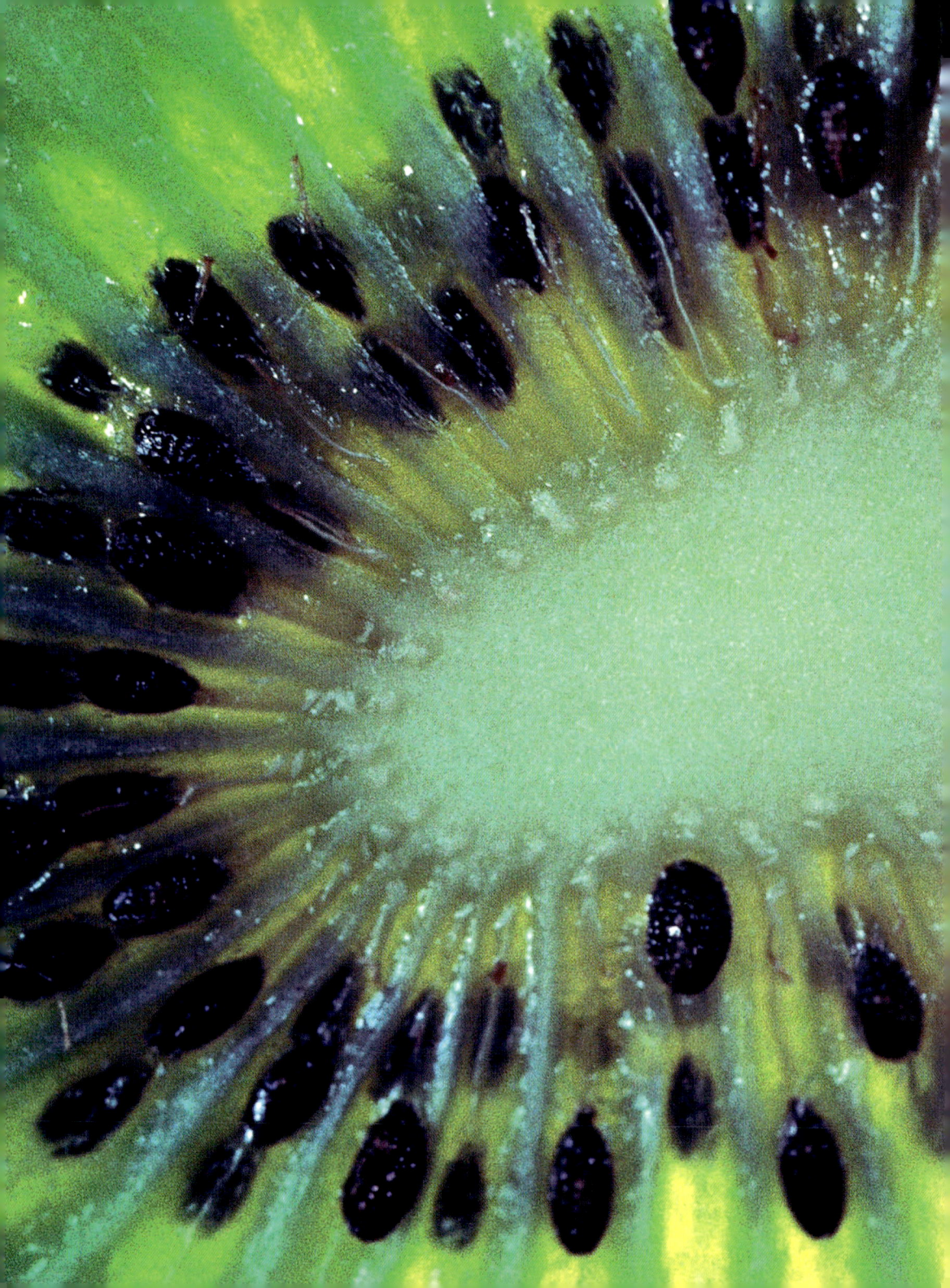

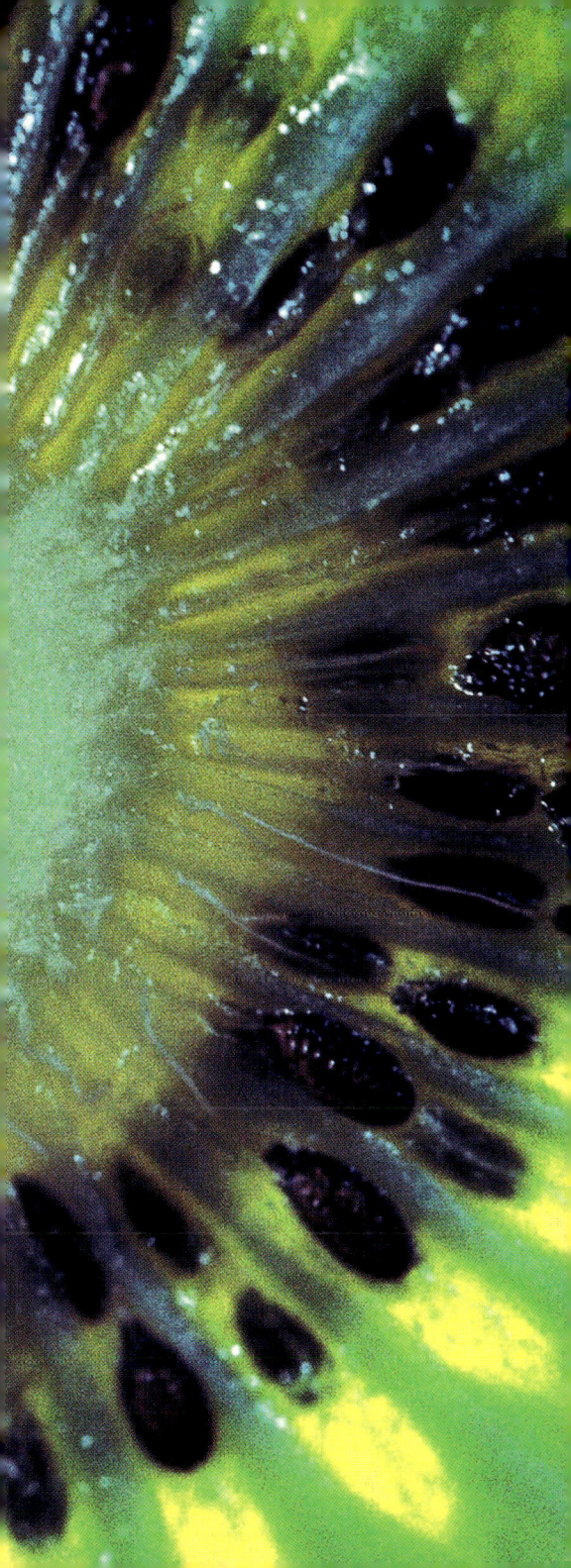

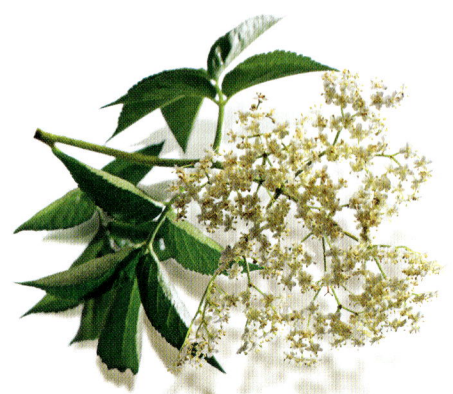

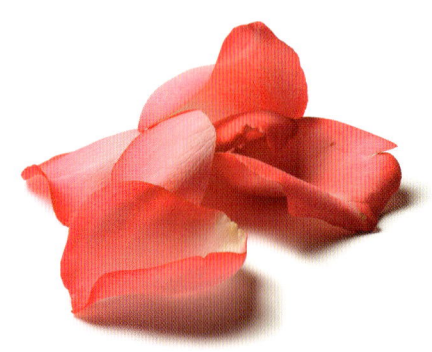

엘더플라워 Elderflower

유럽, 아시아, 북아메리카 전역에서 찾아볼 수 있는 엘더—유럽에서는 삼부쿠스 니그라(Sambucus nigra), 북아메리카 북부에서는 삼부쿠스 카나덴시스(Sambucus Canadensis)로 불리는 딱총나무속—는 그다지 주목을 받지 못하는 식물이다. 그러나 일단 요리하기만 하면, 그 꽃과 열매는 하늘에서 내려온 선물이다.

특유의 폭이 넓고 평평한 송이 형태로 매달려 있는 꽃은 고유한 향을 지니고 있어, 소르베나 디저트에 넣기도 하고, 구즈베리 젤리에 풍미를 더하는 용도로 쓰기도 한다. 오스트리아에서는 작은 엘더플라워 가지로 튀김 요리를 즐겨 만들며, 여기에 슈거 파우더를 곁들여 함께 내놓는다. 이 음식은 제2차 세계대전 직후, 굶주린 사람들이 들판과 산울타리에서 주워 모을 수 있는 것이라면 무엇이든 먹던 시절 유행하기 시작했다고 하지만, 엘더플라워를 먹는 전통은 사실 중세까지 거슬러 올라간다.

엘더베리로 만든 멋진 잼은 헝가리와 중앙 유럽 여러 나라에서 인기가 높다. 오스트리아에는 홀러뢰스터(Hollerröster)의 재료이며, 스칸디나비아의 과일 수프에도 들어간다. 잉글랜드에서는 주로 코디얼이나 가벼운 와인 향의 샴페인에 종종 쓰인다. 그 밖의 지역에서는 끓는 물에 넣어 감기약으로 마신다. **GM**

장미꽃잎 Rose Petal

이란에서 장미꽃잎의 향은 음식에 달콤하면서 향긋한, 신비한 배경을 만들어 준다고 한다. 마가렛 셰이더의 『전설적인 페르시아 음식 The Legendary Cuisine of Persia』(2002년)에 따르면 '장미는 나이팅게일만큼이나 페르시아 문학의 일부이며, 그 맛있는 향은 레몬과 사프란만큼이나 페르시아 음식의 일부이다.'

테헤란 남쪽 카샨 주위에서 재배하는 모하마디 장미는 뜨거운 사막 기후가 그 향을 더욱 진하게 하므로 높은 평가를 받는다. 말리거나 가루로 만든 장미꽃잎을 필라프(pilaf, 쌀과 그 밖의 재료로 지은 밥)에 섞거나, 아드비아(advieh)라는 이름의 향신료의 재료로 쓰거나, 설탕절임에 넣거나, 잼으로 만들기도 한다. 10밀리리터의 방향유를 얻으려면 40킬로그램의 빨간색 또는 분홍색의 장미꽃잎—전문 수확꾼의 하루 수확량—이 필요하다.

장미수는 페르시아 음식의 영향에 따라 서쪽의 터키와 동쪽의 인도로 퍼져나갔다. 터키쉬 딜라이트(Turkish Delight, 녹말과 설탕으로 만든 젤리 과자, 로쿰(lokum)이라고도 한다)에 이국적인 향을 더해주며, 때때로 아이스크림, 라이스 푸딩, 셔벗, 케이크, 그 밖의 남아시아와 중동의 과자류에도 쓰인다. **MR**

Taste: 엘더플라워는 메스꺼운, 구즈베리 비슷한 향과 향미를 지니고 있다. 맛은 블랙베리와 잘 익은 플럼 중간쯤이라 할 수 있지만, 씁쓸한 맛이 더 강하다.

Taste: 장미꽃잎 자체에는 맛이 거의 없지만, 그 향수는 순식간에 요리를 바꿔놓으므로, 매우 조심스럽게 써야 한다. 장미수로 쓰면 많은 음식에 이국적인 풍미를 더해준다.

장미는 꽃잎의 싱싱함을 보존하기 위해
전통적으로 새벽녘에 수확한다. ➔

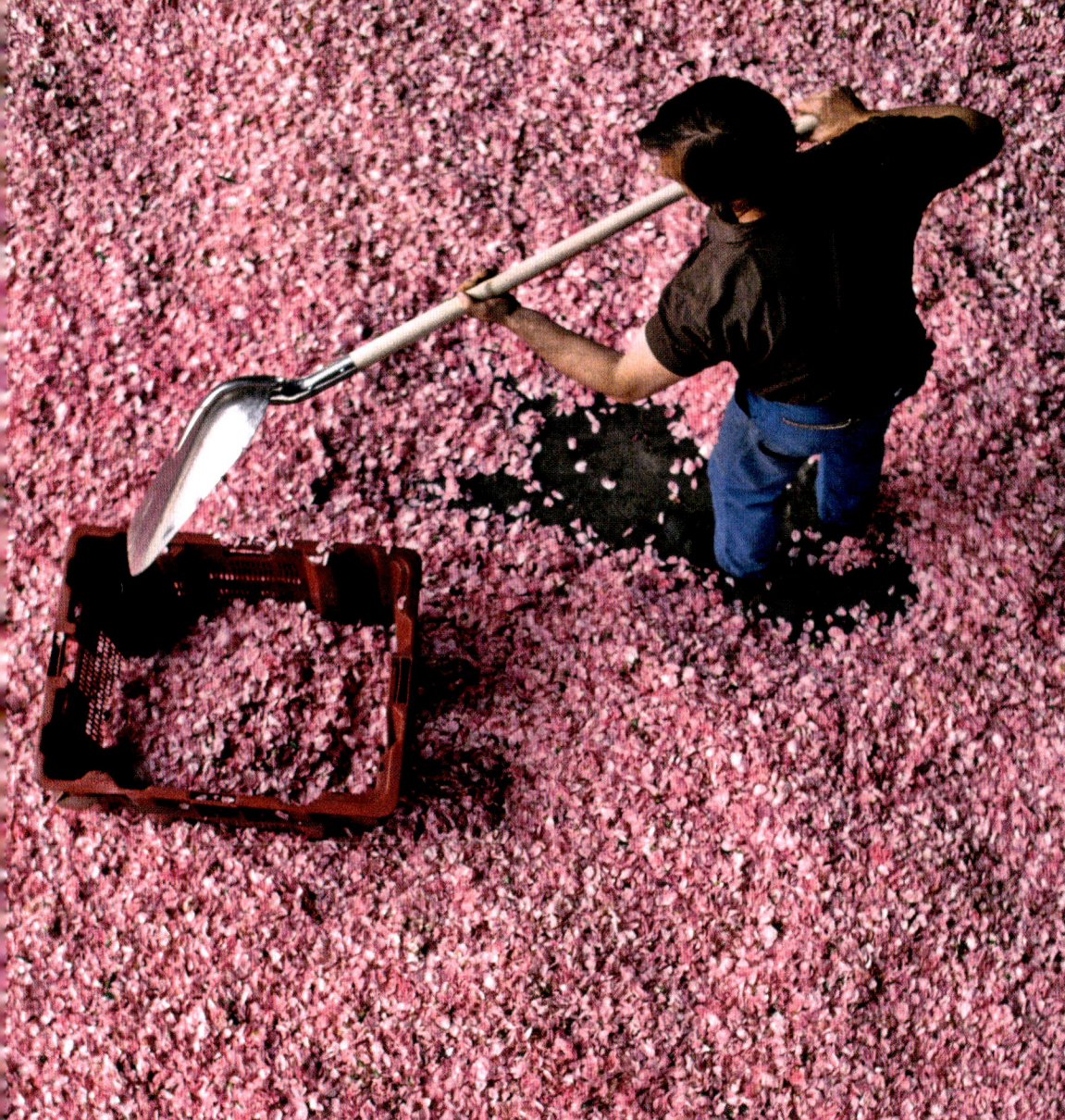

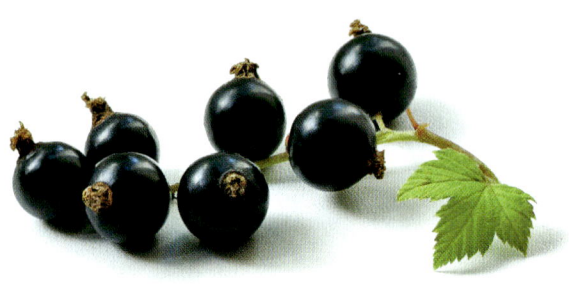
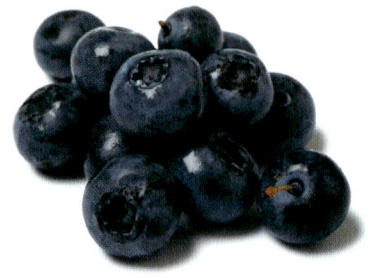

블랙커런트(까막까치밥 열매) Blackcurrant

오늘날 최고급 보르도 크뤼의 맛을 묘사하는 데 쓰이는 향이 그토록 오랫동안 그보다 질이 떨어지는 레드커런트나 화이트커런트와 동류로 취급받았다니 참으로 이상한 일이다. 그러나 실제로 블랙커런트(Ribes nigrum)는 20세기까지 이러한 대접을 받고 있다. 레몬보다 비타민 C 함유량이 훨씬 높은데도 오늘날에도 상황은 크게 달라지지 않았다. 다만 리큐르에서만은 비교적 예외이다. 부르고뉴의 크렘 드 카시스(crème de cassis)나 영국에서 생산하는 상업용 작물의 4분의 3을 소요하는 과일 음료인 리베나가 그 좋은 예이다.

그러나 정원사들은 이 작은 열매에서 주스 이상의 것을 얻을 수 있음을 알고 있다. 어떤 품종들은 좀더 탱글탱글하고 달콤하지만, 또 어떤 품종들은 보다 날카롭고 향이 강렬하다. 이 모두 요리용 과일로서 역량을 한껏 발휘한다. 이른 여름에 수확하여 병조림이나 잼으로 만들기도 하고, 다른 과일과 함께 설탕에 끓여 졸이면 특유의 풍미를 선사한다. 전문 요리사들은 소스에 활력을 더하기 위해 사용한다. 오븐에 구운 오리고기 필레와 함께 곁들이는 소스가 좋은 예다. 블랙커런트는 담백한 음식과 잘 어울리는데, 예를 들면 아이스크림이나 소르베와 곁들여 먹거나 치즈케이크의 토핑으로 올리면 좋다. **MR**

Taste: 신선한 블랙커런트의 향은 파워풀하고 향긋하다. 열매는 짜릿한 맛의 즙과 씨를 품고 있으며, 그 톡 쏘는 베리 맛을 펼치고 싶다면 시럽에 보글보글 끓이는 것이 좋다.

마운틴 허클베리 Mountain Huckleberry

마운틴 허클베리는 수퍼 블루베리처럼 향, 향미, 당도, 항산화 성분이 모두 풍부하며, 그 짙은 보라색은 피부 아래쪽까지 물들일 정도이다. 북아메리카에서 자라는 수십 종류의 허클베리 가운데 사람들이 가장 탐내고, 또 가장 자주 따러 가는 것이 바로 이 마운틴 허클베리이다.

블루베리 및 크랜베리와 같은 속인 마운틴 허클베리(Vaccinium membranaceum)는 미국 북서부에서 흔히 찾아볼 수 있으며, 온갖 별명으로 불린다. 특히 마운틴 허클베리가 주식 가운데 하나였던 아메리카 인디언들에게는 문화적으로도 중요한 과일이다.

7월 초 고도가 낮은 곳에서부터 시작한 수확은 9월 말까지 계속된다. 수확꾼들 사이에서 마운틴 허클베리가 자라는 곳은 그야말로 기밀이며, 심지어 열매를 따기 위해 고도 3,050미터까지 올라가기도 한다. 해마다 수천 톤의 허클베리가 수확되는 것으로 알려져 있다. 수요가 공급을 훌쩍 넘어선다는 염려가 있어 현재 허클베리를 재배하고자 시도하고 있지만, 지금까지는 그 결과가 썩 좋지 못했다. **CLH**

Taste: 맛은 블루베리와 비슷하지만, 달고 톡 쏘는 맛이 나며 즙이 더 많다. 허클베리는 디저트, 과일조림, 과자류에 사용되며, 육류 요리의 소스로도 쓰인다.

베리 따기는 아메리카 북서부 어린이들의 즐거움 중 하나이다. ➍

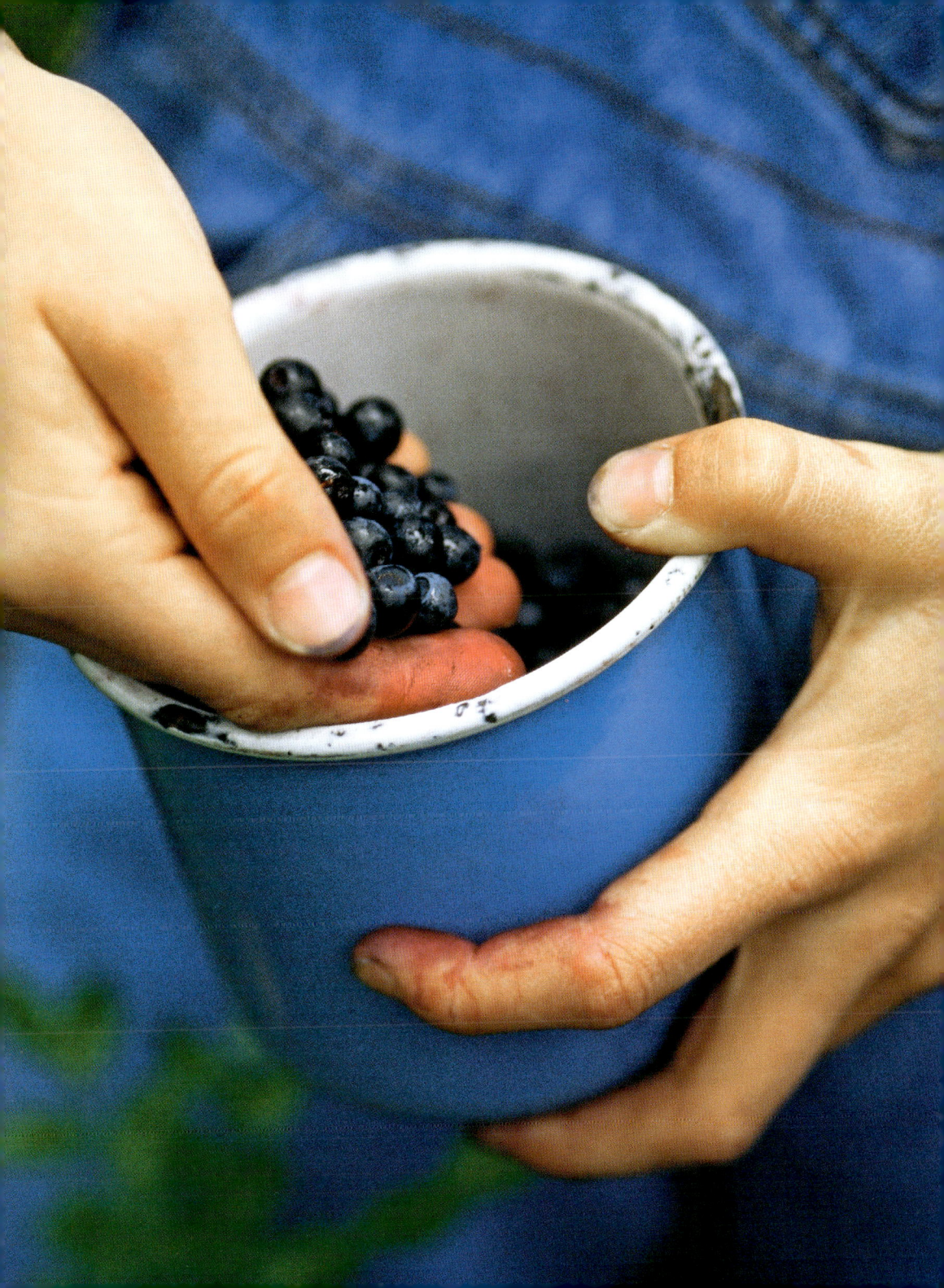

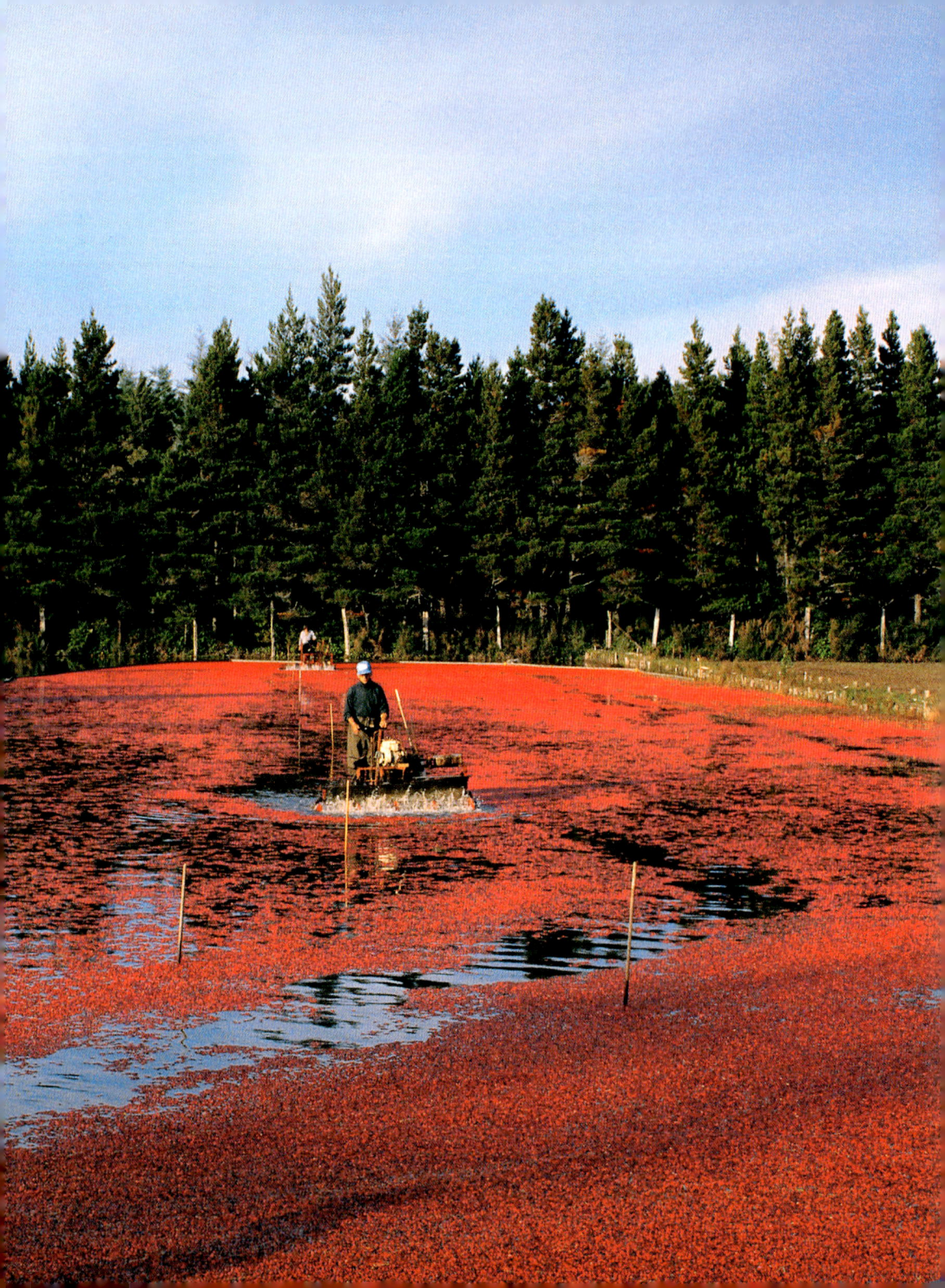

크랜베리(덩굴월귤) Cranberry

칠면조 요리로 대표되는 미국 추수감사절 만찬에서 중요한 역할을 하는 이 작고 시큼한 진홍색 베리는 대서양 양안에서 모두 자생하며, 각 지역의 품종들은 미국에서만큼이나 스칸디나비아에서도 사랑받고 있다.

그러나 세계에 이름을 떨친 것은 북아메리카 크랜베리(Vaccinium macrocarpon)로 벤조산을 풍부하게 함유하고 있다. 벤조산은 천연 보존제로, 덕분에 몇 달을 보관해도 여간해서는 과실이 상하지 않는다. 크랜베리는 아메리카 인디언들의 주식 중 하나로, 말리거나 날로 먹고, 갈아서 페미컨(pemmican, 말린 육류와 지방, 베리류 등을 섞어 만든 고단백 고지방의 비상 식품)에 넣기도 한다. 덕분에 초기 정착자들과 식민 시대 선원들의 소중한 식량이 되었으며, 이들은 장거리 여정에는 큰 통에 물에 담근 크랜베리를 가져갔다. 1677년 식민주의자들이 잉글랜드 국왕 찰스 II세에게 엄선한 선물을 보냈을 때, 대구와 옥수수와 함께 크랜베리도 끼어 있었다. 1689년, 크랜베리는 이미 추수감사절 만찬 식단에 올라 있었다.

상업용 크랜베리 수확은 건식 수확과 습식 수확의 두 가지 방법을 모두 사용한다. 건식 수확의 경우 갈퀴로 넝쿨을 긁어내며, 보다 스펙터클한 습식 수확의 경우 크랜베리 밭을 일부러 물에 잠기게 한 뒤, 열매를 넝쿨에서 떨어내도록 고안된 특수한 기계를 사용한다. 그런 다음 물 위에 둥둥 떠 있는 빨간 열매들을 모아 전 세계로 내보내게 된다.

유럽에서는 주로 소스, 잼, 과일조림, 리큐르 등에 사용한다. 이 소스는 특히 사냥한 야생 육류와 잘 어울린다. 북아메리카에서는 소스로 사용하는데, 특히 추수감사절 칠면조 요리에 곁들이는 크랜베리 소스는 유명하다. 그 외에도 파이, 샐러드, 케이크 등에 얹어 먹기도 한다. 크랜베리에는 비타민 C가 풍부하며 크랜베리 주스도 인기가 많다. **SH**

클라우드베리(호로딸기) Cloudberry

유럽 최북단과 북아메리카에서 찾아볼 수 있는 클라우드베리는 극지 주위에서 자생한다. 수세기 동안 이 선명한 빛깔의 베리류는 노란 라스베리를 닮았으며, 스칸디나비아인들, 라플란드의 사미족, 캐나다와 알래스카의 이누이트족의 식생활에서 주요한 위치를 차지해왔다. 캐나다에서는 베이크드애플베리, 또는 베이크베리로 알려져 있다.

클라우드베리(Rubus chamaemorus)의 자생지는 토탄이 많은 습지와 늪이다. 키가 작은 덩굴 식물로, 작은 하얀 꽃을 피우며, 꽃이 지고 나면 빨간 열매가 맺는데, 이 열매가 여물면서 늦여름이 되면 깊은 노랑을 띠게 된다. 클라우드베리는 아직 그리 재배되는 곳이 많지 않기 때문에, 주로 야생에서 수작업으로 수확하는 수밖에 없다. 당연한 귀결이지만 구하기도 어렵고 비싸다. 그러나 한번 수확하면 얼려서 오랜 기간 보관할 수 있다.

클라우드베리는 스칸디나비아에서 특히 인기가 높은데, 야생 베리를 따서 이용하는 전통이 오늘날까지도 널리 살아 있기 때문이다. 스웨덴의 식물학자 카를 린네는 자신의 명저 『라포니카 식물상 Flora Lapponica』에서 클라우드베리에 찬사를 아끼지 않았으며, 해마다 얼마나 많은 양의 조린 클라우드베리가 스톡홀름의 식탁에 오르는지를 언급하였다. 클라우드베리를 라카(lakka)라 부르는 핀란드인들은 리큐르를 만들거나 라플란드 농장 치즈와 함께 먹는다. 스웨덴에서는 클라우드베리로 종종 잼을 만들어 팬케이크나 아이스크림과 함께 먹는다. 이누이트족은 전통적으로 클라우드베리와 지방, 눈을 섞어 에스키모 아이스크림으로도 불리는 아쿠타크(akutaq)를 만들어 먹는다. 클라우드베리는 맛이 좋을 뿐 아니라 건강에도 좋다. 비타민, 특히 비타민 C를 많이 함유하고 있으며, 특히 북유럽 선원들이 괴혈병을 예방하기 위해 먹었다는 역사적 기록이 남아 있다. **CC**

Taste: 아삭거리는 과육이 매우 탱탱한 크랜베리는 짜릿하고, 톡 쏘는 신맛을 지니고 있어 단맛을 내는 다른 음식과 함께 먹어야 한다. 특유의 솔 맛을 내는 품종도 있다.

Taste: 클라우드베리는 대단히 상큼하고, 독특하게 톡 쏘는 향, 그리고 쥬이시한 질감을 자랑하므로, 따서 그 자리에서 날로 먹거나 살짝 데워서 설탕을 약간 뿌려 먹는 것이 좋다.

가을이 되면 크랜베리를 습식 수확하기 위해 크랜베리가 자라는
○ 습지에 물을 채운다.

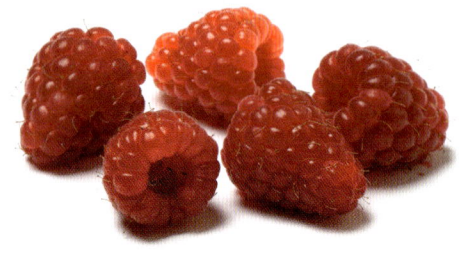
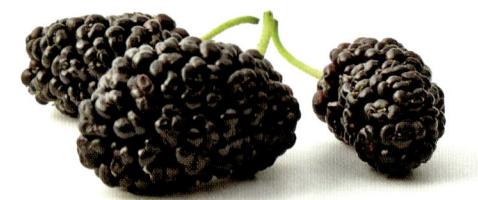

와일드 라스베리(야생 나무딸기) Wild Raspberry

유럽과 아시아, 그리고 북아메리카로 퍼진 라스베리는 덤불, 숲, 그리고 관목 따위에서 무성하게 자라며, 수천 년간 야생으로 따먹어왔다. 고대 그리스 사람들은 이 식물을 처음으로 재배하려고 시도했던 것으로 보이며, 플리니우스에 따르면 라틴어학명(Rubus idaeus)도 이다 산에서 따왔다고 한다. 당시 이다 산의 비탈은 라스베리 덤불로 뒤덮여 있었기 때문이다.

와일드 라스베리는 빨강, 노랑, 하양, 그리고 이러한 색들이 섞인 색깔 등 다양하며, 인간이 재배하는 다른 베리류처럼 수염이 조금 나 있고, 가시투성이 덤불에서 쉽게 딸 수 있다. 블랙베리처럼 라스베리 역시 식물학적으로 베리류는 아니다. 소핵과가 송이를 이루어 한 가운데의 단단한 씨를 중심으로 뭉쳐 있기 때문이다. 이 "꽃턱"이 가지에 그대로 남아 있다가, 작은 컵 모양의 열매를 만들어내는 것이다.

라스베리의 열매, 잎, 나무껍질은 오랜 옛날부터 병이나 가벼운 상처를 치료하는 데 쓰여 왔다. 특히 잎은 임산부에게 유용한 것으로 알려져 왔다. 일단 따고 나면 금방 무르거나 상하므로 운반이 쉽지 않다. 운반 도중에 물러버리는 열매로는 잼, 패스트리, 파이 또는 차를 만든다. **CLH**

블랙 멀베리(검은 오디) Black Mulberry

멀베리(오디)류 중에서도 가장 맛이 좋은, 이 육감적이고도 연약한 과일에는 한 가지 전설이 전해내려온다. "그리고 신들은 그들의 부모를 어루만졌다. 그 이후/ 오디 열매는 익어가면서 점점 짙은 보랏빛이 되어 갔다." 오비디우스에 따르면 불행한 연인들, 피라모스와 티스베가 뽕나무 곁에서 스스로를 칼로 찔러 목숨을 끊음으로써 원래 하얀색이었던 오디가 검은색으로 변해 블랙멀베리(Morus nigra)가 되었다는 것이다.

멀베리는 남서 아시아가 원산지이지만, 고대 그리스 로마 시대부터 유럽에서도 자랐으며, 로마인들에 의해 영국, 프랑스, 스페인 등지로 전해진 것으로 추정된다. 또한 아메리카와 오스트레일리아에도 퍼져나갔다. 멀베리는 엄밀한 의미에서 베리는 아니고, 베리가 모여 있는 송이라고 보아야 한다. 수확도 까다롭다. 열매를 딸 때 흩어져버리기 일쑤인데다, 그 고약한 보라색 물이 들기라도 하면 좀처럼 빠지지 않기 때문이다. 때문에 아예 열매가 완전히 익어서 저절로 나무에서 떨어지기를 기다리기도 한다.

멀베리는 금방 상해버리기 때문에, 먹기 직전에 씻는 것이 좋다. 먹고 남은 것은 맛있는 젤리로 만들 수 있다. 아프가니스탄에서는 말려서 가루로 빻은 다음 밀가루에 섞어 빵으로 구워낸다. **AMS**

Taste: 와일드 라스베리는 달콤하고, 톡 쏘고, 향이 진하다. 열매는 매우 연하고 즙이 많으며, 특히 야생에서 찾아볼 수 있는 몇몇 종들은 스펙터클한 향미를 자랑한다.

Taste: 블랙 멀베리는 매우 달지만 산을 많이 함유하고 있어 블랙베리처럼 톡 쏘는 향이 있다. 그러나 질감이나 맛에서는 블랙베리보다 덜 탱글탱글하다.

블랙 멀베리는 어릴 때는 하얗다가 익어가면서 검은색이 된다. 화이트 멀베리는 완전히 별개의 종이다. ➲

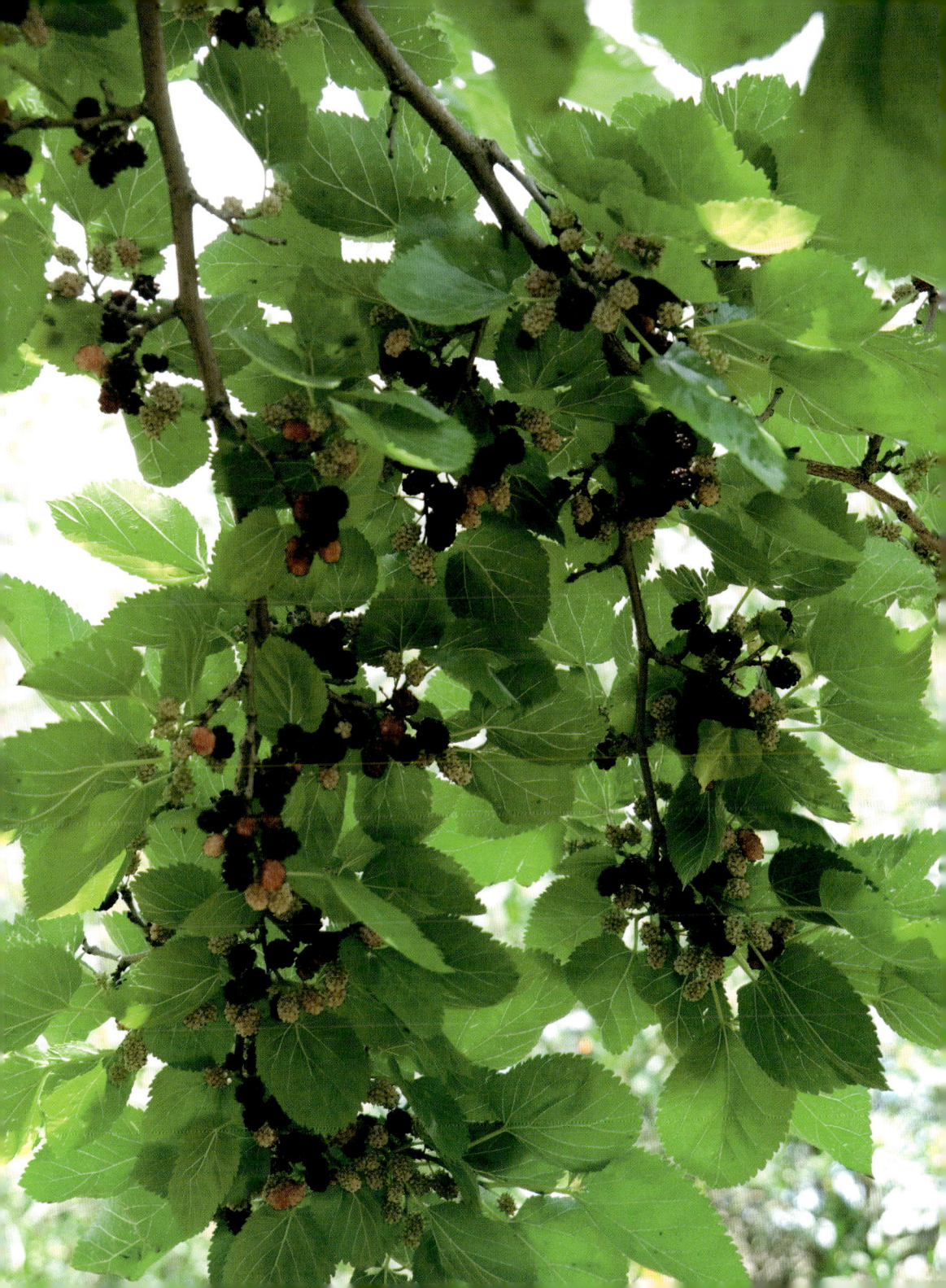

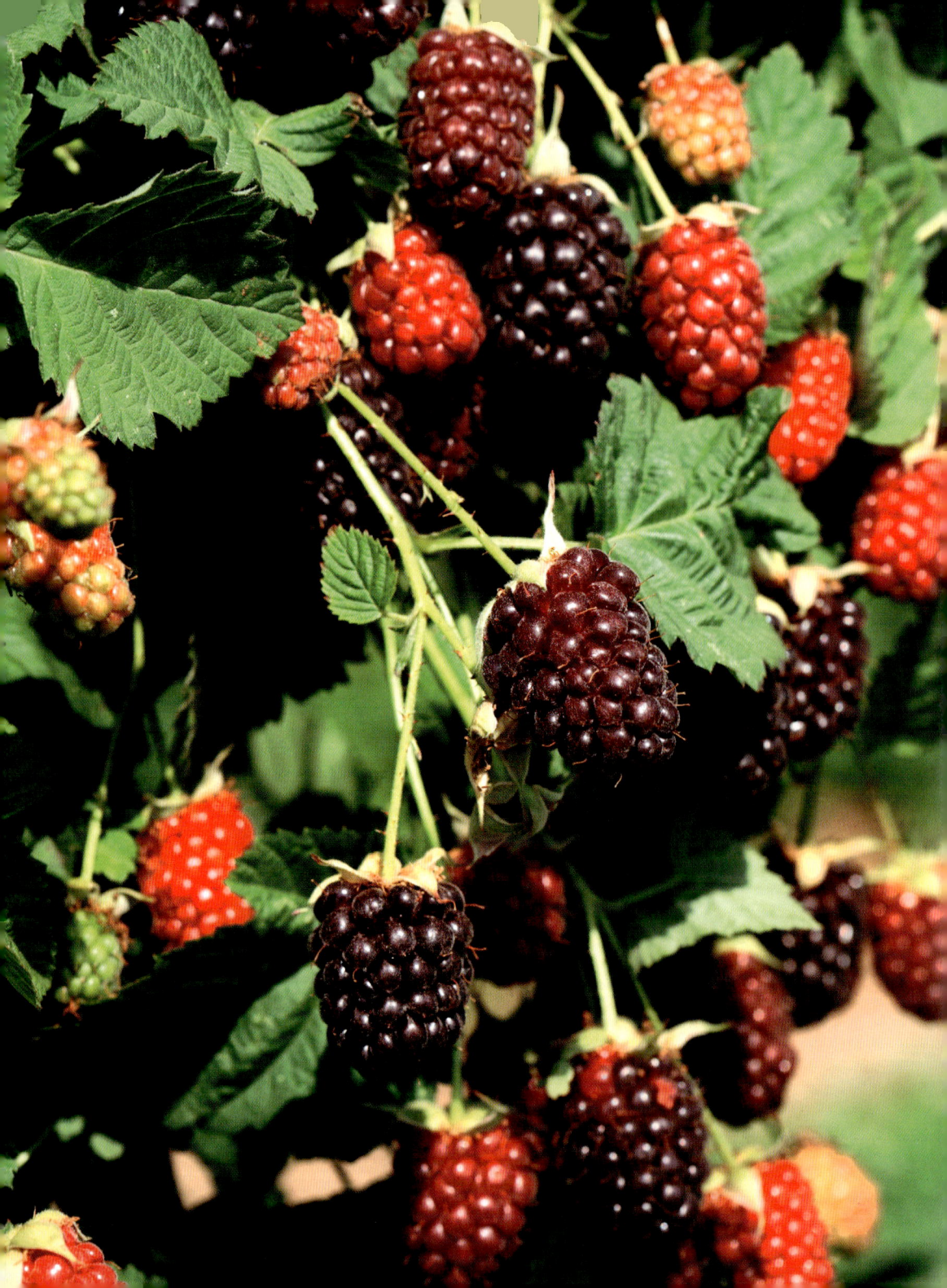

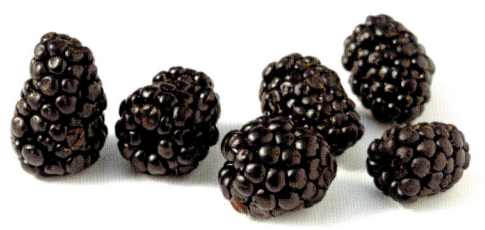

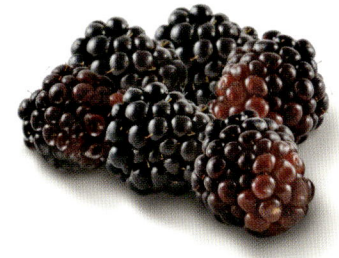

보이젠베리 Boysenberry

블랙베리보다 크고, 더 부드럽고, 향은 더 달콤하며, 씨는 더 작고, 색깔은 블랙보다는 밤색이나 쪽빛에 더 가까운 보이젠베리는 그 혈통이 다소 복잡하다. 보이젠베리라는 이름은 1923년 이 종을 개발한 캘리포니아의 농부 루돌프 보이젠에서 유래하였다(그러나 보이젠은 지속적으로 수확 가능한 작물로 개량하지는 못하였다). 보이젠베리는 블랙베리, 라스베리, 로건베리(블랙베리와 라스베리의 이종 교배종)를 이종 교배한 종으로, 야생에서 자라는 블랙베리와 비슷하지만, 가시가 전혀 없는 종도 있다.

보이젠베리는 칠레, 뉴질랜드, 오스트레일리아, 미국 일부 지역에서 상업용으로 재배하며, 아이스크림 향료로 널리 쓰인다. 날로 먹어도 맛있어, 아침식사의 씨리얼에 얹어 먹거나 채소 샐러드에 넣기도 한다. 살짝 익히면 향이 더욱 진해진다. 요리사들은 보이젠베리로 소스를 만들거나 갈아서 채로 걸러 농축시켜 걸쭉한 퓨레를 만들어 고기 요리에 곁들이기도 하며, 돌버섯 같은 재료와 함께 쓰기도 한다. 보이젠베리는 잼이나, 젤리, 파이, 타르트, 코블러—큰 제빵용 쟁반에 반죽과 과일로 만든 속을 넣고 부풀린 과자의 일종—로 만들어도 좋으며, 생과일에 설탕을 약간 쳐서 크림과 곁들여 먹어도 맛있다. **SH**

Taste: 진하고 달콤한 향 아래 톡 쏘는 맛이 숨어 있다. 블랙베리, 딸기, 라스베리가 모두 여기서기시 살짝 얼굴을 내민다.

매리언베리 Marionberry

영국과 북유럽에서는 보통 관목숲에서 야생 블랙베리를 따지만, 북아메리카에서는 블랙베리 재배가 상당한 규모를 자랑하는 산업이다. 매리언베리는 블랙베리와 라스베리의 일종을 이종 교배시킨, 즙이 많은 종이다. 반짝이는 검은색으로, 탱탱하고 열매의 크기가 비교적 크며, 매우 진한 과일 향을 풍긴다. 매리언베리는 1950년대 미국 오레곤 주에서 품종 개량 프로그램의 일환으로 개발하여 재배하기 시작하였으며, 매리언 카운티의 이름을 따서 붙였다.

매리언베리는 보통 7월 10일부터 8월 10일까지 약 한 달 정도만 생과일로 얻을 수 있고, 이 시기가 지나면 냉동시켜 판매한다. 맛있는 젤리, 잼, 아이스크림, 소르베 등을 만들 수 있으며 팬케이크나 와플에 곁들여 먹어도 좋다. 퓨레로 만들면 향기 가득한 매리네이드—고기나 생선 등을 재워두기 위해 기름, 식초, 향신료, 허브 등을 넣어 만든 소스의 통칭—로 쓸 수 있으며, 스위트 앤사워 소스에 넣어도 맛있다. 미국의 셰프들은 귀리와 건과류를 섞은 그라놀라에 벌꿀 요구르트와 매리언베리 퓨레를 얹어주기도 한다. 실험정신이 투철한 요리사는 매리언베리로 만든 글레이즈와 방울뱀 고기라는 상상하기 힘든 조합을 시도하기도 한다. **SH**

Taste: 매리언베리는 강렬한 블랙베리 향—달콤하고 약간 사향 냄새가 나는—을 지니고 있다. 가장 맛있는 매리언베리라면 단맛과 톡 쏘는 맛의 완벽한 조화를 보여줄 수 있다.

신선한 보이젠베리는 금방 상해버리기 때문에 따고 나서 3일 이내에 먹어치워야 한다.

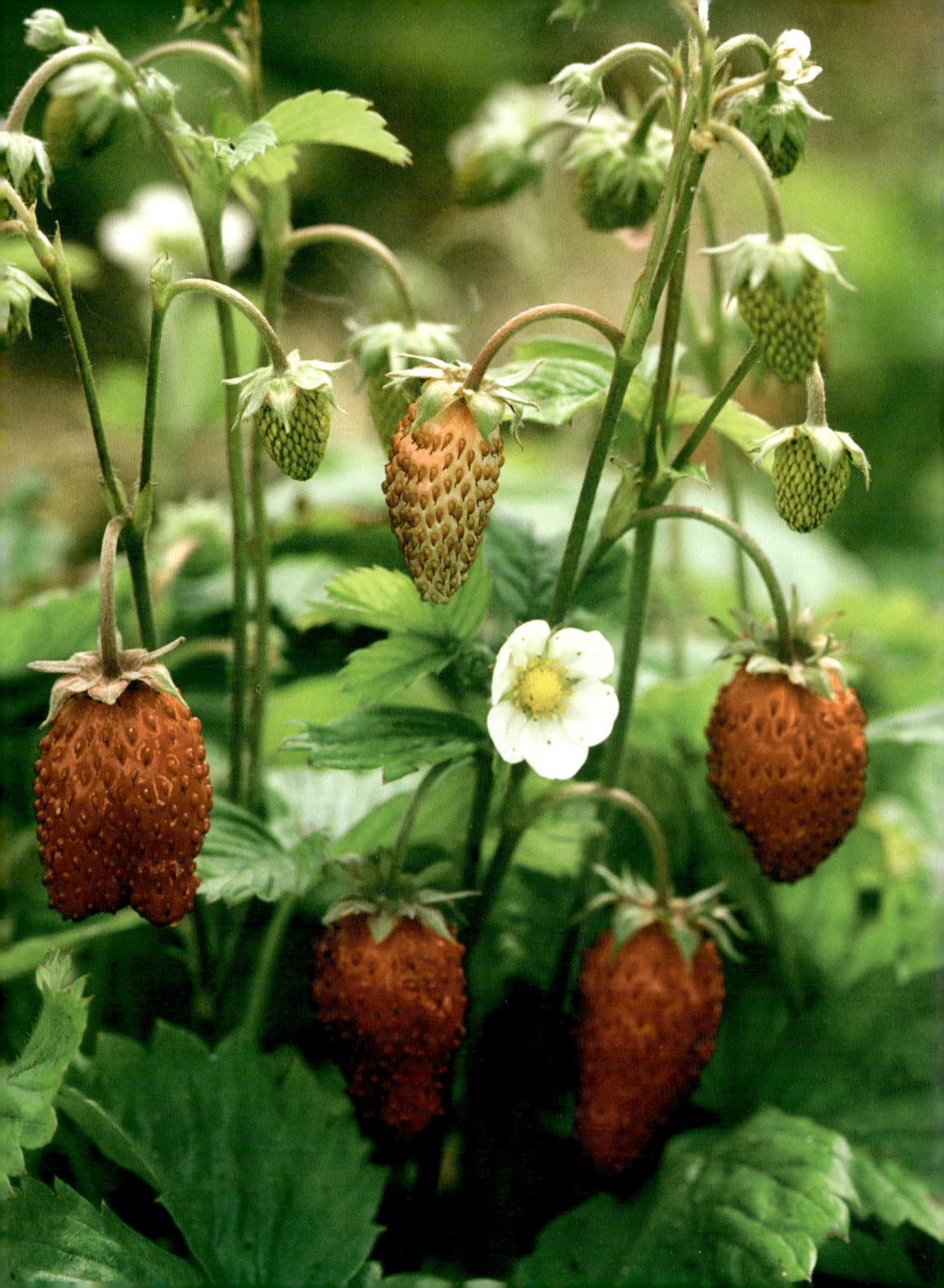

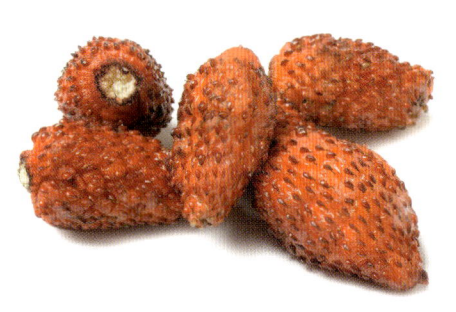

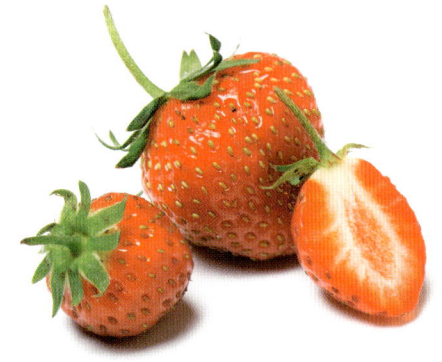

알프스 딸기
Alpine Strawberry

프랑스어로 'fraises des bois(숲 딸기)', 이탈리아어로 'fragole di bosco(삼림 딸기)'라는 이름에서 알 수 있듯, 이 작고 맛있는 딸기는 야생 과일이다. 그러나 물론 야생에서도 자라지만 14세기 이후로는 정원에서 재배하는 경우가 더 많다. 이미 1386년에 프랑스 국왕 샤를 V세가 정원사를 시켜 1만 2천 포기의 알프스 딸기를 심게 했다는 기록이 있다.

크기가 더 큰 다른 딸기들과는 달리 알프스 딸기 (Fragaria vesca)는 여름 내내 열매를 맺는다. 크기는 커런트류보다 조금 더 작은, 다듬은 새끼손톱만한 크기이다. 당도나 즙이 많고 적고는 열매에 따라 조금씩 다르지만, 언제나 강하고 독특한 향기를 뿜는다.

알프스 딸기는 너무 잘 상하기 때문에 상업용으로는 거의 재배하지 않는다. 열매를 딸 때에는 각별히 조심하지 않으면 색이 변하거나 상처가 생길 수 있다. 17세기에는 야생의 알프스 딸기를 뿌리째 파내어 정원에 옮겨심기도 했고, 1810년대에는 아예 줄기째 식탁 위에 올려놓아 편의대로 따먹게 했다고 한다. 타르트 오 프레즈 드 부아(tarte aux fraises des bois)로 구워내면 훌륭하고, 호화로운 소르베를 만들 수도 있지만, 역시 날로 먹는 것만큼 맛있을 수는 없다. **MR**

마라 드 부아 스트로베리
Mara des Bois Strawberry

수천년 동안 유럽에서는 조그마한 알프스 딸기가 사랑을 받았다. 8천년 전에 이미 사람들이 따먹었던 이 딸기를 로마인들도 높이 평가했다. 그러나 아메리카 대륙의 발견과 함께 더 크고 튼튼한 품종이 유럽으로 전래되고, 기존의 종과 교배시킨 잡종이 탄생한다. 이러한 경쟁자들과 맞선, 무르고 수확량도 많지 않은 알프스 딸기들은 서서히 사람들의 입맛에서 밀려나기 시작했다.

1991년, 프랑스의 한 연구소에서, 4가지 베리류 품종을 이종 교배시킨 마라 드 부아 스트로베리가 탄생했다. 목적은 현대 품종의 단단한 질감 속에 알프스 딸기의 향과 풍미를 담는다는 것이었다. 생장기를 늘려 봄부터 첫서리 때까지 수확할 수 있는 이 환상적으로 향긋한 딸기는 곧 최고의 몸값을 받게 되었으며, 오늘날 프랑스의 딸기 생산량 중 약 10%를 차지하고 있다.

색깔은 벽돌색부터 핑크빛이 감도는 보라색까지, 크기는 완두콩처럼 작은 것부터 자두처럼 커다란 것까지 다양하다. 프랑스 남서부, 캘리포니아, 영국, 그 외 여러 곳에서 재배한다. **HF-L**

Taste: 알프스 딸기는 잘 익은 열매를 한 움큼 따서 입에 털어넣는 것이 가장 맛있다. 열매 하나하나로 보면 약간 새콤하지만 한 입 가득 먹으면 완전하고 강렬한 베리의 향미를 느낄 수 있다.

Taste: 야생 딸기의 사향 향기와 현대 품종의 탄탄한 과육을 결합시킨 마라 드 부아 스트로베리는 달콤함과 새콤함의 균형을 이루며 입 안에서 녹아내린다.

알프스 딸기는 야생에서건 정원에서건 완전히 무르익었을 때
따는 것이 가장 맛있다.

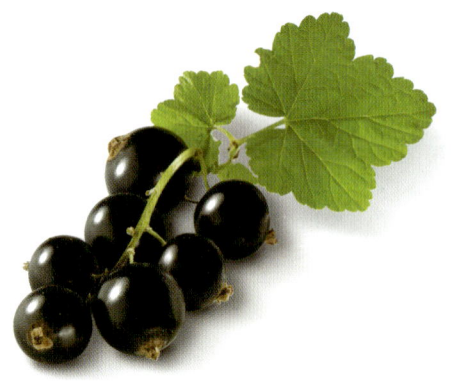

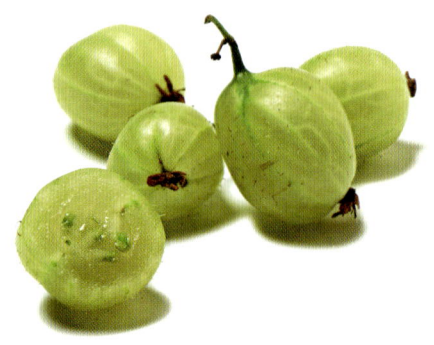

카세이유 Casseille

과일의 이종 교배는 더 이상 신과학이라고 부를 수도 없다. 배와 사과를 접붙이는 세상이다. 만다린 귤과 그레이프프루트의 잡종인 탄젤로라는 과일도 있다. 카세이유, 혹은 조스터베리(학명 Ribes x culverwellii)라고 부르는 이 과일은 비교적 최근에 탄생한 종이다. 독일의 루돌프 바우어 박사가 1970년대에 블랙커런트와 구스베리를 교배시켜 만들었으며, 블랙커런트보다는 크지만 과육은 구스베리와 질감이 비슷하다.

커런트나 구스베리처럼 따기 불편하지도 않고, 조그만 무스카트 포도만한 크기로 부엌에서 쓰기에 딱 좋다. 구스베리를 많이 재배하는 영국에서는 아직 그리 눈에 띄는 식재료는 아니지만, 프랑스인들은 이 과일의 잠재력을 알아보고 냉큼 기회를 잡았다. 날로 먹어도 좋지만, 잼, 병조림, 설탕 시럽에 끓여 졸인 콩포트, 바바리안 크림이라고도 하는 크렘 바바루아즈(거품 낸 크림, 과일 퓌레, 달걀 흰자, 젤라틴 등을 섞어 차게 식혀서 먹는 프랑스 디저트), 소르베, 아이스크림 등 어떻게 먹어도 맛있는 팔방미인이다. 크렘 드 카세이유라는 리큐르를 만들기도 한다. **MR**

구스베리 Gooseberry

거위고기에 쓰는 소스는 고등어에도 쓸 수 있다. 영어로 '구스베리'(goose는 거위), 프랑스어로는 직역하면 '고등어 커런트'라는 이름은 일찍부터 유럽에서 고기나 생선의 기름기를 상쇄하기 위해 짜릿한 맛의 소스를 만드는 데에 구스베리를 사용했다는 사실을 알려준다. 그러나 구스베리가 반드시 새콤한 것은 아니다. 완전히 무르익었을 때 따면 달콤하고 주이시하다. 구스베리에는 네 가지 색깔—노랑, 초록, 빨강 그리고 '하양'—이 있다. 어떤 것은 보풀이 복슬복슬하고, 어떤 것은 가시가 뾰족뾰족 돋아 있으며, 어떤 것들은 매끄럽다. 진주처럼 하얗거나 거의 검정에 가까운 것들도 있다.

구스베리(Ribes grossularia)는 유럽 대륙에서는 그다지 인기를 끌지 못했지만, 잉글랜드 북부, 특히 체셔 카운티에서는 각광을 받았다. 1786년 이래 그 해의 가장 큰 구스베리 열매를 경쟁하는 대회도 있었으며, 19세기 중반까지는 영국 전역에 250개의 아마추어 구스베리 협회가 있었다. 지금까지 기록상 가장 무거운 구스베리는 60그램이었다. 영국에서는 일반 가정에서 만든 구스베리와 잼이 인기가 높다. 가장 전형적인 영국 요리라 할 수 있는 구스베리 풀은 구스베리와 휘핑크림을 섞고 엘더플라워로 맛을 낸다. **MR**

Taste: 카세이유 설탕절임은 블랙커런트보다 향이 덜 강하지만 비슷하다. 입안에서는 더 싱큼하고 가벼우며, 블랙커런트의 끈적한 강렬함보다 덜 물린다.

Taste: 요리에 쓰기 위해 미리 딴 덜 익은 구스베리는 단단하고 날카롭다. 잘 익은 구스베리에는 씨가 많고, 미끌미끌한 과육이 주위를 싸고 있다. 달콤하고 싱큼한 맛이 난다.

보풀이 복슬복슬한 구스베리는 씨가 많으며, 통째로 넣어 굽는 디저트로 만들면 독특한 질감을 맛볼 수 있다. ➜

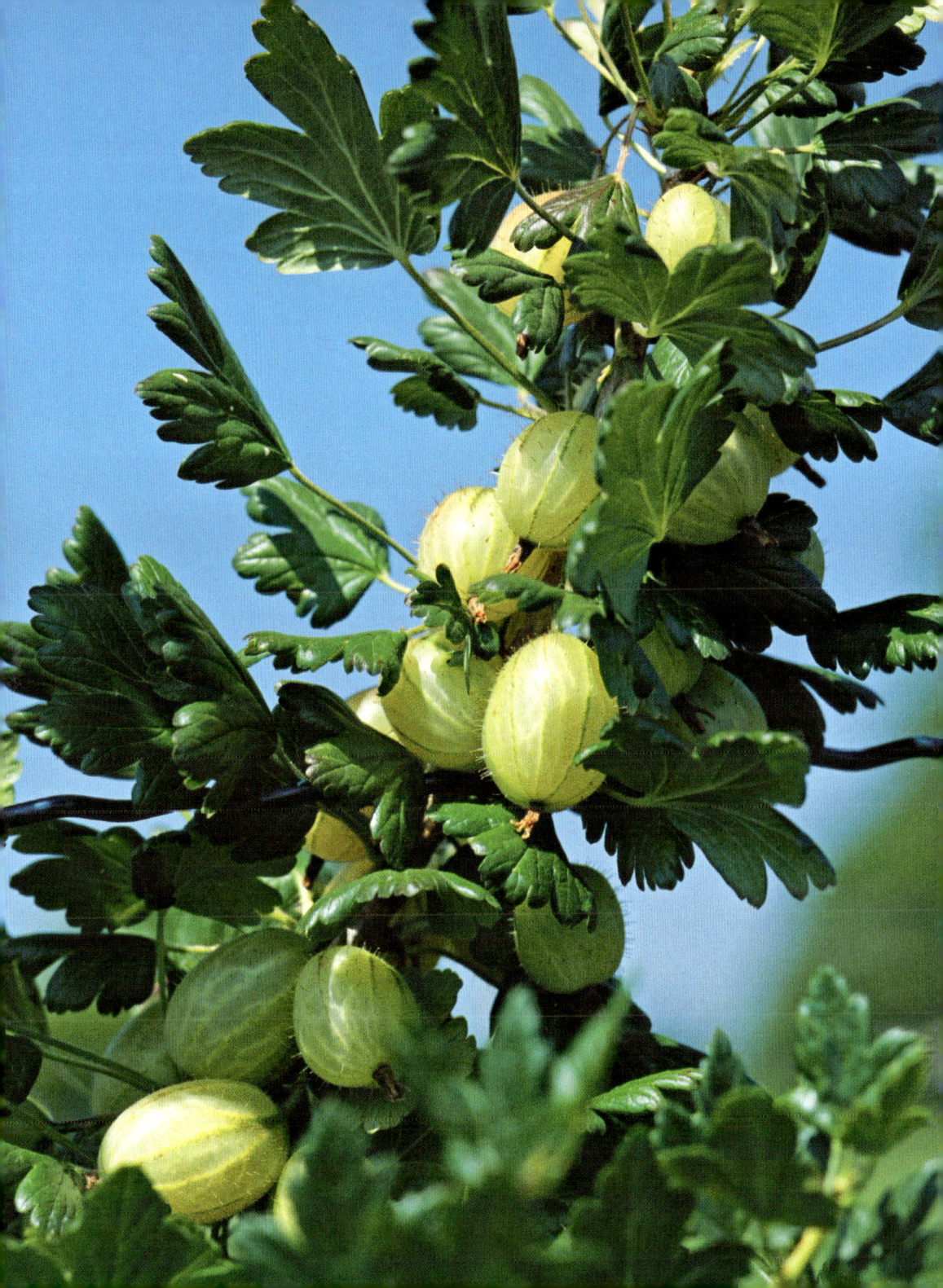

미라클베리 Miracle Berry

서아프리카 원산인 미라클베리는 키가 작고 진달래 비슷한 관목으로, 당단백질의 일종인 미라쿨린—달지는 않지만 용해가 빠르고, 신맛을 단맛으로 바꾸어 주는 성질이 있어 감미료로 사용—을 많이 함유하고 있어 그런 이름이 붙었다. 그러나 단 것을 좋아하면서도 다이어트를 하고자 하는 사람이라면 그야말로 미라클(기적)이라는 말이 나올 만하다. 원산지에서 수백년간 사랑을 받았던 이 과일은, 1930년대 미국의 탐험가 데이비드 페어차일드의 시선을 끌었다.

미라쿨린은 단백질의 일종으로 혀의 미뢰에 작용하여 신 음식이 달게 느껴지도록 해준다. 일본 도쿄의 한 카페에서 이러한 성질을 활용하여, 어떤 메뉴라도 100칼로리 이하로 제한하는, 그야말로 놀라운 셀링 포인트를 만들어내는 데 성공했다. 테이블 주위에 둘러앉은 다이어트광들은 신나게 케이크와 디저트를 먹어치웠다. 레몬과 라임으로 만들었기 때문에 입이 돌아갈 정도로 시지만, 미라클베리 열매를 한 알만 미리 먹어두면 걱정할 필요가 없다. 미라쿨린은 활성화된 당단백질 분자와 미뢰의 미각 세포를 길게 꼬리를 문 탄수화물 고리로 단단히 묶는 작용을 한다. 단백질이 미뢰의 기능을 단시간 전환시키는 것이다. 따라서 미라쿨린은 달콤한 음식을 더 달게 만들어 주지는 못한다. 미라쿨린은 그 후에 무엇을 먹느냐에 따라 효과가 다르며, 특히 쓴 약을 보다 먹기 쉽게 만들기 위해 이용되어 왔다.

미라클 프루트, 또는 세런디피티 베리(serendipity는 영어로 '횡재'라는 뜻)라는 이름으로도 알려진 이 새빨간 열매는 크기가 포도알만하며, 작고 하얀 꽃을 피운다. 서아프리카에서는 수세기 동안 감미료로 쓰였지만, 그 밖의 지역에서는 오랫동안 그 존재조차 알려져 있지 않았다. 서늘한 날씨에서는 잘 자라지 못하는 데다가, 열매가 금방 상하므로 수출 또한 여의치 않았기 때문이다. 지금은 냉동 건조라는 기술 덕분에 전 세계 사람들이 즐길 수 있게 되었다. **WS**

Taste: 씨를 빼버리고. 엷은 단맛이 느껴지기는 하지만 밍밍한 맛의 과육을 씹어 보라. 그 뒤 아무리 신 것을 먹어도 몇 시간 동안은 달게 느껴질 것이다.

산자나무 (비타민나무) Sea Buckthorn

밝은 오렌지색 열매를 맺는 이 뾰족뾰족한 식물은 북아시아와 유럽이 원산지이며, 빙하시대가 끝난 뒤 스칸디나비아 반도에 정착한 최초의 식물 중 하나이다. 추위에 잘 견디고 원기왕성한 이 나무는 개척정신이 투철한 종으로, 모래투성이 산지나 해안 지방 외에도 극단적인 기후에서도 잘 자란다. 산자나무(Hippophae rhamnoides)의 열매는 오랫동안 건강에 좋기로 이름이 났으며, 고대 티베트 의학, 중국의 전통 약초학, 그리고 인도의 아유르베다 의학에서도 언급하고 있다. 오늘날 산자나무의 열매는 정말 입이 벌어질 정도로 비타민 C와 E 함량이 높으며, 최근에는 콜레스테롤 수치를 낮추는 화합물의 원료로 개발하려는 연구가 진행되면서 아예 '수퍼 베리'로 마케팅을 하고 있다.

산자나무는 혹한에도 잘 견디며, 긴 가시로 덮여 있어 영어로는 알프스모래가시나무(Alpine sandthorn), 시베리아 파인애플 등으로도 불린다. 이 타고난 방어무기 덕분에 산자나무 열매를 따기란 쉽지 않지만, 러시아에서는 가시가 없는 종도 재배하고 있다. 스칸디나비아에서는 열매가 가시투성이 나무에 그대로 달려 있는 상태에서 그 즙을 짜내는 특별한 도구를 사용한다. 다른 지역에서는 기구나 손으로 나무를 흔들어 열매를 떨어뜨린다.

스칸디나비아에서는 이 새콤달콤한 열매가 특별한 별미이다. 영광스러운 노벨상 수상자들을 위한 만찬에도 전통 아이스크림의 원료로 오른다. 그 즙은 디저트, 잼, 소스, 그리고 감자로 만든, 알코올 도수 32도 안팎의 독한 증류수인 쉬납스 등을 만드는 데에도 쓰인다. 건강식품 전문점에서는 건조시켜 분말로 만든 산자나무 열매를 판매하며, 스무디에 섞거나, 요구르트나 포리지—오트밀을 물이나 우유에 끓인 죽—에 뿌려 먹는다. 산자나무 열매로 만든 주스도 있으며, 보통 다른 과일 주스와 섞어 마신다. 산자나무는 한방약과 스킨케어 제품의 원료로도 쓰인다. **CC**

Taste: 산자나무는 독특한 감귤 맛이 나며, 패션프루트와 비슷한 상큼한 향이 난다. 보통 생과일보다는 설탕을 섞은 주스로 마신다.

열매로 뒤덮인 산자나무. 가지를 활짝 펼쳐 보기에도 멋지다. ➲

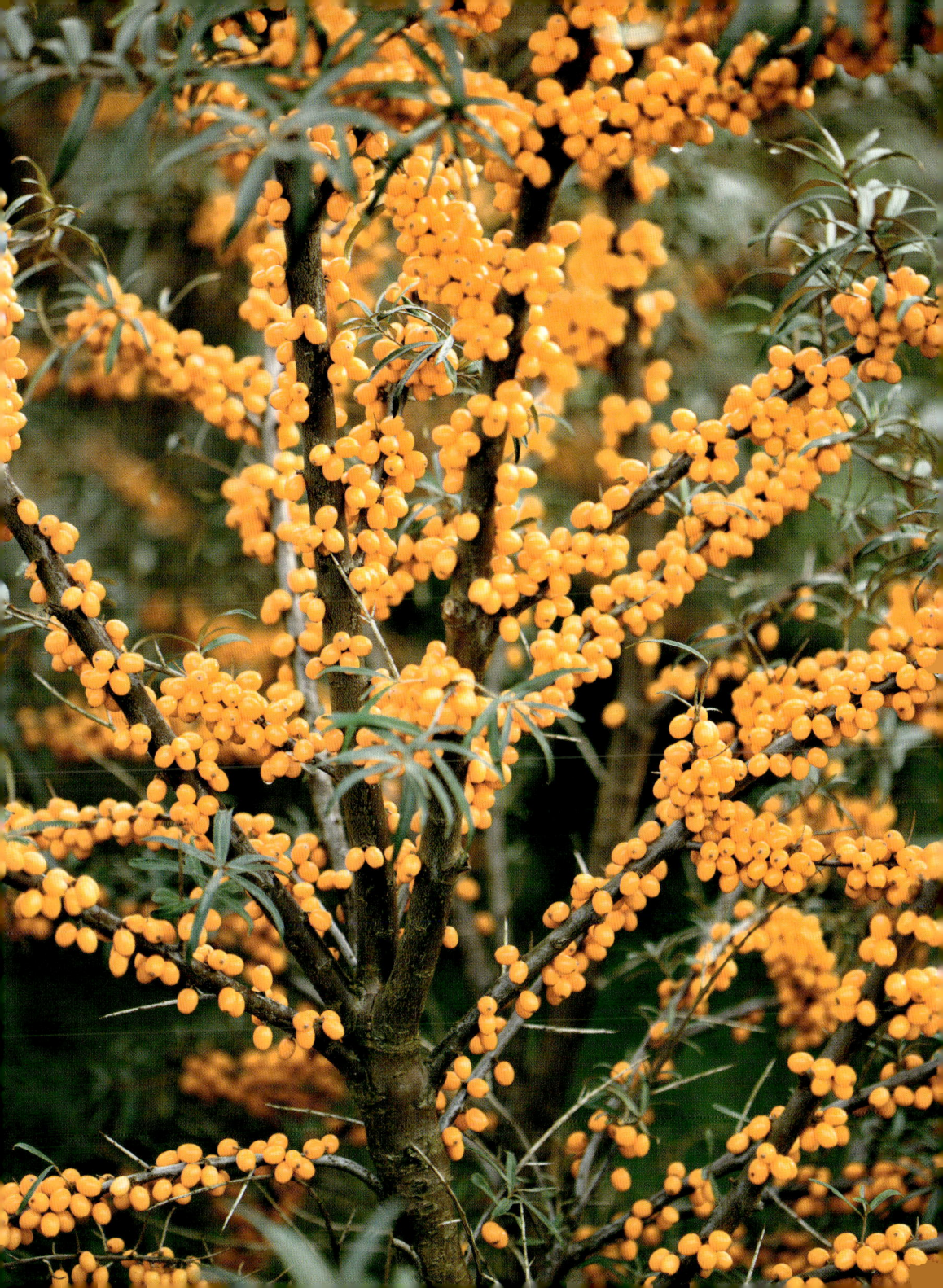

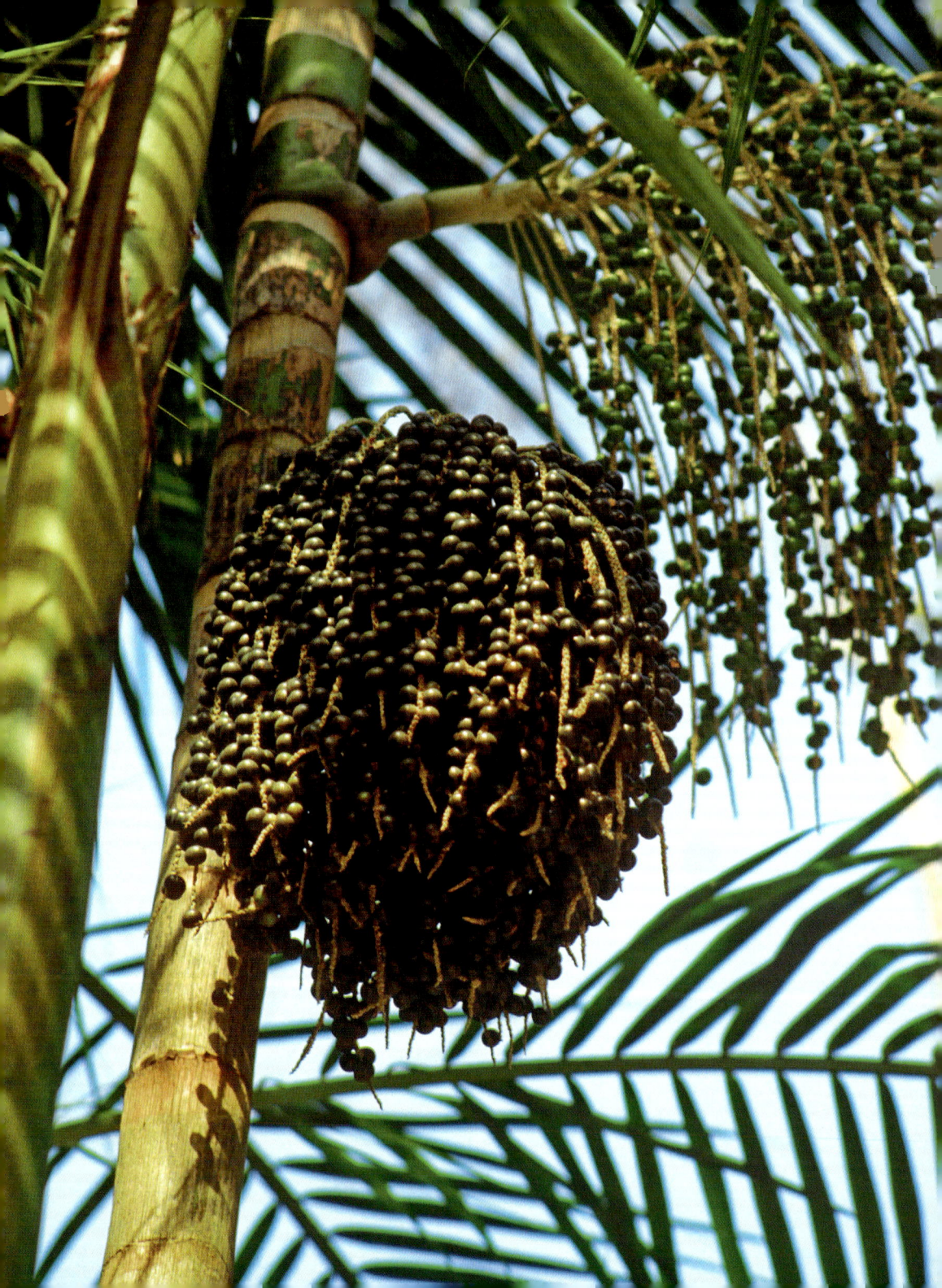

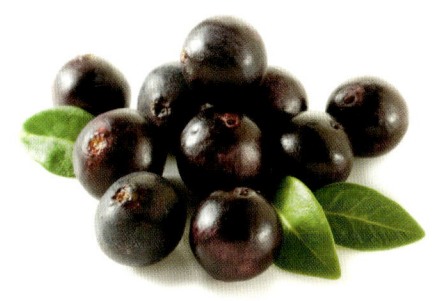

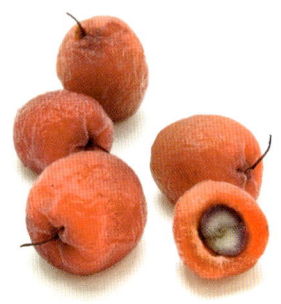

아사이 Açaí

'아마존의 보랏빛 진주'라고도 알려진 아사이는 거의 검정에 가까운 깊은 자주색으로, 탄탄한 과육이 딱딱한 씨를 감싸고 있다. 그러나 과육을 처리해야 한다는 사실을 이 지역 부족이 발견하지 못했다면, 요리에 쓰일 수 있는 잠재력은 알려지지 않았을 것이다. 덕분에 걸쭉한 퓌레로 만들게 되었는데, 주스, 무스, 아이스크림의 베이스로 쓰면 환상적이며, 생과일로 먹는 것보다 오래 보관할 수 있다. 아사이는 키가 크고 잎이 많은 야자나무에서 송이로 열린다. 아사이 나무(Euterpe oleracea)는 키가 20미터 이상 자라며, 아마존 강과 그 지류 유역, 열대우림 깊숙한 곳에서 찾아볼 수 있다. 이 지역 주민들은 매일 아사이 열매를 따서 강 하류로 내려보내 베르-오-페소 같은 시장에서 판다. 베르-오-페소는 파라 주의 주도인 벨렘에 있는, 식민시대 이래의 옥내 시장이다.

아사이는 원기를 충전시켜 주는 아침식사로 그만이지만, 자기 나라의 다양한 면모를 음식에 담아내고자 하는 리우나 상파울루의 보다 도회적인 셰프들은 오븐에 구운 육류나 크렘 카라멜, 아이스크림 등의 디저트에 곁들이는 소스를 만드는 데에 쓴다. 브라질 밖에서도 수퍼푸드로 점차 명성을 얻고 있다. **AL**

라이베리 Riberry

흔히 쓰는 향신료인 정향과 생물학적으로 가까운 라이베리(Syzygium leumannii)는 뉴사우스웨일스 북부가 원산인 작은 열대우림 수목이다. 분달룽 족을 비롯한 이 지역 원주민들은 가축의 먹이로 사용했다. 오늘날에는 동부 해안을 따라 도시에서 장식용 식물로 널리 쓰이고 있다. 10년 된 나무나 화분에 담은 표본이나 보기에도 멋진 장미꽃을 한가득 피우며, 그로부터 몇 달 못 되어 크리스마스 무렵이 되면 하트 모양의 새빨간 열매가 맺는다. 열매는 손으로 따서 줄기를 없앤 뒤 깨끗하게 씻는다. 그런 다음 냉동 보관하거나 스프레드나 식초 같은 저장 식품으로 만든다.

디저트, 특히 초콜릿과 함께 먹으면 맛있다. 시중에서 파는 라이베리 콩피트는 진한 초콜릿 무스에 곁들이면 그야말로 환상적이다. 라이베리 보드카티니—보드카와 베르무트로 만든 칵테일로, 보드카 마티니라고도 함—로 만들어도 좋으며, 볶음밥에 넣어도 맛있다. 오스트레일리아에서는 포트와인에 미디움레어로 익힌 캥거루 고기와 라이베리 콩피트를 함께 먹는 것이 전통이다. 설탕에 재운 라이베리 과일의 단맛을 상쇄하려면 레드와인 식초가 잘 어울리며, 시럽을 따라버리고 열매만 따로 치즈와 먹어도 멋지다. **VC**

Taste: 아사이 열매의 신맛과 초콜릿에 견줄 만한 깊은 씁쓸한 맛은 설탕이나 벌꿀로 균형을 맞추어 주면 신년복을 발휘한다.

Taste: 라이베리에는 씨가 없으며, 수박과 비슷한 질감에, 계피와 정향 향기를 풍긴다. 씨가 있는 품종 중에서는 정향을 더 흔히 사용한다.

토착 부족들이 먹는 이 열대우림 과일은 건강에 좋다는 이유로 어마어마한 찬사의 대상이다.

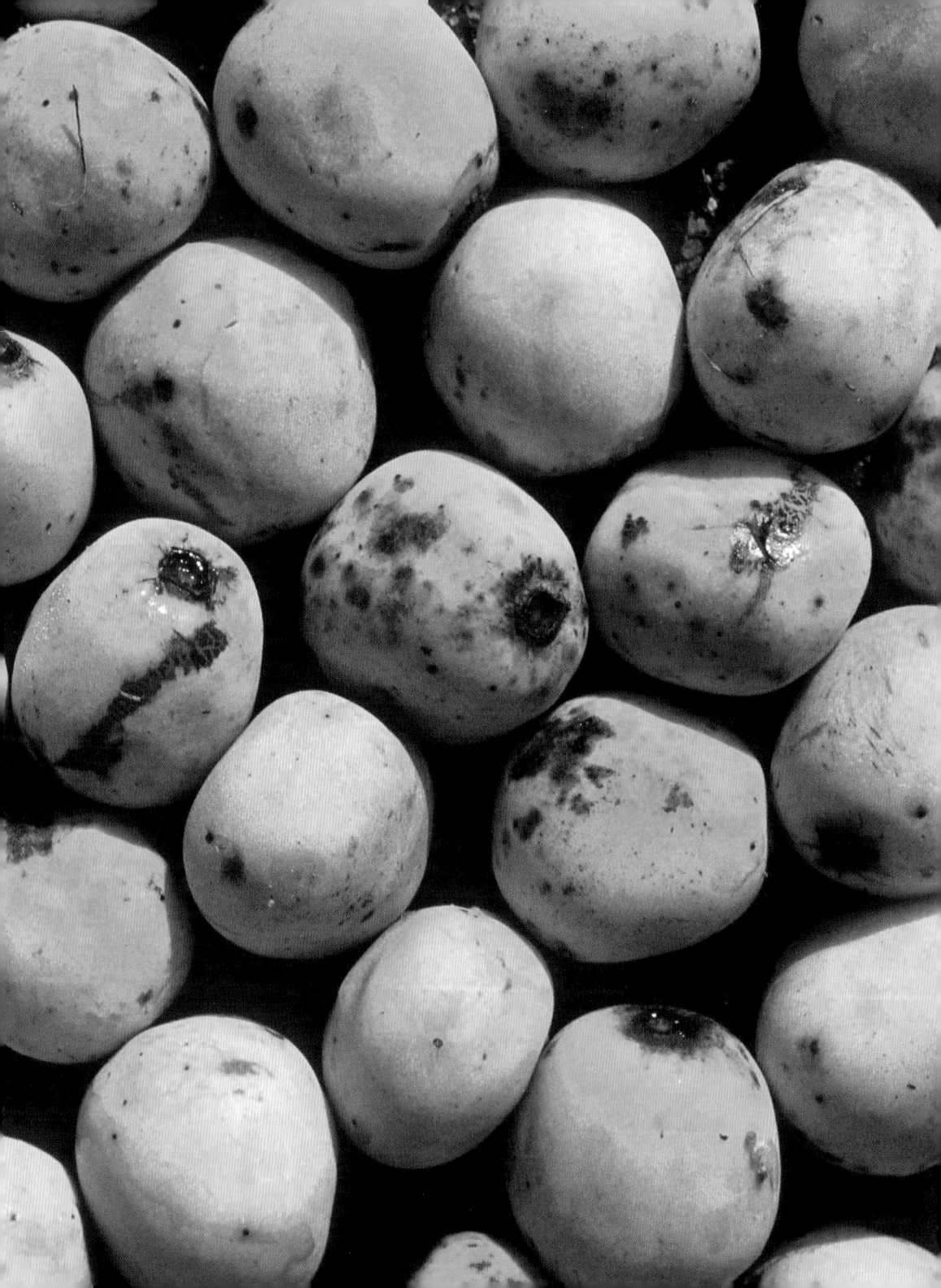

마룰라 Marula

민간 전승에 의하면, 코끼리들이 나무에서 떨어져서 살짝 발효된 마룰라 열매를 먹고 취한다고 한다. 확실히 코끼리는 마룰라 열매라면 사족을 못쓰며, 이 때문에 남아프리카에서는 마룰라 나무를 '코끼리 나무'라고 부르기도 한다. 그건 어떻든 간에, 마룰라(Scelerocarya birrea)는 기원전 1만년 무렵부터 아프리카 남부에서 수많은 생물들이 먹어왔다. 메마른 모래흙에서 잘 자라며 가뭄에 잘 견디는 마룰라 나무는 사바나나 벨트(veldt, 아프리카 남부의 평평한 고원지대)에서 흔히 볼 수 있다.

마룰라는 아프리카 곳곳에서 신성한 나무로 여겨왔으며, 다산과 남자의 생식력 등 다양한 주술적 힘을 가지고 있다고 믿는다. 벤다족들은 마룰라 나무 껍질로 태아의 성을 결정짓는다고 한다. 수나무의 껍질을 우려낸 물을 먹으면 아들을, 암나무의 껍질을 우려낸 물을 먹으면 딸을 낳는다는 것이다. 이렇듯 신성한 나무이니만큼 마룰라 열매를 야생에서 따는 것은 축하할 만한 일이며, 수확 축제를 열기도 한다.

마룰라는 열매를 많이 맺는 나무로, 역사적으로도 아프리카 각지에서 중요한 식량 공급원이었다. 마룰라 열매는 골프공만하며, 녹색이었다가 익으면 옅은 노랑으로 바뀐다. 오렌지보다 비타민 C 함유량이 몇 배나 높다. 매끄럽고 윤이 나는 노란 껍질을 벗기면 하얀 속살이 드러난다. 완전히 무르익은 마룰라 열매로는 다양한 잼과 셸리를 만든다. 또 와인, 맥주, 남아프리카공화국의 밀주 브랜디 '맘푸우르(mampoer)', 그리고 크림 리큐르인 아마룰라의 원료로도 쓰인다. 열매 안에 있는 단단한 갈색의 핵 안에는 낱씨 알갱이가 들어 있는데, 이 역시 먹을 수 있으며 포리지에 넣거나 향료로 사용한다. 이 씨에서 짜낸 기름은 화장품의 원료로 쓰이기도 한다. **HFi**

마잔제 Mazhanje

아프리카에서 상업용 작물로 높은 평가를 받고 있는 마잔제(Uapaca kirkiana)는 서리 걱정이 없고 비가 충분히 내리는 중고도 지역에서 자라는 아프리카 원산의 열대 과일이다. 영양과 코끼리들은 땅에 떨어져 발효하고 있는 마잔제 열매를 좋아한다. 짐바브웨에서 즐겨먹는 이 과일의 이름은 쇼나어에서 유래했다. 영어로는 와일드 로코앗(wild loquat)이라 부르며, 아프리카에서는 지역에 따라 저마다 다른 이름으로 부른다.

마잔제 나무는 짐바브웨, 앙골라, 나미비아, 보츠와나, 남아프리카공화국, 잠비아, 탄자니아, 모잠비크에 걸쳐 있는 아프리카 남부 삼림 지대의 미옴보 생태 구역에서 자란다. 베리류와 유사한 열매는 직경이 4센티미터나 되는 것도 있으며, 씁쓸한 적갈색의 껍질 속에 노란 빛이 도는 갈색의 속살이 단단한 하얀 씨와 함께 묻혀 있다. 과육은 날것으로 먹을 수 있지만, 씁쓸한 타닌을 포함하고 있는 질긴 껍질과 씨는 버린다. 잘 익은 열매의 중량은 50그램까지 나간다. 마잔제는 지방 함량이 적고, 칼륨을 풍부하게 함유하고 있어 구황식으로 요긴하게 쓰인다.

마잔제 열매는 주로 여자와 어린이들이 야생에서 채집한다. 땅에 떨어진 열매를 줍거나 낮게 드리운 가지에서 따서 길가에 늘어놓고 판다. 잘 익은 열매의 과육은 옥수수를 굵게 빻은 가루로 만든 죽에 넣어 단맛을 내거나, 그 지방 토산 맥주나 과자를 만드는 데에 쓰인다. 빵에 발라 먹는 잼을 만들기도 하는데, 이 잼은 한 숟가락씩 파는 것이 보통이다. 또 열매를 쪼개 물에 담가 발효시키면 달콤하고 사람을 취하게 하는 술이 된다. 말라위에서는 뿌연 맥주인 '나폴로 우카나(napolo ukana)'와 '가차수(kachasu)'라는 이름의 진의 원료로 쓴다. **CK**

Taste: 마룰라에서는 흙과 과일 향기가 풍긴다. 껍질을 벗기면 한가운데 박혀 있는 핵이 튀어나오며, 그 주위를 감싸고 있던 과육이 입안을 가득 채운다. 과육은 상큼하고 새콤달콤하다.

Taste: 잘 익은 마잔제 열매의 과육은 벌꿀처럼 달콤한 향미를 풍기며, 오렌지와 배를 섞어놓은 듯한 맛이 난다. 육질이 좋고, 호박과 비슷한 질감이다.

발효하는 마룰라 열매는 야생동물들을 취하게 하는 것으로 알려져 있으며, 맥주의 원료로도 쓰인다.

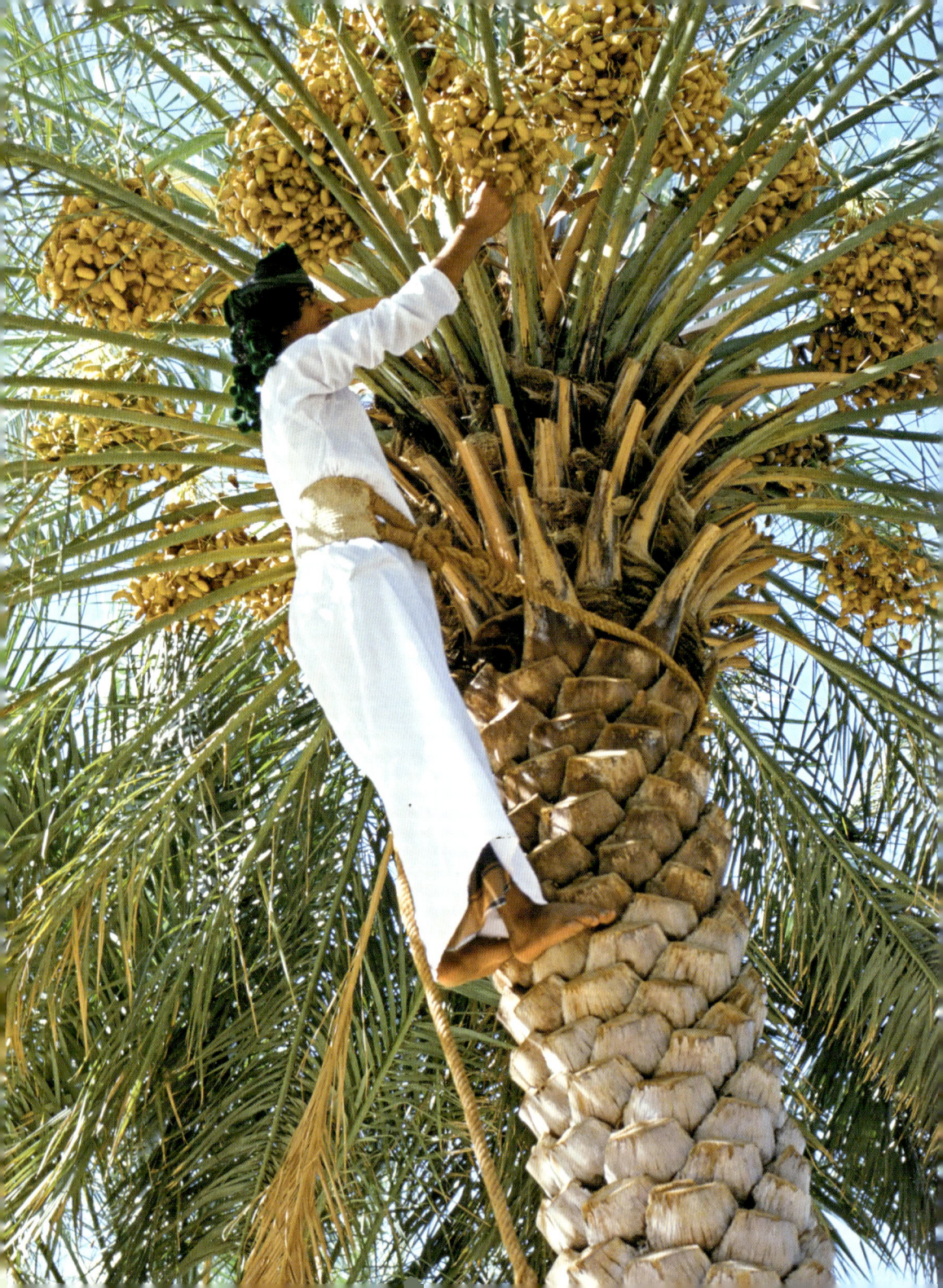

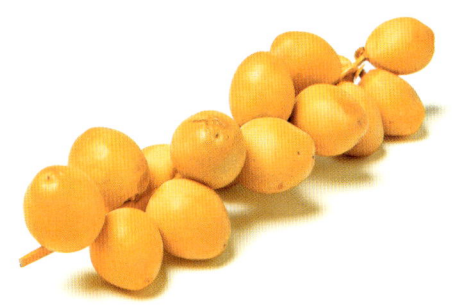

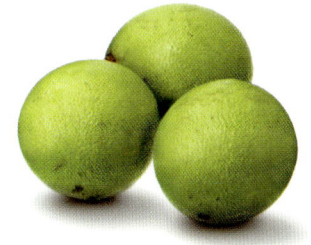

바리 대추야자 Barhi Date

마몬치요 Mamoncillo

대추야자는 북아프리카에서 캘리포니아에 이르는 더운 기후에서 무리지어 자라는 야자나무의 일종(Phoenix dactylifera)에서 얻는 열매로, 선사시대부터 재배해 온 것으로 알려져 있다. 이집트와 메소포타미아에서 고대 문명이 꽃을 피우기 시작했을 무렵, 이미 인류의 주식이었으며, 중동과 북아프리카에서는 오늘날까지도 매우 중요한 과일이다.

대추야자가 성숙하는 주기는 아랍어 이름으로 전 세계에 널리 알려져 있다. 칼랄에는 열매가 완전한 크기에 이르지만, 여전히 단단하고 색이 옅다. 비스르에는 열매에 빛깔이 돌기 시작하며, 루타브에는 맨 꼭지부터 부드러워지기 시작한다. 타므르에는 열매를 따도 좋다. 바리 대추야자는 칼랄 단계부터 먹을 수 있는 몇 안 되는 품종 중 하나이다. 오늘날 이라크의 바스라가 원산지인 것으로 추정되며, 아랍 세계에서 널리 즐겨먹는 품종이다. 20세기 초 이래로는 캘리포니아에서도 재배하고 있다. 칼랄 단계에서는 단단하고 둥글고 연노랑색을 띠며 사과처럼 아삭아삭하고 당도가 높다. 루타브 단계에서는 터지기 쉬운 껍질 속에 꽉 차 있는 달콤한 액체 때문에 '허니 볼(honey ball)'이라는 별칭으로도 불린다. **FC**

마몬치요는 중앙 아메리카와 남아메리카, 그리고 카리브해 전역의 길가에서 내키는 대로 따서 그 자리에서 먹을 수 있다. 여름이 찾아오면, 이 에메랄드 녹색의 둥근 과일은 시원한 그늘을 제공해 주는 나무 위에서 송이송이 익어간다. 타는 듯한 열대의 오후, 나무 그늘에서 손에 쥔 마몬치요 열매의 살과 즙을 쩝쩝거리며 먹어보자. 마몬치요는 디저트, 살사, 그리고 햇빛 눈부신 해변에서 제공되는 칵테일에도 등장한다.

제닙(genip), 허니베리(honeyberry), 스패니쉬 라임(Spanish lime) 등의 이름으로도 알려져 있는 마몬치요(Melicoccus bijugatus)는 람부탄이나 용안(longan)과 같은 과에 속한다. 생긴 것도 비슷해서 오렌지빛이 도는 불투명한 핑크색이 과유이 커다란 타원형 씨를 감싸고 있다. 마치 가죽 같은 질감의 먹을 수 없는 껍질은 깨물거나 자르면 거의 파삭 소리를 내며 부서진다. 안쪽의 과육은 미끌미끌하고 조금만 눌러도 쉽게 빠져나온다.

시중에서는 시럽에 절인 마몬치요도 팔고 있지만, 역시 신선한 생과일이 가장 맛있다. 진취적인 셰프라면 안에 들어 있는 씨를 구워서 견과류나 호박씨와 같은 용도로 쓰기도 한다. **TH**

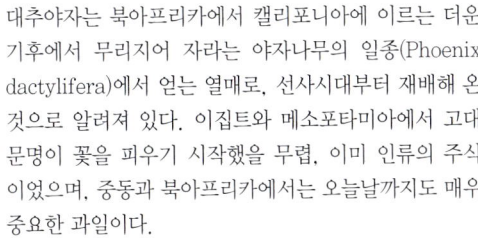

Taste: 바리 대추야자는 아삭아삭하고, 단단하고, 다소 섬유질이 느껴지며, 향이 피어나기 전까지는 살짝 떫은 맛이다. 사탕수수, 계피, 끓인 과일, 설탕에 절인 견과류의 향이 난다.

Taste: 마몬치요는 여지(lychee)나 용안에 비하면 약간 떫지만, 과일 특유의 단맛도 지니고 있다. 망고와 포도를 섞어놓은 듯한 그 단맛은 독특하면서도 상큼하다.

여전히 일꾼들이 손으로 대추야자를 따는 지방이 많다. 한 일꾼이 ◑ 위험을 무릅쓰고 아슬아슬하게 야자나무를 기어 올라가고 있다.

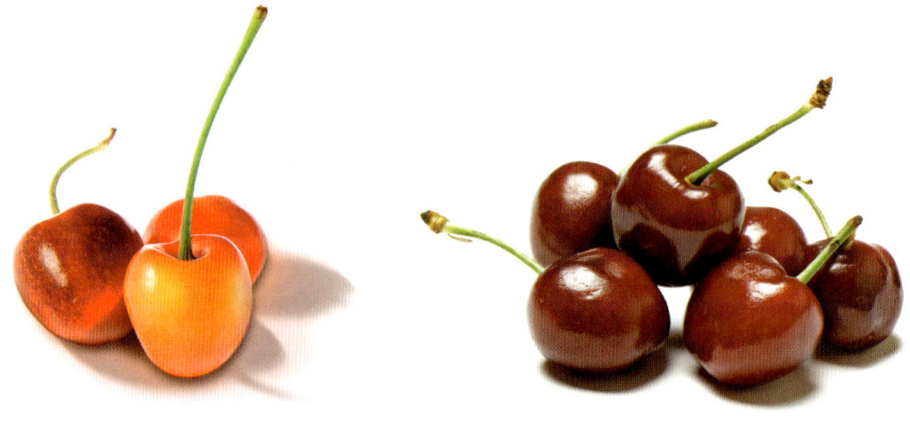

레이니어 체리 Rainier Cherry

오늘날 재배하는 모든 버찌(체리)는 두 종류의 야생 버찌의 후손이다. 모든 '단 버찌'의 조상인 프루누스 아비움(Prunus avium)과, 모든 '신 버찌'의 조상인 프루누스 체라수스(Prunus cerasus)가 바로 그것이다. 워싱턴 주립 대학교(Washington State University)의 과학자였던 해롤드 포글은 1952년 빙(Bing)과 밴(Van)이라는 두 가지 버찌 품종을 교배시켜 강한 단맛을 지닌 레이니어 품종을 개발하였다. 결과는? 노란 속살과 노란 껍질, 그리고 눈부신 홍조를 띤, 섬세한 버찌이다. 이 버찌는 어린 소녀들이 귀걸이로 걸고 놀 만큼 예쁘다. 포글은 워싱턴 주에 있는 케스케이드 산맥의 레이니어 산 이름을 따서 이 품종을 명명하였다.

레이니어 체리의 껍질은 쉽게 무르며, 이 때문에 비바람 등 날씨에 매우 민감하다. 뿐만 아니라 무더운 날씨에도 금방 망가져버린다. 이렇듯 예민하기 때문에 수확 작업이 쉽지 않으며 운반 역시 까다롭다. 결국 다른 품종들처럼 한번에 많은 양을 수확할 수 없기 때문에 비쌀 수밖에 없으며, 특히 수입일 경우에는 거의 배나 비싸다. 레이니어 체리는 버찌가 들어가는 모든 종류의 요리에 쓸 수 있지만, 역시 싱싱하게 날로 먹을 때가 가장 맛있다. 레이니어 체리를 말려서 다크초콜릿으로 코팅한 환상적인 과자도 시중에서 살 수 있다. **SH**

Taste: 단 버찌 중에서도 가장 단맛을 자랑하는 레이니어 체리는 단단하고 쥬이시한 노란 속살과 진한 과실 맛을 지니고 있다. 건조시키면 그 맛이 더욱 농축된다.

그리오트 Griotte

야생 신 버찌(Prunus cerasus)는 아마도 터키의 체라수스에서 그 이름이 기원한 것으로 추정되며, 그 후 북쪽 지방으로 퍼져 나갔다. 신 버찌는 날로 먹으면 그 맛이 짜릿하게 시기 때문에, 주로 요리에 쓰인다. 감미료를 넣거나 하면 그 풍미가 살아난다. 잼, 콤포트, 중유럽과 북유럽의 리큐르의 주원료임은 물론 헝가리의 신 버찌 수프인 '메뮐레베스(meggyleves)', 그리고 슈바르츠밸더 키르쉬토르테(Schwarzwälder kirschtorte, 슈바르츠발트의 버찌 토르트라는 뜻)의 주인공이기도 하다. 키르쉬를 베이스로 한 용액에 통째로 담가 두었다가 '그리오틴(griottines)'이라는 이름으로 팔기도 하며, 설탕 옷을 입히고 쿠르베튀르 초콜릿에 담가 크리스마스 별미로 내놓기도 한다. 벨기에에서는 와인이나 과일 맥주로 만들기도 한다. 나무에서 방금 딴 싱싱한 그리오트 버찌로 클라푸티를 만들면 둘이 먹다 하나가 죽어도 모를 지경이다.

그리오트 버찌는 과일이기는 하지만 맛이 워낙 시어서 과일 가게에서는 팔지 않는 경우가 많으므로 당황하지 마시라. 주로 과수원이나 정원에서 흔히 찾아볼 수 있다. 그 쥬이시함 때문에 조리에 적합하며, 고전 요리인 버찌를 곁들여 구운 오리에는 요리책에서 추천하는 더 달고 색이 옅은 버찌보다 월등하다. **MR**

Taste: 즙이 풍부한 그리오트 버찌는 크기, 모양, 색깔이 다양하다. 모든 품종은 유쾌한 떫은 맛이 나며, 황홀한 과일 향을 품고 있다. 커피부터 달콤한 빨간 과일에 이르기까지 수많은 향기를 풍긴다.

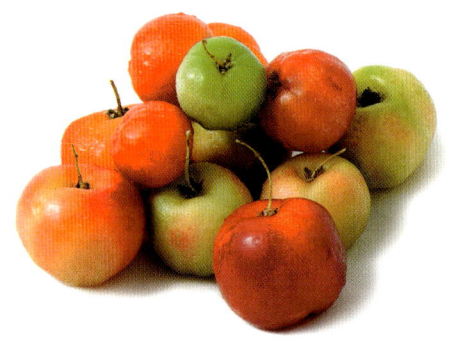

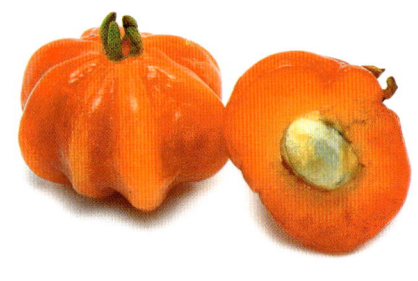

아세롤라 Acerola

세계 최고의 천연 비타민 C 공급원인 아세롤라는 1그램
당 아스코르빈산 함량이 오렌지의 20~30배에 달한다.
거기다 아세롤라 나무가 1년에 세 번 열매를 맺는다는
사실이 더해지면, 아세롤라가 '기적의 과일'이라 불리는
것도 놀랍지 않다.

선명한, 오렌지빛을 살짝 띤 선홍색으로, 밝은 색
깔의 버찌와 비슷하게 보이며, 카리브해의 섬나라인 바
베이도스가 원산지인 것으로 알려져 있다.(아세롤라의
다른 이름은 '바베이도스 체리', '서인도제도 체리'이다.)
사실 아세롤라는 중앙 아메리카에서 유래하였으며, 제
2의 고향이라 할 수 있는 바히아에서 브라질로 전래되
었다. 1950년대에 비타민 C에 대한 관심이 높아지면서
미국에서도 재배를 시작했으며, 그 이후로두 여전히 인
기가 높다.

아세롤라(Malpighia emarginata)는 키가 3미터
까지 자라며, 열대 지방에서는 거의 사철 꽃을 피우는,
그야말로 놀라운 나무이다. 솜씨 좋은 제과 장인의 손
에 들어가면 아세롤라는 그야말로 마법 같은 재료가 된
다―케이크, 콤포트, 잼, 아이스크림도 만들 수 있다.
겉모습이 예쁘기 때문에 영리한 셰프는 샐러드나 메인
디쉬의 장식용으로 쓰기도 한다. **AL**

피탕가 Pitanga

작고, 향긋하고, 지극히 달콤한 이 우아한 과일은 라틴
아메리카의 길고 좁은 땅에 걸쳐 야생으로 자라며, 브라
질의 대서양 연안에 사는 투피 족에 의해 피탕가라는 이
름이 붙었다. 보통은 타는 듯한 선홍색이지만, 익어가면
서 보라색이나 검은색에 가까운 색깔을 띠기도 한다.

피탕가는 눈에 띄는 7~8개의 '갈비뼈'가 있으며,
매우 섬세한 껍질이 통통하고 다치기 쉬운 과육을 보
호하고 있다. 때문에 이 과일은 정원이나 가정 내 과
수원에서만 재배한다. 워낙 상하기 쉽기 때문에 시장
이나 상점에서는 찾아보기가 힘들다. 어찌되었든, 수
리남 체리(Surinam cherry), 브라질 체리(Brazilian
cherry), 고추 체리(Cayenne cherry), 플로리다 체리
(Florida cherry) 등의 별칭은 이 과일이 미국에서 스
리랑카, 심지어 중국에 이르기까지 전 세계로 퍼져나갔
음을 보여준다.

피탕가는 버찌보다 열매의 크기가 크고, 맛도 더
떫고 강하다. 주스, 아이스크림, 잼, 처트니 등으로 만
들어 먹으면 훌륭하다. 브라질 북동부에서는 가정 주부
들이 10월부터 1월까지인 수확기를 참을성 있게 기다
렸다가 리큐르를 만드는데, 이 술은 미약으로 쓰인다
고 한다. **AL**

Taste: 아세롤라는 그 향이 매우 진하다. 기분 좋게 새콤한 버찌 향에
라임 향이 살짝 가미되어 있다. 날로 먹어도 황홀하지만, 주스나 음료
수로 만들어 내면 환상적으로 상큼하다.

Taste: 피탕가의 과육은 부드럽고, 버찌보다 더 강한 단맛을 지녔지만,
동시에 더 짜릿하다. 상큼하게 쌉쌀한 맛 덕분에 단맛이 둥그러워진다.

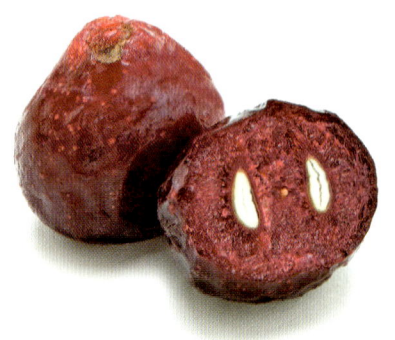

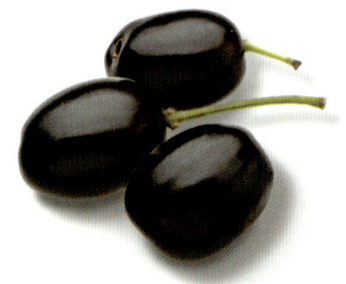

데이빗슨 플럼 Davidson's Plum

자문 Jamun

퀸즐랜드 남동부 열대우림이 원산지인 이 과일은 오스트레일리아 원주민들은 '오오레이(ooray)'라고 부르며, 데이빗슨 플럼 나무(Davidsonia pruriens)의 질기디 질긴 진초록색 잎사귀 사이에 송이송이 매달려 있다.

데이빗슨 플럼은 처음에는 녹색이지만 익어가면서 짙은 보라색이나 밝은 와인색을 띠며, 완전히 익으면 크기가 직경 2.5~6센티미터이다. 유럽의 자두처럼 부드럽고 즙이 많지만(데이빗슨 플럼은 이름만 플럼일 뿐 자두와는 아무 관련이 없다). 듬성듬성 털이 나 있는 것을 제외하면 그 단단한 껍질은 대추야자와 비슷하다. 한 쌍의 씨는 합쳐 놓고 보면 물방울 모양이 되는데, 짧은 섬유들로 빽빽하게 덮여 있다.

진한 색깔과 선명한 핑크색의 즙 덕분에 색채가 부족한 요리에 넣기에 안성맞춤이며, 그 짜릿한 맛은 처트니, 잼, 소스 등과 균형을 이룬다. 레몬처럼, 달콤한 음식과 짭짤한 음식에 똑같이 잘 어울려, 오스트레일리아가 원산인 식품 중에서는 가장 다재다능한 축에 속한다. 야생에서 얼마 안 되는 양을 손으로 수확하던 것을 퀸즐랜드 해안 지방과 뉴사우스웨일스 북부에서 재배하는 쪽으로 바뀌어 가고 있다. **SC-S**

딸기는 인도뿐만 아니라 서양에서도 여름철의 대표 과일이지만, 타는 듯한 6월의 무더위 속에서 오후의 낮잠을 즐기고 있노라면 과일 장수들의 "자문 칼-레이, 칼-레이!(검은, 검은 자문이요~)" 하는 외침 소리가 들려온다. 한 무리의 어린아이들이 재빨리 달려가 한 웅큼의 진보랏빛 과일을 사서는 암염을 한 줌 뿌려 게걸스럽게 먹어치운다.

자문은 커다란 검은 올리브와 크기와 모양이 비슷하며, 키가 크고 울창한 나무에서 자란다. 이 나무는 여름철이면 태양과 더위를 피하기에 그만이다. 잘 익은 자문이 송이송이 매달리고, 공공장소에 있는 나무의 경우에는 해마다 그 열매를 수확할 수 있도록 허가 계약을 내준다. 6월부터는 바람이 조금만 불어도 무르익은 과일이 뚝뚝 떨어져 사람들이 밟기라도 하면 길거리가 온통 시꺼먼 보라색으로 물들기 때문이다.

잠불, 잠볼란, 자바 플럼 등의 이름으로도 부르는 자문(Syzygium cumini)은 인도 대륙의 대부분과 동남아시아에서 자라며, 하와이와 잔지바르까지도 전파되었다. 여름철 군것질거리 외에도 말려서 가루로 빻아 소화제로 쓰거나 맛을 내기 위한 국물을 만들기도 한다. **RD**

Taste: 데이빗슨 플럼은 그냥 먹으면 시다. 설탕과 1:1의 비율로 뭉근하게 끓이면 신맛은 누그러지고, 풀, 송진, 녹색 고추의 향도 부드러워진다.

Taste: 달콤한 것도 있고 새큼한 것도 있지만, 조금 덜 익은 자문은 입안에 주름이 생길 정도로 떫다. 달든 시든 입을 짙은 보라색으로 물들여놓는 것은 똑같다.

수확한 자문을 펼쳐놓고 있는 일꾼.
열매는 녹색이었다가 익어가면서 거의 검정에 가깝게 변한다. ➲

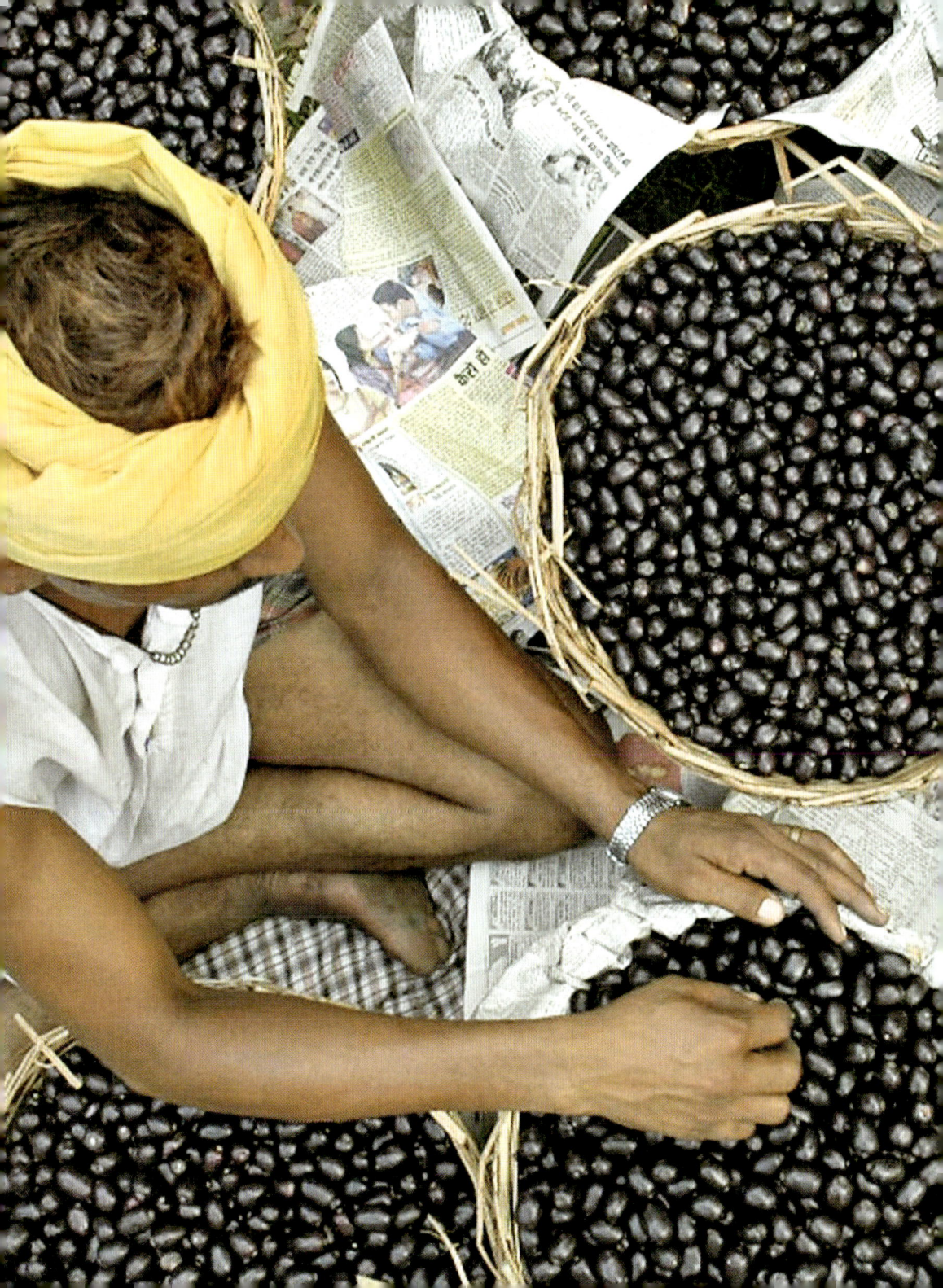

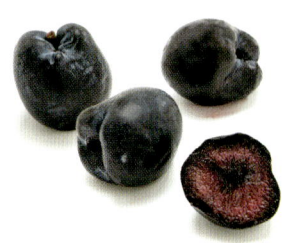

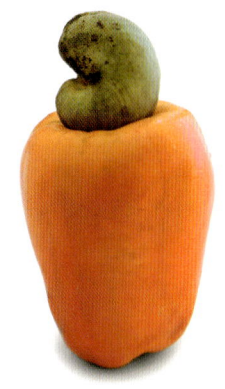

일라와라 플럼 Illawarra Plum

일라와라 플럼(Podocarpus elatus)은 고대 과일이다. 남반구에 서식하는 침엽수로, 키가 크고 위풍당당하며, 오스트레일리아의 동부 해안을 따라 울창한 아열대 강변이나 해변 숲에 서 있다. 나한송과(Podocarpus)에 속하는데, 그 학명은 그리스어로 '발'과 '열매'라는 뜻으로, 식물학적으로는 꽃자루이지만, 부엌에서는 열매로 부르는, 살이 많고 검은 부분을 가리킨다.

오스트레일리아 원주민들과 뉴사우스웨일스 주 남부에 정착한 초기 이주민들은 일라와라 플럼을 높이 쳤지만 관목 과일이 훨씬 풍부했던 퀸즐랜드에서는 주머니쥐들이나 좋아하는 먹을 거리였다. 일라와라 플럼 나무는 열매를 풍성하게 맺는다. 포도처럼 부풀어오르는 즙이 많은 과육은 길이가 3센티미터나 되는 것도 있으며, 바깥쪽 가장자리에 작고 단단하고 먹을 수 없는 씨가 붙어 있다.

이 고전적인 야생 먹거리는 대부분 숲에 가서 직접 딴다. 달콤한 음식과 짭짤한 음식에 모두 쓰이는데, 보통은 잼이나 콤포트, 소스 등으로 만들어 먹거나 빵을 구울 때 쓰기도 한다. 칠리와 설탕을 곁들이면 정말로 행복한 맛을 선사한다. **SC-S**

Taste: 과육 부분은 은근한 단맛에 기분좋은 송진 향이 엷게 느껴진다. 가운데 핵은 송진 맛이 나며 그 가까이의 과육은 소나무 향이 너무 심해서 먹지 않는 것이 좋다.

캐슈 애플 Cashew Apple

캐슈 애플(캐슈 프루트라고도 한다)은 브라질에서 가장 매혹적인 과일 가운데 하나이다. 과육이 풍부한, 배 모양의 캐슈 애플 한쪽 끝에 캐슈넛이 달린다. 이 눈속임 열매는 섬유질 껍질 아래 풍부한 즙을 감추고 있다. 강렬한 향기는 쉽게 퍼져 나가며, 단 몇 초만에 온 부엌을 가득 채운다.

그림처럼 아름다운 브라질 북동부 해안을 따라 널리 재배되며, 이 지방이 아마도 원산지인 것으로 추정된다. 캐슈 애플은 오랫동안 원주민들이 가장 좋아하는 과일 중의 하나였다. 고대 부족들은 캐슈 애플로 모코로로(mocororó)라는 이름의 걸쭉하고 크리미한 술을 만들어 축제 때 마신다. 오늘날 캐슈 애플 주스는 브라질에서 가장 인기있는 과일 주스 가운데 하나로, 스낵 바에서는 즉석에서 갈아서 내놓으며, 슈퍼마켓에서는 공장에서 생산한 제품을 살 수 있다.

캐슈 애플(Anacardium occidentale)은 또 즙을 걸러 중탕냄비에 끓여 만드는 카후이나(cajuína)라는 음료의 주원료이기도 하다. 아이스크림, 무스, 트라이플, 잼, 처트니 등으로 만들어 먹는다. 약한 불에 여러 시간 동안 졸이면 검은색의 매우 단 시럽을 얻을 수 있는데 이것을 캐슈 꿀이라 부른다. 인도의 고아 지방에서는 페니라는 리큐르를 만든다. **AL**

Taste: 캐슈 애플은 연노랑색에서 주홍색에 이르기까지 그 색깔이 다양하며, 짜릿하고 새콤하고 떫은 맛을 지녔다. 덜 익은 캐슈 애플은 타닌을 함유하고 있어 뒷맛이 맛없을지도 모른다.

캐슈 애플이 익자마자 캐슈넛을 따낸다. ➲

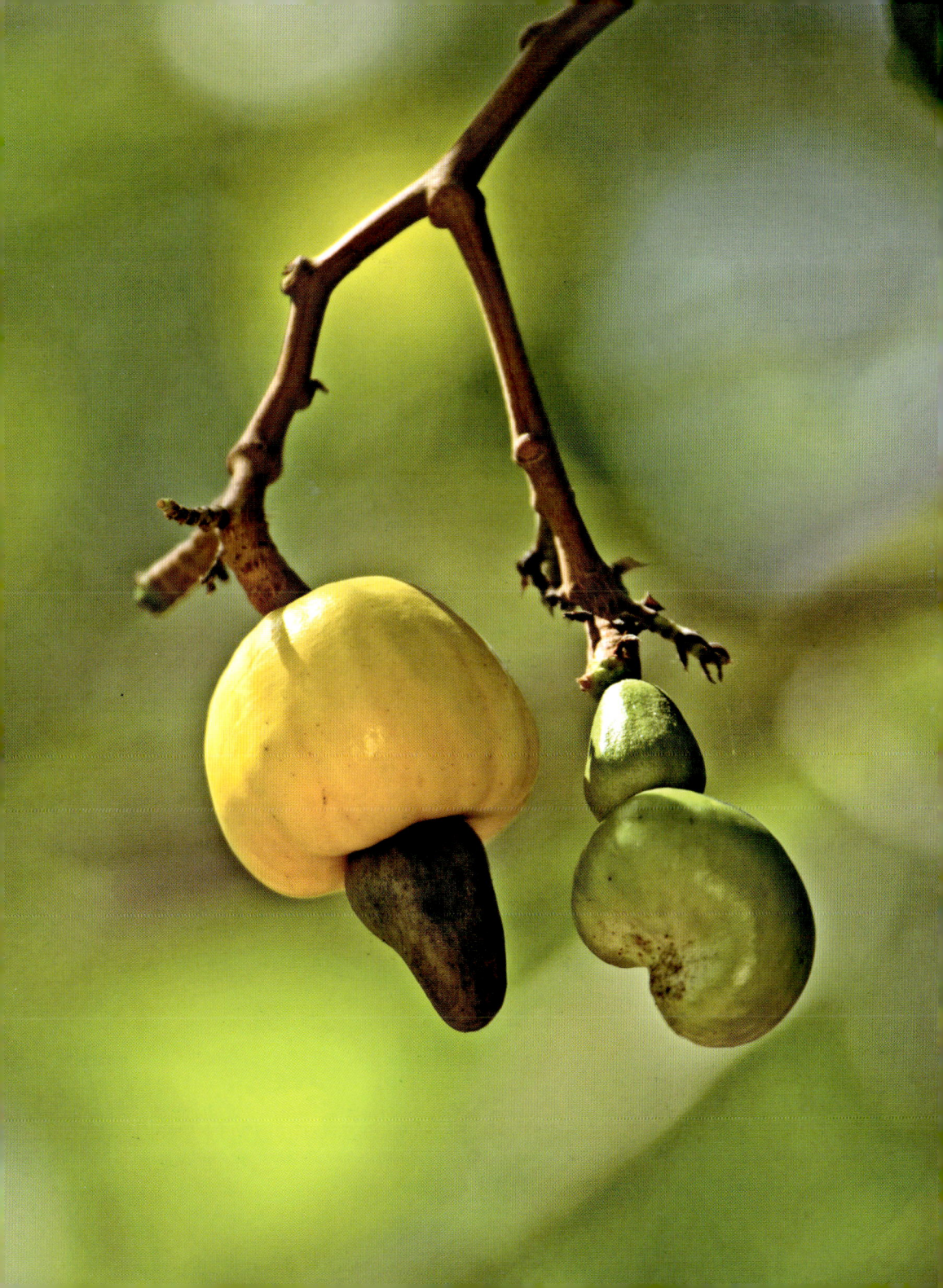

루쿠마 Lucuma

루쿠마(Pouteria lucuma)는 '잉카의 황금'이라는 이름으로 알려져 있다. 주로 페루에서 흔히 볼 수 있지만, 칠레, 브라질, 에콰도르에서도 자라며, 이들 나라에서가 아니라면 싱싱한 루쿠마를 구경하기란 거의 불가능하다. 루쿠마는 '잉카인들의 잃어버린 작물' 중 하나로 불리며, 서방에는 이제야 처음으로 알려지고 있는 토착 과일이다. 생김새는 작은 망고와 비슷하며, 어릴 때에는 껍질이 녹색이지만 익어가면서 따뜻한 빨강으로 변한다. 모양은 원형, 또는 타원형이며, 황금빛 속살과 메이플 시럽에 비견되는 독특하고도 향긋한 풍미를 지니고 있다. 익지 않은 풋열매는 쓴맛이 나는 하얀 라텍스를 함유하고 있다. 남아메리카에서 루쿠마는 고대 음식으로 존경을 받고 있으며, 축제나 잔치에서 흔히 먹는, 사랑받는 음식이다. 나무 한 그루에서 1년에 약 500개의 열매가 열리는데, 곡물이 떨어지거나 가뭄으로 농사를 망쳤을 경우에는 요긴한 식량이 된다. 이럴 때에는 정말 문자 그대로 생명의 나무나 다름이 없다.

잘 익은 루쿠마 열매는 생으로 먹으며, 신선한 음료로 마실 수도 있다. 대부분의 루쿠마는 말려서 가루로 만들어 아이스크림이나 기타 단것에 넣는다. 페루에서 루쿠마는 가장 인기있는 아이스크림 맛 중의 하나이다. 루쿠마의 과육은 얼려서 수출하기도 한다.

대부분의 노란살 과일처럼 루쿠마 역시 베타카로틴이 풍부하며, 철분과 니아신도 많이 함유하고 있다. 가루로 만든 루쿠마는 건강에 신경을 쓰는 서구인들 사이에서도 케이크나 비스킷을 만들 때 쓰는 맛좋은 저혈당 감미료로 인기를 얻고 있다. 시럽과 쇼트브레드를 연상시키는 향미 덕분에 전통적인 과자류를 만들 때 글루텐을 적게 하고 싶으면 밀가루의 대용으로 써도 이상적이다. **KMW**

호코테 Red Mombin

호코테(Spondias purpurea)는 아마존 열대우림의 폭우나 사바나의 건조한 열기처럼 다양한 환경에 개의치 않고 라틴 아메리카 전역에서 널리 자라며, 여러 헷갈리는 이름으로 불리고 있다. 가장 흔히 쓰는 이름은 멕시코 일부에서 사용하는 호코테('과일'을 뜻하는 아즈텍어 xocotl에서 유래), 치루엘라, 스페인 자두 등이다. 이 지역에서는 수많은 품종—멕시코의 유카탄 반도에서만 20종이 넘는—이 재배되고 있다. 스페인인들이 이 과일을 전파한 필리핀에서도 잘 자란다. 필리핀인들은 호코테를 '시니구엘라(siniguela)'라고 부르며, 생과일로 먹거나 시큼한 전통 스튜 시니강(sinigang)의 재료로 쓴다.

섬세하고 얇은 껍질로 싸여 있는 호코테는 야생 과일의 전형적인 단순함을 지니고 있다. 기분좋은 달콤한 향미, 그리고 그와는 대조적인 새콤한 뉘앙스, 그 사이에서 감귤의 향기가 균형을 잡아준다. 호코테는 그 크기가 2.5~5센티미터밖에 되지 않는 작은 과일로, 생김새는 올리브처럼 둥근 것부터 타원형까지 다양하다. 열매를 맺을 때는 하나만 따로 열리기도 하고, 두세 개가 무리 지어 열리기도 한다. 색깔은 노랑과 주황부터 심홍색, 자주색에 이르기까지 다양하다. 호코테는 주로 야생에서 수확하지만, 워낙 번식이 쉽고 생장이 빠르기 때문에 재배 가능 잠재력에 대한 연구가 진행되고 있다.

원래 즙이 많고 상큼한 호코테는 무더운 여름날 주스로 마시면 원기를 회복시켜주는 데 그만이다. 브라질에서는 이 주스로 아이스크림을 만든다. 코스타리카에서는 '호코테 꿀'이라 불리는 잼이 대인기이다. 니카라과의 태평양 연안은 저 옛날 식민 시대부터 호코테로 유명했다. 호코테는 익기 전에 '푸른' 상태에서 먹어도 맛있다. 수도인 마나구아처럼 큰 도시의 거리에서는 그 강렬한 신맛을 최대한 이끌어내기 위해 소금을 뿌려서 봉지에 담아 판다. **AL**

Taste: 보통은 즉석에서 신선한 열매를 따먹는다. 즙이 많은 과육은 약간 섬유질이며. 정교한 향기와 캐러멜과 비슷한 향긋한 풍미를 지니고 있다.

Taste: 호코테는 노란 자두의 농밀한 단맛과 신 오렌지를 연상시키는 가벼운 신맛을 지니고 있다. 생과일로 먹어도, 아이스크림으로 만들어도, 칵테일로 마셔도 환상적이다.

라틴 아메리카에서는 호코테의 인기가 날로 높아지고 있다. 동네 시장에서 쉽게 살 수 있다. ➜

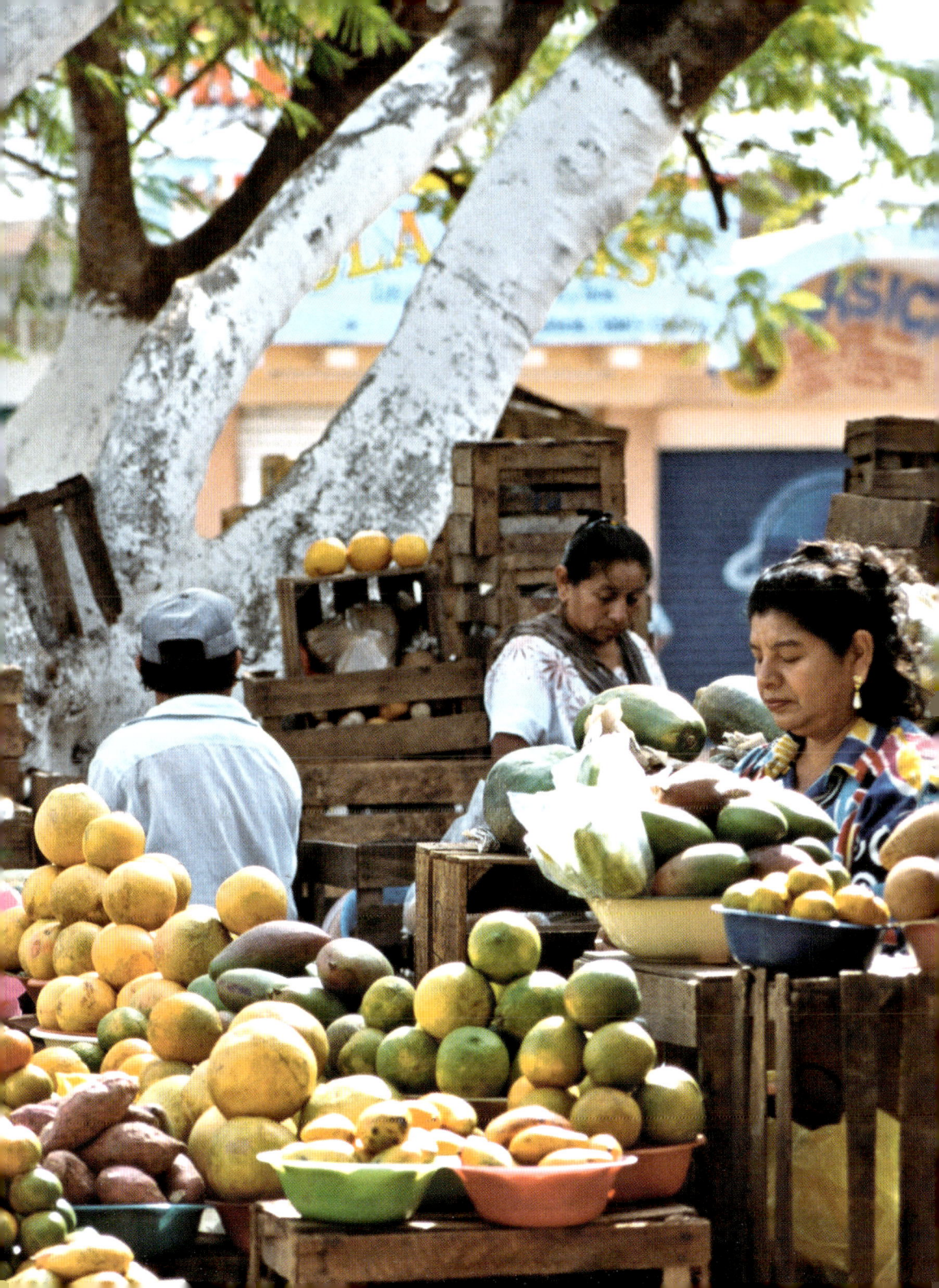

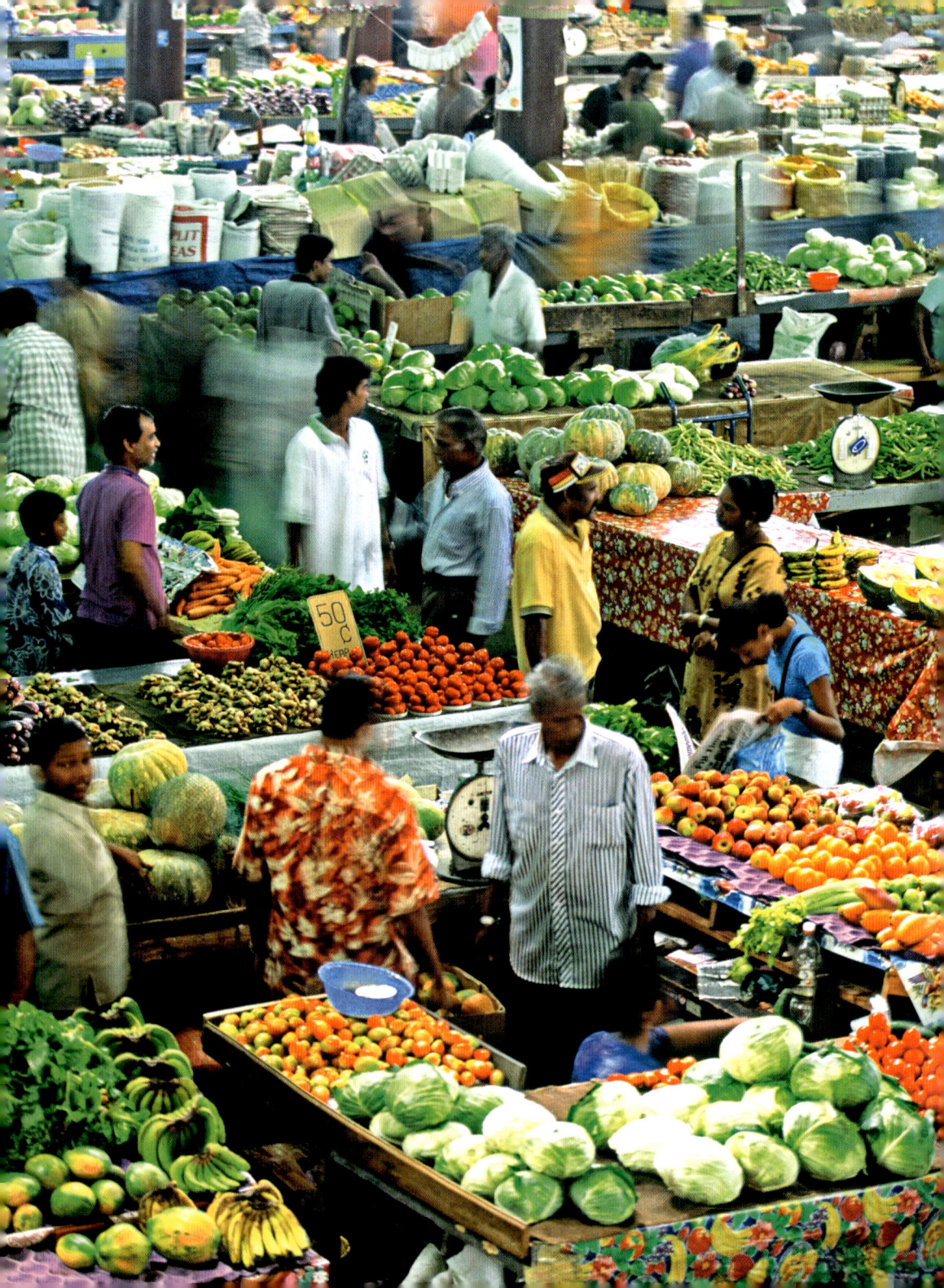

암바렐라 Ambarella

남태평양 군도가 원산인 암바렐라(Spondias dulcis)는 오늘날 동남아시아, 인도, 스리랑카, 오스트레일리아, 자메이카, 트리니다드토바고, 베네수엘라 등 열대와 아열대 지방에서 널리 재배되고 있다. 당연히 그 이름도 제각각이라 어지러울 지경이다.

타원형에 크기는 달걀만한 암바렐라는 보기에도 멋진, 키가 크고 잎에서는 윤기가 흐르는 나무에서 2~10개씩 무리지어 열린다. 때때로 질이 떨어지는 망고로 비유된다. 껍질은 얇지만 질기며, 표면은 울퉁불퉁하고 거칠다. 녹색이었다가 익으면서 노란빛을 띤 오렌지색으로 변한다. 한가운데에는 작고 색이 연한 씨앗이 몇 개 박혀 있다.

많은 나라에서, 아직 덜 익은 암바렐라를 즐겨 먹는다. 그 톡 쏘는 새콤함과 아삭한 질감 때문이다. 암바렐라 주스는 찬 음료수를 만들어 마신다. 과육은 뭉근한 불에 졸여서 설탕을 넣은 뒤 체에 걸러 소스를 만든다. 이 소스는 고기 요리에 곁들여 먹는다. 또 잘 익은 암바렐라 과육은 애플 버터(사과 속의 당분이 결정을 이룰 때까지 한껏 농축시킨 짙은 갈색의 시럽)와 비슷한 계피 향의 병조림을 만들기도 한다. 덜 익은 열매로는 피클이나 처트니, 렐리쉬 등을 만들어 스튜나 수프의 맛을 낼 때 쓰며, 스리랑카에서는 커리에 넣어 먹기도 한다. 식물의 세포벽과 세포 사이 조직에 들어 있는 수용성 탄수화물인 펙틴 함유량이 높아 보통 잼을 만드는 데 쓰인다. 인도네시아에서는 암바렐라를 '게동동(kedongdong)'이라 부르는데, 덜 익은 푸른 과실의 아삭아삭하고 새큼한 과육으로 전통적인 채소 샐러드인 '로자크(rojak)'를 만들어, 짭짤하면서도 단맛이 나는 드레싱과 함께 먹는다. 어린 잎은 쪄서 소금에 절인 생선과 밥에 곁들여 낸다. 썰어서 소금과 칠리 가루를 묻히면 거리에서 파는 인기 있는 간식이 된다. **CK**

왐피 Wampee

오렌지의 먼 친척 격인 왐피(Clausena lansium)는 커다란 포도처럼 생겼으며, 한 송이에 열매가 80개까지 달린다. 열매 하나하나가 다시 다섯 조각으로 나뉘며, 과육은 부드럽고 향이 진하다. 진녹색 잎이 무성한 왐피 나무는 중국 남부가 원산이지만, 동남아시아 전역에서 고마운 그늘을 펼쳐주고 있으며, 잉글랜드의 온실에서도 잘 자란다.

나라마다 부르는 이름이 다른데, 말레이시아에서는 왕페이(wangpei), 필리핀에서는 갈룸피(galumpi), 베트남에서는 홍 비(hong bi), 그리고 태국에서는 솜-마-파이(som-ma-fai)라 부른다. 특히 태국에서는 왐피를 자기 나라 최고의 과일로 친다. 베트남과 중국에서는 덜 익은 열매를 반으로 잘라 햇볕에 말린 뒤, 기침과 기관지염 약으로 쓴다. 말린 왐피 열매는 태국에서 매우 인기가 좋으며, 달콤한 병조림을 만들어 먹는다.

왐피 열매는 완전히 익으면 노랑색을 띤다. 껍질은 종이처럼 얇고 쉽게 벗겨지지만, 동시에 아주 미세한 털로 덮여 있으며, 수지를 함유하고 있어 상당히 질기다. 따라서 먹기 전에 먼저 껍질을 벗겨내야만 한다. 각각의 열매는 한 개 이상의 커다란 씨를 품고 있지만, 최근에는 씨가 없는 품종도 개발되고 있다.

중국에서는 왐피를 고기 요리에 곁들여 낸다. 왐피는 파이, 잼, 음료수로도 만들며, 개중에는 설탕으로 발효시킨 뒤 즙을 짜서 만드는 샴페인과 비슷한 아페리티프도 있다. 완전히 무르익은 왐피는 껍질을 벗겨서 생으로 먹을 수도 있는데, 그 전에 씨를 빼버리는 것이 좋다. 젤리는 덜 익어서 신 열매로만 만든다. 왐피는 몸을 서늘하게 하는 성질이 있는 것으로 알려져 있으며, 중국인들은 소화제로도 즐겨 먹는다. '여지(lychee)를 너무 많이 먹었을 때에는 왐피로 달래라'는 말이 있을 정도이다. **WS**

Taste: 질감은 아삭하고 탄탄하며, 맛은 기분좋고 쥬이시하며, 약간 새콤하다. 그 향미와 사향 내음이 섞인 아로마는 덜익은 파인애플과 비슷하다.

Taste: 젤리 같은 과육은 달콤하고 짜릿한 맛에서 거의 신맛에 이르기까지 다양하다. 막 나무에서 딴 싱싱한 왐피를 먹으면 마른 목을 충분히 축일 수 있으며, 입안을 상큼하게 헹구어 준다.

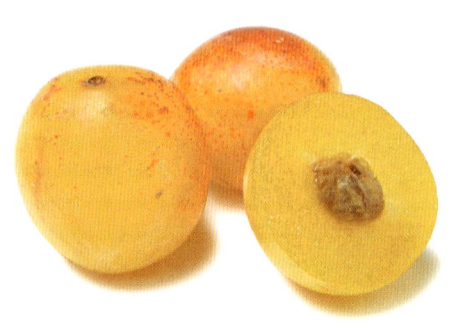

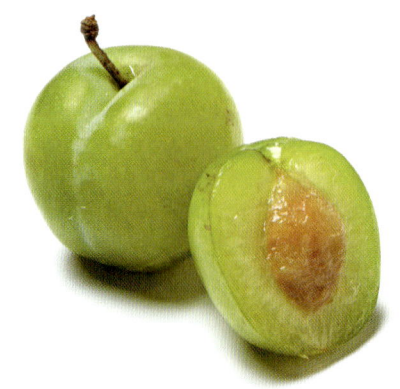

미라벨 자두 Mirabelle

벌꿀처럼 달콤한 이 황금빛 자두는 크기가 호두 알만하며, 17세기 프랑스의 렉티에르가 발표한 소논문 『재배용 정원수 카탈로그Catalogue of Cultivated Garden Trees』에서 처음으로 독립 품종으로 인정을 받았다. 전 세계적으로 널리 재배되고 있지만, 보통 미라벨 자두 하면 프랑스의 로렌을 떠올리는데, 이 곳에는 두 가지 특별한 품종이 있다. 크기가 작은 미라벨 드 낭시(Mirabelle de Nancy)와 그 형제인 미라벨 드 메츠(Mirabelle de Metz) 모두 유럽연합(EU)의 PGI 인증을 받았다. 과수원에서 자라며, 한여름에 열매가 익는데, 그 매끄러운 껍질에 종종 빨긋빨긋한 반점이 생긴다.

구우면 끈적끈적하고 입맛을 다시게 하는 맛이 일품인데, 특히 타르트(tarte aux mirabelles)를 만들면 최고이다. 이스트 반죽으로 겉을 만들어 놓고 반으로 자른 자두를 켜켜이 쌓은 뒤, 뜨거운 오븐에 넣고 과일이 살짝 캐러멜처럼 변할 때까지 굽는다. 그런 다음 설탕과 계피를 뿌린 뒤 마지막으로 글레이즈를 발라 윤기나는 코팅을 겉입힌다. 미라벨 자두로 만든 브랜디는 키르쉬, 푸아르 윌리암과 함께 알자스와 로렌 지방이 가장 유명한 브랜디 가운데 하나이다. 미라벨 자두로 만든 잼, 젤리, 병조림 역시 인기가 높다. **MR**

Taste: 농익은 미라벨 자두는 다른 자두가 따라올 수 없는 끈적한. 거의 진저리가 날 정도로 단 맛을 자랑한다. 특히 타르트로 구우면 그 향미는 비교를 거부한다.

그린게이지 자두 Greengage

일설에 따르면 최초의 그린게이지 나무를 프랑스에서 잉글랜드로 운반한 전령이, 짐짝에 붙어 있는 '게이지(Gage)'라는 꼬리표가 이 녹색(Green) 과일의 이름이라고 오해하여 '그린게이지(Greengage)'라는 이름이 탄생했다고 한다. 덕분에 유럽 대륙에서는 이 과일을 프랑스 국왕 프랑수아 1세의 왕비였던 클로드의 이름을 따 '렌 클로드'라고 부르지만, 앵글로색슨인들은 1724년, 서퍽으로 이 과일을 수입해온 윌리엄 게이지를 기념하여 '그린게이지'라 부른다.

생물학적으로도 다른 자두 품종과 가깝지만, 대부분의 그린게이지 자두는 특별히 달콤한 녹색, 또는 노랑색의 과육을 지니고 있다. 생김새는 타원형보다는 원형이며, 유럽의 다른 자두들보다 크기가 작다(울랭 게이지 같은 품종들은 빨강색이나 녹색이지만 일반적인 자두보다 크기가 크다). 그린게이지는 프랑스와 이탈리아에서 일반적인 자두에 아마도 소아시아에서 전래된 듯한 녹색의 야생 자두를 접붙여서 개발하였다. 오늘날까지도 프랑스는 전 세계에서 그린게이지 자두를 가장 많이 재배하는 나라이다. 수출하기 위해 대량으로 생산하는 자두는 집 정원이나 과수원에서 막 딴 신선한 자두보다 맛이 밍밍하다. 서유럽에서 그린게이지의 생장기는 6월초부터 9월말까지이다. **AMS**

Taste: 그린게이지 자두는 아주 싱싱한 생과일을 먹는 것이 가장 맛있다. 껍질의 색깔만 보고 새콤할 거라고 생각했다간 벌꿀과도 같은 진한 단맛에 깜짝 놀랄 것이다.

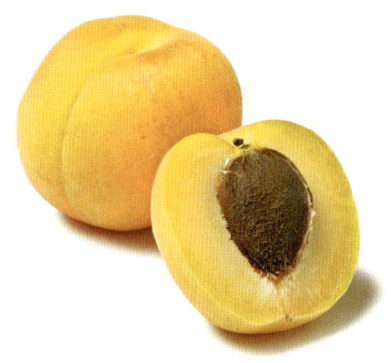

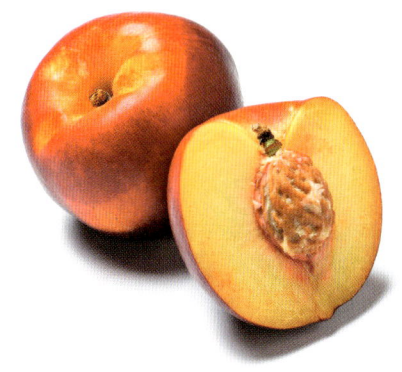

블렌하임 살구 Blenheim Apricot

승도(僧桃) 복숭아 Nectarine

4,000년 넘게 중국에서 재배해온 살구는 수세기에 걸쳐 전 세계로 전래되었다. 서력 1세기 무렵에는 꺾꽂이 가지가 중동을 거쳐 유럽에 전해졌다. 훗날 스페인 식민주의자들은 이 과일을 멕시코로 가져갔고, 여기서 다시 캘리포니아로 퍼졌다.

　20세기에 접어들 무렵, 캘리포니아에서는 살구 재배가 이미 발전 중인 하나의 산업으로 자리를 잡았고, 캘리포니아의 트레이드마크 품종이라 할 수 있는 블렌하임을 재배하는 과수원이 산호세 주변을 뒤덮게 되었다. 그러나 지역사회가 성장하면서, 과수원은 개발에 자리를 내주게 되었고, 농부들은 더 척박한 땅으로 옮겨갈 수밖에 없었다. 그 향미와 향기로 높은 평가를 받지만, 유난히 질 물리시 지장이나 운송에는 걱합히지 않기 때문에, 20세기 후반에는 더 튼튼한 품종들에 밀려나고 말았다.

　20세기 말에는 거의 멸종될 위기에 처했다가, 대대로 내려오는 전통 품종에 대한 관심이 높아지면서 고사 직전에 간신히 되살아났다. 주로 유기농법을 사용하는 소규모 농장들은 이 섬세한 과일을 사랑하는 새로운 팬들을 만들고 있으며, 초여름이면 농부들의 시장이나 과수원의 노점에서 블렌하임 자두를 찾는 이들을 볼 수 있다. **CN**

이 즙이 많은 과일은 전 세계의 과수원에서 재배되지만 그 인기 때문에 오히려 수난을 겪어왔다. 상업용으로 재배되는 품종은 몇 종류 되지 않으며, 너무 자주 수확할 뿐만 아니라 익지도 않은 상태로 시장에 나가곤 한다. 그러나 토머스 제퍼슨의 정원에서 키웠다는, 살이 노란 바가 로지아 두라치나(Vaga Loggia duracina) 같은 극소수의 품종들은 그 향미로 특별한 명성을 누리고 있다.

　인류가 처음으로 복숭아 나무를 재배한 것은 약 3,000년 전 중국에서라고 알려져 있다. 그 매끄러운 껍질 덕분에, 커다란 자두처럼 보이기도 하지만, 자두와는 생물학적으로도 전혀 연관이 없다. '넥타린(Nectarine)'이라는 영어(또는 프랑스어) 이름은 독일어나 네덜란드어에서 유래한 듯하며, 넥타와도 같은 단맛과 쥬이시한 과육을 금방 떠올릴 수 있다. 유럽에서는 17세기에 그 인기가 높아졌다. 루이 14세는 특히 베르사이유 궁전에 있는 그의 부엌용 정원에서 재배한 승도 복숭아를 좋아했다고 한다. 복숭아처럼, 과육이 하얀 품종이 있고 노란 품종도 있으며, 씨를 발라내기 쉬운 것도 있고, 씨가 과육에 달라붙어 잘 떨어지지 않는 것도 있다. 생과일로 먹는 것이 가장 맛있지만, 승도 복숭아를 사용한 레시피도 많다. 특히 샴페인에 담가 발효시킨 승도 복숭아는 유명하다. **MR**

Taste: 복숭아만큼 쥬이시한 단맛은 아니지만, 살구는 단맛과 떫은 맛의 중간쯤인 사랑스러운 향미를 지니고 있다. 블렌하임의 풍부하고 진한 향미는 살구 치고는 놀랄 만큼 강한 편이다.

Taste: 잘 익은 승도 복숭아는 매끄러운 껍질과 입에서 녹아내리는 듯한 질감의 쥬이시한 과육을 지니고 있다. 과육은 복숭아보다는 결이 조밀하며 향미는 향긋하고 달콤하며, 살짝 신맛이 돈다.

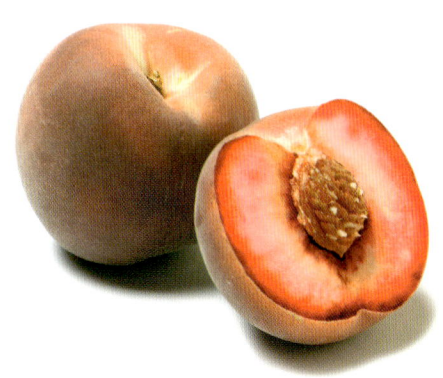

페쉬 드 비뉴 <small>Pêche de Vigne</small>

페쉬 드 비뉴는 늦여름의 단 몇 주 동안만, 주로 론 계곡 주변의 과수원에서 그 모습을 뽐낸다. 잿빛이 도는 솜털 투성이의 겉껍질을 벗기면 전문가들이 지구상에서 최고의 복숭아라 평하는 향긋한 빨강색, 혹은 핑크색의 속살이 드러난다. 페쉬 드 비뉴란 '포도넝쿨의 복숭아'라는 뜻이며, 혹자는 프랑스어 비네롱(vigneron, 포도 재배부터 와인 생산, 판매까지 담당하는 농부)에서 유래했다고도 한다. 비네롱들은 줄지어 심어놓은 포도나무 끝에 어린 복숭아나무를 심어서, 포도넝쿨이 병충해를 입기 전에 먼저 감염되도록 했다. 석탄 광산에 카나리아를 데리고 들어가는 것과 같은 이치이다. 또 어떤 이는 레드 와인을 만들 때 생기는 찌꺼기처럼 선명한 과육의 색깔에서 그 이름이 비롯되었다고 주장하기도 한다.

　　중국에서 기원한 복숭아(Prunus persica)는 실크 로드를 따라 페르시아를 거쳐 서방으로 전래되었으며, 이러한 여정은 학명에도 잘 나타나 있다. 아마도 페르시아에서 알렉산드로스 대왕 휘하의 그리스인들이 복숭아를 발견하고 유럽으로 가지고 돌아온 듯하다. 역시 껍질을 벗겨서 그냥 생으로 먹는 것이 가장 맛있으며, 잘라서 레드 디저트 와인이나 풍성한 로제 와인에 담가 먹으면 환상적이다. **LF**

Taste: 달콤한 냄새가 진동하는 페쉬 드 비뉴의 과육은 즙이 많은 백도의 가벼우면서도 약간 사향내가 나는 향미에 햇빛을 마음껏 받은 라스베리를 결합시킨 듯하다.

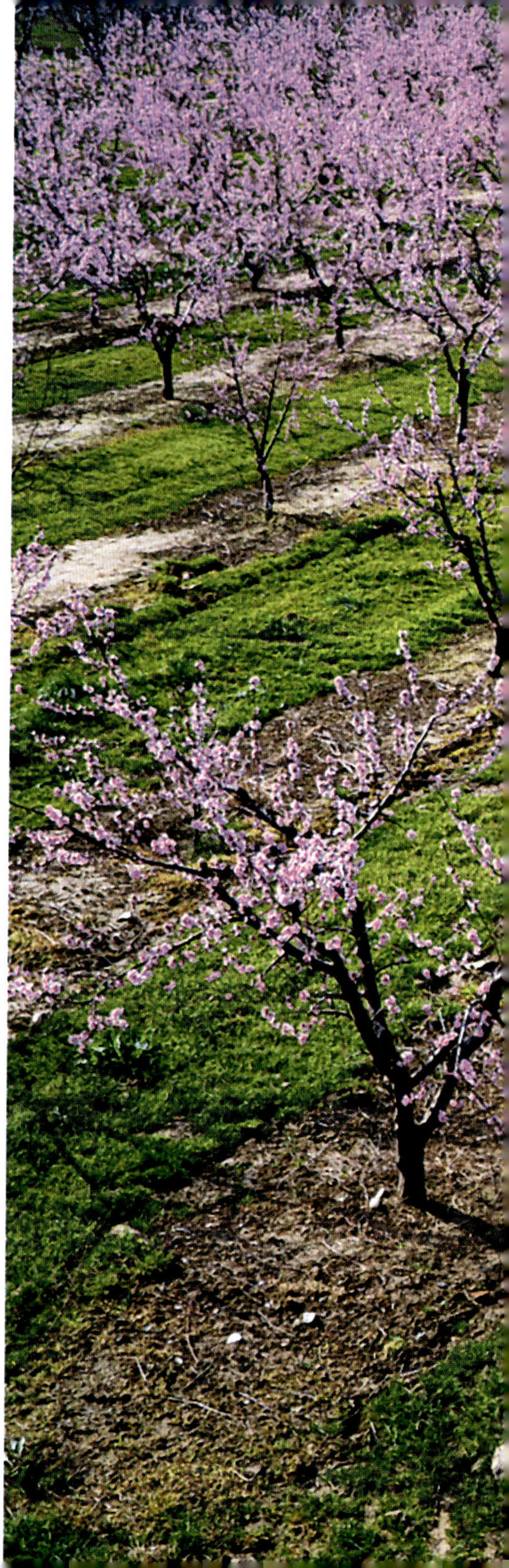

봄날에 활짝 꽃을 피운 복숭아나무. ➲

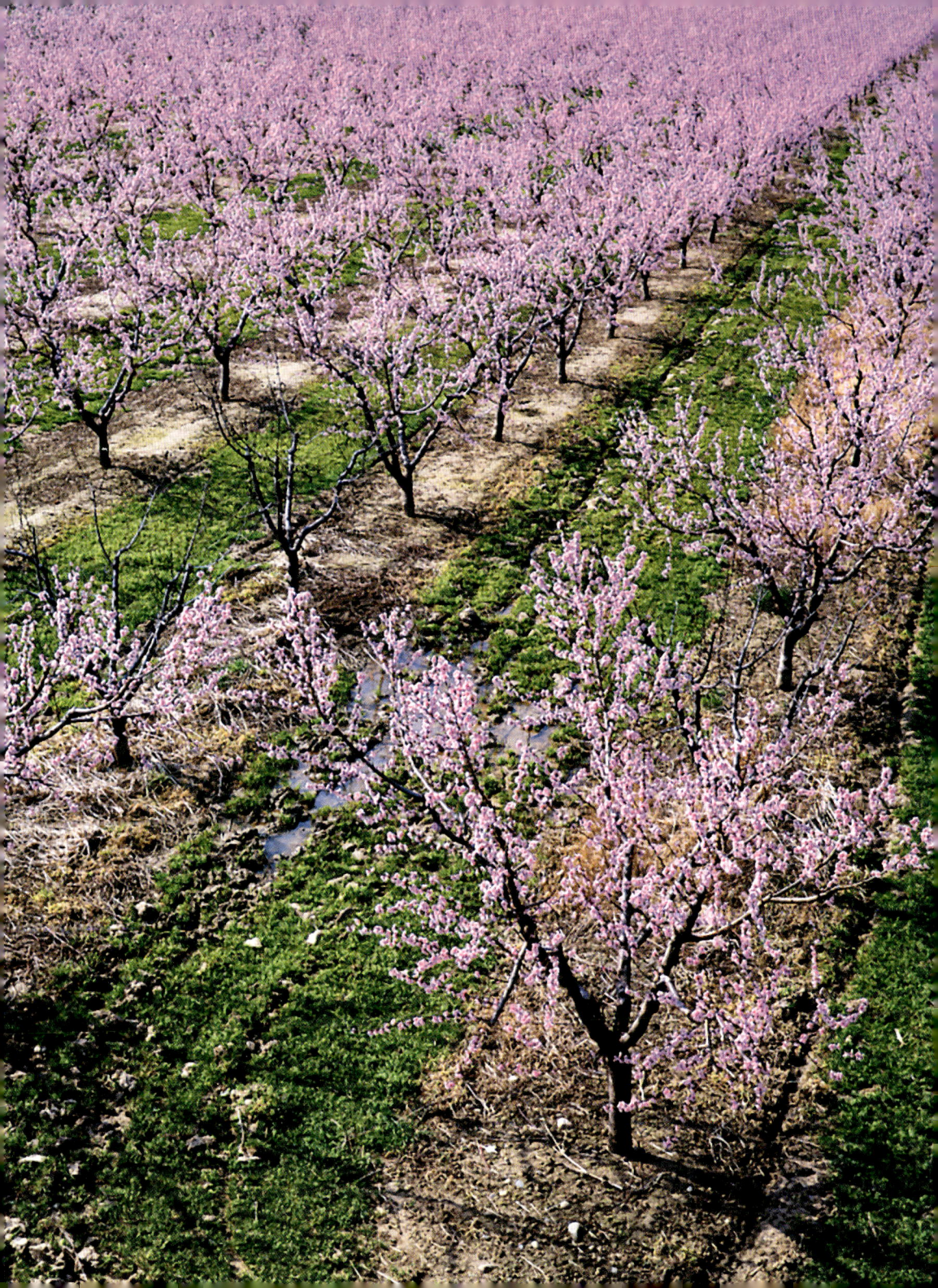

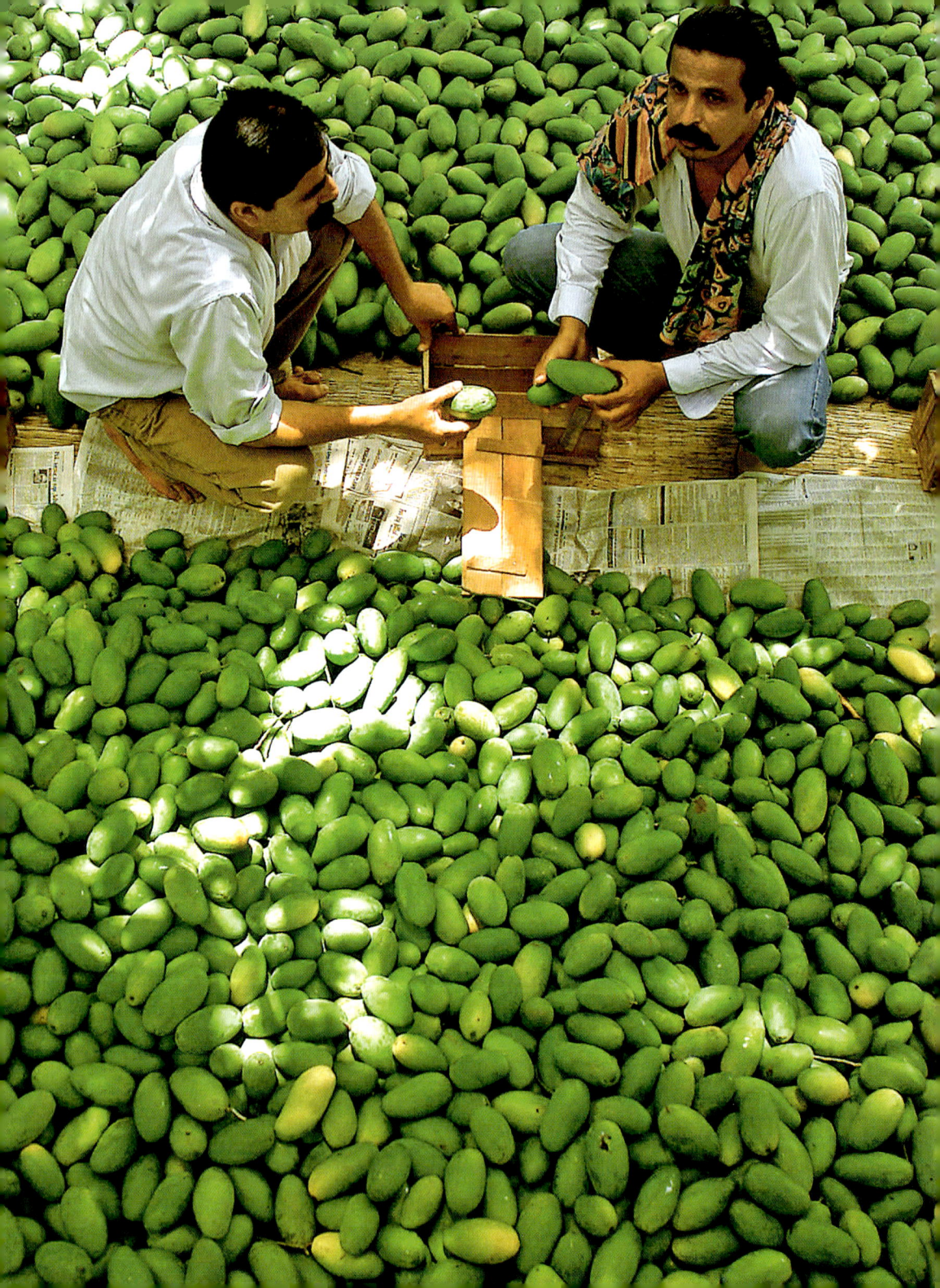

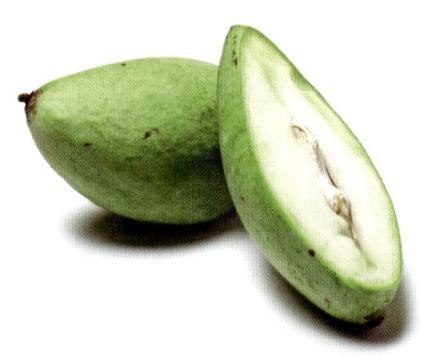

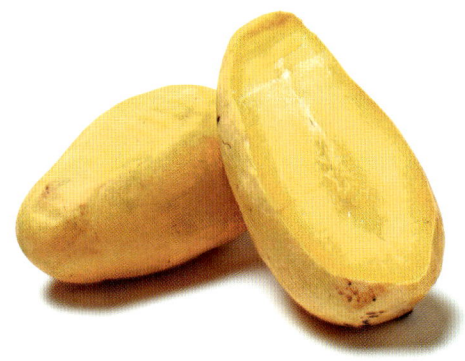

그린 망고 Green Mango

그린 망고는 품종을 불문하고 덜 익은 망고를 가리키는 말이다. 새콤한 향미 덕분에 남아시아와 동남아시아에서 인기가 높다. 이 지역에서는 수천 년 동안 망고(Mangifera indica)를 재배해왔으며, 오늘날에는 전 세계의 열대와 아열대 지방에서 망고를 재배하여 즐기고 있다. 망고가 횡재의 상징인 인도에서 그린 망고는 전국에 걸쳐 수확과 신년 축제에서 중요한 역할을 담당한다. 인도에서 보통 망고는 3~4월에 처음 시장에 나온다. 짜릿하면서도 부드러운 망고 열매를 여름에는 주사위 모양으로 썰어 렌틸콩, 야채, 혹은 생선 요리에 넣기도 한다.

머스터드 기름과 다른 향신료를 사용하여 피클을 만들면 연중 내내 두고 먹을 수 있다. 또는 햇볕에 말려서 가루로 빻아 새콤한 향신료인 암추르(amchur)를 만들 수도 있다. 태국에서는 샐러드에 넣거나 신 맛을 내는 용도로 쓴다. 필리핀에서는 그린 망고 주스가 인기가 좋다. 중앙 아메리카에서는 소금과 향신료를 곁들여 낸다. 그린 망고는 나무에서 따자마자 껍질을 벗겨서 칠리 가루나 암염을 뿌려 먹는 것이 가장 맛있다. 그 시큼 짜릿한 맛은 중독성이라 해도 과언이 아니다. **RD**

알폰소 망고 Alphonso Mango

인도에서 망고(Mangifera indica)는 수천 년 동안 신비한 불가사의의 일부였다. 망고는 고대 힌두 경전에도, 중국의 불교 연대기에도, 그리고 수세기에 걸쳐 인도 땅을 찾은 수없이 많은 유럽인들의 기록에도 등장한다. 알폰소 망고는 현지인들 사이에서는 '하푸스 망고'라고 부르는데, 아마 1504년 고아에 당도한 포르투갈의 귀족이자 모험가, 아폰소 데 알부케르케의 이름이 와전된 듯하다.

알폰소 망고는 인도 서부의 자랑거리이자 기쁨이며, 세계 망고 생산량의 70퍼센트 가까이를 책임지며 그 품종만도 135종이 넘는 이 나라에서 '망고의 왕'이라 불린다. 망고 철이 시작되면 곧 인도의 과일 가게에서 볼 수 있으며, 5월 중순에서 6월 중순이 그 절정이다. 옮기기에도 편하기 때문에 점차 다른 지역에서도 구할 수 있다.

인도에서는 육감적인 알폰소 망고를 한 입 깨물어 팔뚝을 타고 흐르는 그 즙을 혀로 핥는 것으로 여름을 시작한다. 줄기에서 꼭지까지 수직으로 자르고, 과육에 바둑판 무늬를 낸다(이때 껍질을 뚫지 않도록 주의할 것). 그런 다음 과육이 튀어나오도록 껍질을 누르고—실컷 먹으면 된다! **RD**

Taste: 녹색 껍질을 벗기면 하얀색, 혹은 엷은 노란색의 과육이 드러난다. 질감은 단단한 것부터 말랑말랑한 것까지 다양하다. 입이 오그라들 정도로 떫거나 입을 즐겁게 하는 새콤한 맛이거나 둘 중 하나다.

Taste: 알폰소의 깊은 오렌지-사프론색 과육은 커다랗고 납작한 씨를 감싸고 있다. 바닐라 향이 달콤한 감귤 내음을 전해주며, 버터처럼 입에서 녹는 향미에는 톡 쏘는 맛이 있다.

잘 익은 망고보다 단단한 그린 망고의 새콤하고 자극적인 맛은 여러 문화권에서 사랑받고 있다.

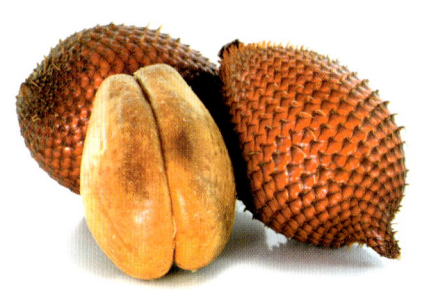

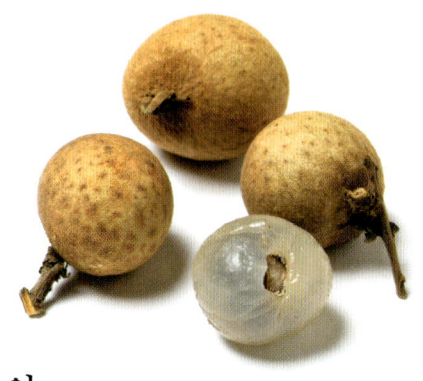

살라크 Salak

가죽처럼 질기고 비늘로 덮여 있는 껍질 때문에 뱀가죽 과일이라고도 알려져 있는 살라크(또는 잘라크)는 인도네시아가 원산이지만 태국이나 말레이시아에서도 자란다. 줄기가 짧은 야자나무의 밑둥에서 송이로 자라며, 그 크기와 모양이 무화과나 작은 배를 닮았다. 아래쪽은 통통하고 둥글며, 위쪽은 뾰족하다. 살라크의 껍질을 벗기는 가장 쉬운 방법은 위쪽을 잡고, 느슨해진 얇은 적갈색 껍질을 잡아당겨 버리는 것이다. 그러면 껍질을 벗긴 커다란 마늘을 닮은 크리미한 상아색의 과육이 세 쪽 모습을 드러낸다. 한 쪽에 하나씩, 단단하고 먹을 수 없는 씨가 들어 있다.

　살라크는 그 품종에 따라 질감이 다르다. 촉촉하고 즙이 많은 것이 있는가 하면 대단히 메마른 것도 있다. 일반적으로는 발리 섬의 살라크가 가장 맛있다고 한다. 상큼하고 아삭아삭하기 때문이다. 자바 섬의 족자카르타 지방에서 재배하는 살라크는 폰도(pondoh)라 부르며, 과육이 가장 달다고 하지만 쏘는 듯한 냄새를 좋아하지 않는 사람들도 있다. 새콤달콤한 살라크는 주로 신선한 생과일로 먹지만, 피클을 만들거나 시럽에 재워서 통조림을 만들 수도 있다. 그 질감 덕분에 익힌 디저트에 넣어도 좋고, 종종 파이나 푸딩에 들어가기도 한다. **WS**

용안 Longan

중국 남부에 봄이 가까워올 무렵이면 시골 농부들은 금방이라도 휘어질 정도로 가득 채운 광주리를 자전거에 잔뜩 매달고 도시로 향한다. 높은 산속 나무에서 신선한 용안 열매가 주렁주렁 달린 가지를 그대로 꺾어 군침을 삼키는 도시인들에게 임시 변통으로 보내는 것이 계절의 전통이 되었을 정도이다.

　용안(Dimocarpus longan)은 한 움큼만으로도 완벽한 간식이 되며, 몇 위안이면 살 수 있다. 커다란 포도알만한 크기로 먹기 전에 딱딱한 겉껍질을 깨야 미끌거리는 속알맹이가 떨어져 나온다. 이 과정은 어떻게 보면 손재주이고 어떻게 보면 코미디이지만, 아무튼 길거리는 온통 놓쳐버린 용안 알맹이로 난장판이 되고 만다. '용의 눈(龍眼)'이라는 뜻을 지닌 용안은 나무에서 따서 바로 먹거나 아니면 가까운 농부에게서 사는 것이 가장 맛있겠지만, 말리거나, 젤리로 만들거나, 시럽에 재운 통조림으로도 살 수 있으며, 심지어 증류시켜 도수가 낮은 알코올 코디얼을 만들기도 한다. 서양에도 수출되고 있으며, 재배하는 곳도 점점 늘어나고 있지만, 운반 과정에서 단맛이 줄어들어, 수많은 품종을 재배하는 중국에서 먹는 것보다는 맛이 떨어진다. **TH**

Taste: 살라크는 파인애플에 그래니스미스 사과의 새콤한 아삭함을 합쳐놓은 듯한 맛이 난다. 그 톡 쏘는 맛은 과육이 메마를수록 더욱 두드러진다.

Taste: 용안은 달콤하고 사향내가 나며, 항상은 아니지만 때때로 톡 쏘는 맛일 때도 있다. 여지와 키위를 연상시킨다. 부드럽고 즙이 많은 과육이 딱딱한 껍질 안에 단단히 숨어 있다.

수확 때에는 빽빽하게 매달려 있는 용안을 송이째 나무에서 잘라낸다. ➡

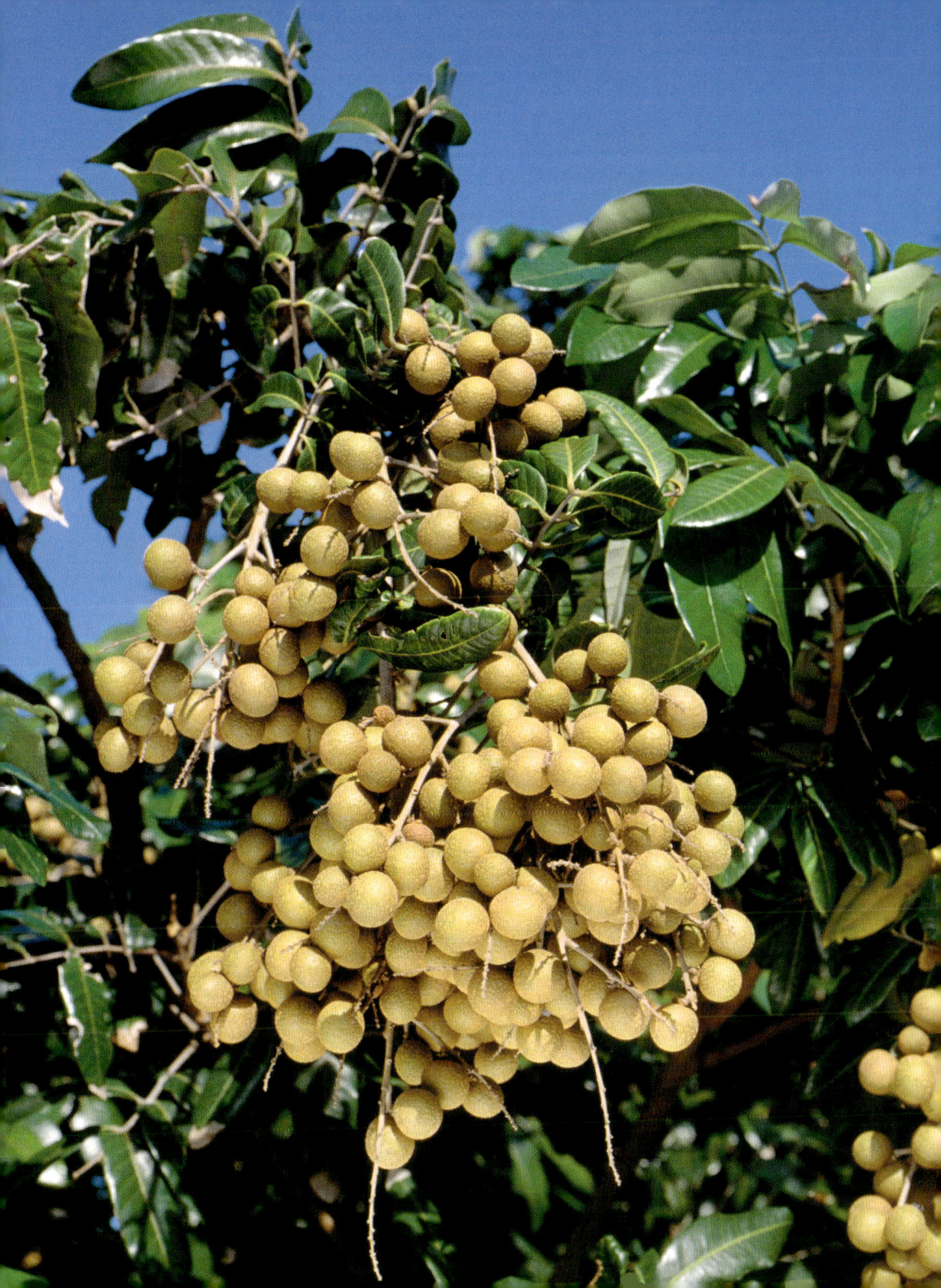

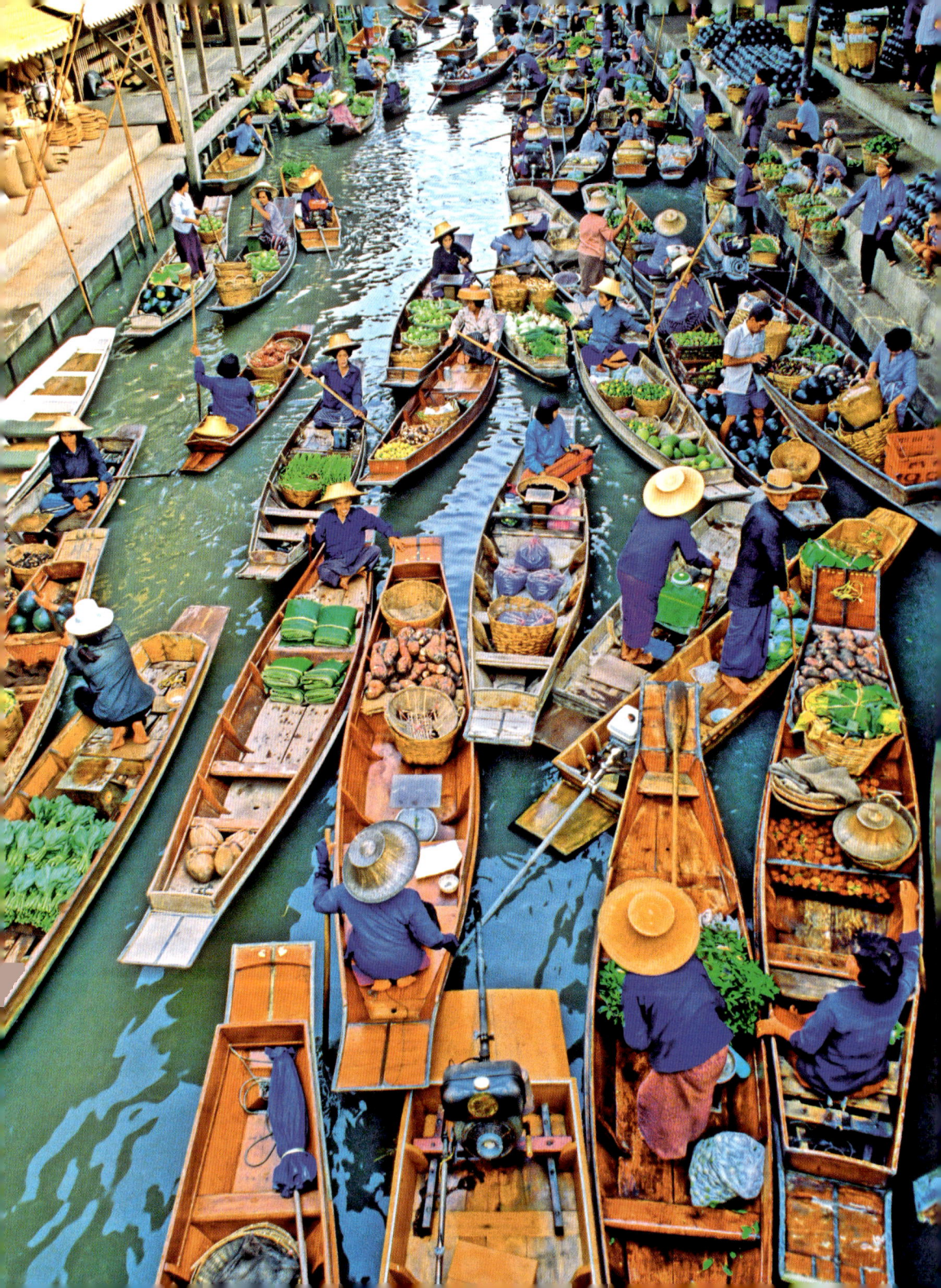

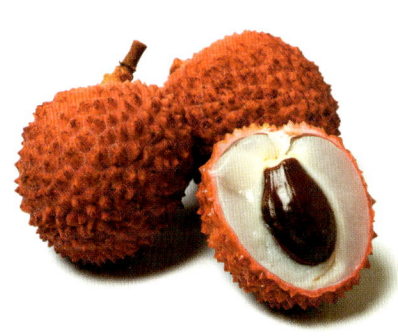

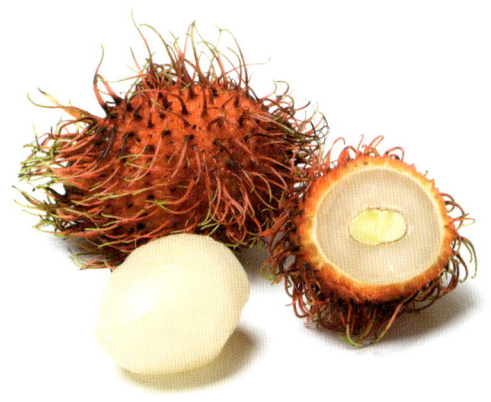

여지(리치, 라이치) Lychee

키가 큰 상록수의 열매인 여지(Litchi chinensis)는 아시아의 아열대 지방이 원산지로, 고대 중국의 전승에 이미 그 황홀한 맛이 잘 나타나 있다. 10세기의 문인 차이 시앙(蔡襄)은 여지에 대한 논문을 쓰기도 했으며, 당나라 현종 황제는 여지를 좋아한 애첩 양귀비 때문에 몰락했다는 말까지 있을 정도이다. 서기 1세기부터 중국 황실에는 여지를 운송하기 위한 빠른 말을 갖추어 두었다.

　　나무에 매달린 잘 익은 여지는 선홍색이며, 하트와 비슷한 모양이다. 이 향긋한 작은 열매는 종종 로맨스의 과일이라 불리며, 최음 효과도 있는 것으로 알려져 있다. 껍질은 거칠고 질기며, 살짝 누르기만 해도 쉽게 깨진다. 안쪽에는 반투명한 흰 알맹이가 한가운데 매끄러운 갈색 씨를 품고 있다. 대부분의 과일들처럼 여지 역시 신선한 생과일로 먹는 것이 가장 맛있다. 그러나 많은 과일들과는 달리, 통조림이나 주스로 만들어도 그 자연적인 향미를 그대로 가지고 있다. 여지의 상큼한 맛은 원산지인 아열대 지방의 습한 기후에서 특히 각광을 받고 있으며, 덕분에 곧 전 세계의 비슷한 기후대에서 널리 재배되게 되었다. **JN**

람부탄 Rambutan

여지가 열대 과일 세계의 품위 없는 디바라면, 람부탄은 우아하고, 벌꿀처럼 달콤한 목소리를 지닌 여가수이다. 그렇게 말하고 보니 람부탄(Nephelium lappaceum)의 생김새는 그야말로 뮤직 홀을 방불케 한다. 번쩍이는 심홍색, 또는 노란색 겉옷에 끝은 녹색으로 물들인 가는 머리카락으로 잔뜩 덮여 있다. 람부탄은 말레이시아가 원산이지만 오늘날에는 아시아, 오스트레일리아, 아메리카 일부 등에서 보다 널리 재배되고 있다. 즙이 많은, 진주와 흡사한 과육과 순수한 달콤함, 그리고 몇몇 품종에서 맛볼 수 있는 톡 쏘는 가벼운 감귤 향으로 사랑받고 있다. 복숭아처럼 씨가 과육 속에 묻혀서 발라내기 힘든 종류와 쉽게 발라낼 수 있는 종류가 있다.

　　싱싱하고 잘 익은 람부탄을 사서 그 날 먹는 것이 가장 맛있다. 조리하거나 통조림으로 만들면 그 향미가 엷어지며, 설탕을 치면 고유의 풍미가 압도 당하고 만다. 생긴 건 그래도 껍질을 벗기기가 쉬워 간식으로 먹기에 완벽한 과일이다. 람부탄의 가까운 사촌으로는 풀라산(Nephelium mutabile)이 있는데, 더 두껍고 즙이 많아 완전히 익었을 때에는 람부탄보다 더 맛이 좋을 수도 있다. 람부탄도, 풀라산도 운반에는 적당치 않기 때문에 재배 지역이 아닌 곳에서는 구하기가 어렵다. **CTa**

Taste: 여지는 달콤한 맛과 섬세한 꽃향기에 살짝 멜론 향이 곁들여져 있다. 질감은 즙이 많이 들어 있어 통통하고 딘딘한 포도와 비슷한데, 그보다는 좀더 끈적끈적하다.

Taste: 잘 익은 람부탄을 깨무는 순간 단맛이 순수하게 터져 나온다. 더 먹어보면 희미한, 백합꽃과도 같은 향기가 느껴진다. 새큼달콤한 품종에서는 레몬 향도 난다.

태국의 수상시장은 지역 농수산물을 싸게 살 수 있는 곳인 동시에 ❻ 관광 명소이기도 하다.

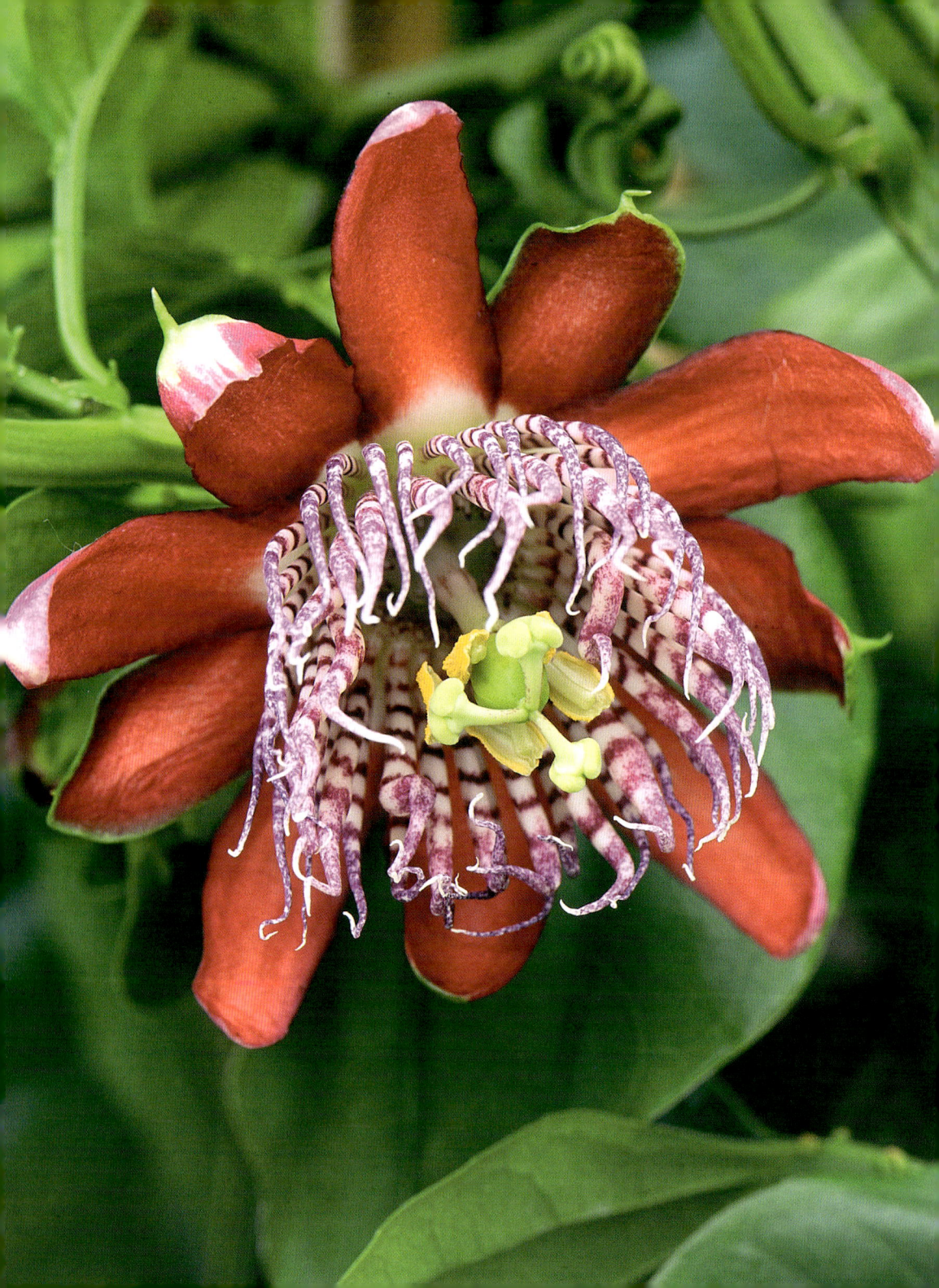

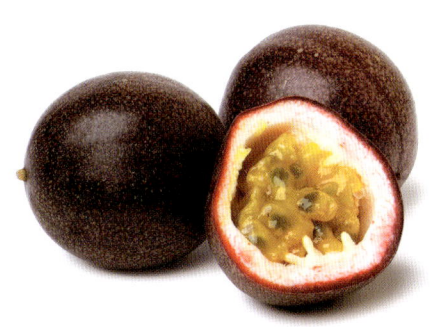

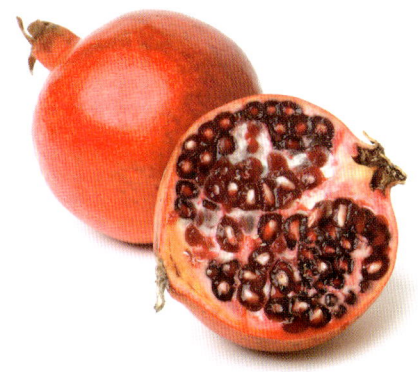

패션 프루트 Passion Fruit

석류 Pomegranate

패션프루트(Passiflora edulis)는 열대의 덩굴 과일로, 브라질이 원산이지만 같은 과의 비슷한 과일은 전 세계의 열대 지방에서 널리 찾아볼 수 있다. 그 독특한 향미와 잘 어울리는 이름은 과실의 여러 부위가 그리스도의 십자가 수난(the Passion)을 상징하는 모양이라고 하여 기독교 선교사들이 붙였다. 다섯 개의 수술은 그리스도의 다섯 군데 상처를, 세 개의 암술대는 그리스도를 십자가에 박은 세 개의 못을 상징한다.

플랜테이션에서는 한 덩굴에서 1년에 백 개가 넘는 열매를 얻을 수 있다. 짙은 보라색과 갈색의 패션 프루트는 무르익으면 쭈글쭈글해지며, 좀더 예쁘고, 매끈한 노랑색 품종보다 맛이 좋다. 자르면 먹어도 되는 검은 씨 주위에 눈물 방울 모양의 가종피(假種皮)가 뭉친 황금빛 오렌지색 과육이 드러난다. 풍미와 향기가 쉽게 퍼져나가기 때문에 디저트나 음료수, 향수를 만들 때 즐겨 사용된다. 그러나 반으로 잘라서 숟가락으로 생과육을 떠먹는 게 가장 맛있다. **FC**

고대 그리스 신화에 따르면 페르세포네는 석류를 먹는 바람에 저승의 신 하데스의 아내가 되었다고 한다. 석류(Punica granatum)는 수천년 동안 아시아에서 재배되었으며, 수많은 문명에서 종교적, 상징적 의미를 지닌 과일이다. 코란에서는 신이 주시는 좋은 것들의 예로 석류를 들었으며, 성경의 출애굽기에서는 석류로 사제들의 제의를 장식하게 하였다. 석류가 국가의 상징인 아르메니아에서는, 석류 열매가 한 해의 날수와 같은 365개의 씨를 품고 있다고 한다.

석류는 작은 나무에서 열리며 그 모양과 색깔이 다양하다. 먹기에 가장 좋은 것은 연노랑색과 밝은 진홍색 사이의 색깔에 껍질이 단단하며, 혹은 투명한 수정 같은 과종피가 흰색에서 선홍색 사이를 띠며 그 사이사이에 노르스름하고 딱딱한 조직 막이 박혀 있는 것이다. 코카서스와 중동에서는 요리에도 쓰이는데, 그 향미는 주스나 시럽을 만들기에 좋다. 그러나 미국이나 유럽에서 시판하는 석류 주스나 시럽의 맛은 다른 빨간 베리류를 합성하여 얻은 것이다. **FC**

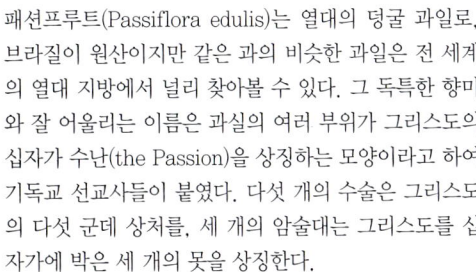

Taste: 강렬한 톡 쏘는 향미는 만다린 오렌지, 파인애플, 오렌지의 향을 품고 있다. 대부분은 즙이 많은 과육과 특별한 맛이 없는 씨를 아삭아삭 씹는 대조적인 경험을 즐긴다.

Taste: 석류 과육은 떫고, 더 달콤한 크랜베리를 연상시킨다. 각각의 과종피를 감싸고 있는 과피는 견고하며 기분 좋게 터지는 맛을 준다. 씨는 특유의 쌉쌀한 맛을 지니고 있다.

ⓒ 패션 플라워는 품종을 막론하고 화려한 꽃을 피우지만 그 열매는 그만큼 보기에 멋지지는 않다.

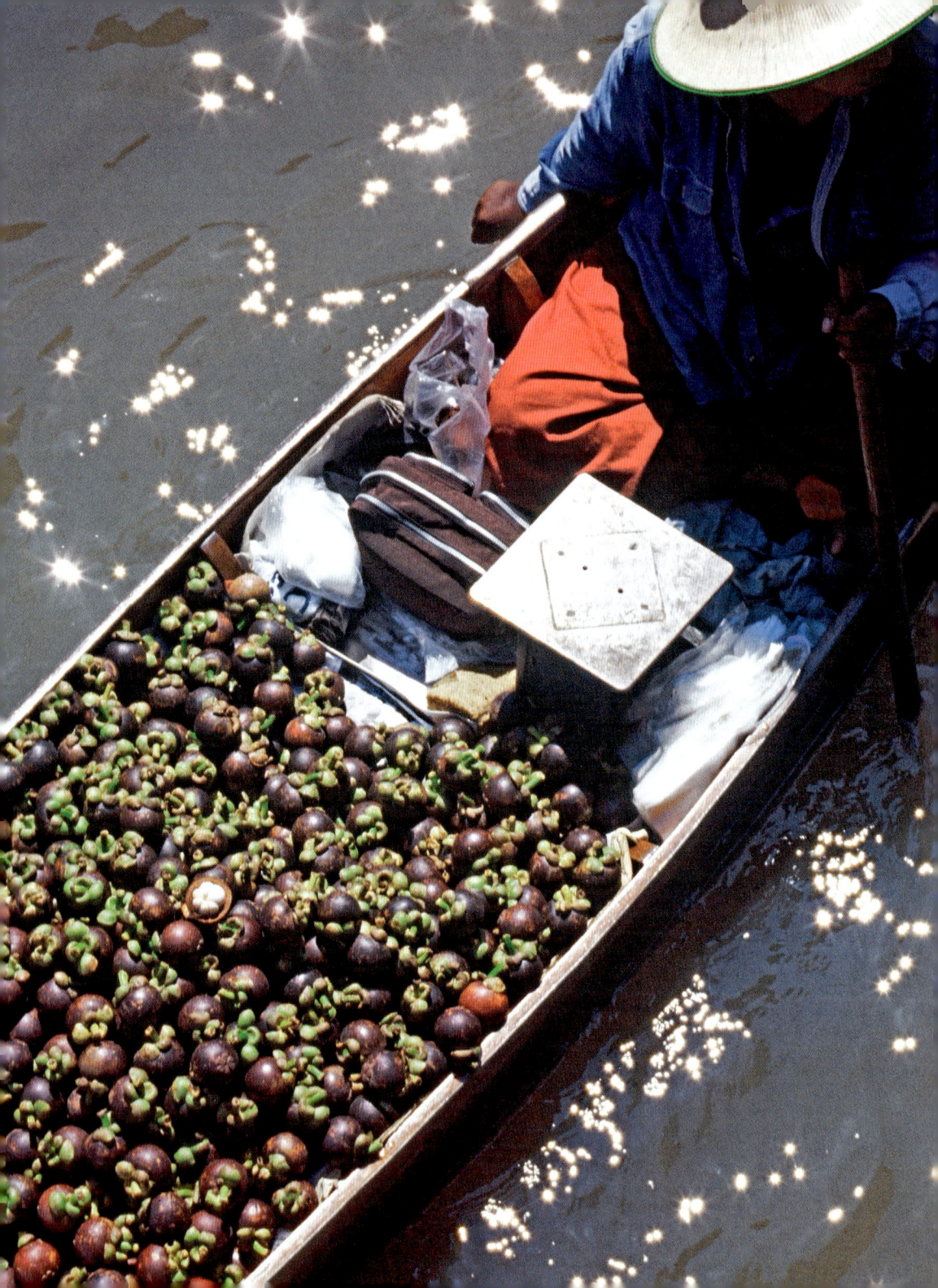

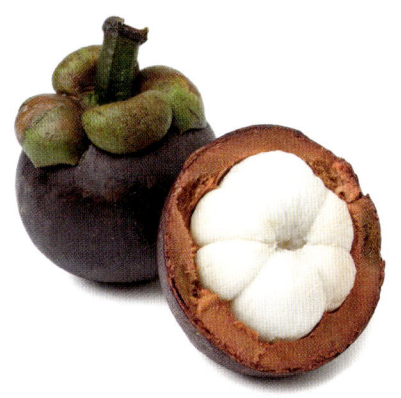

망고스틴 Mangosteen

아시아 일부 지역에서는 '과일의 여왕'이라고 불리는 망고스틴(Garcinia mangostana)은 키가 큰 초열대 지방 나무로 완전히 다 자라려면 15년이 걸린다.(참고로 '과일의 왕'은 두리안이라고 한다.) 항공기로 공수해온 망고스틴 열매를 각국의 고급 식품점에서 찾아볼 수 있지만, 아무래도 막 나무에서 딴 싱싱한 열매와 비교하면 크기도 작고 향미도 덜하다.

    망고스틴은 어딜 가든지 서정을 불러일으키는 모양이다. 일설에 의하면 빅토리아 여왕은 잉글랜드로의 긴 여정 동안 상하지 않고 먹을 수 있는 망고스틴을 가져올 수 있는 이라면 누구나 기사 작위를 주겠다고 했다고도 한다. 딱딱한 적갈색 껍질에서 나오는 즙은 쉽게 얼룩이 질 수 있으므로 조심할 것. 안에는 4~8조각의 부드럽고 눈처럼 흰 우아한 과육이 들어 있다. 그 중 일부는 젤라틴질의 먹을 수 있는 씨를 포함하고 있다.

    망고스틴은 생과일로 먹는 것이 가장 좋으며, 반으로 깔끔하게 자르면 진홍색 껍질의 컵에서 하얀 과육을 손가락으로도 쉽게 빼낼 수 있다. 그러나 말레이시아에서는 덜 익은 망고스틴으로 병조림을 만들며, 망고스틴 주스는 아시아 일부 지역에서 민간 약재로 쓰인다. 서양에서도 의학적인 효과가 있다고 선전되고 있다. **FC**

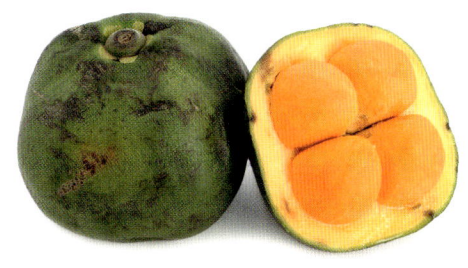

페키 Pequi

페키처럼 그 향기나 풍미가 강렬한 과일도 보기 드물 것이다. 페키(Caryocar coriaceum)는 브라질 중부 사바나 지역이 원산으로, 고이아스 주의 가장 전통적인 풍경—작고 비틀린 나무들이 주를 이루는 관목지—과 이곳 가정 요리의 하이라이트이다. 색깔은 하얀색부터 진노랑색이다. 페키가 등장하는 두 가지 중요한 요리는 페키 라이스(일종의 리조토)와 닭고기 페키(전통적인 닭고기 스튜)이다. 많은 셰프들이 페키가 다른 요소들을 압도하지 않고도, 이 향기 진한 과일과 다른 재료를 섞어 새로운 요리를 만들어내는 도전을 즐긴다.

    페키를 통째로 요리에 사용할 때에는, 엄격히 말해 요리 외적인 부분에서도 주의가 필요하다. 살을 조심해서 씹지 않으면, 뾰족뾰족한 가시가 있는 씨앗 때문에 입안과 혀를 다칠 수도 있다.(대다수의 셰프들은 씨를 제거하고 과육만 사용하는 쪽을 선호한다.) 짭짤한 요리에 넣는 것 외에도 식사의 마무리로 마시는 향이 진한 리큐르를 만드는 데에 쓰이기도 하는데, 그 향은 수시간 동안이나 입안에서 맴돈다. 야생보다는 재배한 페키가 더 먹기에 좋다. **AL**

Taste: 크리미한 과육은 가볍고 달콤하며, 만다린 오렌지를 연상시키는 섬세하면서도 톡 쏘는 맛과 여지, 복숭아. 딸기의 가벼운 꽃향기도 지니고 있다.

Taste: 페키의 사향 냄새를 누그러뜨리기란 거의 불가능하며, 그 발삼의 느끼함도 그냥 지나칠 수가 없다. 페키를 요리에 쓸 때에는 다른 재료들이 단역으로 전락하지 않도록 양 조절을 주의해서 잘 해야 한다.

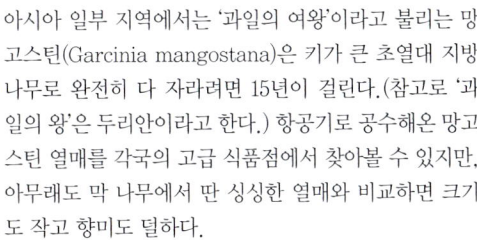

망고스틴의 여린 과육은 두꺼운 섬유질 껍질 덕택에 운송 중에도 상하지 않는다.

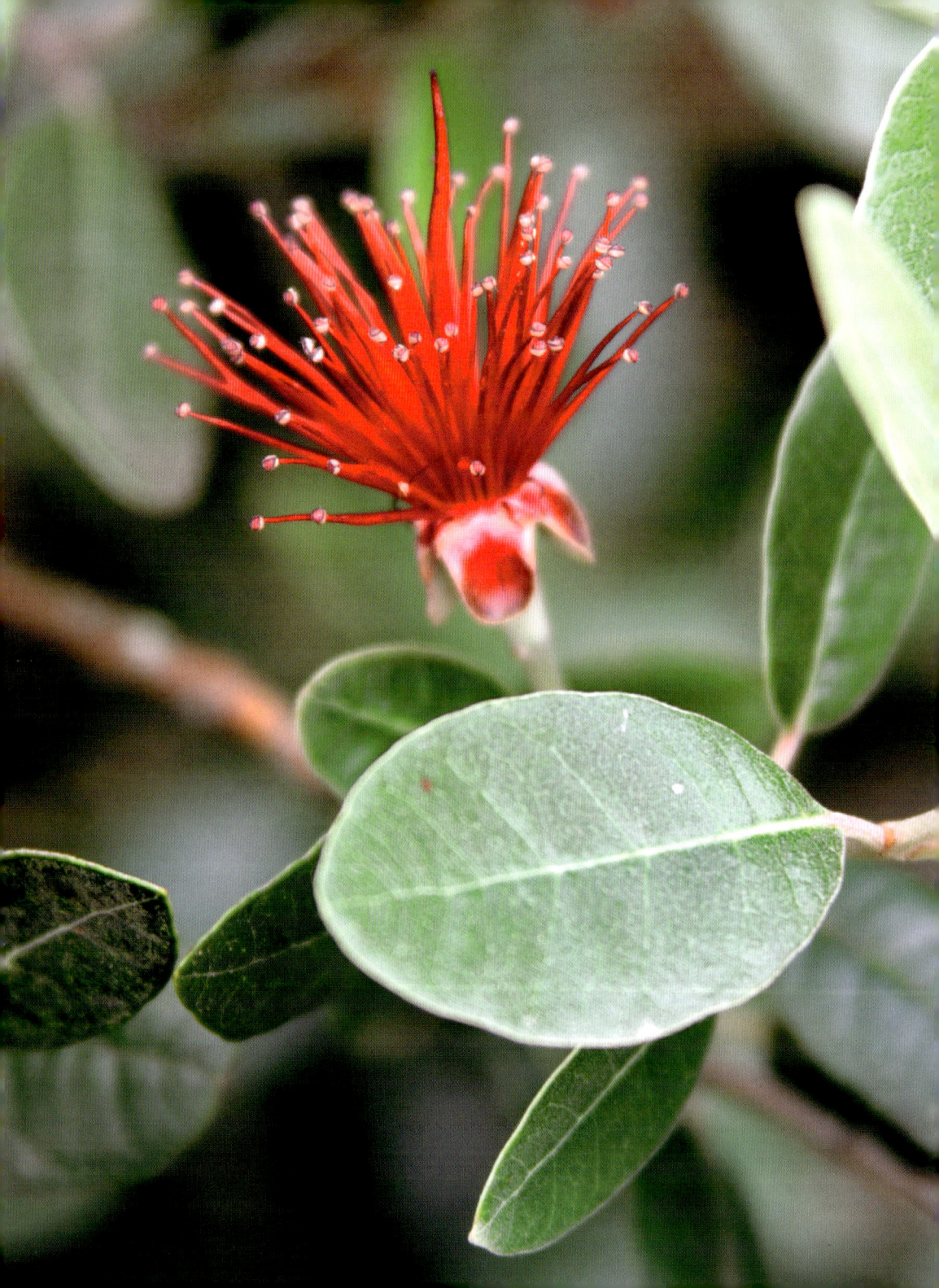

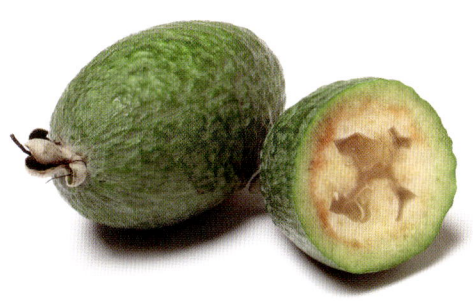

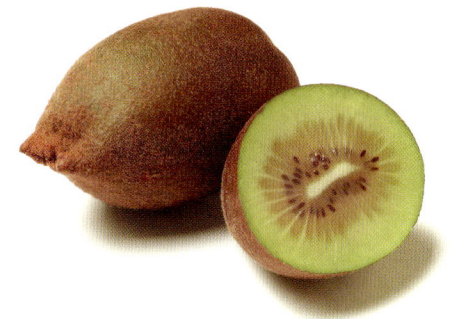

피조아 Feijoa

피조아(Acca sellowiana)는 우루과이와 브라질 일부 지역, 파라과이, 아르헨티나가 원산지로, 이곳에서는 야생에서는 흔히 볼 수 있지만 재배는 거의 하지 않는다. 피조아를 수출하는 곳은 제2의 고향이라 할 수 있는 뉴질랜드로, 뉴질랜드에서 커다란 피조아 관목은 그 녹색 열매는 물론 생기발랄한 빨간 꽃까지 인기가 높다.

　　파인애플 구아바라고도 불리는 피조아는 매끄럽거나 혹은 울퉁불퉁한 통 모양 열매 하나하나가 약 7~10센티미터 정도 되며, 크기가 작은 아보카도와도 닮았지만, 관능적이고 강렬한 향과 풍미를 지니고 있다. 반투명한 중심부에는 겉이 코팅된 미끌미끌한 씨가 들어 있으며, 크리미한 하얀 과육의 알갱이가 질감과 구아바 특유의 향기는 왜 파인애플 구아바라는 별칭이 생겼는지 설명해 주고도 남는다. 모과처럼 몇 개만 방안에 놓아두어도 그 존재감이 확연하다.

　　전통적으로 피조아는 향긋한 젤리를 만들거나 병조림으로 만들어 겨우내 두고 먹는다. 오늘날에는 사과와 함께 파이에 넣거나 크럼블을 얹으면 그 독특한 풍미가 일품이다. 그러나 많은 사람들은 여전히 차게 식힌 과일을 반으로 잘라 숟가락으로 떠 먹는 쪽을 더 좋아한다. **GC**

골드 키위 Golden Kiwi Fruit

키위는 중국의 양쯔 강 연안이 원산지로, 이곳에서는 미후도, 양도 등으로 부른다. 키위는 20세기 초 선교사들에 의해 뉴질랜드로 전해졌으며, 이곳이 제 2의 고향이되었다. 키위(Actinidia deliciosa)는 원래 작은 엽궐련 모양의 열매를 맺으며, 뉴질랜드인들은 이 열매를 조리하여 구즈베리와 비슷한 향을 얻는다. 이 때문에 처음에는 차이니즈 구즈베리라고 불렸다.

　　1960년대 들어 뉴질랜드에서 개발된 헤이워드 품종은 납작하게 눌러놓은 통 모양으로 열매의 크기도 더 컸다. 이것을 키위 프루트라고 개명하면서 키위의 성공신화가 시작되었다. 오늘날에는 세계 여러 나라에서 키위를 재배하고 있다.

　　골드 키위는 뉴질랜드에서 개발된 품종으로 속살은 노랗고, 하얀 중심부에 작고 까만 씨가 다닥다닥 박혀 있다. 과육이 밝은 녹색을 띠는 보통 키위보다 더 달고 강렬한 열대 과일의 풍미를 느낄 수 있다. 키위 자체는 독특하지만, 썰거나 조각 내면 흔하디 흔한 장식이 된다. 반으로 잘라 숟가락으로 떠 먹어도 좋고, 잘라서 케이크나 패블로바, 또는 과일 샐러드에 넣어서 먹는다. 그러나 믹서에서 씨가 부서지면 유난히 쓴맛이 나므로 아이스크림이나 소르베에 넣는 것은 피할 것. **GC**

Taste: 향긋하고 입천장을 가득 메우는 맛은 파인애플과 구아바를 섞어놓은 듯하다. 처음의 단맛이 녹아 내리면서 살짝 새콤한 허브 향이 남는다.

Taste: 잘 익은 골드 키위의 풍성하고 벌꿀처럼 달콤한 향미는 처음에는 사과를 떠올리게 하지만, 점차 독특한 향과 길고 새콤한 뒷맛으로 발전한다.

피조아는 이 꽃 덕분에 가장 매력적인 상록 관목 중 하나로 꼽힌다.
◑ 지나치게 익은 열매는 먹어서는 안 된다.

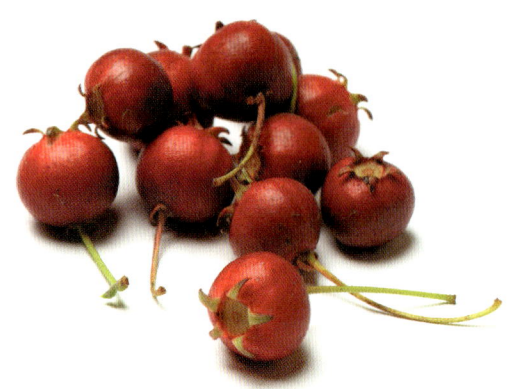

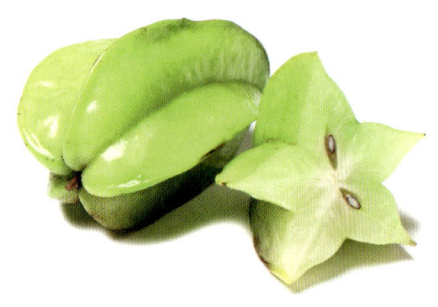

스트로베리 구아바 Strawberry Guava

강렬한 향기와 입안에서 놀랄 만큼 톡 쏘는 맛을 지닌 스트로베리 구아바는 수많은 미식가들이 구아바 가족 중에서 가장 맛있는 과일이라고 꼽는 데 주저하지 않는다. 원산지인 브라질의 몇몇 주에서 야생으로 자라며, 멋진 전원의 별미로 평가받고 있다. 스트로베리 구아바(Psidium cattleianum)는 유난히 열매를 많이 맺는 식물이다. 상록수인데 지역에 따라 1년에 두 번 열매를 맺는 곳도 있지만, 대부분 1년 내내 열린다. 덕분에 진정한 미래형 식물이라고 볼 수도 있지만, 일단 뿌리를 내리면 원래 있던 다른 식물들을 모조리 죽여버리는 왕성한 번식력 때문에 몇몇 나라에서는 침략적인 잡초로 분류하기도 한다.

둥근 과실은 껍질이 있는 달걀처럼 생겼는데, 색깔은 녹색부터 빨강까지 다양하지만 가장 맛있는 것은 노랑색으로 즙과 씨가 많은 흰 과육을 품고 있다. 스트로베리 구아바는 그냥 생과일로 먹어도 맛있으며, 특히 신선할 때는 정말로 군침이 돌지만, 잼이나 단 것을 만들어도 훌륭하다. 브라질에서 인기있는 과자인 아라카사다(arasazada)는 스트로베리 구아바 퓌레로 만들며 간단하게 잘라서 낸다. 스트로베리 구아바는 아이스크림, 리큐르, 주스, 젤리, 잼, 페이스트, 셔벗에도 등장하며 펀치 등의 칵테일과도 잘 어울린다. AL

Taste: 쥬이시한 과육은 이러한 류의 과일에서는 좀처럼 찾아볼 수 없는 신맛을 지니고 있다. 맛은 짜릿하고 상큼하며, 멜론에 라임을 살짝 섞은 것과 비슷하다.

카람볼라 Carambola

패스트리를 만드는 요리사들은 카람볼라(Averrhoa carambola)를 좋아하는데, 다섯 꼭지점의 별 모양을 잘라서 장식용으로 쓸 수 있기 때문이다. 동남아시아에서 카람볼라는 수박이나 파파야에 맞먹는, 이루 말로 다 할 수 없는 서늘한 아우라를 내뿜는다. 푹푹 찌는 열대의 습기로 땀을 비오듯 흘리거나 몸이 너무 뜨거워졌을 때에는 이 별 모양 과일을 잘라 먹거나 주스로 마신다.(소금을 아주 약간만 넣어서 간을 한다.)

카람볼라는 쥬이시하고 톡 쏘는 맛 때문에 입맛을 돋구고 입가심을 하는 데 좋다. 싱가포르, 말레이시아, 타이완에서는 목이 아플 때 약으로 먹기까지 한다. 오늘날 카람볼라는 오스트레일리아에서 중국, 라틴아메리카와 이스라엘에 이르기까지 세계 각지에서 널리 재배되고 있다. 미국에서는 몇몇 와인업자들이 그 즙으로 바삭한 화이트 와인을 만들기도 했다.

카람볼라는 가까운 종인 빌림비(Averrhoa bilimbi)와 착각되기도 한다. 빌림비는 맛이 카람볼라와 매우 비슷한데, 카람볼라보다는 좀더 시고 떫다. 인도와 동남아시아에서는 커리, 피클, 처트니 등에 신맛을 내기 위해 넣는다. 빌림비와 카람볼라 모두 설탕 시럽에 절여두고 먹곤 한다. CTa

Taste: 거의 익지 않은 카람볼라 풋과일은 신맛에 가까운 짜릿함을 지니고 있다. 익어가면서 배, 멜론, 구스베리의 향이 더해지며, 살짝 단맛과 신맛이 조화를 이룬다.

카람볼라가 '스타 프루트'라고 불리는 것은
그 모양 때문만이 아니다. ➲

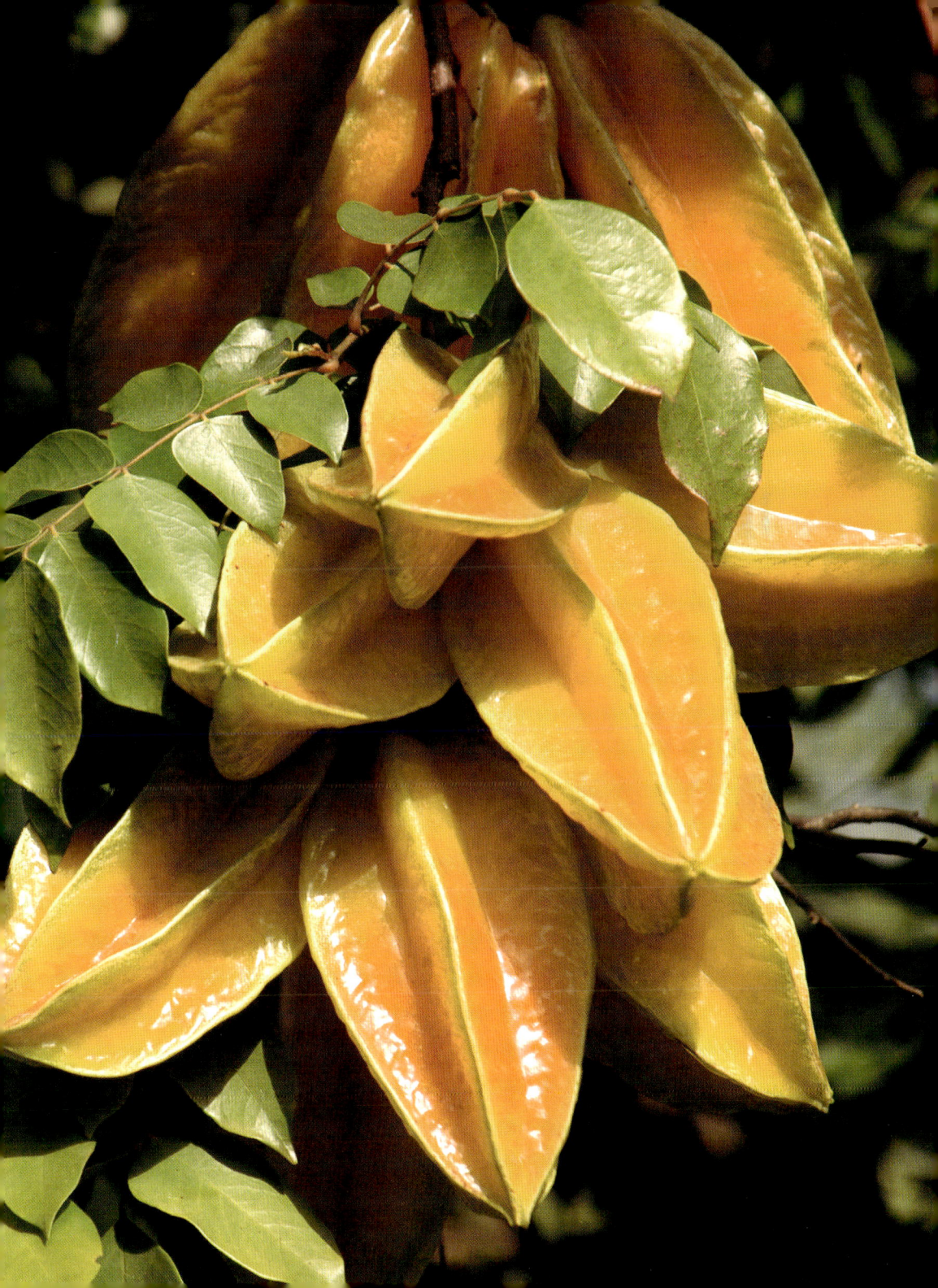

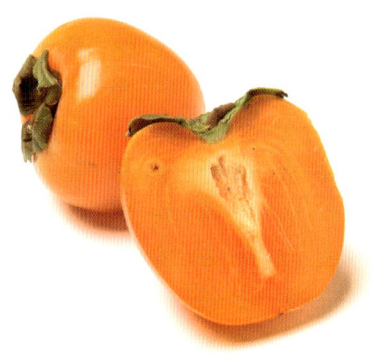

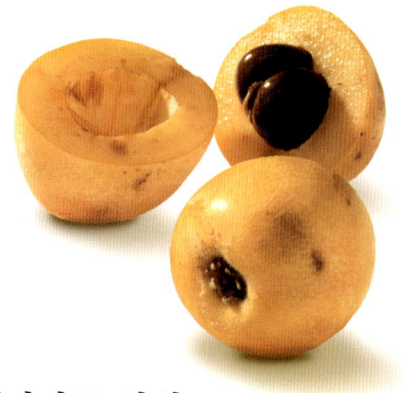

고욤 Date Plum

일설에 따르면 호메로스의 『오딧세이』에 등장하는 로
토파고스 사람들이 먹었다던 환상의 음식이 바로 고욤
(Diospyros lotus)이라고 한다. 때때로 생물학적으로 가
까운 미국 감(Diospyros virginiana)과 착각하는 사람
들이 있다. 더욱 혼란스럽게 하는 것 같아 미안하지만 우
리가 먹는 감(Diospyros kaki)과는 또 다른 종이다.

　　고욤이 정확히 어디서 유래했는지는 밝혀지지 않
았지만, 오늘날에는 유럽 남동부, 그리고 일본, 중국, 한
국 등 극동에서 널리 자라며, 또 재배한다. 크기는 큰 버
찌만하며, 색깔은 익은 정도에 따라 노랑부터 갈색을 띠
는 검푸른 색까지 다양하다. 단맛과 떫은 맛을 동시에 지
니고 있으며, 넓적한 갈색 씨를 품고 있다.

　　고욤은 생과일로 먹거나 또는 조리해서 먹는다. 생
과일로 먹을 경우에는 완전히 익은 열매가 아니라면 너
무 떫어서 도저히 먹을 수가 없다. 또 잼, 푸딩, 그 밖의
디저트를 만드는 데에도 쓰인다. 아시아에서는, 대추야
자 비슷한 맛이 진해질 때쯤 말려서 먹는다. **SH**

비파나무 열매 Loquat

중국이 원산지인 비파나무 열매는 미국과 유럽에서
는 일본 모과(영어로는 Japanese medlar, 프랑스어
로는 nèfle du Japon, 이탈리아어로는 nespola gia-
pponese), 심지어는 그냥 모과라고 불리기도 한다. 중
국에서 비파나무라는 이름이 붙은 것은, 현이 4개인 옛
악기 비파를 딴 것이다.

　　비파나무(Eryobotrya japonica) 열매는 타원형이
며 품종에 따라 다르기는 하지만 잘 익은 살구나 망고를
연상시키는 아름다운 색깔을 뽐낸다. 중국에서는 거의
1,000년 동안 재배해 왔으며, 일본에서도 수세기 동안
사랑을 받아왔다. 다른 지역—예를 들면 터키, 아메리
카 대륙, 오스트레일리아—에서도 재배하기는 하지만,
쉽게 찾아보기는 어렵다.

　　비파나무 열매는 익고 나면 검은 반점이 쉽게 생기
기 때문에 운송이 어렵다. 얇은 껍질은 벗기기보다는 그
냥 같이 먹는 경우가 많다. 비파나무는 때때로 관상용으
로 기르기도 한다. 생과일로 먹어도 맛있지만, 일단 나
무에 열매가 열리면 워낙 짧은 시간에 모두 익어버리므
로 말리거나 조리해서 먹는다. 잼, 젤리, 시럽, 리큐르
등을 만드는데 중국에서는 말린 열매와 잎을 모두 기침
약으로 쓴다. **KKC**

Taste: 잘 익은 고욤은 매우 부드러운 살과, 감과 비슷한 진하고 달
콤하고 살짝 짜릿한 맛을 지니고 있지만 감보다는 덜 떫다.

Taste: 비파나무 열매는 살구를 연상시키는 단맛, 질감, 향기를 모두
지니고 있다. 그러나 맛은 다르다—더 쥬이시하고 더 짜릿하다.

비파나무가 무성하게 자라고 있는 스페인 남부의 비옥한 계곡. ●

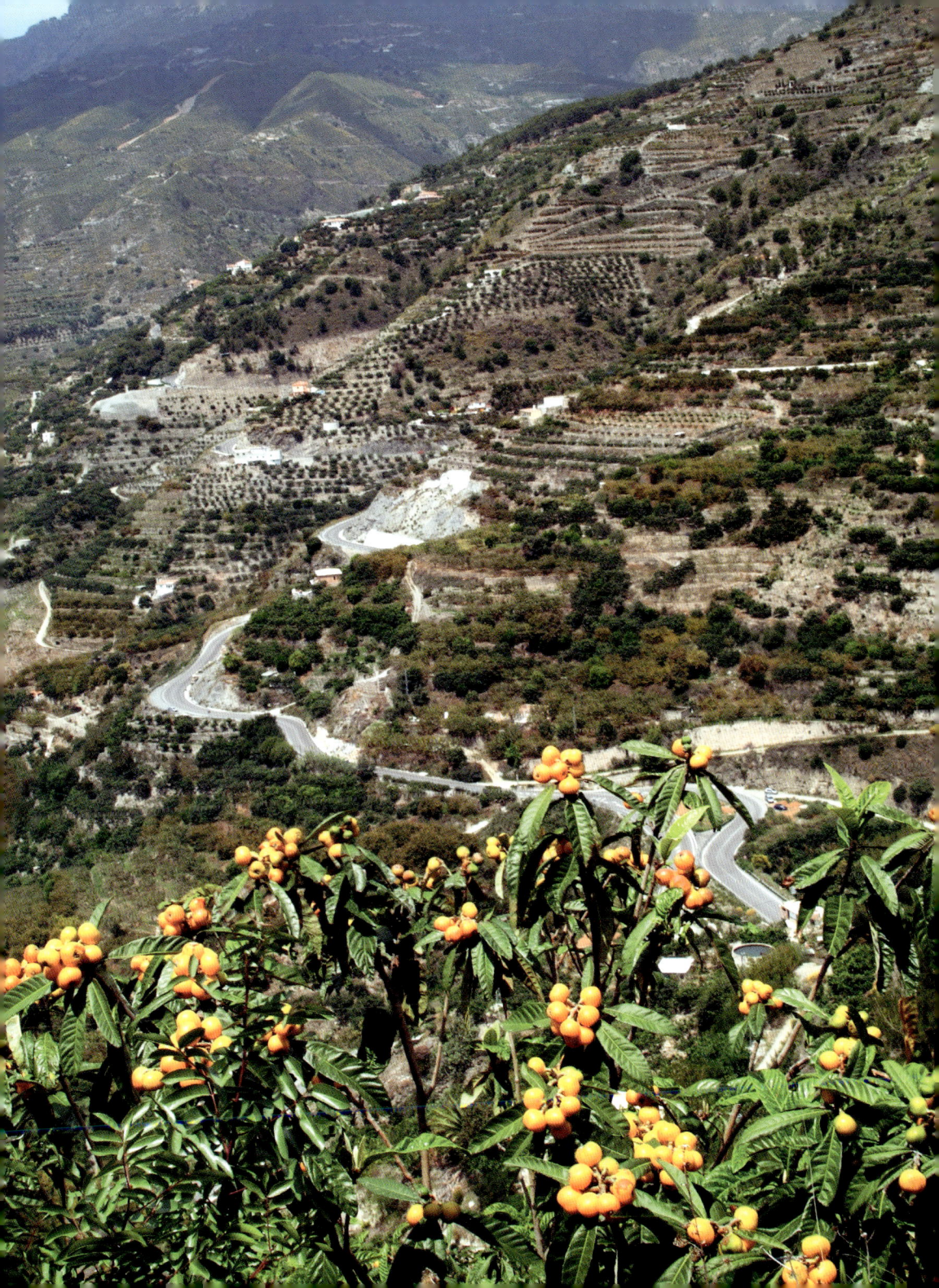

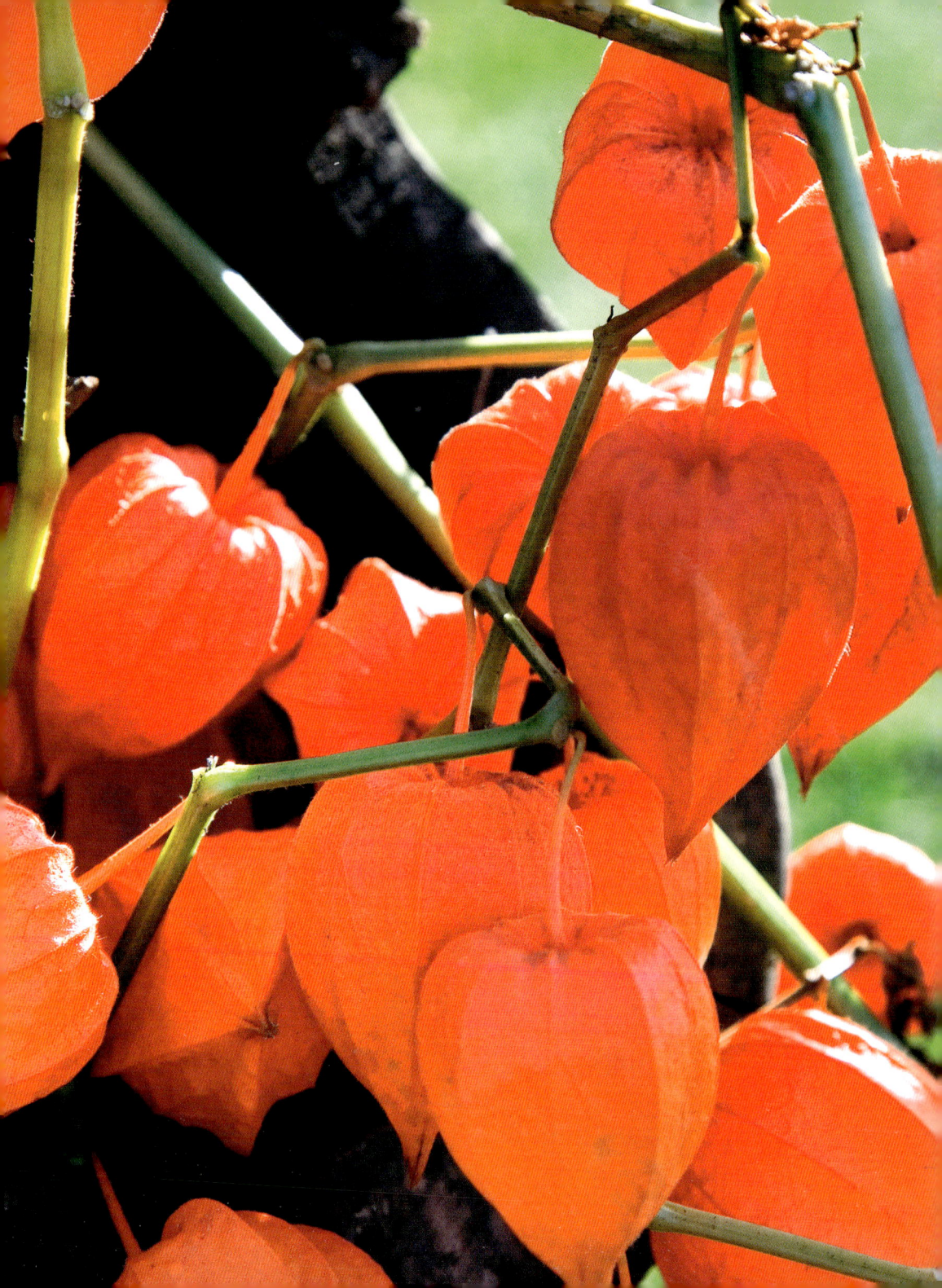

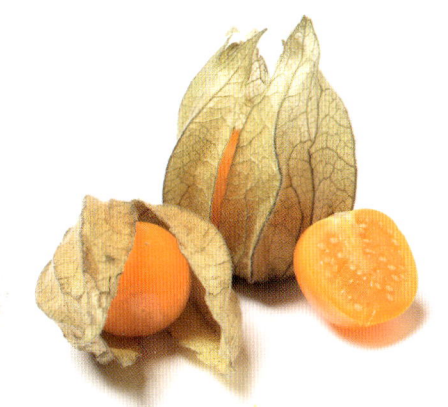

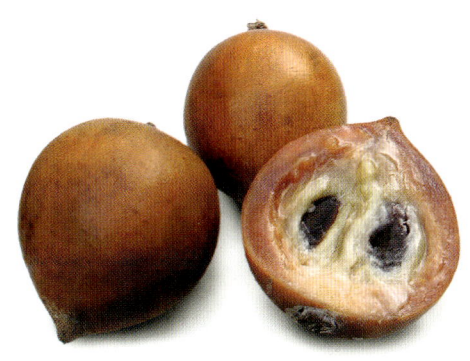

케이프 꽈리 Cape Gooseberry

제인 그릭슨은 '바짝 말린, 얇게 비치는 꽃받침 속에서 희미하게 빛나는 오렌지빛의 빨간 열매'의 아름다움을 잊을 수 없게 포착하였다. 유럽인들이 등장하기 오래 전에 아메리카 원주민들은 이미 종이처럼 얇은, 양피지와도 같은 껍질 속에서 이 예쁜 둥근 열매를 꺼내 그 자리에서 먹거나 혹은 겨우내 먹기 위해 말려두곤 했다.

그러나 자신들이 떠나온 남아프리카의 희망봉 (Cape of Good Hope)을 따서 케이프 꽈리라는 이름을 붙인 것은 19세기 초의 오스트레일리아 정착민들이었다. 케이프 꽈리는—꽈리속의 다른 과일들과 마찬가지로—가지과(Solanaceae)에 속하며, 토마티요(Physalis ixocarpa)와 착각해서는 안 된다. 오늘날에는 하와이에서 인기가 높으며 널리 재배되고 있다. 하와이에서는 포하 베리(poha berry)라는 이름으로 부르며, 달콤한 요리와 짭짤한 요리에 모두 쓰인다. 쿠스쿠스나 코리앤더와 함께 가리비 요리에 곁들이면 좋다. 콜롬비아와 안데스 산맥 주위의 나라들에서는 요구르트, 아이스크림, 그리고 짭짤한 소스에 넣어 먹는다. 한편 브라질과 유럽 일부에서는 초콜릿에 살짝 담가서 프티푸르(한 입에 넣을 수 있는 소형 과자로 프티는 '작은', 푸르는 '오븐'이란 뜻)로 내기도 한다. **SH**

아그발루모 Agbalumo

나이지리아인들이 고향을 떠나서 제일 그리워하는 음식 중의 하나가 아그발루모이다. 수단, 케냐, 가나, 시에라리온, 우간다, 카메룬, 코트디부아르, 그리고 물론 나이지리아 등 아프리카 나라들의 열대우림 저지대에서 찾아볼 수 있는, 무성하게 늘어진 아그발루모 (Chrysophyllum albidum) 나무의 열매로, 그 새콤달콤한 맛으로 많은 사랑을 받고 있다. '하얀 별 사과'라는 이름으로도 불리는데, 꼭지점이 다섯 개인 별 모양의 과육으로 인해 그런 별명이 붙었다.

아그발루모는 윗부분이 살짝 뾰족한 둥근 모양으로, 직경이 약 2.5센티미터쯤 된다. 녹색을 띤 잿빛의 열매는 익으면 오렌지빛 빨강, 노란 갈색, 또는 산옥 반점이 있는 노랑으로 변한다. 속살은 붉고, 중심부는 크리미하고 하얗다. 어린아이늘이 특히 아그발루모를 좋아하는데, 먹는 것은 물론 그 납작하고 콩 모양의 먹을 수 없는 갈색 씨앗으로 놀이를 하기도 한다. 계속 씹으면 껌과 비슷한 질감이 되기도 한다. 아그발루모는 생과일로 먹으며, 과육으로는 잼이나 젤리를 만든다. 지역 주민들은 발효 및 증류를 시켜 술을 빚기도 한다. **CK**

Taste: 달콤쌉싸름하고, 살짝 톡 쏘며, 상당히 쥬이시한 케이프 꽈리는 방울 토마토의 새콤한 맛과 감귤, 피인에플, 복숭어, 비찌이 향을 지니고 있다.

Taste: 잘 익은 아그발루모 열매의 부드럽고 관능적인 속살은 군침이 도는 크리미한 질감에 새콤달콤한 풍미를 지녀 먹으면 먹을수록 디우 먹고 싶어진다.

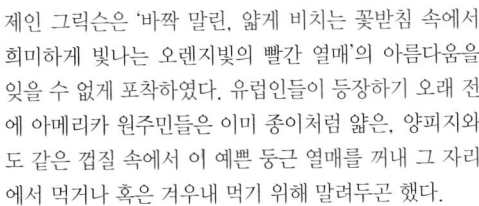

어릴 때면 선명한 빛깔을 자랑하는 꽃받침 안에 각각의 케이프 꽈리 열매가 열린다.

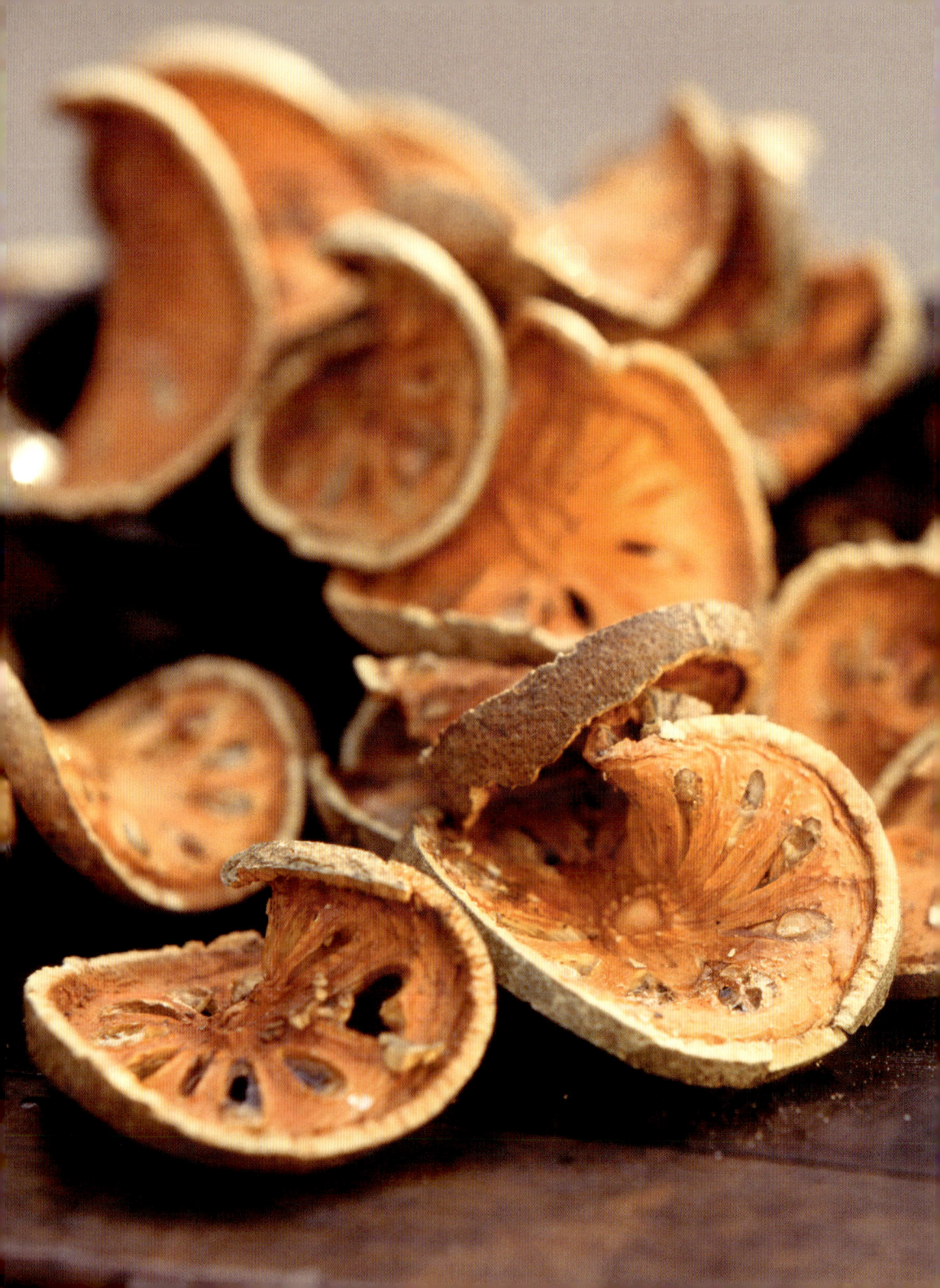

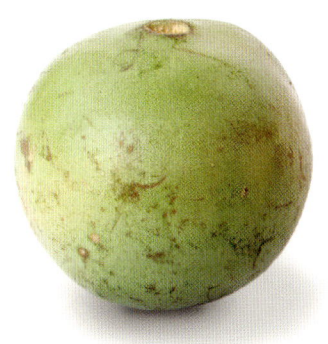

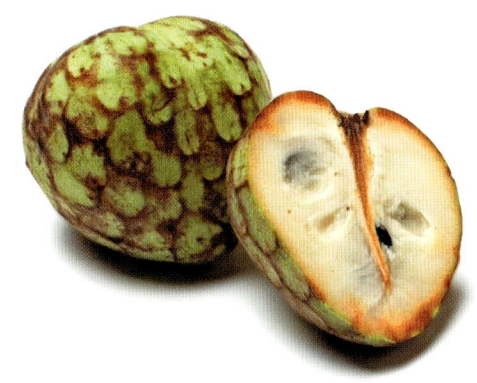

벨 Bael

19세기 초 인도에 간 영국의 식물학자들은 낯설고 이국적인 과일들을 당황스러울 정도로 많이 발견하고 그것들에 일일이 영어로 새로운 이름을 붙였다. 파인애플과 커스터드 애플은 이러한 연유로 탄생하였다. 벨은 빌바(bilva), 붓다 프루트(Buddha fruit), 홀리 프루트(holy fruit), 벵골 모과(Bengal quince)라고도 부르며 '나무 사과(wood apple)'라는 별명도 있다.

가시투성이의 벨 나무는 인도가 원산이지만 동남아시아 전역에서 자란다. 힌두교에서 신성시하는 나무로, 시바 신이 벨 나무 아래 산다고 하며, 타원형의 뾰족한 잎은 종교 의식에 쓰인다. 또 의학적으로도 효험이 있어 이질부터 감기 몸살에 이르기까지 다양한 질병의 치유에 쓰인다. 감귤류와 생물학적으로 가까우며, 인도네시아에서는 야자 설탕으로 단맛을 내서 아침식사로 즐겨 먹는다. 방콕에서는 가족 단위의 소규모 산업으로 벨 열매를 건조시켜 은근하게 스모키한 향미를 지닌 톡 쏘는 맛의 시럽으로 만든다. 인도에서는 씨가 들어 있는 과육에 설탕, 그리고 때로는 타마린드를 섞어 상쾌한 음료수를 만든다. 또 과일 차나 잼, 피클, 심지어 토피를 만들기도 한다. **WS**

체리모야 Cherimoya

이 배 모양 과일의 울퉁불퉁한 겉모습 안에는 '잉카의 보석'이라 불리는 크리미하고 우아한 속살이 숨어 있다. 마크 트웨인은 체리모야를 가리켜 "인간이 아는 한 가장 맛있는 과일"이라 하였다.

에콰도르에서 페루가 원산지인 체리모야(Annona cherimola)는 오늘날 마크 트웨인이 이 과일을 처음 접한 하와이는 물론, 캘리포니아 해안 지대와 뉴질랜드를 아우르는 전 세계의 아열대 지역에서 널리 재배되고 있다. 체리모야라는 이름은 고대 잉카인들의 퀘추아어로 '차가운 씨앗'이라는 뜻이다. 또한 과육의 질감이 커스터드 같다고 하여 '커스터드 애플'이라 불리는 과일 중의 하나이기도 하다.

잘 익으면, 체리모야는 조금만 잡아당겨도 떨어진다. 반으로 자르거나 썰어서 숟가락으로 과육을 떠먹는다.(껍질과 씨는 먹을 수 없다.) 사과, 베리류, 바나나 등으로 만든 과일 샐러드에 넣으면 좋으며, 레드 와인이나 화이트 와인과 함께 내면 흥미로운 향미의 대비를 즐길 수 있다. 아이스크림이나 요구르트와 함께 내거나, 크림을 섞어 풀(fool, 삶은 과일을 으깨어 우유 또는 크림에 섞은 것)로 만들어도 맛있다. 아니면 아예 아이스크림이나 소르베로 만들어도 좋다. **SH**

Taste: 엷은 주황색의 과육에서는 달콤한 냄새가 나지만, 상큼한 감귤 맛은 몸을 서늘하게 해준다. 야생에서 딴 열매는 재배한 것에 비하면 상당히 타닌이 강하다.

Taste: 체리모야의 크리미하고 맛있는 하얀 과육은 바나나, 파파야, 파인애플을 부드럽게 섞어놓은 것에 코코넛, 망고, 바닐라를 살짝 가미한 듯하다.

벨 열매는 아유르베다 의학에서
다양한 질병의 치료제로 쓰인다.

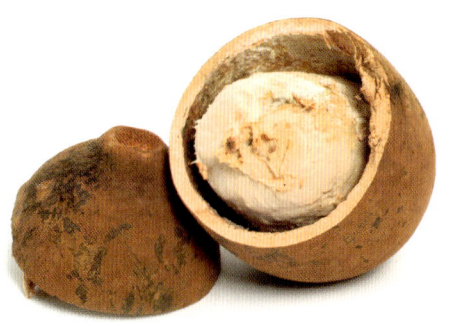

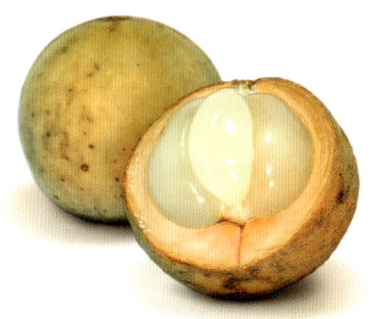

쿠푸아수 Cupuaçu

쿠푸아수를 한 입 베어문다는 것은 오감에 도전장을 던지는 경험이다. 아마존 유역에서 자생하는 이 과일은 처음에는 몸서리가 처지도록 달지만, 곧 은근한 신맛이 환상적으로 상큼한 느낌을 자아내며, 클로로포름을 약간 마신 것 같은, 이상한, 그러나 거슬리지는 않는 느낌이 입천장을 감싼다.

카카오의 사촌 격인 쿠푸아수(Theobroma grandiflorum)는 맛만큼이나 생긴 것도 특이하다. 보통 사람의 발길이 닿지 않는 울창한 열대우림에서 자라는, 거친 나무 열매의 특징을 지니고 있다. 쿠푸아수 나무는 키가 15미터 넘게 자라지만, 농장에서 재배하는 경우에는 약 3미터 안팎까지만 자란다. 아마존 유역의 투피 족은 쿠푸아수를 '커다란 과일'이라고 부르며, 실제로 쿠푸아수 열매는 길이 25센티미터, 무게 4킬로그램까지 나가는 경우도 있다.

단단한 갈색의 껍질을 깨면 사람을 취하게 하는 향기를 뿜어내며, 다섯 줄의 씨를 품고 있는 하얀색에서 노란색의 과육을 드러낸다. 과육은 보통 맛있고 간단한 크림으로 만들어 음료수나 리큐르, 아이스크림, 잼, 그리고 초콜릿을 입힌 멋진 디저트를 만들 때 베이스로 쓴다. **AL**

두쿠 Duku

두쿠(Lansium domesticum)의 평범한 베이지색 껍질만 보아서는 그 안에 숨어 있는 멋진 속살을 상상조차 할 수 없다. 일단 껍질을 벗겨 깨물면 젤리 같은 속살이 터져나오며 입안을 달콤한 즙으로 가득 채운다. 동남아시아 각 나라에서 저마다 다른 이름으로 불리는 두쿠는 계절성 과일인데다, 일단 익고 나면 쉽게 상해버리기 때문에 보통 생과일로 먹으며, 조리하여 먹는 경우는 거의 없다.

두쿠는 둥글고 크기는 골프공만하며, 복숭아와 비슷한 솜털로 뒤덮인 두꺼운 껍질로 싸여 있다. 흰색이나 분홍색의 과육은 단맛이 지배적이다. 두쿠의 일종인 랑사트(역시 Lansium domesticum으로 분류한다)는 크기가 좀더 작고, 달걀 모양이며, 껍질이 더 얇은데, 깨면 수액과도 같은 유액이 흘러나온다. 랑사트는 두쿠보다 톡 쏘는 맛이 강하며, 쓴맛이 나는 씨를 품고 있다. 태국에서는 빽빽하게 뭉친 송이로 자라며, '롱콩(longkong)'이라 부른다. 랑사트는 필리핀에서는 란조네(lanzone)라고 부르며, 때때로 과육을 시럽에 절인다. 필리핀인들은 또 껍질을 말린 뒤 태워서 모기를 쫓는 데 쓰기도 한다. **CTa**

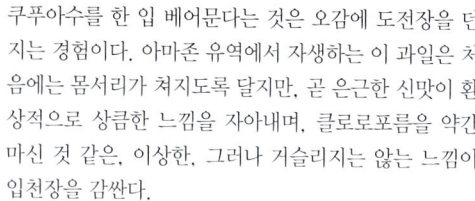

Taste: 쿠푸아수의 사람을 취하게 하는 강렬함은 특히 그 과육으로 만든 크림을 맛보면 더욱 짙게 느껴진다. 신선한 크림, 설탕, 과육을 섞어 아주 차갑게 해서 내는 것이 좋다.

Taste: 좋은 열매는 호화로운 단맛을 지니고 있다. 그레이프프루트나 카람볼라를 연상시키는 톡 쏘는 맛으로 균형이 잡힌 랑사트 쪽을 선호하는 사람들도 있다.

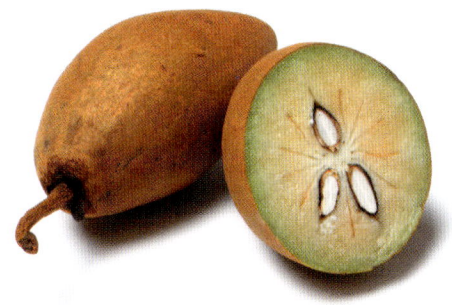
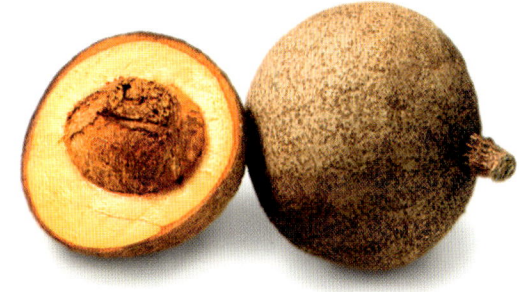

사포딜라 Sapodilla

멕시코와 중앙 아메리카 원산인 이 이국적인 과일은 나무껍질에서 추출한 하얗고 끈끈한 치클 수액(껌의 원료)으로 먼저 유명해졌다. 오늘날에는 사포딜라의 열매 역시 높이 친다. 보다 화려한 파인애플, 망고, 또는 스타 프루트처럼 사포딜라(Manilkara zapota)—또는 슈거딜리(sugardilly), 나무감자(tree potato), 내스베리(naseberry), 치쿠(chiku), 사포타(sapota), 니스페로(níspero), 혹은 마멀레이드 자두(marmalade plum) 등으로도 불린다—도 미인 행렬에 나선다면 한 표나 얻을 수 있을 것인지 의심스럽다. 달걀 모양에, 크기는 살구만하며, 껍질은 익고 나면 꾀죄죄한 갈색이다. 솔직히 사포닐라의 외양에 대해 가장 잘 해줄 수 있는 말은 쭈글쭈글한 날감자를 닮았다는 정도이다.

그러나 생김새만 보고 판단하지 말 것. 별볼일 없는 겉모습 안에 달콤하고 맛좋은 속살이 숨어 있으니! 과육은 노란색부터 토피 같은 브라운색, 매끄럽고 크리미한 것부터 잘 익은 배처럼 알갱이의 입자가 살아 있는 것까지 다양하다. 납작하고 윤기 있는 검은색 씨는 윗부분이 작은 갈고리처럼 생겼으므로 자칫 식도에 상처를 낼 수도 있기 때문에 먹기 전에 골라내야 한다. 라임 즙이나 럼, 코코넛 즙을 넉넉히 뿌리거나, 서인도제도 스타일로 아이스크림에 곁들여 먹는다. **WS**

맘미 Mamee

이 볼품없는 갈색 과일은 망고스틴의 사촌으로, 키가 18~21미터까지 자라는 웅장한 나무에서 열린다. 마미, 맘미애플 등 다양한 이름으로 불리는데, 영어(San Domingo apricot), 브라질 포르투갈어(Abricó-do-pará), 프랑스어(abricot d'Amerique)를 가리지 않고 살구를 가리키는 이름이 많다. 그러나 가죽 같은 껍질 속에 웅크리고 있는 맛있는 과육의 황금빛 색깔과 복숭아와 흡사한 질감은 살구와도, 복숭아와도 연관이 없다.

서인도제도, 그리고 아마도 중앙아메리카까지가 원산지로, 적도 주변의 습한 열대우림에서 잘 자라는 맘미(Mammea americana)는 여러 나라로 수출된다. 걸쭉한 즙이 많이 나오며, 주로 두꺼운 조각으로 썰어 생과일로 먹지만, 잼이나 콤포트, 아이스크림, 병조림 등을 만들기도 한다. 나무는 목련나무를 닮았는데, 프랑스령 서인도제도에서는 향긋한 리큐르에 맘미 꽃을 넣어 향을 더하기도 한다. 도미니카 공화국에서는 과육으로 일종의 소르베를 만든다. **AL**

Taste: 유난히 달콤한 사포딜라의 과육은 벌꿀이나 캐러멜과 비슷한 맛이 난다. 흑설탕과 루트비어를 섞어놓은 맛이라고 표현하는 이도 있다.

Taste: 주황색의 과육은 그냥 먹는 것이 가장 맛있으며, 달콤하고 짜릿하며 향긋하다. 잘 익은 망고와 비슷하지만 바닐라와 캐러멜이 살짝 느껴진다. 때때로 살구와 비교된다.

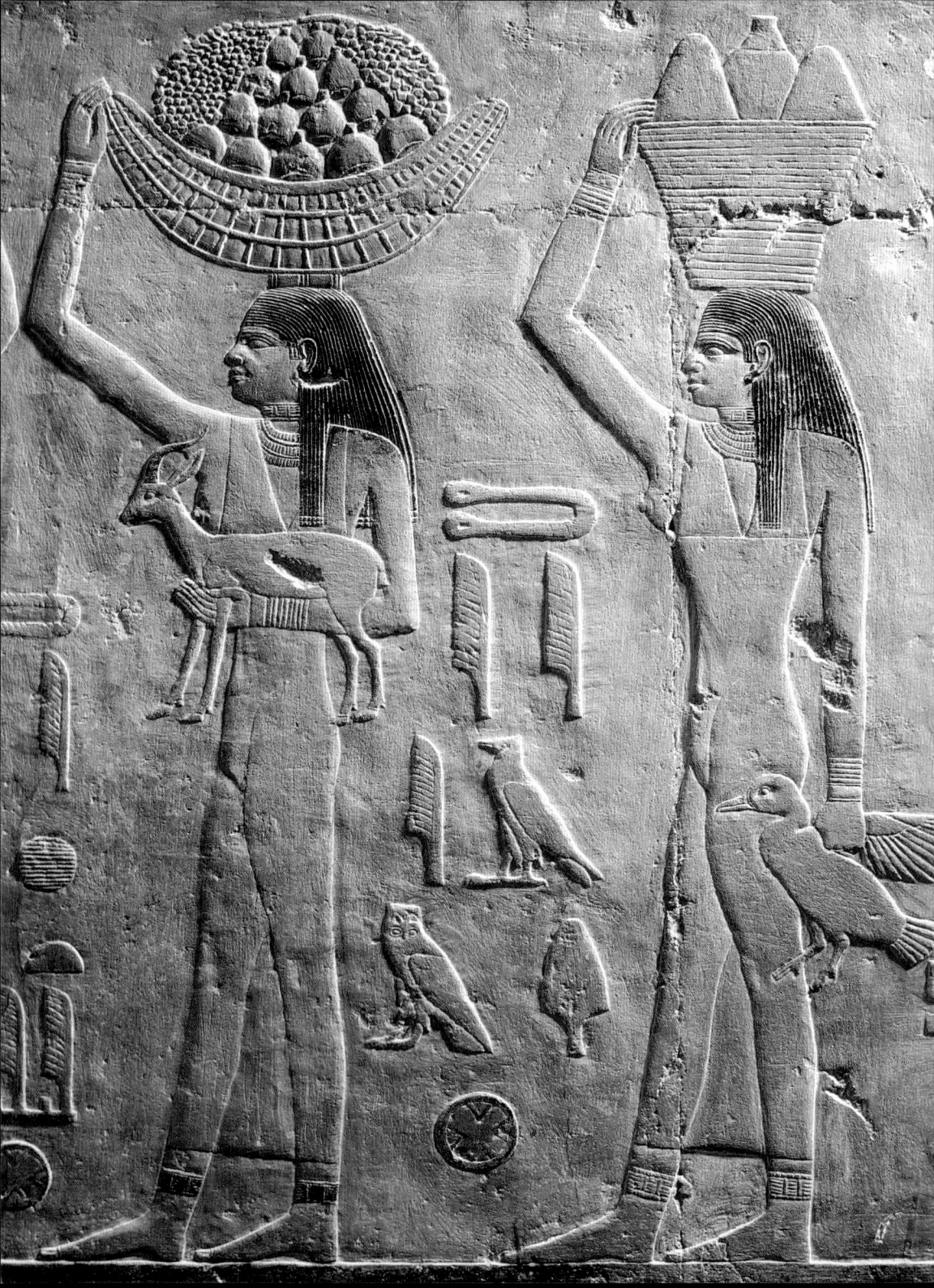

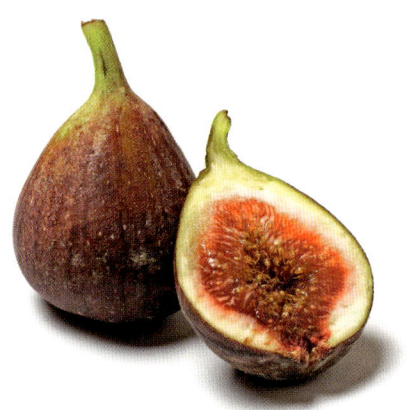

스미르나 무화과 Smyrna Fig

4천 년도 더 전에 처음 재배된 무화과처럼, 이 관능적인 과일 역시 몸집이 작은 말벌, '카프리 무화과(caprifig)'라 불리는 반(半) 야생 무화과나무, 그리고 재배한 무화과나무의 독특한 시너지 효과이다. 말벌은 카프리 무화과나무에서 알을 부화시키며, (카프리 무화과는 먹지 못한다) 근처에 심은 스미르나 무화과 나무의 퇴비가 되어준다.

　　스미르나 무화과는 에게 해에 면한 터키의 항구 도시인 이즈미르의 그리스식 이름을 딴 것으로, 지중해 연안에서는 보통 1년에 두 번 열매를 수확한다. 일반적으로 두 번째로 수확하는 열매가 더 작고 단맛이 강하며, 나무에서 따자마자 싱싱한 생과일로 먹는다. 운송해서 유통 체인을 통해 배급하는 무화과는 더 질기고 즙도 적다. 껍질은 녹색부터 진보라색까지 다양하지만, 과육은 언제나 새빨갛고 "씨"(식물학적으로는 각각의 작은 개별 열매이다)로 가득하다. 스미르나 무화과를 말리면 씨는 다른 무화과에서 찾아볼 수 없는 아삭함과 견과 향을 더해 준다. 스미르나 무화과를 쌀 때에는 때때로 바구미를 쫓기 위해 상자에 월계수 잎을 넣는다. **MR**

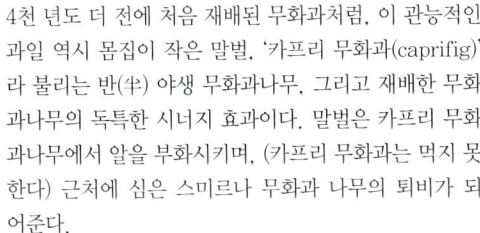

Taste: 스미르나 무화과의 표면은 탱탱하면서도 유연하다. 작은 씨를 품고 있는 과육은 쥬이시하고 입에서 녹는 듯하며, 맛은 꿀처럼 달콤하다.

무화과는 고대 이집트인들이
신에게 바쳤던 과일 가운데 하나였다.

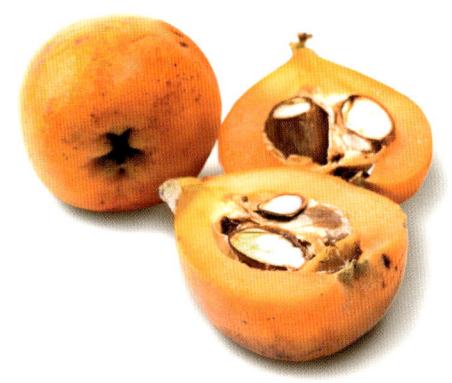

서양모과 Medlar

잘 익은 서양모과(Mespilus germanicus)는 쭈글쭈글한 갈색의 과실이다. 아랫쪽 끝에 씨방이 노출되어 있으며, 그 때문에 영어로는 '오픈아스(openarse, '벗어진 엉덩이'라는 뜻)'라는 역사적인 이름을 얻었다. 그나마 좀 낫다고 하는 프랑스어 이름이 '퀼 드 쉬앙(cul de chien, "개의 엉덩이"라는 뜻)'이다. 그러나 공식이름은 그리스어 'mespilon'에서 유래하였으며, 그리스인들은 이 과일을 페르시아인들로부터 전래 받았다. 사실 오늘날에도 이란에서는 매우 높은 평가를 받는 과일이다.

　　서양모과는 늦가을, 거의 열매가 썩어갈 때 먹는 것으로 유명하다. 프랑스의 문인 쟝-앙텔므 브리아-사바랭은 『맛의 생리학 Physiologie du goût』(1825년)에서 이 과일을 썩혀서 먹는 음식으로 분류하였다. 그러나 모두 이들이 이를 좋아하는 것은 아니어서, 문호 D. H. 로렌스는 서양모과를 가리켜 "갈색의 병마를 담아놓은 가죽부대이자 가을의 배설물"이라고 혹평하였다. 그러나 돼지들은 서양모과를 좋아하며, 에드워드 시대의 문인인 사키는 〈수퇘지 The Boar-Pig〉에서 이 악의적인 짐승이 "한 줌의 물러진 서양모과"에 그대로 무장해제하고 말았다고 쓰고 있다. 빅토리아 시대 영국인들은 서양모과 치즈와 젤리를 만들어 먹었지만, 오늘날에는 거의 찾아보기 힘들다. **GM**

Taste: 서양모과는 서리가 내린 다음에 따아 제맛이다. 과육은 불투명하고 젤라틴질이며, 매우 달콤해서, 레이네트 품종 사과에 설탕을 듬뿍 쳐서 만든 타르트를 연상시킨다.

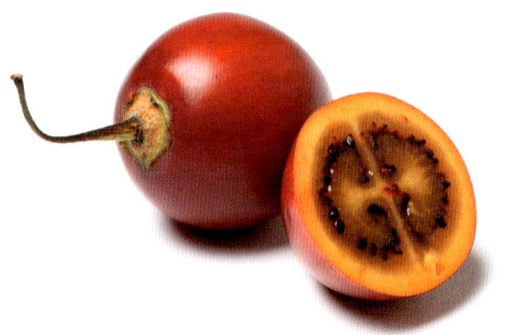

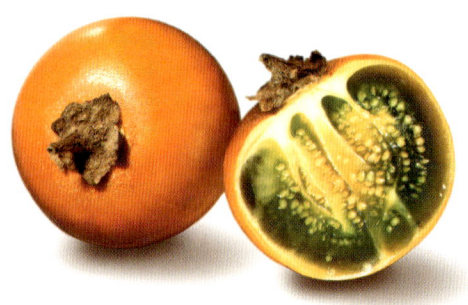

타마릴로 Tamarillo

타마릴로는 한번만 먹어 보면 영원히 그 맛을 잊을 수 없게 된다. 매끈한 선홍색 또는 황금빛으로 가지과 식물에서 흔히 맡을 수 있는 사향 향을 뿜어내는 관목에 실처럼 매달려 있다. 타마릴로(Cyphomandra betacea)는 한때 나무토마토(tree-tomato)로 불리기도 했으며, 남아메리카 일부에서는 오늘날에도 나무토마토(tomate de arbol)라고 불린다. 사실 나무에서 따면 토마토처럼 생겼다.

　페루 안데스가 원산지인 타마릴로는 1913년 미국에서 재배에 성공한 직후 뉴질랜드로 전래되었다. 새콤달콤한 향미가 워낙 강하여 사실 생과일로 먹기에는 좀 무리가 있기 때문에 주로 조리해서 먹는다. 달콤한 음식과 짭짤한 음식에 모두 잘 어울리며, 그 얇은 껍질 문제가 해결된다면 키위보다 더 큰 세계적인 성공을 거둘 수 있을 것으로 믿어진다.

　씨를 둘러싸고 있는 부분과 껍질 사이의 금빛 과육은, 이 과일을 다져서 액체로 만들거나 가열했을 때 무슨 일이 일어나는지를 숨기고 있다. 마술처럼, 조리 후에도 핏빛처럼 빨간 선명한 즙을 낸다. 타마릴로라는 이름은 그 기원과는 아무 관계가 없으며, 마케팅 전략에 불과하다. **GC**

나랑히야 Naranjilla

맛 좋고 상큼하며, 눈에 확 띄는 에메랄드빛 과육을 지닌 나랑히야(Solanum quitoense)는 페루, 콜롬비아, 에콰도르의 열대 태양 아래서 자라며, 특히 에콰도르에서는 국민 과일이다. 크고 벨벳처럼 보드라운 보라색 솜털로 덮여 있는 잎과 대조적으로, 나랑히야—또는 룰로(lulo)라고도 부른다—열매는 크기가 6센티미터 안팎에 불과하며 선명한 오렌지색이다. 겉의 털은 쓱쓱 문지르면 쉽게 벗겨진다.

　안쪽에는 과육 속에 막이 있어 네 부분으로 나뉘어 있으며, 각 부분마다 작은 씨가 박혀 있다. 살이 워낙 쥬이시하기 때문에, 나무에서 갓 딴 나랑히야를 먹는 가장 쉬운 방법은 그 줄기와 다섯 갈래의 꽃받침을 제거하고, 겉표면의 털을 문질러 없앤 뒤, 열매를 반으로 잘라서 과육을 눌러 짜내 입안에 쏙 떨어뜨리는 것이다.

　광물질과 비타민 A와 C가 풍부한 나랑히야는 아이스크림이나 잼으로 만들며, 파이에 넣거나, 증류하여 술로 빚는다. 또 바나나와 섞어 껍질에 도로 채운 뒤 구워 내기도 한다. 그러나 사실 나랑히야는 음료수로 가장 인기가 높다. 과육을 믹서에 갈아 걸러낸 뒤, 단맛을 내서 얼음을 가득 채운 길쭉한 잔에 부으면, 거품이 나는 파스텔 녹색의 청량 음료가 된다. **WS**

Taste: 짜릿하고. 톡 쏘고, 새콤하기까지한 타마릴로는 설탕을 쳐서 먹는 것이 가장 좋다. 그 예리한 맛은 크럼블이나 소르베나 또는 쌉쌀한 렐리쉬에 곁들여 먹으면 두드러진다.

Taste: 완전히 익은 나랑히야는 레몬의 짜릿한 톡 쏘는 맛에 신선한 파인애플의 부드러운 단맛이 결합되어 있다. 과육은 보드랍고 매우 쥬이시하며, 살짝 새콤한 맛이 난다.

나랑히야를 감싸고 있는 털투성이 껍질은 과실이 익고 나면 쉽게 문질러 없어진다. ❯

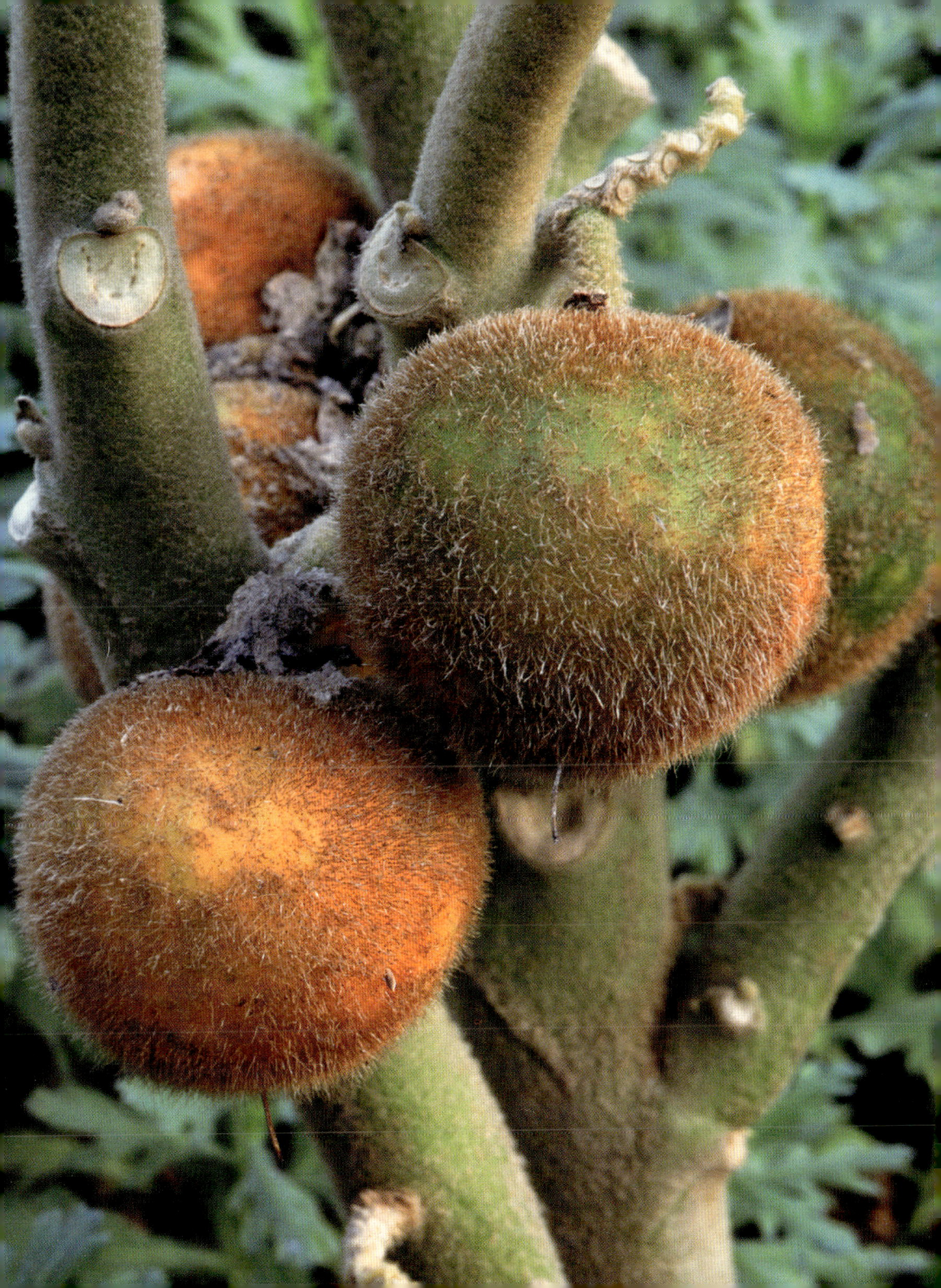

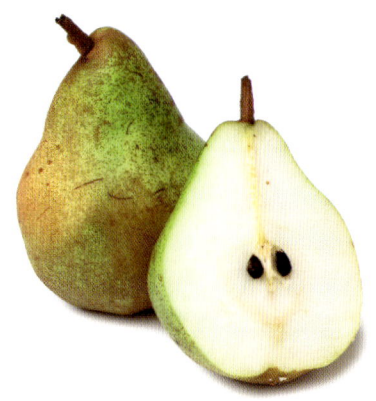

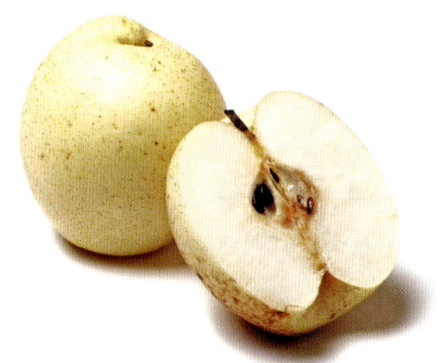

코미스 배 Comice Pear

배 Nashi Pear

19세기 중반은 과수 원예학자들에게는 황금 시대였다. 1838년, 새로운 과일과 화훼 품종을 개발하기 위해 프랑스 중부의 앙제에 코미스 오르티콜(Comice Horticole, 원예학 협회)이 설립되었다. 1842년 코미스 오르티콜은 프랑스 최초의 장미 전시회를 기획하였다. 7년 후에는, 다른 종묘장이 내놓은 잡다한 맛과 향미의 배들을 압도하는 배 품종을 내놓았다. 이 배는 세월을 넘어 유럽에서 가장 사랑받는 과일 중의 하나가 되었다.

코미스 배는 크고 둥글며 목 부분이 두드러진다. 껍질은 얇고 녹색이 도는 노랑색이며, 때때로 장밋빛을 띠기도 한다. 하얀 속살은 놀라울 정도로 쥬이시하다. 치즈—특히 잘 숙성된 파르미지아노 레지아노나 오래 묵힌 고르곤촐라—와 함께 먹으면 최고의 콤비를 자랑하며, 조리를 해도 그 모양이나 맛을 그대로 유지한다. 패스트리 셰프들은 프랜지페인을 받침으로 하여 그 위에 배를 올려 구워내 배 타르트(tartes aux poires)를 만든다. 또 인기있는 디저트인 '레드 와인에 담근 배(Poires au Vin Rouge)'에도 어울린다. 다른 배들처럼 완전히 익은 다음에 먹어야 한다. 설익었을 때에는 단단하고 별맛이 없으며, 지나치게 익으면 걸쭉해진다. **MR**

배는 중국에서 유래하였으며, 아시아에서는 다양한 품종이 다양한 이름으로 수천 년 동안 사랑 받아왔다. 덜 익었을 때 따는 서양 배와는 달리, 동양 배(돌배)는 나무에 매달린 채로 수주간 그대로 익게 내버려두어도 여전히 단단하며, 따자마자 바로 먹는다.

돌배(Pyrus pyrifolia)는 색깔과 모양, 크기가 다양하다. 무르거나 상하지 않도록 세심한 주의를 기울이며, 선물용으로 입이 벌어질 만큼 비싼 값에 팔린다. 돌배 품종에는 작고 납작한 황갈색의 코스이(幸水), 황동색 껍질에 크기가 더 크고 즙이 많으며 산도가 낮고 달콤한 호스이(豊水), 중간에서 큰 사이즈에 둥글고 노란색을 띠는 신세이키(新世紀) 등이 있다.

배 껍질은 언제나 두껍고 약간 거칠며, 그 속살도 마찬가지이다. 한국에서 인기가 있는 육회에는 얇게 채를 썬 배와 달걀을 곁들인다. 중국에서는 벌꿀과 묏대추를 채워 쪄낸 뒤 디저트로 낸다. 일본에서는 차갑게 해서 소금을 살짝 뿌려 먹는다. **SB**

Taste: 놀라우리만치 달콤하고 쥬이시하며, 거의 버터처럼 입안에서 녹는 질감을 지니고 있다. 그 특유의 향미는 아몬드 라타피아이다. 쉽게 짓무르지만 그 맛까지 망쳐놓지는 않는다.

Taste: 배의 쥬이시함과 사과의 아삭함이 결합된 돌배는 굉장히 달고, 바삭바삭하며, 즙이 뚝뚝 떨어진다.

중국에서는 배를 귀중한 선물로 쓰며, 운반하기 전에 조심스럽게 포장한다. ➔

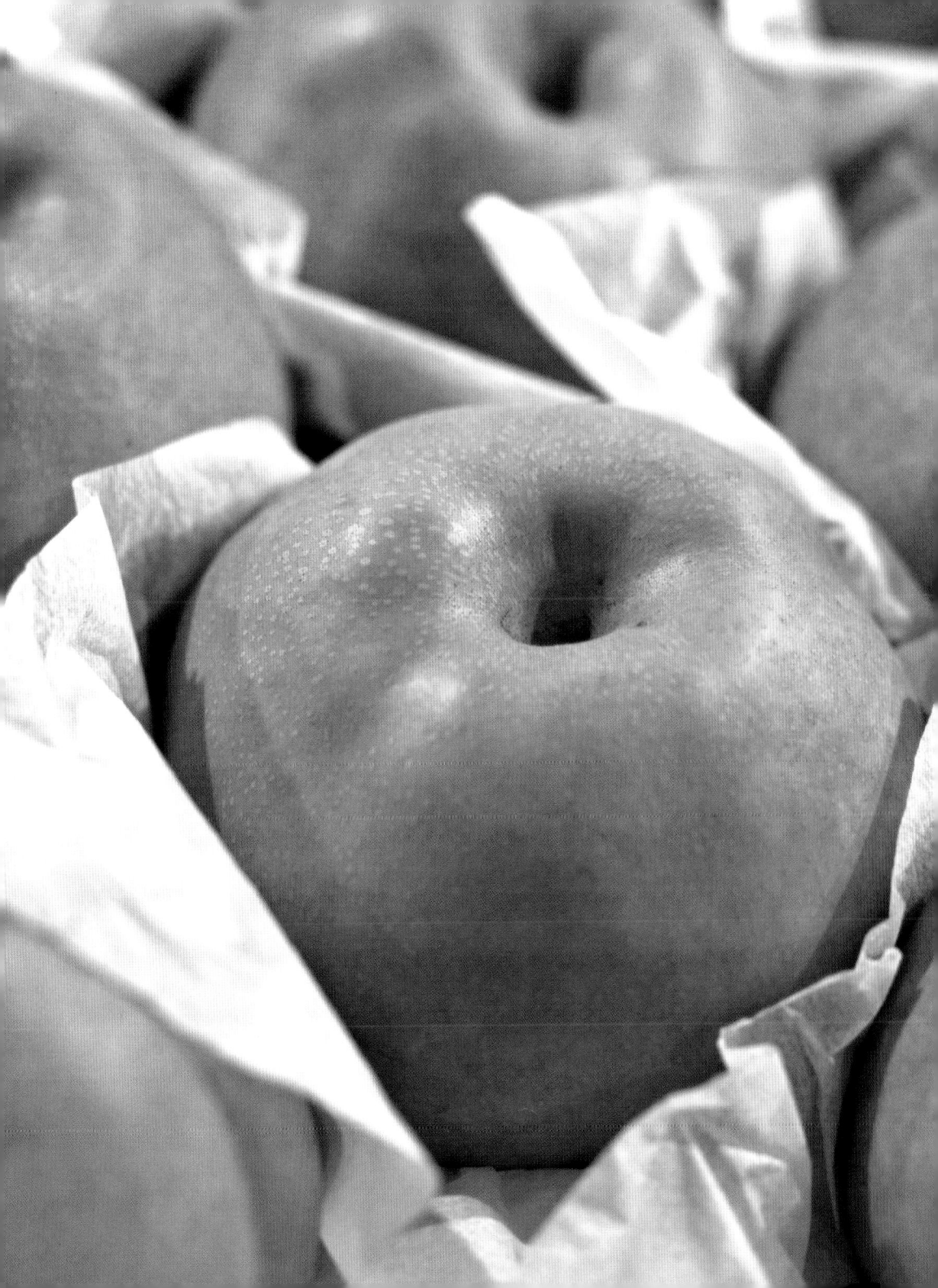

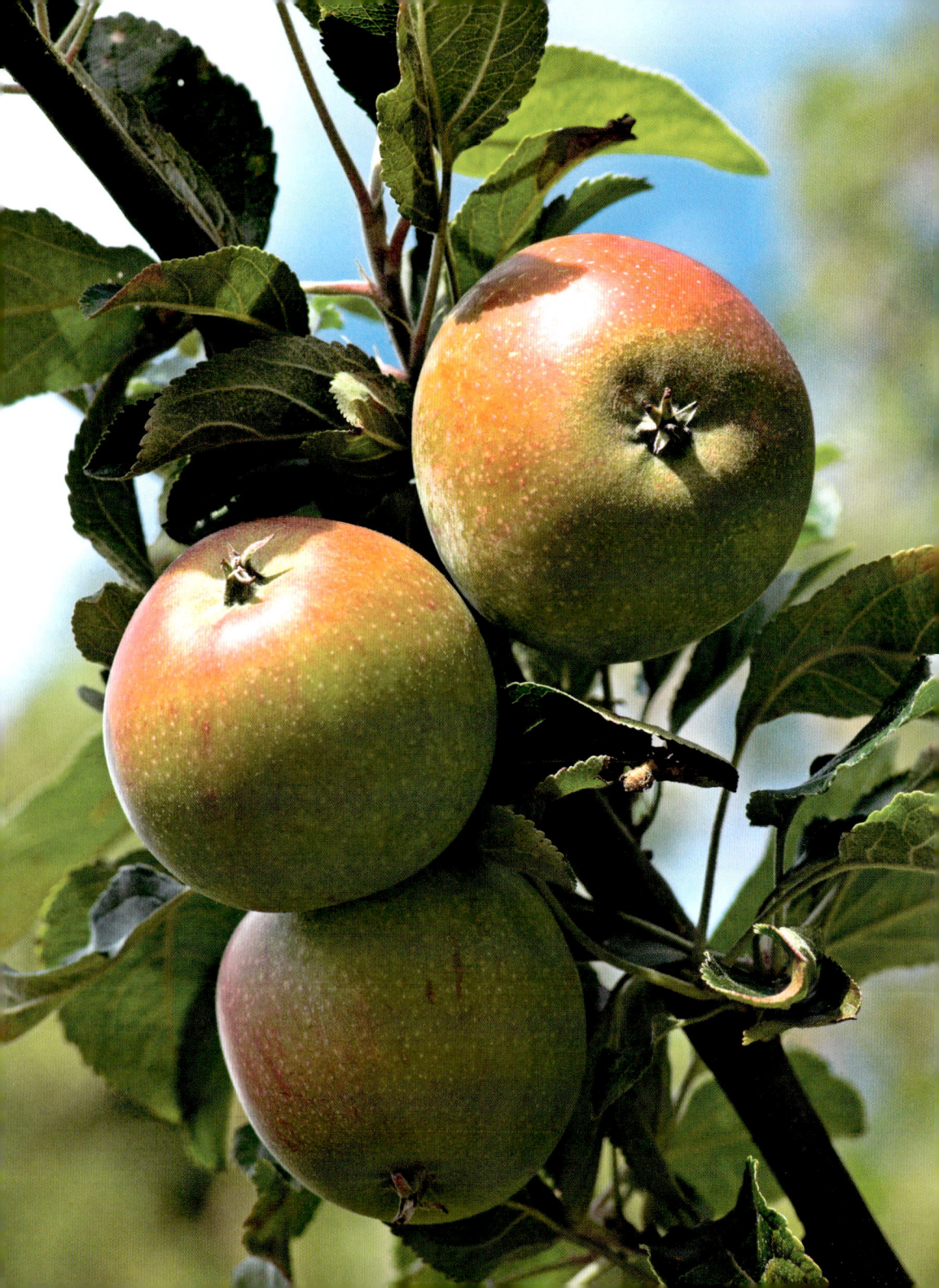

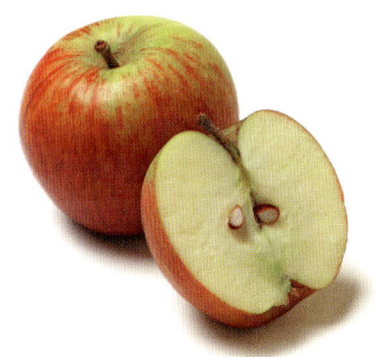

콕스 오렌지 피핀 Cox's Orange Pippin

콕스 오렌지 피핀은 잉글랜드 최고의 테이블 사과로 꼽힌다. 립스톤 피핀과 매우 가깝지만, 17세기 프랑스에서 전래된 콕스는 1825년 이 사과를 개발했다는 은퇴한 양조업자의 이름을 딴 것이다. 과일 농부인 데이비드 앳킨스에 의하면 "애정어린 관심과 따스한 침대, 그리고 부드러운 손길로만 화분을 받을 수 있는, 가녀린 잉글랜드 처녀를 닮았다." 여하간 이 품종이 살아남았다는 것 자체가 영국 농부들의 솜씨를 증명하고 남는다.

　직경 5~8센티미터의 중간 크기로, 노란 빛을 띤 녹색 껍질에 붓으로 빨간 물감을 칠해놓은 것처럼 생겼다. 과육은 크리미하고, 단단하며, 매우 쥬이시하다. 향은 보통 "짜릿하다"고 묘사한다. 몇몇 전문가들은 사과는 가을에 수확하지 말고, 겨울까지 나무에 매달린 채로 그대로 두어 복합적인 향미가 발달해야 한다고 주장하기도 한다. 그러나 판매를 위해 1년 내내 창고에 보관한 과일은 이 사과를 그토록 특별하게 만드는 짜릿한 맛을 거의 잃고 만다. 이 품종 하나의 즙으로만 주스를 만들어도 아주 맛있지만, 조리에는 그다지 적당하지 않다. **MR**

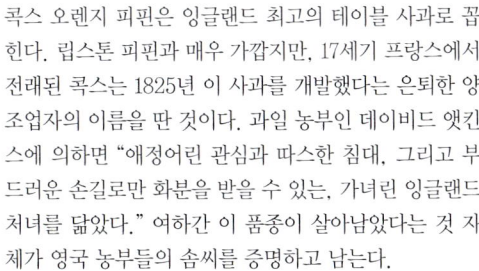

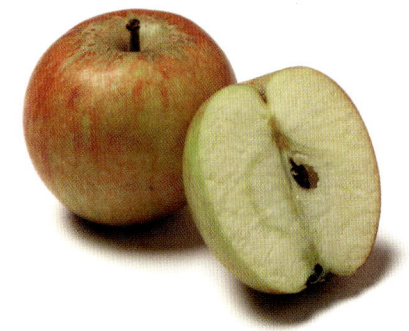

렌 드 레네트 Reine des Reinettes

렌 드 레네트는 프랑스에서 가장 사랑받는 테이블 사과의 지위를 누리고 있지만, 사실은 네덜란드, 또는 독일의 하노버가 원산지이다. 앙드레 르로이의 『과수 원예학 사전Dictionnaire de pomologie』(1873년)에 따르면, 렌 드 레네트라는 이름은 1793년 프로이센 대공비가 된 하노버 공작의 딸—루이제 폰 메클렌부르크–슈테를리츠—에게서 유래하였다. 르로이는 렌 드 레네트가 그보다 먼저 네덜란드에서 개량한 품종인 크론 레네트(Kroon Renet)와 같은 사과일 것이라고 추측한다.

　매우 예쁘게 생긴 둥근 사과로 매끈한 껍질에는 빨강과 오렌지색의 반점이 군데군데 있다. 렌 드 레네트는 늦게(10월에서 11월 말) 수확하며, 크리스마스 이후까지 저장할 수 있다. 생과일로 먹지만, 조리에도 잘 어울린다. 4분의 1로 자르거나 썰어서 사과 타르트(tarte aux pommes)에 넣으면 그 모양이 잘 보존된다.

　'레네트'라는 말은 종종 남용되곤 하는데, 레네트 뒤 망(Reinette du Mans), 레네트 도를레앙(Reinette d'Orléans), 레네트 뒤 카나다(Reinette du Canada) 등 수십 가지의 레네트 품종이 있다. 이 중 다수는 맛은 좋지만 개인 정원이나 매우 드문드문 위치한 지역 과수원이 아니면 찾아보기가 어렵다. **MR**

Taste: '망고', '멜론', 그리고 '막 짜낸 신선한 플로리다 오렌지'—이러한 전문가들의 용어 중 어느 것도, 이토록 쥬이시하고, 달콤하고, 아삭아삭하고, 빼어난 과일을 묘사하는 데 충분치 않다.

Taste: 아삭아삭하고, 달콤하며 과육은 하얗고 즙이 많다. 향이 두드러지지는 않지만, 조리하면 매혹적인, 거의 모과에 가까운 달짝지근한 냄새를 풍긴다.

제철에 갓 딴 싱싱한 콕스 오렌지 피핀은
❻ 빼어난 풍미를 자랑한다.

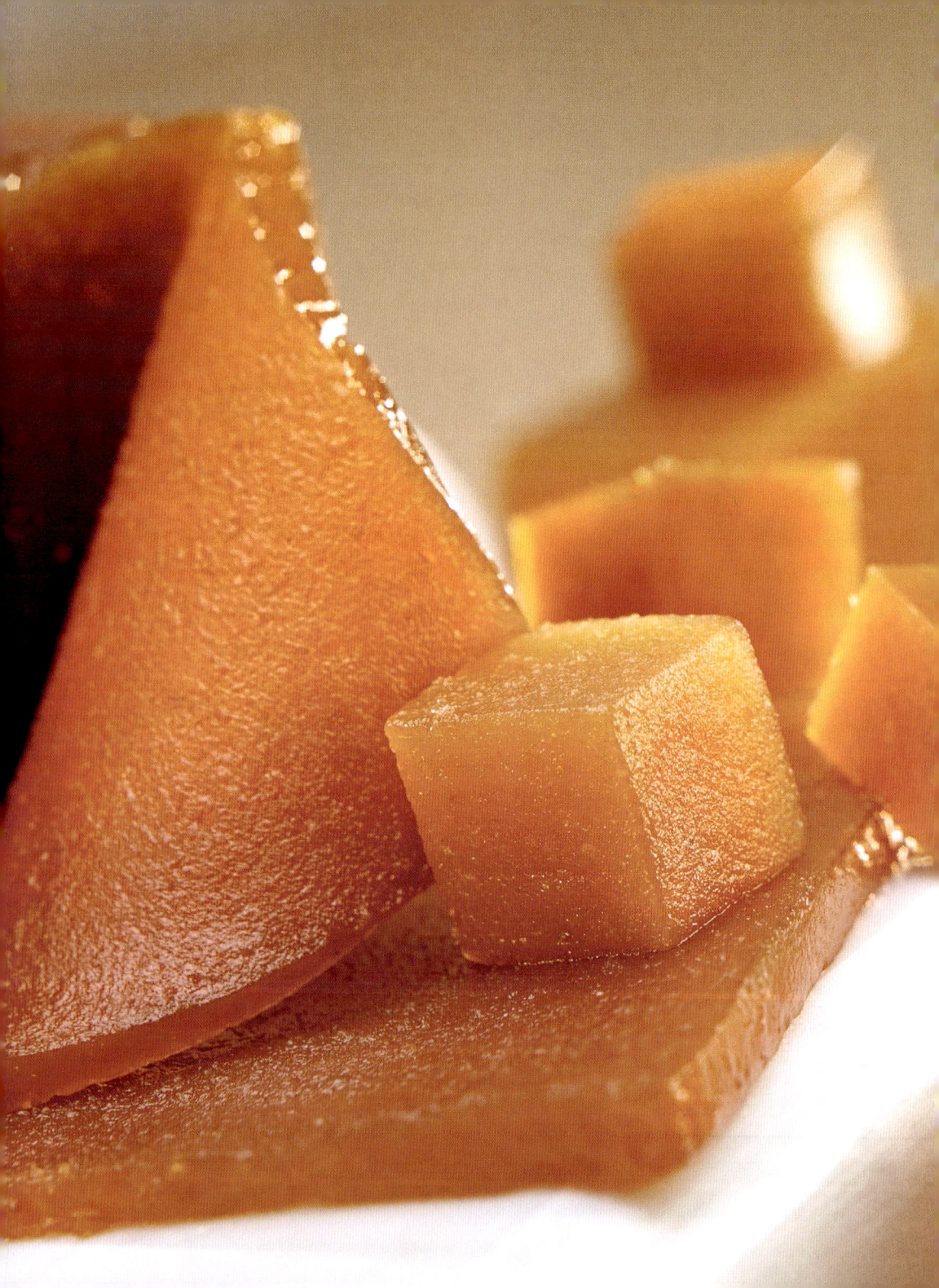

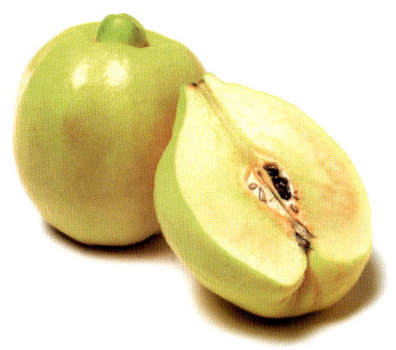

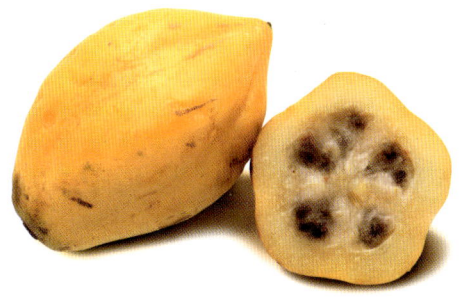

퀸스 Quince

바바코 Babaco

울퉁불퉁하고 노란, 잘 익은 퀸스는 가장 사랑스러운 향을 가진 과일 중 하나이다. 전통적으로 실내용 방향제로 쓴다. 가을이면 잎이 떨어지는 작은 퀸스나무(Cydonia oblonga)의 열매로, 생물학적으로는 사과, 배 등과 가깝지만, 사과보다 훨씬 먼저 세계적인 인기를 누려왔다. 학명은 오늘날 크레타 섬의 카니아인 퀴도니아(Cydonia)에서 유래하였으며, 그리스인들은 이곳에서 뛰어난 퀸스 품종을 재배하였다.

    퀸스는 적어도 3,000년간 재배되어 왔으며, 다른 고대 과일과 마찬가지로 세월이 흐르면서 문화적인 상징성을 띠게 되었다. 아마도 파리스가 아프로디테에게 바쳐서 트로이 전쟁을 일으킨 원인이 된 '황금 사과' 역시 퀸스일 것으로 추측된다. 성경의 아가서에도 등장하며, 에덴 농산에서 뱀이 하와를 유혹한 과일 역시 퀸스일 것으로 추정한다.

    벌꿀처럼 달콤하고 사향과 꽃 향기를 품었음에도 불구하고, 퀸스는 대다수의 품종이 너무 시고 떫어서 생과일로는 먹을 수가 없다. 퀸스 병조림은 유럽 전역에서 인기가 좋으며, 중동의 여러 나라에서는 고기 요리에 곁들여 요리하기도 한다. **FC**

야생에서는 알려져 있지 않은, 이 보기드문 열대 과일은 아마도 두 종류의 파파야가 자연적으로 교배되어 태어난 듯하다. 에콰도르 원산인 바바코(Carica pentagona)는 오늘날 다른 지역에서도 상업용으로 재배하고 있기는 하지만, 그 눈에 띄는 오각형의 형태와 독특한 풍미에도 불구하고 워낙 소량으로만 재배하므로, 진귀한 과일로 여긴다.

    크기만 봐도 그렇다. 길이가 20~30센티미터에 직경 10센티미터로, 보통 900그램은 거뜬히 나가는 큼직한 과일이다. 크기와 가격 때문에 지나가다 사먹을 만한 과일은 못되고, 따라서 특수한 식재료를 파는 시장이 아니면 찾아보기가 힘들다.

    바바코는 녹색에서 노랑색으로 변하며, 완전히 무르익으면 그 향이 매우 진해진다. 껍질도, 씨가 없는 과육도 모두 먹을 수 있다. 과육에 거품이 이는 성질이 있기 때문에 때때로 '샴페인 프루트'로 불리기도 한다. 십자형으로 엇갈리게 두껍게 잘라서 레몬즙과 설탕을 쳐서 생과일로 먹는 것이 가장 맛있다. 에콰도르에서는 오랜 옛날부터 아침 식사 때 원기 회복을 위해 바바코 주스를 마신다. 아이스크림 또는 요구르트와 섞으면 맛있는 밀크셰이크가 된다. **SH**

Taste: 감미료와 함께 조리하면, 사과와 배의 추출액과 비슷한 진한 혼합물이 되며, 색깔은 짙은 노을빛으로 변한다.

Taste: 과일이 무르익어서 부드러울수록, 향미도 더 좋다. 살짝 새콤하고 너무 달지 않은 바바코의 독특한 맛은 파파야, 딸기, 파인애플을 섞어놓은 듯하다.

퀸스는 페이스트로 만들거나, 설탕을 뿌리거나, 또는 깍둑썰기 해서 설탕에 절이면 맛있다.

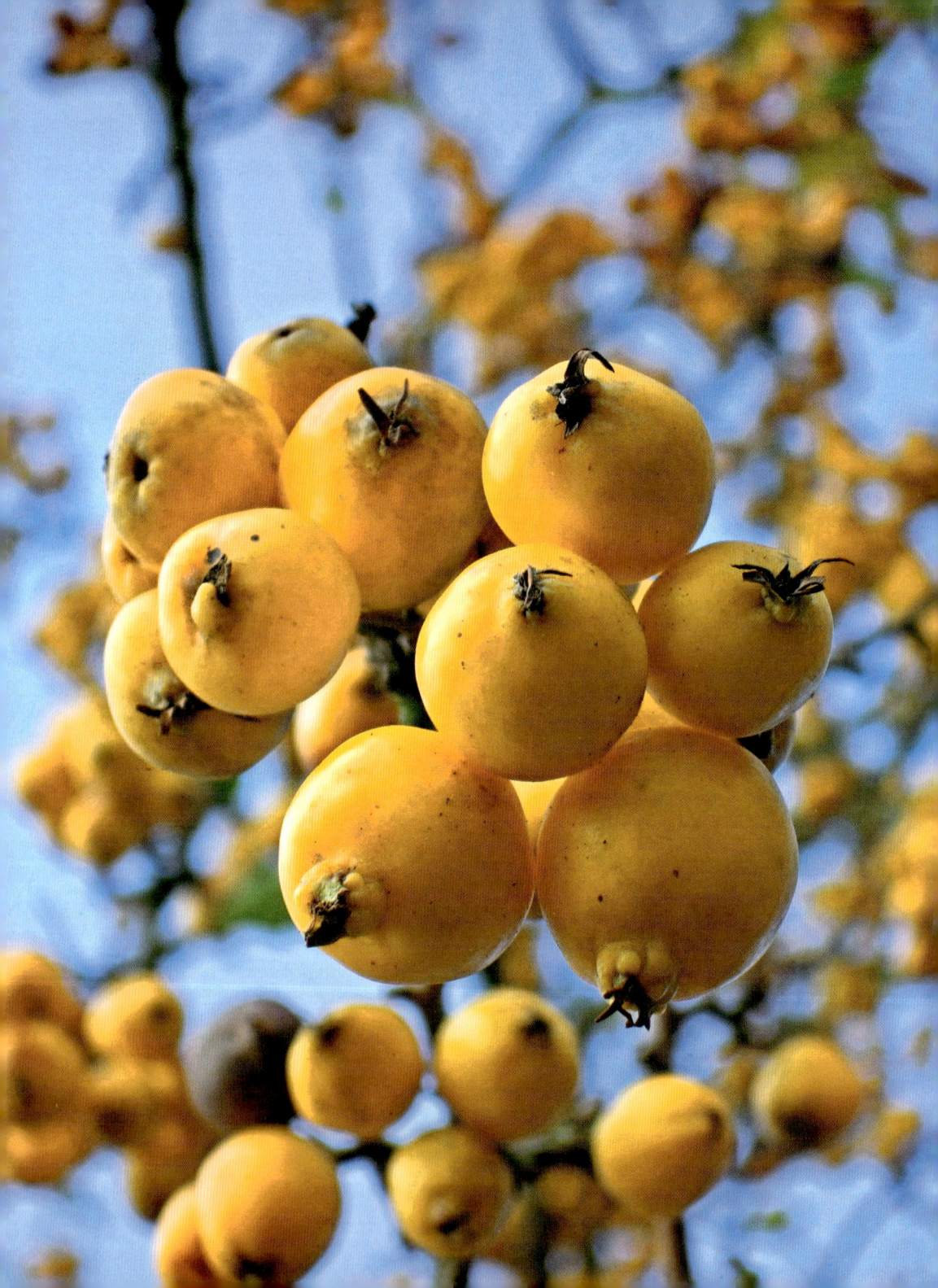

크랩애플 Crabapple

치클리 메리 바커(나비 날개를 단 어린이들의 형상을 한 요정으로 유명한 영국의 일러스트레이션 화가)의 크랩애플 요정은 그녀의 트레이드마크인 꽃을 이렇게 찬미한다. "숲속의 크랩애플, 크랩애플/ 작지만 쌉쌀하고, 작지만 맛있지!" 이 작고 신 사과는 조리하면 조리하기 전의 특유의 신맛을 훨씬 압도한다.

크랩애플 품종들은—야생과 재배종 모두—북아메리카, 유럽, 아시아에서 널리 재배지지만, 아마 크랩애플을 가장 좋아하는 것은 앵글로색슨인들일 것이다. 영국에서는 숲(주로 참나무숲)과 관목 산울타리에서 야생 크랩애플을 찾아볼 수 있다. 노섬브리아에서는 '스크록(scrogg)'이라고 부른다. 크기는 통통한 버찌만한 것부터 골프공만한 것까지 다양하며, 줄기가 길어서 다소 버찌처럼 보인다. 색깔도 품종에 따라 깊은 핑크색부터 노란색을 띤 녹색까지 제각각이다. 라틴어로 사과나무와 악(惡)은 똑같이 '말루스(malus)'이므로, 사과는 오랫동안 아담과 하와, 그리고 인류의 타락과 에덴 동산에서의 추방과 연관되어졌다. 그러나 이러한 죄스러운 연관성 외에도 사과는 건강의 과실이기도 했다. 잉글랜드에서는 오늘날까지도 하루에 사과 한 알이면 의사 얼굴을 보지 않게 된다고 말한다.

크랩애플은 몸서리가 처질 정도로 새콤하지만, 펙틴(천연 응고제) 함량이 높다. 여기에 펙틴 함량이 석은 다른 과일을 섞으면 잼이 된다. 중세 영국에서는 크랩애플에 벌꿀과 향신료를 넣어 조리해서 파이의 속으로 썼다. 또 젤리로 만들어서 스콘이나 토스트 위에 발라 먹어도 정말 맛있으며, 오븐에 구운 고기나 야생 육류 같이 짭짤한 음식과도 환상적으로 잘 어울린다. 파이나 처트니에 넣어도 좋고, 강한 크랩애플 와인을 빚을 수도 있다. 미국에서는 향신료에 절여 통째로 병조림으로 만들어서 돼지고기나 가금류 요리에 곁들여 낸다. **LF**

베르 Ber

인도 대추(Indian jujube), 또는 중국 대추야자(Chinese date)라고도 불리는 베르는 인도에서 가장 오래된, 그리고 높은 평가를 받는 과일이다. 베르나무는 키가 12미터까지 자라며, 열매의 색깔도 녹색부터 붉은 빛을 띤 보라색, 짙은 갈색에 이르기까지 다양하다. 열매의 크기와 모양도 제각각이다. 야생 베르 열매는 길이가 2.5센티미터 안팎으로 작고 둥글지만, 재배종은 길이 5센티미터까지 자라며, 둥글거나 타원형이거나, 길쭉하다. 한 나무에 열리는 열매들끼리도 익는 시기가 다르다.

인도 열대 지방이 원산일 것으로 추정되는 베르는 세계 각지로 퍼져나가, 지금은 오스트랄라시아와 아프리카에서 재배되고 있으며, 특히 아프리카에서는 중요한 작물이다. 중국에서는 4,000년 넘게 재배해왔으며, 미국의 탐험가 데이비드 페어차일드는 1938년 상하이를 떠나는 배 위에서 이 과일을 처음 접하고 이렇게 기록하였다. "잘 익은 대추는 날로 먹으면 맛있기보다는 재미있으며, 다른 과일과는 다른 아삭아삭하고 명랑한 풍미를 지니고 있다."

대다수의 인도인들은 잘 익은 베르 열매를 날로 먹는 것이 가장 맛있다고 믿는다. 그러나 쌀이나 기장과 함께 끓이거나, 오븐에 굽거나 스튜로 만들어 먹어도 좋다. 베르는 달콤한 디저트, 음료수, 버터, 스프레드 등에 쓰이기도 하고 설탕에 설여서 먹기도 한다. 덜 익어서 신 열매도 버리지 않고 피클로 만들면 맛있다. 소화가 쉬우며, 하제(下劑)로도 쓰인다. 베르나무의 잎은 야채로 쿠스쿠스와 함께 먹기도 한다.

잘 익은 베르 열매는 당분이 많고 카로틴, 비타민 A, 인, 칼슘이 풍부하며 모든 과일 중에서 비타민 C 함량이 가장 높은 과일 중 하나이다. 베르 열매는 장기간 보관이 어려우며 서늘하고 건조한 장소에 두어야 한다. **WS**

Taste: 크랩애플은 날로 먹기에는 익숙해질 시간이 필요하다. 기분좋게 이삭이삭하지만, 신맛이 두드러진다. 크랩애플 젤리는 오븐에 구운 돼지고기와 곁들여 먹으면 관능적이고, 짜릿하고, 환상적이다.

Taste: 잘 익은 베르 열매는 진하고, 쥬이시하고, 달콤하고, 살짝 새콤한 맛이 돈다. 과육이 부드러운 품종이 있는가 하면, 이삭이삭하고 단단한 품종도 있다.

종종 완전히 장식용으로 오해받지만,
◐ 크랩애플로 맛있는 젤리를 만들 수 있다.

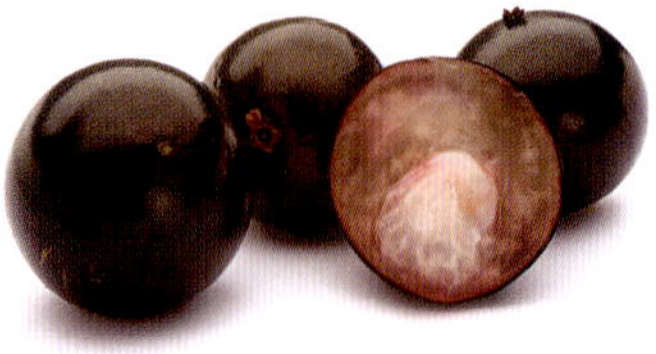

자보티카바 Jabuticaba

혹자는 자보티카바를 가리켜 자연의 사치라고 한다. 아버지에게서 아들로 대물림하는 나무로, 대서양에 면한 브라질의 열대우림이 원산지인 이 나무가 충분히 성숙하여 그 줄기와 가지에서 작은 열매가 돋아 나오려면 10년이 넘는 세월이 걸린다. 열매는 보라색에서 검정색이며 포도보다 약간 크다. 브라질 포도나무들이 이름을 얻은 고대 포도덩굴처럼, 자보티카바 역시 오래된 나무일수록 열매의 맛도 좋다.

자보티카바는 나무에서 딴 후 아무리 길어도 30시간이 지나면 상하기 시작하며, 시어지고 먹을 수 없게 된다. 미나스 제라이스 주의 주부들은 자보티카바로 잼, 콤포트, 리큐르, 스프릿 등을 만든다. 특히 스프릿은 공장에서 증류하지 않으며, 어머니에게서 딸로 전해 내려오는 집안 대대의 레시피에 따라 만들어진다. 자보티카바는 오트퀴진에서도 자신만의 위치를 차지하고 있다. 클로드 트루아그로—전설적인 셰프 피에르 트루아그로의 아들이다—같이 브라질에 사는 프랑스의 셰프들은 오리 가슴살(magret de canard)이나 야생육류 요리에 곁들일 소스를 만들 때 자보티카바를 사용하는데, 요리와 완벽한 조화를 이룬다. **AL**

Taste: 커다란 씨를 둘러싼 하얀 과육은 환상적으로 달콤하며, 껍질은 기분 좋게 새콤하다. 전체적으로 향기와 풍미가 빨간 포도를 연상시킨다.

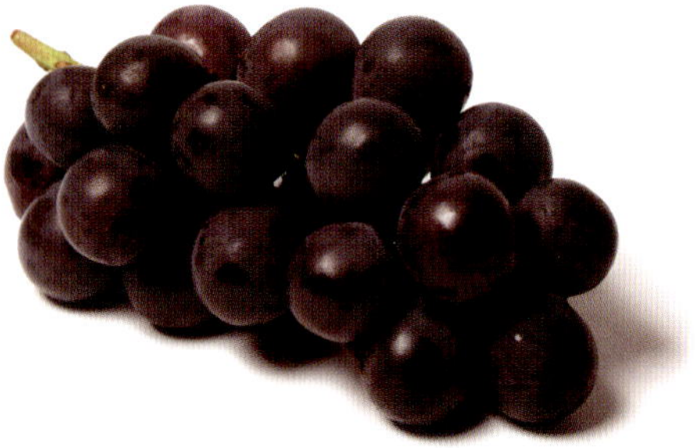

거봉 포도 Kyoho Grape

일본에서는 거봉 포도를 포도의 정수라고 여긴다. 짧은 수확기, 빼어난 풍미, 그리고 당당한 자태로 인해 이 커다란 진보라색 과일은 까마득하게 높은 가격표를 달고 시장에 등장한다. 진귀하고 값비싼 선물을 선호하는 일본인들에게는 그래서 더욱 인기가 높다. 포도는 전통적으로 오봉 기간—원래는 우란분재일인 음력 8월 15일이었으나 현재는 양력을 쇤다—에 선물로 주고받는다.

캠벨과 센테니얼의 교배종으로 큐슈 지방에서 기원하였다. 거봉(巨峯, 일본어로는 '쿄호')은 '큰 봉우리'라는 뜻으로, 미노 산맥 기슭에 펼쳐져 있는 비옥한 치쿠고 평원의 타누시마루 지역에서 재배한 것을 제일로 친다. 최고의 일본 거봉 포도는 크기가 작은 자두만하고, 두껍고 벨벳처럼 부드러운 껍질에, 놀라우리만치 달콤한 과육을 지니고 있다. 커다란 씨는 씁쓸하고 먹을 수 없다. 차게 해서 껍질을 벗겨 다른 장식 없이 내면 호화로운 후식이 된다. 또 진귀한 쿄호 와인을 만들기도 한다.

오늘날 거봉 포도는 일본 국외, 특히 한국, 대만, 캘리포니아, 칠레 등에서도 재배하며, 덕분에 일본 외 지역에서도 좀더 쉽게, 덜 비싼 가격에 구할 수 있게 되었다. **SB**

Taste: 과육은 매우 달콤하고, 강한 '포도 향'이 느껴진다. 당도가 워낙 높아 질감이 부드럽고 살짝 끈적거린다. 향은 무스카트의 곱절이라고 생각하면 된다.

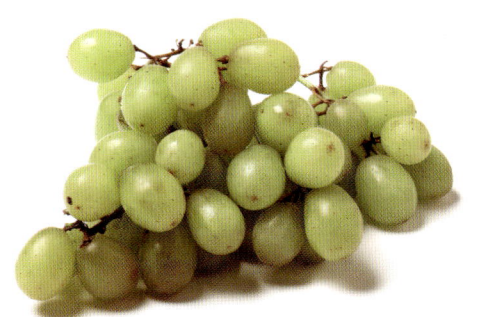

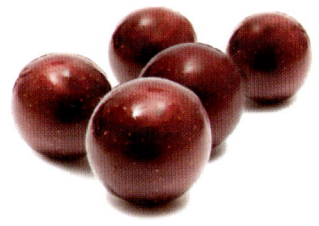

무스카트 포도 Muscat Grape

이 달콤한 과일은 세계에서 가장 오래된 포도 품종일 것이다. 그리스 원산으로, 로마 제국을 거쳐 오늘날의 프랑스로 전해졌다. 샤를마뉴 대제 치세 때 프랑크 왕국의 항구 도시인 프롱티냥에서 무스카트 포도를 수출했다고 한다. 무스카트라는 이름은 이슬람 왕국의 항구 도시였던 무스카트—당시는 아라비아의 일부였으며 현재는 오만의 수도—에서 유래한 것으로 알려져 있기도 하고, 독특한 사향(Musk) 내음 때문에 그런 이름이 붙었다고도 한다.

현재 무스카트 포도는 품종이 200가지가 넘는다. 전 세계에서 다양한 무스카트 포도를 재배하는데, 주로 먹기 위해서와 와인 양조를 위해서이다. 과실의 색깔은 "흰색", 검은색, 녹색, 붉은색, 그리고 호박색 등이 있다. 껍질이 얇은 것과 두꺼운 것 모두 있으며, 씨가 있는 품종도 있고 없는 품종도 있다. 어떤 종류, 특히 버킹엄 궁전에 진상하는 유명한 벨기에 무스카트는 온실에서 재배하지만, 나머지는 자연의 햇빛 아래 키운다. 대체로 테이블 포도는 그 향보다는 편의성을 따지지만, 무스카트 품종들은 잘 익은 과실을 따서 바로 먹는다면 그 품종이나 산지와는 상관없이 진한 향으로 유명하다. **MR**

Taste: 무스카트 포도들은 언제나 벌꿀처럼 달콤하고 진한 꽃내음을 내뿜으며, 동시에 독특한 사향 향을 지녔다. 종종 장미나 오렌지꽃 같은 화향유(花香油)의 뉘앙스를 풍긴다.

무스카딘 Muscadine

유럽의 항해가들은 노스캐롤라이나의 해안을 탐험할 당시, 이곳에서 자라는 수많은 포도들을 눈여겨보았다. 1584년 월터 랠리 경의 부하들은 "온 세계를 통틀어서 이만큼 풍요한 땅은 찾아보지 못했다"고 말했다. 그러나 토착 무스카딘은 유럽의 포도와는 완전히 다른 종이었다. 무스카딘(Vitis rotundifolia)이 더 크고 튼튼하며, 껍질이 두껍다. 덥고 습한 날씨를 좋아하며 추위를 싫어한다. 한때 아메리카 인디언들이 즐겨 먹었던 음식으로, 일설에 의하면 아메리카 인디언들은 포도를 따지 않고 막대기로 포도나무를 후려쳐서 열매를 떨어뜨렸다고 한다.

사향 향이 나는 상큼한 풍미를 지니고 있어, 따자마자 바로 먹기에 좋다. 맛은 순하고 달콤한 편이지만 일찍이 16세기부터 와인을 빚는 데 사용하여 왔다.

집에서 요리에 쓸 때에는 보라색이나 청동색, 또는 희미한 금빛의 열매로 소스나 젤리, 병조림 등을 만들지만 셰프들은 수프나 렐리쉬에 넣기도 하고 육류, 가금류, 생선 요리의 장식으로 쓰기도 한다. 무스카딘 품종 포도들을 '남쪽 여우(southern fox)'라고 부르기도 하며, 미국 남부를 여행하고 돌아가는 길에 기념품으로 사가지고 갈 수 있도록 따로 포장해서 판매하기도 한다. **SH**

Taste: 무스카딘 과육은 포도보다는 와인 맛에 더 가깝다. 쥬이시하고, 달콤하고, 강렬하다. 두꺼운 껍질에서는 떫은 맛이 난다. 따서 바로 껍질에서 알맹이를 빨아 먹는다.

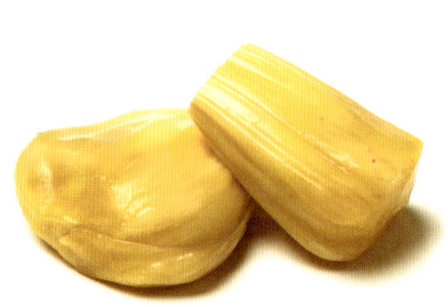

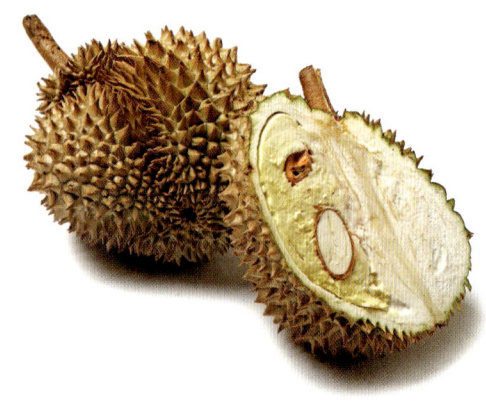

허니 잭 Honey Jack

동남아시아를 비롯한 세계의 열대지방에서는 수없이 많
은 잭프루트—아시아 열대 지역이 원산지로 성숙하면
키가 15~20미터에 이르며, 열매는 줄기에 직접 달리고
원통형이다—품종을 찾아볼 수 있지만, 그 달콤한 향미
로 가장 높은 평가를 받는 것은 허니 잭—또는 페니와라
카(peniwaraka)라 부르기도 한다—이다.

　　나무에서 열리는 과일 가운데 열매가 가장 큰 잭프
루트는 자그마치 길이 90센티미터, 무게는 때로 40킬로
그램까지 자란다. 인도 남서부 해안을 따라 내려오는 서
고츠 산맥이 원산인 것으로 알려져 있으며, 인도 남부에
서는 중요한 식재료의 하나로 완전히 여물지 않은 것은
채소로, 잘 익은 것은 과일로 먹는다.

　　무르익은 열매에서는 썩은 양파와 비슷한 악취가
나며, 따라서 야외에서 조리하는 것이 좋다. 열매를 쪼
개면 끈끈한 점액이 풍부하게 흘러나와 칼과 손을 엉망
으로 만들어버리므로, 자르기 전에 미리 식물성 기름을
발라두는 것이 좋다. 이 잭프루트는 종종 바로 먹을 수
있도록 캔조림이나 플라스틱 용기에 랩 포장을 해서 판
다. 허니 잭 안에는 작고 노란 황금빛의 구근이 있는데,
이 속에 있는 씨는 삶으면 먹을 수 있다. **WS**

두리안 Durian

많은 이들로부터 '과일의 왕'이라 불리는 두리안(Durio
zibethinus)은 말레이시아 원산인 키 큰 나무에서 열리
며, 그 밖의 동남아시아 여러 나라에서 재배되고 있다.
두리안이라는 이름은 '가시'라는 뜻의 말레이어 '두리
(duri)'에서 유래하였다. 과일 표면이 온통 뾰족뾰족한
가시로 가득 덮여 있기 때문이다. 커다란 가시투성이 껍
질을 벗기면 마치 스파이크로 덮여 있는 축구공처럼 보
이는 크리미한 속살이 드러난다. 두리안은 절대 나무에
서 따지 않고 완전히 익을 때까지 기다렸다가 가지 아래
그물을 매달아서 저절로 떨어지는 열매를 수확한다.

　　두리안은 종종 고기 썩는 냄새에 비견되는, 고약하
고도 당황스러운 악취로 잘 알려져 있는데, 이 때문에 산
지에서는 호텔이나 공공 교통 수단 내에서 두리안을 먹
는 것이 금지되어 있다. 그럼에도 불구하고 이 과일은 여
전히 높은 인기를 누리고 있으며, 과육은 그 독특한 향미
로 높은 평가를 받는다. 동남아시아에서는 달콤한 요리
와 짭짤한 요리에 모두 쓰인다. 서양에서도 즉시 먹을 수
있도록 급속 냉동시킨 두리안을 수입하고 있지만, 열대
의 이글거리는 태양 아래 길거리 노점에서 신선한 두리
안을 반으로 쪼개는 경험에는 비할 바가 못된다. **JN**

Taste: 잘 익은 잭프루트는 부드럽고 달짝지근하며, 그 중에서도 가장
달콤하고 향긋한 것은 바로 허니 잭이다—파인애플과 바나나의
관능적인 교접이다.

Taste: 아이스크림콘에서 아이스크림을 빨아 먹듯 씨에서 과육을 발라
먹는다. 질감은 크리미하고, 럼과 건포도 향이 살짝 느껴지는 은근한
단맛은 커스터드를 떠올리게 한다.

동남아시아의 대다수 호텔에서는
그 지독한 냄새 때문에 두리안이 금지되어 있다. ➲

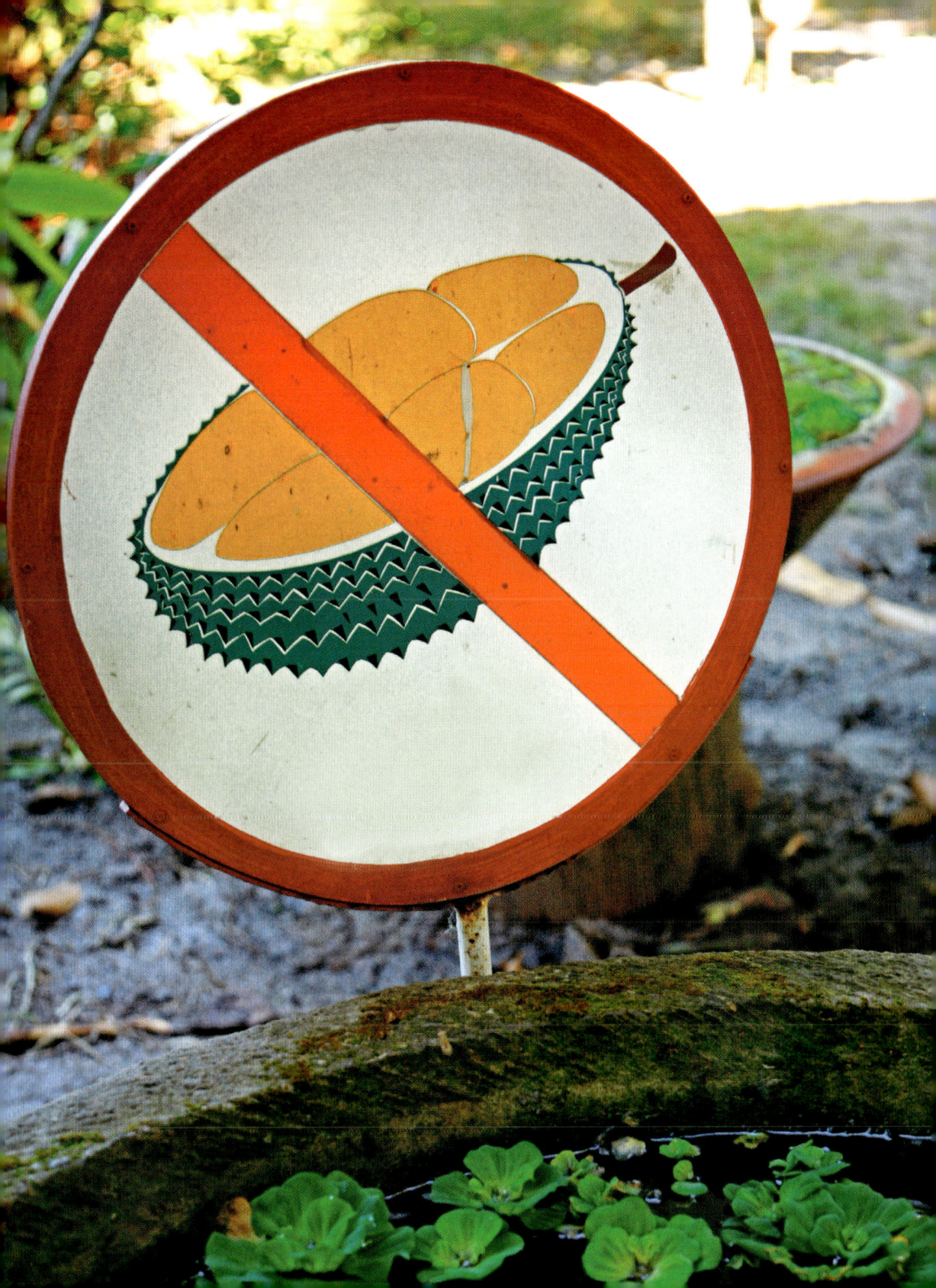

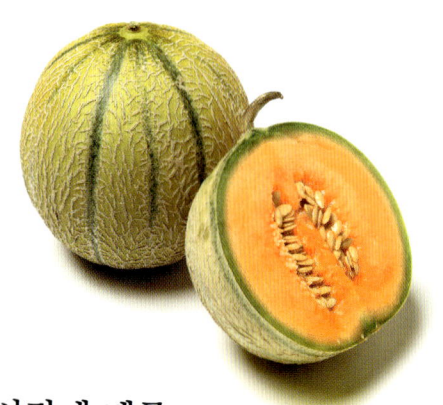

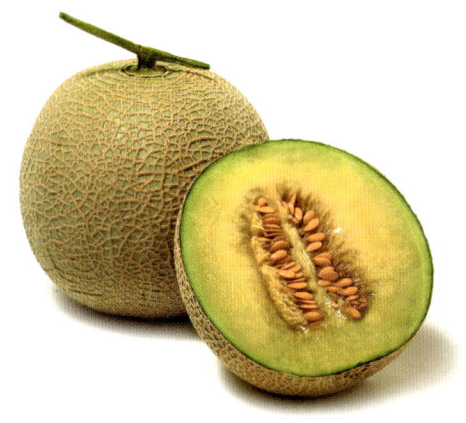

샤랑테 멜론 Charentais Melon

샤랑테? 이게 무슨 뜻일까? 프랑스에서 '샤랑테(Cha-rentais)'와 '카바용(Cavaillon)'은 품질을 표시하는 동의어로 쓰이다시피 한다. 각각 프랑스 서부에 있는 샤랑트 현과 프로방스 북부에서 재배하는 멜론을 가리킨다. 둘 다 16세기에 수도사들이 이탈리아로부터 들여온 칸탈루프(Cantaloupe) 멜론의 직계 후손이다.(단, 칸탈루프라는 이름은 약 200년의 세월이 흐르는 동안 미식가들의 진미에서 좀더 보편적인 별미로 발전할 때까지 쓰이지 않았다.) 19세기 초에 접어들었을 때, 샤랑트는 이미 최고의 멜론 생산지로 인정을 받고 있었다.

직경 15~25센티미터의 둥근 샤랑테 멜론은 한때 그 표면의 거칠고 불규칙한 줄무늬로 쉽게 알아볼 수 있었다. 오늘날에는 옆으로 둥글게 떨어지는 줄무늬에 보다 매끄러운 표면을 지닌 품종으로 개량되었다.

과육은 오렌지색부터 핑크색까지 다양한데, 언제나 부드럽고 매우 쥬이시하다. 잘 익은 멜론을 고르려면 후각을 충분히 활용해야 하며, 좀 지식이 있는 사람이라면 꽃자루 주위를 눌러서 그 미묘한 탄력으로 숙성도를 알아낸다. **MR**

시즈오카 멜론 Shizuoka Melon

온실에서 키운 귀한 머스크멜론(Cucumis melo)으로 유명한 시즈오카는, 일본 도쿄 서쪽에 있는 현(縣)이다. 맛 좋은 시즈오카 멜론에 뻗는 손을 멈출 수 있는 것은 오직 어마어마한 액수가 쓰여 있는 가격표뿐이다.

일본에서는 특별히 재배한 멜론, 포도, 버찌, 복숭아, 배 등의 과일을 고급 선물로 돌린다. 특히 정월을 앞둔 연말과 오봉 연휴 2주간이 그 절정이며, 친구들, 가족들, 그리고 사업상 고객들에게 보낸다.

시즈오카 멜론은 그 완벽한 형태를 얻기 위해 냉방 장치와 하이테크 시설이 갖추어진 온실에서 온갖 세심한 신경을 기울여 재배한다. 습도를 조절하기 위해 땅으로부터 분리된 토대에 멜론 덩굴을 심으며, 온도 역시 최적으로 맞추기 위해 끊임없이 모니터한다. 줄기 하나에 단 세 개의 열매만 열리도록 덩굴 치기를 해준다. 어린 멜론이 사람의 주먹 크기만큼 자라면, 그 중 두 개도 마저 따버린다. 마지막으로 남은 하나의 열매만이 덩굴로부터 모든 영양분을 흡수하며, 즙이 많은 특상품 시즈오카 멜론으로 익어간다. **CK**

Taste: 최고의 샤랑테 멜론은 멜론 품종들보다 이국적이고, 달콤하고, 거의 사향 냄새에 가까운 향기를 내뿜는다. 과육은 껍질 바로 아래까지 부드럽다.

Taste: 시즈오카 멜론은 달콤한 맛에 살짝 새콤한 맛이 더해져 섬세한 균형을 이루고 있다. 매력적인 사향 내음과 완벽하게 둥근 형태를 자랑한다.

일본에서는 시즈오카 멜론을 멋진 나무 상자에 담아 선물로 돌린다. ◉

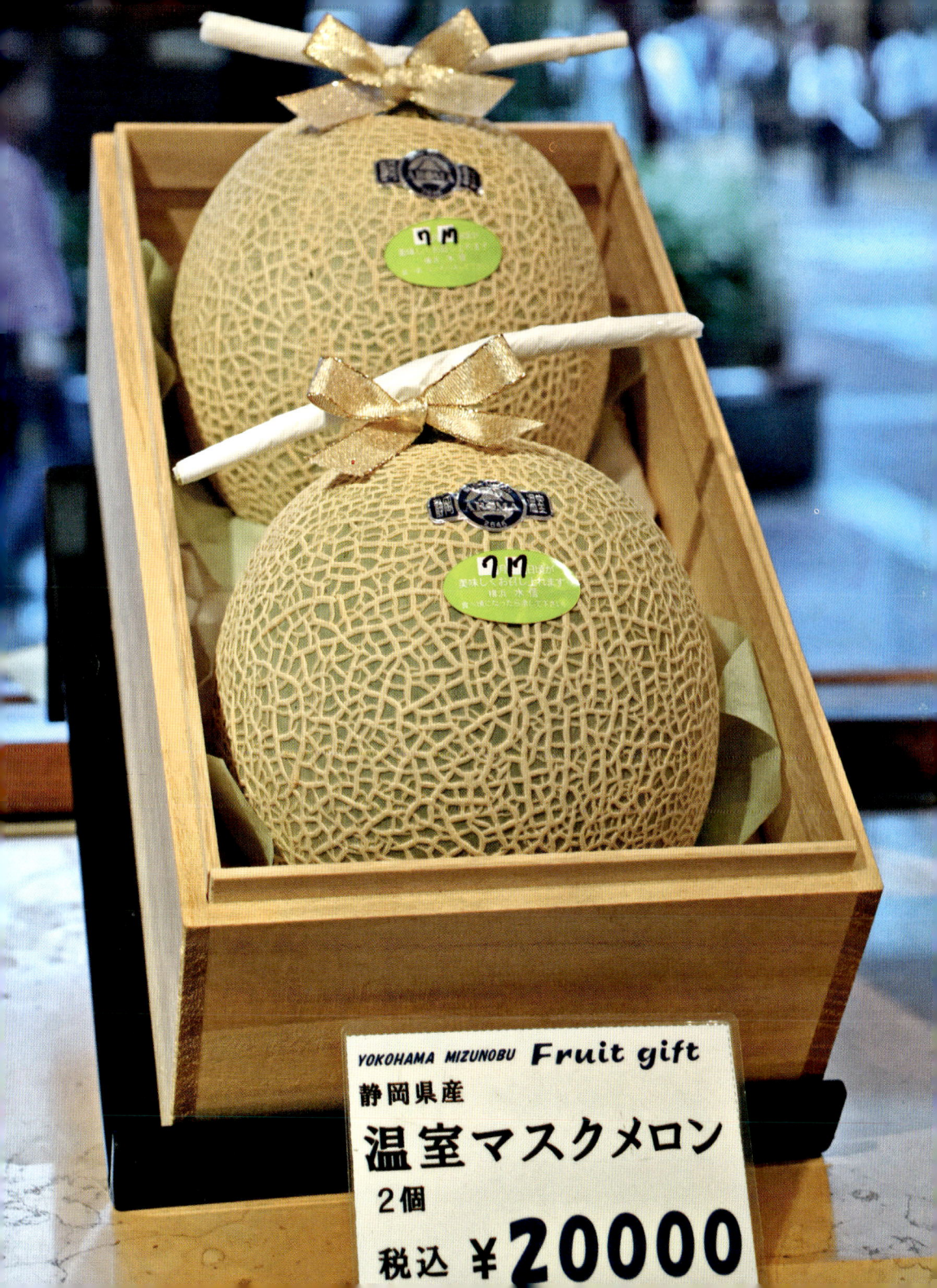

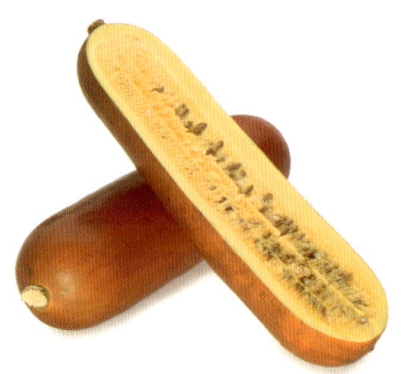

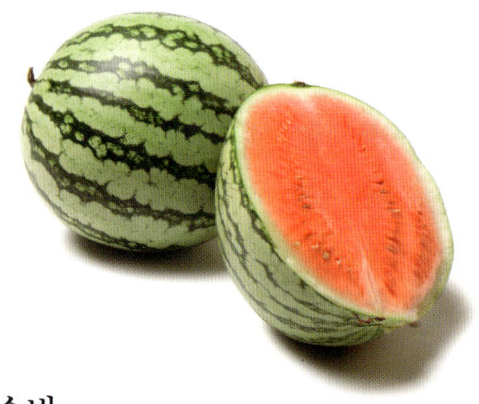

카사바나나 Cassabanana

카사바나나처럼 특이한 향기를 가진 식물을 찾아보기도
힘들다. 이 여러해살이 덩굴 식물의 열매는 물론 꽃에서
까지 깊고 매력적인 향기를 뿜어낸다. 브라질이 원산인
카사바나나(Sicana odorifera)는 오늘날 아메리카 열대
지방의 거의 어디서나 볼 수 있다. 길쭉한 원통형으로,
마치 거대한 오이를 연상시키며—덕분에 '머스크 오이'
라는 별명을 얻었다—오렌지색, 빨강색, 보라색, 쪽빛
같은 화려한 색깔을 자랑한다. 신선한 멜론의 향을 농축
시켜 놓은 것과 같은 향기가 코에 밀려든다.

　카사바나나는 같은 박과 식물들과 공통된 특성이
많다. 우선 단단한 껍질의 보호를 받으며, 오렌지빛의
과육이 풍부하고, 납작한 씨가 줄줄이 박혀 있다. 그 상
큼한 맛 때문에 카사바나나는 차게 식히거나 실온에서
씨를 제거하고 조각조각 잘라 생과일로 먹어야 한다. 과
일 샐러드에 넣어도 좋다. 브라질 사람들은 심지어 완전
히 무르익은 카사바나나에도 설탕을 쳐서 먹는 것을 좋
아한다. 카사바나나는 다재다능한 식재료로, 잼, 처트
니, 그 밖의 콤포트, 그리고 다양한 디저트에 쓰인다. 덜
익은 것도 그냥 잘라서 수프나 스튜에 넣으면 야채로 훌
륭히 제몫을 다한다. **AL**

수박 Watermelon

마크 트웨인은 수박을 가리켜 "이 세상 사치품의 제일…
한번 맛을 보면 천사들이 무엇을 먹는지 알 수 있다"고
말했다. 중앙 아프리카 원산인 수박(Citrullus lanatus)
은 이미 기원전 2,000년도 훨씬 더 전에 이집트인들이
재배하여 먹었다고 한다. 무어인들이 스페인을 정복하
면서 유럽으로 건너왔을 것으로 추측되며, 노예선을 타
고 신대륙으로 전해졌다. 서양에서는 주로 디저트로 먹
지만, 사막 국가들에서는 수분 공급원의 역할뿐 아니라
물을 담아 가지고 다니는 용기의 구실도 했다.

　보통 수박은 커다란 과일이다. 시중에서 팔리는 대
부분의 품종은 무게가 5~11킬로그램 나간다. 그러나 슈
거 베이비(Sugar Baby)나 밤비노(Bambino)처럼 비교
적 꽤 작은 품종들도 있다. 과육은 빨강색, 핑크색, 또
는 노랑색이다. 껍질은 줄무늬가 있을 수도 있고, 그렇
지 않을 수도 있는데, 먹어도 전혀 상관없으며, 종종 피
클로 만들어 먹는다. 갈색 또는 검은색의 씨앗은 구워서
간식으로 먹는다.

　1981년 일본 카가와(香川) 현 젠츠지(善通寺) 마을
의 한 농부가 보관이 편리한 사각형 수박을 개량하여 비
싼 값에 내놓았다. 이 진귀한 수박은 오늘날 점차 구하
기가 쉬워지고 있다. **SH**

Taste: 잘 익은 카사바나나를 신선한 생과일로 먹는 것이 가장 좋다.
강렬한 향의 뒤를 이어, 멜론을 연상시키는 깔끔한 맛이 찾아오며 그
뒤에는 바나나가 슬그머니 웅크리고 있다.

Taste: 달콤하지만 어딘가 밍밍하며, 알갱이가 씹히는 질감은 입안에서
상큼하게 부서진다. 차게 식히면 과일은 물론 음료수로도 훌륭하다.

수박은 사막과 같은 건조 기후에서도 키울 수 있으므로,
갈증을 해소시킬 수 있는 반가운 과일이다. ❯

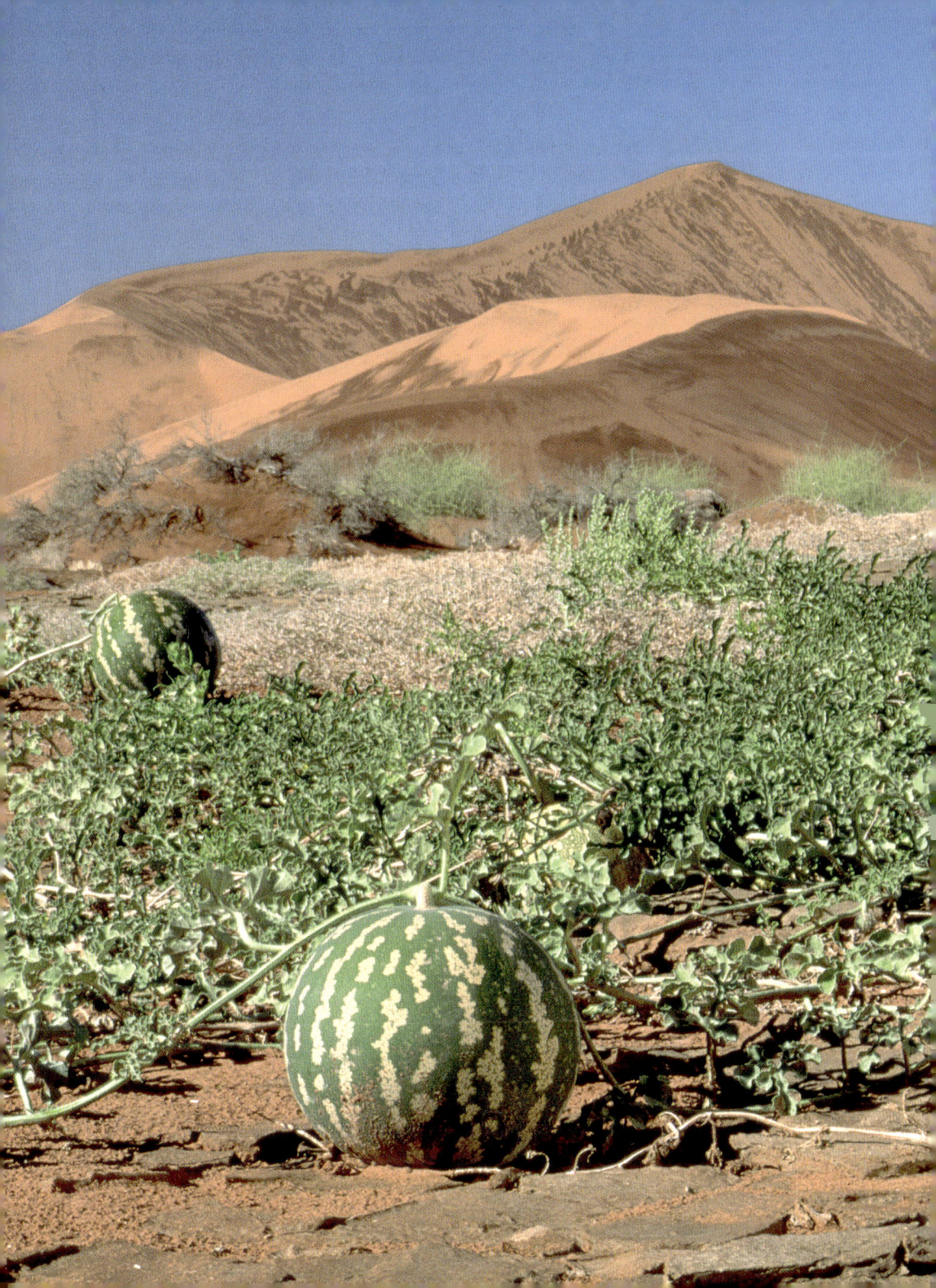

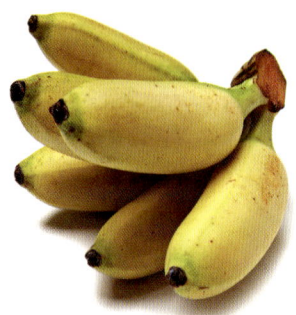

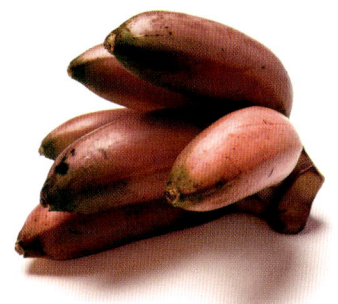

라카탄 바나나 Lacatan Banana

레드 바나나 Red Banana

16세기와 17세기에 바나나가 처음으로 유럽에 전래되었을 때에는 '아담의 무화과(Adam's fig)' 또는 '천국의 무화과(figue du Paradis)'라는 이름으로 불렸다. 이로 인해 사실 하와가 따 먹은 선악과는 바나나이며, 벌거벗은 것을 알고 부끄러워진 아담이 몸을 가린 것도 여린 무화과 잎이 아니라 넉넉하게 큰 바나나 잎이었다는 매력적인 가능성이 제기되기도 했다. 그러나 겉으로 보기엔 작은 야자나무와 비슷하기는 해도 바나나나무는 실제로는 나무가 아니며, 생장기의 끝무렵에는 죽어버리고 해마다 새로운 줄기가 솟아나는 파초의 일종이다.

오늘날 열대 지방에서는 수많은 바나나 품종이 자라고 있지만, 많은 이들이 세계 최고의 바나나로 치는 것은 필리핀 원산인 라카탄 바나나이다. 적어도 유럽인들이나 북미인들의 기준으로는 좀 작은 편이지만, 향긋하고 병해에도 강하여 오늘날에는 자메이카를 비롯한 카리브해 나라들과 라틴아메리카 일부 지역에서도 재배하고 있다. 다른 수출용 바나나들처럼 라카탄 역시 3분의 2 정도 익었을 때 수확한다. 바나나는 줄기에서 떼어낸 후에도 잘 익지만, "나무"에서 막 따낸 바나나의 신선한 향미에 비할 바가 못된다. **WS**

1889년 한 바나나 광고 덕분에 미국인들은 "바나나에는 두 가지 종류, 즉 노란 바나나와 빨간 바나나가 있다. 그리고 빨간 바나나를 최고로 친다"는 사실을 알게 되었다. 가격이 보통 바나나의 두 배나 되는데도 불구하고—이로 인해 "소비자들이 순전히 색깔을 위해 돈을 지불한다"고 불평하는 반대 여론도 있었지만—레드 바나나는 금방 높은 인기를 구가하게 되었다. 20세기 초, 『보스턴 요리 학교 요리책The Boston Cooking School Cookbook』은 '트로피컬 스노우(Tropical Snow)'라는 이름의 디저트의 재료로 레드 바나나를 추천하였다.

오늘날에도 노란 껍질 바나나보다 높이 치며, 미국에서 여전히 찾아볼 수 있지만, 워낙 금방 상하고 다루기도 까다로워서 산지인 카리브해와 아시아에서 주로 먹는다. 조리한 음식이라면 무엇에서나 노란 바나나를 대신할 수 있지만, 그 훌륭한 향미 때문에 보통은 생으로 먹는 것을 선호한다. 오렌지색부터 붉은 빛을 띤 갈색, 고동색, 심지어 보라색까지 다양하며 어떤 것은 얼룩지거나 줄무늬가 있는 것도 있다. 다른 바나나와 마찬가지로 익어가면서 어마어마한 양의 에틸렌(과실의 숙성 호르몬으로 작용하는 성질이 있다) 가스를 내뿜기 때문에 단단한 아보카도를 하룻밤 만에 익힐 수도 있다. **WS**

Taste: 매우 향긋한 라카탄 바나나의 단단하고 달콤한 살은 생으로 먹어도, 구워 먹어도 똑같이 맛있다. 과육은 완전히 익으면 황금빛 오렌지색으로 변한다.

Taste: 완전히 익은 레드 바나나의 관능적인 과육은 크리미한 핑크색이며 매우 달콤하다. 진한 향미는 일반적인 바나나 향에 딸기를 섞어놓은 것 같다.

열대의 저지대에 방대하게 퍼져나간
바나나 플랜테이션. ❯

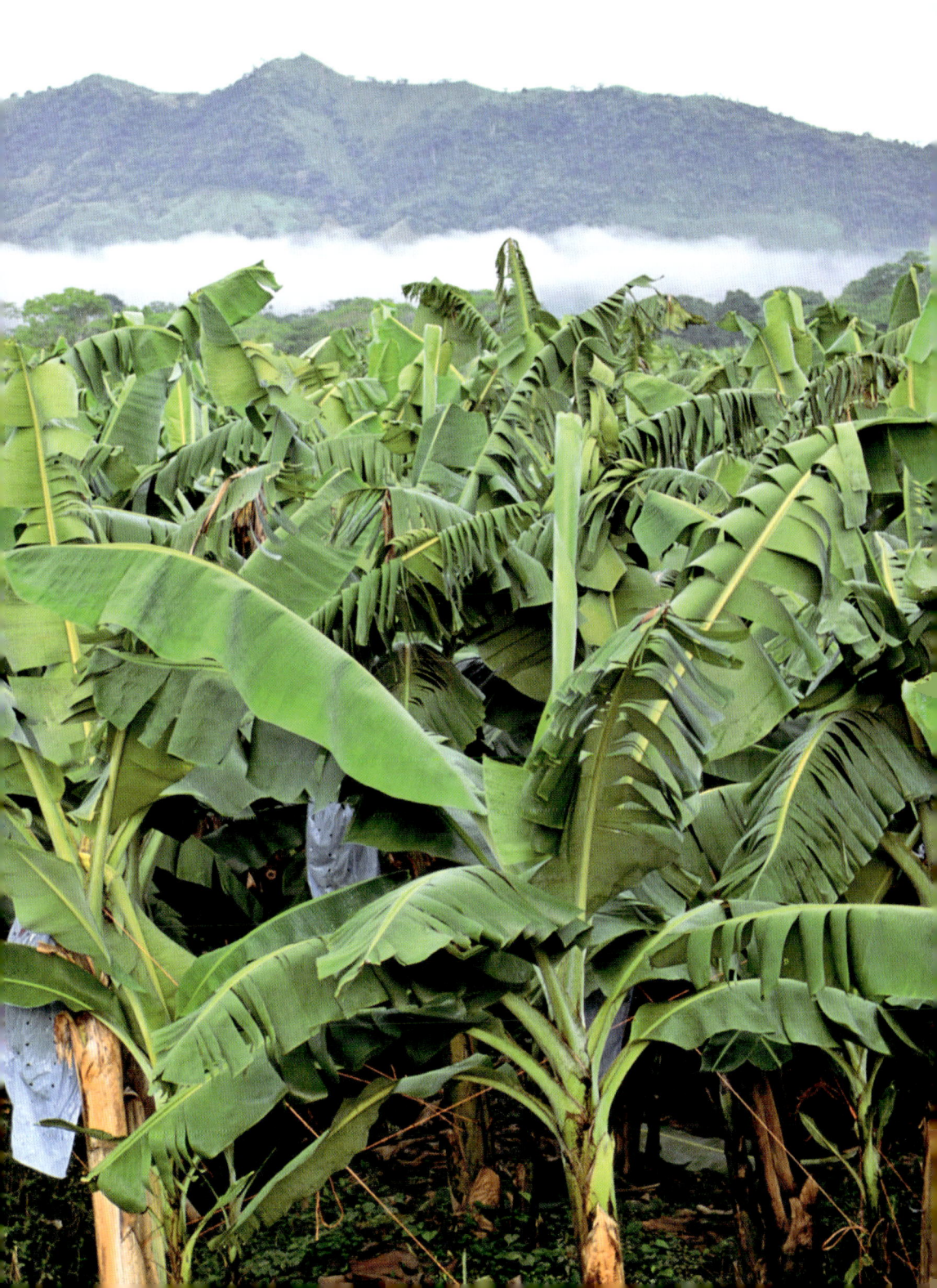

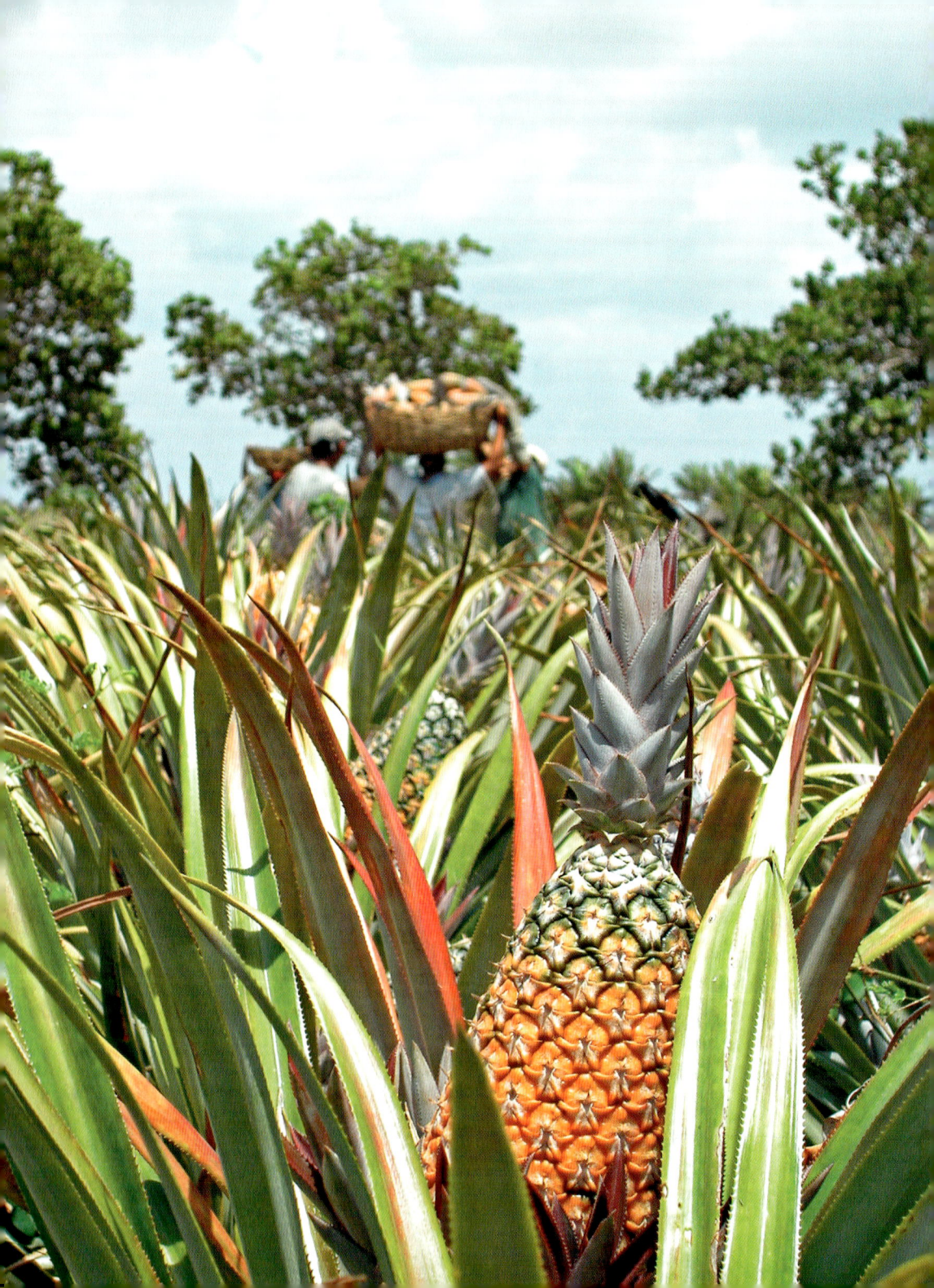

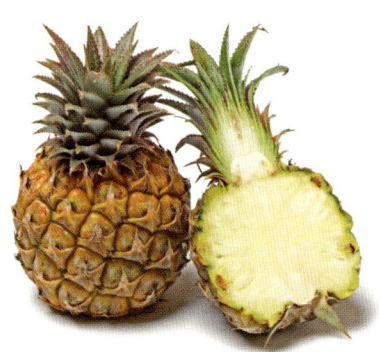

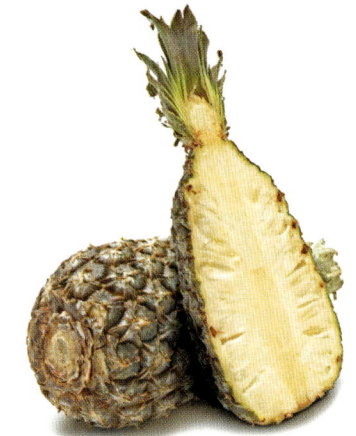

아바카쉬 파인애플 Abacaxi Pineapple

아조레스 파인애플 Azores Pineapple

콜럼버스가 신대륙에 발을 딛기 오래 전, 아주 오래 전에 브라질 저지대의 원주민들은 이미 매혹적인 시트러스 향을 내뿜는 투박한 열매의 맛을 즐기고 있었다. 이 과일은 곧 재배되기 시작하여 브라질에서 남아메리카와 중앙아메리카의 보다 더운 지방으로 퍼져나가 멀리는 멕시코에까지 전래되었고, 곧 유럽인 정복자들의 눈에 띄게 되었다.

아바카쉬 파인애플은 특히 즙이 많고 향긋한 품종으로 과육은 하얗거나 엷은 노랑색이며, 심이 아주 작다. 세계에서 가장 아름다운 꽃들과 같은 과에 속하는, 키가 크고 아름다운 식물로 날카롭고 뾰족한 잎이 왕관처럼 피어 있는 속에서 각각의 작은 열매가 송이송이 자라난다.

완벽하게 무르익은 아바카쉬 파인애플을 생과일로 내면, 어떤 것도 그 자리를 대신할 수 없다. 타르트와 케이크부터 봉봉에 이르기까지 디저트로 만들면 훌륭하다. 균형이 잘 잡힌 신맛 덕분에 구운 고기에 고명으로—퓨레, 또는 스위트 소스로—곁들이기에도 이상적이다. 껍질은 대부분 버리지만, 브라질 가정에서는 이 껍질을 물에 넣고 끓인 뒤 걸러내서 설탕을 친 다음 차게 식혀 멋진 음료수를 만들기도 한다. **AL**

과거의 맛인 아조레스 파인애플(DOP)은 지난날 18세기에 대갓집의 온실에서 온갖 애정을 기울여 키운 것과 맞먹을 정도로 오늘날에도 온실에서 대단히 세심한 주의를 기울여 재배한다. 대서양 한복판에 있는, 아홉 개의 화산섬으로 이루어진 아조레스 제도는 포르투갈령으로, 15세기 이래 주민이 거주해 왔다. 250년 전까지만 해도 이곳의 주 수출품은 오렌지였다. 그러나 병해로 인해 오렌지 재배가 황폐해지면서 주민들은 파인애플로 눈을 돌렸다. 특히 당시 파인애플이 가장 패셔너블한 과일이었던 영국 상류 시장을 노린 것이다. 이 독특하고, 연중 수확이 가능한 과일은 오늘날까지도 높은 평가를 받고 있다.

상 미겔(São Miguel) 섬에서는 세인드마이글이라는 이름의 일종의 스무스 카이엔(Smooth Cayenne) 품종을 주로 생산한다. 멕시코 만류가 섬 사이로 흐르기 때문에 아조레스 제도는 기후가 1년 내내 온화하다. 그러나 겨울 파인애플과 여름에 익는 파인애플의 당도에는 차이가 있다. 여름 파인애플은 디저트로 먹으며, 1~2월에 수확하는 파인애플은 주로 타스카(tasca), 즉 바에서 파는 구운 쇠고기나 가볍게 훈제한 블랙 푸딩에 곁들여 야채로 먹는다. **MR**

Taste: 아바카쉬 파인애플은 강렬한 시트러스 향과 달콤한 향미를 지니고 있다. 생과일로 먹는 것이 가장 좋지만, 석쇠에 구워서 설탕과 계피를 살짝 뿌려 먹어도 훌륭하다.

Taste: 커다랗고, 즙이 많고, 부드러운 아조레스 파인애플은 겨울에는 새콤달콤하고, 여름에는 설탕처럼 달다. 둘 다 강렬한 향을 자랑하며, 절대 덜 익은 상태로는 팔지 않는다.

영국인들은 울퉁불퉁한 껍질이 솔방울(pine cone)과 비슷하다고 하여 파인애플(pineapple)이라는 이름을 붙였음.

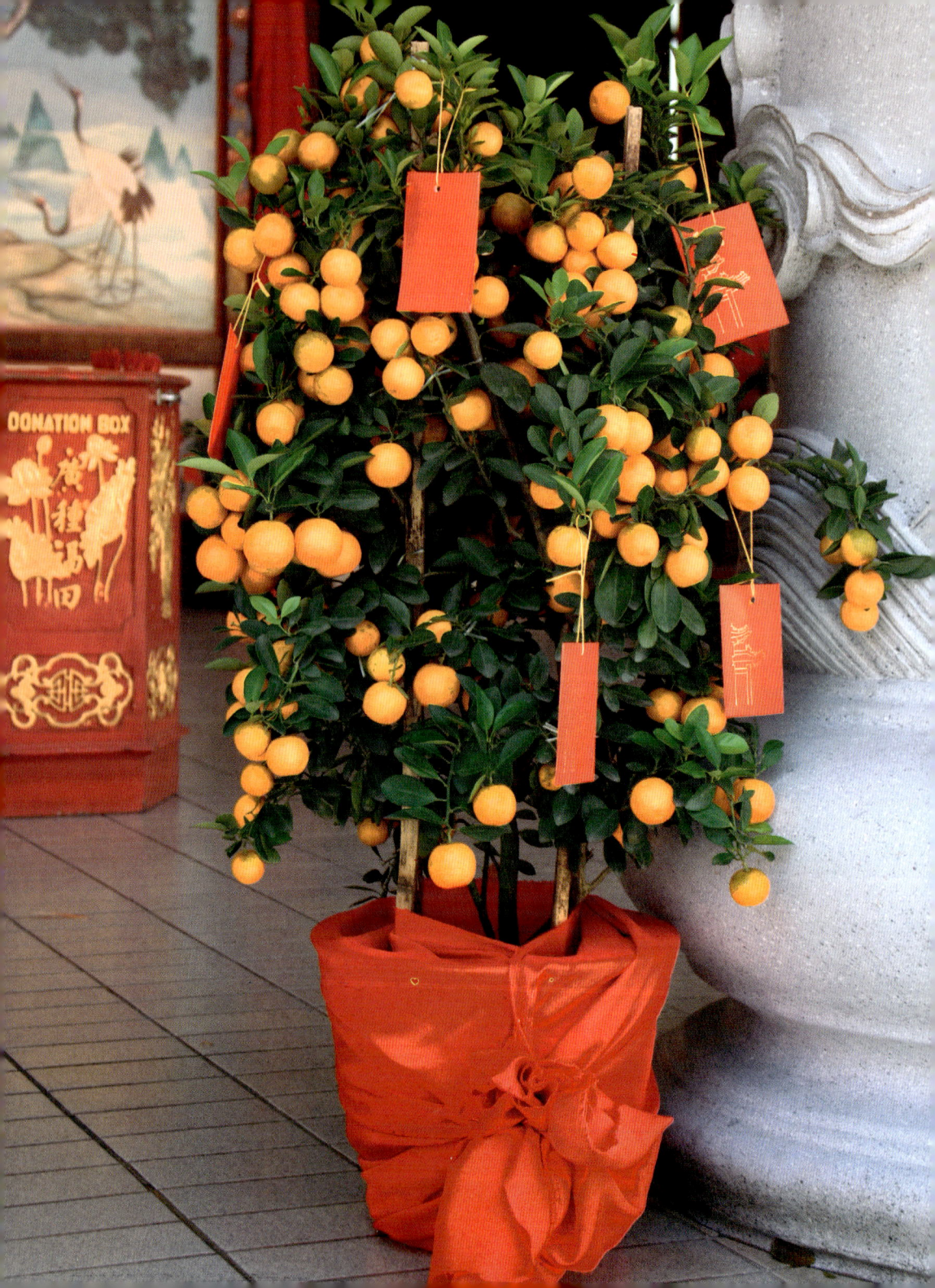

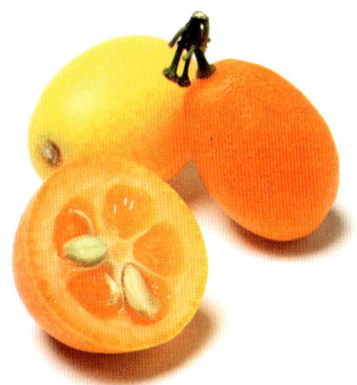

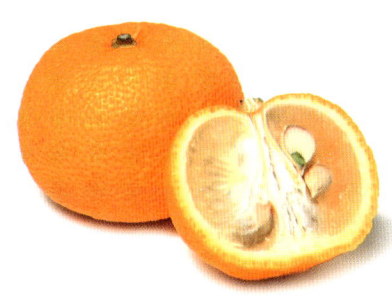

금감(쿰코앗) Kumquat

유자 Yuzu

중국에서는 춘절(春節, 음력 설) 직전에 작은 금감나무를 집이나 직장 문 앞에 놓아두면 행운이나 번영을 불러온다고 한다. 중국인들에게 금감 없는 설이란 상상조차 할 수 없다. 이 작고 윤기있는 감귤이, 중국의 설날에는 사자춤(사자탈을 쓰고 추는 춤. 전통적으로 설 축제 때 춘다), 복사꽃, 그리고 세뱃돈이 든 빨간 봉투(紅包)를 흔드는 어린아이들만큼이나 없어서는 안 될 중요한 존재인 것이다.

크기가 작아 직경 3센티미터를 넘는 일이 거의 없으며 달콤쌉싸름한 향미는 대부분의 감귤류와는 대조적이다. 보통은 과육이 달콤하고 껍질이 씁쓸한데, 금감은 껍실이 달고 속살이 쌉싸래하다. 둥근 것이 타원형보다 더 단 편이다.

신선한 금감은 보통 통째로 먹기 때문에 단맛과 쓴맛이 서로 균형을 이룬다. 설탕에 절이거나 시럽을 사용하여 병조림을 만들면 맛있으며, 선명한 빛깔의 마멀레이드도 만들 수 있다. 또 렐리쉬나 피클을 만드는 데 쓸 수도 있다. 중국에서는 소금에 절인 금감 가루를 뜨거운 물에 풀어 마시면 목 아픈 데에 좋다고 한다. 금감을 보드카에 넣어 칵테일을 만드는 바텐더들도 있다. 빅토리아 시대 영국인들은 금감나무를 테이블 위에 올려두고 그 열매를 디저트로 따 먹었다. **KKC**

감귤류 중에서는 가장 추위에 강한 유자는 크기가 만다린오렌지만 하며, 실제로 만다린오렌지의 이종(異種)이 그 기원이라고 하는 이들도 있다. 한국과 티베트에서 자생하지만, 보통 유자 하면 일본을 떠올린다.

유자가 일본에 전래된 것은 1,000여 년 전으로, 주로 독특한 향기를 풍기는 껍질을 사용한다. 요리의 마지막 단계에서 국물이나 샐러드, 또는 끓인 요리에 넣어준다. 달짝지근한 시로미소에 유자로 맛을 내면 인기있는 아에모노(和物, 어패류・육류・채소류 등의 재료를 한 가지 또는 여러 가지를 섞어 각종 양념에 무친 요리) 드레싱이 된다. 널리 알려진 딥핑 소스인 폰즈(ポン酢)는 유자나 또는 스다치(酢橘, Citrus sudachi)와 카보스(カボス, Citrus sphaerocarpa) 같은 신 녹색 과일을 사용하여 만든다. 한국에서는 달콤한 유자청을 만들어 뜨거운 물을 부어서 향긋하고 비타민 C가 풍부한 차를 만들어 마신다. 유자의 즐거움을 발견한 서양의 셰프들도 아이스크림, 브륄레, 비스켓, 그 밖에 일본 요리와 퓨전 요리를 막론하고 온갖 종류의 음식을 만드는 데에 그 즙과 풍미를 사용한다.

일본에서는 전통적으로 동짓날이 되면 감기나 독감을 예방하기 위해 목욕물에 유자를 한두 개 통째로 집어넣는다고 한다. **SB**

Taste: 싱싱한 금감을 입안에 쏙 넣으면, 얇고 달짝지근한 껍질의 달콤쌉싸름한 향기가 지나가고 시디 신 감귤의 탱글탱글한 속살이 입안을 채운다.

Taste: 이 짜릿하고 새콤한 과일의 대용으로 종종 라임과 레몬을 들기도 하지만, 유자는 독특하고 풍부한 향기를 지니고 있다. 조금만 온도를 높이면 금방 그 향이 주위를 가득 채운다.

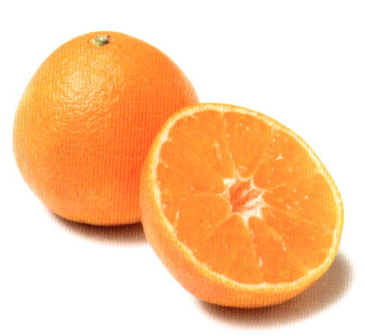

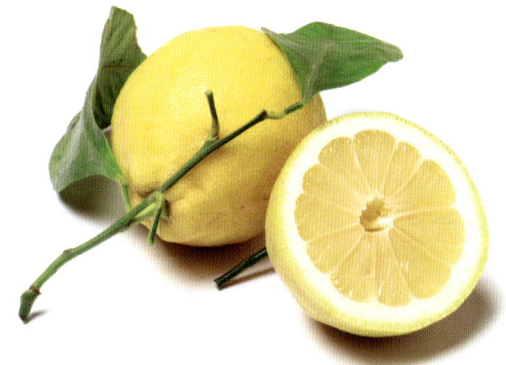

클레멘타인 Clementine

이 맛 좋은 작은 감귤이 정확히 어디에서 기원했는지는 불분명하다. 혹자는 1900년경 페르 클레멘트라는 이름 의 신부가 만다린오렌지와 알제리의 신 오렌지를 이종 교배하였다고도 하고, 또 다른 이는 그냥 탕헤르오렌지 (탠저린)의 일종이라고도 한다.

오렌지, 라임, 레몬 같은 다른 감귤류와는 달리 클레멘타인은 제철이 워낙 짧아, 겨울의 몇 달 동안만 맛볼 수 있다. 크기는 골프공보다 조금 클까말까 할 정도로 작고, 선명한 오렌지색에 껍질은 매우 얇으며, 탕헤르오렌지나 사쓰마, 또는 만다린오렌지처럼 벗기기가 쉽다.

클레멘타인은 주스로 만들어 마시기에는 값이 다소 비싸며, 오렌지에 비하면 즙도 많이 나오지 않는다. 즙을 함께 넣어 조리하면 그 알듯말듯한 향기가 없어지고, 얇은 껍질 역시 마멀레이드를 만들기엔 적합하지 않다. 그러나 껍질을 벗겨 생과일로 먹으면 정말로 맛있다. 한 30분 정도만 냉동시키면 과육을 감싼 막이 살짝 얼어 기분 좋게 바삭바삭하고도 섬세해져, 그 속에 감추고 있는 쥬이시한 과육과 좋은 대비를 이룬다. **KKC**

소렌토 레몬 Sorrento Lemon

햇빛을 담은 노란색에 달걀 모양, 그리고 특유의 우툴두툴한 표면의 소렌토 레몬(PGI)은 그 뛰어난 향과 풍미로 수세기 동안 사랑받아 왔다. 이 지역 주민들은 '스푸사토 아말피타노(sfusato amalfitano)'라고 부르는데, 폼페이와 헤르쿨라네움의 벽화와 모자이크가 발굴되면서, 이 가장 높은 평가를 받는 레몬이 서기 1세기부터 이미 재배되고 있었음을 짐작할 수 있게 되었다. 다른 레몬들처럼 소렌토 레몬 역시 인도 북부가 원산지일 것으로 추정되며, 중동을 거쳐 이탈리아 반도로 전래되었다.

두드러진 레몬 향, 진한 향기를 내뿜는 껍질, 즙이 많고 씨가 거의 없는 과육은 비타민 C가 풍부하다. 이러한 빼어난 조합 덕분에 전 세계적으로 찬란한 명성을 얻게 되었다. 전통적으로 가파른 단구(段丘) 지대에서 재배하며, 나무 위에 팔리아렐레(pagliarelle)라 부르는 짚 멍석을 드리워 놓는다. 오늘날에는 멍석 대신 그물을 쳐서 레몬 열매를 각종 위험 요소로부터 보호한다.

PGI 인증을 받아 지정된 지역 내에서만 재배할 수 있으며, 적어도 중량 80그램 이상인 것만 소렌토 레몬이라는 상표로 판매할 수 있다. **LF**

Taste: 달콤하고 쥬이시하며 싱큼한 과육은 섬세한 막으로 싸여 있으며 보통은 씨가 없다. 껍질과 과육 모두 환상적으로 향긋하다. 징말로 입의 즐거움이다.

Taste: 향긋하고, 껍질이 얇고, 달콤하고, 짜릿하며, 농축된 시트러스 유가 그대로 느껴지는 소렌토 레몬은 종종 슈가 파우더를 뿌려서 껍질째 먹는다.

이탈리아 남부 캄파냐 지방에 있는 소렌토 레몬 과수원. 중간중간에 선명한 빨간 양귀비 꽃이 보인다. ➲

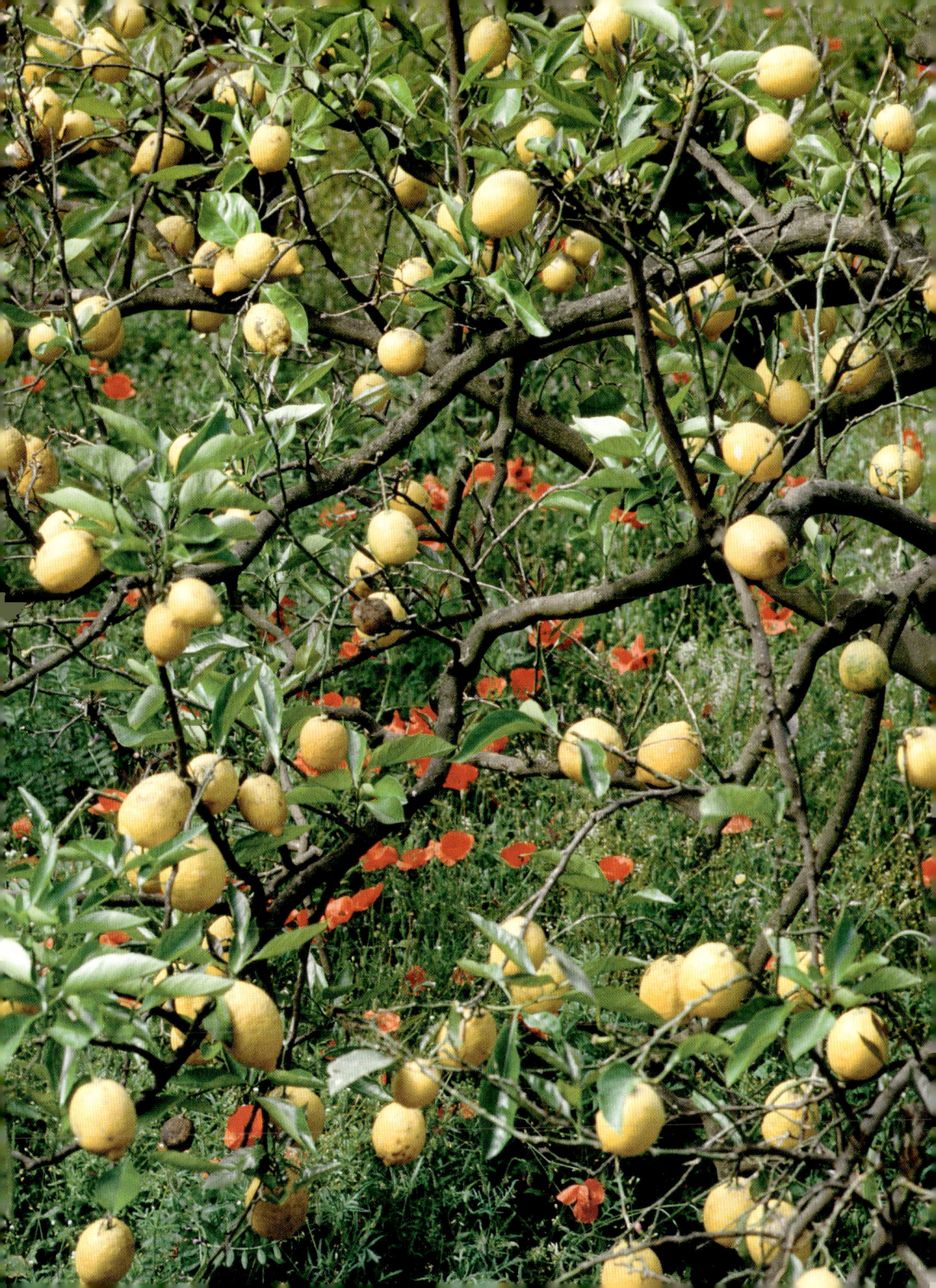

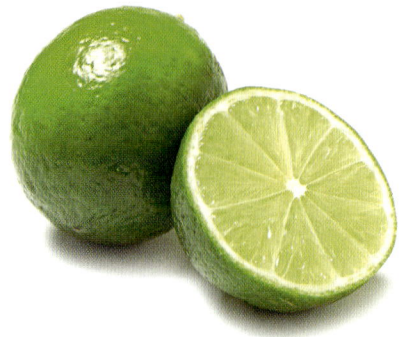

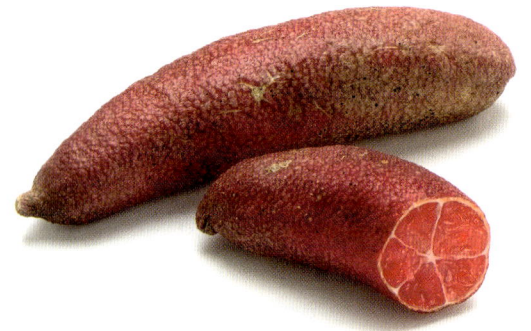

키 라임 Key Lime

핑거 라임 Finger Lime

전 세계적으로 열대 지방에서 널리 재배되고 있는 키 라임(Citrus aurantifolia)은 라임의 원조라 할 수 있다. 그러나 일반적으로 라임 하면 플로리다 키스(Florida Keys) 제도와 카리브해를 떠올리지만, 사실 라임의 원산지는 말레이시아이며, 아랍인들에 의해 유럽으로 전래된 것으로 추정된다. 13세기 중반에는 이미 스페인은 물론 이탈리아, 그리고 아마도 프랑스에서도 재배되고 있었다. 3세기 후, 유럽의 식민주의자들은 라임을 플로리다 남부와 신대륙의 다른 지방에 전해주었다. 1926년 마이애미 허리케인으로 인해 플로리다의 키 라임 농장은 초토화가 되고 말았지만, 멕시코와 말레이시아는 오늘날까지 최대의 라임 생산국으로 남아 있다.

키 라임은 크기가 골프 공만하며, 그 매끈한 열매는 잘 익으면 녹색보다는 노랑색에 가깝다. 가장 높이 치는 것은 그 즙인데, 요리할 때 매리네이드로 쓰거나 아니면 음료수로 만든다. 고전적인 마르가리타 조제대로 소금을 사용하거나, 라임에이드나 코디얼의 경우에는 설탕을 쓰기도 한다. 키 라임 파이는 라임 주스를 사용하여 만든 가장 유명한 음식이다. 크리미한 파이 위에 토핑으로 휘핑크림을 듬뿍 바른 뒤 라임 조각을 장식으로 곁들인다. **SH**

통통한 손가락을 닮은 생김새 덕분에 핑거 라임이라는 이름을 얻은 오스트레일리아 원산의 감귤 종류는 그 모양은 물론 향미로도 셰프들 사이에서 점차 인기가 높아지고 있다. 색깔은 보라색이나 검은색에서 녹색, 노란색, 그리고 선명한 핑크색까지 다양하다. 그러나 핑거 라임(Citrus australasica)이 언제나 그렇듯 높은 평가를 받는 것만은 아니다. 오스트레일리아 원주민들이 이 과일을 먹었으리라는 것은 짐작할 수 있고, 오스트레일리아의 초기 정착민들은 핑거 라임으로 마멀레이드를 만들었지만, 뉴사우스웨일스의 비옥한 노던 리버즈 지역과 퀸즐랜드 남동부의 농부들은 가축 방목에 방해가 되는, 이 가시투성이에 아무렇게나 뻗어가는 나무들을 없애느라 골치 꽤나 썩어야만 했다.

'캐비어 라임'이라 불리기도 하는 핑거 라임은 껍질로부터 보석과도 같은 다채로운 색깔의 소공포(小空胞)가 작은 목욕 거품처럼 퐁퐁 솟아올라 있다. 이것이 또 여섯 개의 같은 크기의 포로 싸여 있다. 드레싱이나 음료수에 넣으면 매력적이며, 커드, 소스, 잼, 또는 처트니로 만들면 그 풍미가 좋다. 향긋한 껍질은 매끈하고 윤기가 흐르며, 표면의 기름 세포 때문에 약간 미끌거린다. 말리면 다른 감귤류처럼 껍질을 조리에 쓸 수 있다. **SC-S**

Taste: 향기는 짙고 색깔은 옅은 키 라임은 살짝 새콤한. 섬세한 시트러스 라임 향미를 지니고 있다. 톡 쏘지만, 그 아래에는 달콤한 맛이 깔려 있다.

Taste: 소공포는 톡 쏘는 시트러스 향에 은근한 송진 맛이 감돈다. 살짝만 깨물어노 감싸고 있는 포가 터지면서 싱큼한 즙이 입안을 가득 채운다.

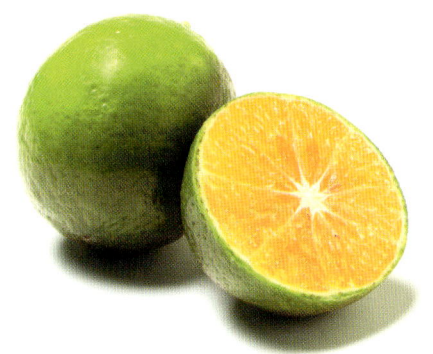

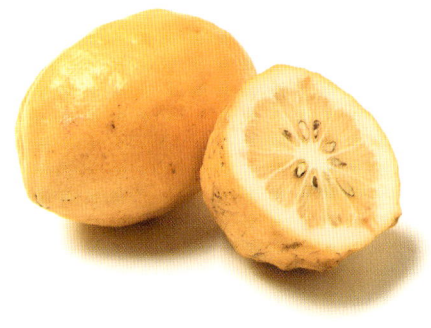

칼라만시 Calamansi

아마도 만다린과 금감의 이종 교배로 태어난 것으로 보이는, 그 기원이 오래고도 불명확한 칼라만시는 폭이 기껏해야 2.5센티미터도 되지 않지만, 그 작은 몸집 안에 라임의 새콤함과 탕헤르오렌지(탠저린)의 햇빛 가득한 풍미가 결합된 시트러스 향을 잔뜩 감추고 있다.

동남아시아에서 흔히 볼 수 있는 나무로, 그 향긋한 꽃과 매끈한 잎, 그리고 열매로 사랑받고 있다. 인도네시아, 말레이시아, 싱가포르, 필리핀에서는 칼라만시(Citrofortunella microcarpa)를 라임의 일종으로 취급한다. 코코넛 밀크, 생선 소스, 간장, 새우 페이스트, 고추 등 다른 주요한 아시아 음식 재료들과 잘 어울린다. 석쇠에 굽거나 바비큐한 해산물, 특히 스파이시한 삼발을 끼얹은 요리에는 종종 칼라만시를 곁들여 낸다. 필리핀의 매리네이드 생선 샐러드인 '키닐라우(kinilaw)'와 환상적인 궁합을 자랑한다. 칼라만시 주스로 음료수를 만들기도 하고, 과일 위에 그 즙을 뿌리기도 하지만, 보통은 길거리 음식에 기본적으로 곁들이는 재료이다. 예를 들면 볶음 국수의 경우 맛이 진한 다른 재료들 때문에 좀 새콤한 맛이 필요하기 때문이다. 현대의 패스트리 셰프들은 입가심에 좋은 칼라만시의 상큼한 맛을 이용하여 소르베와 그 밖의 다양한 디저트를 만든다. **CTa**

시트론 Citron

과일 치고는 보기 드물게도, 시트론은 그 과육—사뭇 메마르고 딱딱해서 껍질을 벗기기가 힘들 정도인—이 아니라 껍질의 쓸모가 더 크다. 커다랗고, 매우 울퉁불퉁한 레몬처럼 보이지만, 레몬보다 더 일찍 인기를 얻었으며, 고대 인도의 향수 가게에서 중국과 일본의 가정 내 불단으로 퍼져나갔다. 시트론에 대한 최초의 기록은 기원전 800년경, 인도 아유르베다 의학의 교본이라 할 수 있는 『바야사네이 삼히타Vajasaneyi Samhita』에 등장한다. 힌두교에서 부의 신인 쿠베라는 손에 시트론을 들고 있다.

대부분의 시트론은 대략 달걀 모양—길이가 30센티미터까지 나가는 것도 있다—이지만, 한 품종은 특히 스펙터클한 생김새를 자랑한다. 주로 일본과 중국에서 재배하는 "부처의 손(Buddha's Hand)" 품종은 향이 매우 진하기는 하지만 과육은 거의 없다.

과거에는 즙과 과육도 쓸 데가 있었다고 하지만 오늘날에는 거의 껍질만을 사용한다. 설탕에 절여서 과자나 빵을 만드는 데에 쓴다. 과일 케이크, 크리스마스 푸딩, 또는 그 밖의 비슷한 과자에 재료로 쓰이기도 하며, 판포르테에 넣으면 맛있다. **SH**

Taste: 칼라만시 즙은 라임의 톡 쏘는 활기를 탕헤르오렌지와 사향의 과일 향으로 누그러뜨린다. 그 향긋한 풍미는 라임에 못지 않은 향긋한 풍미를 자랑하지만, 쌉쌀한 맛이 더 강하다.

Taste: 시트론의 껍질은 두껍고 향긋하고, 거의 수지(樹脂)에 가깝다. 설탕에 절이면 달콤쌉싸름하고 시트러스한 레몬의 풍미와 잘 맞아떨어진다. 과육은 별볼일 없다.

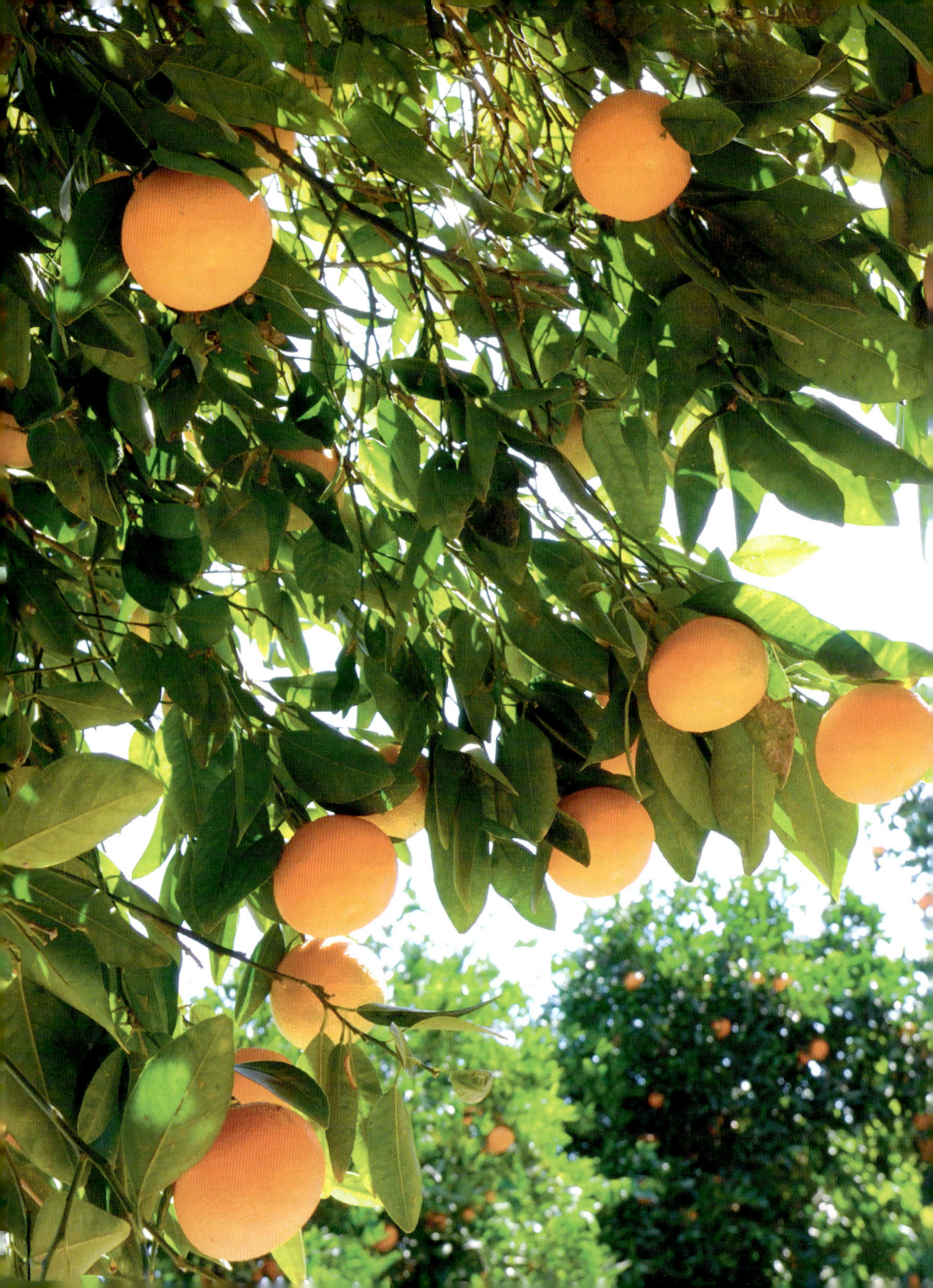

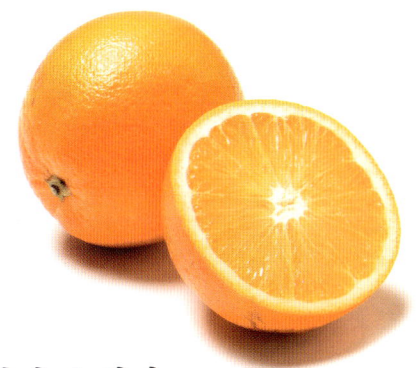

자파 오렌지 Jaffa Orange

혹자는 이 세상에서 유일하게 먹을 만한 가치가 있는 오렌지가 있다면 그것은 자파 오렌지라고 한다. 소아시아에서는 샤무티(Shamouti) 또는 칼릴리(Khalili), 서양에서는 자파라고 부르는 이 향기 진한 과일은 19세기 중반—1844년이라고 하는 이들도 있다—자파 근처에서 처음 발견되었다. 당시 이 지역은 오스만 투르크 제국의 영토였으며, 팔레스티나라는 이름으로 알려져 있었다. 지중해 동부 다른 지역에서도 재배되지만, 오늘날에는 자파 오렌지 하면 보통 원산지인 지금의 이스라엘을 떠올린다.

크기는 중간에서 큰 편으로, 맨 처음에는 일종의 토착 품종 오렌지에 생긴 돌연변이—'림 스포트(limb sport)'라 하여 하나의 가지에서만 다른 열매가 열리는 돌연변이—로 간주되었다. 일찍이 팔레스타인이 영국의 식민지였던 시절부터 잉글랜드로 수출되었으며 매우 높은 인기를 누렸다. 1930년대에는 스폰지와 다크 초콜릿에까지 그 이름이 붙게 되었으며, 자파 케이크라는 톡 쏘는 오렌지맛 과자도 태어났다. 껍질은 두껍고 벗기기 쉬우며, 거의 씨가 없어서 생과일로 먹기에 좋다. 이스라엘에서는 껍질을 설탕에 절여 초콜릿을 묻혀서 달콤한 과자처럼 먹는다. 강렬한 오렌지 향기 덕분에 치즈케이크 같은 디저트에 넣어도 좋다. **SH**

Taste: 자파 오렌지의 과육은 가볍고 단단하며, 쥬이시하고 달콤하다. 강렬한 "오렌지 본연"의 향미가 나며, 주스로 만들면 정말 환상적이다.

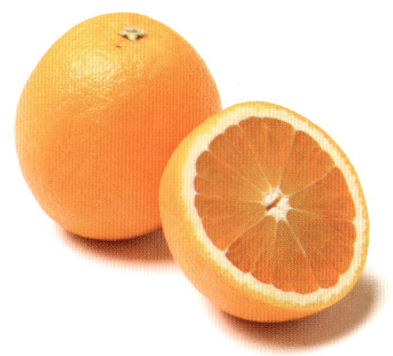

블러드 오렌지 Blood Orange

감귤류를 좋아하는 사람이라면 세계에서 가장 훌륭한 디저트 오렌지의 하나로 블러드 오렌지를 꼽을 것이다. 일반적으로 다른 오렌지 종류보다 크기가 작으며, 그 빨간 과육과 발그스름한 껍질은 안토시아닌이라는 색소에서 비롯된 것이다. 안토시아닌은 꽃과 빨간 과일에서 흔히 찾아볼 수 있지만 감귤류에는 흔치 않다. 최초의 돌연변이는 17세기 시칠리아에서 발견된 것으로 알려져 있으며, 오늘날에도 주로 지중해 연안에서 많이 자란다.

세가지 주품종—타로코(Tarocco), 상귀넬로(San-guinello), 모로(Moro)—이 저마다 독특한 특징이 있다. 씨가 없는 타로코가 가장 달며, 가볍게 홍조를 띤 과육은 지구상의 어떤 오렌지보다도 비타민 C 함유량이 높다(산지인 에트나 산 인근의 비옥한 땅 덕분이다). 씨가 있기는 하지만 많지는 않은 상귀넬로는 가장 오래된 품종이며, 모로는 색깔이 가장 빨갛다. 모로의 과육은 심홍색부터 와인색까지 다양하며, 심지어 거의 새까만 것도 있다.

블러드 오렌지는 케이크, 아이스크림, 소르베 등 일반적으로 오렌지 즙이 들어가는 거의 모든 레시피에 쓸 수 있다. 그러나 역시 간단하게 즙을 짜서 주스로 마시는 게 가장 특별하다. **LF**

Taste: 부드러운 과육은 균형잡힌 향미와 군침이 도는 달콤한 오렌지의 정수가 담긴 환상적인 즙을 낸다. 햇볕 아래 잘 익은 라스베리의 향기도 살짝 느껴진다.

자파 오렌지는 수세기 동안 지중해 동부에서 재배해온 감귤류 중에서 보석과도 같다.

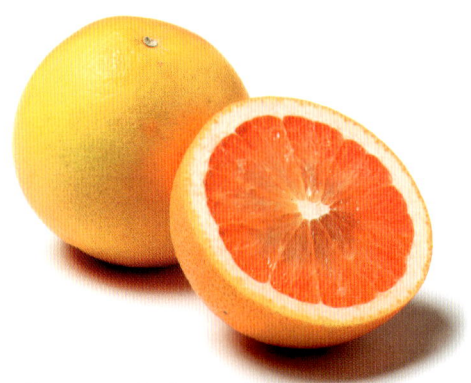

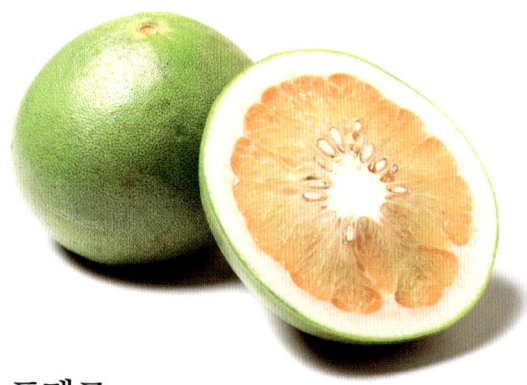

핑크 그레이프프루트 Pink Grapefruit

포멜로 Pomelo

그 색깔 때문에 더욱 매력적인 핑크 그레이프프루트는 맛이나 특징은 하얀색 또는 노란색 그레이프프루트와 거의 다른 바가 없지만, 영양가는 더 풍부하다. 그레이프프루트(Citrus paradisi)는—어느 색을 막론하고—포멜로에서 기원하였지만, 어떻게 해서 태어났는지에 대해서는 아무도 정확히 모른다.

    그레이프프루트는 1823년 플로리다를 통해 미국으로 전래되었다. 1907년 핑크색 새순(pink bud shoot, 하나의 가지 또는 꽃만이 나무 전체와는 전혀 다른 형상을 보이는 현상)이 발견되었으며 이것이 증식되었다. 오늘날 핑크 그레이프프루트 품종들은 1913년에 나타난 한 그루의 변종을 조상으로 한다. 혹자는 열매가 그레이프(포도)처럼 송이 지어 열린다고 하여 그레이프프루트라는 이름이 붙었다고도 한다.

    그레이프프루트는 대부분 생과일로 먹는다. 아침 식사 때 반으로 잘라 설탕을 뿌린 뒤, 가장자리가 톱니 모양인 숟가락으로 과육을 떠 먹는다. 핑크 그레이프프루트는 특히 다른 과일과 함께 프루트 샐러드로 만들거나, 해산물을 넣은 그린 샐러드 위에 얹는다. 그레이프프루트는 다른 재료의 맛을 쉽게 압도해버리기 때문에 요리에는 거의 쓰이지 않지만, 설탕, 계피 버터를 발라서 그릴에 구우면 맛있다. **SH**

Taste: 짜릿하고, 톡 쏘는 달콤한 향미는 오렌지를 연상시킨다. 특유의 쌉쌀한 맛은 과육을 싸고 있는 중과피와 막 때문에 더우 두드러진다.

포멜로는 종종 중국 자몽(Chinese grapefruit)이라 불리기도 하며, 실제로 이 두 과일은 생물학적으로 가깝지만, 포멜로가 더 먼저 태어났다는 것이 정설이다. 학명(Citrus grandis)에서 짐작할 수 있듯이, 운향과에서 가장 열매가 큰 식물이다. 어떤 것은 직경이 20센티미터가 넘는 것도 있다.

    그레이프프루트처럼 포멜로의 과육도 연노랑색부터 밝은 루비색, 향미는 입이 돌아갈 정도로 떫은 것에서 딸기 향이 살짝 느껴지는 달콤한 것까지 다양하다. 말랑말랑한 껍질은 그레이프프루트보다 훨씬 두껍고, 거의 과육에 닿을 정도로 깊이 칼집을 내서 벗기는 것이 좋다. 과육은 질기고 먹을 수 없는 막으로 나뉘어져 있는데, 이것 역시 제거해야 한다.

    포멜로는 수없이 많은 쥬이시한 '알맹이'로 구성되어 있으며, 서양의 셰프들 사이에서 장식용으로 인기를 얻고 있다. 많은 다른 감귤류 과일과 마찬가지로 껍질도 먹을 수 있는데, 다만 이것을 무언가 맛있는 것으로 만들려면 시간과 노력이 필요하다. 중국의 광둥 지방에서는 포멜로 껍질을 쪄서 중국 햄이나 말린 새우 알로 우려낸 맛좋은 국물에 천천히 삶는다. 또 오렌지나 레몬 껍질처럼 설탕에 절여서 사용하기도 한다. **KKC**

Taste: 포멜로는 그 품종의 수가 많지만, 하나같이 향긋한 껍질을 가지고 있다. 맛은 그레이프프루트와 비슷하지만 과육이 쉽게 흩어지며 입안에서 기분 좋게 터진다.

포멜로는 그 무게 때문에
보통 망에 담아서 시장으로 운반한다. ➔

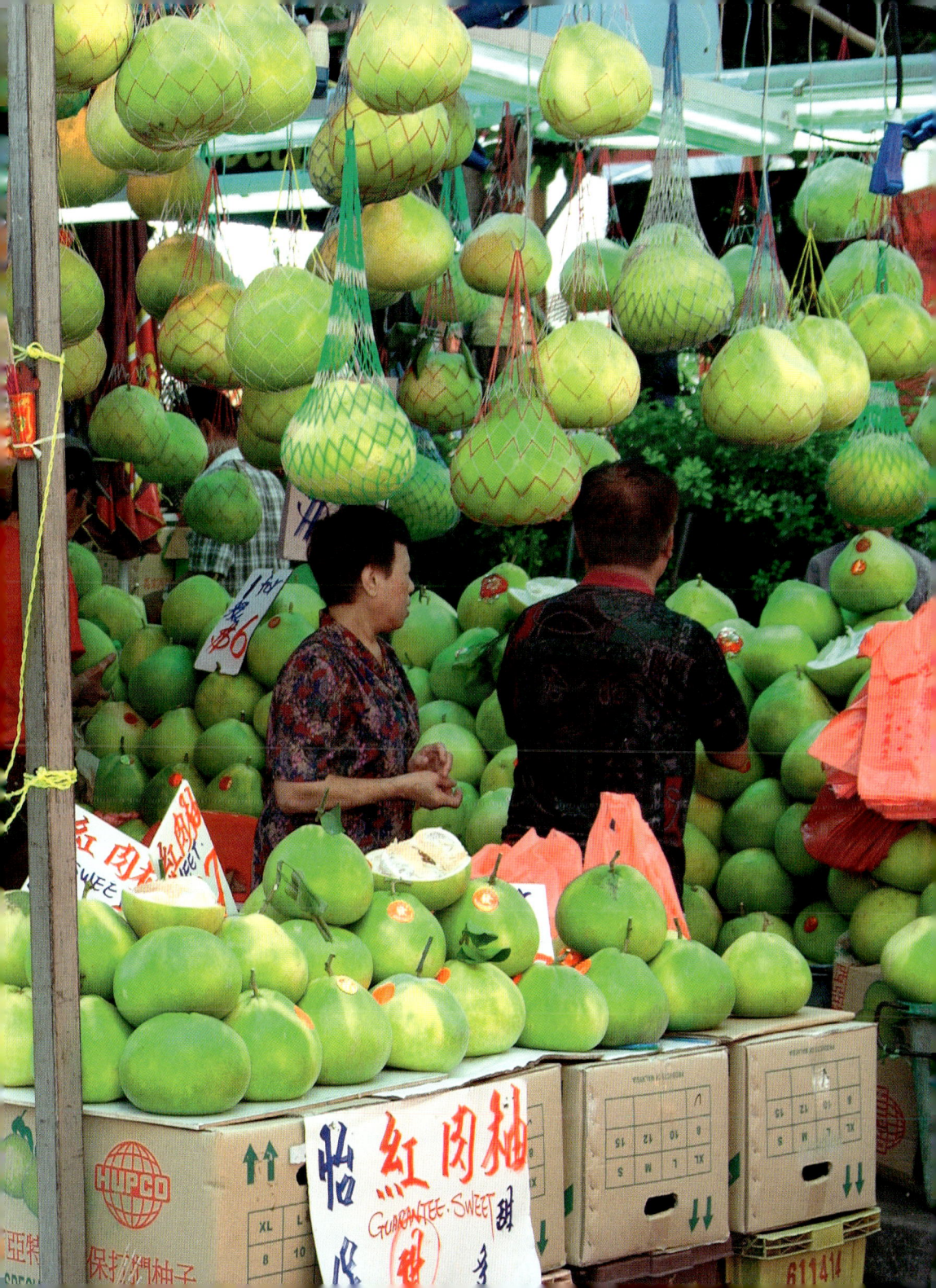

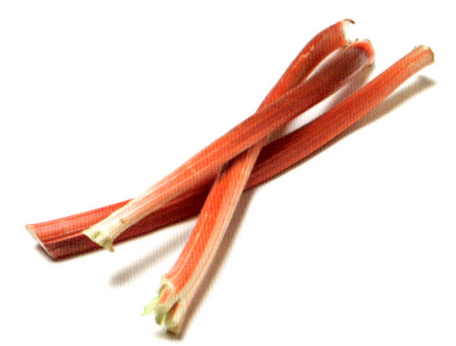

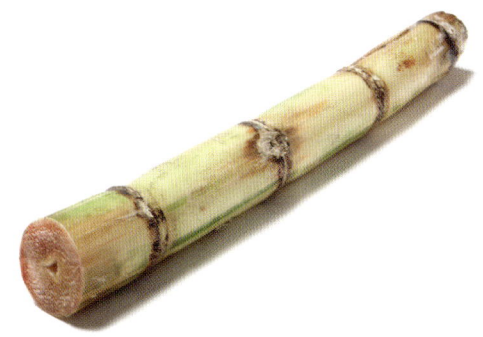

샴페인 루바브(대황) Champagne Rhubarb

루바브는 유럽, 미국, 아시아 일부 지역에서도 자라지만 본질적으로 잉글랜드 음식이다. 과일로서의 루바브는 오늘날 '샴페인 루바브'라는 이름으로 판매하는 '촉진 성장'시킨 루바브에서 그 정점을 보여준다.

　루바브의 무성한 잎은 약한 독성이 있다. 루바브가 처음 영국에 전래된 것은 튜터 왕조 때로, 약용 식물로 소개되었다. 샴페인 루바브는 실내에서 키우는데, 빛이 들지 않도록 하고 기온을 따뜻하게 유지하여 겨울에도 잘 숙성할 수 있도록 한다. 그 줄기는 녹색의 섬유질이라기보다는 마치 선명한 핑크색 립스틱을 보는 것 같다.

　빅토리아 시대의 정원사들은 땅에서 솟아올라오는 루바브를 짚이나 헝겊으로 동여매거나 혹은 양동이를 거꾸로 덮어씌워 흰색으로 만들었다. 오늘날 가정의 정원에서 루바브를 기를 때에는 이 같은 방법을 사용하지만, 요크셔에서 상용 재배하는 루바브는 온실에서 난방을 틀고 키운다.

　촉진 성장시킨 루바브는 설탕을 쳐서 먹어야 하며, 오렌지 껍질, 딸기, 스타 아니스와 특히 잘 어울린다. 잉글랜드에서는 파이, 크럼블, 풀(fool, 삶은 과일을 으깬 퓌레에 휘핑 크림, 설탕 등을 섞은 영국의 디저트) 등에 넣으며, 앵글로색슨 셰프들은 멀리 동양에서도 인기가 좋은 조리 방법을 다시 재고안하고 있다. **MR**

Taste: 줄기는 날렵하고, 부드럽고, 조리하면 기분 좋게 새콤하다. 그 냄새도 맛과 마찬가지로 풋풋한 녹색이지만 가벼운 향기가 감돈다. 물에 데쳐도 줄기는 그 모양을 그대로 유지한다.

사탕수수 Sugar Cane

단 것을 좋아하는 인간의 습성은 이미 수천 년 전에 사탕수수가 전 세계에 퍼져나가게 했지만, 최초로 기원한 곳은 아마도 뉴기니인 것으로 추정된다. 아시아 일부 지역에서 처음으로 재배하기 시작하여 고대 세계로 퍼져나갔으며, 세월이 흘러 신대륙에까지 전래되었다. 오늘날에는 전 세계의 온난기후대에서 재배되고 있으며, 사탕무의 부상에도 불구하고 여전히 세계 최대의 설탕 원료로 자리를 굳건히 지키고 있다.

　사탕수수(Saccharum officinarum)는 커다란 섬유질 식물로, 어떻게 보면 대나무처럼 보이기도 한다. 그러나 그 속은 텅 비어 있는 대신 달디단 수액으로 가득 차 있다. 이것을 압착하거나 빨아낸다. 남아시아에서는 원래 씹어 먹기 위해 재배하였으며, 오늘날에도 아시아 일부 지역, 카리브해, 하와이 등지에서는 밭에서 갓 딴 사탕수수를 입에 넣고 씹어 먹는다.

　신선한 사탕수수 주스는 때로 싱싱한 생강, 레몬, 라임 즙을 섞어 마시면 맛있으며, 라틴 아메리카에서는 칵테일을 만드는 데에 쓰인다. 태국에서는 줄기의 껍질을 벗겨 요리할 때 꼬챙이로 쓰기도 한다. 고기나 덤플링을 만들 때 그 은근한 단맛이 배어들게 할 수 있다. **SH**

Taste: 사탕수수의 가장 좋은 부분은 즙, 또는 넥타이다. 지나치게 달지 않으며, 신선한 풀 향기가 난다. 섬유질 줄기는 삼키는 대신 씹는다.

브라질에서 한 일꾼이 손으로 사탕수수를 수확하고 있다. 브라질은 세계 최대의 사탕수수 생산국 중 하나이다. ➔

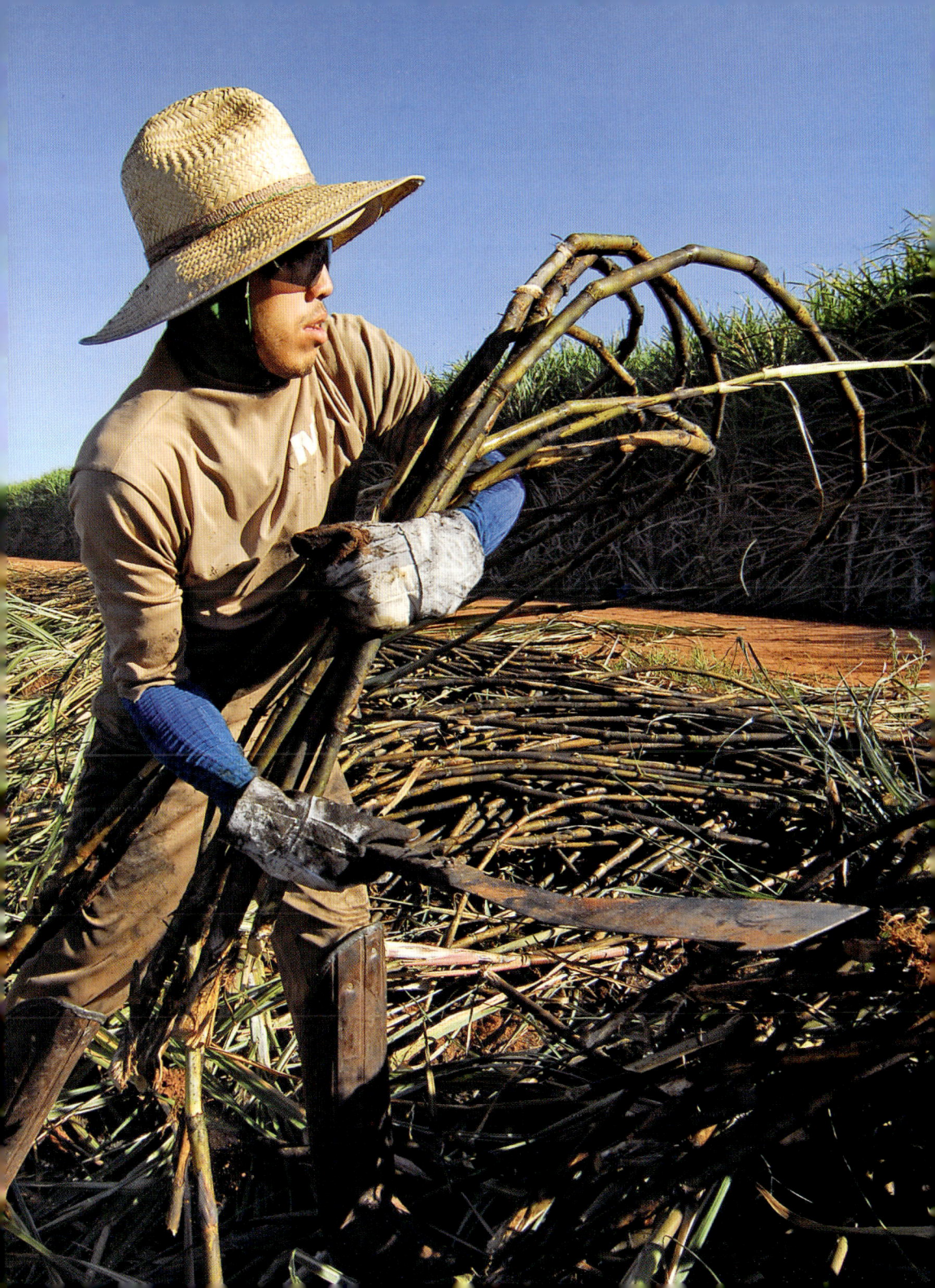

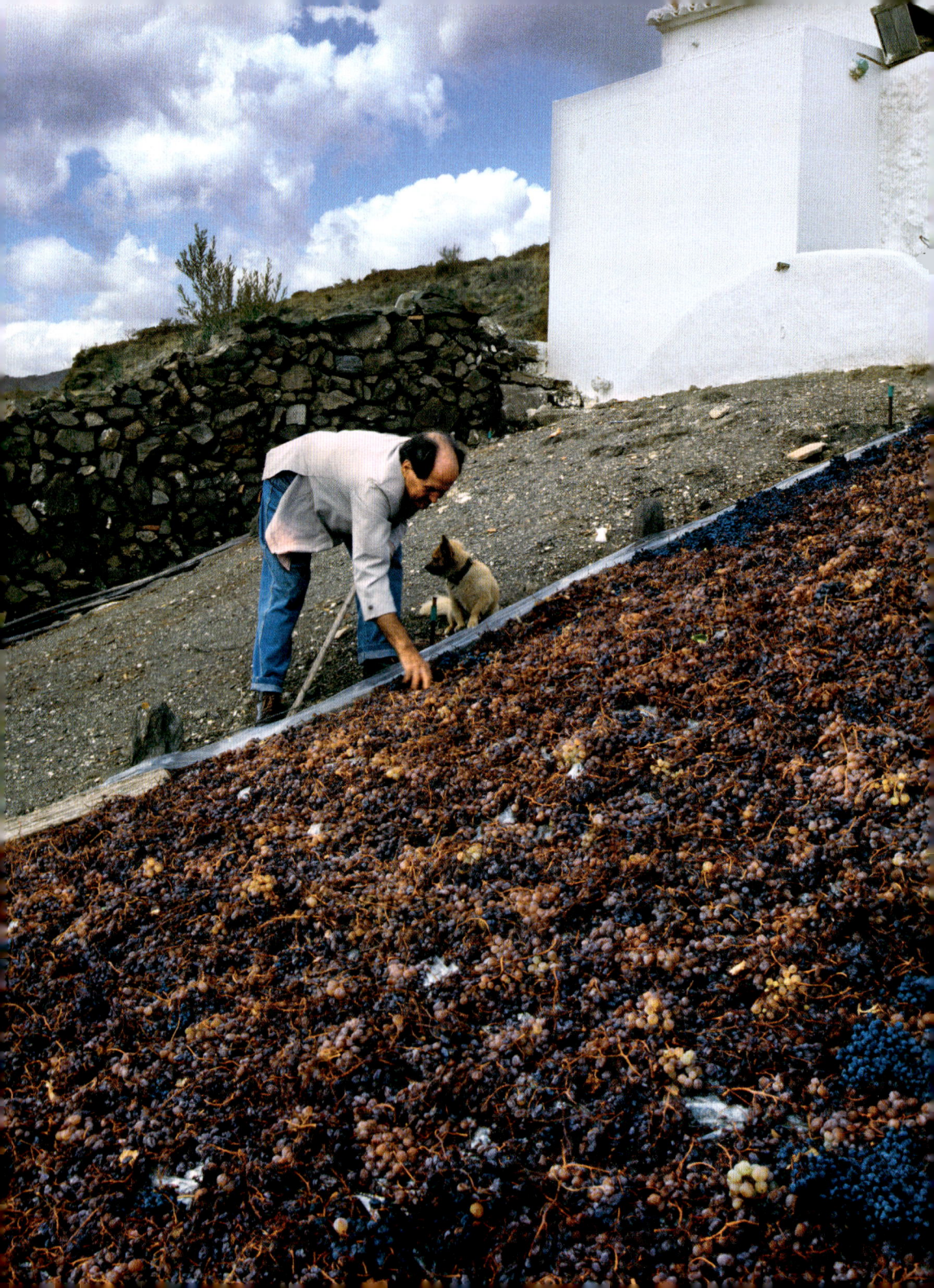

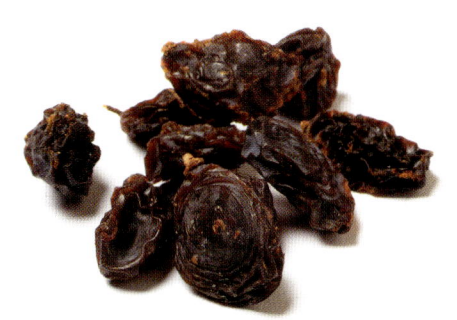
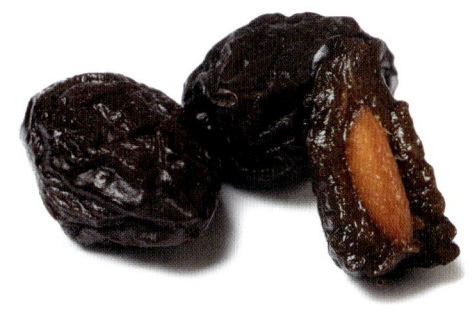

모스카텔 건포도 Moscatel Raisin

인류는 수십 만 년 동안 포도 넝쿨에 달린 채로 시들어버린 포도를 먹어왔지만, 이 쭈글쭈글한 보석은 의심할 나위 없이 건포도 세계의 왕족이라 할 수 있다.

모스카텔(무스카트) 포도의 말린 열매는 큼직하고, 자두와 비슷한 갈색이며, 안에 씨가 들어 있다. 그 중에서도 최고는 안달루시아의 남서쪽 아사르퀴아에서 몬테스 데 말라가 기슭에 이르는 지역에서 재배하는 말라가 건포도이다. 62킬로미터에 걸쳐 뻗어 있는 이 지역—'건포도의 길'로도 알려져 있다—은 19세기의 여행객들이 찬사를 늘어놓은 이래 거의 변하지 않은 전통적인 건조대가 곳곳에 펼쳐져 있다.

말라가 건포도는 전통적인 건조 과정을 거친 뒤 손으로 다듬는다. 말라가 클러스터(Malaga cluster)라고 부르는 최고급품은 아예 줄기에 매달린 채로 말린다. 이것은 요리 재료로 쓰기보다는 디저트로 내며, 치즈와 아주 잘 어울린다. 그보다 등급이 낮은 모스카텔 건포도는 역시 모스카텔 포도로 만든 스위트한 말라가 와인에 적셔서 아이스크림을 만들면, 그야말로 천사들이나 먹는 듯한 맛이 된다. **LF**

Taste: 향긋하고, 약간 쫄깃하고, 달콤하며, 섬세한 씨의 씹는 맛이 느껴지는 말라가 건포도는 짙은 토피와 밤나무 꿀, 무화과의 향미가 풍성하게 느껴진다.

아쟁 프룬 Prune d'Agen

푸른빛이 도는 짙은 보라색 자두나무는 성지에서 돌아온 십자군 용사들에 의해 프랑스에 전래되었다. 이 나무는 'pruniers d'Ente('접붙인 나무들'이라는 뜻)'으로 알려졌으며, 그 이름이 이후 수세기 동안 그대로 불리게 되었다. 보르도 동쪽에 있는 중소 도시 아쟁(Agen)은 한번도 주요 프룬 산지였던 적은 없지만, 가론 강에 면한 항구가 있어, 유통의 중심으로 떠올랐다.

원래 프룬—말린 자두—은 햇볕에 널어 말린다. 오늘날에는 24시간 동안 저온 건조시킨다. 커다랗고 쭈글쭈글하고 까만 아쟁 프룬(Pruneaux d'Agen) 450그램을 만드는 데 2킬로그램의 자두가 들어간다. 그기에 따라 공식적으로 세 종류로 분류되는데, 가장 큰 '자이언트'는 하나의 무게가 15그램에 조금 못 미친다.

앵글로색슨인들은 프룬을 하제(下劑)로나 먹었을 뿐 그리 높이 치지 않았지만, 프랑스에서는 미식의 보석으로 여겼다. 아르마냑에 적시거나, 아몬드 페이스트를 채워넣거나, '파스(fars)'라는 이름의 반죽 푸딩의 맛을 내기도 하고, 세계적으로도 유명한 아이스크림의 베이스로 쓰기도 하는 등, 수많은 고전 디저트에 등장한다. 진저브레드로 걸쭉하게 만들어서 비터 초콜릿을 약간 넣은 토끼고기 스튜(lapin sauté au pruneaux)처럼 짭짤한 레시피에도 들어간다. **MR**

Taste: 내부분의 프룬보다 더 크고 즙이 많은 아쟁 프룬은 진하고 끈적한 단맛을 지니고 있다.

⊙ '파세로스(paseros)'라는 이름의 경사진 건조대에서 모스카텔 포도를 햇볕에 널어 말리고 있다.

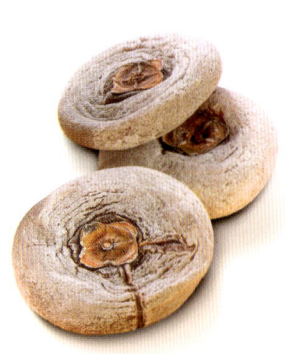

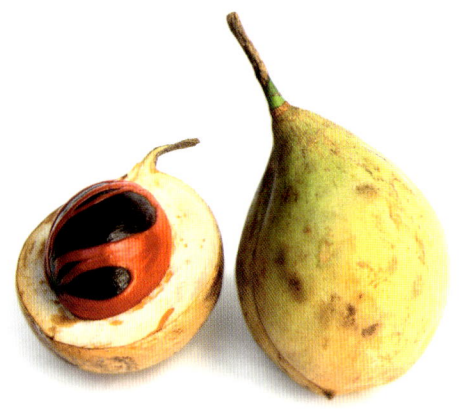

하치야 감 Hachiya Persimmon

일본의 겨울 풍경 중에 가장 스펙터클한 볼거리 중 하나는 잎이 다 떨어지고, 하얗게 쌓인 눈을 배경으로 반짝반짝 빛나는 주황색의 열매가 주렁주렁 매달려 그 무게로 인해 가지가 축 늘어진 감나무이다. 일본에서는 감(Diospyros kaki)을 카키(かき)라고 부르며 수세기 동안 재배해왔다. 완전히 익기 전에는 너무 떫어서 거의 먹을 수 없을 정도인 떫은감(しぶがき, 시부가키)과 달콤한 단감(あまがき)이 있다.

하치야 감은 떫은감의 일종으로 타원형의 도토리 모양이며, 입이 돌아갈 정도로 떫어서 하이쿠 시인 고바야시 잇사(小林一茶)는 그 떫은맛을 견딜 수 있는 것은 오직 어머니의 사랑뿐이라고 하기도 했다. 그러나 일단 곶감으로 만들면 하치야 감은 진한 벌꿀 같은 단맛을 지니게 된다. 일본에서는 보통 말려서 실에 꿴 곶감—겨울 햇볕에 말린—에 하얀 설탕 가루를 뿌려서 먹는 것이 농촌에서 흔히 볼 수 있는 광경이다. 그 떫은맛을 제거하는 또 다른 즐거운 방법은 소주에 담가서 흠뻑 적시는 것이다. **SB**

팔라 마니스 Pala Manis

인도네시아 원산인 육두구는 17세기 초 인도네시아의 섬들에 식민지를 건설한 네덜란드인과 포르투갈인들의 마음을 사로잡은 나머지, 피비린내 나는 경쟁을 불러일으키고야 말았다. 훗날 몰루카 제도를 점령한 영국인들은 육두구나무를 서인도제도로 가져갔다. 서인도제도에서는 오늘날에도, 특히 그레나다 섬에서 육두구를 재배하고 있다.

육두구나무의 열매인 팔라 마니스는 커다란 살구처럼 생겼다. 반으로 쪼개면 반짝반짝 빛나는 밤색의 타원형 씨가 향기로운 빨간 과종피에 싸여 있다. 씨와 과종피 모두 말려서 향신료를 만든다. 덩굴손 같은 과종피로는 메이스를, 단단한 속씨로는 육두구(너트멕)를 만든다. 인도네시아에서 육두구 열매의 겉 과육은 설탕에 절여서 인기 있는 디저트인 '마니산 팔라'를 만든다. 스리랑카에서는 육두구 열매로 잼을 만든다. 전문 요리사들은 직접 씨를 갈아서 쓰는 것을 선호하는데, 공장에서 갈아서 시판하는 제품보다 훨씬 향미가 좋다. 달콤한 요리든 짭짤한 요리든, 육두구는 아주 조금만 넣어도 충분하다—자칫하면 다른 재료의 맛을 모두 눌러버리는 수가 있다. 또 잉글랜드의 초본학자 니콜라스 컬피퍼(1616~1654년)가 경고했듯, 지나치게 많이 섭취하면 일시적인 정신착란을 일으킬 수도 있다. **WS**

Taste: 신선한 하치야 감으로 만든 곶감은 끈적하고, 달콤하고, 너무나 부드러워 숟가락으로 떠 먹어야 할 정도이다. 호박의 맛이 살짝 감도는 살구의 향미를 지니고 있다.

Taste: 말린 팔라 마니스는 맛이나 보양이 설탕에 설인 생강과 비슷하다. 갓 갈아낸 너트멕은 따뜻하고, 견과 향이 나고, 달콤하고, 밀키한 푸딩에 넣으면 이국적인 풍미를 선사한다.

팔라 마니스는 가지에 매달린 상태로 이미 쪼개지며 빨간 과종피를 내보인다. 이것을 말려서 메이스를 만든다. ➲

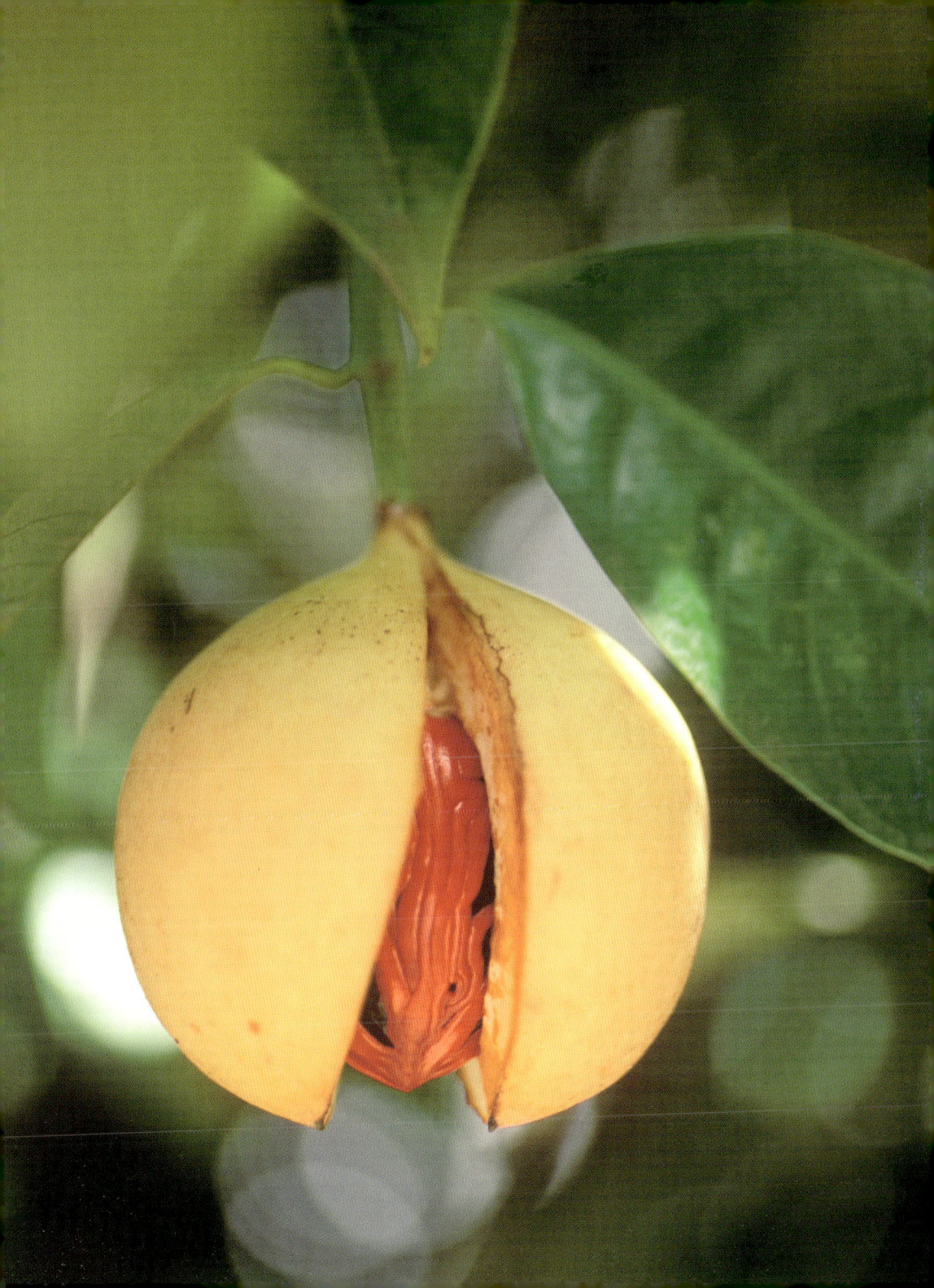

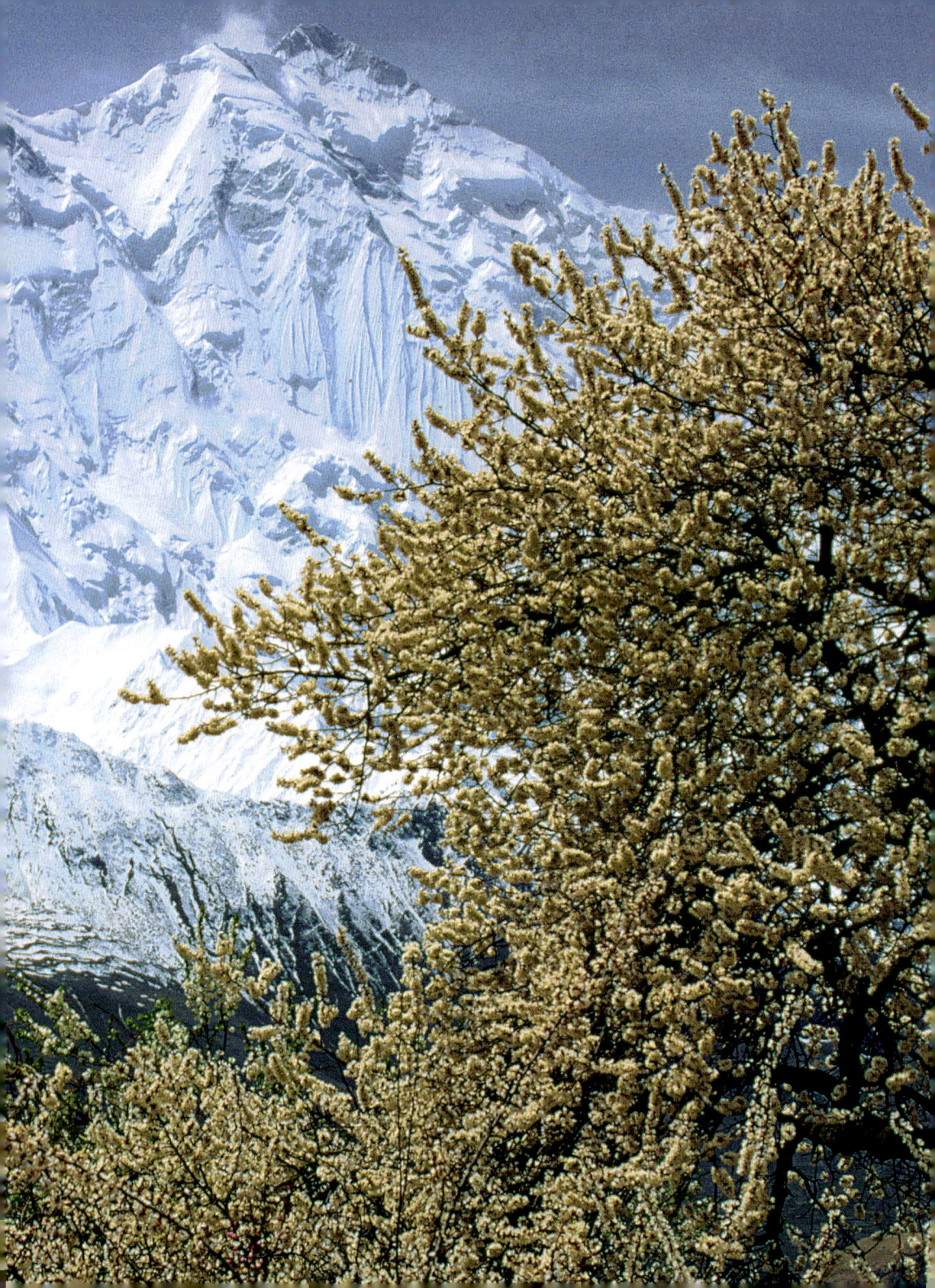

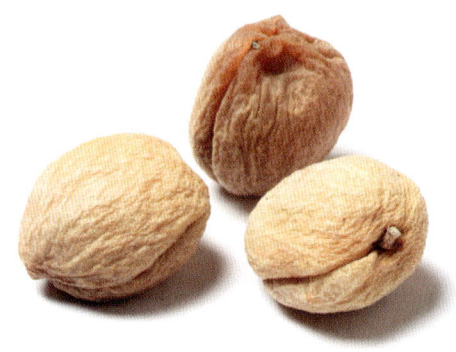

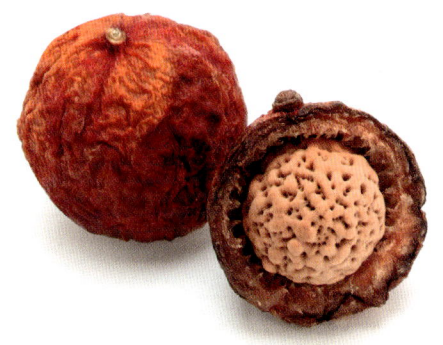

훈자 살구 Hunza Apricot

파키스탄 북부 카라코람 산맥 높이 자리한, 우뚝 솟은 산봉우리와 단구(段丘)로 이루어진 계곡의 땅 훈자는 외딴 마을과 눈 덮인 겨울의 고장이다. 이곳에 사는 훈자쿠트 족은 건강하고 장수하기로 유명한데, 여기에는 환상적인 훈자 살구도 한몫을 했다. 사실 이 지방에서 훈자 살구는 얼마나 존경의 대상인지, 한 가족의 경제적인 지위를 따질 때 살구나무를 몇 그루나 가지고 있느냐가 기준이 된다.

카라코람은 히말라야 산맥의 서쪽 끝에 자리하며, 실크로드가 지나가는 길목이기도 하다. 아마도 중국대륙에서 이곳에 살구를 전해준 사람들도 비단 상인이었을 것이다. 훈자쿠트족은 제철에 나는 싱싱한 살구를 즐겨 먹지만, 대량으로 말려서 두고 먹기도 한다. 말린 살구를 그냥 먹거나, 짭짤하거나 달콤한 음식에 넣어서 조리하거나, 혹은 퓌레로 만들어 눈과 섞어서 일종의 아이스크림을 만들어 먹을 수도 있다.

싱싱한 살구는 운반하기가 매우 어렵기 때문에 서양에서 구할 수 있는 훈자는 보통 말린 것이다. 보통 보존료로 황을 넣은 형광 오렌지색의 흐물흐물한 타입과는 완전히 다른 짙은 갈색이다. **LF**

콴동 Quandong

마치 불에 태워 그슬려 놓은 듯한 오스트레일리아 중부의 황량한 자연은 무언가 음식이 될 만한 식물이 살기에는 그리 적합한 곳으로 보이지 않는다. 그러나 이 사막에서 오스트레일리아 원주민들이 수세기 동안 수확해온 별미가 자란다. 콴동—'와일드 피치(wild peach)' 또는 '데저트 피치(desert peach)'라고도 부른다—은 비타민 C 함유량이 얼마나 높은지 초기 오스트레일리아 탐험가들은 이 풍성한 토착 식물을 우연히 발견하지 못했다면 괴혈병으로 죽었을지도 모른다. 콴동이라는 이름은 뉴사우스웨일스의 라클란 강가에 사는 위라주리족이 부르는 '구완당(guwandhang)'에서 유래하였다.

오스트레일리아 원주민들의 전통 음식이었던 콴동은 곧 지속 가능한 식량으로 인기를 얻게 되었으며, 콴동 재배도 늘어나기 시작했다. 싱싱한 콴동 열매는 크기가 작은 살구만하며, 선명한 빨간색에 속살은 흰색 또는 옅은 노란색이다. 원주민들은 콴동 열매를 햇볕에 말려서 두고 먹는다. 말리거나 얼리면 그 향미를 잃지 않고도 무려 8년까지 저장이 가능하다고 한다. 씨에는 지방이 많아 구우면 아몬드와 비슷한 견과류가 되지만 쓰고 맛은 없다. 콴동 나무는 태우면 기분 좋은 샌들우드 향기가 난다. **RH**

Taste: 말린 훈자 살구는 기분 좋게 쫄깃하며, 깊고 약간 풀내음이 나는 달콤한 과일 향을 지니고 있다. 뒷맛에서는 다크 토피의 향미가 살짝 느껴진다.

Taste: 생과일일 때는 새콤하지만, 콴동은 희미한 복숭아와 살구의 향미를 지니고 있으며 루바브 향도 풍긴다. 콘피트로 만들거나 브랜디와 설탕에 절이면 그 떫은맛이 좀 덜하다.

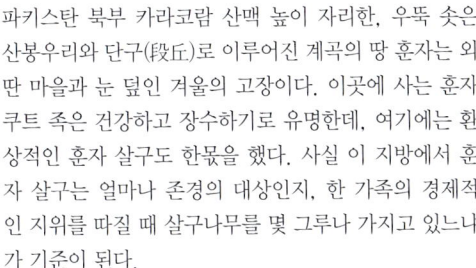

훈자 살구는 히말라야 산맥의 경이로운 자연 속에서 열매를 맺는다.

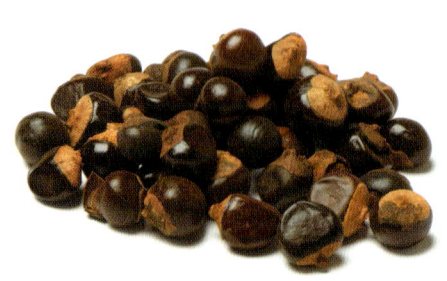

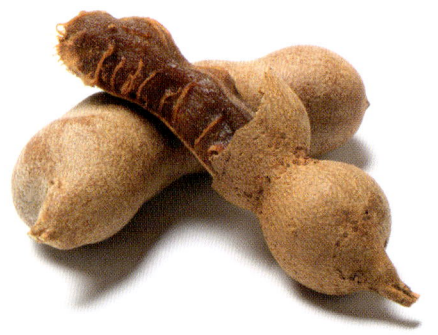

구아라나 Guarana

타마린드 Tamarind

아마존 강 유역에서 찾아볼 수 있는 모든 과일 중에서도 가장 유명한 것은 아마도 구아라나일 것이다(그 열매로 만드는 발포성 '에너지 드링크'에 힘입은 바 크다). 빨간 색, 하얀색, 검은색의 예쁜 열매는 세월 속에 그 기원이 사라져버린 이 지역 원주민들의 산물이다.

　　포르투갈 식민주의자들은 17세기에 이미 사테레-마우에스족으로부터 구아라나의 존재에 대해 알게 되었다. 그때부터 지금까지, 구아라나 음료수는 변함 없이 같은 방법으로 만들어지고 있다. 덩굴관목인 구아라나 나무(Paullinia cupana)에서 수확한 열매를 말려서 구운 다음 으깨서 매끄러운 페이스트를 만든다. 이것을 틀에 부어 막대 모양으로 만든 뒤, 다시 갈아서 그 가루를 물에 섞으면 카페인 함량이 높은 음료수가 된다.

　　구아라나는 몇 년 전부터 건강식품 전문점과 약국에 모습을 드러내기 시작했다. 시럽, 농축 추출물, 캡슐 등 다양한 형태로 판매하며, 갈아 먹기 위한 전통적인 막대 모양도 여전히 구할 수 있다. 구아라나의 팬들은 매일매일의 스트레스를 치유하는 데 구아라나만한 약이 없다고 한다. 심지어 미약 효과가 있다고 주장하는 이들도 있다. **AL**

만약 이 세상에 타마린드가 없더라면 우스터 소스, HP 소스, 수많은 처트니, 그리고 거의 모든 열대 지방의 수없이 많은 커리 또한 존재하지 않았을 것이다. 따라서 이 키가 크고 무성한 나무를 존경해야 할 이유는 충분하다. 아프리카 원산인 타마린드(Tamarindus indica)는 선사시대부터 인도에서 자라왔으며, 오늘날에는 감사하게도 전 세계의 열대지방에서 널리 재배되고 있다.

　　필리핀에서는 덜익은 녹색 꼬투리를 수프나 스튜에 넣어 끓이며, 인도에서는 타마린드로 피클과 병조림을 만든다. 잘 익은 꼬투리의 갈색 곤죽을 물에 섞어 씨와 섬유질을 걸러낸 뒤 페이스트나 '주스'로 만들면 인도 남부와 동남아시아 음식에 맛좋은 새콤한 향미를 더해준다. 고향인 인도에서는 짭짤한 음식과 달콤한 음식에 모두 쓸 수 있는 몇 안 되는 재료 중 하나로, 음료수나 소르베는 물론 렐리쉬, 삶은 고기, 수프에도 들어간다. 베트남과 태국에서는 새콤달콤한 품종을 간식 삼아 꼬투리에서 꺼내 바로 입에 털어 넣거나, 설탕과 칠리 고추와 함께 익혀서 스파이시한 사탕과자를 만들어 먹는다. 이것을 서양에서는 '스위트 타마린드'라는 이름으로 팔기도 한다. **CTa**

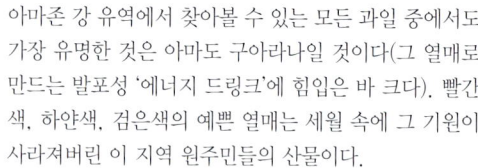

Taste: 구이라나는 농축추출물을 사용하여 직접 음료수로 만들어 마시는 것이 가장 맛있다. 환상적인 단맛에 겹겹이 싸여 있는 바닐라와 오렌지의 향미가 살짝 느껴진다.

Taste: 잘 익은 타마린드는 새콤한 과일 맛에 사과, 자두, 퀸스, 캐러브 향이 난다. 달콤한 품종의 경우 톡 쏘는 농시에 서벗 깊은 향미를 맛볼 수 있다. 어린 꼬투리는 날카로운 맛이 난다.

타마린드는 열매가 익는 동안 갈색의 껍질 속에서
자연적으로 건조된다. ➲

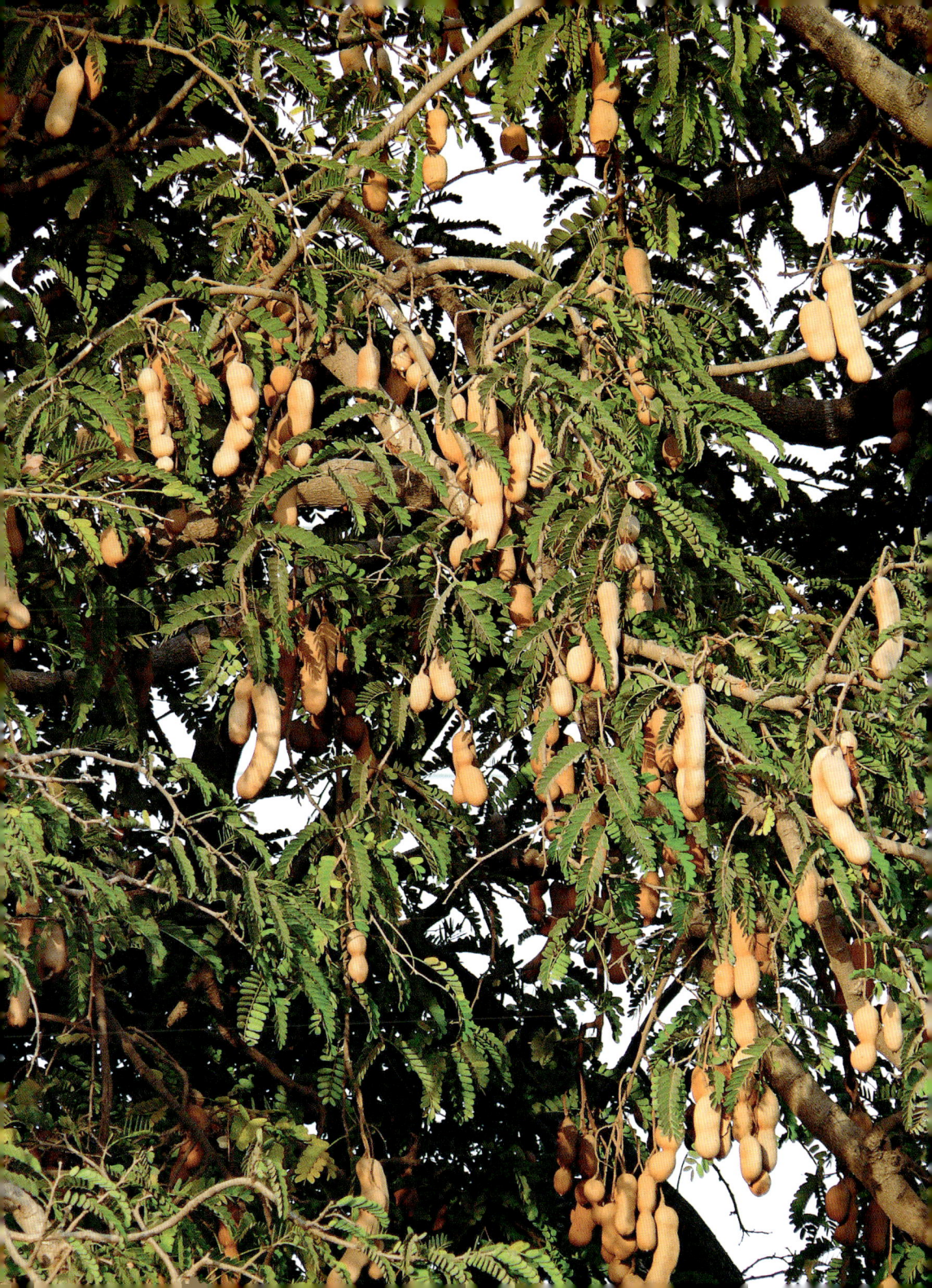

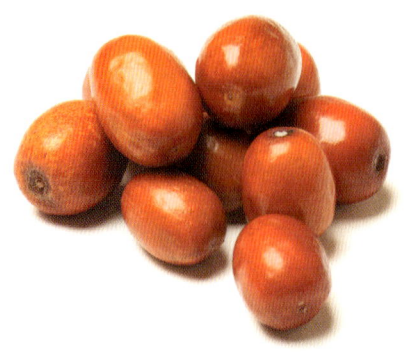

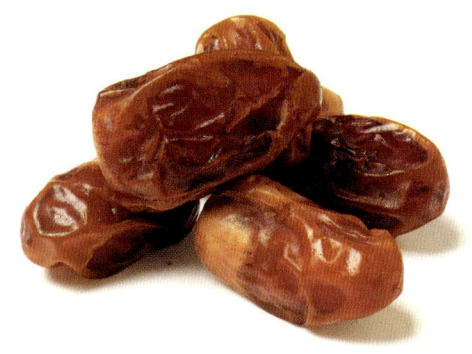

벌꿀에 절인 대추 Honeyed Jujube

몸에 원기를 주고, 피를 맑게 한다고 하여 '조화의 음식'이라고 불리는 대추는 중국에서 4,000년이 넘게 재배해 왔다. 꿀대추야자, 또는 적대추야자로도 부르지만, 사실 대추야자는 아니다. 그 크기는 작고 둥근 것부터 길고 홀쪽한 것까지 다양하다. 버찌만한 것도 있고, 거의 자두처럼 큼직한 것도 있다.

대추의 과육은 하얗고 크리미하며, 딱딱한 씨가 하나 박혀 있다. 껍질은 처음에는 녹색이었다가 익으면서 붉게 변한다. 생으로 먹으려면, 완전히 익기 전에 먹는 것이 맛있다. 수분이 빠져나가면서 즙이 줄어들기 때문이다.

중국인들은 싱싱한 대추는 물론 말리거나 절이거나, 훈제해서 먹기까지 한다. 그러나 벌꿀에 절인 대추야말로 도저히 거부할 수 없는 별미이다. 우선 시럽에 넣고 끓인 다음 이틀 동안 말린다. 같은 과정을 두 번 더 반복하는데, 마지막으로 끓일 때는 벌꿀을 넣어서 특별히 진하게 만든 시럽을 사용한다. 이 때 껍질이 터지게 된다. 더 이상 끈적끈적하지 않을 정도로 말린 다음 먹으면 된다. **WS**

칼라사 대추야자 Khalasah Date

'칼라사'는 아랍어로 정수(精粹)라는 뜻으로, 전 세계의 대추야자 팬이라면 이 유명한 품종에 부족함이 없는 이름이라고 생각할 것이다. 완벽한 대추야자의 궁극이라 할 수 있는 칼라사 대추야자는 화려한 반짝이는 껍질과, 끈적거리고 거부할 수 없는 밝은 호박색 과육을 지니고 있다. 이 품종은 사우디 아라비아의 알-아흐사 지방, 세계에서 가장 큰 오아시스 중의 하나 가까이에서 자란다.

대추야자(Phoenix dactylifera)는 페르시아만 연안이 원산인 것으로 알려져 있으며, 적어도 기원전 5,000년경, 수메르인들과 바빌로니아인들이 대추야자 나무를 신성한 나무로 숭배하기 훨씬 전부터 재배되어 왔다고 한다. 고대 로마인들도 대추야자를 좋아했지만, 직접 재배하는 대신 북아프리카에서 수입하였다. 대추야자는 무어인들에 의해 스페인으로 전해졌으며, 스페인인들은 다시 멕시코와 캘리포니아로 퍼뜨렸다. 오늘날 무수히 많은 품종의 대추야자가 전 세계에서 자라고 있지만, 칼라사는 종종 그 중에서도 최고로 꼽는다.

대추야자는 좋은 초콜릿처럼, 혀 위에 올려놓고 겉껍질이 저절로 미끄러져 벗겨지면서 부드러운 속살이 서서히 녹아내리며 그 환상적이고 복합적인 향미가 퍼져나가는 것을 만끽하며 먹는 것이 좋다. **LF**

Taste: 싱싱한 대추는 아삭아삭하고 달콤한 과육에 사과와 비슷한 향미와 질감을 지니고 있다. 벌꿀에 절이면 부드럽고 입에서 사르르 녹으며, 호화로운 벌꿀의 단맛이 느껴진다.

Taste: 혀 위에서 사르르 녹는 칼라사 대추야자는 신선한 사탕수수의 향과 허니콤 토피의 향으로 벌꿀과 캐러멜의 복합적인 소용돌이를 가라앉힌다.

칼라사 대추야자는 가지에서 수주 동안 무르익은 다음에 수확한다. ➔

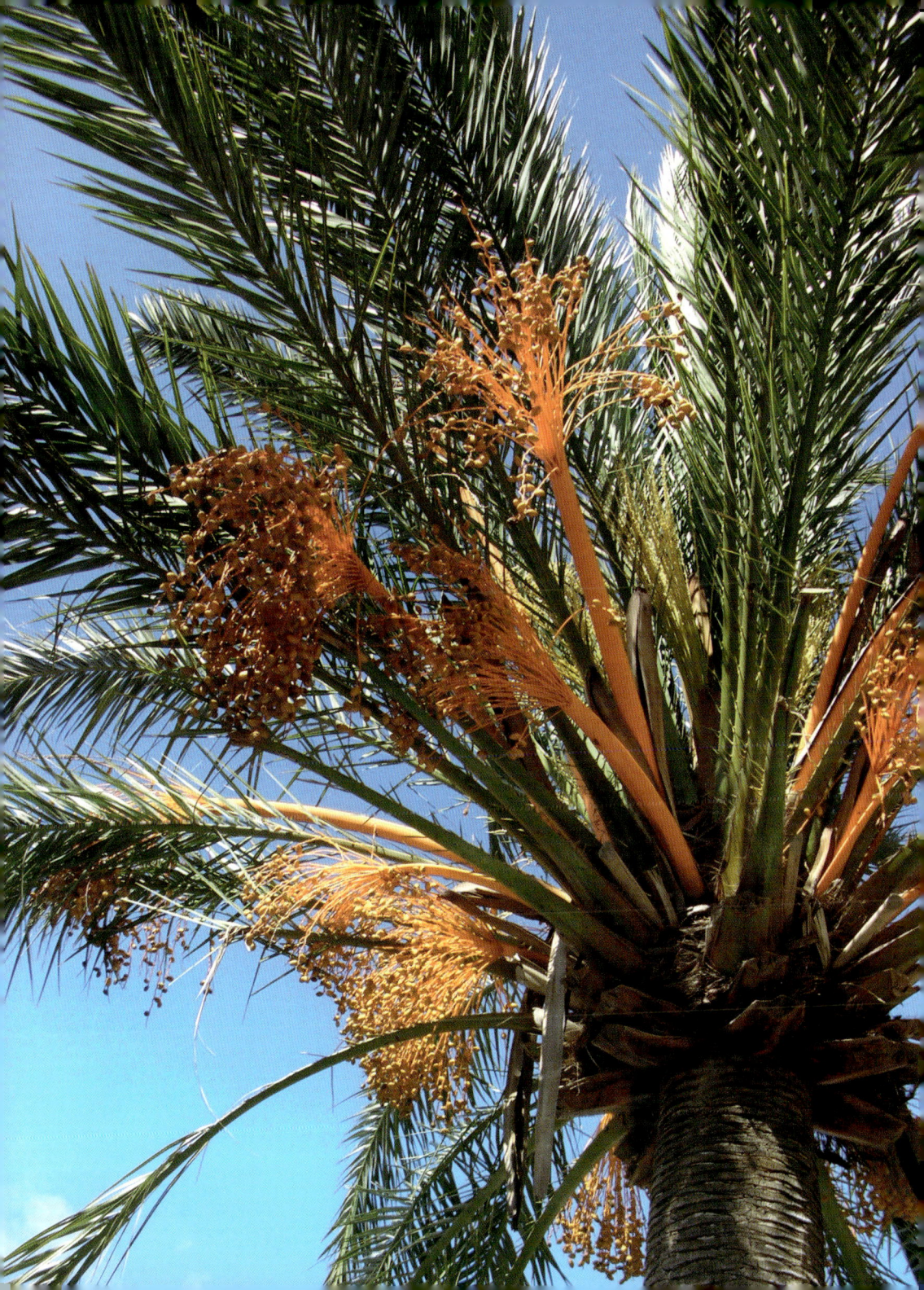

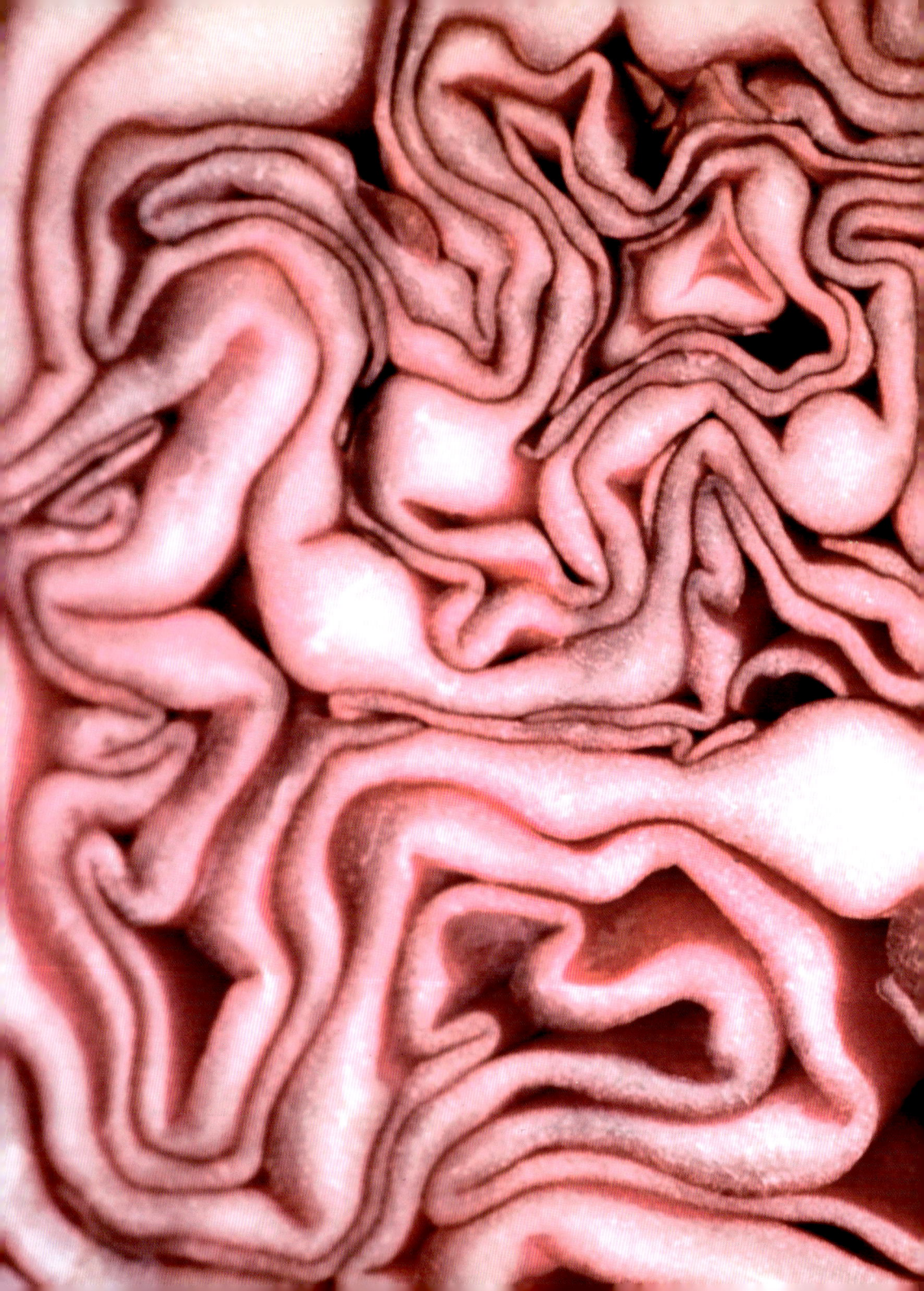

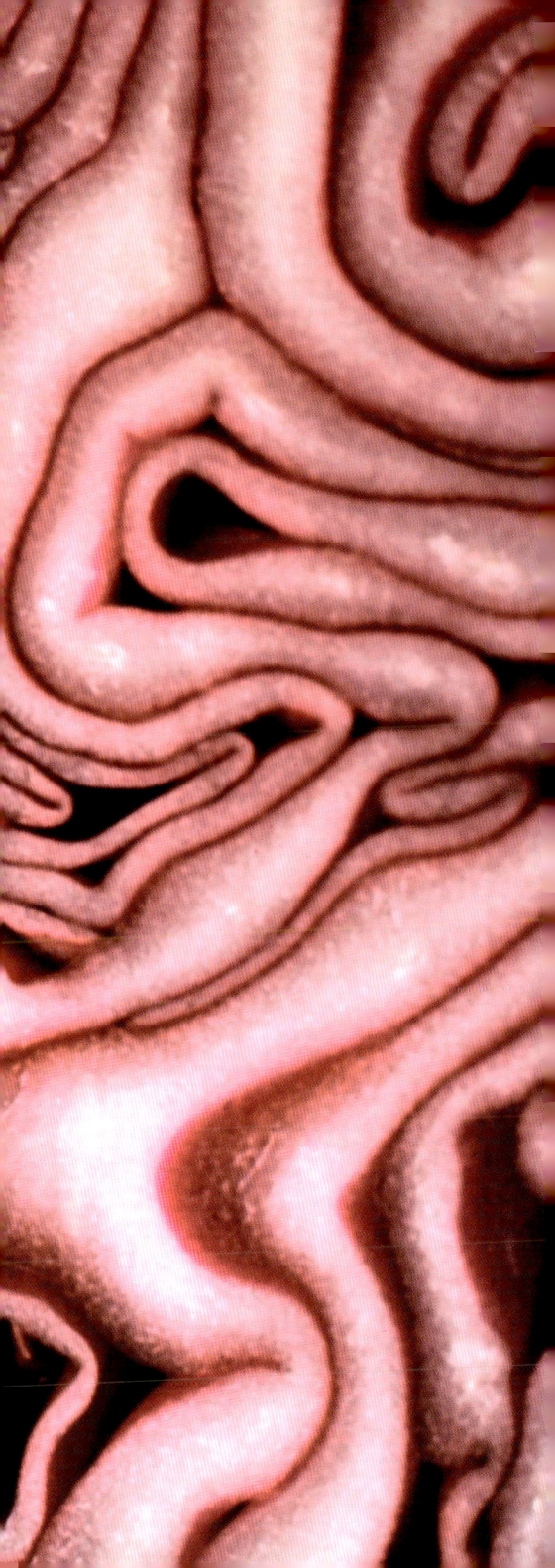

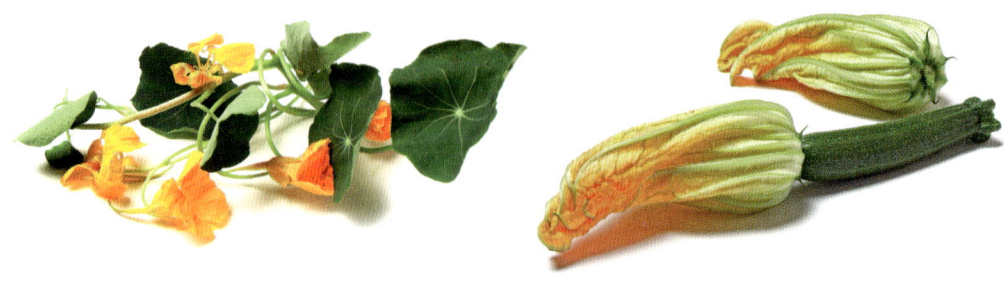

금련화 Nasturtium

금련화(Tropaeolum majus)는 완전한 식용 식물로, 정원과 부엌의 화분에서 모두 키울 수 있다. 선명한 빨강, 오렌지, 노랑색의 꽃을 피운다. 멕시코와 페루의 정글이 원산지로 잉카인들은 장식용으로 금련화를 키우기도 했고, 뿌리를 쓰기 위해 따로 재배하기도 하여 한련(旱蓮, 영어로는 Indian cress)이라는 다른 이름으로 불리기도 한다. 스페인 정복자들이 16세기에 이 식물을 유럽으로 가지고 왔으며, 식민시대 아메리카에서도 흔히 볼 수 있었다.

먹을 수 있는 꽃 중에서는 가장 흔한 식물 중 하나로, 금련화의 꽃은 싱싱한 그대로 쓰기도 하고, 말려서 사용하기도 한다. 주로 음식의 고명이나 샐러드, 위쪽에 빵을 덮지 않은 샌드위치에 넣는다. 말린 금련화에 신선한 라디치 양상추, 골파, 시금치를 버무리고 샴페인 식초와 디종 머스터드, 소금, 후추, 올리브 오일을 뿌리면 맛있는 샐러드가 완성된다. 싱싱한 꽃은 치즈 스프레드에서부터 지중해식 야채 요리에 이르기까지 모든 음식에 향긋하고 보기 좋은 장식이 될 수 있다. 막 땄을 때의 꽃송이는 케이퍼의 저렴한 대용으로 쓰이며, 스파이시한 잎은 샐러드에 조금만 넣어주면 좋다. 심지어 줄기까지 수프로 끓여먹을 수 있다. **SH**

주키니(서양호박) 꽃 Courgette Blossom

예쁜 노랑색 꽃을 피우는 주키니(Cucurbita pepo)는, 오이, 멜론과 같은 과에 속하는 페포호박이다. 이 꽃의 속을 채워서 아삭아삭한 템퓨라 스타일 반죽에 지글지글 굽거나 튀긴 요리는 한때 이탈리아와 프랑스 레스토랑의 별미였지만, 현재는 전 세계에서 사랑 받고 있다.

주키니 꽃은 퍽 연약하기 때문에 따고 나서 하루 이틀 안에 사용해야 한다. 재미있게도 주키니는 자웅의 구별이 있는데, 둘 다 꽃을 피운다. 암꽃이 먼저 피지만, 일단 수정이 되면 오그라들어 버리고, 열매가 여물면서 시든다. 호박을 딸 때쯤이 되면 꽃은 떨어진다. 반면 수꽃은 한 가닥 가느다란 줄기에서 원기왕성하게 피어나지만, 열매는 맺지 못한다.

보통 수꽃이 암꽃보다 더 크고 피어 있는 기간도 더 길다. 벌들이 화분을 모아 암꽃으로 옮기고 나면, 수꽃은 쓸모가 없어진다. 따라서 속을 채워서 먹기에도 암꽃보다는 수꽃이 좋다. **LF**

Taste: 다소 신랄한 후추맛으로, 금련화 꽃은 물냉이(watercress)와 비슷한 달콤 짜릿한 맛을 낸다. 양지에서 자라서 늦게 꺾은 꽃이 맛이 더 강렬하다.

Taste: 주키니 꽃은 담백하고 달콤하며, 속을 채우거나 샐러드에 넣어 날로 먹는다. 크기가 작은 암꽃은 반죽을 묻혀 기름에 튀겨 먹는다.

벌이 가까이에 있는 암꽃으로
화분을 옮겨주기를 기다리고 있는 주키니 수꽃. ❯

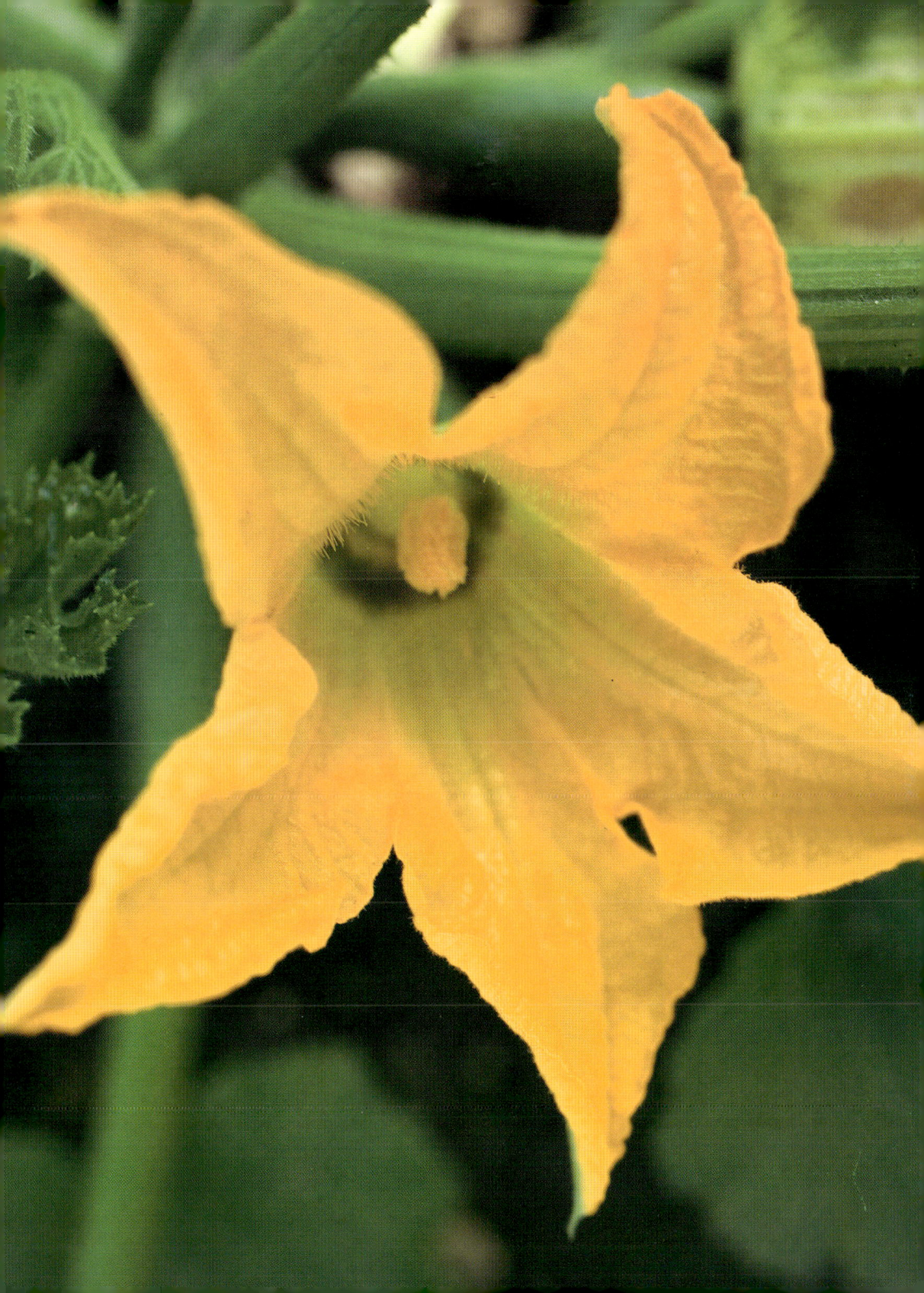

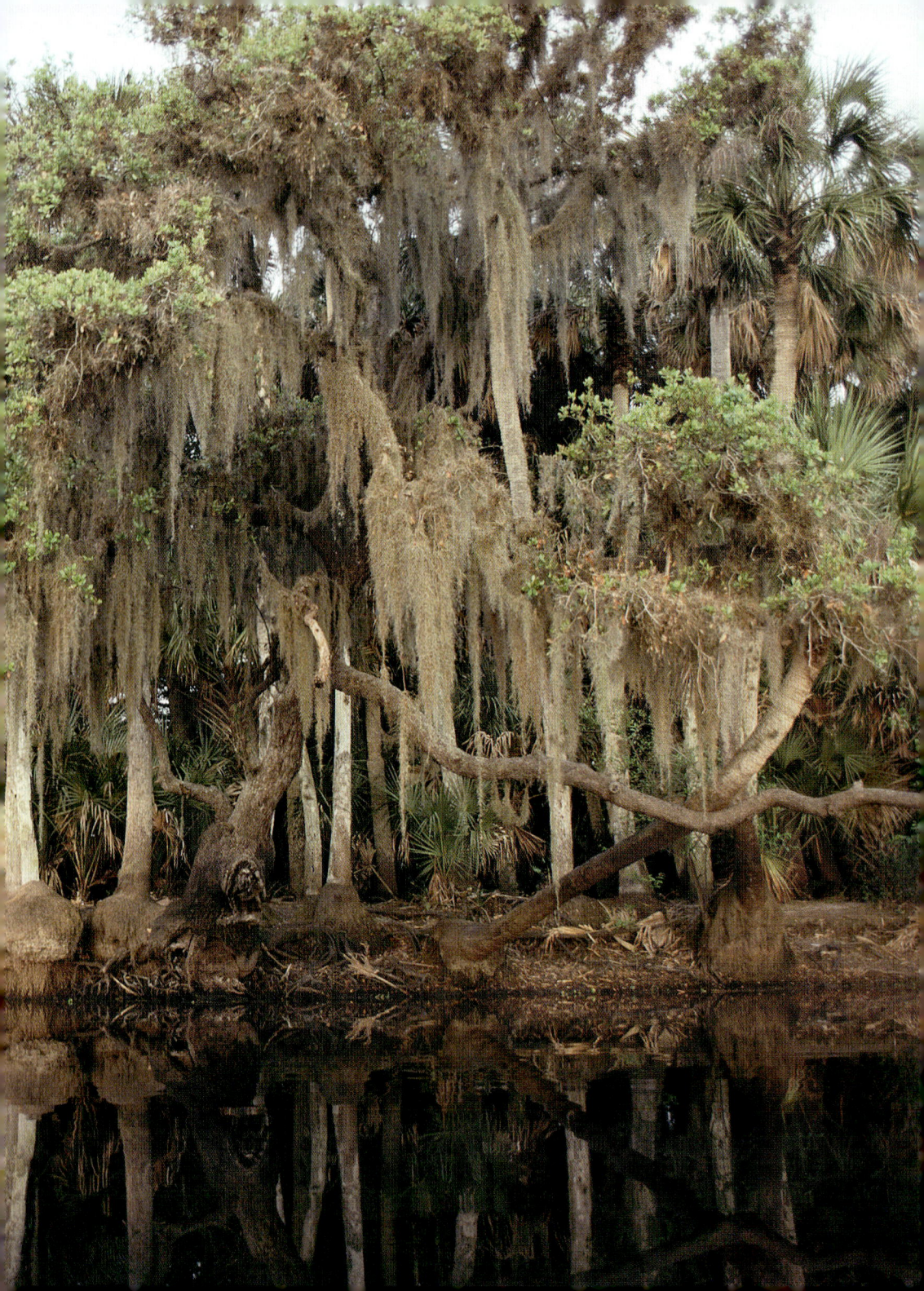

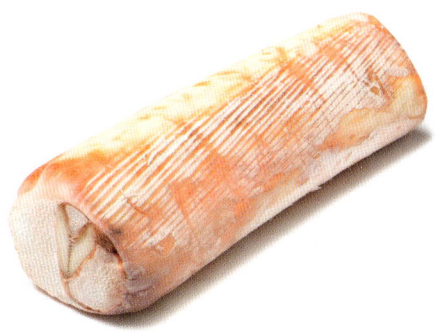

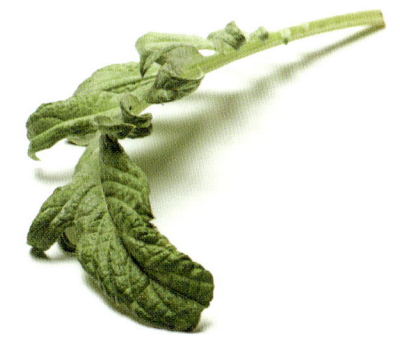

팜 하트(야자 순) Palm Heart

여러 종류의 야자나무에서 얻는 부드럽고 크리미한 심(心)은 새로 자라나는 어린 나무의 파릇파릇한 순의 가장 위, 한가운데 부분이다. 이 부분을 잘라내면 모체인 나무를 죽이게 되므로, 정말로 진귀한 식재료라 할 수 있다. 때문에 '백만장자 샐러드'(모리셔스의 특산 요리) 같은 이름이 붙은 음식에나 들어가는 것이다.

　카리브해와 중앙 아메리카에서 자라는 캐비지야자나무(Sabal palmetto)의 심은 플로리다 주에서는 '늪 양배추'라 부르며, 전통적으로 얇게 썰어 소금에 절인 돼지고기나 베이컨과 함께 약한 불에 보글보글 끓인 뒤 후추 식초와 함께 낸다. 팜 하트를 얻으려면 야자나무를 죽여야 하므로, 현재는 법으로 캐비지야자나무를 보호하고 있다.

　대신 아마존 원산인 복숭아야자나무(Bactris gasipaes)에서 수확한다. 야생에서는 이 지역에 사는 인디언들의 삶에서 없어서는 안 될 주식이다. 오늘날에는 팜 하트를 얻기 위해 아예 재배를 하는데, 가지가 여럿 돋아나도록 개량하였기 때문에 나무를 죽이지 않아도 된다. 브라질에서는 아사이야자나무를 키워 팜 하트를 얻는데, 이것으로 엠파나다―얇은 밀가루 반죽 속에 고기나 야채를 넣고 반원형으로 빚어 구운 만두―의 속을 만든다. **SH**

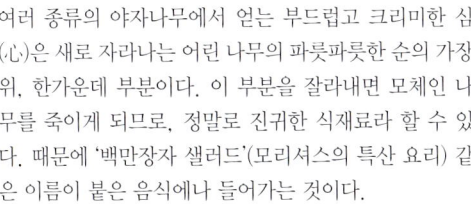

Taste: 부드럽지만 겹겹의 텍스처로 이루어져 있으며, 달콤한 견과류의 향미를 지니고 있다. 종종 아티초크, 아스파라거스, 버섯의 맛을 섞어놓은 듯하다고 묘사한다.

카르둔 Cardoon

아티초크처럼 카르둔(Cynara cardunculus) 역시 엉겅퀴 과에 속하며, 지중해가 원산이다. 지중해 연안의 여러 나라에서는 수천년간 즐겨먹은 식물이다. 그러나 아티초크와는 달리 먹을 수 있는 줄기를 더 중요시하는데, 고대 로마의 귀족들은 이 줄기를 생선 소스로 만든 스튜에 넣어 먹었으며, 농민들은 날로 먹었다.

　오늘날 카르둔은 대부분의 셀러리 식물과 유사한 형태로 재배하며, 성장하는 줄기 주위에 흙으로 둑을 쌓아 겉보기와 향기를 가볍게 한다. 그러나 셀러리와는 달리 이 줄기는 날로 먹기에는 너무 쓰다. 한번 익히면 부드러워지고 정교하고도 섬세한 풍미를 얻을 수 있다.

　오늘날 카르둔은 스페인, 남프랑스, 이탈리아에서 인기있는 식재료이나. 잉글랜드에서는 호불호가 갈렸으며, 대서양을 건너간 뉴잉글랜드의 식민지 주민들 사이에서는 인기가 좋았다. 프로방스에서는 크리스마스 별미에 쓰이며, 이탈리아 북부에서는 올리브 오일, 앤초비, 버터로 만든 바냐 카우다(bagna cauda)라는 뜨거운 딥 요리에 함께 낸다. 구워서 먹거나 수프를 만드는 데 쓰기도 하며, 바삭바삭하고 가벼운 템푸라 스타일의 반죽에 튀겨내기도 한다. **LF**

Taste: 날로 먹으면 스파이시하고, 고사리를 연상시키는 셀러리와 흡사한 맛이 난다. 연해질 때까지 익히면 쓴 맛이 줄어들고 섬세한 아티초크 향이 난다.

캐비지야자나무는 플로리다 주의 주목(洲木)으로, 플로리다에서는 캐비지야자나무에서 팜 하트를 수확하는 것이 금지되어 있다.

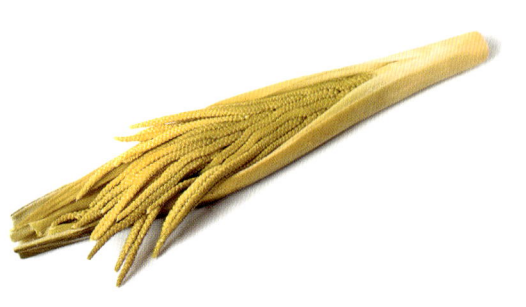

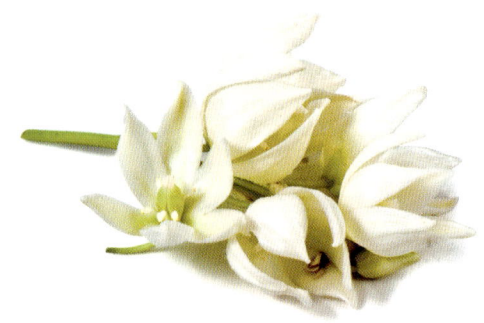

파카야 Pacaya

열대 야자나무(Chamaedorea tepejilote)의 먹을 수 있는 꽃송이인 파카야는 중앙 아메리카에서 자란다. 수나무의 큼직한 노란 꽃은 옥수수의 길고 가느다란 수염을 닮았으며, 아직 어리고 부드러울 때, 아직 꽃턱잎에 싸여 있는 상태로 딴다. 과테말라에서 지난 두 세기 동안 자란 파카야는 야생이나 재배한 나무에서 수확하여, 주로 북아메리카로 수출한다. 꽃을 따는 과정이 까다롭기 때문에 가난한 지역 주민들에게 요긴한 수입원이 되고 있다.

커다란 꽃잎 주위에 감겨 있는 덩굴손 때문에 식물 오징어라고도 알려져 있는 파카야는 날로 샐러드에 넣어 먹는다. 데쳐서 먹기도 하고, 계란 반죽을 묻혀 튀겨서 토마토 소스, 검은 콩, 쌀밥, 토티야와 함께 내기도 한다. 또는 스크램블 에그나 센불에 볶은 요리에 넣는 경우도 있다.

파카야는 과테말라에서 11월 1일 만성절(萬聖節, El Día de los Muertos)에 먹는 특제 샐러드에 들어가는 50가지 진귀한 재료 중의 하나이다. 엘 살바도르에서는 치즈를 속으로 넣어 파카야 레예나 데 퀘소(pacaya rellena de queso)라는 요리로 만들어 먹는다. **CK**

플로르 데 이소테 Flor de Izote

키가 약 0.9미터까지 자라는 이 놀라운 꽃은 여름이 되면 숨이 멎을 것만 같은 향긋한 하얀 꽃으로 뒤덮인다. 플로르 데 이소테는 용설란과에 속하는 유카속 식물로, 종 모양의 꽃은 먹을 수 있으며, 멕시코, 코스타리카, 과테말라, 그리고 특히 엘살바도르에서 별미로 친다(플로르 데 이소테는 엘살바도르의 국화이기도 하다). 이 꽃은 활짝 피고 나서 먹어도 되고, 피기 직전 꽃봉오리 상태로 먹어도 된다. 고대 마야인들은 원기를 증진시키기 위해 이 꽃을 끓인 차를 마셨다고 전해진다. 칼슘이 풍부하기 때문에 요리하기 전에 20분 정도 물에 담가두거나, 물로 씻어내거나, 살짝 데쳐야 그 쓴맛을 어느 정도 없앨 수 있다.

라틴 아메리카 주민들은 우에보스 레부엘토스(멕시코식 스크램블 에그), 타말레(옥수수 가루로 만든 반죽에 속을 넣거나 해서 만드는 아메리카 원주민 전통 음식), 그 밖의 토마토, 양파, 마늘이 들어간 요리 등에 쓰며, 심지어 바비큐 소스에도 넣는다. 샐러드, 캐서롤, 수프에도 넣으며, 그냥 버터에 볶아서 소금과 후추를 약간 뿌려 먹기도 한다. 엘살바도르에서는 옥수수 토티야나 피타 빵과 비슷한 푸푸사스(pupusas)에 끼워 먹는다. **CK**

Taste: 파카야의 보드라운 꽃잎이 안쪽의 질긴 덩굴손을 감싸고 있다. 꽃송이는 아스파라거스처럼 기름지고 약간 쌉쌀한 맛이 난다.

Taste: 물에 담가두거나 데친 플로르 데 이소테는 쌉쌀한 맛이 일품이다. 심지어 익힌 뒤에도 아삭아삭한 질감이 약간 남아 있다.

한 줄기 유카에서 얻는 꽃만으로도 상당한 양의 식재료가 된다. ➡

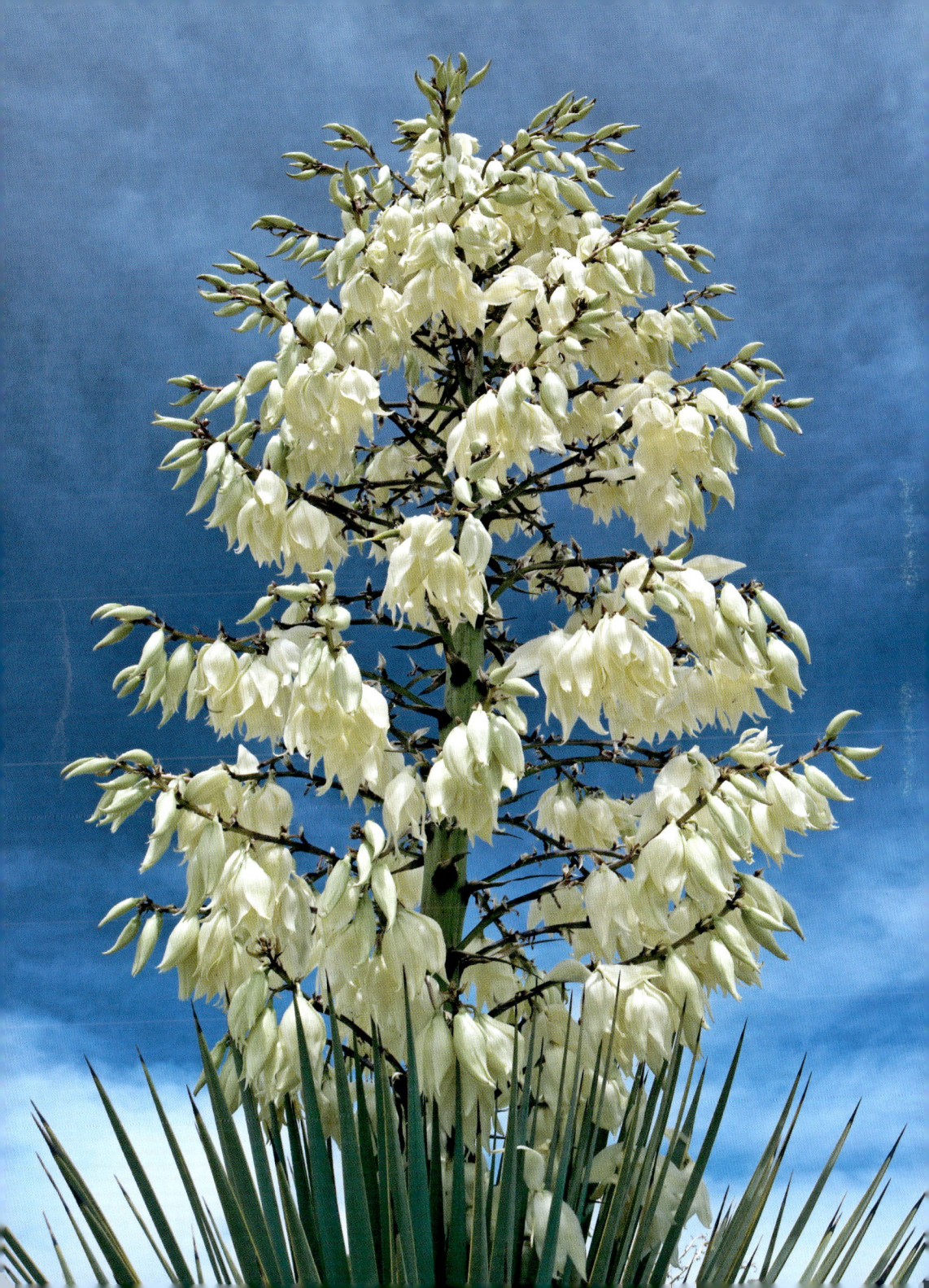

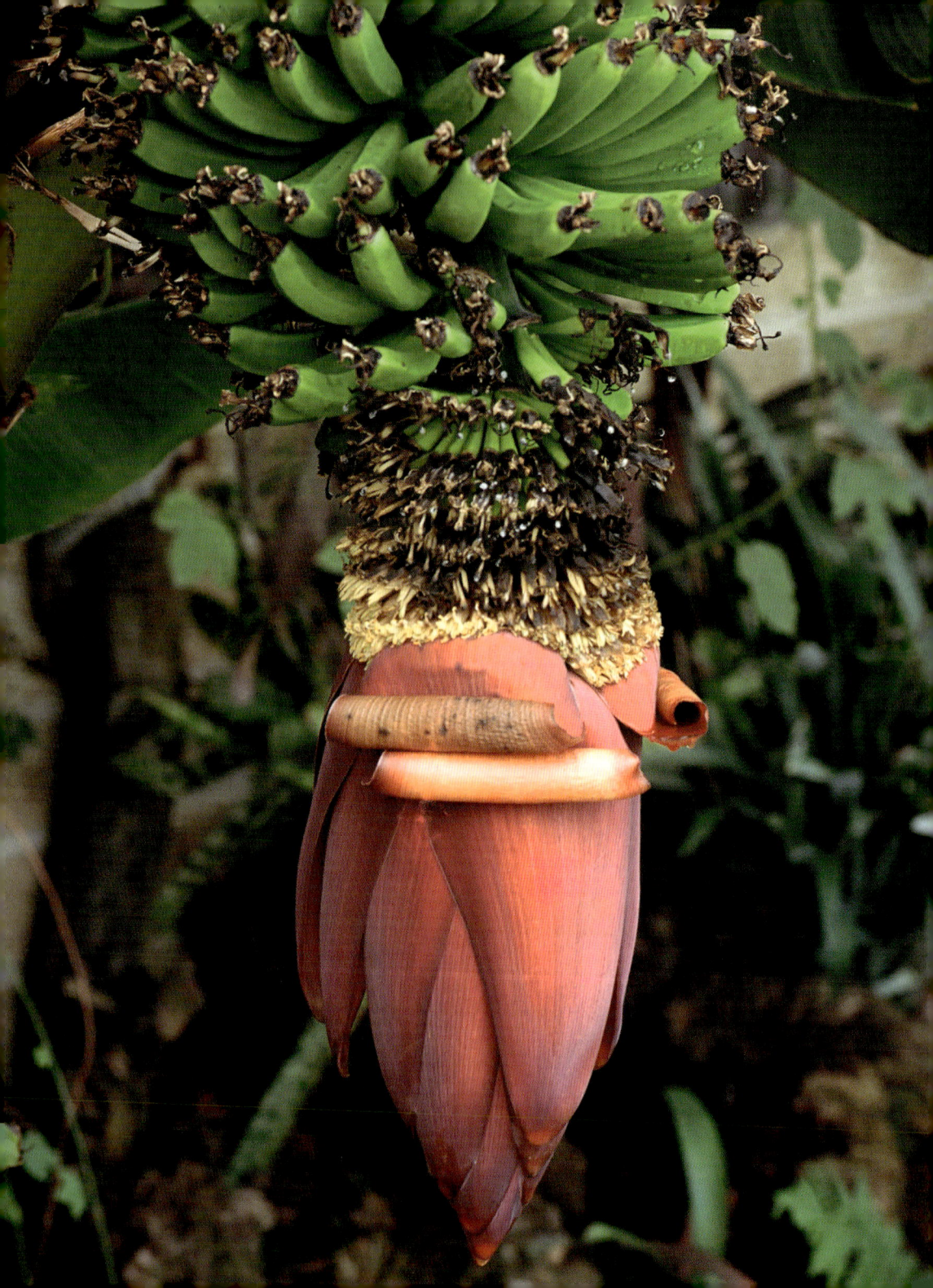

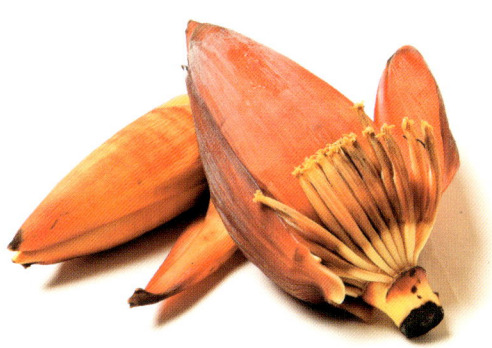

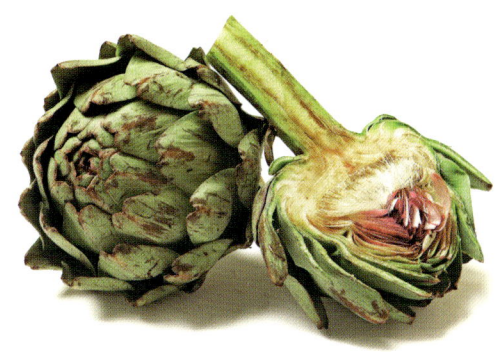

바나나 꽃 Banana Flower

바나나 꽃은 무겁고 총알 모양으로, 위로 올라 붙은 자주색 겉잎에 싸여 있어 다소 위협적으로 보인다. 그러나 거친 겉모습 안에는 놀랄 만큼 섬세한, 종종 아티초크와 비견되는 먹거리가 숨어 있다. 두꺼운 겉잎을 펼치면 더 부드러운 연분홍색 혹은 자주색 포엽(苞葉)이 촘촘하게 뭉쳐 있다. 그 사이사이로 손가락 모양의 작은 꽃이 삐죽삐죽 나와 있는데, 이것이 바로 여물기 전의 바나나다. 둘다 희미한 흙 맛이 나며, 꽃은 약간 쌉쌀하다.

비나나 꽃은 베트남, 태국, 필리핀, 캄보디아의 시장에 가면 흔히 볼 수 있는데, 이들 나라에서는 바나나 꽃을 날로 먹거나, 살짝 데쳐서 샐러드에 넣어 식초나 감귤 드레싱을 뿌려 먹는다. 또 수프나 코코넛 밀크 소스에 부드러워질 때까지 익히거나, 얇게 찢어서 국수나 '증기선'이라는 별칭으로 알려진 퐁듀 비슷한 요리에 장식으로 얹기도 한다.

작고 둥근 꽃이 크고 뾰족한 꽃보다 맛이 더 좋다고 한다. 자르고 나면 순식간에 진흙탕 색깔로 변해버리기 때문에, 자르자마자 식초를 탄 물에 담가 둔다. **CTa**

로만 아티초크 Roman Artichoke

이탈리아어로 카르치오포 로마네스코 델 라치오(carciofo romanesco del Lazio)라고 부르는 로만 아티초크는 일반적인 아티초크보다 더 크고, 더 둥글고, 머리가 더 빽빽하며, 녹색 잎사귀에 살짝 장밋빛 보라색이 돈다. 지중해 연안이 원산지인 이 식물의 역사는 다소 애매하다. 고대 시칠리아에서 처음 키웠다는 말이 있기도 하고, 고대 그리스와 로마인들이 카르둔의 일종인 줄 알았다는 설도 있다. 그러다 한동안 모습을 감춘 뒤 르네상스 시대 이탈리아에서 다시 등장했다. 오늘날에도 이탈리아에서 다양한 품종을 재배하고 있다.

대개 로만 아티초크(Cynara scolymus)는 로마 근교에서 치비타베키이로 이어지는 라치오 해안에서 재배한다. 아티초크는 소금기가 많은 풍토에서 잘 자라는데, 해안의 토양은 이런 아티초크를 키우기에 이상적인 조건이다. 수확기는 늦겨울에서 이른 봄으로, 다른 많은 먹거리들과 마찬가지로 로만 아티초크가 시장에 나왔다는 소식은 이탈리아인들에게 파티를 의미한다. 매년 4월이면, 바닷가 마을 라디스폴리에서는 레스토랑들이 최고의 로만 아티초크 요리를 겨루는 축제가 열린다. 벨레트리 축제에서는 로만 아티초크의 마른 순을 태운 불에 구워서 먹기도 한다. **LF**

Taste: 바나나 꽃은 팜 하트와 비슷한 아삭거리는 질감을 지니고 있으며 섬유질이 더 많다. 가벼운 견과 향은 생 아티초크, 버섯, 주키니를 연상시킨다.

Taste: 일반 아티초크보다 더 부드러운 로만 아티초크는 매끄럽고 크리미한 향에 단맛이 감도는 쇠붙이 맛이 살짝 느껴진다.

무거운 꽃 때문에 순은 아래로 처지고,
➌ 어린 바나나들은 위로 싹을 틔운다.

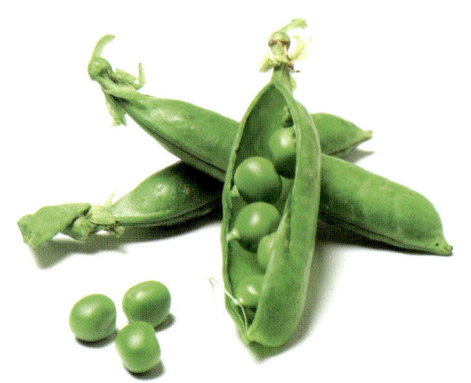

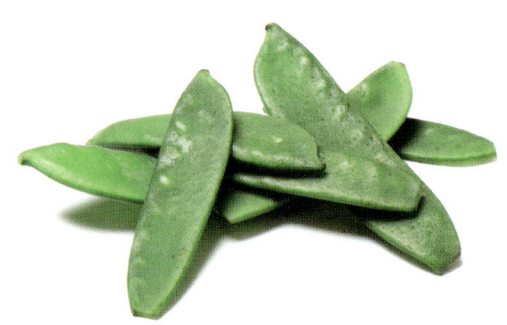

루미냐노 완두콩 Lumignano Pea

완두콩 Mange-tout

이탈리아 북부 베네토 지방, 베리치 구릉 지대의 루미냐노 근교에서는 수백년째 즙이 많고 달콤한 완두콩류를 재배해 오고 있다. 알이 작기는 하지만 봄에 이 지방을 방문할 수만 있다면 이 콩을 찾아내는 것은 문제도 아니다. 약 1천년 전, 이 지역에 이 콩을 처음 들여온 사람은 베네딕토회 수도사들이었다. 우연이었는지, 일부러 이곳을 찾아온 것인지는 모르겠지만, 아무튼 그들은 이 콩을 키우기에 이상적인 마이크로 기후를 골랐다. 바위가 햇볕을 받아 축열 히터 역할을 해주며, 태양은 바로 위에서 똑바로 내리쬐기 때문에 콩은 일찍, 달콤하게 여문다.

수도사들이 들여온 이 콩을 이후 수세기 동안 일군 것은 농부들이었다. 그들은 농법을 적합하게 개량하고, 가장 좋은 입지에 접근할 수 있도록 가파른 단구를 쌓기도 했다. 바위에서 수확한 콩에 이르기까지, 농부들은 이 모든 것을 등에 지고 날라야 했던 것이다.

오늘날 루미냐노 완두콩은 4월에서 5월 사이에 수확하며, 매년 5월에는 '콩 축제(Sagra dei Bisi)'가 열린다. 베네치아의 명물인 리시 에 비시(risi e bisi, '쌀과 콩'이라는 뜻) 수프에 넣으면 정말 환상적인 맛을 자랑한다. **LF**

완두콩(Pisum sativum)은 아직 곳곳에 녹지 않은 눈이 남아 있는 이른 봄부터 따기 시작한다. 콩깍지와 아직 채 여물지 않은 어린 콩도 모두 먹을 수 있기 때문에 영국에서는 'mange-tout'(프랑스어로 '다 먹는'이라는 뜻)이라고 부르기도 한다. 깍지까지 다 먹는 다른 품종에 비해서도 빨리 따먹는 편이다. 아주 납작평평한데다 일찍 따먹기 때문에 안의 콩이 자랄 틈이 없다.

깍지콩류는 수천년 전부터 야생에서 수확하였다. 그 중에서도 완두콩류는 서아시아가 원산이며, 이곳에서 그리 멀지 않은 고대 그리스 사람들은 기원전 500~400년에 이미 재배해서 먹었다고 한다. 중국에서는 17세기에 이미 완두콩(Pisum sativum)이 식생활의 일부가 되어 있었다(그로부터 100년 후, 토머스 제퍼슨이 버지니아 주 몬티첼로에서 재배한 30여 종류의 완두콩 품종 중 하나이기도 하다).

완두콩은 날로 먹어도 좋고 살짝 데쳐 먹어도 좋다. 아시아에서는 볶음밥의 주 재료로 쓰이며, 샐러드, 수프, 밥, 파스타에 넣으면 색과 질감을 더해준다. 고기나 생선 요리에도 자주 곁들여 낸다. **SH**

Taste: 아삭아삭하면서도 부드러운. 상큼한 향의 콩으로 즙이 많고. 직고. 녹색이다. 혀 위에서 깔끔한 단맛을 준다.

Taste: 완두콩은 날 것으로 먹거나 데쳐 먹는 것이 좋다. 깔끔하고. 달고. 살짝 풀 맛이 난다.

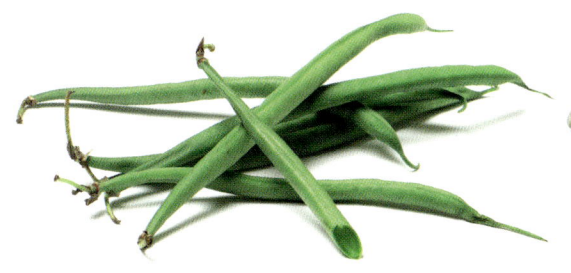
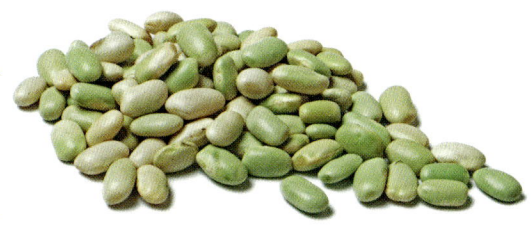

강낭콩 French Bean

강낭콩은 중앙 아메리카 원산으로, 이곳 주민들은 5천년이 넘는 세월 동안 강낭콩을 재배해 왔다(강낭콩은 프랑스어로 'haricots verts'라고 하는데, 아즈텍어인 'ayecotl'에서 변형되었다고 한다). 강낭콩 그루(Phaseolus vulgaris)는 솔직히 종류가 워낙 뒤죽박죽이라 유럽과 미국에서 가장 많이 재배되는 콩류라고 해도 무리가 아니다. 원래는 씨앗인 콩을 얻기 위해서 키웠으며, 오늘날에도 대부분의 품종은 이 목적으로 재배한다. 콩이 유럽에 전래된 것은 16세기로, 아마도 한두 세기 후 이탈리아인들이 처음으로 콩을 꼬투리째 먹기 시작한 것으로 추정된다.

오늘날에도 더 부드러운 깍지와 작은 씨를 얻기 위해 세심하게 재배하고 있다. 정원에서 따온 싱싱한 강낭콩은 날로 먹으면 아삭아삭하다. 아삭아삭하면서도 부드러울 때까지 찌거나 삶으면 프랑스 니스의 특제 샐러드인 니스 샐러드의 멋진 재료가 되며, 고기나 생선 요리에 곁들여도 그만이다. 더 정교한 프랑스 요리 레시피에서는 베이컨, 토마토 소스, 진한 크림 소스와 함께 내기도 한다. **SH**

초록 제비콩 Green Flageolet

매끄러운 질감과 은근한 향미로 '콩류의 롤스 로이스'라고 불리는 초록 제비콩(프랑스어로는 'flageolets verts')은 녹말 함유량이 낮은 작은 콩으로, 연두색 씨를 얻기 위해 키운다. 19세기 프랑스에서는 콩을 빨강, 하양, 노랑, 심지어 검정색으로 물들이기도 했다. 1870년대에 들어서야 파리 남쪽의 작은 마을 아르파종의 가브리엘 셰브리에라는 사람이 밭에서 거두어 시장에 내다 팔 때까지, 심지어 말린 뒤에도 녹색으로 남아 있는 콩을 개량하기에 이르렀다. 이 '새로운' 콩은 매우 인기가 좋았으며, 오늘날까지도 그 개량자의 이름을 따 '셰브리에 콩'으로 불리기도 한다. 셰브리에가 개발한 원래 품종은 오늘날은 거의 찾아볼 수 없지만, 그 자손들은 주방에서 높은 대접을 받는다. 할 수만 있다면 싱싱한 초록 제비콩을 구해 물을 아주 약간만 붓고 약한 불에 삼산만 삶아야 한다.

말린 초록 제비콩은 다른 말린 콩들과 똑같이 조리할 수 있다. 프랑스의 전통 방식대로 브레이즈하거나 오븐에 구운 새끼양 고기에 곁들이면 특히 맛있다. 천천히 익힌 새끼양 다리와 제비콩은 잉글랜드에서도 인기 있는 음식이다. **SH**

Taste: 강낭콩은 정원에서 따거나 아니면 직어도 동네 농부 아저씨에게서 얻어 싱싱한 날것으로 먹는 게 가장 맛있다. 달콤하면서도 아삭아삭하고, 깨끗한 '파릇한' 맛이 난다.

Taste: 초록 제비콩은 매우 연하고 크리미한 향을 가지고 있다. 에다마메나 작은 리마콩과 비슷하지만 더 섬세하며, 약간 엽록소 향이 난다.

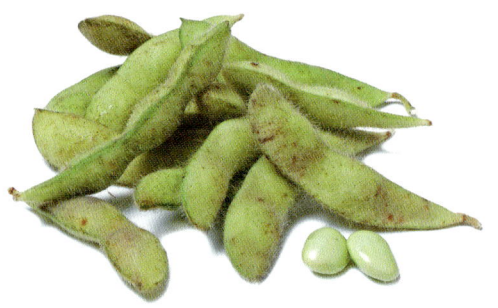

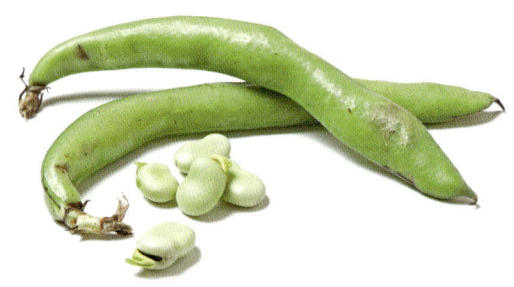

에다마메(枝豆) Edamame

불교의 채식주의로 인해 중국, 일본, 동남아시아에서는 대두(大豆)가 오랜 세월 동안 아주 중요한 음식이었다. 단백질이 풍부하여 흔히 '밭에서 나는 고기'라 불리지만, 말리면 딱딱하고 소화가 잘 되지 않기 때문에, 두부나 간장 등으로 만들어 먹는다.

그러나 완전히 여물지 않은 콩은 이야기가 다르다. 일본의 식료품점에서는 5월부터 9월이면 에다마메라 부르는 겉이 보풀로 덮인 녹색 콩깍지가 산더미처럼 쌓여 있다. 콩깍지째 삶으면 술안주로 그만이며, 특히 사케(일본 청주)와 잘 어울린다. 일본의 이자카야를 방문한다면 막 냄비에서 꺼내 소금을 뿌린 에다마메는 놓칠 수 없는 별미이다.

에다마메는 서양에서도 인기를 끌면서 신선한 상태와 냉동 상태로 모두 살 수 있다. 셰프들은 선명한 초록색 콩을 여러 요리의 재료로 쓴다. 짓이긴 에마마메는 태평양 연안의 나라들에서 즐겨 먹는 반찬이다. 일본 효고(兵庫) 현 단바(丹波)는 알이 더 굵고 색이 짙으며 유난히 맛이 좋은 쿠로마메(黑豆)로 유명하다. **SB**

Taste: 콩알을 입에 털어넣고 에다마메 꼬투리에서 소금기를 빨아 먹는 건 정말 재미있다. 콩은 부드럽고, 쥬이시하고, 은근한 단맛이 나며 질감은 탄탄하다.

누에콩 Broad Bean

수세기 동안 누에콩은 유럽과 아시아 일부, 아프리카에서 주요 단백질원이었다. 녹색, 회색, 분홍색 등 색깔이 다양하며 납작하게 생겼다. 누에콩(Vicia faba)은 너무나 오랜 세월 동안, 너무나 널리 재배해 왔기 때문에, 원래 야생에서 이 콩의 시조가 무엇이었느냐는 이미 옛날에 알 수 없게 되었다.

그러나 모든 사람들이 이 콩을 먹은 것은 아니다. 고대 이집트의 상류층들은 누에콩을 쓸모없다고 여겼다. 그러나 오늘날 이집트인들은 토착 품종 누에콩을 말려서 즐겨 먹는 요리인 '풀 메다메스(ful medames)'로 만들어 먹는다. 6세기의 철학자 피타고라스는 누에콩을 가리켜 '망자들의 콩'이라고 불렀는데, 누에콩을 먹으면 독이 되는 사람들이 아주 간혹이긴 하지만 있었기 때문이다. 로마인들은 누에콩을 매우 높이 쳤으며, 이 사실은 오늘날 이탈리아 스튜나 캐서롤에 누에콩이 들어가는 것을 보면 알 수 있다. 봄철에는 말랑말랑한 누에콩을 신선한 페코리노 치즈와 함께 날로 먹는다.

중국과 태국에서는 누에콩을 튀겨서 소금을 친 뒤 간식으로 먹는다. 다른 곳에서는 프리타타—이탈리아식 오믈렛의 일종—와 리조토에서부터 수프와 샐러드에 이르기까지 어디에나 쓰인다. 익힌 햄과 같은 고기 요리에 곁들여 내기도 한다. **SH**

Taste: 누에콩은 리마콩과 에다마메의 순간쯤인, 튼튼한 고기와 흙 맛이 난다. 그러나 어린 콩에서는 섬세한 단맛이 이런 맛을 누그러 뜨린다.

수천년간 인간의 주식 가운데 하나였던 누에콩은
오늘날에도 유럽의 정원에 축복을 내리고 있다. ❯

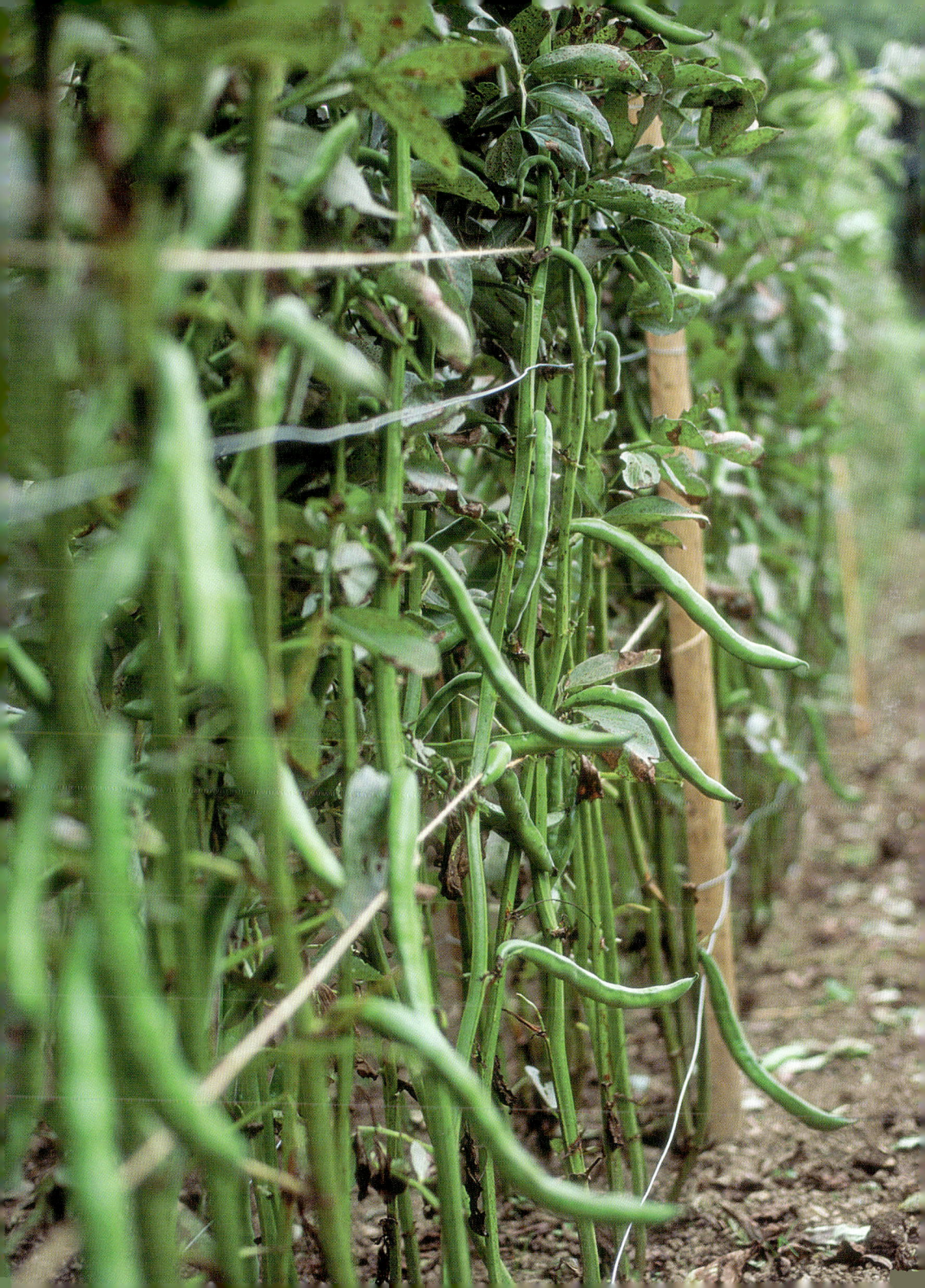

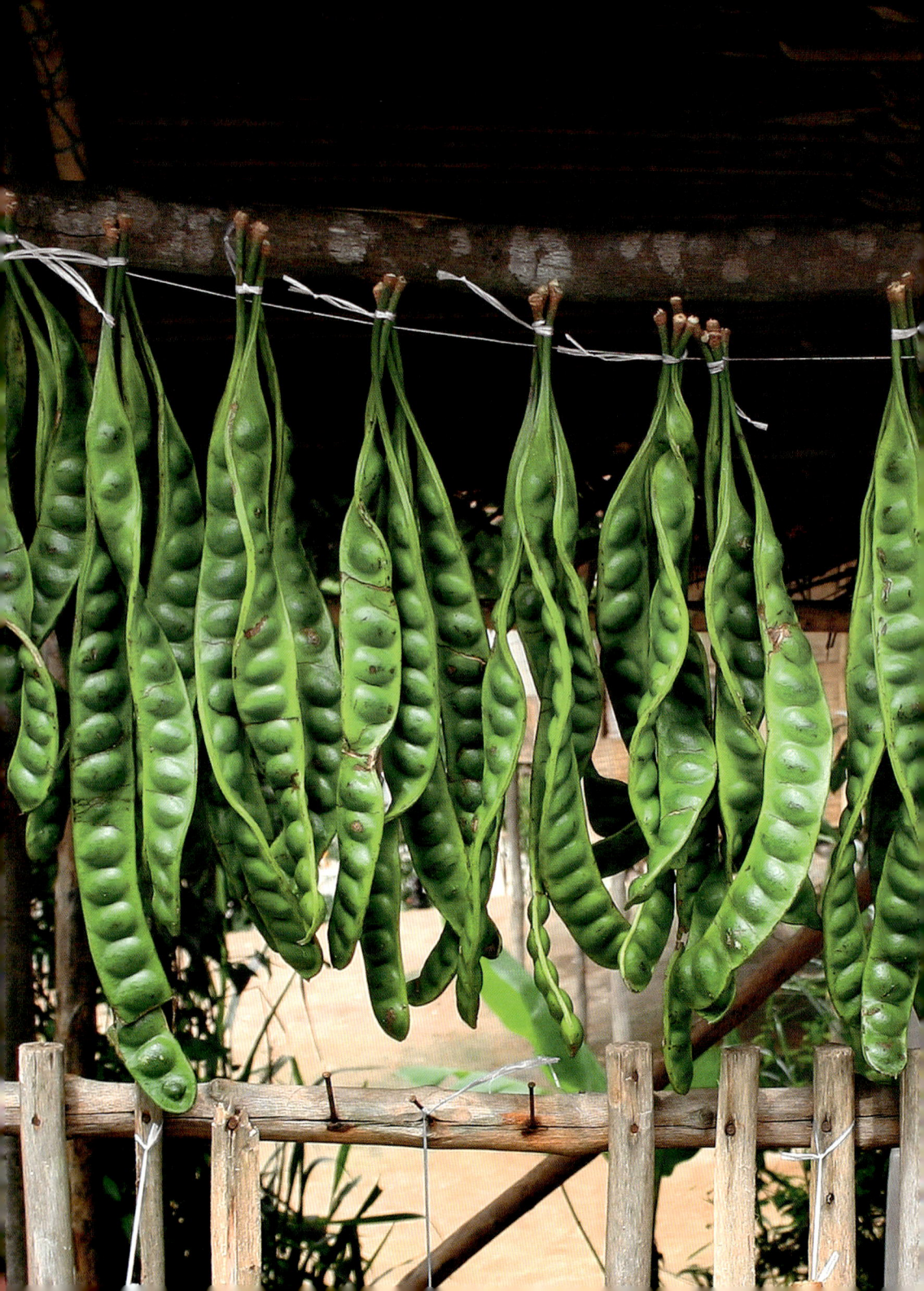

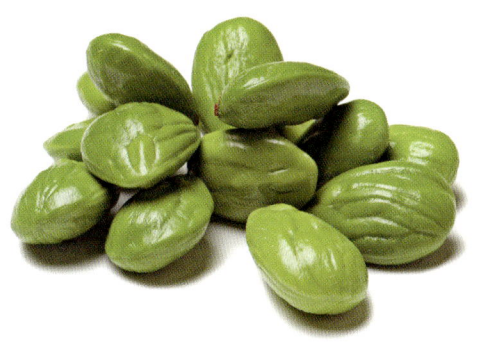

프타이 콩 Petal Bean

아름답게 나선형으로 휘감아올라가는—덕분에 영어로는 '트위스트 빈(twist bean)'으로 불리기도 한다—프타이 콩(Parkia speciosa)은 톨킨의 소설에서 뛰쳐나온 것처럼 생겼다. 그러나 겉모양은 엘프처럼 생겼어도, 어딘지 유황 광산을 연상시키는 그 맛은 드워프에 가깝다. 프타이 콩의 영어 이름 중에는 '스팅크 빈(stink bean)'도 있는데, 먹고 나서도 마늘이나 아스파라거스처럼 계속 그 냄새가 남아서 맴돌기 때문이다. 깨물면 부드럽게 부서지고, 견과류와 같은 맛이 난다.

물결 모양으로 부드럽게 곡선이 진 모양이 옥색의 마르코나 아몬드를 닮았다. 태국 남부에서는 싸터우(sataw)라고 부르며, 두 가지 품종이 있다. 싸터우 커우(sataw kow)는 콩깍지가 비틀려 있고 콩알은 단맛이 더 강하다. 씨디우 단(sataw darn)은 콩깍지가 곧은 모양으로, 콩알의 크기가 더 크고 냄새가 더 진해 보통 피클로 만든다. 태국과 국경 너머 말레이시아에서 프타이 콩은 새우류와 알싸한 칠리 페이스트와 함께 볶아 먹는다. 말레이시아에서는 허브와 야채 등을 주로 하는 일상의 끼니 음식의 일부로, 삼발—인도네시아, 말레이시아, 싱가포르, 필리핀 남부, 스리랑카, 수리남 등지에서 즐겨 먹는 매우 매운 양념의 일종—과 곁들여 먹는다. CIa

드럼스틱나무 꼬투리 Horseradish Pod

'드럼스틱'이라는 별명으로 부르는 이 길쭉한 꼬투리는 섬세하고 매콤한 향미를 지닌 씨알을 품고 있다. 드럼스틱 나무(Moringa oleifera)는 호스래디쉬(horseradish) 나무라고도 하는데, 겨자과의 서양고추냉이(영어로 horseradish, 학명 Armoracia rusticana)와는 전혀 관계가 없다. 오히려 서양고추냉이의 대용으로 쓰일 만큼 신랄한 맛을 내는 뿌리 때문에 이런 이름이 붙었다. 드럼스틱나무는 반건조한 열대와 아열대에서 자라며, 히말라야 남쪽 기슭, 아프리카, 중동 등이 원산지이지만, 라틴 아메리카, 스리랑카, 말레이시아, 필리핀에서도 재배하고 있다.

꼬투리의 외피는 먹을 수 없지만, 안에 있는 세모난 어린 씨알은 초록 강낭콩과 비슷하며, 섬세한 향미를 자랑한다. 기름에 볶거나, 삶거나, 찌거나, 아니면 피클로 만들어 먹어도 맛있다. 수프에 넣어 끓이거나 커리, 달(dal, 콩을 삶아서 향신료를 넣고 국이나 수프로 끓인 인도의 전통 요리), 스튜에 곁들이기도 한다. 완전히 여문 콩깍지는 뭉근한 불에 끓여 아티초크처럼 안쪽의 걸쭉한 부분만 긁어먹기도 한다. 완전히 여문 콩깍지는 익히면 오크라와 비슷한 맛이 난다. CK

Taste: 프타이 콩은 매력적인 견과류 맛과, 은근히 달콤한 흙맛이 난다. 그러나 한편으로는 마늘을 약간 연상시키기도 한다.

Taste: 어린 드럼스틱나무 꼬투리는 익히면 부드럽고, 서양고추냉이, 아스파라거스, 땅콩을 섞어놓은 듯한 섬세한 향미를 낸다.

○ 프타이 콩의 이국적인 겉모양은 그 특유의 짜릿한 맛과 잘 어울린다.

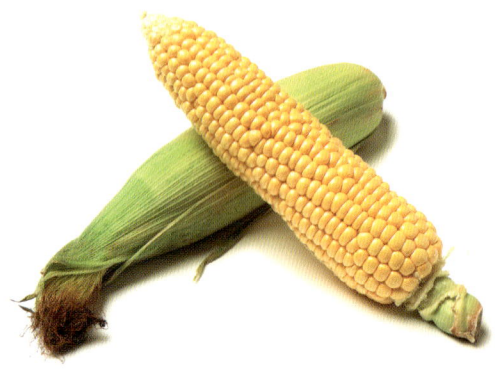

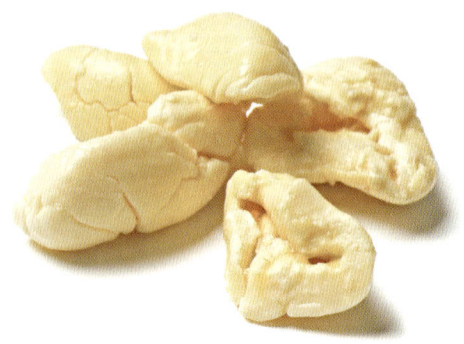

실버퀸 스위트콘 Silver Queen Sweetcorn

아키 Ackee

지난 반 세기 동안 실버퀸은 자루째 뜯어먹는 옥수수의 미국식 표준을 확립했다. 그러나 토머스 켈러 같은 셰프들에게 사랑받고 있음에도, 연약한 하얀 알갱이를 달고 있는 이 옥수수는 오늘날 점점 찾아보기가 어려워지고 있다. 농부들이 수확 후에도 그 단맛을 오래도록 유지하는 신품종으로 점차 발길을 돌리고 있기 때문이다.

1955년 개발된 실버퀸의 기원은 7천 년도 더 전으로 거슬러 올라간다. 지금의 멕시코에서 야생으로 자라던 테오신테(teosinte)라는 식물이 그 원조이다. 곧 남쪽으로는 페루까지, 북쪽으로는 지금의 미국까지 퍼져 재배하게 되었다. 아메리카에서 옥수수를 발견한 컬럼버스가 스페인으로 가지고 돌아왔고, 유럽에서는 옥수수를 곡물로 경작하였다.

아메리카인들이 스위트콘—옥수수의 일종으로 완전히 여물기 전에 먹어도 단맛이 난다—을 재배하기 시작한 것은 1800년경이다. 그 중에서도 실버퀸은 최고의 선택이었다. 모든 스위트콘처럼 실버퀸도 수확하자마자, 혹은 하루 이내에 먹는 것이 좋다. 그 이상을 넘기면 당분이 전분으로 바뀌기 때문이다. 삶은 뒤 버터를 듬뿍 발라 소금과 후추를 치거나, 석쇠에 구워 커민 같은 향신료나 허브를 뿌려 먹어도 맛있다. **SH**

아키의 라틴어 학명(Blighia sapida)은 저 악명높은 블라이 함장—영국의 해군 제독. 유명한 선상 반란이 일어났던 영국 왕실 소유 '바운티' 호의 함장이었다—의 이름에서 따왔다. 상록수에서 열리는 배 모양의 빨간 과실로, 송이로 열매를 맺는다. 서아프리카의 아이보리 코스트와 골드 코스트의 숲이 원산지이다. 블라이는 이 열매를 1793년 자메이카로 돌아오는 노예선으로 들어왔다고 한다. 오늘날에는 자메이카의 국민 과일로, 소금에 절인 대구 다음으로 자메이카에서 널리 먹는 아키앤솔트피쉬(ackee and saltfish)의 주 재료이다.

아키는 빨갛게 무르익고 나서 따야 한다. 열매가 '하품' 또는 '활짝 웃는' 모양으로 완전히 벌어지면 까만 씨앗과 그 주위를 둘러싸고 있는 연노랑색의 과육이 드러난다. 씨는 골라내고 과육만을 먹는다. 과육을 제외한 나머지 부분과 제대로 익지 않은 열매에는 독성이 있으며, 치명적일 수도 있다(요즘은 통조림으로 만들어서 파는 나라들도 많은데, 물론 절대적으로 안전하다).

아키는 겉모습도, 맛도, 촉감도 크리미한 스크램블에그와 매우 비슷하다. 혹자는 뇌처럼 보인다고도 한다. 때로는 커리로 만들거나 패티의 속으로 만들기도 하며, 수프나 야채 스튜에 넣기도 한다. **SH**

Taste: 실버퀸은 옥수수를 평가하는 기준이라 할 수 있다. 잘 균형잡힌 단맛은 설탕 맛이 아니라 '곡식' 맛이 나며, 크리미하고 밀키한 향미를 지니고 있다.

Taste: 아키는 순하고 특징 없는 맛으로, 요리에 들어 있는 다른 재료의 맛이 금방 배어든다. 질감은 스크램블 에그보다 더 매끄럽고 더 사르르 녹는다.

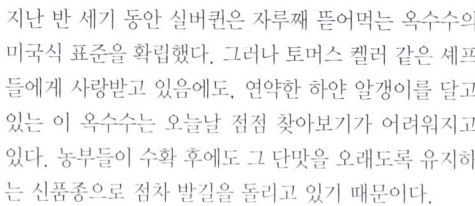

수확철이 되어 무르익은 아키가
'하품'을 보여주고 있다. ➡

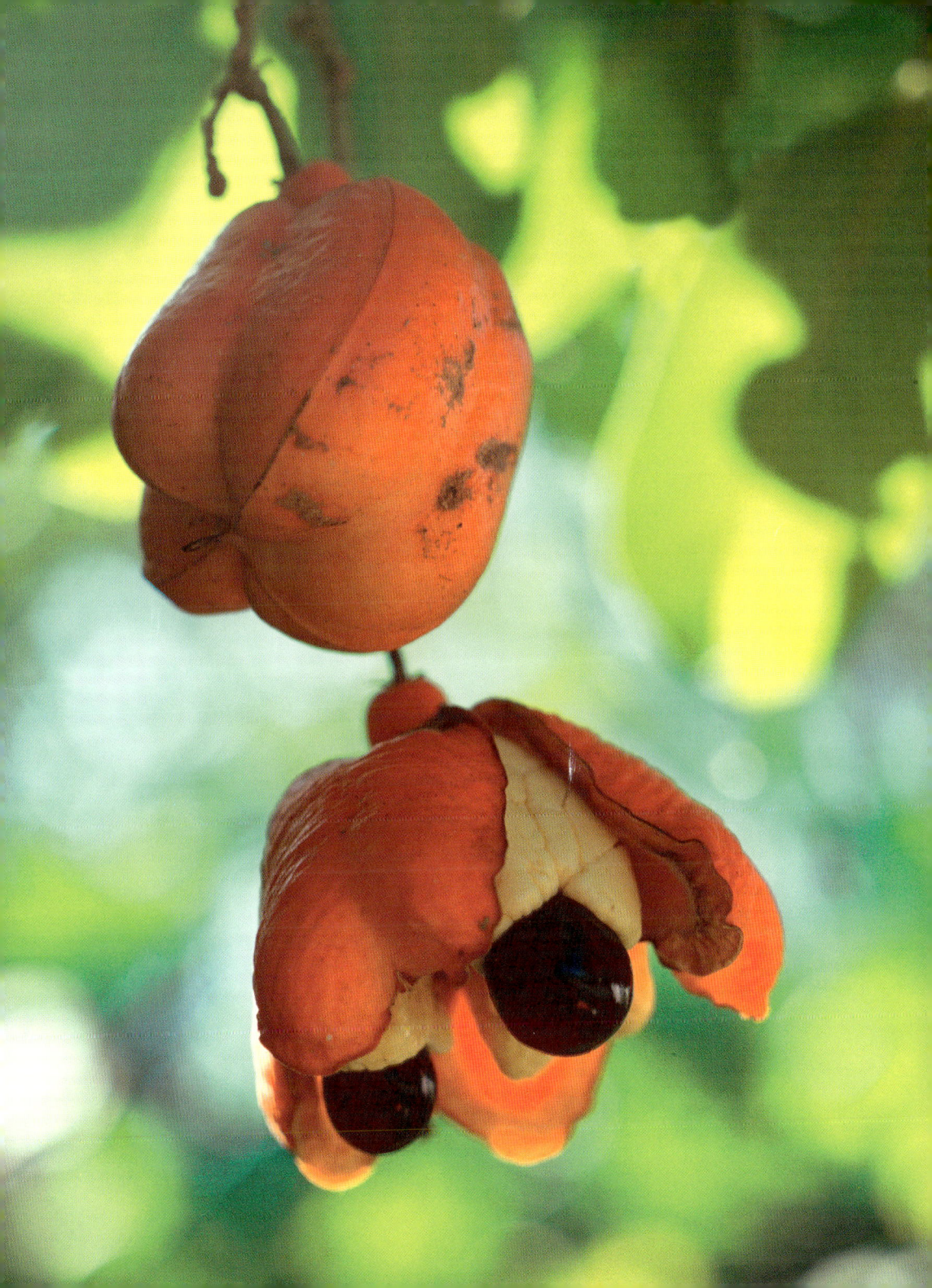

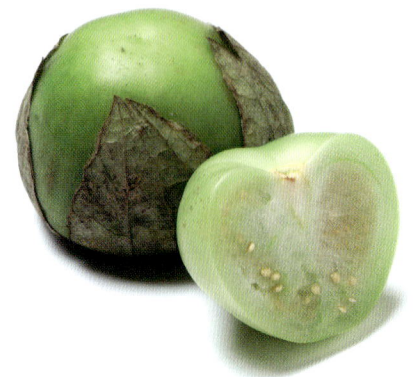

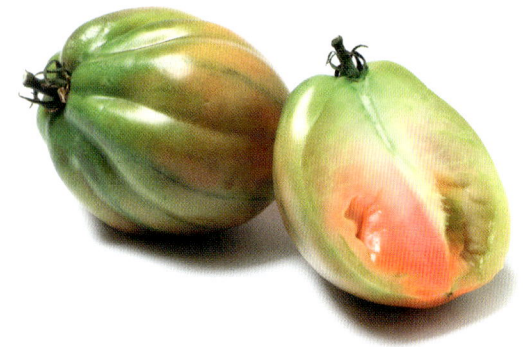

토마티요 Tomatillo

그린 토마토(풋토마토) Green Tomato

토마티요는 꽈리속의 과실이지만, 가까운 종인 토마토처럼 야채로 쓰인다. 보통 토마토보다 작으며, 종이 같은 꽃받침에 싸여 있어, 요리하기 전에 벗겨내야 한다. 보통 초록색으로 맛이 부드러워 날것으로 먹어도 되지만, 조리하면 그 풍미가 살아난다.

토마티요(Physalis ixocarpa 또는 P. philadelphica)는 수염 토마토(husk tomato) 또는 그린 토마토(green tomato)라고도 부르지만, 익지 않아서 초록색인 토마토와는 헷갈리지 말도록. 메조아메리카 원산으로, 오늘날에도 야생에서 찾아볼 수 있으며, 과테말라의 서늘한 고원지대에서 텍사스 남부에 걸쳐 재배한다. 토마티요는 오스트레일리아, 인도, 아프리카 동부에서도 자란다. 라틴 아메리카에는 수많은 종류의 토마티요가 있으며, 그 색깔과 크기가 모두 다르다.

라틴 아메리카 요리에서는 흔하게 쓰이는 재료로, 익히거나 퓨레로 만들어 소스에 넣는다. 특히 석쇠나 오븐에 구운 고기에 곁들이는 살사 베르데스(salsa verdes)에 넣곤 한다. 과카몰레(아보카도를 베이스로 만든 딥의 일종)에 넣을 때도 있다. **SH**

그린 토마토는 제대로 익지는 않았지만, 그렇다고 먹을 수 없는 것은 아니다. 실제로 이 열매를 익지 않은 상태로 (주로 야채로) 먹으면, 그만의 요리를 따로 만들 수 있다. 그린 토마토는 미국에서는 여름에서 가을로 접어들 때 즐겨 먹으며, 익지 않은 토마토를 그대로 정원에서 딴다. 미국 남부에서 특히 널리 알려져 사랑 받는 과일로, 패니 플랙의 소설을 영화화한 〈프라이드 그린 토마토Fried Green Tomatoes at the Whistle Stop Café〉로 세계적인 주목을 받았다.

프라이드 그린 토마토는 정말로 별미이다. 그린 토마토를 두껍게 썰어 달걀에 입힌 뒤 밀가루와 빵가루를 묻혀 기름에서 튀겨낸다. 애피타이저나 사이드디쉬로 주로 낸다. 그린 토마토는 수프, 잼, 렐리쉬, 살사, 피클 등에도 쓰인다.

보통은 미국 남부를 연상시키는 음식이지만, 인도 요리에도 등장한다. 머스터드 씨, 커민, 그 외의 향신료와 함께 조리하여 밥 위에 얹어 내면, 사이드디쉬로 먹어도 좋고 채식주의자에게는 그대로 메인디쉬가 되기도 한다. 또 처트니를 만드는 데에도 쓰인다. 버터와 설탕으로 캐러멜을 입혀 구워내는 그린 토마토 타르트 타탱은 프랑스의 고전 디저트를 미국식으로 응용한 것이다. **SH**

Taste: 질감은 토마토와 비슷하며, 사과와 레몬을 연상시키는 상큼한 산미가 있어 칠리의 매운 맛과 잘 어우러진다.

Taste: 그린 토마토는 정말 '초록색'일 때가 가장 맛있다. 물론 맛은 잘 익은 빨간 토마토와 비슷하지만, 훨씬 더 떫다. 최상품일 경우에는 단단하고 톡 쏘는 맛이 난다.

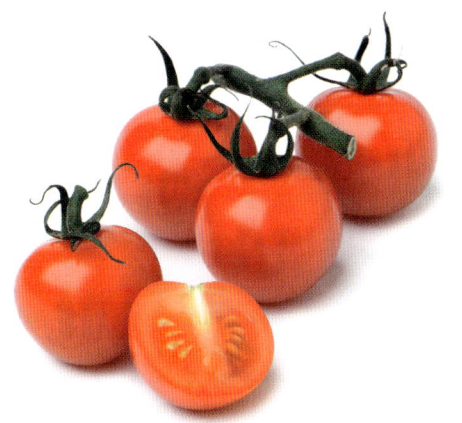

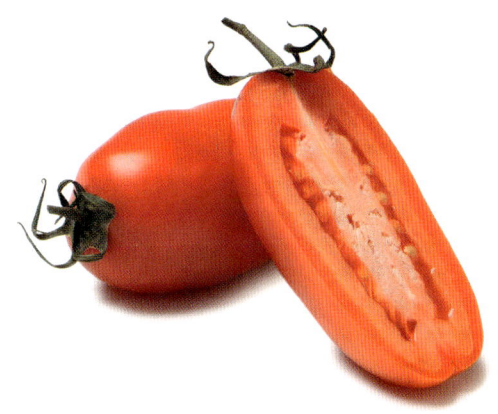

방울 토마토 Cherry Tomato

산 마르지노 토미토 San Marzano Tomato

방울 토마토(Lycopersicon esculentum cerasiforme) 는 20세기 말에야 비로소 유행을 타게 되었기 때문에, 현대 품종 개량의 개가라고 착각하기 쉽다. 그러나 사실 방울 토마토는 스페인 정복자들에 의해 유럽으로 전래 되기 오래 전에 이미 중앙 아메리카의 아즈텍인들이 재 배하고 있었다.

다른 토마토 품종들과 마찬가지로 방울 토마토도 페루의 야생 식물에 기원을 두고 있을 확률이 높다. (가 지과 식물들을 수상쩍게 여긴) 유럽의 미식가들은 19 세기 말까지도 토마토를 그리 즐겨 먹지 않았음에도, 유럽에서는 다양한 종류의 방울 토마토를 재배하였다. 오늘날 개량된 품종들은 시장성(더 두꺼운 껍질, 더 오 랜 보관 기간)을 고려하여 고안한 것들이다. 그러나 선 명한 빨강색의 영국산 '기드너스 딜리이트(Gardener's Delight)' 품종이나 황금빛을 띠는 일본산 '선골드 (Sungold)' 품종은 유난히 부드럽고 달콤하다.

방울 토마토는 보통 날것으로 먹지만, 요리의 재료 로 쓰이는 경우도 점점 늘어나고 있다. 프라이팬에 살짝 튀겨서 신선한 허브를 뿌리면, 즉석 여름 파스타 소스 로 쓸 수 있다. **MR**

플럼 토마토(소스나 조림용으로 쓰는 토마토) 가운데서 는 산 마르자노 토마토를 으뜸으로 친다. 이탈리아 남부 의 나폴리, 살레르노, 아벨리노 지방에서는 16세기 이래 토마토를 재배해 왔다. 약 200년 후 산 마르자노 토마토 가 전래되었을 때, 인근 베수비오 화산의 화산재와 아펜 니노 산맥 기슭 구릉 지대의 풍부한 토양이 바다 공기와 결합하여, 이 소중한 작물의 재배는 곧 전통이 되었다.

그 강렬한 향미와 생기 넘치는 색깔로 찬사를 한 몸에 받는 산 마르자노는 껍질을 벗기기 쉬우며, 속살 은 탱탱하고, 씨가 거의 없어 토마토 소스를 만들기에 는 안성맞춤이다. 1996년 이후 '포모도로 디 산 마르자 노(Pomodoro di San Marzano)'는 DOP 인증을 받았 으며, 그 덕분에 외지에서 덜 엄격한 기준으로 재배하는 다른 산 마르사노 토마토와 자별화를 꾀할 수 있게 되 었다. '포모도로 디 산 마르자노' 토마토는 특별히 가지 를 손질한 줄기에서만 자라며, 1년에 여러 번 손으로 딴 다. 세척하여 껍질을 벗긴 뒤 첨가물이나 보존제를 전 혀 넣지 않고 통조림한다. 이 과정은 일일이 수작업으 로 진행되기 때문에 비교적 비싸지만, 그 값어치는 하 고도 남는다. **LF**

Taste: 방울 토마토는 새콤달콤한 맛이 균형을 이루고 있어야 한다. 즙이 많고 부드러운 신맛에, 단맛이 가득한 방울 토마토는 독특한 향이 은은하게 풍긴다.

Taste: 산 마르자노는 복잡한 단맛에 살짝 새콤한 맛이 섞인 원기 왕성한 풍미를 자랑한다. 통조림하면 훌륭할 정도로 강렬하고 즙이 많다.

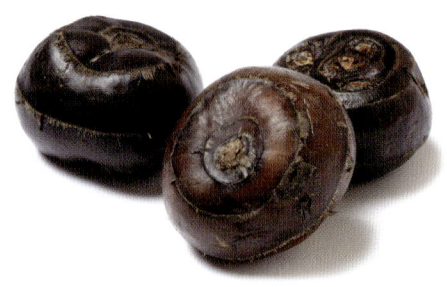

남방개 Water Chestnut

싱싱한 생 남방개를 한번 맛보고 나면 두번 다시 통조림 남방개 따위로는 만족할 수 없을 것이다. 싱싱한 생 남방개는 생기 발랄하고, 아삭아삭하며, 쥬이시한 질감에, 은근한 단맛을 지니고 있다. 통조림으로 만들고 나면, 원래 진미의 희미한 그림자밖에 되지 못한다. 아삭한 씹는 맛이야 남아 있다고 해도, 고유의 풍미는 흔적도 없이 사라져버린다.

남방개(Eleocharis dulcis)는 물속에 사는 덩이줄기 식물로, 보통 진흙에 덮여 있다. 물에 씻어내면 반짝거리는 짙은 밤색의 단단한 껍질이 드러난다. 밤과 비슷하게 생겼으며, 껍질을 벗기면 하얀 속살이 눈에 들어온다. 남방개를 살 때에는 완전히 단단하고 주름이 잡혀 있지 않은 것을 고른다. 눌러서 부드러운 데가 있으면, 속에 곰팡이가 슬어 있을 수가 있다. 껍질을 벗기지 않은 남방개는 플라스틱 봉지에 넣어 몇 주쯤은 냉장고에 보관할 수 있다. 껍질을 벗기고 나서도 그 향이나 질감을 보존하고 싶다면 냉동시키면 된다. 남방개는 갈아서 울퉁불퉁한 가루로 만들 수도 있다. 이 가루로 튀김옷을 만들면 바삭거리고 섬세한 겉껍질을 얻을 수 있다. 이 가루에 생 남방개를 더해 쫄깃쫄깃한 찐 푸딩(마티가오)을 만드는데, 중국에서는 전통적으로 음력 설에 먹는다. **KKC**

Taste: 남방개는 날로 먹을 수도 있고 조리해서 먹을 수도 있다. 보통 남방개이 아삭이삭한 질감과 보다 부드러운 다른 재료—예를 들면 다진 돼지고기 찐 것—와 대조를 이루는 음식에 쓰인다.

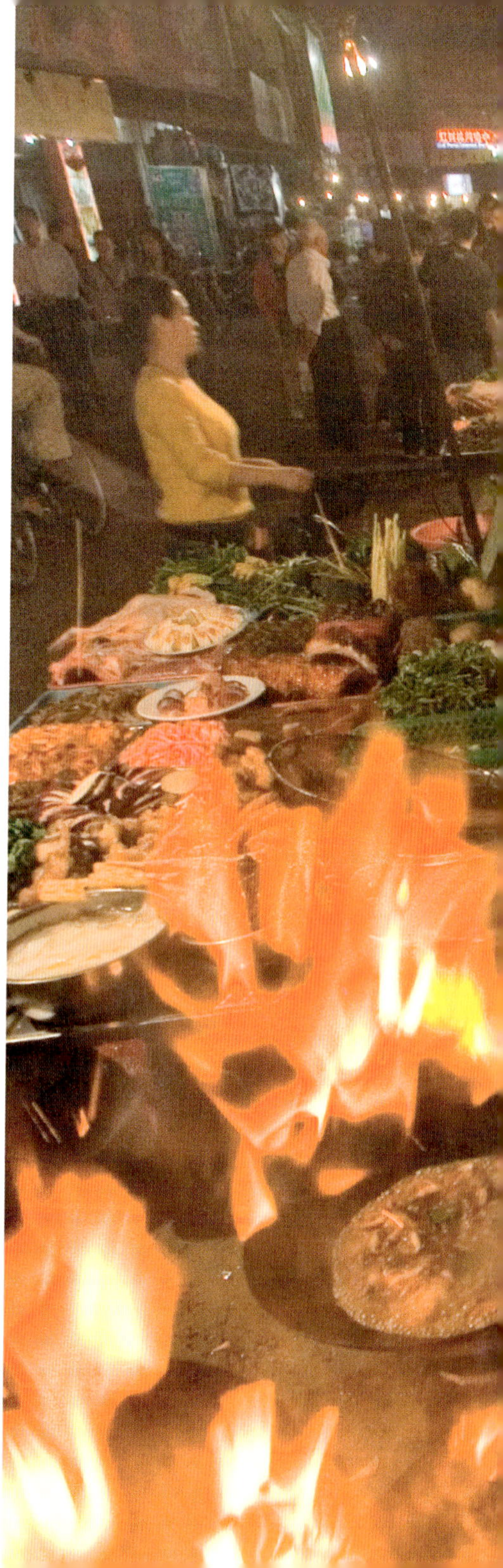

남방개는 센불로 볶는 중국 요리에 등장한다. ➡

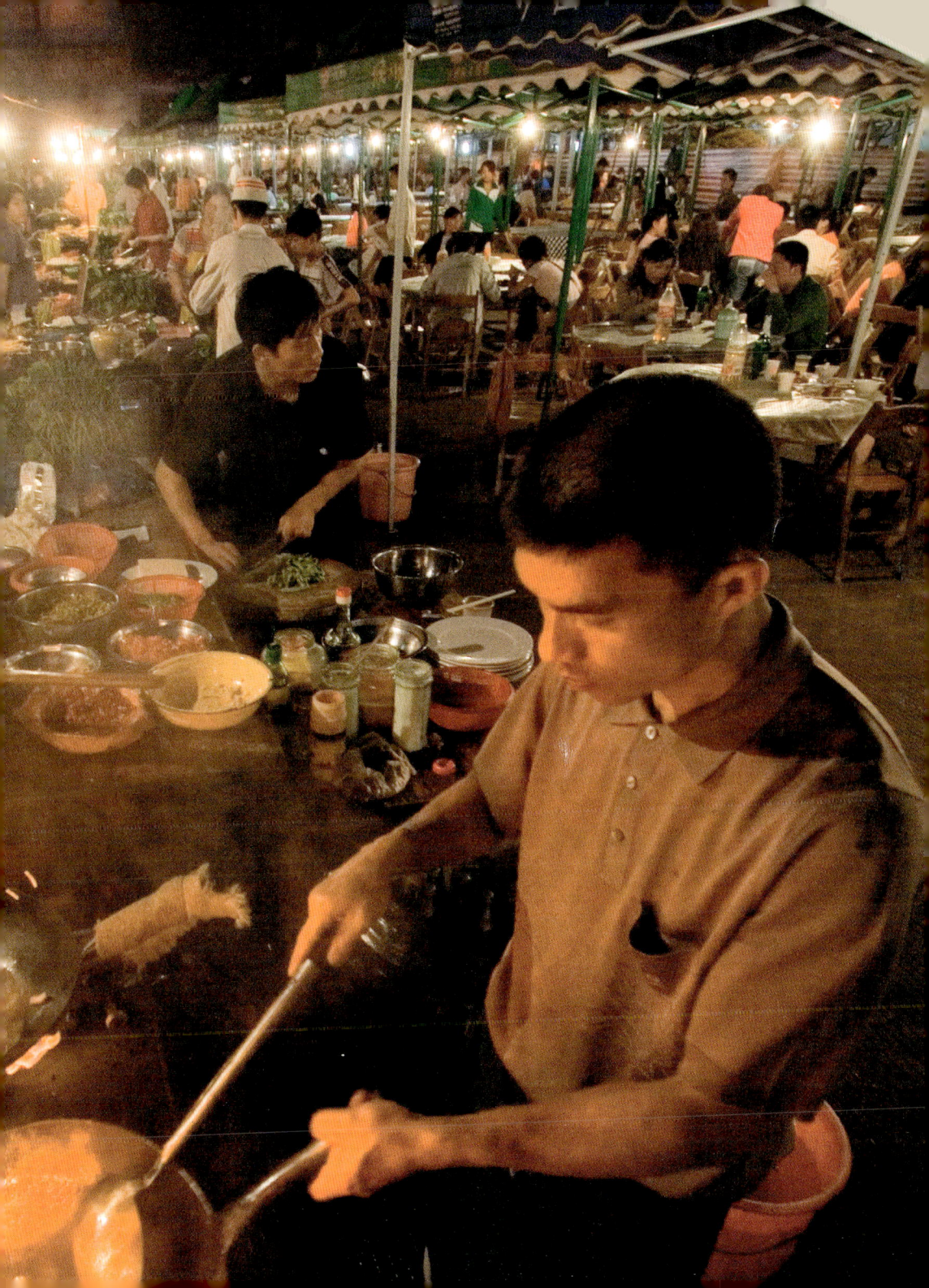

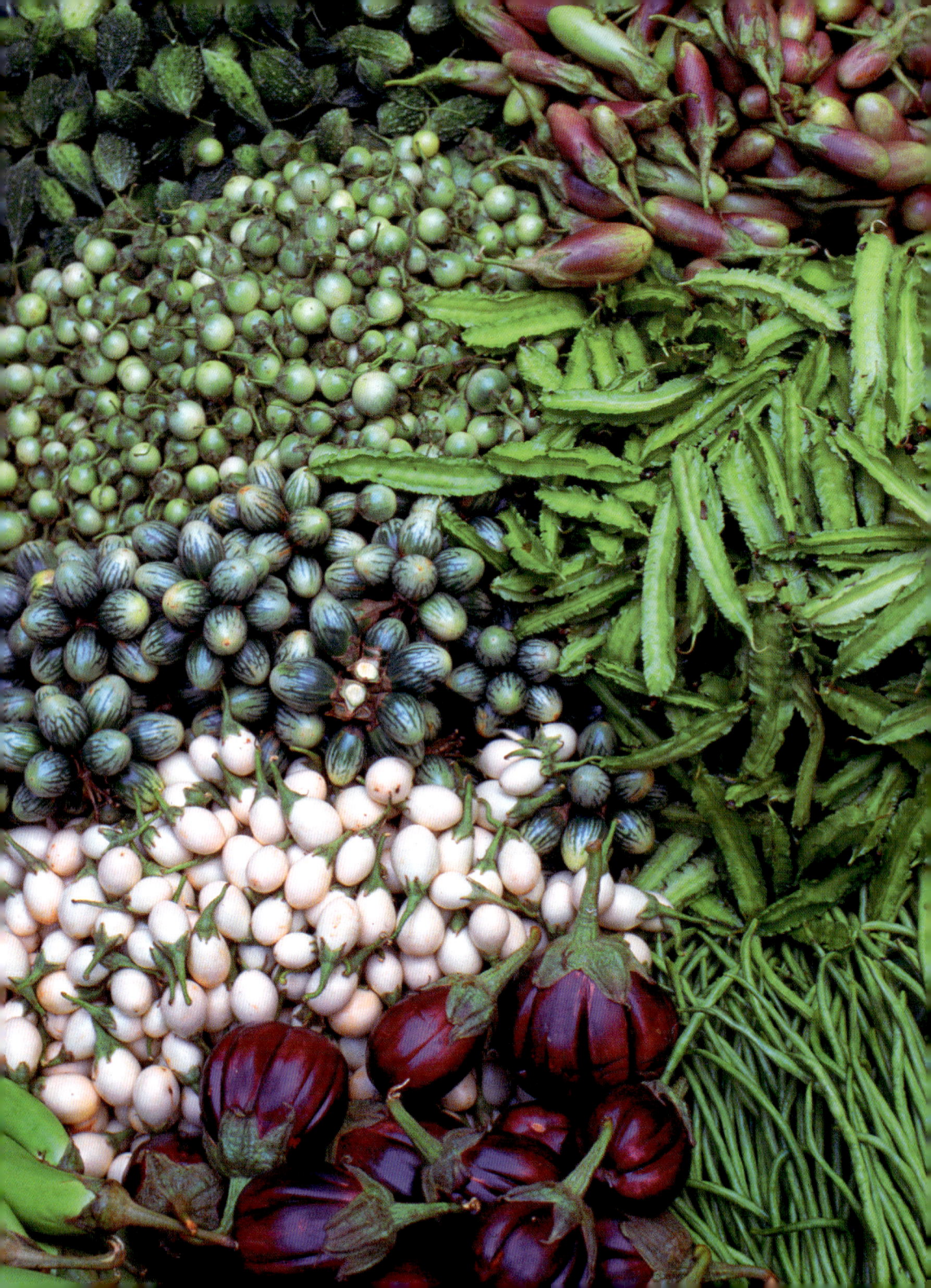

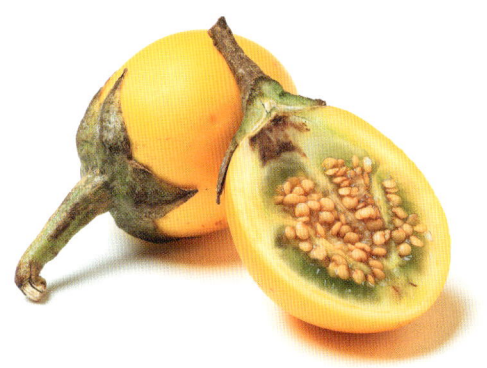

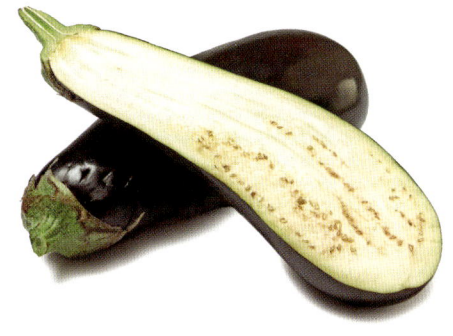

아시아 가지 Asian Aubergine

지중해 가지 Mediterranean Aubergine

아시아권 나라의 시장에서 가지를 파는 가게를 훑어보면, 서양에서는 어디에서나 살 수 있는 반짝이는 짙은 보랏빛의 예쁜 가지는 도무지 찾을 수가 없다. 아니, 그와 비슷한 것조차 없다. 지중해 요리에서는 주연급인 가지는 원래 열대 아시아가 원산으로, 여기에서는 그 모양, 크기, 빛깔이 수없이 다양하다.

태국에서는 작고 쓴맛이 나는 마쿠아 푸앙(makhua puang)이 인기가 높은데, 송이로 자라며, 크기나 모양, 빛깔이 큰 대두와 흡사하다. 동남아시아의 다른 가지들은 작고, 둥글둥글하며, 색깔은 하얀색부터 연녹색, 노란색부터 보라색까지 다양하다. 일본과 중국의 가지는 길고 날렵하며, 옅은 보라색을 띠며, 때로는 하얀 줄무늬가 나 있기도 한다. 센불에 볶아 먹기에 좋다.

아시아 요리에서는 굳이 가지에 소금을 쳐서 즙의 쓴맛을 없앨 필요가 없다. 작고 둥글둥글한 가지를 통째로 혹은 반토막 내서 태국 커리에 넣으면 진한 코코넛 소스와 대조를 이루며, 마쿠아 푸앙은 떫은 맛을 더해준다. 일본 가지(ナス)로는 맛있는 덴푸라를 만들 수 있다. 인도에서는 매운 가지(brinjal) 피클을 만든다. **WS**

감자, 토마토 등과 함께 가지과에 속하는 가지(Solanum melongena)는 야채로 먹지만, 식물학적으로는 장과(berry)로 분류된다. 아시아, 아프리카, 그리고 스페인의 일부 품종은 자칫 신비하게 들릴 수도 있는 이름(영어로 가지는 eggplant라고도 한다)에 어울리는 모양과 색깔이지만, 지중해 연안에서 재배하는 품종들은 윤기가 나고 매끄러운, 짙은 보라색 껍질에 연갈색 씨가 박힌 옅은 빛깔의 속살을 지니고 있다.

아마도 인도가 원산일 것으로 추정되는 가지는 아랍인들에 의해 13세기에 유럽으로 전파되었다. 오늘날에는 지중해 음식에서 없어서는 안 될 재료로, 특히 대표적인 가지 요리인 터키의 이맘 바일디는 가지 속에 양파를 채워 넣고 올리브유를 넉넉히 둘러 지글지글 익힌다. 프로방스의 라따뚜이(전통적인 야채 스튜), 그리스의 무카사(야채와 고기를 올리브유에 볶은 후 화이트소스를 얹어서 오븐에 구운 그리스 전통 요리)의 핵심 재료이기도 하다. 무카사는 다진 고기와 화이트소스와 함께 구운 가지를 겹겹이 올린다. 오븐에 구운 가지는 바바 가누쉬(baba ghanoush) 등 수많은 그리스와 중동 지방 딥의 베이스로 쓰이기도 한다. 반죽으로 옷을 입혀 튀기거나, 속을 채우거나 피클로 만들거나, 스튜에 넣기노 하며, 렐리쉬 등 그 밖의 수많은 형태로 낸다. **SH**

Taste: 떫은 마쿠아 푸앙은 태국 요리에 쓰이는 단맛이 더 강한 재료들과 균형을 맞추어 준다. 길고 가는 아시아 가지는 서양 가지보다 씨가 적으며, 따라서 보다 부드럽다.

Taste: 가지는 조리하면, 은근하고 크리미한 맛이 나며, 껍질에서 느껴지는 그 매끄러운 쓴맛은 다른 재료들에 정의하기 어려운 엑스트라를 더해준다.

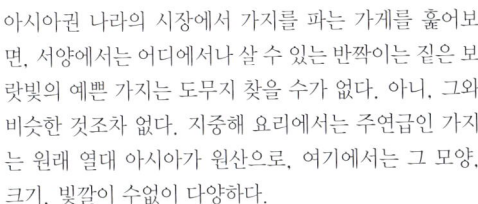

◑ 이 사진은 동남 아시아에서 재배하는 가지 중에서도 일부 품종만 찍은 것이다.

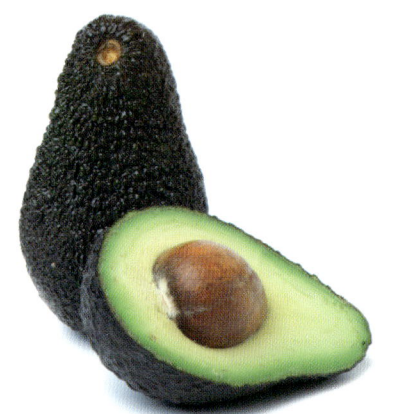

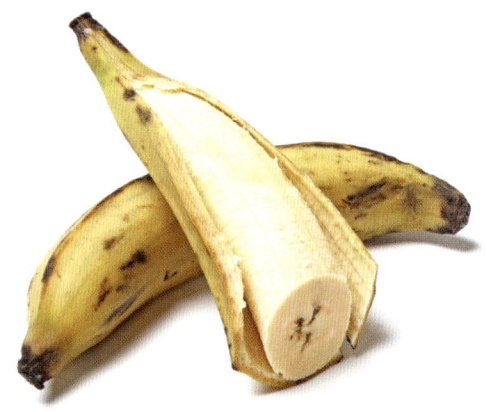

해스 아보카도 Hass Avocado

아열대 지방에서 자라는 나무의 열매인 아보카도(Persea americana)는 기원전 7000년경부터 중앙 아메리카와 남아메리카에서 재배해 왔다. 해스 품종은 다른 아보카도보다 더 작고, 지방 함량이 더 높으며, 껍질을 벗기기가 쉽고, 향미가 진하다. 멕시코와 과테말라의 아보카도 품종들을 이종 교배하여 얻은 품종이다.

1920년대 캘리포니아의 루돌프 해스가 개발, 1935년 특허를 출원하였다. 해스 아보카도도 자갈이 붙어 있는 듯 울퉁불퉁한 껍질에 싸여 있는데, 이 껍질은 열매가 익어갈수록 녹색에서 남색으로, 다시 거의 검정에 가까운 색으로 변해간다. 미국에서 가장 흔하게 재배하는 품종이며, 멕시코에서도 널리 재배하고 있다.(모든 해스 아보카도 나무는 2002년 75세의 나이로 죽은 한 그루의 모나무로 그 뿌리를 거슬러 올라간다.)

더 이상 17세기 선원들이 그랬듯 버터의 대용으로 쓰지는 않지만—그래서 '해사생도의 버터', '버터 배' 등의 별칭으로도 불린다—아보카도는 여전히 날것으로 먹는 경우가 가장 많다. 아즈텍 시대까지 그 기원을 거슬러 올라가는 과카몰레(Guacamole)는 오늘날 가장 유명한 아보카도 요리이다. 아보카도는 로스앤젤레스의 브라운 더비 레스토랑이 개발한 샐러드 메뉴인 콥 샐러드의 주인공이기도 하다. **SH**

Taste: 아보카도는 달콤한 견과류의 향미를 지니고 있다. 해스 품종은 특히 그 맛이 신하나. 실온에 놓아둔 버터의 은근한 맛과 그리미한 뒷맛이 일품이다.

플랜틴 바나나 Plantain

아프리카 동부와 중부, 그리고 아시아 일부에서 주민들의 주식인 플랜틴 바나나는 요점만 말하면 요리에만 쓰이는 바나나이다. 일반적으로 우리가 과일로 먹는 바나나보다 크기가 더 크고, 껍질이 더 질기며, 전분 함량이 높기 때문에 가열하여 익혀서 전분이 당분으로 바뀌기 전까지는 별로 맛이 없다. 먹을 수 있는 플랜틴 바나나는 처음에는 녹색이다가 노랑색으로 변하고, 검은 반점이 생기며, 완전히 익고 나면 전체가 검은색이 된다. 동남아시아에서는 이미 기원전 6세기부터 먹었던 것으로 추정된다.

녹색일 때에는 감자와 비슷한 녹말 맛이 난다. 썰어서 칩이나 파삭파삭한 프라이로 튀겨 먹을 수 있다. 속살이 무르익고 난 뒤에야 짓이기거나, 소테로 만들거나, 굽거나, 삶거나, 햇볕에 말리거나, 커리나 끈적거리는 서아프리카 요리 푸푸(fufu) 등을 만들 수 있다. 그러나 그 끈끈한 단맛과 가장 어울리는 조리법은 역시 튀기는 것이다. 플라타노스 마두라스 프리토스(platanos maduras fritos)—쥬이시한 황금빛 플랜틴 바나나를 두껍고 넓적하게 썰어 튀긴 것—는 라틴 아메리카와 카리브해의 전통적인 사이드 디쉬로, 심지어 아침식사로 먹기도 한다. 플랜틴 바나나를 얇게 썰어 튀긴 파잠 포리(Pazham pori)는 인도에서 인기가 높다. **SH**

Taste: 녹색일 때에는 특징 없는 녹말 맛이 난다. 잘 익은 플랜틴 바나나는 달콤하고, 당근과 흡사한 맛 위에 바나나의 향이 깔린 고유한 향미를 선사한다.

여인들이 탄자니아 음위카에 있는 노천 시장으로 덜 익은 플랜틴 바나나를 나르고 있다. ➲

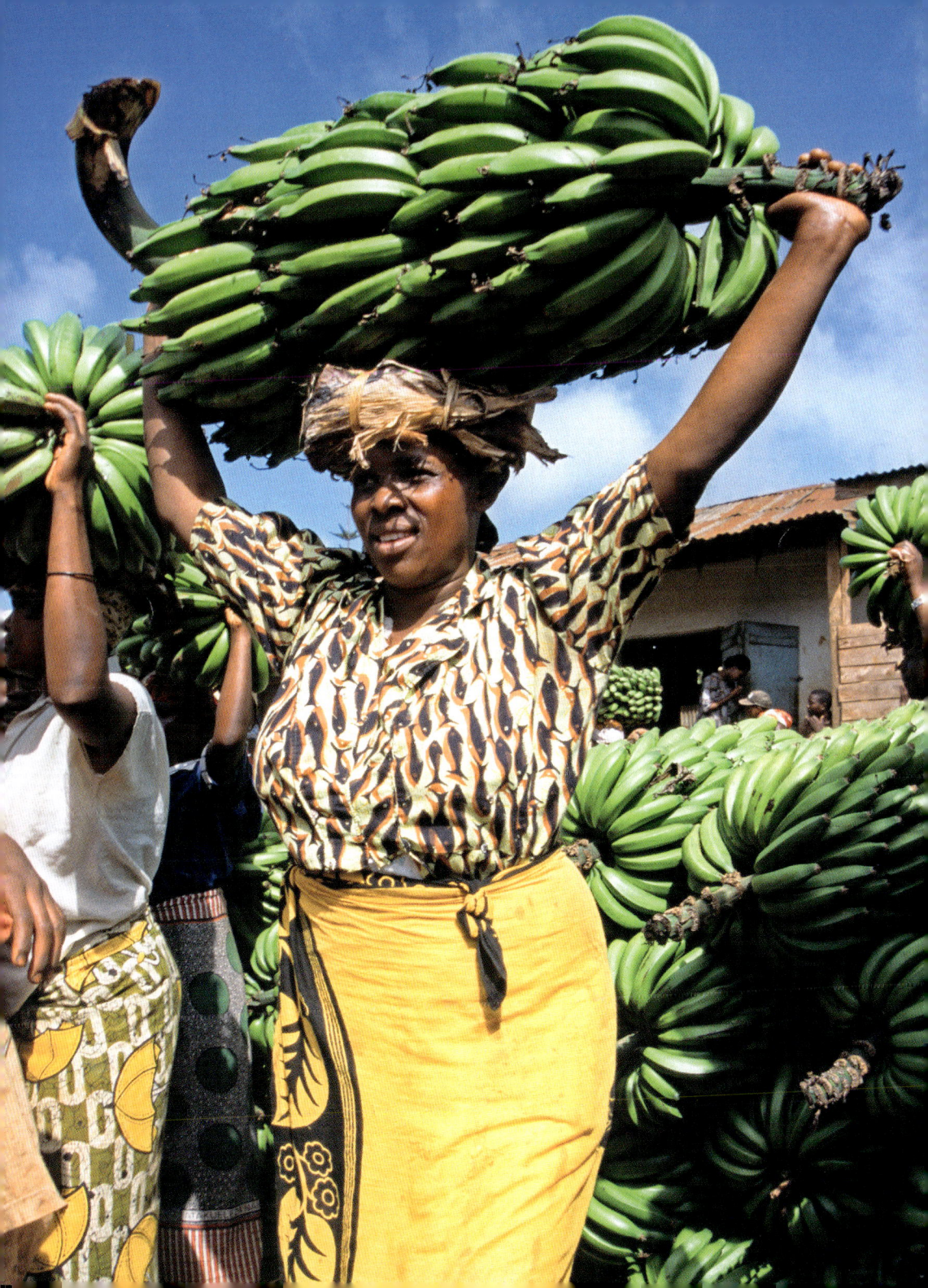

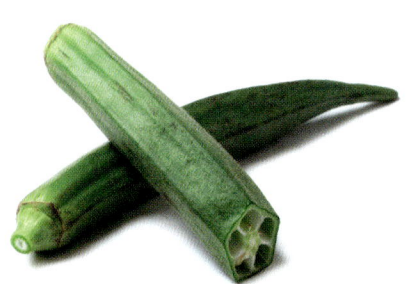

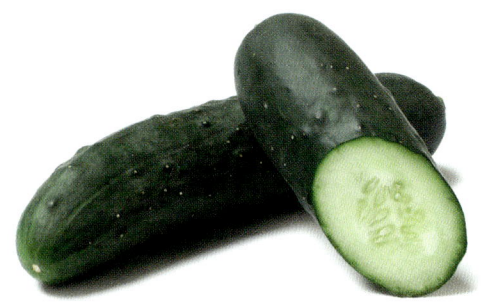

오크라 Okra

오크라(Hibiscus esculentus)는 목화, 무궁화 등이 속한 아욱과의 유일한 야채로 열대 아프리카가 원산이며, 17세기 노예 무역과 함께 브라질과 미국 남부 여러 주로 전래되었다. 키가 2미터까지 자라며, 뾰족한 꼬투리를 먹기 위해 재배한다. 꼬투리는 야채로 먹기도 하고 다른 음식을 걸쭉하게 하는 농후제(濃厚劑)로도 사용한다.

그 우아한 모양 덕분에 영어로는 '귀부인의 손가락 (lady's fingers)'이라고도 칭하는 오크라는 토마토, 양파, 스파이스 양념, 고기, 갑각류 등과 함께 조리하며, 또는 미국 남부에서 인기있는 '검보(gumbo)'라는 수프 요리에 쓰이기도 한다('검보'라는 이름 자체가 아프리카 언어에서 유래했으며, 원래 오크라를 의미한다고 한다). 버터유유에 담갔다가 콘밀 반죽을 입혀 기름에 튀겨내기도 한다. 오크라는 순한 맛과 미끌거리는 질감으로 토마토처럼 신맛이 많은 재료와 잘 어울린다. 이스라엘에서는 토마토 소스와 밥과 함께 먹는다. 미국에서는 토마토와 옥수수와 함께 요리하며 그리스에서는, 토마토, 기름, 식초와 함께 조리한다. 커리와 중동의 스튜에도 등장한다. **SH**

오이 Cucumber

인류가 재배해온 가장 오래된 채소 중의 하나인 오이는 약 4천 년 전 인도에서 유래한 것으로 추정된다. 구약 성서에도 등장하며 샤를마뉴 대제 역시 오이의 존재를 알고 있었다. 로마 황제 티베리우스와 프랑스 국왕 루이 14세 역시 겨울에 실내에 오이(Cucumis sativus)를 심도록 명령하였다. 그러나 19세기 들어 영국인들이 온실 재배를 시작하기 전까지는 일반적으로 야외에서 재배하였다.

새뮤얼 존슨은 "오이는 잘 잘라서 후추와 식초를 친 다음 그냥 던져버리는 게 좋다. 만고에 쓸데없는 식물이다"라고 말했지만, 흰 빵에 버터를 바르고 얇게 썬 오이를 올려놓은 샌드위치야말로 영국 음식의 진수가 아니던가.

시원하면서도 사려깊은 쓴맛은 버터 이외의 다른 유제품, 특히 사워 크림이나 요구르트와 잘 어울린다는 것을 의미한다. 미국에서는 얇게 썬 오이와 요구르트를 함께 먹는 것이 인기이며, 스메타나(263쪽 참조)를 곁들인 찬 오이 수프는 러시아 전통 요리이다. 인도의 라이타와 그리스의 차지키는 둘 다 오이와 요구르트를 함께 먹는다. 샐러드에 넣으면 딜(dill)부터 토마토에 이르기까지 다양한 재료들과 잘 어울린다. **SH**

Taste: 오크라는 보풀로 덮여 있어 날것으로 먹으면 띠끔따끔하다. 익힌 오크라는 가지와 아스파라거스를 섞어놓은 듯한 순한 맛이 난다.

Taste: 박과 식물인 이랑 오이는 즙이 많고 달콤하며 가벼운 맛이 멜론과 비슷하지만, 더 묽으며, 껍질은 기분좋게 쌉쌀하다.

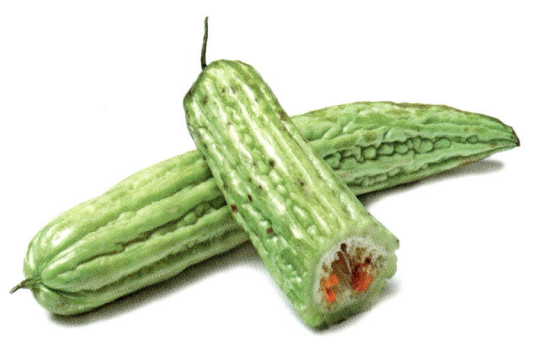

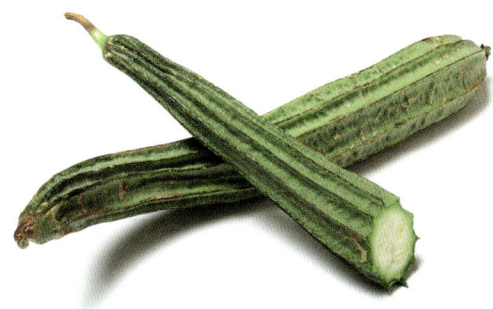

비터 멜론 Bitter Melon

마디가 지고 옹이로 덮여 있으며, 다소 뾰족한 오이처럼 생긴 비터 멜론은 인도(특히 남부의 케랄라 주)와 동남아시아에서 쉽게 찾아볼 수 있다. 비터 멜론(Momordica carantia)은 익기 전에 아직 단단하고 초록색일 때 딴다. 그 강렬한 풍미를 즐기는 문화라면 어디서나 한가운데 있는 씨를 퍼낸 뒤 속을 채워넣지만, 그보다 더 흔한 조리 방법은 다지는 것이다.

베트남 사람들은 비터 멜론을 썰어서 날로 먹을 정도로 입안이 단련되었을지 모르지만, 인도나 중국에서는 그 쓴맛을 누그러뜨리기 위해 미리 소금을 친 뒤 즙을 꼭 짜내거나, 살짝 데친다. 중국의 요리사들은 그 쓴맛을 단맛, 신맛, 짠맛 등으로 균형을 맞추려고 한다. 예를들면 쇠고기와 검은콩 소스에 곁들이는 식이다. 스리랑카에서는 코코넛 밀크를 사용하여 쓴맛을 가라앉힌다. 말레이시아 사람들은 비터 멜론을 얇게 썰어 기름에 볶거나 날것 그대로 그 위에 라임 주스를 뿌린다. 인도 남부의 커리 요리인 파바카 테이얄(pavakka theeyal)은 타마린드 주스의 부드러운 신맛으로 비터 멜론을 길들인다. 비터 멜론은 다른 채소와는 거의 섞어 먹지 않지만, 아사페티다나 망고 등과 함께 멋진 스파이시 피클을 만들 수 있다. **MR**

비단 단호박 Silk Squash

비단 단호박은 몸을 차게 하고 물이 많아 전통적으로 여름에 수분을 보충하기 위해 먹는다. 옥수수, 콩과 함께 '쓰리 시스터즈(Three Sisters)'라 불리며, 수천 년 전 아메리카 원주민들이 재배한 세 종류의 토착 식물 가운데 하나이다.

박과(Cucurbitaceae) 식물인 비단 단호박은 다양한 이름으로 불리며, 학명은 루파 아쿠탕굴라(Luffa acutangula)이다. 열대에서 자라는 기어오르는 덩굴식물 스폰지 오이(Luffa operculata)와 같은 루파(Luffa) 속에 속한다.

익기 전에 따는데, 길고 끝으로 갈수록 가늘어지며, 껍질은 연녹색에서 진녹색에 이르기까지 다양하다. 살은 물기가 많고, 씨도 많으며, 먹을 수 있는 껍질은 크기가 클수록 더 질기다. 단호박처럼 비단 단호박도 다른 재료와 함께 요리하면 그 풍미를 쉽게 빨아들인다. 센불에 재빨리 볶으면 그 아삭아삭한 질감을 그대로 보존할 수 있다. 더 오랫동안 서서히 조리하면, 그 이름에 어울리는 비단처럼 부드러운 질감을 낸다. **KKC**

Taste: 비터 멜론은 게르킨오이와 같은 속에 속하며, 입을 얼얼하게 하는 떫은 맛으로 쉽게 구별할 수 있지만, 쓴맛은 훨씬 더 강하다.

Taste: 비단 단호박은 순하면서도 어렴풋이 달콤한 맛과 오이처럼 바삭바삭하고 부드러운 질감을 지니고 있다. 크기가 작을수록 달고, 더 부드러우며, 씨도 적다.

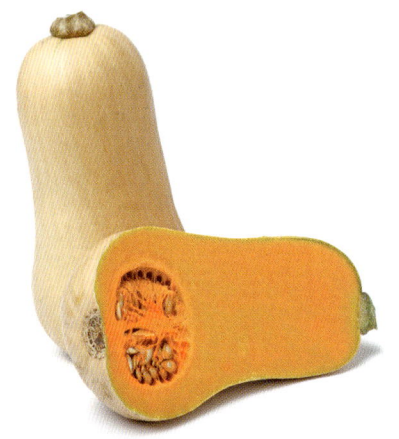

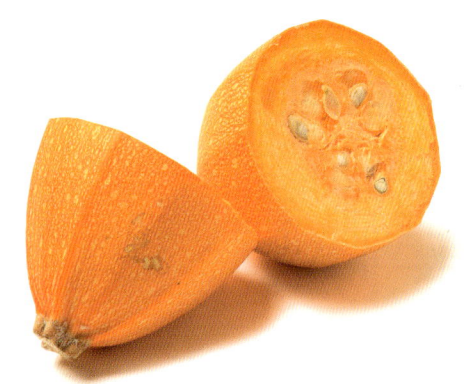

버터넛 스쿼시 Butternut Squash

잘 익은 색깔의 껍질, 긴 목, 구근처럼 생긴 몸통. 호박은 언뜻 보면 아주 커다란 배처럼 생겼다. 세계 각지에서 재배되는 수없이 많은 호박 종류 중에서 가장 사랑 받는 품종 가운데 하나로, 껍질이 단단하고 두꺼워질 때까지 따지 않고 덩굴째 내버려두는 겨울호박이다.

원산지인 아메리카에서는 호박을 오랜 세월 동안 먹어왔다. 고고학적으로 증명된 바에 의하면 12,000년 전부터 이미 호박을 먹었다고 하며 9,000년도 더 전부터 재배했다고 한다. 버터넛 스쿼시는 호박 중에서도 동양계 호박(Cucurbita moschata)에 속한다. 멕시코에서는 기원전 5,000년까지 거슬러 올라가는 그 형제 품종이 발견되기도 했다. 식민주의자들과 유럽인들은 이미 17세기에 이 동양계 호박 품종을 받아들였으며, 생장기가 길고 따뜻한 지방에서는 어디서나 재배되고 있다.

버터넛 스쿼시는 그야말로 팔방미인인데, 올스파이스, 계피, 정향, 생강, 그 밖에 몸을 따뜻하게 하는 겨울철 향료들과 특히 잘 어울린다. 크리미한 수프나 매쉬 요리를 만들 수 있으며, 구워서 흑설탕과 함께 내기도 한다. 심지어 푸딩이나 파이로도 만든다. **SH**

스파게티 스쿼시 Spaghetti Squash

다이어트 프로그램 서비스 회사인 웨이트 워처스는 파스타를 대용할 수 있는 저칼로리 식품으로 스파게티 스쿼시를 올려놓았다. 그 종류가 수없이 많은 페포계 호박(Cucurbita pepo)의 일종인 스파게티 스쿼시는 단호박을 커다랗게 부풀려놓은 듯한 원통형 비스무리하다. 잘 익은 스파게티 스쿼시의 껍질은 선명한 노랑색, 속살도 희끄무레한 노란색이다.

스파게티 스쿼시는 1930년경 북아메리카에서 개발된 품종이라는 설이 일반적이지만, 그 사정은 명확하지 않다. 특히 일본에 스파게티 스쿼시가 알려져 있을 뿐만 아니라 재배도 하고 있다는 사실로 인해 더욱 미심쩍다. 그 이름은, 조리한 호박의 속살을 포크로 잡아당기면 스파게티 면발처럼 길게 끌려나오는 데에서 유래하였다. 오랑제티(Orangetti)라고 부르는 속살이 주황색인 품종은 20세기 후반에야 개량된 품종이다.

스파게티 스쿼시는 삶거나 구워 먹는다. 그 이름에서 짐작할 수 있듯, 덩굴손은 종종 스파게티처럼 조리해서 소스나 버터, 신선한 허브, 마늘, 파르미지아노(파르메산) 치즈를 뿌려 먹는다. 호박으로 먹을 때에는 보통 속을 채워서 먹는다. 수프의 재료로 쓰기도 한다. **SH**

Taste: 견과 향이 나는 살짝 단맛으로, 그 풍미는 묽고 부드럽다. 서양호박(pumpkin), 고구마, 얌 등과도 맛이 비슷한 데가 있다.

Taste: 맛은 그다지 특색이 없는 이 야채의 재미는, 덩굴과도 같은 질감에 있다. 약간 달짝지근하고 견과류 맛이 나며, 레몬 향도 살짝 난다. 오랑제티 종은 단맛이 좀더 강하다.

스파게티 스쿼시는 조리하면
섬유질 덩어리가 된다. ➲

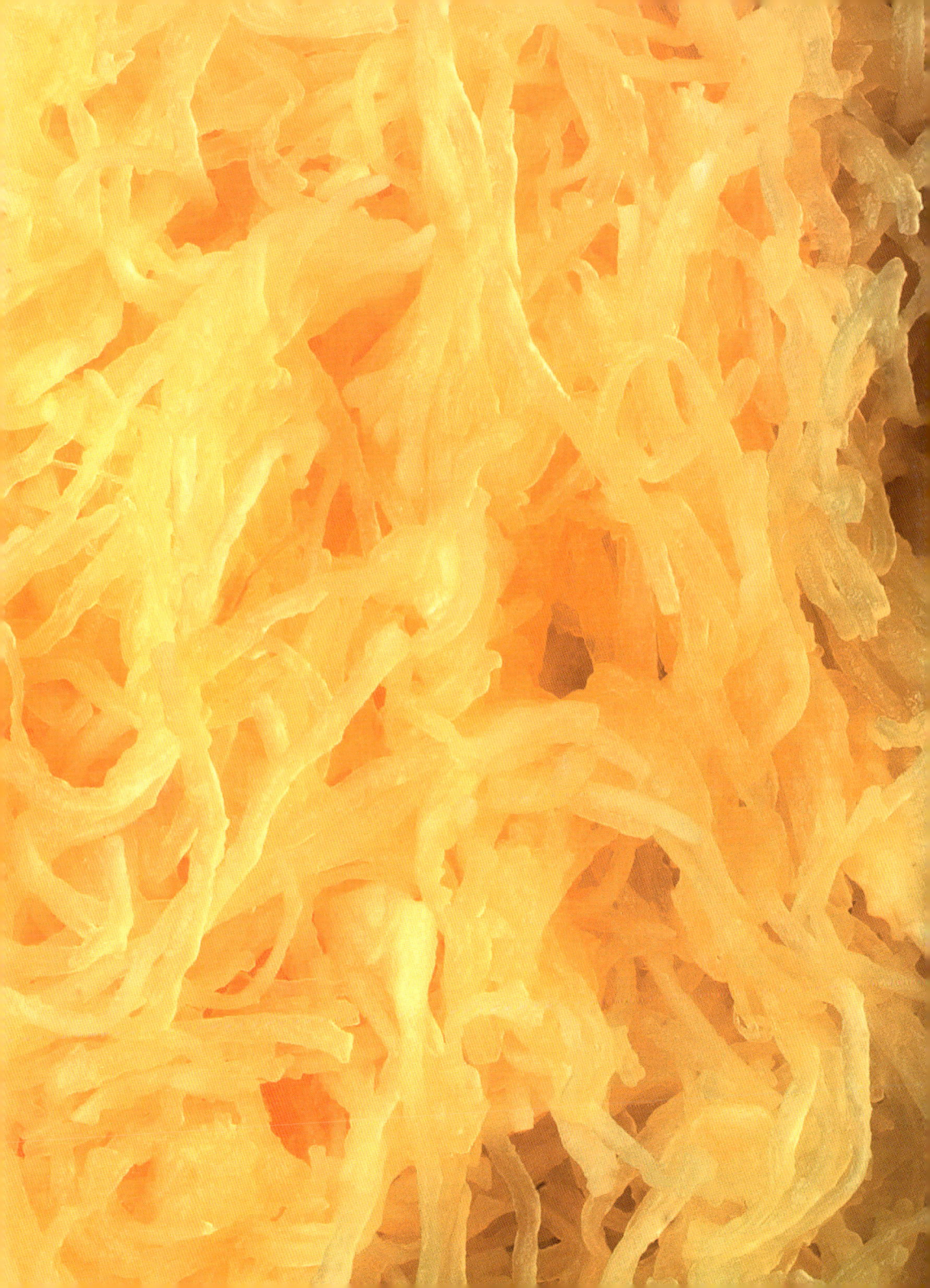

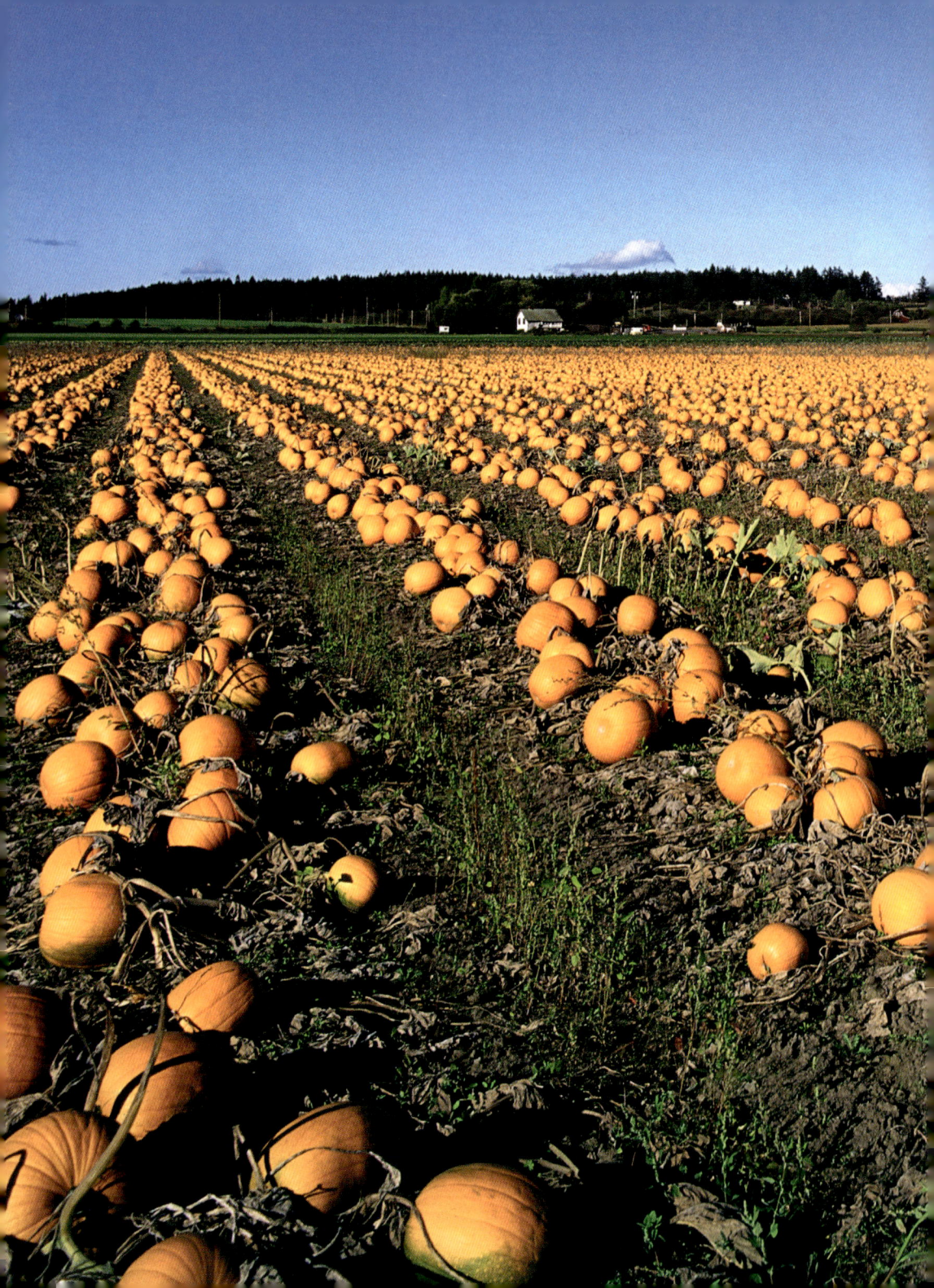

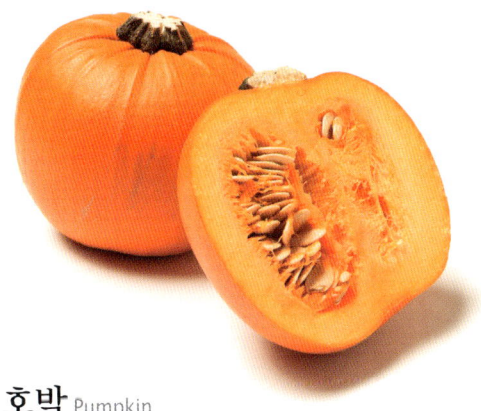

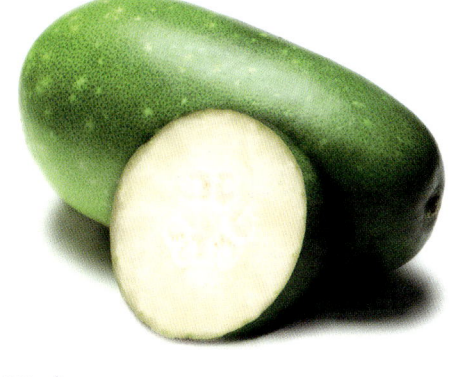

호박 Pumpkin

동과 (冬瓜, 겨울 수박) Winter Melon

자정을 알리는 시계 종소리가 울리자 신데렐라의 마차는 호박으로 변했다—아마도 커다란 프랑스 호박 루쥐 비프 데스탕프(Rouge Vif D'Estampes)나 그 주황색이 얼마나 선명한지 거의 선홍색에 가까운 포티롱(potiron)이었을 것이다. 그러나 이 놀랄만큼 유연한 야채—식물학적으로 엄밀하게 따지면 과일이다—는 수천 년 전 중앙 아메리카가 원산이다.

북아메리카에 다다른 최초의 영국인 탐험가들은 아메리카 원주민들이 호박으로 수프, 스튜, 그 밖의 다른 요리들을 만드는 것을 보았다. 수세기 후, 호박 수프는 셰프들에 의해 미식가들의 고전이 되었고, 호박 스튜는 아프리카에서 카리브해에 이르기까지 널리 인기를 끌게 되었다. 호박은 그 맛이 순해서 짭짤한 요리를 만들어도, 달짝지근한 요리를 만들어도 모두 어울린다. 미국에서 호박 파이는 추수감사절에 먹는 명절 음식으로, 당밀이나 설탕, 스파이스를 곁들여 낸다.

영국과 미국에서는 축제나 대회 출품을 목적으로 엄청나게 큰 호박을 재배하는데, 어떤 것은 무게가 100킬로그램에 달한다. 이런 호박이나 할로윈에 속을 파내서 등롱을 만드는 데 쓰는 호박은 사실 맛은 썩 좋지 않다. 어린아이도 쉽게 자를 수 있을 정도의 섬유질 질감이 입에는 그다지 좋지 않기 때문이다. **SH**

Taste: 호박은 버터넛 스쿼시와 고구마의 중간쯤 되는 거칠면서도 단맛을 지니고 있다. 조리하면 그 풍미는 더욱 강렬해지지만, 다른 향미의 베이스로도 좋다.

크고 밀랍처럼 맨질맨질한 이 과일을 동과라 부르는 것은 사실 잘못인지도 모른다. 동과라 하면 겨울 수박이란 뜻인데, 동과는 달지도 않고, 겨울 과일도 아니다. 실제로는 겨울에 수확하는 호박의 일종이다.

동과(Benincasa hispida)는 일본 또는 인도네시아가 원산일 것으로 여겨지고 있으며, 동남아시아 전역에서 인기가 높다. 하얗고 밀랍처럼 매끄러운 겉껍질 덕분에, 자르지만 않으면 몇 달이고 보관해 둘 수 있다. 무게가 45킬로그램까지 나가는 것도 있다. 가장 작은 것은 통째로 파는데, 큰 것은 잘라서 조각으로 판다. 동과는 길쭉한 수박처럼 보이기도 하며, 그 색깔은 연녹색에서 진녹색까지 다양하고, 속살은 하얗다.

동과는 수프, 커리, 센불에 볶은 요리, 피클, 잼 등에 쓰인다. 동남아시아에서는 종종 야채로 먹지만, 속살은 설탕에 졸이거나 참깨, 아몬드와 함께 갈아서 페이스트로 만들어 광둥 지방의 인기있는 과자인 '라오퍼빙('아내의 과자'라는 뜻)에 넣는다. **KKC**

Taste: 동과는 호박꽃과도 약간 비슷한, 순하고 섬세한 맛을 지니고 있다. 단시간 동안 익히면 바삭바삭하고 부드러우며, 더 오랜 시간 익히면 그야말로 입에서 사르르 녹는다.

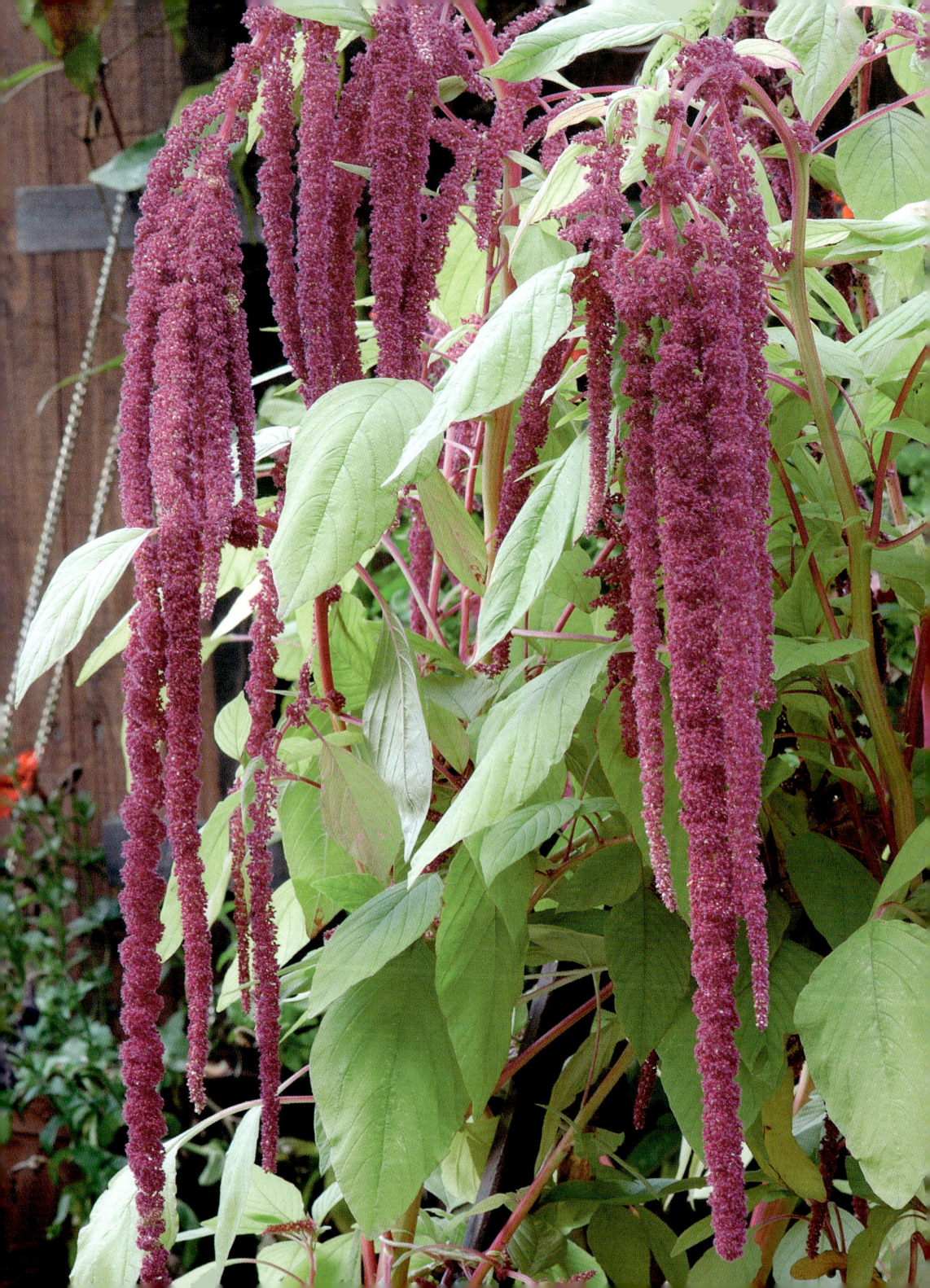

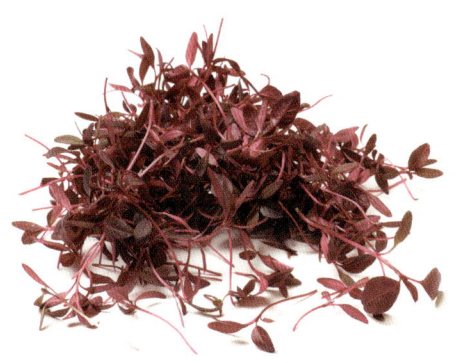

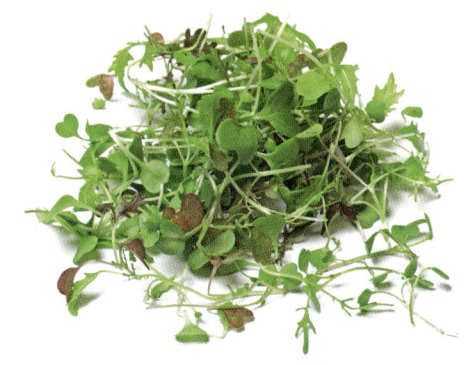

아마란스 Amaranth

영어로는 피그위드(pigweed), 러브-라이스-블리딩 (love-lies-bleeding), 조셉스 코트(Joseph's coat)라 고도 부르는 아마란스는 잡초이자, 염료이며, 관상용으 로 쓰기도 하고, 시리얼이나 야채로 먹기도 한다. 고대 아즈텍인들은 피의 제의 때 재료로 썼으며다고도 한다. 종 (種)은 50가지가 넘으며, 어떤 종은 사람 키보다 크다. 인도에서는 시금치와 비슷한 그 잎(chawli)을 달과 섞 어 바지(튀김 요리의 일종)를 만들거나 말린 커리에 넣 는다. 중국인들은 그 잎을 센불에 볶거나 국물에 넣는 다. 아프리카에서는 아마란스(Amaranthus)를 모로고 (morogo)—'야채'를 의미하는 보편적인 단어—라 부르 며, 막 뜬은 신선한 잎을 바로 냄비에 넣는다. 카리브해 의 수프 또는 사이드 디쉬인 칼랄루(callaloo)에 들이가 는 야채 중의 하나이기도 하다.

　크기가 총알만한 씨앗은 단백질이 풍부하며, 마야 시대부터 시리얼로 먹어왔다. 멕시코에서는 팝콘처럼 튀겨 벌꿀이나 설탕 시럽과 섞어 알레그리아(alegria)라 는 이름의 쫀득쫀득한 과자를 만든다. 히말라야에서는 씨알을 으깨 가공하지 않은 설탕과 섞어 치키(chikki)라 는 과자를 만든다. 아마란스 가루에는 글루텐이 전혀 없 지만, 플랫브레드는 만들 수 있다. **MR**

Taste: 아마란스 잎은 시금치처럼 조리하지만, 맛은 더 순하며 일반 적으로 떪은 맛도 덜하다. 아마란스 씨 가루는 특색이 없으며 질감은 퀴노아와 비슷하다.

마이크로그린 Microleaf

양상추, 허브, 그 밖의 다른 채소의 가장 여린 잎을 지칭 하는 마이크로그린은 특정한 하나의 품종에서 얻는 것이 아니라, 루콜라와 머스터드, 셀러리, 래디쉬에 이르기까 지 다양하다. 그 외에 인기있는 종으로는 시금치, 루비 차드, 비트, 코리앤더 등이 있다.

　마이크로그린은 진취적인 셰프들에게 '발견'되었 다. 작은 식물의 이파리의 강렬한 향미를 샘플로 채취한 뒤, 샐러드에 넣거나 양념 혹은 장식으로 사용했던 것이 다. 많은 채소와 허브들을 일부러 마이크로그린용으로 따로 재배하고 있으며, 그 향미는 물론 색깔도 중요하게 여긴다. 낱개로 살 수도 있고, 섞어서 살 수도 있으며, 자 신이 쓸 마이크로그린을 직접 키우는 요리사도 많다.

　워낙 종이 많다 보니, 대부분의 요리에는 거기에 맞 는 마이크로그린이 있기 마련이다. 여러 종류를 섞어 가 벼운 비니그레트 소스를 끼얹으면 멋진 샐러드가 되며, 샌드위치나 랩—타코나 부리토처럼 부드러운 밀가루 토 티야나 피타, 라바쉬, 그 밖의 부드러운 플랫브레드에 속을 싸서 먹는 전통적인 샌드위치의 일종—에 양상추 처럼 넣어 먹을 수도 있다. 아주 짧은 시간 동안 순식간 에 볶아서 스테로 만들면 연어나 나른 생산 요리의 멋진 베이스가 된다. 수프를 끓일 때 맨 마지막 순간에 넣으면 풍미를 더하며, 향긋한 장식으로 쓸 수도 있다. **SH**

Taste: 루콜라 마이크로그린은 다소 스파이시하고 견과 맛이 나며. 비트 마이크로그린에서는 흙 맛이 난다. 브로콜리 마이크로그린은 후추 향이 약간 느껴지고, 머스터드 마이크로그린은 서양고추냉이를 연상 시키는 짜릿하고 톡 쏘는 맛이 난다.

그리스 신화에 따르면, 아마란스 꽃은 빛과 물이 없어도 그 빛깔이 시들지 않는다고 한다.

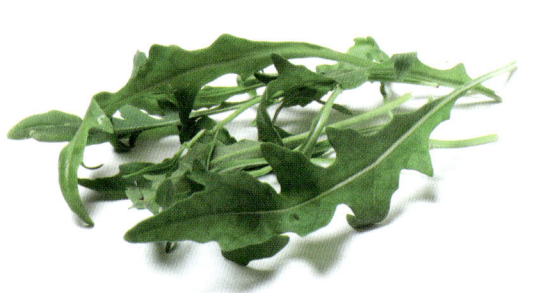

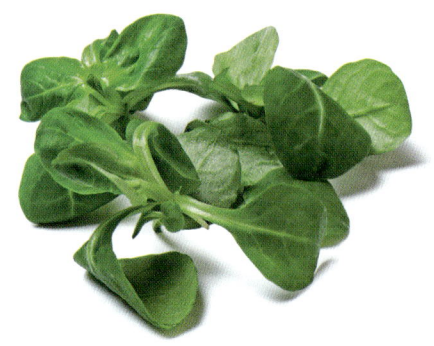

야생 루콜라 Wild Rocket

루콜라(Eruca sativa)의 영어 이름인 로켓(rocket)은 프
랑스어인 로케트(roquette)에서 유래하였다. 고대 로마
인들은 그 작은 톱니모양 잎은 물론 씨앗도 소중히 여겼
다. 씨앗으로는 기름에 향을 내는 데 썼는데, 이 기름은
1세기부터 미약으로 쓰였으며 그 때문에 수도원의 뜰에
서는 재배가 금지되어 있었다.

　지중해 연안 유럽 국가, 특히 이탈리아에서 오랫
동안 높은 인기를 자랑했다. 맛이 순한 품종들을 선호
하며 루콜라를 야채로 요리해 먹는 이집트에서는 1990
년대에 이탈리아, 인도, 이집트, 터키, 이스라엘 등
이 힘을 합하여 각 나라의 토착 품종을 모아 여러 신
품종을 개량하였다. 이때 태어난 품종 중 하나가 바로
'야생 루콜라'로, 자칫 이름만 들어서는 정말 야생종으로
착각하게 될 것이다.

　향이 진하고 뚜렷한 야생 루콜라는 그보다 맛이 순
한 채소와 섞어 먹는 것이 보통이다. 강판에 간 파르미지
아노(파르메산) 치즈와 함께 먹으면 (너무 진부한 조합
이긴 하지만 그럼에도 여전히) 환상적이다. 페스토와 함
께 조리하면 파스타나 삶은 감자에 더할 나위 없이 멋진
조수가 된다. 날로 먹든, 올리브 오일에 가볍게 볶아 먹
든, 로스트비프나 그릴 스테이크와도 잘 어울린다. **SH**

콘샐러드 Lamb's Lettuce

콘샐러드(Valerianella locusta)는 1980년대에 인기가
높았던 따뜻한 믹스 샐러드의 트렌디한 재료였다. 마셰
(mâche)라고 부르는 프랑스에서는 상업용으로 재배하
지만, 대부분의 나라에서는 정원사들에게 잡초 취급을
받는다. 길쭉한 진초록 이파리가 작고 술처럼 펼쳐지는
잔가지에 붙어 있으며, 따지 않고 그대로 두면 꽃이 작
은 무리를 지어 피어난다. 야생 이파리는 양상추를 구할
수 없는 가을이나 겨울에 샐러드로 만들어 먹으면 좋지
만, 요리사들에게는 한 가지 단점이 있다. 뿌리 근처에
자잘한 모래가루가 엉겨 붙어, 아무리 꼼꼼하게 씻어내
도 여간해서는 말끔히 없애기가 쉽지 않기 때문이다. 일
단 씻어내면, 조심스레 말려야 한다. 물기가 남아있으면
드레싱을 망쳐버리기 때문이다.

　한 세대 전까지는 영국의 부엌에서는 거의 찾아볼
수 없었지만, 17세기까지만 해도 콘샐러드는 영국에서
샐러드에 흔히 쓰이는 재료였다. 찰스 2세의 셰프였던
로버트 메이는 콘샐러드를 추천했으며, 존 에블린 역시
『아세타리아: 채식에 대한 담화Acetaria: a Discourse of Sallets』
에서 콘샐러드를 언급했다. 오늘 콘샐러드는 슈퍼마켓
에서 진공포장해서 팔고 있는 샐러드 믹스에서 쉽게 찾
아볼 수 있다. **MR**

Taste: 이 시선을 끄는 푸성귀는 짜릿하고, 후추 맛이 나고, 그 향미는
다소 머스터드와 비슷하다. 강렬하고, 쌉쌀하고, 푸르른 뒷맛과 유쾌하게
톡 쏘는 풍미를 지니고 있다.

Taste: 콘샐러드는 부드럽고, 떫은 맛이나 쓴맛이라고는 찾아볼 수
없으며, 먹기 쉽고 순한 단맛에 입안에서는 거의 벨벳처럼 매끄럽다.

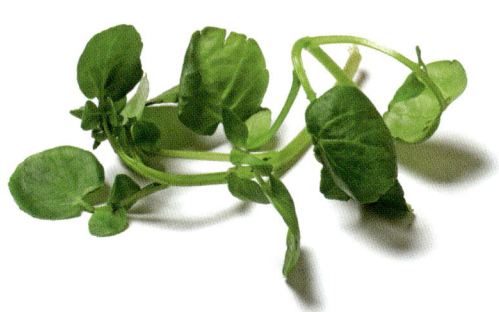

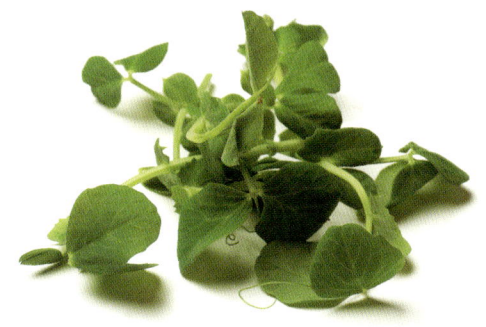

물냉이 Watercress

더우미아오(豆苗, 완두콩 어린싹) Pea Shoot

물냉이는 자연이 만들어낸 가장 아름다운 녹색 식물 가운데 하나이다. 보통은 생으로 먹는데, 작은 녹색 잎 뭉치를 넣으면 수프에서 샐러드에 이르기까지 모든 음식에 상큼함과 다채로움을 더해준다. 유럽과 아시아가 원산지이지만, 북아메리카의 연못과 시냇가에서도 자라며, 그 외 여러 지역에서도 널리 재배되고 있다.

물냉이는 흐르는 찬 물에서 자란다고 하여 그런 이름이 붙었다고 하며, 일반적으로 물이 깨끗하고 맑을수록 야생 물냉이의 맛도 좋다고 한다. 학명(Nasturtium officinale)을 보아서는 짐작하기 어렵지만, 실은 머스터드와 같은 겨자과 식물이며, 금련화(영어로 nasturtium)와는 전혀 다른 식물이다. 역사적으로 물냉이는 치유 목적으로 높은 평가를 받았다. 그리스의 군인이자 역사가인 크세노폰은 부하 병사들로 하여금 물냉이를 강장제로 먹게 하였다.

영국인들은 물냉이와 오이 샌드위치를 애프터눈 티에 내곤 한다. 물냉이는 맛있는 샐러드의 재료이기도 하다. 회향과 발사믹 식초로 맛을 낸 물냉이 하나만으로 만들기도 하고, 루콜라 같은 다른 야채와 함께 쓰기도 한다. 프랑스에서는 물냉이와 감자로 끓인 수프(potage cressonnière)에 살짝 데친 물냉이 잎으로 장식을 한다. **SH**

복잡하고 우아한 콩 향기를 지닌 이 섬세한 채소는, 어린 완두콩의 맨 위에 나온 어린 잎과 줄기, 그리고 덩굴손을 가리키며, 대단한 별미로 치므로, 상하이에서 잉글랜드 남부에 이르기까지 이것을 얻기 위해 아예 따로 재배하고 있을 정도이다. 따먹을 수 있는 시기는 다양하다. 실 같은 줄기의 길이가 겨우 5센티미터밖에 되지 않을 때, 새끼손가락 손톱만한 잎을 따먹는가 하면, 15센티미터까지 자라서 잎도 직경이 2.5센티미터 정도 되었을 때 먹어도 된다.

더우미아오를 바깥 세상에 널리 알린 이들은 아마도 중국 남부와 동남아시아에 사는 먀오족이 아닌가 싶다. 중국어로는 더우미아오, 광둥어로는 더우미우라고 하며, 센불에 볶거나, 수프나 샐러드, 또는 만두에 넣는다. 일본과 동남아시아에서는 어린 녹색 채소가 쓰이는 곳이면 대체로 쓰인다.

더우미아오는 서양에서도 점차 인기를 끌고 있다. 셰프들은 아주 어린 더우미아오를 생선이나 고기 요리에 예쁘고 놀랄만한 향미를 내뿜는 장식으로 사용하거나, 샐러드에 넣어 레몬을 뿌리거나, 아니면 좀더 자란 더우미아오에 마늘을 곁들여 소테 요리로 만든다. **SH**

Taste: 물냉이는 생으로 먹으면 후추 향이 나는 래디쉬처럼 짜릿하고 스파이시한 맛이다. 조리하면 그 톡 쏘는 맛이 어느 정도 사라지고, 대신 어찔한 꽃 향기를 뿜는다.

Taste: 어린 더우미아오는 신선한 프티푸아와 같은 채소의 단맛을 지니고 있다. 좀더 자란 더우미아오는 향미가 더 강하며 어린 시금치, 물냉이, 완두콩의 맛이 살짝 난다.

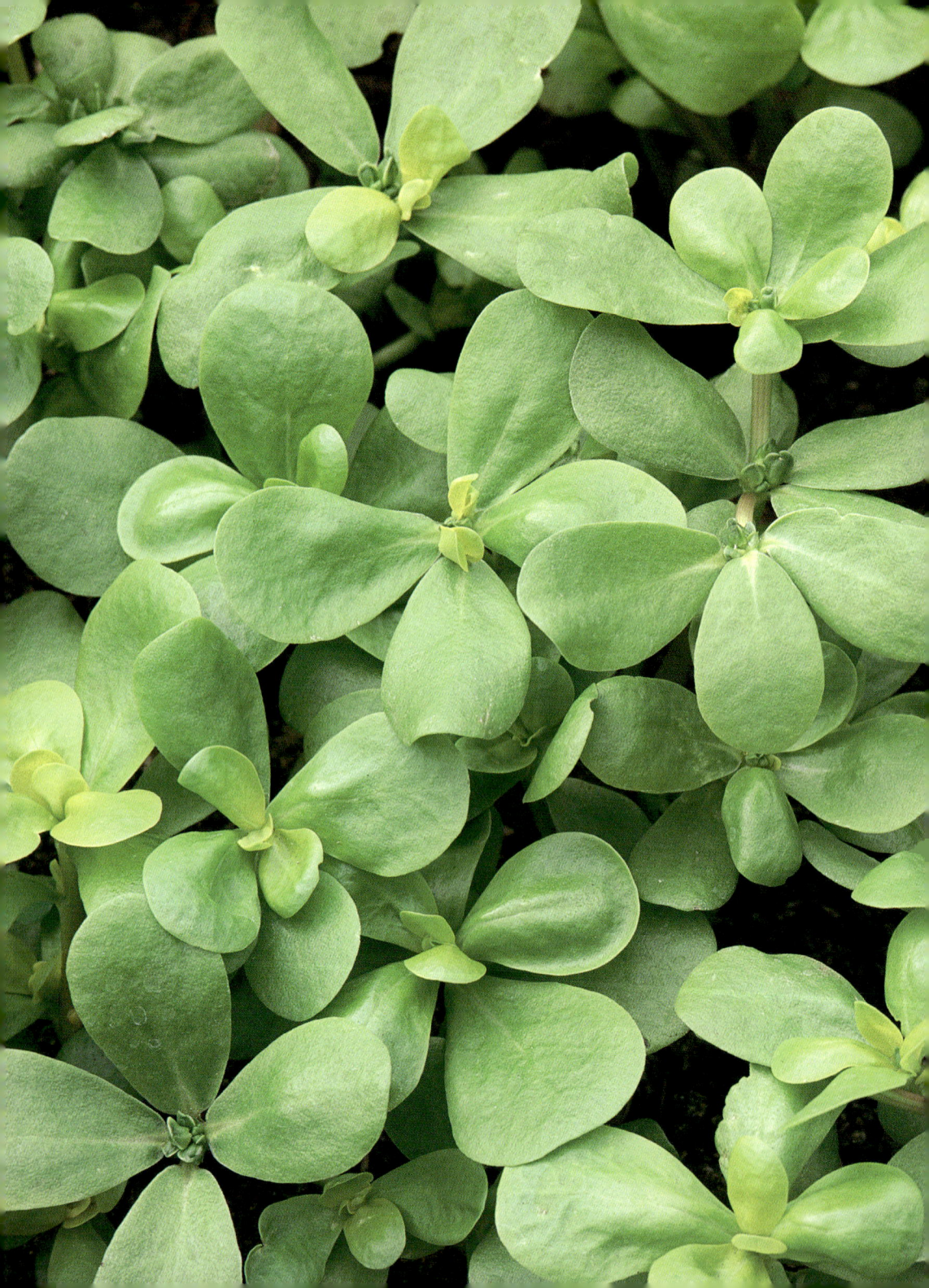

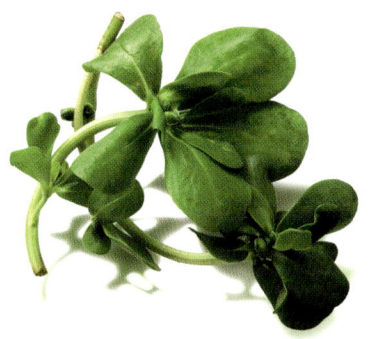

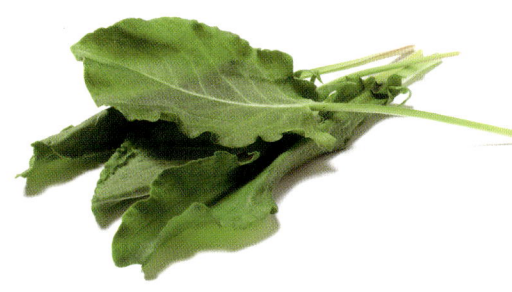

쇠비름 Purslane

쇠비름(Portulaca oleracea)은 영어로는 퍼슬린(pur slane), 스페인어로는 베르돌라가(verdolaga)라고 하며, 즙이 많고 잘 퍼지는 허브로, 무더기로 피어나는 초록색 잎을 지니고 있다. 야생으로도 자라고, 재배하여 키우기도 한다. 유럽 일부, 아프리카 남부, 아시아, 아메리카에서 찾아볼 수 있으며, 식재료로 인기가 있을 때도 있고, 그렇지 않을 때도 있다. 한때 아랍 세계에서 매우 인기가 높았는데, 보다 최근에는 누벨 퀴진(프랑스어로 '새로운 요리법'이라는 뜻)—전통적인 퀴진 클라시크와는 대조적으로 보다 가볍고 섬세한 요리가 특색이며, 음식의 겉모습을 강조한다—이 유행했던 1980년대에 프랑스의 셰프들이 많이 썼다. 보통은 생으로 먹지만, 조리해서 먹을 수도 있다. 소스나 수프에 넣으면 오크라와 비슷한 점액질의 질감을 얻을 수 있다. 멕시코에서는 종종 단단한 치즈와 함께 낸다.

쇠비름은 오메가-3 지방산과 비타민 E를 많이 함유하고 있어, 건강식을 강조하는 요즈음 다시 한번 인기를 누리고 있다. 한의학에서는 지사제로도 쓰는데, 재미있는 것은 다량으로 복용하면 거꾸로 하제로 쓰인다는 것이다. 그런가 하면 말라위에서 쇠비름을 부르는 이름을 직역하면 '추장 아내의 엉덩이'이다. **MR**

수영 Sorrel

고대 이래 야채로 먹어온 수영에는 여러 가지 종류가 있지만, 모두 한 가지 공통점을 가지고 있다. 모두 시큼하다. 오늘날 가장 널리 재배하는 품종은 둥근잎 수영, 혹은 프랑스 수영(Rumex scutatus)이라 부르는 종류다. 풍성한 음식을 돋보이게 하며, 가장 유명한 누벨 퀴진 요리 가운데 하나로 셰프 트로이스그로 형제의 작품인 에스칼로프 드 소몽 아 로세이유(escalope de saumon à l'oseille), 즉 크림과 수영 소스에 살짝 익힌 연어 필레 요리에 없어서는 안 될 재료이다.

수영은 종종 요리에 넣어 먹기 위해 기르는데, 생장기가 길고, 이른 봄부터 초겨울까지 구할 수 있다. 옛 잉글랜드 요리에서는, 오븐에 구운 거위에 녹색 수영 소스를 곁들여 낸다. 수영 잎을 한 줌 넣으면 평범한 양파와 감자 수프의 놀랄만한 변화를 느낄 수 있다. 프랑스 요리에서는 전통적으로 냄비에서 구운 송아지의 엉덩이 살에 수영 퓌레를 곁들인다. 재배한 수영 잎은 오랫동안 조리하면 녹아서 흩어져 버린다. 탄소강으로 만든 식칼로 다지거나, 철 냄비에서 끓이면 색이 검게 변하면서 쓴 맛이 나기 때문에 삼갈 것. **MR**

Taste: 향미 자체는 다소 특색이 없는 편이지만, 자라는 땅의 풍미를 빨아들이며, 그 때문에 레몬 맛 또는 짭짤한 맛을 띠게 된다.

Taste: 수영은 시들기가 무섭게 녹색에서 카키색으로 변해버린다. 품종과 토양에 따라 시큼한 정도에 차이가 있지만, 언제나 기분 좋은 레몬 맛이다.

오랫동안 정원사들로부터 잡초 취급을 받던 쇠비름은 샐러드 재료로 인기가 높아지고 있다.

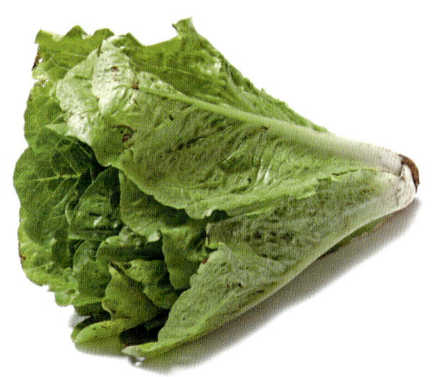

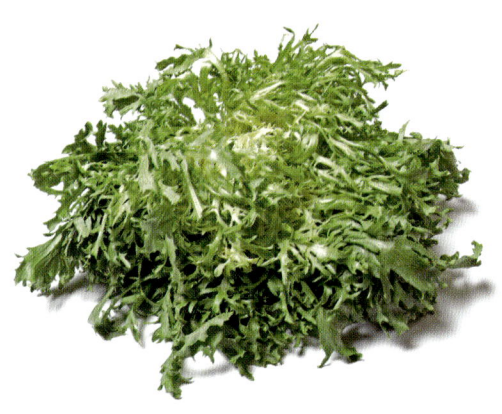

로메인 상추 Cos Lettuce

시저 샐러드에 빠지지 않고 등장하는 로메인 상추는 코스(Cos) 상추라고도 하는데, 이는 에게 해에 있는 코스(Cos) 섬에서 유래하였다. 일각에서는 로메인 상추의 원산지가 코스라고도 한다. 다른 식품 역사학자들이나 어원학자들은 아랍어로 '상추'를 뜻하는 'xus'에서 기원하였다고 주장하며, 고대 이집트의 발굴 때도 비슷한 상추가 등장하였다. 오늘날, 길고 아삭아삭한 잎을 지닌 이 진녹색의 상추는 프랑스어의 'laitue romaine'와 이탈리아어의 'lattuga romana'를 따서 보통 로메인 상추라 부른다.

오늘날 상추(Lactuca sativa) 가운데서도 로메인 상추는 천수국, 애스터, 백일홍 종류처럼 정원에서 흔히 볼 수 있는 꽃과 생물학적으로 가깝다. 다 자란 로메인 상추는 무게가 약 300그램에 이르지만, 영국에서 인기가 있는 리틀 젬(Little Gem) 품종은 100그램 정도밖에 되지 않는다.

상추를 먹고 잠들어 버렸던 베아트릭스 포터의 플롭시 아기토끼들처럼, 고대 그리스 로마 사람들은 상추 잎에 졸음이 오고 진정시키는 효과가 있다고 믿었다. 한 입 크기로 찢은 로메인 상추는 더운 샐러드와 찬 샐러드 모두에서 과일이나 다른 야채와 잘 어울리며, 센불에 볶는 요리에서는 양배추 대신으로 써도 요긴하다. **SH**

Taste: 로메인 상추의 겉잎은 약간 쓴맛이 나며 안쪽의 잎들이 더 달고 향긋하다. 조리하면 조금 아스파라거스 맛이 나기도 한다.

꽃상추 Frisée

영어로는 보통 엔다이브(endive)라고 부르는 꽃상추는 키코리움 엔디비아(Cichorium endivia)의 여러 품종 중 하나이다. 지중해 연안이 원산지이며, 남유럽에서 널리 재배한다. 벌써 300년이 넘는 역사를 자랑하며, 샐러드에 많이 넣어 먹는다.

좁고, 꼬불꼬불하고, 가장자리가 술처럼 너풀너풀한 꽃상추는 연녹색에서 라임 녹색에 이르는 빽빽한 잎에, 한가운데는 노란색과 하얀색이다. 미국이나 영국에서는 루콜라가 등장하기 이전에 석쇠에 익힌 야채와 고기 요리에 장식으로 쓰였다.

꽃상추는 남프랑스가 기원인 채소의 어린 잎으로 만든 샐러드인 메스클룬(mesclun)에 단골로 등장한다. 민들레 잎처럼 베이컨, 크루통, 때로는 달걀과 함께 리옹 샐러드에 넣는다. 양념한 호두나 반숙한 배와 함께 먹으면 산뜻하고 가벼운 디저트가 된다. 샐러드에서는 블러드 오렌지나 운향(Rutaceae)과에 속하는 오렌지의 변종인 탠저린, 그 밖의 다른 감귤류와 먹으면 돋보이며, 물냉이와 함께 먹어도 환상적이다. **SH**

Taste: 내부분의 치커리속처럼 꽃상추 역시 견과류의 풍미 뒤에 약간 쓴맛이 난다. 그 질감은 기분좋은 아삭아삭함과 너풀거리는 섬세함이 맞물려 있다.

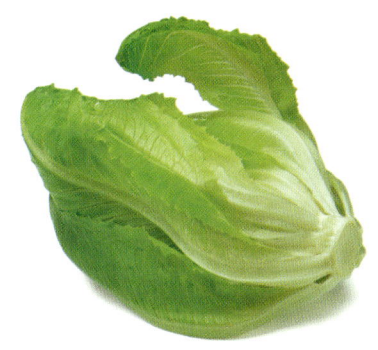

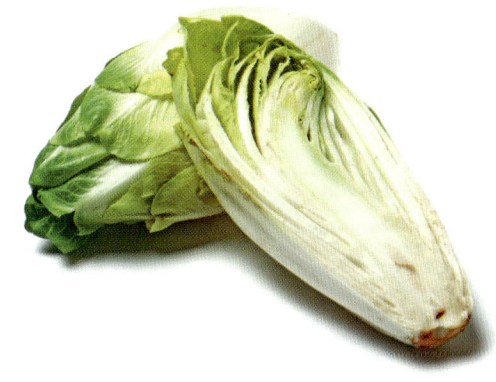

투델라 상추 Tudela Lettuce Heart

스페인 북부의 비옥한 에브로 계곡에 위치한 투델라는 그 싱싱한 산물의 품질로 유명하다. 수세기 동안 찬란한 나바라의 태양과 에브로 강의 물은 과일과 채소를 기르기에 이상적인 마이크로 기후를 창조해냈다. 그 가운데에는 상추의 제왕인 투델라 상추, 스페인어로 코고요스(cogollos)가 있다.

상추(Lactuca sativa)는 국화과에 속하며, 약 4,000년 전에는 보잘 것 없는 잡초에 불과했다. 이집트의 무덤 벽화에는 상추처럼 보이는 식물이 등장하며, 고대 그리스에서도 다양한 종류의 상추에 대한 기록이 남아 있다.

투델라 상추는 연두색에서 노랑색에 이르는 잎들이 난난하게 뭉쳐 있으며, PDO 인증을 받고 있어, 지정된 구역 내에서만 재배할 수 있으며, 규정된 지역 밖에서는 그 종자를 판매할 수 없다. 나바라(에스파냐쪽 피레네산맥 서부의 구릉지) 음식에서는 보통 샐러드에 코고요스를 앤초비, 연어, 새우류 등과 함께 넣는다. 아삭아삭한 잎은 기름, 마늘, 앤초비 등으로 만든 박력있는 드레싱과도 잘 어울리고, 질 좋은 스페인 올리브유를 뿌려 먹어도 맛있다. **LF**

치커리 Chicory

고대 그리스와 로마에서는 야생 치커리의 쓴 잎을 먹었지만, 16세기까지는 야채의 하나로 재배하지는 않았다. 치커리(Cichorium intybus)는 꽃상추(C. endivia)와 생물학적으로 매우 가까우며, 사실 프랑스어와 영어에서는 치커리와 꽃상추를 혼동해서 사용한다.

치커리는 다양한 품종이 있지만, 오늘날 우리가 흔히 먹는 품종은 위트로프(witloof, '하얀 잎'이라는 뜻)이다. 시가 모양으로 생긴 이 품종은 1850년 벨기에에서 기원하였다고 전해지지만, 16세기 이래 베네룩스 지역에서 길러 먹던 바르브 드 카푸친(barbe de capucin) 품종이 그 모태인 듯하다. 벨기에에서는 치커리에 대한 이야기가 하나 전해져 내려온다. 오랫동안 자기 밭을 버려두었던 농부가 돌아와 보니, 그가 심어놓았던 치커리의 뿌리가 하얗고, 빽빽하고, 뾰족한 잎들로 자라 있었다는 것이다. 이 식물은 곧 꽃상추라는 이름으로 프랑스로 전해졌다.

아삭아삭하면서도 부드러운 치커리 잎의 질감은 샐러드에 사용하면 이상적이지만, 가볍에 브레이즈하거나 구워 먹어도 좋다. 조리할 경우에는 설탕을 조금 넣어수면 남아있는 쓴맛을 상쇄할 수 있다. **MR**

Taste: 빽빽하게 뭉쳐 있는 투델라 상추는 아삭아삭하고 싱싱한 향의 잎을 피워낸다. 잎은 부드러운 동시에 달콤하다. 생으로 샐러드에 넣어서 먹거나 브레이즈로 만들어 먹으면 좋다.

Taste: 바삭한 생 치커리 잎은 쌉쌀한 향기가 살짝 느껴지는 향긋한 풍미를 지니고 있다. 브레이즈하면, 함께 요리하는 재료의 향미가 배게 된다.

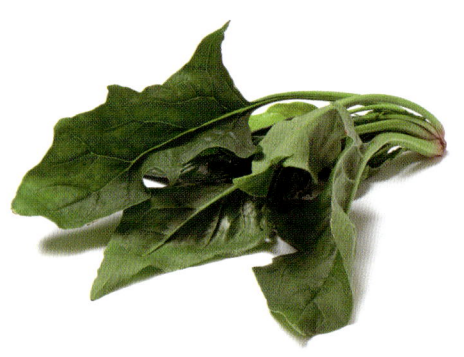

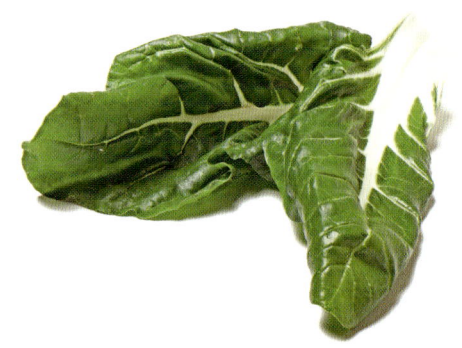

애로우헤드 시금치 Arrowhead Spinach

한때 아랍인들이 '야채의 왕자'라 불렸던 시금치(Spina-cia oleracea)는 오랜 옛날부터 재배되어 왔다. 애로우헤드(arrowhead) 또는 애로우리프(arrowleaf)는 미식가 셰프들 가운데서도 평이 좋으며, 시금치 생산량이 세계에서 가장 많은 미국에서도 매우 인기가 높은 품종이다. 1920년대, 시금치는 만화 주인공 뽀빠이에게 힘을 솟게 하는 먹는 음식으로 유명해졌다(사실 시금치가 함유하고 있는 풍부한 영양소, 특히 철분은 그 옥살산 수치 때문에 인체에 흡수되는 데 한계가 있다). 보통 '어릴 때 먹는' 품종으로 재배하며, 이종 교배한 품종으로 래즐 대즐(Razzle Dazzle)과 보르도(Bordeaux)가 있다. 보르도는 줄기가 빨간데, 조리하면 녹색으로 변한다. 프랑스의 고전적인 메스클링(mesclun), 즉 봄철에 먹는 녹색 푸성귀 샐러드에는 애로우헤드 시금치를 넣는다. 또 다른 재료와 섞지 않고 시금치만 먹어도 훌륭하다.

신대륙의 셰프들은 시금치에 체리, 만다린 오렌지, 캐슈, 심지어 와사비 드레싱에 이르기까지 온갖 재료를 다 섞는다. 시들어버린 애로우헤드 시금치조차 사슴고기에서 갑각류에 이르기까지 수많은 요리의 베이스로 인기가 높다. **SH**

근대 Swiss Chard

키가 크고 잎이 무성한 이 채소의 줄기는 굵고 아삭아삭한 빨강, 노랑, 하얀색이며, 잎은 녹색의 넓은 부채꼴이다. 프랑스의 론 계곡에서 널리 자라며, 수많은 지중해 요리에 쓰인다. 영어 이름은 스위스 처드이지만 스위스와는 별다른 연관이 없다.

근대(Beta vulgaris var. cicla)는 명아주과에 속하며, 기원전 4세기 아리스토텔레스가 '비트'라고 부른 식물일 것으로 추정된다. 근대는 아랍 요리에서 특히 오랜 역사를 자랑한다(바빌론의 공중 정원에서도 재배했을지 모른다). 또 수많은 고대 로마 음식에도 등장한다. 오늘날에는 이탈리아에서 널리 사용하며, 때때로 토르텔리 디 에르베테(tortelli di erbette, 이탈리아 파르마 지방의 전통 요리. 근대나 시금치, 리코타 치즈, 파르미지아노 치즈, 육두구 등으로 속을 채운 라비올리의 일종)의 속을 만드는 데에도 사용한다. 프랑스인들은 달콤한 혹은 짭짤한 맛을 내는 타르트(tourtes des blettes)를 만드는 데에 쓴다.

근대는 재빨리 소테로 만들거나 생으로 샐러드에 넣으면 당근, 비트와 잘 어울리며, 녹색 채소가 들어가는 대부분의 레시피에 사용할 수 있다. **SH**

Taste: 맛이 더 강한 전통적인 품종들과는 달리 애로우헤드 시금치는 향긋한 단맛을 지니고 있다. 래즐 대즐 품종은 특히 맛이 순하다.

Taste: 시금치를 좋아하는 사람들은 근대도 사랑해 마지 않는다. 순하고 달콤한 향미는 시금치를 연상시키지만 살짝 씁쓸한 데가 있다. 줄기는 아스파라거스와 흡사하다.

근대 중에서도 레인보우 처드(rainbow chard)의 줄기는 야채를 별로 좋아하지 않는 어린아이들마저 유혹하는 맛이 있다. ❥

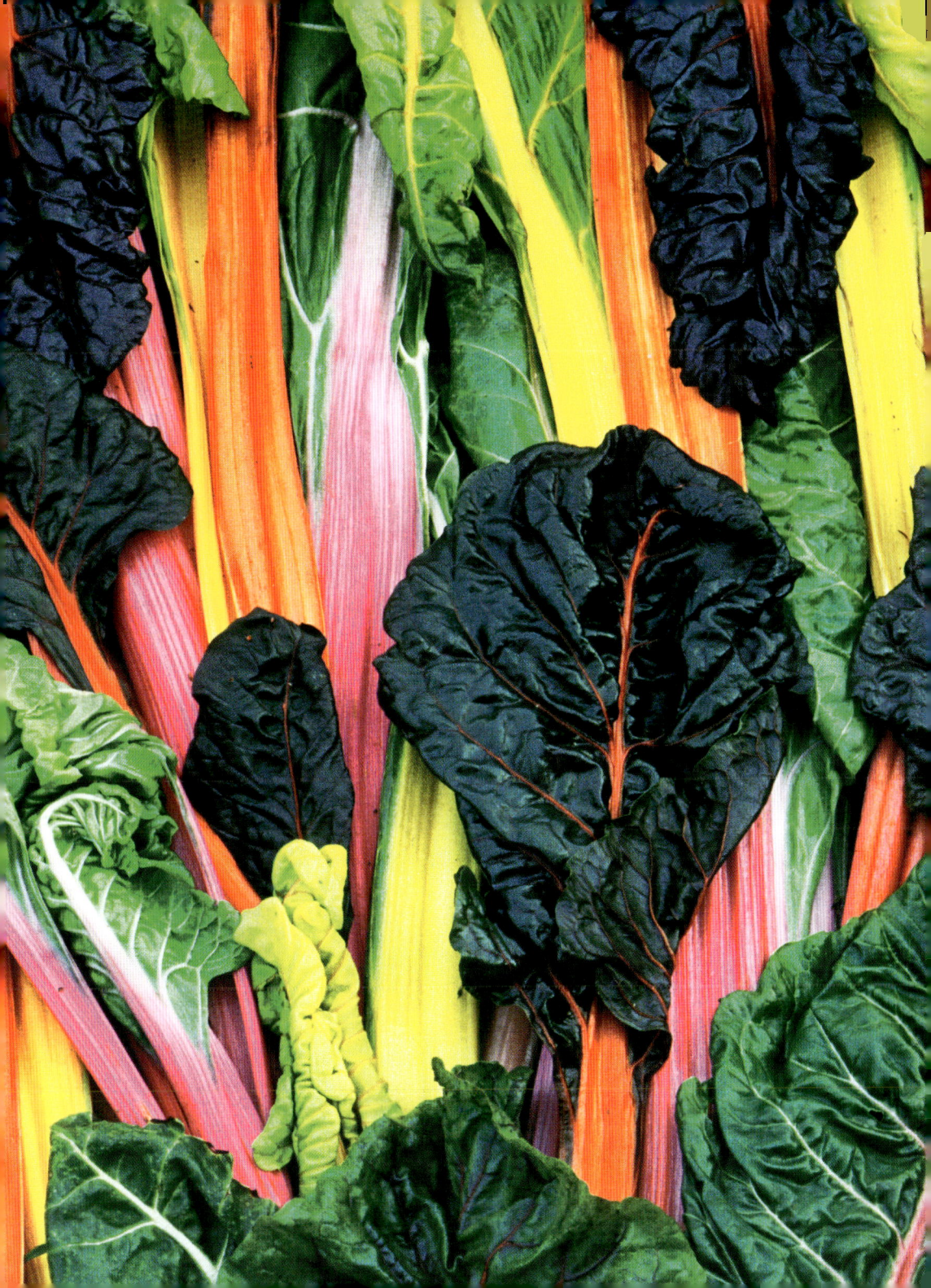

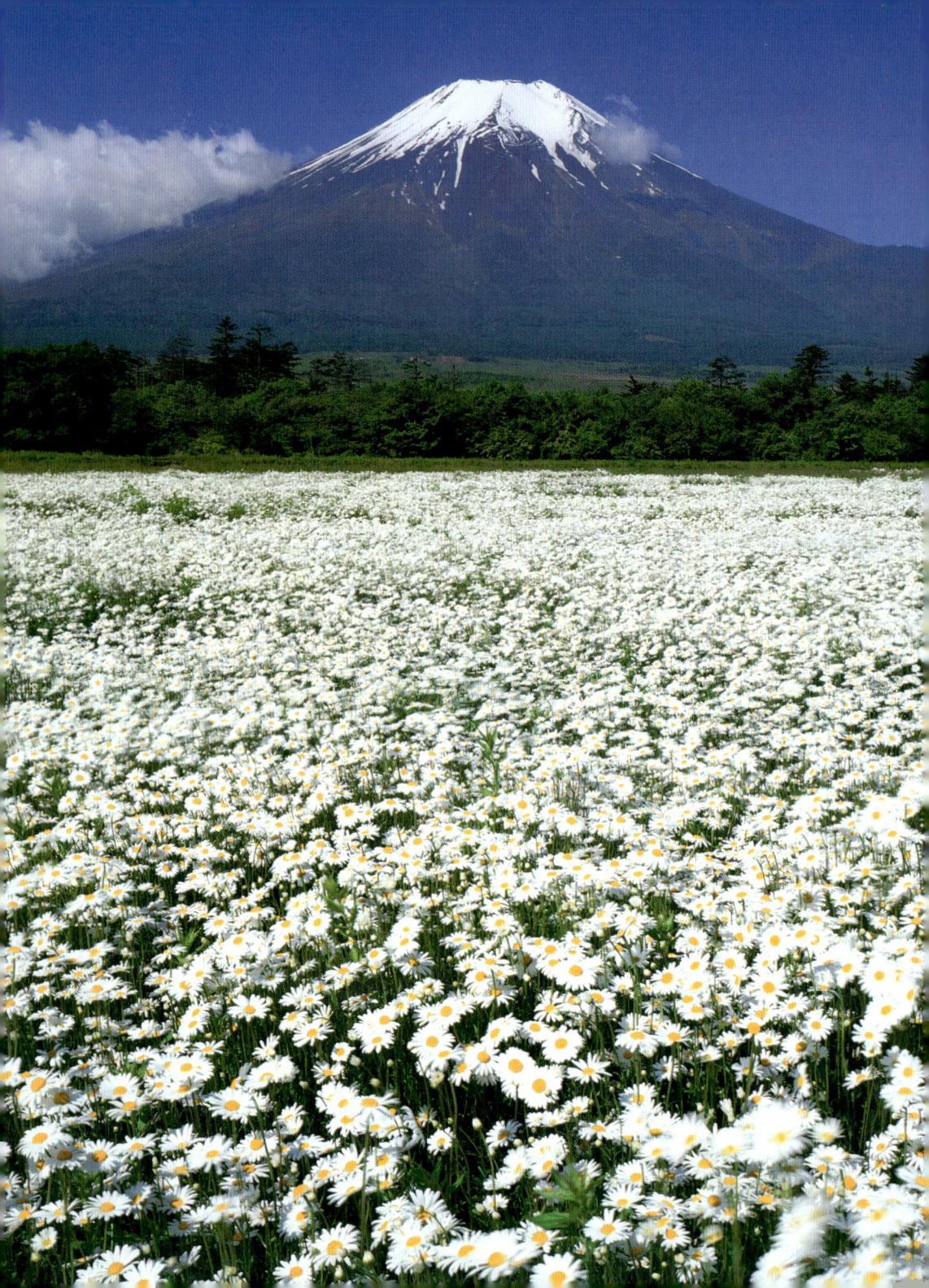

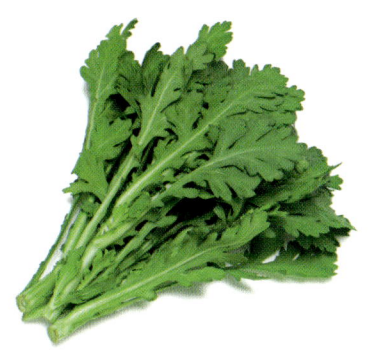

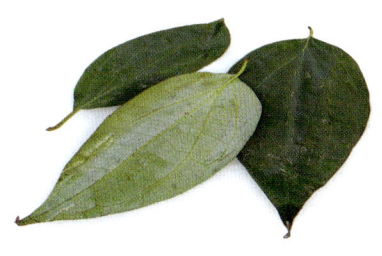

쑥갓 Shungiku

국화는 일본의 국화(國花)이다. 가을이 되면 전국에서 국화 축제가 열리며, 어딜 가도 국화로 만든 대형 인형을 구경할 수 있다. 그렇다고 해서 이 때문에 일본인들이 국화를 안 먹느냐, 하면 그건 아니다. 쑥갓(Glebionis coronarium 또는 Chrysanthemum coronarium, 일본어로는 슈운기쿠(春菊))은 국화과 식물의 어린 잎으로, 동양에서는 거의 어떤 음식에나 넣어 먹을 수 있다. 루콜라와 마찬가지로 두 종류가 있다. 작고 향이 강하며 이파리 가장자리가 톱니 모양인 "야생" 쑥갓과, 이파리가 넓적하고 맛이 순한 쑥갓이 있다. 대부분의 품종은 이 둘의 중간 어디쯤에 속한다.

어리고 부드러운 잎은 날로 먹거나 템푸라에 넣기도 하지만, 대개는 살짝 데친 뒤 찬물에 넣어 파릇파릇 살아나게 한다. 스키야키와 다른 냄비 요리에 없어서는 안 될 중요한 재료로, 너무 오래 익히면 쓴맛이 나기 때문에 먹기 직전에 넣는다. 데쳐서 오히타시 식으로 간장이나 식초를 쳐서 먹기도 한다. 중국에서는 광둥어로 통호라 부르며, 수프나 센불에 볶은 요리, 샐러드에 넣어 먹는다. 쑥갓은 꽃도 먹을 수 있는데—일본 아오모리 현에서 재배한 것을 최고로 친다—말려서 얇게 펴서 기쿠노리(菊海苔, '국화 김'이라는 뜻)라는 이름으로 판매한다. **SB**

Taste: 톡 쏘는 대지의 맛에 국화 향과 비슷한 쌉쌀함이 살짝 느껴진다. 시금치를 대용으로 쓰기도 하는데, 맛과 질감 모두 시금치보다 거칠다.

우조우자 잎 Uzouza Leaf

열대우림에서 자라는 야생 상록 덩굴 식물에서 얻는 우조우자 잎은 나이지리아에서 가장 인기 있는 녹색 이파리 채소 중 하나이다.

역시 우조우자 잎을 먹는 다른 중앙아메리카 국가들에서는 각기 다양한 이름으로 불린다. 영어로는 때때로 야생 시금치(wild spinach)라고 부르기도 한다. 재배하기보다는 시골 마을 사람들이 야생에서 채집하여 시장에 내다판다. 또 유럽과 미국에 있는 아프리카 식품점으로도 수출된다.

조리하기 전에 이파리를 비빈 뒤 날카로운 칼로 끝을 따 내고 가늘게 찢는다. 우조우자 잎은 싱싱할 때에는 연녹색이지만, 말리거나 냉동시키면 색이 짙어진다. 나이지리아에서는 생으로 채소 샐러드에 넣어 야자 기름을 쳐서 먹는다. 스파이시한 생선과 고기 수프인 오페-오웨리(ofe-owerri)나 멜론씨 수프인 에구시(egusi), 이바바 씨앗 가루를 넣어 걸쭉하게 끓인 고기 수프인 이바바(ibaba) 등 맛이 진한 수프에도 보통 잘게 찢은 우조우자 잎을 넣는다. 카메룬과 중앙아프리카공화국에서는 쇠고기 스튜와 땅콩 소스를 뿌린 그린 샐러드에 넣어 먹는다. **CK**

Taste: 향긋하고 거의 달콤한 냄새가 나는 연녹색 우조우자 이파리는 시금치를 연상시키는 순하고 섬세한 맛이 난다.

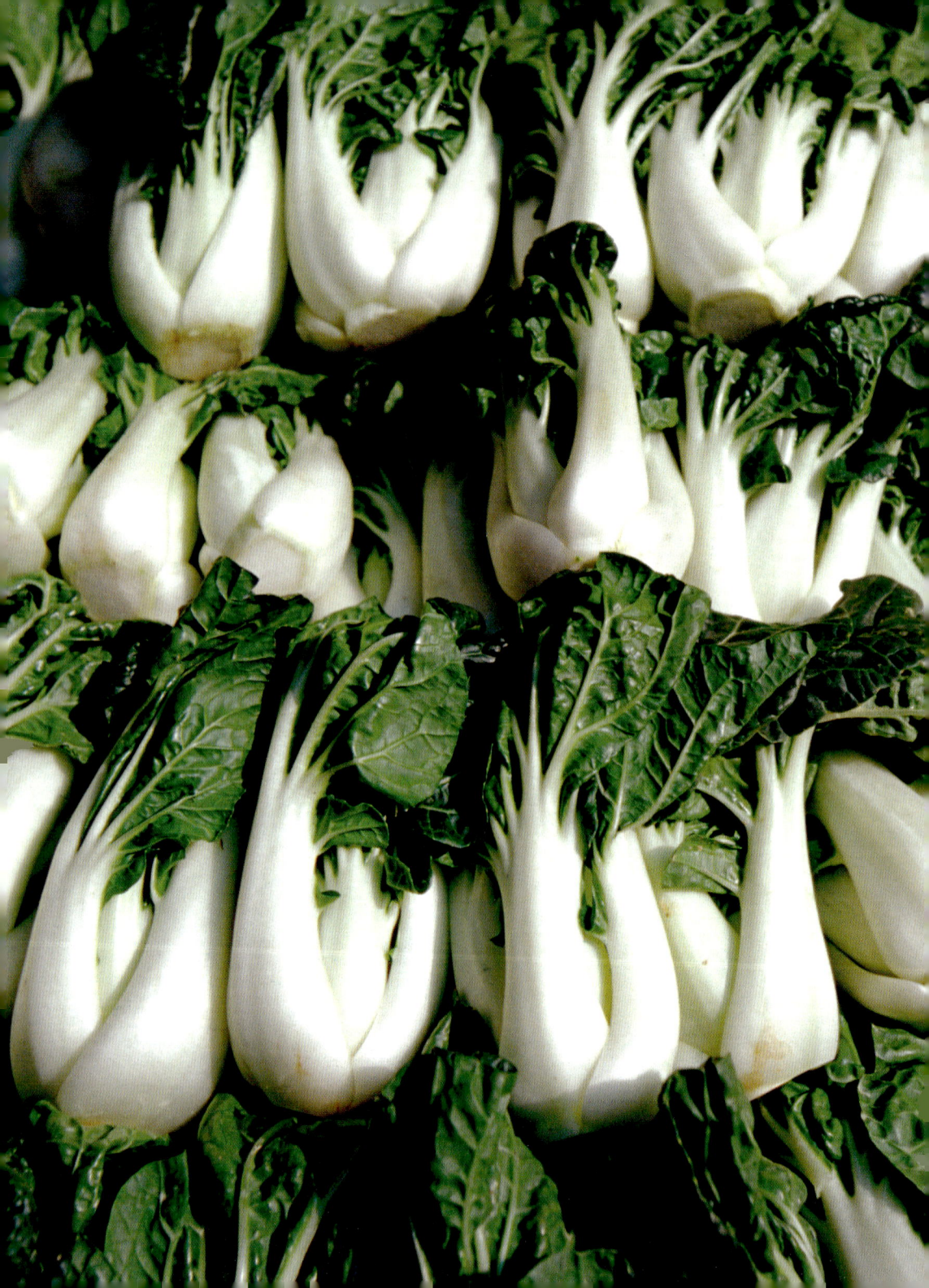

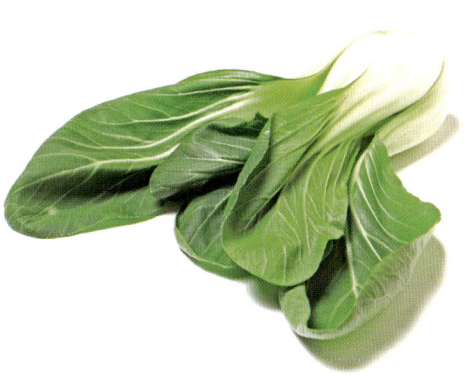

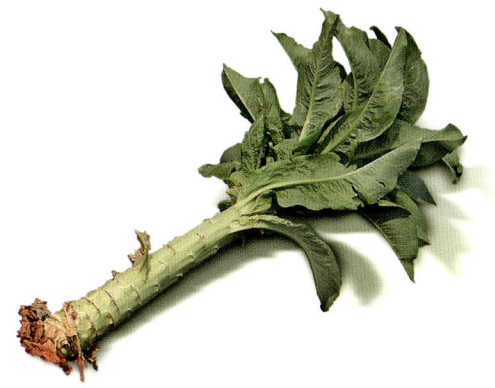

청경채 Bok Choy

줄기상추 Celtuce

청경채는 겨자, 브로콜리, 방울다다기양배추, 케일 등과 함께 아시아 요리에서 널리 쓰이는 십자화과에 속하는 식물이다. 품종의 수가 워낙 많아 제대로 분류하려면 식물학자조차 머리를 싸매고 말 것이다. 밝은 녹색의 잎에 줄기가 굵은 것이 있는가 하면, 잎에 하얀 잎맥이 불거져나온 것이 있기도 하다. 크기는 2.5센티미터짜리부터 20센티미터까지 다양하다.

그러나 청경채는 보통 독특한 생김새를 지니고 있다. 녹색의 너풀거리는 잎사귀는 매끄럽고 즙이 많은 흰 줄기와 대비를 이룬다(중국에서는 배추를 광둥어로 복초이(白菜)라 한다).

흰색과 녹색의 매력적인 대비 덕분에 청경채는 종종 통째로 조리하며, 좀 큰 것은 반이나 4분의 1로 잘라서 사용한다. 줄기는 즙이 많고 아삭아삭하며, 얇은 이파리는 조리하면 금방 숨이 죽는다. 삶거나 찌거나 센불에 볶거나 혹은 만두소에 넣을 수도 있다. **KKC**

셀터스(celtuce), 또는 아스파라거스 레터스(asparagus lettuce)라고도 부르는 줄기상추(Lactuca sativa var. asparagina)는 중국에서 유래하였으며, 때때로 차이니즈 레터스로 불리기도 한다. 주로 두껍고 부드러운 줄기를 먹기 위해 기르지만, 양상추를 닮은 이파리도 먹는다. 셀터스라는 이름은 셀러리와 레터스(lettuce, 양상추)의 합성어이지만, 실제로 셀러리와 레터스의 교배종은 아니다. 중국에서는 워순 또는 워주라고 부른다.

겉껍질이 품고 있는 쓴맛이 나는 유액을 제거하기 위해 겉껍질을 벗긴 뒤, 줄기를 썰어서 샐러드에 넣어 먹거나 또는 길쭉하게 잘라 딥을 찍어 먹도록 낸다. 중국에서는 줄기를 석쇠에 굽거나 삶아서 수프에 넣거나, 또는 육류, 가금류, 혹은 생선과 함께 센불에 볶는다. 또 피클로 만들기도 하고, 줄기를 익혀서 브로콜리처럼 먹기도 한다. 어리고 부드러운 이파리는 샐러드에 넣거나 가볍게 소테한다. 일단 완전히 자라면 우유 같은 수액 때문에 이파리는 쓴맛이 나고 먹을 수 없게 된다. 줄기상추는 중국에서 상용 작물로 재배한다. 1940년대에 한 선교사에 의해 미국으로 전래되었다고 한다. 미국과 그 밖의 나라에서는 그다지 널리 알려져 있지 않으며, 주로 가정의 정원에서 많이 길러 먹는다. **SH**

Taste: 모든 청경채는 다른 십자화과 채소에 비하면 향미가 은근하다. 밍밍한 단맛에 때로는 살짝 쓴맛이 돌기도 한다.

Taste: 줄기를 익히면 호박과 아티초크의 중간쯤 되는 맛이 난다. 날로 먹으면 아삭아삭하고 촉촉하며, 순한 맛이 난다. 어린 잎은 치커리와 비슷한 쓴맛이 난다.

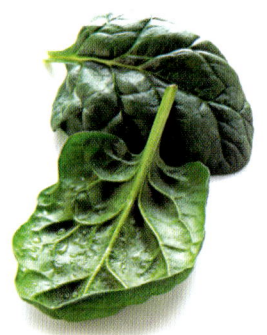

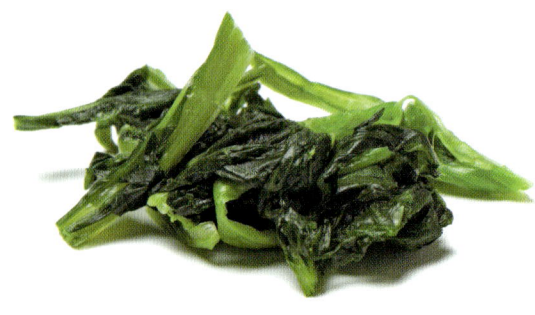

멜로키아 Melokhia

순무청 Turnip Top

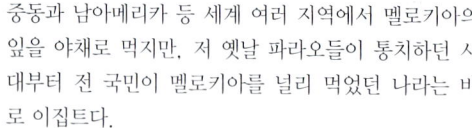

중동과 남아메리카 등 세계 여러 지역에서 멜로키아의 잎을 야채로 먹지만, 저 옛날 파라오들이 통치하던 시대부터 전 국민이 멜로키아를 널리 먹었던 나라는 바로 이집트다.

　멜로키아를 넣어 끓인 수프도 그냥 멜로키아라고 부르는데, 오늘날에도 고대 무덤 벽화에 나와 있는 것과 똑같은 방법으로 만든다. 수세기 동안 이집트 여인들은 맛있는 음식이 담긴 단지를 머리에 이고 밭일을 하는 남정네들에게로 날랐다. 이집트에서는 가장자리가 톱니 모양의 신선한 멜로키아를 살 수 있지만, 해외에 사는 이집트인이라면 건조나 냉동, 혹은 캔조림으로 만들어 수출한 멜로키아를 살 수밖에 없다.

　신선한 멜로키아는 깨끗이 씻어서 물기를 뺀 뒤 곱게 다져 끓는 물에 10분 정도 데친다. 가장 기본적인 수프는 묽은 야채 우려낸 국물에 멜로키아를 넣고 끓이는 간단한 것이지만, 시리아와 이집트에서는 닭고기 국물을 써서 진하게 만든다. 접시에 밥과 뼈를 발라낸 닭고기를 잘게 찢어 올려놓고, 걸쭉한 멜로키아 국물을 떠 담은 뒤 빵을 곁들여 낸다. **WS**

순무(Brassica rapa)는 인간이 재배한 최초의 채소류 가운데 하나이다. 전통적으로 순무청(순무의 줄기와 잎)은 계절 채소로, 무의 수확량이 줄어드는 봄철에만 먹을 수 있다. 오늘날에는 미국과 유럽에서 무청만 따로 얻기 위해 재배하기까지 한다.

　보통은 옅은 녹색으로 얇고 잔털이 많은 순무청은 지중해 나라들과 그 밖의 유럽 지역 레시피에 등장하며, 특히 포르투갈 북부의 트라스-오스-몬테스 데 알투 도우루 지방의 음식에 널리 쓰인다. 이 산악 지대의 전원적인 요리들은 강한 풍미가 특징인데, 순무청을 알레이라―돼지고기가 아닌 고기로 만든 소시지의 일종―나 대구와 함께 조리한다. 이웃한 스페인의 갈리시아에서는 돼지고기 요리에 곁들이며, 포르투갈에서도 더 남쪽으로 내려가면 수프나 쌀 요리에 들어가며, 고등어 튀김에 사이드디쉬로 함께 내기도 한다. 이탈리아의 아풀리아 지방에서는 파스타에 순무청을 넣는다. 미국 남부에서는 없어서는 안 될 식재료인데, 고기국물에 넣어 익히며, 소금에 절인 돼지고기나 햄 혹은(훈제 햄에서 돼지 족과 다리의 연결 부위)을 약간 넣어 맛을 낸다. **DM**

Taste: 멜로키아 잎은 수영과 비슷한 살짝 쌉싸름한 맛이 난다. 익히면 끈끈해지며, 그 맛은 오크라와 시금치의 중간쯤으로 묘사되곤 한다.

Taste: 보통은 삶거나 데쳐서 낸다. 톡 쏘는 맛의 이파리는 겨자 잎처럼 약간 쌉쌀한 맛이지만 조리하면 누그러진다.

잉글랜드 서폭의 한 농가에서 재배하는 순무청을 보호하기 위해 위에 그물을 쳐 놓았다. ➲

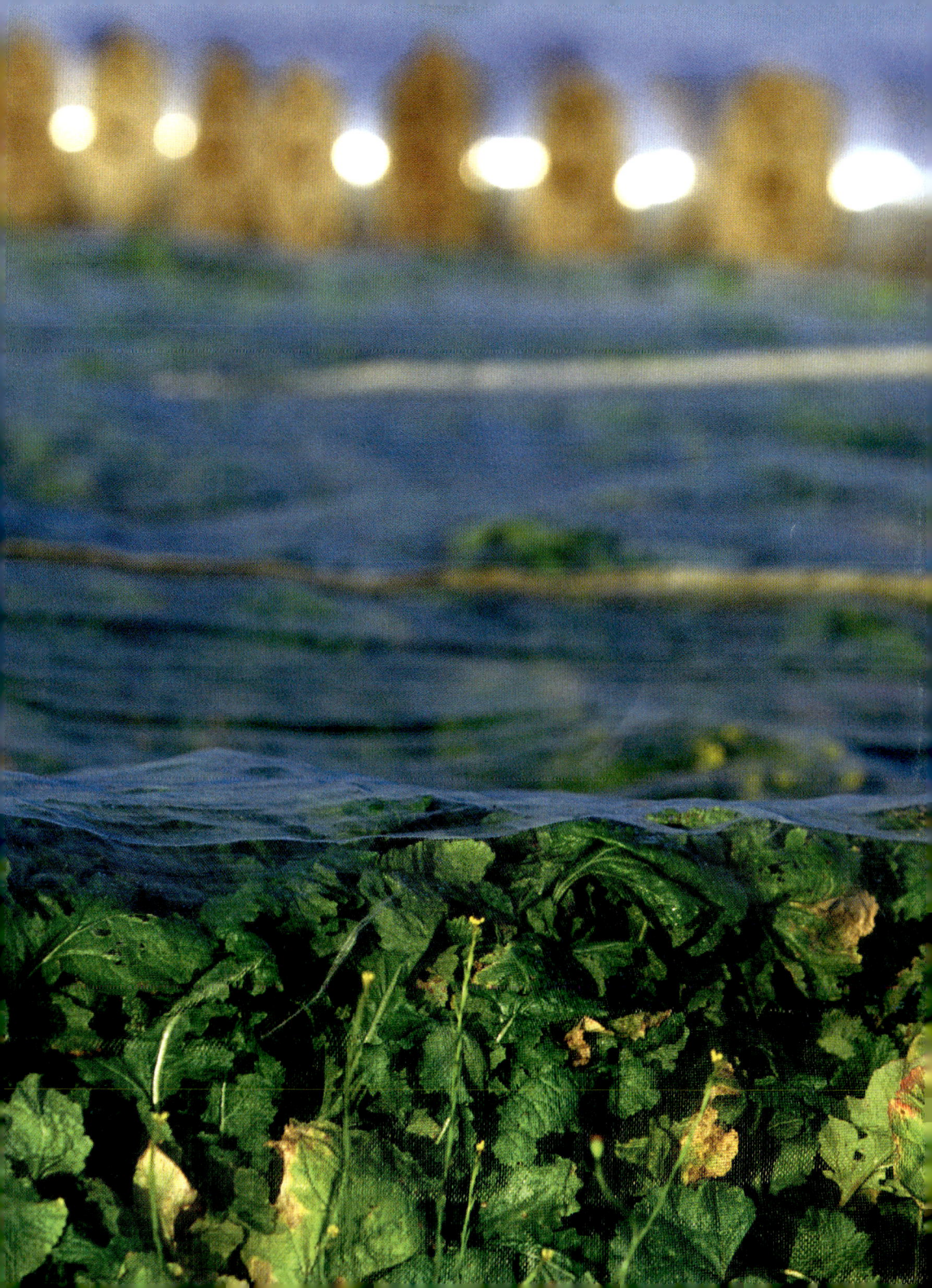

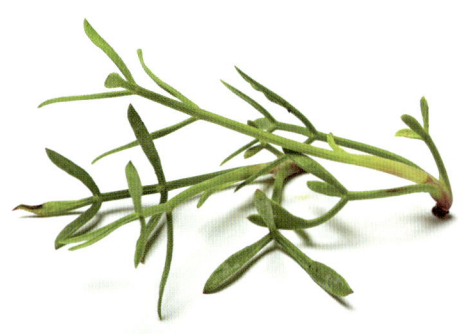

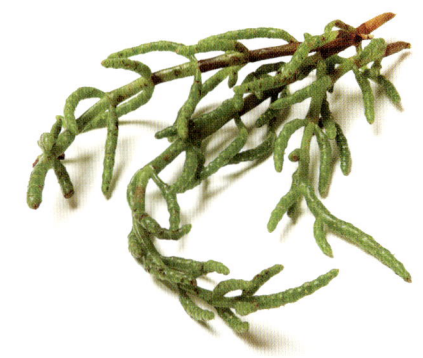

록 삼피어 Rock Samphire

마쉬 삼피어 (유럽 퉁퉁마디) Marsh Samphire

록 삼피어(Crithmum maritimum)는 유럽 해안의 바위 틈이나 후미진 구석에서 자란다. 셰익스피어의 『리어 왕 King Lear』에 등장하는 에드가는 록 삼피어 수확을 가리켜 '끔찍한 일(dreadful trade)'이라고 말하는데, 보통 록 삼피어를 캐려면 절벽 가장자리에 위험하게 매달려야만 하기 때문이다. 사실 록 삼피어는 굳이 목숨 걸지 않아도 되는 곳에서도 자란다.

롬 삼피어는 17세기에 잉글랜드에서 높은 인기를 자랑했다. 18세기에는 주로 피클로 만들어 먹었다. 『자유인을 위한 음식 Food For Free』(1972년)에서 리처드 마비는 록 삼피어 피클을 만들려면 향신료로 맛을 낸 식초에 담가 주말 내내 차가운 빵 굽는 오븐에 넣어두라고 조언한다. 19세기에도 여전히 인기가 있기는 했지만 유행이 지나버렸고, 20세기 말에 반짝 인기가 살아났다. 다른 야생 식물들도 그렇지만 록 삼피어는 철이 되면 뾰족뾰족한 잎사귀가 아직 부드러울 때 빨리 수확하는 것이 좋다. 그렇지 않으면 시간이 흐르면서 질감이 거칠어지고, 수지(樹脂)의 냄새가 강해지기 때문이다. 오늘날에는 록 삼피어의 잎은 주로 장식으로 쓰거나 피클로 만들어 먹으며, 해산물 샐러드에 넣기도 한다. 독특한 풍미를 지니고 있기 때문에, 자칫하면 음식 자체의 개성을 잃을 수도 있으므로 주의해서 다루어야 한다. **MR**

이름만 비슷하지 록 삼피어와는 완전히 다른, 이 선명한 녹색의 채소는 마치 애리조나 선인장의 미니어처를 엮어놓은 것처럼 생겼으며, 잉글랜드, 프랑스, 그리고 베네룩스 해안 지방의 바닷물이 드나드는 습지의 진흙 속에서 자란다. 마쉬 삼피어를 수확하여 세척하는 작업은 손도 시간도 많이 가는 일이지만, 6월에 첫 번째 순이 올라오기가 무섭게 마쉬 삼피어 사냥이 시작된다. 마쉬 삼피어(Salicornia europaea)라는 이름은 아마도 옛 프랑스어 표현인 l'herbe de Saint Pierre(성 베드로의 풀)에서 유래한 듯하지만, 때로는 퉁퉁마디(glasswort)라고도 불리며, 한때는 유리 제조에 쓰이기도 했다.

삼피어와 그 밖의 퉁퉁마디속 식물들은 짠물에서도 자랄 수 있기 때문에 오늘날 미래지향적 식물로 인정받고 있다. 수확철이 시작되면 삼피어는 날로 먹을 수는 있지만 너무 짜다. 피클로 만들 수도 있지만 그러면 그 은근한 짠맛이 사라지고 만다. 끓는 물에 살짝 데쳐서 가벼운 샐러드에 넣으면 좋으며, 여름 송어 요리와 완벽한 계절적 궁합을 자랑한다. 수요가 공급을 초과하는 지역에서는 이스라엘과 페르시아 만 연안에서 재배한 삼피어를 수입하기도 한다. 버지니아 퉁퉁마디라고도 부르는 미국 퉁퉁마디(Salicornia virginica)는 마쉬 삼피어의 사촌격이다. **AMS**

Taste: 살짝 익히면 록 삼피어는 아삭하삭하다. 그리고 짭짤하기는 하지만 즙이 많다. 희미한 향기가 느껴지는 맛은 당근에 비교되곤 하지만, 개성적이고 강하다.

Taste: 소금을 치지 않은 물에 살짝 데쳐서 버터로 양념한 다음 깨물어서 즙이 많은 속살만 빨아 먹는다. 이 짭짤한 별미는 '바다 아스파라거스'라는 별명에 전혀 부족함이 없다.

염분과 가뭄에도 끄떡 없는 삼피어는 미래에 경제적으로 전도유망한 식물이다. ➲

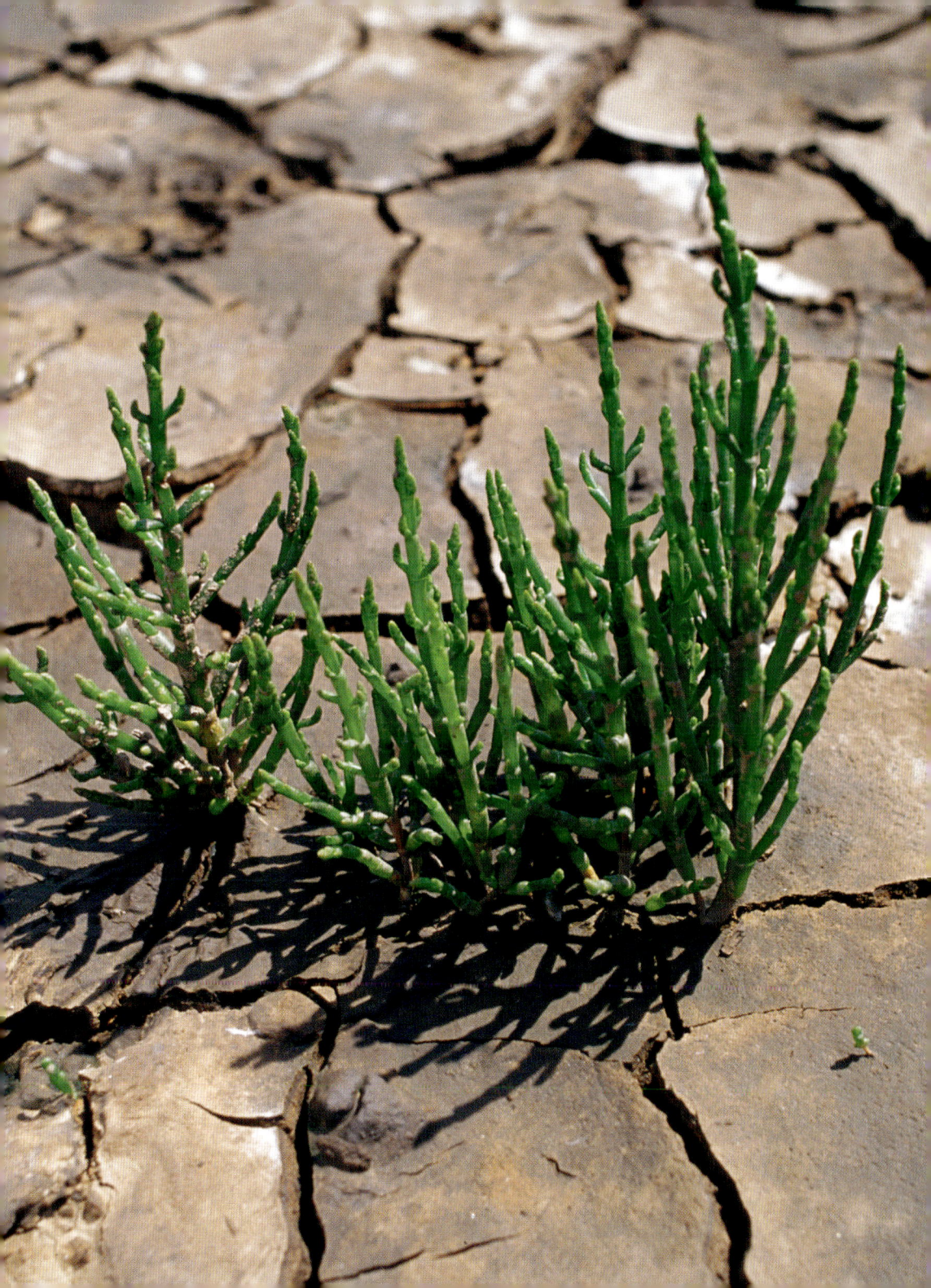

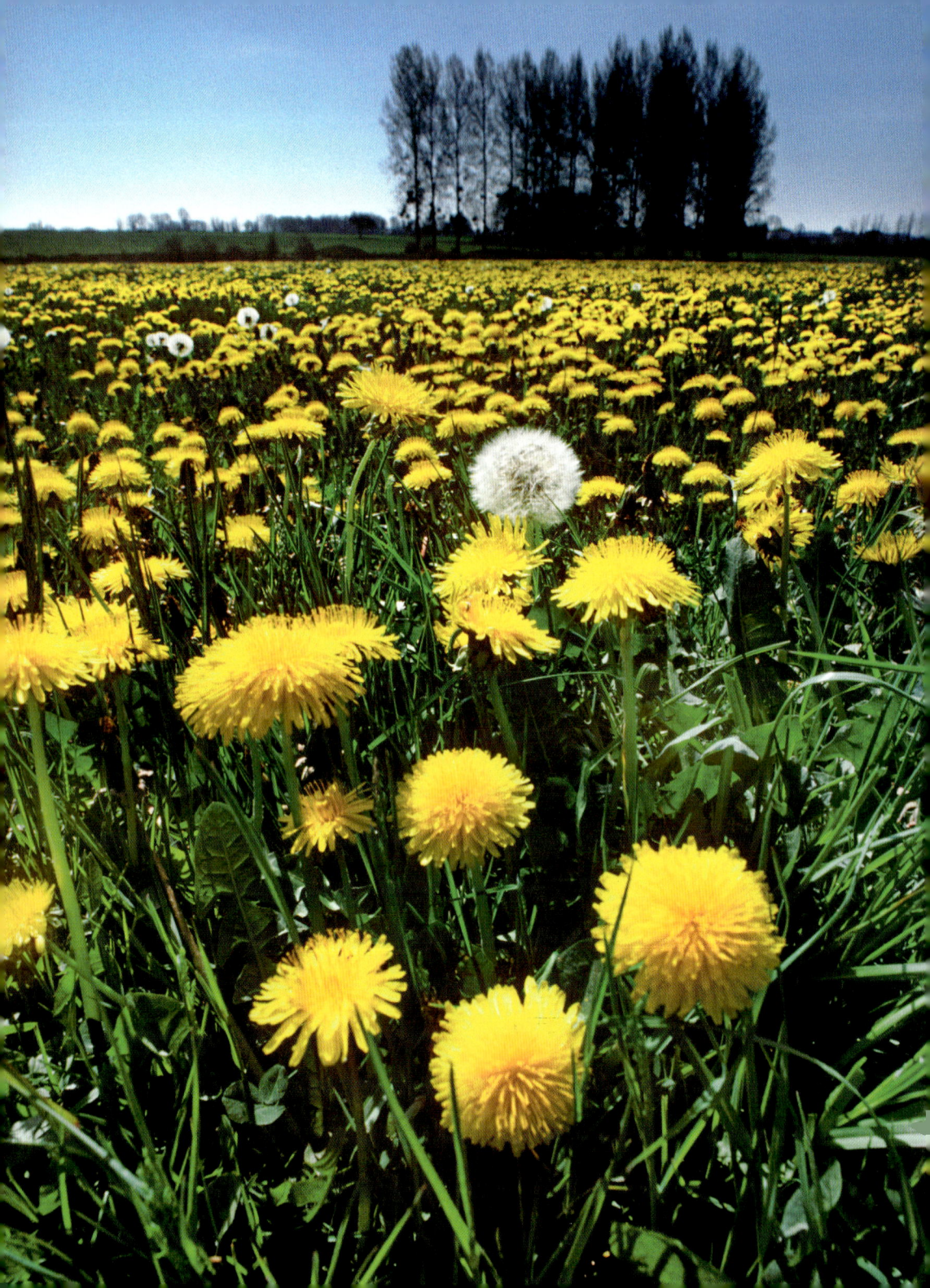

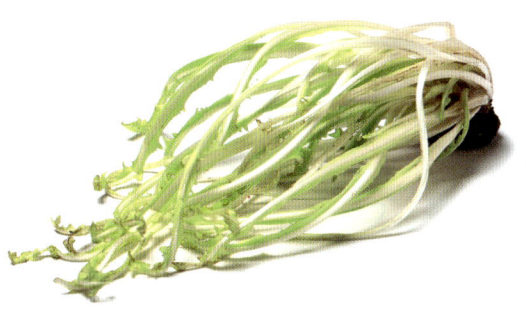
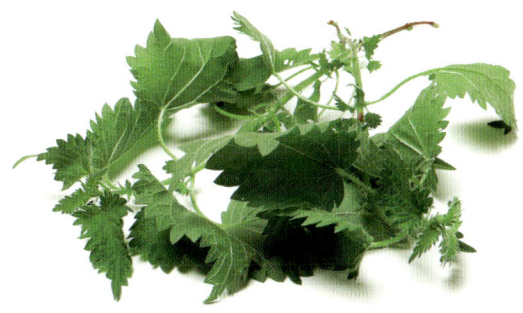

민들레 Dandelion

프랑스어로 민들레는 'pissenlit'라고 하는데, 17세기 영어 이름인 'piss-a-bed'('침대에 오줌싸기'라는 뜻)와 일맥상통한다. 오늘날의 영어 이름인 'dandelion'은 프랑스어 'dent de lion(사자의 이빨)'에서 유래하였으며, 그 톱니 모양의 잎에서 비롯된 듯하다. 치커리의 사촌 격인 민들레(Taraxacum officinale)는 이뇨제로 널리 알려져 있지만, 샐러드용 야채이기도 하다. 플랑드르 지방에서는 'barbe de capucin(수도사의 수염)'이라는 아주 시적인 이름이 붙은 치커리와 마찬가지로 하얀 민들레 역시 암암리에 재배한다. 3월에 맛이 가장 좋은 계절 별미이다.

야생에서 수확한 것이나 재배한 것이나 관계없이 샐러드에 넣는데, 특히 뜨거운 지방과 비니그레트 소스로 만든 드레싱에 베이컨과 푸성귀를 버무린 살라드 오라르동(salade aux lardons)의 주 재료이다.

야생 민들레와 재배한 민들레의 차이는 그 향미에 있다. 가장 어리고 가장 부드러운 이파리를 제외하면 야생 민들레는 거의 기분 나쁠 정도로 쓰지만, 데치면 훨씬 맛이 순해진다. 봄에 딴 민들레꽃으로는 벌꿀과 젤리의 중간쯤인 황금빛의 달콤한 병조림 '크라마요트(cramaillotte)'를 만들 수 있다. **MR**

서양쐐기풀 Nettle

유럽, 아니 전 세계에서 흔히 찾아볼 수 있는 서양쐐기풀은 가장자리가 톱니 모양에 표면이 날카로운 쐐기털로 덮여 있으며, 피부에 닿으면 따갑다. 피부에 닿았을 때 따가운 것은 포름산 때문인데, 때문에 야채로 다루기에는 상당히 어렵다. 수확할 때나 조리할 때나 장갑은 필수이지만, 일단 익히고 나면 괜찮다. 서양쐐기풀은 봄과 여름에 무성하게 자라며, 가을에는 시들어버리는데, 잎이 부드러운 봄철에만 먹을 수 있다.

쐐기풀은 삶거나 꾸들꾸들하게 말리거나 수프에 넣는다—이 수프는 오늘날 아일랜드, 스칸디나비아, 티베트에서 인기가 높다. 더 두면 맛이 써진다.(영국의 일기작가 새뮤얼 피프스가 1661년 '쐐기풀 포리지'를 먹었다고 기록한 것은, 귀리가 아니라 쐐기풀을 넣어 끓인 걸쭉한 수프를 가리킨 듯하다.)

각 나라의 전통 음식에서는 보통 '야생 푸성귀'라는 두리뭉실한 표현으로 얼버무리곤 한다. 예를 들어 그리스어로 'hortes'라고 하면 일반적으로 쐐기풀과 민들레 잎이 들어간다. 이탈리아에서는 전원풍의 리조토나 프리타타에 넣어 먹는다. **MR**

Taste: 민들레 잎의 쓴맛은 보다 순한 맛의 다른 샐러드 채소와 잘 어울린다. 또 시금치와 거의 같은 방법으로 조리해도 된다.

Taste: 보통 시금치에 비유되곤 하지만, 쐐기풀은 특유의 찌릿한 요오드 향을 풍긴다. 갓 데친 쐐기풀의 선명한 녹색은 그 어떤 잎채소도 따라갈 수 없다.

야생 민들레는 꽃가루와 넥타가 많아 수많은 곤충들을 유혹한다.

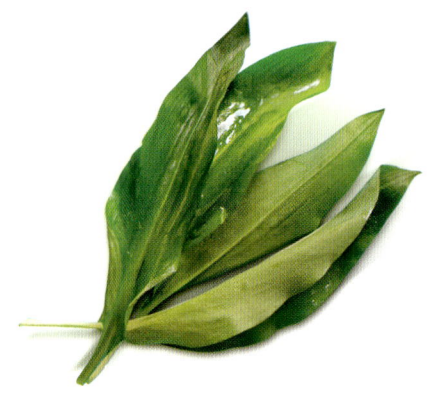

곰파 Wild Garlic Leaf

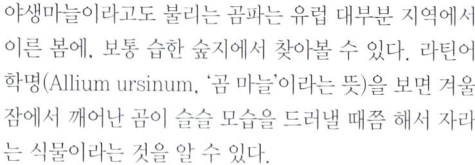

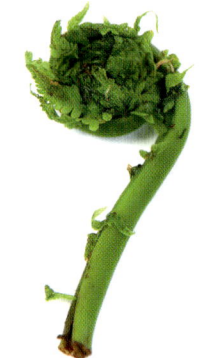

청나래고사리 Fiddlehead

야생마늘이라고도 불리는 곰파는 유럽 대부분 지역에서 이른 봄에, 보통 습한 숲지에서 찾아볼 수 있다. 라틴어 학명(Allium ursinum, '곰 마늘'이라는 뜻)을 보면 겨울 잠에서 깨어난 곰이 슬슬 모습을 드러낼 때쯤 해서 자라는 식물이라는 것을 알 수 있다.

　곰파의 구근은 먹을 수 있지만 그냥 땅 속에 그대로 두는 편이 좋다. 이파리를 따 먹는 철이 지나고 나면 피는 별 모양의 하얀 꽃 역시 향긋하고 아름답지만, 요리사들이 눈독을 들이는 것은 날렵한 어린 잎이다. 마르크 베이라나 미셸 브라스 같은 유명 셰프들도 예외는 아니다. 이탈리아에서는 프리타타의 맛을 내기 위해 곰파를 쓴다. 빻아서 일종의 페스토를 만들거나 소 또는 수프에 넣기도 한다. 벨기에인들은 곱게 다져서 프로마주 프레에 섞는다. 그린 샐러드에 그 부드러운 잎을 조금만 넣어도 좋다.

　요리사들과 셰프들이 곰파라면 사족을 못쓰는 이유는 끓는 물에 데쳤을 때의 그 강렬하고도 선명한 색깔 때문이다. 어떤 셰프들은 곰파를 말린 뒤 약간의 소금과 함께 갈아 만능 양념으로 연중 사용한다. **MR**

청나래고사리(Matteuccia struthiopteris)는 기나긴 뉴잉글랜드의 겨울이 지나고, 마침내 봄이 찾아왔음을 알려주는 전령이다. 단단하게 감겨 있는 선명한 녹색의 새순은 해마다 4~5월이면 그 짧은 등장을 사뭇 드라마틱하게 만들어준다. 미국 북부와 캐나다의 식료품점에서 점점 구하기 쉬워지고는 있지만, 여전히 재배보다는 야생에서 수확하는 쪽이다. 단단하게 감겨 있는 머리부분이 풀어져서 먹을 수 없게 되기 전에 뜯어야 하며, 상하기도 쉬우므로 바로 먹는 편이 좋다. 청나래고사리를 뜯으러 갈 때에는 조심해야 한다. 고사리 가운데에는 먹으면 위험한 종류도 있으며, 특히 그 순은―일본에서는 '와라바(わらび)'라고 하여 먹기도 하지만―발암성으로 알려져 왔다.

　청나래고사리는 날로 먹어서는 안 된다. 삶거나 쪄낸 뒤 다시 데쳐서 버터에 볶아서 소테로 만들어 다른 요리에 곁들여 낸다. 순은 종종 샐러드나 수프에 넣는데, 심지어 초콜렛에 찍어 먹도록 내기도 한다. 뉴질랜드에서는 코루 순을 비슷한 방식으로 먹는다. **CLH**

Taste: 곰파 퓌레는 재배한 마늘보다 맛이 덜 강하며, 약간의 실파 향이 난다. 갈릭의 풍미를 지니고 있기는 하지만 마늘 냄새가 심하게 나는 것은 아니다.

Taste: 청나래고사리는 뜯은 그 날 바로 먹는 것이 좋다. 아스파라거스와 흙이 그대로 묻어 있는 아티초크를 연상시키는 연한 맛으로, 씹는 느낌도 부드럽다.

'fiddlehead('바이올린 머리'라는 뜻)'라는 영어 이름은 청나래고사리가 실제로 바이올린의 돌돌 말린 목 부분을 닮아 붙은 이름이다. ➜

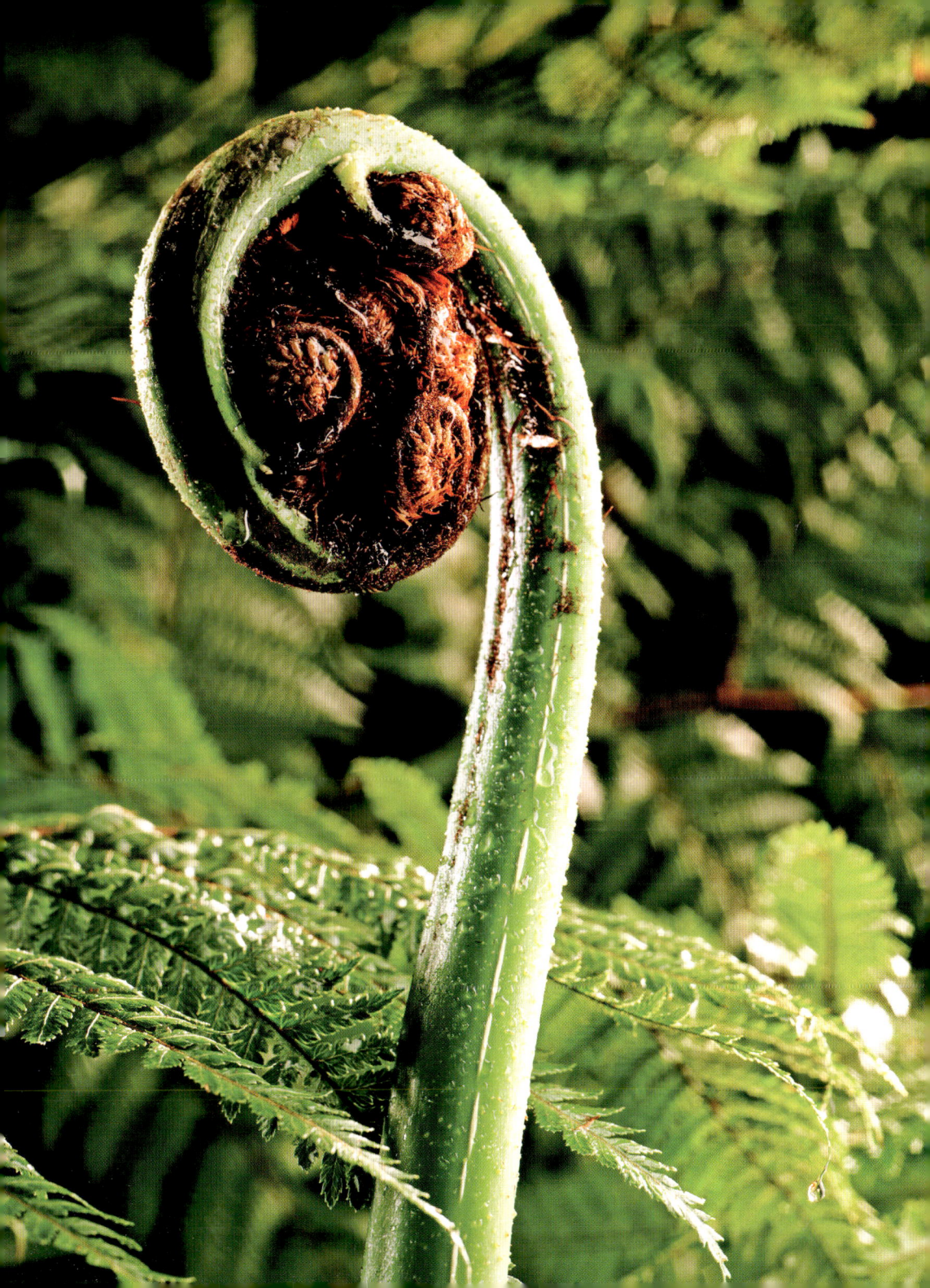

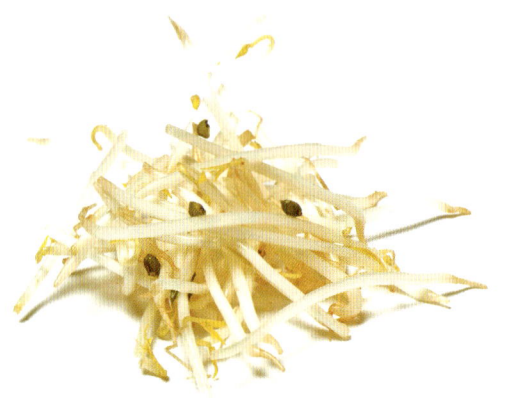

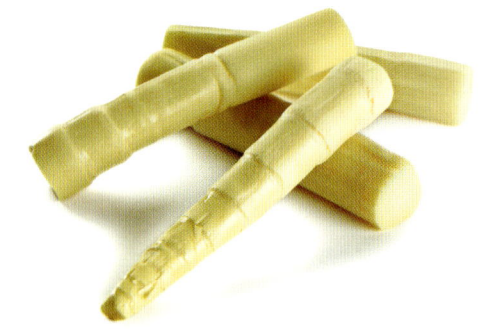

콩나물/숙주 Bean Sprout

중국과 동남아시아에서는 오랫동안 싹이 튼 콩의 부드럽고 어린 순을 요리에 사용해 왔다. 어떤 콩을 사용했느냐에 따라 녹두를 키운 숙주와, 대두를 틔운 콩나물로 나뉜다. 숙주는 길이가 더 짧고 땅딸막하며, 녹두의 연녹색 '대가리'가 달려 있다. 콩나물은 더 길고 통통하며 끝부분이 옅은 노랑색이다.

숙주 쪽이 맛이 더 섬세하며, 구하기도 더 쉽다. 콩나물과 숙주 모두 수분 함량이 높아서 아무리 냉장고에 넣어둔다 해도 며칠이면 갈색으로 변하면서 축 늘어지고 흐물흐물해진다. 우선 대가리와 가느다란 꼬리를 따버린 뒤, 곧고 하얀 줄기만을 요리에 쓴다.

콩나물과 숙주는 영양분이 매우 높으며, 중국과 아시아 다른 나라들의 채소 요리에서 중요한 역할을 담당한다. 서양에서는 건강식품 상점에서 자주개자리와 래디쉬부터 병아리콩과 팥에 이르기까지 발아시킨 콩을 살 수 있다. 또 가정에서 직접 싹을 틔울 수 있도록 고안된 '발아기'도 판매한다. **KKC**

줄 줄기 Wild Rice Stem

아시아와 북아메리카에서 흔히 찾아볼 수 있는 줄(Zizania)에는 네 가지 종(種)이 있다. 늪과 고인 물, 작은 호수 가장자리의 얕은 물, 그리고 느리게 흐르는 하천에서 자란다. 물 위로 꽃이 달린 머리가 보이며, 전통적으로 카누를 타고 수확한다. 북아메리카에서는 물을 댄 들에서 상업용으로 재배한다.

중국에서는 만주 줄(Zizania caduciflora)을 재배하여 둥글고 아삭아삭하고 하얀 줄기를 채소로 먹는다. 줄기는 질기고, 깜부기병(Ustilago esculenta) 진균을 이식시키면 별미인 차오파이가 된다. 심은 뒤 120~170일이 지나 줄기가 부풀어오르기 시작하고, 진균으로 인해 검은색으로 변해 썩기 전에 수확한다.

줄의 줄기는 보통 살짝 데쳐서 다른 채소와 함께 볶는다. 또 수프와 쌀로 빚은 술과도 잘 어울린다. 줄기를 썰어서 으깬 뒤 끓여서 찬물에 담가 두었다가 수프와 쌀로 빚은 술을 넣어 자작자작 끓인다. **CK**

Taste: 콩나물이나 숙주는 날로 먹으면 약간 풀맛이 난다. 너무 푹 익히면 축 늘어져버리므로, 아삭아삭하고, 살짝 흙 냄새가 나고, 향긋한 단맛이 날 때까지만 익히는 것이 완벽한 콩나물/숙주 요리의 관건이다.

Taste: 줄 줄기는 코코넛과 비슷한 특색이 없는 건과 향이다. 다른 향미를 잘 흡수하며, 주로 잘게 찢은 고기 요리와 곁들여 낸다.

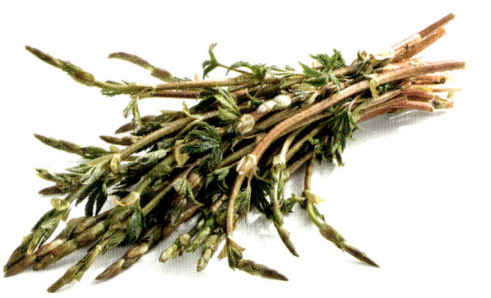

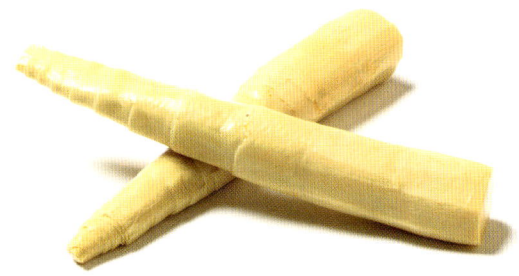

홉 줄기 Hop Shoot

홉(Humulus lupulus)은 유럽이 원산으로 그 꽃은 오랜 옛날, 그러니까 홉이 맥주 산업의 중추가 되기 이전부터 맥주를 만드는 데에 사용해왔다. 야생 홉의 부드러운 덩굴 순 끝에는 아스파라거스처럼 끝에 봉오리가 달려 있으며, 고대 로마인들에게서도 높은 평가를 받았고, 중세 이래 채소로 먹어왔다. 처음에 돋는 순은 상업용으로 재배하며, 오늘날 시장에서 가장 비싸게 팔리는 채소이다. 영국에서는 '가난한 이의 아스파라거스'라는 별명이 붙어 있는데, 확실히 이 녹색의 봄 트러플과는 완전히 현실과 동떨어져 있다.

새 순이 흙 속에서 빠끔이 머리를 내미는 이른 봄으로만 수확철이 한정되어 있기 때문에 그 기간이 아주 짧다. 생장 속도가 매우 빠른데, 따뜻한 온도에서는 한 시간에 1센티미터씩 자라기도 한다. 20센티미터 정도 자라면 잘라낸다. 좋은 맥주라면 사족을 못 쓰는 벨기에인들은 홉 줄기로 만든 다양한 요리의 레퍼토리를 선보인다. 과거에는 꽤 무거운 요리가 많았는데—예를 들면 걸쭉한 양파 소스(수비스 소스(sauce soubise))를 곁들이거나 그라탱으로 만드는 등—요즈음에는 좀더 간단하게 조리하거나, 아니면 아예 장식으로 쓴다. **MR**

죽순 Bamboo Shoot

건축 공사용 발판을 만드는 식물이 어릴 때에는 채소로 먹을 수 있을 정도로 나긋나긋하다니 정말 희한한 일이다. 대나무의 순을 좋아하는 것은 팬더뿐만이 아니다. 죽순은 중국, 한국, 일본, 동남아시아, 그리고 히말라야 산악 지대에서 높은 평가를 받는 식재료로, 커리부터 샐러드에 이르기까지 수많은 요리에 등장한다.

신선한 죽순, 피클, 소금에 절이거나 말린 죽순, 혹은 캔조림까지 다양한 형태로 살 수 있다. 갓 수확한 죽순은 연필보다 가느다란 것부터 굵기가 직경 8센티미터에 이르는 것도 있다. 신선한 죽순을 샀을 경우, 겹겹의 겉껍질을 벗겨내야만 허연 속살을 얻을 수 있다. 종류에 따라 독성이 있기도 하지만, 조리하면 없어지므로 절대로 날로 먹어서는 안 된다—엷은 소금물에 몇 분쯤 데치도록 한다.

중국인 사회의 규모가 큰 지역에서는 연중 신선한 죽순을 구할 수 있다. 가장 좋은 것은 겨울 죽순으로, 그 다음은 봄에 수확한 것, 여름 것이 제일 하치이다. 통조림 죽순은 그 '깡통 맛'을 제거하기 위해 물에 헹궈내는 것이 좋다. 잘라서 파는 것보다는 통째로 사는 것이 좋으며, 그 중에서도 겨울 수확이라고 표기되어 있는 것이 가장 좋다. **KKC**

Taste: 살짝 삶으면 스파게티를 연상케하는 질감을 얻을 수 있다. 홉이 맥주에게 선사하는 씁쌀한 맛도 경험할 수 있지만, 기분 좋은 단맛으로 누그러져서 맥주의 그것보다는 한결 약하다.

Taste: 데친 신선한 죽순의 질감은 촉촉하면서도 기분 좋게 아삭아삭하다. 맛은 살짝 달콤하며, 은근한 풀과 엽록소 냄새가 난다.

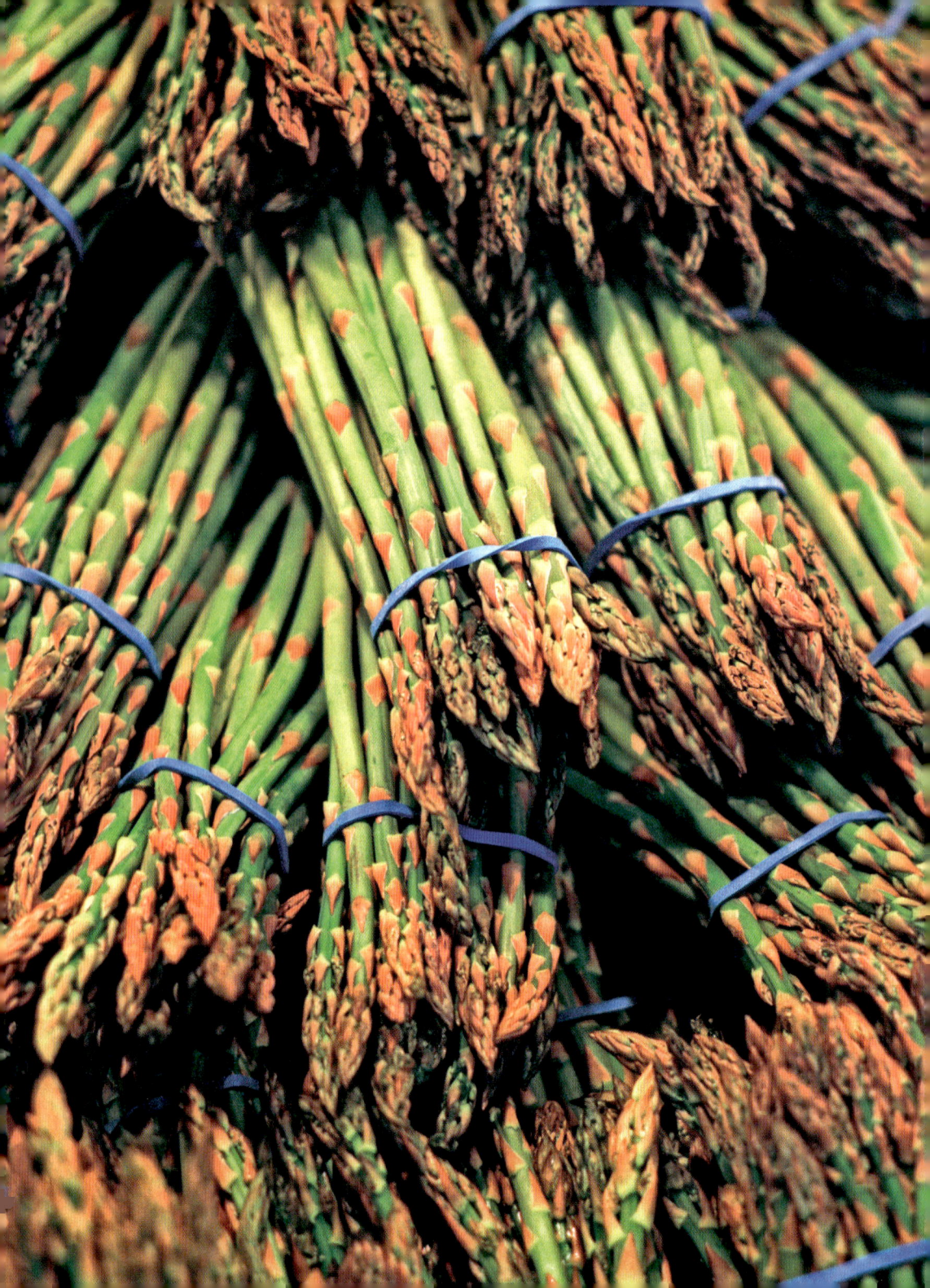

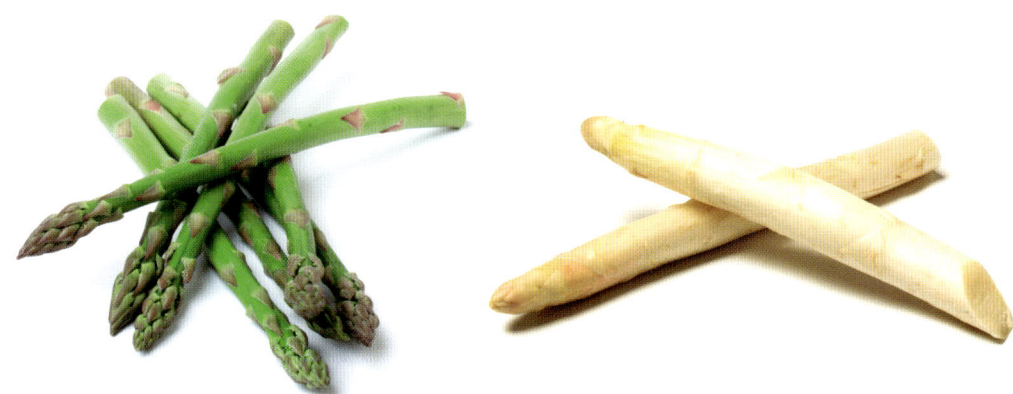

보클뤼즈 그린 아스파라거스
Vaucluse Green Asparagus

프로방스의 심장부에 위치한 보클뤼즈는 질 좋은 과일과 야채 생산지로 독보적인 지위를 누리고 있는데, 여기에는 관광지로 유명하다는 이점도 있지만, 최고의 채소를 생산하기에 적당한 기후가 큰 영향을 미친다. 하나의 품종으로 보면 그린 보클뤼즈 아스파라거스는 다른 지역에서 재배하는 종과 전혀 다를 것이 없으며, 그 역사 역시 비교적 짧은 편이다. 위대한 셰프 오귀스트 에스코피에는 20세기 초에 집필한 자서전에서, 그가 로리의 농부들을 설득해서 그린 아스파라거스로 눈길을 돌리게 할 때까지 프로방스의 아스파라거스는 모두 화이트였다고 한다.

보클뤼즈의 뤼베롱 지역에서 생산하는 그린 아스파라거스는 일찍 시장에 내놓기 위해 주로 온실이나 비닐하우스에서 키운다—따라서 아스파라거스 철은 2월에 이미 시작된다. 새 순(프랑스어에서는 아스파라거스 줄기를 수생(水生) 식물의 겨울 순을 가리키는 turion이라고 한다)이 솟으면 최대 30센티미터까지 자라도록 내버려두었다가 지면 바로 위에서 잘라낸다. 그 맛의 비결은 수확한 지 하루 안에 먹는 것이다(아스파라거스를 세울 수 있도록 경사가 급한 냄비에서 삶는다). 하루가 지나면 그 단맛을 잃기 시작한다. **MR**

Taste: 그린 아스파라거스는 단단하고 쫀쫀하며, 그 빛깔은 강렬하다. 옅은 단맛에 살짝 유황 냄새가 나는 특유의 맛을 지니고 있다.

바사노 화이트 아스파라거스
Bassano White Asparagus

봄이 되면 이탈리아 북부의 작고 예쁜 마을 바사노 델 그라파에는 아스파라거스 열풍이 불어닥친다. 이 곳에서 재배하는 그 환상적인 화이트 아스파라거스는 독특한 향미를 자랑하며, 덕분에 DOC 인증까지 받았다.

백합과에 속하는 아스파라거스는 오랜 세월 동안 바사노의 특산물이었다. 심지어 로마 제국 시대 이전부터 별미로 높은 평가를 받았다. 일설에 따르면 16세기 초에 우박을 동반한 폭풍이 이 곳의 아스파라거스 농사를 거의 파괴하다시피 했다. 이러한 재앙에 맞닥뜨린 농부들은 땅 속에 남아 있는 부분을 수확하는 수밖에 다른 도리가 없었다. 땅 속에 묻혀 있던 줄기는 햇빛을 받지 못해 색은 허옜지만, 놀랄 만큼 부드럽고 향미가 꽉 차 있었다. 예기치 않은 경사에 환호한 농부들은 이때부터 아예 줄기 전체를 땅 속에 묻어서 재배하기로 하였다.

매년 5월말이면 바사노에서는 아스파라거스 축제가 열린다. 농부들은 길거리에 자신의 아스파라거스를 진열해놓고 팔고, 레스토랑들은 화이트 아스파라거스로 가장 스펙터클한 풀코스 요리를 선보이는 아 타볼라 콘 라스파라고(A Tavola con l'Asparago) DOC 디 바사노 상을 놓고 겨룬다. **LF**

Taste: 길고 통통한 아스파라거스 순은 놀라울 정도로 즙이 많다. 우아하고 절제된 단맛에 그야말로 입이 벌어질 지경이다. 한 입 한 입 먹을 때마다 혀 전체의 감각을 일깨우는 듯하다.

이 그린 아스파라거스들을 보면 그 색깔이 어떻게 붉은 빛으로 깊어질 수 있는지 알 수 있다.

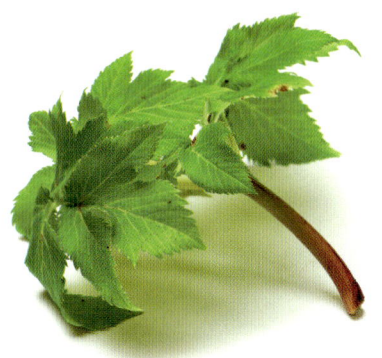

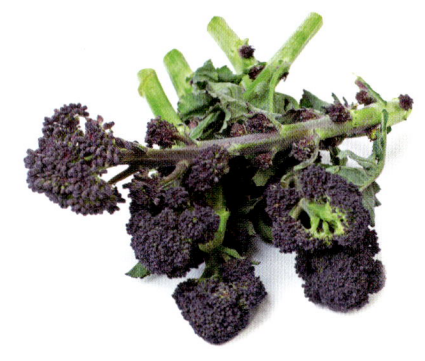

마레 푸아트뱅 안젤리카
Marais Poitevin Angelica

보라색 싹 브로콜리
Purple Sprouting Broccoli

키가 크고 사향내 나는 안젤리카의 엽상체는 프랑스의 푸아투–샤랑트 지방 니오르 근교의 습지대인 마레 푸아트뱅의 야생 늪지에 그물처럼 뻗어 있는 오래된 강둑에 줄지어 나부끼고 있다. 이 곳의 땅은 식물이 자라는 데에 핵심적인 역할을 하는 축축한 흙이 많다. 수세기 동안 이 지역 주민들은 안젤리카를 해독제로 써왔다.

　산형과에 속하는 안젤리카(Angelica archang-elica)는 이탈리아, 스코틀랜드, 독일, 스칸디나비아, 러시아, 그리고 북아메리카 일부 지역에서도 자라지만, 주로 프랑스에서 재배한다. 아이슬란드, 그린란드, 페로 제도의 혹한 기후에서도 견딜 수 있는 몇 안 되는 식물 중 하나로, 오늘날에도 페로 제도에서는 안젤리카를 채소로 먹는다. 신선한 잎을 잘게 찢어서 샐러드에 넣거나 오믈렛, 또는 생선 요리에 쓴다. 줄기는 종종 루바브와 함께 스튜로 끓이거나 병조림, 잼 등을 만든다. 그러나 역시 가장 흔한 조리법은 설탕에 절여두었다가 케이크나 스위트 브레드, 치즈케이크 등에 넣거나 다이아몬드꼴로 썰어서 사탕 과자 등의 장식으로 쓰는 것이다. **WS**

튼튼하고 실속있는 브로콜리는 여러 나라에서 전통적인 겨울 채소이다. 그러나 가장 맛이 있을 때는 아직 어리고 막 봉오리를 맺는 봄철이다. 콜리플라워—식물학적으로 매우 가깝다—처럼 브로콜리도 양배추의 일종으로, 몽실몽실한 작은 봉오리로 덮여 있는데, 그 색깔은 노르스름한 하얀색부터 다양한 녹색, 그리고 매우 깊은 보라색에 이르기까지 제각각이다. 이탈리아 원산인 것이 거의 확실시된다. 프랑스어로 옛이름이 '이탈리아 아스파라거스'인 것으로 보아 예전에는 그 머리 부분뿐만 아니라 줄기도 먹었던 것으로 보인다.

　오늘날 가장 크고, 가장 속이 꽉 차 있고, 가장 색이 고른 브로콜리를 얻기 위해 인기있는 품종들을 재배하고 있지만, 역사적으로 사랑을 받아온 품종들이 다시 각광을 받기 시작하고 있다. 작고 짙은 꽃머리, 아삭아삭하면서도 부드러운 줄기, 그리고 비교적 섬세한 위쪽 잎 등 보라색 싹 브로콜리는 시장에서 흔히 파는 밋밋한 맛의 브로콜리보다 훨씬 향미가 풍부하다. 버터나 이탈리아의 바냐 카우다 같은 디핑 소스와 함께 곁들여 먹는다. **FC**

Taste: 신선한 안젤리카 잎과 줄기는 감초 맛이 난다. 잎이 나오는 가지줄기는 데쳐서 셀러리처럼 먹기도 한다. 설탕에 절이면 줄기는 찬란한 녹색에 새콤한 맛이 난다.

Taste: 보라색 싹 브로콜리의 머리는 데치면 아삭아삭한 질감과 약간 쌉쌀하고, 철분 맛이 나는 뒷맛을 남긴다. 부드러운 줄기는 그보다 약간 더 달콤하다.

싹 브로콜리의 머리는
덜 성숙한 꽃으로 이루어져 있다. ❶

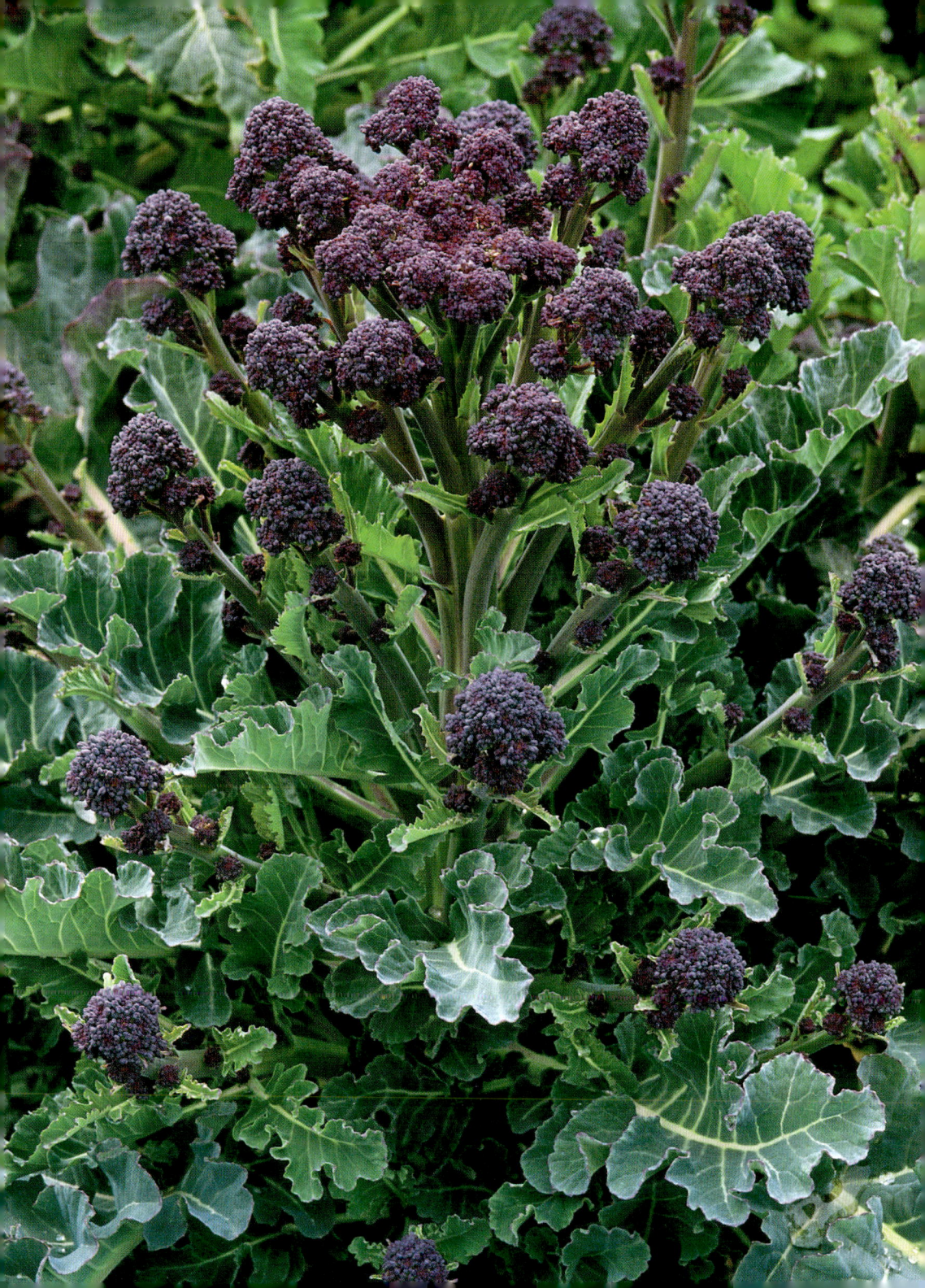

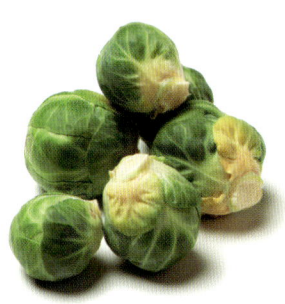

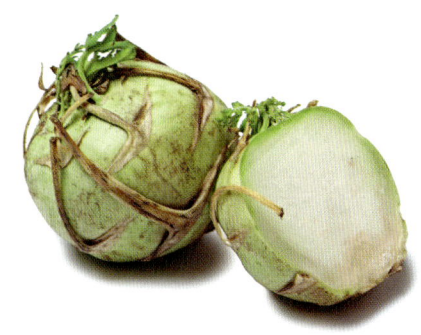

방울다다기양배추 Brussels Sprout

9월부터 3월까지가 가장 향미가 풍부하고 구하기도 쉬운 방울다다기양배추(Brassica oleracea)는 아주 좋아하거나, 아주 싫어하거나 둘 중 하나로 호불호가 극명하게 갈린다. 양배추, 케일, 브로콜리, 그 밖의 향미가 강하고 두드러지는 다른 채소들과 함께 십자화과에 속하는, 방울다다기양배추는 단단하게 뭉쳐 있는 잎사귀 때문에 마치 조그만 양배추처럼 보인다. 대부분은 녹색으로 몇몇 자주색 품종도 있다.

　방울다다기양배추의 영어 이름은 브뤼셀 싹양배추(Brussels sprout)인데, 로마 군단에 의해 벨기에로 전래된 것으로 보이며, 중세에는 릴에 있었던 부르고뉴 궁정 식탁에도 오른 것으로 알려져 있다. 수세기 동안 브뤼셀 근교에서 재배되어 왔는데, 오늘날에는 잉글랜드, 북유럽, 미국에서도 키운다.

　방울다다기양배추는 다양한 방법으로 조리할 수 있다. 쪄서 발사믹 식초나 파르메산 치즈를 뿌려 내거나, 크림이나 치즈 소스를 곁들인다. 잉글랜드에서는 전통적으로 크리스마스 만찬에 밤을 곁들여 내는데, 브뤼셀의 프랑스인들이나 벨기에인들이 먹는 것과 아주 흡사하게 방울다다기양배추 스튜에 치커리 브레이즈, 그리고 포테이토의 장식으로 등장한다. **SH**

콜라비 Kohlrabi

'아시아 채소'라고 생각하는 나라들이 많지만, 콜라비는 사실 북유럽 원산으로, 그 특이한 이름은 독일어에서 유래하였다. '양배추-무'라는 뜻으로, 일반적인 양배추, 브로콜리, 방울다다기양배추와 마찬가지로 꽃양배추(Brassica oleracea)의 하위종(var. gongolydes)이다. 콜라비는 마치 순무처럼 둥근 모양으로 부푼 줄기를 먹기 위해 기르는데, 순무와는 달리 지면 바로 위로 그 모습을 드러낸다. 파르스름한 흰색 또는 자주색이다. 얼마 안 되는 양배추와 비슷한 잎이 구경 위쪽의 길쭉한 순에서 비어져 나와 있다. 어린 식물의 잎은 먹을 수 있지만, 성숙한 잎과 구경은 전통적으로 가축의 사료로 썼다.

　구경을 주사위꼴로 잘라서 센불에 볶는다. 중국에서는 수프에 넣으며, 이탈리아에서는 때로로 쌀과 함께 수프로 끓인다. 감자와 함께 짓이기거나 버터로 퓌레를 만들면 좋다. 가장 어린 구경은 날로 먹어도 좋다. 껍질을 벗겨 채 썰어서 샐러드나 코울슬로로 넣기도 한다. 아주 신선하고 파릇파릇한 것은 잎을 줄기에서 떼어 내 데쳐서 소테한 뒤 약간의 레몬즙이나 식초를 쳐서 먹을 수도 있다. **SH**

Taste: 방울디디기양배추는 신선한 것이 가장 맛있으며, 부드러워질 때까지 익히면 어린 양배추처럼 달콤한 맛이 난다. 큰 것은 쓴맛이 날 수도 있으므로 식을수록 좋다.

Taste: 콜라비 구경은 테니스 공만하며, 맛이 순하고 달콤하며, 브로콜리 줄기와 래디쉬를 약간 섞어놓은 것 같은 맛이 난다. 날로 먹으면 약간 후추 향도 난다.

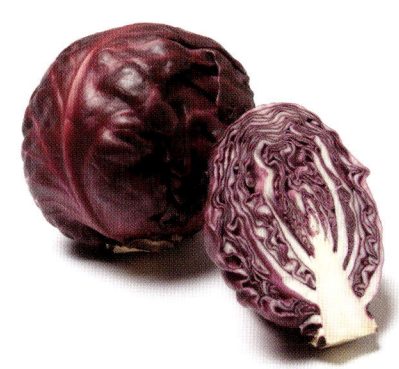

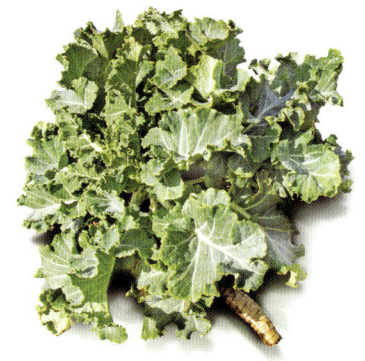

적채 Red Cabbage

스칸디나비아, 독일, 헝가리, 폴란드, 그 밖의 동유럽 나라들의 요리는 적채를 빼놓고는 상상조차 할 수 없다. 적채는 빛깔만 다를 뿐이 녹색이나 흰색의 사촌들과 마찬가지로 오랫동안 이들 국가의 부엌에서 없어서는 안 될 역할을 수행해왔다. 추운 날씨에도 잘 견딘다는 이점도 한몫 했다. 과거에는 길고 혹독한 겨울철의 비상 식량이기도 했다. 농부들의 음식으로 알려져 있지만, 실제로 반짝이는 짙은 자줏빛 잎은 우아한 자태를 자랑한다. 자주색은 겉잎과 줄기만으로, 자르면 예쁜 빨간색과 흰색이 나타난다.

　　적채는 녹색 양배추와 똑같이 조리하지만, 적채만을 위한 레시피도 있긴 있다. 우크라이나에서는 사과, 건포도, 설탕, 식초, 그 밖의 다른 야채와 함께 새콤달콤한 수프를 끓여 먹는다. 동유럽에서는 새콤달콤한 양배추가 필수 식량이다. 독일에서는 로트크라우트(Rotkraut)라고 부르며, 인기있는 짭짤한 쇠고기 요리인 사우어브라텐(sauerbraten)에 곁들여 먹는다. 이와 비슷한 경우로, 스웨덴에서는 햄과 함께 먹는다. **SH**

브라간사 양배추 Braganza Cabbage

오늘날까지도 여전히 재배하는 고대 채소 가운데 하나인 양배추(Brassica oleracea)는 아마 선사시대부터 심어서 먹었던 것으로 보인다. 처드와 비슷한 두꺼운 줄기와 커다랗고 넓적하고 향긋한 녹색 이파리로 브라간사 양배추는 언뜻 보면 유럽의 해안에서 자라는 다시마류와 비슷하다. 쭈글쭈글한 이파리는 단단하게 뭉쳐 있다기보다는 헐렁하다고 해야 하며, 사보이 양배추라고 부르는 양배추의 일종이다.

　　브라간사 양배추는 케일 양배추, 포르투갈 양배추 등 다양한 별명으로 불린다. 향미는 달콤하며, 이파리는 조리하기에 좋다. 다른 품종보다 빛깔이나 질감을 그대로 유지하기 때문이다. 브라간사 양배추는 찌거나 브레이즈하면 정말 맛있으며, 포르투갈에서는 국민 요리인 칼도 베르데(caldo verde), 즉 채소와 스파이시한 링귀카 소시지, 그리고 잘게 찢은 브라간사 양배추를 넣고 끓인 수프를 즐겨 먹는다. 보통은 케일을 넣지만, 브라간사 양배추 쪽이 풍미가 훨씬 두드러진다. 어린 잎은 날로 먹을 수 있으므로 샐러드로도 내지만, 줄기는 센 불에 볶아 먹는다. **LF**

Taste: 사실 적채와 일반적인 녹색 양배추는 향미의 차이가 거의 없다. 둘 다 부드럽고 즙이 많지만, 적채 쪽이 살짝 후추 향이 난다.

Taste: 브라간사 양배추의 풍성한 이파리는 섬세하고, 살짝 달콤한 향미를 지니고 있으며, 속이 꽉 찬 품종에서 종종 찾아볼 수 있는 유황 냄새가 없다.

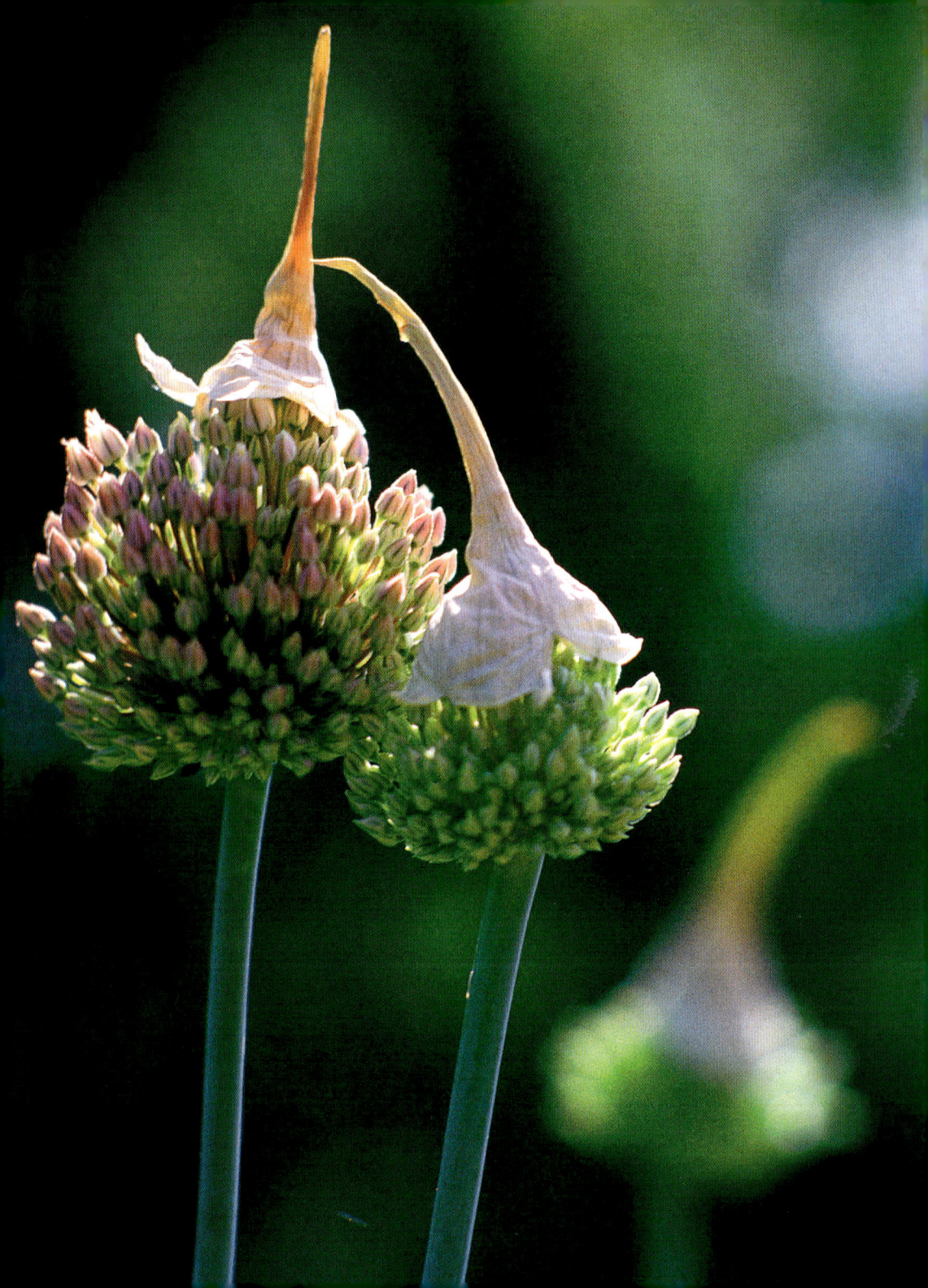

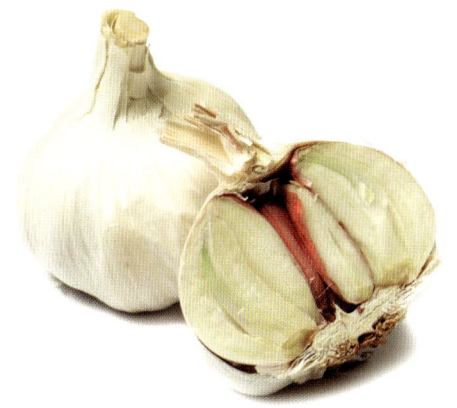

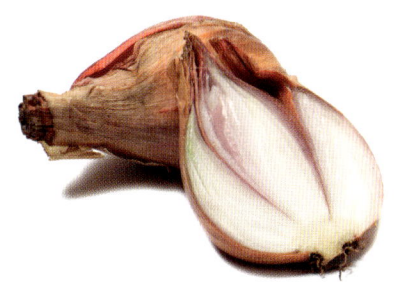

코끼리 마늘 Elephant Garlic

저지 셜롯 Jersey Shallot

이 커다란 마늘의 이름을 들어본 적이 없는 이들조차 그 맛에 대해 어느 정도 기대할 수밖에 없을 것이다. 코끼리 마늘은 한 쪽에 중량이 250그램 이상 나가며, 그 이름은 섬세한 미뢰를 금방이라도 코끼리떼처럼 짓밟을 것만 같다.

그러나 코끼리 마늘(Allium ampeloprasum)은 이러한 기대를 모두 저버린다. 순한 풍미는 마늘의 강렬함과 리크의 은근함 사이에 편안하게 자리잡는다. 사실 식물학적으로 말하면 이 주먹만한 구근은 마늘보다는 리크 쪽에 더 가깝다. 그 기원은 동유럽과 아시아로 거슬러 올라가지만, 오늘날에는 미국 서해안에서 주로 재배한다. 이 정원의 거인은 그 순한 성질을 북돋워 주면 가장 맛있게 먹을 수 있다. 약한 불에서 천천히 구우면 그 맛이 더욱 부드럽고 달콤해진다. 불에 구우면 살이 부드러워져서 토스트에도 잘 발릴 뿐 아니라 딥으로 먹어도 좋다. 그 크기 때문에 통째로 잘라서 버터에 소테하면 천연당이 스며나와 마늘처럼 드센 사촌의 기억은 뇌리 저편으로 밀려나고 만다. **TH**

양파나 마늘과 마찬가지로 셜롯 역시 부추속(Allium)에 속하지만, 양파보다는 작고 달콤하며, 양파보다 훨씬 덜 신랄하다. 모든 종류의 짭짤한 요리에 은근하면서도 환상적인 향미를 더해줄 수 있기 때문에 부엌의 숨은 영웅이라 할 만하다.

저지 셜롯은 셜롯의 두 가지 주 품종 가운데 하나이다(다른 하나는 그레이 셜롯이다). 그레이 셜롯이 '트루(진짜) 셜롯'이라고도 불리는 반면, 가엾은 저지 셜롯은 '팔스(가짜) 셜롯'이라는 너무한 이름이 붙었다. 다행히 맛 때문에 이런 별명이 생긴 것은 아니고, 핑크빛이 도는 저지 셜롯 쪽이 맛이 약간 더 순한 저지 셜롯에 비해 구근이 더 둥글어서, 처음에 셜롯과 비슷하게 생긴 양파로 분류되었기 때문이나. 셜롯은 2,000년도 더 전에 중앙아시아에서 기원했을 것으로 추정된다. 중세에 십자군들이 고향으로 돌아올 때 가지고 와서 유럽에 전파되었으며, 특히 프랑스 요리에서 핵심적인 역할을 하게 되었다. 뵈르 블랑(beurre blanc)이나 베어네이스(bearnaise) 같은 클래식 소스의 맛을 내는 데 쓰인다. **LF**

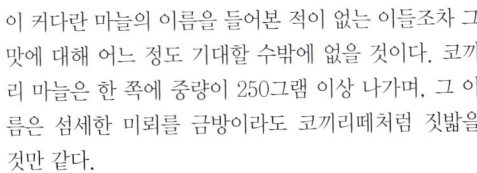

Taste: 조리하면 두드러진 단맛이 순한 마늘과 양파의 맛과 향을 상쇄해준다. 날로 먹으면 보통 마늘과 크게 다를 바가 없다.

Taste: 저지 셜롯은 달콤한 빨간 양파의 부드러운 향미와 마늘 향도 살짝 불어넣는다. 오븐에서 당분이 배어나와 결정이 생길 때까지 구우면 천상의 맛을 자랑하며, 야채로 먹는다.

코끼리 마늘은 캘리포니아의 질로이—질로이 마늘 축제의 무대이다—근교에서 재배한다.

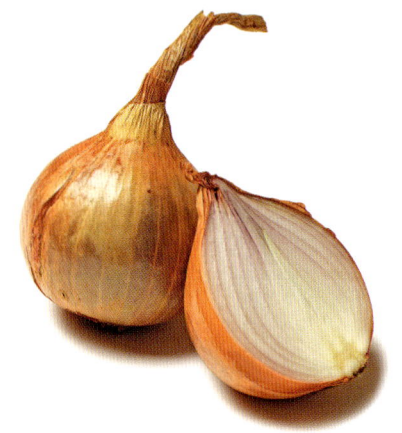

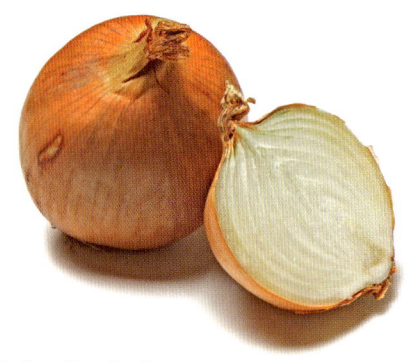

로제 드 로스코프 양파
Rosé de Roscoff Onion

이 향긋한 장밋빛 양파는 너무나 특별해서, 박물관은 물론 해마다 축제까지 열린다. 사랑스러운 핑크빛 양파를 수확하는 8월이면 브르타뉴의 로스코프에서는 '로제 양파 축제(Fête de l'Oignon Rosé)'가 이틀 동안 계속된다. 양파가 브르타뉴 해안 지방에 처음 전파된 것은 17세기 중반이다. 포르투갈에서 배를 타고 온 수도사들이 양파 씨를 가지고 온 것이다. 이 지역의 마이크로기후─모래질 토양, 무기질이 풍부한 해초, 그리고 따뜻한 멕시코만 기류─는 양파가 자라기에는 훌륭한 조건으로, 그리 오래지 않아 양파 산업이 꽃을 피우기 시작했다.

로제 드 로스코프 양파(AOC)는 보존성이 좋아, 농업 노동자들('어니언 조니'라 부른다)은 바다 건너 영국으로 건너가 집집마다 다니면서 이 핑크빛 양파를 판다. 베레모와 줄무늬 셔츠를 입고 자전거에 양파를 매단 이들은 전형적인 '프랑스인' 이미지를 구축하는 데 한몫 했다. 생으로 먹어도 될 만큼 맛이 순하고 과일 향이 나는 로제 드 로스코프 양파는 수프, 타르트, 빵 등 다양한 요리에 넣어도 훌륭하다. **LF**

마우이 양파
Maui Onion

양파 중에서 가장 달콤한 마우이 양파는 흰색에서 황금빛 노란색을 띠며, 즙이 많고, 하와이의 마우이 섬의 휴화산인 할레아칼라의 비옥한 붉은 토양에서만 자란다. 또한 단맛이 나는 양파 중에서는 가장 작고, 가장 빨리 익는 품종 가운데 하나로 4월에서 6월 사이에 시장에 나온다. 납작하게 눌러놓은 듯한 둥그런 모양에 질감은 아삭아삭하다. 1943년, 이 지역 농부들이 조합을 결성하여 처음으로 상업용으로 재배하였는데, 일일이 손으로 딴 뒤 들판에 그대로 두어 온화한 무역풍에 말린다. 이 향긋한 양파는 하와이를 찾은 관광객들이 미국 본토로 가지고 돌아가기 시작할 때까지 오직 마우이 섬에서만 알려져 있었다. 오늘날에도 여전히 다른 단 양파 품종에 비해 널리 알려진 편은 아니다.

하와이에서는 샐러드와 육류에 쓸 수 있는 마우이 양파 폰즈 드레싱을 살 수 있다. 하와이 음식에 강하게 미친 일본의 영향을 반영하듯, 감귤을 베이스로 하여 마우이 양파와 간장으로 만든 소스이다. 마우이 양파는 아시아식 스티어프라이(센 불에 재빨리 볶은 음식) 생선 요리에 넣으면 좋다. 고리 모양으로 잘라 반죽옷을 입혀 끓는 기름에 튀겨도 맛있다. **SH**

Taste: 순하고 달콤하며 기분 좋게 아삭아삭한 로제 드 로스코프는 뭉근하게 익히거나 오븐에서 구우면 천연 당분이 스며나와 결정이 생겨 특히 맛있다.

Taste: 모든 양파는 익히면 단맛이 난다. 그러나 마우이 양파는 생으로 먹어도 달콤하고 향긋하며 다른 양파들처럼 '매운 맛'이 전혀 없다.

뿌리째 뽑은 마우이 양파를 마우이 섬의 붉은 화산재 토양에서 말리고 있다. ➲

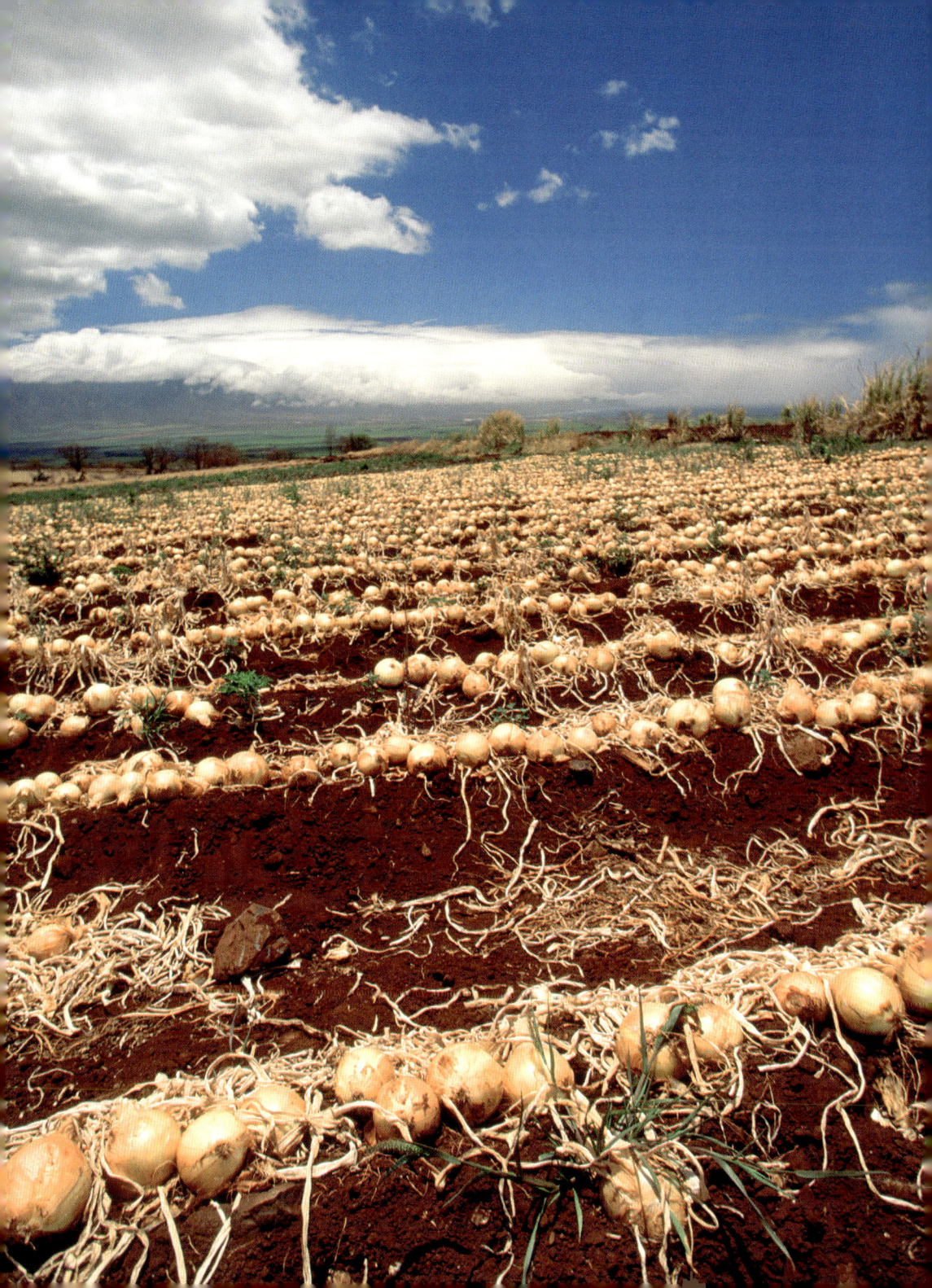

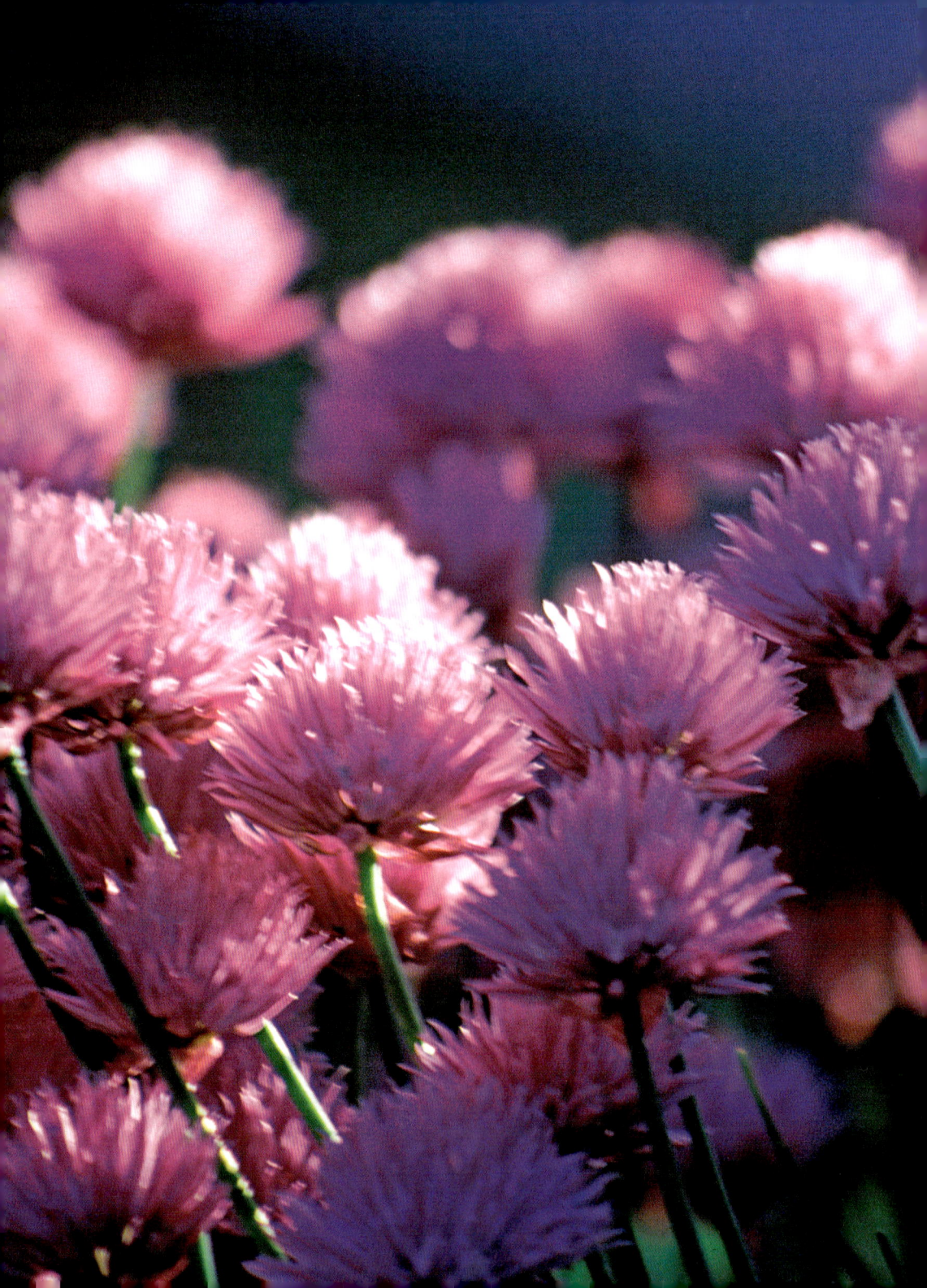

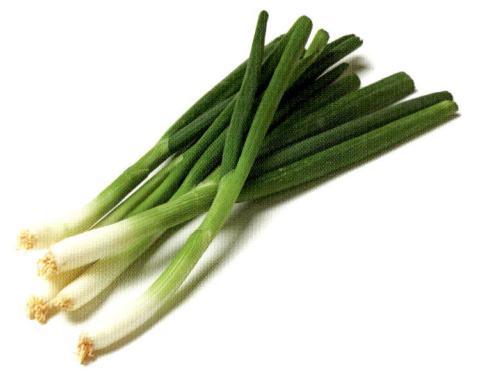

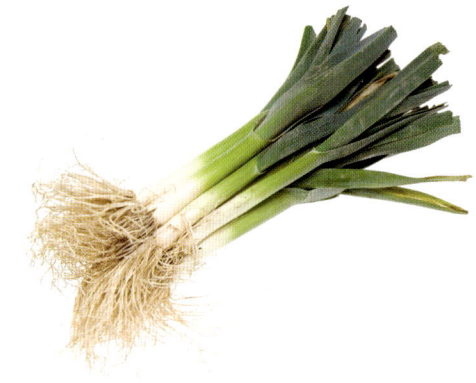

파 Spring Onion

칼솟 Calçot

백합과 부추속(Allium, 파속이라고도 한다)에는 양파, 부추, 마늘 등이 속해 있다. 파는 완전히 성숙하지 않은 구근 또는 구경 양파의 줄기를 말한다.

　파는 기원전 100년경에 중국에서 처음 요리에 사용한 이래 지금까지 아시아 음식에서 중요한 위치를 차지하고 있다. 막 구근이 형성되기 시작한 하얀 뿌리는 물론 길고 곧은 녹색 잎도 높은 평가를 받는다. 아시아 요리에서 파는 센 불에 재빨리 볶는 스티어프라이에 톡 쏘는 맛을 더해주며, 곱게 다진 신선한 생강과 섞어 해산물 요리의 양념으로 쓰기도 한다.

　서양에서는 보통 생으로 먹는데, 파만 따로 먹거나 또는 샐러드에 넣어 먹는다. 파 뿌리는 썰면 거의 투명한 고리 모양으로, 샐러드나 수프의 장식으로 쓰인다. 프랑스에서는 통째로 크뤼디테―셀러리, 당근, 피망, 브로콜리 등의 채소를 생으로 비네그레트나 그 밖의 디핑 소스에 찍어 먹는 것―로 내기도 한다. 안티파스토 접시에서도 빠지지 않는 재료이다. **SH**

부추과의 퀸카인 이 맛좋은 카탈루냐 양파는 커다란 파나 좀 작은 리크처럼 보인다. 전통적으로 석쇠에 굽거나 잘라낸 덩굴에 불을 피워 그 위에서 통째로 구워서, 톡 쏘는 마늘맛 소스를 곁들이면, 칼소타다(calçotada)라고 불리는 이 지방의 환상적인 축제 음식이 된다. 원래 이 축제는 매년 1월, 바르셀로나 남서부에 있는 발스(Valls)라는 마을에서 열리며, 약 3만 명의 양파 팬들이 모여 흥겹게 먹고 마신다. 양파 애호가라면 꼭 한번쯤 들러봐야 하는 행사이다.

　칼솟 데 발스는 하나의 특별한 양파 품종이다―정확하게는 블랑카 그란 타르디아 데 예이다(Blanca Gran Tardía de Lleida)가 맞다. 19세기 말에 발스에서, 한 모험심 많은 농부에 의해 탄생했다. 하얀 양파를 재배하던 이 농부는 어린 구근이 막 모습을 드러내려고 할 때 땅에서 파낸 뒤 되심기를 반복했다. 그리고 그 때마다 흙으로 구근을 싸 주었다. 스페인에서는 이 과정을 '칼사르(calzar)'라고 부르는데 '장화를 신기다'라는 뜻이다. 이렇게 하면 양파의 색깔이 하얘지며, 달콤한 향미를 지니게 된다. 시작은 소박했지만 점차 하나의 산업으로 발전하여 오늘날에는 매년 2천만 개 이상의 칼솟을 생신하고 있으며, 유럽 연합의 인증까지 받았다. **LF**

Taste: 달콤하면서 짜릿하고, 때로는 매콤하기도 한 파는 성숙한 양파보다는 덜 매우며, 향긋한 양파 향이 난다. 잎이 뿌리보다 맛이 더 순하다.

Taste: 칼솟을 먹는다는 것은 맛있는 예식이다. 검게 그을린 겉껍질을 벗겨내면 부드럽고 달콤한 양파가 모습을 드러낸다. 마늘로 맛을 낸 소스에 재빨리 적셔서 먹는다.

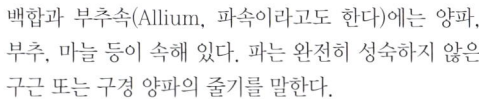

파는 부추속의 다른 채소들처럼
꽃 머리가 매우 화려하다.

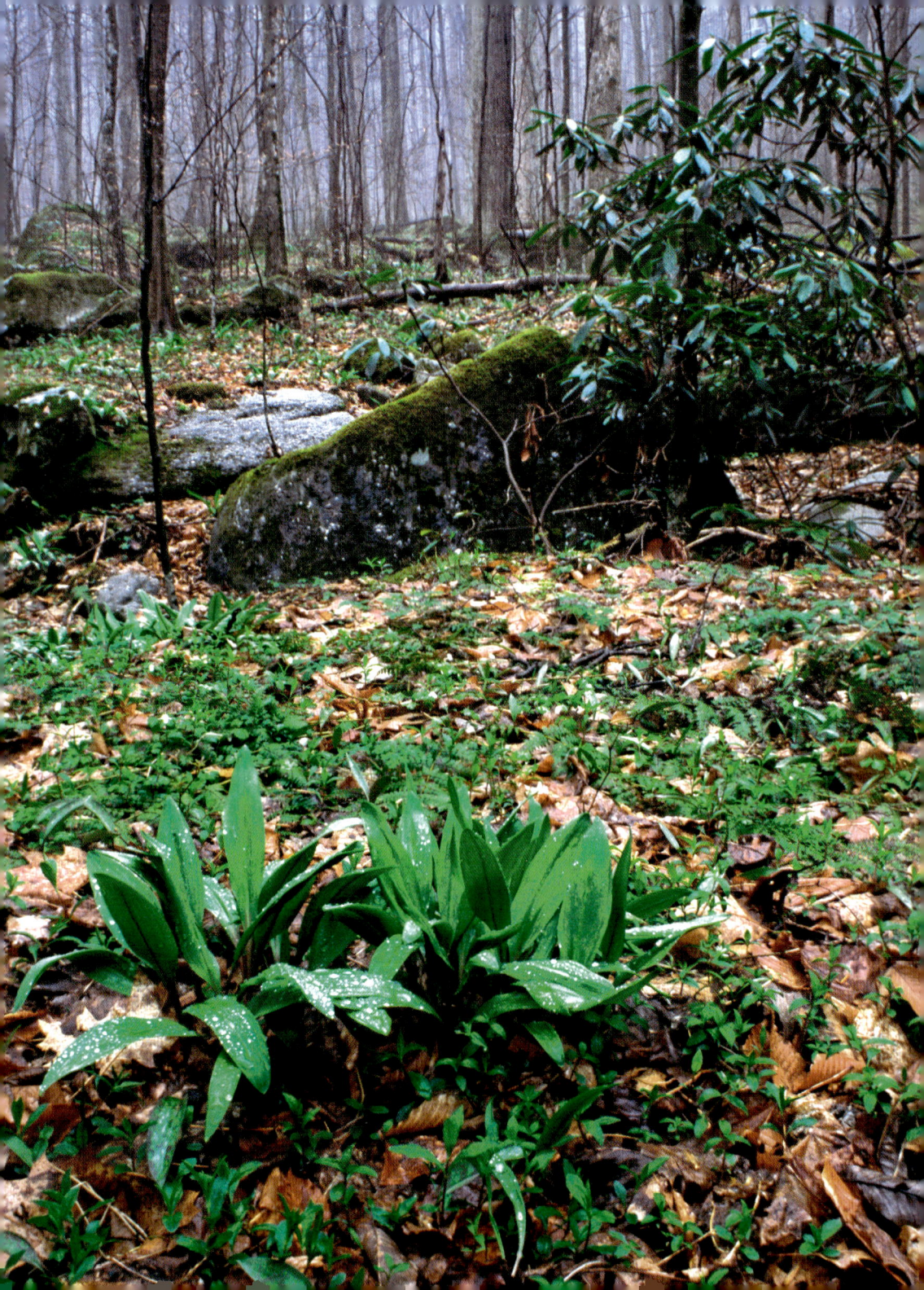

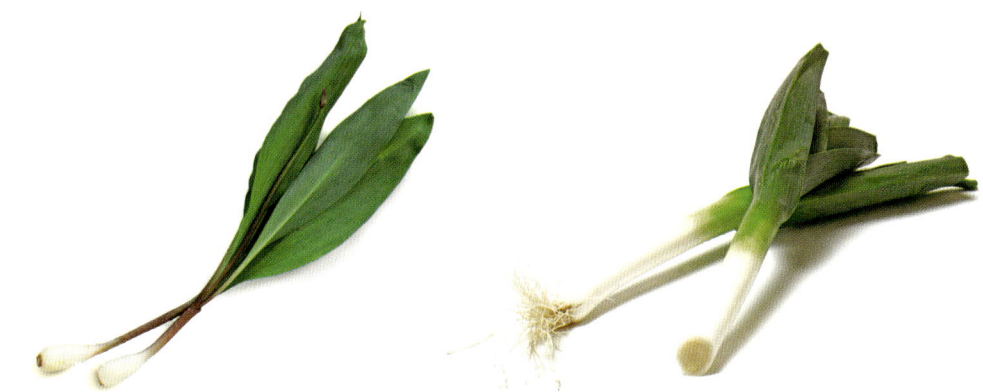

램프 Ramp

블뢰 드 솔레이스 리크 Bleu de Solaise Leek

야생 부추, 야생 양파, 야생 마늘 등으로도 불리는 램프는 양파처럼 백합과에 속하는 식물이다. 마늘과 양파를 섞어놓은 듯한 풍미로 높은 평가를 받고 있다. 북아메리카 동부의 산지 원산으로 숲이 신록으로 물들기 전 이른 봄에 가장 먼저 모습을 드러내는 먹을 수 있는 식물 가운데 하나이다. 아메리카 대륙의 초기 정착자들은 봄을 알리는 전령인 이 식물을 사랑하였으며, 약용으로 썼다. 오늘날에도 미국의 애팔래치아 지방에서는 램프(Allium tricoccum)가 핀 것을 축하하는 축제가 열린다. 향기가 진한 램프는 오직 짧은 제철에만 즐길 수 있으며, 보통은 냉동시키거나 피클로 만들어서 두고 먹는다.

램프는 성숙하여 어른 식물이 되려면 7년의 세월이 걸리며, 고도 900미터 이상에서만 군데군데에서 찾을 수 있다. 하얀 뿌리 때문에 파처럼 보이기도 하지만, 줄기는 자줏빛이 돌며 잎이 더 넓적하다. 뿌리부터 잎까지 모든 부위를 먹을 수 있다. 점점 인기가 높아지면서 몇몇 지역에서는 위기에 처했기 때문에 현재는 법으로 보호를 받고 있다. **CLH**

블뢰 드 솔레이스 리크(Allium porrum)는 리크의 골리앗이라 불릴만한 통통한 식물이다. 환상적인 향미와 서리가 내려도 끄떡없는 강건함으로 높은 평가를 받는다 (겨울 채소라는 점을 감안하면 후자는 특히 가치가 있다). 육중한 체구에도 불구하고 청회색과 녹색의 검 모양 이파리가 매력적이며, 날씨가 추워지면 자줏빛으로 변한다. 성장 속도가 느려 귀한 품종으로, 19세기에 프랑스 동부 리옹 근교의 솔레이스라는 마을에서 탄생하였다.

무덤 벽화를 보면 고대 이집트에서도 리크를 재배해서 먹었다는 것을 알 수 있다. 예술적 감각이 뛰어났을지는 모르지만 여러모로 골칫덩어리였던 로마의 네로 황제는 '리크 먹는 사람'이라는 뜻의 '포로파구스(Porrophagus)'라는 별명도 있었는데, 리크를 먹으면 노래 부를 때 목소리가 좋아진다고 믿었기 때문이었다. 리크는 로마인들에 의해 잉글랜드와 웨일스로 전래되었으며, 리크를 재배하는 나라도 많지만 그 중에서도 프랑스가 최대 생산국 중 하나이다. 리크는 날로 먹기에는 사실 적당치 않으며, 익혀야 부드러워지고 맛있는 풍미를 낸다. 양파와 같은 과에 속하지만 양파처럼 향미가 뚜렷한 것은 아니다. **LF**

Taste: 달콤하지만, 마늘과 양파의 풍미가 뚜렷하게 두드러지는 램프는 양파와 마늘 대용으로 사용할 수 있다. 그 강하고 오랫동안 지속되는 향기로 유명하다.

Taste: 블뢰 드 솔레이스 리크는 실파와 비슷한, 달콤하면서도 약간 떫은 맛이다. 수프의 베이스로 쓰면 더할 나위 없이 좋으며, 크림과 치즈와 곁들이면 환상적이다.

🄖 눈이 녹자 겨우내 남아 있던 낙엽을 헤치고 램프가 고개를 내밀고 있다.

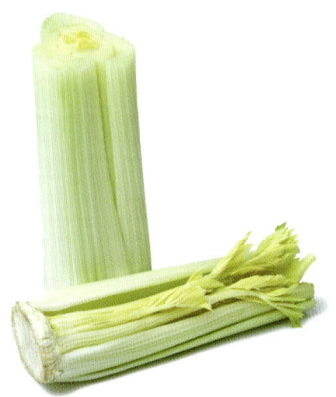

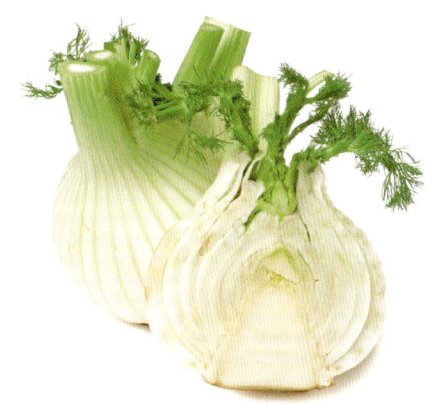

셀러리 하트 Celery Heart

이 늘씬하고 거의 새하얀 셀러리의 심은 그 아삭아삭한 대와 향긋한 잎, 그리고 낮은 칼로리로 높은 평가를 받고 있다. 셀러리(Apium graveolens var. dulce)는 하얀 꽃이 피는 식물의 재배종으로, 원래는 유럽과 아시아에서 야생으로 자라며, 다이어트를 하는 사람에게는 보물과도 같은 존재이다. 한 토막만 먹어도 그 자체가 함유하고 있는 것보다 더 많은 칼로리를 연소시킨다.

그러나 요리사들은 오랫동안 그 향긋한 풍미를 높이 쳤으며, 500년 전까지만 해도 야채보다는 허브로 쓰이는 쌉쌀한 식물이었다. 고대 그리스인들은 사람이 죽으면 셀러리로 화환을 만들었으며, 로마인들은 주연에 참석할 때면 셀러리로 만든 화환을 걸어 그 강한 향기로 역한 냄새를 가렸다.

16세기에 셀러리의 잠재력을 발견하고 좀더 순한 종을 재배하기 시작한 것은 아마도 이탈리아인들이었을 것이다. 오늘날에는 수프단지와 구이용 팬에서 떠날 새가 없으며, 세계의 온대 지방에서 널리 재배한다. 셀러리 하트는 싱싱하고 깔끔한 맛으로 많은 사랑을 받으며, 겉부분보다 질긴 섬유질이 덜하다. **SH**

피렌체 회향 Florence Fennel

피렌체 회향은 회향(Foeniculum vulgare)의 세 가지 주 품종 가운데 하나로 구근 회향(bulb fennel)이라고도 불린다. 그러나 실제로 구근은 아니며, 원산지 역시 피렌체보다 훨씬 먼 대서양 한복판의 화산 섬 아조레스일 것으로 추정되고 있다.

겹겹이 단단하게 뭉쳐 있는 흰색 또는 녹색의 주먹만한 덩어리가 흙을 뚫고 올라오며, 줄기가 사방으로 마구 뻗어, 야생 허브에서 발전한 다재다능한 감초 향의 채소로 자란다. 생으로 먹어도 좋고, 익혀 먹어도 맛있다. 샐러드에 넣거나 브레이즈하기도 하며, 혼자만 요리하기도 하고 다른 여러 재료와 섞어서 조리하기도 한다. 아마도 그 달콤한 맛 때문이겠지만, 피렌체 회향은 시트러스 향미와 잘 어울린다. 피렌체 회향을 쓰는 많은 레시피에는 레몬즙을 짜 넣으라는 말이 심심치 않게 등장한다.

피렌체 회향 하면 이탈리아를 떠올리게 되지만 유럽과 아메리카 전역에서 키워 먹는다. 성긴 이파리는 허브로 쓰며, 줄기는 바비큐에 던져 넣어 정어리나 고등어처럼 기름기가 많은 생선과 함께 그을린다. 패셔너블한 레스토랑에서는 날씬하고 부드러운 '마이크로' 회향을 쪼개서 삶아 기름이나 버터를 발라서 내기도 한다. **MR**

Taste: 날로 먹으면 약간이긴 하지만 파슬리나 아니스를 연상시키는 기분 좋은 쓴맛이 있다. 팬에서 튀기거나 소테하거나 찌면 그 향미가 좀더 순해진다.

Taste: 생 회향의 질감은 아삭아삭하지만 오랫동안 뭉근하게 끓이면 셀러리처럼 부드러워진다. 아니스 열매와 흡사한 맛이 뚜렷하지만 순한 편이고 크뤼디테로 먹으면 상큼하다.

수프에 넣거나 올리브유와 발사믹 식초에 구워서
사이드 디쉬로 내기도 한다. ➲

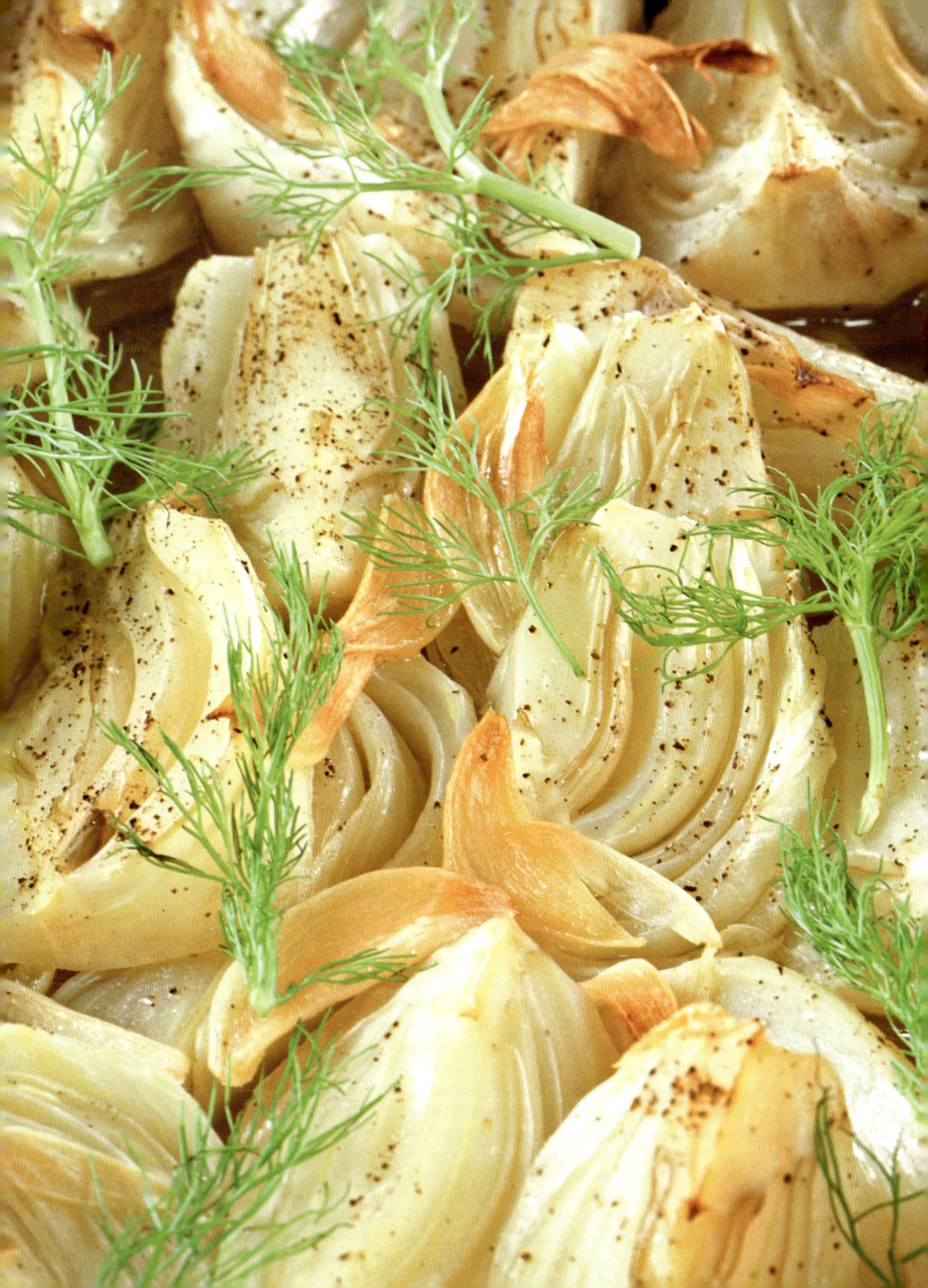

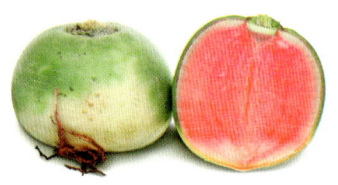

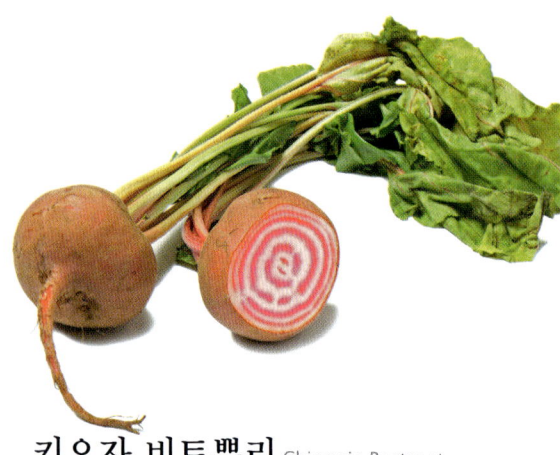

뷰티 하트 래디쉬 Beauty Heart Radish

인류는 선사 시대 이래 무(Raphanus sativus)의 부풀어오른 줄기를 먹어왔지만, 래디쉬의 기원 자체는 모호하다. 역사학자들은 서아시아에서 유래했을 것으로 추정하고 있다. 로마 제국 멸망 이후 무는 유럽 문학에서 자취를 감추었지만, 재배는 계속되었을 것으로 보인다.

무는 그 크기, 모양, 색깔이 다양하다. 그 중에서도 뷰티 하트 래디쉬—그 빨간 속살, 새하얀 껍질, 그리고 녹색이 도는 윗부분—는 단연 눈에 띈다. 중국에서는 신리메이(心里美, 마음 속의 아름다움)라는 뜻으로, 그 밖에도 로즈 하트(rose heart), 아시안 레드 미트(Asian red meat), 레드 다이콘(Red daikon) 등으로도 불린다. 생물학적으로는 일본에서 재배하는 무 비슷한 식물과 가깝지만, 뷰티 하트는 진정한 의미에서 무는 아니다. 때때로 워터멜론 래디쉬라고도 불리는데, 익히면 수박 조각처럼 잘라지기 때문에 잘 어울리는 별명이라 할 수 있다.

워낙 눈에 확 들어오게 예뻐서, 썰어서 샐러드나 샌드위치에 넣으며, 오르되브르 접시 위에 올리기도 한다. 순무처럼 조리해서 크림을 곁들여 내거나 브레이즈하거나 썰어서 스티어프라이에 넣을 수도 있다. 중국에서는 종종 피클을 만들어 먹는다. **SH**

키오자 비트뿌리 Chioggia Beetroot

키오자 비트는 비트 중에서도 귀한 품종으로 눈에 띄게 예쁘다. 대부분의 다른 비트 품종들이 단색인데 비해 키오자 비트는 자홍색의 겉껍질 속에 장밋빛과 하얀색이 동심원을 이루고 있다—때문에 미국에서는 과녁 비트(bulls-eye beet), 또는 눈깔사탕(candy stripe beet)이라고 부르기도 한다. 조리하면 이 매력적인 겉모습은 사라져버리기 때문에 보통은 날로 먹는다.

비트(Beta vulgaris)는 유럽에서 인도에 이르는 해안선을 따라 자라는 야생 갯근대(see beet)가 진화한 것으로 보인다. 고대에는 그 잎을 조그만 뿌리보다 더 높이 쳤지만, 16세기 무렵에는 오늘날 우리가 아는 둥근 구근 채소가 이탈리아에 등장하였다.

키오자는 베네치아 석호 남쪽에 위치한 섬의 작은 해안가 마을이다. 키오자 비트뿌리는 비스듬히 썰어서 샐러드에 넣으면 시선을 사로잡는다. 끓는 물에 넣으면 그 색이 배어 나오므로 굽는 편이 더 좋은데, 역시 원래의 빛깔을 그대로 유지하기란 어렵다. 가뜩이나 강한 단맛이 조리하며 더욱 강렬해진다. **LF**

Taste: 다른 무 종류와는 달리 뷰티 하트는 성숙할수록 맛이 매워지는 게 아니라 오히려 순해진다. 아삭아삭하고 달콤하고, 살짝 톡 쏘는 맛이 있으며, 가장자리 부분이 화려한 빛깔의 속살보다 더 맵다.

Taste: 어린 키오자 비트는 날로 먹으면 달콤하면서도 희미한 흙 향미가 난다. 아삭아삭한 질감과 래디쉬를 연상케 하는 은근한 톡 쏘는 맛이 일품이다. 좀더 나이를 먹은 뿌리는 흙 향미가 뚜렷해진다.

눈깔사탕 같은 줄무늬에 캔디 핑크색의 키오자 비트는 어떤 샐러드에 넣어도 눈에 확 들어온다. ➡

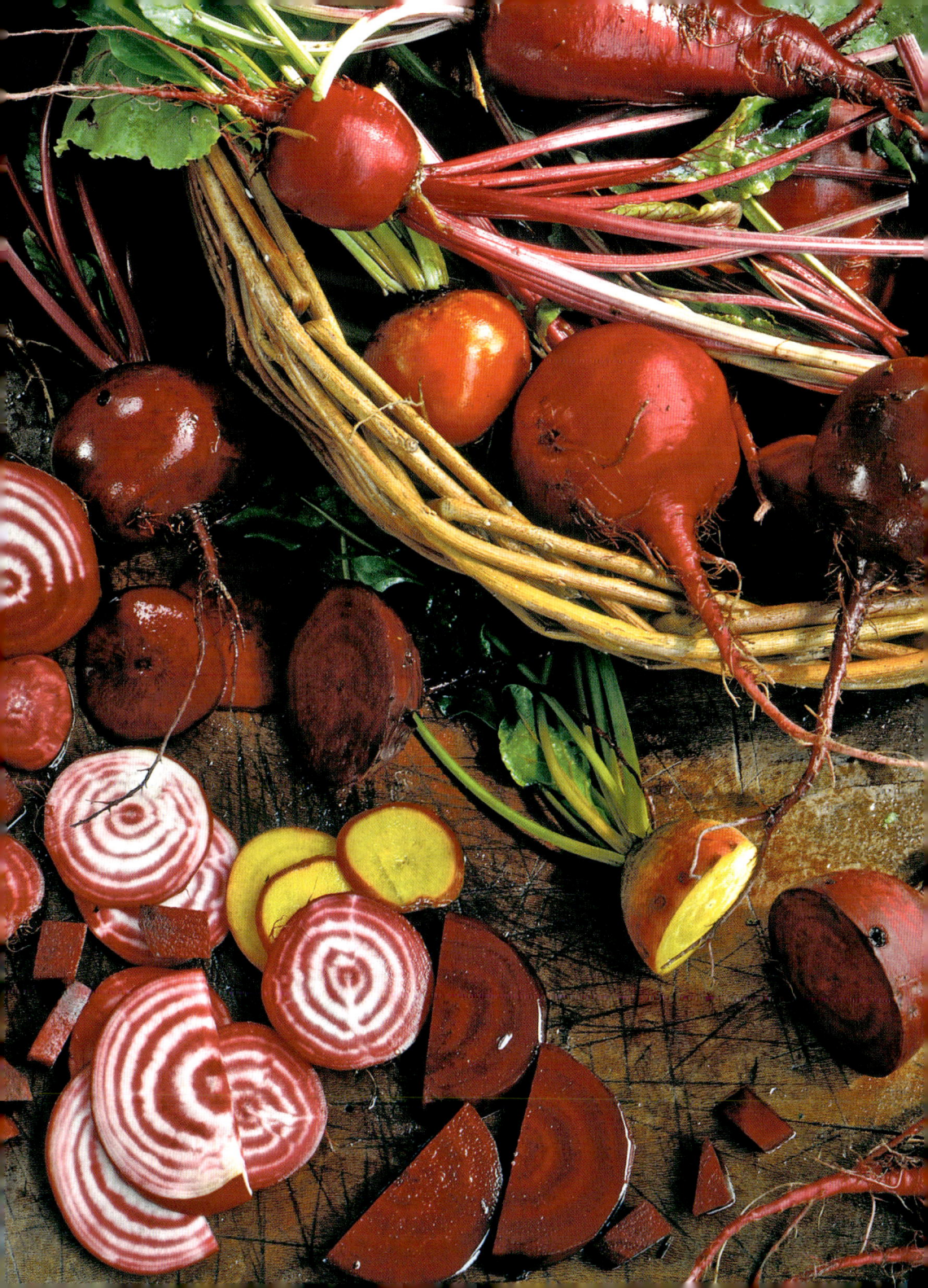

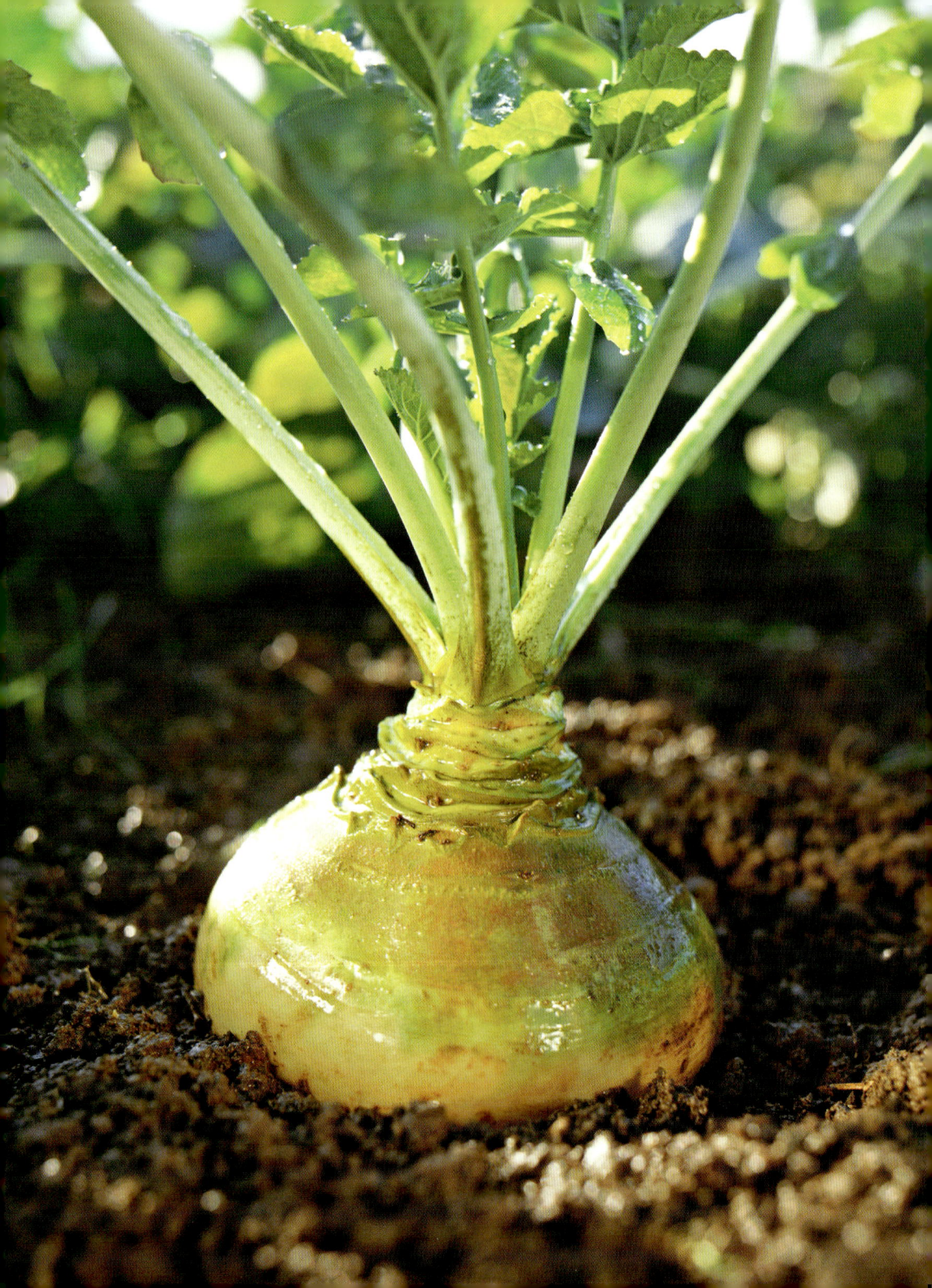

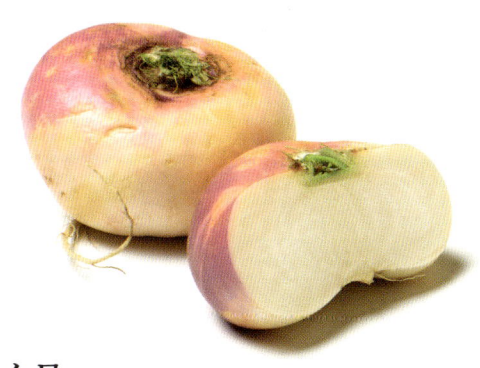

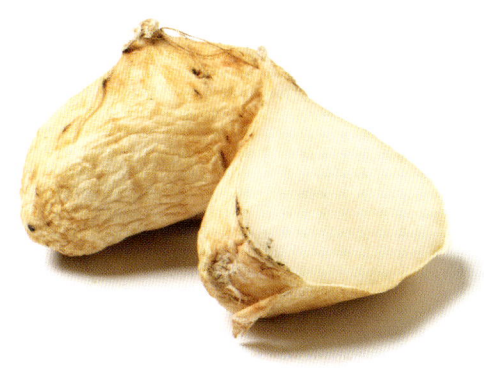

순무 Turnip

지카마 Jicama

감자가 유럽에 전래되기 전, 필수 식량이었던 순무 (Brassica rapa)는 고대 그리스와 로마에 이미 작물로 확실히 자리를 잡았다. 이후 영국과 북유럽에서 인기를 누렸으며 17세기 초에 미국에 전해졌다. 오늘날까지도 순무는 미국, 남유럽, 아시아에서 상당한 재배 면적을 자랑한다.

작고 어린 순무가 언제나 나이 많고 거친 것보다 더 인기가 좋았으며, 오늘날 베이비 순무가 사랑을 받는 것은 이러한 유행의 연장선이다. 양배추와 래디쉬와 같은 과에 속하는 이 아삭아삭하고 하얀 뿌리식물은 성숙한 뿌리채소와는 매우 다르다. 전 세계적으로 순무는 수프와 스튜에 넣어 그 향미를 더한다. 그러나 프랑스와 아시아 요리에서는 끓는 물에 던져지는 대신 브레이즈나 로스트, 소테, 또는 소를 만드는 데에 주로 쓰인다.

독일의 테틀로프에서 태어난 테틀로 순무는 별미 대접을 받는다. '카부(蕪)' 또는 일본 순무는 래디쉬처럼 맛이 더 맵다. **SH**

멕시코와 중앙 아메리카 원산인 협과 식물 지카마(멕시코 감자, 얌 콩, 멕시코 순무 등으로도 부른다)는 최근까지만 해도 극히 일부 지역에서만 즐길 수 있었던, 다재다능한 채소이다. 오늘날에는 북아메리카와 중국의 부엌에서 사랑을 받고 있으며, 특별한 풍미가 없는 순한 맛이다. 특히 중국에서는 스티어프라이의 재료로 종종 쓰이며, 거의 모든 아시아 스타일 레시피에서 마름 대용으로 사용할 수 있다.

전통적으로 지카마의 고향인 멕시코에서는 이 아삭거리는 채소를 성냥 크기로 채썰어 샐러드에 넣는다. 라임 즙과 소금, 그리고 매운 칠리 가루를 뿌려서 날로 먹으면 맛있다. 과일과 함께 먹어도 잘 어울려서, 길거리에서는 지카마와 다양한 종류의 멜론 조삭을 섞어 과일 샐러드로 파는 장수들을 쉽게 만날 수 있다.

갈색 껍질에 생김새는 순무와 비트 중간쯤인 지카마는 무게가 23킬로그램까지 나가는 것도 있기는 하지만, 보통 시장에서 파는 것은 2.3킬로그램 안팎이다. **SH**

Taste: 베이비 순무는 보다 달짝지근하고 향긋한 맛을 지니고 있다. 가을에 수확하는 성숙한 순무는 곰팡이 냄새가 날 수도 있기 때문이다. 날로 먹으면 아삭아삭하고 상큼하다.

Taste: 즙이 많고 아삭아삭한 지카마의 하얀 속살은 사과나 베를 연상시키는 가벼운 단맛이 느껴지는 특징없는 밋밋한 향미이다. 녹말 덩어리처럼 보이지만, 특별히 녹말 맛이 두드러지지는 않는다.

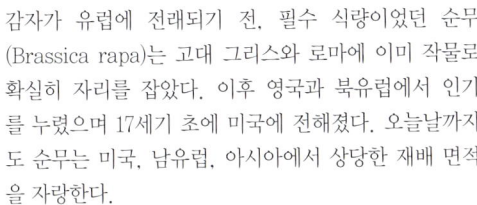

순무 뿌리의 먹을 수 있는 부분이 땅 위로 드러나 있다. 길고 곧은 뿌리는 영양분으로 가득하다.

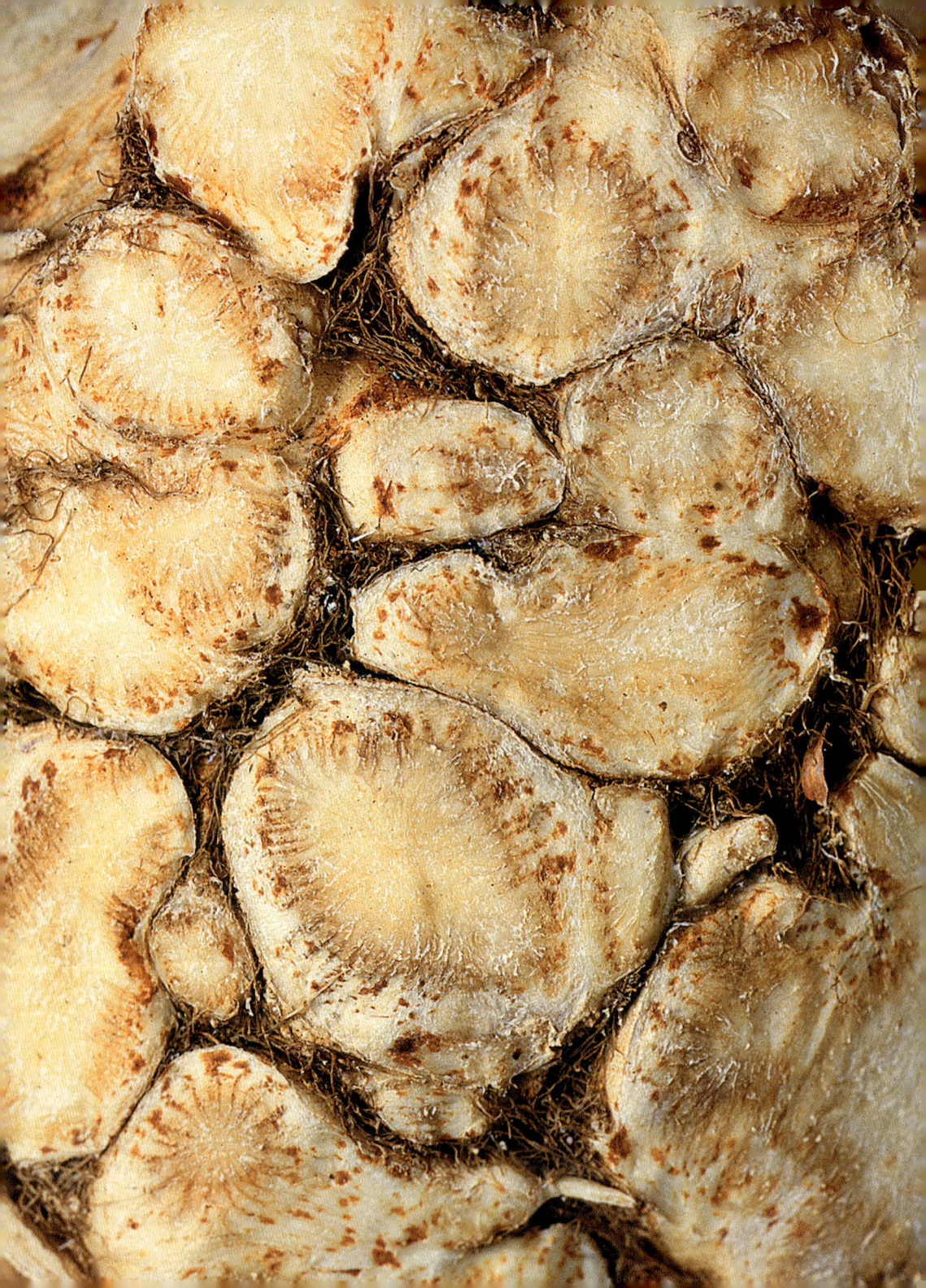

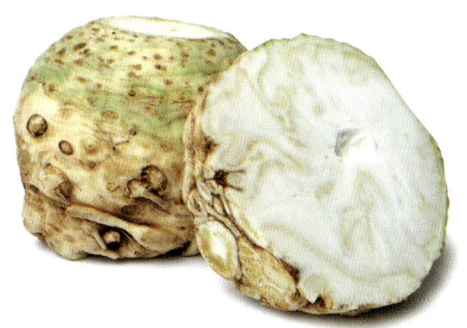

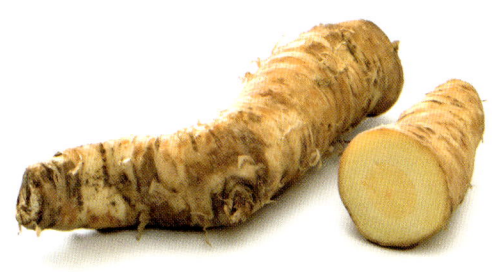

셀러리악 Celeriac

이 겨울 채소는 셀러리(Apium graveolens var. rapa-ceum)의 일종으로, 순전히 그 옹이진 갈색 뿌리를 얻기 위해 재배한다. 뿌리셀러리(celery root) 또는 덩이셀러리(celery knob)라고도 부른다. 껍질을 벗기면 상아빛의 단단하면서도 딱딱하지는 않은 질감의 속살이 드러난다. 야생 셀러리의 변종으로 알려져 있는 셀러리악은 처음에는 지중해 지역에서 재배되었으며, 중세에 높은 인기를 누렸다. 오늘날에는 전 세계에서 찾아볼 수 있는데, 프랑스, 독일, 벨기에, 네덜란드가 주요 생산국이다.

당근, 파스닙, 회향 등과 생물학적으로 가까우며, 먹기 전에 껍질을 벗겨야만 한다. 잎은 보통 버리지만, 모식물의 잎처럼 양념으로 쓸 수도 있다. 셀러리악은 유럽, 특히 북유럽에서 인기가 높으며, 보통 감자와 함께 요리해서 크로켓이나 매쉬로 만들어 먹는다. 프랑스에서는 셀러리악을 채썰어 약간의 버터와 설탕만 넣고 볶지만, 유럽에서 생산하는 셀러리악은 대부분 피클로 만들어진다.

미국과 영국에서는 셀러리악을 널리 먹지는 않는다. 메뉴에 등장할 때에는 생으로 썰거나 갈아서 샐러드에 넣는다. **SH**

아라카차 Arracacha

아메리카 대륙, 특히 안데스 산악 지대가 원산인 아라카차(Arracacia xanthorrhiza)는 한때 잉카인들의 식량이었다. 당근, 파스닙, 셀러리와 같은 산형과에 속하지만, 병해에 약한데다 일단 수확하고 나면 보존 기간이 짧아 한번도 대중화에 성공하지 못했다. 그럼에도 브라질과 그 밖의 남아메리카, 그리고 카리브해에서는 여전히 이 맛좋은 덩이뿌리를 재배하고 있다.

페루 당근이라고도 불리는 아라카차는 커다란 흰 당근처럼 생겼다. 어린 녹색의 줄기를 삶거나 셀러리처럼 날로 먹기도 하지만, 보통은 전분이 많은 뿌리를 먹는다. 그 아삭아삭한 질감이 감자와 비슷하다. 속살은 흰색부터 연노랑색이며, 자주색인 것도 있다. 조리하면 향긋한 냄새를 풍긴다. 아라카차는 거의 언제나 조리해서 먹는다. 노란색인 것은 익히면 오렌지색으로 변하므로 요리에 멋진 색을 더해준다. 뿌리는 삶거나 굽거나 튀기거나, 수프와 스튜에 넣는다. 안데스 지역에서 만드는 풍성한 스튜인 산코초(sancocho)에 들어가는데, 콜롬비아와 베네수엘라에서 매우 인기가 좋다. **SH**

Taste: 셀러리악의 맛은 강한 셀러리와 파슬리의 중간쯤이다. 뿌리는 캔털룹 멜론만큼이나 크다. 뿌리가 작을수록 맛이 순하다.

Taste: 아라카차는 셀러리, 당근, 파스닙에 군밤을 섞어놓은 듯한 기분 좋게 특징없는, 약간 달짝지근한 향미를 지니고 있다.

셀러리악은 멋진 향미를 지니고 있으며 다재다능하다.
🗨 감자 대신 전분이 없는 대용으로 쓰기에 좋다.

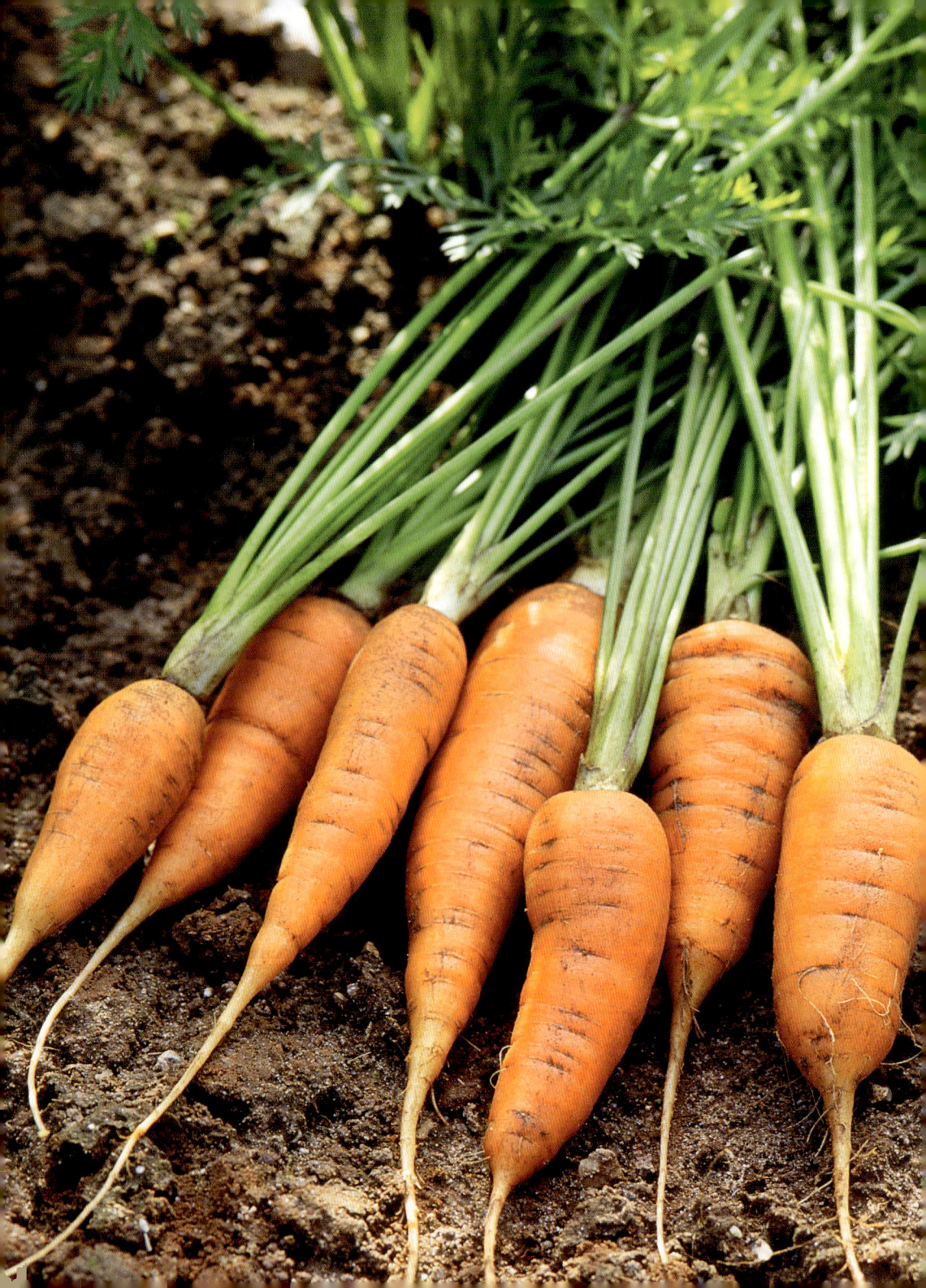

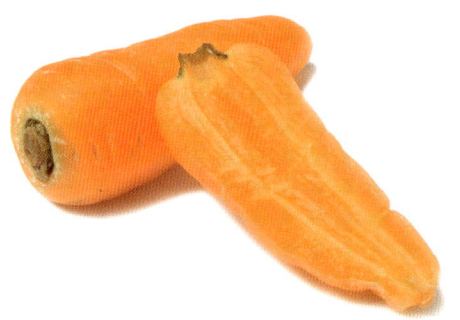

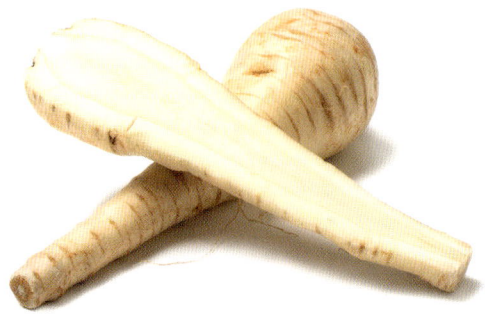

샹트네이 당근 Chantenay Carrot

1960년대까지 널리 재배하였던 샹트네이 당근은 세월이 흐르면서 영국에서 큼직한 대량생산 당근에 그 자리를 내주고 말았다. 다행히 이 땅딸막하고 달콤한 품종은 그 이후 화려하게 재기했다. 야생 당근은 수천년 동안 아시아와 남유럽에서 찾아볼 수 있었다. 초기 좋은 노랑색, 흰색, 보라색, 또는 검은색이었으며 선명한 주홍색―베타카로틴이 풍부하다―은 17세기에야 네덜란드인들에 의해 탄생하였다.

프랑스에서 기원한 샹트네이 당근은 그 의학적 효과를 언급한 기록으로 보아 1800년대 말에 처음 등장한 것으로 보인다. 로열 샹트네이와 레드 코어드 샹트네이 등의 품종이 있으며, 둘 다 가정의 정원에서 길러서 먹기에 좋다.

샹트네이 당근은 다른 당근에 비해 짧지만 더 굵다. 그러나 '베이비' 당근은 아니다. 어떤 것은 '어깨'가 자주색이다. 항상 크기가 고른 것은 아니며, 옹이가 있거나 비틀린 것도 있지만, 맛은 언제나 좋다. 다른 뿌리채소처럼 쓸모가 다양한데, 삶거나 찌거나 구워 먹을 수 있으며, 생으로 먹어도 좋고 주스를 만들 수도 있다. **SH**

파스닙 Parsnip

이 유서깊은 뿌리채소는 감자가 전래되기 전까지 유럽의 감자―그리고 때로는 설탕―나 다름없었다. 파슬리, 당근, 셀러리와 같은 과에 속하는 파스닙(Pastinaca sativa)은 중세 유럽에서 그 달콤한 뿌리를 채소로 먹거나 푸딩을 만들 때 그 녹말을 사용하였다.

야생 파스닙은 아마도 지중해 동부와 코카서스를 포함하는 북동부인 것으로 추정되며, 고대 그리스인들이 재배하여 먹었다. 로마인들은 파스닙보다는 보통 당근을 선호했지만, 그래도 이들에 의해 영국으로 전해졌으며, 다시 오스트랄라시아와 북아메리카로 차례로 퍼져나갔다. 남유럽에서는 거의 재배하지 않는다.

파스닙은 삶거나 수프와 스튜에 넣는다(아일랜드에서는 한때 맥주를 만드는 데에 쓰기도 했다). 삶아서 버터와 함께 으깨거나 크림에 계피나 육두구 같은 향신료를 섞어 퓌레로 만들면 매쉬드포테이토의 대용으로 훌륭하다. 육류나 가금류를 팬에서 튀길 때 넣으면 당분이 흘러나와 멋진 효과를 연출한다. 당근과는 달리 파스닙은 생으로 먹지는 않는다. **SH**

Taste: 혹자는 당근 가운데 최고로 맛있다고 주장하는 샹트네이는 매우 달콤하며 주스를 만들기에 완벽하다. 그 중에서도 레드 코어드 품종이 가장 맛있다.

Taste: 파스닙의 맛은 당근과 약간 비슷하지만 더 달콤하며, 순무를 연상케하는 '뿌리' 맛이 난다.

🔄 달콤한 샹트네이는 먹기 전에 껍질을 깎지 말고 문질러서 벗겨내는 게 좋다.

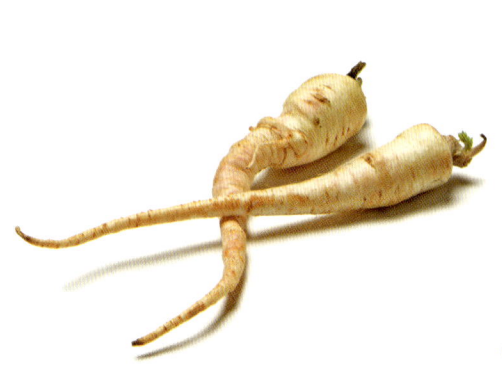

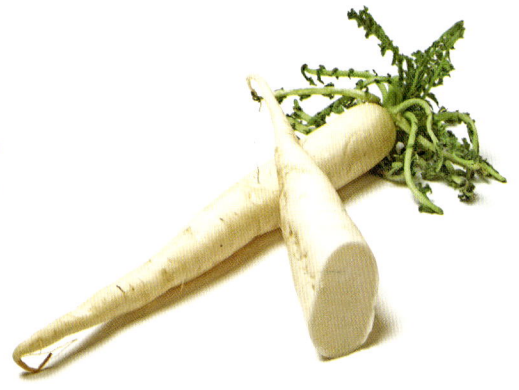

함부르크 파슬리 Hamburg Parsley

무 Mooli

경험 많은 요리사에게 파슬리에 대해 물어보라. 아마도 잎이 '꼬불꼬불한' 것과 '평평한' 것을 이야기할 것이다. 함부르크 파슬리(Petroselinum crispum var. tuberosum)는 후자와 가깝기는 하지만, 잎보다는 뿌리를 먹는다. 16세기 독일에서 태어난 이래 독일과 베네룩스 국가에서 줄곧 사랑을 받고 있다. 플랑드르의 민물 생선 스튜인 '바터조이(waterzooi)'와 오스트리아의 삶은 쇠고기 요리인 '타펠슈피츠(tafelspitz)'—프란츠 요제프 황제가 가장 좋아하는 요리 중의 하나였다고 한다—에 없어서는 안 될 마법과도 같은 재료이다.

함부르크 파슬리는 조리하기 전에 껍질을 긁어내거나 깎아내야 한다. 조리하면 러비지와 비슷한 냄새가 난다. 예를 들면 서양고추냉이보다는 덜 공격적이지만, 확실히 비슷하게 생긴 파스닙이나 당근보다는 강렬하다. 셀러리악과 비교되는 그 맛은 그러나 너무 세서 야채로 먹기보다는 맛을 내는 데 쓴다. 익히면 그 맛이 순해지기는 하지만, 대신 넣고 끓인 그 국물로 향미가 옮겨간다. 가장 좋은 조리법은 다른 뿌리채소와 함께 구워서, 각각의 향미가 서로를 압도하지 않으면서 자연스럽게 섞이도록 하는 것이다. **MR**

아시아 슈퍼마켓이나 특수 식품점에 가면 쉽게 찾을 수 있는 무는 길고 하얀 뿌리채소로, 어떻게 보면 비대한 당근처럼 생겼다. 영어로는 다이콘 래디쉬(daikon radish), 윈터 래디쉬, 차이니즈 래디쉬, 재패니즈 래디쉬 등으로 부른다. 십자화과 무속에 속하며, 래디쉬처럼 날로 먹어도 좋다. 한국, 중국, 일본, 베트남, 인도에서 중요한 식재료로, 날로 먹거나 절이거나, 익혀 먹는다. 무는 지중해 연안이 원산으로 알려져 있으며, 중국을 거쳐 일본까지 전래되었다.

무는 갈아서 다양한 용도로 쓰이기도 하는데, 예를 들면 사시미의 장식으로 쓰는 것이 좋은 예다. 또 썰어서 스터어프라이(센 불에 재빨리 볶는 음식) 요리에 넣기도 한다. 중국에서는 쌀과 생선 다시 국물에 조려서 먹는다. 한국에서는 김치나 무채 요리를 만들어 먹는다. 톡 쏘는 매운 맛이 있기 때문에 서양에서는 찬 맥주로 씻어서 먹는다. 서양의 셰프들은 아시아 스타일 요리에 재료로 쓰거나 장식용으로 사용한다. 칼로리가 낮고 비타민 C가 풍부해서 채식주의자들 사이에서도 인기가 높다. **SH**

Taste: 조리한 함부르크 파슬리의 질감은 마치 너무 삶은 당근처럼 사뭇 크리미하다. 그 맛은 베이비 순무, 다진 파슬리, 셀러리를 은근히 뒤섞어놓은 듯하다.

Taste: 무는 래디쉬와 비슷한 아삭아삭한 질감에 서늘하고 달콤하며, 다소 알싸한 맛이 난다. 물냉이와 비슷한 짜릿하고 톡 쏘는 맛이 있다.

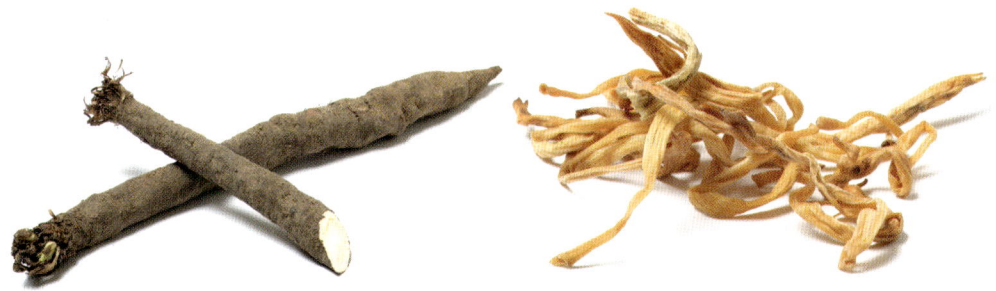

샐서피 Salsify

샐서피(Tragopogon porrifolius)는 데이지와 가까운 국화과 식물이다. 학명의 첫부분(tragopogon)은 삼나물(goat's beard)을 의미하며, 뒷부분(porrifolius)은 리크와 비슷한 잎을 가리킨다. 지중해 동부 원산으로 벨기에와 프랑스 북부에서 채소의 일종으로 인기가 높으며, 사촌격인 쇠채(scorzonera)속과 종종 혼동되곤 한다. 진짜 샐서피는 껍질이 연한 회색이나 노란색이라는 것을 제외하면 약간 당근과 닮았는데, 쇠채속은 짙은 회색이며, 그보다 다소 날렵하게 생겼다. 둘 다 가을부터 늦봄까지 구할 수 있다.

화이트 아스파라거스와 비슷하게 생겨 '가난한 이들의 아스파라거스'라고도 불리는 샐서피의 가장 큰 결점은 그 껍질이다. 미리 한번 익히지 않으면 껍질을 벗기기가 힘들기 때문에, 종종 미리 조리하여 단지에 담아서 판매한다. 프랑스나 벨기에의 비스트로에서는 이것을 버터에 조리하여 육류 브레이즈에 곁들여 낸다. 이탈리아에서는 때때로 그 잎과 순을 샐러드에 넣는다. 한편 스페인에서는 음식으로도 쓰지만, 전통적으로 뱀에 물렸을 때 약재로 써왔다. **GM**

원추리 Golden Needle

중국의 어떤 국물 요리라도 그 속을 보면 그야말로 요리의 만화경을 들여다보는 것 같다. 이름부터 벌써 각양각색의 모양, 색채, 질감, 향미를 예견하게 한다. 서양인의 눈에 낯선 재료를 하나 꼽으라면 중국어로는 진쩐(金針, '금 바늘'이라는 뜻)라고도 하는 원추리이다. 백합과에 속하는 길고 가느다란 꽃봉오리를 가리킨다.

보통 봄철 개화 직전에 수확하는데, 오늘날에는 아시아를 비롯한 세계 시장의 수요를 맞추기 위해 원추리목에 속하는 다양한 품종을 계획 재배하고 있다. 꽃의 색깔은 싱싱한 것은 옅은 금빛부터 오렌지색, 말린 것은 짙은 호박색 등이 있다. 말린 원추리는 요리에 쓰기 전에 잠깐 물에 담가 두는데, 너무 메말라서 부스러질 정도라면 거의 향미가 없다.

싱싱한 꽃봉오리는 섬세한 매듭으로 묶어놓아 꽃이 열리지 않도록 한다. 국수나 뜨거운 불에 익힌 육류 요리에 곁들이면 그 풍성한 향기를 한껏 발휘한다. 어찔할 정도의 향미는 버섯, 특히 목이버섯이나 팽이버섯에 잘 어울리며, 된장과도 궁합이 좋다—중국과 일본 요리 레시피에서 종종 함께 등장한다. **TH**

Taste: 샐서피는 희미한 스모크와 견과의 향미, 그리고 크리미한 질감을 지니고 있다. 화이트 아스파라거스와 맛이 비슷하지만 조금 더 씁쓸하다. 헛배를 부르게 할 수 있다.

Taste: 원추리 꽃봉오리는 사향 향이 이우러진 살짝 달콤한 향기로, 야생 버섯을 연상시킨다. 기분 좋게 쫄깃한 질감은 그 맛만큼이나 중요하다.

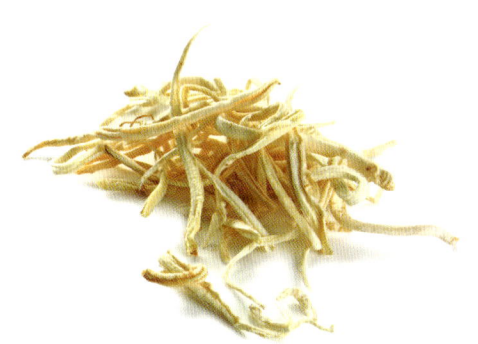

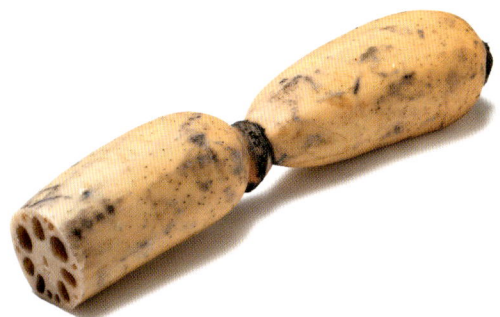

도라지 Bellflower Root

연근 Lotus Root

한국인들은 한국 음식을 묘사할 때 "기분좋게 새콤하고, 달콤하고, 매콤하고, 타는 듯이 맵고, 짭짤하고, 쌉쌀하다"고 한다. 한국 음식의 썩 나쁘지 않은 쓴맛은 생강, 인삼, 허브, 종자류, 그리고 몇몇 야채에서 비롯되는데, 개중에는 한국 부엌에서 빼놓을 수 없는 재료인 도라지도 있다. 도라지는 일본과 중국에서도 먹지만 주로 약용으로 쓰인다.

　이 길쭉한 우윳빛의 거칠어 보이는 뿌리는 언뜻 보면 인삼과 비슷하다. 아삭아삭한 섬유질 질감으로, 날로 먹어도 되고 말려서 먹기도 한다. 생도라지는 쓴맛을 없애기 위해 살짝 데쳐서 찬물에 씻어낸다. 말린 도라지는 물에 넣어 불리면 생도라지와 마찬가지로 조리에 쓸 수 있다.

　도라지는 보통 무쳐서 전통 제례상에 올린다. 껍질을 벗긴 도라지에 소금, 식초, 고춧가루, 참기름, 그 밖의 양념을 넣어 무치면 매콤하고 맛있다. 도라지는 절여서 센 불에 볶아서 밥이나 국수에 올리기도 하며, 빈대떡이나 부침개에 넣기도 한다. **WS**

연꽃은 아시아에서 널리 존경을 받는 꽃이다. 진흙탕물의 연못과 호수에서 자라지만, 우아하고 섬세한 꽃이 그 소박하다 못해 보잘것없는 서식지 위로 당당하게 피어난다. 이것은 곧 영성을 통한 깨달음을 의미한다.

　연꽃(Nelumbo nucifera)의 아름다운 꽃과 커다랗고 넓적한 잎 아래에는 길고 굵은 뿌리—정확하게 말하면 뿌리줄기—가 숨어 있다. 이 뿌리를 따라 길게 구멍이 나 있어 얇게 썰면 특유의 섬세한 문양이 나온다. 그 새하얀 색깔까지 더해지면, 샐러드에 넣거나 장식으로 쓰기에 아주 예술적인 재료가 된다. 이 구멍은 요리할 때에도 유리하다—속에 고기나 밥을 채워넣을 수 있기 때문이다.

　연근은 날로 먹을 수도 있고 조리해서 먹을 수도 있으며, 달콤한 음식과 짭짤한 음식에 모두 쓰인다. 말려서 설탕에 절인 뒤 가루로 갈거나 차를 우려내어 마시기도 한다. 오랫동안 자작자작 졸이거나 끓여도 모양이 흐트러지지 않아서 종종 수프나 스튜에 넣는다. 일본에서는 샐러드나 스튜, 템푸라를 만든다. 카슈미르 지방에서는 네드르(nedr)라고 부르며, 팬에서 튀겨 먹는다. **KKC**

Taste: 한국에서는 보통 도라지에 맛이 진한 양념을 쓴다. 도라지 자체의 맛만 놓고 보면 특별한 풍미 없이 흙 내음이 나며, 달짝지근하고 약간 쌉쌀하다.

Taste: 날로 먹으면 연근은 달달하면서도, 생감자와 비슷한 전분 맛이 난다. 조리하면 전분 맛이 더 강해지는데, 설탕에 절이면 단맛이 강렬해진다.

연꽃 잎이 떨어지면 커다란 꽃턱이 나타난다.
말린 씨는 동아시아 음식에서 중요한 역할을 한다. ◐

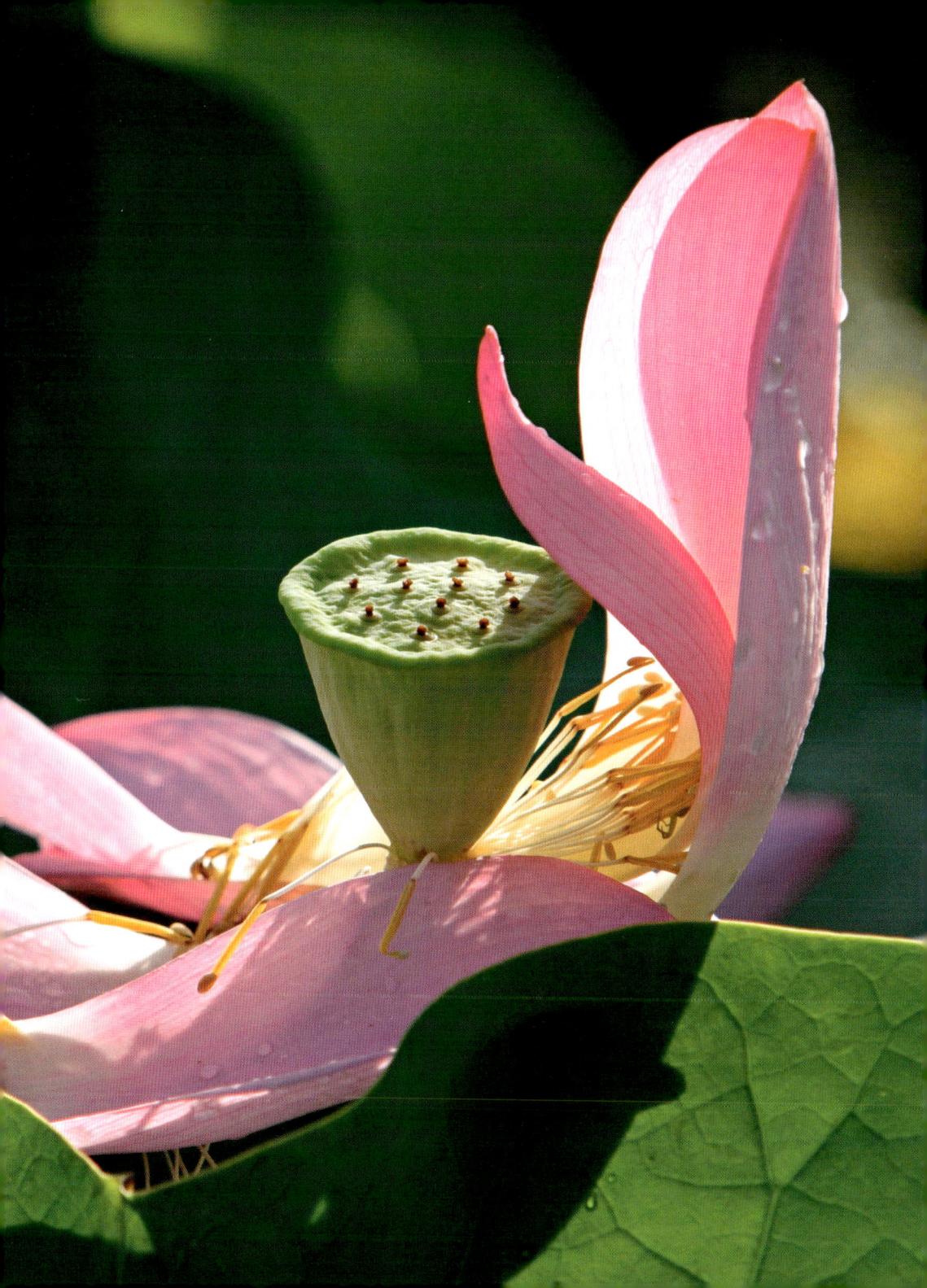

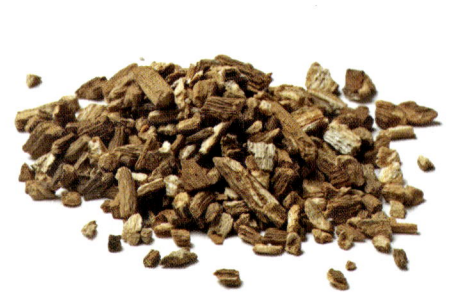

우엉 Gobo

일본의 채소 가게에 가면 흙투성이인 우엉의 길쭉한 갈색의 곧은뿌리가 산더미처럼 쌓여 있다. 우엉을 야채로 먹는 곳은 주로 일본이다. 우엉(Arctium lappa)은 기온에 까다롭지 않기 때문에, 일본 전역에서 재배된다. 일본어로 고보(牛蒡)라고 부르는데, 도쿄 근교의 오라에서 생산하는 오라 고보는 속이 비어 있고 짧고 굵지만, 교토의 호리카와 고보는 길고 가늘다.

어리고 부드러운 뿌리는 일본 슈퍼마켓의 절임 코너에 가면 찾을 수 있다. 다소 인공적인 오렌지색으로 물들여서 진공 포장을 하기는 했지만, 여전히 아삭아삭하고 맛있다. 그러나 우엉은 보통 조리해서 먹는다. 껍질을 벗겨내지 말고, 문지르거나 가볍게 비벼서 그 향미를 최대한 보존한다. 그리고 나서 식초를 탄 물에 넣으면 살은 하얘지고, 쓴맛은 줄어든다.

가장 흔한 조리법은 뿌리 끝부터 연필 깎을 때처럼 깎아내는 것이다. 그런 다음 참기름에 볶으면서 간장으로 맛을 내면 인기있는 반찬인 킨피라고보(金平ごぼう)가 된다. **SB**

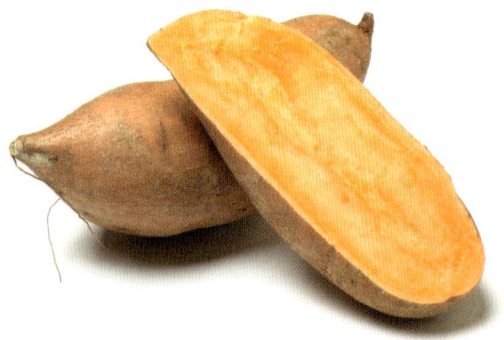

고구마 Sweet Potato

메꽃과에 속하는 덩굴식물의 뿌리인 고구마(Ipomoea batatas)는 적어도 10,000년 전부터 페루에서 먹어왔으며, 잉카 제국 이전부터 아메리카 열대 지방의 원산지에서 재배해온 것으로 보인다. 아메리카 대륙 원산의 다른 덩이뿌리 식물처럼, 고구마 역시 15세기 말부터 전 세계적인 인기를 누리기 시작하였다.

고구마는 종류가 다양한데, 껍질은 하얀색부터 주황색, 빨간색, 갈색, 보라색까지 제각각이며, 속살 역시 하얀색부터 주황색, 빨간색 등으로 다양하다. 질감은 가루처럼 부스러지는 것, 말랑말랑한 것, 또는 아예 걸쭉한 것도 있다. 아마 가장 흥미로운 것은, 예를 들면 보러가드(Beauregard)처럼 짙은 색깔 껍질에 속살은 밝은 주황색인 달콤한 품종일 것이다.

이 영양가가 풍부한 야채는 언제나 익혀서 먹으며, 계피나 육두구를 곁들여서 그 달콤한 견과 향을 북돋는다. 고구마는 미국에서 추수감사절에 먹는 명절 음식이며, 단것으로 만들어서 디저트에 내기도 한다. 중국과 일본에서 껍질째 구운 고구마는 인기있는 길거리 음식이다. 오븐에 구워서 약간의 버터를 발라 내면 맛있다. **SH**

Taste: 우엉은 예루살렘 아티초크와 비슷한 흙 맛이 난다. 조리하면 부드러워지지만 여전히 짜릿한 맛이 남아 있다. 익힌 우엉과 마요네즈, 참깨로 만든 샐러드는 의외의 별미이다.

Taste: 모든 고구마는 달짝지근한 전분 맛이 나지만, 보러가드 품종은 그 부드럽고 촉촉한 질감 때문에 더 달콤한 것 같다. 희미하지만 뚜렷한 건과향도 빼놓을 수 없다.

고구마는 더운 기후를 좋아하기 때문에 첫서리가 내릴 징조가 보이면 빨리 수확하는 것이 좋다. ❶

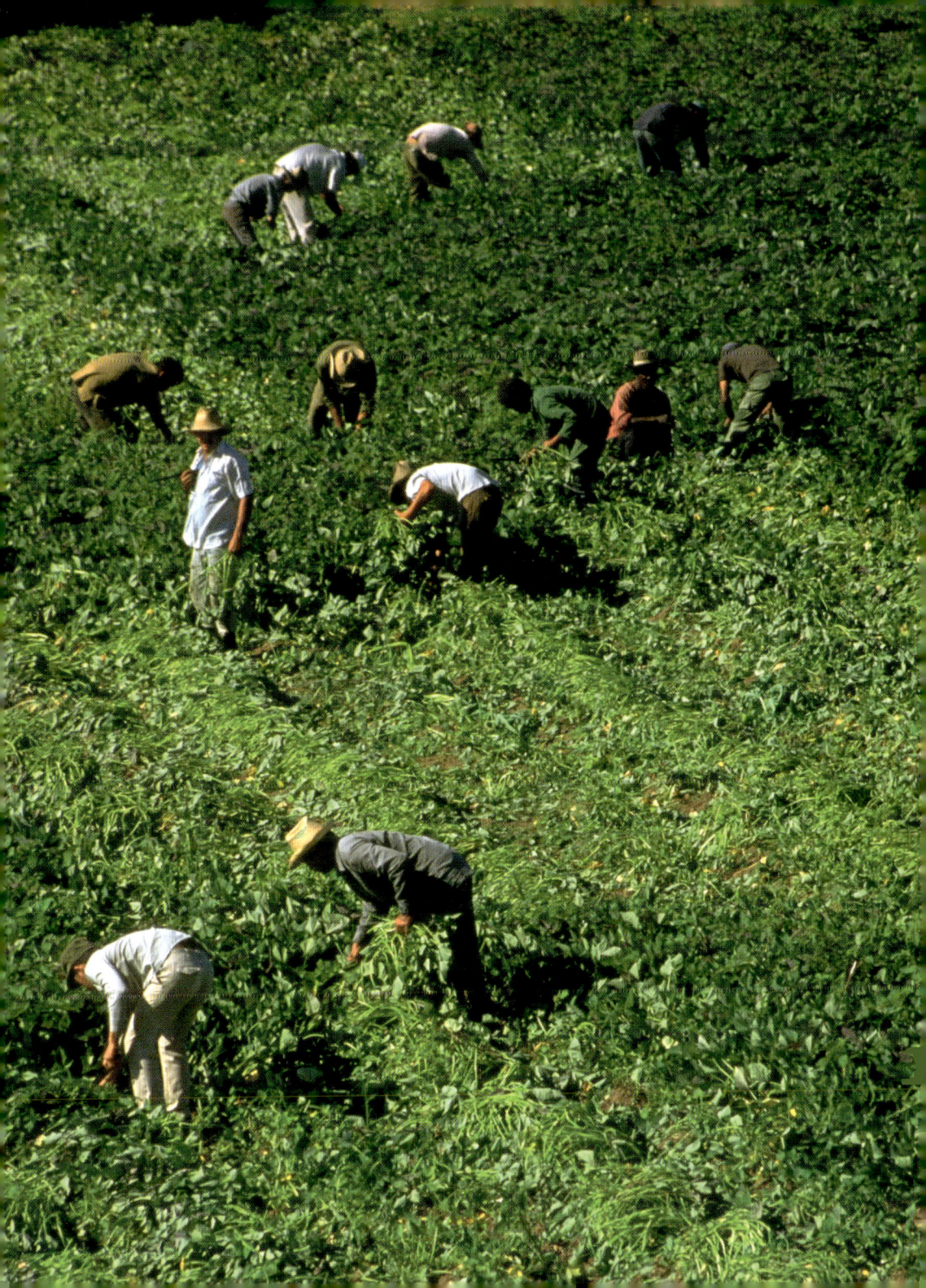

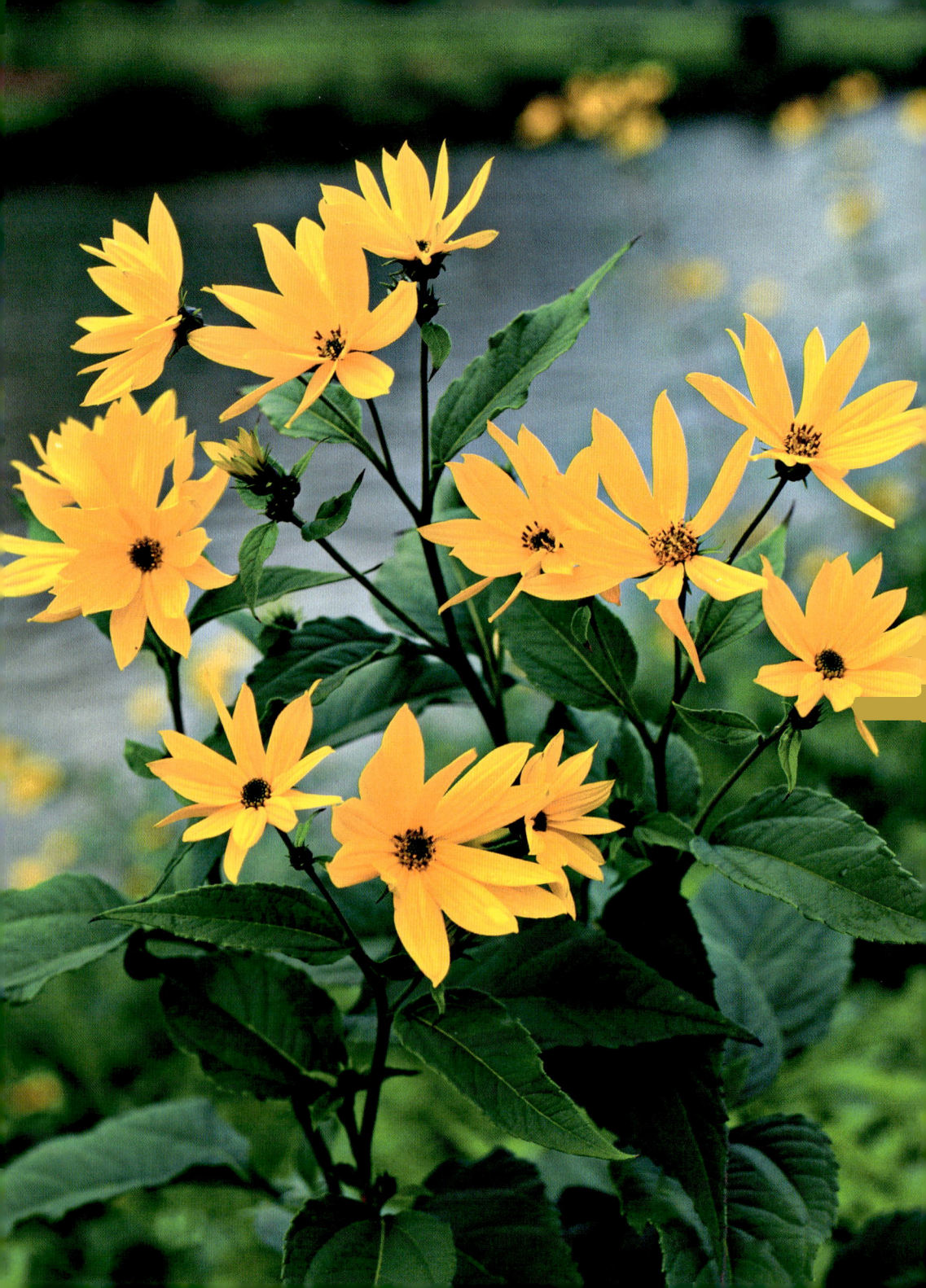

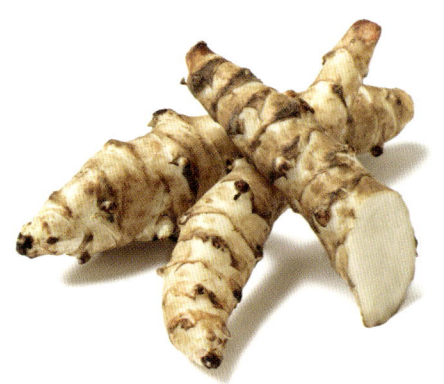

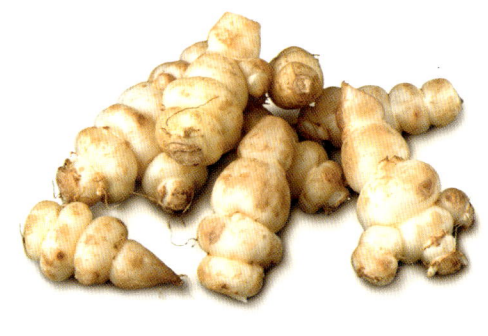

예루살렘 아티초크 Jerusalem Artichoke

중국 아티초크 Chinese Artichoke

이름은 예루살렘 아티초크지만, 예루살렘 아티초크는 아티초크가 아니며, 원산지도 예루살렘은커녕 예루살렘에서 가깝지도 않다. 아메리카 대륙이 원산지인 예루살렘 아티초크(Helianthus tuberosus)는 덩이뿌리로, 국화과 해바라기속에 속하며, 그 때문에 선초크(sunchoke)라는 별명으로 불리기도 한다. 혹자는 이탈리아어로 해바라기를 뜻하는 '지라솔레(girasole)'를 잘못 발음한 것이 '예루살렘'으로 와전되었으며, 그 향미가 구경 또는 진짜 아티초크와 비슷해서 그러한 이름이 붙었을 것이라고 한다. 프랑스어 이름은 더욱 흥미롭다. '토피낭부르'는 1613년에 프랑스로 끌려와 전국적인 센세이션을 일으켰던 브라질 원주민인 토피낭부족에서 유래하였다.

이 괴상하게 생긴 덩이뿌리는 영양가가 높고, 비교적 키우기 쉬우며, 크리미한 속살을 지니고 있다. 그 껍질 색깔은 다양하며, 대부분 옹이 투성이지만, 껍질을 벗기기 쉬운 종도 개량되었다. 예루살렘 아티초크는 구워서 먹거나 수프에 넣거나, 브레이즈해서 버터와 크림을 곁들여 내면 좋다. 예루살렘 아티초크에 함유되어 있는 전분은 감자 녹말과는 달라서 쉽게 소화하지 못하는 사람도 있다. **SH**

길이가 어른의 손가락만하고, 구슬 같은 이 작은 덩이뿌리는 쐐기벌레나, 엉터리로 꿰어놓은 진주 목걸이처럼 생겼으며, 구경 아티초크나 예루살렘 아티초크와는 아무 관계도 없다. 프랑스어로는 'crosnes', 일본어로는 '초로기'라고 부른다.

꿀풀과에 속하는 중국 아티초크(Stachys affinis)는 중국과 일본이 원산이며, 1880년대에 베이징에서 프랑스로 전해졌다. 파이외(Pailleux)라는 신사가 Crosnes에 있는 자기 집 정원에서 중국 아티초크를 키웠던 것이다. 중국 아티초크는 1920년대까지 꽤 인기를 누렸는데, 보통 버터에 조리해서 핀제르브나 크림을 뿌려서 먹었다. 그러나 지금은 그야말로 옛날 요리책에나 나오는 음식이다.

중국과 일본에서는 여전히 중국 아티초크를 재배하며, 보통 절임을 만들어 먹는다. 21세기 초에, 미국에서 셰프들이 바닷가재부터 돼지 볼살에 이르기까지 온갖 요리에 곁들여 내면서 제2의 전성기를 누리기 시작했으며, 유럽에서도 다시 인기가 올라가고 있다. 그 아삭아삭한 씹는 맛 덕분에 날로 먹으면 맛좋은 간식이 되며, 샐러드에 넣어도 좋나. **SH**

Taste: 예루살렘 아티초크는 날로 먹으면 래디쉬처럼 아삭아삭하고 달짝지근하고 견과 향이 난다. 조리하면 그 질감은 아이리쉬 감자와 구운 양파의 중간쯤이며, 향미도 강렬해진다.

Taste: 중국 아티초크는 사실 아티초크가 아니다. 달콤한 견과류의 맛을 지니고 있으며 아삭아삭하고 쥬이시하고, 살짝 후추 향이 난다. 파스닙과 사과의 맛도 희미하게 느껴진다.

예루살렘 아티초크는 그 선명한 빛깔의 꽃 때문에 선초크라는 별명을 얻었다.

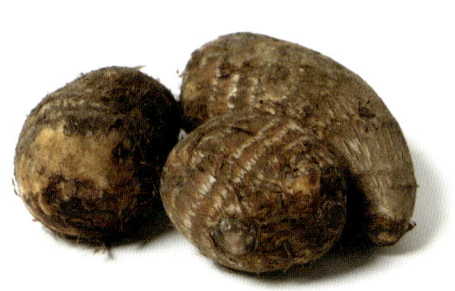

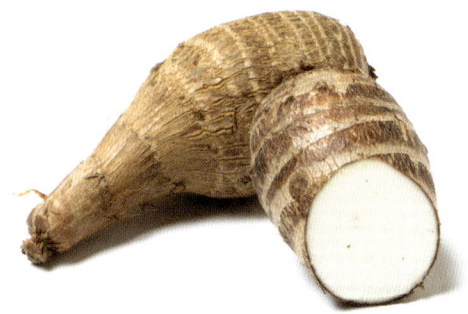

마 Japanese Yam

일본어로 야마이모(山芋), 즉 산 감자라고 부르는 마는 극동 지역에서 수천 년 동안 약재로 존경을 받아왔다. 과거에 일본인들은 길고 즙이 많은 그 뿌리가 남성의 정력에 좋다고 믿기도 했다.

방대하고 다양한 마과(Dioscoreaceae)에 속하는 마는 보기 드물게도 날로 먹는다. 갈아서(토로로(とろろ)라고 한다) 국수 위에 얹거나 밥과 함께 먹는다. 특히 정월 연휴 동안 온갖 명절 음식을 먹어 배가 부른 뒤인 1월 3일에 먹으면 소화에 좋다.

일본에는 두 종류의 마가 있다. 길쭉하고 가느다란 나가이모(長芋)와 주먹처럼 생긴 이쵸이모(大和芋)이다. 후자가 좀더 밀도가 높고 물기가 적다.

마는 일본과 미국에서 야생으로 자라는데, 오늘날 널리 재배되는 것은 일본 마로, 겨울에 수확한다. 일본 식품점에서 구할 수 있는데, 운송 과정에서 무르거나 상하기 쉽기 때문에 때때로 모래나 짚으로 포장한다. 마 가루는 다른 음식에서 접착제로 쓰이기도 한다. **SB**

토란 Eddo

인도와 동남아시아에서는 기원전 5,000년 이래 이 오래된 덩이뿌리를 키워먹었다. 그리고 중국, 일본, 이집트, 마침내 아프리카에까지 차례차례 퍼져나갔다. 오늘날에는 앞에서 언급한 모든 지역은 물론 하와이와 카리브해, 그리고 그 밖의 열대와 아열대 지역에서도 매우 중요한 작물이다. 토란은 품종도 많고 이름도 다양하지만, 보통은 코코넛을 닮은 짙은 갈색에 털이 북실북실한 껍질로 금방 알 수 있다. 하얀색에서 밝은 회색, 그리고 때로는 분홍색인 속살은 먹으면 포만감이 크며, 영양가가 높다.

토란은 먹기 직전에 조리해야 한다. 하와이에서는 속살이 자줏빛인 품종을 으깨서 걸쭉한 페이스트인 '포이(poi)'를 만들어 사이드디쉬나 요리 재료로 쓴다. 채식주의자들은 토란을 얇게 썰어서 칩처럼 튀겨 먹는다. 카리브해 나라에서는 토란 크림 수프 같은 수프나 스튜로 끓여먹는다. 카리브해와 아프리카에서는 토란 잎을 익혀서 채소로 먹는다. 토란은 삶거나 찌거나 기름에 튀기거나, 퓌레나 튀김으로 만들어 먹을 수 있다. 식으면 매우 끈적끈적해지기 때문에 뜨거울 때 먹어야 한다. **SH**

Taste: 간 생마는 매우 끈끈하다. 처음 먹는 사람에게는 쉽지 않지만, 익숙해질 만한 가치가 있다. 얇게 썰어서 간장과 와사비와 함께 먹으면 아삭아삭하고 쥬이시하다. 조리하면 풀 같고 부드럽다.

Taste: 토란은 다른 덩이뿌리보다 향미가 훨씬 풍부하다. 질감은 하얀 감자와 비슷하지만 견과와 흙 맛이 더 강하다.

토란으로 하와이 주 수립 기념일 축제에 쓸
포이를 만들고 있다. ❯

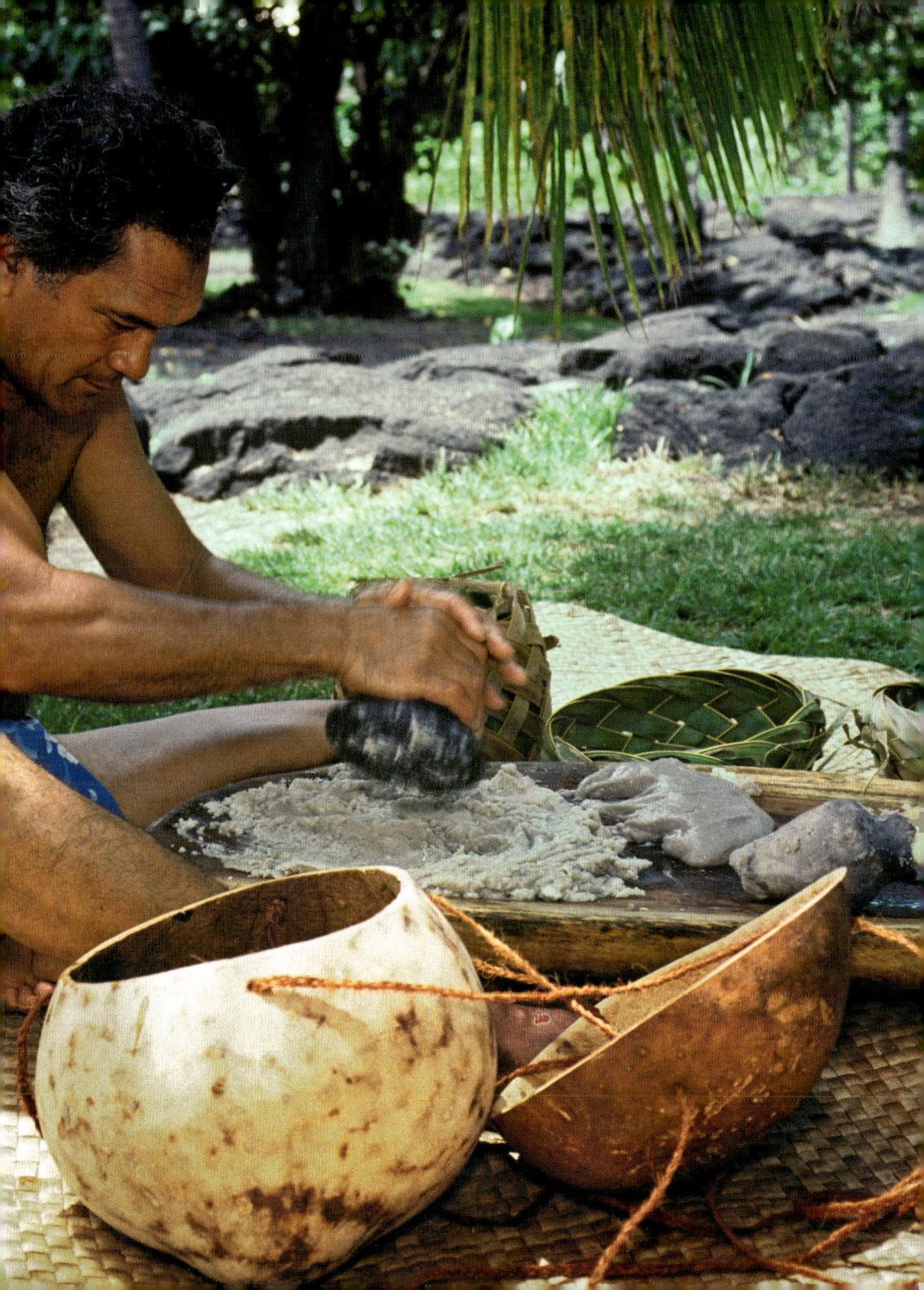

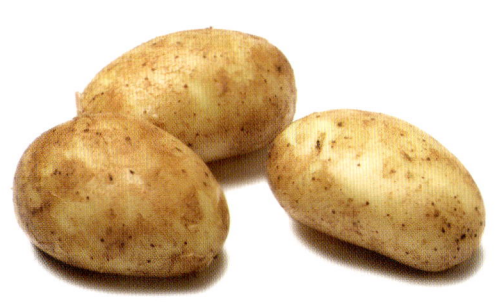

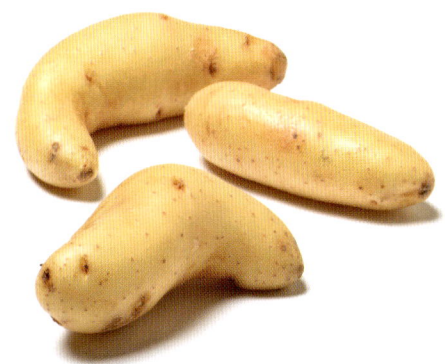

저지 로열 감자 Jersey Royal Potato

19세기 중반까지 영국의 채널 제도에서 가장 큰 섬인 저지는 잉글랜드로 연간 2만 톤의 감자를 수출하였다. 이 감자들은 그러나 오늘날 저지를 감자로 유명하게 만든 품종은 아니다. 1880년경, 농부 휴 드 라 헤이는 가게에서 정체 불명의 커다란 감자 두 알을 손에 넣었다. 그는 이것을 열여섯 조각으로 잘라 각각 흙에 심었고, 그 결과물을 지역 박람회에 출품하였다. 세인트헬리어 신문의 편집자는 행운의 여신이 이 감자의 탄생을 도와준 사실을 암시하듯 '로열 저지 플루크'라는 이름을 붙였다.(영어로 'fluke'는 '요행수'라는 뜻). 이 이름은 그대로 바뀌지 않고 남았으며, 품종 자체도 전혀 바뀌지 않았다.

　　작고 강낭콩 모양에 말랑말랑하며, 껍질이 쉽게 벗겨진다. 이러한 성질의 일부는 비옥한 저지 섬의 토양 덕분인데, 과거에 이 곳에서는 다양한 해초가 자랐으며, 때로는 구아노(건조한 해안 지방에서 조류・박쥐류・물범류 등의 똥이 응고・퇴적된 것)를 비료로 쓰기도 했다. 저지 로열 감자(PDO)는 오늘날에는 수요를 맞추느라 이모작을 하며 화학 비료를 사용하기 때문에 품질이 모두 예전 같은 것은 아니다. 땅에서 캐자마자 바로 냄비에 넣는 것이 가장 맛있다. **MR**

라트 감자 Ratte Potato

라트 감자의 이름은 그 모양이 귀 없는 설치류를 닮은 데에서 유래했다는 설이 있다. 그러나 1872년 처음 전래되었을 때 이 부드러운 감자는 '리옹 고기 완자(Quenelles de Lyon)'라는 보다 듣기 좋은 이름도 얻었다. 다른 프랑스 감자 종들처럼 최고로 질이 좋은 것은 노르망디의 라트 뒤 투케(Rattes du Touquet)이다. 칼레에서 아브빌에 이르는 대서양 연안의 모래질 토양에서 생산하는 이 작고 길쭉한 감자는 껍질은 노랗고 속살은 단단하고 크리미하다. 봄에 심어서 8월에서 9월에 수확한다.

　　라트 감자 하면 종종 셰프 조엘 로부숑의 '퓌레 드 폼므 드 테르(purée de pommes de terre)'를 떠올리게 되지만, 최고는 두 종류의 클래식 레시피이다. 감자를 썰어서 양파와 함께 소테한 '폼므 리오네스(pommes lyonnaise)'와 크림에 얇게 썬 감자와 약간의 마늘을 넣어서 구워낸 '그라탱 도피누아(gratin dauphinois)'이다. 이들 요리에서는 요리해도 모양이 흘어지지 않는 성질에 깊은 향미가 더해져 다른 품종보다 월등하다. 상용 품종으로서의 라트 감자는 이미 한 세대 전에 거의 멸종되다시피 했지만, 오늘날 유럽과 북아메리카에서 여전히 재배되고 있다. **MR**

Taste: 삶은 뒤에 녹인 버터에 굴리면 달콤한 맛과 특유의 견고한 질감을 얻게 된다. 껍질째 먹으면 흙의 향미가 더욱 진하다.

Taste: 질감은 꽉 차 있고, 견고하고, 잘 부서지지 않으며, 그러면서도 매끄럽다. 신품종 감자들처럼 달콤하지는 않지만, 밤과 비교되는 견과 향이 난다.

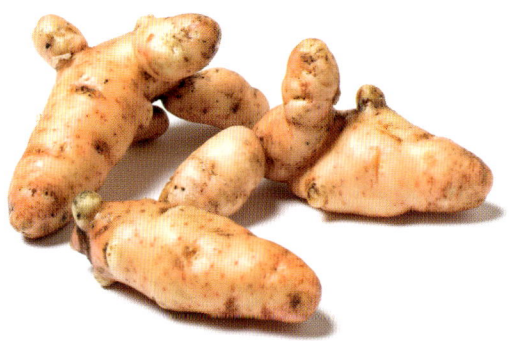

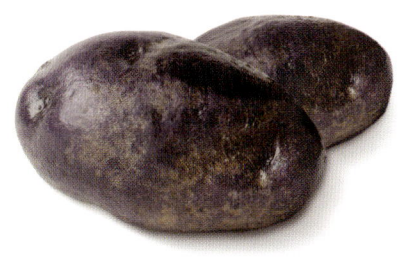

핑크 피어 애플 감자 Pink Fir Apple Potato

페루비안 퍼플 감자 Peruvian Purple Potato

길쭉하고, 종종 울퉁불퉁한 혹투성이로, 껍질은 분홍색과 노랑색, 속살은 새하얀 이 샐러드용 감자는 빅토리아 시대에 잉글랜드에서 태어났으며, 그 모양이나 크기를 볼 때 아메리카 감자와 매우 가깝다. 19세기에 잉글랜드의 감자 샐러드는 상당히 세련된 음식이었다. 적채, 비트뿌리 또는 오이, 게르킨 오이, 버튼 양파(크기가 작고 단맛이 강한 양파 품종) 또는 다진 실파, 케이퍼, 삶은 달걀 등이 들어갔다.

핑크 피어 애플의 기원은 불분명하다. 1850년에 이미 영국인 식민주의자들에 의해 아메리카로 전래되었다고도 하지만, 미국에서 공식적으로 감자 품종의 하나로 인정받은 것은 1870년경이었다. 20세기에는 상업용으로 재배하지 않았지만, 개인용 정원에서 어찌어찌 살아남았다. 특히 와인 앤 푸드 소사이어티의 회장이었던 앙드레 시몽이 시골 별장에서 핑크 피어 애플을 키운 것은 유명하다.

껍질째 먹는 것이 가장 좋은 핑크 피어 애플은 헨리 더블데이 리서치 협회, 또는 가든 오가닉이라고 알려져 있는 자선 기구 덕분에 다시 빛을 볼 수 있었다. 이 기구에서는 유서 깊은 작물의 종자를 채집해서 대중에 공급함으로써 그 명맥을 되살리는 일을 한다. **MR**

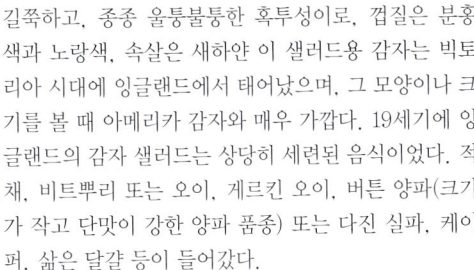

Taste: 두껍게 썬 핑크 피어 애플 감자는 건과류와 흙 냄새가 나며 향미로 가득하다. 땅에서 막 캐서 먹으면 그 맛이 더욱 훌륭하다.

이 다재다능한 감자는 겉보기에는 그 고귀한 색깔 외에는 별볼일이 없다. 페루비안 퍼플 감자—겉과 속이 모두 자주색이다—는 왕족에게 어울리는 음식이며, 실제로 전설에 따르면 수확한 감자를 잉카의 군주들을 위해 따로 보관했다고 한다.

페루비안 퍼플이 모든 감자의 조상이라고 믿는 이들도 있다. 오늘날의 칠레 남부에서 감자 재배를 시작한 것은 기원전 5,000년까지 거슬러올라간다. 유럽인들은 16세기까지 감자가 무엇인지도 몰랐다.(신대륙에서 감자를 처음 본 스페인 정복자들은 감자를 가리켜 '트러플'이라고 했다.)

페루는 수없이 다양한 크기, 모양, 색깔의 감자로 인해 세계 감자의 수도라고 불려왔다. 페루비안 퍼플의 자주색은 같은 항산화물질이 블루베리를 파란색으로 만드는 것과 동일한 작용으로 인해 얻어진다. 종의 수가 몇 안 되는 감자류 중에서도 특히 귀한 몸이다. 오키나와 퍼플이나 하와이언 퍼플은 이름만 감자일 뿐 실제로는 고구마이므로 헷갈리지 말 것. 페루비안 퍼플 감자는 식탁에 이국적인 보랏빛을 더해준다. 다른 감자와 같은 방법으로 조리해도 좋지만, 썰어서 샐러드에 넣거나 프렌치 프라이로 만들거나, 아니면 화려한 색깔의 매쉬포테이토로 만들면 정말 멋지다. **SH**

Taste: 맛은 붉은색이나 흰색의 다른 둥근 감자와 다를 바가 없지만, 향미가 더 깊고 복합적이다. 페루비안 퍼플은 쉽게 바스러지는 크리미한 질감을 지니고 있다.

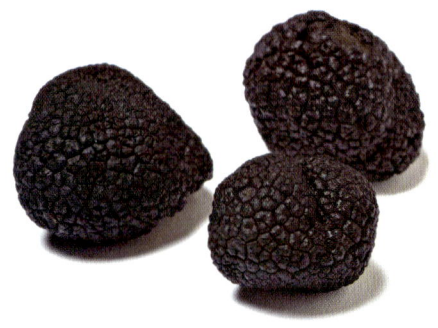

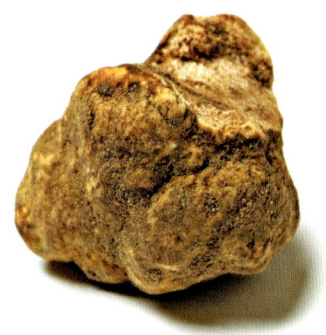

블랙 페리고르 트러플 Black Périgord Truffle

이름과는 달리 프랑스 남서부의 페리고르는 한번도 저 유명한 '블랙 다이아몬드', 즉 트러플(Tuber mela- nosporum)의 주요 산지였던 적이 없다. 오히려 다른 지방, 주로 카르팡트라를 중심으로 한 프로방스 지역에 서 수확해온 트러플의 가공 허브라고 보아야 한다. 형 제라 할 수 있는 화이트 알바 트러플처럼, 숙주 나무와 의 공생 관계는 땅속에서 서서히 자라는 트러플의 생 장에 핵심적이다.

수확철은 11월부터 2월까지이다. 작곡가 로시니는 트러플을 가리켜 '부엌의 모짜르트'라고까지 했으며, 오 트 퀴진에서 맛과 향을 내는 데 중추적인 역할을 한다. 검고 옹이투성이인 겉은 만지면 새그린(무두질하지 않 은 우툴두툴한 가죽)과 비슷하며, 속은 잿빛에 맥이 있 다. 값이 더 싸고 향이 그만 못한 다른 품종(예를 들면 Tuber indicum)과 헷갈리지 말 것.

갓 수확한 신선한 검은 트러플이 가공한 것보다 수 십 배는 더 좋으며, 요리에 쓸 때에는 아끼지 말고 넣 는 것이 좋다. 최음 효과가 있다고 주장하는 이들도 있 지만, 증명된 바는 없다. 그러나 트러플이 강렬한 감정 적 반응을 불러일으킬 수 있는 것은 사실이다. 트러플 은 향이 엄청나게 진한 소스와 최고로 향긋한 오믈렛 을 만들어 낸다. **MR**

Taste: 과학자들은 블랙 트러플에서 견과류. 풀, 유황 냄새에서부터 엷은 바닐라, 장미 꽃잎, 베르가모트에 이르기까지 100가지가 넘는 향을 감별해냈다.

화이트 알바 트러플 White Alba Truffle

화이트 알바 트러플은 값비싼 호화 식품의 경연대회에서 메달권에 들 만한 식품이다. 매끄럽고 겉은 노란색이나 황토색, 안쪽은 잿빛을 띤 노란색의 야생 화이트 트러플 (tartufi bianchi)은 그 명성을 높이는 데 큰 공을 세운 피에몬테 지방의 한 마을에서 그 이름이 유래했다(보통 트러플 하면 이탈리아 북부이지만 흰 송로버섯(Tuber magnatum Pico)은 크로아티아에서도 자란다).

지금까지 트러플을 상업용으로 재배하기 위한 온 갖 노력이 있어왔지만 한번도 성공한 적이 없고, 갈수록 찾기가 어려워지면서, 트러플 수확은 엄격한 규제를 받 고 있다. 10월부터 12월까지가 수확철인데, 숙련된 개의 후각을 활용하여 지하 30센티미터까지 묻혀 있는 그 덩 이뿌리를 찾아낸다.

검은 페리고르 트러플과는 달리, 흰 트러플은 절대 로 조리하지 않는다. 대신 일종의 대패(affetta tartufi) 를 사용하여 얇게 저미서 요리 위에 얹는다. 달걀이나 피 에몬테의 아뇰로티 같은 간단한 파스타와 특히 잘 어울 린다. 신선한 송로버섯의 특징이라 할 수 있는 강렬한 풍 미는 금방 사라져버린다. 트러플 맛이라고 광고하는 식 용유, 페이스트, 치즈 등은 대부분 진짜 송로버섯보다는 화학 물질로 비슷한 맛을 낸 것이다. **MR**

Taste: 맛보다는 향이라고 해야 하며, 파르메산 치즈와 비슷한 독특한 향미를 지니고 있다. 화이트 알바는 잊을 수 없을 정도로 강렬하며 유황 냄새가 난다.

대부분의 지역에서는 이제 트러플을 찾는 데 돼지보다는 특수 훈련시킨 개를 사용한다. ➡

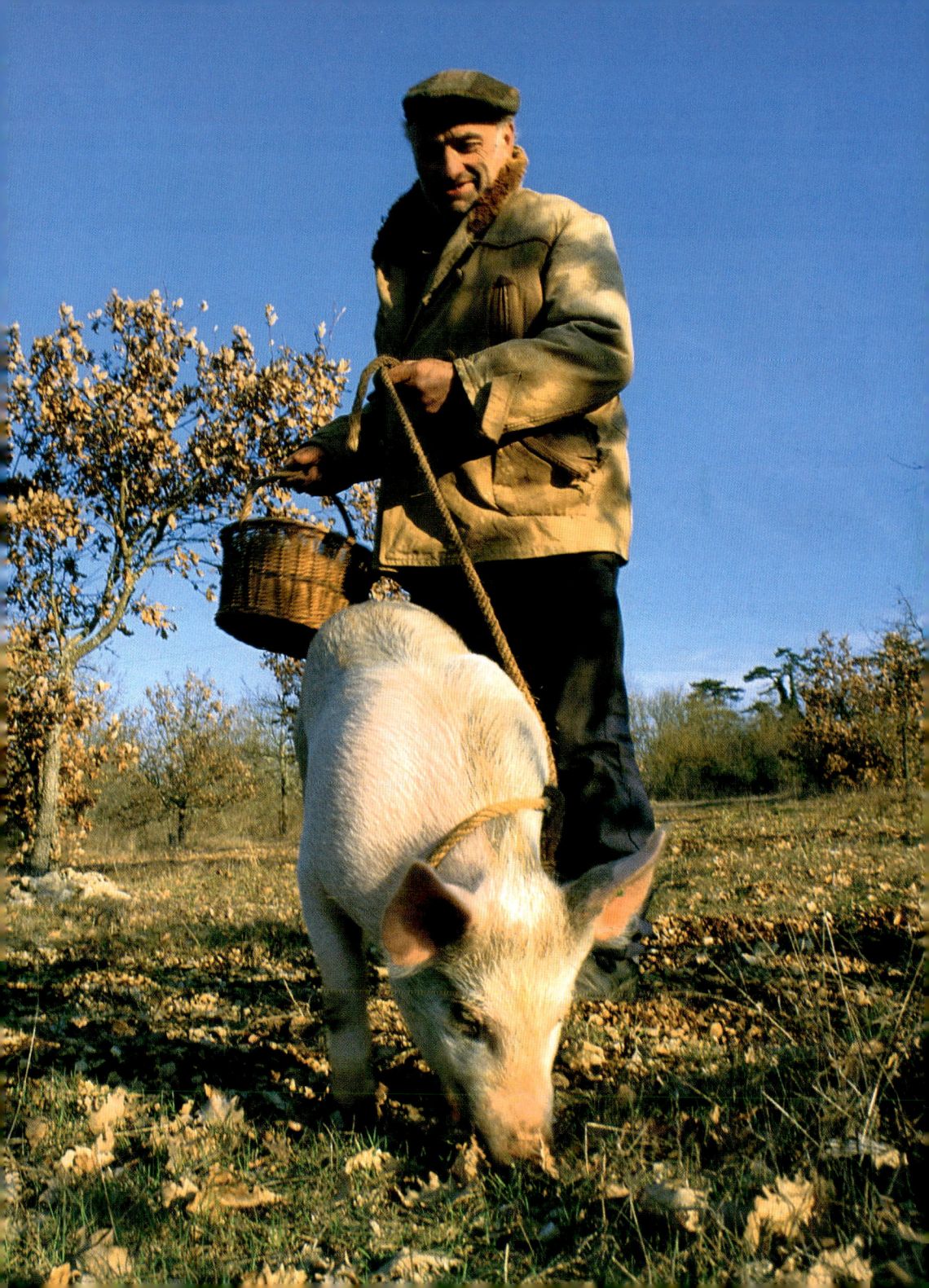

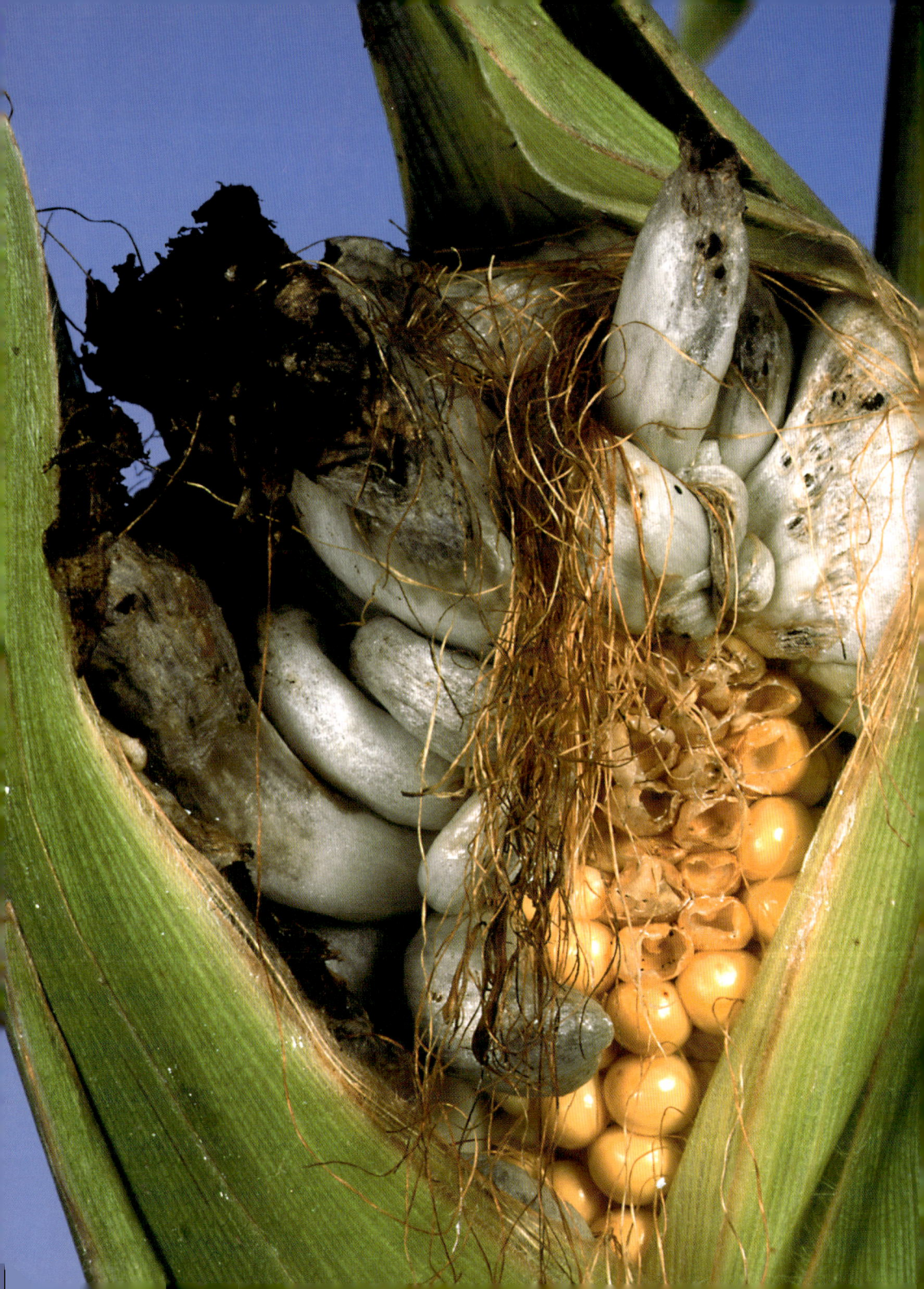

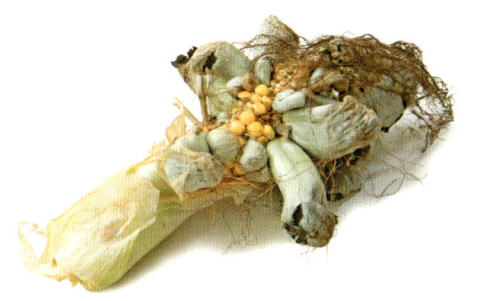

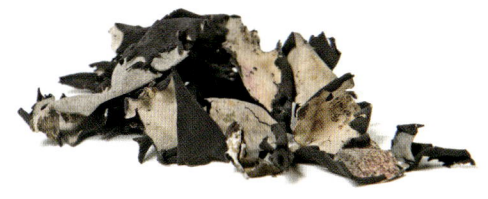

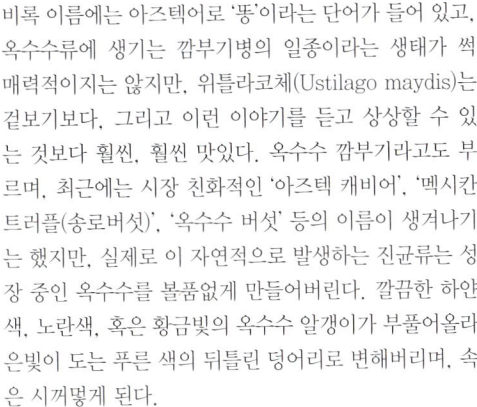

위틀라코체 Huitlacoche

비록 이름에는 아즈텍어로 '똥'이라는 단어가 들어 있고, 옥수수류에 생기는 깜부기병의 일종이라는 생태가 썩 매력적이지는 않지만, 위틀라코체(Ustilago maydis)는 겉보기보다, 그리고 이런 이야기를 듣고 상상할 수 있는 것보다 훨씬, 훨씬 맛있다. 옥수수 깜부기라고도 부르며, 최근에는 시장 친화적인 '아즈텍 캐비어', '멕시칸 트러플(송로버섯)', '옥수수 버섯' 등의 이름이 생겨나기는 했지만, 실제로 이 자연적으로 발생하는 진균류는 성장 중인 옥수수를 볼품없게 만들어버린다. 깔끔한 하얀색, 노란색, 혹은 황금빛의 옥수수 알갱이가 부풀어올라 은빛이 도는 푸른 색의 뒤틀린 덩어리로 변해버리며, 속은 시꺼멓게 된다.

멕시코 농부들은 위틀라코체를 오랜 세월 동안 먹어왔지만, 미국 농부들은—그리고 몇몇 주에서는 아예 법으로—박멸해야 할 병해 쯤으로 간주했다. 수요가 증가하면서 멕시코, 미국, 캐나다의 농부들은 아예 위틀라코체의 재배를 시도하였다. 셰프들은 그 진한 감칠맛을 높이 치며, 음식에 이국적인 검은색이나 회색을 더해준다는 것도 점수를 받는 요인이다. 멕시코 밖에서는 신선한 위틀라코체를 찾아보기가 어렵지만, 북아메리카의 특수 식품점에서는 수확하자마자 냉동시키거나 통조림으로 만든 위틀라코체를 구할 수 있다. **CLH**

Taste: 위틀라코체는 옥수수와 감초의 향이 살짝 더해진 버섯의 향미를 지니고 있다. 보통 마늘과 양파와 함께 소테하여 전통 멕시코 요리의 맛을 내는 데 쓰인다.

북아메리카에서는 위틀라코체를 음식의 일부로 받아들이는 데 어려움을 겪어왔다.

석이 Iwatake

석이(Gyrophora esculenta)는 일본어로 이와타케(岩茸)라 하며, 이와는 '바위', 타케는 '버섯'이라는 뜻이다. 그러나 이러한 이름만 보고 판단했다가는 정말 버섯이라고 오해하기 쉽다. 석이는 일본, 한국, 중국의 높은 산지의 바위에 자라는 지의류(地衣類)로, 수세기 동안 고급 별미이자 장수 식품으로 사랑을 받아왔다.

지의류 자체가 워낙 생장 속도가 악명 높을 정도로 느리기 때문에, 석이는 구하기가 매우 어려우며, 수확에 알맞은 정도의 크기로 자라려면 100년은 걸린다. 수확 자체도 매우 위험한 작업으로 배짱이 두둑하지 않으면 꿈도 못 꾼다. 석이꾼들은 절벽에 붙어 있는 석이를 날카로운 칼로 따기 위해 자일에 매달려 내려가야 하는 등 상당한 등산 기술을 지녀야 한다. 게다가 지의류는 긁어낼 때 바스러지기 쉬우므로 석이 따기에는 축축한 날이 좋다는 사실까지 감안하면 더더욱 위험해진다.

일본에서는 끓는 기름에 튀긴 템푸라나 국물, 샐러드 재료로 쓴다. 한국에서는 김치나 무국에 넣으며 국수나 밥과 함께 먹기도 한다. **CK**

Taste: 조리하지 않은 석이는 끈적끈적하고 미끌거리는 질감에 사실상 아무 맛이 없다. 향긋한 템푸라로 만들면 다소 쫄깃해지며 가장 맛이 좋다.

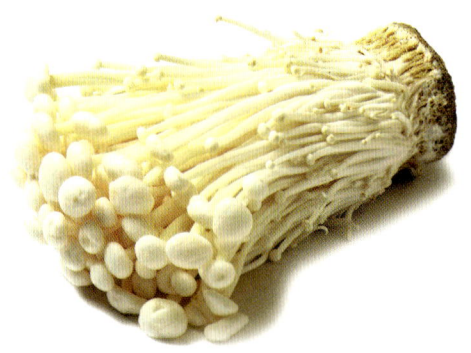

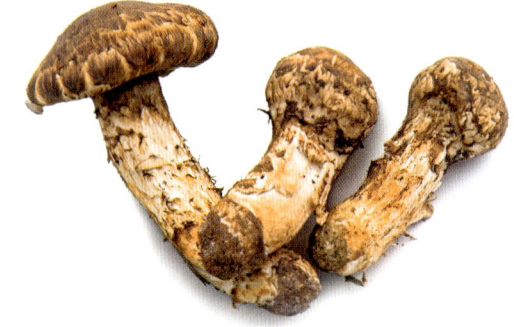

팽이버섯 Enokitake

많은 사람들이 이 향긋한 버섯을 일본산이라고 생각하고 일본 이름(えのき茸, 에노키타케)으로 부르지만, 팽이버섯은 유럽과 북아메리카에서도 야생으로 자란다. 겨울철에—또는 적어도 겨울이 따뜻한 지역에서—자라기 때문에 영어로는 겨울버섯(winter mushrooms), 일본어로는 유키노시타(ユキノシタ, '눈(雪) 아래'라는 뜻)로 불리기도 한다.

팽이버섯(Flammulina velutipes)은 야생종과 재배종의 차이가 확연하다. 재배종은 원통에 채워넣은 톱밥에서 키우며, 햇볕을 가려준다. 가늘고 호리호리한 하얀 줄기가 12센티미터까지 자라며, 끈끈한 크림색의 갓은 직경 1센티미터의 단추만하다. 야생종은 더 굵고 큼직하며, 갓의 색깔도 더 짙다.

보통 생으로 샐러드에 넣어먹는데, 그 눈에 띄는 모양 때문에 보기에 좋다. 일본에서는 팽나무(에노키)에서 자란다고 하여 에노키타케라는 이름이 붙었으며, 스키야키나 나베모노(일본의 전골 요리)에 자주 들어간다. **SB**

송이버섯 Matsutake

극동에서 송이버섯은 어느 모로 보나 알바 트뤼플만큼이나 귀하다. 몇몇 특정한 소나무숲에서만 자라며 인공재배가 거의 불가능하다. 일본에서는 인간이 침범하지 않는 적송림에서 채집한 것을 최고로 친다.

가을의 상징이라 할 수 있는 송이버섯(Tricholoma matsutake)은 헤이안 시대(794~1185년) 이래 하이쿠, 회화, 그 밖의 장식 예술에서 종종 묘사되곤 했다. 17세기의 하이쿠 시인 마츠오 바쇼(松尾芭蕉)는 송이에 바치는 시를 쓰기도 했다. 1940년대까지 일본의 버섯 채집꾼들은 해마다 12,000톤의 송이를 채취했으나, 2005년 무렵에는 40톤 이하로 급감하였고, 덕분에 가격도 까마득하게 비싸졌다.

가을철의 2,3주간 일본의 상점에는 일종의 송이 열풍이 분다. 고사리 잎 위에 송이를 진열해놓고 점원들은 송이버섯밥이나 도시락의 효능을 목청 높여 외친다. 최고의 송이는 하얀 줄기 위에 앉아 있는 검은 대가리가 완전히 열리기 전에 먹어야 한다. 석쇠에 살짝 구워서 스다치 감귤의 즙을 뿌려 먹으면, 그야말로 궁극의 미식이라 할 수 있다. **SB**

Taste: 팽이버섯은 매우 순하고 상큼한 맛이 나며, 버섯치고는 아삭아삭한 편이지만 쫄깃한 느낌도 난다. 길고 호리호리한 줄기는 이에 끼는 수도 있다.

Taste: 짜릿하고 향긋한 소나무의 향기와 고기처럼 조밀한 질감이 특징이다. 흙과 견과류의 맛이 나며, 뒷맛은 거의 스파이시하기까지 하지만, 후추 향은 전혀 나지 않는다.

일본 교토의 길거리 시장에서 송이버섯을 상자째 놓고 팔고 있다. ➡

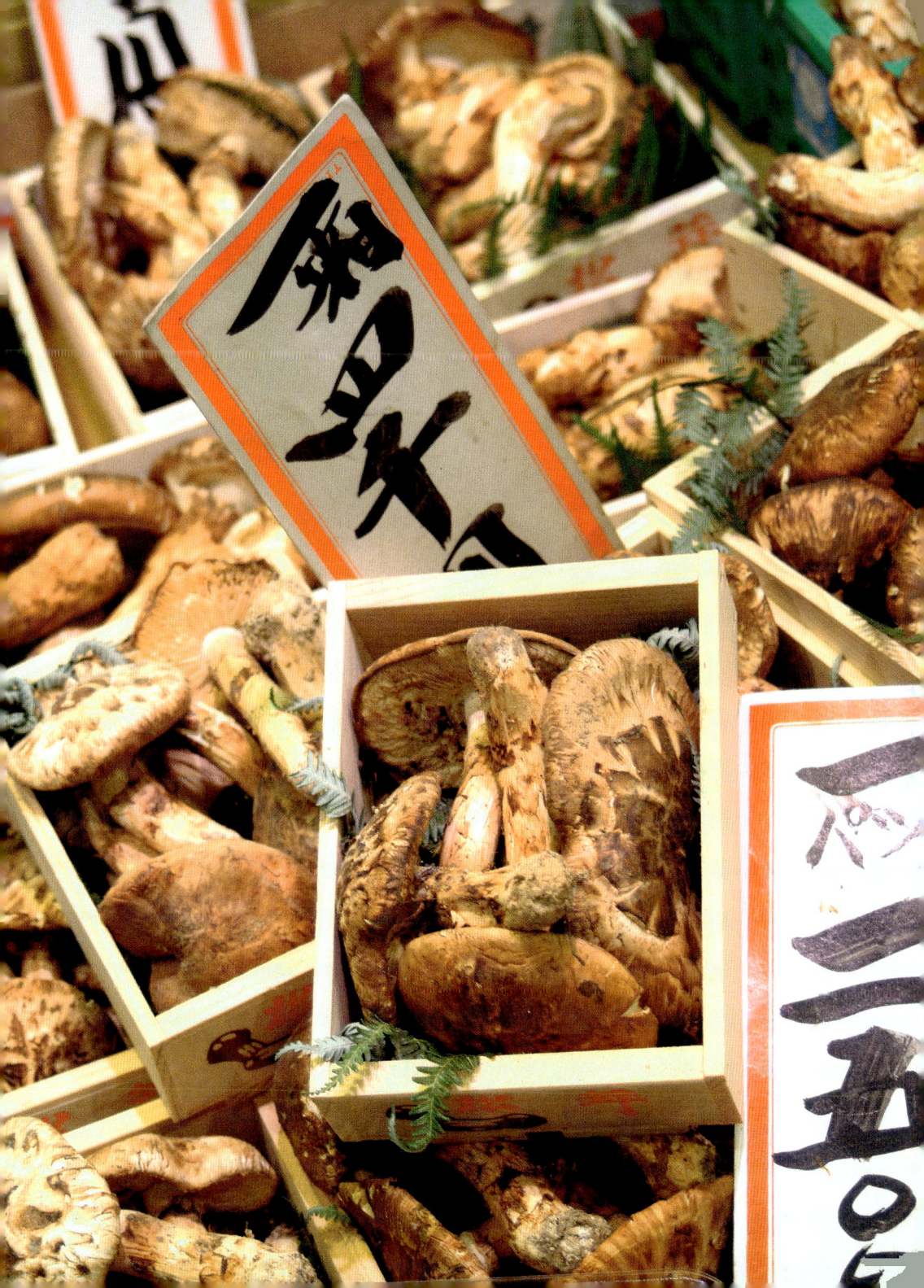

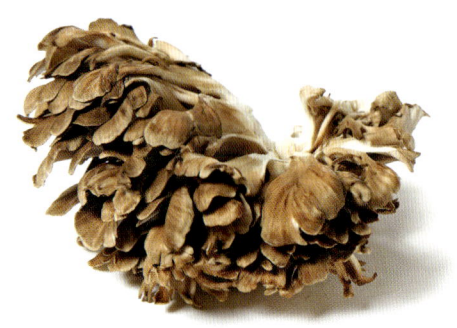

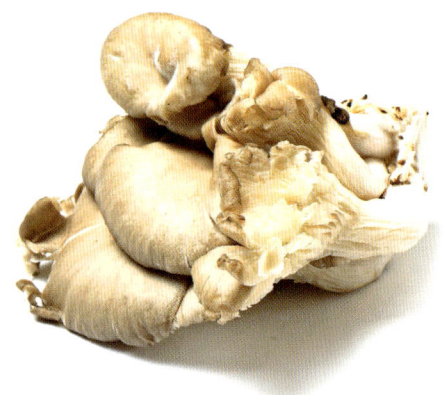

잎새버섯 Maitake

느타리버섯 Oyster Mushroom

이 눈에 띄는 버섯의 일본어 이름은 마이타케(舞茸), 즉 '춤추는 버섯'이라는 뜻이다. 아마도 버섯 채집꾼들이 이 멋진 버섯을 발견하고 기뻐서 춤을 춘 데에서 그런 이름이 유래했을 것이다. 봉건 시대 일본에서 잎새버섯은 그 무게를 은으로 달아서 쳤다고 하므로, 무게가 20킬로그램까지 나가는 종을 찾았으니 기뻐서 춤추는 것도 무리는 아니었을 것이다.

영어로는 '숲속의 암탉(hen-of-the-woods)'이라고 부르는데—단, 전혀 관계없는 덕다리버섯(chicken-of-the-woods)과는 헷갈리지 말 것—참나무처럼 단단한 나무에 굵은 흰 줄기가 피어 있고 여기서 뻗어나온 고불고불한 나뭇잎 모양의 엽상체가 겹겹이 뭉쳐 둥근 덩어리를 형성하고 있다. 수세기 동안 동양의학에서 약재로 쓰였으며, 최근에는 잎새버섯 추출물이 세계적인 건강보조식품으로 팔리고 있다.

신선한 잎새버섯은 반죽이 엽상체에 잘 달라붙기 때문에 환상적인 템푸라를 만들 수 있다. 미소시루(일본식 된장국)나 소바, 밥, 또는 조림이나 볶음 요리로 만들어도 맛있다. 서양식으로 버터나 기름에 볶거나 수프, 오믈렛, 리조토에 넣을 수도 있다. **SB**

온실에서 재배한 다른 버섯들보다 훨씬 향미가 풍부한 최고의 느타리버섯(Pleurotus ostreatus)은 나무 그루터기나 썩어가는 활엽수 고목에서 무리지어 자란다. 다른 야생 버섯과는 달리 쉽게 눈에 띄며 독버섯과도 구별이 쉬운 장점이 있다.

느타리버섯의 영어 이름은 굴 버섯(Oyster mushroom)인데, 실제로 굴과는 겉모습도 맛도 별로 닮지 않았으나, 공통점은 있다. 그 넓적하고 한쪽으로 기운 엷은 회색과 갈색의 갓 부분이 잉글랜드에서는 '네이티브(natives)', 프랑스에서는 '벨롱(belons)'이라 부르는 굴과 비슷하게 생겼으며, 직경이 12.5센티미터까지 자란다. 볶으면 그 표면이 미끌미끌해진다.

잉글랜드에서는 20세기로 막 접어들었을 무렵 이 버섯을 반죽을 입혀 튀겨 먹었다고 하지만 곧 유행이 지났다. 그 토실토실하고 질긴 줄기를 잘라내고 갓을 잘라서 기름이나 버터에 볶을 생각을 한 셰프는 거의 없었다. 프랑스와 이탈리아에서는 파슬리, 마늘, 레몬즙을 뿌려 먹으며, 헝가리에서는 피망, 양파, 토마토와 함께 느타리 굴라쉬를 만들어 먹는다. 그리스의 요리사들은 숯불에 그릴해서 올리브유를 찍어 먹는다. **MR**

Taste: 잎새버섯은 은은한 버섯의 맛과 기분 좋은 향기를 지니고 있다. 원기왕성하면서도 즙이 풍부하고 질감은 약간 질기다.

Taste: 혹자는 희미한 아니스 씨 냄새가 느껴진다고도 하지만, 기분 좋은 숲 향기와 섞인다. 질감은 들에서 나는 버섯보다 좀더 질기다.

느타리 버섯은 일본과 중국 요리에서 보통 센불에 볶아 먹는다. ➲

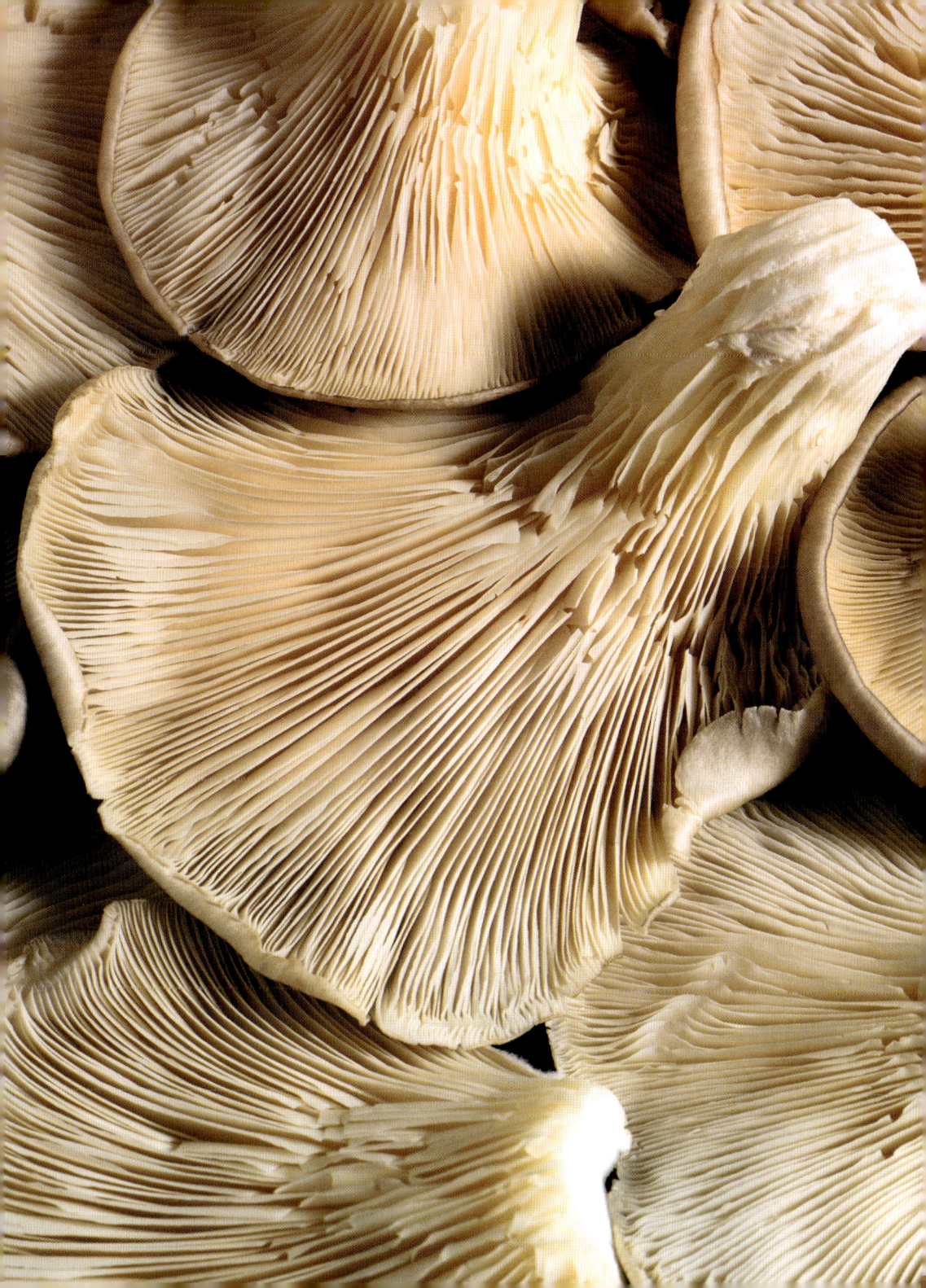

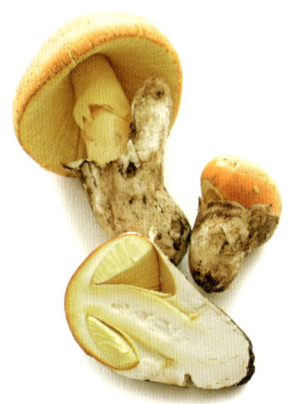

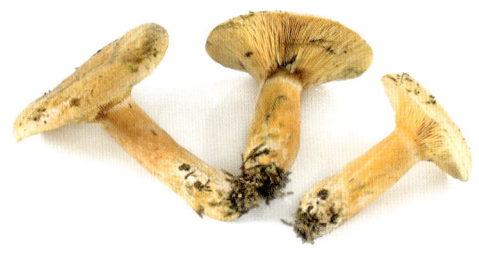

달걀버섯 Oronge Mushroom

이 진귀하고 맛좋은 버섯은 프랑스와 이탈리아를 비롯한 세계 각지에서 분포하며, 특히 이탈리아 요리에서 높이 친다. 영어로는 오롱지 버섯(Oronge Mushroom)이라고 하는데 이는 프로방스 방언으로 오렌지를 뜻하는 'ouronjo'에서 유래하였으며, 그 선명한 주황색 때문에 붙은 이름이다. 또 다른 이름으로는 '황제 버섯(Caesar's mushroom)'이 있는데, 학명(Amanita caesarea)에도 황제가 들어간다.

　달걀버섯은 단단한 타원형의 갓과 노란색의 줄기와 주름을 지니고 있으며, 6월부터 10월까지 참나무와 밤나무 숲에서 찾아볼 수 있다. 같은 광대버섯과(Amanitaceae)의 치명적인 독버섯들—예를 들면 알광대버섯과 헷갈릴 수 있으므로 조심 또 조심해야 한다(로마 황제 클라우디우스의 아내였던 아그리피나가 맛좋은 달걀버섯 접시에 알광대버섯의 독을 뿌려서 그를 죽였다는 설도 있다).

　달걀버섯은 결이 단단하여, 샐러드에 넣어 날로 먹으면 더없이 맛있다. 프라이팬에 버터나 기름을 약간 두르고 볶으면 맛좋은 즙이 흘러나온다. 물에 씻으면 흠뻑 젖어서 그 향미가 엷어진다. 질이 좋은 것을 골랐다면 가볍게 털어주는 것만으로도 충분하다. **LF**

Taste: 날로 먹으면 아삭아삭하고 신선한 흙 향미와 깊고 달콤하면서 짭짤한 풍미를 느낄 수 있다. 밤이나 밤가루를 넣어 만든 요리와 특히 잘 어울린다.

맛젖버섯 Saffron Milk Cap

폴란드의 국민 서사시인 『판 타데우슈Pan Tadeusz』(1834년)에서, 고국을 떠난 낭만파 음유시인 아담 미츠키에비치는 오래 전 나폴레옹 통치 시절 버섯 따러 나들이 갔던 일을 떠올린다. "그러나 모든 이들이 맛젖버섯을 찾는다네, 크지는 않지만/그리고 유명하지는 않지만, 모든 버섯 가운데 가장 맛있기 때문이지…"

　오늘날에도 숄을 두른 할머니들이 맛젖버섯이 가득 담긴 버들가지 바구니를 들고 소리를 쳐서 손님을 끄는 모습은 해마다 가을이면 농촌의 길가에서 흔히 볼 수 있는 풍경이다. 맛젖버섯(Lactarius deliciosus)은 영어로는 사프론 밀크 캡이라고 하는데, 뿌연 주홍색 액체가 흘러나오기 때문에 그런 이름이 붙었다. 어릴 때에는 갓이 볼록하지만, 성숙할수록 점점 오목해진다. 갓은 지름이 12.5센티미터까지 되는 것도 있다. 주로 소나무 숲의 나무 그루터기에 무성하게 자라며, 버섯이라면 사족을 못 쓰는 동유럽, 특히 폴란드, 러시아, 우크라이나, 슬로바키아 사람들이 좋아한다.

　맛젖버섯은 피클로 만들어도 좋고, 수프로 끓이거나, 사워크림에 넣어 스튜를 만들어도 좋다. 또 실에 꿰어 말려서 저장해 두었다 먹을 수도 있다. 그러나 버섯 애호가들은 프라이팬에서 버터에 볶아 먹어야 그 진가를 제대로 음미할 수 있다고 주장한다. **RS**

Taste: 버터에 볶으면 맛젖버섯은 진하고 부드러운 맛에 희미한 후추 향이 난다. 프라이팬에서 바로 집어서 호밀빵에 얹어 먹으면 빵에 그 즙이 스며든다.

런던의 한 가게에 진열해놓은 맛젖버섯. 프랑스어 이름인 'lactaire'라고 써 붙여 놓았다. ⟶

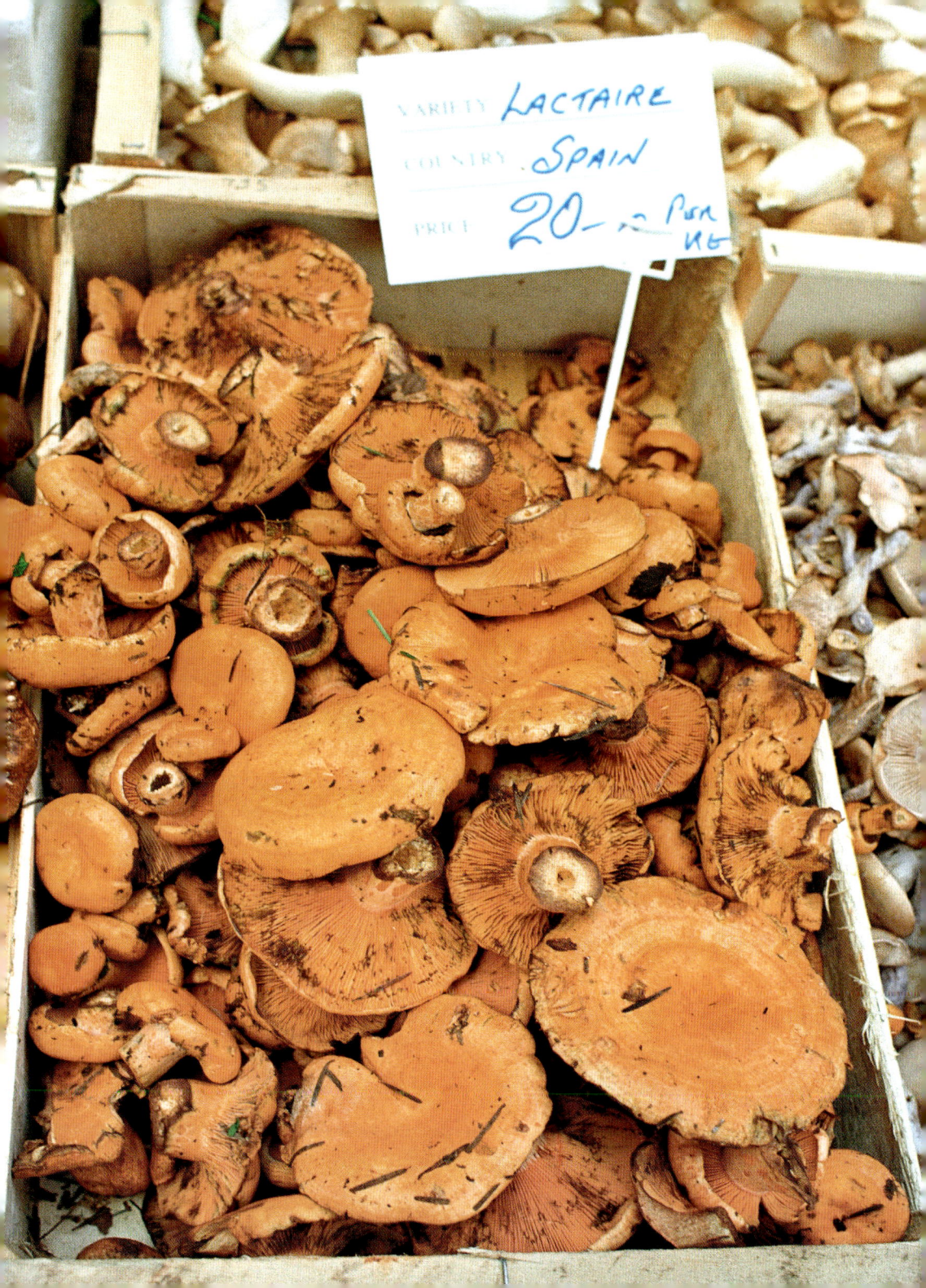

VARIETY **Lactaire**
COUNTRY **Spain**
PRICE **20**— ₧ Por KG

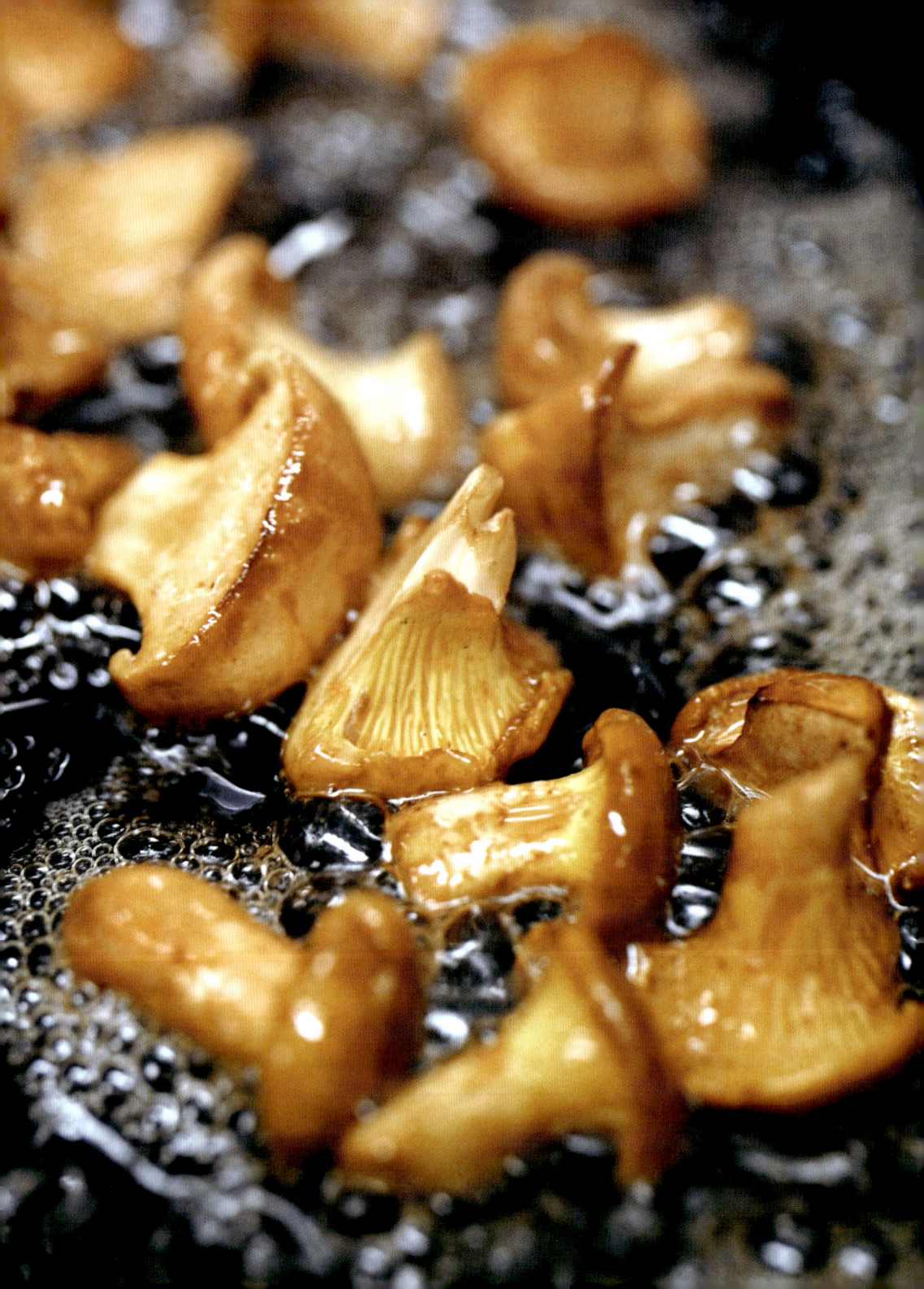

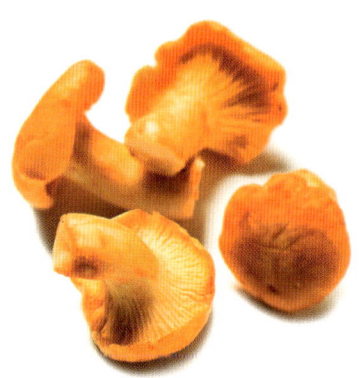

꾀꼬리버섯 Chanterelle

요리에 쓰이는 위대한 야생 버섯 중의 하나인 꾀꼬리버
섯(Cantharellus cibarius)과 및 꾀꼬리버섯과에 속하
는 그외 버섯들—유럽, 북아메리카, 중국, 아프리카 일
부 지역에 분포한다—은 프랑스에서는 'girolles'라는 이
름으로 팔린다. 작은 무리를 지어 피어나며, 크림색에서
살구색 갓은 가장자리가 주름진 깔때기 모양이다. 그 아
래로 줄기에 이르기까지 주름이 뻗어 있다.

수확철은 가을로 알려져 있지만, 지중해 연안 나
라에서는 5월이면 이미 시장에 모습을 드러낸다. 갓 딴
꾀꼬리버섯은 아삭아삭하고 메마르며, 전혀 끈적거리지
않고 얼룩도 없다. 꾀꼬리버섯은 대부분의 미식요리에
장식으로 등장하며, 뜨거운 버터에서 빠르게 소테하는
것이 가장 맛있다. 이때 흘러나온 즙에 젖지 않도록 주의
할 것. 다른 버섯도 그렇지만 꾀꼬리버섯은 특히 물에 씻
으면 절대로 안 된다. 그냥 타월로 닦아내거나 더러운 것
이 묻어 있으면 떼어내는 정도로만 해두는 것이 좋다.

꾀꼬리버섯과 생물학적으로 가까운 뿔나팔버섯
(Craterellus cornucopioides)은 색깔이 검다는 점만
제외하면 비슷하게 생겼다. 뿔나팔버섯 역시 꾀꼬리버
섯 못지 않게 맛있다. 꾀꼬리버섯을 따라 갈 때에는 독
이 있는 꾀꼬리큰버섯(Hygrophoropsis aurantiaca),
일명 '가짜 꾀꼬리버섯'에 주의할 것. **MR**

Taste: 달콤하면서도 곰팡이 냄새가 나는 강렬한 향은 그 맛과 완
벽하게 조화를 이루며, 질기므로 잘 씹어야 한다.

그물버섯 Cep

그물버섯(Boletus edulis)은 영어로는 'cep', 이탈리아
어로는 'porcino'라고 하며, 잉글랜드에서는 'penny
bun', 북아메리카에서는 'king boletus'라는 별명으로
불린다. 'cep'이라는 이름은 가스코뉴어에서 유래한 듯
한데, 그물버섯이 들어가는 훌륭한 레시피—예를 들면,
마늘, 셜롯, 파슬리, 빵가루와 함께 볶은 '세프 아 라 보
들레즈 cèpes à la Bordelaise'—가 프랑스 남서부에서
유래했으므로 적절한 명명이라고 보여진다.

그물버섯은 활엽수 숲에서 자라며, 보통 늦여름부
터 가을까지 작은 무리를 지어 피어난다. 굵고 통통한 줄
기에 구릿빛에서 짙은 갈색의 갓을 쓰고 있으며, 아래쪽
에는 주름 대신 구멍이 숭숭 뚫려 있다. 이 부분은 하얗
고 어릴 때는 상당히 단단하다. 작고, 단단하고, 둥글 때
먹는 것이 가장 맛있다.

이탈리아 북부에서는 수많은 요리에 말린 포르치
니가 들어가는데, 특히 리조토와 파스타에 많이 넣어 먹
으며, 전통적으로 기름에 재워 두었다가 먹는다. 물론
슈퍼마켓에서도 살 수는 있지만, 신선한 버섯에 댈 바
가 아니다. 때문에 그물버섯 따기는 인기 있는 소풍이
다. 그물버섯과의 다른 버섯들도 맛이 좋지만 마귀그물
버섯(Boletus satanas)은 이름에 어울리는 치명적인 독
을 품고 있으므로 조심해야 한다. **MR**

Taste: 갓 딴 그물버섯은 강한 향미를 자랑한다. 향기가 오래 지속
된다는 점에서 다른 버섯과 차이가 난다. 스튜와 소스는 그 특유의 향을
지니게 된다.

꾀꼬리버섯의 섬세한 향미는 버터에서 재빨리 소테해야
⊙ 가장 잘 유지할 수 있다.

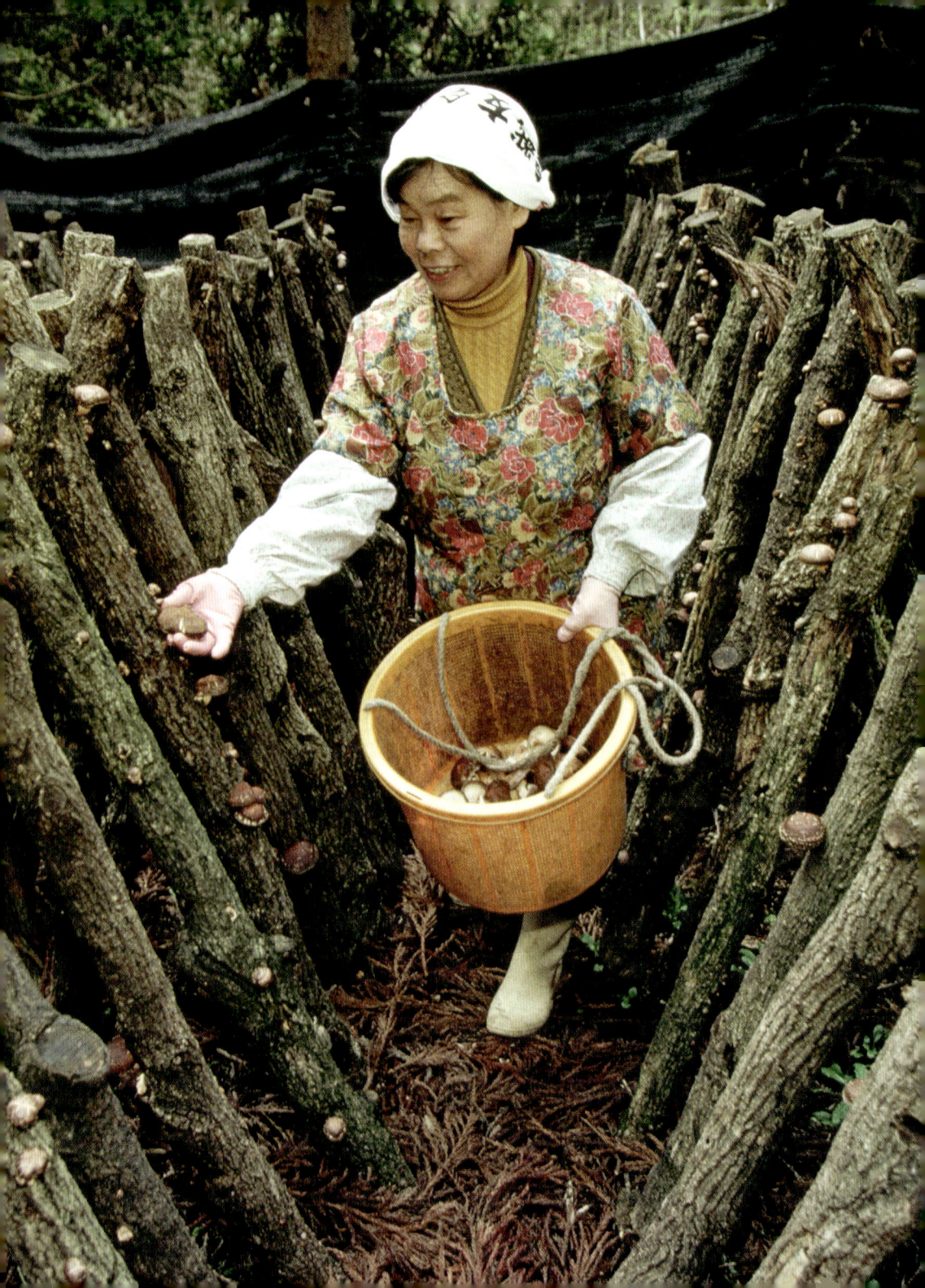

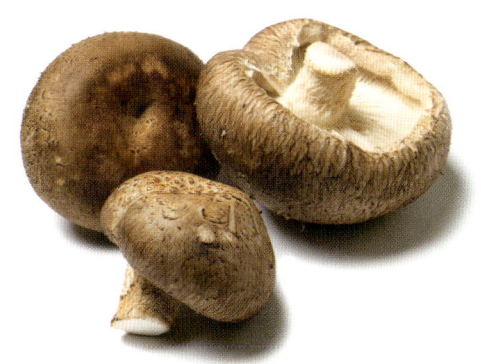

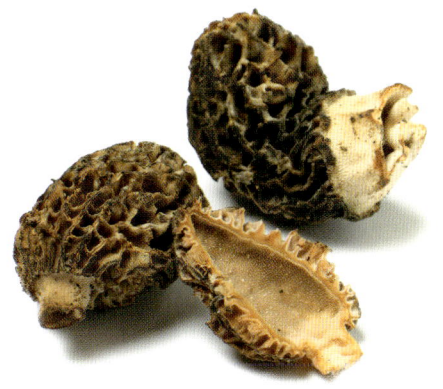

표고버섯 Shiitake

곰보버섯 Morel

재배가 쉽고 향미가 풍부한 표고버섯은 아시아에서 전 세계로 퍼져나갔다. 표고버섯(Lentinula edodes)은 야생에서는 서어나무, 또는 그 주변에서 자생한다. 일본과 중국에서는 겨울철에 갓이 완전히 열리기 전에 수확한 것을 최고로 친다. 날로 먹을 때에는 갓에 장식용으로 십자 모양 칼집을 내고 줄기를 떼어낸다.

보기 드물게도 말린 표고버섯은 그저 신선한 버섯을 건조 처리한 것 이상의 가치를 지닌다. 그 자체로 식량이 되는 것이다. 말리는 과정에서 아미노산의 일종인 구아닐산나트륨이 생성되어 이 향미 좋은 버섯의 향과 맛을 더욱 강렬하게 하며, 일본어로 '우마미(うま味)', 즉 감칠맛을 민들이낸다. 말린 표고버섯을 다시 부드럽게 하기 위해 물에 담가놓으면, 그 물에도 마치 말린 포르치니를 연상시키는 달콤한 흙 향기가 배어든다. 때문에 일본 불교 사찰의 엄격한 채식 식단인 쇼진 료오리(精進料理)에서 중요한 재료로 쓰인다.

표고버섯은 향미와 영양이 모두 좋기 때문에 식물성 다시 국물을 내는 데에 쓰이기도 한다. **SB**

아시아, 북아메리카, 유럽에서 높은 평가를 받는 곰보버섯과에는 먹을 수 있는 종이 여럿 포함되어 있다. 어떤 것은 주름이 쭈글쭈글하고, 어떤 것은 고깔 모양이며, 어떤 것은 갈색이고, 어떤 것은 검은색이다. 전부 폭신폭신하며 새하얀 깔때기 같은 줄기가 붙어 있다. 곰보버섯과 버섯들은 모두 봄에 자란다.

신선한 곰보버섯은 촉감이 벨벳처럼 보드랍지만, 버섯이 흔히 그렇듯이 부스러지기 쉽다. 그 상업적 가치 때문에, 보통 개발도상국, 특히 인도 대륙에서 건조시켜서 해외로 수출한다. 말린 곰보버섯을 다시 물에 넣어서 불리면 신선했을 때의 섬세한 향기가 사라지며, 갓은 가죽 같아져서 볼품이 없어진다. 헬벨산(helvellic acid)을 함유하고 있어 날로 먹으면 위장 장애를 일으킬 수 있다.

갓의 벌집 같은 결에 곱게 썬 셜롯, 햄, 그 밖의 재료를 채워넣어 조리하면 멋지다. 프랑스의 고전 요리인 '모리유 아 라 크렘(morilles à la crème)'에서는 소스가 버섯에 달라붙어 그 향미를 더욱 북돋운다. 셰프들은 곰보버섯에 무스나 파니르(paneer, 페르시아와 남아시아에서 가장 흔히 먹는 치즈의 일종)를 채워 넣지만, 이렇게 하면 버섯 특유의 질감과 맛이 반감된다. **MR**

Taste: 신선한 표고버섯은 순한 흙 맛이 나며, 마치 고기 같다. 말렸다가 다시 물에 넣으면 쫄깃해지고 버섯 맛이 더 강해지지만 여전히 달콤하고 향긋하다.

Taste: 곰보버섯과에서 널리 먹는 곰보버섯은 향긋한 버섯 냄새가 나며, 크림과 함께 조리하면 그 향이 더욱 강렬해진다. 맛은 섬세하지만 오래도록 남는다.

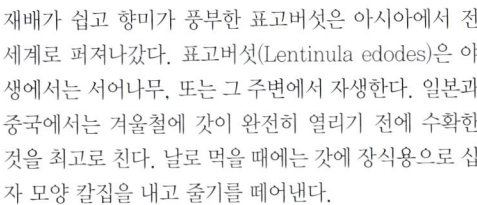

일본의 전형적인 표고버섯 농장. 표고버섯 포자를 접종시킨 통나무에서 버섯이 풍부하게 자라난다.

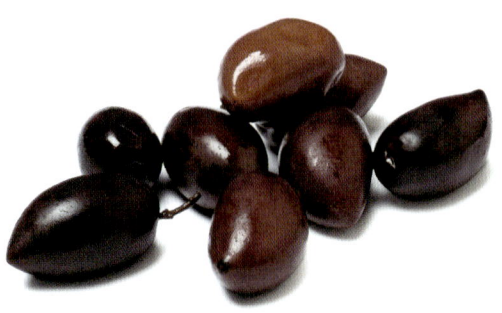

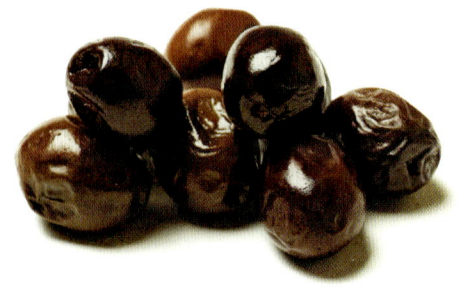

칼라마타 올리브
Kalamata Olive

니옹 올리브
Nyons Olive

이 이름난 테이블 올리브는 세계에서 가장 오래된 올리브 품종 가운데 하나로, 그리스에서 기원하였다. 그리스에서는 아주 오랜 옛날부터 올리브를 재배해왔으며, 실제로 그리스 신화에는 아테나 여신과 포세이돈의 내기 이야기가 나온다. 제우스 신은 가장 쓸모 있는 선물을 바치는 이에게 아티카 땅을 주겠다고 약속했는데, 올리브나무를 만들어낸 아테나가 이겼다는 내용이다.

칼라마타 올리브 나무는 그리스 본토와 펠로폰네소스 반도에서 널리 자라며, 그 이름도 펠로폰네소스 반도 근교의 한 마을에서 따왔다. 나무는 매우 우아하고 나긋나긋하며, 열매는 타원형에 끝이 볼록 튀어나와 있다. 완전히 무르익으면 가지처럼 검은 색깔이 된다. 지방 함량이 25퍼센트 내외로 매우 높아, 테이블 과실로 먹기에 특히 적합하다. 기름을 짜는 경우는 거의 없다.

잘 익은 올리브는 손으로 따서 세척한 다음 나무통에 넣어 소금물에 절인다. 7~8개월 후면 먹을 수 있다. 일부는 씨를 빼내고 속—아몬드, 마늘, 조그맣게 자른 치즈 등의 신선한 재료, 또는 익혀서 잘게 다진 고추 등이 가장 좋다—을 채워넣기도 한다. **JR**

프로방스의 중세 성채 도시인 니옹은 수년간 질 좋은 올리브의 중심지였으며, 1968년에는 원산지 관리 인증(appellation d'origine contrôlée)을 받았다.

올리브나무(Olea europea)는 율리우스 카이사르가 갈리아를 정복했던 기원전 50년대에 로마인 정착자들에 의해 이 지역에 처음 전래되었으며, 이후 줄곧 재배되어왔다. 토착 품종인 라 탕슈(La Tanche)는 겨울의 서리조차 견딜 수 있는 억센 나무다. 실제로 추위 때문에 올리브 열매에서 수분이 빠져나가 수확 직전에는 표면이 쭈글쭈글해지고 향미가 더욱 농축된다. 보통 11월 중순이 지나서 수확하지만, 1월 전에는 끝낸다. 완전히 무르익어서 검은색이 되면 하나하나 손으로 열매를 딴다. 가장 좋은 열매를 골라 신선한 소금물과 지난해에 쓰고 보관해두었던 소금물을 섞은 용액에 절인다. 이렇게 하면 공장에서 싸구려 "피자" 올리브를 생산할 때 쓰는 화학 물질을 피할 수 있으며, 올리브가 완전히 절여지기까지는 6~8개월 정도가 걸린다.

니옹이 얼마나 올리브를 진지하게 여기는지는, 올리브 박물관(Musée de l'Olivier)과 세계 올리브 연구소(Institut du Monde de l'Olivier)가 이 도시에 있는 것만 보아도 알 수 있다. **JR**

Taste: 칼라마타 올리브는 크기가 꽤 크고 즙이 많으며, 씨가 쉽게 빠진다. 향미가 강하고 진하지만, 특별히 쓴맛 없이 달짝지근하다.

Taste: 니옹 올리브는 상당히 알이 굵고, 청청하고 즙이 많은 과육에 약간 아삭아삭한 껍질을 지니고 있다. 그리 짜지는 않지만 풍성한 과일 향 아래에는 매력적인 쌉쌀함이 깔려 있다.

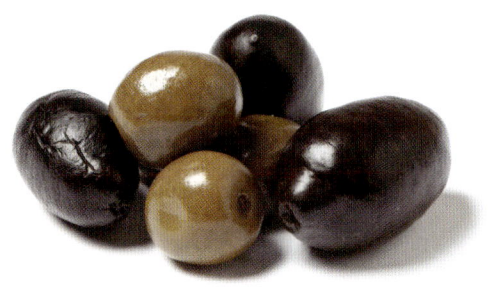

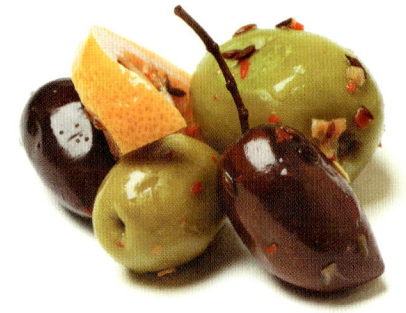

벨라 디 체리뇰라 올리브
Bella di Cerignola Olive

때때로 그냥 '체리뇰라'라고 부르는 이 올리브는 그 크기로 유명하다. 가장 큰 것은 어른의 엄지손가락 첫번째 마디만큼 크다. 타원형에 색깔은 녹색 또는 검은색인데, 가르가노 반도와 그 밖의 풀리아 지방—이탈리아의 "발뒤꿈치"—에서 자란다. 원산지 표시 보호 (Denominazione di Origine Protetta) 인증을 받은 상품이다.

녹색의 벨라 디 체리뇰라는 열매가 완전히 익어서 검어지기 전에 딴다. 검은색 올리브는 그대로 나무에 남겨두어 수확 때까지 익힌다. 녹색과 검은색 모두 손으로 따서 허리에 매단 작은 바구니에 담았다가 최대한 빨리 처리상으로 보내기 때문에 높은 품질을 유지할 수 있다. 두 종류 모두 소량의 식초를 섞은 소금물에 6~7개월간 절였다가 먹는다.

스페인의 고르달 올리브와는 달리 절대로 가성소다에 절이거나 병입하기 전에 저온살균을 하지 않는다. 녹색과 검은색 모두 이 지역 특산인 염소젖이나 양젖으로 만든 치즈에 곁들여 먹는다. **JR**

모로코 스타일 올리브
Moroccan-style Olive

작가 로렌스 더렐은 올리브를 가리켜 "고기보다 더 오래된, 와인보다 더 오래된 맛"이라고 묘사하였다. 올리브는 지중해 동부 연안이 원산인 나무의 열매로, 실제로 인류는 선사 시대부터 야생에서 올리브 열매를 채집해서 먹었다. 올리브 나무는 기원전 3,000년경부터 시리아와 그 근방에서 재배되기 시작하였으며, 무역로를 따라 북아프리카로 전래된 것으로 보인다. 올리브나무는 오늘날에도 건조한 북아프리카의 평원에서 무성하게 자라며, 모로코는 최대 올리브 생산국 중 하나이다.

향신료에 일가견이 있는 모로코인들은 정교한 향기를 자랑하는 매리네이드에 올리브를 절인다. 올리브가 막 익기 시작할 때 따기 때문에 모로코의 시장에 가면 반짝이는 녹색, 핑크색, 빨간색, 갈색, 검은색의 올리브가 담긴 커다란 대야를 볼 수 있으며, 모두 매운 고추, 커민, 마늘, 코리앤더, 절인 레몬, 회향 등의 스파이시한 용액에 절인 것들이다.

올리브를 절이는 방법에는 두 가지가 있다. 첫 번째는 올리브유와 향신료를 향긋한 냄새가 날 때까지 살짝 데운 다음, 마늘이나 절인 레몬 같은 다른 재료와 한께 올리브에 섞는 것이다. 다른 방법은 그냥 모든 재료를 한데 섞는다. 오래 절여둘수록 맛이 더 좋다. **WS**

Taste: 녹색의 벨라 디 체리뇰라 올리브는 신선한 견과류처럼 아삭아삭하면서도 쥬이시한 질감이 일품이다. 검은색 체리뇰라는 더 부드럽고 육질이 좋다.

Taste: 모로코 스타일 올리브는 쥬이시하고, 맛좋은 견과 향미가 난다. 맛은 매리네이드 재료에 따라 짭짤한 것부터 달콤한 것, 매콤한 것부터 향긋한 것까지 다양하다.

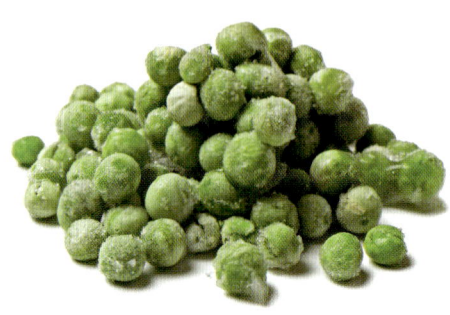

냉동 콩 Frozen Pea

까마득하게 오랜 옛날부터—그게 언제인지는 몰라도 눈속에 구멍을 파고 고기를 넣어두었을 때부터—인류는 음식을 오래 두고 먹기 위해 얼렸지만, 기계의 힘을 빌린 냉동은 1840년대에야 가능했다. 심지어 그 후로도, 뉴욕 브루클린 태생의 발명가 클래런스 버즈아이가 급속 냉동의 필요성을 인식할 때까지 거의 100년이 걸렸다. 급속 냉동의 장점은 채소의 맛과 유기 구조가 변하지 않고도 보관이 가능하다는 것이다. 최초의 버즈아이의 냉동식품 광고에는 '서리 덮인(frosted)'이라는 표현이 사용되었다.

특히 콩은 냉동의 혜택을 가장 많이 받은 경우 가운데 하나이다. 콩은 따자마자 그 풍미가 금방 사라져버린다. 당분이 녹말로 변해버리기 때문이다. 특히 기계식으로 대량 재배한 '신선한' 콩의 경우, 소비자의 손에 들어가기까지 수천 킬로미터를 운송해야 하므로, 그 향미로 보나 질감으로 보나 결과가 우울할 수밖에 없다. 이와는 대조적으로 밭에서 딴 지 불과 몇 시간 내에 살짝 데쳐서 급속 냉동시킨 콩은 자연 그대로의 단맛을 유지하고 있으며, 덕분에 냉동 야채 중에서는 거의 유일하다 할 정도로 그 맛과 질감이 싱싱하고 생생하게 보존된다. **SH**

Taste: 최고의 콩은 정원에서 직접 키우거나 콩을 재배하는 농부가 갓 따서 그 자리에서 파는 콩이다. 그러나 질 좋은 냉동 콩은 봄과 여름의 향미를 일년 내내 제공한다.

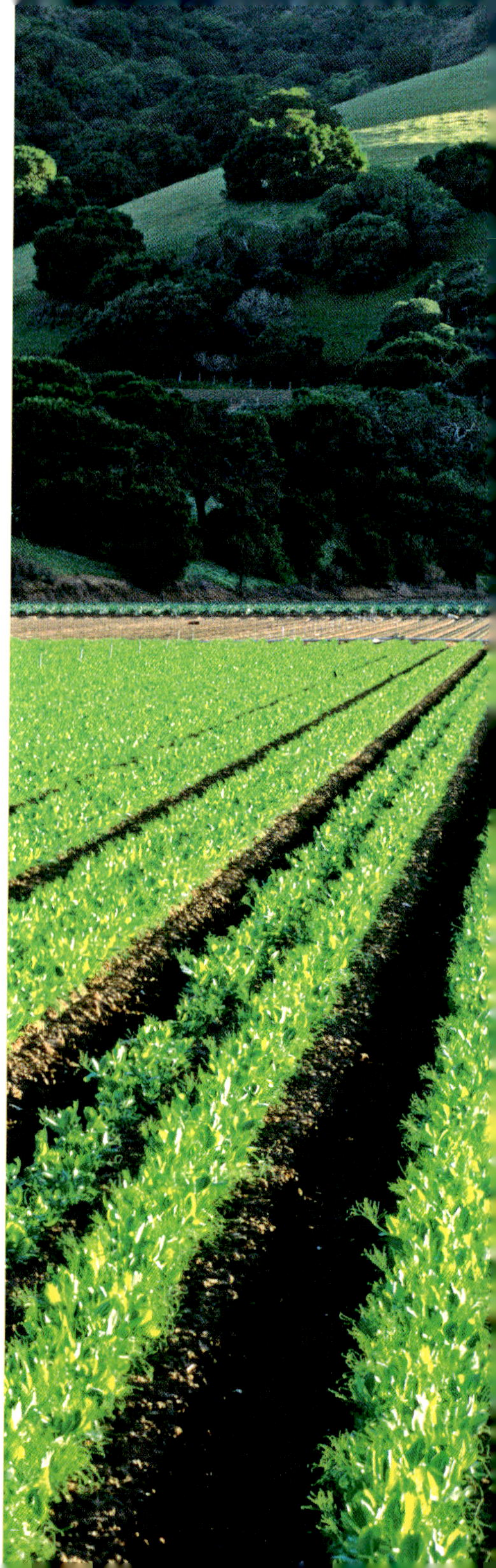

캘리포니아의 태양 아래 펼쳐져 있는 콩밭. ➡

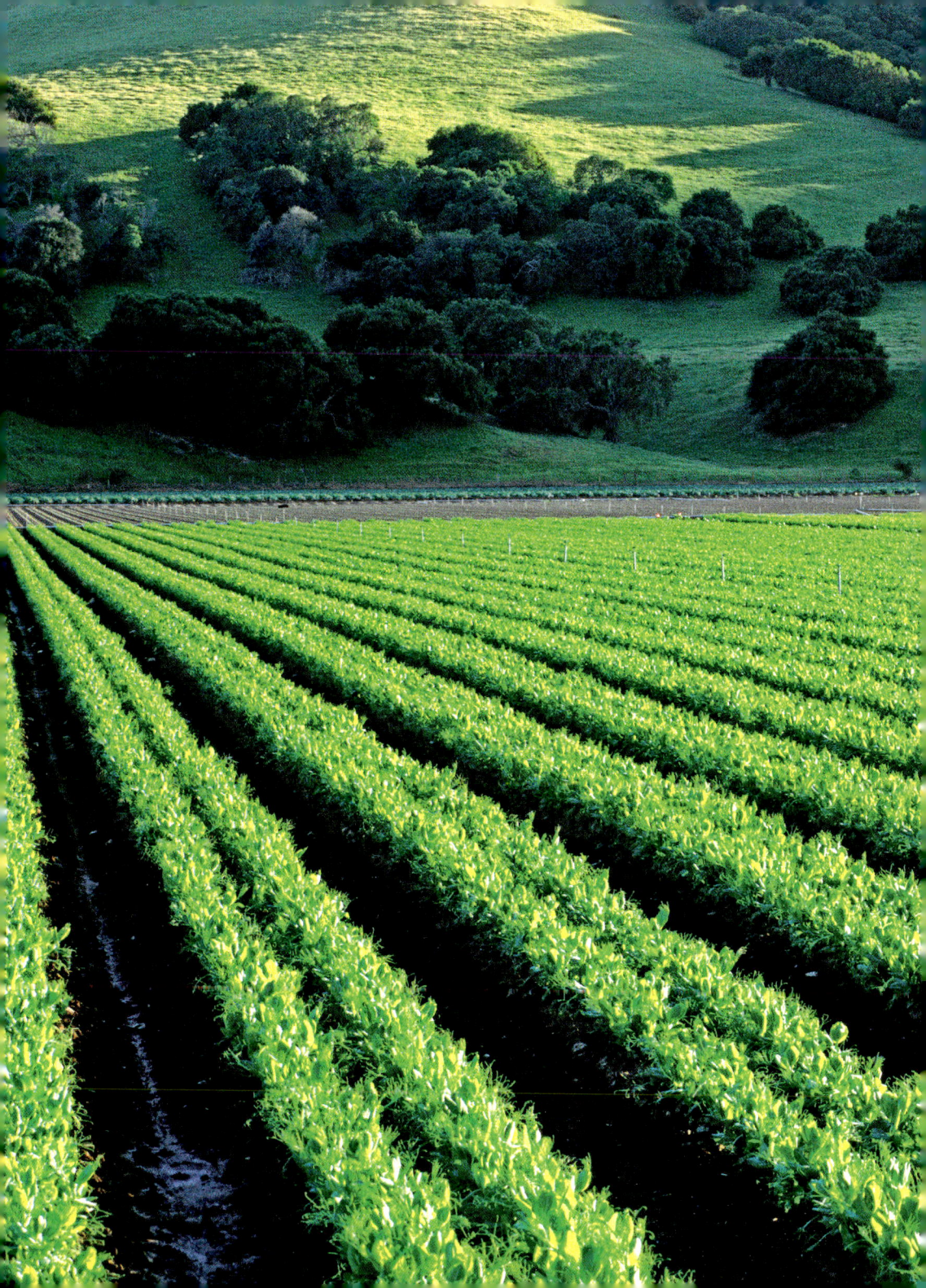

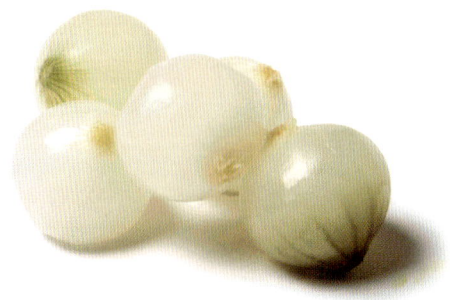

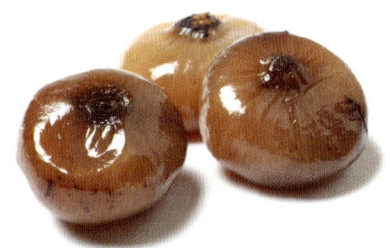

실버스킨 양파 피클 Pickled Silverskin Onion

람파시오니 양파 Lampascioni Onion

'칵테일' 양파라고도 불리는 이 작은 양파—보통 직경 1 센티미터 안팎—를 이쑤시개를 꽂아 평범한 마티니에 넣으면 마티니가 보다 이국적인 깁슨으로 변신한다. 실버스킨 양파 피클은 폼페이나 패리스 같은 품종의 양파를 어릴 때 수확해서 피클로 만든 것이다. 전통적으로 맥아 식초, 설탕, 소금, 스파이스로 양념한다. 특히 영국인들이 이 양파 피클을 좋아한다.

　자부심이 강한 펍이나 흔해빠진 피쉬앤드칩스 가게에서조차 직경이 3.5센티미터까지 나가는 양파를 단지째 준비해 놓는 것이 보통이었다. 그 톡 쏘는 향미와 짜릿한 맥아 맛은 여전히 풍미가 센 치즈나 갓 구운 빵, 에일 맥주 한 잔과 완벽한 조화를 이루며, 임산부들이 아이스크림만큼 좋아하는 음식이라고 한다. 그러나 오늘날에는 더 작은 양파, 더 순한 식초, 더 달짝지근한 피클 양념이 대세이다.

　서양 양파와는 종(種)이 다르긴 하지만, 일본의 락교가 이와 비슷하다. 식초, 미림, 간장 또는 이 셋을 섞어서 절인 락교는 일본에서 널리 먹는 음식이다. **SH**

무스카리(Muscari comosum)는 히야신스의 일종으로 이탈리아 남부 아풀리아 지방의 숲과 초원에서 야생으로 자라며, 해마다 봄이면 아름다운 청보라색 꽃을 피운다. 그러나 먹기 위해 재배하는 경우라면, 이 꽃을 구경하기도 전에 수확해버린다. 람파시오니 양파, 또는 밤파기올리(vampagioli)라고도 불리는 적갈색의 구근은 미각적 경험의 궁극이라 할 수 있다.

　고대 그리스인들은 람파시오니 양파가 미약으로 효능이 있다고 믿었다. 중세에는 가난한 이들이나 먹는 음식으로 간주했으며, 농민과 소작농들이 많이 먹었다. 오늘날에는 별미로 대접받으며 산지에서 다양한 방법으로 조리한다. 풀리아의 무르기아 지방에서는 나무를 태운 뜨거운 재에 묻어 구운 뒤 올리브유와 소금을 쳐서 먹는다. 엑스트라 버진 올리브유에 끓여서 스튜로 만들어 먹어도 아주 맛있다.

　이탈리아 밖에서는 기름과 발사믹 식초에 절여서 판다(위 사진 참조). 사포리 델 살렌토(Sapori del Salento)社는 맛좋은 람파시오니 알라 브라체(Lampascioni alla brace), 즉 그릴에 구워서 엑스트라 버진 올리브 오일에 절인 람파시오니 양파를 생산한다. **LF**

Taste: 싱싱한 실버스킨 양파는 얇은 양파의 풍미를 지니고 있다. 피클로 만들면 아삭아삭하니 맛있고 새콤달콤한 맛이 톡 쏜다. 정확한 맛은 피클 양념의 재료에 따라 다르다.

Taste: 생 람파시오니의 쓴맛은 쉽게 친해지기 힘들다. 조리하면 짭짤하면서도 달콤한 맛이 조화를 이루며, 아몬드의 향미도 살짝 느껴진다.

무스카리의 구근은 때때로 '야생 양파(wild onion)'라는 이름으로 팔리므로, 혼동을 일으키는 수가 있다. ➲

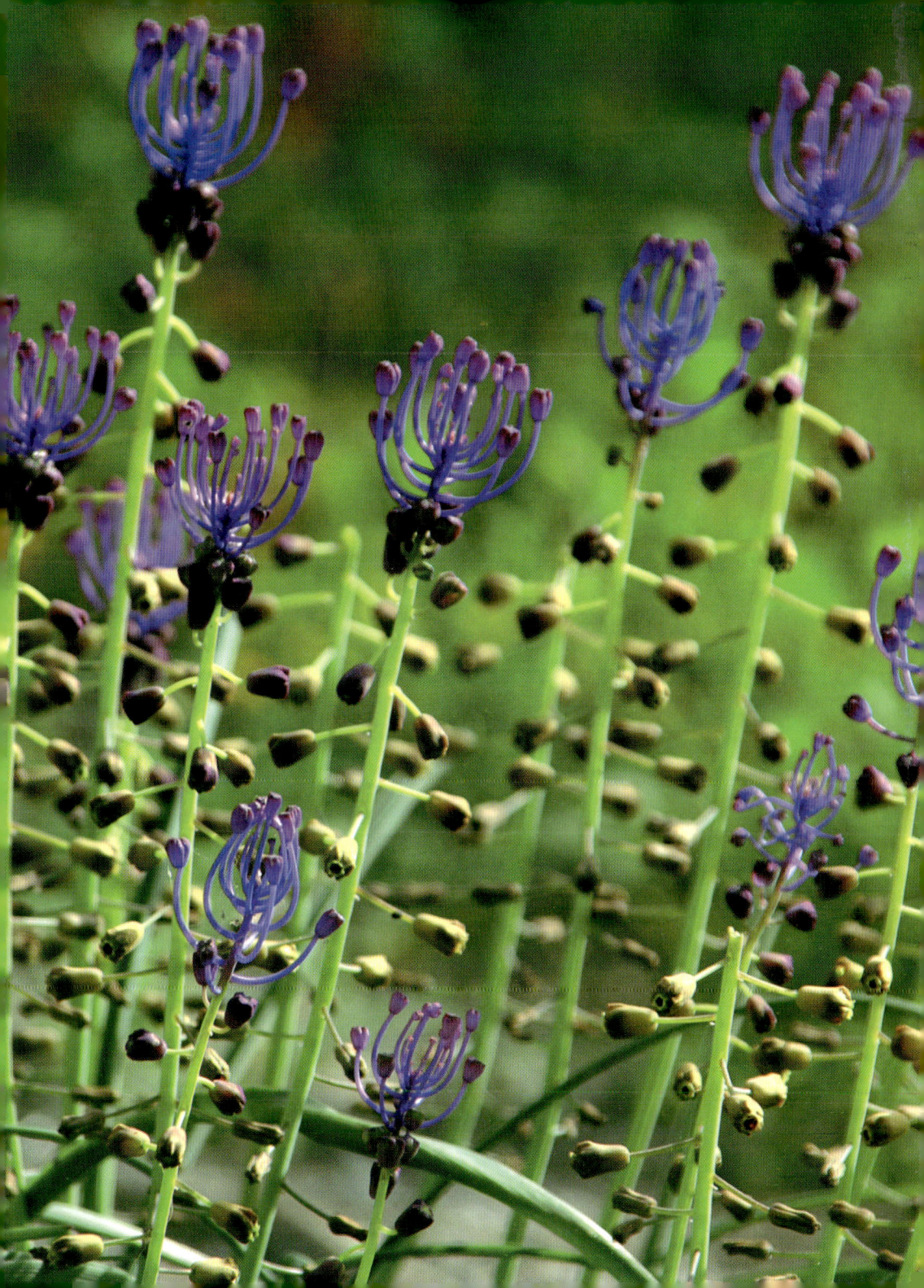

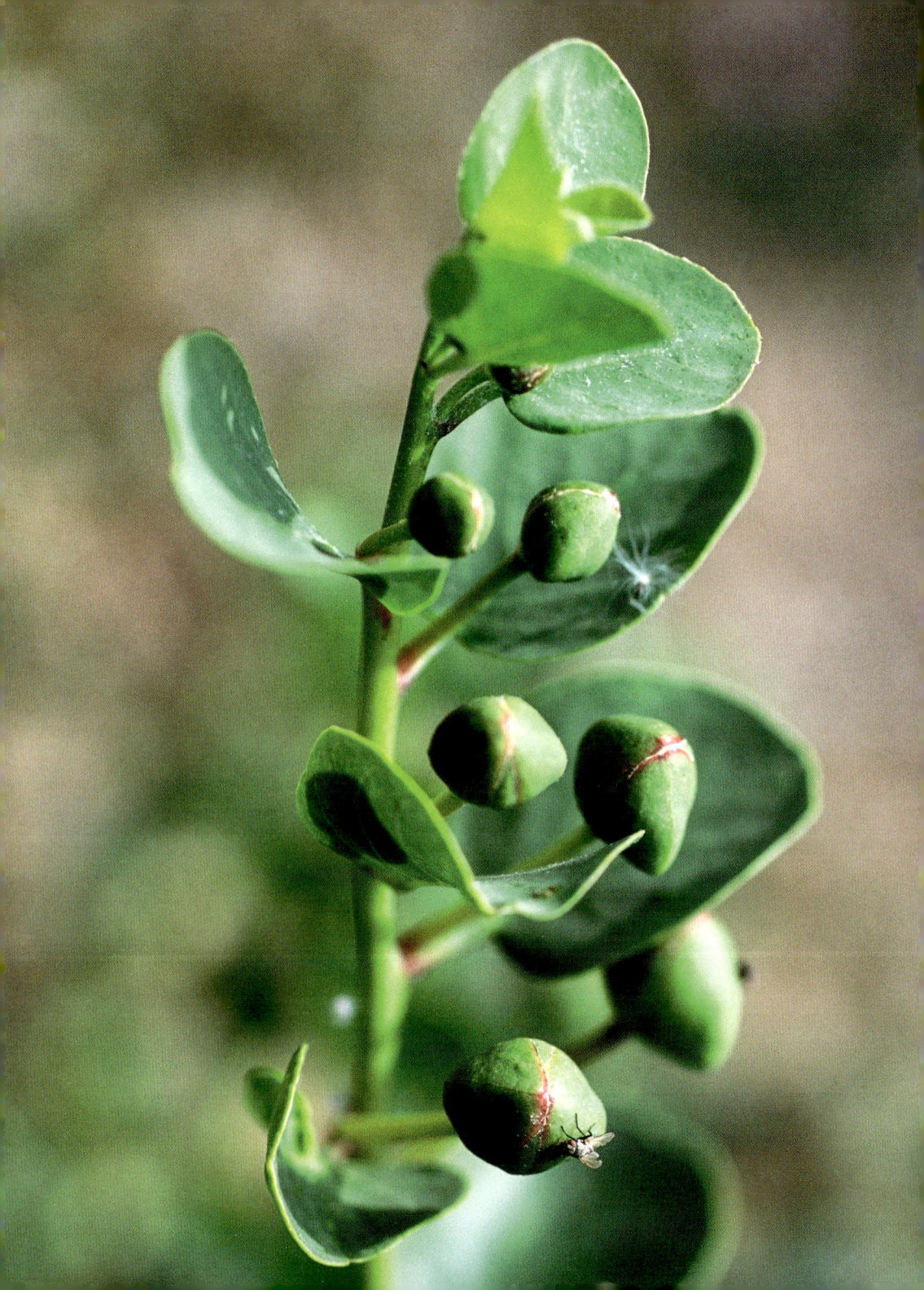

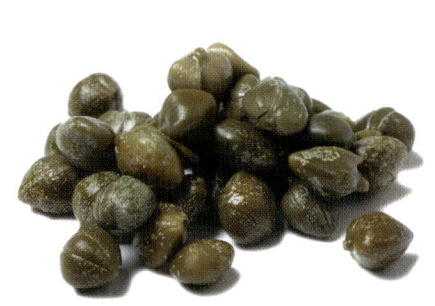

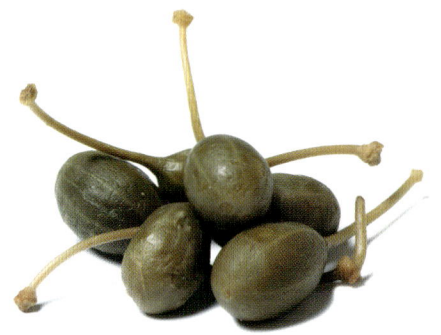

판텔레리아 케이퍼 Pantelleria Caper

매콤하고 강한 향미를 자랑하는 케이퍼(Capparis sp-inosa)는 고대 로마 시대 이래 지중해 연안, 특히 이탈리아에서 자라온 꽃나무 관목의 채 피지 않은 꽃봉오리이다. 시칠리아의 판텔레리아는 그 특유의 향기와 풍미를 더욱 고양시키는 검은 화산암 토양 덕분에 최고의 케이퍼 산지로 유명하다. 오직 이 지역에서 재배한 케이퍼만을 판텔레리아 케이퍼라는 이름으로 팔 수 있다.

5월에서 8월 사이에 일일이 손으로 꽃봉오리를 딴다. 자연 상태에서는 너무 쓰기 때문에 소금을 뿌렸다가 헹궈내는 과정을 거쳐야만 한다. 햇볕에 말렸다가 소금에 재워서 여드레 동안 그대로 둔다. 물로 씻어낸 다음 같은 과정을 두 번 더 반복한다. 케이퍼는 소금이나 소금물에 담가서 팔기 때문에 먹기 전에 완전히 소금기를 제거하고 먹어야 한다.

아페리티프와 함께 그냥 먹을 수도 있지만, 보통은 소스에 넣는다. 특히 토마토를 베이스로 만든 푸타네스카(puttanesca) 소스와, 맛좋은 이탈리아식 송아지고기 요리인 '비텔로 톤나토(vitello tonnato)'에 들어가는 참치 케이퍼 소스가 유명하다. 앤초비와도 믿을 수 없을 정도로 멋진 궁합을 과시한다. **LF**

케이퍼 베리 Caper Berry

케이퍼 베리는 케이퍼(Capparis spinosa)의 성숙한 열매이다. 그냥 '케이퍼'는 하얀 꽃이 피기 전의 단단하게 닫혀 있는 봉오리이지만, 케이퍼 베리는 진짜 열매이다. 대부분의 과실처럼 케이퍼 베리도 꽃봉오리보다 훨씬 크고. 표면에 희미한 하얀 줄이 나 있는 것을 제외하면 그 크기나 색깔이 올리브와 흡사하다. 속에는 자잘한 씨가 들어 있으며, 보통 줄기가 달려 있는 채로 판다.

케이퍼 베리는 스페인에서 특히 인기가 좋지만, 전 세계적으로는 짜릿한 케이퍼가 누리는 인기의 발치에도 따라가지 못한다.

보통 병조림, 피클, 또는 소금물에 절여서 파는데, 케이퍼보다 맛이 순해서 대용으로 쓰지는 못한다. 그러나 올리브처럼 타파나 안티파스티 접시에 올리거나 술안주로 먹으면 정말 환상적이다. 그 줄기는 손으로 잡고 우아하게 먹기에 완벽한 도구가 된다. 케이퍼 베리는 특히 냉육, 그 중에서도 쇠고기, 새끼양고기, 야생육류, 맛이 진한 파테나 생선과 잘 어울린다. **LF**

Taste: 매콤하고 짜릿하며. 입에 군침이 돌게 하는 톡 쏘는 시트러스 향은 작은 게르킨 오이를 연상시킨다. 샐러드나 소스, 피자에 짜릿한 맛을 더하는 데 쓴다.

Taste: 원기왕성하고 짜릿하지만. 케이퍼보다는 더 절제된 맛을 지닌 케이퍼 베리는 입안을 활기로 가득 채운다. 케이퍼 베리를 고를 때에는 크기에 주의할 것. 작은 것이 맛있다.

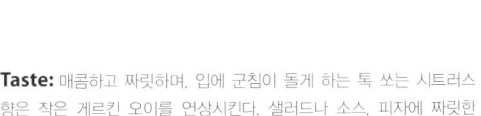
케이퍼 나무는 건조한 지역에서 잘 자란다. 시리아의 유목민들은 케이퍼를 채집하여 부수입을 올리기도 한다.

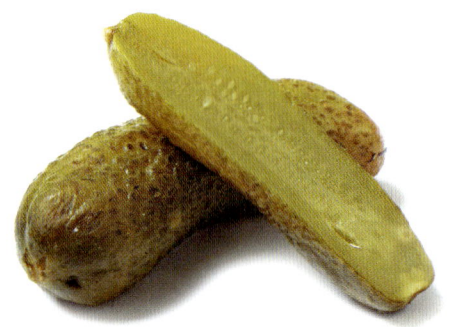
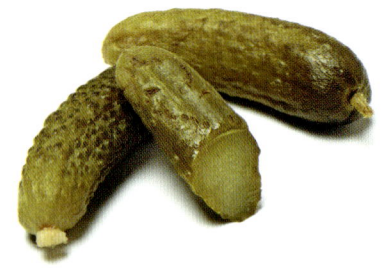

게르킨 오이 피클 Pickled Gherkin

호박, 조롱박, 수박 등과 함께 박과(Cucurbitaceae)에
속하는 이 작은 오이는 아마 지구상에서 가장 오래된 피
클 가운데 하나일 것이다. 전 세계에서 널리 먹는 게르
킨 오이는 미국에서 매우 인기가 높으며, 북유럽과 동
유럽에서도 별미로 인정받고 있다. 또한 염분을 보충
해주는 역할을 하기 때문에 중동 일부 지역에서도 즐
겨 먹는다.

북유럽의 추운 기후 때문에 피클 양념은 식초, 통
후추, 겨자 씨, 딜, 서양고추냉이, 소금, 그리고 칠리, 계
피, 정향, 생강 같은 스파이스를 넣어 향미로 꽉 차 있다.
러시아에서는 짭짤하고 톡 쏘는 오이 피클 조각이 종종
보드카를 곁들여 마시는 전통 애피타이저 모듬인 '자쿠
스키(zakuski)'에 등장한다.

터키나 레바논처럼 기후가 따뜻한 곳에서는 소금
물에 절여서 올리브나 뿌리채소 피클, 또는 고추 피클과
함께 애피타이저로 낸다. 대서양 건너 아메리카에서는
주로 딜 씨로 맛을 내는데, 달콤하고 순한 향미를 내기
때문이다. 때문에 딜 피클이라고 불리기도 한다. **LF**

코니숑 Cornichon

코니숑(게르킨 오이의 프랑스어 이름)은 종종 게르킨 오
이로 번역되지만, 이 작은 피클 오이는 중앙 유럽과 미국
에서 인기있는 큼직하고, 새콤달콤하고, 소시지처럼 생
긴 게르킨 오이와는 다소 다르다. 같은 종(種)이지만 완
전히 성숙하기 전에 따낸 열매는 어른의 새끼손가락보다
작으며 길이가 5센티미터를 채 넘지 않는다.

프랑스에서 오이 피클을 만들 때 선호하는 두 가
지 품종은 베르 프티 드 파리(Vert Petit de Paris)와 코
니숑 아멜리오르 드 부르고뉴(Cornichon Amelioré de
Bourgogne)이다. 마이유(Maille)처럼 훌륭한 맛의 코
니숑을 생산하는 브랜드도 있지만, 어떤 브랜드는 지나
치게 시큼하므로 잘 골라야 한다. 집에서 만든 코니숑
피클은 질 좋은 화이트와인 식초에 셜롯, 양파, 통후추,
그리고 때에 따라 마늘과 허브를 사용한다. 완전히 맛이
들려면 두 달은 기다려야 한다.

코니숑은 전통적으로 파테 드 캉파뉴 같은 간단한
돼지고기 요리에 곁들여 먹는데, 돼지고기의 기름진 맛
과 좋은 대비를 이루기 때문이다. 또 타르타르 소스의 오
리지널 레시피에도 등장한다. **MR**

Taste: 겉은 아삭아삭하고 안은 부드러운 게르킨 오이는 활발하고 혀를
알알하게 하는 신맛과 단맛의 조화를 보여준다. 레시피에 따라 향미가
다양하다.

Taste: 코니숑은 깔끔하고 만족스러운 아삭한 맛이 특징이다. 향미는
피클 양념으로 무엇을 넣느냐에 따라 달라지지만, 신맛과 단맛이 조화를
이루고 있어야 한다.

마요르카의 시장에서 아삭하고 쥬이시한 피클류를 진열해 놓고
팔고 있다. 야채나 올리브 피클은 유혹적인 애피타이저이다. ➡

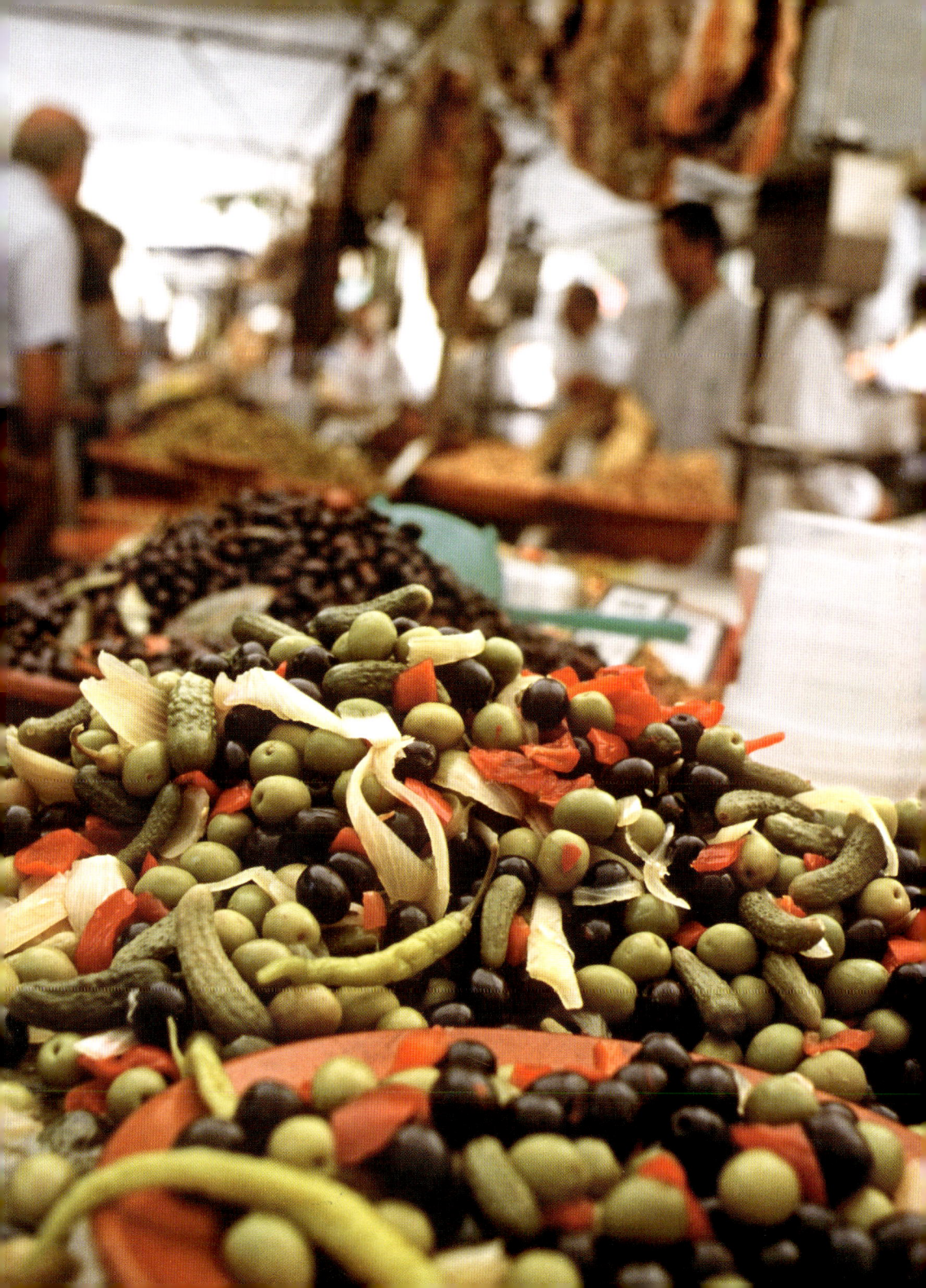

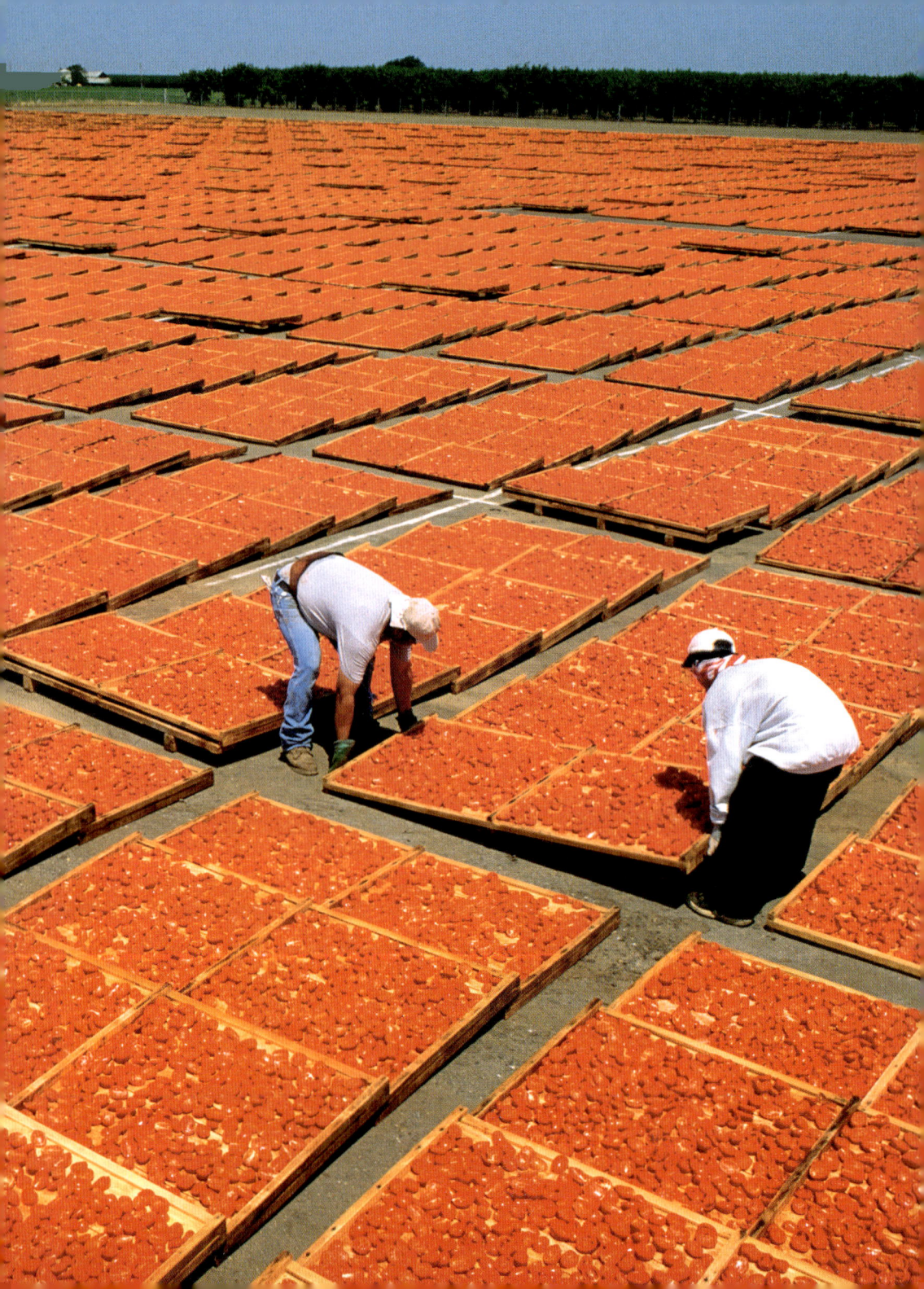

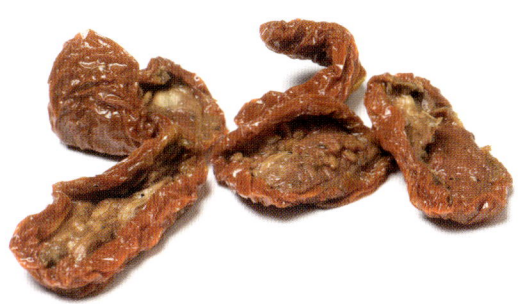
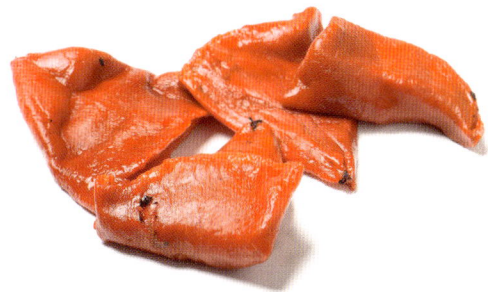

햇볕에 말린 토마토 Sun-dried Tomato

수세기 동안 지중해 연안 나라—이탈리아, 스페인, 그리스 등—에서는 토마토(Lycopersicon esculentum)를 반으로 잘라 소금을 뿌린 뒤 햇볕에 여러 날 말려서 유리병이나 오지 단지에 담아 올리브유에 재워두었다가 토마토가 나지 않는 계절에 먹었다.

특히 이탈리아의 칼라브리아 지방이 강렬한 향미를 자랑하는 이 별미로 유명하다. 마치 물결치는 듯한 산과 구릉으로 덮여 있는 토양 때문에 농작물의 재배가 어렵기 때문에 과일과 채소를 저장식품으로 만드는 전통이 오랫동안 남아 있었다. 칼라브리아 지방 사람들은 햇볕에 말린 토마토를 마늘, 바질, 오레가노 등으로 양념하여 안티파스티, 리조토, 스튜로 만든다.

오늘날에도 가정과 소규모 생산자들은 오랫동안 전해내려오는 전통 방식대로 만들지만, 대부분의 경우에는 탈수건조기를 사용한다. 시간과 노력이 덜 들기는 하지만, 자연에서 햇볕에 말린 토마토의 풍미는 도저히 따라갈 수가 없다. 이 기술은 1980년대에 캘리포니아에서 발명되었는데, 그 결과 한때는 미식가들의 별미였던 음식이 지금은 전 세계에서 인기를 얻게 되었다. **MR**

나바라 피퀴요 고추 Navarra Piquillo Pepper

불에 구워서 손으로 껍질을 벗긴 피퀴요 고추—피멘토스 델 피퀴요(Pimientos del Piquillo)—는 스페인 바스크 지방 나바라 일대의 별미이다. 이 작고 선명한 빨간 고추는 특유의 꼬부라진 모양(Piquillo) 때문에 그런 이름이 붙었다. 에브로 강 바로 북쪽에 펼쳐진 구릉 지대의 비옥한 토양에서 자라며, 9월에서 11월 사이에 수확한다.

따자마자 깜부기불 위에서 구워 먹는 것이 가장 좋은데, 겉껍질은 헐거워지고 단단한 속살은 그대로 남아 있다. 이 단계에서 중량이 60퍼센트까지 줄어들면서 향미가 농축되어 더욱 강렬해진다. 손으로 껍질을 벗기고 씨와 그 주변부를 도려낸다. 그런 다음 다듬어서 단지에 담아 흘러나오는 즙에 재워둔다. 1987년에 원산지 표시 인증(Denominación de Origen)을 받은 로도사 지역에서는 고추의 원산지는 물론 조리를 담당한 장인의 이름까지 밝힌다.

올리브유 약간, 그리고 때때로 마늘이나 파슬리를 조금 뿌리면 더 이상의 말이 필요없다. 조리한 후에도 그 형태를 그대로 유지하므로, 바스크 셰프들은 그 속에 다양한 재료—게, 새우, 소금에 절인 대구, 조리소 소시지, 버섯 등등—를 채워넣기도 한다. **JAB**

Taste: 햇볕에 말린 토마토는 쫄깃하고 달콤하며, 강렬한 토마토의 풍미가 난다. 올리브유에 남가 절여두면 부드럽고, 향긋하고 짙은 빨강색이 된다.

Taste: 달짝지근하고 은근하게 매콤한 이 고추는 처음에는 맵지만, 그 기름에서 흘러나온 달콤하고 부드러운 향미와 불에 구우면서 얻어진 스모키한 맛이 뒤를 잇는다.

칼라브리아의 태양 아래 자연적으로 말린 토마토는 너무나 맛이 좋아서 그 손이 많이 가는 작업이 충분히 가치가 있다.

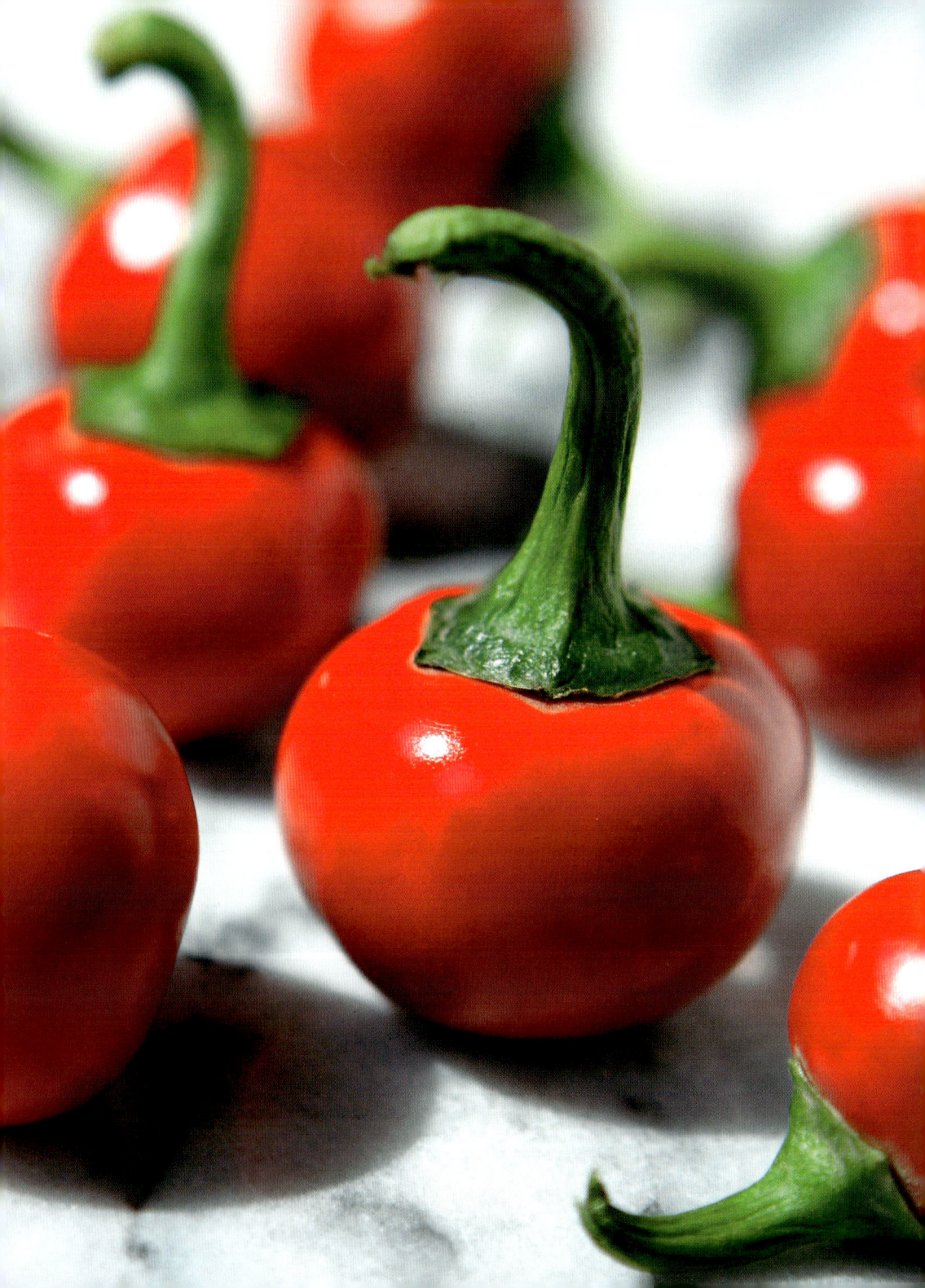

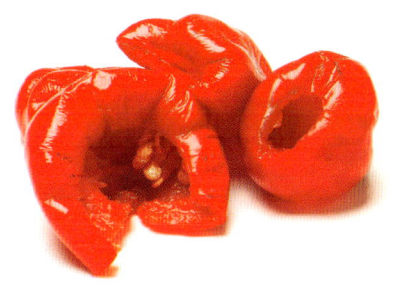

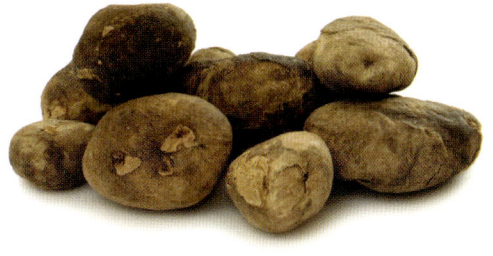

피콴테 고추 Piquanté Pepper

추뇨 Chuño

작고, 빨갛고, 달콤하고, 매운 것은? 답은 바로 달콤하고도 매운 고추 피클이다. 피콴테, 또는 스위트 피콴테 페퍼라고도 부르지만, '페퍼듀(Peppadew™)'라는 상표로 더 잘 알려져 있다. 칵테일 토마토와 작고 통통한 피망을 섞어놓은 것 같은 이 고추는 1990년대에 남아프리카의 이스턴케이프 지역에 있는 한 개인 별장의 정원에서 야생으로 자라고 있는 것이 발견되었다. 이 고추를 처음 발견한 요한 스텐캄프는 페퍼듀라는 이름으로 상표 등록한 뒤, 몰래 레시피를 개발하여 특허까지 따냈다.

이 고추는 중앙 아메리카가 원산인 것으로 알려져 있다. 림포포와 음푸말랑가 주에서 널리 재배하는 페퍼듀™는 매운 맛과 순한 맛 두 종류로 바로 요리에 사용할 수 있도록 병에 포장해서 판매한다. 그 특유의 아삭아삭한 질감은 보존제를 전혀 사용하지 않고 소금물에 절이는 과정에서 얻어진다.

모든 종류의 콜드 샐러드에 넣으면 환상적인 맛을 자랑하는 피콴테 고추는 피자나 파스타 소스 등 수많은 음식에 선명하고도 짜릿한 맛을 더해준다. 씨를 긁어내고 속에 치즈를 채워 애피타이저로 내도 좋다. **HFi**

적어도 1,000년 동안 남아메리카의 안데스 산지 주민들은 감자로 저장식품인 추뇨를 만들었다. 흉년에 대비하고 운반과 보관이 쉬운 식량을 구비해놓기 위해서였다. 아마도 세계 최초의 건조 식품이라 할 수 있는 추뇨는 고대 잉카인들이 볼리비아와 페루에 세련된 제국을 건설한 일꾼들에게 제공한 음식이자, 스페인 정복자들이 그들의 군대와 노동자들에게 먹인 음식이기도 하다.

추뇨를 만드는 과정은 오랜 시간―때로는 4주까지―이 걸린다. 감자를 밤새 밖에 내어놓아 서리를 맞혀서 수분을 제거한다. 그렇게 얼어버린 감자를 밟아서 으깨 물기를 더 뺀 다음 햇볕에 넣어 말린다. 추뇨 블랑코(chuño blanco)는 껍질을 벗겨 흐르는 물에 담가 둔 감자로 만든다. 추뇨 네그로(chuño negro)는 껍질째 사용한다.

이렇게 해서 만들어진 추뇨는 냉장 보관하지 않고도 10년은 거뜬히 보관이 가능하다. 수프나 스튜에 넣으면 다시 말랑말랑해지며, 치즈와 곁들여 사이드디쉬로 내기도 한다. 추뇨 블랑코는 당밀과 과일을 넣어 마자모라(mazamorra)라는 디저트로 만들 수도 있다. **GR**

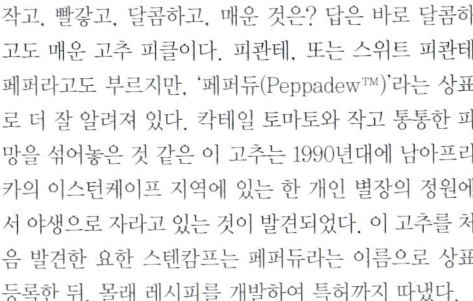

Taste: 살이 얇지만 감질나리만치 아삭아삭한 피콴테 고추는 후추 맛 아래로 기분 좋게 얇은 달콤하고 스파이시한 향미가 깔려 있다.

Taste: 신선한 감자와 거의 같지만, 수분이 적기 때문에 더 가볍다는 점이 다르다. 추뇨는 특별히 강한 풍미가 없어 다른 향미가 잘 배어든다. 제대로 씻어서 껍질을 벗기지 않으면 쓴 맛이 나는 수가 있다.

피콴테 고추는 상표명인
'페퍼듀™'로 더 널리 알려져 있다.

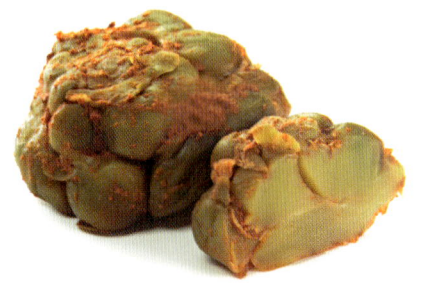

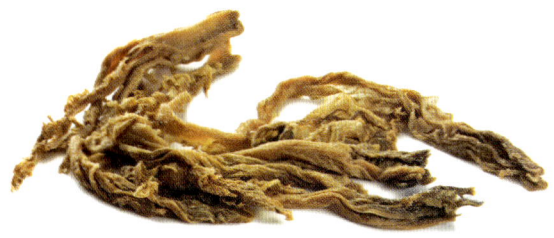

자 초이 Ja Choy

중국과 동남아시아 요리에 쓰이는 겨자과 식물—때로
는 잎, 때로는 줄기—은 그 종류가 무궁무진하다. 자 초
이는 가장 중독적이고 군침 도는 종인데, 카키색의 줄기
덩어리를 고추장에 버무려 놓으면 사실 그렇게 보기에
매력적이라고는 할 수 없다.

자 초이는 싱싱한 겨자 줄기에서 물기를 빼낸 뒤 고
추장에 버무려, 높이 60센티미터 정도의 항아리에 넣고
봉해 발효시킨다. 항아리 한 개 분량을 하나로 간주하기
때문에, 먹으려면 항아리 윗부분을 아쉽지만 깨뜨리는
수밖에 없다. 슈퍼마켓에서 파는 자 초이는 보통 바로 먹
을 수 있도록 잘게 썰거나 채 쳐서 진공 포장되어 있다.
중국의 전통 식품점에서 사는 경우라면 집게나 긴 젓가
락으로 가장 부드러운 것으로 골라서 담을 수 있다.

자 초이는 그냥 먹어도 좋고, 다른 재료와 함께 조
리하여도 좋다. 고추장이 너무 많이 묻어 있으면 헹구어
내고 (얼룩이 남는 수가 있다) 물기를 털어낸다. 그 짠 맛
을 미리 계산에 넣어야 요리할 때 실수하지 않는다. **KKC**

무이 초이 Mui Choy

중국의 다른 야채절임처럼 무이 초이 역시 겉보기보다
훨씬 맛있다. 갓의 일종(Brassica juncea)의 쭈글쭈글
한 연갈색의 줄기와 축 늘어진 진녹색의 이파리를 소금
에 절여 말린 것으로, 광둥어로는 가이 초이(gai choi 또
는 gai choy)라고도 한다.

무이 초이에는 달콤한 것과 짭짤한 것 두 종류가 있
다. 물론 단맛이 나는 것 역시 굉장히 짜니, 짠것은 얼마
나 짠지 상상에 맡길 따름이다. 심지어 겉이 소금 알갱이
로 덮여 있다시피 한다. 몇몇 요리에서는 이 두 가지를
섞어서 서로 맛이 균형을 이루도록 한다. 두 종료 모두
통째로 플라스틱 포장하거나 잘게 썰어서 통조림으로 판
다. 반드시 요리에 쓰기 전에 물에 담가서 소금기를 제거
해야만 한다. 워낙 쫄깃쫄깃하기 때문에 보통은 요리에
넣기 전에 잘게 썬다. 부드럽고 촉촉하게 하기 위해 10분
정도 쪄낸 다음 씻어내기도 한다. 무이 초이를 쓸 때에는
그 짠맛을 계산에 넣어야 요리를 망치지 않는다.

무이 초이는 돼지 뱃살이나 오리고기 브레이즈에
종종 곁들이는데, 그 짜고 달짝지근하고 쓴 향미가 고기
의 기름진 맛을 덜어주기 때문이다. **KKC**

Taste: 자 초이는 짠맛. 매콤한 맛. 짜릿한 맛이 좋은 균형을 이루고
있다. 최고는 부드럽고 입에서 살살 녹는 것이다. 미뢰를 자극하여
입맛을 돋구는 역할을 한다.

Taste: 무이 초이는 강렬한 짠맛과 달콤한 향미를 지니고 있다. 신선한
겨자잎과 같은 쓴맛도 살짝 느껴진다.

캘리포니아에서는 무이 초이를 조리기보다는 생으로,
또는 바로 요리해서 먹는다. ➜

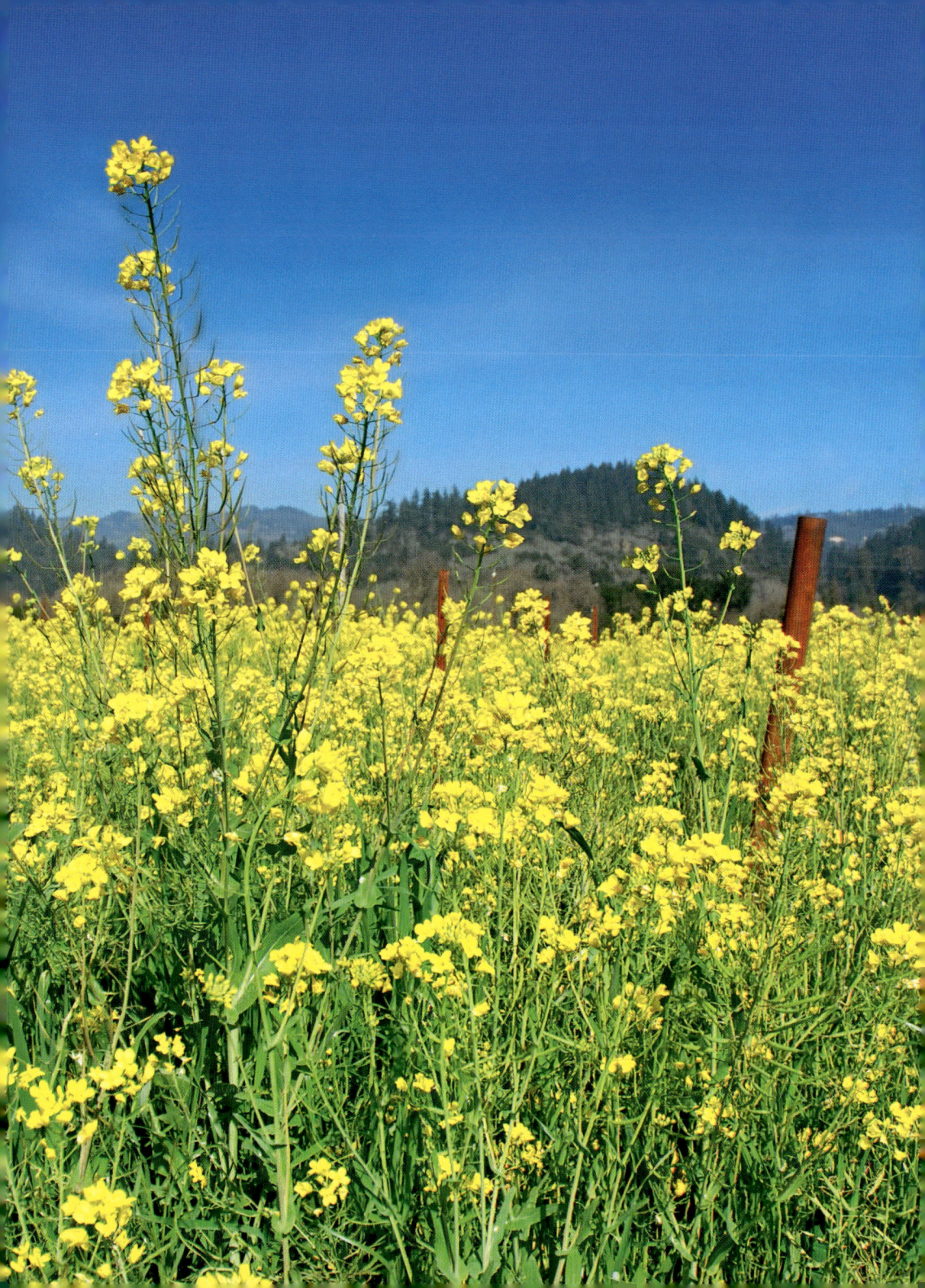

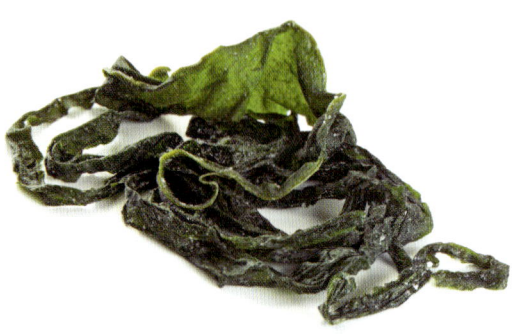

미역 Wakame

미역(Undaria pinnatifida)은 짠물에서 자라는 해조류로 한국과 일본 근해가 원산이다. 밧줄에 포자를 착생시키는 양식 방법은 비교적 최근에 도입되었다. 미역은 물살이 빠른 해역에서 잘 자라며, 질감도 더 부드럽다.

일반적으로 3월에 수확하며, 갓 딴 미역을 데쳐서 식히면 그 초록색을 그대로 보존하는 동시에, 미생물의 번식을 막아 더 오래 보관할 수 있게 된다. 일본에서는 수확철이 되면 신선한 미역을 파는데, 상점이나 시장에 가면 소금으로 덮인 울퉁불퉁한 미역이 산더미처럼 쌓여 있는 광경을 흔히 볼 수 있다. 말린 미역은 여러 나라에서 널리 구할 수 있다. 말리면 잿빛이 도는 녹색이 되지만 찬물에 담가놓으면 마치 마술처럼 그 생생한 초록색이 되살아난다.

미소시루(일본식 된장국)에 넣어 먹으며, 해산물이나 오이와 함께 식초에 무쳐 먹는다. 일본에서는 이타와카메(板わかめ)라고 하여 김처럼 얇고 납작한 말린 미역을 밥 반찬으로 먹는다. **SB**

Taste: 바다의 향미가 은은하게 느껴지는 미역은 약간 미끌미끌하지만, 기분 나쁠 정도는 아니다. 어딘가 양상추와 비슷한 데가 있지만 더 부드럽고 입에서 녹는 듯한 느낌이다.

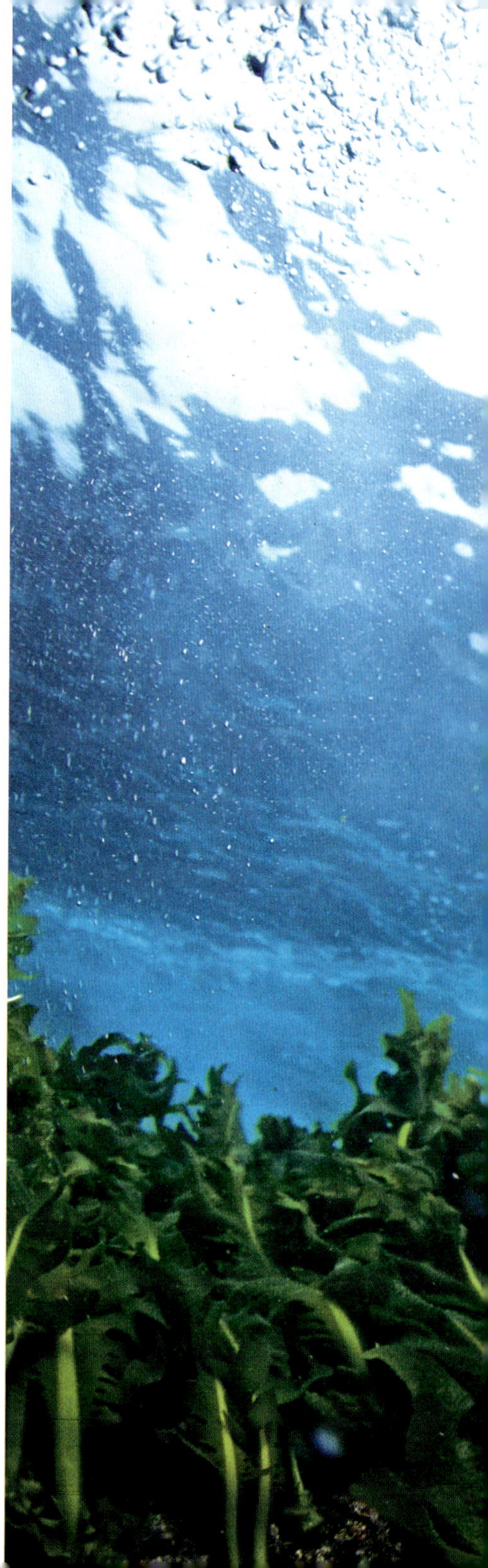

미역은 중요한 식품일 뿐만 아니라 번식력도 왕성하다. ➜

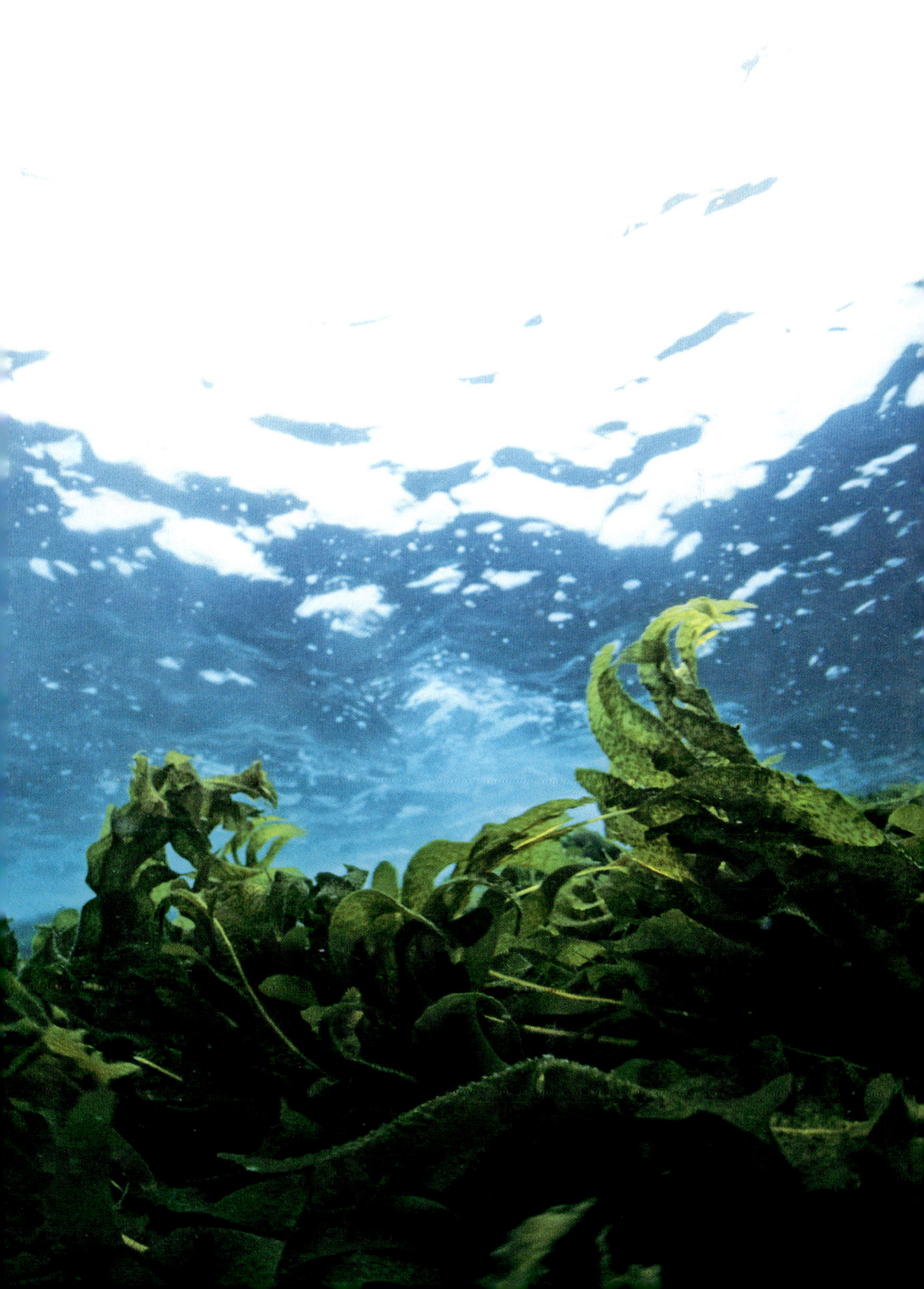

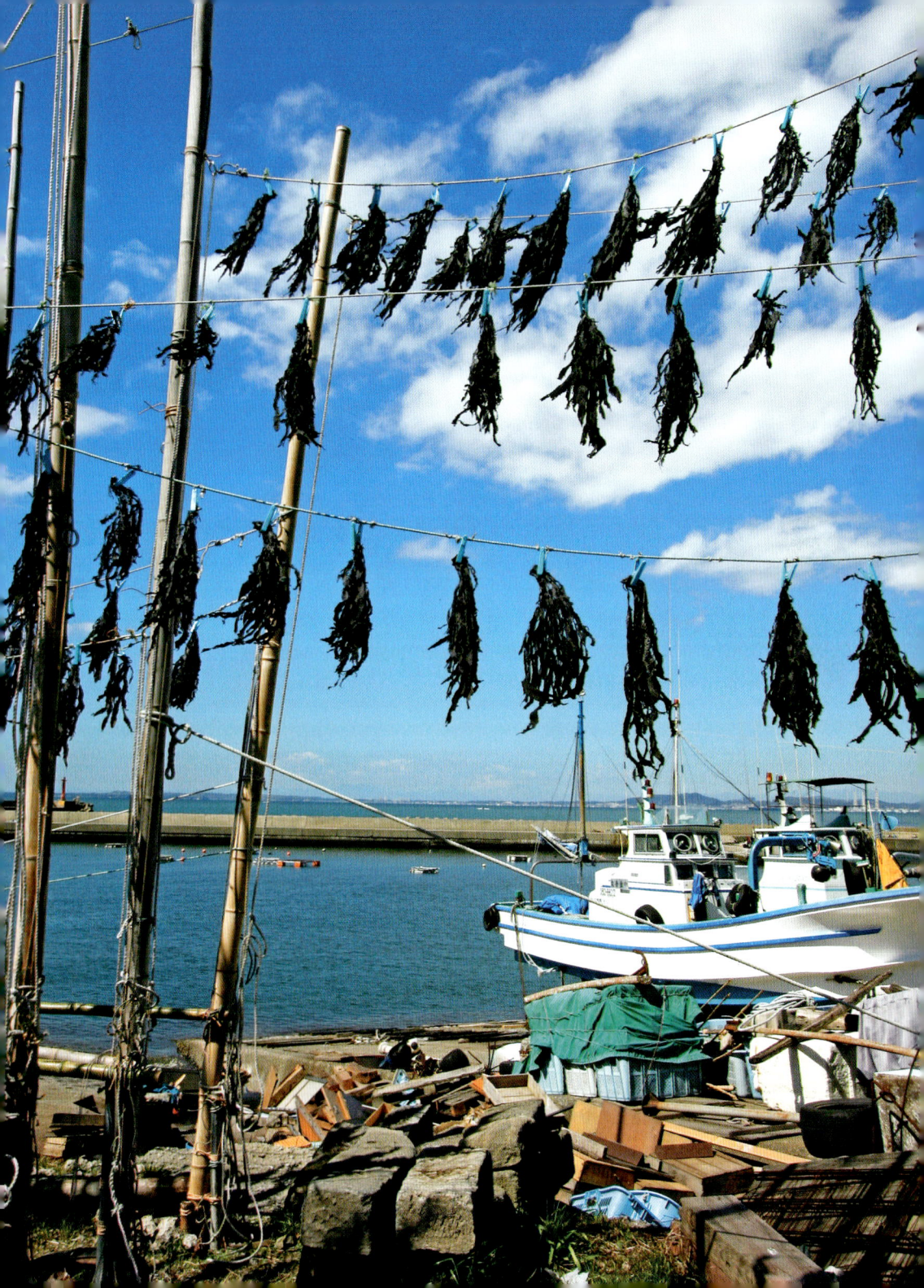

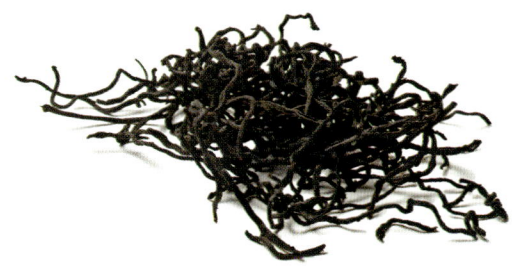

톳 Hijiki

해조류의 세계로 들어오신 것을 환영한다. 톳(Hizikia fusiforme)은 중국, 한국, 일본의 해안에서 야생으로 자라며, 일본 동부의 보소 반도 것을 최고로 친다. 조수선 바로 아래에서 검은 가닥이 원통형으로 빽빽하게 뭉쳐 있다. 수확철이 시작되자마자―2월이나 그 직후에―채취한 어린 톳이 제일 부드러우며 가장 높은 평가를 받는다. 이것을 그냥 자라도록 내버려두면 성숙하면서 구두끈처럼 굵어진다.

톳은 익히면 매력적인 깊은 검은색이 되며, 말려서 시중에 내다판다. 다시 물에 넣어 불리면 건조 상태의 다섯 배까지 불어난다. 톳은 질감이 다소 거칠어 참기름을 약간 넣고 뿌리채소와 함께 볶아 먹으면 좋다. 또 당근이나 연뿌리와 곁들이면 색채의 대비가 보기 좋다. 익혀서 약간의 설탕과 간장으로 맛을 내면 며칠 동안 두고 먹을 수 있으므로 도시락 반찬으로 좋다. 2004년에는 일부 톳에서 자연적으로 생성되는 비소로 인해 논란이 있기도 했지만, 한국인들과 일본인들이 수세기 동안 먹어왔는데도 아무런 해가 없었던 것을 감안한다면 기우인 듯 싶다. **SB**

김 Nori

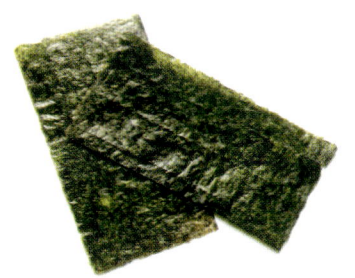

일본인들은 적어도 1,300년 넘게 김을 먹어왔으며, 약 400년 전부터 김을 양식하였다. 그러나 김 재배가 살아날 수 있었던 데에는 영국의 식물학자 캐슬린 드루(Kathleen Drew, 1901~1957) 박사의 공이 크다. 해조류를 연구한 드루 박사는 1940년대 일본 큐슈에 자신의 지식을 전해주었다. 오늘날까지도 드루 박사가 제안한 방식대로 김을 양식하는 일본 시마바라(島原) 가까이에는 그녀를 기념하는 동상이 서 있다.

김은 겨울철에 바닷물과 민물이 만나는, 해안에서 가까운 후미에서 수확한다. 김을 종잇장처럼 만들기 위해서는 물에 씻어서 잘게 썰어 얇은 곤죽으로 만든 뒤 대나무 자리 위에 넣어서 말린다. 일본에서는 종(種)과 용도에 따라 다양한 이름으로 부른다(일본어로 김은 '노리(海苔, のり)'라 통칭한다). 예를 들면 아오노리(파래)는 보통 잘게 부스러뜨린 가루로 판다.

웨일즈에서도 수세기 동안 김을 먹어왔지만, 일본과는 그 방식이 사뭇 다르다. 끓여서 걸쭉하게 만들어 오트밀과 섞어 먹거나, '김빵(laverbread)'이라고 부르는 작은 패티에 넣는다. **SB**

Taste: 거칠고 쫄깃한 질감은 미끌미끌한 해조류라기보다 오히려 흙에서 나는 채소를 연상시킨다. 기분 좋은 견과 향과 강렬한 바다의 맛을 느낄 수 있다.

Taste: 김은 특별한 풍미가 없고, 다만 희미한 바다의 맛이 느껴진다. 바삭바삭하고 짭짤하며, 간장에 곁들여 먹으면 완벽하다. 놀랍게도 치즈와 함께 먹어도 의외로 멋진 궁합을 보여준다.

일본의 해안 지방에서
⟲ 톳을 매달아 바닷바람에 말리고 있다.

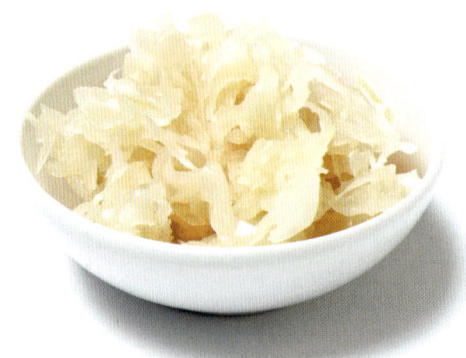

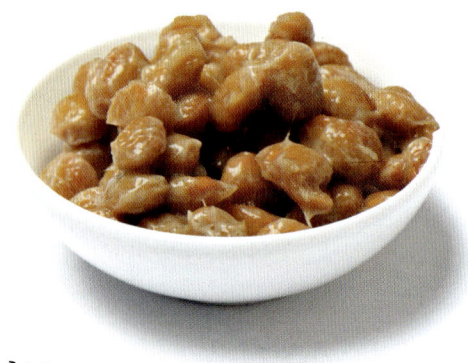

사우어크라우트 Sauerkraut

'시어빠진 양배추'만큼이나 저녁식탁으로 향하는 발걸음을 김빠지게 하는 말도 없겠지만, 실제로 사우어크라우트는 더도 덜도 아닌 '시어빠진 양배추' 그 자체이다. 좋아하든 싫어하든, 중국부터 칠레, 미국에서 유럽에 이르기까지 전 세계에 수많은 사우어크라우트 팬이 있다. 보통 독일 음식이라고 생각하지만, 잘게 썰어서 발효시킨 양배추의 기원은 사실 고대 중국으로 거슬러 올라간다.

사우어크라우트는 말 그대로 '신 양배추'라는 뜻으로, 화학 반응을 유도하기 위해 달리 유발제를 사용하지 않고, 그냥 단순히 발효시킨다. 양배추에 소금을 넣어 물기를 뺀다. 여기서 생겨난 소금물에, 양배추 안에 존재하는 자연 생성 박테리아가 반응하여 발효를 일으키고 신맛을 띠게 되는 것이다. 슈퍼마켓에 가면 단지나 캔에 담은 사우어크라우트 제품을 살 수 있지만, 아무래도 직접 만든 신선한 사우어크라우트의 풍미나 질감에는 따라가지 못한다.

소시지, 햄, 베이컨처럼 짭짤한 육류 요리에 곁들이면 상큼하다. 샐러드나 샌드위치에 넣어 차게 먹어도 좋다. **LF**

낫토 Natto

일본 문화에서 대두가 차지하는 위치는 세츠분(節分, 입춘 전날) 풍습에서 잘 알 수 있다. 봄이 왔음을 알리는 이 명절이 되면 볶은 콩을 길에 뿌리며 악운과 귀신을 내쫓는다. 단백질 함량이 높고 때때로 소화가 잘 안 될 때가 있기도 하지만, 대두는 우유만큼이나 요리에 쓰임새가 많다. 콩을 발효시켜 만든 수많은 음식 중 하나가 바로 낫토이다.

낫토는 사람마다 호불호가 극명하게 갈린다. 도쿄 사람들은 즐겨 먹지만, 우아하고 세련된 교토 사람들에게는 너무 촌스러운 음식이다. 콩을 삶아서 발효시키는데, 곰팡이 대신 박테리아를 사용한다. 코를 찌르는 냄새에 끈끈하고, 영양가가 넘치는 덩어리가 되는데, 콩 모양은 그대로 살아 있지만 휘저으면 거미줄 같은 끈적하고 고운 실이 뭉실뭉실 나온다.

낫토가 최고의 다이어트 음식이라는 일본 텔레비전의 주장은 과학적으로 증명되지 않았지만, 실제로 낫토는 단백질이 풍부한 것은 물론 비타민 B_{12}와 B_2의 함량이 매우 높다. 일본 동부에서는 인기 높은 아침식사 메뉴로, 간장, 겨자, 때로는 날계란이나 잘게 썬 파를 곁들여 쌀밥과 함께 먹는다. **SB**

Taste: 아삭아삭하고 기분 좋게 톡 쏘는 사우어크라우트는 깔끔하면서도 기분 좋게 시큼한 향미를 지니고 있어 기름진 육류와 함께 먹으면 개운하다.

Taste: 냄새는 마치 암모니아가 감도는 고르곤졸라처럼 지독하며, 질감은 끈적하고 약간 점액질이다. 이파리에 싸서 끓는 기름에 튀기면 그 끈끈함은 사라진다.

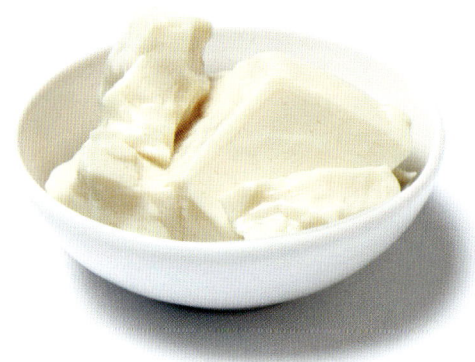

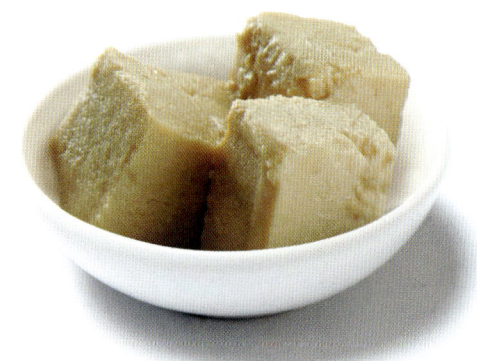

연두부 Silken Beancurd

그 이름에서 짐작할 수 있듯, 연두부는 가볍고, 부드럽
고, 섬세하다. 물기를 빼기 위해 무거운 것으로 눌러놓
는 다른 싱싱한 두부들과는 달리, 연두부를 만들 때 쓰
는 콩물은 틀에 부어서 굳히기 때문에, 부드럽고 촉촉하
고 물컹거려서 마치 가장 연한 커스터드를 연상시킨다.
너무나 연하기 때문에 살짝 데우는 것 외에는 거의 조
리하지 않고 먹는다. 아무리 조심한다 하더라도 센불에
볶으면 산산조각이 나고 만다. 심지어 칼로 자르는 것
조차 쉽지 않다.

　공장에서 생산한 연두부는 작은 덩어리로 팔지만,
중국의 재래 시장에 가면 갓 만든 연두부를 살 수 있다.
두부장수가 얇은 금속이나 자기 접시로 잘라서 떠 담아
준다. 일본에서는 연두부를 '있는 그대로' 먹는다. 간장
과 잘게 썬 파를 곁들인다. 설탕이나 생강맛 시럽을 곁들
여 디저트로 먹거나, 쪄서 가벼운 소스를 뿌려 먹거나,
조그만 주사위꼴로 잘라서 맑고 향미가 좋은 국물에 살
짝 끓여 먹어도 좋다. **KKC**

처우떠우푸(臭豆腐, 취두부) Stinky Tofu

냄새가 맛의 열 중 아홉을 결정한다는 말을 이보다 제
대로 보여주는 음식은 없다. 중국어로 처우떠우푸, 즉
취두부는 순하고 살짝 시큼한 콩 맛이지만, 그 냄새로
말할 것 같으면 그야말로 타의 추종을 불허한다. 심지
어 눈앞에 보이지 않아도 냄새만으로 그 존재를 알아차
릴 수 있을 정도이다.

　처우떠우푸를 만들려면 야채와 허브, 새우 그리
고 때로는 다른 해산물을 발효시켜서 찌르는 듯한 냄
새의 소금물을 만든다. 그러나 이것은 시작에 불과하
다. 여기서부터 며칠, 심지어 몇 주가 더 걸릴 수도 있
다. 이 신랄한 액체에 두부를 넣고 수시간 동안 재워놓
은 다음, 잠깐 건져내면 스폰지 같은 질감이 된다. 중
국, 홍콩, 대만에는 지방마다 다양한 취두부가 있으며,
그 색깔과 향미는 어떤 두부와 소금물을 썼느냐에 따
라 달라진다.

　취두부는 종종 길거리 음식으로 먹는다(아마도 실
내에서 만들었다가는 그 냄새를 도저히 당해낼 수가 없
을 것이다). 겉이 바삭바삭해질 때까지 끓는 기름에 튀
겨내서 매콤한 소스를 끼얹어 먹는다. 후난 성에서는
고추기름(辣油)과 마늘을 얹어 먹고, 대만에서는 식초
와 피클을 곁들여 판다. 쪄서 수프에 넣기도 한다. **CTa**

Taste: 연두부는 부드럽고 매끄러운 질감에 향긋한 풍미가 일품이다.
다른 두부처럼 단백질 함량이 높아 채식하는 사람들 사이에서 인기가
좋다.

Taste: 취두부는 다른 미생물 발효 음식, 주로 템페나 낫토의 냄새가
진하게 풍기며, 스틸턴 치즈와 사이다. 거기다 버섯의 눅눅한 향미까지
더해진다.

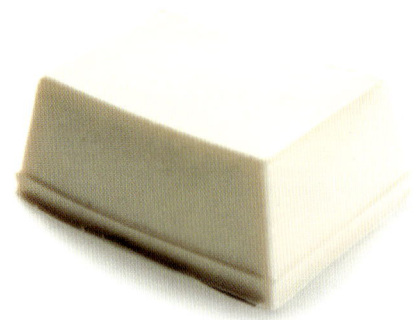

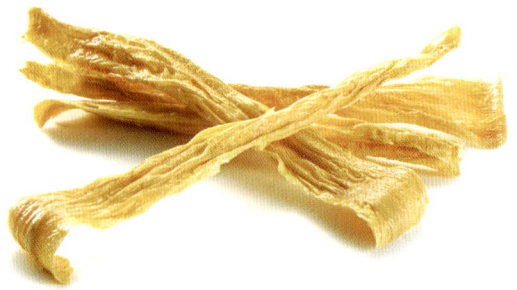

고마도후(胡麻豆腐, 참깨두부) Goma Dofu

유부 Yuba

고마도후는 두부와 비슷하게 생겼지만, 실제로는 칡 진 분으로 굳힌 참깨 두부로 만든다. 쇼진 료오리(精進料理)로 알려진 선불교의 전통 채식에도 등장하며, 일본 의 사찰과 사원에서 식사의 첫갓에 먹는다. 참깨는 칼슘 이 풍부하며 철과 비타민 B_1도 함유하고 있어, 불교 승 려들처럼 유제품이나 육류를 먹지 않는 이들에게 중요 한 식품이다.

고마도후를 만들기 위해서는 우선 참깨를 말려 볶 아서 빻는다. 그런 다음 물을 섞어 반죽한 뒤 칡으로 굳 힌다. 또다른 중요한 재료인 칡은 디저트나 젤리를 만들 때에도 응고제로 쓴다. 다른 녹말과는 달리 굳힐 때 물 기가 흘러나오지 않는다. 때문에 값도 비싼 편이다. 칡 을 참깨 두부에 넣고 30분간 자작자작 끓이면서 큰 거품 이 부글부글 올라올 때까지 세게 저어준다.

고마도후는 보통 작은 정사각형으로 썰어 와사비 와 간장을 찍어 먹는다. 일본의 식품점에 가면 시판되는 고마도후를 살 수 있다. **SB**

일설에 따르면 14세기의 일본 무장 쿠스노키 마사시게 (楠木正成, 1294~1336년)는 치하야 성 농성전 때 이 단백질 함량이 높은 음식을 식량으로 나누어 주었다고 한다. 신선한 유부는 교토 요리의 별미이자, 채식 중심 인 불교 승려들의 쇼진 료오리(精進料理)에서도 중요 한 역할을 한다. 닛코 린노지(輪王寺)의 승려들은 산에 들어가서 수행할 때 휴대가 용이하고 영양가가 높은 음 식으로 말린 유부를 만들어 가지고 갔다.

유부는 오늘날에도 중국에서는 매일매일 널리 먹 는 음식이다. 유부는 사실 중국에서 유래하였으며, 중 국어로는 떠우푸(豆腐)라 한다. 오늘날까지 남아 있는 몇 안 되는 원조 유부 음식점인 유바 한에서는 지금도 커다란 직사각형 팬에 두유를 부어서 매일 새 유부를 만들어낸다. 향긋한 단백질의 두부 껍질을 떠서 긴 나 무 대에 넣어서 바람에 말린다. 워낙 손이 많이 가는 작 업인데다, 쉽게 상하기 일쑤라 신선한 유부는 오늘날 미식가들의 별미이다.

교토의 유부 전문 음식점에서는 말린 두부와 신선 한 두부 모두를 다양한 방법으로 조리한다. 야채를 싸 먹기도 하고, 국물이나 스시에 장식으로 쓰기도 하며, 그 무엇보다 갓 만든 유부를 와사비와 약간의 간장에 찍어 먹으면 정말 최고의 맛이다. **SB**

Taste: 고마도후는 견과 향이 나며 젤리와 커스터드의 중간쯤인 크리 미한 질감을 지니고 있다. 진하고 풍부한 향미는 다소 중독적이기까지 하다.

Taste: 신선한 유부는 약간의 견과 향과 희미한 콩 맛이 난다. 크 리미하고 기름진 질감에 씹기에는 약간 질기다. 말린 유부는 물에 넣어 불려야 한다.

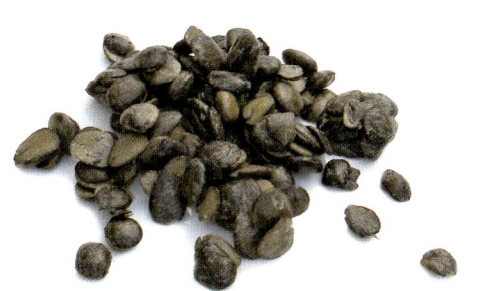

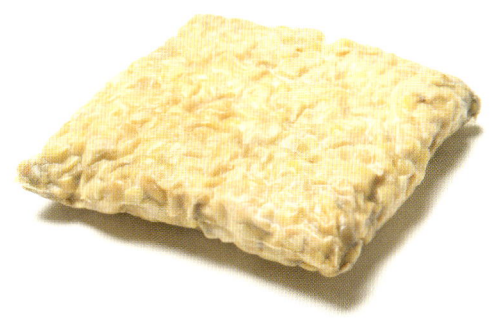

이루 Iru

템페 무르니 Tempeh Murni

아프리카의 캐롭 나무 열매(로커스트 콩(locust bean))는 발효시키면 수프나 스튜 같은 음식에 맛을 내는데 쓰이는 강력한 양념이 된다. 특히 나이지리아의 요루바족과, 강한 향미의 음식을 선호하는 그 이웃 나라에서 인기가 높다. 오기리(ogiri, 발효시킨 멜론 씨)처럼 이루 역시 나이지리아의 가장 매콤한 국민 요리 두 가지에 들어간다―바로 에구시 수프와 오그보노 수프이다. 에구시 수프는 해산물, 부쉬미트(주로 사하라 이남의 아프리카 중부와 서부에서 사냥한 영장류―고릴라, 침팬지 등―의 고기를 가리킨다), 간 멜론 씨 등으로 만들며, 입이 화끈거릴 정도로 매운 오그보노 수프는 야생 망고 나무의 씨와 매운 칠리고추로 만든다.

이루는 신선한 것과 말린 것 두 종류로 구할 수 있다. 신선한 이루는 모이모이나무 잎―크고, 윤기가 도는 타원형으로 바나나 잎과 비슷하다―에 싸서 판다. 말린 이루는 납작하게 눌러 케이크로 만들 수 있다. 건조 과정에서 발효 콩은 그 강렬한 향미가 일부 날아가지만, 말린 이루를 기름에 볶으면 대부분 되살아난다.

단백질과 지방, 비타민 함량이 높아, 특히 고기를 구하기 어려운 때면 서아프리카 사람들의 식단에서 중요한 역할을 한다. 콩은 발효시키면 소화가 쉬울 뿐 아니라 영양가도 더 높아진다. WS

이 단백질이 풍부한 대두 케이크는 원래 인도네시아에서 유래했지만, 지금은 동남아시아 전역에서 만들어 먹는다. 템페는 고기만큼이나 다재다능하며, 실제로 종종 육류가 들어가는 레시피에서 저렴한 대용품으로 쓰인다.

템페는 거의 모든 조리 방법이 가능한데, 수프, 스티어프라이, 브레이즈, 샐러드에 넣는 것은 물론 샌드위치 속으로 만든다. 두부처럼 템페 역시 다른 향미를 쉽게 흡수하므로, 보통은 양념에 재워서 스테이크나 햄버거처럼 석쇠에 굽는다. 썰어서 끓는 기름에 튀기면 겉껍질은 바삭바삭한 황금빛이 되며, 그 크리미하고 하얀 속살과 좋은 대조를 이룬다.

템페는 여러 종류가 있는데 그 중에서 '무르니'는 플라스틱 봉지에서 발효시킨 대두를 가리킨다. 콩을 하룻밤 동안 통째로 물에 담가 불린 뒤 조리 전에 껍질을 벗겨낸다. 이것을 플라스틱 봉지에 담은 뒤 2~3일간 뜨뜻하고 습한 장소에서 발효시킨다. 템페는 보통 벽돌 모양으로 잘라서 파는데, 신선한 것과 냉동시킨 것 두 가지가 있다. 열대 기후가 콩을 발효시키기에 이상적인 인도네시아에서는 가정에서 직접 템페를 만들어 먹기도 한다. WS

Taste: 이루는 다른 발효 콩 제품보다 훨씬 맛이 신랄하며, 쉽게 진해지기 힘든 음식이다. 종종 맛이 센 치즈나 미소, 또는 처우떠우푸(臭豆腐)와 비교되기도 한다.

Taste: 두부보다 단단한 템페는 밀도가 높고 덩어리진 질감이다. 약간 찌릿한 견과 향이 나며, 붉은 육류와 들에서 나는 커다란 버섯의 중간쯤 되는 맛이다.

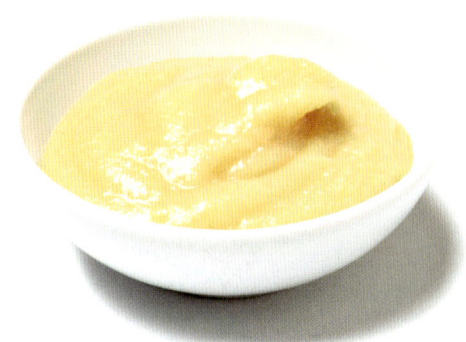

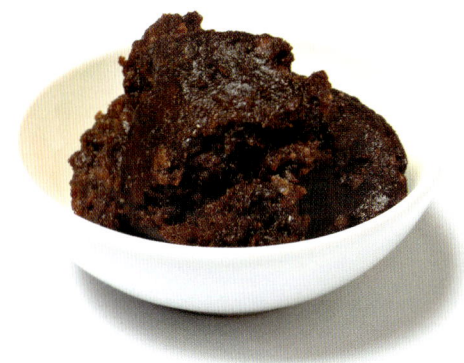

사이쿄 미소 Saikyo Miso

미소(일본식 된장)는 대두를 발효시켜 만들며, 종종 다른 곡물도 들어간다. 일본에서는 적어도 8세기 이래 먹어온 것으로 알려져 있으며, 그 색깔, 질감, 맛이 다양하다. 비교적 맛이 순한 쪽에 속하는 사이쿄 미소는 달콤하고 매끄럽고 하얀 미소로, 일본 고전 요리는 물론 서양의 디저트에도 잘 어울린다.

사이쿄 미소는 교토 특산 음식―'쿄 료오리(京料理)'―으로, 일본 황실과 선불교 승려들의 채식으로부터 영향을 받아 발전하였다. 이 세련되고 섬세한 요리에서는 외양이 대단히 중요하며, 따라서 색깔이 연한 쪽을 선호한다. 색깔이 흰 시로미소는 우스구치쇼유(薄口しょゆ, 감주를 넣어 색깔과 맛이 옅은 일본식 간장)처럼 다른 재료의 색깔을 변하게 하지 않기 때문이다.

대부분의 미소처럼 사이쿄 미소 역시 대두에 쌀이나 보리를 섞어 코지(누룩)를 사용하여 발효시킨다. 그러나 사이쿄 미소는 일반적인 미소보다 쌀이 더 많이 들어가고 소금을 적게 쓰기 때문에 천연 당분 함량이 높고, 따라서 발효기간도 몇 달이 걸리는 다른 미소에 비해 수주면 충분하다. 사이쿄 미소는 여섯 번의 일본인 남극 원정 때 한번도 빠지지 않고 식단에 포함된 것으로도 유명하다. **SB**

핫쵸 미소 Hatcho Miso

사이쿄 미소의 완전히 정반대라고 할 수 있는 이 진하고, 쫀쫀하고, 짭짤한 된장은 사이쿄 미소만큼 위풍당당한 혈통을 자랑한다―히로히토 천황이 매일 먹을 정도로 좋아했다고 한다.

다른 미소(일본식 된장)와는 달리 핫쵸 미소는 오직 대두와 소금만으로 만든다. 또한 자연에서 생성되는 곰팡이(Aspergillus hatcho)를 사용하는 점도 독특한데 이것은 오카자키의 핫쵸쵸(八丁町)의 특산물이다. 일본 중부 아이치 현에서 덥고 습한 여름과 따뜻한 겨울철에 두세 차례 발효시켜 만든다.

오카자키의 핫쵸 미소 社는 500년 넘게 유기농 콩만을 사용하여 미소를 만들고 있다. 높이가 2미터나 되는 삼나무 통(5,000킬로그램의 미소를 담을 수 있다)에 콩을 담고 그 위에 3톤의 바위를 쌓아 발효시킨다. 돌의 압력으로 산소가 효과적으로 차단되어 핫쵸 미소를 영양의 보고로 만들어주는 미생물이 자라기에 완벽한 환경이 된다. 히로히토 천황이 그렇게 장수한 데에는 다 이유가 있었던 것이다. **SB**

Taste: 매끄럽고 묽은 질감은 레몬 커드와 비슷하며, 거의 그만큼 달콤하다. 향긋한 과일과 견과의 맛에 버터 같은 캐러멜 향이 난다.

Taste: 아주 단단하고 덩어리진 질감으로, 칼로 자를 수 있을 정도이다. 풍부한 갈색에 깊은 짭짤한 향기를 지닌 핫쵸 미소는 국이나 스튜에 넣고 끓이면 맛있다.

일본의 미소 공장 마당에
옆으로 뉘어놓은 커다란 나무통들. ◐

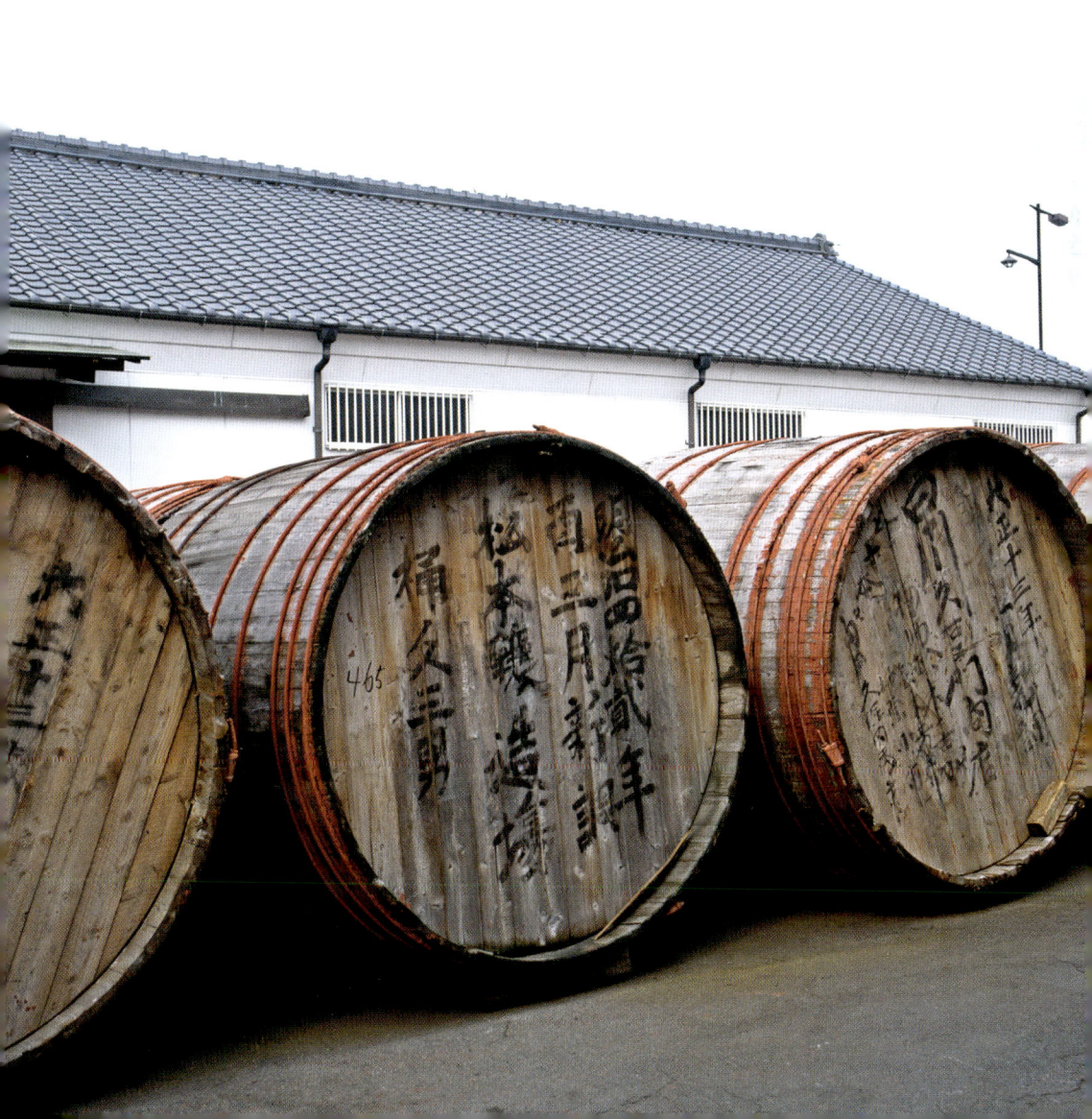

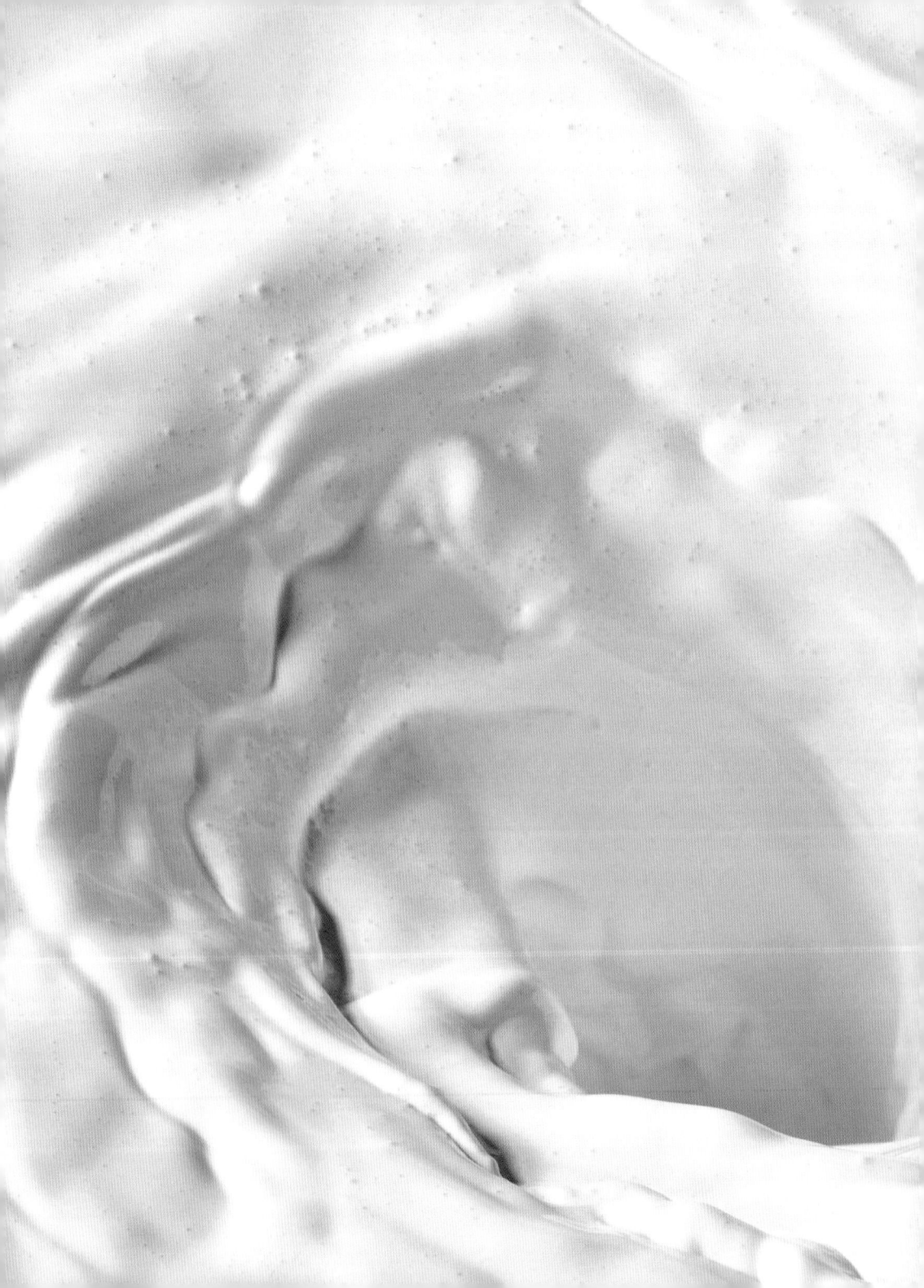

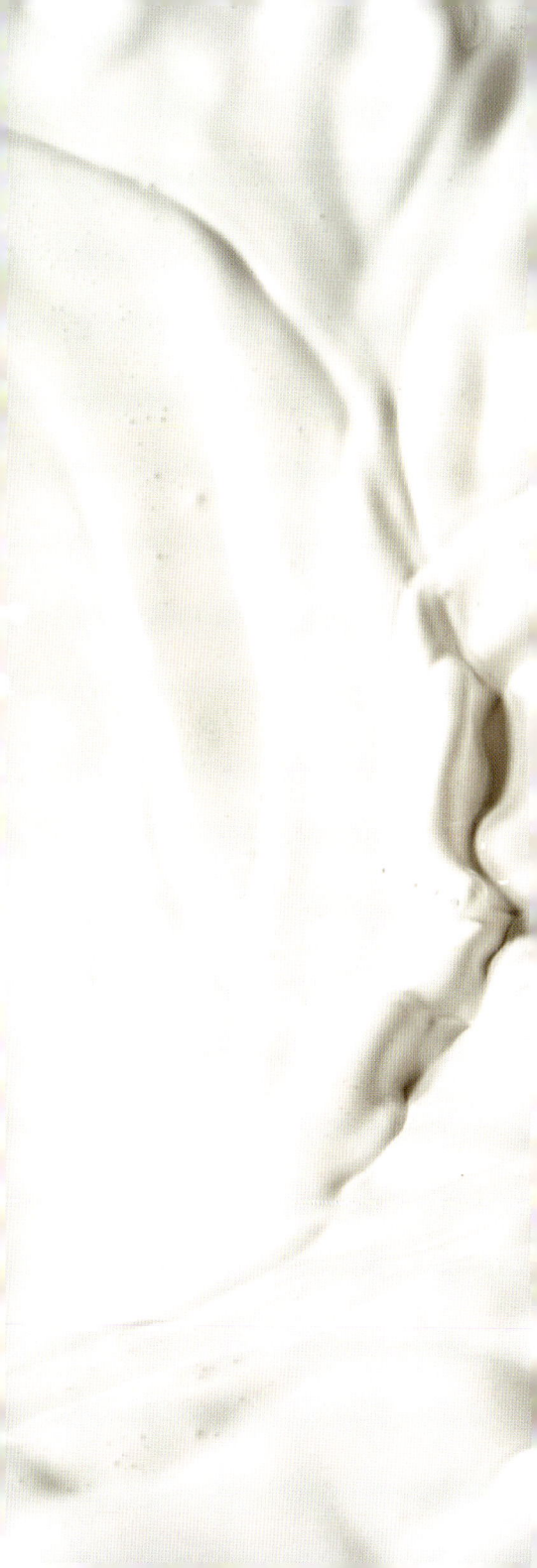

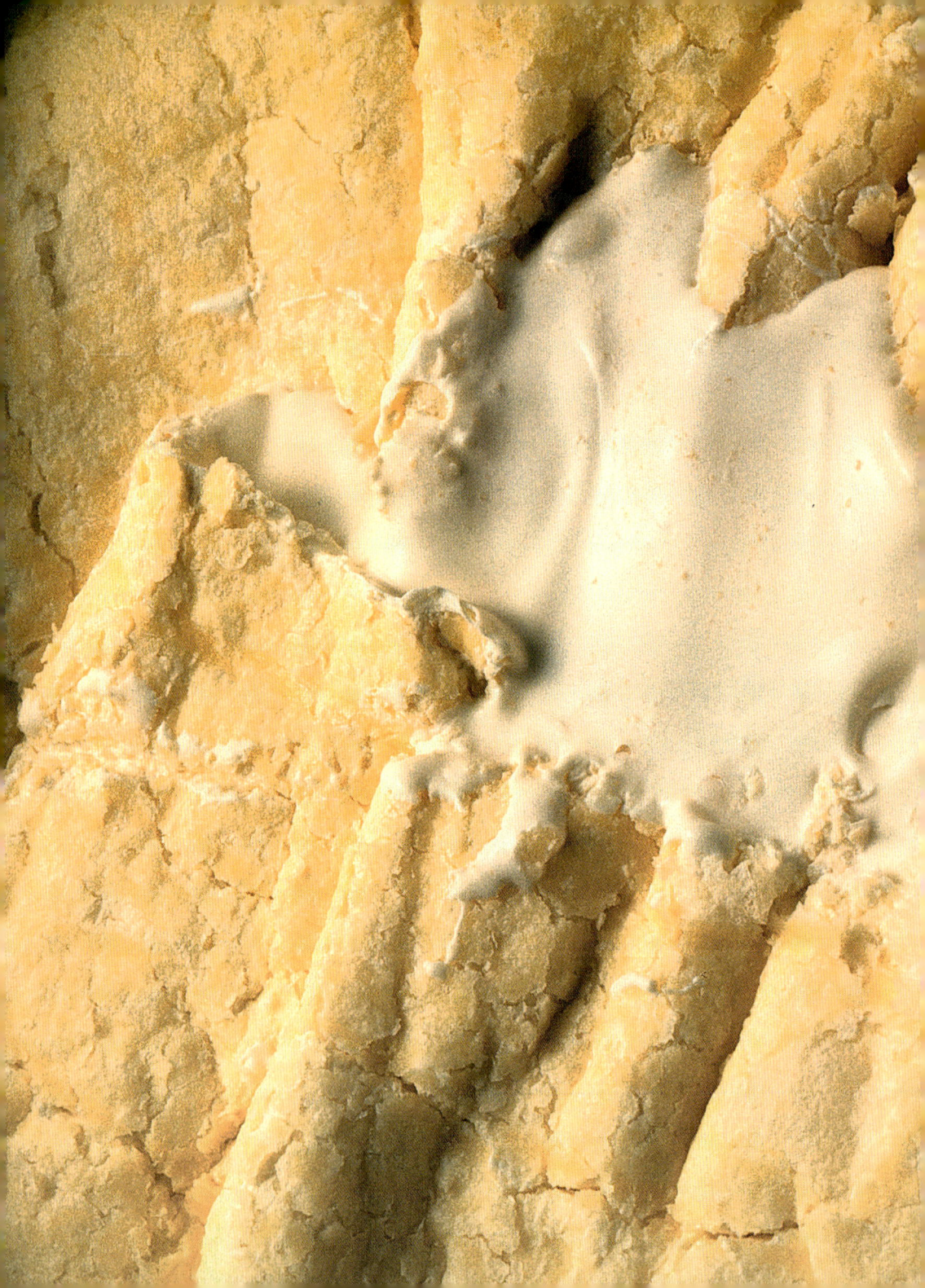

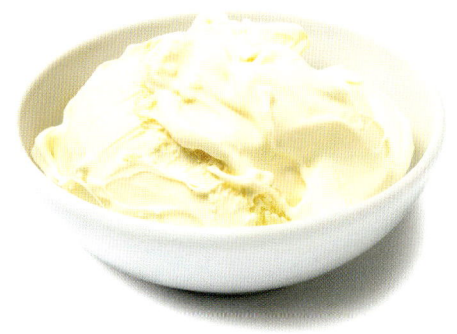

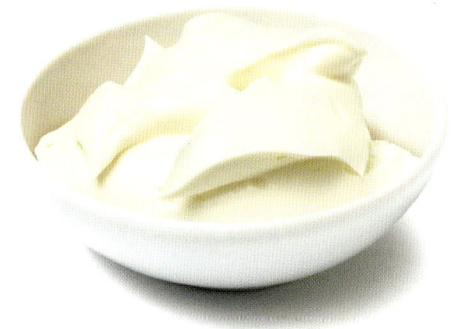

코니쉬 클로티드 크림
Cornish Clotted Cream

전통적인 콘월의 농장에서는, 버터나 치즈 만드는 헛간이 아닌 부엌에서 이 소름 끼치도록 진한 크림을 만든다. 우유가 가장 풍부하고 가장 진할 때 만들어야 한다. 약한 불에 우유를 끓지 않을 정도로 데운 뒤, 하룻밤 동안 식힌다. 다음날 그 표면에 마치 담요처럼 덮여 있는 크림을 걷어 낸다. 솜씨가 좋으면 스위스 롤 케이크처럼 돌돌 말아낼 수도 있다.

오늘날에는 생산 과정이 보다 기계화되었다. 신선한 우유에서 크림을 떠낸 뒤, 쟁반에 놓고 끓여서 원하는 정도로 굳힌다. 클로티드 크림은 유지방 함유량이 최소 55퍼센트로, 아주 진하다. 최상급 클로티드 크림의 경우는 표면이 거칠고 군데군데 황금빛 겉껍질의 결정이 생겨 있다. 클로티드 크림은 데본에서도 만드는데, 전통적인 잉글랜드 크림 티에서 빠져서는 안 되는 중요한 요소로, 따뜻한 스콘과 딸기잼 등을 곁들여서 내놓는다. 『옥스포드 음식 안내서 The Oxford Companion to Food』에서는 중근동에서 만드는 카이마크(kaymak) 크림과 비슷하다는 점을 들어, 약 2천 년 전, 페니키아 상인들이 콘월에 처음 소개했을 것으로 추정하고 있지만, 이런 매력적인 추론을 뒷받침할 만한 증거는 아쉽게도 존재하지 않는다. **MR**

Taste: 클로티드 크림 맛의 열쇠는 그 이름—'클로티드('엉긴', '응고한'이라는 뜻)'에 있다. 짙은 질감도 독특하며, 시장에서 파는 비슷한 제품의 그것을 훨씬 뛰어넘는 진한 향이 일품이다.

🔄 클로티드 크림 고유의 겉껍질은 먼저 숙성시킨 뒤 데우는 과정에서 생겨난다.

크렘 프레쉬 디지니(이지니 프레쉬 크림)
Crème Fraîche d'Isigny

1932년, 노르망디 지방 이지니-쉬르-메르 마을 주변의 농부 42명이 설립한 협동 조합은 현재 도버 해협을 따라 늘어서 있는 약 200개 코뮌의 농장들을 대표하는 규모로 성장하였다. 이 곳에서는 회원들이 생산하는 우유로, 카망베르나 미몰레트 같은 치즈를 만든다. 이지니 생트 메르라는 브랜드를 쓸 수 있는 AOC 제품은 두 개가 있는데, 버터와 크렘 프레쉬이다.

크렘 프레쉬는, 이름에서 이미 짐작하겠지만, 갓 짜낸 우유에서 얻은 모든 종류의 크림을 가리키는 말이었다. 우유를 어떻게 다루느냐에 따라 농도나 당도, 혹은 산도가 달라졌다. 오늘날에는 파스퇴르 살균을 거친 특정한 종류의 크림을 지칭하는 말이다. 공장에서 생산하며, 짙고 진하며(이지니는 40퍼센트의 유지방을 함유하고 있다) 숙성 과정을 조절한 결과 살짝 새큼한 맛이 난다.

프랑스에서 크렘 프레쉬는 수많은 클래식 크림 소스에 쓰이며, 특히 노르망디 소스(sauce Normande)에 기본으로 들어간다. 휘핑한 뒤 설탕을 넣으면 샹틸리 크림의 수재료가 된다. 그러나 뻑뻑한 크림과 다른 맛을 원한다면 그냥 그대로 먹는 게 좋다. **MR**

Taste: 매끄러운 질감에 짙은 농도, 진한 맛을 간직한 크렘 프레쉬 디지니는 입에서 물리지 않는다. 약간의 산은 상큼한 맛을 더해주면서도 결코 시큼하지는 않다.

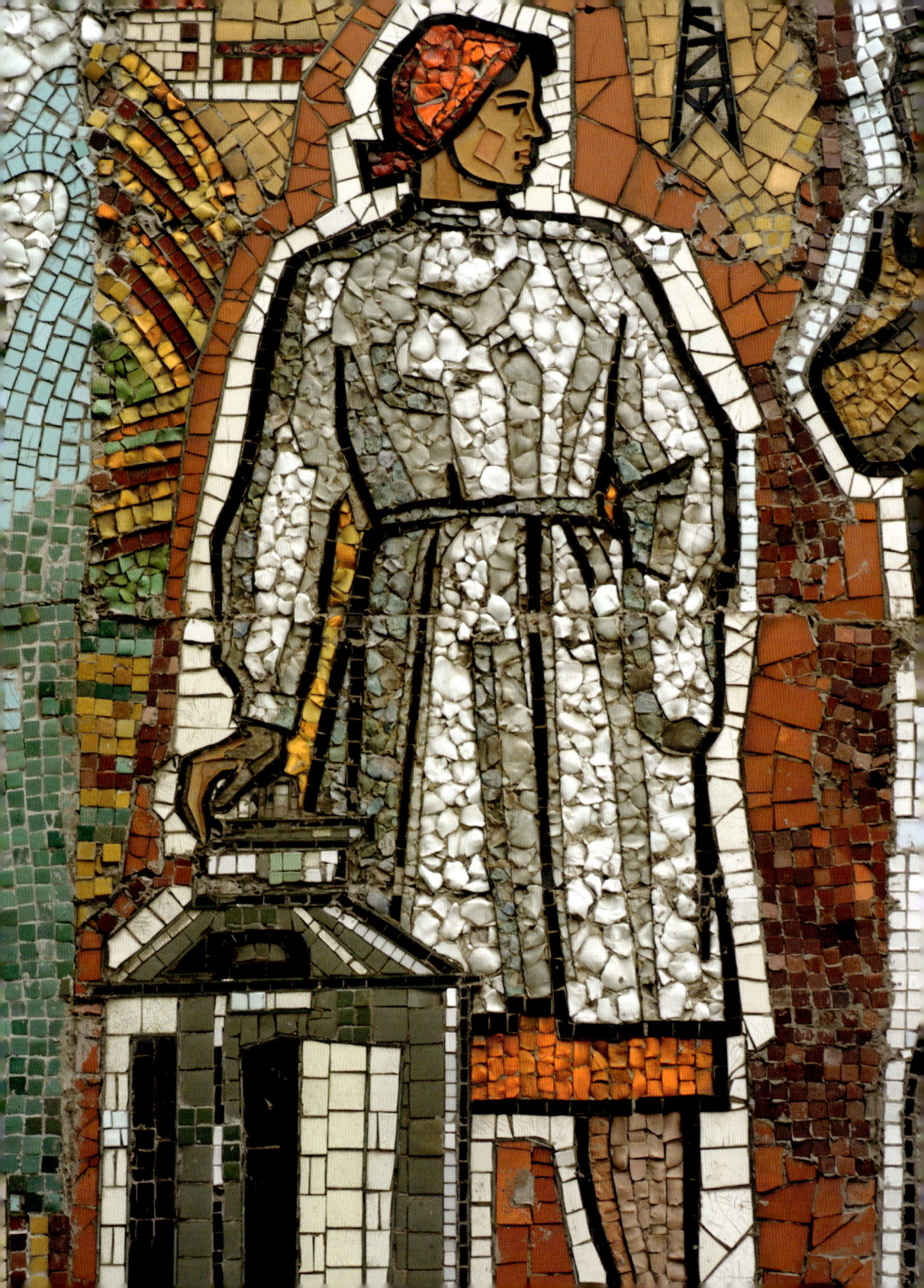

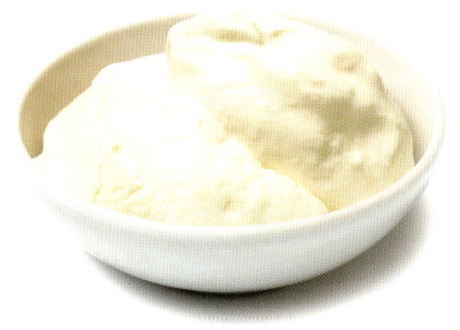
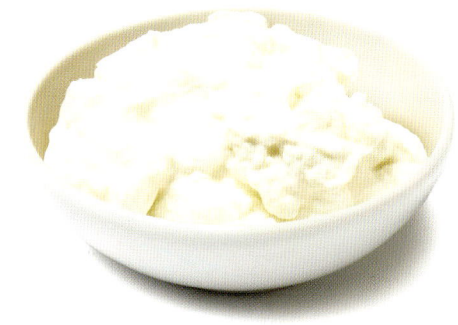

스메타나 Smetana

이 사워 크림은 세련된 러시아 음식에서 없어서는 안 될 재료이다. 보드카와 함께 먹는 '자쿠스키(zakuski)'라는 이름의 오르 되브르의 일부로 테이블에 남겨둔다. 블린츠(Blintz, 이스트를 넣어 굽는 러시아식 팬케이크)와 캐비어를 곁들여 먹기도 하며, 수프나 드레싱, 소스의 풍미를 더하기 위해 넣기도 한다. 파쉬카(pashka, 푸딩과 비슷한 겉껍질이 없는 러시아의 치즈 케이크. 부활절에 먹는다) 레시피에도 자주 등장한다. 러시아의 영향력을 따라 동유럽과 중유럽으로 퍼져 나갔지만, 서유럽에는 크림 전쟁(1853~1856년) 때까지 알려지지 않았다.

서유럽의 크림이 클로티드 크림부터 크렘 프레쉬에 이르기까지 폭넓은 것처럼, 동유럽의 스메타나도 매우 다양하다. 어떤 것은 다른 것보다 달콤하고, 어떤 것은 더 시큼하다. 어떤 것은 유지방 함유량이 20퍼센트 안팎에 불과하지만, 40퍼센트 이상인 것도 있다. 키예프의 베사라브스키 시장을 방문하여, 길다란 카운터 뒤에서 스메타나를 고르는 여인들을 보면 스메타나의 종류가 얼마나 많은지 피부로 느낄 수 있을 것이다. 최고의 스메타나는 장인의 저울 위에서 만들어지며, 과거의 방식 그대로 천연 박테리아의 작용으로 시큼한 맛을 낸 뒤 굳힌다. 공장에서 만든 제품은 안정제를 첨가하기 때문에, 짙고 시큼하기는 하지만 맛이 덜 진하다. **MR**

Taste: 장인이 만드는 스메타나는 벨벳처럼 매끄러운 하얀색이다. 시큼한 맛이 언제나 두드러지며, 크리미함과 대조를 이루지만 지나치게 노골적이지는 않다. 상큼한 맛을 지니고 있다.

사할린 섬에 있는 소비에트 시대의 모자이크 벽화.
⊙ 러시아의 낙농 일꾼들을 기념하는 내용이다.

커티지 치즈 Cottage Cheese

대부분의 소비자들은 커티지 치즈 하면, 탈지 우유나 고체 분유로 만들어 공장 처리를 거친 신선한 커드를 떠올릴 것이다. 산도가 매우 낮고, 담백한 맛으로, 이 작고 촉촉하고 탄력있는 덩어리는 샐러드와 샌드위치에 쓰인다.

그러나 그 기원은 자연적으로 시큼해진 생우유나, 레닛의 응유 효소를 넣은 신선한 우유로 만든, 신선하고 압착하지 않은 커드이다. 잉글랜드에서는 '그린 치즈(green cheese)' 또는 '포트 치즈(pot cheese)'로 부르기도 한다. '커티지 치즈'라는 이름은 아마도 유지방을 빼지 않은 우유와 탈지유로 만든 치즈를 구분하기 위해서 붙인 것 같다.

존 아이토의 『식객 사전 The Diner's Dictionary』(1990년)에 따르면, 커티지 치즈가 기록상 처음 등장하는 문서는 바틀렛의 『아메리카니즘 사전 Dictionary of Americanisms』(1848년)이다. 미국의 치즈 장인들(예를 들면 버몬트의 캐벗 크리머리나 앨라배마의 스위트 홈 팜스)은 농부들을 위해 여전히 커티지 치즈를 생산하고 있었다. 솜씨에 따라, "달콤"해질 수도, "새콤"해질 수도 있는데, 후자의 경우는 버터밀크를 더해서 만들어진다. **MR**

Taste: 담백한 맛과 질감 때문에 커티지 치즈는 따로 먹는 것보다는 다른 음식과 곁들여 먹는 경우가 많다. 주로 파인애플 같은 음식과 함께 먹는다.

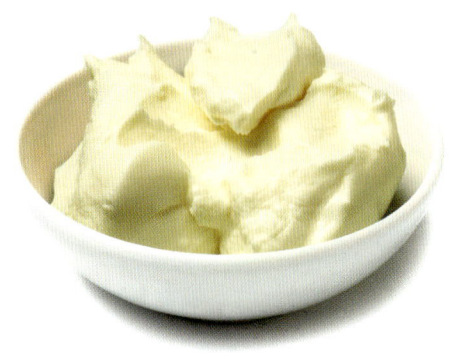

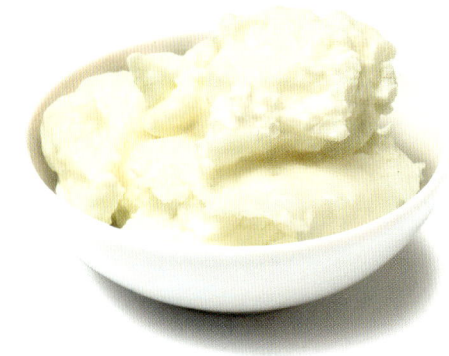

라브네 Labneh

14세기의 이슬람 요리책에는 '페르시아 밀크'라는 것이 등장하는데, 이것이 아마도 라브네의 시초인 듯하다. '라브네', '레브네', '라반' 등의 이름으로 불리는 이 크리미하고 발라먹기 좋은 유제품은 치즈보다는 요구르트에 더 가깝다. 오늘날에도 중동, 특히 시리아와 이웃의 레바논에서는 가정집에서 직접 만들어 먹는다.

라브네는 암소나 염소, 또는 양젖으로 만들며, 탈지하거나 그렇지 않은 경우에 모두 만들 수 있다. 신선한 요구르트를 원하는 질감을 얻을 때까지 치즈 천(cheese cloth)이라 불리는 거친 무명에 너덧 시간 걸러낸다. 그런 다음 소금을 뿌린다. 그 결과물은 다양하다. 매끄러운 딥이 되는가 하면, 조금 더 걸러내서 작고 동글동글한 덩어리로 만든 뒤 올리브유에 담가서 보관하기도 한다. 피타 빵에 바른 뒤 돌돌 말면 아루스(arus, '신부'라는 뜻)라는 이름으로 불린다. 메제—지중해 연안 동부에서 먹는 애피타이저 모음—로 먹을 때에는 올리브유, 레몬 주스, 옻과 백리향을 섞어 만든 자타르(zaatar)라는 양념과 곁들여 낸다. 디저트일 때에는 계피와 벌꿀과 함께 먹는다. 중동에서 라브네는 탈지시키지 않은 우유로 만들지만, 서방에서는 저지방 우유로 만드는데, 이 경우 원래의 부드러운 촉감을 얻을 수 없다. **MR**

Taste: 라브네의 촉감은 언제나 매끄러우며 입천장에서도 공장에서 생산된 유제품에서 흔히 찾아볼 수 있는 껄끄러운 감촉이 전혀 없다. 깨끗하고 신선한 우유 맛이 난다.

양젖 요구르트 Sheep's Milk Yoghurt

서방의 슈퍼마켓에서 흔히 그러하듯 '그리스식'이라고 부르든, 아니면 우유를 발효시키는 락토바실루스 불가리쿠스(Lactobacillus bulgaricus) 박테리아 발견에 경의를 표하는 뜻에서 '불가리아식'이라고 부르든 상관없이, 양젖 요구르트는 먹는 이에게 즐거움을 주는, 크리미하고 진한 유제품이다. 사실 요구르트는 발칸 반도 전체의 특산물이라 할 수 있다. 마리아 카네바-존슨은 『멜팅 팟The Melting Pot』(1990년)에서 마케도니아의 목동들이 비스트라 산에서 막 만들어낸 양젖 요구르트를 묘사하고 있다. "이 산에서 만든 요구르트는 내가 먹어본 중에 가장 멋진 음식이었다—짙고, 진하고, 크림의 옅은 황금빛 겉표면 아래 섬세한 향이 숨어 있었다."

양젖이 가장 진할 때인 8월 말에 만드는 요구르트는 특별한 인기를 누린다. 불가리아의 로도페 산에서 만드는 요구르트 가운데에는 '모아온 미친 밀크'라는 요구르트도 있는데, 여러 번 짜낸 젖으로 만드는 데다가 다소 과격하게 발효되기 때문에 그런 이름이 붙었다고 한다. 그리스가 요구르트를 수출 상품으로 내놓으면서, 오늘날의 지위에 올랐다고 해도 과언이 아니다. 매년 그리스를 찾는 수백만 명의 관광객들이 휘메투스 벌꿀과 농장에서 만든 요구르트라는 최고의 조합을 맛보면서 이러한 명성은 더욱 높아지고 있다. **MR**

Taste: 최상급 양젖 요구르트는 실크처럼 매끄럽고 기름처럼 미끈미끈한 실감을 자랑한다. 살짝 단맛이 감돌며, 거칠거나 불쾌한 신맛은 전혀 찾아볼 수 없다.

불가리아의 로도페 산에서 풀을 뜯고 있는 양떼.
이 양젖으로 이 지역의 특산 요구르트인 '키셀로 밀르야코'를 만든다. ●

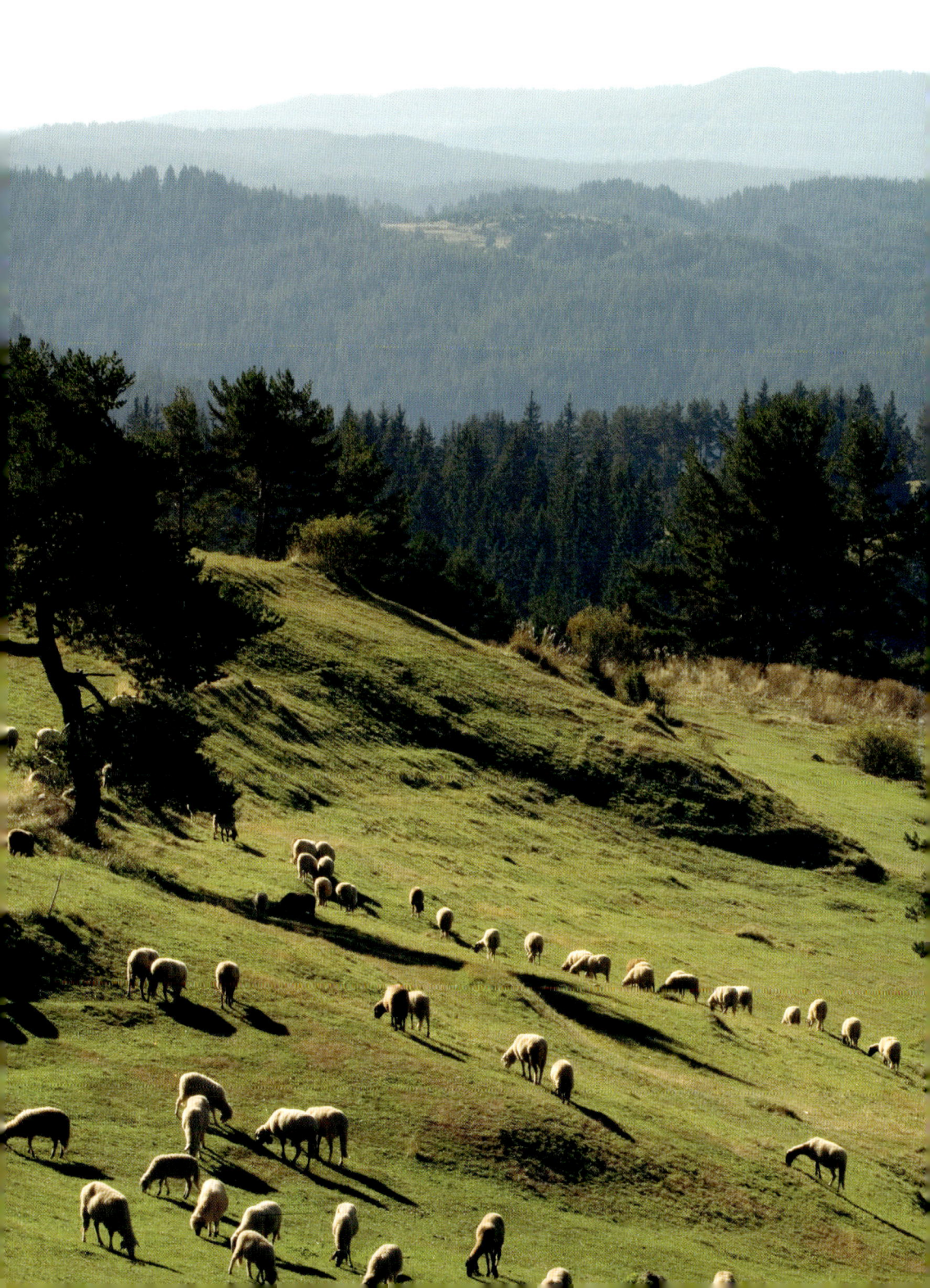

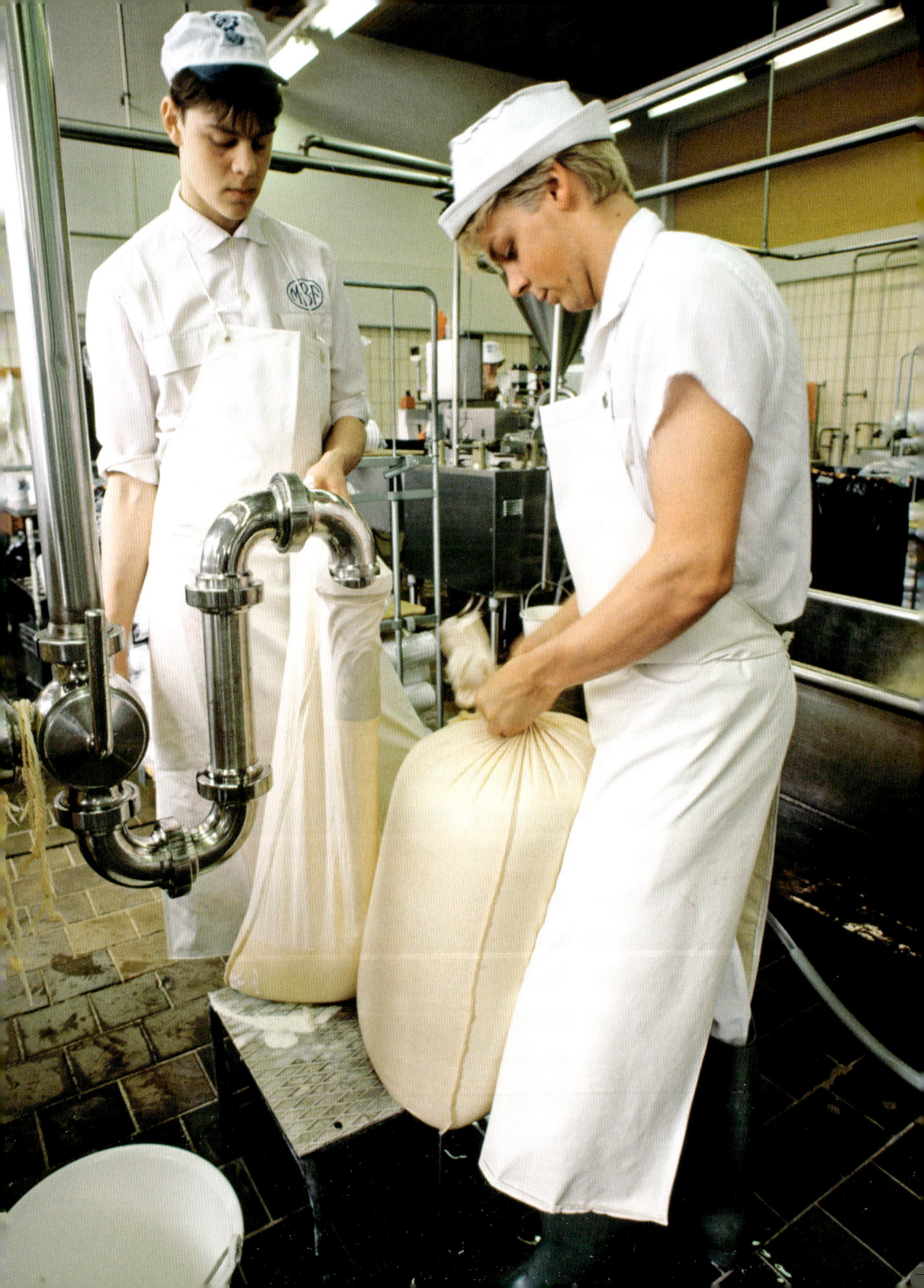

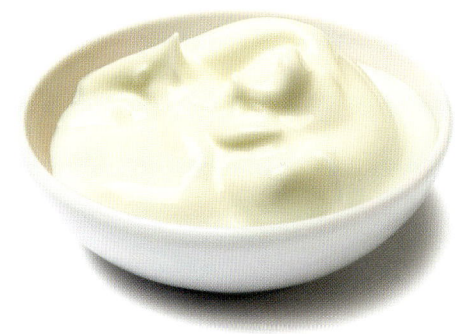

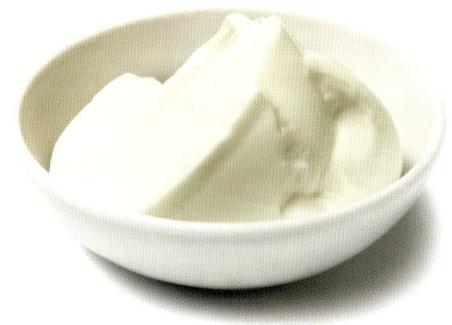

스퀴르 Skyr

스퀴르는 지금으로부터 1천 년도 더 전에 바이킹족이
아이슬란드에 정착하면서 전래된 음식으로, 오늘날까지
도 아이슬란드 사람들의 자랑거리이자 아이슬란드의 특
산물이다.

　　요구르트와 비슷하며, 시장에서도 요구르트의 일
종처럼 팔리고 있지만, 사실 스퀴르는 요구르트가 아니
다. 요구르트란 산을 첨가하는 과정에서 그 질감을 변하
게 하는 박테리아를 함유한 신 우유라고 볼 수 있다. 스
퀴르는 레닛을 넣어 응고시킨 뒤 물기를 조금 빼낸 우
유로 만든, 신선한 저지방 치즈다. 스퀴르 역시 요구르
트에 들어 있는 것과 유사한 박테리아를 함유하고 있다.
요구르트처럼 우유보다 훨씬 빠르고 쉽게 소화된다. 먹
은 지 한 시간 안에 90% 가까이 흡수되는 데 반해, 우유
는 약 30%밖에 흡수되지 못한다. 이런 이유 때문에, 또
저지방인 까닭도 있어서 건강에 매우 좋은 음식으로 여
겨지고 있다. 게다가 공장에서 생산한 저지방 요구르트
에 흔히 들어가는 안정제나 탈지분유가 전혀 들어 있지
않다. 단맛을 더하고 질감을 부드럽게 하기 위해서는 주
로 우유나 크림을 섞는다. 아이슬란드인들은 전통적으
로 아침식사로 먹거나 디저트와 함께 먹는다. **MR**

쿠아하다 Cuajada

쿠아하다(스페인어로 '커드'라는 뜻)는 옛날에 아이들에
게 먹이던 디저트 정켓의 스페인 버전으로, 신선한 우유
에 레닛을 더해 만든다. 이 말랑거리는 환상을 만들기 위
해서는 우유를 서서히 데운 뒤 레닛을 넣어 작은 질그릇
이나 테라코타 단지에 붓는다. 굳어서 모양이 잡히면 기
호에 따라 단맛을 내서 먹는다.

　　쿠아하다는 오늘날 스페인에서는 어디서나 구할
수 있지만, 특히 스페인 북부, 바스크 지방, 나바레와 카
스티야 이 레온 주에서 즐겨먹는다. 전통적으로 암양의
젖과 식물성 레닛으로 만들기 때문에 더 물컹거리고 부
드러운 맛이 일품이다. 전통적인 방법으로 만든 쿠아하
다는 젖을 데울 때에 트리토마(아프리카산의 관상용 식
물)를 사용하기 때문에 기분 좋은, 희미한 탄내가 나기
도 한다. 오늘날에는 우유로 만들고 동물성 레닛으로 굳
히지만, 장인들이 만든 쿠아하다는 정말 찾아서 먹어볼
만한 가치가 있다.

　　쿠아하다는 보통 디저트로 올리며, 벌꿀이나 설탕
으로 단맛을 낸다. 종종 호두를 곁들여 낸다. 벌꿀이
나 신선한 과일을 곁들여 아침식사 대용으로 먹기도 한
다. **LF**

Taste: 스퀴르는 크리미하지만 매끄럽지는 않으며 사뭇 뻑뻑하다.
시어버린 지 얼마 안 된 우유의 깨끗한 맛을 간직하고 있다. 우유나
크림을 넣어 부드럽게 만들면 약간 알갱이진 프로마주 프레(tromage
frais)와 흡사하다.

Taste: 가볍고 실크 같은 촉감에, 매력적으로 흔들리는 수제 쿠아하다는
암양 젖의 짜릿한 레몬 향을 품고 있다. 어딘가 요구르트를 떠올리게
하기도 하지만, 그 농도가 보다 우아하다.

대부분의 스퀴르는 아이슬란드에서 생산된다.
◐ 아이슬란드에서는 다양한 향을 첨가한 스퀴르도 구할 수 있다.

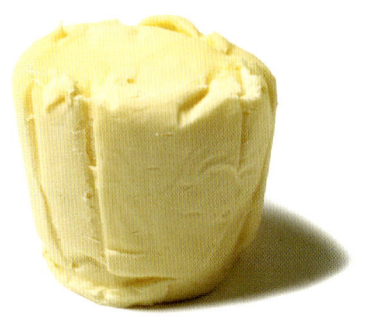

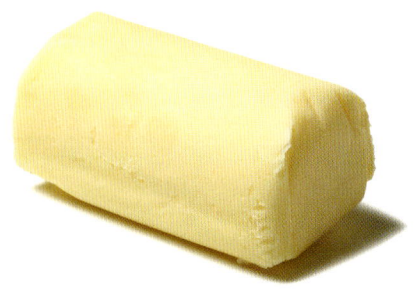

에쉬레 버터 Beurre d'Échiré

미슐랭–스타 셰프들의 사랑을 한몸에 받는 에쉬레 버터 (AOC)는 루아르 계곡의 되–세브르(Deux–Sèvres) 현에 있는 한 낙농장에서 생산한다. 이 곳은 벌써 한 세기가 넘도록 협동 조합으로 운영되고 있는데, 반경 30킬로미터 내에 위치한 66곳의 회원 농가로부터 공급받는 우유만을 사용한다.

전통적인 버터 제조 방식의 맥이 끊기지 않도록 엄격한 관리를 받는다. 신선한 우유는 크림이 더욱 진해지도록 너무 차지 않게, 8~10℃ 안팎에서 보관하며, 파스퇴르 살균을 하지 않는다. EC의 특별 조치로, 두 개의 거대한 티크나무 교유기(攪乳器)에서 교유시킨다. 굳이 티크나무를 선택한 이유는, 크림을 타닌으로 오염시키지 않기 위해서이며, 버터의 질감에도 더 좋기 때문이다. 슈퍼마켓에서 파는 매끄러운 버터보다 결이 더 살아 있으며, 포플러 나무로 만든 우아한 상자에 넣어 포장한다.

에쉬레 버터는 주로 식탁에 올려 빵에 발라 먹지만, 뵈르 블랑(beurre blanc)—곱게 썬 셜롯과 드라이 화이트 와인을 섞어 글레이즈로 만든 뒤 조그만 버터 조각들과 함께 재빨리 휘저어 따뜻한 액상 형태로 만든 소스—의 주요 재료이기도 하다. **MR**

염소젖 버터 Goat's Butter

대규모 낙농 산업 차원의 염소젖 버터 제조는 최근 유럽과 북아메리카에서 일종의 현상이라 할 만하다. 우유에 알레르기가 있는 사람보다 염소젖 알레르기가 있는 사람이 훨씬 적다는 이유에서이다. 지방 함량이나 칼로리 면에서는 우유로 만든 버터와 별반 다른 데가 없지만, 확실히 염소젖 버터가 소화가 더 잘 되기는 한다. 지방 덩어리가 엉기는 형태가 우유로 만든 버터와 다르려니와, 훨씬 쉽게 흡수된다. 또한 소장의 효소가 더 잘 분해할 수 있는 유형의 지방산을 함유하고 있다.

염소젖은 우유의 평균치보다 약간 더 지방이 많으며, 따라서 버터 만드는 데에도 더 적합하다. 특히 크림을 자동분리시켜 도로 젖으로 되돌리는 낙농장에서는 더욱 그렇다.

교유기에서 나온 염소젖 버터는 하얀색이지만, 제조 농가에서는 홍목(紅木)이나 카로틴을 사용하여 엷은 노란색을 낸다. 다른 버터처럼 가염과 무가염 두 종류가 있으며, 실온에서는 잘 발리고 냉장고에 넣어두면 딱딱해진다. '염소젖' 맛이 얼마나 나느냐는 생산자에 따라 다르지만, 우유로 만든 버터와는 크게 다르다. **MR**

Taste: 에쉬레 버터는 맛과 질감이 모두 뛰어나다. 빵에 바르면 일반 버터보다 더 말랑말랑하게 느껴지며, 진한 크림의 맛이 입안에 여운처럼 남는다.

Taste: 염소젖 치즈의 맛이야말로 염소젖 버터가 특별한 이유이다. 보다 흔히 접할 수 있는 버터와 마찬가지로 잘 발리고 잘 녹는다.

염소젖으로 만든 유제품을 좋아하는 사람들은 염소를 자유롭게 풀어서 키우는 농장에서 만든 버터가 더 품질이 좋다고 주장한다. ➤

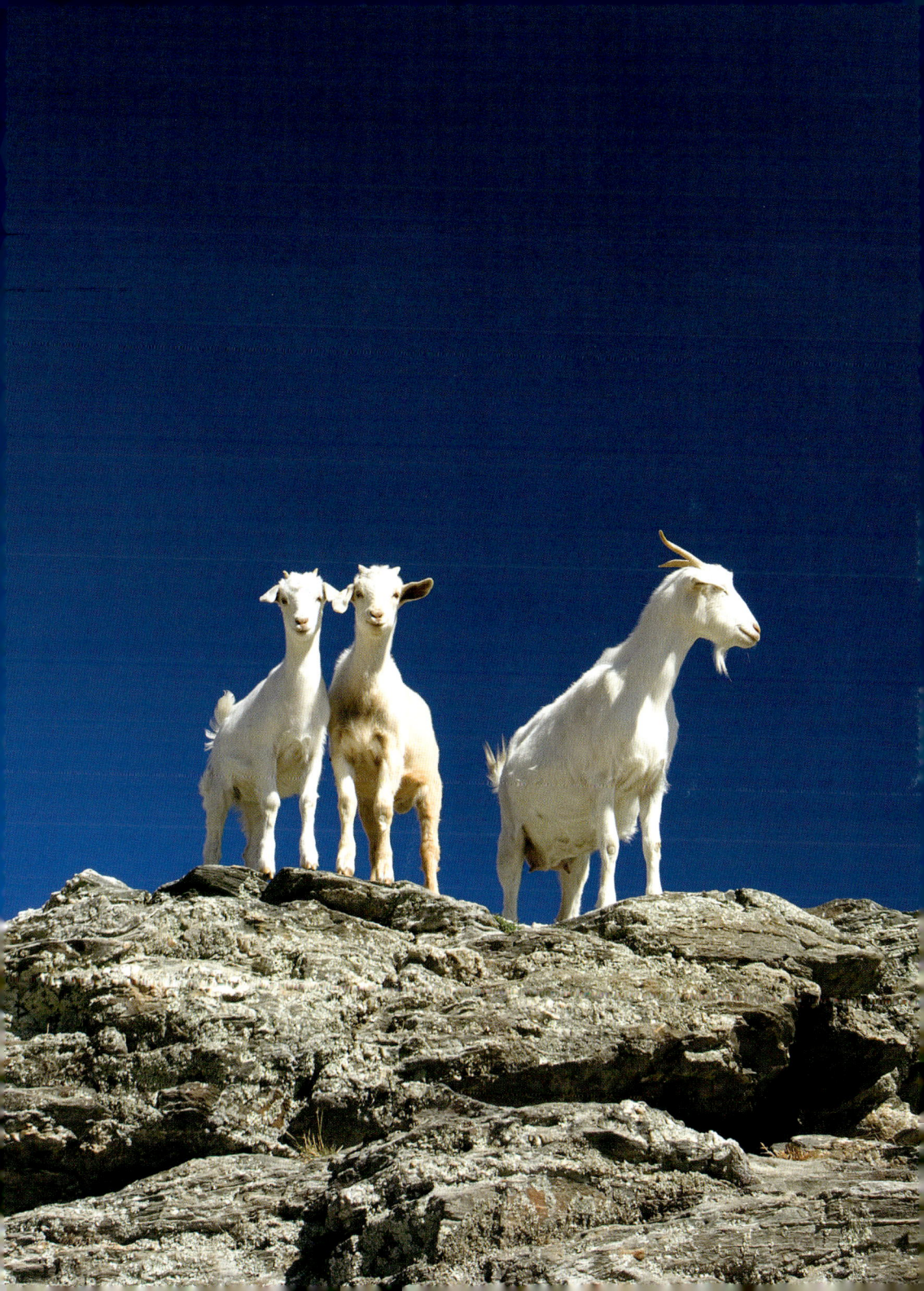

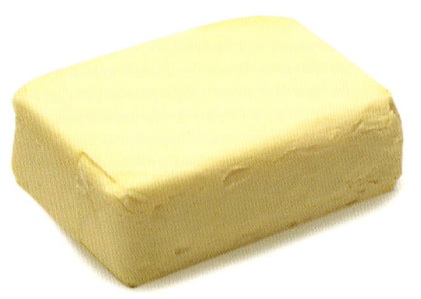

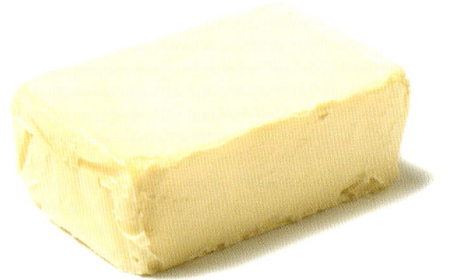

볼로그다 버터 Vologda Butter

카디 버터 Cadí Butter

모스크바 북동쪽으로 약 400킬로미터 떨어진 곳에 위치한 볼로그다에는 세 가지 명물이 있다—아마, 레이스, 그리고 버터이다. 유지방 함유량이 82.5퍼센트나 되는 호화로운 버터인 볼로그다 버터는 진정한 미식이다. 볼로그다에서도 오직 세 군데에서만 1881년 이래 이 버터를 만들어왔다.

볼로그다 버터의 뿌리는 19세기 중반으로 거슬러 올라가며, 근대 러시아 낙농업의 아버지로 불리는 니콜라이 베레시차긴의 자질에 힘입은 바 크다. 어떤 버터에서 시큼한 맛이 나는 것을 알아차린 베레시차긴은 우유에서 크림을 평소보다 한 번 더 분리해냈다. 두 번 분리한 크림은 유지방이 많고 맛이 더 진했다. 파리 만국 박람회에서 금메달을 딴 뒤 '파리지엔 버터'라는 이름이 붙었는데, 러시아 혁명이 일어난 뒤 이름이 바뀌었으며, 공산주의 러시아에서는 생산량이 줄었다.

그러나 1990년대 이후 구 정부 치하에서 생산한 남아도는 버터에 볼로그다 이름을 붙여 팔려는 야비한 시도에도 불구하고, 세계는 이 멋진 버터를 재발견하였다. 우유 짜는 소녀의 타원형 초상이 붙어 있어야 진짜 볼로그다 버터이며, 'Vologodskoye maslo'라는 상표도 확인하자. **FP**

카디 버터(DOP) 또는 만테가 데 랄트 우르겔 이 세르데냐(Mantega de l'Alt Urgell i Cerdanya)는 스페인 카탈루냐 지방의 카디 협동조합에서 만드는 달콤한 버터이다. 피레네와 카디 산맥의 숨막힐 듯한 장관이 드넓게 펼쳐진 울창한 숲과 푸르른 초원을 보호해주며, 따라서 이 특별한 곳에서 풀을 뜯는 소들은 그만큼 특별한 버터를 만들어낼 수밖에 없다.

춥고 메마른 겨울, 비 내리는 봄, 그리고 덥고 건조한 여름은 동식물과 반응하여 싱싱한 풀을 돋게 하고, 그 결과 우유에 배어난 독특한 풍미를 완벽하게 버터에 담아낸 것이다. 카디 협동조합은 1915년, 진취적인 사고를 지닌 일련의 농부들이 설립하였다. 이들은 자연 환경에 가장 친화적인 농법을 원했다. 버터 생산은 하루에 200리터의 우유로 시작했으며, 세월이 흐르면서 생산량도 크게 늘어났다. 그러나 최고의 우유만을 고집하기 때문에 언제나 한정된 양만을 생산한다.

카디 버터는 오늘날 DOP 등록이 되어 있으며, 소의 먹이나 사육지를 포함하여 생산 단계 역시 하나하나 엄격한 관리 기준에 따라야 한다. **LF**

Taste: 깨끗하고 신선한 볼로그다 버터는 호두 향이 나는 크리미한 맛과 입안에서 사르르 녹는 질감을 지니고 있다. 최상급 버터는 자작나무로 만든 큰 통에 담아 판매한다.

Taste: 카디 버터는 실크 같은 농도, 크리미하고 달콤한 풍미, 그리고 싱싱한 푸른 초원과 산 공기의 톡 쏘는 듯한 향기를 지니고 있다. 검은 호밀빵에 발라 먹으면 특히 맛있다.

카디 산맥에서 풀을 뜯는 소들은 독특한 버터를 만들어낸다. ➲

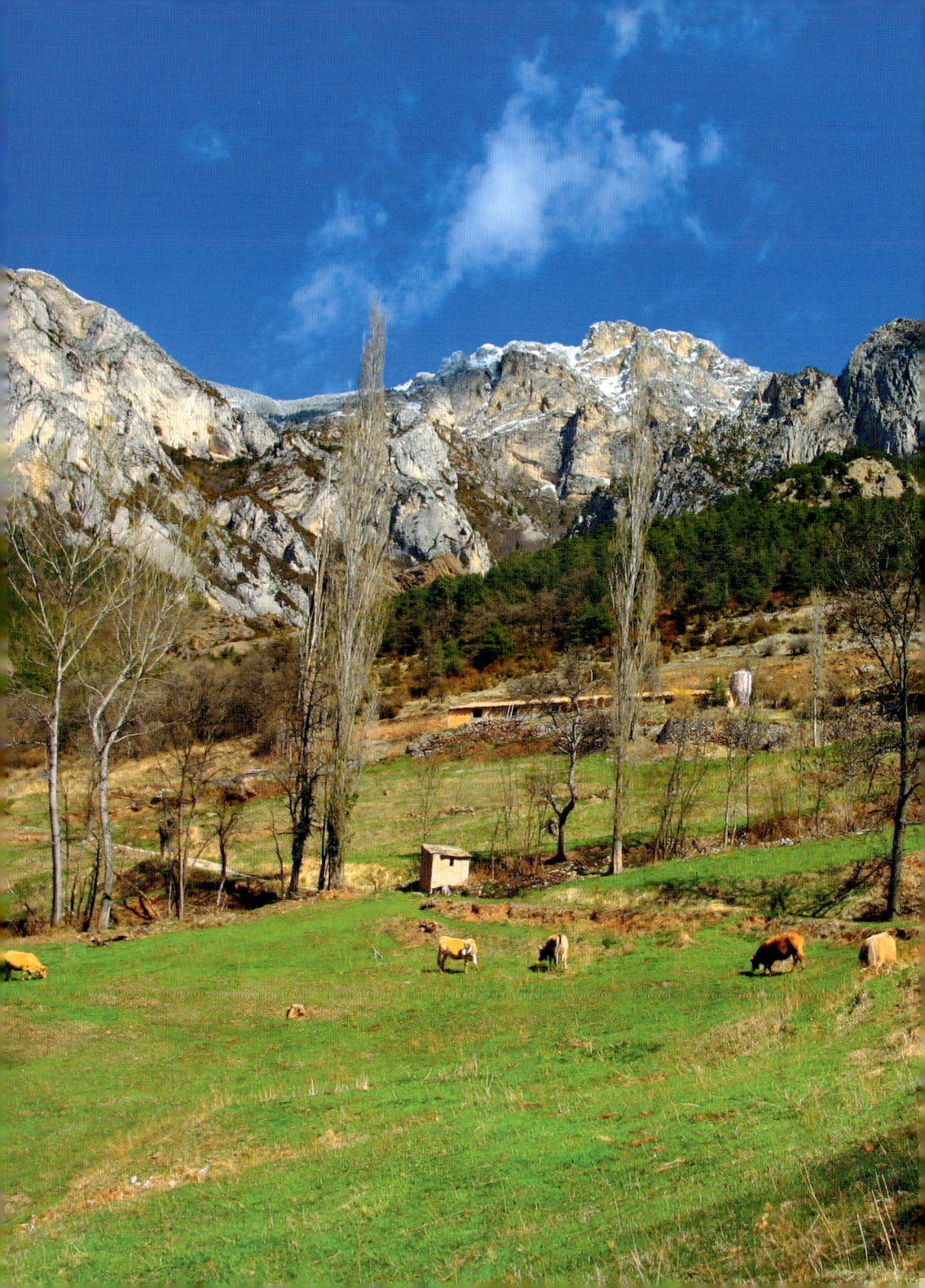

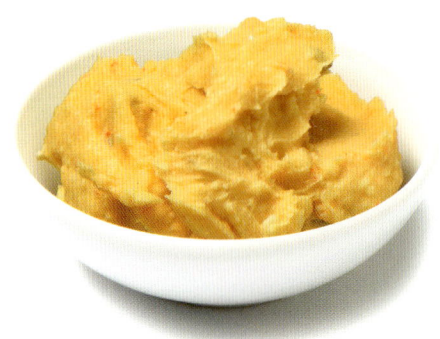

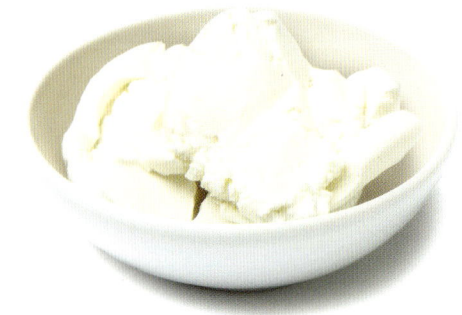

오바츠다 Obatzda

마스카르포네 Mascarpone

바이에른의 비어가르텐에 가서 오바츠다를 먹어 보지 않는다는 것은 말도 안 된다. 이 풍부한 치즈 스프레드는 독일 호밀빵에 듬뿍 발라 먹어도 좋고, 래디쉬나 올리브, 빨간 양파 등을 찍어 먹어도 맛있으며, 바삭바삭한 프레첼과 함께 내기도 한다. 어떻게 내든지 간에, 바이에른 지방의 특산 맥주 바이스비어가 넘쳐흐르는 키가 큰 맥주잔과 완벽한 궁합을 자랑한다.

오바츠다를 만드는 방법은 다양하지만, 보통 잘 숙성된 카망베르 치즈를 잘게 자르거나 짓이긴 뒤, 녹아서 부드럽게 만든 버터나 로마뒤르 같은 부드러운 치즈, 그리고 독일 맥주를 한 스푼 정도 넣은 다음, 발라 먹기에 적당할 때까지 휘젓는다. 곱게 다진 양파, 검은 후추, 달거나 매운 피망, 캐러웨이 씨를 넣어 뒤섞는다. 그런 다음 향이 완전히 피어나도록 몇 시간 그대로 둔다.

강한 풍미를 좋아하는 사람들은 카망베르 대신 코를 찌르는 냄새를 자랑하는 부드러운 림부르거 치즈를 사용한다. 오바츠다와 비슷한 음식으로는 오스트리아와 슬로바키아에서 먹는 립타우어(liptauer)가 있다. 같은 재료와 향신료를 넣고, 카망베르와 버터 대신 양젖으로 만든 커드 치즈를 넣어서 만든다. **WS**

마스카르포네는 이탈리아의 가장 유명한 치즈 중 하나다. 모두에게 사랑을 받는 이탈리아 디저트 티라미수에 들어가기 때문에 더 유명해졌다.

원래는 16세기로 넘어올 무렵, 밀라노 남서쪽 지방에서 만들기 시작했다고 한다. 마스카르포네는 크림 치즈의 일종으로, 풀, 허브, 꽃 등을 뜯어 먹은 소에서 얻은 우유로 만든다. 크림을 데운 뒤, 구연산이나 타르타르산과 섞으면 분리된다. 그런 다음 거친 무명으로 물기를 짜내고 남은 고형물이 바로 마스카르포네이다.

마스카르포네는 팔방미인으로, 온갖 종류의 음식과 곁들여 먹는다. 보통은 리조토나 파스타 소스에 화려한 마무리로 집어넣으며, 섬세한 야채나 생선 요리와도 아주 잘 어울린다. 함지에서 떠내자마자 차게 식혀서 신선한 과일과 함께 먹어도 일품이며, 가정에서 아이스크림을 만들 때 달걀로 맛을 낸 반죽 대신 베이스로 사용하면 훨씬 맛있다. **LF**

Taste: 후추와 양파를 섞으면 한층 크리미해진다. 카망베르의 짜릿한 맛이 통렬함을 더해주며, 캐러웨이 씨 덕분에 감초 맛도 살짝 난다.

Taste: 마스카르포네는 벨벳처럼 농밀하며, 진하고 크리미한 향에 살짝 단맛이 감돈다. 한 겹 한 겹, 사랑스러운 크리미함이 펼쳐지며 입안을 채운다.

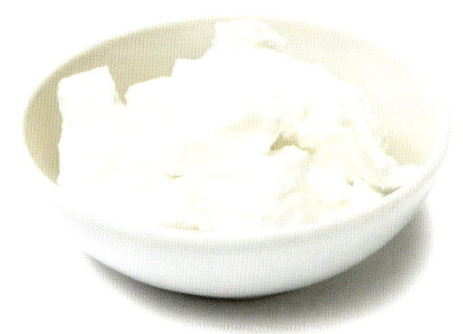

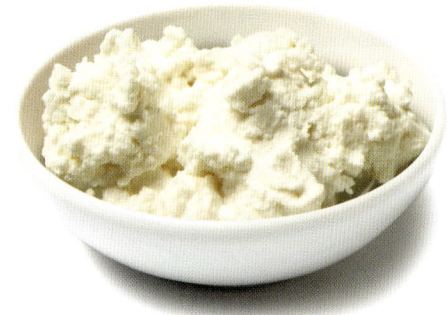

리코타 로마나 Ricotta Romana

브로슈 Brocciu

리코타 치즈는 전통적인 방식의 치즈 제조 과정에서 남는 훼이—우유가 응고할 때 응유와 함께 생기는 묽은 물질—로 만든다. 리코타 로마나(PDO)는 페코리노 로마노의 훼이로 만들며, 둘 다 고대 로마 시대부터 만들어온 오랜 역사를 자랑한다.

    페코리노 로마노처럼 리코타 로마나 역시 이탈리아의 라치오 지방에서 키운 양의 신선한 젖만을 사용한다. 페코리노 로마노를 만들기 위해 응고한 고형물을 분리한 뒤, 남은 훼이를 다시 데운다. 그러면 훼이 안의 단백질이 응고하여 또다른 고형물이 생기는데, 이것을 걷어내 고깔 모양의 특수한 소쿠리에 받쳐 물기를 빼낸다. 그 결과 다소 부서지기 쉬운 질감과 양들이 풀을 뜯는 싱싱한 초원을 그대로 담아낸 독특한 단맛을 지닌 새하얀 치즈가 탄생한다. 물기를 빼낸 뒤 방수지에 싸서 파는데, 되도록 빨리 먹어야 한다.

    훼이 치즈는 대부분 파스타 속을 채우거나 디저트를 만들 때 쓰인다. 그러나 멋진 풍미와 가벼운 크리미함 덕분에 과일과 함께 먹거나 벌꿀을 뚝뚝 떨어뜨려 먹으면 특히 맛있다. **LF**

브로슈(AOC)는 코르시카의 국민 치즈이다. 일설에 따르면, 솔로몬 왕이 코르시카의 목동들에게 만드는 법을 가르쳐 주었다고 한다. 이 주장은 역사적으로 보나 지리적으로 보나 억지에 가깝지만, 19세기의 문인 에밀 베르제라의 "브로슈를 맛보지 않은 사람은 코르시카를 안다고 말할 수 없다"는 말은 결코 억지가 아니다.

    리코타처럼 브로슈 역시 다른 치즈의 제조 과정에서 남는 훼이로 만든다. 양젖이나 염소젖 훼이에 신선한 우유를 조금 더해, 보글보글 끓기 직전까지 데운 뒤, 틀에 붓는다. 숙성이 덜 된 브로슈는 고리버들 바구니에 담아 팔며, 프로마쥬 프레처럼 물기를 뺀 지 몇 시간 안에 신선한 상태(frescu)로 먹을 수 있다. 약 3주 정도 숙성시키면, 여전히 물컹거리기는 하지만 얇은 막이 덮인다. 이 상태를 파수(passu)라고 한다. 최대 6개월까지 숙성시킬 수 있다.

    코르시카 음식에서는 요즘 유행하는 디저트부터 따뜻한 시골풍 수프에 이르기까지 거의 모든 음식에 다양한 형태로 들어간다. 파스타 속을 채우거나, 야채 요리, 심지어 생선 요리에도 쓰인다. **MR**

Taste: 가볍고, 신선하고, 밀키한 향은 깨끗하고 달콤한 정수가 느껴진다. 뒷맛은 크리미하지만 물리지는 않는다.

Taste: 질감은 커티지 치즈와 유사하며, 맛도 비슷하긴 하지만, 염소나 양젖 풍미가 더 강하게 느껴진다. 숙성시킬수록 그 향이 더 진해진다.

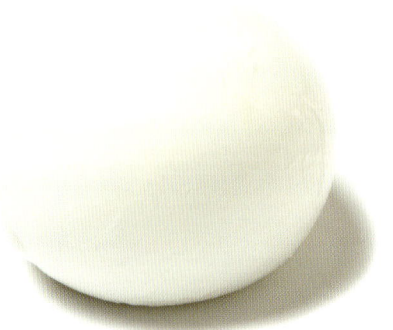

모짜렐라 디 부팔라 캄파나
Mozzarella di Bufala Campana

모짜렐라 디 부팔라 캄파나(DOP)는 검은 물소 머리가 그려져 있는 빨강색과 녹색의 로고로 쉽게 구별할 수 있다. 이 치즈의 기원은 아마도 중세 초기, 물소가 이탈리아에 전래된 무렵으로 거슬러 올라갈 수 있다.

신선하고, 부드러운 질감에, 도자기처럼 새하얀 모짜렐라 디 부팔라 캄파나는 이탈리아 남서부의 7개 현에서만 물소젖에 수세기에 걸친 전통과 기법을 사용하여 만든다. 아주 얇아서 거의 눈으로 식별할 수 없는 외피와 섬세한 밀크 맛을 지니고 있다. 자르면 분필처럼 새하얀 색깔에, 젖 효모의 부드럽게 톡 쏘는 향을 지닌 뿌연 물이 흘러나온다.

모짜렐라는 치즈 중에서도 '파스타 필라타(Pasta filata)', 즉 직역하면 '잡아 늘인 반죽' 종류에 속하며, 이탈리아어로 '잘라내다'라는 뜻인 'mozzare'에서 그 이름이 유래하였다. 치즈 장인들은 제빵사가 빵 반죽을 만들 듯이, 손으로 커드가 매끄럽고 윤이 날 때까지 갠다. 그런 다음 한 가닥을 잡아당겨 손가락으로 '잘라내고' 둥글둥글하게 뭉친다. 이 과정을 모짜투라(mozzatura)라고 부른다. 치즈를 소금물 수조에 넣어, 섬유질과 탄성의 밀도가 높아질 때까지 담가둔다. **LF**

Taste: 모짜렐라는 서늘하고, 달콤하고, 밀키한 향미와, 허를 녹이는 듯한 질감, 그리고 신선하고 섬세하게 균형잡힌 풀 내음을 지녔다. 즙이 많은 과일과 잘 어울린다.

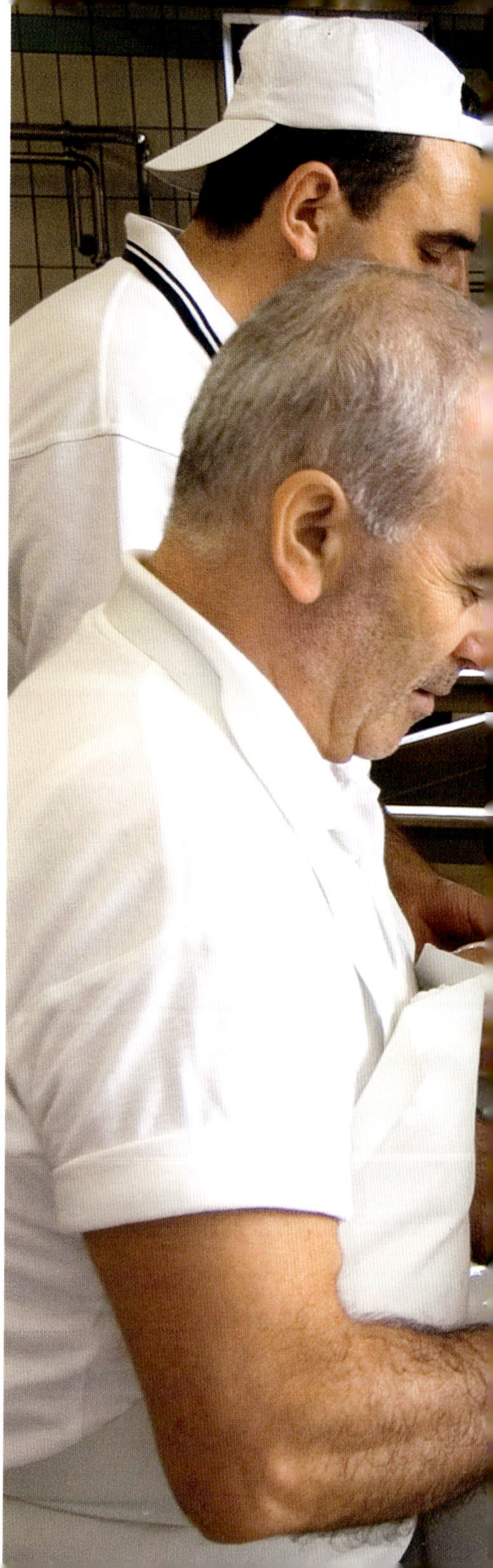

모짜렐라는 손으로 개어야 특유의 탄력이 생긴다. ➲

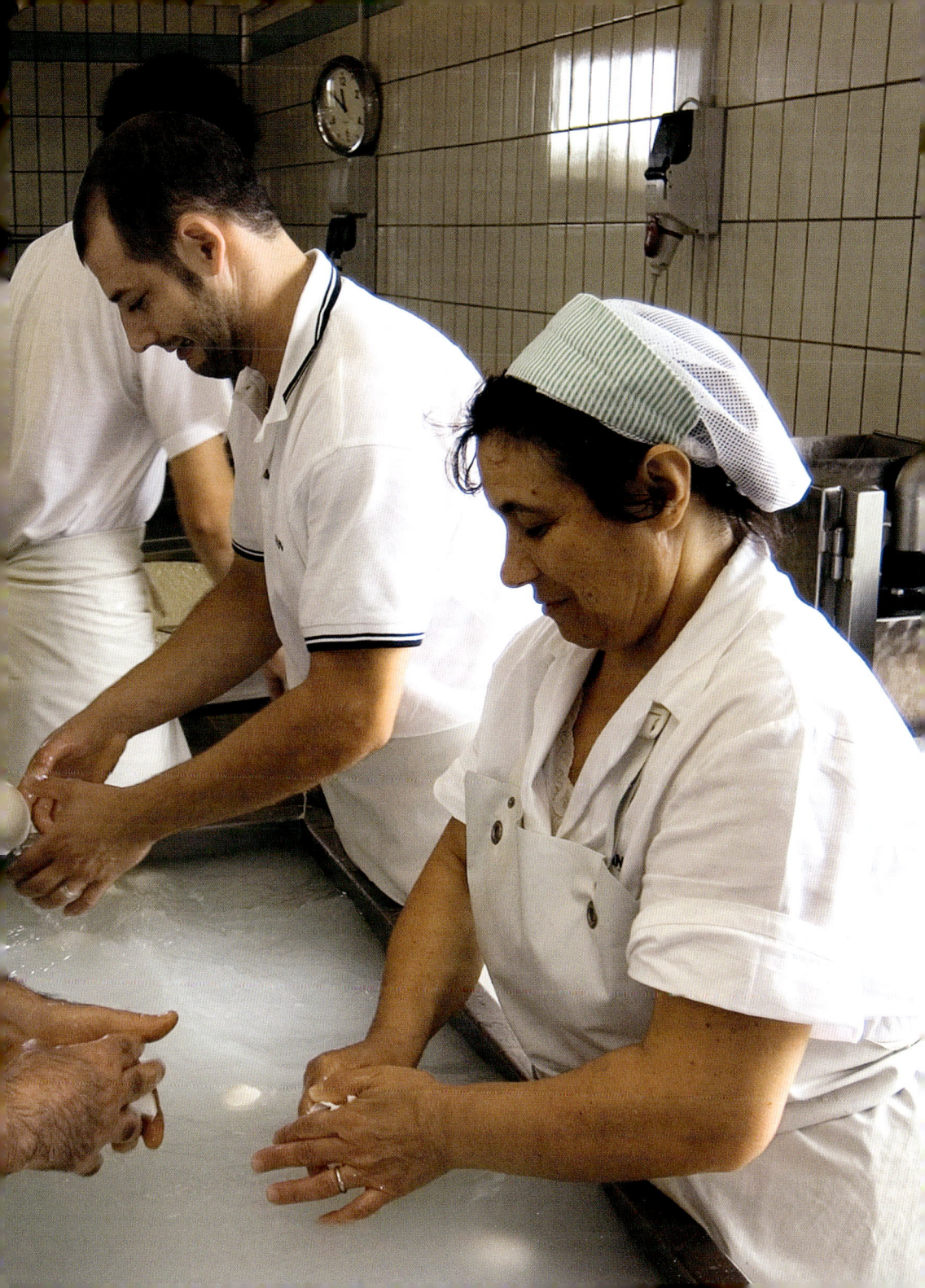

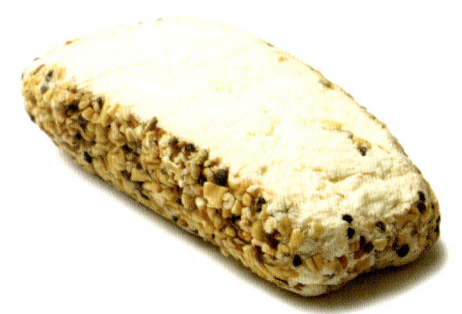

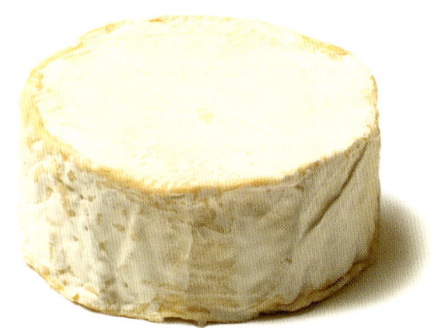

크로우디 Crowdie

진짜 크로우디는 자연적으로 시큼해진, 탈지 원유로 만든 스코틀랜드 커티지 치즈이다. 스코틀랜드 소규모 자작농들의 전통적인 방식으로는, 우유가 응고할 때까지 뜨뜻한 토탄 불 옆에 놓아두거나, 여름에는 햇볕 아래 내다 놓았다가 천으로 훼이를 받아낸다. 그러나 이러한 방식은 아주 외따로 떨어져 있는 농가를 제외하면 거의 사라져버렸다. 막 발효시킨 신선한 치즈를 더블 크림―지방 함유량이 최소한 48퍼센트 이상인 크림으로, 휘핑하기가 쉽고 가장 빽빽하게 휘핑할 수 있다―과 섞으면 게일어 이름인 'gruth is uachdar'라고 부르며, 향을 낸 신선한 치즈류의 베이스로 사용한다.

과거에는 숟가락으로 크로우디를 퍼 먹었지만, 요즘은 식사가 끝난 후 바삭거리는 오트밀 비스킷에 곁들여 낸다. 크림 한 그릇, 노르스름하게 구운 귀리, 위스키, 벌꿀, 계절 과일―주로 라스베리―등과 함께 내면 독특한 스코틀랜드 전통 후식인 크라나칸(cranachan)의 일부가 된다. 식탁에 둘러앉은 손님들은 이런 재료들을 각자의 입맛에 맞게 섞어 먹는다. 요즘은 아예 맛이 좋도록 각각의 재료를 적당히 배합하여 섞은 버전을 접시에 담아 내지만, 대신 고유의 매력은 아무래도 떨어지게 된다. 오늘날에는 더 진한 크림이 인기를 끌면서 크로우디는 언제나 냉대를 받곤 한다. **MR**

Taste: 집에서 손으로 만든 신선한 크로우디는 촉촉하지만, 커티지 치즈처럼 알갱이가 느껴지기보다는 퍼떡한 느낌이 난다. 젖과 레몬 맛이 나며, 진하기보다는 상큼한 쪽에 가깝다.

브리야-사바랭 Brillat-Savarin

쟝-앙텔므 브리야-사바랭은 미식학의 고전인 『미각의 생리학Physiologie du goût, ou Méditation de gastronomie transcendante, ouvrage théorique, historique et à l'ordre du jour』(1825년)의 저자로, "치즈가 없는 후식은 눈이 없는 미인과 같다"는 명언을 남긴 것으로 유명하다. 그러나 그의 이름을 딴 치즈는 그보다는 훨씬 나중에 태어났다. 1930년 파리의 치즈장수 앙리 앙드루에가 처음으로 이 치즈에 브리야-사바랭이라는 이름을 붙여 팔았고, 그의 아들은 후에 치즈 장인 조합의 회장이 되었으며, 프랑스 치즈의 바이블이라 할 수 있는 『치즈 안내서Guide du Fromage』(1971년)를 저술하였다. 브리야-사바랭은 트리플 크림―유지방 함유량이 40퍼센트 이상인 치즈―으로 분류된다. 지방분을 빼지 않은 전유(全乳)에 크림을 추가로 넣어 진한 맛을 더했으며, 건조 중량 기준 유지방 함유량을 75%까지 올렸다.

약 500그램쯤 되는 두꺼운 원반 형으로 만들며 프레쉬 치즈로 먹을 수도 있지만, 2~3주 숙성시키는 것이 가장 좋은데 이쯤 되면 실크처럼 매끄럽고 잘 발리는 질감을 얻을 수 있다. 브리야-사바랭은 프랑스 각지의 몇몇 장인 공방에서 생산되지만, 그 기원은 특별히 진한 우유를 얻을 수 있는 노르망디 지방이다. **MR**

Taste: 브리야-사바랭은 데운 프레쉬 크림의 멋진 향기를 지녔다. 그 신맛은 상당히 가볍고 맛도 순하다. 입안의 느낌은 크리미하고, 씹는 맛보다는 녹는 맛에 가깝다.

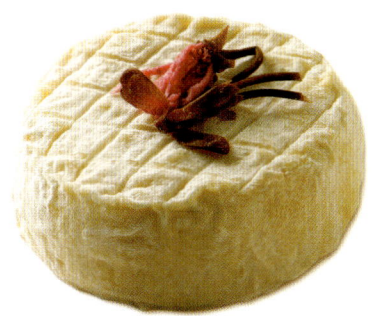

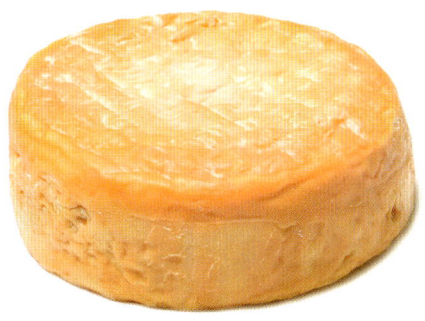

사쿠라 치즈 Sakura Cheese

전통적인 치즈 생산 국가가 아닌 나라에서 태어난 치즈 중에서는 가장 큰 성공을 거둔 사쿠라는 일본 최북단 홋카이도에서 생산된다. 부드러운 우유 치즈는 1998년 이래 스위스의 마운틴 치즈 올림픽을 비롯, 세계의 각종 치즈 대회에서 수상의 영광을 안았다. 사쿠라는 쿄도가쿠샤 신토쿠 공방에서 만드는 수제 치즈로, 1989년 치즈를 만들기 시작한 미야지마 노조무(宮嶋望)의 창작물이다.

    히다카 산맥의 가파른 비탈에서 풀을 뜯는 브라운 스위스 종 젖소에게서 이른 아침에 짠 젖으로 만든다. 사쿠라를 만드는 과정은 염소젖 치즈의 그것과 유사한데, 소량의 레닛을 사용하고 강한 산패를 거친다. 사흘간 발효시킨 뒤, 하얀 게오트리쿰(Geotrichum) 곰팡이로 넣어 소금에 설인 벚나무 잎사귀 위에 놓아둔다. 이렇게 여드레를 더 발효시키는 동안 치즈는 벚나무 잎사귀의 향기를 빨아들인다. 마지막으로, 포장하여 상자에 넣기 전에 소금에 절인 핑크색 벚꽃을 치즈 위에 올려 놓는다. **SB**

에푸아스 Époisses

"보시오, 이 호박색 녹청을. 옆구리로 흐르는 저 진한 눈물을. 맡아보시오, 미식가들이 사랑해 마지않는 미묘한 향기를……" 조르주 파트리아의 시(1900년)에 등장하는 구절이다. 그러나 스트롱 치즈를 사랑하는 사람들은 그가 찬양하는 섬세한 맛을 더더욱 서정적으로 표현하고 있다. 에푸아스는 종종 수도원 치즈로 (잘못) 분류되는데, 그것은 에푸아스의 사촌격이라 할 퐁레베크(Pont l'Evêque)나 마루아(Maroilles) 같은, 중세의 수도원과 연관있는 치즈들처럼, 에푸아스 역시 숙성 과정에서 알코올로 세척하기 때문이다. 사실 에푸아스의 고향은 부르고뉴 서부의 농가이다. 에푸아스를 생산하는 농장들은 제1차 세계대전 이후 그 숫자가 줄었으며, 1950년대에는 삼시 농안 아예 자취를 감추기노 했지만, 그 후 부활하여 오늘날까지 왕성하게 명맥을 이어오고 있다.

    에푸아스 드 부르고뉴(AOC)는 마르크 드 부르고뉴(Marc de Bourgogne, 부르고뉴에서 생산하는 브랜디의 일종)로 씻어낸다. 얇은 오렌지색 껍질로 싸여 있으며, 300그램짜리와 1킬로그램짜리 두 종류로 생산된다. 베이지색으로, 눌러 보면 말랑하며, 매끄럽지만 잘 발라지는 않는다. 숙성 5주째부터 나무 상자에 담아 팔며, 가장 맛이 좋을 때는 2개월의 아피나주를 거친 뒤이다. **MR**

Taste: 순하고, 생 미르셀렝과 비슷한 부드럽고 크리미한 실감늘 지닌 사쿠라는 벚꽃 향기와 효모 발효 향이 서로를 견제하며 균형을 이루고 있다.

Taste: 톡 쏘는 이보바에는 숙숙한 기을 습시의 냄새가 살싹 배어 있는 듯하다. 둥글려진 향미는 두드러지고 오래 가지만, 날카롭거나 신맛이 지나치다거나 거세지는 않다.

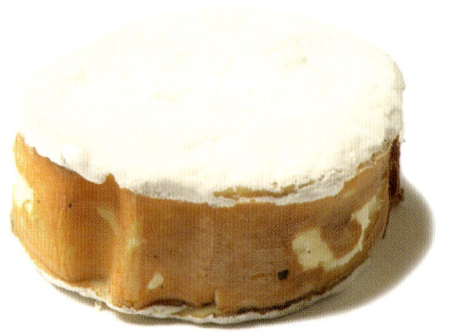

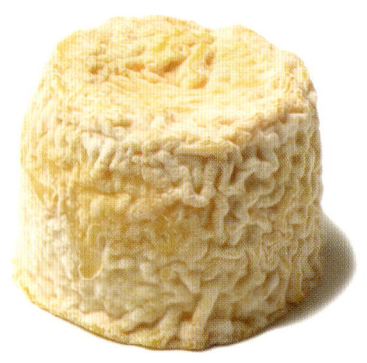

바슈랭 Vacherin

랑그르 Langres

아마도 음식, 특히 치즈만큼 애국심을 제대로 분출시키는 것도 없으리라. 프랑스와 스위스의 국경지대인 산간지방에서 생산하는 맛 좋고 부드러운 겨울 치즈 바슈랭이 그 좋은 예다. 바슈랭 (뒤) 몽 도르는 한때는 EU의 공동 아펠라시옹 덕분에 스위스와 프랑스 어느 쪽이라고도 할 수 있었지만, 오늘날 바슈랭 몽 도르는 스위스 치즈로만 팔 수 있다. 프랑스인들은 같은 치즈를 몽 도르나 바슈랭 뒤 오-두라는 이름으로 판다. 국경 양쪽에 사는 양국 국민들은 그들의 치즈에 대해 엄청난 자부심을 지니고 있다.

어떤 이름으로 부르건 간에 바슈랭은 연중 서늘한 계절에만 생산된다. 커드—프랑스에서는 특정 젖소의 원유를 사용하여 만든다—를 얇은 에피세아(전나무의 일종)로 만든 테에 붓는다. 최초 숙성 과정 내내 그대로 내버려둔 채, 묽은 소금물로 씻어낸다. 에피세아 나무 상자에 담아 최종 아피나주를 거쳐 출하한다. 완벽하게 숙성된 바슈랭은 물결무늬 오렌지색 껍질 속에 실크 같은, 거의 흐를 정도로 무른 치즈를 품고 있으며, 숟가락으로 떠서 그릇에 담아낸다. **MR**

스티븐 젠킨스는 『치즈 입문서 Cheese Primer』(1996년)에서 "랑그르는 고통스러울 정도로 맛있다—강렬하고, 짜릿하고, 크리미한 향미로 혀에 충격을 준다"고 썼다.

숙성 과정에서 마르크 드 샹파뉴로 씻어내면서 그 향을 머금은 진한 치즈로, 겉모양이 독특하다. 원통형으로 맨 윗부분은 오목한 그릇 모양인데, 한때는 정말로 여기에 브랜디를 부어 마시는 것이 유행하기도 했다.(스틸턴에 포트와인을 부어마시는 것과 마찬가지로 쓸데없는 관습으로, 지금은 거의 사라졌다.) 이 그릇 모양 윗부분은 커드의 물기를 빼기 위해 받쳐두는 질그릇 틀(fromottes)로 인해 생긴 것이다. 이 틀은 와인 병 목의 위쪽 절반과 비슷하게 생겼는데, 훼이가 이 '목'을 타고 떨어져 커드에 우묵한 공간이 생기는 것이다. 그러나 만드는 과정에서 가장 중요한 부분은 세척이다. 몇 주에 걸쳐 덜 익은 풋치즈를 소금물에 알코올을 섞은 용액에 씻어낸다.

랑그르는 물렁물렁하고 부드러우며, 신랄한 아로마를 지니고 있다. 파스퇴르 살균을 하지 않으며, 비교적 어릴 때 먹기 때문에 미국으로는 수출하지 못한다. **MR**

Taste: 에피세아 숙성은 비슈랭에 희미한 건포도 향을 디해준다. 향미는 세다기보다는 깊다. 질감은 숟가락으로 뜨면 뚝뚝 떨어질 정도로 물렁하다.

Taste: 많은 수도원 치즈가 그렇듯이, 랑그르도 도전적인 냄새를 풍긴다. 그 아로마는 클로티드 크림만큼이나 뻑뻑한 질감을 자랑하며, 강한 향미를 지녔다.

많은 프랑스 치즈처럼 랑그르 역시
그 향미는 물론 질감으로도 사랑받는다. ❯

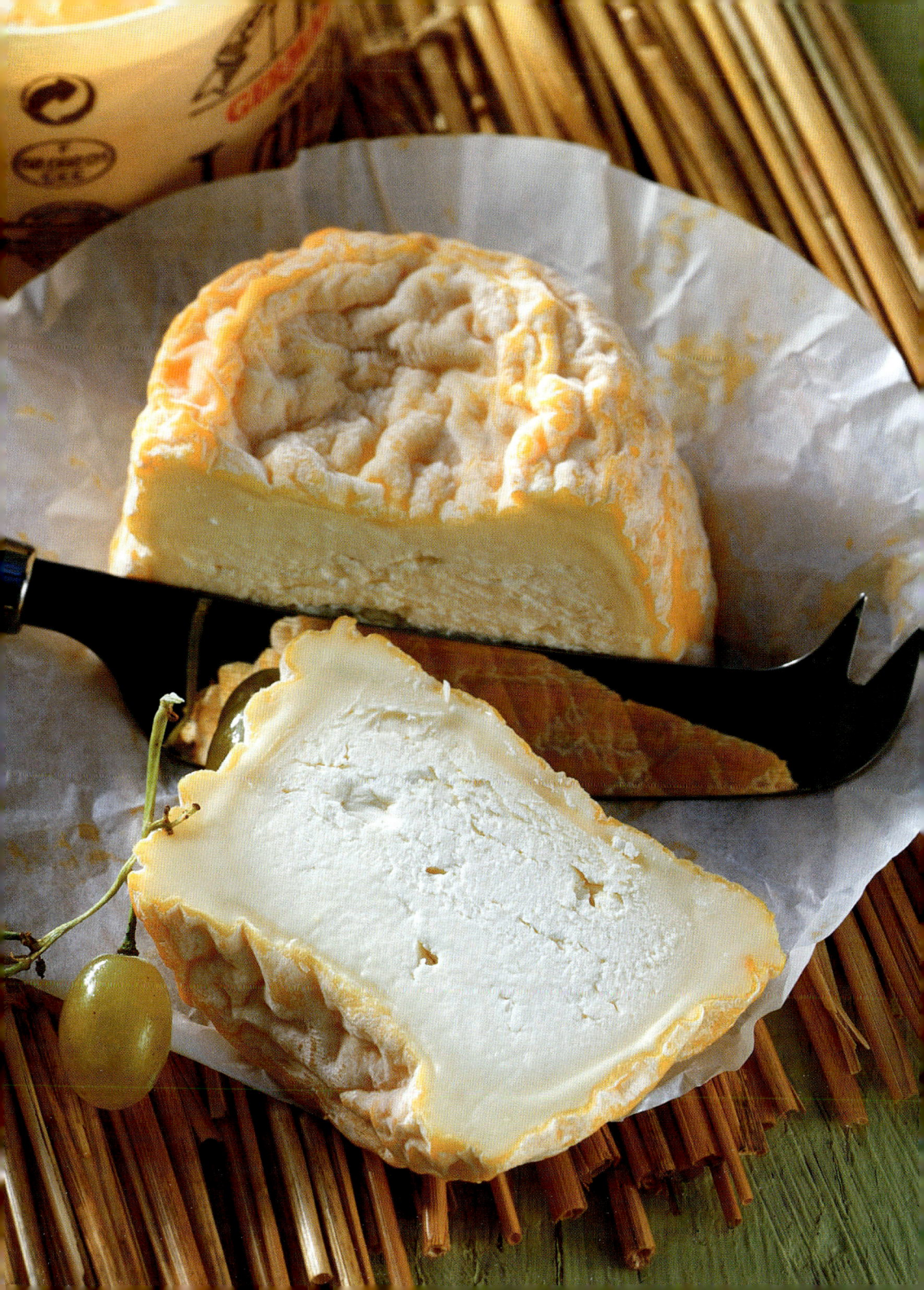

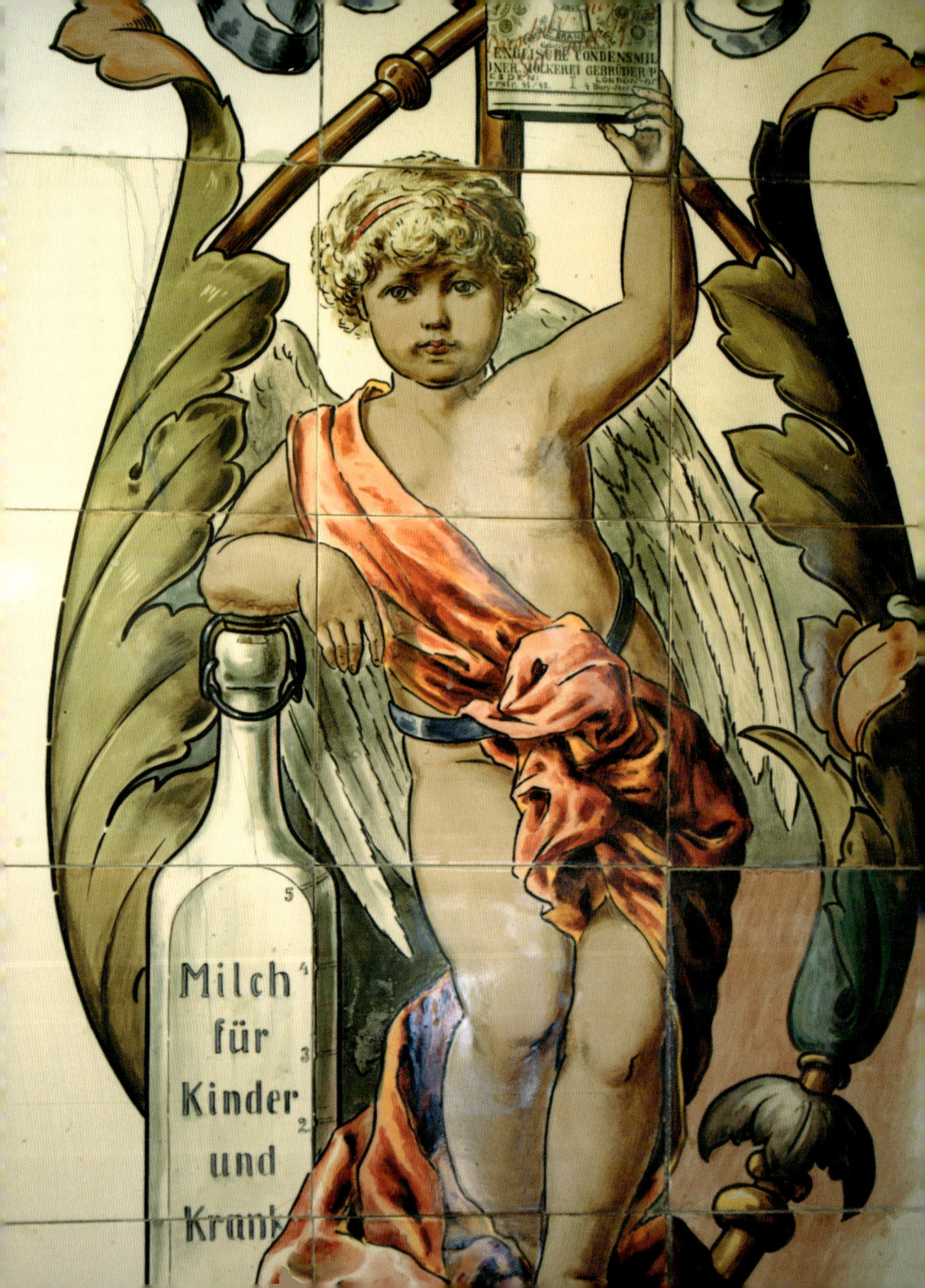

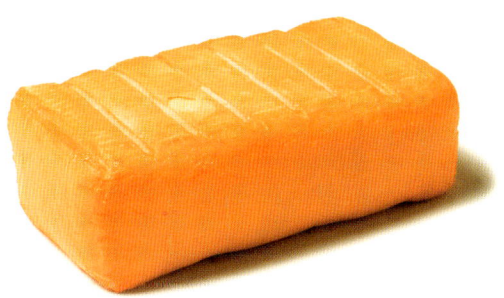

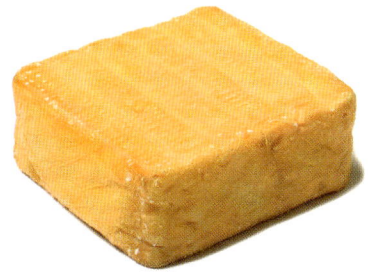

림버거 Limburger

강한 아로마를 지닌 이 벽돌 모양 치즈는 벨기에 남부 저지대에서 독일로 전래되었으며, 독일에서 뿌리를 내린 뒤 다시 대서양을 건너가 위스콘신에 전초기지를 세웠다.

마르와유와 뮝스테르처럼 수도사들이 처음 고안한 트라피스트 치즈에 속한다. 진득진득한 갈색 또는 붉은색의 껍질을 발달시키기 위해 숙성 과정에서 씻고 닦기를 반복한다. 독일에서는 '박슈타인캐제(Backsteinkäse, 벽돌 치즈라는 뜻)'라고 부르며, 전유와 탈지유로 만드는 두 종류가 있다. 코리네 박테리아를 첨가한 소금물에 여덟 번까지 씻어낸다. 이 기간 동안 표면이 고르게 될 때까지 계속 뒤집어준다. 끈끈해야 하지만, 끈적거려서는 안 된다.

위스콘신 주 먼로의 샬레 치즈 조합에서 생산하는 미국 버전 역시 유럽에서 만드는 제품과 별반 다르지 않다. 호밀빵으로 만든 전통적인 델리 샌드위치에 생 양파와 함께 올려 먹는다. 림버거는 그 찌르는 듯한 냄새 때문에 종종 농담거리가 되는데, 사실 맛은 그다지 세지 않다. **MR**

에르브 Herve

이 작은 밝은 주황색 치즈는 존경할 만한 역사를 자랑한다. 아직 에르브의 시대가 도래하기 전에도, 벨기에의 페이드에르브(Pays de Herve, 네덜란드와 독일 국경과 접한 지역)에서 생산되는 치즈에 대한 기록이 남아 있기는 하다. 그렇지만 16세기에 신성로마제국 황제 카를로스 5세가 이 지방의 곡물을 반출하지 못하도록 한 법령을 통과시키면서 비로소 에르브가 탄생했다고 보아야 옳다. 소작농들은 곡식을 심은 들판을 풀밭으로 바꿨으며, 에르브는 그로 인한 부산물이라 할 수 있다.

에르브(AOC)를 만들기 위해서는 신선한 커드를 나무 판자 사이의 테로 가볍게 눌러 끼워넣는다. 덩어리로 자를 수 있을 정도로 단단해질 때까지 4~5일간 뒤집어준다. '모르주(morge)'라고 부르는 표면 색깔은 표면을 브레비박테리움 리넨스(Brevibacterium linens)라는 이름의 박테리아 용액으로 세척하는 과정에서 생겨난다. 그 뒤 질감과 맛은 아피나주에 달려 있다. 치즈 장수들은 에르브를 날카롭고 짜릿한 맛이 날 때까지 숙성시킬 수도, 순한 맛을 계속 유지시킬 수도 있으며, 그 사이 어디쯤의 숙성도에서 팔 수도 있다. 에르브 지방에서는 사과를 끓여 만든 달콤하고 끈적끈적한 검은 시럽, '시로 드 리에주(sirop de Liège)'와 함께 즐겨 먹는다. **MR**

Taste: 질감은 퍽 탄력이 있으며, 전유로 만든 경우에는 보다 부드럽다. 눅눅하고 썩은 냄새가 나지만, 맛은 순하고 달짝지근하며 부드럽다.

Taste: 뮝스테르 같은 껍질을 세척한 치즈들과 마찬가지로, 에르브는 강한 썩은 냄새 뒤에 과일 향과 매끄러운 질감을 숨기고 있다.

독일 드레스덴에 있는 유명한 치즈가게, 푼츠 몰커라이의 정교하게 타일을 붙인 패널.

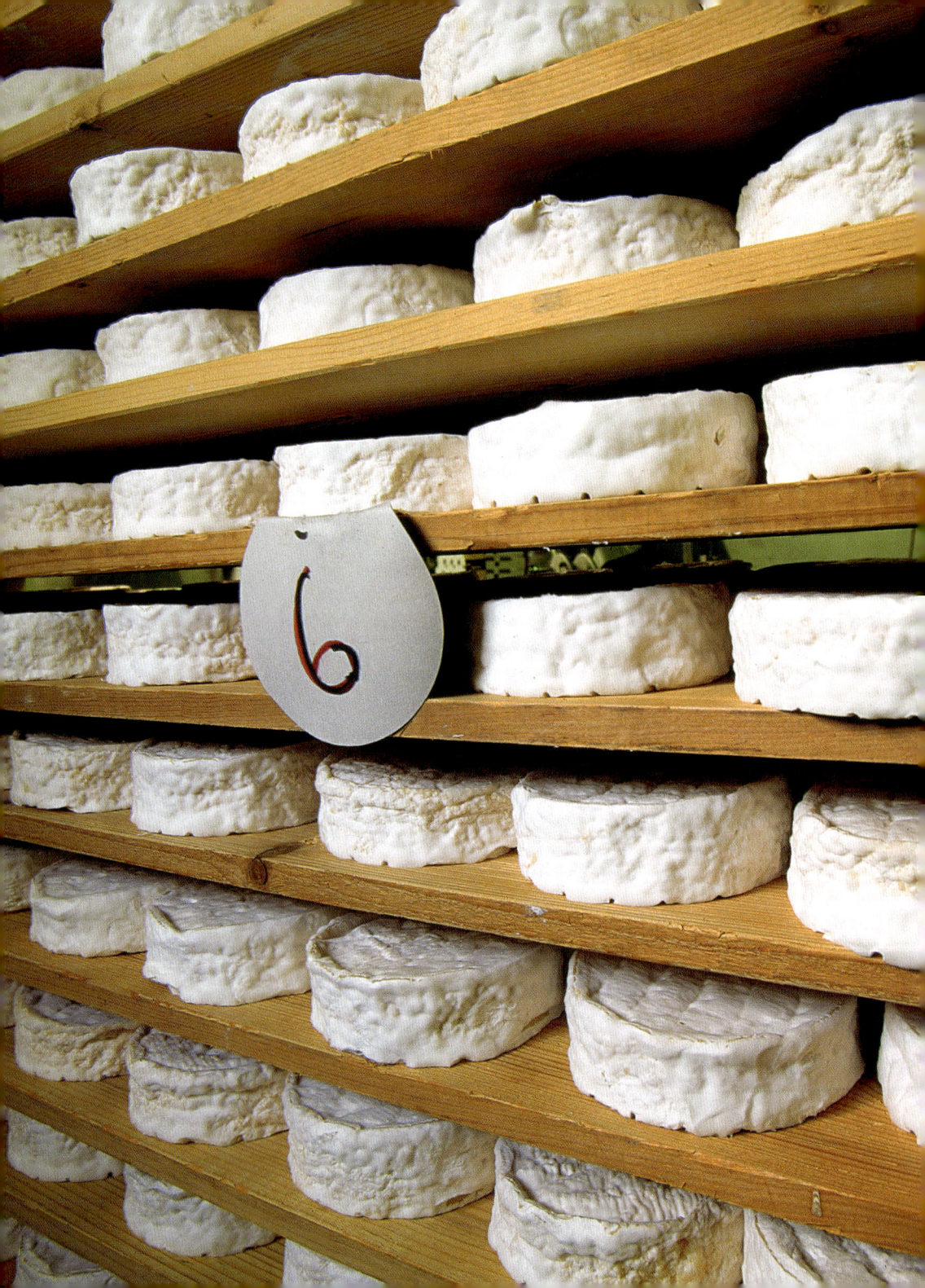

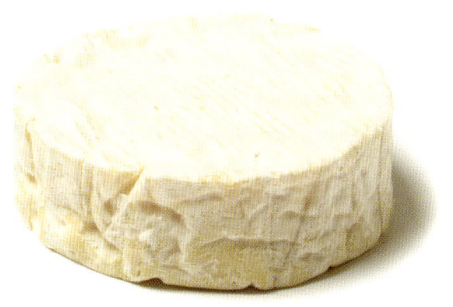

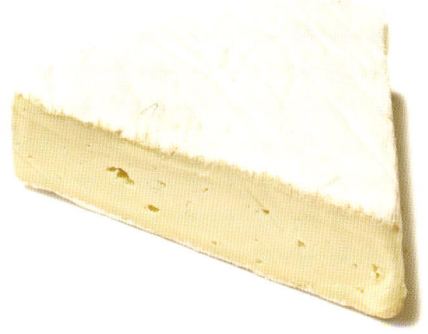

카망베르 페르미에 Camembert Fermier

브리 드 모 Brie de Meaux

모방 제품이 원조의 영광을 도저히 흉내조차 낼 수 없는 경우는 점점 보기 힘들어지고 있는데, 카망베르 페르미에가 바로 그 중 하나이다. 카망베르 페르미에는 1791년, 브리의 교구 사제의 도움을 받은 노르망디의 우유 짜는 하녀 마리 아렐이 처음 만들었다고 전해진다. 그러나 사실 카망베르 치즈에 대한 기록은 그로부터 적어도 한 세기는 더 전부터 존재했다. 피에르 앙드루에는 그의 명저 『치즈 안내서 Guide du Fromage』(1971년)에서 카망베르 역사상 결정적인 순간은 1891년, 치즈를 포장하는 데 쓰이는 원통형 나무 상자가 발명되었을 때 일어났다. 그때까지는 짚에 싸서 팔았기 때문에 종종 치즈가 상해버리곤 했다.

카망베르 페르미에는 AOC로, 노르망디에서 파스퇴르 살균을 거치지 않은 우유로 만드는 곰팡이 숙성 치즈이다. 카망베르에서는 이 치즈를 만드는 농부가 딱 한 사람 생존해 있다. 이름은 프랑수아 뒤랑이라고 한다. 중량 250그램의 원반형으로, 대부분의 공장 생산 치즈보다 더 두껍다. 하얀 곰팡이는 곳곳에 회색, 갈색, 주황색을 띤다. 향은 평범하지만, 과일과 꾀꼬리버섯(229쪽 참조)의 냄새가 섞인 보다 복합적인 풍미를 낸다. 자르면 속이 흘러나오지만, 브리와 비슷한 매끄러운 질감을 가지고 있다. **MR**

브리 드 모는 긴 역사를 자랑하며, '치즈의 왕이자 왕들의 치즈'라는 별명에 부족함이 없다. 이 치즈는 8세기, 샤를마뉴 대제의 치세로 거슬러 올라간다.

이 유명한 곰팡이 숙성 치즈에는 그 품질을 좌우하는 요소가 여럿 있다. 우선은 AOC 지위를 언급하지 않을 수 없다. 브리 드 모는 파리 근교에 위치한 세 데파르트망, 즉 센-에-마른, 뫼즈, 루아레 중 하나에서만 만들 수 있다. 두 번째 기준은 파스퇴르 살균을 하지 않은 우유이다. 파스퇴르 살균을 하는 공장이 몇몇 있기는 하지만, 열처리를 하게 되면 우유 안에 있는 미생물상(相)이 변하게 된다. 세 번째 요소는 커드를 떠서 테에 담는 펠 르 아 브리(pelle à brie, '손 도구'라는 뜻)를 사용한다는 점이다. 덕분에 보다 섬세한 질감을 얻을 수 있다.

치즈의 숙성 과정을 가리키는 아피나주 역시 제조 그 자체만큼이나 중요하다. 한 달 정도 지나면, 얼룩덜룩한 무늬가 진 하얀색에서 팥죽색의 곰팡이가 원반의 표면에 생기며, 노르스름한 커드는 더욱 말랑말랑해진다. 브리는 안쪽에 분필 같은 띠가 더 이상 보이지 않을 때가 먹기 좋지만, 열성 팬들은 흐를 정도로 부드러운 상태는 좋아하지 않는다. 너무 성숙하면 암모니아 냄새가 나기 때문이다. **MR**

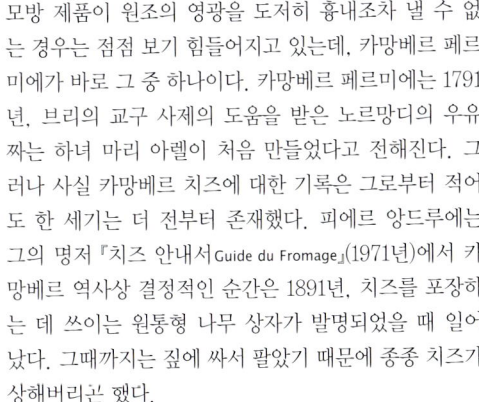

Taste: 농장에서 만든 카망베르는 성숙하면 공장에서 만든 것보다 향이 더 순하다. 신선한 우유로 만든 것은 금방 알 수 있으며, 그 맛도 더 오래 간다.

Taste: 완벽하게 성숙한 브리는 약간 불룩하게 부풀어오르지만, 흐르지는 않는다. 거의 과일 향에 가까운 풍미를 지녔으며, 공장에서 파스퇴르 살균을 거쳐 생산한 버전보다는 더 짜릿하다.

● 카망베르 페르미에의 향미는 약 21일간의 숙성 시간 동안 발달한다.

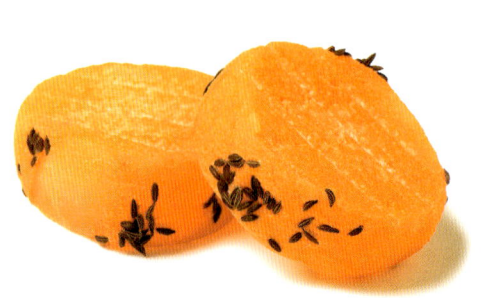

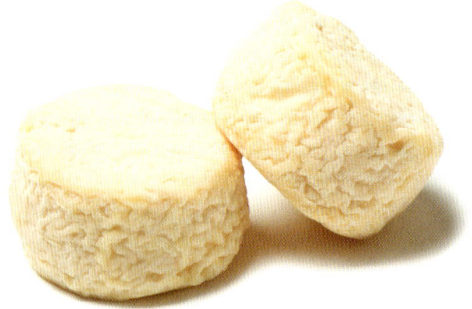

하르처 Harzer

그림처럼 아름다운 하르츠 산맥은 독일 니더작센 주의 소도시 브라운슈바이크 남쪽 깊숙이 펼쳐져 있다. 이 지역은 카나리아 사육(한때는 꽤 번창하는 산업이었다)으로 유명했으며, 강한 냄새에 시큼한 맛을 지닌 소젖 치즈, 하르처로 잘 알려져 있다.

저지방 커드 치즈로 만드는 하르처는 작은 원통형으로, 종종 캐러웨이 씨로 향긋한 맛을 더한다. 단 며칠만 숙성시켜도 저 유명한 지독한 냄새가 피어나기 시작한다. 그 특유의 냄새 때문에 당황스러워 하는 이들도 있지만, 사실 그 아래에는 기분 좋게 알싸한 맛이 감추어져 있다. 냉장고에 넣어두어도 되고, 실온에서도 6주까지는 넉넉히 보관할 수 있다. 치즈가 어릴수록 중심부가 더 하얗고, 향미는 더욱 섬세하다. 성숙해지면서 중심부는 황금빛 노랑으로 바뀌며, 향미가 강해진다.

하르처는 단백질 함유량이 높으며, 지방 함량은 약 1퍼센트밖에 되지 않아서, 저칼로리 식단을 즐기는 이들에게 사랑을 받고 있다. 보통 빵에 끼워서 오이 피클이나 머스터드와 함께 먹는다. **CK**

크로탱 드 샤비뇰 Crottin de Chavignol

크로탱 드 샤비뇰은 16세기 이래 샤비뇰 마을에서 만들어온 치즈로, 루아르 계곡에서는 가장 유명한 치즈이다. 프랑스어로 크로탱은 동물의 작은 똥덩어리를 의미한다. 따라서 이 치즈의 크기를 추측할 수 있다. 손바닥 안에 쏙 들어가는 작은 원통 형으로, 중량은 숙성 정도에 따라 다르기는 하지만 보통 60그램 안팎이다.

샤비뇰의 원기왕성한 숙성은 왜 이 치즈가 보석처럼 소중히 여겨지는지를 알 수 있는 열쇠이다. 아직 신선할 때에는, 즉 물기를 빼고 소금을 친 지 약 1주 정도밖에 지나지 않았을 때에는 기분 좋은 시큼한 맛이다. 표면에 곰팡이가 생성되기 시작하면서 건조해지고, 향미도 균형을 잡아간다. 곰팡이가 푸른색으로 변하고 치즈가 점점 말라가면서 더 단단해지고 강한 향미를 자랑하게 된다. 마침내 숙성된 치즈는 오지 단지에 넣어 보관하며, 그 강한 맛에 어울리는 크리미한 질감이 형성된다. 이런 크로탱 드 샤비뇰은 이 지역 외에서는 구할 수 없다. 숙성 초기 단계에서 크로탱 드 샤비뇰은 두껍게 썰어서 석쇠에 구운 뒤 풍성한 이파리 샐러드에 넣어 오래된 식초와 헤이즐넛 기름을 쳐서 먹으면 정말 맛있다. **MR**

Taste: 하르처 치즈는 강렬한 아로마와 약간 얼얼한 향미를 지니고 있다. 취향에 따라 어리고 단단할 때 먹어도 좋고, 성숙하여 부드러울 때 먹어도 좋다.

Taste: 이 환상적인 치즈는 마르고 강할 때에도 결코 곰팡내를 띠지 않는 염소젖의 깔끔한 맛을 그대로 간직한다. 상세르 와인 한 잔과 함께 먹으면 일품이다.

샤비뇰 마을은 마을 이름을 붙인 치즈 외에도 상세르 화이트 와인을 생산한다. ❯

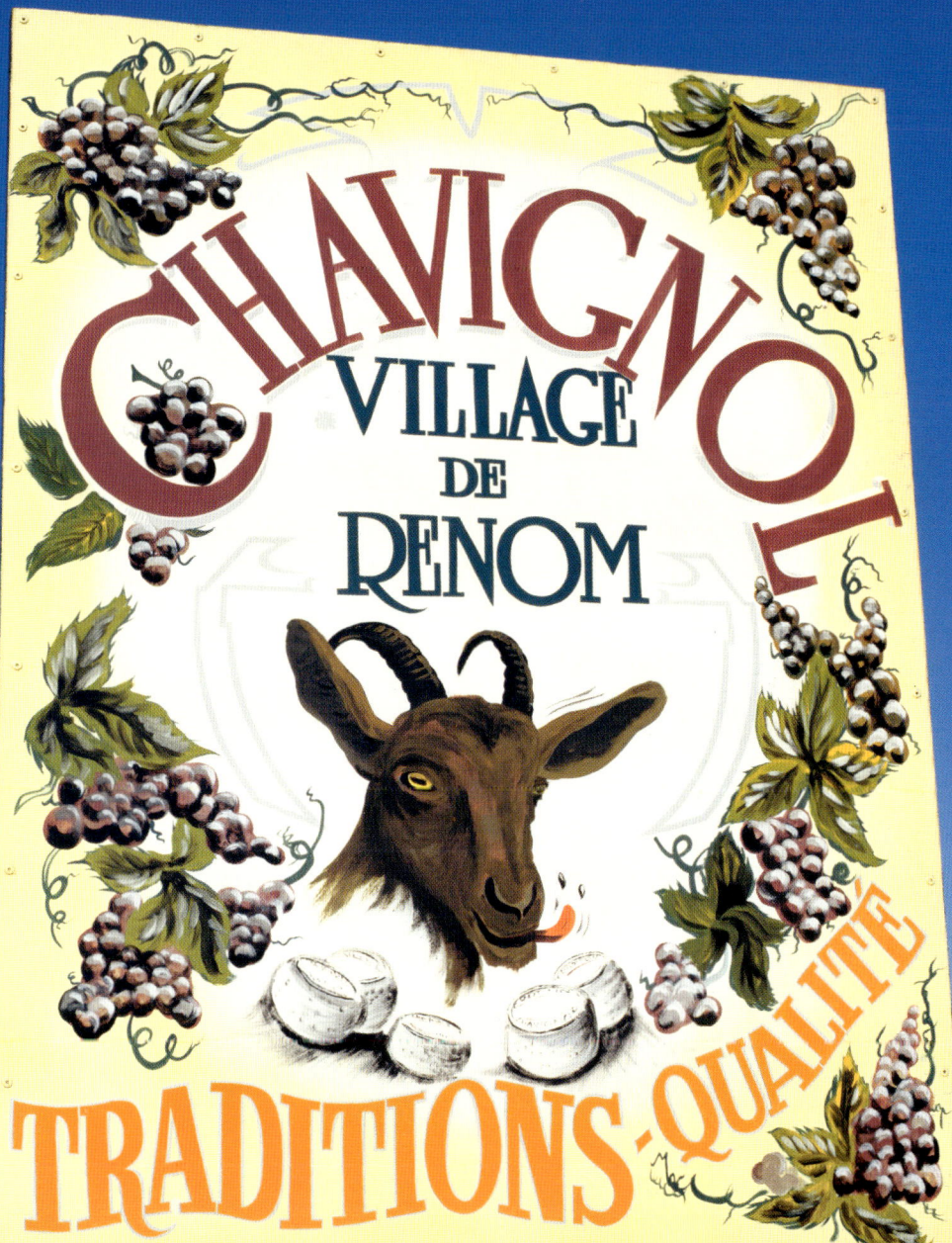

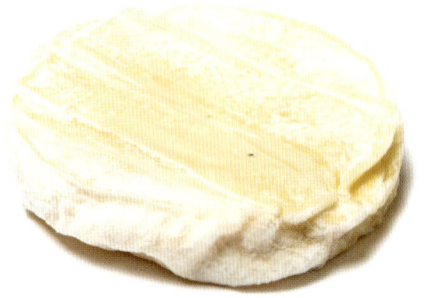

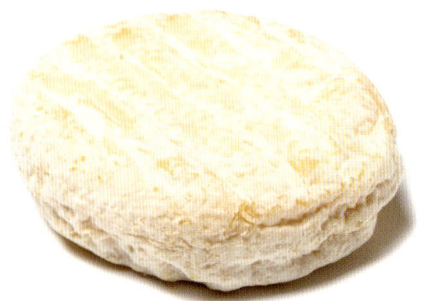

로카마두르 Rocamadour

'검은 마돈나'를 참배하기 위한 순례자의 길목에 위치한 로카마두르는 프랑스 남서부 알주 강의 물줄기를 돌리는 까마득한 절벽 위에 붙어 있다. 무게가 약 30그램 정도 나가는 작은 원반형 염소젖 치즈를 만드는 이 주변 데파르트망(départment, 프랑스의 주에 해당)의 농부들과 낙농업자들은 신비하고 로맨틱한 위치의 덕을 보고 있다.

　로카마두르의 원래 이름—카베쿠 드 로카마두르(Cabécou de Rocamadour)—은 프로마주 드 셰브르(fromages de chèvre, 프랑스어로 '염소 치즈'라는 뜻)로, 카베쿠는 이 지방 방언으로 염소라는 뜻이다. 한때는 겨울철이면 양젖으로 만들기도 했으나, 이후 AOC 규정에 따라 규격화되었다. 오늘날에는 4월부터 11월 사이에 짜는 원유로만 만들 수 있는 계절성 치즈이다. 염소의 총 식사량 중 80퍼센트는 자연의 풀에서 섭취해야 하며, 방목 밀도 역시 헥타르당 열 마리를 넘어서는 안 된다. 생산 후 1주일만 기다리면 시장에서 신선한 치즈를 구할 수 있다. 표면에는 치즈를 올려놓는 시렁의 바둑판 무늬가 찍혀 있다. 성숙하면서 껍질에는 얼룩이 생기며, 크리미한 중심부가 단단해지면서, 부드럽다기보다는 쫄깃해진다. **MR**

Taste: 어린 로카마두르는 마른 풀을 먹고 자란 염소를 연상시키는, 부드러운 질감에 깔끔하고 기분 좋은 맛이다. 성숙하면서 염소젖의 풍미와 견과류 냄새가 진해지며, 더 짜릿해진다.

피코동 Picodon

여름이 되면 론 강을 사이에 두고 마주 보고 있는 두 데파르트망, 드롬과 아르데슈의 마을 시장에 피코동 염소젖 치즈의 냄새가 진동을 한다. 작은 원통형으로, 무게는 100그램이 채 되지 않는다. 갓 태어났을 때에는 신선하고, 하얗고, 전혀 불쾌감을 주지 않지만, 완전히 성숙하고 나면 단단하고, 자극적이고, 코를 찌르는 냄새가 난다. 이 지방의 랑그도크 방언으로는 피카우두(Picaoudou)라 부르는데, 사실 피코동은 19세기 중반까지만 해도 하나의 이름을 가진 특별한 품종으로 간주되지 못했다.

　2000년에 AOC로 지정되기는 했지만 여전히 지역 주민들이 주로 즐겨 먹는 치즈로, 그 맛이나 품질이 개개인의 농부의 치즈 제조 과정이나 낙농 기법에 따라 크게 달라진다. 피코동은 기본적으로 두 종류의 변종이 있다. 피코동 드 디윌르피트는 숙성 과정에서 세척해서 파랑―노랑색의 곰팡이가 가장자리에 생성된다. 그 외의 피코동은 세척 과정 없이 그대로 마르게 내버려둔다. 둘 다 계절 치즈로, 4월부터 8월까지가 가장 맛이 좋다. 전문가들은 매끄러운 질감과 기분 좋은 염소젖 냄새를 즐길 수 있을 때를 선호하지만, 피코동 열성 팬 중에는 찌릿한 맛이 더 발달된 편이 좋다고 하는 이들도 있다. **MR**

Taste: 신선한 피코동은 다른 작은 염소젖 치즈와 비슷하지만, 성숙하면서 특유의 흙 맛이 난다. 여기에 야생 허브의 향이 섞여 있다면 최고의 피코동인 셈이다.

드롬의 치즈장이가 막 새로 만든 피코동 치즈를 선반에 올려놓고 있다. ❯

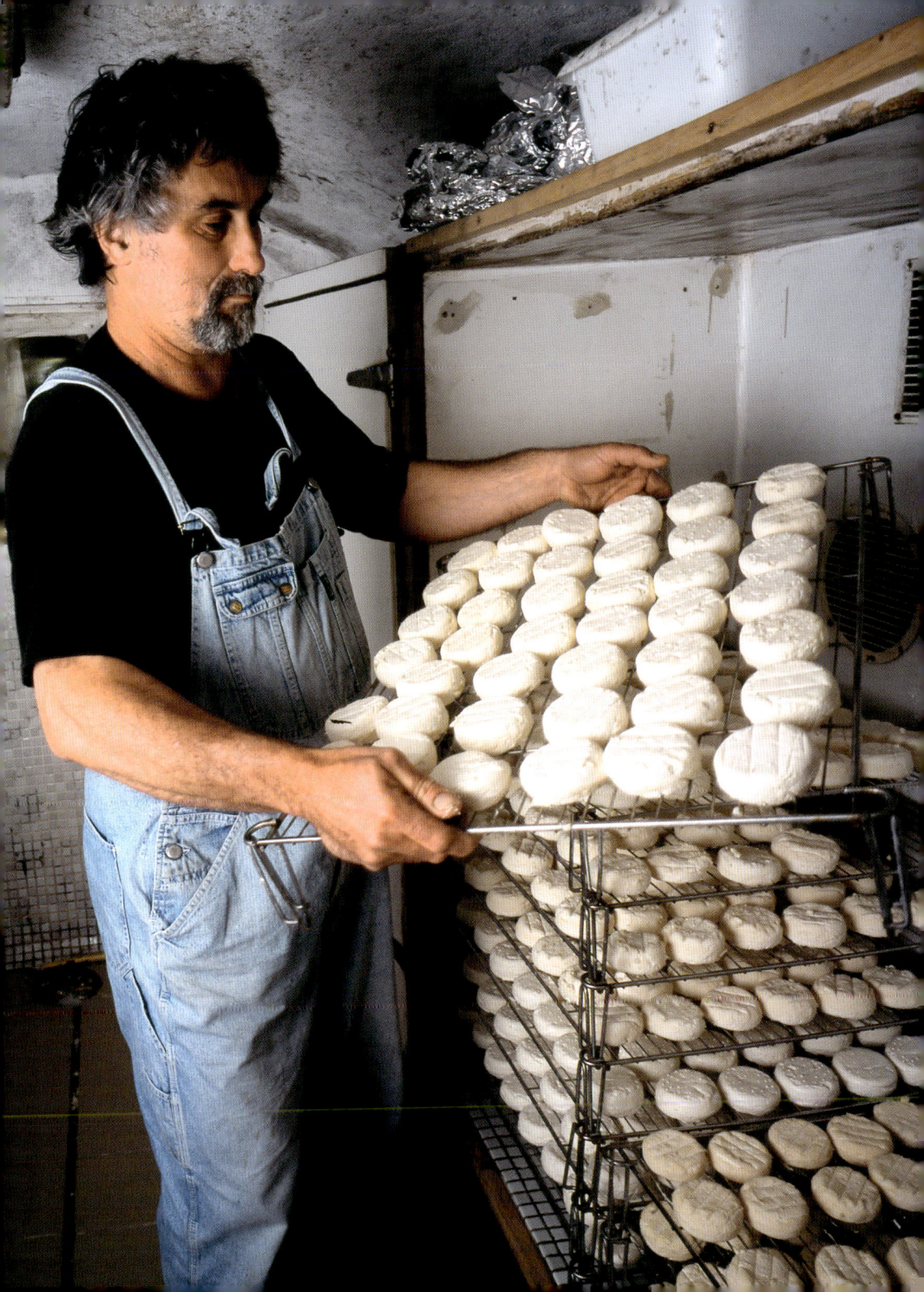

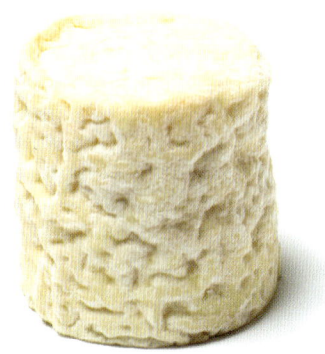

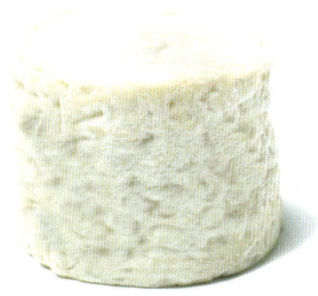

샤비슈 Chabichou

프랑스 중부 푸아투에서 생산하는 염소젖 치즈 샤비슈 뒤 푸아투(AOC)의 이름은 8세기에 샤를 마르텔이 프랑스에서 몰아낸 무어인들에게서 비롯되었다고 한다. '샤비(chabi)'가 아랍어로 염소를 의미하는 '셰블리(chebli)'에서 왔다는 것이다.

농장(불어로 fermier)에서 만든 샤비슈는 원유로 만드는 계절 치즈로, 봄에서 가을 사이에 만든다. 현재는 오직 여섯 군데의 농장에서만 이러한 장인 치즈를 만들고 있지만, 공장에서 생산한 샤비슈는 연중 어느 때라도 구할 수 있다. 공장판 샤비슈는 전유(全乳)로 만든 프레쉬 커드를 사용하며, 소금을 치기 전에 적어도 열흘간 기다린다. 어린 치즈로 먹는다 하더라도 그로부터 열흘은 더 기다려야 한다.

샤비슈의 모양—위쪽을 약간 잘라낸 듯한 작은 원통형—은 이 지방 방언으로 '마개 구멍(bonde)'이라고 부른다. 한 덩어리의 중량은 약 100그램. 표면을 덮고 있는 곰팡이는 흰색, 푸른색, 회색, 혹은 셋 다일 수도 있으며, 아랫쪽에는 'CdP'라는 머릿글자가 돋을새김되어 있다. 아피나주 과정 동안 샤비슈는 발달을 계속하여, 처음에는 말랑말랑했다가 그 다음에는 약간 푸석푸석해진다. **MR**

티롤러 그라우캐제 Tiroler Graukäse

티롤러 그라우캐제(PDO)는 티롤산 잿빛 치즈라는 뜻으로, 인스브루크 북동쪽, 오스트리아령 알프스의 칠러탈 계곡에서 만드는 커드 치즈의 일종이다. 이 치즈는 수세기 동안 티롤의 소들에게서 얻은 젖으로 만들어왔으며, 한때는 농부들의 식탁에서 중요한 비중을 차지했었다. 원유, 또는 파스퇴르 살균한 우유로 만들며, 지방 함량이 0.5퍼센트로 지극히 낮다. 성숙하려면 10~15일이 걸리지만, 더 숙성시키면 더욱 짜릿하고 새콤한 맛이 난다. 티롤러 그라우캐제는 얇은 청회색 가장자리에 약간 균열이 가 있으며, 안쪽은 녹회색의 곰팡이가 마치 혈맥처럼 마블링되어 있다. 질감은 메마르며, 중심부는 끈적끈적한 흰색이지만 성숙할수록 노랑색으로 변한다. 티롤러 그라우캐제는 만든 지 25일 이내에 먹어야 한다. 너무 오랫동안 발달하면 기분 나쁜 시큼한 뒷맛을 내게 되기 때문이다.

티롤러 그라우캐제는 종종 잘라서 거친 빵 위에 얹고 식초, 기름, 절인 양파 등을 곁들여서 먹는다. 샐러드에 넣거나 덤플링의 소스를 만드는 데에 쓰기도 한다. 이 곳 주민들은 작은 주사위꼴로 잘라 고깃국물, 밀가루, 휘핑 크림을 베이스로 만든 수프에 넣어서 검은 빵과 함께 먹는다. **CK**

Taste: 샤비슈 페르미에는 염소젖 냄새가 두드러진다. 어릴 때는 부드럽고, 입안의 느낌은 미끌거리지만, 오랜 아피나주를 거치면 좀더 날카로워진다.

Taste: 티롤러 그라우캐제는 바깥쪽은 메마르지만, 안으로 들어갈수록 질감이 기름지다. 강한 냄새와, 약간 짜릿하고 다소 시큼한 자극적인 향미를 지니고 있다.

티롤의 젖소들은 꽃으로 장식한 머리 장식으로 손님들을 반긴다. ❯

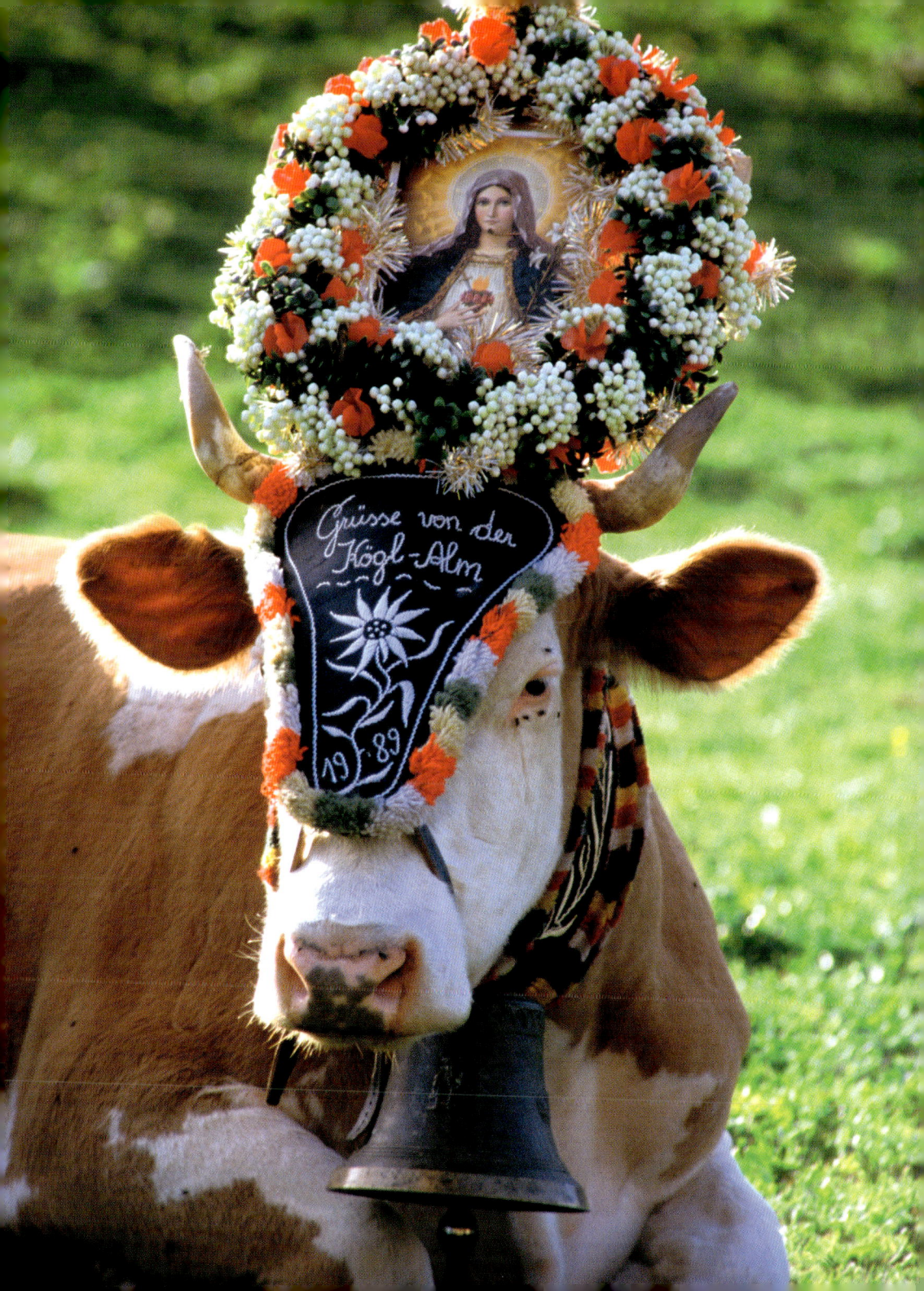

Grüsse von der
Kögl-Alm

19·89

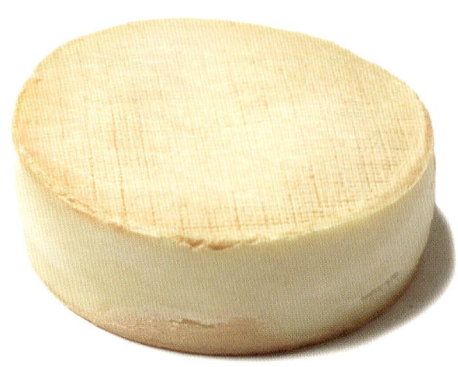

스팅킹 비숍 Stinking Bishop

이 영국 현대 치즈는 1990년대에 글루체스터셔의 치즈 메이커 찰스 마텔이 처음 만들었다. 우스터셔 특산 배 (梨)의 이름을 땄는데, 이 역시 비숍이라는 이름의 농부에게서 유래하였다고 한다. 화를 잘 내는 성품이었던 그는 물이 끓지 않으면 뜨거운 물이 담긴 주전자를 던져버렸다고 한다. 생김새와 스타일만 보면 에푸아스나 퐁레브크 같은 프랑스 수도원 치즈를 모델로 했다.

뼛속까지 보수주의자인 마텔은 배나무를 수집하는 한편 글루체스터 소의 전통 품종을 보존하고자 노력하는 무대 뒤의 주인공이다. 처음에는 우유를 사용하여 파스퇴르 살균을 하지 않은 납작한 원반형 치즈를 실험 삼아 만들어 보았다. 숙성 과정에서 소금물과 페리—발효시킨 배즙으로 만든 리큐르의 일종—용액에 세척한다. 이 치즈는 날이 갈수록 악명을 떨치게 되었고(스팅킹 비숍은 오스카 수상에 빛나는 〈월리스와 그로밋: 거대토끼의 저주〉에도 등장한다), 그 결과 마텔은 외부에서 조달하는 파스퇴르 살균 우유로 방향을 틀 수밖에 없었다. 그러나 파스퇴르 살균을 하지 않은 전통 방식 싱글 & 더블 글루체스터 치즈를 만들 때에는 그가 소유한 소수의 진귀한 품종의 소들로부터 얻은 원유를 사용한다. **MR**

Taste: 스팅킹 비숍은 그 이름을 배신하지 않는다. 이 매끄러운 치즈의 매력은 상당 부분, 은근하고 크리미한 맛과 지독한 냄새 사이의 대조에서 기인한다.

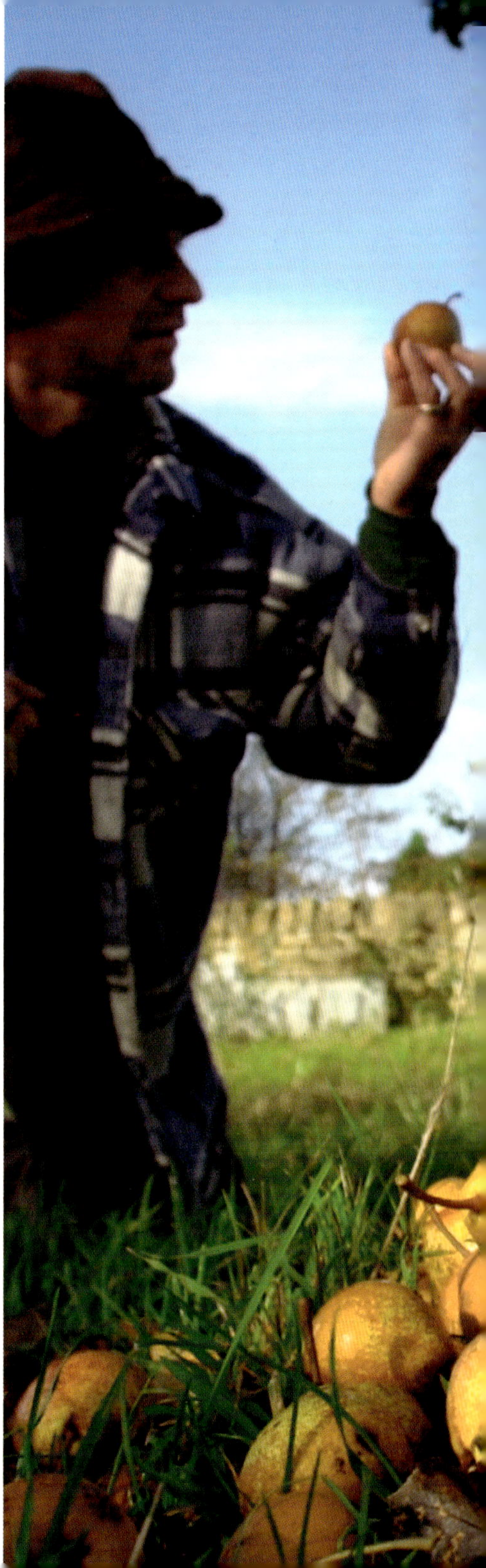

스팅킹 비숍을 만들 때 쓰는 페리를 위해
직접 손으로 배를 고르고 있다. ➡

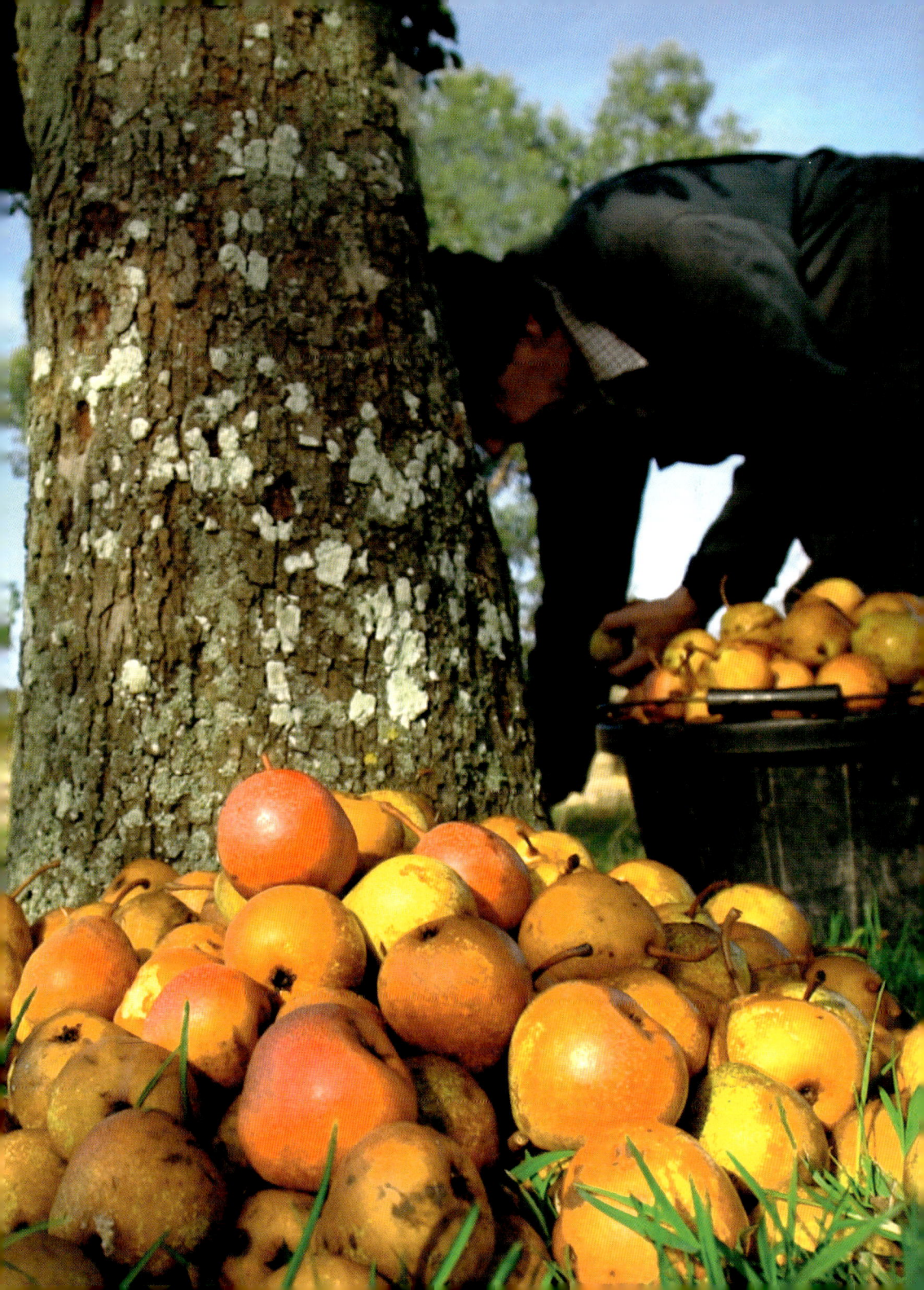

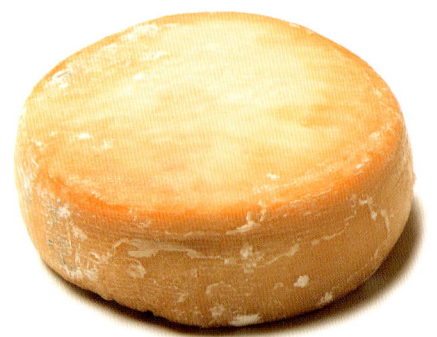

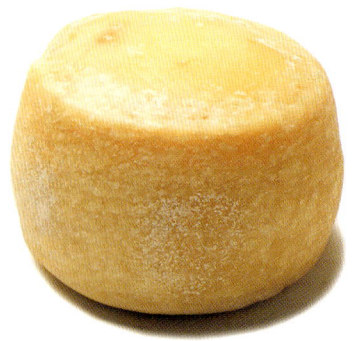

토르타 델 카사르 Torta del Casar

스페인 중부, 에스트레마두라 지방의 거친 초원에서 풀을 뜯는 메리노와 엔트레피나 양젖으로 만드는 토르타델 카사르(PDO)는 파스퇴르 살균을 하지 않은 유기농 치즈로, 어찌나 부드러운지 완전히 성숙했을 때에는 거의 줄줄 흐를 정도이다. 한 덩어리의 크기가 500그램에서 심지어 900그램 이상 나가는 것도 있으므로, 담아내기가 다소 난처하다. 그래서 윗부분을 잘라낸 뒤, 숟가락으로 떠먹거나 바삭바삭한 흰 빵을 크게 잘라 찍어 먹는다.

원래는 양들이 새끼를 낳는 겨울 끝무렵부터 이른 봄에만 생산하는 계절 치즈였지만, 오늘날에는 연중 구할 수 있다. 토르타는 케이크와 비슷한 모양을 가리키며, 카사르는 이 치즈가 태어난 카사르 데 카체레스 마을을 의미한다. 오늘날에는 단 여덟 군데의 낙농 공방에서만 생산한다. 쿠아호—야생 엉겅퀴의 일종(Cynara cardunculus)—를 향긋한 식물성 레닛으로 사용하여 응고시킨 전유(全乳)로만 만든다. 적어도 60일간 숙성시키면, 치즈의 속살은 처음에는 매끄러워졌다가 그 다음엔 미끌미끌해진다. 먹기 전에 실온에서 몇 시간 놓아두는 것이 좋다. **MR**

세라 다 에스트렐라 Serra da Estrela

포르투갈에서 가장 고도가 높은 세라 다 에스트렐라는 국토 한가운데를 가로지르는 중추와도 같은 산악 지방으로, 같은 이름의 DOP 양젖 치즈를 생산한다. 주로 키우는 종은 검은 털의 보르델레이라 양인데, 이베리아 반도의 토착종으로 '포르투갈 치즈의 제왕'의 모태가 아니었다면 거의 멸종될 위기에 처해 있었을 것이다.

토르타 델 카사르처럼 세라 다 에스트렐라 역시 부드럽고 뚝뚝 흐르는 치즈이다. 이 지방에서는 소를 키우지 않기 때문에, 카르둔 엉겅퀴에서 얻은 레닛으로 응유시키는 수밖에 없다. 따뜻한 양젖에 티백처럼 레닛을 넣었다가 빼면 손으로 커드를 휘젓고 바스러뜨릴 수 있게 된다. 그런 다음 헝겊을 씌운 테에 부어내며, 남아도는 훼이는 손으로 짠다. 원통형으로 모양을 빚은 프레쉬 치즈를 모슬린 천으로 싸서 약 3주 동안 숙성시킨다. 숙성실에서 꺼낸 뒤에도 속살이 기름지고 진득진득한 크림으로 변할 때까지 계속 숙성시킨다. 먹을 때에는 치즈 위쪽의 껍질을 잘라낸 뒤, 숟가락으로 접시나 또는 콘밀로 만드는 이 지방의 전통 빵인 브로아(broa)에 떠 담는다. **MR**

Taste: 토르디 델 카사르의 버터처럼 진한 질감은 뚝뚝 떨어질 정도로 농도가 묽다. 쿠아호의 희미하게 씁쓸한 허브 향으로 양젖의 달콤함이 다소 누그러졌다.

Taste: 풀내음이 약간 감도는 세라 다 에스트렐라는 토피 태운 향이 깔려 있는 듯한 달콤한 맛이다. 그 풍미는 강렬하며, 부드럽고 크리미한 질감은 발라 먹기에 완벽하다.

포르투갈의 검은 보르델레이라 양은 오늘날에는 찾아보기가 어려워 다른 품종에서 얻은 젖을 사용하는 경우가 점점 늘어나고 있다. ➲

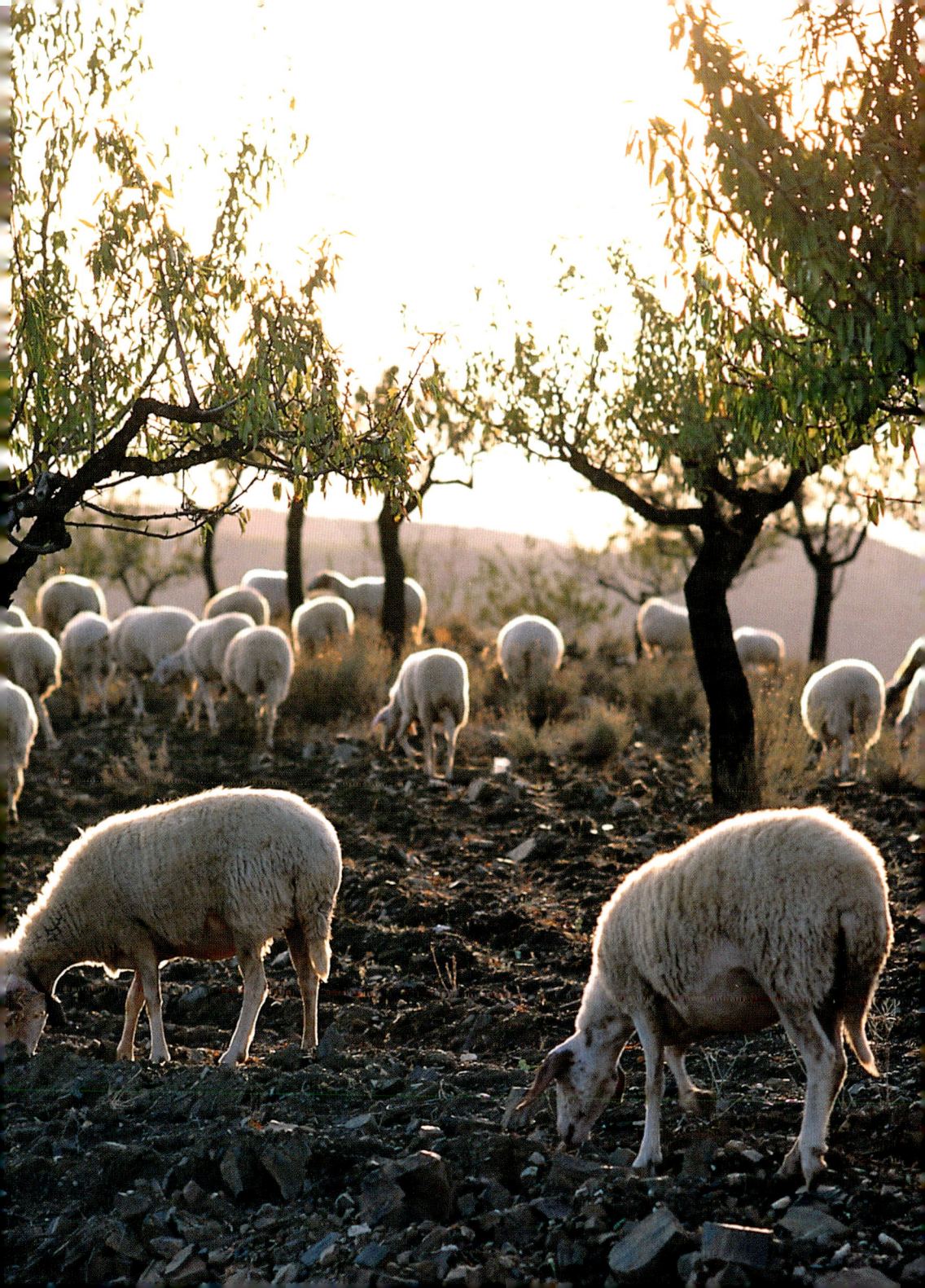

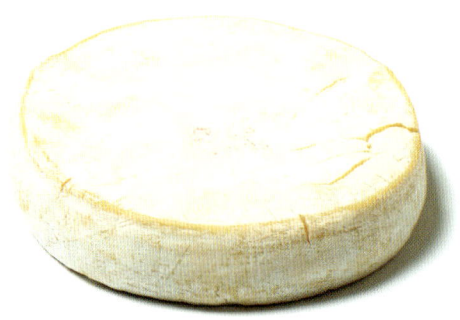

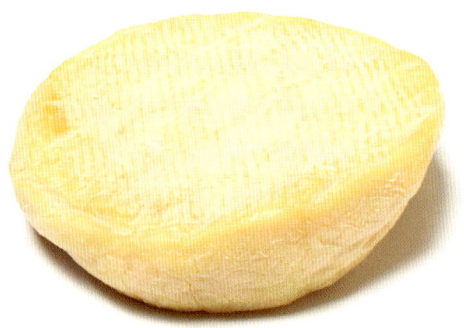

르블로숑 Reblochon

프랑스 남동부 사부아 지방의 산악지대에서 생산하는 이 환상적인 치즈에는 재미있는 이름이 붙어 있다. 이 지역 방언으로 '소의 젖꼭지를 한번 더 짠다'는 뜻의 're-blocher'에서 유래하였다. 이렇게 젖을 두 번 짜면, 보다 진한 액체를 얻을 수 있는데, 이것을 대량 따로 덜어두었다가 치즈를 만드는 데에 쓴다.

알프스 고원 지대의 초원에서 생산되는 르블로숑 (AOC)에는 계절의 풍미가 짙게 배어 있는데, 특히 소 떼가 어마어마한 양의 풀을 뜯어 먹는 여름과 가을에 만든 것이 가장 좋다. 르블로숑 프루티에(Reblochon fruitier)는 몇몇 마을에서만 사일리지를 먹지 않은 소의 젖만을 사용하여 만든다. 라벨에 '페르미에(fermier, '농부'라는 뜻)'라고 표기되어 있다면, 그보다도 더 높은 품질을 의미한다. 르블로숑은 중량 500그램의 원반형과, 살균처리하지 않은 최고급 전유(全乳)로 만든 더 작은 크기의 '프티 르블로숑'으로 만든다. 숙성 과정에서 라테 빛깔─간혹 분홍빛을 살짝 띠기도 한다─의 가장자리가 발달하며, 여기에 뽀얀 분이 덮이게 된다.

두 달 정도만 묵혀두면 먹을 수 있는데, 벨벳처럼 매끄럽고 부드러우며 오랜 세월이 지난 상아의 빛깔을 띤다. 만지면 쫀득하다 못해 말랑말랑하다. **MR**

뫼스테르 Munster

전 세계에서 '뫼스테르'라는 이름으로 팔리는 치즈는 수 없이 많지만, 알자스와 그 인근 지역에서 생산되는 뫼스테르(AOP)는 단연 빼어나다. 프랑스 동부에 위치한 이 지방의 음식과 와인─그리고 마을 이름과 언어도─은 한때 독일의 지배를 받았던 역사는 물론 독일과 바로 이웃하고 있는 위치적인 영향을 많이 받았다.

'뫼스테르 케스(Munster kaes)'는 수도원 치즈이며(뫼스테르라는 이름 자체가 라틴어로 '수도원'을 뜻하는 'monasterium'의 축약형이다), 그 계보는 중세까지 거슬러 올라간다. 중량 120그램 이상의 작고 납작한 원반형으로, 0.5~1.5킬로그램짜리 큰 포장도 있다.

뫼스테르─뫼스테르 제롬이라고도 한다─는 따뜻하고 매우 습한 조건에서 보통 2~3주간 숙성시킨다. 이 기간 동안 옅은 소금물로 정기적으로 세척해준다. 표면은 발달하면서 오렌지빛을 살짝 띠며, 속은 버터빛 노랑색으로 변한다. 질감은 클로티드 크림과 비슷한 부드러운 밀도로 바뀌고, 특유의 강렬한 향이 피어나게 된다. **MR**

Taste: 르블로숑은 그 냄새만으로도 유혹적이다. 맛은 세지는 않지만 진하며, 풀 내음이 살짝 느껴진다. 유지방이 50퍼센트나 되므로, 만족스러운 뒷맛이 길게 남긴다.

Taste: 잘 익은 뫼스테르는 썩는 냄새에 매력적인 과일향이 뒤섞여 있다. 맛은 세고 짜릿하지만, 거칠고 시큼한 맛은 아니다─사실 거의 육류를 연상케 한다.

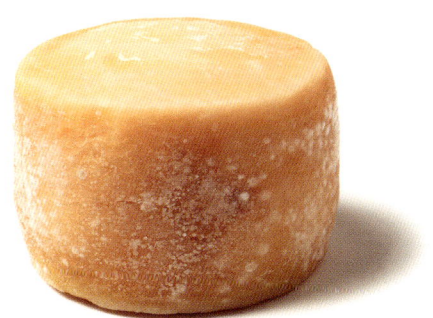

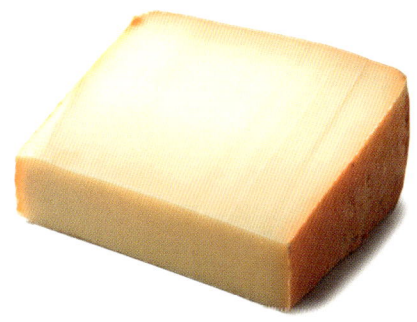

아제이탕 Azeitão

초목이 우거진 푸르른 아라비다 산맥 기슭에 깊숙이 자리 잡고 있는 아제이탕(Azeitão) 마을은 살균처리하지 않은 암양의 젖으로 말랑한 치즈를 만든다. 이 지방 전설에 따르면, 19세기에 고향을 그리워하던 한 농부가 옛 양떼의 젖으로 만든 산악 지방의 치즈를 보내달라고 했고, 아제이탕은 이 치즈를 그대로 자기 것으로 만들어 버렸다. 오늘날 아제이탕 치즈는 PDO 인증의 보호를 받고 있으며, 세투발, 세심브라, 팔멜라의 치즈 장인들이 생산한다.

동물성 레닛보다는 야생 카르둔(Cynara cardunculus) 꽃을 사용하여 커드와 훼이를 분리한다. 그런 다음 커다란 도기 단지에 담고 카르둔 꽃을 가득 넣어 불 옆에 놓아 둔 뒤, 헝겊을 덮은 바퀴에 부어 형체를 만든다. 아제이탕 치즈는 숙성 단계에 따라 버터처럼 부드러운 것부터 쫄깃한 것까지 질감이 다양하며, 구멍이 거의 없다.

아제이탕은 강한 흙 냄새를 풍기며, 그 향미는 숙성하면서 점점 더 강렬해진다. 보통 윗부분을 잘라낸 뒤 작은 숟가락으로 뚝뚝 흐르는 지스를 떠 먹는다. 견과류를 넣어 만든 시골풍의 빵이나, 잣과 벌꿀, 그리고 이 지역에서 재배하는 모스카텔(무스카트) 와인 한 잔을 곁들이곤 한다. **CK**

Taste: 아제이탕은 짜릿하고, 살짝 짭짤하며, 크리미한 사워밀크와 허브의 향미가 깔려 있다. 잘 숙성된 아제이탕은 실온에서 뚝뚝 흐른다.

포스텔 Postel

벨기에의 몰(Mol) 현에 있는 포스텔 수도원의 트라피스트 수도사들이 일일이 수작업으로 만드는 포스텔은 밀도가 조밀한 소젖 치즈다. 프랑스적인 성격이 어느 정도 느껴지는 것은, 19세기 중반 나폴레옹의 반교권주의 정책으로 인해 프랑스를 떠나온 수도사들이 많았기 때문이다. 오늘날 포스텔 수도원의 수도사들은 여러 종류의 치즈를 만들고 있다.

최소한 12개월 동안 숙성시키는 포스텔은 갈아서 뿌려 먹기에 좋은 딱딱한 치즈이다. 색깔은 어둡고, 약간 환한 겨자색으로, 가장자리로 갈수록 갈색을 띤다. 치즈 덩어리는 나무로 만든 술통을 납작하게 눌러놓은 것 같은 독특한 모양이다. 잘라서 먹기에 좋은 멋진 테이블 치즈이지만, 조리해도 훌륭하다.

현재 벨기에에서는 약 300종류의 치즈가 생산되며, 맥주와 마찬가지로 수도원들이 그 발전 과정에 뚜렷한 영향을 미쳐왔다. 중세에는 50곳의 벨기에 수도원이 직접 치즈를 만들어 판매하였지만, 오늘날까지도 이러한 전통을 이어오고 있는 곳은 포스텔 수도원 한 군데뿐이다. 수도원의 이름이 붙은 다른 치즈들은 단지 그 이름만을 라이선스했을 뿐이다. **LF**

Taste: 포스텔 치즈는 단단한 결과 맛있는 냄새를 지니고 있으며, 처음에 느껴지는 풍부하고 견과 향이 나는 풍미는 입안에서 정향과 육두구 같은 따스한 스파이스를 풀어낸다.

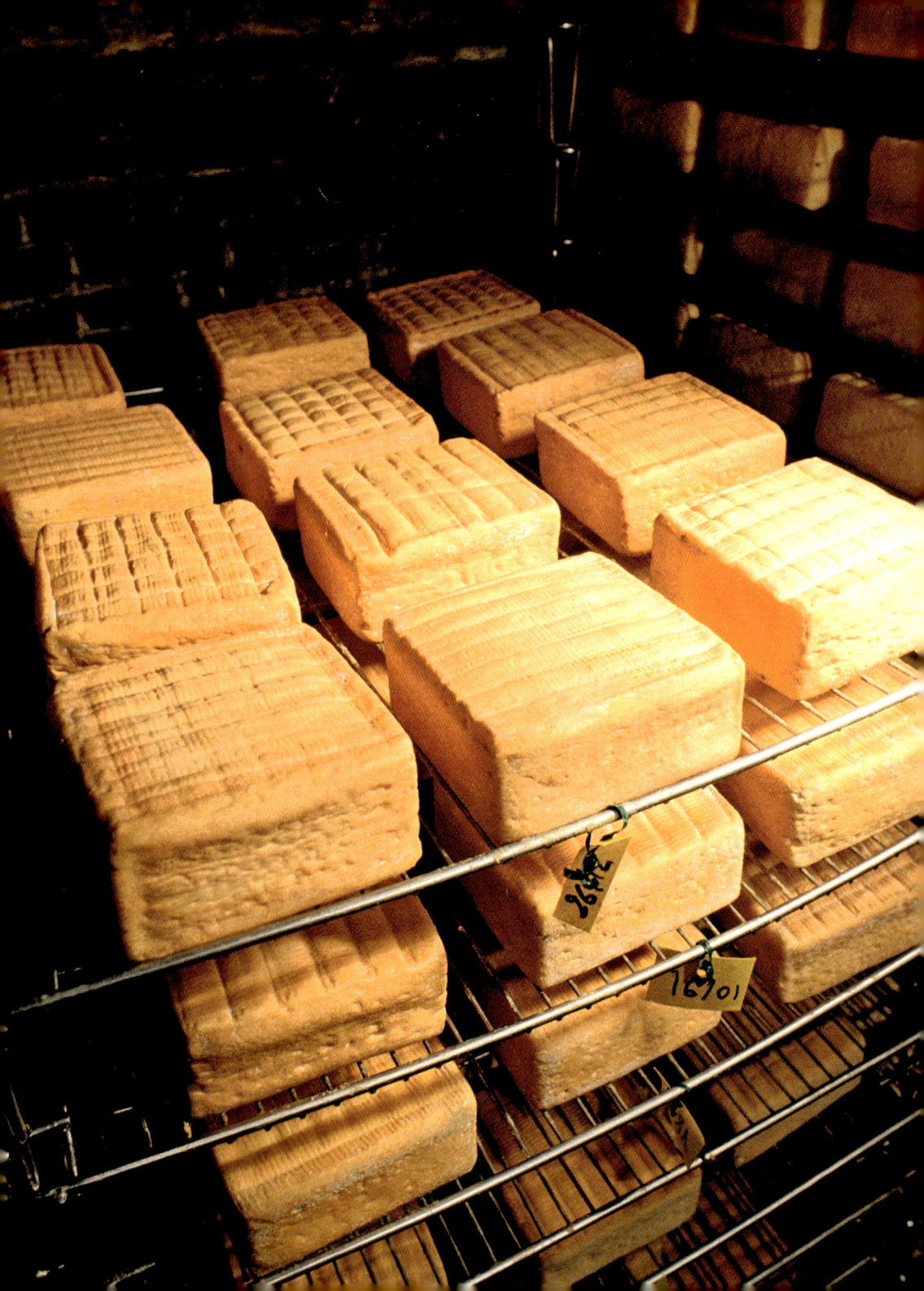

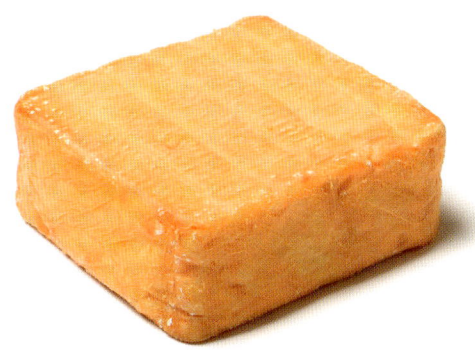

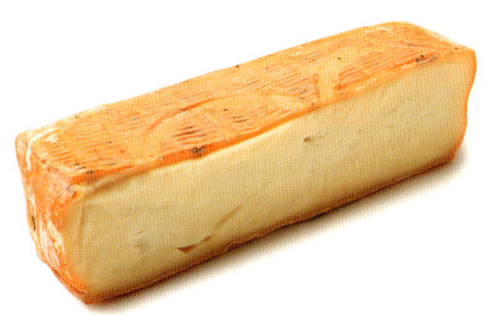

마루아유 Maroilles

탈레지오 Taleggio

마루아유(AOC) 치즈에서 그토록 버터 맛이 나는 까닭은 저지 종과 건지 종의 유전 형질을 지닌 브르통 피 누아르(Bretonne Pie Noire)라는 소에서 젖을 짜기 때문이다. 그러나 마루아유는 브르타뉴 지방이 아니라, 프랑스 북부 가장자리, 벨기에와의 접경지대인 파─드─칼레에 있다.

마루아유는 진정한 수도원 치즈로, 어쩌면 수도원에서 만든 최초의 치즈일 가능성도 있다. 생위베르 마을 가까이에 있는데, 이 수도원에는 위베르 성인이 묻혀 있다는 전설이 있다.

프랑스 치즈의 바이블인 『치즈안내서 Guide du Fromage』(1971년)에서는 '크라케뇽(Craquegnon)'이라는 이름으로 등장한다. 18세기 부렵에는 농장에서 만들어 소금을 잔뜩 쳐서 릴 등의 큰 도시에 내다 팔면, 소금기를 씻어서 먹었다. 오늘날 고전적인 방식으로 만든 마루아유는 세척한 오렌지빛 껍질로 싸여 있으며, 한 변이 12센티미터 안팎의 납작한 정사각형 벽돌 모양이지만, 다양한 사이즈─몽소(Monceau, 540그램), 미뇽(Mignon, 380그램), 쾨르트(Quart, 180그램)─로 출하된다. 마루아유는 다른 '냄새 나는' 치즈보다 더 말랑말랑한데, 아마도 알코올을 섞지 않은 소금물로만 세척하기 때문인 듯하다. **MR**

유서 깊은 이탈리아 치즈 가운데 하나로 오늘날에는 DOP 인증의 보호를 받고 있는 탈레지오는 그러나 1918년까지는 공식적인 이름이 탈레지오가 아니었다. 그때까지는 '스트라키노(stracchino)'─알프스의 초원에서 골짜기로 소떼를 몰아 내려가는 계절이 끝난 뒤 지쳐버린 젖소에게서 짠 젖을 가리킨 방언─라 불리는 여러 종의 롬바르디아 치즈 가운데 하나에 불과했다. 여전히 탈레지오와 발사시나의 명물이지만, 이탈리아 북부 전역에서 연중으로 생산한다.

납작한 정사각형인 탈레지오의 중량은 2.2킬로그램 안팎이다. 불그스름한 갈색의 껍질에는 네 개의 동그라미가 찍혀 있으며, 그 중 세 개에는 'T'자, 나머지 하나에는 그냥 막대기 모양이 새겨져 있다. 지방 함량이 높은 치즈로 한 달 이상 계속되는 숙성 과정 동안 저 유명한 파워풀한 아로마를 발달시키며, 곰팡이와 박테리아를 이식한 소금물로 표면을 문지른다. 어느 정도 무르익었을 때에는 치즈의 표면이 지나치게 졸라맨 코르셋처럼 울퉁불퉁 튀어나온다. 희끄무레한 속살은 탄력있는 버터처럼 매끄럽다. 속에 백악질 같은 심이 있다면 숙성이 덜 되어서 그런 것이다. 뚝뚝 흐르나면 반대로 너무 익힌 것이다. 껍질도 먹을 수는 있지만, 깎아내거나 잘라내는 편이 낫다. **MR**

Taste: 강한 냄새에도 불구하고 마루아유의 풍미는 깔끔하다. 맛이 세서 우아한 저녁식사의 마지막 순서보다는 팽 드 캉파뉴와 함께 먹는 것이 더 어울린다.

Taste: 발텔리나, 발사시나, 발탈레지오의 치즈 장인이 만든 탈레지오는 육류, 쇠고기, 버섯, 과일, 견과류, 소금이 한꺼번에 어우러지는 독특한 맛을 자랑한다.

마루아유 치즈는 철사 선반 위에서 뒤집기
때문에 표면에 특유의 가로 세로 무늬가 생긴다.

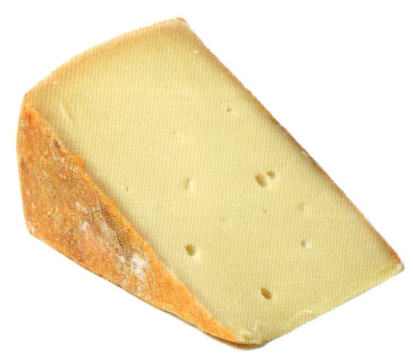

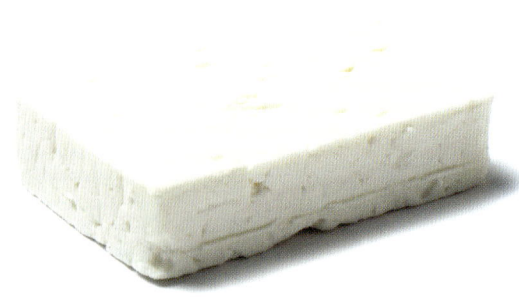

틸지터 Tilsiter

오늘날에는 스위스 치즈로 분류하는 틸지터(또는 틸지트)는 사실 그 이전에 머나먼 여정을 거쳐온 치즈이다. 19세기에 프로이센 동부의 틸지트에서 오토 바르트만이라는 스위스인이 네덜란드에서 전해졌다는 치즈를 만들었다. 1893년, 바르트만은 고향인 투르가우로 돌아가 비섹에 홀츠호프 낙농장을 세웠다. 원래의 직업인 치즈장이로 복귀하기 전에, 아마도 한동안 자신이 빌린 레시피를 만지작거렸던 것 같다. 바퀴형의 2킬로그램짜리 세미하드 치즈로, 다양한 버전으로 만들어진다. 살균처리를 한 우유와 하지 않은 우유 모두로 만들 수 있으며, 6개월까지 숙성시킨다. 노르스름한 커드에는 콩알만한 구멍이 숭숭 뚫려있다. 저먼 틸지트(German Tilsit)는 별개의 종류이다. 덩어리 모양으로 세척한 껍질에 세미소프트하고 탄력있는 속살에는 작은 균열이 가 있다. 보통잘라서 아침식사 때 빵에 얹어 먹는, 맛이 강한 팜하우스 틸지트는 림버거와 유사하다.

완전히 다른 스타일과 헷갈리는 역사를 보면 확실히 두 가지의 사뭇 다른 치즈에 같은 이름이 붙어 있다는 것을 알 수 있다. 아이러니하게도 틸지트라는 마을—러시아 혁명 이후 소베츠크로 이름이 바뀌었다—은 더 이상 존재하지 않는다. MR

페타 Feta

페타는 지중해 나라에서 수세기 동안 없어서는 안 될 필수 식품이었다. 사실 오디세우스가 만났다는 애꾸눈 키클롭스인 폴리페무스가 이 짭짤하고 하얀 치즈의 조상을 만들고 있었다고 주장하는 역사학자들도 있다.

페타의 오랜 전통을 자랑하는 나라는 불가리아와 터키이지만, 오늘날에는 여러 다른 나라에서도 만들고 있으며, 2005년에는 기나긴 상표권 전쟁 끝에 그리스가 PDO 인증을 취득하였다. 2007년 10월부터 페타 치즈는 그리스에서 양이나 염소, 또는 두 짐승의 젖을 모두 사용하여 만든다. 압착하여 자른 커드에 소금을 뿌린 뒤 24시간 동안 말렸다가 소금물에 담가서 약 한 달 동안 숙성시킨다.

대부분의 페타는 대량생산 제품으로, 소금 외에는 그 맛을 정의할 만한 요소가 거의 없다. 하지만 관목이 무성한 산 속의 초원에서 풀을 뜯고 자란 짐승에게서 얻은 향미가 진한 젖으로 파스퇴르 살균을 거치지 않고 만든 멋진 치즈들도 여전히 구할 수 있다. 페타는 소금물에 담가두기만 하면 거의 영구적인 보관이 가능하지만, 일단 공기에 노출되면 금방 말라버린다. 소금기가 너무 많다고 생각되면 물에 잠깐 담갔다 건져내기도 한다. HF-L

Taste: 스위스 틸지터는 언제나 최고의 우유로 만든다. 가령 그뤼에르(Gruyere)보다는 더 흙냄새가 나는 풍미를 지니고 있다. 독일 틸지트는 주로 잘라서 먹는 마일드한 치즈이지만, 향이 더 강해질 수 있다.

Taste: 소금물에서 막 건져내서 실온에서 먹으면, 이 짜릿하고 순수한 흰 치즈는 단단하고 바삭바삭하며, 그와 동시에 크리미하고 밀크의 신맛이 느껴진다.

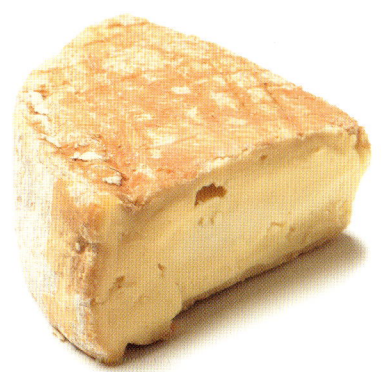

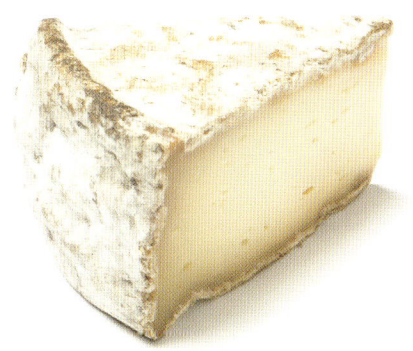

아드라한 Ardrahan

톰 드 사부아 Tomme de Savoie

카셀 블루처럼 아드라한 역시 1980년대에 발전한 모던 아일랜드 치즈에 속한다. 유진 번즈는 아일랜드 남부의 카운티 코크에 있는 자신의 농장에서 순종 홀스타인 젖소에서 얻은 우유로 치즈를 만들어 팔기 시작하였다.

아드라한은 파스퇴르 살균을 거친, 세미소프트하고 껍질을 세척한 치즈로, 응유에는 식물성 레닛을 사용한다. 소형(300그램)과 중형(1킬로그램)의 바퀴형으로 출하되며, 숙성 초기 단계에서 소금물에 이식시키는 박테리아—이 경우에는 브레비박테리움 아우란티아쿰(Brevibacterium aurantiacum)—덕분에 독특한 개성을 자랑한다. 제조 과정에서 가볍게 압축시키는데, 이 마일드하고 탄력 있는 치즈는 나이를 먹을수록 가장자리가 불룩하게 튀어나오기 시작하며, 동시에 실크 같은 매끄러움과 강한 맛을 발달시킨다.

비교적 지방과 콜레스테롤 함량이 모두 낮아 원산지인 아일랜드에서는 조리용 치즈로 인기가 높으며, 국제적으로도 인기가 높아지고 있다. 아드라한을 처음으로 사간 사람은 파리의 유명한 농수산물 시장인 헝지스(Rungis)의 고객이었으며, 해마다 성 패트릭(아일랜드에 기독교를 처음 전파한 아일랜드의 수호성인) 축일이면 백악관 식탁에도 오른다. **MR**

프랑스령 알프스의 사부아 지방에서 생산하는 톰 드 사부아는 가볍고 달콤한 맛을 자랑한다. 원래는 버터를 만들기 위해 크림을 걷어낸 다음 남아 있는 밀크로 만들었으며, 보통 농가들의 공동 작업이었다. 그러나 1996년까지는 프랑스 유제품 기업들이 차용하여, 값싼 공장 생산 치즈에 붙이는 이름에 불과했다. 오늘날에는 IGP 인증을 받아 진품임을 보증 받고 있다.

현재 톰 드 사부아는 탈지유, 전유(全乳), 혹은 그 중간쯤 되는 밀크로 만든다. 완성품인 치즈의 유지방 함량은 20퍼센트부터 45퍼센트까지 다양하다. 중량 1.2~2킬로그램의 바퀴 모양으로, 거뭇거뭇한 곰팡이가 생기지 않도록 정기적으로 쓸어내며, 1~3개월 걸리는 아피나주 기간에는 하루 건너 한 번씩 뒤집어준다. 맨눈에는 보이지 않지만, 겉껍질 아래에 빨간 라벨(낙농장에서 생산되었음을 표시) 또는 녹색 라벨(농가에서 만들었음을 표시)이 찍혀 있다. 고품질 톰 드 사부아는 '전통 낙농 생산(fabrication traditionelle au lait cru)' 인증을 받는다. **MR**

Taste: 무르익은 아드라한은 질감이 뻑뻑하며, 다른 발라먹는 치즈에 비하면 중심부가 백악질처럼 무슬무슬하다. 실크처럼 매끄러운 맛에 비해 흙냄새 나는 아로마가 더 진하다.

Taste: 톰 드 사부아는 밖으로 열려 있는 질감으로, 때때로 작은 구멍이 눈에 띈다. 가벼운 향미는 유지방 함량에 따라 다르다. 치즈 애호가들은 더 거칠고, 메마르고, 유지방 함량이 높은 쪽을 선호한다.

올라무츠 트바루스키 Olomoucké Tvarůžky

올라무츠 트바루스키, 또는 잘 익은 올라무츠는 체코 공화국의 가장 유명한 전통 치즈 가운데 하나이다. 수백 년 동안 체코의 하나 지방에서 만들어왔으며, 올라무츠 마을의 이름을 땄다. 문서상으로는 15세기 말에 체코 국왕 루돌프 2세가 좋아했다는 기록이 남아 있다. 또 1872년에 빈에서 열린 제1회 오스트리아 낙농 박람회에서 상을 탔다고도 한다. 심지어 로티체 마을에는 올라무츠 치즈 박물관도 있다. 현재 국제 PDO 인증을 신청해 놓은 상태이다.

지방 함량이 1퍼센트밖에 안 되는 올라무츠 치즈는 오랜 옛날부터 전해 내려오는 전통 레시피대로 만드는데, 크림을 걷어낸 사워 커드를 으깨서 숙성 작용제와 함께 섞는다. 소금은 보존용으로만 첨가할 뿐이다. 숙성 과정에서 특유의 파워풀한 아로마를 발달시키는데, 이 냄새를 싫어하는 사람들도 있다. 표면은 황금빛에서 오렌지 빛으로, 세미소프트한 질감에 중심부는 더 부드럽다. 촉촉하고 약간 끈적끈적하며, 겉에서 보면 윤기있고 반투명한 겹겹으로 이루어져 있다. 속은 단단하고 크리미한 흰색, 또는 희미한 베이지색이다. 올라무츠는 보통 짧은 롤, 고리, 바퀴, 또는 막대 모양으로 만들며, 한 덩이의 중량이 20~30그램이다.

흥미롭게도 몇 년 전 올라무츠 치즈가 체코-중국 공식 연회 메뉴에 포함된 적이 있다. 당시 올라무츠 치즈를 속으로 넣은 덤플링에 생강 소스를 곁들인 디저트가 나왔다. 이 향긋하고 영양가가 풍부한 테이블 치즈는 보통 빵과 함께 먹지만, 체코 요리에서 없어서는 안 될 재료이기도 하다. 체코의 퍼브에서도 인기 있는 안주이며, 반죽 옷을 입혀 튀겨 먹기도 한다. **CK**

호흐 이브릭 Hoch Ybrig

호흐 이브릭 치즈는 스위스의 슈비츠 주, 스위스 알프스 산 속 높이 자리한 쿠스나흐트 마을에서 만든다. 비교적 최근—1980년대—에 탄생한 세미하드 치즈로 스위스 그뤼에르를 모델로 하였으며, 그림처럼 아름다운 알프스 지방의 이름을 땄다. 이 치즈는 중량 6.8킬로그램의 바퀴형 덩어리로 판매한다. 워낙 생산량이 한정되어 있어 가격도 비싸다. 단 한군데의 낙농장에서 파스퇴르 살균하지 않은 우유로 여름철에만 만든다. 작은 농가들이 소유한 많지 않은 숫자의 시멘탈 젖소들로부터 젖을 얻는데, 푸르른 알프스의 초원에서 야생화와 풍부한 허브를 뜯어먹는다.

익혀서 압착한 커드에서 훼이를 분리해 내고, 치즈를 1주일에 한 번씩 화이트 와인을 섞은 소금물에 씻어 곰팡이가 자라게 한다. 그리하여 치즈가 숙성하면 독특한 개성과 향미를 지니게 된다. 보통 8개월~1년을 숙성시킨 뒤 출하한다.

어린 치즈는 약간 불그스름한데, 좀더 나이든 것은 더 빛깔이 짙고 딱딱한 가장자리에 하얀 곰팡이 분이 곱게 덮여 있으며, 강한 흙 냄새가 난다. 1년을 완전히 묵힌 치즈라면 속살이 깊은 황금빛으로 보다 강렬한 향미를 풍길 것이다. 기분 좋게 아삭아삭한 단백질 결정은 오래 묵힌 파르미지아노 레지아노 치즈의 그것과 비슷하다.

호흐 이브릭은 실온에 한 시간 정도 꺼내두었다가 표면에 유지방이 방울방울 맺혀 반짝일 때쯤 먹는 것이 가장 맛있었다. 모스타르다(머스터드로 맛을 낸 시럽과 설탕에 절인 과일로 만든 이탈리아의 양념)와 신선한 바게트, 그리고 한 잔의 화이트 와인이나 아몬티야도 셰리주와 함께 내면 치즈의 견과 향이 더욱 두드러진다. 아삭아삭한 사과나 포도와 함께 먹어도 더할 나위 없이 맛있고, 퐁듀로 만들어도 훌륭하다. **CK**

Taste: 올라무츠 트바루스키는 노르스름한 색깔에 짭짤하고 짜릿한 향미를 지니고 있다. 그 독특한 톡 쏘는 풍미로 인해 쉽게 알아볼 수 있다.

Taste: 호흐 이브릭은 나이든 파르미지아노 레지아노를 연상시키는, 매끄럽고 오돌도돌한 알갱이가 약간 느껴진다. 곰팡이 냄새와, 풍부한 견과향이 살짝 느껴지는 섬세한 단맛을 지니고 있다.

고도가 높은 알프스 초원에서 풀을 뜯는 스위스 시멘탈 젖소. 풍성한 꽃과 풀을 즐길 수 있다. ❷

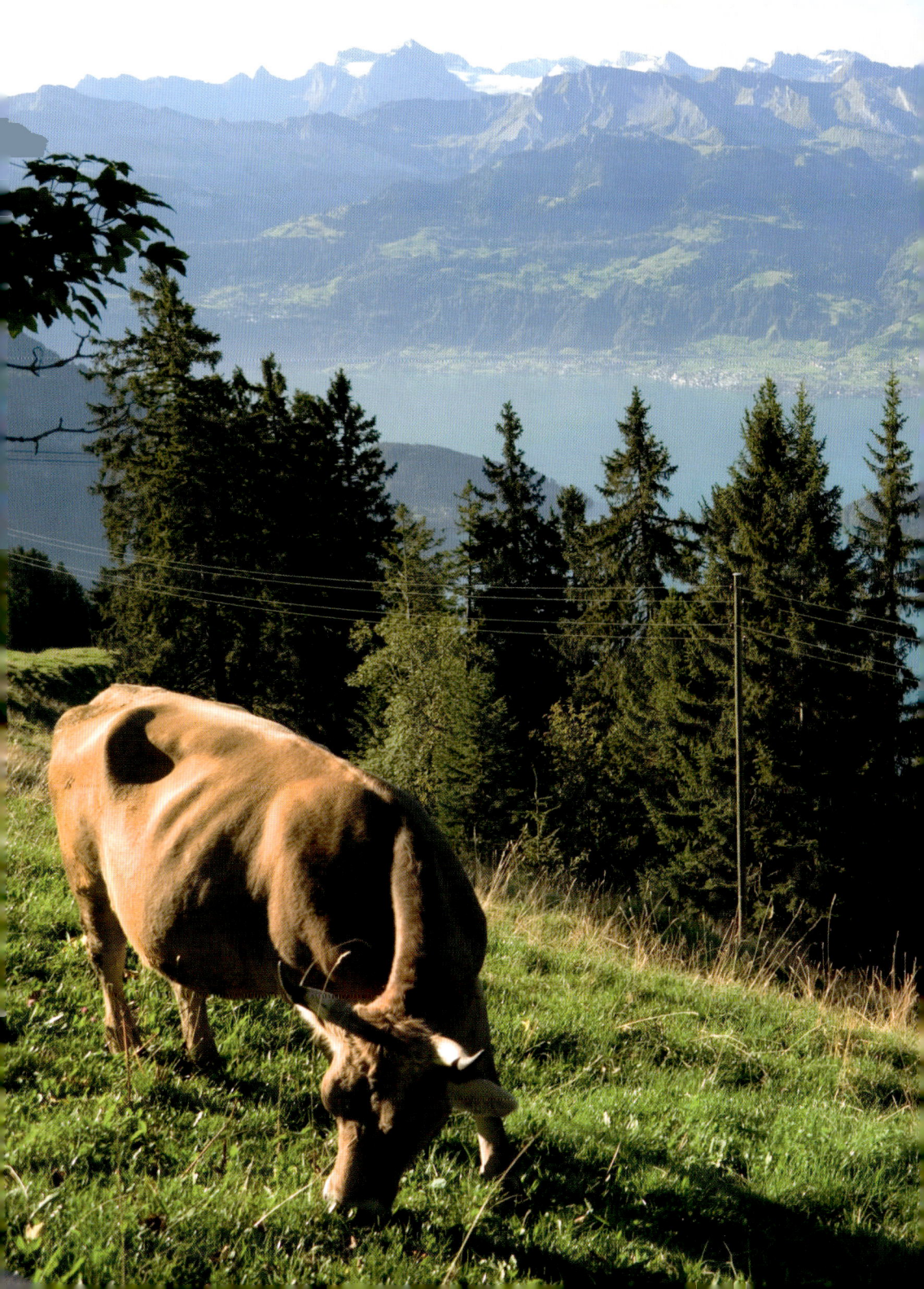

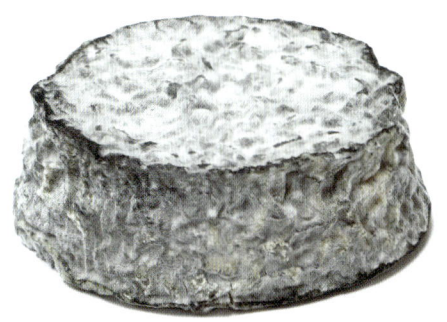

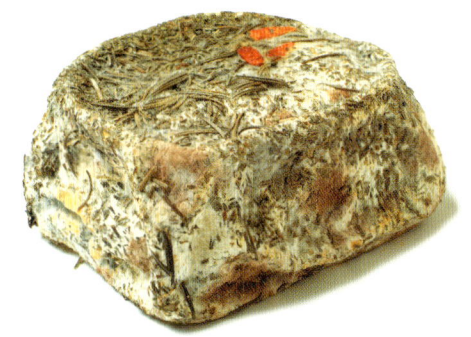

셀-쉬르-셰르 Selles-sur-Cher

플뢰르 뒤 마키 Fleur du Maquis

오를레앙 남쪽, 솔로뉴 지방의 심장부에 있는 셀-쉬르-셰르 마을은 그 이름을 딴 염소젖 치즈로 루아르 계곡의 다른 클래식 셰브르(chèvre, 염소젖 치즈)—생트 모르, 발랑세, 크로탱 드 샤비뇰 등—와 어깨를 나란히 한다.

셀-쉬르-셰르는 1880년대에 고유의 치즈 스타일로 자리 잡았으며, 집집마다 방문하는 달걀장수(coquetier)들이 농가로부터 치즈를 사들여 되팔기 시작하면서 다른 지방으로 퍼져나갔다고 한다. 파스퇴르 살균하지 않은 전유(全乳)로 만드는 셀-쉬르-셰르는 우유 생산 단계부터 커드 떠내기, 아피나쥬에 이르기까지 세심한 주의를 기울이는 섬세한 공정—물론 어느 치즈나 마찬가지이기는 하지만 이렇게 작은 치즈라면 더더욱—을 통해 그 특유의 개성을 얻게 된다.

염소들은 주로 실내에서 시리얼과 건초를 먹여 사육한다. 극소량의 레닛만을 넣어 응유시키며, 손으로 직접 커드를 국자로 떠내 틀에 붓는다. 치즈가 자리를 잡으면, 납작한 원반형 덩어리에 소금과 재를 섞은 용액을 수작업으로 발라준다. 몇 주 정도 그대로 놓아두면 단단해지면서 익어가는데, 더 건조하고, 더 섬세하고, 더 매끄럽고, 더 꽉찬 멋진 균형을 이루게 된다. **MR**

이 코르시카 치즈는 그 이름만으로도 코르시카 섬의 바위투성이 초원을 가득 메운 꽃과 허브처럼 향긋하고 매력적이다. 군데군데 칠리 고추가 점점이 박혀 있으며, 로즈메리와 세이보리 잎으로 싼 이 치즈는 어느 가게, 어떤 선반에 놓여 있어도 곧 시선을 사로잡는다.

플뢰르 뒤 마키는 계절 치즈로, 주로 코르시카 섬의 라코네 암양에게서 얻은 젖으로 봄부터 늦여름 사이에 만든다. 프레쉬 치즈로도 팔지만, 몇 개월 숙성시키면 물렁물렁해져서 뚝뚝 흐르게 된다. 1950년대에 관광객을 타겟으로 고안한 치즈인 듯하지만, 언제나 원유만을 사용하여 장인의 솜씨로 만들어졌으며, 때로는 브랭다무르(Brindamour) 또는 브랭 다무르(Brin d'Amour)라는 이름으로 팔리기도 한다.

어릴 때에는 겉을 싸고 있는 잎 때문에 은빛이 도는 녹색을 유지하지만, 나이를 먹으면서 잎들이 메마르고 색이 변하면 표면 아래에서 곰팡이가 생성되기 시작한다. 언제 플뢰르 뒤 마키를 맛보는 것이 가장 좋으냐는 순전히 개인의 취향에 달려 있다. 플뢰르 뒤 마키의 중량은 450그램 안팎으로, 구매할 때에는 조심해서 골라야 한다. 양젖으로 만들었는지, 염소젖으로 만들었는지 라벨을 잘 확인하고 살 것. **MR**

Taste: 잿물을 입힌 살 익은 셀-쉬르-셰르는 그 속살의 두께가 2.5센티미터밖에 되지 않는다. 풍미는 두드러진 염소젖이지만, 지나치게 세지는 않으며, 뒷맛의 여운이 상상할 수 없을 정도로 길다.

Taste: 먹기 전에 표면의 허브를 벗겨내야 한다. 질감과 맛은 프레쉬 치즈의 달콤하고 기분 좋은 허브 향부터 더 나이든 치즈의 세고 강렬한 향미까지 다양하다.

라코네 암양에게서 얻은 젖으로 만든 치즈에는 플뢰르 뒤 마키와 로크포르가 있다. ❯

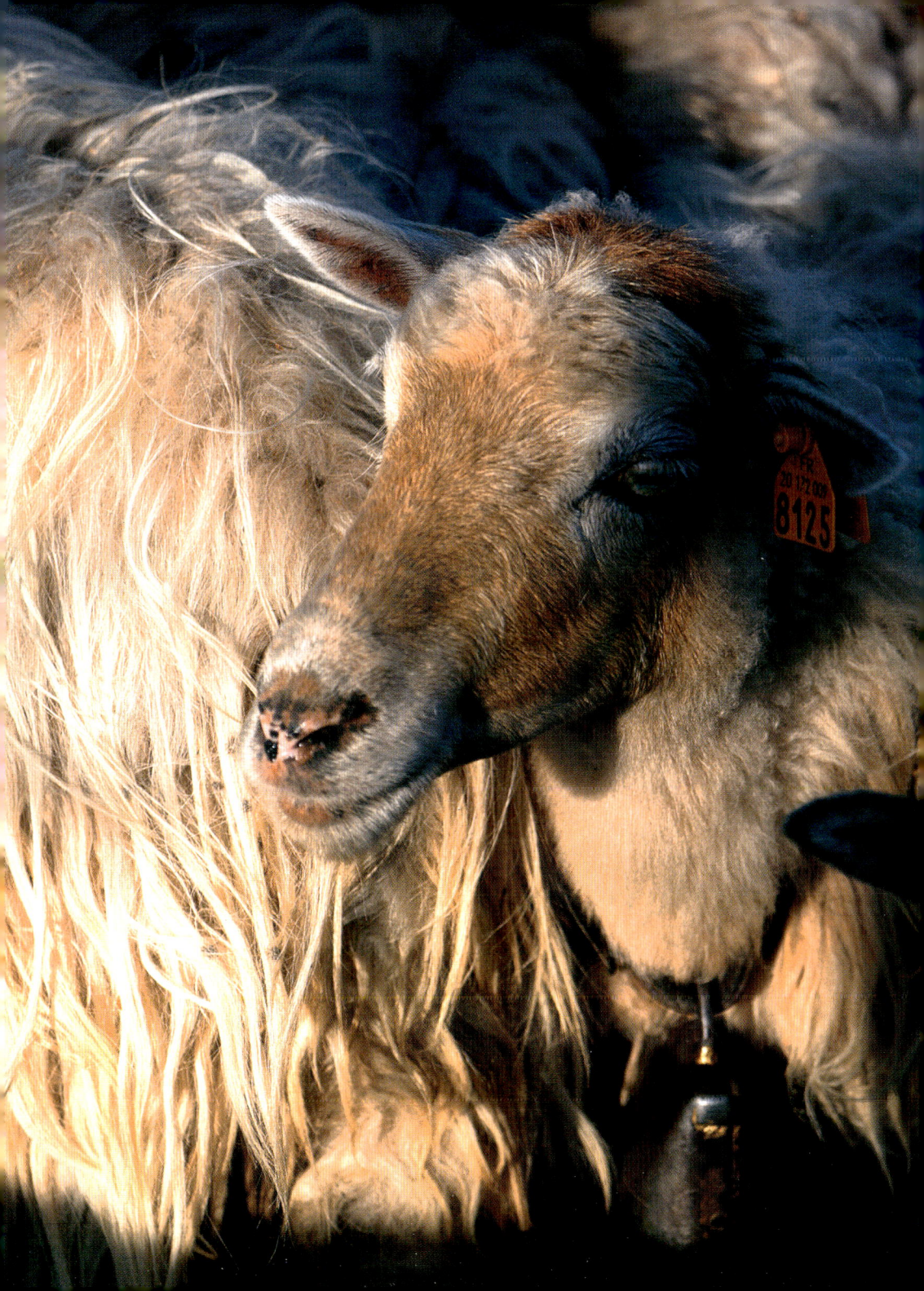

아푸에갈 피투 Afuega'l Pitu

아푸에갈 피투는 유서 깊은 전통 치즈로, 스페인의 아스투리아 지방에서 생산한다. 다양한 종류가 있는데, 그중 대부분은 장인의 솜씨로 만들어진다. 아푸에갈 피투는 소젖 치즈이며, 원유 또는 파스퇴르 살균을 거친 우유로 만든다. 눈에 확 들어오는 구어체의 이름을 옮기자면 '목을 메게 한다'는 뜻인데, 아마도 특유의 질감 또는 그 강한 향미 때문에 유래한 듯하다. 이 지방에서 생산되는 가장 오래된 치즈 중의 하나로, 법으로 상표권을 보호 받고 있다. 또한 PDO 인증 상품으로, 날란 강과 나르세아 강 사이에 위치한 지정된 지역에서만 생산할 수 있다.

아푸에갈 피투는 두 가지 고유한 형태를 보여주는데, 이 때문에 몇몇 치즈 애호가들을 혼란에 빠뜨리기도 한다. 아트론카오(atroncao)는 꼭대기를 잘라낸 원뿔 형으로, 커드를 주걱으로 떠 틀(barreñas)에 담아서 만든다. 다른 하나는 작은 주머니에 커드를 담아 물기가 빠지도록 매달아 두는데, 이로 인해 덩어리가 뭉쳐 포멜로(112쪽 참조)를 닮은 특유의 둥근 덩어리가 된다. 더욱이 색깔로 블랑코(blanco, 하양)와 로호(rojo, 빨강) 두 종류가 있는데, 후자는 커드에 맵거나 달콤한 맛의 피멘톤을 넣어 그 빛깔과 향미를 더한다.

아푸에갈 피투의 다양성은 그 크기와 중량에까지 이르며, 숙성 기간 역시 제각각이다. 따라서 질감과 향미 역시 부드럽고 순한 어린 치즈부터 더 강하고 결이 살아 있는 늙은 치즈까지 선택 폭이 넓다. 가장자리에 곰팡이가 자리 잡아 풍미의 깊이를 더하는 것도 있다. 아푸에갈 피투를 세척할 때에는 전통적으로 아스투리아 특산 드라이 사이다(천연당분이 발효하여 5~7%의 알코올을 함유한 애플 사이다)를 사용한다. 아스투리아에서는 해마다 그 지역의 치즈장이들이 자신의 실력을 뽐낼 수 있는 축제가 열린다. **MR**

카수 마르주 Casu Marzu

비위가 약한 독자라면 다음 페이지로 넘어가시라. 카수 마르주는 사르디니아 치즈로, 아주아주 예의 바르게 묘사한다 해도 '쉽게 친해질 수 없는' 치즈 정도로 말할 수 있다. 물론 당신이 사르디니아 토박이라면 얘기가 달라지지만.(사실 이 치즈는 알기는 해도 먹지는 않는 음식의 대표적인 예로 꼽힌다.) 카수 마르주는 '썩은 치즈'라는 뜻으로, 문자 그대로 살아 있는 구더기들이 꿈틀거리고 있다. 심지어 이탈리아에서조차 법으로 판매가 금지되어 있기 때문에, 암거래로만 구할 수 있다. 사실 대규모의 카수 마르주 암시장이 존재하며, 틈새 시장을 노린 목동들이 개인적으로 소량 만들어서 요청하는 손님들에게만 따로 팔기도 한다.

카수 마르주는 염소젖으로 만든 멋진 사르디니아 치즈인 페코리노 사르도의 곁가지 격이다. 봄에 껍질을 몇 군데 잘라 치즈 파리(Piophila casei, 호지 파리의 일종) 유충을 집어넣는다. 치즈 속살 안에서 구더기를 자라게 하여 발효를 촉진시키는데, 이를 두고 보통 '부패' 시킨다고 한다. 구더기들은 치즈 속에 스파이시한 크림과 입에서 사르르 녹는 듯한 매우 부드러운 질감을 생성시키며, 이것이 '라그리마(lagrima)', 즉 사르디니아 방언으로 '눈물'로 방울방울 새어나온다.

카수 마르주는 보통 사르디니아 빵(파네 카라사우(pane carasau))에 도수가 높은 카노나우 레드와인을 곁들여 먹는다. 반투명한 구더기(치즈를 먹을 때 아직 살아 있어야 한다)는 8밀리미터 안팎인 자신의 몸 길이의 두 배를 뛸 수 있으므로, 먹는 사람 입장에서는 보안경이 간절해진다. 만약 구더기가 꿈틀거리지 않는다면, 치즈에 독성이 있을 수도 있다. 혹자는 먹기 전에 구더기를 골라내는 쪽을 선호하지만, 큰맘 먹고 치즈와 함께 입에 넣는 대담한 이들도 있다. **LF**

Taste: 둥근 아푸에갈 피투는 결이 성기고 알갱이가 느껴진다. 아트론카오는 처음에는 풍성하지만 시간이 지나면서 견고해지며, 나이를 먹으면 잘 부서질 정도이다. 어릴 때에는 살짝 시큼한 맛이 난다.

Taste: 종이 봉지에 카수 마르주를 넣고 봉한 뒤 구더기가 죽을 때까지 기다리면, 모두 제거할 수 있다. 남아 있는 치즈의 짜릿한 맛은 그야말로 말로 묘사가 불가능하다.

구더기를 집어넣기 전의 카수 마르주는 페코리노 사르도로 세상에 나온다. ➲

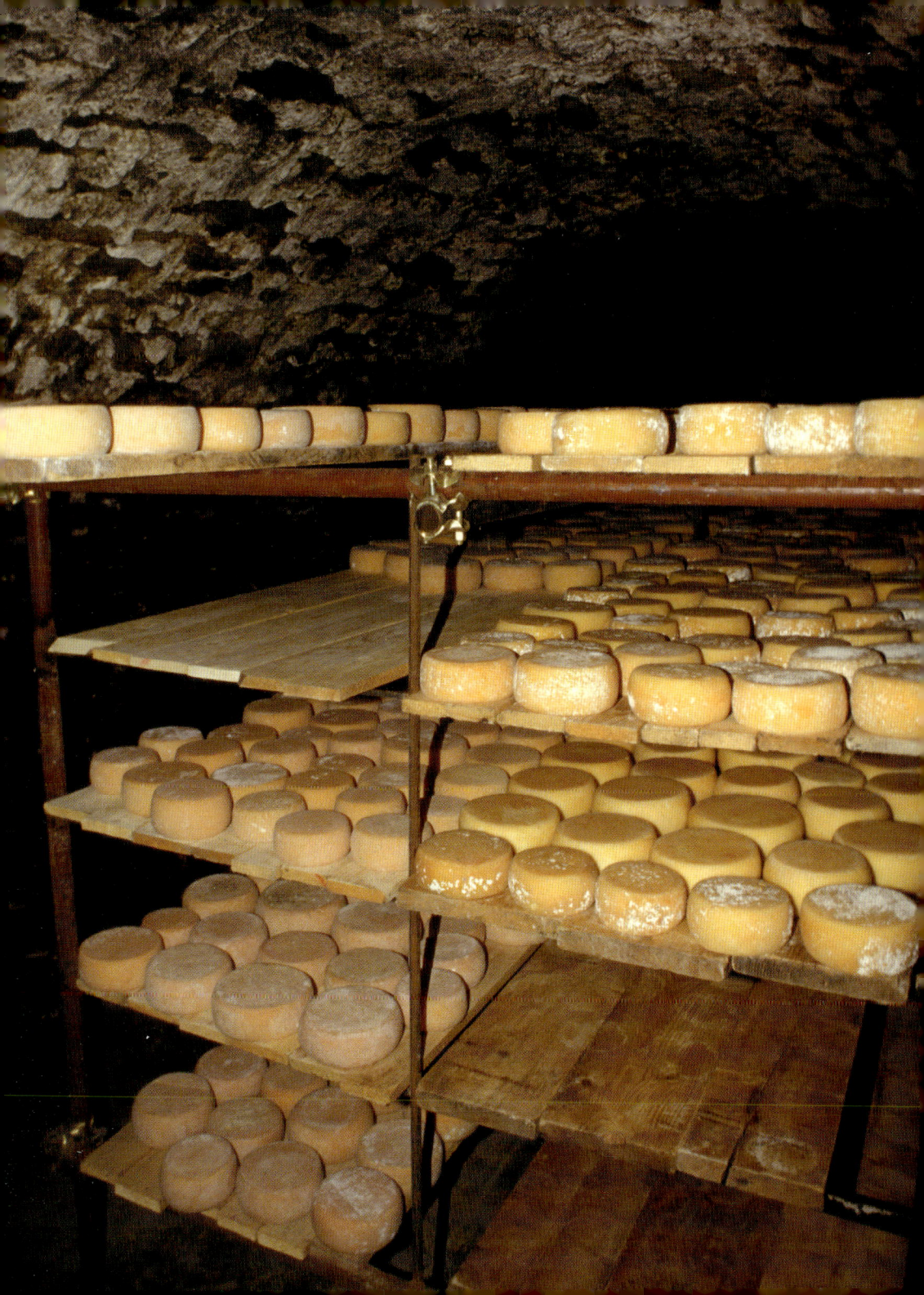

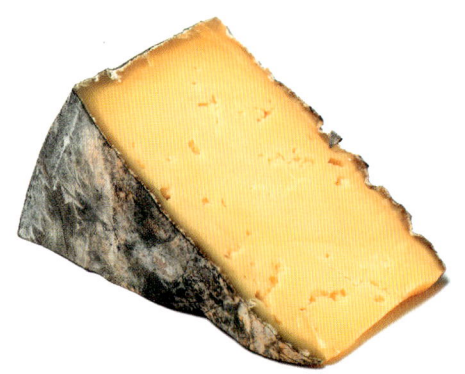

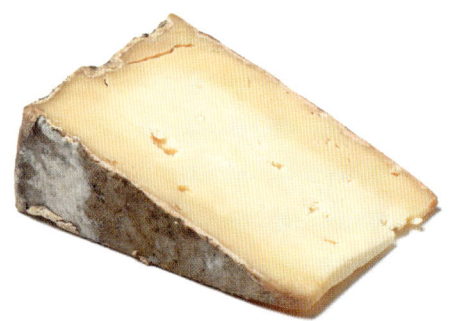

야그 Yarg

케어필리 Caerphilly

20세기 말에 콘월에서 태어난 야그 치즈는 코를 찌르는 쐐기풀에 싼 케어필리 치즈의 일종이다. 그 계보는 17세기 초의 베스트셀러였던 제르베즈 마컴의 『잉글랜드 주부The English Housewife』로 거슬러올라간다. 이 책에는 프레쉬 치즈를 숙성시킬 때 때때로 쐐기풀로 싸는 방법이 묘사되어 있다.

트루로에 있는 부티크 치즈 공방인 리너 데어리에서만 생산되며, 자체 소유 농장에서 짜낸 우유만을 사용하는 야그 치즈는 현대 기술과 장인 정신의 결합이 만들어낸 걸작이다. 소금물에 세척한 뒤, 가볍게 압착한 각각의 치즈 덩어리(3킬로그램)를 손으로 쐐기풀에 싸서 숙성실로 옮긴다. 보통 야그는 어릴 때 소매상이나 델리카트슨으로 출하되며, 시금치 색깔의 녹색 이파리가 즉시 시각적인 효과를 자아낸다. 그러나 몇몇 리너 데어리는 치즈 전문 상점용으로 레시피를 바꾼 버전을 만들기도 한다. 식물성 레닛 대신 전통적인 동물성 레닛을 쓰며, 잎 색깔이 검게 변할 때까지 숙성 기간을 연장시킨다. 표면에는 곰팡이가 핀다. 치즈를 잘 모르는 눈에는 보기에 덜 좋지만, 그 향미는 더욱 뚜렷해진다. **MR**

이 푸슬푸슬하고 하얀 치즈는 한때 웨일즈 특산물로 여겨졌다. 광부들이 한 조각을 잘라 양배추 잎에 싸가지고 갱에 들어갔기 때문에 '광부들의 치즈'라고 불리기도 했다. 그 더운 환경을 감안하면 다른 영국 치즈보다 더 짭짤한 것도 이해할 수 있다. 케어필리는 서머싯에서도 생산되는데, 이 지역의 낙농업자들은 남아도는 우유로 치즈를 만들어 브리스틀 해협 너머로 수출한다(영국은 체다 치즈라는 오랜 애인이 있기 때문에 케어필리가 비집고 들어갈 틈이 없다).

제2차 세계대전 동안 영국의 식품부는 케어필리가 보존성이 떨어진다고 오해하여, 케어필리의 제조 및 판매를 법으로 금지하였는데, 전쟁이 끝났을 때 웨일즈의 치즈장이들은 더 이상 케어필리를 원래의 위치로 돌려놓을 수가 없었다. 공장 생산 치즈는 그럭저럭 살아남았지만, 수제 치즈는 거의 찾아볼 수 없게 되었다. 서머싯의 낙농업자 크리스 더켓이 정통 케어필리의 명맥을 잇고 있다. 또 그의 밑에서 배운 토드 트레스원이 웨일즈의 고위드에서 케어필리 제조를 부활시켰다. 더켓의 케어필리는 몇 주 정도 묵혔다 먹지만, 트레스원의 치즈는 딱딱한 껍질이 생길 때까지 숙성시킨다. **MR**

Taste: 어린 쐐기풀 야그 치즈는 기분 좋은. 살짝 시큼한 맛에 버섯과 비슷한 냄새가 난다. 쐐기풀 맛은 아주 간신히 날 뿐이다. 오래 묵힌 쐐기풀 야그는 그 여운과 깊이가 더욱 좋다.

Taste: 더켓의 케어필리는 밀키한 커드 치즈로, 결이 성기고 향미가 순하며 짭짤하다. 고위드 버전은 속은 푸슬푸슬하고 젖내가 나지만, 가장자리로 갈수록 흙 냄새가 진해진다.

케어필리 스타일로 만든 치즈는
2~8주 동안 숙성시킨다. ●

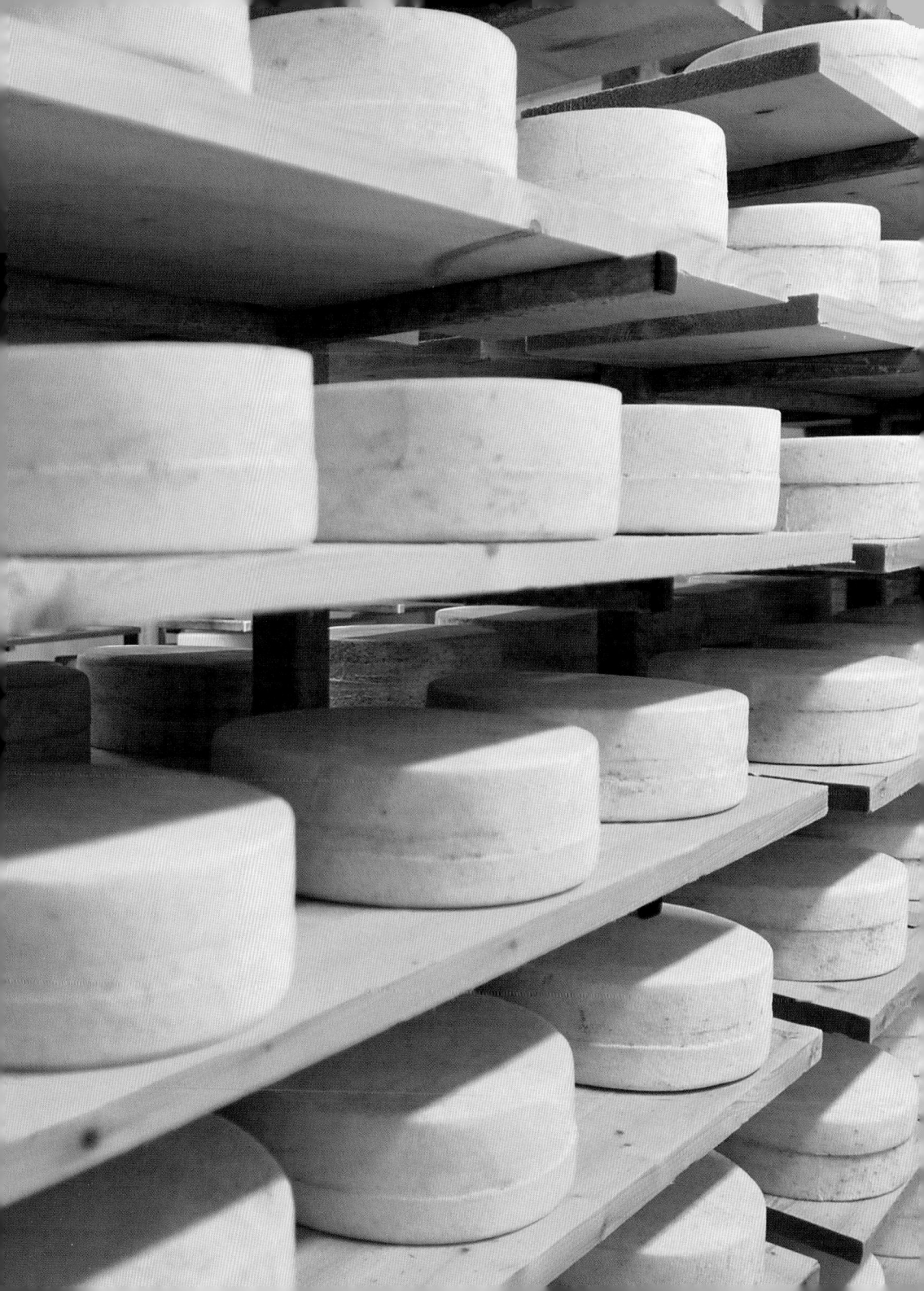

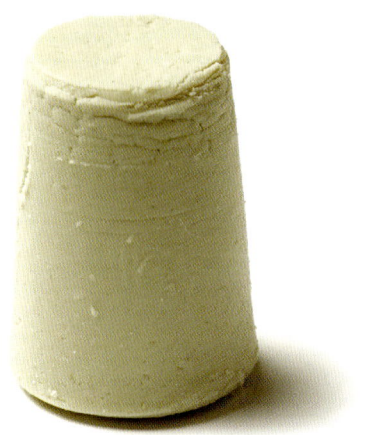

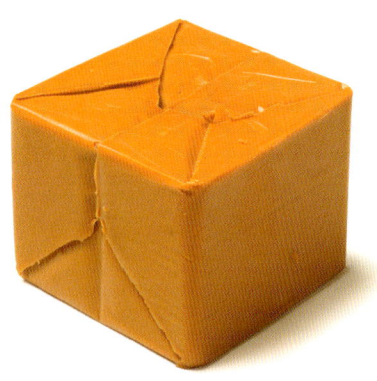

샵치거 Schabziger

그예토스트 Gjetost

만약 전래동화에 나오는 것처럼 달이 블루 치즈로 만들어졌다면, 아마 샵치거 치즈일 것이다. 단단하고 녹색이며, 꼭대기를 깔끔하게 잘라낸 원뿔형으로, 중량은 100그램 안팎이다. 이 놀랄만한 치즈는 스위스 동부의 글라루스에서 생산한다. 1,000년도 더 전에 수도사들이 처음 만들었으며, 전해내려오는 최초의 레시피는 1463년 것이다.

샵치거는 입이 벌어질 정도로 유지방 함량이 낮다—3퍼센트밖에 되지 않는다. 탈지 우유를 사용하여 커드를 만든 뒤 압착 및 건조시켜 가루로 만든다. 여기에 파란 호로파(Trigonella caerulea)를 섞는데, 이 때문에 엷은 녹색과 향미를 얻게 된다. 그런 다음 작은 틀에 눌러 담아 굳힌다.

스위스에서 샵치거는 전통적으로 갈아서 버터에 섞어 일종의 스프레드를 만들어 먹는다. 아예 미리 샵치거를 섞어 만든 버터도 슈퍼마켓에서 살 수 있다. 또 국수나 뢰스티(감자를 갈아서 버터나 기름에 반죽한 뒤 프라이팬에서 빈대떡 모양으로 얇게 튀겨낸 요리)에 맛을 낼 때 쓰기도 한다. 그러나 강하고 뚜렷한 풍미 때문에 보통 양념으로 더 흔히 쓰이며, 특히 '삽사고(Sapsago)'라는 이름으로 부르는 미국에서 인기가 높다. **MR**

그예토스트는 노르웨이에서 먹는 독특하고 흔치 않은 치즈로, 질감은 펏지(908쪽 참조)와 같고 맛은 달콤한—그러나 여전히 치즈의 풍미가 나는—캐러멜과 비슷하다. 염소젖과 소젖에서 떠낸 크림과 훼이로 만드는데, 젖당이 캐러멜이 될 때까지 압력을 가하며 가열하면 그 독특한 향미와 색깔을 띠게 된다. 그런 다음 직사각형 틀에 부어 식힌다.

다른 많은 음식들처럼 그예토스트 역시 즐거운 우연에서 태어났다. 130년도 더 전에, 노르웨이의 구트브란츠달렌 계곡에 사는 농부의 아내 안네 호프는 만들고 있던 훼이 치즈에 크림을 넣어보자는 멋진 생각을 떠올렸다. 이 치즈는 그녀가 평소때 만드는 치즈보다 더 높은 값을 받았고, 이렇게 해서 그예토스트가 탄생하였다. 전해지는 이야기에 따르면, 그예토스트를 팔아서 번 돈으로 이 계곡 주민들은 그로부터 오래지 않아 닥친 금융위기에서 살아남을 수 있었다고 한다.

그예토스트는 치즈용 대패로 웨이퍼처럼 얇게 썰어서 내는 것이 가장 좋다. 보통 노르웨이 플랫브레드와 함께 먹거나, 토스트 위에서 녹아내릴 때까지 석쇠에 굽는다. 녹여서 여러 음식에 얹어 먹거나 소스에 넣어 야생 육류 등의 고기 요리에 곁들인다. 잘라서 치즈 접시에 올려 놓아도 맛있는 것은 두말할 필요도 없다. **LF**

Taste: 샵치거는 너무 딱딱해서 먹기 전에 갈아야 한다. 강한 풀냄새에 코스 양상추, 또는 샐비어 냄새가 표면을 뚫고 올라온다.

Taste: 한 입 깨물면, 첫눈에 알 만한 물리기 쉬운 캐러멜의 단맛이 사라지고, 신선하고 살짝 새콤달콤한 톡 쏘는 맛이 그 자리를 대신한다.

그예토스트가 처음 세상에 나왔을 무렵의
노르웨이 구트브란츠달렌. ▶

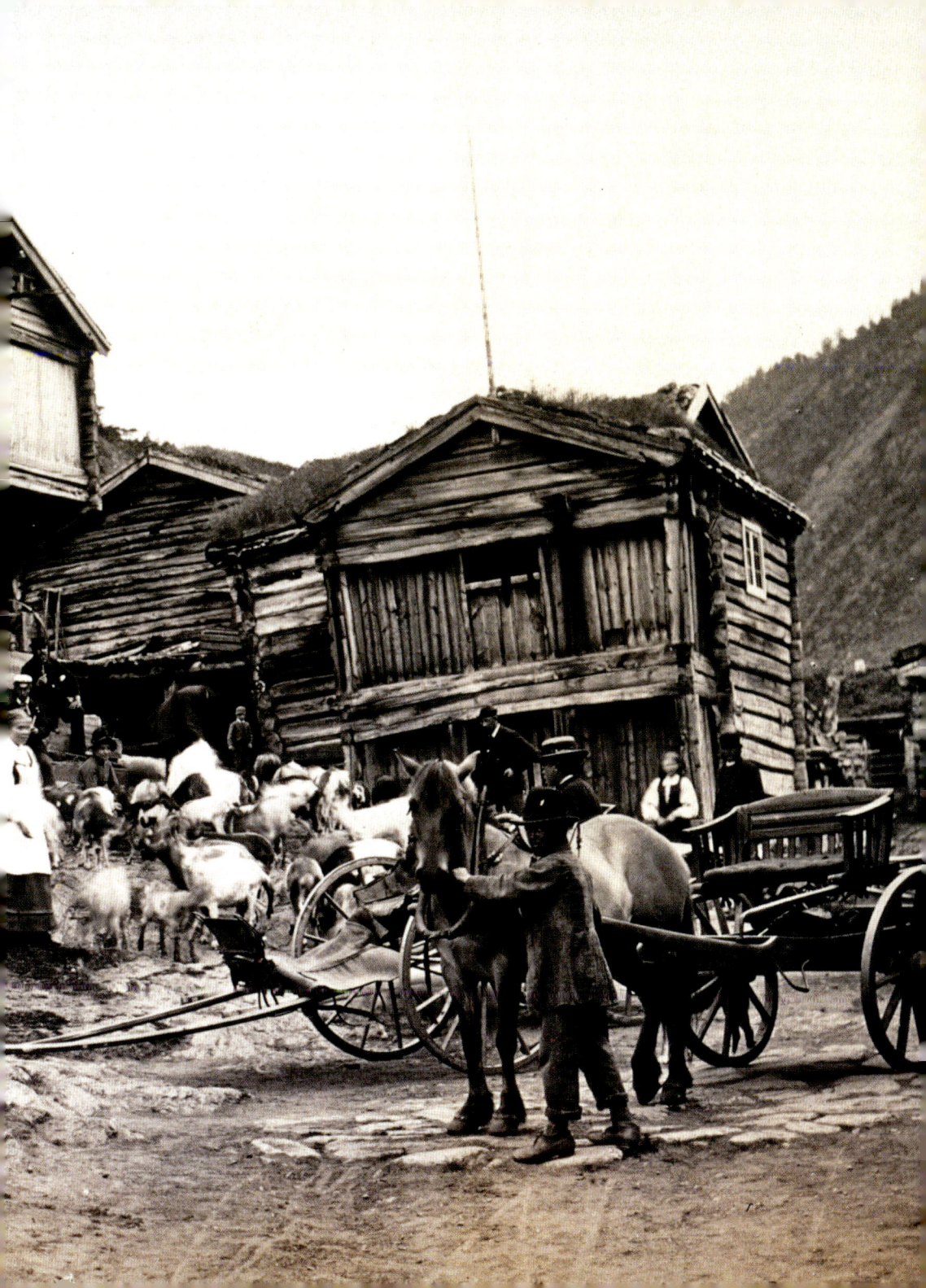

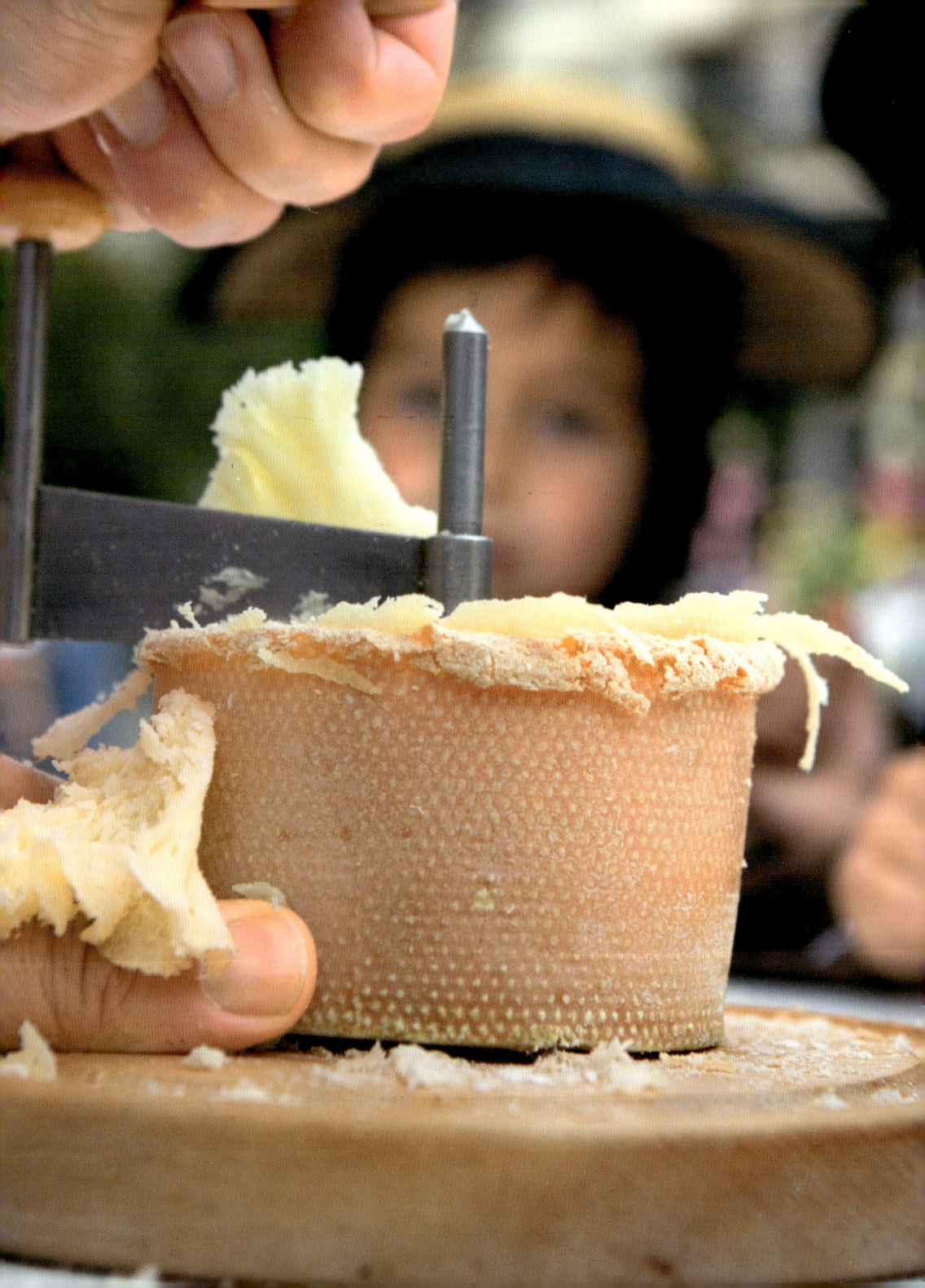

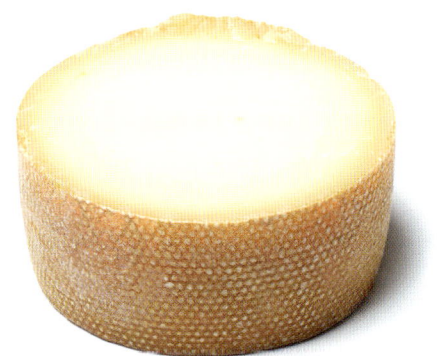

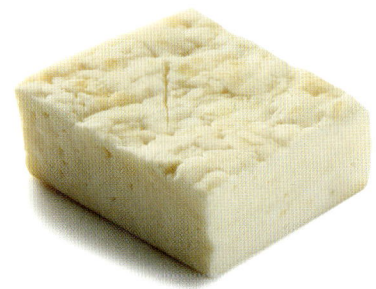

테트 드 무안 Tête de Moine

할루미 Halloumi

스위스의 수도사들에 의해 탄생했으며, 원래 이름은 벨레(Bellelay)인 이 치즈는 800년이 넘는 역사를 자랑한다. 오늘날 테트 드 무안 생산자들은 냉장고에서 꺼내자마자 바로 먹을 것을 추천하는데, 그 이유는 아주 얇게 깎아낸 치즈가 공기와 접촉하여 최고의 풍미를 이끌어내기 때문이다. 한때는 칼을 치즈와 수직으로 움직여 썰어냈지만, 지금은 지롤(girolle)이라는 1982년에 발명된 전용 도구를 빙빙 돌려 주름이 잡힌 곱슬곱슬한 모양으로 깎아낸다. 치즈가 차가울수록 더 얇게 깎이며, 즉시 먹지 않으면 그 섬세한 질감과 풍미를 망치게 된다.

테트 드 무안은 '수도사의 머리'라는 뜻으로 AOC 인증 상품으로 쥐라 지역의 9개의 낙농장에서 파스퇴르 살균을 하지 않은 우유로 만든다. 4~6개월간 숙성시키며, 껍질을 소금물에 씻어내면 끈적한 붉은색의 겉 표면이 생기는데, 덕분에 특유의 스파이시하고 과일 향이 나는 아로마를 얻을 수 있다. 얇게 깎아낸 테트 드 무안에 때때로 흑후추나 커민을 갈아서 곁들이기도 한다. 과일이나 돼지고기와 함께 먹어도 좋고, 얇게 깎아서 샐러드 위에 얹어도 좋다. **GC**

염소젖이나 양젖에 약간의 박하를 더해 만드는 할루미는 하얗고 크리미하며, 탄력있는 섬유질의 질감을 지니고 있다. 원래 중동의 베두인 족이 만들어 먹던 치즈였는데, 보존성이 좋아 유목민족의 생활 방식에 이상적이었기 때문이었다. 워낙 인기가 좋다 보니 그리스와 키프로스로 널리 퍼져나갔으며, 오늘날까지도 이들 지역에서 많은 사랑을 받고 있다.

키프로스에서는 수세기 동안 전해내려온 비법으로 할루미를 만든다. 할루미는 키프로스 문화에서 워낙 핵심적인 위치를 차지하기 때문에, '경찰'이 치즈 상점과 낙농장을 찾아와 유서깊은 전통 방식으로 만들어지는지를 확인할 정도이다. 할루미는 프레쉬 치즈로 먹어도 좋고 한 달쯤 숙성시키기도 한다. 완성된 치즈는 잘라서 먹기는 해도 부서지지는 않으며, 조리해서 먹는 것이 가장 맛있다.

키프로스에서는 얇게 썬 할루미 치즈를 뜨거운 팬에 넣고 겉이 바삭바삭하고 황금빛을 띠며 속은 부드러울 때까지 익힌다. 또는 석쇠에서 구운 뒤 올리브유를 몇 방울 쳐서 샐러드와 피타 빵을 곁들여 낸다. 레바논에서는 개밥 치즈라고 부르는데, 주사위꼴로 질라시 꼬챙이에 꿰어 석쇠 위에 올려놓고 숯불에 구우면 인기있는 길거리 간식이 된다. **CW**

Taste: 테트 드 무안은 스파이시하고, 버섯과 견과 향이 나는 향미를 지니고 있으며 입안에 우아하고도 달콤한 뒷맛을 남긴다. 그 유연한 질감은 세미하드부터 하드까지 다양하다.

Taste: 짭짤하지만 맛은 순하며, 톡 쏘는 풍미가 있다. 어떤 할루미는 짠맛이 유난히 강해 따뜻한 물이나 밀크에 잠깐 담가두어 소금기를 제거한다.

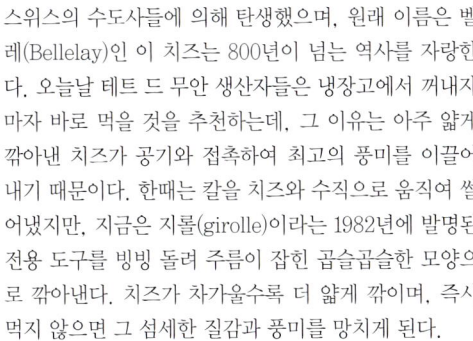

지롤을 사용해 테트 무안을
마치 웨이퍼처럼 얇게 깎아내고 있다.

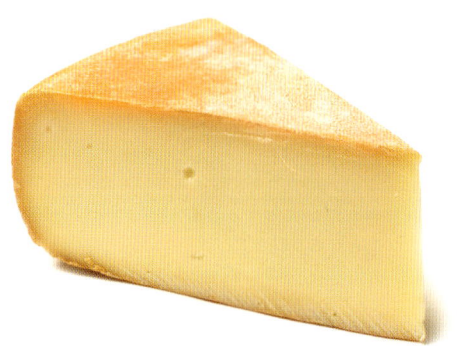

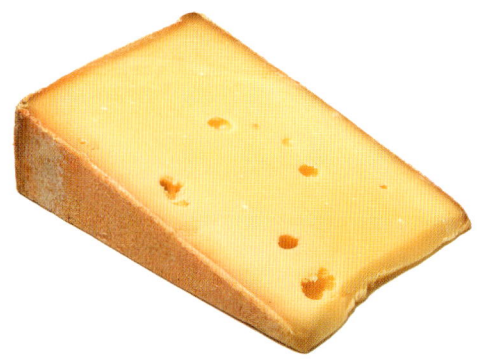

라클레트 뒤 발레 Raclette du Valais

풍듀처럼, '라클레트'라는 단어 역시 불에 녹인 섬유질 치즈의 향연과 동의어가 되었다. 그러나 풍듀와는 달리 찍어서 먹지는 않는다. 전형적인 라클레트 파티에서는 어마어마한 양의 껍질째 구운 감자, 햄, 살라미, 그리고 불 앞에서 석쇠 위에 놓고 구워낸 뒤 긁어낸 라클레트를 먹는다.

라클레트는 '긁는 행위'를 가리키는 통칭이지만, 라클레트 뒤 발레—스위스의 주(洲) 이름을 땄다—는 여러 종류의 치즈를 지칭하며, 각각 젖을 짜는 소가 풀을 뜯는 초원이 위치한 지역의 이름을 붙여 부른다. 그 중 BIG3는 콩슈, 바뉴, 그리고 생플롱이다. 라클레트를 먹을 때에는 겉에 묻어 있는 이물질을 제거하기 위해 껍질을 아예 벗겨버리고, 치즈의 표면을 잘라내 불에서 약 5센티미터쯤 떨어진 곳에 놓는다. 녹기 시작하자마자 접시 위로 긁어내린다. 이 과정을 보다 쉽게 하기 위한 다양한 도구가 있지만, 어떤 것도 원시적인 방법만큼 만족스럽지는 못하다. 라클레트는 6개월까지 숙성시킬 수 있으며, 아페리티프와 함께 낸다. **MR**

아펜젤러 Appenzeller

아펜젤러는 스위스 산악 지방 치즈 중에서 맛이 가장 세고 스파이시한 치즈로, 그뤼에르나 에멘탈과는 매우 다르다. 단단하게 압착한 치즈로, 최고 등급인 '엑스트라(Extra)'를 받으려면 적어도 6개월 이상 묵혀야 한다. 스위스 북동부의 아펜젤 주에서 만들며, 그 역사는 처음 이 지역에 교구가 설립되어 수도원장의 지하실에 십일조가 쌓일 무렵인 중세 초기로 거슬러 올라간다. 문서상의 기록 역시 13세기 말에 이미 나타난다.

아펜젤러는 사이다나 와인에 향신료를 섞은 술츠(sulz)에 세척한다. 술츠에 20종에 달하는 재료를 넣는 업자들도 있다. 퐁레베크나 에르브, 에푸아스 같은 트라피스트회나 베네딕토회 수도원에서 만드는 다른 세척 치즈들과 마찬가지로, 수도사들이 처음 도입한 것으로 추정되는 과정에 따라 생산된다. 바퀴 모양으로, 겉껍질은 갈색이며, 노르스름한 속살에는 작은 구멍이 숭숭 뚫려 있다. 약 75곳의 낙농장에서 생산하지만, 그 중에서 파스퇴르 살균을 하지 않은 우유를 사용하는 곳은 오직 세 군데뿐이다. 이들이 만드는 아펜젤러는 겉껍질과 속살 사이의 푸르스름한 잿빛의 가는 줄로 금방 알아볼 수 있다. 아펜젤러는 짜릿한 향미와 탱탱한 질감 덕분에 퐁듀를 만들어 먹기에 좋다. **MR**

Taste: 라클레트 뒤 발레 특유의 맛은 달콤하고 향긋하며, 튀지 않는 젖내가 난다. 구운 치즈의 질감은 진한 버터향의 커드를 반영하듯 부드럽고 뚝뚝 흐른다.

Taste: 태운 버터와 비슷한 향을 지닌 아펜셀러는 세미하드 치스이시만 질감은 크리미하다. 첫맛은 그뤼에르와 흡사하지만 더 스파이시하며, 톡 쏘고 기분 좋게 짜릿한 맛을 지니고 있다.

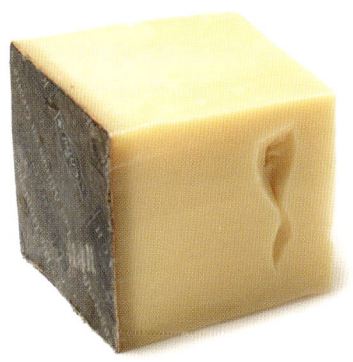

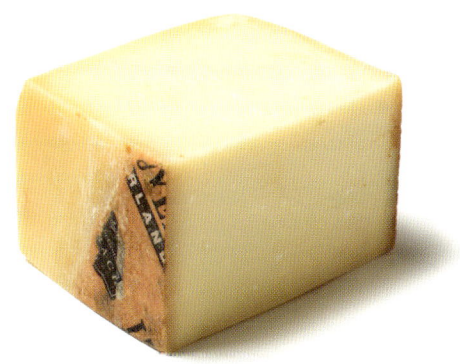

에멘탈러 Emmentaler

그뤼에르 Gruyère

스위스 에멘탈러는 그 정체성을 지키기 위해 오랜 세월 동안 투쟁을 계속해왔으며, 결국 2006년에 AOC 인증을 취득하였다. 프랑스에서도 고급 에멘탈(Emmental 또는 Emmenthal)을 생산하기는 하지만, 에멘탈러라는 이름은 다른 나라에서는 상표 등록이 되어 있지 않으며, 따라서 이러한 모방 치즈들이 최고의 스탠더드에 부합한다고는 할 수 없다. 스위스의 몇몇 주에서 생산되는 에멘탈러는 113킬로그램까지 나가는 것도 있다. 잘라서 쪼개면, 저 유명한 구멍으로 금방 눈에 띄는데—개중에는 골프공만한 크기도 있다—숙성 과정에서 이산화탄소를 발생시키는 박테리아로 인하여 생긴 것이다.

에멘탈러는 파스퇴르 살균을 거치지 않은 부분탈지유로 만들며, 우유로 만든 다른 하드 치즈보다 단맛이 더 강하다. 압착한 뒤 소금물에 세척하며, 그 크기 덕분에 짠맛은 비교적 덜한 편이다. 소떼를 실내에 가둬놓는 겨울에 만들어진 치즈는 소들이 알프스 초원에서 풀을 뜯는 여름 치즈보다 더 색이 옅다. 에멘탈러만 녹이면 상당히 섬유질이 두드러지지만, 프랑스와 스위스의 셰프들에게는 수플레나 그라탕의 재료로 쓰는 특상품 치즈로, 치즈 퐁듀에서는 그뤼에르와 쌍벽을 이룬다. **MR**

스위스 그뤼에르(AOC)는 알프스 기슭 한복판, 프리부르 주의 그뤼에르 지방에서 태어났다. 고유 치즈 품종으로 그뤼에르가 처음 기록에 등장한 것은 1655년이지만, 13세기 중반에 이미 이 지역에서 팔렸다는 기록이 남아 있다.

에멘탈러의 가까운 사촌 격으로, 파스퇴르 살균하지 않은 전유(全乳)로 만드는 그뤼에르는 38킬로그램까지 나가는 것도 있는 커다란 치즈이다. 적어도 5개월은 숙성시키며, 보통은 8개월, 심지어 10개월까지 묵히기도 한다. 2년 된 치즈는 '프리부르'라는 이름으로 출하한다. 작은 구멍이 뚫려 있는 경우도 있지만, 매우 드물며 품질이 떨어진다는 의미이다. 또 속살에 갈라진 금이 있는 것도 좋지 않다. 매끄러운 상아색이지만, 더 깊은 노란색으로 변할 수도 있다. 가염과 반가염(demi-sel) 두 종류가 있다. 최고급 그뤼에르는 알프스 초원에서 풀을 뜯는 소떼에게서 얻는 젖으로 만드는 계절 치즈로, 청청한 풀 냄새, 심지어 꽃 향기까지 느껴진다. 그뤼에르는 요리에 널리 쓰이며, (에멘탈러와 함께) 스위스 치즈 퐁듀—녹인 치즈, 화이트 와인, 키르쉬 등으로 만든다—의 주요 재료로 쓰인다. **MR**

Taste: 에멘탈러는 견과와 과일 향이 풍부한 단맛을 지니고 있지만 그뤼에르보다는 버터 향이 덜하다. AOC 라벨이 붙어 있지 않은 에멘탈러—덩어리 포장이든, 조각이든 혹은 가루든—는 세심하게 주의해서 살 것.

Taste: 중간 정도로 견고한 그뤼에르 특유의 맛은 그 달콤함과 과일 향이지만, 견과의 풍미도 느껴진다. 그 맛은 깊지만, 강하지는 않으며 입안에서 오래도록 머문다.

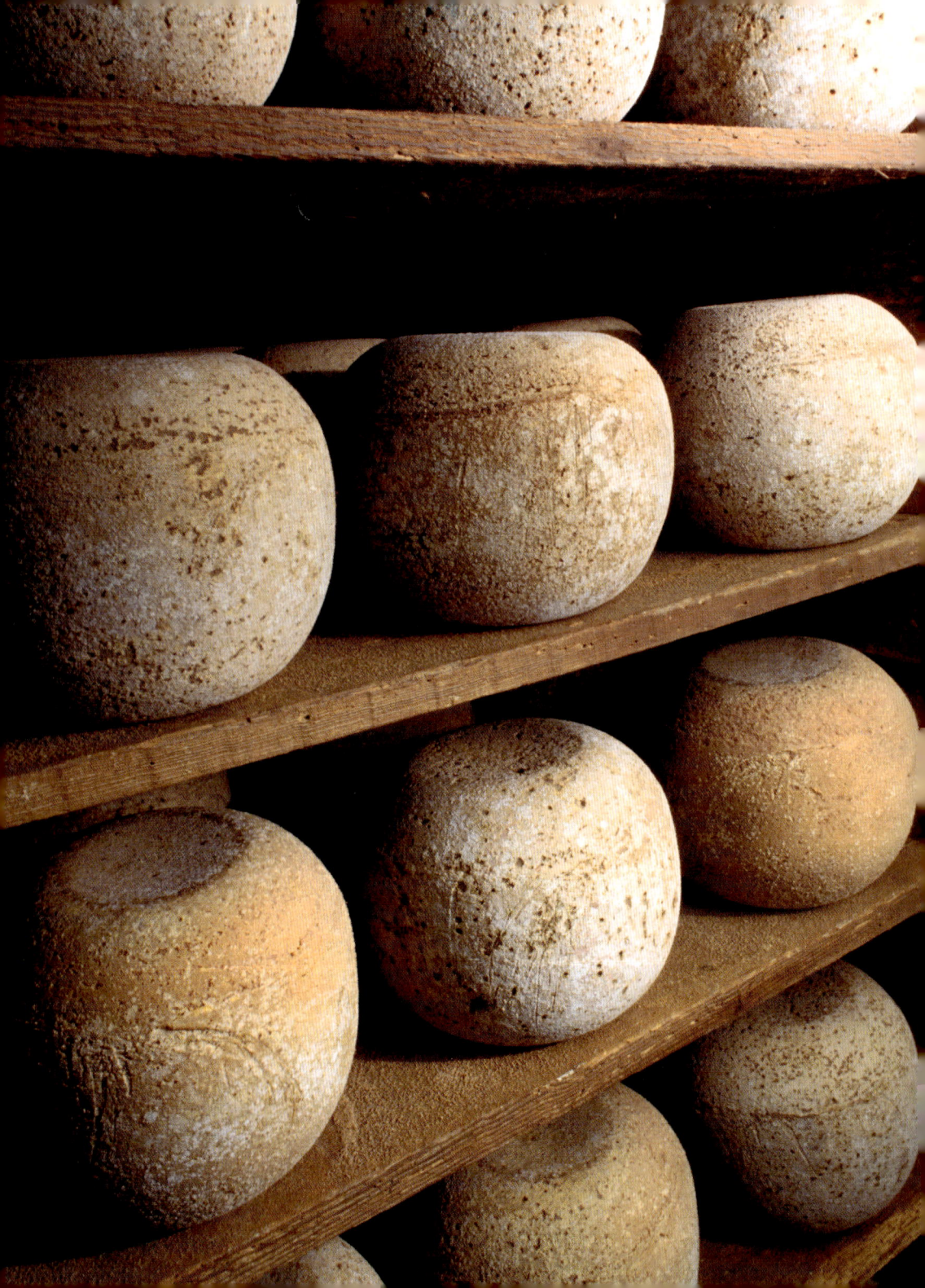

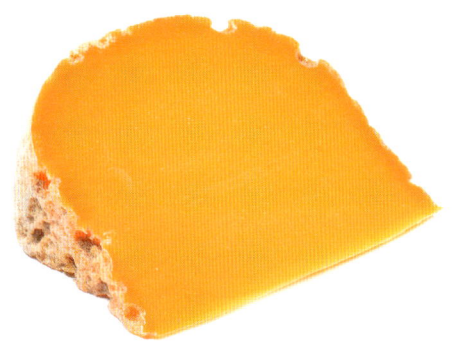

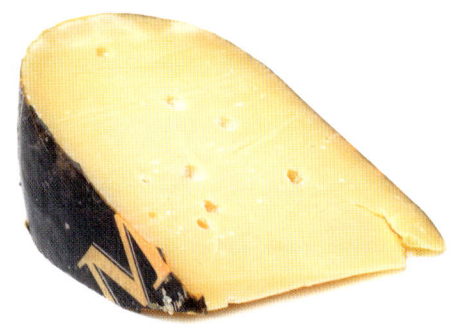

미몰레트 비에유 Mimolette Vieille

미몰레트라는 이름만 보아도 마케팅의 거장이 만들어
낸 작품임을 짐작하게 된다. '미(Mi)'는 '절반', '몰레트'
는 부드러운 정도를 재는 단위를 암시한다. 그러나 사실
은 이 모든 것과 아무 관련이 없다. 일설에 따르면 루이
14세 휘하의 장관이었던 쟝 바티스트 콜베르가 프랑스
가 인근 국가들과 전쟁 중이던 시기, 네덜란드로부터의
치즈 수입을 금지하자, 프랑스 북부 낙농가의 여인들이
인기가 높았던 네덜란드 치즈를 자기들 나름대로 만들
어 보았다고 한다. 커다란 대포알처럼 생긴―그 때문에
'릴의 공(Boule de Lille)'이라는 별칭이 붙었다―이 치
즈는 중량이 4킬로그램 정도 나간다.

미몰레트는 세미하드부터 하드까지 경도가 다양한
압착 치즈이다. 그 누껍고 딱딱한 겉껍질은 진드기들의
공격 대상이다. 이 작은 생물체들은 치즈에 산소를 공급
하여 박테리아와 효소가 기적을 일으켜 환상적인 풍미를
더하도록 한다. 미몰레트 비에유라는 이름을 붙여서 팔
려면 적어도 12개월 동안 숙성시켜야 하며 엑스트라 비
에유는 그 기간이 최소한 18개월로 늘어나지만, 그 이상
계속 묵혀두어도 맛은 계속 발달한다. 주 생산자는 노르
망디의 이지니-생트-메르이다. 이 곳에서 만드는 치즈
는 프랑스의 품질 보증 표시인 라벨 루즈(Label Rouge)
를 받았다. **MR**

Taste: 미볼레트의 향은 송송 버터 캔디에 비유된다. 비에유의 맛은
견과 향이 나며, 어린 치즈보다 훨씬 더 날카롭다. 질감은 단단하고
깨지기 쉬우며, 왁스와 흡사하다.

에담 치즈와 한 가족일 것으로 추정되는 미몰레트는
수년간 묵혀두어도 끄떡없다.

숙성 가우다 Aged Gouda

이 존경받는 치즈는 체다처럼 전 세계적인 명성을 자랑
한다. 네덜란드에서 처음 만들어졌으며, 최소한 800년
의 역사를 자랑하는데, 같은 세월 동안 다른 여러 나라
의 낙농가들이 이를 흉내낸 치즈를 만들었다. 어릴 때는
전유(全乳)를 '세척 커드'라고 알려진 기법으로 처리하여
만든 순하고 부드러운 치즈로, 단단한 커드를 압착 전에
세척한다. 탄력이 있고 퍽 말랑말랑한 질감을 지니고 있
어, 네덜란드인들은 잘라서 아침 식사 때 먹는다.

그러나 나이가 들고 나면―6년 정도 묵혔다면 최
고이다―이 다소 밋밋한 치즈는 완전히 다른 정체성을
얻게 된다. 1년이 지나면 여전히 잘 드는 칼로 자를 수
는 있지만, 잘라진다기보다는 깨진다는 표현이 어울리
게 된다. 5~6년이 지나면 파르미지아노 레지아노처럼
단단해지며, 강렬하고 복합적인 향미와, 젖산칼슘의 결
정으로 꽉 차서 씹으면 거의 아삭아삭한 느낌에 가깝다.
가우다가 이 정도로 숙성하면, 치즈만 먹거나 또는 좋은
빵, 그리고 한 잔의 멋진 베네룩스 맥주와 함께 먹으면
그 고유의 풍미와 향기를 최고로 즐길 수 있다. 그러나
파르미지아노의 대용으로는 사용할 수 없으며, 조리에
도 적합하지 않으니 참고할 것. **MR**

Taste: 오래 묵힌 가우다의 향기는 벌꿀부터 버터캔디나 다크 캐러멜
의 그것까지 다양하다. 맛은 짠맛이 지나쳐서는 안 되며, 때때로 올드
위스키와 비교되곤 한다.

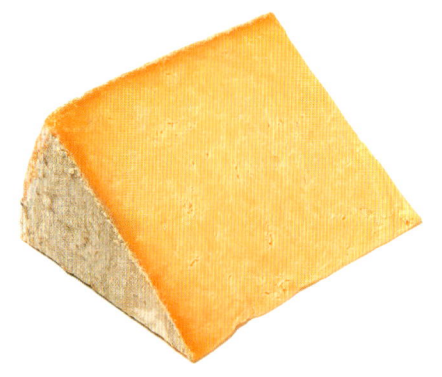

체셔 Cheshire

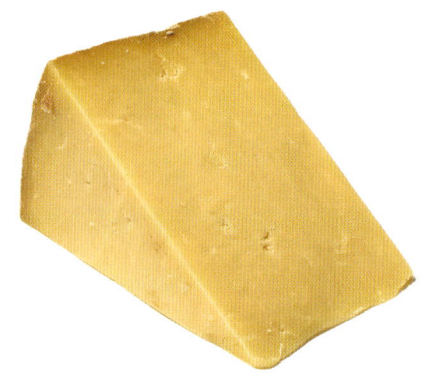

체다 Cheddar

중세 잉글랜드에서 체셔는 모든 다른 치즈를 평가하는 척도와도 같았다. 19세기와 20세기 초에는 스틸턴을 제외하면 프랑스인들이 그 이름을 알 만한 유일한 영국산 치즈였다. 1920년대에는 1,200여 곳의 농가가 체셔를 생산하였으며 제2차 세계대전 이전까지 영국에서 소비되는 치즈의 60퍼센트를 차지하였다.

오늘날 이 전형적인 잉글랜드 하드치즈는 그 풍미가 훨씬 떨어지는 공장 생산 제품으로 그 명맥을 유지하고 있으며, 여전히 전통 방식으로 만드는 농가는 손가락으로 꼽을 정도이다. 그 중의 하나인 호크스톤의 애플비는 지금까지도 자신의 소에서 짠 파스퇴르 살균하지 않은 젖으로 헝겊으로 묶은 원통형 체다를 선보인다. 소떼는 2천년 동안 암염을 제공해온 광산 위에 펼쳐진 체셔 평원에서 풀을 뜯으며, 덕분에 치즈 역시 짭짤한 맛이 난다. 보통 체다보다는 어릴 때 먹는데, 6개월 이상 숙성시키는 일이 거의 없다. 체셔 치즈 중에는 아나토(잇꽃나무 씨로 만든 향신료)를 첨가하여 오렌지빛이 도는 것도 있다. 애플비는 천연 색소를 쓴 체셔와 쓰지 않은 체셔를 모두 만든다. 애플비의 체셔는 다른 체셔에 비해 덜 시큼하고 버터 향이 진하다. MR

18세기에 『로빈슨 크루소 Robinson Crusoe』의 작가 다니엘 드포가 체다를 방문했을 때, 서머싯 평원에 위치한 이 마을은 이미 이 곳에서 생산되는 커다란 바퀴형 치즈로 유명세를 누리고 있었다. 그러나 프레쉬 커드를 조각조각 잘라 켜켜이 쌓아올려 그 자체의 무게로 물기를 빼는 특유의 '체다링(cheddaring)' 과정은 19세기 중반까지 일반에 알려지지 않았다.

오늘날 체다는 전 세계의 영어권 국가에서 생산되는 단단한 압착 치즈의 통칭이다. 공장에서 생산한 어린 치즈부터, 농가에서 치즈 장인이 만든 작품에 이르기까지 모든 것을 다 체다라고 부른다. 현재 서머싯 지방에서 생산되는 최고의 잉글랜드 체다는 세 곳의 농가—몽고메리, 킨, 웨스트콤비 낙농장—에서 만들어진다. 직접 키우는 젖소에서 얻은 우유를 파스퇴르 살균 처리하지 않고 사용하며 동물성 레닛으로 커드와 훼이를 분리하고, 우유의 산도를 높이기 위해 전통적인 발효제를 쓰는 곳이 이 세 군데뿐이다. 중량은 14킬로그램이 넘으며 12~18개월간 숙성시킨다. 체다 지방에 기반을 둔 낙농장은 오직 한 곳만이 남아 있다. MR

Taste: 애플비의 제셔는 쉽게 살리고, 결이 성기고 잘 부서진다기보다는 조각난다고 하는 편이 정확하다. 그 맛은 선명하게 새콤하고, 거의 신랄함에 가깝지만 결코 짜릿하다거나 거칠지는 않다.

Taste: 질 익은 체다는 전형적인 견과 향을 지니고 있다. 그 꽉 찬 질감은 지나치게 조밀하다고는 말할 수 없다. 또 너무 거칠다거나, 맵다거나, 시큼하다고도 할 수 없지만, 입안을 기나긴 향미로 덮는다.

"체다링" 과정의 초기 단계에서 프레쉬 커드를 철망 위에 놓아 훼이를 빼내고 있다. ➤

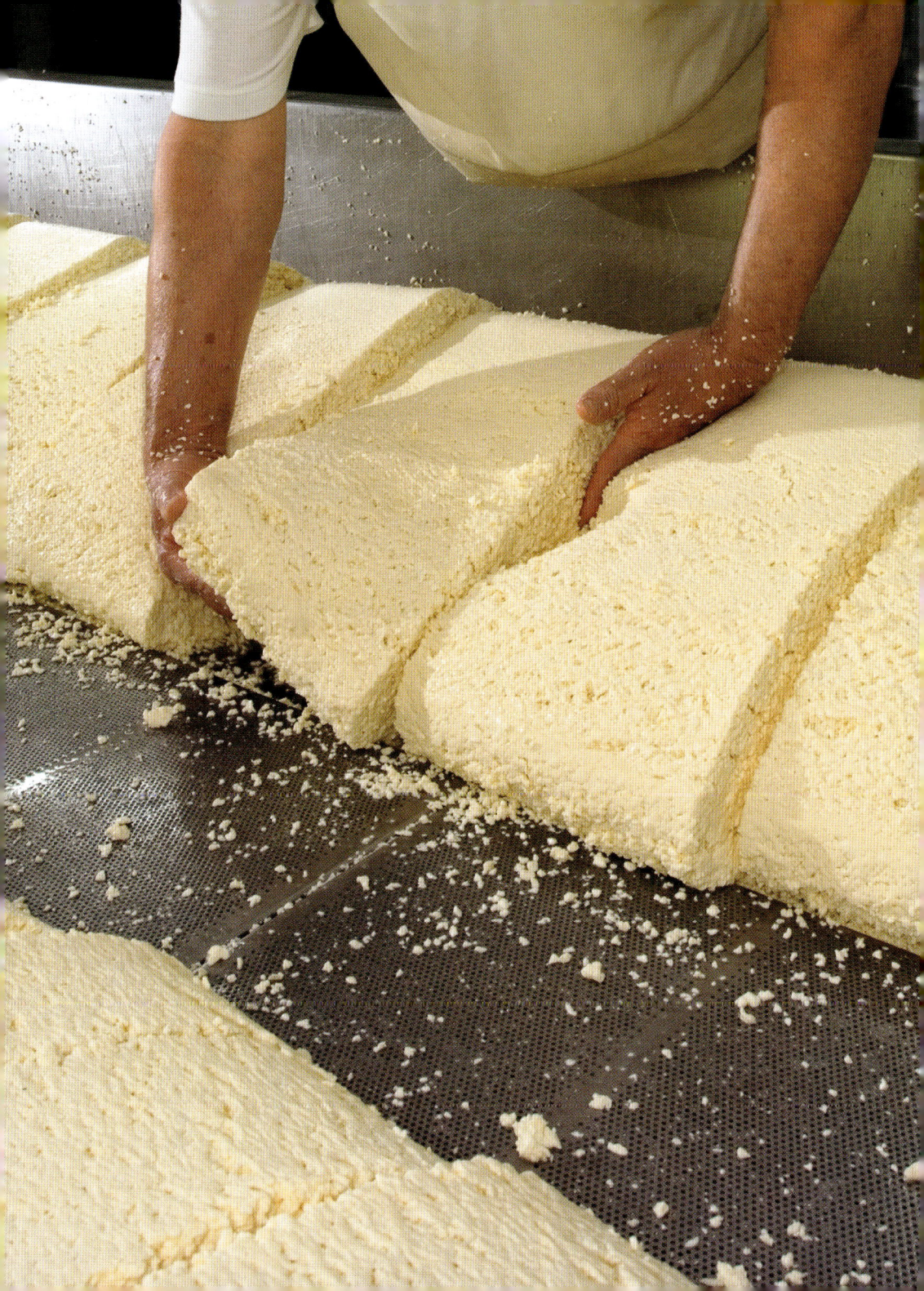

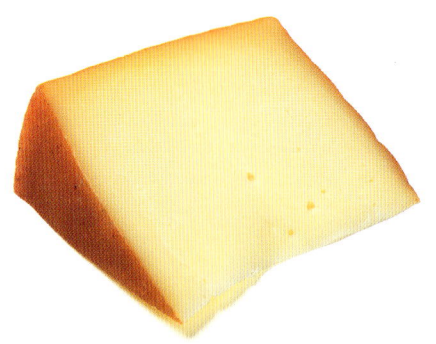

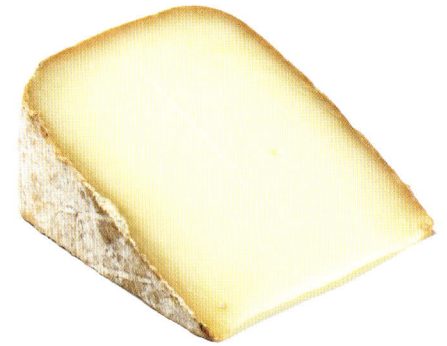

이디아자발 Idiazabal

오쏘-이라티 Ossau-Iraty

바스크 음식이 유행을 타기 시작한 것은 1980년대로, 덕분에 토착 라트사 양젖으로 만든 하드 치즈인 이디아자발(DOP)에도 스포트라이트가 비춰지게 되었다. 크기나 모양이 만체고를 닮았지만, 이디아자발은 자신만의 개성을 지니고 있다.

전통적으로 목동들은 봄과 여름에 피레네 산맥에서 양떼들이 풀을 뜯게 하며, 그 자리에서 바로 치즈를 만들어서, 겨울이 시작될 무렵 양떼를 몰고 내려올 때 함께 가지고 온다. 그리고 치즈를 오두막의 난롯가에 놓아둔다. 오늘날 바스크 지방과 나바라 외의 지역에서는 이디아자발을 훈제 치즈로 분류하며, 보통 너도밤나무, 자작나무, 과일나무 장작 위에서 부드럽게 훈제한다. 이 과정에서 겉 껍질에 앤티크 목재에 생기는 것 같은 녹이 피어나며, 익어가는 커드 안으로 그 향미가 배어든다.

이디아자발은 2~4개월 정도 지나면 먹을 수 있지만, 더 묵히면 갈 수 있을 정도로 딱딱해진다. 대부분의 이디아자발은 작은 공장에서 파스퇴르 살균하지 않은 밀크로 만들지만, 여전히 전통 방식을 고수하는 목동들도 몇몇 있다. **MR**

프랑스령 피레네 산맥의 나즈막한 비탈에서 200~400마리의 양떼에게 풀을 뜯기는 100명도 넘는 목동 농부들은 여전히 이 전통적인 프랑스 바스크 양젖 치즈를 만든다. AOC 인증의 보호를 받고 있기는 하지만, 오쏘-이라티는 원산지 등록이 되어 있는 다른 치즈들과는 스타일 면에서 덜 규격화되어 있는 편이다. 사실 오쏘-이라티 특유의 매력은 누가 만들었느냐에 따라 이웃집과 약간씩 다른 치즈가 태어난다는 데에 있다.

바스크 양에서만 짠 전유(全乳)를 사용하여 신년부터 8월 말까지 만든다(9월과 10월에 오쏘-이라티를 만드는 것은 불법이다). 양들이 고도가 높은 야생에서 풀을 뜯어먹는 여름에 만드는 치즈가 가장 맛있다. 이 기간에는 풀 향기를 더 진하게 하기 위해 냄새가 지독한 쐐기풀에 양젖을 거른다. 원통형으로 1.8킬로그램짜리부터 7킬로그램짜리까지 다양하다. 3개월 이상—때로는 전통적인 방식의 셀러나 동굴에서—숙성시킨다. 어떤 것이든 유지방 함량이 최소한 50퍼센트 이상이므로 기름질 수밖에 없다. **MR**

Taste: 훈제하지 않은 이디아자발은 달콤하고, 버터 같고, 견고하며, 견과 향이 난다. 훈제의 영향은 두드러진다기보다는 은근하며, 우아한 복합 향미를 자랑한다.

Taste: 오쏘-이라티는 견고하지만 딱딱하지는 않으며, 입에 넣으면 녹아내린다. 맛은 기름지고, 달콤하며, 견과 향이 난다. 오쏘-이라티의 고향에서는 그 풍미를 더욱 북돋기 위해 버찌 잼을 곁들여 먹는다.

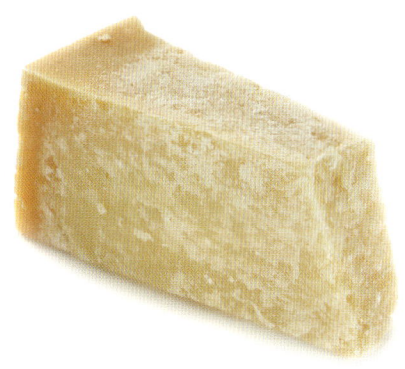

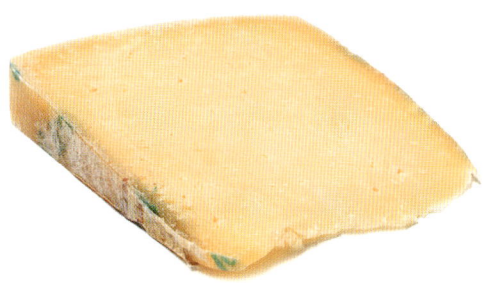

파쉬케이 시르 Paški Sir

이 크로아티아 양젖 치즈는 그 풍미로 보나 역사로 보나 하드 치즈의 보석이다. 파쉬케이 시르는 '파그 섬의 치즈'라는 뜻으로, 파그는 아드리아 해에 위치한 크바르네르 제도에 속한 섬 이름이다. 이 조그만 섬은 오늘날 인기 관광지로 떠오르고 있다. 관광업을 제외한다면 파그 섬에서는 딱 네 가지밖에 볼 것이 없다—치즈, 양, 레이스, 그리고 소금이다.

파쉬케이 시르는 크로아티아를 벗어나면 거의 구경하기가 힘든 별미이다. 이 치즈를 만드는 데에 쓰이는 양은, 18세기와 19세기까지 그 기원을 거슬러 올라가는데, 외래종인 메리노 양과 토착 양 품종을 교배시킨 종이다. 이 억센 양들은 소금기 있는 풀과 세이브러쉬 관목을 뜯어 먹고 살기 때문에, 그 젖에서도 두드러진 풀 향기가 난다. 여기에 치즈 덩어리를 소금물에 담가두고, 어떤 것은 올리브유와 재를 문지르기도 하는 절임 과정으로 인해 이러한 풍미가 더욱 강해진다. 어린 파쉬케이 시르는 5개월 정도 숙성시키면 먹지만, 1년 이상 묵히기도 한다. 파그 섬에서 기르는 4만 마리의 양으로부터 얻는 젖으로 만들며, 연간 생산량은 80톤 안팎에 불과하다. **JH**

상호르케 São Jorge

포르투갈령 아조레스 제도는 대서양 한복판에 떠 있는 일련의 화산섬이다. 그 중 낙농업으로 유명한 섬은 가장 큰 상미구엘이지만, 포르투갈인들의 해외 이주 때 전 세계로 퍼진 치즈에는 상호르케 섬의 이름이 붙었다. 세미하드 치즈로 보통 어릴 때 먹으며, 공장에서 생산한 제품은 아조레스의 호텔에서 잘라서 아침 식사로 낼 만큼 먹기에 까다롭지 않다. 타파 바와 비스트로를 섞어놓은 듯한 이 지역의 타스카에서는 작은 쐐기꼴로 잘라 아페리티프로 먹는다.

상 호르케 섬은 길고 좁다랗게 생겼으며 풀밭으로 덮여 있다. 멕시코 만류 덕분에 낙농업에 이상적인 온화한 기후를 자랑하며, 대서양의 폭풍으로부터 보호하기 위해 쳐놓은 작은 울 안에서 소들은 일년 내내 풀을 뜯는다. 오늘날에는 현대적인 품종의 소에게서 짠 젖을 사용하지만, 16세기에 이 곳에 처음 전래된 라몬 그란데 품종도 몇 두 남아 있다. 바퀴형 치즈는 무게가 5.4~10킬로그램 정도 나가며, 노르스름한 겉껍질로 싸여 있다. 상미구엘의 주요 시장에서 오래 묵힌 상호르케를 살 수는 있지만, 대체로 4개월 정도 되면 해외로 수출한다. **MR**

Taste: 고온에서 잘 녹는 하드 치즈인 파쉬케이 시르는 파르미지아노 레지아노와 비슷한 맛이지만, 좀더 짭짤하고 풀 향기가 더 강하다.

Taste: 상호르케는 밀크 맛에 약간의 단맛이 더해졌다. 치즈 전문가들은 살짝 풀 향기가 느껴진다고 주장하기도 한다. 질감은 꽉 차 있으며, 뒷맛은 매끄럽다.

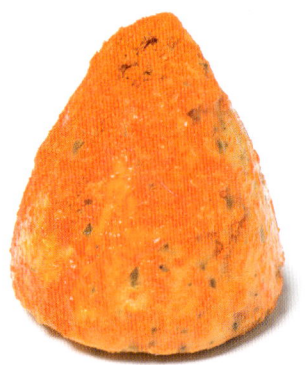

불레트 다베느 Boulette d'Avesnes

치즈를 '반사회적'이라고 묘사하는 것은 좀 너무하게 들리지만, 불레트 다베느는 그 존재만으로도 존경심을 가지고 다루어야 할 것 같은 느낌이 들게 한다. 원뿔형에 피망 빛깔인 불레트 다베느는 또다른 '냄새 나는' 치즈인 마루아유와 가까운 지방에서 생산되며, 껍질이 발달한 세척 치즈인 동시에 향미를 낸 치즈라는 점이 독특하다. 이러한 짜릿한 조합의 첫 번째 요소는 바로 숙성 초기 단계에서 맥주를 섞은 소금물에 씻는다는 것이다. 두 번째는 후추, 타라곤, 파슬리, 그리고 레시피에 따라 간 정향을 커드에 넣어 휘젓는다는 점이다. 마지막으로 아나토 가루를 표면에 칠하면 그야말로 '악마의 좌약'이라는 이름에 걸맞는 치즈가 탄생한다.

문서상으로 불레트 다베느와 마루아유 수도원이 함께 묶여서 등장하는 것은 1760년이 처음이다. 이 무렵 농부들은 익힌 훼이로만 만들었다. 오늘날에는 마루아유와 같은 방식의 기본 공정을 거쳐 치즈 장인들이 만드는 지방 함량이 높은 치즈로, 그 독특한 모양을 얻으려면 손으로 굴려야만 한다. 불레트 다베느는 높이가 10~12센티미터, 중량은 200그램 안팎이다. 출하되기 전에 3개월 정도 숙성시킨다. **MR**

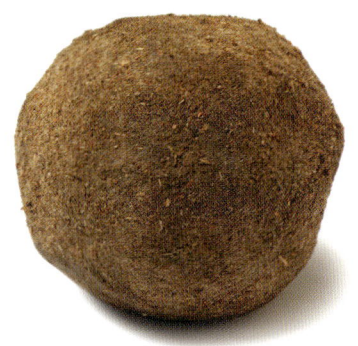

타르투스 샨클리쉬 Tartous Shanklish

이 범상치 않게 생긴 치즈는 지저분한 테니스공에 비교되어 왔으며, 다마스커스 북동쪽으로 220킬로미터 떨어진 항구 도시 타르투스의 특산물이다. 수르케(surke)라는 이름으로도 알려진 향긋한 샨클리쉬 치즈를 가장 많이 생산하는 지역은 시리아의 해안 지대와 레바논 북부이지만, 타르투스 버전이 가장 유명하다.

소, 염소, 양의 젖을 모두 사용할 수 있으며, 전통적으로 가정에서 만든다. 우유를 발효시켜 요구르트를 만든 뒤, 도기에 담아 흔든다. 반쯤 크림이 걷힌 요구르트가 남을 때까지 유지방을 계속 떠낸다. 이것을 분리될 때까지 데운 뒤 남는 하얀 물질을 헝겊에 싸서 12시간 동안 매달아놓는다. 이렇게 해서 생긴 것을 아리쉬(arish)라고 하며, 소금을 쳐서 둥글게 굴려 공 모양으로 만든다. 풍미를 돋우기 위해 알레포 고추나 자타르(zaatar, 중동에서 쓰는 혼합 향신료) 등을 사용하며, 짜릿한 맛을 더하고 싶으면 아니스 열매나 칠리 고추를 쓰기도 한다. 그런 다음 1주일에서 한 달까지 숙성시킨다.

타르투스 샨클리쉬는 메즈나 테이블 치즈로 먹는다. 이 지역 주민들은 보통 토마토 샐러드에 기름과 곱게 다진 양파를 곁들여 낸다. **CK**

Taste: 치스 섭시에 놀리면. 그 코를 찌르는 향미 때문에 가장 마지막까지 남는 치즈이다. 그 지독한 냄새를 제외하고도, 첨가한 향신료 덕분에 입안을 톡톡 쏘는 듯하다.

Taste: 잘 익은 페타 치즈와 맛이 흡사하지만 깊은 허브 향과 스파이시한 짜릿함이 있다. 향미는 숙성 정도에 따라 다르다. 오래 묵힌 치즈는 색깔이 더 짙고, 더 딱딱하며, 맛이 더 신랄하다.

시리아의 타르투스 지방. 소, 염소, 양의 젖을 사용하여 만든 치즈로 유명하다. ➡

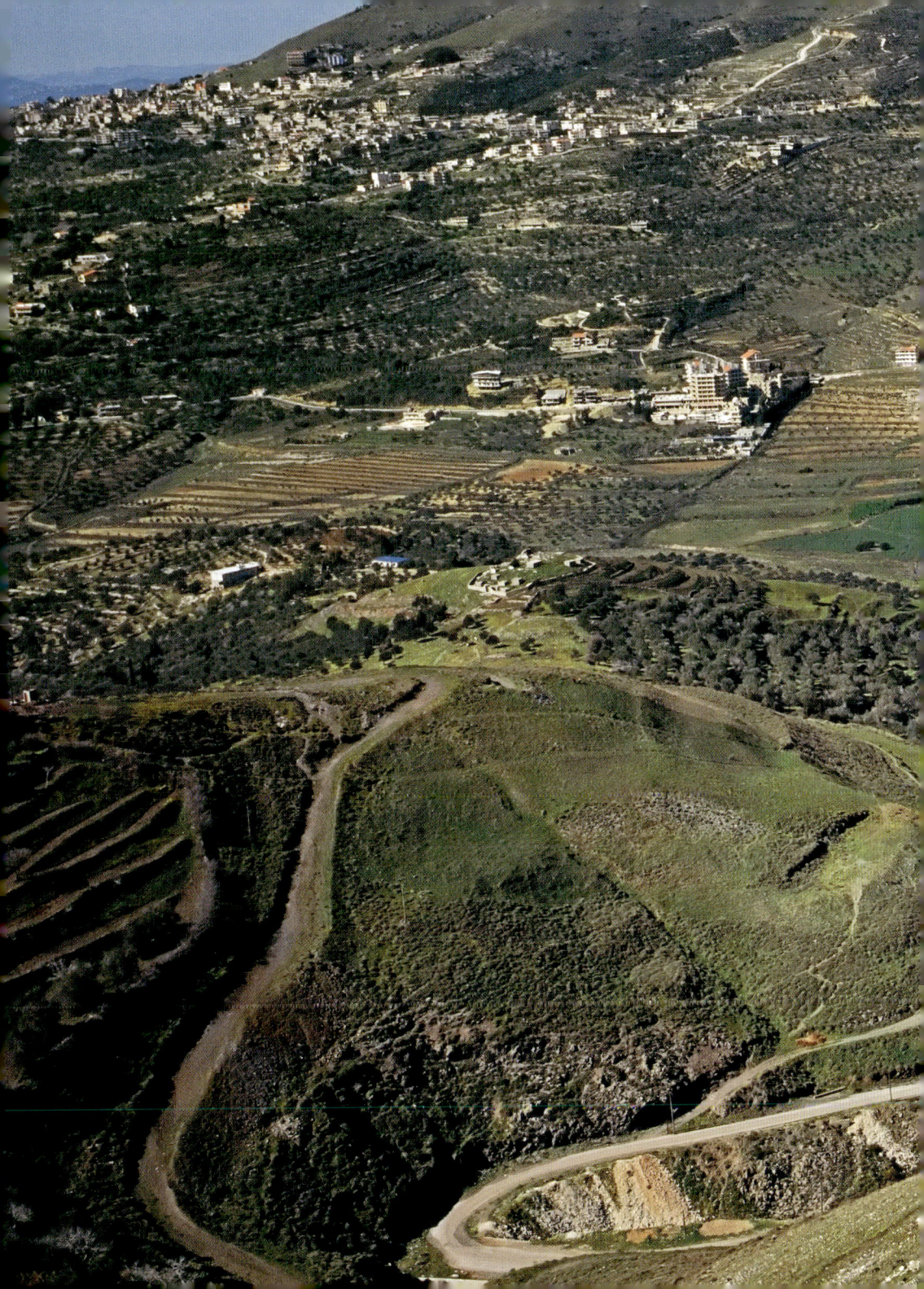

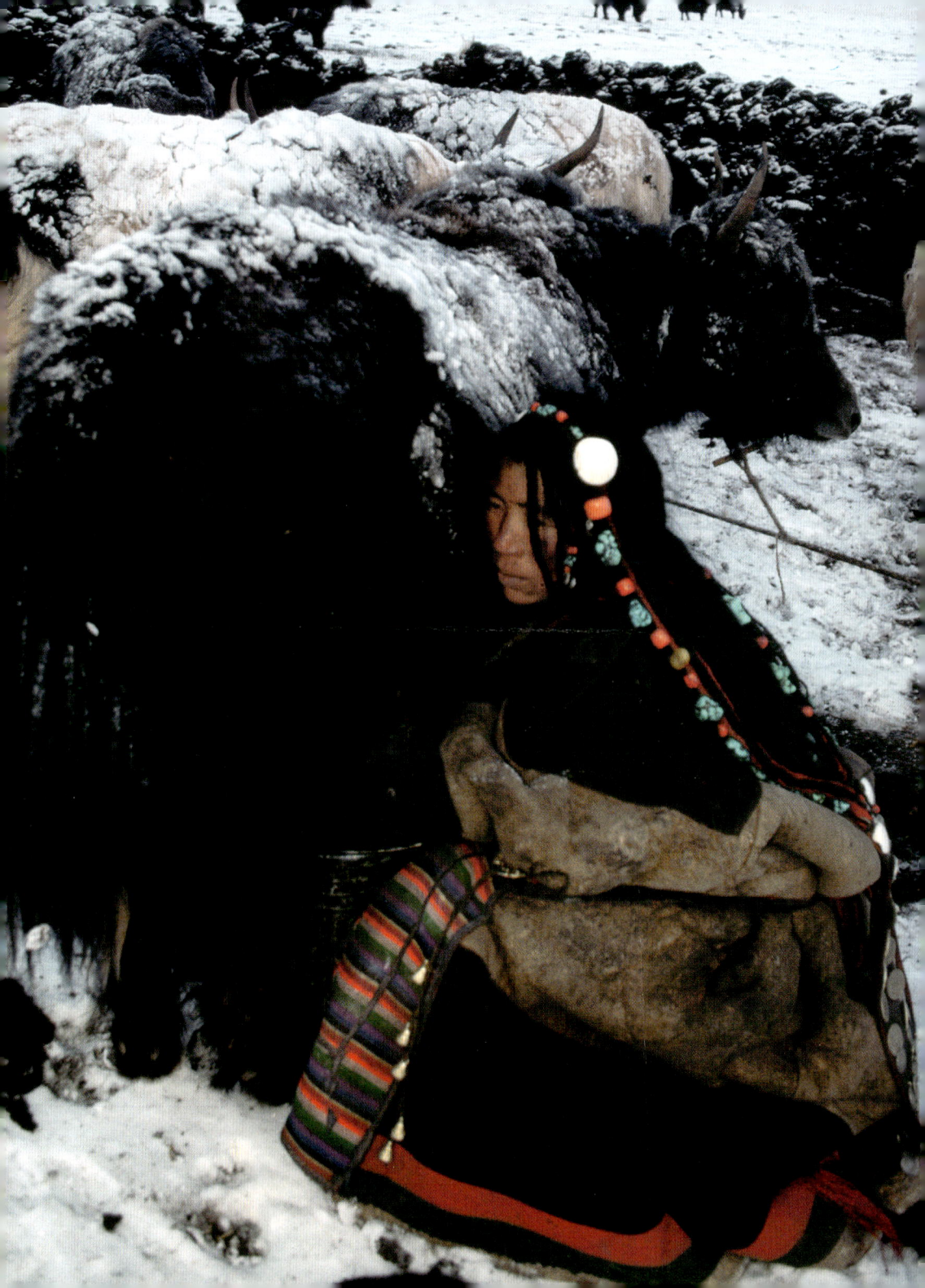

추르피 Churpi

인도 대륙—특히 수천 년 동안 유목민족 목동들이 구릉 지대에서 털이 덥수룩한 야크를 사육해온 티베트, 인도, 네팔, 부탄 등지—을 방문한 여행객들은 추르피를 만나게 될 것이다.

야크를 기르는 농부들이 달콤하고 진한 야크 밀크로 만드는 것이 보통이지만, 버팔로나 소의 젖으로도 만들 수 있다. 추르피는 흔치 않은 타입의 단단하고 건조한 치즈이다. 대부분의 하드 치즈는 칼로 잘라서 먹지만, 추르피는 방지로 깨야만 한다. 오랜 시간—10분부터 길게는 한 시간 이상—동안 빨거나 씹어 먹어야 그 독특한 풍미를 제대로 맛볼 수 있다. 처음에는 아무 맛이 없지만 한 시간쯤 지나면 밀키한 맛이 입안을 감싼다. 이 지역 주민들은 양떼나 염소떼를 풀 뜯기러 갈 때에 추르피 한 덩이를 지니고 간다. 소지가 간편하고, 영양가가 높으며, 에너지원으로도 그만이다.

1980년대 이전까지 네팔은 세계에서 손꼽히는 야크 치즈 생산국이었으며, 추르피는 오늘날까지도 네팔의 지방 경제에서 빼놓을 수 없는 역할을 담당한다. 세월이 흘렀는데도 제조 방법은 거의 변하지 않았다. 전통적으로 나무와 대나무로 만든 특수한 원통형 교유기를 사용하며, 틀에 넣고 압착한 뒤 건조시킨다.

추르피는 간식으로 씹어 먹을 수 있으며 여행객들에게 더할 나위 없이 좋다. 추르피의 인기가 매우 높은 네팔에서는 껌처럼 뻘거나 씹어 먹는다. 티베드에서는 '닌그로(ningro)'라는 이름의, 이 지역에서 자라는 고사리의 어린 덩굴손과 함께 가볍게 볶아 먹는다. 야크 치즈는 중국 덕분에 전 세계로 알려지기 시작하였다. 다양한 스타일의 치즈가 있는데, 중국 정부가 중국 서부의 야크 낙농업을 주도하면서 서방에도 널리 전해지게 되었다. **TB**

말코손바닥사슴 치즈 Moose Cheese

말코손바닥사슴은 스웨덴 문화와 음식에서 중요한 자리를 차지한다. 스웨덴에서는 말코손바닥사슴 고기를 높이 치지만, 그 젖으로 치즈를 만들어 먹는 풍습은 없다. 1996년 크리스테르와 울라 요한손은 스웨덴 북부의 한적한 시골인 비유르홀름에 새로운 생기를 불어넣기로 마음먹고, 길 잃은 말코손바닥사슴 한 쌍을 데려왔다. 이들의 목장은 현재 유럽의 유일한 말코손바닥사슴 낙농장이며, 십수 마리의 말코손바닥사슴이 살고 있다. 야생 말코손바닥사슴을 길들여 젖을 짤 수 있도록 했다.

길들인 말코손바닥사슴을 쓰다듬어 주고 구경하기 위해서뿐만 아니라 이들이 만드는 독특한 말코손바닥사슴 치즈를 맛보기 위해 많은 사람들이 요한손 부부의 '알겐스 후스(Algens hus, '말코손바닥사슴 하우스'라는 뜻)'를 방문한다. 말코손바닥사슴은 5월부터 9월까지만 젖을 내며, 젖을 짜는 데에는 약 두 시간 가까이 걸린다. 한 마리의 말코손바닥사슴이 하루에 약 4~5리터의 젖을 생산한다. 이 젖을 냉장 보관해 두었다가 1년에 세 번 응유시키며, 1년에 약 300킬로그램의 치즈를 얻을 수 있다.

말코손바닥사슴의 젖은 소젖과 비슷하지만, 단백질과 지방 함량이 더 높다. 영양가가 매우 높으며, 건강에도 아주 좋은 것으로 알려져 있다. 러시아에서는 혈관계 질환 및 위궤양 같은 위장병 환자에게 말코손바닥사슴 젖을 마시게 하나. 그냥 음료수로도 인기가 높아지고 있다.

말코손바닥사슴 치즈는 워낙 가격이 비싸다 보니 소수의 행운아들만이 맛볼 수 있다. 스웨덴의 고급 레스토랑과 몇몇 상류 아울렛에서만 판매한다. 요한손 부부는 세 종류의 다른 말코손바닥사슴 치즈를 생산하는데, 그 중 하나는 일종의 페타 치즈로 묘사되며, 포도씨유에 담가서 보관하다 **CC**

Taste: 돌처럼 단단한 추르피를 입안에 넣고 끈기있게 굴려서 부드럽게 하면, 그 크리미한 질감이 입안을 감싼다. 약간 달콤하고 희미하게 짭짤한 독특한 풍미를 지니고 있다.

Taste: 말코손바닥사슴 치즈는 페타보다 덜 푸석푸석하며, 더 매끄럽고, 폭넓고, 깊은 맛이 난다. 이 정도로 값이 비싼 치즈라면 당연히 다른 음식과 곁들일 생각 하지 말고 따로 먹어야 한다.

달콤하고 향이 진한 야크 젖으로 치즈를 만들면 가지고 다니기에도 용이하고 두고 먹을 수 있다.

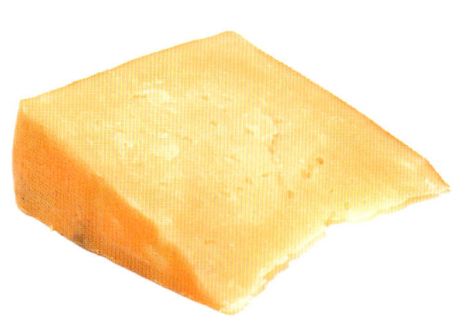

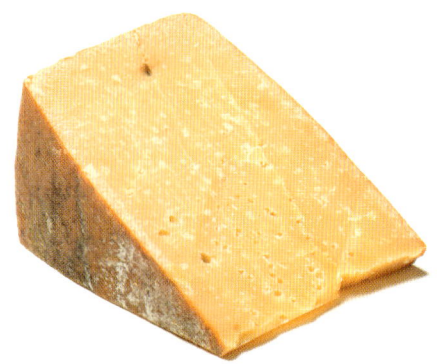

아르수아-우요아 Arzúa-Ulloa

우브리아코 Ubriaco

전통적으로 '무청 치즈'라는 별명으로 알려져 있으며, 스페인 북서부 갈리시아 지방의 루고와 라 코루냐 주에서 생산되는 아르수아-우요아는 멋진 소젖 치즈이다. 스페인에서 매우 인기가 높으며 '시골 치즈(queixo do pais)'라고 불리기도 한다.

　어린 아르수아-우요아는 부드러운 페이스트 같은 질감에 순한 향미를 지니고 있지만, 더 묵히면 짭짤하고도 날카로운 맛에 더 딱딱하다. 장인이 만든 아르수아-우요아는 DOP 인증을 받았으며, 전 공정이 엄격한 기준에 따라 관리된다. 지정된 품종의 젖소에서 짠 전유(全乳)로만 만들 수 있는데, 특히 루비아 갈레가(Rubia Gallega), 홀스타인, 또는 알파인 브라운 종에서 얻는 달콤하고 짙은 우유는 아르수아-우요아의 특별한 풍미를 만들어내는 데 한몫한다.

　아르수아-우요아를 만들기 위해서는 우유에 소금을 쳐서 데운다. 온도가 33℃에 다다르고 우유가 굳으면, 커드를 틀에 부어서 물기를 뺀다. 어린 치즈는 6~15일간 숙성시키지만, 최소한 6개월간 묵히는 원숙한 종류도 있다. **LF**

우브리아코, 또는 "술취한" 치즈는 이탈리아 베네토 현의 피아베 강 유역에서 생산된다. 왜 이런 이름이 붙었느냐 하면, 실제로 어린 치즈를 와인에 담근 뒤 으깬 포도 껍질로 덮었다가 숙성시키기 때문이다. 치즈를 와인과 포도 머스트에서 숙성시키는 것은 이탈리아에서는 기름이 귀하고 비쌌던 옛날부터 전해내려오는 오랜 전통이다.

　9월부터 11월 사이에 라테리아(Latteria), 아시아고(Asiago), 몬타시오(Montasio), 마르수레(Marsure), 또는 파가냐(Fagagna)처럼 소에서 짜낸 전유(全乳)로 만들며, 6~24개월 동안 신선한 레드와인—주로 메를로, 카베르네 또는 라보소—의 찌끼로 맛을 낸다. 35~50시간 동안 와인에 담가두었다가 말려서 6~10개월간 숙성시킨다. 당연한 결과이지만, 겉표면은 사용한 와인의 종류에 따라 짙은 보라색에서 엷은 자주색을 띤다.

　우브리아코 치즈의 맛은 치즈와 와인의 종류에 따라 달라진다. 다른 것 필요 없이 우브리아코 치즈만 먹어도 좋으며, 만들 때 사용한 포도 찌꺼기와 같은 품종의 포도로 만든 풋풋한 레드 와인 한잔을 곁들여 마시면 가장 맛있다. **HFa**

Taste: 어린 아르수아-우요아는 깔끔한 밀크 향에 순하고 버터 같은 맛이 난다. 나이가 들면서 딱딱한 질감에, 바닐라와 호두를 떠올리게 하는 풍미가 생겨난다.

Taste: 최고의 우브리이코는 단단하고 푸석푸석하고, 결이 거칠며, 고무처럼 매끈하고 쫀득한 질감은 전혀 찾을 수 없다. 견과 향이 나는, 약간 톡 쏘는 맛이며, 입안에서는 특유의 파인애플 향이 살짝 감돈다.

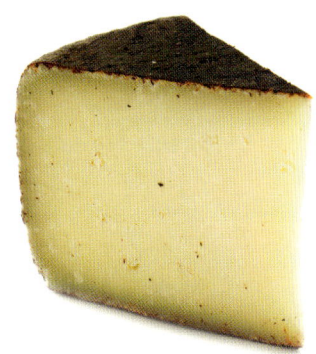

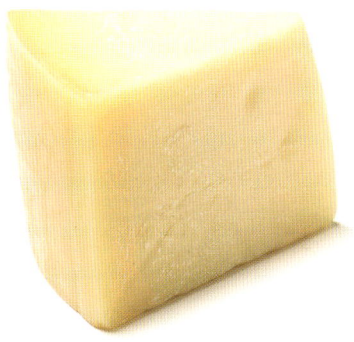

드라이 잭 Dry Jack

소노마 카운티는 벨라 치즈 컴퍼니와 이 회사에서 생산하는 저 유명한 드라이 잭 치즈의 고향이다. 그 이름은, 적어도 부분적으로는, 또다른 캘리포니아산 하드 치즈인 몬테레이 잭에서 유래하였다. 몬테레이 잭은 19세기에 스코틀랜드 출신인 데이비드 잭스가 프란체스코 회 수도원에서 배워온 레시피를 응용해서 처음 만들었다고 한다. 수도사들은 아마도 스페인 치즈에서 영감을 받았을 것이다. 벨라 社는 1930년대 이래 소노마 카운티에서 치즈를 생산해왔으며, 미국 치즈 산업의 선구자로 인정받고 있다.

드라이 잭은 저온살균을 거치지 않은 압착 치즈로 건지 종 젖소에게서 짠 전유(全乳)로 만든다. 숙성 과정에서 이탈리아의 그라노(grano) 치즈처럼 단단하고 잘 부스러지게 된다. 네 종류의 "잭" 중에서 가장 건조한 베어 플랙(Bear Flag)은 2년 동안 숙성시키며, 큰 바퀴 형으로 무게는 약 3.5킬로그램이 나간다. 코코아 가루와 기름을 섞어 표면에 발라 치즈벌레의 침범을 막는다. 파르미지아노 레기아노처럼 나이든 잭 역시 과일과 함께 먹기도 하지만, 이탈리아 풍 캘리포니아 요리에 주로 쓰이며, 특히 갈아서 파스타나 샐러드 위에 뿌린다 **MR**

프로볼로네 발파다나 Provolone Valpadana

프로볼로네 발파다나(DOP)는 모짜렐라처럼 치즈 가운데서도 '파스타 필라타(pasta filata)'에 속한다. 파스타 필라타란 커드를 "잡아당겨 늘이는" 작업을 가리키는데, 중세에 이탈리아 남부에서 처음 시작되었다. 치즈를 만들 때 온도를 높이면 처음에는 불안정한 커드가 만들어지며, 이것이 다시 주저앉아 훼이로 돌아가는 것이다. 그러나 만약 커드를 일정 시간 그대로 내버려 두면 탄력 있는 결이 생기며, 이것을 털실 뭉치에서 실을 뽑아내듯 잡아당겨 늘이는 것이다. 그 결과가 너무나 훌륭했기 때문에 곧 여기저기서 이러한 방식을 흉내내기 시작했다.

커드를 테이블 위에 올려두었다가 뜨거운 물에서 잡아당겨 늘인다. 이렇게 완성하여 숙성시킨 치즈는 프로볼로네라는 이름으로 알려지기 시작했다. 그리 오래지 않아 치즈 장인들은 북쪽의 푸르고 비옥한 롬바르디아의 평원으로 이주하였고, 프로볼로네 발파다나가 탄생하였다. 오늘날 프로볼로네 발파다나는 엄격한 DOP 기준에 따라 생산된다. 다양한 전통 모양으로 빚어내는데, 튼튼하고 질긴 삼실로 묶어 특수하게 설계된 저장실에서 2~4년간 숙성시킨다. 그 결과 단단하고 짜릿한 맛을 내는 치즈가 탄생한다. 파르미지아노 레기아노 처럼 곱게 깎아서 내면 특히 좋다. **LF**

Taste: 빽빽하고 쉽게 부스러지는 드라이 잭의 질감은 종종 비교되는 이탈리아 치즈보다 약간 더 기름지다. 진하고 강력한 맛에 새콤하니 날카로운 맛이 난다.

Taste: 향미가 풍부하고 난난한 프로몰로네 발파다나는 짜릿하고 신랄한 맛과 기분 좋은 질감이 어우러진다. 깔끔하고 날카로운 뒷맛에 원기왕성한 풍미로 인해 테이블 치즈로 더할나위없이 훌륭하다.

카라크 자미드 Karak Jameed

전통 치즈를 만드는 데 들이는 시간과 노력은 이탈리아와 프랑스에서는 유명하지만, 베두인 족의 후손인 중동—특히 요르단의 카라크 주위 지방—의 요리사들은 자신들만의 독특한 방식으로 치즈를 만든다. 유럽에서 볼 수 있는 커다란 바퀴 모양 대신, 중동의 치즈 장인들은 작은 자미드 덩어리를 만든다. 자미드는 치즈와 요구르트 사이에 양다리를 걸치고 있다고 할 수 있는 새콤한 유제품이다. 요르단에서도 카라크의 자미드가 최고라고 한다.

이 독특한 건조 요구르트를 만들기 위해서는 염소 젖 요구르트에 소금과 때로는 허브를 섞어 치즈를 만드는 데 쓰는 올이 굵은 천에 담아 매달아놓는다. 이것을 물기가 하나도 남지 않을 때까지 되풀이하여 비틀어 짜면 둥근 공 모양이 형성되기 시작한다. 바위처럼 딱딱해질 때까지 펴서 말리면 약간 평평해진다. 햇볕에서 말리면 노르스름한 빛을 띠게 되고, 그늘에 놓아두면 그대로 우윳빛을 유지한다. 오늘날 자미드는 아데르 마을의 거의 예술의 경지라 할 수 있는 낙농장에서도 생산된다.

자미드는 요르단에서 사랑받는 만사프(mansaf, 쌀과 새끼양고기로 만든 요리)에 들어가는 것으로 유명하다. 만사프는 원래 베두인족의 전통 음식으로, 베두인족에게 풍성한 재료—양이나 새끼양 고기에 양젖으로 만든 요구르트—로 만들어진다. 만사프는 특별한 날이나 가족 행사 때 먹는데, 커다란 접시에 담아서 내며, 전통에 따라 선 채로 손으로 먹어야 한다. 또 접시 주위에는 여덟 사람까지만 둘러설 수 있다. 자미드 덩어리를 물에 넣어 불린 뒤 으깨면 훼이와 비슷한 액체가 흘러나오는데 이것으로 만든 소스를 곁들인다. 최근에는 조리 시간을 줄이기 위해 공장에서 생산한 액상 자미드도 시판되고 있다. 수프에 그 특유의 짜릿한 맛을 더하기 위해 넣기도 한다. **TH**

크시노티로 Xynotyro

그리스어로 '크시노(xyno)'는 레몬이든 요구르트든 관계없이 새콤한 향미를 지니고 있어 짜릿한 맛이 나는 모든 것을 가리킨다. '티리(tiri)'는 치즈라는 뜻이다. 따라서 '크시노티로'를 번역하면 '시큼한 치즈'가 되지만, 실제로는 이 치즈의 향미를 정확하게 묘사하고 있는 이름은 아니다. 크시노티로는 훼이의 시큼한 맛과 캐러멜의 향미를 모두 지니고 있기 때문이다. 대부분의 그리스 치즈처럼 크시노티로 역시 암양이나 염소의 젖, 또는 이 둘을 섞어서 만든다.(단, 전통적인 향미나 색깔을 만들어낼 수 없으므로 소젖은 절대 쓰지 않는다.) 에게 해의 키클라데스 제도, 특히 미코노스와 낙소스 섬에서 만든다.

그리스는 수천 년을 거슬러 올라가는 오랜 치즈의 역사를 자랑한다. 『오디세이아』에서 호메로스는 응고한 염소젖과 양젖을 바구니에 담아 치즈를 만드는 장면을 묘사하기도 하였다. 크시노티로는 저온살균을 거치지 않은 겉껍질 없는 훼이 치즈로 유지방 함량이 20퍼센트 안팎으로 낮은 편이다. 전통적으로 물기를 뺀 뒤 갈대로 짠 바구니에 담아 며칠 동안 숙성시킨다. 이 과정에서 치즈의 표면과 바구니가 닿으면서 특유의 무늬가 생긴다. 바구니에 담아두어야 하는 이유 때문에 완성된 치즈 역시 그 모양과 크기에 따라 분류된다. 전통적으로 크시노티로는 3개월간 숙성시킨 뒤 동물 가죽으로 만든 주머니에 담아 보관한다.

크시노티로는 어릴 때 신선하게 먹어도 좋고 숙성시킨 뒤에 먹어도 좋다. 치즈만 먹어도 되지만 보통은 오이, 토마토, 검은 올리브로 만든 샐러드에 곁들여 낸다. 잘 찢어지고 쉽게 녹기 때문에 타르트나 파이처럼 구운 음식에 넣어도 좋다. 크시노티로로 속을 채운 세모꼴의 필로(Phyllo, filo, fill, 그리스어로 '종잇장처럼 얇은'이라는 뜻. 효모로 부풀리지 않은 밀가루 반죽으로 얇게 만든 패스트리 또는 그 반죽)인 티로피타키아(tyropitakia)가 유명하다. **CK**

Taste: 자미드는 기본적으로, 짜릿한 염소젖에서 뽑아낸 정수를 크리미하고 부드러운 형태로 만들어놓은 것이다. 아주 강렬하고 짭짤한 페타 치즈에 거의 야성적인 냄새가 어우러져 있다고 상상하면 된다.

Taste: 크시노티로는 단단하고 잘 부서지는 질감을 지닌 하얀 치즈이다. 특유의 새콤달콤한 향미 아래 태운 캐러멜 향이 깔려 있다.

크시노티로는 그리스의 여러 구운 음식에 재료로 쓰이는데, 치즈와 시금치로 속을 채운 스파나코피타(spanakopita)도 그 중 하나다. ➲

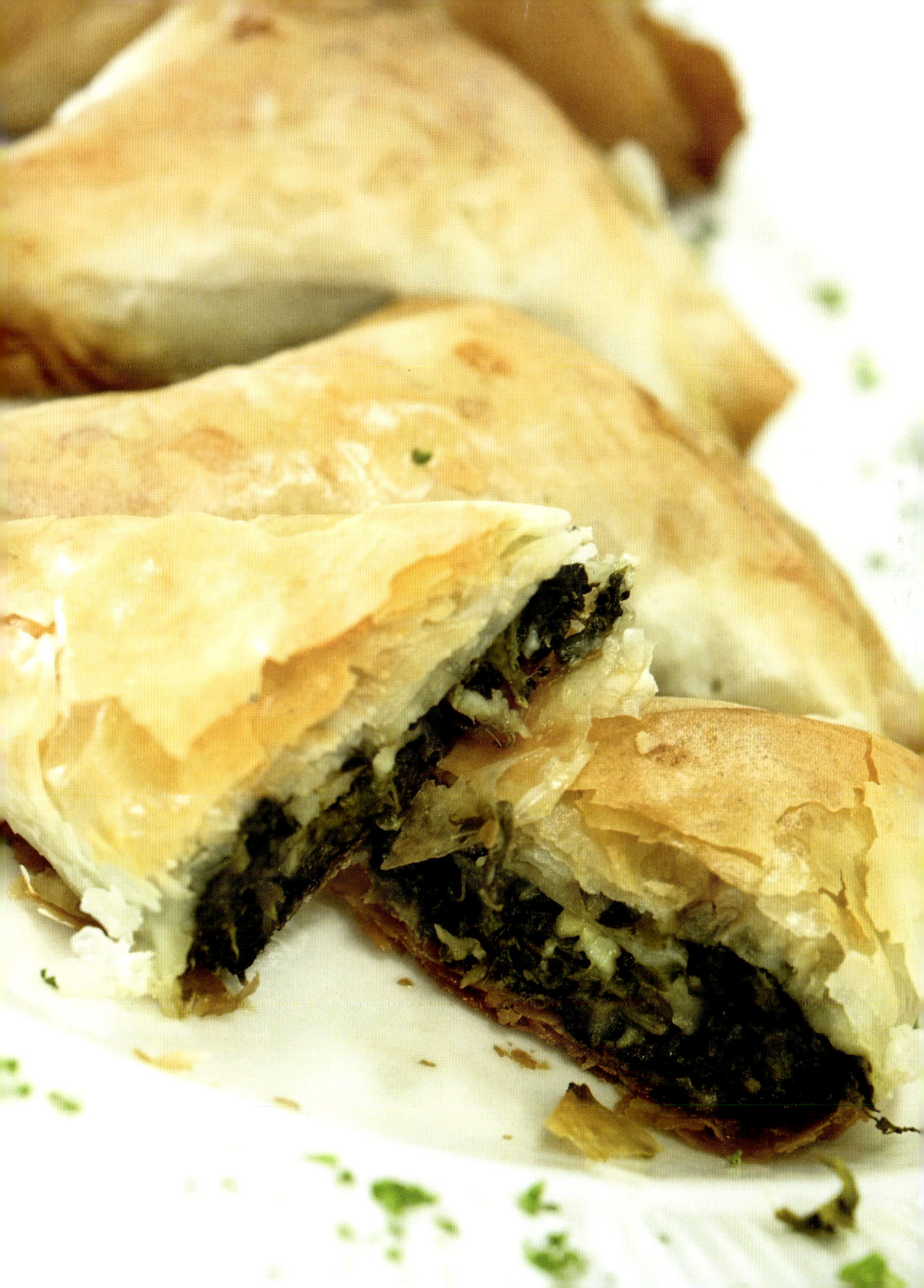

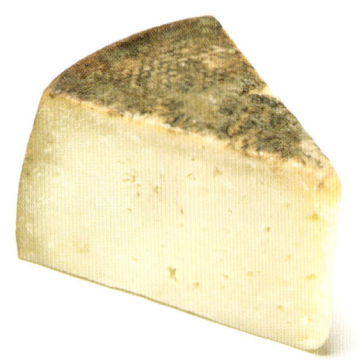

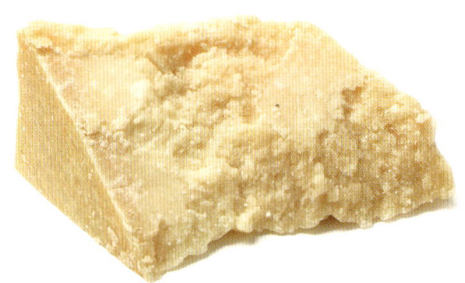

피오레 사르도
Fiore Sardo

사르디니아의 페코리노라 할 수 있는 피오레 사르도 (DOP)는 여러 면에서 이탈리아의 다른 양젖치즈와는 다른 독특한 매력이 있다. 피오레 사르도를 만드는 양젖은 페코라 사르다(pecora sarda) 종 암양에게서 얻는데, 이 양은 이탈리아 전역에서 널리 기르기는 하지만, 본래 사르디니아의 토착 품종이다. 또한 지중해의 초원은 어마어마하게 다양한 야생 초목과 허브를 풀을 뜯는 양떼들에게 제공해준다.

피오레 사르도는 이탈리아에서는 유일하게 유럽 연합의 원산지 표시 인증(Denominazione di Origine Protetta)을 받은 원유 양젖 치즈이다. 주 생산지는 가보이(Gavoi)이지만, 올로라이, 오보다, 로디네, 포니, 오르고솔로에서도 소량 생산한다.

원유를 양이나 염소의 천연 레닛으로 응고시켜, 그 커드를 통 안에서 손으로 으깬다. 갓 생성된 치즈에 소금을 친 다음, 은매화, 야생 참나무, 아르부투스 나무, 올리브나무 등의 장작불에 아주 살짝 그슬린다. 숙성실에서 7개월을 보내면 슬슬 그 진가가 드러나기 시작한다. 보통 10개월 정도 숙성시킨 뒤 출하하는데, 이 무렵이면 유지방 함량이 75퍼센트 안팎에 이르는 건조하고 단단한 치즈가 된다. **MR**

Taste: 입안에서는 짜릿하지만, 피오레 사르도는 야생 식물의 향기와 말린 과일을 연상시키는 달콤한 맛을 지니고 있다. 조밀하고 딱딱하지만 쉽게 자를 수 있다.

파르미지아노 레지아노
Parmigiano Reggiano

이탈리아 치즈의 왕이라는 명성에 아무도 이의를 제기하지 않는 파르미지아노 레지아노(DOP)는 사뭇 화려한 팬층을 자랑한다. 우선 나폴레옹이 가장 좋아하는 치즈였다고 하며, 프랑스의 극작가 몰리에르 역시 파르미지아노 레지아노라면 사족을 쓰지 못했다고 한다─병석에 누워 죽을 날을 기다리면서도 보통 병자들이 마시는 묽은 수프 대신 이 치즈를 먹었을 정도이니 말이다.

파르미지아노는 고향인 이탈리아에서는 '그라나 (grana, '곡물'이라는 뜻)'라고 불리는 종류에 속하며, 원유로 만든다. 웅장한 바퀴형으로, 한 덩이의 무게가 30킬로그램이 넘는다. 살짝 기름기가 도는 밀짚색 겉표면에 작은 물방울 무늬가 찍혀 있고, 여기에 스텐실로 파르미지아노 레지아노라는 이름을 새겨넣는다. 이탈리아 북부 에밀리아─로마냐 주의 지정된 지역에서 장인들이 생산했다는 표시이다.

파르미지아노 레지아노는 곱게 깎아서 샐러드나 피자 위에 얹어 먹거나, 리조토에 넣고 휘젓거나, 갈아서 페스토에 넣거나, 수프와 파스타에 뿌려 먹어도 환상적이지만, 저녁 식사 전에 한입 크기로 잘라서 내는 것이 가장 맛있다. **LF**

Taste: 파르미지아노 레지아노는 환상적으로 복합적인 향미를 자랑한다. 처음에는 짭짤하고 견과 맛이 나지만, 보다 강렬하고 진한 짜릿함에 깜짝 놀랄 정도로 은은한 과일 향이 뒤를 따른다.

현대의 파르미지아노 생산 방식은
중세 이래의 기법을 바탕을 두고 있다. ➲

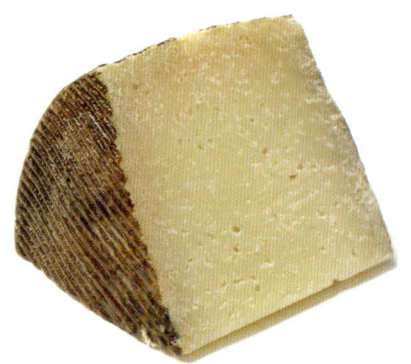

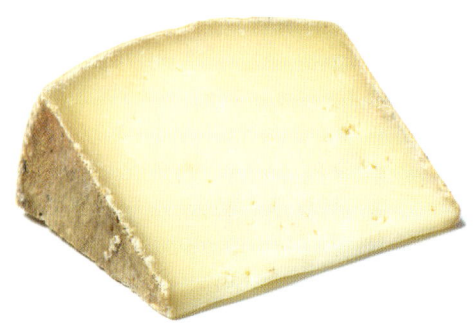

만체고 Manchego

페코리노 로마노 Pecorino Romano

스페인 중부의 건조한 평지인 라 만차 지방은 무어인들이 '알 만샤(Al Mansha, 물 없는 땅)'라고 부른 데에서 그 이름이 유래하였다. 여름에는 타는 듯이 뜨겁고, 겨울에는 얼음처럼 차가운 이 땅에서 세계 최고의 사프론과 위대한 치즈가 생산된다. 바로 만체고(DOP)이다.

만체가(Manchega) 종 암양에게서 짠 원유로 만드는 이 딱딱한 압착 치즈는 원통형으로 한 덩이의 무게가 3킬로그램 안팎이다. 표면에는 목동들이 커드를 압착할 때 사용하는 아프리카 수염새(esparto grass, 스페인과 북아프리카에서 나는 풀의 일종으로 밧줄, 바구니, 종이 등의 원료)에서 기인한 지그재그 모양의 바구니 무늬가 찍혀 있다.

만체고는 공장에서도 생산하지만, 장인들이 소규모로 만들기도 하며, 따라서 그 품질도 다양하다. 색깔은 하얀색에서 엷은 레몬색으로, 어느 계절에 얼마나 좋은 밀크로 만들었느냐에 따라 달라진다. 만든 지 두 달정도 된 프레스코(fresco)는 순하고 달콤하다. 1년쯤 묵힌 쿠라도(curado)는 더 메마르고 향미가 보다 복합적이고 풍부하다. 농가에서 만들어서 2년 동안 숙성시킨 아녜호(añejo) 또는 비에호(viejo)는 파워풀하며, 벌꿀과 완벽한 궁합을 자랑하는 짭짤한 치즈이다. 스페인의 바에 가면 얇게 쐐기형으로 잘라 타파 접시에 올린다. MR

지구상에 존재하는 치즈 가운데 가장 오래된 축에 속하는 페코리노 로마노(DOP)는 이미 1세기에 문서상 기록에 등장한다. 로마의 농업학자인 콜루멜라가 그 제조 방법을 남긴 것인데, 오늘날에도 이와 거의 비슷한 방식으로 만든다.

페코리노 로마노는 아마도 이탈리아 페코리노 치즈 중에서 가장 유명한 치즈일 것이다. 페코리노 치즈는 양젖으로 만들며, 그 이름 역시 이탈리아어로 양(pecora)에서 유래하였다. 그 이름에서 짐작할 수 있듯이 페코리노 로마노는 로마 근교에서 처음 만들어졌지만, 오늘날에는 사르디니아가 주 생산지이다. 8~12개월간 숙성시키면, 상아색의 페이스트가 점점 색깔이 짙어지고 짭짤한 향미를 띠면서, 딱딱하고 알갱이진 질감에 짜릿한 맛을 내는 전형적인 '그라나(grana)' 치즈가 된다.

그 형제자매들, 예를 들면 페코리노 델레 크레테 세네시나 시칠리아의 페코리노 카네스트라토처럼, 페코리노 로마노 역시 갈아서 파스타나 샐러드에 뿌려 먹으면 이상적이다. 숙성한 치즈는 얇게 깎아서 소금에 절인 육류, 과일, 또는 빵과 함께 내기도 한다. 또 디저트 치즈로도 훌륭한데, 향미가 진한 벌꿀을 살짝 뿌려서 먹으면 맛있다. LF

Taste: 만체고의 맛은 그 숙성 시간과 기원에 따라 결정된다. 익어서 단단해지면 농가에서 만든 좋은 만체고는 환상적으로 강렬한 향미와 긴 여운을 자랑한다.

Taste: 새로 숙성시킨 치즈의 과일 향이 감도는 짜릿한 풍미는 뚜렷한 신랄함으로 발전한다. 그러나 치즈의 전형이라 할 수 있는 강렬한 향미는 숙성시킬수록 더더욱 왕성해진다.

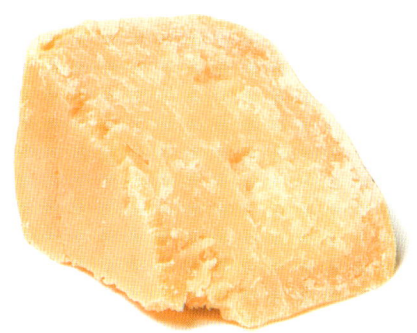

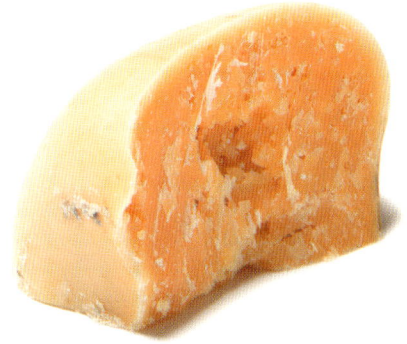

페코리노 디 포사 Pecorino di Fossa

이탈리아에서는 말 그대로 수백 종의 양젖 치즈가 생산되지만, 페코리노 디 포사는 압도적으로 독특하다. '묻은 치즈'라는 뜻의 '포르마지오 디 포사(formaggio di fossa)'에 속하며, 땅의 움푹 팬 구덩이에 넣고 나뭇잎이나 짚으로 덮어 숙성시킨다. 에밀리아-로마냐 주 남부의 솔리아노 알 루비코네의 특산물인 이 치즈는 원래 이탈리아가 통일 국가가 되기 이전 흔히 볼 수 있었던 유혈분쟁 중에 보호하기 위해 묻어두었던 것이었다. 오늘날에는 매년 8월에 캔버스 천으로 싸서 마을 공동의 포사(fossa), 즉 "무덤"에 성 카타리나 축일(11월 25일)까지 묻어둔다.

페코리노 치즈는 언제나 단단하고 양젖 냄새가 난다. 석 달쯤 습하고 공기가 잘 통하지 않는 환경에 놓아두면 코를 찌르는 강한 냄새가 피어오른다. 그러나 결과물은 그 안에서 무슨 일이 일어나느냐에 따라 달라진다. 부분 숙성 치즈는 아직 어린 치즈보다 더 단단하고 메마르며, 크기, 모양, 색깔에 전혀 통일성이 없다. 겉표면은 적갈색, 노란색, 또는 지저분한 흰색일 수 있다. 속살은 희끄무레한 색부터 엷은 밀짚색까지 다양하다. 보통 조리용 치즈로 쓰이지만, 벌꿀이나 과일을 곁들여 그냥 먹어도 맛있다. **MR**

Taste: 일반적으로 페코리노 디 포사는 날카롭고 짜릿하다. 양젖의 달짝지근한 맛과 대조를 이루는 쓴맛이 살짝 느껴지면서 복합적인 미각적 경험을 선사한다.

레이세카스 Leidsekaas

네덜란드 남부에 위치한 레이덴 시의 문장(紋章)은 십자형으로 비스듬히 포개 놓은 두 개의 열쇠이다. 진짜 숙성 레이세카스(레이덴 치즈라는 뜻)에는 이 문장이 반드시 찍혀 있다. 가우다, 네덜란드 북부의 프리슬란트 지방에서 생산하는 칸테르카스(Kanterkaas) 등과 함께 대형 압착 치즈에 속하며, 어릴 때는 보통 아침 식탁에 흔히 오르며, 몇 년 동안 묵혀두었다가 먹기도 한다. 때때로 빨간 왁스로 겉을 싸서 팔기도 한다.

레이세카스가 특별한 이유는 커민, 캐러웨이, 그리고 때로는 정향으로 맛을 내기 때문이다. 향신료는 오직 신선한 커드에만 섞으며, 아무것도 섞지 않은 치즈 두 조각 사이에 샌드위치처럼 끼운다. 레이세카스는 치즈제조장이나 낙농장에서 만든다. 부엔-레이세카스(Boeren-leidsekaas, PDO)는 농가에서 만드는 치즈 품종으로, 보통 저온살균하지 않은 우유로 만든다.

숙성시키면 치즈의 성질이 완전히 변하는데, 안에 들어 있는 향신료보다 더 흥미로워진다. 커다란 바퀴형으로, 한 덩이의 무게가 8킬로그램까지 나간다. 처음에는 쉽게 잘라지지만, 한 6년쯤 묵히면 나이 먹은 파르미지아노 레지아노보다 더 따따해진다. 맛이나 생김새 역시 시간이 불러오는 변화를 반영한다. **MR**

Taste: 어린 치즈는 노르스름하고 탄력이 있으며, 기분 좋은 향신료의 풍미가 난다. 숙성시키면 색깔은 타는 듯한 주황색으로 짙어지고 딱딱해진다.

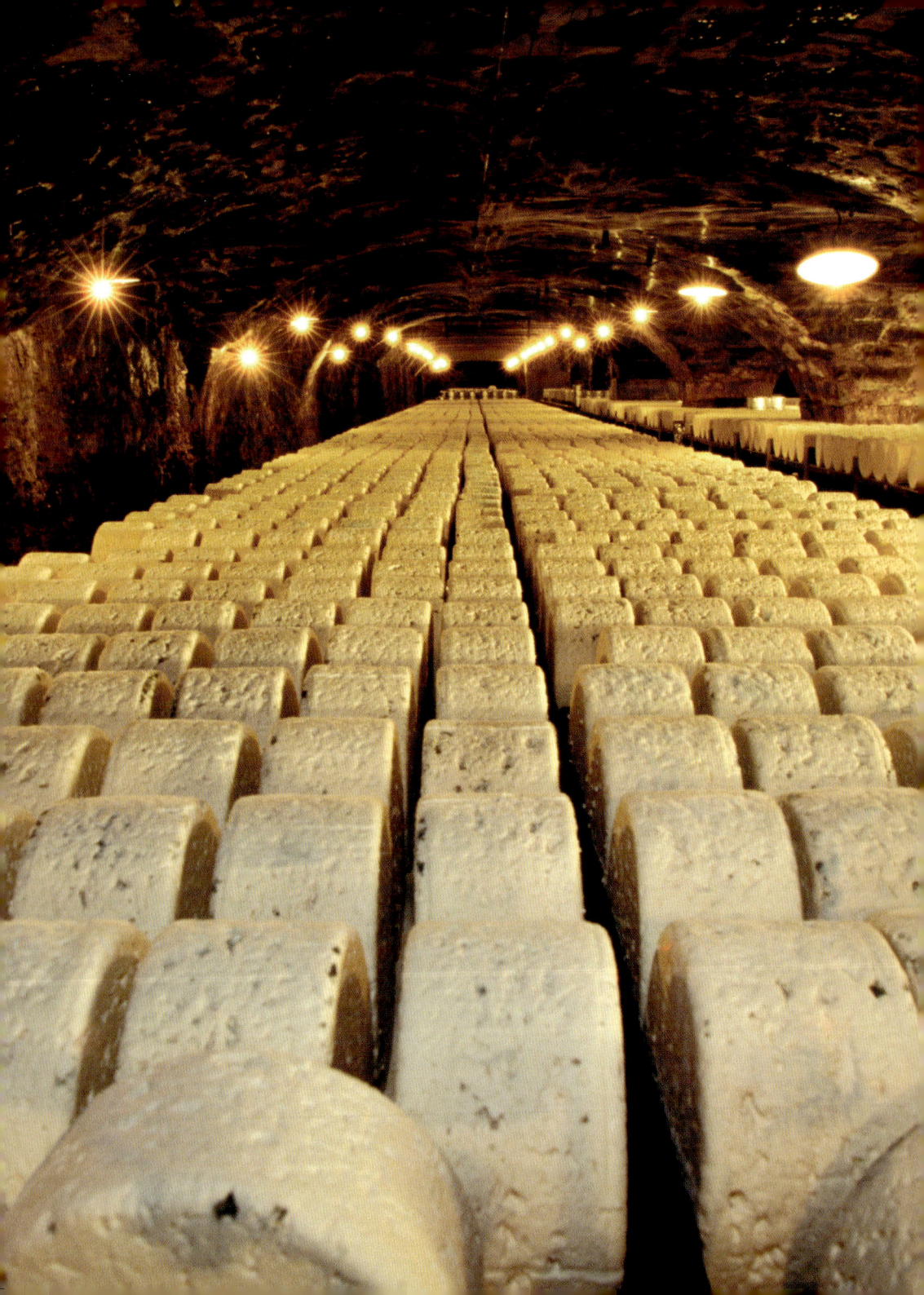

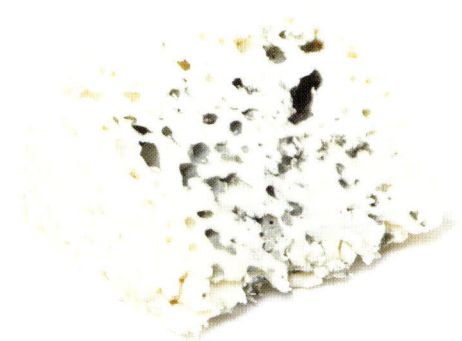

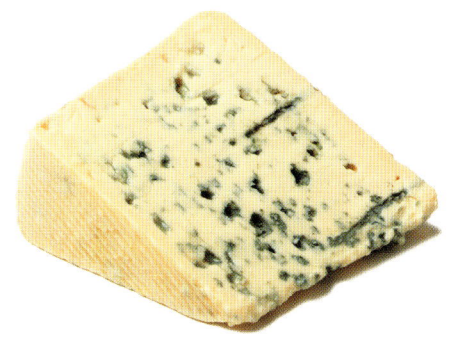

로크포르 Roquefort

블뢰 도베르뉴 Bleu d'Auvergne

'세계 3대 블루 치즈' 가운데 하나인 로크포르(AOC)는 그 명성에 걸맞게 전해내려오는 이야기도 많다. 가장 유명한 전설에 의하면 프랑스 남서부 지방에서 어느 젊은 목동이 여자친구를 만나러 간 사이에 점심으로 먹을 빵과 양젖 치즈를 동굴에 두고 갔다고 한다. 돌아와 보니 빵과 치즈에 곰팡이가 슬어 있었는데, 그 맛이 훌륭했다. 역사적으로 설득력이 있는 설은 카를로스 6세가 로크포르-쉬르-술종의 주민들에게 이 치즈를 독점적으로 생산할 수 있는 권한을 주었다는 것이다. 사실과 허구 사이에서 우리가 확실하게 이야기할 수 있는 것은 과연 로크포르가 무엇이냐 하는 것이다. 로크포르는 특유의 푸른 곰팡이 마블링이 들어간 양젖 치즈로, 대개 동굴에서 숙성시킨다. 이 푸른 마블링은 페니실리움 로케포르티 (Penicillium roqueforti)라는 곰팡이로 인해 생기는데, 바로 여기서 로크포르의 이름이 유래하였다. 이 곰팡이는 이후 다양한 블루 치즈의 베이스로 사용되어 왔다.

　로크포르는 계절 치즈로, 적어도 3개월간 숙성시키며 겨울이 끝나가는 무렵부터 시장에 나온다. 상아색 바탕에 마블링이 고루 퍼져 있어야 한다. 잘랐을 때 부스러져서는 안 된다. 치즈에서 흘러나오는 유장(乳漿) 침출액은 품질과 아무 상관이 없으며, 실제로 이것을 선호하는 전문가들도 있다. **MR**

곰팡이 핀 호밀빵으로 인해 그 푸른 마블링이 생긴 까닭으로 종종 '소젖으로 만든 로크포르'라고 묘사되는 블뢰 도베르뉴(AOC)는 프랑스에서 가장 널리 먹는 블루 치즈 가운데 하나이다. 또한 최초로 공장 생산된 블루 치즈이기도 하다.

　오베르뉴가 이미 캉탈 치즈로 명성이 높았던 1854년, 치즈 장인 앙투안 루셀이 저장실에서 숙성되고 있는 커다란 캉탈 치즈에 푸른 곰팡이를 심어넣을 수 있겠다는 사실을 발견했다. 이렇게 푸른곰팡이를 피운 치즈의 맛은 신선하고 독특해서, 루셀은 웃돈을 얹어서 팔 수 있었다.(페니실리움 로케포르티(Penicillium roqueforti) 박테리아와 푸른 마블링의 관계는 20세기 초에 들어와서야 과학적으로 규명되었다.)

　다른 "블루 치즈"처럼 블뢰 도베르뉴 역시 우유에 박테리아를 이식하여 만들며, 갓 만들어낸 신선한 치즈는 그 둘레를 잘라내서 곰팡이에 공기를 쐰다. 숙성 과정에서 손으로 소금을 뿌린 겉껍질에 곰팡이가 생성되며, 마블링이 치즈 내부로 고르게 퍼지게 된다. 블뢰 도베르뉴와 비슷한 블뢰 데 카스(Bleu des Causses, AOC) 역시 같은 레시피로 만들어진다. 언제나 저온살균하지 않은 우유를 사용하며, 오베르뉴보다 더 남쪽인 에로(Hérault)와 가르 지역에서 생산된다. **MR**

Taste: 로크포르의 냄새는 그 짭짤하고 짜릿한 향미를 가리키는 지침과도 같다. 그 날카로운 맛과 은근한 단맛의 조화가 로크포르의 가장 큰 매력이다.

Taste: 견고하고 기름신 블뢰 도베르뉴는 상한 치즈 냄새를 풍긴나. 맛은 강력하고 다소 짭짤하며, 은은한 풀과 야생화의 향기에 약간 시큼한 냄새도 살짝 난다.

자연 통풍로 —프랑스어로 플뢰린(fleurine)이라고 한다—덕분에 ❻ 동굴에서 숙성시키는 동안에도 공기가 잘 통한다.

Dairy | 333

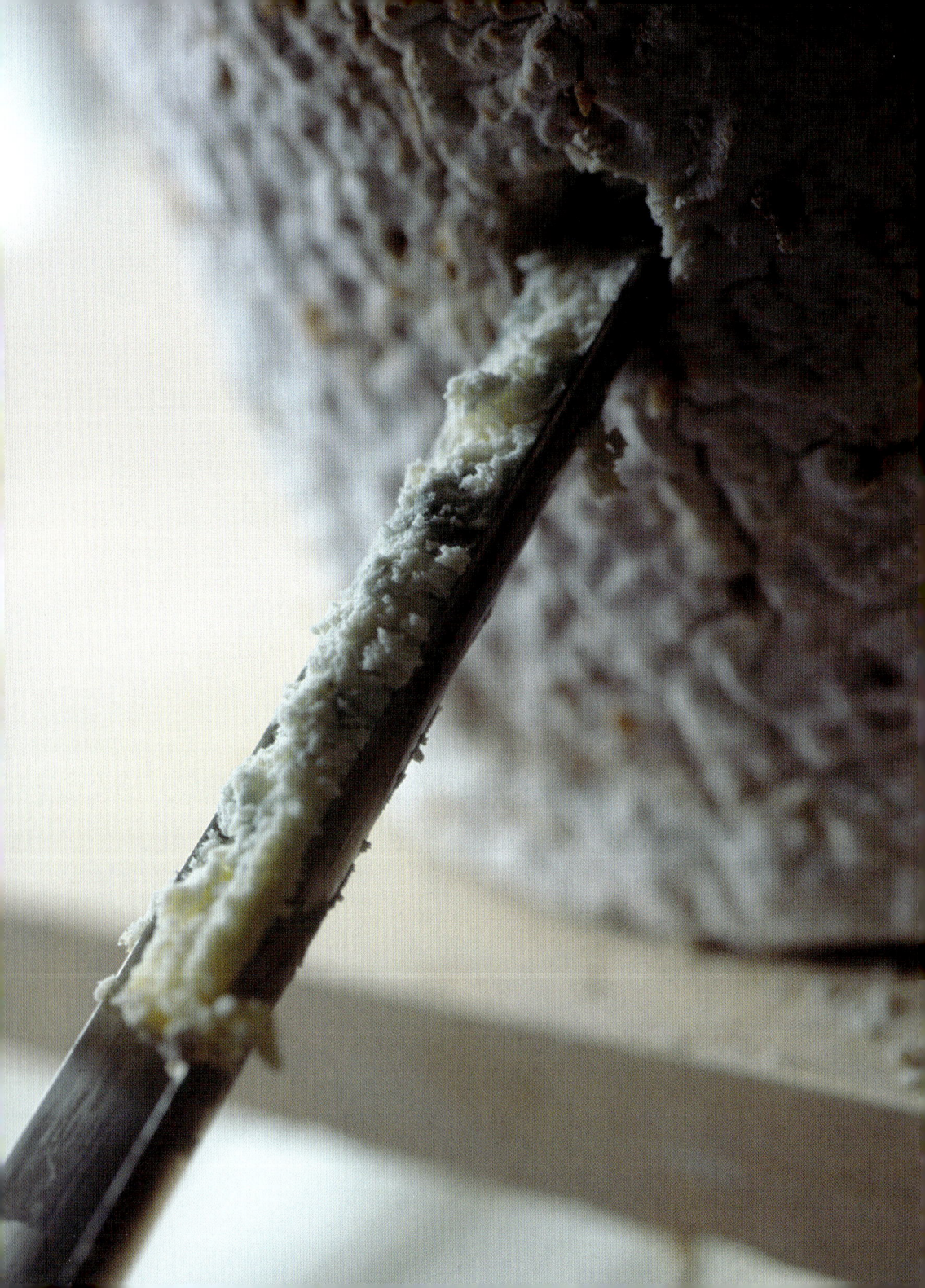

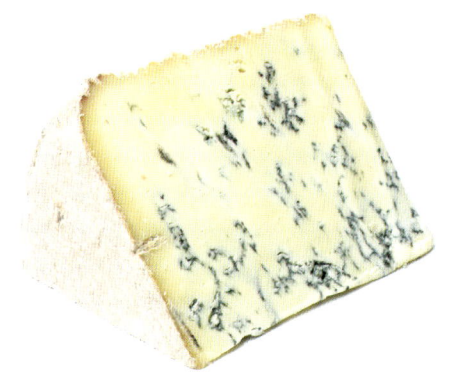

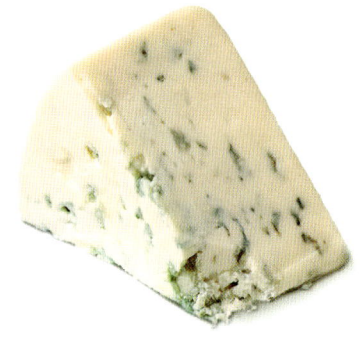

스틸튼 Stilton

스모키 블루 Smokey Blue

흥미롭게도 이 인기 있는 잉글랜드 블루 치즈는 스틸튼 마을에서 한번도 만들어진 적이 없을 가능성이 높다. 스틸튼이라는 이름이 붙게 된 것은 순전히 스틸튼에 있는 벨 여관의 주인이었던 쿠퍼 손힐이 1730년에 레스터셔의 와이먼덤에 사는 한 낙농 농부와 계약을 맺고, 그가 만드는 블루 치즈를 대신 팔아주겠다고 한 데에서 유래하였다. 스틸튼은 런던과 잉글랜드 북부를 잇는 주요 역마차 노선에 위치하고 있었기 때문에, 벨 여관과 이 곳에서 파는 치즈에 대한 소문은 바람처럼 퍼져나갔다. 그러나 블루 치즈만 놓고 보면 미들랜드(잉글랜드의 중부)에서 오랫동안 먹어왔으며, 스틸튼(PDO) 역시 레이디 뷰몽의 쿠엔비 홀 영지에서 만드는 가정 레시피에서 발전했을 것이다.

오늘날 스틸튼은 원산지 표시 인증의 보호를 받는 몇 안 되는 잉글랜드 치즈 중 하나이다. 레스터셔, 노팅엄셔, 더비셔에 있는 여섯 곳의 낙농장에서 만들며, 그 지역 젖소에서 짜낸 저온살균하지 않은 전유(순乳)를 사용한다.

스틸튼은 기름지고 향미가 진하다. 오늘날 유명해진 그 푸른곰팡이 미블링은 로크포르를 만들 때 사용하는 페니실리움 로케포르티(Penicillium roqueforti)를 이식시켜 얻는다. **MR**

Taste: 스틸튼은 숙성하면서 버터와 견과 향이 나고 매끄러워지며, 마블링에서 오는 약간의 짜릿한 맛을 풍기게 된다. 질감은 크리미하고 뒷맛은 깔끔하지만 오래 남는다.

2005년 미국 오리건 주 센트럴 포인트의 로그 크리머리社에서 스모키 블루라는 이름으로 탄생시킨 이 치즈는 수많은 상을 받았으며, 세계 최초의, 그리고 유일의 훈제 블루 치즈로 알려져 있다. 1930년대에 오리건 주의 로그 강 계곡에 설립된 로그 크리머리는 장인 치즈 생산에 헌신해왔으며, 미주리 강 서쪽에서는 동굴 숙성시킨 블루 치즈를 처음으로 만든 곳이기도 하다. 로그 크리머리의 주력 상품은 블루 치즈로, 로그 강 유역에서 야생 풀과 허브, 꽃을 뜯어 먹는 브라운 스위스와 홀스타인 종 젖소에게서 짠 젖만을 사용한다.

로그 크리머리는 그들이 생산한 블루 치즈—오리건 블루—를 16시간 동안 개암나무 껍질을 태운 불에서 냉훈시켰다. 이 대담한 실험은, 대부분의 전통 블루 치즈보다 맛이 덜 날카롭고 덜 짜릿한 견과 향미를 품은 치즈를 탄생시켰다. 전유(순乳)로 만드는 이 독특한 치즈는 실온에서 먹는 것이 가장 좋다. 신선한 토마토와 바질을 곁들여 바게트에 발라 먹거나, 잘라서 그릴 버거 위에 얹어 먹거나, 아니면 실파를 묻혀 따뜻한 감자 샐러드에 넣는 것이 좋다. 수다를 떨 때 치즈 접시 위에 올려 내가도 멋질 것이다. **SH**

Taste: 이 버터 같은 세미-히드 치즈는 달콤한 캐러멜가 헤이즐넛(개암) 향미를 풍기며, 날카로운 짠맛과 절제된 스모크 향이 어우러져 있다.

치즈의 향미와 질감을 점검하기 위해 스틸튼에서 심을 뽑아내는 데 쓰이는 '치즈 쇠(cheese iron)'.

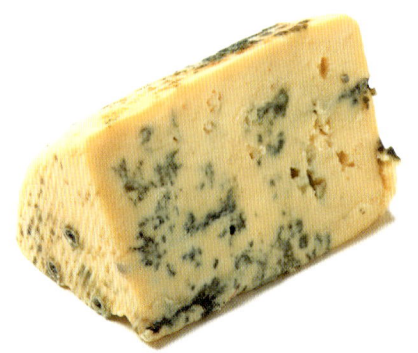

캐셜 블루 Cashel Blue

아일랜드의 티퍼레리 평원에 우뚝 서 있는 캐셜의 바위 (Rock of Cashel)는 12세기에 지어진 코맥 왕의 예배당으로 유명하다. 1980년대에 루이스와 제인 그럽이 가족 농장에서 캐셜 블루를 만들기 시작했을 때, 이들은 그 역사적인 건축물의 이름을 따왔다. 이 치즈는 아일랜드에서 만들어진 최초의 블루 치즈로, 그 성공은 일련의 새로운 아일랜드 치즈—예를 들면 밀린스(Milleens), 거빈(Gubbeen), 더러스(Durrus) 등—에 영감을 주었다. 그럽은 자신들의 프리슬란트 젖소에서 짜낸 우유로 동네 시장에 내다팔, 대니쉬 블루(Danish Blue)와 비슷한 치즈를 만들려고 했을 뿐이었다. 그런데 그 결과물은 더 부드럽고 크리미한 블루 치즈에 가까웠으며, 유럽과 미국으로 수출되는 세계적으로 유명한 브랜드로 성장하였다.

오늘날 캐셜은 저온살균한 우유로 만드는 바퀴형 치즈로 한 덩이의 무게가 1.5킬로그램 안팎이다. 소떼가 녹음이 우거진 아일랜드의 초원에서 풀을 뜯는 4월에서 이른 가을 사이에 만든 것을 최고로 치며, 더 오래 숙성시킬 수 있다. 그럽 가의 또 다른 집안에서 이와 비슷한 크로지어 블루를 만드는데, 로크포르처럼 양젖을 사용한다. **MR**

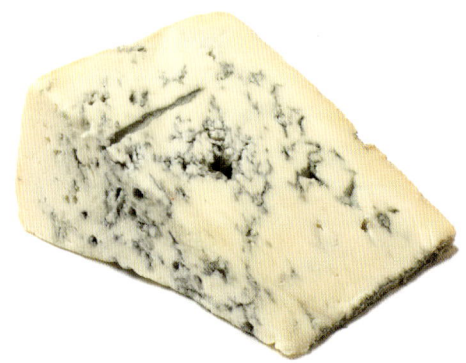

고르곤촐라 Gorgonzola

스틸튼, 로크포르와 함께 세계 3대 블루 치즈로 꼽히는 고르곤촐라(DOP)는 젖소에게서 짜낸 전유(全乳)로 만들며, '스트라키노(stracchino)'라 불리는 새하얀 "날치즈"에 속한다. 일설에 따르면 11세기 무렵, 한 여인숙 주인이 하얀 치즈를 부엌에 그대로 놓아두고 잊어버리는 행운의 실수를 했다고 한다. 돌아와 보니 치즈는 곰팡이가 피어 있었는데, 먹어 보니 맛이 얼마나 좋은지 그대로 만들게 되었다는 것이다. 고르곤촐라는 그 특유의 녹색, 또는 푸른색 곰팡이의 마블링으로 인해 "스트라키노 베르데(stracchino verde)"의 하나가 되었다.

오늘날 치즈 장인들은 페니실린 곰팡이(Penicillium) 포자를 사용하여 이 곰팡이를 만들어내며, 곰팡이가 고르게 퍼져서 생성할 수 있도록 금속 막대로 길을 만든다.

고르곤촐라라는 이름은 밀라노 근교의 한 마을에서 유래하였는데, 이 고르곤촐라 마을에서 처음으로 만들어졌다고 한다. 오늘날 고르곤촐라는 DOP 인증 제품으로, 피에몬테와 롬바르디아 지방에서만 생산된다. 고르곤촐라는 환상적인 테이블 치즈이지만, 조리해도 좋으며, 특히 호두, 파스타, 시금치와 루콜라 잎과 잘 어울린다. **LF**

Taste: 대부분의 블루 치즈보다 더 순하고, 덜 짭짤하고, 덜 찌릿하며. 푸른곰팡이도 적은 캐셜 블루는 그 입에서 사르르 녹는 듯한 크리미함이 단연 빼어나다. 얼마나 부드러운지 빵에 발라먹을 수 있을 정도이다.

Taste: 세미-소프트하고 크리미하며 짭짤한 뒷맛이 은근한 고르곤촐라는 숙성되면서 더 견고한 질감과 향미가 풍부한 스파이시함. 그리고 후추 향의 활기가 발달한다.

페니실린 곰팡이를 품고 있는 치즈에 공기 구멍을 내서 특유의 "푸른" 줄이 생기는 것을 돕는다. ➋

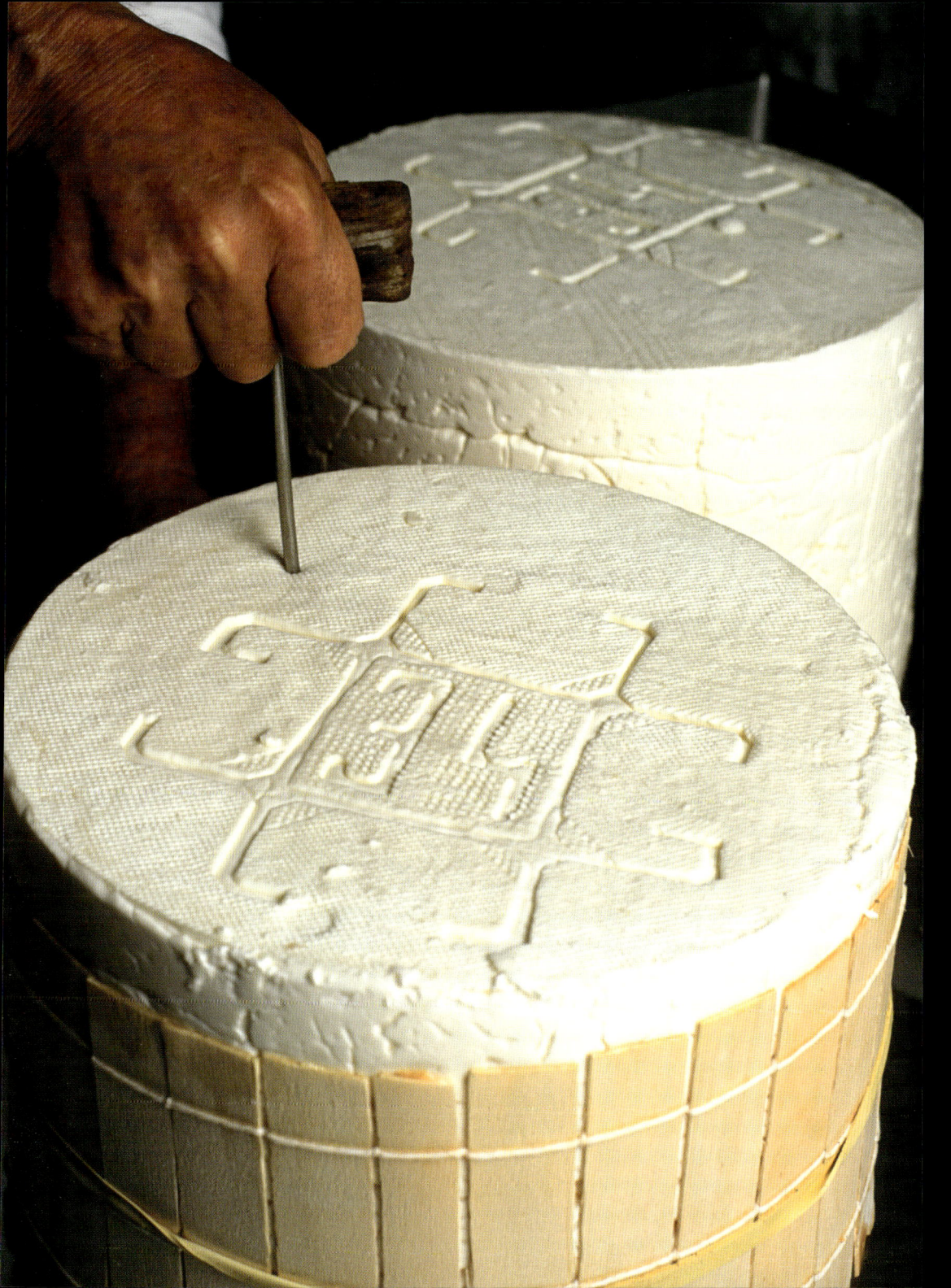

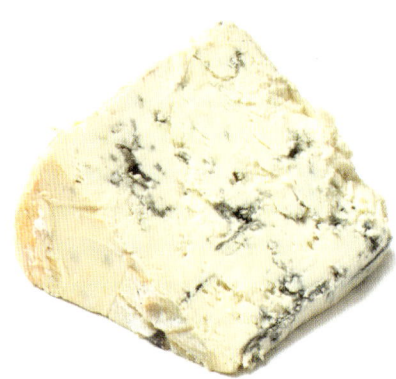

카브랄레스 Cabrales

그 이름과 그 악명 높은 짜릿한 맛을 감안하면, 특별히 세심한 사람이 아닌 이상 카브랄레스(DOP)를 염소젖 치즈라고 생각해도 하등 이상할 것이 없다. 때때로 염소젖을 소젖에 섞기도 하며, 심지어 양젖을 섞기도 하지만, 카브랄레스를 정의하는 것은 그 "푸른곰팡이"이지, 어느 동물의 젖으로 만들었느냐가 아니다. 스페인 북부의 아스투리아스 지방에서 봄과 여름철에 만들며, 석회암 동굴에서 숙성시킨다. 가장 맛있는 것은 약 4개월 동안 숙성시킨 것이다.

고도가 높고 사람의 발길이 잘 닿지 않는 목초지 덕분에 저온살균을 거치지 않은 밀크 역시 특별한 향미를 자랑한다. 2.5~4킬로그램 안팎의 원통형 치즈로, 로크포르와 비슷하지만 로크포르의 찐득한 질감과 짭짤한 맛은 카브랄레스에서는 찾아볼 수 없다. 껍질은 더 두껍고 딱딱하며, 질감은 약간 푸석푸석하다. 곰팡이 마블링은 프랑스 블루 치즈의 녹색이 아닌 선명한 파랑색이다.

권위있는 치즈 전문가인 스티븐 젠킨스는 카브랄레스의 맛을 다음과 같이 묘사하였다. "혀에 닿는 순간 전류가 통한 듯 마비된다… 블랙베리와 커런트, 달콤쌉싸름한 초콜릿, 풀과 건초, 가죽과 나무를 태우는 스모크, 호두, 그리고… 아 맞다… 쇠고기…." **MR**

Taste: 하얀 페이스트와 선명한 푸른 곰팡이의 대비는 맛에도 그대로 나타난다—강렬하고 뒷맛이 날카롭다. 질감은 거칠고 푸석푸석하지만, 동시에 매끄럽고 진하다.

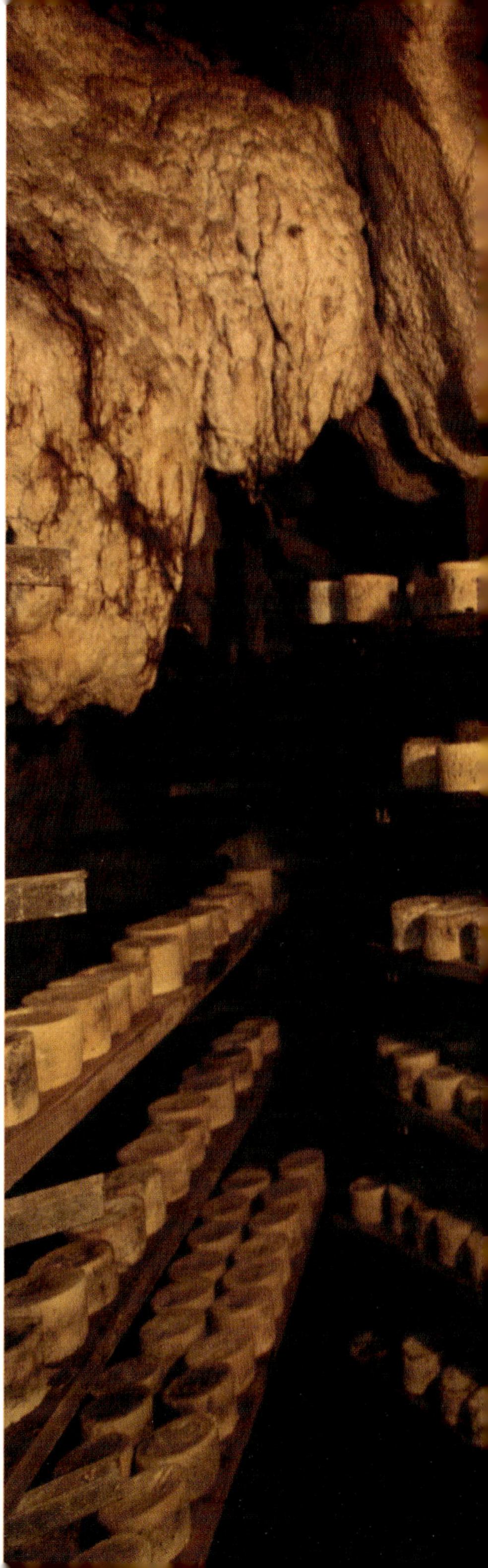

카브랄레스는 천연 석회암 동굴에서 숙성시킨다. ➡

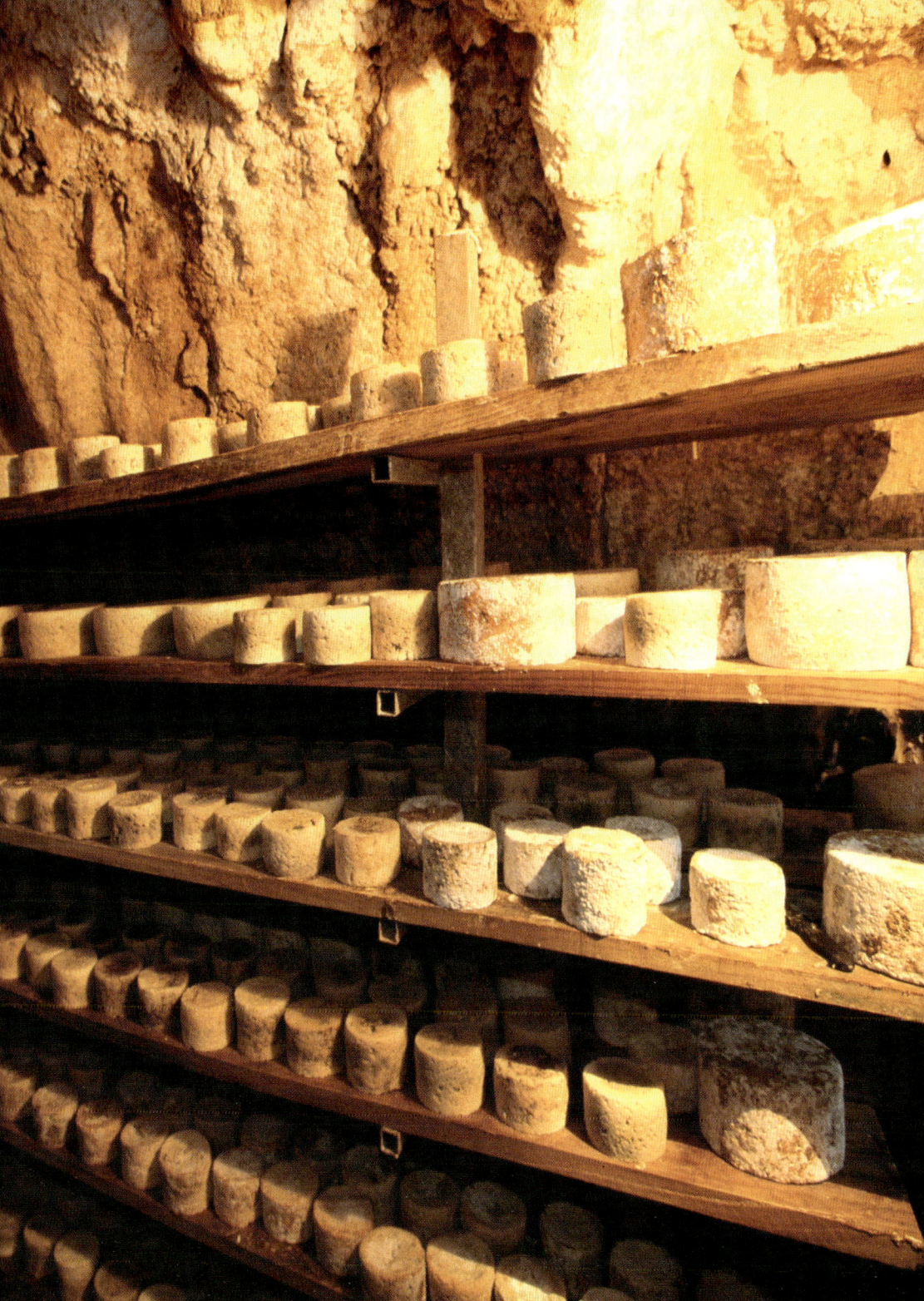

핀스크 뤼게오스트 Fynsk Rygeost

덴마크인들이 매우 자랑스럽게 여기는 이 훈제 치즈는 다른 나라 치즈에서 "영감"을 받지 않은, 온전한 덴마크 치즈 가운데 하나이다. 뤼게오스트는 신선한 것과 훈제한 것 모두 바이킹들이 처음 만들었다는 사워밀크 치즈—가장 먼저 생겨난 치즈 종류 중의 하나인—에서 시작한다. 덴마크에서는 수세기 동안 소떼를 키워왔으며, 버터와 우유, 치즈는 오랫동안 덴마크인들의 식생활의 일부였다.

전통적으로 뤼게오스트는 덴마크에서 세 번째로 큰 섬인 핀 섬에서 소수의 치즈 장인들에 의해 생산되었다. 핀 섬은 오랜 음식 문화 전통을 자랑하며, 치즈는 오직 뢰기스모제 낙농장에서만 만든다. 해마다 상용으로 생산하는 1,650톤의 뤼게오스트 외에도 핀 섬 주민들은 가정에서 각자 자신들만의 치즈를 만들어 벽돌 화덕에 훈제해서 소풍 때 싸가지고 가거나, 긴 여름 밤에 빈둥거리면서 간식으로 먹는다.

뤼게오스트 치즈는 소에서 짠 전유(全乳), 탈지유, 레닛으로 만들며, 전통적으로 아주 짧은 시간(약 30초 안팎) 동안 쐐기풀과 호밀 짚을 태운 불에 훈제하여 그 독특한—스모키한—향미를 얻는다. 짚은 꺾이지 않도록 특수한 방식으로 자른다. 짚이 꺾이면 훈제를 망칠 수 있기 때문이다. 훈제 하는 동안 치즈를 그물 망 위에 올려놓기 때문에 커다란 하얀 원반형에 갈색의 바둑판 무늬가 생긴다. 뤼게오스트는 종종 캐러웨이를 뿌린다.

보통 래디쉬나 실파와 함께 덴마크 호밀빵에 얹어 먹지만, 블랙커런트 잼을 바른 하얀 빵에 올려 먹어도 맛있다. 솜머살라트(sommersalat, '여름 샐러드'라는 뜻)에 넣어 토스트한 호밀 빵과 함께 먹곤 한다. 스칸디나비아에서 명절로 쉬는 하지 전야(6월 23일)에는 모닥불가에서 맥주와 함께 먹는다. **CTj**

레이패유스토 Leipäjuusto

핀란드의 레이패유스토 치즈는 'juustoleipä'라고도 하는데, 직역하면 '빵 치즈'라는 뜻이다. 그 특유의 황금빛 갈색을 내기 위해 오븐에서 굽는 과정 때문에 이러한 이름이 붙었다. 각 지방 방언에 따라 다양한 별칭이 있다. 그 중에 'narskujuusto'는 치즈를 먹을 때 "끽끽"대는 소리가 나는 것을 가리킨다.

레이패유스토는 수세기의 전통을 자랑하며, 핀란드 우유의 진한 풍미의 덕을 톡톡히 보는 치즈이다. 전통적으로 갓 송아지를 낳은 암소의 진하고 노란 초유(初乳)로 만든다. 과거에는 명절이나 축제 때 먹는 음식으로, 추수를 거들어준 사람들에게 "답례"의 의미로 주곤 했다.

보다 오랫동안 두고 먹기 위해 치즈를 호밀 빵 속에 넣고 말려서 단단하게 만든다. 이렇게 하면 수년간 두고 먹을 수 있는데, 아마도 이 때문에 이 치즈를 커피에 담가 먹는 습관이 생긴 듯하다. 스웨덴에서는 레이패유스토 몇 조각을 컵에 넣고 뜨거운 커피를 부어 "카페오스트(kaffeost)"를 만들어 먹는다. 이 치즈는 클라우드베리 젤리나 싱싱한 클라우드베리와 함께 내기도 한다. 잘라서 크림을 조금 얹어서 설탕과 계피를 뿌린 뒤 오븐이나 그릴에 몇 분 동안 구워서 클라우드베리 젤리를 곁들여 먹을 수도 있다.

오늘날 레이패유스토는 보통 부드러우며, 냉장고에서 1주일 정도 보관이 가능하다. 둥글고 납작하며, 오븐에서 구워냈기 때문에 표면은 약간 갈색 빵 같다. 레이패유스토는 "끽끽대는" 밀도로, 차게 먹어도 되고, 따뜻하게 먹어도 된다. 대부분의 치즈 애호가들은 가정에서 만든 레이패유스토를 선호하지만, 오늘날에는 공장 생산 제품이 더 흔하다. 인기있는 브랜드로는 유스토포르티(Juustoportti), 발리오(Valio), 잉그만(Ingman), 아를라(Arla) 등이 있다. **CC**

Taste: 이 크리미하고 무석무석한 치즈는 독특하고 뚜렷한 스모크 풍미가 난다. 맛은 매끄럽고, 향긋하고, 끝맛이 살짝 시큼하다.

Taste: 소금을 치지 않은 할루미와 모짜렐라의 중간쯤 되는 맛이지만 더 달콤하고 더 버터 같은 향미를 품고 있다. 보통 클라우드베리 젤리를 곁들여 먹는다.

녹음이 청청한 초원에서 풀을 뜯는 핀란드의 젖소들은 풍미가 진한 젖을 낸다. ➲

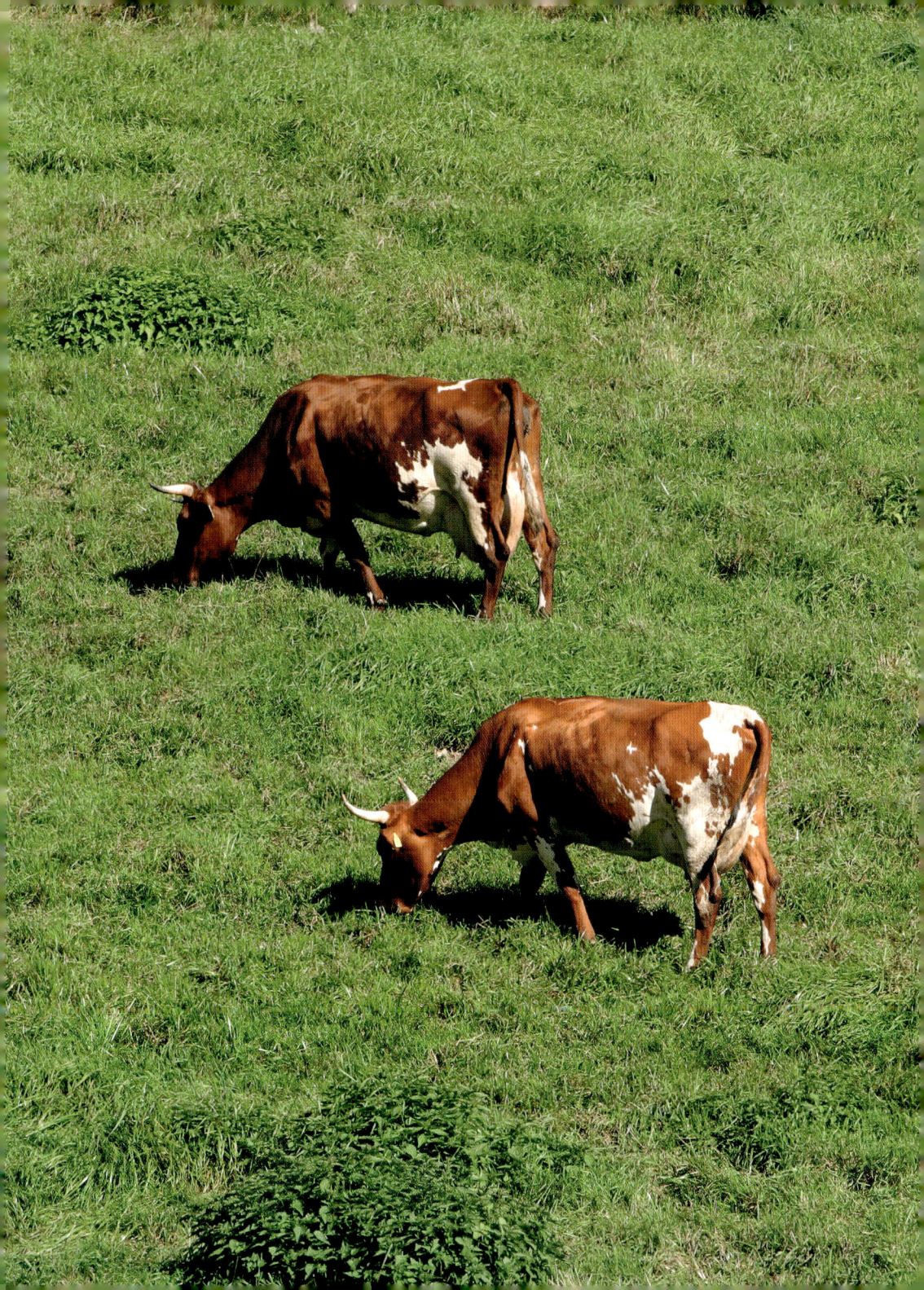

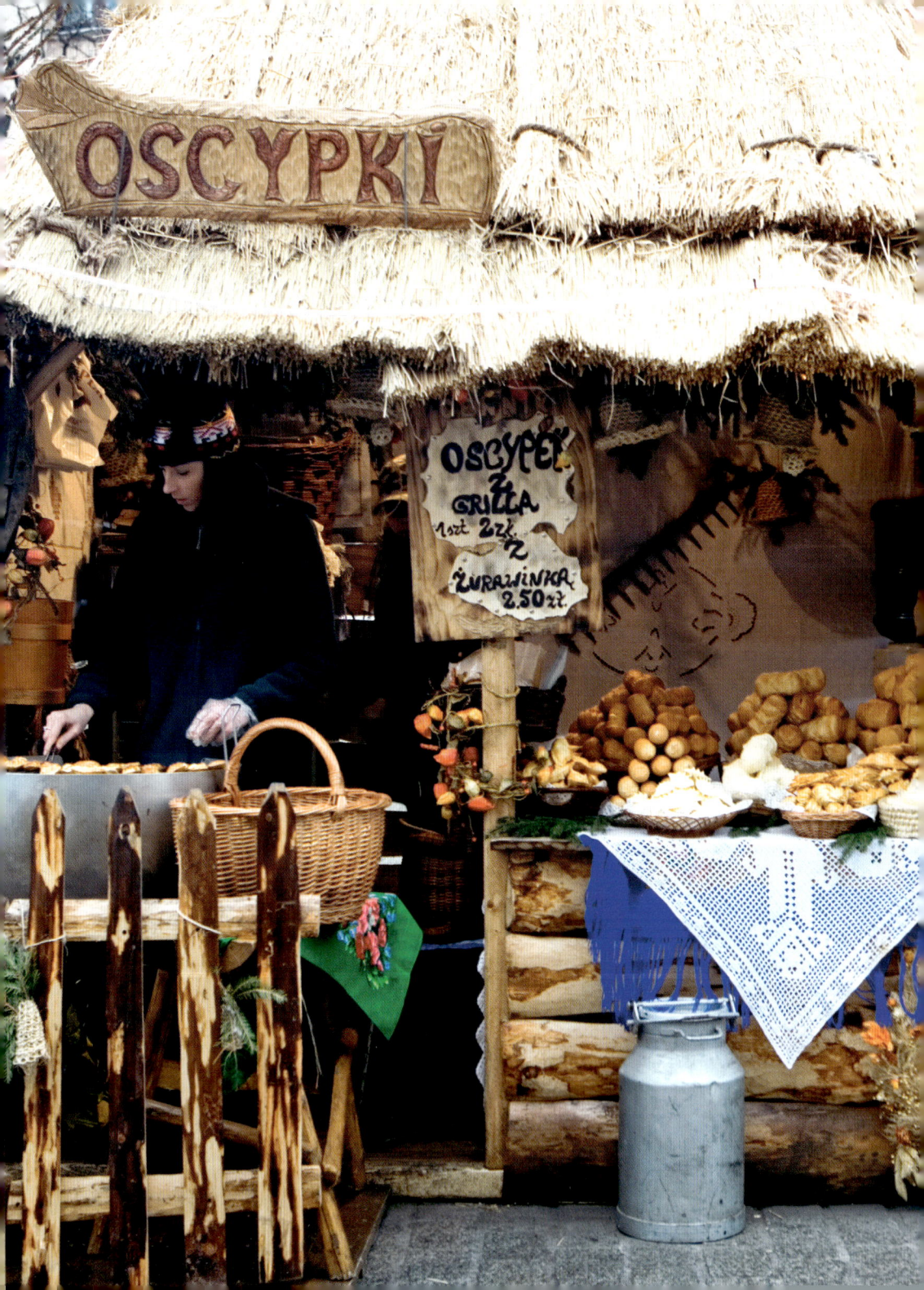

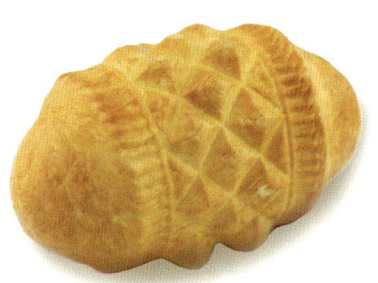

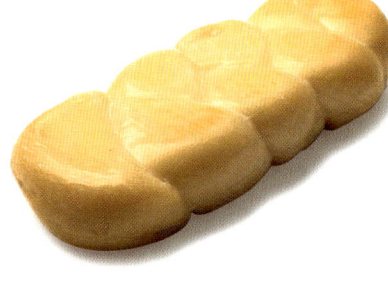

오스취펙 Oscypek

이 멋진 훈제 양젖 치즈는 폴란드와 슬로바키아 사이의 자연 경계를 형성하는 타트라 산악 지대에서 만들어진다. 전통적으로 고지대에 사는 목동들(Góral)이 저온살균하지 않은 양젖으로 만들며, 손으로 판 틀을 사용하여 물레가락 모양의 치즈 위에 독특한 전원풍의 기하학적인 문양을 찍어낸다. 그런 다음 소금물에 담갔다가 작은 시골 훈제장에서 훈연한다.

　냉장 기술이 발달하기 전에는 언제까지고 오두막 서까래에 매달아놓을 수 있었다. 그 갈색의 겉껍질이 보호해주는 것이다. 15세기 초에 발간된 연대기에서도 오스취펙을 언급하고 있으며, 문서상 등장하는 최초의 레시피는 1748년의 것이다. 현재 폴란드 정부에서는 오스취펙이 유럽연합의 PDO 인증을 받을 수 있도록 노력하고 있는데, 비슷한 이름의 슬로바키아 치즈 '오스티포크(ostiepok)'가 걸림돌이 되고 있다.

　많은 폴란드인들이 아침저녁으로 호밀빵이나 흑빵에 버터를 발라 오스취펙을 곁들여 먹는다. 현대의 요리사들은 주사위꼴로 잘라 페타 대신 샐러드에 넣거나 빵가루를 묻혀서 끓는 기름에 튀겨낸 뒤 크랜베리 잼과 함께 낸다. **RS**

파레니카 Parenica

슬로바키아어로 '찐 치즈'라는 뜻의 파레니카(PDO)는 폴란드, 체코 공화국, 우크라이나와의 국경에서 가까운 슬로바키아 공화국의 산간 지역에 사는 목동들이 1800년대 초 이래로 만들어왔다. 저온살균하지 않은 양젖―주로 왈라키언(Wallachian), 키가야(Cigaya), 이스트 프리지언(East Friesian) 종―으로 만드는 세미-하드 치즈로, 때로는 소젖을 섞기도 한다. 때때로 가볍게 훈제하기도 한다.

　파레니카 치즈를 만들기 위해서는 응고한 치즈를 손으로 주물러 덩어리를 만든 뒤 발효시켜 목제 교유기에 넣고 끓는 물에 쪄낸다. 찌는 과정에서 치즈의 겉표면 색깔이 진하게 변한다. 치즈를 물에서 건져낸 다음에는 펴서 가늘고 길게 접는다. 솜씨 좋게 두 개이 롤로 꼬아 특유의 S자 모양으로 붙인 뒤, 묶는다. 이 독특한 나선형 모양은 고대 슬라브족이 사용하던 인기있는 장식 모티프였다. 파레니카 치즈는 슬로바키아 공화국에서 해마다 열리는 전통 장터(jarmok)에도 종종 등장한다. **CK**

Taste: 오스취펙은 순하고, 살짝 짭짤한 치즈로, 희미한 스모크 향이 깔려 있다. 크림색으로 이에 기분 좋게 달라붙는 섬유질 질감을 지니고 있다.

Taste: 파레니카 치즈는 양젖 냄새가 나며, 섬유질의 탄력있는 질감과 기분 좋은 짭짤한 향미를 지니고 있다. 훈제한 경우에는 두드러지지 않는 스모크 향이 난다.

폴란드의 크라쿠프의 크리스마스 시장. 전통음식을 파는 가게에서 오스취펙을 쌓아놓고 있다.

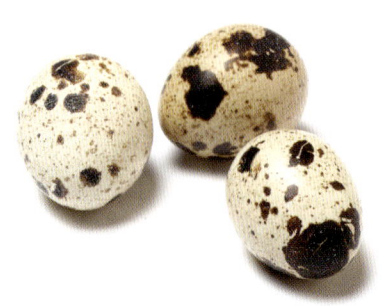

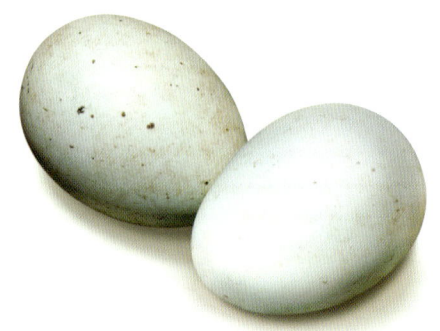

메추라기 알 Quail Egg

20세기까지 메추라기는 작은 야생 사냥조류로 여겨졌지만, 지나친 사냥과 이탈리아에서는 그물낚시—19세기의 기록에 의하면 하루에 10만 마리까지 포획할 수 있다고 한다—의 결과, 오늘날에는 유럽의 사육 농장에서만 찾아볼 수 있다. 그 고기와 알을 얻기 위한 상업용 목적으로 대규모로 사육되는데, 예쁜 점박이 무늬의 알은 한때 진귀한 별미였다.

티스푼에 올려놓을 수 있을 정도로 작은 메추라기 알은 레스토랑에서 요리의 장식으로 쓰기에 딱 맞는다. 누벨 퀴진 시대의 셰프들은 앙트레나 아뮈즈-부쉬(amuse-bouch, 한입 크기의 오르되브르. 미리 정해진 메뉴대로 만들지 않고, 요리사가 임의로 재료를 골라 만드는 것이 특징이다) 같은 정해진 요리의 미니어처 버전으로 접시에 올리곤 했다. 이러한 유행을 뒷받침한 것은 메추라기 알을 어떻게 조리하는 것이 가장 좋은가에 대한 다양한 레시피였다. 메추라기 알은 반숙하는 데에는 3분, 완숙하는 데에는 5분이 걸린다. 끓는 물에 식초를 약간 넣으면 껍질을 벗기기가 쉬워진다.

전문 요리사들은 물론이고 일반 가정에서도 식료품 체인을 통해 달걀보다 더 신선한 메추라기 알을 공급 받을 수 있다. 콜레스테롤 함량도 높고 맛도 더 진하다. **MR**

Taste: 메추라기 알은 맛좋은 방목제 달걀과 맛이 비슷하다. 그 질이나 향미의 깊이와 풍부함은 어떤 사료를 먹었느냐에 따라 달라질 수 있다.

갈매기 알 Gull Egg

바이킹족들은 갈매기 알을 높이 쳤으며, 오늘날에도 알래스카에서 스칸디나비아를 거쳐 시베리아에 이르는 북쪽 지방에서는 여름철의 짝짓기 철이면 전통적인 별미로 먹는다. 에드워드 시대(1910년대) 신사들의 클럽에서 내는 오르되브르에 알류가 빠지지 않았던 잉글랜드에서는 지금도 별미로 남아 있다. 한 세기 전과 마찬가지로, 그 홀쭉하고 점점이 얼룩진 껍질째 내지만, 오늘날에는 완숙보다는 반숙으로 더 많이 먹는 편이다.

현재 여러 나라에서 야생 조류의 알을 채집하는 것을 엄격하게 감독하고 있다. 영국에서는 면허 소지자만이, 정해진 기간 동안만 채집이 가능하다. 그러나 『환경감시 저널Journal of Environmental Monitoring』(2005년)의 독자 조사에 따르면 갈매기 알은 해가 갈수록 독성 물질에 오염되고 있다고 한다. 이 보고서는 어린이와 수유모는 갈매기 알을 먹어서는 안 되며 건강한 성인이라 할지라도 섭취량을 최소한으로 줄일 것을 권고하였다. 이러한 명백한 경고를 감안할 때, 갈매기 알은 조만간 북반구의 복어, 즉 입의 즐거움을 위해 죽느냐 사느냐의 문제가 될 것으로 보인다. **MR**

Taste: 갈매기는 불고기를 먹지만, 갈매기 알에서는 전혀 생선 맛이 나지 않는다. 노른자는 놀라울 정도로 진하고 강렬한 향미를 내며, 흰자는 연약하고 크리미한 흰색이다.

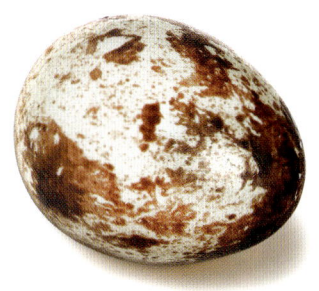

꿩 알 Pheasant Egg

꿩은 카프카스(러시아 남부, 카스피해와 흑해 사이에 펼쳐진 지역의 총칭)에서 아시아로, 다시 유럽을 거쳐 아메리카로 퍼져나갔지만, 그 알은 사육 목적을 제외하고는 거의 채집하지 않았다. 그러나 6세기에 주 프랑크 왕국 대사를 지내기도 했던 비잔틴의 미식가 안티무스는 꿩 알에 대해 언급한 바가 있으며, 오늘날 꿩 알은 대체로 꿩사냥의 부산물이지만, 상업용 생산도 점차 확대되고 있다.

영국의 시골 영지에서는 사냥용으로 꿩을 사육하여 방목한다. 야생 암꿩은 덫으로 잡아 우리에서 사육한다. 한 마리가 약 35개의 알을 낳는데, 대부분은 부화장으로 보내 이듬해 사냥 시즌에 잡을 꿩을 또 길러내지만, 일부는 별미를 위해 남겨둔다.

메추라기 알보다 크며—무게가 하나에 20여 그램 안팎이다—한쪽은 둥글고, 한쪽은 달걀보다 더 홀쭉하다. 농가에서 파는 것을 제외하면 거의 구하기 힘들고, 따라서 값도 비싸다. 보통 특란 가격의 세 배는 지불할 것을 각오해야 한다. **MR**

거위 알 Goose Egg

겉모습만 보면 달걀을 크게 부풀려 놓은 것과 그리 다를 바가 없다는 사실을 금방 알 수 있다.(그리고 생김새는 달걀과 마찬가지로 품종에 따라 다르다.) 그렇게 되면 당연한 얘기지만 중요한 것은 크기다. 거위 알은 달걀보다 무게가 두세 배는 나가며, 저울 위에 올려놓으면 하나에 50~75그램은 나간다. 그리고 사실 무게 외에도 달걀과의 차이점은 얼마든지 있다.

거위의 식습관—그리고 나이—이 알의 구성에 영향을 미친다는 사실을 감안하더라도, 거위는 닭보다 훨씬 영양가 풍부한 알을 낳는다. 전형적인 거위 알은 보통 달걀보다 콜레스테롤과 포화지방산 함유량이 훨씬 높다. 기묘하게도 거위 알의 흰자는 휘저어도 거품이 나지 않기 때문에 수플레(Soufflé, 거품낸 달걀 흰자에 여러 재료를 섞어서 오븐에 구워내 부풀린 요리 또는 과자)나 자발리오네(Zabaglion, 달걀 노른자, 설탕, 달콤한 리큐르로 만든 이탈리아 디저트)는 만들지 못한다. 또한 삶는 것도 별로 좋지 않다. 그러나 엄청난 향미를 자랑하는 진한 커스터드나 스크램블에그, 그리고 화학 이스트를 사용하는 케이크에는 더할 나위 없이 좋다.

거위 알을 깰 때에는 먼저 둔탁한 조리 기구로 쳐서 균열이 가게 해야 노른자를 망가뜨리지 않을 수 있다. 거위 알의 노른자는 달걀 노른자보다 색깔이 밝다. **MR**

Taste: 완숙해서 껍질을 벗기면 꿩 알은 흰자가 더 투명하다는 점만 빼면 갈매기 알과 흡사하다. 노른자는 최고급 달걀과 비슷한 맛이 난다.

Taste: 거위 알은 조리에 사용하면 달걀보다 더 밀도가 높다. 소스는 더 걸쭉하고 윤이 나며, 맛은 마치 버터로 달걀 맛을 더 진하게 한 것처럼 느껴진다.

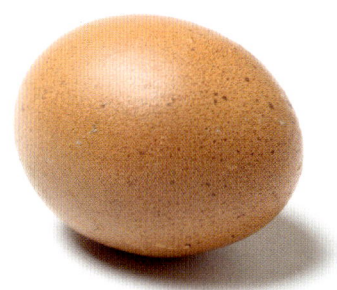

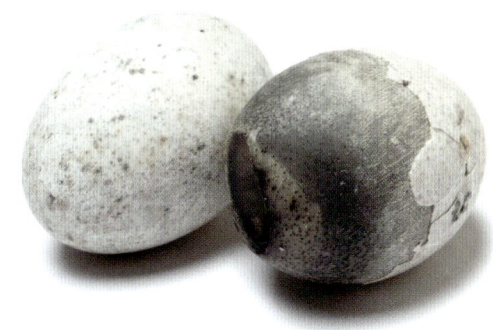

버포드 브라운 달걀 Burford Brown Egg

버포드 브라운 달걀은 20세기 초, 코츠월드(잉글랜드 남서부의 구릉지대)의 예쁜 마을 버포드와 짙은 갈색(브라운)의 두꺼운 껍질에서 그 이름이 유래하였다. 말이 나왔으니까 말인데, 버포드 브라운은 그 종자로 보나, 달걀 껍질로 보나 대단치는 않지만 달걀로서는 흠이 있다─신선함, 사료, 그리고 닭들의 건강이 훨씬 더 중요한 것이다.

'버포드'라는 닭 품종은 어디에도 없다. 그러나 버포드 브라운 달걀은 1990년 농부 필립 리─울프가 만든 클래런스 코트라는 방목계 달걀 전문 공급업체가 판매한다. 울프는 콘월에 거주하지만, 그 이름과 여기에 딸린 이야기를 받아들여 잡종닭이 낳는 달걀에 특별한 개성을 부여하였다.

영국의 수많은 유통업체들에 의해 공급되는 대부분의 다른 달걀과 비교하면 버포드 브라운은 전통적인 방식으로 헛간 마당에서 기르는 닭들이 낳은 달걀을 떠올리게 한다. 조리하면 닭 사육 공장에서 생산된 달걀과의 차이가 확연히 드러난다. 커스터드는 더 진해지고, 마요네즈는 더 되어지며, 케이크는 더 맛있어지고, 수플레는 더 가벼워진다. **MR**

피 딴 (皮蛋, 삭힌 알) Pei Dan

피 딴은 언뜻 보면 식탁보다는 박물관이 더 어울릴 듯 싶다. "흰자"는 황금빛 호박색에서 보기 드문 반투명한 검은색이다. 노른자는 부드러운 녹색, 노랑색, 회색의 고리가 엉켜 있다. 그 속은 부드럽고, 검고, 줄줄 흘러 나온다.

이 환상적인 절인 달걀을 처음 접하는 이라면 보는 것만으로도 경악을 금치 못하며, 그 맛을 보고 나면 구역질을 하기 십상이다. '천 년 묵은 달걀', '백 년 묵은 달걀' 같은 별칭 때문에 더욱 겁에 질리는 것인지도 모르겠다. 사실 대부분의 대량 생산 피 딴은 "절이는" 데 보름이 채 걸리지 않지만, 더 전통적인 방식으로 만드는 고급 피 딴은 재, 찻 잎, 소석회(수산화칼슘), 그리고 종종 흙으로 덮어서 3개월은 삭힌다.

피 딴은 보통 껍질만 벗겨서 조리하지 않은 채로 생강 절임을 곁들여 먹는다. 또 죽과 함께 자작자작 끓여서 소금에 절여 말린 돼지고기와 먹거나, 시금치, 생강, 그리고 소금에 절인 또다른 중국식 알과 함께 찌기도 한다. "상한" 피 딴은 방에 들어서자마자 알 수 있다─코를 찌르는 암모니아 냄새로 인해 눈물이 줄줄 흐를 것이기 때문이다. **KKC**

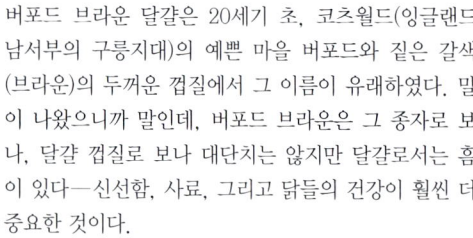

Taste: 버포드 브라운 달걀은 일반 방목계 달걀보다 노른자가 더 짙다. 깊은 주황색을 띤 노랑색에 훨씬 풍부한 향미를 자랑한다.

Taste: 좋은 피 딴은 잘 익은 블루 치즈처럼 진하고, 복합적이고, 짜릿한 맛에 아주 희미한 암모니아 냄새가 난다. 노른자는 부드럽지만 흰자는 약간 고무 같다.

단오절을 맞아 중국에서 소금에 절인 거위 알을 색색깔의 그물에 담아 팔고 있다. ➲

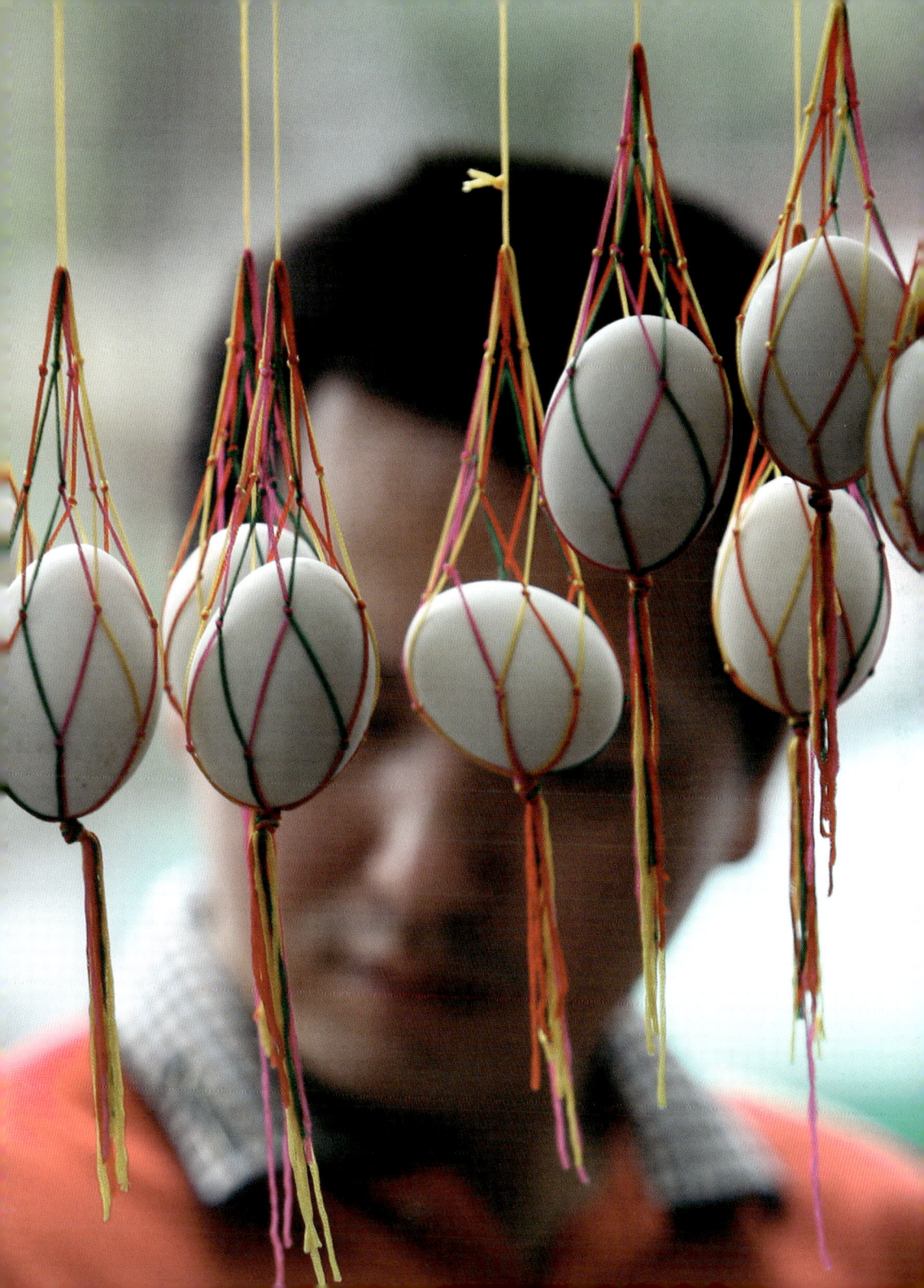

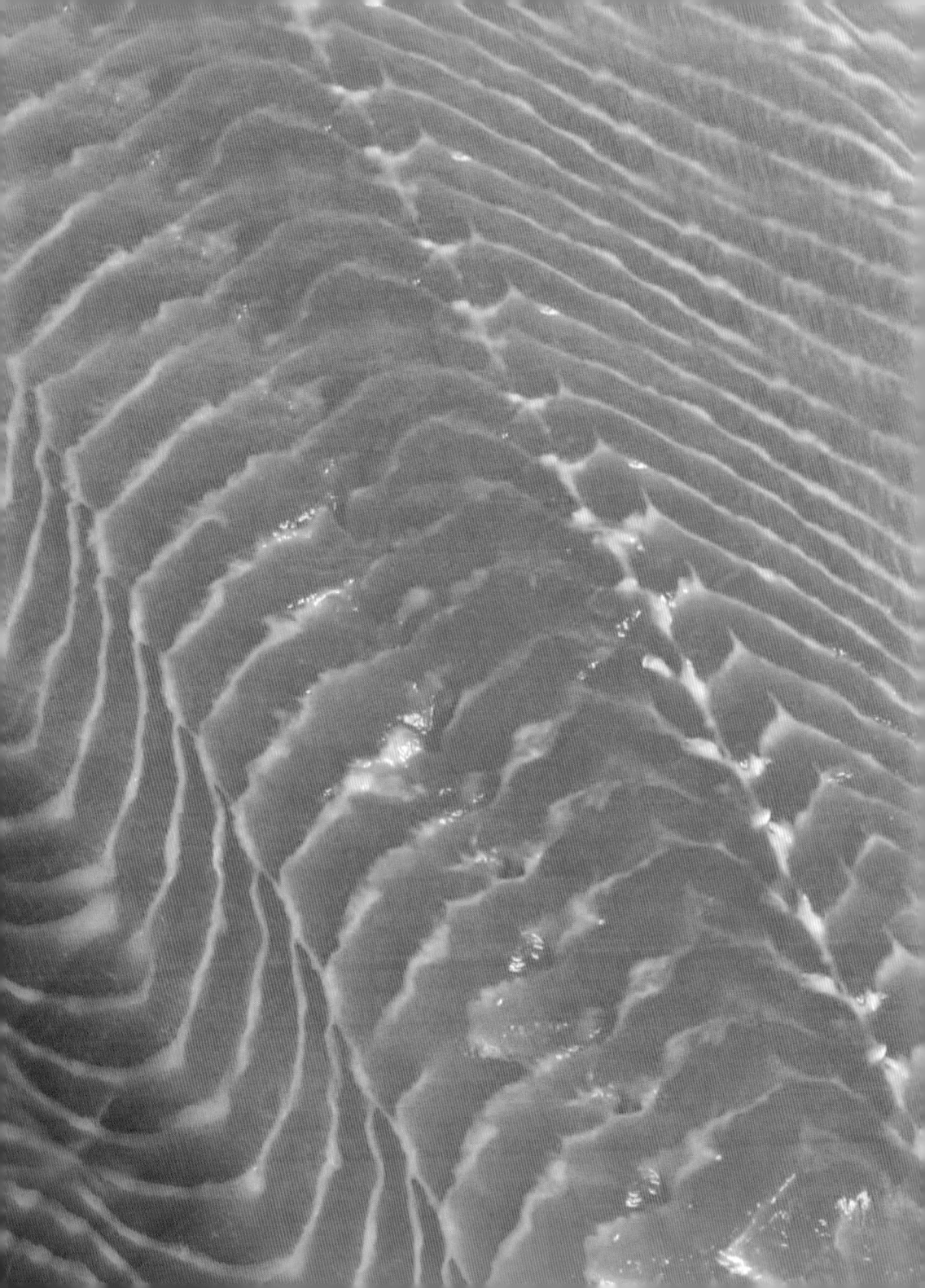

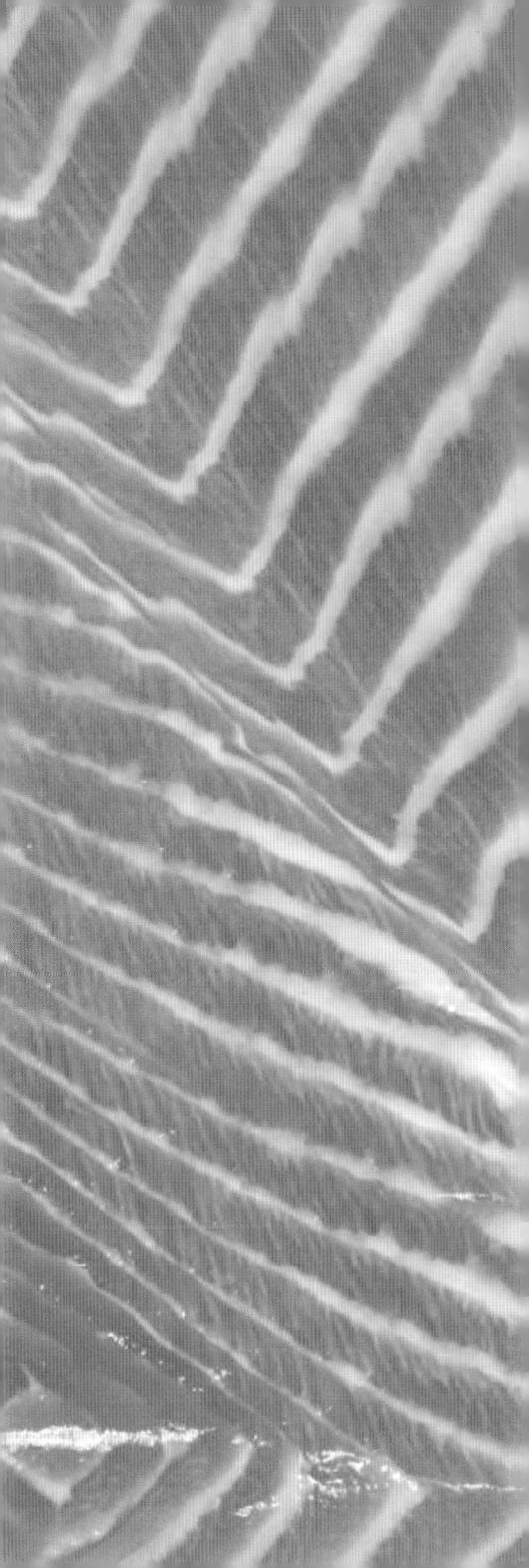

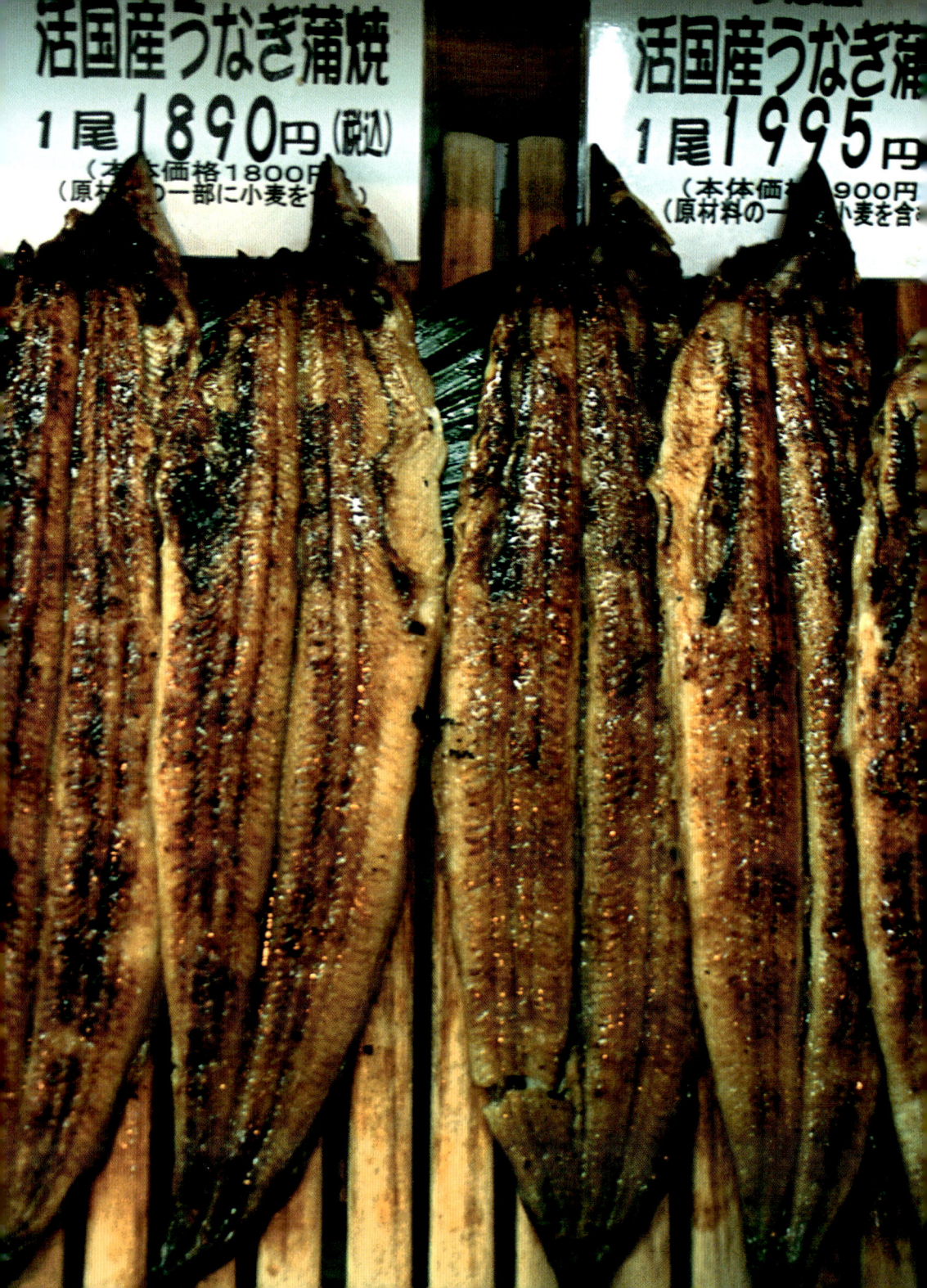

장어 (우나기, うなぎ) Unagi

장어(우나기)는 일본에서 오랫동안 전설적인 '스태미나'의 원천으로 높은 평가를 받아왔다. 진하고 기름진 장어 고기는 실제로 단백질과 비타민 A 함량이 높다. 일본에서는 6월, 장마가 끝나고 한창 습도가 높아지는 복날(土用の丑の日)—입춘, 입하, 입동 전의 18일간을 말한다—에 더위 먹는 것(夏ばて)을 피하기 위해 보양식인 장어를 먹으며, 장어 전문 음식점들은 몰려드는 손님들로 북새통을 이룬다. 일본에서는 장어의 인기가 워낙 높아 대규모로 양식을 한다. 역사적으로 인공 연못에서 양식했지만, 오늘날에는 수온 조절 설비가 갖춰진 실내 탱크에서 양식한다. 자연산 장어는 그 개체수가 매우 적어 위기에 처해 있기 때문에 공급이 지속 가능한 양식 장어만을 먹는다.

일본에서 가장 인기있는 장어 요리는 카바야키(かばーやき)이다. 꼬챙이에 꿰어 달짝지근하게 졸인 간장 양념을 바른 뒤 숯불에 구워내면, 바삭바삭한 껍질과 즙이 많은 살을 맛볼 수 있다. 일본에는 장어 요리, 특히 카바야키만을 전문으로 하는 음식점들이 많다. 진짜 장어광이라면 양념을 바르지 않고 구운 시라야키(しらーやき)를 좋아한다. 우나기 돈부리는 밥 위에 익힌 장어를 올린 간편하면서도 맛있는 일품 요리로, 길기로 유명한 가부키 공연 시간 동안 관객들이 놓치는 장면 없이 끼니를 해결할 수 있도록 고안한 음식이라는 설이 있다.

일본의 간토(關東) 지방에서는 굽기 전에 지느러미, 꼬리, 머리를 제거하지만, 간사이(關西) 지방 사람들은 그대로 먹는 것을 좋아한다. 보통 장어 요리에는 혀를 얼얼하게 하는 고추 맛과 새큼한 감귤 향이 어우러진 산쇼(山椒)를 뿌려 먹는다. 산쇼는 장어 요리 외에도 기름진 음식에 널리 곁들여 먹는다. **SB**

새끼 뱀장어 Elver

연필보다 가늘고, 길이는 손가락 길이밖에 안 되며, 거의 투명에 가까운—그래서 '유리 장어'라는 별명도 있다—새끼 뱀장어는 매우 연약한 동물이다. 이 어린 장어들은 감조하천의 어귀 근처 모래톱에 무리지어 살며, 물 아래 무언가가 꿈틀거리며 동요하는 것으로 이들의 존재를 확인할 수 있다. 성숙한 어른 뱀장어는 북대서양 한복판의 사르가소 해에 알을 낳으며, 멕시코만류가 그 잎사귀 모양의 부화한 어린고기(렙토세팔루스, Leptocephalus)를 유럽으로 데려다 주려면 2, 3년이 걸린다. 일단 도착하면 이 어린고기들은 다시 한번 변신하여 마치 미니어처 뱀장어라 부를 수 있을 만한 모습으로 탈바꿈한다. 오늘날 새끼 뱀장어는 높은 평가를 받는 값비싼 별미이다.

영국에서는 중세부터 뱀장어와 새끼 뱀장어를 먹는 전통이 있었다. 특히 세번(Severn) 강은 장어가 풍부하기로 오랫동안 유명했다. 이 곳에서는 그물코가 고운 망을 강에 걸쳐놓은 뒤 고기들이 상류로 거슬러올라갈 때 잡는다. 오늘날 이 곳에서 잡은 새끼 뱀장어는 해외의 양식장으로 수출한다. 영국에서는 새끼 뱀장어를 베이컨 지방에 튀긴 뒤 밀가루를 입혀 다시 기름에 튀겨내 일종의 패이스터를 만든다.

새끼 뱀장어는 전통적으로 해산물 요리로 유명한 스페인에서도 인기가 높다. 문호 어니스트 헤밍웨이는 '콩싹처럼 작은 앙훌라(스페인어로 징어)'에 대해 쓰기도 했다. 스페인에서 인기있는 새끼 뱀장어 요리 중 하나는 마늘과 칠리 약간을 넣어 올리브유에 살짝 볶는 것이다. 지글거리는 뜨거운 요리를 나무 포크로 먹는다. 살아있는 새끼 뱀장어를 뜨거운 팬에 던져 넣으면 그 투명함을 잃고 뿌연 크림색으로 변한다. 눈은 두 개의 검은 점을 찍어놓은 듯하다.

슬프게도, 유럽의 뱀장어 개체 수는 유래가 없을 정도로 저조하며, 따라서 이러한 전통적인 별미도 지금은 맛볼 수 없다. **MR**

Taste: 장어 카바야키는 달콤하고 기름기가 많으며, 두드러지는 생선 비린내 아래 훈제 향이 깔려 있다. 진하고 크리미한 질감이다.

Taste: 새끼 뱀장어의 진수는 그 실감이나. 마치 파스디를 씹는 듯하지만, 그보다는 더 크리미하며, 좀더 짜릿한 맛이 있다. 순하고 향긋하며 생선 비린내는 전혀 나지 않는다.

장어 카바야키는 값이 비싸지만 영양가가 높아
일본에서 높이 치는 음식이다.

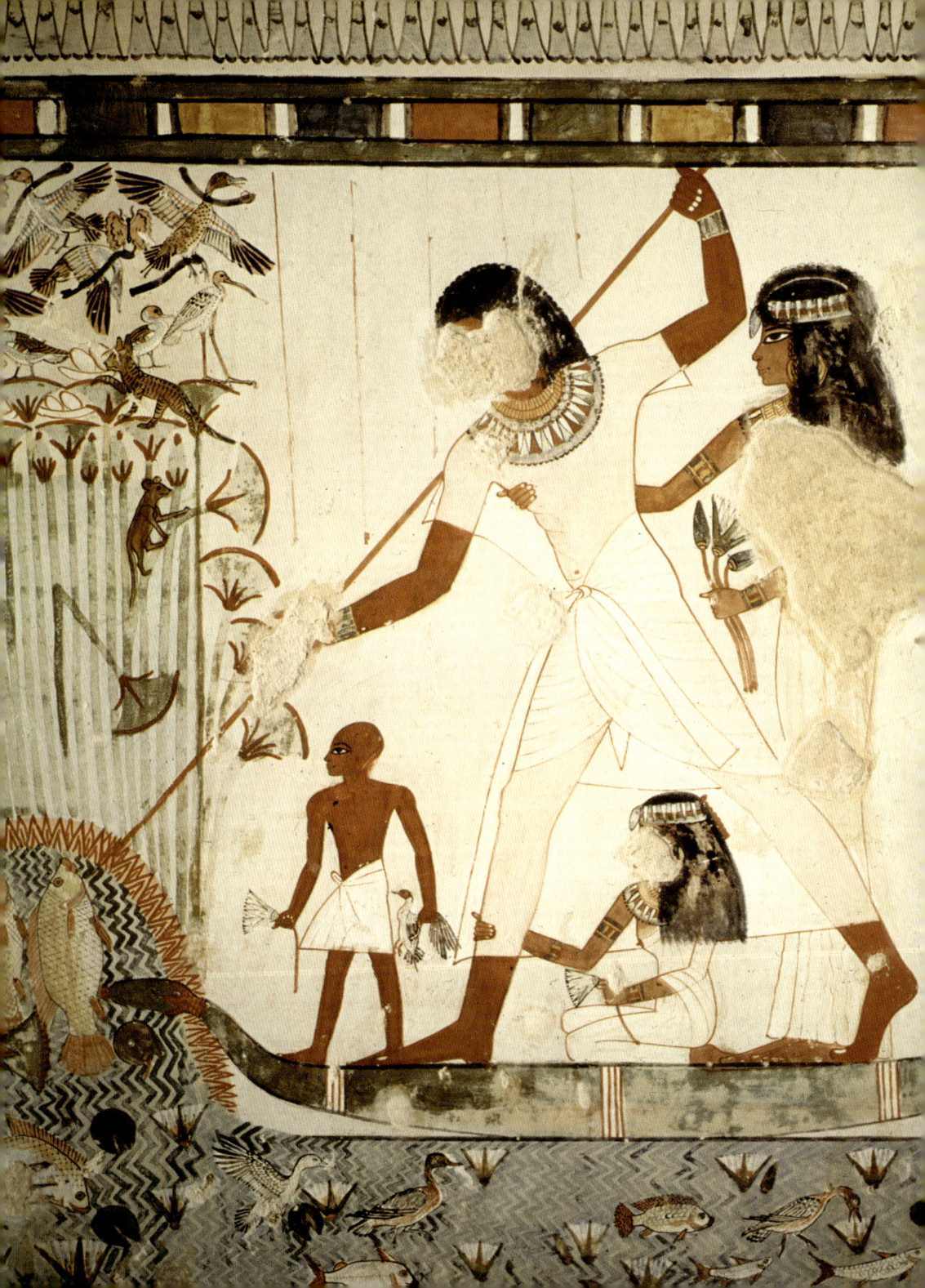

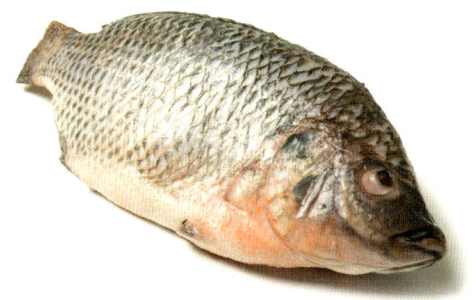

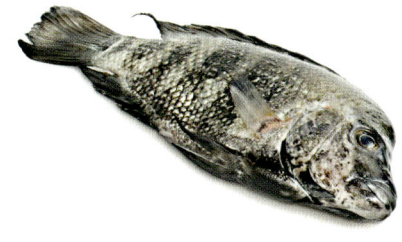

틸라피아 Tilapia

게레치 Mojarra

틸라피아는 세계에서 가장 많이 양식되는 어류 중 하나가 되었지만, 이것은 뭐 그리 새로운 일은 아니다. 기록에 의하면 틸라피아 양식은 2,000년도 더 전인 고대 이집트에서부터 이미 행해졌다고 한다. 틸라피아는 전 세계적으로 100여 품종이 있으며, 친환경 물고기로 날이 갈수록 각광을 받고 있다. 모잠비크 틸라피아(Sarotherodon mossambicus)와 나일 틸라피아(S. niloticus) 모두 먹기에 좋다.

틸라피아는 튼튼하고 어디에나 잘 적응하는 체질로, 민물, 반 소금물, 짠물을 가리지 않으며 비좁은 양식용 수조에서도 번성한다. 조절된 환경에서 세심하게 양식한 틸라피아가 야생 잡종보다 풍미가 좋다. 틸라피아는 미국에서 인기가 매우 높으며, 중앙 아메리카와 남아메리카에서 주로 양식하여 수출한다.

다재다능한 생선으로, 석쇠나 오븐에 굽거나, 프라이팬에 튀기거나, 검게 태우거나, 센불에 볶거나, 생선수프에 넣어도 좋다. 그 순한 맛 덕분에 요리사가 다채로운 향미를 펼쳐놓을 빈 캔버스가 되어주는 셈이다. 특히 중국 요리에 잘 어울리는데, 마늘이나 생강 같은 양념을 하면 정말로 빛이 난다. **RF**

게레치는 카리브해에 주로 서식하는 게레치과(Gerreidae)에 속하는 열대어이다. 몸집이 더 큰 포식 어류에게 잡아 먹히지 않기 위해 주로 물이 얕은 해안가에 살지만, 때때로 내륙의 하천까지 거슬러 올라오는 모험을 하기도 한다. 게레치과는 수많은 종이 있으며, 아주 가까이에서 관찰하지 않으면 구별해내기가 힘들다.

은빛의 다부진 몸체에 주둥이가 불쑥 튀어나와 있으며, 몸길이가 약 35센티미터까지 되는 것도 있다. 중앙 아메리카에서 높이 치는 생선으로, 인기가 높은 콜롬비아, 에콰도르, 푸에르토리코, 코스타리카, 멕시코에서는 시장이나 음식점에서 쉽게 찾아볼 수 있다.

라틴 아메리카에서는 다양한 방법으로 게레치를 조리하여 먹는다. 튀긴 게레치은 모하라 프리타(mojarra frita)라 하며 맛좋은 바삭바삭한 껍질을 맛볼 수 있다. 흰 밥과 토스토네스(tostones, 익지 않은 플랜틴 바나나를 썰어서 두 번 튀겨낸 것)를 곁들여 낸다. 머리, 꼬리, 뼈 할 것 없이 몽땅 통째로 오븐에 굽는 방법도 있다. 이 경우에는 흰 밥, 아보카도, 양상추, 토마토, 라임 주스와 함께 낸다. 연기를 내는 숯 위에 그대로 구워서 매운 치포슬 고추 소스, 또는 양파 소테와 함께 먹기도 한다. **CK**

Taste: 틸라피아는 기름기가 적은 흰 살 생선이다. 순하고 살짝 단맛이 도는 살은 매리네이드에 재워도 좋고, 소스나 다른 재료와 곁들여도 좋다.

Taste: 게레치는 뼈가 많은 생선으로, 조각조각 부스러지기 쉬운 풍부한 흰 살을 지니고 있다. 틸라피아와 퉁돔의 중간쯤 되는 순하고 만족스러운 풍미를 맛볼 수 있다.

기원전 1400~1390년 사이에 제작된 고대 이집트의 무덤 벽화. 투트모세 4세의 부하가 습지에서 작살로 틸라피아를 잡고 있다.

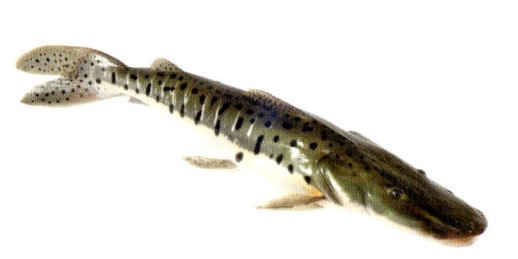

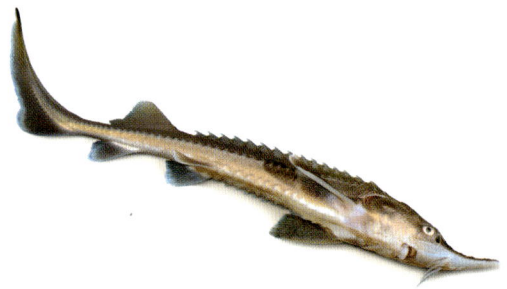

스팟티드 소러빔 Spotted Sorubim

적도 이남에 서식하는 민물고기 중에서 이만한 크기에 이만한 풍미를 지닌 생선은 아마 없을 것이다. 브라질의 상프란시스쿠, 프라타, 그리고 파라과이 강 유역이 원산인 스팟티드 소러빔(또는 핀타두(pintado)) 말이다. 남아메리카의 긴수염메기(sorubim) 종류의 제왕이라 할 수 있는 스팟티드 소러빔은 거죽이 검은 얼룩으로 덮여 있어 금방 알아볼 수 있으며, 길이 1.5미터, 무게 80킬로그램이 넘는 것도 있다. 납작한 머리와 둥근 몸통은 비늘이 아닌 거죽으로 덮여 있다. 갑각류와 작은 물고기를 먹고 살며, 진흙과 굵은 모래를 함께 삼켜 소화시킨다. 기름기가 많고 뼈가 없는 흰 살은 맛좋은 풍미와 단단한 결을 자랑한다. 두꺼운 조각으로 자르든, 통째로 굽든, 브라질 전역의 추라스카리아(churrascaria, 바비큐 그릴 레스토랑)의 주인공은 이 스팟티드 소러빔이다. 숯불 위에서 석쇠에 구우면 그 맛이 배가된다.

스팟티드 소러빔은 그 밖의 여러 다른 요리에도 쓰인다. 그 살의 맛을 이끌어내기 위해 굵은 소금만 뿌려 화덕이나 오지 냄비에서 조리하기도 하는데, 여기에서 얻는 육즙은 피랴오(pirão), 즉 고운 카사바—아메리카 열대지역이 원산지인 덩이줄기가 달리는 식용 식물—가루로 만든 짭짤한 페이스트를 만드는 데 쓰인다. **AL**

Taste: "좋은" 지방(불포화지방산)이 풍부한 생선으로, 활활 타오르는 불에 그대로 구우면 그 진가를 발휘한다. 몸통에서 나오는 기름이 살을 부드럽게 해주며, 불꽃은 맛있는 탄 냄새를 배게 해준다.

스텔렛 철갑상어 Sterlet

스텔렛 철갑상어(Acipenser ruthenus)는 철갑상어과에 속하는 25개종 중에서 가장 몸집이 작다. 몸길이가 약 50센티미터로, 양식 연어와 비슷한 크기이다. 강을 좋아하는 스텔렛 철갑상어는 북쪽으로는 시베리아에서까지 발견된다. 한때는 흑해와 카스피해로 흘러드는 강어귀에도 풍부했지만, 캐비어 수요가 폭증하면서 거의 씨가 마르다시피 했다. 아무리 생선을 좋아하는 미식가라도 야생 스텔렛 철갑상어를 잡기 전에 한번 더 생각해 보아야 할 일이다.

아직 개체수가 풍부하던 시절에는 그 맛과 질감으로 매우 높은 평가를 받았다. 스텔렛 철갑상어 요리는 초기 러시아와 터키의 요리책에도 등장한다. 유럽과 북아메리카에서—주로 캐비어를 얻기 위해—철갑상어 양식이 진행되고 있기는 하지만 몸집이 작은 스텔렛 철갑상어는 이제 막 수산업계에서 주목을 받기 시작한 참이다.

부시 대통령이 모스크바를 방문했을 때 푸틴 대통령과의 만찬에 석쇠에 구운 스텔렛 철갑상어가 통째로 올랐다. 바비큐를 하거나, 굽거나, 스튜로 만들거나, 튀기거나, 수프에 넣거나, 심지어 날로 먹어도 맛있다. 러시아에서 요즘 뜨는 레스토랑의 메뉴에 자주 등장하지만, 대개는 양식장에서 기른 것이다. **MR**

Taste: '철갑상어의 여왕'이라 불리는 야생 스텔렛 철갑상어는 종종 송아지고기에 비견된다. 탄탄하고 살이 많으며, 맛이 순해 민물고기임을 짐작할 수 있다.

러시아 남부 아스트라한에 있는 어시장의 노점. 다양한 훈제 철갑상어 고기만을 전문으로 팔고 있다. ❯

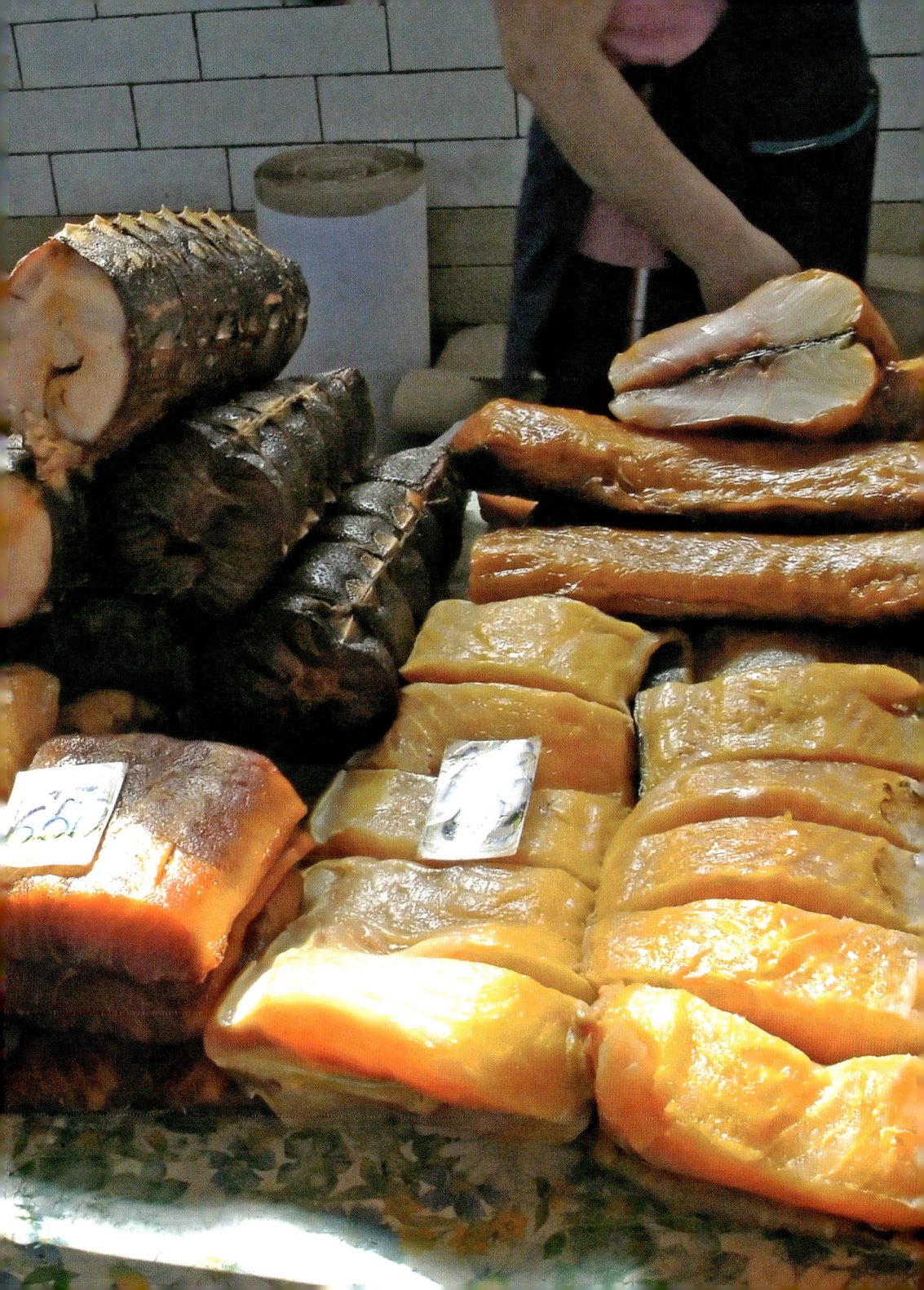

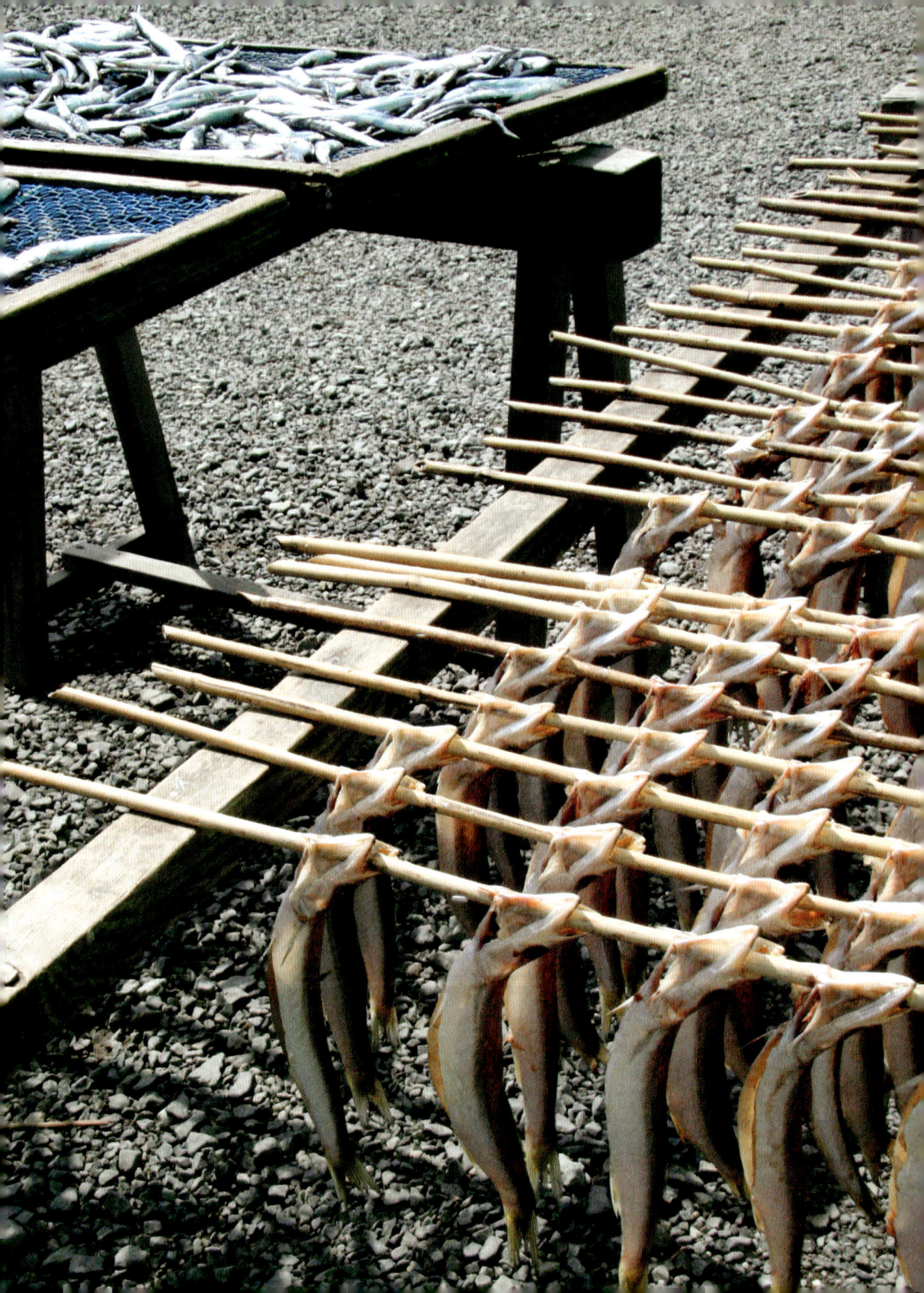

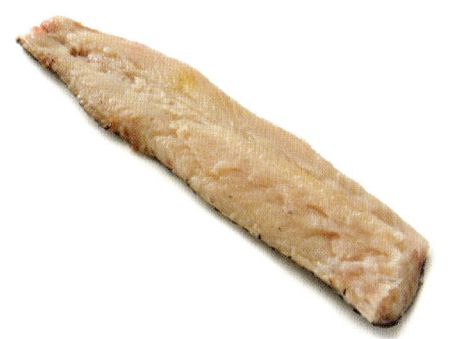

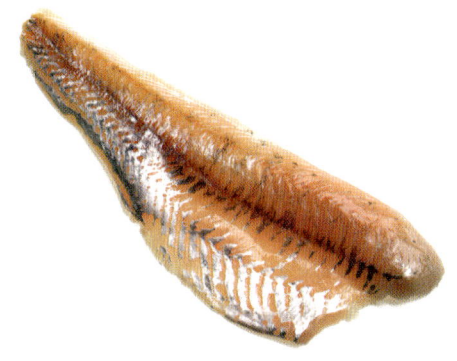

강꼬치고기 Pike

잔더 Zander

길고, 빠르고, 매우 포악한 강꼬치고기(Esox lucius)는 그동안 민물 바라쿠다로도 불려 왔다. 강꼬치고기 한 마리만 있어도 호수나 연못 전체에 있는 다른 고기들을 몽땅 흔적도 없이 사라지게 할 수 있다. 심지어 물새까지 먹어치운다. 그러나 음식으로서의 강꼬치고기는 별미라는 찬사가 있는가 하면 아예 먹을 수 없는 생선으로 평이 엇갈린다.

14세기 타이예방의 요리책 『르 비앙디에Le Vandier』에 따르면, 생강과 사프론으로 맛을 낸 강꼬치고기가 등장한다(생선을 석쇠 위에 철썩 내려치라는 조언으로 시작한다). 오늘날에는 특히 리옹에서 인기가 좋은데, 특별히 이웃의 동브에 있는 역사적인 낚시터에서 잡은 것이 사랑을 받는다. 세게 두드려서 크림과 섞은 다음, 서유명한 케넬르 드 브로셰(quenelles de brochet)의 재료로 쓰인다. 그런 다음 가재를 베이스로 한 낭튀아 소스를 곁들여 낸다. 20킬로그램이나 나가는 놈이 잡힌 적도 있기는 하지만, 보통 요리에 쓰는 강꼬치고기는 900그램에서 1.8킬로그램 안팎이다. 두꺼운 비늘로 겹겹이 덮여 있고, 뼈는 날카롭고 뾰족하므로, 낚시꾼은 물론 요리사에게도 쉬운 상대가 아니다. 강꼬치고기를 좋아하지 않는 사람들은, 만약 고인 물에 살았던 놈이라면 진흙탕 냄새가 심하다고 하기도 한다. **MR**

유럽 전역의 레스토랑이며 강변의 여관에서 그 식탁을 빛내는 잔더(Stizostedion lucioperca)는 욕심 사나운 포식자이다. 길이는 1미터까지도 자라며, 유난히 날카로운 이빨을 가지고 있다. 자기보다 몸집이 작은 물고기를 잡아먹는 것을 좋아하는데, 덕분에 풍부한 육류향이 난다.

영어로는 '파이크 퍼치(pike-perch)'로도 부르는데, 그 때문에 '강의 늑대'라는 별명답게 악질적이고 기운 좋은 강꼬치고기(영어로 pike)와 생물학적으로 가까운 사이라고 종종 오해를 받는다. 지느러미 무늬는 잉어와 비슷하다. 그러나 사실 잉어나 강꼬치고기의 잡종은 아니다. 중앙 유럽과 동유럽의 담수와 반염수(半鹽水)가 원산지로, 보통 집이시 네덜란드로 많이 수출한다. 네덜란드에서 잔더가 별미로 인기가 좋기 때문이다.

영국, 특히 이스트앵글리아 지방에도 주로 낚시용 고기로 전해졌지만, 다른 어종에 심한 위협이 되므로 도태시키는 수밖에 없었다. 여전히 소량 수입되고 있기는 하지만, 유럽 대륙에서의 수요가 워낙 높아 거의 찾아보기 어렵다. 향미는 북아메리카 월레이와 종종 비교된다. **STS**

Taste: 강꼬치고기의 살은 하얗고, 단단하고, 무슬무슬하다. 간혹 바닷고기에서 나는 달콤한 광물질 냄새는 없지만, 최상급 강꼬치고기는 숭어나 농어류와 비견할 만한 풍미를 뽐낸다.

Taste: 잔더의 살은 상당히 견고하고 살이 많으며, 잉어와 비슷한 풀향기가 가득하다. 월레이와 거의 구별하기가 어렵다.

일본에서는 강꼬치고기를 카와카마스(かわかます)라 부른다.
치바(千葉) 근교에서 어린 강꼬치고기를 잔뜩 잡아 햇볕에 말리는 모습.

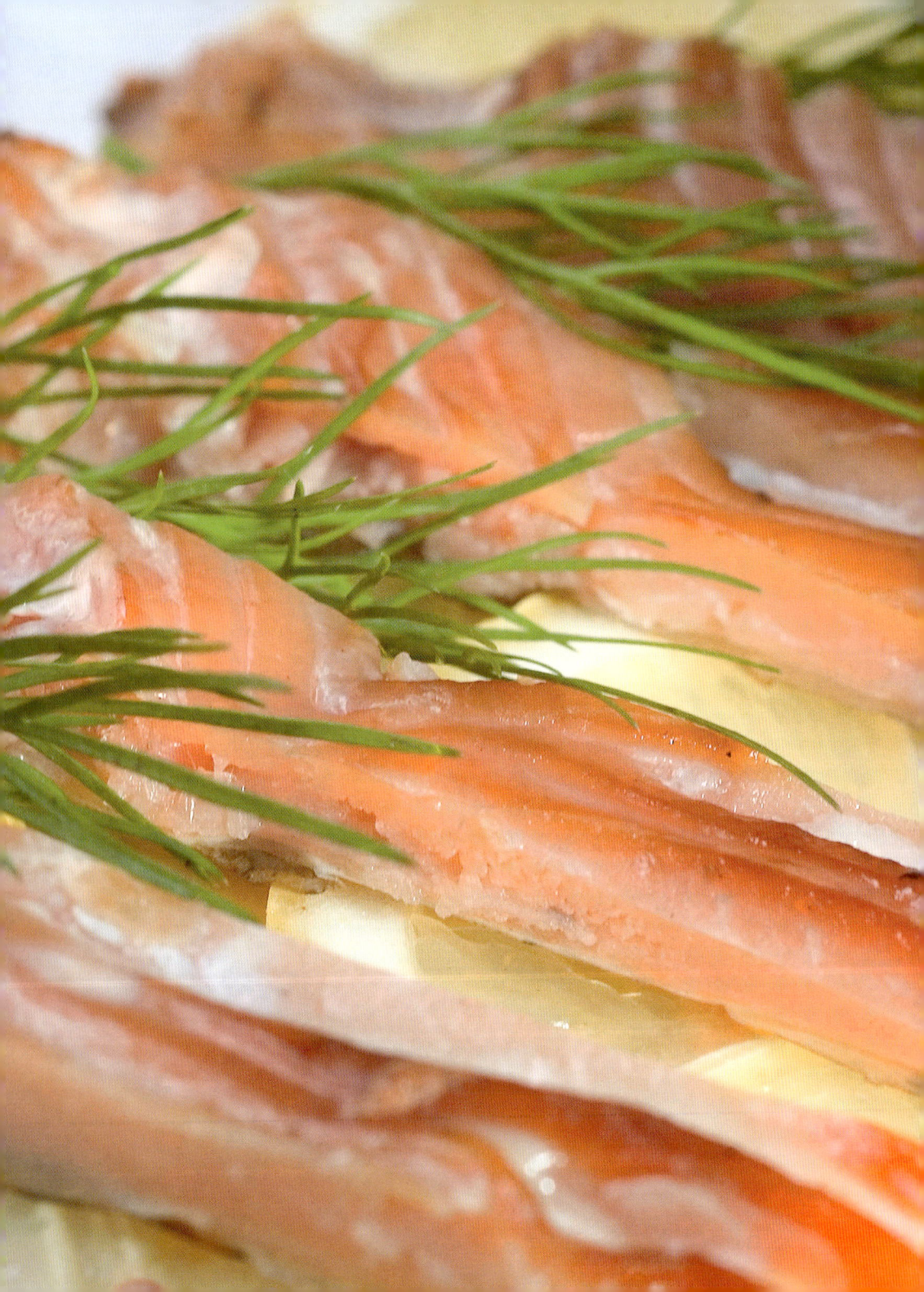

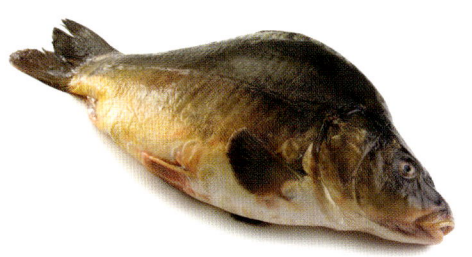

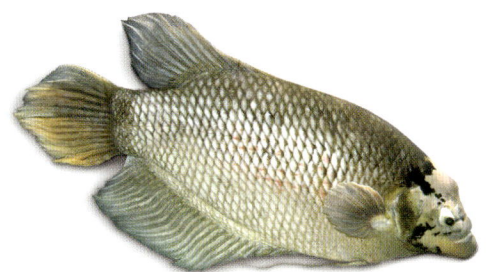

잉어 Carp

아시아, 동유럽, 그리고 유태 요리에서―찌든, 굽든, 또는 양념 국물에 삶든―높은 평가를 받는 잉어는 명절이나 종교적 축일에 주로 온 가족이 함께 하는 식탁에 올린다. 특히 폴란드에서 별미로 치는데, 오븐에서 구워 크리스마스 이브에 전통적인 명절 음식으로 먹는다. 오 블뢰(au bleu) 요리에도 환상적이다. 오 블뢰란 물고기를 잡자마자 바로 요리하는 것으로, 주로 허브를 친 화이트 와인이나, 소금과 식초로 간을 한 물에 부글부글 끓인다.

　흙탕물 때문에 생선에서도 진흙 냄새가 나긴 한다. 따라서 가능하다면 모래톱에서 양식한 잉어를 고르는 것이 가장 좋다. 보통 흔히 볼 수 있는 잉어는 등은 짙은 황동색, 옆구리는 황금빛이고, 배는 노랗다. 그리고 몸 전체가 커다란 비늘로 싸여 있다. 잉어과의 물고기는 모두 찐득찐득한 자연 점액으로 덮여 있으므로, 비늘을 벗겨내기 전에 씻어내야만 한다. 물에 식초를 풀어 살짝 담가두면 편리하다.

　잉어류는 도나우 강과 아시아가 원산지이지만, 다양한 종류가 세계 여러 나라로 전래되었다. 잉어는 세계에서 가장 널리 양식되는 민물고기이기도 하다. **STS**

코끼리 귀 고기 Elephant Ear Fish

베트남 음식이 개고기나 여전히 펄떡펄떡 뛰고 있는 뱀의 염통 같은 희귀한 요리로 서양인들 사이에서 악명 높다는 사실을 감안했을 때, 코끼리 귀 고기라고 하면 그다지 입맛이 당기지는 않을 것이다. 사실 코끼리 귀 고기는 나비고기(Chaetodon)의 일종으로 배스와 흡사한 그 납작한 모양으로 구별할 수 있다.

　코끼리 귀 고기는 메콩 강 삼각주 지역에서 인기가 높다. 주목해야 할 점은 그 조리 방법이다. 큰 접시만한 크기로 내장을 빼내고 튀겨서 두 개의 나무 젓가락 사이에 받쳐 놓는다. 때로는 신선한 허브나 야채를 뿌리기도 한다. 젓가락으로 바삭바삭하고 돌돌 말리는 비늘을 벗겨내면 부드럽고, 하얗고, 푸슬푸슬한 살을 즐길 수 있다. 생선살에 박하나 코리앤더, 비질 같은 이 지방의 허브를 뿌리고 때로는 국수와 오이를 곁들여 얇은 라이스페이퍼 팬케이크로 구워낸다. 그런 다음 말아서 누오크참(nuoc cham) 생선 소스에 찍어 먹는다. 그 결과는 환상적으로 달콤하고 즙이 많은 요리로, 살이 많고 부드러운 생선살에 가벼우면서도 쫀깃한 팬케이크가 균형을 맞춘 가운데 짭짤하고 매운 칠리와 마늘, 라임 생선 소스가 일품이다. **CK**

Taste: 잉어는 풀, 흙탕물. 거의 나무 냄새에 가까운 향미로 잘 알려져 있지만, 어디에서 서식하느냐에 따라 달라진다.

Taste: 코끼리 귀 고기는 그 환상적으로 즙이 많고 달콤한 맛으로 유명하다. 악명이 높은 것은 그 이상한 생김새와 이름 때문이다.

허브와 양념만으로 간단하게 조리하는 것이
❸ 잉어의 향미를 보존하고 북돋을 수 있다.

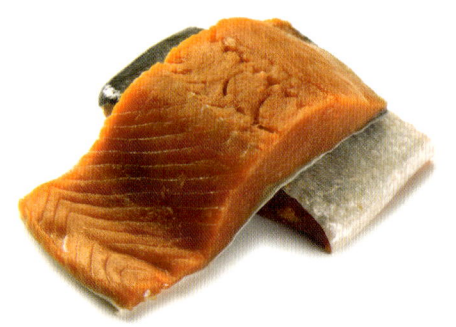

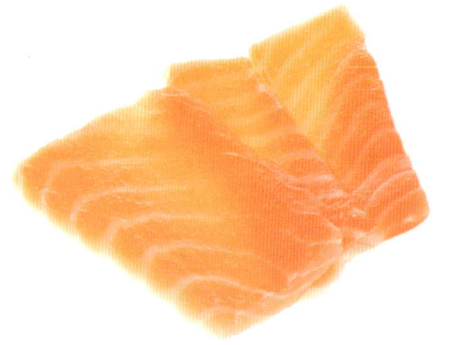

코퍼 강 왕연어 Copper River King Salmon

북극 곤들매기 Arctic Char

5월 중순부터 약 4주간, 수십만 마리의 왕연어(On-corhynchus tshawytscha)가 태평양의 산란지에서 알래스카의 코퍼 강으로 약 480킬로미터를 거슬러 올라온다. 이러한 역투 덕분에 단단하면서도 풍미가 그득한 지방으로 꽉 찬 살을 얻을 수 있다.

매년 봄이면 제일 먼저 시장에 나오는 알래스카의 야생 생선으로, 태평양 연어 다섯 종류 중에서 가장 큰 왕연어는 아주 짧은 기간 동안만 구할 수 있을 뿐 아니라 소매 가격이 워낙 비싸 거의 사치품에 가깝다. 그러나 연어의 열성팬들은 1년에 한번쯤은 충분히 돈을 쓸 만한 가치가 있는 호사라고 주장한다. 그렇지만 항상 그런 것은 아니다.

코퍼 강 연어들은 1889년부터 통조림으로 만들어졌는데, 왕연어는 그로부터 거의 한 세기가 지난 후에야 주목을 받기 시작했다. 존 로울리가 배 위에서의 갓 잡은 생선 처리 방식을 개선해서 신선한 상태로 시장에 가져가면 훨씬 높은 값을 받을 수 있다고 동료 어부들을 설득하면서이다. 오늘날 왕연어는 높은 평가를 받는 시푸드 위치 프로그램—지속 가능한 수자원에서 얻은 해산물 소비에 대한 소비자들의 관심을 높이기 위한 프로그램—이 인정한 방식을 통해 꾸준히 수확되고 있다. **CLH**

연어와 송어의 가까운 사촌 격인 북극 곤들매기(Sal-velinus alpinus)는 민물고기 중에서는 가장 북방에서 서식하는 물고기 중 하나이다. 어른 고기로 자라기까지의 기간이 길며, 캐나다, 아이슬란드, 러시아를 아우르는 북아메리카와 유럽의 극지방에서 번성한다. 야생에서는 길이 30센티미터, 무게 300그램을 넘기는 경우는 거의 보기 힘들다.

북극 곤들매기는 매우 특이한 물고기이다. 뭍으로 막힌 호수—특히 스칸디나비아, 알프스, 영국 제도 북부—에 사는가 하면, 짠물에서 살다가 민물 하천으로 거슬러 올라와 겨울을 보내는 두 가지 서식 형태를 모두 보여주기 때문이다.

이누이트족 원주민들에게 북극 곤들매기는 매우 중요한 식량 자원으로, 이누이트족 문화에서 떼려야 뗄 수 없는 오랜 역사를 지니고 있다. 잉글랜드에서는 18세기와 19세기에 높은 평가를 받았으며 부의 상징으로 여겨지기도 했다. 야생에도 풍부하지만, 워낙 서식지가 극한 지방이다 보니 시장성은 떨어지며, 레스토랑이나 슈퍼마켓에서 파는 북극 곤들매기는 대부분 양식어다. **CLH**

Taste: 오메가-3 지방 함량이 높은 코퍼 강 왕연어는 풍부한 풍미를 자랑한다. 지방 함량이 높기 때문에 벨벳처럼 부드러운 질감에, 양식 연어에서 흔히 찾아볼 수 있는 걸쭉함이 없다.

Taste: 북극 곤들매기는 짙은 오렌지색부터 옅은 핑크색까지 색깔이 다양하다. 향긋하고 순한 향미는 연어나 송어와 비슷하다. 부드럽지만 걸쭉하지는 않다.

얼어붙은 툰드라 위로 강이 흐르는 알래스카의
노스 슬로프에서 북극 곤들매기를 잡은 낚시꾼. ➡

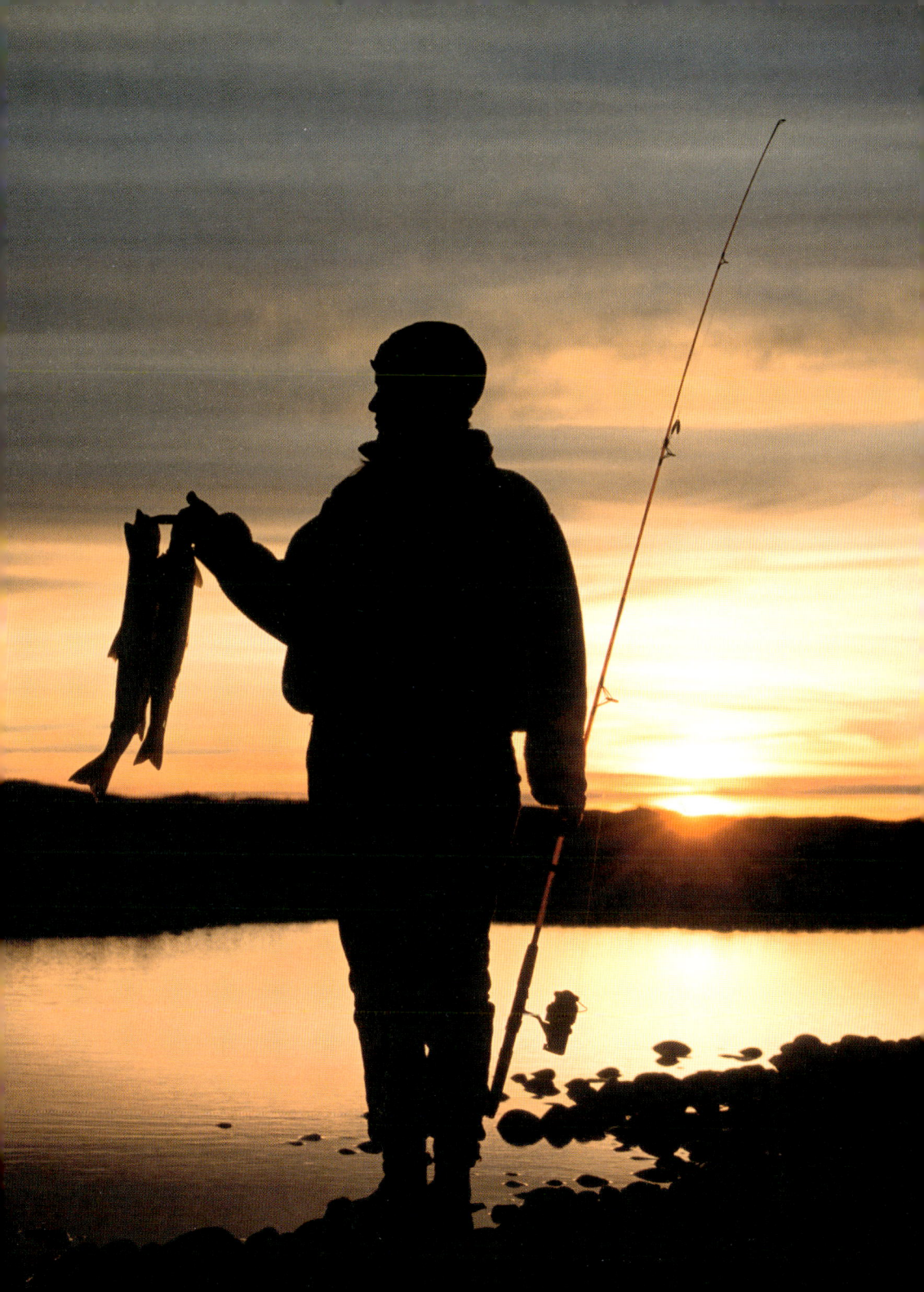

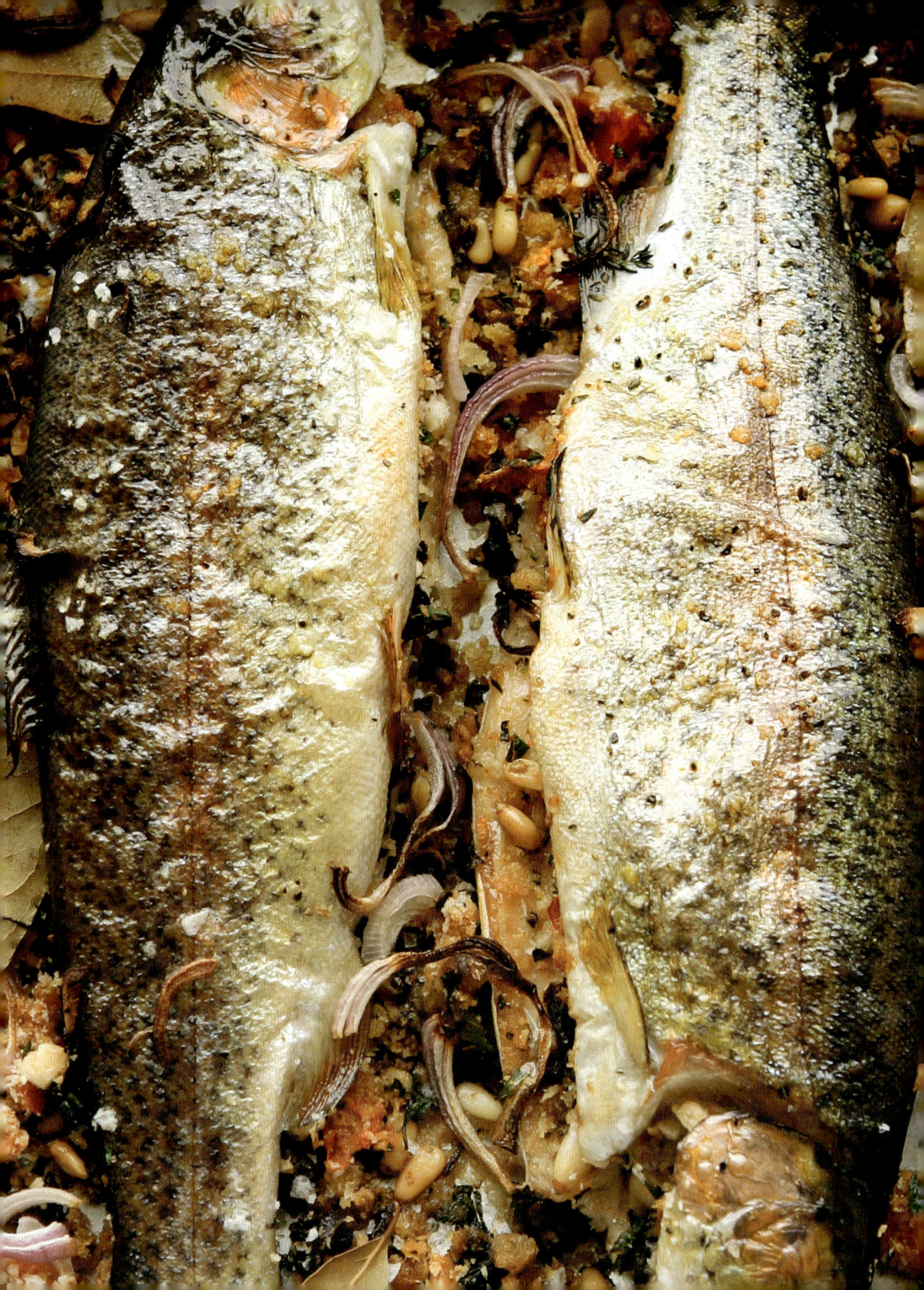

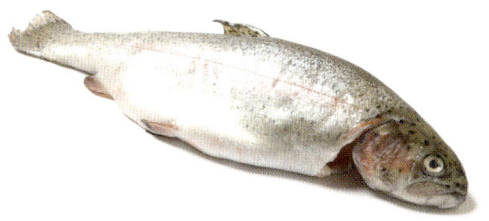

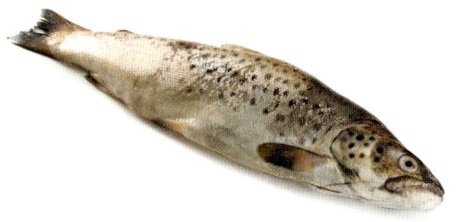

무지개 송어 Rainbow Trout

시선을 사로잡는 이 빛나는 물고기는 태평양 서쪽 연안,
알래스카, 캐나다, 미국 북부, 그리고 아시아의 하천이
원산지이다. 물에서 잡아올린 무지개 송어를 강둑에서
바로 프라이팬에서 튀기거나 담백한 쿠르 부용—식초,
화이트와인, 향신료, 채소 등을 넣고 끓인 육수. 생선 또
는 고기를 삶는 데 이용하며, 주로 생선 요리에 많이 쓰
이는데, 식초가 들어 있기 때문에 생선을 응고시키는 성
질이 있어 생선의 맛을 좋게 한다—에 삶아 먹으면 그야
말로 미각의 향연이라 할 수 있다.

　　무지개 송어는 몸체는 묵직하고, 머리는 작으며,
구슬 같은 눈알을 가진 살진 물고기이다. 껍질은 주로 점
박이로, 등쪽에서 밝은 녹색이다가 점차 옅어지면서 배
는 하얗다. 옆구리 아래쪽의 측선과 평행하는 눈에 띄는
핑크색 줄무늬가 더해지며 무지갯빛으로 보이게 된다.
무엇을 먹고 자랐느냐에 따라 살의 색깔이 달라진다. 야
생 무지개 송어는 민물 새우를 먹으며, 살이 오렌지빛을
띤 분홍색이다. 반면 양식어는 천연 혹은 합성 색소를 먹
이기 때문에 깊은 주황색이다.

　　야생에서 회유하는 무지개 송어 종류는 태평양에
시 갑히며, 연어처럼 생애의 일정 기간만은 바다에서 보
낸 뒤 알을 낳기 위해 맑은 물로 돌아온다. **STS**

세반 송어 Ishkan Trout

세계에서 가장 고도가 높은 호수 중의 하나인, 아르메니
아의 그림처럼 아름다운 세반 호수는 그 은근한 풍미로
높은 평가를 받는 독특한 생선의 고향이다. 이름은 세
반 송어(Salmo ischchan)이지만, 사실은 연어과에 속
한다. 이 내륙 국가에서 세반 송어는 '생선의 왕자'로 불
린다. 머리 주위에 있는 반점이 꼭 왕관처럼 보이기 때
문이다. 1919년 국가 연회에서 물소젖으로 만든 크림에
그 자신의 캐비어를 곁들여 신선한 깐 호두와 서양고추
냉이를 섞어 올렸다는 기록이 남아 있다. 세반 송어는 오
늘날에도 호두 소스와 함께 내곤 한다.

　　슬프게도, 세반 호수에 도나우 가재며 발트해 흰물
고기 등 경쟁 어종이 유입되면서 세반 송어는 위기에 처
해 있다. 그러나 오늘날 이 지역에서는 세반 송어를 양식
하고 있으며, 1970년대 중앙아시아의 키르기스스탄 공
화국에 위치한 이시크-쿨 호수에도 성공적으로 이식되
었다. 세반 송어는 석쇠에 굽거나 끓여 먹으면 맛있다.
아르메니아에서는 말린 자두나 살구 같은 과일을 채워
넣어 오븐에서 굽는다. **CK**

Taste: 신선한 송어의 향미는 그 서식지에 좌우되지만, 송송 약간 흙
냄새가 난다. 야생 송어의 향긋한 풍미는 허브와 버섯을 연상시킨다.

Taste: 세빈 송어는 송이와 비슷한 순하고 향긋한 풍미를 지니고 있다.
분홍빛 살은 거의 뼈가 없다시피 하다. 석쇠에 구워서 아르메니아 고유의
라바쉬 플랫브레드에 싸서 먹으면 환상적이다.

오븐에 구워도 무지개 송어의
◑ 아름다운 핑크빛은 망가지지 않는다.

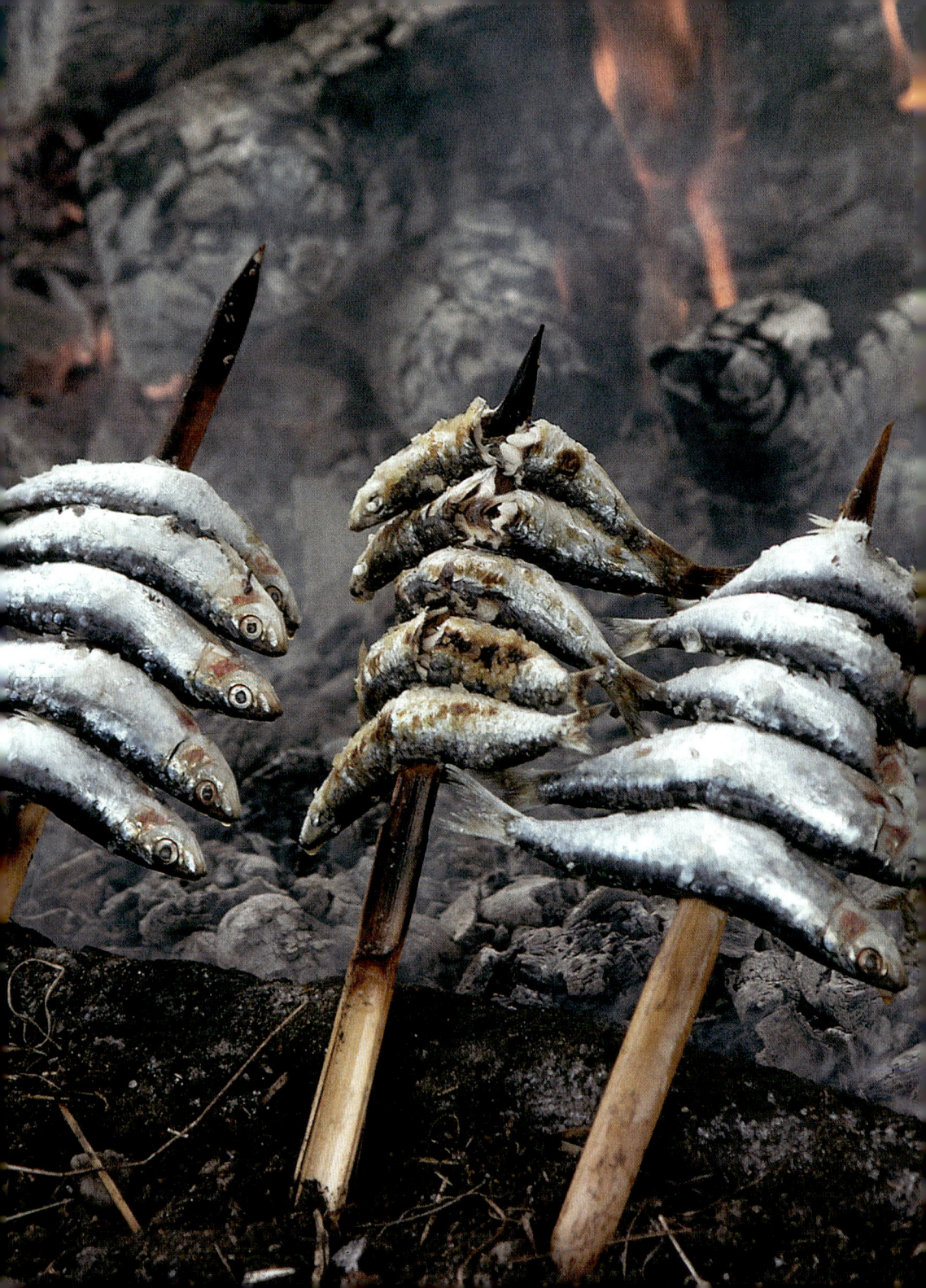

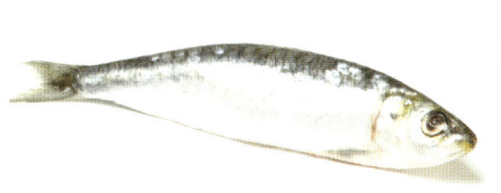

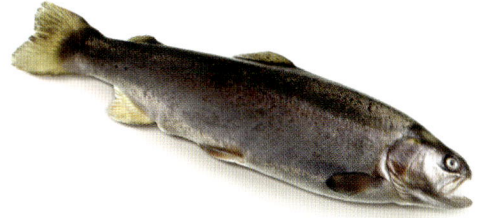

정어리 Sardine

뼈가 말랑말랑하고 은빛이 도는 정어리는 전 세계에서 오랫동안 신선한 바비큐 저녁식사거리로 사랑 받아 왔다. 툭 튀어나온 선명한 눈에 너덜거리는 비늘도 거의 없는, 막 물에서 잡아올려 아직 사후 경직 중인 바로 그 때 먹어야 가장 맛있다.

잔뼈가 많다는 이유로 불평을 듣기는 하지만, 정어리를 요리하면 멋진 크림색 필레를 맛볼 수 있다. 칼 대신 엄지와 검지만으로도 재빨리 비늘을 벗겨내고 내장을 제거할 수 있다. 석쇠에 굽거나, 바비큐를 하거나, 아니면 매리네이트하는 것이 가장 좋지만, 날생선을 오되브르로 먹기도 한다. 전통적으로 오레가노, 엑스트라 버진 올리브유, 레몬 등으로 양념한다.

사실 정어리(sardine)라는 생선은 어느 나라에 사느냐에 따라 달라진다. 유럽에서는 서유럽 연안에서 잡히는 길이 10센티미터 안팎의 어린 정어리를 가리킨다. 그보다 몸길이가 더 길면 이름(pilchard)이 달라진다. 미국에서는 어린 정어리, 청어, 스프랫 등 짠물에서 사는 작은 물고기의 통칭이다.

포르투갈, 스페인, 프랑스에서는 엑스트라 버진 올리브유에 절인 질이 좋은 정어리 통조림을 생산한다. 찬장에 보관해두고 먹기에 유용한 식품이다. **STS**

바다 송어 Sea Trout

바다 송어(Salmo trutta trutta) 또는 샐먼 송어는 윤기 있고 어스레한 빛깔의 생선으로 그 생김새나 풍미가 모두 연어보다 한 수 위라는 평가를 받는다. 연어처럼 살은 연한 핑크빛이다. 특유의 카로티노이드 색소를 함유하고 있는 갑각류를 주로 잡아 먹기 때문이다. 향미도 비슷한데, 바다 송어 쪽이 좀더 크리미하다. 종종 요리하기 전에 한 마리를 통째로 속을 채우는데, 가볍게 식초를 친 쿠르부용에 살짝 데치기만 해도 그 맛이 두드러지며, 홀란데이즈 소스와 함께 낸다.

바다 송어는 전 세계에 널리 퍼져 있는 브라운 송어 가운데 철새 기질이 있는 종류라고 보면 된다. 북유럽의 하천에서 주로 찾아볼 수 있는데, 1~5년간 민물에서 지내다가 바다로 가서 성장한 뒤, 알을 낳기 위해 다시 민물로 돌아온다. 바다 송어는 칠레, 아르헨티나, 뉴질랜드, 오스트레일리아, 그리고 북아메리카의 동부 해안에 전래되었다.

고급 브라운 송어나 바다 송어는 양념을 할 필요가 거의 없으며, 살짝 삶거나 석쇠에 굽거나 튀겨 먹기에 좋다. 벌꿀, 버터, 소금, 그리고 막 갈아낸 흑후추를 듬뿍 쳐서 석쇠에 구우면 정말로 달콤하고 스파이시하다. **STS**

Taste: 정어리는 오메가-3 지방산 함유량이 높지만 생선 비린 맛은 그다지 심하지 않다. 아주 신선할 때 먹는 것이 가장 좋으며 석쇠에 굽거나 가볍게 양념해서 먹으면 맛있다.

Taste: 바다 송어는 무지개 송어보다 풀 냄새가 많이 나지만, 한 곳에서만 사는 브라운 송어보다는 흙 냄새가 덜하다. 튀기거나 삶거나, 앙파피요트로 요리하면 맛있다.

스페인에서는 해변에서 막 잡아올린 정어리를
● 숯 위에서 구워 레몬을 뿌려 먹는다.

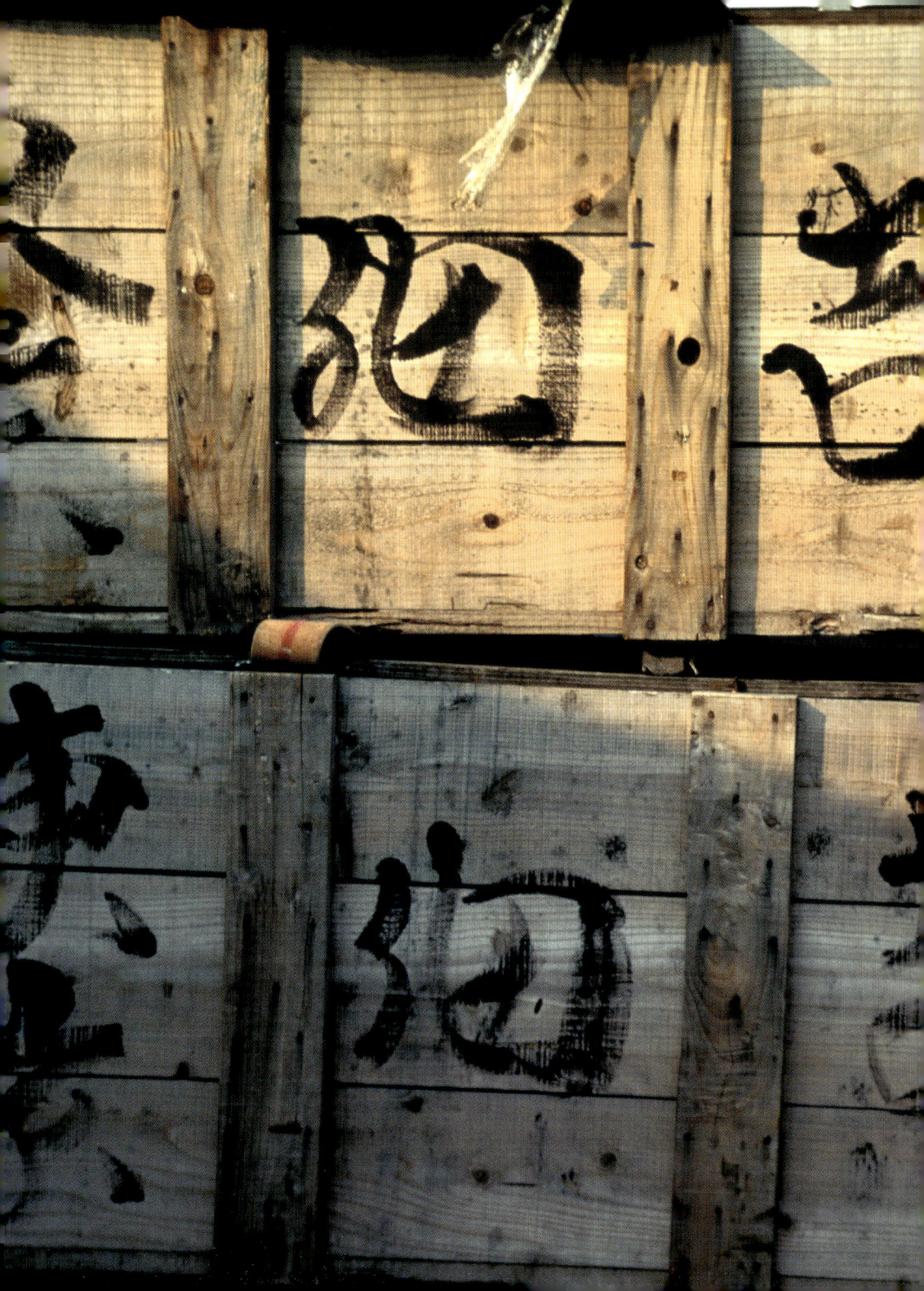

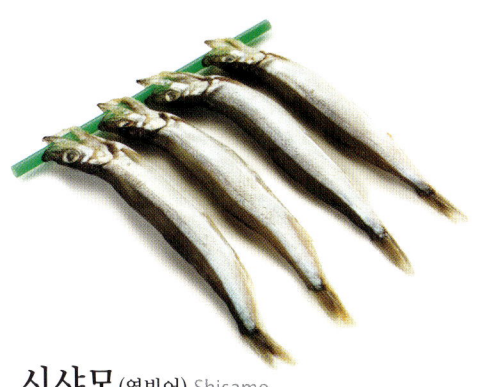

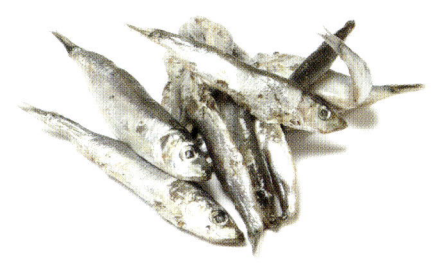

시샤모(열빙어) Shisamo

몸길이가 10~15센티미터밖에 안 되는 작은 짠물 생선인 시샤모는 북태평양과 대서양에서 흔하게 잡히지만, 알을 낳기 위해 민물로 회유하는 습성이 있어, 실제로 일본에서는 전통적으로 10월과 11월, 홋카이도의 쿠시로 강 어귀에서 포획한다. 알을 품은 암놈은 찾아보기도 힘들고 비싸서 별미로 치며, 특히 쿠시로 시와 무카와에서 잡는 것을 최고로 친다. 가을의 짧은 기간 동안만 무카와에서 사시미와 스시로 맛볼 수 있다.

그러나 보통은 소금에 절여 말린 뒤, 나란히 입을 벌려 대나무 꼬챙이에 꿰었다가 석쇠에 구워 먹는다. 길거리 시장에서 보면 조금 보기에 그렇기는 해도 상당히 인상적인 광경이다. 이러한 과정을 거치면 오래 두고 먹기에도 좋을 뿐 아니라, 소금에 절여 햇빛에 말리면서 단백질이 파괴되어 아미노산이 생성되므로 일본인들이 우마미(うまみ)라고 하는 멋진 맛을 얻을 수 있다. 밤늦게 사케를 홀짝거릴 때 일본의 길거리에서 풍기는 숯불에서 석쇠에 구운 시샤모의 향은 잊지 못할 추억을 선사할 것이다. **SB**

Taste: 석쇠에 구운 시사모는 바삭바삭하고, 스모키하고, 짭짤하고, 깊은 풍미를 지니고 있다. 약간 쌉쌀하고 탄 뒷맛에 질감은 쫄깃하고 충실하다.

치어 Whitebait

작고, 은빛이 도는 백색에, 반투명한 치어는 태어난 지 1년 안에 잡힌 여러 생선의 어린 새끼를 일컫는 통칭이다. 영국에서는 주로 어린 청어나 스프랫, 미국 동부의 뉴잉글랜드 지방에서는 은줄멸(silverside)이나 까나리(sand-eel), 뉴질랜드에서는 이난가(inanga) 같은 어린 민물고기를 의미한다. 프랑스에서는 치어를 '블랑샤이유(blanchailles)', 이탈리아에서는 '비앙케티(bianchetti)'나 '지앙케티(gianchetti)'라 부른다. 단, 지앙케티는 보통 정어리나 앤초비의 알을 가리킨다.

영국에서 치어를 요리에 사용한 역사는 17세기 초, 작은 새끼 물고기가 떼지어 템즈 강의 조류로 밀려왔을 때로 거슬러 올라간다. 이 물고기들은 워낙 다루기가 조심스러워서 운송이 어려우므로 먹고 싶은 사람이 찾아가야만 한다. 그리니치와 블랙월의 강을 따라 늘어선 선술집들이 저녁 특선 치어 요리를 내기 시작했고, 곧 큰 인기를 끌게 되었다.

그때도 지금처럼 통째로 튀겨 냈다. 이 작고 여린 물고기를 조리하려면 우선 차가운 소금물에 신선한 생선을 잘 씻고 물기를 뺀 뒤, 풀어놓은 달걀에 담갔다가 잘 양념한 밀가루를 살짝 묻혀 끓는 기름에 넣고 황금빛을 띨 때까지 튀겨낸다. 그런 다음 레몬과 함께 내면 된다. **LW**

Taste: 조그마한 은빛 물고기 머리에 반죽옷을 입혀 바삭바삭하게 튀겨서 레몬 즙을 끼얹어 먹으면, 한입에 생선 전체의 강렬한 맛이 가득 느껴진다.

재활용이 가능한 나무 상자에 생선을 담아 도쿄의 츠키지 어시장으로 보낸다.

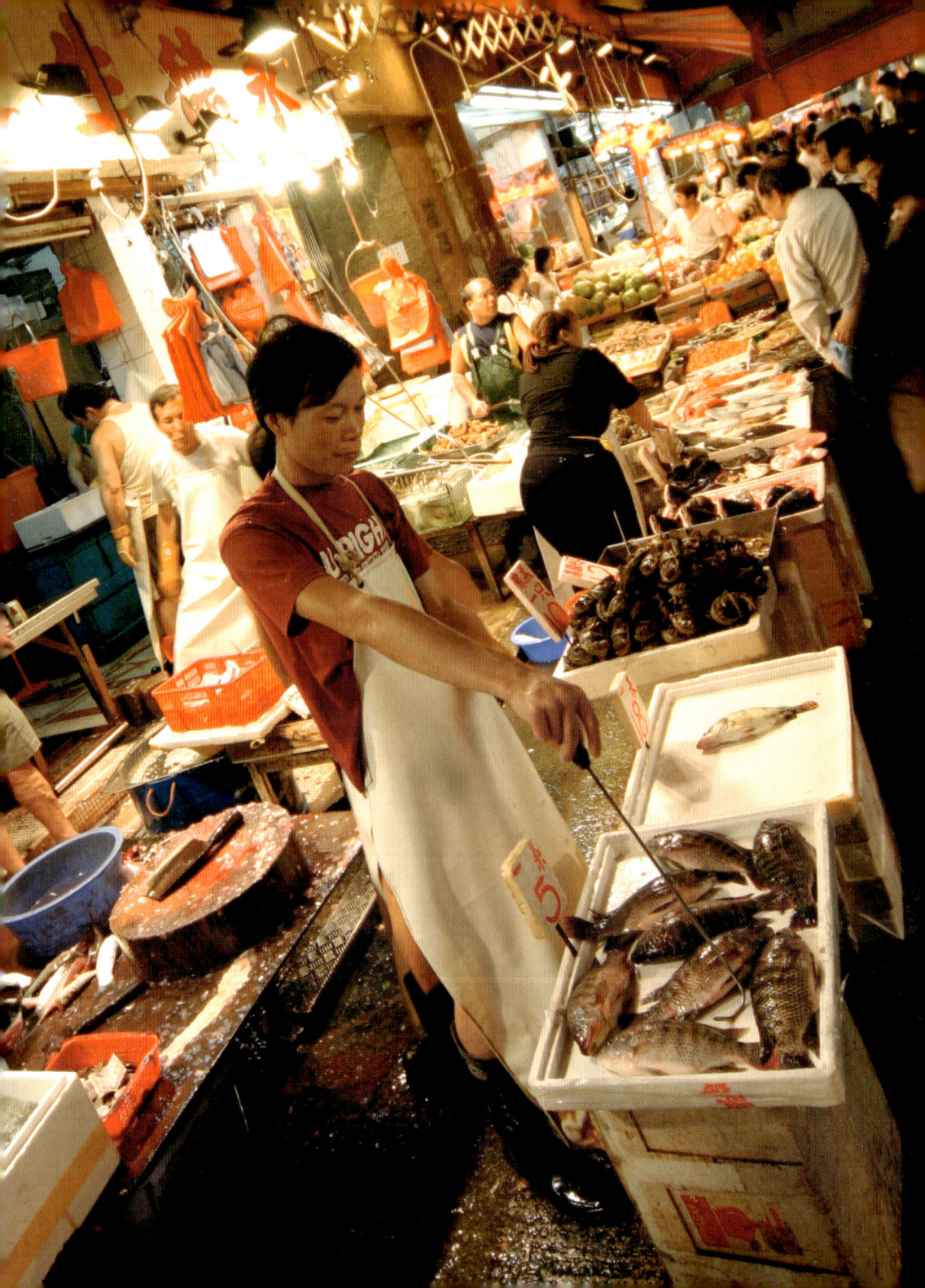

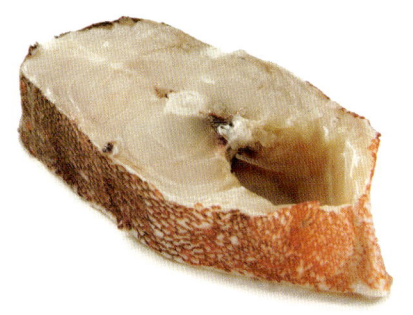

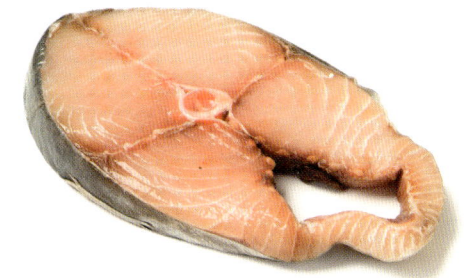

붉바리 Hong Kong Grouper

부시리 Hiramasa Kingfish

중국과 동남아시아에서 별미로 치는 붉바리(Epine-phelus akaara)는 극동의 얕은 바다나 산호초 주변에서 잡힌다. 이 이국적인 물고기는 미식으로 꼽히며, 이 지역—특히 홍콩—이 경제적으로 번창하면서 그 수요도 늘어나게 되었다. 그 때문에 산호초에서 사는 가장 오래된 어종 중 하나인 붉바리는 현재 위기에 처해 있다.

어부들은 야생 붉바리를 잡아 기절시키기 위해 때때로 청산가리를 사용한다. 그런 다음 물을 담은 봉지에 넣어 해산물 레스토랑으로 운반하여 어마어마한 가격에 판다. 야생 붉바리가 위기에 처하면서 사람들로 하여금 양식 붉바리로 관심을 돌리도록 많은 노력이 있어 왔다.

중국과 홍콩에서는 붉바리가 행운을 가져다 주며 의학적으로도 효험이 있는 것으로 믿는다. 오븐에서 굽거나, 튀기거나 석쇠에서 구워 먹는다. 중국에서는 쪄서 통째로 먹기도 한다. 동남아시아에서는 웍(wok)에서 레몬그라스와 함께 센불에 볶은 뒤, 새우 페이스트인 벨라찬(belachan)으로 속을 채워 먹는다. **CK**

남극해에서 건져올리자마자 이케시메(活けしめ)—물고기의 뇌를 일격에 찔러 고통과 스트레스를 줄이고 흰살에서 피를 빼내는 방법—로 처리하면 가장 귀한 사시미용 대어가 얼음 속에 묻혀 북방으로의 여행을 시작한다.

도쿄에서 부시리(Seriola lalandi)는 최고의 음식점에서 가장 까다로운 손님들의 접시 위에 오른다. 오스트레일리아 남쪽 해안의 서늘한 기후에서 바이오다이내믹 양식법으로 기른 부시리는 아열대에서 양식한 것보다 살이 단단하고 맛도 좋다. 일본어로는 히라마사(ひらまさ)라 부르는 부시리는 기름기가 많고 달콤하며 살이 단단하여 사시미로 많이 먹는다. 살은 아름다운 엷은 진주빛 분홍색인데, 익히면 족촉한 우윳빛으로 변한다. 그러나 자칫 너무 익히면 마르고 질겨져 큰 조각으로 떨어져 나온다. 동남아시아의 커리나 카세롤 요리에서도 눈에 띄는데, 이 경우에는 살이 흩어지지 않고 그 형체를 유지하면서도 소스의 촉촉함 덕을 볼 수 있다. 향미나 질감이 더 섬세하긴 하지만 익힌 부시리는 보다 부드러운 참치에 비교될 수 있다. **RH**

Taste: 붉바리는 그 맛좋고 단단한 살로 높은 평가를 받는다. 찌면 놀라우리만큼 신선한 향미를 뿜어낸다. 야생 붉바리 대신 양식어를 써도 크게 떨어지지 않는다.

Taste: 부시리는 날생선으로 먹는 것이 가장 맛있다. 부시리 사시미를 한점 깨물면 살이 단단하고, 신선한 바다 냄새가 코를 찌른다. 요리하면 고기와 비슷한 씹는 맛에, 살짝 달달하면서도 짭짤한 맛이 느껴진다.

홍콩의 분주한 야간 어시장에서 팔리고 있는 붉바리는 대부분 양식어이다.

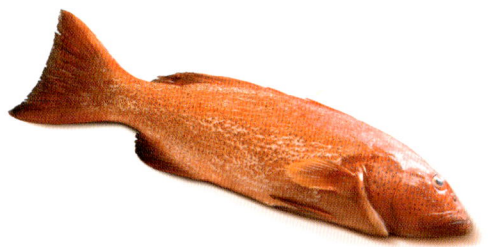

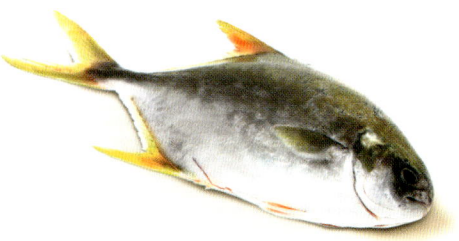

무늬바리 Coral Trout

광둥식 레스토랑의 공기 주입 물탱크에는 입술이 두껍고 불자동차처럼 새빨간 무늬바리가 무지갯빛 푸른 얼룩무늬를 자랑하며 보글보글 거품이 오르는 물 속을 유유히 헤엄치고 있다. 무늬바리(Plectropomus leopardus)는 영어로는 산호 송어(coral trout), 또는 표범 송어(leopard fish)라고도 부르며 오스트레일리아의 모래톱과 인도-태평양에 걸친 아열대 바다에서 서식한다. 빨강, 밝은 오렌지색, 짙은 올리브색, 또는 갈색 등의 멋들어진 겉모습 아래에는 튀지 않는 단맛과 그윽한 향미가 일품인 즙 많은 살이 숨어 있다.

무늬바리는 23킬로그램 넘게 나가는 것도 있지만, 보통은 1킬로그램 안팎의 중소형 생선으로 먹기에는 아주 좋다. 엷은 핑크색 살은 익히면 보랏빛을 띤 멋진 흰색으로 바뀌며, 보기만 해도 입에서 군침이 흐르는 커다란 조각이 된다. 무늬바리는 농어류와 같은 과에 속하며, 농어류의 일반적인 맛과 질감을 지니고 있다. 찜, 소테, 튀김 등 다양한 조리 방법에 두루 어울리지만, 그 필레를 레몬과 버터만으로 석쇠에 구워내면 이 멋진 생선의 맛과 질감을 환상적으로 감상할 수 있다. **RH**

Taste: 커다랗고 난단한 무늬바리 살은 맛은 달콤하고, 질감은 벨벳처럼 부드러우며, 생선 비린내가 전혀 나지 않는다. 단 껍질을 함께 먹으면 쓴맛으로 인해 그 풍미를 망칠 수도 있으니 주의할 것.

병어 Silver Pomfret

접시에 공기역학적인 형태의 지느러미와 두 갈래로 갈라진 꼬리를 달아놓은 듯한 모양의 병어(Pampus argenteus)는 인도와 중국 연안, 그리고 일본의 해안에서 서식한다. 맛 좋기로 이름난 생선들이 으레 그렇듯이 멸종 위험에 처해 있다. 물에서 가까운 진흙탕 속에서 살기 때문에 더욱 그런지도 모른다. 병어과(Stromateidae)에 속하는 물고기들을 영어로는 '버터피쉬(butterfish)'라고 부르는데, 그 이름에서 조리했을 때의 질감을 짐작할 수 있다. 병어의 영어 이름은 실버 폼프렛, 또는 화이트 폼프렛인데, 블랙 폼프렛인 병치매가리(Parastromateus niger)와는 아예 속한 과가 다른, 전혀 별개의 종류이므로 헷갈리지 말 것. 병치매가리는 아시아의 어시장에서 병어의 1/4 값밖에 받지 못한다.

중국과 동남아시아의 요리사들은 주로 병어를 통째로 조리한다(부드러운 지느러미도 식용으로 쓴다). 그러나 살을 발라내거나 껍질을 벗기기도 쉬워 두 쪽의 가늘고 뼈가 없는 살코기로만 내기도 한다. 인도의 서해안을 따라 뭄바이에서 고아에 이르는 지역에서는 탄두르에서 구워내며, 태국에서는 튀기는 편을 선호한다. 중국과 말레이 반도에서는 생강과 파를 곁들여 쪄낸다. 병어는 양식에 성공한 예가 없으므로, 구하기도 쉽지 않고 귀한 호화 음식이다. **MR**

Taste: 병어는 상아색의 흰살 생선으로, 쪄내면 부드럽고 입에서 녹는 듯한 질감을 지니고 있다. 상당히 기름지다. 막 잡은 병어는 거의 단맛에 가까우며 전혀 비린내가 없다.

인도 남부에서는 병어 같은 생선은 바나나 잎에 싸서 올린다. 바나나 잎은 때때로 풍미를 내는 데도 쓰인다. ➲

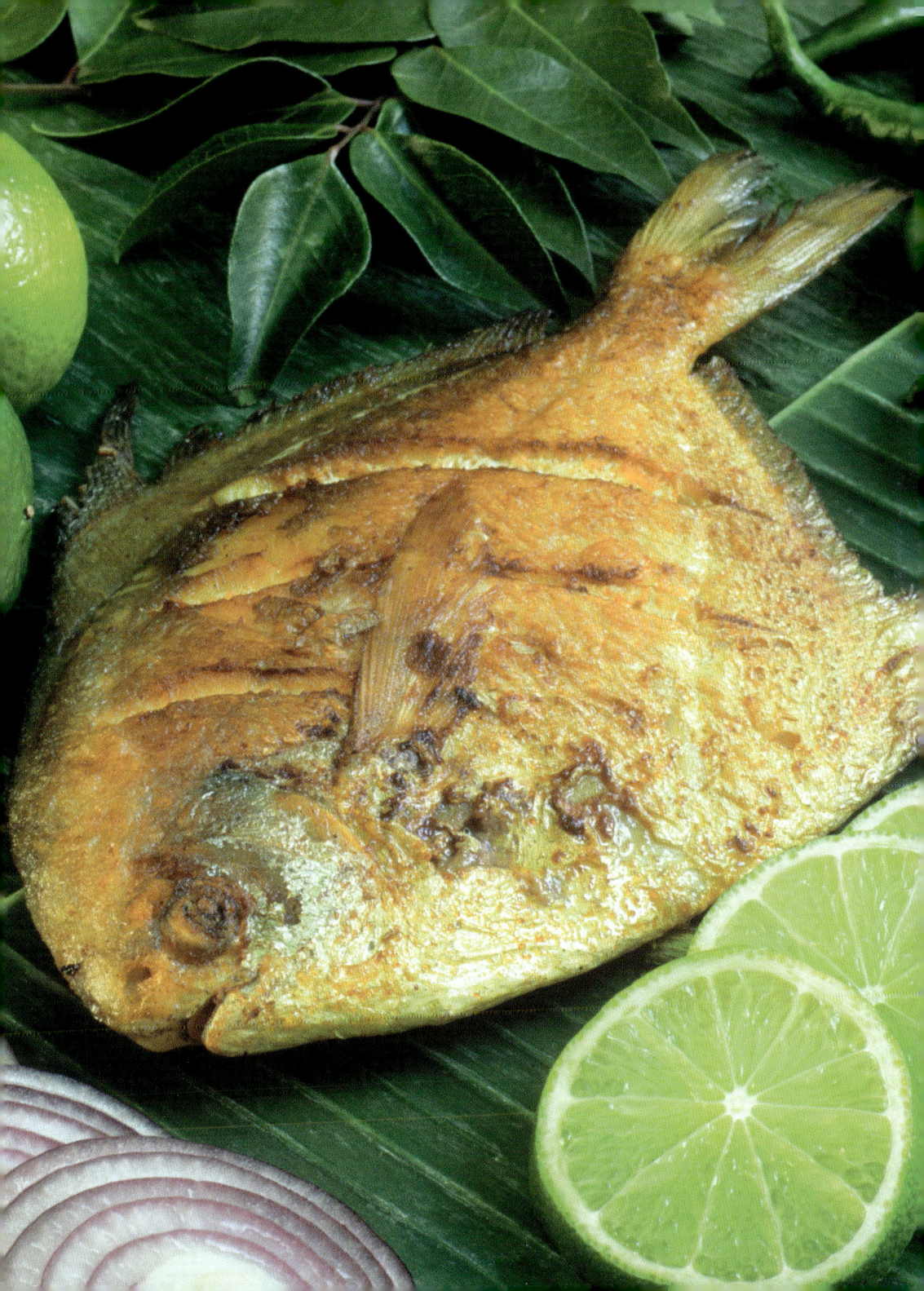

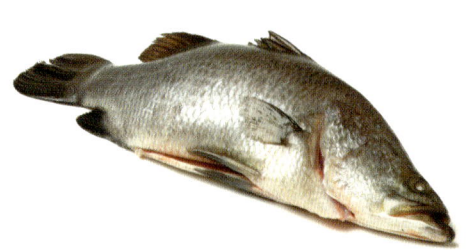

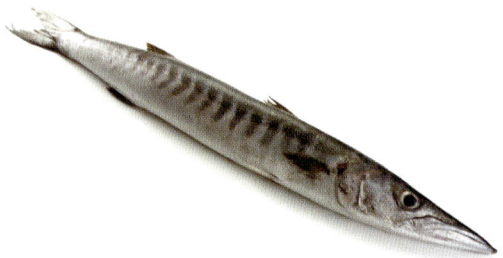

바라문디 Barramundi

즙이 많고 향미가 좋으며, 건강에도 좋고, 값도 싸고, 요리하기에 쉬우며, 연중 내내 막 잡은 싱싱한 상태로 구할 수 있을 뿐 아니라, 환경보호주의자로서의 양심에도 한 점 부끄러움이 없다. 과연 이런 생선이 존재한다는 것이 가능할까? 가능하다. 바라문디라면.

오스트레일리아 북부의 열대 바다에서 서식하는 바라문디(Lates calcarifer)는 세계 최고의 식용어이자 낚시꾼들이 가장 사랑하는 물고기이기도 하다. 입에 군침이 절로 도는 야생 '바라'—오스트레일리아 원주민의 말로 '비늘이 큰 생선'이라는 뜻—를 맛보기 위해 수많은 열성 팬들이 2월~4월에 걸친 낚시철이면 이 곳을 찾아와 이 은빛 괴물과 격투를 벌인다(바라문디는 몸무게가 30~60킬로그램 나간다).

다행히 현대의 양식업, 그리고 저장 기법의 발달로 지금은 세계 곳곳에서도 비록 갓 잡은 싱싱한 생선은 아니지만 바라문디를 먹을 수 있다. 민물과 짠물에서 양식한 바라문디는 아시아—태평양 연안, 유럽, 그리고 미국에서 살 수 있다. 심장에 좋은 오메가-3 지방산과 오메가-6 지방산이 풍부하며, 뼈가 많지 않고 지방 함량이 적다. 덕분에 부엌에서 온갖 재주를 부릴 수 있으며, 그 결과는 감미롭고 즙이 많은 생선 요리이다. **RH**

꼬치고기 Barracuda

물 속의 먹이사슬에서는 가장 위쪽에 위치한 꼬치고기류(Sphyraena)는 식성이 정말 좋다. 맹수의 송곳니를 닮은 날카로운 이빨이 무섭게 나 있어 왜 탐욕스러운 포식자로 악명이 높은지 금방 알 수 있다. 매끈한 공기역학적 몸체는 유럽 민물 창꼬치와 비슷하며, 특유의 두 갈래로 갈라진 꼬리로 속력을 조절하며 헤엄치는데, 번개처럼 빠르다. 꼬치고기는 무리 지어 움직이며, 단체로 사냥한다. 수면 가까이에서 거대한 원통형으로 늘어서서 먹이를 가둔 뒤 무리지어 한꺼번에 달려들어 낚아챈다. 꼬치고기가 인간을 공격한다는 설도 있기는 하지만, 실제 사례가 있었다기보다는 그 포악스러운 생김새 때문에 떠도는 말일 것이다. 당연히 인간이 꼬치고기에게 먹히는 경우보다 그 반대의 경우가 훨씬 많다. 프라이팬에서 튀기거나 바비큐를 하면 그 풍성하고 대담한 향미를 빼어나게 즐길 수 있다.

일반적으로 꼬치고기류의 몸 색깔은 어두운 황동색이나 금속성 잿빛, 백악질의 하얀색이며, 배를 따라 때때로 더 짙은 일련의 가로줄 무늬, 역 V자형, 또는 검은 얼룩 무늬가 양 옆으로 늘어선 은빛인 경우도 있다. **STS**

Taste: 야생 바라문디는 단맛에 원기 왕성한 살점, 그리고 물에서 마음껏 움직이며 살아온 것을 연상시키는 됨직한 질감을 지니고 있다. 양식 바라는 맛이 더 순하고 질감이 더 섬세하다.

Taste: 진하고, 살이 많고, 질감이 좋은 꼬치고기류는 특유의 야생 짐승 풍미를 지니고 있다. 필레나 스테이크로 먹으면 훌륭하다.

꼬치고기류 하면 보통 오스트레일리아를 떠올리지만, 이 사진 속의 꼬치고기(Sphyraena sphyraena)는 지중해에 서식하는 종이다. ➔

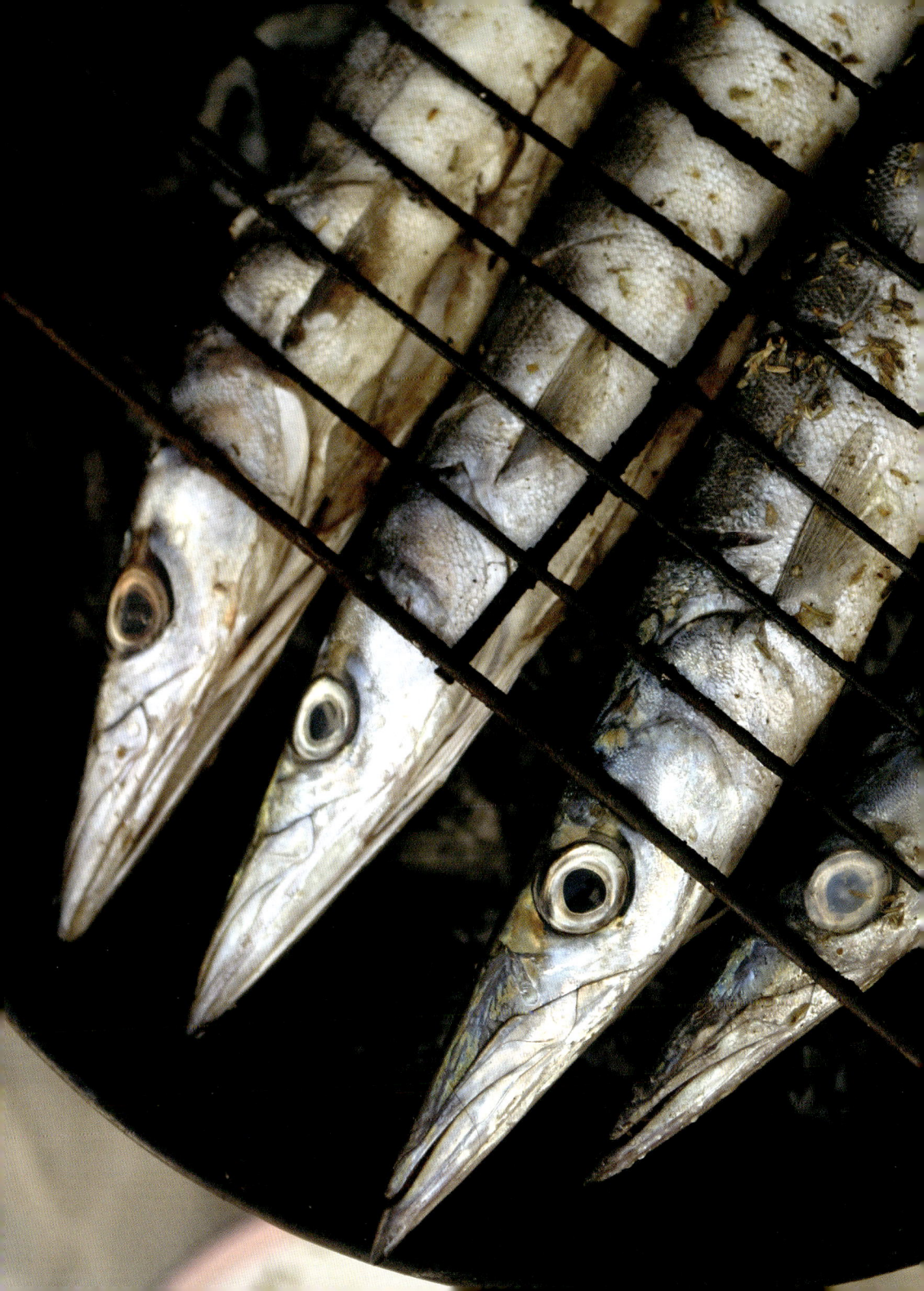

루바르 Luvar

'생선의 캐딜락', '최고의 바닷고기'라는 칭송을 받는 루바르의 유일한 단점이라면 그 희귀성이다. 생선 시장에서는 거의 구경조차 할 수 없으며, 아주 가끔 그물에 잡혀 올라오는데, 그럴 경우 이 운 좋은 어부가 즉시 조리해서 바다 위의 별미로 먹어치운다. 일년에 한두 번, 미국 서해안에서만 구할 수 있다. 멕시코 만에서도 찾아볼 수 있는데, 이 곳에서는 '엠페라도르(emperador)'라는 이름으로 부른다. 1997년, 특상품 루바르가 오스트레일리아 시드니에서 팔린 적이 있으며, 몇 년 전 영국 콘월 지방 눌린에서 한 마리가 잡혔으나 팔지는 않고 후세를 위해 박제로 만들었다.

루바르는 몸집이 크며 무리를 짓지 않고 혼자 움직인다. 3미터 가까이 자랄 수 있는 것으로 알려져 있다. 대서양과 태평양의 깊은 물 속에서 산다. 생김새는 다랑어류와 비슷하지만, 다른 어떤 종과도 생물학적 연관은 없으면 독자적인 루바르과에 속한다.

루바르는 아름답고 시선을 사로잡는 물고기로, 전체적으로 은빛에 아랫쪽은 선명한 핑크색, 위쪽은 깊은 파랑색에 어두운 반점이 덮여 있고, 심홍색 지느러미와 꼬리를 지니고 있다. 커다랗게 툭 튀어나온 머리는 지중해 돔(Sparus aurata)과 비슷하며, 눈은 작고 아래쪽에 붙어 있다. 암컷은 어마어마하게 많은 알을 낳는다. 몸길이가 1.7미터 정도인 암컷 한 마리가 약 4,750만 마리의 알을 품는다. 어른 고기는 새끼와는 완전히 다르게 생겼으며, 여러 단계의 성장을 거친다. 이 때문에 각 단계를 거칠 때마다 다른 종으로 착각되기도 한다. 이렇게 큰 물고기 치고는 입이 작고 이빨이 없기 때문에 해파리나 다른 아교질 생물, 플랑크톤류만을 먹고 산다. **WS**

날치 Flying Fish

날치라는 이름이 눈에 확 들어오지만, 실제로 날지는 못한다. 난다기보다는 엄청나게 크고 날개 모양의 가슴지느러미와 진동하는 꼬리를 사용하여 공중을 가로질러 미끄러져 간다고 보아야 한다. 이러한 시선을 사로잡는 움직임은 수면으로 빠르게 헤엄쳐 올라 공중으로 솟구치는 동작의 반복이다. 이렇게 해서 한 시간에 50미터에서 50킬로미터까지 이동할 수 있다. 더운 열대와 아열대의 바다에서 찾아볼 수 있는 날치는 파도 속에서 공기를 가르며 날아올라 매력적인 광경을 연출한다. 이런 독특한 움직임은 사실 황새치처럼 물 속에 있는 포식자들을 피하기 위해서이다.

날치는 카리브해에서 특히 높이 치는데, 그 중에서도 바베이도스 섬은 '날치의 땅'이라고 불린다. 바베이도스 섬의 마스코트 격으로, 바베이도스의 우표와 동전에도 등장한다. 또한 날치 산업은 바베이도스 경제에서 중요한 역할을 차지해왔으며, 날치 자체도 인기있는 음식이다. 잔뼈가 많아 주로 필레로 먹는다. 바베이도스의 가장 대표적인 국민 요리는 날치와 쿠쿠(cou cou)이다―날치 필레를 라임 주스, 마늘, 후추 소스로 맛을 내서 프라이팬에서 튀기거나 쪄낸 뒤 콘밀과 오크라를 곁들여 낸다. 바베이도스를 찾는 관광객이라면 빵가루에 튀겨서 라임을 짜서 즙을 뿌려 먹거나, '피쉬 앤 칩스'―영국에서 기원한 인기 있는 테이크아웃 음식. 반죽이나 빵가루를 입혀 끓는 기름에 튀겨낸 생선에 감자 튀김을 곁들여 먹는다―로 먹는다. 슬프게도, 지나치게 포획한 나머지 바베이도스 근해에서는 날치의 수가 급감하여 이웃나라인 토바고와 어업 분쟁이 일어나곤 한다. 현재는 날치 어족을 보호 및 보존하려는 운동이 전개되고 있다.

일본에서는 알이 잔, 오렌지빛 빨강색의 날치알(토비코 とびこ)로 스시를 만든다. 날치알 스시는 주로 장식용이지만, 그 바삭한 질감으로 높은 평가를 받는다. **MR**

Taste: 대문짝 넙치나 대서양 가자미와 색깔과 질감이 비슷하며, 살은 하얗다. 단단하고, 달콤하고, 즙이 많은 커다란 살코기로 떨어진다. 생선을 좋아하는 사람이라면 누구나 최고로 꼽는 생선이다.

Taste: 날치살은 상당히 단단하고 꽉 차 있는 느낌을 주며, 몸집이 작은 생선 치고는 건조한 편이다. 잔 뼈들을 대강 정리하고 나면 달콤한 고기 맛을 얻을 수 있다.

바베이도스 해안에서 어부들이 날치를 잡고 있다. 길고 날개처럼 생긴 가슴 지느러미가 보인다. ➲

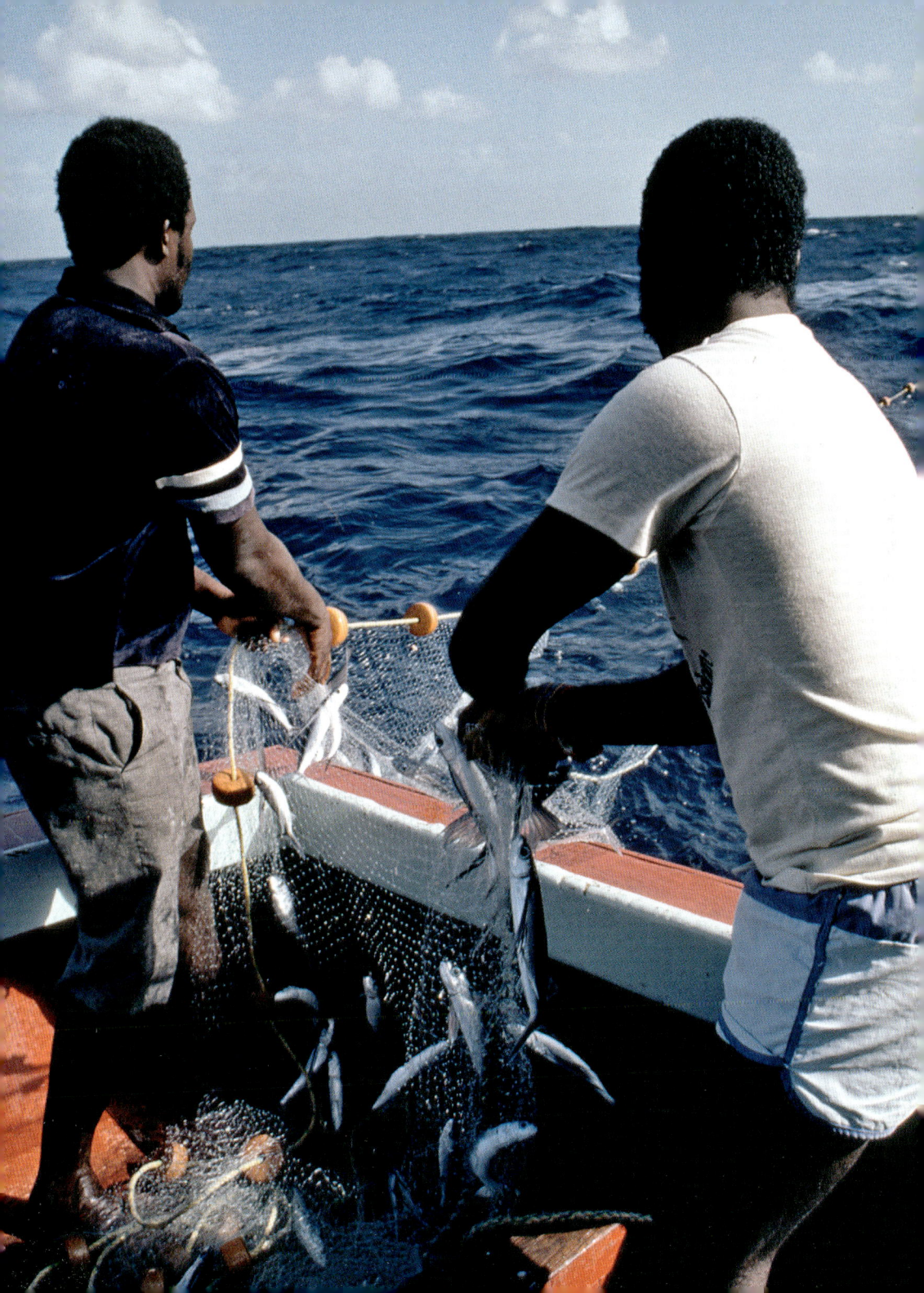

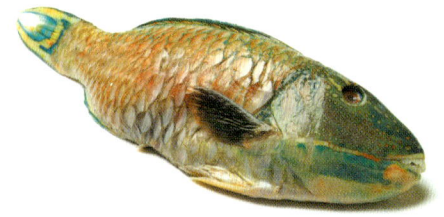

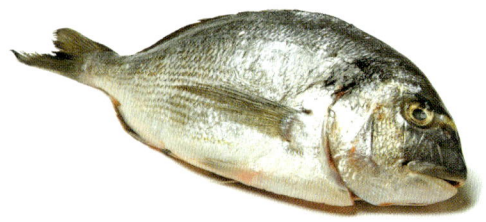

파랑비늘돔 Parrotfish

바닷물고기 가운데 가장 예쁘게 생긴 생선 중 하나인 파랑비늘돔은 화사한 색채를 자랑한다. 부리처럼 생긴 머리와 화려한 색깔 때문에 영어로는 앵무새를 뜻하는 '패럿피쉬(parrotfish)'라 부른다. 내장을 꺼내고 조리하기 전에 비늘을 벗겨내야 하는데, 비늘을 벗기다 보면 그 색깔은 다소 죽어버리지만 독특한 풍미는 사라지지 않는다. 주로 카리브해 나라들에서 별미로 치는데, 이 지역에서는 프라이팬에 튀기거나, 석쇠에 굽거나 진한 코코넛 커리 소스를 곁들여 낸다. 한편 스리랑카 인근 해역에서 잡는 작은 파랑비늘돔은 매우 섬세한 흰살을 지니고 있으며, 그 풍미가 최고로 꼽히고 있다.

그 매력에도 불구하고 파랑비늘돔은 일생에 한번쯤 맛보는 것으로 충분하다. 파랑비늘돔은 산호초를 파괴하는 특정 해초를 먹는 것으로 알려져 있는데, 이 때문에 파랑비늘돔을 아예 식용으로 써서는 안 된다고 주장하는 과학자들도 있다. 정 파랑비늘돔을 먹고 싶다면, 놀래기과 등 생물학적으로 가까운 종(種)이나 양식 바라문디, 숭어류를 추천한다. **STS**

귀족 도미 Gilthead Bream

이 달콤하고, 향긋하고, 하얀 도미의 살은 때때로 농어의 그것과 비견되는데, 지중해 연안 나라들에서는 귀족 도미 쪽을 훨씬 높이 친다. 도미과에서도 가장 높은 평가를 받는 종이다. 야생에서는 모래톱이나 개펄 위의 얕은 물에서 살며, 주로 연체동물이나 갑각류를 먹고 산다. 조수가 드나드는 강어귀의 진흙탕에서도 살 수 있지만, 겨울에는 알을 낳기 위해 더 깊은 물로 이동한다. 또한 특히 지중해에서는 짠물 양식어 중에서 가장 중요한 종 중의 하나이다.

귀족 도미는 둥글고 깊은 몸체에 옆면은 납작하여 필레를 뜨기가 쉽다. 등은 짙은 청회색이며, 배는 은빛이다. 양쪽 뺨에 황금빛 얼룩이 있으며, 눈 사이 이마를 가로지르는 선명한 금빛 줄이 있어 귀족 도미라는 이름이 붙었다.

귀족 도미는 필레를 뜨기 전에 비늘을 벗겨내야 한다. 날카로운 지느러미를 손질할 때에는 주의해야 한다. 특히 등지느러미와 뒷지느러미는 손으로 만지면 심하게 베기 쉬우므로, 먼저 제거해야 한다. 통째로 석쇠에 굽거나, 속을 채워넣거나, 구워도 맛있다. **STS**

Taste: 파랑비늘돔의 살은 희고 부드러우며 은은한 허브 향이 난다. 필레는 석쇠에 양념한 겉만 그슬릴 정도로 굽는 것이 가장 맛있다.

Taste: 필레를 떠도 좋지만, 역시 뼈까지 통째로 조리하는 것이 최고의 풍미를 얻을 수 있다. '진주'라는 별칭으로 불리는 뺨이 가장 달콤하고 향긋하다고 한다.

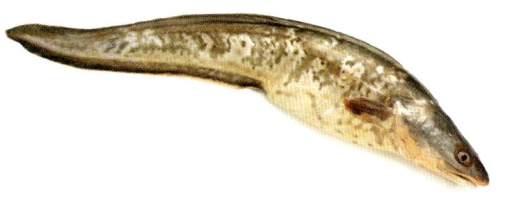

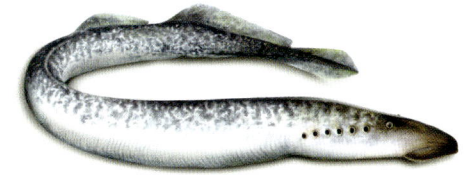

체장메기 Golden Kingklip

뱀장어과에 속하는 체장메기는 칠레, 아르헨티나, 남아프리카, 뉴질랜드, 오스트레일리아 연안의 깊은 물 아래 모래와 진흙 속에 굴을 파고 산다. 지역에 따라 다양한 이름으로 불리며, 특히 라틴 아메리카에서 인기가 높다. 체장메기(Genypterus blacodes)는 오렌지빛을 띤 핑크색으로, 몸체는 뱀장어처럼 생겼으며, 꼬리 쪽으로 갈수록 가늘어진다. 몸길이는 1.6미터가 넘는 것도 있으며 무게는 25킬로그램까지 나간다.

체장메기는 신선한 생선은 물론 냉동이나 훈제된 것도 구할 수 있다. 단백질, 칼슘, 요오드, 철이 풍부한데다 오메가-3 지방산과 오메가-6 지방산 함량도 높다. 남아프리카에서는 아프리칸스어로 '코닝클립(koningklip)'이라 부르며, 겔베크(geelbek)나 카토켈(katokel) 같은 이 지역에서 잡히는 다른 생선과 함께 요리한다. 피클하거나 커리에 넣으면 훌륭한데, 단단하고 튀지 않는 풍미의 살이 잘 어울리기 때문이다. 체장메기는 팔방미인이다—오븐에서 구워도 좋고, 살짝 삶아도 좋고, 석쇠에 구워도 좋고, 프라이팬에 튀겨도 좋다. 커다란 조각으로 잘라 향긋한 생선 스튜에 넣어도 이상적인 질감을 지녔다. **HFi**

Taste: 핑크색에서 흰색을 띠는 체장메기의 살은 뼈가 없고 달짝지근하고 가벼운 풍미를 자랑한다. 튀지 않는 향미에 단단하고 촉촉한 질감을 지니고 있다.

칠성장어 Lamprey

다른 물고기에 딱 붙어서 그 피를 빨아 먹고 사는, 매우 미개한 생선인 칠성장어는 끈적끈적하고, 근육질에, 별로 매력적이지 못하다. 먹기에는 매우 좋은데, 전설에 따르면 노르만족 태생인 잉글랜드 왕 헨리 1세가 1135년 세상을 떠난 이유는 칠성장어를 너무 많이 먹어서라고 한다.

영국에서는 이미 유행이 지나 거의 찾아볼 수 없지만 포르투갈과 스페인 북부의 갈리시아 지방에서는 여전히 인기가 높다. '빌라 다 람프레아스(칠성장어 마을)'라는 별명이 붙은 아르보에서는 해마다 봄이면 칠성장어 축제가 열린다. 칠성장어는 지나친 포획과 해양 오염으로 인해 많은 유럽에서는 법적인 보호를 받고 있다.

몸집은 약 1미터까지 자라며, 사실 생기기만 좀 예쁘게 생겼다면, 그리고 조리하기가 조금만 더 간편했다면 훨씬 인기가 좋았을 것이다. 살아 있는 생선에서 피를 빼낸 뒤, 겉을 싸고 있는 찐득찐득한 점액을 제거한 다음 요리한다. 고전적인 람프루아 아 라 보들레즈(lamproie à la bordelaise, 보르도는 프랑스에서는 유일하게 오늘날까지 칠성장어를 즐겨 먹는 지방이다) 요리에서는 칠성상어 살을 큼직하게 잘라 바이온 햄과 함께 레드와인에 스튜로 끓인다. 빼서 따로 보관한 피는 소스를 더 진하게 하는 데 사용한다. **MR**

Taste: 칠성장어의 질감은 상당히 쫄깃쫄깃하며, 생선보다는 오히려 전자리상어나 바닷가재의 그것과 흡사하다. 뱀장어와 비슷한 육류의 풍미를 지녔지만, 뒷맛에서는 기분 좋은 흙 향미가 느껴진다.

검은 갈치 Black Scabbard Fish

검은 갈치(Aphanopus carbo)는 큰 눈과 바늘처럼 뾰족한 이빨, 그리고 칼집을 닮은 긴 몸체 때문에 상당히 무시무시해 보인다. 대서양 북동부의 아이슬란드에서부터 카나리아 제도에 이르기까지 널리 찾아볼 수 있는 이 생선은 포르투갈의 마데이라 섬과 떼려야 뗄 수 없는 관계이다. 마데이라 섬에서는 '에스파다 프레타(espada preta)'라고 부르는데, 역시 마데이라 해안에서 잡히는 '에스파다 브랑카(espada branca, 흰 갈치)'와는 헷갈리지 말 것.

주로 카마라 데 로보스의 어부들이 잡는데, 몸체의 길이가 1미터가 넘으며 수명은 4~10년이다. 깊은 물 속에서 살기 때문에, 뭍에서 가까운 물에서 잡히는 갈치와는 달리 색깔이 검고 눈이 크며, 날카로운 이빨을 조심하여야 한다. 15세기, 낚시로 고등어를 잡고 있던 마데이라의 어부들이 처음으로 이 잉크처럼 검은 물고기를 발견하였다. 검은 갈치는 그물도 닿지 않는, 수심 1,000미터가 넘는 깊은 물에서 살기 때문에, 검은 갈치를 잡기 위해서 어부들은 특수한 갈고리와 매우 긴 낚싯줄—길이가 1,600미터나 되는—을 고안해야만 했다. 이들의 작업은 세계에서 가장 깊은 심해 어업의 하나로 꼽힌다.

검은 갈치는 지느러미가 없이 통째로 팔리지만, 위장은 예외이다. 워낙 깊은 물에서 잡아 올리기 때문에 수압의 차이로 인해 입으로 토해내기 때문이다. 질감이 단단하고 피하 지방이 있어 간단하게 튀기거나 석쇠 위에서 구워낸다. 마데이라에서는 섬세한 흰살에 단맛을 더하기 위해 바나나 패션프루트 같은 과일과 곁들여 내기도 한다. 또한 훈제한 검은 갈치도 시중에서 구할 수 있다. '에스파다(espetada)'와 '에스페타다(espetada)'를 헷갈리지 않도록. 에스페타다는 쇠고기를 꼬챙이에 꿰어 석쇠에 굽는 마데이라의 인기 음식이다. **STS**

Taste: 검은 갈치의 살은 달콤하고, 풍부하고, 고기와 버터의 풍미가 나며, 뼈를 발려내기가 쉽다. 섬세한 껍질은 벗길 필요 없이 불에 그슬려 없애면 된다.

겉보기와는 달리 깊은 물에서 사는 검은 갈치는 놀랄 정도로 맛있다. ➜

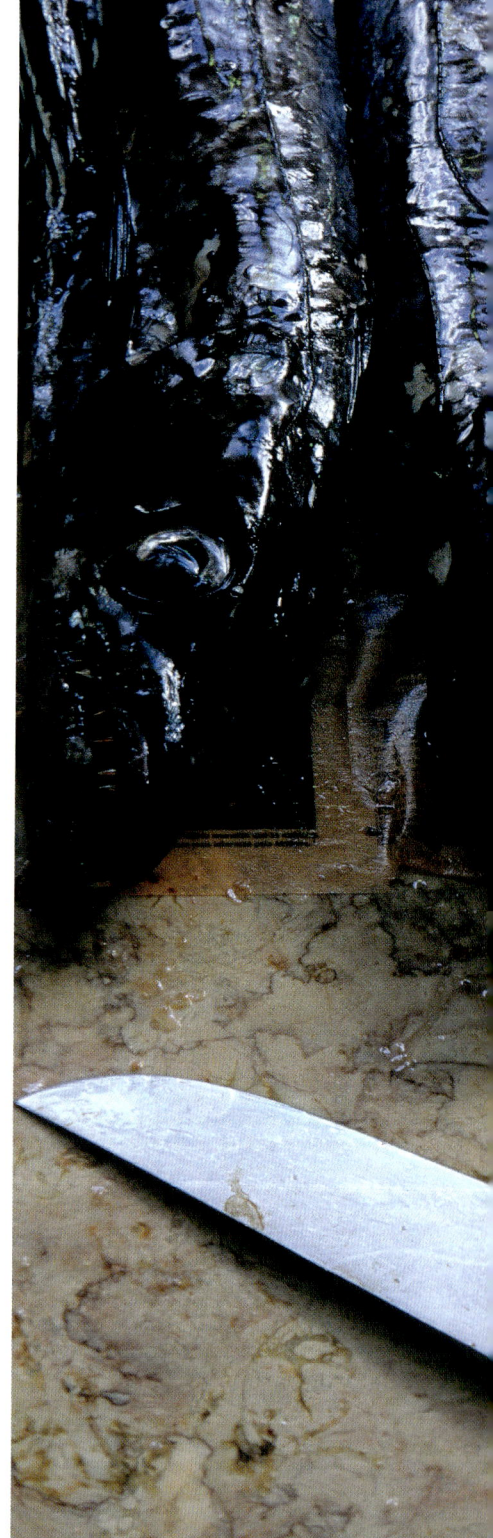

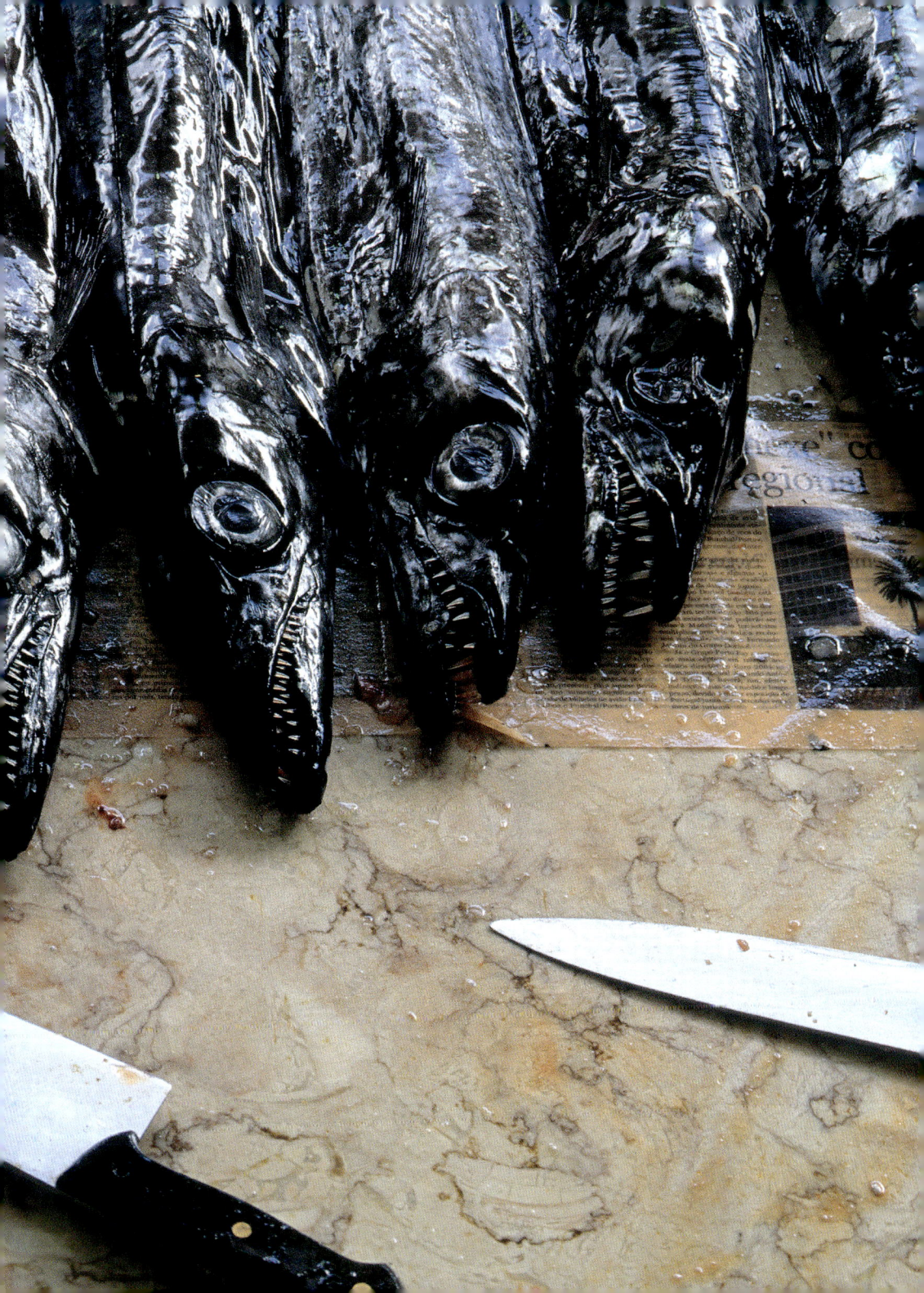

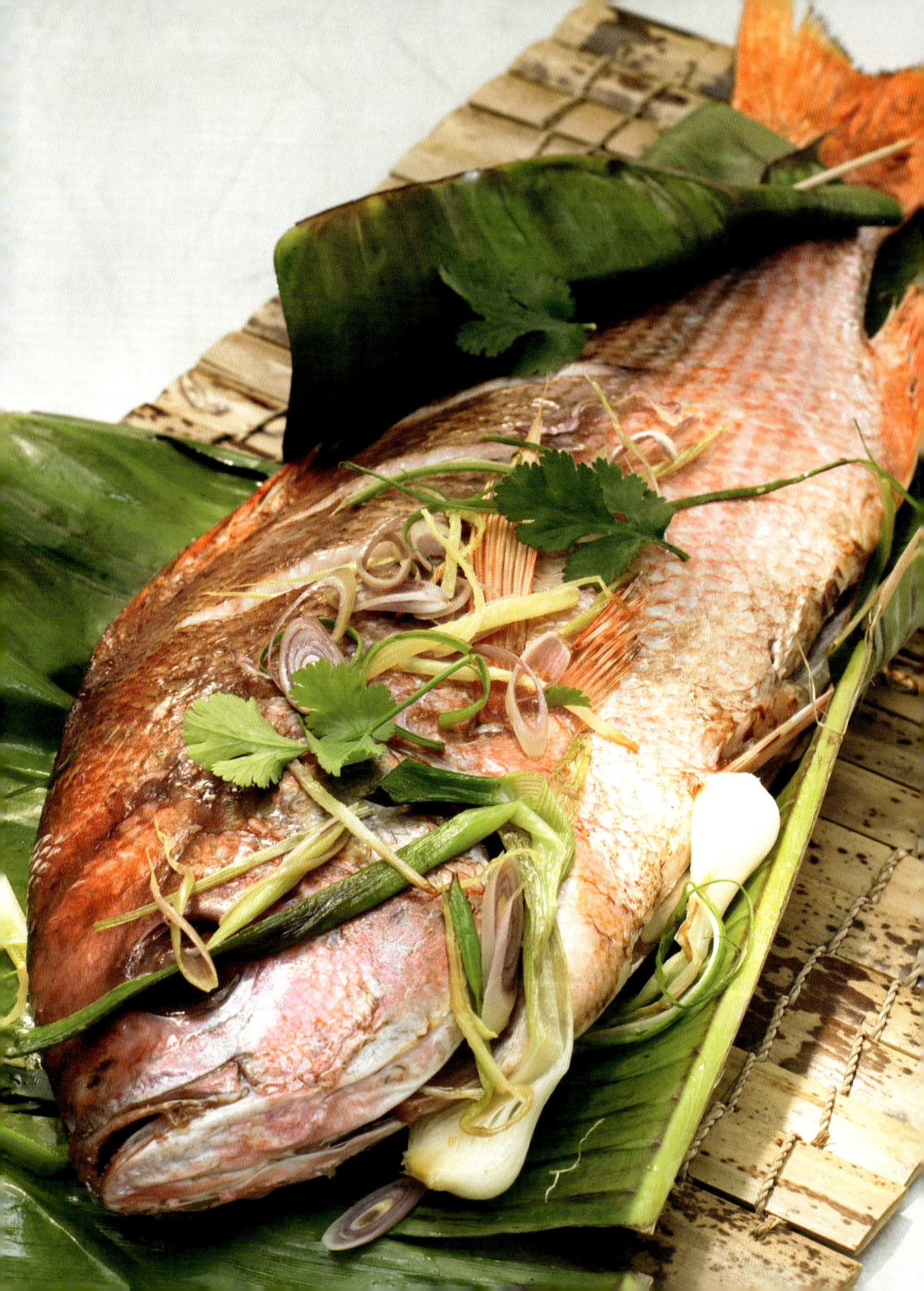

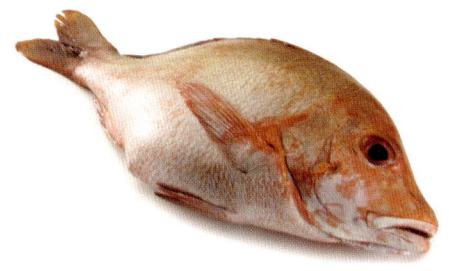
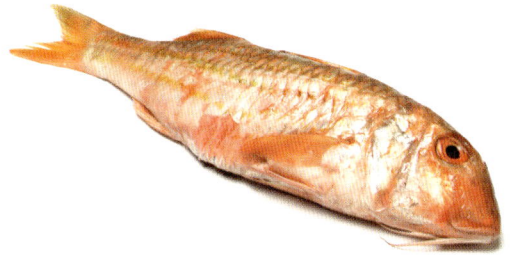

빨간퉁돔 Red Snapper

빨간퉁돔은 시장에서 가장 인기좋은 흰살 생선 중 하나로, 실제로 세계의 여러 나라에서 '흰살 생선' 하면 자동적으로 빨간퉁돔을 가리키는 경우가 많다. 가볍게 양념하여 바나나 잎에 싸서 굽거나, 케이준 향신료를 써서 검게 만든 빨간퉁돔은 고향인 열대의 풍미와 완벽하게 잘 어울린다.

빨간퉁돔은 그 종이 어마어마하게 많은 퉁돔과에 속한다. 전 세계적으로 200종이 넘는 생선이 퉁돔과에 속해 있는데, 그 색깔은 엷은 분홍색부터 짙은 장밋빛 빨강까지 다양하다. 따뜻한 열대의 바다가 이들의 서식지로, 게, 오징어, 새우, 그 밖에 작은 물고기들을 잡아먹고 산다. 빨강색이나 핑크색 껍질을 지닌 종에는 부르주아, 진홍퉁돔, 바라바리, 노랑꼬리퉁돔, B라인 퉁돔 등이 있으며, 지역에 따라 저마다 부르는 이름이 다르다. 가장 널리 팔리는 빨간퉁돔은 멕시코 만과 인도네시아에서 잡힌다.

빨간퉁돔은 다재다능한 생선으로, 필레를 뜨거나, 속을 채우거나, 통째로 구워도 훌륭하다. 통째로, 특히 그 풍미가 새어나가지 않도록 바나나 잎에 싸서 석쇠에 구우면 환상적이라는 것은 말할 필요도 없다. **STS**

노랑촉수 Red Mullet

심홍색에 중간중간에 황금빛 줄무늬가 들어 있는 노랑촉수(Mullus surmuletus 및 Mullus barbatus)는 지중해에서 가장 사랑받는 물고기 중 하나이지만, 대서양에서도 잡힌다. 그 몸색깔로 쉽게 알아볼 수 있는데, 아직 살아 있는 생선을 판 위에 올려놓으면 빨강색에서 핑크색으로 바뀐다. 1세기에 이 현상을 보고 매료된 로마인들이 관상용으로 길렀다고 한다.

세계적으로 노랑촉수는 여러 종(種)이 있는데, 개중에는 오스트레일리아 연안에서 사는 것(Upeneus sundaicus)도 있다. 유럽 외 지역에서는 그냥 촉수류라고 부르는 경우가 많다. 지중해에서는 상당한 위기에 처해 있는 어족으로, 몸길이 20센티미터 이하의 치어나 5~7월 사이의 산란기에 잡힌 생선은 먹지 않는 것이 좋다.

노랑촉수는 보통 통째로 익힌다.(특히 간을 별미로 친다.) 석쇠에 굽거나 프라이팬에 튀기거나 오븐에 앙 파피요트로 굽는다. 여름에 먹으면 완벽한데, 뜨거운 숯불 위에 석쇠를 올려놓고 간단하게 굽거나 올리브유와 신선한 허브를 약간 곁들여준다. 그 외에는 별다른 장식도 필요없다. **LW**

Taste: 빨간퉁돔은 단단한 질감과 달콤한 견과류의 풍미를 지니고 있다. 칠리에서 허브, 바질과 로즈마리에 이르기까지 세계 각지의 양념과 골고루 잘 어울린다.

Taste: 질감이 단단하고 잘 부서지지만, 맛은 훌륭하다. 이 우아한 물고기의 맛은 때때로 게와 비교된다. 사실 게는 노랑촉수의 먹이 중 하나이다.

열대에서는 바나나 잎에 빨간퉁돔을 올리고 싱싱한 허브와 각종 양념을 곁들여 바비큐로 만들어 먹는다.

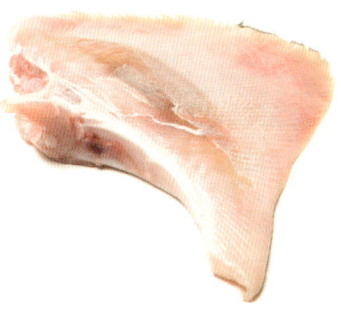

홍어 Skate

지난 몇 년간 재단장을 하고 나타난 많은 고전 요리와는 달리, 뵈르 노이제트(프랑스어로 '헤이즐넛 버터'라는 뜻), 파슬리, 레몬, 케이퍼를 곁들인 삶은 홍어는—고맙게도—대부분의 레스토랑 메뉴에 변함없이 등장한다. 홍어에서 주로 먹는 부위는 그 날개(지느러미)이지만, 때로는 등과 머리 부분의 근육도 먹는다.

　식용어로 인기있는 생선들이 그렇듯이, 홍어도 일부 종(種)은 위기에 처해 있다. 불운하게도 홍어와 가오리(여전히 어족이 풍부하다)는 생선 가게에서 보아서는 구분이 쉽지 않다. 가장 두드러진 차이점이라 할 수 있는 껍질은 판매용으로 진열하기 전에 이미 벗겨버리기 때문이다. 홍어는 어른 물고기가 되기까지 5~10년이 걸리는, 성장이 느린 종인데다 알도 많이 낳지 않는다. 따라서 조금이라도 과도하게 포획하면 금방 위험에 처하고 만다. 다른 연골 어류들처럼 몸에서 요소를 분비하며, 제대로 보관하지 않으면 암모니아 냄새가 난다. 암모니아 냄새가 나는 홍어는 이미 먹을 수 없을 만큼 상했다는 징조이니 사지 않도록 주의할 것(사실 홍어뿐 아니라 암모니아 냄새가 나는 해산물은 사지 말아야 한다). **STS**

Taste: 섬세한 질감의 날개살은 거미줄과 같은 연골 조직 위에 얇게 펼쳐져 있으며, 찌거나 굽거나 프라이팬에 튀겨 먹을 수 있다. 아니스 열매 향이 어렴풋이 느껴지는 독특한 풍미를 지니고 있다.

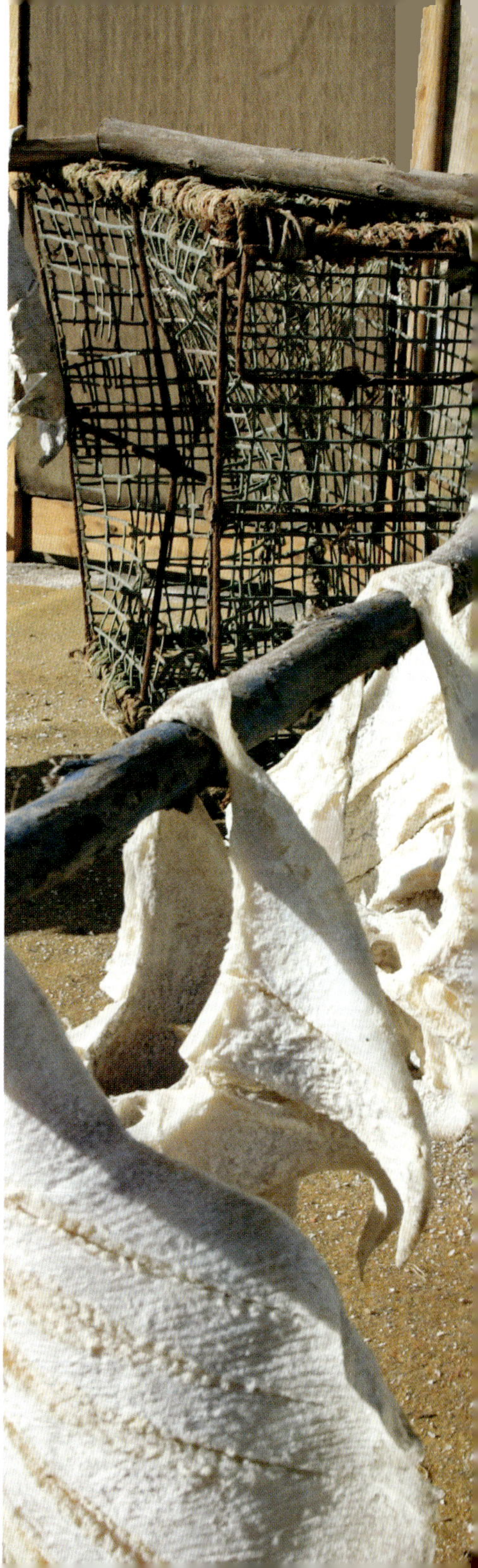

포르투갈의 에리체이라 해변에서 홍어를 장대에 매달아 말리고 있다. ➲

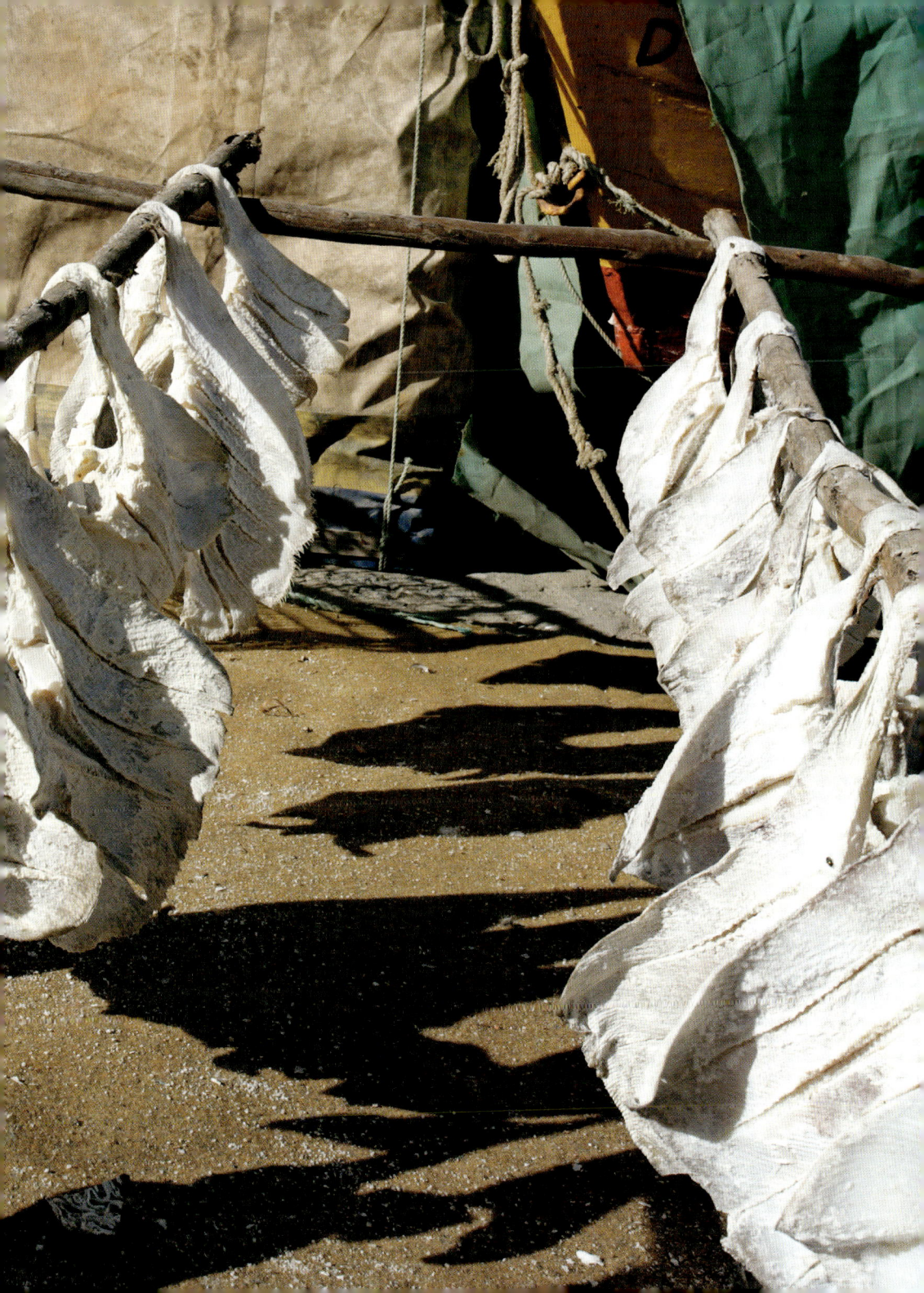

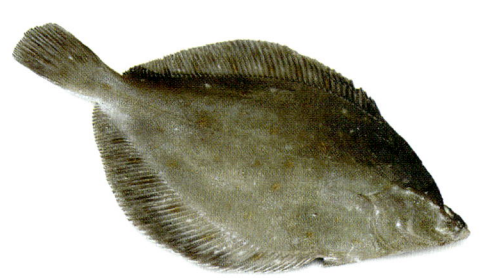 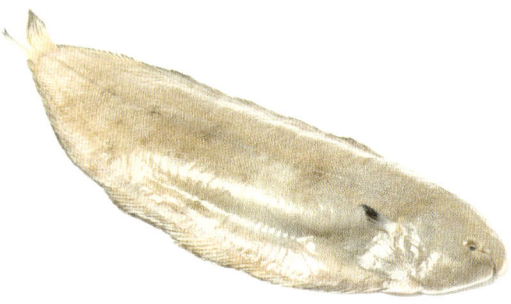

노란꼬리 각시가자미 Yellowtail Flounder

도버 서대기 Dover Sole

캐나다 동부의 래브라도 연안에서 미국의 체사피크 만에 이르는 바다에서 서식하는 노란꼬리 각시가자미 (Limanda ferruginea)는 북아메리카에서 가장 인기있는 짠물 생선 가운데 하나이다. 대서양 북동부에서도 찾아볼 수 있다.

지방 함량이 매우 낮으며, 양쪽 눈이 모두 머리의 한쪽 (보통 오른쪽) 면에 있는 가자미과 생선이다. 노란꼬리에, 적갈색 또는 청회색 껍질에는 녹빛 얼룩무늬가 있으며, 그래서 녹가자미라는 별명도 있다. 미국이나 캐나다에서 잡히는 가자미를 간혹 노란꼬리 각시가자미로 착각하는 경우가 있는데, 사실 같은 종이 아니다.

노란꼬리 각시가자미는 통째로 익히거나 필레를 떠낸다. 이 섬세한 생선을 지나치게 익히지 않도록 주의할 것. 그러나 굽거나, 찌거나, 심지어는 앙 파피요트에 이르기까지 웬만한 조리법은 다 사용할 수 있는 생선이기도 하다. 또 속을 채워도 좋은데, 특히 게살을 사용하면 맛있다. 아이올리(마늘과 올리브유로 만든 소스의 일종), 홀랜다이스, 그 외 크레올 스타일의 소스가 잘 어울린다. **SH**

도버 서대기(Solea solea)는 그 뛰어난 향미와 다양한 조리법으로 유명하다. 양쪽 눈이 모두 머리의 오른쪽에 있는 가자미목 생선이다. 길고, 가늘고, 몸의 위쪽은 먹물색이다. 다른 가자미목 생선들처럼 도버 서대기 역시 해저에서 살며, 밤에만 수면으로 슬슬 올라오기 때문에 밤에 잡는 것이 좋다. 지중해에서 스코틀랜드 북부, 노르웨이 남부에 이르는 광범위한 서식지를 자랑한다. 미국에서 도버 서대기라는 이름으로 파는 생선은 사실 가자미류이다.

왜 도버 서대기라는 이름이 붙었느냐 하면, 잉글랜드 남부 해안의 도버가 한때 런던에 공급하는 서대기 양이 가장 많은 곳이었기 때문이다. 도버 서대기는 과도한 포획으로 위기에 처해 있다. 영국에서는 생선에 해양관리위원회의 인증을 받았다고 하면 제대로 관리되고 있는 어장에서 잡았다는 뜻이다. 몸길이가 28센티미터 이하이거나 봄에서 초여름에 걸친 산란기에 잡은 생선은 먹지 않도록 한다. 도버 서대기는 매우 섬세하여 맛이 진한 소스를 사용하면 그 풍미를 잃어버리고 만다. 따라서 간단한 조리법이 좋다―버터를 녹여 칠한 뒤 석쇠 위에서 약 5분간 양면을 뒤집어가며 굽는다. 그러나 청포도로 만든 고전적인 솔 베로니크(sole Véronique) 소스라면 환상적으로 어울린다. **LW**

Taste: 노란꼬리 각시가자미는 그 자연스럽고 은근한 향미와 매우 섬세한 질감으로 높은 찬사를 받는다. 그 껍질도 먹을 수 있는데, 맛이 나쁘지 않다.

Taste: 도버 서대기는 흰살 생선 중에서 가장 섬세한 향미를 자랑한다. 살은 두껍고, 하얗고, 약간 끈적거리며, 섬세하고 그윽한 풍미를 자랑한다. 뼈째 요리하는 것이 좋다.

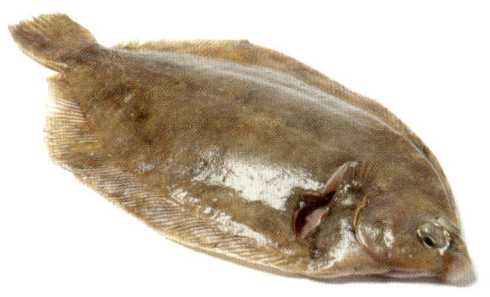

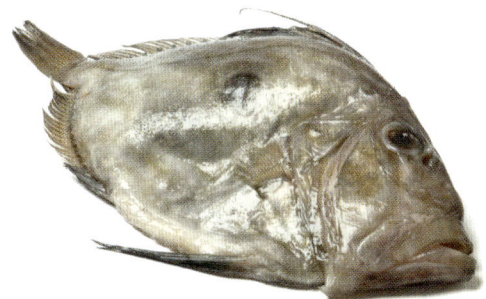

레몬 서대기 Lemon Sole

모든 가자미류 생선처럼 레몬 서대기(Microstomus kitt) 역시 해저에서 살며, 위쪽은 어둡고 아래쪽은 밝으며, 주위 환경에 따라 카멜레온처럼 몸색깔을 바꾼다. 이 맛좋은 가자미과 생선은 그러나 진짜 서대기는 아니다. 두 눈이 몸의 왼쪽에 있으며 다른 서대기들과는 달리 모래톱 위에 왼쪽으로 누워 잔다.

레몬 서대기는 뾰족한 코와, 진짜 서대기보다는 가자미에 가까운 둥근 몸체를 가지고 있다. 등은 보통 어두운 갈색으로 오렌지색과 노랑색의 얼룩이 불규칙하게 흩어져 있다. 배 아래쪽은 창백하다. 17년까지 살 수 있으며, 몸길이는 65센티미터까지 자란다.

레몬 서대기는 아이슬란드와 노르웨이에서 프랑스에 이르기까지 유럽 대륙의 북쪽 바다 어디에서나 찾아볼 수 있으며, 트롤 어선으로 포획한다. 어장은 대체로 규제를 받지 않지만, 노르웨이와 북해에서는 규정 포획량이 법으로 정해져 있다. 반드시 몸길이가 25센티미터 이상인 어른 물고기만 잡아야 하며, 4월부터 8월까지인 산란기에는 먹지 않도록 한다. **LW**

달고기 John Dory

누가 봐도 못생겼다고 할 수밖에 없는 달고기를 그 생김새만 보고 판단했다가는 훌륭한 필레의 맛을 놓치게 될 것이다. 특히 지중해 국가들과 오스트레일리아에서 높은 평가를 받는 달고기(Zeus spp)는 잉글랜드 해안, 북대서양 동부, 그리고 태평양 북서부에서도 잡힌다. 얇은 올리브–노랑색의 몸체와 거대한 머리, 그리고 쑥 들어간 커다란 턱, 긴 가시투성이 지느러미를 가지고 있다.

아가미 근처에 있는 검은 점은 마치 엄지와 검지 손가락 자국과 흡사하여, 갈릴레아의 어부였던 성 베드로와 연관지어지곤 한다. 전설에 따르면 성 베드로가 달고기를 잡았을 때, 물고기가 처량한 울음소리를 내는 바람에 불쌍히 여긴 성인은 손가락 자국만 남긴 채 도로 물로 돌려보내 주었다고 한다. 그 때문에 '성 베드로의 물고기'라는 별명이 붙었으며, 실제로 프랑스에서는 '생 피에르(St. Pierre, '성 베드로'라는 뜻), 스페인에서는 '페스 데 산 페드로(pez de San Pedro, '성 베드로의 물고기'라는 뜻)'라고 부른다.

달고기는 다소 비싼데, 머리와 내장이 전체 무게의 3분의 2를 차지하기 때문이다. 독특한 향미를 지닌 생신으로, 동째로 써서나, 씰레만 벅을 것 같으면 한 사람당 140그램 정도를 간단하게 석쇠에 굽거나 프라이팬에 튀긴다. **LW**

Taste: 레몬 서대기는 입안에서 매끄럽고, 가볍고, 사르르 녹으며 버터향의 뒷맛을 남긴다. 얇고 부드러운 껍질 역시 맛있다. 버터에 튀기거나 석쇠에 구워 레몬즙을 곁들여 낸다.

Taste: 도버 서대기나 대문짝 넙치 같이 향미도 좋고 큰 물고기만큼 단단하고 촘촘한 달고기의 살은 쉽게 뼈를 바를 수 있으며 달콤하고 즙이 많은 풍미를 지니고 있다.

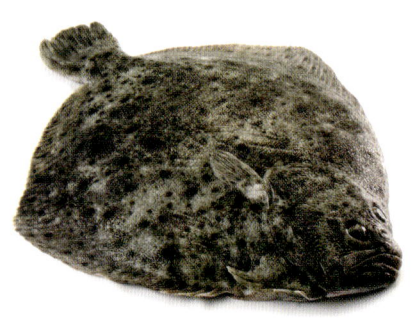

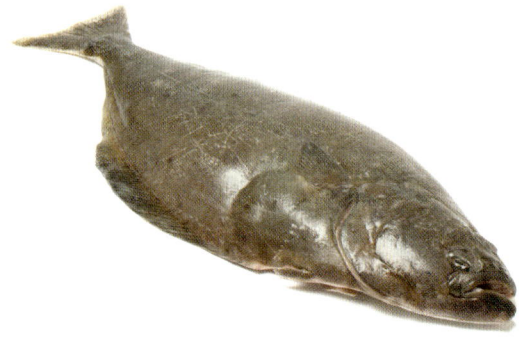

대문짝 넙치 Turbot

대서양 가자미 Halibut

유럽과 아시아에서 그 단단한 흰살로 높은 평가를 받는 대문짝 넙치(Psetta maxima)는 거의 둥근 모양으로, 얼룩덜룩한 껍질에 비늘 대신 못 머리를 닮은 울퉁불퉁한 얼룩으로 덮여 있다. 머리 왼쪽에 눈 두 개가 모두 달려 있으며, 흑해에서 지중해를 지나 아이슬란드 연안의 북대서양에서까지 서식한다. 유럽, 칠레, 노르웨이, 중국 등지에서 양식하고 있다.

대문짝 넙치는 몸길이가 3미터 넘게 자라는 것으로 알려져 있지만, 일반적인 어른 물고기의 크기는 그 절반밖에 되지 않는다. 북해에서는 현재 과도한 포획으로 위험에 처해 있으므로 이 곳 어장에서 잡은 대문짝 넙치는 구매하지 말 것. 다른 어장에서 잡았다 해도 낚싯줄을 사용하거나 돌고래 친화적인 그물을 사용해 포획한 생선으로 구매하도록 하자. 당연히 4월에서 8월 사이의 산란기에는 잡아서는 안 된다. 무게가 2~3킬로그램 정도 나가는 중간 크기의 대문짝 넙치가 가장 맛있는데, 특히 필레는 가장 통통한 살코기를 자랑한다. 지느러미의 가장 두꺼운 부분은 별미로 치는데, 보기 힘든 아교질 질감을 자랑한다. 대문짝 넙치는 종종 쪄낸 뒤, 바닷가재 소스나 홀랜다이스 소스처럼 맛이 진한 소스와 함께 낸다. 프라이팬에서 튀기거나 석쇠에서 구워도 훌륭하다. **LW**

대서양 가자미는 한때는 축일(holy days)에 즐겨 먹는 별미였기에 'holibut'이라고 불리기도 했다. 실제로 'holy'라는 단어는 여러 나라 말에서 대서양 가자미 이름에 등장한다. 지구상에 존재하는 가자미류 중에서는 가장 큰 대서양 가자미(Hippoglossus hippoglossus)는 몸의 오른쪽에 두 눈이 모두 위치하며, 대서양의 서늘하고 온건한 물에서 서식한다. 대서양 가자미는 몸길이가 2.3미터, 몸무게는 295킬로그램까지 자란다. 대서양 가자미만큼 육중하지는 않은 태평양 가자미(Hippoglossus stenolepis)는 캘리포니아에서 알래스카와 북아시아를 아우르는 해역에 살며, 대서양에 사는 형제보다는 과포획의 위험에서 좀더 자유롭다.

스칸디나비아에서는 대서양 가자미가―생물이든 말린 생선이든―언제나 식탁에서 중요한 위치를 차지해 왔다. 서유럽에서는 인기가 그만은 못하고, 정말 다른 먹을 만한 생선이 없을 때나 먹었다. 윌리엄 쿠퍼의 1784년작 시로 영원히 남은 대서양 가자미는 20세기에 접어들 때까지 영국에서는 별로 빛을 보지 못했다. 대서양 가자미는 필레나 스테이크로 코트 부이용에 살짝 끓여서 홀랜다이스 같이 진한 소스를 곁들여 낸다. 그러나 그 밖에도 다양한 조리법에 모두 어울리며, 특히 오븐이나 석쇠에서 구우면 좋다. **LW**

Taste: 선명한 흰살은 풍성하고 촉촉하며, 살이 많은 버섯 소테와 씹는 맛이 비슷하다. 최고로 정교한 풍미를 지니고 있다. 심지어 껍질이며 모든 것이 다 맛있다.

Taste: 대문짝 넙치와 비슷하지만 값은 덜 비싼 대서양 가자미는 결이 고우면서도 단단하고 뼈가 적으며, 깔끔하고 섬세한 단맛 덕분에 양념이 별로 필요없다.

대서양 가자미 필레를 바비큐할 때에는 두께 2.5센티미터마다 10분씩으로 계산하여 굽는다. ❱

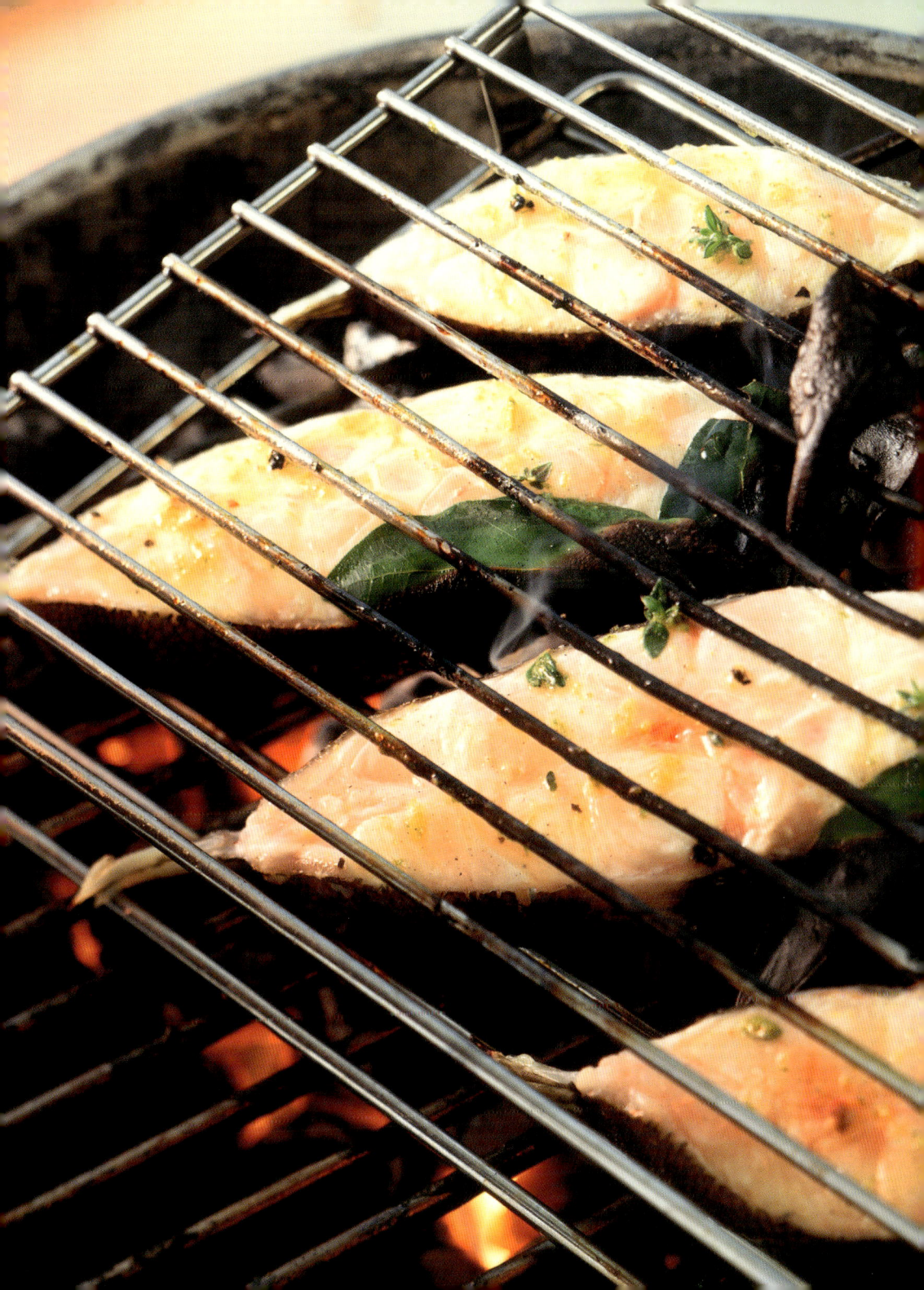

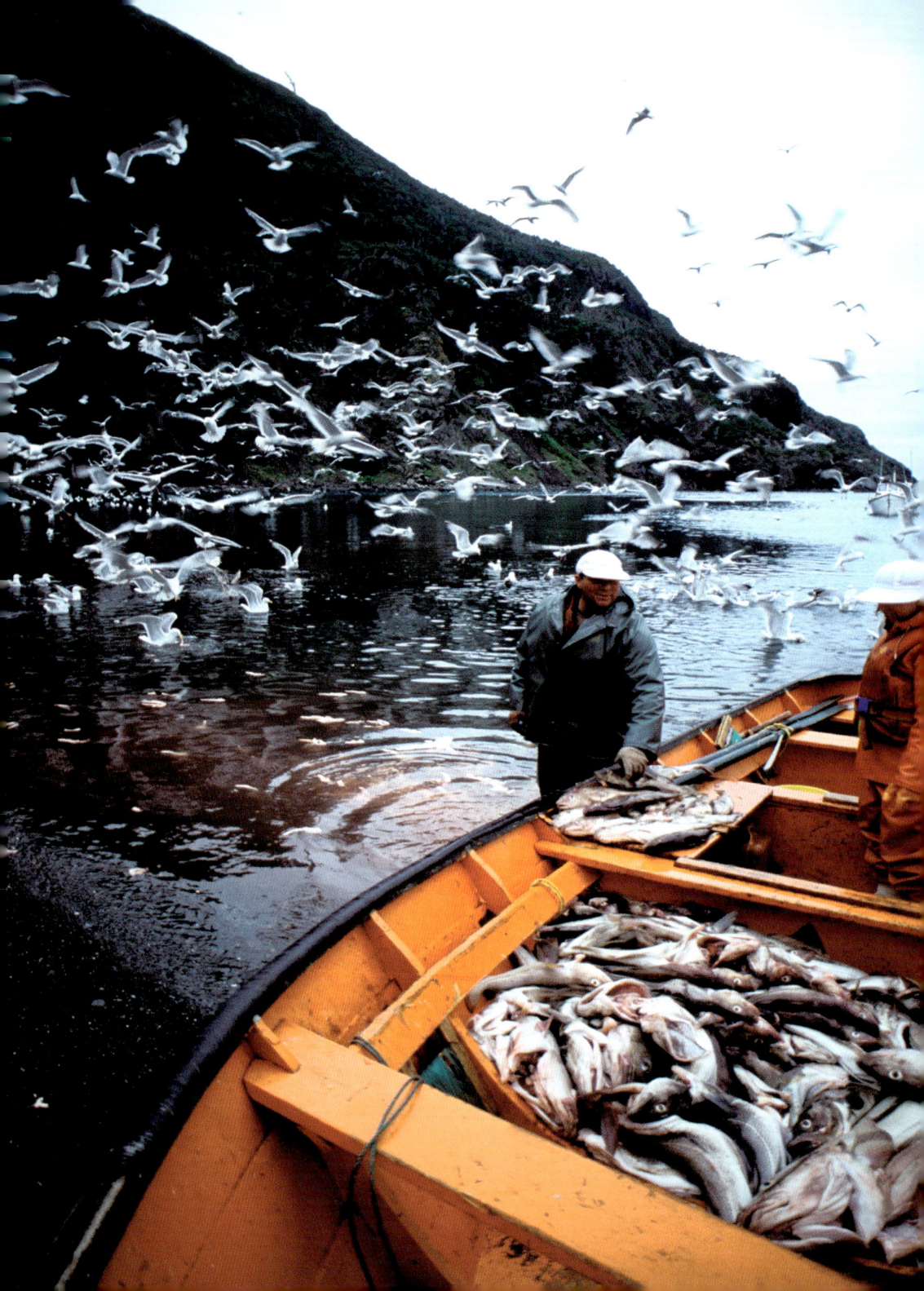

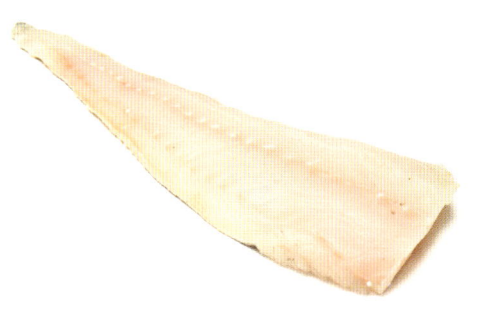

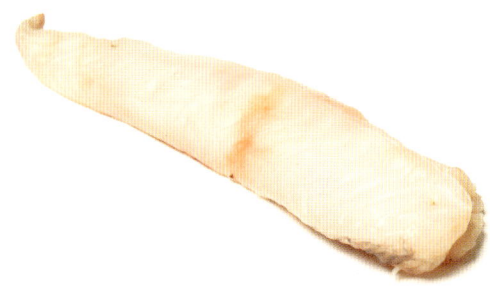

대구 Cod

대구는 대구과 물고기의 제왕이며 세계 여러 나라에서 널리 사랑받는 생선이다. 그러나 마크 컬런스키가 『대구: 세계를 변화시킨 생선의 전기 Cod: A biography of the fish that changed the world』에서 기록했듯, 그 꾸준한 인기 때문에 위기에 처해 있기도 하다.

수요가 워낙 높다 보니 그 수가 점차 줄어들고 있으며, 특히 북해산 대구는 공급량이 한정되어 있어 가격이 자꾸 올라가는 추세다. 그러나 아이슬란드 인근 해역과 북극해에서는 여전히 상당히 풍부한 편이며, 북유럽에서는 맛이 훌륭한 대구 양식에 성공하였다.

대구에서 가장 맛있는 부분은 허리 주위의 가장 두꺼운 살, 또는 필레의 가장 윗부분이다. 대구는 소금을 뿌려 말린 뒤 훈제할 수도 있다. 다양한 조리법에 모두 어울려서 오븐이나 석쇠에서 구워도 좋고, 프라이팬에서 튀겨도 좋으며, 물에 삶아도 좋다. 생선 프라이를 좋아하는 사람들이라면 대구를 으뜸으로 친다. 최근 들어 신문 용지가 기름을 흡수하지 않는 종이로 바뀌기는 했지만, 바삭바삭한 반죽 옷을 입혀서 끓는 기름에 튀긴 대구와 두꺼운 감자 튀김에 소금과 맥아 식초를 뿌려 먹는 것이야말로 영국의 오랜 전통이다. **STS**

Taste: 두꺼운 하얀 필레를 새하얗게 될 때까지 익히면, 큰 조각으로 부서지며, 그 고유의 향미는 작은 갑각류와 곁들여 먹으면 환상적인 조화를 이룬다.

캐나다 뉴펀들랜드 해안에서 잡은 대구며 다른 물고기들의 내장을 갈매기들이 포식하고 있다.

몽크피쉬 Monkfish

푸드 작가 앨런 데이빗슨은 그의 고전 『북대서양 해산물 North Atlantic Seafood』에서 몽크피쉬(Lophius pescatorius)가 지역에 따라 다양한 이름으로 불린다는 사실을 짚고 넘어갔다. 몽크피쉬 외에도 흔히 불리는 이름으로는 앵글러피쉬가 있는데, 그 게걸스러운 턱 위로 끝에 살 덩어리가 매달린 척추가 불쑥 튀어나와 있어, 이것을 미끼로 다른 고기들을 잡아먹기 때문이다.(앵글러 Angler는 영어로 낚시꾼이라는 뜻.) 이 괴상하게 생긴 물고기는 머리 주위에 마치 해초와 흡사하게 너풀거리는 늘어진 살들이 있어, 점박이 얼룩무늬 껍질과 더불어 변장의 명수가 될 조건을 다 갖춘 셈이다.

몽크피쉬는 상어와 생물학적으로 가까우며, 몸 길이가 2미터까지 자란다. 척추는 연골이며, 지느러미 뼈를 제외하고는 몸에 뼈가 없어 살이 많고 단단하다. 덕분에 몇몇 나라 요리에서 높은 평가를 받는다. 그 빛깔이나 질감 때문에 한 세대 전까지만 해도 영국의 요리사들은 바닷가재나 스캄포(노르웨이 바닷가재)의 값싼 대용품으로 쓰곤 했다. 이탈리아에서는 코다 디 로스포(coda di rospo, 몽크피쉬 꼬리)라 하여 프라이팬에 튀기거나, 석쇠 또는 오븐에 구워 먹는다. 완전히 익히면 메마르고 밋밋하고 쫀쫀해지지만, 적당히 익히면 '가난한 이들의 바닷가재'라는 별명에 어울리는 음식이 된다. **MR**

Taste: 몽크피쉬 꼬리의 질감은 그 크기에 따라 다른데, 언제나 꽉 차 있고 상당히 즙이 많다. 지나치게 익혔을 때에만 메마른다. 맛은 가볍고 달콤하다.

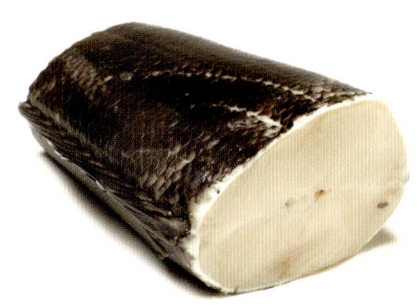

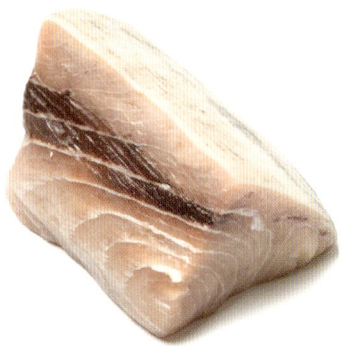

칠레 농어 Chilean Sea Bass

칠레 농어는 미국에서는 파타고니아 비막치어(Pata-
gonian toothfish) 또는 아이스피쉬라 부른다. 칠레 농
어라는 이름은 미국에서 처음으로 이 생선을 판 사람들
이 칠레인이었기 때문에 붙었다. 칠레 농어는 필레가 눈
처럼 하얗고 즙이 많고 매우 맛이 있는데, 수없이 다
양한 맛의 조합에도 멋지게 어울리기 때문에 미국의 셰
프들로부터 사랑받는 생선 중의 하나이다. 미국 서해안
에서 매우 인기가 높으며, 슈퍼마켓에 가면 스테이크나
두껍고 꽉찬 흰 필레로 포장해서 파는 것을 쉽게 구할 수
있다. 프라이팬에 튀기거나 오븐에 구우면 좋다.

칠레 농어는 주로 오징어나 새우류를 먹고 사는데,
그 환상적인 풍미는 아마 여기에서 비롯되었는지도 모
른다. 남대서양, 남태평양, 인도양과 그 외 남방 해양의
대륙붕 주위 차갑고 깊은 물 속에서 산다. 시중에서 파
는 칠레 농어의 평균 중량은 약 9킬로그램이지만, 큰 어
른 물고기의 경우 200킬로그램이 넘는 것도 있다. 몸길
이는 약 2.3미터까지 자란다. 칠레 농어 역시 과다한 포
획으로 위험에 처해 있다. 해양관리위원회(MSC)는 남
대서양의 사우스조지아 섬 인근 어장은 지속적 서식과
포획이 가능하다고 인증하였다. **STS**

황새치 Swordfish

먹이사슬의 꼭대기에 위치한 포식자인, 이 강력한 청회
색 물고기는 세계 각지의 어시장에서 그 드라마틱하게
생긴 주둥이, 또는 "긴 칼"로 눈길을 끈다. 세계 어디서
나 구할 수 있는데, 황새치(Xiphias gladius)는 보통 여
름에는 차가운 물이나 미지근한 물, 겨울에는 따뜻한 물
로 옮겨다니면서 산다. 몸길이는 긴 주둥이를 포함하여
4미터까지 자랄 수 있는데, 그 주둥이를 사용하여 먹이
를 베거나 기절시킨다.

황새치는 수면 가까운 곳에서 놀기 때문에 고대부
터 작살 낚시꾼들의 손쉬운 표적이었다. 오늘날에는 어
마어마한 압력을 받고 있다. 수많은 황새치 어장이 제대
로 관리가 되고 있지 않으며 과포획 상태이다. 어른이
되지 않은 치어를 잡거나, 바닷거북 등 다른 종을 잡을
때 함께 잡히기도 한다. 황새치의 개체수를 보존하기 위
해서는 국제적인 관심이 필요하다. 예를 들면 북대서양
의 황새치 어족은 미국 당국의 노력으로 상당히 회복되
었다. 황새치는 대부분의 세계 요리에서 모두 인기가 좋
지만, 특히 황새치 잡는 실력으로 이름난 어부들이 많은
시칠리아에서 인기가 높다. 매리네이드한 황새치 스테
이크를 숯불에 구우면 정말 맛있었다. 터키에서는 훈제한
황새치를 얇게 썰어 먹는 것이 별미이다. **LW**

Taste: 풍미는 다른 흰살 생선보다 강하고 더 원기 왕성하지만, 보통
대구와 같은 방법으로 조리한다.

Taste: 살짝 핑크빛이 돌고, 속이 꽉 차 있고, 즙이 많은 황새치는
육류와 비슷하지만, 참치처럼 생선 비린내가 나지는 않는다. 살의 색깔이
뿌옇게 될 때까지 익히되, 여전히 촉촉해야만 한다.

피로크(pirogue, 바닥이 평평한 서아프리카의 어선)의
옆면을 장식한 황새치. ➲

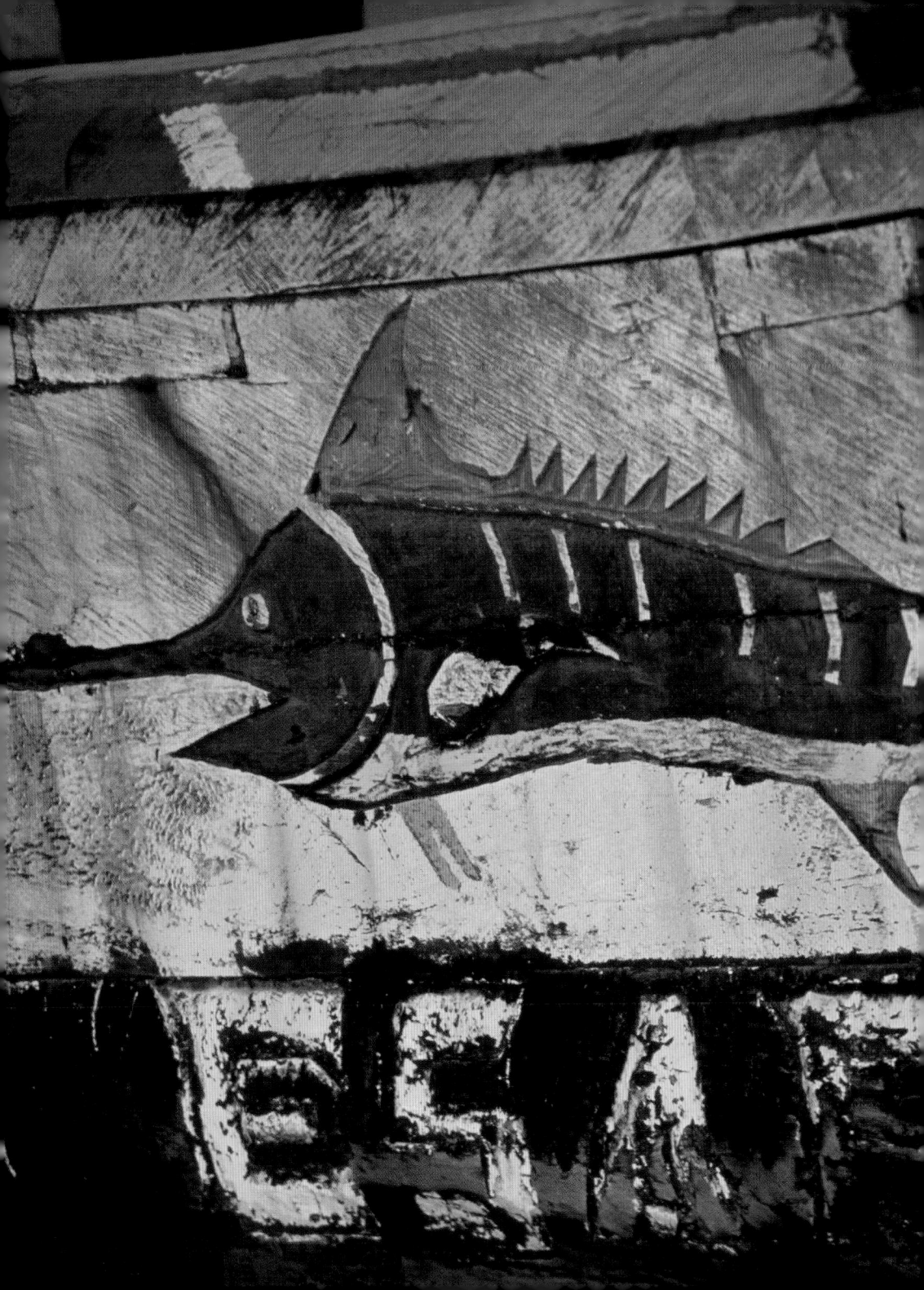

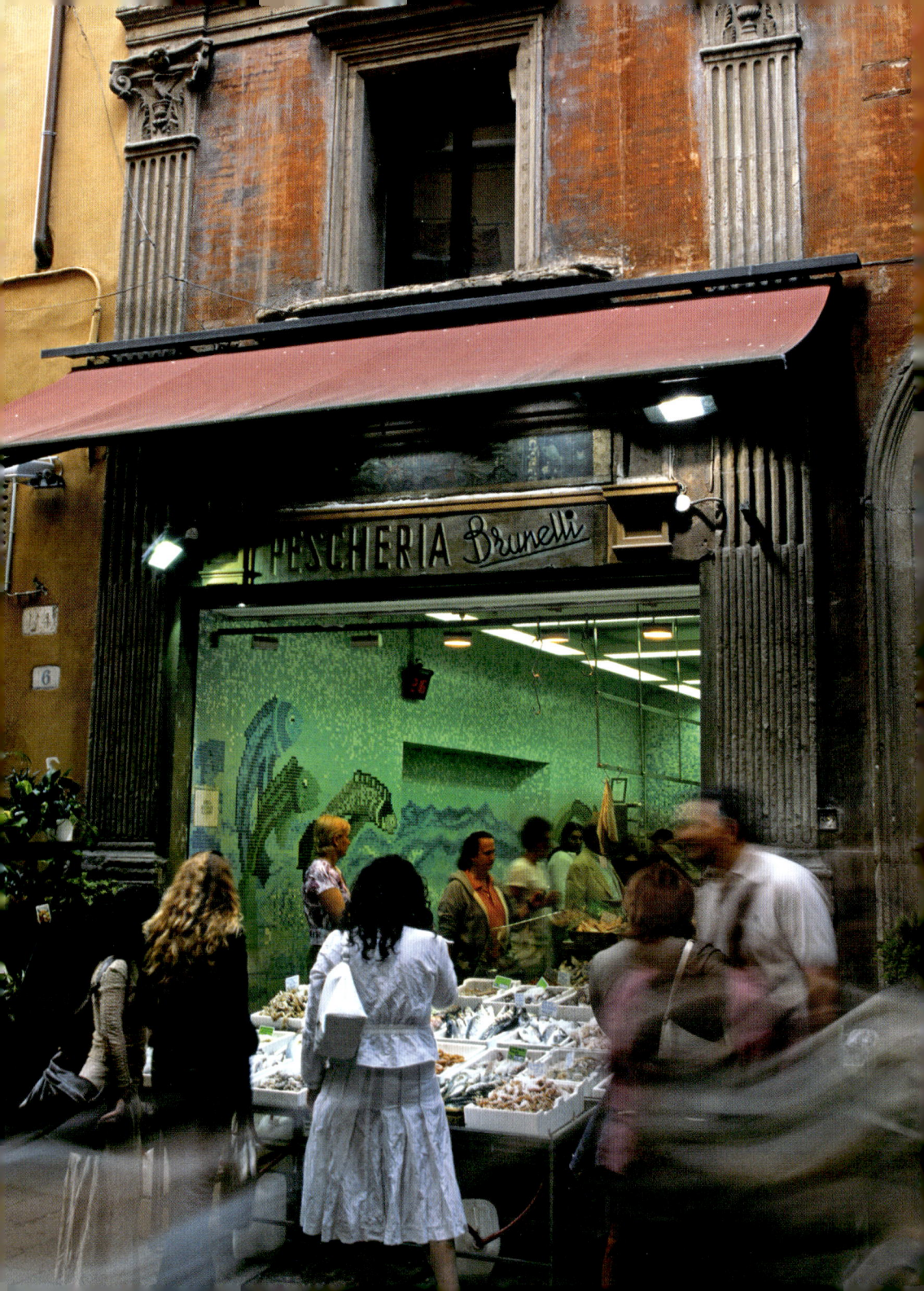

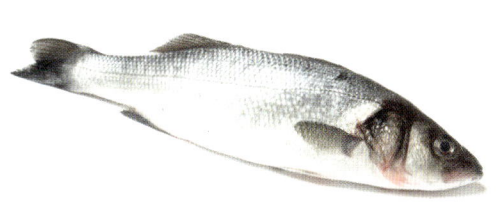

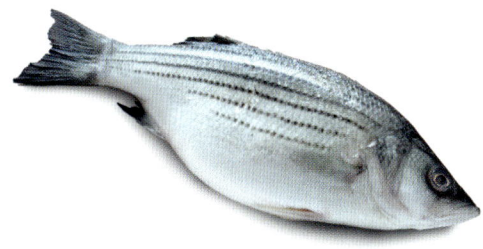

유럽 농어 Sea Bass

유럽에서 가장 높은 평가를 받는 생선 가운데 하나인 유럽 농어(Dicentrarchus labrax)는 노르웨이에서 서아프리카에 이르기까지 널리 찾아볼 수 있다. 유선형의 아름다운 은빛 물고기로, 머리는 뾰족하며 몸길이는 최고 1미터까지 자라고, 중량은 최고 12킬로그램까지 나간다.

　농어는 짠물 생선임에도 불구하고 민물을 좋아하는 습성이 있다. 대부분의 어린 농어는 강 어귀에서 어린 시절을 보낸 뒤 다 자란 어른 고기가 된 후에도 종종 고향을 찾아가곤 한다. 고대 로마의 시인 호라시우스에 따르면, 고대 로마의 미식가들은 테베레 강의 어귀 바닷물에서 잡은 농어와 강의 다리와 다리 사이에서 잡은 농어를 맛으로 구별할 수 있다고 말하곤 했다.(로마의 풍자 시인 유베날리스는 다리와 다리 사이에 숨어 있는 농어들은 도시의 하수도를 먹고 산다고 주장하였다.)

　트롤어선들은 산란기나 산란기 전의 고기들을 노리므로, 낚싯줄로 포획한 농어를 구할 수 없다면, 지중해나 그 너머의 해양 양식장 또는 염수 석호에서 양식한 몸 크기가 작은 고기를 고르도록 한다. 간단하게 오븐이나 석쇠에서 통째로 허브와 함께 구우며, 올리브유와 레몬즙을 끼얹어 먹는다. **LW**

줄농어 Striped Bass

아메리카 초기 정착민들이 그 맛과 향미를 높이 칭찬한 줄농어는 식탁에서 줄곧 중요한 자리를 차지해왔으며, 미국인들은 좀처럼 그 향긋한 풍미에 싫증을 내지 않는다. 뺨에 있는 진주 모양은 달콤하고 풍미가 유난히 진해 특히 인기가 좋다. 줄농어(Morone saxatilis)는 오늘날까지도 인기가 높으며, 살짝 튀겨서 레몬을 곁들여 내는 것이 가장 맛있다고 한다.

　미국에는 여러 종의 농어가 있기 때문에, 유럽에서 흔히 볼 수 있는 농어와 모양과 크기를 닮았다고 하여 줄농어라는 이름이 붙었다. 유럽의 농어류보다는 몸체가 약간 깊으며, 민물과 짠물에서 모두 서식하는데, 연어처럼 민물에서 알을 낳는다. 농어는 몸 길이가 길고, 은빛 바탕에 짙은 줄무늬가 아가미에서 꼬리 밑으로 이어진다. 수명이 30년까지도 간다고 하며, 몸길이 2미터, 중량은 50킬로그램까지 자란다. 스포츠 낚시용으로도 인기가 높으며, 터키, 멕시코, 이란, 에콰도르 등지에서 양식한다. **STS**

Taste: 얇고 바삭바삭한 농어의 은빛 껍질을 벗기면 단단하고, 향긋하고, 풍미가 진한 살이 드러난다—마치 씹으면 끈적할 정도로 부드럽고 촉촉한 닭가슴살과도 같다.

Taste: 날생선일 때에는 살이 투명한 잿빛이지만 익히면 단단하고 살이 많고 하얀 필레가 된다. 유럽 농어와 비슷한 섬세하면서도 무난한 풍미를 지니고 있다.

이탈리아 볼로냐에서 사람들이 생선 가게에서 장을 보고 있다.
◑ 이탈리아의 유태인들은 유월절이면 농어를 먹는 전통이 있다.

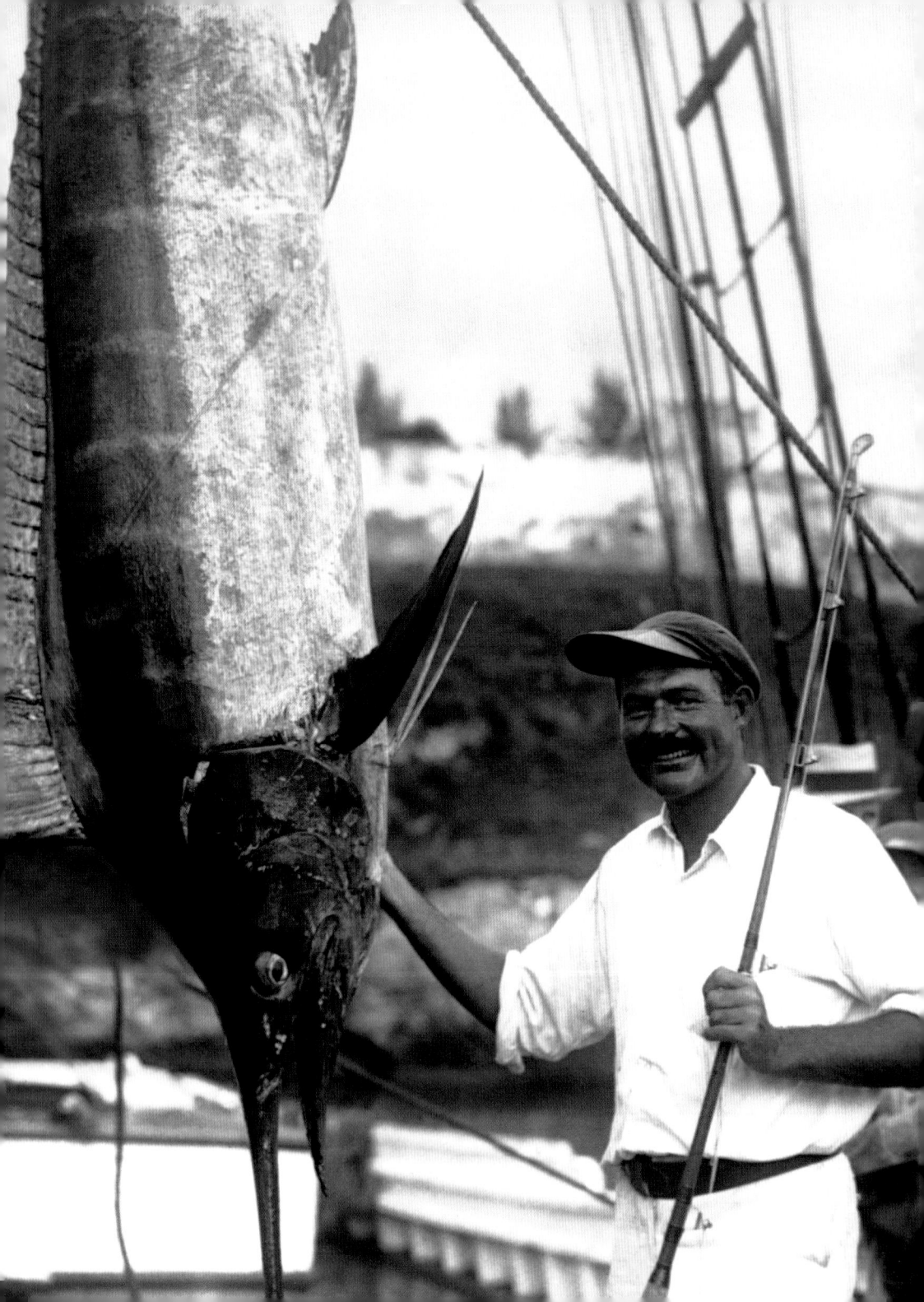

청새치 Blue Marlin

어니스트 헤밍웨이의 『노인과 바다』에 등장하여 유명해진 청새치(Makaira nigricans)는 가장 인상적인 바닷물고기 중의 하나이다. 강하고 긴 창 모양의 턱이 특이하며, 몸길이는 4.5미터, 몸무게는 900킬로그램까지도 나간다고 한다. 선명한 깊은 푸른색은 옆구리와 배를 거치면서 은빛을 띤 백색으로 변해간다. 정말 보는 것만으로도 장관이다. 대서양, 태평양, 인도양의 열대 또는 온대 해양에서 찾아볼 수 있으며, 등 전체 길이를 덮고 있는 등지느러미로 인해 금방 구별할 수 있다.

청새치는 긴 창 모양의 윗턱을 사용하여 빽빽한 물고기 무리를 헤치고 돌진하여 기절하거나 상처입은 먹이를 잡는다. 청새치는 표면에서 가까운 따뜻한 물을 좋아하며, 고등어 같은 원양 어류를 먹고 살지만, 오징어를 잡아먹기 위해 깊은 물로 들어가기도 한다.

청새치는 그 눈에 띄는 크기와 생김새에다, 갈고리에 걸리면 무서울 정도로 반항하는 전설적인 힘으로 인해 스포츠 낚시꾼이나 트로피를 노리는 사냥꾼들에게 인기가 높다. 살이 단단하여 일본에서는 스시나 사시미로 먹기도 한다.

수명이 긴 다른 특상급 포식어종처럼 수은 함량이 높다는 것은 미리 알아두어야 한다. 성장이 느리고 번식도 느리기 때문에 보호주의자들은 개체수의 감소를 염려하고 있다. 몸집이 조금 작지만 결이 조밀한 살과 풍부한 풍미가 비슷한 마히마히(Coryphaena hippurus)라면 훌륭한 대용품이 될 수 있다. **STS**

잿방어 Kanpachi

일본에서 잿방어(일본어로 '칸파치')는 '출세어(出世魚)'라고 하여, 그 성장 단계와 몸 크기에 따라 이름이 변한다. 처음에는 숏코(汐っ子), 그 뒤 시오고(しおご), 아카하나(赤鼻)를 거쳐, 몸길이가 1.2미터가 넘으면 비로소 칸파치(かんぱち)로 불리게 된다.

잿방어(Seriola dumerili)는 인도−태평양, 지중해, 카리브해, 그리고 아메리카의 동쪽 해안을 따라 잡힌다. 양쪽 옆구리를 따라 나 있는 호박색(amber) 줄무늬로 인해 영어로는 그레이터 앰버잭(Greater Amberjack)이라 부른다. 이와 비슷한 방어(Seriola lalandi)는 옐로우테일 앰버잭(Yellowtail Amberjack)이라고 불린다.

잿방어는 깊은 물에 살며, 가장 경험 많은 어부의 힘과 의지마저 시험하는 전투적인 물고기이다. 자신보다 몸집이 작은 물고기를 먹고 사는데, 몸길이는 2미터까지 자라며, 무게도 90킬로그램까지 나간다. 일본은 물론 다른 나라에서도 잿방어를 상업용으로 양식하고 있다. 잿방어는 스시 재료로 인기가 높기 때문에 살의 풍미를 최상으로 끌어올리기 위해 특별한 사료를 먹는다. 봄이나 여름에 잡힌, 크기가 칸파치의 절반밖에 되지 않는 어른 물고기인 시오고나 아카하나가 스시에 쓰기에는 가장 좋다. 잿방어는 3년이 안 된 것이 가장 맛있으며, 산란기가 지난 가을에 먹는 것이 좋다고 한다. 산란기에는 불쾌한 냄새를 풍기기 때문이다.

잿방어는 굉장히 날렵하고 살이 꽉 찬 생선이다. 잿방어 필레는 두께 2.5센티미터 이상으로 잘라 카르파초로 낸다. 미국에서는 멕시코 만에서 잡힌 잿방어를 '걸프 튜나(Gulf tuna)'라고도 부르며, 필레는 주로 석쇠에 굽거나 프라이팬에 튀긴다. 그러나 일본에서는 보통 스시, 특히 니기리즈시(초밥을 한입 크기로 만들어 그 위에 생선을 얹은 뒤 손으로 쥔 쓰시)에 널리 사용된다. 일본에서 니기리즈시를 만드는 스시 요리사가 되려면 매우 혹독한 훈련 과정을 거쳐야만 한다. **SH**

Taste: 청새치 스테이크는 단단하고 촘촘하며 황새치와 비슷한 풍미를 지니고 있다. 자칫하면 지나치게 구워지기 쉬우며, 숯불에 올려 석쇠에서 굽기에 적당하다.

Taste: 창백한 흰살은 단단하고 크리미하며 입안에서 사르르 녹는다. 가자미나 그루퍼, 통돔류보다는 풍미가 강하며, 바다의 맛이 살짝 느껴지기는 하지만 여전히 순한 맛이다.

강태공으로도 유명했던 문호 어니스트 헤밍웨이는 『노인과 바다』에서 청새치를 무시무시한 적으로 표현하였다.

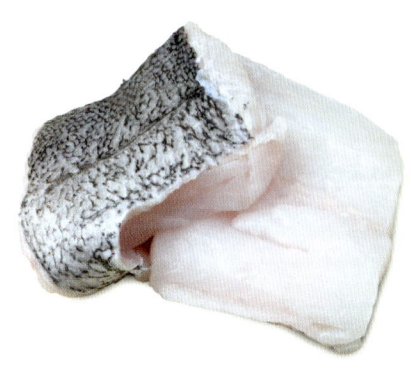

메를루사 Hake

메를루사는 대구과에서도 깊은 물에 사는 종류로, 대서양과 북태평양에서 발견된다. 유럽 메를루사(Merluccius merluccius)는 지중해에서 노르웨이에 걸쳐 잡힌다. 북아메리카에서 서식하는 메를루사 가운데 하나인 은메를루사(Merluccius bilinearis)는 갓 잡았을 때 은빛 광채를 내기 때문에 이러한 이름이 붙었다. 어른 메를루사는 몸길이 1미터, 무게는 5킬로그램까지 나간다. 생물—통째로, 혹은 필레, 스테이크, 또는 커틀렛으로—은 물론 냉동, 훈제, 소금에 절인 메를루사도 구할 수 있다.

메를루사는 이베리아 반도에서 인기가 좋다. 스페인 사람들은 메를루사(merluza), 포르투갈 사람들은 페스카다(pescada)라고 부른다. 메를루사를 이베리아 반도에 전해준 바스크인들은 레가츠(legatz)라고 부른다. 다른 생선들은 물론, 바닷가재, 새우, 조개 등 갑각류와 함께 캐서롤을 만들어 먹는다. 프랑스에서는 소몽 블랑(saumon blanc)이라고 부른다.

메를루사는 뼈가 작고, 그나마도 거의 없기 때문에 조리하기 쉽다. 뼈가 없는 장점 때문에 생선 수프, 스튜, 캐서롤 등에 잘 어울리며, 은근하고 향긋한 풍미는 대구나 다른 흰살 생선을 쓰는 어떤 레시피에 대신 사용해도 훌륭하다. **FR**

Taste: 메를루사의 살은 기름기가 적으며 질감이 부드럽고 크리미하다. 색은 흰색에서 분홍색이며, 살이 조각조각 잘 떨어진다. 향긋하고 거부감이 없는 풍미는 끓는 물에 살짝 삶으면 좋다.

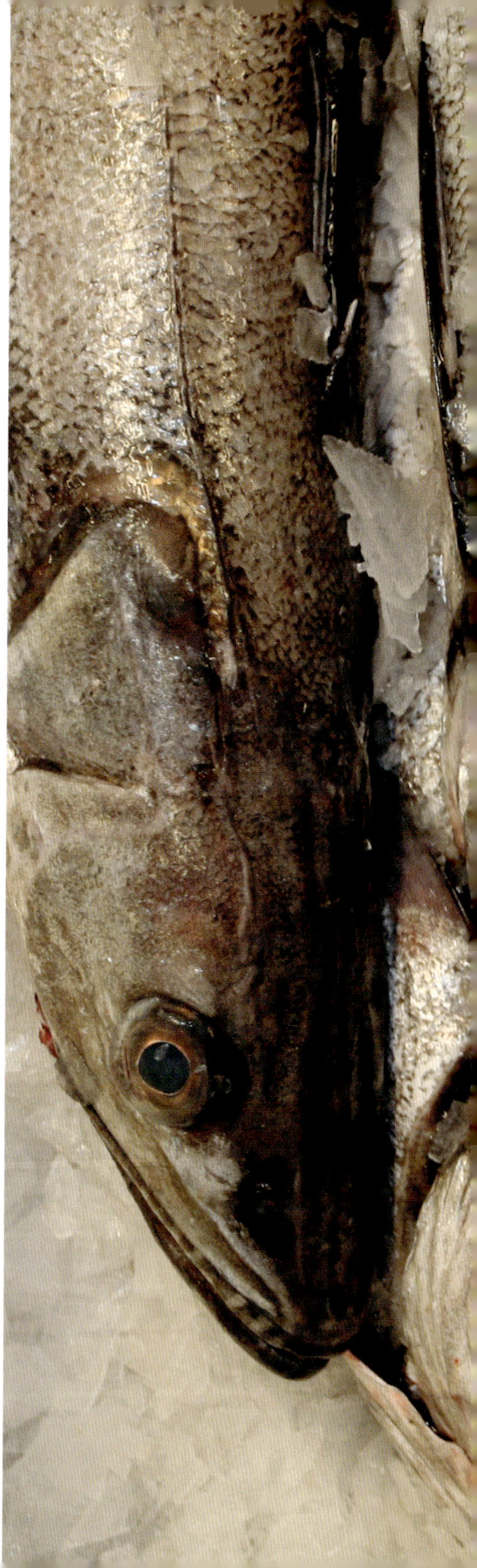

스코틀랜드의 피터헤드에서 막 잡아올린 메를루사를 얼음에 채웠다. ➲

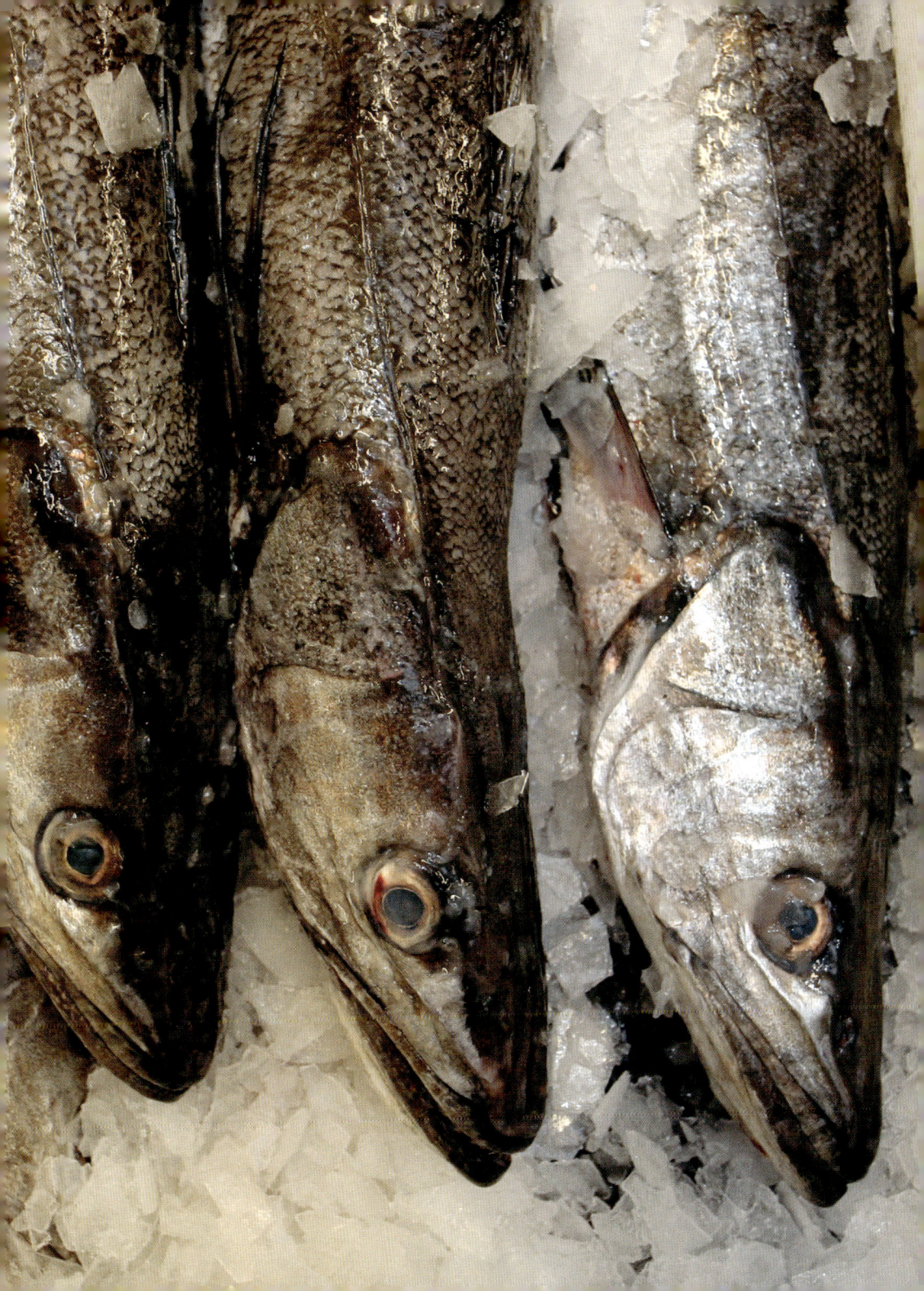

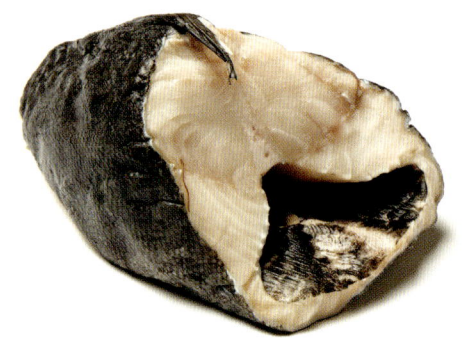

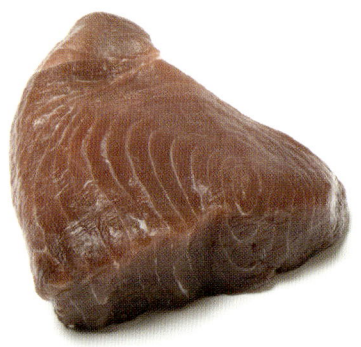

은대구 Black Cod

참다랭이 (참치) Bluefin Tuna

은대구는 저명한 셰프 마츠히사 노부의 '은대구와 된장' 요리로 유명해졌으며, 과포획 상태인 대서양 대구의 대용으로 빠르게 인기를 얻었다. 이 매끈한 물고기는 몸체는 청회색이며, 지역에 따라 부르는 이름이 다양하다. 미국과 오스트레일리아에서는 버터피쉬(butterfish), 영국에서는 캔들피쉬(candlefish), 캐나다에서는 콜 피쉬(coal fish)라 불린다. 게다가 전혀 다른 생선들도 같은 이름으로 불리는 경우가 많기 때문에, 자칫하다가는 생선을 잘못 살 수 있으므로 더욱 주의를 요한다. 진짜 은대구는 질감이 단단하고 살이 풍부하지만, 냉동 필레에는 섬유질과 비슷한 결이 느껴지기도 한다. 태평양 북서부의 차가운 심해에서 잡히며, 남쪽으로는 바하 캘리포니아로부터 북쪽으로는 베링 해에 이르기까지 어장이 걸쳐 있다.

캐나다인들은 덫을 사용하여 은대구를 잡기 때문에, 생선의 질도 그대로 보존할 수 있을 뿐 아니라, 쓸데없이 작은 물고기가 같이 잡히지도 않으므로, 어장 보호에도 도움이 된다. 최고의 은대구를 맛보려면 아무래도 생물을 사야 한다. 유럽 시장에 나오는 은대구의 대부분은 잡아올리자마자 냉동시켜 운송한다. **STS**

일본에서 최고로 치는 생선인 참다랭이는 섬세하면서도 풍부한 기름기와 훌륭한 퀄리티로, 특상급 사시미에 없어서는 안 되는 생선이다. 일본인들은 특히 뱃살, 즉 오오토로(おおとろ)를 좋아하지만, 서양에서는 필레와 등을 따라 기름기가 적은 허릿살 쪽이 더 인기가 높다. 참다랭이는 다랭이과에서 가장 높은 평가를 받으며 주로 사시미로 많이 먹는다. 참치 스테이크나 캔참치 제품에 쓰이는 생선은 같은 다랭이과의 다른 생선들이다.

참다랭이는 모든 다랭이 종 가운데 가장 몸체가 크다. 어른 고기는 보통 몸 길이가 2미터이지만 4미터가 넘는 것도 있다. 무게 역시 보통은 250킬로그램 안팎이지만, 지금까지의 기록상 가장 컸던 것은 680킬로그램까지 나갔다.

일본에서는 특히 별미로 치는데, 참다랭이 한 마리를 통째로 사려면 그야말로 천문학적인 가격을 지불해야 한다. 워낙 인기가 하늘을 찌르다보니 어족 보호가 심각한 문제가 되어 현재는 과포획으로 인한 위기에 처해 있다. 대신 어족 문제가 덜 심각한 황다랭이도 훌륭한 대용이 되니 참고할 것. **STS**

Taste: 은대구는 그 풍미가 강하고 독특하며, 와사비, 된장, 간장과 특히 잘 어울린다.

Taste: 참다랭이는 쇠고기 필레와 결이 비슷하지만, 향미는 더 은근하고 은은하다. 기름기가 거의 없으며, 커다란 조각으로 뚝뚝 떨어진다.

이탈리아 사르디니아의 이솔라 산 피에트로에서 햇볕에 다랭이 그물을 말리고 있다. ➜

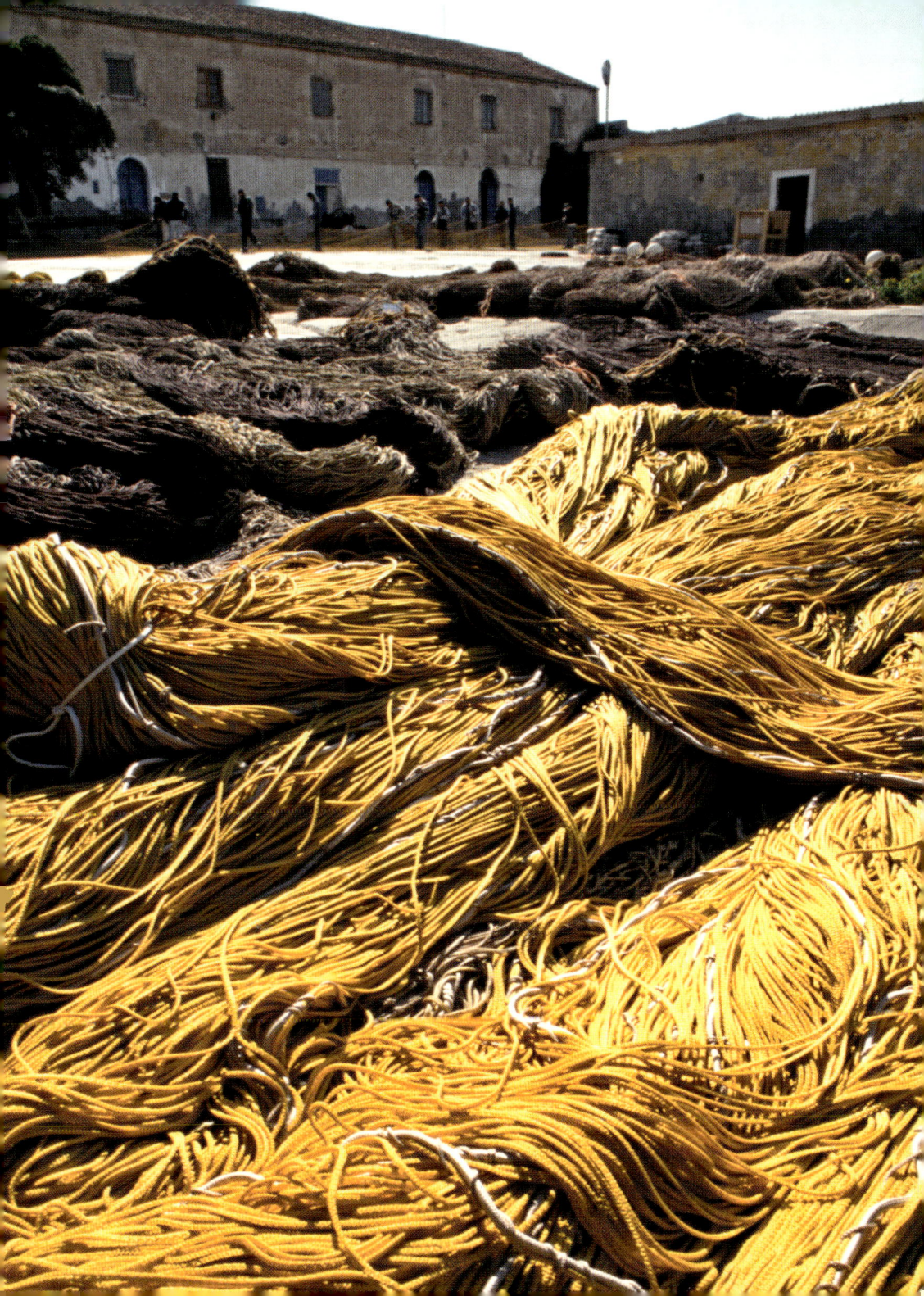

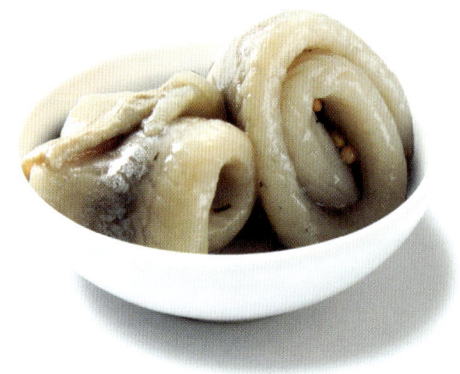

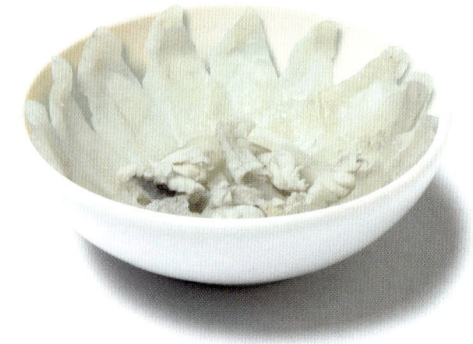

롤몹 Rollmop

이 새콤달콤한 별미의 이름은 독일어 '롤렌(rollen, 돌돌 만다는 뜻)'에서 유래하였다. 청어 필레를 껍질까지 통째로 매리네이드에 절여서 한가운데 피클—보통 양파나 작은 절임 오이—을 놓고 돌돌 만 뒤, 나무 이쑤시개 등으로 전체를 고정시킨다. 롤몹은 북구, 즉 독일, 스칸디나비아, 체코 공화국, 슬로바키아, 그리고 스코틀랜드 일부 지역에서 인기가 좋으며, 남아프리카에도 전래되었다. 매리네이드 레시피는 나라마다 다르지만 주로 화이트 와인과 사과 식초, 물, 양파, 통후추, 겨자씨, 소금, 설탕 등이 들어간다.

19세기 전반에 철도가 발달하면서, 북해와 발트해에서 잡은 청어를 내륙까지 운송하는 것이 용이해졌고, 따라서 피클링 기법도 생겨나게 되었다. 특히 베를린에서는 오랜 베를린 펍을 장식하는 즉석 요리 가운데 스타가 되었다. 오늘날까지도 여전히 숙취 해소 음식으로 유명하다. **LF**

복어 Fugu

복어는 외부에서 위협을 받으면 몸을 공처럼 둥글게 부풀리는 습성이 있다. 내장, 간, 난소, 껍질에 치명적인 독이 있는데도 불구하고, (혹은 그 독 때문에?) 일본에서는 수세기 동안 이름난 별미였다.

입술이 따끔따끔 아픈 것은 보통이다. 그러나 극소량의 허용치보다 아주 약간이라도 더 먹게 되면 곧 독이 신경계로 침투하여 온몸이 서서히 마비되기 시작하고…… 손에서 젓가락이 쨍그랑 하고 떨어지며……. 뭐 이 정도로 해두자. 일본에서는 1949년 이래 복 처리 기능 인증을 받은 음식점에서만 복어 요리를 낼 수 있으며, 복어로 인해 사고가 일어나는 경우는 대개 가정에서 미숙한 솜씨로 복을 다루었을 때이다.

미식가의 러시안 룰렛이라고 할 수 있는 복어 요리는 언제나 특별한 행사이다. 복어 살은 사시미로 내는데, 종잇장처럼 얇게 저미서 커다란 접시 위에 활짝 펼쳐진 꽃 모양으로 화려하게 담는다. 간장, 스타치(酢橘, 초귤), 파, 무 간 것, 빨간 고추 등으로 소스를 만들어 찍어 먹는다. 그 후에는 종종 복어와 야채로 만든 냄비요리가 뒤를 따라 나온다. **SB**

Taste: 부드럽고 윤기가 흐르는 생김새. 실크처럼 매끄럽고 입에서 녹는 듯한 질감. 새콤달콤한 맛의 롤몹은 검은 호밀빵이나 사워도우 빵과 함께 먹으면 특히 맛있다.

Taste: 복어 사시미는 맛이 가볍고 떫으며, 익힌 복어는 살이 풍부하고 맛이 진하다. 그러나 사실 맛 자체보다는 그 스릴을 즐긴다는 사람들이 더 많다.

일본 오사카의 옛 도심인 신세카이의 복어 음식점. 커다란 복어 모형으로 손님을 유혹하고 있다. ➲

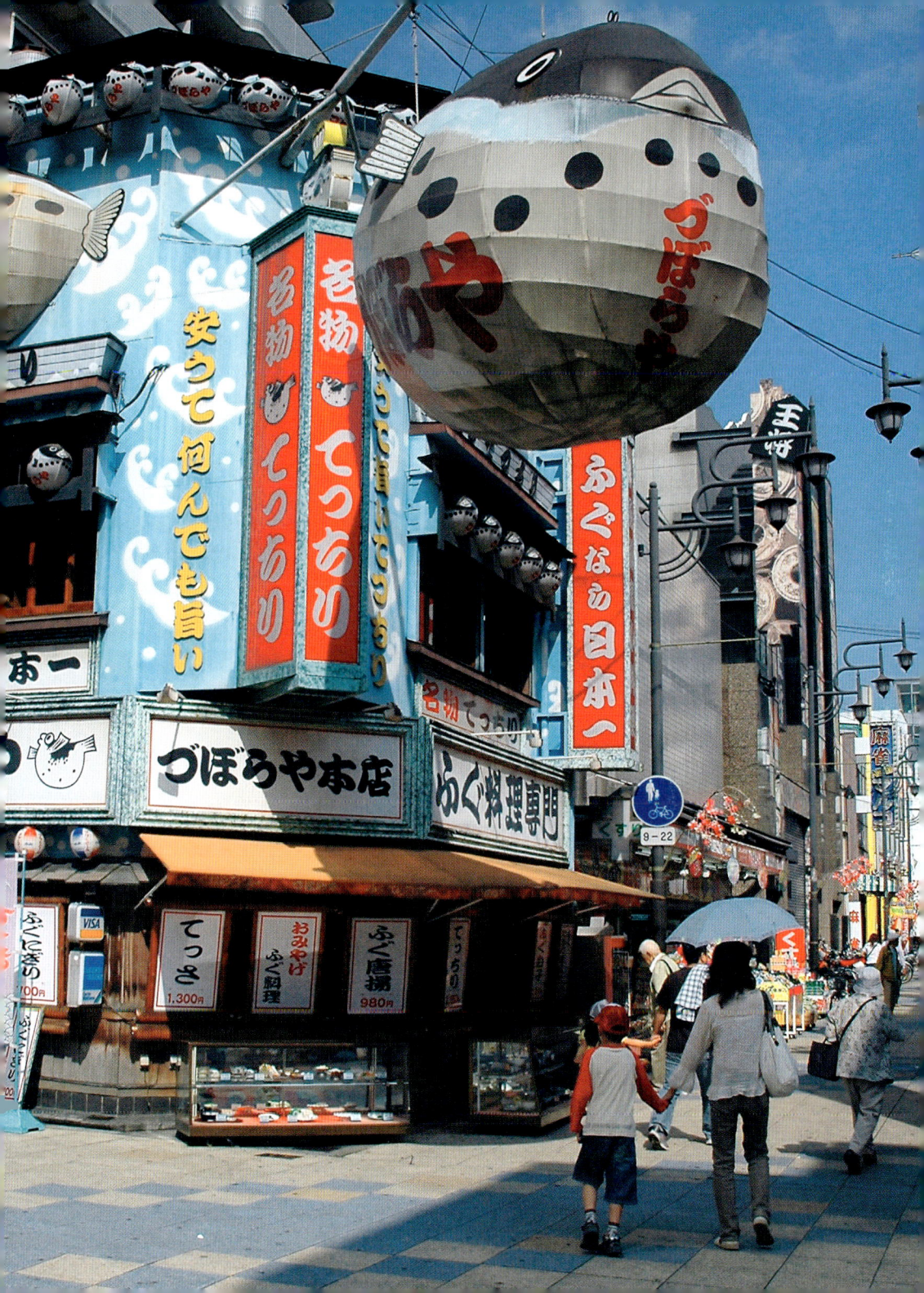

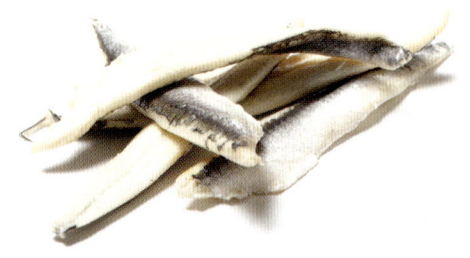

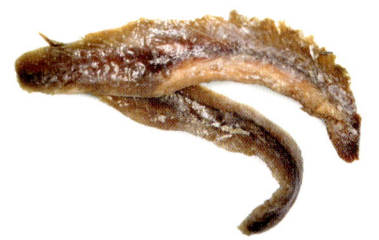

칸타브리아 보케로네 Cantabrian Boquerone

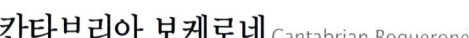

스페인의 북대서양 연안, 칸타브리아 해는 앤초비의 수퍼 스타로. 세계에서 이 은빛 비늘로 덮인 보석의 최고 어장으로 손꼽힌다.

칸타브리아 보케로네는 다른 앤초비들처럼 소금에 절이지 않고, 올리브유나 아니면 소금을 약간 넣은 기름에 식초를 섞어서 담가둔다. 지중해에서 잡히는 앤초비보다 통통하고 살이 많으며, 풍부하고 맛있는 향미를 지니고 있다. 신선한 앤초비는 금방 상해버리기 때문에, 잡아올리자마자 몇 시간 안에 보관 처리를 해야만 한다. 손으로 손질해서 필레를 뜬 다음 소금에 절이고, 씻어내고, 그런 다음에 올리브유나 기름과 식초를 섞은 용액에 절인다.

불행하게도 인기가 좋은 데에는 대가가 따르는 법이다. 정부에서 이 해역의 어업을 엄격하게 관리하고 있는데도 불구하고 개체수가 곤두박질을 쳤으며, 이 책을 쓰고 있는 시점에서 칸타브리아 해에서는 자연 회복이 가능하도록 앤초비 포획이 전면 금지되었다. 그러나 다른 바다에서 잡아 칸타브리아 식으로 절인 앤초비는 여전히 구할 수 있으므로 실망할 필요는 없다. **LF**

콜리우르 앤초비 Collioure Anchovy

막 잡은 앤초비는 그 질감이 워낙 섬세하여 운송이 쉽지 않다. 이 때문에 보통 캔조림으로 만들거나, 소금, 기름, 또는 매리네이드 등에 절여야만 한다. 지중해에 면한 프랑스 루시용 지방의 작은 마을 콜리우르는 소금에 절인 최고의 앤초비—통통하고, 풍미가 가득하며, 독특한 아로마를 뿜내는—를 선보인다.

19세기 무렵 콜리우르에서는 이미 앤초비 잡이가 상당히 발달하여 있었다. 그러나 생선을 소금에 절인다는 아이디어는 중세로 거슬러 올라간다. 오늘날, 모로코 등지에서 더 값이 싼 앤초비가 몰려오고 있지만, 콜리우르에 있는 몇몇 앤초비 하우스들은 여전히 제대로 소금에 절인 고급 앤초비를 생산해내며, 현재는 PDO 인증의 보호를 받고 있다.

이 지방 여인들(anchoïeuses라고 불린다)은 막 잡은 앤초비를 일일이 손으로 깨끗이 씻고 내장을 뺀 뒤 커다란 통에 소금과 번갈아가며 한 겹씩 채워넣는다. 그런 다음 약 100일간 그대로 두어 숙성시킨다. 콜리우르 앤초비는 앤초비 가운데서도 특정한 종(Engraulis encrassicholus)으로 만든다. 유럽에서 앤초비의 개체수는 변동이 심하며, 현재 포획철은 4월에서 5월까지, 그리고 9월에서 10월까지이다. **STS**

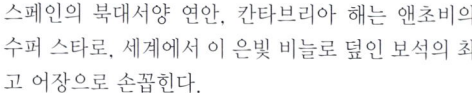

Taste: 칸타브리아 보케로네는 입에서 녹을 듯이 부드럽고 매끄럽다. 살짝 단맛이 느껴지는 군침 흘리게 하는 향미를 지니고 있으면서도 노골적인 비린내는 나지 않는다.

Taste: 콜리우르 앤초비 밀레는 짙은 갈색에 질감이 단단하다. 독특한, 살짝 산에서 만든 햄을 연상시키는 향미를 지니고 있으며. 짭짤하고, 풍성하고, 오래도록 남는 맛이다.

콜리우르의 앤초비 하우스 중 하나인 로크 앙슈아. ❷

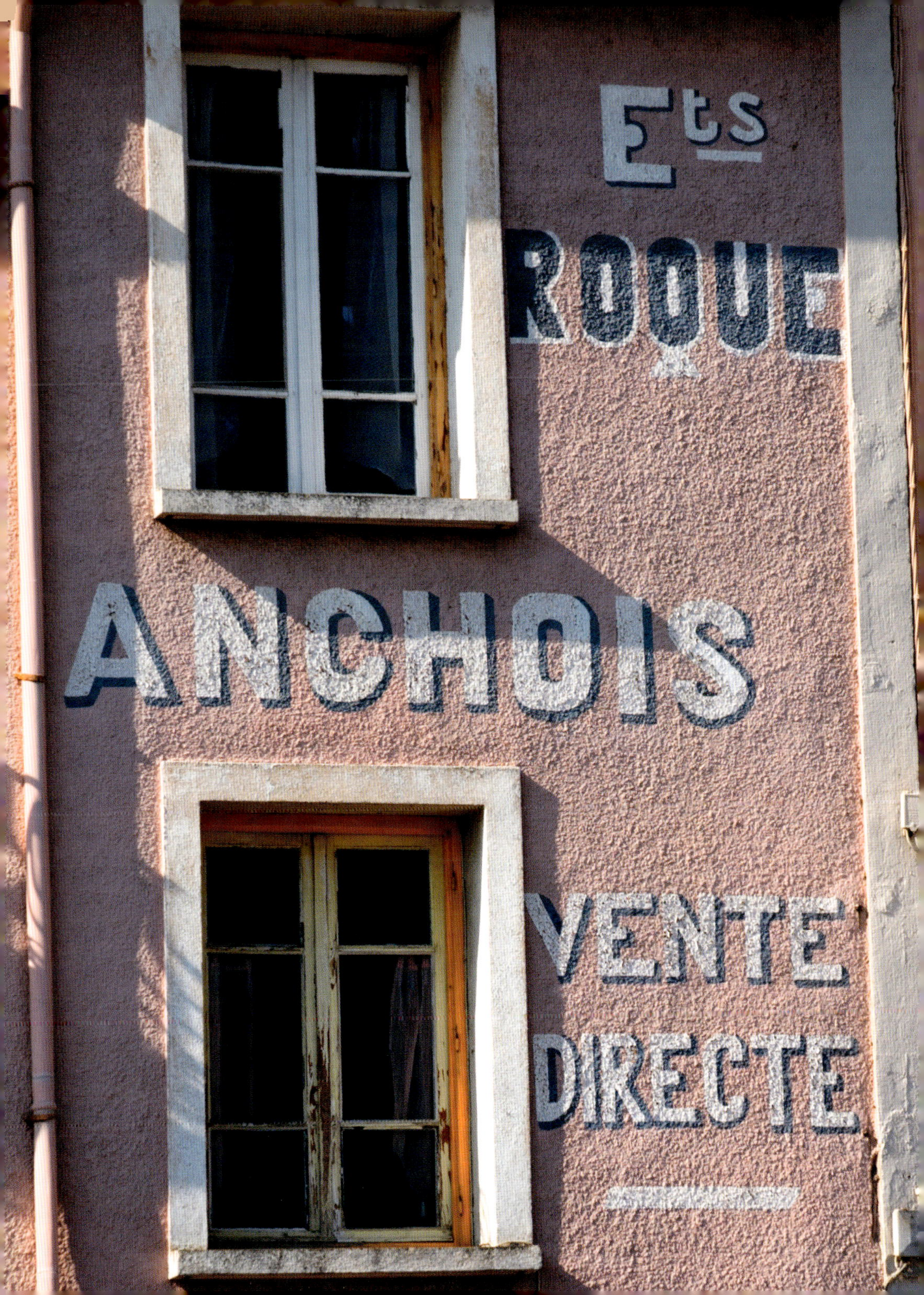
Ets
ROQUE
ANCHOIS
VENTE
DIRECTE

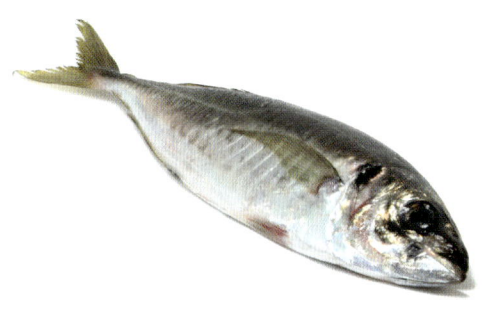

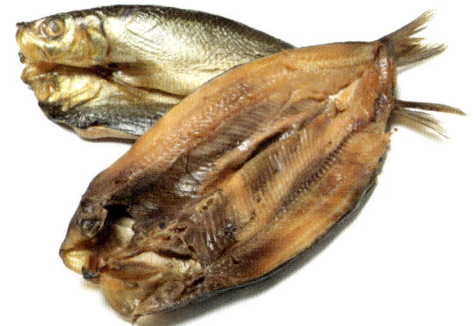

전갱이 Seki Aji

일본 큐슈의 특산물인 전갱이는 태평양의 거센 조류가 내해의 잔잔한 물과 만나는 분고 스이도(豊後水道)해협에서 잡힌다. 강한 조류 속에서 헤엄쳐야 하기 때문에 물고기의 지방 함량이 낮고, 맛이 순해서 일본 전역에서 사랑을 받는다. 일본에서는 전갱이, 청어, 고등어 등을 히카리모노(光り物), 즉 '빛나는 물고기'라 한다. 사시미로 먹기도 하지만, 언제나 씻어서 식초에 절여서 낸다. 이렇게 하면 보존성이 좋아지는 것은 물론, 살을 단단하게 해서 썰기가 쉬워진다.

전갱이는 낚시바늘을 하나만 사용하는 전통적인 대낚시로만 잡으며, 그물은 쓰지 않는다. 거기다 일본의 이케시메(活けしめ)—물고기의 뇌를 일격에 찔러 고통과 스트레스를 줄이고 흰 살에서 피를 재빨리 빼내는 방법—로 처리하면 그 풍미를 그대로 유지할 수가 있다.

종종 간 생강과 양파를 곁들여 사시미로 먹으며, 유자와도 잘 어울린다. 이 지역에서는 니기리즈시를 차조기 잎에 싼 마츠오카즈시(松岡ずし)도 별미다. **SB**

맨 섬 키퍼 Isle of Man Kipper

키퍼는 훈제 청어의 일종이다. 19세기 영국에서 존 우저라는 사람이 연어나 해덕대구와 같은 방법으로 청어도 훈제해 보기로 마음먹었다. 우선 생선을 반으로 갈라 소금물에 절인 뒤 훈제장의 나무 장대에 널어두고 냉훈법—20℃ 이하의 저온에서 장시간 훈연. 공정이 오래 걸리는 반면 제품의 건조도가 높아져 저장성이 높은 것이 장점이지만 풍미는 온훈법에 비해 떨어지는 편이다—으로 훈제한다. 이러한 방식은 잉글랜드 동북부 해안을 따라 널리 퍼졌는데, 유일하게 노섬브리아의 크라스터와 맨 섬의 서쪽 해안만은 예외였다.

20세기에 키퍼는 흔한 아침식사 메뉴였다. 어획량이 풍부하였고 훈제 처리 과정이 공장화된 것도 이러한 보편화에 일조하였다. 그러나 질이 떨어지는 청어를 절이거나 콜타르 색소로 염색하는 등 품질은 수난을 겪어야만 했다. 맨 섬 키퍼(보통 두 마리 한 손으로 판다)를 만들기 위해서는 가장 신선하고 살진 청어를 참나무 장작불에 훈제해야만 한다. 가장 좋은 요리법은 끓는 물에 데치는 것이다. 수많은 잔뼈를 제거하기 위해 껍질을 위로 가게 놓은 뒤 벗겨내고, 살에 버터를 발라 문지른 다음 뼈를 훑어내듯 발라낸다. **MR**

Taste: 고등어보다는 순하며, 달짝지근하고 신선한 맛이 난다. 살짝 바삭한 분홍색 살은 기름기가 적당히 끼어 있다.

Taste: 참나무 훈연으로 얻은 풍부한 풍미는 고급 키퍼의 핵심이지만, 생선 자체의 신선함과 기름짐도 빼놓을 수 없다. 키퍼는 즙이 많고, 절대 비린내가 나지 않으며, 너무 짜지도 않다.

키퍼는 훈제장 안에서
독특한 짙은 색깔과 풍미를 띠게 된다. ➲

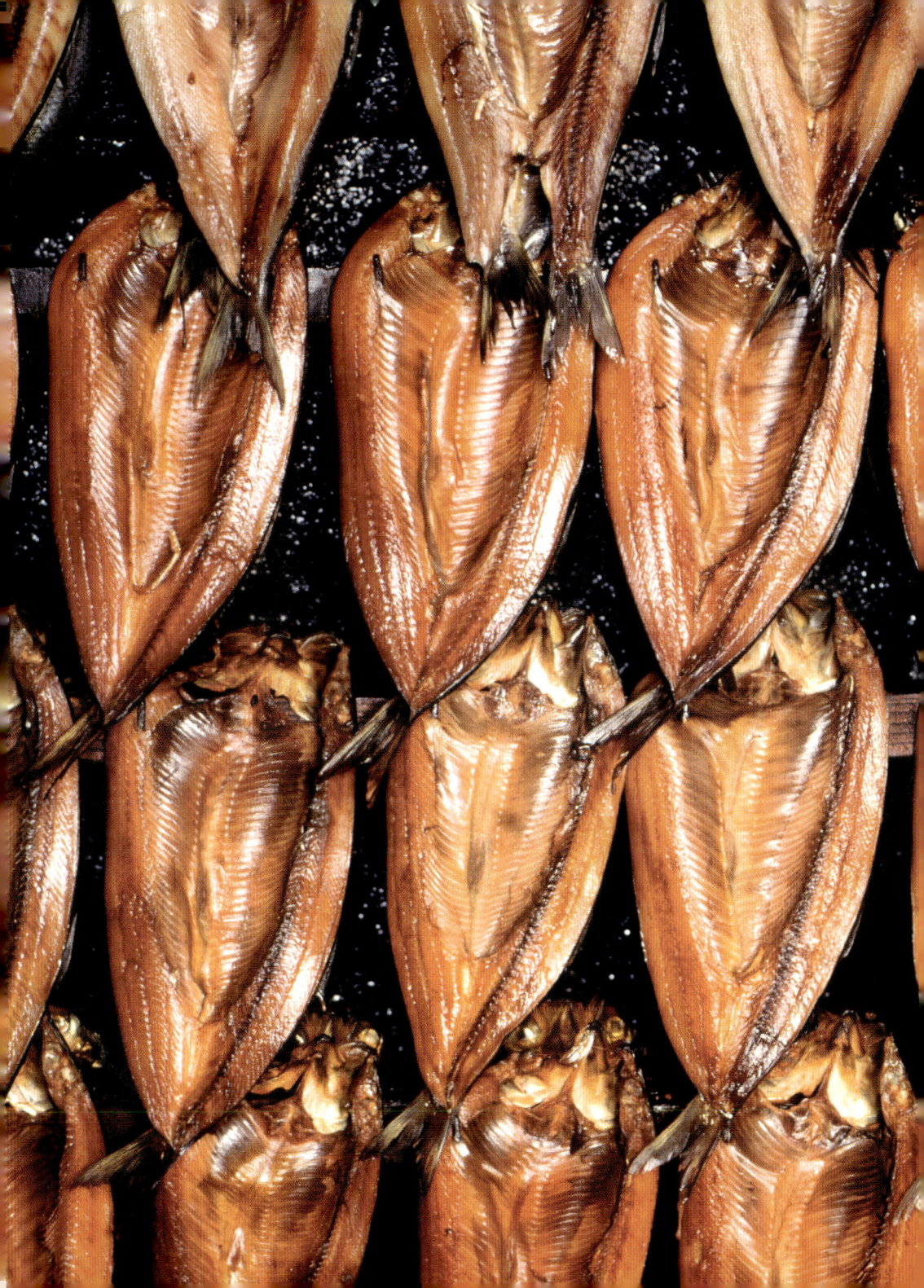

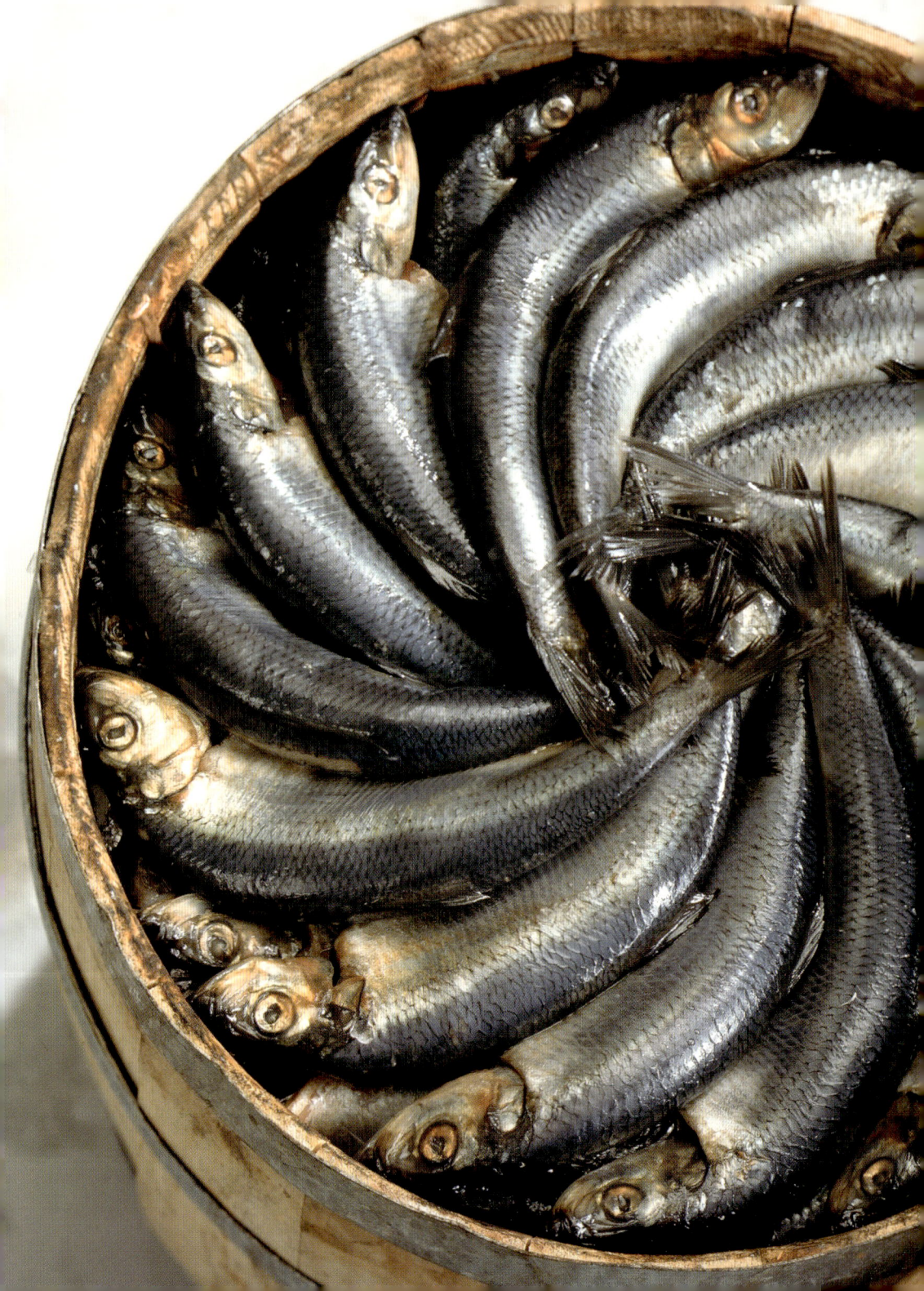

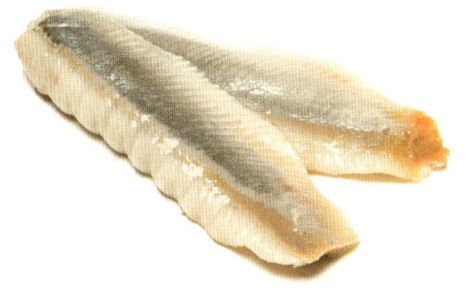

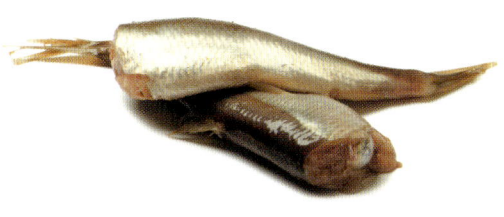

마트예스 청어 Maatjes Herring

산란을 마치고 체내에 알도 정자도 없는 청어는 '처녀어 (virgin)'라 불린다. 알을 낳고서도 처녀로 불릴 수 있다니 얼마나 독보적인 특권인가! '마트예(maatje)'—네덜란드에서 철이 되어 새로 나온 맛있는 청어를 가리키는 말—는 처녀라는 뜻의 'maagd'에서 유래하였다.

해마다 청어가 최고의 품질(지방 함량이 최소한 16퍼센트)을 자랑하는 5월 말이면 청어 철이 시작된다. 과거에는 뭍에 내린 첫 번째 통의 청어는 여왕에게 진상하였다. 오늘날에는 스헤베닝겐 항에서 국기의 날 (Vlaggetjesdag) 기념 경매에 붙여 그 대금은 자선사업에 쓴다. 이때부터 7월까지 마트예스 청어는 'hollandse nieuwe', 직역하면 '네덜란드 새 청어'로 불린다.

마트예스 청어의 요리법은 다양하지만, 네덜란드인들은 길거리 노점에서 필레를 날로 먹는 것을 좋아한다. 간단하게 소금만 약간 쳐서 먹거나, 다진 생 양파를 곁들여 빵 조각 위에 올려서 먹기도 한다. 핵심은 신선함이다. 잡은 지 몇 시간 안에, 즉 산화가 시작되기 전에 먹거나 필레를 떠내야만 한다. **MR**

수르스트뢰밍 Surströmming

'신 청어'라는 이름도, 썩은 달걀과 하수도 냄새 사이의 중간 어디쯤을 연상시키는 끈질기게 없어지지 않는 코를 찌르는 냄새도, 수르스트뢰밍의 팬들로 하여금 이 별미를 포기시키지는 못한다. 스웨덴 북부에서는 전통적으로 8월의 세 번째 목요일이면 수르스트뢰밍의 열성 팬들이 야외 파티를 열고 수르스트뢰밍을 먹으며 그 해의 수르스트뢰밍 철 첫날을 축하한다.

최근까지만 해도 스웨덴 일부에서는 일종의 필수 식량이었던 수르스트뢰밍은 발효시킨(썩은 것이 아니다!) 청어로 만든다. 예전에는, 아마 15세기 쯤에는, 소금으로 절이거나 훈제시키는 대신 발효를 시켰을 것이다. 오늘날 수르스트뢰밍이 가장 인기가 높은 곳은 스웨덴 북부로, 생산량도 이 지역의 울뵌 섬이 가장 많다. 해마다 약 1백만 캔을 생산하며, 요즘 들어서는 일본 등지로 해외 수출도 한다고 하지만, 여전히 많은 사람들이 그 매력에 대해 긴가민가하다.

수르스트뢰밍은 아몬드 감자, 곱게 다진 양파, 그리고 툰브뢰트(tunnbröd)라는 일종의 플랫브레드와 함께 먹는다. 맥주나 슈납스와 함께 먹지만, 우유를 선호하는 사람들도 있다. **CC**

Taste: 살은 하얗고 부드러우며, 가장 잔뼈민 발라낸다. 껍질은 신명하게 반짝이는 금속성의 청회색이다. 달콤한 해조류의 맛에 기름기가 살짝 어우러졌다.

Taste: 수르스트뢰밍은 의외로 날큼하며, 약간 짭짤한 맛이다. 잘 숙성시킨 치즈를 연상시키는 찌르는 듯한 맛이 입안을 압도하며 오래도록 머문다.

수세기 동안 마트예스 청어에는 나무 통을 써왔다.
🔵 소금에 절인 청어는 선원들의 식량이기도 하다.

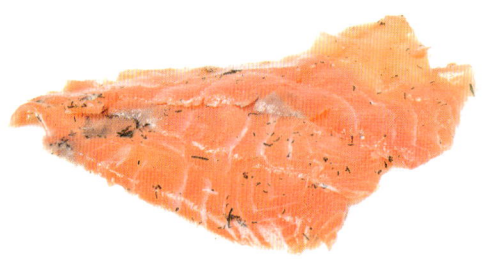

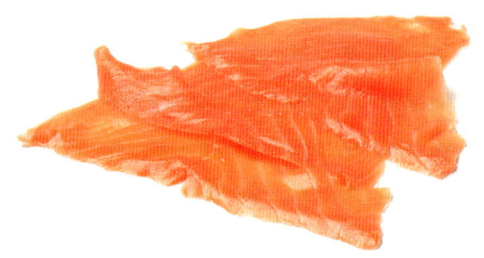

그라블락스 Gravlax

과거에 연어는 스칸디아비아인들에게 중요한 필수 식량이었다. 짠물에 살다가 알을 낳기 위해 이른 봄이면 하천을 거슬러 올라오기 때문에 대량으로 잡는 것이 가능했다. 그러나 교통이 불편한 스칸디나비아 북부의 산악지대에서는 대서양 연어를 보존 처리하여 저장하는 것이 무엇보다 중요했다. 가장 인기있는 방법은 약간의 소금을 넣어 발효시키는 것이었다. 땅에 구덩이를 파서 생선을 묻었는데, 이 구덩이를 그라브(grav, 무덤이라는 뜻)라 불렀으며, 이리하여 그라블락스라는 이름이 붙었다. 이러한 방법은 1348년에 이미 지금의 스웨덴 중부에 해당하는 옘틀란트에서 전문적으로 발전하였다. 17세기에는 오늘날 우리가 아는 과정—소금, 설탕, 딜을 사용하여 절이는—과 거의 비슷해졌다.

스웨덴에서는 그라블락스(gravlax) 또는 그라바트락스(gravad lax)라 부르며, 노르웨이와 덴마크에서는 그라블락스(gravlaks)라 부른다. 대서양과 발트 해의 연어 개체수가 줄어들고 있기 때문에, 요즈음에는 스칸디나비아 반도에서 양식한 연어를 사용한다. 이름은 저마다 달라도 스칸디나비아의 스뫼르고스보르드에서 중요한 역할을 차지하는 것만은 틀림이 없다. **CC**

발리크 훈제 연어 Balik Smoked Salmon

발리크는 특정한 스타일로 생산하는 훈제 연어의 브랜드이다. 노르웨이 양식 연어를 사용하여 스위스에서 생산하는데, 정작 발리크 社 측에서는 그 기원이 제정 러시아라고 주장한다. 연어나 그 밖의 민물고기를 훈제할 때에는 주로 단단한 나무보다는 수지를 사용하였다는 점만 제외하면, 옛 러시아의 훈제 기법은 오늘날 영국에서 쓰이는 방법—연어를 펼쳐 놓고 얇게 비스듬히 저며내서 껍질만 남기는—과 흡사하다.

차르 니콜라이® 필레—발리크 사의 대표 상품—는 껍질이 없다. 살 위의 얇은 막을 늘어진 뱃살과 함께 벗겨내면 뼈도 없고, 기름기도 적은 핑크색 연어의 살코기만 남는다. 이것을 약 1센티미터 두께로 세로로 저민다.

발리크에서는 그라블락스와 비슷한 연어도 생산하며, 각국 공항에 위치한 캐비어 하우스 체인에서 캐비어나 샴페인 같은 다른 고급 식품들과 함께 팔아 국제적인 명성을 얻었다. 발리크 훈제 연어는 필레를 떠낸 특별한 판 위에 진열한다. **MR**

Taste: 그라블락스는 딜과 머스터드 소스를 곁들여서 낸다. 질감은 부드럽고, 약간 끈적하며 입안에서 거의 녹는 듯하다. 짭짤하고, 달짝지근하고, 딜의 향기가 강하게 난다.

Taste: 훈제 향이 아주 순하며, 거의 살에 배어 들어가지 않다시피 했기 때문에, 사실상 일본에서 먹는 사시미와 별 다를 바가 없다. 매끄럽고 입에서 녹는 듯한 질감에 진하고 기름진 풍미를 지니고 있다.

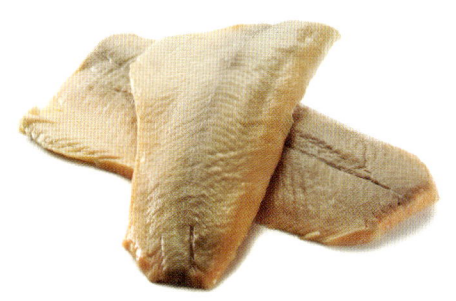

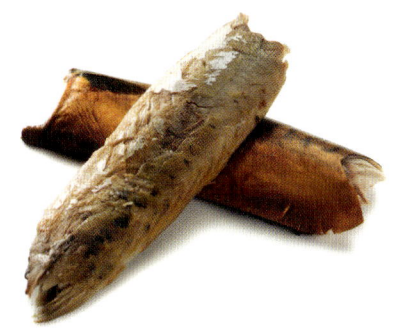

훈제 송어 Smoked Trout

생선을 훈제하는 목적은 한때는 저장을 용이하게 하기 위해서였지만, 오늘날에는 그 풍미를 즐기기 위해서이다. 훈제에는 두 가지 방법, 즉 냉훈법과 온훈법이 있다. 송어 훈제에서는 온훈법을 더 흔히 사용한다. 온훈법을 사용하면 훈제 과정에서 생선이 완전히 익게 되지만, 냉훈법의 경우에는 찬 훈연을 쐬기 때문에 어느 정도는 날생선 그대로 남게 된다. 온훈법은 가마에서 다양한 활엽수 땔감을 태운다. 참나무를 쓰면 풍미가 강해지며, 너도밤나무는 그보다 순하다. 미국에서는 히코리 나무가 인기가 좋으며, 북유럽과 동유럽에서는 주니퍼를 사용한다.

양식 무지개 송어를 구하기가 쉬워지면서 품질도 표준화되어 가고 있다. 무지개 송어는 지방 함량이 높아 (전체 중량의 약 20퍼센트) 훈제 과정에 이상적으로 적합하다. 최고는 통째로 훈제한 송어이다. 껍질이 단열재 역할을 해주어 살을 열기로부터 보호하며 마르는 것을 방지해주기 때문이다. 그러나 몸집이 큰 생선의 경우 필레만 떠서 훈제하기도 한다. 전채 요리로 많이 내며, 크림에 섞은 서양고추냉이를 곁들여 먹으면 느끼함이 덜하므로 전생연문이다. 스칸디나비아에서는 보통 얼음장처럼 차가운 슈납스 한 잔과 함께 먹는다. **MR**

훈제 힐사 Smoked Hilsa

힐사(Tenualosa ilisha)는 은빛이 도는 열대어로 생의 대부분을 바다에서 보내지만, 2월 말에는 인도 대륙 전역의 하천에서 알을 낳기 위해 벵골 만을 떠나 내륙으로 향한다. 이 때문에 종종 민물 고기로 오해되기도 한다.

벵골 지방 요리에서 생선은 매우 중요한 역할을 차지하며, 눈부시리만치 다양한 조리법을 자랑한다. 그러나 그 중에서도 벵골인들이 가장 좋아하는 생선은 힐사로, '일리쉬(ilish)', 또는 '엘리쉬(elish)'로 부르기도 한다. 힐사는 방글라데시의 국어(國魚)로, 방글라데시와 서벵골, 특히 주도인 캘커타의 생선 애호가들은 이 기름진 고기를 조리하는 가장 좋은 방법은 훈제라고 믿고 있다.

벵골 음식은 달콤함과 스파이시함의 조화가 특징인데, 그 중에서도 머스터드(씨 또는 기름)가 두드러진다. 훈제 힐사는 머스터드 씨 간 것, 소금, 머스터드 기름, 그리고 강황을 섞어 만든 페이스트를 곁들여 바나나 잎에 싼 뒤 쌀과 함께 찐다. 레일웨이 양고기 커리 같은 음식과 함께 훈제 힐사는 전통적인 영국 식민풍 인도의 별미로, 고풍스러운 인도 레스토랑에서 흔하게 찾아볼 수 있다. **CK**

Taste: 송어는 본래의 풍미가 가벼운 대신 소금물에 절이거나 훈제하면 그 향을 모두 빨아들인다. 질감은 상당히 단단하고 살은 포크로 건드리면 잘 잘라진다.

Taste: 훈제 힐사는 섬세한 질감과 향을 지니고 있다. 아주 달고, 쥬이시하고, 부드럽지만, 스파이시하고 찌르는 듯한 맛이 톡 쏜다. 뼈가 매우 많기 때문에 보통은 뼈를 발리서 낸다.

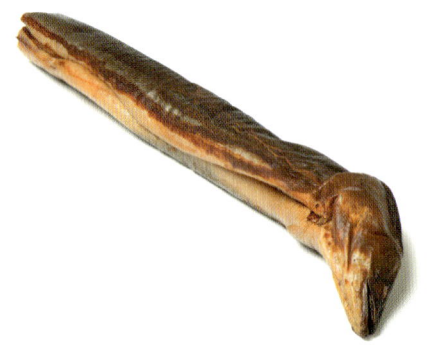

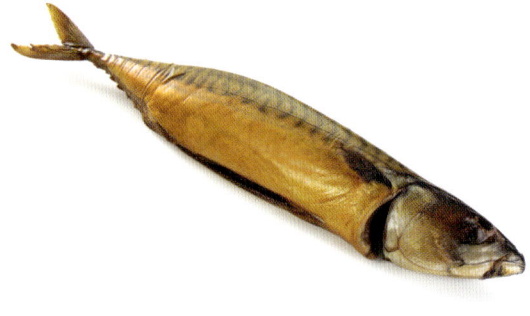

훈제 장어 Smoked Eel

한때 뉴질랜드의 마오리족이 즐겨 먹었던 훈제 장어는 오늘날 전 세계에서 사랑받는 음식이지만, 아무래도 가장 높은 인기를 누리는 곳은 네덜란드이다. 유럽의 강과 호수에서 사는 장어는 산란기가 되면 사르가소 해로 특별한 여행을 떠난다. 사르가소 해는 대서양에서도 흐름이 잔잔하고 해초가 풍부하다. 잡기에 가장 좋을 때는 장어가 이동을 시작하기 직전, 몸집도 가장 크고 살졌을 때이다. 훈제에 들어가기 직전까지 살려두어야 즙도 많고 맛도 그대로 보존할 수 있다.

일단 죽여서 내장을 꺼낸 뒤 소금물이나 소금에 절여서 가마 안에 매달고 참나무나 너도밤나무 같은 활엽수를 땐다. 네덜란드인들은 장어를 먹을 때에는 기름진 황금빛 껍질을 벗겨내고(gerookte paling이라고 한다), 뼈에서 살을 바로 발라 먹는다. 좀더 옛날 식을 고집하자면, 이웃인 독일 북부나 스칸디나비아 사람들처럼 크림에 서양고추냉이를 섞은 소스를 곁들여 필레로 먹는다. 유럽 뱀장어는 현재 개체수가 심각한 위기에 처해 있으므로, 야생 포획은 엄격하게 제한되고 있다. **MR**

훈제 고등어 Smoked Mackerel

생선을 오랫동안 두고 먹기 위해 훈제하는 풍습은 수천 년의 역사를 자랑한다. 아마도 어부들이 불 위에서 그날 잡은 생선들을 말리다가 훈제의 효과를 우연히 발견했을 것이다. 그러나 냉장 설비가 발달하면서는 저장 목적보다는 그 풍미와 질감을 즐기기 위해 생선을 훈제하게 되었다.

살에 기름기가 많고 어뢰 모양으로 생긴 고등어는 훈제에 완벽하게 어울린다. 고등어는 보통 온훈법으로 훈제하여 쉽게 부서지는 질감을 더욱 돋보이게 한다.(일반적으로 냉훈법은 생선의 풍미만을 끌어낼 뿐, 실제로 익히지는 않기 때문에 생선살의 성질에는 영향을 미치지 않는다.)

훈제 고등어는 보통 진공 팩이나 기름에 절인 통조림으로 판다. 고급 상표의 경우에는 엑스트라 버진 올리브유를 사용한다. 한번쯤 먹어봐야 할 매우 특별한 제품 중에는 스페인의 돈 레이날도 社가 생산한 너도밤나무 훈제 고등어가 있다. 부드럽게 훈제하여 올리브유에 담근 고등어의 풍미는 도저히 저항할 수가 없다. **LF**

Taste: 훈제 장어는 기름기가 많고, 스모키하고, 진하고, 껍질을 벗기면 거의 지방 덩어리이다. 그 질감은 단단하고 꽉 차 있으며—살이 절대로 부스러지지 않는다—그 맛에서 비린내가 전혀 느껴지지 않는다.

Taste: 훈제 고등어는 풍성하면서도 둥글둥글하고, 거의 버터에 가까운 풍미에 가볍고 균형잡힌 스모키함이 특징이다. 촉촉하고, 쥬이시한 질감은 기름이 아닌 생선의 공이다.

내장을 빼낸 고등어를 훈제장의 열기 위에
직접 매달아 놓아 제대로 익힌다. ➲

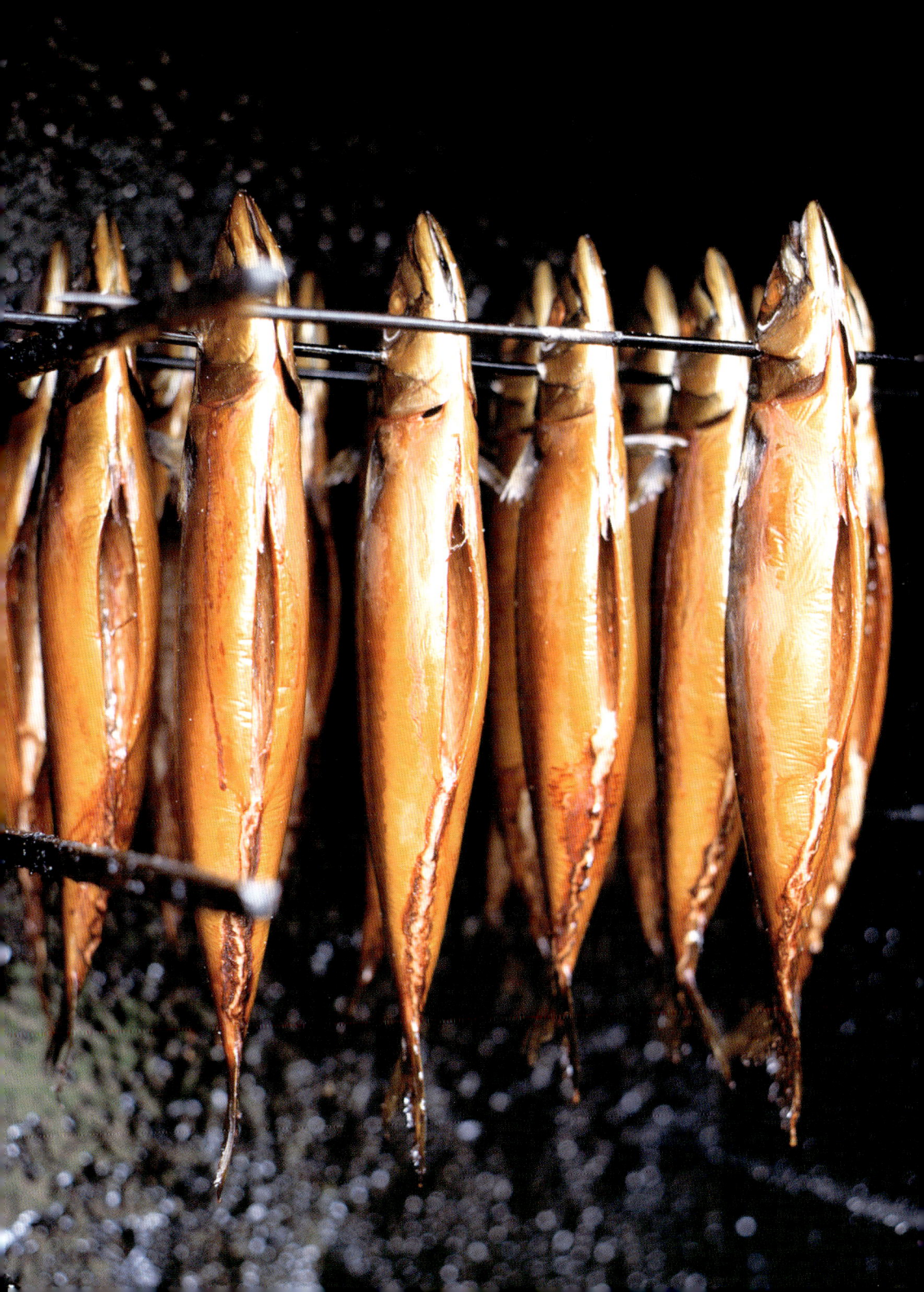

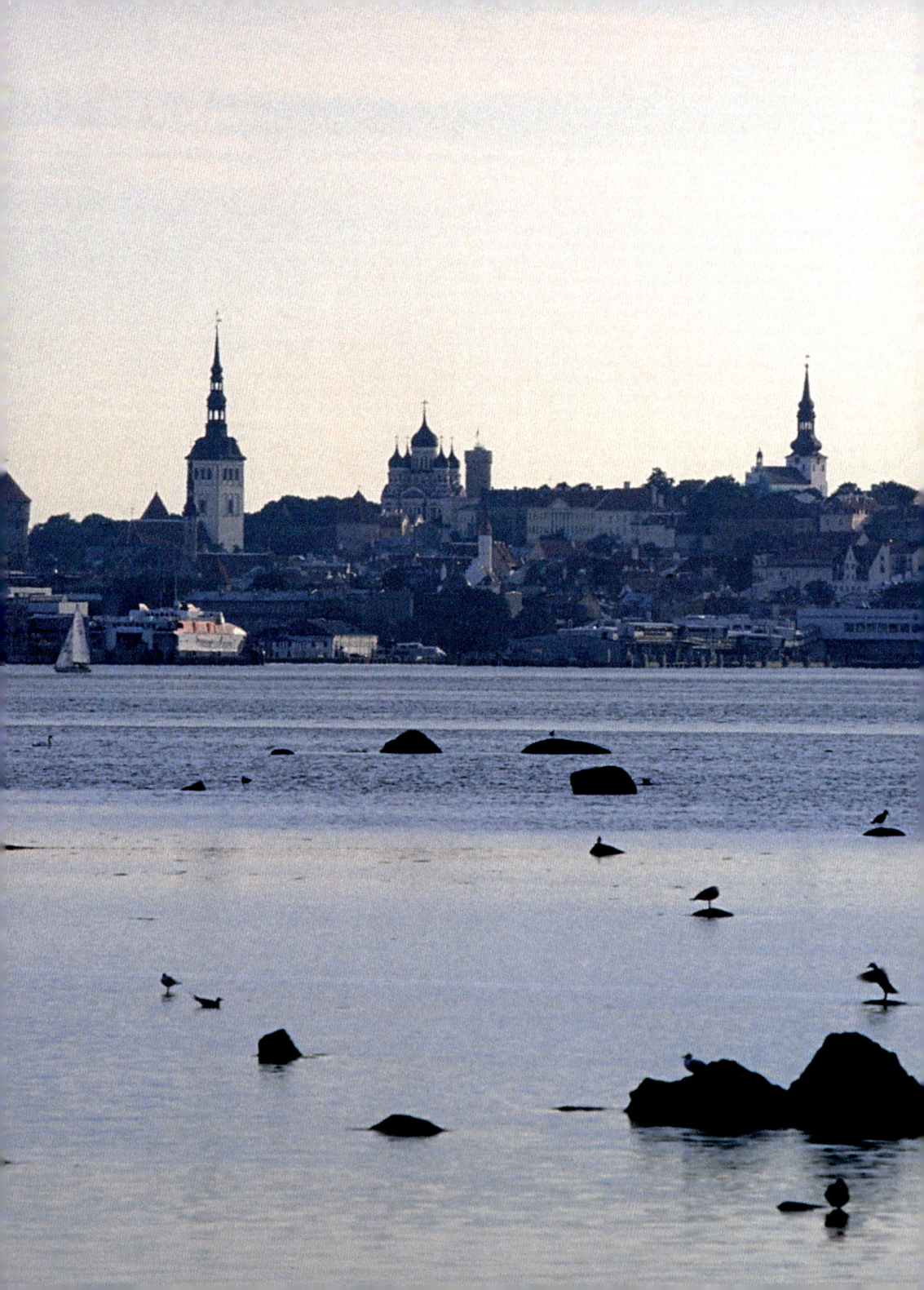

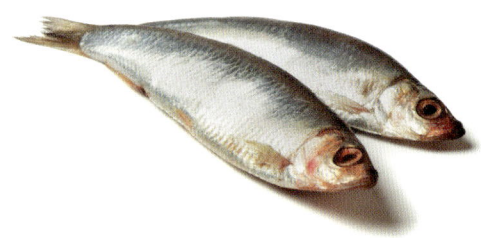

탈린 킬루드 Tallinn Kilud

작고 은빛에 짜릿한 맛을 자랑하는 킬루드는 에스토니아에서 인기가 좋은 발트 해 스프랫(Sprattus sprattus balticus)이다. 에스토니아의 수도인 탈린의 특산물이다. 킬루드는 너무 작아서 필레를 들 수가 없으므로, 머리와 내장까지 함께 그대로 작은 캔에 꽉 채운 뒤 육두구, 정향, 계피, 흑후추를 비롯한 약 20종의 향신료로 맛을 낸다. 주머니에 쏙 들어갈 크기의 밝은 파랑색 캔마다 월계수 잎이 하나씩 들어 있다.

소금에 절인 스프랫은 에스토니아에서 오랫동안 필수 식량이었다. 내륙에 사는 가난한 사람들은 해안으로 나와 곡물과 물물교환한 생선을 소금에 절인 뒤 커다란 나무통에 담았다. 현대의 킬루드 처리 기법은 옛날 16세기에 사용하던 방법을 기초로 한 것이다. 당시에는 스프랫이 유난히 달콤한 맛으로 유명했다고 한다. 통조림의 등장과 함께 탈린 킬루드의 전설이 탄생하였다. 탈린 구시가지의 중세 스카이라인을 묘사한 그림 같은 이미지로 캔을 디자인하여, '스프랫 캔 스카이라인'이라는 말까지 나오게 되었다. '스프랫 캔 스카이라인'은 오늘날 바다에서 본 탈린 시 풍경을 가리키는 표현이다. **LF**

Taste: 달콤함. 따스한 스파이시함. 킬루드는 전반적으로 부드러우면서 잔뼈들이 기분 좋게 살짝 아삭거리는 질감을 지니고 있다.

킬루드 캔을 사는 사람들이라면 누구나
◑ 친숙한 탈린 스카이라인.

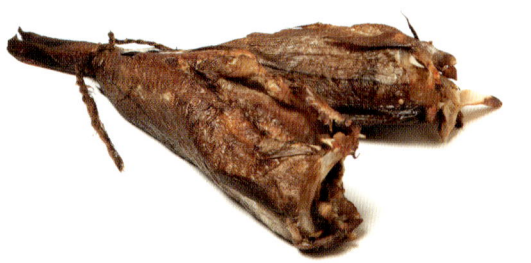
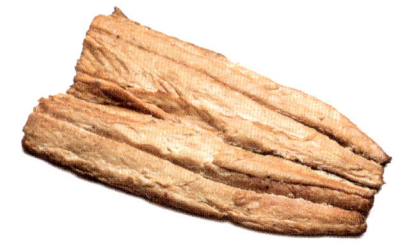

아브로스 스모키 Arbroath Smokie

스코틀랜드 동부 해안은 드라마틱한 바다 풍경이 펼쳐져 있으며, 수세기 동안 절벽 위에 흩어져 있는 마을과 항구는 어업, 특히 해덕대구에 기반을 두고 번성해 왔다. 다른 훈제 생선처럼 아브로스 스모키(PGI) 역시 냉장 설비가 발달하기 전에, 음식을 보관 및 저장하기 위한 수단이었다.

아브로스 스모키는 두 가지 측면에서 다른 훈제 생선들과는 좀 다르다. 우선 뼈까지 통째로 훈제하며, 두 마리 한 손으로 훈제한다는 점이다. 해덕대구의 내장을 빼내고, 머리를 잘라낸 다음, 소금에 절여서 두 시간쯤 말려 껍질에서 습기를 제거한다. 그런 다음 두 마리씩 묶어서 나무 장대 위에 매달아 놓고, 참나무나 너도밤나무를 때서 훈제에 들어가기 전에 소금기를 씻어낸다. 이러한 방법은 19세기 초, 오치미티라는 마을에서 처음 고안하였는데, 마을 사람들이 좀더 남쪽의 아브로스 시로 이주해 가면서 아브로스 스모키라는 이름을 얻게 되었다.

아브로스 스모키를 먹는 가장 좋은 방법은 '핫 오프 더 배럴(hot off the barrel)'이라고 하여, 훈제가 막 끝나 아직도 따끈따끈한 생선을 먹는 것이다. 그게 아니라면 생선을 반으로 갈라 뼈를 제거해서 차게 먹거나, 속에 버터를 채워 넣고 데워 먹는다. **CTr**

Taste: 질감은 부드럽고 녹는 듯하고, 살이 잘 부스러진다. 신선한 생선의 풍미는 약간의 소금기와 풍부한 스모크와 어우러져 좋은 균형을 이룬다. 각각의 요소가 서로를 북돋워준다.

훈제 검정통삼치 Smoked Snoek

훈제 검정통삼치는 이탈리아 사람들이 파르마 햄(프로슈토 디 파르마, prosciutto di Parma)을 애지중지 여기는 것과 비슷한, 남아프리카의 보물이다. 그러나, 훈제 검정통삼치를 그보다 저렴한 염장 검정통삼치와 헷갈리지는 말 것.

고등어의 사촌 격인 검정통삼치(Thyrsites atun)는 남반구의 미지근한 물에서 산다. 멕시코 만에서 잡히는 일종의 농어인 눈볼개(snook)와도 다른 종류이다. 뉴질랜드와 오스트레일리아에서는 바라쿠타(barracouta)라 부르지만, 무서운 식인 꼬치고기(barracuda)와는 관계가 없다.(다만, 17세기에 케이프타운을 세운 얀 반 리베이크의 부하들이 검정통삼치에 물려서 손가락이 잘린 적은 있다고 한다.) 남아프리카에서 매우 인기가 높은 검정통삼치는 케이프 지역의 속어에까지 등장한다. "Slat my dood met 'n pap snoek"는 직역하면, "축축한 검정통삼치로 나를 죽여라"라는 뜻이다.

검정통삼치는 여러 가지 방법으로 조리할 수 있다. 남아프리카에서 훈제 검정통삼치는 보통 파테나 스프레드로 만들어 먹지만, 살을 발라 토마토와 후추를 곁들여 일종의 케저리―얇게 조각으로 썬 생선, 밥, 달걀, 버터로 만드는 요리―인 '스모르-스노에크(smoor-snoek, 숨막힌 검정통삼치)'로 먹기도 한다. **HFi**

Taste: 짭짤한 맛에, 부분적으로만 건조 및 훈제하는 바람에 환상적인 질감을 자랑하는 훈제 검정통삼치에는 부시무시해 보이는 뼈가 엄청 많지만, 쉽게 발라낼 수 있다.

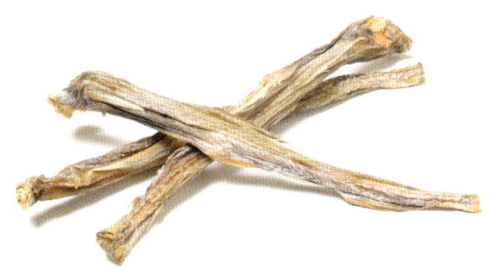

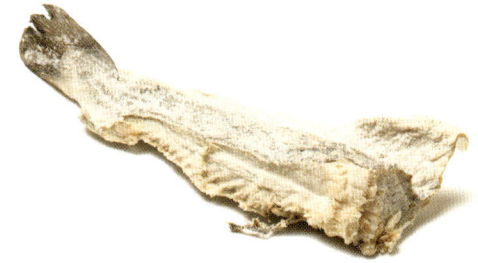

물천구 Bombay Duck

영어 이름인 봄베이 덕이라고 하면, 무슨 깃털 달린 새를 연상하기 쉽지만, 사실 물천구(Harpadon nehereus)는 아시아, 특히 인도 주위의 강 후미와 해안에서 사는 물고기이다. 물론 여기에는 뭄바이(옛 이름 봄베이) 인근의 바다도 포함되어 있으므로 이런 이름이 붙었다.

인도에서 물천구는 대체로 생물을 요리해 내지만, 대부분은 필레를 떠서 소금에 절인 뒤 뜨거운 태양에 말린다. 건조된 생선에서는 믿을 수 없을 정도로 심한 냄새가 난다. 봄베이 덕이라는 흔치 않은 이름이 붙게 된 것은 영국의 인도 식민 통치 시절, 철도로 이 생선을 운송했고, 그 때문에 열차간에서 그 지독한 냄새가 났기 때문이다. 영국인들은 이 냄새에 열차의 이름을 따서 '봄베이 닥(Bombay dak)'이라는 별명을 붙였다.

고집스런 인도 음식 열성팬들은 물천구를 매우 좋아하며 특히 말린 물천구를 갈아서 커리에 뿌려 먹는 것이 좋다고 한다. 한때는 영국의 인도 음식점에서 흔히 먹을 수 있는 요리였지만, 유럽연합(EU)에서 공장 가공 식품이 아니라는 이유로 금지하였다가 최근 들어 다시 찾아볼 수 있게 되었다. 물천구를 요리하려면 몇 분간 프라이팬에서 튀긴 뒤 식기 전에 뜨거운 채로 파파둠이나 커리를 곁들여 먹는다. 피클로 만들 수도 있다. **LF**

Taste: 말린 물천구는 다소 부서지기 쉬워, 입안에서 푸슬푸슬 흩어지며, 그 짜릿한 맛은 사람마다 호불호가 뚜렷하게 갈린다. 전체적으로 짭짤한 맛이라 앤초비 팬이라면 고개를 끄덕일 것이다.

소금에 절인 대구 Salt Cod

포르투갈에서는 바칼랴우(bacalhau), 이탈리아에서는 바칼라(baccalá), 스페인에는 바칼라오(bacalao), 프랑스에서는 모뤼(morue)라고 부른다. 수백 년 동안 소금에 절여 말리는 것이 생선을 두고 먹는 주요한 방법이기는 했지만, 이제는 어느 나라건 간에, 냉장 기술의 발달로 음식의 보존을 위한 염장(鹽藏)은 더 이상 필요하지 않게 되었다. 그러나 소금에 절이면 생선의 풍미와 질감이 멋지게 변하기 때문에, 오늘날 소금에 절인 대구는 호화 음식에 속한다.

과포획으로 인해 북대서양에서 대구는 거의 씨가 마르다시피 했으며, 당연히 가격은 치솟았다. 때문에 현재는 태평양에서 잡히는 대구로 대신하거나, 혹은 수염대구나 해덕대구, 혹은 북대서양대구(Pollack, 보통 '대서양대구'라고 하는 대구와는 다른 종이다)를 대용으로 쓰기도 한다. 포르투갈과 스페인의 수퍼마켓에는 커다랗고 납작한, 소금에 절인 대구만 따로 파는 카운터가 있을 정도이다. 바짝 오그라들어서 별로 맛있을 것처럼 보이지는 않지만, 하루이틀만 물에 담가 놓으면 환상적인 레시피들의 재료가 될 수 있다. 고급 올리브유와 멋진 궁합을 보여주며, 바삭바삭한 반죽을 입혀서 마늘을 약간 넣은 브랑다드 드 모뤼(brandade de morue)는 도저히 그 유혹을 거부할 수가 없다. **LF**

Taste: 소금에 절인 대구는 물에 불려서 조리하면 단단하면서도 촉촉하고, 잘 부스러지는 질감을 지니게 된다. 희미한 소금기가 풍기는. 눈부시게 원기왕성하고 짭짤한 풍미를 자랑한다.

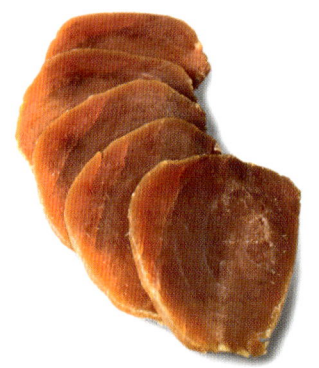

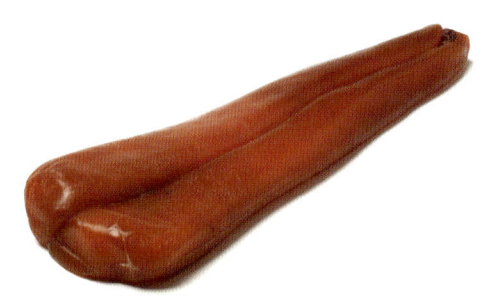

모스키아메 델 톤노 Mosciame del Tonno

보기만 해도 입에 군침이 도는 이 이탈리아의 별미는, 저 옛날 페니키아인들과 그 뒤를 이은 로마인들이 사용하던 기법 그대로 소금에 절여 햇볕에 말린 참치 살로 만든다. 해변의 산들바람에 말리면 환상적인 깊이가 생선의 풍미에 더해져, 풍부한 적갈색을 띠게 한다. 스페인에서는 '모하마(mojama)'라고 부르며, 같은 방법으로 절인 돌고래고기는 무스키아메(musciame)라고 부른다.

모스키아메 하면 오늘날에는 보통 사르디니아 남쪽의 카를로포르테 섬을 떠올리지만, 원래는 리구리아 지방에서 유래한 것으로 알려져 있다. 1700년대에 카를로포르테에 정착한 리구리아 어부들에 의해 처음 이 섬에 전해진 것이다. 참치의 허릿살을 우선 깨끗이 씻어서 바다소금에 절인 뒤 물에 헹구어낸 다음 널어 지중해의 태양과 공기에 말린다. 완전히 말라서 수분이 다 빠져나간 참치는 무게가 처음의 절반밖에 되지 않는다.

모스키아메는 겉만 보면 소금에 절인 이탈리아식 쇠고기인 브레사올라(bresaola)와 매우 닮았으며, 먹는 방법도 비슷하다. 종잇장처럼 얇게 썰어서 엑스트라 버진 올리브유를 몇 방울 떨어뜨리고 레몬을 짜서 그 즙을 뿌려 먹는다. 갈아서 파스타나 샐러드에 넣어 먹어도 맛있으며, 제노바 전통 요리인 카폰 마그로(cappon magro)에 넣기도 한다. **LF**

보타르가 디 무기네 Bottarga di Muggine

보타르가 디 무기네는 암컷 숭어의 알이다. 최고급 보타르가 디 무디네는 사르디니아 서부에 있는 짠물 호수 카브라스에서 잡힌다. 때때로 '가난한 이들의 캐비어'라는 별명으로 불리기도 하며, 그 이름에 부족함이 없는 환상적인 음식이다.

알을 통째로 끄집어내서 잘 씻어 소금에 절인 뒤 가볍게 압착한다. 그런 다음 다시 한번 씻어서 햇볕에 말린다. 이렇게 해서 완성된 제품은 눈물 방울을 길게 늘여놓은 모양으로 길이는 10~18센티미터, 색깔은 황금빛 호박색이다. 전통적으로 겉에 밀랍을 발라 한 쌍으로 파는데, 오늘날에는 플라스틱 진공 포장을 한다.

겉의 얇은 막을 벗겨낸 보타르가를 얇게 썰어 좋은 엑스트라 버진 올리브유와 레몬즙을 뿌려 먹는다. 그러나 보타르가 디 무기네를 먹는 가장 맛좋은, 그리고 가장 흔한 방법은 얇게 밀거나 갈아서 뜨끈뜨끈한 스파게티 위에 뿌려 먹는 것이다. 보타르가 디 무기네는 절대로 가루로 팔지 않으며, 익혀서 먹지도 않는다. **LF**

Taste: 종이처럼 얇고 부드러운 모스키아메는 고급 올리브유와 잘 어울린다. 소금에 절인 햄과 같은 두드러진 육류의 풍미가 특징이지만, 희미한 생선 비린내가 느껴지기도 한다.

Taste: 보타르가 디 무기네는 섬세한 소금기를 풍기지만, 입안에서는 생선 비린내가 거의 느껴지지 않는다. 혀의 미각 기능에 활력을 불어넣으며 스파이스 향이 부드럽게 감돈다.

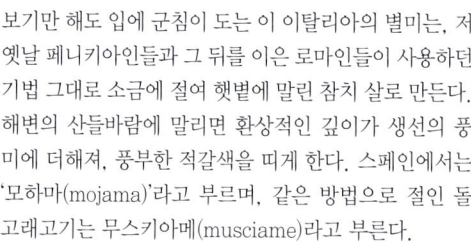

보타르가 디 무기네를 신선하게 보존하기 위해 전통적으로 밀랍을 사용한다. ➐

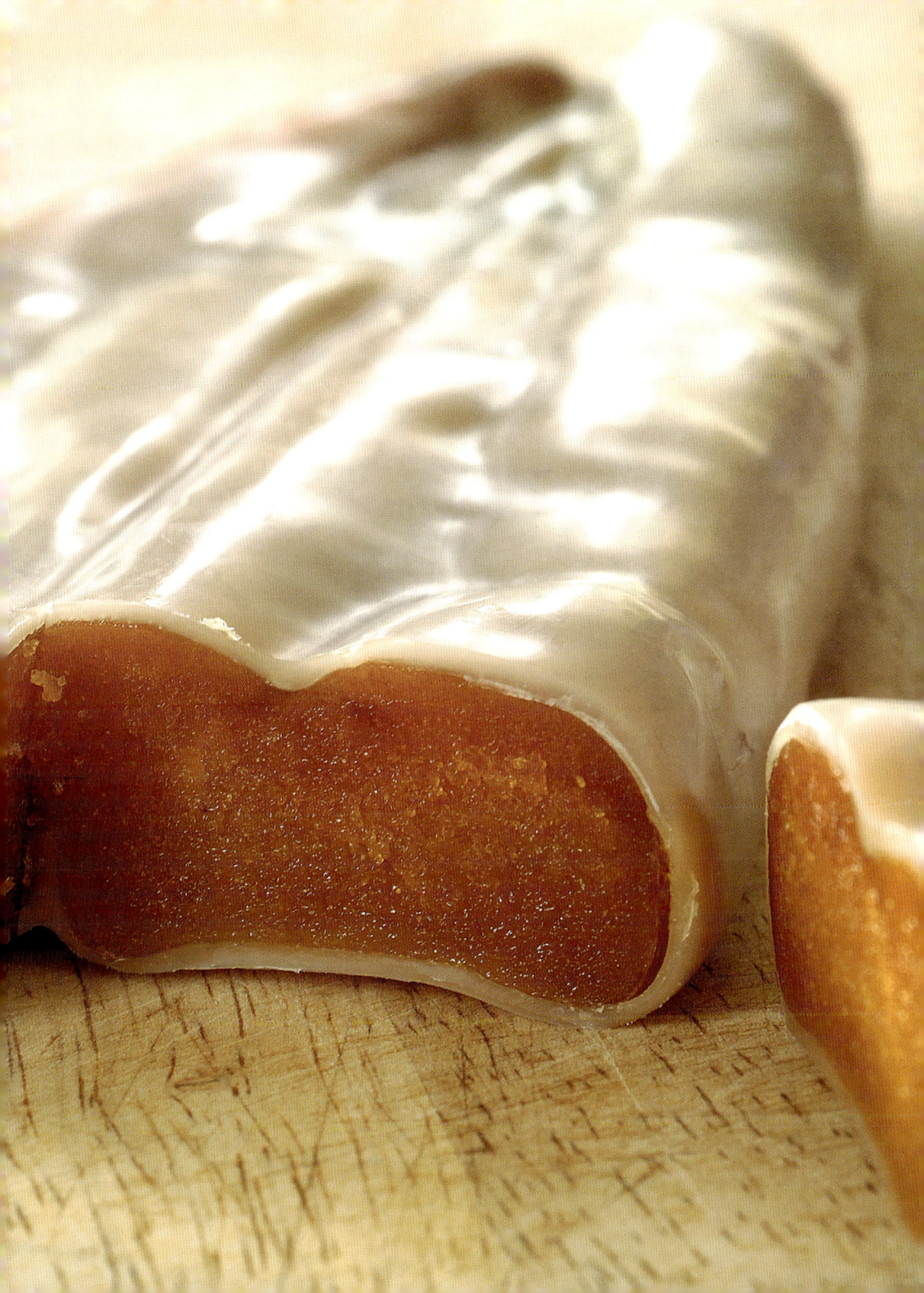

아귀 간 Monkfish Liver

일본의 전통 별미인 아귀 간(あん肝, 안키모)은 전 세계의 주방—가정과 레스토랑을 불문하고—에서 점점 모습을 드러내기 시작하고 있다. 원래 맛이 진한 편이지만, 익히면 실크처럼 부드럽고 입에서 사르르 녹는 듯한 질감을 자랑하며, 덕분에 '바다의 푸아그라'라는 별명을 얻었다.

보통 아귀 간은 무게가 약 500그램 정도 나간다. 조리하기 전에 가볍게 양념하여 매리네이드에 재워—전통적으로 소금을 쳐서 일본 청주(사케)나 미림에 재운다—원통형으로 싸서 찌거나 약한 불에 삶는다. 때로는 반죽을 입혀 끓는 기름에 튀겨서, 썰거나 다진 참치 살과 함께 내기도 한다. 간의 진한 맛을 보완할 수 있는 가볍고, 상큼하고, 바삭바삭한 풍미를 곁들이는 게 좋지만, 동시에 그 섬세한 맛을 압도해서도 안 된다. 처음에는 간을 작게 썰어 폰즈—일본 요리에서 널리 쓰는, 감귤류로 만든 소스. 새콤하고 톡 쏘는 맛이 나는 엷은 노란색이다—를 곁들이고, 해초 무침이나 부채와 함께 내기도 한다. 최근 미국과 유럽의 셰프들은 오리나 거위의 푸아그라와 비슷한 방법으로 조리하는 것을 선호한다.

이 글을 쓰고 있는 시점에서, 아귀는 그 개체수가 급격히 줄어 위기에 처해 있다. 중국과 일본으로부터의 어마어마한 수요는 물론, 육류보다 간이 인기를 얻기 시작하며 유럽과 북미 시장의 수요까지 가세하면서 과포획하였기 때문이다. 사실을 말하자면, 전 세계의 어족을 보호하기 위해 모든 생선을 되도록 먹지 않는 편이 옳다. 1999년 이래, 뉴잉글랜드와 대서양 중부의 아귀 어장을 복원하기 위해 10개년 계획이 실시 중에 있다. 좋은 결과가 있기를 고대한다. **CN**

포티드 쉬림프 Potted Shrimp

포티드 쉬림프 하면 잉글랜드 랭카서 해안의 드넓은 개펄인 모어캠 베이를 떠올리게 된다. 어부들은 그물로 잡은 작은 갈색 새우를 끓는 바닷물에 살짝 데쳐 그 신선함을 그대로 유지한다.(모어캠 베이 근교에 사는 사람들은 짠물보다는 단물에 끓이는 편이 더 달콤하고 쥬이시하다고 주장하지만, 그런 호사는 입의 즐거움을 위해 새우 낚시에 나서는 사람들에게나 해당되는 이야기고, 생업을 위해 고기잡이하는 어부들에게는 애당초 말이 안 된다.) 조수간만의 차가 큰 이 광활한 개펄에서 썰물이 빠져나가면, 배를 띄우지 않고도 새우를 잡을 수 있다. 실제로 몇몇 어부들은 물이 얕을 때면 트랙터로 그물을 쳐서 질질 끌고 다니며 새우를 잡는다.

뭍에 올라온 다음에야 '포팅(potting)' 단계에 들어간다. 우선 새우를 차게 식힌다. 머리와 등껍질을 떼어내고, 꼬리에서 살을 빼낸다. 살을 빼내는 작업은 기계를 사용할 수 없으므로 손이 매우 많이 가는 일이다. 아무리 솜씨가 좋아도 한 시간에 700그램 이상 살을 빼내기란 쉽지 않다. 아무튼 이렇게 발라낸 새우 살을 버터와 함께 단지에 채워 담고 후추와 육두구로 양념을 한 뒤, 그 위에 다시 정제 버터를 발라 공기를 차단하고 보존성을 높인다. 버터보다야 새우가 값이 비싸므로, 꼬리 부분의 비율이 높을수록 품질이 높은 것으로 친다.

포티드 쉬림프는 따끈따끈한 갈색 토스트나 바삭바삭한 갈색 빵과 함께 먹으며, 때로는 레몬을 곁들이기도 한다. 오이 샌드위치에 넣을 때에는 버터 대용이 된다. 그린 샐러드와 함께 전채 요리로 내기도 한다. **MR**

Taste: 고전적인 푸아그라의 진한 질감에 간단하게 쪄낸 갑각류의 신선하고 짭짤한 풍미가 더해져, 미식가의 식탁에 어울리는 별미가 되었다.

Taste: 달콤한 갑각류의 맛이 짭짤한 요오드의 풍미와 버터의 기름기와 좋은 균형을 이룬다. 향신료는 톡 쏘는 짜릿한 맛을 더해준다. 포티드 쉬림프는 뜨거운 토스트와 함께 먹는 것이 가장 맛있다.

잉글랜드의 모어캠 베이에서는 신선함을 잃지 않기 위해 새우를 잡자마자 데친다. ◗

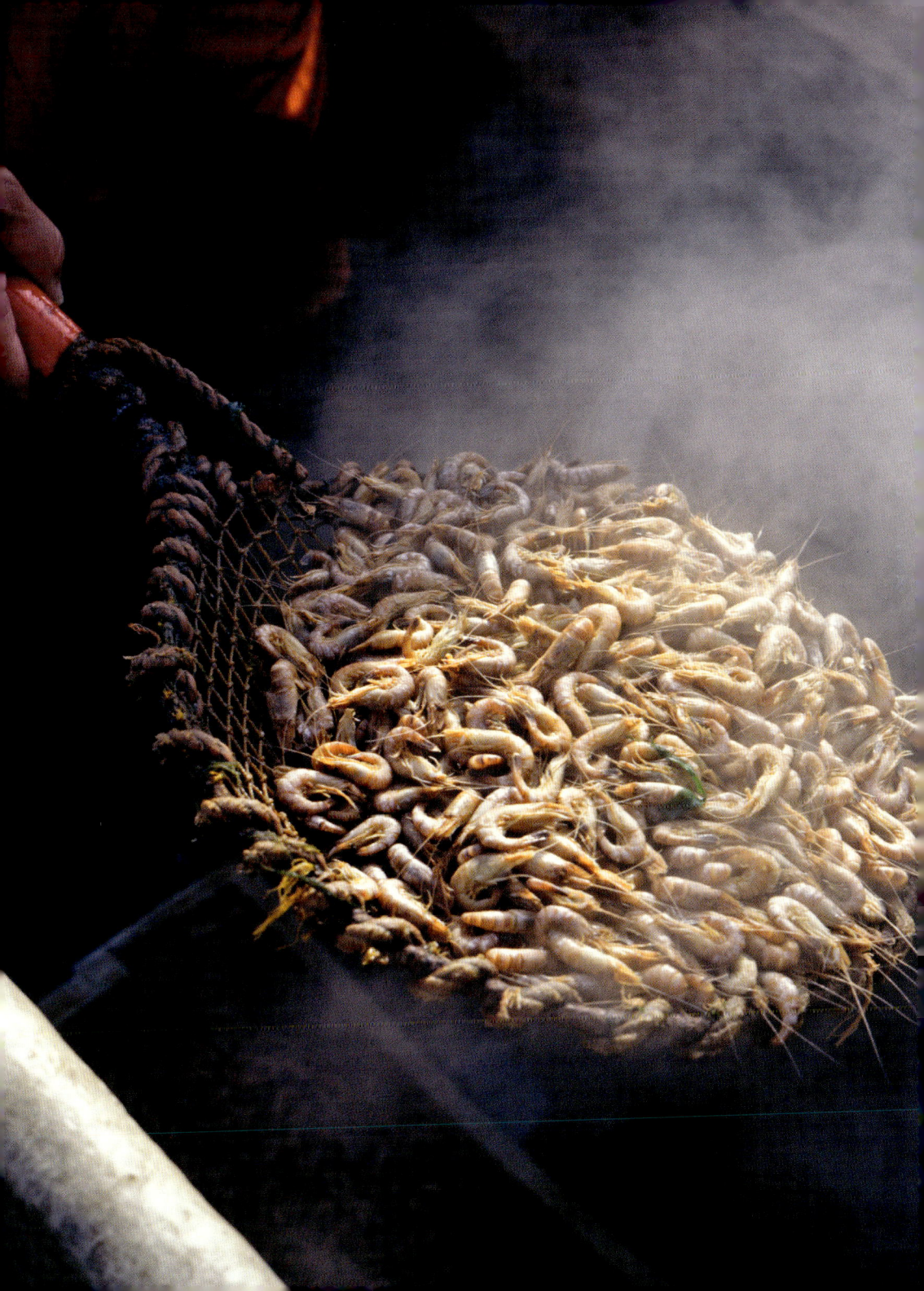

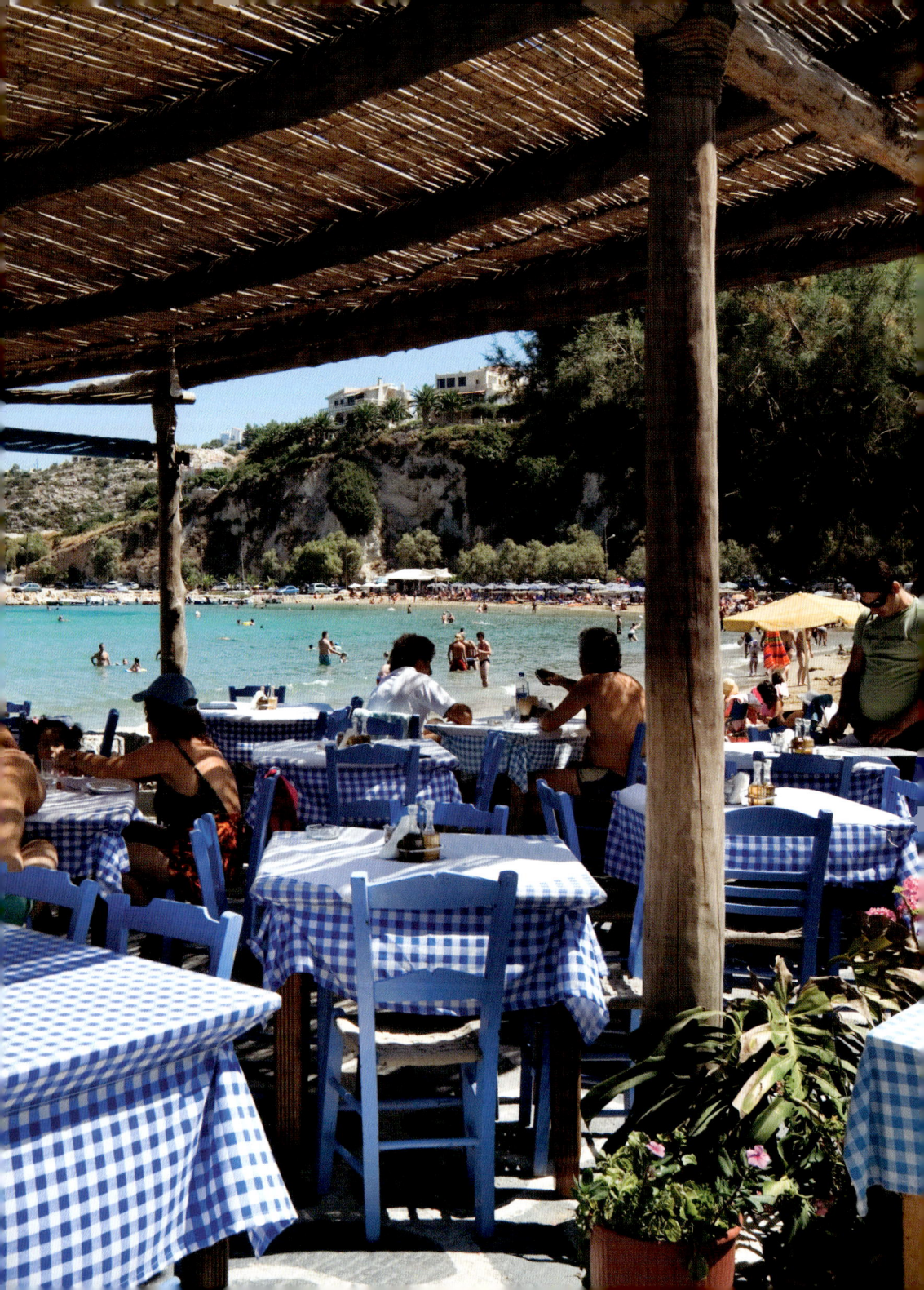

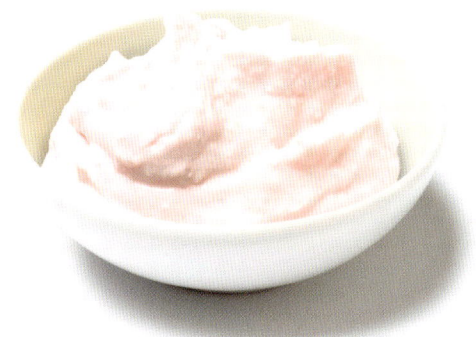

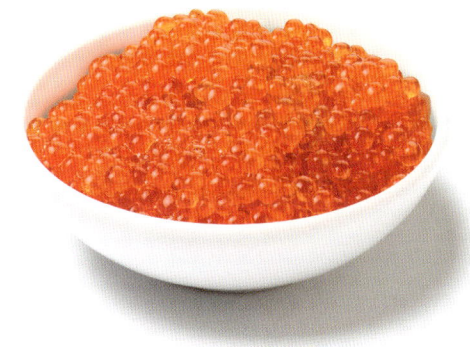

타라모살라타 Taramosalata

이크라 Icre

유럽의 슈퍼마켓에서는 다소 눈에 거슬리는 엷은 핑크색의 생선 슬러리를 매우 싼 값에 살 수 있는데, 이것은 바로 이 미묘하고 맛좋은 메즈—지중해 동부 연안 나라에서 식전에 내는 다양한 전채 요리—를 흉내낸 것이다. 메즈를 먹는 전통은 그리스, 터키, 레바논 등지에서 기원했으며, 타라모살라타는 이 세 나라 모두에서 찾아볼 수 있지만, 보통 그리스 음식으로 간주한다.

　전통적으로 타라모살라타는 숭어 알을 소금에 절여서 만든다. 잉어 알도 사용하긴 하지만, 요즈음은 숭어 알이든 잉어 알이든 워낙 구하기가 어렵기 때문에 값도 매우 비싸져서 대구 알을 대신 쓰는 추세다. 어란을 올리브유, 레몬, 곱게 다진 양파 약간(그러나 마늘은 절대로 쓰지 말 것)과 함께 으깬다. 빵이나 매쉬 포테이토도 넣는데, 생선 알의 강한 풍미를 한층 누그러뜨려준다.

　오늘날에는 연중 구할 수 있지만, 타라모살라타는 전통적으로 고기나 유제품이 들어가지 않은 사순절 음식이다. 제대로 만든 타라모살라타의 색깔은 연분홍색부터 산호색을 띤 핑크색까지 다양하다. 주로 애피타이저로 내거나 알코올 음료와 함께 낸다. 그리스인들은 술을 마실 때 동시에 안수를 함께 먹지 않으면 퇴폐적이라고 생각한다고 한다. **AMS**

오늘날 우리는 캐비어 하면 당연히 러시아 음식이라고 생각하지만, 역사학자들은 처음으로 캐비어를 만든 사람들은 중국인이었을 것이라고 추정한다. 단, 철갑상어의 알이 아니라 강에서 사는 잉어의 알로 만들었다는 것이다. 징기스칸이 러시아를 정복할 때 중국판 캐비어를 가져갔고, 그 후 그 매력적인 색깔 때문에 철갑상어의 알이 곧 인기를 얻게 되었다는 것이다.

　그리스에서는 대구 알로 만든 타라모살라타가 국민 음식이 되었지만, 유럽 남동부에서는 오랫동안 잉어 알을 사용했다. 잉어는 발칸 반도, 특히 루마니아 음식에서 중요한 역할을 차지하는데, 루마니아식 타라모살라타는 이크르 드 크라프(icre de crap)라는, 골치아픈—적어도 영어권 사람들에게는—이름이 붙었다. (crap는 루마니아어로 잉어라는 뜻이다.) 잉어 알에서 얇은 막을 제거한 뒤 소금에 절여 오렌지색이 될 때까지 놓아둔다. 그런 다음 신선한 빵가루와 함께 으깬 뒤 기름에 섞는다. 레몬즙, 소금, 때로는 곱게 다진 양파로 맛을 내어 크래커나 호밀빵 위에 얹어 먹으면 맛있는 간식이 된다. **WS**

Taste: 타라모살라타에는 종종 검은 올리브를 장식용으로 곁들여 낸다. 고향인 그리스에서는 그 섬세한 맛을 제대로 음미하기 위해 빵과 함께 먹는다.

Taste: 이크라는 부드럽고 크리미한 질감과, 시판 타라모살라타보다 덜 짜고 덜 강한, 섬세한 생선 향을 지니고 있다. 따뜻한 오렌지 빛깔을 띤다.

지중해 동부 연안에서는 타라모살라타와 다른 메즈 요리를 야외에서 즐긴다.

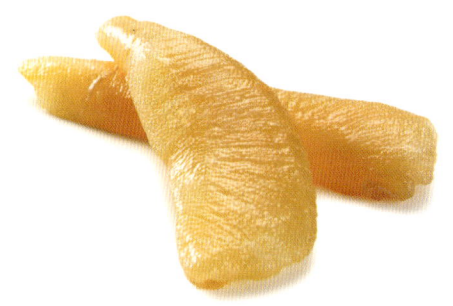

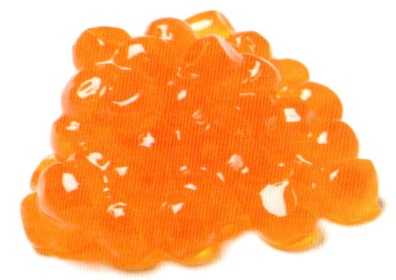

카즈노코(청어알) Kazunoko

암컷 청어의 난소에서 얻은 알을 소금에 절인 카즈노코는 일본에서는 값비싼 별미로, '노란 다이아몬드'라고까지 부른다. 특히 스시 집에서는 연중 먹을 수 있지만, 카즈노코가 가장 많이 팔리는 절기는 신년 때로, 오세치 료오리(御節料理)라고 불리는 일본 전통 설 음식에서 없어서는 안 될 중요한 역할을 차지하기 때문이다. 오세치 료오리에 쓰이는 재료들은 모두 그 상징적인 의미 때문에 먹는다. 카즈노코는 그 풍부한 알의 개수(보통 난소 하나에 10만 개의 알이 들어 있다)로 인해 번영과 다산을 상징한다.

호시카즈노코는 소금에 절였다기보다는 말렸다는 느낌이며, 약간 더 단단하다. 시오카즈노코는 짭짤한 맛이 더 강하며 따라서 더 부드럽다. 둘 다 조리하기 전에 소금기를 어느 정도 빼내기 위해 물에 담가두며, 바로 조리할 수 있는 카즈노코도 시중에서 살 수 있다. 스시 집에서는 얇게 썰어서 니기리즈시의 네타로 올리거나, 일본청주(사케), 미림, 다시, 간장을 섞어서 재운다. 카즈노코는 냉장 보관하면 몇 주 정도는 두고 먹을 수 있으며, 냉동해도 좋다. **SB**

연어알 Salmon Roe

유리처럼 선명하고 깊은 오렌지색에, 달콤하고 진한 생선 기름이 금방이라도 터져나올 듯한 이 어란은 웬만한 용기가 없으면 먹기 어렵다. 그러나 캐비어를 즐기는 이들이라면 연어알 역시 사랑할 것이다.

연어알은 쥬이시하고 매력적이어서, 혼자만으로도 너끈히 오르되브르로 나갈 수 있으며, 카나페나 노리마키(海苔券, 김말이) 스시에 마감용으로도 등장한다. 태평양에서 잡히는 연어 종류에서 얻은 알을 최고로 치지만, 다른 연어 알도 쓸 수 있다. 암컷 연어의 내장을 빼낸 뒤, 난소를 끄집어낸다. 난소 하나의 크기가 콩깍지와 비슷하다. 물에 헹구어 씻어낸 뒤, 알을 담고 있는 섬세한 막을 조심스럽게 제거해낸다. 그런 다음 소금물 용액에 넣는다.

캐비어처럼 연어알 역시 그 자태를 감상할 수 있도록 연어알만 따로 먹는 것이 가장 좋다. 사워 크림이나 블리니를 곁들여 먹으면 환상적이지만, 카나페에 올리면 아름답게 돋보인다. 일본에서는 스시의 가장 멋진 장식으로 쓰인다. 일본에서는 한때 생선 떡밥으로도 인기가 좋았다고 한다. **STS**

Taste: 카즈노코는 아삭아삭하고, 단단하고, 짭짤하고, 풍미가 좋다. 아삭아삭한 보타르가와 비슷하지만 좀더 쌉쌀하다.

Taste: 연어알의 풍미는 벌꿀, 바다, 그리고 날 연어의 진한 기름을 섞어놓은 것과 비슷하다. 처음 입에 넣었을 때에는 부드럽게 구르는 공 같지만, 한 입 깨물면 그 기름진 생선 향이 배어나온다.

교토의 수산시장에 진열된 연어알.
붉은 빛이 일본 요리의 시각적 매력을 한층 북돋워준다. ❱

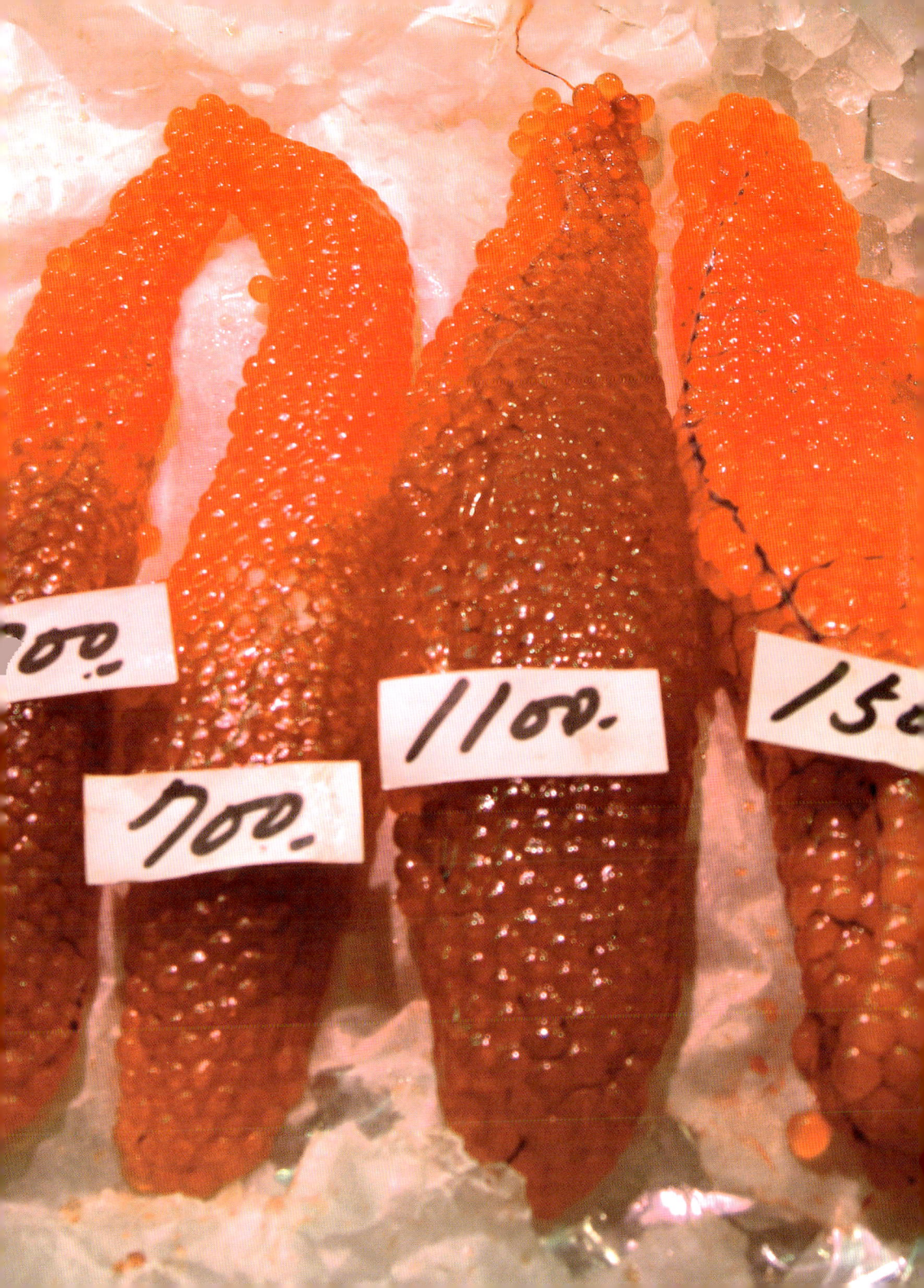

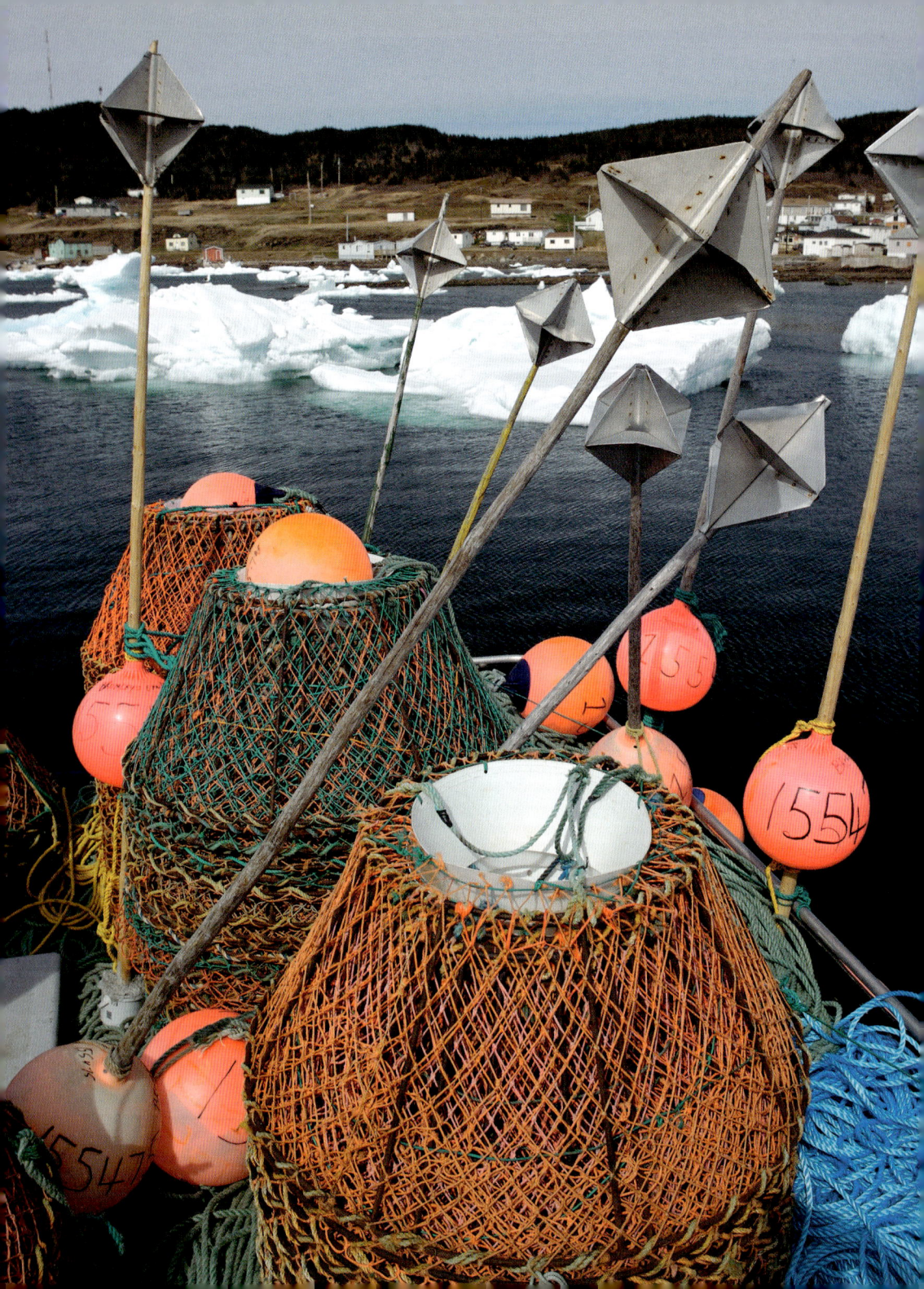

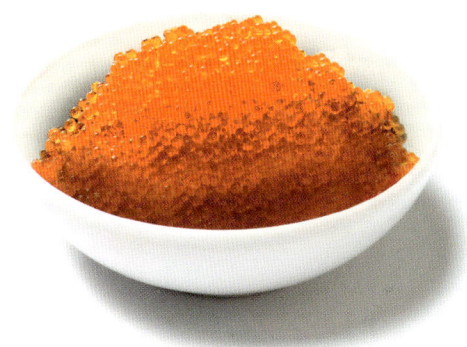

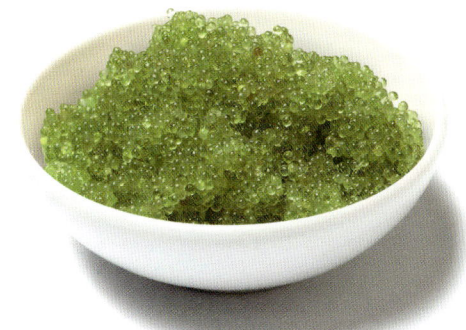

게 알 Crab Roe

와사비 토비코 Wasabi Tobiko

퇴폐적이리만치 기름진 게 알은 아시아 각지에서 호화 식품 대접을 받고 있으며, 주로 찐 만두며 해산물 요리에 장식으로 쓰이거나, 국물과 소스의 맛을 진하게 하거나, 아니면 익힌 게딱지에서 그대로 퍼먹는다. (아시아에서는 수컷의 어백도 알이라고 한다. 아마도 '게의 정액'이라고 하면 썩 듣기 좋지 않기 때문인 듯하다.)

상하이에서는 털게 (그 털투성이 다리로 유명하다) 철이면 그 찐득찐득한 주황색의 풍부한 알이 인기가 높다. 홍콩에서는 황여우시에('노란기름게'라는 뜻)가 특히 사랑을 받는다. 동남아시아에서는 개펄에서 사는 커다란 게에서 주로 알을 얻는다. 중국 남부의 특이한 요리 중의 하나는 이런 게를 날것으로 간장 양념에 며칠 동안 담가놓는다. 이 과정에서 알은 선명한 주홍색의 페이스트로 변하게 된다. 필리핀에서는 '타바 웅 탈랑카(tabang talangka)'라고 하여 작은 꽃게의 알을 별미로 친다. 마늘과 칼라만시(109쪽 참조) 즙에 요리하여 밥과 함께 먹는다. 미국 남부에서는 비스크와 차우더의 중간쯤 되는, 암컷 게로 끓인 수프에 등장한다. **CTa**

날치알을 와사비에 절인 와사비 토비코는 눈에 확 띄는 겉모습과 다재다능한 용도로, 일본 밖에서도 나날이 인기가 높아지고 있다. 토비코는 그 색깔과 향미가 다양한데, 밝은 녹색의 와사비 풍미도 있고, 짙은 녹색의 할라페뇨 맛이 나는 것도 있으며, 검은색은 오징어 먹물로 맛을 낸 것이다. 토비코는 군칸마키(軍艦券), 즉 김으로 싼 밥 위에 재료를 올려놓은 스시에 주로 쓰인다. 아이슬란드와 덴마크에서 양식한 열빙어(masago)의 알을 대신 쓰기도 한다.

토비코는 그 맛보다도 질감 때문에 더욱 높은 평가를 받는다. 원래 자연 상태에서는 엷은 노랑색이며 아무 맛도 느껴지지 않는 편이지만, 가장 큰 장점은 바로 그 탄력이다. 단단하고 자바자박 씹히는 맛이 일품인 이 작은 알은, 캐비어보다도 더 작으며, 뭉쳐서 서로 떨어지지 않는다. 우선 생선에서 알을 꺼낸 뒤, 얇은 막을 제거하기 위해 원심분리기에 넣고 세척한다. 그런 다음 냉동시켜 처리 과정으로 보내진다. 소금에 절인 뒤, 일반적인 토비코의 경우에는 주황색으로, 와사비 토비코의 경우에는 선명한 녹색으로 물들인 뒤 와사비 향을 첨가한다. **SB**

Taste: 게 알의 풍미는 다양하지만, 게 특유의 순수하고 달콤한 맛과, 난황(卵黃)의 허를 감싸는 진한 우마미(うまみ)가 녹아드는 것은 공통점이다.

Taste: 작고 푸슬푸슬한 알이 입안에서 터지면 아삭아삭하고 싱큼하다. 짭짤한 달콤함과 소금기의 풍미가 살짝 느껴지며, 그 뒤를 이어 와사비의 매운 맛이 따라온다.

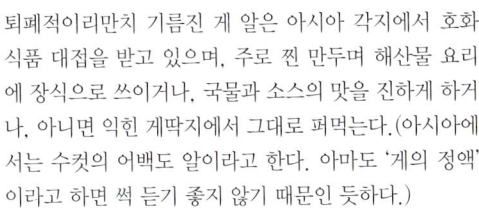

게잡이 통발과 밝은 색의 표식용 부표를 가득 실은 어선이 캐나다 뉴펀들랜드 항으로 접근하고 있다.

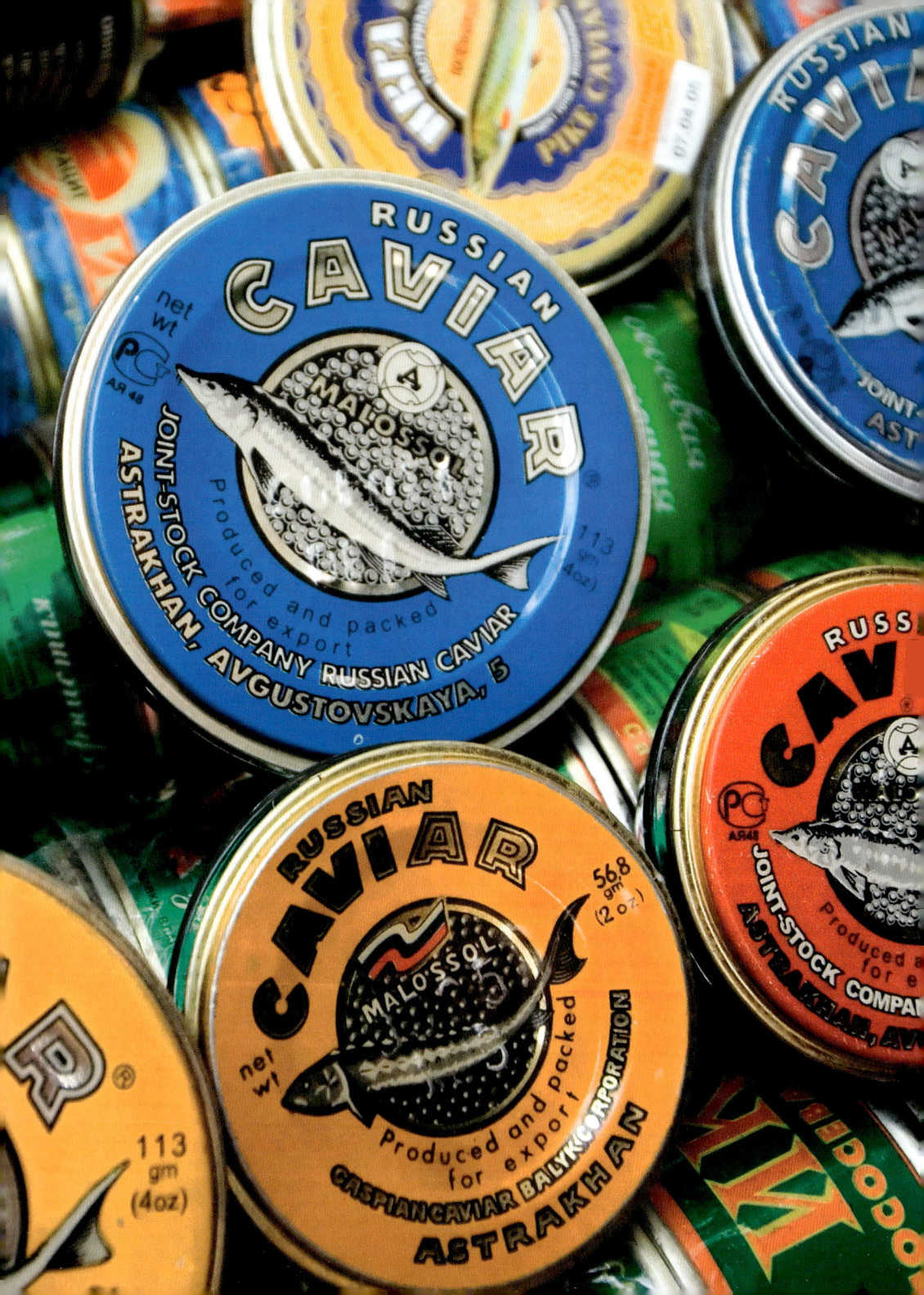

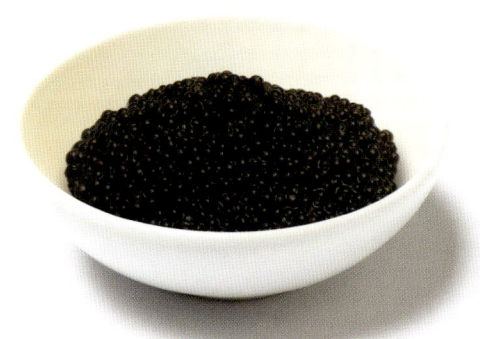

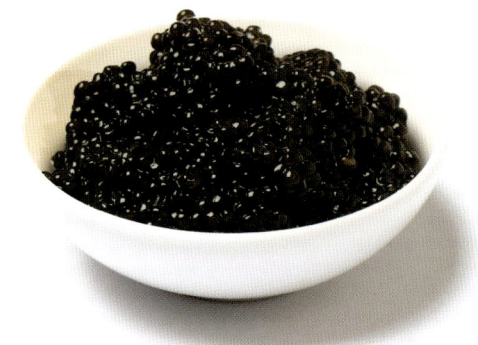

벨루가 캐비어 Beluga Caviar

이 특별하고도 절묘한 캐비어—카스피해와 흑해에서 잡은 큰철갑상어의 암컷에서 얻은 알을 가볍게 소금에 절인 것—를 맛보려면 거의 왕의 몸값을 지불해야 한다. 궁극의 럭셔리 푸드라 할 수 있다. 오늘날에는 다른 나라에서도 고급 캐비어를 생산하지만, 역사적으로 러시아와 이란의 캐비어를 최고로 친다. 벨루가 캐비어는 가장 위풍당당하고, 가장 크고, 가장 보기 드물고, 가장 오랜 큰철갑상어(Huso huso)에서 얻는다. 큰철갑상어는 성숙하려면 20년이 걸리기 때문에 그 알에도 눈이 어지러울 정도의 가격이 붙을 수밖에 없다.

큰철갑상어의 알은 금속성의 회색으로 세브루가나 오세트라보다 크기가 굵다. 세브루가, 오세트라는 모두 다른 철갑상어 종에서 얻는 캐비어로, 벨루가와 함께 '캐비어의 삼위일체'로 불린다. 캐비어의 고귀한 명성 때문에 특히 흑해에서는 세 종류 모두 심각한 과포획 상태이며, 카스피해에서는 법으로 어족을 보호하고 있다. 어족의 지속이 가능하고 맛도 못지않게 좋은 대용품으로 아키텐 캐비어가 있다. 벨루가 캐비어는 간단하게 먹는 것이 가장 좋다. 얇은 토스트나 블리니에 사워 크림을 곁들여 먹는다. 캐비어는 그 맛이 변해버리기 때문에 절대로 금속성 식기로 다루어서는 안 된다. **STS**

아키텐 캐비어 Caviar d'Aquitaine

캐비어의 산지를 대라고 하면 보통은 러시아, 이란, 카스피해를 떠올린다. 그러나 20세기 전반 이래 지롱드와 아키텐의 강 후미에서 잡히는 야생 철갑상어의 캐비어가 빠르게 명성을 얻기 시작했다.

서식지의 개발과 파괴로 수많은 철갑상어 종이 멸종 위기에 처해 있다. 그러나 아키텐에서 성공적으로 양식한 시베리아 철갑상어에서 얻는 캐비어는 그런 죄책감을 느낄 필요도 없고 풍미도 훌륭하다. 시베리아 철갑상어는 프랑스 인근의 따뜻한 해역에서 번성한다. 시베리아에서는 철갑상어가 성숙하려면 15~20년의 시간이 걸리지만, 아키텐에서는 그 절반에 불과하다.

초음파를 사용하여 어린 철갑상어 수컷을 골라내서 잡으면 훌륭한 철갑상어 필레를 뜰 수 있다. 한편 암컷은 알의 크기와 질이 충분하다고 여겨질 때까지 계속 기른다. 알은 깊은 잿빛으로, 누르면 옅은 노란색의 기름이 배어나온다. **STS**

Taste: 부드럽고 크리미한 질감에, 알이 품고 있는 기름은 호두 향을 연상시킨다. '임페리얼'이라는 라벨이 붙은 최고의 캐비어는 가장 크고 색깔이 연한 알로 만든다.

Taste: 아키텐 캐비어는 가볍고, 섬세하고, 거의 스모키한 풍미에 크림치즈—혹자는 잘 익은 브리와 비교하기도 한다—의 긴 뒷맛을 지녔다.

색깔에 따라 종류를 알 수 있도록 한 러시아 캐비어 캔.
빨강색은 세브루가, 노랑색은 오세트라, 파랑색은 벨루가이다.

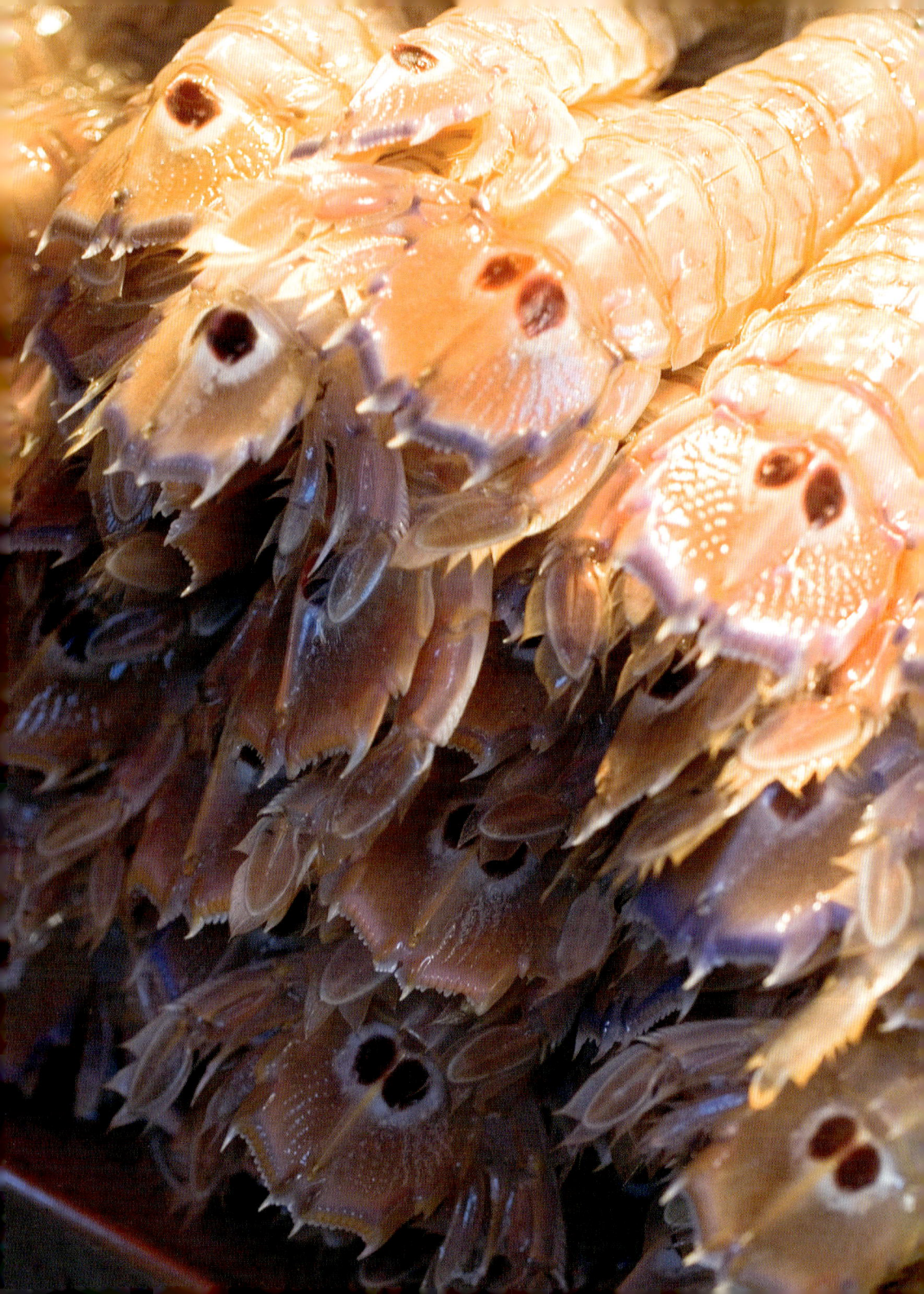

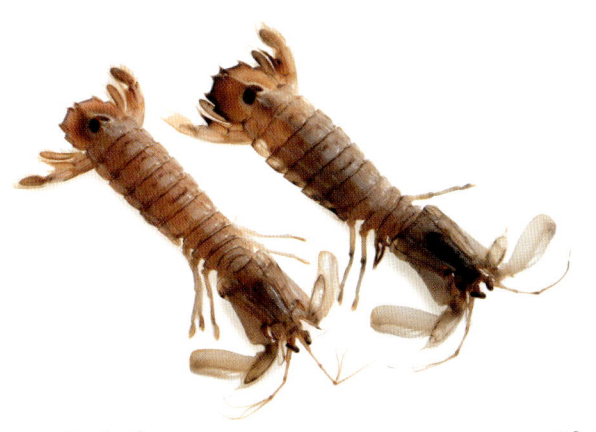
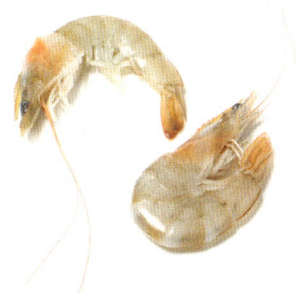

갯가재 Mantis Shrimp

이 특이한 갑각류의 영어 이름은 사마귀 새우(Mantis shrimp)인데, 커다란 한 쌍의 앞다리로 먹이를 움켜잡기 때문에 그런 이름이 붙었다. 몸놀림이 재빠르고 잡기 어려운 갯가재는 몸길이가 약 20센티미터까지 자란다. 사회성이 없고 혼자 있는 것을 좋아해서 모래 속으로 파고들거나 모래톱 또는 바위 틈에서 산다.

갯가재는 약 400여 종이 있는데, 특징 없는 갈색부터 휘황한 형광색에 이르기까지 다양하다. 다이버들 사이에서는 '엄지손가락을 자르는 놈'이라고 알려져 있으며, 믿기지 않을 정도로 힘센 집게발을 공격적으로 사용하여 먹이를 내려치거나 찌른다. 심지어 수족관의 유리에 금을 내기까지 한다고 알려져 있다.

갯가재는 알주머니가 꽉 차 있고 살이 단단할 때 먹는 것이 가장 맛있다. 지중해 연안 나라들에서 인기가 높은데, 특히 이탈리아의 로마냐 지방에서는 약한 불에 데쳐서 껍질을 벗긴 뒤 양념한 반죽옷을 입혀 프라이팬에 튀긴다. 또 스튜나 생선 수프에 넣을 수도 있다. 일본에서는 샤코(シャコ)라 하여 종종 사시미로 만들어 먹는다. **STS**

북쪽분홍새우 Arctic Prawn

이름에서 짐작이 가듯, 이 새우는 멀리 북극의 얼음처럼 차갑고 청정한 물에서 서식한다. 북극 인근 해역―특히 캐나다와 그린란드 주변―에서 잡히지만 북대서양과 북태평양에서도 찾아볼 수 있다.

물이 워낙 차기 때문에 북쪽분홍새우(Pandalus borealis)는 따뜻한 물에서 사는 다른 종보다 생장이 느리다. 어른이 되려면 5~6년이 걸리는데, 그 때문에 살의 풍미가 강렬해지며, 질감도 더욱 좋아진다. 한동안 과포획으로 인한 우려가 있어, 1990년대부터 어족을 안정시키기 위한 노력이 시작되었다. 규제와 포획 허가제가 결실을 맺기는 했지만, 지구 온난화가 찬물 어족에 미치는 영향은 앞으로도 주시할 필요가 있다.

북쪽분홍새우는 북반구, 특히 스칸디나비아에서 인기가 높다. 전통적으로 한여름에 아쿠아빗―감자를 증류해서 만든 스웨덴의 전통 술―과 함께 차게 먹는다. 이 달콤하고 다재다능한 갑각류는 향미를 쉽게 흡수하며, 간단하고, 신선하고, 소박한 스칸디나비아 요리에 잘 어울린다. 물론 새우 칵테일 같은 복고풍 메뉴에도 그만이다. **AME**

Taste: 새우 껍질은 벗기기가 까다롭지만 그 꼬리살은 그러한 수고를 보상하고도 남는다. 질감은 섬세하며 풍미는 환상적으로 달콤하다. 새우보다는 가재에 가깝다.

Taste: 북쪽분홍새우는 다른 새우보다 작고, 쥬이시하고, 달콤하고, 즙이 풍부하다. 그 질감은 섬유질이 적고 살이 많으며 기분 좋게 꽉 차 있다.

⟳ 벌레처럼 생긴 겉모습 때문에 '바다 메뚜기(sea locust)'라는 별명까지 붙었다.

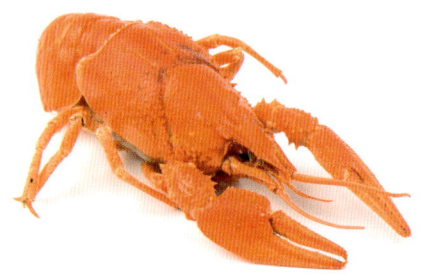

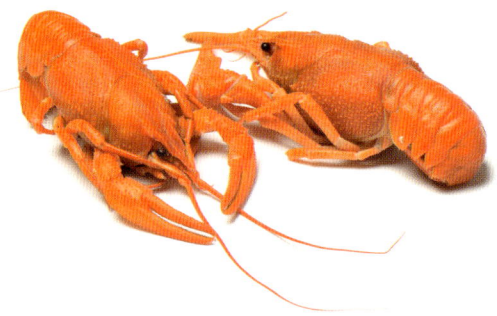

마론 Marron

전 세계에서 가장 사랑받는 가재인 마론의 천연 서식지
는 오직 한 군데, 오스트레일리아 서부의 마가렛 강과 그
주위뿐이다. '털난 마론(Cherax tenuimanus)'과 '매끈
한 마론(Cherax cainii)' 모두 야생으로는 극히 한정된
지역에서만 찾아볼 수 있기 때문에, 마론을 잡는 것은 엄
격히 금지되어 있다. 그러나 양식 마론 덕분에 이 호화
식품을 맛보기가 더 쉬워졌다. 오스트레일리아의 하천,
특히 캥거루 섬 인근에서 주로 양식하며, 산 채로 수입한
마론이 가장 좋고 냉동은 별로 권하고 싶지 않다.

마론이라는 이름은 오스트레일리아 원주민의 말
인 늉가르어로 '빵' 또는 '음식'과 비슷한 뜻이다. 세계
에서 세 번째로 큰 가재로, 무게가 1.8킬로그램까지 나
가며, 껍질에 비해 살의 비율이 높다. 다 자란 마론은
짙은 갈색이지만, 뜨거운 물에 넣으면 불타는 듯한 진
홍색이 된다.

마론 살은 간단하게 내는 것이 가장 좋다. 발라낸
순살에 마요네즈나 아이올리, 레몬, 갓 갈아낸 후추 등
을 곁들인다. 솜씨 좋은 셰프라면 집게발의 살을 하나도
뭉그러뜨리지 않고 통째로 꺼낼 수 있다. '머스터드'라
고도 부르는 헤파토판크레아스(hepatopancreas, 연체,
절지동물의 소화선)는 그 달콤한 맛과 농밀함으로 높은
평가를 받는다. **RH**

Taste: 마론 살은 눈부신 흰색이며, 가장자리에 살짝 붉은 빛이 감돈다.
달콤한 향미는 바닐라와 견과류를 살짝 연상시키며 집게발의 살은 특히
훌륭하다.

시그널 가재 Pattes Rouges Crayfish

시그널 가재는 정말 환상적인 해산물이지만, 절대로
냉장고 안에 함부로 두지는 말 것. 그랬다가는 이 작지
만 기운찬 가재가 자기 맘대로 빠져 나와 입맛에 맞는
것이라면 무엇이든 먹어치울 테니. 아하, 그리고 집게
발의 힘 또한 상당히 세니 만질 때도 조심할 것.

시그널 가재는 미국 서부가 원산이며 몸 길이는
기껏해야 15센티미터밖에 되지 않는다. 작은 가재처
럼 생겼지만, 민물에서 사는 갑각류로 물에서 꺼내놓
아도 꽤 오랜 시간 살아 있다. 때문에 물과 뭍을 오
가는 것이 가능하다. 가재는 혼자 있는 것을 좋아하
며 식물부터 동물, 그리고 자기보다 몸집이 작은 같은
가재까지 가리지 않고 먹는다. 커다란 집게발을 가지
고 있으며 살아 있을 때에는 겉은 녹색을 띤 갈색, 속
은 짙은 주황색이다. 미니 바닷가재답게 몸체가 펑퍼
짐하지만 꼬리는 짧다. 집게발에는 살이 거의 없으며,
보통은 꼬리살만 먹는다.(그러나 집게발로는 환상적
인 국물을 낼 수 있으니 버리지 말 것.) **STS**

Taste: 껍질이 잘 깨지지 않기 때문에 여간 성가시지 않다. 그러나 일단
깨고 나면 정말 환상적으로 달콤하고 즙이 많은 꼬리살을 즐길 수 있다.

나무로 만든 가재잡이 덫.
다양한 미끼를 안에 사용하여 가재를 꾀어낸다. ➲

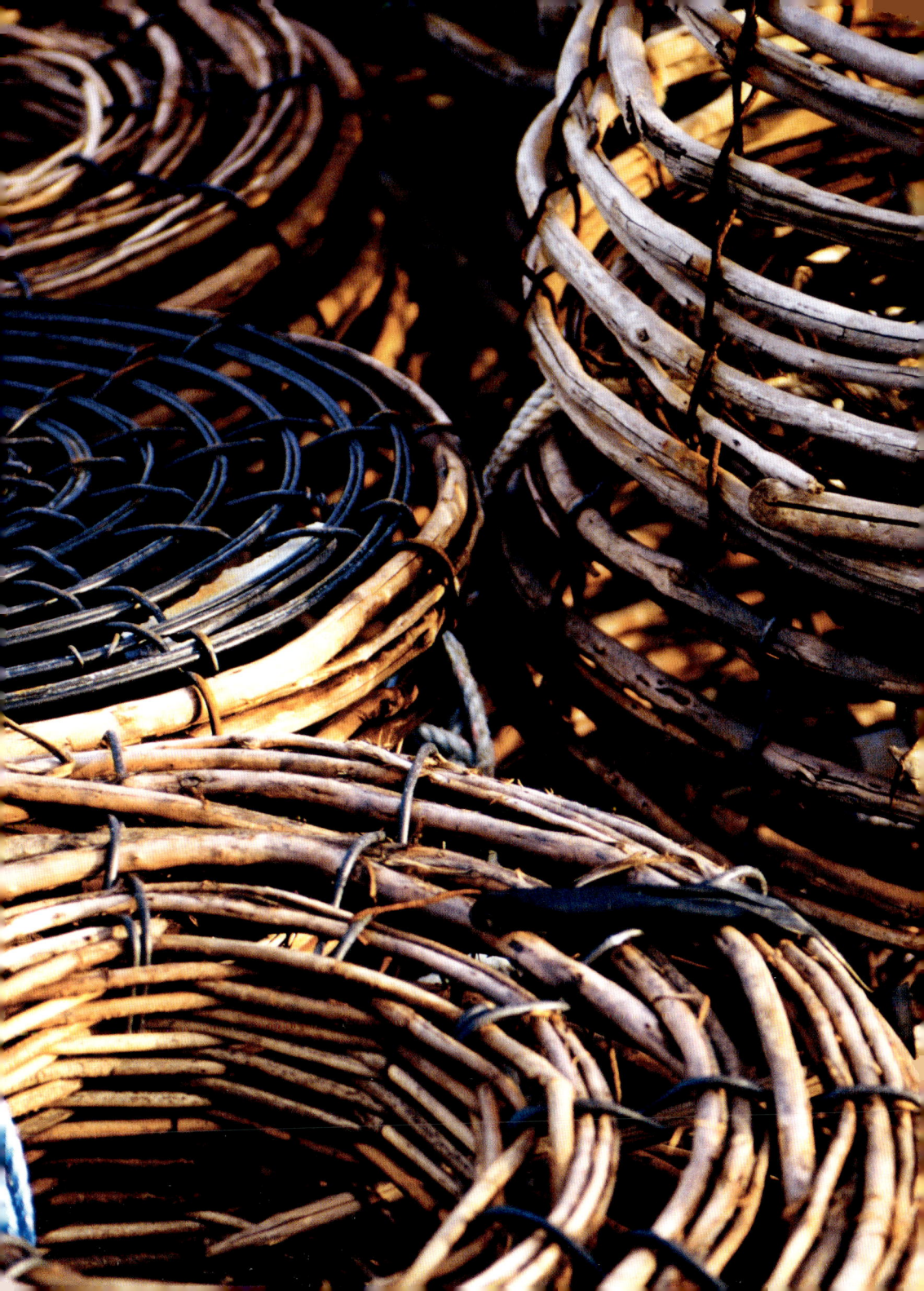

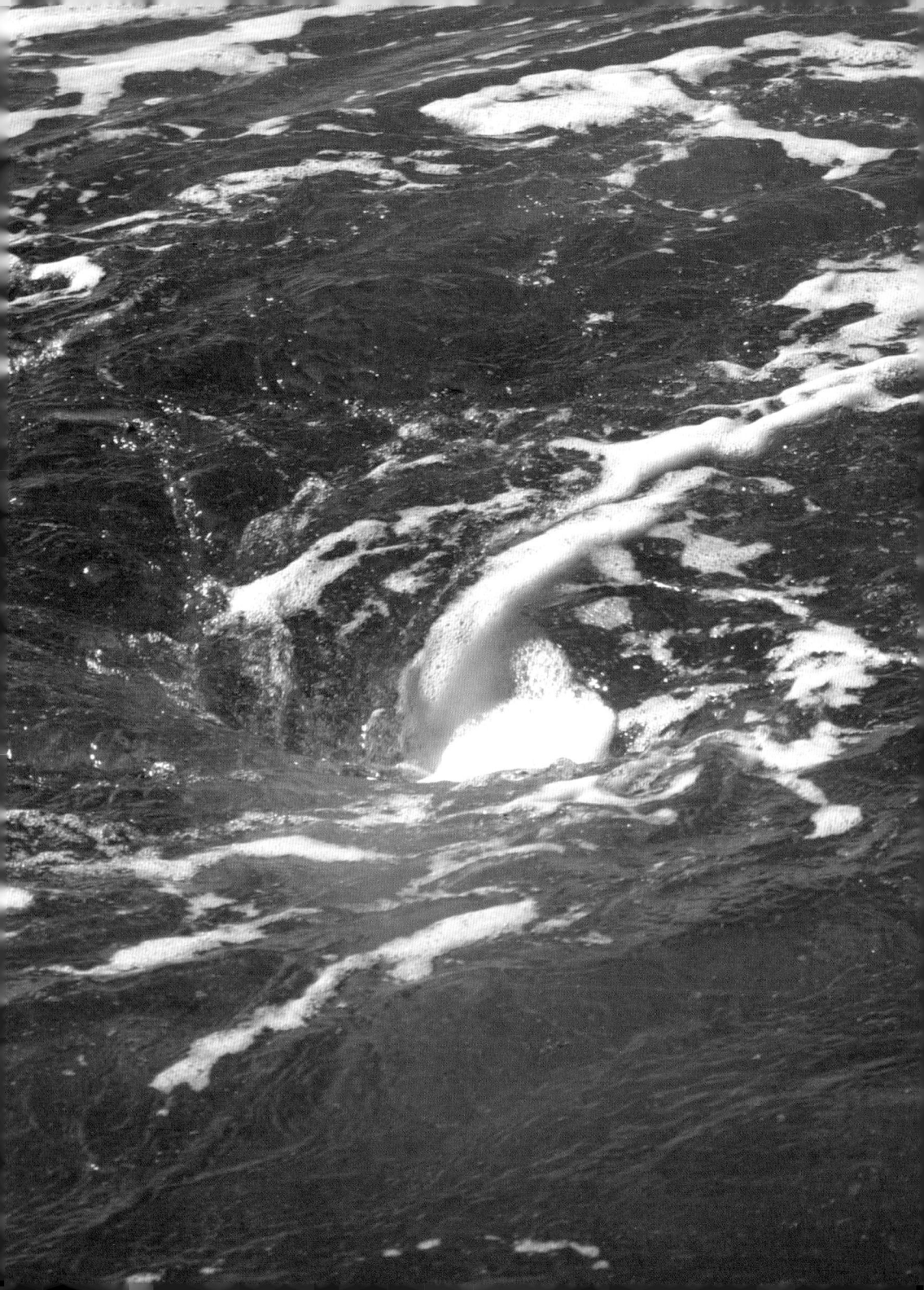

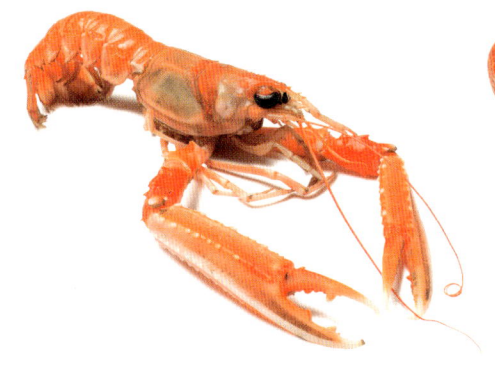

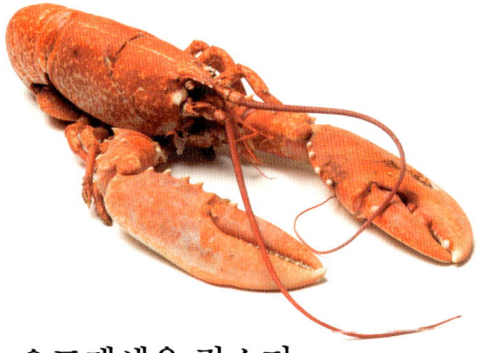

코리브리컨 랑구스틴
Corryvreckan Langoustine

오드레세유 랍스터
Audresselles Lobster

코리브리컨 "월풀(whirlpool, 상승·하강하는 조석의 상호작용에 의해 형성되는 대규모 소용돌이의 회전 해류)"—스코틀랜드의 서부 해안과 이너헤브리디스 제도 사이에 위치한다—은 유럽에서 두 번째로 큰 월풀이다. 수면 아래에는 깊은 갱으로 인해 갈라진 해상에서 돌출한 바위 기둥을 중심으로 조류가 모여들어 큰 소용돌이를 생성한다.

이 차갑고 격렬한 물속에서 깊이 200미터의 해저에 사는 랑구스틴은 어마어마한 크기로 자란다. 스캠피(Scampi), 더블린 만 새우(Dublin Bay prawn), 또는 (스코틀랜드에서는) 간단하게 그냥 '새우(prawn)'라고 불리는 랑구스틴은 대체로 유럽의 해안에서 그물로 잡으며, 한 마리의 무게가 25~40그램 정도이다. 그러나 코리브리컨의 랑구스틴은 바닷가재처럼 덫을 놓아 잡으며, 한 마리에 450그램까지 나가는 것도 있다.

다른 갑각류처럼 랑구스틴(Nephrops norvegicus) 역시 물에서 잡아 올리자마자 조리하거나 아니면 산 채로 운반해와 먹기 직전에 조리하는 것이 가장 맛있다. 크리넌이라는 작은 항구에 있는 크리넌 호텔에서는 뭍에 올라온 최고의 랑구스틴을 공급받아 바닷물과 해초의 힘께 요리한다. 살아 있는 랑구스틴은 튜브에 담아 전 세계로 운반되지만, 아무래도 맛이 떨어진다. **MR**

Taste: 보통 코리브리컨 랑구스틴은 꼬리 부분만을 먹는다. 단단하고 풍부한 고기맛과 꼬리살의 단맛이 어우러지면 정말로 독특한 풍미가 완성된다.

16세기와 17세기 이래 프랑스와 네덜란드의 귀족들에게 사랑 받아온 오드레세유 랍스터는 유럽 바닷가재의 최고 요소만을 지니고 있다. 프랑스에서는 오마르 블뢰(homard bleu)라고 불리는 이 정교한 "왕족의" 랍스터는 브르타뉴 해안에서 잡힌다.

유럽 바닷가재들은 조리하기 전의 날것 상태에서는 그 서식지에 따라 색깔이 약간씩 다르지만, 오드레세유 랍스터의 껍질은 배 부분은 눈에 확 띄는 짙은 프러시안 블루에서 크림색으로 점점 옅어지며, 등과 꼬리의 옆쪽으로는 하얀 반점이 나 있는 것으로 유명하다. 또한 그 살의 달콤한 향미 역시 이름이 나 있어 한때는 연회의 하이라이트이기도 했다.

바닷가재는 랍스터 테르미도르(익힌 바닷가재살, 달걀 노른자, 브랜디나 셰리를 섞어서 바닷가재 껍질에 채워넣은 프랑스 요리)로 만들든 아니면 그냥 삶아서 샐러드에 넣든지 간에 언제나 조리해서 먹는다. 바닷가재살은 비스크(진한 크림 수프)를 만들면 훌륭하다. 집게발은 특히 향긋하며, 작은 발 속의 살 역시 달콤하고 즙이 많아 먹을 만한 가치가 있다. 이미 조리된 바닷가재를 실 내에는 몸체가 단단하고 꼬리가 몸통 바로 아래까지 꽉 차 있는 것을 고르도록 한다. 신선한 상태에서 조리했다는 것을 나타내는 증거이기 때문이다. **STS**

Taste: 오드레세유 랍스터는 해산물이 진미란 진미는 모두 갖추고 있다. 꼬리 살은 섬유질의 꽉 찬 질감으로, 도저히 거부하기 어려운 달콤한 향미를 풍긴다.

코리브리컨 월풀의 격류 아래에 사는 랑구스틴은 아주 눈에 띄는 크기로 자란다.

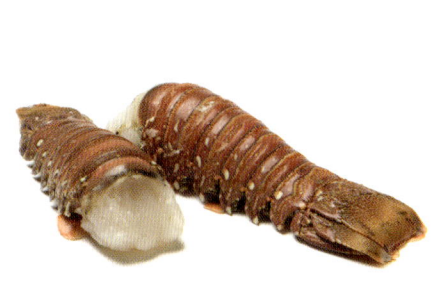

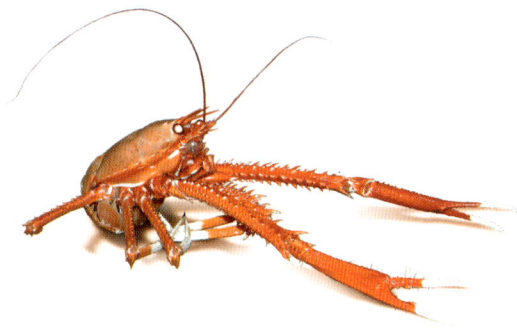

부채새우붙이 Moreton Bay Bug

부채새우붙이는 그 이름으로 보나 모양으로 보나 썩 군침이 도는 음식은 아니다. 외계에서 온 삼엽충이나 영화 〈쥬라기 공원〉에나 나올 듯한 생물처럼 생겼다. 그러나 부채새우붙이는 일종의 바닷가재로 그 달콤하고 맛좋은 살은 쓸모가 많아, 삶아도 바비큐를 만들어 먹어도, 또는 각종 소스에 넣어도 훌륭하다.

학명으로는 테누스 오리엔탈리스(Thenus orientalis)라고 하는 부채새우붙이는 오스트레일리아의 북부 해안에서 잡으며, 인도양과 태평양 서부에서도 찾아볼 수 있다. 여러 이름으로 불리는데, 영어로는 모어튼 베이 버그(Moreton Bay Bug)라고 하며, 브리즈번에서 가까운 모어튼 만에서 그 이름이 유래하였다. 그(좀 떨어지는) 사촌 격인 발맹새우붙이(Ibacus peronii)는 새우나 조개류를 트롤망으로 잡아 올리다가 딸려 올라오는 것들이다.

동네 수산 시장에 가면 흔히 볼 수 있으며, 선명한 오렌지색의 이미 조리한 상태로 판다. 꼬리 살만 먹을 수 있다. 익히지 않은 부채새우붙이의 녹색 살은 소스, 라비올리를 비롯한 덤플링 류에 넣으면 환상적이다. 생강과 배추를 섞거나 버터에 볶아 신선한 달걀 페투치네(달걀을 넣어 반죽한 납작하고 가는 파스타)에 얹어 내기도 한다. 부채새우붙이의 살은 정말 최고의 맛이다. **RH**

Taste: 갓 조리한 부채새우붙이는 신선한 바다 공기와 육두구의 배경에. 살은 향미가 달콤하고 견고하여 야외에서 그릴에 구워먹으면 더욱 맛있다.

스코앗 랍스터 Squat Lobster

전 세계에서 바닷가재처럼 생겼지만 실제로는 바닷가재가 아닌 온갖 생물들을 스코앗 랍스터('땅딸막한 바닷가재'라는 뜻)라고 부르기 때문에 이름만 들어서는 다소 헷갈릴 수 있다. 그래서 북아메리카에서는 랑구스틴을 가리켜 스코앗 랍스터라고 부르는가 하면, 반대로 통통하고 집게가 없는 발맹새우붙이를 '스코앗'이라고 하기도 한다. 진짜 스코앗 랍스터는 새우붙이과(Galatheidae)에 속한다. 새우붙이과에는 스코앗 랍스터 외에도 70여 종의 생물이 속해 있는데, 이중에서 상업용 목적으로 잡는 경우는 거의 없다.

스코앗 랍스터(Galathea squamifera)는 스코틀랜드의 북서부 해안과 오크니 제도에서 번성한다. 랑구스틴 양식이 유행하면서 몇 년간 거의 주목을 받지 못했다. 통발로 잡는 스코앗 랍스터는 크기가 가재만하며, 몸 길이가 4센티미터에 다다른다. 꼬리에는 거의 살이 없지만, 껍질을 비틀어 열 가치는 충분히 있다. 자연 서식지에 사는 스코앗 랍스터는 밤색, 빨강색, 또는 파랑색으로, 삶으면 불그스름한 오렌지색으로 변한다. 산채로 조리해야 가장 맛있다. 제일 효율적인 조리법은 껍질째 비스크로 만든 뒤 껍질을 따로 내는 것이다. 어부들이 최근 들어서야 눈을 돌리기 시작한 종으로, 아직 지속 가능한 종으로 간주되고 있다. **MR**

Taste: 한 입 제대로 먹으려면 적어도 두세 마리의 꼬리 살이 필요하지만, 스코앗 랍스터의 맛과 질감은 갑각류 특유의 향미를 온전히 갖추고 있다. 매우 달콤하며, 즙이 퍽 많고 쫄깃하다.

오크니 제도에서 두 번째로 큰 마을인 스트롬니스의 랍스터 통발들. ❱

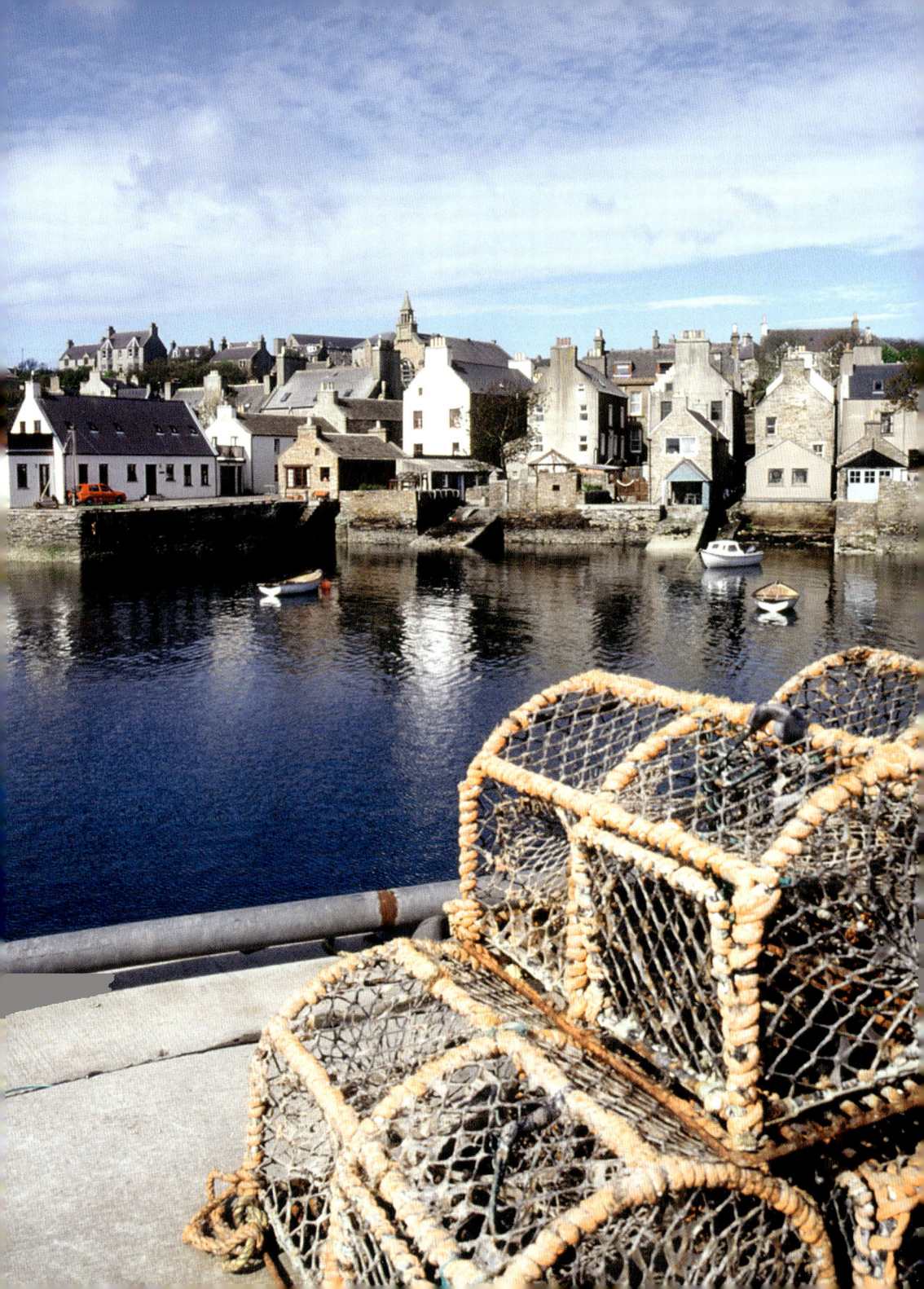

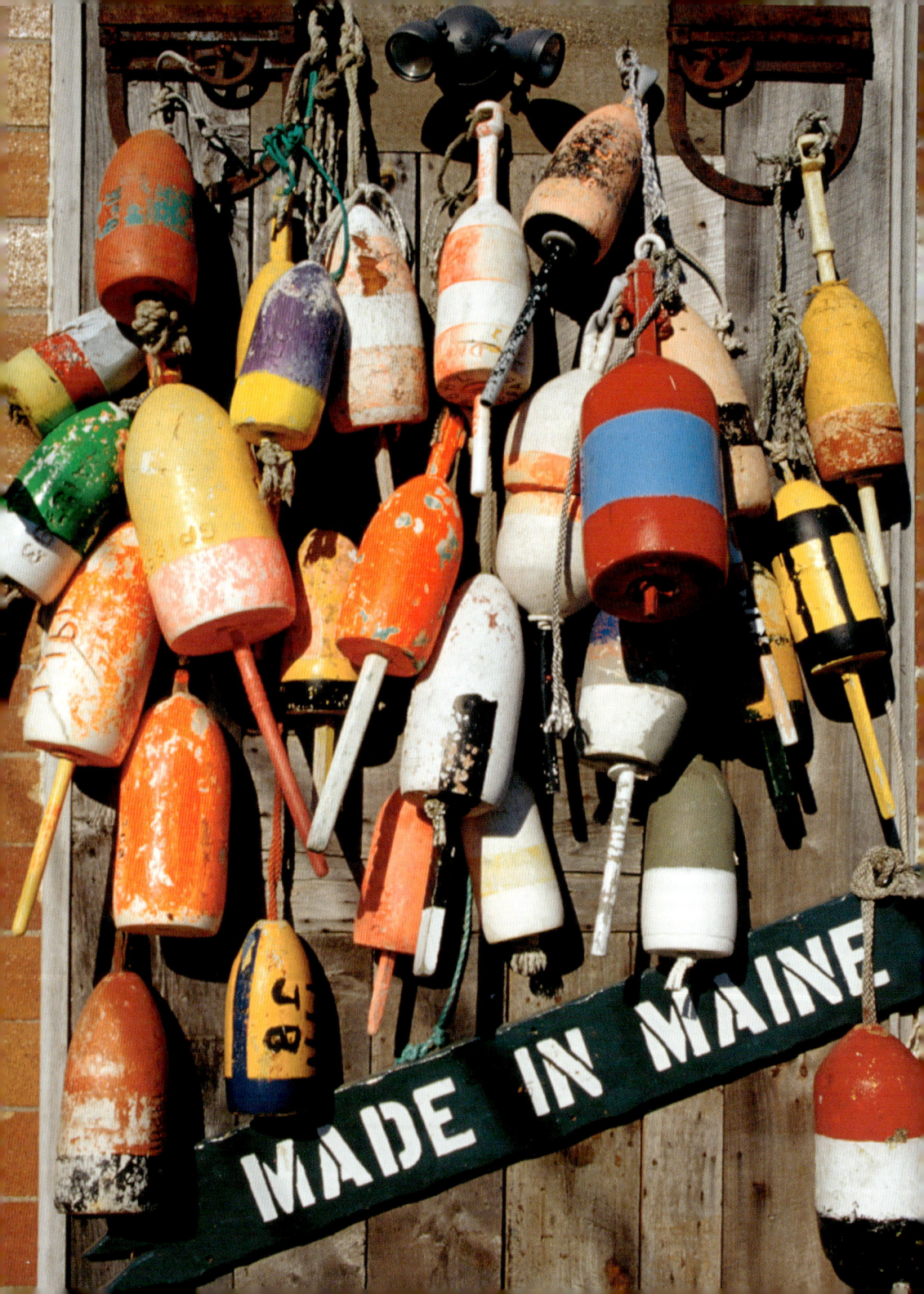

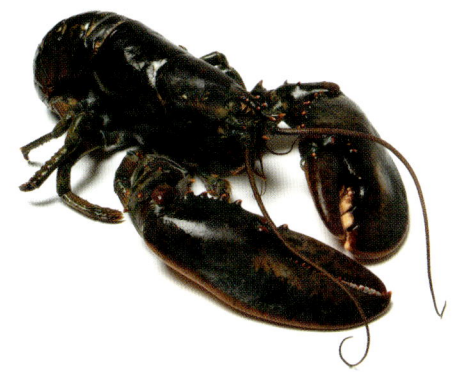

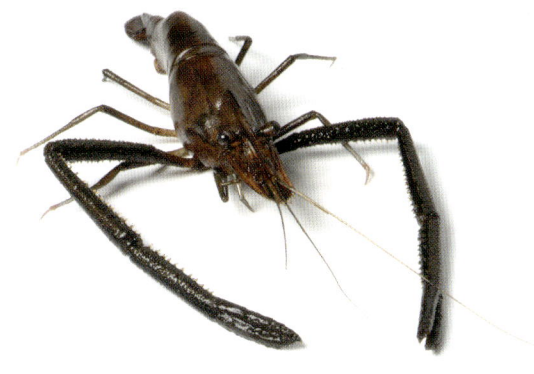

메인 랍스터 Maine Lobster

피투 Pitu

미국 메인 주는 찬 해수와 바위투성이 해안선 덕분에 바닷가재(Homarus americanus)가 살기에 이상적인 환경이다. 메인 랍스터가 최초로 기록에 등장하는 것은 1605년의 일이지만, 이 지역 주민들은 그보다 훨씬 이전부터 갑각류를 먹어온 것으로 보인다. 한때는 워낙 풍부해서 가난한 이들이나 먹는 음식으로 여겨졌지만, 오늘날에는 특별한 때에나 먹는 고급 요리이다. 그러나 그 지속 가능성에 대한 논란이 있어, 바닷가재 어부들은 그 보존 방법과 포획 가능한 크기에 대한 한도를 정하기에 이르렀다. 미국의 슈퍼마켓에서 산 채로 파는 몇 안 되는 식재료 중 하나이다.

대부분의 바닷가재는 딱딱한 껍질로 둘러싸여 있지만, 껍질이 부드러운 바닷가재도 있다. 껍질이 부드러운 바닷가재의 살이 더 달콤하고 껍질을 깨기도 쉽다고 주장하는 이들도 있다. 보통은 삶거나, 찌거나, 그릴에 구워 먹는다. 꼬리 살 쪽이 부드러운 집게발이나 돌기 살보다 더 견고하고 조밀하지만, 집게발이나 돌기 살 역시 깊고 진한 풍미를 지니고 있다.

일반적으로 짙은 갈색, 노랑색, 드물게 파랑색도 있으며, 때로는 두 가지 색이 같이 있는 놈이 잡히기도 한다. 그러나 삶으면 모두 밝은 빨강색으로 변한다. CLH

인상적인 집게발로 보나 빼어난 향미의 살로 보나 어마어마한 크기로 보나, 피투 또는 카마랴오(camarão)는 민물 새우의 왕이다. 라틴아메리카의 하천과 후미에서 널리 잡히지만, 일반적으로 피투 하면 브라질을 떠올린다. 피투의 색깔은 어디에서 잡히느냐에 따라 다르다. 어떤 때는 거의 반투명한데, 테라코타 색깔부터 계피빛 갈색에 이른다. 이름 또한 포티(poti), 카넬라(canela), 카마랴우 베르다데이로(camarão verdadeiro, '진짜 새우'라는 뜻)로 다양하다.

이 새우는 다른 갑각류에 비해 맛이 순하며, 몸길이는 27센티미터, 무게는 자그마치 400그램까지 나가는 것도 있다. 그 살은 환상적인 향미를 자랑하며, 아주 짧은 시간만 조리해도 분홍빛으로 변하며 완벽하게 익는다. 모케카스(moquecas)나 에스칼다도스(escaldados) 같은 전통 스튜의 재료로 흔히 쓰인다.

1500년대에 포르투갈 식민주의자들이 브라질의 바히아 해안에 처음 상륙했을 때, 원주민들이 그들에게 가져온 선물 중에 피투도 있었다고 한다. 수세기 동안 브라질 식탁에서 없어서는 안 될 존재였던 피투는, 오늘날 브라질 최고의 셰프들 사이에서도 점차 사랑을 받고 있다. AL

Taste: 가장 달콤하고 즙이 많은 살은 꼬리와 집게발이다. 메인 랍스터에 마요네즈를 살짝 뿌리면 여름철의 인기 음식인 랍스터 롤(the lobster roll)이 된다.

Taste: 바닷가재의 그것과 비슷한 피투의 향미는 그릴에 구우면 환상적이다. 시칠리아산 라임 즙을 몇 방울만 떨어뜨리고 엑스트라 버진 올리브유를 뿌리면 그 맛을 이끌어낼 수 있다.

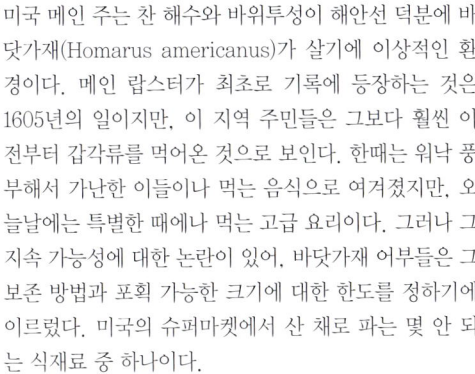

메인 주 엘스워스에서 바닷가재 덫의 위치를 표시하기 위해서 사용하는 부표들.

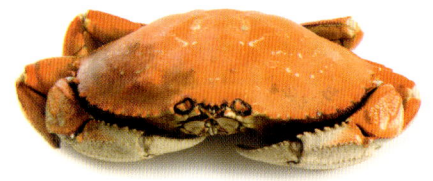

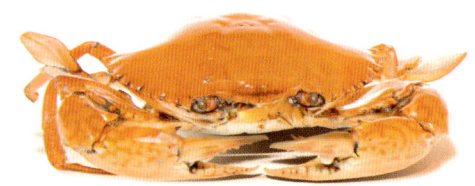

대짜은행게 Dungeness Crab

대짜은행게(Cancer magister)는 미국 태평양 연안에서 가장 유명한 음식 중의 하나다. 이 커다랗고 통통한 게의 달콤한 살은 캘리포니아에서 알래스카에 이르기까지 맛볼 수 있지만, 그 이름(영어로 Dungeness Crab)은 워싱턴 주의 던저니스라는 작은 마을에서 유래하였다. 이 마을의 이름은 18세기의 탐험가였던 밴쿠버 함장이 잉글랜드의 남부 해안에 있는 벼랑 이름을 따서 붙인 것이다. 대짜은행게가 다른 게와 다른 점은 일단 그 크기이다. 보통 한 마리에 1킬로그램까지 나간다. 한 사람 앞에 한 마리씩 내도 충분하며, 몸통은 물론 다리까지 살로 꽉 차 있다.

게를 좋아하는 사람들은 가장 간단한 방법으로 먹는 것을 선호한다. 즉 찌거나 삶아서 껍질에서 바로 발라 먹는 것이다. 녹인 버터, 마요네즈, 또는 칵테일 소스 등을 곁들이지 않고 그냥 있는 그대로 먹는 것이 가장 맛있다고 한다. 껍질 속에 있는 살은 생강, 마늘, 파 등의 양념과 함께 센불에 재빨리 볶아서 먹거나, 샌프란시스코의 명물인 지중해식 해산물 스튜 '치오피노(cioppino)'에 넣어도 좋다. 게살은 고전적인 크랩 루이스 샐러드부터 흔해빠진 크랩 케이크(게살에 빵가루, 우유, 달걀, 노란 양파, 그 밖의 양념을 섞어 만든 미국 요리)에 이르기까지 수없이 많은 요리에 쓸 수 있다. **CN**

Taste: 대짜은행게의 살은 섬세하고 부드러운 질감을 자랑한다. 삶거나 찌면 달짝지근한 살에서 짭짤한 바다 향미가 아주 희미하게 느껴진다.

황여우시에(黃油蟹) Yellow Oil Crab

전 세계의 식재료를 어디서나 구할 수 있는 오늘날에는 요리도 세계화의 추세를 거스를 수 없다. 따라서 진귀한, 짧은 제철에만 먹을 수 있는 음식이 더욱 특별해지는 것이다.

황여우시에는 5월부터 8월까지 몇 달 사이에만 잡히며, 그 맛을 보고 싶다면 홍콩이나 중국 남부로 가야만 한다. 황여우시에는 개펄에서 사는 암게로 말 그대로 햇볕에 탔다고 보면 된다. 타는 듯한 열기와 높은 습도 때문에 게의 내장이 버터(중국어로 黃油)처럼 녹아 몸은 물론 황금빛 집게발 끝까지 구석구석 퍼지는 것이다. 전문가들은 야생게를 최고로 치는데, 노란색의 진한 내장이 양식 게보다 더 달콤하기 때문이다. 그러나 양식 덕분에 원래는 보름 정도밖에 잡히지 않는 게를 그나마도 석달 동안 먹을 수 있게 되었다는 사실은 알아둘 필요가 있다.

황여우시에를 조리할 때는 내장이 몸통 밖으로 흘러나오지 않도록 조심해야 한다. 보통은 (그냥 또는 쌀로 빚은 술에) 찌거나, 죽이나 수프로 끓인다.(여기서 만족하지 못하고 더 타락한 이들이 찾는 것이 상어지느러미다.) 몇몇 셰프들은 내장을 꺼내서 만두를 만들거나 국수에 넣기도 한다. **KKC**

Taste: 황여우시에의 내장은 실온에 내어놓은 버터처럼 진하고 부드럽다. 잡은 지 며칠 내에 죽어버리기 때문에, 레스토랑에서 미리 선주문한다.

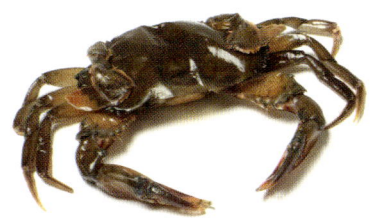

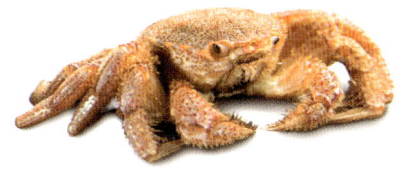

몰레체 Moleche

봄이나 가을에 베네치아를 방문하면 리알토 시장 어디서나 몰레체라고 부르는 작은 게를 구경할 수 있으며, 콧대 높은 레스토랑 어디를 가도 메뉴에서 몰레체 프리테 (moleche frite, 튀긴 게) 요리를 찾아볼 수 있다. 겉은 바삭바삭하지만, 속은 바다의 정수를 그대로 담아내고 있는 이 음식은 그야말로 따로 찾아서 먹어볼 만한 가치가 충분한 별미이다.

영어로는 '그린 크랩(green crab)'이라고 부르는 몰레체(Carcinus mediterraneus)는 그 생장 주기 중에서 껍질을 갈 때에 해당되며, 어찌나 부드러운지 통째로 입에 넣고 씹어먹을 수도 있다. 2월부터 4월 말이나 5월 초까지, 다시 10월과 11월에 베네치아 석호의 자연 물길을 따라 그물로 포획한다.

보통 이 작은 별미는 달걀 풀은 것에 담갔다가 밀가루를 묻혀 끓는 기름에 튀겨낸다. 달걀에 담가 바닷물을 토해내게 해야 그 멋진 바삭바삭한 끝맛을 얻을 수 있는 것이다. 무라노에서는 보통 조리하기 전에 다리를 떼어내지만, 베네치아에서는 주로 통째로 접시에 올리고 통째로 먹는다. **LF**

털게 Hairy Crab

상하이 털게는 홍콩과 중국을 제외한 지역에서는 거의 찾아보기 힘들다. 그리고 어찌어찌 구한다 하더라도, 말도 안 되는 품질에 웃돈만 엄청 부를 것이 뻔하다. 다른 게 종류처럼 털게도 산채로 조리해야 하며, 물에서 나오는 순간부터 그 질이 시간이 흐를수록 떨어진다.

털게는 집게발에 달린 그 길고 가느다란 털로 구별할 수 있다. 보통 얼마 되지도 않는 살보다는 꽉 찬 내장을 먹는다. 숫게일 경우 이 "내장"은 생식기와 정액을 의미한다. 숫놈의 "내장"이 암놈의 내장보다 더 부드럽고 크리미하다.

장쑤 성의 양청 호수(洋澄湖)에서 잡히는 털게를 최고로 치는데, 수질이 좋아 털이 가볍고 살은 더 달콤하기 때문이다. 전체 시장에서 양청 호수에서 집히는 딜게의 비율은 얼마 되지 않는다. 비양심적인 상인들이 다른 호수에서 잡아온 게들을 양청 호수에 잠깐 담갔다가 양청 호수에서 잡은 게라고 우기기도 한다. 진짜 양청호 털게를 공급하는 상인들이 이에 대항하기 위해 레이저 문신 같은 방법을 고안해내기도 했지만, 이 또한 만들기가 무섭게 복제되고 말았다. **KKC**

Taste: 짭짤하고, 바삭바삭하고, 즙이 많고, 짠맛과 단맛을 동시에 지닌 몰레체는 레몬을 듬뿍 짜서 뿌린 뒤 뜨거울 때 바로 먹어야 한다.

Taste: 이 달콤하고 즙이 많은 게는 전통적으로 쪄서 상하이식 갈색 식초와 생강으로 만든 소스에 찍어 먹는다.

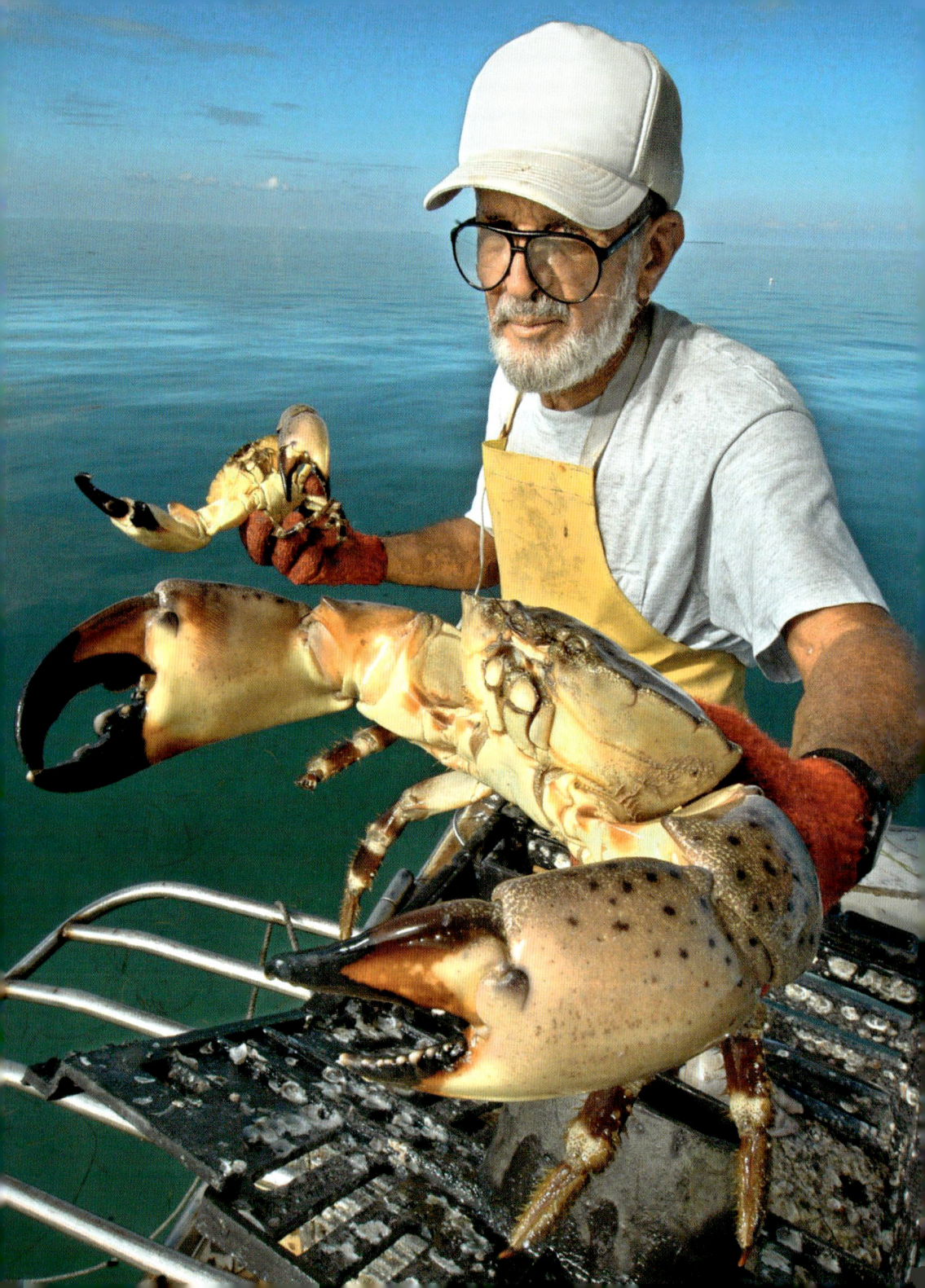

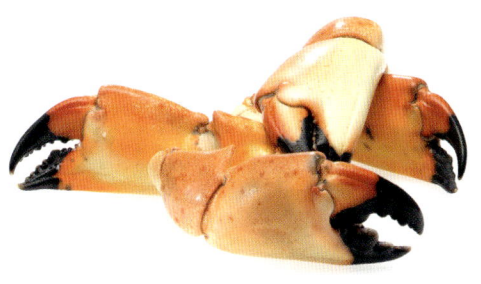

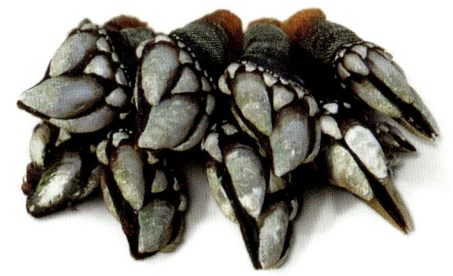

바위게 Stone Crab

거위목 따개비 Goose-necked Barnacle

어마어마하게 딱딱한 집게발을 소유한 이 납작한 타원형의 게는 1921년, 한 해양학자가 마이애미 비치에 작은 생선 레스토랑 주인인 조 와이스에게 한 봉지를 건네주며 요리해 달라고 부탁하면서 요리계에서 명성을 얻기 시작했다. 와이스는 이 게를 끓는 물에 던져 넣어 삶은 뒤 식혀서 머스터드 소스와 코울슬로, 해쉬브라운 감자와 함께 냈다. 이리하여 또 하나의 플로리다 전통이 탄생하였다.

노스캐롤라이나에서 플로리다에 이르는 대서양 해안과 멕시코 만에서 주로 잡히는 바위게는 몸의 오른편이 더 커서 과학자들은 "오른손잡이"라고 주장하기도 한다. 바위게는 집게발이 재생되는 성질이 있기 때문에, 보통 바위게를 잡으면 집게발 하나를 조심스레 떼어낸 뒤 다시 물에 넣어서 새 발이 자라게 한다. 같은 방식으로 서너 번은 새 집게발을 얻을 수 있다.

바위게는 보통 잡자마자 바로 조리한다. 냉동 상태로 판매되지만, 얼리면 살이 질겨지고 섬유질이 된다. 식혀서 먹는 것이 가장 좋은데, 녹인 버터를 곁들이면 매우 맛있다. 그러나 게살이 들어가는 어떤 요리에든 완벽하게 어울린다. **SH**

별로 놀랄 일도 아니지만, 거위목 따개비는 거위의 머리 또는 목과 비슷하게 생겼다 하여 거위목 따개비라 불린다. 스페인에서는 페르세베(percebe)라고 불리며, 갈리시아 지방에는 해마다 거위목 따개비 축제도 열린다. 라틴 아메리카 일부 지방에서도 인기가 높으며, 캐나다에서는 상용으로 양식한다.

갑각류의 일종인 거위목 따개비는 만조와 간조가 겹치는 해역의 바위나 표류화물에서 산다. 바위에 달라붙을 수 있는 발 위에, 거위목을 닮은 길고 유연한 몸체와 딱딱한 겉껍질이 달려 있다. 바닷물이 움직이면서 가져다주는 영양분을 먹고 살며, 따라서 조류의 움직임이 충분한 곳에서만 살 수 있다.

거위목 따개비는 지중해 연안 몇몇 나라에서 별미로 인기가 높다. 날로 먹어도 되지만, 보통은 해산물을 넣고 끓인 국물에 껍질째 쪄서 낸다. 이 단순한 레시피는 그 깔끔하고도 훌륭한 맛을 보존하는 데에도 가장 좋다. 부드러운 몸통은 두꺼운 외피로 싸여 있지만, 조리한 뒤 딱딱한 껍질을 벗기고 손톱으로 잡아 당기면 쉽게 벗겨진다. 즙이 뿜어나올 수도 있으니 조심할 것. 순식간에 난장판이 될 수도 있으니! **STS**

Taste: 샴페인이나 스파클링 와인을 곁들여 먹으면 바위게이 집게발은 진정한 별미가 된다. 달콤하고 잘 부스러지는 살은 약간 짭짤한 맛이 나고 바다의 풍미가 느껴진다.

Taste: 종종 붙어 있는 해조류까지 한꺼번에 무더기로 내놓는 거위목 따개비는 바닷가재나 게의 집게발과 비슷한 맛이 난다. 그러나 질감은 사뭇 다르다—촉촉하고, 부드럽고, 쫄깃쫄깃하다.

바위게는 플로리다 키스에서는 태양과 보트만큼이나 여름을 상징하는 아이템이다.

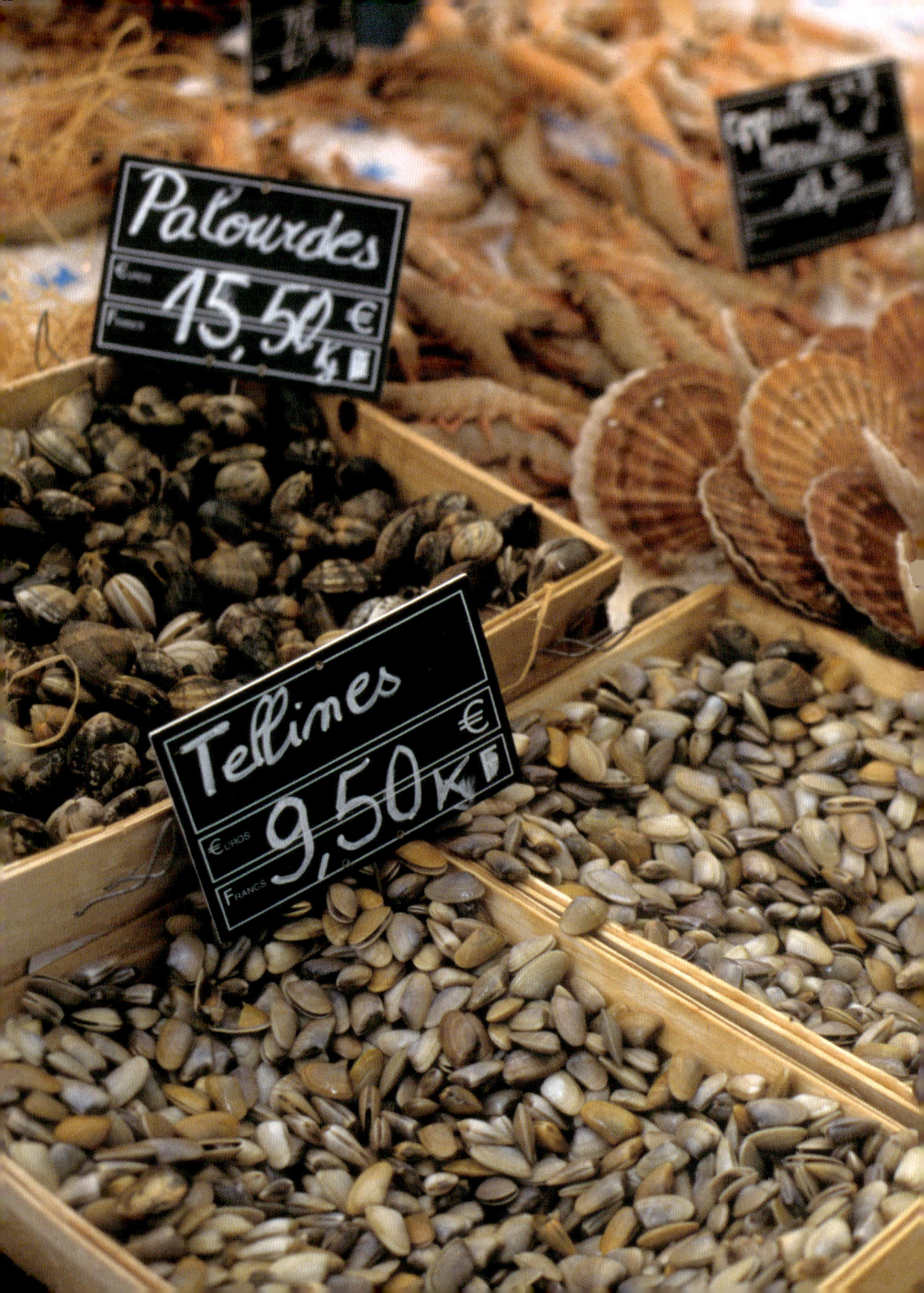

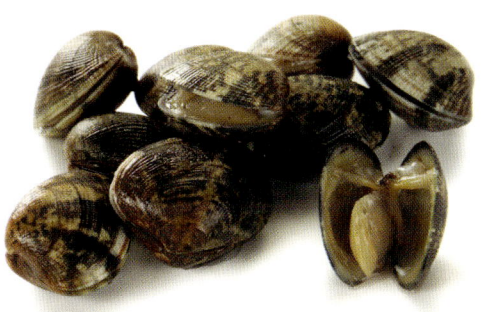

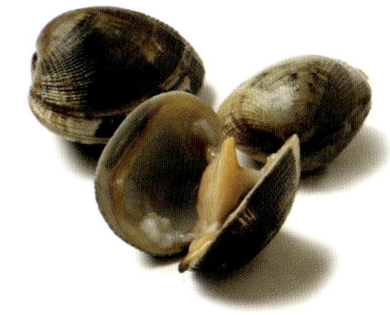

텔린 드 카마르그 Telline de Camargue

세계에서 가장 맛있는 조개 중 하나인 텔린(Donax trunculus)은 프랑스의 카마르그 지방 특산의 환상적인 진미 가운데 하나이다. 이 작고 맛있는 조개는 지중해 연안의 해안선을 따라, 특히 아를과 몽펠리에 사이 해안의 축축한 모래 표면 바로 아래에서 산다. 1960년대에 "발견된" 이래 카마르그에서 어마어마하게 홍보하고 있는 상품이기도 하다.

전통적으로 텔린 조개를 잡는 방법은 세심한 규정을 지켜야 하며, 주로 아침 일찍 이루어진다. 조개꾼들은 틀에 씌운 망을 몸에 묶고 해안을 따라 왔다갔다 하면서 한번 쓸고 지나갈 때마다 텔린을 모은다. 일단 수확하고 나면 조개를 물에 12~24시간쯤 담가두었다가 낸다.

리조토와 파스타 재료로 인기가 높은 텔린 드 카마르그는 전통적으로 날 것으로 먹거나, 프로방스 풍으로 요리하거나, 향이 강한 파슬리나 마늘을 섞어 만든 페시야드(persillade)로 장식한다. 페시야드를 넣어 조리한, 김이 모락모락 나는 텔린 조개를 한 사람 앞에 50개 안팎씩 낸다. **STS**

타르투포 디 마레 Tartufo di Mare

타르투포 디 마레는 '바다의 트러플'이라는 뜻의 별칭이 아깝지 않다. 이렇게 환상적인 조개를 어찌 '사마귀 조개(warty clam)' 따위로 부를 수 있겠는가!

타르투포 디 마레는 그 모양은 평범한 조개(vongole)와 비슷하다. 땅딸하고 단단해 보이는 껍질은 베이지색에서 갈색이며, 특유의 두드러진 동심원 모양 골이 패여 있다. 이 조개(Venus verrucosa)는 대서양과 지중해의 일부 미지근한 해역에서 살며, 풀리아와 프리울리 주, 그리고 나폴리 만 근교에서 특히 별미로 인기가 높다. 다른 모든 쌍각조개류처럼 타르투포 디 마레 역시 영어 이름에 'r'자가 들어가는 달(9월부터 이듬해 4월까지)에만 먹어야 한다. 여름철은 번식기이기 때문이다. 오늘날 이탈리아 주변의 해역은 대체로 늦여름에는 어패류 포획이 금지되어 있다. 어족의 자연번식을 장려하기 위해서이다.

타르투포 디 마레는 종종 날로 먹지만, 고전적인 스파게티 알레 봉골레와 비슷하게 파스타 소스로 만들어도 훌륭하다. 리조토와 샐러드에 넣어 먹으면 다 맛있다. **LF**

Taste: 달콤하고 섬세한 향미와 은은한 바다의 맛을 지닌 이 조개는 카마르그 주민들이나 관광객이나 모두 좋아한다. 패류를 좋아한다면 반드시 먹어봐야 한다.

Taste: 타르투포 디 마레는 실크처럼 부드럽고 혀 위에서는 기분 좋게 짭짤하다. 비린내가 나지 않으면서 신선한 바닷공기가 살짝 느껴지는 것 같다.

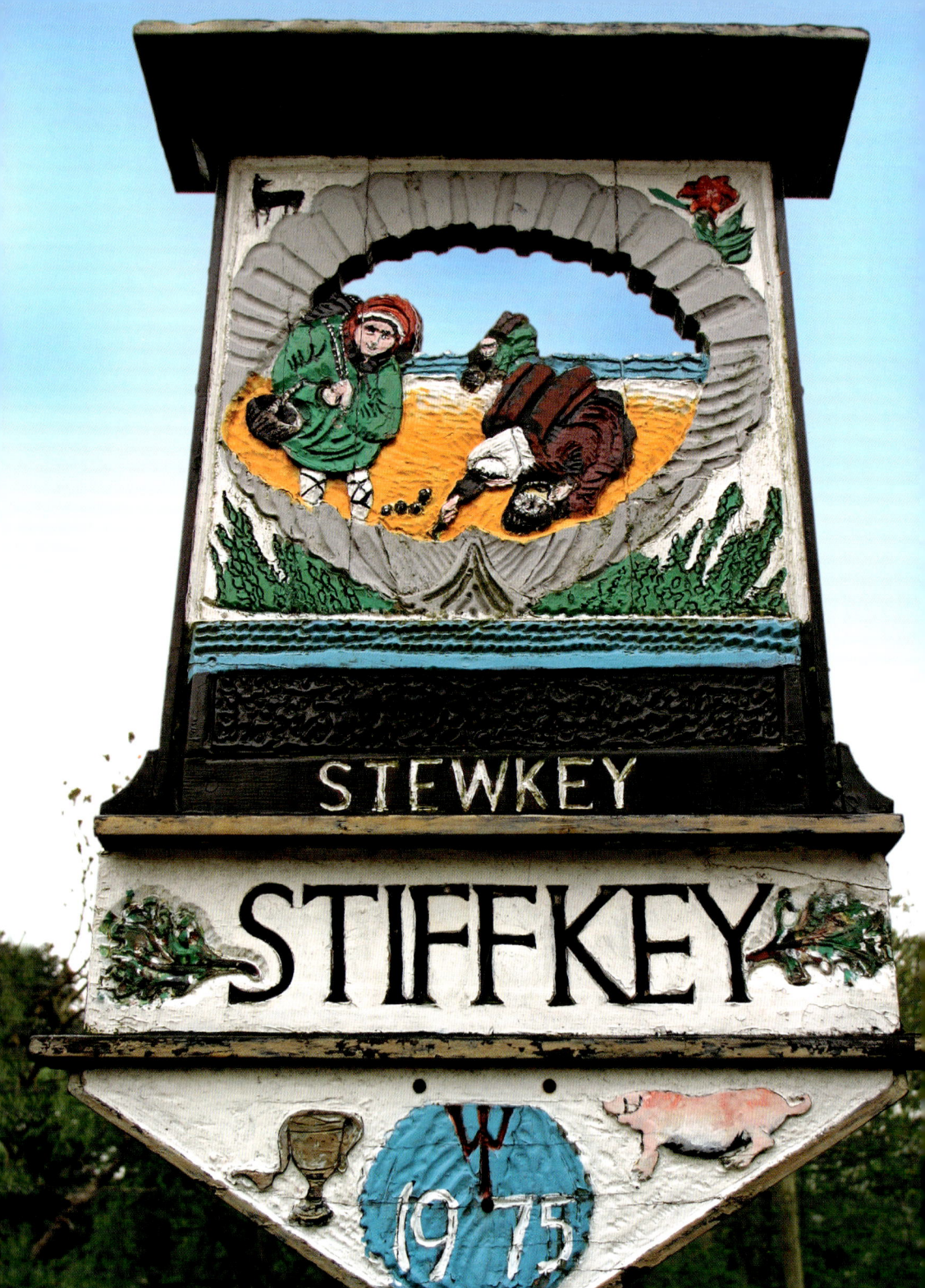

STEWKEY

STIFFKEY

1975

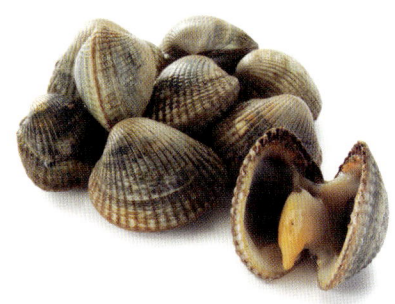

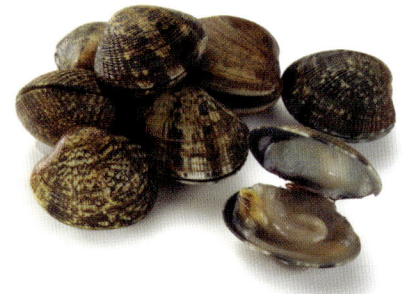

스듀키 블루 새조개 Stewkey Blue Cockle

새끼 대합 조개 Littleneck Clam

잉글랜드 노스 노퍽의 스티프키(Stiffkey)—한때는 '스튜키'라 발음하였다—마을은 두 가지로 유명하다. 바로 파문 당한 목사와 해산물이다.(이 곳 교구 목사였던 해롤드 데이빗슨은 런던 소호 지구의 매춘부들과 교제했다는 이유로 파문 당한 뒤 사자에게 공격 당한 상처로 죽었다.)

스티프키 항구는 19세기 말 개펄흙으로 막히고 말았으며, 마을 앞에 펼쳐진 개펄은 독특한 청회색 껍질을 지닌 새조개의 이상적인 서식지가 되었다. 스튜키 블루 새조개(Cerastoderma edule)는 원래 스티프키에서 잡은 조개만을 가리켰으나, 오늘날에는 노퍽 지방에서 잡는 모든 새조개를 지칭한다.

제2차 세계대전 직후까지 스티프키 마을 여인들은 연중 내내 새조개를 잡았다. 조류가 매우 빠르게 밀려들어오기 때문에 새조개 잡이는 위험하고 힘든 작업이며, 스티프키 여인들은 거의 아마존의 여전사에 버금가는 명성을 날린다. 전통적으로 새조개는 삶아서 식초를 쳐서 먹으며, 당일치기 여행객들에게 인기가 좋은 별미였다. 실제로 해안을 따라 조금 더 가면 있는 웰스-넥스트-더-씨에서는 오늘날까지 이렇게 조리하여 판매한다. 스파게티 알레 봉골레 같은 요리에 소개 대신 사용할 수도 있다. **AMS**

미국의 해안 지방은 저마다 고유의 새끼 대합 조개가 있는 것으로 유명하다. 대서양 연안에서 잡히는 것은 딱히 정해진 종(種)을 가리키지는 않는다. 실제로 이 지역에서 잡히는, 대합((Mercenaria mercenaria)이라고 부르는 딱딱한 껍질의 패류 중에서 가장 작다. 이 조개는 또 리틀넥 대합이라 불리기도 한다. 한때 이 지역에서 쌍각 조개 산지로 가장 뉴명했던 뉴욕의 롱아일랜드에 있는 리틀 넥 만(灣)에서 유래한 이름이다.

미 동부 해안 지방의 해산물 바에서는 조개 껍질 한 쪽을 떼어낸 뒤 얼음 위에 생으로 올려 낸다. 구운 조개 요리인 '클램스 카지노'의 재료로도 인기가 높다. 화이트와인에 찌거나 파스타와 신선한 허브에 섞어 먹기도 한다.

태평양 연안에서는 특별히 인기가 좋은 편은 아니다. 이 지역 원산 새끼 대합(Protothaca staminea)은 캘리포니아에서 알래스카에 이르는 해안의 모래톱에서 산다. 더 쫄깃하며 보통 조리해서 먹는다—찌거나 굽거나, 차우더 수프로 만든다. 대서양과 태평양의 새끼 대합 모두 오늘날에는 어족 보호를 위해 양식하여 먹는다. **CN**

Taste: 통통하고, 생선 냄새가 나고, 즙이 많은 스튜키 블루 새조개는 와인에 마늘, 소금, 후추를 넣고 입을 벌릴 때까지 삶는 것이 가장 맛있다. 뜨거울 때 바로 먹어야 한다.

Taste: 야생 대서양 새끼 대합은 부드러워서 날로 먹기에 좋다. 달콤하고 호화로우며, 롱아일랜드 바다의 짭짤한 소금물 맛이 살짝 감돈다.

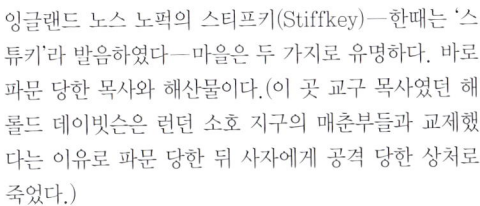

노퍽의 스티프키 마을 간판. 마을 이름을 원래 어떻게 발음했는지 친절하게 알려주고 있다.

토헤로아 Toheroa

이 뉴질랜드의 아이콘이라 할 수 있는 별미는 최고의 맛을 자랑하는 생선으로 평가 받고 있지만, 아마 신선한 상태로 맛보기란 쉽지 않을 것이다. 토헤로아(Paphies ventricosum)는 조개류에 속하며 혀가 매우 발달하여 땅을 파고 들어가는 것으로 유명하다. 뉴질랜드 남섬과 북섬의 몇몇 해안에서만 발견된다. 모래 언덕의 석호에서 들어오는 민물은 토헤로아의 먹이인 플랑크톤이 해안에서 가까운 연해에 밀집되는 결과를 낳았다.

토헤로아는 몸길이가 15센티미터까지 자라며, 만조와 간조 사이의 부드러운 모래에서 산다. 그 위치는 오직 바람 구멍을 통해서만 알 수 있다. 조금만 놀라도 허둥지둥 모래 속으로 깊숙이 숨어버리기 때문에 그 번개처럼 빠른 속도에 조개꾼들은 그저 당할 수밖에 없다. 병해와 과포획—특히 통조림 산업으로 인한—때문에 현재 토헤로아 채취는 엄격하게 금지되어 있다. 마지막으로 포획이 허용되었던 것은 1993년 단 하루 동안이었다. 단 전통적으로 토헤로아를 잡아 생활해온 마오리족만은 예외이다. 토헤로아는 마오리족의 라이프스타일에서 빠질 수 없는 존재이기 때문이다—그러나 마오리족조차 채취할 수 있는 양이 법으로 정해져 있으며, 이들은 손이나 나무 도구(쇠붙이를 사용해서는 안 된다)로만 몸길이가 최소한 10센티미터인 토헤로아만을 잡을 수 있다. 정부의 허가가 떨어지면 뉴질랜드인들은 해변으로 달려가 토헤로아를 잡는다. 1950년대에는 기름에 튀긴 토헤로아 튀김이 인기있는 요리였다.

토헤로아 대신 크기가 더 작고 개체수도 더 많은 투아투아 조개를 대용하는데, 특히 토헤로아 수프가 그렇다. 투아투아 조개도 맛이 좋지만, 진짜 토헤로아의 풍미는 따라가지 못하며, 토헤로아의 내장 속 플랑크톤으로 인한 특유의 녹색은 구경할 수 없다. 카키색의 토헤로아 수프는 뉴질랜드에서 전통적으로 크리스마스 만찬의 첫 번째 코스 요리였으며, 환상적으로 향긋한 향미를 자랑한다. **GC**

Taste: 보통 잘게 썰어서 수프나 파테, 튀김 등으로 만든다. 살은 메스꺼운 녹색으로 풍부한 향미는 홍합과 비슷하지만, 더 크리미하고 더 뚜렷하다.

구이덕 Geoduck

바다에서 나는 먹거리 중에 가장 괴상한 생물 중의 하나인 구이덕(Panopea abrupta)은 세계에서 가장 큰 천공(穿孔) 조개이다. 생장이 느리며, 세계 최고의 장수 생물 중 하나로 어떤 것은 100년 넘게 사는 것도 있다. 구이덕이라는 기묘한 이름은 아메리카 원주민의 언어로 '깊게 파다'라는 뜻이다. 실제로 이 커다란 조개는 모래 속으로 1미터 깊이까지 파고 들어간다. 구이덕의 무게는 보통 1킬로그램 안팎으로, 심지어 어떤 것은 3킬로그램까지 나간다. 구이덕의 생김새에서 가장 눈에 띄는 점은 조개껍질 밖으로 길게 빼문, 그 굵고 긴 상아색의 목 또는 수관(水管)이다.

구이덕은 미국 태평양 연안, 캘리포니아 북부부터 알래스카 남동부까지가 원산이며, 워싱턴 주의 퍼짓 사운드에서 가장 많이 잡힌다. 구이덕의 살은 아시아, 특히 일본, 대만, 중국에서 높이 치기 때문에, 산 채로 포장해서 이들 나라로 수출하여 짭짤한 수익을 올린다. (중국에서는 구이덕을 '코끼리 코 대합(象拔蚌)'이라고 부른다.)

구이덕 시장은 당국의 감독을 받으며, 열두 살이 되었을 때 잡는다. 잠수부들이 '스팅어(stinger)'라고 부르는 방향 탐지 워터젯을 사용하여 토사를 불어 없앤 뒤 웅크리고 있는 조개를 건져 올린다. 야생 구이덕 채취는 날이 갈수록 규정이 엄격해지면서 구이덕 양식 시장이 크게 성장하였다. 일본에서는 단단하고 달콤한 목살로 스시나 사시미를 만들며, 살짝 데쳐서 초장을 찍어 먹거나 센불에 볶기도 한다. 말린 것은 중국에서 국물을 내는 데에 쓴다. 미국에서는 목살은 차우더에 넣지만, 더 부드러운 몸통은 프라이팬에서 볶거나 튀겨 먹는다. **CN**

Taste: 구이덕의 목(수관) 살은 보통 날로 먹는다. 단단하고 거의 바삭거릴 정도의 질감과 짭짤한 바다의 향미가 느껴진다. 몸통 살은 맛이 더 진하고 부드럽다.

긴 목 부분까지 먹는 것을 감안하면, 구이덕은 대부분의 조개류보다 먹을 수 있는 부분이 더 많다. ➋

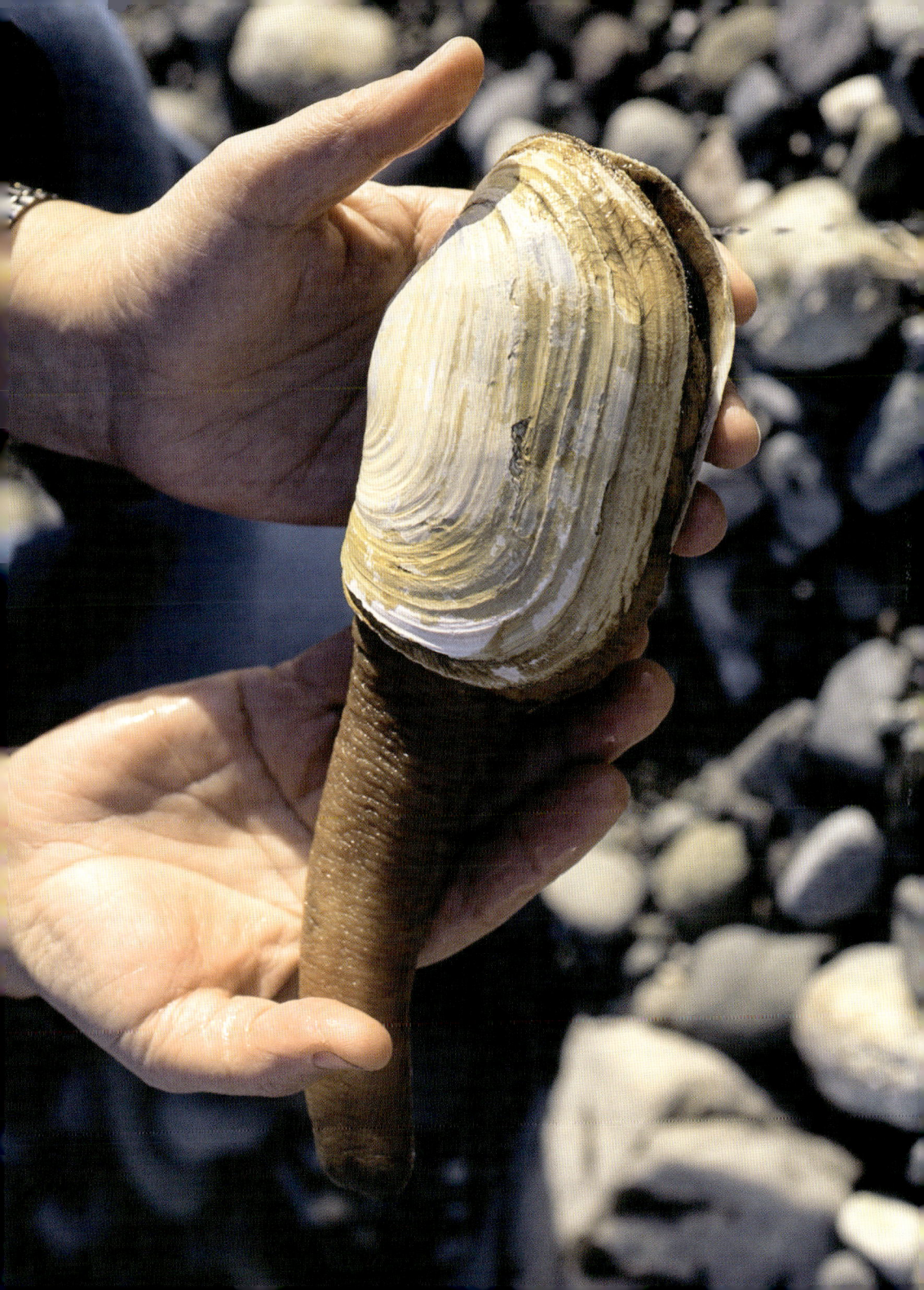

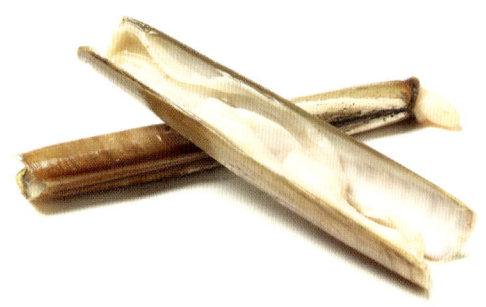

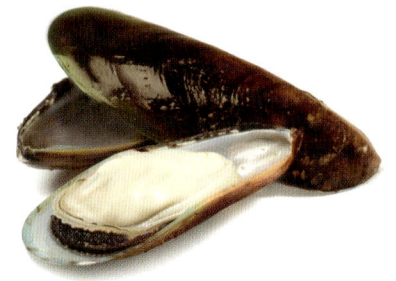

죽합 Razor Clam

영국에서는 나날이 인기가 올라가고 있는 유럽 죽합(Ensis ensis)은 최근에야 상품 가치를 인정받기 시작했다. 노르웨이에서 스페인의 대서양 연안, 그리고 지중해 일부 지역에서도 잡는다.

땅을 파고 들어가는 쌍각 조개로, 길쭉한 껍질이 꼭 일회용 면도날처럼 생겼다 하여 영어로는 'razor clam'이라 부른다. 껍질 양쪽이 모두 둥글게 구부러져 있으며, 올리브색 또는 갈색의 겉표면은 맨질맨질하다. 안쪽 표면은 하얀색에 보랏빛을 살짝 띤다. 커다란 근육질의 살은 '발(foot)'이라 부르며, 거의 껍질 내부를 꽉 채우고 있다.

이 달콤하고 결이 살아 있는 연체동물은 가리비와 바닷가재 살의 중간쯤 되는 향미를 지니고 있다. 껍질에서 빼낸 길쭉한 살은 그 모양이나 질감이 꼭 껍질을 빗겨놓은 여지 같다. 산 채로 조리하는데, 보통 생강을 넣은 국물에 찌거나, 마늘버터를 듬뿍 발라 그릴에 굽는다. 지나치게 익히면 질겨지고 맛도 떨어진다. 그 밖의 인기 있는 레시피로는 클램 차우더, 튀김, 파스타 소스 등이 있다. **STS**

돌맛조개 Date-mussel

연체동물 가운데 최고의 맛을 자랑하는 이 작은 홍합은 12센티미터 크기로 자라는 데 자그마치 80년이 걸린다. 검고 길쭉한 원통형으로, 대추야자 열매와 비슷하게 생겼다 하여 영어로는 대추홍합(date-mussel), 대추조개(date-shell) 등으로 부른다.

지중해 연안이 원산인 유럽 돌맛조개(Lithophaga lithophaga)는 산액(酸液)을 분비하여 석회암이나 산호초를 녹인 뒤 구멍을 뚫어 그 속에 들어가 산다. 그 파괴력은 나폴리 만에 가라앉아 있는 푸주올리의 옛 로마시대 신전의 기둥이 지진으로 인해 수면으로 밀려 올라왔을 때 모두가 똑똑히 눈으로 확인할 수 있었다.

돌맛조개는 바위를 뚫고 들어가 그 속에 살기 때문에, 돌맛조개를 채취하려면 다른 해양 생물의 서식지를 파괴하게 된다. 생장은 느린데 인기가 너무나 높다 보니 지금은 거의 멸종 위기에 처해 있다. 레스토랑에서는 더 이상 돌맛조개 요리를 찾아볼 수 있으며, 불법으로 돌맛조개를 잡으면 형사고발을 당할 각오를 해야 한다. 돌맛조개 거래는 채취가 법으로 금지되거나 제한된 서유럽에서 북유럽이나 동유럽으로 옮겨가고 있는 추세다. **WS**

Taste: 죽합 살은 달콤하고 즙이 많은 해산물의 향미를 지니고 있다. 보통 통째로 다 먹지만, 내장 부분은 피하는 편이 좋다.

Taste: 향미나 질감은 보통 홍합과 비슷하며, 보통 날로 먹는다. 많은 나라, 특히 이탈리아에서는 다른 갑각류와 섞어 수프나 리조토에 넣는다.

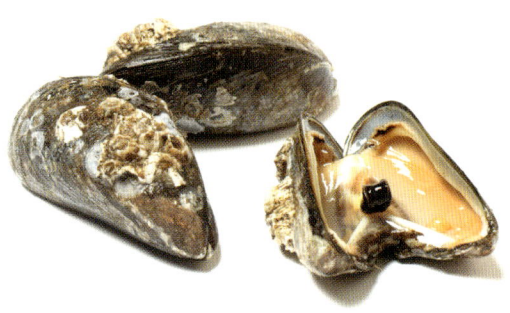

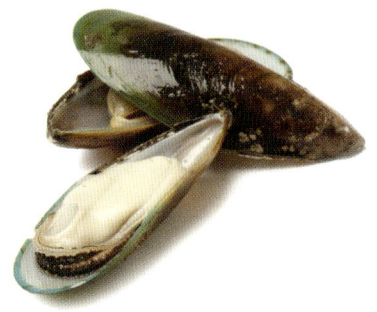

몽생미셸 홍합 Mont St. Michel Mussel

프랑스에서는 나무 기둥에 붙어 자라는 홍합(bouchots)
이 오랫동안 사랑 받아왔다. 솔잎을 태우는 불꽃 위에서
구워 먹는 일 드 레(Île de Ré) 산이건, 북쪽의 브르타뉴
해안에서 수확한 것이건, 그리고 특히 사이다와 크림에
익힌 몽생미셸 산이건 관계없이 말이다. 그러나 가장 높
은 값을 부르고, 셰프들 사이에서 비할 바 없는 명성을
자랑하는 것은 역시 몽생미셸 홍합(AOC)이다.

홍합은 쌍각 조개로, 두 개의 푸른빛이 도는 검은
껍질이, 한쪽 끝에서 뾰족한 쐐기 모양으로 연결되어 있
다. 몽생미셸 홍합은 크기는 비교적 작지만 즙이 많은 크
림색과 오렌지색의 살은 새조개처럼 더 작은 일반 조개
에 비하면 만족스럽게 입안을 채운다. 홍합은 더운 달에
는 알을 낳으며 살이 얇아지기 때문에 가을부터 봄철까
지 먹는 것이 가장 맛있다.

오늘날까지도 물 마리니에르(moules marinières,
삶은 홍합 요리)와 물 프리트(moules frites, 홍합과 감
자튀김) 같은 전통적인 레시피를 최고로 친다. 암컷이
희끄무레한 크림색의 수컷보다 더 맛있다고 주장하는 이
들도 있지만 그건 어디까지나 개인 취향이다. **STS**

초록입 홍합 Green-shelled Mussel

이 맛좋은 조개는 참견쟁이 관리들이 끼어들어서 그 반
짝이는 에메랄드 녹색의 정체가 조개껍질이지 몸체의 일
부가 아니라는 것을 발견하기 전까지는 '초록입술 홍합
(greenlipped mussel)'이라 불렸다. 뉴질랜드인들은 오
랜 세월 동안 이 커다란 푸른 껍질의 홍합을 먹어왔다.
몸집이 작은 유럽의 패류만 다뤄봤다면 이 홍합을 다루
기란 쉽지 않다. 더 우아하고 초록색의 "껍질"에 싸여 있
는 초록입 홍합(Perna canaliculus)은 유럽인들의 기대
치에 더 가까웠기 때문에 곧 수출 상품이 되었다.

초록입 홍합이 건강에 좋다는 설이 많았지만, 과학
적인 증거는 별로 없다. 그러나 건강보다는 그 향미에 관
심을 가지는 것이 더 분별있는 선택일 것이다. 초록입 홍
합의 살은 두 가지 색깔인데, 홍합 서리를 하려고 어슬렁
거리고 있다면 꼭 알아두어야 할 중요한 정보이다―오
렌지색은 수컷이고 크림색은 암컷이다.

때때로 식초와 생양파를 곁들여 내기도 하지만, 그
렇게 먹으면 그 섬세한 맛이 눌리고 만다. 뉴질랜드에서
는 거의 모든 슈퍼마켓에서 차갑고, 촉촉하고, 살아 있
는 초록입 홍합을 구할 수 있다. 수출할 때에는 껍질 한
쪽을 떼어내고 향미료나 소스 같은 "부가가치"를 얹어
서 판다. **GC**

Taste: 몽생미셸 홍합은 날씨가 아주 추울 때 먹는 것이 가장 맛있다.
쪄서 껍질을 벌리면 기다랗고 살집 좋은 홍합살이 달콤하고 쥬이시한
향미를 뿜어낸다.

Taste: 간단하게 쪄서 먹는 것이 가장 맛있다. 입술을 제외한 모든
부분이 사르르 녹는 질감과 우아하리만치 달콤하고 크리미한 맛을
보여준다. 뒷맛은 독특하고 톡 쏘는 바다의 향을 지니고 있다.

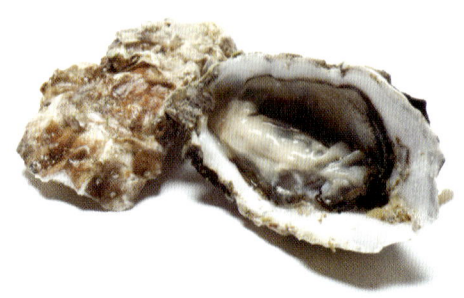

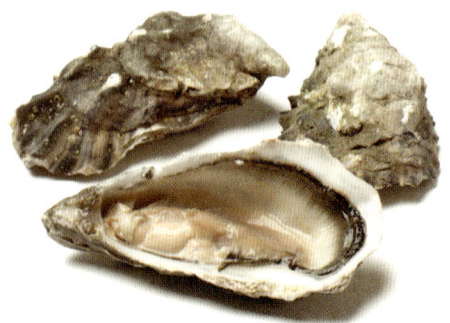

지야르도 특산 굴 Spéciale Gillardeau

굴은 아이콘과도 같은 음식이다. 바다의 정수를 표현하는 맛의 깔끔한 단순함과, 와인이 그 테루아를 반영하듯, 각각의 독특한 서식지를 반영하는 요소들을 담아내고 있다.

프랑스인들은 굴을 가볍게 다루지 않는다. 그 복잡함에 맞먹을 만한 명명(命名) 체계가 있다. 지야르도 굴은 굴의 엘리트라 할 수 있는 핀 드 클레르(fines de Claire)에 속하며, 보통 지야르도 특산 굴이라 불린다. 지야르도는 이 굴을 생산하는 유명한 양식인 가족의 이름을 딴 것이다.

지야르도 굴은 젖은 나무 바구니에 담겨 시장으로 보내지며, 촉촉함과 서늘함을 유지하기 위해 해초로 덮는다. 모든 굴이 다 그렇기는 하지만, 조리하기 위해 껍질을 벌렸을 때 살아 있는 것이 중요하다. 껍질을 벌리고, 끝의 연결 부분을 살짝 건드리면 바로 입을 다물어야 한다. 그러지 않는 것은 죽은 굴이므로 버려야 한다. 굴은 살아 있는 생물이기 때문에 절대로 진공 밀봉 포장을 해서는 안 되며, 너무 온도가 낮아도 안 된다. 두 쪽의 껍질 중에서 더 둥글게 움푹 패어 있는 껍질을 아래로 하여 젖은 천을 덮어서 냉장고 가장 아래 칸에 보관하는 것이 제일 좋다. **STS**

Taste: 보통 굴 하면 떠올리는 금속성의 짜릿한 맛이 전혀 없는, 강한 바다의 풍미를 지니고 있다. 입에 넣고 씹으면 견과 향의 뒷맛과 짜릿한 짠맛을 느낄 수 있다.

시드니 바위 굴 Sydney Rock Oyster

오스트레일리아 어디에서나 찾아볼 수 있는 이 쌍각 조개는 1870년대 이래 상용으로 양식되어왔다. 시드니 바위 굴은 빅토리아, 뉴사우스웨일스, 퀸즐랜드, 웨스턴 오스트레일리아의 앨버니의 해안을 따라 강 후미와 바다에서 산다.

다른 굴 종류와 비교하면 시드니 바위 굴(Saccostrea glomerata)은 중간 정도의 크기로, 다 자라서 수확할 수 있을 정도가 되려면 약 3년이 걸린다. 그러나 선택 교배 실험 끝에 2년이면 수확할 수 있는 '수퍼 시드니 록'이 개발되었다. 오스트레일리아에서는 가장 널리 먹는 흔한 굴이지만, 양식에 있어서 엄격한 환경 규정이 적용되기 때문에 가격은 비싼 편이다.

시드니 바위 굴은 통통하고 짭짤하며, 달콤하고 크리미한 맛을 지니고 있다. 보석 같은 굴 전문 바와 고급 해산물 레스토랑이 넘치는 시드니 저녁 테이블의 스타라고 할 수 있다. 실제로 굴을 주문하기에 앞서 망설이던 손님들이 그 유혹에 못 이겨 생애 처음으로 맛보는 굴이 바로 시드니 바위 굴이다. 대부분의 굴은 날로 먹지만, 시드니 바위 굴은 생굴을 먹지 못하는 사람들을 위해 모네 소스나 비시스와즈(체에 내린 감자 퓌레와 잘게 썬 리크의 흰 부분, 닭고기 국물, 크림 등을 넣어 만드는 차가운 수프)로 만들어도 좋다. **SCS**

Taste: 씹어도, 씹지 않고 통째로 삼켜도 첫맛은 달콤하고, 뒷맛은 짭짤하면서 진하나. 그 심세한 특징은 날로 먹을 때 가장 훌륭하다.

뉴사우스웨일스의 혹스베리 리버에서 시드니 바위 굴을 살펴보고 있는 양식인. ●

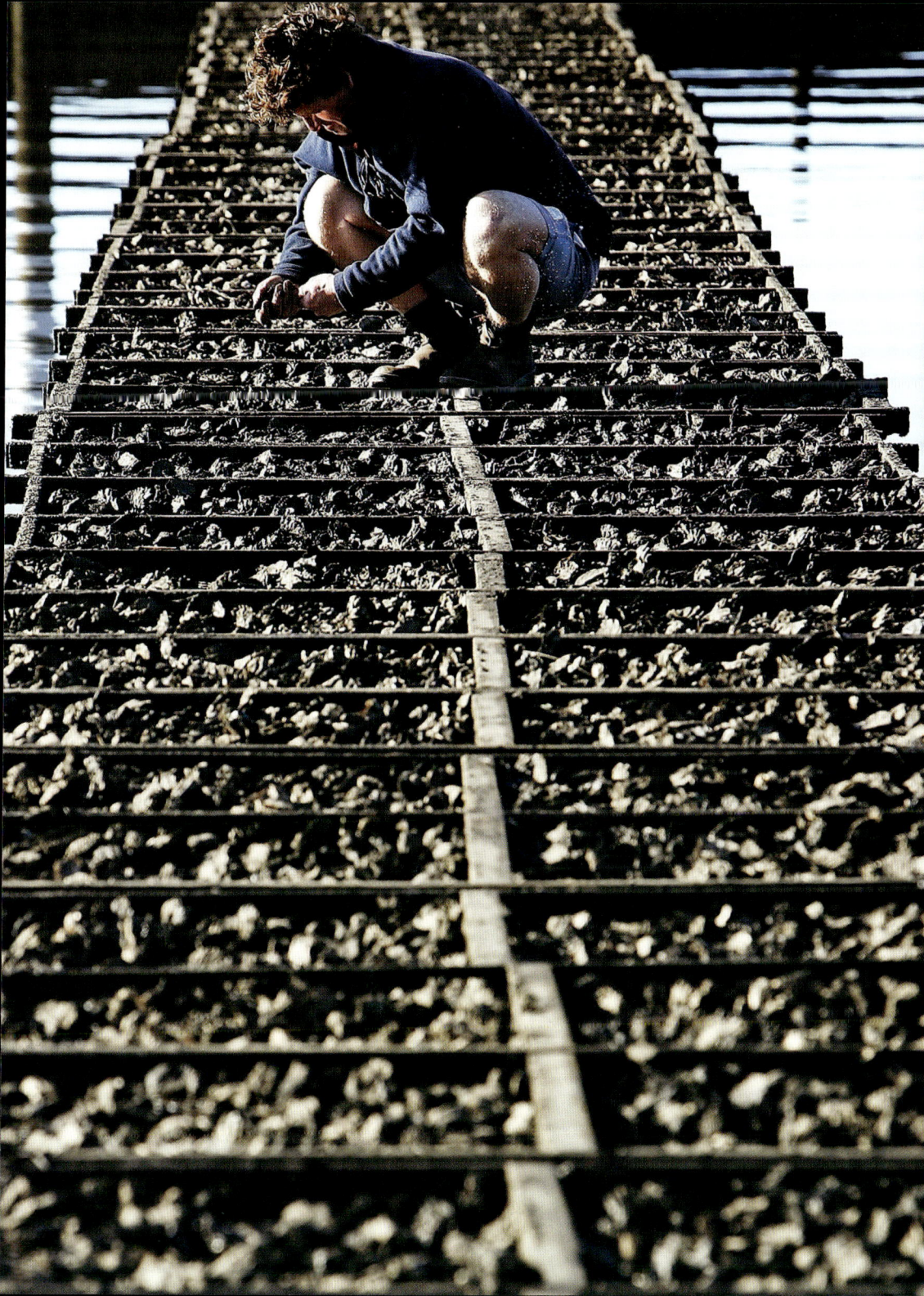

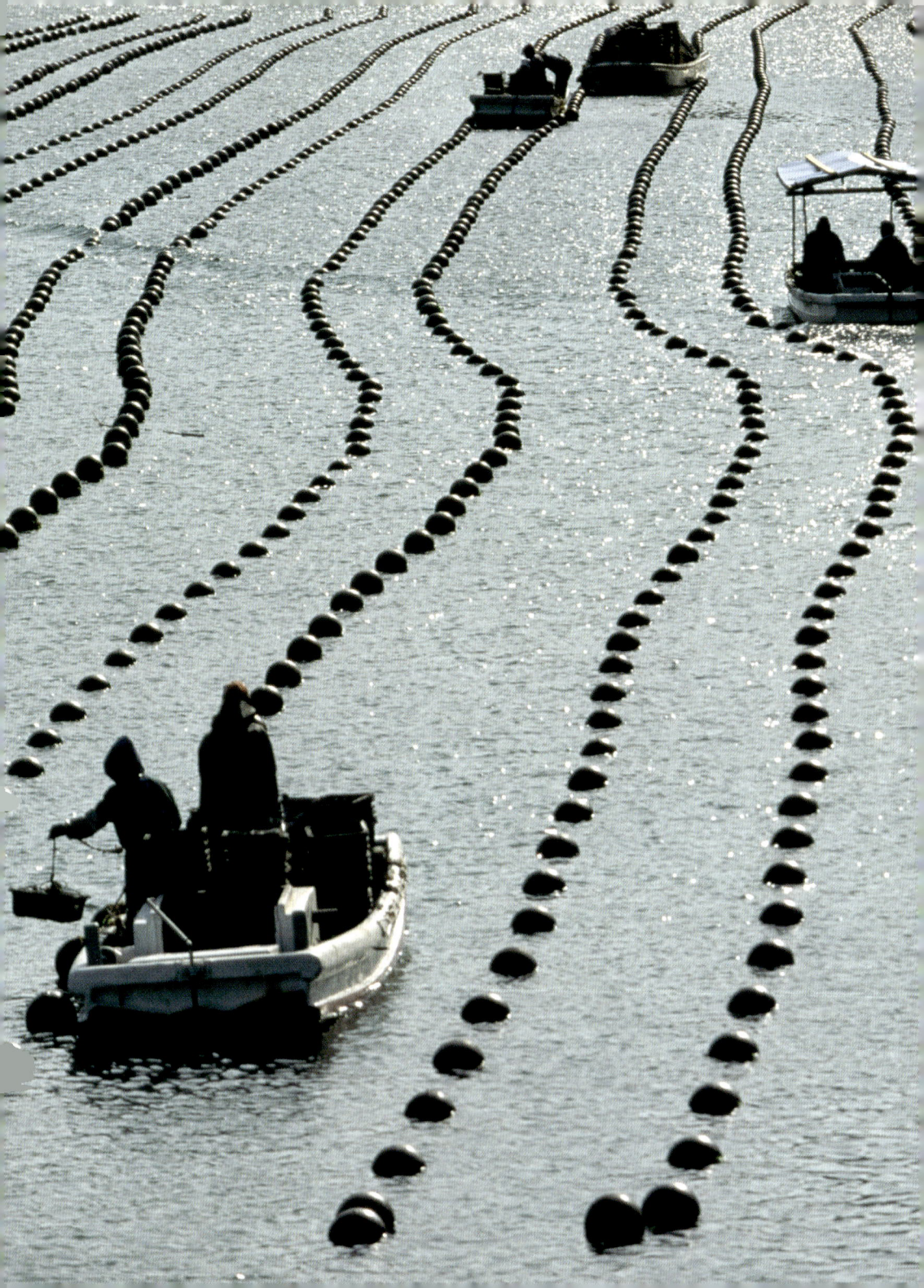

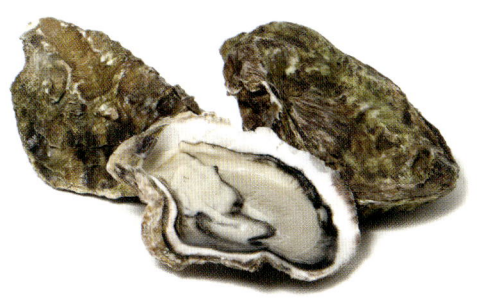

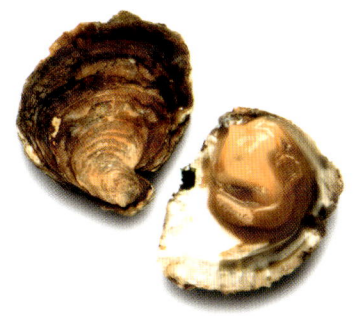

히로시마 굴 Hiroshima Oyster

'바다의 젖'이라는 별명으로 불리는 히로시마 굴(Cras-
sostrea gigas)은 몸길이가 25센티미터까지 자라며, 다
른 지역의 굴보다 글리코겐과 철분, 인(燐) 함량이 높다.
일본, 한국, 중국 세 나라가 전 세계 굴 생산의 90%를 차
지하고 있지만, 수입 식품을 그리 신뢰하지 않는 일본에
서 히로시마 굴은 나날이 높은 인기를 누리고 있다.

굴은 히로시마 현의 특산물이며 그 앞바다의 미야
지마 섬에서는 해마다 굴 축제가 열린다. 축제를 찾은
관광객들은 껍질에 담겨 있는 신선한 굴을 떠서 스다
치 즙을 섞은 간장 등에 찍어 먹거나, 히로시마의 별미
인 도테나베(土手鍋)—밥상 위에 냄비를 올려놓고 굴,
두부, 야채를 된장 국물에 끓여먹는 전골 요리—로 만
들어 먹는다.

카키메시(カキ飯, 굴밥)를 만들어 먹기도 하고,
김으로 만 밥 위에 얹어 군간마키(군함말이)로 만들
어 먹기도 한다. 빵가루를 입혀서 튀겨낸 카키후라이
(カキフライ)는 일본 전역에서 즐겨 먹는 음식이다. **SB**

구마모토 굴 Kumamoto Oyster

구마모토 굴(Crassostrea sikamea)은 그만의 특새 시
장을 확보하고 있지만 동시에 과포획의 결과가 얼마나
심각할 수 있는지를 보여준다.

일본 큐슈의 구마모토 만에서 그 이름을 딴 이 작은
태평양 굴은 환상적으로 섬세한 맛을 자랑한다. 그러나
현재는 전 세계의 바다에서 자라고 있음에도, 원산지인
구마모토 만에서는 멸종하고 말았다. 미국에서는 캘리
포니아의 험볼트 만에서 양식하지만, 시장에 내놓을 수
있을 정도로 키우려면 몇 년이 걸리기 때문에 레스토랑
에서도 가장 비싼 메뉴에 속한다. 한번에 소량만 구할 수
있으며, 그 환상적인 맛 때문에 수요가 매우 높다.

구마모토 굴은 다른 태평양 굴보다 더 달콤하고 향
긋한 맛을 지니고 있다. 특히 미국에서 높은 인기를 누
리는 이유 중에는 더운 계절에도 다른 종보다 더 단단
하고 살집이 좋아 연중 먹을 수 있다는 이유도 있다. 깊
은 껍질은 리큐르를 담기에 좋아, 반으로 떼어서 내기
에 적합하다. **STS**

Taste: 굴 가운데서는 크기가 매우 큰 축에 속하는 히로시마 굴은
크리미하고, 반짝반짝 빛나고, 말랑말랑하며, 벨벳처럼 부드럽고
밀키하면서 살짝 미네랄 맛이 난다. 질감은 단단하다.

Taste: 섬세하게 짭짤한 구마모토 굴은 생굴이 묘미를 처음 접하는
사람에게도 완벽하다. 살은 단단하고 달짝지근한 맛이 나며, 껍질을 가득
채우고 있다.

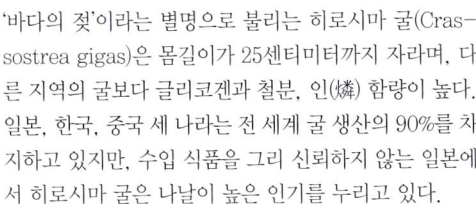

구마모토 현 아마쿠사 섬 근교에 있는
일본의 굴 양식장.

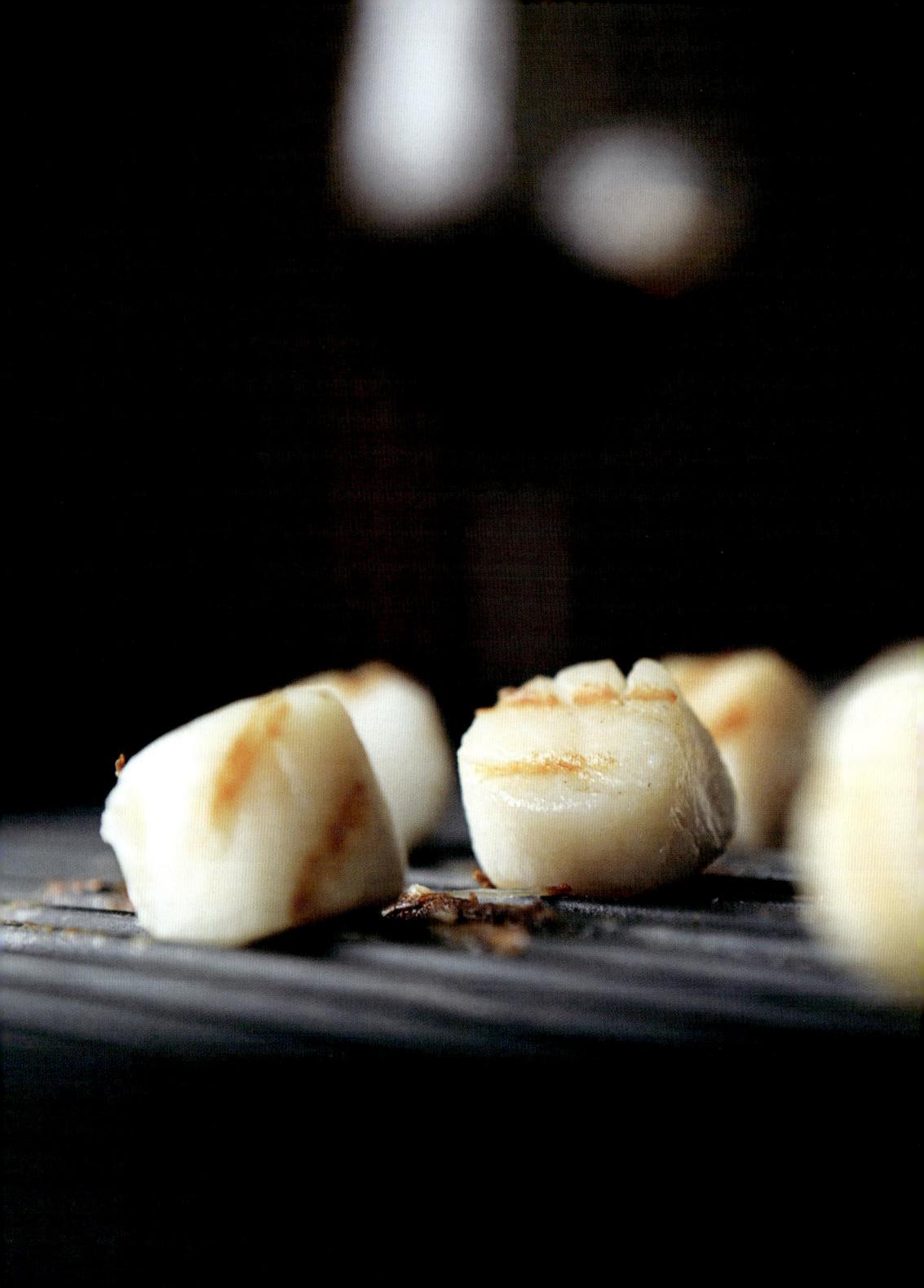

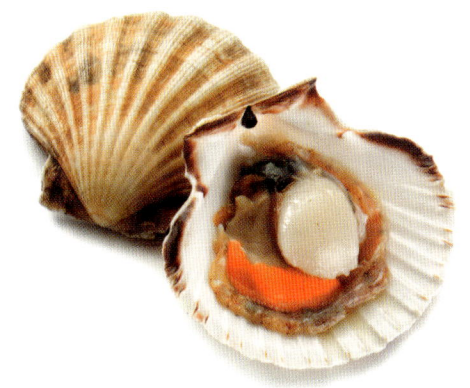

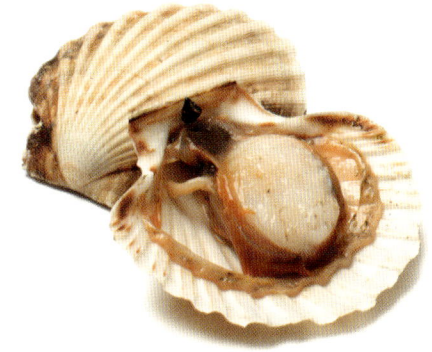

해만 가리비 Bay Scallop

큰가리비 Diver King Scallop

미국의 대서양 연안이 원산인—실제로 미국 동부의 너무나 상징적인 존재라 뉴욕 주의 공식 조개로 지정되기까지 한—해만 가리비(Argopecten irradians)는 뉴잉글랜드에서 멀리 남쪽의 플로리다에 이르는 해안의 얕은 물에서 산다. 다른 가리비처럼, 아이콘이 되어버린 껍질을 열었다 닫았다 하는 내전근(內轉筋)을 먹는다.

미국 북동부에서는 여전히 야생 해만 가리비를 채취하기도 하지만, 가리비 양식이 점차 증가하면서, 현재 미국에서 팔리는 해만 가리비의 상당량은 중국에서 양식한 것이다. 대부분은 수확한 즉시 껍질을 떼어낸다. 물론 껍질 속에 그대로 있는 가리비—물론 찾아보기는 어렵지만—가 훨씬 더 맛이 좋다.

전 세계의 가리비 양식은 환경에 미치는 영향이 거의 없어 환경 감시단체로부터 합격점을 받았다. 믿겨지지 않을 정도로 다재다능한 해만 가리비는 거의 모든 조리 방법에 다 어울린다. 크기가 작다 보니 조리 시간도 별로 걸리지 않는다. 그 작고 달콤한 살은 식성이 가장 까다로운 사람에게조차 참을 수 없는 유혹이 된다. **CN**

생김새도 위풍당당한 큰가리비(Pecten maximus)는 노르웨이에서 스페인 남부에 이르는 대서양 동부와 아조레스 제도 주위의 수심이 비교적 깊은 해역에서 잡힌다. 잠수부들이 손으로 채취하는데, 시장에서 가장 높은 값을 받을 수 있는 가장 큰놈을 잡게 마련이다. 그물로 물 밑을 훑어내서 채취하기도 하는데, 이렇게 수확한 가리비는 크기가 제각각인데다 그물로 훑는 과정에서 모래며 자갈 따위가 섞이기 때문에 손으로 잡은 것보다 훨씬 싸다.

뜨거운 팬에서 구우면 겉은 갈색이 되지만 속은 거의 익지 않은 날것 상태 그대로인데 입에 넣으면 말 그대로 사르르 녹는다. 세상에서 가장 맛있는 조개라는 말이 절로 나온다. 유럽에서는 하얀 내전근과 오렌지색 또는 크림색의 혀 또는 산호색의 내장을 먹지만, 미국에서는 내전근만 먹고 내장은 보통 버린다.

전통 요리와 현대 요리에서 모두 인기가 높은데, 듣기만 해도 군침이 도는 레시피 중에는 그야말로 천사들이나 먹을 법한 '코케유 생 자크 아 라 파리지엔(coquilles St. Jacques a la Parisienne)'과 사프란 뵈르 블랑에 구운 큰가리비가 있다. **STS**

Taste: 날로 먹으면 그 질감은 부드러우면서도 맛이 좋다. 그 향미는 살짝 버터 같으며 달콤하다. 간단하게 버터와 레몬으로 소테하는 것이 가장 맛있다.

Taste: 달콤하고 즙이 많고, 진한 큰가리비 살의 강렬한 향미는 버터에 구우면 견과 향을 띤다. 섬세한 질감을 보존하기 위해 너무 익히지 않도록 주의할 것.

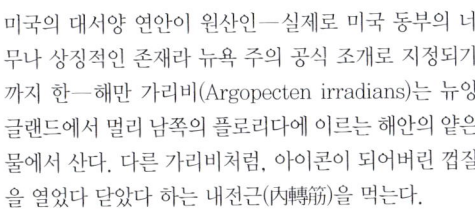

가리비는 그릴에 굽든 다른 재료와 함께 꼬챙이에 끼워 바비큐를 하든 익는 데 시간이 그리 오래 걸리지 않는다.

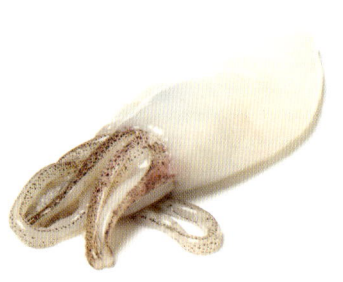

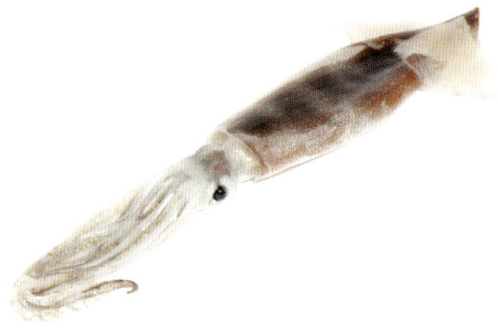

어린 꼴뚜기 Baby Squid

지중해 연안에서 인기가 높은 이 조그만 생물은 두족류에 속하며, 타원형의 몸체는 길이가 3~6센티미터밖에 되지 않는다. 공평하신 어머니 자연은 물 아래 있는 포식동물을 피해 수면 가까운 곳에서 헤엄치는 이 생물에게 진주처럼 반짝이는 불투명한 몸을 선사하였다.

꼴뚜기는 단단하고 약간 납작하게 생겼으며 여덟 개의 다리와 두 개의 긴 촉수를 지니고 있다. 속은 텅 비어 있으며, 이를 둘러싸고 있는 겉은 부드럽다. 딱딱한 연골은 조리하기 전에 제거해야 한다. 꼴뚜기는 그릴에 구워 먹거나, 매리네이드에 재우거나, 볶거나, 튀기거나, 샐러드에 넣어 먹어도 맛있지만, 그 비어 있는 속에 다른 재료를 채워 넣기에 완벽하다.

스페인에서는 꼴뚜기를 '치피로네(chipirone)'라고 하며, 별미로 높이 친다. '치피로네스 로스 페페레테스(Chipirones Los Peperetes)'는 꼴뚜기를 데쳐서 올리브유에 잰 통조림으로, 절대로 놓쳐서는 안 될 명물이다. 갈리시아의 강어귀에서 잡히는 꼴뚜기는 즙이 많고 맛이 좋으며, 다른 꼴뚜기처럼 질 좋은 올리브유나 레몬즙과 환상적으로 잘 어울린다. **LF**

오징어 Ika

일본인들은 오징어를 사랑한다. 전 세계 바다에 수많은 오징어 종이 있고, 한국에서 지중해에 이르기까지 그 다양한 오징어를 즐기는 나라가 한둘이 아니지만, 일본인들은 전 세계 오징어 포획량의 절반을 먹어치운다. 가장 인기 있는 종은 살오징어(するめいか, 스루메이카), 화살오징어(やりいか, 야리이카), 갑오징어(甲いか, 코오이카) 등이 있다.

모든 오징어는 몸체의 빈 공간 안에 중심 뼈가 있는데, 쉽게 제거할 수 있다. 종에 따라 조리 방법과 레시피가 다양하다. 사시미로 먹거나, 튀겨서 템푸라를 만들거나, 그릴에 구워 데리야키로 먹는 것이 인기가 높다. 가볍게 익히면 부드러운 질감을 보존할 수 있으며, 너무 익히면 쫀쫀해진다.

하코다테는 명물 오징어 소면(いかそうめん, 이카소멘)으로 유명하다. 생오징어를 소면 면발처럼 길고 가늘게 잘라낸 뒤 메추라기 알을 생으로 깨뜨려 넣고, 미역과 함께 비벼서 간장 소스를 곁들여 먹는다. 때로는 생오징어에 스시 밥을 채워 넣어 이카즈시(いかずし)로 만들기도 한다. 이카야키는 오징어에 달짝지근한 간장 소스를 발라 통째로 데리야키 스타일로 석쇠에서 구워내는 것이다—여름의 축제 음식으로 인기가 좋다. **SB**

Taste: 부드럽고, 즙이 많고, 달짝지근하며, 질감은 실크처럼 매끄럽다. 어린 꼴뚜기에서는 은은한 바다맛이 나지만 비릿한 생선 향미는 거의 나지 않는다.

Taste: 이카소멘은 약간 끈적하면서 매끄럽고 벨벳처럼 부드러우며 순하고 크리미한 맛이 나지만 생선 비린내는 전혀 나지 않는다. 살오징어는 풍부하고, 달짝지근하고, 쫄깃하고, 정말로 맛이 좋다.

오징어를 말리기 위해 시렁 위에 널어놓았다. 아시아에서는 오징어를 말려서 여러 음식에 쓰기도 하고, 간식으로 먹기도 한다. ➊

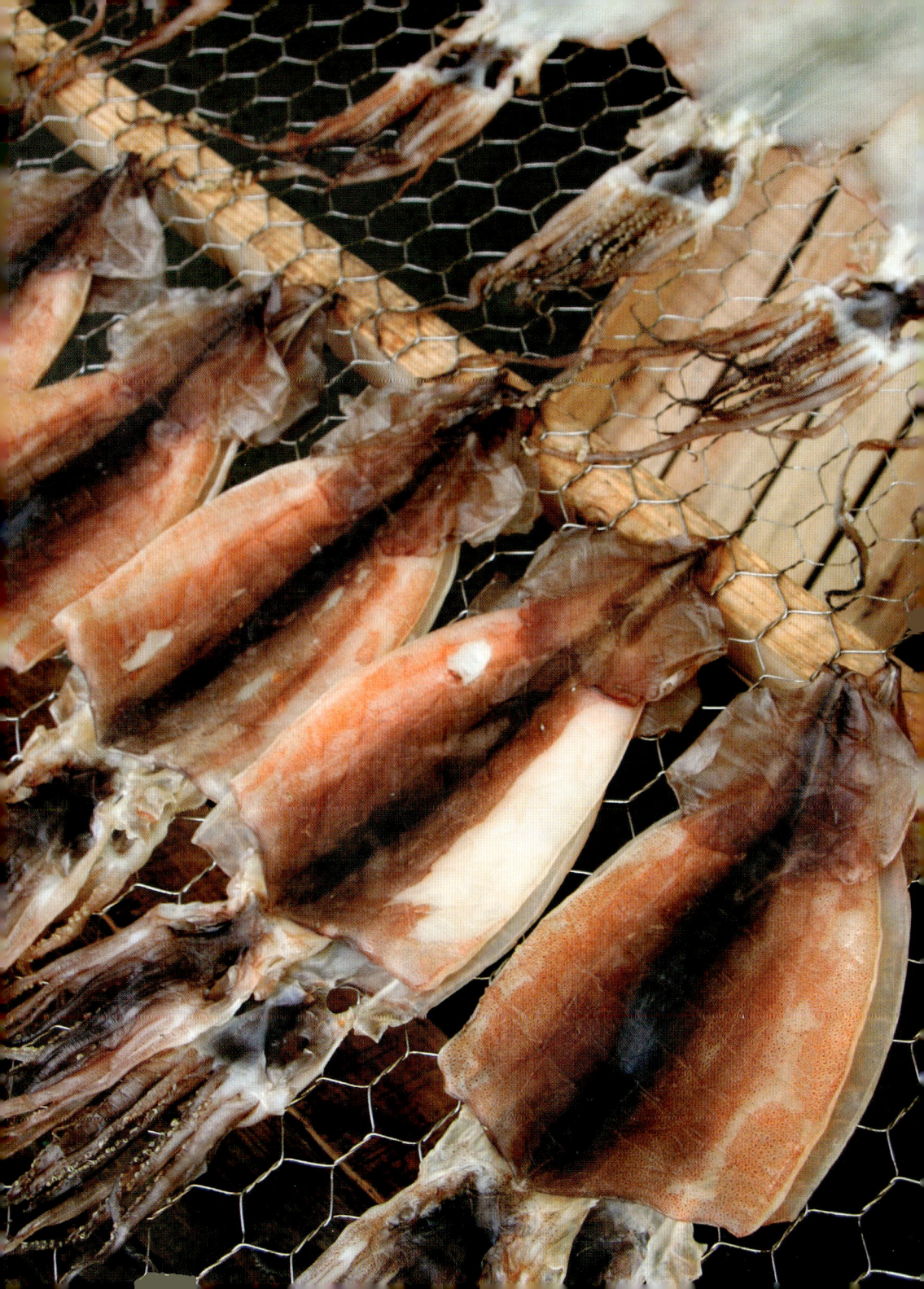

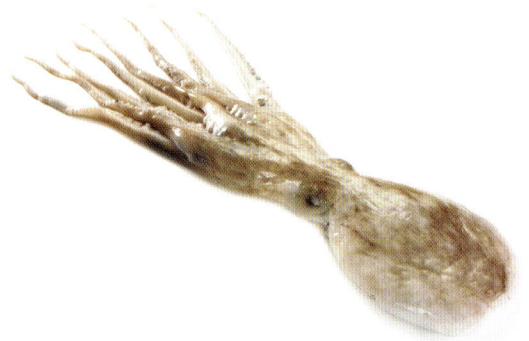

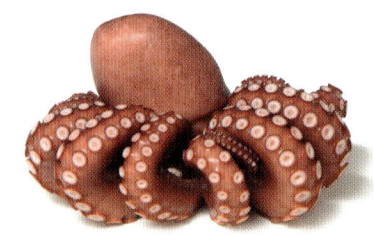

문어 Octopus

문어는 그 종류만 수백 종이 넘으며, 즐겨 먹는 나라도 있고, 전혀 먹지 않는 나라도 있다. 오징어나 꼴뚜기와는 달리 문어는 몸통보다 촉수가 더 맛있다.

혼자 지내는 것을 좋아하는 생물이지만, 지중해에는 꼴뚜기보다 개체수가 더 많으며, 이로써 왜 그렇게 문어 요리 레시피가 많은지 설명이 될 것이다. 어린 문어는 이탈리아의 프리토 미스토(fritto misto)처럼 통째로 튀겨서 먹으면 맛있지만, 몸집이 더 큰 어른 문어는 더 오래 삶아야 부드러워진다. 썰어서 레몬즙과 올리브유에 재면 전형적인 메즈 요리가 된다. 그리스와 이베리아 반도에서는 문어를 그 먹물에 요리해 먹는다.

그리스의 어부들이 문어를 갑판에 대고 몇 번이고 후려쳐서 그 살을 연하게 하는 광경은 그리 보기 좋다고는 말할 수 없지만—비록 문어는 이미 죽어 있다 할지라도—일본인들이 살아서 꿈틀대는 문어를 사시미로 먹는 풍습에는 댈 바가 아니다. 일본에 관한 책을 여러 권 쓴 작가 존 애쉬번은 이를 가리켜 "문어의 흡반이 입천장에 달라붙을 때의 그 센세이션은 말로 표현하기가 불가능하다"고 말하기도 했다. **MR**

Taste: 문어는 다양한 질감을 선보인다. 얇게 썰면 고무처럼 쫀쫀하고, 통째로 튀긴 어린 문어는 바삭바삭하다. 흡판이 달린 커다란 촉수는 살집이 좋다.

아카시타코(왜문어) Akashi Tako

일본인들은, 세계의 다른 모든 인종들과는 달리, 다리 여덟 개 달린 아카시타코(Octopus vulgaris)의 웃기는 생김새를 보고 괴상하다고 여기는 대신, 귀엽다고 생각한다. 그렇다고 해서 먹지 않느냐, 하면 그건 또 아니다—때로는 산 채로도 먹는다.

일본의 아카시(明石, 일본 효고 현에 있는 도시) 인근 해역은 새우, 플랑크톤, 게 등 영양가 높은 먹이가 풍부한데다 조류가 빠르기 때문에, 일본에서는 이곳에서 잡은 것을 최고로 친다. 아카시에서 이 문어의 존재가 얼마나 중요한지는, 가게 유리창마다 문어잡이 그물과 토기 단지가 진열되어 있고, 햇볕에 문어발을 말리기 위해 넣어놓은 풍경을 보면 알 수 있다. 아카시의 우오노타나(魚の棚, '물고기 선반'이라는 뜻)는 두꺼운 널빤지 위에 신선한 생선을 늘어놓고 그 위로 흐르는 물이 떨어지게 하여 관광객들의 눈요기가 되고 있다.

단백질이 풍부하고 지방 함량은 낮으며, 아미노산 함유량이 높은 문어는 날로 먹어도 되지만, 보통은 살짝 데친다. 전통적으로 무를 갈아서 만든 곤죽에 문어를 넣고 치대서 그 살을 부드럽게 한다. 인기있는 아카시타코 요리로는 삶은 문어살을 얇게 저며 달짝지근한 식초, 오이, 때로는 미소에 무친 타코스와, 달콤한 간장에 졸인 타코니코미가 있다. **SB**

Taste: 아카시타코는 크리미하고, 벨벳처럼 부드러우며, 살짝 쫄깃한 질감과 순하고 달큰한 바다의 맛이 난다. 반죽을 묻혀 아카시야키(明石やき)를 만들면 특히 맛있다.

일본의 타코야키는 팬케이크 반죽과 비슷한 반죽에 문어살, 생강, 파를 넣어 만든다. ➔

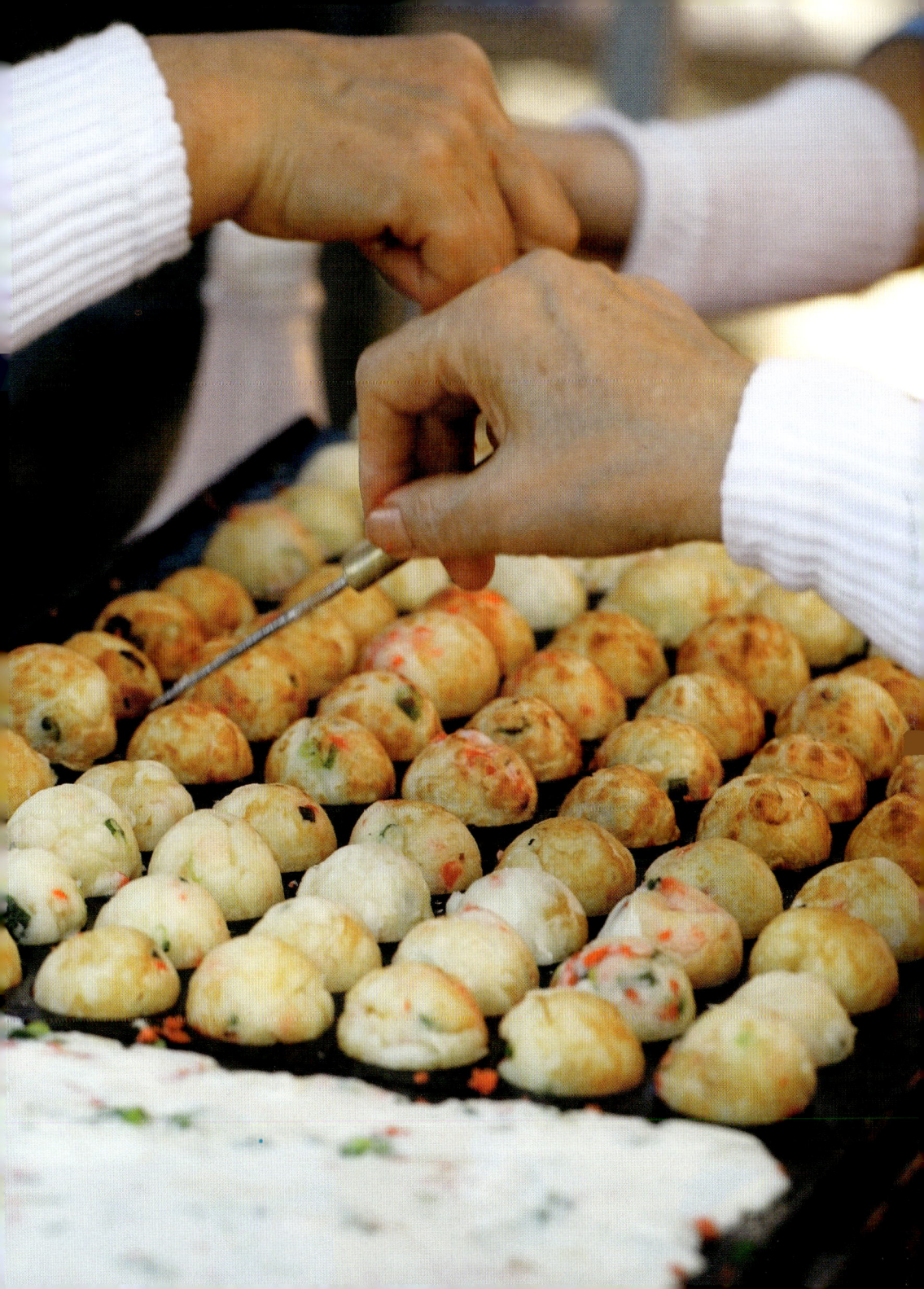

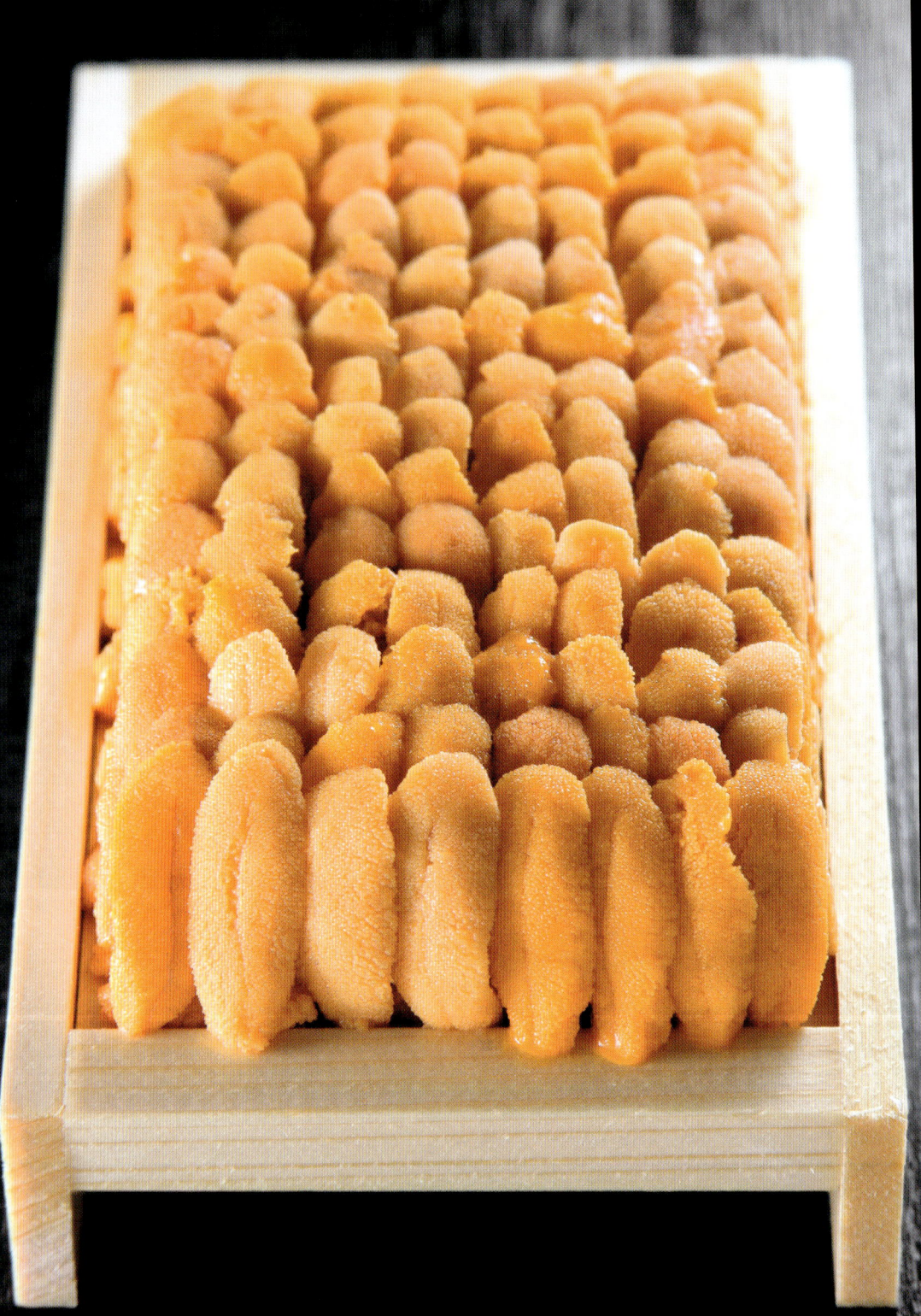

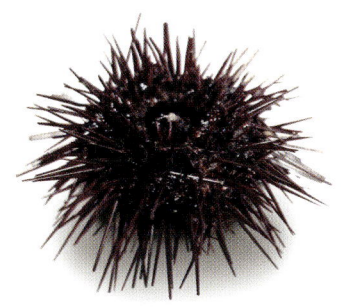

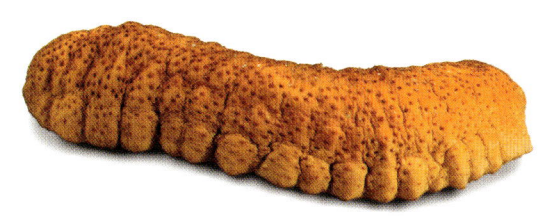

성게 Sea Urchin

고슴도치처럼 뾰족뾰족한 가시로 덮여 있는 이 둥근 공 같은 생물은 전 세계의 바다 밑과 바위에 흩어져서 머리도 꼬리도 없는 그 둥근 형체를 감추고 있다. 불가사리 등과 함께 극피동물(Echinodermata)로 분류되며, 그 몸체는 다섯 개의 축을 중심으로 대칭을 이루고 있다. 따라서 먹을 수 있는 부분도 총 다섯 부분으로, 생식선을 형성하는 노란색에서 주황색의 내장 같은 엽(葉) 부분이 이에 해당한다.

세계의 여러 음식 문화권에서 성게를 높이 치지만, 날로 먹는 것이 가장 맛있다는 데에는 이견이 없다. 일본에서는 우니(ウニ)라 부르며, 스시로 만들어 먹는다. 일본의 수산 시장에서는 성게를 여러 등급으로 분류하는데, 가장 인기가 좋은 것은 난난하고 밝은 황금빛이 도는 것이다. 색깔이 흐릿할수록 물컹하고 맛도 떨어진다.

서양에서야 이 정도의 섬세함은 기대할 수 없지만, 그래도 호화 음식에 속하며, 특히 지중해 연안에서는 과포획의 결과 점점 찾아보기가 힘들어지고 있다. 대부분의 성게 종은 현재 양식이 되지 않고 있다. 야생 성게 어족이 그나마 가장 지속 가능한 곳으로는 캐나다가 꼽힌다. **MR**

해삼 Sea Cucumber

해삼은 해상(海床)을 기어 다니며 먹이를 찾는 못생긴 생물이다. 중국에서는 삶아서 소금에 절여서 말려서 파는데, 이렇게 하면 잿빛으로 변해 거의 영구적인 보관이 가능하다. 먹을 때에는 씻어서 물에 불린 뒤 여러 시간 익혀야 먹을 수 있을 정도로 부드러워진다.

다른 대부분의 중국 별미처럼 해삼 역시 그 맛뿐만 아니라 질감으로도 유명하다. 젤라틴질이면서도 살짝 쫀득하고, 하여간 아주 아주 독특하다. 워낙 값이 비싸서 중국에서는 연회 메뉴에 주로 등장하며, 보통 재빨리 볶은 뒤, 쌀로 빚은 술, 생강, 간장, 굴 소스로 맛을 낸 환상적인 국물에 넣고 서서히 익힌다.

세계적으로 개체수가 줄어들어 위험에 처해 있지만, 오스트레일리아만은 아직 지속 가능한 해삼 어징을 보유하고 있다. 스페인, 특히 바르셀로나에서는 종류가 전혀 다른 해삼을 먹는다. 스페인어로 'espardeñas' 또는 'espardenyes'라고 부르는 이 작고, 하얗고, 부드러운 해삼은 태평양에서 잡히는 형제와는 완전히 다른 미각적 경험을 선사한다. **KKC**

Taste: 바다 맛이지 "생선 맛"은 절대 아니다. 맛은 종에 따라 다른데, 엄청나게 짜고 폭발적인 해초 풍미가 나는 것부터 더 달짝지근하고 크리미한 향미까지 다양하다.

Taste: 중국 해삼은 함께 조리하는 다른 재료의 향미를 흡수하는 밋밋한 맛이다. 스페인 해삼은 순한 맛에 쫄깃하고 오징어와 비슷한 질감을 지니고 있다.

일본에서 우니(ウニ)라고 하면 성게의 먹을 수 있는 부분을 가리킨다.
🔵 우니를 100개도 넘게 담아놓은 모습.

멍게 Violet

이 흥미로운 생물은 그 이름과는 달리 게의 일종이 아니다. 영어권 국가에서는 거의 취급을 하지 않지만, 지중해 연안에서는 널리 먹는데 프랑스어로 'figue de mer (바다 무화과)' 또는 이탈리아어로 'uovo di mare(바다 달걀)'라고 부른다.

술통 모양의 어른 멍게는 물속의 바위나 교각, 배, 또는 해상(海床)에 살며, 수관(水管)으로 바닷물을 몸 안으로 빨아들인 뒤 바구니처럼 생긴 내부의 여과 기관을 통해 플랑크톤과 산소를 흡수한다. 겉모양은 울퉁불퉁한 마디 투성이로, 크기는 커다란 굴 만하다. 두 개의 수관을 뻗어 하나로는 바닷물을 빨아들이고, 다른 하나로는 내보낸다. 겉보기에는 조개처럼 생겼지만 실제로 그 표면은 가죽 같다.

한가운데를 반으로 잘라야 먹을 수 있는 부분이 드러나는데, 마치 스크램블에그 같은 노란색의 물컹거리는 덩어리이다.(보는 것만으로도 메스껍다고 하는 이들도 있다.) 이 노란 덩어리는 짭짤한 향미에 톡 쏘는 요오드의 맛을 지니고 있다. 순갈로 떠서 날로 먹어도 좋고, 수프에 넣어 끓여 먹어도 맛있다. 크기가 작을수록 맛이 더 달콤하며, 큰 것은 요오드 풍미가 강하다.

멍게는 특히 프로방스에서 인기가 높으며, 마르세유의 골목에는 아직도 드문드문 값비싼 해산물 간식으로 멍게를 파는 노점들을 찾아볼 수 있다. 때때로 유명한 생선 스튜인 부야베스(bouillabaisse)에 넣기도 하지만, 보통은 플라토 드 프뤼 드 메르(plateau de fruits de mer, 커다란 접시에 각종 해산물을 듬뿍 담아 내는 음식)에 담겨 나온다.

칠레, 한국, 일본에서도 종(種)은 다르지만 멍게를 즐겨 먹으며, 주로 날로 먹는다. 특히 한국에서는 멍게젓이 인기가 높아 슈퍼마켓에서도 흔히 살 수 있다. **MR**

오징어 먹물 Squid Ink

그 이름에서 짐작되듯, 이 끈적하고 새까만 먹물은 갑오징어와 그 두족류 일당들—꼴뚜기, 문어 등등—에서 뽑아낸 것이다. 갑오징어는 여덟 개의 다리와 두 개의 촉수를 지니고 있다. 더 자세히 말하자면, 딱딱한 껍질이나 뼈가 없기 때문에 포식동물의 공격에 매우 취약하다.

스스로를 보호하기 위해 견고한 갑옷 대신, 자연은 물을 까맣게 물들여버리는 걸쭉한 검은 액체를 선사했다. 먹물을 쏘면 포식동물은 당황하여 주의를 돌리게 되고, 물 속에 퍼지는 그 검은 구름 덕분에 주위에 있는 다른 오징어들도 위기를 알아채고 도망칠 수 있게 된다.

오징어 먹물은 인체에 전혀 무해하며, 맛도 좋다. 소스나 파스타, 쌀 요리에 넣으면 독특하고 시선을 사로잡는 검은색과 바다의 환상적인 짜릿한 맛을 더해준다. 일본 홋카이도에서는 해마다 오징어 축제가 열리는데, 여기에서 파는 수많은 오징어 별미 중에는 오징어먹물 아이스크림도 있다. 도쿄의 유명한 츠키지 수산시장 근치에 있는 아이스크림 가게에서도 잿빛 먹색의 오징어 먹물 소프트 아이스크림을 판다. 유럽에서는 오징어먹물 하면 유명한 스페인의 검은 쌀 요리 아로스 네그로(Arroz negro)를 떠올린다. 오징어 먹물은 카탈루냐 지방의 밥과 파스타 요리에 널리 쓰이는 인기있는 재료다. 이탈리아 음식에도 역시 쓰이는데, 특히 갑각류나 패류를 곁들인 파스타의 맛과 색을 내는 데 사용된다. 오징어 먹물 리조토는 베네치아 전통 요리이다. 오징어 먹물은 소스를 만들어도 좋으며, 조금만 닿아도 치아를 비롯한 모든 것을 검은색으로 물들여버린다.

신선한 오징어 먹물은 바로 사용하거나, 숨구멍이 없는 그릇에 담아서 짧은 시간만 냉장 보관할 수 있다. 오징어처럼 오래 놓아두면 고약한 냄새가 나기 때문이다. **LF**

Taste: 굴을 좋아한다면 이 짭짤하고 요오드의 짜릿한 풍미가 느껴지는 멍게도 좋아할 것이 틀림없다. 그러나 단단한 해산물을 좋아한다면 물컹하고 흐물거리는 촉감 때문에 그 맛과 친해지는 데 시간이 좀 걸릴 것이다.

Taste: 오징어 먹물은 소스에 넣으면 기분 좋은 짭짤한 맛을 더하며, 파스타 반죽에 넣으면 절제된 생선의 향미와 매력적인 컬러를 선사한다. 싱싱한 오징어의 자연 먹물 주머니를 사도록 한다.

이탈리아의 파스타 네로(pasta nero)는 파스타 반죽에
오징어 먹물을 넣어 그 검은 빛깔을 낸다. ➲

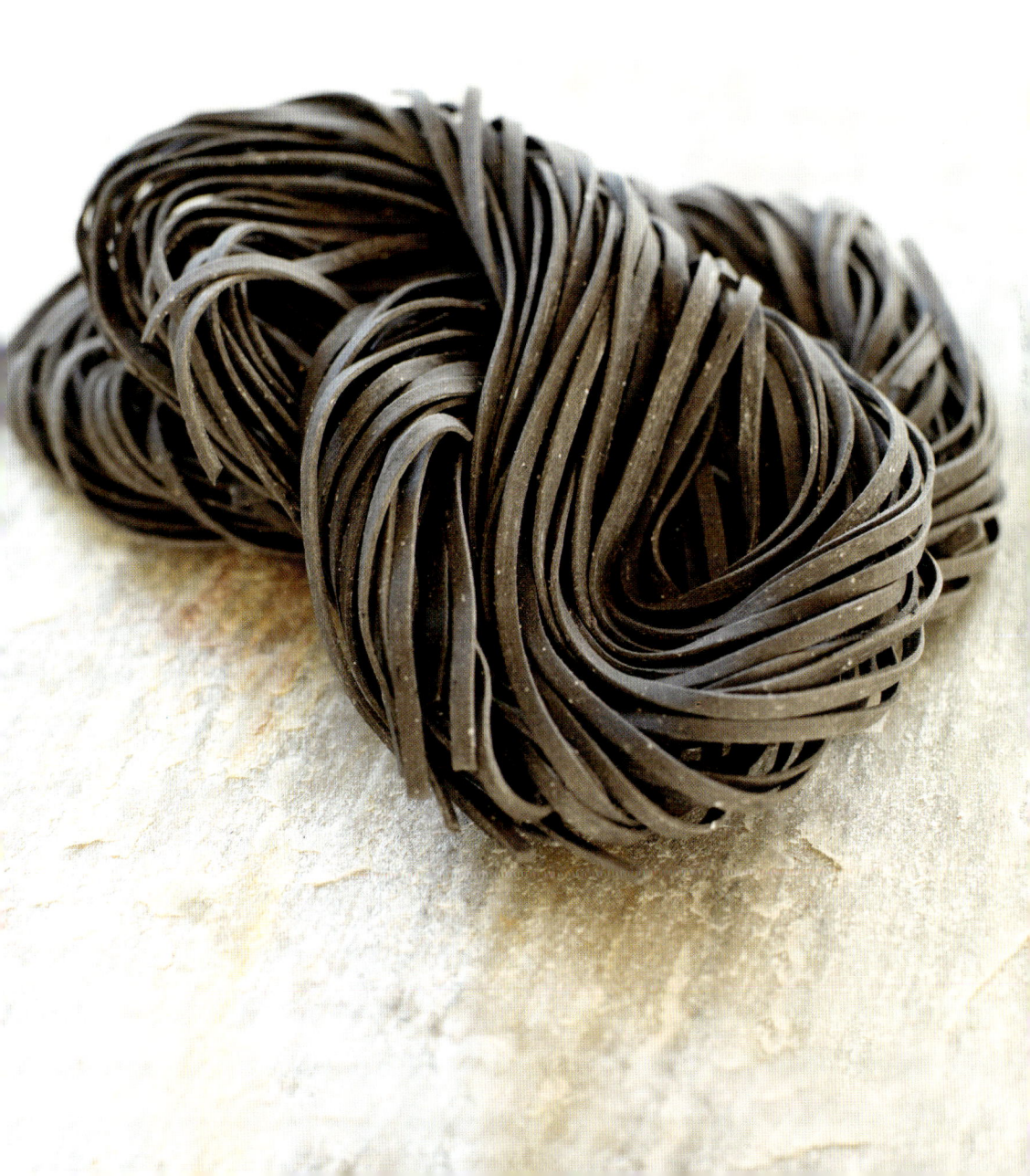

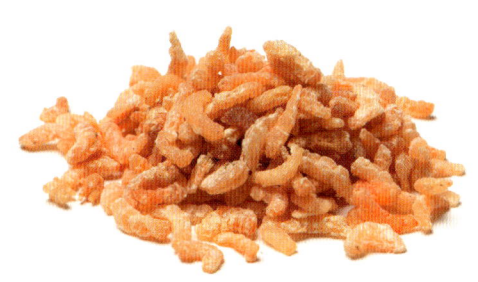

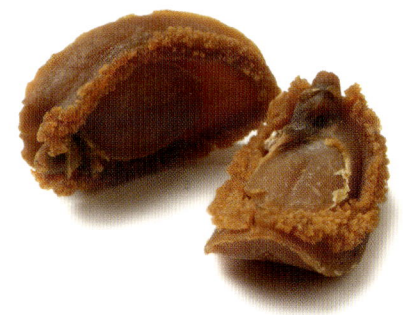

말린 새우 Dried Shrimp

중국 요리 바바오차이(八寶菜, 팔보채)에 들어가는 여덟 가지 주재료 중 하나이자, 아카라헤(acarajé)라 부르는 브라질의 튀김 요리에서 역시 빠질 수 없는 중요한 재료인 말린 새우는 중국과 중국 요리의 영향을 받은 많은 나라들은 물론 라틴 아메리카, 카리브해, 아프리카의 여러 지역에서도 널리 먹는다.

신선한 바다새우를 소금에 절인 뒤 껍질을 벗기고 말리면 그 향미는 농축되고 크기는 줄어든다. 바짝 말라서 꼬부라진 새우는 그 크기가 매우 작다. 어떤 것은 길이가 6센티미터까지 나가는(그리고 당연히 가장 비싼) 것도 있지만, 대부분은 쌀알보다 작은 것부터 2센티미터 사이이다. 분홍색, 주황색, 또는 그 중간쯤의 선명한 색깔은 말린 새우를 고를 때 매우 중요한 기준이다. 색깔이 흐릿한 것은 좋지 않다. 냄새는 깔끔해야 하며, 절대로 암모니아 냄새가 나서는 안 된다.

향미가 워낙 강렬하기 때문에 요리에는 소량만을 사용한다. 중국 요리에서는 보통 한번 물로 헹궈서 혹시 남아서 달라붙어 있는 껍질이 있다면 제거하고, 쌀로 빚은 술이나 물에 담가서 불린다. 그 물에 말린 새우의 향미가 그대로 우러나기 때문에 요리에 넣어도 좋다. **KKC**

Taste: 그 크기를 보고 섣불리 판단하지 말 것. 작아도 그 맛은 강력하다. 향미는 짭짤하고, 달콤하고, 바닷물 맛이 난다. 꼭 바다의 정수를 농축해놓은 패키지 같다.

말린 전복 Dried Abalone

전복은 여러 가지 이유로 비쌀 수밖에 없다. 이 단각조개는 우선 생장 속도가 매우 느리다. 채취 과정은 어렵고 위험하다. 또 가공 과정으로 말할 것 같으면, 소금에 절여서 익혀서 말리는 데에 수개월은 걸린다. 그리고 건조가 끝나면 원래 중량의 5분의 1밖에 되지 않는다. 조리도 시간과 품이 많이 드는 건 마찬가지이다. 말린 전복 요리에는 솜씨와, 인내심과, 질 좋은 재료가 필요하다. 음식의 질감을 중요시하는 이라면 실크처럼 매끄럽고 부드러운 동시에 탄력이 있고, 약간 쫀득하다고 대답할 것이다.

값이 비싼 데에는 야생 전복이 멸종 위기에 처해 있다는 이유도 있다. 일본을 비롯한 많은 나라에서 거의 멸종 직전 상태이다.(전복은 일본산을 최고로 친다.) 그러나 현재는 캘리포니아와 오스트레일리아 남부에서 성공적으로 양식되고 있으며, 태즈메이니아섬의 야생 전복 어장은 아직 풍부하고 지속 가능한 편이라 이곳에서 채취하는 전복은 거의 전량 일본 시장으로 보내진다.

말린 전복을 조리하려면 며칠 정도 시간을 두어야 한다. 우선 물에 불려서 익힌 뒤 식히기를 여러 번 반복하여 다시 말랑말랑한 상태로 만들어야 한다. 그런 다음 돼지뼈, 닭고기, 다른 재료를 우려내서 만든 국물에 자작자작 끓인다. **KKC**

Taste: 신선한 전복은 싱싱하고 향긋한 향미를 지니고 있다. 말린 전복은 사뭇 다르다—강렬하고 진하며, 잘 균형잡힌 달콤하면서도 짭짤한 풍미를 낸다.

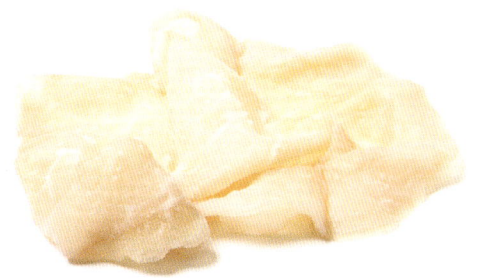

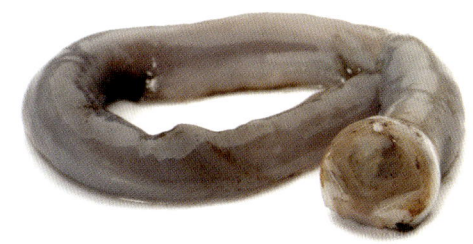

해파리 Jellyfish

해파리를 처음 먹은 사람은 십중팔구 굶어 죽기 직전이었을 것이다. 이 싱싱하고 젤리 같은 덩어리—생선은 아니고, 바다에 사는 무척추동물—를 먹을 수 있는 상태로 바꿔놓으려면 엄청나게 손이 많이 간다. 그러니 배나 시간이나 모두 텅 빈 사람이 아니고서야 해파리에 덤벼들었을 리가 없다. 그러나 오늘날 해파리는 별미에 속한다—상당히 비싼데도 말이다. 까마득하게 비싼 건 아니지만, 새동지나 해삼, 그리고 거의 멸종 위기에 처할 정도로 인기가 높은 상어 지느러미에 비유하는 사람들도 있다. 앞에서 언급한 것들과 마찬가지로, 해파리 역시 어디까지나 그 질감을 즐기기 위해서 먹는다.

우선 해파리들의 공격 무기인 촉수를 떼어내고, 그 다음엔 내장을 끄집어낸다. 몸체를 깨끗이 씻어내서 물에 불렸다가 소금에 절여 말린다. 해파리는 말린 것과 물에 불려 도로 촉촉하게 만든 것 두 종류로 살 수 있다. 말린 것은 하룻밤 정도 물에 담가 놓고 여러 번 물을 갈아주어야 지나친 소금기를 제거할 수 있다.

크리스마스 파티에 내는 찬 음식 가운데, 해파리는 굵고 반투명한 황금빛 국수 덩어리처럼 보이도록 접시 위에 얹은 뒤 간장, 참기름, 그리고 말린 머스터드 가루를 뿌린다. 일본에서는 해파리를 쿠라게(クラゲ)라고 부르며, 스노모노(초회, 초무침)에 종종 사용한다. **KKC**

Taste: 해파리는 쫄깃함과 자박자박함이 한데 어우러진, 매우 보기드문 식감을 지니고 있다. 그러나 모든 사람들이 다 좋아하는 것은 아니다—꼭 고무줄을 씹는 느낌이라고 하는 이들도 있다.

투루 Turu

아마존의 열대우림에 살거나, 혹은 이곳을 방문하는 자만이 맛볼 수 있는 별미인 이 민물 연체동물은 굴과 성게의 중간쯤 되는 맛이다. 배좀벌레조개류(Teredo)에 속하는 투루는 물 속에 살며 물에 잠겨 있는 죽은 나무를 먹고 산다.

브라질의 주류 요리에서 관심을 보이지 않은 이유는 분명히 그 겉모습 때문이었을 것이다. 길고, 통통하고, 우윳빛으로, 굵기는 어른의 손가락만하며, 쌍각 조개의 대가리—그럼에도 한쪽 껍질에는 날카로운 이빨이 있다—에 지렁이 같은 몸통을 가지고 있다. 몸길이가 40센티미터까지 자라며, 강바닥의 서식지에서 잡으려면 상당한 기술을 요한다.

투루의 조리법은 다양하다. 가장 간단하고, 아마도 가장 맛있는 방법은 안데스식 세비체와 비슷하다. 깨끗이 씻어서 내장을 끄집어낸 뒤, 라임, 소금, 칠리로 양념한 다음, 몇 분간 그 산(酸)에 "익도록" 둔다. 또 그 놀랄만큼 부드러운 질감을 보존하기 위해, 불 위에서 몸통에서 흘러나오는 즙에 재빨리 익히기도 하는데, 상당한 양의 액체가 흘러나와 마치 카사바 가루처럼 걸쭉해진다. 그 밖의 홍수림(징기적으로 바닷물에 잠기는 열대와 아열대 해안의 염소지에서 자라는 상록 수림)이 있는 다른 지역에서도 비슷한 생물을 잡아먹을 수 있다. **AL**

Taste: 투루의 냄새를 맡으면 민물 생물이라고 추측하기 어렵다. 그 맛은 보다 흔히 먹는 다른 쌍각 조개류와 비슷하다. 굴은 물론 홍합과 조개의 향미도 지니고 있다.

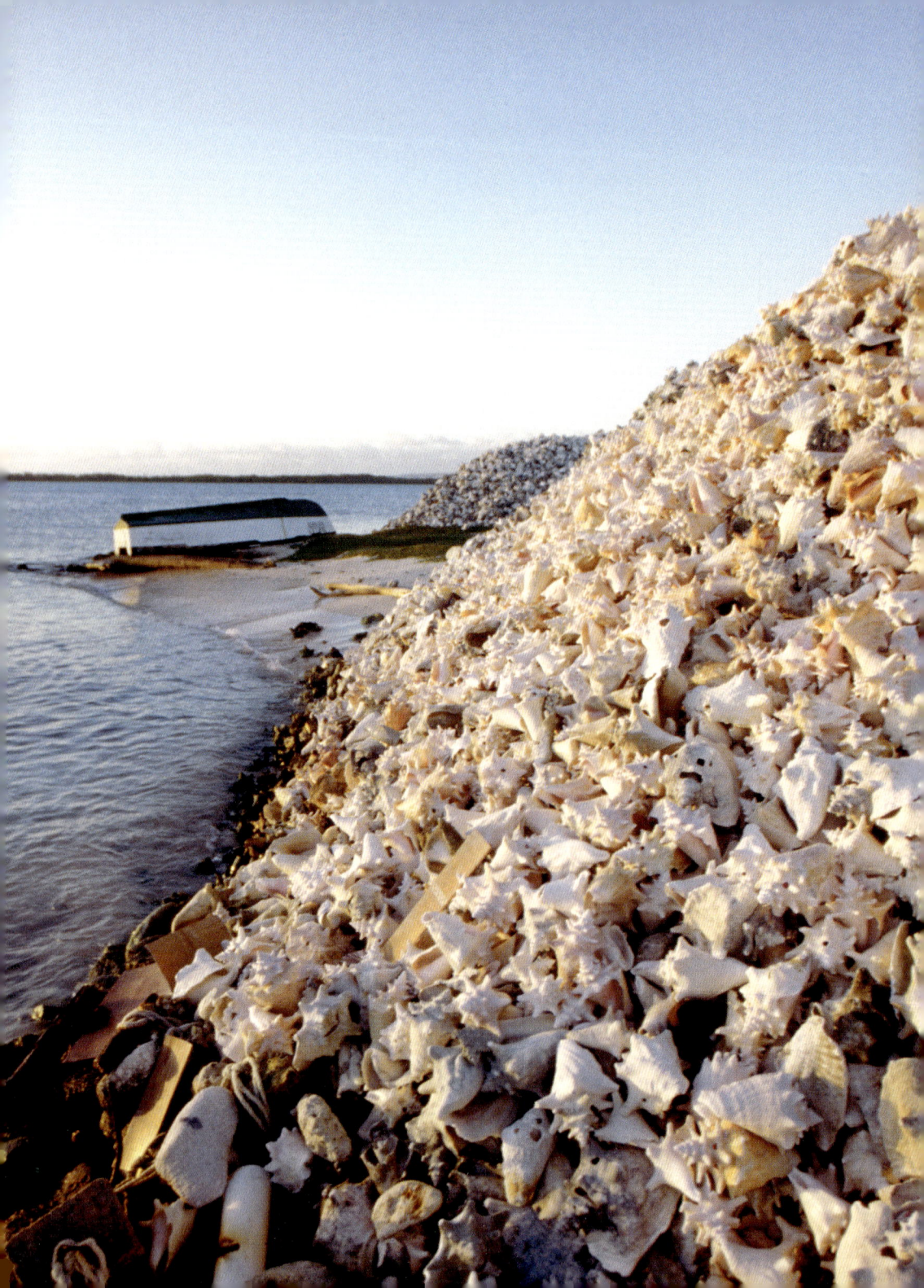

수정고둥 Conch

'수정고둥'은 열대 바다에서 사는 커다란 단각 연체동물을 일컫는 통칭이다. 그러나 해산물 미식가들이 찾는 것은 그 우아하고 뾰족한 껍질에 무지개처럼 빛나는 장밋빛 분홍색 속 '순'을 자랑하는 여왕수정고둥(Strombus gigas)이다. 영어로는 'conch'라 하며, 미국 플로리다, 바하마, 그리고 카리브해의 몇몇 나라에서는 'konk'라고도 한다.

껍질 안에는 달팽이처럼 생긴 커다란 연체동물이 들어 있다. 이 생물은 수심이 얕고 따뜻한 물속의 해초가 많은 모래질 흙과 산호초 사이에서 살며, 약 30센티미터까지 자란다. 움직이는 속도가 느리기 때문에 잡기가 쉬우며, 어부들은 그 살과 아름다운 껍질을 모두 팔 수 있다. 카리브해 나라들에서는 수세기 동안 연체동물이 식재료로 흔히 쓰였으며, 그 껍질은 낚시바늘을 만들거나 장식품으로 쓰였다. 그러나 오늘날 여왕수정고둥이 당면한 가장 큰 문제는 거의 전 세계적으로 멸종 위기에 처할 정도로 과포획되고 있다는 사실이다.

이러한 실정에도 불구하고 수정고둥은 카리브해와 그 주변 국가에서 여전히 높은 인기를 누리는 음식이다. 이 거대한 연체동물의 살을 부드럽게 하기 위해 보통 두들기거나 라임 주스에 재운다. 통째로 그릴에 구워서 스테이크를 만들기도 하고, 주사위 꼴로 썰어서 튀김이나 차우더, 또는 검보를 만들기도 한다. 날것으로 샐러드에 넣거나 자주색 강낭콩과 함께 맛좋은 스튜를 만들거나, 얇게 썰어서 라임 즙에 절여 세비체(감귤류의 즙에 재운 해산물 애피타이저의 일종. 멕시코, 과테말라, 파나마, 페루, 에콰도르, 볼리비아 등 라틴 아메리카 나라들에서 널리 먹는다)를 만든다. 또 양파, 토마토, 신선한 코리앤더와 섞어 레몬이나 라임 즙을 넉넉히 뿌려 내기도 한다. **WS**

개구리 Frog

프랑스에서만 개구리를 먹는 것은 아니다. 유럽 외 지역에서도 개구리를 먹는 나라들이 있다. 특히 태국에서는 시장에 가면 자루째 담아놓은 살아 있는 개구리를 그 자리에서 조리해서 그런 커리에 넣어 통째로 먹는 풍경도 볼 수 있다. 서양에서는 보통 개구리의 다리를 주로 먹는다. 프랑스에서는 중세 이래 특히 사순절의 금식 기간에 개구리 다리를 먹어왔다.

이탈리아 롬바르디아 지방의 파비아에서는 개구리 다리를 리조토, 프리타타, 토마토 스튜 등에 넣어 먹는다. 개구리의 배를 가르고 시금치를 채워 통째로 먹는 레시피도 인기가 좋다. 프랑스 시골에서는 버터에 마늘과 파슬리를 섞어 개구리 소테를 만들어 먹는다. 저명한 프랑스 셰프 에스코피에의 메뉴에서는 개구리를 '님프(nymphe, 숲의 정령)'라고 에둘러 표현하였다. 에스코피에의 레시피 가운데, '쇼-프루아 아 라로르(Chaud-froid a L'Aurore)'는 생선 소스에 적신 님프의 다리를 물에 살짝 데쳐서 샴페인 젤리에 켜켜이 쌓는다. 프랑스 식민주의의 영향으로 미국 루이지애나 주와 서인도제도의 프랑스어권 국가들에서도 개구리 요리를 먹는다.

개구리를 야생에서 잡는다고 생각하기 쉽지만, 실제로는 아시아와 아메리카에서 사육하는 양이 늘어나고 있다. 19세기 프랑스에서는 상업용으로 개구리를 양식하기 위한 연못을 흔히 볼 수 있었으며, 특히 동브(Dombes)는 개구리 신지로 유명했다. 과포획과, 자연 서식지의 감소로 유럽 참개구리(Rana esculenta)는 프랑스에서 법으로 보호받고 있다. 현재 프랑스 레스토랑에서 맛볼 수 있는 개구리들은 보통 동남아시아에서 수입한 아시아 황소개구리이다. 그러나 개구리 다리 거래에 관해 동물 보호에 대한 우려가 있는 것도 사실이다. **MR**

Taste: 수정고둥의 살은 부드럽게 해서 먹어야 하는데, 주로 라임 즙에 매리네이드한다. 그러면 엷은 소금기와, 조개와 비슷한 단맛이 돌게 된다.

Taste: 개구리 다리의 향미는 종종 닭고기에 비교되지만, 약간 젤라틴의 질감이 느껴지는 점은 오히려 어린 사육 토끼와 더 비슷하다.

네덜란드령 안틸레스의 어부들이 남겨놓은
어마어마한 양의 수정고둥.

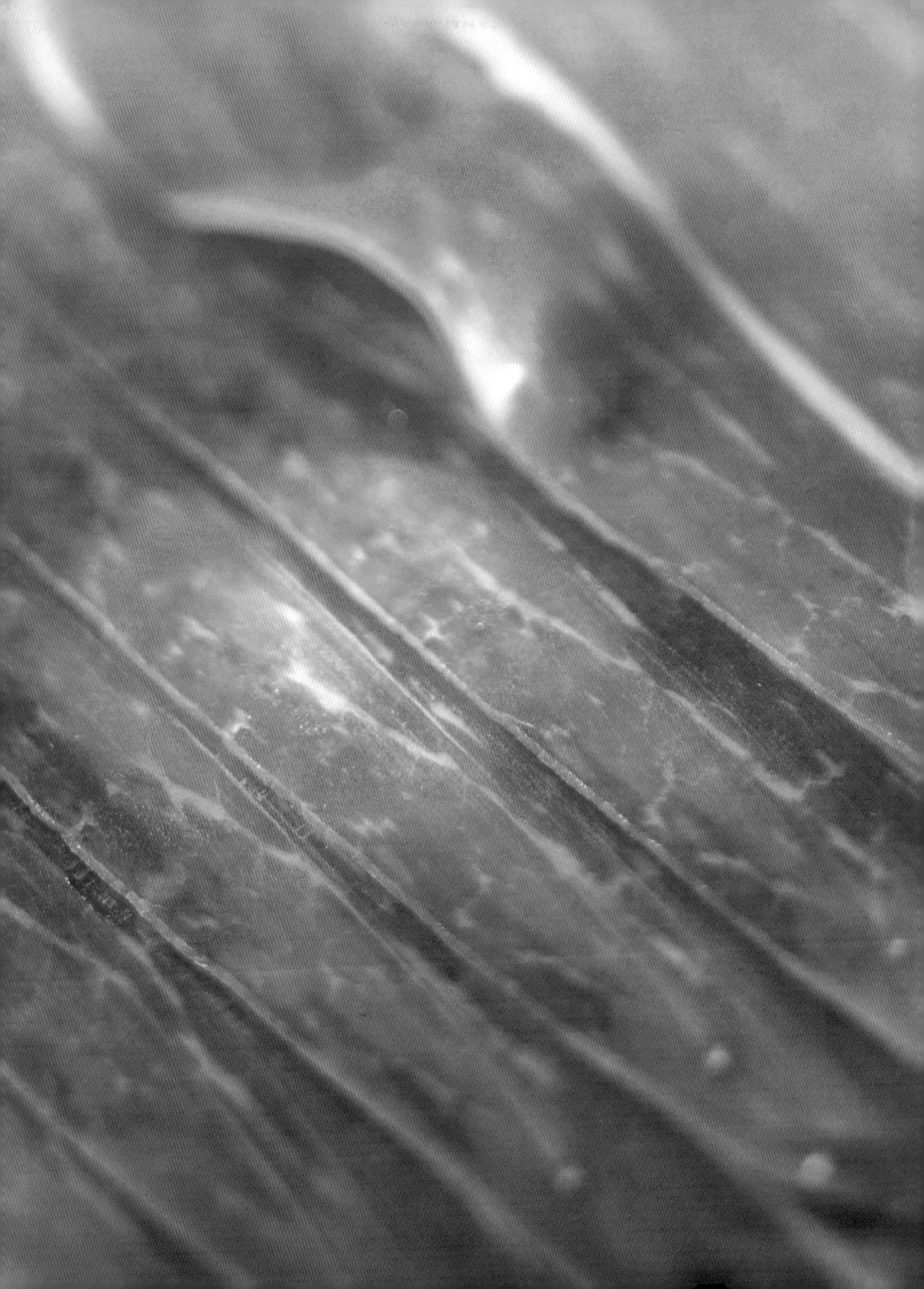

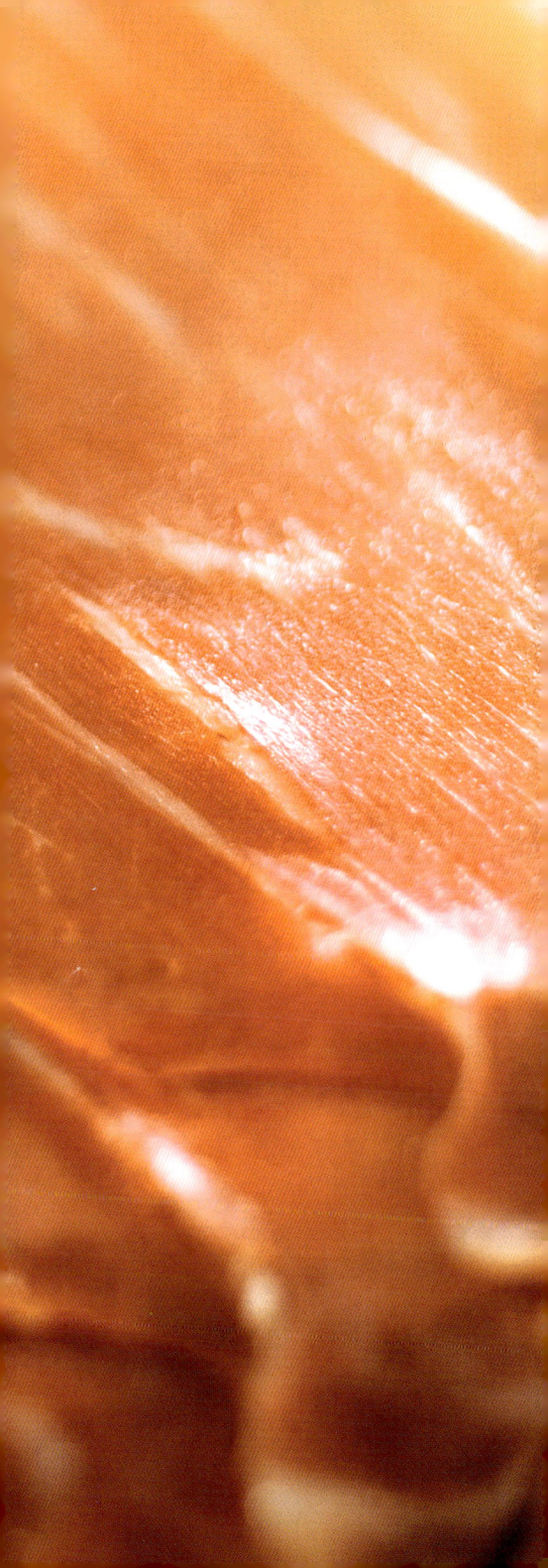

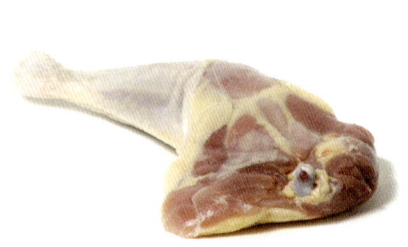

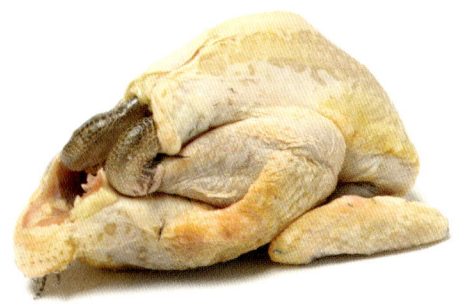

아키타 히나이 토종닭
Akita Hinai-jidori Chicken

'궁극의 방목계'라는 평을 받고 있는 아키타 히나이 토종닭은 토끼풀 초원과 계곡물이 흐르는 소규모의 유기농 농장에서 사육하며, 번식기에는 사과, 채소, 토마토를 먹여서 키운다. 이 특별한 닭은 산이 많은 일본의 아키타(秋田) 현의 히나이도리와 미국의 로드아일랜드레드(Gallus domesticus) 종을 이종 교배한 결과물이다. 1991년 이래 캘리포니아의 데니스 마오가 로스앤젤레스 레스토랑 시장을 겨냥하여 비슷한 품질의 닭을 개발하고 있다.

일본에서 닭은 사시미와 흡사한 날고기 상태로 먹는 것으로 유명하다. 이를 위해 닭은 항상 최고로 신선해야 하며(상에 올리는 당일에 잡는다), 냉동시키지 않는다. 도쿄의 레스토랑에서는 닭의 간, 모래주머니, 뇌까지 요리한다. 와카야마(和歌山) 현에서는 천일염에 절인 닭고기를 전통 참숯인 비장탄—매우 단단하고 화력이 오래 가며 유황 성분이 적기 때문에 연소할 때 냄새가 나지 않는다—에 굽는다. 탁월한 가슴살 역시 맛있게 구워낸 뒤 얇게 썰어, 삶은 야채와 함께 간단하게 낸다. **CK**

호로호로새(기니 뿔닭)
Guinea Fowl

서아프리카의 기니에서 유래했다고 알려져 있었던 이 쫄깃한 새는 전 세계에서 길들여 사육하고 있다. 호로호로새는 17세기에 중국에 소개되었으며, 인도에서는 '중국 뿔닭'으로 알려져 있기도 하다.

기원전 2400년경 이미 고대 이집트인들이 사육한 역사를 자랑하는 호로호로새는 오늘날 미국에서 다양한 품종, 다양한 색깔로 찾아볼 수 있다. 남아프리카에서는 여전히 야생에서 마음대로 돌아다니는데, 덕분에 짙은 색깔의 고기는 맛이 좋고 지방(약 5퍼센트)과 콜레스테롤 함량도 낮다. 단백질 함량이 높으며, 비타민 B_6, 셀레늄, 니아신 등이 풍부하며, 얇게 썬 베이컨 형태로 먹기도 한다. 섬세한 육질은 촉촉하고 즙이 많은 가금류 요리에 어울리지만, 너무 익히지 않도록 조심해야 한다.

수컷은 평생 짝짓기를 하며, 어릴 때에는 겉모습만 보아서는 수컷과 암컷의 구별이 어렵지만, 암컷이 내는 두 음절의 특이한 소리(영어의 'buckwheat'과 비슷하다)에 유의하면 도움이 될 것이다. 알에도 영양가가 많지만 얻기는 쉽지 않다. **HFi**

Taste: 아키타 히나이 토종닭은 기름기가 적고 수분이 많으며, 질감은 크리미하고 단단하다. 맛은 지연스러운 닭고기 맛이다. 품질도 맛도 모두 유명하며 특히 사시미로 쓰기에 최고이다.

Taste: 닭고기와 똑같이 손질하되, 중량이 덜 나가므로 조리 시간을 줄여 잡는 것이 좋다. 고기는 풍부하고 야생 육류의 맛이 나며, 통통한 가금류 특유의 즙이 많다.

독수리처럼 위풍당당한 호로호로새. 파란 깃털이 눈에 띈다. 아프리카 북동부에서 찾아볼 수 있는 야생조류이다. ➲

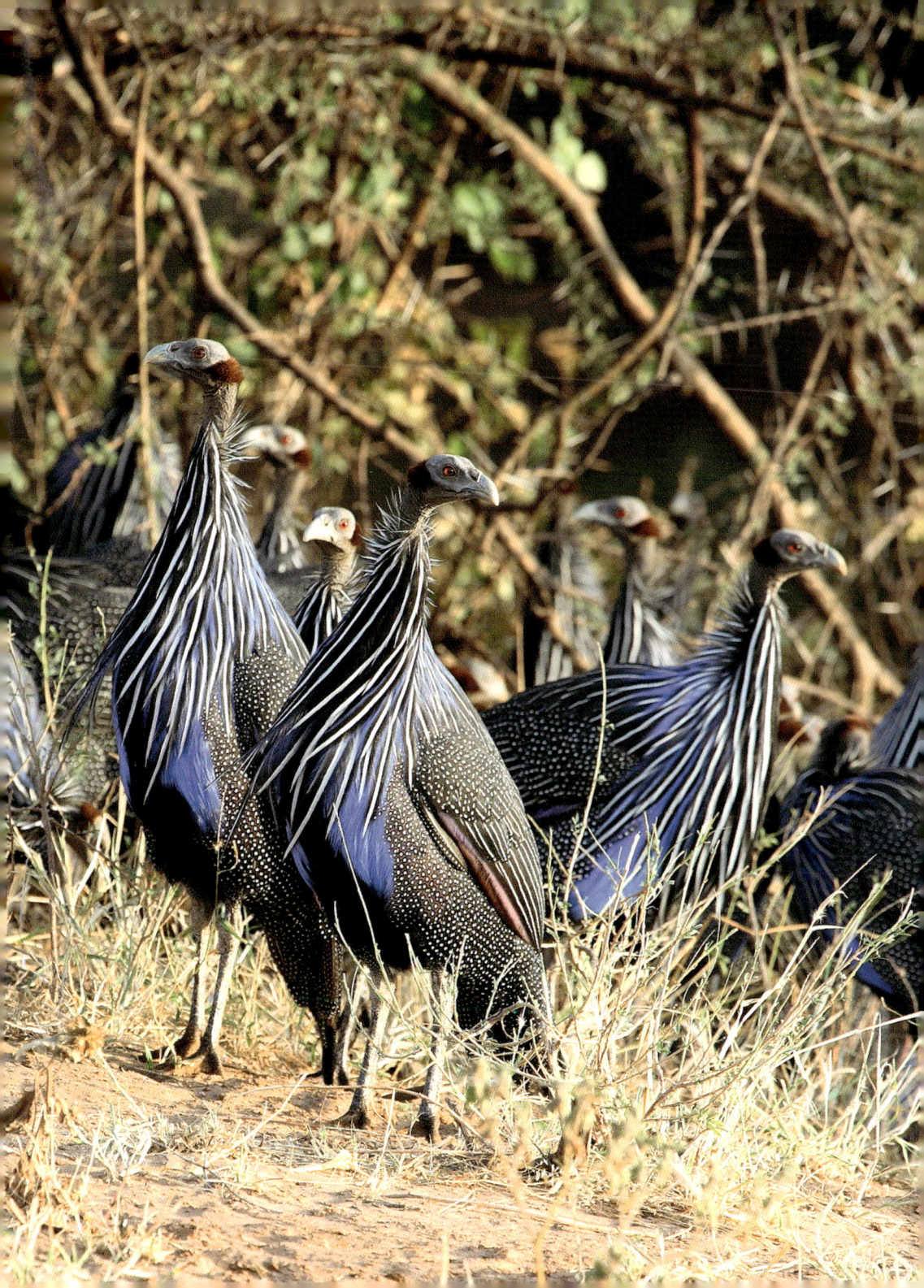

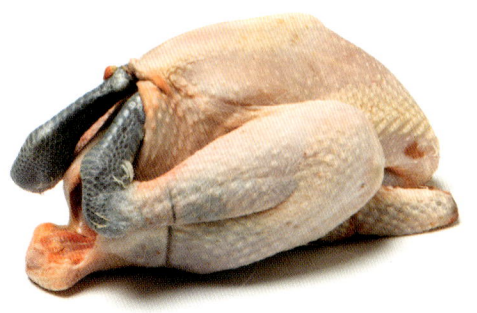
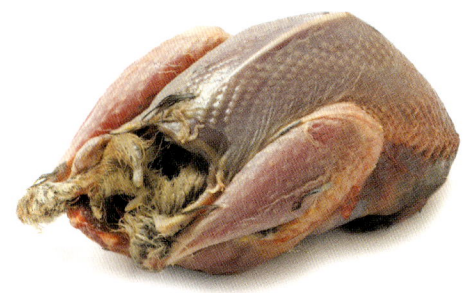

볼라이유 드 브레스 Volaille de Bresse

직역하면 '브레스 닭'이라는 뜻으로, 언뜻 보기에는 특정한 한 종류의 닭을 가리키는 것 같지만, 사실은 프랑스에서 세 가지 가금류를 지칭하는 말이다. 무게가 1.4킬로그램 안팎인 작은 닭(풀레, poulet), 1.8~2.3킬로그램의 난소를 제거한 암탉(풀라르드, poularde), 그리고 4킬로그램 넘게 나가는 거세한 식용 수탉(샤퐁, chapon)이 그것이다. 모두 원산지명 통제 규정(Appellation d'Origine Contrôlée)에 의해 관리되고 있으며, 무게에 따라 가장 높은 가격을 받는 것은 연말연시의 명절 별미인 샤퐁이다.

브레스 닭은 리옹 근교의 브레스 지방에서만 나오는 것은 아니고, 20세기 초에 확립된 품종의 이름이기도 하다. 이 품종에는 흰색, 회색, 검은색 깃털의 세 종류가 있는데, 모두 똑같이 특징적인 파란 발을 가지고 있다. 풀레는 꼬챙이에 꿰어 오븐에 굽기에 최고이다. 즙이 많고 부드러우며, 향미가 좋다. 많은 닭 소테—뜨거운 기름이나 버터에 재빨리 볶은—요리에 베이스로 사용되며, 특히 리옹 지방 음식에 널리 쓰인다. 풀라르드는 브레이즈—재빨리 볶은 뒤 약간의 국물과 함께 뚜껑을 덮고 자작자작 졸이는—가 보통인데, 특히 유명한 풀라르드 드미되이(poularde en demideuil)에서는 껍질 아래 송로버섯을 넣기도 한다. **MR**

Taste: 브레스 닭은 향미가 강하지도, 그렇다고 담백하지도 않다. 곱고 섬세한 풍미를 내며, 잘 구우면 얇고 바삭거리는 껍질과 맛좋은 살을 즐길 수 있다.

붉은 뇌조 Red Grouse

영국 제도의 특산물인 붉은 뇌조(Lagopus lagopus scoticus)는 버들 뇌조의 변종으로, 황야에서 거의 헤더(히스 속의 상록 관목)만을 먹고 산다. 검은 뇌조보다는 몸집이 작고, 불그스레한 밤색을 띠며, 토실토실하고, 갈고리 모양의 부리를 가지고 있다. 상용으로 사육하기에는 어려운 야생 조류로, 이들의 서식지는 사냥터지기가 관리한다. 사냥 역시 8월 12일부터 시작되는 뇌조 사냥 시즌에만, 그것도 숫자가 충분히 많다고 여겨질 때에만 허용된다. 날씨가 습한 5월의 첫 두 주간 알을 낳는데, 원충병 같은 기생충 병에 걸리기라도 하면 그 숫자가 현저하게 줄어든다.

뇌조를 조리할 때에는 어린 새인지 늙은 새인지를 미리 살펴야 하는데, 늙은 새일수록 살이 질기기 때문이다. 가장 쉬운 구별법은 아랫부리를 잡고 들어올려보는 것이다. 아랫부리가 부러지면 어린 놈이다. 어린 새는 오븐에 굽거나 브레이즈 요리에 좋고, 늙은 새는 잘 두었다가 야채와 함께 냄비에 넣고 뭉근하게 끓여 캐서롤을 해먹으면 좋다. 뇌조는 부드럽게 짓이긴 파스닙이나 야생과일 소스 같은 달콤한 양념과 잘 어울린다. **MG**

Taste: 붉은 뇌조의 독특한 풍미는 입천장에서 풍부한 야생 육류의 맛으로 시작해 헤더의 은근한 단맛과 야생 허브의 향으로 이어진다.

영국에서 붉은 뇌조 사냥 시즌의 첫날은 '영광의 12일(Glorious Twelfth)'이라는 별칭으로 통한다. ❱

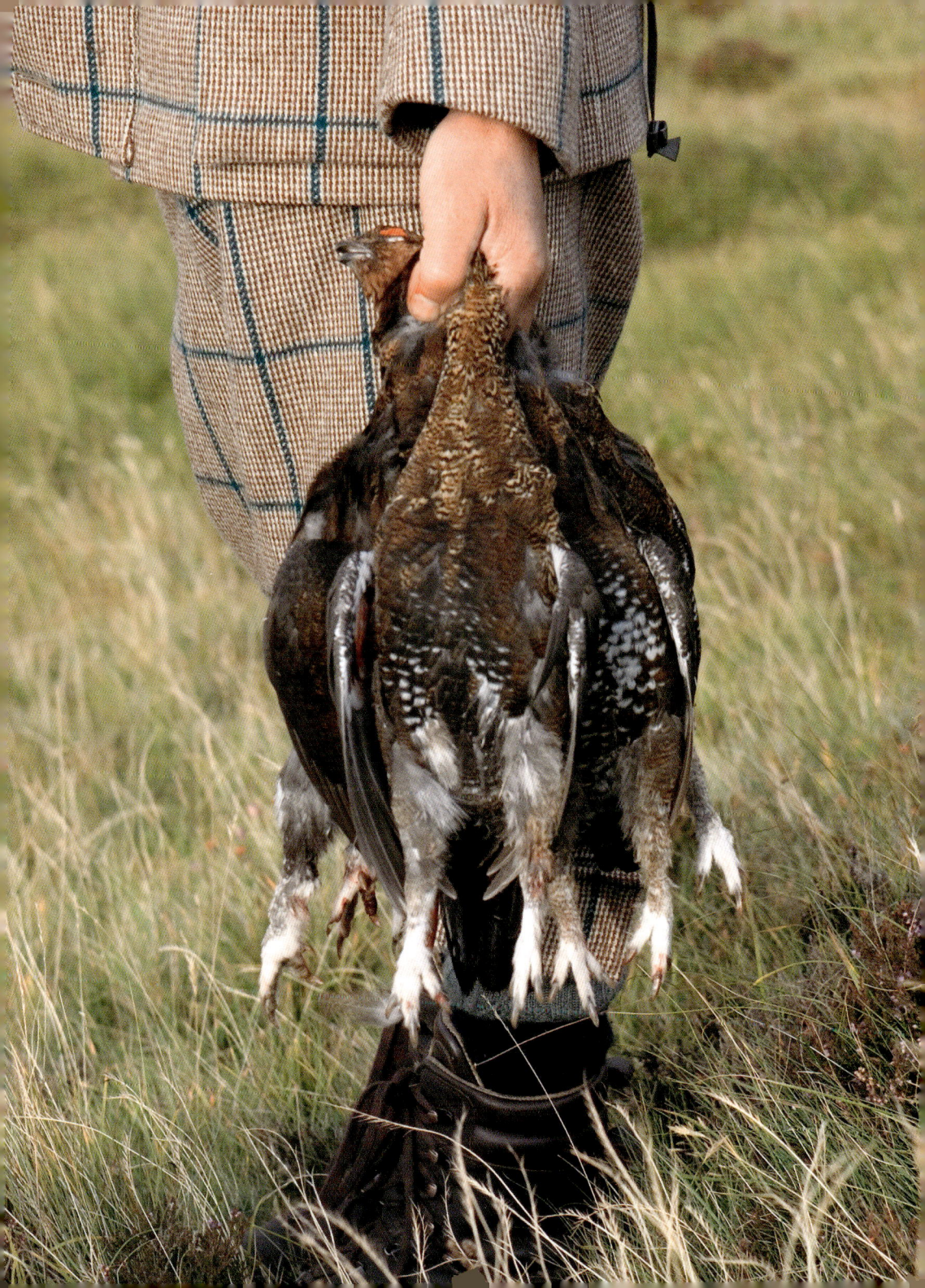

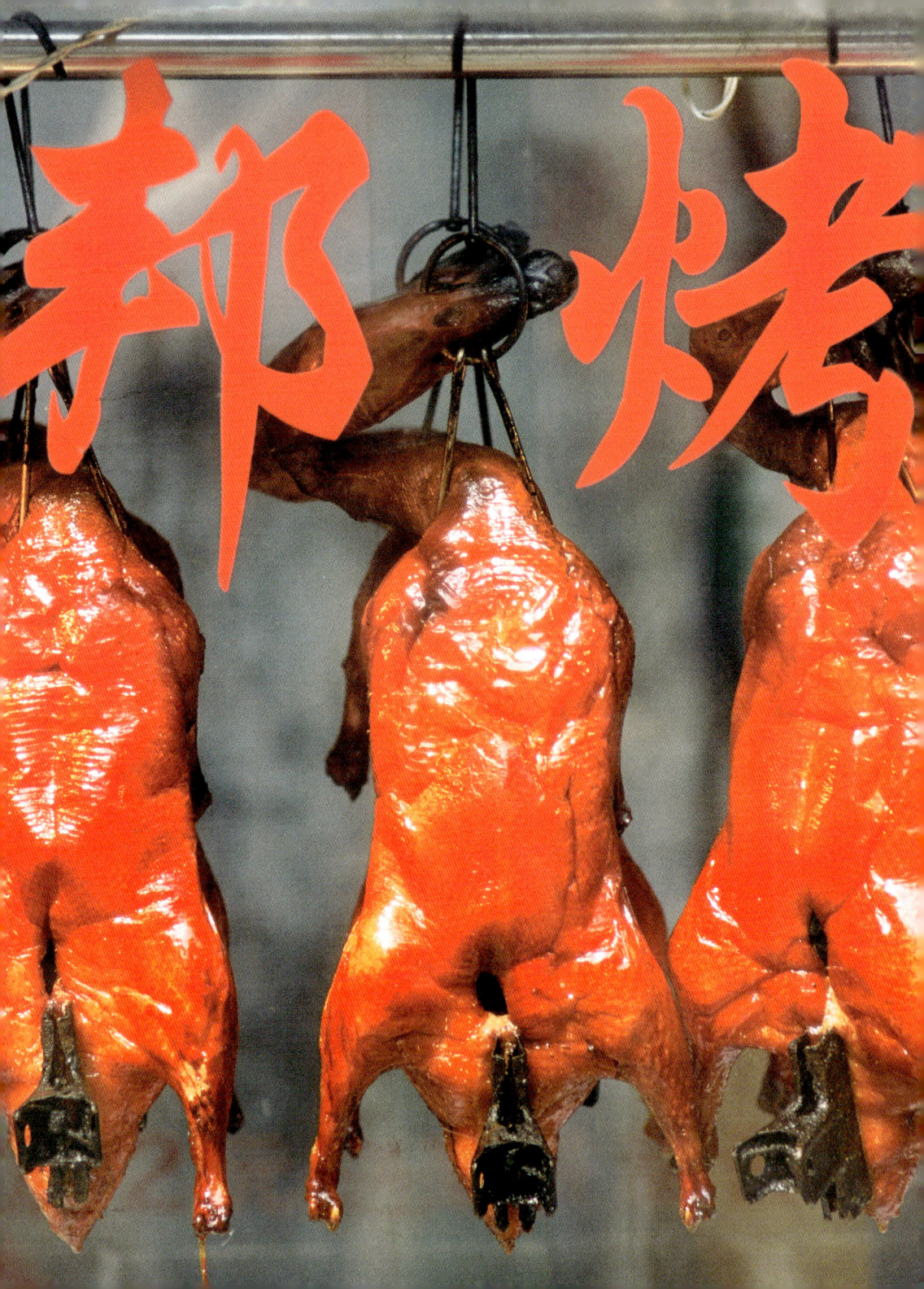

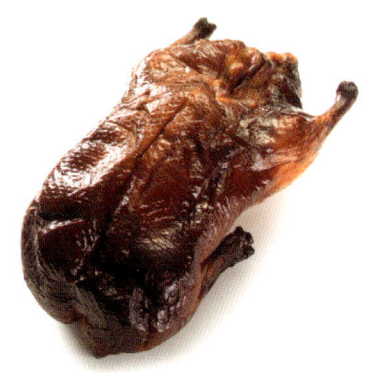

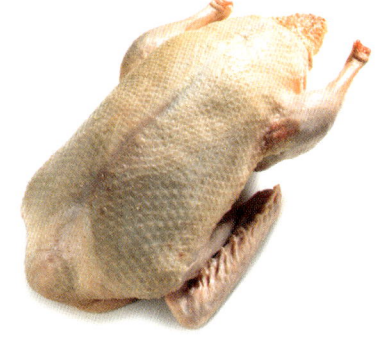

베이징 황실 오리 Imperial Peking Duck

중국 요리에서는 돼지고기를 제외하면 동물성 지방은 거의 사용하지 않는데, 그 공백을 메워주는 것이 바로 살진 오리이다. 벼논을 망치는 작은 참게를 잡아먹도록 반야생 오리를 풀어놓곤 했는데, 중국인들은 오리도 쌀을 먹어치운다는 의외의 사실을 발견했다.

베이징 황실 오리의 혈통은 명나라(1368~1644년)로 거슬러 올라간다. 수도인 베이징까지 배로 날라온 곡식이 강가의 선창에 엎질러지자, 물가의 오리들이 달려들어 배를 채운 것이다. 이 오리들이 유난히 살이 오르는 것을 눈치챈 농부들은 이들을 우리에 가두고 억지로 먹여 더욱 토실토실 살을 찌웠다. 덕분에 기름을 빼서 굽기에 완벽한 오리를 얻게 되었다. 오늘날 영국과 미국에서도 인기가 높은 베이징 황실 오리는 큰 것은 무게가 5.5 킬로그램까지 나가며, 그 중 3분의 1이 지방이다.

가장 유명한 오리 요리 중 하나는 베이징 카오야이다. 오리에 공기를 넣어 매달아 놓아 말린다. 굽기 전에 시럽과 간장 소스를 섞어 발라 특유의 바삭바삭한 적갈색 껍질을 얻을 수 있다. **MR**

샬랑 오리 Challans Duck

대서양 해안에서 가까운 브르타뉴 습지대의 심장부에 자리한 샬랑은 언제나 야생 들새가 풍부한 지방이었다. 풍속사에 따르면 샬랑 오리는 17세기 네덜란드에서 전해진 조류와 들새의 교배종이라고 한다. 19세기 무렵 낭트 오리(canard nantais)라는 이름으로 낭트 역에서 파리로 실어보냈는데, 파리에서 큰 인기를 끌게 되었다.

샬랑 오리의 명성이 높아진 데에는 파리의 유명한 레스토랑 라 투르 다르쟝의 공이 크다. 누른 오리 고기를 오리 피로 진하게 만든 소스에 재운 레시피를 만들어냈는데, 이 레스토랑은 한 세기 넘게 자신들이 판 오리와 그것을 먹은 고객을 일일이 전부 기록해 두었다. 예를 들면 훗날 영국 국왕 에드워드 7세가 된 웨일즈 공은 1890년 이 곳의 328마리째 오리를 먹었다. 이후, 이 숫자는 이미 백만 마리를 넘어섰다.

본고장에서 가까운 루아르 계곡에서는 샬랑 오리를 그냥 오븐에 구워서 신선한 완두콩과 함께 먹는다. 샬랑 오리에 대해 좀 아는 사람은 암컷(la canette)이 수컷보다 더 맛있다고는 말하지만, 암수 모두 가슴살 위에 피하 지방이 풍부하다. **MR**

Taste: 베이징 황실 오리의 부드럽고 기름진 살코기는 바삭바삭한 껍질과 완벽한 대조를 이루며, 달콤하면서도 짭짤한 맛의 감칠나는 균형을 만들어낸다.

Taste: 얇게 저며서 버찌, 블랙커런트, 또는 오렌지 소스를 곁들여 낸다. 부드러운 오리고기의 가벼운 야생 육류의 풍미가 과일과 멋진 내조를 이룬다.

간장과 시럽을 발라 구워낸 오리가 진열되어 있는
ⓖ 중국 상하이의 레스토랑.

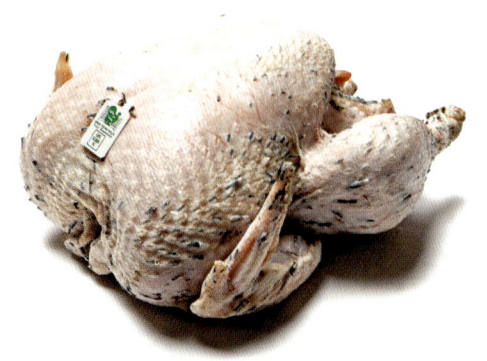

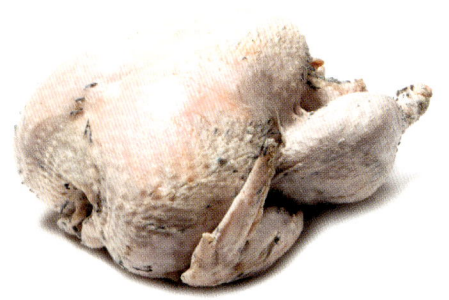

켈리 브론즈® 칠면조 Kelly Bronze® Turkey

영국에서 사육하는 칠면조의 약 90퍼센트는 한 군데에서 2만 마리까지 사육이 가능한 사육장에서 기계적으로 생산되지만, 모든 켈리 브론즈® 칠면조는 숲과 늪지대에서 자유롭게 활보한다. 20세기 초, 영국의 칠면조들은 되도록 살을 찌우려는 노력에도 불구하고 지금에 비하면 훨씬 빈약했다. 때문에 오븐에 구우면, 무슨 뼈가 앙상한 거대한 꿩처럼 보였다. 그러나 오늘날 우리가 먹는 칠면조는 가슴살이 두껍도록 개량한 품종이다. 때때로 부자연스럽게 부풀어오른 가슴이 너무 거치적거려서 짝짓기를 하지 못하고 인공 수정으로만 번식을 시킬 정도이다.

1984년, 에섹스의 농부 디렉 켈리는 가슴살이 풍부한 현대 개량종과 전통적인 가금류 사육 방식을 접목시켜, 옛 브론즈 칠면조 품종을 되살려냈다. 현재는 켈리의 아들이 가업을 이어받았는데, 그는 첨가물이나 약물을 전혀 사용하지 않고 칠면조를 반야생 상태로 숲지에 놓아 키운다. 켈리 브론즈® 칠면조는 완전히 성숙하려면 상용 품종보다 두 배의 시간이 걸린다. 손으로 털을 뽑고, 그 고유의 야생 사냥 고기 맛을 얻기 위해 2주간 매달아 놓는다. **MR**

버번 레드 칠면조 Bourbon Red Turkey

벤저민 프랭클린은 한때 미국의 상징으로 대머리독수리보다 야생 칠면조가 더 낫다고 주장한 적이 있었다. 비록 채택되지는 못했지만 야생 칠면조는 미국 문화에서 여전히 중요한 위치를 차지한다. 11월 추수감사절 식단의 주인공으로 사랑받는 것은 물론, 유럽에서까지 수많은 명절 음식으로 자랑스럽게 여겨지는 것이다.

칠면조는 수천년 동안 아메리카 대륙에서 중요한 먹거리였다. 기원전 2000년에 이미 식용으로 사육했다고 추정된다. 짙은 적갈색에 날개와 꼬리에만 하얀 깃털이 나 있는 버번 레드 종은 비교적 나중에 등장했다. 19세기 말 켄터키 주의 버번 카운티에서 사육하게 된 종으로, 20세기 전반에는 그 가치를 인정받았지만, 세월이 흐르면서 농가들이 가슴살이 더 많은 품종을 선호하게 되자 뒤로 밀려나게 되었다. 그러나 최근 전통 음식을 보전하려는 노력과 맞물려 버번 레드를 비롯하여 개량종보다 가슴살이 적은 종들에 대한 관심이 되살아나고 있다. 살은 적지만, 개량종보다 고유의 풍미가 강하다. **CN**

Taste: 오븐에 구운 켈리 브론즈® 칠면조는 자고새와 비슷한, 야생 사냥 고기 맛이 뚜렷하게 난다. 가슴살은 촉촉하지만 닭가슴살보다는 뻑뻑하며, 다리는 새끼양고기의 질감과 비슷하다.

Taste: 버번 레드 칠면조는 다른 많은 옛 품종처럼 더 진한 풍미를 자랑한다. 통째로 오븐에 구우면, 바삭바삭한 황금빛 껍질이 그 아래의 즙 많은 살코기와 좋은 대조를 이룬다.

추수감사절 저녁이면 미국과 캐나다의 가정에서는 오븐에서 구운 칠면조로 만찬을 즐긴다. ➲

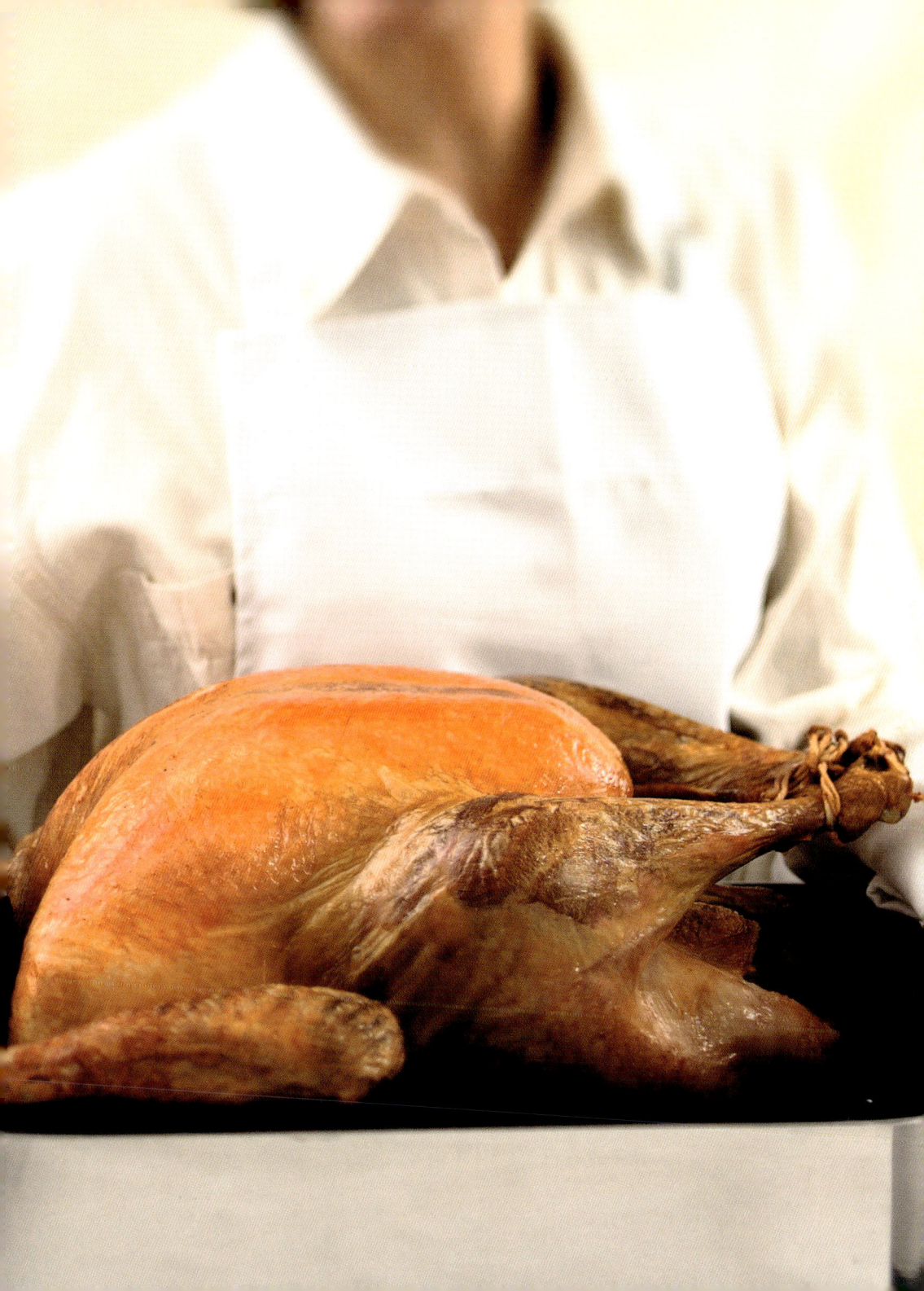

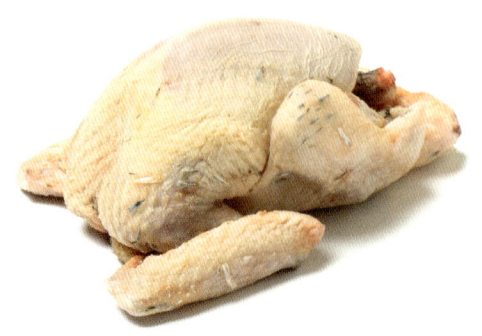

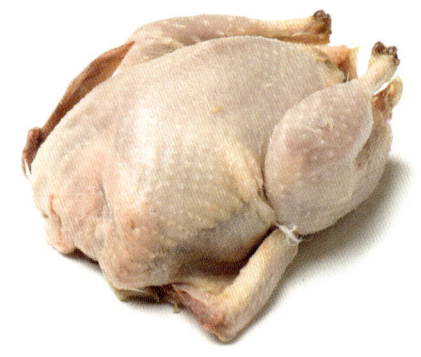

새끼 비둘기 Squab

식용 비둘기의 기원은 고대로 거슬러 올라가며, 비둘기 고기는 파라오, 황제들, 군주들의 식탁에 올라 별미로 사랑받았다. 식용 비둘기의 사육은 비둘기고기 스튜를 먹었던 고대 이집트에서 시작되었다.

비둘기(Columba)과에 속하며, '새끼' 비둘기라 함은 둥지를 막 떠나려 하는, 즉 한번도 날아본 적이 없는 비둘기여야 한다. 알에서 부화한 지 4주 안팎, 무게는 400그램 미만이어야 한다. 어린 고기는 통통하고, 섬세하고, 비교적 기름기가 많지만, 지방은 대개 껍질 아래에 있는데다 요리하면 저절로 정리되기 때문에, 가금류나 야생 조류와는 달리 모든 육류 가운데 가장 소화가 잘 된다.

새끼 비둘기를 요리하는 가장 좋은 방법은 반으로 갈라 엑스트라 버진 올리브유나 버터, 또는 두 가지 모두에 볶는 것이다. 또 안에 속을 넣어 통째로 오븐에 굽는 방법도 있는데, 이 경우에는 베이컨이나 지방으로 가슴살을 보호해 주어야만 한다. 육질이 연약하기 때문에 손질도 아주 간편하다. 전통음식인 새끼비둘기고기 파이에는 비둘기보다 양고기나 돼지고기를 쓰는 경우도 있다. **LW**

메추라기 Quail

이 맛 좋은 사냥새는 사냥꾼들은 물론 식도락들 사이에서도 인기가 높다. 파란 메추라기, 덤불 메추라기, 산 메추라기 등으로 알려져 있다. 겉으로 보기에는 땅딸막해 보이지만—날아오르려고 할 때에는 거의 무리에 가까울 정도로 몸을 잡아당긴다—메추라기는 사실 철새로, 긴 날개로 높은 산도 넘고 바다도 건넌다. 세 음절의 분명한 울음소리로 영국에서는 "웨트-마이-립(wet-my-lip)"이라는 별명이 붙었다.

유럽에서는 그 고기와 알을 얻기 위해 상용 메추라기를 사육한다. 메추라기(Coturnix coturnix)는 자고새와 같은 꿩과이며, 겉모습도 비슷하지만 훨씬 작다. 미국 일부에서는 메추라기와 자고새의 이름을 혼용하기도 한다.

대부분의 사냥새처럼 메추라기 역시 달콤한 야생 조류의 풍미를 제대로 즐기려면 손질하여 요리하는 것이 좋다. 신선한 허브와 마늘, 정향을 채워넣고 앙 파피요트(프랑스어로 '양피지에 싼'이라는 뜻)—음식이 구워져서 증기를 내면 유산지가 둥그렇게 부풀어오르고, 먹기 직전에 종이를 벗긴다—로 요리하면, 환상적이다. 종이를 벗기면 이 섬세한 고기의 향이 가득 밀려와 후각을 만족시키며, 호화로운 성찬이 시작되었음을 알린다. **LW**

Taste: 어린 새에 살이 얼마나 될까마는, 그 얼마 안 되는 고기는 완벽 그 자체이다. 반은 오리고기, 반은 닭고기에 가까우며, 색이 진하고, 향긋하며, 한없이 부드럽다. 닭고기와 같은 방법으로 손질한다.

Taste: 모양, 맛, 색깔. 어느 것 하나 빠짐없이 만족스러운 메추라기 고기는 진하고, 독특한 향기를 지녔으며, 부드럽고 촉촉하다. 오븐에 구우면 껍질은 마치 돼지껍데기처럼 바삭바삭하고 쥐이시하다.

메추라기 고기는 간단하게 요리하는 것이 가장 좋다.
꼬챙이에 끼워 오븐에 구운 뒤 타히니와 레몬 소스를 곁들여 낸다. ●

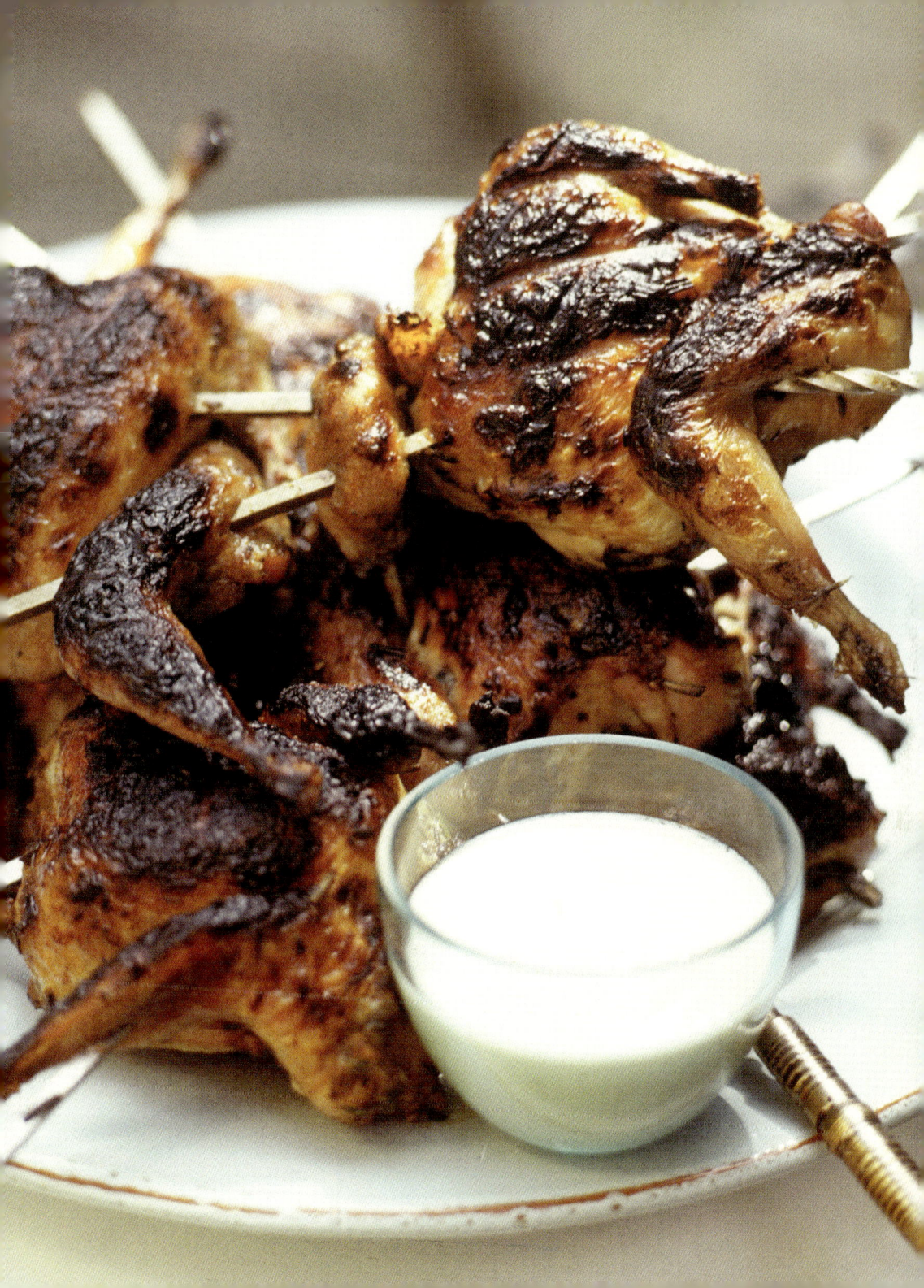

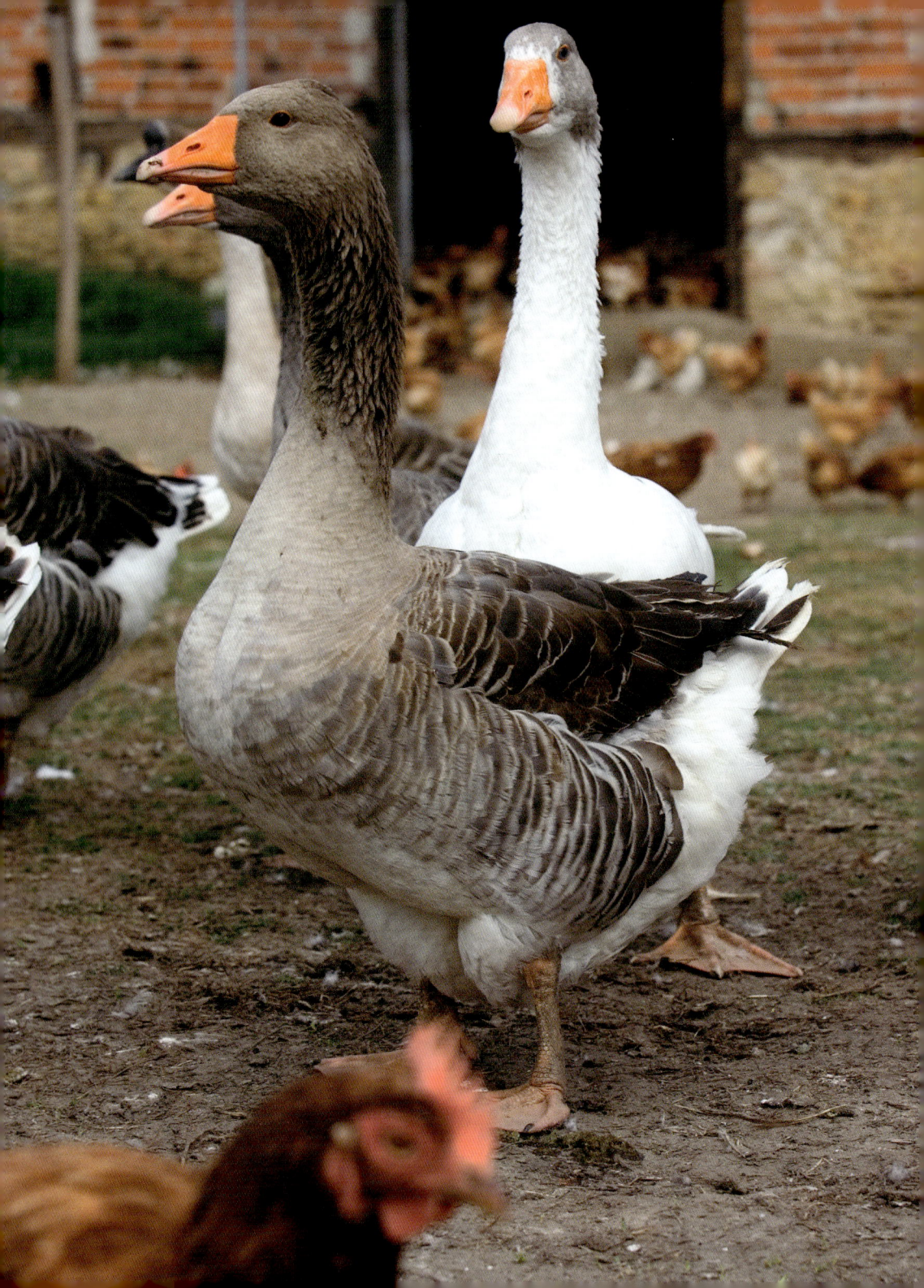

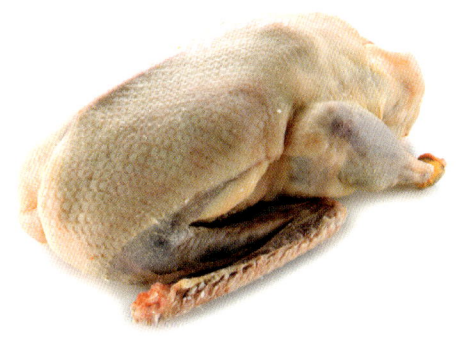

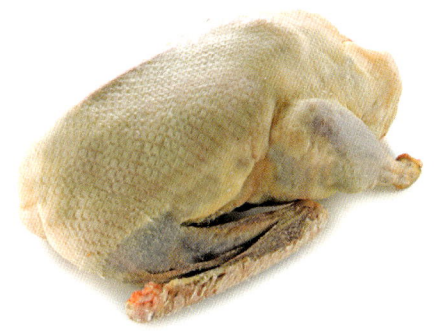

툴루즈 거위 Toulouse Goose

프랑스의 커다란 회색 거위 중에서 가장 널리 사육하는 종인 툴루즈 거위(잿빛 랑드 거위(L'oie grise des Landes)라고도 부른다)는 주로 푸아그라를 만드는 데 쓰인다. 살을 찌우면 9킬로그램까지도 나가지만, 발육이 끝난 어른 새의 무게는 보통 5.5킬로그램 안팎이다.

가금류이기 때문에 흰살 고기로 분류되지만, 사실 거위 고기는 짙은 색을 띠며, 다른 대부분의 가금류보다 풍미가 훨씬 진하고 짜릿한 맛이 난다. 툴루즈 거위는 프랑스 남서부 요리에서 빼놓을 수 없는 재료이다. 고기는 콩피 두아(confit d'oie, 자기 몸에서 얻은 기름에 재운 거위)를 만들기 위해 보관해 둔다. 콩피 두아는 흰콩과 툴루즈 소시지로 만드는 스튜인 카술레(cassoulet)의 주재료로 쓰이는 외에는 쓸모가 없다. 거위 기름에 볶은 감자 소테를 곁들이고, 주사위 모양으로 잘게 자른 검은 송로버섯(à la sarladaise)으로 장식하면 페리고르(Périgord, 프랑스 남부의 지역 이름)의 별미가 된다. 가늘게 저민 뒤 지방을 넣어 섞어 부드럽게 한 고기를 목에 채워넣고 브레이즈로 만들기도 한다.

툴루즈 거위는 유럽 최고의 식용 조류로 평가받는다. 프랑스에서는 성탄절 때 보통 칠면조를 먹지만, 툴루즈 거위를 통째로 굽는 경우도 종종 있다. **MR**

회색기러기 Greylag Goose

고대 로마의 역사학자 리비우스에 따르면, 기원전 390년, 시끄러운 거위떼가 한 무리 카피톨리노 언덕에 나타나 로마인들을 놀라게 했다. 거위를 처음 길들여 사육한 것은 고대 이집트로, 이집트인과 로마인 모두 거위의 간을 즐겨 먹었다. 오늘날 유럽과 북아메리카에서 사육하는 거위들의 조상격인 회색기러기(Anser anser)는 다른 잿빛 거위들보다 더 크고 육중하며, 무게가 5킬로그램까지 나가는 놈도 있다. 철새의 하나로, 북유럽과 러시아까지 아우르는 유라시아 대륙에서 흔히 볼 수 있다. 깃털은 옅은 회색, 배는 하얗고, 커다란 주황색 부리를 가지고 있다. 짝짓기 시기에는 늪, 습지대, 호수, 습한 황무지에서 찾아볼 수 있다. 유럽에서는 습지대의 물을 빼면서 그 숫자가 줄어들었다.

거위는 유럽 각지에서 칠면조와 인기를 다투는 크리스마스 음식이다. 영국에서는 전통적으로 마이클마스(대천사 성 미카엘 축일, 9월 29일)에 먹었다. 영국 요리계의 거두인 비튼은 한 잔의 와인이나 포트 와인에 머스터드, 소금, 고추 등과 함께 요리하는 것을 추천한다. 중국에서는 주로 공기건조시켜서 먹는다. **CK**

Taste: 검붉은 색깔의 거위 고기는 농장의 향기를 강하게 풍긴다. 오븐에서 구우면 기름기 많은 껍질은 바삭바삭해져, 녹아내릴 듯이 부드러운 살과 독특한 대조를 이룬다.

Taste: 회색기러기 고기는 향이 매우 진하며, 기름기가 적고, 지방의 대부분이 껍질에 몰려 있다. 톡 쏘는 과일 소스 등을 곁들여 먹으면 구운 거위 고기의 기름기가 덜 느껴질 것이다.

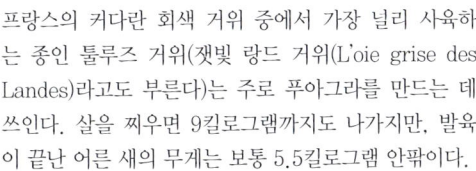

툴루즈 거위는 통째로 구워 먹기에 아주 좋으며, 그 지방은 요리에 쓰인다.

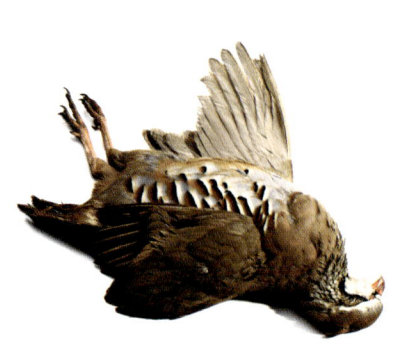

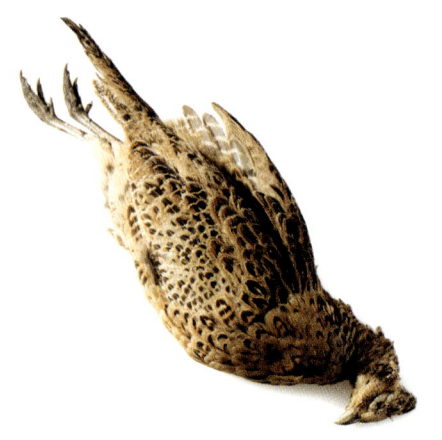

자고새 Partridge

자고새는 종이 매우 다양한데, 그 중에서도 유럽의 식탁에 가장 자주 오르는 것은 유럽자고새(grey partridge, 학명 Perdrix perdrix)와 빨간다리자고새(red-legged partridge, 학명 Alectoris rufa)이다. 둘 다 미국으로 전해졌지만, 터키 원산인 메추라기닭(chukar partridge, 학명 Alectoris chukar)은 주로 사냥터에서 인기가 높다.

다른 사냥새들처럼 현대 농업기술의 발달로 인해 자고새의 천연 서식지도 영향을 받았다. 비록 사냥을 위해 대량으로 사육되고 있기는 하지만 말이다. 유럽자고새는 저 북쪽인 스웨덴과 러시아를 포함한 유럽 전역과 아시아 일부 지역에서 찾아볼 수 있다. 빨간다리자고새는 주로 스페인, 포르투갈, 프랑스 남서부에서 눈에 띈다. 둘 다 몸집이 작고 통통하며, 정말 맛있다. 빨간다리자고새 쪽이 더 살집이 좋고 풍미가 부드럽다. 어린 자고새는 거의 매달아 둘 필요가 없으며, 오븐이나 불에 굽는 등 간단한 방법으로 요리하는 것이 가장 좋다. 고기는 향이 풍부하고 소화가 잘된다. 늙은 새는 정말로 향이 좋은데, 사나흘 정도 매달아 두었다가 오랜 시간을 두고 천천히 익혀야 한다. **LW**

꿩 Pheasant

전설에 따르면 이아손과 아르고선의 선원들이 카프카스에서 황금양털을 가지고 돌아올 때 꿩도 함께 데려왔다고 한다. 꿩은 그리스에서 로마로, 다시 유럽으로 퍼져나갔다. 오늘날 사냥꾼들이 가장 즐겨 잡는 이 중요한 사냥새는 시베리아와 중국에서까지 볼 수 있다. 유럽과 미국에서는 꿩(Phasianus colchicus)의 개체수를 인공적으로 관리하고 있다.

장끼는 정말로 빛깔이 곱고 훌륭하지만, 통통하고 부드러운 살로 인기가 좋은 쪽은 몸집도 작고 볼품없는 까투리이다. 전통적으로 꿩은 향과 질감을 더욱 좋게 하기 위해 조리하기 전에 약 열흘간 목을 매달아둔다. 어린 꿩은 고기를 촉촉하게 유지할 수 있도록 베이컨에 싸거나 라드를 발라 오븐에 굽는다. 늙은 꿩은 버터에 재빨리 튀겨낸 뒤, 와인, 주정(酒精), 진한 국물에 서서히 익힌다. 야생 조류의 맛을 죽이기 위해 종종 과일도 함께 요리한다. 많은 셰프들은 가슴살만 따로 조리하고, 나머지 부분은 파테나 단지 요리, 파이 등에 사용한다. **LW**

Taste: 이 통통한 작은 새를 보고 있노라면 정말 군침이 흐른다. 살은 촉촉하고 특히 분홍색으로 익히면, 간(肝)과 맛과 질감이 비슷한 야생 조류의 풍미가 감돈다.

Taste: 창백하고, 가늘고, 단단한 꿩고기는 육류 가운데 섬세하기로 손꼽힌다. 가슴살은 크리미하면서도 부서지기 쉬우며, 호두 향이 난다. 색이 더 검은 다리 부분은 보다 질기지만 대신 즙이 많다.

꿩은 야생에서 살면서 살이 질겨지기 때문에 털을 뽑기 전에 며칠 매달아 두어야 한다. ◗

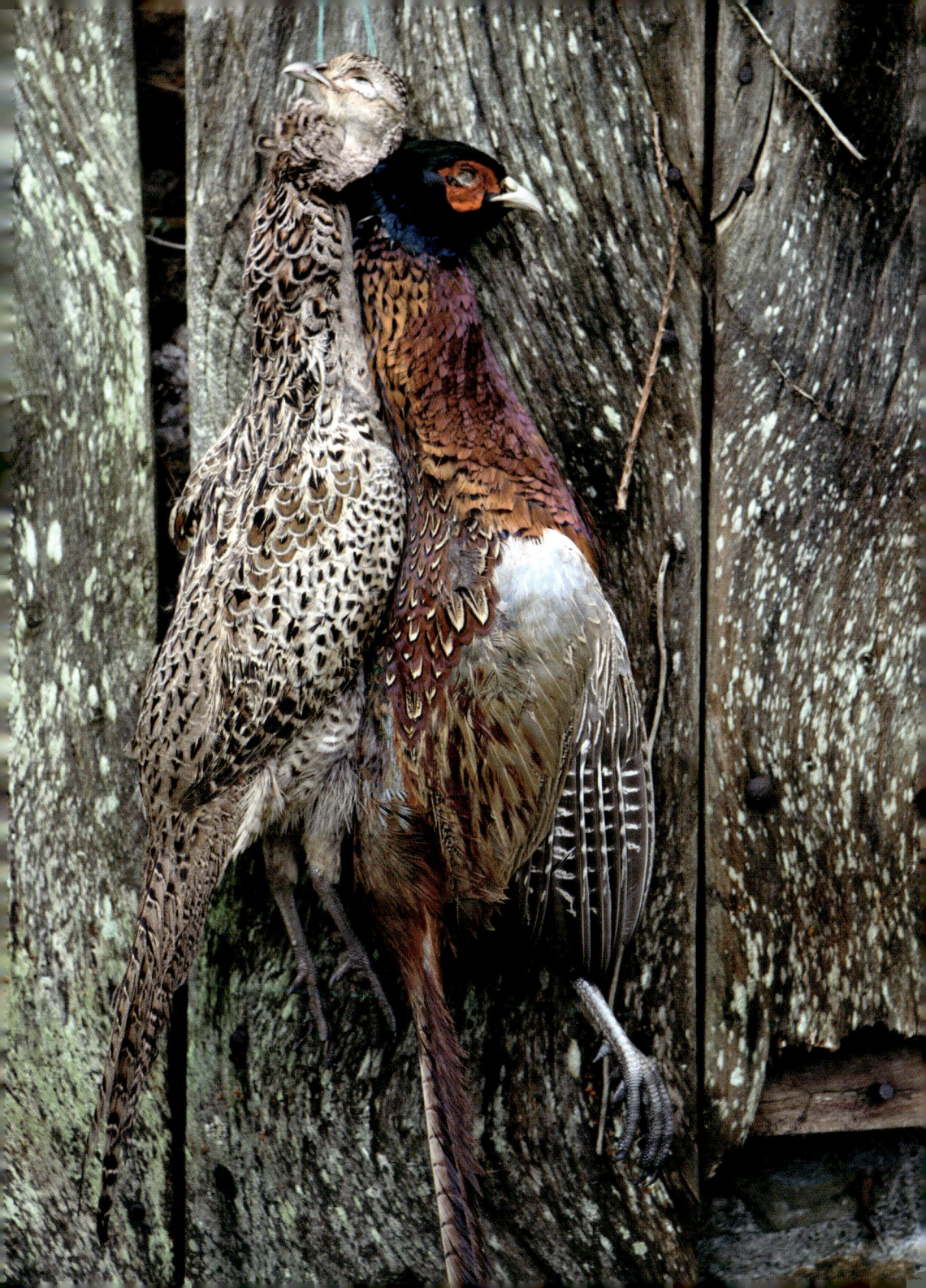

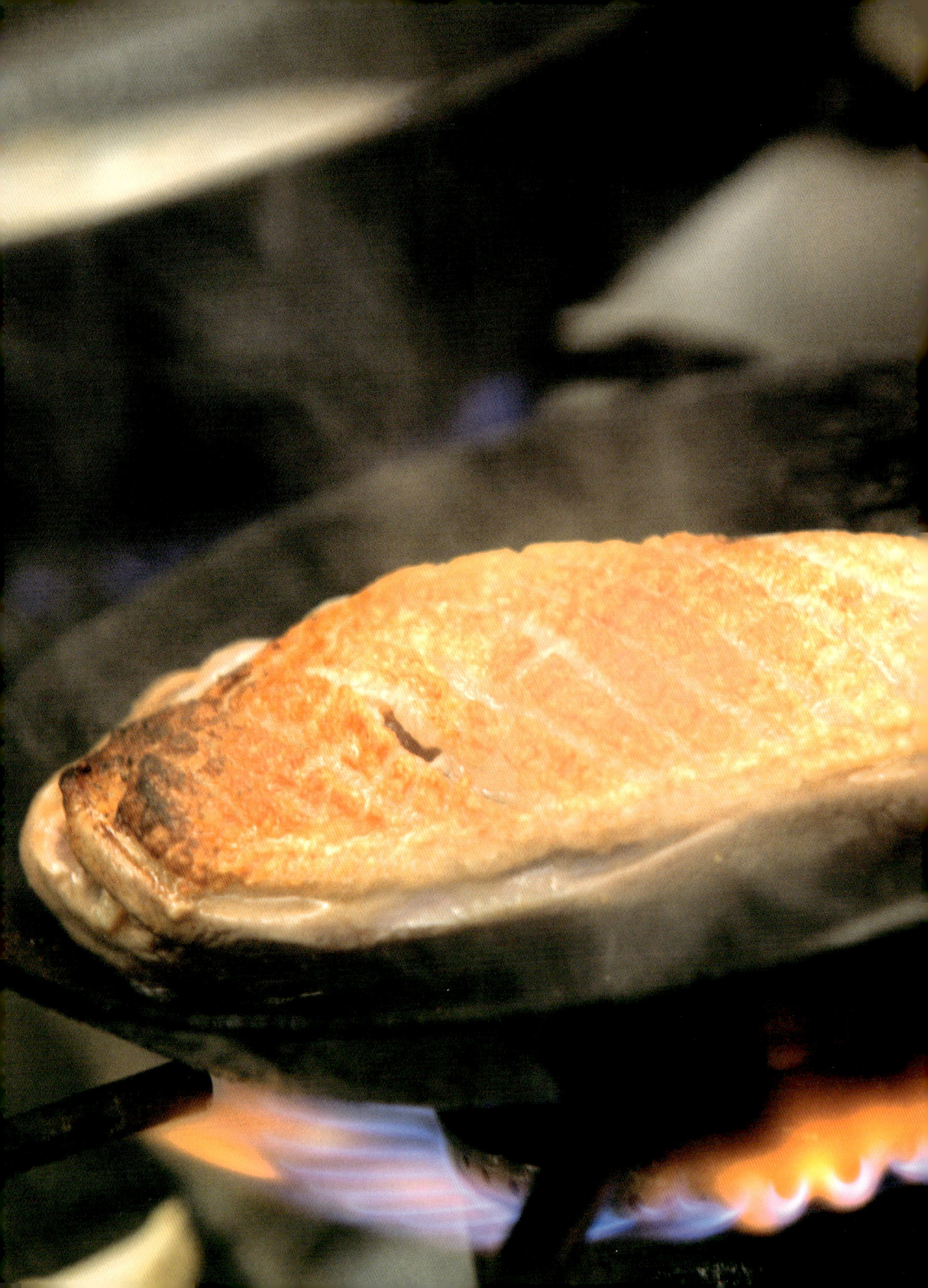

알락오리 Gadwall

유럽, 아시아, 북아메리카에 널리 서식하는 알락오리(Anas strepera)는 회색 오리로, 민물과 짠물을 가리지 않고 습지대 흙탕에서 주로 산다. 여름 끝무렵이 되면 원래의 서식지인 북극 주위의 극지방을 떠나 남유럽으로 가서 겨울을 지낸다. 사냥꾼은 물론 정육점에서도 종종 알락오리와 청둥오리를 헷갈리는데, 깃털이 흡사한데다 무게도 엇비슷하기 때문이다(알락오리 쪽이 몸집이 약간 더 작다). 그러나 알락오리와 청둥오리의 가장 큰 차이점은 새하얀 뒷날개 깃으로, 특히 날고 있을 때 눈에 잘 띈다.

사냥꾼들은 조류(潮流)가 바뀌는 경계에서 기다리고 있다가 지나쳐 날아가는 놈을 잡거나, 먹이를 먹고 있는 옆에서 가만히 기다렸다가 쏘아 잡는다. 알락오리는 직선으로 나는데다, 다른 야생 조류처럼 사람을 별로 무서워하지 않기 때문에 사냥이 가장 쉬운 오리 중의 하나이다. 게다가 보통 큰 무리를 지어 다니기 때문에, 한꺼번에 여러 마리를 잡기에도 편리하다. 알락오리는 『메렛 조류 도감 Merrett's List of Birds』(1666년)에 처음 등장하지만, 정확한 기원은 불분명하다. 영어로 'gadwall'이라는 이름은 우리말의 '꽥꽥'에 해당하는 라틴어 의성어 'quedul'에서 비롯되었다고 하는가 하면, 지방에 따라 회색오리, 모래홍머리오리 따위로 부르기도 한다.

알락오리는 농장에서 흔히 사육하는 대부분의 오리 품종과 생물학적으로 가깝지만, 야생에서 사는 까닭으로 사육된 오리보다는 더 날씬하다. 거친 알갱이가 느껴지는 고기는 오렌지 따위로 만든 전통적인 오리고기 소스와 잘 어울린다. 지방이 거의 없기 때문에 보통 오븐에 구운 뒤 베이컨을 넣거나, 또는 순무와 함께 고전적인 프랑스식으로 익힌다. 심지어 쿠르 부용─식초에 백포도주, 향신료, 채소, 통후추 등을 넣고 끓인 국물─에 끓여낸 뒤 고기의 촉촉함을 유지하기 위해 뜨거운 오븐에서 굽기도 한다. 알락오리 구이에 송아지고기나 얇게 저민 야생버섯을 채워넣으면 환상적이다. **MG**

Taste: 알락오리는 청둥오리와 맛과 향이 매우 비슷하다. 대부분의 오리처럼, 피하지방으로 덮여 있는데, 바삭바삭할 때까지 익히면 정말 맛있다.

오리 가슴살은 센불에서 충분히 튀겨 겉을 봉하고, 속은 분홍빛으로 익힌 소테가 가장 맛있다.

쇠오리 Teal

쇠오리는 기러기목 오리과에 속하는 작은 야생 오리로, 엽조 중에서도 매우 가치가 높은 새이다. 유럽 쇠오리(Anas crecca) 중 일부는 철새로, 남유럽으로 가서 좋아하는 습지와 소택지를 찾아 겨울을 난다. 밤색 머리에 폭이 넓은 눈가 주위가 녹색인 수컷은 보기에도 그럴듯하다. 수컷과 암컷 모두 날 때에는 밝은 녹색의 날개가 보인다. 북아메리카에는 여러 종류의 쇠오리가 사는데, 미국 쇠오리(Anas carolinensis), 푸른날개발구지(Anas discors) 등이 대표적이다. 사회성이 좋아, 언제나 큰 무리를 지어 겨울나기 장소에 도착한다.

쇠오리는 쏘아잡기가 가장 어려운 야생 오리 중의 하나인데, 몸집이 작은데다 나는 동안 재빨리 예측불가능하게 방향을 바꾸기 때문이다. 다른 오리들처럼 소리를 내서 유인하거나 미끼를 써도 반응하지 않으므로 사냥꾼들에게는 참으로 까다로운 목표물이다.

요리를 해서 먹는다 치면 적어도 한 사람 앞에 한 마리씩은 돌아가야 한다. 몸집은 작아도 풍미가 좋아서 보통 전채로 먹지만, 메인 디쉬로 먹을 때에는 커다란 접시에 담아 내며, 때에 따라 한 사람당 세 마리씩 대접하는 경우도 있다. 쇠오리의 독특한 풍미에 일조하는 것은 풍부한 지방이다. 그러나 고기는 입자가 곱고, 썰면 완벽하게 매끄럽다. 전반적으로 쇠오리는 대부분의 다른 야생 오리처럼, 분홍빛으로 조리하는 것이 좋은데, 너무 오랫동안 익히면 고기가 메마르고 질겨질 수 있기 때문이다. 향긋한 스파이스나 허브와 함께 요리하면 환상적이다. 조리 방법도 다양한데, 간단하게 베이컨에 싸서 오븐에 굽거나, 석쇠에 굽거나, 와인으로 브레이즈를 만들어도 좋다. **MG**

Taste: 쇠오리는 보리, 샘파이어 씨, 풀 등을 먹으며 몸에 지방을 저장하는데, 덕분에 고기에서 환상적인 진한 버터향이 난다.

유럽검은가슴물떼새 Golden Plover

좀 불공평한 표현이기는 하지만 때때로 '가난한 자들의 자고새'로 불리는 유럽검은가슴물떼새(Pluvialis apricaria)는 극지방의 번식지에서 여름을 지낸 뒤, 겨울을 나러 남쪽으로 내려온다. 많은 미식가들의 의견에 따르면 이 작은 사냥새는 빨간다리자고새(일명 프랑스 자고새)보다 풍미가 더 뛰어나다고 한다. 영어로는 황금물떼새(golden plover)라고도 부르는데, 깃털에 황금빛 반점이 있어서 붙은 별칭이다.

유럽검은가슴물떼새는 주로 내륙 지방의 민물 소택지에서 살며, 짠물 습지에서는 거의 찾아볼 수 없다. 짧은 부리로 땅을 파서 애벌레 따위를 찾아내거나 물 속에 사는 작은 생물을 잡아먹는다. 유럽검은가슴물떼새는 대개 큰 무리를 지어 날아다닌다. 아래쪽에서 사냥꾼이 총을 쏘면, 무리 전체가 총소리를 듣자마자 빠르게 낙하하므로, 마치 그 많은 새를 몽땅 잡은 것 같은 착각이 들기도 한다.

전설에 의하면, 물떼새들은 '이슬만 먹고' 살기 때문에, 내장을 끄집어낼 필요가 없는 몇 종류 안 되는 사냥새 중의 하나라고 한다. 즉, 내장을 고스란히 놔둬도 괜찮다는 말이다. 유럽검은가슴물떼새는 한 사람이 한 마리를 먹기에 딱 적당한 양이다. 주로 오븐에서 짧은 시간에 구워 토스트에 올려 먹는데, 특히 타이타닉 호의 디너 메뉴에 이 토스트가 포함되어 있었다고 한다. 가슴살은 맛 좋은 지방이 잔뜩 덮여 있어, 유난히 쥬이시하며, 특히 짝짓기 철에 들어가기 전에 새들이 살이 찌는 초여름에는 더욱 맛있다. 그 해에 처음 낳은 알은 영국을 통치하는 군주에게 바쳤으며, 매우 높은 값을 받았다고 한다. 또 그 색과 모양이 커다란 오팔을 닮았으므로, 멋진 애스픽―육즙이나 콩소메를 젤라틴으로 굳혀서 만든 투명한 젤리―세트를 장식하는 데 쓰이기도 한다. **MG**

뇌조 Ptarmigan

들꿩과에 속하는 뇌조(Lagopus mutus)는 유명한 붉은 들꿩보다 몸집이 크며, 극지방 및 그 근방 나라들의 눈덮인 고산 지대에서 찾아볼 수 있다. 북아메리카에서는 바위 뇌조(rock ptarmigan)라고 부르기도 한다. 보기 드물게도 발까지 굵은 깃털로 덮여 있어 한랭한 기후에서도 생존이 가능하다. 뇌조는 북극여우 등의 포식 동물을 피해 눈 속에 집을 짓는다. 뇌조의 깃털색은 주위 환경에 맞추어 계절마다 변하는 것으로 유명하다. 만물이 하얗게 눈으로 뒤덮인 겨울에는 하얀색이지만, 눈이 녹고 나면 얼룩덜룩한 갈색으로 변해 헐벗은 바위투성이 지형과 완벽하게 어울리는 보호색이 된다.

먹을 수 있는 야생조류인 뇌조는 오랜 세월 동안 식용과 사냥용으로 똑같이 그 가치를 인정받아왔다. 뇌조가 사는 지역에서는 뇌조 사냥이 인기있는 스포츠이다. 산에 어떤 먹이―새순, 잎, 열매, 벌레 따위―가 있느냐에 따라 고기의 풍미도 달라지지만, 붉은 들꿩이나 멧토끼처럼 진한 맛이라고 보면 된다. 레스토랑에서는 보통 고구마나 포트 주스와 함께 내는데, 단맛이 고기의 향미를 더욱 돋보이게 하기 때문이다. 간과 염통은 짓이겨서 파테로 만드는데, 거위 지방으로 구운 빵과 함께 전채 요리로 낸다. 뇌조 카르파치오는 진짜 별미인데, 얇게 저미서 케이퍼를 뿌리고, 올리브유를 약간, 거기에 라임주스도 넣어준다. 아이슬란드에서는 특히 잘 매달아놓은 뇌조 고기를 높이 치며, 레드커런트 젤리와 빨간 양배추 피클과 곁들여 크리스마스 음식으로 인기가 높다. **MG**

Taste: 고기는 도요새보다 맛이 가볍지만, 비둘기처럼 검은 육류에 속하지는 않는다. 대부분의 늪지 새들보다는 간(肝) 맛이 덜한, 섬세한 풍미를 지니고 있다.

Taste: 붉은 들꿩과 비슷한 검은 빛깔의 뇌조 고기는 진하고 고유의 풍미가 가득하다. 헤더와 노간지 열매 냄새가 나며, 이베리아 햄의 향도 살짝 느껴진다.

뇌조는 캐나다의 극지방이 원산지로,
오늘날에도 에스키모들은 뇌조를 사냥하여 먹는다. ➒

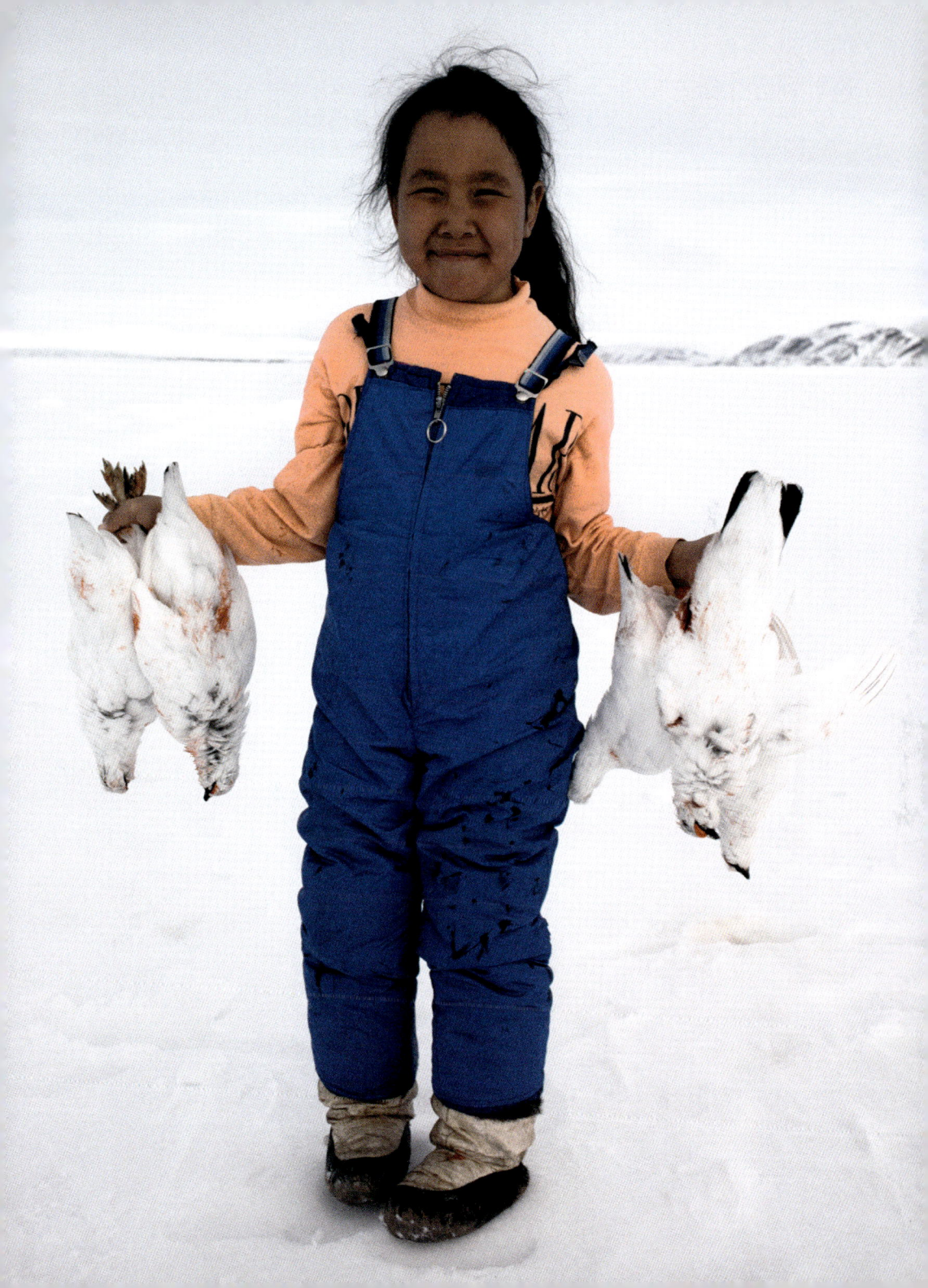

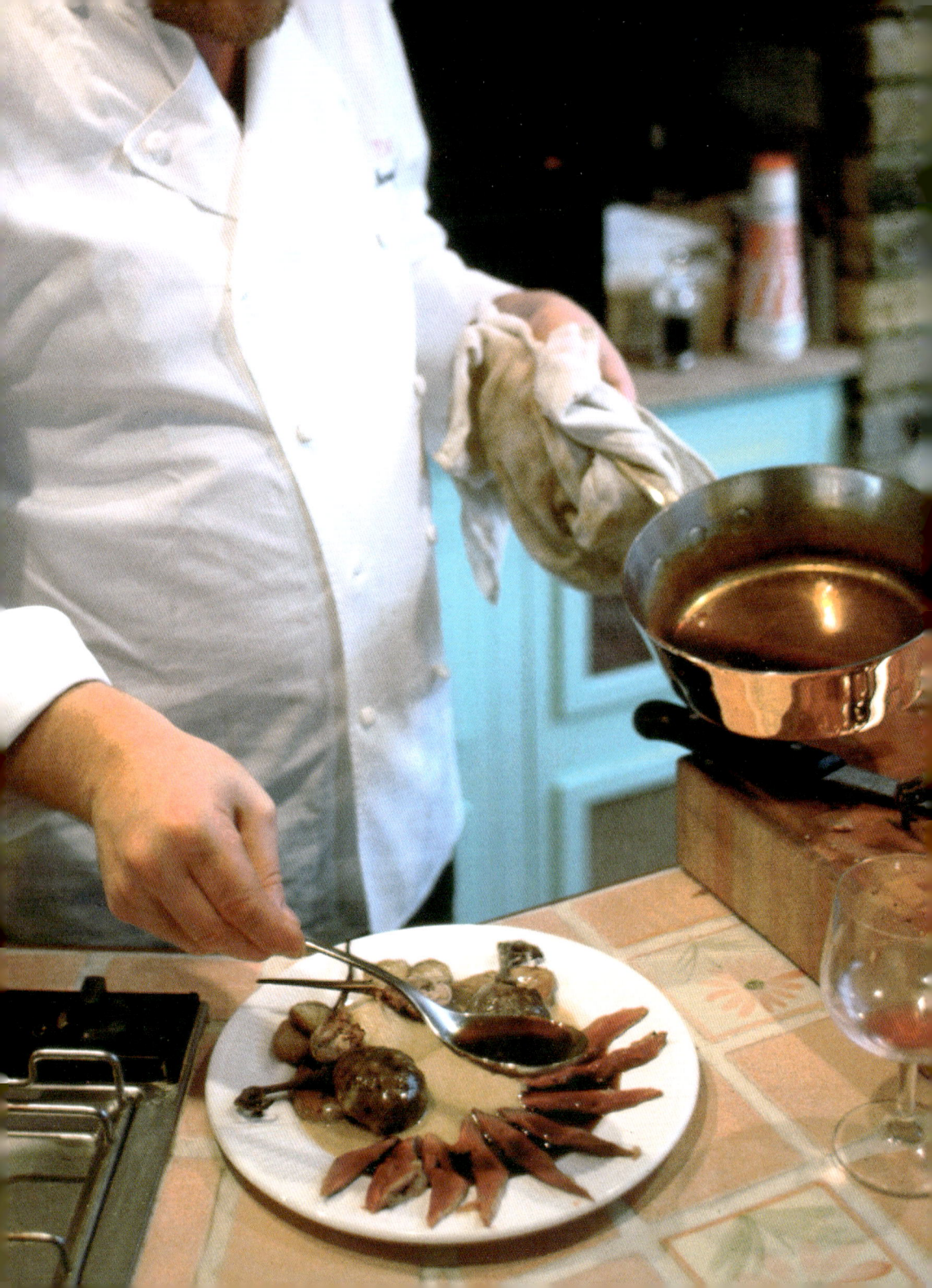

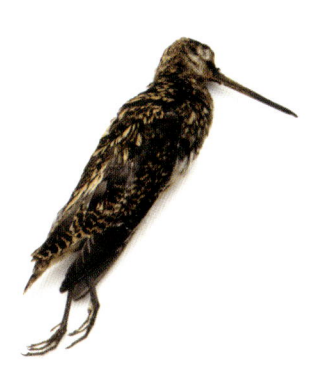

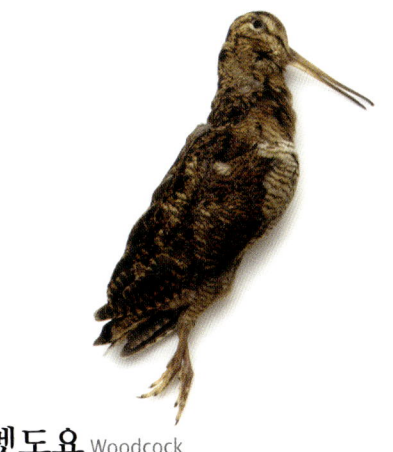

꺅도요 Snipe

꺅도요는 영어로 '스나이프(snipe, '저격'이라는 뜻)'라고 하는데, 이름만 들어도 짐작이 가지만, 쏘아 맞추기가 지극히 힘든 새이다. 겨울을 나는 습지대와 물길 위를 빠른 속도로 지그재그로 날기 때문이다. 유럽, 북아메리카, 그 밖의 지역에서도 사냥꾼들에게 인기가 있다. 사냥철은 나라마다 다른데, 일반적으로 늦여름부터 늦겨울, 또는 이른 봄까지이다.

　　꺅도요 고기는 19세기가 전성기였는데, 오늘날에는 그만한 인기는 누리지 못해도 여전히 셰프와 미식가들 사이에서 사랑을 받고 있다. 워낙 몸집이 작고 잡기도 어려워서 꺅도요 고기 전문 레스토랑에서만 맛볼 수 있는 경우가 많다. 꺅도요는 한 마리의 무게가 약 115그램밖에 나가지 않으며, 그 중에 살은 3분의 1밖에 되지 않는다. 전통적으로 멧도요처럼 내장을 꺼내지 않고 그대로 요리하며, 그 뾰족한 부리를 아예 꼬챙이로 쓰기도 한다. 토스트, 브리오슈(밀가루, 버터, 달걀, 이스트, 설탕 등으로 만든 달콤한 프랑스 빵) 또는 거위 지방으로 구운 빵과 함께 내서, 내장을 파테처럼 발라먹을 수 있게 한다. 여기에 포트 와인 한 잔을 곁들인다면 더 바랄 게 없다. 꺅도요는 절대로 너무 오래 매달아 두거나 지나치게 익히면 안 된다. 믿을 수 없을 정도로 질겨지기 때문이다. **MG**

멧도요 Woodcock

스칸디나비아에서 북아시아, 이탈리아와 스페인 남부에 이르기까지, 잡히는 곳이라면 어디서든지 사랑을 받는 멧도요는 그 맛도 맛이지만, 특히 영국에서는 사냥꾼의 솜씨를 가늠하는 척도이기도 하다. 낮에는 습지대의 나무나 덤불 속에서 홰를 치고 있다가, 밤이 되면 먹이를 찾으러 나온다. 긴 부리를 사용하여 축축한 땅을 헤집어서 벌레나 애벌레를 잡아먹는다. 꺅도요처럼 멧도요 역시 빠르고 꽈배기 모양으로 날기 때문에, 쏘아 맞추기가 매우 어렵다. 영국과 아일랜드에서는 총알 두 발로 멧도요 두 마리―총신 하나당 한 마리씩―를 잡았다고 하면 대단한 사냥의 명수로 대접을 받는다.

　　멧도요는 고기뿐만 아니라 내장도 높이 친다. 모래주머니만 제거하고, 언제나 내장과 함께 조리한다. 프랑스에서는 레몬 주스, 소금, 스파이스 등으로 양념하며, 브랜디, 푸아 그라, 또는 기름기가 많은 베이컨과 함께 낸다. 이탈리아 요리인 '베카체 알라 노르치나(beccacce alla norcina)'에서는 소시지, 버터, 허브, 그리고 제철일 때에는 송로버섯과 함께 속으로 들어간다. 영국에서는 내장을 토스트에 올려 먹는다. 미국 멧도요는 몸집이 더 작지만 이 역시 높이 친다. **MG**

Taste: 가벼우면서도 풍부한 가슴살로 높은 평가를 받는 꺅도요는 멧도요에 건줄만한, 독특한 풍미를 지니고 있다. 매끄럽고 크리미한 내장을 토스트에 발라먹는 것을 추천한다.

Taste: 멧도요 고기는 꺅도요보다 색이 더 어두우며, 야생 조류와 비슷한 진한 맛이 난다. 내장은 놀라울 정도로 맛이 부드럽다. 크리미하고, 진하고, 매끄러우며 살짝 간(肝) 맛도 난다.

꺅도요는 한 마리에서 얻을 수 있는 고기의 양이 얼마 되지 않지만, 여전히 수많은 일류 셰프들의 별미 중 하나이다.

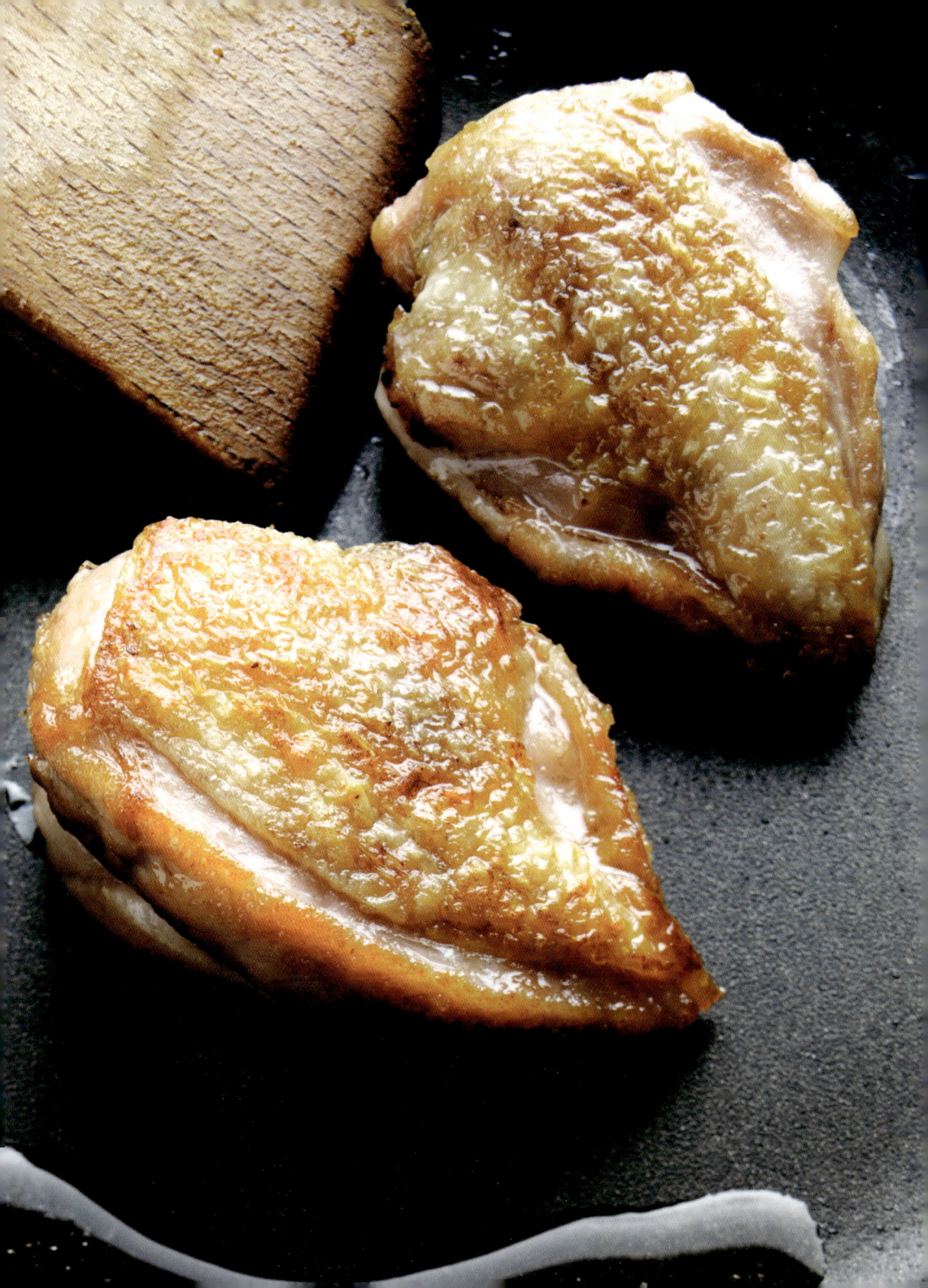

도요타조 Tinamou

내성적이고 혼자 있는 것을 좋아하는 도요타조는 라틴 아메리카의 열대 저지대가 원산이다. 1800년대에 남미 메추라기라는 이름으로 유럽에 전파되면서 야생 개체수가 급격하게 줄어 지금은 거의 찾아볼 수 없게 되었다. 살진 암탉과 몸집이 비슷하며, 실제로 메추라기와 닮은 구석도 있다. 도요타조에는 모두 47종이 있는데, 그 중 일부는 아르헨티나에서 스포츠 사냥감으로 인기가 좋다. 아르헨티나 도요타조(Rhychotus rufescens)는 식탁에서도 사랑을 받는다. 지방 함량이 낮고 단백질 함량은 높은데다, 거의 날지 않고 걷는 편이라 육질이 부드럽기로 유명하다. 고기는 흥미롭게도 무지갯빛을 띠기 때문에 식탁 위에 올려놓기에 아주 좋다. 야생 도요타조는 수명이 평균 5년 정도이지만, 사육하는 경우에는 12~16주면 어른새가 되며, 고기는 약 13주째 쯤에 먹는 것이 가장 부드럽다. 가슴살은 반죽으로 옷을 입혀 프라이팬에서 튀겨서 전채로 내면 이상적이지만, 토마토와 마늘로 맛을 낸 스튜에 넣어도 좋다.

도요타조의 알은 먹을 수 있으며, 달걀과 비슷한 맛이 난다. 그러나 가장 찬사를 자아내는 것은 그 윤기 흐르는 터키석빛 초록색, 보라색, 빨강색의 껍질이다. 여러 마리의 암컷이 한 둥지에 알을 낳기도 하고, 한 마리의 암컷이 여러 둥지에 알을 낳기도 한다. 어느 쪽이든 간에 둥지를 지은 수컷이 알을 품고, 새끼를 돌본다. 도요타조는 암컷이 수컷에게 구애한다.

유럽의 열성적인 사냥 매니아들이 도요타조를 사냥새에 포함시키려고 여러 번 시도를 했지만, 도무지 날려고 하지를 않아 결국 실패하고 말았다. 다른 새들에게도 너그러워서, 많은 사람들은 꿩과도 함께 지낼 수 있다고 믿기도 한다. **CK**

파카 Paca

파카(Agouti paca)는 멕시코 동중부에서부터 쿠바, 더 남쪽으로 파라과이 북부와 브라질, 아르헨티나의 숲과 늪지, 정글에서 찾아볼 수 있는 커다란 설치류 동물로, 갈색 털에 흰 반점이 나 있다. 생김새는 기니피그와 흡사하며, 어른 파카는 무게가 14킬로그램까지 나간다. 둥글둥글한 겉모습과는 달리 뭍에서도 물에서도 깜짝 놀랄 만큼 빠르다. 일반적으로 야행성이다.

파카의 고기는 부드러워서 특히 고급 별미로 치며, 영국 여왕 엘리자베스 2세기 1985년 벨리즈를 방문했을 때, 대접받기도 했다. 숲에서 사는 동물 치고는 특이하게도 살도 껍질도 거의 흰색에 가깝다. 향미와 질감은 닭과 비슷하다.

야생 파카는 주로 나무 열매와 씨앗을 먹지만, 옥수수, 얌, 카사바, 사탕 수수 따위의 작물도 먹기 때문에 농부들에게 미움을 받는다. 일부 지방에서는 너무 많이 살육 당하는 바람에, 아예 파카 사냥을 법으로 금지하고 있는 나라도 있다. 일각에서는 파카를 사육하려고 시도하고 있지만, 사육한 파카의 고기는 야생 파카보다 질이 떨어진다고 한다.

파카 고기를 구할 수 있는 지방에서는, 다양한 방법으로 조리한다. 파나마에서는 꼬챙이에 꿰어 석쇠에 굽거나, 검은 후추 소스에 재워두었다가 오븐에 굽는다. 멕시코에서는 껍질을 벗겨 삶거나, 뜨거운 석탄 불에 바비큐를 해서 도디야와 매콤한 살사와 함께 먹는다. 라틴 아메리카 토박이들은 종종 파카 고기를 훈제해서 두고 먹는다. 한편 가이아나에서는 파카의 위장에 고기 푸딩과 곡식을 채워 오븐에 구워서 먹기도 한다. **CK**

Taste: 믿을 수 없을 정도로 부드러운 도요타조 고기는 하얗고 반투명하다. 맛이 순하고 야생 조류의 풍미를 지녔으며, 자고새와 같은 방법으로 조리할 수 있다.

Taste: 파카 고기는 환상적으로 부드러워 쉽게 자를 수 있고, 입안에서는 사르르 녹아내린다. 맛은 돼지고기와 닭고기의 중간 어디쯤이다.

도요타조는 메추라기나 자고새처럼
🔁 프라이팬에서 버터에 볶아서 먹을 수 있다.

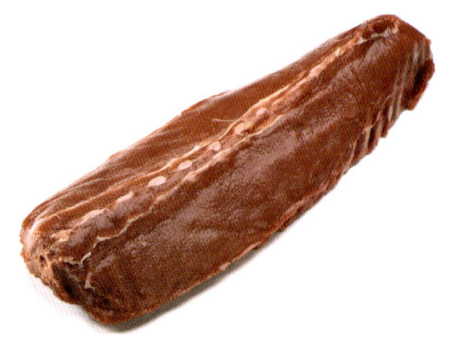

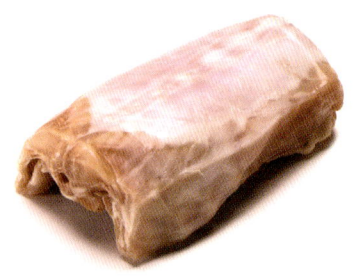

멧토끼 Hare

토끼과에 속하는 이 아름답고 영리한 동물은 힌두 우화집 『판차탄트라Panchatantra』부터 『이솝 우화』에 이르기까지 민간 전승과 신화에 종종 등장한다. 고대 그리스와 로마 시대에도 가장 흔한 사냥감이었으며, 잉글랜드에서는 짝짓기 철이 되면 날뛰는 습성에 빗대 '3월의 토끼처럼 미쳤다(mad as a March hare)'는 표현이 생겨났다. 유럽, 중국, 인도에서 아프리카까지, 그리고 아메리카와 오스트랄라시아 등 세계 곳곳에서 다양한 종의 멧토끼를 찾아볼 수 있다. 사실 그냥 토끼(rabbit)와 멧토끼(hare)의 차이 자체도 매우 모호한데, 멧토끼는 토끼와는 달리 지금까지 한번도 길들여서 사육된 역사가 없다. 유럽에서 멧토끼라 하면 보통 캘리포니아 잭토끼(Lepus californicus)를 지칭한다. 토끼보다 몸집이 크고 귀가 길며, 주둥이가 언청이이다.(영어에서는 언청이를 'hare lip'이라고 한다.) 또 뒷다리의 힘이 좋다. 어린 멧토끼는 만 한 살이 될 때까지 '새끼토끼(leveret)'라 부르는데, 생후 12개월 안팎이 되면 입술이 더욱 튀어나오고 그 매끄러운 털도 철사처럼 뻣뻣해진다.

멧토끼는 그 향미와 질감을 제대로 즐기려면 엿새 정도 거꾸로 매달아 두어야 한다. 밑에 그릇을 받쳐서 피를 받아 두었다가 나중에 요리할 때 쓰면 좋다. **LW**

Taste: 기름기가 적으며, 닭고기와 사슴고기를 반쯤 섞어놓은 듯하다. 어린 토끼는 오븐에 굽거나 스튜로 만들어 먹는 것이 가장 맛있다. 늙은 토끼는 조리 시간이 더 걸리지만, 그럴 만한 가치가 있다.

렉스 뒤 푸아투® Rex du Poitou®

렉스 뒤 푸아투®라는 이름은 한 세대 전까지만 해도 미식가들에게 생소한 이름이었지만, 오늘날에는 점점 인기를 얻고 있다. 렉스 뒤 푸아투®란 프랑스의 유전학자들이 오릴락 모피와 양질의 고기를 얻기 위해 상업용으로 개량한 토끼 품종을 가리킨다.

프랑스 시골에서는 전통적으로 식용 토끼를 사육한다. 고기는 들토끼보다 달콤하고 더 부드러우며, 무게도 더 나간다. 토끼장에서 사육한 토끼는 약 2.3킬로그램까지 나간다.

오늘날 렉스 뒤 푸아투®는 등록 상표로, 1996년 France Gourmande à Domicile 誌가 최고의 프랑스 식품에 수여하는 황금수탉상을 받으면서 푸드 업계에서 그 존재를 각인시키기 시작했다. 이후 시중에서 구하기도 쉬워졌으며, 파리에서는 웃돈을 얹어 주어야 살 수 있을 정도이다. 렉스 뒤 푸아투®는 거의 브레스 닭에 맞먹을 정도로 전문가들이 소규모로 사육한다. 다수의 미슐랭 스타 셰프들이 사용하고 있으며, 그 인기도 높아지고 있다. **MR**

Taste: 매끄러운 질감의 렉스 뒤 푸아투®는 토실토실하고 살집이 좋다. 맛이 순하며, 들토끼보다 야생 육류의 맛이 덜하다. 다른 사육 토끼들과는 달리 요리해도 메마르지 않는다.

토끼 다리를 올리브유와 마늘, 타임으로 재워 순하고 달콤한 토끼 고기의 맛을 더욱 북돋웠다. ➡

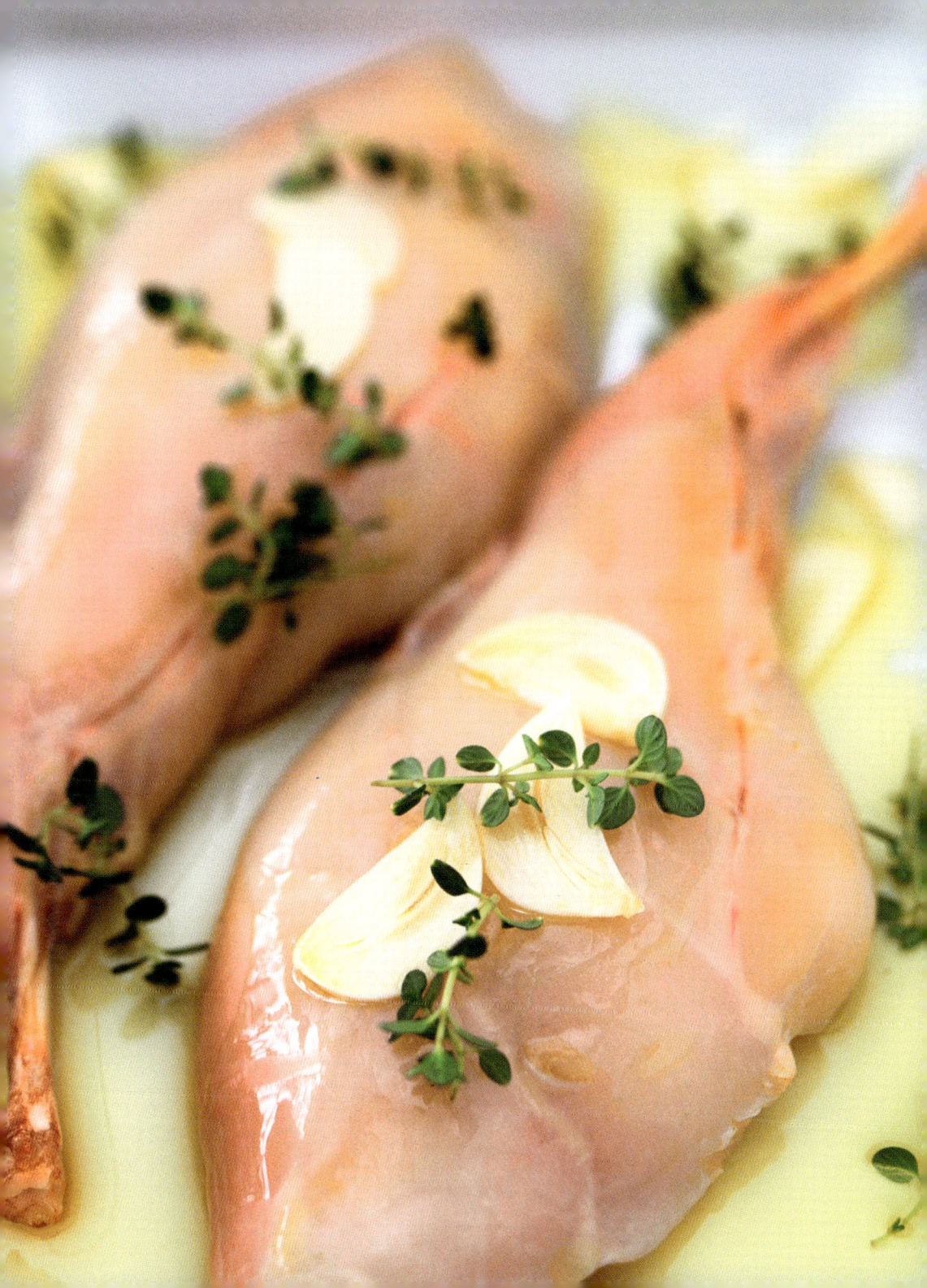

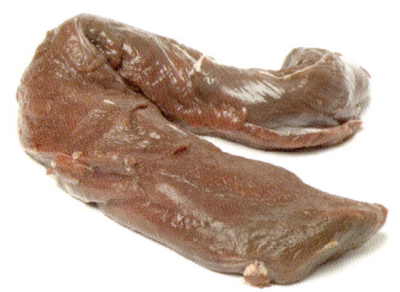

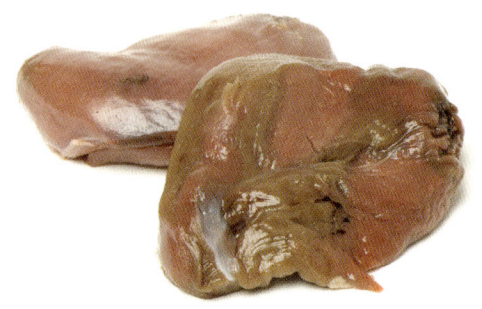

말코손바닥사슴 Moose

사슴과에서는 가장 큰 동물인 말코손바닥사슴은 유럽 엘크라고도 하며, 몸무게가 680킬로그램까지 나간다. 유럽과 아시아 최북단 지역에서 찾아볼 수 있으며, 스칸디나비아에서는 석기 시대 이래 단백질원으로 중요한 역할을 해왔다. 노르웨이와 스웨덴에서는 '숲의 왕'으로 알려져 있다.

스웨덴인들과 노르웨이인들에게 말코손바닥사슴 사냥은 한 해의 하이라이트 중 하나이다. 사냥철이 시작되면 온갖 계층의 사냥꾼들이 모인다—스웨덴 북부에서는 사냥철의 첫날 학교와 공장들이 문을 닫기까지 한다. 그러나 이러한 사냥 전통과 문화 덕분에 연간 10만 마리의 말코손바닥사슴(Alces alces)이 잡히는데도 불구하고, 이 지역은 전 세계에서 말코손바닥사슴의 개체 수 밀도가 가장 높다.

말코손바닥사슴은 나뭇잎과 가지를 먹기 때문에 고기에 기름기가 별로 없고, 무기질과 비타민이 풍부하여 건강에 좋다. 필레나 스테이크는 물론 다진 고기 형태로도 많이 먹는다. 스웨덴 출신의 우주비행사 크리스테르 푸글레상은 첫 번째 우주 비행 때, 말린 말코손바닥사슴 고기를 가져가 동료 우주인들과 함께 먹었다고 한다. **CC**

Taste: 말코손바닥사슴 고기는 다른 사슴고기에 비해 야생 육류의 맛이 덜하다. 실제로 그 맛이나 겉모습이 쇠고기와 별반 다르지 않지만, 쇠고기보다는 기름기가 적고 풍미가 더 신선하다.

노루 Roe Deer

사슴과 동물 중에서는 몸집이 작은 편에 속하는 노루 (Capreolus capreolus)는 오랫동안 최고급 사슴고기로 알려져 왔다. 나무의 순과 잎, 장미, 허브, 베리류 등을 먹으며 덕분에 유난히 섬세한 풍미를 지닌다. 대부분의 다른 사슴류와는 달리 노루는 거의 모든 북유럽 국가에서 사철 잡을 수 있으며, 이 때문에 사냥꾼과 미식가들에게 모두 인기가 좋다. 소아시아와 카스피해 연안에도 서식한다.

노루는 불그스름한 몸에 회색 머리, 그리고 엉덩이에 하얀 반점이 있다. 수줍음이 많아 짝짓기 철을 제외하면 보통 홀로 지내며, 울창한 숲과 삼림 지대에 산다. 사냥터에서는 사육하지도 않고, 찾아볼 수도 없으며, 전통적으로 몰래 따라가서 잡는 방식으로 사냥할 수밖에 없다. 야생 노루는 적어도 조리 전에 일 주일은 매달아 두어야 한다.

노루고기는 환상적으로 맛이 있으며, 대부분의 다른 사슴고기보다 부드럽다. 고기에 기름기가 거의 없어 오븐에 구울 때에는 자주 지방이나 육즙을 발라줘야 한다. 목 부위의 필레와 엉덩이살은 프라이팬에 살짝 튀겨 먹는다. 노루고기는 특히 근채류나 진한 그레이비—요리하는 동안 고기나 야채에서 흘러나오는 즙으로 만든 영국식소스—와 함께 먹으면 맛있다. **MG**

Taste: 필레는 마치 버터처럼 쓱쓱 잘린다. 믿을 수 없을 정도로 매끄러운 질감을 지니고 있다. 은근한 풍미는 보존 처리한 고기와 흡사하지만, 사슴고기의 맛도 여전히 남아 있다.

통후추로 덮은 노루고기 스테이크. 노루고기는 사슴고기 중에서도 최고로 친다. ➋

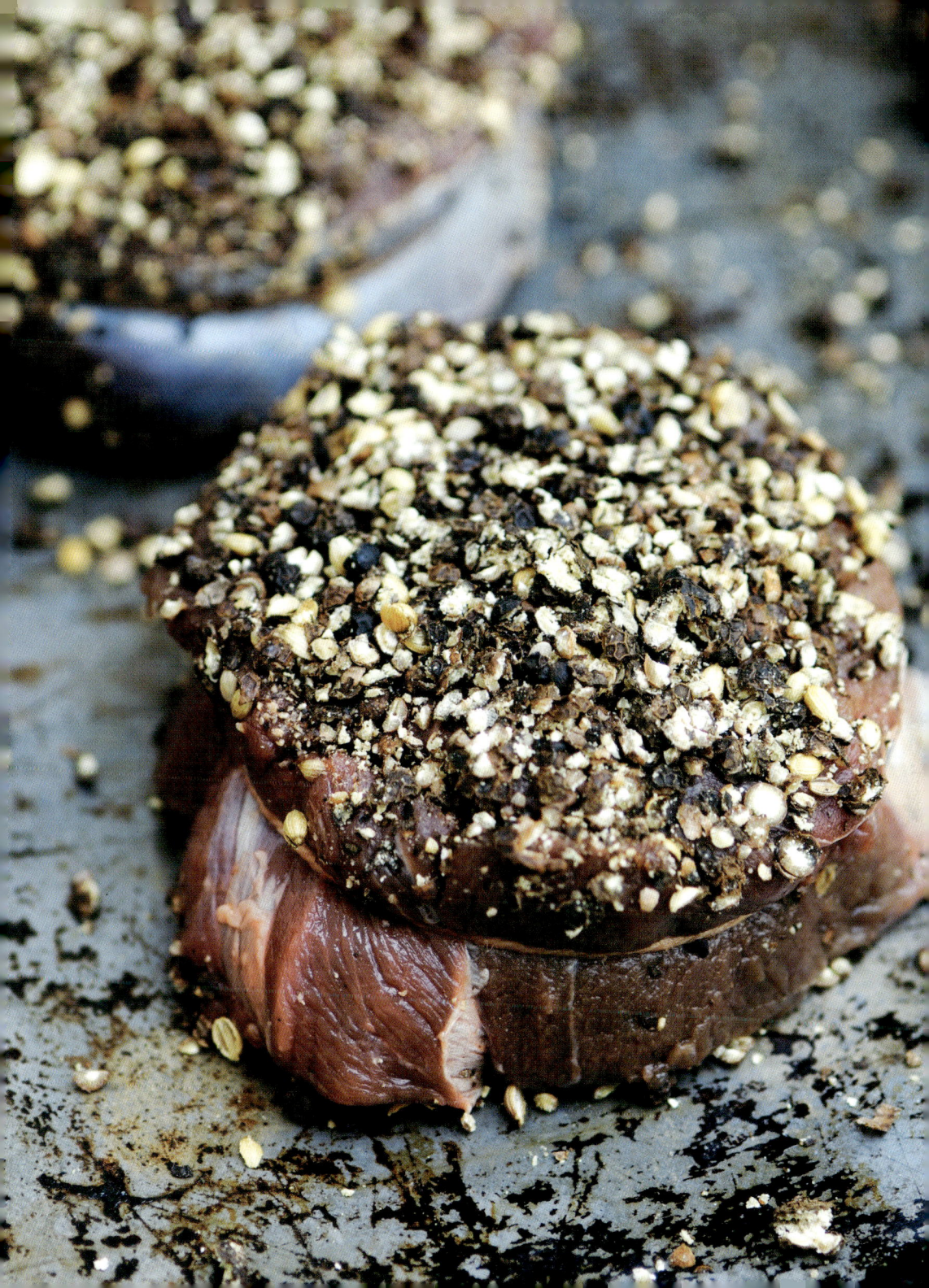

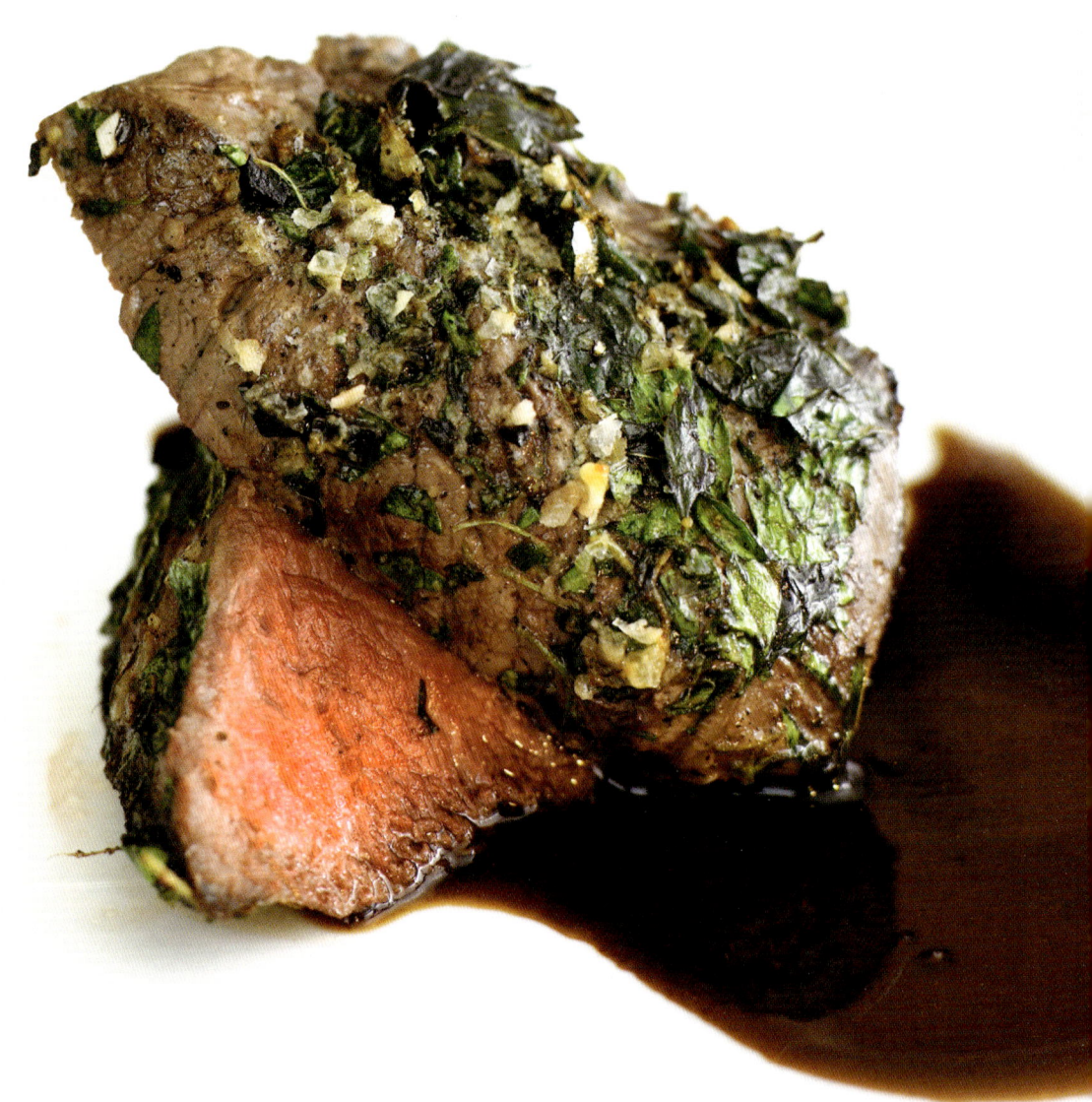

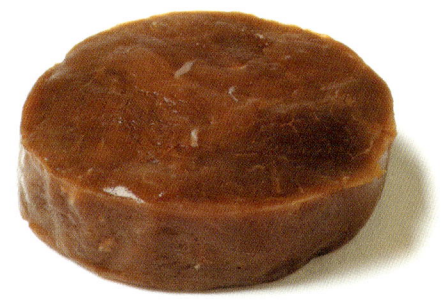

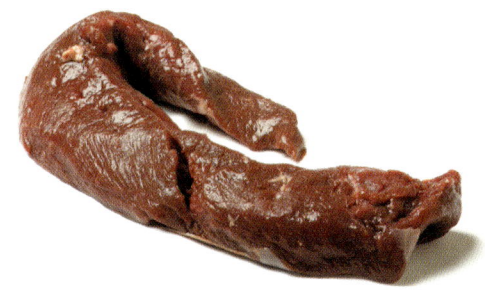

순록 Reindeer

노르웨이, 스웨덴, 핀란드, 그리고 러시아에 걸친 사미 지방의 사미족은 이 위엄있는 극지방 짐승이 인류와 함께 해온 세월만큼 오랜 동안 그 고기를 먹어왔다. 전통적으로 사미족들에게 순록은 어디 한군데 버려나갈 데가 없는 짐승이었다. 고기, 피, 내장은 요리해서 먹고 가죽으로는 의복과 신발을 만든다. 뼈와 뿔로는 칼이나 장식품을 만든다. 오늘날 사미족은 스노우모빌과 때로는 헬리콥터의 힘을 빌려가며 순록을 대규모로 사육하고 있다.

비록 그 숫자는 현저히 줄어들었지만 순록은 아직 위험에 처한 종은 아니다. 자유롭게 돌아다니며 풀을 뜯어 먹기 때문에 윤리적으로 매우 합당한 사료를 스스로 선택하는 셈이다. 쇠고기나 돼지고기보다 지방 함량이 적기 때문에 건강에도 좋다. 오늘날에는 스칸디나비아 여러 지방의 별미로, 보통은 간단한 소테 요리로 낸다. 여러 사미족들은 여전히 옛 레시피에 따라 조리하는데, 냉동시킨 다리나 어깨 고기를 얇게 썰어 같은 순록에서 얻은 지방에 튀긴다. 그 뼈를 고아서 우려낸 국물을 베이스로 사용한 수프나 스튜의 재료로도 흔히 쓰이며, 건조시키거나 훈제해서 두고 먹기도 한다. **CTj**

스프링복 Springbok

소수의 백인이 지배하던 시대, 국가의 상징이자 수많은 스포츠 팀의 마스코트였던 스프링복은 남아프리카 공화국의 별미이기도 하다. 스프링복(Antidorcas marsupialis)이란 자그마한 영양으로, 직역하면 '껑충껑충 뛰는 수사슴'이라는 뜻이다. 흥분하면 공중으로 냅다 뛰어오르기 때문에 그런 이름이 붙었다. 75센터미터밖에 안 되는 자기 키의 몇 배까지 뛸 수 있다.

스프링복은 큰 무리를 지어 건조한 내륙 지방을 돌아다니면서 풀을 뜯어먹는다. 덕분에 그 고기는 완전히 유기농이라 할 수 있으며 화학 비료나 생장 호르몬 따위는 알지도 못한다. 매우 활동적인 생활을 영위하며, 가뭄이 들거나 먹을 것이 많지 않아도 살아남을 수 있도록 적응하였다. 스프링복 고기는 단백질 함량이 높고 지방은 적으며 결이 곱다.

지방 함량이 지극히 적기 때문에, 전통적으로 메마른 고기로 취급되어 왔다. 큰 조각으로 잘라 라드를 바른 뒤 조심스럽게 조리한다. 익히고 나면 다른 사슴고기처럼 보통 파이나 테린, 파테 등으로 만든다. 남아프리카에서는 소금에 절이고 향신료로 양념한 다음 말려서 특산 육포인 빌통이나 '드로에워스'라는 마른 소시지를 만드는데 쓴다. **ABH**

Taste: 순록은 사슴과 비슷하지만 뒷맛이 더 달고 매끄러움. 뚜렷한 야생육류의 맛을 지니고 있다. 기름기가 적고 부드러우며, 특히 오븐에 천천히 구워 지나치게 익지 않았을 때가 맛있다.

Taste: 스프링복은 은근한 야생육류의 향을 내며, 조리할 때 마늘과 향신료를 사용하면 그 풍미가 더욱 두드러진다. 새콤달콤한 향미를 더하면 퍽퍽한 질감이 조금 누그러든다.

다재다능한 순록고기는 수프부터 스튜에 이르기까지 다양한 요리에 쓰인다. 프라이팬에 튀기거나 아예 날고기로 먹어도 일품이다.

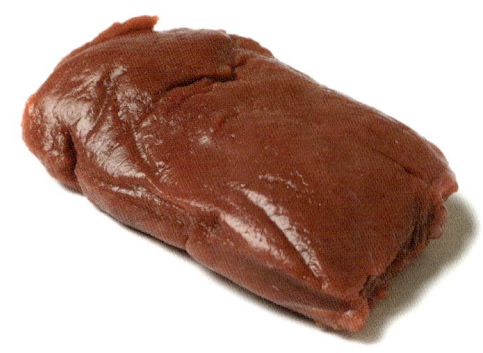

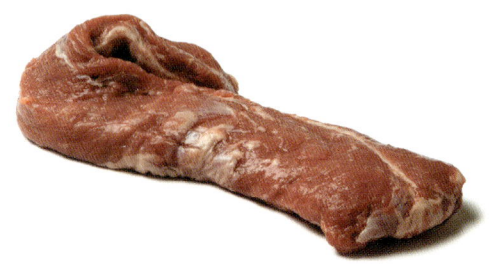

타조 Ostrich

야생에서는 대체로 홀로 있는 것을 좋아하는 타조는 최근 들어 다시 대규모로 사육되고 있다. 타조 사육은 19세기에도 한번 유행했었다. 20세기 초, 그 패셔너블한 깃털은 금, 다이아몬드, 양털의 뒤를 이어 남아프리카 공화국의 주요 수출품목 4위에 올랐을 정도였다.

식물의 씨앗, 잎, 꽃, 벌레 등을 주로 먹는 식습관과 시간당 65킬로미터의 속력으로 달릴 수 있는 강한 다리 덕분에 산소가 풍부한 핏빛 고기를 얻을 수 있다. 지방 함량 2~3퍼센트, 단백질 함량 26%에 콜레스테롤도 낮다. 지방 함량이 낮기 때문에 메말라 보일 수도 있지만, 제대로만 조리한다면 전혀 메마르지 않다.

스테이크, 필레, 목살이 가장 인기있지만, 사실 타조는 버릴 데가 없는 동물이다. 심지어 위까지도 먹을 수 있다. 슈니츨(고기를 얇게 썰어 빵가루를 묻혀 튀겨낸, 우리나라의 돈까스와 비슷한 오스트리아 전통 요리), 굴라시(쇠고기, 빨간 양파, 야채 양념, 파프리카 가루 등을 넣고 끓인 헝가리 전통 스튜), 버거, 파테, 빌통 등 타조 고기로 만들 수 있는 요리는 무궁무진하다. 오메가-3, 6, 9가 풍부한 타조 기름은 모공을 막지 않기 때문에 고급 비누의 원료가 되기도 한다. 깃털과 가죽은 타조 타기 체험과 더불어 성장하는 타조 산업에 일조하고 있다. **HFi**

토스카나 멧돼지 Tuscan Wild Boar

토스카나의 굽이치는 언덕과 숲지에 사는 풍부한 사냥감 중에는 억센 멧돼지(cinghiale)도 포함되어 있다. 그 고기는 자연 속에서 나무 뿌리, 허브, 도토리, 밤, 버섯, 심지어 송로버섯까지 먹어치우기 때문에 환상적으로 강렬한 깊은 풍미를 지니고 있다. 이쯤 되면 멧돼지 고기가 이 지방에서 오랫동안 별미로 대접 받았다는 것도 놀랄 일이 아니다. 온갖 종류의 멧돼지고기 레시피가 몇 대에 걸쳐 전해 내려오고 있을 뿐 아니라, 각종 부위는 이탈리아의 최고급 소시지, 프로슈토(prosciutto), 살라미 제품 등의 베이스로 쓰인다.

멧돼지고기는 일반 사육 돼지보다 그 진수가 훨씬 깊고 뚜렷하며, 소시지로 만들거나 소금에 절이면 보다 활기 넘치는 향미와 아로마를 지니고 있다. 사냥철은 겨울로, 토스카나 멧돼지는 이 지방의 원기왕성한 레드와인에 서서히 익히면 정말로 기대에 부응하여 진하고 파워풀한 스튜나 캐서롤이 된다. 진한 멧돼지 소스를 곁들인 파파르델레 파스타(pappardelle al sugo di cinghiale)는 지방 주민이나 관광객이나 똑같이 좋아하는 음식이다. **LF**

Taste: 맛 좋은 고기 향을 지닌. 다른 야생육류와는 확연하게 다른 타조 고기는 대부분의 레시피에서 건강한 쇠고기 대용이 될 수 있다.

Taste: 멧돼지 고기는 심홍색으로 맛이 강렬하다. 풍부한 풍미를 자랑하지만, 야생육류 맛이 지나치게 진하지는 않다. 그 향기는 풀바디로, 달콤하면서도 짜릿하게 날이 서 있다.

친기알레 포르케타(Cinghiale porchetta, 오븐에 구운 멧돼지)는 토스카나의 딱딱한 시골빵에 올려서 먹으면 맛좋은 간식이 된다. ❿

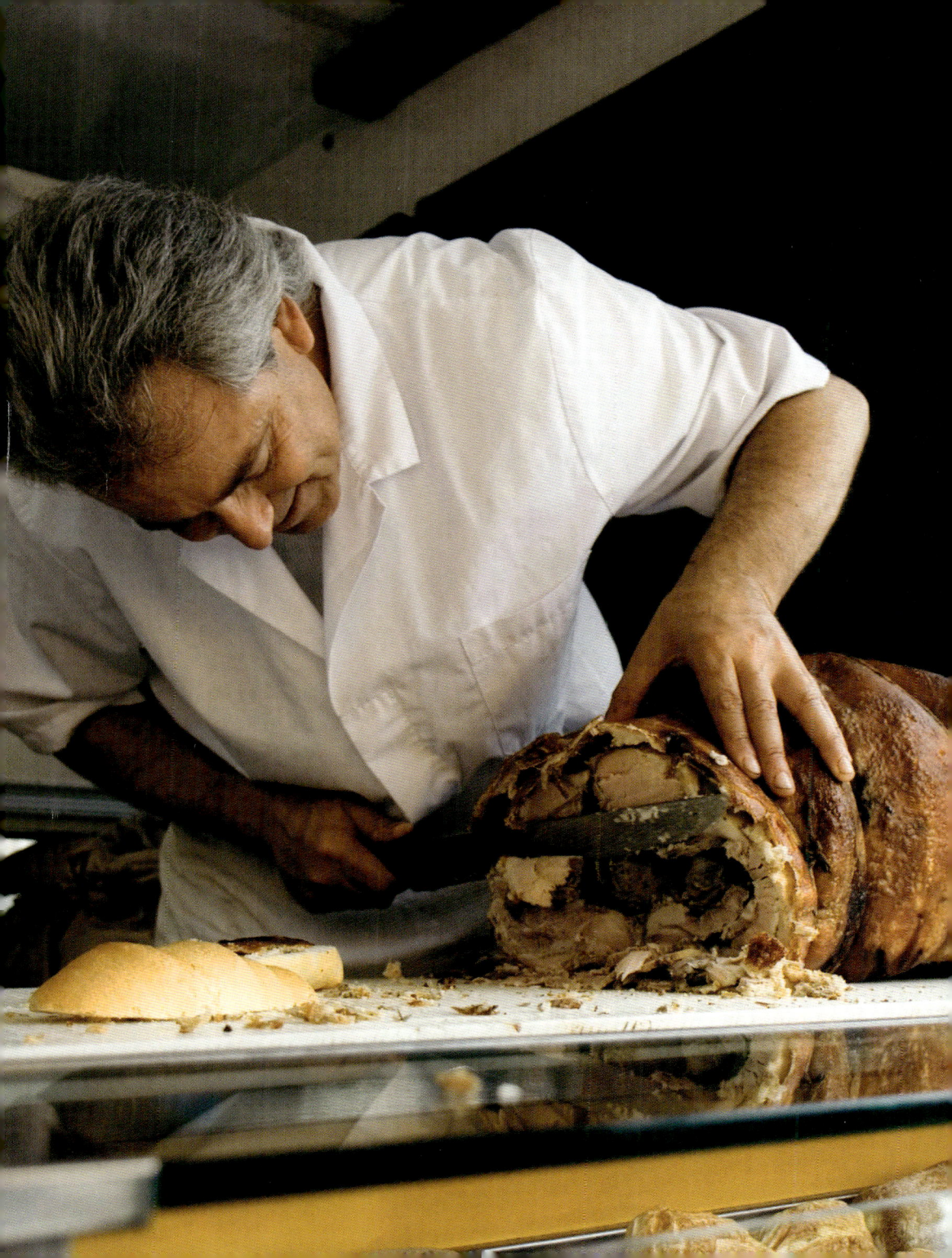

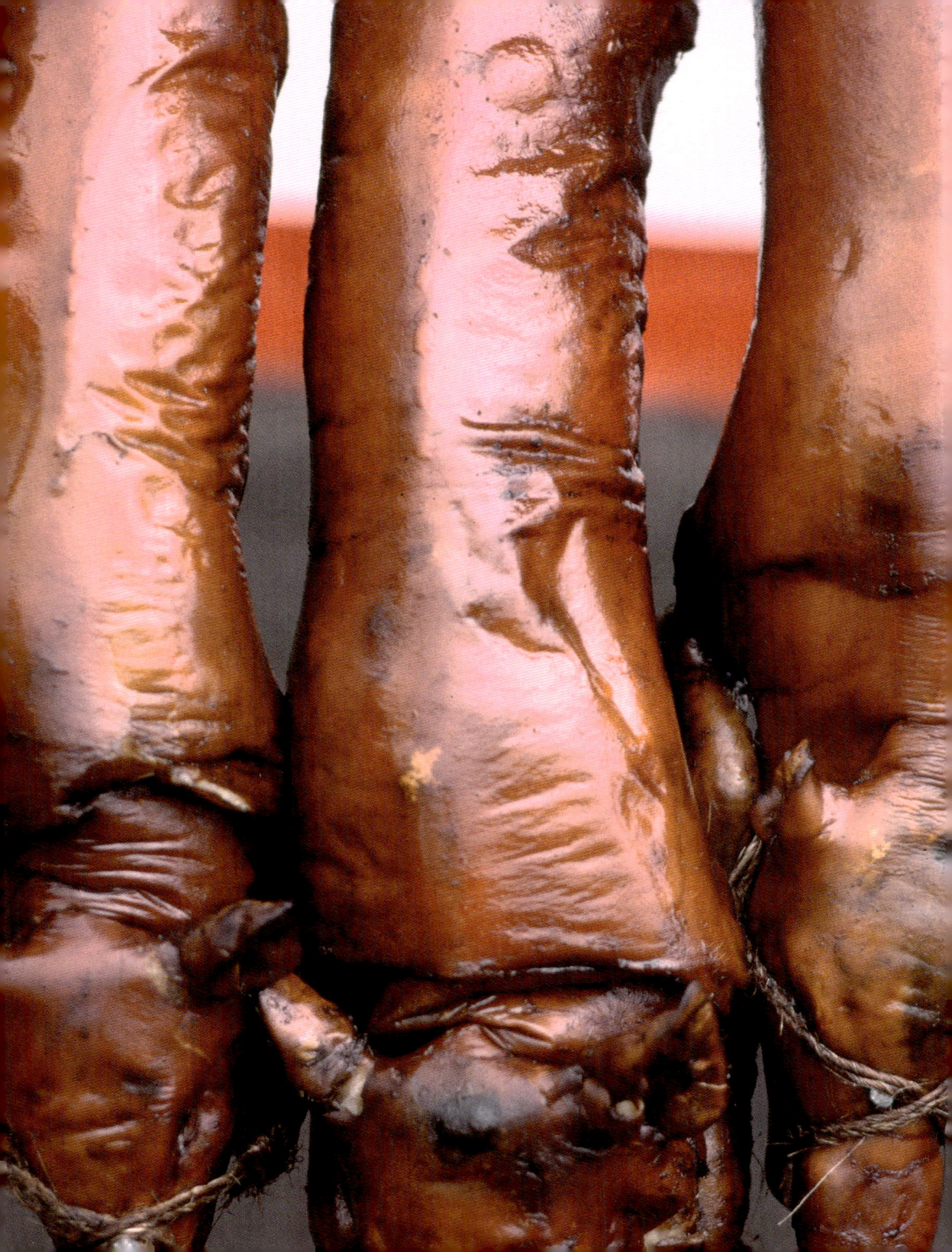

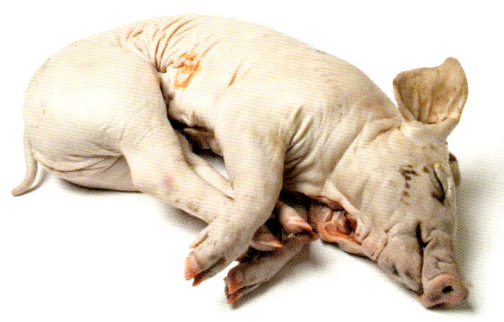
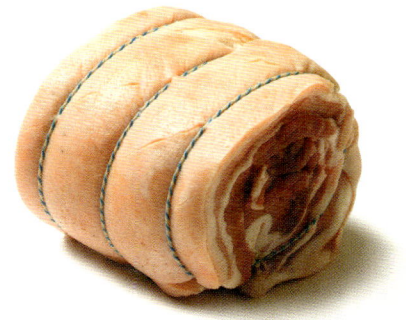

젖먹이 돼지
Sucking Pig

젖먹이 돼지—아주 어렸을 때 도축해서, 어미의 젖밖에 먹지 않은 새끼돼지—는 여러 나라에서 별미로 친다. 스페인과 중국에서는 그 가치가 높으며, 이 두 나라의 문화가 만난 필리핀에서는 열대 허브로 양념하여 꼬챙이에 꿰서 숯불 위에 굽는다. 이것을 레촌 바보이(lechón baboy)라고 부른다(퀘손 시티의 라 로마 구는 이 젖먹이 돼지 요리로 특히 유명하다). 포르투갈에서 젖먹이 돼지(leitão assado) 하면 미알랴다(Mealhada)를 떠올리는데, 이 도시에서는 마늘과 라드로 속을 채운 뒤 벽돌 화덕에서 구워낸다.

그러나 젖먹이 돼지 요리를 먹는 곳이라면 어디서든 가장 별미는 껍질이다. 조심스럽게 다루면 풍부한 적갈색을 띠며, 바스러지기 쉬워 누르면 쉽게 부서져 버린다. 고기는 담백하고, 하얗고, 달콤하고, 속을 넣거나 노천 불에서 구우면 그 향이나 훈제 연기의 풍미까지 모두 빨아들인다. 이름만 들어서는 작은 동물 같지만, 5킬로그램도 안 나가는 3주짜리부터 연령이나 무게가 그 두 배는 되는 놈까지 다양하다. **MR**

글루체스터 올드 스팟 돼지고기
Gloucester Old Spot Pork

한 세대 전만 해도 잉글랜드 서부의 글루체스터 올드 스팟 돼지는 거의 멸종 위기에 처해 있었다. 일부는 공장식 사육에 대항하는 의미에서, 일부는 그 가치 때문에 간신히 살아남았다. 20세기 초엽에 인기를 끌었던 글루체스터 올드 스팟 돼지는 영국에서는 '과수원 돼지', '시골집 돼지' 등으로 불리기도 하는데, 이는 이 품종을 사육하던 볼품없는 환경을 보여주는 서민적인 별명이다.

한동안 '올드 스팟'은 영국에서도 가장 가치있는 돼지 품종이었지만, 지방이 너무 많다는 점과 근대적인 개량 품종보다 사육 비용이 더 든다는 이유로 인기가 사그라들었다. 그러나 전문 요리 세계에서는 다른 품종보다 훨씬 점수가 좋다. 제대로 사육한다면 지방은 지나치게 많을 필요가 없다. 어깨나 다리 부분을 보호하고 충분히 스며나올 정도면 된다. 기름기가 적은 고기는 근육 안에 지방이 박혀 있으며, 오븐에 구우면 다른 돼지 품종보다 덜 수축한다.

뱃살은 기름기가 많은 부분과 적은 부분이 겹겹이 번갈아 나타난다. 과거에는 단점이었지만 오늘날에는 빼어난 풍미를 자랑하는 어깨 살을 얻을 수 있어 오히려 장점으로 친다. 올드 스팟은 베이컨용 돼지로도 훌륭하다. **MR**

Taste: 오븐에서 잘 구워진 젖먹이 돼지의 바스러지기 쉬운 껍질은 설탕을 입힌 사과의 표면처럼 바삭바삭하다. 그 아래에 숨어 있는 고기는 환상적으로 크리미하고 살짝 젤리 같은 질감도 난다.

Taste: 올드 스팟은 질감은 공장식으로 사육한 돼지에 비해 결이 성기다. 고기 결이 더 맛이 좋고, 부드러우며, 즙이 많다. 지방 덕분에 뚝뚝 떨어지는 돼지 육즙의 진한 맛을 얻을 수 있다.

필리핀에서는 특별한 행사가 있으면 꼬챙이에 꿰어 구운 젖먹이 돼지를 먹는다. 돼지 간으로 만든 소스를 곁들이기도 한다.

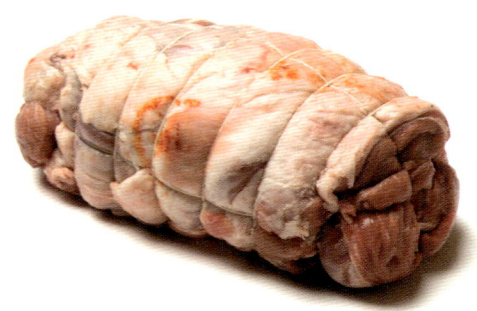

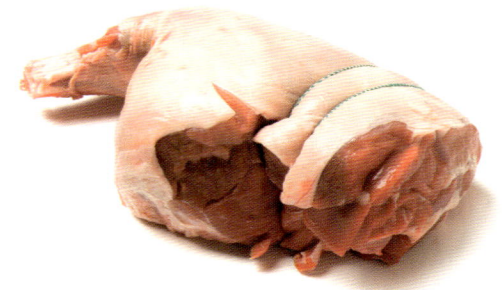

아베롱 새끼양고기
Aveyron Lamb

아베롱은 마시프 상트랄(프랑스 남부 중앙에 있는 고원 위주 산악지대)의 가장자리에 위치한 지방으로, 라코느 양젖으로 만든 로크포르 치즈로 유명하다. 최근 몇 년 동안 아베롱의 농부들은 머리를 맞대고 육용 라코느종을 개발함으로써 고품질 양고기인 'Agneau Allaiton d'Aveyron'을 시장에 내놓았다.

어린 새끼양들은 태어나는 순간부터 외양간에서 관리를 시작하며, 생후 2개월 동안은 어미의 젖만을 먹게 한다. 그런 다음 도축할 때까지 가두어 놓는데, 사료에 곡물을 섞어 먹이고, 암놈들은 낮시간에 풀밭에서 풀을 뜯어먹게 한다. 덕분에 더욱 맛이 진한 젖을 얻을 수 있다.

이렇듯 세심한 주의를 기울이는 목적은 최고의 송아지고기에 맞먹는 육질을 만들어내기 위해서이다. 최고급 송아지고기의 맛과 질감의 비결은 주로 어미의 젖을 먹이는 데에 있다. 도축하고 나면 셰프들이 꼭 원하는 크기의 몸통을 얻을 수 있는데, 크기도 더 작고 한정된 철에만 구할 수 있는 스프링 램(생후 5~6개월의 새끼양) 고유의 부드러움, 색깔을 모두 지니고 있다. 색다르게도, 미식으로 유명한 레스토랑들은 아베롱 새끼양의 내장—특히 간—이나 일반적으로 떨어지는 부위를 메뉴로 올리곤 한다. **MR**

Taste: 오븐이나 석쇠에 구우면 덜 익은 아베롱 새끼양고기는 옅은 핑크색을 띤다. 매우 쥬이시하며, 스프링 램의 특징인 단맛도 느낄 수 있다.

가워 짠물습지 새끼양
Gower Salt Marsh Lamb

웨일스의 남부 해안에 위치한 가워 반도는 모래가 깔린 만(灣), 경작지, 그리고 짠물습지로 유명하다. 습지가 해수면과 같은 고도에 위치하기 때문에 초목—코드그래스, 스타티스, 수영—에 소금기가 스며들어 있으며, 바닷물의 요오드 냄새를 풍긴다. 이 곳 언덕에서 풀을 뜯는 양이 낳는 새끼는 이러한 자연 환경의 독특한 풍미를 지니고 있다. 이 곳 해역에서 자라는 김과 함께 익혀서 작고 납작하게 튀겨내면 정말 잘 어울린다.

최근까지만 해도 이 지역에서 사육하는 새끼양은 다른 가축들과 아무런 차이 없이 그냥 팔렸다. 그러나 2000년대에 들어서 두 명의 양 사육 농부가 그 고기를 판촉하기 위해 작은 협동조합을 설립했다. 이 책을 쓰고 있는 현재, 이 협동조합은 해마다 1,500여 마리의 새끼양을 취급하고 있다. 다른 지방에서도 비슷한 먹이를 먹여서 기르는 양들이 있다. 스코틀랜드 북쪽 해안의 오크니 제도, 노스 로널제이 섬에서는 반(半) 야생 품종의 훌륭한 고기를 맛볼 수 있다. 프랑스 북부, 몽생미셸 주위의 평원에서도 '무통 드 프레 살레(mouton de pré salé, 프레 살레는 해변에서 기른 양고기를 지칭)'가 유사한 명성을 누리고 있다. **MR**

Taste: 가워 짠물습지 새끼양은 웨일스의 구릉 지대 양들보다 기름기가 적고 색이 짙다. 맛은 생후 1년 미만의 어린 새끼양이라기보다는 한 살배기에 더 가깝지만, 달고 즙이 많다.

새끼양고기는 로즈메리나 앤초비 같은 강한 향미를 지닌 양념이 잘 어울린다. 여기서는 신랄한 맛의 캐러웨이 씨를 사용했다. ➔

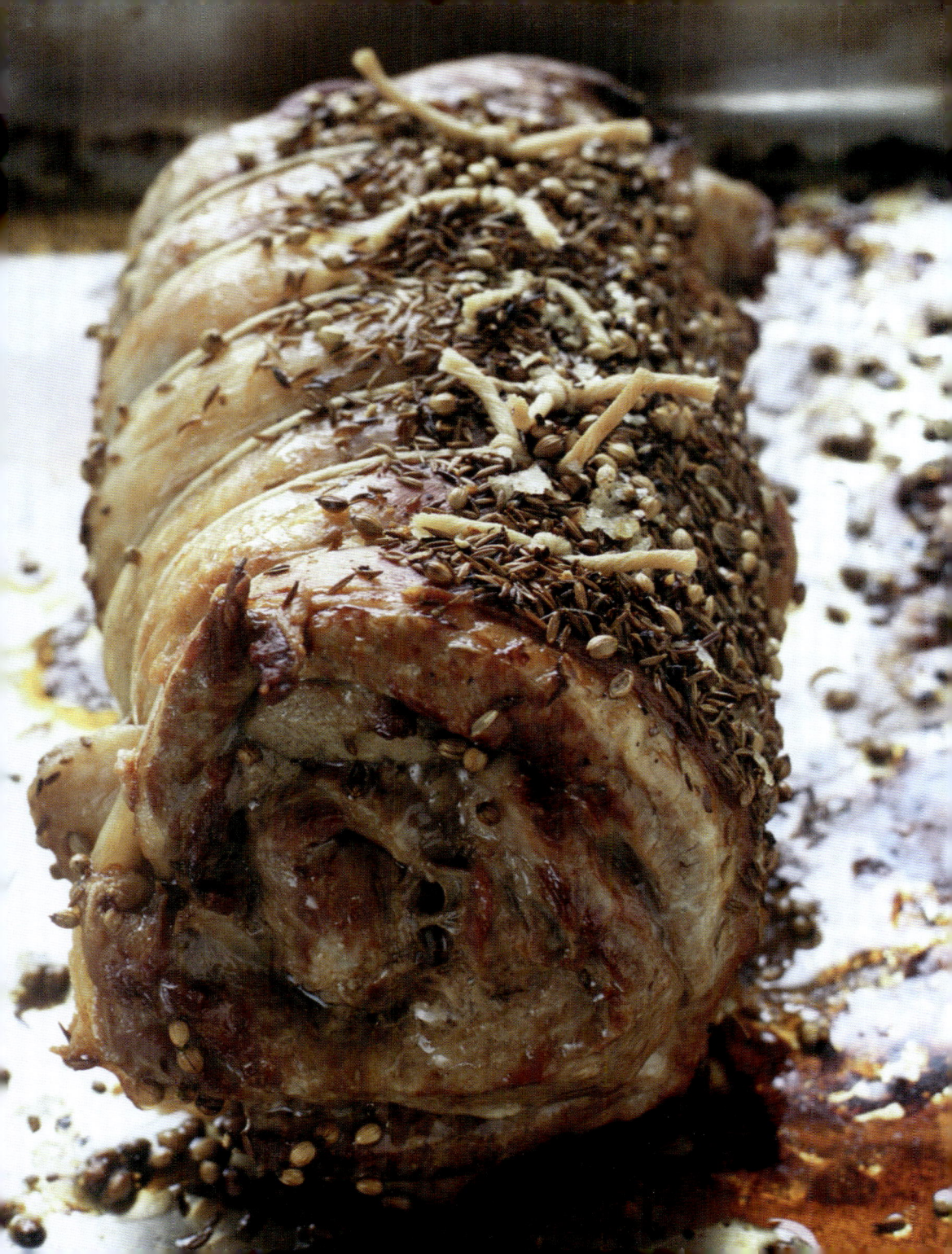

팻테일 새끼양 Fat-tailed Sheep

선택 교배의 훌륭한 예라 할 수 있는 팻테일 새끼양은 기원전 4000년경부터 이미 등장한 것으로 보인다. 오늘날 수많은 다양한 품종들이 전 세계 양 개체수의 약 4분의 1을 차지하고 있다. 팻테일 새끼양의 놀라운 꼬리는 12킬로그램이 넘는 커다란 움직이는 지방 덩어리로, 낙타의 혹처럼 에너지를 저장하는 역할을 한다. 꼬리의 모양은 품종에 따라 다양한데, 넓적한 꼬리도 있고 추처럼 흔들거리는 꼬리도 있다. 팻테일 새끼양은 아프리카, 중근동, 인도 북부, 몽골, 중국 서부에 많다.

옛 아랍 요리책은 팻테일 새끼양의 지방을 식용으로 언급하고 있다. 이미 중세에 알리야(alya)라 불리는 이 지방을 깨끗하게 걸러내서 물을 들인 뒤 디저트, 패스트리, 짭짤한 요리의 재료로 쓰여 인기가 높았다. 이 무렵 페르시아를 가로질러 아랍 세계를 여행한 마르코 폴로는 팻테일 새끼양의 꼬리를 가리켜 "지방이 많고 정말 맛이 좋다"고 묘사하였다. 냄새는 지독하지만, 그 이름난 은은한 풍미는 많은 이란, 시리아, 레바논 음식의 향미에 일조한다. 레바논인들은 잘게 다진 양고기를 팻테일 새끼양의 꼬리 지방에 재운 '카와르마(qawarma)'라는 요리에 쓴다. 레바논 산악민족의 전통 음식으로, 한때는 겨울철의 기본 식량이기도 했던 카와르마는 나날이 별미로 각광받고 있다.

팻테일 새끼양이 지속적으로 인기를 누리는 주요한 원인 중의 하나는 양 한 마리가 지니고 있는 지방의 대부분이 꼬리에 몰려 있기 때문에, 고기에 기름기가 적다는 것이다. 레바논에서 기름기가 적은 고기는 키베 나예(kibbeh nayeh)라는 요리에 쓰며, 간은 조리하지 않은 날것으로 먹는다. **MR**

염소 Goat

염소는 양과 함께 약 10,000년 전부터 서남 아시아에서 사육해온 것으로 알려져 있다. 가축종(Capra hircus)은 야생종(Capra aegagrus)이 원조인 것으로 추정된다. 오랜 사육의 역사 덕분에 수많은 품종이 있으며, 젖, 고기, 털을 얻기 위해 기른다. 염소는 황량한 환경에서도 번식할 수 있으며, 험준한 지형에서도 쉽게 이동할 수 있어 높은 평가를 받는다.

많은 나라—사하라 이남 아프리카, 남아시아, 남유럽, 라틴 아메리카, 카리브 해—에서 그 젖과 고기를 얻기 위해 사육하고 있지만, 특히 어른 숫염소는 고기가 비쩍 마르고 질기기로 소문나 있다. 더 부드럽고 향미도 순한 새끼 염소 고기가 더 인기가 높다. 지중해 연안 나라에서 오븐에 구운 새끼 염소는 전통적인 축제 음식이다.

커리로 조리한 염소 고기는 사실상 자메이카의 국민 요리라 할 수 있는데, 자메이카에 염소가 전래된 것은 스페인 사람들의 공인 듯하다. 염소고기에 쓰는 향신료의 일부는 토착이지만, 레시피 자체의 기원은 인도에서 건너온 이민 노동자들이다. 전통적으로 자메이카의 커리 염소에 쓰는 향료는 타는 듯이 매운 스카치 보넷 후추와 향긋한 올스파이스 열매이다. 그 인기는 카리브 해 인근 나라들과 서인도 제도로 퍼져 나갔다.

냄새 나는 염소 젖은 작고 소화가 잘 되는 지방 입자가 들어 있어, 세계 곳곳에서 인기가 높다. 영국과 같이 낙농업 전통이 있는 나라에서는 염소 젖으로 치즈를 만드는데, 그 선명한 하얀색으로 인해 다른 치즈들과 구별하기가 쉽다. **MR**

Taste: 할랄육으로 먹는 팻테일 양은 피를 빼내며, 조리하면 분홍빛을 띠지 않는다. 고기는 유럽의 새끼양보다 더 단단하고 살코기가 많다. 지방은 느끼하다기보다는 순한 맛에 가깝다.

Taste: 염소고기는 오랫동안 서서히 조리하면 부드러워진다. 기름기가 적고 색깔은 양고기와 흡사하며, 느끼하지 않고 진한 맛 역시 양고기와 비슷하다.

자유롭게 놓아 기르는 염소는 먹이를 찾아 멀리까지 돌아다니며, 때문에 고기에 지방이 적다. 노르웨이의 산에서 풀을 뜯고 있는 염소들. ➲

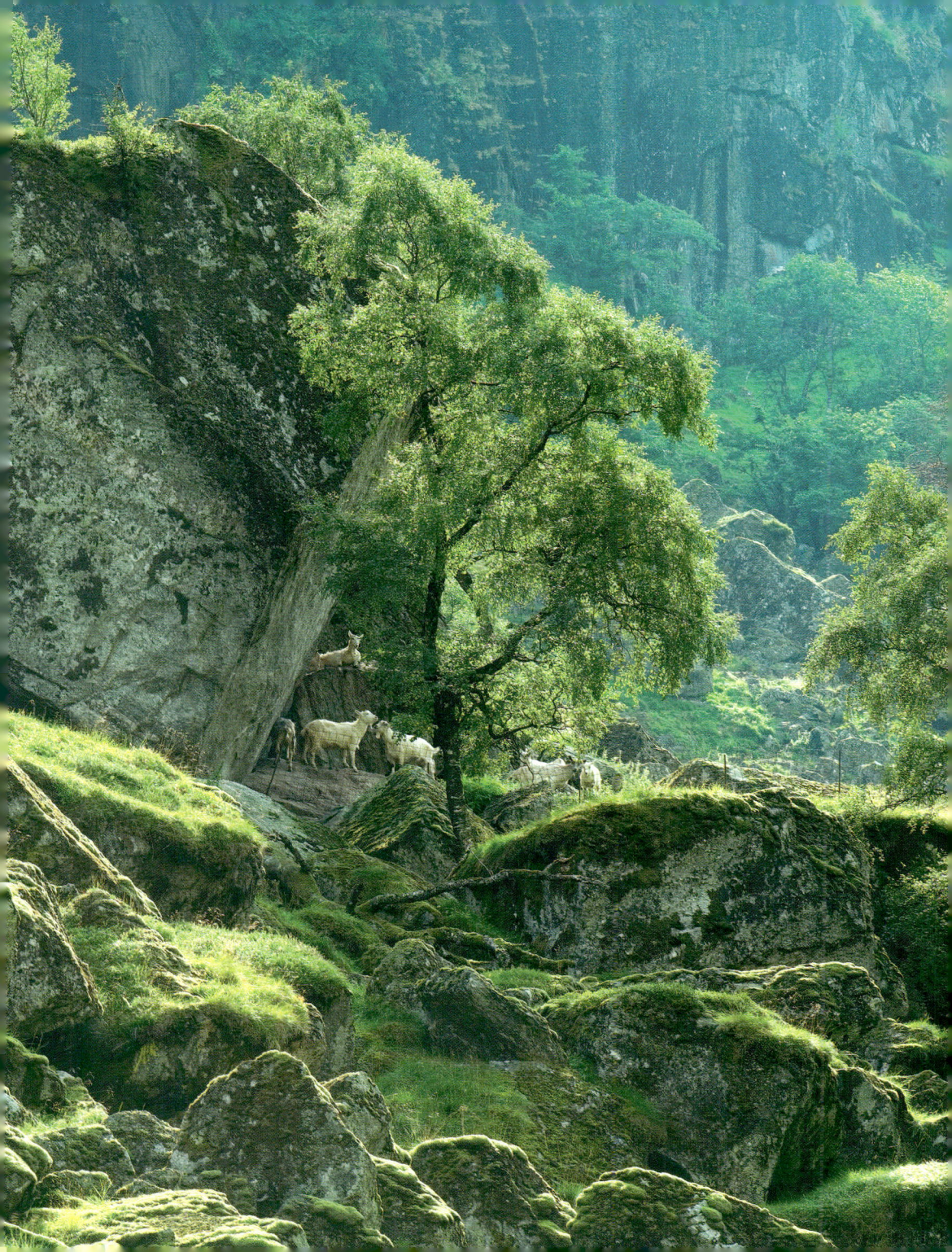

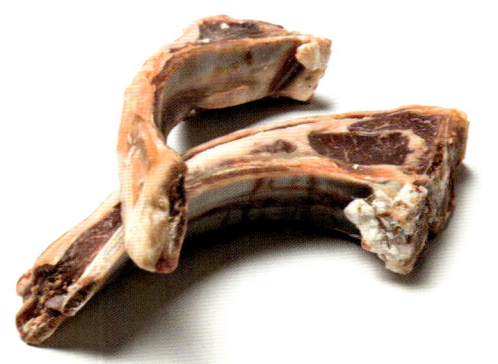

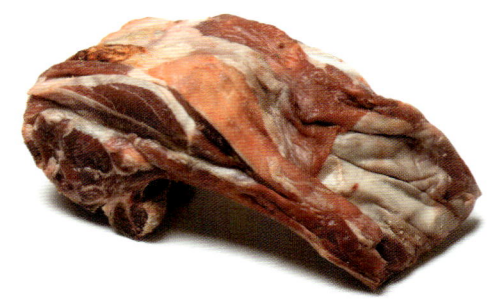

빌사우 양 Villsau Mutton

노르웨이어로는 빌사우(Villsau, '야생 양'이라는 뜻) 또는 감멜 노르스크 사우(Gammel Norsk Sau, '옛 노르웨이 양'이라는 뜻) 등으로 부르는 고대 품종은 주로 노르웨이의 한랭하고 바람이 많은 서부 해안 지방에서 살며 풀을 뜯는다. 고기를 얻기 위해 사육한다고는 해도, 야외에서 맘대로 돌아다니면서 살며, 사철 내내 바위투성이 자연 환경 속에서 먹이와 잘 곳을 찾는다. 야생 관목, 헤더, 허브, 풀, 심지어 해초까지 먹는 이러한 식습관 덕분에 빌사우 양은 독특하고 스펙터클한 풍미를 지니게 되었다.

　몸집은 작지만 빌사우의 튼튼한 생활 방식은 보다 표준화된 품종과는 아주 다른 영양 분포를 보인다. 지방이 많은 조직은 주로 내장 주위에 집중되어 있으며—그 때문에 배가 둥글게 튀어나와 있다—근섬유 사이에 위치한 살에 끼어 있는 지방의 마블링은 매우 곱다. 덕분에 고기는 한없이 부드럽다. 빌사우 양의 고기는 종종 스칸디나비아의 전통 별미인 피네쾨트(pinnekjøtt)나 페날라르(fenalår)에 쓰인다. 피네쾨트는 소금에 절여 말린 양갈비를 자작나무 가지 위에서 찐 음식이며, 페날라르는 소금에 절인 양다리이다. 둘 다 전통적으로 크리스마스 때 먹는다. **LF**

피레네 샤무아 Isard

피레네 샤무아(Rupicapra pyrenaica)는 프랑스에서 이사르(Isard)라 부르는, 산(山)영양의 일종으로 피레네 산맥의 프랑스 사면과 스페인 사면에서 모두 서식하며, 미식가들에게 얼마나 인기가 좋았던지 1960년대에는 거의 멸종되다시피 했었다. 최초의 국립공원이 설립되면서 개체수가 간신히 회복되었으며, 오늘날에는 상업용으로 사육을 하는 동시에 사냥은 엄격히 규제하고 있다. 피레네 샤무아는 바위가 많은 고지대의 풀밭에 살며, 풀과 지의류(地衣類), 나무며 관목의 어린 순을 먹는다. 높은 평가를 받는 그 훌륭한 풍미도 바로 여기에서 나온다.

　현대 셰프들은 살이 더 연하고 야생 육류의 맛이 덜 난다는 이유로 어린 이사르를 선호한다. 보통은 간단하게 깜부기불에 석쇠 위에서 굽는다. 어른 이사르는 사슴고기와 비슷하게 조리하면 된다. 스페인의 카탈루냐 지방에서는 전통적으로 레드와인에 로즈메리, 샐비어, 타미 등과 함께 수시간 재워두었다가 스튜로 만든다. 그 뼈를 고아 국물을 내고, 소스는 초콜렛을 약간 넣어 맛을 낸다. 피레네 샤무아는 밤, 사과, 버섯 등과 짝을 이루면 맛이 좋다. **RL**

Taste: 고기를 물에 담가 흠뻑 적신 뒤 살이 뼈에서 떨어질 때까지 쪄내면 빌사우 양고기는 부드러운 질감과 진한 풍미, 거기에 허브와 풀의 향기와 소금기까지 살짝 느낄 수 있다.

Taste: 기름기가 적고 결이 단단하며, 은근한 야생 육류의 풍미는 산에서 나는 허브의 뉘앙스를 풍긴다. 새끼 염소 쪽이 맛이 더 단순해서 구별할 수 있다.

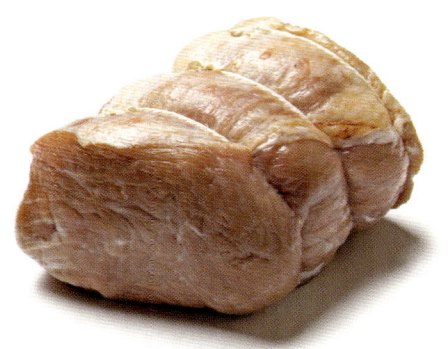

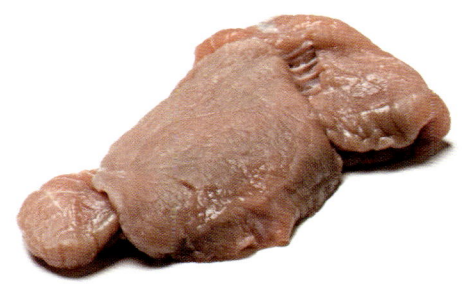

피에몬테 송아지 Piedmont Veal

송아지고기는 그 연한 맛과 달큰한 향미로 유럽의 미식 세계에서는 오랫동안 높은 평가를 받아왔다. 이탈리아 북부의 피에몬테에서 개량한 한 특정한 품종은 그 환상 적인 맛의 고기로 세계적으로 유명해졌다. 어깨가 넓고 떡 벌어진 피에몬테 송아지(razza piemontese)는 근육 량이 일반 송아지보다 두 배나 많아 고기에 기름기가 적 고 밀도가 높으며, 지방과 연골이 적다. 자연에서 풀을 뜯어 먹는 것이 식습관에서 큰 비중을 차지하기 때문에 독특한 향미를 지니고 있다.

처음에는 남아도는 수송아지를 처분하기가 곤란해 서 먹기 시작한 송아지고기가 대중의 인기를 끌기 시작 하기까지는 그리 오래 걸리지 않았다. 오늘날 피에몬테 송아지는 항생제나 호르몬을 전혀 사용하지 않고 사육 한다. 비교적 성숙한 장밋빛 송아지고기는 다양한 이 지 방 특산 요리의 베이스로 쓰인다. 카르네 크루다 알랄 베제(carne cruda all'Albese) 또는 줄여서 카르네 크 루다(carne cruda)는 두 개의 칼을 사용하여 손으로 다 진 생고기를 엑스트라 버진 올리브유와 레몬 주스, 소금 과 흑후추를 섞어서 끼얹어 먹는다. 때때로는 파르미지 아노(파르메산) 치즈와 함께 내기도 하며, 가을에는 신 선한 송로버섯을 곁들이면 정말이지 데카당스적인 장 식이 된다. **LF**

Taste: 피에몬테 송아지고기는 생고기는 즙이 많고 쥬이시하며, 짭짤한 풀 향기가 느껴진다 조리하면 어미젖만 먹은 송아지보다는 좀더 고기 냄새가 진해지지만, 여전히 연하고 쥬이시하다.

리무쟁 송아지 Limousin Veal

리무쟁 송아지(PGI)는 다른 송아지들보다 훨씬 멋진 환 경에서 자란다. 어미소와 함께 지내며, 어미의 젖을 먹 는다. 프랑스 중서부의 리무쟁 지방에서 키우기 때문에 리무쟁 송아지라는 이름이 붙었는데, 이것이 때때로 혼 란의 원인이 되기도 한다.

'리무진(Limousin)'은 고급 육우 품종이다. 그러나 '리무쟁(Limousin)' 송아지는 이 지역에서 PGI—특정 농산물 또는 식품이 생산된 지역, 장소, 또는 나라를 나 타내는 보증 마크—가 요구하는 조건에 따라 사육하는 여러 품종에서 얻는다. 프랑스의 라벨 루주 품질 보증 마 크는 리무쟁 송아지는 연령이 생후 90일~160일이어야 하며, 가공 사료는 도축 전 2개월 이내에만 줄 수 있고, 도축한 후의 사체의 중량이 170킬로그램을 초과해서는 안 된다고 규정하고 있다.

리무쟁 송아지고기는 공장식 사육으로 기른 송아 지보다 색깔이 연하며, 어미젖에서 얻은 지방이 근섬유 에 축적되어 있기 때문에 즙이 많다. 질이 떨어지는 다른 송아지고기는 조리 중에 쪼그라들거나 메마르는 경향이 있지만, 리무쟁 송아지는 그런 일이 없다. **MR**

Taste: 리무쟁 송아지 고기에서도 상급 부위—허리, 갈비, 엉덩이—는 가벼우면서도 깨끗한 맛을 자랑하며, 석쇠에 굽거나 튀기면 쥬이시하고 단단한 결을 보여준다.

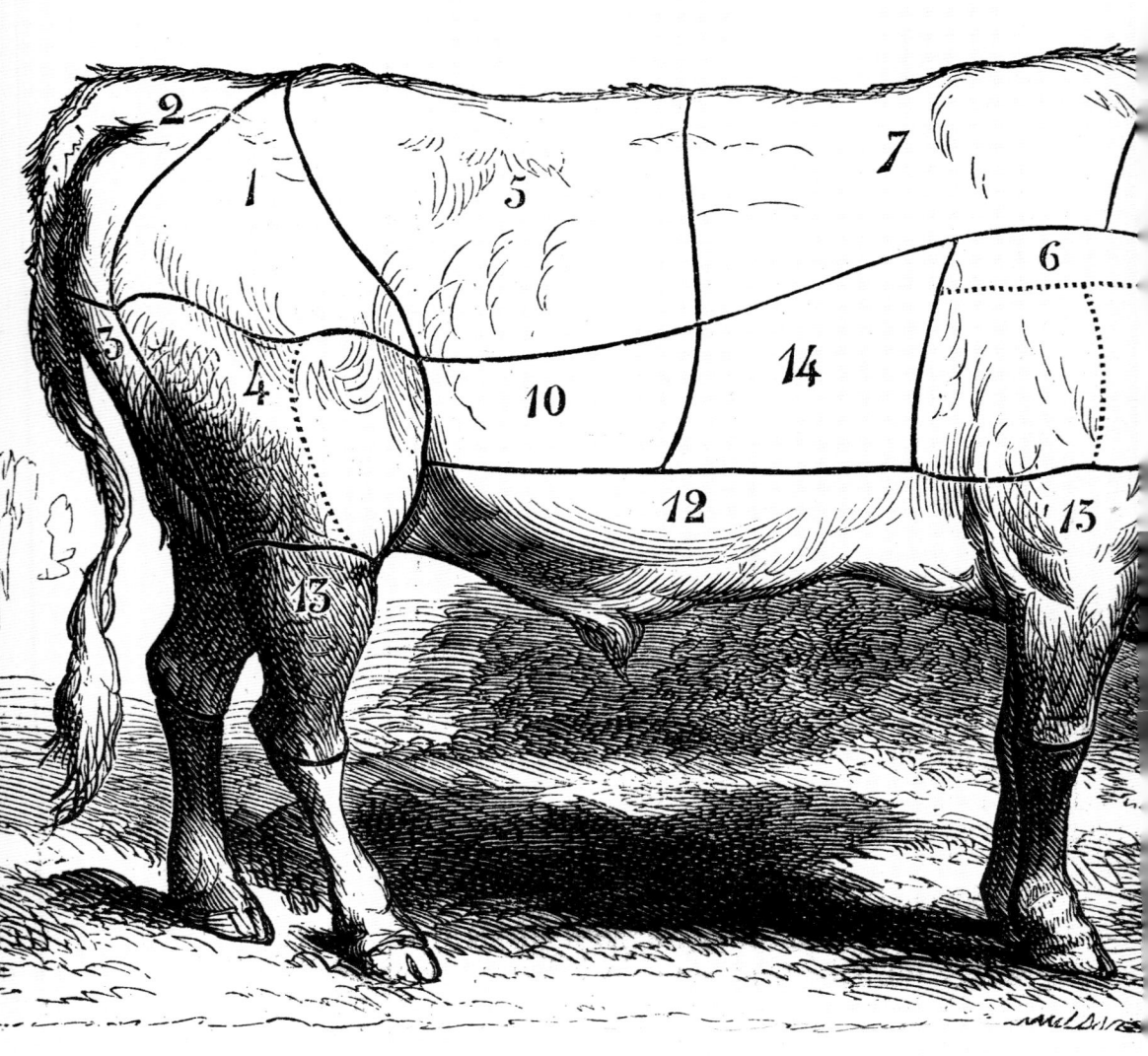

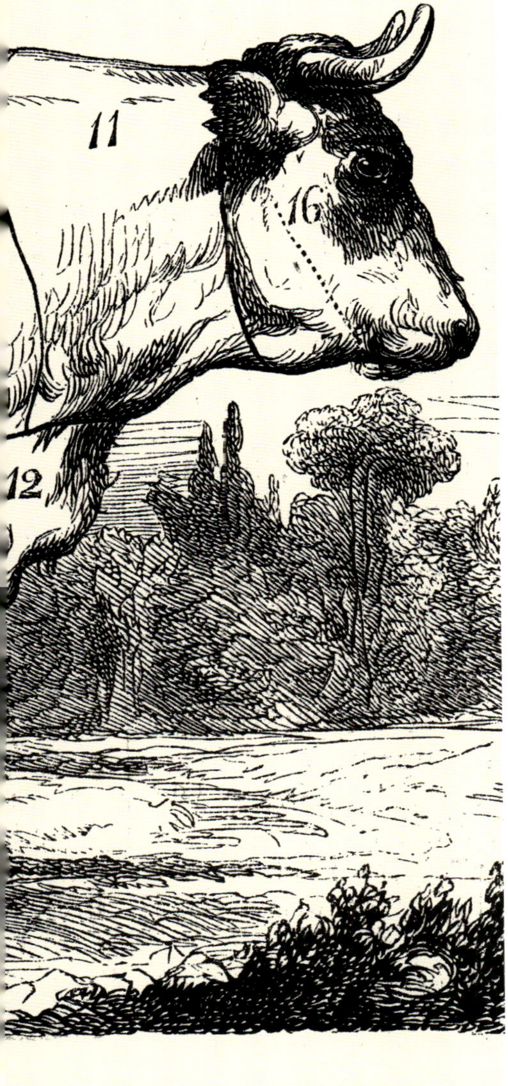

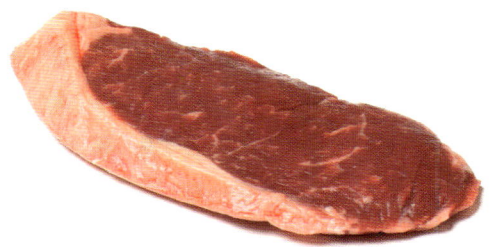

애버딘-앵거스 비프 Aberdeen-Angus Beef

스코틀랜드 육우 가운데 가장 널리 알려진 품종의 기원은 19세기 초로 거슬러 올라간다. 품종 개량의 선구자였던 앵거스 카운티 케일로의 휴 왓슨은 애버딘셔 주 틸리푸어의 윌리엄 맥콤비가 사육하는 품종을 개발하였다. 여기에서 애버딘-앵거스라는 이름이 나왔다. 이 품종의 성공 요인은 강인한 유전자에 있었다. 털은 특유의 검은색, 뿔이 없고 빨리 자라며, 고기는 훌륭하다. 이 모든 것이 쉽게 유전되는 애버딘-앵거스의 특징들이다.

적응성 역시 애버딘-앵거스가 육우 품종 최고의 자리를 지키는 데 일조하였다. 오늘날 전 세계적으로 500여 만 마리의 육우가 애버딘-앵거스 유형이며, 샤롤레이나 리무쟁처럼 몸집이 더 크고 기름기가 적은 소를 원하는 트렌드에 발을 맞추되 풍미는 더 좋은 육질을 얻기 위해 여전히 개량 중이다. 그 결과, 지방의 마블링을 얻을 수 있었다.

세계 어디서나 구할 수 있지만, 여전히 기후가 알맞고 유서 깊은 축산 전통의 스코틀랜드에서 기른 소를 최고로 친다. 어디서 사육되건, 애버딘-앵거스에는 인증 마크가 찍혀 있으며, 소비자들에게는 품질을, 생산자에게는 프리미엄을 보장한다. **CTr**

Taste: 애버딘-앵거스는 그 촘촘한 결과 짙은 색의 지방으로 금방 눈에 띈다. 조리하면 폭넓은 풍미와 멋진 결을 뽐낸다. 그 촘촘함 덕분에 생고기로 먹어도 더없이 훌륭하다.

쇠고기 부위를 설명하고 있는
⬅ 1855년의 프랑스 삽화.

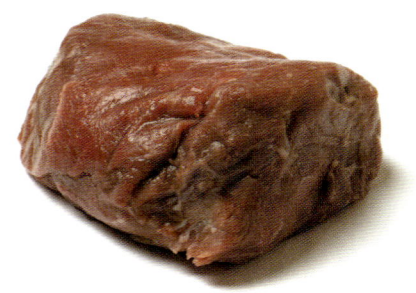

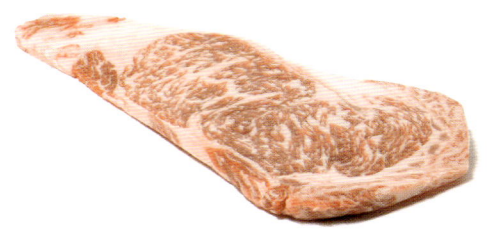

아메리카들소 Bison

고베규 Kobe Beef

흔히 버팔로, 또는 아메리칸 버팔로라고 부르는 짐승의 정확한 이름은 아메리카들소(Bison bison)이다. 긴 털로 덮여 있으며 등이 굽은 소(牛)과 동물로 아프리카 들소, 아시아 물소의 먼 친척뻘이다. 아메리카들소는 아메리카 인디언들은 물론 미국과 캐나다의 서부 평원 지대에 정착한 초기 개척자들에게도 주요한 식량자원이었다. 한때는 수백만 마리의 아메리카 들소가 평원을 활보하였으나, 지나친 사냥으로 인하여 1800년대 말에는 그 수가 1,500여 마리로 줄고 말았다. 오늘날에는 가축으로 관리하고 있으며, 미국에만 약 2,000명의 업자가 아메리카들소를 사육하고 있다.

아메리카들소 고기는 기름기가 적고 부드러우며, 대부분의 쇠고기보다 철분이 많고 지방 함유량은 낮다. 셰프들은 가장 비싼 부위, 즉 안심(tenderloin), 채끝등심(strip), 꽃등심(rib-eye)을 주로 사용한다. 아메리카들소 고기는 너무 푹 익히지 않도록 조심하는 것이 중요하며, 약한 불에 서서히 조리해야 한다. 덜 부드러운 고기는 센불에서 재빨리 겉만 익힌 뒤 국물에 졸이는 것이 좋다. 육우와 아메리카들소를 이종 교배한 종도 개량되었는데, 미국에서는 '비팔로(Beefalo, Beef와 Buffalo의 합성어)', 캐나다에서는 '캐탈로(Cattalo, Cattle과 Buffalo의 합성어)'라고 부른다. **SH**

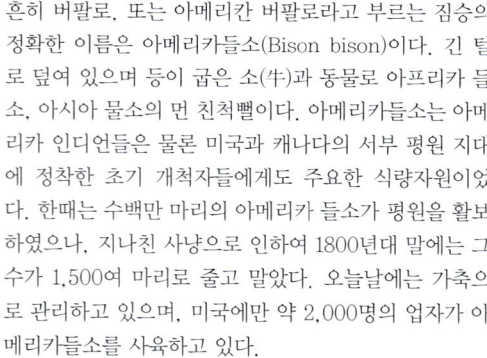

간 요리에 푸아그라가 있다면 스테이크에는 고베규가 있다. 그동안 서양에서는 일본 토종 육우의 통칭인 와규(和牛)와 고베가 사실상 같은 뜻으로 혼용되어 왔다. 그러나 고베 와규가 전 세계로 수출되면서, 일본에서는 고베 지역에서 기른 소에 대해서만 고베규라는 이름을 쓸 수 있도록 명칭을 법으로 보호하게 되었다.

고베규의 사육을 둘러싼 전통과 거기에 드는 비용은 거의 전설에 가깝다. 소들은 곡물과 맥주를 먹고, 정기적으로 마사지를 받는다(육질을 부드럽게 하고 거세한 어린 수소의 긴장을 누그러뜨려 준다고 한다). 덕분에 고베규는 유난히 지방이 많다(말이 난 김에 짚고 넘어가자면, 고베규는 콜레스테롤 함량이 낮다).

이 모든 것은 사실이지만, 품종 자체에 중요한 차이가 있다. 고베규는 유전적으로 서양의 어떤 육우종보다 근육 안에 마블링이 많다. 센불에 겉만 살짝 구우면, 고베규 스테이크는 순식간에 캐러멜처럼 바삭바삭해진다. 블루―겉표면은 살짝 익되 안쪽은 서늘한 그대로 거의 익지 않은 상태―나 레어―겉은 잿빛을 띤 갈색, 안쪽은 색깔이 붉고 살짝 따뜻한 상태―로 먹어야 한다. 그렇지 않으면 질감이나 맛의 장점이 사라져 메마르고 재미없어져 버리고 만다. **MR**

Taste: 아메리카들소는 쇠고기보다 더 깊은 심홍색이며, 마블링이 없다. 야생육류의 풍미는 전혀 없으며, 고급 쇠고기와 비슷한 맛이 나지만, 약간 더 달짝지근하고, 진하고, 향미가 풍부하다.

Taste: 고베규는 그 마블링이 일품이다. 애버딘-앵거스 스테이크의 쥬이시함보다는 벨벳처럼 매끄러운 느낌 쪽이 적절하다. 그 신듯한 맛은 입안에서도 오래도록 맴돈다.

수세기 동안 일본인들은 고도의 마블링을 얻기 위해 선별 교배를 계속해왔다. ➡

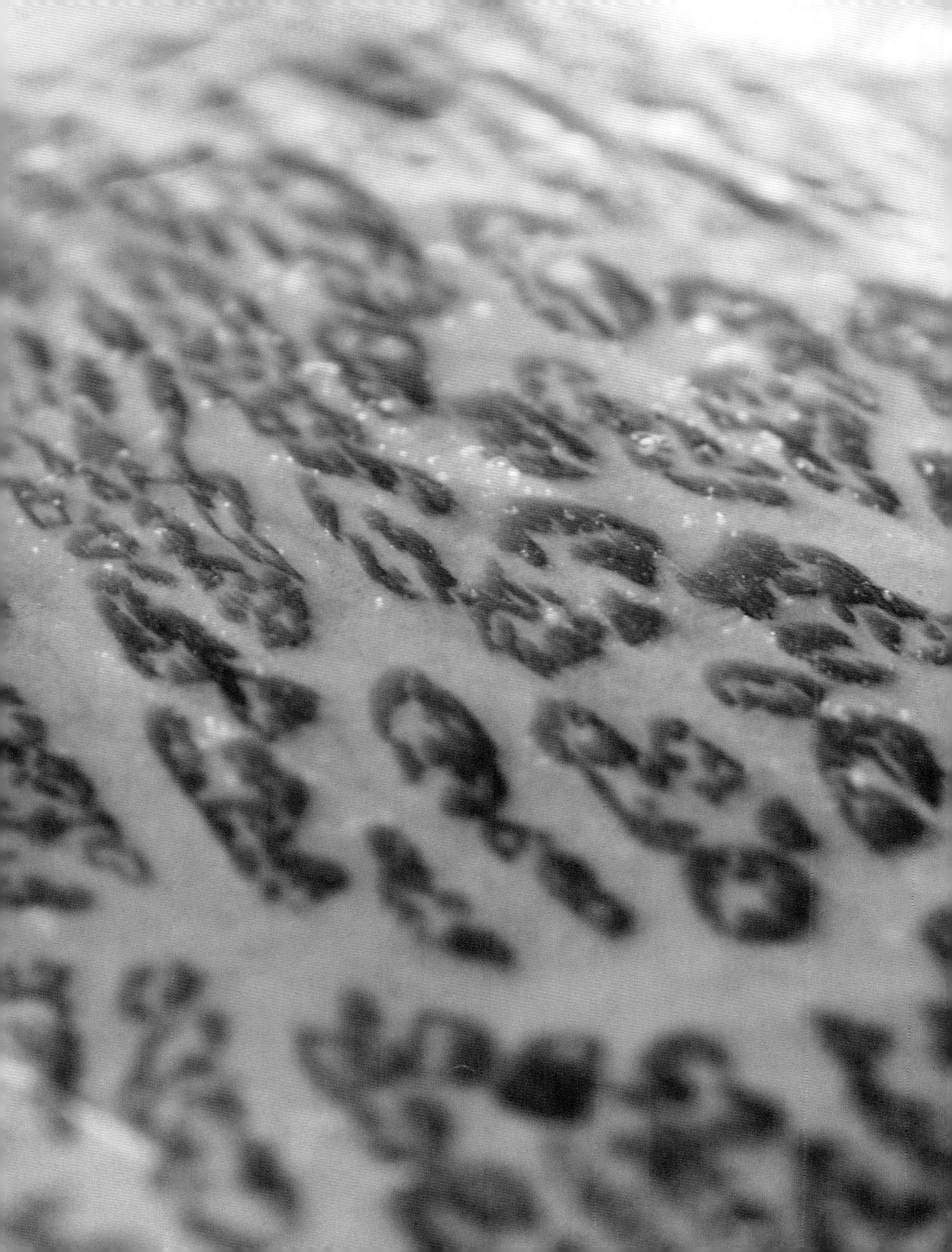

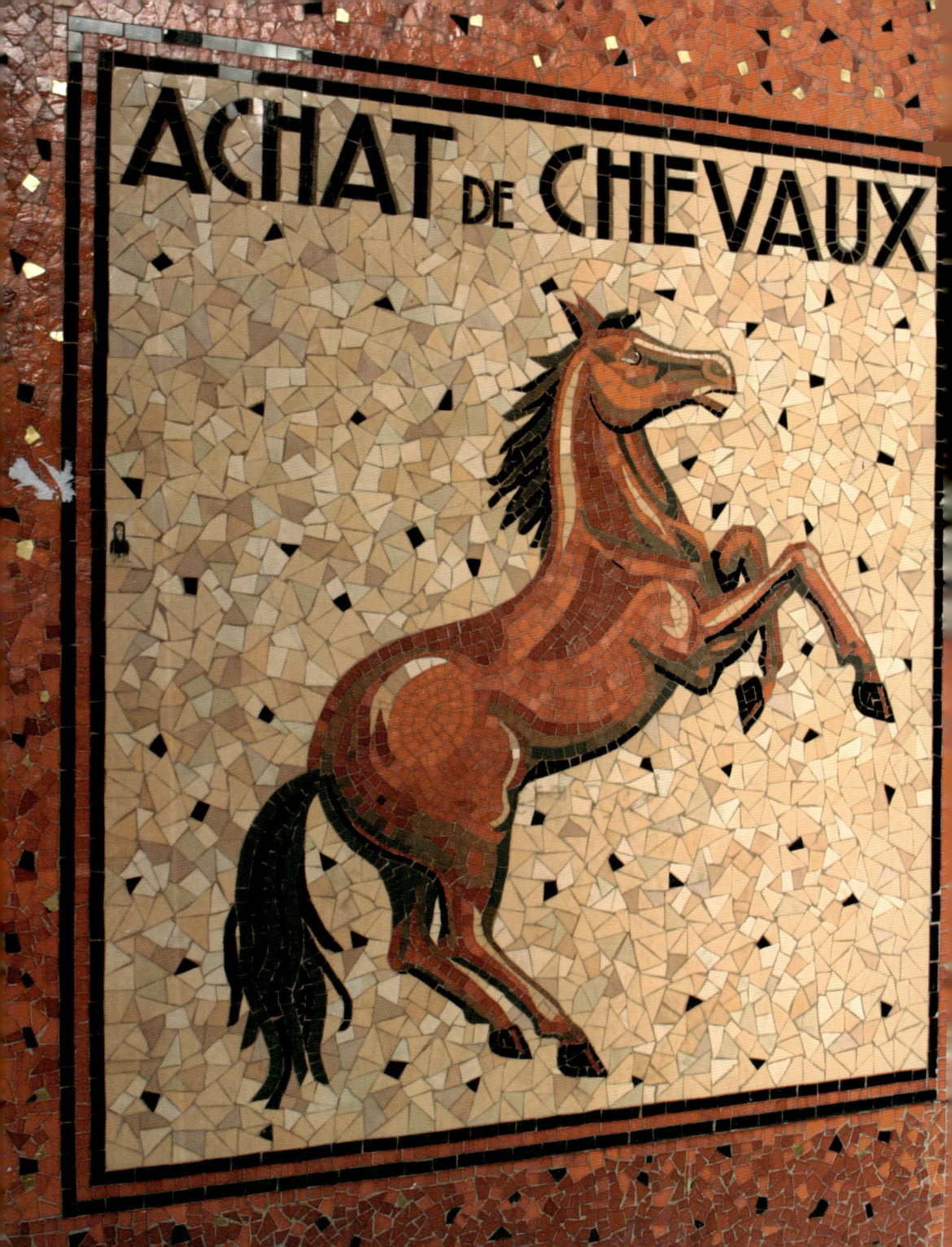

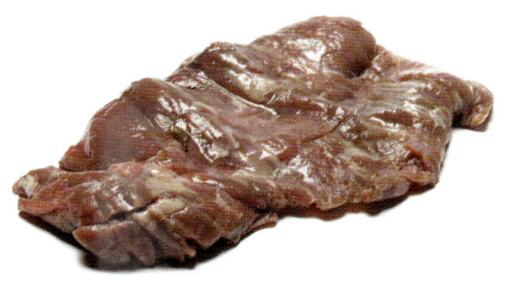

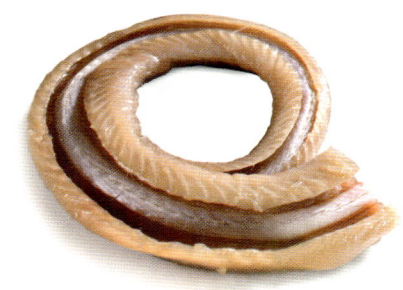

말고기 Horsemeat

방울뱀고기 Rattlesnake

말고기를 먹는다는 개념은 "말을 먹느니 기수를 먹겠다" 던 앵글로색슨인들에게는 그야말로 경악할 만한 일이었지만, 벨기에, 프랑스, 오스트리아, 아이슬란드, 이탈리아, 일본, 캐나다 일부에서는 흔한 일이었다. 대부분의 말고기는 짐말에서 얻지만, 꼭 짐말이어야 하는 건 아니다(그 고기라도 소용이 있지 않았으면 짐말은 오래 전에 멸종했을 것이다).

말고기를 옹호하는 사람들은 말고기가 쇠고기보다 건강에 더 좋다고 주장한다. 기름기가 적고, 칼로리와 지방 함량이 낮다. 전문 도축업자들은 말을 도축할 때는 특히 더 세심한 주의를 기울인다. 식용 말은 사육 규모가 작기 때문에, 공장식 사육 역시 별로 문제가 없다.

쇠고기와 말고기의 차이는 그 부드러움에 있다. 질긴 고깃덩어리를 익히려면 서서히 조리해야 하는 쇠고기와은 달리 말고기는 거의 모든 부위가 빠른 조리가 가능하다. 타타르 스테이크—작게 다지거나 간 쇠고기나 말고기로 만든 육회 요리—의 권위자들에게 말고기는 없어서는 안 될 재료이며, 타타르 스테이크라는 이름 자체가 타타르족 기마 전사들에게서 유래했다는 설도 있다. 오늘날에도 말고기는 몽골인의 식생활에서 주요한 일부분을 차지하고 있다. **MR**

뱀이라 하면 보통 일단은 공포의 대상이지만, 그 무서움을 버린다면 멋진 미식의 기쁨을 누릴 수 있다. 미국 남서부의 사막 지대 주민들이 방울뱀에서 맛있는 고기를 찾아낸 것처럼 말이다.

미국 남서부의 목장주들은 서부다이아몬드방울뱀 (Crotalus atrox)을 이국적인 음식으로 받아들였다. 서부다이아몬드방울뱀은 굵고 살이 많으며, 껍질을 벗겨내면 거의 언제나 뼈대 위에 앉아 있는 살코기 펠레를 얻어낼 수 있다. 익히면 더 쉽게 살을 발라낼 수 있지만, 보통은 핀침처럼 생긴 수없이 많은 뼈가 그대로 붙어 있는 채로 낸다.

방울뱀은 생고기, 냉동육, 다양한 소스에 절인 통조림, 훈제 고기 등으로 살 수 있다(훈제의 경우 고기의 풍미가 훈제향에 가려질 수도 있다). 미국 남두와 멕시코에서는 건조시켜 훈제한 방울뱀고기도 살 수 있다. 해로운 기생충이 붙어 있을 수도 있으므로, 익히지 않은 고기를 손질할 때에는 조심해야 한다. 흔히 메기류처럼 콘밀로 옷을 입혀 기름에 튀겨낸다. 통조림 고기는 딥부터 바비큐에 이르기까지 다양한 레시피에 쓰인다. **TH**

Taste: 말고기는 글루코겐이 많아 쇠고기보다 단맛이 난다. 그 결은 볶을 수 있을 정도로 쿠드럽다. 말고기에 처음 도전한다면 레어로 굽거나 아예 생고기가 더 나을 것이다.

Taste: 일반적으로 닭고기에 비교되지만, 그보다는 야생 육류의 풍미가 지배적인, 맛이 진한 흰살 생선과 비슷하다. 쫄깃한 질감은 각어 고기에 비교되곤 한다.

↺ 파리의 옛 말고기 광고. 판매용 말고기의 품질을 보증하기 위해 특별히 설립한 상점이 따로 있었다.

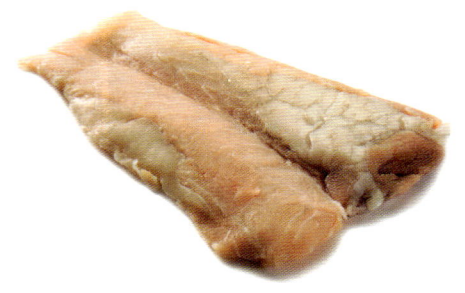

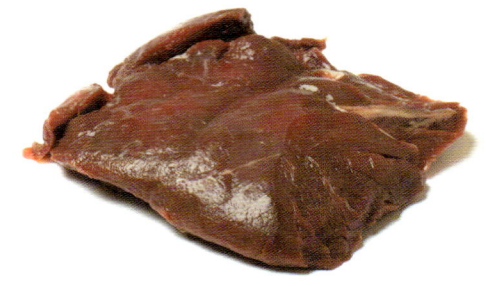

미시시피 악어 Mississippi Alligator

미시시피 악어, 또는 아메리카 악어는 미국 남동부와 미시시피 강 연안이 원산이다. 습지와 민물 늪에서 주로 발견되며, 그 가죽과 고기의 수요가 높아 1960년대에 멸종 위기 생물로 지정되었으며, 오늘날까지도 주의를 요하는 종으로 남아 있다. 그 후 포획하여 정해진 서식지에서 살게 하며 관리한 덕분에 개체수가 회복되고 있다.

악어고기는 새로운 유행이 아니다. 아메리카 원주민들은 1600년대 스페인 탐험가들이 플로리다에 도착했을 때 이미 훈제한 악어고기를 먹고 있었다. 악어는 몸집이 크기 때문에, 부드럽든 질기든 먹을 수 있는 부위가 많다. 악어는 매리네이드를 해도 좋고, 튀기거나 석쇠에 구워 먹을 수도 있다. 질긴 부위는 보통 스튜에 넣어 보글보글 끓인다.

뜨거운 소시지, 토마토, 쌀, 녹색 피망, 마늘, 그 밖의 다른 양념으로 만든 악어고기 잠발라야—미국 루이지애나 주에서 즐겨 먹는 크레올 전통 음식—와, 스파이시한 악어고기 소시지가 인기가 높다. 미국의 멕시코만 연안의 레스토랑에서는 석쇠에 굽거나 튀긴 악어의 꼬리고기 요리를 맛볼 수 있다. 스파이시한 크레올과 케이준 조미료는 악어고기와 특히 잘 어울린다. **SH**

캥거루고기 Kangaroo

캥거루고기는 오스트레일리아 원주민들 사이에서 오랫동안 사랑 받아왔지만, 원주민도 아닌 지금의 국민들 대다수는 오스트레일리아의 상징인 (뿐만 아니라 TV 캐릭터인 스키피로도 높은 인기를 누리고 있는) 동물을 먹는다는 것은 상상조차 할 수 없었다. 그러나 별것도 아닌 일에 꽥꽥거리지 않는 원주민들은 지금도 여전히 (그리고 앞으로도 계속) 총이나 투창으로 캥거루를 사냥하여 내장을 꺼내고 털을 그슬러서 긁어낸 다음, 흙과 뜨거운 석탄으로 덮어 요리한다. 일반적으로 '캥거루'라 하면 왈라비, 왈라루 같은 오스트레일리아에서 서식하는 다양한 유대류 동물의 통칭이다. 식민 시대 초기, 백인 정착민들은 소 간과 색깔이 같은 캥거루고기를 즐겨 먹었다. 수입에 의존해야 하는 소금에 절인 돼지고기보다 값이 쌌고, 손에 넣을 수 있는 신선한 육류는 캥거루고기가 유일했기 때문이다.

쇠고기와 양고기의 생산량이 늘어나면서 캥거루고기는 식탁에서 사라지게 되었고, 1970년대 말까지 애완동물 사료로나 쓰였다. 모국 음식에 대한 관심이 높아지면서, 캥거루고기에 대한 수요도 늘어나게 되었다. 지방 함량(2%)과 콜레스테롤 함량이 낮을 뿐 아니라 쓸모도 다양하다. **SCS**

Taste: 악어고기는 견고한 질감의 흰살 육류로, 맛이 닭고기와 비슷하지만 조금 더 진하며. 살짝 비린내가 난다. 조리 방법에 따라 늪 냄새를 풍길 수도 있다.

Taste: 캥거루고기는 수분을 유지하기 위해 살짝 조리해서 한동안 놓아두어야 한다. 어린 캥거루고기는 쇠고기와 맛이 흡사하며, 시간이 지나면서 맛있는 야생 육류의 풍미가 더해지며 사슴고기와 비슷해진다.

캥거루고기로 만든 케밥. 오스트레일리아에는 총 48종의 캥거루가 있으며 그 중 고기를 식용으로 쓰는 것은 5종류이다. ➲

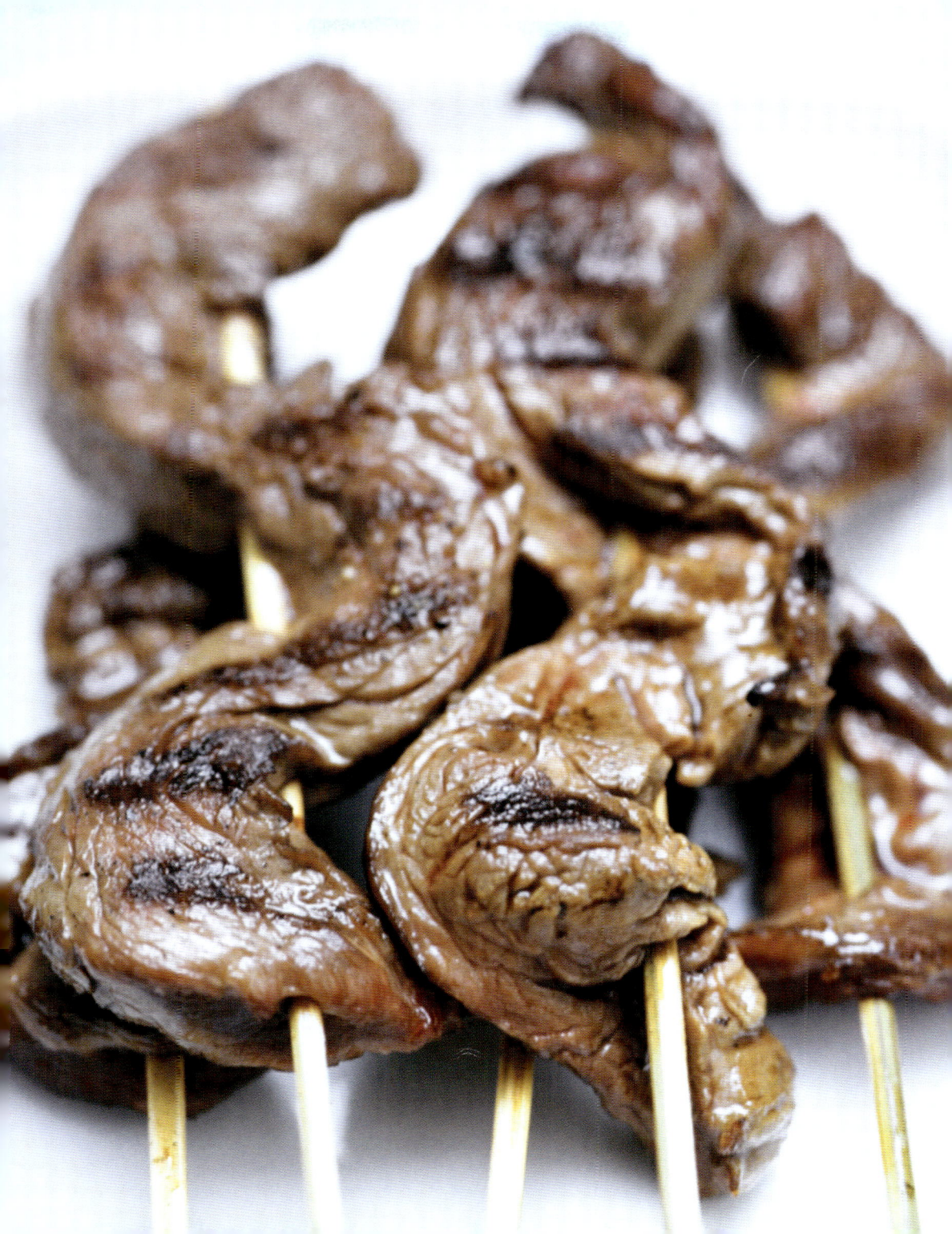

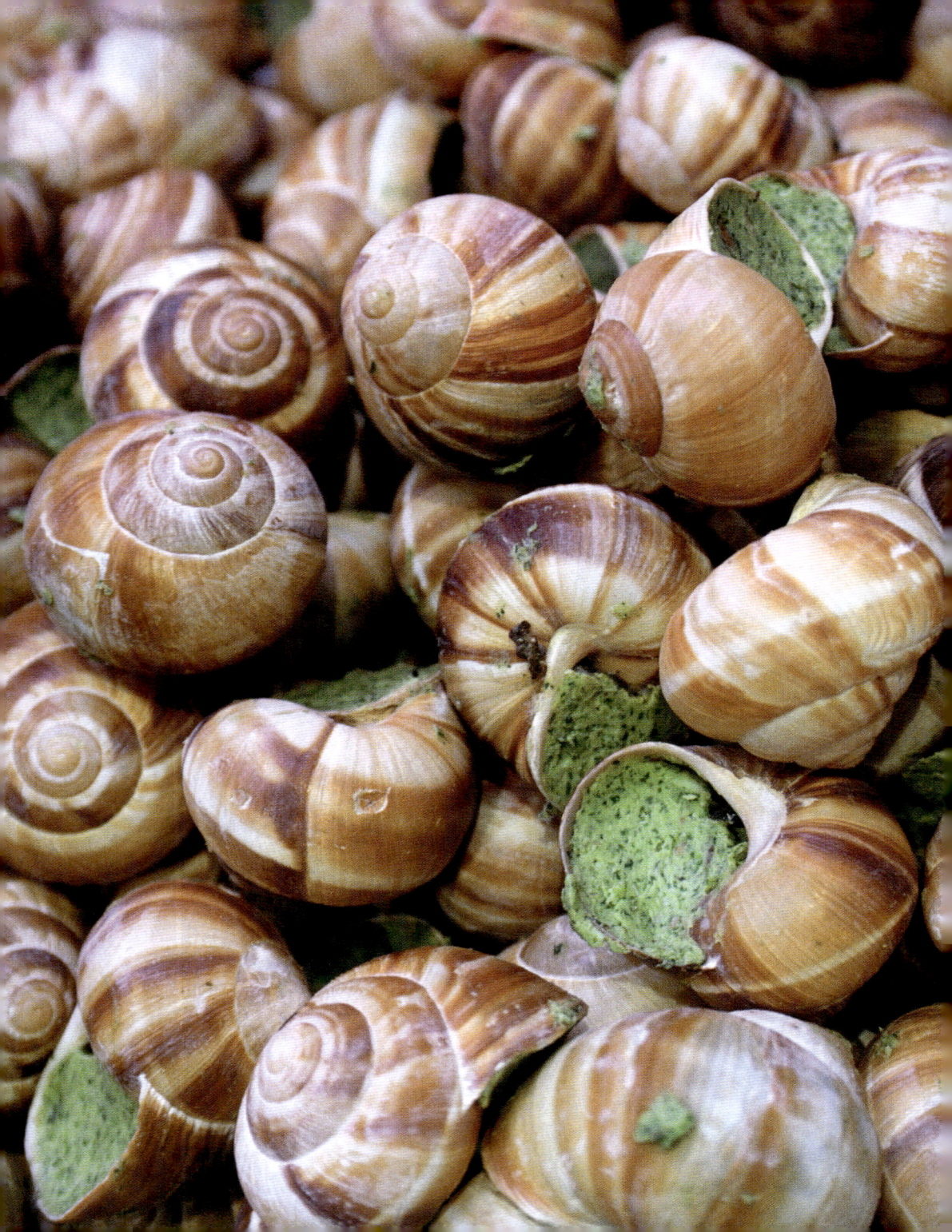

에스카르고 드 부르고뉴
Escargot de Bourgogne

식용 달팽이는 아주 어린 프티 그리(petit gris)부터 크기가 25센티미터나 되는 커다란 아프리카 마노 달팽이(Achatina achatina)에 이르기까지 그 종류가 매우 많지만, 특별한 매력이 있는 종은 거의 없다. 그 유혹의 정체는 껍질 속에서 뽑아내는 특이한 살인데, 달팽이 살은 역사적으로 식량이 부족할 때를 위해 저장해놓던 음식이었다. 중세의 수도원에서는 사순절 식단에 달팽이를 올렸으며, 선원들은 항해에 나갈 때 달팽이를 가져갔다. 전통적으로 파에야에는 로즈메리를 먹여 세척한 달팽이가 들어간다.

달팽이라면 사족을 못 쓰는 프랑스인들은 해마다 4만 톤의 달팽이를 먹어치운다. 오늘날 프랑스에서 주로 먹는 달팽이는 정원에서 흔히 볼 수 있는 프티 그리 달팽이(Helix aspersa)로, 보통 해외에서 사육한 것을 수입한다. 최근까지도 해도 에스카르고 드 부르고뉴(Helix pomatia)—프티 그리의 가까운 친척 뻘이다—는 전통적인 프랑스 요리와 동의어로 쓰였으며, 거의 모든 비스트로의 메뉴에서 찾아볼 수 있었다. 그러나 사육에 적합하지 않은 품종인데다, 요즈음의 프랑스에서 야생 달팽이를 찾아보기란 쉬운 일이 아니므로, 에스카르고 드 부르고뉴 요리는 점차 귀해지는 추세이다.

은근한 향미를 지니고 있기는 하지만, 달팽이는 손이 많이 가는 식재료이다. 일단 산 채로 잡아야 하며, 식물의 독소 및 껍데기나 살에 끼어 있는 모래를 제거하기 위해 깨끗이 세척해야만 한다. 여기에는 두 가지 방법이 있는데, 잡아온 달팽이를 5~7일간 굶기거나, 햇빛이 들지 않는 곳에 넣어두고 허브만 먹이는 것이다. 요리 직전, 물에 넣어 죽인 뒤 살짝 데쳐서 보글보글 끓인다. 고전적인 레시피에서는 그 살을 크고 희끄무레한 껍데기에 뵈르 데스카르고(beurre d'escargot, 파슬리와 마늘로 맛을 낸 버터)와 함께 도로 채워 넣어 매우 고온의 오븐에서 굽는다. 콜레스테롤이 높지만 맛이 환상적인 이 요리는 프랑스의 전통적인 신년 축하 음식이다. **MR**

Taste: 에스카르고 드 부르고뉴의 살은 그 맛을 정의하기 어렵다. 쫄깃쫄깃하지만, 사실 별미로 명성이 높은 것은 마늘을 넣은 버터의 공이 크다. 버터는 보글보글 끓어야 한다.

많은 문화권에서 달팽이를 최후의 단백질원으로 먹지만,
프랑스인들은 이를 한 단계 격상시켰다.

꿀벌 애벌레
Bee Larva

벌레를 먹는다고 하면 서양인들은 이상하게 생각하겠지만, 사실 아시아에서 중앙 아메리카에 이르는 다양한 문화권에서는 벌레를 때로는 식량으로, 때로는 미식으로 먹어왔다. 주로 생선이나 육류를 구하기 어려울 때, 대안 단백질원이었던 셈이다.

꿀벌 애벌레를 먹었던 곳은 멕시코와 극동이다. 일본, 중국, 태국, 베트남에서는 보통 전채로 먹으며, 종종 벌집과 함께 낸다. 노란 애벌레는 구더기나 거저리와 비슷하게 생겼으며, 매우 조심해서 다루어야 한다. 벌집에서 바로 꺼내서 산 채로 먹을 수도 있지만, 여러 방법으로 조리해서 먹을 수도 있다. 소금과 후추를 살짝 뿌려 기름에 튀기면 바삭바삭한 질감이 그만이다. 칠리를 약간 곁들여 튀기는 것도 괜찮다.

달콤한 맛을 원한다면 간장과 설탕에 볶으면 된다. 멕시코에서는 초콜릿을 입혀 내기도 한다. 일본에서는 하치노코(蜂の子)라고 하여, 간장에 조린 통조림으로 판다. 중국에서는 양파, 레몬그라스, 코코넛 크림에 재워두었다가 맛이 완전히 배어들면 아마포에 싸서 20분간 쪄낸다. 밥이나 국수를 곁들여 먹는다.

사회가 점점 도시화되면서, 사람들의 식습관에도 변화가 찾아왔고, 패스트푸드와 서양 식재료에의 의존도가 갈수록 높아지고 있다. 이러한 환경 속에서 사람들은 벌레를 먹는 식습관을 과거의 미개한 풍습으로 치부하게 되었다. 일본에서도 나이든 세대들은 여전히 하치노코를 향한 향수를 이야기하지만, 젊은 세대들 사이에서는 그 인기가 시들하다. 그럼에도 벌꿀과 같은 벌레의 분비물은 여전히 사랑 받고 있다니. **CK**

Taste: 살아 있는 꿀벌 애벌레는 여전히 꿈틀거리고 있으며, 우유와 벌꿀 맛이 난다. 튀기거나 볶으면 아삭아삭한 씹는 맛이 일품이며, 은근한 벌꿀의 풍미를 즐길 수 있다.

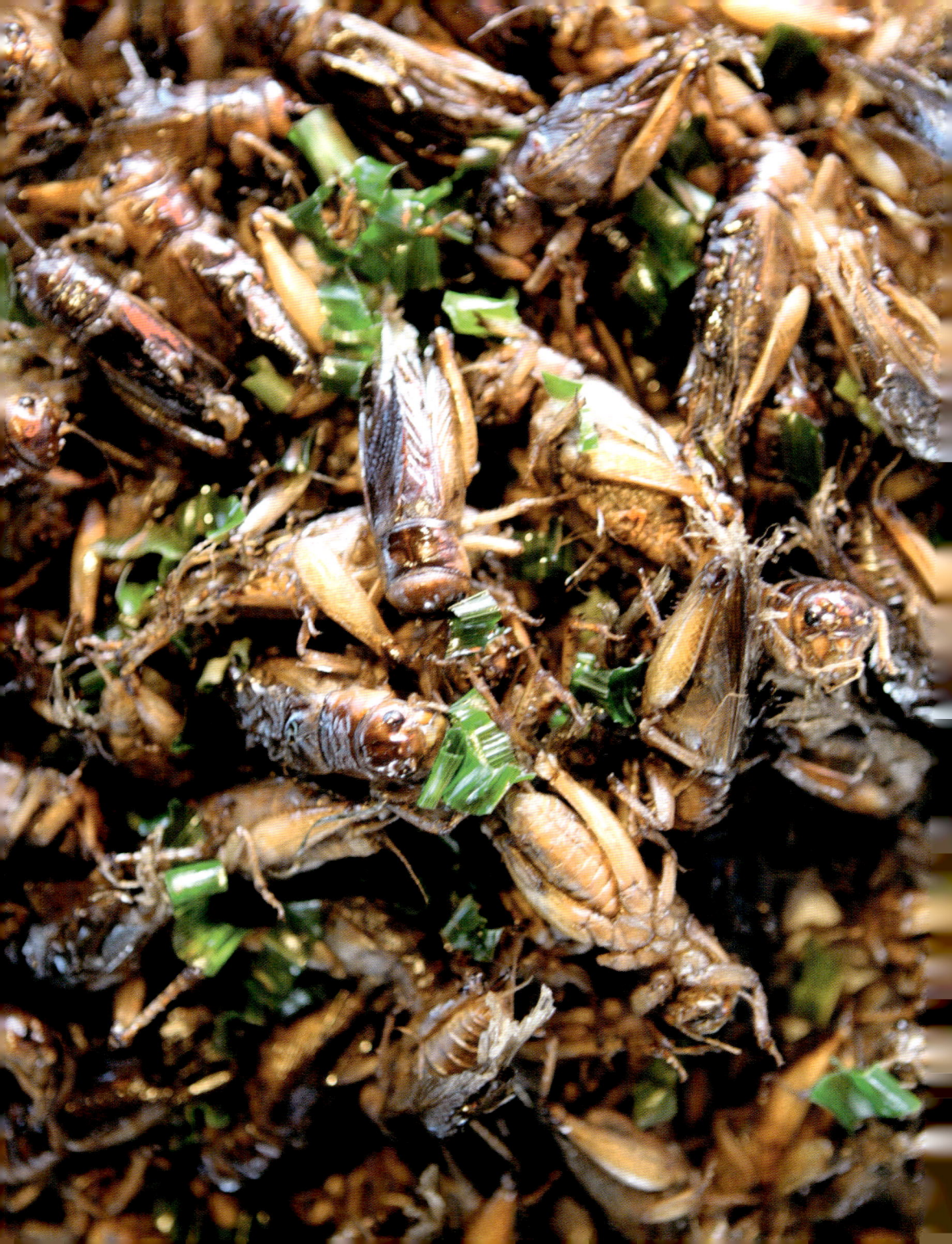

태국 물장군 Giant Water Beetle

태국 사람들은 음식에 있어서는 상당히 모험심이 강한가 보다. 정통 팟타이—쌀국수에 숙주나물을 넣고 볶은 태국의 대표적인 요리—에 들어가는 재료들은 빙산의 일각에 불과하다. 구워서 양념한 귀뚜라미며 튀긴 대나무갯지렁이의 애벌레는 특이한 축에 끼지도 못한다. 그러나 태국 사람들이 진짜 사족을 못 쓰는 벌레는 태국 물장군(Lethocerus indicus)—태국에서는 마엥다아(maeng daa)라고 부른다—이다. 그 미묘한 '생선맛'으로 높은 평가를 받으며, 별미로 치는 벌레이다.

태국 물장군은 길이가 10센티미터나 되는 것도 있으며, 태국 동북부, 농촌 지역인 이사안 지방의 것을 높이 친다. 밤이면 불빛과 진동으로 논에 사는 물장군 중에서도 가장 실한 놈들을 끌어 모은다. 물장군에 대한 수요가 워낙 높아, 지금은 아예 상용으로 사육하고 있다.

태국 물장군은 맛이 금방 변질되므로, 신선할 때 요리하는 것이 가장 좋다. 풀버섯(Volvariella volvacea), 봄 양파, 고추, 마늘 등과 함께 센 불에 볶거나, 칠리와 함께 갈아서 페이스트로 만들어 쌀밥과 함께 먹는다. 그러나 가장 인기있는 조리 방법은 끓는 기름에 통째로 튀기는 것이다. 그러나 보기보다 쉽지 않으므로 연습이 필요하다. 우선 다리를 떼고 겉뼈대를 비틀어 연다. 안에는 마치 캔참치처럼 푸슬푸슬 흩어지기 쉬운 살이 가득하며, 머리는 젤라틴 종류를 섞어놓은 것 같다. 특히 알—캐비어와 그 밀도가 비슷하다—을 배고 있는 물장군은 특별히 별미로 친다. 중국의 광둥성에서는 소금을 친 끓는 물에 물장군을 넣고 기름을 약간 넣는다. 극동 지역에서는 주로 약용으로 먹지만, 아직 건강에 좋다고 알려진 바는 없다. 그저 입의 즐거움을 위해 먹는 것일 뿐이다. **TH**

절엽 개미 Leaf-cutter Ant

절엽(切葉) 개미라는 이름은 턱으로 나뭇잎의 일부를 잘라 집으로 가지고 돌아가는 습성에서 유래하였다. 놀랄지도 모르겠지만, 개미는 꽤 높이 치는 식재료로, 특히 브라질의 아마존 강 유역에서 각광을 받는다. 우기(雨期)가 시작될 때, 즉 암컷 개미들이 떼를 지어 집을 나와 느릿느릿 움직일 대가 잡기도 쉽고 맛도 가장 좋다. 바구니로 잡아서 날로 먹거나 소금을 뿌려 굽는다. 그 맛은 견과류와 비슷하며 높은 평가를 받는다.

최근 들어 브라질에서는 도회지에서도 인기가 높은데, 상파울루 시내의 거리를 걷다 보면 목청을 높이는 길거리 음식 상인들이 조리한 개미를 팔고 있다. 브라질에서 가장 유명한 문인 중의 한 사람인 몬테이루 로바투는 19세기 말 파라이바 계곡에서 태어났는데, 절엽 개미를 가리켜 농민들의 캐비어라고 불렀다. 내륙지방 출신에게는 궁극의 진미라는 것이다. 이 계곡 지방에는 대를 이어 전해 내려온 고대의 유산이 여전히 살아남아 있다. 9월에서 11월 사이, 개미가 날개가 돋기 시작하고 짝짓기를 하기 위해 집을 떠나는 시기가 전통적으로 개미를 먹는 철이다. 이카(ica), 또는 타나후라(tanajura)라 부르는 암컷 개미만을 먹는다.

절엽 개미를 먹을 때에는 세심한 주의가 필요하다. 머리, 흉곽, 다리, 날개를 제거한 다음, 기름을 두른 프라이팬에 몸통만을 바삭바삭해질 때까지 튀긴다. 식물성 기름보다는 돼지 비계를 사용하면 최고의 맛을 얻을 수 있다. 일단 튀겨낸 이카에 카사바나 옥수수 가루를 묻혀서 낸다. 개미 요리를 좋아하는 사람들은 이것을 절구에 넣고 빻아 저 유명한 파코카 데 이카(paçoca de içá, '이카 믹스')를 만든다. 상파울루의 일부 셰프는 절엽 개미의 맛을 향이 진한 홈메이드 버터에 비교했다. 순수 단백질 함량이 높기 때문이다. **AL**

Taste: 태국 물장군은 하룻밤 내내 밤이슬을 맞힌 흰살 생선과 비슷한 맛이다. 고추를 넣어 함께 조리해도 그 새우 비슷한 향미가 견과류의 풍미를 뚫고 흘러나온다.

Taste: 프라이팬에서 튀겨내면, 잘 구워진 절엽 개미는 정말 바삭바삭하며, 진한 버터와 비슷한 뒷맛을 남긴다.

◐ 바삭바삭할 때까지 튀기면 태국 물장군은 태국 최고의 식용 곤충이 된다.

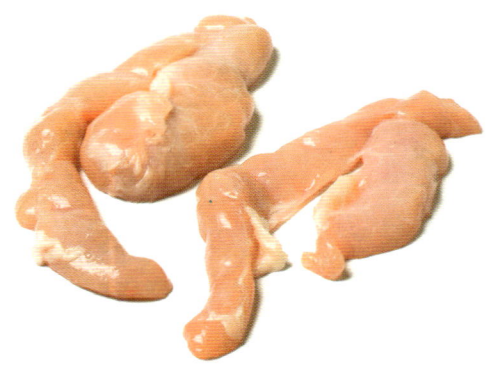

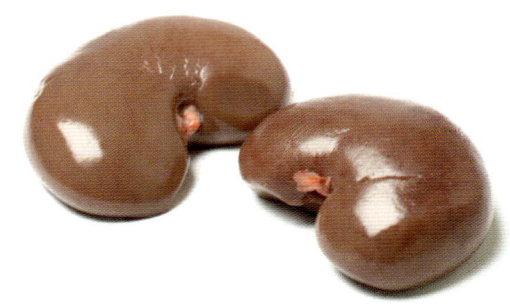

송아지 스위트브레드 Veal Sweetbread

'스위트브레드'는 두 내장 기관, 즉 흉선(胸腺)과 위 옆에 있는 췌장을 가리킨다. 날 것일 때에는 둥글둥글하기는 해도 불규칙한 모양으로, 흰빛이 도는 분홍색이며, 언뜻 보기에는 블랑망쥬(우유나 크림, 설탕 등을 젤라틴이나 옥수수 전분 등으로 굳혀 만든 달콤한 디저트)와 비슷하다—적어도 첫눈에는 말이다. 조리하면 단단하고 좀 더 매끄러워진다.

20세기 후반까지는 물에 담그기를 반복한 뒤 손질하여 압착한 췌장을 소스로 브레이즈한 뒤 식사 때 코스와 코스 사이 요리로 냈다—주로 오르되브르와 생선 요리가 끝나고 메인 디쉬인 구운 고기가 등장하기 전에 낸다. 오늘날 셰프들은 손질해서 버터를 발라 오븐에 굽는 쪽을 선호하는데, 이렇게 하면 속은 그대로 쥬이시하다. 럭셔리 레스토랑 메뉴에서 종종 찾아볼 수 있으며, 프랑스 최고의 셰프로 꼽히는 알랭 뒤카스(Alain Ducasse)의 주특기이기도 하다.

스위트브레드와 맨드라미, 수탉의 콩밭, 트러플, 바닷가재, 크림소스를 곁들인 파스타는 이 간단한 재료를 어떻게 쓰는지 보여주는 예이기도 하다. 아르헨티나와 우루과이에서는 전통적인 아사도(asado, 쇠고기를 다른 육류와 함께 그릴이나 모닥불에 익히는 조리법) 그릴 요리로 만들어 먹는다. **MR**

새끼양 콩팥 Lamb's Kidney

새끼양 콩팥을 보면 몇 개월짜리 양을 도축했는지 알 수 있다. 수주에서 10개월 사이 언제라도 상관없다. 스페인에서는 어미젖만 먹고 자란 어린 양을 모닥불에서 석쇠에 구워 먹는데, 이 때 콩팥은 분홍빛이 도는 자그마한 별미이다. 그러나 푸짐한 영국식 아침식사에 등장하는 데블드 키드니—새끼양의 콩팥을 우스터셔 소스, 버섯 캐첩, 잉글리쉬 머스터드 가루, 버터, 고추, 소금, 흑후추에 절여 익힌 음식—는 터키에서 거의 매일 먹는 길거리 음식인 꼬챙이에 꿴 케밥처럼 보통 크기가 더 크다.

완전히 자란 새끼양의 콩팥은 25그램이 넘는다. 표면은 둥글고 옆면은 살짝 움푹 들어간 독특한 모양을 가지고 있다. 완전히 익히거나, 아니면 살짝 덜 익혀도 좋으며, 쥬이시하고 부드럽다. 지나치게 익히면 기분 나쁘게 딱딱하고 고무 같은 질감으로 변하지만 영국식 스테이크와 콩팥 파이(또는 스테이크와 콩팥 푸딩)에서처럼 계속해서 익히면 오히려 다시 부드러워진다.

일반적으로 사용하는 황소 콩팥보다 맛과 질감이 우수하다. 더 나이 든 양의 콩팥은 뚜렷한 맛을 내며, 보통 셰리주, 마데이라, 포트와인, 머스터드 등으로 맛을 낸 소스와 함께 내면 자연스럽게 어울린다. **MR**

Taste: 매끄럽고 부드러운 스위트브레드는 다른 재료의 매력적인 촉매가 된다. 스위트브레드만 따로 먹으면 사실 그 향이나 맛을 특별히 느낄 수가 없다.

Taste: 콩팥은 익히면 진하고, 신선한 고기 맛이 난다. 어린 핑크색 고기의 섬세한 맛부터 완전히 성장한 내장의 검고 벨벳처럼 부드러운 향미까지 다양하다.

고기가 부드러운지를 가늠하기 위해 스테이크와 콩팥 파이의 속은 따로 익혀서 나중에 넣는다. ❷

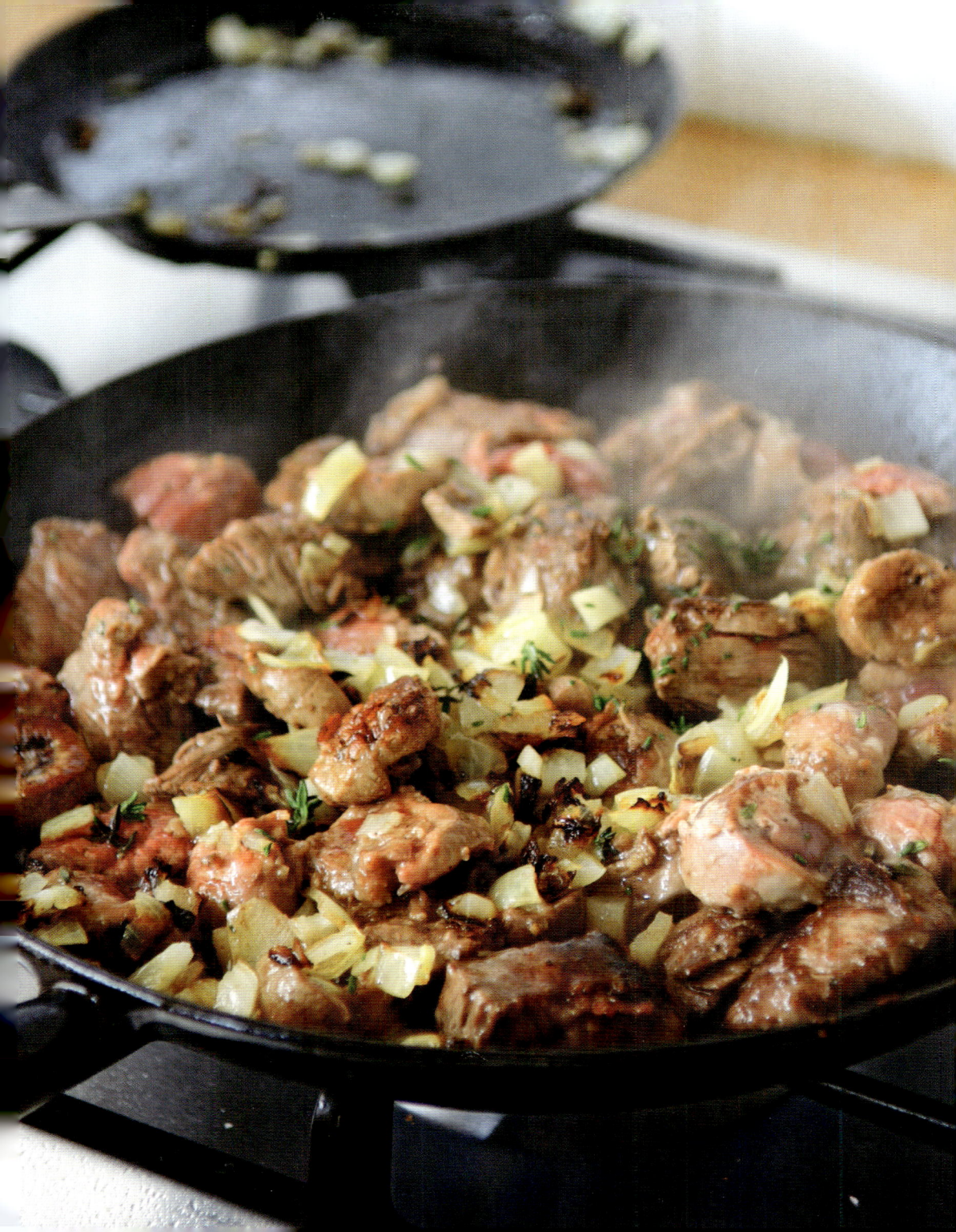

황소 불알 Bull's Testicle

매년 미국 몬태나 주에서 열리는 황소 불알 축제는 사실 딱히 누구를 위한 것이라고는 할 수 없지만, 참가한 사람들은 언제나 "즐거운 시간을 보냈다"고 한다. 이 곳에서 초점을 맞춘 음식은 빵가루를 묻혀서 끓는 기름에 튀긴 황소 불알로, 보통 '록키 마운틴 오이스터' 또는 '카우보이 캐비어'라고 부른다.

먹는 것은 둘째치고 일단 '불알'이라는 단어를 사용하는 것부터가 21세기 감각에는 도무지 맞지 않지만, 인류는 수세기 동안 짐승의 불알을 먹어왔다. 짐작했겠지만, 정력에 좋다는 설이 늘 따라다닌다. 양, 황소, 송아지(송아지 불알은 '프레이리 오이스터(prairie oyster, 초원의 굴)'라고 부르기도 한다), 돼지, 물소, 칠면조, 수탉 등의 불알은 오랜 세월 동안 별미로 쳤으며, 종종 정해진 철에만 먹을 수 있었다. 보통 육용으로 사육하기 위해 수컷을 거세시킨 그 다음 봄에 먹었다. 북아메리카에서는 소떼 방목의 역사를 지닌 지방에 '록키 마운틴 오이스터'를 먹는 풍습이 남아 있다.

물론 부엌에서는 '불알' 대신 여러 가지 점잖은 이름을 사용한다. 잉글랜드에서는 '바위(Stone)'라고 불렀으며, '프라이(Fry)' 역시 같은 의미로 쓰였다. 프랑스에서는 양이나 다른 짐승의 불알을 '아니멜르(animelles)'라 부른다. 스페인과 포르투갈에서는 각각 크리아디야(criadilla), 크리아딜랴(criadilha)라고 부르며, 별미로 친다. 길쭉하게 잘라 프라이팬에서 튀기고 때때로 마늘과 파슬리로 맛을 낸다. 소테나 스튜로 만들기도 하며 다양한 소스를 곁들여 낸다. 북아메리카, 영국, 프랑스에서는 황소 불알을 놓고 말들이 많지만, 세계의 다른 지역, 예를 들면 중동과 필리핀에서는 흔히 먹는 음식이다. **SH**

새끼양의 뇌 Lamb's Brain

오랫동안 별미 취급을 받아온 새끼양의 뇌는 그야말로 미식가를 위한 음식이다. 동물의 내장을 뭉뚱그려 '잡육' 취급하는 미국이나, 각종 질병, 특히 악명 높은 광우병으로 소비자들이나 정부나 잔뜩 신경이 곤두서 있는 영국에서는 일반적으로 상상조차 하지 않는 음식이다. 그러나 헝가리, 터키, 중동 대부분 지역, 이탈리아, 프랑스 등에서는 인기가 좋은 것은 물론 높은 평가를 받고 있는 음식이기도 하다.

지방 함량이 낮고 철분이 풍부한 두 개의 연분홍빛 뇌엽은 성인 기준 일일 권장량 이상의 비타민 B$_{12}$를 함유하고 있다. 조리할 때에는 우선 뇌를 깨끗이 씻어 막과 혈관을 제거하고 물에 불렸다가 다시 한번 세척한다.

프랑스에서는 새끼양 뇌의 조리법이 매우 다양하다. 쿠르부용에 삶았다가 태운 버터와 케이퍼와 함께 프라이팬에서 볶는 방법이 있다. 앙 마틀로트(en matelote)는 가볍게 삶은 뒤 양파, 버섯, 레드와인 소스를 곁들여 낸다. 세련된 베녜 드 세르베유(beignets de cervelle)의 경우에는 반죽옷을 입혀 튀겨낸 다음 허브 마요네즈와 낸다. 타타르 드 세르베유(tartare de cervelle)는 삶은 뇌를 패티에 넣어 케이퍼, 게르킨 오이 절임, 완숙 달걀, 머스터드 마요네즈를 곁들여 먹는다. 이탈리아의 새끼양 뇌 요리 가운데 세르벨라 알라 나폴리타나(cervella alla Napolitana)는 올리브, 케이퍼, 빵부스러기 등과 함께 오븐에서 구워내며, 세르벨라 프리타 알라 밀라네제(cervella fritta alla Milanese)에서는 살짝 데쳐서 잘게 찢어 빵가루를 입힌 다음 황금빛 갈색이 될 때까지 튀겨낸다. 레바논, 요르단, 시리아, 헝가리, 그 밖에 과거 오스만 투르크 제국의 영토였던 나라들에서는 튀긴 뒤 차게 식혀 올리브유, 레몬즙 등을 뿌리고 파슬리와 스파이스로 양념한 샐러드로 낸다. **MR**

Taste: 황소 불알은 곁들이는 소스의 풍미를 그대로 흡수한다는 점에서 닭고기와 흡사하다. 기본적으로 특별한 맛이 없으며, 쫄깃한 연골질의 질감이다.

Taste: 새끼양의 뇌에서는 대부분의 육류와 비슷한 냄새가 매우 희미하게 나며 맛은 순하고 섬세하다. 질감은 부드러우며 조리 시간에 따라 커드와 비슷하기도 하다.

마라케시의 길거리 음식 장수가 전통 방식으로 구운 새끼양의 머리와 뇌 요리를 만들고 있다. ➲

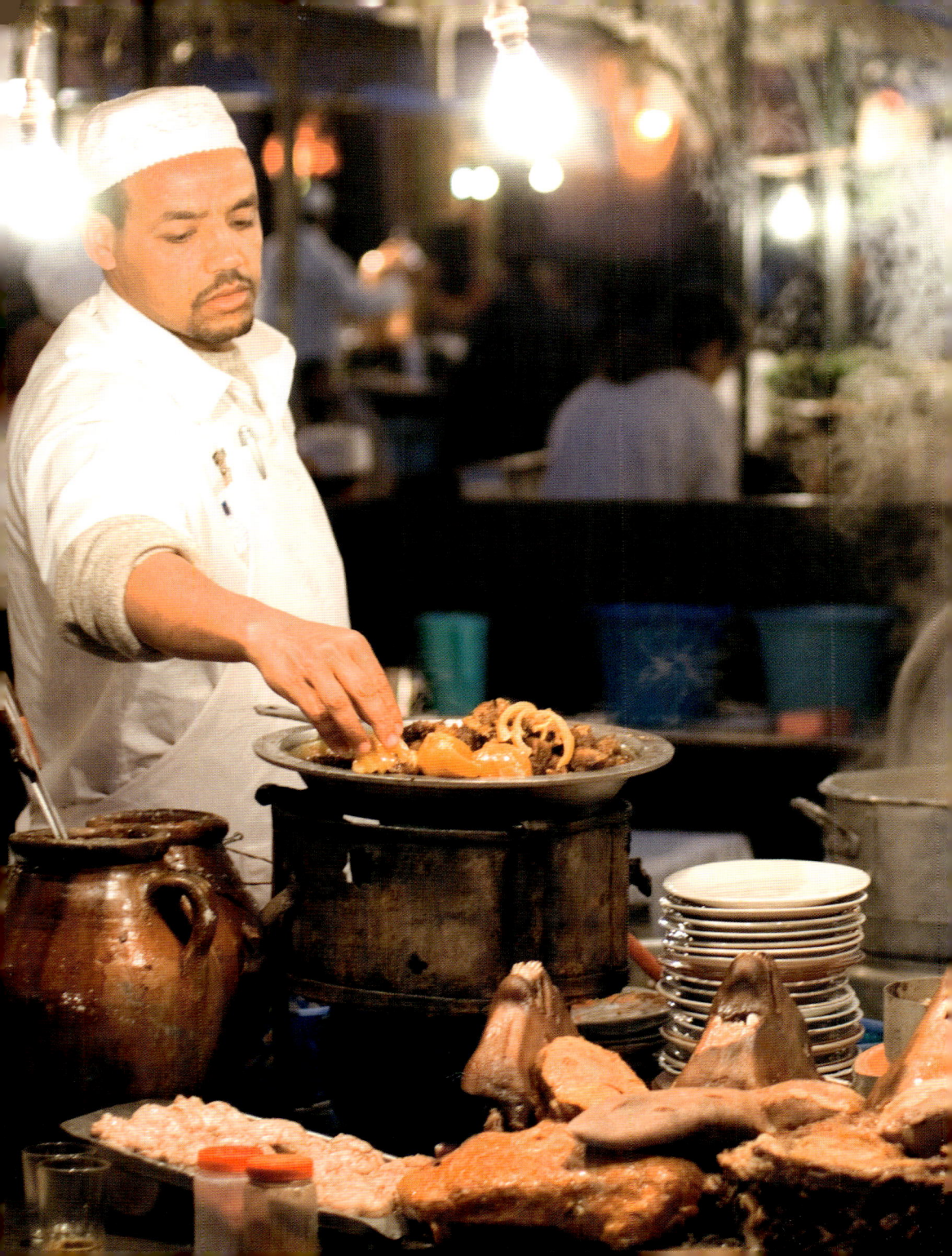

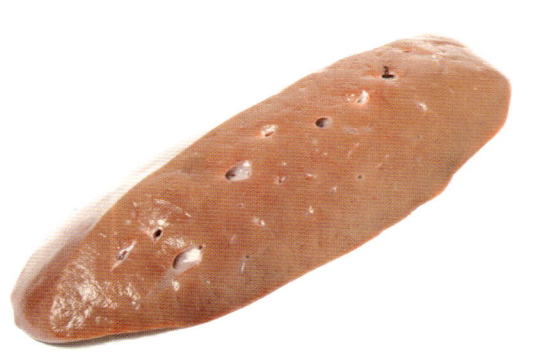

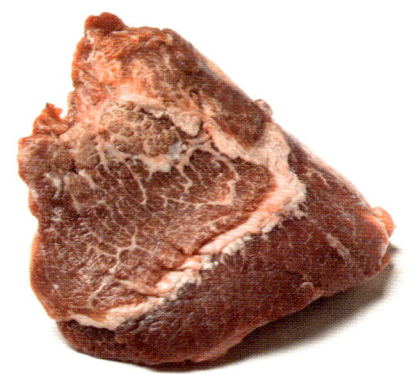

송아지 간 Calf's Liver

내장을 높이 치는 음식 문화에서 송아지 간은 그야말로 호화 식품이다. 송아지 간은 중앙 유럽 전역의 아슈케나지 유태인 요리에 등장하며, 유명한 베네치아 특산 요리인 페가토 알라 베네치아나(fegato alla veneziana, 간을 얇게 저며 양파와 함께 단맛이 날 때까지 익힌 소테 요리)와 역시 간과 양파가 짝을 이룬 푸아 드 보 아 라 리오네스(foie de veau à la lyonnaise)의 주 재료로 쓰인다. 양파의 향미는 특히 간의 풍미를 북돋워준다고 한다.

말만 들어서는 비슷한 것 같지만, 이 요리들은 서로 다른 음식적 접근을 반영하고 있다. 이탈리아인들은 간을 완전히 익히지만, 프랑스인들은 약간 설익히는 쪽을 선호한다. 송아지 간은 맛이나 질감 모두 팬에서 재빨리 볶는 데 잘 어울리므로, 두 요리 모두 맛있다.

간은 철분과 무기질이 풍부하며—120그램짜리 한 조각에 비타민 A, B_2, B_{12}, 엽산의 하루 권장량이 모두 들어 있다—덕분에 그 향미도 더욱 깊어진다. 새끼양이나 돼지의 간보다는 순하지만 심지어 아주 어린 송아지의 간조차 그 맛이 매우 뚜렷하다. 장밋빛을 띤 핑크색이어야 하며 입자가 고와야 한다. 어미의 젖만 먹은 송아지 간이 가장 좋다. 또한 도축 및 정형 기술 역시 품질을 좌우한다. **MR**

황소 볼살 Ox Cheek

황소의 턱 주변에 모여 있는 근육과 힘줄은 다른 어떤 부위보다도 더 운동량이 많다. 그 성격상 조리 시간이 오래 걸릴 수밖에 없는 질긴 고기인데, 의외로 바로 그 때문에 인기가 있다. 오랫동안 볼살은 싸구려 고기였다. 프랑스 내장 푸줏간에서는 저렴한 '포토푀(pot au feu, 고기와 야채를 오랜 시간 뭉근하게 끓인 수프)' 재료로 판다. 빅토리아의 가사 입문서에서는 근면한 서민들의 별미로 추천한다. 볼살 안에 있는 교근—턱의 측면에 있는 저작근의 하나, 광대뼈에서 시작되어 아래턱뼈로 이어지므로 아래턱을 끌어올려 위턱으로 밀어붙이는 작용을 한다—은 무게가 약 200그램 정도 나가며 점점 더 많은 최고의 셰프들이 볼살에 매력을 느끼는 이유도 바로 이것 때문이다. 소의 정강이처럼 교근 역시 얇은 고기와 콜라겐이 붙어 있다. 콜라겐은 장시간 조리하면 부드러워진다. 도브 드 뵈프(daube de boeuf)나 뵈프 부르기뇽(boeuf bourguignon) 같은 고전 요리의 소스에 넣고 자작자작 끓이면 특유의 진한 맛과 농밀함을 더해준다.

프랑스는 일소를 개량한 몸집이 크고 억센 품종 덕분에 황소 볼살의 부활을 주도하였다. 머리와 머리 근육 모두 애버딘-앵거스 같은 품종보다 훨씬 크다. **MR**

Taste: 송아지 간은 다른 간보다 훨씬 달짝지근한, 깔끔하고 뚜렷한 맛에, 입안에서 녹는 듯한 질감과 기분 좋은 냄새가 나야 한다.

Taste: 천천히 익힌 황소 볼살의 질감은 부드럽고 아교질이며 즙이 많다. 진한 쇠고기맛을 내지만 소꼬리보다는 덜 두드러진다.

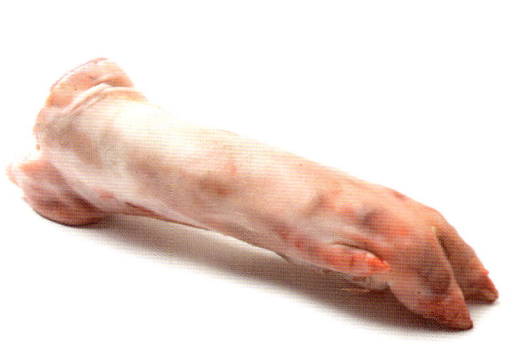

돼지 족발 Fig's Trotter

20세기 후반까지 돼지 족발은 촌뜨기들이나 먹는 음식이었다. 약 10시간 가까이 천천히 브레이즈해서 빵가루를 묻히거나 껍질을 벗겨 말린 완두콩과 함께 담아낸다. 돼지고기 푸줏간에서는 터린—고기 파이 등을 담아서 파는 오지 접시 또는 단지—을 장식하는 젤리로 만든다. 그리고 나서 누벨 퀴진이 도래하고 셰프들이 돼지 족발을 호화 음식으로 탈바꿈시키면서 제2의 인생이 시작되었다. 돼지 족발은 브레이즈해서 뼈를 발라 낸 뒤 커스터드, 스위트브레드, 트러플 등을 채운 뒤 모양을 다시 빚어내서 와인 소스와 담아낸다.

족발 자체에는 살이 거의 없지만, 겉껍질은 조리하면 부드럽고 젤리처럼 변한다. 속을 채우기 전에 세심하게 긁어내야 한다. 광둥 요리에서는 돼지 족발이 특히 별미로, 새해에 행운을 비는 자리에서 종종 먹는다. 전통적으로 바이윈(白云) 산의 샘물에 데쳐낸 뒤 바삭바삭한 껍질에 새콤달콤한 소스를 곁들여 낸다. 홍콩에서도 인기가 높은데, 훈제하거나 생강과 흑초 소스를 뿌려 먹는다. **MR**

골수 Bone Marrow

고고학자들에 따르면 선사시대에 우리의 식인종 선조들은 희생자의 뼈에서 발라낸 골수를 즐겨 먹었다고 한다. 오늘날 부유층의 식탁에는 새하얀 냅킨에 싸인 소의 골수가 오르며, 그 옆에는 따뜻하고 진하고 젤리 같은 지방을 떠먹기 위한 은제 숟가락이 놓인다.

골수는 단일불포화지방과 단백질 함량이 높으며, 우리 몸 안에서 혈구를 생산하는 역할을 한다. 그러나 모든 뼈에 골수가 있는 것은 아니다. 실제로 거의 딱딱한 뼈도 있다. 골수는 팔다리, 특히 다리뼈에 많다. 뼈를 통째로 작게 토막내서 굽거나 톱으로 켜낸 뒤 골수를 긁어내 물에 삶는다.

이탈리아의 오소 부코(osso buco)는 송아지의 정강이를 저미서 골수와 함께 브레이즈한다. 프랑스 고전 요리에서는 앙트르코트 보들레이스(Entrecôte bordelaise)의 구성에서 삶은 골수의 장식을 빼놓을 수 없다. 이탈리아인들은 소의 골수를 높이 치며, 많은 리조토 레시피가 시작 단계에서 버터와 함께 골수를 쓸 것을 고집한다. 다양한 콩 수프에도 등장한다. **MR**

Taste: 간단하게 브레이즈한 돼지 족발은 거의 먹을 데가 없지만, 다른 요리의 베이스로 사용하면 다른 향미를 끌어들이고 북돋워 입안에 착착 달라붙게 만든다.

Taste: 골수의 맛은 좋은 쇠고기에서 뚝뚝 떨어지는 기름과 비슷하다. 매끄럽고 은근한 육향이 나지만, 절대로 생고기 특유의 비린내는 나지 않는다. 가볍게 굳힌 징켓처럼 물렁물렁하며 상당히 기름지다.

양 머리 Sheep's Head

양 머리를 처음 먹기 시작한 것은, 짐승을 잡으면 그야말로 뼈 한 조각도 허투루 버리지 않았던 시절이지만, 오늘날에도 다양한 문화권에서 즐겨 먹고 있다.

노르웨이와 아이슬란드에서 전통적으로 훈제한 양머리는 가을이 왔음을 알리는 신호나 마찬가지였다. 여름 내내 풀을 뜯던 언덕에서 양떼를 몰고 내려오면 양을 잡는다. 수요에 따라 일부는 도축하고, 나머지는 겨우내 털과 고기를 얻기 위해 우리에 넣는다.

아이슬란드에서는 오늘날에도 해마다 토라블로트(Thorablott)에는 털을 그슬려서 없앤 양 머리를 먹는다. 토라블로트는 어마어마하게 많은 양의 음식을 먹고 마시는 것으로 유명한 봄 축제이다. 스코틀랜드에서는 성실한 목사라면 토요일 저녁이면 앉아서 일요일의 설교를 작성해야 하는데, 이 때 저녁식사로 삶은 양머리 국물이 나왔으며, 일요일 저녁때도 역시 찬 국물을 먹었다.(1828년에 출간된 『요리사와 가정주부를 위한 안내서 The Cook and Housewife's Manual』에 나오는 레시피는 "커다랗고 살진 머리로 고를 것"이라는 문장으로 시작한다.) 이탈리아에서는 점점 인기가 시들해지고 있지만, 전통 레스토랑, 예를 들면 뉴욕의 리틀 이탈리아에 있는 음식점에서는 여전히 메뉴에 올라 있다.

그러나 중동에서는 여전히 인기가 좋은 음식으로, 피로연에는 반으로 쪼개서 구운 양머리에 눈알을 곁들여 낸다. 이라크에서는 양 머리와 위(胃)와 족(足)을 고깃국물에 천천히 삶아 전통 요리 파차(pacha)를 만든다. 카자흐스탄과 키르기스스탄에서는 화려하게 차린 정찬 베쉬바르마크(Beshbarmak)를 먹을 때면 삶은 양 머리가 나온다. 특히 양 머리는 명예로운 손님에 대한 크나큰 존경의 표시로 낸다. 뇌와 혓바닥 고기도 보통 함께 곁들인다. 카자흐스탄에서는 젊은이들이 양의 귀 고기를 먹으면 주의력이 좋아진다고 한다. **BF**

소 양 Tripe

보통 황소나 송아지, 또는 양이나 사슴에서 얻는 양은 짐승의 위(胃), 혹은 더 정확히 말하자면 반추 동물의 소화 기관을 구성하는 네 개의 위실(胃室)을 가리키는 말이다. 첫 번째 위실(rumen, 반추위)은 삼킨 먹이를 담아놓는다. 이 먹이를 게워내서 다시 씹어 삼켜 두 번째 위실(reticulum, 벌집위)을 거쳐서 세 번째 위실(psalterium, 겹주름위)로 내려가며, 최종적으로 네 번째 위실(abomasums, 주름위)에 당도한다. 각각의 위실은 그 질감과 맛이 제각각이다. 네 개의 위실 모두 북북 문질러 씻어야 먹을 수 있다.

자메이카에서 터키에 이르기까지 양은 몸을 뜨뜻하게 해주는 수프의 베이스로 쓰인다. 네 개의 위실을 함께 넣고 송아지 발, 양파, 당근 등과 함께 열 시간 가까이 보글보글 끓이면 노르망디의 별미인 트립 아 라 모드 데 캉(tripes à la mode de Caen)이 된다(이 요리를 만들 때에는 송아지 양을 최고로 친다). 스페인의 카요스 아 라 마드리렐냐(callos a la madrileña)에서는 양을 스파이시한 코리조 소시지와 모르칠라(블랙 푸딩) 등의 재료와 함께 스튜로 끓인다. 잉글랜드에서 양파와 화이트 소스를 곁들인 벌집위는 한때 가난뱅이의 음식이었으며, 오늘날에도 북부 지방에서는 향수를 불러일으키는 요리이다.

1960년대에 잉글랜드 북부에서는 양 레스토랑들이 우후죽순으로 생겨났으며, 유나이티드 캐틀 프로덕츠 사(社)가 운영했기 때문에 UCP라는 이름으로 불렸다. 점포 개수가 150개가 넘었으며, 의외로 매우 세련된 분위기에서 양 요리를 제공하는 것이 특징이었다. 눈이 부실 정도로 깨끗한 테이블보에, 은제 식기에 음식을 담아 냈다. 그러나 1970년대에 패스트푸드의 시대가 도래하면서 결국 살아남지 못하고 햄버거 체인인 윔피에 매각되었다. 양은 오늘날까지도 잉글랜드에서는 노동자 계급의 음식이라는 이미지가 강하지만, 다른 지역에서는 향토 요리로 보는 편이다. **MR**

Taste: 그릴한 양 머릿고기의 향미는 평범한 양고기와 비슷하며, 볼살은 (뭉근한 스튜로 끓였을 때보다) 질감이 더 풍부하다. 뇌는 함께 낼 때도 있고 그렇지 않을 때도 있는데, 버터처럼 녹는다.

Taste: 모두 함께 넣고 스튜로 끓이면, 네 개의 위실은 아교질이고, 진하고, 원기를 왕성하게 북돋는다. 양의 질감은 어떤 위실을 사용하느냐에 따라, 그리고 어떻게 조리하느냐에 따라 달라진다.

프랑스에서 양은 전통적으로 양 전문 푸줏간(triperie)에서 취급한다. 특히 노르망디와 오베르뉴 지방에서 인기가 높다. ➊

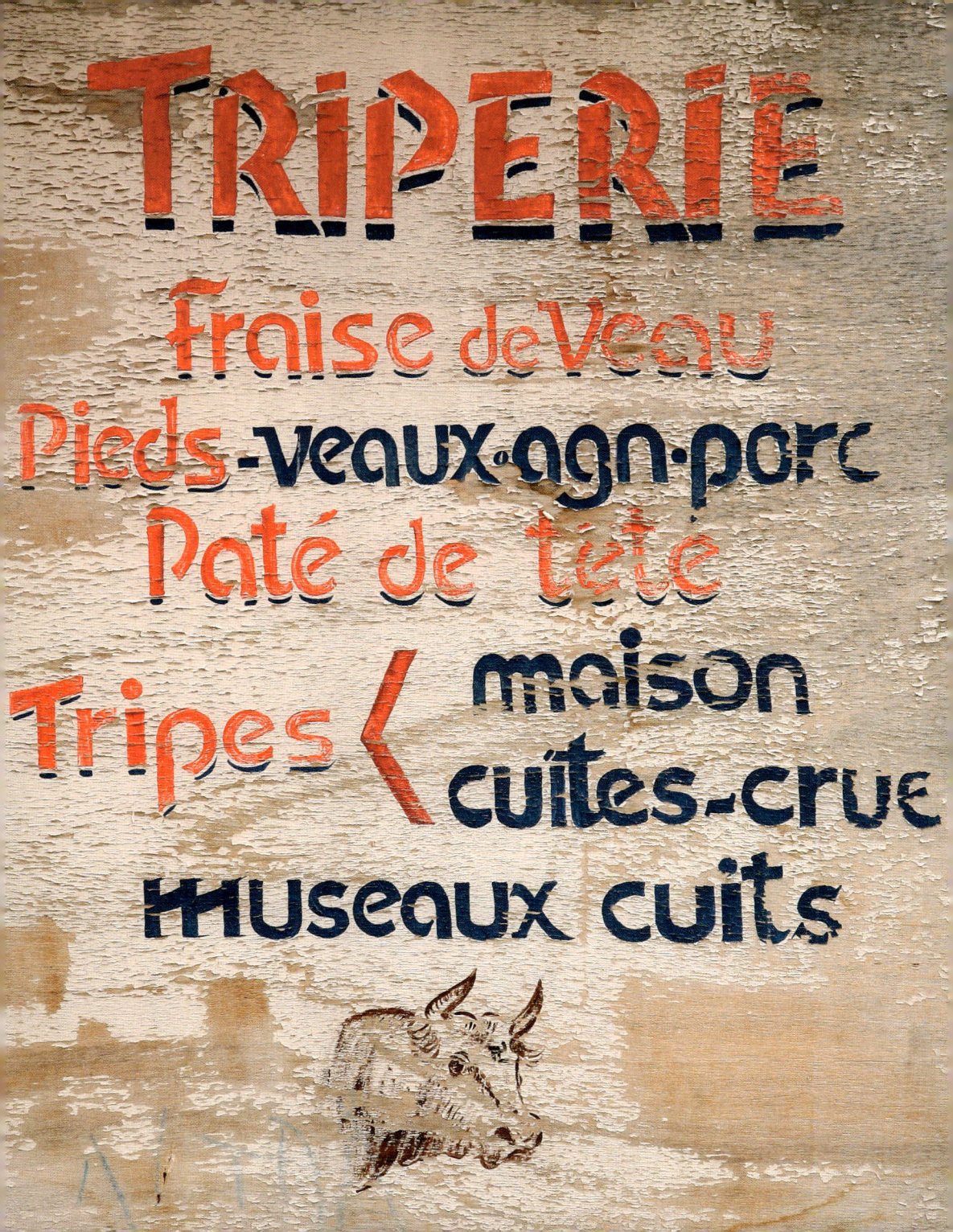

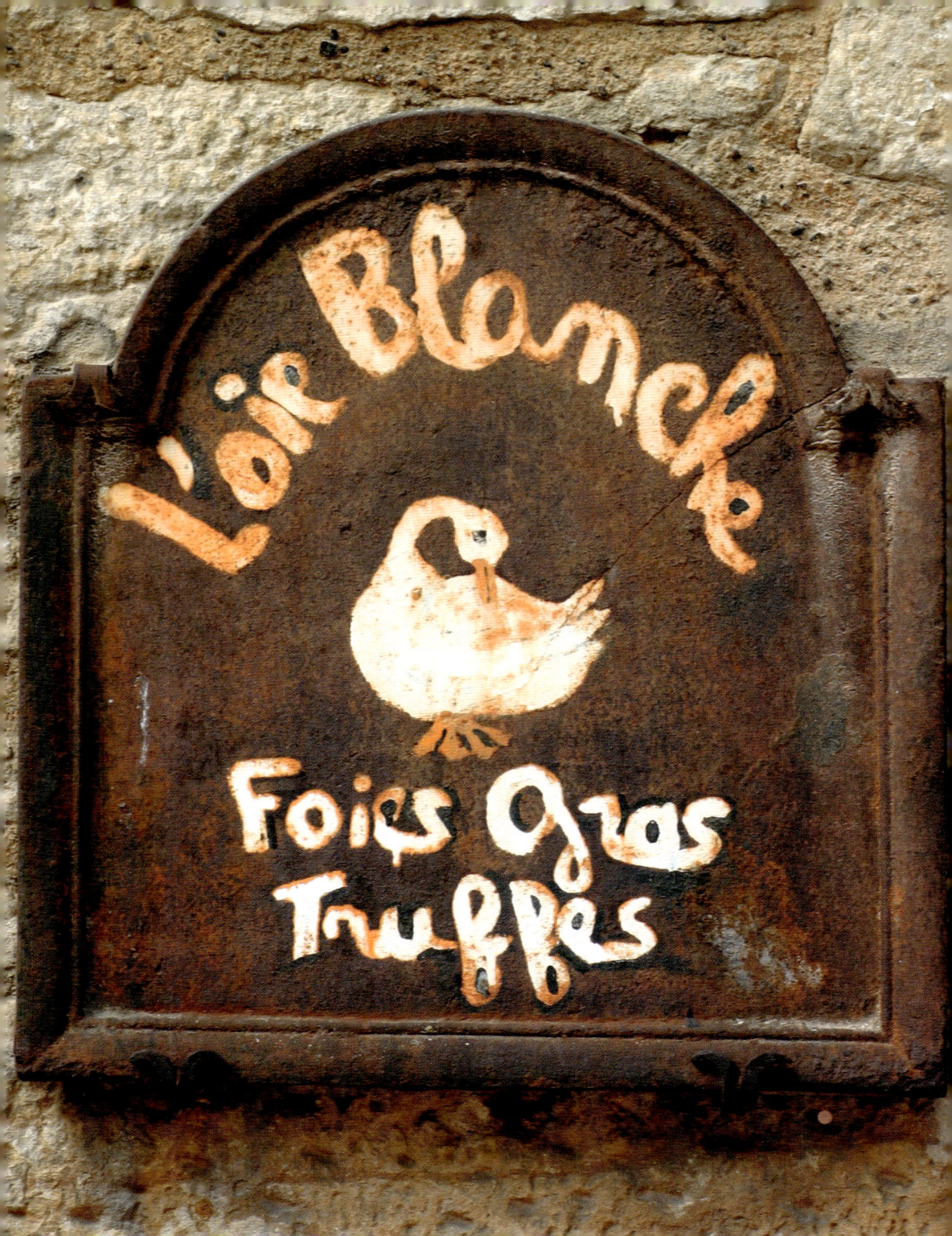

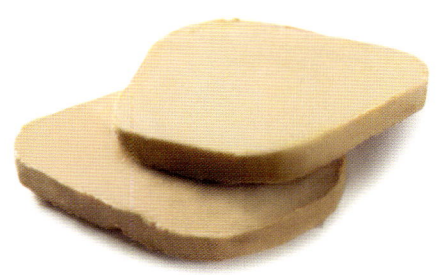

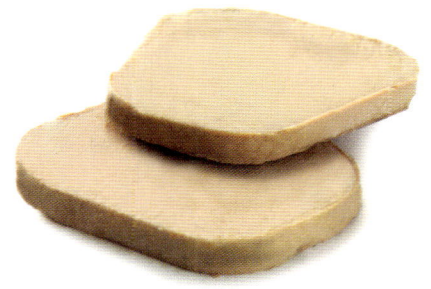

푸아 그라 드 카나르 Foie Gras de Canard

오리에게 옥수수를 잔뜩 먹여 간이 약 450그램까지 나가도록 살을 찌우면, 전 세계적으로 유명한 럭셔리 푸드인 푸아 그라 드 카나르가 탄생한다. 프랑스 남서부의 작은 농장에서는 오리를 자유롭게 놓아기르며, 마지막 2~3주만 정해진 식단대로 먹인다. 동물 학대 문제가 불거지는 것은 오리를 우리에 가두어 기르는 공장식 생산자들이 이러한 시스템을 악용하기 때문이다.

전문가들은 이 사치스러운 별미의 서로 다른 스타일을 구별해낼 수 있다. 보르도 남쪽의 랑드에서 생산한 푸아 그라 드 카나르는 좀더 크리미하고 실키하다. 가스코뉴의 베아른에서 생산한 것은 농가의 풍미가 느껴질 듯 소박하고 전원적이다. 신선한 생 푸아 그라를 얇게 저며 먹는 것이 그 맛과 질감을 제대로 음미할 수 있는 최고의 방법이지만, 마데이라, 포트 와인, 아르마냑(프랑스 남서부 가스코뉴 지방의 아르마냑에서 생산하는 독특한 브랜디), 트러플 즙 등에 재워 두었다가 천천히 진공 조리하면, 매끄럽고 강력한 향기를 자랑하는 테린 요리가 탄생한다.

푸아 그라라는 이름은 법규로 엄격하게 보호받고 있으며, 푸아 그라 파르페, 무스, 파테 등은 단지 푸아 그라가 첨가되었을 뿐이다. **MR**

헝가리 거위 간 Hungarian Goose Liver

역사가들에 의하면 처음으로 거위를 살찌워서 그 부푼 간을 먹은 것은 파라오 통치 시대 이집트인들이라고 한다. 이 맛좋은 간은 오늘날 푸아 그라라고 알려져 있다. 이 기술은 중세 시대에 아마도 유대인 공동체를 통해 유럽으로 퍼져 나가 도나우 강 건너 헝가리까지 다다랐는데, 이곳에서 간을 얻기 위한 거위 사육은 거의 예술의 경지에 가깝다. 일단 몸집을 크게 키우는데, 살찌우는 데 좋은 특수한 품종의 옥수수를 먹이며, 마시는 물에도 하얀 점토 용액을 섞는다. 과식을 시키면 높아진 혈중 지방이 간으로 이전된다(헝가리인들은 한 마리 간 중량이 900그램이 넘는 오로샤자 종 거위를 선호한다).

헝가리에서는 구운 거위 간(sült libamáj)을 조리하기 전에 우유에 담가두었다가 뜨거운 거위 지방으로 색을 들여서 파프리카로 양념을 한다. 헝가리 레스토랑에서 거위 간은 거의 어디서나 찾아볼 수 있는 메뉴로, 프라이팬에서 튀기거나, 소로 만들거나, 과일을 곁들이거나, 벌꿀을 쳐서 먹으며, 간단하게 빵에 올려 후추와 함께 내기도 한다. **MR**

Taste: 푸아 그라는 그 맛도 맛이지만 질감이 독특하다. 기름지고, 매끄럽고, 입에서 사르르 녹으며, 벨벳처럼 부드럽고, 크리미하다. 간의 맛이 지나치게 두드러지거나 강하지 않다.

Taste: 간의 맛은 순하지만 생으로 먹으면 희미한 금속성 활기가 느껴지며, 조리하면 사라진다. 질감은 오리 간과 비슷하지만 좀더 꽉 차있는 느낌이다.

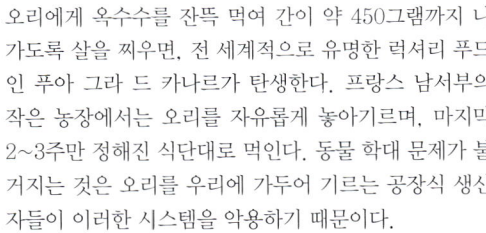

프랑스 남서부 도르드뉴 지방 사를라(Sarlat)에 있는 오래된 상점. 푸아 그라와 트러플을 판다는 표시가 붙어 있다.

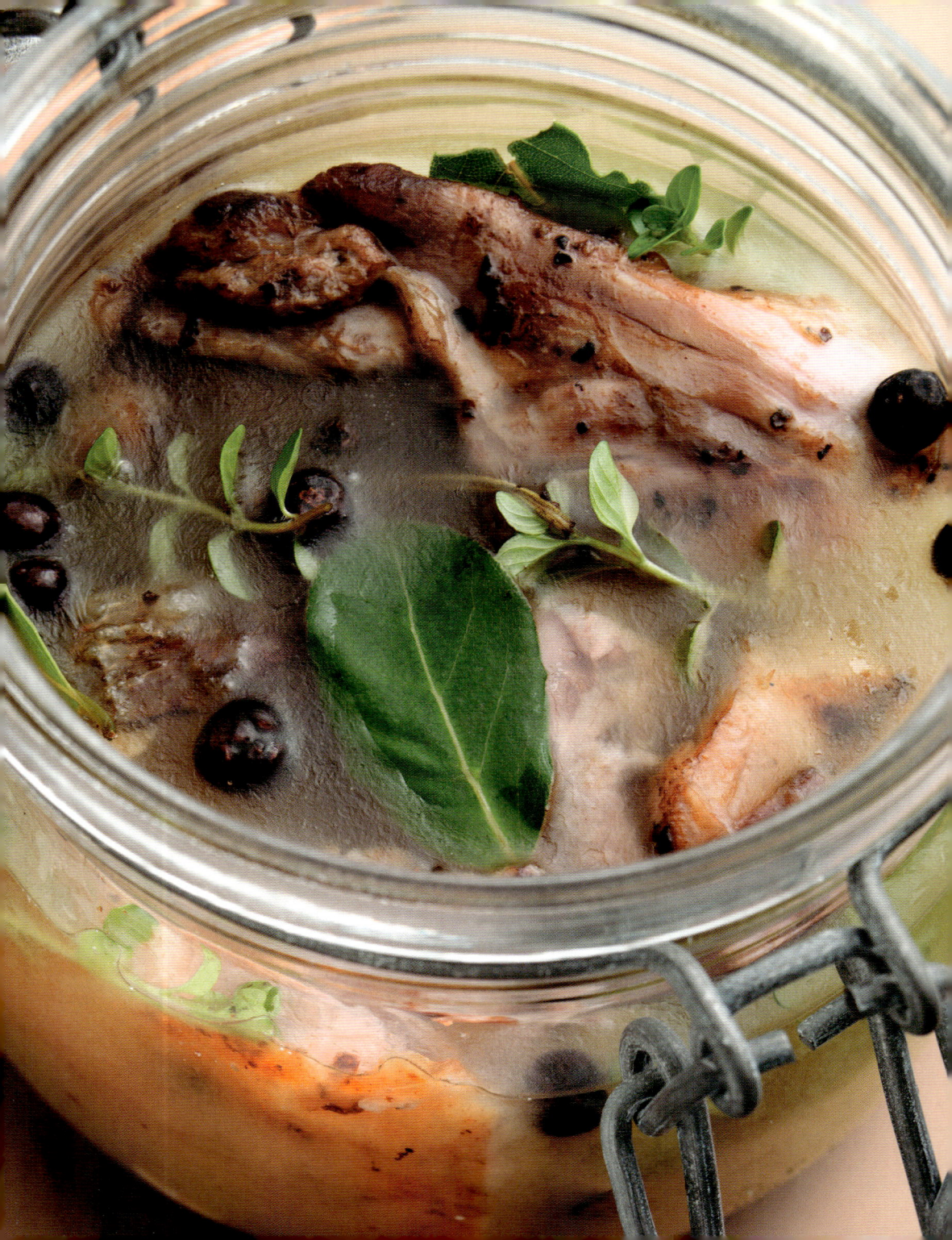

콩피 Confit

언뜻 보기엔 상한 것처럼 보이는—고기를 거의 녹을 때까지 조리 과정에서 흘러나오는 기름에 서서히 익힌 뒤, 지방에 담가 상하지 않도록 봉인한—음식은 사실 가장 실제적인 목적, 즉 육류를 겨우내 먹기 위해 보존하기 위하여 만들어졌다. '콩피'는 프랑스어로 '보존'을 뜻하며, 특히 프랑스 남서부 지방에서는 아주 오랜 옛날부터 이렇게 하여 음식을 보존하였다.

그 처리 과정에서 고기—주로 거위, 오리, 또는 돼지고기—가 부드러워지며, 살균한 단지에 조림(또는 통조림)으로 만들면 몇 달이고 두고 먹을 수 있다. 거위 고기는 특히 콩피어 잘 어울린다. 천천히 사육한 거위, 특히 푸아 그라를 얻기 위해 기른 거위는 피하 지방은 물론 내장 지방도 많다. 허벅다리를 높이 치며, 날개는 부드러워서 그 가치를 인정 받는다.

그 밖의 맛좋고 향긋한 콩피는 야생 육류, 토끼, 칠면조, 그리고 모래주머니부터 혓바닥고기에 이르기까지 잡육으로 만들어진다. 오늘날 셰프들은 새끼양이나 소꼬리처럼 덜 전통적인, 그러나 지방이 많은 육류를 사용한 버전을 만들어내기도 한다.

프랑스에서는 콩피를 차게 낼 때면 그 기름진 맛을 상쇄하기 위해 민들레나 꽃상추처럼 쓴쓸한 맛의 샐러드를 곁들인다. 콩피는 종종 다른 요리에 맛을 내기 위해 재료로 쓰이기도 한다. 프랑스에서는 강낭콩과 여러 종류의 고기를 넣어 만드는 카술레 요리에 거위와 오리 콩피를 즐겨 넣는다. 알자스 지방의 슈크루트 가르니(choucroute garnie)에서도 꼭 들어가야 하는 것은 아니지만 종종 재료로 들어간다.

콩피 기법은 세계의 다른 지역에서도 찾아볼 수 있다. 예를 들면 레바논의 산악 민족들이 먹는 전통적인 겨울 음식인 카와르마(qawarma)는 팻테일 양의 꼬리에서 얻은 지방에 조린 다진 양고기로 만든다. **MR**

Taste: 콩피의 맛과 질감은 그 최종 용도에 따라 다르다. 스튜에서는 뼈에서 고기가 떨어진다. 구우면 껍질은 아삭아삭하고, 살코기는 기름지고 사르르 녹는다.

칼라야 Qalaya

이 보존 처리한 고기는 때때로 클레아(khlea) 또는 켈레아(khelea)라고도 하며, 레바논, 모로코, 그리고 알제리 음식에서 매우 중요한 역할을 한다. 냉장 기술이 발달하기 전, 지중해 동부와 북아프리카 주민들은 프랑스의 콩피와 비슷한 방법으로 고기를 저장하여 두고 먹었다. 고기를 지방에 장시간 천천히 조리하면, 질감이 쿠드러워지며 그 향미는 그대로 남는다.

가장 흔히 사용하는 육류는 쇠고기로, 먹기 좋은 크기로 잘라서 소금과 마늘을 넉넉히 뿌려 문지른다. 그런 다음 다양한 스파이스—코리앤더 씨, 커민 가루, 파프리카, 말린 민트, 그리고 때때로 사프론—를 섞은 러브로 다시 한번 문지른 뒤, 오지그릇에 담아 하룻밤 정도 서늘한 곳에서 재워둔다. 마지막으로 뜨거운 여름철의 햇빛 아래로 내가 말린다. 칼라야는 밤에는 밖에 내놓지 않는데, 찬 이슬의 습기 때문에 부패가 빨라질 수 있기 때문이다. 이제 고기를 조리할 수 있게 되었다.

매리네이드가 잘 재워진 고기 조각을 양고기나 쇠고기 지방에 바싹바싹할 때까지 튀긴다. 종종 올리브유를 더하기도 한다. 식으면 고기를 단지에 둔은 다음 팬에 남아 있는 지방으로 입구를 완전히 막는다. 밀봉한 단지를 보관해 두었다가 꺼내 먹을 때에는 내용물을 건져내고 지방을 긁어낸 다음 필요 이상의 소금기는 씻어낸다.

칼라야는 타진, 쿠스쿠스, 스튜에 맛을 내기 위해 넣기도 한다. 때로는 콩, 렌틸콩, 보리, 호박 등과 함께 조리하는 경우도 있다. 마그레브(북아프리카의 알제리, 튀지니, 모로코 등을 아우르는 지역)에서 신선한 육류의 값은 나날이 올라가고 있기 때문에, 대다수의 가정에서는 가까운 시장에서 미리 만들어놓은 칼라야를 구입하지만, 가정에서 손수 만든 진짜 칼라야의 맛을 선호하는 순수주의자들도 있다. 그러나 대다수의 사람들에게 가정에서 만든 1년치 칼라야는 상당한 금액의 지출을 의미한다. **WS**

Taste: 따뜻하고 스파이시하며, 양고기의 진하고 거친 맛과 칠리의 매운 맛이 더해진 칼라야는 아랍의 시장의 향기와 풍미를 선명하게 불러일으킨다.

단지에 육류 자체에서 나온 지방을 담고 조리한 고기를 넣으면, 방부제 작용을 하여 오랫동안 두고 먹을 수 있게 된다.

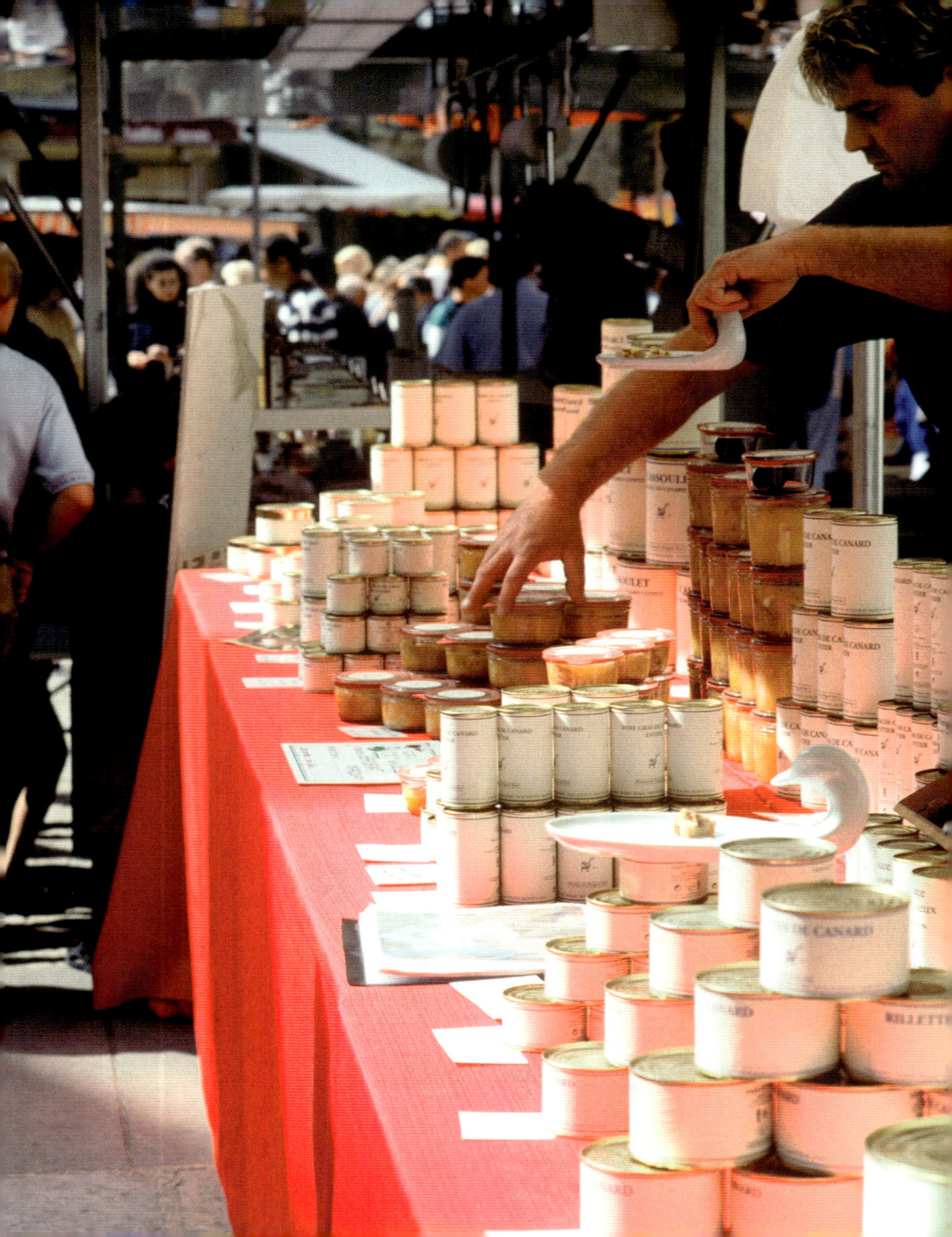

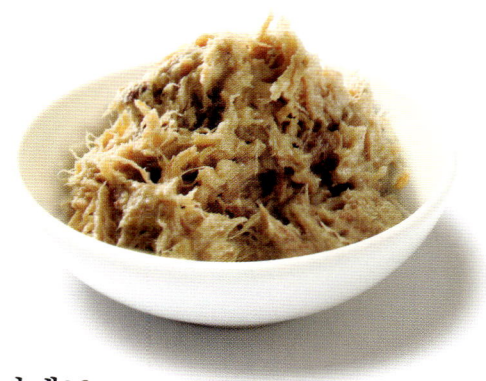

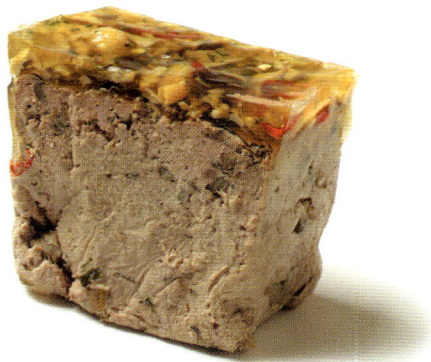

리예트 Rillette

이 맛있는 돼지고기는 중세 말기에 태어났다. 리예트라는 이름은 옛 프랑스어로 '귀(rille)' 또는 '얇고 길쭉한 지방 덩어리(reille)'에서 유래한 듯하다. 무엇보다도 돼지고기—때때로 다른 육류와 섞기도 한다—를 그 조리 과정에서 흘러나온 기름에 장시간 뭉근하게 익히면 고기의 섬유가 걸쭉하게 뚝뚝 떨어질 정도가 된다. 이것을 식히면 부드럽고 발라 먹을 수 있는 유제(乳劑)가 되는데, 대략 살코기와 기름의 비율이 2:1 정도 된다.

　　리예트의 가장 유명한 두 가지 스타일은 투르 식과 르 망 식이다. 루아르 계곡에서 만드는 리예트 드 투르는 더 짙고 매끄러우며, 조리 시작 단계에서 불에 고기를 그슬리기 때문에 색이 더 진하다.(리예트와 비슷한 리용(rillons)은 돼지그기 살코기 덩어리를 딱딱해질 때까지 뭉근하게 끓인 뒤, 차게 식힌 기름에 담아 놓는다.) 리예트 뒤 망은 색이 더 연하며 작은 돼지고기 조각들이 들어 있다. 둘 다 돼지고기 전문 푸주한의 솜씨에 따라 품질이 좌우된다. 비결은 고기를 양념의 향미를 빨아들인 기름과 졸아든 육즙에 섞는 데에 있다. **MR**

파테 드 캉파뉴 Pâté de Campagne

전원적이고 목가적인 이름은 차치하고라도, 파테 드 캉파뉴는 프랑스의 파테와 테린의 기나긴 역사에서 아담과 하와와도 같은 존재이다. 맛이 진한 고기와 연한 고기, 단단한 지방과 부드러운 지방이 섞여 균형을 이루고 있으며, 여기에 돼지 간이 들어가 거의 발라 먹을 수 있을 정도로 부드러운 질감을 선사한다. 다지거나 아니면 잘게 써는 편이 더 좋은데, 피클용 소금, 허브, 스파이스 등과 함께 섞어 때때로 와인에 재우거나 아니면 코냑이나 아르마냑으로 마무리한 뒤 굽거나 찌거나, 또는 중탕 냄비에서 보글보글 끓인다.

　　프랑스 전역의 시장과 돼지고기 푸줏간에서 찾아볼 수 있으며, 그 품질은 장인의 전통적인 솜씨를 반영한다. 프랑스 국외에서 파는 빈약한 대량 생산 파테 드 캉파뉴와는 달리, 돼지를 천천히 마음대로 놓아 기르며 살찌운 덕분에 원기 왕성하고 영양가도 높다.

　　돼지고기 살코기 대신 자고새, 멧토끼, 멧돼지 등의 야생 육류를 사용할 수도 있다. 파테 드 캉파뉴와 패스트리에 넣어 구워내는—앙 크루트(en croûte)라고 한다—파테 사이의 가장 기본적인 차이는 후자어는 간이 들어가는 경우가 거의 없어 더 단단하다는 점이다. **MR**

Taste: 보통 딱 한 차례 새끼를 낳은 성숙한 암돼지로 만든다. 리예트는 언제나 진하고 기름지며, 최고 장인의 솜씨의 경지에 다다른 돼지고기 맛을 보여준다.

Taste: 신선한 파테 드 캉파뉴에서는 육류와 스파이스 향이 어우러져 있다. 원기왕성한 향미는 어느 것 하나 튀지 않고 조화로운 전체로 녹아든다.

농부들의 시장에서 리예트를 팔고 있는 노점. 보통 차게 식혀서 빵이나 토스트에 발라 먹는다.

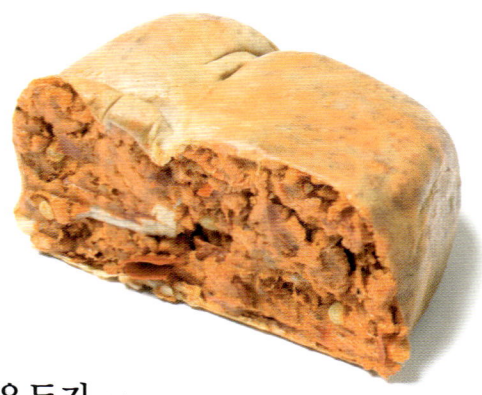

은두자 Nduja

이 환상적인, 후추처럼 매콤하고 발라먹을 수 있는 살라미는 이탈리아 반도의 장화 발부리에 위치한 칼라브리아 지방에서 유래하였다. 돼지고기, 지방, 소금으로 만들며 칼라브리아산 빨간 칠리 고추(페페론치니(peperoncini))가 잔뜩 들어간다—덕분에 선명한 빨강색과 그 매운 맛을 얻을 수 있다. 묘하게도 입에 불이 나는 것 같은 빨간 고추의 폭발적인 매운 맛에는 미약의 효과가 있다고 한다.

은두자라는 이름은 프랑스의 별미인 앙두이—돼지고기, 곱창, 후추, 양파, 와인, 양념 등을 사용해서 만든 입자가 굵은 훈제 소시지—에서 온 듯하다. 앙두이(andouille)는 중세에 프랑스가 이탈리아 반도에 세력을 떨쳤을 당시에 전해진 것으로 알려져 있다. 양념한 돼지고기를 돼지 창자로 만든 외피에 밀어 넣은 뒤, 향기가 좋은 나무 장작불 위에서 훈제한다. 몇 달 정도 성숙시켰다가 먹는다. 안티파스토로 먹으면 환상적이며, 파티 음식으로도 훌륭하고, 양념으로 쓰면 맛도 좋고 다재다능하다. 외피에서 바로 떠내서 빵에 발라 먹거나 있는 그대로 먹어도 좋다. 파스타 소스에 넣어 휘저으면 활력과 밀도가 높아진다. 칼라브리아에서 은두자를 먹는 가장 인기있는 방법은 작은 테라코타 단지에 넣어 데운 뒤 촛불 위에 걸어놓고 딥으로 먹는 것이다. **LF**

Taste: 촉촉하고 충실하며, 훈제 향과 스파이시한 활기가 혀 위에서 춤을 춘다. 매운 음식을 좋아한다면 은두자를 사랑하지 않을 수 없을 것이다. 매운 맛을 살짝 조절하고 싶으면 리코타를 약간 곁들일 것.

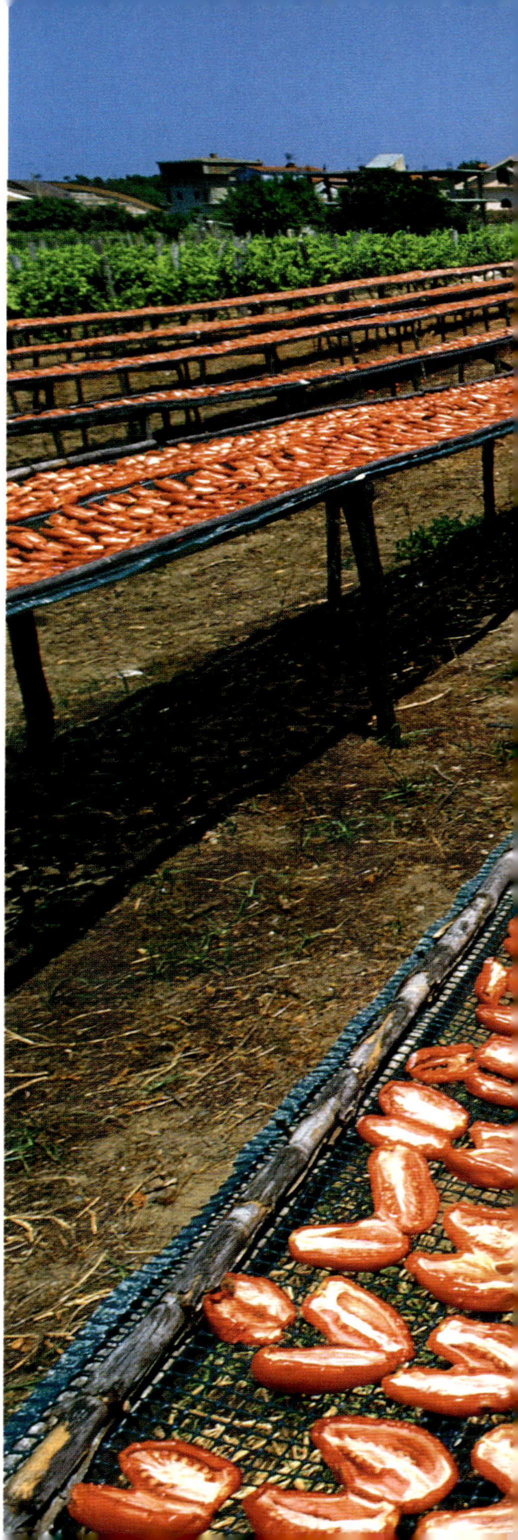

따스한 날, 은두자의 맛을 내는 데 쓰는 칼라브리아의 칠리 고추를 야외에서 말리고 있다. ➡

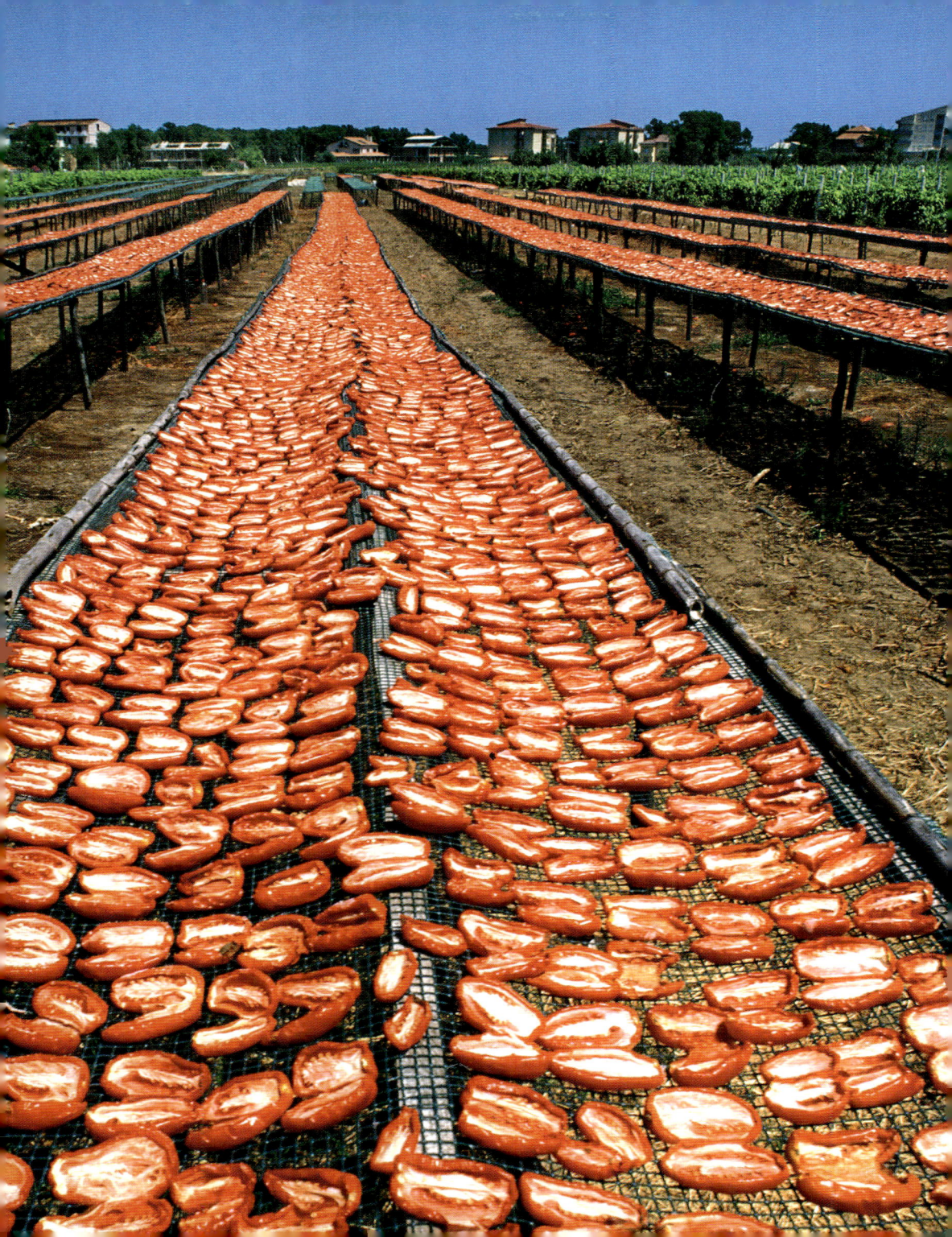

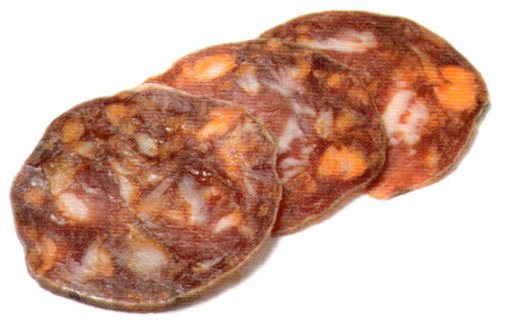

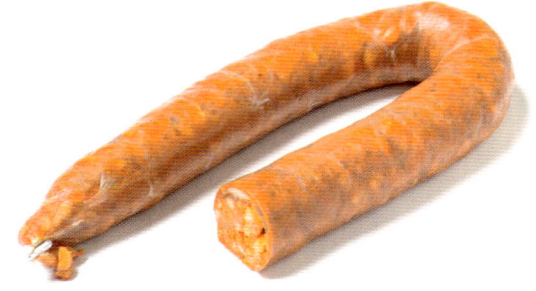

초리조 이베리코 데 베요타
Chorizo Ibérico de Bellota

환상적인 하몽 이베리코 데 베요타(Jamòn Ibérico de Bellota), 로모 이베리코 데 베요타(Lomo Ibérico de Bellota)와 함께, 초리조 이베리코 데 베요타는 체드로 이베리코라는 이름의, 발이 까맣고 털이 뻣뻣한 독특한 품종의 돼지고기로 만든다. 이베리코 돼지들은 데헤사(dehesa)라고 부르는, 스페인의 아라체나와 에스트레마두라 지방에 펼쳐진 숨막힐 정도로 아름다운 유기농 네트워크 지역에서 마음대로 돌아다닌다. 이곳에는 참나무와 코르크나무가 많아 돼지들은 게걸스럽게 그 열매를 먹어치우며, 마침내 도축하기에 적합한 몸무게가 된다.

하몽은 돼지 다리, 로모는 안심 전체로 만들지만, 초리조는 그 외의 부위에서 선별한 고기로 만든다. 모든 이베리코 데 베요타의 생산 철학에 발맞추어, 초리조 역시 수제 생산한다. 돼지고기를 소금, 마늘, 허브, 파프리카와 함께 양념하는데, 파프리카는 훈제의 향미와 초리조 특유의 짙은 붉은 빛깔을 더해준다. 그런 다음 천연 외피에 밀어넣고 두 달간 염장한다.

초리조 이베리코 데 베요타는 실온에서 얇게 썰어서 먹어야 한다. 보통 타파로 내는 경우가 많다. **LF**

초리조 리오하노
Chorizo Riojano

장인의 손끝에서 탄생하는 스페인의 초리조는 전통적으로 생산되는 지역에 따라 경이로울 만큼 다양하다. 초리조 리오하노(IGP)는 스페인 북부 라 리오하 지방의 특산물이다. 최고급 돼지고기, 소금, 파프리카, 마늘을 사용하여 수작업으로 만들며, 조리에 알맞게 부드러운 염장 소시지이다. 전통적으로 수프, 스튜, 파에야에 훈제향과 매콤한 깊이를 더하기 위해 사용한다. 대부분의 다른 초리조처럼 달콤한 맛(둘체(dulce))와 매운 맛(피칸테(picante)) 두 종류가 있다.

오늘날과 같은 형태의 초리조는 스페인의 다른 소시지나 염장 육류만큼 역사가 그리 길지 않다. 피멘토나 고추로 만드는 피멘톤은 16세기에야 처음 등장하였으며, 그 전까지 초리조는 희끄무레한 색깔이었다. 피멘톤은 원래 돼지고기가 상하는 것을 방지하기 위해 넣었으나, 이제는 그 특유의 파프리카 향미가 없는 초리조란 상상하기도 어렵게 되었다.

초리조 리오하노는 돼지 창자로 만든 자연 외피에 넣어 길다란 모양이나 고유의 말발굽 모양으로 만든다. 그릴에 굽거나, 삶거나, 소테 또는 바비큐로 만들어도 좋고, 다양한 요리에 매콤한 맛을 더하기 위해 넣기도 한다. **LF**

Taste: 기름지고 충실하며. 매운 맛과 달콤한 훈제 향의 절묘한 균형이 환상적인 향미를 이끌어낸다. 풍부한 지방 마블링이 입안에서 아름답게 녹아내린다.

Taste: 초리조 리오하노는 복합적이고 풍부한 향미와 쥬이시한 질감을 자랑한다. 마늘 향이 두드러지며 균형이 잘 잡힌 스모크 풍미에 특유의 매콤한 맛이 더해져 활기를 띤다.

초리조는 다른 건조 염장 소시지 및 육류와 함께 줄에 매달아서 진열해 놓는다. ➡

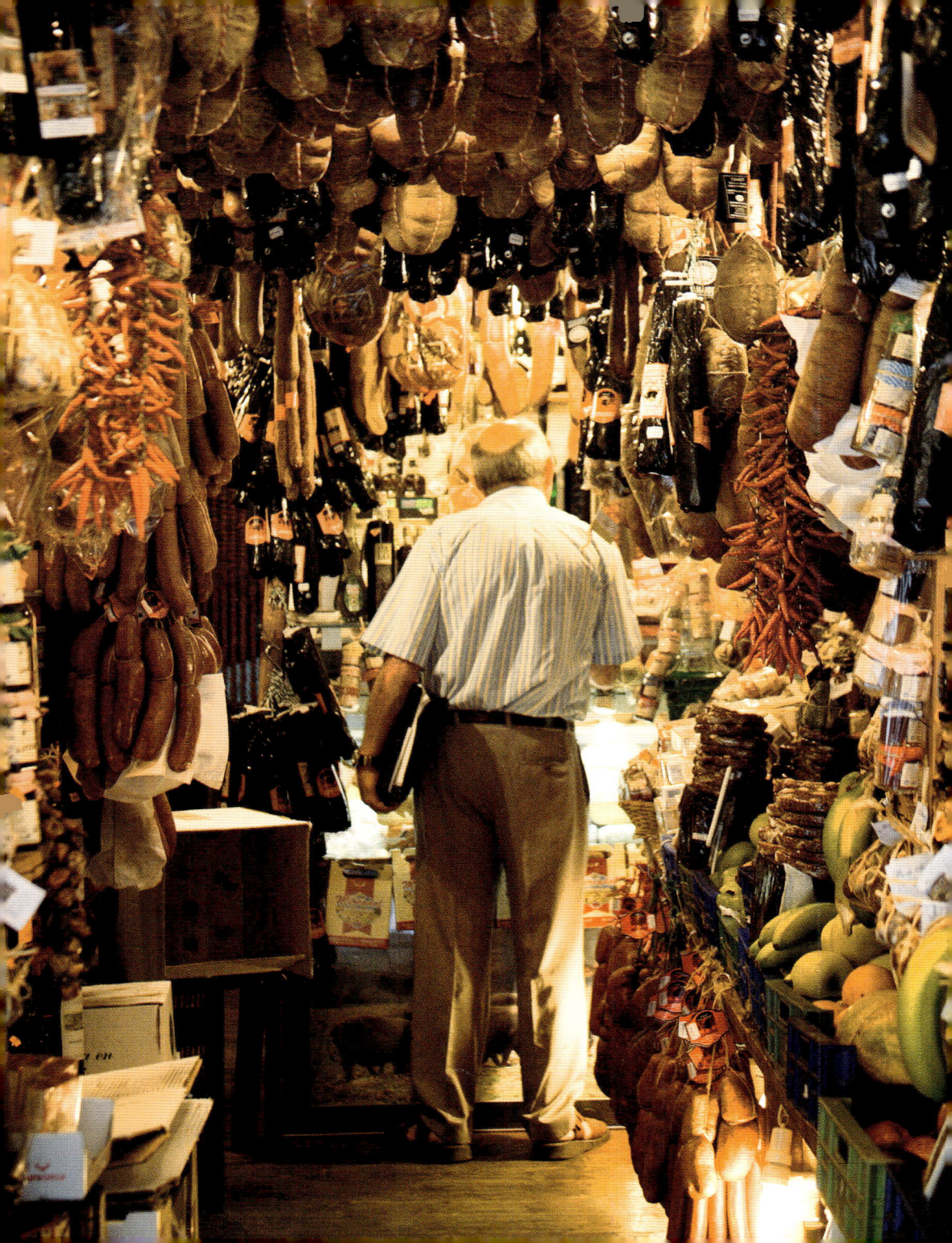

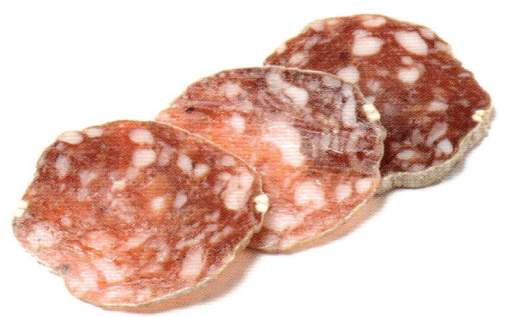

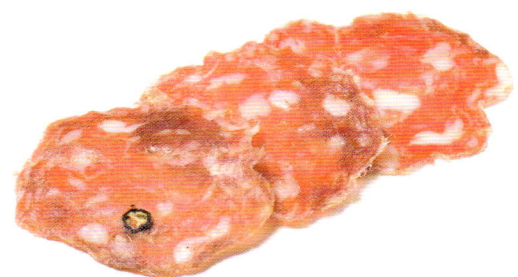

살치촌 데 비크 Salchichón de Vic

염장 돼지고기 제품이라면 스페인 사람들에게 물어보라. 살치촌 데 비크는 이들의 솜씨를 보여주는 좋은 예이다. 통후추가 박혀 있고, 매혹적으로 맛이 진한 이 소시지는 천연 식단으로 사육한 돼지에서 얻은 최고급 부위 돼지고기로 만들며, 스페인의 카탈루냐 피레네와 대서양 해안 사이에 위치한 고도 400~600미터의 구릉지대인 라 플라나 데 비크에서 염장한다. 이 환상적인 마이크로 기후는 살치촌의 섬세한 향미에 핵심적인 역할을 한다.

돼지고기 살코기에 등 부위 베이컨을 섞어 소금과 후추로 양념한 뒤 적어도 48시간 동안 숙성시켰다가 수퇘지 창자로 만든 자연 외피에 넣는다. 살치촌은 고기가 건조되고 특유의 향미가 발달하도록 매달아둔다. 전형적인 살치촌은 직경 7센티미터, 길이 50~60센티미터 내외이지만 더 작게 만든 것도 있다. 28개 마을에서만 생산할 수 있도록 법규로 제한되어 있으며, 살치촌 데 비크는 모든 공정이 엄격한 기준을 따르고 있음을 보증하는 IGP 인증을 받은 상표이다. **LF**

펠리노 살라미 Felino Salami

펠리노 살라미는 이탈리아에서 매우 높은 평가를 받고 있으며, 심지어 파르마 지방의 펠리노 성에 있는 18세기의 셀러에는 펠리노 살라미 박물관까지 있다. 그러나 펠리노의 살라미 생산은 18세기보다 훨씬 더 오래 전인 15세기까지 거슬러 올라간다. 이탈리아 토착 품종 돼지고기를 살코기 75퍼센트, 지방 25퍼센트의 비율로 소금과 후추만으로 양념하고 다른 것은 거의 넣지 않는다. 그런 다음 돼지의 창자에 밀어넣고 매달아 놓아 그 특유의 모양―길쭉하고, 끝부분이 약간 불룩한―이 나오도록 한다.

보통 살라미는 보존을 용이하게 하기 위해 염분 함량이 높지만, 이 지역의 마이크로 기후는 소금을 많이 사용하지 않고도 그 향미와 질감을 높일 수 있는 조건에서 숙성시켜 준다. 살라미는 냉장고에 보관하는 것이 가장 좋지만, 먹을 때 그 향미를 완전하게 즐기고 싶다면 먹기 몇 시간 전에 실온에 꺼내놓는 것이 좋다. 통후추보다 얇게, 60도 각도에서 썰면 최고의 풍미를 맛볼 수 있다. **LF**

Taste: 고기와 지방의 균형이 잘 잡힌 풍부한 맛의 살치촌 데 비크는 깊고 향긋한 맛과 긴 여운을 자랑한다. 얇게 썰어서 낸다.

Taste: 얇게 썰어서 실온에서 내는 펠리노 살라미는 부드럽고 즙이 많다. 양념에 마늘을 사용하지 않기 때문에 끝맛이 섬세하고 달콤하다.

적어도 한 달 이상 숙성시켜야 그 특유의 잿빛이 도는
하얀 외관이 발달하게 된다. ●

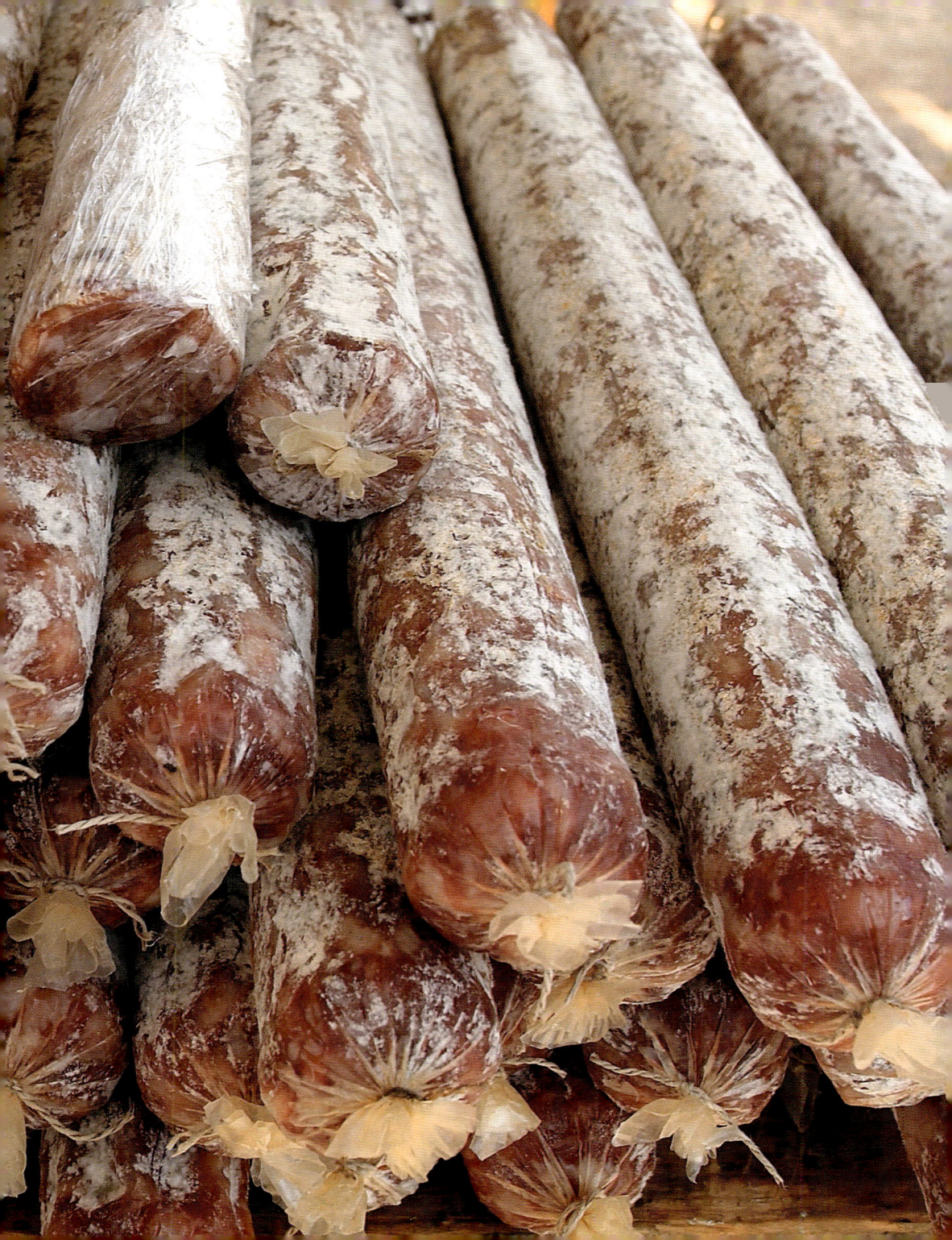

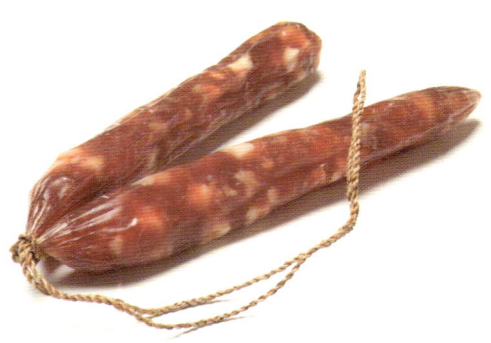

중국 소시지 Chinese Sausage

'바람으로 건조시킨' 육류는 중국의 겨울 식단에서 중요한 위치를 차지한다. 줄줄이 매달아놓은 길쭉한 붉은색의 라창(臘腸)—돼지고기로 만든 달콤짭짤한 살라미의 일종—과 유엔창(돼지 간으로 만든 소시지)은 전통적으로 겨울철이 되어 공기가 싸늘해지고 바람이 불어 소시지를 밖에다 매달아 두어도 상할 염려가 없게 되었을 때 가정에서 만든다.

중국의 다른 저장 육류와 마찬가지로 오늘날에는 아예 소시지를 전문적으로 만드는 장수들이 연중 산더미처럼 쌓아놓고 판다. 돼지고기나 돼지 간, 또는 두 가지 모두를 돼지 비계로 매끄럽게 한 뒤, 쌀로 빚은 술과 오향분, 간장, 설탕 등으로 맛을 낸다.

중국 소시지는 언제나 조리해서 먹는다. 가장 쉽고 맛있는 방법은 밥 위에 얹어서 찌는 것이다. 소시지의 맛있는 지방이 배어나와 밥에 그 향미가 스며든다. 소시지만 따로 쪄낸 뒤 썰어서 바삭바삭할 때까지 프라이팬에서 튀겨도 좋다. 보통 씁쓸한 녹색 야채를 곁들여 내는데, 채소의 강한 향미가 고기의 기름진 맛과 균형을 이루기 때문이다. **KKC**

Taste: 향신료의 조합에 따라 풍미도 달라진다. 어떤 것은 퍽 달콤하고, 다른 것은 좀더 짭짤하다. 중국 소시지는 빵이 필요 없다.

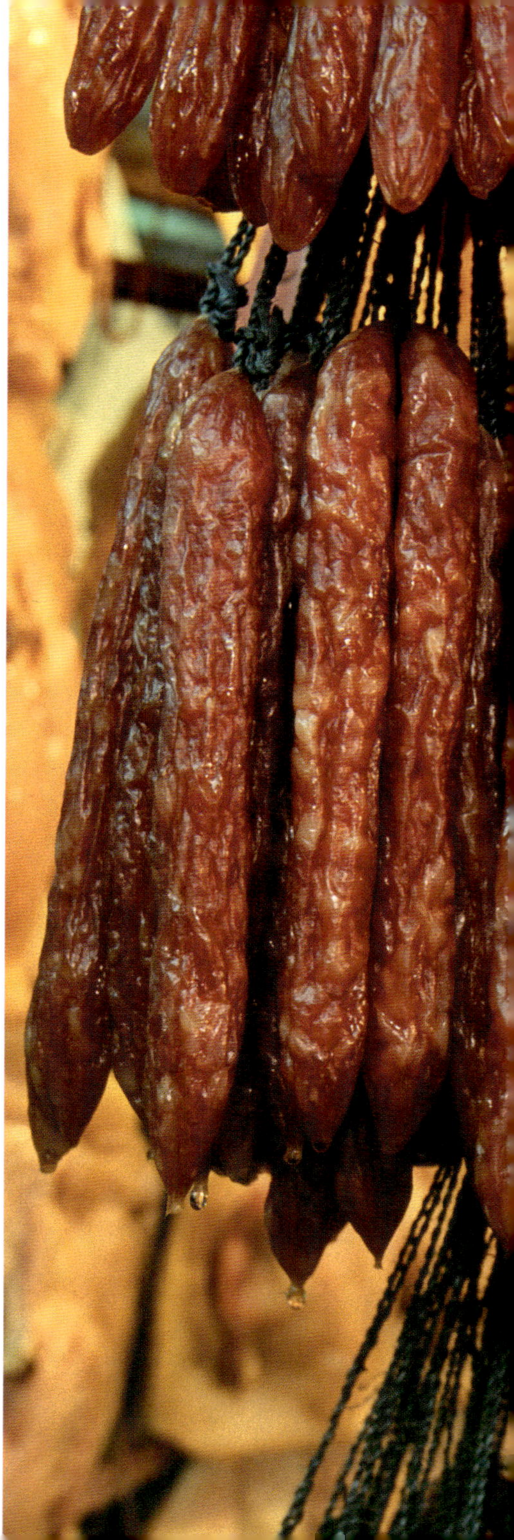

설날을 맞아 다양한 중국 소시지를 진열해놓은 상점. ➡

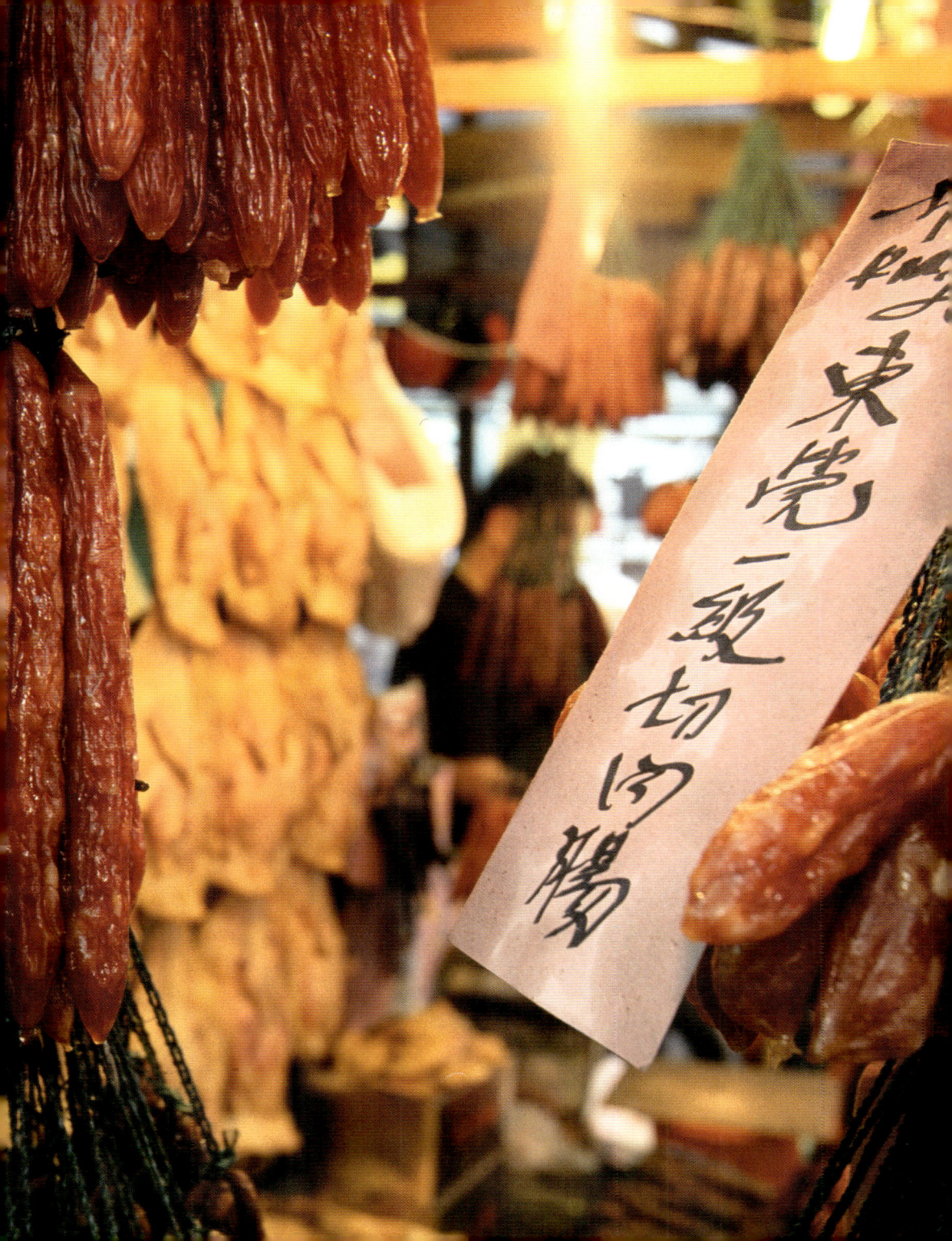

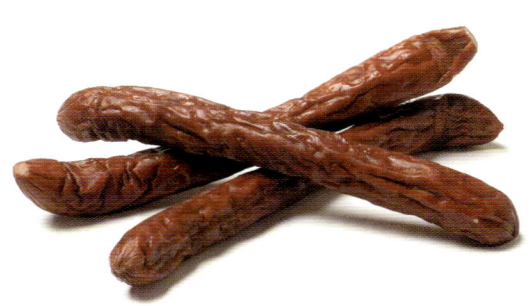

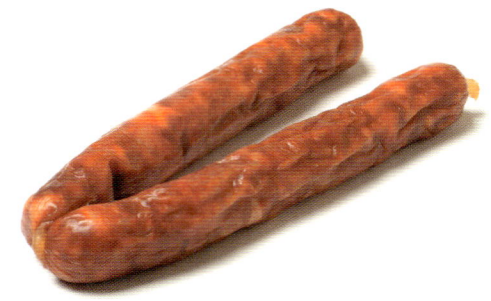

카바노스 Kabanos

카바노스는 단단하고, 길쭉한 손가락 굵기의 소시지이다. 워낙 수분 함량이 적어 냉장 보관하지 않아도 거의 영구 저장이 가능하며, 덕분에 동유럽에서는 여행자, 사냥꾼, 그리고 군인 들 사이에서 인기가 좋다. 막대기처럼 생긴 이 소시지를 문자 그대로 허리띠 밑에 쑤셔넣고 길을 떠나는 것이다.

카바노스는 주사위 꼴로 썬 돼지고기—기름이 적은 부위와 많은 부위 모두—를 소금, 후추, 마늘, 캐러웨이, 그리고 때로는 올스파이스 한 자밤과 함께 양념한다. 염장을 위해 약간의 질산칼륨을 넣기도 한다. 그런 다음 하룻밤 정도 서늘한 곳에 두었다가 얇은 양 창자에 채워넣고 바람이 잘 통하는 곳에 매달아 두어 공기에 말린다. 마지막으로 보기 좋은 적갈색이 될 때까지 천천히 훈제한 뒤 다시 한 번 며칠 동안 바람에 말린다. 이쯤 되면 소시지는 처음의 중량의 반 정도밖에 나가지 않는다.

보존성이 워낙 좋다 보니 오늘날에도 여전히 폴란드와 우크라이나의 캠핑족, 하이킹족, 낚시꾼, 사냥꾼 사이에서 인기가 높다. 그러나 우아한 연회나 가족 행사에서도 못지 않게 사랑을 받는 음식이다. **RS**

링귀사 Linguiça

이 훈제 돼지고기 소시지는 파프리카, 양파, 마늘, 허브, 스파이스 등으로 양념하여 전형적인 포르투갈의 향미를 뿜어낸다. 링귀사는 스페인의 초리조 소시지의 순한 맛 버전과 크게 다르지 않지만, 포르투갈인들은 수세기 동안 돼지고기 소시지와 블러드 소시지(블랙 푸딩)를 만들어왔다. 고기를 거칠게 갈아서 다른 재료와 섞은 다음 수돼지 창자로 만든 자연 외피에 채워 넣은 뒤 훈제한다.

링귀사는 포르투갈인이 가는 곳이라면 어디든지 함께 갔다. 그 결과 포르투갈계 주민들이 많이 사는 지역이라면 어디에서나 높은 인기를 누리고 있다. 특히 브라질에서 즐겨 먹지만, 뉴잉글랜드와 하와이에서도 인기가 좋다(하와이에서는 그냥 '포르투갈 소시지'라고 부른다). 링귀사 소시지는 포르투갈의 국민 음식이라 할 수 있는, 감자와 야채를 넣고 끓인 스튜 '칼도 베르데(caldo verde)'에도 들어간다. 소 정강이와 돼지고기, 겨울 채소, 훈제 소시지를 넣고 끓인 원기를 북돋아주는 스튜 '코시도 아 포르투게사(cozido à Portuguesa)'의 재료이기도 하다. 또한 숯불 위에서 구워 먹어도 좋고, 프라이팬에 튀겨 먹어도 맛있다. 그 밖에 스파이시하고 활기 있는 시골 소시지의 맛이 필요한 경우라면 언제든지 쓸 수 있다. **LF**

Taste: 원기왕성하고 충실하며, 질감은 단단하면서도 유연한 것부터 딱딱하고 메마른 것까지 다양하다. 후추, 마늘, 스모크 향이 어우러진 활기 있는 풍미를 자랑한다.

Taste: 좋은 기름에 튀겨서 뜨거울 때 먹으면 원기왕성하면서도 지나치게 스파이시하지는 않은 맛을 선사한다. 짭짤하고 스모키하면서 매콤한 맛이 감돈다.

옛 레시피대로 만든 링귀사는 포르투갈 시장에서 찾아볼 수 있는 수많은 전통 육류 식품 중 하나이다. ➔

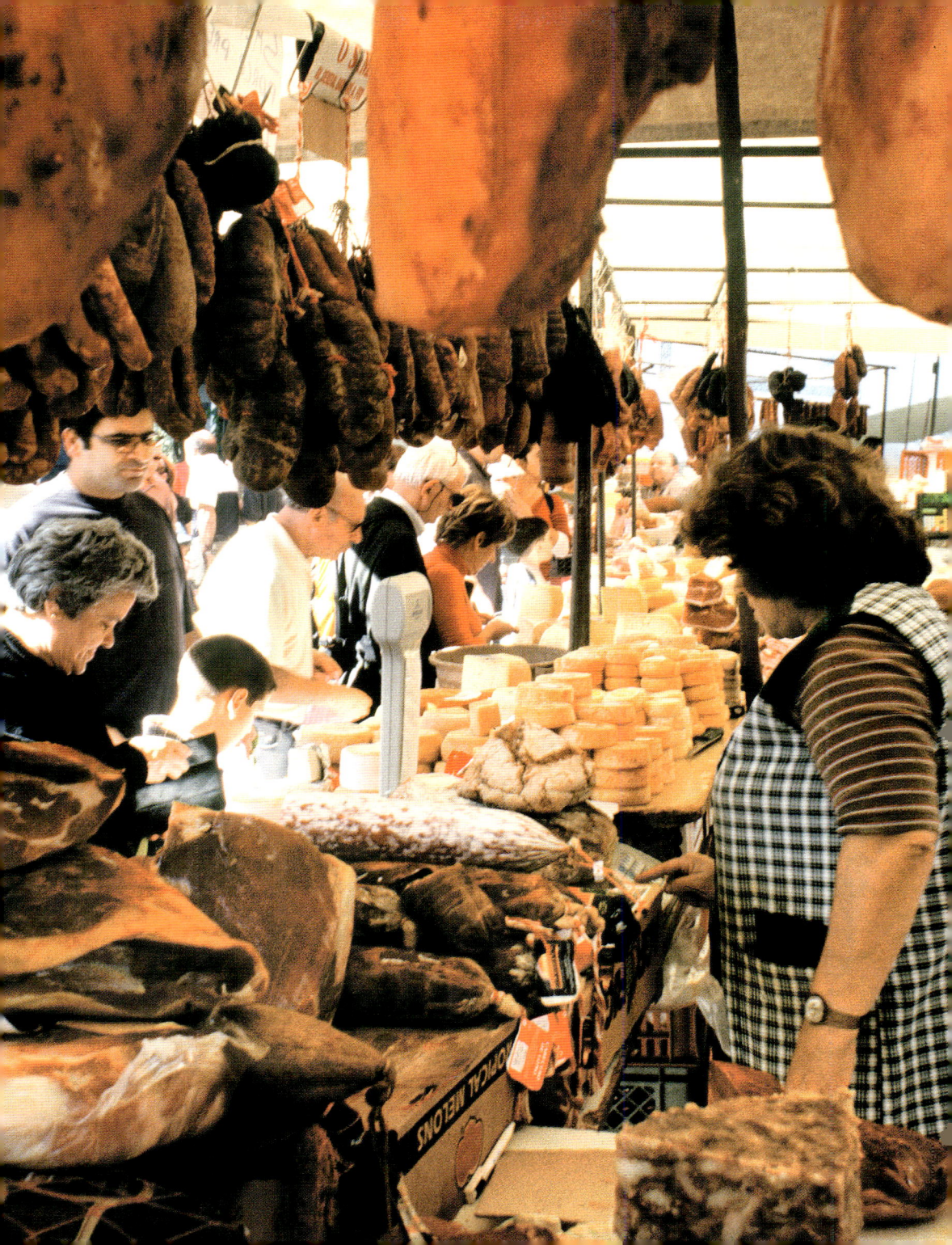

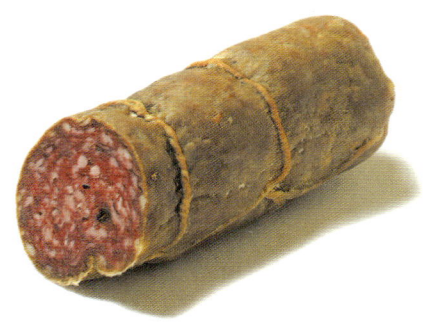

소시송 다를 Saucisson d'Arles

아를은 프로방스의 인기 높은 관광지로, 이 지역 특산 별미 역시 그만의 신화에 싸여 있어야 할 것 같은 느낌이 든다. 19세기에 한 시인이 말했듯, "인도의 왕자가 아를에 왔다가 너무나 많은 미녀들을 보고는 그만 머리가 떨어지고 말았다. 팔도, 다리도 떨어져 나가고, 결국 은빛 옷에 싸인 몸통만 남고 말았다…"—이것이 바로 소시송 다를(Saucisson d'Arles, '아를의 소시지'라는 뜻)이다. 좀 덜 시적으로 이야기하자면, 소시송 다를의 레시피는 1655년경, 돼지고기 푸주한이었던 고다르라는 자가 처음 만든 듯하다. 고다르는 볼로냐 소시지를 만들어 판 사람으로도 알려져 있다. 그러나 오늘날의 레시피가 그가 만든 소시지와 연관이 있는지는 불분명하다.

소시송 다를은 이탈리아의 살라미와 비슷한 건조한 염장 소시지이지만, 돼지, 당나귀, 황소의 고기를 섞어서 만들며, 레드 와인과 에르브드프로방스로 양념한다. 소시송 다를이 독특한 이유는 바로 이 당나귀 고기 때문인데, 오늘날에도 여전히 이 마법 같은 재료를 사용하는지에 대해서는 알 길이 없다. 동네 시장의 노점에서도 소시송 다를이라고 이름붙인 소시지를 팔기는 하지만, 정말 제대로 된 소시송 다를을 맛보고 싶다면 이 지역의 돼지고기 전문 정육점인 '라 파랑돌'에 가서 주인인 베르나르 제냉이 만든 것을 먹어볼 것을 추천한다. **MR**

Taste: 훈제하지 않고 3주 동안 건조시킨 소시송 다를은 프랑스 스타일의 건조 소시지(saucisson sec)의 고전적인 예이다. 얇게 썰어서 바게트와 함께 먹으면 둘이 먹다 하나가 죽어도 모를 지경이다.

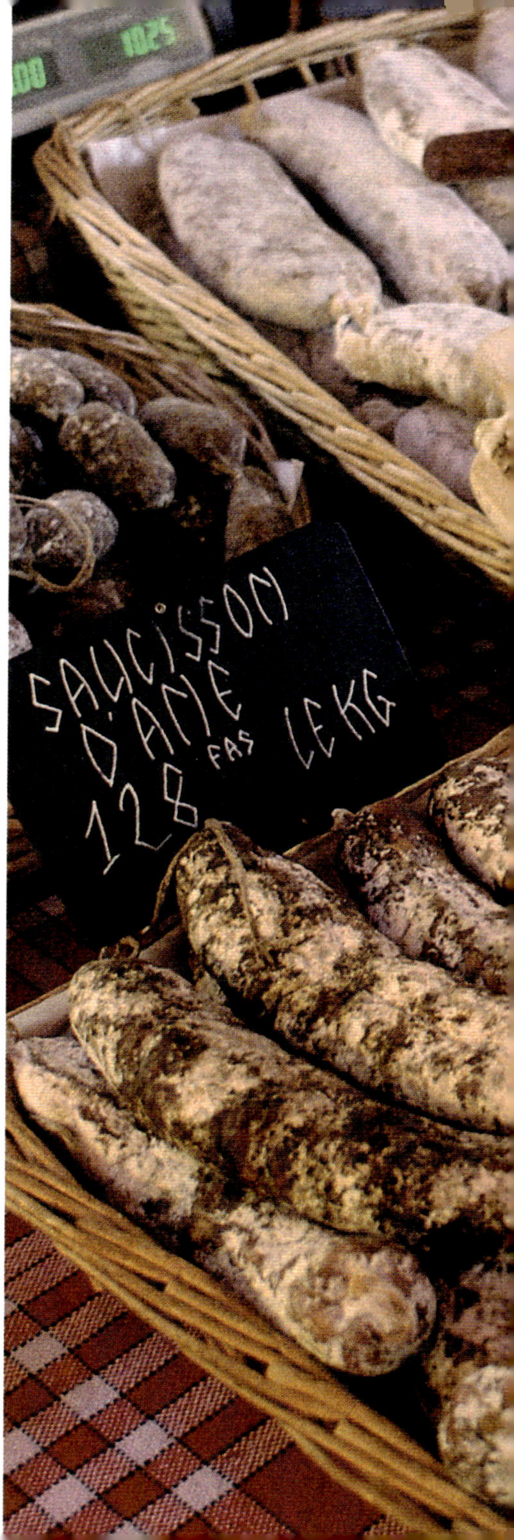

이 유명한 프로방스 소시지는 겉모습이 살라미와 흡사하다. ➔

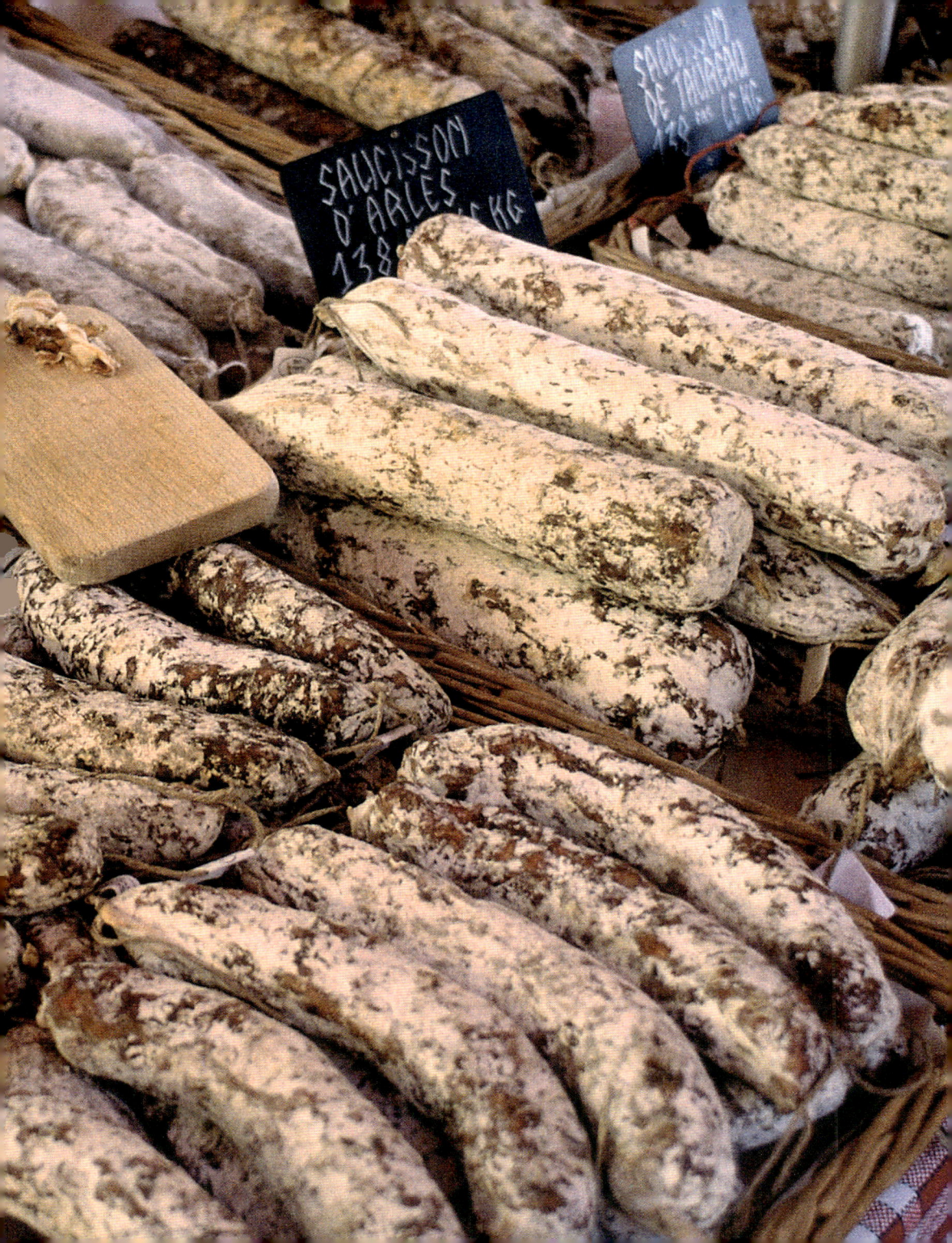

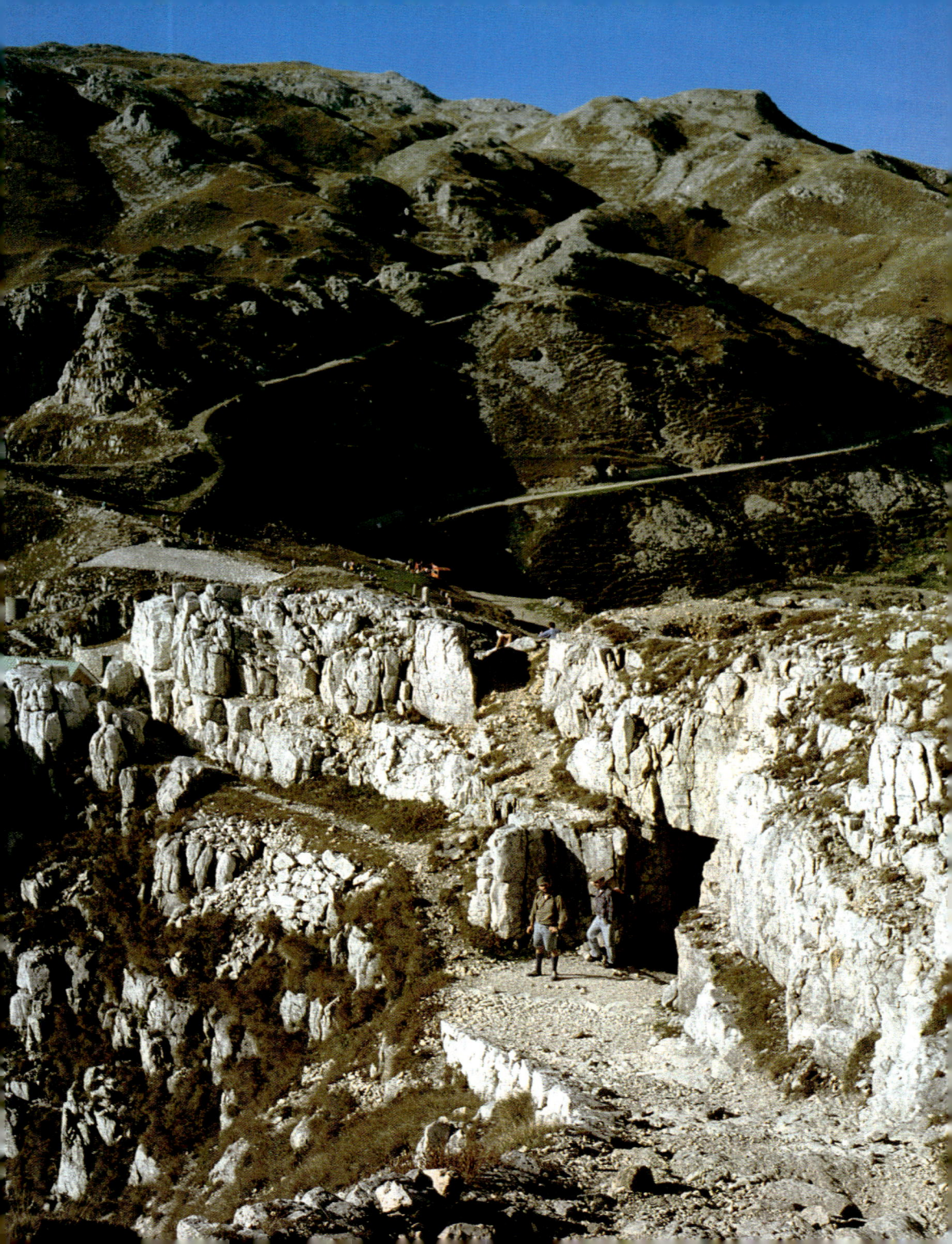

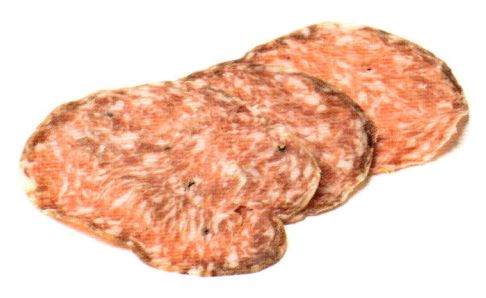

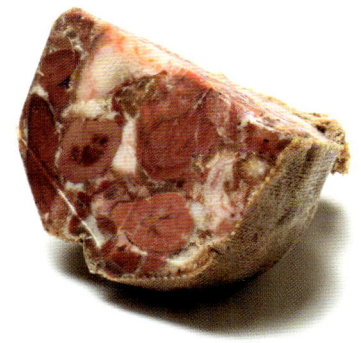

소프레사 델 파수비오
Soppressa del Pasubio

파수비오 산은 북이탈리아의 알프스 산맥 기슭의 일부로, 제1차 세계대전 때에는 전략적으로 매우 중요한 지역이었지만, 오늘날에는 위대한 자연의 아름다움을 뽐내는 곳이다. 하이킹과 자전거를 즐기는 이들에게도 인기가 높지만, 우아한 질감의 살라미 '소프레사 델레 발리 델 파수비오(Soppressa delle Valli del Pasubio)'로도 유명하다.

밤과 감자를 주로 하는 식단 등 세심한 주의를 기울여 사육하지만, 돼지들은 대부분의 시간을 자유롭게 어슬렁거리며 야생 나무뿌리나 허브를 먹고 천연 미네랄이 풍부한 시냇물을 마신다. 이 환상적인 식습관 덕분에 이 돼지의 고기는 매우 독특하고 맛좋은 풍미를 자랑한다.

곱게 다진 돼지고기와 지방을 주의깊게 균형을 맞춰 소금과 후추로 양념한 뒤 돼지 창자에 채워 넣는다. 5개월~2년 동안 서늘하고 건조한 셀러에서 숙성시키면 자연적으로 생겨난 폭신폭신한 하얀 곰팡이가 한 겹 앉는다. 소프레사 델 파수비오는 얇게 썰어서 안티파스티로 내지만, 베네토 지방에서는 좀더 두껍게 썰어서 황금빛으로 구운 폴렌타 위에 얹어 메인 디쉬로 낸다. **LF**

소프레사타 디 칼라브리아
Soppressata di Calabria

이탈리아는 수많은 지역이 저마다 고유의 소프레사타를 뽐내지만, 그 중에서도 가장 유명한 것은 환상적으로 매콤한 돼지고기 살라미인 소프레사타 디 칼라브리아(Soppressata di Calabria, DOP)일 것이다. 이탈리아 남부—구체적으로 말하면 칼라브리아, 시칠리아, 바실리카타, 아풀리아, 캄파냐—에서 태어난 돼지를 칼라브리아에서 도축하여 칼라브리아에서만 만들 수 있다.

전통적으로 돼지의 최고급 부위인 어깨와 뱃살은 다져서 통후추, 회향 씨, 칠리 고추로 양념한다—비교적 높지만 균형잡힌 추가 지방 비율 덕분에 입안에서 사르르 녹는다. 양념한 고기는 수돼지의 창자에 채워넣은 뒤 최종 염장 단계에 들어가기 전에 납작한 원통형으로 압착시킨다.

칼라브리아는 고대 그리스인들이 이 지방에 처음 발을 디뎠을 때부터 오랜 염장 육류의 역사를 자랑하지만 기록상 소프레사타 디 칼라브리아가 처음 등장한 것은 17세기에 들어서이다. 약 한 세기 후 전설적인 바람둥이 자코모 카사노바가 칼라브리아를 여행하던 도중 그 매력에 빠져들었다고 한다. **LF**

Taste: 소프레사 델 파수비오는 살코기와 지방의 균형이 완벽하며, 견고하고 촘촘한 질감을 지니고 있다. 향미는 강렬하고 활달하며, 지나치게 스파이시하지도 않다.

Taste: 얇게 썬 소프레사타 디 칼라브리아는 세련되고, 따스하고, 매콤한 향미에 즙이 많고 벨벳처럼 매끄러운 질감이 감히 싸구려 모방 제품과는 비교를 허용하지 않는다.

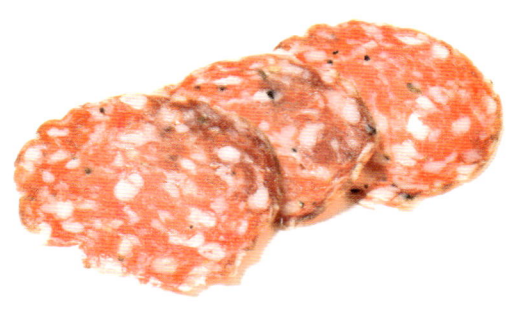
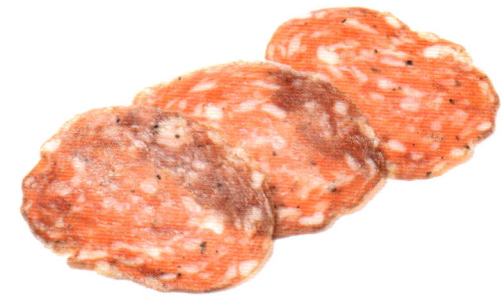

피노키오나 살라미 Finocchiona Salami

이 향미로 가득한, 심지어 짜릿하기까지 한 토스카나 특산 살라미는 돼지고기를 마늘, 통후추, 회향 씨(이탈리아어로 '피노키오(finocchio)'), 그리고 종종 키안티 와인으로 양념하여 만든다. 너무나 오랜 세월 동안 이 지역의 별미였기 때문에, 그 정확한 유래는 그만 역사 속으로 사라지고 말았다.

한 가지 전설에 따르면 프라토 마을 가까이에 장이 섰을 때 도둑이 살라미를 하나 훔쳐서 야생 회향을 파는 매대에 숨겨놓았다고 한다. 숨겨둔 살라미를 찾으러 왔을 때, 그는 살라미가 허브의 정수를 빨아들여 환상적인 향미를 내는 것을 발견하였다. 또 다른 설은 와인 양조자들이 와인을 팔기 위해 회향 씨를 와인에 넣었다는 것이다. 회향 씨는 혀의 미뢰를 살짝 마비시키는 효과가 있기 때문에, 이 와인을 시음한 고객들은 질이 떨어지는 와인을 구별할 수 없게 된다.

피노키오나에는 두 가지 종류가 있다. 그냥 피오키오나라고 불리는 보다 단단한 종류와, 더 어리고 부드러운 '스브리치올로나(sbriciolona)'가 그것이다. 마첼레리아 팔로르니는 진정한 미식이라 할 만한 피노키오나를 생산하는데, 친타 세네제(Cinta Senese)라고 알려진 토스카나의 반야생 품종의 고기를 사용하여 유별나게 높은 수준으로 만들어낸다. **LF**

살라미 디 친기알레 Salami di Cinghiale

살라미 디 친기알레는 이탈리아 염장 육류 식품의 진정한 제왕 중 하나라 할 수 있다. 최고는 야생 멧돼지의 허벅지 살로 만든 것인데, 여기에 돼지의 어깨살을 섞어 소금과 후추로 양념한다. 때때로 마늘이나 칠리 고추, 레드 와인 등을 더하기도 한다. 수돼지 창자에 채워넣고 생산 지역의 기후에 따라 다른 조건에서 염장한다. 일반적으로 토스카나 특산품으로 알려져 있지만, 살라미 디 친기알레는 움브리아와 사르디니아 등 이탈리아의 다른 지방에서도 생산된다.

야생 멧돼지는 주로 밤, 너도밤나무 열매, 도토리, 허브, 나무 뿌리, 버섯, 심지어 때때로 트러플까지 먹는다. 이 풍부하고 다양한 식습관 덕분에 그 고기는 믿기지 않을 정도로 강렬한 풍미를 지니고 있으며, 이 고기로 만든 염장 살라미 역시 맛좋고 원기왕성한 향미를 자랑한다. 살라미 디 친기알레는 썰어서 안티파스토로 내어 힘 있는 레드 와인과 함께 먹으면 완벽하다. 파스타 소스나 스튜에 넣어도 환상적이다. **LF**

Taste: 향미가 풍부하고 촉촉한 피노키오나 살라미는 매콤한 맛과 회향의 향기가 균형을 이루고 있다. 얇게 썰어서 소금을 넣지 않은 토스카나 빵과 함께 먹으면 특히 맛있다.

Taste: 살라미 디 친기알레는 만족스럽게 쫄깃쫄깃한 질감에, 야생 육류와 견과류의 향이 어우러진 강렬한 향미를 낸다. 달콤한 뉘앙스로 시작해서 부드러운 매운 맛으로 넘어간다.

움브리아에 있는 전문 정육점에 자랑스럽게 진열되어 있는 염장 육류 제품들. 살라미 디 친기알레도 보인다. ➔

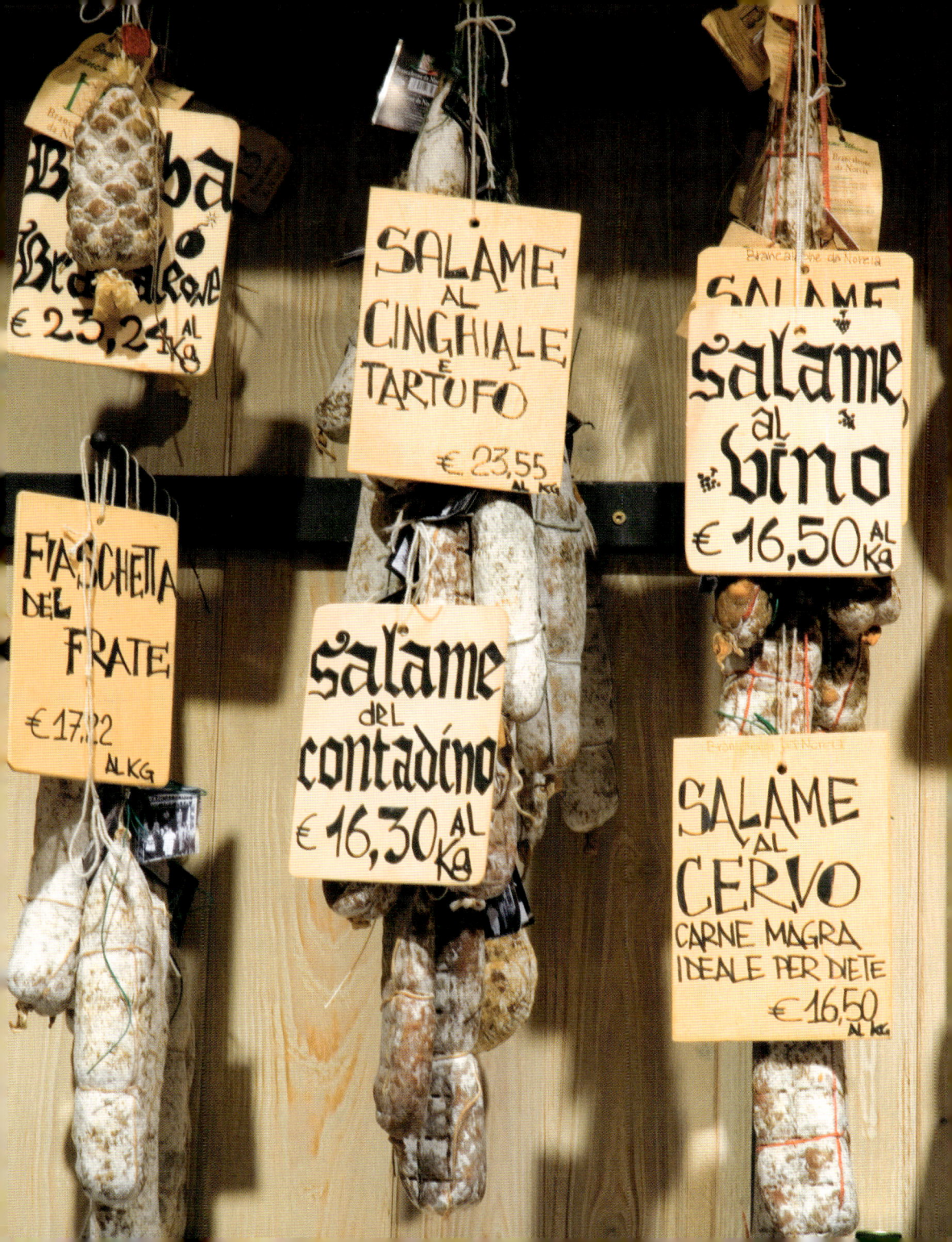

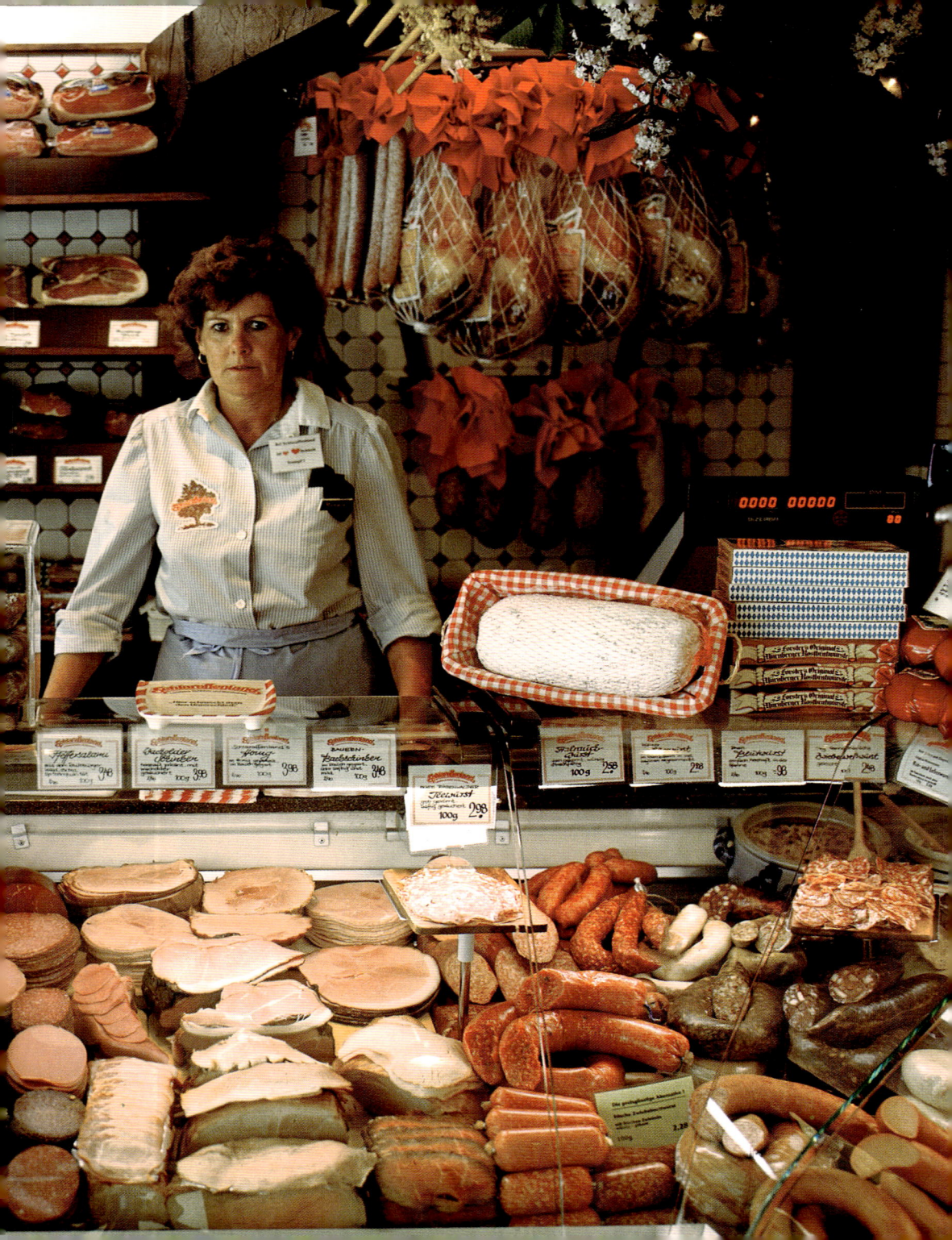

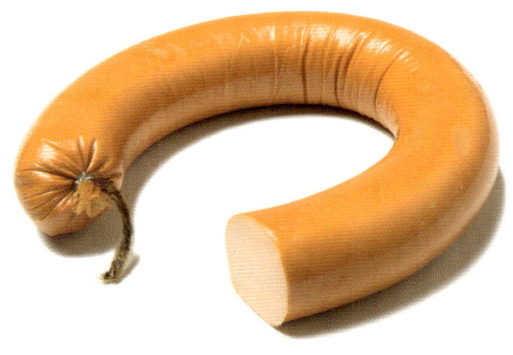

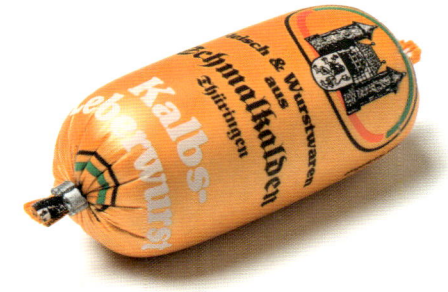

뤼겐발더 테부르스트 Rügenwalder Teewurst

이 부드러운 분홍색 소시지는 1834년 발트해 연안의 작은 마을 뤼겐발데(현재는 폴란드 영토)에서 탄생한 것으로 알려져 있다. 곱게 다진 돼지고기, 베이컨, 쇠고기를 짤막한 적갈색 외피에 채운 뒤 너도밤나무 장작불 위에서 훈제해서 7~10일간 숙성시킨다.

테부르스트(Teewurst, 독일어로 '차(茶) 소시지'라는 뜻)라는 이름은 티타임 간식으로 토스트나 호밀빵, 크래커 등에 발라 먹기에 좋은 데서 유래한 듯하다. 지방 함량이 30~40퍼센트로 높은 편이라 질감이 매끄럽다. 거위나 닭, 또는 다른 가금류나 뼈를 발라내 돌돌 만 돼지의 어깨고기에 허브와 함께 속으로 넣어도 맛있다.

뤼겐발더 테부르스트를 생산하는 회사들은 1927년 PDO 인증을 받았지만, 제2차 세계대전이 끝날 무렵에는 모두 고향을 떠나고 없었다. 서쪽으로 이주한 그들은 당시 독일 연방 공화국(서독)에 새로 회사를 설립하였다. 오늘날에는 뤼겐발데에서 온 테부르스트 생산자만이 PDO 마크를 붙일 수 있으며, 그 밖의 회사들은 '뤼겐발더 스타일 테부르스트'라는 라벨을 사용한다. **WS**

튀링거 레버부르스트 Thüringer Leberwurst

테부르스트의 사촌 격인 레버부르스트는 또 하나의 인기 있는 독일 소시지로, 발라 먹을 수 있을 정도로 부드럽다. 테부르스트처럼 레버부르스트 역시 독일과 오스트리아 전역에서 생산되며, 각 지방마다 고유한 레시피가 따로 있다.

튀링거 레버부르스트(PGI)는 그 중에서도 가장 높은 평가를 받는 것 중 하나로, 2003년에 PGI 인증을 획득하였다. 튀링겐은 독일 중동부에 위치하며 음식, 특히 육류와 소시지가 맛있기로 이름이 나 있다. 튀링겐의 로트부르스트(rotwurst, 블러드 소시지의 일종)와 로스트 브라트부르스트도 마찬가지로 유명하다.

독일어로 레버부르스트란 '간(肝) 소시지'라는 뜻이다. 보통은 익힌 돼지 간을 사용하지만 거위, 송아지, 새끼양의 간을 사용하기도 한다. 다진 내장에 양파, 실파, 향신료, 심지어 때로는 사과까지 다양한 양념과 향미를 더한다. 완성된 소시지는 질감이 고운 것도 있고, 거친 것도 있다. 또 그냥 익힌 것과 훈제한 것이 있다. 레버부르스트는 호밀 빵이나 크리스프 브레드—매우 건조하여 저장 및 휴대가 용이하다—에 발라 먹으면 가장 맛있다. 아침식사로 먹기도 하지만, 하루 중 어느 때 먹어도 좋다. **WS**

Taste: 테부르스트는 너무 부드러워서 칼로 떠서 바를 수 있을 정도이다. 진하고 크리미한 질감과 훈제 햄의 짭짤한 향미에 후추와 그 밖의 따스한 향신료의 짜릿한 맛이 더해진다.

Taste: 레버부르스트는 강하고 짭짤한 향미를 풍기며, 양파나 후추처럼 따스한 향을 더하면 더욱 두드러진다. 풍미의 깊이는 어떤 동물의 간을 사용했느냐에 따라 달라진다.

1825년에 처음 문을 연 지버(Sieber)는 바이에른 궁정에 테부르스트를 비롯한 특제 소시지 제품들을 진상하였다.

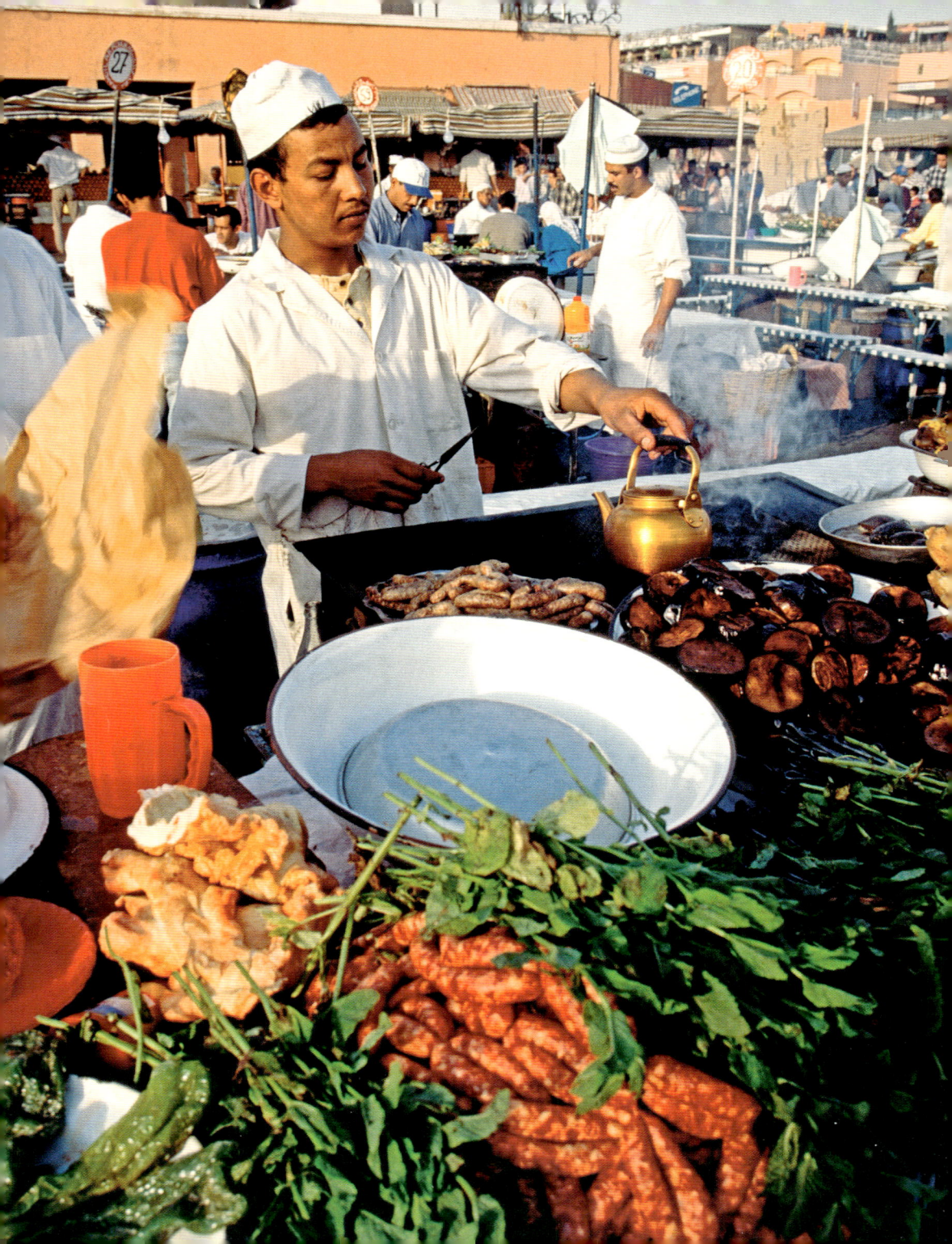

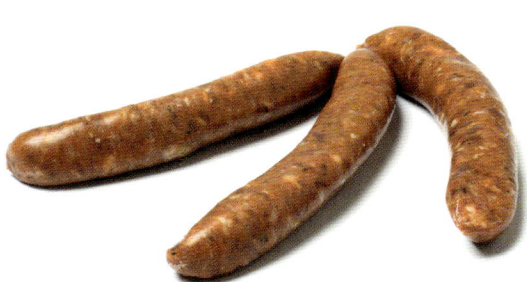

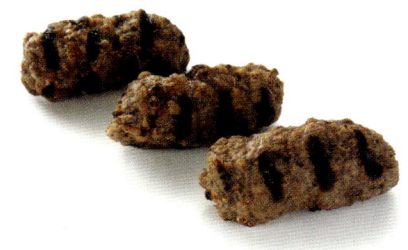

메르게즈 Mɘrguez

일상생활에서 빨강이라는 색깔이 위험을 가리키듯이, 이 작고 가느다란 줄 소시지의 선명한 빛깔 역시 한눈에 보아도 웬만한 용기가 없으면 도전할 수 없는 맛임을 알려준다. 이 색깔은 매운 칠리 페이스트인 하리사를 더해서 얻어진다.

메르게즈 하면 보통 알제리나 튀니지를 떠올리지만, 13세기 이래 전 세계의 아랍인들이 즐겨 먹은 음식으로 북아프리카와 중동 요리에서 다양한 역할을 하는 재료이다. 이슬람은 돼지고기로 만든 식품을 금지하고 있기 때문에 새끼양고기, 양고기, 쇠고기 등을 사용하지만 돼지고기는 절대로 쓰지 않는다.

메르게즈는 길이가 7~10센티미터로, 말 그대로 알라딘의 동굴만큼이나 호화로운 향신료를 잔뜩 써서 맛을 낸다. 가장 널리 알려진 재료는 하리사이지만, 절인 레몬, 아니스 씨, 지피, 붉나무 가루(떫은맛을 내기 위해 넣는다), 심지어 말린 장미꽃잎까지 들어간다. 보통 가게에서 파는 신선한 메르게즈 소시지를 사다가 그릴에 구워 쿠스쿠스와 함께 내거나, 메르게즈만 간식으로 먹는다. 또 햇볕에 말리거나 올리브유에 절여서 팔기도 한다. 신선한 것과 말린 것 모두 타진과 스튜에 들어간다. **BLeB**

미티테이 Mititei

'작은 것들'이라는 뜻의 루마니아어인 미티테이는 루마니아의 전통 요리 중 하나이다. 향신료로 맛을 내서 그릴에 구운 미트볼이나 다진 쇠고기로 만든 롤을 가리킨다. 때로는 쇠고기와 돼지고기, 또는 쇠고기와 양고기를 섞어서 만들기도 한다. 전설에 따르면 미티테이는 부쿠레슈티에 있는, 소시지로 유명한 라 로르다치라는 이름의 레스토랑에서 탄생했다고 한다. 어느 바쁜 저녁 무렵, 주방에서 소시지 외피가 바닥이 나자 대신 소시지 고기로 작은 미트볼을 만들어 그릴에 구웠다는 것이다. 이렇게 해서 미티테이가 태어났다.

고기에 양파, 마늘, 올리브유, 소금, 후추, 그리고 고기를 불룩하게 만들기 위해 탄산수소나트륨(베이킹소다)을 섞는다. 종종 파프리카도 넣으며, 타임, 캐러웨이, 마조람, 올스파이스, 커민, 칠리, 정향 같은 향신료도 사용할 수 있다.

반죽한 고기를 작은 롤 모양으로 만들어 몇 시간 동안 냉장고에 넣어두었다가, 갈색이 될 때까지 그릴에 굽는다. 미티테이는 둥근 롤빵에 끼워서 피클과 머스터드를 곁들여 먹는 것이 가장 맛있다. 감자나 쌀 필라프와 함께 먹어도 좋다. **CK**

Taste: 언제나 스파이시하고 풍부한 향미를 자랑하는 메르게즈는 그 결이 촘촘해서 바비큐나 그라이팬에서 튀겨 먹기에 좋다. 렌틸콩이나 쿠스쿠스와 곁들이면 잘 어울린다.

Taste: 미티테이는 즙이 많고 부드럽다. 맵고, 스파이시하고, 마늘 향이 나는 풍미는 어떤 양념을 썼느냐에 따라 바뀐다. 기름기가 너무 없는 고기는 금방 말라버리므로 사용하지 않도록 한다.

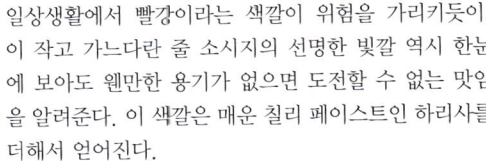

◐ 모로코의 시장에서 스파이시한 메르게즈 소시지를 그릴에 구울 준비를 하고 있다. 메르게즈는 프랑스와 벨기에에서도 인기가 높다.

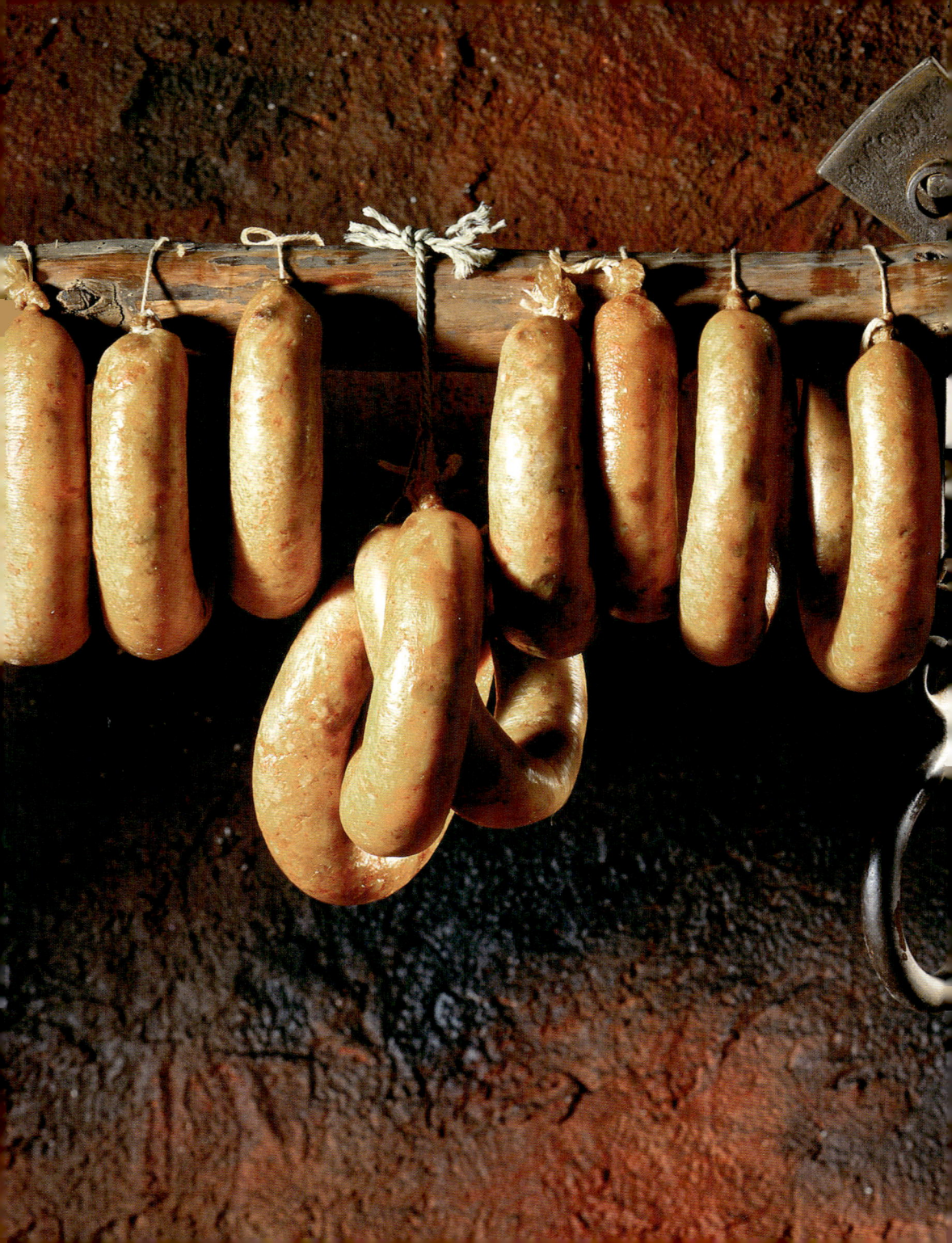

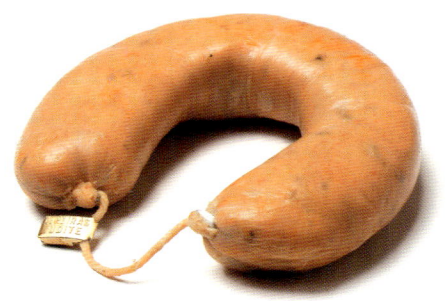

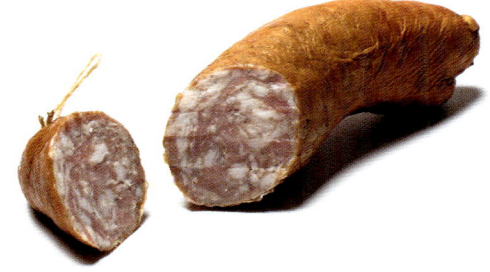

알레이라스 데 미란델라
Alheiras de Mirandela

최고의 알레이라스는 포르투갈 북부에서 만드는 저 유명한 알레이라스 데 미란델라이다. 15세기 말 포르투갈 국왕 마누엘 1세는 가톨릭으로 개종하지 않는 이교도들을 몽땅 몰아내기르 마음먹었다. 유대교에서는 돼지고기 먹는 것을 금지하고 있기 때문에, 유대인들을 가려내기란 매우 쉬웠다. 유대인들이 동네마다 있는 훈제장, 즉 푸메이로(fumeiro)에 나와서 전통적인 돼지고기 소시지를 만들어 훈제하는 모습을 볼 수 없었기 때문이다. 머리가 잘 돌아가는 유대인들은 겉으로는 돼지고기 소시지와 똑같이 생겼지만, 실제로는 돼지고기를 사용하지 않은 소시지를 만들 수만 있다면 다른 주민들처럼 푸메이로에 모습을 드러낼 수 있을 것이라고 생각했다.

알레이라스 소시지는 송아지, 오리, 닭, 칠면조, 토끼 등등 다양한 육류로 만든다. 일반적으로 돼지고기는 쓰지 않는다. 이 포르투갈 특산 소시지를 만들기 위해서는 양념한 고기에 빵, 마늘, 파프리카 등을 섞는다. U자 모양이 되도록 외피에 고기를 채워 넣은 뒤 여러 날 동안 서서히 훈제한다. 알레이라스는 보통 올리브유에 튀겨내며 달걀 프라이와 야채를 곁들여 낸다. **LF**

제쉬 드 모르토
Jésus de Morteau

이 소시지에 왜 이런 이름이 붙었는지는 알려져 있지 않다. 아마 배내옷을 입은 아기 예수를 닮았다그 생각했는지도 모른다. '모르토'는 간단하다. 프랑스의 산악 지대인 쥐라 지방에 있는 마을 이름이다('죽은 굴'이라는 뜻이다).

제쉬 드 모르토(AOC)는 농업의 시너지 효과를 보여주는 좋은 예이다. 돼지들에게 치즈를 만들고 남은 훼이(톰 드 콩트가 이 지방의 특산 치즈이다)를 먹이는데 그 덕분에 소시지의 베이스로 쓰는 맛이 진한 돼지고기를 얻을 수 있다. 어깨와 목살을 주사위꼴로 잘라 등에서 나온 비계를 약간 섞은 뒤, 푸주한의 취향대로 양념한다. 그런 다음 원통이나 한쪽 끝에 독특한 나무 고리가 달린 천연 외피에 채워 넣은 뒤, 전통적인 쥐라 굴뚝—튀예(tuyés)—에서 수지가 풍부한 침엽수 장작불에 훈제한다.

제쉬 드 모르토는 생 소시지와 조리한 것 두 종류가 있으며, 와인으로 맛을 낸 쿠르부용에 자작자작 끓여서 감자나 렌틸콩과 함께 내면 원기 왕성한 농가의 식단을 한층 풍성하게 한다. 그라티네 드 모르토(gratinée de Morteau)는 익힌 소시지 조각을 소스에 담가 콩트 치즈로 덮은 뒤 오븐이나 그릴에서 구워낸다. **MR**

Taste: 알레이라스 데 미란델라는 정말 스타일리쉬한 소시지이다. 뚜렷한 훈제 향과 마늘의 존재감이 매력적이고 두드러지는 질감을 보완해준다.

Taste: 제쉬 드 모르토는 스파이시하고 소금에 절인 맛 위에 수지가 풍부한 장작의 스모크 냄새가 난다. 살코기의 비율이 높은 건고한 질감 덕분에 상당히 촘촘하고 꽉 차 있는 느낌이다.

최고의 알레이라스(훈제 소시지)는
포르투갈 북부에서 만든다.

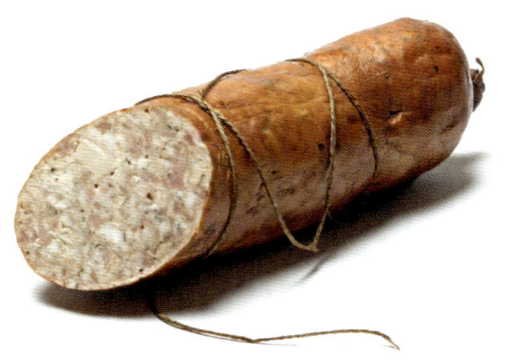

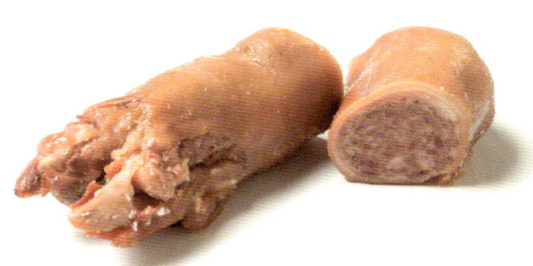

앙두이 드 비르 Andouille de Vire

15세기에 이미 프랑스 요리에 대한 소논문 〈Le Mes-
nagier de Paris〉에서는 앙두이를 가리켜 창자 안에 창
자를 채워 넣은 음식이라 묘사하고 있다. 누이동생 격인
앙뒤에트(andouillette)와는 그 크기로 구별할 수 있다.
작은 것은 그릴에서 구워서 뜨거울 때 바로 먹으며 큰 것
은 곱게 썰어서 차게 낸다.

양이나 암소의 양이 들어가는, 프랑스의 다른 지방
에서 만드는 앙두이와는 달리 바스노르망디 주에서 만
드는 앙두이 드 비르는 오직 돼지의 창자만을 사용한다.
돼지 창자를 깨끗이 씻어서 소금물에 담가 헹군 뒤 양념
해서 커다란 돼지 창자에 채워 넣는다. 최고 장인의 솜
씨를 엿볼 수 있는 버전은 너도밤나무 지저깨비 위에서
약 한 달간 냉훈한 것이다. 그런 다음 약 6시간 동안 물
이나 고깃국물에서 자작자작 졸이면, 무게가 처음의 1/5
정도로 줄어든다. 숙성시키면 겉 표면은 색이 짙은, 거
의 거무튀튀한 껍질이 생기며, 속은 군침이 도는 연한
핑크색이 된다.

앙두이 드 비르는 소시지를 만드는 이 지방 장인들
의 헌장으로 그 품질을 보호받고 있다. 진짜 제대로 만
든 앙두이 드 비르는 겉 표면에 박혀 있는 긴 줄로 알아
볼 수 있다. **MR**

잠포네 디 모데나 Zampone di Modena

잠포네는 돼지고기 간 것, 비계, 그리고 껍데기를 향신
료로 양념해서 뼈를 발라낸 돼지 족발에 채워 넣은 이탈
리아 소시지이다. 두 종류가 있는데, 원조라 할 수 있는
생 소시지는 하룻밤 정도 물에 불려두었다가 네 시간 정
도 천천히 조심스럽게 자작자작 끓여야 한다. 미리 조리
해서 진공 포장한 타입은 기껏해야 20분이면 충분하다.
둘 다 뜨거울 때 썰어서 내며, 전통적으로 렌틸콩을 곁
들여 연회나 특별한 날에 먹는다.

전설에 의하면 잠포네는 16세기 초, 모데나 근교의
미란돌라라는 마을에서 처음 만들어졌다고 한다. '싸움
닭 교황'이라는 별명으로도 불리는 교황 율리우스 2세가
이 마을을 침공하자, 마을 사람들은 돼지들을 적에게 넘
겨주지 않기 위해 몽땅 도축했고, 이 많은 양의 고기를
저장할 방도가 필요했던 것이다. 오늘날 잠포네 디 모데
나는 PGI 인증을 받은 식품이다.

잠포네는 껍질까지 모두 먹는다. 조리하면 껍질은
쩐득하게 녹는 아교질이 된다. 기름진 족발을 별로 즐
기지 않는 사람이라면 족발 대신 소시지 외피를 사용
했을 뿐 거의 똑같은 코테키노 디 모데나(Cotechino di
Modena)를 추천한다. **LF**

Taste: 앙두이 드 비르는 깔끔하고, 신선하고, 아주 약간만 스모키한
맛이 난다. 잘라놓으면 마치 고기처럼 보인다. 양으로 만드는 몇몇
프랑스 소시지의 나선형은 찾아볼 수 없다.

Taste: 풍미가 깊고 향긋한 잠포네 디 모데나의 부드러운 아교질—
거의 고무 같다—껍질 속은 처음부터 끝까지 즙이 많다.

잠포네 디 모데나의 독특함은 외피 대신
족발에 속을 채워넣는다는 점이다. ➲

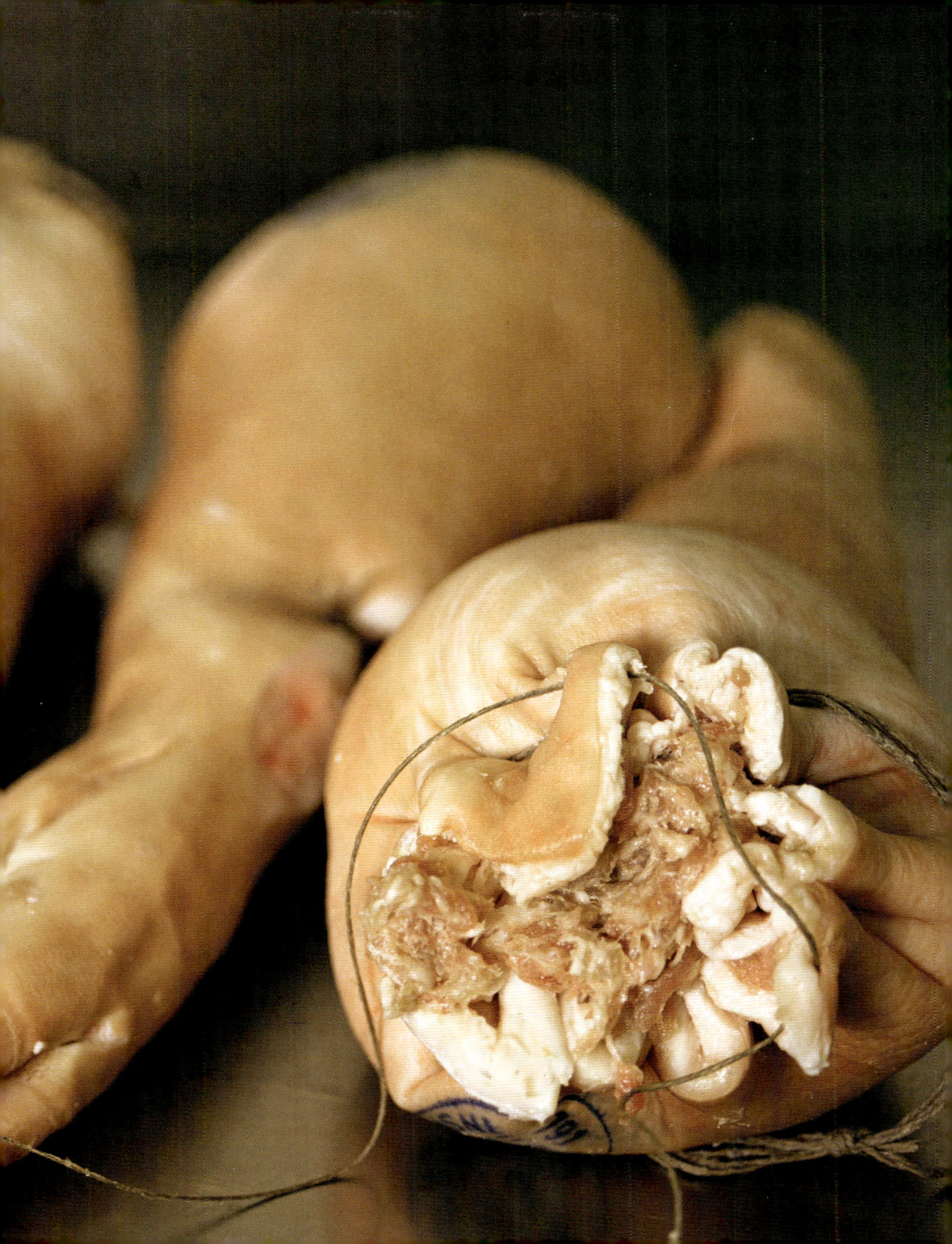

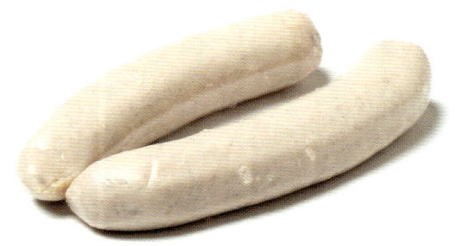

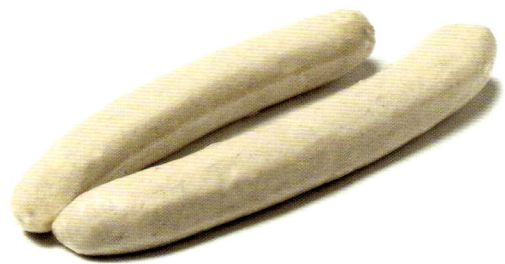

장크트갈렌 브라트부르스트
St. Gallen Bratwurst

스위스 동부, 독일과의 국경에서 그리 멀지 않은 아름다운 전원 도시인 장크트갈렌은 색색깔의 퇴창과 레이스 자수, 그리고 유명한 독일식 브라트부르스트 소시지로 유명하다. 브라트부르스트는 돼지고기 또는 송아지고기로 만들며 때로는 이 둘을 섞기도 한다. 장크트갈렌 브라트부르스트는 보통 곱게 다진 송아지고기를 양념하는데, 레시피에 따라 다르기는 하지만 생강, 육두구, 코리앤더, 캐러웨이 같은 향신료를 사용한다. 이 창백한 색깔의 은은한 스파이스 향이 도는 소시지는 조리한 것과 신선한 것 두 종류로 판매한다. 생 소시지를 샀다면 그릴에 굽거나 소테로 만들어 먹어야 한다.

　독일 전역에서 만드는 브라트부르스트는 보통 앞에 그 지역 이름이 붙는데, 장크트갈렌은 독일 소시지의 고유한 개성을 살려냈다. 역사적으로 유서 깊은 시내 중심지 어디에서나 노점에서 파는 육즙이 뚝뚝 떨어지는 뜨거운 브라트부르스트와 뷔를리(buerli)라는 빵을 먹으며 걸음을 옮기는 사람들을 만날 수 있다. 장크트갈렌의 쳄페를리 社는 송아지고기와 돼지고기, 베이컨, 우유를 섞은 독특한 브라트부르스트를 생산한다. 장크트갈렌 브라트부르스트는 그릴에 구워 매콤한 머스터드와 볶은 양파, 그리고 로스티를 곁들여 먹으면 정말 맛있다. 진한 양파 그레이비와도 환상의 궁합을 자랑한다. **FP**

Taste: 단단하고 기름기가 적은 장크트갈렌 브라트부르스트는 순한 송아지고기 맛에 가벼운 스파이스 향이 입안으로 퍼져나간다. 그 향미와 즙을 온전히 맛보려면 그릴이나 프라이팬에서 굽는 것이 가장 좋다.

튀링거 로스트브라트부르스트
Thüringer Rostbratwurst

독일의 수없이 많은 소시지─비어부르스트, 복부르스트, 크낙부르스트, 그리고 바이스부르스트 등등─가운데 튀링겐 주의 브라트부르스트는 가장 긴 역사를 자랑하는 소시지 중 하나이다. 15세기 초에 이미 문서상에 등장하며, 1432년 이래 악취 나는 쇠고기나 기생충에 감염된 고기 등으로 품질이 떨어지는 제품을 만들어 판 상인들에게 벌금을 물린 기록도 남아 있다. 해마다 3억 6천 5백만 개가 팔리는 이 소시지는 그야말로 독일인들이 가장 좋아하는 음식 중 하나이다. 본고장인 튀링겐에서는 한 사람이 해마다 평균 60개의 브라트부르스트를 먹는다고 한다.

　돼지의 뱃살을 처음에는 다진 다음 천천히 짓찧어 곱고 **빽빽**하게 만들어서 천연 외피에 채워넣는다. 소금과 스파이스 외에는 다른 재료를 일절 넣지 않은 순수한 고기 소시지이다. 길이는 15~25센티미터이다.

　튀링거 로스트브라트부르스트는 고루 익도록 비스듬히 칼집을 내서 그릴이나 오븐에 굽는다. 보통 머스터드를 발라 먹는다. 양쪽으로 길쭉하게 비어져 나오도록 빵에 끼워서 파는 브라트부르스트는 맛좋은 간식이다. **MR**

Taste: 보존제를 전혀 첨가하지 않았기 때문에 만들자마자 판매한다. 신선한 맛과 가벼운 양념 맛이 일품으로 촘촘하면서도 쥬이시한 질감을 지니고 있다.

로스트브라트부르스트는 보통 그릴에 구워서 낸다.
달콤한 독일 머스터드를 곁들이면 좋다. ➲

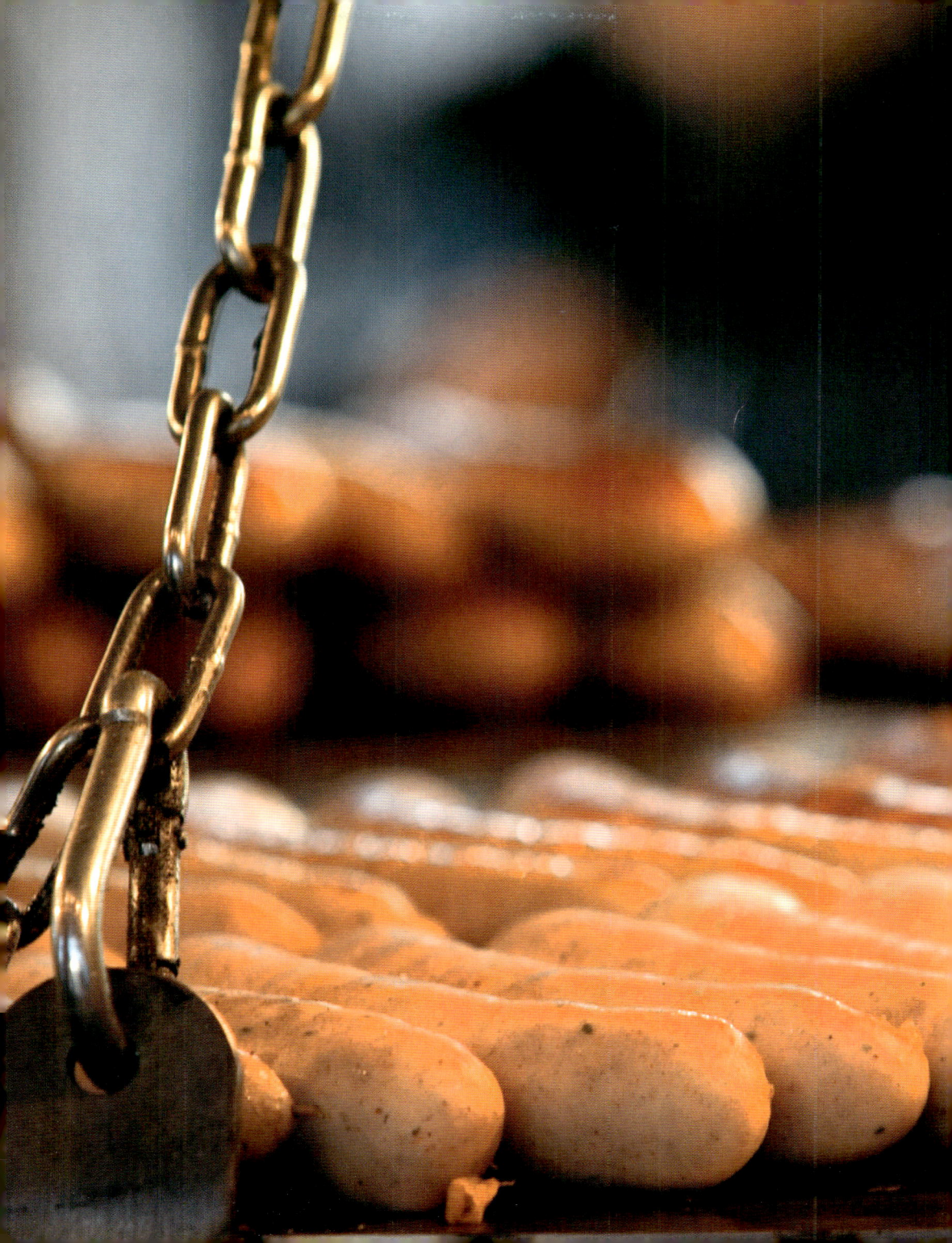

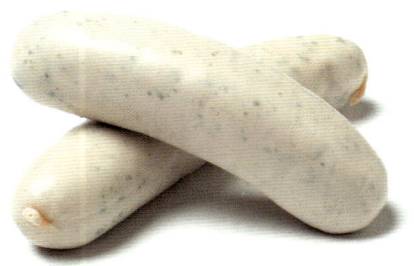

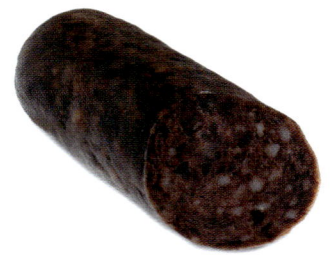

바이스부르스트 Weisswurst

바이스부르스트는 맛있게 양념한 송아지고기와 돼지고기로 만드는 전통적인 흰 소시지로, 뮌헨에서 처음 만들어졌으며, 현재는 바이에른 지방 전역에서 유명하다. 전설에 따르면, 150여 년 전에 뮌헨의 여관에서 일하는 젊은 푸주한이 송아지고기로 소시지를 만들다가 외피로 쓸 껍질이 다 떨어진 것을 알게 되었다. 다행히 머리가 잘 돌아갔던 이 푸주한은 손님들을 만족시키기 위해 보다 얇은 수돼지 껍질을 대신 사용하였다. 프라이팬에 튀기면 껍질이 터져버릴 것을 염려한 그는 끓는 물에 소시지를 삶았다. 손님들은 이 새로운 소시지에 열광했으며, 오늘날까지도 바이스부르스트는 삶은 물이 담긴 냄비째 식탁에 낸다.

전통적으로 바이스부르스트는 아침식사 메뉴이다. 소시지 껍질을 터뜨려서 속살을 빼내 달콤한 바이에른 머스터드와 프레첼과 함께 먹는다. 여기에 밀 맥주(바이스비어(Weissbier)) 한 잔을 쭉 들이키면 더 바랄게 없다. 바이스부르스트는 매우 상하기 쉬우며, 따라서 매일 아침 새로 만들어 내는 것이 좋다. 바이에른에서는 정오의 교회 종소리가 들릴 때까지 바이스부르스트를 두어서는 안 된다는 말이 있을 정도이므로, 아침 식사로 먹는 것이다. **LF**

피가텔루 Figatellu

주원료는 돼지 간으로, 기름기가 적은 돼지 살코기와 함께 다지거나 짓찧어서, 이 지방에서 나는 니엘루치우 품종 포도로 빚은 레드 와인이나 로제 와인과 섞은 다음, 마늘 그리고 때로는 정향을 넣어 양념한다. 깔때기를 사용하여 소시지 껍질에 채워 넣은 뒤, 닷새까지 서서히 훈제한다. 숯불에 구워서 팽 드 캉파뉴 빵에 폴렌타(polenta, 폴렌타)를 곁들이거나 밤 퓌레와 함께 먹는다.

코르시카, 특히 북부의 카스타니치아 지방에서 겨울이 시작될 무렵 돼지를 잡는 풍습─툼베라(tumbera)라고 부른다─은 오늘날에도 여전히 볼 수 있다. 카스타니치아(Castagniccia)는 이 곳에서 자라는 밤나무 숲에서 그 이름이 유래하였다. 보통 검은색이라고 하지만, 코르시카 섬 토종 돼지는 사실 코가 길고 피부는 분홍색이며 검은 반점이 나 있다. 여전히 반 야생 상태와 가깝게 돌아다니며 밤과 도토리 등을 먹는다. 이 돼지는 다른 염장 육류 식품─프리수투(prisuttu, 햄), 코파(coppa, 허릿살), 론주(lonzu, 필레) 그리고 판제타(panzetta)─을 만드는 데에도 쓰이며, 그 이름을 보면 이탈리아 본토에서 유래하였음을 짐작할 수 있다. **MR**

Taste: 파슬리가 점점이 박힌 바이스부르스트는 살코기와 지방의 균형이 잘 잡힌 쥬이쉬한 조화와, 레몬과 향신료가 살짝 느껴지는 풍부한 고기의 향미를 지니고 있다.

Taste: 피가텔루는 간(肝)의 비율이 높아서, 블러드 소시지와 그 질감이나 맛이 비슷하다. 노천의 불 위에서 그슬린 스모크 풍미가 이를 더욱 북돋는다.

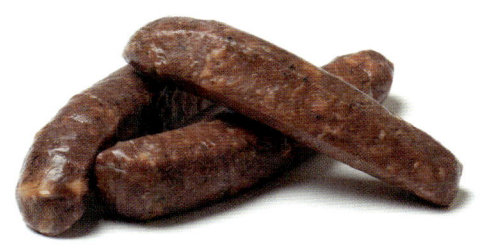

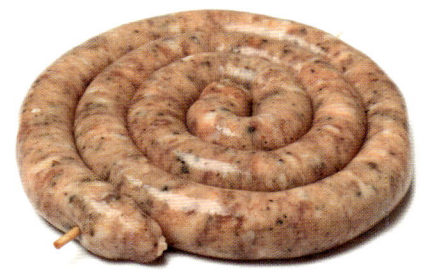

루카니카 Loukanika

그리스에서 유래한 이 길고 가느다란 소시지는 전통적으로 11월 중순부터 새해 첫날 사이, 농부들이 돼지를 잡을 때 만든다. 루카니카라는 이름은 라틴어 '루카니쿠스(lucanicus)'에서 기원했는데, 기원전 5세기에 이탈리아 남부(오늘날의 바실리카타)에서 살았던 루카니아인들이 먹었던 소시지라고 하여 이런 이름이 붙었다. 이 지방에서는 오늘날까지도 긴 고리 모양의 칠리 고추로 맛을 낸 매콤한 돼지고기 소시지인 '루카니카(lucanica)'가 높은 인기를 누리고 있다.

루카니카는 고기—보통 돼지고기와 새끼양고기를 섞어서 사용한다—함량이 높으며, 양념은 어디서 만드느냐에 따라 다양하다. 예를 들면 시미 섬의 요리사들은 마늘을 듬뿍 넣지만, 키프로스 섬에서는 코리앤더, 커민, 또는 오레가노를 선호한다. 이렇게 양념한 고기를 껍질에 채워넣은 뒤 레드 와인에 담가두었다가 훈제한다. 생 소시지 루카니카도 있다.

루카니카는 프라이팬에 튀기거나 그릴에서 굽거나 메즈 접시에 올리거나, 야채를 곁들여 메인디쉬로 낸다. 기간테스 콩, 감자, 토마토, 후추와 함께 캐서롤 요리로 만들기도 한다. **WS**

컴벌랜드 소시지 Cumberland Sausage

정육점 쇼윈도에서 금방 알아볼 수 있는 컴벌랜드 소시지는 그 기원을 딱 꼬집어 말하기가 애매하다. 그 생김새—다지거나 짓찧은 돼지고기 속을 나선형으로 꼬인 돼지 창자에 채워넣은 길쭉한 튜브형—역시 잉글랜드 소시지치고는 독특하다. 재료가 무엇이 들어가느냐와 어떻게 양념하느냐는 별개의 문제이다.

잉글랜드 북서부의 쿰브리아 지방 주민들은 1960년대에 명맥이 끊긴, 귀가 늘어지고 살진 컴벌랜드 품종 돼지로 만들었다고 말한다. 다른 영국 소시지들이 그렇듯이 오늘날에도 여전히 돼지고기로 만들지만, 러스크(직사각형의 딱딱하고 건조한 비스킷. 영국에서는 잘게 부스러뜨려서 소시지에 넣어 재료를 결합시키는 용도로 쓰인다)를 20퍼센트까지 넣을 수도 있다(어떤 컴벌랜드 소시지는 육류 함량이 98퍼센트나 되는 것도 있다). 한 세대 전까지만 해도 푸주한들은 돼지고기를 굵고 거칠게 다졌다. 오늘날 최고급 소시지는 레어 브리드(Rare Breed) 품종 돼지고기로 만들며 손으로 으깬다. 어느 쪽이든 간에 고기의 입자가 거친 것은 품질이 좋은 부위를 사용했다는 뜻이다.

양념은 만드는 사람의 취향에 따라 다르지만, 보통은 흑후추와 백후추를 섞어서 사용한다. 이 향토 소시지에 PGI 인증을 받기 위한 노력이 진행 중이다. **MR**

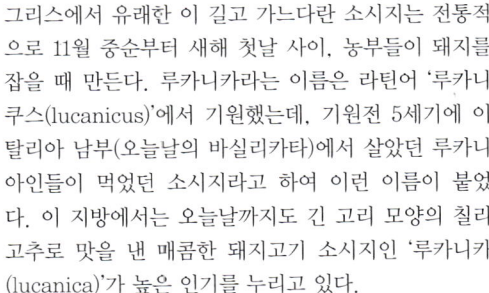

Taste: 진하고 고기 맛이 강하다. 루카니카의 향미는 누가 만드느냐에 따라 다양하다. 훈제 루카니카는 생 소시지보다 질감이 건조하며, 나무 스모크 향이 난다.

Taste: 보통 프라이팬에 튀기거나 그릴에 굽는다. 열을 가하면 돌돌 말려 있던 소시지가 곧게 펴지면서 통통한 겉껍질은 거의 바삭바삭해지고, 후추로 양념한 돼지고기 맛이 난다. 즙이 많고 쫄깃쫄깃하다.

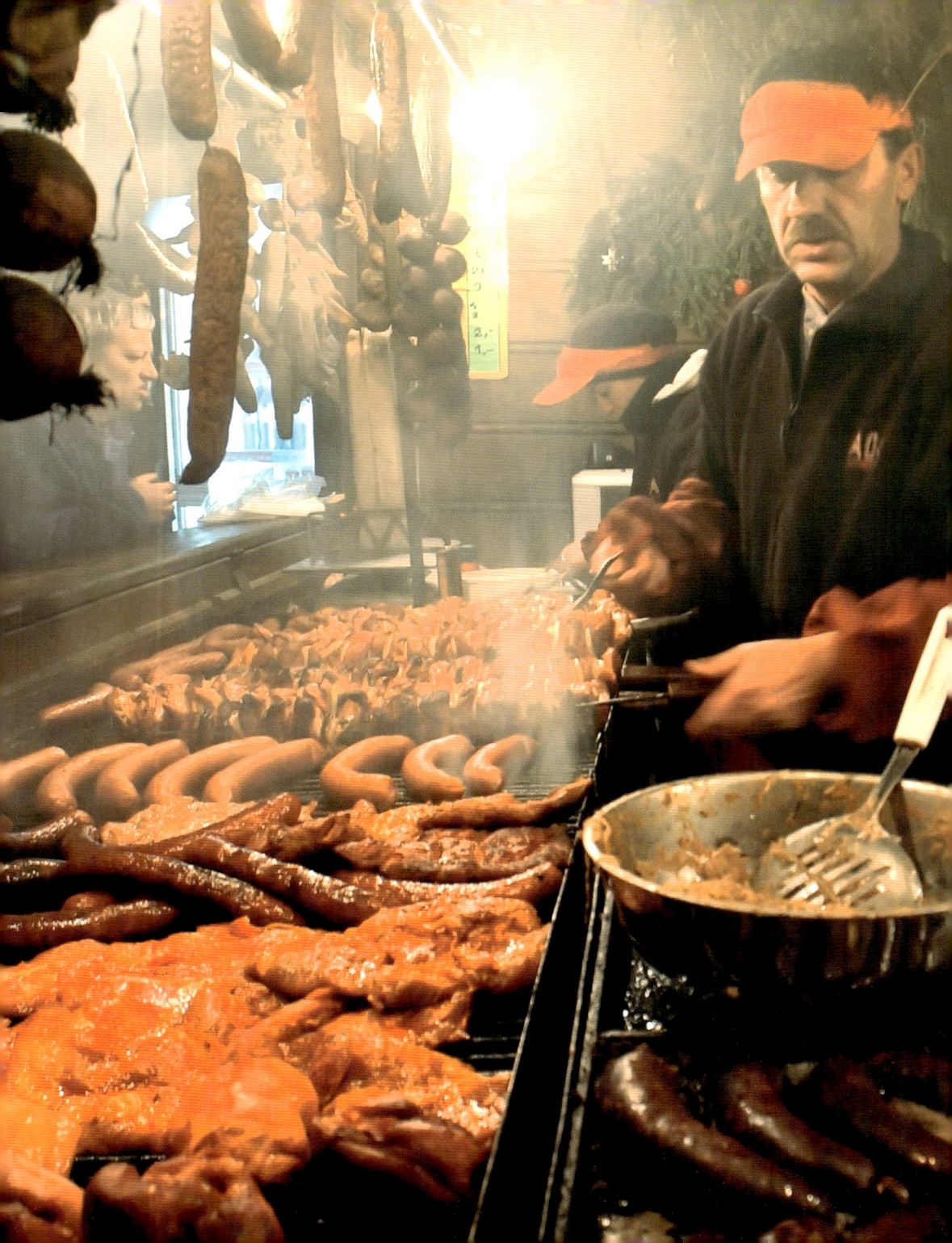

카산카 Kaszanka

거칠게 빻은 메밀 가루가 박혀 있는 이 원기왕성한 블러드 소시지를, 폴란드에서는 '카산카'라고 부른다. 한 세기 전 폴란드인들이 대거 이주한 북아메리카에서는 '키스카(Kiska)'라고 부른다. 유럽과 아메리카를 막론하고 카산카를 좋아하는 사람들은 이 소시지를 먹기 위해 돈을 아끼지 않는다.

다른 블러드 소시지처럼 카산카는 전통적으로 초겨울, 돼지 잡는 철에 만든다. 근검절약이 몸에 밴 옛날 사람들은 그야말로 무엇 하나—심지어 돼지 피까지—버리는 법이 없었던 것이다. 돼지 피는 쉽게 상하고 응고하기 때문에 블러드 소시지는 돼지를 사육하는 곳에서만 찾아볼 수 있다.

폴란드의 카산카는 양파와 스파이스는 물론 메밀을 섞어 만든다는 점에서 다른 블러드 소시지와 다르다. 수퇘지의 피와 익혀서 거칠게 다진 돼지 껍데기, 폐, 늘어진 턱살, 잡육, 그리고 황금빛 갈색의 옆구리 위쪽 비계살 덩어리를 섞어서 바삭거릴 때까지 프라이팬에서 튀긴다. 소금, 후추, 마조람, 때로는 올스파이스로 양념한 뒤 커다란 돼지 창자에 채워넣고 삶거나 오븐에 굽는다. 조리하는 동안 소시지 안에 지푸라기를 밀어넣어 얼마나 익었는지를 가늠한다. 지푸라기가 말라 있으면 소시지가 충분히 익었다는 뜻이다. 축축하면 더 익혀야 한다.

카산카는 차게 내기도 하고, 뜨겁게 먹기도 하며, 그냥 먹을 수도 있고 머스터드, 조리한 서양고추냉이, 또는 게르킨 오이를 곁들여 먹을 수도 있다. 어떤 이들은 다시 프라이팬에 튀겨서 양파를 듬뿍 넣는 것을 좋아하고, 또 어떤 이들은 끓는 물에 다시 한번 삶는 쪽을 선호한다. 뜨거운 카산카에 머스터드, 호밀빵 한 조각, 그리고 맥주 한 조끼면 폴란드의 전통 길거리 음식이자 장날의 별미이다. 모든 블러드 소시지가 그렇듯이, 카산카도 두고 먹을 수 있는 기간이 짧기 때문에 만든 지 3주 안에 먹어야 한다. **RS**

보티파라 돌사 Botifarra Dolça

보티파라 돌사는 설탕이나 벌꿀, 그리고 레몬을 더한 매우 흥미로운 카탈루냐 소시지이다. 생 소시지와 건조시킨 소시지, 두 종류가 있다. 건조시킨 것은 최장 25일 동안 옥외에서 바람어 말린 것이다. 또 돼지고기에 계피를 섞기도 한다. 소시지 고기를 천연 껍질에 채워넣고 역시 설탕이나 벌꿀, 레몬을 넣은 물에 천천히 끓인다.

무어인들의 레시피에서 유래했다고 전해지는 보티파라 돌사는 중세로 그 기원을 거슬러올라간다. 중세에는 짭짤한 요리에 벌꿀과 설탕이 종종 쓰였다. 이는 소금에 절이거나, 말리거나, 지방에 재우는 대신 고기를 보존 처리할 수 있는 또 하나의 방법이었다.

보티파라 돌사는 카탈루냐 북부 지로나와 알토 암푸르단 지방, 특히 살리테아, 산트 달마이, 빌로키 도니야 등 세 개 마을 근처에서만 찾아볼 수 있다. 이 곳에서는 해마다 보티파라 돌사 축제가 열린다. 보티파라 돌사는 이 지역의 향토색이 너무 강해서 카탈루냐를 제외하면 거의 아는 사람이 없을 정도이다.

보티파라 돌사의 향미는 현대인의 입맛에는 너무나 의외라서 셰프들은 도대체 이 소시지를 어디다 써먹어야 할지 고민하곤 한다. 전통적으로 뭉근하게 끓인 사과나 감자 스튜를 곁들여 메인 디쉬로 내지만, 달짝지근한 맛(조리 과정에서 껍질에서 당이 흘러나온다) 때문에 푸딩으로 오해받아 달콤하게 튀긴 빵과 함께 내기도 한다. 좀더 즐거운 타협점은 아페리티프로 내는 것이다. 소시지의 향긋한 단맛이 최초의 허기를 달래줄 수 있기 때문이다. 보티파라 돌사는 살바도르 달리가 가장 좋아했던 음식 중의 하나라고 한다. 달리를 기념하는 의미에서, 그의 생가 바로 밖에서 세계에서 가장 긴 보티파라 돌사를 만들어 그 길이를 재기도 했다. **RL**

Taste: 뽀얀 메밀 가루와 고기, 돼지 피가 섞여 맛이 진하고 원기왕성하고 조화로운 맛을 이끌어낸다. 향긋한 마조람은 여러 스파이스 중에서도 단연 두드러진다.

카산카 소시지는 분주한 크라코프의 겨울 시장에서 인기 높은 뜨거운 간식이다.

Taste: 보티파라 돌사는 돼지고기 소시지의 짭짤한 맛 위에 캐러멜된 벌꿀이 두드러지며, 그 가래에는 가볍고 따스한 계피가 깔려 있다.

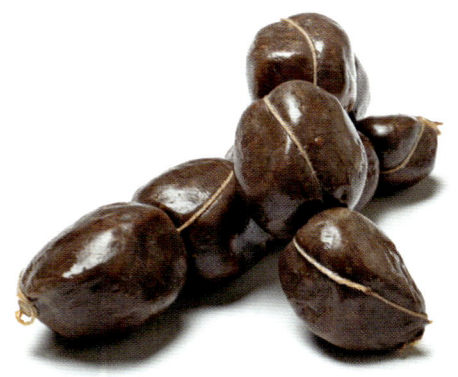

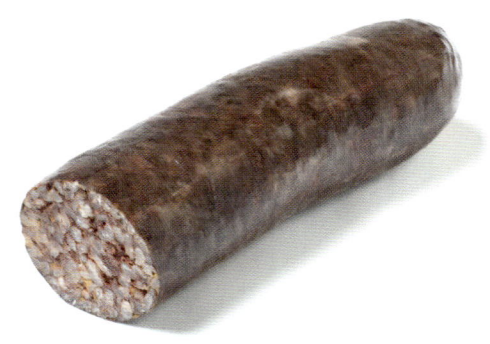

모르칠라 둘체 Morcilla Dulce

블랙 푸딩이라고도 불리는 블러드 소시지는 전 세계에서 인기있는 전통 음식이다. 블러드 소시지의 역사는 수세기를 거슬러 올라가며, 심지어 호메로스의 『오딧세이아』에도 등장한다. "큰 불가의 사람이 소시지를 비계와 피로 채워 이러저리 뒤집었다가 재빨리 구우려고 했다…"

모르칠라 둘체는 우루과이에서 만드는 달콤한 블러드 소시지이다. 돼지 피와 오렌지 껍질, 호두, 때때로 건포도를 넣기도 한다. 인구보다 가축의 수가 더 많은 나라에서—광활하게 펼쳐져 있는 내륙의 목초지 덕분이다—주민들은 고기를 많이 먹을 수밖에 없다. 그릴에 굽거나, 프라이팬에 튀기거나, 오븐에 굽거나, 아니면 바비큐를 해서 먹는다. 그릴에 구운 쇠고기나 새끼양 고기와 함께 모르칠라 둘체는 우루과이에서 높은 인기를 누리는 파리야다(parilladas)에서 없어서는 안 될 존재이다. 파리야다는 그릴 음식점으로 뜨거운 숯 위에서 구워낸 다양한 그릴 요리를 맛볼 수 있는 곳이다. 또 아사도(asado, 바비큐)에서도 먹는다.

우루과이의 국민 음식 중 다수가 유럽, 특히 스페인과 이탈리아의 영향을 받았으며, 모르칠라 둘체 역시 스페인에서 만드는 모르칠라 블러드 소시지가 그 원조인 것으로 보인다. **CK**

모르칠라 데 부르고스 Morcilla de Burgos

블랙 푸딩을 좋아하는 사람이라면 모르칠라 데 부르고스—스페인 북부 카스티야 이 레온 지방의 부르고스에서 만드는 맛좋은 블러드 소시지—를 사랑할 수밖에 없다. 모르칠라는 스페인 요리를 대표하는 가장 전형적인 음식 가운데 하나이며, 모르칠라 데 부르고스는 일반적으로 스페인 최고의 모르칠라라 할 수 있다.

모르칠라는 라 마탄사(la matanza)—스페인 전역에서 늦가을에서 겨울 사이에 걸쳐 돼지를 잡는 행사—의 부산물로 태어났다. 온 가족이 함께 모여 살진 돼지를 잡아 겨우내 먹을 음식을 마련한다. 무엇 하나 허투루 버려나가는 법이 없다—피조차 굳어져서 응고할 때까지 끓인다. 모르칠라 데 부르고스의 경우, 맛을 내기 위해 스파이스와 양념을 넣고, 질감과 부피를 더하기 위해 쌀을 섞는다. 그런 다음 깨끗이 씻어놓은 돼지 창자에 채워 넣는다.

모르칠라 데 부르고스는 종종 썰어서 프라이팬에서 살짝 튀겨 타파로 내지만, 스튜나 콩 요리의 재료로 쓰이기도 한다. 스페인을 여행하는 사람이라면 누구라도 한번쯤은 맛보아야 한다. **LF**

Taste: 모르칠라 둘체는 복합적이고 부석부석한 질감이지만 입안에서는 사르르 녹는다. 시트러스의 달콤하면서도 스파이시한, 톡 쏘는 맛과 견과 향이 살짝 어우러진다.

Taste: 뜨겁고, 검고, 쥬이시하고, 쌀이 박혀 있는 모르칠라 데 부르고스는 썰면 입에 군침이 도는 대담한 향미가 흘러나온다. 전통적으로 매우 짭짤하다.

스페인의 부르고스 지방에서 만든
일련의 블러드 소시지를 진열해놓은 특산물 상점. ➲

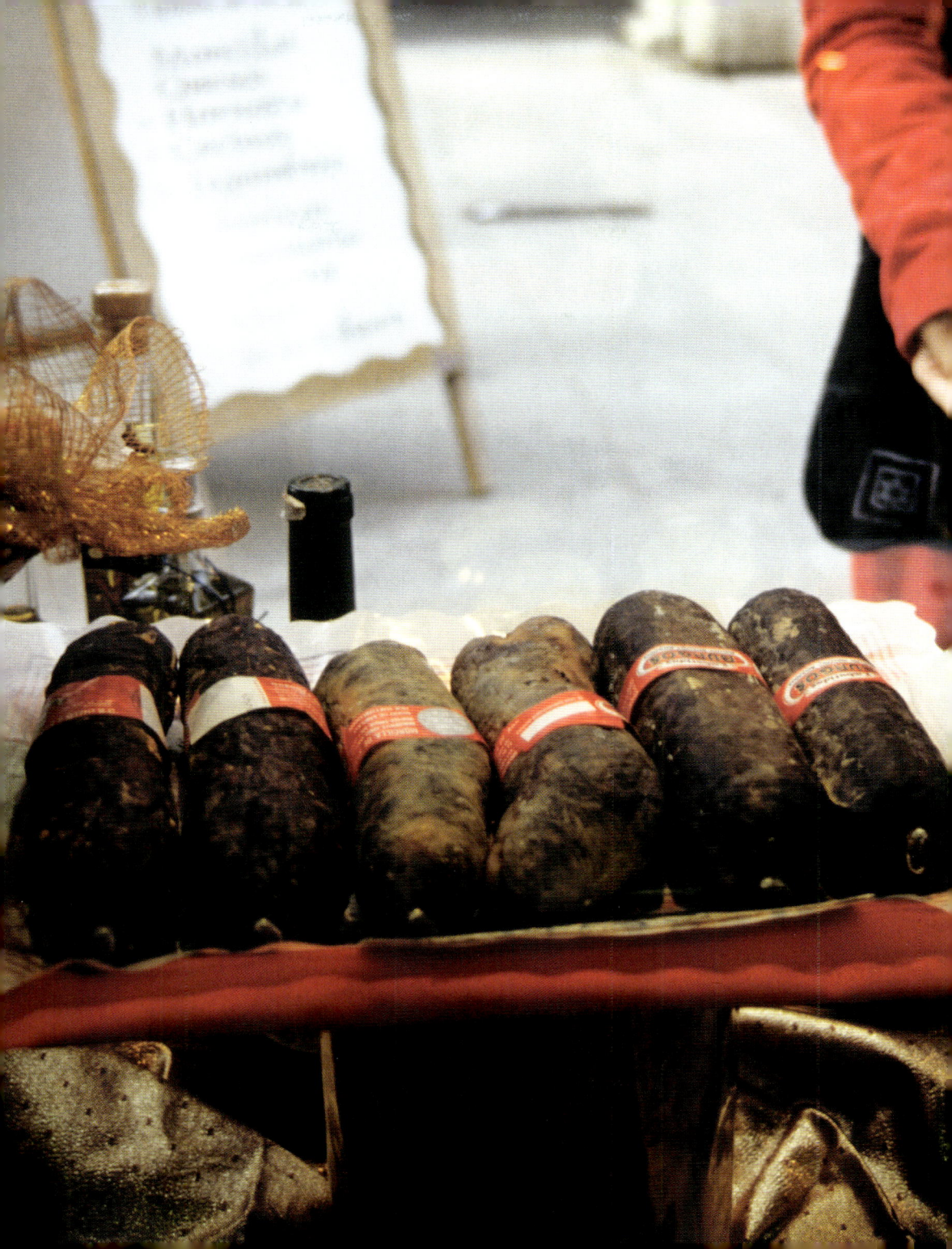

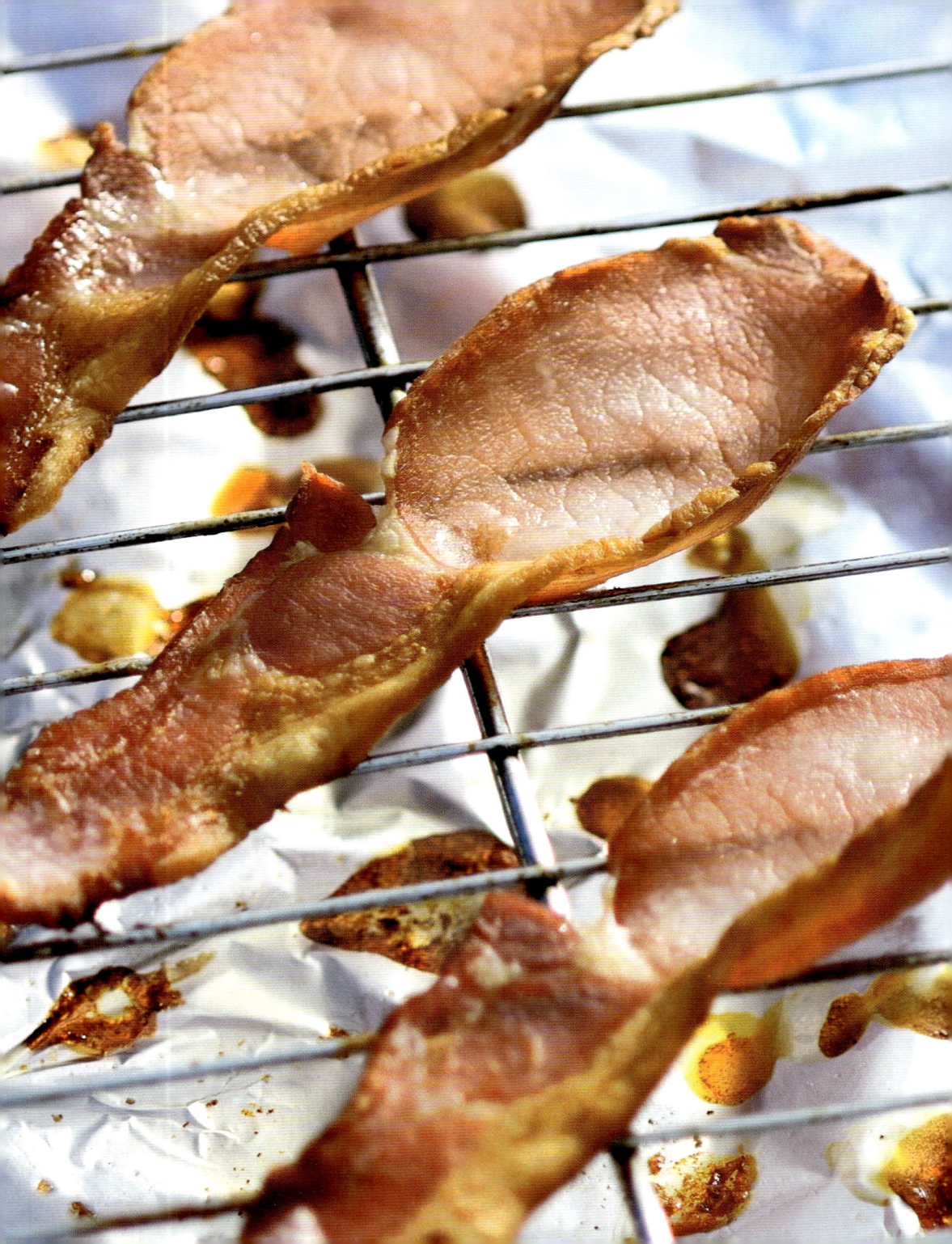

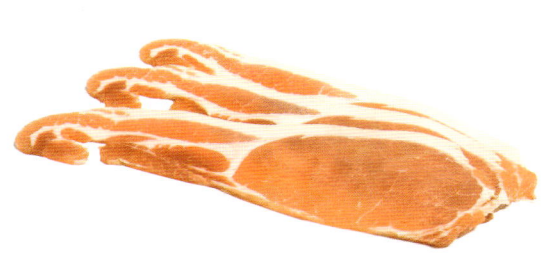

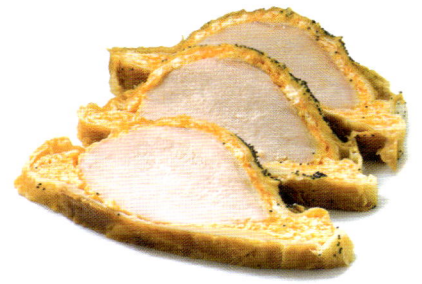

참나무 장작불에 훈제한 등살 베이컨
Oak Smoked Back Bacon

피밀 베이컨
Peameal Bacon

베이컨은 소금에 절이거나 소금물에 담근 돼지의 옆구리 살로, 수세기 동안 농가에서 없어서는 안 될 필수 식량이었다. 농민들은 돼지를 키워 얻은 소금에 절인 베이컨(훈제한 것과 훈제하지 않은 것 모두)으로 겨울철이면 맛이 밋밋한 다른 음식에 맛을 내는 데 썼다.

숙성시킨 베이컨은 40℃ 안팎에서 냉훈할 수 있는데, 주로 참나무나 너도밤나무 장작을 사용한다. 참나무 장작불에 훈제한 베이컨은 영국에서 꾸준한 인기를 누리고 있으며, 그 소박하면서도 부드러운 향미는 다른 재료들의 맛을 압도하기보다 보완해주는 쪽에 가깝다. 입에서는 스모키한 뒷맛을 남기며, 더 살집이 좋은 등살 베이컨은 특히 즙이 깊다.

참나무 장작블에 훈제한 베이컨은 한번 먹기 시작하면 도저히 멈출 수가 없다. 샌드위치 속에 넣기 딱 좋으며, 샐러드나 파스타 요리에 넣어도 인기가 좋다. 단백질 함량이 높은 베이컨은—블랙 푸딩, 소시지, 달걀, 그릴에 구운 토마토 등과 함께—잉글랜드식 아침식사의 핵심 메뉴이기도 하다. '프라이업(fry up, 프라이팬에서 튀긴 베이컨)'은 비교적 최신 유행에 속하며, 빅토리아 시대 영국인들은 보통 찬 베이컨을 즐겨 먹었다. **GM**

진정한 캐나다인이라면 베이컨이 두 종류라는 사실을 알 것이다. 즉 영국 제도에서 인기가 높은 전통 아침식사 메뉴로, 일반적으로 널리 즐겨 먹는 "길쭉한 줄무늬" 베이컨과, 분홍빛에 즙이 많고 콘밀을 입힌 돼지의 허리고기 말이다. 뉴펀들랜드에서 브리티시컬럼비아에 이르는 캐나다 전역에서 후자는 '피밀 베이컨'이라 부른다.

피밀 베이컨을 모방한 캐나다 베이컨(Canadian bacon)과는 달리, 진짜 피밀 베이컨은 절대로 훈제하지 않는다. 뼈를 발라 돌돌 만 허리 고기로 팔기도 하지만, 보통은 두께가 0.5센티미터까지 나가는 묵직한 조각으로 썰어서 판다. 기름을 떼어내고 소금물에 절인 뒤 노란 콘밀을 입힌다. 콘밀 가루는 말려서 으깬 노란 콩으로 만드는데, 피밀 자체의 정확한 기원은 알려져 있지 않다.

보통은 날것으로 팔지만, 토론토의 세인트로렌스 마켓에 가면 흔히 볼 수 있듯 튀겨서 갓 구워낸 하드 롤 한가운데에 쌓는다. 여기에 때때로 머스터드를 곁들이기도 하지만, 전통을 고수하는 이들은 좋아하지 않는다. 그 밖의 레시피로는 피밀 로스트와 바비큐 그릴이 있다. **SBe**

Taste: 짭짤하고, 스모키하고, 햄보다 향미가 강렬한 훈제 베이컨은 기분을 북돋워주는 맛의 센세이션을 선사한다. 스모키한만큼 달짝지근하며 입안에서 오래 맴돈다.

Taste: 기름기가 적고 짭짤하며, 약간 달짝지근하고 희미한 건과 향이 나는 피밀 베이컨은 건조시키는 것이 거의 불가능하며, 따라서 언제 먹어도 촉촉하고 쥬이시하다.

○ 간단하게 그릴에 구우면 참나무 장작불에 훈제한 등살 베이컨의 진수가 반짝인다.

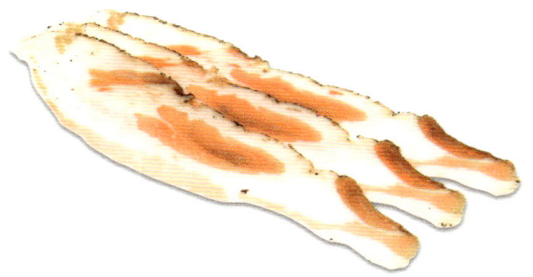

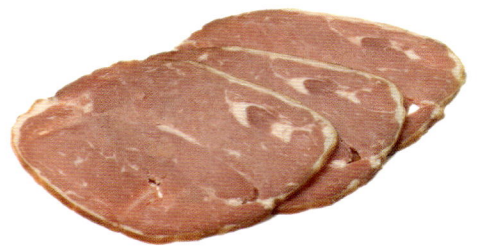

구안치알레 Guanciale

구안치알레는 이탈리아 중부에서 기원한 특산 베이컨으로, 돼지의 목과 볼 또는 목과 턱(이탈리아어로 구안치아(guancia)) 사이의 살로 만든다. 다른 이탈리아산 염장 육류 제품처럼 구안치알레 역시 수백 년의 역사를 자랑하며, 오늘날까지도 전통적인 레시피대로 소금에 절인다. 소금, 후추, 설탕, 향신료를 섞어 고기에 묻힌 뒤 한 달 동안 소금에 절인다. 그런 다음 다시 한 달동안 매달아 놓으면 비로소 먹을 수 있게 된다. 구안치알레는 이탈리아 파스타 요리의 고전인 파스타 알라 카르보나라(pasta alla carbonara)와 파스타 알라마트리치아나(pasta all'amatriciana)에도 들어간다. 물론 많은 사람들은 언제나 판체타(pancetta, 돼지의 뱃살로 만든 베이컨)가 쓰이는 것으로 믿고 있지만 말이다. 구안치알레는 상당히 기름기가 많은데, 익히면 지방이 많이 빠져나간다.

　　오늘날에는 이탈리아 여러 지역에서 구안치알레를 생산하고 있으며, 각 지방마다 고유한 특색을 자랑한다. 칼라브리아 지방의 구안치알레는 입에서 불이 나는 것처럼 맵고, 레 마르케 자치주에서는 때때로 가볍게 훈제하기도 한다. 토스카나의 구안치알레는 더 부드럽고 향긋하다. 구안치알레는 생선, 콩류, 그리고 짙은 녹색 채소와 특히 잘 어울린다. **LF**

항기키외트 Hangikjöt

'매달아놓은 고기'라는 뜻의 항기키외트는 아이슬란드의 특제 훈제육으로, 오늘날에는 보통 새끼양고기로 만들지만, 과거에는 양고기나 심지어 때로는 말고기로도 만들었다.

　　아이슬란드에서는 8세기부터 노르만족들이 고기를 오래 두고 먹기 위해 소금에 절여 훈제해왔다. 여름은 짧고 겨울은 길기 때문에 추운 계절에 먹기 위한 음식을 저장해 둘 필요가 있었던 것이다. 항기키외트의 그 독특한 향기와 풍미는 말린 양 똥—때로는 여기에 주니퍼나 자작나무 부스러기를 섞기도 한다—을 태우는 연기에 닷새 가까이 훈제하는 데서 비롯된다.

　　빵이나 스콘수르(skonsur)라고 부르는 두꺼운 팬케이크에 얹어 먹기도 하지만, 사실 항기키외트는 매일 흔히 먹는 음식은 아니다. 아이슬란드에서는 별미에 해당하며 주로 크리스마스 이브에 명절 음식으로 먹는다. 뜨겁게 낼 때도 있고, 차게 낼 때도 있는데 구운 감자와 크리미한 베샤멜—데운 우유를 정제 버터와 밀가루를 반반씩 섞은 루(roux)에 넣어서 휘저어 걸쭉하게 만든—스타일의 화이트 소스, 완두콩, 빨간 양배추 피클과 곁들여 먹는다. **LF**

Taste: 얇고 가늘게 썰어서 익히면 진한 향미를 내뿜는 구안치알레는 다른 재료에 진한 풍미와 독특한 짭짤함을 더해준다.

Taste: 두드러진 스모크 향미와 맛있는 짭짤한 냄새가 군침이 돌게 한다. 항기키외트는 독특하고 스모키한 냄새가 고루 배어 있다.

아이슬란드에서 양들을 목초지로 몰고 가고 있다. 새끼양의 다리, 허벅지, 옆구리살은 항기키외트처럼 훈제해서 먹기에 좋다. ❿

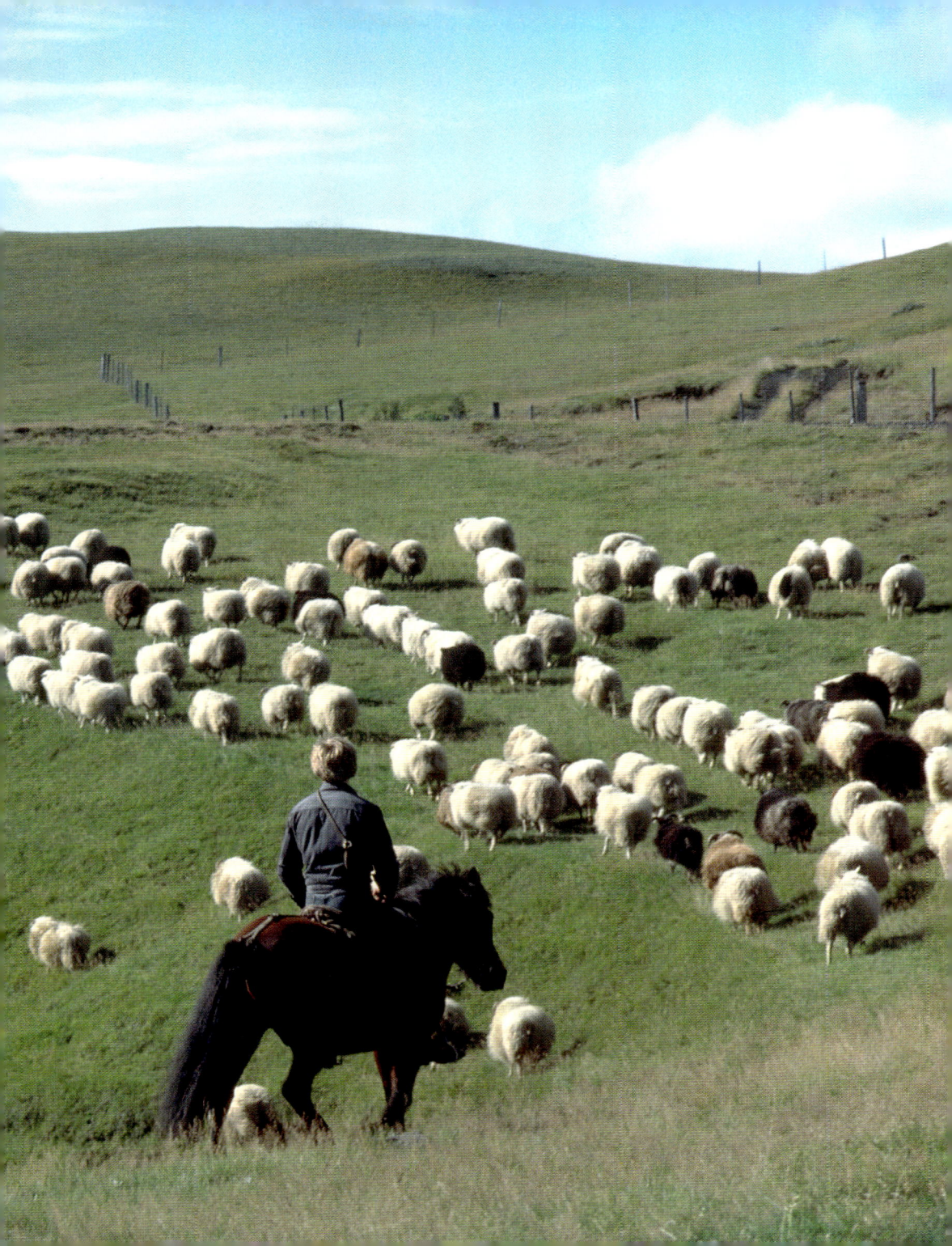

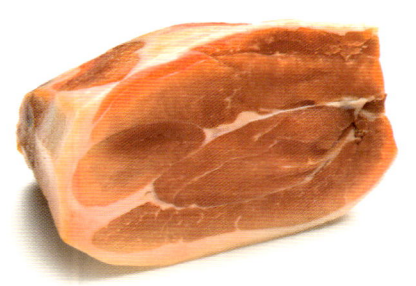

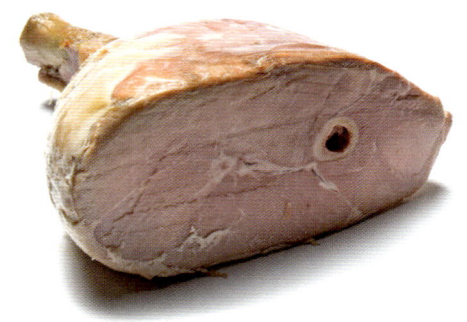

윈난 햄 Yunnan Ham

유럽의 슈바르츠발트(독일 남서부 바덴 뷔템베르크 주의 방대한 산림 지대) 햄이나 미국의 스미스필드 햄처럼, 중국의 윈난 햄 역시 소금에 절여서 훈제한 뒤 공기 중에서 말린다. 전문적으로 말하자면 생고기 상태이기 때문에 일부 국가에서는 윈난 햄 수입을 금지하고 있다. 훈제와 염장은 수분을 줄이고 향미를 강화시켜준다. 두껍게 썰면 질기기 때문에 스미스필드 햄처럼 얇게 저며서 먹는다. 날로 먹기도 하지만 보통은 그 달짝지근하면서도 짭짤한 진미를 더하기 위해 음식에 넣는다. 뼈 부분은 고깃국물의 맛을 내는 데 좋다.

윈난 햄은 가격이 비싸지만, 유럽이나 미국에서 만드는 비슷한 종류의 햄보다는 훨씬 싸며, 꽤 유명하다. 큰 덩어리로 살 수도 있고, 조각으로 잘라서 팔기도 하는데, 뼈는 기호에 따라 사면 된다.

윈난 성(그리고 비슷한 햄을 만드는 후난 성)에서는 서까래에 햄을 매달아놓고, 필요할 때마다 잘라서 먹는 집들도 있다. 때때로 곰팡이가 피는 경우가 있는데, 소금에 제대로 절였다면, 곰팡이만 긁어내고 그 아래의 햄은 그냥 먹어도 된다. **KKC**

스미스필드 햄 Smithfield Ham

미국 버지니아 주의 스미스필드는 '세계 햄의 수도'임을 자칭하며, 스미스필드 햄은 미국 남부에서 오랜 역사를 자랑하는, 소금에 절여서(종종) 훈제한 컨트리 햄 중에서도 가장 유명한 축에 속한다.

스미스필드에서는 1779년부터 햄을 상업용으로 생산했다고 한다. 스미스필드 햄은 버지니아 토종 땅콩을 실컷 먹는 수퇘지의 전통 식습관이 그 독특한 풍미의 비결이다. 생산 역시 매우 엄격한 감독을 받는다. 소금에 절인 뒤, 히코리나무 장작불에(때로는 과일나무 장작을 함께 태우기도 한다) 오랫동안 서서히 훈제한 뒤 적어도 6개월간 숙성시킨다. 스미스필드 햄의 전문가들은 1년 이상 묵혀서 그 향미와 개성이 강렬한 햄을 선호한다.

스미스필드 햄은 거의 항상 조리해서 먹는다. 우선 하루이틀 물에 담가두었다가 북북 문지른다. 그런 다음 부드러워질 때까지 물에 넣고 보글보글 끓인다. 이렇게 한 뒤에는 온갖 방법으로 조리할 수 있다. 흑설탕을 뿌려서 문지른 뒤 오븐에 통째로 구워도 좋고, 썰어서 프라이팬에서 튀긴 뒤 남부 스타일로 레드아이 그레이비(red-eye gravy, 컨트리 햄을 프라이팬에서 튀기는 과정에서 흘러나오는 육즙에 블랙 커피를 섞어서 만드는 묽은 소스)와 버터밀크 비스킷과 함께 낸다. **CN**

Taste: 윈난 햄은 달콤함, 스모키함, 감칠맛이 멋진 균형을 이루고 있다. 매끄러운 질감에 살짝 촉촉하며, 약간 쫄깃하다.

Taste: 물에 담갔다가 끓여도 이 햄의 가장 두드러진 맛은 역시 소금이다. 얇게 썰어서 내거나, 감자 수프 또는 야채 소테 같은 요리에 맛을 내는 데 쓴다.

염장과 숙성에 워낙 시간과 손이 많이 가기 때문에 값이 비쌀 수밖에 없다. ❱

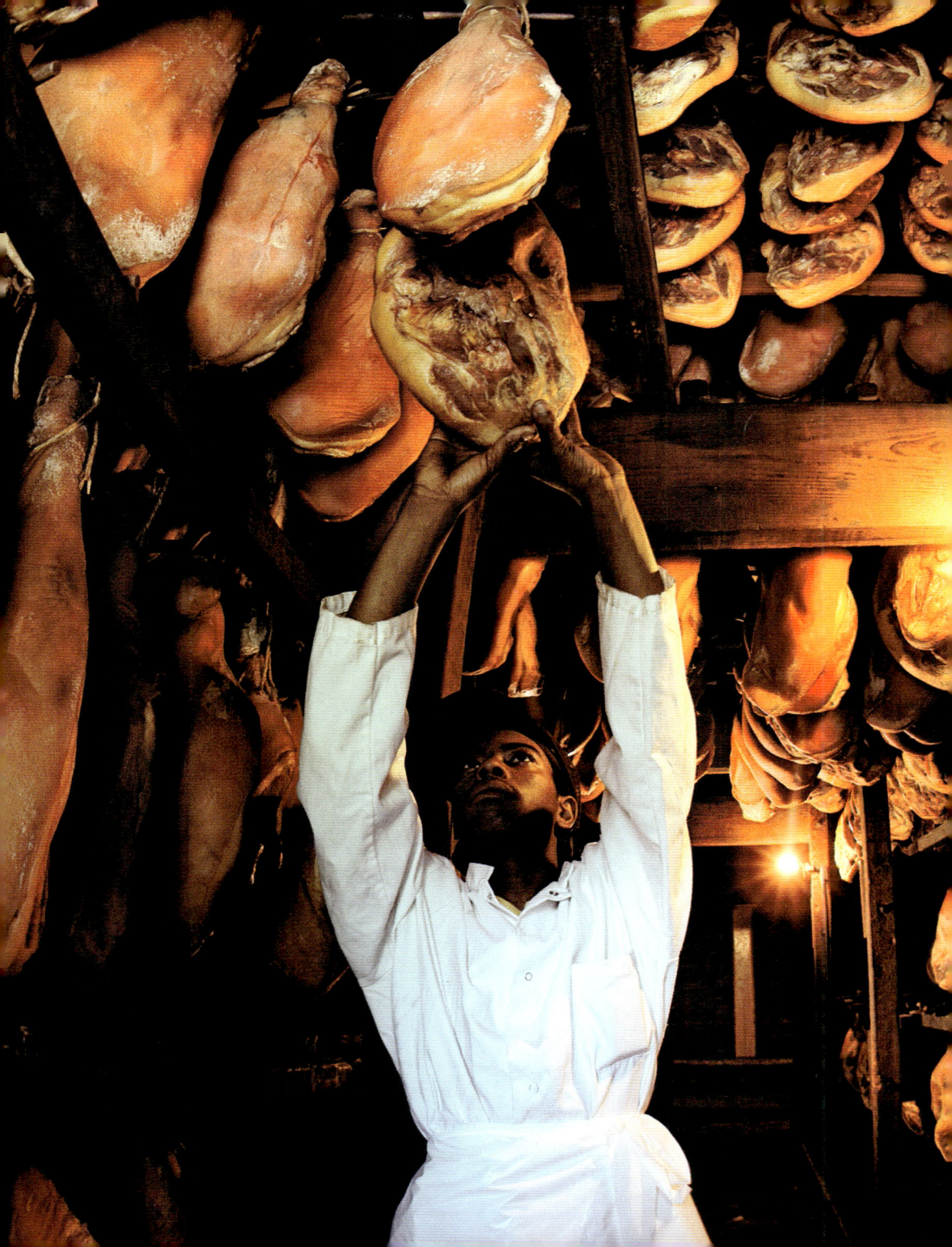

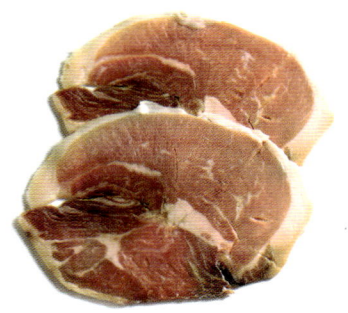

브래드넘 햄 Bradenham Ham

영국 햄 가운데 가장 보기 드문 햄인 브래드넘은 그 전래 과정에서 수많은 주를 거쳤다. 1780년대부터 이미 알려져 있었는데, 이 무렵에는 버킹엄셔에서 온 햄이라고 하는 사람도 있었다. 1888년에는 왕실 공급업체로 선정되었으며, 이 무렵에는 바로 이웃한 월트셔 주 칼른의 로열 월트셔 베이컨 팩토리에서 이미 생산되고 있었다.

살진 베이컨 돼지의 긴 허리살을 잘라낸 브래드넘 햄은 의외로 겉 표면은 타르 색깔인데, 이는 주니퍼와 코리앤더, 그리고 무엇보다도 당밀을 섞은 농축 소금물에 담가서 절였기 때문이다. 브래드넘 햄은 5~6개월간 말려서 숙성시킨 뒤 다시 사흘 가까이 물에 담가두었다가 약한 불에서 끓인다.

20세기 말 들어서 브래드넘 햄 생산은 요크셔로 옮겨갔다. 후에 이 공장이 문을 닫으면서 거의 명맥이 끊길 위험에 처했으나, 듀크스힐 쉬웝셔 블랙 햄이라는 약간 수정된 레시피로 살아남았다. 런던의 유명한 식료품 백화점인 포트넘 앤 페이슨에 가면 유기농 "블랙 햄"을 살 수 있다. **MR**

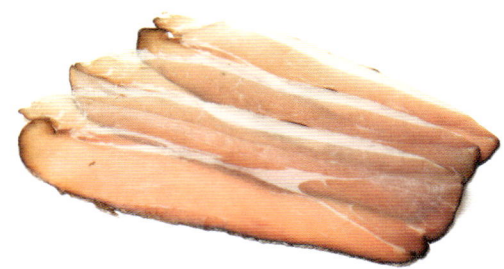

슈바르츠발트 햄 Schwarzwälder Schinken

햄에도 명예의 전당이 있다면, 입에 침이 고이는 슈바르츠발트 햄(PDO)은 단연 가장 높은 자리에 앉아 있을 것이다. 현재 슈바르츠발트 햄은 원산지 명칭 보호를 받고 있으며, 이는 유럽 연합 내에서 "슈바르츠발트 햄"이라는 라벨을 붙여서 판매되는 모든 제품은 반드시 독일 남부 슈바르츠발트 내의 지정된 지역에서만 생산되어야 한다는 뜻이다.

슈바르츠발트 햄은 최고급 돼지 다리 살에 소금, 허브, 마늘, 그리고 코리앤더와 주니퍼 열매 등의 향신료를 손으로 문질러 만들지만, 정확한 레시피는 대를 이어 물려지며, 종종 기밀로 소중히 지킨다. 위에서 말한 재료를 섞은 러브로 고기에서 수분을 제거한 뒤, 특수한 훈제장에서 슈바르츠발트의 전나무에서 모은 곁가지를 태운 불에 훈제한다. 이러한 훈제 과정 덕분에 독특하고 맛있는 풍미를 얻을 수 있다. 마지막으로 햄을 때로 소의 피에 담갔다 빼서 겉표면이 짙은 갈색이나 검은색을 띠도록 한다.

보통은 얇게 썰어서 전채나 간식으로 내며, 독일에서는 아침식사 메뉴로 먹거나 음식에 넣고 함께 조리하기도 한다. **LF**

Taste: 브래드넘 햄은 단맛이 두드러진다. 건조하고 살집이 좋은 햄으로, 오늘날 만드는 버전은 현대의 푸드 트렌드에 발맞춰 예전보다 기름기가 적다.

Taste: 슈바르츠발트 햄은 깊고 복합적인 풍미를 지니고 있다. 짠맛이 두드러지기는 해도 압도하지는 않으며, 그 뒤를 이어 잘 균형 잡힌 훈제의 향미가 따라온다.

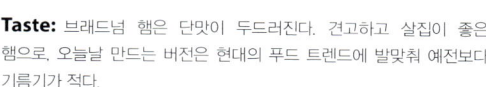

슈바르츠발트에서는 오랜 세월 동안 돼지를 사육해 왔으며, 오늘날에도 종종 멧돼지가 출몰한다. ➲

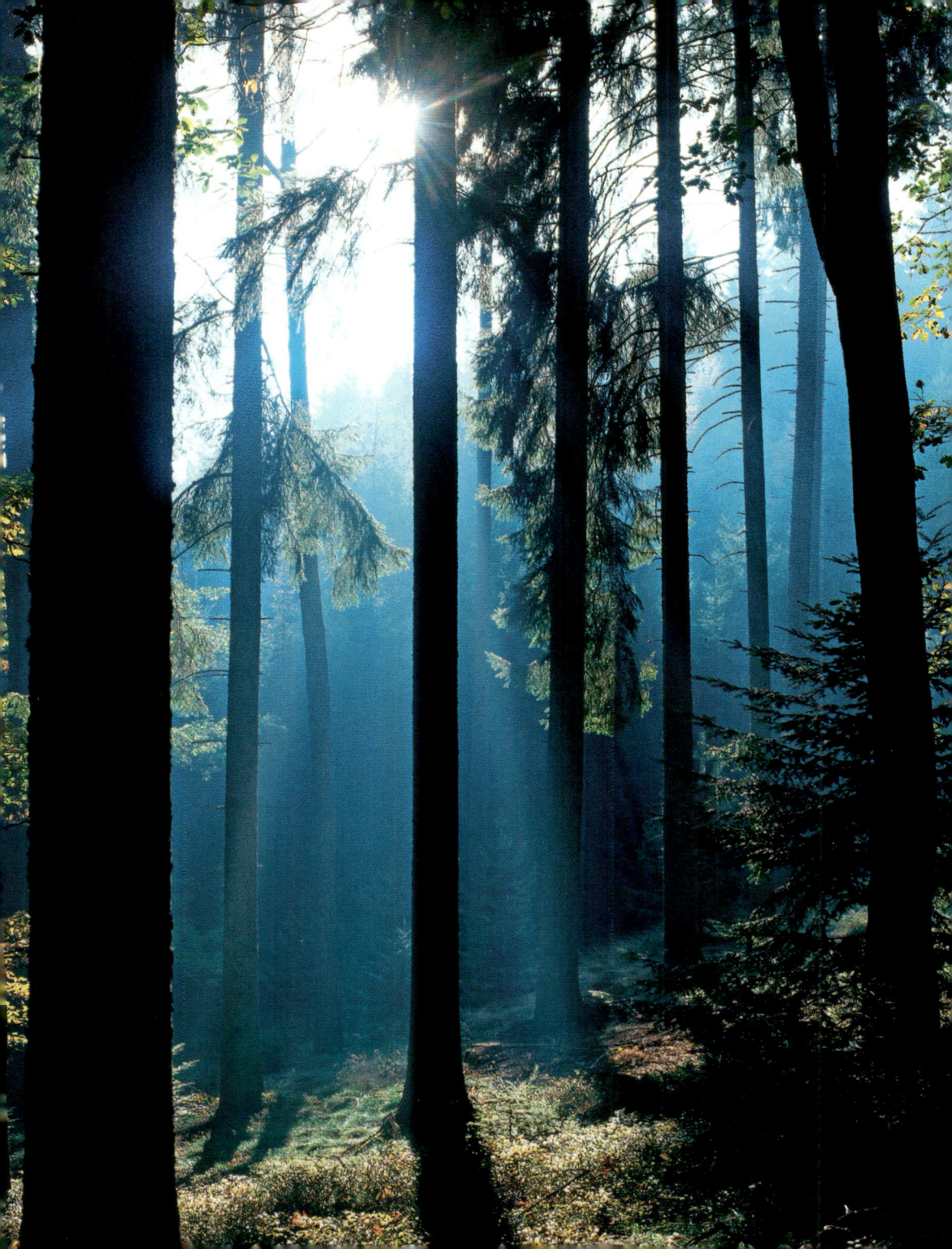

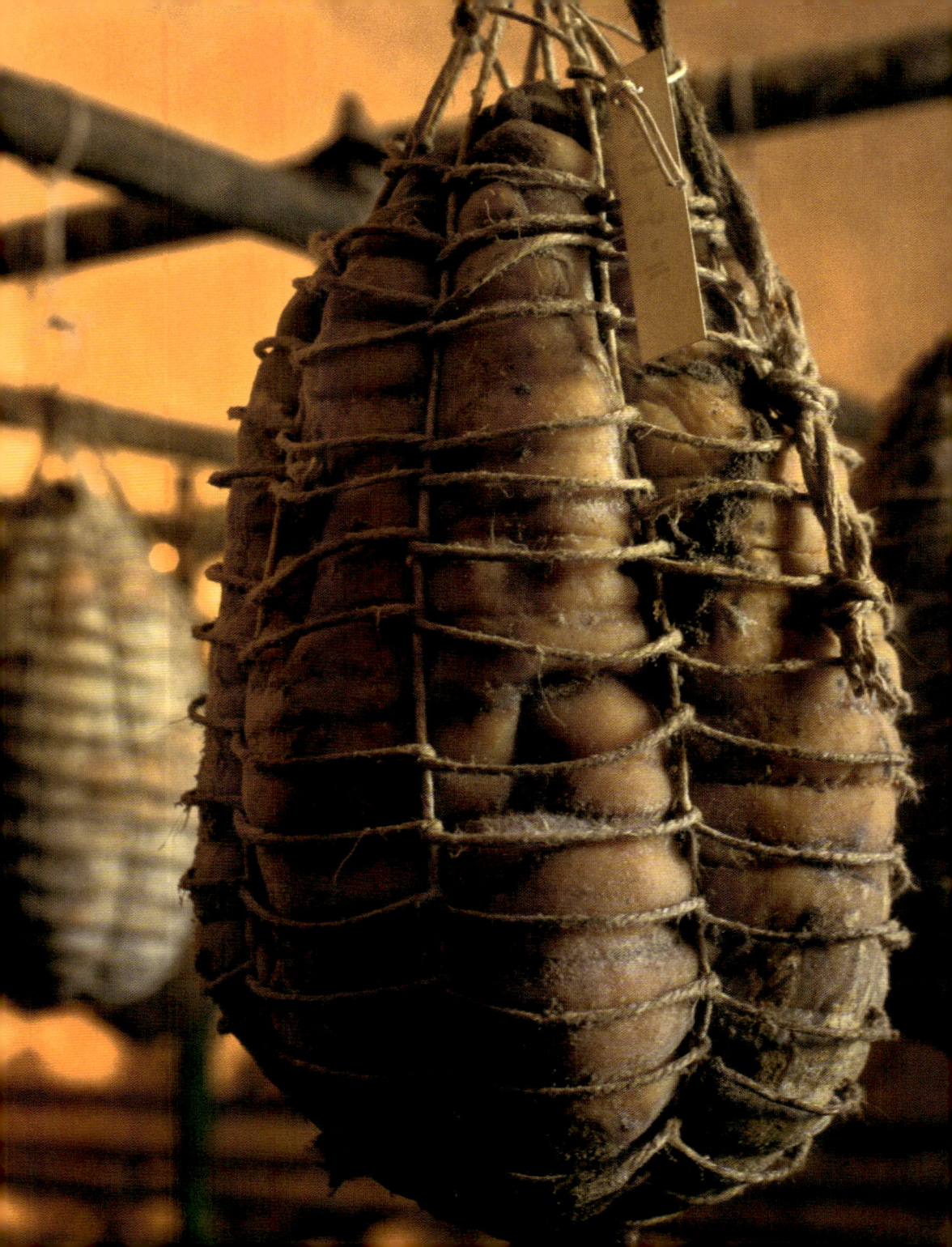

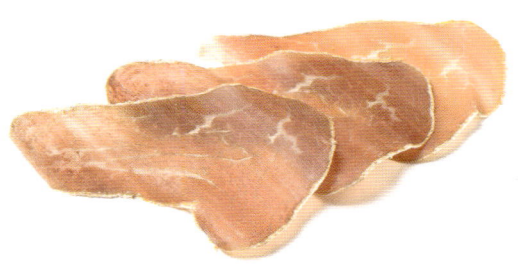

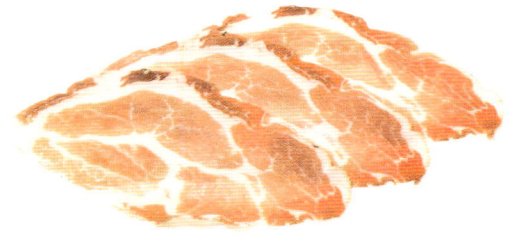

쿨라텔로 디 지벨로 Culatello di Zibello

쿨라텔로 디 지벨로(DOP)는 입에 군침이 도는 프로슈토(이탈리아어로 '햄'. 주로 소금에 절여 숙성시킨 햄을 가리킨다)로, 이탈리아 파르마 지방 지벨로 마을에서 장인의 솜씨로 만들어진다. 기록에 의하면 15세기부터 이미 이 지역에서 생산되었다고 하며, 포 강 유역의 지정된 지역 내에서 태어나서 사육해서 도축한 돼지의 뒷다리 중에서도 큰 종아리 근육으로 만든다.

포 강 유역은 더운 여름 날씨와 대비되는 짙은 겨울 안개로 악명이 높으며, 특유의 습한 기후가 주위의 평원을 뒤덮고 있다. 도축한 뒤 습하고 서늘한 공기 중에서 고기가 숙성되면서 달짝지근하고 맛이 좋아진다.

돼지를 도축하자마자 뒷다리의 껍질을 벗기고 뼈를 발라낸 뒤, 작고 기름기가 적은 정강이 근육을 떼어낸다. 고기를 손으로 소금에 절인 다음 특유의 배(梨) 모양을 만들기 위해 단단하게 묶어서 며칠 두었다가 고기를 주물러 소금이 고루 잘 배어들도록 한다. 또 한동안 그대로 두었다 돼지 오줌통에 햄을 넣고 묶어서 적어도 1년간 지하 저장실에서 숙성시킨다. **LF**

코파 피아첸티나 Coppa Piacentina

코파 피아첸티나(DOP)는 이탈리아 피아첸차 인근에서 사육하는 토종 돼지 품종인 '수이노 페산테 이탈리아노(suino pesante italiano)'의 윗목살로 만드는 절묘한 염장 돼지고기 제품이다. 이 지역은 온화한 기후와 청청한 수목으로 돼지를 기르기에는 안성맞춤인 환경 조건이다.

코파 피아첸티나는 로마 시대부터 만들어졌다고 하는데, 포 계곡의 농가들이 완벽한 염장과 숙성 기술을 발전시켜 이탈리아 최고의 소금에 절인 돼지고기를 내놓게 된 것은 그로부터 수세기가 지나서였다. 1997년, 코파 피아첸티나는 원산지 명칭 보호(Denominazione di Origine Protetta) 인증을 받았으며, 이에 따라 돼지의 사육은 물론 고기를 소금에 절여서 숙성시키는 과정까지 엄격한 관리를 받고 있다.

소금과 이 지역 특산 향신료를 섞어서 돼지고기에 뿌린 뒤 일 주일간 마르도록 내버려 두었다가, 손으로 문지른다. 그런 다음 돼지의 창자로 싸서 약 6개월간 묵혀둔다. 보통 종잇장처럼 얇게 썰어서 엑스트라 버진 올리브유를 한두 방울 치고 레몬즙을 짜서 뿌려 먹는다. **LF**

Taste: 쿨라텔로 디 지벨로는 화사한 분홍색으로, 멋진 지방 마블링은 혀 위에서 사르르 녹으면서 짭짤함. 달콤함. 스파이시함. 그리고 견과 향의 환상적으로 짜여진 균형을 전해준다.

Taste: 코파 피아첸티나는 깊은 붉은 빛에 하얀 지방의 결이 퍼져 있다. 풍성하면서도 균형잡힌 스파이시한 풀 향기에 이어 맛이 좋고 은은한 단맛이 뒤따른다.

쿨라텔로 디 지벨로는 그 특유의 배 모양으로 금방 알아볼 수 있다.
◑ 파르마의 한 지하 저장실에서 숙성 중인 쿨라텔로 디 지벨로.

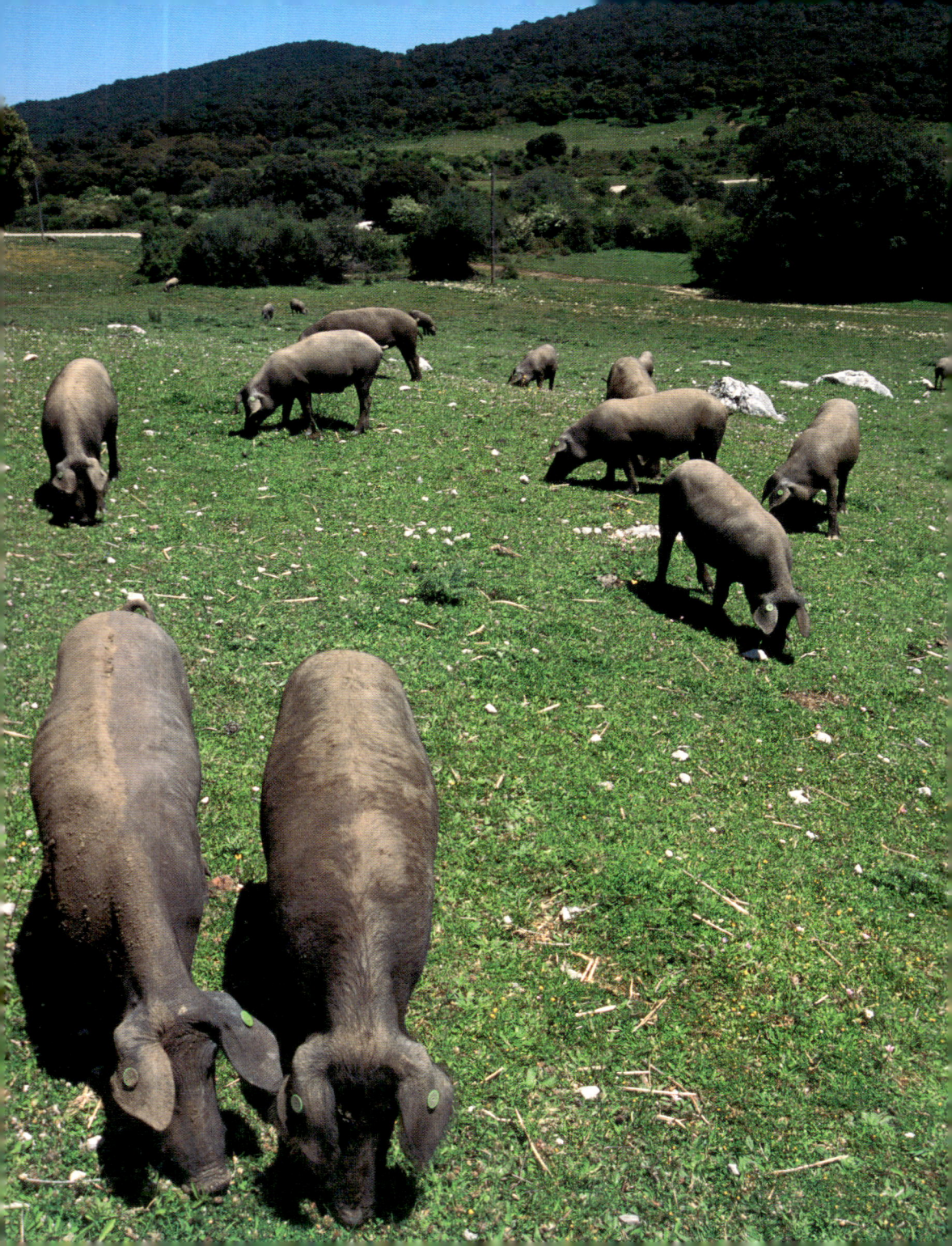

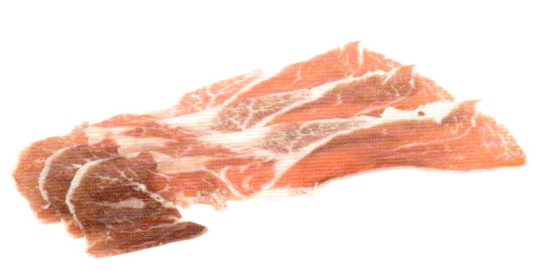

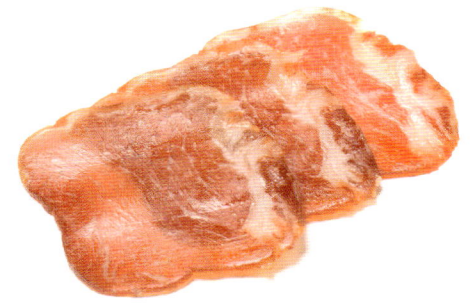

하몽 이베리코 데 베요타
Jamón Ibérico de Bellota

전문가들은 하몽 이베리코 데 베요타를 소금에 절인 햄 중에 왕으로 친다. 이 햄은 스페인에서 생산되며, 털이 뻣뻣하고, 발이 까맣고, 도토리를 우물거리는 세르도 이베리코(cerdo Ibérico) 품종 돼지로 만든다. 이 돼지는 아라세나와 에스트레마두라 지방의 2백만 헥타르가 넘는 면적에 펼쳐져 있는 데헤사(dehesa, 관목이 무성한 초원 지대)를 마음대로 돌아다닌다. 데헤사는 코르크나무와 참나무, 야생 허브, 풀, 그리고 방향 식물들에 이르기까지 다양한 생태계를 자랑하며, 이는 돼지의 식습관에서도 중요한 부분을 차지한다.

베요타(bellota)는 스페인어로 도토리라는 뜻인데, 도축 전 살을 찌우는 시기에 돼지들은 긁어온 도토리와 풀만을 먹으며 일정 몸무게에 도달해야만 한다. 규정 등급에 합격하려면 이 기간 동안 몸무게가 적어도 3분의 1 이상 증가해야 한다. 그 결과 지방층이 근섬유로 침투해 퍼지면서, 햄에 노르스름한 흰색의 섬세한 마블링과 비교를 거부하는 향미가 생기게 된다. 이 특별한 햄의 마법에 한 가지를 덧붙이자면, 이 지방의 50%가 단일포화지방이라는 사실이다. 단일포화지방은 엑스트라 버진 올리브유에 들어 있는 지방으로, 보통 돼지고기 제품에 많은 동맥경화를 유발하는 지방과는 다르다. **LF**

훌륭한 하몽 이베리코 데 베요타와 마찬가지로 로모 이베리코 데 베요타 역시 털이 뻣뻣하고 발이 까만, 세르도 이베리코 품종 돼지로 만든다. 도축 전에 돼지들은 데헤사(dehesa), 즉 스페인의 아라세나와 에스트레마두라 산간 지방이 위치한 자연 생태계 보존 구역에서, 풍부한 참나무에서 떨어진 베요타(bellota), 즉 도토리를 먹는다.

로모는 돼지의 안심 전체로 만드는데, 올리브유, 마늘, 소금, 허브, 스파이스—보통 오레가노, 육두구, 그리고 스페인 피멘톤—를 섞은 매력적인 러브를 문지른 뒤 소금에 절여 석 달 동안 숙성시킨다. 장인의 솜씨가 만들어내는 명물로, 보다 흔히 볼 수 있는 스페인의 여느 소시지—살치촌, 초리조 등—와는 아주 다르다. 여러 부위의 고기를 섞은 것이 아니라 자연 돼지 껍데기에 싸여 있는 허릿살 한 토막을 통째로 썼기 때문이다. 이러한 이유에서 보기 좋게 소용돌이치고 있는 노르스름한 흰색의 지방은 이베리코 데 베요타의 특징이자 시각적인 즐거움을 더해준다.

보통 얇게 썰어 이것만 먹거나 타파 접시에 올린다. 그 맛이 너무나 환상적이라 굳이 다른 것을 곁들여 먹을 필요가 없다. **LF**

Taste: 이 햄의 진짜 진수를 맛보고 싶다면 실온에서, 아무 것도 곁들이지 말고 그냥 먹어야 한다. 정교한 견과류의 향미에 짭짤하면서도 달큰한 향기, 그리고 입에서 사르르 녹는 질감을 지니고 있다.

Taste: 실온에서 먹으면 진한 향미와 짙은 붉은 빛이 감각기를 자극한다. 짭짤한 동시에 달짝지근하며, 강렬한 풍미와 실크처럼 매끄러운 질감을 자랑한다.

스페인 남부에서 마음대로 돌아다니고 있는 이베리코 돼지.
◐ 하몽 이베리코를 만들 때 쓰는 돼지는 75%가 이베리코 돼지여야 한다.

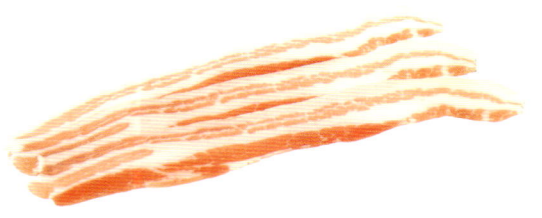

판체타 Pancetta

판체타는 이탈리아 전역에서 생산된다. 돼지의 뱃살을 소금에 절인 뒤, 만들고자 하는 판체타의 종류와 중량에 따라 8~15일간 그대로 둔다. 자연적인 풍미를 북돋기 위해 소금에 정향, 육두구, 주니퍼, 계피 등의 향신료와 깨뜨린 흑후추를 섞는다. 이탈리아 중부에서는 때때로 회향 씨와 마늘을 더한다.(어떤 판체타는 훈제하기도 한다.)

판체타는 보통 짙은 고기빛 핑크색으로 하얀 지방이 줄무늬처럼 들어 있다. 전통적으로 돌돌 말아서 팔지만, 때로는 펼쳐놓기도 한다. 판체타 피아첸티나(DOP)는 피아첸차에서만 독점적으로 생산되며, 깊은 붉은 빛을 자랑한다. 판체타 디 칼라브리아(DOP) 역시 칼라브리아에서만 생산되며, 적어도 30일간 숙성시킨다. 고기는 장밋빛으로 하얀 지방이 겹겹이 박혀 있으며, 칠리고춧가루를 칠한다.

판체타는 보통 얇게 또는 가늘게 썬다. 스파게티 카르보나라(spaghetti carbonara)나 파스타 알라마트리치아나(pasta all'amatriciana) 같은 인기있는 파스타에 들어가며, 소프리토(프랑스의 미르푸아—양파, 당근, 셀러리를 주사위 모양으로 잘게 다져서 2:1:1의 비율로 섞은 것—에 해당)에 넣어 맛을 내는 베이스로 쓴다. **LF**

Taste: 입에 군침이 돌게 하는 짭짤하고 톡 쏘는 맛을 뚫고 은은한 단맛이 느껴진다. 조리하면 그 강렬한 짠맛이 더욱 피어난다.

세라노 햄 Serrano Ham

스페인의 여러 산악 지방에서는 하얀발 돼지의 고기를 소금에 절여 공기 중에서 말려서 햄을 만든다. 그 중에서도 시에라네바다의 트레벨레스와 아라곤의 테루엘이 최고의 세라노 햄 산지로 유명하다.

전통적으로 햄은 세카데로(secadero)라 부르는, 서늘하고 건조한 산속 오두막에서 숙성시켰다. 오늘날에는 원산지 표시(Denominacion de Origen) 감독관들이 숙성 조건을 조절할 수 있는 하이테크 세카데로가 대신한다.

세라노 햄은 우선 2주 정도 소금에 절여 지나친 수분을 제거한 뒤 씻어서 매달아놓고 말린다. 보통 하루이틀 사이에 마침내 공기 중에서 완전히 건조되면, 중량은 거의 50퍼센트로 줄어든다. 그 과정에서 훈제하지 않으며, 인공 향미료나 색소도 일절 허용되지 않는다. 세라노 햄은 프랑스나 이탈리아에서 만드는 같은 종류의 햄보다 수분 함량이 적으며, 자연 건조 과정 덕분에 독특한 향기와 풍미를 낸다. 얇게 썰어서 타파 접시에 올리거나 수프 또는 다른 요리—예를 들면 햄 크로켓—에 넣는다. **JAB**

Taste: 짙은 핑크빛으로 짭짤한 짜릿함과 달짝지근한 향미를 모두 지니고 있으며, 건조 기간이 길수록 그 풍미가 더욱 강해진다. 실온에서 먹는 것이 좋다.

세라노 햄은 수분 함량이 적어
그 향미가 더욱 강렬하다. ➔

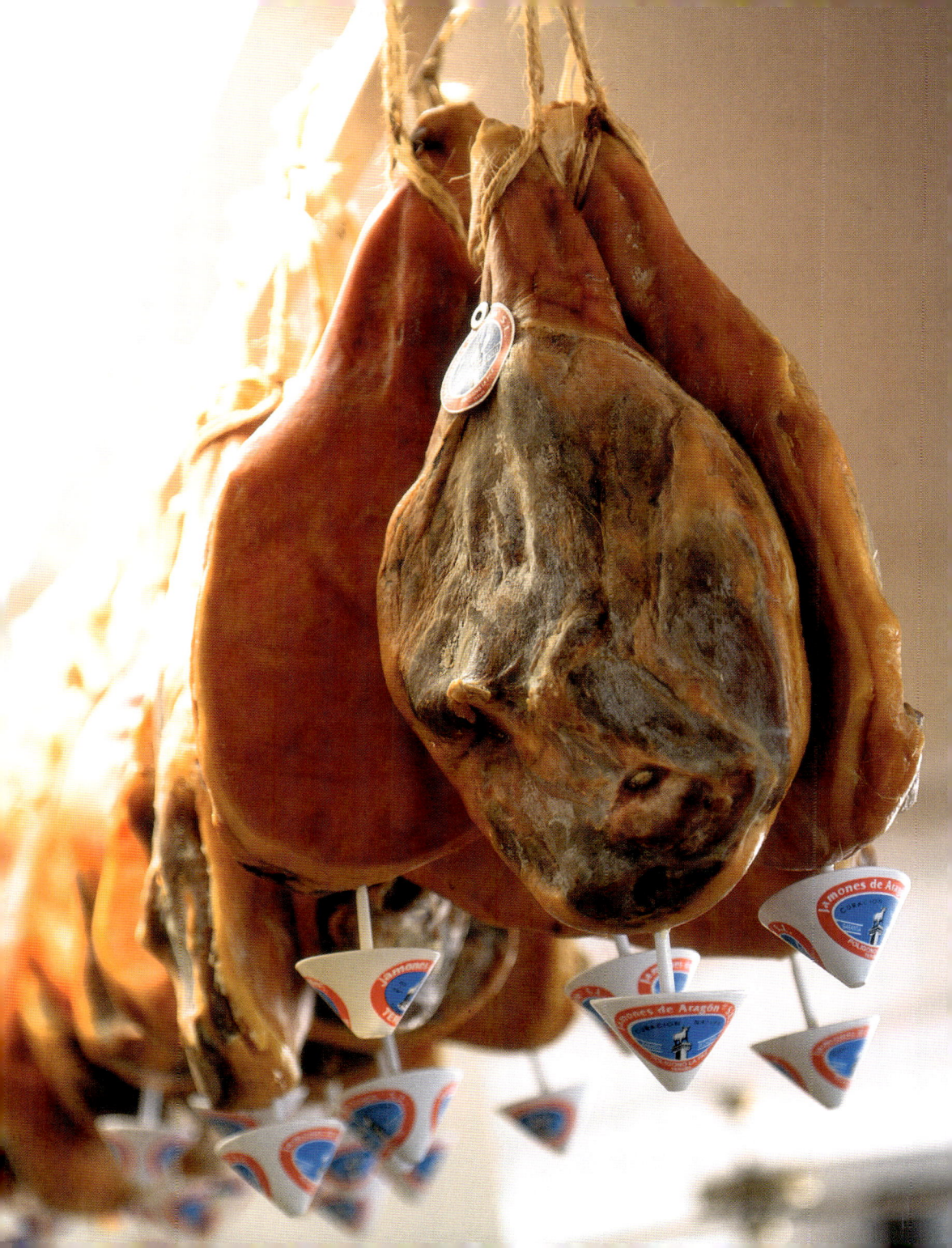

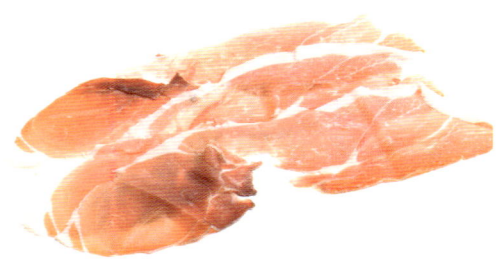

프로슈토 디 산 다니엘레
Prosciutto di San Daniele

프로슈토 디 산 다니엘레는 이탈리아 북부의 그림처럼 아름다운 프리울리 지방, 산 다니엘레 마을에서 만드는 소금에 절인 햄으로 보기만 해도 군침이 돈다. 상쾌한 산바람과 아드리아 해에서 불어오는 따뜻한 산들바람이 합쳐져 햄을 숙성시키기에 이상적인 마이크로 기후를 만들어낸다. 높은 해발고도와 건조한 공기는 독특하고 환상적인 향미와 질감을 더해준다.

인류는 고대부터 음식을 오래 두고 먹기 위해 소금에 절여서 말려왔으며, 프로슈토 디 산 다니엘레 역시 그 연장선상에 있다. 프로슈토 디 산 다니엘레를 만들기 위해서는 우선 이탈리아에서 사육한 돼지의 허벅지를 손질해서 매주 소금을 뿌리고 손으로 문지르기를 한 달 동안 반복한다. 그런 다음 물로 씻어낸 뒤 1~2년간 공기 중에서 말린다. 건조 기간 동안 햄은 원래 중량의 30%가 감소한다. 프로슈토 디 산 다니엘레는 DOP 인증을 받았으며, 이로 인해 각 생산 단계마다 엄격한 기준에 합격해야만 한다.

얇게 썰어서 빵과 함께 안티파스티로 내도 좋고, 멜론이나 햇볕에 농익은 무화과 같은 즙이 많은 과일과도 멋지게 어울리며, 파스타와 함께 먹으면 특히 맛있다. **LF**

Taste: 붉은 빛이 도는 핑크색으로, 짭짤한 향기와 실크처럼 매끄러운 환상적인 질감이 두드러지는 프로슈토 디 산 다니엘레는 입에서 사르르 녹아내린다.

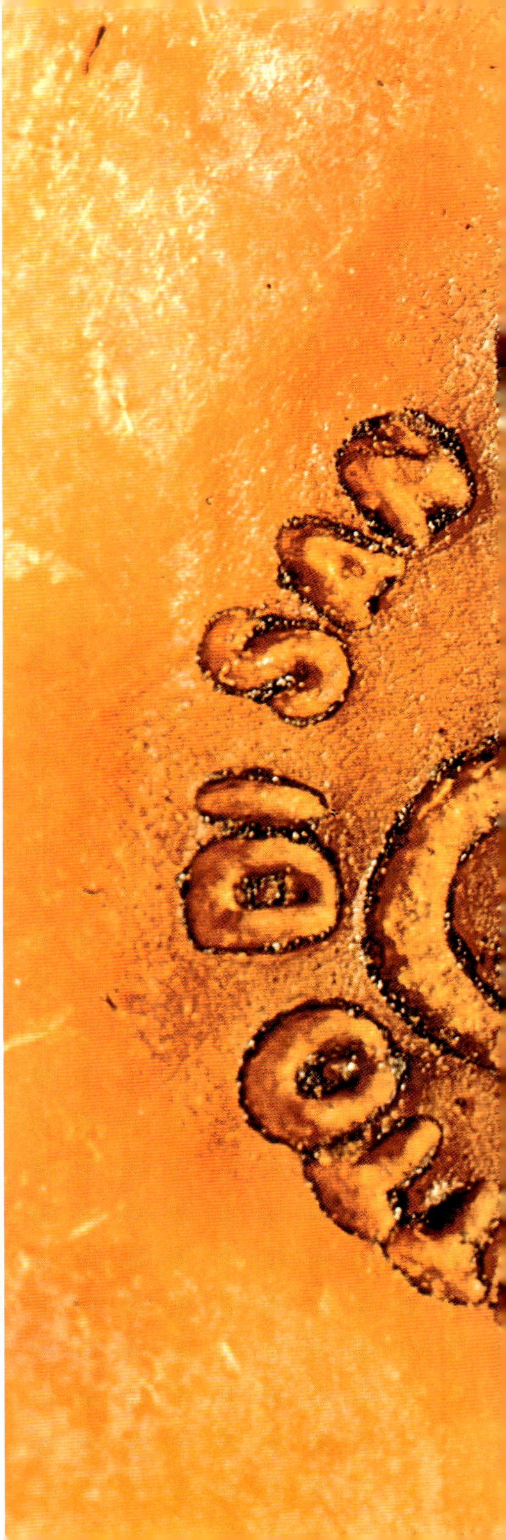

프로슈토 디 산 다니엘레에 찍혀 있는 두 자리 숫자는 햄을 만든 장인을 나타낸다. ➡

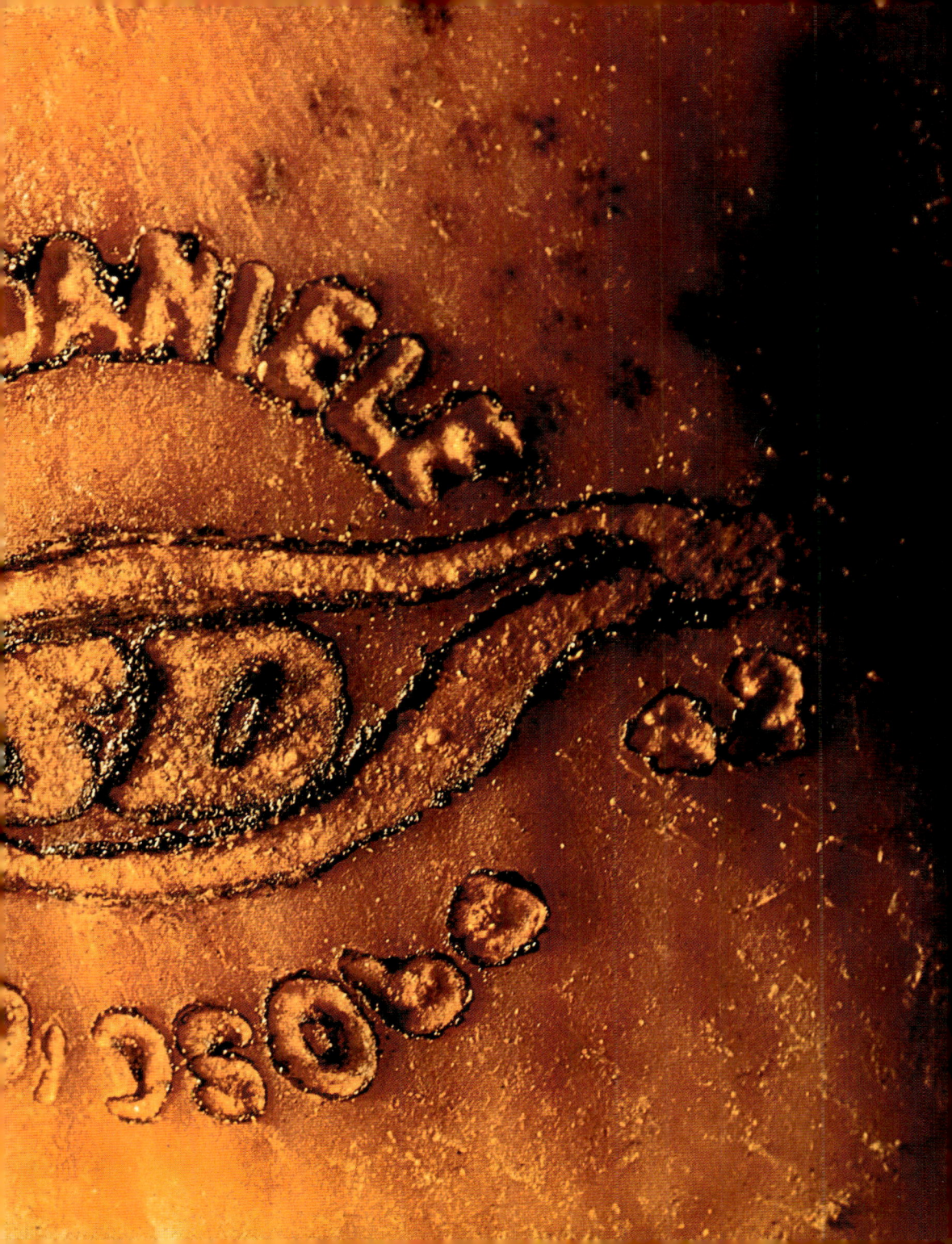

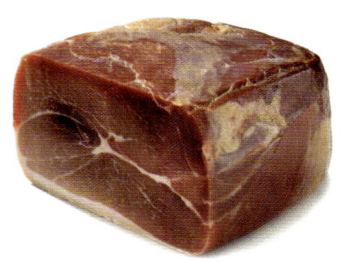

아르덴 햄
Jambon d'Ardenne

피테르 브뢰헬(大)의 16세기 조판화에는 햄을 소금에 절이는 여인을 "검약"의 미덕으로 표현하였다. 벨기에, 프랑스, 룩셈부르크의 국경에 걸쳐 펼쳐져 있는 숲 지대인 아르덴에서 햄은 지역 경제의 중요한 부분을 차지했다.

봄과 여름 동안 숲을 돌아다니며 살을 찌운 돼지를, 겨울에 잡아서 소금에 절여 햄을 만든다. 이 지역에서는 여전히 정성을 기울여 사육한 돼지의 고기로 유명한 햄을 생산하고 있으며, 원산지 명칭 보호를 받고 있다.

최고의 벨기에산 아르덴 햄은 소금에 절이는 것은 물론 훈제 과정을 거친다. 소금과 주니퍼—'가난한 이들의 통후추'—와 종종 마늘, 셜롯, 그 밖의 향신료를 섞어서 절인다. 아르덴 숲에서 얻은 너도밤나무와 참나무 장작불에 그슬리며, 오랫동안 서서히 숙성시킨다. 아르덴 햄은 보통 생으로 먹지만, 소금기를 제거하고 끓는 물에 데친 뒤 패스트리 등에 넣는다. 이는 사순절 전의 사육제(kermesse)에서 햄을 넣어 구운 사워도우를 내던 풍습에서 발전한 것이다. **MR**

스팔라 코타 디 산 세콘도
Spalla Cotta di San Secondo

최고의 돼지를 생산하기로 유명한 이탈리아 북부의 파르마 지방에는 브레스첼로, 콜로르노, 지벨로, 부세토, 폴레시네 파르멘제, 그리고 무엇보다 산 세콘도가 포함된다. 산 세콘도에서는 해마다 8월 마지막 주면 피에라 델라 스팔라(fiera della spalla, 돼지 어깨고기 축제)가 열린다. 스팔라 코타(삶은 돼지 어깨고기)는 비교적 소량만 생산되며, 전통적으로 여름철에 이 마을 특산 레드와인인 포르타니아(fortanina)와 함께 먹는다.

돼지고기를 소금에 절여 후추, 계피, 마늘 등으로 양념한 뒤 6주 정도 숙성시켰다가 삶아 스팔라를 만든다. 작곡가 주세페 베르디는 까다로운 입맛의 미식가로, 종종 자신의 출판업자였던 리코르디에게 스팔라를 냈다고 전해진다. 각각 1872년과 1890년에 쓴 두 통의 편지에서 베르디는 어떻게 스팔라를 조리하는지 묘사한 바 있다. "미지근한 물에 열두 시간 정도 담가 놓으면 소금기가 빠진다. 그런 다음 찬물에 넣고 약한 불에서 세 시간 반 가량 끓이면 살이 부스러지지 않는다. 충분히 삶아졌는지 확인하기 위해 이쑤시개를 찔러 넣어 본다. 쑥 들어가면 완전히 익은 것이다. 국물째 식혀서 낸다." **HFa**

Taste: 벨기에산 아르덴 햄은 생으로 먹으면 스모키한 풍미가 지배적이다. 뼈째 익히면 질감이 단단하고 제법 짭짤하며, 복합적이고 잘 발달된 향미를 선보인다.

Taste: 스팔라는 섬세하고 따스한 스파이시함을 지닌 유난히 향긋하고 매우 부드러운 햄이다. 미지근하게 두꺼운 조각으로 잘라서 먹는 것이 가장 맛있다.

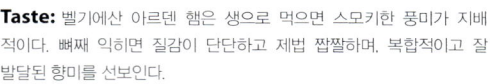

스팔라 코타는 파르마 저지대의 명물로, 델리카트슨에서는
보통 **뼈**를 발라 바로 먹을 수 있도록 해서 판다. ➔

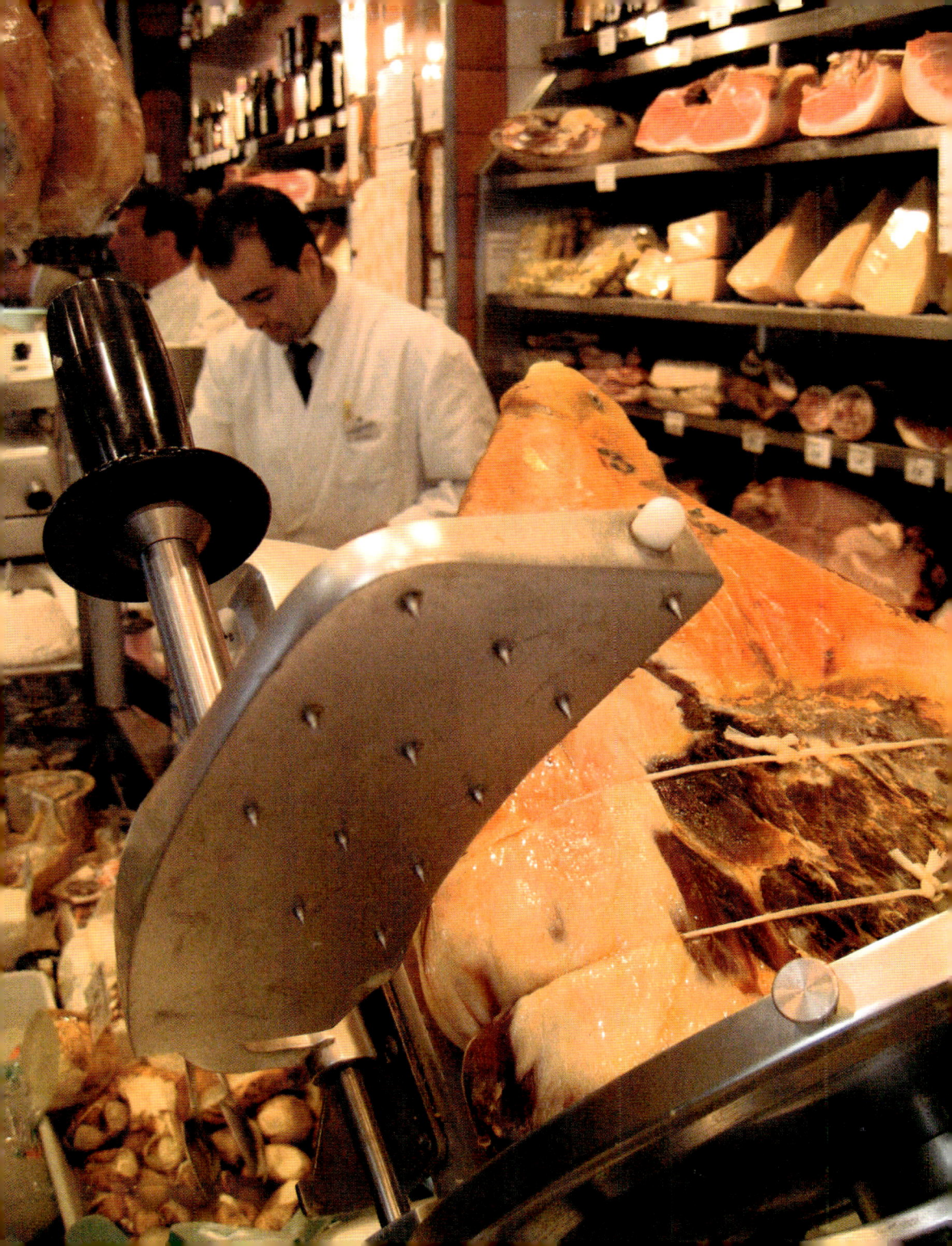

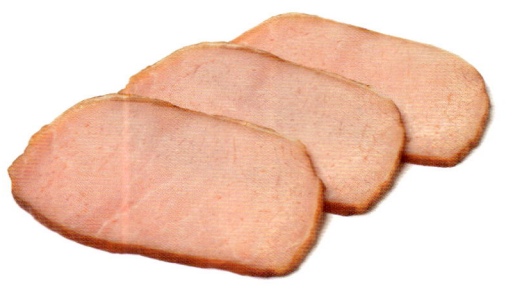

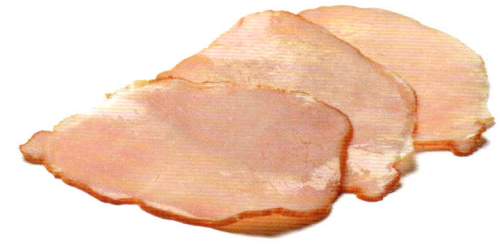

룬자
Lountza

담백하고 향긋한 룬자는 그리스와 키프로스에서 즐겨 먹는 훈제 돼지 허릿고기 필레이다. 보통 차게 해서 썰어서 애피타이저로 내거나 전채로 먹지만, 프라이팬에서 튀기거나 그릴에서 구워도 맛있으며, 뜨겁게 데워서 그리스와 키프로스 레스토랑의 전통 육류 모듬에도 등장한다. 키프로스를 찾는 관광객이라면 룬자와, 참깨를 뿌린 원통형 빵인 쿨루리(koulouri)를 맛보게 마련이다.

돼지고기 필레를 이 지역에서 생산하는 드라이 레드와인에 소금과 향신료─주로 코리앤더, 커민, 그리고 흑후추─를 섞어 약 보름간 재운다. 그런 다음 눌러서 건조시킨다. 공장에서 생산하는 룬자는 기계로 작업이 이루어지며, 이 과정이 끝나면 특별히 고안한 훈제장인 카프니스티리(kapnistiri)로 옮겨진다. 훈제되면서 수분은 더욱 빠져나간다.

오늘날에도 가정에서 룬자를 만드는 풍습은 계속 이어지고 있으며, 오랜 역사를 자랑하는 레시피는 종종 가문, 또는 한 마을에서 수대에 걸쳐 내려오는 기밀과도 같다. 장인의 솜씨로 만들어진 룬자는 방향목 가지와 이 지역에서 나는 지중해산 허브와 관목의 잎을 태우는 불에 훈제한다. **LF**

Taste: 살짝 훈제하여 환상적으로 부드러운 룬자는 짭짤하지만 너무 짜지는 않은 향미에 부드러운 스파이스의 짜릿함과 향긋한 허브 향을 뽐낸다.

베존카 크로토신스카
Wędzonka Krotoszyńska

베존카 크로토신스카는 익히지 않고 소금에 절여서 훈제한 돼지고기를 가리키며, 보통은 베이컨이 둘러싸고 있는 등 부분의 허릿고기로 만든다. 폴란드의 크로토신은 15세기 초, 돼지 도축업자들의 길드로 유명했지만, 여기에 "베존카"가 덧붙여진 것은 1960년대에 들어서였다.

햄과 비슷한 이 생고기를 만들기 위해서는, 돼지고기를 소금과 초석 한 줌을 뿌려 문지른 뒤, 나무통에 넉넉하게 담아 절인 다음 훈제한다. 참나무나 너도밤나무 같은 단단한 나무를 선호하지만, 소나무나 전나무, 또는 주니퍼, 로즈마리, 쐐기풀 같은 허브를 더해 독특한 향미를 시도해 보기도 한다. 그 결과는 달콤하고 향긋하며, 지방이 마블링되어 있고, 겉은 붉은 빛이 도는 갈색에 속은 핑크빛인 돼지고기로, 양쪽 가장자리에 얇은 흰색 베이컨이 둘러쳐져 있다.

이 전원풍의 별미는 폴란드는 물론 해외에도 열성 팬이 있으며, 호밀빵이나 흑빵, 피클, 그리고 서양고추냉이, 치비크와, 또는 머스터드 같은 양념과 함께 먹으면 맛있다. 햄이나 베이컨 대신 달걀 프라이를 곁들여 먹어도 좋다. **RS**

Taste: 베존카 크로토신스카는 소금에 절인 돼지고기의 환상적으로 깊은 향미 아래 스모크 풍미가 깔려 있다. 익히지 않고 절인 고기 특유의 단단하면서도 다소 탄력있는 질감을 지니고 있다.

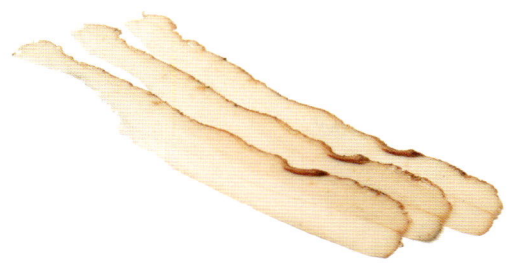

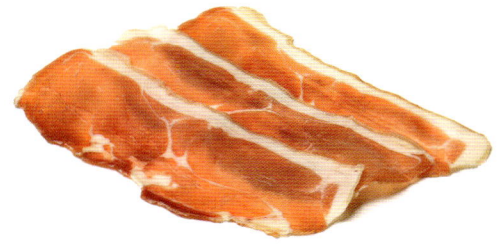

라르도 디 콜로나타
Lardo di Colonnata

전설에 의하면 미켈란젤로가 조각에 쓸 대리석을 구하러 콜로나타에 왔을 때, 이 한때는 잊혀졌지만 지금은 세계적으로 유명한 살루메(salume, 돼지고기로 만든 저장 식품의 통칭)를 실컷 먹었다고 한다. 수세기 동안 아푸아네 산맥에서 돌을 캐는 채석꾼들은 빵 사이에 라르도를 끼워 먹었다. 훗날 19세기에 무정부주의자들이 돼지를 몰고 산속의 은신처로 숨어들어가면서 전통 염장 방법의 명맥을 이었다.

도축하자마자 등뼈 부위에서 라드를 뽑아낸 뒤, 직사각형 덩어리로 잘라서 구멍이 숭숭 뚫린 대리석 대야(콘체(conche)라고 부른다)에 담아서 습기찬 동굴에 넣어놓는다. 콘체 안쪽 면에는 마늘을 문지르고, 바닥에는 천일염과 허브, 스파이스 등을 깔아둔다. 흑후추 가루, 로즈마리, 갓 껍질을 벗긴 마늘, 소금을 섞어 라드 사이사이에 바른다.

라르도를 만드는 레시피는 각 가정마다 전해내려오는 기밀에 가까운데, 레시피에 따라 아니스 씨, 코리앤더, 육두구, 계피, 오레가노, 샐비어 등을 넣기도 한다. 콘체를 밀봉한 뒤 약 여섯 달 동안 숙성시킨다. **JM**

베스트팔렌 햄
Westphalian Ham

베스트팔렌 햄은 스페인이나 이탈리아의 햄처럼 친숙하지는 않지만, 소금에 절인 돼지고기를 논할 때에는 빠질 수 없는 최고의 맛을 자랑한다. 즙이 많고 흙냄새가 풍부하며, 가벼운 스모크 향이 짜릿하게 느껴지는 이 햄은 독일 북부 베스트팔렌 숲에서 도토리를 먹여 키운 돼지로 만든다.

베스트팔렌 햄은 오늘날에도 전통적인 방식으로 만들며, 단계 하나하나가 세심한 관리를 받고 있다. 돼지의 품종과 그 서식지는 중요한 선별 기준이 되며, 도토리를 주로 하는 식습관으로 인해 기름기가 유난히 적고, 맛이 환상적인 고기를 얻을 수 있다. 소금에 허브와 스파이스를 섞어 손으로 절여서 물기를 제거한다. 그런 다음 씻어서 온도와 습도가 조절되는 숙성실에 6개월~12월간 매달아 두었다가 너도밤나무 장작과 주니퍼 관목 가지를 태운 불에 훈제한다.

베스트팔렌 햄은 아주 얇게 썰어서 전채로 내면 맛있으며, 멜론이나 무화과처럼 달콤하고 즙이 많은 과일과도 특히 잘 어울린다. **LF**

Taste: 얇게 썬 라르도 디 콜로나타(PGI)는 브루스케타 위에 얹어서 먹으면 가장 맛있다. 강렬하고 짭짤한 고기가 빵의 바삭함과 환상적인 대비를 이룬다.

Taste: 꽉 찬 질감과 특유의 스모크 풍미, 그리고 허브의 향기를 지닌 베스트팔렌 햄은 부드러운 견과 향과 야생 육류의 향미가 그 두드러진 짠맛을 멋지게 융화시켜 준다.

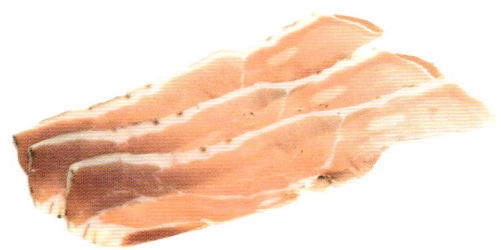

티롤러 슈펙 Tiroler Speck

슈펙은 알토 아디게—오스트리아와 스위스 알프스 남쪽에 위치하기 때문에 쥐트티롤(Südtirol, '남 티롤'이라는 뜻)이라고도 불리는—에서 생산되는, 맛좋고 주니퍼 향이 나는 염장 햄이다. 알프스의 경관과 맑은 공기가 한데 어우러진 숨막힐 정도로 아름다운 자연 풍광은 티롤러 슈펙(PGI)을 만들기에 이상적인 마이크로 기후를 제공한다.

다른 염장 햄처럼, 슈펙 역시 겨울철에 먹을 고기를 보존하기 위한 필요에서 태어났으며, 이탈리아와 오스트리아에서는 15세기 이래 먹어왔다. 세심하게 선별한 돼지 다리에서 뼈를 발라내고 손질한 뒤 허브와 스파이스—소금, 후추, 로즈마리, 주니퍼, 베리류, 월계잎, 피멘토 등—에 3주간 절여둔다. 전 과정을 수작업으로 진행하며, 향미가 고르게 배도록 하기 위해 정기적으로 뒤집어준다. 그런 다음 냉훈시켜 온도와 습도를 조절한 숙성실에 약 22주간 넣어둔다.

티롤러 슈펙은 이탈리아 프로슈토보다는 오히려 독일 슁켄에 가깝다. 바삭바삭한 빵과 와인 한 잔과 함께 먹으면 멋지지만, 샐러드에 넣어도 맛있다. **LF**

Taste: 얇게 저민 티롤러 슈펙은 보기만 해도 입에 군침이 돈다. 입에서 살살 녹는 질감에 엷은 허브 향과 짭짤한 풍미가 부드러운 스모크 향미와 조화를 이루고 있다.

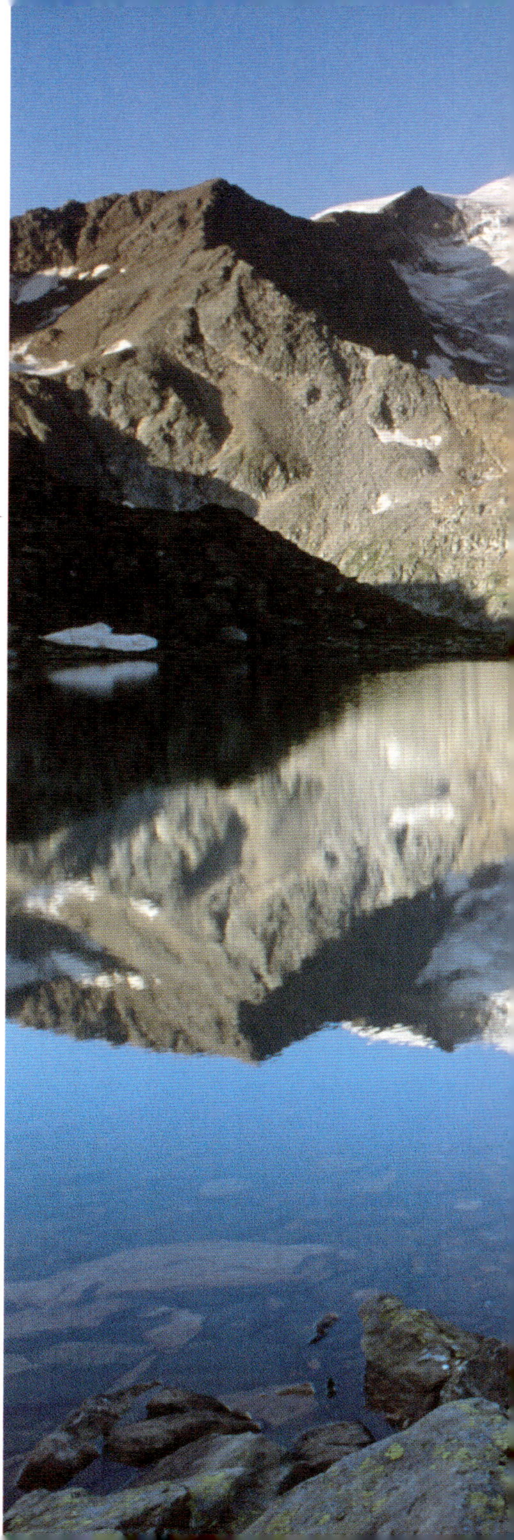

티롤 지방은 햄을 만들기에 완벽한 자연 조건을 제공한다. ➜

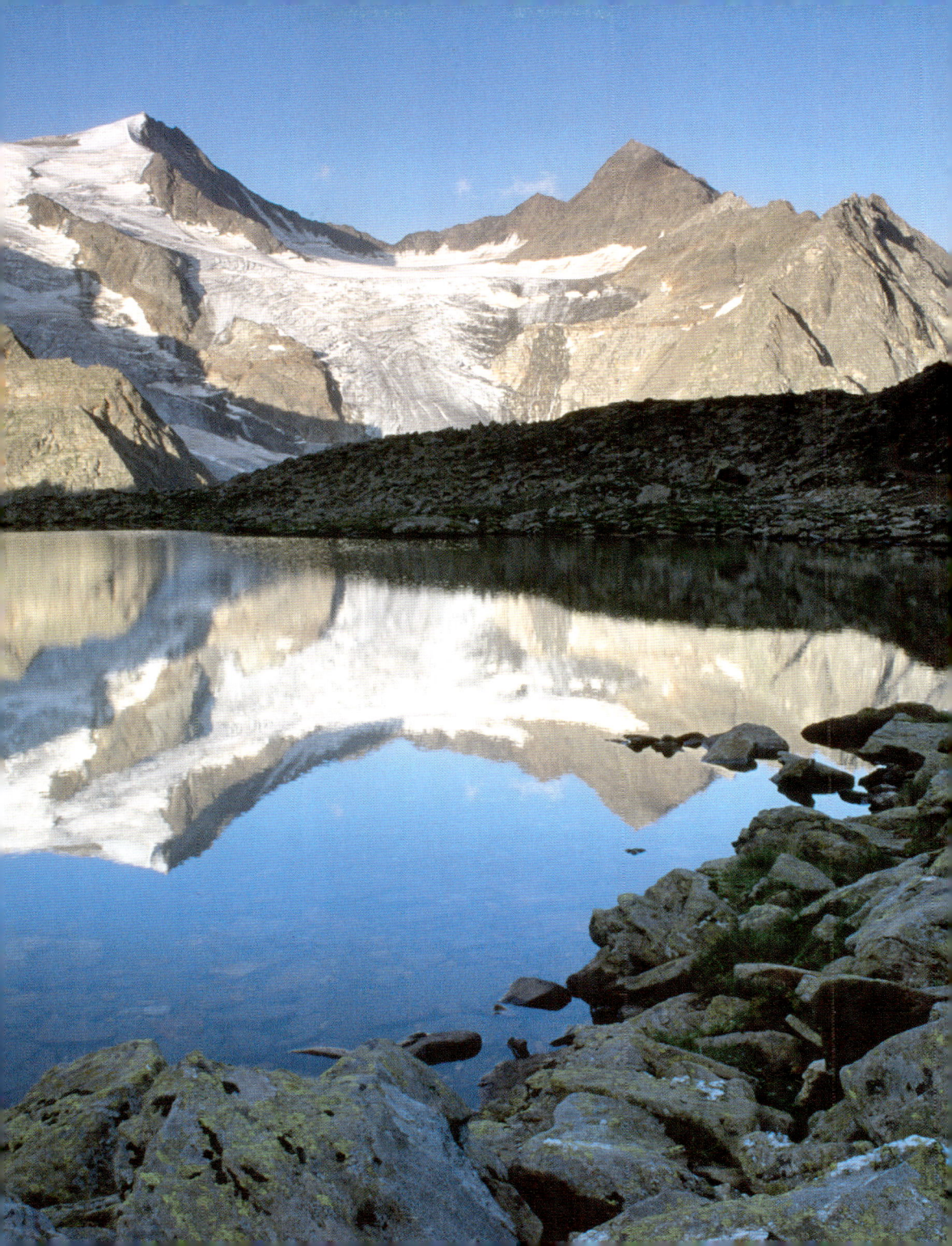

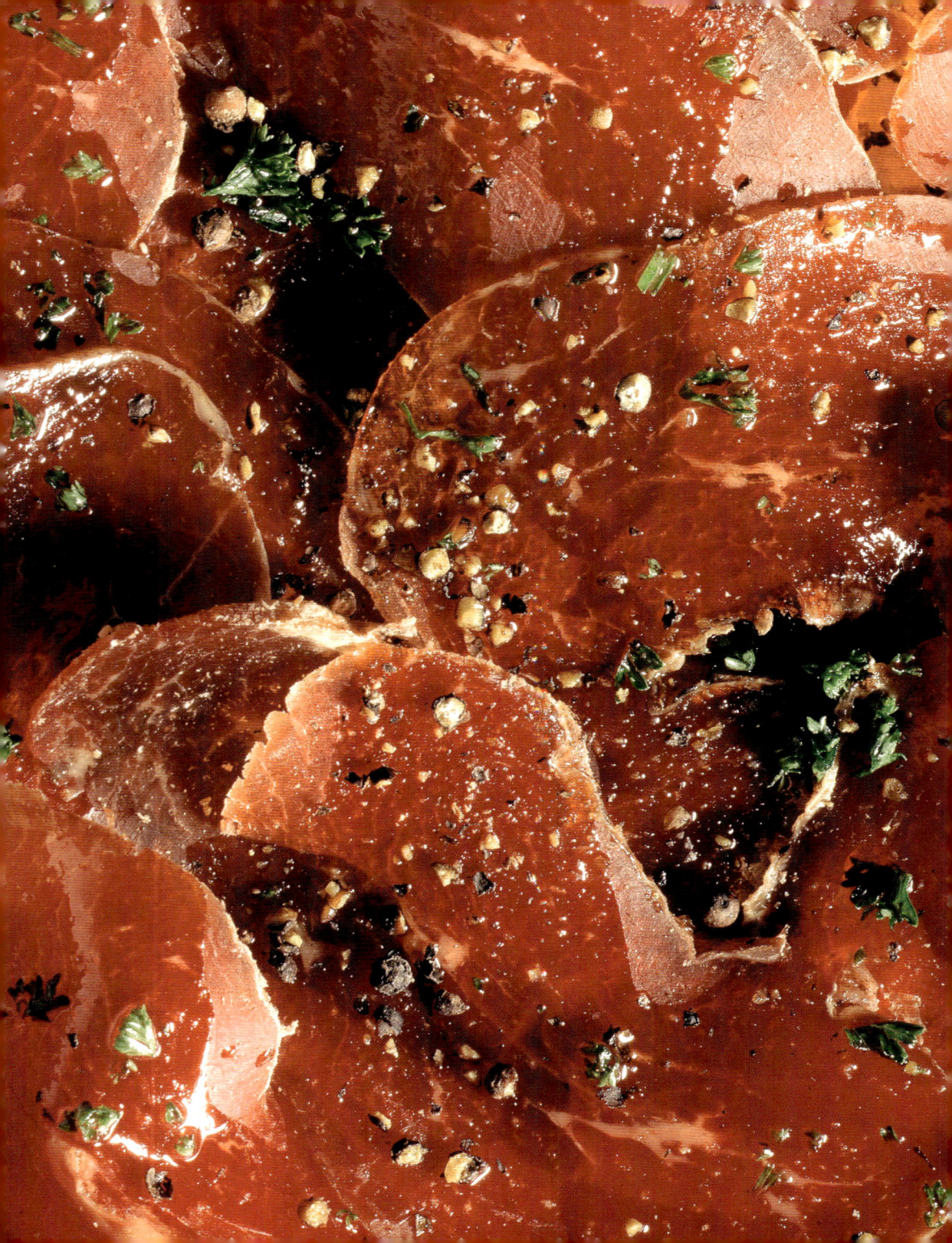

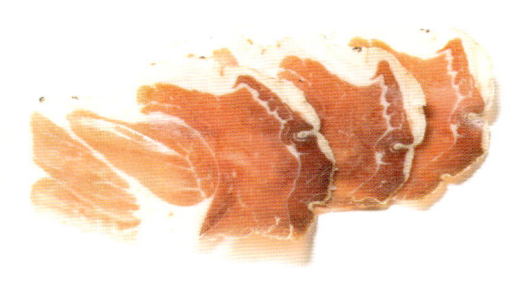

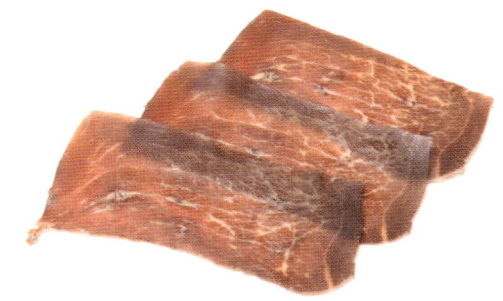

브레사올라 델로솔라 Bresaola dell'Ossola

브레사올라는 이탈리아 북부 롬바르디아 지방의 발텔리
나에서 주로 만드는, 공기 중에서 건조시킨 고기 제품을
가리킨다. 소의 다리살을 익히지 않고 소금에 절이고 양
념한 뒤 매달아놓고 말린다.

　그보다는 덜 유명하지만, 놀라울 정도로 맛있고 독
특한 브레사올라 델로솔라는 이웃한 피에몬테에서 만들
어진다. 이름은 비슷하지만 브레사올라 델로솔라는 쇠
고기 대신 소금에 절인 송아지 고기를 사용하며, 화이
트 와인, 설탕, 후추, 타임, 로즈마리, 월계 잎, 계피, 정
향 등에 재운다.

　일년 내내 두고 먹기 위한 고기를 절이던 옛 풍습을
따라 브레사올라 델로솔라는 전통적으로 겨울철에 만든
다. 송아지고기에서 기름기를 제거하고, 재웠다가 창자
에 채워넣은 뒤, 서늘하고 공기가 잘 통하는 곳에 매달아
놓는다. 완성되었을 쯤에는 매력적인 깊은 붉은 빛과 화
려한 매콤한 향을 낸다. 단백질 함량이 높고 지방 함량은
적으며, 철분이 풍부하다. 보통 종잇장처럼 얇게 썰어서
실온이나 아주 살짝 차게 해서 안티파스티로 낸다. **LF**

뷘트너플라이쉬 Bündnerfleisch

뷘트너플라이쉬는 스위스의 그라우뷘덴(Graubünden)
주에서 생산하는 소금에 절여 말린 쇠고기로, 겨울철에
도 맛좋은 고기를 두고 먹기 위해 만들어졌다. 뷘트너
플라이쉬는 또한 등록 상표이기도 하며, 'zertifizierte
GGA ABCert(SCES 038)'라는 라벨이 붙어있어야 진
품이다.

　지방과 힘줄이 적은 뷘트너플라이쉬는 소의 근막
(筋膜)을 소금, 향신료, 알프스 허브로 양념하여 만든다.
통 안에 고기를 켜켜이 쌓고, 3~5주간 거의 0℃에 가까
운 온도에서 숙성시키며, 양념이 고루 배어들도록 중간
중간에 위아래를 바꿔준다. 그런 다음 와인에 씻어내서
다시 5~10일간 저온에 두었다가 말리기 시작하는데, 최
고 18℃의 온도에서 5~17주가 걸린다.

　뷘트너플라이쉬의 직사각형 모양은 말리는 과정에
서 수분을 고루 배분시키기 위해 압착하면서 생기는 것
이다. 보통 얇게 썰어서 내는데, 때때로 기름과 식초로
만든 드레싱을 가볍게 치거나, 또는 주사위꼴로 잘라서
수프나 퐁듀, 라클레트(raclette, 스위스 치즈으 일종.
데워서 물컹하게 녹인 다음 긁어서 알이 작은 감자, 게
르킨 오이, 양파 피클, 절인 고기, 토마토 등과 함께 먹
는다)에 넣기도 한다. **CK**

Taste: 얇게 썰면, 브레사올라 델로솔라의 부드러운 질감은 입에서
녹는 듯하고, 진한 풍미 는 마리네이드에 들어 있는 독특한 향신료의
향기로 그윽하다.

Taste: 뷘트너플라이쉬는 섬세한 질감과 깊고, 진한 풀바디 향미에
은은한 허브와 스파이스 양념이 전해주는 스위스 알프스의 맛이 살짝
더해진다.

　브레사올라 델로솔라는 숙성 과정에서
❻ 특유의 깊은 붉은 빛을 띠게 된다.

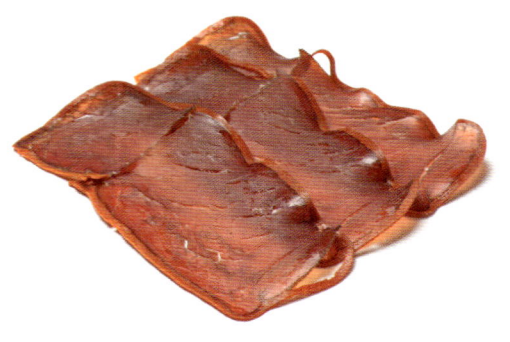

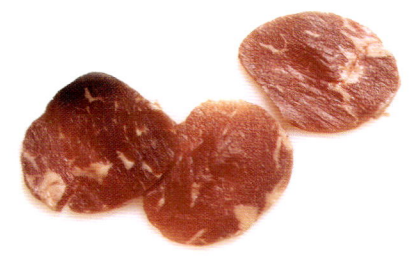

파스티르마 Pastirma

이탈리아에 브레사올라가 있다면, 터키에는 파스티르마가 있다. 공기 중에서 말린 쇠고기로 만들지만 때로는 물소고기를 사용하기도 하며, 한때 오스만 투르크 제국의 영토였던 지역에서 널리 먹는다. 전설에 따르면 투르크의 기마 전사들이 안장에 매단 주머니에 고기를 넣어 가지고 다녔는데, 이들이 말을 달리는 동안 이 고기가 눌려서 납작해진 것이 파스티르마의 기원이라고 한다. 역사학자들은 비잔티움이 동로마 제국의 수도였을 때 이미 파스티르마를 만들어 먹었다고 추정한다. 바스티르마(bastirma)라고도 불리며, 그리스인들은 파스투르마(pastourmá)라고 한다.

오스만 투르크의 유명한 여행가 에블리야 첼레비의 『여행기』에서 극찬을 받은 17세기 이래 파스티르마는 아나톨리아 중부의 카이세리 것을 최고로 쳤다. 뼈를 발라낸 허리고기로 만드는 브레사올라와는 달리 파스티르마는 26개의 서로 다른 관절부위 고기를 사용한다. 뼈를 발라 낸 뒤, 칼집을 내어 소금에 절이고, 다시 씻어낸 다음 공기 중에서 건조시킨다. 이 과정에서 파프리카, 마늘, 커민, 호로파로 만든 스파이시한 페이스트를 문질러 준다. 숙성 시간 초기에는 겉표면은 붉은 빛을 띠지만 시간이 흐르면서 갈색이 된다. 얇게 썰어서 날로 먹으며, 그릴에서 살짝 굽거나 콩 스튜에 넣을 수도 있다. **MR**

Taste: 갓 절인 신선한 파스티르마는 마치 스파이시한 터키 음식의 전형인 파프리카 맛 카르파치오와 비슷하다. 부드러운 향미는 고기가 마르면서 더욱 둥그러워진다.

모체타 Mocetta

이 섬세한 절인 고기는 물결 치는 산과 빙하, 숲, 그리고 강이 모두 한데 어우러진 환상적인 풍광을 자랑하는 이탈리아의 발 다오스타에서 생산된다. 원래는 이 지역의 야생 염소의 다리 고기로 만들었지만, 오늘날에는 이 짐승들은 그란 파라디소 국립 공원 안을 돌아다니는 보호종의 하나이다. 따라서 모체타는 사육 염소의 고기로 만들며, 철에 따라 사슴고기를 쓰기도 한다.

다리 고기는 보통 절이기 전에 손으로 손질한다. 지방과 핏줄과 힘줄을 제거해내는 것이다. 그런 다음 향긋한 산 허브에 절인 뒤 한 달에서 길게는 1년까지 숙성시킨다.

색이 진하고 맛있는 모체타는 보통 얇게 썰어서 안티파스토로 내는데, 그냥 낼 때도 있고 엑스트라 버진 올리브유를 뿌려서 내기도 한다. 라비올리의 속에 넣으면 좋지만, 일반적으로 조리에 사용하지는 않는다. 열을 가하면 그 섬세하게 균형잡힌 향미와 질감을 파괴해버리기 때문이다. **LF**

Taste: 기름기가 적고 부드러운 모체타는 섬세한 질감을 지니고 있으며, 짭짤한 맛 균형이 잘 잡힌 야생 육류의 향미에 자리를 내준다. 월넛 오일과 호밀로 만든 흑빵과 잘 어울린다.

예전에는 야생 염소의 다리 고기로 모체타를 만들었지만, 오늘날에는 알프스에서 사육하는 소떼에서 그 고기를 얻는다. ➔

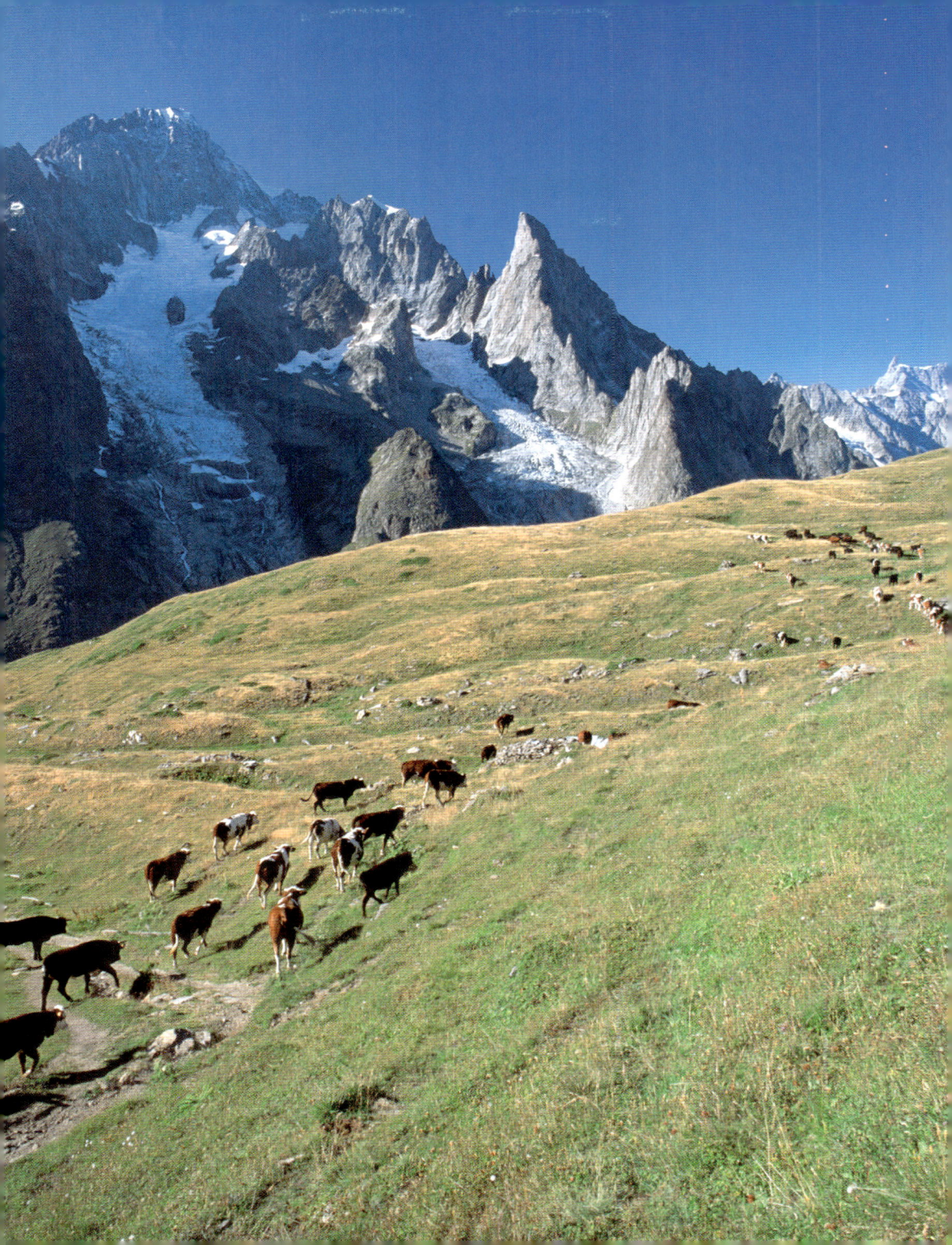

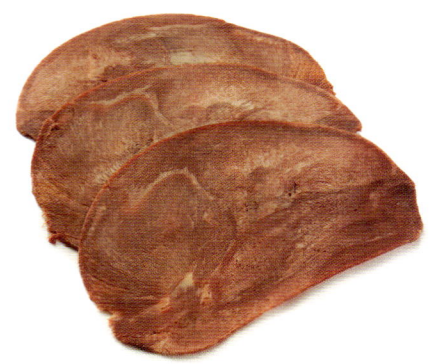

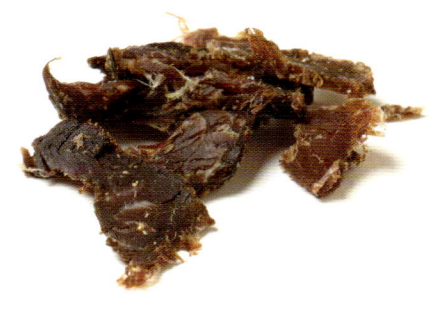

훈제한 황소 혓바닥 고기
Smoked Ox Tongue

라블레의 서사시에 나오는 장면이다. 16세기에 100가지도 넘는 요리가 나오는 저속한 연회에서 거인 영웅 팡타그뤼엘은 '송아지 고기 프라이'와 '차게 식힌 송아지 허리고기 로스트' 사이에서 훈제한 황소 혓바닥고기를 발견한다.

황소의 혓바닥을 소금물에 절인 뒤 훈제하는 것은 베이컨을 만드는 과정을 연상시킨다. 과거에는 초석, 오늘날에는 아질산염을 더해 선명한 붉은 색을 내는데, 그 때문에 프랑스어로 'langue à l'écarlate(선명한 적색의 혀)'라는 이름을 얻었다. 소금에 절여서 훈제하는 기술은 과거 오스만 투르크 제국 동쪽 국경에서부터 유럽의 서쪽 경계, 그리고 마침내 아메리카로까지 전래되었다. 유태인 요리에도 "소금에 절인" 황소 혓바닥고기 레시피가 여럿 있다.

프랑스 요리에서는 보통 진한 소스를 곁들여 뜨겁게 낸다. 그러나 북부의 발랑시엔에서는 차게 내며, 돼지고기 전문 푸줏간에서는 '랑그 드 뵈프 뤼퀼뤼(langue de boeuf Lucullus)'라 하여 훈제한 혓바닥 고기 사이에 푸아 그라를 겹겹이 발라 썰어서 판다. 훈제한 소 혓바닥고기는 체코에서도 인기가 높은데, 차거나 뜨겁게 해서 전채로 내기도 하고, 때로는 자두 소스를 곁들이기도 한다. **MR**

Taste: 소 혓바닥고기 자체는 단단한 질감이지만 혀뿌리 부분은 훨씬 부드럽다. 훈제하면 소금에 절인 쇠고기를 연상시키는 맛에 짜릿함이 더해진다.

얼룩말 육포
Zebra Biltong

1830년대에 희망봉에서 내륙 지방으로 그레이트트렉—1830~1840년대에 영국의 남아프리카 케이프 점령 후 영국의 식민 정책에 반발한 보어인들이 집단적으로 감행한 북방 내륙으로의 대이동—에 나선 보어인들은 여행길에서 먹을 저장 식량이 필요했다. 가축은 물론 도중에 사냥한 고기를 소금에 절여 말린 식품을 육포(biltong)라 부르게 되었다.

오늘날에는 보통 쇠고기로 만들지만, 사냥철에는 사슴이나 타조, 기린, 그리고 드물기는 하지만 부르첼얼룩말고기로 만들기도 한다. 고기에 소금, 코리앤더씨, 식초, 설탕, 그리고 초석(질산칼륨)을 섞은 러브로 문지른다. 공기 중에서 말리기 위해 바람이 잘 통하는 곳에 매달아 두었다가 건조되고 나면 다시 한번 러브를 문지른 뒤 또 한번 말린다.

질 좋은 빌통은 색깔이 진하고 겉은 잘 말랐지만 얇고 길쭉하게 자르면 속은 반투명한 붉은색이어야 한다. 건조한 곳에 보관하면 그 향미가 변하지 않고도 몇 달 동안 두고 먹을 수 있다. 옛날에는 한번 말린 뒤에 모슬린 천에 싸서 굴뚝 속에 매달아 두어 스모크로 그 향미를 더욱 드높였다. **ABH**

Taste: 육포는 짜릿한 야생 육류의 향과 짭짤하고 향긋한 맛을 지니고 있다. 얼룩말 육포는 여기에 독특한 풍미가 더해지는데, 안쪽의 고기는 유난히 깊은 붉은 빛을 띤다.

남아프리카에서 바람에 말리려고 널어둔 육포.
햇볕에서 말리면 씹을 수도 없을 정도로 딱딱해진다. ❯

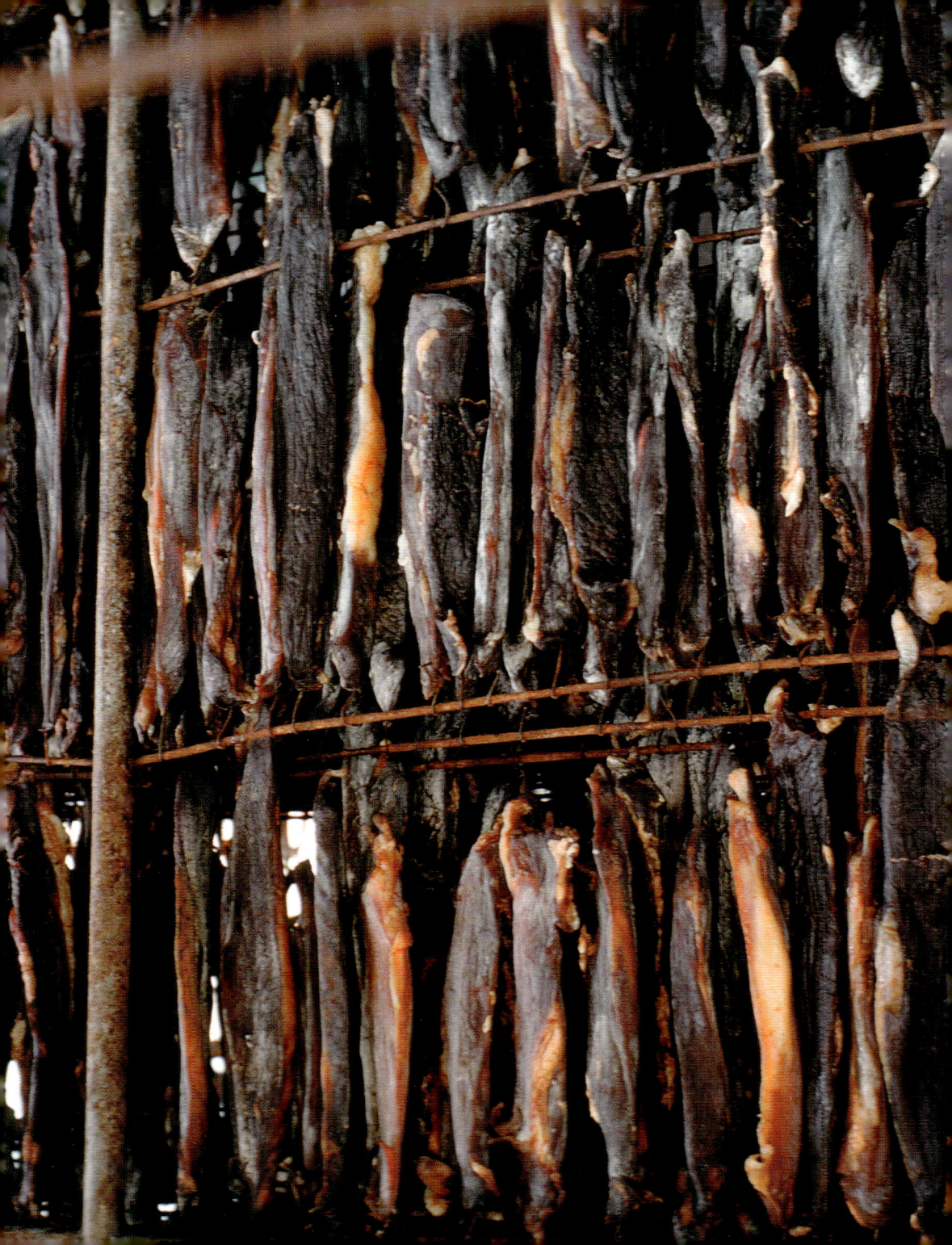

라마 육포 <small>Llama Charqui</small>

라마 육포는 잘라서 압착해서 소금에 절인 뒤 건조시킨 라마 고기이다. 남아메리카의 칠레, 브라질, 페루, 볼리비아의 안데스 고원에서 라마가 노닐며, 오랫동안 그 털, 가죽, 퇴비를 높이 쳤으며, 짐 나르는 짐승으로도 이용했다.

라마 육포는 잉카에서 기원하였다. 육포(charqui)라는 말 자체도 고대 잉카 언어인 케추아어에서 유래하였다. 이것이 영어권으로 건너가면서 'jerky'로 변형되었고, 오늘날에는 다양한 말린 고기 제품을 가리키는 말로 널리 쓰인다. 잉카인들은 제국을 따라 뻗어있는 길—개중에는 페루의 웅장한 마추픽추로 향하는 길도 있다—에 늘어선 여인숙(tambos)에 육포를 저장해 두었다. 말린 라마 고기를 관리하는 것은 잉카 문명의 성공에 매우 중요한 영향을 미쳤다. 점차 증가하는 도시 인구에게 지속적인 단백질을 공급해야 했기 때문이다. 16세기 스페인 정복자들의 등장과 함께 라마 역시 그 숫자가 급격히 줄었고, 라마 고기도 더 이상 널리 먹지 않게 되었다. 그러나 말린 라마 고기는 여전히 지친 여행자들에게 풍부한 영양을 제공해 주었으며, 해안 지방에서는 여전히 거래되었다.

남아메리카에서는 쇠고기, 양고기, 알파카고기 등을 햇볕과 바람에 말려 육포를 만든다. 과거 라틴 아메리카의 노예들은 주로 말린 고기와 생선을 먹었으며, 이 때문에 이 두 가지는 넓은 지역에 걸쳐 음식 문화 유산의 일부로 남았다.

납작하고 얇은 라마 육포 조각은 단백질 함량이 높고 오랜 기간 저장이 가능하다. 볼리비아의 아이마라족 같은 라틴 아메리카 원주민들은 오늘날에도 라마 육포를 만들며, 아이마라 전통 음식 가운데 '올루코 콘 차르퀴(olluco con charqui)'는 감자처럼 생긴 작은 덩이줄기와 라마 육포를 함께 먹는다. **CK**

수오바스 <small>Suovas</small>

사미족 유목민들은 고대 이래 스칸디나비아 순록(Rangifer tarandus)의 고기를 훈제하여 두고 먹었다. 사미족은 노르웨이, 스웨덴, 핀란드, 러시아 등의 북부 지방을 아우르는 사프미 지방의 원주민이다. 그들의 언어와 문화는 혹독한 추위와 황량한 자연 환경에 의해 형성되었다. 순록은 사미족의 문화와 음식에서 없어서는 안 되는 존재이다. 역사적으로 사미족은 유목민이었으며 해마다 순록 떼를 좇아 산악 지대로 이동하였다. 따라서 수오바스를 비롯한 많은 사미족 전통 음식은 장기간 저장이 가능해야만 했다. 겨울이 200일 동안 계속되는 사프미에서 순록고기는 언제나 가장 중요한 식량이었다.

오늘날에는 대규모 순록 사육이 이루어지고 있지만, 여전히 툰드라의 광활한 평원을 어슬렁거리며 풀과 허브, 이끼 등을 뜯어 먹는 순록 떼를 볼 수 있다. 덕분에 그 고기는 기름기가 적고 비타민과 무기질이 풍부하다.

수오바스는 사미어로 '연기'라는 뜻이다. 적어도 사흘간 소금에 절여 말린 뒤, 나무로 만든 원뿔 모양의 밀폐된 오두막인 카타(kata)에서 오리나무, 자작나무, 주니퍼 관목 등을 오두막 바닥에 그냥 쌓아놓고 불을 지핀다. 피어오르는 연기가 고기에 배어들면서 12시간 동안 훈제시킨 뒤, 하루 더 매달아두고 서서히 식힌다.

이렇게 해서 완성된 수오바스는 그냥 먹어도 되고 그릴에 구워 먹을 수도 있다. 섬세하면서도 뚜렷한 향미를 지니고 있는 이 간단한 음식은 미식으로 유명하며 노벨상 수상자들의 기념 만찬에도 심심치 않게 오른다. 전채로 낼 때에는 얇고 가늘게 썰어서 링곤베리 젤리를 곁들인다. **CC**

Taste: 잘 부서지는 라마 육포는 기분 좋게 쫄깃쫄깃하다. 그 향미는 짭짤한 동시에 스파이시하며, 진한 야생 육류의 풍미가 깔려 있다.

Taste: 부르고뉴—레드 와인 빛의 고기는 맛도 향긋하고 아주 부드럽다. 스모크의 풍미가 섬세하면서도 뚜렷한 순록의 야생 육류 향미는 압도하지 않는다.

기나긴 사프미의 겨울 동안 차디찬 날씨에
순록 고기를 말려서 수오바스를 만든다. ❷

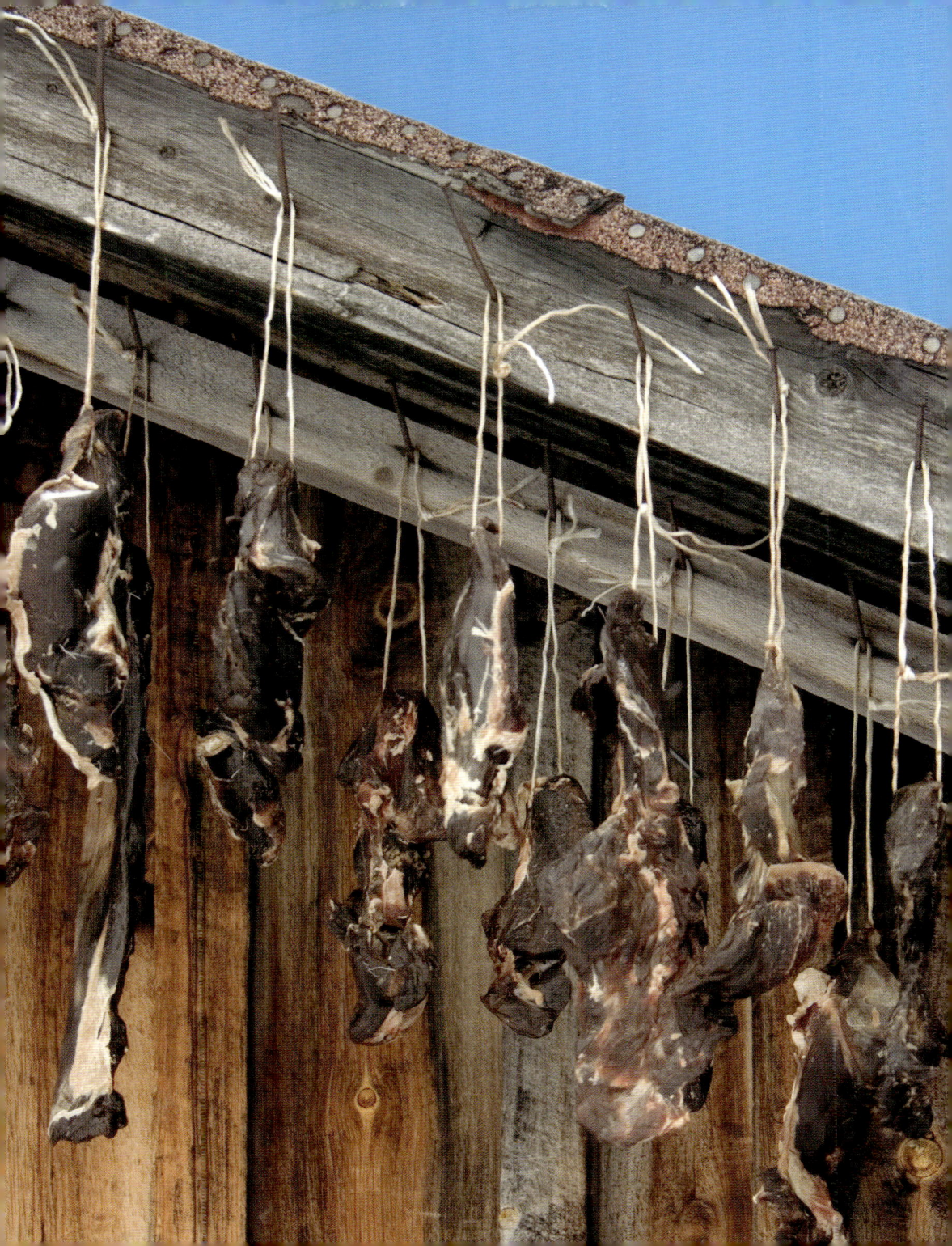

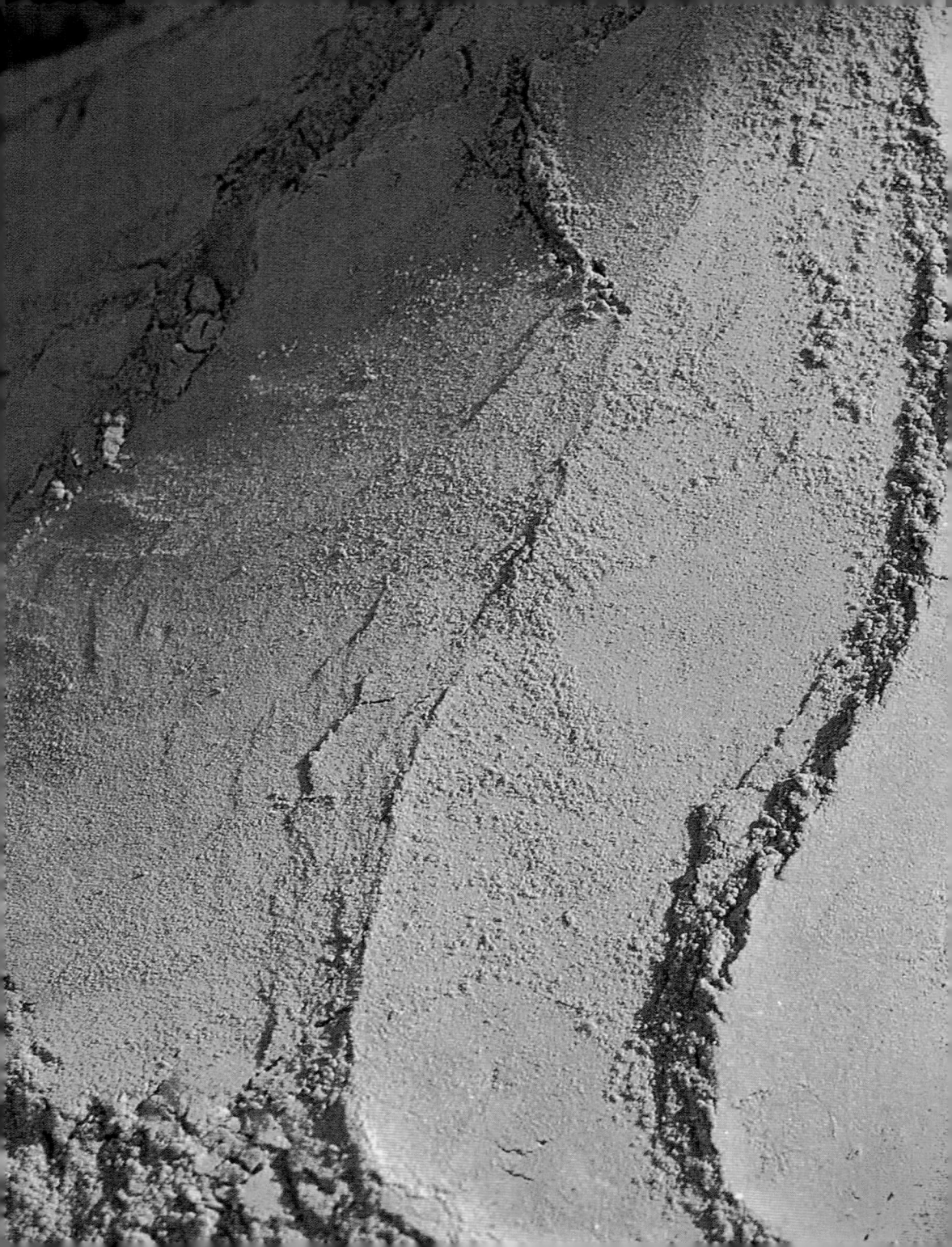

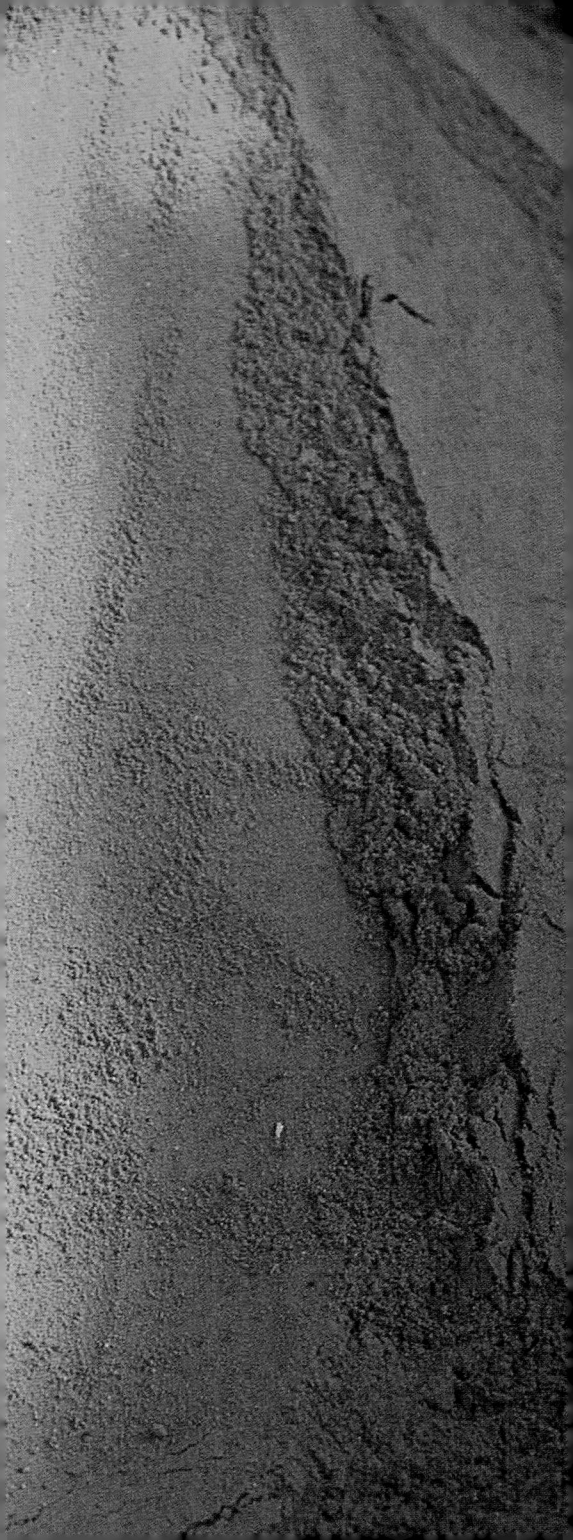

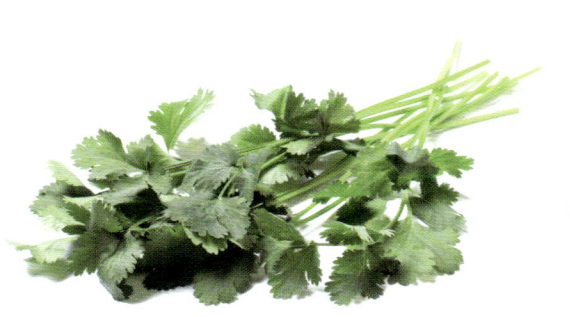

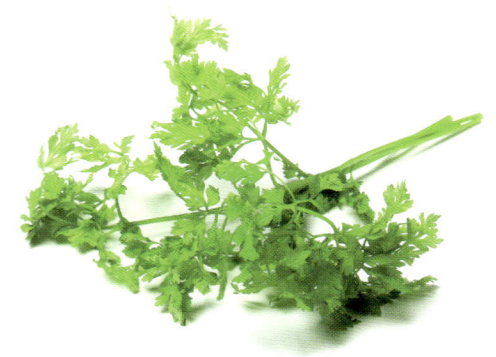

코리앤더 잎(고수, 향채) Coriander Leaf

처빌 Chervil

정원에 피어 있는 녹색 허브 하나가 전 세계의 수많은 요리의 베이스가 되었다. 바로 코리앤더(북아메리카에서는 실란트로라고 한다) 잎이다. 사실 전 세계적으로 바질 다음으로 많이 쓰인다고 주장하는 사람들도 있다. 코리앤더(Coriandrum sativum)가 역사에 처음 등장한 때는 고대 이집트까지 거슬러 올라간다. 그러나 코리앤더의 인기는 부침을 거듭했다. 아마도 코리앤더 잎에서 나는 비누 맛에 호불호가 갈렸기 때문일 것이다. 그러나 고대 그리스와 로마, 중세의 부엌에서도 널리 쓰였다고 분명히 기록되어 있으며, 현대 음식에서도 다시 떠오르고 있다는 사실은 코리앤더 잎이 얼마나 요리에 지대한 공헌을 하는지 증명한다.

식료품점에 가면 넙적한 잎의 파슬리 옆에 다발로 쌓여 있으며, 겉모습만 보아서는 옆에 있는 허브와 구별이 쉽지 않다. 그러나 한번만 쓱 문질러서 그 냄새를 맡아보면 금방 가려낼 수 있다. 코리앤더 잎 가운데서도 뿌리에 가까운 아래쪽에 핀, 크기가 더 큰 잎이 부엌에서는 인기가 좋다. 반면 잎자루에 붙어 있는 성긴 솜털은 쏘는 맛이 약하며, 따라서 쓸모가 덜하다. 스프링 롤이나 신선한 살사에는 생으로 내며, 완전히 활짝 핀 향이 두드러진다. 커리나 수프에 넣어 끓일 때에는 그 특유한 향이 날아가지 않도록 맨 마지막에 넣는다. **TH**

타라곤이 프랑스 허브 사교계의 지주라면, 처빌은 무도회의 최고 귀부인이라 할 수 있다. 평범한 파슬리보다 훨씬 복잡하고 매력적인 처빌은 다른 떠들썩한 허브들이 무조건 목청만 높일 때, 정교함을 더해주면서 자기의 존재를 확실히 알린다. 심지어 정원에서조차 고사리처럼 생긴 이파리에 섬세한 하얀 꽃으로 단장하여, 고상하게 차려 입은 듯한 느낌을 준다.

처빌(Anthriscus cerefolium)은 딜, 파슬리와 함께 산형과(傘形科, Umbelliferae)에 속하며, 잎사귀는 이 두 가지를 섞어놓은 것 같다. 다소 빈약한 뿌리는 때때로 채소로 먹지만, 부엌에서 주로 쓰이는 부분은 파릇파릇한 어린 잎이다. 로마의 학자 플리니우스는 그 부드럽고, 유쾌하고, 따스하게 어루만지는 효과에 찬사를 보냈다. 열을 가하면 맛이 순식간에 사라지기 때문에, 솜씨 좋은 프랑스인들은 처빌을 식초에 담가두어 그 고유한 캐릭터를 보존한다. 심지어 신선한 상태로 쓸 때조차, 맨 마지막에 넣는 편이 좋다. 달걀이나 생선 요리에 곁들이면 이상적이며, 적절한 향과 선명한 신록의 맛을 더해준다. 골파, 파슬리, 타라곤과 함께 프랑스식 향미료인 핀제르브(fines herbes)로 만들어도 완벽한 균형을 자랑한다. **TH**

Taste: 파슬리의 허브 향에 대담한 감귤 향과 살짝 예리한 맛이 난다. 후추와 은근한 로즈마리, 또는 솔 향이 난다.

Taste: 파슬리와 매우 부드러운 후추 톤의 꼬리를 물고 희미한 고사리와 감초의 향이 따라온다. 말린 것보다는 신선한 쪽이 훨씬 좋다.

중동 원산인 와일드 처빌(카우 파슬리라고도 한다). 독이 있는 헴록과 매우 비슷하게 생겼다. ➡

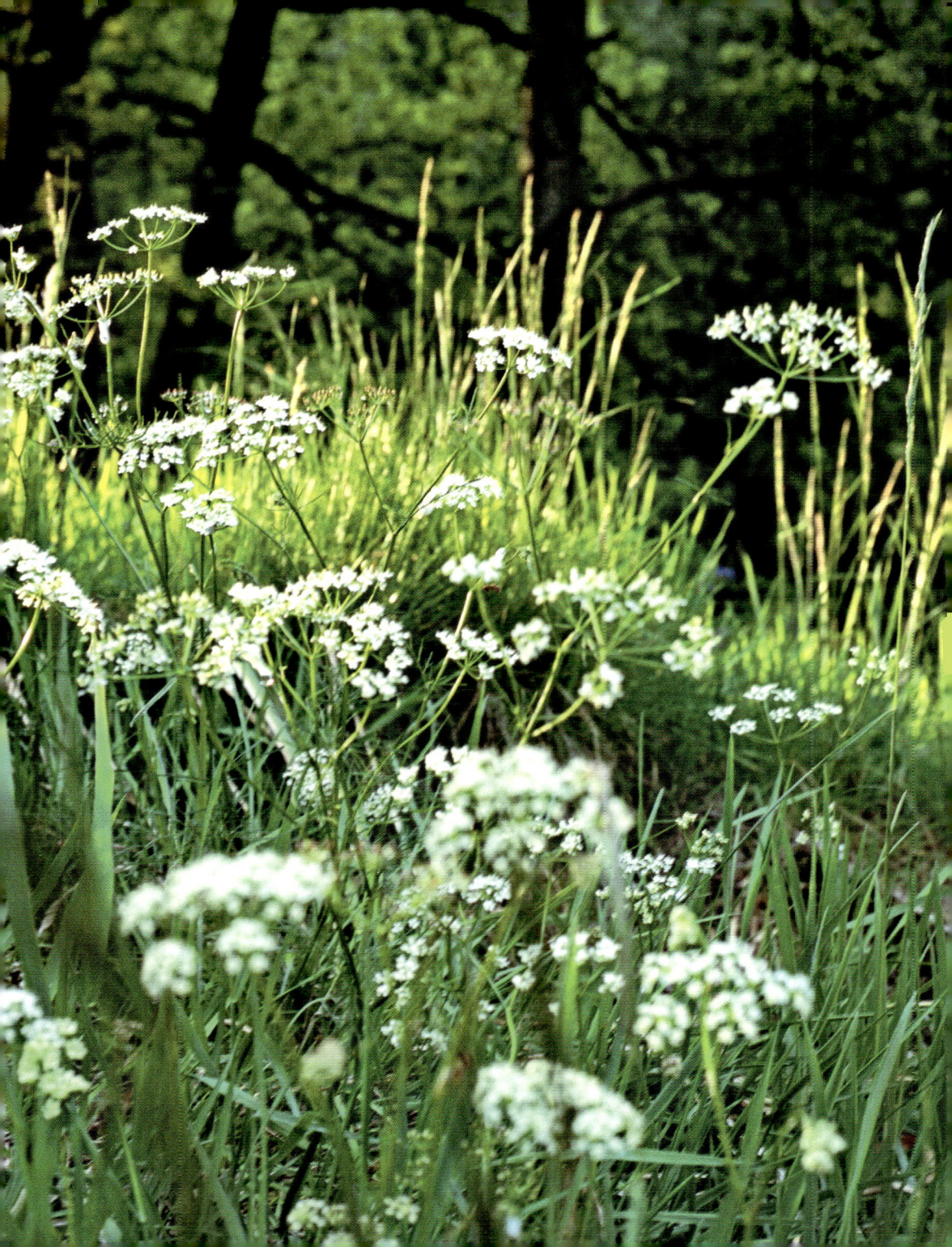

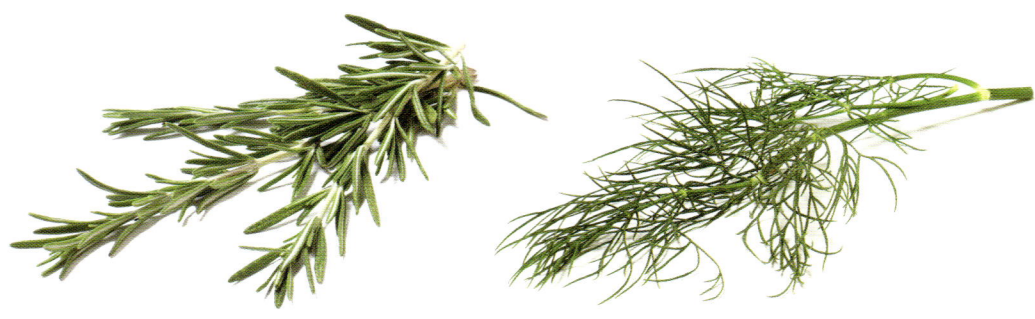

로즈메리 Rosemary

로즈메리 관목은 한 그루만 그냥 내버려둬도, 주변의 땅을 온통 차지해 버린다. 그 뾰족한 잎을 한번만 스쳐도, 솔과 장뇌(樟腦)의 아로마가 짙게 풍기며, 입에 넣어도 마찬가지로 압도적이다. 그러나 정원의 이 쭈글쭈글한 노인은 부엌에서는 친절한 거인이 될 수도 있다. 로즈메리(Rosmarinus officinalis)는 수많은 신화와 전설을 낳기도 했다. 친구를 불러모으기 위해 기르고, 장례식에서 요긴하게 쓰이며, 추억의 상징이기도 하다. 현대의 연구에 의해 항균성이 있음이 밝혀졌지만, 그럴 필요도 없이 이미 오랜 세월 동안 민간 소독제로 쓰여왔다. 오래된 잎자루보다는 부드러운 새 잎이 더 인기가 좋지만, 두꺼운 줄기조차 바비큐의 꼬챙이로 쓰면 그윽한 향을 낸다. 스페인에서는 꿀벌들이 파란 로즈베리꽃에서 향긋한 꿀을 만들어낸다.

신선한 잎을 쓸 때에는 소량을 잘게 썰거나, 고온의 열을 가해 가지 전체의 강한 향을 죽이는 것이 좋다. 새끼 양을 꼬챙이에 꿰어 오븐에 구울 때 마늘이나 샐비어 같은 향이 강한 다른 재료들과 함께 쓰게 되면, 여전히 그 고유의 향을 지니고 있지만, 열로 인해 강렬함이 훨씬 줄어들 것이다. **TH**

딜 Dill

딜이 파릇파릇하게 피어난 들판에 나가면 조용한 유혹이 느껴진다. 엷은 녹색의 긴 잎은 아주 미세한 바람에도 물결치며, 그 섬세한 잎을 어루만져 보고 싶은 충동을 불러일으킨다. 이란, 터키, 유럽의 많은 나라에서는 이 한 줌의 식물과 사랑에 빠졌으며, 가장 섬세한 봄철 음식에 사용한다. 딜(Anethum graveolens)은 키우기도 쉬우며, 씨를 뿌리기 전에 키가 크고 섬유질이 많은 줄기가 솟아난다. 여기에서 뻗어 나오는 섬세한 잎새는 깃털처럼 보드랍지만, 날로 먹으면 놀라울 정도로 톡 쏘는 맛이다. 그러나 몇 달만 더 기다리면, 씨가 여물고 제2의 분신이 얼굴을 내밀면서 시큼한 향이 훨씬 강렬해진다. 원기 왕성한 센 맛이 강력한 펀치를 날리는 것이다.

원산지인 북쪽 지방에서는 일찍이 딜을 음식에 썼으며, 오늘날에는 연어 같은 찬물 생선에 없어서는 안 되는 양념이다. 스칸디나비아의 요리사들은 거의 소금을 쓰는 것만큼이나 자주 크림이나 요구르트를 베이스로 한 소스의 맛을 선명하게 하기 위해 사용한다. 더 남쪽, 중앙 유럽이나 동유럽에서는 감자, 양배추, 다른 십자화과(十字花科, Brassicaceae) 채소에 딜을 뿌려 먹는다. **TH**

Taste: 강한 히말라야삼나무 향이 풍긴다. 입안에서는 약간 기름지며, 솔, 장뇌(樟腦), 샐비어, 그리고 약간의 후추 맛이 느껴진다. 말린 로즈메리는 비추천.

Taste: 신선한 딜 잎은 은근한 새큼한 맛에 푸른 풀 향기가 난다. 말린 잎은 그보다 향미가 단순하다. 감초와 회향을 연상시키는 씨가 더 풍미가 강하다.

중세에 딜은 의학과 주술에 쓰였으며 특별한 힘을 지니고 있다고 믿어졌다. ➡

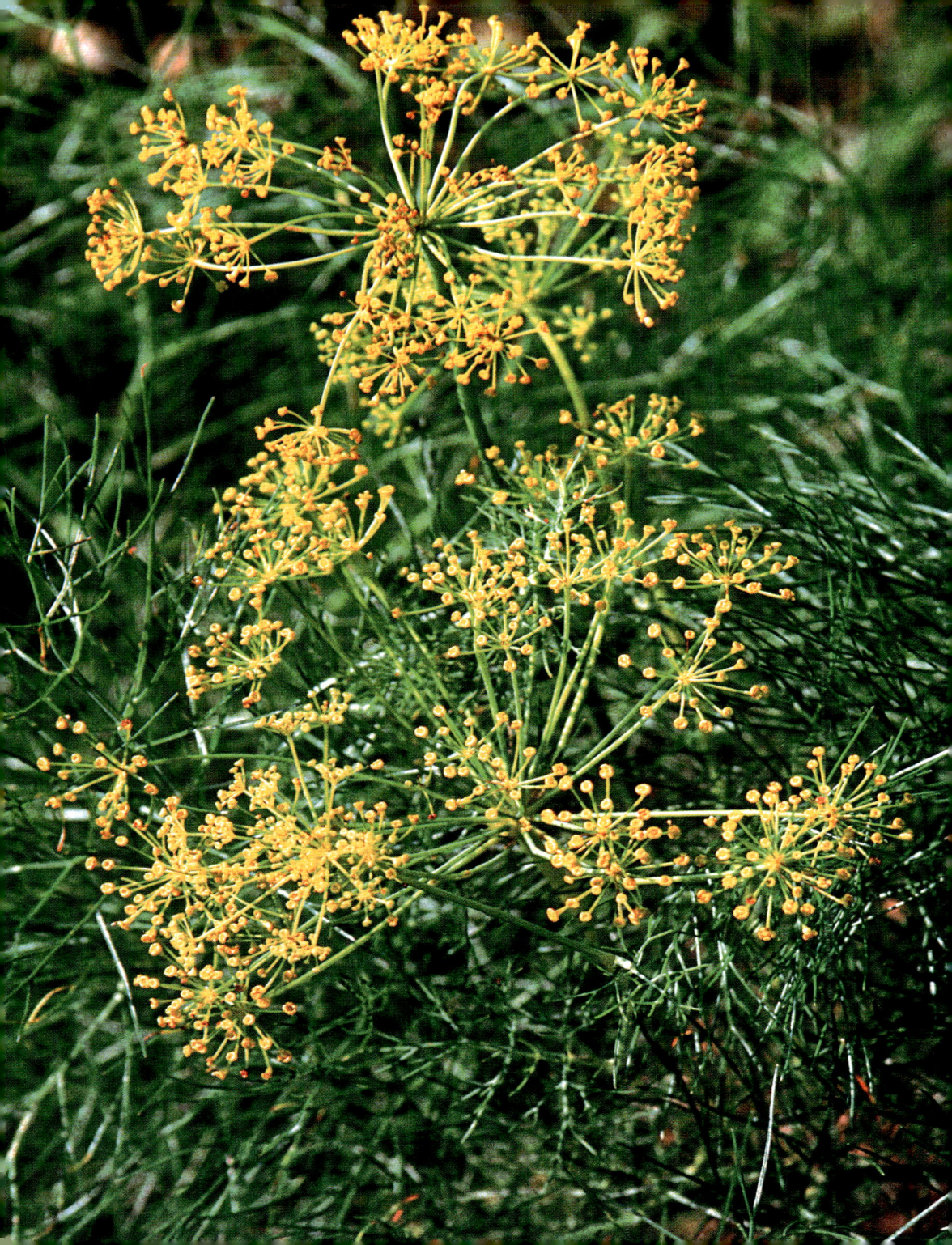

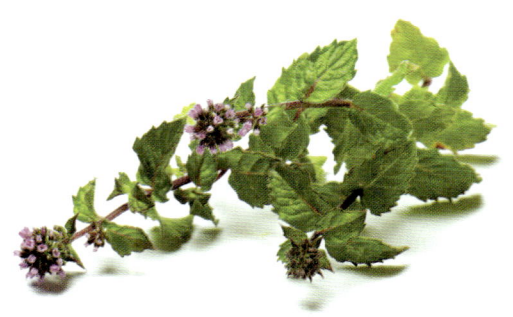
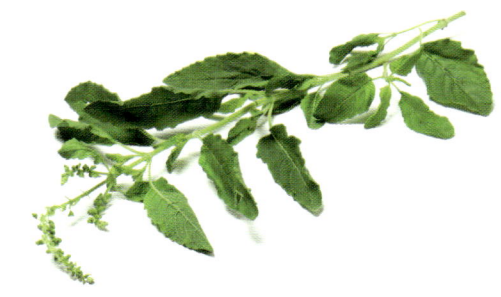

모로컨 민트 Moroccan Mint

신선한 녹색 민트는 아마도 봄에 얻을 수 있는 가장 순수한 향기일 것이다. 하룻밤 사이에 온 정원을 덮어버릴 만큼 번식력이 강한 이 두해살이 풀은 계절을 가장 투명하게 뿜어낸다. 전 세계에서 손쉽게 키우고 있지만, 이 발랄한 잎새를 가장 널리 재배하는 곳은 이름에서도 알 수 있듯이 모로코일 것이다.

대다수의 모로코인들은 몇 대에 걸쳐 씨를 받아 민트를 키우며, 때문에 스피어민트(Mentha spicata)냐, 페퍼민트(Mentha piperita)냐 하는 품종의 구별에는 전혀 개의치 않고, 각각의 농장에서 키워낸 민트에 대한 개개인의 자부심이 엄청 높다. 그러나 확실한 것은, 북아프리카 테루아(terroir, 토양을 포함하여 와인 생산에 영향을 미치는 모든 자연적 환경 요소)의 메마른 흙과 강렬한 열기가 품질로 보나 그 짜릿한 맛으로 보나 민트의 글로벌 스탠다드를 세웠다는 사실이다.

요구르트에 민트를 섞어 휘저으면 그 어떤 종류의 타진이라도 훌륭하게 대체할 수 있으며, 모로코인들의 주식인 쿠스쿠스는 민트로 양념한 야채 수프를 보글보글 끓이는 동안 그 증기로 쪄낸다. 싱싱한 민트는 중국의 주차(珠茶)와 함께 우려내, 설탕을 넉넉히 넣은 다음 작은 유리잔에 담아 내면 어떤 손님에게라도 대접할 수 있다. **TH**

Taste: 선명하고 날카로운 박하 향과 오랫동안 계속되는 풍미는 어떤 종류의 민트라도 공통되는 성질이다. 다양한 강도로 나타나는 감귤과 후추의 향기와 활기를 즐길 수 있다.

홀리 바질 Holy Basil

이 향기 좋은 관목은 인도 전역에서 '툴시(tulsi)'라는 이름으로 존경을 받고 있다. 선명한 초록색(Rama tulsi)이건, 보랏빛(Krishna tulsi)이건 이름에 신성한 의미의 접두어인 '크리슈나'가 붙는다는 사실은 힌두교에서 바질(Ocimum sanctum)이 얼마나 신성시되는지를 보여주고도 남는다. 힌두교도들은 바질을 힌두 신인 비쉬누의 지상 현신으로 여기며, 전통적으로 예배 때 비쉬누에게 봉헌한다. 때때로 예배가 끝난 뒤 툴시 예물에 대한 보상으로 축복을 내리기도 한다. 나무뿌리와 흡사한 바질의 뿌리로는 염주알을 만들기도 한다. 어찌됐든 이러한 문화적 중요성 때문에, 인도에서 툴시는 요리보다는 약재나 영성적인 용도로 더 많이 쓰이고 있다.

그러나 바질을 '카프라오(kaphrao)'라고 부르는 태국에서는 홀리 바질, 레몬 바질과 함께 태국 음식에 없어서는 안 될 삼위일체로 간주한다. "빨간" 잎과 "하얀" 잎 모두 전통적인 커리와 볶음밥에 쓰이며, 그 가운데서도 '팟 카프라오(phat kaphrao)'가 가장 유명하다. 동남아시아에서 홀리 바질은 태국 요리의 이미지가 너무 강해서 이웃인 라오스에서는 (헷갈리게도) '타이 바질'이라 부르기도 한다. **RD**

Taste: 강한 아니스 씨 향을 풍기며, 즙에서는 후추와 비슷한, 멘톨에 가까운 향미는 정향을 떠올리게 한다. 요리에 넣을 때에는 완전히 익혀야 한다.

인도의 일부 지역에서는 홀리 바질을 차(茶)로도 판다. 스트레스를 완화시키고 에너지를 북돋게 한다고 알려져 있다. ➲

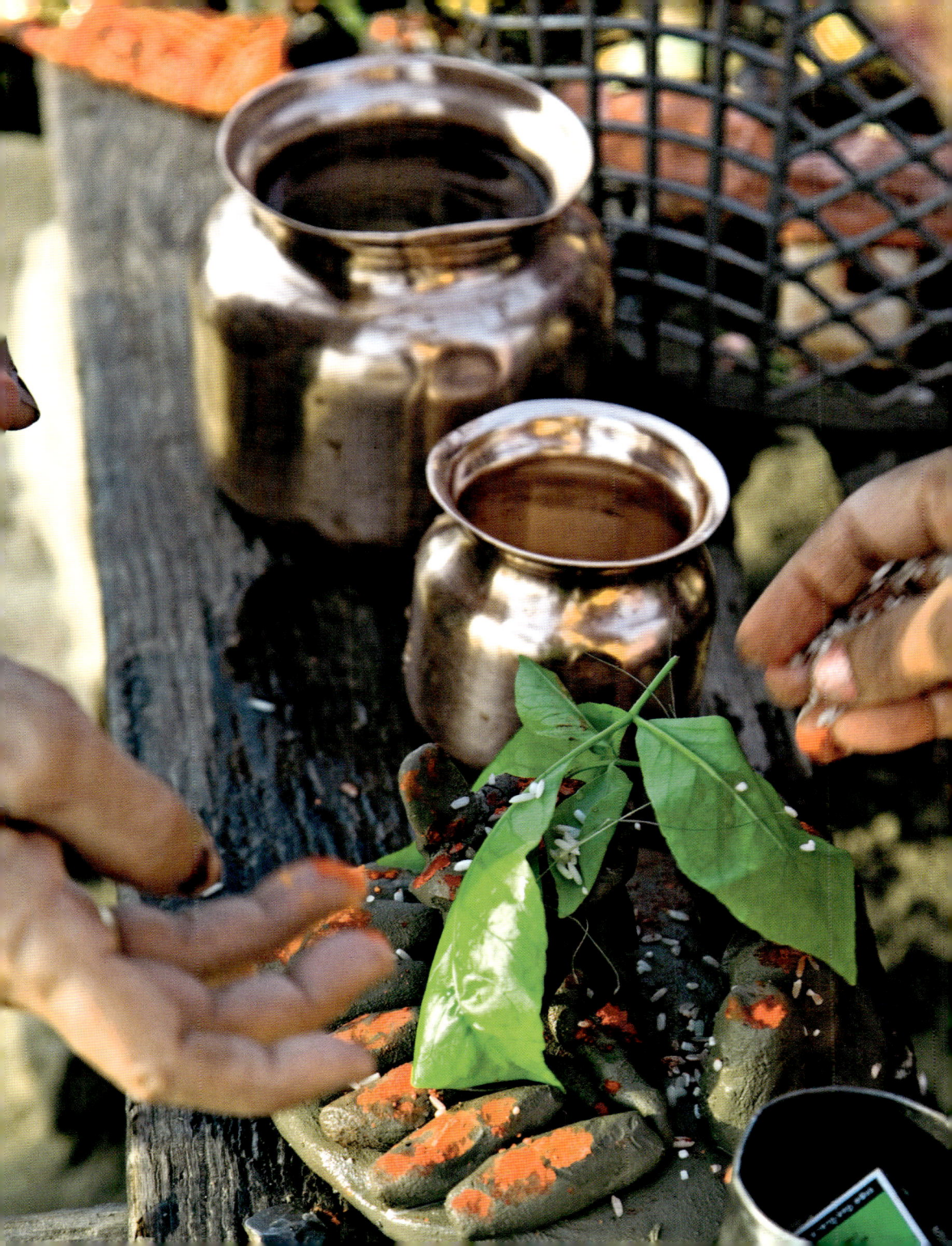

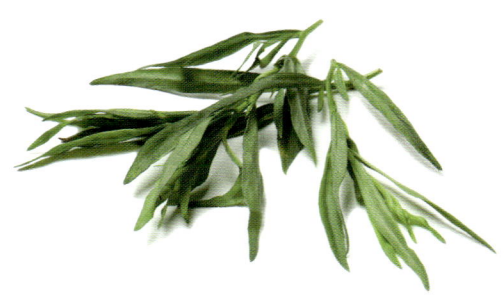

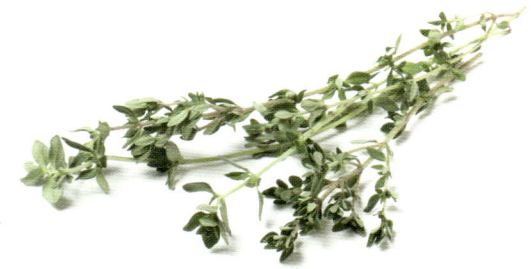

프렌치 타라곤 French Tarragon

'드래곤 허브'라는 이름으로도 알려진 프렌치 타라곤은 기르기에 까다로운 식물이다. 씨에서 바로 싹을 틔우지 않고, 자기가 원하는 특정한 토양에서만 자라며, 생으로 씹었다가는 그야말로 혀를 마비시키고 말 것이다. 놀랄 일도 아니지만, 고대에는 약재로 쓰였다.

프렌치 타라곤(Artemisia dracunculus)은 거의 꽃을 피우는 일이 없는 다년초로, 무더운 여름철 동안 날렵한 잎이 북실북실 자라나며, 끊임없이 잎을 따도 계속 새 잎이 올라온다. 유럽과 북아메리카로 퍼져나가 새로운 풍토에 적응하며, 꺾꽂이나 분할로 증식하였다. 같은 과로 알려져 있는 종은 '러시안 타라곤'으로 씨에서 싹을 틔워 자라지만, 향기가 없어 부엌에서는 쓸모가 없다. '멕시칸 타라곤'은 프렌치 타라곤과는 이름만 비슷할 뿐 종류가 완전히 다른 종이다. 맛도 비슷하기는 하지만 프렌치 타라곤보다 단순해서, 대안으로 쓰기에는 무리가 있다. 이름에 걸맞게 프랑스 요리에서 많이 쓰이며, 특히 강낭콩이나 렌즈콩 요리, 정제한 버터와 달걀 노른 자에 타라곤과 샬롯, 식초로 풍미를 낸 베어네즈 소스, 가벼운 식초, 고전적인 허브 블렌드인 핀제르브(fines herbes) 등에 넣는다. 프랑스 밖에서는 스칸디나비아에서 생선과 달걀 요리에 자주 쓴다. **TH**

레몬 타임 Lemon Thyme

타임은 부엌에서 이미 그 입지가 확고해서 이 이상 굳이 개선할 필요도 없다. 향긋한 냄새는 고기 요리나 소스에 균형 잡힌 식물성 단맛을 보충해준다. 그러나 어머니 자연은 결코 승리에 안주하는 법이 없으며, 그 덕분에 우리는 특유의 감귤 향을 지닌 또 하나의 타임을 맛보게 되었다. 바로 레몬 타임이다.

레몬 타임(Thymus citriodorus)은 겉으로만 보면 보통 타임과 비슷하지만, 잎이 옅은 노랑색이나 녹색을 띠는 경우가 많다. 유럽과 북아메리카에서 널리 자생하지만, 레몬 타임은 상업용으로는 거의 없으며, 말려서는 팔지 않는다. 레몬 타임이 특별한 이유는 살짝만 건드려도 잎에서 짙게 피어오르는 진한 감귤 향기이다. 그 냄새는 향미 안으로 배어들지만, 아주 강렬하지는 않으며 레몬 주스의 산 역시 찾아볼 수 없다. 신선한 허브의 가벼운 향미는 생선이나 해산물과 함께 쓰면 완벽하다. 오븐에 굽거나 높은 열을 가하면 특유의 레몬 향을 파괴해 버리지만, 크림 소스에 담가두거나 버터나 기름에서 빠르게 볶는 등 좀더 순하게 조리하면, 레몬 타임의 특별한 정수를 그대로 보존할 수 있다. **TH**

Taste: 진짜 프렌치 타라곤을 맛보면 민트, 아니스, 그리고 감초가 모두 뒤섞여 순간적으로 살짝 얼얼하다. 생으로든 말린 것이든, 선명한 녹색이 좋다.

Taste: 보통 타임처럼, 잎은 장뇌 향이 나며 달콤하지만, 감귤 내음이 또렷하게 두드러진다. 레몬 캐릭터는 음식에 쉽게 배어들며 열을 가하면 금방 날아가 버린다.

여름철에는 색색깔의 레몬 타임 관목이 핑크빛 꽃을 피워 벌들을 유혹한다. ●

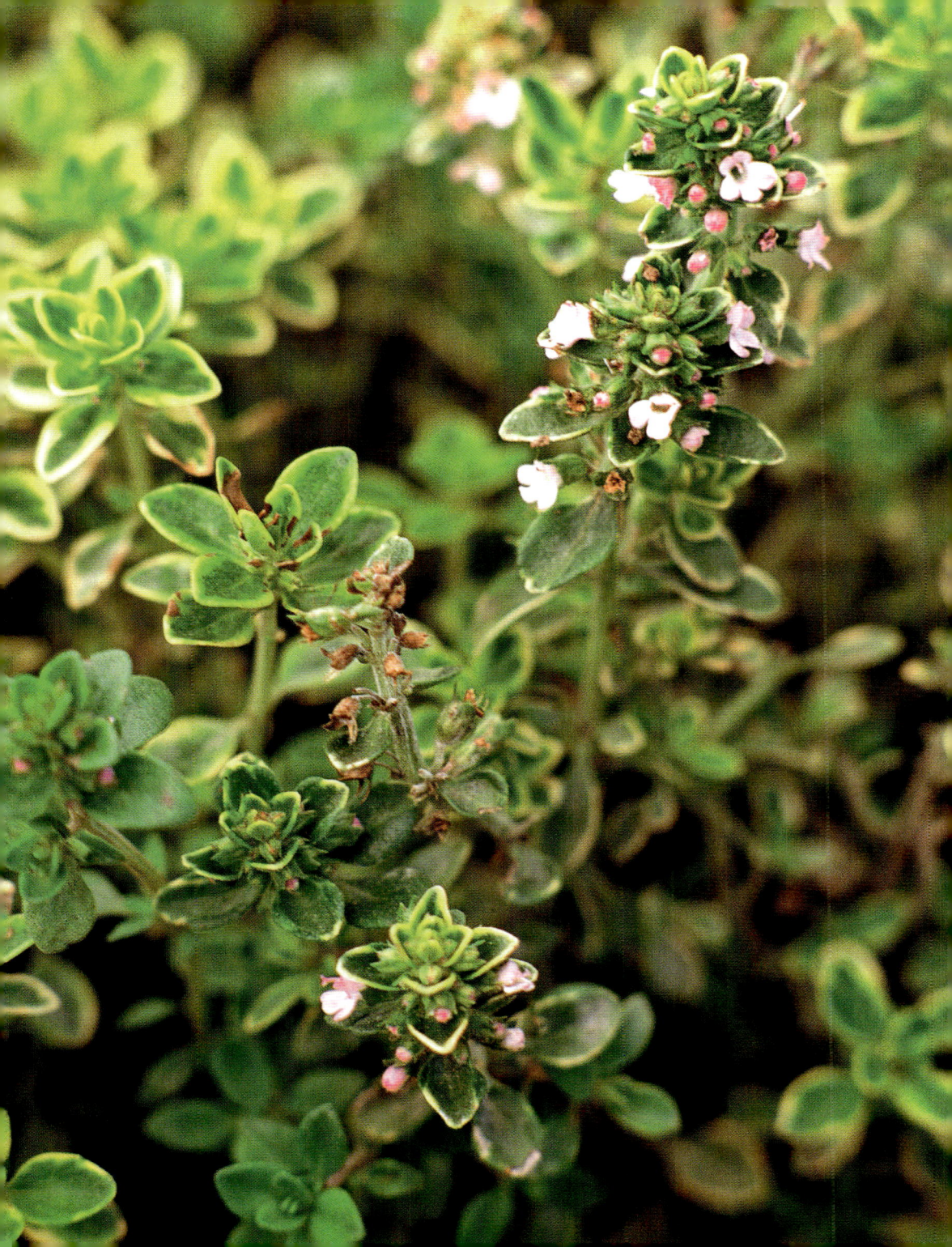

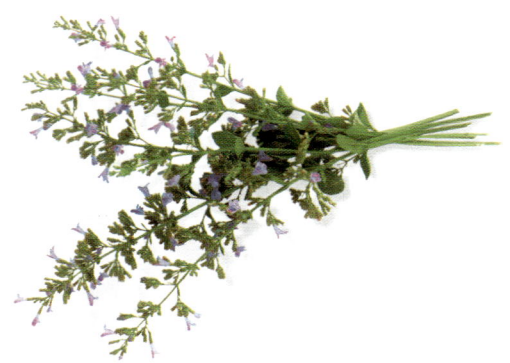

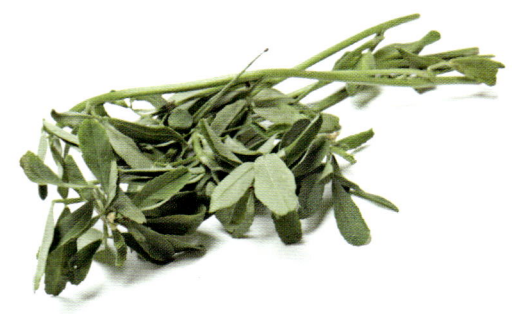

네피텔라 <small>Nepitella</small>

네피텔라의 라벤더블루 빛깔 꽃은 민트과에 속하며, 고대 그리스 로마 시대부터 해마다 여름이면 지중해 해안 지방을 뒤덮어 왔다. 중세에는 약용으로 널리 쓰였으며, 식용으로 재배하기 시작한 지는 수백 년밖에 되지 않았다.

　네피텔라(Calamintha nepeta)는 스피어민트와 캣닙—꿀풀과의 여러해살이 풀로, 고대 로마 시대 이래 유럽에서는 홍차가 보급되기 전까지 차로 즐겨 마셨으며 약초로도 이용해왔다—의 잡종처럼 보이는 털이 보슬보슬한 여러해살이풀로, 이탈리아 토스카나에서는 오랫동안 소화불량에서 불면증에 이르기까지 다양한 질병에 약재로 써왔다.

　꽃은 말려서 차로 마시지만, 부엌에서 싱싱한 허브로 쓰면 따라갈 자가 없다. 네피텔라는 해양성 기후에서 잘 번식하기 때문에, 필연적으로 이탈리아의 토착 해산물 요리에 쓰일 수밖에 없는 운명이었다. 토스카나에서는 새우나 그 밖의 갑각류에 들판에서 야생으로 딴 네피텔라를 곁들인다. 잎은 종종 버섯 요리에 쓰이며, 이탈리아 전역에서 만드는 단맛이 나는 소시지의 속에도 들어간다. 네피텔라는 거의 모든 요리에서 민트 대용으로 쓸 수 있지만, 민트보다 첫맛이 더 강하다. **TH**

Taste: 네피텔라는 달콤한 민트와 향긋한 오레가노를 섞어놓은 듯한 향미를 지니고 있다. 나이가 많은 풀에서는 셀러리를 닮은 엷은 쓴맛도 느껴진다. 처음 뜯었을 때에는 부드러운 레몬 내음도 풍긴다.

호로파 <small>Fenugreek</small>

고대의 호로파 씨가 발굴되면서, 인간이 이미 적어도 4천 년 전에 호로파를 재배했다는 사실이 밝혀졌다. 그러나 커리 파우더나 요구르트 소스에 쓰기보다는, 최초의 가축들을 먹이기 위해 키웠던 것으로 보인다. 시간이 흐르면서 씨앗과 잎 모두 외양간보다는 부엌에서 더 많이 쓰이게 되었다.

　호로파(Trigonella foenum-graecum)는 중국과 인도에서 야생종으로부터 재배를 시작했을 것이라고 추측하고 있지만, 오늘날에는 전 세계에서, 심지어 건조한 지역에조차 재배한다. 단단하고 모난 씨앗은 향료나 색소로 널리 쓰이지만, 둥그런 잎은 견과류 향이 나는 향긋한 풍미 때문에 인도에서 인기가 높다. 인도에서는 보통 '메티(methi)'라 부르는데, 신선한 잎과 말린 잎 모두 다양한 요리에 등장한다.

　전통적으로 인도에서 메티는 소스에 넣거나 처트니(과일, 채소, 식초, 향신료 등을 넣고 섞어 버무린 달콤하고 새콤한 조미료)로 만든다. 난과 같은 플랫브레드 반죽에 섞기도 한다. 호로파 잎은 북아프리카, 그루지야, 러시아 남서부에서도 사랑을 받는데, 특히 그루지야의 혼합 향신료인 크멜리 수넬리(khmeli suneli)에 들어간다. 씨는 벵골 지방의 판크 포론 같은 커리 스파이스 블렌드에 종종 등장한다. **TH**

Taste: 신선한 호로파 잎은 시금치 맛이 나며, 땅콩과 캐러멜의 스파이시한 향이 살짝, 그러나 또렷하게 느껴진다. 말리면 파룻파룻한 맛은 죽고, 대신 견과류의 향미가 짙어진다.

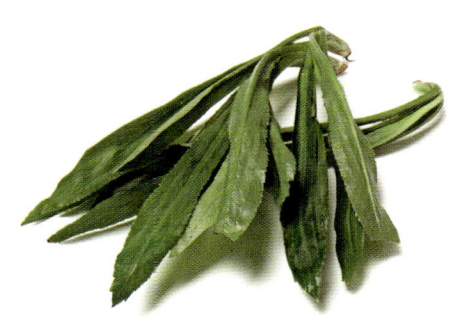

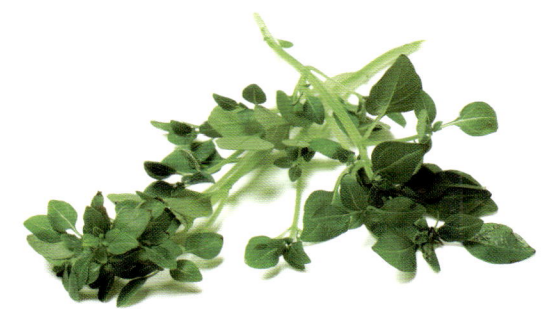

쿨란트로 Culantro

코리앤더 잎을 한 줌 집어 후추와 함께 흩뿌린 뒤, 강판에 간 레몬 껍질로 덮는다. 여기에서 만들어지는 냄새가 아마도 쿨란트로 향과 비슷할 것이다. 카리브해 원산인 이 식물의 이름은 대서양 양안의 사람들을 모두 헷갈리게 했다. 쿨란트로가 코리앤더의 일종일 것이라는 착각을 불러일으키는 수많은 별명—영어의 롱 코리앤더, 소울리프 코리앤더, 멕시칸 코리앤더, 힌두어의 반다니야(넓은 코리앤더라는 뜻), 태국어의 팍 치 파랑(외래 코리앤더라는 뜻) 등—에도 불구하고, 쿨란트로와 실란트로(cilantro, 코리앤더의 다른 이름)를 혼동하지 말 것.

태국, 베트남, 인도네시아, 말레이시아, 라틴 아메리카 일부 지역에서 널리 쓰이는 쿨란트로(Eryngium foetidum)는 잎사귀가 길다. 민들레처럼 땅에서 가까운 높이에 무리지어 자란다. 나이가 많은 풀은 풍미가 덜하기 때문에, 매우 더운 지방에서는 일부러 그늘을 만들어 주어 적절한 높이까지만 자라고 꽃을 너무 많이 피우지 못하게 한다. 쿨란트로는 싱싱한 샐사에 생으로 넣기도 하고, 수프나 국수 요리에 넣거나 장식용으로도 쓴다. 카리브해나 중앙 아메리카에서는 마늘, 고추, 양파로 만드는 히스패닉 양념인 소프리토(sofrito)에 들어가 수많은 레시피의 베이스로 쓰인다. **TH**

리구리안 바질 Ligurian Basil

리구리아는 이탈리아령 리비에라에 위치한다. 지중해에서 불어오는 산들바람이 알프스까지 불어올라가며, 습기가 깔때기 모양으로 소용돌이친다. 짠 바닷바람은 이 지방에서도 가장 높은 인기를 자랑하는 특산물을 위해 완벽한 마이크로 기후를 만들어낸다. 바로 바질이다.

리구리아에서 바질 재배는 여전히 소규모 농부들의 특권이며, 전 세계에서 허브 생산 비용을 절감시킨 현대화를 거부해왔다. 이들이 주로 재배하는 품종은 리구리아의 주도 이름을 딴 제노바 품종으로, 혹자는 리구리안 바질의 하위 종이라고 주장하기도 한다. 일일이 손으로 세심하게 가꾸며, 오늘날에는 생장기를 늘리기 위해 온실의 도움을 받아 연중으로 재배한다. 대부분의 바질 재배 농부들은 1년에 두세 번 씨를 뿌려 잎이 아직 어릴 때 수확할 수 있도록 한다. 덕분에 그 섬세한 향미로 높은 평가를 받는다.

이 지방에서 나는 바질 잎으로 만든 저 유명한 페스토 외에도 이탈리아 전역의 레시피에 등장한다. 대다수의 이탈리아인들이 리구리아 바질이 최고라고 인정한다는 사실 하나만으로도 그 퀄리티를 증명하고도 남는다. **TH**

Taste: 코리앤더 향을 감귤이 뒷받침해준다. 오래된 잎은 쓴맛이 강하고, 선명한 향은 희미해지므로, 말린 쿨란트로는 거의 쓸모가 없다.

Taste: 리구리아는 거의 완벽에 가까운 바질의 표준 향을 만들어낸다. 씁쓸하거나 날카로운 맛, 혹은 다른 바질에서 종종 나타나는 민트나 오레가노 맛이 하나도 느껴지지 않으며, 완전하게 부드럽다.

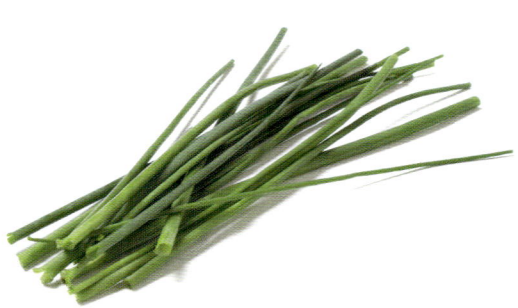

골파 Chive

마늘, 양파, 또는 셜롯이 너무 맛이 강하거나, 또는 불을 쓰는 조리를 굳이 할 필요가 없다면, 골파를 써 보자. 깃털처럼 가벼운 대용이 될 수 있다. 허브 정원에서는 수백 줄기가 서로 몸을 비비며, 마치 일종의 뭍에서 자라는 바다 아네모네처럼 산들바람에 흔들리고 있다. 선명한 녹색의 섬세한 원통형 줄기는 위로 쭉쭉 뻗어나가며, 마침내 눈에 확 띄는 자줏빛 꽃을 피운다.

골파는 마르코 폴로가 극동 지방 여행에서 돌아올 때 가져온 여러 가지 품목 가운데 하나라고 하지만, 실제로는 마르코 폴로 훨씬 이전부터 유럽에서 재배했던 것 같다. 같은 과에 속하는 비슷한 종인 부추(Allium tuberosum, garlic chives)는 확실하게 아시아가 원산이며, 이름에서 알 수 있듯이 평평한 잎에서나 하얀 꽃에서나 모두 한층 강한 향미를 풍긴다.

부엌에서 쓰는 모든 허브 중에서 골파(Allium schoenoprasum)는 재배하기가 가장 쉽다. 먹을 수 있는 꽃 역시 줄기의 향을 모두 고스란히 지니고 있지만, 좀더 후추 향이 난다. 그러나 수많은 유럽의 요리에 그 섬세한 액센트를 더해주는 것은 아무래도 줄기이다. 뜨겁게 달구거나 양념한 버터, 달걀, 그리고 수플레(거품 낸 달걀 흰자에 여러 가지 재료를 섞어서 부풀려 오븐에 구운 요리)도 싱싱한 골파로 향을 낸다. **TH**

Taste: 신선한 골파는 은은한 양파의 향과 섬세한 풀 맛이 난다. 촉촉하고 종이처럼 얇지만, 그 사랑스러운 질감은 아삭아삭하다고 표현해도 좋을 정도이다.

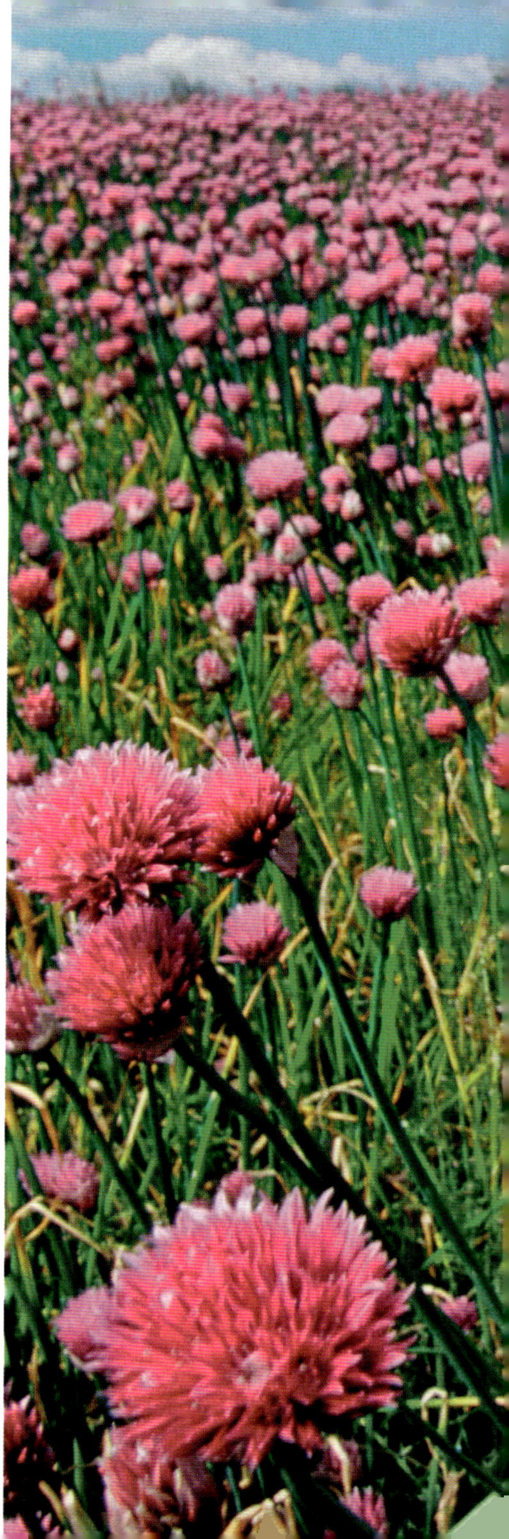

골파는 줄기와 꽃이 모두 상품 가치가 있어 널리 재배된다. ➔

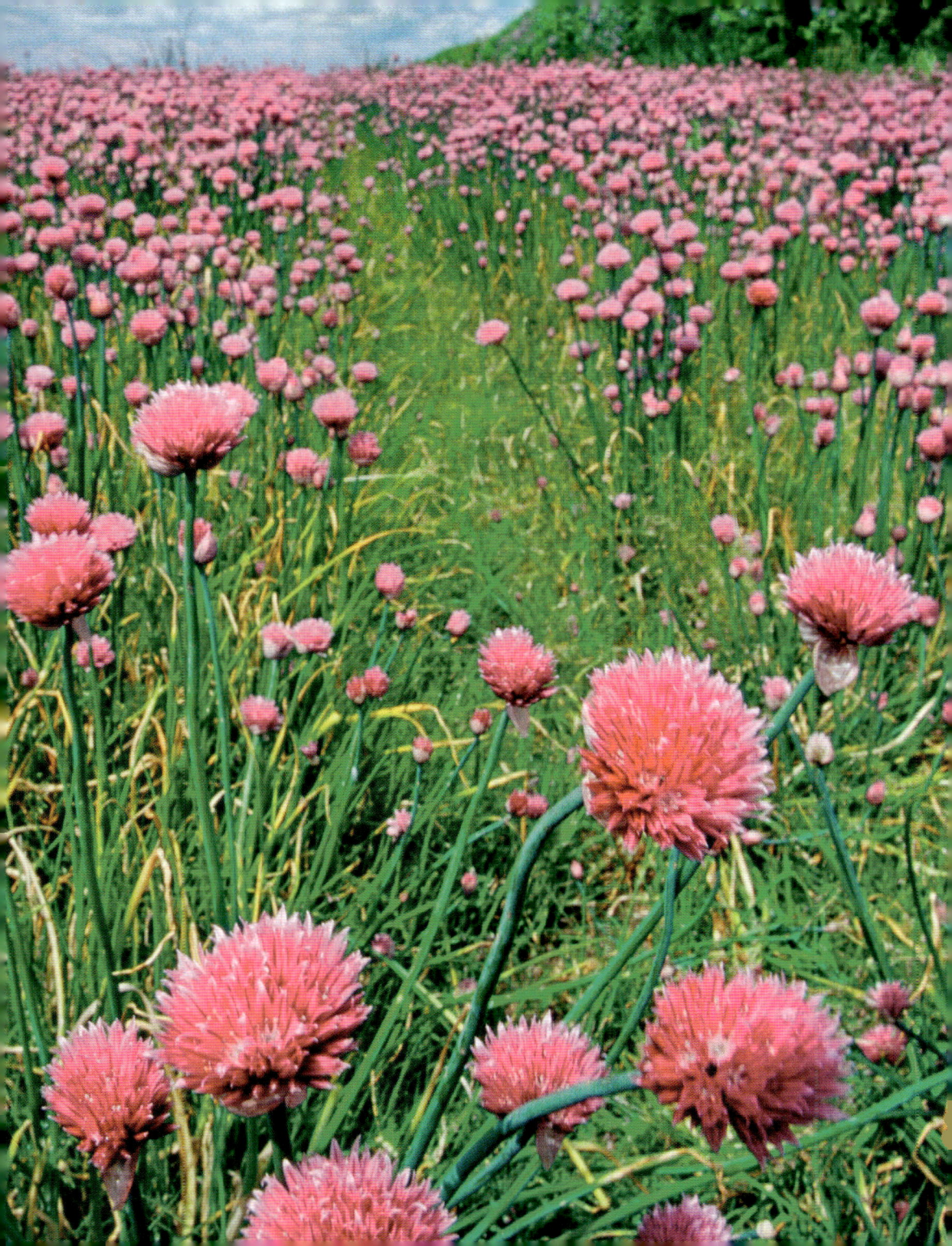

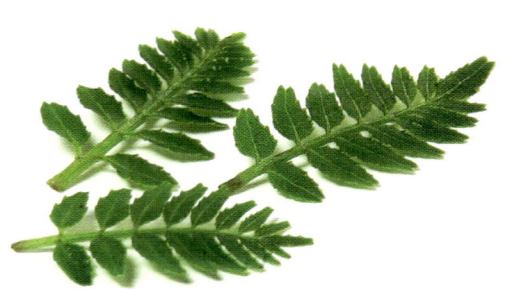

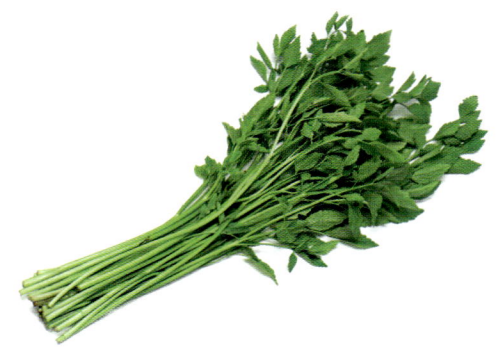

산초나무 어린잎(키노메, 木の芽) Kinome

무엇 하나 그냥 버려나가는 일이 없는 일본인들의 효율
성은, 일본에서는 산쇼(山椒), 중국에서는 화지아오(花
椒), 영어로는 사천 고추(Sichuan pepper)라고 부르는
이 까다로운 산초나무 역시 그냥 지나치지 않았다. 산초
나무(Zanthoxylum piperitum)와 그 유사종들의 어린
잎들은 향신료와 감귤이라는 황홀한 결합을 보여주며,
덕분에 압착하여 양념이나 장식용으로 쓰인다.

어리고 부드러운 잎만 재료로 쓸 수 있다. 라임과
후추가 만난 것과 같은 활기 넘치는 캐릭터에, 입안을 강
타하는 산초나무 열매 특유의 매운 맛도 빼놓을 수 없다.
어른 잎은 질기고 향미도 한참 못 미친다. 각각의 잎사
귀는 선명한 녹색으로, 가장자리가 주름지고 톱니 모양
이다. 시장에서는 잎이 붙어 있는 줄기째 팔거나, 아니
면 가지에서 조심스럽게 따낸 잎을 다발로 포장해서 판
다. 말린 산초나무 어린잎은 거의 찾아볼 수 없으며, 요
리에도 별 쓸모가 없다. 곱게 썰어 국물이나 스시에 장
식으로 올리거나, 번개처럼 빠르게 튀기거나, 반죽의 베
이스로 쓰는 등, 일본 요리에서는 그 쓰임새가 무궁무
진하다. **TH**

파드득나물(미츠바, 三葉) Mitsuba

전 세계 음식 가운데, 가장 예술적인 음식을 꼽으라면 아
마 일본 음식이 아닐까 싶다. 모든 요소 하나하나가 장인
솜씨의 섬세한 본질을 강조하기 위해 세심하게, 어떤 목
적을 가지고 놓여진다. 파드득나물의 긴 줄기 역시 마찬
가지다. 예쁘게 꼬아 매듭을 지어 장식으로 쓴다.

파드득나물(Cryptotaenia japonica)은 영어로는
일본 처빌, 일본 파슬리, 트레포일(trefoil, '세갈래 잎'이
라는 뜻) 등으로 불린다. 긴 나선형 줄기는 약 45센티미
터까지 뻗어 올라가며, 그 끝은 납작한 세 갈래 잎이 된
다. 잎과 줄기 모두 먹을 수 있는데, 어른 식물이 될수
록 줄기는 섬세한 연녹색을 띠게 된다. 때때로 농부들은
자라는 줄기를 흙이나 짚으로 덮거나, 식물을 통째로 어
두운 곳에서 재배하여, 거의 새하얀 색에 가까운 줄기와
잎을 얻는다. 이것을 키리미츠바(切り三つ葉)라 부른다.
파드득나물은 씨를 뿌리기가 쉬우며, 새 싹이 올라오면
이 역시 먹을 수 있다.

파드득나물의 향미는 열을 가하면 쉽게 파괴되므
로, 대부분 날것으로 먹거나 조리의 마지막 단계에 넣
는다. 예를 들면 일본식 된장국인 미소시루에 동동 띄
우는 식이다. 파드득나물의 잎과 새 싹은 스시 롤, 샐러
드, 국수 요리 등에 산뜻하고 엽록소가 풍성한 맛을 더
해준다. **TH**

Taste: 감귤의 아로마가 후추, 박하, 덜 매운 칠리 등과 함께 맛에도
배어 있다. 날것으로 먹었다가는 혀가 살짝 마비되는 경험을 하게 될
것이다.

Taste: 파드득나물은 처빌과 셀러리 잎이 살짝 가미된 듯한 파슬리를
연상시키는 섬세한 향미를 지니고 있다. 사용하기 몇 시간 전에 싱싱한
파드득나물을 따서 쓴다.

파드득나물 잎을 쌓아놓으면 코리앤더 줄기와
비슷해 보이지만, 그 풍미는 훨씬 순하다. ➲

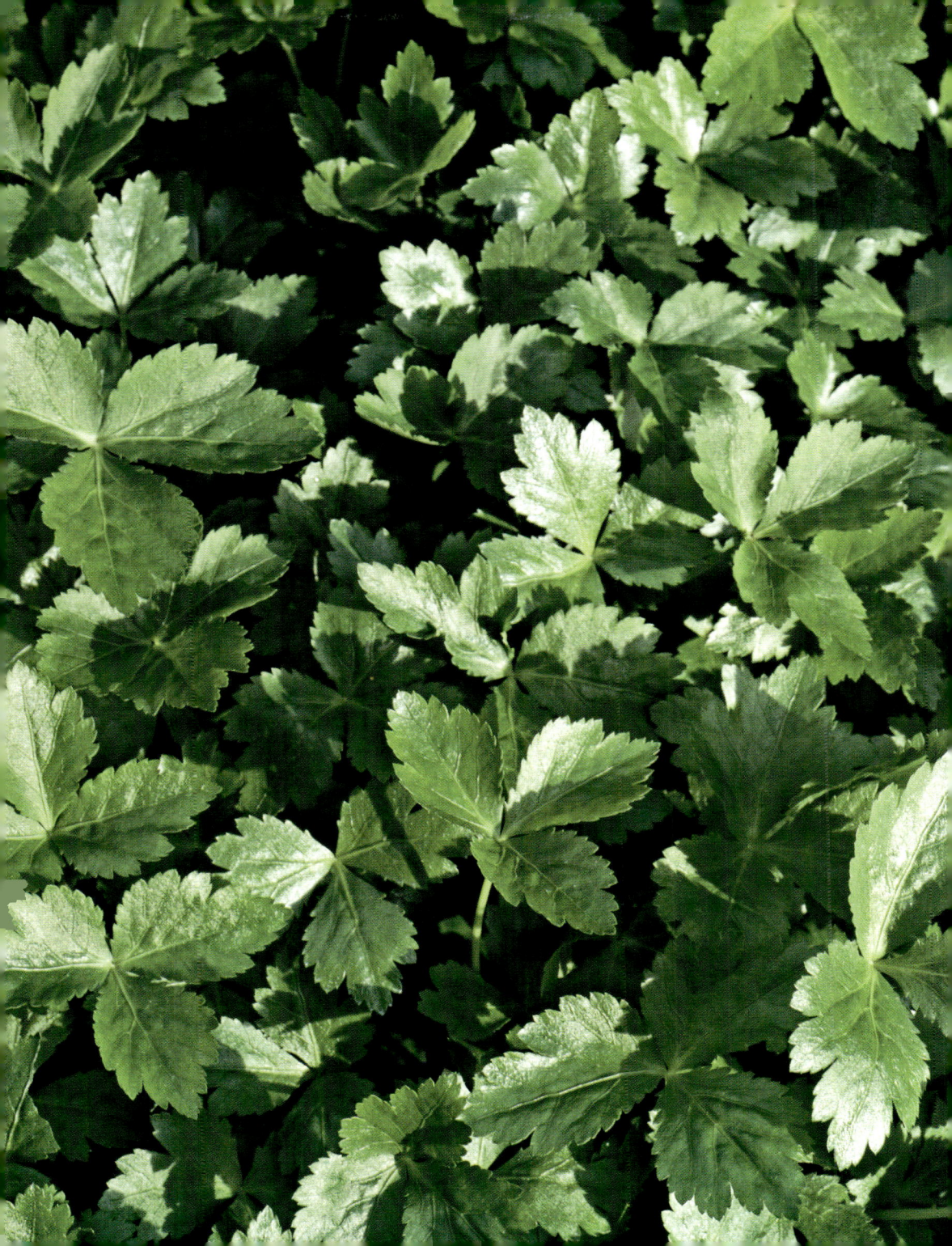

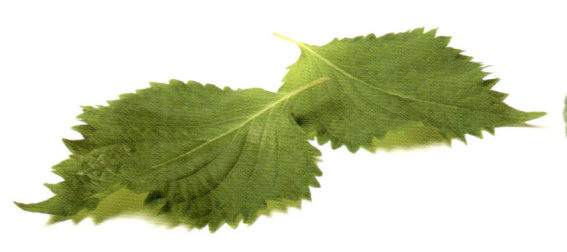

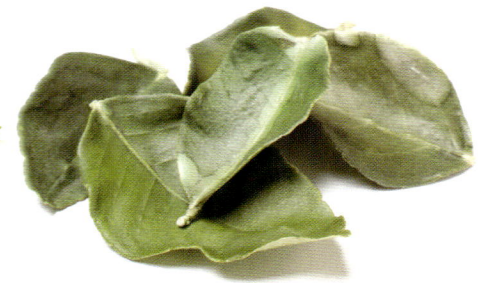

차조기 잎 Shiso Leaf

자연은 일본인들에게 그들의 음식과 거의 이상적인 궁합을 자랑하는 허브를 선사했다. 일본에서는 시소(紫蘇), 미국에서는 페릴라(perilla)라고 부르며, 또렷한 향미를 지니고 있지만, 음식의 균형을 깨뜨릴 정도로 세지는 않다. 가장자리가 톱니 모양인 손바닥 크기의 잎은 선명한 보라색 또는 강렬한 초록색이며, 그 자체만으로도 예술이라 할 만하다.

차조기(Perilla frutescens)는 한국, 중국, 버마, 동남아시아 여러 지역에서도 재배하지만, 세계 시장에는 한 장 한 장 조심스럽게 손으로 따서 일본식 우아함의 진수를 보여주는 포장을 거쳐 높은 가격을 달고 나간다. 좀 덜 완전한 잎도 괜찮다고 생각하는 요리사라면 차조기를 직접 키울 수도 있을 것이며, 먹을 수 있는 꽃까지 덤으로 얻게 될 것이다. 씨 역시 먹을 수 있다―날로 먹어도 되고, 말려서 먹어도 되고, 기름을 짤 수도 있다.

박하과의 한해살이 풀인 차조기는 잎과 씨 모두 피클이나 매리네이드에 독특한 풍미를 더해준다. 빻아서 그 지역의 혼합 향신료에 넣기도 한다. 크고 모양이 예쁜 잎은 템푸라로 튀기거나 스시에 곁들여 낸다. 한국에서는 쌈을 싸 먹는 데에 쓴다. **TH**

Taste: 차조기 잎은 그레이프프루트와 비슷한 강한 감귤 향을 지녔으며, 골파와 박하 같은 녹색 허브의 또렷한 맛과 어우러져 입안에서는 그 풍미가 다소 누그러진다.

카피르 라임 잎 Kaffir Lime Leaf

동남아시아 음식을 한마디로 아우를 수 있는 대표적인 풍미가 있다면, 그것은 아마도 카피르 라임 잎이 틀림없을 것이다. 동남아시아의 어떤 식당에 들어가더라도 바로 손만 뻗으면 닿을 곳에 카피르 라임 잎을 쌓아놓고 있을 것이며, 그게 아니라면 바로 옆에 나무가 있어 종종 잎을 따오기만 하면 될 것이다. 카피르 라임 잎을 빻아 코리앤더, 칠리, 레몬그라스 등과 함께 신선한 그린 커리에 섞는 일은, 동남아시아 요리의 기본을 준비하는 매일매일의 허드렛일이다.

두 갈래로 나뉜 한 쌍의 잎과, 우툴두툴하고 거의 즙이 없는 열매, 가늘고 긴 가지는 카피르 라임(Citrus hystrix)이 감귤류를 연상시키는 이름과는 사뭇 다른 무엇인가를 선사한다는 표시이다. 부엌에서 가장 널리 쓰이는 부분은 두껍고 싱싱한 잎으로, 독특하고 짜릿한 냄새를 풍긴다. 국물에 넣어 함께 끓이거나 잘게 다져 음식에 넣는다. 때때로 말린 카피르 라임 잎을 쓰기도 하는데, 말리면 색이 옅어지기 때문에 최후의 수단으로만 사용한다. 태국에서는 흔히 천일염을 다진 카피르 라임 잎으로 맛을 내며, 그 아로마를 보존하기 위해 단지에 넣어 단단히 봉해 둔다. 베트남 쌀국수인 포(pho)에도 등장하는데, 약하게 보글보글 끓인 국물에 레몬그라스와 화이트 페퍼의 맛이 더해지면 일품이다. **TH**

Taste: 카피르 라임 잎은 물에 담가두거나 찢어야 그 떫은 라임을 연상시키는 향이 밖으로 스며나온다. 아로마는 강하고 독특하다.

요리에 쓰이는 것 외에도 카피르 라임은 향기로운 흰 꽃을 피우는 매력적인 나무이다. ➡

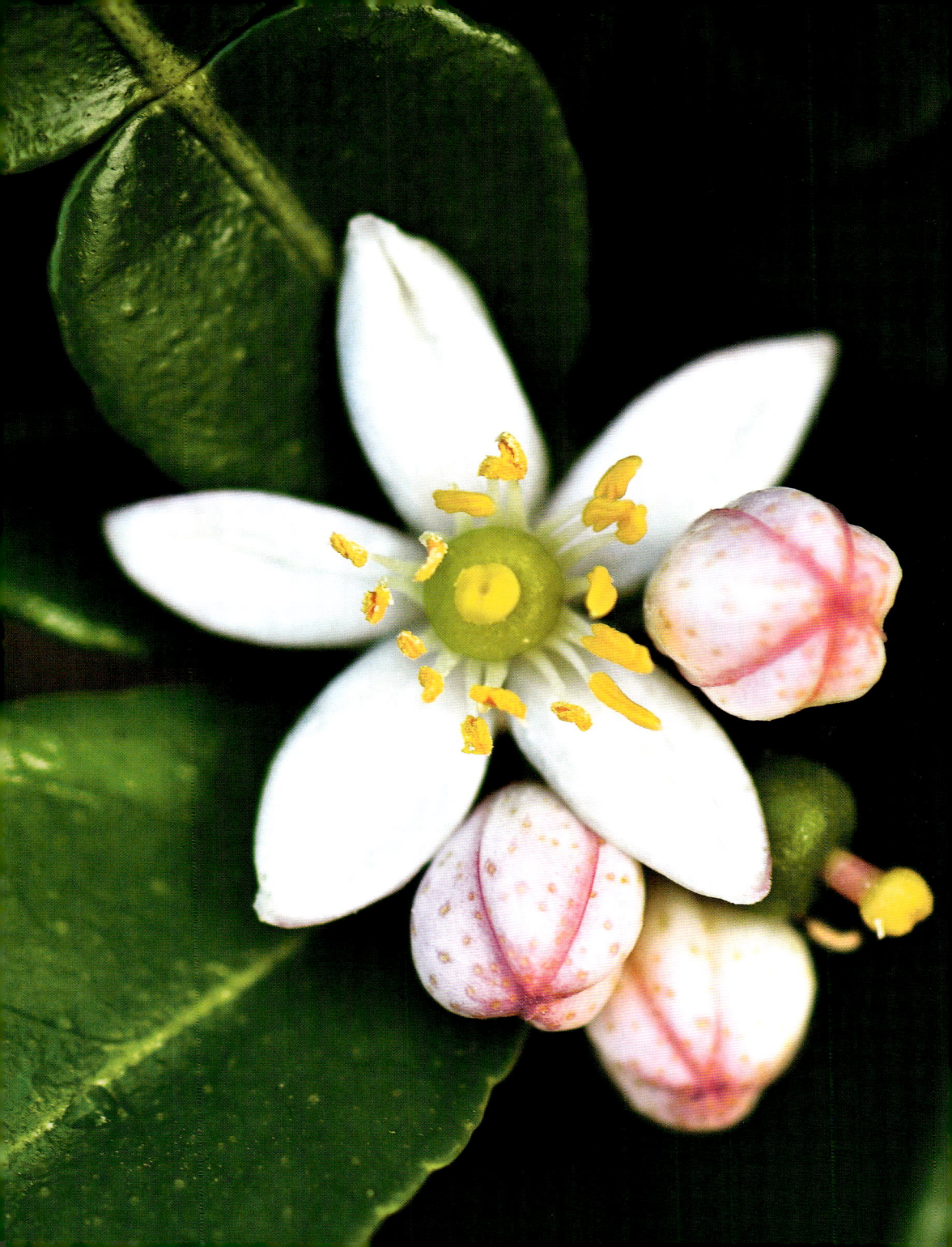

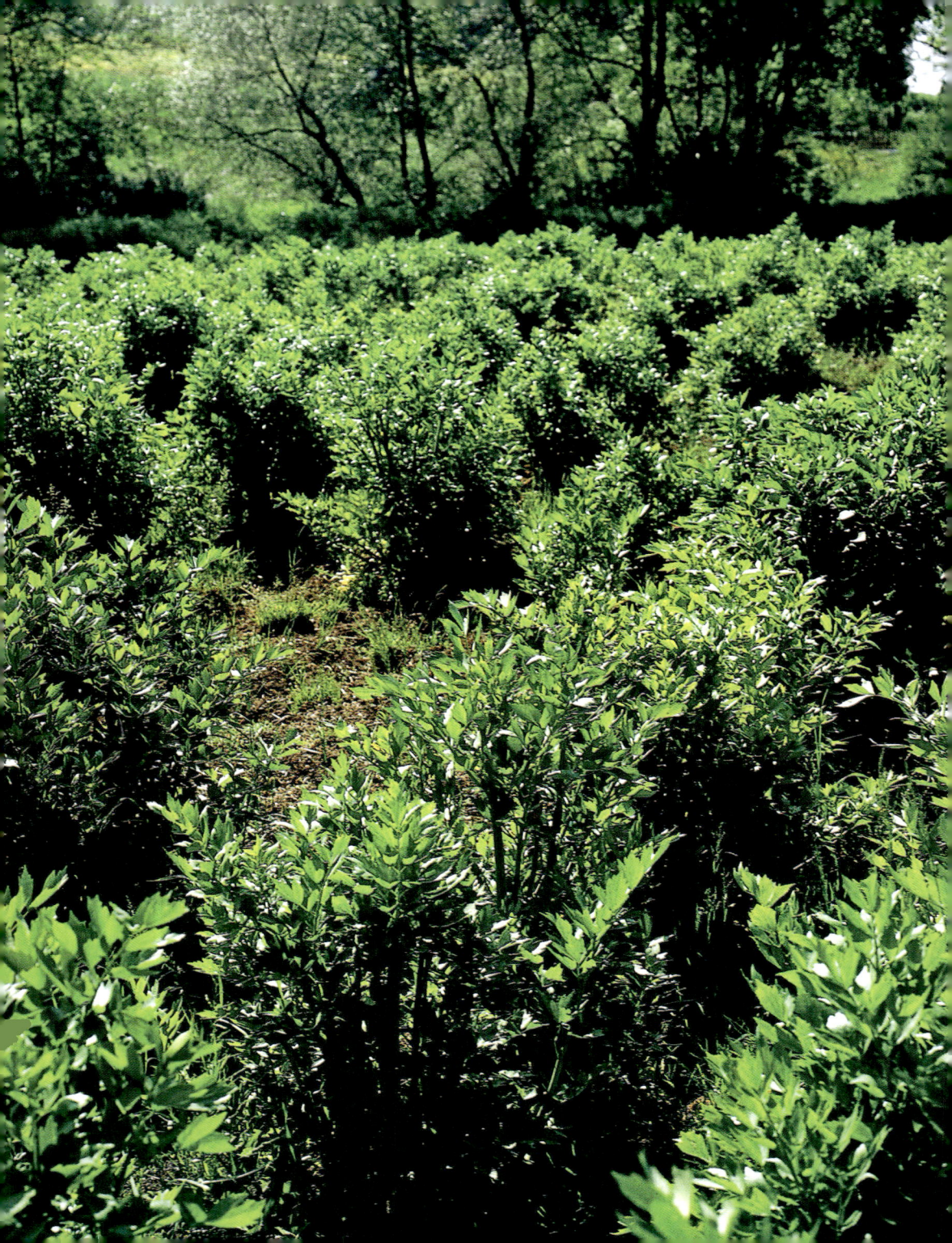

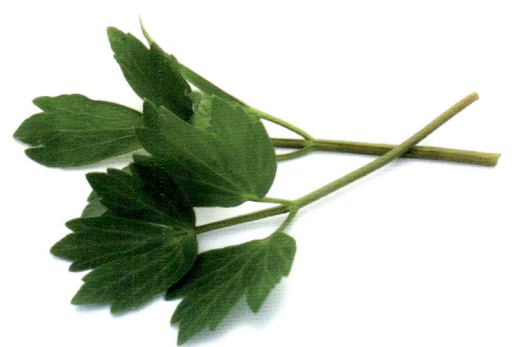

러비지 Lovage

러비지는 허브로 분류해야 할지, 향신료로 분류해야 할지, 그도 아니면 채소로 분류해야 할지 난감한 식물이다. 그 향미를 발견한 셰프들이라면 셋 모두 정답이라고 대답할 것이다.

로마 시대, 『아피시우스Apicius』류의 요리책에는 러비지(Levisticum officinale)가 자주 등장하며, 갈레노스(중세, 르네상스 시대 유럽의 의학 이론, 실제에 절대적 영향을 끼친 의사·해부학자)는 헛배 부른 데 먹으면 효능이 좋다고 대놓고 추천하였다. 러비지 잎은 모양이나 맛이 셀러리 잎과 비슷하며, 속이 비어 있고 잎맥이 있는 줄기에서 정기적으로 딸 수 있다. 줄기는 1.5미터까지는 넉넉히 자란다. 줄기와 뿌리 모두 채소로 쓴다. 잎은 허브로 쓰거나 샐러드에 넣는다. 노란 꽃이 떨어지고 나면 여무는 씨—열매는 모아서 말렸다가 회향과 같은 향신료로 쓴다.

러비지의 향미는 다양한 형태로 수없이 많은 요리에 쓰인다. 예를 들면 잎은 샐러드에, 씨는 피클에, 줄기는 수프에 넣어 끓인다. 그 풍미의 팬이라면 전통적인 이탈리아 시골 요리 한 가지를 추천한다. 러비지 줄기와 뿌리를 버터에 볶아서 러비지 씨를 간 가루로 맛을 내는데, 한 장의 접시 위에 근사한 러비지 3부작이라 할 수 있다. **TH**

Taste: 셀러리 잎의 향이 주를 이룬다. 줄기는 기분 좋게 쌉쌀한 양배추와 비슷하며, 뿌리는 딜과 유사한 향을 지녔다. 씨는 순하고 달콤한 맛을 내며, 잎은 가벼운 손맛이다.

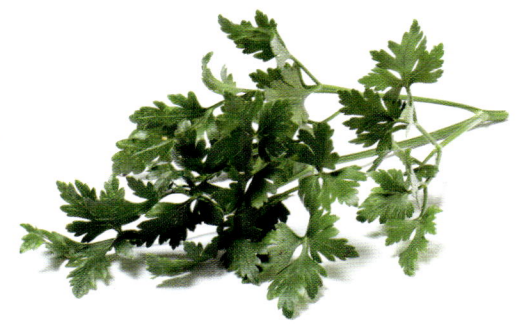

나폴리 파슬리 Neapolitan Parsley

종종 '셀러리 잎이 달린 파슬리'라고 부르는 이 커다란 파슬리과 풀은 키가 1미터까지 자라며, 줄기가 얼마나 굵은지 셀러리처럼 먹을 수 있을 정도이다. 잘 알려진 납작하고 잎이 도르르 갈리는 보통 파슬리처럼, 잘 달려지지는 않았지만 함부르크 파슬리나 나폴리 파슬리(Parsley Gigante di Napoli) 역시 파슬리 품종 중의 하나로, 미나리과(Umbelliferae)에 속하는 식물이다.

이탈리안 파슬리라고 부르는, 더 흔하고 잎이 평평한 품종과 헷갈리지 말 것.(이탈리안 파슬리 역시 많은 중동 음식에 빠져서는 안 될 주요 원료이다.) 나폴리 파슬리는 전혀 다르게 생겼다. 크고 넓적하고 윤이 나는 녹색 잎은 매끄럽고 가장자리가 톱니 모양이다.

나폴리 파슬리는 옛날부터 나폴리 인근에서 자랐으며, 특히 이탈리아 남부에서는 그 맛을 높게 친다. 잎은 사랑스러운 아토마를 지니고 있으며, 그 짜릿한 향미로 많은 찬사를 받는다. 줄기는 셀러리처럼 수프나 소스에 넣거나 끓는 물에 살짝 데쳐 야채로 먹는다. 짭짤한 블루 치즈나 쇠고기, 생선 요리에 특히 잘 어울린다. **LF**

Taste: 달콤한 아로마와 신선하면서도 짜릿한 향미는 파슬리의 정수를 보여준다. 거기에 셀러리와 비슷한 독특한 씹는 맛까지 더해지면 더욱 돋보인다.

유럽에서는 러비지 밭을 흔하게 찾아볼 수 있다.
⊙ 러비지는 양지와 음지를 가리지 않고 잘 자란다.

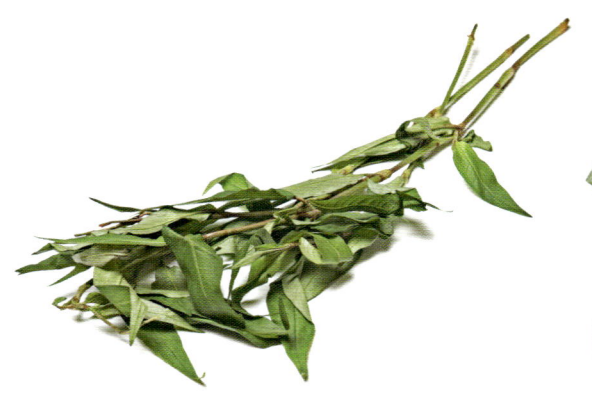

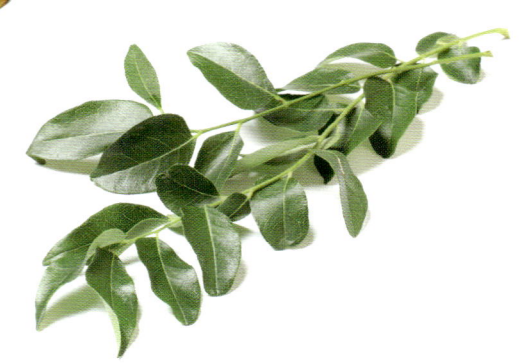

라우 람 Rau Ram

커리 잎 Curry Leaf

라우 람은 원래 남아시아 열대 지방에서, 햇빛 드는 따뜻한 덤불이 손바닥만큼만이라도 보이면 맹렬하게 퍼져 나가는 야생 여러해살이 풀이다. 베트남의 푸르른 자연 속에서 찾아볼 수 있는 가장 흥미로운 허브 중의 하나이기도 하다. 그 왕성한 번식력에도 불구하고 동남아시아 나라들을 제외하면 거의 먹지 않는다.

　　베트남 코리앤더, 또는 캄보디아 민트라고 부르기도 하는 라우 람(Polygonum odoratum)의 날렵하고 뾰족한 잎은 그 풍미는 물론 고유의 향기로도 그 가치를 인정받는다. 덕분에 오스트레일리아와 인도에서 없어서는 안 될 유료작물(油料作物, 기름을 짜내기 위해 재배하는 작물)로 널리 재배하게 되었으며, 남태평양 이외의 지역에서는 싱싱한 잎 허브로 널리 먹게 되었다.

　　말레이시아, 태국, 인도네시아에서도 모두 라우 람을 먹지만, 역시 신선한 향신료로서나, 샐러드에 들어가는 이파리로서나, 혹은 요리 재료로서나 가장 왕성하게 활용하는 곳은 베트남이다. 라우 람은 락사(laksa, 말레이시아와 싱가포르에서 널리 먹는 국물 있는 국수 요리)에서 빼놓을 수 없는 재료이므로 말레이시아에서는 락사 잎이라고 부르기도 한다. 수프에 넣는 것 외에도 스프링 롤에 싸서 먹기도 하고, 짓이겨서 신선한 커리 반죽에 넣기도 한다. **TH**

Taste: 신선한 코리앤더의 후추 맛이 스피어민트의 달콤한 맛과 만났다. 여기에 셀러리 뿌리와 비슷한 쓴맛이 살짝 더해졌다.

영어 이름으로나 유럽에서 쓰이는 학명으로나 착각하기 쉽지만, 커리 잎은 유럽과도 아무 연관이 없고, 영국에서 사랑받는 양념인 커리 파우더와도 전혀 관계가 없다. 학명(Murraya koenigii)은 유럽의 18세기 식물학자인 요한 안드레아서 머레이와 요한 게르하르트 쾨니히의 이름에서 유래하였지만, 스리랑카와 인도 남부에서는 '카라핀차(karapincha)' 또는 '카루베필라이(karuveppilai)'라 부르며, 부엌에서 핵심적인 역할을 수행해 왔다. 최근의 연구 결과에 따르면 커리 잎은 당뇨병에 효험이 있다고 한다.

　　인도 북부와 태국 북부에서도 쓰이지만, 역시 커리 나무 하면 인도 남부의 상징이다. 인도 남부에서는 거의 집집마다 적어도 한 그루의 커리 나무를 키우며, 그 잎을 따서 그날의 밥상에 올릴 음식에 쓴다. 매일 커리 잎과 다른 향신료들이 뜨거운 기름에 지글지글 끓으며 나는 특유의 감귤처럼 향긋하면서도 짜릿한 냄새가 감돈다. 인도 남부 음식에서는 커리 잎이 기본적으로 채식 위주인 음식에 조화를 준다. 스리랑카에서는 말린 고기 요리에 자극적인 맛을 더해준다. 전통적인 수프(rasam)나 렌틸콩 요리(sambhar), 야채 스튜 등에 활기를 더해주며, 코코넛 처트니나 피클, 심지어 버터밀크와도 잘 어울린다. **RD**

Taste: 신선할 때 기름에 튀기면, 짜릿한 감귤의 아로마와 후추의 향미를 뿜어낸다. 건조시키기보다는 냉동 또는 냉장 보관하는 편이 그 은근한 개성을 보존하기에 더 알맞다.

가게에 진열해 놓은 수많은 향신료의 색채와 향기가 매력을 뽐내고 있다. ❯

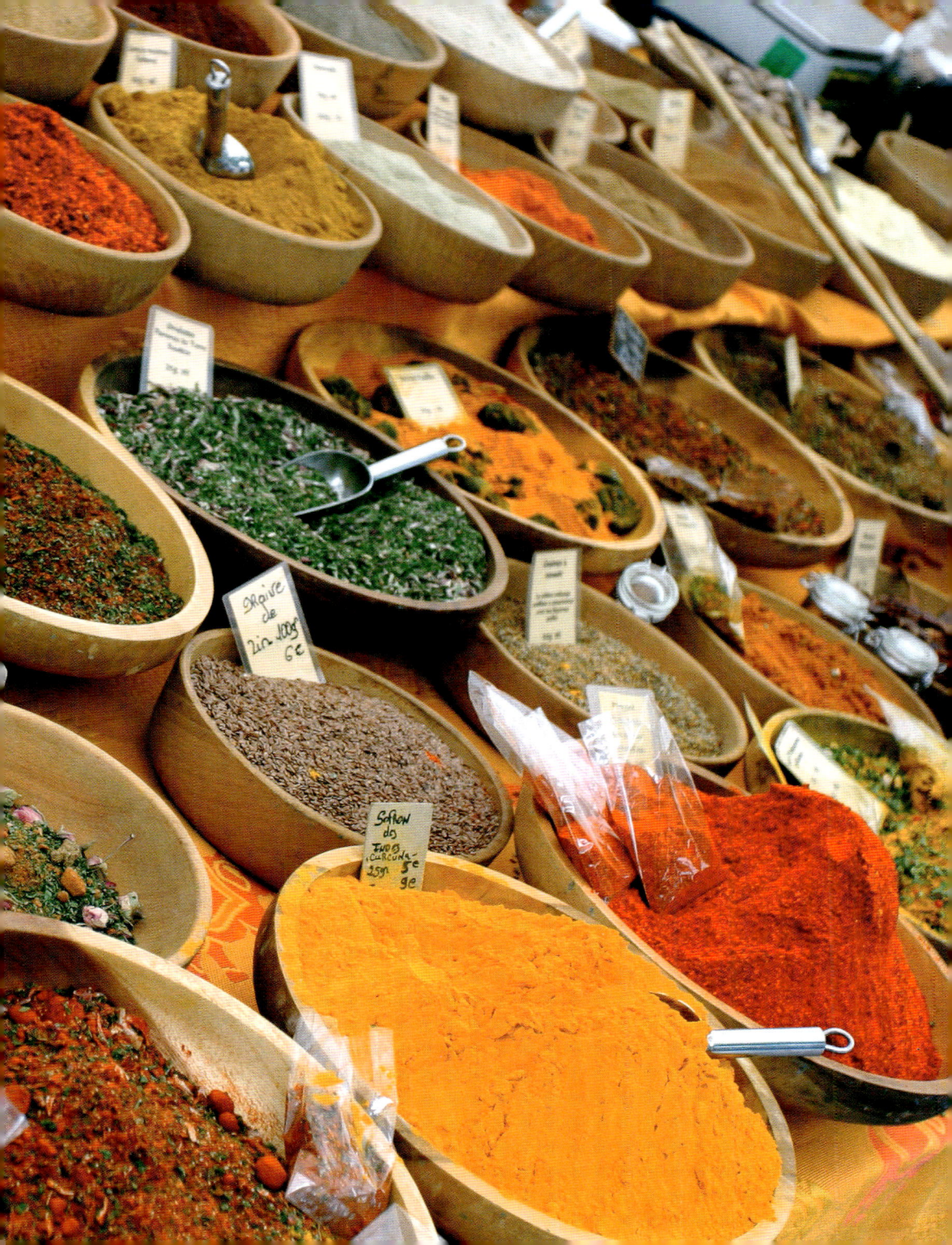

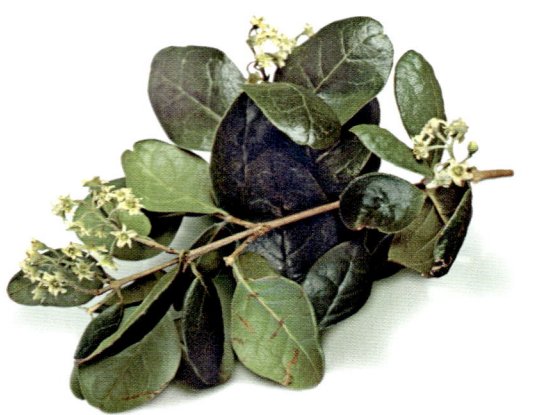

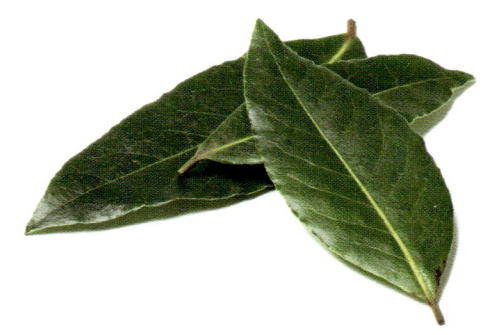

볼도 잎 Boldo Leaf

머나먼 페루와 칠레의 안데스 지방의 시장들은 경제적 기회주의의 작은 성채라고 할 수 있다. 이 곳의 상인들은 손에 들어오는 대로 오늘은 파카를 팔다가 내일은 감자를 파는 식이다. 그래도 꾸준히 얼굴을 내미는 품목 중의 하나가 바로 이 지방 원산인 볼도의 잎이다.

월계수와 비슷한 상록수인 볼도 나무(Peumus boldus)는 잎은 주요 향신료로 쓰이며, 작은 녹색의 열매는 말려서 통후추처럼 쓴다. 오늘날에는 지중해 연안, 특히 북아프리카에서 약용으로 널리 재배하고 있지만, 요리사들도 서서히 그 쓰임새에 주목하고 있다.

원산지에서 볼도는 약한 불에 뭉근하게 끓이는 요리에 풍미를 더하기 위해 넣거나, 석쇠에 구운 고기에 향미를 불어넣기 위해 싸서 먹는 데 쓴다. 큰 잎은 조리 후에 버리지만, 부드러운 어린 잎은 요리용 불에 시들면 잘게 썰어 바로 먹는다. 볼도 잎은 또 달여서 티산(tisane, 약초 등으로 끓인 차)으로 마시거나, 남아메리카 허브 티의 고전인 '예르바 마테(yerba mate)'에 넣어 마시기도 한다. **TH**

스미르나 월계수 잎 Smyrna Bay Leaf

월계수 잎은 대부분의 모던 요리에 공통적으로 나타나는 향미의 기본이다. 그 향은 보다 복잡한 향의 버팀목이 되지만, 다른 기본 향들과 마찬가지로 찾을 수 있는 한 그 풍미가 가장 강한 원재료를 써야 한다. 월계수 잎의 경우에는 이를 위해 터키로 가 볼 필요가 있다. 특히 이즈미르(옛 이름 스미르나) 항구 주변의 언덕들은 완벽한 월계수 잎을 생산하기에 안성맞춤인 조건을 자랑한다.

터키의 기나긴 여름 동안 햇빛을 흠뻑 받으며, 가을에는 건조해지는 날씨가 그 향을 완벽하게 밀집시킨다. 손으로 잎을 긁어 모아 그 중에서도 최상급이 될 만한 것들을 골라낸다. 상처가 없고 여전히 약간 말랑한 이 잎들은 싱싱할 때는 강렬한 향을 발산하며, 이 향은 1년까지 그대로 머무른다.

터키 월계수는 요리사들에게 왜 월계수(Laurus nobilis)가 부엌에서 그토록 영예를 누리는지를 다시 한 번 상기시켜 준다. 보다 흔하게 구할 수 있는 월계수 잎은 힘이 없고 색도 흐릿하지만, 스미르나 월계수 잎은 가장 까다로운 셰프조차 그냥 넘어갈 수 없는 깊고 진한 개성을 뿜어낸다. 프랑스의 고전적인 국물 요리에서부터 트렌디한 미국식 고기 양념에까지 빠지지 않고 들어간다. **TH**

Taste: 월계수 잎과 박하의 블렌드와 비슷하지만, 입안에서는 쓴맛이 좀더 강하다. 크기가 큰 신선한 잎은 강한 송진 냄새가 나는데, 조리하면 서서히 사라진다.

Taste: 스미르나 월계수 잎은 타임의 강한 허브 맛과 셀러리의 쓴맛을 지니고 있다. 신선한 잎에서는 강렬한 아로마와 달콤한 장뇌 향이 감돈다.

월계수는 더운 기후에서 잘 자란다. 질긴 사철 푸른 잎은 그늘에서 말린다. ➲

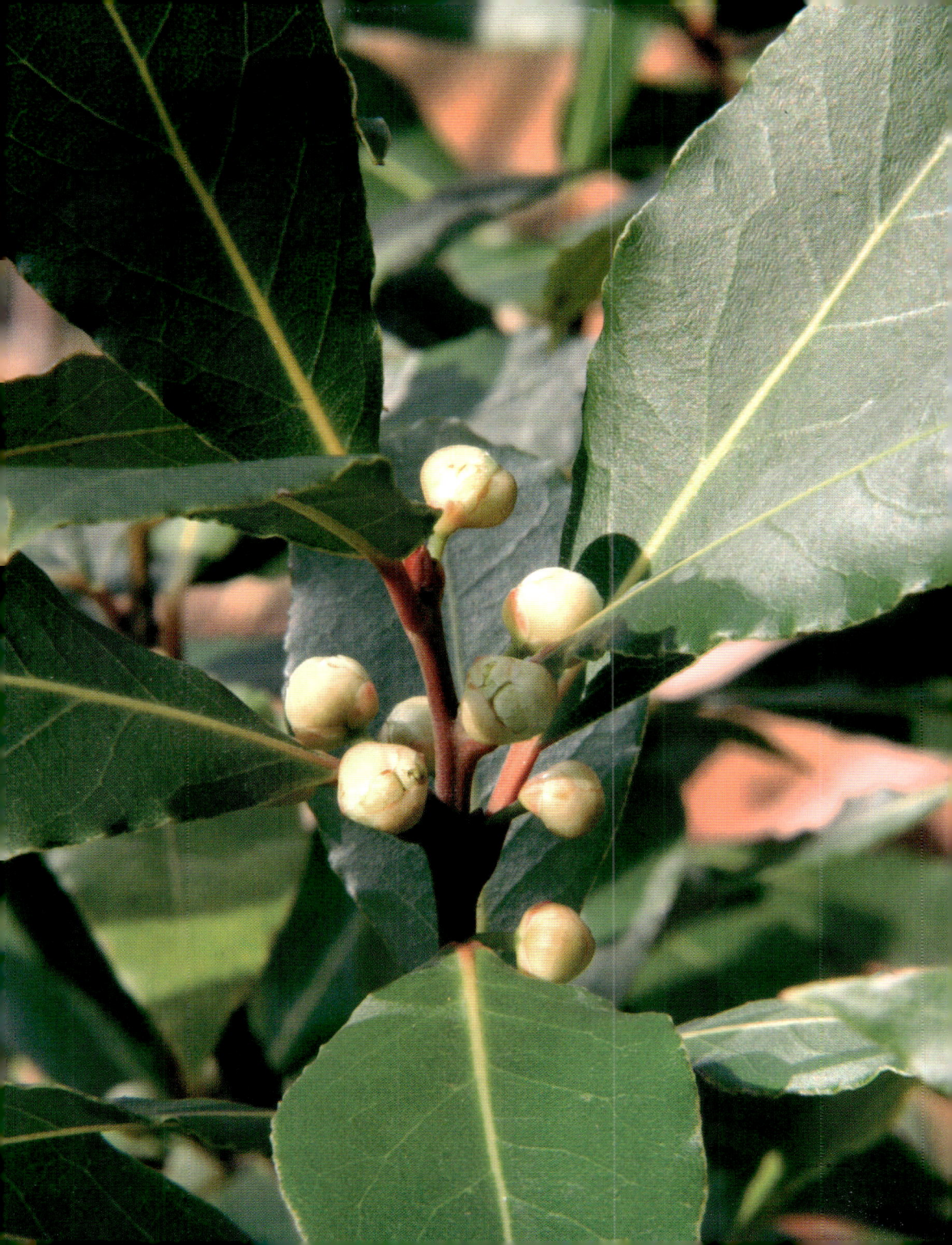

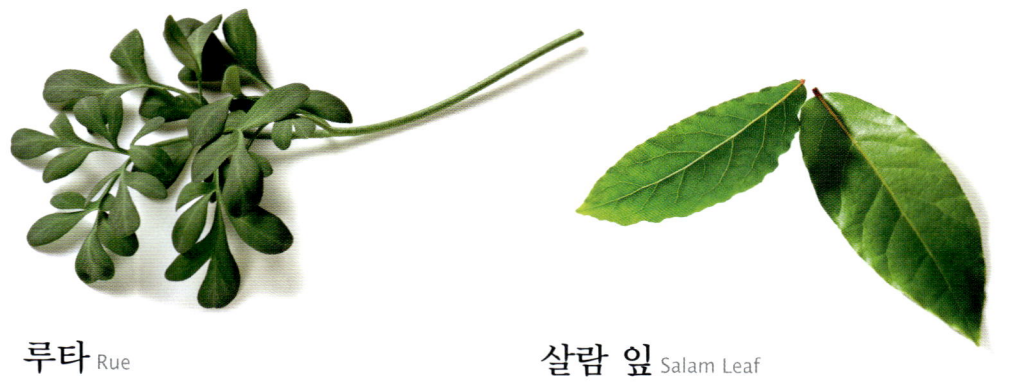

루타 Rue

인간의 미각은 신맛, 짠맛, 단맛, 쓴맛의 혼합으로 향미를 감지한다. 자연에서 얻는 원료들은 이 중 하나에만 집중되어 있는 일은 거의 없으며, 여러 맛을 동시에 이끌어낸다. 그러나 루타는 예외이다. 이 오랜 역사를 자랑하는 허브는 쓴맛을 예로 들기에 완벽하다.

고대에는 약용과 식용으로 모두 높이 쳤다. 플리니우스와 히포크라테스도 루타에 관해 언급하였으며, 아피시우스 역시 수많은 레시피에 루타를 활용하였다. 훗날에는 성수(聖水)를 흩뿌릴 때 썼다—그리하여 '은총의 허브(herb of grace)'라는 별명을 얻게 되었다.

루타(Ruta graveolens)는 상록 관목으로 레몬, 오렌지 등과 함께 운향과(Rutaceae)에 속하며, 운향과라는 이름 자체도 루타에서 유래하였다. 벌레와 짐승을 쫓는 악취를 풍기기 때문에 싫어하는 사람들도 있다. 오늘날에도 약용으로 재배하고 있지만, 과거에 비하면 부엌에서의 쓰임새는 많이 줄어들었다. 지중해 연안에서는 샐러드에 쓴맛을 내기 위해 조심스럽게 사용하며, 쓴맛이 강한 그라파(와인을 짜내고 남은 포도 찌꺼기를 증류시켜 만든 브랜디의 일종)에 향미를 더하기 위해 넣기도 한다. 의사들은 루타를 많이 먹지 않도록 조언하며, 루타 나무에 직접 닿을 경우 피부 발진이 생길 수도 있으니 조심해야 한다. **TH**

살람 잎 Salam Leaf

서양 사람들을 어리둥절하게 하는, 인도네시아 음식의 대표 향미 중의 하나인 살람 잎(인도네시아어로는 daun salam) 향기는 동네 음식점들이 모여 있는 골목이라면 집집마다 풍겨나오는 음식 냄새 속에 빠지지 않고 등장한다. 도금양과에 속하는 살람(Eugenia polyantha)의 잎은 타원형으로 크기가 월계수 잎의 약 두 배이며, 싱싱한 잎에서는 송진 냄새가 난다. 흔히 '인도네시아 월계수 잎'이라 부르며, 월계수 잎과 비슷한 용도로 쓰이기도 하지만, 그 향기는 전혀 다르다.

살람 잎은 건조시켜 각지의 시장으로 운송되는데, 어떻게 조리하느냐에 따라 당연한 귀결이긴 하지만 사뭇 다른 결과물을 낳는다. 시장에서는 약용으로 쓰이는 살람 잎이나 열매, 나무껍질도 팔기 때문에 자칫하면 헷갈릴 수도 있지만, 요리사들은 후각과 미각을 사용하여 부엌에서 쓰기에 알맞은 신선한 살람 잎을 찾아낼 수 있다. 살람 잎은 볶음 요리에서부터 소스에 이르기까지 거의 모든 음식에 등장하며, 발리의 명물인 베벡 베투투(bebek betutu)—오리 한 마리에 통째로 속을 채워 넣고 양념을 해서, 잎사귀로 싼 뒤 땅에 묻어 24시간 동안 서서히 굽는 요리—에도 쓰인다. **TH**

Taste: 루타는 생으로 먹으면 거의 참을 수 없을 정도로 쓰다. 조리하면 그 강렬한 쓴맛이 다소 줄어든다. 쓴 오렌지, 셀러리 씨, 그리고 생 겨자 씨는 루타의 쓴맛에 비하면 발뒤꿈치에도 못 미친다.

Taste: 신선한 살람 잎은 레몬과 계피를 섞어놓은 듯한 향이 나며, 그 향은 맛에도 그대로 배어난다. 말린 잎은 신선한 잎보다는 그 향미가 좀 누그러졌으며, 대신 견과류의 풍미가 더해졌다.

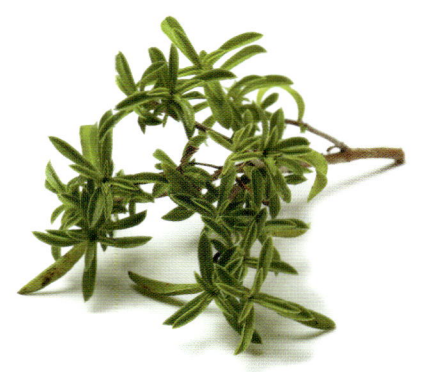

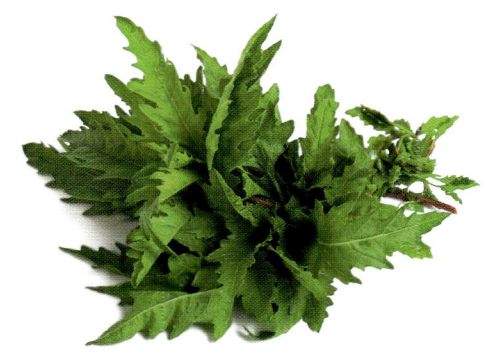

세이보리 Savory

허브는 종종 약용과 식용 두 가지 쓰임새로 명성을 얻는다. 세이보리처럼 향도 좋고 유용한 식물이라면, 고대 로마 시대 플리니우스와 베르길리우스가 미약으로 효험이 있다는 둥 꿀벌들을 불러모은다는 둥 찬사를 늘어놓은 것도 놀랄 일이 아니다. 셰익스피어 역시 세이보리의 향기를 언급한 바 있다.

일설에 따르면 속명(Satureja)이 그리스 신화에 나오는 반인반수 흑색한 사티로스와 연관이 있다고 한다. 여름 세이보리(Satureja hortensis)는 보다 예민한 한해살이 풀이고, 겨울 세이보리(Satureja montana)는 원기왕성한 여러해살이 풀이다. 둘 다 꿀풀과에 속하며, 날렵한 바늘 모양 잎이 억센 줄기에 붙어 있다. 둘 다 유럽과 아메리카 대륙에 널리 퍼져 그 풍토에 적응하였다.

이탈리아에서는 신선한 세이보리를 뭉근하게 끓여 대두나 렌틸콩 요리에 넣기도 하고, 말린 세이보리를 오레가노, 타임, 로즈메리 등과 함께 섞어 허브 블렌드를 만들기도 한다. 이탈리아를 벗어나면 단맛이 더 많은 여름 세이보리는 회향 씨와 함께 소시지 양념에 널리 쓰이며, 과감한 맛의 겨울 세이보리는 비벼서 고기 위에 올려놓고 함께 굽는다. **TH**

에파소테 Epazote

멕시코의 기회주의적인 요리사들은 에파소테를 보고 콩 요리투성이인 멕시코 음식을 강조할 만한 기회를 찾아냈다. 에파소테는 잡초처럼 자라며, 잡초처럼 보인다. 그 철사 같은, 성긴 잎은 살짝만 건드려도 강한 타르 냄새가 뿜어져 나온다. 처음 에파소테(Chenopodium ambrosioides)의 냄새를 맡아본 셰프들은 잠시 멈칫하겠지만, 오랜 시간 동안 약한 불에 끓이면 저 아래 숨어있던 독특한 맛—사막의 황혼과 라틴인들의 잔치를 연상케 하는—이 드러난다.

멕시코 요리의 특징은 주방에서 조리 시간이 상당히 오래 걸린다는 것인데, 특히 에파소테는 그 대표적인 예이다. 그 짜릿함을 뭔가 괜찮은 맛으로 녹여내려면 수시간이 걸리며, 대두류는 완벽한 파트너이다. 에파소테는 진정한 의미에서 이 지역 토착 식물이라 할 수 있다. 외지인이라면 아침부터 밤까지 식탁에 올라오는 온갖 형태의 콩 요리 속에 숨어 있는 그 비밀 재료를 좀처럼 짚어내지 못할 것이다.

에파소테는 옥수수와 달걀 요리에도 쓰이지만 한꺼번에 많이 넣지는 않는다. 으깬 잎은 옥수수 가루인 마사 하리나(masa harina)에 섞어 타말나 토티야를 만든다. **TH**

Taste: 여름 세이보리와 겨울 세이보리는 모두 로즈메리와 타임 향에 후추 향이 살짝 가미되어 있다. 그러나 더 신랄하고 타라곤과 비슷한 캐릭터의 겨울 세이보리보다는 여름 세이보리 쪽이 더 섬세하다.

Taste: 에파소테의 맛은 캐러웨이와 월계수로부터 입양한 아이와도 같다. 잎이 무성하게 붙어 있는 줄기째로 냄비에 넣고, 잎이 다 떨어져 나가면 줄기를 제거한다.

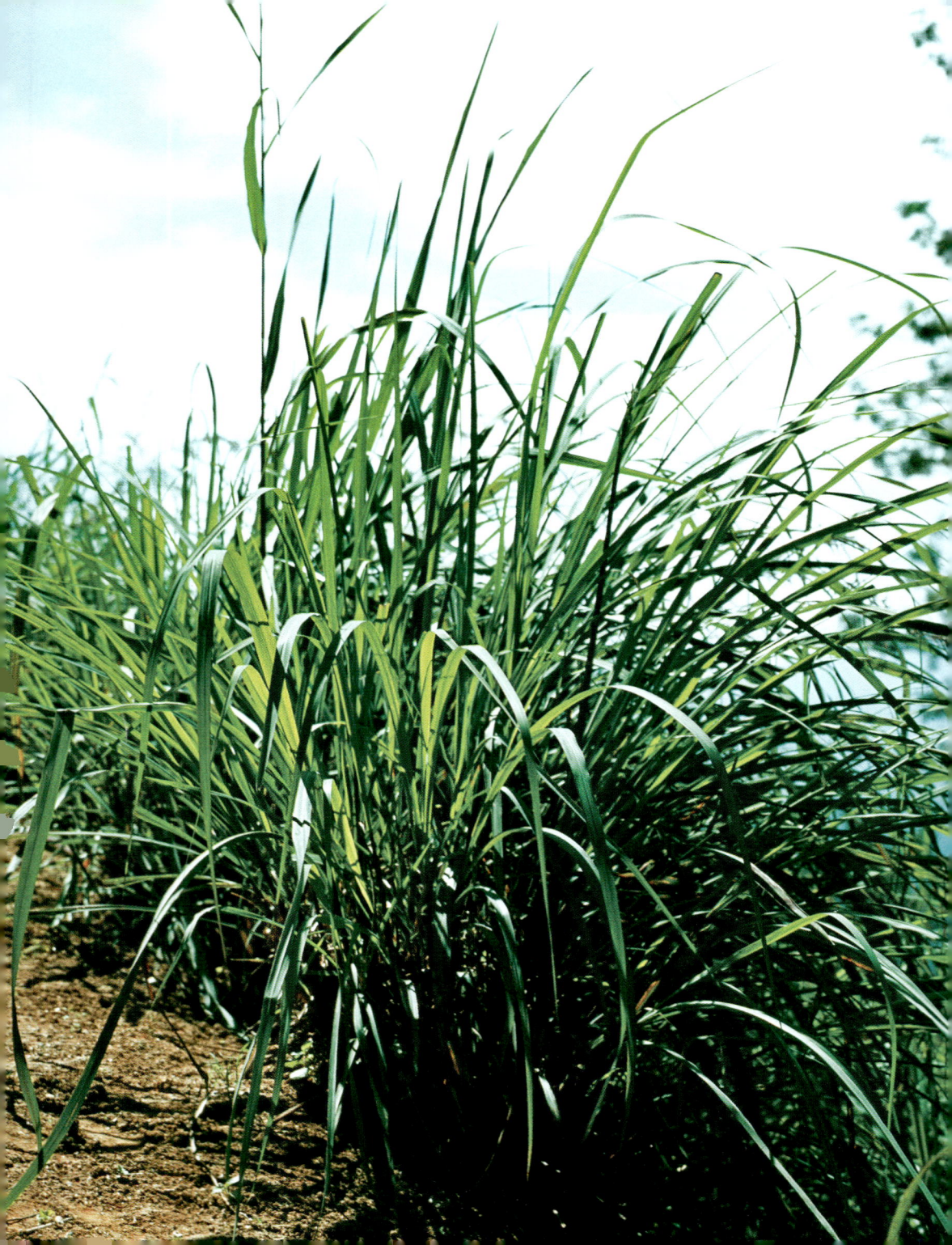

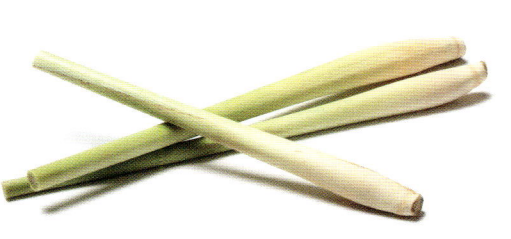

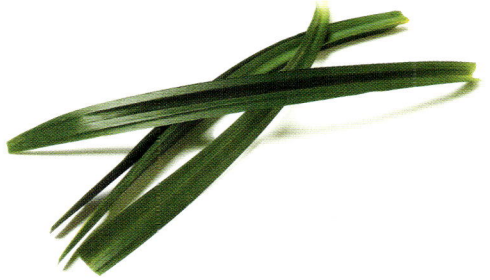

레몬그라스 Lemongrass

원산지에 무리지어 피어 있는 레몬그라스(Cymbopo-gon citratus)는 멀리서 보면 평범하기 그지없어 깜빡 속기 쉽다. 볼품없는 녹색의 길고 얇은 잎이 줄기에서 뻗어 나오며, 건드리기만 해도 풍부한 레몬 아로마가 진동을 한다. 덕분에 이 톡 쏘는 식물은 동남아시아 여러 나라의 부엌에서 없어서는 안 될 존재가 되었다.

태국, 라오스, 베트남에서는 레몬그라스를 키가 큰 절구에 넣고 빻아 가루로 만들어서 마늘, 카피르 라임 잎, 그 밖의 다른 허브와 섞어 걸쭉한 커리 페이스트를 만든다. 이 페이스트는 그들의 요리에서 핵심적인 역할을 한다.

남태평양의 섬나라들에서도 역시 레몬그라스를 대량 재배하며, 요리에 사용한다. 잎을 차로 끓이거나 약용으로 쓰는 경우가 간간이 있기는 하지만. 이 여러해살이 풀의 섬유질 줄기와 작은 구근에는 풍미가 듬뿍 담겨 있다. 나무처럼 딱딱하고 질겨서 보통 기름과 다른 향신료들에 담가 부드럽게 한 다음 향이 충분히 우러나면 건져낸다(다발로 묶어서 국물에 넣고 뭉근하게 끓여 그 정수만 뽑아내기도 한다). 막 잘라낸 싱싱한 레몬그라스의 겉겹을 벗겨내면 한가운데 부드러운 어린 순이 있어 곱게 다져 바로 음식에 넣기도 한다. **TH**

판단 잎 Pandan Leaf

동남아시아 음식의 하이라이트라 할 수 있는 신비한 풍미 가운데 하나인, 이 꽃 향기 그윽한 잎은 그 맛과 향이 너무나 은근하여 혹자는 '은밀하다'고까지 할 정도이다. 판단(Pandanus amaryllifolius)은 그 향긋한 잎을 얻기 위해 태국에서 뉴기니에 이르기까지 널리 재배된다. 중앙의 줄기에서 뻗어 나오는 칼날 모양의 잎은 길이가 60센티미터에 이르는 것도 있으며, 사철 딸 수 있다. 신선한 잎은 짓이기거나 찢거나 심지어 매듭으로 묶어서 냄비에 넣고 약한 불에 뭉근하게 끓여 그 독특한 맛을 우려낸다. 싱싱한 잎을 구할 수 없는 곳에서는 냉동시키거나 살짝 데치거나, 물에 우려내거나, 아니면 페이스트 형태로 팔기도 한다.

말레이시아, 태국, 인도네시아 음식에 가장 흔하게 등장하는 판단은 보통 쌀 요리에 곁들이며, 종종 코코넛과 함께 요리하기도 한다. 아이스크림과 칵테일에서 말레이시아의 고전적인 판단 케이크—잎을 우려낸 녹색이다—에 이르기까지 달콤한 음식에도 그 향을 더해준다. 닭고기나 생선과도 잘 어울리는데, 이 지역의 보글보글한 스튜에 넣고 우려내거나 쌈으로 먹어 고기에 풍미를 더하기도 한다. **TH**

Taste: 레몬그라스의 아로마는 종종 진짜 레몬보다 강하며. 그 풍미 역시 신맛만 없다 뿐이지 진한 레몬 맛이다. 가장 신선할 때에는 박하와 장뇌 향이 살짝 느껴지기도 한다.

Taste: 판단은 부드러운 재스민과 바닐라의 중간쯤인 꽃 향기를 지니고 있다. 주로 쌈용으로 팔리는 얼린 잎에는 그러나 그 풍미가 거의 남아 있지 않다.

레몬그라스는 습지 가장자리나
얕은 정원 연못에서 쉽게 찾아볼 수 있다.

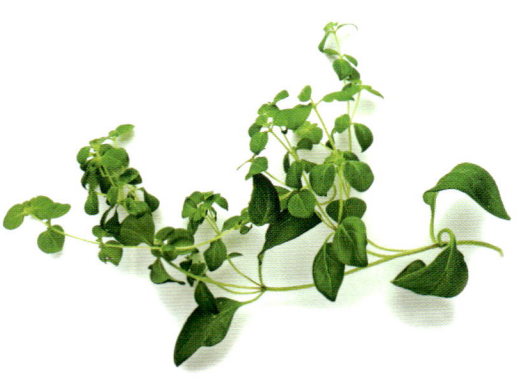

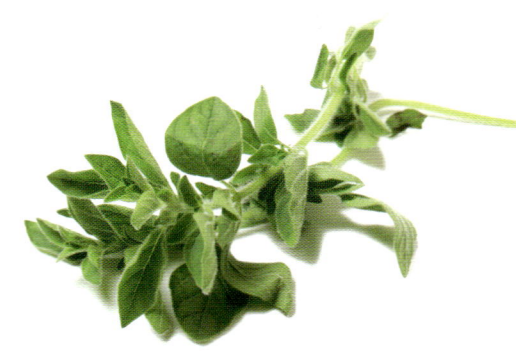

스위트 마조람 Sweet Marjoram

마조람의 복잡한 가계도를 따라간다는 것은 사이가 나쁜 친척들이 명절날 둘러앉아 입씨름 없이 넘어가는 것만큼이나 어렵다. 꿀풀과(Lamiaceae)에는 오레가노 같은 기질 센 형제자매며 차조기 같은 이국적인 사촌들이 널려 있다. 아무튼 그 안에서 중재 역할을 하는 것은 오레가노 속 마요라나 종(Origanum majorana) 가운데서도 특히 달콤한 마조람이다.

마조람은 아무 힘을 들이지 않아도 자기가 알아서 쉽게 자리를 잡는 허브 중의 하나로, 시골의 드넓은 들판이든, 도시의 창가에 놓아둔 화분에서든 잘 자란다. 마요라나는 여러해살이 풀로, 다양한 품종이 있는데 그 덩굴손에서 사철 잎을 딸 수 있다. 줄기에서 잎을 따는 그 순간부터 단맛이 줄어들며, 신선한 것이 말린 것보다 더 낫다. 따라서 부엌에서 화분에 키우는 것을 추천한다.

마조람은 토마토와의 결혼으로도 유명하다. 오레가노처럼 강력하지는 않아도, 향긋하고 달콤한 마조람은 새콤한 토마토를 돋보이게 해주는 것이다. 지중해 연안의 모든 나라 음식에 마조람은 홀로, 혹은 한 식구이기는 해도 제멋대로인 다른 허브들과 함께 쓰인다. **TH**

그리스 오레가노 Greek Oregano

그리스는 찬란한 오랜 역사를 자랑하는 나라로, 그 정원과 야생 자연도 그 과거에 경의를 표하고 있는 듯하다. 적어도 5세기 이래 꾸준한 인기를 누려오고 있는 오레가노가 고대의 돌과 언덕배기 들 사이에서 무성하게 자라고 있다. 이렇듯 오랜 역사를 생각하면 놀랄 일도 아니지만 그리스인들은 그들의 모래흙과 해양성 기후는 물론 몇몇 특정 품종의 혜택을 입는다. 외국에서는 '야생 오레가노'라고 불리는 것들 말이다. '히르툼(hirtum)'과 '칼리테리(kaliteri)'로 알려진 품종들은 그리스인들 사이에서 인기가 높지만, 소량 생산자들이 각각의 품종을 해외로 수출하면 흉내낼 수 없는 무언가가 빠져 있는 듯한 느낌이 든다.

셰프에게는 다행한 일이지만, 그리스 오레가노는 다발째 건조시켜 세계 각지로 수출된다. 그 향기와 풍미는 다량 함유하고 있는 방향유 덕분인데, 건조시킨다고 해도 특별히 손상되지 않기 때문에, 부엌에서도 말린 상태로 쓰는 경우가 많다. 전통적으로 토마토와 다른 신 음식들과 함께 먹으며, 그리스 오레가노는 조리 과정의 압력도 견뎌낼 수 있다. 막 딴 신선한 오레가노는 로즈메리나 레몬과도 잘 어울리며, 말린 오레가노 다발은 오랫동안 끓여도 열로 인해 파괴되거나 하지 않는다. **TH**

Taste: 대부분의 마요라나 품종은 풀 향기로 시작해서 순한 후추 향으로 끝난다. 아니스, 샐비어, 레몬이 입안에서 모습을 드러내지만, 더 맛이 센 허브들처럼 오랫동안 맴돌지는 않는다.

Taste: 보통 오레가노보다 더 깊은 허브 향을 간직하고 있으며, 입안에서 감초, 월계수, 후추, 회향의 향이 하나하나 느껴진다.

그리스 오레가노는 어떤 종류의 허브 정원에도 장식 효과를 내며 핑크빛을 띤 보라색 꽃을 피운다. ➲

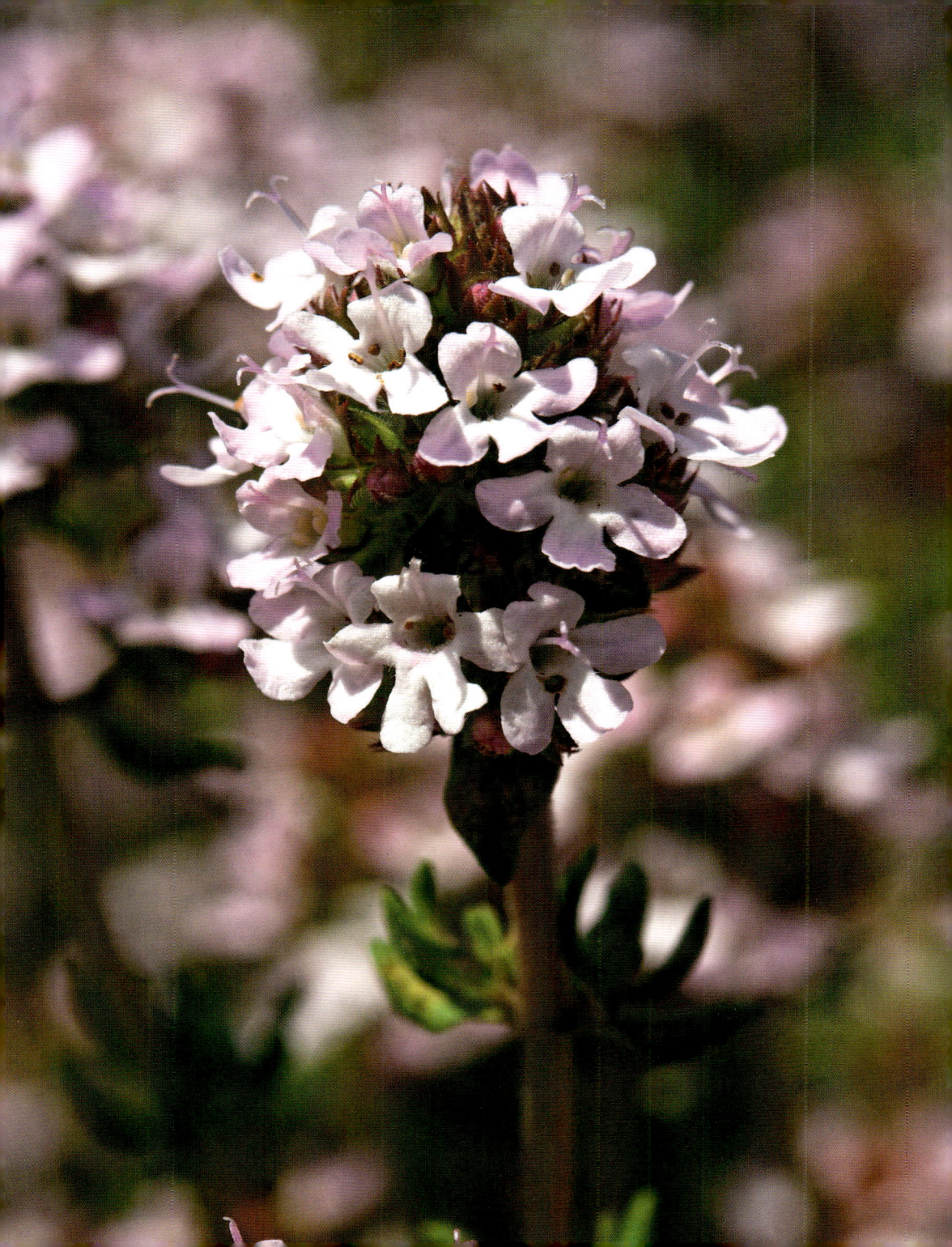

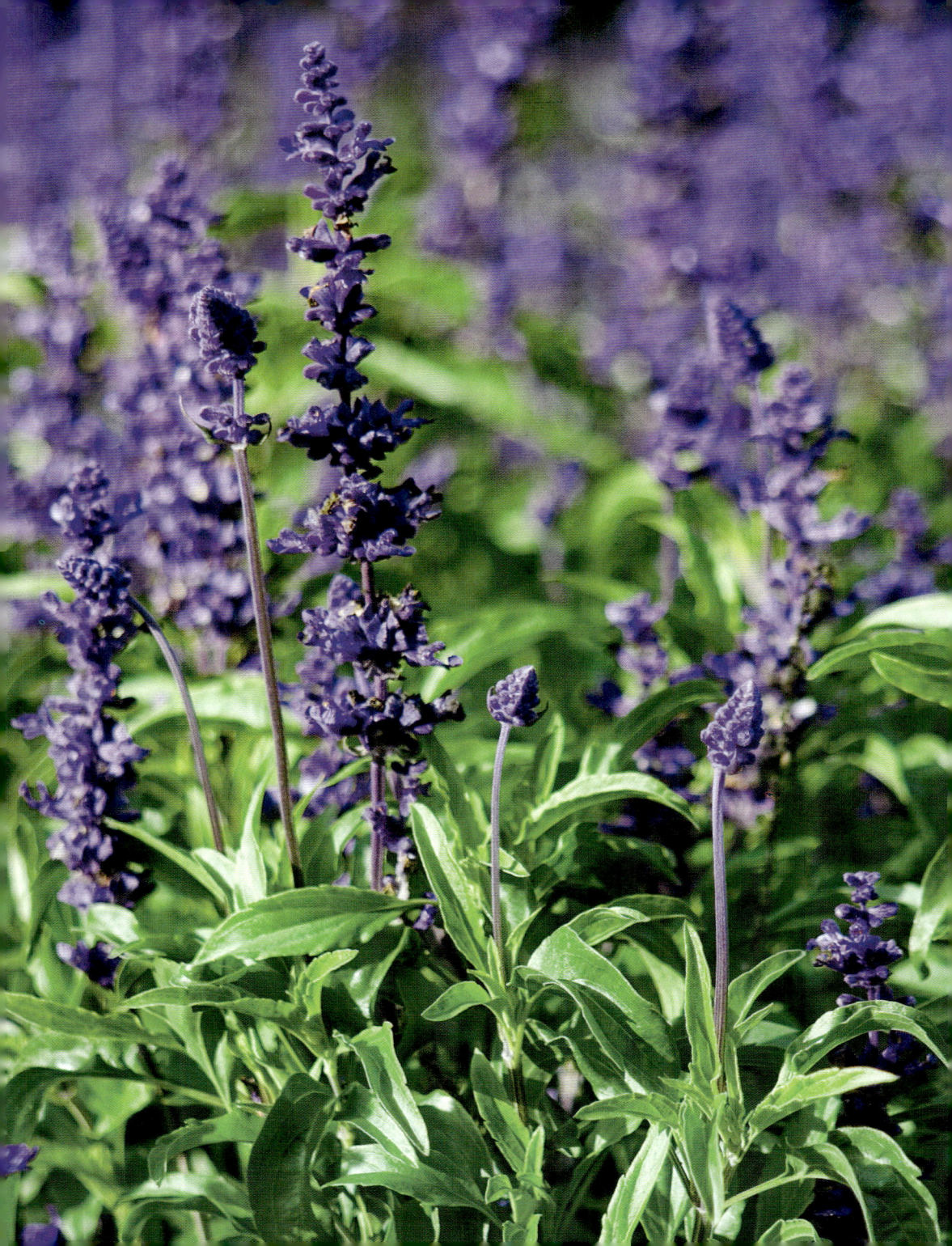

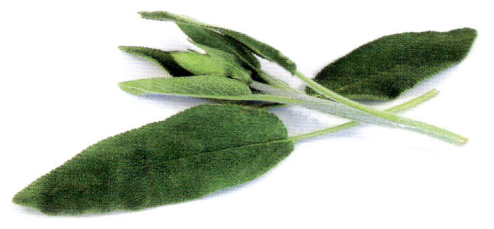

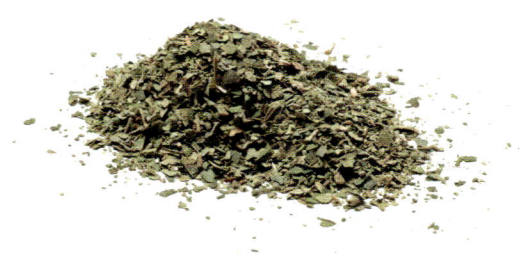

달마시아 세이지 Dalmatian Sage

부엌에서 쓰는 모든 허브 중에서 샐비어는 아마도 가장 힘 좋은 일꾼일 것이다. 그러나 이 대담한 푸성귀 가운데서도 가장 복합적인 맛을 지닌 최고의 버전을 찾으려면 달마시아로 떠나야만 한다. 태양과 바다의 조화 덕분에 그 맛이 보통 정원에서 키운 품종과는 차원이 다르다.

세이지는 수세기 동안 다양한 치유력으로 사랑을 받았지만, 오늘날 그 용도는 주로 부엌에 집중되어 있다. 크로아티아에서는 아드리아 해의 안개 덕분에 그 깊은 흙 향기가 한층 드높아졌다. 방향유를 분석하면 독특한 마이크로 기후와 역사적인 품종들이 평범한 세이지를 다른 샐비어 종들보다 더 부드럽고 달콤한 허브로 만들었음을 보여준다. 부드럽고 신선한 잎을 통째로 쓸 수도 있지만, 보통은 잘 말린 뒤 비벼서 줄기를 제거한 뒤, 부드럽고 목화솜 같은 솜털로 만든다.

달마시아 세이지는 유럽 전역에서 높은 평가를 받는다. 북유럽에서는 소시지나 소금에 절인 고기에 쓰이며, 남부에서는 파스타나 허브 블렌드에 등장한다. 다른 모든 세이지처럼 허브 버터나, 오븐에 구운 고기에 쓰는 맛이 더 진한 소스에 넣으면 완벽하게 상대를 돋보이게 해준다. **TH**

레몬 머틀 Lemon Myrtle

그 환상적인 향에도 불구하고 오스트레일리아 동부 해안 출신인 이 다재다능한 향료는 허브라고는 말할 수 없다. 그도 그럴 것이 그 모식물은 키가 20미터까지 자라는 열대우림의 거인이기 때문이다. 그러나 한번 벌목으로 파괴했던 열대우림을 복원하고 있는 플랜테이션에서는 레몬 머틀 나무를 차나무처럼 다루고 있다. 이 전통적인 오스트레일리아 식재료는 오스트레일리아에서 가장 널리 쓰이는 향료인 레몬 머틀 스프링클의 베이스가 된다. 레몬그라스, 라임, 레몬 오일—따로따로 써도 인기있는 향료이다—을 한데 섞어놓은 듯한 맛이 나며, 보통 이들 대신으로, 혹은 그 향을 더욱 두드러지게 하기 위해 쓰기도 한다.

레몬 머틀 스프링클은 달콤한 음식이나 짭짤한 음식에나 널리 쓰이며, 세계적으로 그 인기가 높아지고 있다. 허브티나 과자류, 음료수, 영양보조식품 등에 기능성 원료 혹은 향료로 쓰인다. 부엌에서는 코리앤더나 바질과 비슷한 방식으로 맨 마지막에 넣는 허브이다. 시트럴(레몬이나 오렌지에 함유되어 있는 모노테르펜의 일종)은 약 37도에서 끓기 때문에, 따뜻한 음식에 넣어야 그 진가를 제대로 발휘한다. **VC**

Taste: 순한 소나무 향이 베이스의 풀 향기에 슬금슬금 스며들며, 로즈메리와 통후추를 떠올리게 한다. 신선한 잎을 사용하거나, 말린 것을 살 때에는 손으로 만졌을 때 바스라지지 않는 것을 고를 것.

Taste: 입안에서는 주로 라임 향이 지배적이며, 멘톨과 약한 산, 희미한 아니스, 그리고 녹차가 멘톨의 뒷맛을 보강해준다.

샐비어는 유럽이 원산인 키 작은 관목이다.
그 뾰죽뾰죽한 꽃은 선명한 보라색이며, 눈에 확 들어온다.

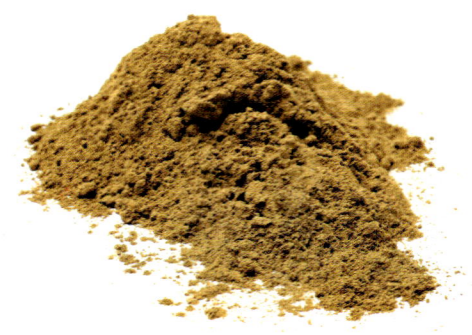

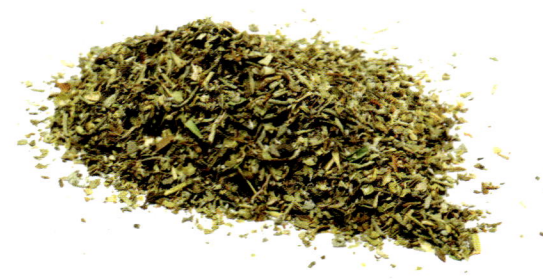

필레
Filé

에르브 드 프로방스(프로방스 허브)
Herbes de Provence

앙두이 소시지부터 신선한 새우의 소금물에 이르기까지 다양한 향기가 루이지애나의 케이준 습지의 공기를 채우고 있다. 그러나 사사프라스 나무들은 더 섬세한 향기를 내뿜는다. 이 지역 주민들은 이 나무의 잎을 말려서 갈아 필레 파우더로 만들어서, 향신료나 응고제로 쓴다.

사사프라스(Sassafras albidum) 잎은 비비면, 감귤과 흙을 섞어놓은 듯한 아로마가 피어오르기 때문에 우선 셰프들부터 매혹 당한다. 이 향기는 사프롤을 함유하고 있는 방향유에서 기인한 것이다. 사프롤은 대량으로 섭취하면 발암성이지만, 사실은 루트비어(북미에서 널리 마시는 약알코올성 탄산음료)에서부터 치료용 강장제에 이르기까지 웬만한 데에는 다 들어 있다.

필레 파우더는 요리용으로 공장에서 대량생산하지만, 케이준과 크레올 셰프들이 수프나 스튜의 마지막 단계에서 사용하는 보드라운 솜털 같은 필레는 지역의 소규모 생산자들이 말린 사사프라스 잎을 세심하게 갈아서 만든다. 필레를 사용하여 만드는 별미 중의 가장 유명한 것은 검보이다. 신선한 해산물과 오크라, 소시지를 천천히 뭉근하게 끓인 뒤 필레를 넣어 걸쭉하게 만든다. 경험이 많은 셰프들은 풀기가 너무 많아질 것을 염려해, 뜨거운 요리를 내가기 직전에 필레를 넣고 젓는다. **TH**

꽃과 허브가 가득 피어 있는 향기로운 언덕을 낀 가리크(garrigue, 지중해 연안에서 찾아볼 수 있는, 지대가 낮은 석회암 토질의 관목 숲지대)는 프로방스의 심장부에 위치한 버려진 정원이다. 과거에는 가리크의 싱싱한 허브를 다발로 따서 햇빛에 널어 말리는 풍습이 있었다(오늘날에도 완전히 사라진 것은 아니다). 따라서 1960년대, '에르브 드 프로방스'는 프랑스 남부에서 수확한 말린 허브와 라벤더의 블렌드를 의미했다.

2003년 이래 프랑스의 라벨 루주 에르브 드 프로방스는 세이보리와 로즈메리, 오레가노 각 26퍼센트, 타임 19퍼센트, 바질 3퍼센트의 비율로 섞은 블렌드로, 숯불에 구운 음식이나 프로방스의 고전적인 도브와 소테 요리에도 쓰인다. 그러나 원조 블렌드와는 달리 라벨 루주('빨간 라벨'이라는 뜻)—프랑스 정부가 요구하는 특정 규정상 모든 조건을 충족시키는 우수한 품질의 식품임을 보증하는 표시—는 인공 재배한 허브로, 햇빛이 아니라 기계로 건조시켰으며, 방향유 함량도 조절하였다. 그 밖의 브렌드 역시 품질이 수치화되어 있는 것은 아니지만 그만큼이나, 아니 그 이상으로 흥미롭다. 영국의 시즌드 파이어니어 社는 야생 세이보리, 타임, 회향 씨에 마조람, 로즈메리, 라벤더를 섞어 최초의 에르브 드 프로방스에 가까운 버전을 선보였다. **MR**

Taste: 필레는 소량만을 사용하며 직접적으로 열을 가하는 것을 피한다. 음식에 독특한 밑맛을 부여한다. 간간이 느껴지는 라임과 전반적인 샐비어의 톡 쏘는 맛이 입안과 코끝까지 가득 메운다.

Taste: 달콤한 내음과 날카로운 향이 대조를 이루는 도전적인 향미를 내세운다. 에르브 드 프로방스는 가리크의 향기를 요리에 더해준다.

이 고전적인 블렌드는 전 세계적으로 유명하며, 전통적인 마대 자루를 본뜬 포장이 특히 인기가 높다. ➌

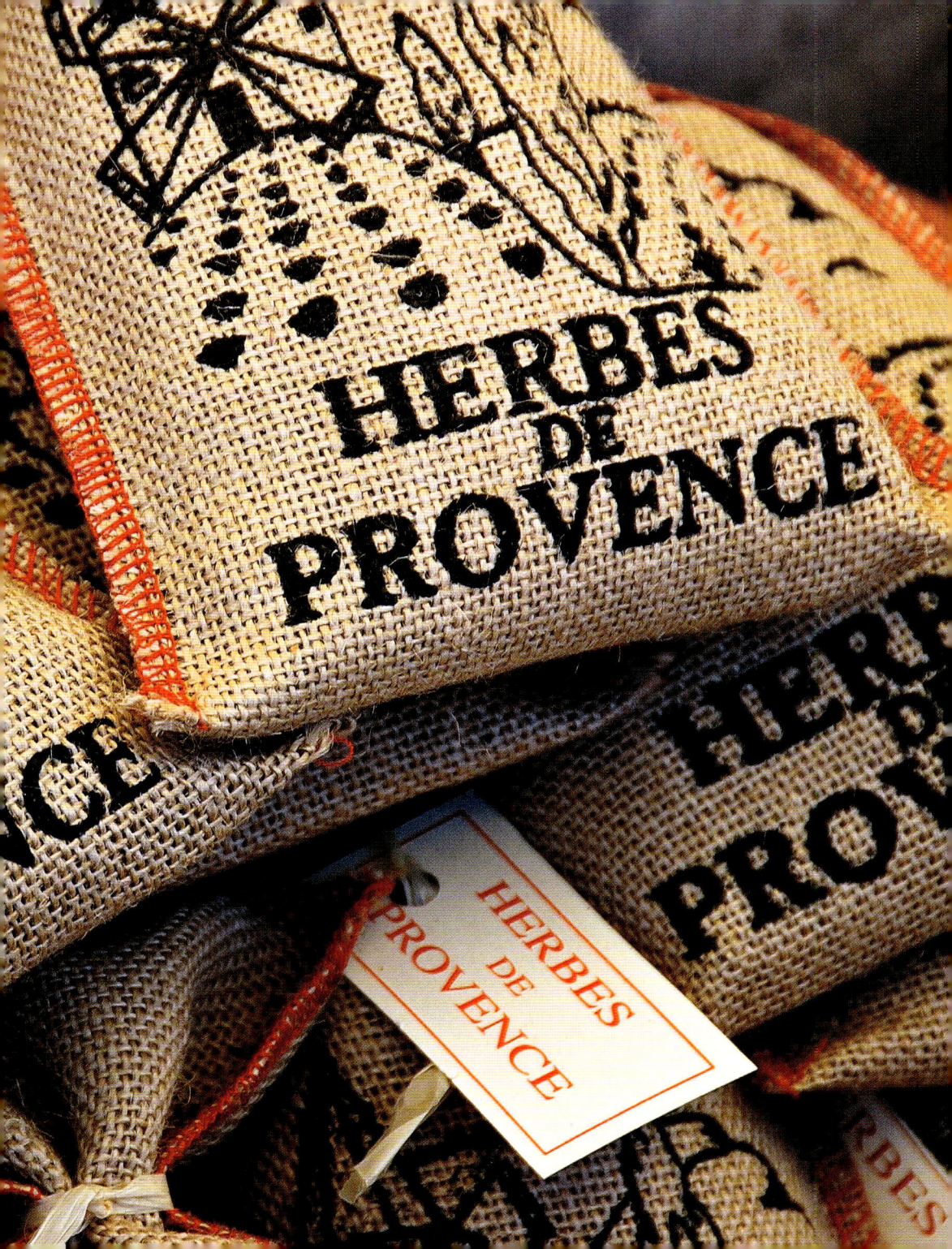

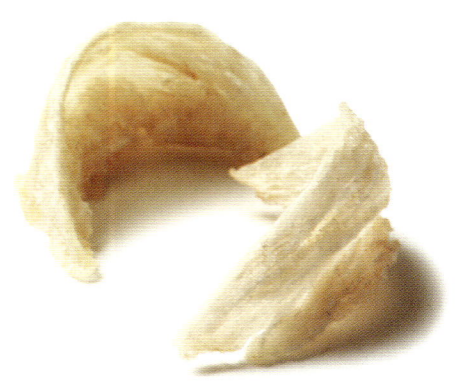

새둥지 Bird's Nest

아마 최초로 새둥지를 먹으려고 했던 사람은 극도의 굶주림에 내몰린 나머지 그랬을 것임에 틀림이 없겠지만, 사실 새둥지를 음식으로 탈바꿈시키려면 상당한 솜씨와 상상력이 필요하다.

여기서 새는 칼새과 또는 바다제비과에 속하는데, 높은 절벽 위에 둥지를 짓는다. 다른 새들처럼 나뭇가지, 깃털, 풀 따위로 집을 짓는 것이 아니라 부리에서 뱉어내는 끈적끈적한 물질을 사용하는데, 이 물질은 토해낸 해초라고 하기도 하고, 새의 타액이라고도 한다. 마르면서 단단하게 굳으면, 둥지가 깎아지른 듯한 절벽의 동굴 벽에 달라붙도록 해준다. 높고 미끌거리는 동굴 벽을 기어올라가므로 새둥지를 손에 넣는 것은 위험하기 짝이 없다. 그러나 몇몇 진취적인 사람들이 빈 건물에 둥지를 짓도록 새들을 꾀어내어, 수확이 훨씬 쉬워졌다.

새둥지는 영양가가 높고, 중국의 고전 요리인 얀워(중국어로 '새둥지'라는 뜻. 새둥지를 넣고 끓인 수프)의 핵심 재료이다. 소화가 굉장히 쉽기 때문에 노인들에게 강장 음식으로 권하곤 한다. 깃털이나 다른 이물질이 전혀 없는 온전한 새둥지를 가장 높이 치지만, 부서진 것만 해도 엄청나게 비싸다. **KKC**

Taste: 새둥지는 사실상 아무 맛도 없다. 함께 넣고 요리하는 다른 재료의 맛을 흡수한다. 디저트나 수프로 만들기 전에 물에 담가 깨끗이 세척한다.

태국에서 한 남자가 막 손에 넣은
새둥지를 들여다보고 있다. ➲

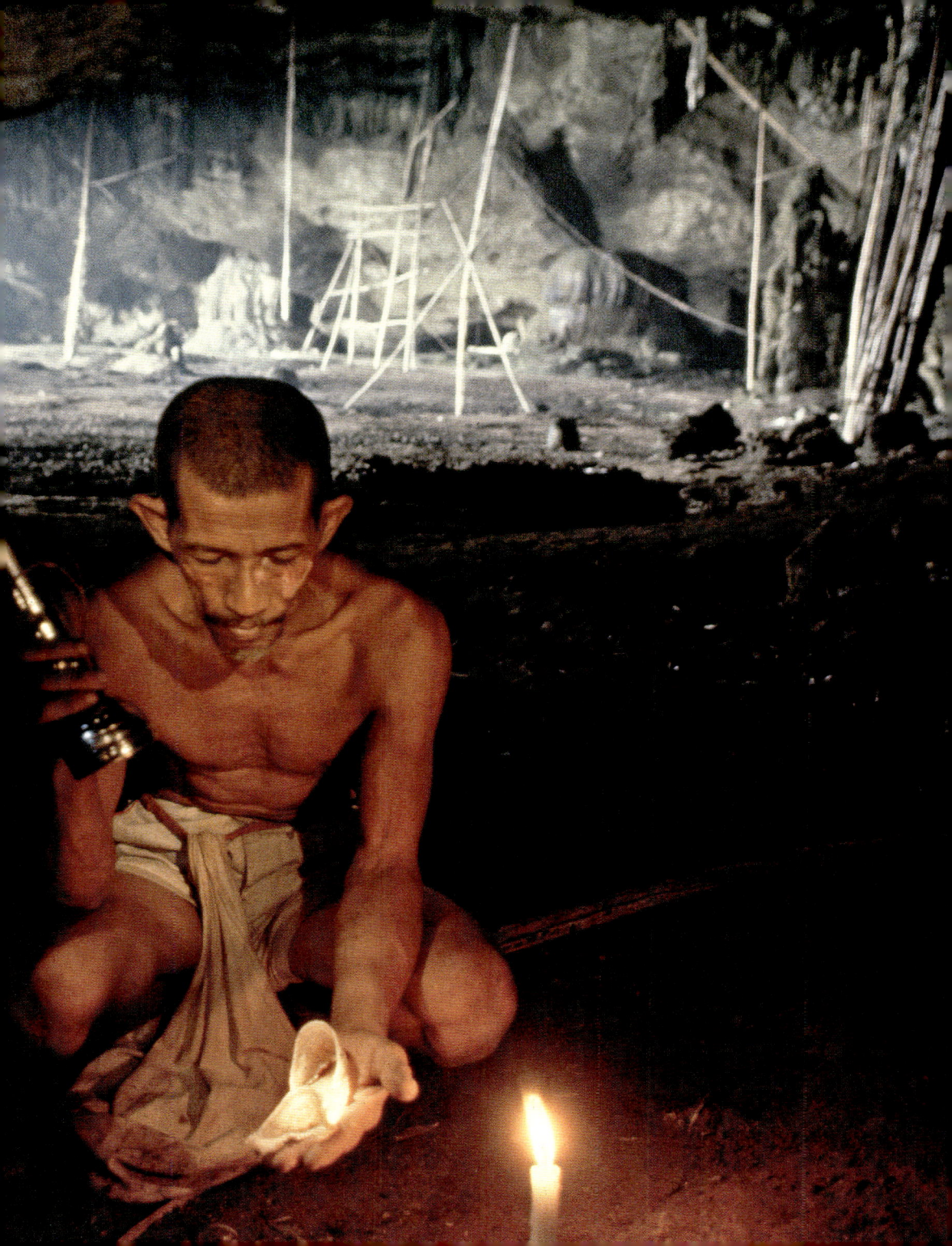

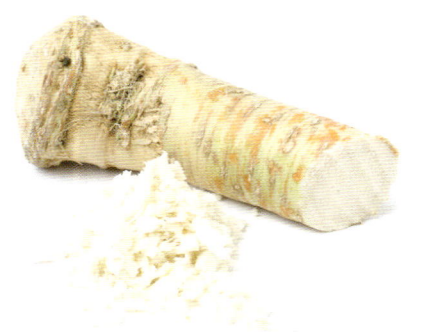

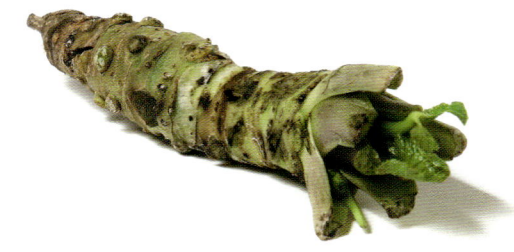

서양고추냉이 Horseradish

요리사들에게 서양고추냉이는 가장 다루기 어려운 재료 중의 하나다. 이 하얗고 강력한 뿌리를 생으로 강판에 갈려면, 그 강력한 냄새가 휘발성 유지의 힘을 빌려 공기 중으로 피어 오르면서, 가장 매운 양파보다도 더 심하게 눈물을 흘릴 각오를 해야 한다. 공기를 쐬면 좀 가라앉는다. 서양고추냉이는 곱게 갈수록 더 매우며, 갈자마자 요리에 넣어야 더 맵다(일단 한번 자르고 나면 순식간에 색깔이 변하기 때문에 레몬 주스나 식초를 칠해 두어야 한다).

서양고추냉이(Armoracia rusticana)의 뿌리는 영어로 호스래디쉬(horseradish)라 부르며, 유럽의 모든 나라 음식에 쓰이지만, 특히 북유럽, 동유럽, 중앙 유럽에서 인기가 높다. 영국에서는 전통적으로 로스트비프에 곁들여 내는 찬 소스를 제외하면 거의 사용하지 않는다. 특히 독일과 오스트리아에서는 여러 소스를 만드는 데 쓰이며, 서양고추냉이만 갈아서 다양한 육류와 생선 요리에 곁들여 먹는다. 크림과 섞어서 뜨거운 훈제 생선—뱀장어나 송어류—과 곁들여 먹으면 완벽하다. 얇게 썰어서 사과와 섞으면 찬 육류 요리에 스파이시한 렐리쉬가 된다. **MR**

고추냉이(와사비) Wasabi

전통적으로 스시와 사시미에 곁들여 먹는 이 울퉁불퉁한 녹색 뿌리줄기는 서양에서는 재패니즈 호스래디쉬(Japanese horseradish)라고도 알려져 있다. 일본에서도 이 귀중한 식물을 가장 많이 재배하는 곳은 이즈(伊豆) 반도인데, 온후한 기후와 높은 강수량으로 고추냉이 재배에 완벽한 조건을 갖추고 있기 때문이다. 일본에서는 이즈 반도산 고추냉이를 최고로 친다.

고추냉이 재배에서 가장 중요한 요소는 맑은 물이다. 청정한 흐르는 물만이 귀하고 값비싼 제품을 만들어낸다. 수요가 공급을 훨씬 뛰어넘기 때문에, 시중에서 파는 대부분의 고추냉이 제품들은 거의 서양고추냉이를 사용한 것이다. 그러나 사실 고추냉이 재배를 시작한 곳은 미국과 캐나다라고 한다.

고추냉이의 매운 맛은 뿌리를 갈 때 나오는 알릴 이소티오티아시네이트(allyl isothiocyanate)라는 물질에서 기인한다. 신선한 고추냉이의 매운 맛은 15분밖에 가지 않기 때문에 일본 최고의 음식점들에서는 상어가죽(표면에 미세한 톱니가 있어 아주 곱게 갈린다)을 손님의 테이블로 가져와서 먹기 직전에 즉석에서 갈아준다. 쇠고기, 생선회, 밥, 해산물 등과 잘 어울린다. **SB**

Taste: 처음에는 머스터드와 비슷하게 혀를 후끈 달구는 매운 맛이지만, 더 신선하고 정제하지 않은 맛이다. 질감은 얼마나 곱게 갈거나 써느냐에 따라 다르다.

Taste: 싱싱한 고추냉이는 크리미하고, 향긋하고, 후추 향이 나며, 바삭바삭한 채소 맛에 약간 달짝지근하다. 서양고추냉이에 비교하면 놀라울 정도로 순하다.

주로 그 뿌리를 먹기 위해 재배하지만, 잎과 줄기도 아주 쓰임새가 없는 것은 아니다. ➲

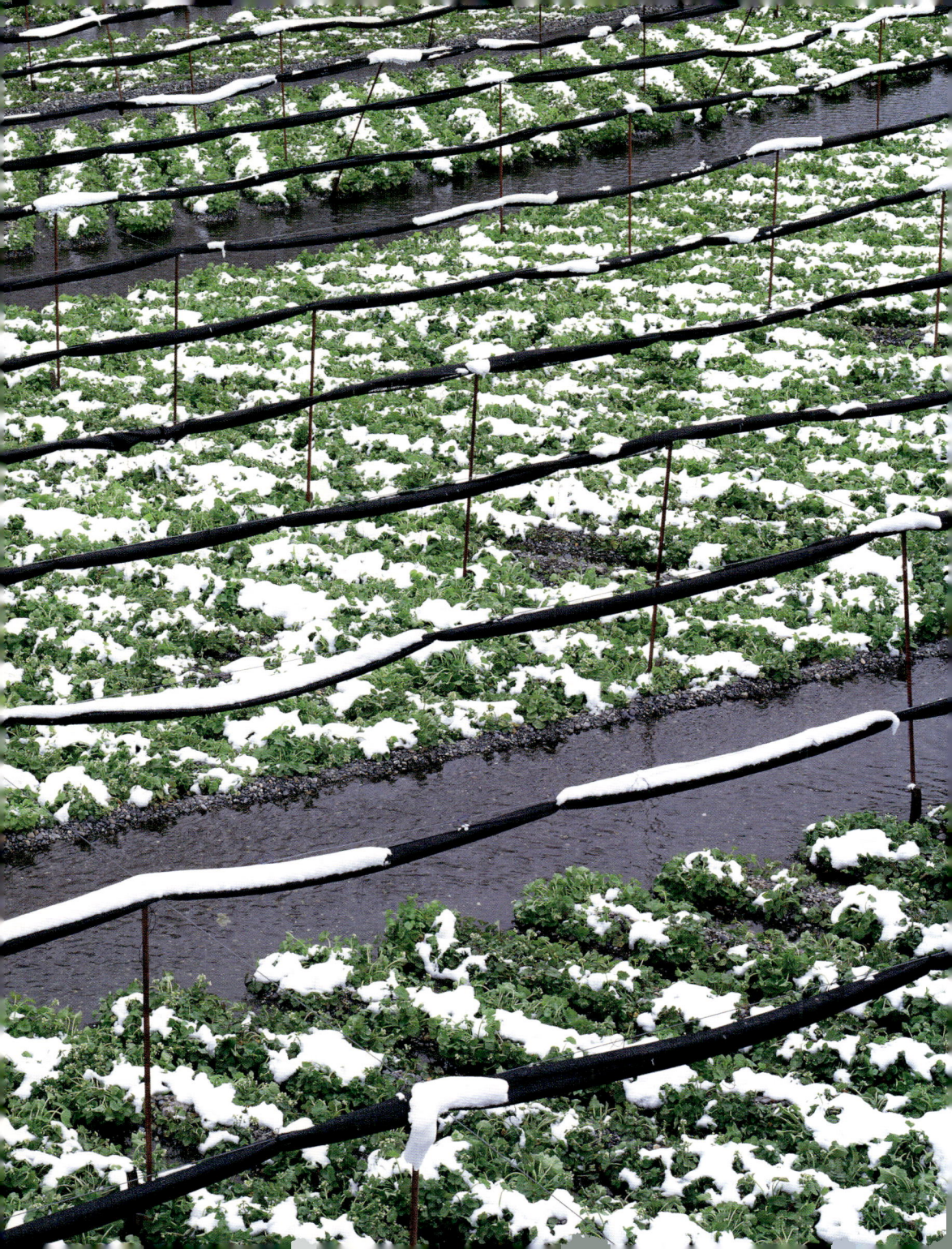

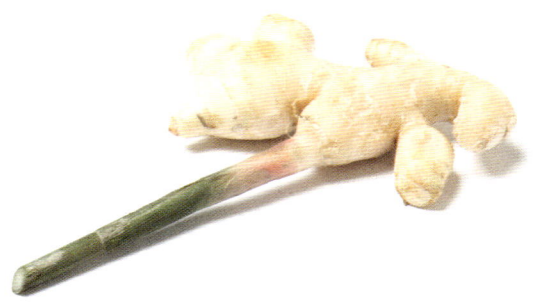
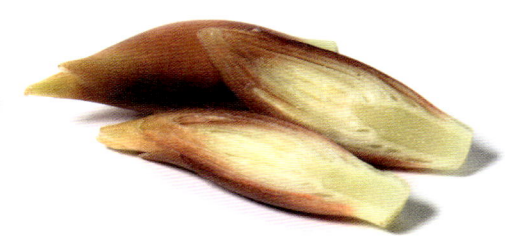

생강 Spring Ginger

생강은 그 날카로운, 거의 매운 맛으로 잘 알려져 있다. 커다란 비틀린 뿌리줄기는 거칠고 질긴 껍질을 벗겨내면 강렬한 냄새가 발악을 하는 섬유질의 노란 속살이 드러난다. 그러나 이 사나운 굵은 마디투성이 뿌리는 한때 부드러운 별미로 알려지기도 했었다.

생강(Zingiber officinale)을 가장 많이 재배하는 국가는 중국과 오스트레일리아이다. 중국에서 햇생강이 나오는 시기는 3월과 4월, 남반구인 오스트레일리아에서는 9월과 10월이며, 과거 품종과는 생김새가 상당히 다르다. 색이 불투명한 흰색으로, 껍질도 먹을 수 있으며, 살은 부드럽고, 뿌리에서 솟아오르는 핑크색 순은 그대로 내버려두면 새 줄기로 자라난다. 이런 생강은 최상급 줄기 생강(시럽으로 만들어 별미로 판매한다)으로 쓰거나 설탕에 졸여도 될 만큼 맛이 좋다. 일본에서는 얇게 썰어서 설탕과 식초에 절인 분홍색 생강으로 아마즈쇼가(甘酢しょうが)를 만들어 스시나 사시미를 먹을 때 곁들여 낸다. 중국 요리에서는 어린 뿌리를 잘게 썰어서 샐러드나 스프링롤에 야채의 하나로 넣는다. **TH**

양하(襄荷), (日: 묘가, 茗荷) Myoga

땅에서 막 솟아오르려 하는 분홍색의 통통한 어린 꽃봉오리를 피어나기도 전에 꺾으면 매우 특별한 채소가 된다. 일본에서는 먹으면 건망증에 걸린다는 속설이 있음에도 불구하고 철이 되면 양하를 꺾으러 다니기에 바쁘다.

양하(Zingiber mioga)는 중국인들에 의해 일본에 전파된 것으로 추정되며, 북부의 축축한 산지에서 야생으로 자란다. 새 순은 온갖 종류의 식물들에 두텁게 덮여 자연스럽게 빛으로부터 보호를 받으며, 그 때문에 꽃봉오리는 늘 창백하다. 재배하는 경우에는 톱밥 따위를 대신 덮어준다. 일본에서는 한철에만 딸 수 있는데, 최근에는 뉴질랜드와 오스트레일리아가 시장에서 그 틈새를 메우기 시작했다.

양하는 날로 먹는다. 보통은 매우 곱게 썰어서 샐러드에 넣거나 장식용으로 쓴다. 또는 잘게 다져서 딥핑 소스에 넣는다. 일본에서는 꽃봉오리는 물론 줄기까지 묘가타케(茗荷たけ)라 하여 절임을 만들어 먹는다. 주로 생강 순처럼 석쇠로 구운 생선과 함께 낸다. **SB**

Taste: 생강의 달콤한 진수는 열을 가하지 않아도 뚜렷하게 드러난다. 봄에는 신선한 어린 생강만 찾고, 조금이라도 싹이 나거나 한 것은 눈길도 주지 말도록.

Taste: 아삭아삭하고 즙이 많으며, 셀러리처럼 오도독 씹는 맛이 있는 양하는 생강의 뜨거운 맛은 전혀 없지만, 강한 향기를 지니고 있다. 매력적인 쌉쌀한 뒷맛이 상당히 독특하다.

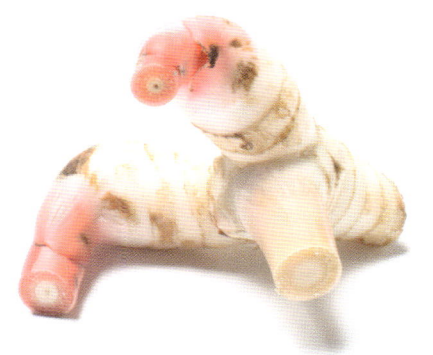

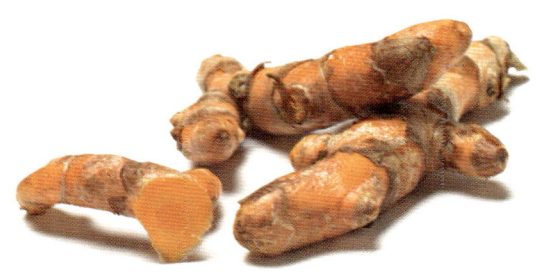

고량강 Galangal

동남아시아에서는 아무 시장에서나 산더미처럼 쌓아놓은 신선한 생강을 구경할 수 있다. 이 오랜 친구의 한쪽 옆을 잘 살펴보면, 그보다 덜 유명한 사촌을 만날 수 있을 것이다. 바로 고량강이다. 고량강 역시 동남아시아의 요리 감수성에 없어서는 안 될 재료이다. 유럽에서는 중세에 널리 쓰였으나, 훗날 등장한 생강에 밀리고 말았다.

고량강이라는 이름으로 시장에서 파는 뿌리줄기가 여러 종류 있는데, 그 중에서 제대로인 것은 두 가지, 즉 작은 고량강(Alpinia officinarum)과 큰 고량강(Alpinia galangal)이다. 말 그대로 크기에 따라 붙인 이름으로, 작은 것이 맛은 더 맵다. 큰 고량강은 살짝 크리미한 노랑에 투명한 껍질로 싸여 있고, 작은 고량강은 불그스름한 껍질에 속 색깔도 더 짙은 호박색이다. 둘 다 흔히 볼 수 있는 생강처럼 섬유질이 많다.

대부분의 남태평양 나라들의 음식은 고량강을 풍부하게 사용한다. 뿌리는 썰어서 살사나 매리네이드에 넣거나, 갈아서 페이스트로 만들어 커리에 넣는다. 신선한 것을 선호하는 편이지만 국물이나 수프의 맛을 낼 때는 말린 고량강을 쓰기도 한다. **TH**

강황 Turmeric Root

어떤 음식에 넣든 신선한 강황은—썰든 빻든—슈퍼마켓의 향신료 코너에서 파는, 익혀서 말린 오렌지색 강황 가루보다 훨씬 더 생기 넘치는 향미를 더해준다. 더 흔히 사용하는 생강보다 얇고 더 진한 색깔은 살짝 긁기만 해도, 그 선명한 속살을 드러낸다. 강황은 닿기만 해도 무엇이든 물들여 버리며, 요리사의 손도 예외가 아니다.

신선한 강황(Curcuma longa)의 강렬한 풍미는 뿌리에 있는 쿠르쿠민이라는 성분에서 유래한다. 최근 몇 년 동안 쿠르쿠민에 대한 연구가 활발하게 진행되고 있다. 그러나 보통 요리에 쓰이는 것은 말린 강황이다. 그렇지만 강황은 요리보다는 (식용과 비식용을 아울러) 상업용 색소의 원료로 더 많이 쓰인다.

K. T. 아차야는 저서 『인도 음식 역사 사전 A Historical Dictionary of Indian Food』(1998년)에서 인도에서는 강황을 탈모제로 썼음을 기록하고 있다. 원산지인 동남아시아에서는 신선한 강황이 널리 쓰인다. 특히 태국 요리에 자주 등장하며, 생강과 비슷한 용도로 사용한다. 인도 여러 지역에서도 제철에는 신선한 강황을 사용하지만, 엄격한 채식을 고집하는 자이나교 신도들은 강황이 땅 속에서 자라며, 따라서 생물체가 묻어 있을 수도 있다며 먹는 것을 금지하고 있다. **TH**

Taste: 생강, 후추, 순한 머스터드를 섞어놓은 듯한 향미를 지녔으며, 그와 같이 맵다. 서양고추냉이와 감귤 향도 슬쩍 느껴진다.

Taste: 신선한 강황은 머스터드와 비슷한 강렬한 맛이 지배적이며, 살짝 후추 향이 난다. 말린 강황 역시 같은 풍미를 지녔지만, 시간이 지나면서 그 힘을 잃는다.

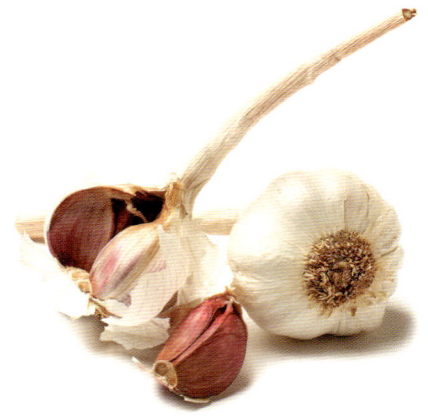

길로이 마늘 Gilroy Garlic

윈드서핑과 헐리우드 스타들의 땅인 캘리포니아의 그 느긋하기 짝이 없는 사고방식은 일상 생활에서도 곳곳에서 나타난다. 그러나 샌프란시스코 남쪽, 길로이 계곡만은 예외이다. 이 작은 지역은 그야말로 마늘에 미쳐 있다. 해마다 여름 축제 기간이면 수천 명이 몰려 미스 갈릭 콘테스트, 마늘 마라톤, 마늘로 만든 장식용 허리띠서부터 마늘 주스에 이르기까지 온갖 것을 파는 길거리 장사꾼들, 그리고 마늘 모양의 모자를 쓴 사람들의 행진으로 인산인해를 이룬다. 마늘 피클, 훈제 마늘, 마늘 진액, 마늘 토핑……. 인간이 상상할 수 있는 모든 음식에 마늘(Allium sativum)을 넣는 것이다―심지어 아이스크림에까지.

질이 떨어지는 마늘은 쓰고 맛이 밍밍하지만, 길로이 마늘은 캘리포니아의 태양을 그대로 옮겨온 듯한 메들리를 노래하는 것 같다. 그 달콤하고도 어찔한 아로마가 입안을 지배하며, 향미의 깊이와 색깔의 풍부함은 단연 돋보인다.

새하얀 마늘부터 연보라색 마늘까지 수많은 품종을 재배하며, 껍질을 막 벗겨낸 통마늘부터 건조 파우더까지 다양한 형태의 제품을 만날 수 있다. 마늘이 없어서는 안 되는 수많은 음식에 넣으면 그 환상적인 진가를 발휘한다. **TH**

Taste: 다른 마늘보다 그 맛이 훨씬 더 통렬한 길로이 마늘은 생으로 먹으면 짜릿하다 못해 매울 지경이다. 오븐에 구우면 그 단맛이 비로소 피어난다.

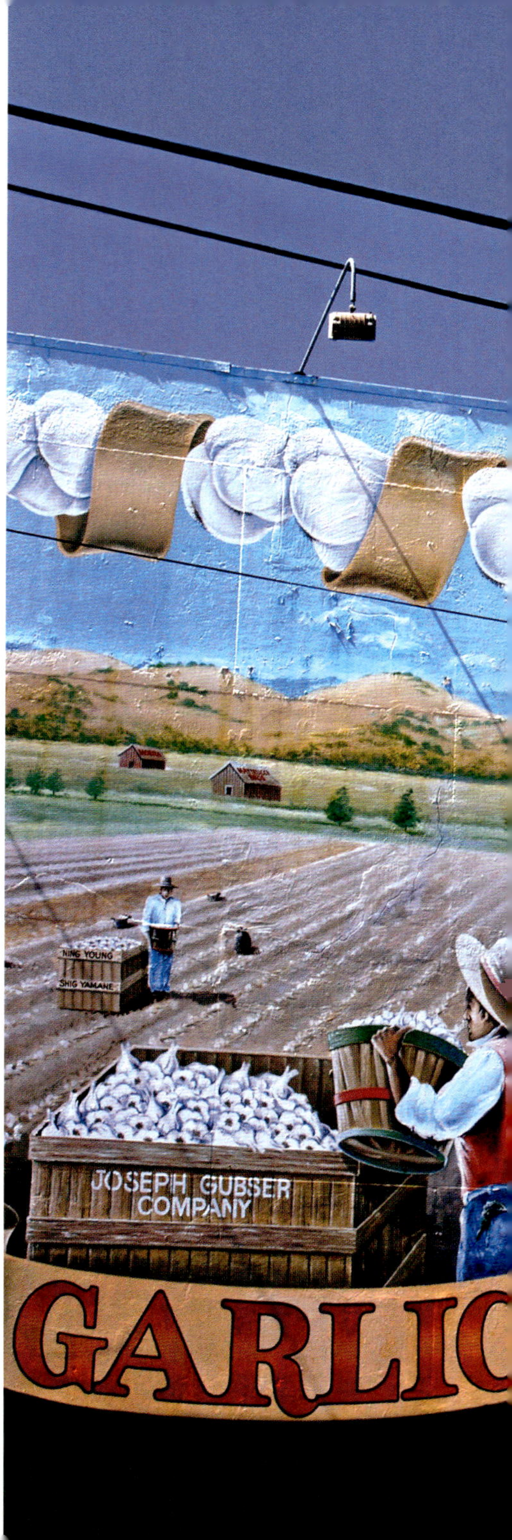

구식 길로이 마늘 광고 벽화. ●

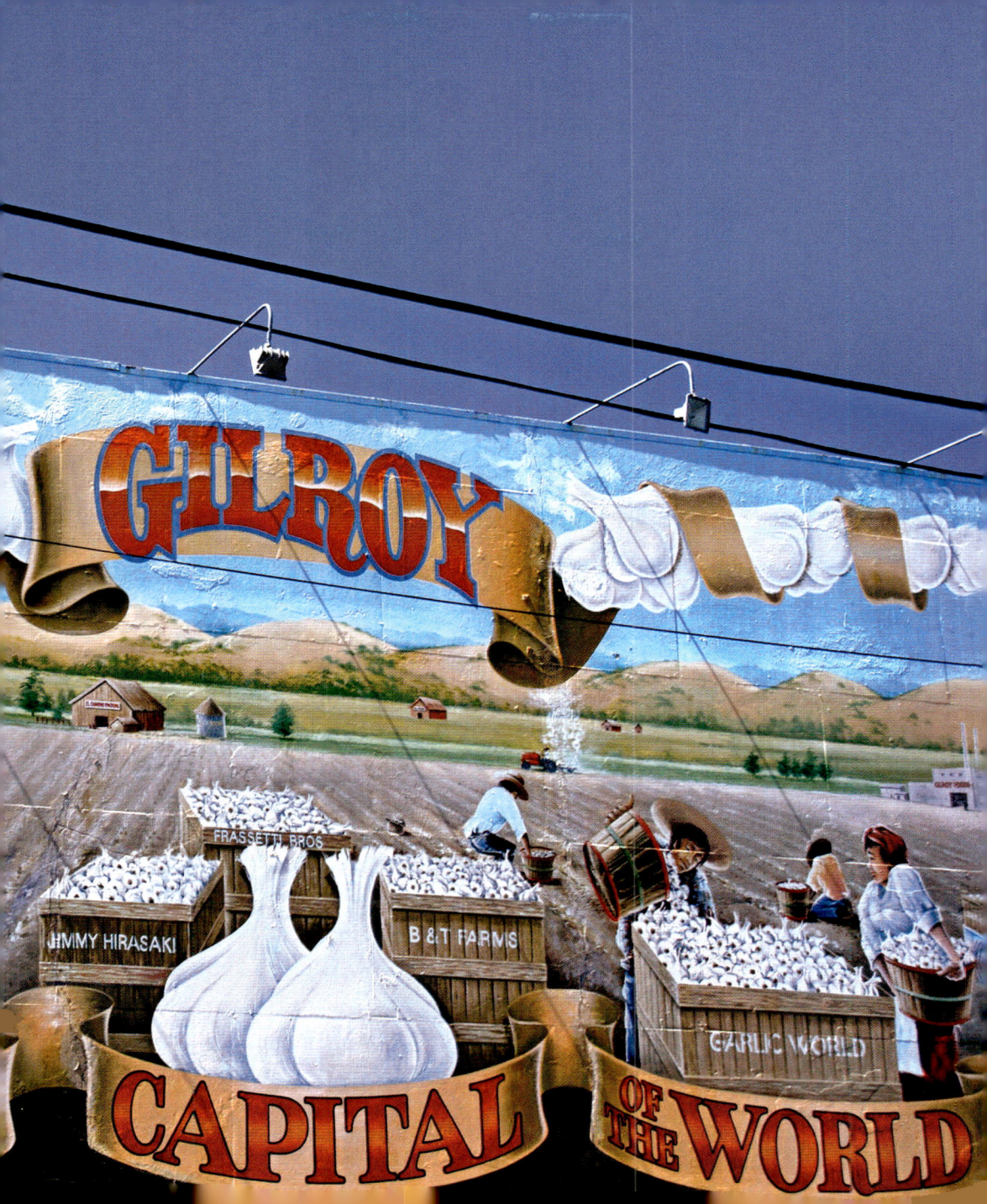

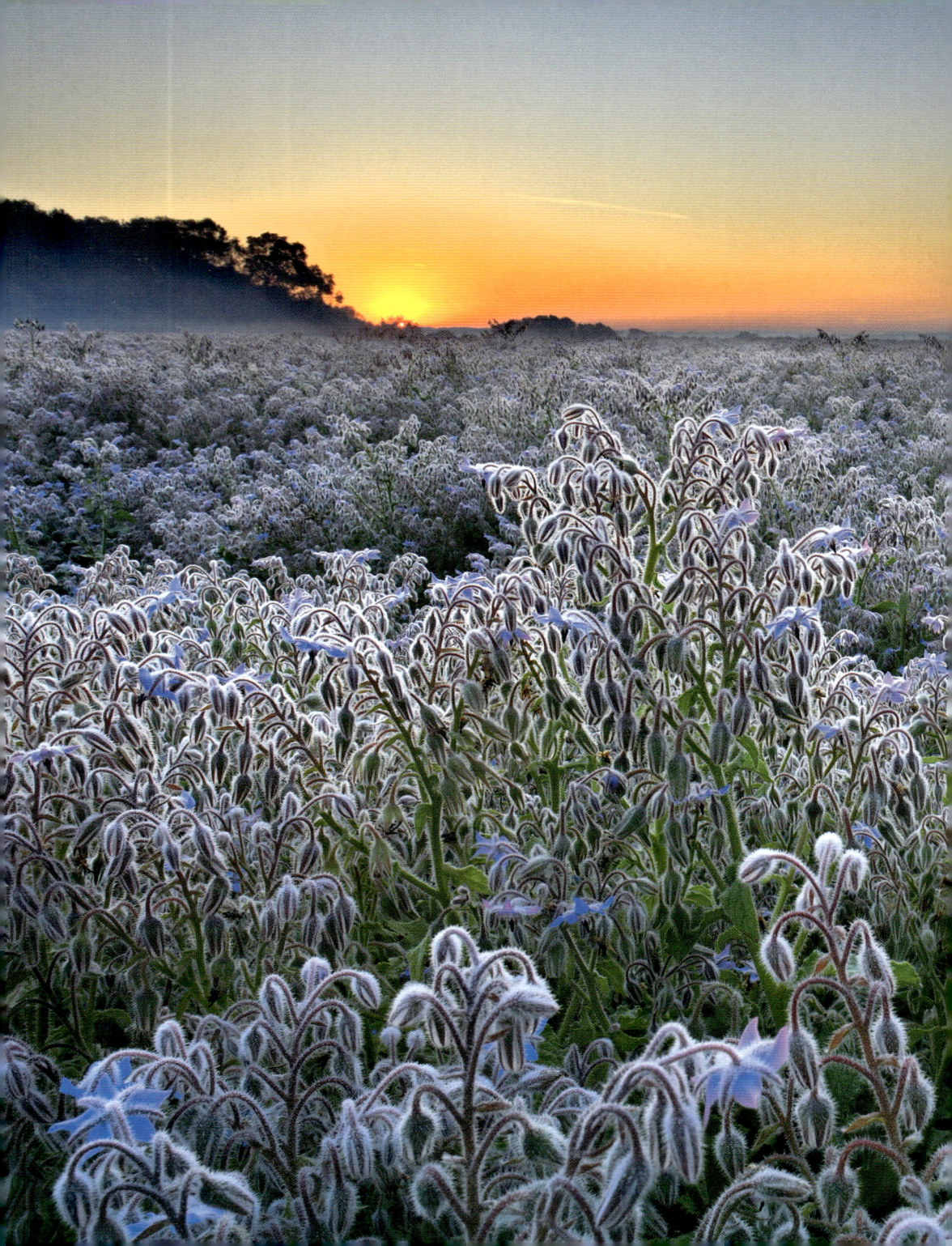

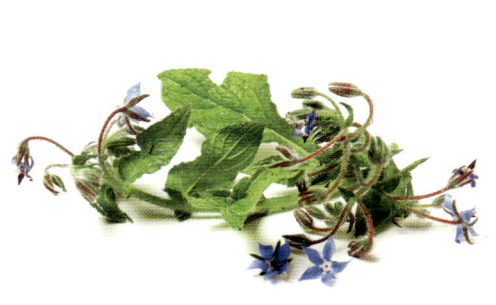

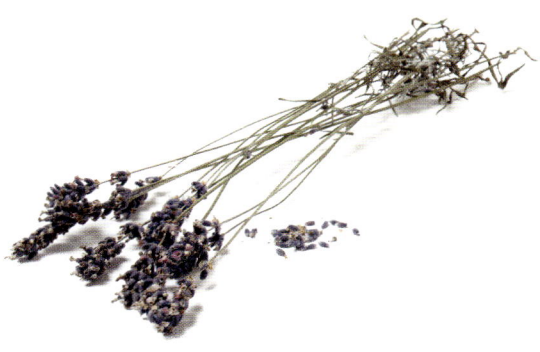

보리지 (서양지치) Borage

라벤더 Lavender

별 모양의 보랏빛 꽃을 한줌 머리에 이고, 잔 솜털로 덮여 있는—마치 성기게 짠 털스웨터를 입고 있는 것처럼 보인다—보리지는 대부분의 정원에 키가 큰 곱슬머리 군인처럼 서 있다. 유럽에서는 허브인 동시에 채소로 알려져 있으며, 우울한 기분을 가라앉히고 용기가 솟게 해준다고 한다. 15세기 신대륙에 전래된 최초의 작물 중 하나로, 오늘날에도 스페인에서 널리 재배되고 있다.

신선한 보리지 잎과 꽃은 바삭거리고 산뜻한 맛 덕분에 샐러드에 즐겨 넣는다. 잎은 차가운 소스—그 중에서도 일곱 가지 봄 허브를 섞은 독일의 프랑크푸르터 그뤼네 소세(Frankfurter Grüne Sosse, 프랑크푸르트 그린 소스)—에 섞거나 야채의 한 가지로 조리한다. 대표적인 요리로는 이탈리아의 포타지오 알라 루스티카(pottaggio alla rustica)가 있는데, 살짝 데쳐서 올리브유, 마늘, 앤초비, 소금, 후추, 야생 회향과 섞어 먹는다.

성숙한 줄기는 익히면 양배추나 셀러리 뿌리처럼 살짝 쓴맛이 나는데, 그래도 그 신선한 향미는 여전히 유지하는 편이다. 나이가 많을수록 솜털이 뻣뻣해지기 때문에 가능하다면 제거하는 것이 좋다. **TH**

식료품 저장실(pantry, 서양에서, 각종 식품이며 양념 등을 보관해두는 부엌에 딸린 작은 방)에서 약국에 이르기까지, 라벤더는 깊고 정력적인 무언가를 마음에 불러일으키는 동시에 곁으로는 명랑하고 플로랄한 억센트를 지니고 있다. 역사적으로 프랑스인들은 부엌에서 그 아찔한 맛을 나름대로 써먹어 왔다. 라벤더 꽃을 에르브 드 프로방스에 함께 넣어 고기 양념에 쓰는 것이다. 보다 최근으로 말할 것 같으면, 태평양 연안의 중앙 아메리카에서는 그 해양성 기후 덕분에 라벤더 농업 경제가 꽃피고 있으며, 다양한 효능과 향을 갖춘 새로운 품종이 그 동안 지중해 국가들의 전유물이었던 시장에 속속 쏟아져 나오고 있다.

라벤더(Lavandula officinalis)의 수많은 하위 품종들은 가정집 정원에서도 쉽게 키울 수 있지만, 말릴 때에는 주의를 기울여야 한다. 라벤더는 건조시키면 방향유가 농축되기 때문이다. 라벤더 진액을 요리할 때 너무 많이 넣거나, 그 향미가 너무 진하면, 음식에서 기분 나쁜 비누 맛이 날 수도 있다. 달콤한 요리나 짭짤한 요리, 어느 쪽에나 쓰이며, 소시송이나 젤리에도 들어간다. 베이커리에서는 꽃송이째 설탕에 절이기도 한다. 조리하는 도중에는 그 향미의 강도를 조절하기 위해 크림이나 육수에 담가둔다. **TH**

Taste: 흥미롭게도 향기는 오이와 비슷하며, 전체에서 달콤한 민트와 코리앤더 잎 향이 난다. 줄기는 설탕에 절이면 약간 감초 같은 맛이 난다.

Taste: 그 꽃 향기 아래 감춰진 강렬한 풍미는 희미한 솔 향과 삼나무 향미로 더욱 강조된다. 은근한 단맛은 봄철에 딴 싱싱한 라벤더에서만 찾아볼 수 있다.

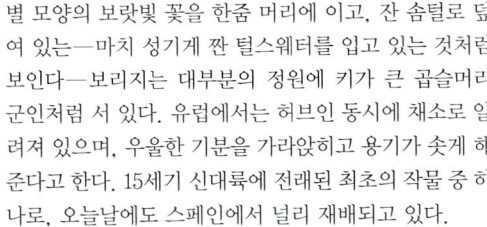

잉글랜드 윌트셔 다운의 보리지 들판에 아침 해가 떠오르고 있다.

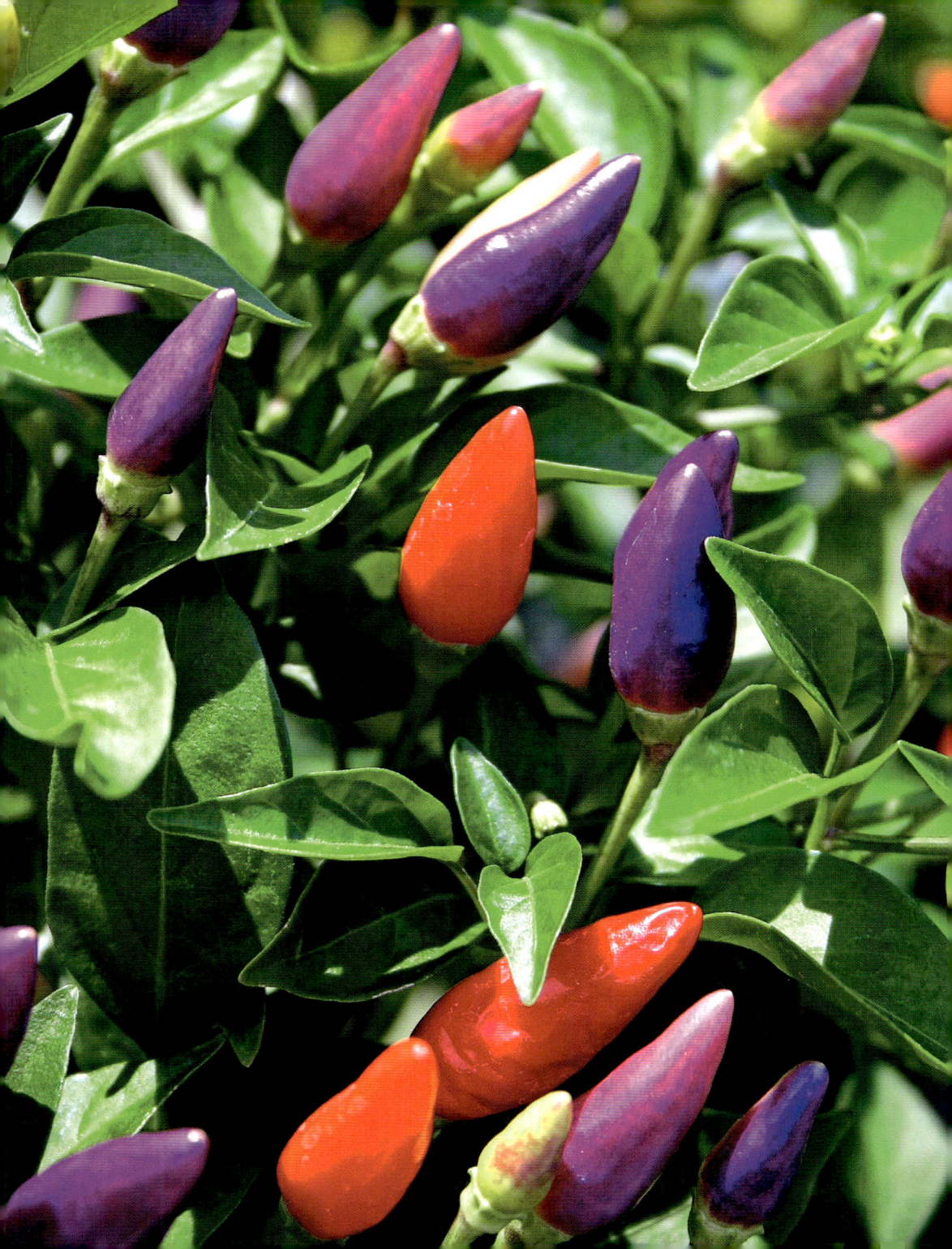

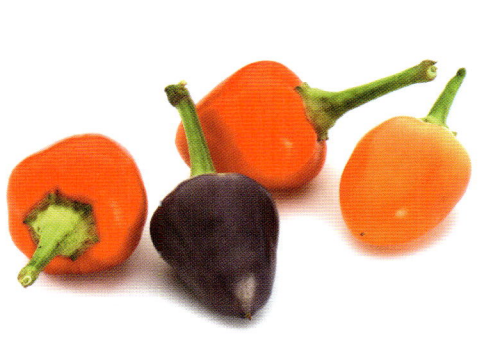

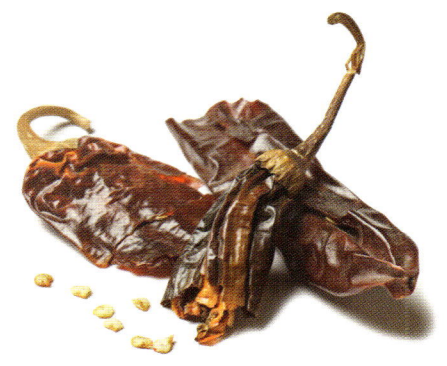

볼리비아 레인보우 칠리
Bolivian Rainbow Chilli

사실 파란색은 음식과 어울리는 색깔은 아니다. 그러나 한 식물이 온갖 색채—빨강, 오렌지, 녹색, 보라, 노랑 등등—를 한꺼번에 내뿜는다면, 현명한 미식가라면 조심스럽게 시도해 볼 것이다. 볼리비아 레인보우 칠리라면 이러한 경고는 결코 과장이 아니다. 이 원기왕성한 열매가 뿜어내는 타는 듯한 열기는 지나치는 그 누구라도 발길을 멈추게 만들 것이다.

드라마틱한 밝은 보라색 꽃이 지고 나면, 작은 녹색의 칠리 열매가 모습을 드러낸다. 그리고 오렌지색, 그 다음엔 빨강색을 거쳐 마침내는 보라색이나 파란색으로 무르익는다(그 중간중간에 노랑색을 띨 때도 있다). 잎 역시 강렬한 녹색에서 가지색으로 변해간다. 칠리 열매는 가장 긴 것이 5센티미터를 넘지 않으며, 튤립 모양에 반짝반짝 윤기가 난다. 원래 관목인 어미 식물의 잎 속에 올망졸망 매달려 있으며, 그 폭발적인 색채 덕분에 식용은 물론 관상용으로도 인기가 높다. 대부분의 오래된 칠리 품종들처럼 볼리비아 레인보우 역시 중앙 아메리카와 남아메리카의 전통 음식에서 흔히 찾아볼 수 있다. 시트러스를 테마로 한 소스나 신선한 살사에 약간만 넣어준다. **TH**

뉴멕시코 칠리
New Mexico Chilli

뉴멕시코의 붉은 사막 지대에는 누가 가장 멋진 칠리를 키우느냐—북부의 치마요냐 남부의 해치냐—를 놓고 거의 남북전쟁 수준의 경쟁이 진행 중이며, 바로 이것이야말로 이 지역에서 생산하는 칠리가 그토록 빼어난 품질을 자랑하는 이유이기도 하다. 뉴멕시코 주립 대학교의 과학자들은 이 밖에도 많은 캅사이신 관련 연구를 하고 있는데, 치마요와 해치 모두 저마다 독특한 고추(Capsicum annuum)를 생산해내므로, 수확기에는 그것만으로도 하나의 문화가 될 만큼 고유한 스타일을 내세운다.

빨강, 오렌지, 노랑, 녹색의 칠리 고추가 들어 있는 커다란 버랩(올이 굵은 삼베 같은 천) 자루들을 실은 픽업트럭과 트랙터의 허름한 함대를 이끌고 농부들이 지역 축제에 속속 당도하는 모습을 보면 무슨 로데오에라도 출전하는 것 같다. 소규모 농부들은 최적의 생장 조건에서 최대한을 이끌어내며, 완전히 무르익은 빨강색 고추든, 아니면 높은 평가를 받는 녹색의 풋고추든 다른 어느 곳에서도 찾아볼 수 없는 선명하고 복합적인 풍미를 자랑한다. 길거리의 노점에서도 리스트라스라는 이름으로 불리는, 온갖 모양과 크기의 싱싱한, 또는 말린 칠리 다발을 살 수 있다. **TH**

Taste: 완전히 익은 블리비아 레인보우 칠리는 검붉은 색이다. 강렬한 매운 맛 뒤에는 달콤한 자두를 연상시키는 뒷맛이 은은하게 남는다. 심지어 풋열매도 상당히 맵다. 존경심을 가지고 대할 것.

Taste: 특유의 자두, 살구, 크랜베리 향과 결합된, 모든 종류의 매운 맛을 찾아볼 수 있다. 색깔을 보면 얼마나 익었는지를 알 수 있지만, 그 정도와 관계없이 모두 쓸모가 많다.

◐ 눈물 방울 모양에 생생한 빛깔을 뽐내는 볼리비아 레인보우 칠리는 크리스마스 트리의 전구를 떠오르게 한다.

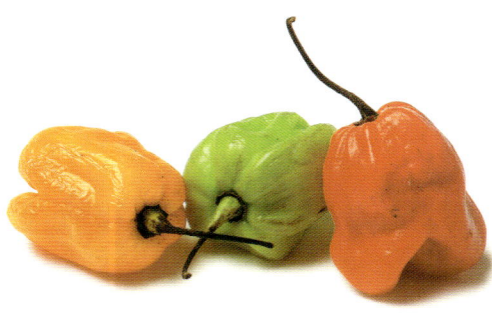

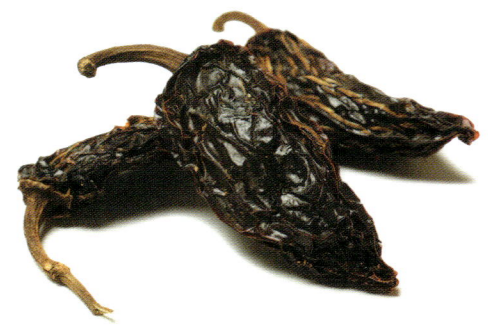

하바네로 칠리 Habanero Chilli

치포슬 칠리 Chipotle Chilli

모든 고추가 다 그렇지만, 매운 맛과 풍미의 차이를 이해하는 것이 중요하다. 순하고 과일 향이 진한 타입—예를 들면 자두와 건포도 향이 나는 안초(Ancho) 칠리—은 맵고 신랄한 품종과는 부엌에서의 쓰임새도 다르다. 그러나 자연이 선사한 최고의 매운 맛을 휘두르는 하바네로 칠리에 그나마 가까이 다가갈 수라도 있는 것은 사촌격인 스카치 보닛 칠리밖에 없다.

인간의 혀는 화학적 화합물인 캅사이신을 매운 맛으로 인식하며, 그 정도는 약 100년 전 윌버 스코빌이 개발한 스코빌 지수로 측정한다. 가장 매운 고추는 약 30만 스코빌이며, 하바네로와 스카치 보닛이 이에 근접한다. 고추 속의 섬유질 막과 씨를 제거하면 매운 맛이 좀 줄어들지만, 몸통만으로도 상당히 맵다. 그 매운 맛에도 불구하고 하바네로 칠리는 호두만한 크기의 고추 열매가 녹색에서 오렌지색으로 익어가는 동안 독특한 풍미를 품는다. 아주 약간만 넣어도 살사나 끓인 소스에 그 스파이스를 전할 수 있다. 식초에서 당근에 이르기까지 온갖 향미를 결합시킨 양념에도 그 심한 매운 맛을 사용한다. 어떤 품종이든지 다룰 때 조심에 조심을 거듭할 것. **TH**

할라피뇨 같이 평범한 칠리고추들이 엄청나게 많은 숯이나 스모크를 만나면, 완전히 새로운 삶이 시작된다. 이름도 바뀐다. 치포슬 칠리는 가장 흔하디 흔한 요리조차 어찌된 일인지 바비큐의 진수를 뽐낼 수 있도록 변신시키는, 매운 맛과 풍미가 똘똘 뭉친 덩어리다. 훈제 뒤 건조시키면, 지역, 사용한 칠리고추의 품종, 훈제 시간 등에 따라 큰 갈색의 아후마도(ahumado) 칠리나, 작은 심홍색의 모리타(morita) 칠리가 태어나게 된다.

스모크, 매운 맛, 그리고 칠리는 재배하는 데 별로 어려움이 없다는 자연적인 유사성이 있으며, 열성 팬들 사이에서 거의 강박에 가까울 정도의 열광을 불러일으킨다. 덕분에 핫소스, 바비큐 럽, 살사, 심지어 단것에까지 사용하기에 이르렀다. 치포슬 칠리는 통째로 훈제시켜 말리거나, 토마토 베이스의 아도보(adobo) 소스에 절여서 판다. 양쪽 다 깊은 바비큐 맛을 내지만, 훈제시켜 말린 쪽이 더 짜릿하다. 아도보 소스에 절이면 소스향의 덕을 보게 된다. 매운 맛의 정도는 사용한 고추의 품종에 따라 다르지만, 일반적으로 통조림 쪽이 더 순하다. 말린 치포슬을 사용할 때에는 쓴맛을 내는 씨와 줄기를 깨끗이 제거하는 것이 중요하다. **TH**

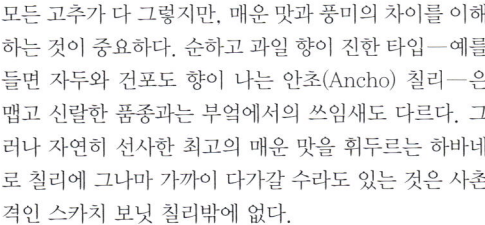

Taste: 살구에서 라임에 이르는 예리한 시트러스 향이 위험스러운 매운 맛 뒤에서 기를 쓰고 고개를 내민다. 말리면 은근한 훈제 향이 두드러진다.

Taste: 치포슬의 풍미는 거의 순수한 훈제 향으로, 원래 칠리의 달콤한 채소 맛을 완전히 지워버리다시피 한다. 매운 맛은 순한 것부터 심하게 매운 것까지 다양하다.

전통과 역사를 자랑하는 치포슬 훈제 현장.
아즈텍의 시장에서는 5세기 전부터 훈제 칠리를 팔았다고 한다. ❯

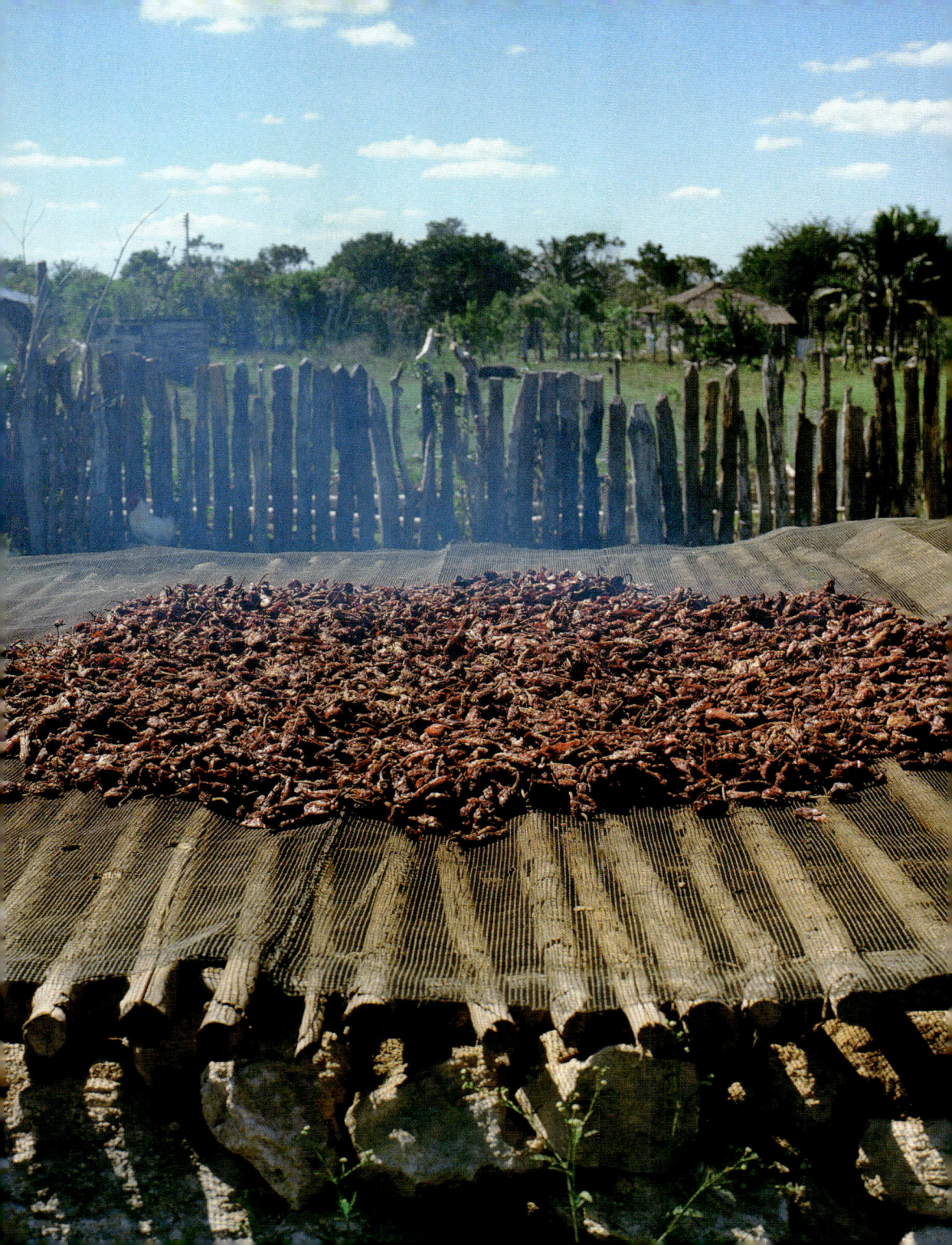

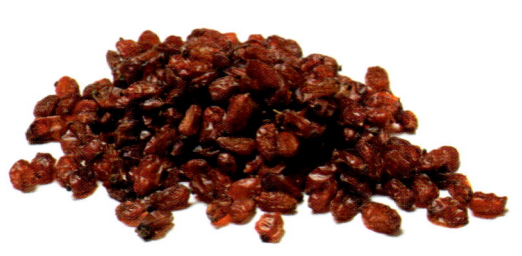

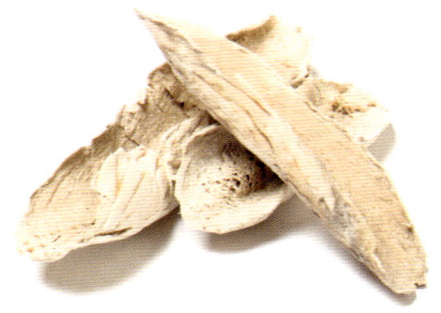

매자 Barberry

이란에는 크랜베리 종류가 많지 않다. 그러나 스튜나 쌀 요리에 활력을 줄 수 있는 톡 쏘는 빨간 베리류를 원한다면 매자(zereshk)를 사용하면 된다. '페르시아 요리의 제왕'이라고 알려져 있는 과일 필라프인 '쉬린 폴로프(shirin polow)'에 왕관처럼 올리는 것이 바로 이 매자이다.

이 작은 열매는 둥글고 밀랍을 먹은 듯한 잎사귀 아래 날카로운 가시의 보호를 받으며 숨어 있다. 익으면 깊은 빨간색이 되며 햇볕에서 말리면 그 짜릿한 맛이 몇 배로 농축된다. 한때는 여러 품종이 유럽과 북아메리카 전역에서 야생으로 자랐으며, 높은 펙틴 함량 덕분에 잼과 젤리로 만들어져 인기가 높았다.

불행하게도 매자는 곡물을 망쳐놓을 수 있는 밀녹(wheat rust)이라고 알려진 진균류가 번식하는 대상이다. 이 때문에 유럽과 북아메리카에서—특히 20세기 초에—대규모 박멸 노력이 이어졌고, 밀녹에 저항성이 있는 밀이 개량되었음에도 불구하고 야생 매자는 여전히 거의 찾아볼 수 없게 되었다. 아시아에서는 수프, 육수, 디저트에 넣어 톡 쏘는 맛을 내는 저렴한 원료로 여전히 재배되고 있다. 가루로 만들어 향신료로 쓰기도 한다. **TH**

암추르 Amchur

어떤 과일이라도 그 향미를 해체해 보면, 겹겹의 달콤함 뒤에 그 정체성을 정의하는 맛과 질감이 남기 마련이다. 망고는 입안에서 워낙 왕성한 활동을 하기 때문에, 순전히 호기심에서라도 이러한 시도를 해보게 된다. 그래서 편리하게도 인도의 셰프들은 익지 않은 풋망고를 따서 햇볕에 말려 암추르를 만들었다.

인도의 어느 시장에 가더라도 말린 풋망고를 곱게 갈거나 길쭉하게 썰어놓은 것을 찾아볼 수 있다. 파는 이름은 다양하고 어떤 때는 그냥 '망고 가루'라고 부르기도 하며, 때로는 방부제나 식용 색소가 들어 있는 경우도 있다. 망고 재배 지역에서는 풋망고를 통째로 팔거나 가정에서 요리하는 주부들이 직접 햇볕에 말려 자신만의 암추르를 만들기도 한다. 이때에는 곰팡이나 박테리아에 감염되지 않도록 주의를 기울여야 한다.

싱싱한 풋망고처럼 암추르 역시 인도 전역에서 요리 재료로 쓰인다. 감귤류나 타마린드와 비슷한 용도로 쓰이는데, 새콤한 맛을 낼 때는 물론 맛을 순하고 부드럽게 하는 데에도 쓴다. 또 육류나 생선의 매리네이드에도 들어간다. 토착 소스에 새콤한 암추르를 넣으면 녹말이 많은 야채와도 잘 어울린다. **TH**

Taste: 말린 매자는 몸이 떨릴 정도로 짜릿하고 시지만, 다시 물을 붓고 익히면 그 단맛을 희미하게나마 되찾는다. 조그만 씨앗이 완전히 익히지 않으면 모래를 씹는 듯한 맛이다.

Taste: 단맛과 신맛을 동시에 지니고 있는 암추르는, 맛이 순한 타마린드와 쌉쌀한 멜론을 연상시킨다. 섬유질이 많으며 간혹 질기기도 하다.

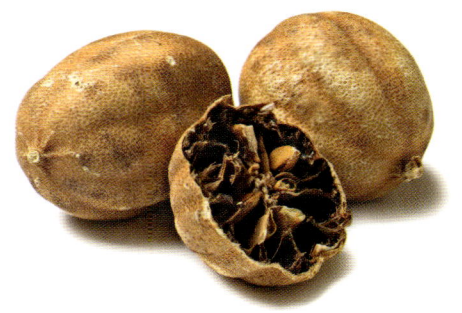

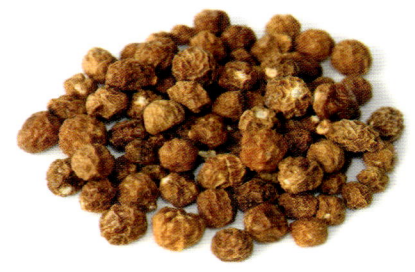

블랙 라임 Black Lime

블랙 라임의 탄생은 사막에서 일어난 행복한 우연이었을 것이다. 신선한 과일을 구하기 어려울 때, 필요는 발명의 어머니가 되며 무엇 하나—심지어 한낮의 뜨거운 열기까지—허투루 보아 넘길 수 없게 된다. 장거리 무역 상품이었던 블랙 라임은 여행에 알맞도록 완벽하게 보전처리 되었으며, 북아프리카와 중동 요리로 빠르게 퍼져나갔다.

페르시아 라임(Citrus latifolia)을 소금물에 살짝 절였다가 강렬한 햇볕 아래서 겉껍질이 희미한 갈색이 될 때까지 말린다. 이 과정에서 속은 거의 텅 비게 되고 완전히 검은색으로 변한다. 바로 이 때가 과일이 짜릿한 스파이스로 탈바꿈하는 순간이다. 말라버린 겉껍질과 속살은 원래의 그 고유한 톡 쏘는 향미를 그대로 지니면서 시간이 지날수록 더욱 강렬해진 것이다.

모로코의 타진(Tajine)이나 중동의 양고기 스튜에는 종종 블랙 라임을 통째로 넣어 끓이는 동안 내내 뒤적거림으로써 요리 전체에 새큼한 맛을 낸다. 갈아서 떫은 맛의 가루로 만들면 소금 대신 식탁 위의 양념으로 쓰이며, 말린 러브(각종 향신료를 갈아서 섞은 것)에 넣거나 더 많은 종류가 들어가는 스파이스 블렌드에 넣어 맛을 새큼하게 하는 역할을 하기도 한다. **TH**

Taste: 건조하고, 떫은 맛이 일반적인 감귤류보다 훨씬 더 농축되어 있지만, 입안에 머무는 맛이나 향은 거의 없다. 블랙 라임은 쪼개서 약한 불에 끓이거나 곱게 갈아서 사용한다.

부쉬 토마토 Bush Tomato

오스트레일리아 원주민들(어보리진)은 한때 화전에서 이 과일을 재배했지만, 오늘날에는 무릎 높이까지 올라오는 가시투성이 관목들이 비포장 도로의 가장자리를 따라 싹을 틔우고 있다. 부쉬 토마토라는 이름은 오스트레일리아 원주민들의 언어이며, 그 기원은 오랜 옛날로 거슬러 올라간다. 오늘날 오스트레일리아에서는 가지과에 속하는 솔라눔 센트랄레(Solanum centrale)를 가리킨다. 손으로 따서 말린 블루베리 크기의 열매로, 색깔은 창백한 것부터 짙은 갈색까지 다양하다.

가지과 가지속(Solanum)에 속하는 그 밖의 15종(種)과 함께, 부쉬 토마토는 오스트레일리아 중부에 거주하는 어보리진들에게 없어서는 안 될 식량이었으며, 이들은 부쉬 토마토를 '사막의 건포도'라 부르기도 했다. 부쉬 토마토로 만든 환상적인 처트니를 올리면, 고전적인 브루스케타가 인기있는 '부셰타'가 된다. 시판되는 것을 살 때에는 적어도 부쉬 토마토가 전체 함량의 3% 이상 들어 있는 것으로 고를 것.

부쉬 토마토는 그 맛이 대단히 강해서, 처음에는 그냥 강하다가 곧 '맛 없게' 변해버린다. 바위투성이 토양에서 멀가(Acacia aneura)와 함께 자라는 부쉬 토마토는 모래흙에서 자라는 것보다 훨씬 맛이 쓰다. 너무 쓸 때는 소금을 약간 뿌리면 맛의 균형을 잡을 수 있다. **VC**

Taste: 마른 부쉬 토마토는, 단맛이 없는 캐러멜과 비슷한 얼큰한 맛의 열매이다. 타마리요와 쇠고기 국물 다시다의 중간쯤 되는 맛이다.

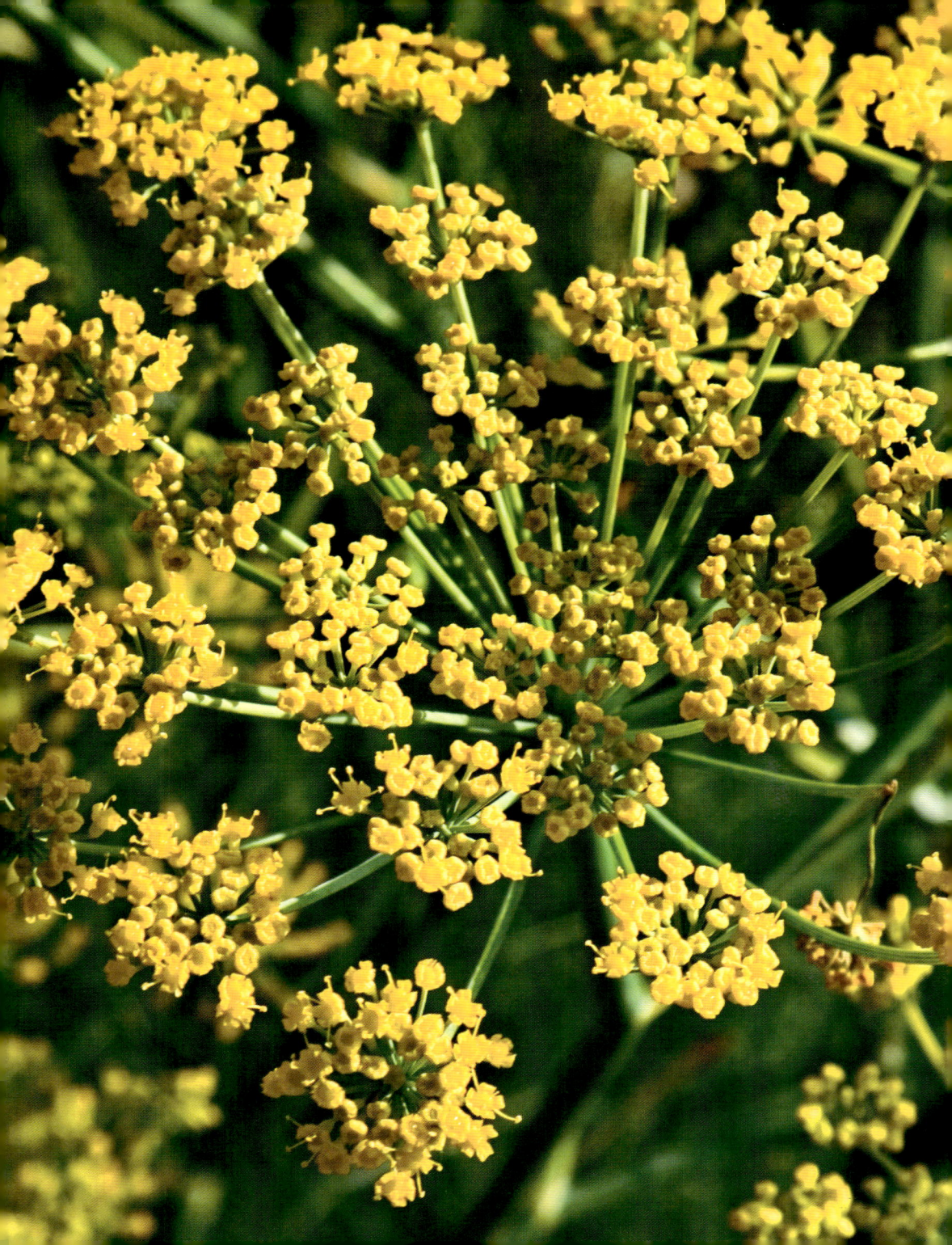

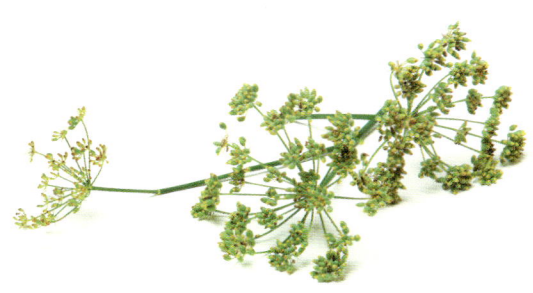

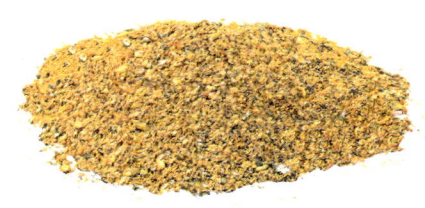

회향 씨 Fennel Seed

회향 씨는 부엌의 카멜레온이다. 그 향은 감초처럼 짭짤하지만 깨물면 놀라우리만큼 달콤한 맛이다. 이런 이중성을 확인이라도 하듯, 중국의 오향분(五香粉)이나 판치 포론처럼 세계 각지의 조화로운 혼합 향신료에 자주 등장하며, 그 어떤 요리에 넣어도 본분을 다한다.

인도에서는 사운프(saunf)라고 부르며, 커리는 물론 설탕을 입혀 식사 후에 입가심으로 나온다. 유럽에서는 아직도 간혹 근것을 만들 때 사용하는데, 소시지나 소금에 절인 육류에서는 없어서는 안 될 향신료로서 그 멋진 짭짤한 맛을 낸다.

고대 이래 식용은 물론 약용으로도 널리 사용되어 온 회향은 재배가 쉬운 여러해살이 풀로, 전 세계로 퍼져나갔다. 선명한 노란 꽃이 느지막이 피었다 지면, 산형 꽃차례 위에 씨앗 열매를 맺는다. 열매는 물결무늬로 신선할 때에는 녹색이지만 시간이 흐르면서 엷은 노란색, 심지어 갈색으로 변하기도 한다. 사용하기 전에 마른 채로 살짝 구워서 사용하면, 단맛과 짠맛이 모두 풍부해져 완벽한 상태가 된다. **TH**

회향 꽃가루 Fennel Pollen

식물이란 경이로운 기계이다. 땅으로부터 빨아올린 주위 환경의 순수한 정수를 햇빛 및 비와 섞어 온갖 멋진 것들을 증류시킨다. 이러한 과정에서 가장 향긋한 부분은 보통 곤충을 유혹하기 위한 꽃들의 몫이지만, 회향 꽃가루의 경우에는 그 매력을 발견해낸 장본인은 벌보다 훨씬 몸집이 컸다.

회향은 이탈리아가 원산지인데, 이탈리아의 소시지 장인들은 회향보다 좀더 맛이 약한 무언가를 원했다. 기회를 놓치지 않은 농부들은 가장 흥미로운 맛을 지닌 것이 꽃가루와 꽃밥이라는 것을 알아차렸다. 손으로 따서 세심한 처리 과정을 거친 이 마법의 가루는 짜릿한 맛을 한껏 품고 있으며, 그 강력함이나 가격에 있어서 사프란과 비견될 만하다. 전통적으로는 이탈리아 일부 지역에서만 채집하지만 워낙 잠재 수익성이 좋다 보니 미국 서부에서 생산자들이 나타나기 시작했으며, 덕분에 전 세계에서 구할 수 있게 되었다. 회향 꽃가루의 향기는 그 맛만큼이나 귀중하다. 요리의 맨 끝 단계에서—또는 아예 식탁에서—따뜻한 요리에 넣어 부드럽게 섞으면 황홀한 내음이 맴돌게 된다. **TH**

Taste: 리코리스와 아니스의 개성에 압도당하는 면이 있지만, 갓 딴 신선한 회향은 뒷맛이 상당히 달콤하다. 조금이라도 상하면 금방 쓴맛이 난다.

Taste: 호박색과 녹색의 가루로 가볍고, 폭신폭신하고, 검청나게 강력하다. 그 달콤한 맛은 회향보다는 아니스에 더 가까우며, 정향의 은근하게 톡 쏘는 맛도 있다.

사르디니아의 야성 자연에서
 풍부하게 자라고 있는 회향.

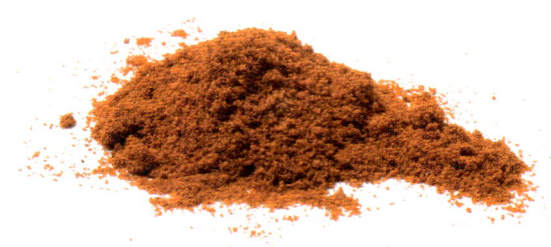

헝가리 파프리카 Hungarian Paprika

합스부르크 왕가의 군주들은 일을 꽤 제대로 했다. 화려하게 발전한 건축은 제쳐두더라도, 바로 그들의 시대에 파프리카(피망)가 전래된 것이다. 달콤한 풍미를 지닌 이 식물은 곧 헝가리의 '붉은 황금'이 되었다.

늦가을의 몇 주 동안, 칼로차 인근의 계곡들은 갓 열린 선명한 빨강의 피망을 나르는 바구니들로 벌집 쑤셔놓은 것 같다. 이렇게 거둔 피망을 이 지역 주민들은 수세기 동안 전해 내려온 전통적 기법에 따라 말려서 가루로 만든다. 어떤 이들은 가장 부드러운 속살만 사용하는 반면, 어떤 이들은 각기 다른 물량에서 조금씩 덜어 그 풍미의 균형을 맞춘다. 벌꿀처럼 달콤한 것부터 짜릿하게 매운 맛까지 그 종류와 질이 매우 다양하며, 세계 어디에서도 찾아볼 수 없는, 맛에 대한 순수한 문화적인 헌신과 집중이 돋보인다.

이 선홍색 가루는 이미 유명한 헝가리 굴라시(파프리카를 넣은 스튜) 외에도 수많은 이 지방의 소시지와 미트 러브에도 들어간다. 슈퍼마켓 선반 위에 있는 것은 해를 넘겨 묵힌 것일 수도 있으므로, 수확 직후에 가장 신선한 것으로 고르도록 한다. **TH**

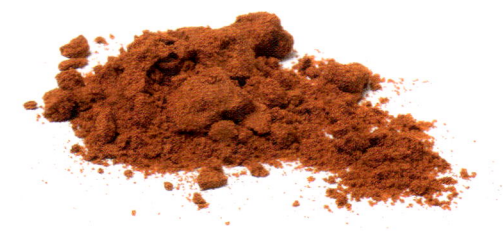

피멘톤 데 라 베라 Pimentón de La Vera

훈제 파프리카, 또는 피멘톤은 가루로 빻은 빨간 칠리 고추로 만들며, 스페인 요리에서 핵심적인 재료 중의 하나이다. 초리조부터 수프, 문어부터 달걀 프라이에 이르기까지 안 들어가는 데가 없다. 어떤 종류의 고추를 사용했느냐에 따라서 풍미의 강도가 달라진다—달달하고 마일드한 둘체(dulce)부터 달콤쌉싸름하고 약간 매콤한 아그리둘체(agridulce), 그리고 매운 피칸테(picante) 등이 있다. 다만 씨는 반드시 미리 제거하기 때문에 피멘톤은 원래 칠리처럼 맵지는 않다.

크리스토퍼 컬럼버스가 신대륙에 처음 발을 디딘 지 한 세대가 못 되어 칠리는 스페인의 에스트레마두라에 뿌리를 내렸다. 오늘날 이 지방에서는 라 베라 강을 따라 펼쳐진 비옥한 충적토에 이 원조 고추의 후손들을 재배하고 있다. 매해 가을이면, 작고 둥근 고추를 손으로 따서 특별한 건조장에 넣어 참나무를 때 훈제한다. 약 2주간 이렇게 훈연하면서 몇 시간마다 손으로 일일이 뒤집어준다. 그런 다음 조심스럽게 맷돌에 갈면 피멘톤 데 라 베라가 탄생하게 된다. 피멘톤 데 라 베라는 이 지방 특산물로 데노미나치온 데 오리겐(DO) 인증을 받아 그 상표를 보호받고 있다. **JAB**

Taste: 달콤한 피망의 베이스가 두드러지기도 하고, 짭짤한 매운 맛으로 인해 좀 누그러들기도 한다. 이 강렬한 빛깔의 파우더의 향기는 신선함을 재는 중요한 척도이다.

Taste: 사람을 취하게 하는 훈제 향에, 거의 달짝지근한 향미와 실크처럼 매끄러운 입자를 자랑하는 피멘톤 데 라 베라는 어떤 음식에 넣어도 빛깔과 깊은 풍미, 그리고 다양한 강도의 매운 맛을 더해 준다.

가장 매운 훈제 파프리카라 해도 맛이
그 선명한 빨간색만큼 강렬하지는 않다. ❯

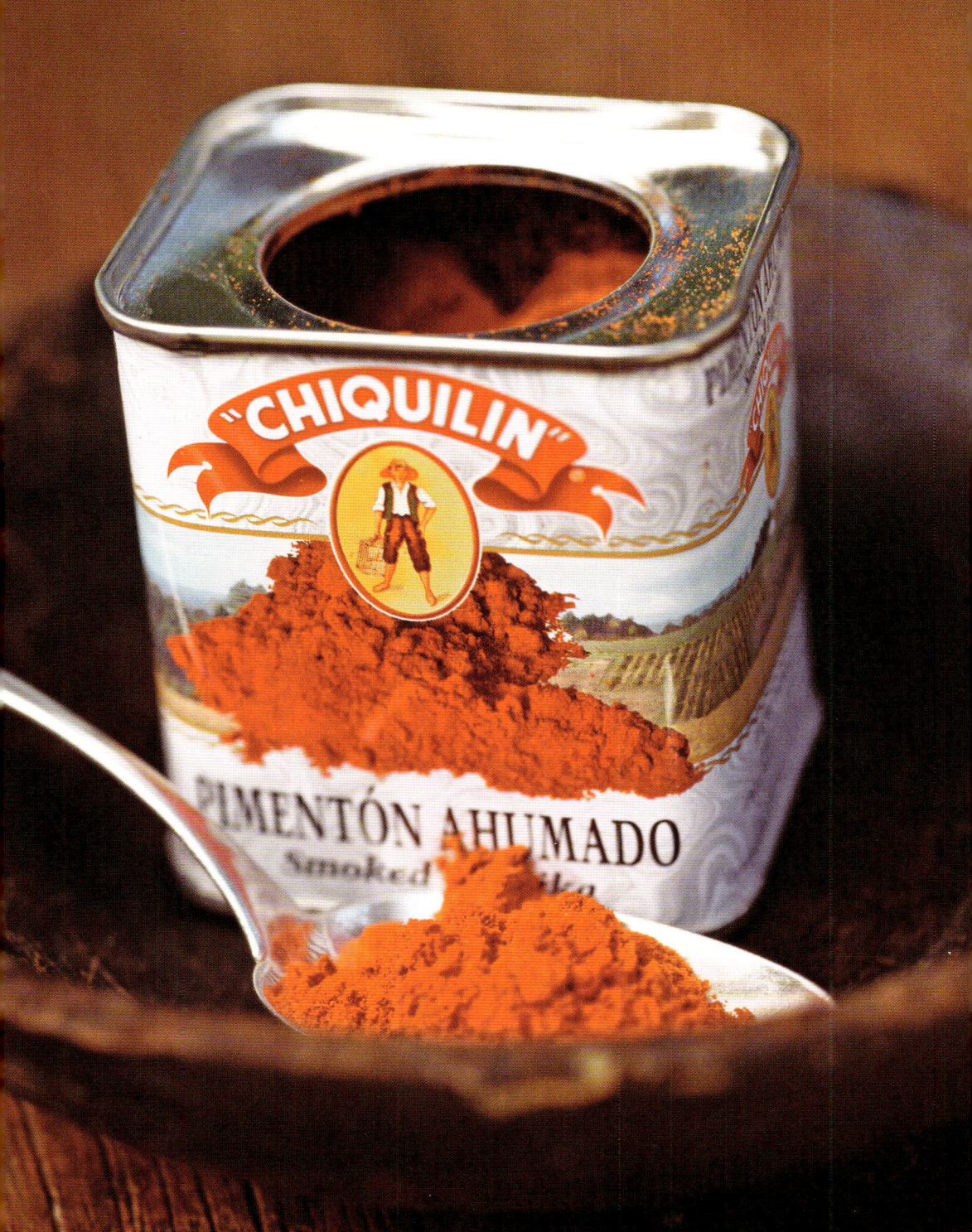

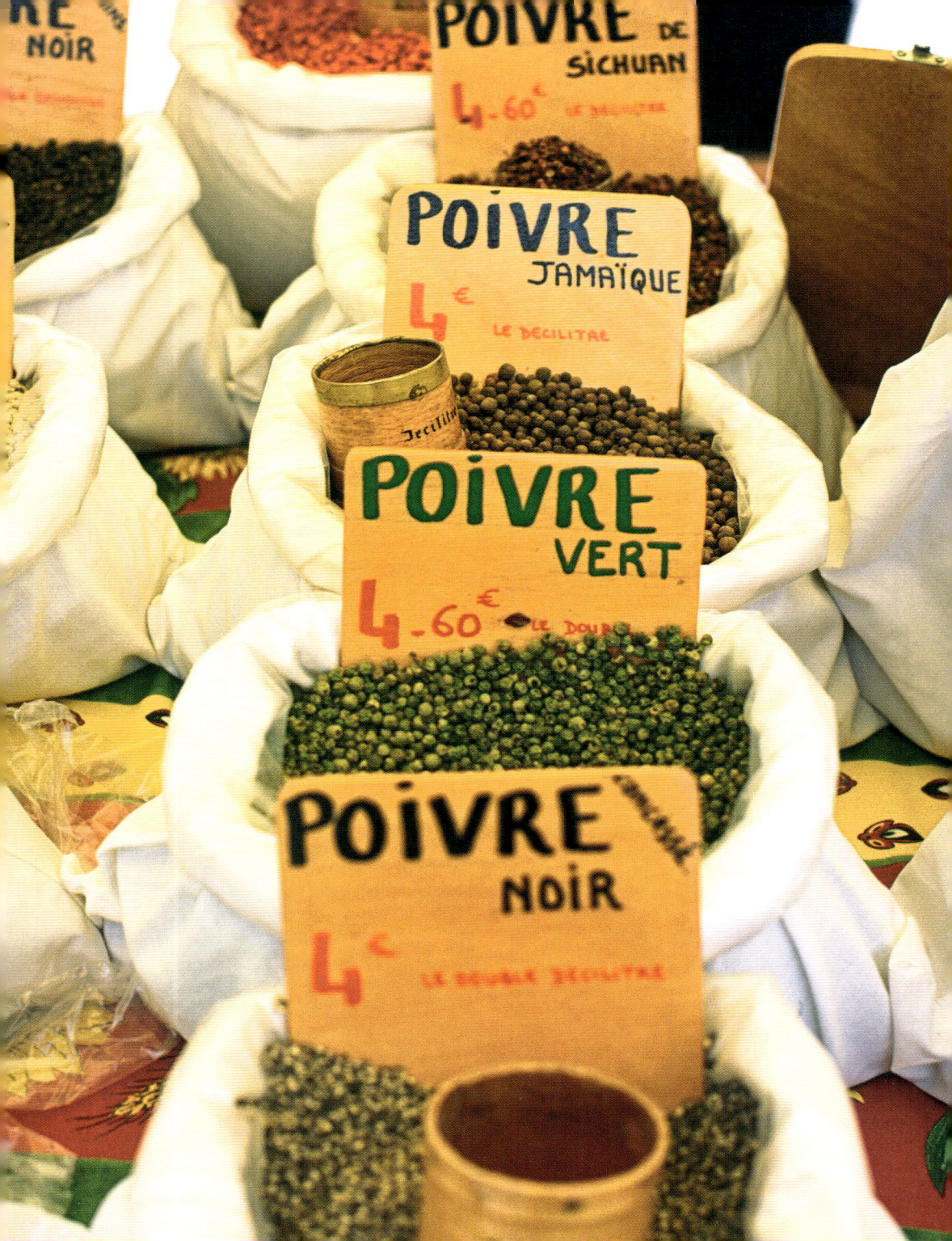

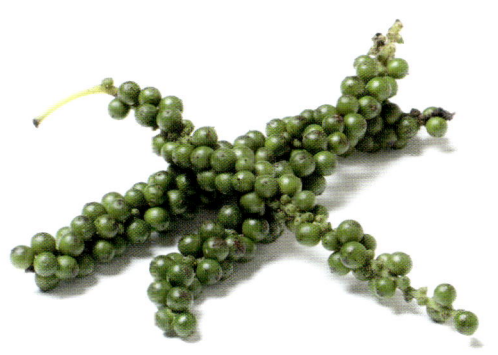

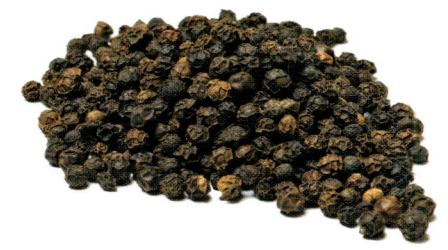

프레쉬 그린 페퍼콘 Fresh Green Peppercorn

텔리체리 페퍼콘 Tellicherry Peppercorn

통후추는 거의 모든 음식에 통렬한 맛을 더해주며, 눈에 익은 말린 후추 알갱이는 현대인의 입맛에도 없어서는 안 될 풍미이다. 이 알갱이들은 아열대 기후의 넓적하고 윤기가 흐르는 녹색 잎 아래에서 마치 포도덩굴에 대롱대롱 매달린 미니어처 포도처럼 빽빽하게 뭉쳐 자란다. 후추(Piper nigrum) 나무 열매는 아직 덜 익은 녹색일 때 따서 사용하는데, 그 무엇과도 다른 풍미를 낸다.

마을 시장에 가면 길이 10~20센티미터의 덩굴에 그대로 달려 있는 매끄러운 녹색 후추 열매를 판다. 워낙 금방 상해버리기 때문에, 대개는 소금물에 절이거나 피클로 만들어서 해외로 수출한다. 그러나 이렇게 하면 신선한 열매의 선명한 개성이 다소 죽을 뿐 아니라, 식초와 소금이 풍미를 눌러버리는 경우가 종종 있다. 심지어 공기 중에서 말리거나 냉동 건조시킨 것조차 신선한 후추 열매의 스파이시한 맛과는 도저히 비교할 수가 없다.

태국에서는 커리나 다른 매콤한 소스에 신선한 녹색 통후추를 사용한다. 프랑스인들은 신선한 것과 보존 처리한 것을 둘 다 내세우지만, 운송의 어려움 때문에 세계 어디서나 구하기에는 무리가 있다. **TH**

통후추는 시대를 초월하여 가장 중요한 향신료로 불렸다. 후추는 탐험 동기이자 정복의 목적이었으며, 무역 제국의 근간이기도 했다. 오늘날에도 후추는 요리에서 없어서는 안 될 존재이다.

인도 남서부, 해안에서 가까운 산악지대인 텔리체리는 흑후추로 유명하다. 고도가 높고 서늘한 지대로, 녹색의 후추 열매는 익어서 진홍색으로 변하기 시작하기 전에 이미 최대한으로 자란다. 일일이 손으로 수확하며, 산화로 인해 검은색이 된다. 말리면 특유의 쭈글쭈글한 표면을 갖게 되면 선별하여 등급을 매긴다. 텔리체리의 경매장들은 세계에서 가장 오래된 경매장에 속하며, 그 유서깊은 기술은 품질을 보증하고도 남는다.

말레이시아의 사라와크와 인도네시아의 군토크는 백후추로 특히 유명하다. 말리기 전에 겉껍질을 벗겨내므로, 짜릿한 첫 맛은 없지만 그 풍미가 혀 위에서 오래도록 머문다. 잘 익은 적후추 역시 소금물에 절이거나 냉동건조시켜 파는데, 핑크 페퍼콘과는 완전히 다른 종이니 헷갈리지 않도록 주의할 것. **TH**

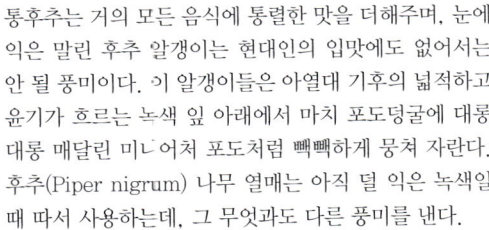

Taste: 그린 페퍼콘은 햇빛을 듬뿍 받은 후추 향을 전해주며 입안에서 그리 오래 머물지 않는다. 로즈마리나 타라곤 같은 향이 강한 허브라면 같이 써도 그 향미가 죽지 않는다.

Taste: 가장 신선한 흑후추는 칠리나 정향에서 올스파이스에 이르는 복합적인 향과 비슷한 뒷맛 속에 강한 매운맛이 들어 있다. 백후추는 그보다는 좀더 온화하다.

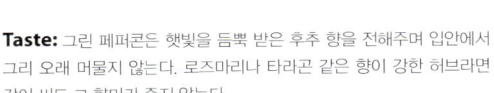

오늘날 통후추는 어디서나 흔히 구할 수 있고 값도 저렴하다. 그러나 15세기에는 거의 진귀한 호화 향신료였다.

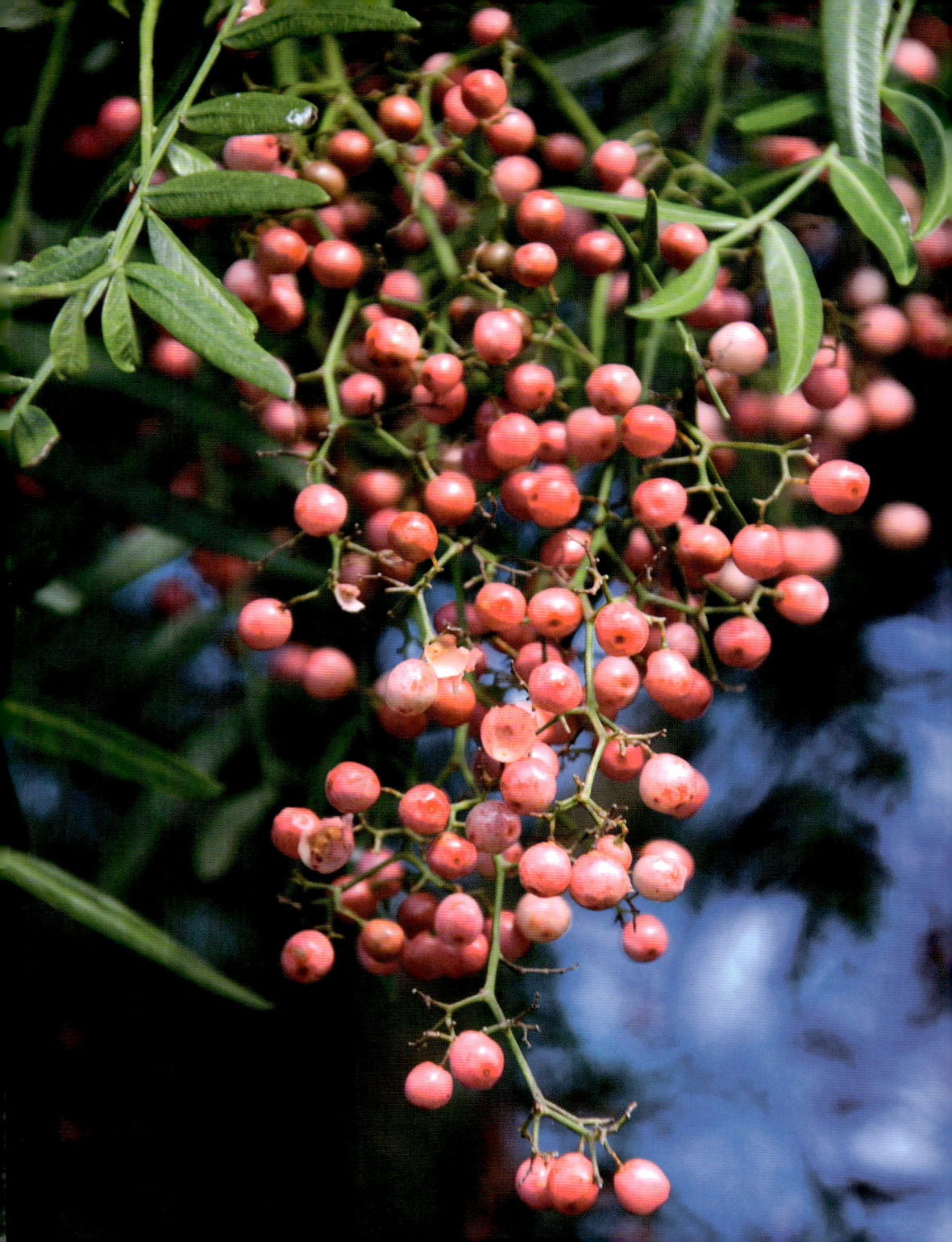

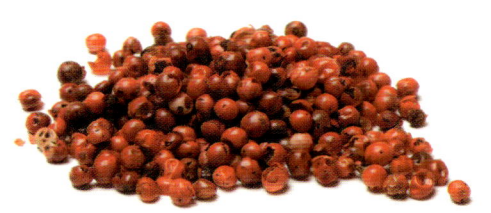

핑크 페퍼콘 Pink Peppercorn

남아메리카나 인도양의 타는 듯한 더위 속에서, 서양호 랑가시나무 가지로 장식한 크리스마스 트리를 연상하기 란 쉽지 않다. 그러나 이들 지역에서 자라는 브라질 후 추 나무는 에메랄드빛 잎새에 작은 핑크색 열매가 총총 히 맺혀 있어 누구라도 그 빛깔만 보고도 '크리스마스 베 리'라는 이름을 떠올리게 된다.

　　이름이나 외형과는 달리 핑크 페퍼콘(Schinus te-rebinthifolius)은 후추와는 연관이 없다. 조금만 짓이 겨 보면 그 차이를 금방 알 수 있다. 단단하고 딱딱한 것 이 아니라 종이처럼 얇은 껍질 안에 씨앗이 들어 있으 며, 과육은 그리 힘들이지 않고도 쪼개진다.(일부 종은 다소 독성이 있기도 하므로, 마음대로 따기 전에 주의를 기울여야 한다.)

　　프랑스령 레위니옹 섬(Réunion Island)의 셰프들 은 그들의 정교한 요리 예술에 핑크 페퍼콘을 사용하 여 진정한 프랑스 전통에 섬세한 풍미를 더하는 아름다 운 점이 되었다. 핑크 페퍼콘의 향미는 놀라우리만치 달 콤하며, 살짝 느껴지는 톡 쏘는 맛 정도가 겨우 이름값 을 할 뿐이다. 덕분에 맛이 가벼운 소스나 섬세한 해산 물 요리에 널리 쓰이며, 테이블 위에 양념으로 구비해 놓기도 한다. **TH**

쓰촨 후추 Sichuan Peppercorn

향신료는 그 맛과 향을 쉽게 전달하지만, 실질적으로 물 리적인 반응을 이끌어 내기란 쉽지 않다. 고추의 매운 맛이 그 좋은 예가 되겠으나, 쓰촨 후추도 빠질 수 없다. 입에 바로 넣으면 그야말로 혀가 얼얼해지는 독특한 경 험을 할 수 있다.

　　일본의 산쇼(山椒)와 중국의 쓰촨 후추 사이에 정 확하게 어떤 연관이 있는지는 아직도 논란의 대상이 며, 지역 감정에 불을 붙이는 주제이다. 둘 다 초피나무 (Zanthoxylum piperitum), 때로는 초피나무 속의 다 른 나무들에서 얻은 꼬투리로 만든다. 향미가 비슷하며, 유일한 차이가 있다면 산쇼가 쓰촨 후추보다는 좀더 정 제된 버전이라는 것뿐이다. 구매할 때에는 줄기나 씨, 열매에 무르거나 상한 부분이 없는 것으로 고른다.

　　쓰촨 고추의 향미와 질감은 중국의 고전 향신료인 오향분(五香粉)의 주 원료이며, 그 어떤 것으로도 대신 하기가 힘들다. 이름에서 짐작이 가듯이, 쓰촨 성의 매 운 요리에 주로 쓰이며, 마파두부처럼 맵고 스파이시한 음식을 만들 때 사용한다. **TH**

Taste: 핑크 페퍼콘은 통째로 사야 한다. 바로 입안에 넣으면 설탕처럼 달짝지근하다. 끝에 가서 엷은 장뇌의 향과 매우 희미한 후추의 톡 쏘는 맛이 느껴진다.

Taste: 라임의 모든 풍미에 카르다몸의 향. 후추의 매운 맛, 고추의 느낌이 뒤섞여 점점 더 강해지다가 마침내 정점에 달하면 그 독특한 얼얼한 효과를 내게 된다.

---

❸ 핑크 페퍼콘의 예쁜 열매들은 으깨기 전까지는 그 달콤함을 내보이지 않는다.

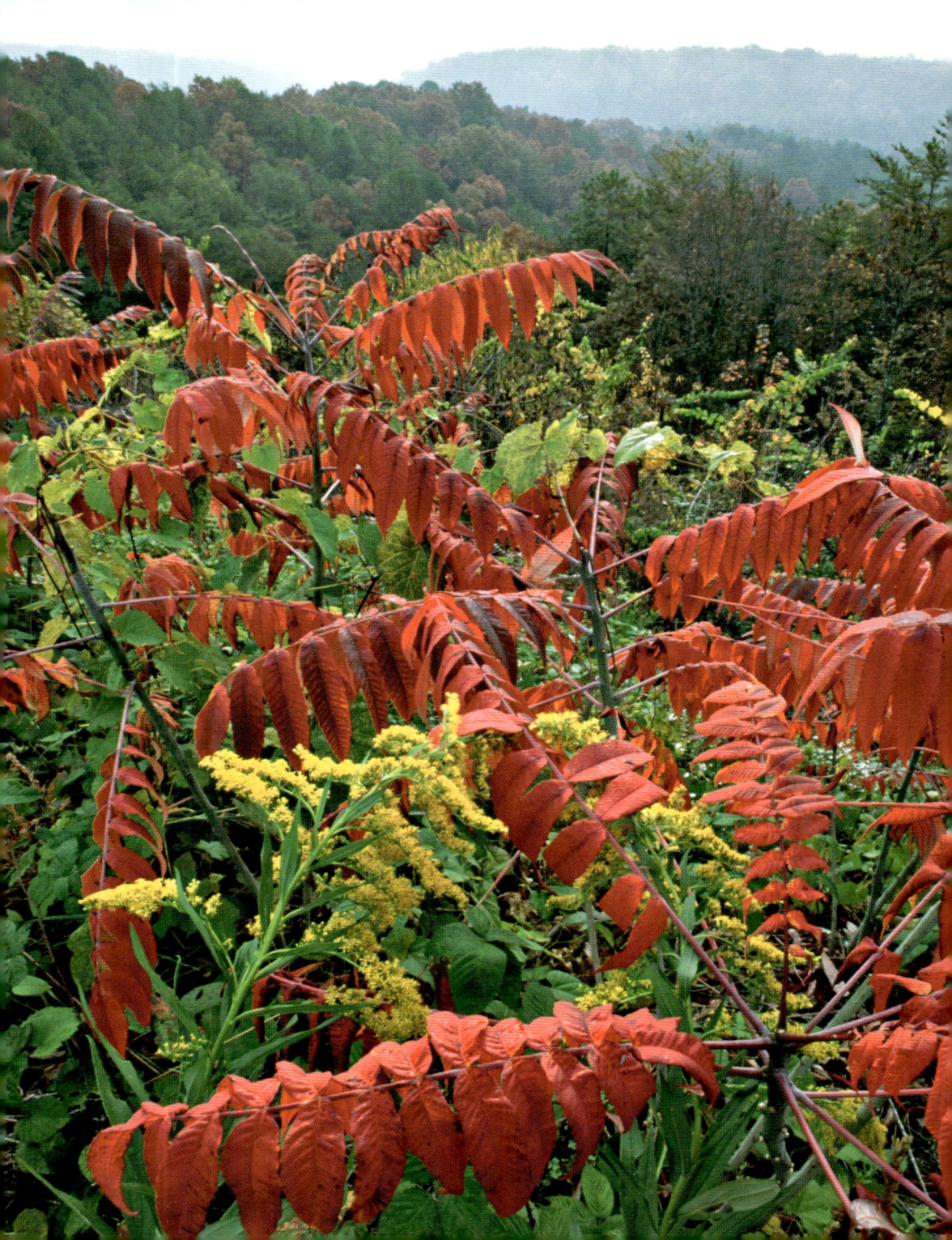

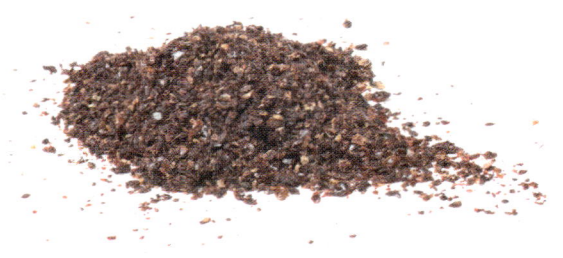

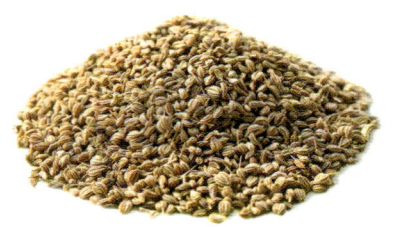

옻 Sumac

중동의 바자에 가면 색색깔의 향신료 가루가 산더미처럼 쌓여 있다. 관광객들이라면 짭짤한 레몬과 크랜베리의 맛이 나는 와인색 가루의 출처가 궁금했을 것이다. 이 향신료는 사실 옻나무(Rhus coriaria) 열매를 간 것으로, 이스탄불에서 모로코에 이르기까지 최고의 양념으로 쓰이고 있다.

빽빽하게 걸려 있는, 베리와 흡사한 작은 열매들은 지중해 연안 어디에서나 야생으로 자라나지만, 주로 아랍의 부엌에서 널리 사랑 받는다. 옻은 통열매로는 거의 찾아볼 수 없으며, 셰프들이 신선한 것을 요구할 때에는 상인들이 주문에 따라 갈아준다. 오래된 열매는 말랑말랑해지기 때문에 갈 때에 소금을 넣어주어야 한다. 그러면 작고 얇은 조각이 된다. 때때로 강렬한 맛의 즙을 짜내기도 하는데, 조금씩 식초로 쓴다.

옻은 혼자만 쓰거나, 또는 자타르(zaatar) 같은 혼합 향신료에 섞어서 쓰면 레몬이나 라임 대신 새콤한 맛을 낼 수 있다. 양고기에 문지르거나 후머스에 넣어 휘저으면, 레몬이 그렇듯이 선명한 향미로 자칫 무거울 수 있는 음식을 가볍게 해준다. 짜릿한 맛은 요구르트를 베이스로 한 소스에 넣으면 두드러지며 올리브유와 함께 플랫브레드의 토핑으로 써도 잘 어울린다. **TH**

아요완 Ajowan

건조하고 메마른 향미 덕분에 아요완은 사막이라는 생장 환경과 잘 어울린다—사막과 부엌 모두의 뜨거운 열기를 잘 견딜 수 있다. 아프리카 동북부의 타는 듯한 칠리 페이스트와 대조되는 그 통렬한 맛과 타르 향은 그보다 순한 풍미, 예를 들면 커민 같은 경우에는 완전히 사라져버리고 말 상황에서도 버텨낸다.

아요완(Trachyspermum ammi)은 땅딸막한 커민 씨처럼 생긴 씨앗과 흡사한 열매로 특유의 털 같은 '꼬리'가 달려 있다. 열매는 베이지색에서 갈색으로, 신선한 것은 살짝 녹색이 돌기도 한다. 아프리카, 중동, 인도, 남아시아 등지에서 만들어서 팔며, 아직 전 세계적인 인기는 얻지 못하고 있다.(아마도 그 압도적인 맛 때문일 것이다.) 아요완 열매의 주요 풍미는 티몰이다. 티몰은 허브 타임에도 들어 있는데, 주로 치약이나 소화제 성분으로 쓰기 위해 추출한다.

대다수의 셰프들은 아요완 씨앗을 굽거나 프라이팬에 튀겨서 그 강한 맛을 좀더 부드럽게 누그러뜨린다. 난이나 파파덤에 약간의 아요완을 곁들이면 구울 때의 뜨거운 열을 다소 식혀준다. 아요완은 에티오피아 커민으로도 불리는데, 에티오피아의 유명한 베르베르 스파이스 페이스트에 들어간다. **TH**

Taste: 신선한 옻은 짜릿하고 타마린드를 연상시키는 떫은 맛이다. 약한 불은 그 강렬한 맛을 잘 보존시켜 주지만, 대량으로 사용하면 그릴이나 오븐에 구워도 잘 견딘다.

Taste: 캐러웨이와 셀러리 씨 중간 어디쯤인 맛에, 티몰이 압도적인 타임 향미를 만들어낸다. 당황스러운 떫은 맛은 조리하면 누그러진다.

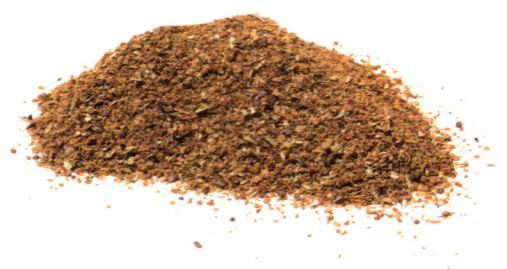

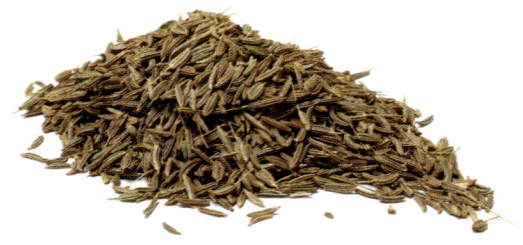

알레포 고추 Aleppo Pepper

시리아 북서부의 고원 도시인 알레포는 그 성벽을 뚫고
나온 비밀을 지니고 있다. 도시를 둘러싼 계곡에서 나는
순한 과일 맛의 칠리 고추는 단맛, 짜릿한 맛, 그리고 매
운맛의 완벽한 조화라는 칭송을 받는다. 지중해의 무역
풍의 은혜를 입은 마이크로 기후는 자칫 밋밋하기 그지
없었을 고추를 눈부시고 위대한 무언가로 변신시켰다.

고대의 무역로는 16세기 말에 처음으로 이 지역에
고추를 전래하였지만, 세월이 흐르면서 오히려 이 곳에
서 재배한 고추가 원조보다 더 부드럽고 흥미로운 풍미
를 지니게 되었다. 이웃인 터키에서 종종 흉내내기도 하
는 알레포 고춧가루는 부드럽게 매우면서 두드러지게 달
콤한, 정의하기 어려운 맛을 낸다. 심지어 선홍색의 색
깔조차 다른 평범한 고추에 비하면 눈에 띈다.

알레포 고추는 보통 빻아서 가루로 만든 뒤, 보존
제 역할을 하는 소금을 조금 섞어서 파는데, 이러한 전
통은 오늘날까지도 이어지고 있다. 오븐에 구운 야채,
후머스, 또는 기름에 적신 플랫브레드에 알레포 고추를
뿌려 먹으면, 중동에서 인기가 높은 은근한 풍미의 완벽
한 예가 된다. **TH**

캐러웨이 Caraway

썩 매력적이라고는 할 수 없는 갈색에 향도 거의 없어서
별 기대를 하지 않다가, 캐러웨이가 부리는 향미의 마술
을 보면 깜짝 놀랄 것이다. 아직 들판에 피어 있을 때에
도 그 진정한 의도를 내보이려 하지 않는다. 깃털 같은
녹색은 사촌 격인 회향이나 당근과 비슷하게 생겼으며,
"씨"(사실은 열매)를 맺으려면 꼬박 2년이 걸린다.

네덜란드, 독일, 폴란드가 질이 좋은 캐러웨이를
생산하고 있으며, 캐나다의 중부 평원에서도 많이 재배
한다. 조그만 씨앗은 구부러져 있고 물결무늬로 패여 있
으며, 그 짜릿한 맛을 당장 보여주려고는 하지 않는다.
바짝 굽거나 기름에 넣고 가열하면 이러한 문제를 해결
할 수 있으며, 또 보통 이렇게 쓴다.

캐러웨이(Carum carvi)는 오랫동안 증류하여 화
주, 특히 아이슬란드의 브레니빈(brennivin)의 향을 낼
때 썼왔다. 좀더 순하게는 치즈에 톡 쏘는 맛을 주기 위
해 사용하며, 심지어 절인 생선에도 쓰인다. 빵장이의
손에 들어가면 거친 호밀빵을 만드는 데에 들어간다. 전
통적으로 사우어크라우트—양배추를 싱겁게 절여서 신
맛이 나게 발효시킨 독일식 김치—와 감자에 뿌리며, 소
화제로서의 효능이 있다고 한다. 드물기는 하지만 캐러
웨이 뿌리는 야채로 먹기도 한다. **TH**

Taste: 살구와 크랜베리에 가까운 가벼운 과일 향에 순한 매운 맛이
뒤를 따른다. 빻은 알레포 고추는 고운 가루라기보다는 미세한 편린
인데, 양념으로 쓰면 훌륭하다.

Taste: 캐러웨이는 메마르고, 숲 같고, 아니스가 주도하는 특징을 지니
고 있다 (review!). 조리하지 않은 캐러웨이는 상당히 쓰고 단맛이 없다.
강한 불에 조리하면 이러한 성질이 조금 누그러진다.

캐러웨이는 싹을 틔운 지 두 해째에
향긋한 하얀 꽃을 피운다. ❷

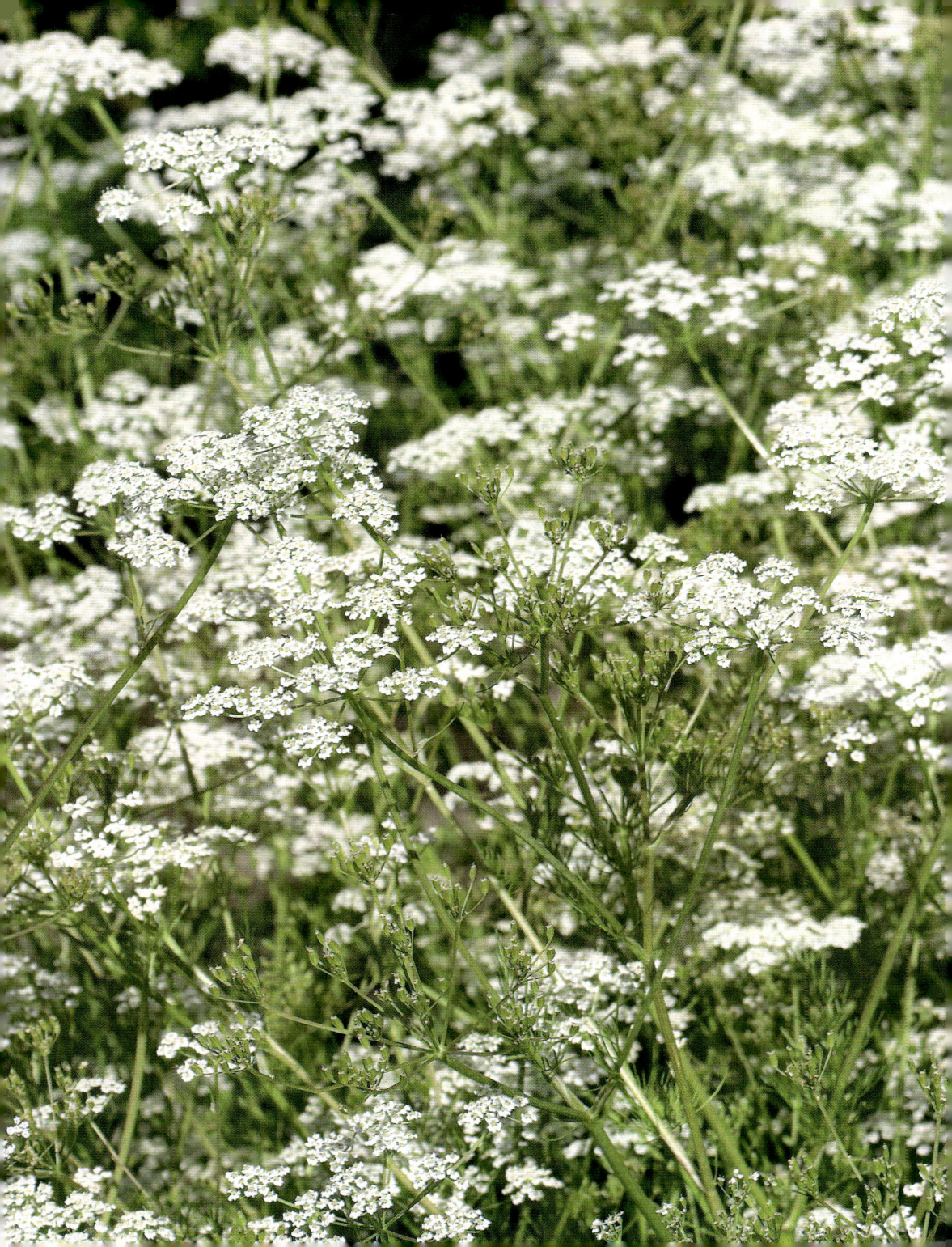

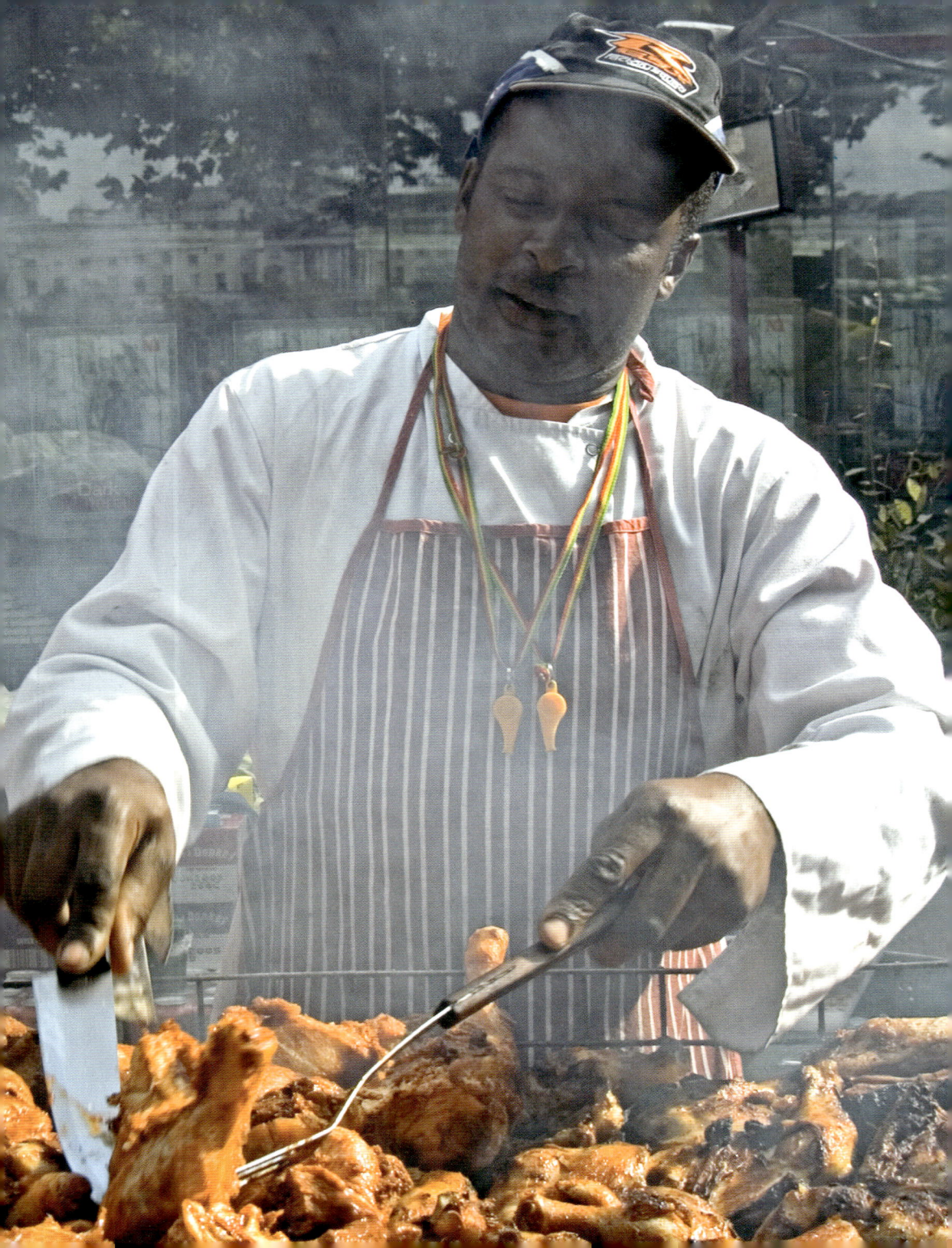

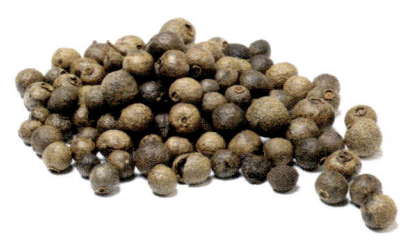

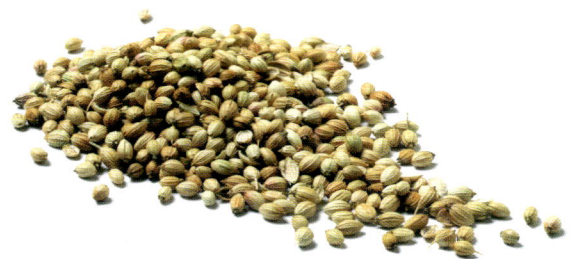

올스파이스 Allspice

카리브해에서 완벽한 레스토랑이란 풀섶으로 지은 원두막에다 해변에 화로 구덩이를 파놓은 것에 지나지 않을 때가 많다. 관광객들과 지역 주민들이 나란히 앉아 셰프가 그날 시장에서 사온 재료로 무엇을 만들어내는지를 구경한다. 생선과 닭고기, 토마티요와 플랜틴 바나나를 막론하고 어디에나 이 지역 주민들이 가장 좋아하는 것이 들어간다—바로 올스파이스이다.

카리브해 원산으로 중앙아메리카와 남아메리카 요리에서 없어서는 안 되는 중요한 양념인 올스파이스 (Pimenta dioica)는 마야 시대까지 그 기원을 거슬러 올라간다. 겉으로 보기에는 평범하기 이를 데 없는 갈색의 열매이지만, 그 뒤에는 미각을 잠에서 깨우는 예리한 충격이 숨어 있다.

자메이카에서 상용 재배를 시작하였으며, 17세기 스페인 상인들이 유럽으로 가지고 돌아오면서 정향과 후추에 맞먹는 인기를 구가하였다. 올스파이스는 자메이카 칠리 고추와 함께 "저크(jerk)"에 들어가는 가장 유명한 원료이다. 저크는 생선, 돼지고기, 닭고기 등을 숯불에 굽기 전에 바르는 짜릿한 맛의 러브의 일종이다. 대서양 건너 유럽에서는 와인에 계피, 카르다몸, 오렌지 껍질 등과 함께 넣어 데워서 마시는 것이 인기이다. 또한 스테이크 소스나 다른 테이블 양념에도 쓰인다. **TH**

Taste: 정향과 비슷하지만 약간 덜 세고 덜 짜릿한. 강한 향이 두드러진다. 후추 향에 멘톨과 계피도 살짝 느껴진다.

코리앤더 씨 Coriander Seed

코리앤더는 셰프들에게 대단한 식물이다. 가늘고 긴 뿌리부터 이파리에 이르기까지 안 먹는 부분이 없다. 새하얀 꽃이 진 뒤 늦여름에 모습을 나타내는 씨열매는 마침내 커리부터 피클까지 모든 음식의 베이스가 되어버렸다.

코리앤더(Coriandrum sativum)는 그 씨를 얻기 위해 재배하는 품종이 워낙 많아 모양, 크기, 산지에 이르기까지 다양하므로 딱 생태가 어떻다 하고 말하기가 어렵다. 유럽과 아프리카의 코리앤더는 둥글고 살짝 물결무늬로 패어 있지만, 인도의 코리앤더는 더 매끄럽고 모양도 타원형이다.

성경에도 등장하고, 이집트의 고고학 발굴에서 코리앤더 깍지가 발견되는 것으로 보아, 수천 년 동안 코리앤더 씨를 재배해 왔음을 알 수 있다. 코리앤더 씨는 거의 전 세계의 모든 나라 요리에 들어간다. 인도의 혼합 향신료, 유럽의 소시지, 아메리카의 콘비프(소금물에 절인 쇠고기), 아시아의 커리 등 코리앤더 씨를 사용하는 음식은 무궁무진하다. 종종 '몸을 따스하게 한다'고 하는 코리앤더 씨의 시트러스 향은 그 은근한 맛만큼이나 중요하며, 벨기에의 "하얀" 맥주는 이 향으로 만든다고 해도 과언이 아니다. **TH**

Taste: 제대로 된 시트러스 향과 맛을 얻으려면 신선함이 열쇠이다. 갓 빻은 코리앤더 씨는 진한 향을 내뿜는다. 깍지 안에 들어 있는 씨를 남김없이 훑어낸다.

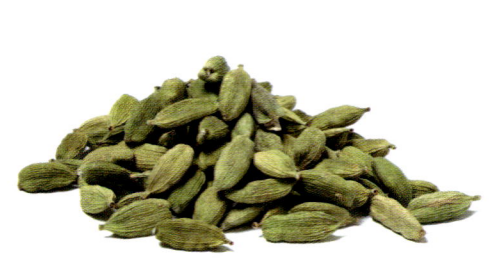

과테말라 카르다몸 Guatemalan Cardamom

생강과에 속하는 카르다몸의 대담한 향미라고 하면 지난 수천 년간 인도를 떠올려왔다. 달콤하고 짜릿한 향기를 풍기는 '향신료의 여왕'은 선명한 녹색 깍지 안에 끈적거리는 검은 씨앗을 품고 있다. 다소 놀라운 일이지만, 아메리카에서 오늘날 카르다몸의 최대 생산 국가인 인도에 도전장을 내민 나라가 있다—바로 과테말라이다.

중동에서 카르다몸은 오랫동안 커피와 공생 관계였다. 어느 집이나 손님이 오면 카르다몸과 커피를 함께 끓여—아랍어로 카훼 할(kahwe hal)라고 한다—대접한다. 과테말라는 카르다몸과 커피콩의 주요 생산국으로, 고지대의 열대 기후와 종종 두 작물을 함께 재배하는 플랜테이션으로 성공을 거두었다. 아메리카산 카르다몸이 오랜 명성을 누려온 인도산 카르다몸과 대등하게 경쟁할 수 있다는 사실은 과테말라가 카르다몸 시장에 제대로 발을 들여놓았다는 것을 의미한다.

녹색의 카르다몸은 짭짤한 스튜, 커리, 필라프 등의 맛을 내는 데 쓰이는 것은 물론 달콤한 음식이나 뜨거운 음료에도 쓰인다. 조금만 써도 맛이 워낙 오래 가기 때문에 너무 많이 쓰면 안 된다. **TH**

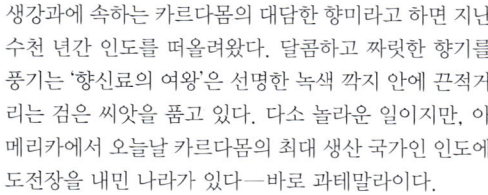

Taste: 최고급 카르다몸 깍지는 강한 멘톨과 생강 향을 풍긴다. 입에서는 달콤한 동시에 스파이시하며, 씨는 깍지째로 보관하는 것이 가장 좋다.

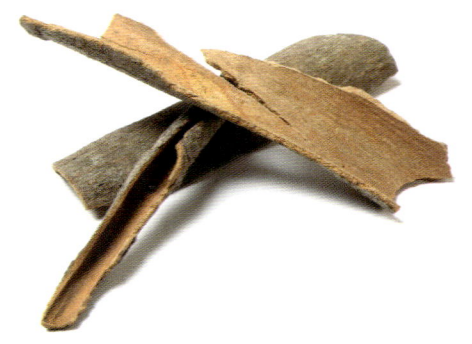

계피 Cinnamon

스리랑카 해변의 수목 한계선을 넘자마자 희미한 계피 향이 향신료 상인들과 미식가들을 유혹한다. 스리랑카 남쪽 해안에 흩어져 있는 플랜테이션들은 이 독특한 향신료를 생산한다. 해외에서 들어온 시끌벅적한 사촌 카시아(cassia)가 계피를 흉내 내곤 하지만, 한번도 제대로 성공한 적이 없다. 관목처럼 생긴 계피나무(Cinnamomum zeylanicum)는 버들가지 같은 가느다란 가지를 뻗는데, 이 가지에서 '깃'이라 부르는 껍질을 벗겨낸 뒤 돌돌 말아 향기로운 덩어리로 만든다.

껍질을 벗기는 작업은 거의 예술의 경지에 가까우며, 전통적으로 수대에 걸쳐 가업으로 이어오는 것이 보통이다. 장인의 손이라면 회초리처럼 생긴 간단한 도구만으로도 안쪽 겹의 껍질을 느슨하게 해서 잘라낸다. 이 껍질을 햇볕에 말려 좋은 것을 골라낸 뒤 최종적으로 돌돌 말아서 모양을 만든다. 경매에서 잘라낸 "막대" 꾸러미 단위로 팔린 계피는 전 세계의 항구로 길을 떠난다.

이집트의 미라 장인들과 로마 제국 황제들로부터 똑같이 사랑을 받은 진정한 계피는 그 용도가 무궁무진하다. 달콤한 패스트리에 들어가는 것은 물론이고 짭짤한 요리에도 마찬가지로 잘 어울린다. 계피 막대는 밥이나 커리에 섬세한 향을 더하며, 고전적인 차이 티나 멀드 와인을 만들 때에도 없어서는 안 된다. **TH**

Taste: 진짜 계피는 섬세한 꽃향기를 풍기며, 달콤하고, 후추처럼 몸을 따스하게 한다. 방향유를 얻고 방향족 화합물을 보존하려면 세심하게 사용하는 것이 좋다.

지중해 연안에서 사용한 최초의 향신료 중의 하나인 계피는 원래는 짭짤한 요리에만 쓰였다. ➲

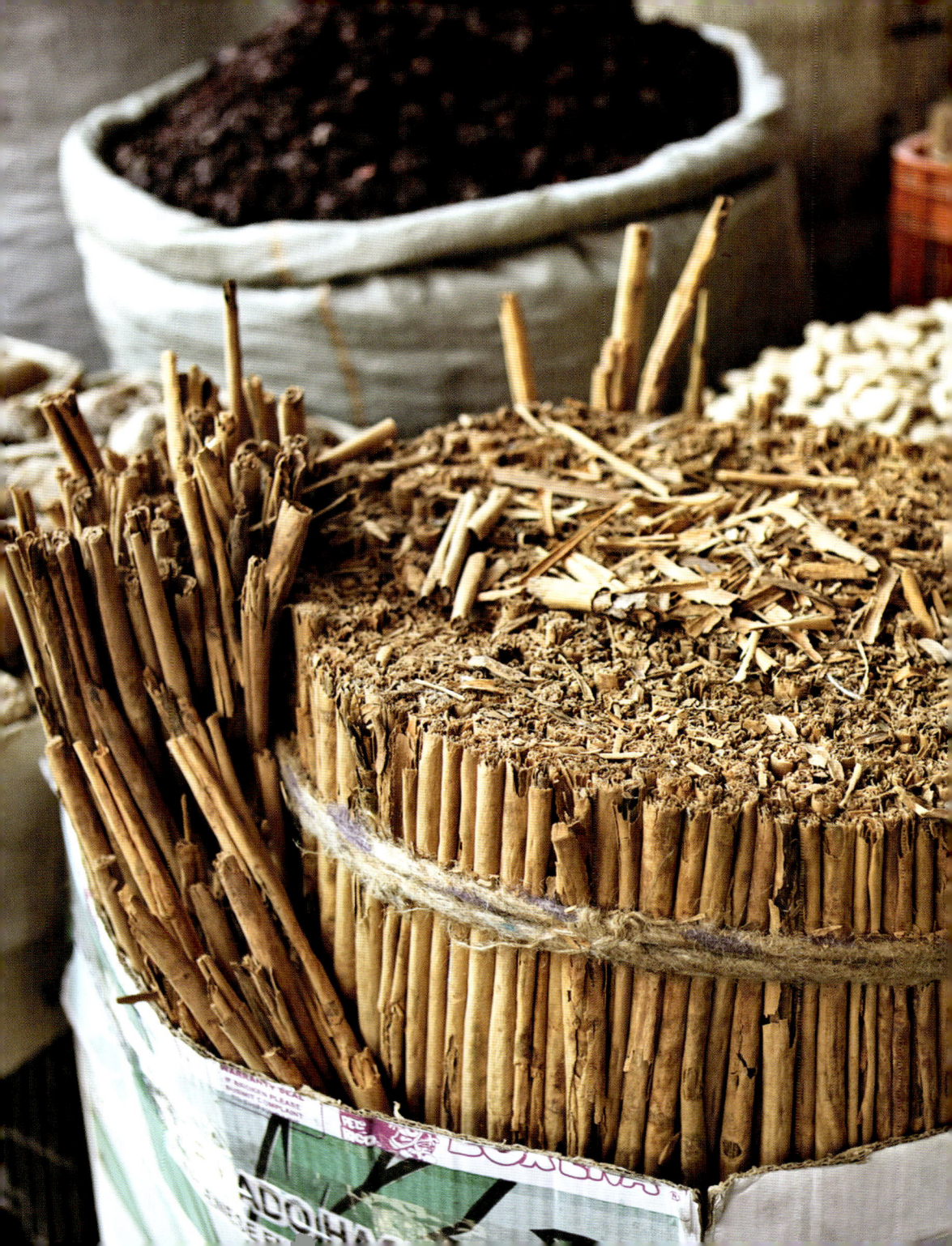

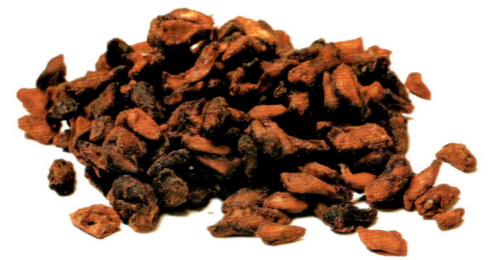

아나르다나 Anardana

중동에서 사막의 열기는 모든 것을 파괴하기도 하지만, 종종 그만큼 새로운 것을 창조해내기도 한다. 이성적으로 생각해 본다면 말린 석류 씨인 아나르다나야말로 바로 그 대표적인 경우이다. 아나르다나의 기원은 과거의 태양 속에서 잊혀졌지만, 그 기분 좋게 씁쌀하면서도 톡 쏘는 맛은 세월을 이기고 살아남았다. 히말라야에서 수확한 야생 석류가 가장 좋은데, 열매가 워낙 시기 때문이다.

즙이 많은 선홍색의 가종피를 일일이 분리하여 커다란 타폴린(타르 등을 칠한 방수천)에 넣어 햇볕에 말린다. 5~10일간 말리면 신선한 과일의 선명한 빨강이 거의 검은색에 가까운 밋밋한 보라색으로 바뀌며, 단단한 형태도 시들어서 한가운데 씨를 둘러싸고 검댕이가 엉겨 있는 것 같다. 끈적한 말린 씨 덩어리를 모아 통째로, 혹은 갈아 넣어서 신맛을 내는 데 쓴다.

아나르다나의 고향에서는 보통 가정에서 햇볕에 석류를 말려서 만든다. 남아 있는 습기 때문에 상하기가 쉽다. 보통은 처트니나 소스에 넣지만, 빵 반죽이나 다양한 향신료 믹스에도 넣는다. 또 커리나 수프에 신맛을 내기 위해 넣기도 한다. **TH**

Taste: 신 버찌와 매우 비슷한 짜릿한 맛이 두드러지며, 안에 들어 있는 씨는 씁쌀하다. 아나르다나는 절대로 완전히 바싹 말려서는 안 된다.

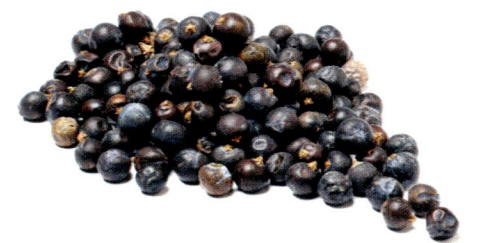

주니퍼 Juniper

진 한 병을 따서 깊이 숨을 들이마셔 보라. 그와 똑같은 향기를 햇빛 가득한 지중해와 나란히 놓고 상상해보라. 그런 다음 언덕을 덮고 있는 뾰죽뾰죽한 가시 같은 녹색의 잎사귀와 드문드문 보이는, 분이 뽀얗게 핀 파란 열매를 머릿속에서 그려보라. 마지막으로 꼬챙이에 꿰어 장작불 위에서 서서히 돌리며 구운 새끼양고기에서 풍기는 냄새가 감돌고, 눈앞에는 이탈리아의 아말피 해안에서 생산한 환상적인 주니퍼가 있다고 생각해보라.

열매 중에 치명적이지는 않지만 독이 있는 것도 있기 때문인지, 또는 녹색의 열매가 짙은 보랏빛으로 변하려면 1년 이상이 걸리기 때문인지, 주니퍼(Juniperus communis)는 종종 무시 당하곤 한다. 그러나 중세 이래 주니퍼가 높은 인기를 누려온 이탈리아 남부에서만은 예외이다. 이 지역 주민들은 일찌감치 주니퍼 열매의 강렬한 향미를 알아보았다. 로즈마리나 마늘처럼 이와 비슷하게 강한 맛을 내는 재료와 함께 곁들이면 주니퍼는 그릴의 강한 열기나 오븐에서의 기나긴 시간, 혹은 야생 육류의 코를 찌르는 풍미도 견딜 수 있다. 통후추나 올스파이스와 함께 빻으면 짠맛, 매운맛, 단맛의 완벽한 삼위일체가 된다. 진 칵테일에 주니퍼 열매를 몇 개 으깨어 넣으면 진 본연의 향에 메아리 치는 선명한 향기를 느낄 수 있다. **TH**

Taste: 입에서는 메마르고 건조하지만, 냄새는 뚜렷한 풀 향기에 정향처럼 살짝 쏘는 향이 어우러진다. 은근한 월계수 향이 배어난다. 흠이 없고 매끈한 열매로 고를 것.

진 제조에 적합한 주니퍼 열매를 일일이 손으로 골라내서 검사하고 있다. ➲

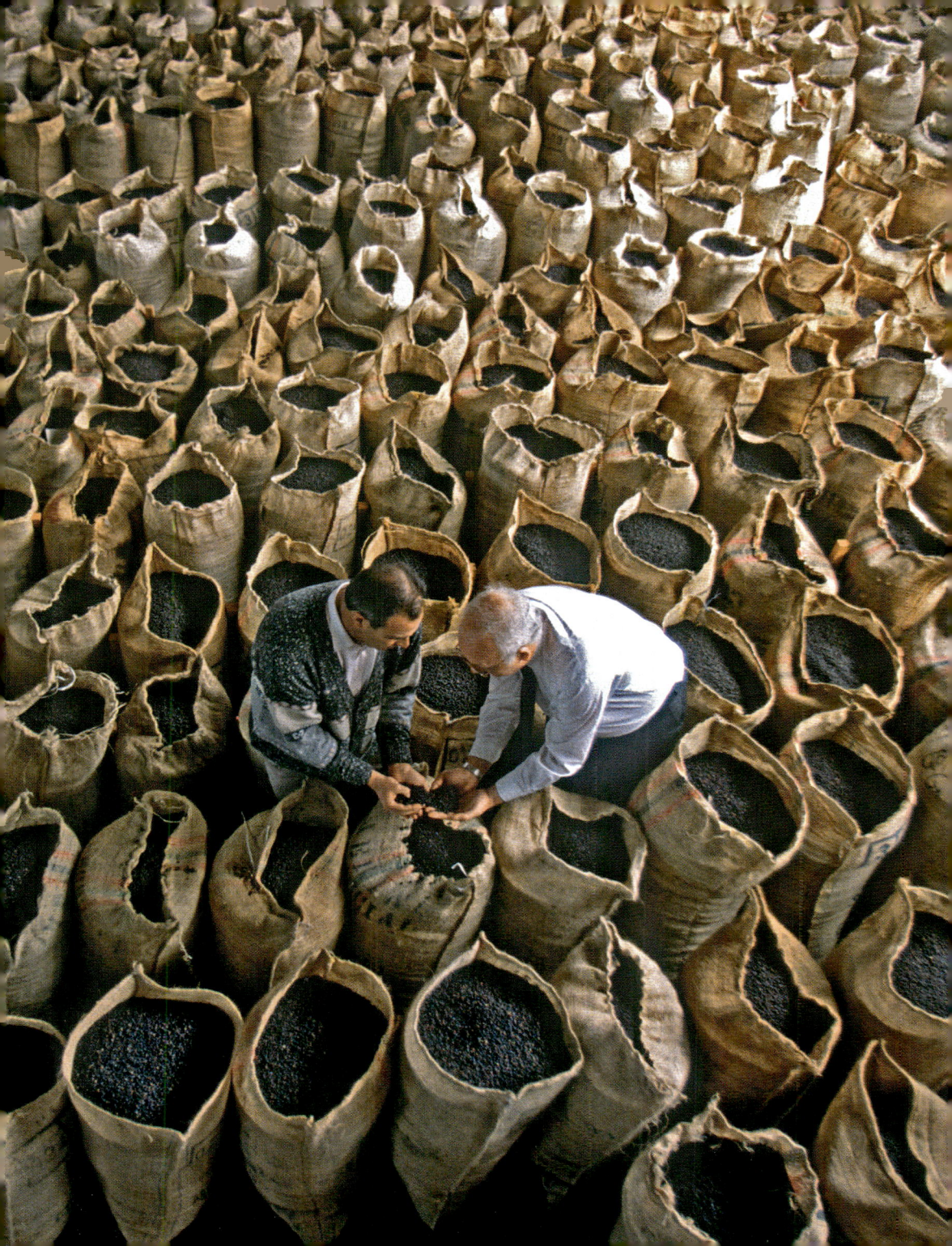

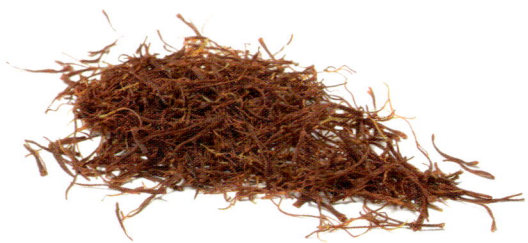

사프란 Saffron

만약 몇 평방미터의 땅에 연보랏빛 붓꽃을 심는다면, 연수입을 걸고 날씨에 베팅하고, 수백 명의 일꾼을 고용하여 일일이 손으로 꽃잎 사이의 가장 작은 부분까지 뽑아내게 하며, 그것으로도 모자라 수확을 불 위에 말리다가 눈 깜짝할 사이에 모든 것을 다 망쳐버릴 수도 있다…. 물론 처음부터 끝까지 시간 낭비일 수도 있지만, 실제로 전문가들은 더 많은 사람들이 사프란―향신료 중에서도 최고가를 자랑한다―을 맛볼 수 있게 하려고 이런 과정을 거치고 있다.

아무튼 이런 잠재적인 위험 요소 때문에 성공적인 재배 농민들 사이에서는 약간의 국가적 자부심마저 낳고 있다. 스페인 남중부의 라 만차와 카쉬미르가 품질로 보나 거만한 명성으로 보나 선두를 달리고 있지만, 파키스탄과 이란에서도 질 좋은 사프란을 생산한다.

사프란은 아주 조금만 사려고 해도 어마어마한 값을 치러야 하지만, 음식에 사프란(Crocus sativus)의 향을 더하고 싶다면 푼돈만으로도 충분하다. 사프란은 커리나 파에야 같은 주요 재배 지역의 요리에서 널리 쓰이지만, 그 외 지역에서는 수세기 동안 이국적인 별미였다. **TH**

Taste: 사프란을 조금 집어 그대로 입에 넣으면 무척 메마르다. 월계수를 연상시키는 깊은 향미가 깔려 있지만, 라벤더와 비슷한 꽃 향기도 끊임없이 존재하다.

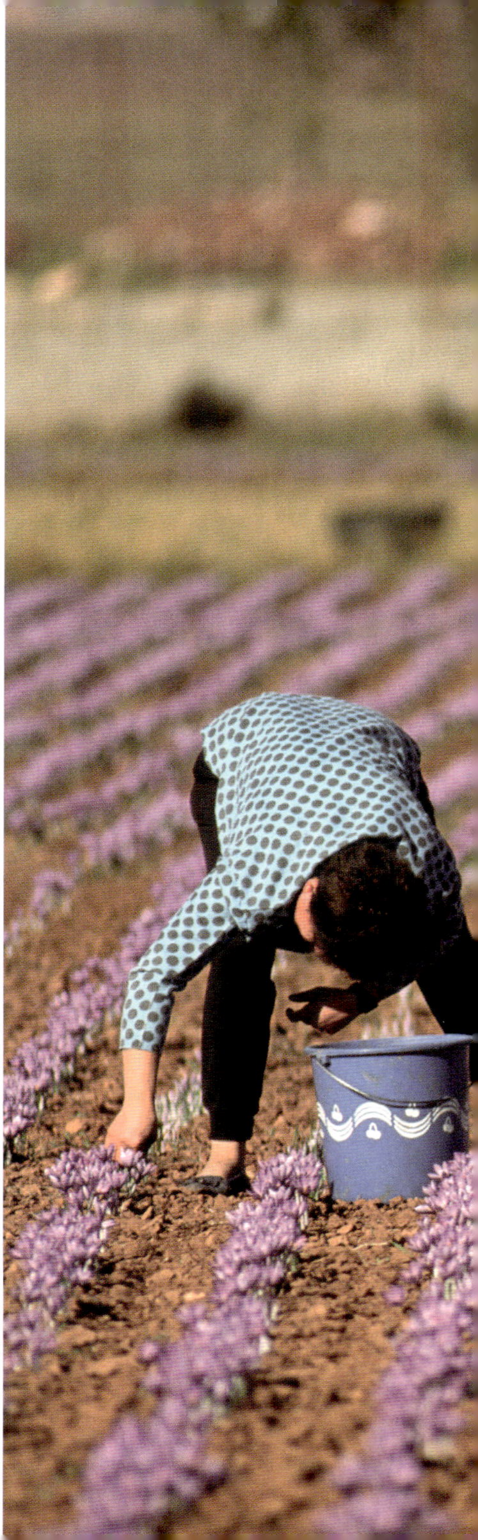

보통 사프란 수확에는 온 가족이
모두 달려들어 매달려야 한다. ➲

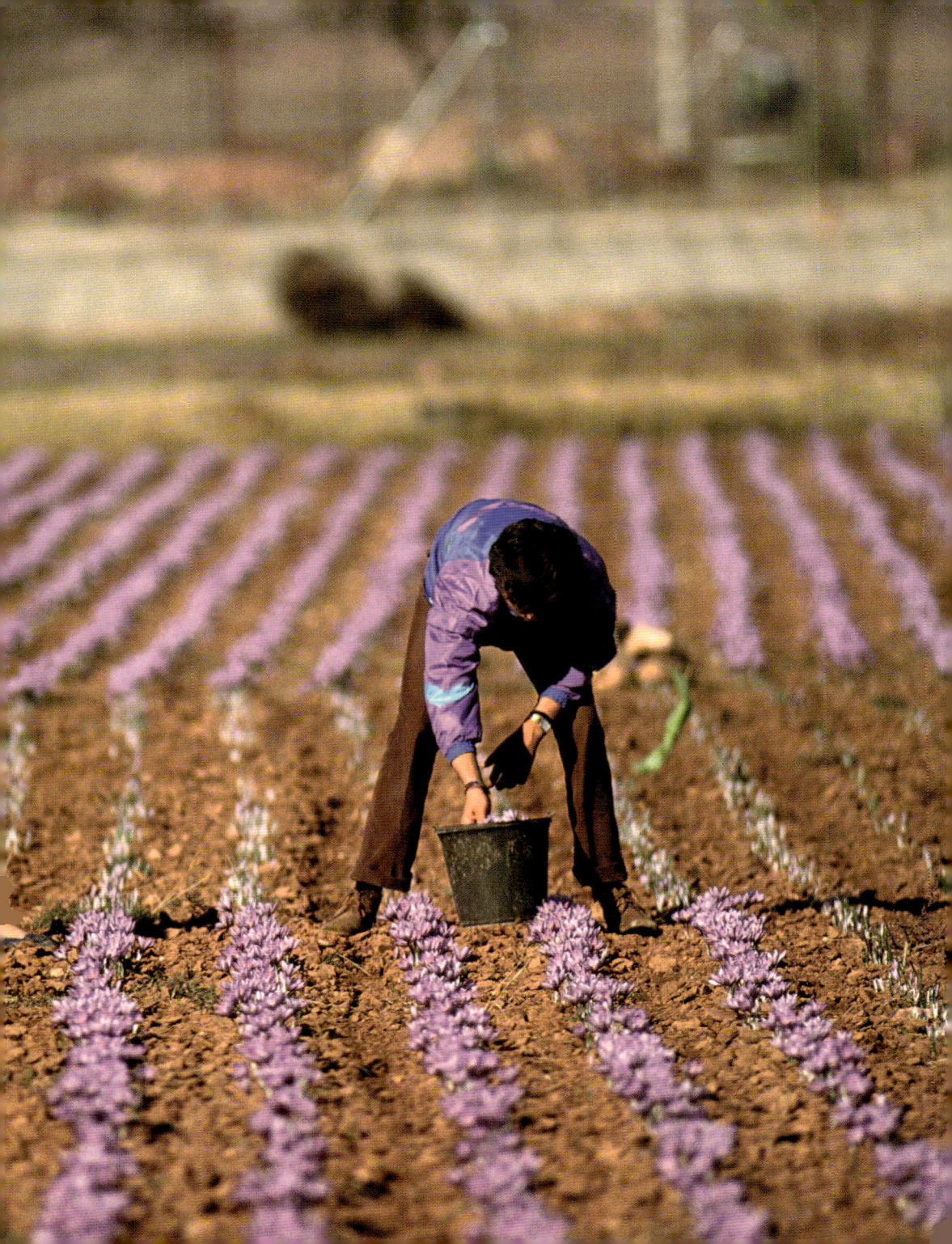

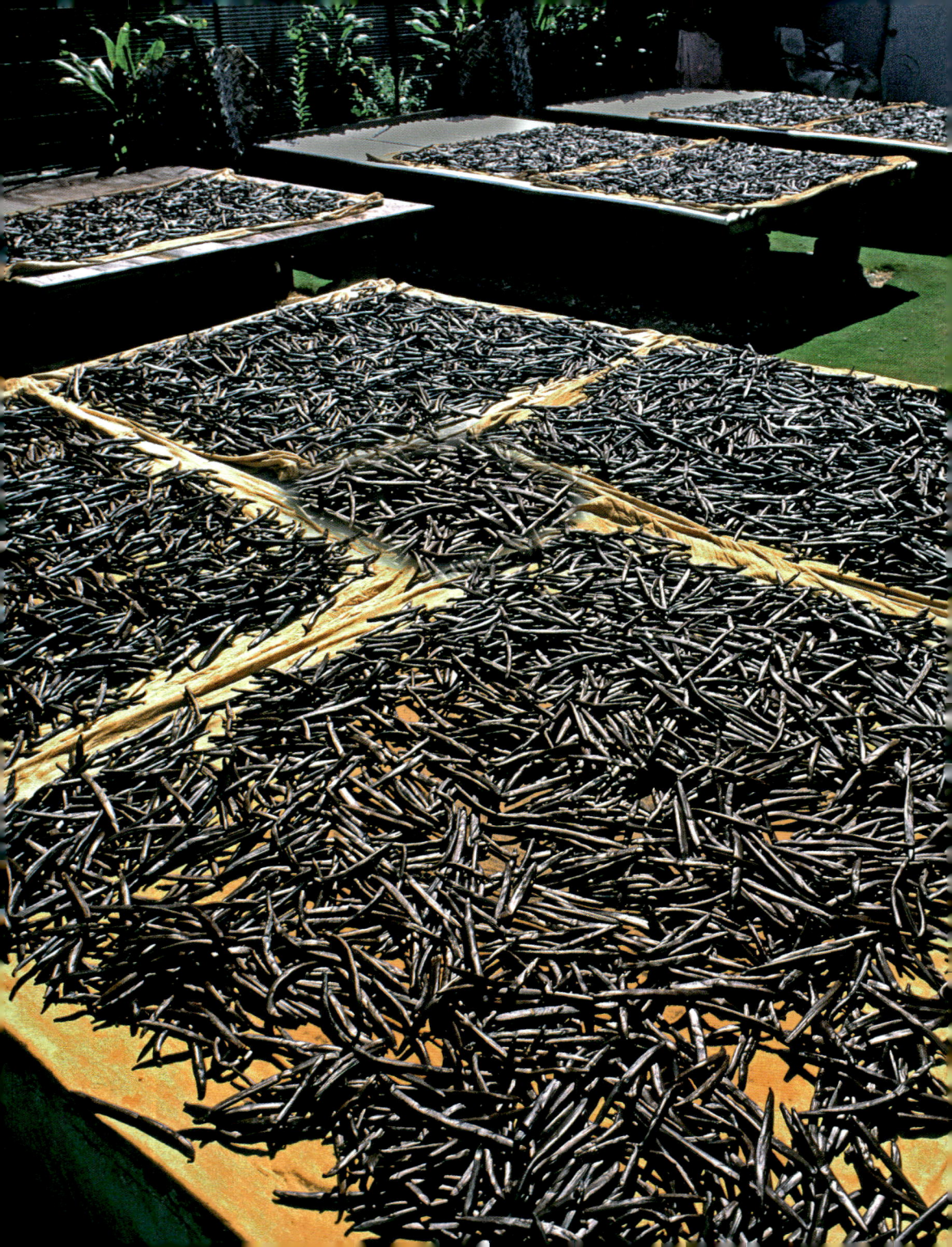

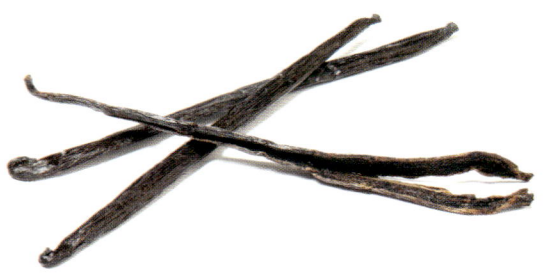
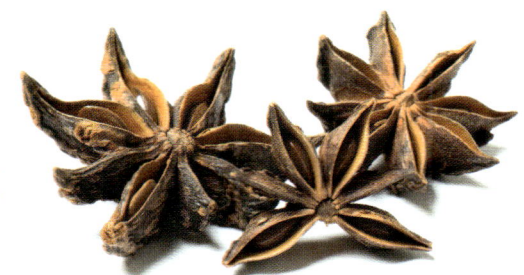

바닐라 꼬투리 Vanilla Pod

바닐라 향은 달콤한 꽃 향기로 오감을 아우르며, 고향인 열대 우림을 머릿속에 그리게 한다. 마다가스카르 섬의 플랜테이션을 ス 니는 것만으로도 감각의 향연이라 할 수 있다. 커다란 녹색 넝쿨이 난초꽃과 비슷한 꽃을 피워내며, 그 뒤를 이어 씨알이 들어 있는 꼬투리가 주렁주렁 매달린다.

바닐라(Vanilla planifolia)는 원산지인 라틴 아메리카의 습한 열대 지방은 물론 아프리카와 타히티에서도 잘 자란다. 최고 품질의 꼬투리만이 가정까지 전달된다. 길쭉한 녹색의 열매는 조심스레 말려서 꼰 뒤 주물러서 소금에 절인다. 수개월에 걸쳐 풍부한 검정색을 띠게 되며 원래 크기의 3분의 1 정도로 쪼그라든다. 가격으로 보면 사프란 다음으로 비싼, 최고급 바닐라 "콩"은 전 세계로 배송되며, 안절부절 못하는 패스트리 셰프들은 그 향과 맛을 열어오기 위해 기다려야만 한다.

촉촉하고 통통한 바닐라 꼬투리는 반드시 진공 포장해야 한다. 꼬투리를 길쭉하게 쪼갠 뒤, 중과피(中果皮)와 수없이 많은 작은 씨들을 긁어내서 서로 부드럽게 섞이게 한다. 질긴 겉껍질도 진한 향미를 품고 있기 때문에 설탕조림을 만들어 둔다. **TH**

Taste: 바닐라 꼬투리는 절대로 쉽게 쪼개지지 않는다. 진한 꽃 향기와 달콤함에 가까운 맛 그리고 오렌지나 셰리의 풍미를 지니고 있다.

스타 아니스 Star Anise

스타 아니스(Illicium verum)의 마른 열매는 녹청빛의 완벽한 별 모양으로, 각각의 우아한 심피(心皮) 안에 매끈하고 윤기있는 씨가 하나씩 들어 있다. 스타 아니스는 상록수로, 어마어마한 연분홍색 또는 노랑색의 꽃을 피운 뒤 씨를 맺는데, 한 마디로 '중국 남부'라고밖에 정의할 수 없는 향과 풍미를 내뿜는다. 현대의 제약 회사들이 시키믹 산(shikimic acid)을 얻기 위해 스타 아니스에 주목하기 오래 전에 이미 고대 중국의 한약방들은 스타 아니스를 약재로 사용하였다. 그러나 최근 조류 인플루엔자가 성행하면서, 스타 아니스가 식탁까지 올라오기가 힘들어졌다. 요리에 쓰는 스타 아니스는 거의 중국 남부에서만 재배하며, 동남아시아에서 드문드문 키우기도 한다. 스타 아니스 나무는 어른 나무가 되려면 수년이 걸리기 때문에 재배를 확장하기가 더욱 어렵다.

중국의 오향분(五香粉) 가루 역시 스타 아니스(중국어로는 바지아오(八角)라고 한다)가 들어가지 않으면 그 향이 완전하다고 할 수 없다. 또 스타 아니스는 파스티스 등 많은 리큐르의 향료로 쓰이기도 한다. 스타 아니스는 통째로 요리에 넣는데, 그러자면 오랜 시간 동안 뭉근히 브레이즈해서 그 강렬한 향미가 고기어 조화롭게 녹아들도록 해야 한다. 별 모양이 뭉그러지지 않은 온전한 것으로 골라야 품질이 좋고 원하는 대로 갈린다. **TH**

Taste: 스타 아니스의 달콤한 향미는 향긋한 아네톨 화합물로부터 기인한다. 강한 감초 향에 아니스와 비슷한 달콤함이 향기에서 뚜렷하게 느껴진다.

타히티의 뜨거운 태양 아래
⊖ 바닐라 꼬투리를 널어놓고 말리고 있다.

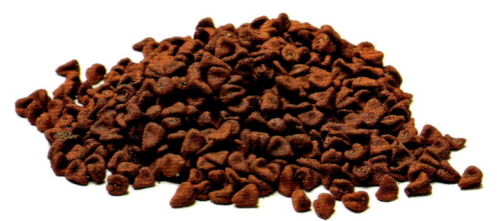

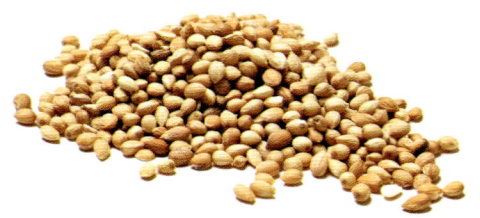

잇꽃나무 씨 Annatto Seed

자연에서 어떤 것들은 보기 드문 모양의 잎사귀와 깊은 빛깔, 또는 독특한 향기로 우리의 관심을 끈다. 마야의 제사장들이 각종 제의에서 염료로 사용한 잇꽃나무는 이 모든 조건을 다 갖췄다. 잇꽃나무(Bixa orellana)의 꼬투리에 들어 있는 벽돌 색깔의 씨앗이 그리 오래지 않아 식탁에 오르게 된 것도 놀라운 일은 아니다.

잇꽃나무 씨를 그냥 만지면 손끝이 새빨갛게 물든다. 중앙아메리카 나라들의 수많은 음식은 기름에 잇꽃나무 씨의 빛깔은 물론 풍미까지 우려낸다. 더 북쪽의 멕시코, 특히 유카탄 반도에서는 아키오테(achiote)라는 페이스트를 만드는 데 쓴다. 그 맛은 혀 위에서 흥미로운 센세이션을 불러일으키지만, 그 색깔은 '립스틱 나무'라는 별명에 걸맞게 요리를 확 살게 한다.

멕시코의 몰레(mole) 소스에도 종종 잇꽃나무 씨가 들어가지만, 잇꽃나무 씨만으로도 구덩이를 파서 불을 묻어 구운 돼지고기의 주요 양념으로 쓸 수 있다. 중앙 아메리카의 해안 지방에서는 종종 잇꽃나무 씨 기름만 써서 생선 소테를 만든다. 더 내륙 지방에서는 근채류나 조리한 곡물 요리의 맛을 내는 데 쓴다. **TH**

말라브 Mahlab

중동과 터키의 재치있는 **빵장이**들은 이 지역에서 널리 자라는 작은 야생 버찌를 보고 말그대로 황금의 기회를 보았다. 그들에게 황금을 안겨줄 주인공은 흔히 예상할 수 있듯이 그 열매가 아니라 한복판에 박혀 있는 씨였다. 이 씨를 햇볕에 말리면 황금빛 갈색을 띠는데, 바로 이것이 말라브이다.

마할렙 버찌(Prunus mahaleb), 또는 세인트루시 스체리(St. Lucy's cherry)라고도 하는 이 커다랗고 관목처럼 생긴 나무는 오직 말라브 생산을 위해서만 재배한다. 깊은 붉은 색의 열매는 씁쓸하고 먹을 수 없으며, 안에 있는 단단한 핵을 쪼개면 부드러운 속씨가 드러난다. 이것이 마르면서 건조되어 섬세한 물결무늬로 패인 아몬드 모양의 향신료가 된다. 중동의 시장에서는 온갖 다양한 이름으로 팔리지만 모두 하나의 향긋한 향신료이다. 때때로 색깔이 변하거나 질이 떨어지는 씨가 섞이는 수가 있으므로 사기 전에 재빨리 한번 훑어보는 것이 좋다. 갓 갈아낸 씨는 빵이나 패스트리에 쓰는데, 특히 아르메니아와 그리스의 부활절 빵이 유명하다. 고운 말라브 가루를 양고기와 곡물 스튜에 넣으면 걸쭉해지며, 중동의 치즈인 나불시(nabulsi)의 맛을 내는 데에도 쓴다. **TH**

Taste: 맛은 짭짤하고 흙 풍미가 나며, 기분 좋게 쌉쌀하다. 향은 백단이나 삼나무의 그것과 흡사하다.

Taste: 견과류의 향 뒤로 셀러리 씨나 쓴 오렌지를 연상케 하는 쌉쌀한 맛이 이어진다. 말라브는 향이 쉽게 날아가버리므로, 흠 없이 온전하고 색깔이 고른 씨앗을 고르는 것이 좋다.

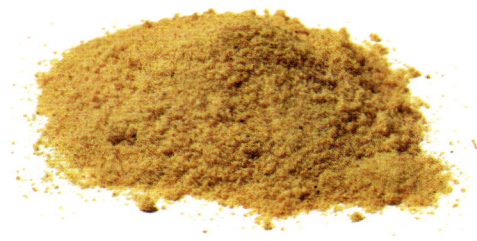

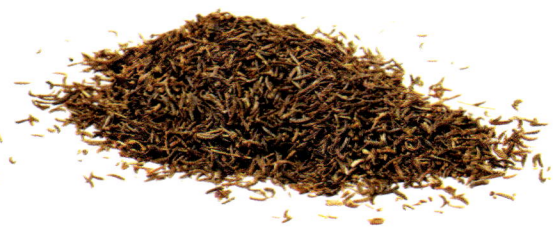

아사푀티다 Asafoetida

인도의 먼지투성이 들판에서 자라는 거대한 회향풀은 이미 철이 지나버린 것처럼 보인다. 성기게 매달린 잎과 철사처럼 뻣뻣한 가지는 거의 서로 붙어 있다고 보기도 힘들며, 그 겉모습보다 더 고약한 것이 있다면 바로 도저히 참을 수 없는 수액의 악취이다. 그런데 이 썩는 냄새 뒤에 맛의 보물이 숨어 있을 줄이야.

수확 때면 농부들은 짙은 호박색 수액이 흘러나올 때까지 세로로 찢는다. 이 수액이 엉겨 진득한 수지가 되는데, 이 수지는 처음에는 물렁물렁하지만 곧 딱딱해져서 유황 냄새를 풍기는 깨지기 쉬운 덩어리가 된다. 일반적인 조리로는 녹이는 데 시간이 많이 걸리기 때문에, 말린 수액은 '악마의 똥', '구린 수액' 같은 다채로운 별명을 얻었다. 그러나 서양의 셰프들이 마늘을 사용하는 것과 마찬가지로 그 신랄한 맛을 이용하는 인도의 셰프들 사이에서는 '힝(hing)' 가루로 더 잘 알려져 있다. 기름에 소테를 하든, 탄두르 화덕의 열기와 번쩍이든, 그 신랄한 향기를 제대로 내려면, 그리고 보다 부드러운 맛과 향을 뒤에 남기려던 강한 열이 필요하다. 이란, 이라크, 파키스탄, 아프가니스탄에서도 재배하며, 다양한 인도와 동남아시아 음식에서 조연으로 쓰인다. **TH**

블랙 커민 Black Cumin

일반적인 커민의 부드러운 맛을 원할 때 최우선적으로 염두에 두어야 하는 사실은, 커민과는 전혀 아무 관계도 없는 니젤라 씨가 종종 '블랙 커민'이라는 이름으로 팔린다는 것이다. 니젤라(Nigella sativa)의 씨는 검고 모나며, 겨자씨만한 크기지만, 진짜 블랙 커민(Bunium persicum)은 초승달 모양이며, 보통 커민보다 약간 더 길쭉하고 얇다.

블랙 커민의 석깔은 실제로 거의 검정에 가까운 짙은 갈색으로, 씨에서는 독특한 건초 향이 난다. 원산지인 이란, 파키스탄, 인도 북부 등지에서 야생으로 자라며, 워낙 눈에 쉽게 띄지 않아 '로열 커민'이라는 별명까지 붙었다. 공급량이 한정되어 있다 보니 값이 보통 "화이트" 커민보다 얼추 세 배나 비싸다. 그 은근한 단맛 덕분에 블랙 커민은 맛이 순한 요리, 특히 양고기 코르마(맛이 순하고 색이 연하며 크리미한 인도의 커리 요리)처럼 매운 향신료를 거의 또는 전혀 넣지 않은 요리에 곧잘 쓰인다. 블랙 커민 대신 일반적인 커민으로 대체할 수도 있지만, 그보다 더 좋은 방법은 회향 씨를 약간 넣어주는 것으로, 그 단맛을 비슷하게 흉내낼 수 있다. **TH**

Taste: 아사푀티다는 소테한 갈릭과 비슷한 맛이 나며, 캐러웨이나 회향의 쌉쌀한 향이 더해진다. 냄새(유황, 썩은 달걀, 더러운 양말을 한데 뒤섞어 놓은 듯한)는 정말 맡아보지 않고는 뭐라 말할 수 없다.

Taste: 블랙 커민은 일반적인 화이트 커민의 달콤한 버전이라고 생각하면 된다. 셀러리나 타임과 비슷한, 살짝 쌉쌀한 맛도 돈다.

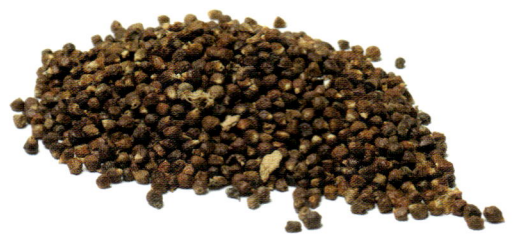

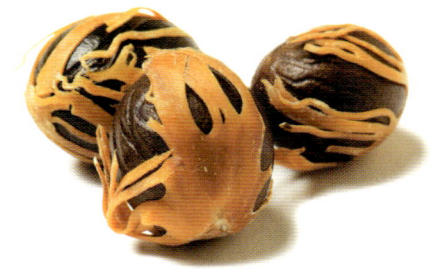

그래인 오브 파라다이스 Grains of Paradise

14세기 베네치아의 상인은 말 그대로 세계가 자기 앞마당이나 다름없었다. 도시 국가 베네치아가 무역의 심장으로 대두되면서, 온갖 이국적인 문물이 날마다 산더미같이 문 앞에 쌓였다. 상인의 임무는 이러한 물건들을 팔시장을 개척하는 것이었다. 이리하여 이 톡 쏘는 작은 씨앗에 '그래인 오브 파라다이스'라는 이름이 붙었고, 이는 마케팅의 효시라고 할 수도 있다.

후추의 인기와 가격을 고려할 때, 셰프들에게 기니 후추나무(Aframomum melegueta)의 열매를 한번 써 보라고 설득하는 것은 그리 어려운 일이 아니었다. 물론 이를 더욱 부추기기 위해 이 향신료가 어디서 왔는지를 설명하며 용, 코끼리, 심지어 에덴 동산까지 나오는 화려한 이야기를 늘어놓곤 했지만 말이다. 거의 피라미드 꼴인 그래인 오브 파라다이스는 길이 5센티미터쯤 되는 꼬투리에 들어 있으며, 섬유질의 겉껍질로 싸여 있으므로 서아프리카에서 아드리아 해까지의 육로 여행을 쉽게 견딜 수 있었다. 그러나 18세기에 접어들면서 그래인 오브 파라다이스의 인기는 내리막길에 들어섰고, 통후추가 그 자리를 대신하고 있었다. 그렇지만 근사한 이름의 가치를 증명하기라도 하듯, 최근 그래인 오브 파라다이스는 현대의 셰프들 사이에서 다시 과거의 영광을 되찾고 있다. 전통적으로 육류 양념에 쓰인다. **TH**

Taste: 후추를 닮은 매운 맛에 생강, 장뇌, 카르다몸의 정수가 입안에서 뒤섞인다. 그 향기를 보존하기 위해 음식에 넣을 때만 그때그때 갈아서 쓰는 것이 좋다.

블레이드 메이스 Blade Mace

근처에 육두구 과수원이 있는 행운아라면 그 향의 근원이 눈에 익은 육두구 씨만은 아니라는 사실을 잘 알 것이다. 육두구나무(Myristica fragrans)의 복숭아처럼 생긴 열매 안에는 선명한 심홍색의 마치 레이스 같은 덩굴손이 씨알이 들어 있는 꼬투리를 꽉 움켜쥐고 있다. 이것을 수확하면 블레이드 메이스를 얻을 수 있다. 육두구와 마찬가지로, 혀의 미뢰 하나하나를 마비시켜 버리는 마법 같은 향신료 말이다.

육두구와 메이스는 대항해 시대를 불러온 향신료 전쟁의 발화점이기도 했다. 상인들은 육두구를 찾아 앞다투어 인도네시아의 반다 제도로 가는 항로를 찾았다. 마침내 육두구가 열대 지방에 널리 퍼질 때까지, 네덜란드, 포르투갈, 잉글랜드 세력이 한치의 양보도 없는 세력전을 계속했다.

블레이드 메이스의 질감은 마치 질긴 가죽 같다. 그러나 이런 질감도, 그 색깔도 금방 사라져 버린다. 며칠 사이에 마르면서 부서지기 쉬운 연주황색이 된다. 이런 이유로 대부분의 메이스는 고운 가루로 만들어 전 세계로 수출하지만, 인도네시아, 스리랑카, 카리브해 일부 지역 등 오늘날 육두구 산지에서는 훌륭한 통 육두구도 구할 수 있다. **TH**

Taste: 신선한 블레이드는 가루로 만든 제품의 희미한 풍미와는 완전히 다른 경험을 제공한다. 그 향미는 육두구와 비슷하지만, 더 짜릿하고 더 강렬하다.

메이스로 만들기 전에 육두구에서 갓 벗겨낸 가종피(暇種皮)를 쏟아놓고 있다. ➋

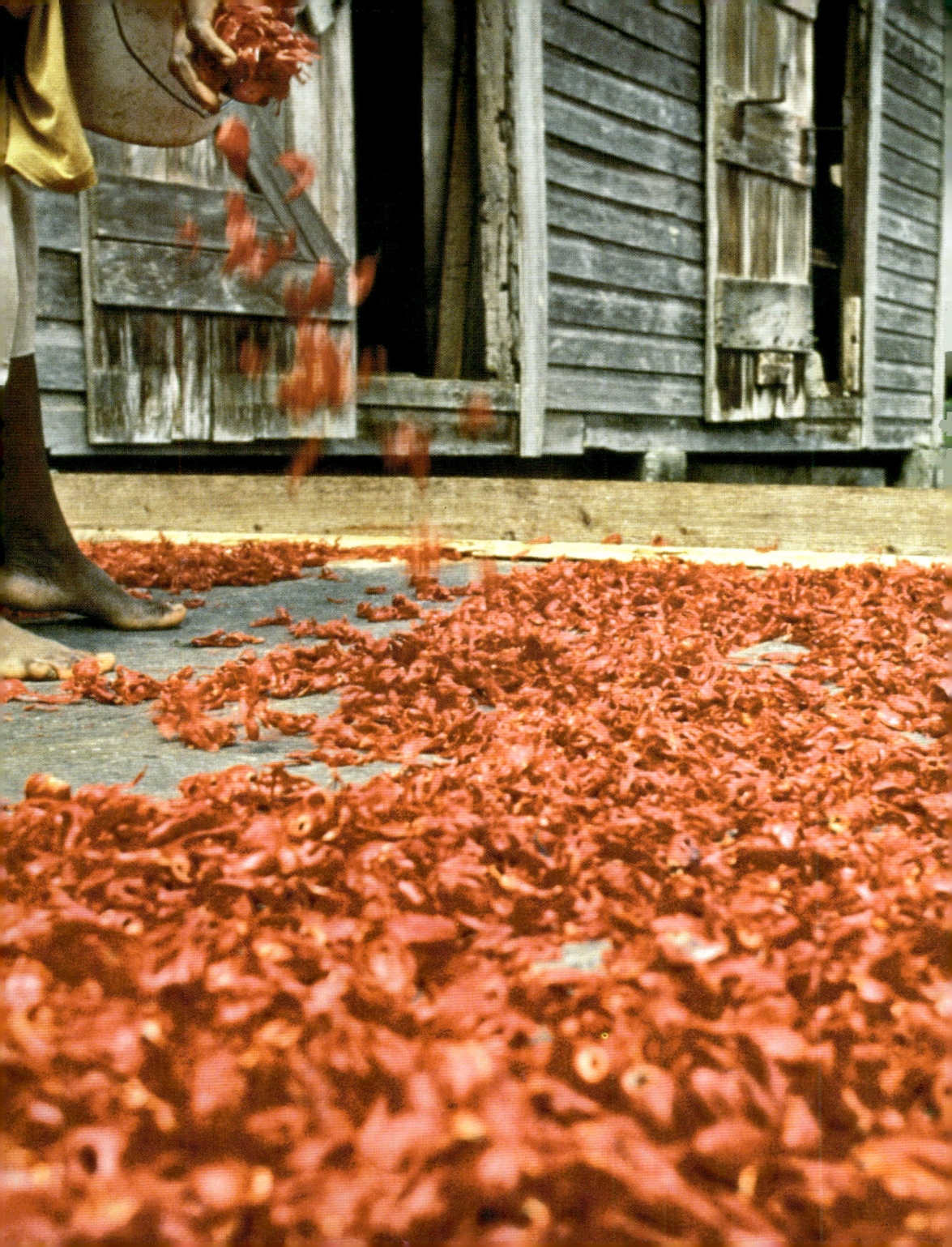

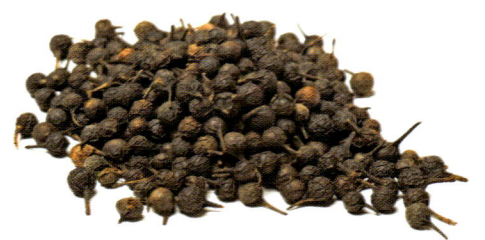

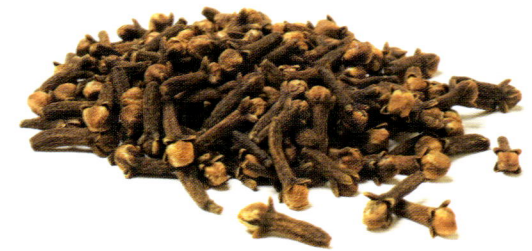

큐베브 후추 Cubeb Pepper

큐베브 후추는 중세 유럽, 식탁에 오르기까지, 그 마구 뒤엉켜 올라가는 덩굴만큼이나 길고도 복잡한 여정을 거쳐야만 했다. 거꾸로 거슬러 올라가자면, 베네치아에서 아랍, 아프리카를 가로질러 인도와 중국을 거쳐 마침내 산지인 인도네시아에 다다른다. 이 후추가 곧바로 상승세를 타게 된 것은 놀랄 일도 아니다.

말린 검은 열매에 매달려 있는 줄기 때문에 '꼬리 달린 후추'라는 별명도 있다. 큐베브 후추(Piper cube-ba)는 자바 섬이 원산지로, 이 곳 외에는 달리 재배하는 곳이 많지 않다. 덕분에 구하기가 어려워서 결국에는 재배가 쉬운 보통 후추에게 자리를 내주고 말았다. 오늘날 인도네시아 요리에 널리 쓰이지만, 여전히 재배 지역은 한정되어 있다. 소량 재배에, 열등한 후추(Piper) 종인데다, 의료용 팅크제로 사용되며, 담배의 원료로까지 쓰이면서 더더욱 인기가 떨어졌다. 큐베브 후추가 자신의 존재를 확실히 하는 몇 안 되는 경우 중 하나는 아랍 향신료인 라스-엘-하누트(ras-el-hanout, 680쪽 참조)이며, 주니퍼와 함께 증류 진을 만드는 복잡한 레시피에도 등장한다. 그러나 그 맛은 어떤 길이건 간에 항해를 떠나지 않을 수 없도록 만들기에 충분하다. **TH**

정향 Clove

정향은 맛과 향이 어찌나 강한지, 스페인, 포르투갈, 네덜란드, 영국이 모두 이 작고 단단한 봉오리의 고향인 인도네시아로 달려가면서 한 때 세계가 반으로 갈라지기까지 했다. 정향은 로마 시대에 이미 아랍과 인디아를 가로지르는 육로를 통해 전래되었지만, 이러한 경로는 워낙 비싼데다 위험이 커서 15세기의 해양 대국들은 유명한 '향신료의 섬'으로 가는 항로를 찾아나섰다.

근대에 들어설 때까지 정향(Syzygium aroma-ticum)은 인도네시아에서만 볼 수 있었다. 송이송이 뭉친 어린 봉오리가 열리는 상록수이다. 이후 스리랑카, 잔지바르, 마다가스카르, 그 외 지역으로 퍼져 나갔다. 봉오리가 분홍색 비스무리하게 변한 직후에 따서 말리면 짙은 황동색이 된다.(가장 신선한 물량은 둥그스름한 끝부분의 색깔이 훨씬 밝으며, 나이나 배송기간의 영향을 받지 않는다.) 통째로 사용하면 잘 우러나며, 밥부터 멀드 와인에 이르기까지 어디에나 넣을 수 있다. 갈아서 가루로 만들면 인도의 스파이스 믹스에서부터 유럽의 소시지와 패스트리에 이르기까지 용도가 무궁무진하다. **TH**

Taste: 입안에서 후추와 생강과 올스파이스를 만나 어우러지지만, 보통 후추처럼 강하지는 않다. 큐베브 후추는 풍미나 향기가 정향처럼 짜릿하다.

Taste: 올스파이스와 비슷하지만, 더 달콤하고 후추 향이 난다. 강한 향기에 강렬한 방향유로 인해 약간 얼얼해지는 효과가 더해진다.

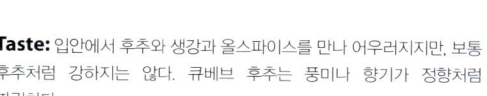

자바섬 중부 라우 산의 정향나무 숲. 정향나무는 인도네시아 담배의 일종인 크레테크(kretek)를 만드는 데에도 사용된다. ➋

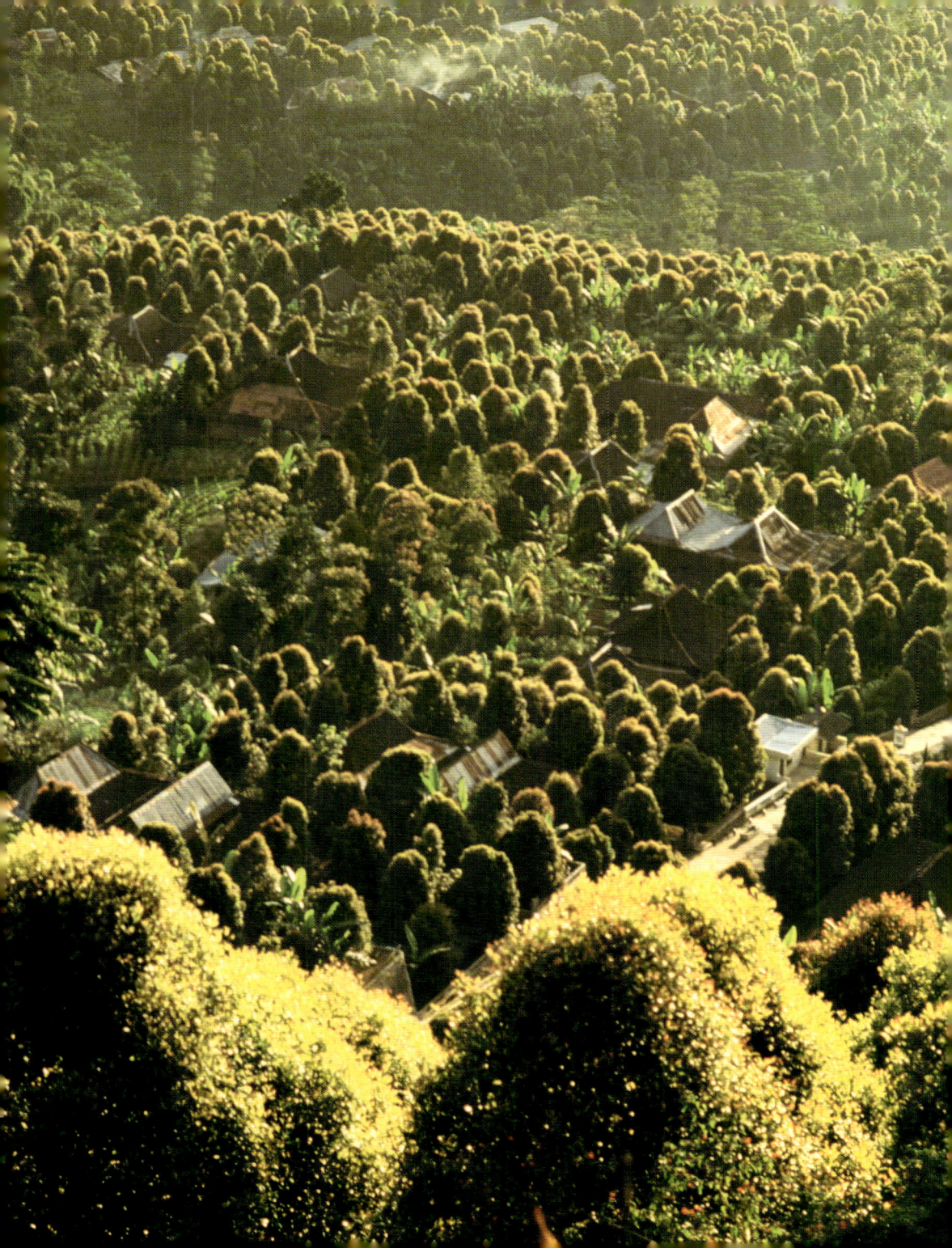

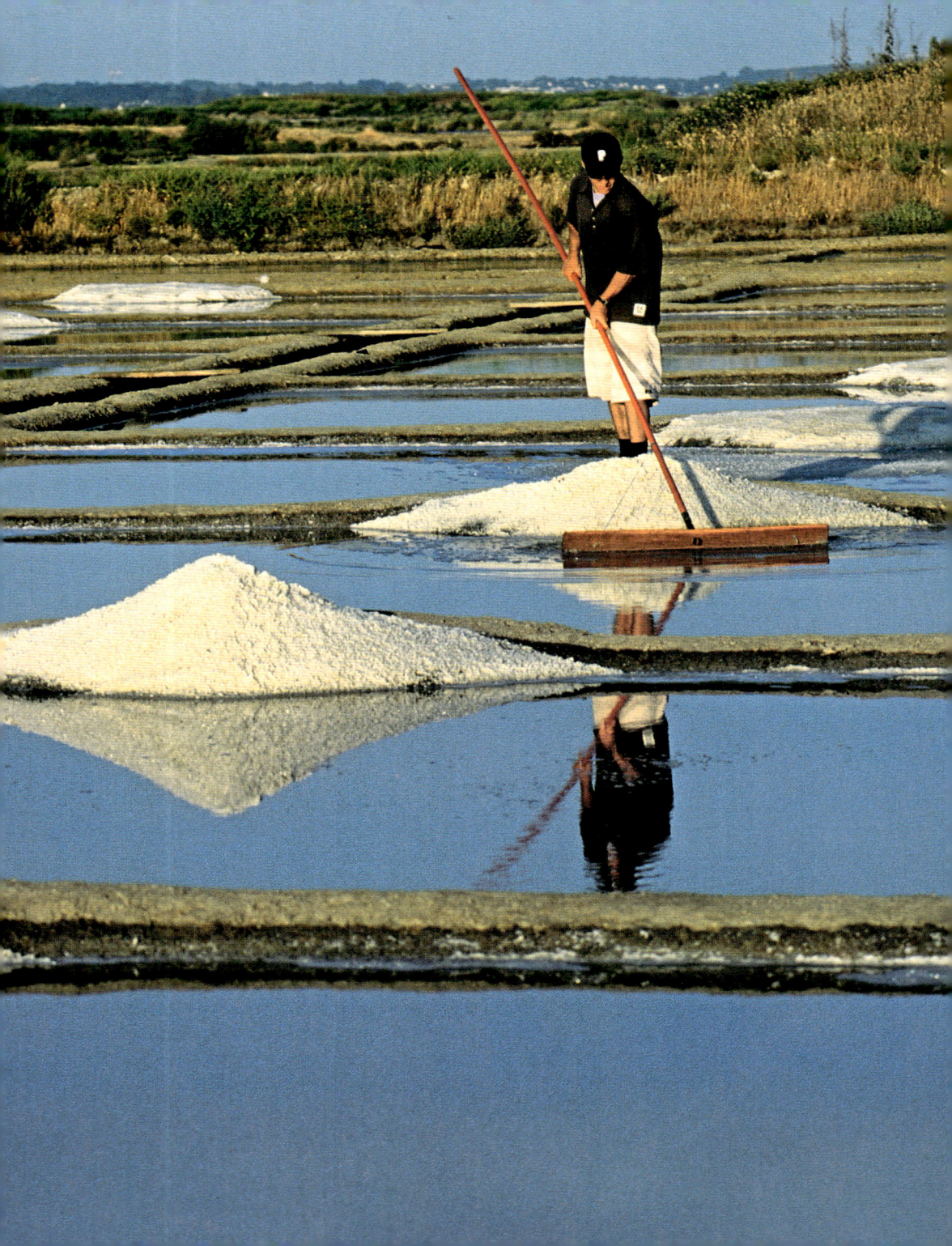

플뢰르 드 셀 드 게랑드
Fleur de Sel de Guérande

프랑스 서부, 대서양 연안의 염전에서 생산되는, 정제되지 않은 축축한 갯빛 소금은 셰프들과 제과 장인들의 사랑을 듬뿍 받고 있다. 마치 우유 위에 크림이 떠 있는 것 같은 이 소량의 수확물이 바로 플뢰르 드 셀(Fleur de Sel, '소금의 꽃'이라는 뜻)이다. 건조 중인 간수의 표면 위에 모습을 드러내는 고운 수정 결정은, 오직 바람이 제대로 된 방향에서 불어와야만 생긴다. 표면에서 갓 걷어낸 소금은 마치 서리 같은 플라밍고 핑크색이지만, 하루만에 다소 재미없는 갯빛 백색으로 변한다. 식탁에 올리려면 1년은 숙성시켜야 한다.

정제염(순수한 염화나트륨)은 미각이 예민한 사람이라면 금새 쓰다고 생각할 테지만, 정제하지 않은 소금은 철, 마그네슘, 칼륨 같은 다양한 무기질을 함유하고 있다. 정제하지 않은 소금을 즐겨쓰는 요리사라면 보통 정제염을 쓰는 양보다 더 적게 넣을 것이다. 셰프들은 정제하지 않은 갯빛 게랑드 소금을 좋아하지만, 플뢰르 드 셀은 워낙 비싸기 때문에 신중하게 다룬다. 그 풍미를 고양시키기 위해 완성된 요리의 마지막 단계에 뿌린다. 미슐랭 스타 레스토랑이라면 어디든지 테이블 위에 플뢰르 드 셀을 구비하여 손님들이 입맛에 맞게 쳐서 먹을 수 있도록 한다. **MR**

맬든 소금
Maldon Salt

맬든은 잉글랜드 에섹스의 블랙워터 후미 맨끝, 망망한 물과, 개펄과, 바닷물이 드나드는 습지의 한복판에 있다. 이 곳에서는 염부들이 바닷물의 조류를 끌어들여 수정 같은 소금 결정으로 만들어낸다.

우선 한 달에 두 번, 즉 만조인 초승달과 보름달이 뜨는(비가 오지 않아야 한다) 바닷물이 가장 짤 때 간수를 만든다. 탱크에 가두어 놓으면, 세 개의 층으로 분리된다. 염부들은 염분 함량이 낮은 상층부와 바닥에 가라앉은 실트(고운 침적토) 사이에 샌드위치처럼 긴 중간층만을 빼낸다. 얕은 정사각형 솥에서 하루 동안 약한 불에 끓이면, 보글보글 끓으면서 결정이 생긴다. 물이 증발하면서 속이 빈 피라미드 모양의 소금 입자—어떤 것은 현미경으로 봐야만 보일 정도로 작고, 어떤 것은 우표만큼 크다—가 제멋대로 모양을 만들면서 결정이 된다.

대부분의 테이블 소금과는 달리 맬든 소금은 칼륨, 칼슘, 마그네슘 함량이 상당히 높다. 셰프들은 맬든 소금은 조리용보다는 테이블용으로 더 적합하다고 말한다. 스페인의 셰프인 페란 아드리아는 바삭바삭한 수정질의 '라비올리'를 만들겠다며, 가장 큰 결정으로만 골라서 주문하기도 했다. **MR**

Taste: 바삭바삭하고, 딱딱하고, 자박자박한 플뢰르 드 셀 알갱이는 물론 당연히 소금 맛이지만, 결정 하나하나가 혀 위에서 녹으면서 긴 여운을 남긴다.

Taste: 맬든 소금의 입자는 미니어처 콘플레이크처럼 부서지기 쉬우며, 살짝만 깨물어도 뽀드득 부서진다. 그 맛은 일반 소금보다 혀 위에서 훨씬 생기 발랄하다.

인공 염전에서 염부들기
○ 굵은 소금을 긁어모으고 있다.

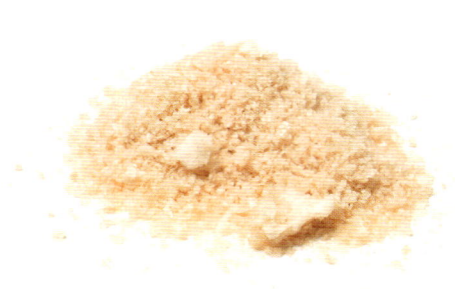

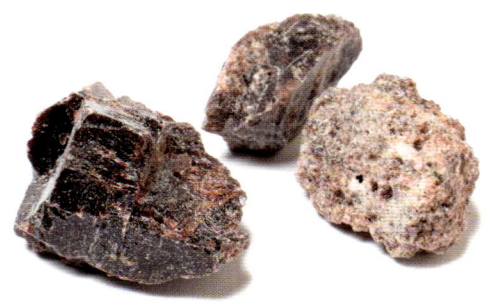

훈제 천일염 Smoked Sea Salt

무언가 원시적인 것이 우리로 하여금 먹는 음식 주위에 연기를 갈망하게끔 했고, 칠리 고추에서부터 치즈에 이르기까지 모든 것이 불에 탄 끝에 연기가 뭉게뭉게 피어오르고 나면 우리의 미각을 한층 더 유혹한다. 그렇다면 구멍이 숭숭 뚫린 천일염 결정—스폰지처럼 향미를 흡수할 수 있는—이 궁극적으로 불의 정수를 빨아들인 것은 자연스러운 일일지도 모른다.

훈제 소금은 바다와 숲이 있는 곳이라면 언제든지 있어왔지만, 감사하게도 현대에 들어서 그 과정이 매우 세련되어졌다. 한 가지 방법으로 냉훈을 만들어 소금을 녹이지 않고도 그 결정의 표면에 배어들게 한다. 또 다른 기법은 소금물을 불 위에서 증류시켜 완전히 훈연이 밴 섬세한 수정질의 형태를 얻는다. 미국에서는 수목의 종류가 다양하여 오리나무부터 메스키트나무에 이르기까지 온갖 나무를 사용하여 소금을 바비큐한다. 덴마크인들은 바이킹에게 기술을 배워 벚나무와 노간주나무 같은 이국적인 조합으로 깊고 개성있는 연기를 만들어낸다. 훈연과 소금 모두 각각 완성된 풍미에 일조한다. **TH**

칼라 나마크 Kala Namak

동양의 언어를 서양의 언어로 옮길 때면 이름이 멋대로 뒤바뀌곤 하는 일은 일상 다반사이다. 그 중에서도 특히 현란한 예가 바로 이 칼라 나마크, 또는 흑염이다. 이름과는 달리 검지도 않고, 소금도 아니다. 사실은 인도의 화산 호수에서 캐낸 혼합 무기질 덩어리로, 색깔도 새까맣기보다는 갈색이나 회색에 가깝다. 염화 나트륨은 그 복잡한 구성에 속하는 한 가지 요소일 뿐이다. 그 원산지와 정제 과정에 따라 회색, 분홍색, 베이지색 등의 색깔을 모두 찾아볼 수 있다. 완숙 달걀과 유황을 연상시키는 향과 맛은 처음 접하는 사람들에게는 다소 당혹스러울 수 있지만, 적당히 가열하면 기분 좋은 흙 냄새로 누그러진다.

칼라 나마크는 보통 요구르트 소스와 섞어 다양한 처트니를 만든다. 인도에서 간식에 흔히 뿌려 먹는 짜릿한 맛의 혼합 향신료인 차트 마살라(Chaat masala)는 칼라 나마크와 아사푀티다가 주 원료이며, 확실히 마음 약한 사람은 함부로 손댈 게 아니다. 퓨전 스타일로, 순수한 칼라 나마크를 과일에 뿌려 먹는다. 최대의 효과를 이끌어내기 위해 전혀 조리하지 않는다. 가루로 만들면 습기 때문에 덩어리가 질 수도 있다. **TH**

Taste: 훈연의 강렬함과 나무의 잔향은 어떤 나무를 사용했느냐에 따라 달라진다. 색깔은 짙은 잿빛부터 얼룩덜룩한 호박색까지 다양하며, 결정의 크기 역시 마찬가지로 제각각이다.

Taste: 향은 마치 화산과도 같으며, 아사푀티다. 유황. 마늘의 향이 입안에서는 짭짤하고, 때로는 금속적인 맛으로 이어진다.

정제하지 않은 칼라 나마크는 마치 진흙탕 같으며, 화산 호수에서 특수한 도구를 이용하여 채취한다. ➲

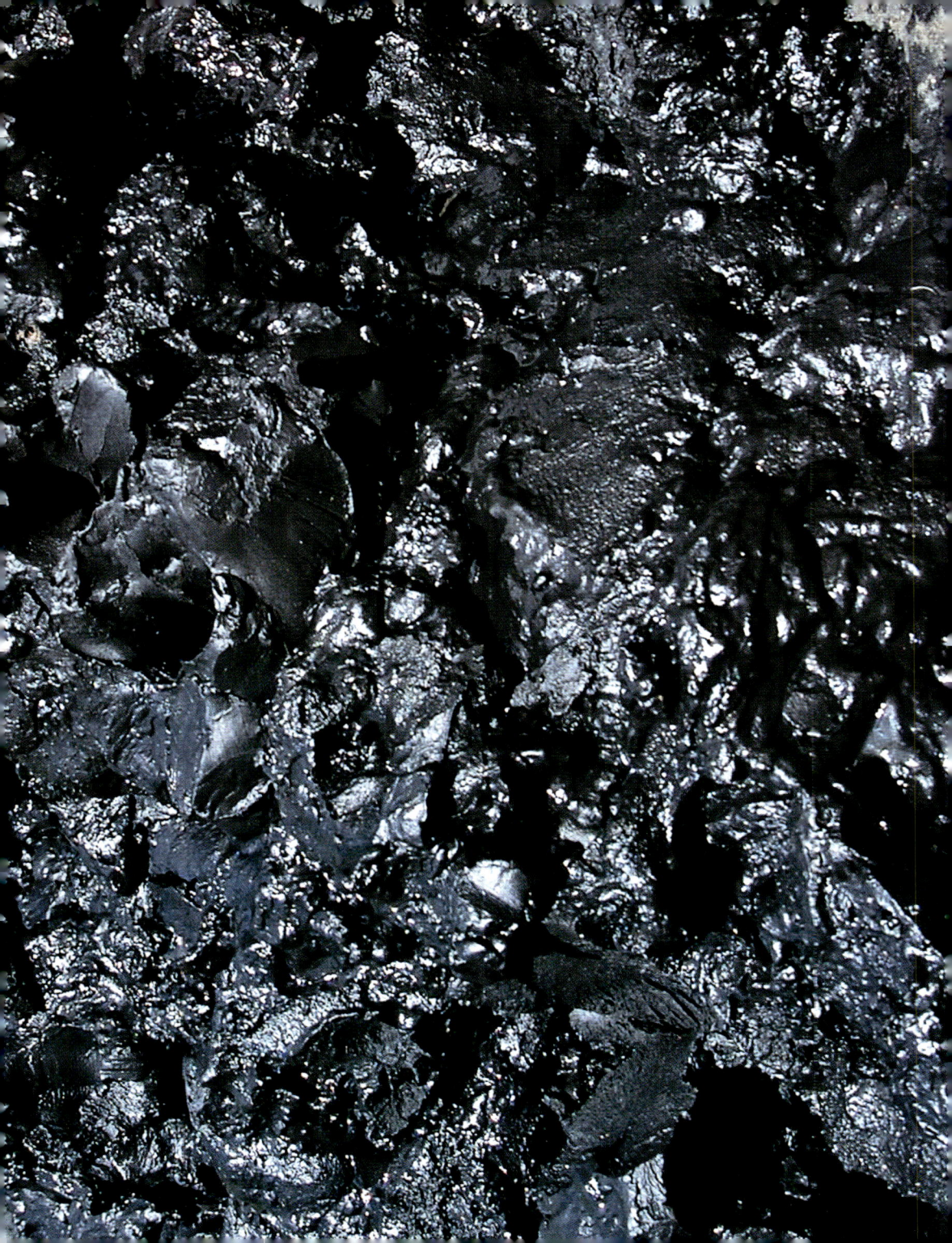

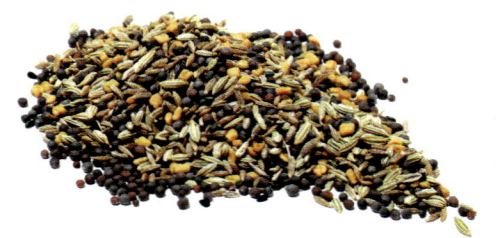

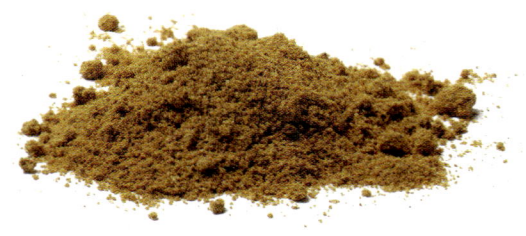

판치 호론 Panch Phoron

5라는 숫자가 혼합 향신료에 정기적으로 등장한다는 사실은 밑바닥에 어떤 패턴이 깔려 있다는 것을 암시한다. 일설에 따르면, 맛의 4요소—단맛, 신맛, 쓴맛, 짠맛—는 혀에서 느끼는 부분이 각각 다르다고 한다. 그리고 다섯 번째 맛은 혀 위에서 신비로운 균형을 이루는 이 네 가지의 조화이다.

판치 호론은 인도 동부 벵골 지방 셰프들의 위대한 업적이다. 검은색 또는 갈색의 머스터드, 호로파, 회향, 니젤라, 커민, 그리고 가끔은 야생 양파나 셀러리 씨도 넣는, 시각적으로 상당히 흥미로운 조합이다. 이 향미들이 동남아시아와 인도의 음식을 이어주는 자연스러운 다리로 발전하였으며, 벵갈 주변의 주로 채식 위주 음식에 완벽한 깊이를 더해준다.

오븐에서 바짝 굽거나 아니면 버터에 볶으며, 보통은 피어나는 향기와 씨알이 팬에서 튀어오르며 내는 지글거리는 소리와 함께 방글라데시의 감자와 렌틸콩 요리를 시작한다. 강렬한 조리용 열기는 자칫하면 재료 안에 갇혀 있었을 향미를 열어서 결합시켜준다. 갈아서 가루로 만드는 것은 오직 이 단계를 거친 후에만 추천한다. 가정에서 사용할 경우에는 판치 호론이 따로 없어도 각각의 향신료를 섞어서 직접 만들어 쓰면 된다. **TH**

커리 가루 Curry Powder

커리 가루라는 말을 입에 올리기만 해도, 곧 그 수백 가지 해석에 대한 열띤 토론에 휘말리게 될 것이다. 도대체 거의 정체를 알 수 없다시피 한 이 혼합 향신료는, 그 가루로 만든 요리와 마찬가지로, 타밀어 '카리(kari)'와 칸나다어 '카릴(karil)'에서 유래하였다. 둘 다 밥에 곁들여 내는 소스나 렐리쉬를 의미한다. 인도에서는 처음부터 혼합하여 시판하는 가루는 거의 없다시피 하며, 셰프들도 가정에서도 처음부터 순수한 원료를 사용한다. 그러나 영국 식민 세력으로서는 말려서 가루로 만들어 섞은 제품을 실어보내는 편이 장차 이 가루를 사용할 셰프들을 위해서 가장 간단한 방법이었다.

그러나 일단 이런 편법을 받아들이고 역사를 너그러이 용서하면, 잘 만든 커리 가루는 그 나름의 장점이 있다. 코리앤더 씨, 통후추, 강황, 생강을 기본 베이스로 사용하지만 그 응용은 그야말로 무궁무진하다. 카르다몸, 계피, 칠리 고추, 머스터드 씨, 그리고 회향은 수없이 많은 행상인들이 만들어내는 조합의 극히 일부분에 불과하다. 20가지의 원료가 들어가는 것쯤은 예외가 아니라 보통이며, 단지 하나만 있어도 이국적인 음식의 세계로 우리를 초대할 수 있다. **TH**

Taste: 머스터드 씨는 입이 얼얼할 정도로 매운 맛을, 회향은 달콤한 맛을 더해준다. 견과류와 풀의 향미가 이러한 극단적인 풍미 사이의 간격을 메꾸어줘 입안에서는 완전한 조화를 이룬다.

Taste: 통후추와 칠리 고추 때문에 때때로 매운 맛이 나기도 하는 신선한 커리 가루는 보통 깊은 짭짤한 맛 위에 순한 시트러스 향이 겹치며, 지방에 따라 수없이 다양하다.

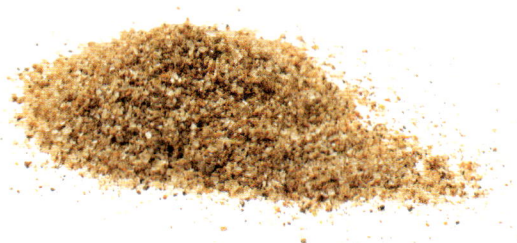

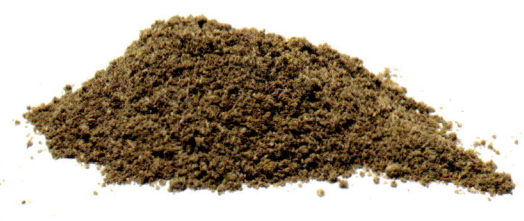

오향분(五香粉) Chinese Five Spice

가람 마살라 Garam Masala

고대 중국의 비밀을 푸는 것은 때때로 쉽지가 않지만, 다행히 고전적인 으향분 레시피는 그보다는 더 직설적이다. 오래 전, 위대한 숙수들이 회향 씨, 카시아, 정향, 스타 아니스, 그리고 쓰촨 고추를 섞어 향기와 풍미 모두 강렬한 향신료를 만들어냈다. 아무 중국인 동네나 들어가 보라. 당장 ㅅ 대를 초월하는 가장 위대한 양념 중의 하나의 녹아든 정수를 냄새 맡게 될 것이다.

　오향분은 중국의 저마다 개성적인 지방 요리들을 아울러 왔으며, 베이징에서 샤먼에 이르기까지 어느 지역의 부엌에서도 찾아볼 수 있다. 정확한 비율은 저마다 다르지만, 혀 위에서 맛의 균형을 이루는 역할을 한다는 것은 중국 문화에서 주지의 사실이다. 따뜻함과 서늘함, 달콤함과 씁쓸함, 음과 양—모든 것이 조화롭게 섞인다.

　수세기 동안 구운 고기부터 쌀밥에 이르기까지 온갖 중국 음식의 양념을 책임진 오향분은 세계의 대도시에서 퓨전 요리의 스타로 등극했다. 브리즈번 해변에서 새우 위에 뿌려덕거나 뉴욕에서 디저트 케이크에 생기를 더하는 것쯤은 예사이다. 아시아 전역에서 다양한 버전의 오향분을 찾아볼 수 있다. **TH**

인도 대륙에서 태어난 대부분의 피조물들처럼 가람 마살라 역시 먹는 사람을 한 차원 다른 맛의 세계로 데려간다. 가람 마살라는 '매운 혼합물'이라는 뜻으로, 계피, 카르다몸, 커민, 후추를 베이스로 한 다양한 버전이 있어 달콤한 맛과 짭짤한 맛 사이에서 균형을 맞추며, 여기에 비교적 약간의 매운 맛이 더해진다. 향신료의 천국인 인도에서 태어난 마살라는 여러 면에서 입천장을 간질거리며, 그 뒤에는 조화롭게 뒤섞인 각각의 재료의 족적을 남긴다.

　인도에서는 미리 섞어서 포장해놓은 것은 거의 구경하기 힘들며, 동네 양념 가게에서 그때그때 주문에 따라 섞어준다. 서양의 인도인 사회에서는 미리 갈아놓은 상품을 꽤 자주 볼 수 있다. 어느 쪽이건 간에, 오븐에 구운 고기나 차소 요리에 러브로 쓰기에 이상적이다. 고온의 열기가 스파이스를 향미의 광란으로 끓게 하기 때문이다. 가람 마살라 역시 반죽에 섞어 플랫브레드와 난을 만드는데, 구우면 그 향의 조화가 정점에 이르게 된다. 서양의 셰프들은 케이크류 과자나 초클렛 토르테 같은 달콤한 디저트에 깜짝 놀랄 만한 풍미를 더하기 위해 사용하기도 한다. **TH**

Taste: 최고의 향기를 끌어내려면 갓 갈아낸 오향분을 쓰는 것이 가장 좋다. 감초의 베이스가 달콤한 첫맛과 녹아들며, 쓰촨 고추의 얼얼하게 매운 맛이 약간 액센트를 준다.

Taste: 달콤한 계피와 카르다몸이 베이스로 사용한 코리앤더를 꽉 누르고 있지만, 신랄한 후추 향과 풀 냄새도 간간이 끼어든다. 그 밖의 통렬한 맛을 내는 요소로는 정향이나 메이스가 있다.

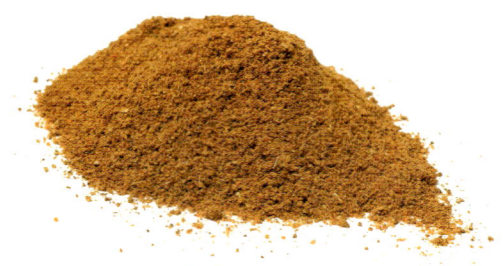

베르베르 Berbere

에티오피아는 미식 세계의 중심은 아닐지 모르지만, 손에 넣을 수 있는 것을 최고로 활용하는 데에는 도가 텄다. 특히 정치적으로 덜 안정된 이웃 나라들에 비하면 기나긴 독립의 역사는 아프리카에서는 독특하다고 할 수 있는 풍부한 음식의 역사를 낳았다. 진한 스튜인 와츠(wats)와 이 지역에서 널리 먹는 플랫브레드인 인자라(injera)를 곁들여 내며, 여기에 그들만의 스파이스 블렌드인 베르베르로 맛을 낸다.

입에서 불이 나는 칠리 고추를 생강, 호로파, 커민, 정향, 루타, 올스파이스, 카르다몸, 아호완 등과 함께 빻는다. 주로 그 지역에서 쉽게 구할 수 있는 것을 사용하며, 향미를 더하기 위해 불에 굽기도 한다. 가정에서 만든 베르베르는 보통 신선한 칠리 고추의 습기 또는 함께 넣은 기름, 양파, 마늘, 셜롯 등으로 인해 페이스트 형태가 된다. 가게에서 파는 베르베르는 보존처리한 페이스트거나 건조시킨 파우더 형태로, 기름이나 물을 부어서 사용한다.

베르베르는 믿을 수 없을 정도로 맵지만, 테이블 양념으로 올려두기도 한다. 닭고기와 쇠고기 와츠의 경우에는 러브로 사용하기도 하며, 렌틸콩이나 곡물을 주재료로 한 에티오피아의 야채 요리에 맛을 낼 때도 좋다. **TH**

Taste: 타는 듯한 매운 맛은 베르베르의 전형적인 특징이지만, 특히 카르다몸의 장뇌 향과 아지웨인의 타르처럼 톡 쏘는 향이 두드러지는 방향을 이끌어낸다.

라스-엘-하누트 Ras-el-Hanout

향신료의 세계에서 라스-엘-하누트보다 더 큰 미스터리는 없다. 알제리, 튀니지, 모로코의 시장과 바자에 넘쳐나는 재배 향신료로, 길거리의 노점상들은 자기가 파는 라스-엘-하누트가 왜 좋은지를 끝도 없이 늘어놓는다. 이 중 대부분은 수대에 걸쳐서 전해 내려온 레시피로 비밀 중의 비밀로 지킨다.

라스-엘-하누트라는 이름은 '가게의 머리'라는 뜻으로, 향신료 상인들은 가장 이국적인 재료들을 찾아냄으로써 자신의 솜씨를 자랑한다. 그레인 오브 파라다이스, 계피, 통후추, 장미꽃잎은 명함도 못내민다. 어떤 경우에는 30가지가 넘는 재료가 들어간다. 긴 후추 깍지와 먹을 수 있는 딱정벌레 같은 괴상한 재료가 들어가기도 한다. 그 복잡한 조화와 타고난 균형 덕분에 콩이나 쿠스쿠스 같은 간단하기 그지없는 재료조차 미각적 즐거움으로 탈바꿈 시킬 수 있다.

레시피는 톡 쏘는 맛부터 순한 맛까지 어마어마하게 다양하다. 가람 마살라 같은 원료들이 다양한 향미의 액센트를 주며, 대부분은 구이 요리(특히 새끼양과 가지)나 뭉근하게 끓인 요리에 어울리지만, 레시피마다 실험 정신을 발휘해 보는 것은 필수이다. **TH**

Taste: 최고의 라스-엘-하누트는 짭짤한 맛과 달콤한 맛이 결합하는 혀 위에서 균형을 잡아주지만, 후추 향과 꽃내음으로 여기에 강조를 주는 것도 잊지 않는다.

마라케시의 바자. 원뿔 모양으로 담아놓은 향신료들이 또 하나의 볼거리를 제공하고 있다. ◗

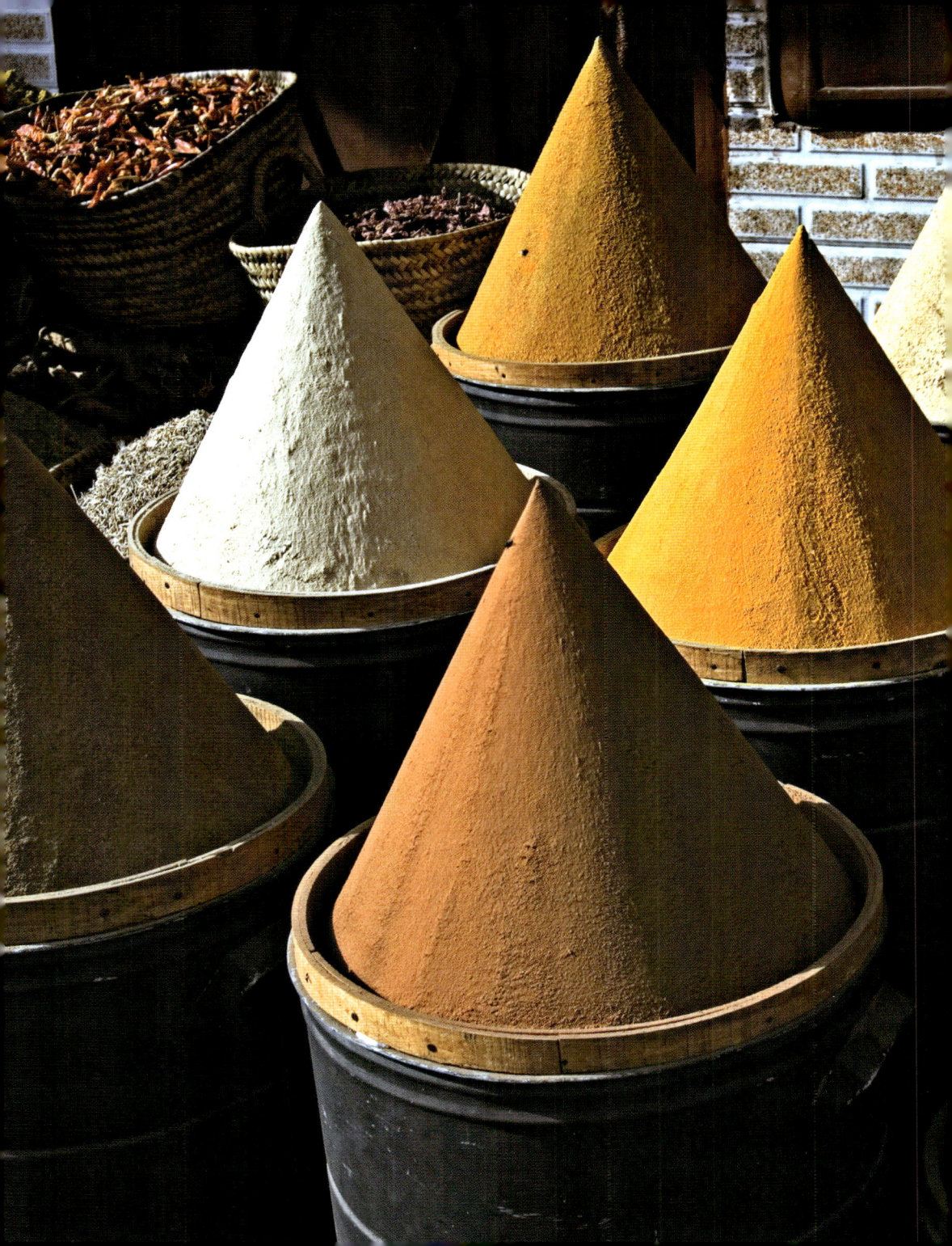

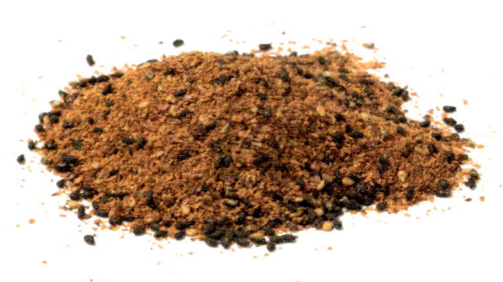

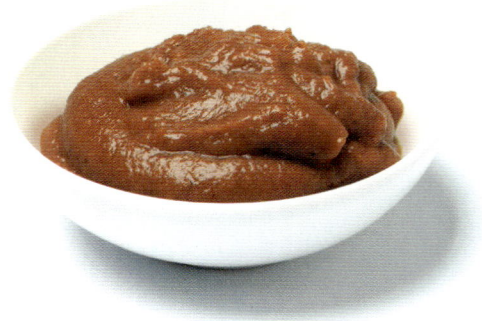

시치미 토우가라시 (七味唐辛子)
Shichimi Togarashi

하리사
Harissa

형태와 기능이 균형을 이끌어내는 일본인들의 예술적 재능이 가장 잘 드러난 분야는 아마도 요리일 것이다. 한 가지 음식을 만드는 데에도 재료 하나하나가 모두 다른 재료들과의 조화를 고려하여 선택된다. 이러한 조화는 스시부터 야키소바에 이르기까지 어디서나 찾아볼 수 있으며, 그들이 사용하는 향신료 역시 예외는 아니다. 시치미 토우가라시가(줄여서 토우가라시) 그 대표적인 예이다.

시치미 토우가라시에 들어가는 재료는 모두 일곱 가지이다. 무엇이 들어가느냐는 레시피에 따라 조금씩 다르지만 보통은 고춧가루, 양귀비 씨(芥子), 진피(陳皮, 귤껍질을 말린 향신료), 참깨, 산초, 차조기잎, 김, 생강, 평지, 대마씨 등을 쓴다. 비율을 세심하게 조절해야 혀의 한쪽 끝에서 시작해 각각의 미각 요소를 조율하는 과정에서 저마다의 맛이 빛날 수 있다. 일본인들이 애써 추구하는, 각각의 부분보다 더 훌륭한 전체의 맛을 이끌어낼 수 있는 마법 같은 조화를 이루어낸다.

시치미 토우가라시는 깊이와 강렬함을 보여주며, 이미 그 안에 균형이 존재하기 때문에 어디에든 쓸 수 있다. 소바, 생선, 심지어 석쇠에 구운 쇠고기에도 잘 어울린다. 거칠게 갈았기 때문에 무지갯빛 색깔이 완벽한 조화를 이룬 외양까지 예술적이다. **TH**

Taste: 레시피는 순한 맛부터 매운 맛까지 다양하지만, 보통은 참깨와 다른 종자류가 들어가며, 순한 고춧가루와 산쇼의 뒷맛이 살짝 입안을 얼얼하게 한다.

북아프리카의 모래만으로는 충분히 뜨겁다고 생각하지 않았던지, 이 지역 주민들은 입에 구멍이 날 정도로 매운 스파이스 페이스트를 만들어냈다. 하리사는 이 지역 요리에는 거의 어떤 것에나 다 들어간다. 수세기 동안 모로코, 튀니지, 그 이웃 지역에서만 사용해왔지만, 요리의 세계가 점점 좁아지면서 하리사 역시 수많은 서양의 식료품점과 델리에서도 흔히 찾아볼 수 있게 되었다. 매운 빨간 고추, 마늘, 코리앤더, 소금, 캐러웨이가 베이스로 쓰인다. 여기에 온갖 향신료와 시트러스, 기름, 커민, 그리고—특히 서양의 시판 제품 버전에서는 더더욱—토마토가 들어간다. 재료 일부는 보통 구워서 넣으며, 압도적인 칠리 고추의 매운 맛 뒤에 숨어 있는 맛의 스펙트럼에 한 차원을 더한다.

하리사의 강한 맛의 전통적인 수혜자는 케밥과 타지네로, 자칫 밋밋해졌을 수도 있는 영국의 바비큐와 스튜를 새로운 경지로 끌어올렸다. 간편하게 이국적인 풍미를 얻고자 하는 모험심이 풍부한 셰프들은 빨간 페이스트가 가득 들어 있는 단지를 열고는, 아프리카에서 온 이 맹렬한 괴수를 길들이고자 악전고투를 한다—그리고 때로는 실패하기도 한다. 구운 야채부터 육류와 생선에 쓰는 러브에 이르기까지 다양한 용도를 자랑한다. **TH**

Taste: 칠리 고추는 맵고 싸하지만, 다른 원기왕성한 향미들이 그 사이로 솟아오른다. 마늘은 또 한번 짜릿한 맛을 선사하며, 캐러웨이가 들어갔을 때에는 나무 맛이 반짝인다.

모로코의 노점상들은 하리사 페이스트와, 하리사로 맛을 낸 신선한 케밥을 함께 판다. ➔

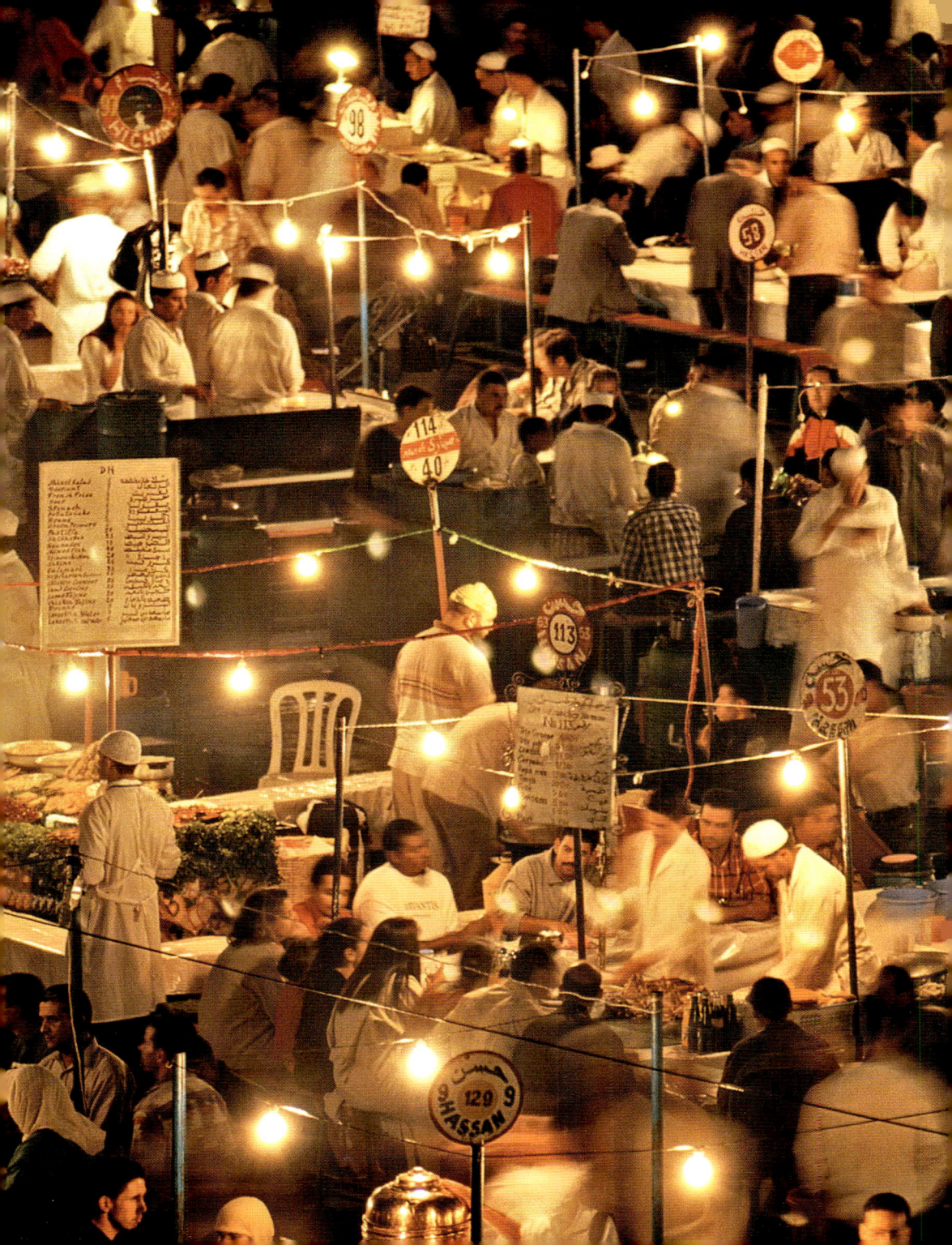

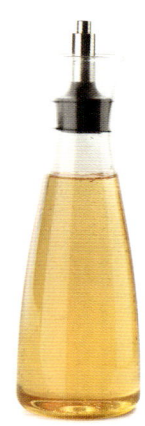

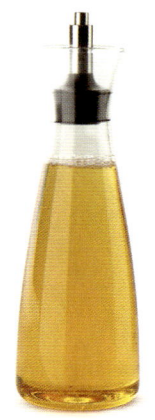

헤이즐넛 오일 Hazelnut Oil

헤이즐넛 오일은 요리용 기름 중에서는 비교적 최근에 등장한 축이다. 1970년대에 프랑스에서 처음 등장한 이래, 독창적인 셰프들이 줄곧 애용해왔다. 유럽에서 식용유를 만드는 헤이즐넛은 프랑스, 이탈리아, 터키에서 들여온다. 미국에서는 주로 오리건 주에서 재배하는데, 헤이즐넛은 오리건 주의 공식 견과이기도 하다.

헤이즐넛은 영어로 'filbert', 또는 'cobnut'이라고도 하는데, 일설에 따르면 17세기 프랑스의 수도원장이었던 성 필리베르(Philibert)의 축일(8월 20일)이 견과 수확이 한창인 8월 중순인 데에서 유래하였다고 한다.

헤이즐넛을 수확한 뒤 일일이 손으로 선별한 다음, 상하는 것을 방지하기 위해 4~5℃에서 보관했다가 맷돌로 으깬다. 걸쭉한 곤죽을 볶아서 향미를 더욱 강하게 한 뒤 차게 식혀 압착, 기름을 짜낸다. 볶는 과정에서 자연적으로 흘러나온 기름을 받아두었다가 여기에 섞는다. 월넛 오일은 다중 불포화지방산이 많은 반면 헤이즐넛 오일은 단일 불포화지방산 함량이 높아 더욱 오랜 기간 동안 보관이 가능하다. 그러나 열을 가하면 약간 쓴맛이 나기 때문에 조리하지 않고 쓰는 것이 가장 좋다. **JR**

월넛 오일 Walnut Oil

호두를 볶아 만든 이 환상적으로 진하고 향미가 풍부한 기름은 원래 19세기에 프랑스에서 조리용으로 만들어졌다. 그 전에는 볶지 않은 생 호두를 압착하여 만들었으며, 주로 목재 처리용으로 쓰였다—특히 스트라디바리우스 바이올린을 만드는 데 사용한 것으로 유명하다.

호두나무는 아시아가 원산이지만 유럽(특히 프랑스), 터키, 중국 등지에서도 자라며, 특히 캘리포니아는 전 세계 호두 생산의 3분의 2를 차지한다.

월넛 오일을 만드는 데 가장 좋은 호두는 프랑스의 도르도뉴 지방에서 수확하며, 이 지역의 주 품종은 르 그랑장(Le Grandjean)이다. 프랑스에서 생산한 월넛 오일은 대부분 정제하지 않은 버진 오일로, 가볍게 볶은 마른 호두를 저온 압착한 것이다. 캘리포니아에서도 비슷한 방식을 쓰지만 무향무미한 정제유를 만들기 위해 용제와 함께 추출한다. 버진 월넛 오일과 함께 섞으면 버진 오일보다 가격은 저렴하면서도 향미가 좋은 기름을 얻을 수 있다.

월넛 오일은 그 독특함이 오래 가지 않는다. 일단 병을 열면 냉장 보관하고 3개월 안에 먹어 없애는 것이 좋다. **JR**

Taste: 견과유는 보통 원료로 쓰인 견과의 맛이 나며, 헤이즐넛 오일도 예외는 아니다. 향기는 강하면서도 은근하며, 매력적인 구운 향미가 난다.

Taste: 월넛 오일의 풍부한 구운 향은 뜨끈한 야채나 생선 요리 위에 뿌리면 매우 좋다. 또 샐러드 드레싱에 섞거나 스티어프라이 요리에 넣어도 잘 어울린다.

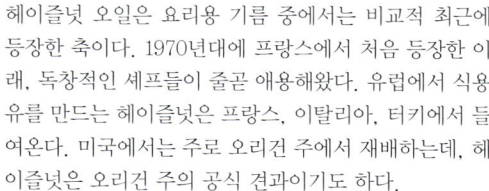

일반적으로 호두 씨알을 갈아서 곤죽을 만든 뒤 압착기에 부어 기름을 짜낸다. ➔

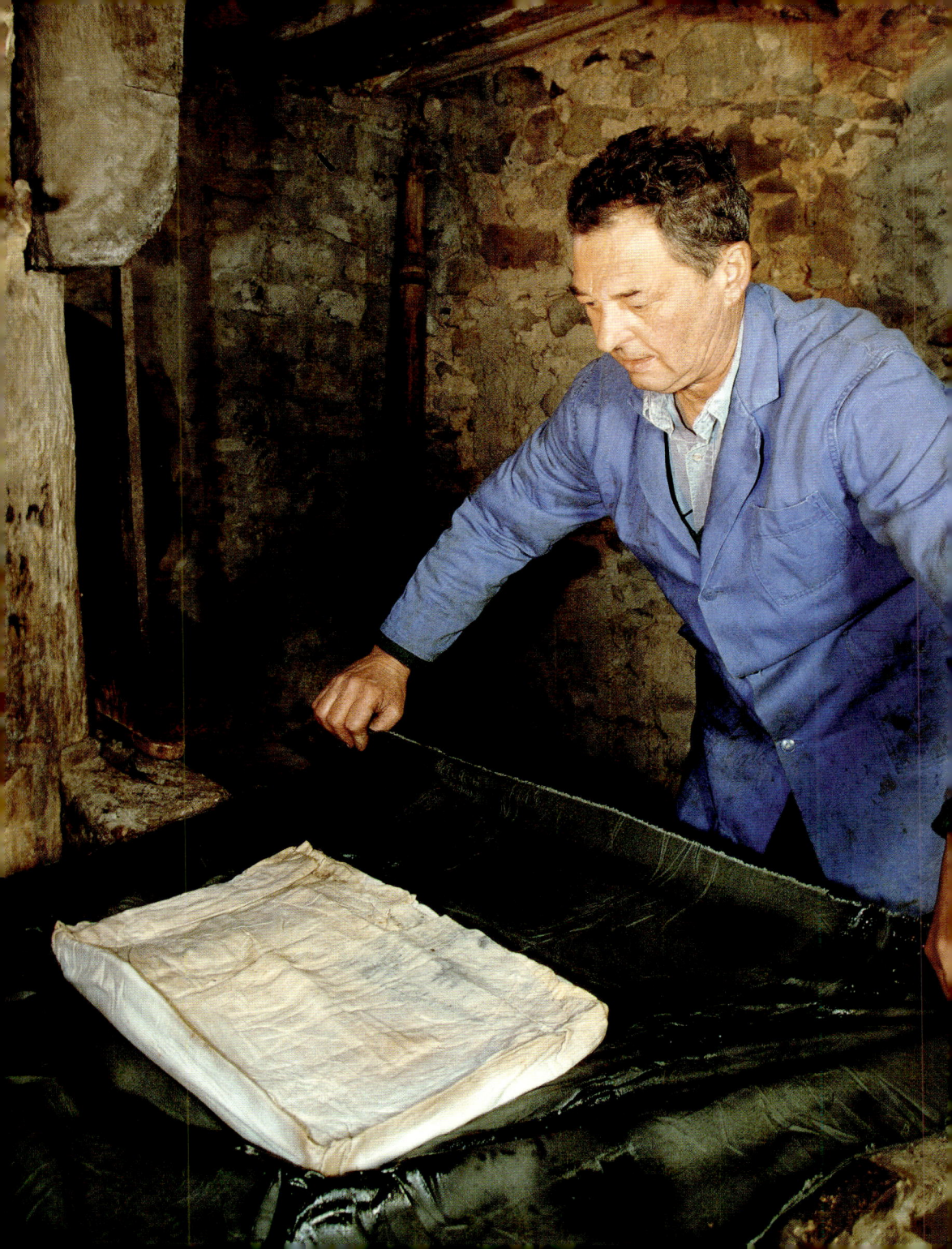

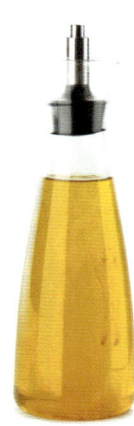
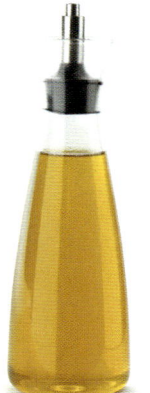

이탈리아 엑스트라 버진 올리브 오일
Italian Extra Virgin Olive Oil

전 세계의 올리브 재배 지역 중에서도 이탈리아는 엑스트라 버진 올리브 오일에서 가장 폭넓은 범위의 향미를 자랑한다. 이탈리아의 거의 모든 현에서 올리브 오일을 생산하며, 거의 모든 주마다 고유한 마이크로 기후가 있어 거기에 맞는 품종의 올리브나무를 재배한다. 마이크로 기후와 품종이라는 두 가지 요소 모두 기름의 풍미, 색깔, 향기에 영향을 미친다. 이탈리아는 또 엑스트라 버진 오일—1차 압착 때 얻어지는 저온 압착유—의 비율이 다른 어느 나라보다 높다. 토스카나는 이탈리아의 올리브 오일 생산 지역 중에서 가장 작은 지방 가운데 하나임에도 엑스트라 버진 오일로 높은 명성을 누리고 있다. 이 가운데 대부분은 가족 단위의 농장에서 생산된다. 쌉쌀한 맛과 후추 향이 듬뿍 들어 있는 상당히 원기 왕성한 오일이다.

토스카나 남부, 몬테 아미아타의 비탈에 자리한 세지아노 마을에서는 영화감독 아르만도 마니가 이 지역 토착 품종인 올리바스트라를 유기농법으로 재배하고 있다. 그가 생산하는 '페르 메(For Me)'와 '페르 미오 필리오(For My Child)'는 높은 평가를 받고 있으며, 아마도 전 세계에서 가장 비싼 올리브 오일일 것이다. 이 사치스런 기름은 요리의 마지막 단계에서 향미를 더하는데 쓰거나, 아니면 그냥 빵을 찍어 먹는다. **JR**

Taste: 아르만도 마니 엑스트라 버진 올리브 오일은 가볍고 달콤하지만, 동시에 고전적인 토스카나 올리브 오일의 전형이라 할 수 있는 어마어마하게 깊은 향미를 지니고 있다.

스페인 에스테이트 올리브 오일
Spanish Estate Olive Oil

스페인은 세계 최대의 올리브 오일 생산국이며, 전 세계에서 소비하는 올리브 오일의 절반 이상을 담당하고 있다. 대부분은 큰 협동조합에서 함께 일하는 소규모 농민들이 생산한다. 그러나 최고의 스페인 엑스트라 버진 올리브 오일은 오늘날까지도 가족 단위로 소유하고 있는 대규모 영지에서 나온다. 단일 영지이기 때문에 재배부터 생산까지 매우 세심하게 관리된다. 올리브를 한꺼번에 수확하여 영지 내에서 압착한 올리브 오일은 오직 같은 영지 안에서 생산한 오일과만 섞을 수 있다.

스페인에서도 올리브 오일 생산지로 이름이 높은 곳은 남부의 안달루시아 지방이다. 이 지방을 찾으면, 눈이 가는 곳마다 올리브 과수원이 뜨거운 태양 아래 끝도 없이 펼쳐져 있으며, 코르도바와 그라나다 특유의 달콤하고도 강렬한 기름을 만들어낸다. 이 지역의 주요 올리브 영지 가운데 하나는 누녜스 데 프라도 일가의 자산인데, 이들은 총 16만 그루의 올리브나무를 소유하고 있다. 또 다른 중요한 올리브 오일 수출 지역은 북부의 카탈루냐이다. 이 지역에서는 보다 섬세한 오일을 짜내는 아르베퀴나 올리브를 널리 재배한다. 가벼운 견과 향이 특징으로 사과와 달콤한 허브의 향미가 살짝 더해진다. **JR**

Taste: 누녜스 데 프라도 엑스트라 버진 올리브 오일은 레몬, 멜론, 열대 과일의 강렬한 향미를 뽐낸다. 가벼운 후추 향이 느껴지기는 하지만 너무나 달콤해서 디저트에 써도 될 정도이다.

세계 최대 올리브 오일 생산 지역인 스페인의
안달루시아에서 올리브를 빻고 있다. ➍

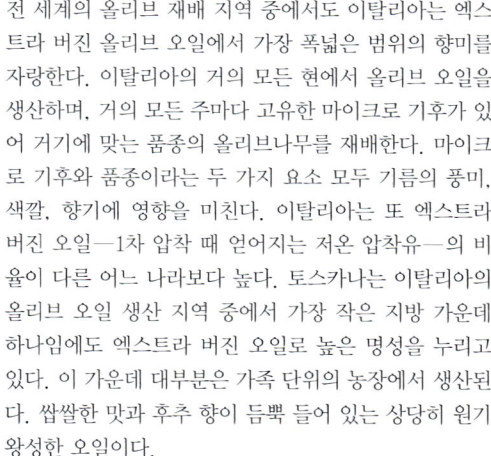

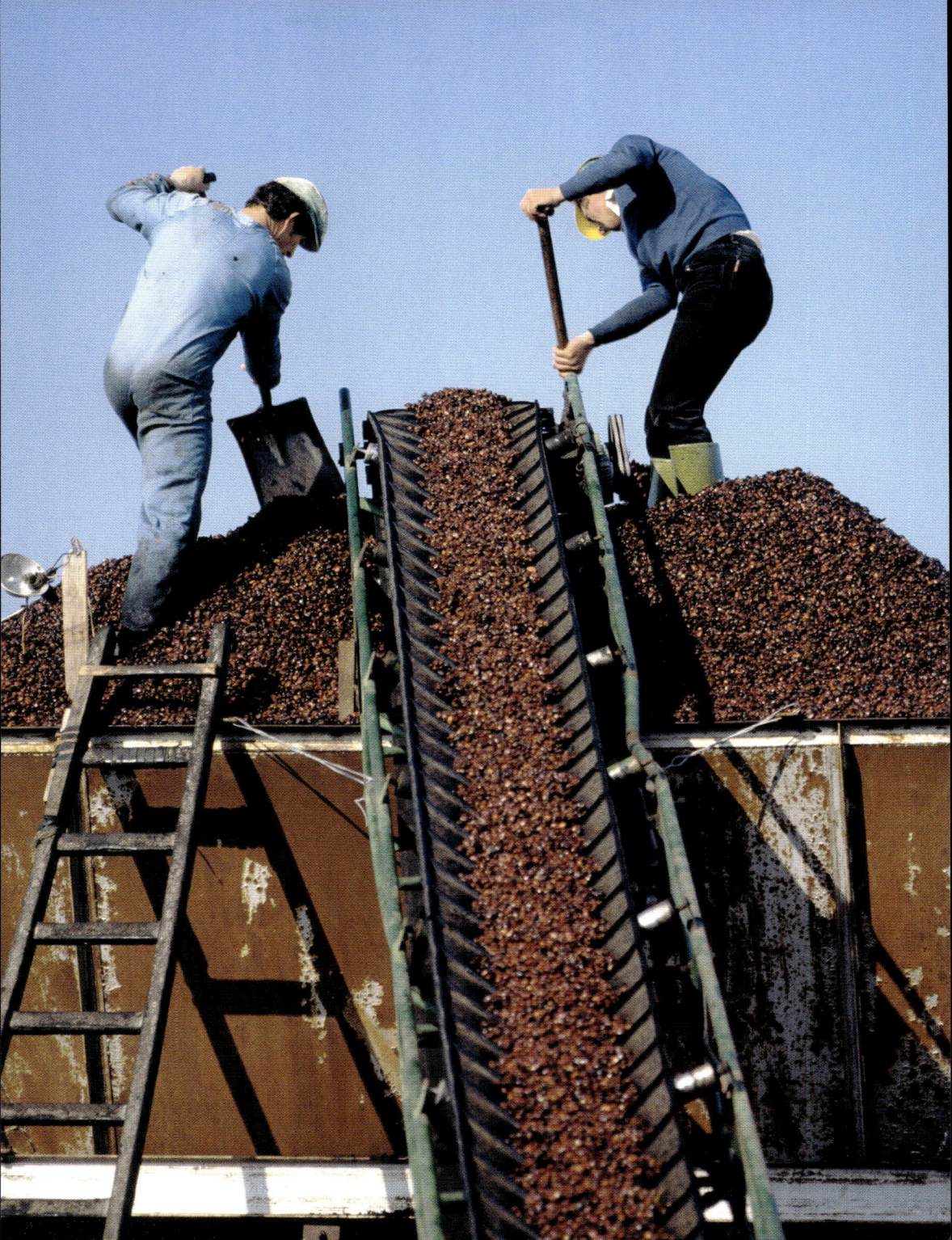

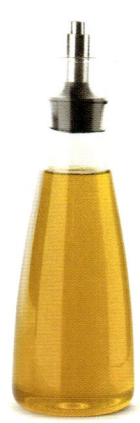

그리스 수도원 올리브 오일
Greek Monastery Olive Oil

고대 그리스인들은 올리브를 존경하였으며, 훗날 그리스 수도원들은 그리스 전역의 올리브 오일 생산의 명맥을 이어가는 데 매우 중요한 역할을 담당하게 된다(그리스의 수도원들은 언제나 올리브 과수원을 소유하여 왔다). 마운트 아토스나 카르페니시 같은 몇몇 수도원들은 전례와 주방에서 쓰는 정도지만, 크레타 섬의 토플로우에 있는 수도원들은 영리적인 규모로 생산하고 있다.

올리브나무는 그리스 어디에서나 볼 수 있으며, 14개 주가 PDO 인증의 혜택을 받고 있다. 그러나 올리브 오일로 가장 유명한 곳은 크레타와 펠로폰네소스의 산간 지방이다. 오일을 짜는 데 주로 쓰는 품종은 코로네이키(Koroneiki)이다. 더 유명한 품종인 칼라마타는 거의 테이블에만 올린다.

주로 수많은 소규모 농가에서 생산하며, 큰 단일 영지는 거의 찾아보기 힘들다. 농부들은 수확한 올리브를 개인 또는 지역 협동조합 소유의 압착소로 넘긴다. 여기서 생산한 오일을 다시 블렌딩 및 판매를 담당하는 협동조합에서 사들인다. **JR**

Taste: 부드러운 샐러드 이파리와 사과 향이 어우러진 향긋한 오일이 있는가 하면, 마른 풀과 아몬드 껍질의 느낌이 나는 원기 왕성한 것도 있다.

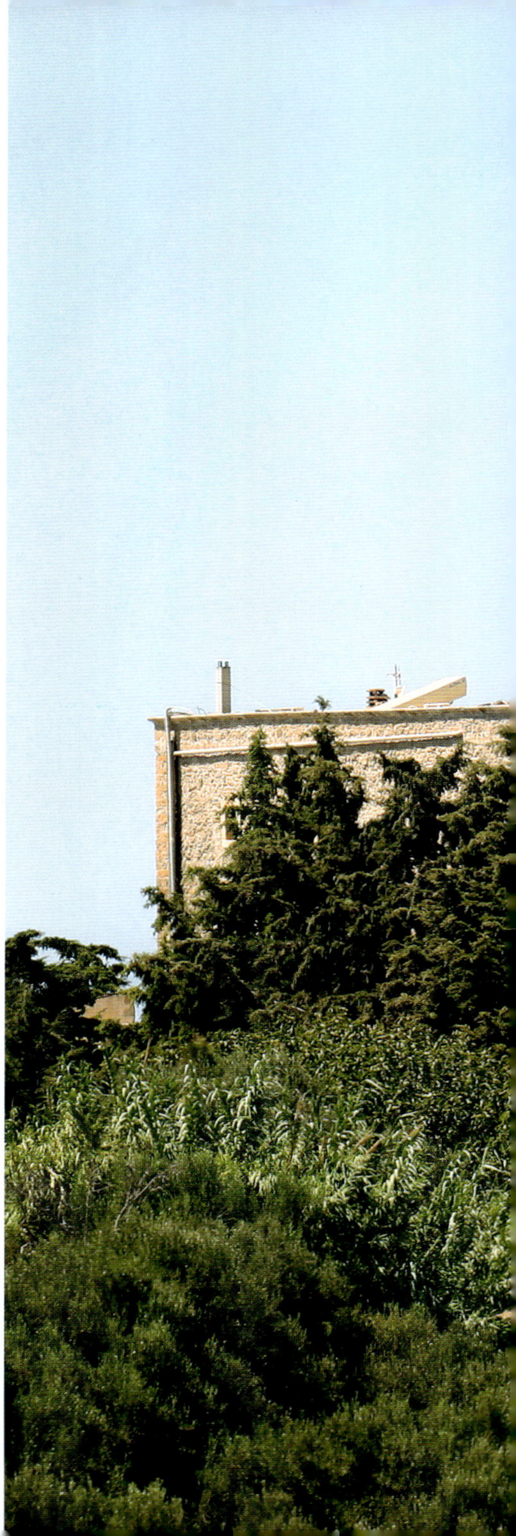

토플로우 수도원에서는 전량 유기농법으로 올리브 오일을 생산한다. ➲

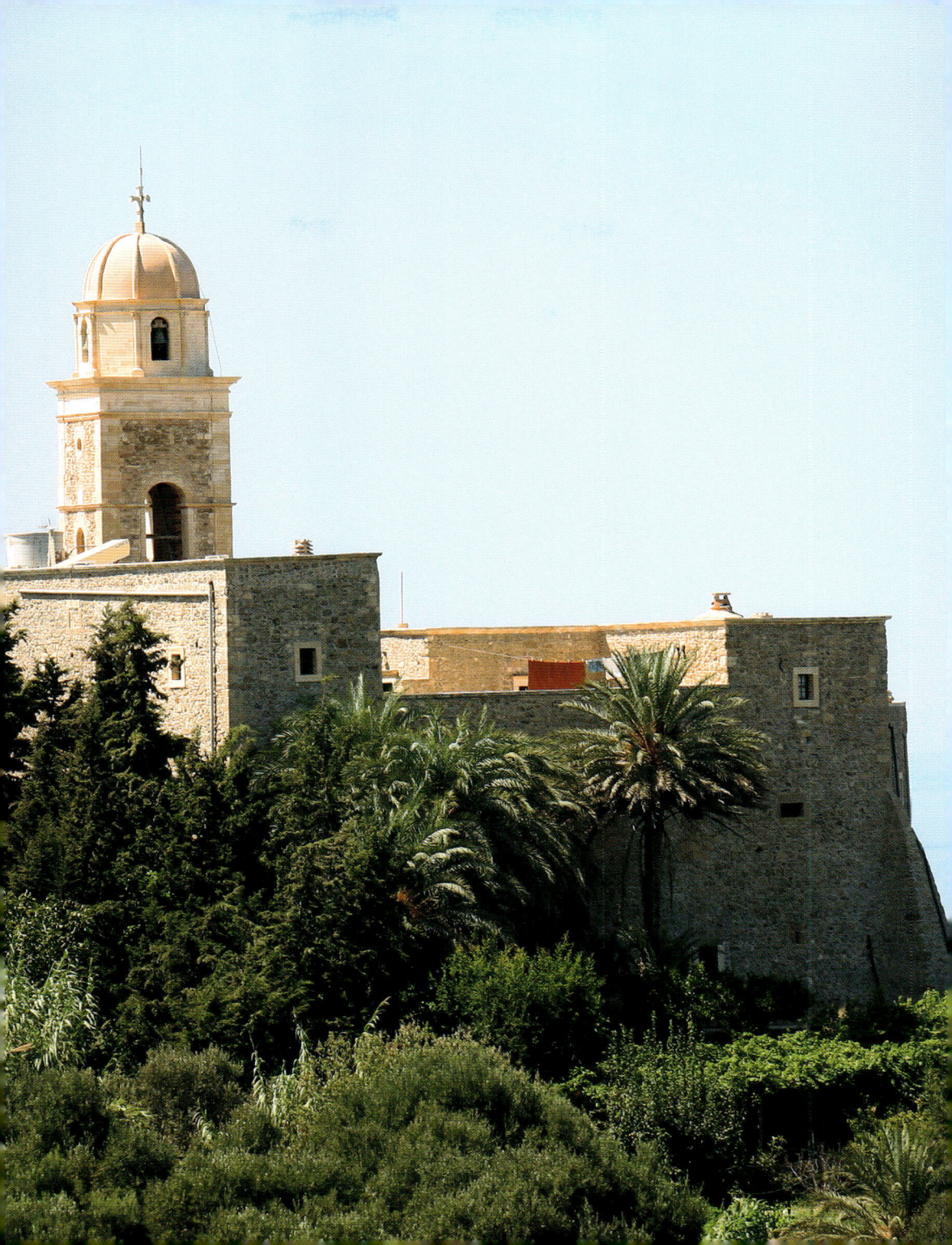

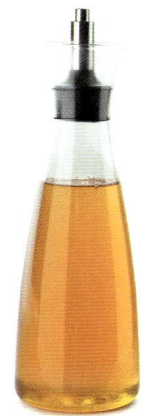

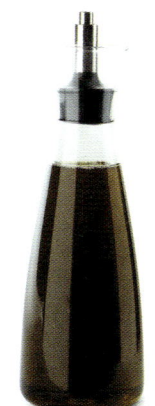

아르간 오일 Argan Oil

아르간(Argania spinosa) 나무는 모로코의 남서부에서만 볼 수 있으며, 그나마도 점차 사라져가고 있다. 지난 100년간 아르간 숲의 약 3분의 1이 모습을 감췄으며, 유네스코는 아르간나무를 멸종 위기에 처한 세계 자연 유산 리스트에 등재하였다.

이 지역의 베르베르족 여인들은 수세기 동안 아르간나무 열매에서 기름을 짰냈지만, 이 지역 외에서는 거의 알려져 있지 않았다. 아르간 열매는 크고 둥근 올리브처럼 생겼지만, 기름은 매우 딱딱한 껍질에 싸여있는 씨에서만 얻는다. 최근까지는 모든 과정이 전부 손으로 이루어졌다.

껍질에서 씨를 끄집어내서 구운 다음 갈아서 가루로 만든다. 여기에 물을 섞어 반죽하는데, 이 반죽에서 기름을 짜낸다. 길고 손이 많이 가는 과정으로, 1리터의 기름을 짜내는 데 20시간이 걸린다.

오늘날에는 올리브 오일을 짜낼 때 쓰는 것과 비슷한 압착기를 도입하여 씨를 으깨고 갈아서 기름을 짠다. 덕분에 생산 과정이 한결 빨라졌고, 더 이상 물을 섞지 않아도 되기 때문에 기름의 품질 역시 좋아졌다. **JR**

대마유 Hemp Oil

대마(Cannabis sativa, 삼이라고도 한다)는 아시아와 중동에서 5천 년이 넘는 역사를 자랑하며, 그 사이에 동쪽으로는 중국, 서쪽으로는 유럽과 북아메리카로 퍼져나갔다. 몇몇 품종은 많은 문화권에서 높은 평가를 받지만, 압착해서 기름을 짜는 품종은 그 중 하나가 아니며, 재배 역시 완벽하게 합법적이다. 보통 대마 씨가 쓰이는 가장 큰 용도는 밧줄 생산이다.

대마 씨는 여러 나라에서 식재료로 높이 친다. 해바라기유가 등장하기 전까지, 러시아와 폴란드 일부 지역에서는 조리용 식용유로 대마유를 사용하였다. 저온 압착한 대마유는 20세기 말에 탄생하였으며, 대마의 섬세한 향미를 새로운 경지로 끌어올렸다.

다중 불포화지방산, 특히 오메가-6와 오메가-3가 풍부한 대마유는 영양가도 매우 높다. 불행하게도 핵심적인 지방산은 매우 불안정해서, 대마유는 열과 빛에 지극히 민감하다. 짙은 색깔의 병에 담아서 냉장 보관해야 한다. 고온 조리에는 절대 사용해서는 안 된다. **JR**

Taste: 가볍게 볶은 향미는 구운 헤이즐넛을 연상시킨다. 조리해도 좋고, 맛을 내는 데 써도 좋다. 레몬 주스를 섞으면 흥미로운 샐러드 드레싱을 만들 수 있다.

Taste: 저온 압착한 대마유는 잣을 연상시키는 달콤하고 향긋한 향미를 지니고 있으며, 살짝 식물성이 느껴진다. 샐러드 드레싱으로 쓰거나 찬 음식 조리에 사용하면 가장 좋다.

중국에서는 구운 대마 씨를 간식으로 먹으며, 다른 지역에서도 점점 인기가 높아지고 있다. ➡

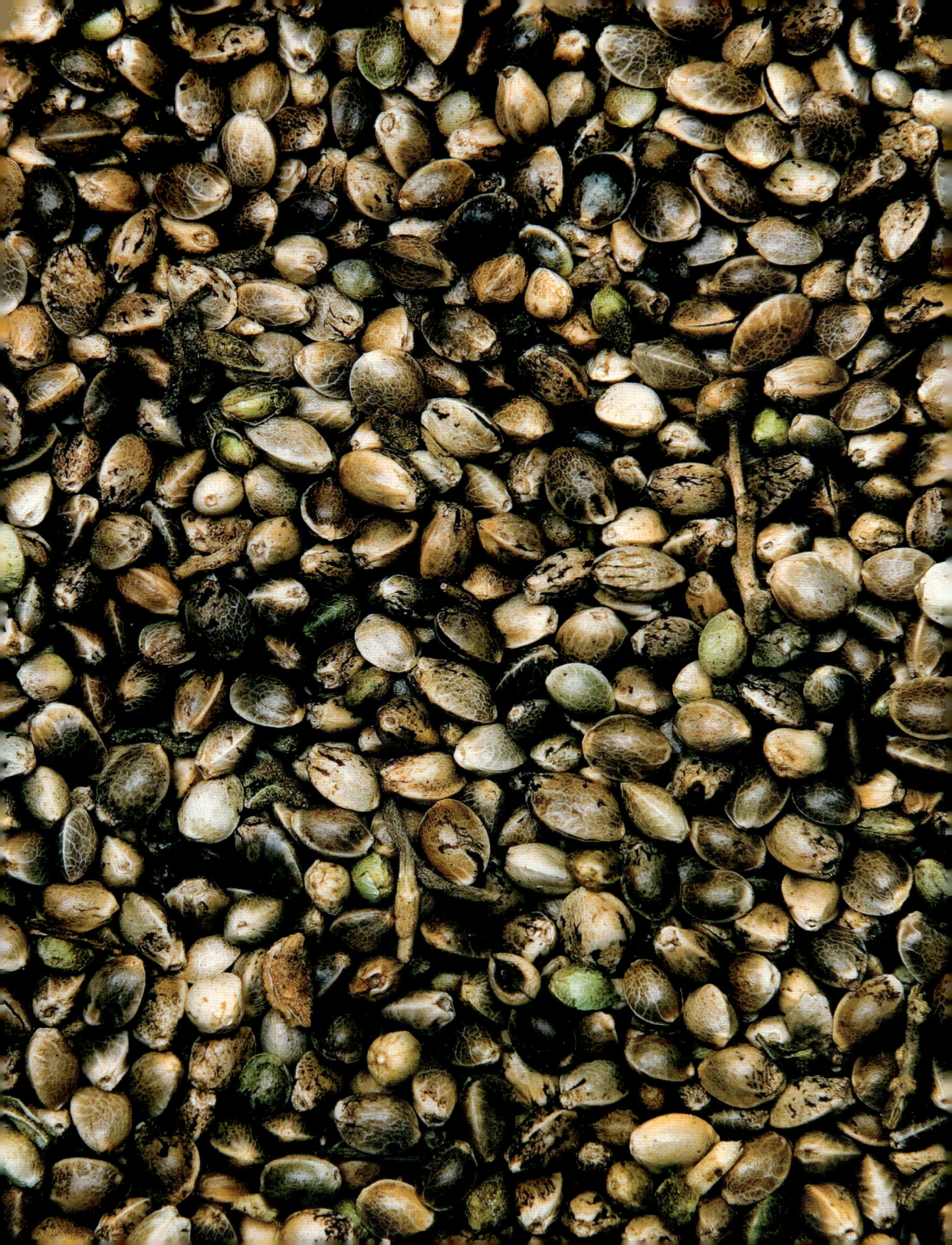

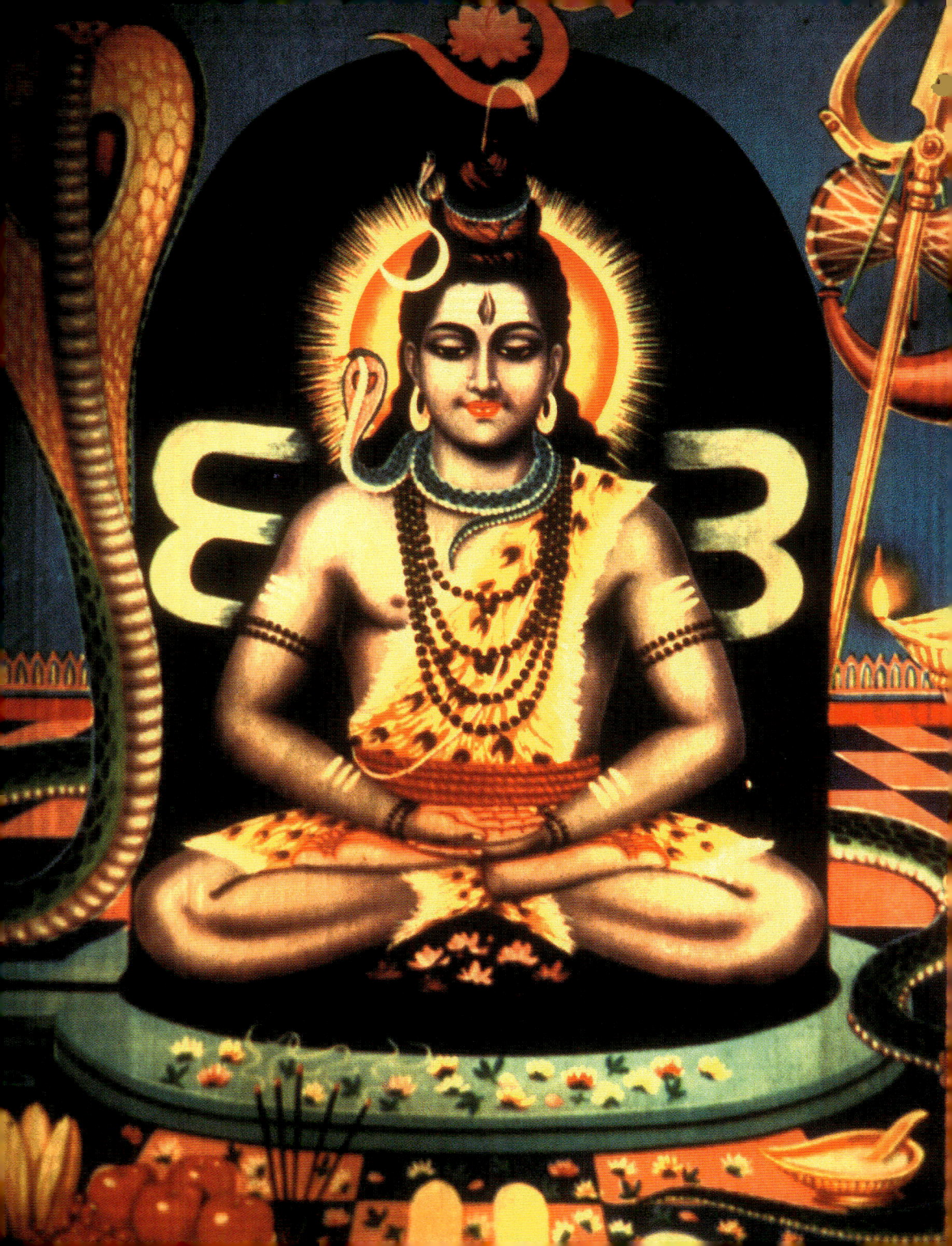

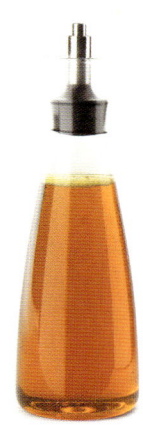

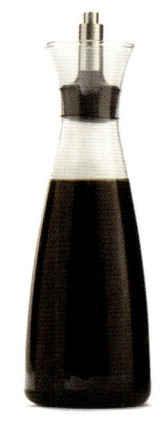

머스터드 오일 Mustard Oil

사실 거의 모든 식물의 씨는 압착하면 향긋한 기름을 짜낼 수 있다. 인도에서는 오랜 세월 동안 요리에 쓰기 위해 겨자 씨에서 오일을 짜서 사용했다. 오늘날에도 아시아와 인도 대륙에서는 여전히 겨자 씨를 압착하여 요리용 기름(그리고 아유르베다 의학에서 쓰이는 국소용 마사지 기름)을 생산한다. 겨자 씨에서 짜낸 원유는 머스터드 특유의 '뜨거운' 맛의 원인이기도 한 화합물을 함유하고 있다. 매우 신랄하며 향기가 두드러진다.

머스터드 오일은 열을 가하면 은은하게 달콤한, 견과류의 풍미가 피어오르므로, 채식 요리에 사용하면 이상적이다. 특히 겨자의 십자화과 사촌인 콜리플라워를 센불에 볶을 따 쓰면 좋다. 벵골 요리에서는 고전적인 생선 커리인 '마커 졸(maacher jhol)'과 같은 음식에 쓴다. 방글라데시와 인도차이나 반도의 해안 지대 대부분에서도 같은 방식으로 머스터드 오일을 친 감자 요리를 널리 먹는다.

최근에는 서방에서 일부 머스터드 오일이 함유하고 있는 에루스산이 논란을 일으켰다. 에루스산은 십자화과 식물 중 다수에 천연적으로 함유되어 있기는 하지만, 북아메리카와 유럽에서는 위험 물질로 간주하여 식품에 다량 사용을 금지하고 있다. 때문에 머스터드 오일은 때때로 그 재료를 밝히기가 곤란하다. **TH**

Taste: 머스터드 오일에서는 겨자의 쓴맛과 맵고 뜨거운 맛이 예리하고 선명하게 느껴진다. 높은 온도에서 조리하면 풍미와 향기가 모두 기분 좋게 녹아내린다.

아보카도 오일 Avocado Oil

아보카도라는 이름은 아즈텍어에서 유래하였으며, 서양인들이 이 커다란 배 모양의 열매를 처음 발견한 것도 멕시코에서였다. 멕시코에서는 지금까지도 아보카도가 한가득 열려 있는 무성한 나무들을 흔히 볼 수 있다.

오늘날 아보카도는 미국을 비롯한 세계 각지에서 재배하며, 특히 캘리포니아 남부 해안의 산간 지역의 주요 작물이다. 그러나 아보카도를 압착해서 기름을 짜내기 시작한 것은 최근의 일이다. 아보카도 오일을 처음 생산한 곳은 캘리포니아로, 상품 가치가 떨어지는 아보카도를 이용하기 위해서였다. 현재는 캘리포니아뿐만 아니라 오스트레일리아, 뉴질랜드, 이스라엘, 칠레 등지에서 기름을 짜기 위한 아보카도를 따로 재배한다.

저온 압착한 아보카도 오일은 단일 불포화지방산 함량이 매우 높아 건강 식품으로 알려져 있다 연소점이 아주 높아서 까마득한 고온의 열에서도 조리가 가능하므로 요리에도 엄청나게 쓸모가 많다. 걸쭉하고 벨벳처럼 부드러운 질감에 종종 환상적인 짙은 녹색의 빛깔이 어우러진, 가장 매력적인 식용유 가운데 하나이다. **JR**

Taste: 저온 압착한 아보카도 오일은 풍성하고 달콤하며, 아보카도 맛이 뚜렷하게 두드러진다. 구경 아티초크, 셀러리, 시금치, 월계수 잎의 향미를 더한 제품도 있다.

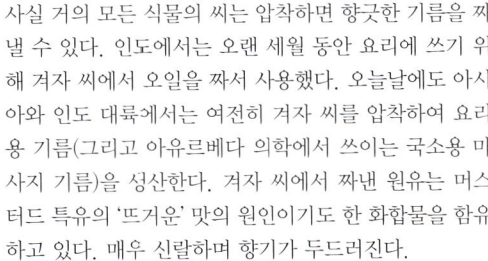

시바 신은 흔히 쓰는 기(ghee)가 아닌 머스터드 오일로
요리한 음식을 먹는다고 한다.

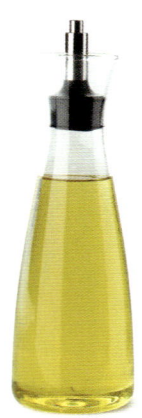

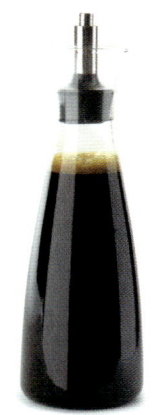

싱글 에스테이트 포도씨유
Single Estate Grapeseed Oil

와인 압착 후에 남은 포도 찌꺼기에서 자연스럽게 생겨난 부산물인 포도씨유는 쓰임새가 다양한 식물성 기름이다. 콜레스테롤이 없고 비타민 E와 우리 몸에 꼭 필요한 지방산이 풍부하여 특히 건강 식품으로 높은 평가를 받고 있다. 강한 풍미가 없고 맛이 순해서 섬세한 음식에 써도 향미를 압도하거나 하는 일이 없고, 발화점이 높아 고온에서 튀길 때 특히 유용하다.

포도씨유를 만들기 위해서는 우선 찌꺼기에서 씨를 분리한 뒤 회전식 건조기에서 서서히 말린다. 열로 인해 기름이 상하는 것을 미리 방지하기 위해서이다. 그런 다음 분쇄해서 짜낸 기름을 걸러낸 뒤 병에 담는다. 기름의 품질은 원재료에 크게 좌우된다. 지방 함량은 포도 품종에 따라 6~20퍼센트 사이 어디라도 될 수 있으며, 일등급 제품을 위해서는 생산량이 충분해야 한다.

이탈리아에서는 엑스트라 버진 올리브 오일과 버터 다음으로 흔히 먹는 지방 제품이다. 샐러드나 완두콩, 아스파라거스 같은 채소에 뿌려 먹으면 좋으며 소테에 써도 훌륭하다. **LF**

호박씨유
Pumpkin Seed Oil

호박은 중앙 아메리카에서 기원했지만, 호박씨유를 처음 고안해낸 사람은 중앙 유럽의 오스트리아인들이었다. 호박의 변종(Cucurbita pepo var. styriaca)의 씨는 다른 종들의 씨처럼 질긴 섬유질 외피가 없으며, 18세기 초에 오스트리아인들은 여기에서 기름을 짜기 시작했다.

오늘날 이 호박들은 따스한 여름 햇빛 아래에서 천천히 익어간다. 수확철이 되면 반으로 쪼개서 씨를 긁어낸다. 전통적으로 이 작업은 온 가족이 모여서 함께 했지만, 지금은 주로 기계의 힘을 빌린다. 씨를 깨끗이 씻어서 말린 뒤 갈아서 굽는데 이 굽는 과정이 핵심으로, 상당히 비밀스럽게 전해 내려오고 있다. 굽는 열의 온도를 1, 2도만 올리거나 내려도, 혹은 타이밍이 약간만 달라져도 퍽 다른 향미가 나올 수 있다.

최고의 오스트리아 호박씨유는 PDO 인증을 받고 있으며 처음부터 끝까지 슈타이어마르크에서 만들어진다. 다중 불포화지방산 함량이 높기 때문에 서늘하고 어두운 곳에 보관해야 한다. 빛에도 민감하므로 샐러드 드레싱에 넣으면 햇빛을 받았을 때 엉기는 수가 있다. **JR**

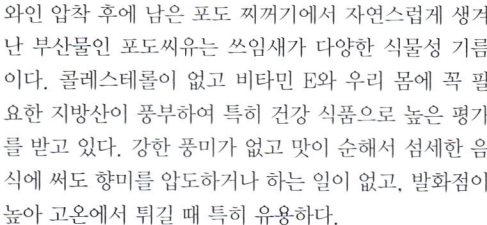

Taste: 포도씨유는 매력적인 연녹색에, 견과류가 희미하게 느껴지는 가볍고 신선한 향미를 지니고 있다. 그 "중성"적인 맛 때문에 섬세한 음식에 쓰기에 좋다.

Taste: 호박씨유는 짙은 녹갈색으로 구운 견과의 달콤하고 두드러지는 향미가 난다. 찬 음식에 쓰는 것이 좋지만, 짧은 시간이라면 열을 가해도 괜찮다.

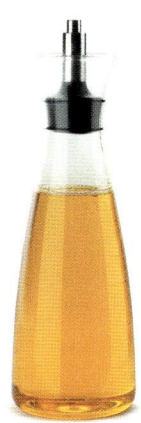

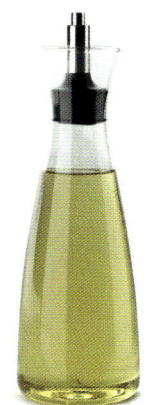

유채씨유
Rapeseed Oil

유채(Brassica napus)는 십자화과에 속하며, 20세기 후반까지는 널리 재배되지 않았다. 이 무렵 캐나다에서 영양학적으로 보다 적합한 카놀라라는 새로운 품종이 개발되었다. 오늘날 유럽에서 씨를 얻기 위해 재배하는 종은 바로 이 카놀라이다. 이것을 분쇄해서 고온에서 처리하면 맑고 담백한 조리용 기름을 얻을 수 있다.

2005년 영국의 농부들은 유채 씨의 저온 압착을 실험하기 시작하였고, 원래의 기름보다 훨씬 향미가 풍부한 새로운 유채유를 개발하였다. 저온 압착 유채유는 건강에 좋다는 점을 특히 강조하여 판매되고 있다. 주로 단일 불포화지방산으로 구성되어 있으며, 오메가-3와 오메가-6 다중 불포화지방산도 풍부하다. 종종 '엑스트라 버진' 또는 '버진'으로 표기하지만, 실제로 유채유의 경우 이러한 표현들은 공식적으로 아무런 의미가 없다.

현재 프랑스와 영국에서 생산한 저온 압착 유채유는 약 10종류가 있다. 앞으로도 더 많은 제품이 시장에 나올 것으로 기대된다. **JR**

참기름
Sesame Oil

참기름의 기원은 매우 오랜 세월을 거슬러 올라간다. 몇몇 출처에 의하면 중국인들은 기원전 5,000년부터 등불을 밝히는 데에 참깨(Sesamum indicum)에서 짜낸 기름을 사용했다고 한다. 또 어떤 이들은 참깨가 인도나 아프리카에서 유래했으며, 훗날 중국으로 전래되었다고 주장한다. 아라비아와 바빌로니아에서 참기름을 썼다는 고대의 기록도 남아 있다. 『아라비안 나이트Arabian Nights』에 등장하는 "열려라 참깨"라는 주문은 참깨가 익었을 때 그 꼬투리가 갑자기 터지는 점을 나타내고 있다는 매력적인 설도 있다.

사실 참기름에는 두 종류가 있다. 짙은 호박색은 중국 요리에서 매우 인기가 높으며, 더 가벼운 엷은 베이지색 기름은 인도 요리에 쓰인다. 전자는 볶은 참깨에서 짜내며 맛을 내기 위해 넣는다. 쉽게 타기 때문에 고온에서 요리할 때는 쓰지 않는 것이 좋다. 후자는 생 참깨를 저온 압착해서 짜낸다. 가볍고 섬세한 풍미를 지니고 있으며, 소테와 드레싱에 쓰인다. **JR**

Taste: 저온 압착 유채유는 일반적으로 가볍고 견과 향이 나며. 종종 양배추, 브로콜리, 또는 싱싱한 콩을 연상시키는 채소 향이 난다. 모든 요리에 다 사용할 수 있다.

Taste: 짙은 색 참기름은 구운 견과류와 종자류의 맛에 탄 초콜릿의 향미가 살짝 어우러진다. 담백한 기름은 신선한 참깨와 비슷한 향이 나며, 향긋한 야채 맛이 난다.

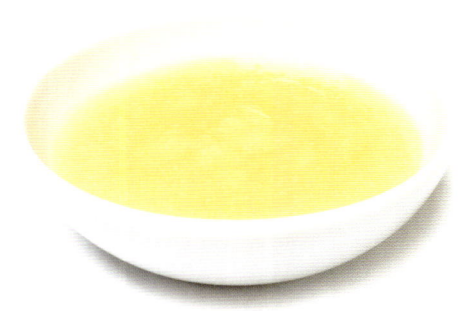

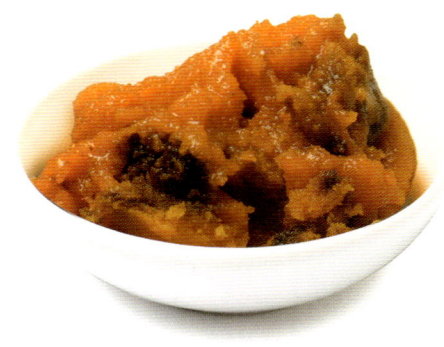

거위 지방 Goose Fat

오늘날 성숙한 거위는 품종에 관계없이 900그램 이상의 부드러운 내장 지방을 제공한다. 이 지방은 정제하면 라드처럼 요리에 쓸 수 있다. 한때는 중앙 유럽의 유대인 요리의 대명사이기도 했던 거위 지방은 지금은 프랑스 남서부와 더 자주 연관지어지곤 한다. 리예트 두아 (rillettes d'oie, 거위 리예트), 단지 조림, 모든 종류의 콘피트의 주 재료이다. 베아른식 가르부르(garbure)는 질그릇 단지에서 보글보글 끓인 양배추 수프-스튜인데, 여기에도 매우 자주 들어간다.

영양과 다이어트 면에서 말하자면 그라스 두아 (graisse d'oie, 거위 지방)는 프렌치 패러독스라고 불리는 현상을 얘기할 때 종종 언급된다. 프렌치 패러독스 (French paradox)란, 포화지방산이 가득한 식습관에도 불구하고 프랑스인들의 심혈관질환 발병률이 눈에 띄게 낮은 현상을 가리킨다. 거위 지방은 단일 불포화지방산과 다중 불포화지방산 함량이 모두 높다. 영국인들도 한때는 건강에 좋다는 이유로 거위 지방을 높이 쳤다—겨울에는 노동자들의 속옷에 발라 호흡기 질환을 예방했다고도 한다. 구운 거위는 언제나 명절 음식으로 높은 인기를 누렸으며, 앵글로색슨 요리사라면 최고의 구운 감자를 만드는 데에는 그 무엇도 거위 지방을 따라갈 수 없다는 사실을 알고 있다. **MR**

Taste: 거위 지방은 다른 향미를 흡수하지만, 결코 밋밋하지는 않다. 풍성한 농가의 맛이 다른 재료들에 더해져 오랫동안 혀 위에서 맴돈다.

레드 팜 오일 Red Palm Oil

아프리카 요리에서 이 생기발랄한 빛깔의 기름은, 지중해 요리에서 엑스트라 버진 올리브 오일과도 같은 존재이다. 최고급 올리브 오일처럼 레드 팜 오일 역시 음식에 독특한 빛깔과 향미를 더하며, 건강에 좋은 영양소를 듬뿍 함유하고 있다.

레드 팜 오일은 아프리카 기름 야자 나무의 포도알만 한 크기의 열매에서 얻은 섬유질 과육에서 짜낸다— 같은 열매의 속씨를 분쇄해서 짜내는 화이트 팜 오일과는 헷갈리지 말 것. 비경화유(非硬化油)로 트랜스지방이 없다. 특유의 불타는 듯한 빨강색은 높은 베타-카로틴과 리코펜—베타 카로틴 이상의 강력한 항산화 작용을 하며, 노화방지, 항암효과, 심혈관질환 예방 및 혈당 저하 효과를 나타낸다—함유량으로 인한 것이다. 리코펜은 강력한 항산화물질로, 당근과 토마토를 면역 기능을 증대시켜주는 수퍼 푸드로 만든 주인공이다.

레드 팜 오일은 은돌레(ndolé, 카메룬의 국민 음식인 쌉쓸한 푸성귀 수프)나 에구시(egusi, 고기 또는 생선을 넣고 끓이는 나이지리아의 수프), 그리고 모이-모이 (moi-moi, 동부콩으로 만들어서 찐 떡의 일종) 같은 서아프리카의 전통 요리에 강하고 독특한 향미를 더한다. 오늘날에는 슈퍼마켓에서도 살 수 있지만, 전통적으로 아프리카의 요리사들은 직접 만들어서 쓴다. **WS**

Taste: 닭고기, 해산물, 감자 같은 재료들은 레드 팜 오일에 튀기거나 소테하면 풍부한 황금빛 빨강색을 띠며, 그 달콤하고 살짝 크리미한 견과 향미를 빨아들인다.

열대우림 속에 있는 기름 야자 플랜테이션. 노동자들의 숙소가 보인다. ➡

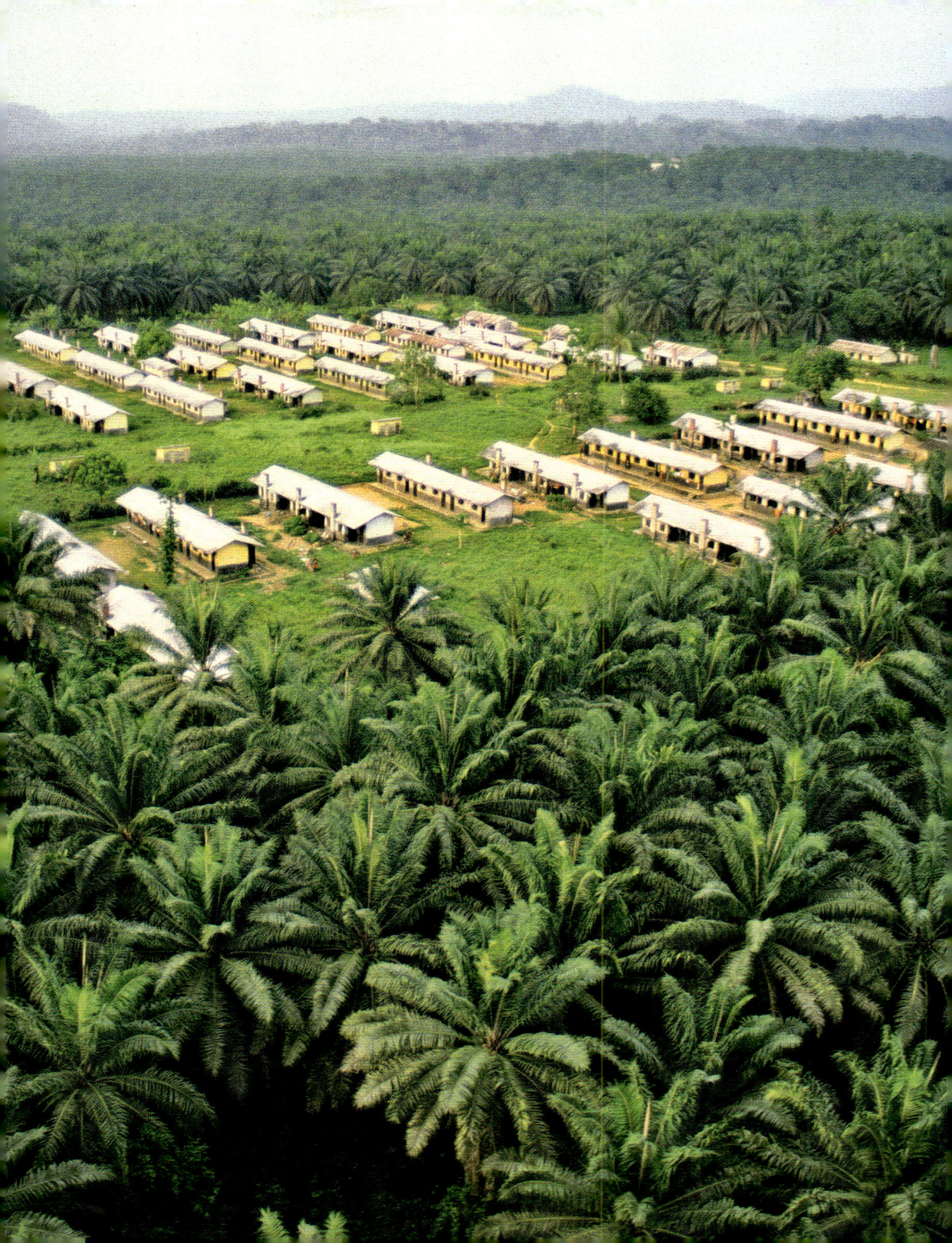

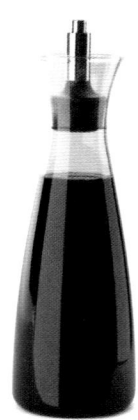

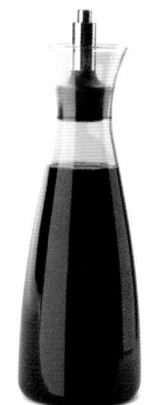

레드 와인 식초
Varietal Red Wine Vinegar

코린트 식초
Corinthian Vinegar

히포크라테스가 처음으로 식초의 효능에 찬사를 보낸 것은 기원전 400년경이지만, 식초의 정화, 치유, 보존 능력은 성경 시대부터 널리 알려져 있었다. 식초는 아마도 멋진 우연의 산물로 태어났을 것이다. 그 이름부터가 중세 프랑스어로 '시어버린 와인(vin aigre)'에서 유래했다.

식초는 자연적으로 발생하는 아세토박테르 크실리눔(Acetobacter xylinum)이라는 박테리아가 알코올 성분이 있는 액체 안에서 알코올에 작용하여 아세트산으로 변환시키면서 생성된다. 최고 중에서도 최고의 와인 식초라면 이 과정은 길고도 느리다. 포도 주스가 발효되어 와인이 되고, 몇 달 동안 숙성시킨 뒤 주의 깊은 박테리아 배양을 거쳐 아세트산화가 시작된다. 식초도 몇 달에서 몇 년 동안 숙성을 거쳐야 한다.

베이스 와인이 좋을수록 좋은 식초가 나온다. 최고의 와인 식초는 세계적으로도 유명한 레드 와인 재배 지역에서 생산된 단일 품종 와인으로 만들어진다. 피에몬테 지방의 체사레 차코네는 바롤로와 바르베라로 환상적인 와인 식초를 만든다. **JR**

코린트 식초는 잔테 커런트(Zante currant)—그리스 남부 펠로폰네소스 반도에서 자라는 작고 향이 강렬한 블랙 코린트(Black Corinth) 종 포도의 열매를 말린 것—로 만든다.

'커런트'라는 이름부터 옛 프랑스어로 'raisins de Corauntz', 즉 '코린트 건포도'에서 유래하였다. 수세기 동안 이 과일은 코린트를 중심으로 재배되었으나, 16세기 들어서 그 거래가 잔테 섬으로 옮겨가게 되었다. 식초 양조는 건포도로 스위트 와인을 만드는 옛 기법에 기원을 두고 있다. 포도를 수확해서 햇볕에 널어두어 건조시킨다. 반쯤 마르면 압착해서 그 주스를 머스트(must, 와인을 압착하고 남은 포도 껍질, 씨, 과육, 줄기 등의 찌꺼기)와 함께 양이 확 줄어들 때까지 수시간 동안 끓인다. 그런 다음 걸러내서 나무 통에 옮겨 담고 숙성되도록 묵혀둔다.

풍부한 향미, 달콤한 과일 향에 짙은 빛깔을 자랑하는 코린트 식초는 오븐이나 그릴에서 구운 육류 및 야채와도 잘 어울리고, 짭짤한 드레싱이나 소스에 넣어도 좋다. 발사미코처럼 과일이나 아이스크림에 한두 방울 떨어뜨려 먹어도 좋다. **LF**

Taste: 레드 와인 식초는 블랙커런트, 라스베리, 자두, 버찌를 연상시키는 환상적인 과일 향을 선사한다. 부드럽고 조화롭다.

Taste: 복합적인 단맛이 식초 본연의 짜릿한 맛을 누그러뜨리는 강렬한 식초로, 섬세한 과일의 향미와 깔끔한 뒷맛이 특징이다.

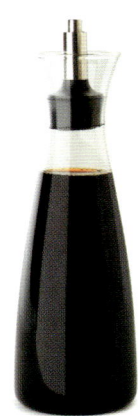
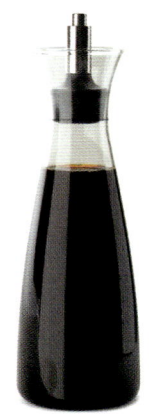

셰리 식초
Sherry Vinegar

셰리주는 16세기, 아니 어쩌면 훨씬 이전부터 스페인 남서부 깊숙이 자리한 헤레스 데 라 프론테라 지방에서 생산되었다. 당시 식초는 와인 양조 과정에서 나오는 불가피한 부산물로, 친구들이나 친지들에게 요리에 쓰라고 나누어주곤 했다. 오늘날에는 공식 법규로 생산을 규제하고 있다.

셰리에는 크게 두 종류가 있다. '플로르(flor)'라고 불리는 이스트의 일종을 사용하는 것과 그렇지 않은 것이다. 후자를 '라야(raya)'라고 부르는데, 이것으로 올로로소(Oloroso) 셰리를 만들며, 발효시키면 가장 인기있는 셰리 식초가 된다.

라야를 오크 통에 부어 햇빛이 잘 드는 곳에 두면 와인은 식초로 변하게 된다. 그런 다음 식초를 솔레라 시스템(와인통을 여러 단으로 쌓아 아랫단에 있는 숙성된 셰리를 따라내고, 그 만큼의 새 와인을 윗단에 부어줌으로써 균일한 품질을 유지하는 양조 방식)으로 숙성시킨다. 숙성 기간은 2~25년으로 다양하다. 이는 곧 해마다 가장 오래된 통의 3분의 1만을 따라서 병입한다는 뜻이다. 다른 와인 식초에 비해서 과일 향이 풍부하며, 드레싱, 고기 양념, 소스에 쓰면 정말로 좋다. **JR**

아세토 발사미코 트라디치오날레
Aceto Balsamico Tradizionale

이 유명한 식초에 대한 문서상의 기록은 19세기 중반에 처음 등장한다. 아세토 발사미코의 창조자들은 오직 가족들과 친구들을 위해서만 이 식초를 만들었다. 오늘날 모데나는 DOC 인증을 받고 있으며, 모데나의 아세토 발사미코는 최고의 장인 솜씨로 만들어진다. 그러나 공장에서 대량 생산하여 캐러멜과 다른 보존제를 첨가했을지도 모르는 '모데나 발사믹 식초'도 있으므로 혼동하지 말 것.

전통적인 아세토 발사미코(그러나 아세토(aceto)는 아세트산 함량이 워낙 낮아 많은 나라에서는 식초로 분류하지 않고 있다)는 각 지방의 토착 품종 포도의 즙이나 머스트로 만든다. 달디단 액체가 될 때까지 포도즙을 졸인 뒤 작은 나무 통에 담고 일종의 '발효제'로 일반 식초를 넣어준다. 첫 해가 지나면 소량의 액체를 뽑아내 두 번째 통으로 옮기고 첫 번째 통에는 새 농축 포도 머스트를 채워 넣는다. 수년이 흐르면서 일련의 나무—참나무, 뽕나무, 밤나무, 벚나무, 노간주나무 등등—통들이 하나하나 쌓이고, 각각의 통 안에서 다양한 연령의 식초들이 섞인다. 이러한 시스템에서는 적어도 12년이 지날 때까지는 한 방울도 따라낼 수 없다. **JR**

Taste: 셰리 식초는 올로로소가 지닌 발사미코와 말린 과일의 향미가 가득 담겨 있다. 다른 와인 식초에 비해서 산도가 낮고 훨씬 달콤하다.

Taste: 건포도, 살구, 갈린 자두 등 건과일을 섞어놓은 듯한 향기가 코를 찌른다. 향미는 풍성하고 부드러우며 액체는 매끄럽고, 달콤하고, 벨벳처럼 짙다.

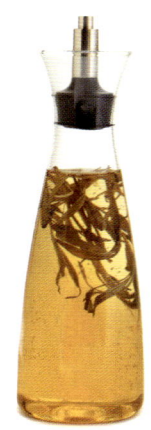

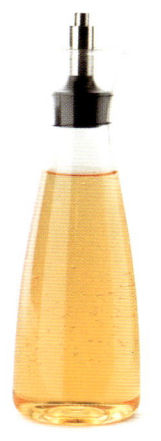

타라곤 식초 Tarragon Vinegar

타라곤(Artemisia dracunculus)은 곳곳에서 때때로 '용(dragon)'으로 불려왔다. 13세기 아랍 식물학자인 이븐 바이타르는 타라곤을 가리켜 투르쿠흠(turkhum)이라고 불렀는데, 강하고 때때로 입안을 얼얼하게 하는 향미 때문도 있었지만, 그보다는 뱀처럼 구불구불한 뿌리 때문이었다. 타라곤의 라틴어 학명은 '작은 용'이라는 뜻이다. 그러나 타라곤 하면 보통은 프랑스를 떠올리며, 처음으로 타라곤 식초를 만들어 상품화한 것도 프랑스인들이었다.

　　타라곤 식초를 만들 때 베이스로 사용하는 식초는 보통 발효조에서 생산한다. 화이트 와인을 3만 리터들이 통에 넣고, 식초 박테리아를 넣은 뒤 고온의 공기를 주입하여 온도를 올리고 알코올이 식초로 변하도록 촉진한다. 이 과정에는 몇 주 정도가 걸린다. 그 결과 생성된 액체에 천연 추출물 또는 화학 물질로 향미를 내어 타라곤과 비슷한 맛을 낸다. 가장 좋은 타라곤 식초는 그보다 훨씬 시간이 많이 걸리는, 와인 식초와 유사한 방식으로 만든다. 화이트 와인 식초가 완성되면 통이나 병에 프렌치 타라곤을 넣어 우려낸다. **JR**

애플 사이다 식초 Cider Vinegar

2천 년 넘게 사과를 재배해 왔으며, 또한 그만큼의 세월 동안 사과를 발효시켜 술을 빚어온 잉글랜드와 프랑스 북부 같은 지역에서, 애플 사이다 식초는 와인 식초만큼이나 오랜 (그리고 기록상 확인할 수 없는) 역사를 자랑한다. 와인 식초처럼 자연적으로 박테리아가 알코올에 작용하기 시작하여—이 경우에는 사이다에서—알코올을 아세트산으로 바꾸어놓았을 것이다.

　　오늘날에는 공장에서 엄격한 감독 하에 대량으로 생산되어, 효소를 비활성화시키고 미생물을 박멸하기 위해 저온 살균을 거친다. 그러나 몇몇 소규모 생산자들은 여전히 좋은 레드 와인 식초를 만드는 것과 비슷한, 오랜 시간이 걸리는 전통 방식을 고수한다.

　　저온 살균도 하지 않고 보존제도 넣지 않은 이 식초는 스위트 품종, 사이다 품종, 또는 이 두 가지 품종을 섞어서 발효시켜 만든다. 톡 쏘는 식초의 짜릿한 맛을 필요로 하지 않는 샐러드, 살사, 고기 양념, 피클로 쓰면 훌륭하다. 사이다 식초는 건강 식품으로 유명하며, 심지어 약으로도 먹지만, 의학적 효능에 대해서는 과학적으로 밝혀진 바는 없다. **JR**

Taste: 타라곤의 강한 향미에 짜릿한 생강 향이 어우러져야 하지만, 너무 신랄해서는 안 된다. 닭고기 요리에 쓰면 훌륭하며, 월넛 오일과 섞어서 비니그레트 소스를 만들기에도 좋다.

Taste: 놀랄 일도 아니지만 사이다 식초는 향과 맛 모두 사과의 그것이 뚜렷하며, 종종 가벼운 벌꿀 또는 단풍나무꿀의 향미가 어우러져 누그러진다.

잉글랜드의 서머셋은 사이다 사과의 재배 및 양조로 오랜 전통을 자랑한다. ➲

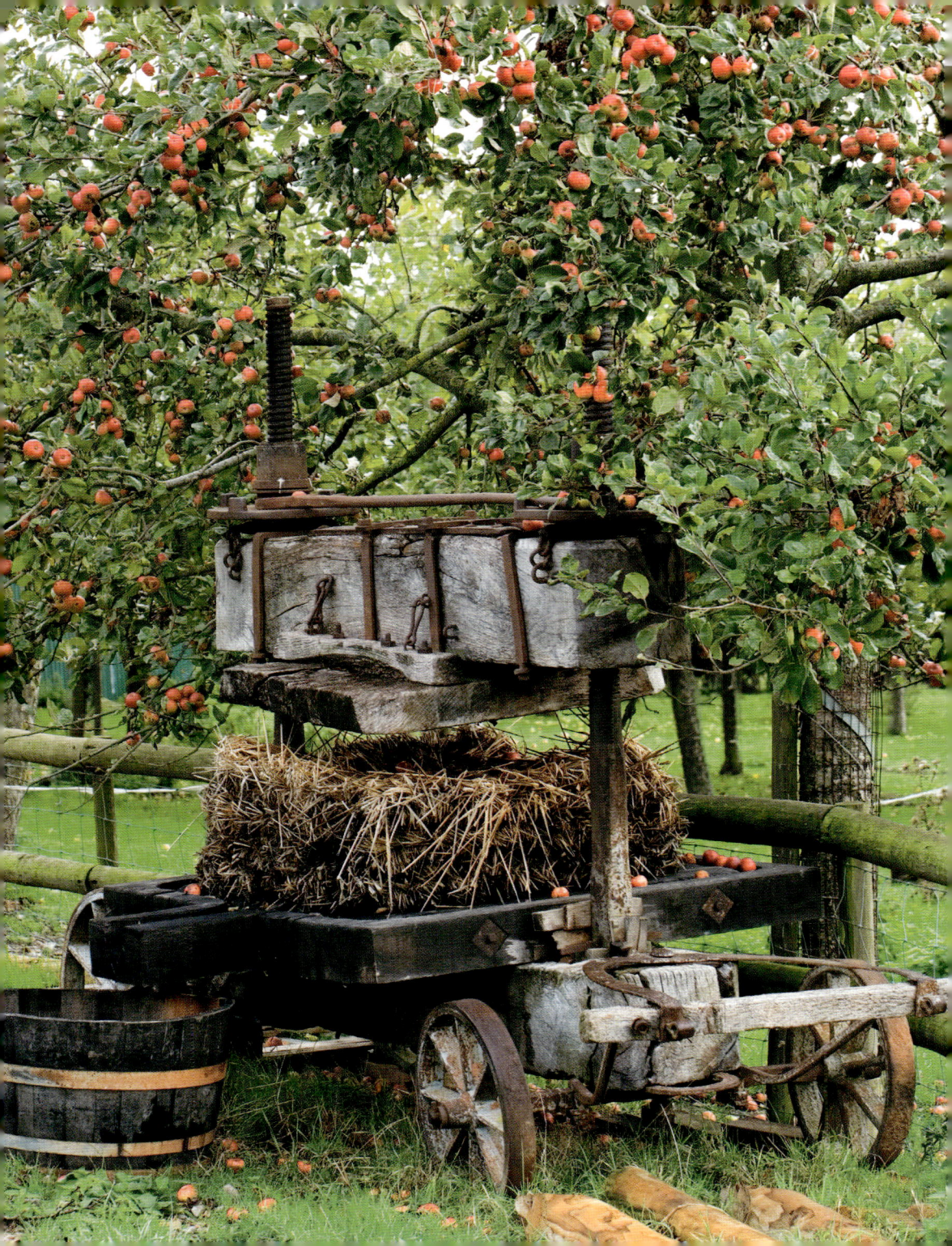

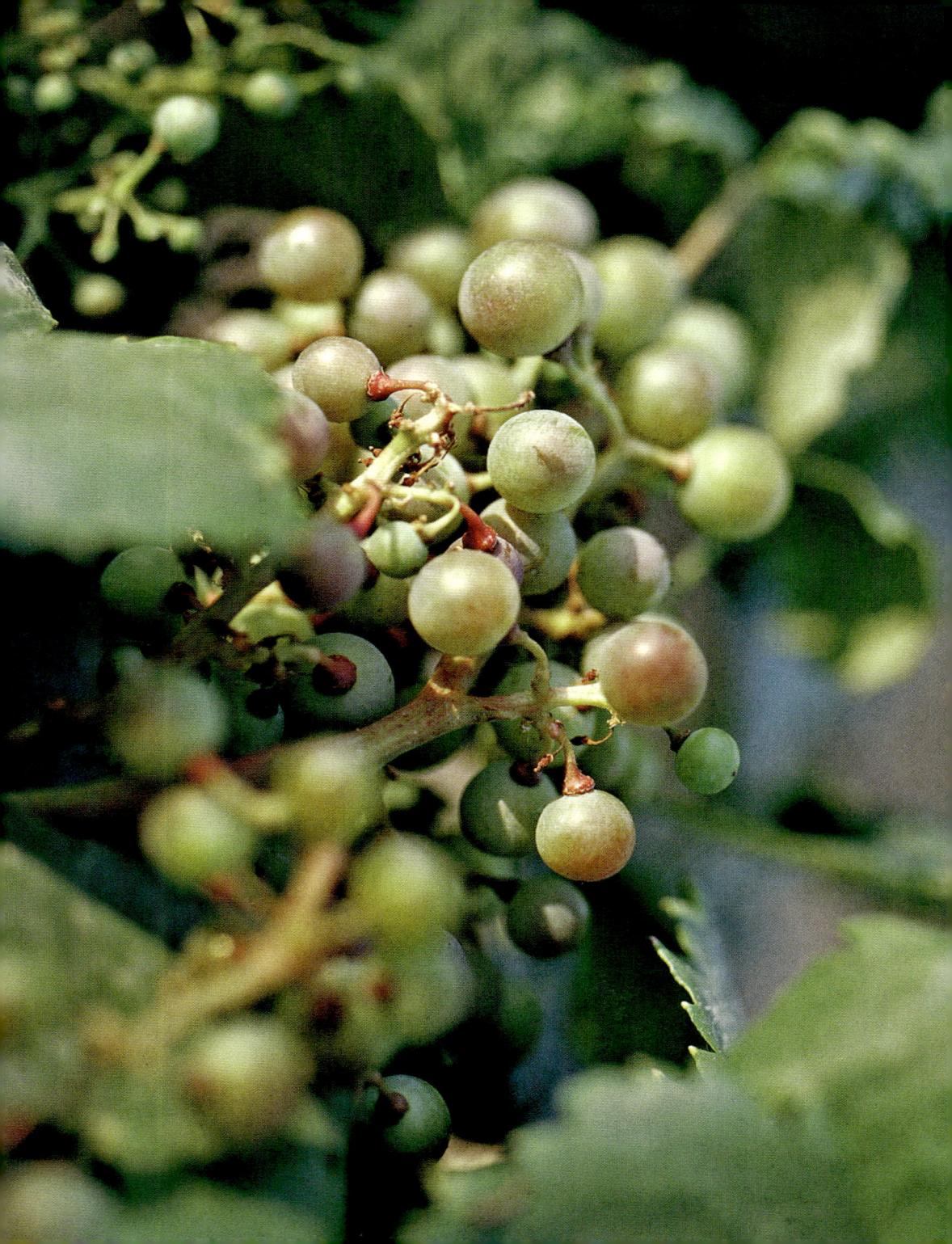

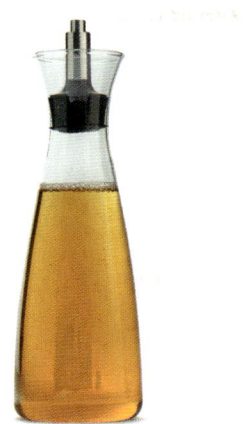

버주스 Verjuice

버주스는 프랑스어로 'vert jus', 즉 '녹색 즙'에서 유래하였으며, 덜 익은 풋과일에서 짜낸 신 즙을 가리킨다. 이탈리아의 아그레스토(agresto), 스페인의 아그라스(argraz), 레바논의 호스룸(hosrum), 이란의 아브구레(abghooreh)가 이와 흡사하다.

프랑스 같은 와인 재배 지역에서 '과일'이란 곧 포도를 가리키지만, 다른 지역에서는 꽃사과, 자두, 구스베리, 그리고 쌉쌀한 오렌지를 사용하기도 한다. 몇몇 전문가들에 의하면 고대 로마에 이미 버주스가 알려져 있었다고 하지만, 문서상 최초의 기록은 1375년 프랑스 국왕 샤를 5세의 주방장이었던 타유방의 요리책이다.

레몬이 널리 쓰이게 되면서 버주스는 서서히 유행에서 뒤떨어지게 되었지만, 20세기 후반 들어 일종의 컴백을 맞이하게 되었다. 오스트레일리아의 셰프이자 음식 작가인 매기 비어가 이를 주도하였으며, 오스트레일리아, 남아프리카, 캘리포니아, 유럽 일부에서도 호응이 뒤따랐다. 포도를 매우 일찍 수확해서 압착한 뒤 즙을 안정시켜서 바로 병입한다. 때때로 병입 전에 발효시키기도 한다. **JR**

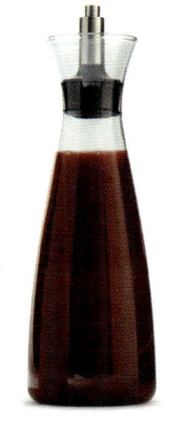

라스베리 식초 Raspberry Vinegar

라스베리 식초는 라스베리가 쉽게 자라는 온화한 지역의 가정에서 만들어 먹기 시작했을 것이다 잉글랜드 요크셔에서는 고기 요리를 내기 전에 전통 푸딩과 곁들여 낸다. 그러나 20세기 이전에는 라스베리 스 초에 대한 역사적인 언급이 거의 없다. 상품화가 된 것은 프랑스로, 1980년대와 1990년대 초반에 셰프들이 그 대중화에 앞장섰다.

최고의 라스베리 식초는 질 좋은 와인 식초에 신선한 과일을 약 한 달간 우려내서 만든다. 이 기간이 끝날 때쯤 식초를 걸러낸 뒤 병입할 때 싱싱한 라스베리 열매 몇 개도 함께 넣는다. 제대로 만든 라스베리 식초라면 원재료 목록에 반드시 라스베리가 들어가야 한다. '천연 재료'라는 표현은 보통 과일 그 자체가 아니라 농축액, 또는 추출물을 첨가했다는 뜻이다. 진짜 라스베리를 우려내는 과정은 가정에서도 쉽게 할 수 있을 뿐 아니라 맛도 더 좋다.

좋은 엑스트라 버진 올리브 오일과 섞어서 아보카도에 뿌리거나 블루 치즈와 섞어서 치커리 싹을 찍어 먹을 딥을 만들어보자. **JR**

Taste: 버주스는 식초의 신맛과 레몬의 떫은 맛을 모두 지니고 있지만 입안에서는 보다 부드럽다. 레몬즙이나 식초의 톡 쏘는 맛을 필요로 하는 곳이라면 어디에나 쓰일 수 있다.

Taste: 좋은 라스베리 식초는 달콤하고 잘 익은 라스베리에 식초의 톡 쏘는 맛이 가볍게 더해진다. 그 향미는 입속에서 오래도록 맴돈다.

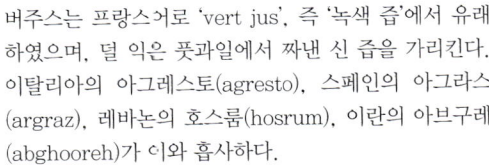

수확철 첫무렵에 포도를 솎으면서 덜 익은 열매를 따낸다.

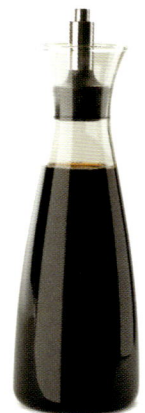

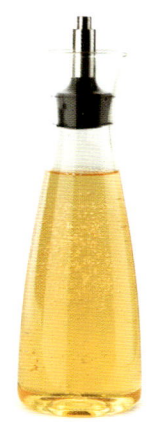

샨시 숙성 식초 Shanxi Extra Aged Vinegar

중국의 숙성 식초는 이탈리아의 숙성 발사미코에 비견될 만한 진하고, 농밀하고, 복합적인 맛을 자랑하며, 그에 못지않게 비싸기 때문에 매우 아껴서 사용한다. 또 중국 밖에서는 구하기가 하늘의 별따기만큼이나 어렵다. 외국에서 살 수 있는 대량 생산되는 버전은 슈퍼마켓용 발사믹 식초처럼 원조의 발끝에나 겨우 따라갈 수 있을까 말까이다.

중국에서는 다양한 재료—포도, 과일, 곡식 등등—를 사용하여 식초를 만들지만 보통은 찹쌀에 다른 곡물을 섞어서 빚는다. 샨시 숙성 식초(장쑤 성에서 만드는 것과 비슷하다)의 양조 과정 역시 처음은 다른 모든 중국 식초와 똑같다. 곡식을 쪄서 얻은 액체를 발효시킨다. 그러면 박테리아가 알코올을 산으로 전환시킨다. 여기에서 일반 식초는 바로 병입하는 것이 보통이지만, 샨시나 장쑤 숙성 식초는 몇 달, 심지어 몇 년간 적절하게 자연환경에 노출시킨다. 이로 인해 농도는 더욱 짙어지고 신맛은 누그러진다. 사실 최고급 샨시 숙성 식초의 산도는 너무 낮아서 몇몇 나라에서는 법적으로 식초로 분류되지 않는다. **KKC**

모치고메 식초(もち米酢) Mochi Gome Su

일본의 강력한 민간 요법인 타마고-스(たまご酢)에는 현미로 빚은 식초와 각종 건강에 좋다는 식재료가 들어간다. 모데나의 발사믹 식초만큼이나 존경을 받는 최고의 모치고메 식초는 일본의 큐슈 지방에서 생산되며, 그 양조 과정 역시 천 년이 넘는 역사를 자랑한다.

우선 현미를 쪄서 미소(일본식 된장)나 간장을 만들 때 쓰는 것과 같은 아스페르길루스(Aspergillus) 곰팡이를 배양시킨 쌀과 섞는다. 몇 주가 지난 뒤 여기에서 얻은 액체에 샘물과 식초를 섞고 오지 항아리로 옮겨 담는다. 이 항아리를 땅에 묻는 경우도 있다. 짙은 색깔의 진한 식초가 되면 다시 물을 부어 희석시킨 뒤 10개월까지 숙성시킨다. 이 기나긴 과정을 거치면 아미노산이 향미를 발달시키는 것은 물론 건강에도 좋아진다.

모치고메 식초는 입맛을 돋구고 소화를 도우며 몸 안에 콜레스테롤이 쌓이는 것을 막아준다. 현미 식초는 음식에 들어 있는 염분을 조절해주며, 향균 성분이 있어 생선을 재는 데 쓰인다. 그 섬세한 단맛은 드레싱으로 만들면 완벽하며, 기름이나 미소와 섞어도 좋고, 음식에 바로 뿌려도 맛있다. **SB**

Taste: 거의 검은색에 가까운 아주 짙은 갈색의 샨시 숙성 식초는 끈적하고, 걸쭉하고, 달콤하다. 신맛이 두드러지지 않으며 강렬하고 복합적인 향미를 지니고 있다.

Taste: 맛이 아주 순하며, 가벼운 향미와 단맛이 아래에 깔려 있는 모치고메 식초는 일반 식초에 비해 산도가 훨씬 낮다(그러나 발사믹 식초만큼 달거나 끈적하지는 않다).

현미 식초는 보통 스시용 밥에 쓰는 단촛물을 만들 때 사용한다. ➔

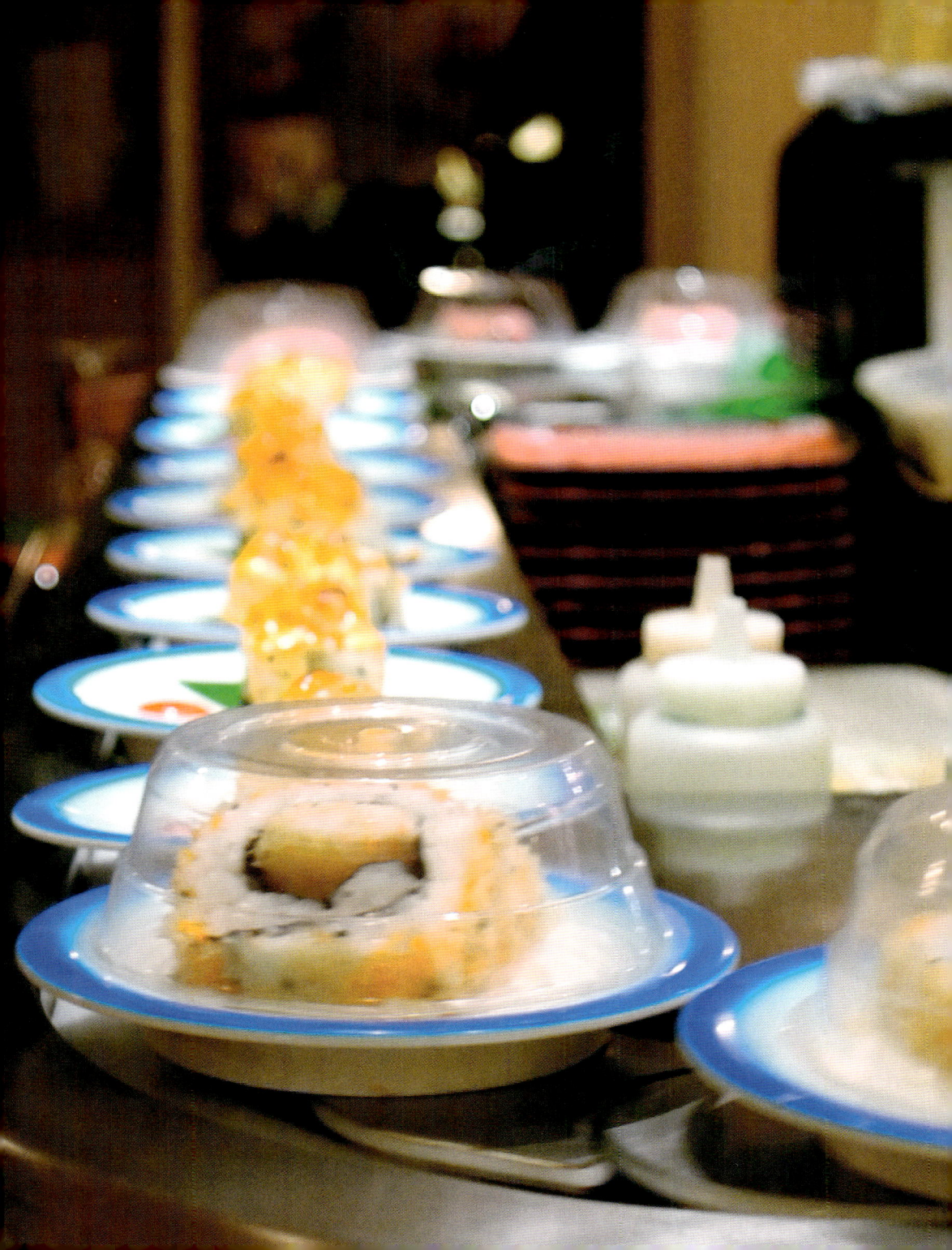

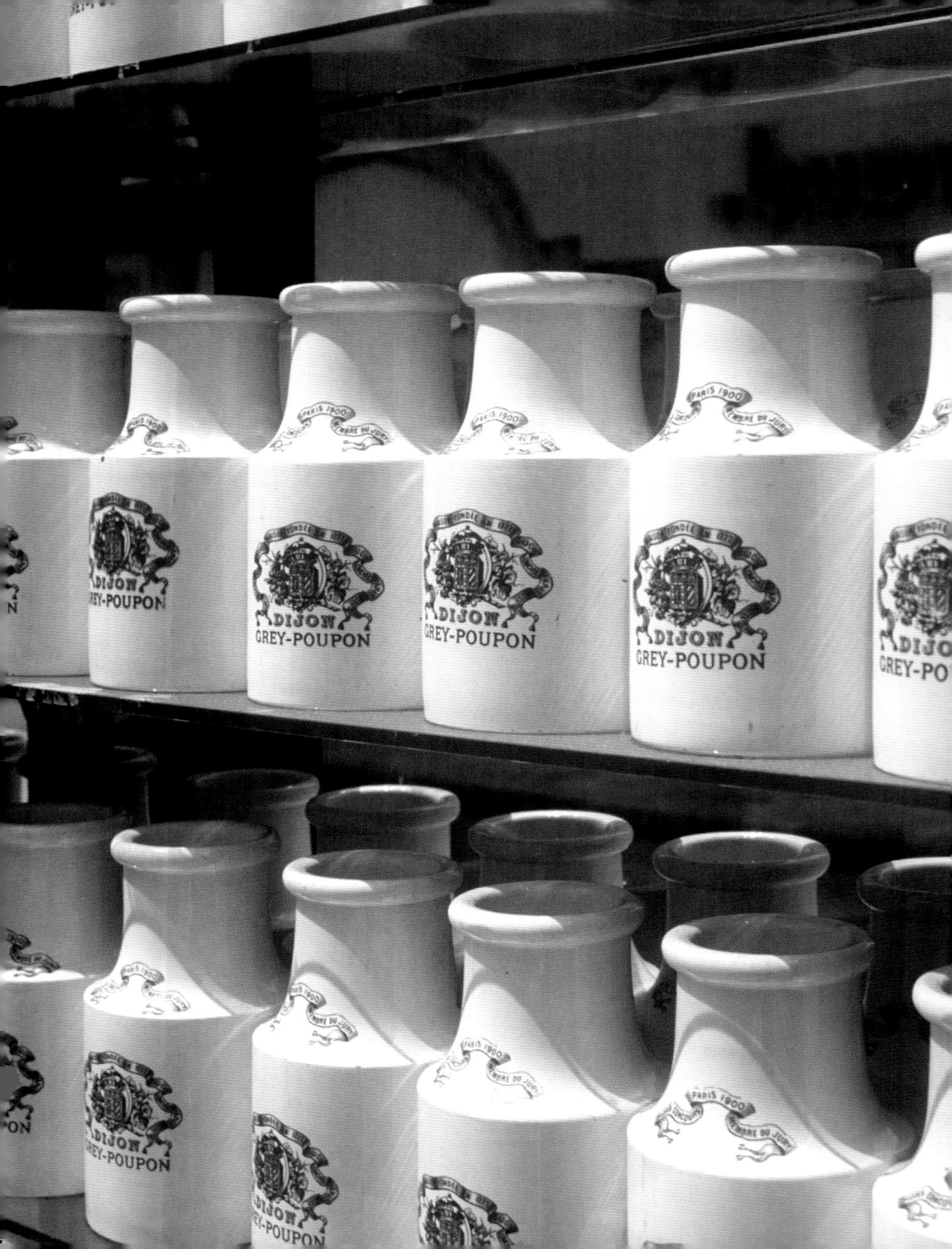

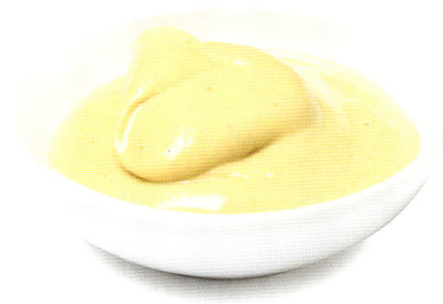

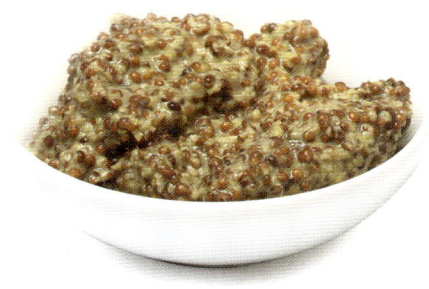

디종 머스터드 Moutarde de Dijon

부르고뉴의 주도인 디종은 18세기 초부터 머스터드로 유명했다. 한때는 머스터드를 주걱으로 떠서 담아 파는 상점들도 있었으며, 장인들은 가장 최신 유행의 풍미—금련화, 케이퍼, 앤초비, 레몬 등등—를 고안하고자 서로 경쟁하였다. 어떤 머스터드는 보기만 해도 눈물이 나올 정도로 맵고, 어떤 것은 달콤하고 향긋하다. 오늘날 디종에 있는 마이유(Maille, 프랑스의 향신료 회사) 숍에서는 여전히 라스베리나 샴페인처럼 이국적인 향미의 머스터드를 만들어내고 있다. 그러나 입안이 얼얼할 정도로 매우면서도 다른 맛을 압도하지는 않는 노란 디종 머스터드야말로 진정한 주목의 대상이다.

디종 머스터드는 갈색 또는 검은색의 겨자 씨로 만든다. 씨는 분쇄하면 향도 없고 맛도 거의 없지만, 수분을 만나면 화학 반응을 일으켜 매운 맛을 내게 된다. 디종 머스터드는 1850년대에 탄생했는데, 식초 대신 버주스(덜 익은 포도즙)를 사용하여 덜 시큼하고 보다 매끄러운 맛의 머스터드를 만들고자 했던 레시피 덕분이었다. 갓 갈아낸 페이스트는 눈이 번쩍 뜨일만큼 맵다. 하루가 채 못 되어 혀를 통타하는 듯한 매운 맛을 얻게 된다. 신선한 디종 머스터드—마이유 숍에서는 펌프로 판다—는 독특한 매운 맛을 선사한다. **MR**

모 머스터드 Moutarde de Meaux

모 머스터드는 종종 'à l'ancienne(아 랑시엔)', 즉 '옛날식'으로 만들어진다고 묘사된다. 도기 단지에 담아 코르크로 막은 뒤 빨간 밀랍으로 봉해서 팔기 때문에 실제로 매우 전통 제품처럼 보인다. 프랑스에서 처음 겨자를 재배하여 머스터드를 만들기 시작한 것은 수도사들이었으나, 맷돌을 생산하는 J. B. 포메리 社는 1632년으로 거슬러 올라가는 머스터드 레시피를 소유하고 있다고 주장한다. 전 세계에서 수많은 모방 제품이 나왔지만, 여전히 그 독특한 정체성을 지켜나가고 있다.

디종의 사촌처럼 모 머스터드 역시 갈색 겨자 (Brassica juncea) 씨를 사용하여 만들지만, 과정은 약간 다르다. 겉껍질이 버려지는 대신 오히려 레시피에서 중요한 역할을 수행한다. 겨자 씨를 버주스, 소금, 향신료에 담가서 불린 뒤 분쇄한다. 여기에 체로 쳐서 다시 섞은 껍질을 혼합한다.

오늘날, 대부분의 머스터드 씨는 프랑스 중부에서 재배하지 않고 캐나다에서 수입한다. 모 머스터드는 전 세계 셰프들이 선호하는 미식으로, 간단하게 예를 들면 그릴에 구운 육류에 곁들여 먹는 것이 가장 맛있다. **MR**

Taste: 디종 머스터드는 예리하리만치 맛이 강렬하며, 그 향은 코 뒤쪽이 따끔할 정도로 파워풀하다. 가루가 아닌데도 그 질감은 매우 매끄럽다.

Taste: 디종 머스터드보다 더 순하지만 신선한 것은 여전히 상당히 알싸하다. 또 식초 향이 더 강하다. 겨자 기울을 섞었기 때문에 질감은 의도적으로 모래처럼 알갱이가 느껴진다.

그레이 푸폰 머스터드는 1777년 이래의 오랜 역사를 자랑하며 오늘날에도 디종의 라 리베르테 거리에서 팔리고 있다.

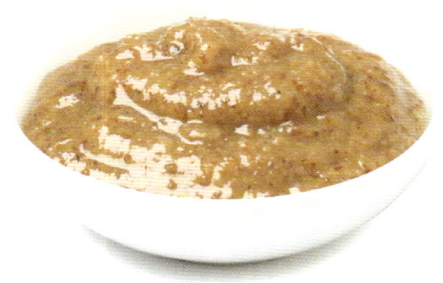

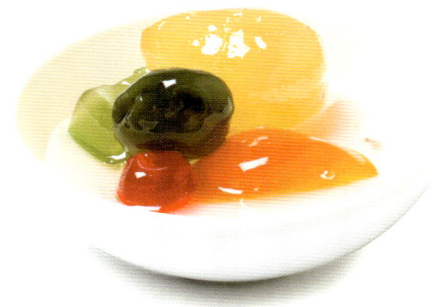

바이에른 스위트 머스터드
Bavarian Sweet Mustard

독일에서 머스터드 없이 소시지를 먹는다는 것은 상상조차 할 수 없는 일이다. 그리고 바이에른 스위트 머스터드—색깔은 갈색이고, 향미는 순하고 달콤한—는 뮌헨의 자랑거리인 바이스부르스트(weisswurst)에 곁들여 먹을 만한 가치가 있는 유일한 양념이다. 사실 독일에서는 '바이스부르스트 머스터드'로 알려져 있기까지 하다.

바이에른 스위트 머스터드는 19세기 중반에 요한 콘라트 데벨레이라는 사람이 발명하였다. 그는 뮌헨에 머스터드 공장을 열고 장인 생산의 핵심 원칙을 도입하였다. 끊임없이 새로운 향미를 창조해내려 했던 데벨레이는 스위트 머스터드라는 틈새 시장을 발견했다. 그는 전통적인 머스터드 혼합 비율을 실험하면서 스파이스와 캐러멜로 변한 설탕을 더했다. 여러 번의 다양한 변화를 거쳐 흑설탕과 거칠게 간 머스터드 씨앗이 최고의 재료임이 입증되었다.

바이스부르스트에 없어서는 안 될 파트너임은 물론 독일 남부의 별미인 레버캐제(leberkäse, 간으로 만든 미트로프)나 돼지 무릎고기와 곁들여 먹기에도 좋다. **LF**

모스타르다 디 프루타
Mostarda di Frutta

포도 머스트에 절인 과일에 머스터드를 더한 이 환상적인 음식은 이탈리아 북부에서 탄생하였다. 그 기원은 저 옛날 로마 시대까지 거슬러 올라간다. 미식가들은 벌꿀, 머스터드, 식초, 그리고 기름을 섞어 단맛, 신맛, 매운맛의 완벽한 균형을 찾아내고자 했다.

향신료와 포도 머스트에 과일을 절인 모스타르다는 전통적으로 추수 후에 남은 온갖 식재료 찌꺼기를 저장해 두었다 먹으려는 실용적인 목적에서 기인한 시골 음식이었다. 그러나 설탕이 매우 값비싼 사치품이었던 중세에 상당히 지위가 올라갔다.

포도 머스트나 달게 한 물에 살구, 버찌, 배, 자두, 무화과 등을 졸인다. 그런 다음 과일을 건져 낸 물을 머스터드와 식초로 간을 한 뒤 거의 잼처럼 걸쭉해질 때까지 보글보글 끓인다. 오늘날에는 보통 과일을 먼저 설탕에 절인 뒤 나중에 매콤한 시럽이 들어 있는 병에 담는다.

전통적으로 이 독특한 렐리쉬는 야생 육류 요리, 치즈, 소금에 절이거나 삶은 고기—특히 볼리토 미스토(bollito misto, 송아지, 닭고기, 소시지 등을 서서히 끓인 뒤 소스를 곁들인 요리)와 함께 먹는다. **LF**

Taste: 바이에른 스위트 머스터드는 알갱이가 씹히는 질감에 부드러운 매콤한 맛 위로 전반적으로 단맛이 지배한다. 검은 호밀빵에 발라먹어도 맛있다.

Taste: 모스타르다 디 프루타는 풍부한 와인을 배경으로 대담한 과일 향이 펼쳐진다. 스파이스의 맛과 기분 좋은 단맛이 균형을 이룬다. 전형적인 스위트 앤드 사우어이다.

모스타르다 디 프루타는 이탈리아 롬바르디아 지방의 크레모나가 특히 유명하다. ❯

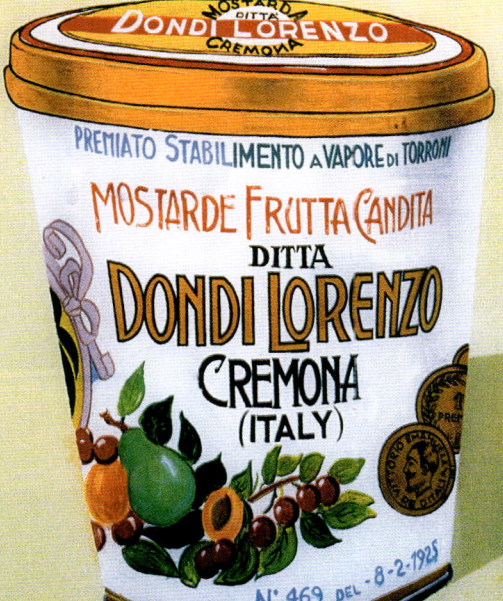

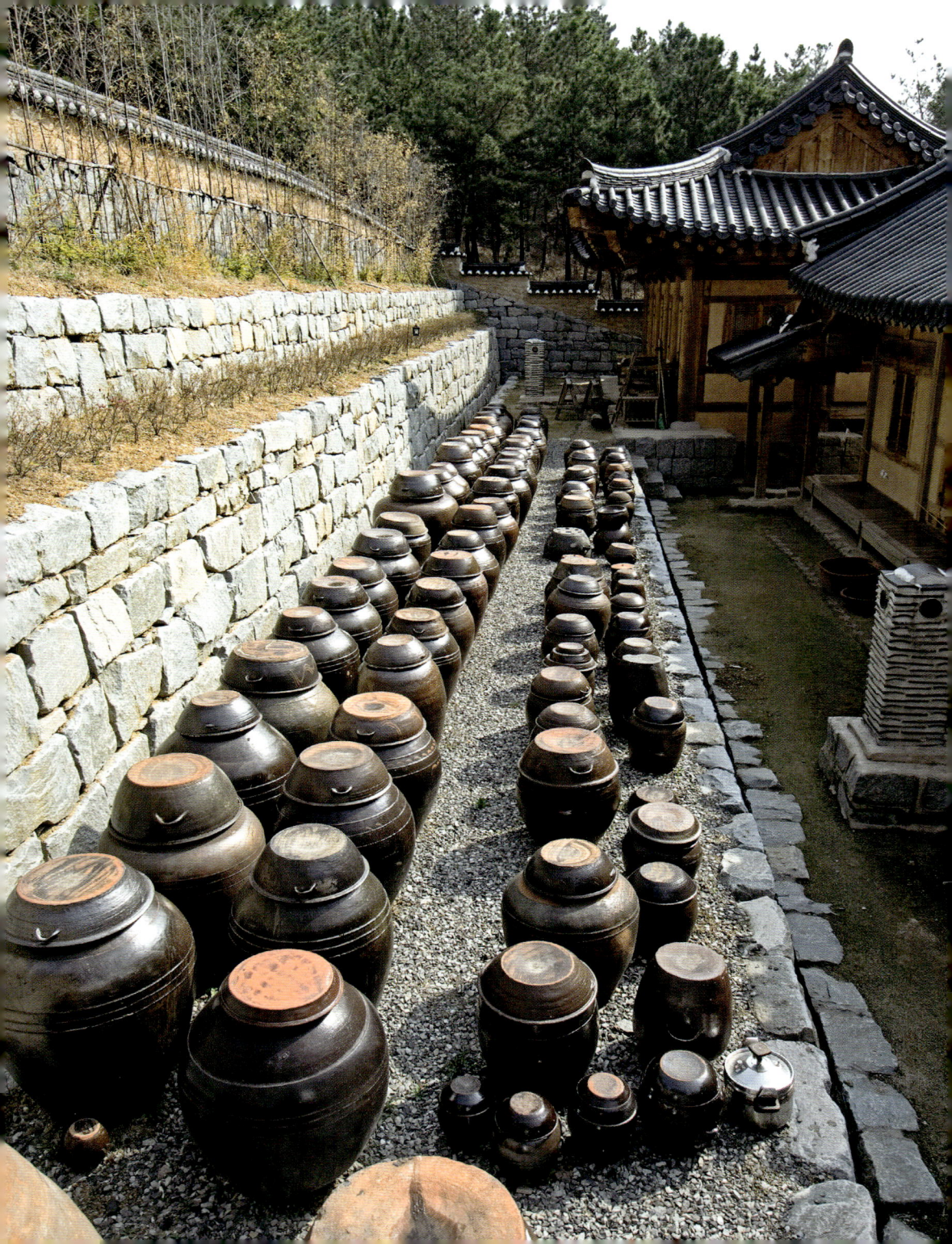

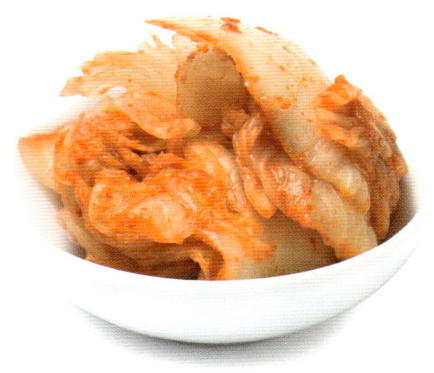

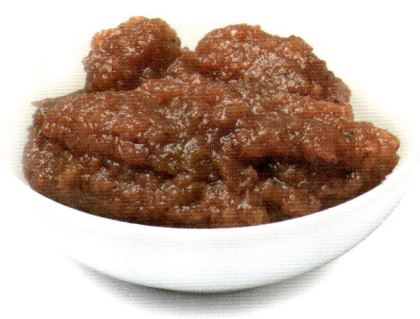

김치 Kimchi

수천 년 동안 한국인들은 김치로 저장 식품의 한계가 어디까지인지를 보여주었다. 맛, 색깔, 재료를 주제로 한 수없이 많은 변주곡이 탄생했으며, 서양의 절임 식품은 그 매콤한 향미에 명함도 내밀지 못한다. 한식 끼니에는 적어도 한 종류의 김치가 밥 반찬으로 올라오며, 서울에는 김치 박물관도 있다.

배추를 씻어서 소금에 절인 뒤 며칠간 커다란 독에 담아놓는 것이 김치의 기본이다. 여기서 좀더 복잡해지면 고추, 마늘, 오이, 무 같은 채소에 새우 등의 해산물이 들어가기도 한다. 재료를 꽉 채운 배추는 '통배추 김치'라고 한다.

전통적으로 김치는 독이나 항아리에 담아 발효 및 숙성시키며, 광이나 뒤뜰에 묻어두어 각 계절의 기후의 혜택을 본다. '여름' 김치는 보통 아주 짧은 기간 동안만 익힌다. 오늘날에는 김치 냉장고라는 김치 전용 냉장 기술까지 발달했으며, 여전히 많은 가정에서 김치를 담가 먹지만 포장해서 파는 김치의 수요도 점점 늘고 있다. **TH**

치비크와 Cwikła

이 톡 쏘는 근대 뿌리 피클 렐리쉬의 기원은 세월 속에 묻혀졌지만, 기록으로 남아 있는 최초의 치비크와 레시피는 16세기 작가로 '폴란드 문학의 아버지'라 불리는 미코와이 레이(Mikolaj Rej, 1505~1569년)의 것이다. 레이의 레시피는 오븐에서 구운 근대 뿌리를 얇게 썰어서 서양고추냉이, 회향, 식초로 양념한 것이다.

오늘날에는 보통 근대 뿌리를 갈거나 주사위꼴로 썰며, 맛을 내는 티에는 캐러웨이를 주로 사용한다. 또 레드 와인을 뿌리기도 한다. 불운하게도, 시판되는 치비크와 제품들은 무미건조한 매쉬 퓌레의 매력이 떨어지는 질감이다.

자연히 폴란드인들은 그들의 '국민 음식'이 얼마나 떫거나 혹은 달콤허야 하는지, 맛이 얼마나 세거나 순해야 하는지, 질감이 얼마나 곱거나 거칠어야 하는지에 대해서 저마다 기호가 제각각이다. 더 부드러운(서양고추냉이와 식초 함유량이 적은) 버전은 샐러드로 먹으며, 더 맛이 강한 것은 매콤한 양념으로 쓴다. 어느 쪽이든, 폴란드 식탁의 왕좌를 차지하는 소시지, 햄, 로스트, 파테, 돼지 무릎 젤리. 그 밖의 찬 육류 요리의 향미를 치비크와보다 더 잘 이끌어낼 수 있는 존재는 없다. **RS**

Taste: 염분 함량이 상당히 높은데도 불구하고 각각의 재료가 갖는 맛의 정수를 그대로 담아낸. 균형 잡힌 맛을 자랑한다. 거의 매운 맛이 나지 않는 것부터 입에 불이 날 정도로 매운 것까지 다양하다.

Taste: 색깔은 깊은 루비 레드, 알갱이가 씹히는 질감, 매르 네이드의 희미한 단맛은 근대 뿌리의 거친 흙 맛을 부드럽게 누그러뜨린다.

한국의 한 사찰 뒷마당의 장독대. 김칫독은 사계절의 날씨를 그대로 흡수한다.

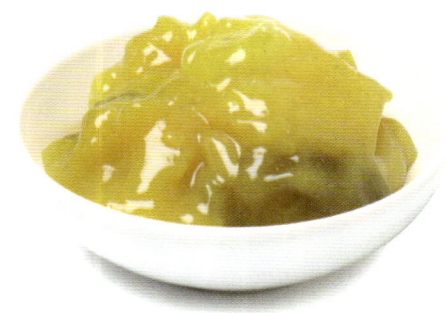

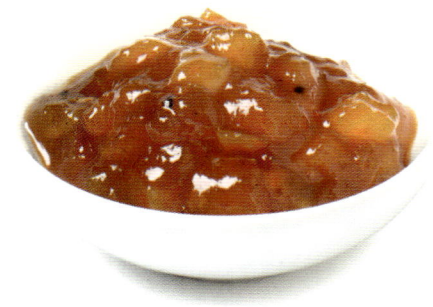

피칼릴리 Piccalilli

망고 처트니 Mango Chutney

피칼릴리는 그 이름은 이국적이지만—심지어 이탈리아 어처럼 들린다—실제로는 잉글랜드의 존경받는 혼합 야채 절임이다. '피칼'은 누가 보아도 '피클'에서 유래하였으며, 음식 역사학자들은 '릴리'는 '칠리'에서 왔을 것이라 추측한다. 1759년에 쓰여진 해나 글라스의 레시피에 나타나 있듯 초기에는 망고가 들어갔으며, '인디언 피클'이라는 별명으로도 불린다는 사실을 감안할 때 영국의 인도 식민 통치 시절 발명품일 수도 있다.

빅토리아 시대에 영국 신사들의 클럽에서 찬 쇠고기의 커다란 관절 부위, 양고기, 햄과 함께 곁들여 나오기 시작하였으며, 식습관의 변화에도 불구하고 오늘날까지 찬 식사에는 어김없이 등장한다.

오늘날 피칼릴리는 콜리플라워 작은 꽃, 녹색 콩, 게르킨 오이, 그 밖의 채소를 걸쭉한 식초 소스에 절인 뒤 강황으로 밝은 겨자색을 낸 피클이다. 생강이나 칠리, 머스터드로 맛을 내기도 한다. 시판 브랜드는 신맛이 강하며, 가정에서 만드는 것은 독특하고 훨씬 더 은근한 향미를 낸다. 펍에서 흔히 찾을 수 있다. **MR**

어원으로나 음식으로서의 기원으로나 처트니의 고향은 인도이지만, 그 유명세는 인도 대륙을 지나간 여행자들과 식민주의자들의 입소문에 힘입은바 크다. 가지부터 코코넛에 이르기까지 온갖 종류의 재료로 만든 처트니 레시피가 수도 없이 많지만, 덜 익은 풋망고로 만든 처트니만큼 널리 알려진 것은 많지 않다. 망고 처트니는 전 세계에서 인도 음식의 표준 양념이 되었다.

인도의 가정에서는 철따라 구할 수 있는 재료로 매일매일 새로 만든 신선한 처트니를 먹지만, 외국에서는 브랜드 이름이 붙은 단지에 들어 있는 제품을 살 수밖에 없다. 전자가 더 스파이시하고, 식초와 양파 같은 짭짤한 채소로 과일의 자연적인 단맛과 균형을 맞춘 반면, 후자는 타마린드와 야자 설탕을 첨가하여 서양인들의 입맛에 맞게 더 달콤하게 만들었다.

망고 처트니는 애피타이저로 먹는 포파덤에 종종 곁들이지만, 매운 커리의 맛을 누그러뜨리거나 밥 또는 달(dal)처럼 밋밋한 맛의 음식에 활력을 불어넣기도 한다. 몇몇 치즈와도 잘 어울린다. 모험심이 풍부한 셰프들은 처트니를 또다른 경지로 끌어올려 패스트리의 속으로 넣거나 구운 고기에 바르기도 한다. **TH**

Taste: 원래의 형태를 그대로 간직한 야채는 아삭아삭하고 결코 흐물흐물하지 않으며, 식초의 향미를 그대로 흡수한다. 톡 쏘는 노란 소스는 신 맛이 지나치게 강하지는 않다.

Taste: 망고의 달콤함은 식초와 감귤의 자연적인 떫은 맛으로 균형을 맞춘다. 맛을 내기 위해 쓰는 향신료로는 칠리, 통후추, 강황, 정향 등이 쓰인다.

망고나 다른 처트니를 파는
마다가스카르의 노점상들. ➔

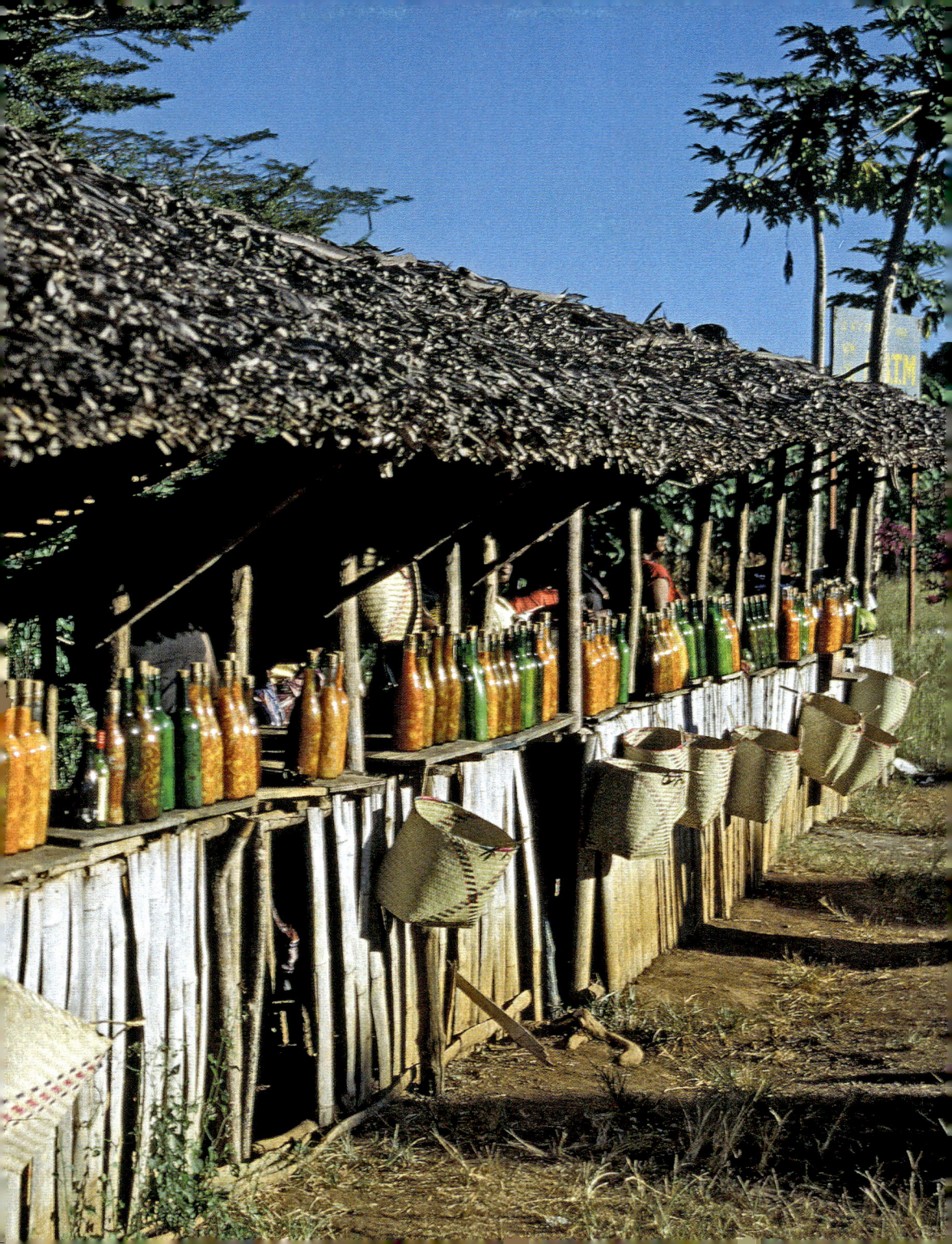

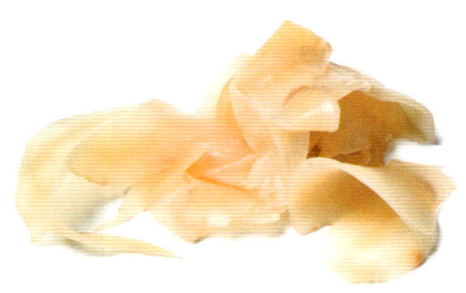

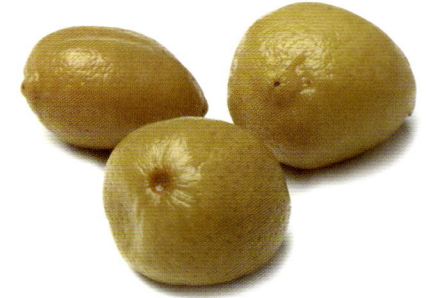

가리(がり, 초생강) Gari

한때 스시 애호가들에게만 알려져 있었던 가리(がり)—얇게 썬 생강을 단 식초에 절인 것—는 점차 폭넓은 인기를 얻고 있다. 생강은 강한 생선 풍미를 중화시켜준다. 보통 스시나 사시미를 먹을 때 다음 코스로 넘어가기 전에 입안을 헹구기 위해 가리를 먹는다.

가리는 스시집에서는 없어서는 안 될 존재이지만, 사실 서양에서는 스시 레스토랑 자체가 비교적 최근에 나타난 현상이다. 수세기 전에는 생선을 보존하기 위해 쌀에 묻어두었다. 쌀이 발효하면서 생선에 신 맛이 배어들면 쌀은 내다버렸지만 생선은 그냥 먹었다. 세월이 흐르면서 이것이 스시가 되었다—쌀에 식초를 섞어 신 맛을 재현하여 먹었다.

눌러서 만든 오시즈시(押しずし)가 먼저 발달하고 그 후에 19세기 에도(오늘날의 도쿄)에서 손으로 쥔 스시(握りずし)가 등장하여 인기를 얻게 되었는데, 아마 이 무렵에 가리를 먹기 시작한 것 같다. 가리를 만들려면 얇게 썬 신선한 생강에 소금을 뿌려 꾸들꾸들해질 때까지 한 시간 정도 놓아둔다. 식초와 설탕을 3:2의 비율로 섞은 미지근한 용액을 붓고 가볍게 두드려준다. **SB**

레몬 절임 Preserved Lemon

모로코인들은 천재적인 셰프이다. 그들의 창의력을 보여주는 단적인 예는 약간의 소금, 물, 레몬, 그리고 시간만으로 레몬 절임을 만들어내는 기술이다. 숙성하면 북아프리카 음식을 정의하는, 상상조차 할 수 없었던 맛과 질감을 내게 된다.

가게나 시장에서도 살 수 있지만, 대다수의 셰프들은 언제라도 쓸 수 있도록 식료품 저장실의 선반 위에 단지째 묵혀두는 레몬 절임이 있다. 레몬 절임을 만드는 과정은 매우 단순하다. 사실 그저 레몬에 통째로 소금을 채워넣어서 유리 단지에 담아 물을 붓는 것이 전부다. 실온에서 한 달 정도 숙성시키면 껍질은 부드럽고 쫄깃해진다. 단지 하나를 다 먹으면 다음 것을 또 먹을 수 있도록 만들기를 반복한다.

양고기 타진과 커리에 종종 레몬 절임을 곁들이면 다소 묵직한 음식에 톡 쏘는 기분 전환이 된다. 작은 그릇에 따로 담아 저녁 식사에 향미가 풍부한 액센트를 주거나, 정찬인 경우에는 코스와 코스 사이에 입안을 헹궈주는 역할을 한다. **TH**

Taste: 달콤하고, 매콤하고, 개운하게 새콤한, 아삭아삭한 가리는 입안을 헹구어내기에 더없이 좋다. 색깔은 분홍빛부터 노란색까지 다양하다.

Taste: 톡 쏘고 살짝 달콤하고, 기분 좋게 씁쓸한 레몬 절임의 질감은 부드럽고 말랑말랑하지만, 흐물흐물해서는 안 된다. 맑은 물에 희석시켜도 좋다.

레몬 절임은 가정에서 굵은 천일염으로도
충분히 만들 수 있다. ➡

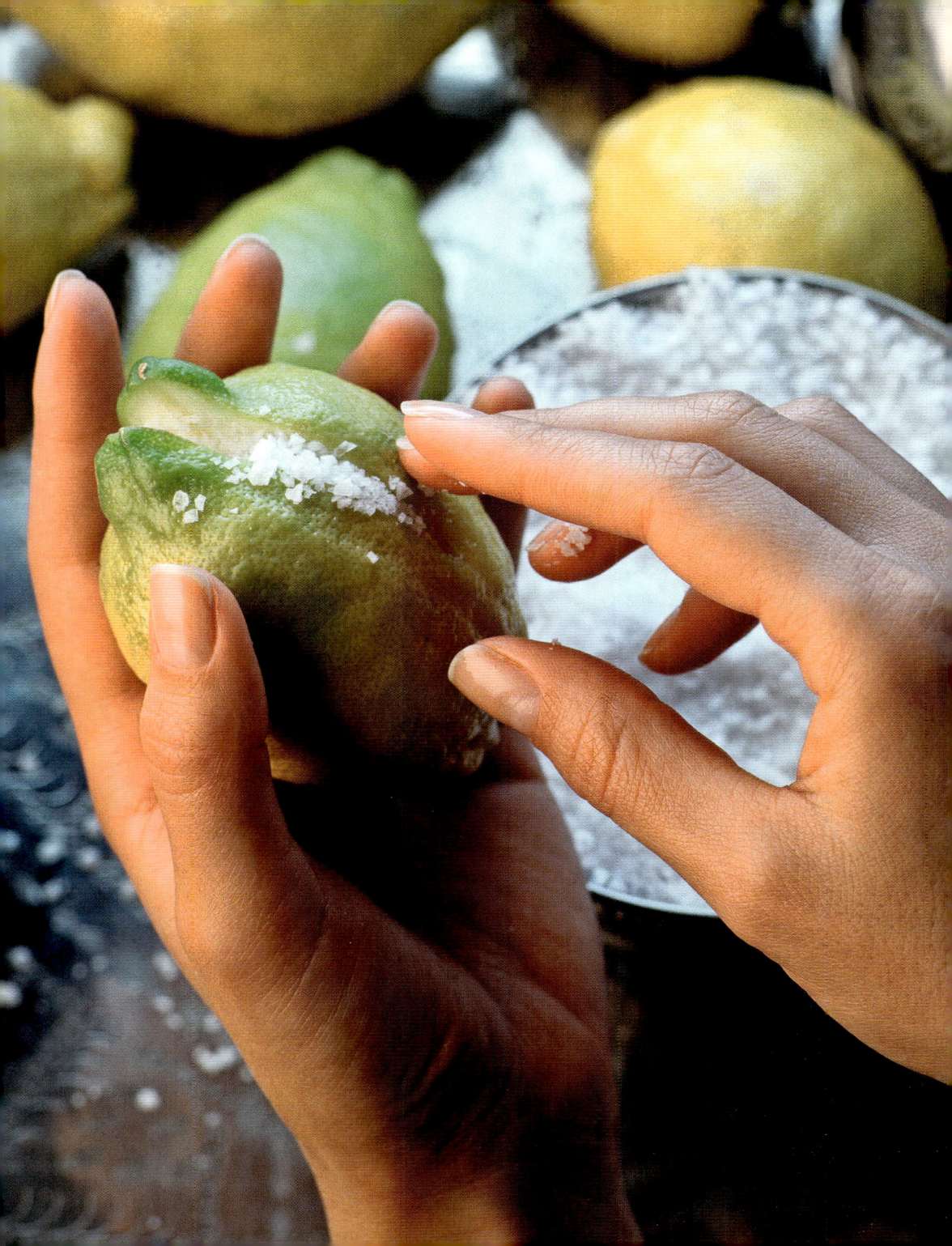

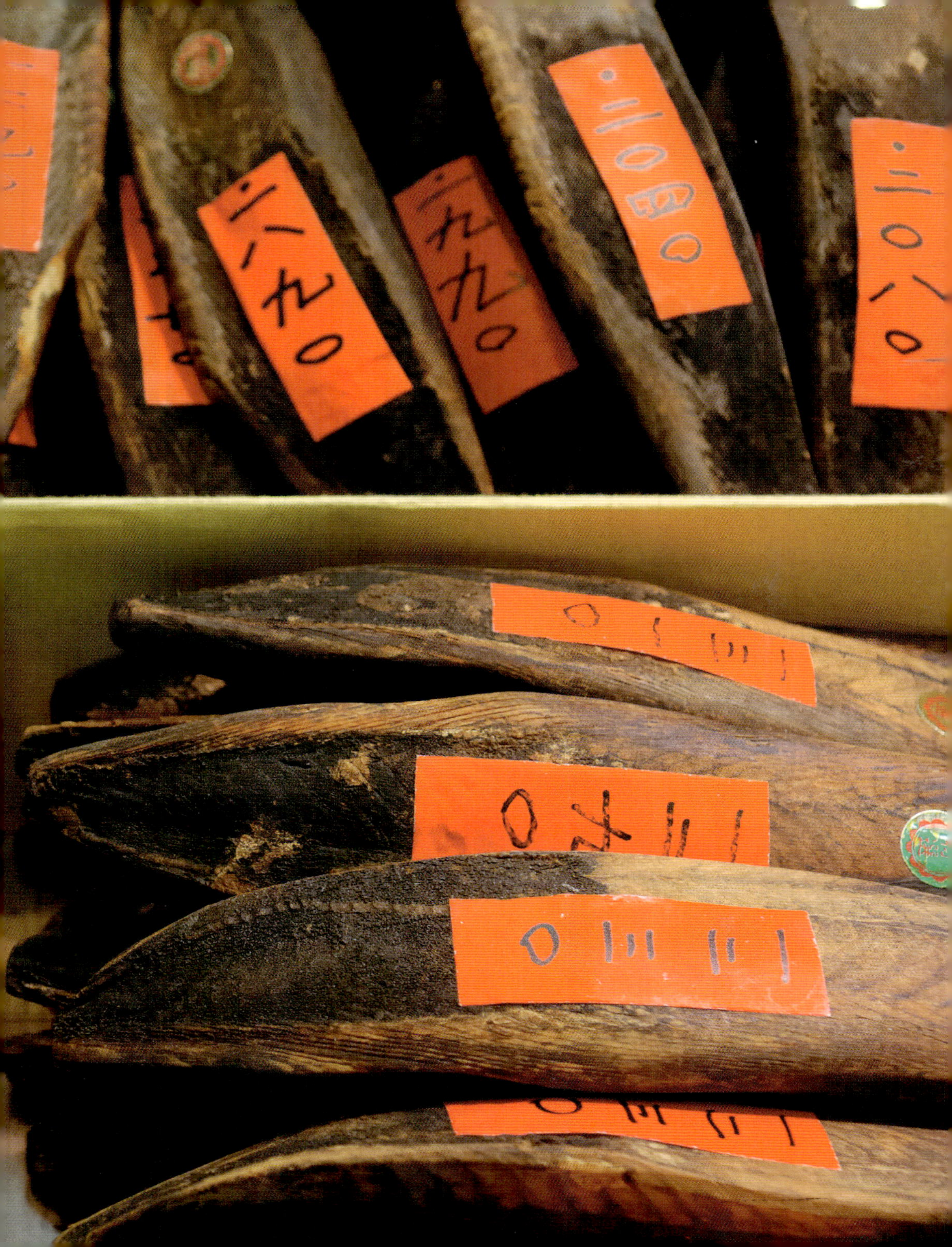

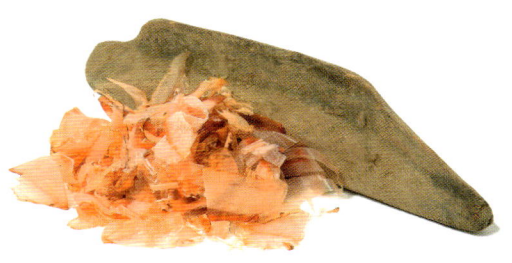

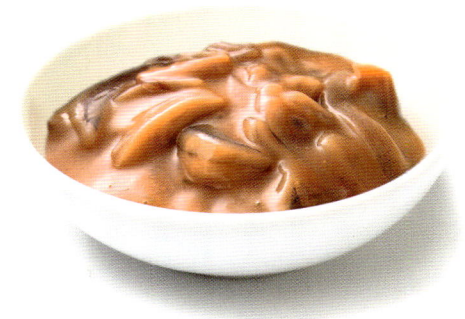

가츠오부시(かつおぶし) Katsuobushi

일본 교토의 유명한 니시키 수산시장에서는 빨간 에나멜을 입힌 구식 맷돌로 가츠오부시를 만들어 봉지에 담아서 판다. 가다랑어(Katsuwonus pelamis, 가다랭이)의 살을 소금에 절여서 만드는 가츠오부시는 모든 일본 음식의 밑바탕이 되는 다시(出し, 가츠오부시, 멸치, 다시마 등을 끓여서 우려낸 국물)의 하나이다.

가다랑어를 말리는 과정은 일본 고유의 방식으로 300년이 넘는 역사를 자랑한다. 가다랑어를 삶아서 뼈를 발라낸 뒤 2주간 온훈(hot-smoking)한다. 그런 다음 다듬어서 햇볕에 말린다. 다음 단계는 아스페르길루스 글라우쿠스(Aspergillus glaucus)라는 곰팡이를 피워 나무처럼 단단하고 감칠맛이 나게 한다. 이것을 고운 가루로 만들면 케즈리부시(けずりぶし)가 된다.

가츠오부시 가루는 다시(막 갈아낸 가츠오부시를 끓는 물에 넣어 재빨리 우려내는 것이 가장 좋다)로 쓰는 것 외에도 채소나 생선 요리에 장식으로 쓰기도 하고, 간장에 섞어 밥과 함께 먹기도 한다. 공기에 접촉하면 향미를 빠르게 잃으며, 슈퍼마켓에서 파는 분말보다 막 부스러뜨린 가츠오부시의 향기가 훨씬 뛰어나다. **SB**

시오카라 Shiokara

원래는 생선을 겨우내 두고 먹기 위해 고안한 시오카라는 생선의 내장을 소금에 절여 발효시킨 음식이다. 보통은 오징어로 만들지만, 지역에 따라 정어리, 가다랑어, 고등어의 내장을 쓰기도 한다. 일본에서는 절임이라고 하면 거의 항상 식초보다는 소금을 사용하며, 절이는 과정에서 아미노산이 생성되어 건강에도 좋고 향미도 풍부하다. 시오카라는 요리의 맛을 내는 데 쓰며, 밥 반찬으로도 즐겨 먹는다.

큐슈의 나가사키에서는 근방에서 잡히는 멸치(카타쿠치 이와시(カタクチイワシ) 또는 이 지역 방언으로 에타리(エタリ))로 시오카라를 만든다. 멸치를 잡으면 통째로 비늘을 벗기고 바닷물에 씻어서 그 위에 소금을 켜켜이 채운 뒤 볏짚으로 덮는다. 볏짚에는 미생물이 가득하여 발효를 돕는 역할을 한다. 불운하게도 큐슈 인근 해역의 멸치는 어족을 부흥시키려는 노력에도 불구하고 점점 줄어들고 있다.

아시아 전역에서 시오카라와 비슷한, 소금에 절여서 발효시킨 식품을 찾아볼 수 있는데, 태국의 남 플라(nam pla)와 베트남의 누오크 맘(nuoc mam)이 그 대표적인 예이다. **SB**

Taste: 고운 가츠오부시 가루를 장식용으로 뿌려놓으면 마치 춤을 추는 것처럼 보이지만, 실제로 씹는 느낌이 난다. 스모키한 향과 바다의 맛을 경험할 수 있다.

Taste: 시오카라는 맛이 세고, 짜며, 풍미가 강하고 입안에서 오래 맴도는 쓴맛이 살짝 어우러져 있다. 씹으면 기분 좋게 쫄깃하고 미끌거린다.

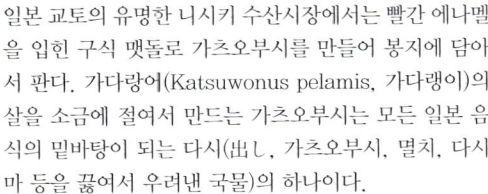

교토의 니시키 시장에 진열되어 있는 소금에 절인 가다랑어. 특수한 도구로 곱게 깎아 가츠오부시를 만든다.

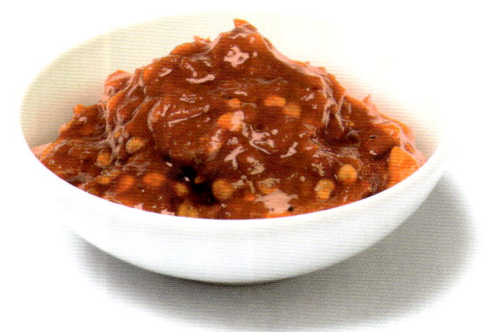

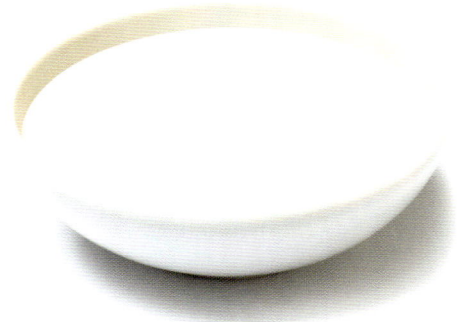

더우반장(두반장) Doubanjiang

중국의 쓰촨 성 요리에서 핵심적인 양념인 더우반장은 불그스름한 갈색으로 빨간 고추, 소금, 그리고 발효시킨 잠두로 만든 걸쭉하고 풍미가 강한 장이다. 대다수의 중국인들이 대두를 사용하여 장을 담근다는 사실을 생각하면 흔치 않은 재료이다. 쓰촨성 전역에서 만들지만, 성도(省都)인 청두 근교의 피시안 마을 것을 최고로 친다고 한다.

들어가는 재료의 가짓수는 많지 않지만, 더우반장은 그 매운 정도나 향미가 매우 다양하다. 이는 모두 길고도 세심한 발효 및 숙성 과정에 달려 있다. 각각의 단계 하나하나가 몇 달에서 2년, 심지어 그 이상 걸릴 수도 있다. 시간이 지나면 고추의 매운 맛이 누그러지므로, 오래 묵힌 장일수록 덜 매우며, 대신 더욱 복합적인 맛을 얻을 수 있다.

다른 고추장과는 달리 더우반장은 마늘, 생강, 쌀로 빚은 술과 마찬가지로 거의 언제나 양념으로만 쓰인다. 찍어먹는 장으로 따로 먹는 경우는 거의 없다. **KKC**

Taste: 좋은 더우반장은 매콤하면서도 부드럽고 복합적인 맛을 지니고 있어 고기와 함께 먹으면 맛있다. 생선처럼 보다 은근한 재료 역시 그 풍미를 압도하지 않고 보완해준다.

코코넛 밀크 Coconut Milk

코코넛(Cocos nucifera) 나무는 열대 지방에서 다양한 용도로 쓰인다. 잎으로는 오두막의 지붕을 만들고, 섬유질 겉껍질로는 정원에 심은 어린 식물의 뿌리를 덮는다. 나무를 베어 줄기의 속을 파내면 즉석 카누가 된다. 열매로는 음료수, 수프나 커리의 맛내기, 달콤한 디저트를 한 끼에 해치울 수 있다.

코코넛 밀크는 코코넛 열매의 하얀 과육을 길게 잘라 끓는 물에 넣고 우려낸 것을 가리킨다. 이 액체를 헝겊에 부어 걸러낸다. 우려내는 과정에서 물을 덜 사용하면 코코넛 크림처럼 걸쭉한 액체를 얻을 수 있다. 이것은 슈퍼마켓에서 파는 코코넛 크림(뜨거운 물을 섞어서 사용해야 한다)과는 다르니 혼동하지 말 것. 코코넛 밀크는 가정에서도 쉽게 추출할 수 있다.

남태평양에서 코코넛 밀크는 톰 카 가이(닭고기와 코코넛으로 만드는 태국의 고전 수프 요리)에서부터 오스트레일리아의 현대적인 퓨전 새우 커리에 이르기까지 거의 모든 요리에 들어가는 필수 식재료이다. 인도에서 코코넛 밀크는 부르피(가당연유에 설탕을 넣고 가열하여 응고시킨 인도의 디저트) 같은 달콤한 디저트로 만들거나 끓여서 커리에 넣기도 한다. 아메리카의 셰프들 역시 코코넛이 주는 즐거움을 잘 알고 있으며, 예술적인 라이스 푸딩과 크림 파이를 만드는 데 사용한다. **TH**

Taste: 좋은 코코넛 밀크는 실크처럼 매끄러우며 깊은 향기를 자랑한다. 오래되어 질이 떨어지는 것은 질감이 꼭 분필 같다. 코코넛 통조림은 기름기가 골고루 퍼지도록 따기 전에 잘 흔들 것.

남태평양 프랑스령 폴리네시아의 투아모투 섬 해안에서 신선한 코코넛 밀크를 우려내고 있다. ➲

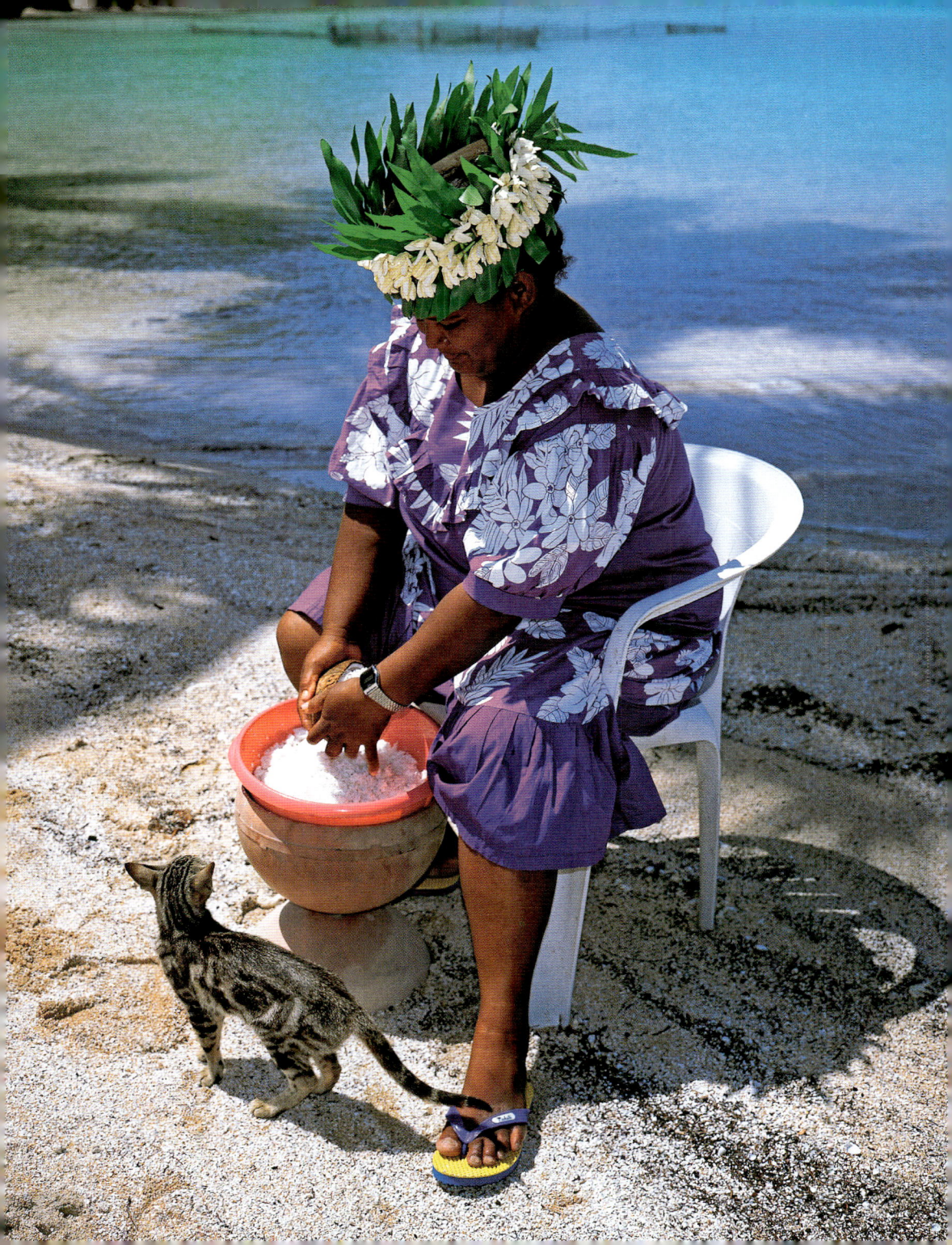

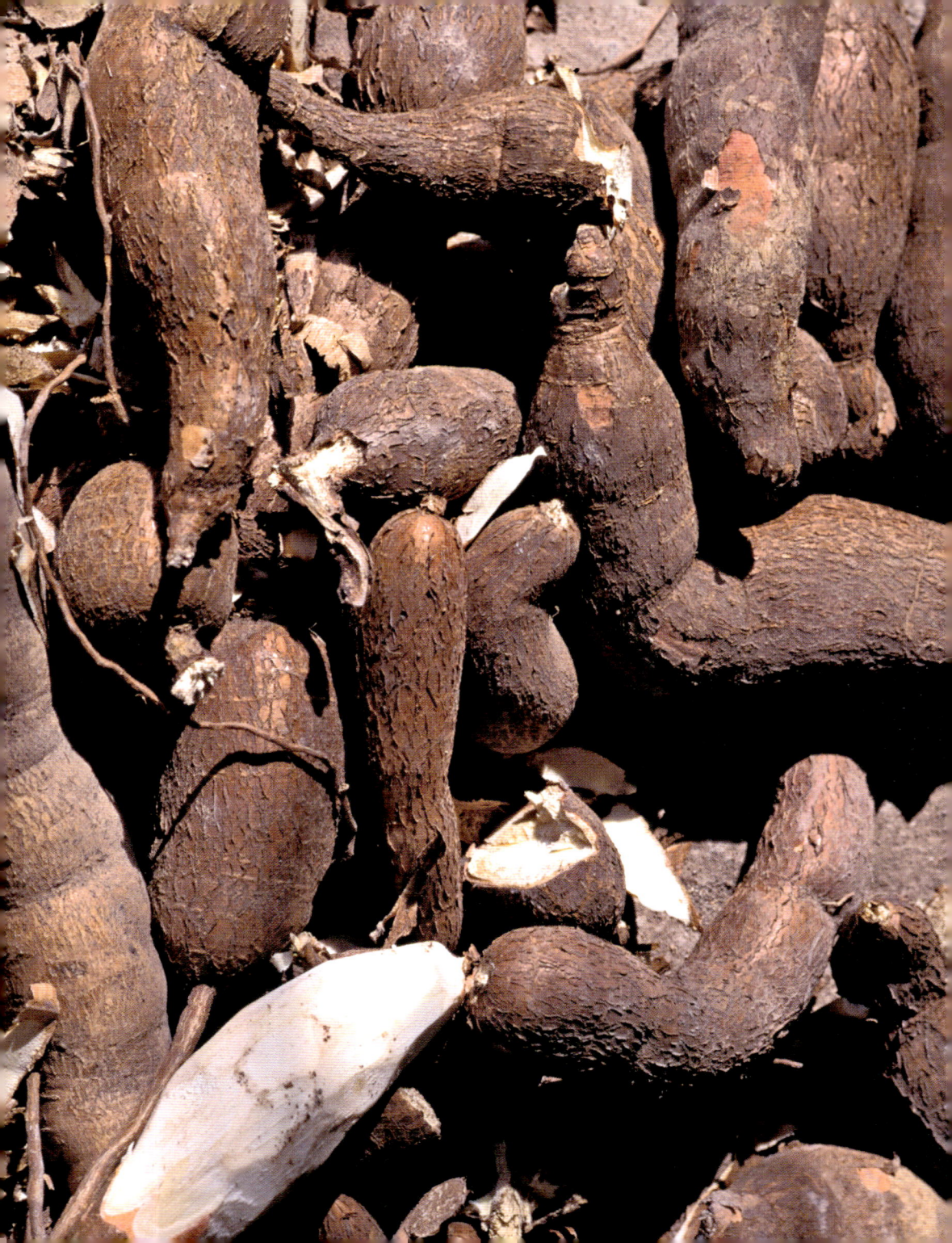

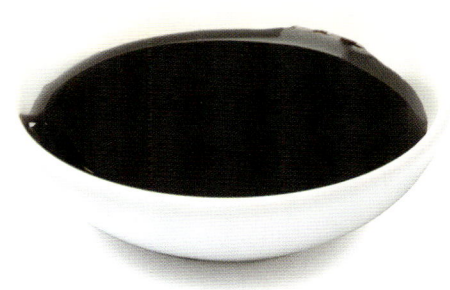

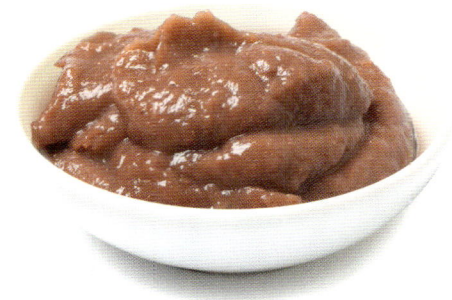

카사리프 Cassareep

카리브해의 어느 섬나라에서라도 재래 시장을 찾아간다는 것은 볼거리로나 들을거리로나 진정한 모험이라 할 수 있다. 앵무새들의 알아들을 수 없는 소리와, 목청을 높여 소리소리 질러대는 노점상들의 불협화음에 꼭 그만큼이나 정신없는 온갖 색채와 냄새의 소용돌이가 어우러진다. 그 속에서 멋없는 갈색의 카사바 뿌리는 그야말로 동떨어진 존재처럼 보인다.

유카 또는 마니오크라고도 하는 카사바는 카리브해와 서아프리카에서 탄수화물원이자 주식으로 재배하며, 흥미롭게도 타피오카의 부모격이다. 카사리프를 만들기 위해서는 카사바를 갈아서 압착하거나 짜서 즙을 내야 한다. 여기에 정제하지 않은 설탕과 계피나 정향 같은 향신료를 섞는다. 이것을 걸쭉해질 때까지 자작자작 끓인다. 톡 쏘던서도 달콤한 맛은 레시피에 따라 크게 달라진다.

카사리프의 진정한 가치는 카리브해와 남아메리카 동북부 해안지대의 부엌에서 알아볼 수 있다. 이 곳에서 카사리프는 돼지고기, 닭고기, 양파, 칠리 등을 국물에 보글보글 끓인 향토 음식 클래식 '페퍼포트(pepperpot)'와 거의 동의어로 쓰인다. 그보다는 덜 흔하지만, 고기나 해산물 요리에 쓰는 섬세한 칠리나 과일 소스의 베이스로 사용하기도 한다. **TH**

Taste: 카사리프는 당밀의 씁쓸한 성분과 비슷한 맛이 난다. 그냥 먹으면 다소 맛이 없지만, 그 복합적인 풍미는 페퍼포트에 독특한 향미를 더해준다.

카사바의 질긴 갈색 껍질을 벗겨내면 나오는
아삭아삭하고 하얀 속살을 갈아서 카사리프를 만든다.

우메보시(梅干) Umeboshi

일본에서는 매화가 피는 것을 보고 봄이 시작되었을 안다고 한다. 이 때문에 매화가 피는 순간은 수많은 시, 그림, 축제에 소중히 간직한다. 6월이 되어 매실이 열리기 시작하면 우메보시 철이다. 소금물에 절여 햇볕에 말린 매실은 수세기 동안 일본인들의 식탁에서 없어서는 안 될 위치를 차지해왔다.

17세기의 봉건 영주이자 미식가로도 유명했던 미토 코우몬은 이 몸이 떨릴 정도로 신 별미를 사랑해 마지 않았다고 하며, 오늘날까지도 일본인들의 밥상에 매일 올라온다. 매실(Prunus mume)은 날로 먹으면 쓰고 시며, 덜 익은 열매에는 독성이 있다. 우메보시 특유의 빛깔은 붉은 차조기 잎에서 나오는 것이다. 차조기 잎은 색깔뿐 아니라 향미와 무기질을 더해준다.

우메보시의 향미는 녹색 채소와 잘 어울리며, 우메보시 삶은 물에 기름기가 많은 생선을 삶으면 특히 맛있다. 하얀 쌀밥 위에 우메보시를 한 알 올려놓으면 그 모습이 일장기와 흡사하여 일본인들에게는 영양가적인 측면은 물론 상징적인 의미도 있다. 우메보시의 과육을 갈아서 만든 퓌레는 바이니쿠(梅肉)라 하여, 드레싱이나 소스에 짜릿한 맛을 더할 때 쓴다. **SB**

Taste: 작은 우메보시는 아삭아삭하고 떫은 맛이 날 수도 있지만, 더 큰 것은 부드럽고 즙이 많으며 과일 향이 난다. 어느 것이든 몸서리가 쳐질 정도로 시고 짭짤하며, 입안을 씻어내는 듯한 풍미를 지니고 있다.

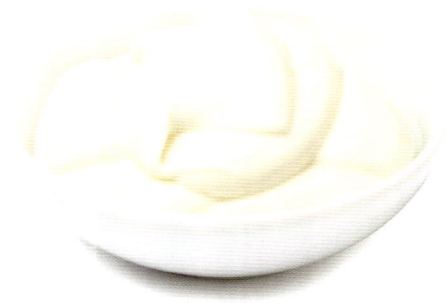

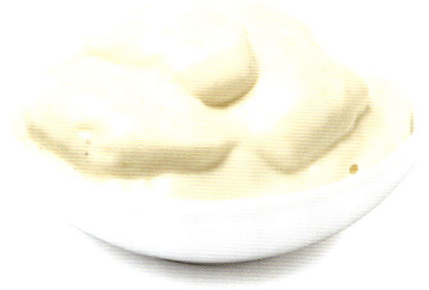

마요네즈 Mayonnaise

'마요네즈'라는 이름의 기원은 오랫동안 논란의 대상이었다. 몇몇 음식 역사학자들은 바요네즈(bayonnaise, 프랑스 남서부의 도시인 바욘(Bayonne)에서)의 변형이라고 하기도 하고, 옛 프랑스어로 달걀 노른자를 뜻하는 'moyeu'에서 유래했다고 하기도 한다. 그러나 최초의 표기―'mahonnaise'―를 따라 지중해 서부에 위치한 발레아레스 제도의 메노르카 섬의 수도 마온(Mahón)에서 왔다는 것이 일반적인 설이다.

달걀 노른자와 올리브 오일로 만든, 간단하고 부드러운 양념 소스로, 아이올리 같은 절구로 찧은 소스가 19세기 무렵 높은 인기를 자랑한 휘저은 소스로 발전한 것으로 보인다. 세월이 흐르면서 식초, 머스터드, 레몬즙 같은 다양한 향미료를 더하고, 기름도 여러 종류를 사용하게 되었다. 과학의 힘으로 현미경을 통해 기름 방울과 달걀 노른자가 어떻게 유착하는지를 볼 수 있게 되면서 만드는 과정 역시 신비의 베일을 벗게 되었다. 현대에는 전기 블렌더로 1분이면 만들 수 있다.

거칠고 너무 초록빛이 나는 것보다 부드럽고 달콤한 황금빛 엑스트라 버진 올리브 오일에 놓아기른 닭에서 얻은 달걀 노른자로 만들면 가장 간단하고 맛도 최고로 좋으며, 시간이 지나도 그 맛을 잃지 않는다. **MR**

Taste: 크리미하고, 매끄럽고, 기름진 신선한 마요네즈는 가볍고 공기가 풍성하게 들어가 있어야 한다. 맛은 기름과 달걀 사이의 완벽한 조화를 담고 있어야 한다.

아이올리 Aïoli

18세기 프로방스 시인인 쟝-바티스트 제르맹은 환상적인 생선 스튜 '라 부리도 데이 디우(la bourrido dei dieoux)'에 대한 시를 썼다. 여기에서 그는 완벽한 아이올리에 대한 인상깊은 묘사를 남겼다. "비너스는 그를 위해 그것을 너무나 딱딱하게 만들어서/ 절구 안에서 공이가 똑바로 곧추섰다." 똑바로 곧추선 절구 공이와 사랑의 여신은 그만두고라도 이 싯귀를 보면 마늘과 올리브 오일로 만드는 프로방스의 '국민 소스'를 어떻게 만들어야 하는지 알 수 있다. 우선 마늘을 빻아서 달걀 노른자와 섞는다. 마지막으로 기름을 한 방울씩 떨어뜨려 더한다.

19세기 농가에서는 아이올리를 대량으로 만들었다―기름을 섞을 때 주부의 팔이 아프지 않도록 절구 공이를 줄로 천장에 매달아놓을 정도였다. 겨울이면 야채와 함께 먹곤 했는데, 오늘날에는 레스토랑에서 생선, 소금에 절인 대구, 또는 부리드(bourride, 생선 수프 또는 스튜)에 곁들여 내면, 루이 소스(올리브 오일에 빵가루, 마늘, 사프론, 칠리 고추 등을 넣어 만든 프랑스의 소스)가 부야베스(프로방스 지방의 전통 생선 스튜)에 없어서는 안 되는 것처럼 중요한 보조 역할을 한다. 이웃하는 스페인의 카탈루냐 지방에서는 달걀을 사용하지 않으며 '알리올리(allioli)'라고 부른다. **MR**

Taste: 아이올리는 숟가락을 꽂으면 똑바로 설 정도로 걸쭉하고 기름져야 한다. 신선한 마늘 향은 부드러운 프로방스 올리브 오일로 한결 누그러진다.

아이올리는 전통적으로 올리브 오일과 마늘로 만들지만, 레시피에 따라 달걀을 유화제로 사용하기도 한다. ➲

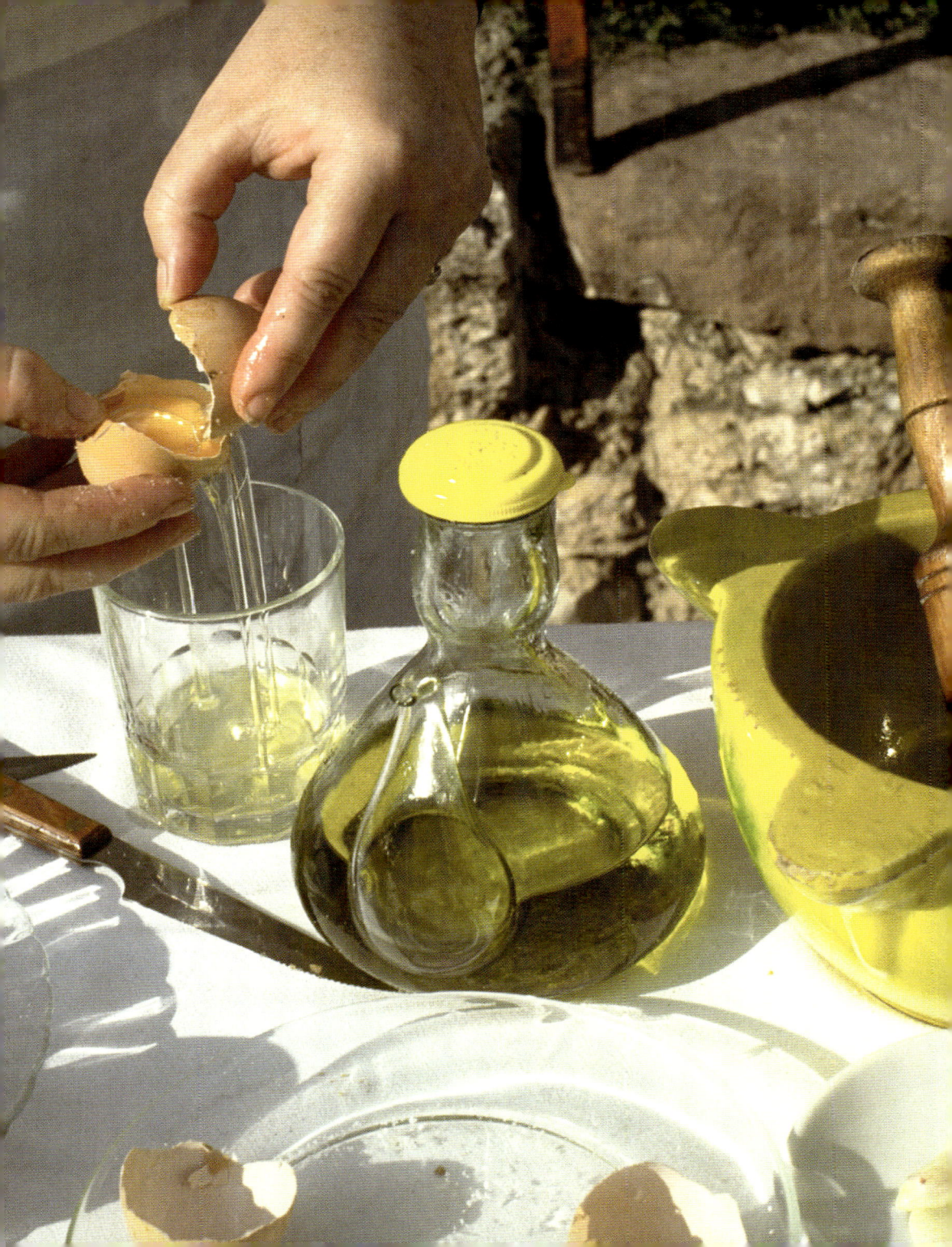

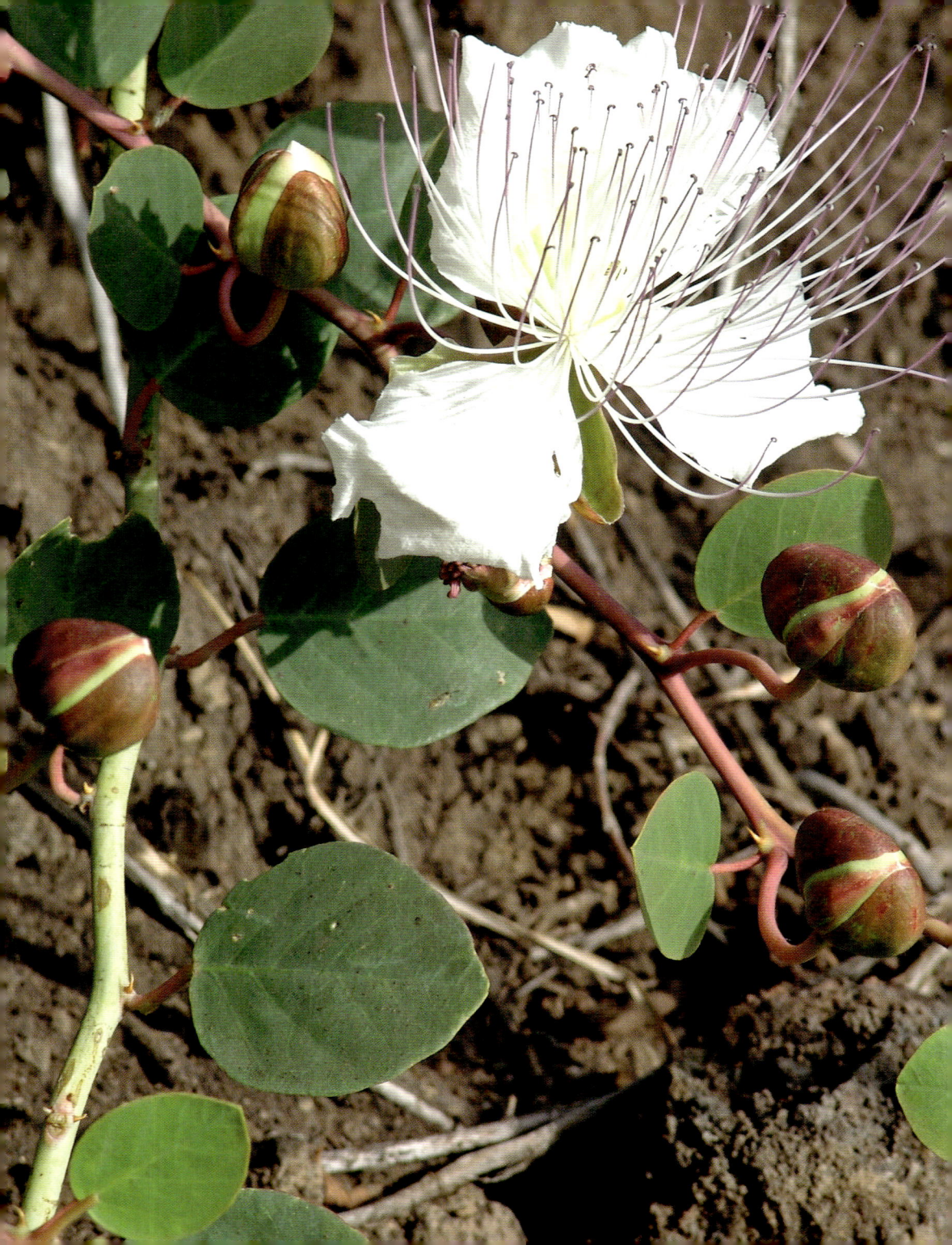

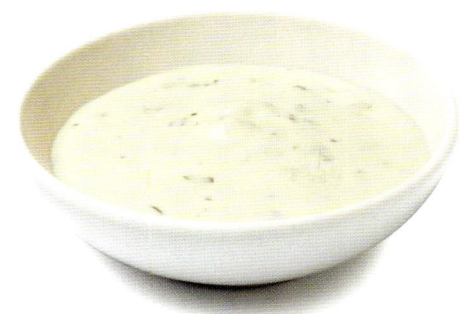

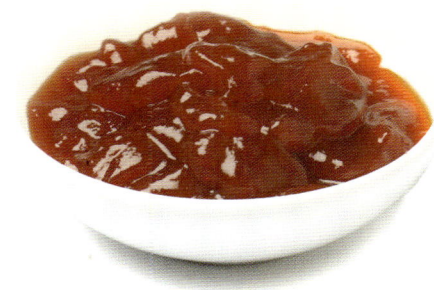

타르타르 소스 Tartare Sauce

바나나 케첩 Banana Ketchup

현대판 타르타르 소스는 17세기의 소스인 레물라드 (remoulade)와 19세기의 마요네즈가 결합한 잡종이라 할 수 있다. 13세기에 중국 대륙을 내달리던 몽골의 타르타르족과는 아무 관계가 없으며, 날고기를 다져서 만든 스테이크 타르타르와 곁들여 먹는 것은 우연의 일치든지 우발적인 사고든지 둘 중 하나다.

최초의 레물라드 소스는 일종의 맑은 국물에 앤초비, 케이퍼, 양파, 마늘, 파슬리 등을 섞은 것이었다. 기록상 마요네즈가 역사에 처음으로 등장한 지 41년 후인 1845년, 일라이저 액튼이 출간한 잉글랜드 최초의 타르타르 소스 레시피는 마요네즈, 케이퍼, 허브를 사용했다. 이때부터 이 매콤한 소스는 튀긴 생선 요리가 가는 곳이라면 어디든지 따라가게 되었다. 처음에는 야심만만한 프랑스 요리에서 먼저 쓰이기 시작했지만, 최근에는 펍이나 피쉬앤드칩스 가게에서 더 흔히 찾아볼 수 있다. 지나치게 새콤한 시판 타르타르 소스는 레시피의 생명이라 할 수 있는 케이퍼, 게르킨 오이, 파, 그리고 신선한 파슬리가 거의 들어가지 않는다.

프랑스에서는 전통적으로 완숙한 달걀 노른자를 사용하며, 때때로 흰자를 잘게 썰어서 넣기도 한다. **MR**

18세기 이래 다양한 재료를 베이스로 한 케첩은 인기가 오르락내리락했다. 필리핀에서, 그리고 남태평양에서 인도네시아와 카리브해에 이르기까지, 이국적인 스파이스와 잘 익은 토마토의 고전적인 조합을 오늘날 가장 대담한 미식가가 시도할 만한 경험으로 뒤집어 엎은 주인공은 으깬 바나나였다. 아마도 토마토 버전을 흉내내서 만들어졌겠지만, 바나나 케첩은 단맛으로나 매운맛으로나 그 영역을 나날이 넓혀가고 있다.

토마토 퓌레는 거의, 또는 전혀 사용하지 않으며 대신 각 지역에서 구할 수 있는 과일, 채소, 식초, 수많은 향신료, 그리고 말할 필요도 없이 신선한 바나나가 들어간다. 그러나 색깔은 자연적이든 인공적이든 보통 빨강색이다.

바나나 케첩이 탄생한 음식문화만큼이나 주제에 의한 변주도 다양해서, 각 지방마다 레시피에 고유의 향토색이 더해졌다. 어디에서든 바비큐의 주요 재료로 사랑을 받으며, 수프와 고깃국물에도 들어가고, 국수부터 룸피아(lumpia, 필리핀과 인도네시아에서 널리 먹는 스프링롤)에 이르기까지 온갖 요리에 양념으로 곁들여 낸다. **TH**

Taste: 마요네즈의 매끄러움은 주사위꼴로 썬 야채의 질감과 대비를 이룬다. 허브의 풍미가 ㅡ껴져야 하며, 아주 살짝 매콤한 맛이 나기는 하지만 올리브 오일의 향미를 가려서는 안 된다.

Taste: 색깔이나 농도가 묘하게 토마토 케첩을 연상시키지만, 더 달콤하고 스파이시하다. 의외로 바나나의 향미는 거의 짚어내기가 힘들다.

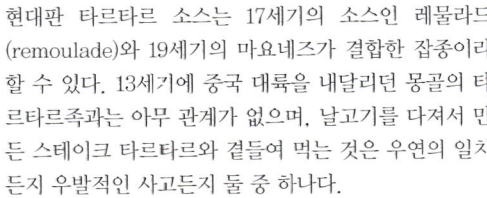

지중해 케이퍼 관목의
꽃봉오리가 피기 전에 따서 피클로 만든다.

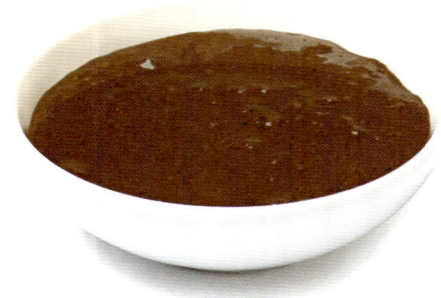

몰레 Mole

멕시코는 31개 주에 저마다 수없이 다양한 음식 전통이 있어, '정통 멕시코 요리'의 정의를 내리기가 매우 까다롭다. 그리고 그 중에서도 최고는 클래식 소스인 몰레이다.

무어라 설명하기 어려운 이 소스에 대해서는 수많은 오해가 있다. 예를 들면 초콜릿이 들어간 경우가 많기는 하지만, 초콜릿이 주원료는 아니다(비터 다크 초콜릿은 소스에 단맛을 내기 위해서가 아니라 원래의 맛을 더 진하게 하기 위해 넣는다). 그러나 몰레를 정의할 수 있는 그 복잡하고 칠리가 듬뿍 들어간 공식은 종종 길고도 주의 깊은 준비 과정을 요한다. 가장 유명한 몰레 소스는 오아사나와 푸에블라에서 만들어지는데, 이 지역들은 오늘날 먹는 몰레의 레시피가 처음 탄생한 곳이라고 한다. 20가지 이상의 재료가 들어가는데, 종자류, 견과류, 건포도, 올스파이스, 계피, 그리고 여러 종류의 다양한 칠리 고추가 포함된다. 재료를 볶아서 간 다음 때때로 기름을 섞어 고깃국물에 자작자작 끓인다. 인기있는 요리 중에는 가금류를 짙은 갈색의 몰레 포블라노(mole poblano) 소스에 살이 뼈에서 다 떨어져 나올 때까지 익힌 것도 있다. 또다른 예는 토마티요로 만든 녹색의 몰레 베르데(mole verde)로, 오븐에 구운 돼지고기와 곁들이면 완벽하다. **TH**

Taste: 대부분의 몰레는 주 원료의 향미를 재정의할 정도로 복합적이다. 진하고 스모키한 몰레는 때때로 초콜릿과 칠리의 맛이 깔려 있다.

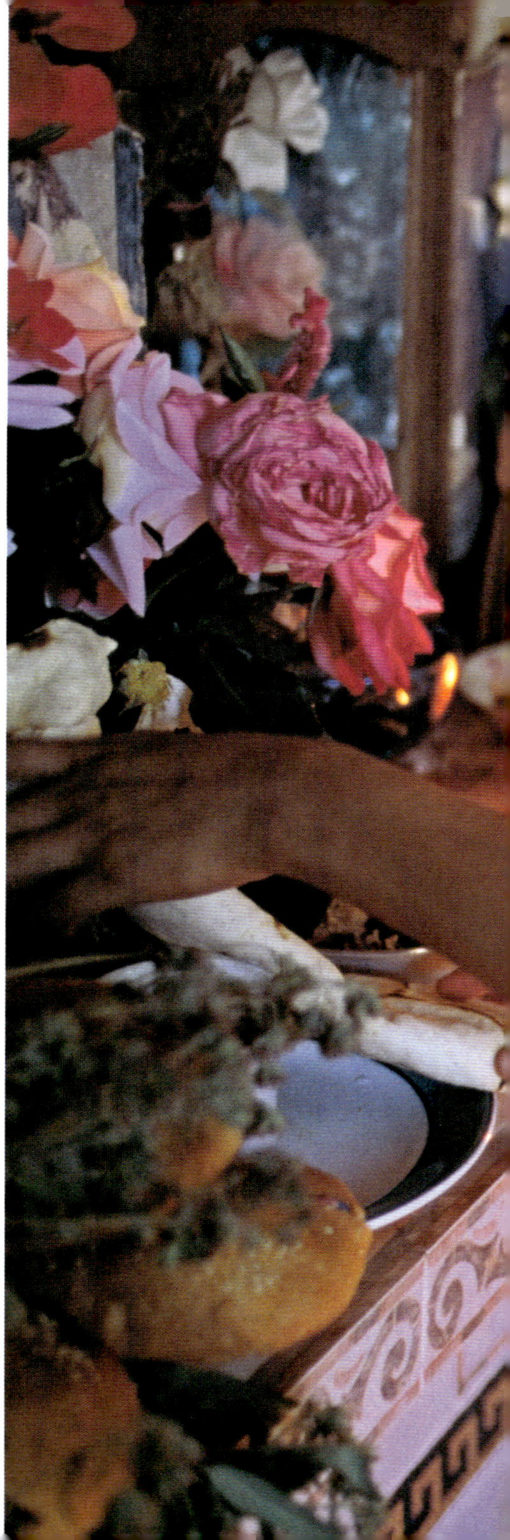

한 멕시코 여인이 가정에 있는 제단에 토티야와 몰레를 올리고 있다. ➡

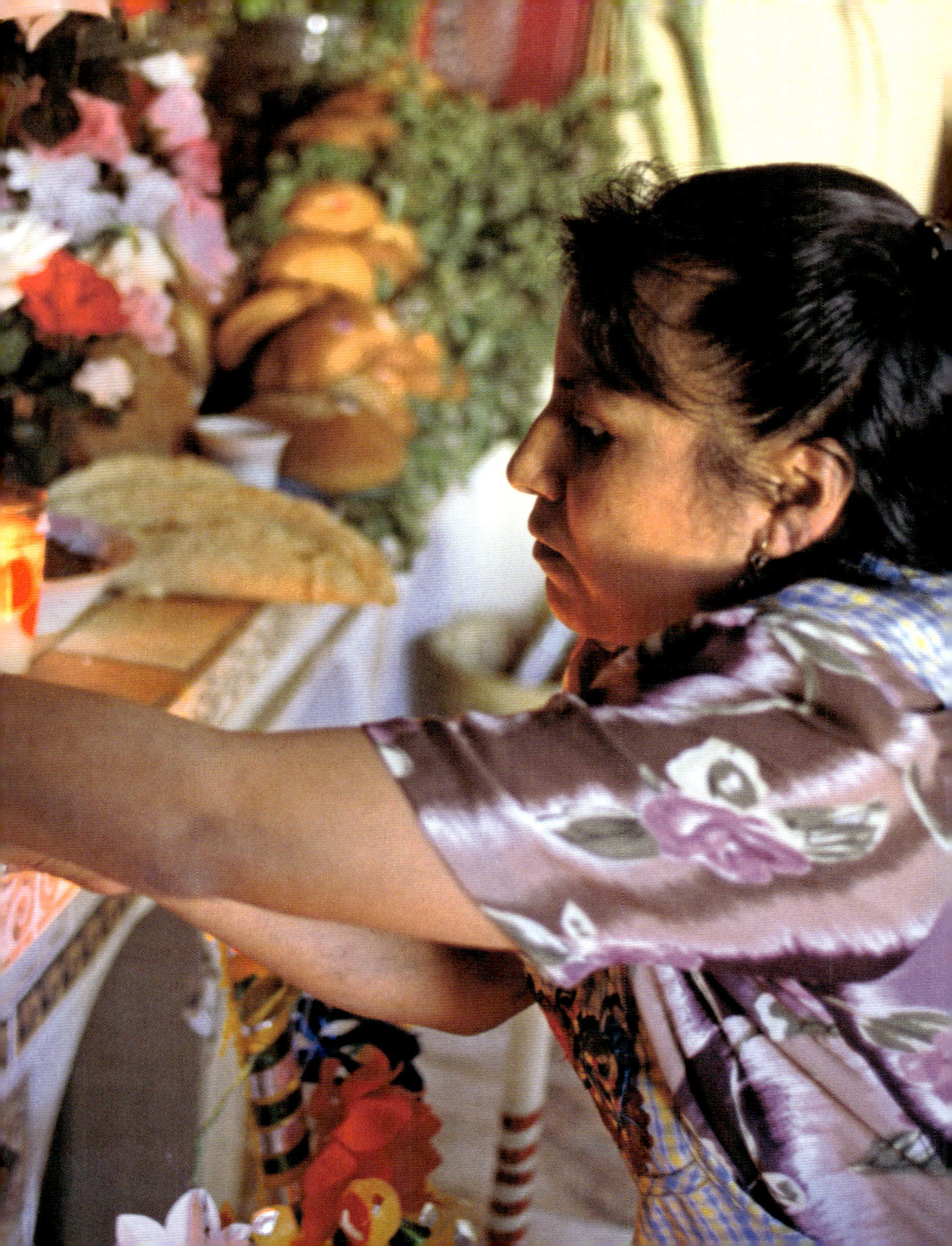

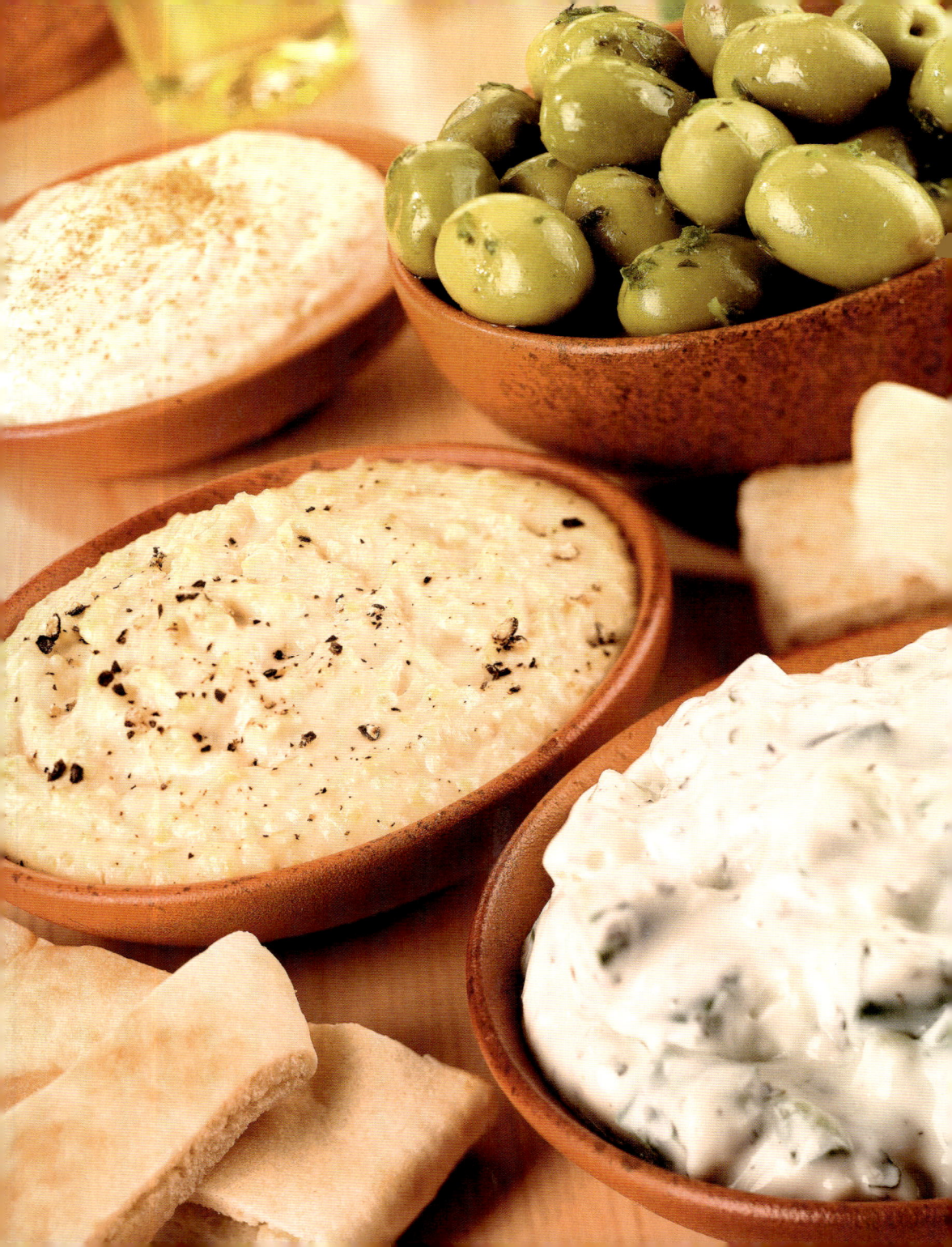

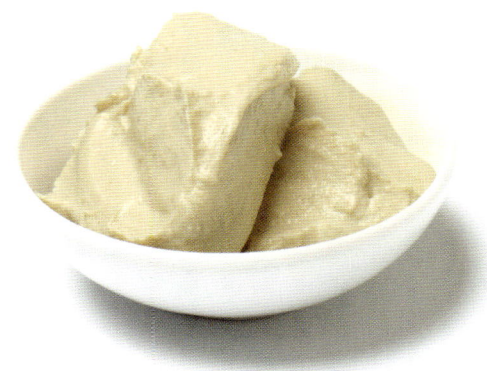

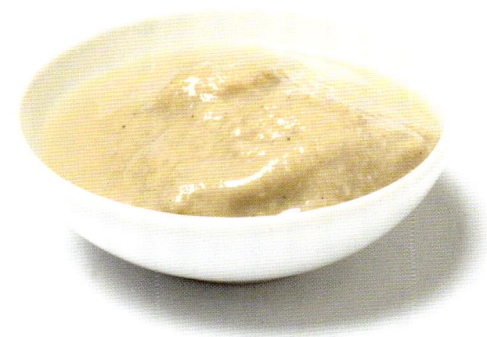

후무스 Humnus

중동에서 후무스 없는 메즈 테이블이란 이야기가 없
는 아라비안 나이트와도 같다. 병아리콩―요즈음은 보
통 타히니로 맛을 낸다―과 마늘, 레몬즙, 소금, 올리브
유 등으로 만든 간단한 매시나 퓌레는 원래 값싼 식물성
단백질원이었다.

　　오늘날에는 아랍 세계는 물론 이스라엘, 터키, 그
리스, 키프로스에서도 빈부를 막론하고 매일 후무스를
즐겨 먹는다. 여러 나라에서 국민 음식 대접을 받는데,
그 중 일부는 자기네가 후무스의 원조라고 주장하며 최
고의 레시피를 두고 서로 경쟁한다. 전 세계의 슈퍼마켓
과 델리에서 찾아볼 수 있는 후무스는 만들기도 쉽다.

　　질감과 향미 모두 지역마다 다른데, 재료의 조합
과 섞는 방법에 따라 다양하다. 시리아에서는 보통 허브
와 스파이스를 섞는다. 후무스는 다양한 장식과 함께 내
는데 종종 서로 섞기도 한다. 올리브유, 병아리콩 꼬투
리, 파슬리, 코리앤더, 파프리카, 커민, 아나르다나(석
류 씨)는 그 중 일부에 불과하다. 또 샌드위치 속으로 넣
기도 한다. **BLeB**

타히니 Tahini

이 크리미한 페이스트의 은은하고 소박한 향미가 없었
다면 후무스, 바바 가누쉬, 타라토르가 선사할 수 있는
향미는 훨씬 떨어졌을 것임에 분명하다. 타히니는 보
통 이것만 따로 먹지는 않고, 중동의 수많은 전통 딥이
나 소스에 맛을 내는 중요한 재료로 쓰인다. 이스라엘에
서는 물에 타서 갓 튀긴 팔라펠(falafel, 향신료로 맛을
낸 파바 콩 또는 병아리콩으로 만든 패티, 또는 이것을
둥글게 뭉쳐서 튀긴 중동의 요리. 중동에서 패스트푸드
로 인기가 높으며, 메즈로 내기도 한다)이나 뜨거운 케
밥에 끼얹어 먹는다. 레바논에서는 레몬즙을 섞어서 간
단한 소스를 만든 뒤 신선한 생선에 곁들여 낸다. 심지
어 수많은 할바(중동에서 먹는 디저트용 과자의 통칭)
에도 들어간다.

　　이 다재다능한 페이스트는 참깨를 으깨서 그릴에
구워서, 갈아서 두 번 물에 담그는 길고 손이 많이 가
는 과정 끝에 만들어진다. 중동의 식품점, 델리, 슈퍼
마켓 등에서 병에 담아 파는데, 색깔은 엷은 베이지에
서 짙은 베이지색이며 질감은 걸쭉하다. 타히니 애호가
들은 처음에 압착해서 얻은 엷은 색깔을 선호하는데, 옅
은 색이든 짙은 색이든 다른 재료에 깊은 향미를 더해준
다. 아랍어와 때로는 영어로도 '타히나(tahina)'라 부르
기도 한다. **BLeB**

Taste: 최고의 후무스는 타히니, 마늘, 레몬 즙을 주로 하지만, 결코
하나가 지나치게 튀지 않는다. 질감은 매끄러운 것부터 뭉클하게
덩어리지는 것까지 다양하다.

Taste: 진하고, 걸쭉하고, 매끄러운 타히니 페이스트는 또렷한 참깨의
향미가 특징이며, 레몬즙이나 그 밖의 톡 쏘는 향미와 잘 어우러진다.

후무스는 전통적으로 메즈의 일부인
◐ 작은 애피타이저 접시에 낸다.

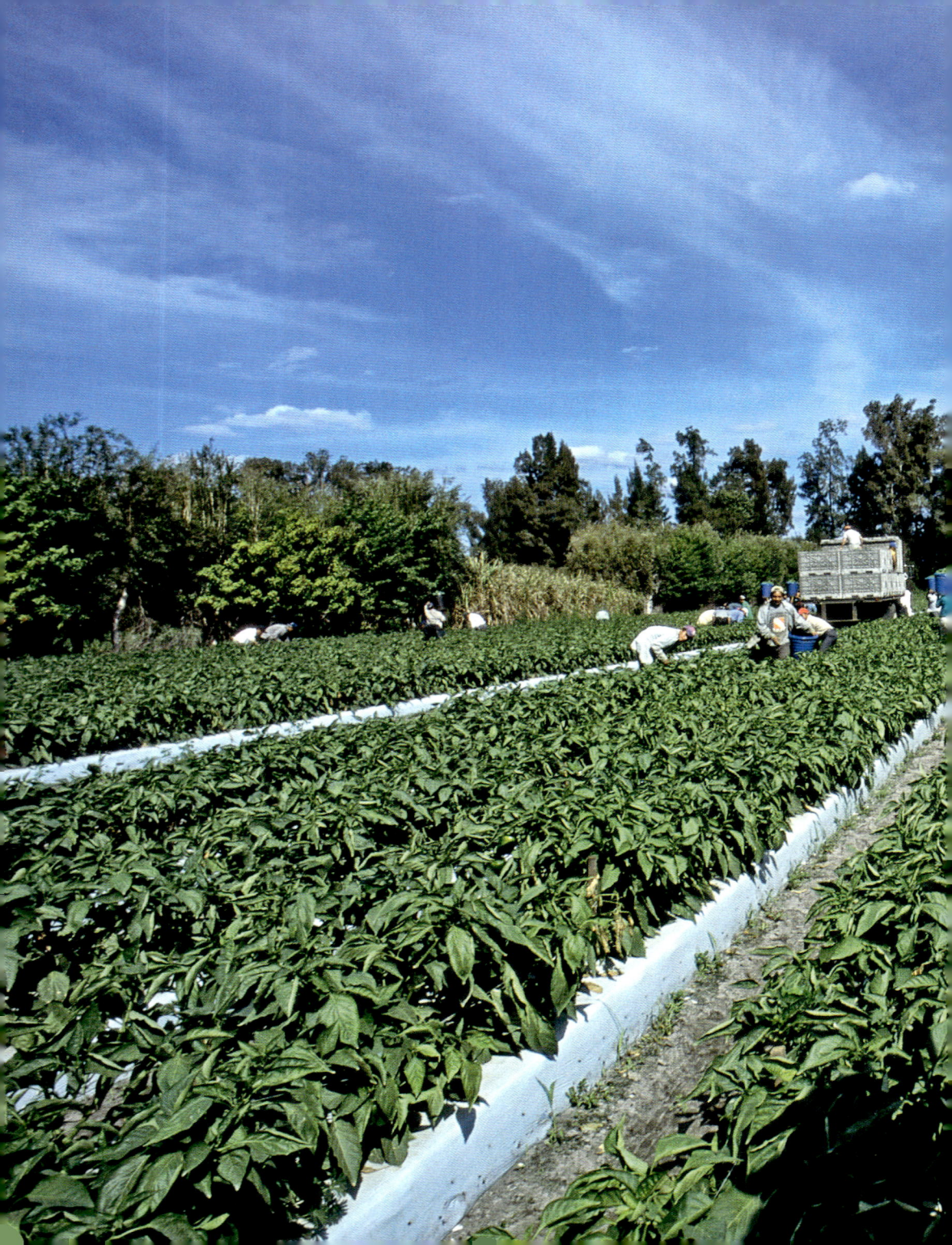

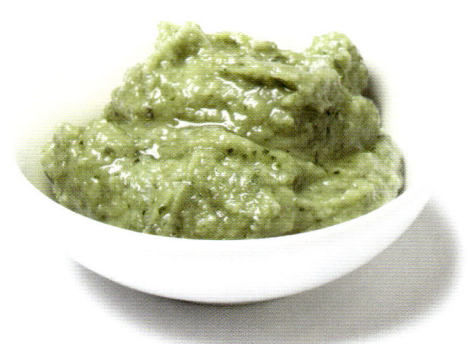

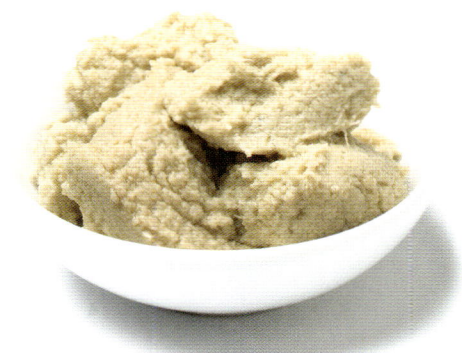

제노바 페스토 Genoese Pesto

허브와 다른 향미료를 갈아서 섞은 페스토는 세계에서 가장 오래된 소스 가운데 하나이다. 또한 가장 많이 모방된—그리고 때로는 그로 인해 최악의 결과를 낳은—소스이기도 할 것이다. 진짜 맥코이는 제노바에서 발명되었는데, 이 지역에서 나는 리구리아 바질의 달콤하고 향긋한 잎의 마법 같은 향미를 강조한 맛있는 조합이었다.(오늘날 이탈리아의 페스토 생산은 리구리아의 프라 마을 인근에 집중되어 있는데, 리구리아는 바질 농장으로 유명하다.)

제노바 페스토는 언제나 절구에 공이로 빻아서 만든다. 페스토라는 이름은 이탈리아어 동사인 'pestare', 즉 '으깨다'에서 유래하였다. 바질을 제외하면 마늘, 잣, 소금, 올리브유, 그리고 치즈—전통적으로 페코리노와 파르미지아노 레지아노—만이 들어간다.

손으로 만든 신선한 제노바 페스토는 세계의 별미 중 하나로 뜨거운 파스타나 수프에 넣어 섞거나, 그 고향에서 먹듯이 뜨뜻한 포카치아 위에 듬뿍 발라 먹는다. 뜨겁거나 적어도 따뜻한 음식에 곁들여야 그 향미가 더욱 두드러지지만, 조리하면 그 핵심이라 할 수 있는 신선한 으깬 바질의 맛이 사라지고 만다. **LF**

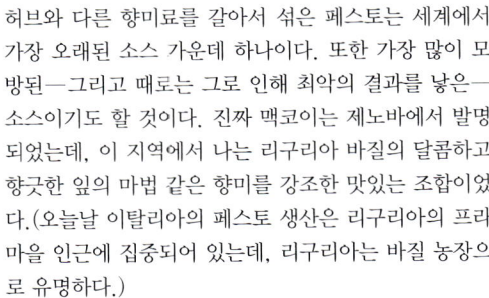

파테 디 카르치오피 Pâté di Carciofi

아티초크는 엉겅퀴과에 속하는 위풍당당한 채소로, 보통 최고의 맛을 자랑하는 음식들이 흔히 그러하듯 제철에만 즐길 수 있다. 이에 오랫동안 아티초크를 특히 높이 쳐온 이탈리아에서는 오랜 역사를 자랑하는 저장 기술을 사용하여 파테 디 카르치오피를 탄생시켰다. 파테 디 카르치오피는 타페나데와 질감이 비슷한 멋진 파테로, 보통 아티초크, 엑스트라 버진 올리브유, 화이트 와인 식초, 소금, 마늘, 그리고 때로는 허브를 섞어서 만든다. 아몬드 가루, 파르미지아노 레지아노 치즈, 심지어 트러플을 넣는 경우도 있다.

파테 디 카르치오피—크레마 디 카르치오피(Crema di Carciofi)라고도 한다—는 고급 식료품점이나 델리에 가면 언제든지 찾을 수 있다. 이탈리아 아티초크 재배의 양대 산맥으로 불리는 시칠리아와 풀리아에서 특히 인기가 좋다.

다재다능한 스프레드로, 브루스케타나 크로스티니 위에 올려 먹으면 환상적이며, 샌드위치 속으로 넣어도 좋고, 뜨거운 파스타에 넣고 휘저으면 간단하면서도 입이 벌어질 정도로 멋진 소스가 된다. 집에서 만들기도 쉽다. 신선한 제철 아티초크나 엑스트라 버진 올리브유에 절인 질 좋은 아티초크 퓌레를 사용하면 된다. **LF**

Taste: 달콤하고 향긋한 바질의 향기가 아찔하다. 은은한 마늘이 약간 버터 같은 잣으로 인한 크리미함과 어우러지며, 짭짤한 치즈가 균형을 맞춰준다.

Taste: 레시피에 따라 파테 디 카르치오피는 매끄럽고, 풀내음이 나고, 버터 같은 특징이 부드럽게 가라앉은 달콤함과 균형을 이룬다.

바질은 정기적으로 잎을 따 주어야 새로운 잎이 풍성하게 올라온다.

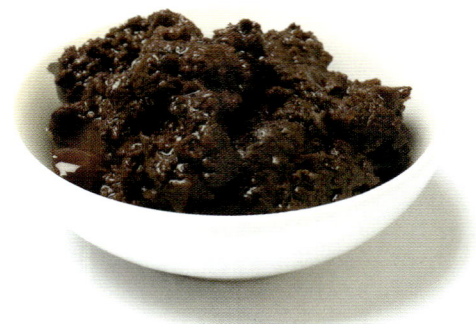

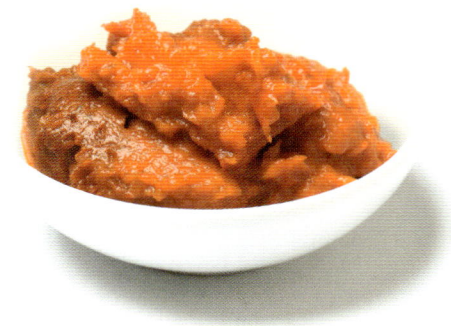

타프나드 Tapenade

고대 로마의 요리사들은 타프나드보다 거의 2천 년도 더 전에 으깬 올리브—에피티룸(epityrum)—에 커민, 코리앤더, 루타, 박하, 그리고 기름을 섞어서 사용하였다. 그러나 단 한 가지, 이 레시피에 빠져 있는 것이 있었으니 바로 케이퍼였다. 프로방스 방언으로 케이퍼 나무를 '타프노(tapeno)' 또는 '타페리에(taperié)'라고 하는데, 여기에서 일종의 케이퍼 소스인 '타프나도(tapenado)'가 유래하였고, 이것이 발전하여 오늘날의 타프나드—향미료로 맛을 낸 으깬 올리브에 엑스트라 버진 올리브유, 앤초비, 케이퍼 등을 더한—가 탄생하였다.(앤초비는 어쩌다 포함되었는지 모르지만 어쨌든 오늘날 타프나드에는 들어간다.)

엄밀하게 말하면 딥, 페이스트, 소스 그 모두에 해당된다. 토스트에 발라 먹을 수도 있고, 생 셀러리와 함께 딥으로 낼 수도 있고, 그릴에 구운 생선에 소스로 곁들일 수도 있다. 녹색 피콜린 올리브와 검은 올리브 모두 사용할 수 있지만, 드롬의 니옹산 검은 올리브가 가장 좋다. 케이퍼는 애당초 봉오리 상태를 말하는 것이므로 꽃이 피기 전에 따서 소금이나 식초에 절여 피클을 만든다. 오늘날에는 전기 블렌더를 사용하면 타프나드를 만드는 데 1분도 채 걸리지 않지만, 절구에 넣고 직접 빻으면 그 맛도 질감도 훨씬 좋다. **MR**

Taste: 타프나드는 매끄러울 수도 있고, 거칠 수도 있고, 알갱이가 씹힐 수도 있다. 주 향미는 올리브이지만, 앤초비와 케이퍼 역시 그 독특한 풍미에 한몫 한다.

아이바르 Ajvar

발칸 반도에서는 가을걷이의 끝무렵이면 머스터드나 마요네즈 못지않게 다재다능한 별미가 등장한다. 바로 아이바르이다. 아이바르는 붉은 고추와 가지를 섞어 만드는데 공장에서 만든 것이건, 집에서 만든 것이건 간에 각 가정마다 부엌에 한 병씩은 꼭 있으며, 스프레드나 양념으로 먹는다.

이 간단한 베이스에서 꽃핀 보다 복잡한 레시피들은 약간의 호박, 토마토, 양파, 마늘이 어우러진 보다 복합적인 맛이 된다. 전통적으로 아이바르의 원료는 일일이 손으로 껍질을 까고 씨를 빼낸 뒤 그 향미를 유지하기 위해 서서히 보글보글 끓인다. 부드러운 스모크 향기가 배도록 장작불을 사용하지만, 열과 양념이 고유의 향미를 압도하지는 않는다. 아이바르의 진가는 단순히 각각의 재료를 섞어놓은 것에 지나지 않고, 이것이 모두 어우러져 독특한 맛을 만들어낸다는 데에 있다.

아이바르는 그 질감이 매끄러운 것부터 덩어리지는 것까지 다양하며, 색깔은 거의 항상 선명하고 신선한 빨강이기는 하지만, 어떤 야채가 들어가느냐에 따라 녹색이나 호박색을 띨 수도 있다. 샌드위치나 안티파스티로 내면 완벽하며, 따끈한 파스타를 버무리거나, 피타 빵을 찍어 먹어도 좋다. **TH**

Taste: 가지의 순한 쌉쌀함이 고추 과육의 달콤한 맛을 강조한다. "순한" 맛과 "매운" 맛이 있는데, 스모크 향이 좀더 강한 것도 있다.

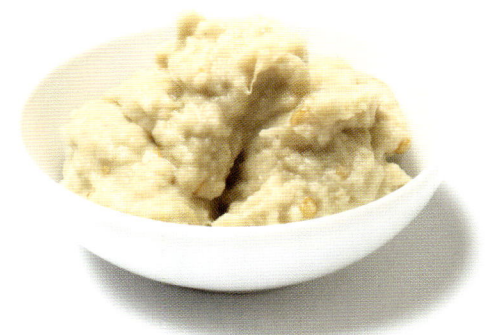

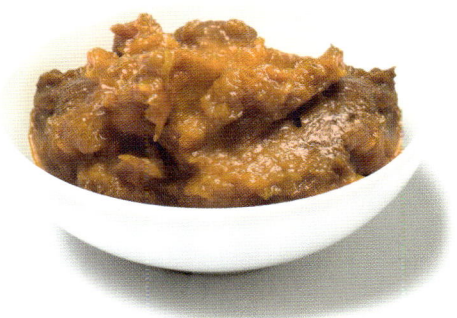

바바 가누쉬 Baba Ghanoush

중동에서 인기있는 이 음식이 '가난한 이들의 캐비어'라는 이름이 붙은 데는 다 이유가 있다. 스모키한 가지에 타히니, 마늘, 레몬즙, 소금을 섞은 매력적인 조합이 그 평범하기 그지없는 재료로서는 상상할 수 없는 맛좋은 딥, 또는 스프레드르 변신하기 때문이다.

메즈에서 빠지지 않는 이 요리의 기원은 세월과 다양한 식문화 속에서 사라지고 말았지만, 중세 아랍어 필사본을 보면 중동에서는 적어도 13세기부터 가지를 즐겨 먹었다고 한다. 중동 지역에서는 다양한 버전의 바바 가누쉬가 등장하는데, 때로는 '무타벨(moutabel)'이라는 이름으로 불리기도 하며, 오스만 투르크 제국에서는 하렘의 여인들이 술탄의 환심을 사기 위해 직접 만들었다고 한다. 레바논에서는 타히니를 쓰지 않기 때문에 좀더 맛이 순하다. 시리아 일부 지역에서는 타히니 대신 요구르트를 쓰기도 한다.

바바 가누쉬의 핵심이라 할 수 있는 스모키한 향미는 가지를 뜨거운 숯 위에서 그릴하거나 매우 뜨거운 오븐에서 완전히 흐물흐물해질 때까지 굽는 데서 나온다. 이렇게 하면 다른 자료와 섞기에 좋기 때문이다. 차게 식히거나 실온에서 내며 피타 또는 다른 플랫브레드와 곁들여 먹는다. **BLeB**

무하마라 Muhammara

스모키하고, 약간 질감이 살아 있고, 빨갛고, 반짝반짝 빛나는 무하마라 덩어리는 바삭바삭한 세모꼴 플랫브레드 조각에 얹어 입에 덥석 넣지 않고는 못 배긴다. 메즈에 함께 출연하는 다른 사촌들—후무스나 바바 가누쉬 등—보다는 덜 알려져 있지만, 빨간 고추를 구워서 만든 이 딥은 수세기 전 알레포에서 탄생하였다. 알레포는 오늘날 시리아의 국경 도시로, 과거 지중해의 향신료 무역로에 위치했으며, 터키와 아르메니아의 음식 전통이 그 정력적인 복합미에 영향을 주었다.

무하마라는 불에 그슬려 껍질을 벗긴 빨간 고추의 과육을 갈아서 기름, 호두, 레몬, 마늘, 커민, 석류 진액을 섞어 만든다. 이 지역에서 생산되는 매운 고추는 스파이시하면서도 은은한 원기를 더해준다. 관능적이고 매우 향미가 진한 퓌레는 다른 메즈 딥보다 강한 목소리를 내며, 그릴에 구운 육류나 생선에 똑같이 잘 어울린다. 터키 서부에서는 '아추카(acuka)'라고 부르기도 하며, 레바논에서는 때때로 박하잎을 섞어 토스트에 발라 먹기도 한다. 무하마라의 향미는 먹기 몇 시간 전에 만들어서 실온에서 낼 때가 가장 맛있다. **RH**

Taste: 오븐보다는 그릴에 구워야 보다 또렷한 스모크 향미를 얻을 수 있으며, 여기에 마늘과 레몬즙의 톡 쏘는 맛이 보강된다. 질감은 가벼워야 한다.

Taste: 먹는 이를 감질나게 하는 복합적이고, 살짝 견과 얼갱이가 느껴지는 무하마라의 질감은 스모키한 단맛과 함께 입안에서 터지며, 석류와 레몬의 짜릿한 맛이 이를 고르게 해준다.

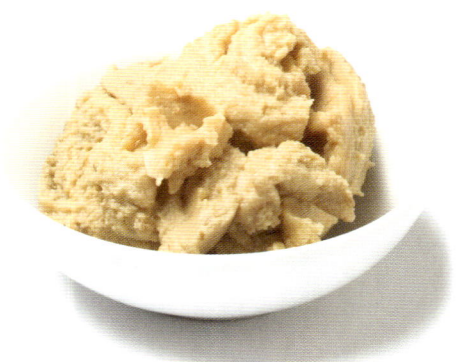

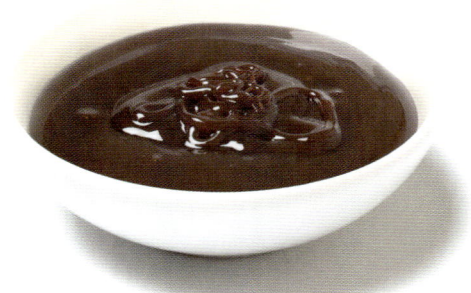

붐부 카창 Bumbu Kacang

인도네시아에서 붐부 카창이라고 부르는 이 특별한 땅콩 소스는 닭고기 사테(Sate 또는 Satay, 꼬치에 각종 재료를 끼워서 구워 먹는 인도네시아 전통 요리)부터 쌀국수에 이르기까지 거의 모든 음식에 쓰인다.

땅콩 소스는 동남아시아 전역에서 인기가 있지만, 특히 정교한 붐부 카창은 새우 페이스트와 칠리 고추—신선한 고추를 다지거나, 아니면 칠리와 갈릭으로 만든 삼발 올렉(sambal oelek)을 사용하거나—를 넣어 더욱 유명해졌다. 간장, 시트러스 즙, 생강, 카피르 라임 잎, 심지어 과일 처트니까지 넣어서 겹겹이 피어나는 향미의 폭포를 만들어낸다. 대부분의 레시피의 경우 갓 볶은 땅콩을 사용하며, 막 짜낸 기름이 최종적인 농도를 결정한다. 야자 설탕, 마늘, 양파는 칠리의 매운맛의 균형을 잡아주며, 보다 복합적인 맛을 이끌어낸다. 순수주의자들은 소스를 너무 익혀서는 안 되며, 시간을 충분히 들여서 향미가 녹아들도록 하는 게 중요하다고 주장한다.

사테는 종류를 불문하고 전통적으로 붐부 카창과 함께 먹으며, 인도네시아의 유명한 샐러드인 '가도-가도(gado-gado)' 역시 마찬가지다. 그러나 이뿐만 아니라 동남아시아의 수많은 섬에서 식탁용, 조리용으로 널리 쓰인다. **TH**

이스트 추출물 스프레드 Yeast Extract

보통 '마머트(Marmite)'라고 불리는 이 짙은 갈색의 짭짤한 페이스트는 술을 빚을 때 나오는 이스트로 만든다. 마머트는 영국 브랜드로 현재는 다국적 식품 재벌인 유니레버 社가 소유하고 있으며, 100년도 넘게 빵과 토스트에 발라 먹는 스프레드로 사랑을 받고 있다. 마머트라는 이름은 그 상표에 그려져 있는 프랑스의 요리용 냄비의 일종을 가리킨다. 아마도 마머트의 색깔, 생김새, 향기가 냄비에서 만든 로스트비프와 맛이 비슷한 데가 있어서 그런 이름을 붙였을 것이다.

마머트는 "아주 좋아하거나, 아주 싫어하거나 둘 중 하나"의 이미지로 승부를 걸었다. 찌꺼기 이스트를 단백질이 풍부한 페이스트로 바꾸는 처리 과정은 독일의 과학자 바론 리비히가 발견하였다. 이스트에 소금을 더하면 자가분해 과정을 촉발시켜 생물학적 세포들이 스스로 파괴된다. 레시피를 완성하기 위해 이스트 세포의 외피를 제거하고 나머지 "찌꺼기"에 이와 유사한 야채 추출물과 천연 향미료, 그리고 비타민을 혼합한다.

마머트는 뉴질랜드에서도 라이선싱으로 생산하는데, 오리지널 레시피와는 달리 설탕을 넣어 향미가 좀 덜두드러진다. 오스트레일리아에서는 경쟁 브랜드인 베지마이트가 널리 사랑받고 있다. **MR**

Taste: 갓 만든 붐부 카창은 강렬한 구운 땅콩의 향미 위에 짠맛, 단맛, 신맛이 동시에 나타난다. 강조되는 향미는 레시피에 따라 다양하다.

Taste: 끈적하고, 짜릿하고, 짭짤한 맛은 조금만 먹어도 의외로 강렬한 인상을 준다. 단백질이 분해되면서 나오는 천연의 감칠맛(우마미)이 이를 더욱 일품으로 만들어준다.

1953년, 기네스 양조장에서 맥주 위에 뜬 이스트를 긁어내고 있는 모습. 이것을 커다란 나무통에 넣고 숙성시킨다. ❸

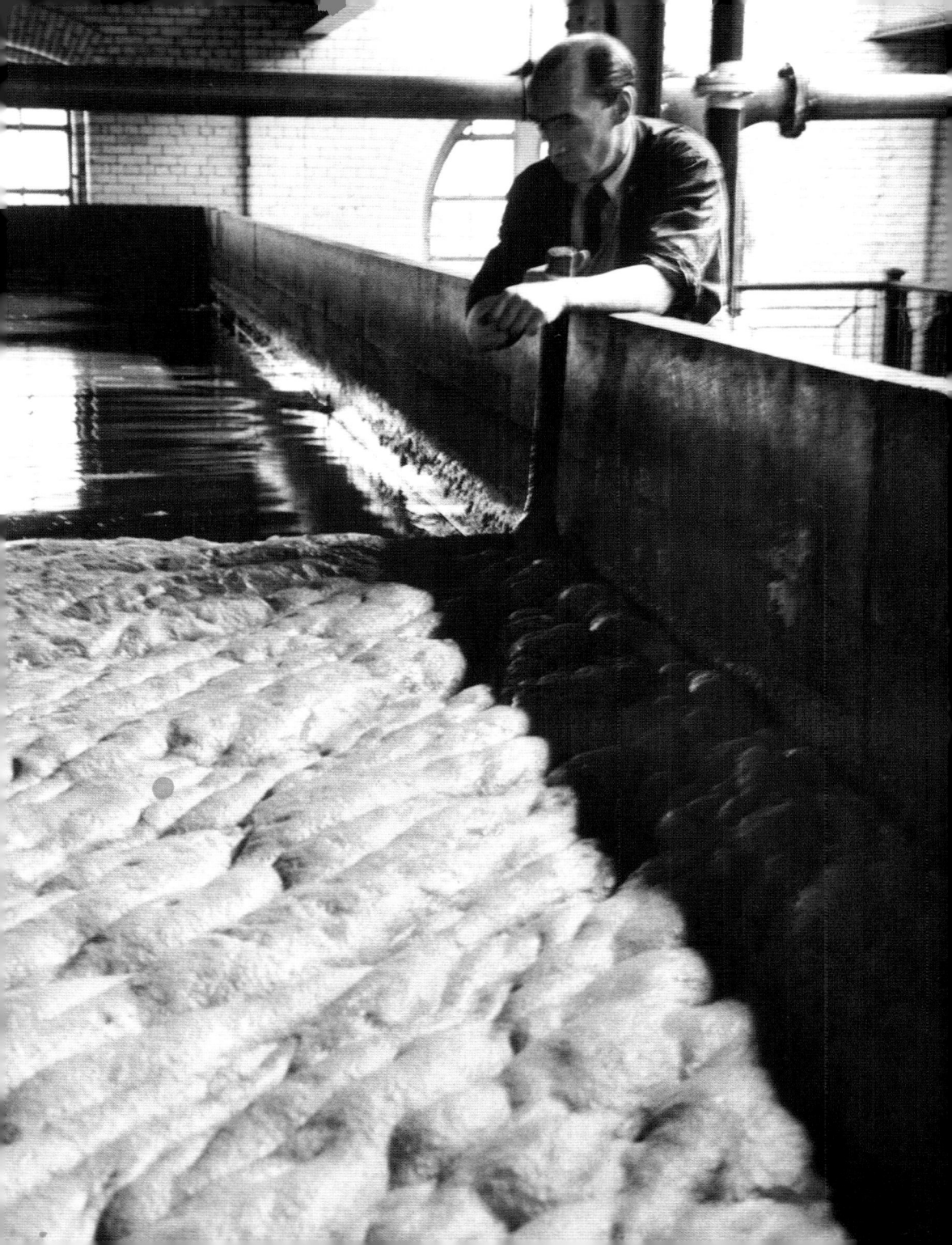

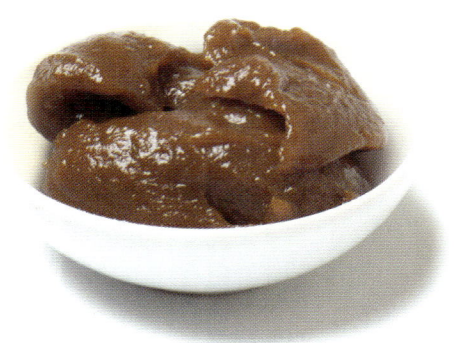

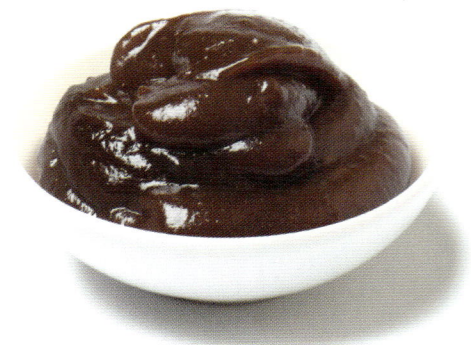

황장 Yellow Bean Sauce

고대 중국인들은 다양한 종류의 콩을 발효시켜, 오래 두고 먹을 수 있도록 보존하는 것은 물론 그 향미를 더욱 이끌어냈다. 황장이라는 이름은 그 색깔—실제로는 노랑보다 갈색에 가깝다—이 아니라 원재료인 황더우(黃豆, 노란 콩)에서 유래하였다.

황장은 우선 콩을 물에 불린 뒤 삶아서 발효시켜 쌀로 빚은 술과 설탕을 첨가한다. 그런 다음 숙성시켜서 으깬 후 다른 재료와 섞는다. 이 짭짤한 소스는 덩어리가 질 수도 있고, 매끄러울 수도 있고, 달콤할 수도, 매콤할 수도 있다. 만드는 사람과 지방에 따라 다르다. 베트남에서는 누옥 투옹(nuoc tuong)이라 부르며, 레몬그래스, 코코넛, 땅콩 가루, 고추, 마늘 등을 넣는다.

황장은 중국과 태국 요리에서 널리 쓰인다. 다른 재료를 섞어 딥핑 소스나 양념을 만들 수도 있고, 요리에 넣을 수도 있다. 쇠고기와 닭고기는 물론 생선 및 해산물과도 잘 어울린다. **KKC**

하이시안장 Hoisin Sauce

중국에서 하이시안장은 서양의 케첩과 같은 용도로 쓰인다—그러나 다행히 케첩처럼 마구잡이로 쓰이는 것은 아니다. 단지나 병에서 따라서 딥핑 소스로 바로 먹을 수도 있고, 조리할 때 넣으면 깊이와 복합적인 풍미를 더해주며, 다른 재료와 섞어 바비큐 고기에 바를 수도 있다—그 때문에 '바비큐 소스'라는 별명도 있다.

하이시안장은 비교적 널리 알려진 중국 양념 가운데 하나로, 발효시킨 콩, 식초, 소금, 설탕, 마늘, 칠리, 오향분을 섞어 녹말로 걸쭉하게 만든 다음 식용색소로 색을 낸다. 보통 베이징카오야—온갖 정성을 들여 통째로 익힌 오리의 바삭바삭한 황금빛 껍질과 촉촉하고 즙이 뚝뚝 떨어지는 살—에 곁들여 내지만, 중국에서는 전통적으로 기름기가 적고 덜 달콤하면서 역시 발효시킨 콩으로 만든 음식과 함께 먹는다.

저렴한 중국 식당에서는 하이시안장을 기호에 맞게 먹도록 아예 테이블 위에 갖추어 놓기도 하지만, 재능이 있는 중국인 주방장이라면 아마 이를 보고 경악을 금치 못할 것이다. **KKC**

Taste: 걸쭉하고 윤기가 흐르는 갈색의 황장은 그 질감이 다양하다. 짭짤한 맛은 다른 재료를 넣어 그 향미로 균형을 맞추어야 한다.

Taste: 하이시안장은 언제나 약간만 뿌려야 한다. 소량으로도 그 풍미가 오래 가기 때문이다. 짠맛, 단맛, 매운맛이 멋진 조화를 이루고 있는 것이 가장 좋다.

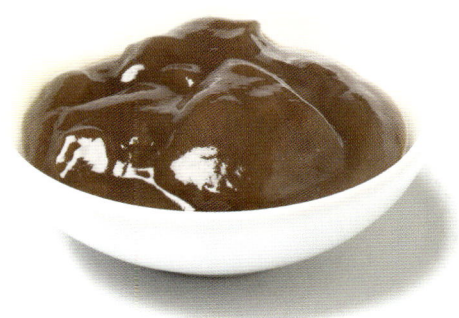

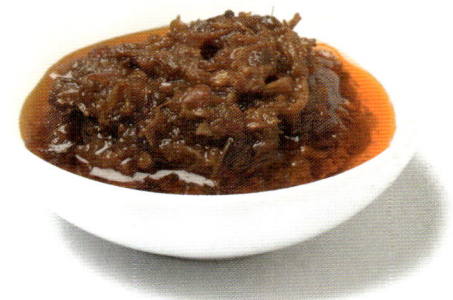

굴 소스 Oyster Sauce

셰프들이 온갖 종류의 아시아 식재료를 마음대로 뒤섞는 실험적인 퓨전 요리가 판을 쳤던 끔찍했던 시절에도, 굴 소스는 서양으로 뛰쳐나오지 않았다. 시판되는 굴 소스—슈퍼마켓에서 파는—는 굴 추출물에 간장, 설탕, 옥수수가루, 카라멜 색소, 그 밖의 보존료를 섞은 것이다. 그러나 중국 해안지방 마을이나 홍콩의 신지에(新界) 지역에 사는 장인들은 여전히 전통적인 방식으로 굴 소스를 만든다. 굴을 따서 집안에 대대로 비밀리에 전해 내려오는 요리법대로 익힌다. 인공 첨가물은 일절 넣지 않는다. 소량 생산하는 이 소스를 사려면 만드는 곳까지 가야만 하지만, 그럴 가치가 충분하고도 남는다.

굴 소스는 때로로 딥핑 소스로 내기도 하지만, 보통은 요리에 약간만 넣어 맛을 내는 데 쓴다. 달걀, 국수, 야채, 쇠고기와 닭고기 같은 육류와 잘 어울리지만, 해산물 요리에 쓸 때에는 조심해야 한다. 자칫하면 그 섬세한 향미를 압도해버릴 수 있기 때문이다. 채식주의자들을 위해 버섯으로 만든 굴 소스도 있다. **KKC**

XO 소스 XO Sauce

이름은 코냑(XO는 최소 6년, 평균 20년 숙성시킨 코냑 등급을 의미)에서 따왔지만, XO 소스에는 사실 알코올이 전혀 들어 있지 않다. XO라는 이름은 호화스럽고, 비싸고, 매우 특별한. 중국에서 컬트 아이템에 가까웠던 고급 코냑에 맞먹는 값어치와 지위를 지닌 무언가를 의미하기 위해 지은 것이다.

XO 소스는 1980년대 홍콩에서 개발되었으며, 빠른 속도로 그 인기가 퍼져 나갔다. 수많은 셰프들이 자신이 XO 소스를 발명했다고 주장하지만, 광둥의 최고급 레스토랑에서 처음 만들어졌다는 것은 확실하며, 여전히 최고의 XO 소스를 맛볼 수 있는 곳 역시 광둥이다. 광둥에서는 대다수의 레스토랑들이 자신들만의 레시피대로 만든 XO 소스를 단지에 담아서 판매한다.

XO 소스의 주 재료는 말린 가리비, 기름, 고추, 그리고 마늘이다. 말린 새우, 말린 중국식 햄, 소금에 절인 생선 등을 넣기도 한다. 보통 소량씩 사용하는데, 주로 딤섬에 딥핑 소스로 곁들여 먹는다. XO 소스는 간단하게 먹는 것이 가장 좋다. 국수를 버무려 먹어도 맛있고, 곱게 썬 파를 섞어서 신선한 굴 위에 토핑으로 올릴 수도 있다. 비교적 값이 비싸기 때문에 크리스마스와 춘절 선물로 인기가 높다. **KKC**

Taste: 소량만을 생산하는 원조 굴 소스는 강렬하고, 순수한 굴의 향미를 풍긴다. 색깔이 썩 보기 좋다고는 할 수 없지만 공장에서 생산된 것과는 질적으로 다르다.

Taste: 최고급 브랜드 XO 소스에는 다른 재료보다 값이 비싼 말린 가리비가 더 많이 들어가 있다. 강렬하고, 덩어리진 소스로 짭짤하고, 매콤하고, 기름지다.

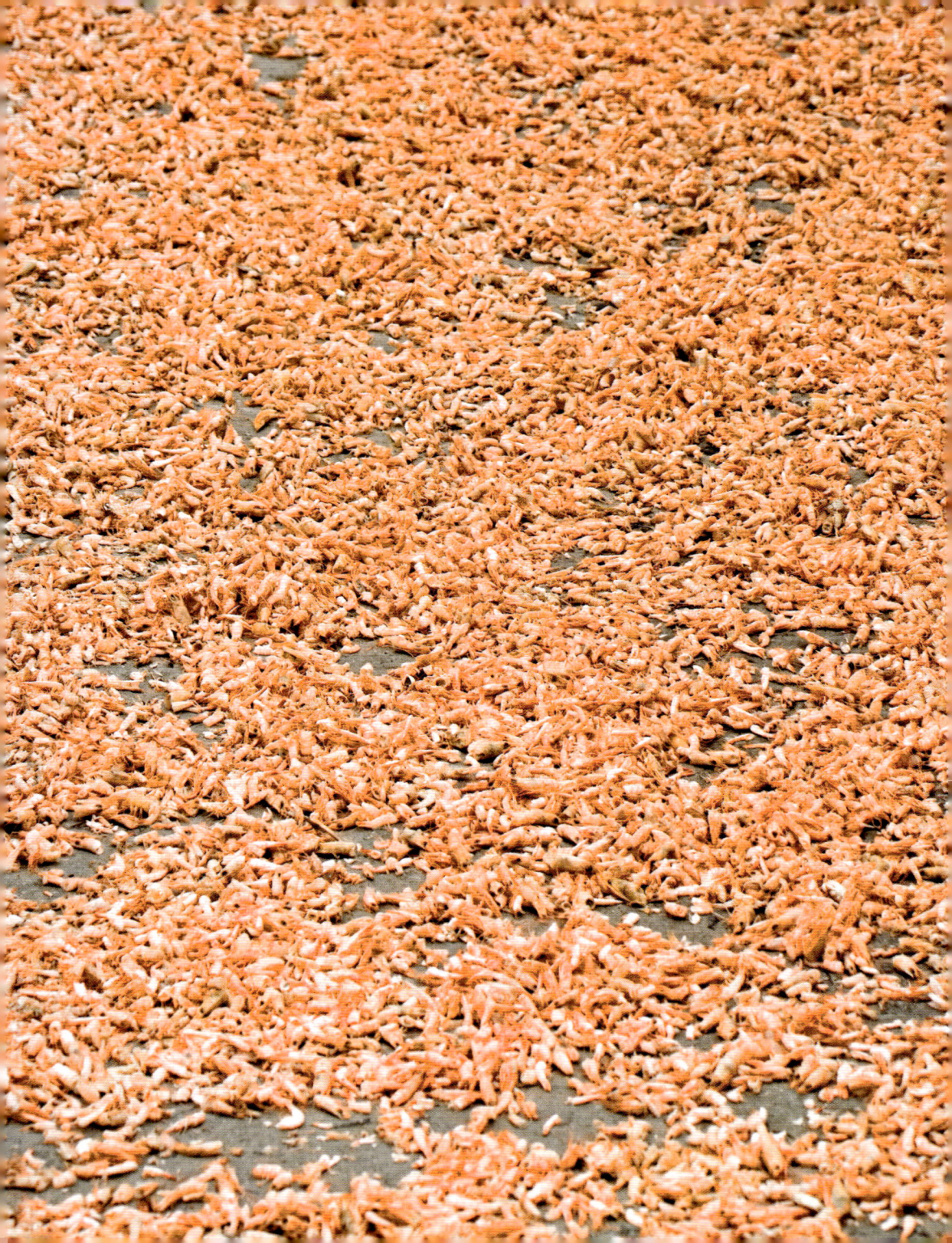

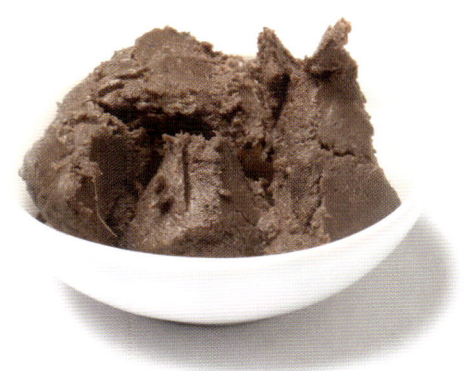

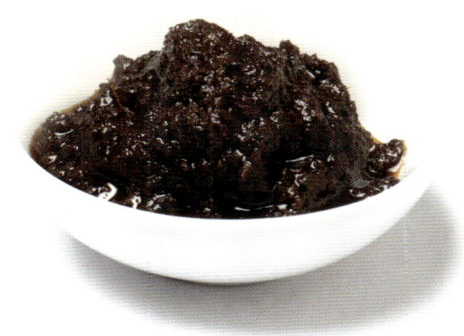

테라시 Teras

쉬토 Sheto

상한 냄새가 나고 꼭 썩은 것처럼 보이는 인도네시아의 테라시는 내버려두어서 발효시킨 새우로 만든 페이스트로, 처음 보는 사람이라면 완전히 질려버리고 말 것이다. 그러나 마늘이나 아사푀티다처럼 이 보기 흉한 양념 역시 요리를 완전히 바꾸어놓을 수 있으며, 썩은 새우의 냄새는 고맙게도 사라져버리고, 대신 보통 생선 소스는 명함도 못 내밀 만한 환상적인 맛이 그 자리를 채운다.

새우는 발효 과정에서 마호가니 색깔로 변하며, 보통 햇볕에 말려서 가루로 만든 뒤 벽돌 모양으로 압착해서 포장한다. 또 걸쭉한 페이스트 형태로 단지에 담아서 팔기도 하는데, 때때로 왁스나 기름을 보존제 대신 뚜껑에 바른다. 그보다는 보기 드물지만 가루 형태로 파는 경우도 있다. 소금은 공통적으로 들어가지만, 그 밖의 재료는 만드는 사람마다 다르다. 테라시 애호가들은 가장 작은 새우를 사용하여 가장 오랜 기간 동안 발효시키는 장인들의 솜씨를 찾아다닌다.

인도네시아에서는 삼발에 새우 페이스트와 타마린드, 식초 등의 재료를 섞어서 매운 삼발 테라시를 만들기도 한다. 동남아시아 다른 지역에서 만드는 테라시나, 그 사촌 격인 말레이시아의 벨라칸(belacan), 또는 태국의 카피(kapi)는 매운 기름을 섞어서 고기나 야채 소테를 만든다. **TH**

아프리카 서해안에 자리잡아 그 광활한 바다로부터 풍부한 혜택을 누리는 가나는 수세기 동안 해양 무역 상인들에 의해 퍼진 요리의 영향에 자신들만의 독특한 무엇을 더했다. 쉬토는 아프리카 전역에서 널리 먹는 특이한 매운 양념으로, 아프리카인들은 그 기원은 물론 그들이 사랑해마지 않는 이 고추 소스의 레시피 응용을 놓고 거의 목숨을 걸고 싸운다.

쉬토는 아프리카에서 흔히 먹는 두 가지 음식, 즉 말린 칠리 고추와 말린 새우를 섞어서 만든다. 여기에 생강, 마늘, 토마토 페이스트 등을 섞은 다음, 아프리카 다른 지역에서 찾아볼 수 있는 하리사와 비슷한 소금 친 기름 베이스에 더한다. 오직 건조시킨 재료들로만 만들었기 때문에, 몇 달이고 두고 먹을 수 있다. 신선한 칠리와 허브, 야채를 넣는 경우도 있지만 그럴 경우에는 빨리 먹어야 한다.

쉬토는 여러 요리에 맛을 내는 데 쓰인다. 이 지역에서 흔히 먹는 식으로 쌀과 콩을 간단하게 익힌 요리인 '와키예(Waakye)'에는 거의 항상 쉬토가 들어간다. 카사바 얌으로 만든 "푸푸(fufu)" 볼 역시 쉬토에 찍어 먹으며, 땅콩 스튜에 몇 숟갈만 넣어서 휘저어도 충분히 활기를 더해줄 수 있다. **TH**

Taste: 테라시는 고농축시킨 생선 소스와 흡사한 맛이 나지만, 놀랍게도 그 뒷맛의 냄새가 훨씬 덜하다. 액상 페이스트를 소량만 사용하도록 한다.

Taste: 매운 칠리와 진하고 짭짤한 새우의 풍미가 두드러지며, 다른 재료들은 이를 강조해준다. 묵혀두면 향미가 어우러지고 약간 달콤해지면서 더욱 맛이 좋아진다.

작은 새우를 햇볕에 널어 말리고 있다.
◑ 페이스트의 색은 마을마다 다르다.

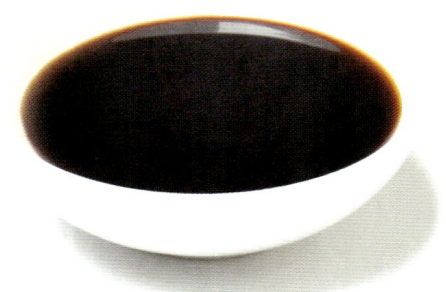

타마리 쇼유(たまりしょうゆ) Tamari Shoyu

중국에서 간장이 일본에 처음 전해진 수세기 전의 방식 그대로 만드는 전통 쇼유는 일본의 전체 간장 생산의 1~2퍼센트밖에 되지 않는다. 몇몇 가문만이 옛 방식을 그대로 이어 간장을 빚는다.

아이치 현의 아오키 일가도 그 중 하나이다. 아오키 가에서는 500년의 역사를 자랑하는 전통 양조법을 따라 손으로 타마리 쇼유를 만드는데, 2년에 걸쳐 여러 차례의 복잡한 발효 과정을 거친다.

타마리 쇼유를 만들기 위해서는 우선 샘물에 대두를 불린 뒤 쪄서 으깬다. 아스페르길루스 포자와 구운 보리 가루를 섞고 사흘 동안 배양시키면, 보송보송한 곰팡이로 뒤덮인다. 이것을 말려서 천일염과 물을 섞어서 모로미(もろみ, 거르기 전의 걸쭉한 술)를 만든 다음 수백 년 묵은 작은 삼나무 통에 넣고 여름을 두 번 넘긴다. 이 시간 동안 효소, 효모, 박테리아가 단백질과 탄수화물을 분해시킨다. 삼나무 통에 번식하는 미생물과 천연 유지 역시 중요한 역할을 하는 것으로 알려져 있다. 마지막으로 모로미를 압착해서 쇼유를 짜낸다. **SB**

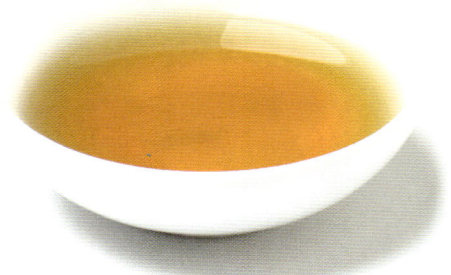

시로 쇼유(白 しょうゆ) Shiro Shoyu

'흰 간장'이라는 뜻의 시로 쇼유는 간장 양조 시의 밀과 대두의 일반적인 비율을 거꾸로 뒤바꿔서 대두 20퍼센트, 밀 80퍼센트로 만든 간장이다.(아이치 현의 시치후쿠(七福) 양조주식회사는 심지어 밀의 비율을 90퍼센트까지 높인 유기농 시로 쇼유를 생산하고 있다.)

동양에서는 수세기 동안 간장을 먹어왔으며, 일본에는 13세기에 한 중국 승려가 전래하였다고 한다. 그러나 간장을 만들 때에 밀이 쓰이기 시작한 것은 겨우 400년 정도밖에 되지 않았다―그 전에는 대두만으로 만들었다. 밀의 비율을 이토록 높이면 간장은 훨씬 엷은 호박빛을 띠게 되며 향미는 달콤하고 부드러워진다.

일본에서 시로 쇼유는 보통 찍어 먹는 용도보다는 조리용으로 더 많이 쓰인다. 특히 재료 고유의 빛깔을 살리고자 할 때에 유용하게 쓰인다. 빨간 쿄닌징(京にんじん) 당근과 하얀 무처럼 채소의 천연색을 최대한 살리는 교토 음식에서 특히 인기가 좋다. 향긋한 달걀찜인 차완무시(茶碗蒸し)에도 쓰인다. **SB**

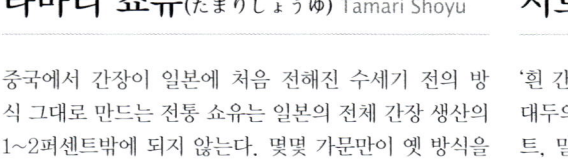

Taste: 타마리쇼유는 그 감칠맛(우마미)로 높은 평가를 받는다. 걸쭉하고 끈적한 질감과 향이 풍부하면서도 적당히 짠맛은 찍어먹기에도 좋고, 요리에 넣어도 좋다.

Taste: 달콤하고, 부드럽고, 살짝 스모키한 풍미가 나면서도 여전히 짭짤한 시로 쇼유는 밀의 사향 냄새가 배경에 깔려 있다. 묵히면 점점 색이 짙어지지만, 향미에는 영향을 끼치지 않는다.

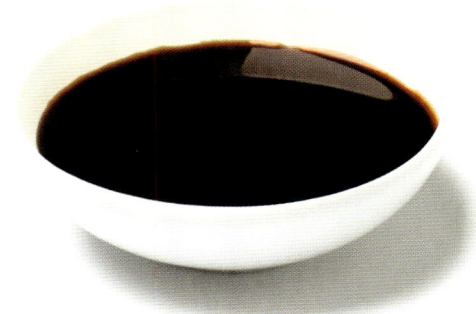

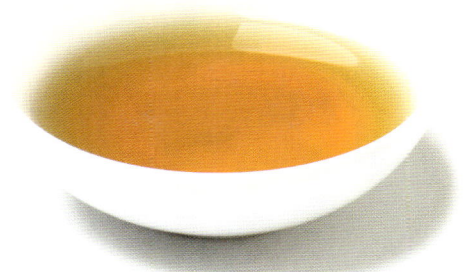

케찹 Kecap

아시아에서 가장 유명한 수출 식품인 간장은 6세기, 중국의 불교도들이 고기를 대신할 짭짤하고 알갱이가 씹히는 장을 만든 데에서 기원한다고 한다. 동양 음식에서 인기가 높은 간장은 나라마다 그 스타일이 크게 다른데, 그 중에서도 인도네시아의 케찹은 상당히 독특하다.

케찹 마니스는 야자 설탕이 들어가서 달콤하고, 걸쭉하고, 검고, 시럽처럼 끈적하다. 만약 케찹을 구할 수 없다면 중국이나 일본의 진간장에 설탕, 스타 아니스, 마늘을 넣고 자작자작 끓이면 된다. 또는 당밀, 진간장, 야채, 닭고기 국물을 섞을 수도 있다. 케찹 아신은 케찹 마니스보다 더 가볍고, 묽고, 짭짤하다. 케찹 마니스는 그 강한 향미와 균형을 맞추려면 쇠고기나 새끼양고기의 진한 맛이 필요하지만, 케찹 아신은 그보다는 더 쓸모가 많다. 해산물이나 닭고기처럼 신선한 향미와 색깔을 보존해야 하는 요리에 널리 쓰인다.

케찹과 케첩의 연관성을 들먹이는 설도 있기는 한데, 유명한 토마토 소스의 브랜드와 동의어가 되기 전부터 케찹은 소스나 양념류를 가리키는 통칭이었다. **WS**

누오크 맘 Nuoc Mam

동남아시아의 발효시킨 생선 소스는 중국이나 일본에서 간장과 비슷한 역할을 한다. 그 중에서도 최고는 역시 베트남의 누오크 맘이다. 따스한 짙은 갈색으로, 섬세한 뉘앙스의 향미는 수많은 딥핑 소스의 베이스로 쓰인다. 조리에 쓰이면 천연 글루타민산염과 그 밖의 단백질이 요리를 압도하지 않으면서도 전반적인 맛을 더욱 풍부하게 해준다.

누오크 맘은 신선한 앤초비와 천일염을 나무나 흙으로 만든 커다란 통에 켜켜이 쌓고 수개월에서 길게는 1년까지 발효시켜서 만든다. 이 통에서 처음 받아내는 소스는 매우 귀중하게 여겨지며, 누오크 맘 니(nuoc mam nhi)라 하여 일종의 "엑스트라-버진" 누오크 맘으로 판매한다. 첫 번째로 따라내고 나머지에 따라 "압착"하는데, 일반적으로 그 도수를 나타내는 등급어 표시되어 있어, 이것을 품질의 척도로 간주한다. 높은 등급일수록 덜 희석시켰으며, 식탁에 양념으로 올리기 적합하다는 뜻이다. 낮은 등급은 조리할 때 사용한다. 인근 해역에서 특히 질좋은 앤초비가 많이 잡히는 푸꾸옥 섬은 누오크 맘으로 유명하며, 현재 원산지 명칭 보호를 받고 있다. **CTa**

Taste: 진하고, 걸쭉하고, 밀도가 거의 당밀에 가까운 케찹 마니스는 달콤짭짤한 강력한 펀치를 날린다. 더 가볍고 짭짤한 케찹 아신은 모든 요리에 쓰일 수 있다.

Taste: 최고 등급의 누오크 맘은, 심하지도, 찌릿하지도 않은 강렬한 바다의 풍미를 지니고 있다. 캐러멜 향기와 원래의 단맛이 그 짭짤한 맛과 균형을 이룬다.

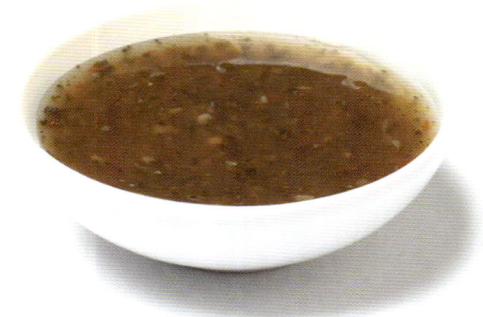

치미추리 Chimichurri

세계 최고의 육우 생산국인 아르헨티나 사람들은 자신들이 만든 최고급 스테이크에 거의 아무것도 곁들이지 않는다. 단, 치미추리는 예외다. 주 재료는 허브, 스파이스, 식초, 소금, 올리브유이지만, 남아메리카 전역에 이루 셀 수 없을 만큼 레시피가 많으며 지역마다 다른 것은 물론, 만드는 사람들도 자기만의 비밀 조리법이 있다. 아르헨티나에서는 신선한 파슬리, 마늘, 오레가노, 칠리를 베이스로 쓴다. 라틴 아메리카의 다른 지역에서는 코리앤더를 즐겨 넣는다. 차(茶), 레몬, 벌꿀, 박하, 그 밖의 허브를 넣기도 한다.

대다수의 사람들은 19세기에 현재의 아르헨티나, 우루과이, 파라과이를 아우르는 비옥한 초원지대를 누볐던 가우초들이 이 허브 향 가득한 소스를 처음 만들었다고 믿는다. 전해지는 이야기에 따르면, 고원 지대에서 키운 기름기가 적은 쇠고기를 부드럽게 하기 위해 식초를 사용하여 소스를 만든 유럽인 이주민의 이름—아마도 지미 맥커리(Jimmy McCurry)나 지미 커리(Jimmy Curry)—이 변형되어 치미추리라는 이름이 생겼다고도 한다. 사실 여부를 떠나서 치미추리의 맛은 서로 다른 유럽 나라들에서 전해진 향미의 물결을 겹겹이 반영하고 있다. **IA**

Taste: 치미추리의 생기발랄한 향미는 식초에 의한 짜릿한 맛을 담고 있다. 녹색 허브의 싱싱함은 그릴 스테이크 양념으로 더할나위 없이 잘 어울린다.

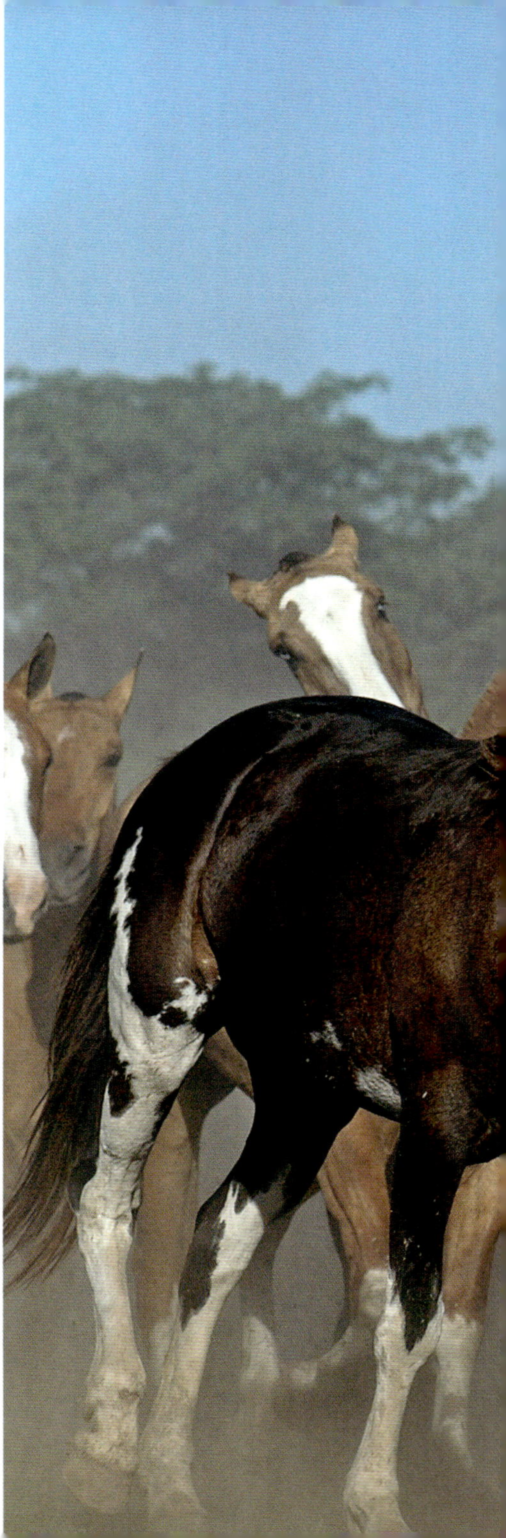

가우초들은 전통적으로 스테이크에 치미추리를 곁들여 먹는다. ➜

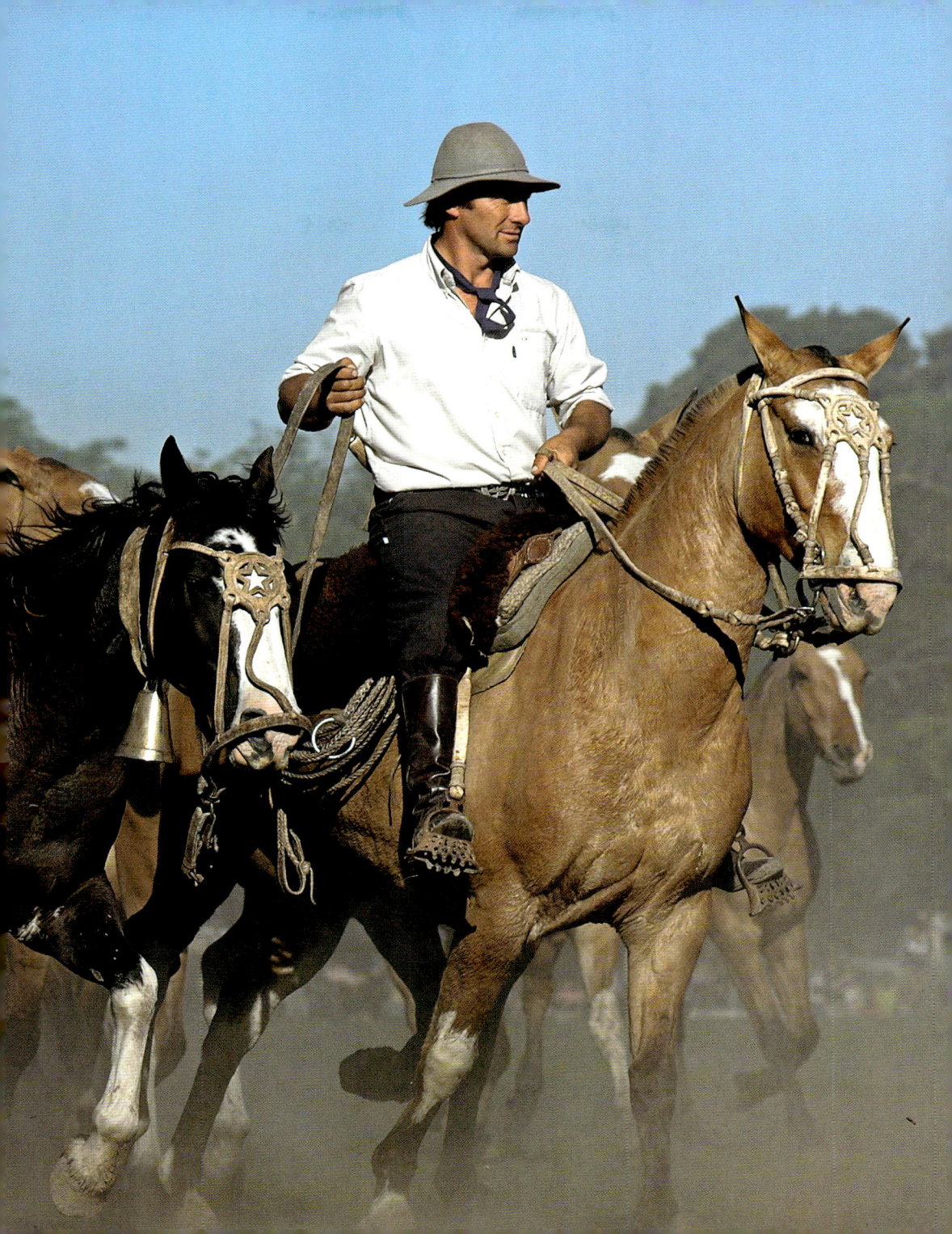

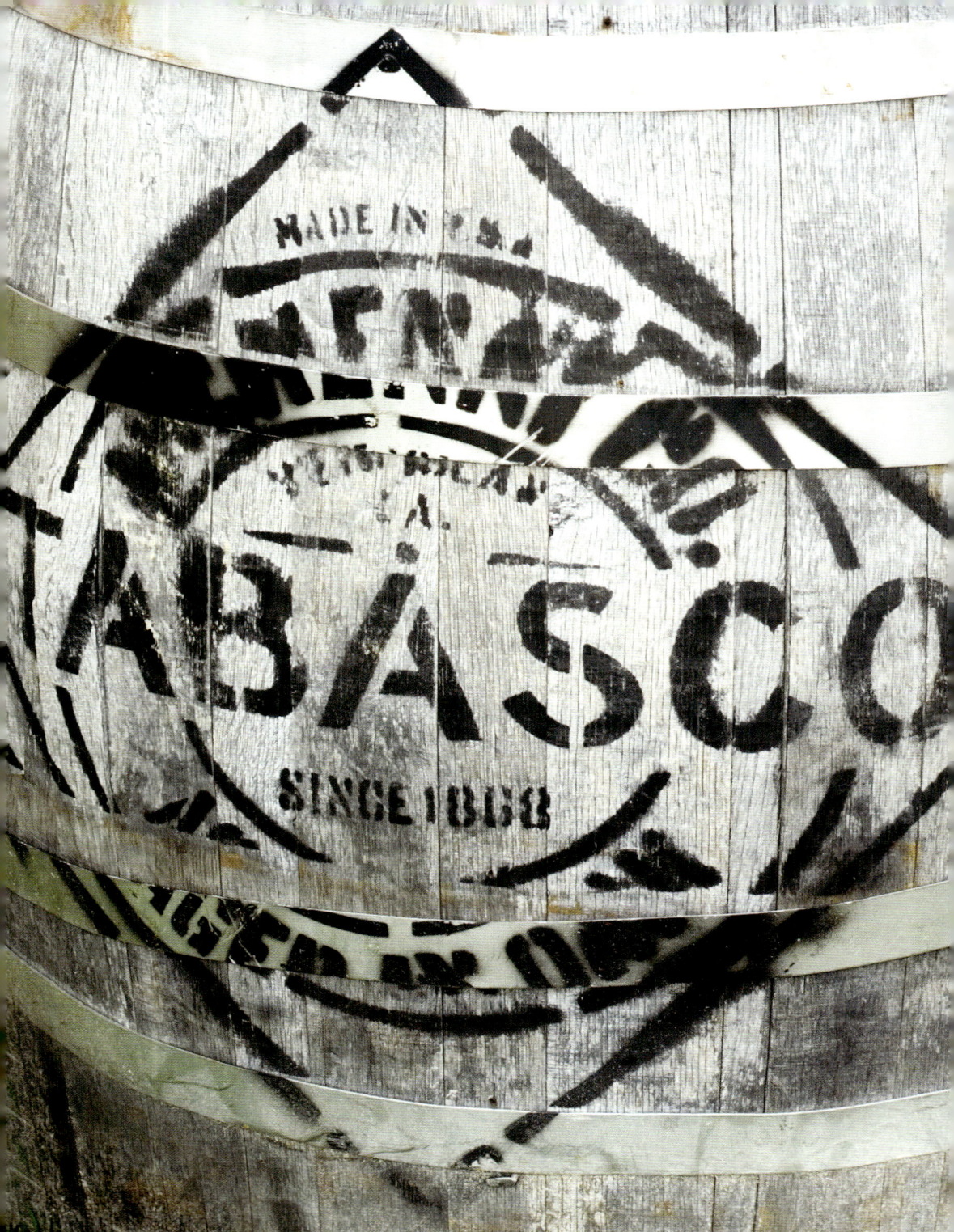

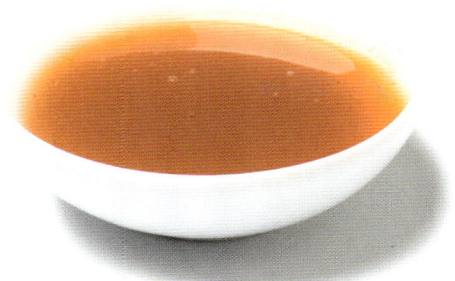

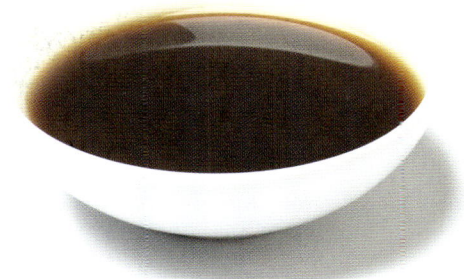

타바스코 소스 Tabasco Sauce

우스터 소스 Worcestershire Sauce

미국 루이지애나 주 에이브리 아일랜드를 찾은 사람이라면 나무들 속에서 흘러나오는 소택지에 사는 벌레들의 울음소리에 그단 한 세기 전쯤으로 시간을 거슬러 올라간 것 같은 착각에 빠지게 된다. 그러나 타바스코 소스 공장의 전경이 눈에 들어오는 순간 이런 환영은 산산조각이 난다.

에드먼드 맥킬러니는 숙성시킨 고추 소스가 즉각적인 성공을 거두자, 1868년 타바스코 사를 설립하였고, 그 후 이 소스는 미국 남부는 물론 전 세계에서 매운 맛의 벤치마크가 되었다.

봄이 되면 지난해 수확한 고추 중에서 가장 좋은 씨앗을 일일이 손으로 골라내서 파종한다. 라틴 아메리카에서 숙성시킨 종자도 있지만, 빨간 봉으로 색깔을 선별하며 손으로 따서 에이브리 아일랜드로 보내 가공한다. 잘 익은 고추는 바로 갈아서 이 지역에서 캔 소금과 섞어 곤죽을 만든 뒤, 오크 통에 담아 밀봉하고 그 위에 또 소금을 켜켜이 깐다. 창고에서 3년간 숙성시킨 뒤 식초를 섞어 휘저어서 물기를 뺀 뒤 병입한다. **TH**

19세기 초, 잉글랜드에서는 소위 '저장 소스'—식료품실에 보관하며 두고 먹을 수 있는 소스—가 유행하였는데, 그 가운데에는 버섯 케첩, 하비 소스, 로드 스스 소스 등도 있었다.

1837년 빅토리아 여왕 즉위 즈음의 일이다. 은퇴한 벵골 주지사가 우스터의 약사였던 리어와 페린스에게 인도 체류 시절 손에 넣은 레시피—타마린드, 대두, 마늘, 앤초비, 향신료 등이 들어간—를 만들어달라고 요청하였다. 리어와 페린스가 만들어낸 소스는 주지사를 만족시키지 못했기 때문에 결국 나무 통에 담겨 지하실에서 먼지를 뒤집어쓰고 잊혀진 존재가 되고 말았다. 1838년, 그들은 다시 한번 시도해보기로 했는데, 1년 동안 묵혀두면서 소스의 맛이 훨씬 좋아졌다는 사실을 발견하고는 시판하여 보기로 했다.

우스터 소스는 시장에 나오자마자 큰 인기를 끌었으며, 1843년에는 브루넬이 설계한 증기선 그레이트웨스턴호의 1등실 식당에서도 제공하였다. 많은 요리—특히 시저 샐러드—의 숨은 재료로, 칵테일 블러디 메리에서 빼놓을 수 없는 존재이며, 치즈를 녹인 토스트와도 환상적으로 잘 어울린다. 유일한 원조 우스터 소스 브랜드인 리어 앤드 페린스(Lea & Perrin's)는 현재 미국의 식품회사 H. J. 하인즈의 소유이다. **MR**

Taste: 또렷하고 깔끔한 칠리 향. 균형잡힌 매운 맛. 소금. 식초가 오랫동안 지속되며, 맛에 민감한 사람이라면 숙성 과정에서 더해진 오크의 묵은 맛을 느낄 수 있을 것이다.

Taste: 우스터 소스의 가장 큰 매력은 그 향미의 복합성과 균형이다. 전반적인 인상은 짜릿하고 향미가 꽉 차 있다는 느낌이다.

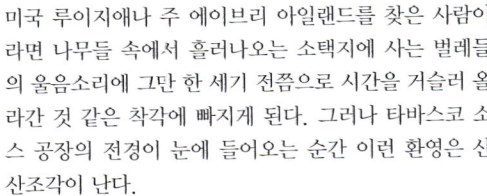

타바스코에서는 저 유명한 고추 소스를 숙성시키는 데 사용하는 위스키 나무통을 재활용하고 있다.

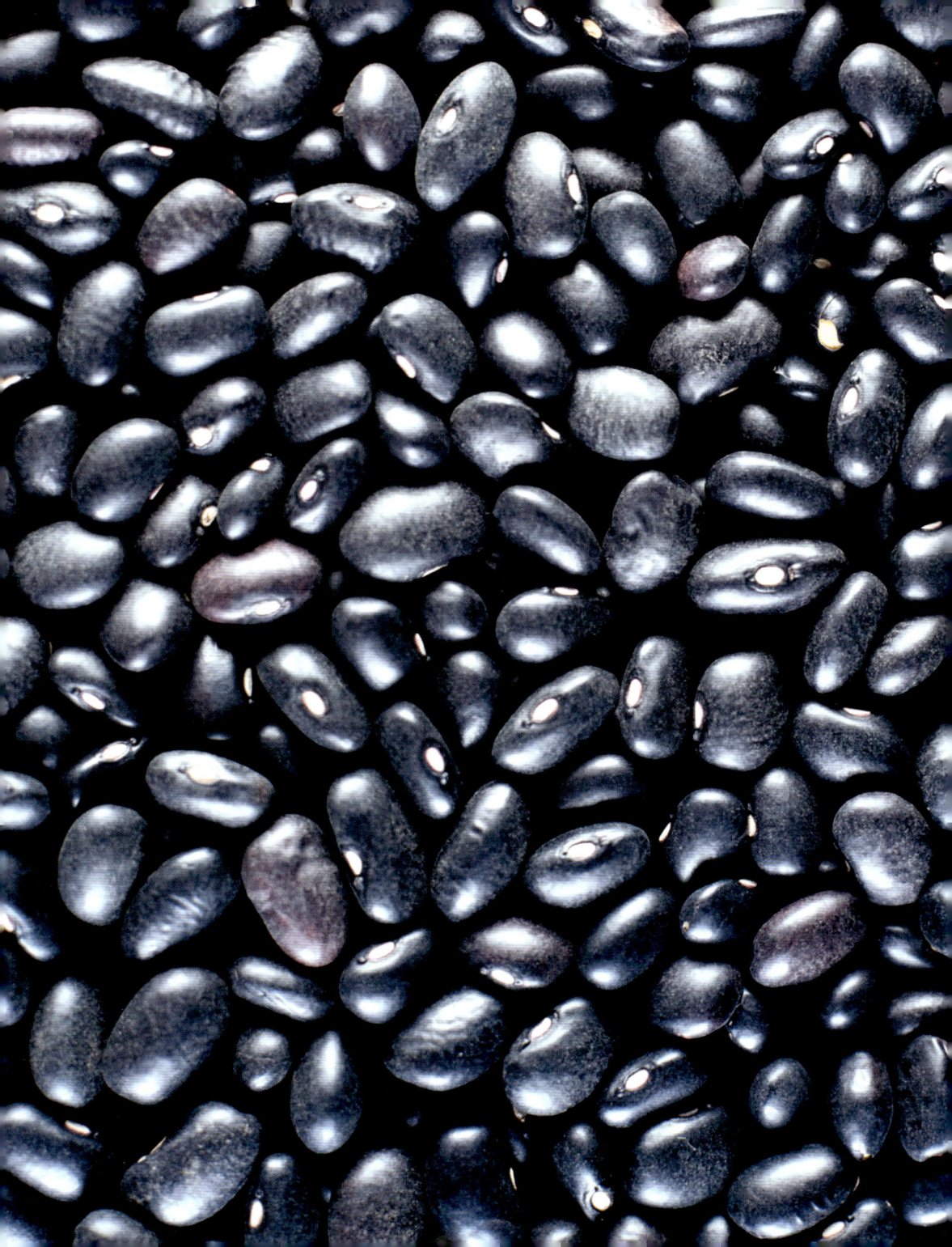

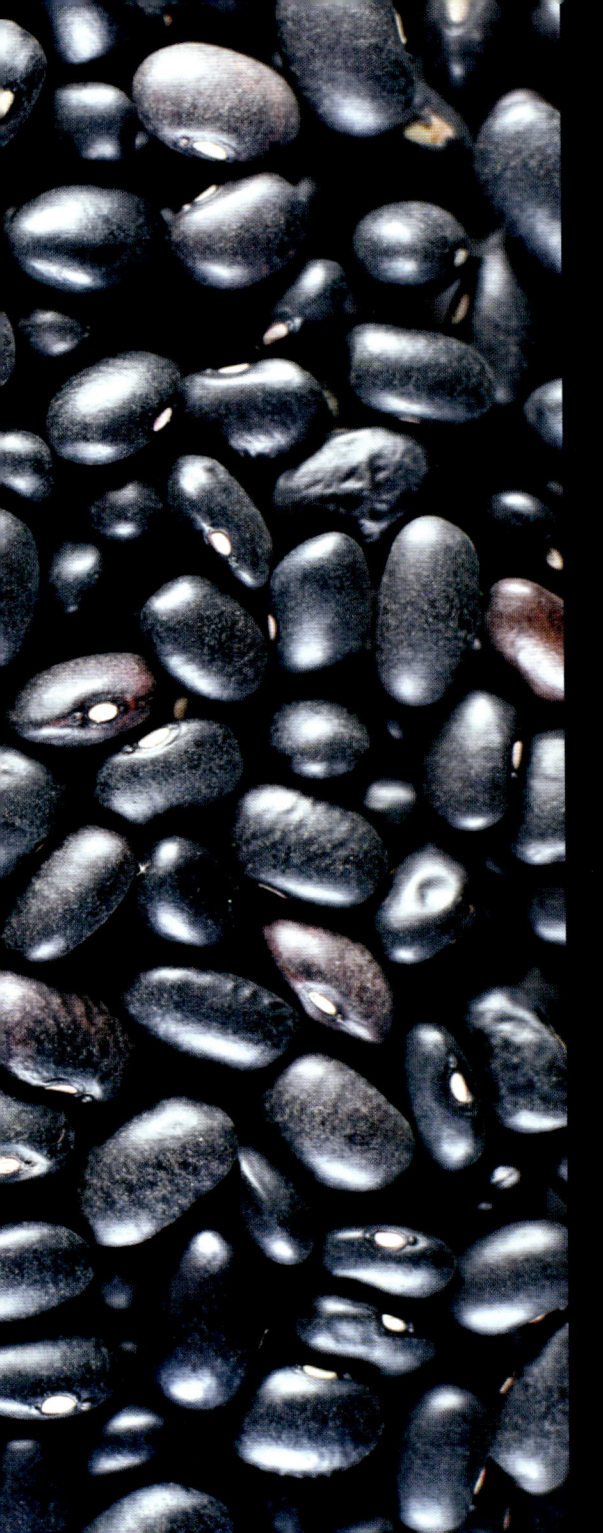

Grain

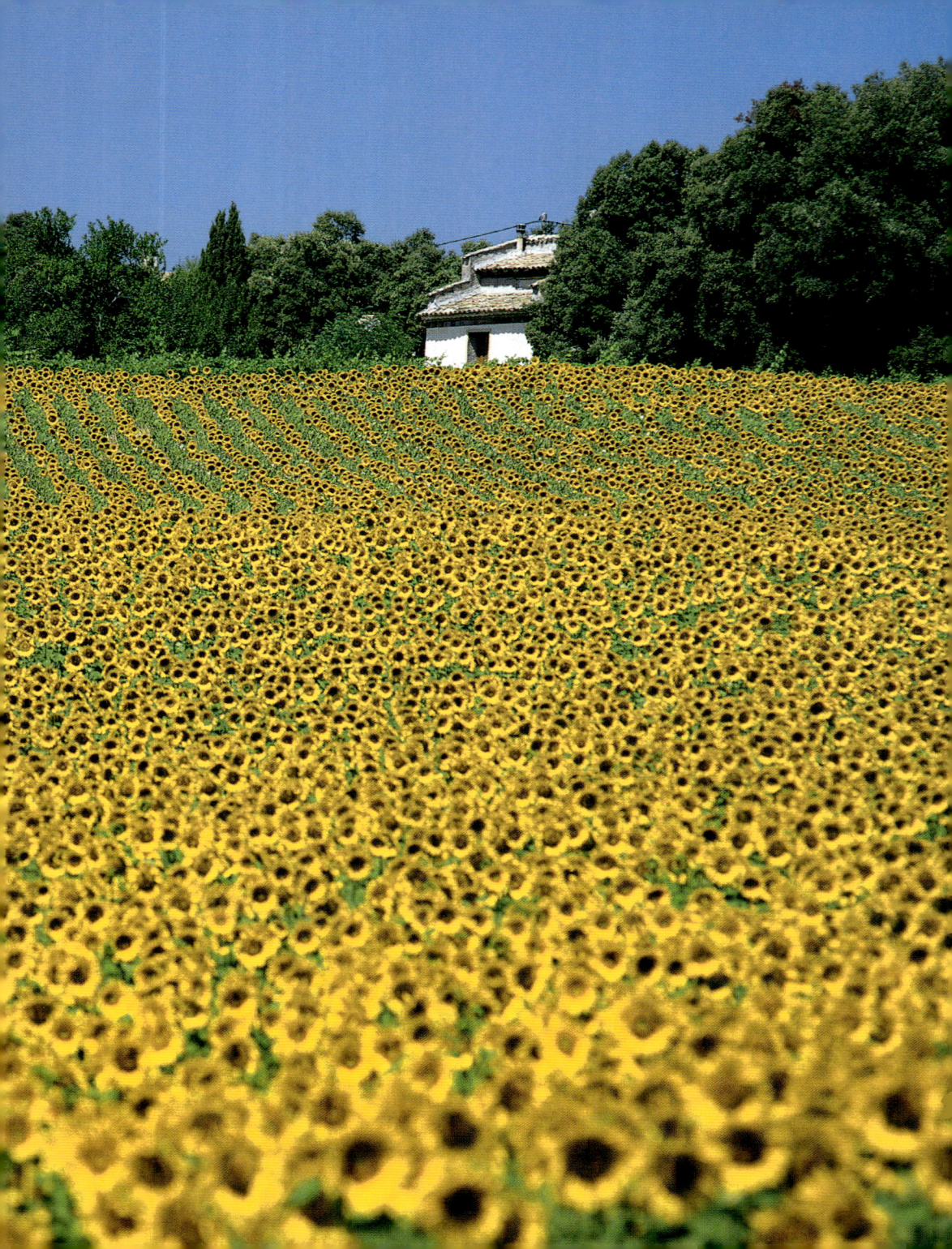

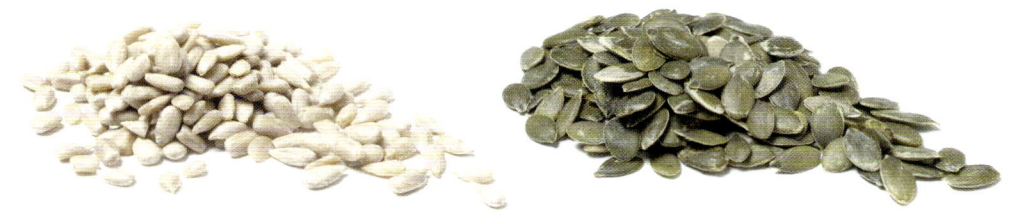

해바라기 씨 Sunflower Seed

해바라기(Helianthus annuus)는 오랜 역사를 자랑한
다. 아메리카 원주민들은 수천 년 전부터 해바라기의
열량이 풍부한 씨를 먹어왔다. 16세기 탐험가들이 해바
라기 씨를 유럽에 가져왔지만, 처음에는 그저 장식용으
로만 재배되었다. 그러나 표트르 대제(1672~1725년)
가 해바라기를 러시아로 들여오면서, 공교롭게도 종교
적 금식일에 기름기가 있는 식물을 먹는 것을 금지하는
칙령이 선포되었다. 이제 막 수입된 식물인 해바라기는
금지 목록에 올라 있지 않았고, 덕분에 해바라기 씨는
금새 인기를 얻게 되었다.

오늘날에도 러시아에서 가장 중요한 식용유는 해
바라기유이다. 해바라기는 북아메리카에서도 널리 재
배된다. 해바라기 씨는 특히 동유럽에서 인기있는 간식
이다. 길거리 노점이나 농부들의 시장에서 줄무늬 껍질
이 붙어 있는 것과 그렇지 않은 것, 소금을 친 것과 치
지 않은 것, 볶은 것과 날것 모두 살 수 있다. 짭짤한 껍
질을 이로 깨물어 그 매끈한 씨앗은 입으로 털어넣고
껍질은 뱉어내는 것이 묘미지만, 처음부터 껍질을 벗긴
씨앗은 빵, 비스킷, 머핀, 뮤슬리(곡물, 견과, 말린 과
일 등을 섞어 우유와 함께 먹는 아침 식사용 씨리얼),
또는 그라놀라에 넣으면 좋다. **SH**

호박 씨 Pumpkin Seed

사람들은 지금으로부터 7,000년도 더 전에 처음으로 호
박을 키워먹었을 무렵부터 호박 씨를 먹어왔다. 그리
고 여기에는 충분한 이유가 있었다. 희끄무레한 노란
색 껍질에 싸여 있는 이 납작한 녹색 씨는 영양가가 어
마어마하게 높을 뿐 아니라 맛도 좋다. 스페인 정복자들
은 아즈텍인들로부터 알게 된 호박 씨를 유럽으로 가지
고 돌아왔다.

오늘날 호박은 극지방을 제외한 세계 모든 지역에
서 재배되고 있고, 호박 씨 역시 전 세계에서 즐겨 먹으
며 구하기도 쉽다. 대부분은 날것으로, 혹은 볶아서 간
식으로 먹지만 요리에도 쓰임세가 있다. 스페인어로는
페피타(pepitas)라 하는데, 멕시코의 몰레 소스의 재료
이다. 몰레 소스는 호박 씨, 토마티요, 그 밖의 재료로
만드는 고대 아즈텍 레시피에서 기원하였으며, 닭이나
오리 요리에 곁들여서 낸다.

호박 씨를 올리브유와 간장에 버무려서 구우면 또
하나의 맛있는 간식이 탄생한다. 호박 씨로 맛좋은 페스
토를 만들 수도 있다. 채식주의자들이 즐겨 먹는데, 샐
러드나 빵류에 넣어 먹으며, 갈아서 수프, 스튜, 캐서롤
에 넣기도 한다. **SH**

Taste: 볶지 않은 해바라기 씨는 오독오독 씹는 맛이 있고, 약간
기름지다. 소금을 너무 많이 치면 활기찬 견과의 맛이 눌려버린다. 볶은
해바라기 씨는 맛이 더 진하고 토스트 향이 난다.

Taste: 호박 씨는 쫄깃한 질감과 견과류의 향미에 살짝 호박의 풍미가
감돈다. 굽기 전에 호박의 과육이 조금이라도 남아 있다면 호박 맛이
더욱 강해진다.

해바라기는 그 큰 키로 유명하다. 한 송이에 2,000개가 넘는
씨를 품고 있다.

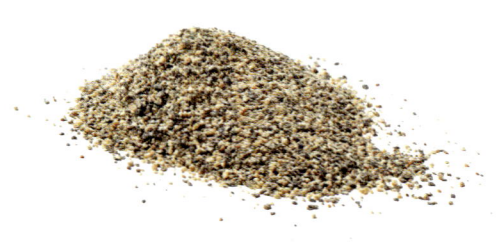

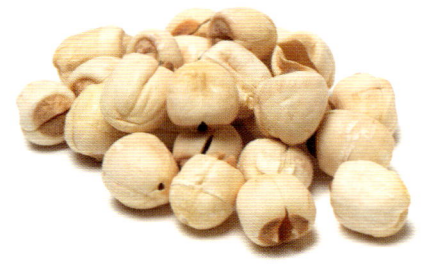

와틀 씨 Wattleseed

거의 백 년 동안 오스트레일리아인들은 와틀 데이(Wattle day, 오스트레일리아의 국화인 와틀(아카시아의 일종)이 개화하는 날, 9월 1일)면 애국심을 드러내기 위해 와틀 꽃을 꽂는다. 이 오스트레일리아 원산 아카시아는 수백 가지 품종이 있는데, 덩굴처럼 뻗어오르는 관목부터 키가 큰 나무까지 다양하지만, 하나같이 그 황금빛(때로는 분홍빛) 꽃무리로 사랑을 받는다. 수천 년 동안, 오스트레일리아의 원주민들은 120여 종의 와틀 씨를 씻고 볶고 갈아서 입자가 굵은 가루로 만들었다. 이 가루로 영양가가 높은 케이크를 만드는데, 단백질은 물론 불포화지방산 함량이 높다. 그러나 밀가루를 구하기가 쉬워지면서 이러한 풍습은 점점 찾아보기 힘들어졌다.

　1984년, 그때까지는 별볼일 없었던 와틀의 운명은 영원히 바뀌게 되었다. 오스트레일리아의 빅 체리코프라는 사람이 실수로 특정한 와틀 품종의 씨앗을 너무 볶은 나머지 오늘날 우리가 아는 와틀 씨가 탄생한 것이다. 이 즐거운 사고의 결과는 현재 와틀 씨 가루, 액상 추출물, 페이스트 등으로도 살 수 있으며, 전 세계에서 아이스크림, 크림, 초콜릿, 스프레드, 버터, 빵, 팬케이크, 비스킷, 음료수, 그 밖의 입맛을 돋구는 음식들에 널리 쓰인다. **VC**

연밥 Lotus Seed

아시아의 이곳 저곳에서 연꽃은 거의 모든 부분이 식재료가 된다. 뿌리줄기는 다양한 방법으로 조리해 먹는데, 태국, 베트남 그리고 인도 일부 지역에서는 줄기와 어린 잎을 고급 채소로 친다. 늙은 잎은 포장용으로 쓰인다. 심지어 연꽃의 꽃잎마저 장식용으로 사용하거나 먹기까지 한다. 연꽃의 씨 역시 많은 사랑을 받는다. 때때로 손에 한움큼 쥐고 날로 먹기도 하지만, 말리면 그 쓸모가 더욱 많아진다. 베트남에서는 종종 수프와 스튜에 넣는다. 중국에서는 말린 연밥으로 디저트를 만든다.

　걸쭉하고 달콤한 연밥 페이스트는 오늘날에도 빵, 특히 웨이빵에 소로 넣어 중추절에 먹는다. 복숭아 모양으로 생겼으며 장수를 상징하는 빵은 전통적으로 생일상에 올린다. 전통적으로 설탕에 절여서 춘절에 집에 찾아오는 손님들에게 내는 과자 상자에 넣는다.

　말린 연밥을 살 때에는 작은 구멍이 나 있는 것은 벌레가 먹었다는 뜻이니 조심할 것. 씨가 너무 진한 노란색이면 너무 오래되었다는 뜻이며, 너무 하얀 것은 표백했음을 의미한다. **KKC**

Taste: 잠깐 초콜릿 맛이 나는가 하더니 커피 향이 이어지지만, 쓴맛이나 견과의 뒷맛은 전혀 찾아볼 수 없다. 크림이나 우유를 곁들이면 보다 은근한 향미를 발견할 수 있다.

Taste: 연밥은 녹말이 많은, 은은한 단맛을 지니고 있다. 구우면 맛있는데, 단맛을 증진시키고 옥수수와 비슷한 향미가 생기기 때문이다.

연밥은 재미있게 생긴 동그란 그릇 모양의 꼬투리 안에서 자란다. ➡

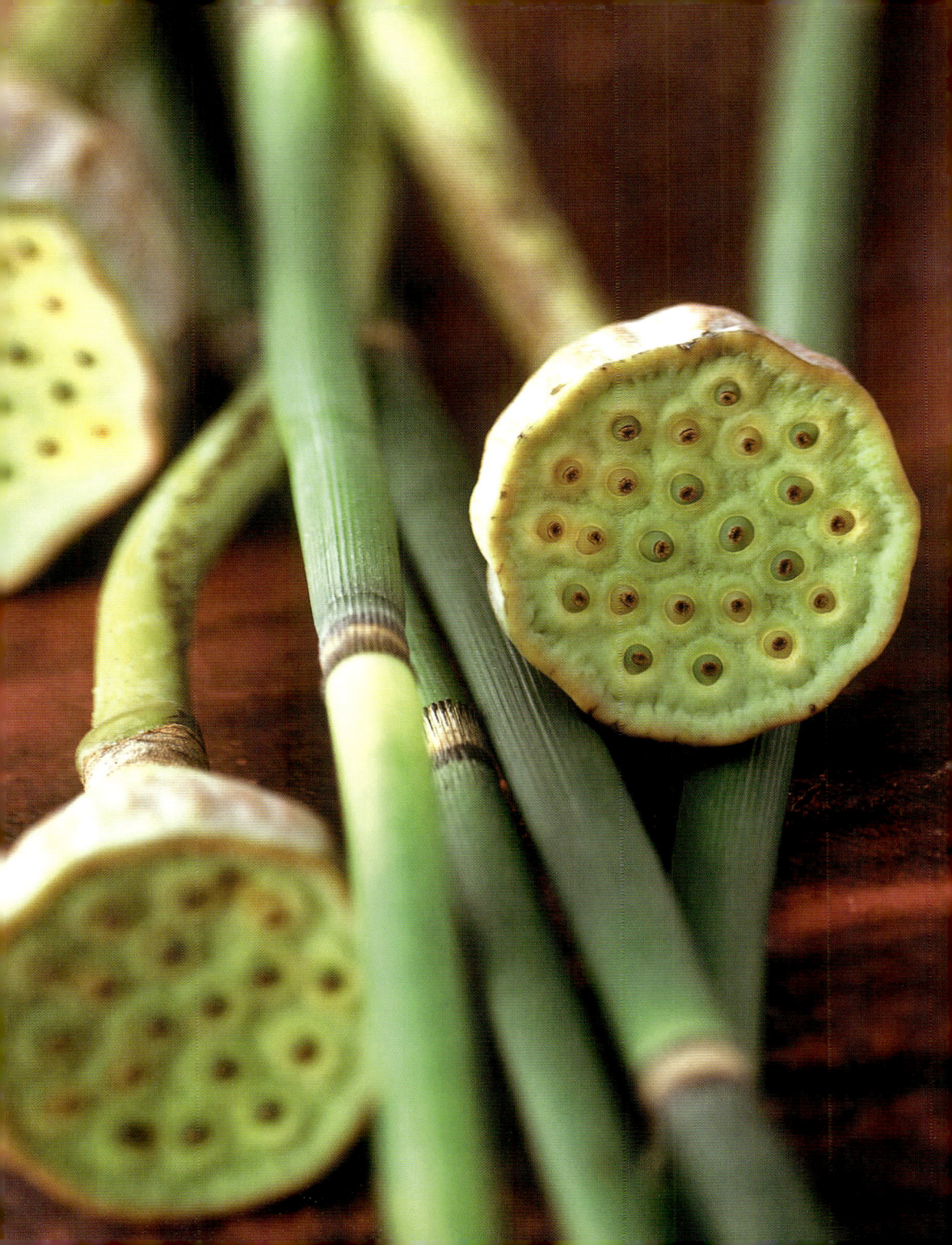

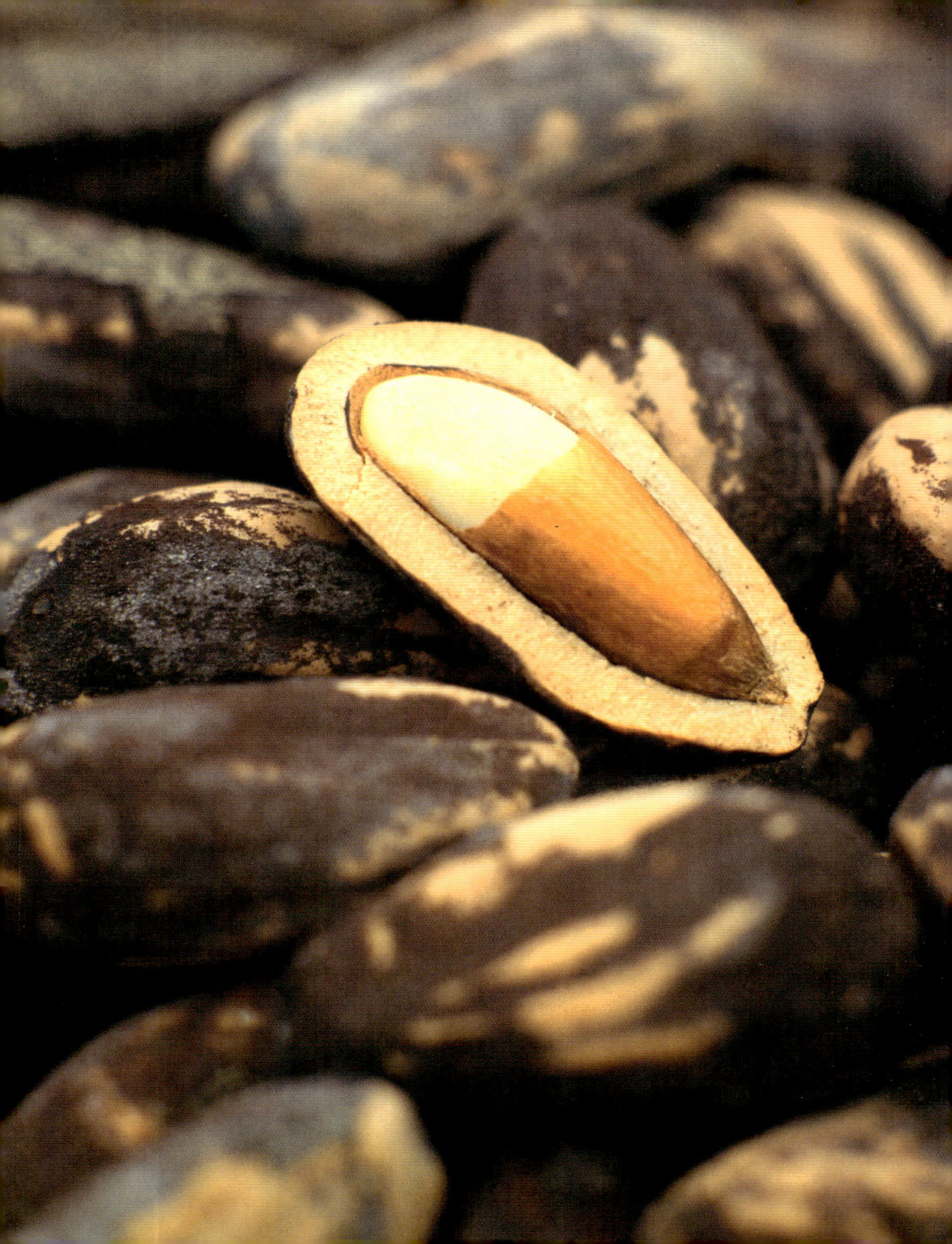

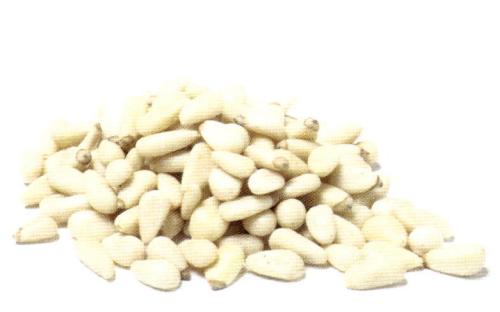

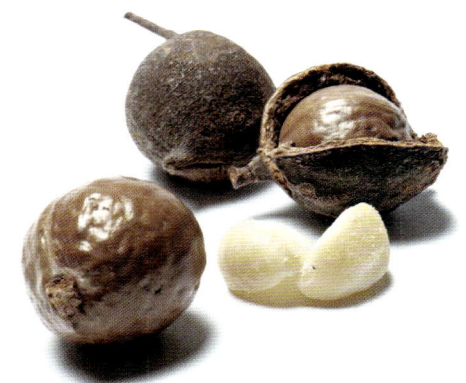

잣 Pine Nut

이 작고 크리미한 상아빛 씨앗은 선사 시대 이래 그 정교한 향미로 사랑을 받아왔다. 고대 그리스인들과 로마인들은 잣에 대해 알고 있었으며 즐겨 먹었다. 사실 잣은 고고학자들이 폼페이 유적에서 발굴해낸 음식 중의 하나이다.

전 세계의 수없이 많은 소나무 가운데 그 씨를 먹을 수 있는 종은 몇 되지 않는다. 물론 지중해 소나무(Pinus pinea)의 씨는 그 또렷한 견과 향미 때문에 높은 평가를 받는다. 소나무가 열매를 맺을 수 있을 정도가 되려면 적어도 25년이 걸리며, 솔방울에서 그 씨를 충분히 얻을 수 있을 정도가 되려면 또다시 7년 정도를 기다려야 한다. 따라서 값이 비쌀 수밖에 없다.

이탈리아의 바질 소스이니 페스토에 없어서는 안 되는 재료로, 지중해 연안 나라들에서는 건포도와 시금치와 함께 조리하곤 한다. 샐러드나 야채 요리에 넣어도 환상적이다. 단일불포화지방산(우리 몸에 좋은 지방)이 풍부하고, 단백질 함량이 높은 대신 쉽게 산화하기 때문에 냉장고에 보관하는 것이 좋다. **LF**

마카다미아 Macadamia Nut

오스트레일리아 원주민들은 수천 년 동안 마카다미아를 먹어왔다. 오스트레일리아 원주민의 언어로 마카다미아 나무를 '킨달 킨달(kindal kindal)'이라 한다. 그러나 서양에서는 비교적 늦게야 마카다미아의 존재를 알게 되었다. 1857년 두 명의 식물학자가 퀸즐랜드에서 마카다미아 나무를 발견하고는 기록해 두었던 것이다. 페르디난트 폰 뮐러 남작이 이 나무를 자세히 묘사하였으며, 월터 힐 박사는 약사 존 매커덤의 이름을 따서 마카다미아라는 이름을 붙였다. 바위처럼 단단한 껍질을 깨뜨리는 것이 쉽지는 않았지만, 그 풍미는 곧 인정받게 되었으며, 소규모의 상용 재배가 시작되었다. 하와이에서 최초의 대규모 재배가 시작된 것은 1882년이었다. 오늘날 하와이는 전 세계 마카다미아 생산량의 90퍼센트를 차지하고 있다.

야생에서 그 열매를 먹을 수 있는 종은 두 가지(Macadamia integrifolia와 M. tetraphylla)이며, 농업적인 목적을 위해 다양한 이종 교배가 시도되었다. 마카다미아는 보통 그냥 날것으로 먹거나 소금만을 쳐서 먹지만, 비스킷, 케이크, 과자, 아이스크림으로도 만들 수 있다. 소량이기는 하지만 마카다미아 버터까지 생산되고 있다. **SC-S**

Taste: 잣은 날것 상태에서는 부드럽고 밀키한 질감에 달짝지근한 버터 향미가 난다. 기름을 넣지 않고 가볍게 볶으면 보다 두드러진 견과 향과 매력적인 향기, 그리고 바삭바삭한 질감을 얻을 수 있다.

Taste: 감미로운 향기에 버터 맛. 마카다미아는 소금만 살짝 뿌려서 그냥 날로 먹는 것이 가장 맛있다. 더 딱딱한 다른 견과류에 비하여 쉽게 부서지지 않을 뿐 아니라, 그와 동시에 만족스러운 아삭함이 있다.

어뢰처럼 생긴 지중해 소나무의 잣은 동양의 잣과 쉽게 구별할 수 있다. 동양의 잣은 모양이 보다 세모꼴에 가깝기 때문이다.

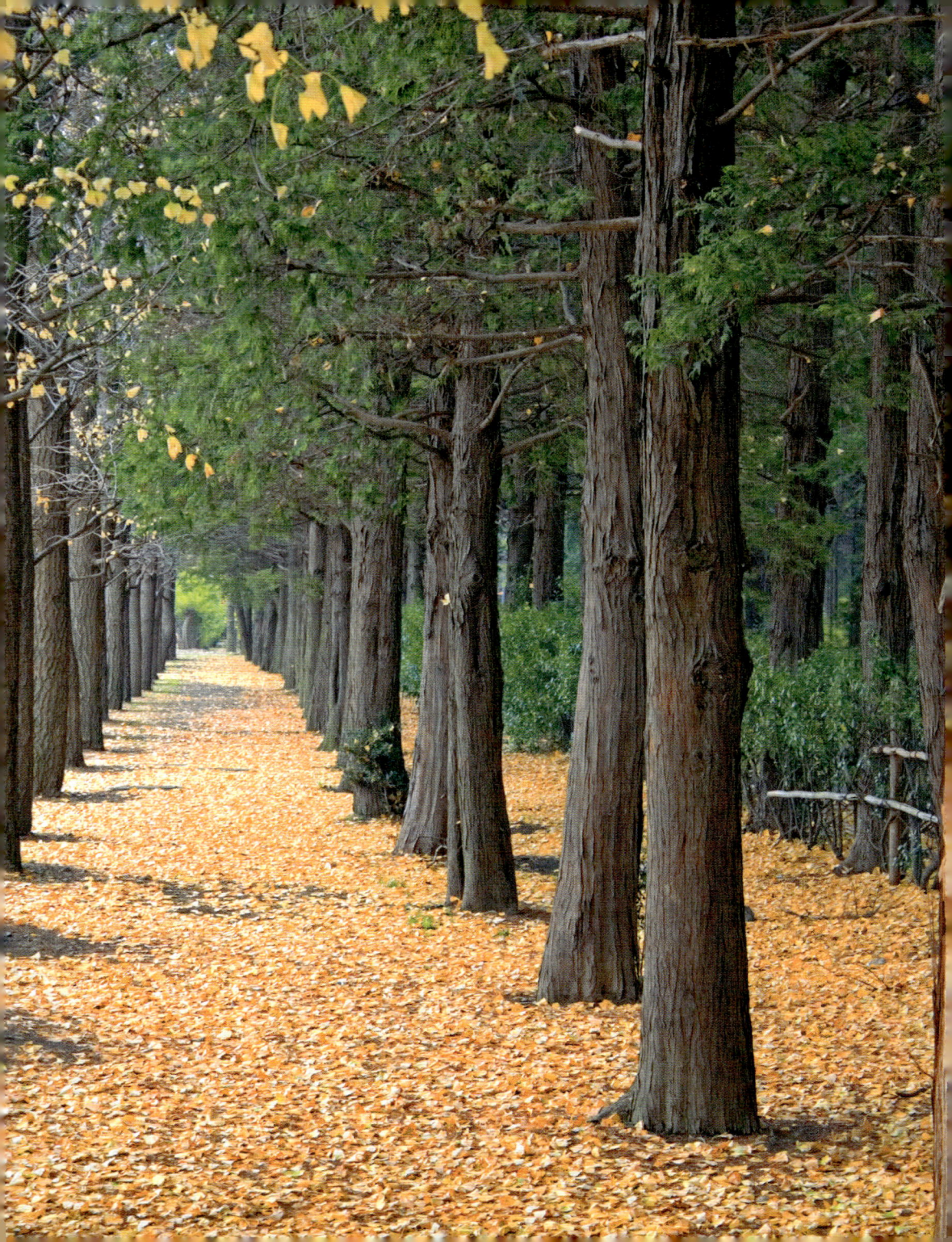

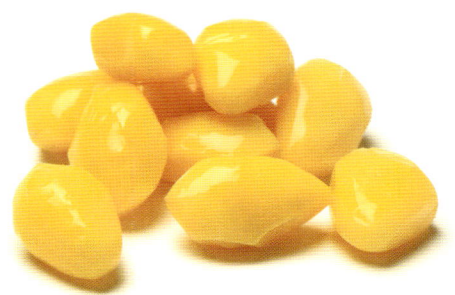

은행 Ginkgo Nut

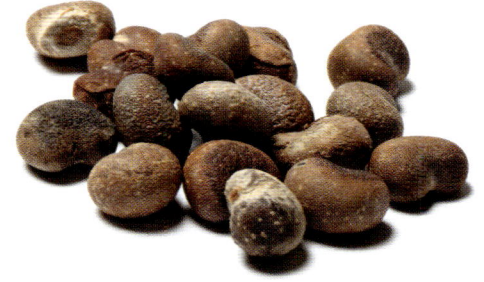

바오밥나무 씨 Baobab Seed

은행나무는 살아 있는 화석이라고 해도 좋다. 2억 년 전에도 지구상에 존재했던 몇 안 되는 생물 가운데 하나이다. 오늘날 가을이면 열리는 은행 열매—엄밀하게 말하자면 씨앗이다—는 중국 채식 요리에서 매우 중요한 의미를 지닌다.

    은행나무(Ginkgo biloba)는 암수가 따로 있으며, 수분(受粉)은 암나무에서 씨앗이 열리기 전에 이루어진다. 은행을 좋아하는 이들에게는 아쉽지만, 뒷마당에 은행나무를 심어 놓고 어마어마한 양의 열매를 얻으려고 생각하고 있다면 포기하는 것이 좋을 것이다. 씨앗을 둘러싸고 있는 부드러운 과육이 얼마나 냄새가 고약하고도 지독한지 아마 상상도 못할 것이다. 게다가 끈적거리기까지 한다.

    다행히 시장에 나오는 은행 열매들은 이미 다 세척한 것이다. 냄새가 나는 겉부분을 없애 버리고, 순수하고 깨물기 쉬운 베이지색의 껍질만을 남겨둔다. 아니, 때로는 이마저도 제거하기도 한다. 중국에서는 '루어한 차이'라는 유명한 야채 요리에 쓰인다. 일본에서는 부드러운 달걀 찜 요리인 차완무시(茶碗蒸し)에 다른 재료들과 함께 넣는다. **KKC**

거대한 바오밥나무(Adansonia digitata)는 아프리카와 오스트레일리아의 풍경에서도 가장 눈길을 끄는 실루엣을 자랑한다. 어마어마하게 굵은 줄기에서 마치 뿌리처럼 얼기설기 얽힌 가지들이 뻗어나와 마치 거꾸로 심어 놓은 것 같은 착각이 들 정도이다. 실제로 전설에 의하면 바오밥나무가 자신의 생김새에 대해 불평을 늘어놓자 신들이 나무를 뿌리째 뽑아 거꾸로 심어 놓았다고 한다.

    바오밥나무에 매달린 커다랗고 하얀 꽃이 떨어지면 그 자리에 길쭉하고 벨벳처럼 부드러운 꼬투리가 열린다. 그 안에는 가루처럼 고운 과육에 싸인 바오밥나무 씨가 들어 있다. 이 과육은 시트러스산과 타르타르산은 물론 비타민 C, 칼슘, 철분, 식이 섬유가 풍부하게 들어 있다. 짜릿한 맛이 나는 과육으로 상쾌한 수렴성 음료수를 만들면, 열과 설사에 좋다고 한다. 바오밥나무 열매 과육은 타르타르 크림 대용품으로 쓰일 수 있으며, 가루로 만들어서 소스를 걸쭉하게 만드는 데 사용되기도 한다. 또 씨앗을 갈아서 크리미한 버터를 만들거나 부드러운 포리지를 끓인다.

    바오밥나무는 생물들에게 안식처와, 먹이와, 물(바오밥나무의 줄기는 물을 잔뜩 머금고 있다)을 제공한다. '생명의 나무'로 불리는 것도 무리는 아니다. **HFi**

Taste: 은행 열매는 왁스 같고, 부드럽고, 살짝 쫄깃하다. 그 향미는 특히 오븐이나 그릴에 구우면 밤과 흡사하다. 통조림이나 껍질을 깐 은행이나 진공 포장된 것은 피하는 것이 좋다.

Taste: 딱딱한 갈색 껍질 안에 들어 있는 바오밥나무 씨앗은 가루가 보얀 과육에 싸여 있다. 과육은 약간 새콤하며 살짝 레몬맛이 난다. 바오밥나무 씨앗은 날로 먹어도 좋고, 볶아서 먹어도 좋다.

은행나무는 일본 구마모토 시의 공식 나무이다. 구마모토 시가를 걷다 보면 은행나무가 줄지어 선 큰길을 자주 만날 수 있다.

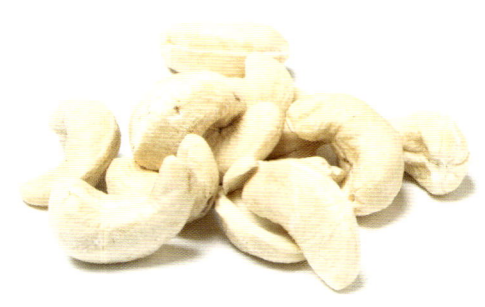

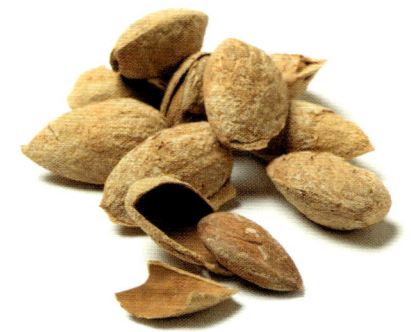

캐슈넛 Cashew Nut

볶아서 소금을 치면 캐슈넛은 세계에서 사람들이 가장 좋아하는 애피타이저가 된다. 섬세한 향미, 짜릿한 짭짤한 맛, 그리고 매끄러우면서도 자박자박한 질감의 조화가 환상적이다.

뿐만 아니라 쓸모도 많다. 브라질의 해안 지방이 원산인 캐슈 나무(Anacardium occidentale)는 처음에는 포르투갈 식민주의자들에 의해 아프리카로, 다시 아시아로 전해진 뒤 마침내 오스트랄레이시아에 닿았다. 그 꼬부라진 열매는 여러 나라—예를 들면 인도, 인도네시아, 중국, 베트남 등—음식에서 중요하게 쓰인다.

브라질에서 캐슈넛은 경이로울 정도로 다재다능하다. 신선한 캐슈로 달걀 흰자와 새우, 코코넛 등과 함께 프리지데이라 데 마투리(frigideira de mature)를 만든다. 또 바히아의 생선 스튜인 모케카(moqueca)에도 들어간다. 캐슈넛은 빵과 과자를 만드는 데에도 쓰인다. 갈거나 으깨서 아이스크림 그릇의 가장자리를 장식하기도 한다. 땅콩 버터와 비슷한 맛좋은 스프레드인 캐슈 버터도 있다. 중국 남부, 인도, 베트남에서는 루자크(rujak)라는 스파이시한 과일 샐러드에 넣는다. **AL**

마르코나 아몬드 Marcona Almond

마르코나 아몬드는 카탈루냐에서 무르시아에 이르는, 스페인의 지중해 연안 여러 주에서 널리 재배된다. 아마도 13세기에 무어인들에 의해 전래된 듯하지만, 널리 재배되기 시작한 것은 전 세계적으로 말린 과일과 파티세리에 대한 수요가 증가한 20세기에 들어서이다.

마르코나 아몬드 가운데서도 가장 높이 치는 것은 산악 지방인 알리칸테에서 수확한 것이다. 마르코나 아몬드는 짤막한 타원형으로 그 달콤한 향미와 높은 지방 함량으로 각광을 받는다. 스페인의 여러 전통 아몬드 과자들은 각각의 PDO 인증 기준에 따르고자 한다면 오직 마르코나 아몬드로만 만들어야 한다. 스페인에서 마르코나 아몬드는 투론 데 히호나(turrón de Jijona, 902쪽 참조) 같은 전통적인 크리스마스 별미를 만드는 데 널리 쓰인다. 중동의 할바(halva)처럼, 투론의 주 재료 역시 아몬드와 벌꿀이다.

아몬드 경작자들은 마르코나 아몬드의 껍질을 깨고 생 열매를 직접 먹어보아 그 품질을 가늠한다. 열을 가하면 그 정유(精油)가 일부 사라지는 수가 있기 때문이다. **RL**

Taste: 헤이즐넛과 피스타치오의 중간쯤 되는 향미의 볶은 캐슈는 여러 사람의 입맛을 사로잡는다. 초콜릿과 섞어 디저트나 트러플에 곁들여도 매력적이다.

Taste: 마르코나 아몬드에 올리브유를 뿌려 살짝 볶으면 달콤한 버터 향미가 두드러진다. 약간의 소금과 드라이 셰리를 곁들이면 환상적이다.

아몬드는 나무에 매달린 채로 익는다.
껍질이 터져서 속에 있는 열매가 보이면 수확한다. ➔

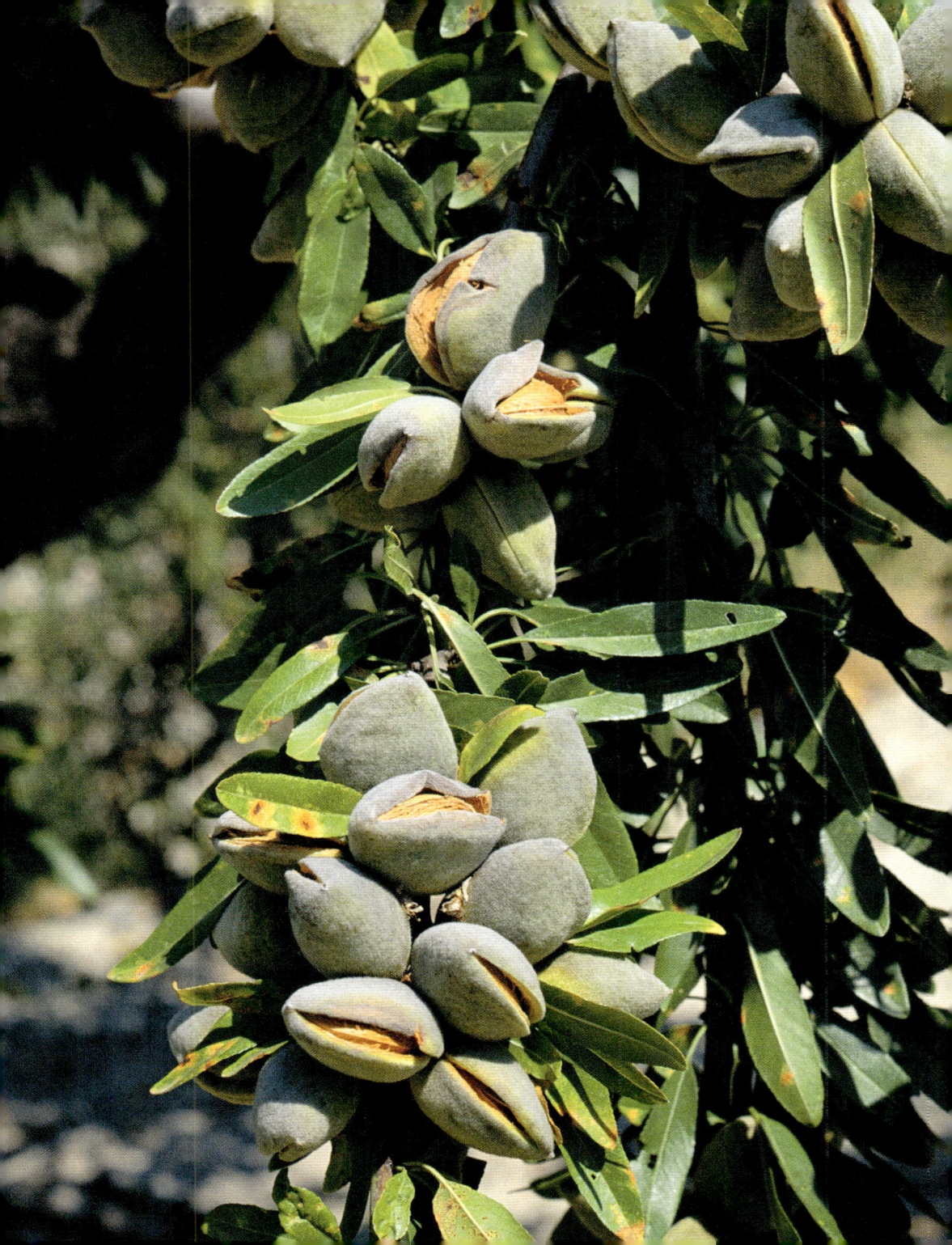

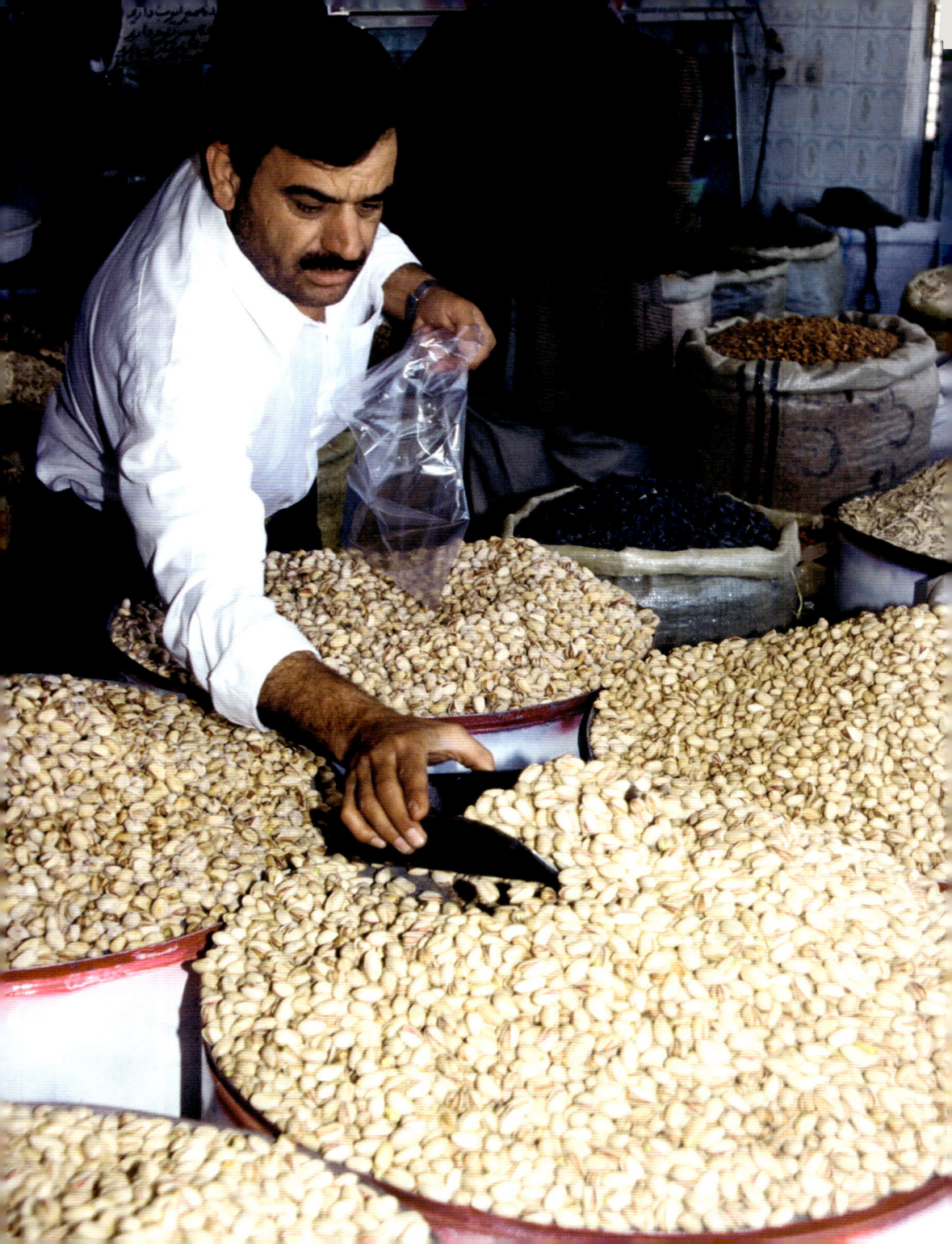

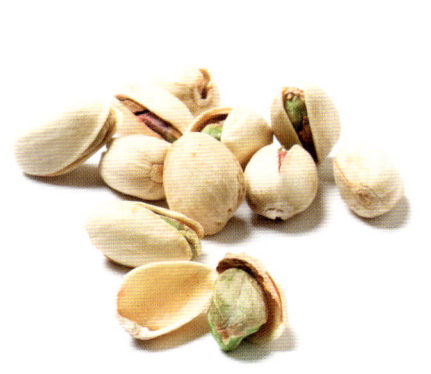

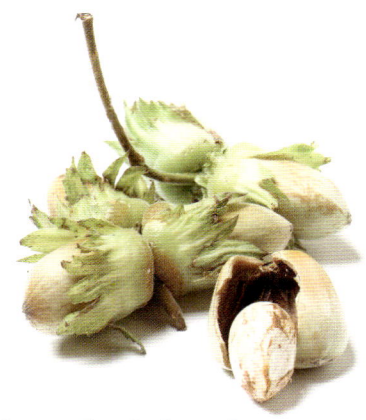

이란 피스타치오 Iranian Pistachio

먹으면 먹을수록 더욱 먹고 싶어지는 이 녹색의 견과는 이슬람 전설에 따르면 아담이 이 땅으로 가지고 내려왔다고 한다. 이란이 원산이며, 그 이름은 페르시아어인 '페스테(pesteh)'에서 유래하였다. 이란의 피스타치오는 세계 어느 곳의 피스타치오보다 더 크다. 페스테 캄(Pesteh khâm)은 일반적인 피스타치오를 가리키며, 페스테 쇼르(pesteh shoor)라고 하면 볶아서 소금을 뿌린 것이다.

피스타치오의 겉껍질은 딱딱하다. 속열매가 완전히 무르익으면 껍질이 벌어지기 시작한다. 이란에서는 이를 가리켜 피스타치오가 "소리내어 웃는다"고 한다. 껍질이 열리면서 빨간 내피에 싸인 속열매가 모습을 드러낸다. 내피의 색깔은 시간이 흐르면서 짙어지기 때문에, 내피가 빨갛다는 것은 속열매가 신선하다는 표시이다. 이란산 피스타치오는 연녹색으로, 아마 이 때문에 "피스타치오" 아이스크림의 인공적인 연녹색이 등장했을 것이다. 이란산 피스타치오의 빛깔은 노르스름한 캘리포니아 피스타치오와 완연히 다르지만, 터키산 피스타치오는 맛도 색깔도 이란산에 못지않다.

페르시아 고전 요리에서 생 피스타치오는 갈아서 계피, 그린 카르다몸, 사프론 등과 섞어 바스마티 라이스 요리에 맛을 낸다. **MR**

Taste: 신선한 피스타치오는 질감은 아몬드보다 덜 쉽게 깨지고 덜 촉촉하지만, 퍽 기름지다. 그 맛은 워낙 독특하며, 어떻게 조리하든 금방 알아챌 수 있다.

야생 그린 헤이즐넛 Wild Green Hazelnut

야생 헤이즐넛의 털이 보송보송한 꽃차례는 다른 관목 꽃보다 덜 현란하다. 봄이 되면 유럽과 북아메리카 주민들은 꽃이 핀 곳을 보고 8월과 9월에 어디서 헤이즐넛 열매를 찾아야 할지를 알 수 있다. 블랙베리나 엘더베리, 크랩애플과 로즈힙(들장미 열매)과는 달리 위치를 기억해두지 않으면 찾기가 어렵다. 잎 아래 깊숙이 열매가 숨어 있기 때문이다.

영어로는 때때로 필버트(filberts)라고 부르기도 하는데, 아마도 성 필리베르토의 축일인 8월 20일경에 수확철이 시작되기 때문일 것이다. 그린 헤이즐넛은 진정한 야생의 진미이다. 크기가 더 큰 재배종, 특히 켄티쉬 코브넛(Kentish cobnuts) 역시 덜 익은 녹색일 때 살 수 있지만, 직접 열매를 찾아내서 먹는 재미에 비할 바가 아니다.

19세기 잉글랜드에서는 성 십자가 현양 축일(9월 14일)이면 각 지방에서는 어린이들이 헤이즐넛 열매를 따러 갈 수 있도록 학교를 하루 쉬었다. 헤이즐나무(개암나무) 가지는 전통적으로 수맥 찾는 막대기로 쓰이며, 열매는 사랑점을 치는 데 사용되곤 했다. 헤이즐넛 열매를 따러 가는 이유는 되도록 신선한 열매를 먹기 위함이기 때문이다. 1주일만 지나도 그 쥬이시함은 사라지고 만다. **AMS**

Taste: 그린 헤이즐넛은 아삭아삭하고 밀키하고, 마치 풋콩처럼 달콤하지만, 살짝 짠 맛이 돈다. "견과 향"은 그리 많이 나지 않지만, 그래도 잘 익은 여느 견과만큼 맛있다.

피스타치오는 값이 비싸다. 다른 견과류에 비해 서너 배까지 나가기도 한다.

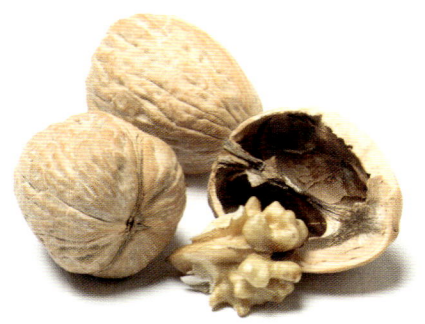

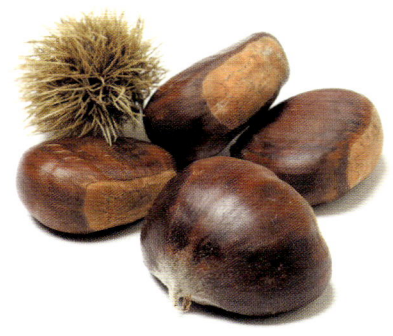

그르노블 호두 Grenoble Walnut

호두 이야기를 하자면, 프랑스 남동부 그르노블의 밀키하고 마법 같은 호두야말로 꽃 중의 꽃이다. 저 옛날 로마인들에 의해 처음 이 지방에 전래되었으며, 현재는 AOC 인증을 받고 있어 그 생산에 엄격한 기준이 적용된다.

호두는 인류가 가장 오랫동안 먹어온 나무 열매 가운데 하나이다―고고학자들은 화석이 된 약 8,000년 전의 호두 껍질을 발굴한 바 있다. 고대 로마인들과 그리스인들은 인간의 뇌와 너무나 흡사하게 생긴 호두에 무언가 특별한 성질이 있을 것이라고 생각했다. 그들은 호두가 두통을 치유해 준다고 믿었지만 이러한 이론을 뒷받침할만한 증거는 거의 없다. 그러나 호두는 그 높은 영양가 덕분에 오늘날 수퍼푸드로 각광을 받고 있다.

9월은 그 해의 호두 수확철이 다가왔음을 알린다. 막 나무에서 딴 신선한 호두는 의심할 나위가 없는 별미이다. 수확철의 한창 때가 되면 호두를 가마에서 건조시킨다. 그러면 껍질은 단단해지며, 속열매는 희미한 쓴맛이 나게 된다. 그러나 쓴맛이 너무 두드러지면 상한 것일 수 있다. 껍질을 깐 호두를 우유에 하룻밤쯤 담가두면 갓 땄을 때의 향미와 질감이 되돌아오기도 한다. **LF**

밤 Chestnut

역사 속에서 밤은 통조림으로 만들고, 설탕에 절이고, 말리고, 갈아서 가루로 만드는 등등 온갖 변형을 겪었지만, 그래도 밤을 가장 간단하고 맛있게 즐길 수 있는 방법은 구워서 바로 먹는 것이다. 뜨거운 군밤은 늦가을과 초겨울의 즐거움 중의 하나이다. 크리스마스 때까지 날씨가 추운 날이면 노점상들의 뜨거운 화로 속에서 갓 꺼낸 뜨끈끈끈한 군밤의 맛이란! 공기 중으로 흘러드는 그 기막힌 향미는 실제로 입에 넣고 씹는 것만큼이나 근사하다.

나무 위의 밤은 녹색의 가시투성이 밤송이 속에 들어 있다. 익으면 밤송이는 땅에 떨어지고, 이것을 까면 눈에 익은 갈색 껍질에 싸인 열매가 드러난다. 여기서 팁 하나! 만약 집에서 밤을 구우려고 한다면, 미리 칼집을 내어야 나중에 까기가 쉽다.

밤 가루는 먹어볼 만한 가치가 있는 계절의 별미다. 보관이 쉽지 않기 때문에 해마다 짧은 기간 동안에만 팔며, 보통 케이크, 파스타, 뇨키, 튀김, 반죽 등에 쓰인다. **LF**

Taste: 그르노블 호두는 가볍게 아삭한 질감을 지니고 있어 그리 힘들이지 않고도 씹을 수 있다. 부드럽고 즙이 많은 속열매는 달콤한 우유 향미와 마일드한 견과 맛이 난다.

Taste: 그 활기찬 갈색의 갑옷 안에 숨어 있는 밤은 부드럽고 살짝 분이 나며, 맛좋게 달콤하다. 구우면 풍성한 견과향과 옅은 꽃 향기를 끌어낼 수 있다.

전통적으로 밤은 특수하게 구멍을 뚫어놓은
냄비에 담아 불에서 굽는다. ➲

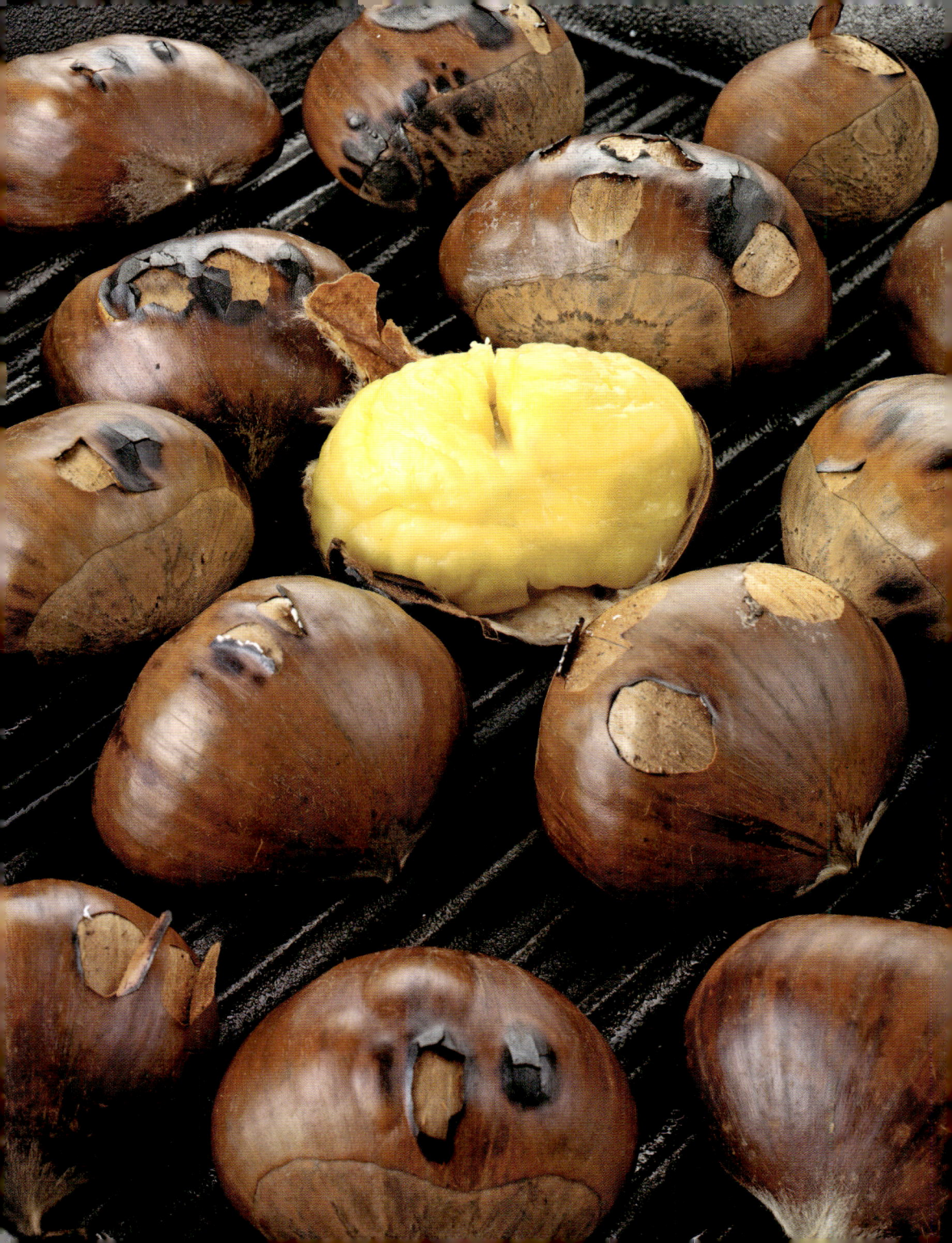

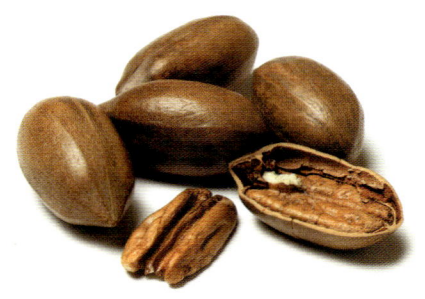

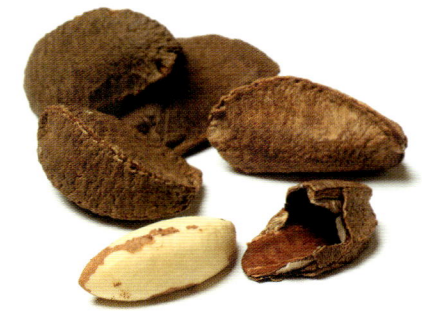

피칸 Pecan

피칸은 북아메리카 원주민인 알곤킨족 언어로 '파칸 (paccan)'에서 그 이름이 유래하였으며, 아메리카 원주민들은 수천 년 동안 피칸을 먹어왔다. 피칸은 최초의 유럽 정착민이 발을 딛기 오래 전에 이미 지금의 조지아 주에서 자생하였으며, 오늘날에도 조지아는 미국에서 피칸 생산량이 가장 많은 주이다. 피칸은—특히 겨울철에는—이 지역 식단에서 빼놓을 수 없는 식품으로, 그냥 손에 쥐고 먹거나 갈아서 스튜를 걸쭉하게 만드는 데 쓴다.

오늘날에는 1,000가지가 넘는 피칸 품종이 있다. 멕시코, 오스트레일리아, 남아프리카, 라틴 아메리카 일부 지역에서도 상용으로 재배하지만, 보통 피칸 하면 미국을 떠올린다. 피칸(Carya illinoinensis)은 미국 남부와 멕시코 북부를 아우르는 일부 지역이 원산지이다.

피칸은 생으로 먹을 수도 있고, 와플과 팬케이크 반죽에 섞을 수도 있으며, 피칸 버터를 만들거나, 칠면조, 닭, 오리에 속으로 넣을 수도 있다. 그러나 보통은 다양한 디저트에 쓰인다. 그 중에서도 가장 유명한 것은 아무래도 모든 미국인들이 사랑해 마지않는 피칸 파이일 것이다. 향신료로 맛을 낸 피칸은 종종 애피타이저로 내며, 미국 남동부에서는 결혼식 피로연의 뷔페 테이블에 설탕에 절인 피칸이 나온다. **SH**

브라질넛 Brazil Nut

브라질의 아마존 강 유역에 가면 '숲의 천장'이라는 그럴듯한 별명으로 불리는 어마어마한 나무를 볼 수 있다. 이 나무는 60미터까지 자라며, 줄기는 직경이 3미터가 넘는다. 그리고 그 열매—오리코(ourico)라 불린다—는 무게가 2킬로그램 가까이 나간다. 그 열매 안에는 마치 보석함에 들어 있는 보석처럼, 딱딱한 세모꼴 껍질에 싸인 스물네 개의 씨앗이 옹기종기 모여 있다. 바로 브라질넛(Bertholletia excelsa)이다.

브라질의 원주민들에게 브라질넛은 수백 년 동안 주요 식량이었지만, 바깥 세상에 그 중요성이 알려지게 된 것은 비교적 최근의 일이다. 브라질넛은 처녀 우림에서 땅에 떨어진 것을 수확한다. 사실 이 나무 자체가 처녀 우림이 아니면 자라지 못한다. 수분(受粉)을 하기 위해서는 특정한 난초와 벌떼를 필요로 하며, 아구티스(agoutis)라는 짐승이 그 열매에서 씨를 빼내 주어야 한다.

브라질넛은 셀레늄이 풍부하며, 디저트, 케이크, 아이스크림 등에 넣으면 매력적이다. 질 좋은 다크 초콜릿을 입히면 훌륭하다. 통째로, 또는 쪼개서 구워 먹어도 환상적이다. **AL**

Taste: 피칸은 자박자박 씹는 맛이 있지만 단단하지는 않다. 가볍고 순한 맛이 나며, 진한 버터 향미는 호두와 비슷하지만 호두의 쓴맛은 찾아볼 수 없다.

Taste: 브라질넛은 통째로 날로 먹는 것이 가장 맛있다. 기분 좋고 매끄럽고 아삭아삭한 질감을 지니고 있으며, 절제된 단맛과 부드러운 기름기가 일품이다.

브라질넛 나무는 아마존 열대우림의 타는 듯한 더위로부터 쾌적한 휴식처를 제공해준다. ➲

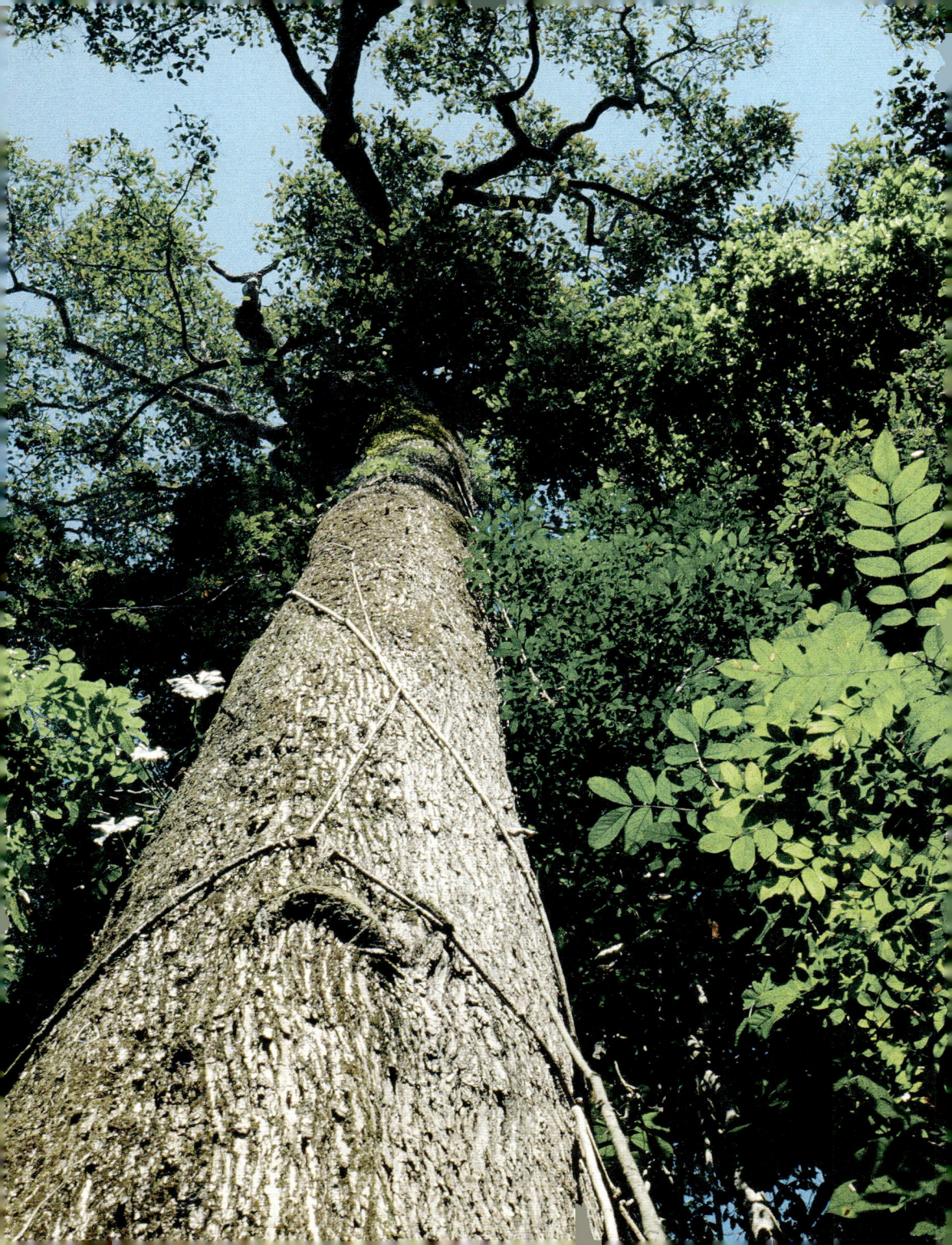

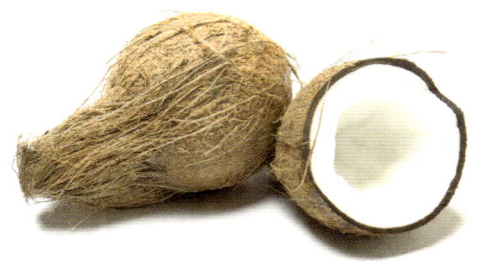

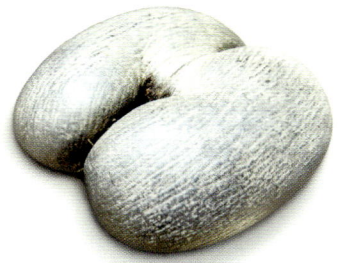

킹 코코넛 King Coconut

코코 드 메르 Coco de Mer

킹 코코넛(Cocos nucifera)은 원산지인 스리랑카에는 템벨리(thembili), 또는 웨와레(weware)로 불리며, 인도, 피지, 인도네시아, 말레이시아, 필리핀 등지로도 전래되어 자란다. 코코넛은 보통 길거리에서 파는데, 신선하고, 부드럽고, 어린 녹색 코코넛의 즙은 '쿠룸바(kurumba)'라고 하여 그 혹독한 더위와 싸우는 데 상쾌한 음료수가 되어준다. 코코넛 장수들이 코코넛 열매의 위쪽을 잘라주면 빨대를 꽂아 그 부드러운 코코넛 즙을 빨아 마시면 된다.

킹 코코넛은 부드럽고, 스폰지 같고, 짜릿한 열매를 반으로 쪼개 숟가락이나 껍질 조각으로 떠 먹는다. 코코넛 밀크─코코넛 과육을 갈아서 따뜻한 물과 섞은 것─를 커리에 넣기도 하고, 코코넛 과육은 갈아서 샐러드에 얹거나, 갈아서 빨간 칠리 고추와 라임과 섞어 가열해서 삼발을 만들 수도 있다. 또한 할라페(halapes)처럼 코코넛 과육과 정제하지 않은 설탕으로 달콤한 음식을 만들기도 한다. 키리 바트(kiri bath)는 코코넛 밀크의 크리미한 부분으로 만든 걸쭉한 라이스 푸딩이다. **CK**

115개의 섬으로 이루어진 세이셸의 단 두 군데 섬─프라슬린과 그 이웃하는 쿠리우스─에서만 자생하는 코코 드 메르는 잎이 부채꼴인 야자수의 일종이다. 그 열매는 세계에서 가장 큰 씨앗으로 무게가 22킬로그램이 나간다.

잘 익은 열매는 몸매가 훌륭한 여인의 아랫도리를 완벽하게 닮은 것으로 유명하다. 그러니 처음 이 열매가 바다에 둥둥 떠다니는 것을 발견한 선원들과 초기 탐험가들 사이에서 얼마나 말이 많았을지 쉽게 상상이 간다. 이것만으로 부족하다면, 암나무와 수나무가 모두 있어야 열매를 맺을 수 있다는 것도 기억해 두시길. 전설에 의하면 그 커다란 나무들이 스스로 뿌리째 땅에서 일어나 프라슬린의 출창한 발레 드 마이 계곡을 굴러내려가 짝짓기를 하기 위해 해변으로 간 적도 있다고.

이러다 보니 이 특이한 모양의 견과는 기념품으로 수요가 높을 수밖에 없고, 결국 세이셸 정부는 7천여 그루의 코코 드 메르를 엄격하게 관리하지 않을 수 없게 되었다. 세이셸 정부는 나무 한 그루 한 그루를 등록시키고, 암거래를 막기 위해 개인 식별 번호에 따라 열매를 공급한다. **WS**

Taste: 킹 코코넛의 즙은 매우 상쾌하고 달콤하고, 순한 향미를 지니고 있다. 코코넛 과육은 짜릿한 향미와 부드럽고 스폰지 같은 질감이다.

Taste: 속에 있는 밀키한 젤리는 숟가락으로 떠서 터키쉬 딜라이트와 비슷한 부드러운 푸딩처럼 먹는다. 과육은 살짝 박하 향이 나며, 미약 효과가 있다고 주장하는 이들도 있다.

코코 드 메르 나무에서는 어마어마한 열매는 물론 믿을 수 없을 정도로 큰 야자잎도 자란다. ❿

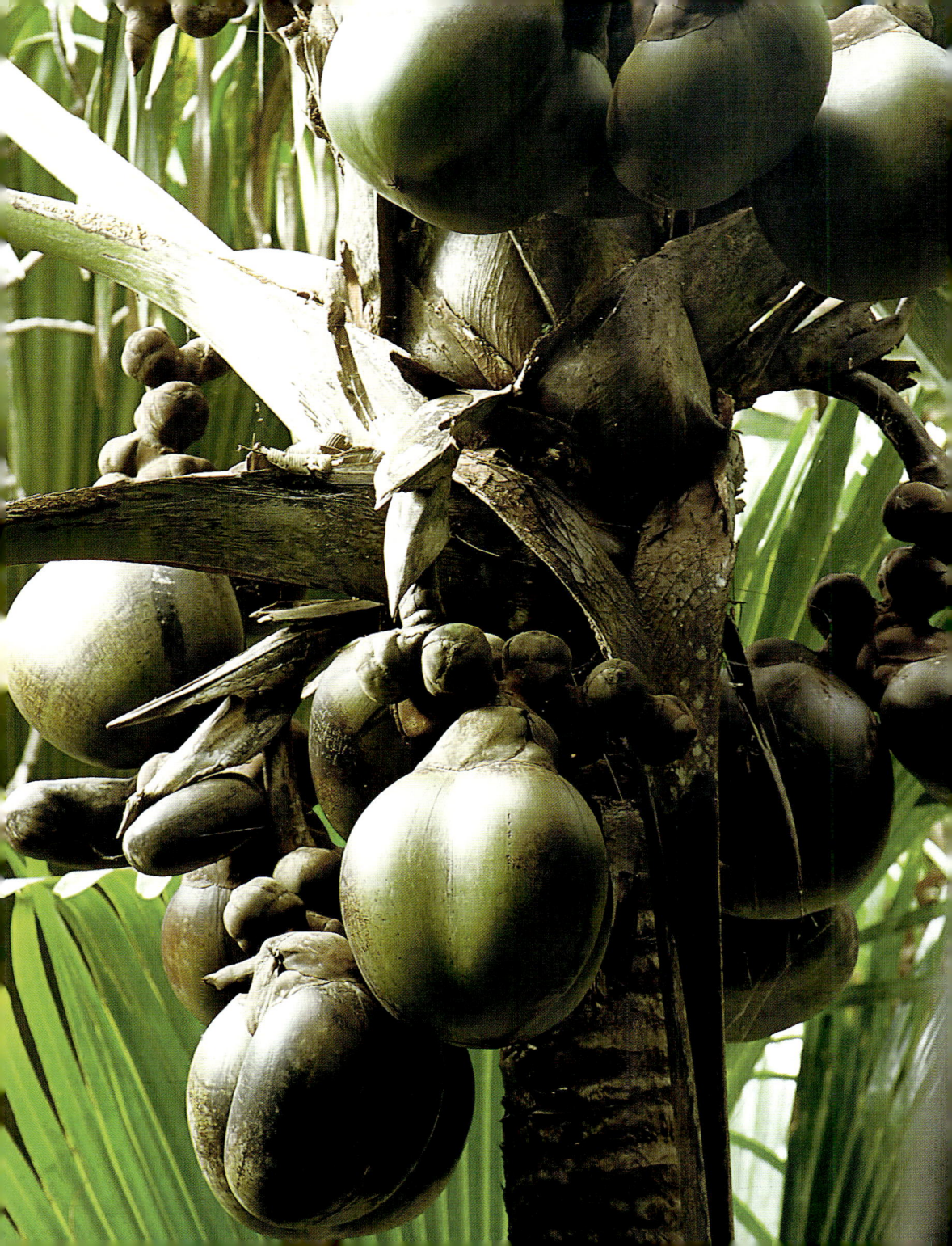

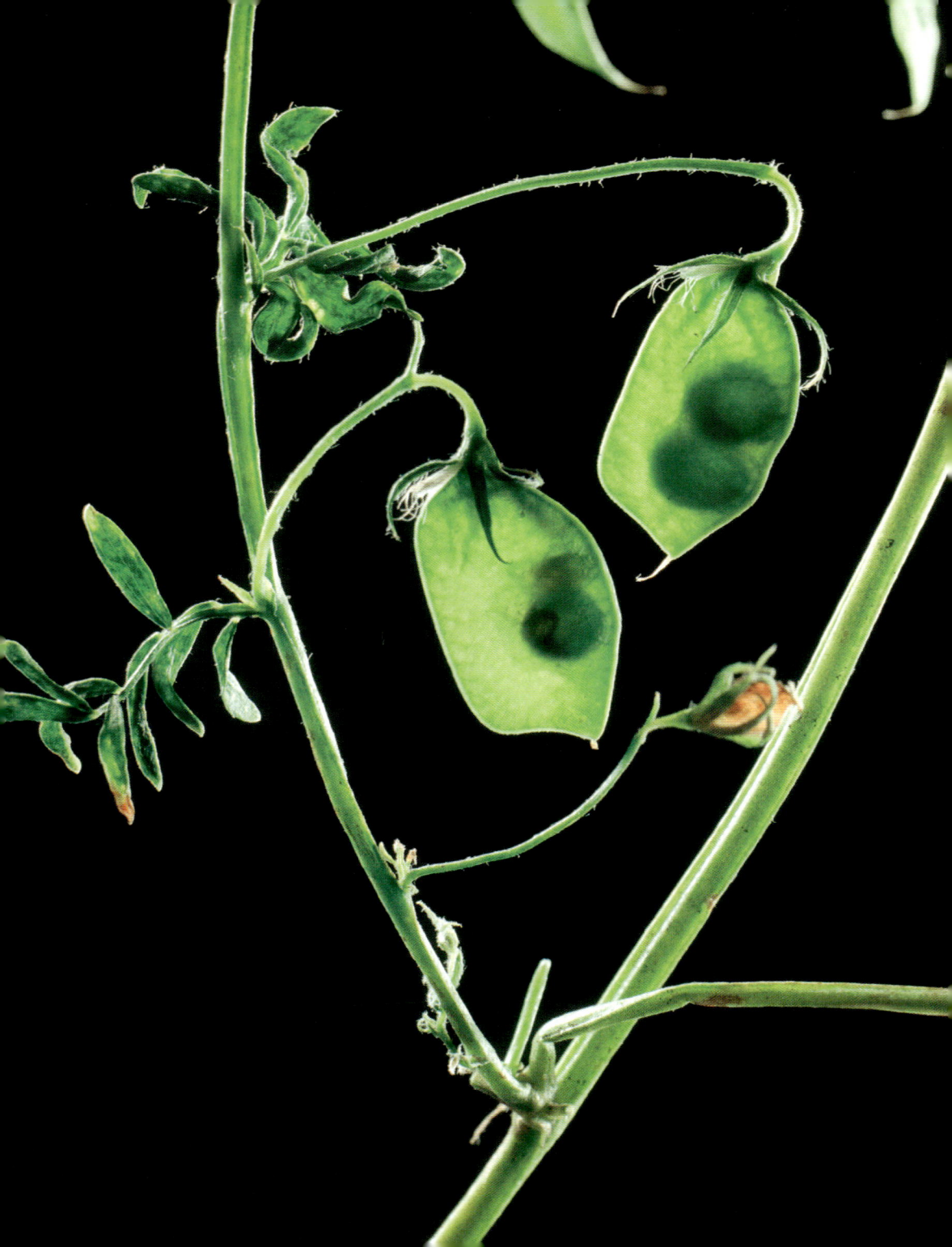

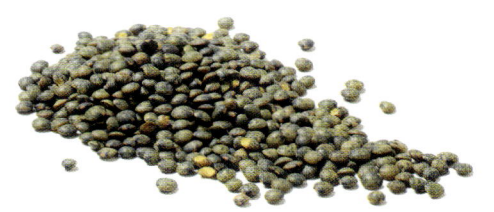
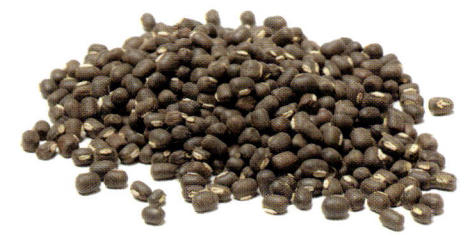

퓌 렌즈콩 Puy Lentil

퓌 렌즈콩(Lentilles Vertes du Puy)은 프랑스에서는 처음으로 AOC 인증을 받은 콩이다. 이 작은 녹색의 렌즈콩은 프랑스 중남부의 마시프상트랄 산중에 위치한 특정 지역에서 재배된다. 마시프상트랄 산맥은 르 퓌 앙블레 시를 둘러싸고 있으며, '푄 현상'이라 부르는 독특한 마이크로 기후의 영향을 받는다.

여름이면 남서쪽으로 뻗어 있는 산맥이 바람에 밀려온 구름의 형성을 방해한다. 그 결과 일조량이 많고 하늘은 맑으며, 기온은 유난히 높다. 이로 인해 스트레스를 받는 식물들은 결과적으로 수분을 내는 수밖에 없다. 따라서 작고, 단백질 함량이 낮은 씨앗(렌즈콩)이 열리며, 껍질도 유사종이 비하면 훨씬 얇다―생물학적인 측면에서 보면 퇴보이지만, 미각적인 측면에서 보면 진화이다. 조리하면 이 렌즈콩은 더 빨리 부드러워지고 대부분의 다른 품종보다 달콤하고 녹말이 적다.

스타 셰프들은 장식용으로 사용하기도 하지만 퓌 렌즈콩은 간단한 시골 음식에 넣어 먹는 것이 가장 맛있다. 양파, 마늘, 허브, 그리고 이 지역에서 만든 소금에 절인 방트레쉬(ventrèche) 베이컨과 함께 조리하거나 머스터드로 맛을 낸 비니그레트 소스를 곁들인 렌즈콩 샐러드(salade de lentilles)를 만든다. **MR**

Taste: 제대로 요리하면 딱딱해서도 안 되고, 모래 씹는 질감이 나도 안 되며, 질퍽하거나 푸슬푸슬해도 안 된다. 함께 조리하는 다른 재료의 맛과 잘 섞이는 향긋하고 옅은 단맛이 난다.

프랑스의 르 퓌 앙블레에서 재배하는 납작하고 섬세한 콩깍지. 갈리아인들에 의해 처음 전해졌다.

우르드 Urd

이 작고, 타원형에, 영양가가 풍부한 콩은 인도에서 가장 높이 치는 콩 가운데 하나이다. 우라드, 블랙 그램, 우리드 콩, 마트페 콩 등으로도 불리는 우르드는 고대 이래 줄곧 재배되었으며, 녹두와 생물학적으로 가깝다고 한다. 털이 북실북실한 한해살이 덩굴 허브의 씨로, 날렵한 원통형 꼬투리 안에 열린다. 남아시아가 원산으로, 오늘날에는 주로 인도인 이민들에 의해 전래되어 세계의 다른 열대 지역에서도 재배되고 있다.

우르드는 펀자브 지방에서는 마안(maanh)이라 부르며, 없어서는 안 되는 주요 식량이다. 이 지방에서는 색깔과 질감의 대비를 위해 붉은 강낭콩과 함께 조리하여 먹는다. 인도 북부의 회교도들은 통째로 익혀 먹는다. 남부에서는 껍질을 벗겨 갈아서 그 가루로 웨이퍼와 비슷한 도사(dosas), 바삭바삭한 파파드(papads), 그리고 찐 이들리스(idlis)를 만들어 먹는다. 꼬투리를 벗기고 쪼개서 우라드 달을 만들어 먹는 광경은 인도 전역에서 볼 수 있다.

자연적으로 지방 함량이 낮고 단백질 함량은 높으며, 섬유질이 풍부한 우르드는 밋밋한 검은 내피가 크림빛 노란색의 콩알을 감추고 있다. 껍질을 벗기지 않은 상태에서는 '검은 렌즈콩'으로 팔리지만, 쪼개서 껍질을 벗기면 '하얀 렌즈콩'으로 이름이 바뀐다. **WS**

Taste: 녹두나 다른 렌즈콩, 스플릿피(수프용으로 껍질을 벗겨 말린 완두콩) 종류보다 젤라틴질이 훨씬 많은 우르드는 편안하게 크리미한 질감과 풍성한 흙 향미를 지니고 있다.

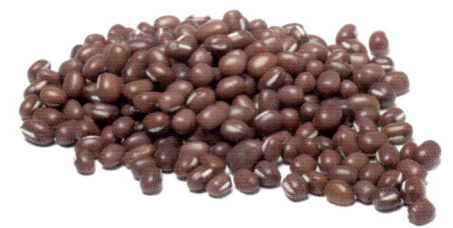

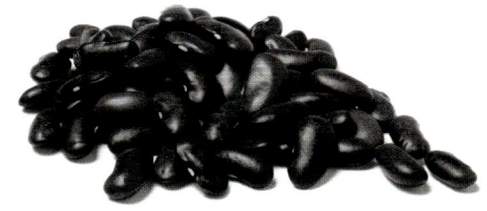

팥
Azuki Bean

이 자그마한 타원형의 콩은 다른 나라에서도 널리 먹지만, 특히 일본, 중국, 한국에서 인기가 높다. 보통 윤기가 도는 짙은 루비빛 갈색으로 한쪽으로 특유의 하얀 줄이 가 있다. 녹색, 검정-주황색, 밀짚색, 얼룩덜룩한 것까지 다양한 색깔이 있다.

서양에서 팥은 야채로 먹거나 샐러드, 수프, 스튜 등의 짭짤한 음식에 넣어 먹지만, 아시아에서는 달콤한 레시피에 더 자주 등장한다. 밥을 지을 때 통째로 함께 넣거나, 설탕을 섞어 단팥을 만든다. 팥은 익혀도 그 빛깔을 그대로 간직하고 있으며, 밥을 매력적인 보랏빛이 도는 분홍색으로 물들인다. 중국인들은 팥에 코코넛 밀크를 부어 먹으며, 일본에서는 생일이나 결혼식 때 팥밥을 올린다. 또 정월에는 단팥을 넣은 떡을 먹으며, 한천으로 굳혀서 인기있는 생과자인 요캉(양갱 羊羹)을 만들기도 한다.

팥을 조리하려면 냄비에 물을 붓고 두어 시간쯤 보글보글 끓인다. 그러나 미리 불려 두었다면 45분만으로도 충분하다. **WS**

톨로사 콩
Tolosa Bean

바스크 지방의 오리아 강둑을 따라 펼쳐져 있는 들판에서 자라는 톨로사 콩(alubias de Tolosa)은 작고 둥글며, 시골 마을 톨로사의 장터에서 팔린다.

톨로사 콩은 그 멋진 까만 껍질로 유명하다. 색은 깊은 블랙베리 빛깔부터 매트한 블랙까지 다양하며, 조그만 흰 반점이 나 있다. 톨로사 콩의 기원에 대해서는 여러 가지 설이 있지만, 16세기에 아메리카에서 스페인으로 전래되었다는 주장이 설득력이 있어 보인다. 톨로사 콩은 옥수수과 식물의 뿌리 근처에 심는데, 중앙 아메리카에서는 아직도 이런 방식으로 경작하기 때문이다.

톨로사 근교의 마이크로 기후는 톨로사 콩을 재배하기에 이상적인 조건이다. 톨로사 콩은 손이 무척 많이 가는 작물이다. 손으로 심어서, 덩굴에서 콩깍지가 익으면 하나하나 손으로 따낸다. 이렇게 해야만 높은 품질을 유지할 수 있기 때문이다. 고전적인 바스크 스튜인 알루비아스 아 라 톨로사나(alubias a la Tolosana)에서는 우선 흙으로 빚은 단지에 콩을 넣고 양파 따위와 함께 물에 삶는다. 여기에 흔히 초리조, 양배추, 모르칠라(블랙 푸딩)가 더해진다. 녹색 고추 피클(guindillas de Ibarra)과 함께 내는, 향미가 가득한 요리이다. **RL**

Taste: 단단하고 속이 꽉 찬 팥은 다른 콩류에 비해 달콤하고 분이 덜 난다. 이 단맛 덕분에 아시아에서는 다양한 디저트, 케이크, 과자류에 들어간다.

Taste: 통통한 톨로사 콩은 진하고 순수한 콩맛을 지닌 그 속살의 크리미한 향미를 높이 친다. 조리하기 전에 미리 물에 불려 두어야 한다.

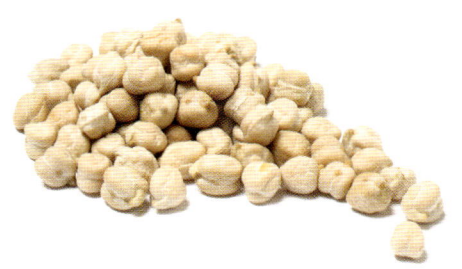

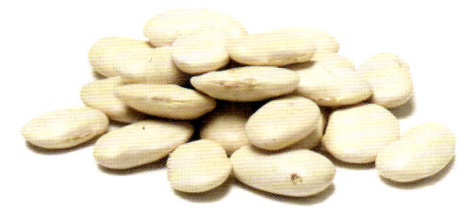

가르반소스 페드로시야노
Garbanzos Pedrosillano

가르반소스 페드로시야노는 병아리콩의 왕국에서 조그만 꼬맹이와 같다. 가르반소스는 스페인어로 병아리콩을 의미하고, 페드르시야노는 '작은 녀석'이라는 뜻이다. 병아리콩 품종 가운데 가장 높이 치는 것 가운데 하나로, 스페인 북서부 카스티야—레온 지방에서 재배한다.

인류는 수천 년 동안 병아리콩을 키워 먹었다. 병아리콩은 메소포타미아의 비옥한 평원에서 경작한 최초의 작물 가운데 하나였다. 카르타고인들은 북아프리카에서 스페인으로 병아리콩을 전해주었다. 병아리콩은 스페인, 특히 카스티야에서 스튜(스페인어로 cocidos)에 들어가는 가장 중요한 재료가 되었다. 얼마 전까지만 해도 병아리콩은 일반적인 카스티야 가정에서 매일 식탁에 올라오는 음식이었다.

원기왕성한 스튜와는 원래 환상의 콤비지만, 향미가 풍부한 생선 요리나 질 좋은 엑스트라 버진 올리브유와도 잘 어울린다. 가르반소스 페드로시야노는 살충제나 보존제를 접해서는 안 되며, 카스티야 주민들은 유리병이나 종이 봉투에 보관해야 한다고 주장한다. 껍질을 벗기지 않은 마늘과 가까이에 두면 벌레를 물리치기에 그 이상 좋은 방법이 없다! **LF**

파솔리아 기간데스
Fasolia Gigandes

파솔리아 기간데스 또는 파솔리아 기간테스(fasolia gigantes)는 콩 세계에서는 거물에 속한다. 맛 드한 기가 막히다. 건조시ㄱ면 크리미한 흰색으로 꽤 납작하며, 그리스와 스페인 음식에 주로 등장한다. 이 콩은 지중해의 온화한 기후에서 꽃피기 전에는 남아메리카 원산이었던 것으로 추정된다.

최고의 기간데스는 그리스 북부의 프레스파—플로리나 지방에서 자란다. 진한 토마토 소스와 함끼 익힌 원기왕성한 요리, 기간데스 플라키(gigandes plaki)는 전통적인 메즈의 일부로 인기가 높다. 그리스는 너무 멀고, 근처에 괜찮은 그리스 레스토랑도 없다면, 말린 파솔리아 기간데스는 쉽게 구할 수 있을 것이다. 간단하게 하룻밤 정도 물에 담가 두었다가 한 시간 정도 물렁해질 때까지 익힌다. 다 익으면 질 좋은 엑스트라 버진 올리브유를 넉넉히 두르그, 레몬, 소금 약간, 그리고 마늘 조금, 신선한 파슬리 한 움큼을 뿌려준다. 결과는? 천국이 접시 위에 펼쳐진다. **LF**

Taste: 부드러운 껍질 다음으로 매끄럽고 섬세한 질감이 따라온다. 향미는 살짝 달짝지근하고, 희미하게 우유와 견과 향이 난다. 조리하기 전에 항상 하룻밤쯤 물에 불려 두어야 한다.

Taste: 속은 크리미하고 우아하게 나긋나긋하다. 먹는 사람을 즐겁게 하는 달콤한 버터 향미를 지니고 있지만, 짜릿한 기름이나 원기왕성한 소스와도 잘 어울린다.

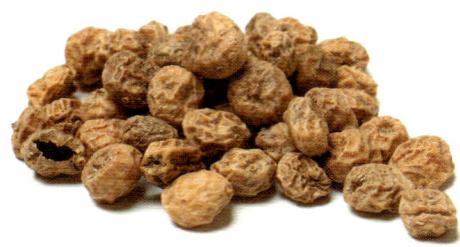

기름골 Tiger Nut

기름골(Cyperus esculentus)은 견과류처럼 생겼지만, 사실은 작은 덩이뿌리이다. 언뜻 보기에는 쭈그러진 땅콩과 흡사하다. 스페인에서는 보통 추파(chufa)라고 부르며, 스페인에서 가장 유명한 음료 가운데 하나인 오르차타 데 추파(horchata de chufa)에 없어서는 안 될 재료이다. 오르차타 데 추파는 추파를 갈아서 물과 설탕에 섞어서 종종 계피와 레몬으로 장식하는 상쾌한 여름 음료이다.

이 식물은 고대 이래 재배되어 온 것으로 알려져 있는데, 실제로 이집트의 초기 무덤에서 그 증거가 발견되었다. 무어인들에 의해 스페인으로 전해졌으며, 스페인에서도 발렌시아가 특히 이상적인 생장 환경을 갖춘 것으로 판명되었다.

기름골은 일단 수확하고 나면 덩이뿌리를 여러 달에 걸쳐 말린 뒤 몇 년간 보관한다. 한동안 물에 불리면 다시 말랑말랑해지며, 은근한 단맛이 배어나오는데, 말린 견과처럼 두드러지지는 않는다. **LF**

Taste: 겉은 쫄깃하고, 속은 부드럽고 밀키한 기름골은 어린 헤이즐넛에 아몬드와 코코넛 향이 살짝 난다고 비유할 수 있을 만한 섬세한 향미를 자랑한다.

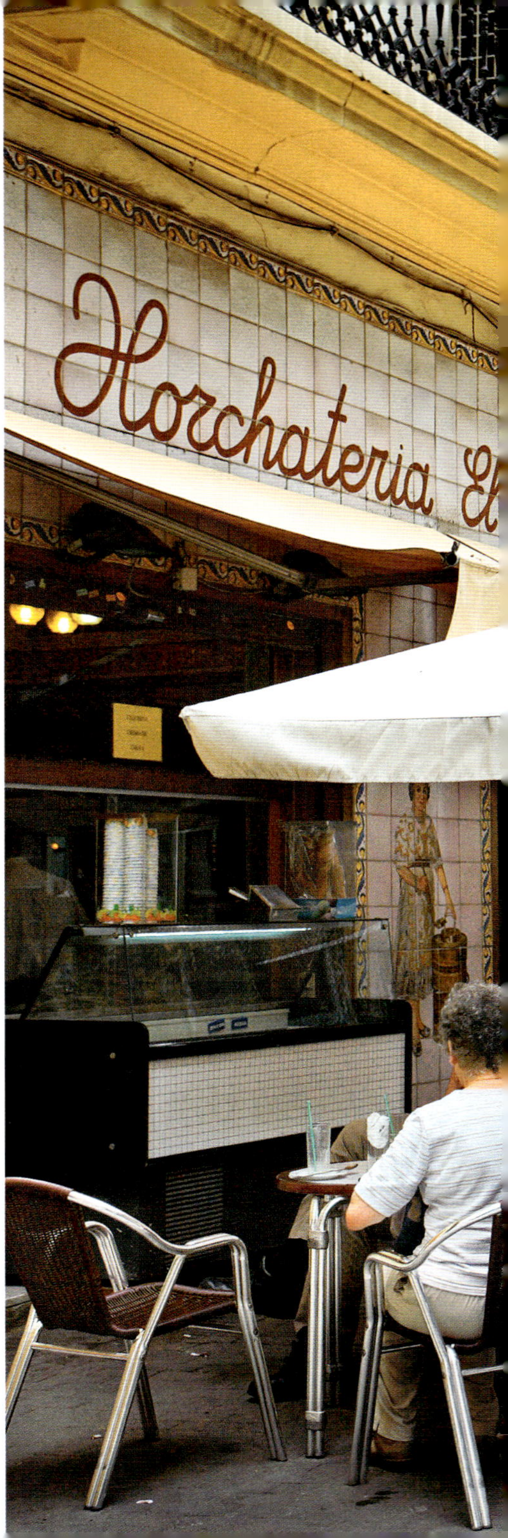

오르차타 데 추파를 파는
스페인의 카페들. ➡

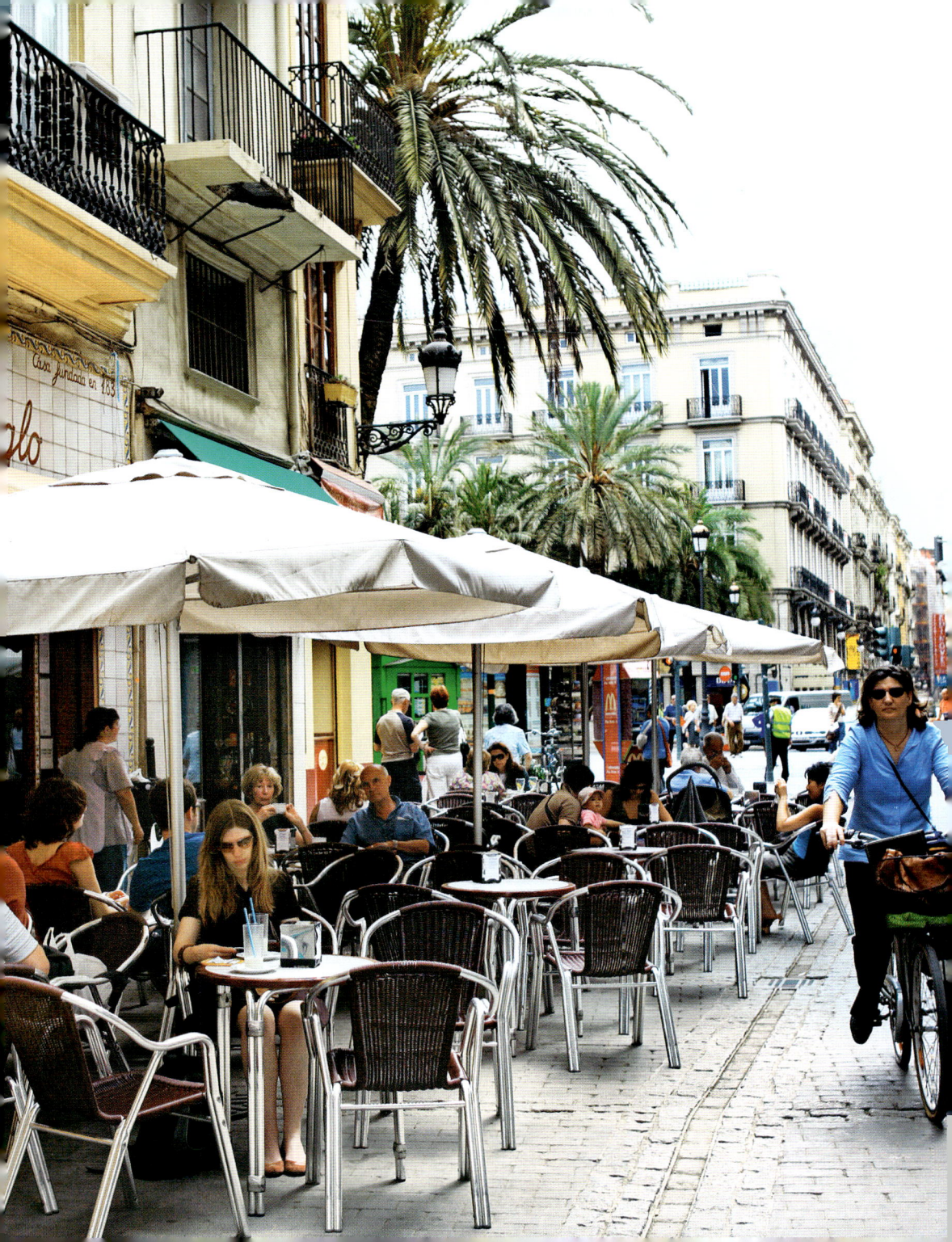

바스마티 라이스
Basmati Rice

벼의 한 품종인 바스마티 라이스는 그 이름이 모든 것을 말해준다—바스-마티(bas-mati)는 '향긋한 것'이라는 뜻이다. 눈이 쌓인 히말라야 산기슭, 인도 북부의 갠지스 강 유역의 침적토와 그 아래의 파키스탄에서 자생하는 이 쌀은 '신들의 곡식'으로 불린다. 사실 인도와 파키스탄은 이 지역만이 수천 년의 세월 동안 인도 대륙의 경전과 기록물 속에서 불멸의 지위를 얻은 그 비할데 없는 향기와 풍미를 만들어낼 수 있는 독특한 테루아라고 주장하고 있다.

이 섬세하고 길쭉한 쌀은 미국과 오스트레일리아에서 유전자 이식으로 개발한 모방 품종과 잡종들의 공세와 싸워왔으며, 특별한 식사에는 빠지지 않는 메뉴가 되었다. 특히 9월부터 12월 사이의 추수철이 인도 북부의 축제 기간과 겹치기 때문에 더욱 그렇다. 풀라오나 양고기 비르야니(biryani, 쌀과 스파이스, 고기 또는 야채로 만든 남아시아의 쌀 요리. 인도, 파키스탄, 방글라데시에서 널리 먹는다) 같은 축하 음식에는 언제나 새하얀 바스마티가 따라온다. 그 향긋한 꽃내음이 야채, 고기, 스파이스의 매력을 한껏 돋보이게 해주기 때문이다. 그러나 바스마티 라이스는 와인처럼 적어도 12~18개월은 묵혔다 먹는 것이 가장 좋다. **RD**

Taste: 바스마티의 낱알은 길이가 최소한 6밀리미터가 되며, 익히면 그 두 배로 불어나지만 끈끈해지지는 않는다. 크리미한 견과의 향미를 지니고 있다.

재스민 라이스
Jasmine Rice

재스민 라이스, 또는 '프래그런트 라이스(fragrant rice, '향긋한 쌀'이라는 뜻)'라는 이름으로 수출되는 이 쌀은 원산지인 태국에서는 타이 홈 말리(Thai hom mali) 또는 카오 둑 말리(khao dawk mali)라고 부른다. 길쭉한 쌀의 특정 품종으로 약 60년 전 방콕 근교의 중앙 평원에서 처음 재배하였다. 그러나 오늘날에는 주로 태국 북동부의 이산 지방에서 재배한다. 수확하자마자 햅쌀로 먹든, 연말에 가까워서 먹든, 재스민 라이스는 두 가지 개성을 보여준다. 우선 길쭉한 쌀은 부드럽기는 하지만 끈끈하지는 않다. 쌀을 찌거나 밥을 지으면 낱알끼리 좀 달라붙기는 하지만 끈적해지지는 않는다. 시간이 지나면 재스민 라이스는 바스마티 라이스와 비슷해진다—더 메마르고 쫄깃해진다.

태국 사람들은 재스민 라이스를 점성이 더 강한 다른 쌀, 특히 글루틴이 많아 디저트를 만들 때 주로 쓰는 '스네이크 팽(snake fang)'과 구별하기 위해 '카오 수아이(khao suai)', 즉 아름다운 쌀이라고 한다. 타이 홈 말리는 유기농법으로 경작하여 고유한 국가 품질 보증 마크가 달려 있다. 미국에서는 효과적인 경쟁 상품인 "타이" 자스마티 라이스를 재배하고 있지만, 원조 재스민 라이스의 은근한 묘미는 기대할 수 없다. **MR**

Taste: 햅쌀은 재스민 꽃을 연상시키는 향기가 더욱 풍부하다. 묵은 쌀은 익히면 더 잘 부스러지며, 타이의 인기있는 볶음밥 요리인 카오 팟(khao pad)에 잘 어울린다.

카르나롤리 라이스
Carnaroli Rice

카르나롤리 라이스는 벼과에 속하는 일본쌀(우리나라에서 먹는 쌀)의 일종이다. 주로 이탈리아 북부의 롬바르디아 지방에서 재배하며, 전형적인 리조토용 쌀이다. 이탈리아에서 재배하는 리조토용 쌀에는 세 등급이 있다. 가장 작은 세미피노(semifino), 중간치인 피노(fino), 그리고 가장 큰 수퍼피노(superfine)이다. 카르나롤리는 수퍼피노로 분류된다.

리조토용 쌀에는 두 가지 서로 다른 녹말 성분이 들어 있다. 겉을 싸고 있는 아밀로펙틴은 부드러운 녹말로 조리하는 동안 부풀어오른 다음 어느 정도까지는 분해된다. 속에 있는 아밀라제는 더 단단한 녹말로, 조리해도 분해되지 않으며, 쌀이 됨직하게 유지되도록 해준다. 이 두 가지 녹말이 이루는 균형은 쌀의 품종마다 다르다. 카르나롤리는 아밀로펙틴 함량이 많기 때문에 아르보리오나 비알로네 나노 같은 품종보다 수분을 더 많이 흡수하며, 환상적으로 크리미한 리조토를 만들 수 있다.

원래는 아시아가 원산이지만 정확하게 어떤 경로로 이탈리아로 전해졌는지는 정확하지 않다. 그러나 베네치아나 제노바의 상인들이 극동에서 돌아오는 무역선에 실어왔을 거라는 사실은 쉽게 추측할 수 있다. **LF**

칼라스파라 봄바 라이스
Calasparra Bomba Rice

쌀과 스페인을 함께 생각해보라. 그리고 바로 뒤이어서 발렌시아와 파에야를 떠올려보라. 물론 스페인의 벼논이 대부분 발렌시아, 또는 더 남쪽의 알리칸테 근교의 소택지에 펼쳐져 있는 것은 사실이다. 그러나 최고의 쌀은 내륙의 구릉지대인 무르시아 지방의 작은 마을 칼라스파라 인근에서 생산된다.

쌀이 처음 스페인에 전래된 것은 8세기에 무어인들에 의해서였다. 17세기 이래 칼라스파라 주변에서는 벼를 재배하기 시작했으며, 쌀과 토끼고기, 그리고 달팽이를 팬에서 익힌 이 지역 특산 요리도 아마 이 무렵에 처음 선보였을 것이다. 오늘날 이 지역은 스페인 음식에 가장 잘 어울리는 쌀—통통하고 국물과 양념의 향미를 멋지게 흡수하는—을 생산해낸다.

칼라스파라 봄바(DOP)는 현재 칼라스파라에서 경작하는 쌀 가운데 가장 낱알이 작은 품종이다. 이곳에서 재배하는 또다른 쌀로는 발리야스 솔라나(Balillax Sollana, DOP)가 있다. 녹말로 꽉 차 있는 이 쌀은 조리해도 그 형태와 질감을 그대로 유지한다. 살충제를 사용하지 않고, 병해에 자연적으로 저항하는 전통적인 윤작 방식으로 농사를 짓는다. **MR**

Taste: 리조토로 만들면 카르나롤리의 녹말 비율은 환상적인 크리미함과 약간의 씹는 맛을 만들어낸다. 사프란과 갑각류를 곁들이면 완벽하다.

Taste: 칼라스파라 봄바는 우유에 오랫동안 끓이지 않는 한 낱알이 서로 뭉치거나 달라붙지 않기 때문에 파에야를 만들기에 이상적이다.

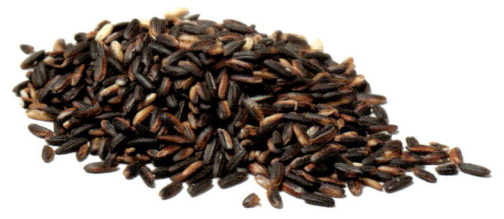

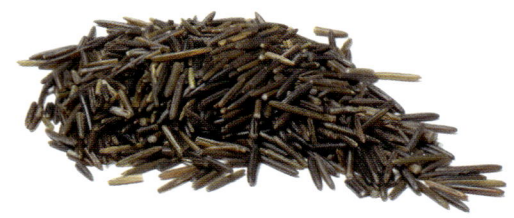

흑미 Purple Rice

흑미는 태국이 원산으로, 쌀 세계의 롤스로이스라 할 수 있다. 조리하지 않았을 때에는 마치 불에 그슬린 갈색 쌀처럼 보인다. 그러나 일단 익히고 나면 색깔이 스며나오면서 낱알 전체가 물들며, 함께 조리하는 음식에 그 독특한 인디고 빛깔을 선사한다.

흑미는 글루텐은 함유하고 있지 않지만, 두 종류의 녹말, 즉 아밀라제와 아밀로펙틴이 들어 있다. 아밀로펙틴 함량이 높을수록 곡물은 익혔을 때 끈적해진다.

흑미는 보통 동남아시아에서 축제일에 푸딩으로 만들어서 많이 먹는다. 몇 시간, 혹은 밤새 물에 불려 두어야 조리 시간을 단축할 수 있다. 45분쯤 쪄낸다.(밥을 하는 것이 아니다.) 색깔이 흘러나오면서 대나무로 만든 찜통의 안이 (그리고 요리사의 손까지) 선명한 보랏빛 검은색으로 온통 물들어버린다. 씻어도 지워지지는 않지만 금방 없어지니까 걱정할 필요는 없다. **WS**

와일드라이스 Wild Rice

와일드라이스(Zizania aquatica)는 사실 쌀이 아니고, 북아메리카가 원산인 수초이다. 선사 시대부터 인류가 먹어왔으며, 북아메리카 원주민들에게는 중요한 식량자원이었다. 아메리카 원주민들은 와일드 라이스를 '마노민(manomin)', 즉 '좋은 열매'라고 불렀다. 영어로는 캐나디언 라이스(Canadian rice), 워터 오트(water oat), 마쉬 오트(marsh oat) 등으로 부르기도 한다.

야생 상태에서 와일드라이스는 캐나다의 온타리오 및 퀘벡 주와 미국의 여덟 개 주를 아우르는, 오대호 연안의 호수와 강둑을 따라 자란다. 아시아에도 생태학적으로 거의 비슷한 서식지에서 자생하는 약간 다른 종이 있다.

와일드라이스를 재배할 경우에는 미네소타, 캘리포니아 등지에서 조성한 논에서 기른다. 와일드라이스의 향긋한 낱알은 흑갈색으로, 익으면 나비처럼 펼쳐진다. 품질은 얼마나 조심해서 수확을 하느냐에 달려 있다. 길쭉하고 날렵하고 부서지지 않은 낱알이 가장 좋고 값도 가장 비싸다. 북미의 벌목꾼들은 한때 와일드라이스에 벌꿀을 섞어 오트밀과 비슷한 뜨거운 시리얼로 먹었다. 오늘날에는 필라프, 다른 요리의 속, 샐러드, 수프, 그 밖의 여러 음식에 쓰인다. **SH**

Taste: 흑미는 자연스럽고 은근하게 달짝지근한 향미를 지니고 있지만, 요리사의 기호에 따라 설탕을 더 넣기도 한다. 끈끈한 흑미 푸딩을 뜨겁게 해서 코코넛밀크와 함께 낸다.

Taste: 와일드라이스는 다른 재료와 잘 어울린다. 단단한 질감에 풀과 견과류의 맛이 난다. 어떤 품종은 야생 버섯처럼 흙 향미가 나는 것도 있다.

텍사스에서는 와일드라이스를 멸종 위기에 처해 있는 식물로 공표하였다. ➲

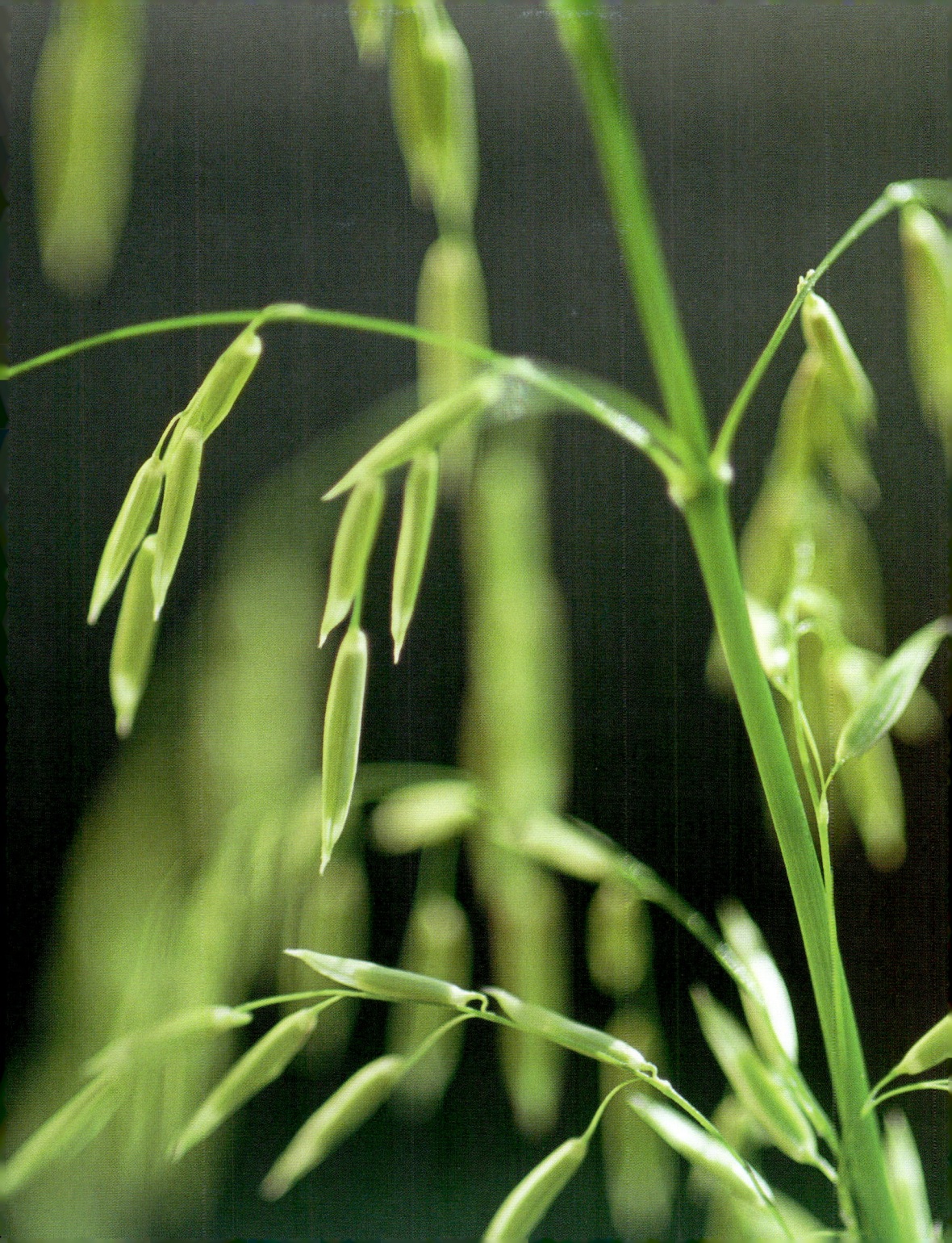

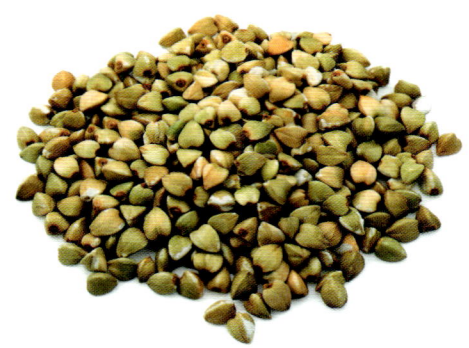

메밀 Buckwheat Groat

메밀(Fagopyrum esculentum)은 루바브나 수영과 같은 과에 속하며, 시베리아와 중국 북부가 원산이다. 중세에 십자군 원정을 통해 유럽으로 전래되었다.

메밀은 보통 갈아서 검고 모래 같은 가루로 만들어 팬케이크나 누들을 만들어 먹는다. 씨앗은 검은색에 세모꼴로 통낱알일 경우에는 '그로트(groats)'라고 한다. 껍질을 벗기거나 부서뜨리거나, 심지어 싹을 틔워서 녹색 채소로 샐러드에 넣기도 한다. 조리하지 않은 메밀 낱알은 양념으로 쓰이기도 하는데, 그 쓸쓸한 향미 때문에 보통은 껍질을 벗겨서 기름에 몇 분 정도 볶았다가 조리에 사용한다. 통메밀은 필라프, 수프, 스튜 등에 넣을 수 있다.

미국에는 러시아와 폴란드계 이민자들에 의해 전해졌으며, 크니쉬(Knish, 동유럽 또는 이디쉬 유태인들의 스낵 푸드로 북미로 이주한 유태인들에 의해 널리 보급되었다. 밀가루 반죽에 감자나 쇠고기 따위로 만든 속을 넣고 튀기거나 구워낸다)처럼 튀기거나 구운 요리에 속으로 넣거나, 누들과 야채를 곁들여 내기도 한다. 미국에서는 메밀을 '카샤(kasha)'라고 부르기도 하는데, 동유럽에서 카샤라고 하면 메밀을 비롯한 다양한 익힌 곡식을 가리킨다. **CK**

Taste: 익히지 않은 통메밀은 맛이 다소 쓰다. 구우면 달콤한 견과 향미와 흙 내음이 나며, 질감은 통통하고 부드럽다. 요리의 속으로 넣기에 아주 좋다.

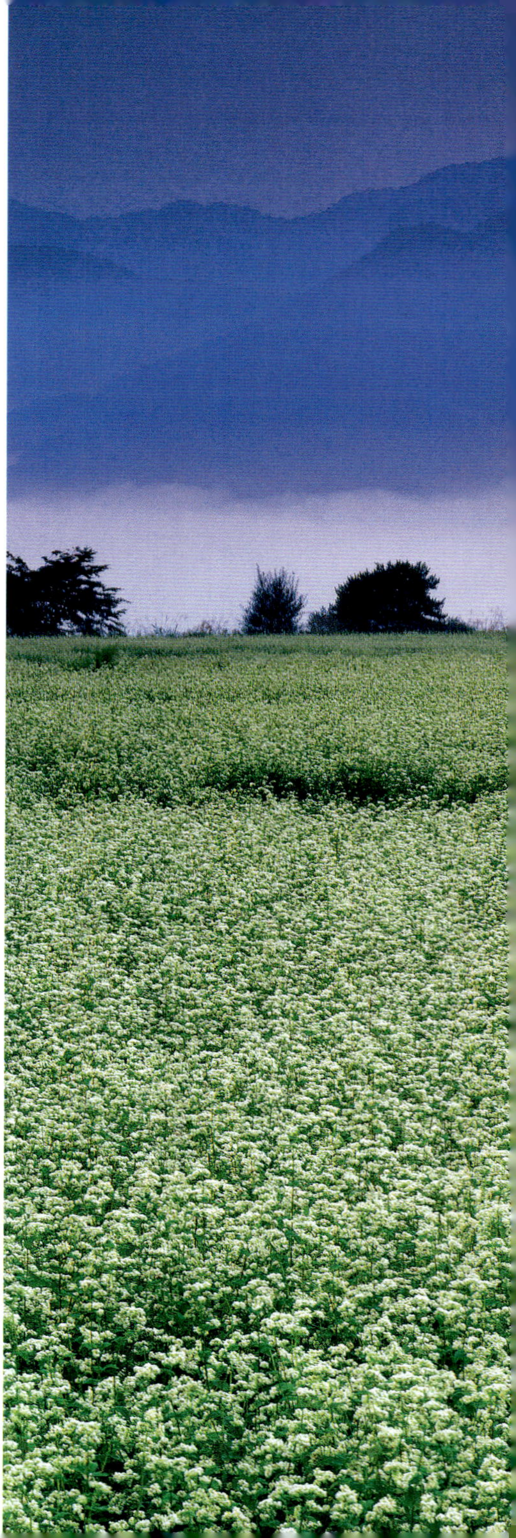

일본의 메밀밭. 일본에서 메밀은 보통 국수를 뽑는 데 쓰인다. ➡

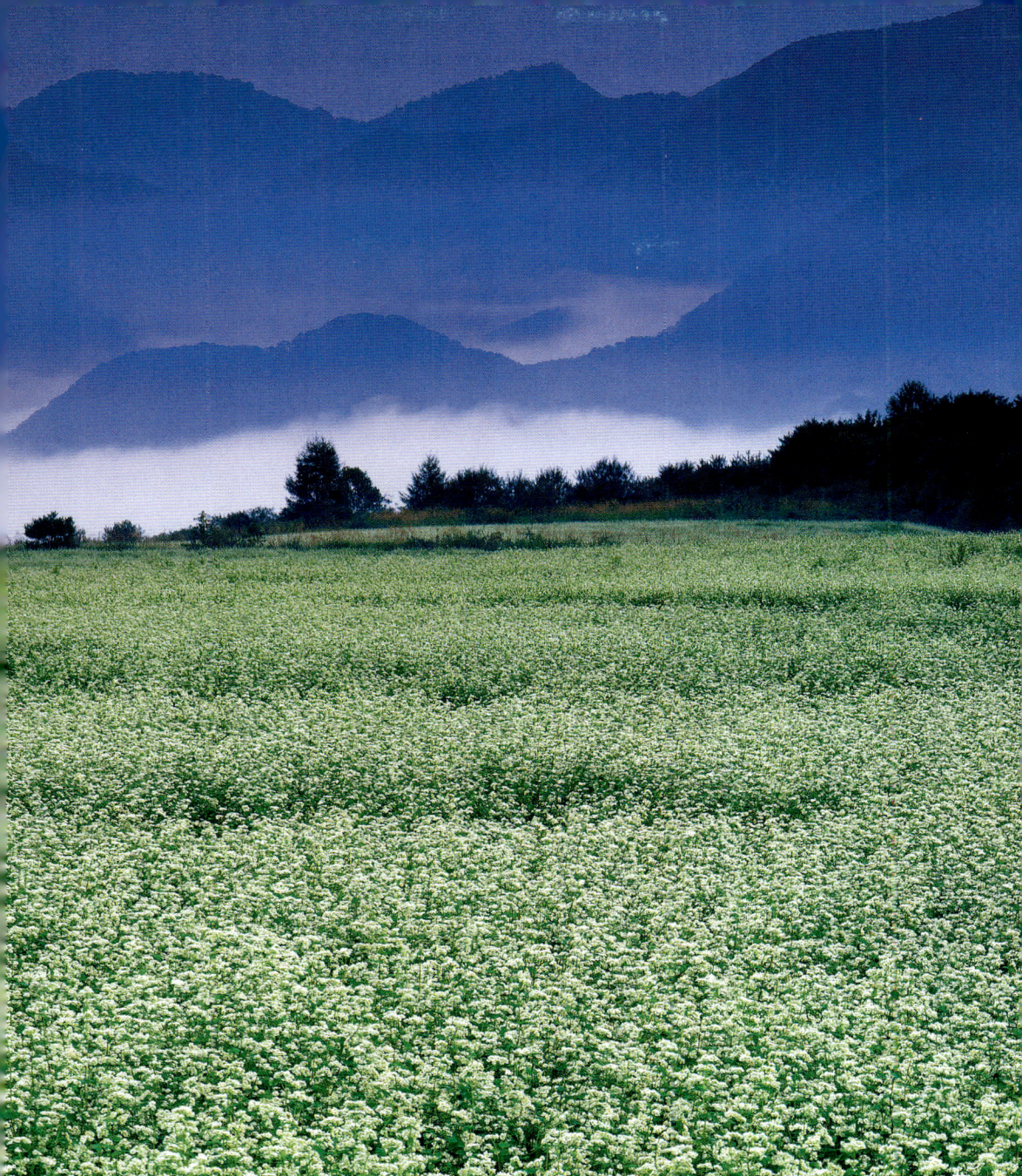

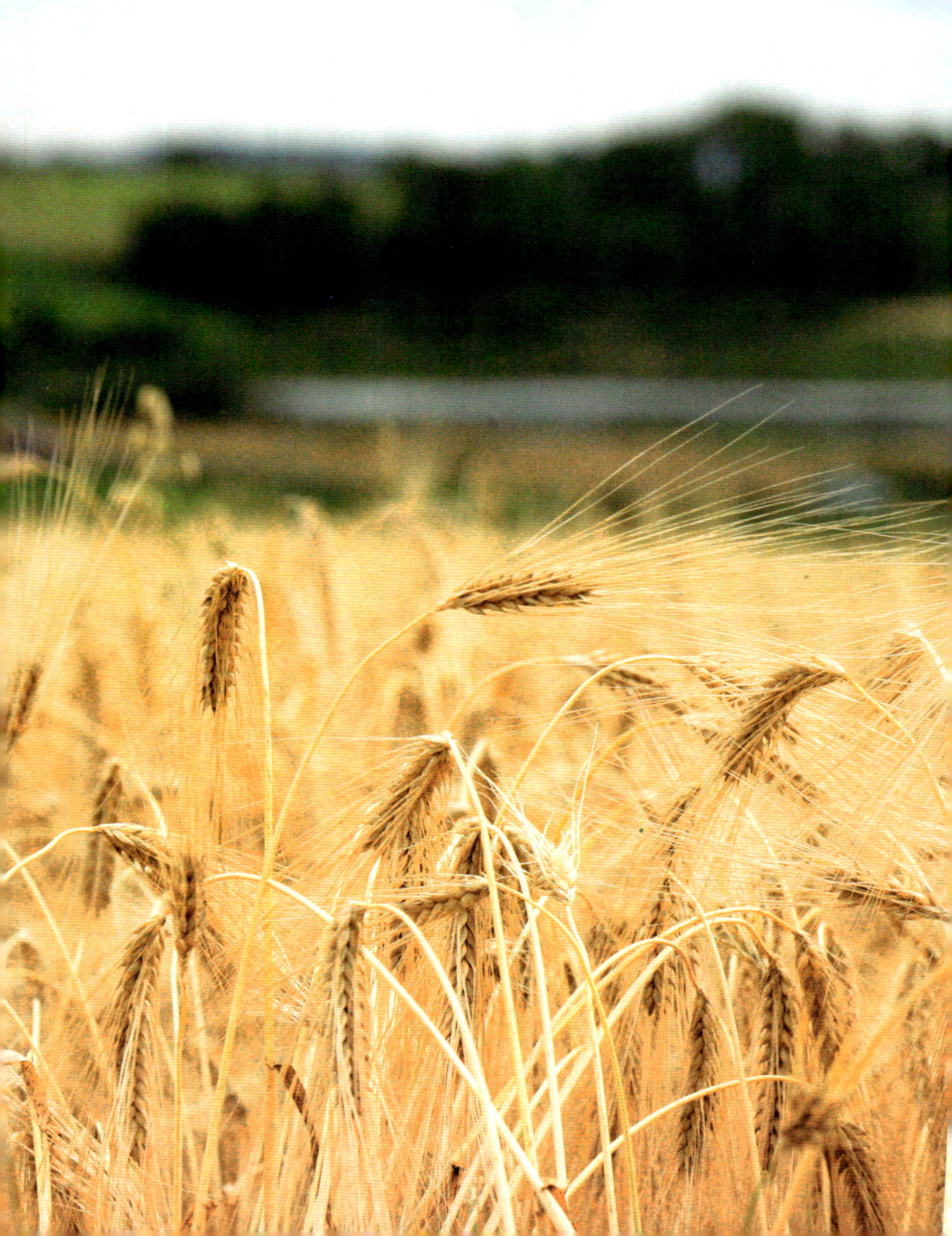

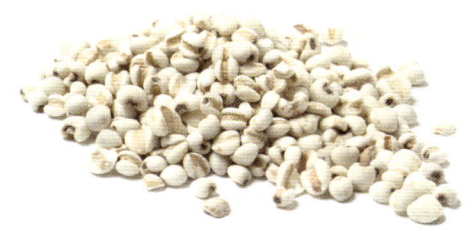

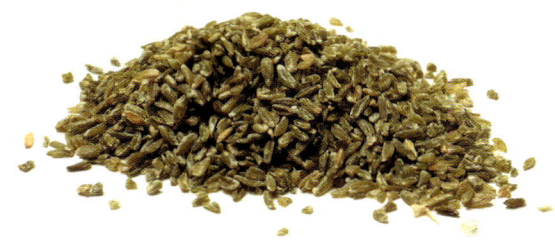

보리쌀 Pearl Barley

보리는 한때 없어서는 안 될 식량 자원이자, 유럽에서 가장 중요한 곡물이었지만, 서서히 밀로 대체되면서 오늘날에는 주로 맥주를 만드는 데 사용되고 있다.

보리쌀을 얻으려면 보리의 겉껍질을 벗겨내고 낟알을 정맥(精麥)해야 한다. 다양한 굵기로 정맥한 보리는 통째로 쓸 수도 있고, 얇게 부서뜨릴 수도 있고, 절단할 수도 있고, 갈아서 가루로 만들 수도 있다. 전분 함량이 80퍼센트 가까이 되기 때문에 특히 채식 위주의 식단에서 빛을 발한다. 그러나 유럽의 향토 음식에서도 보리는 널리 쓰인다. 보리로 만든 리조토라 할 수 있는 오르조토(Orzotto)는 이탈리아 북부에서 인기가 높다. 러시아에서는 카샤(kasha)라고 하여, 포리지와 푸딩의 중간쯤 되는 곡물 요리로 만든다. 짭짤한 것과 달콤한 것 둘 다 있다. 스코틀랜드의 전통 수프-스튜인 브로스(broth)에는 반만 정맥한 보리쌀을 넣어 농도와 질감을 더한다.

보리쌀 가루는 글루텐을 어느 정도 함유하고 있으며, 단백질이 빵에 탄력을 더해주지만, 반죽이 제대로 부풀어오르려면 보리쌀만으로는 안 되고 밀가루가 어느 정도 들어가야 한다. 물에 넣고 끓이면 인기있는 코디얼인 레몬 발리 워터의 베이스가 된다. **MR**

프리카 Freekeh

고대 이래 이 영양가가 높은 밀 종류는 중동, 특히 요르단, 레바논, 시리아의 음식에서 중요한 역할을 수행해왔다. 이 밀은 아직 어리고 부드럽고 파릇파릇할 때 수확하며, 줄기는 화롯불에서 굽거나 훈제하여 영양소와 껍질을 벗기기 전의 "파릇한" 맛을 보존한다. 과거에는 밀 속에 작은 돌이 들어가서, 아무 생각없이 먹다가 이가 부러질 뻔하는 일이 종종 있었는데, 오늘날에는 현대적인 추수 및 가공 기법이 발달하여 다행히 치과 갈 걱정은 하지 않아도 된다.

섬유질이 많고 탄수화물 함량이 적으며, GI(혈당지수)가 낮아 샐러드, 베지테리언 버거, 빵, 필라프 등에서 쌀이나 쿠스쿠스 대용으로 쓸 수 있다. 그러나 중동의 가정에서 프리카를 먹는 가장 인기있는 조리법은 스튜이다. 통낟알 상태의 프리카는 꽤 거칠고 색깔도 진한 녹갈색이라 45분쯤 물이나 국물에 끓여서 부드럽게 할 필요가 있다. 미리 부서뜨린 프리카는 맛이 더 순해서 조리 시간이 그보다는 덜 걸린다. **WS**

Taste: 보리쌀의 낟알은 거의 미끌미끌한 표면에 쫄깃한 질감을 지니고 있다. 맛은 비교적 밋밋한 편이지만, 함께 조리하는 다른 재료의 향미를 잘 흡수한다.

Taste: 조리한 곡식은 약간 스모키하고, 진한—거의 고기 맛에 가까운—향미를 내며, 뜨거운 요리와 찬 요리에 모두 기분 좋은 견과류의 질감을 더해준다.

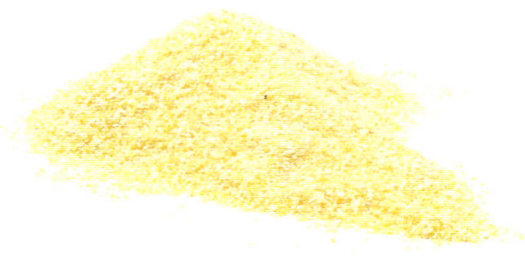
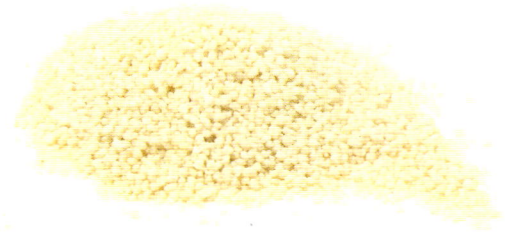

폴렌타 Polenta

폴렌타는 전통적으로 가난한 이들이 먹는 음식이었지만, 이탈리아 국외로 나가면서 매우 패셔너블해진 콘밀이다. 제2차 세계대전 당시 신선한 식재료와 육류를 구하기가 어려워지면서, 폴렌타는 이탈리아 여러 지방에서 주식이 되었다. 그러나 사실 폴렌타는 수백 년 동안 이탈리아 북부에서 매우 중요한 음식이었다. 프리울리와 베네토 지역에서는 빵보다 더 인기가 높을 정도이다.

폴렌타라는 이름은 라틴어 'pulmentum'에서 유래하였는데, 이는 로마 군단의 식단에서 가장 중요한 음식이었다. 풀멘툼은 고대 밀 품종으로 만들었는데, 곡식을 뜨거운 돌 위에서 구웠다. 15세기에 크리스토퍼 컬럼버스에 의해 유럽에 옥수수가 전해지자, 강우량이 많은 이탈리아 북부에서는 옥수수 경작이 대성공을 거두었다.

폴렌타는 화덕에서 요리한다. 끓는 물에 황금빛 곡식가루를 솔솔 뿌리며 걸쭉한 노란색 덩어리가 될 때까지 약 45분간 휘저어준다. 그런 다음 치즈나 약간의 고기를 곁들여 낸다. **LF**

쿠스쿠스 Couscous

13세기 이래 오랜 시간을 들여서 주의깊게 쪄내야 부드러워져서 먹을 수 있었던 쿠스쿠스가 오늘날 끓는 물에 몇 분만 조리하면 먹을 수 있게 되었다는 것만으로도 정말 격세지감이 느껴진다. 이 작은 건조시킨 반죽 알갱이는 전통적으로 갓 갈아낸 곡식을 사용해서 손으로 만들었지만, 오늘날에는 세계적으로 대량 생산되는 간편식품이다.

듀럼 밀로 만든 쿠스쿠스는 그 고향이라 할 수 있는 마그레브에서는 여전히 주요 식량이다. 이 곳에서는 찐 쿠스쿠스를 쌀처럼 다양한 형태로 조리해서 낸다. 사실 쿠스쿠스는 쿠스쿠스로 만든 요리인 '쿠스쿠스'로 가장 유명하다. 2단 냄비의 아랫칸에는 스파이시한 스튜를 끓이고, 윗칸에는 곡물을 담아 쪄내는 요리로, 아랍어로는 '키스키스(kiskis)'라고 하지만, 서양에서는 프랑스어 이름인 '쿠스쿠시에(couscoussier)'로 더 잘 알려졌다. 스튜의 김으로 쪄낸 부드러운 곡물 위에 스튜를 끼얹어 낸다.

서양의 슈퍼마켓에서는 한 종류의 곡물로 만든 쿠스쿠스를 언제든지 살 수 있지만, 중동이나 해외에 있는 중동 식품점에는 종류와 크기가 다양한 쿠스쿠스가 진열되어 있다. **BLeB**

Taste: 폴렌타는 낱알이 씹히는 질감과 특색없는 향미를 지니고 있다. 그러나 강한 치즈나 그 밖의 재료를 곁들여 스튜와 소스와 함께 먹으면 정말이지 환상적이다.

Taste: 약간 달짝지근하지만, 거의 특색이 없는 쿠스쿠스는 양념이 진한 고기나 야채 요리에 곁들이면 이상적이다. 남으면 샐러드로 만들어도 훌륭하다.

모로코 마라케시의 수크(시장)에서 한 요리사가 쿠스쿠스를 조리하고 있다. ➜

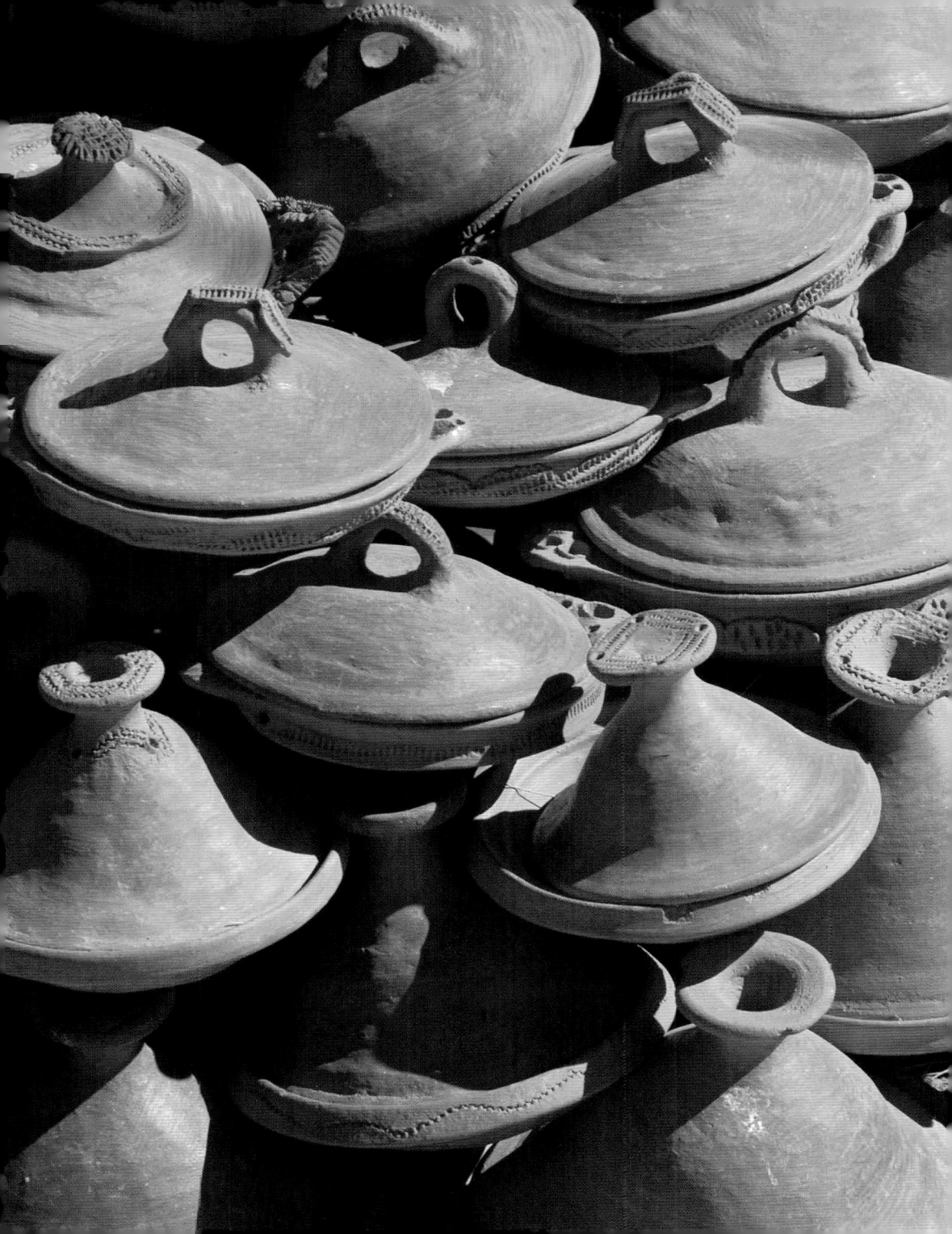

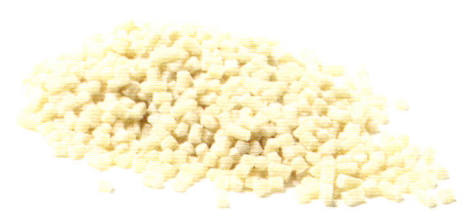

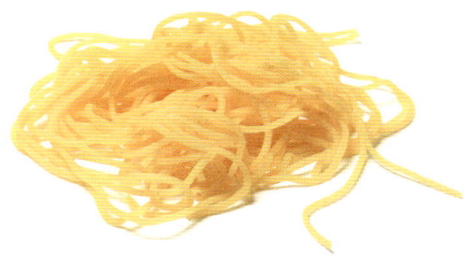

프레골라 파스타 Fregola Pasta

그 거친 생김새 때문에 종종 곡물의 한 종류로 오인받곤 하지만, 프레골라는 사실 사르디니아 특산 파스타이다. 어떤 면에서는 쿠스쿠스와 비슷한데, 실제로 사르디니아 쿠스쿠스로 불리기도 한다. 프레골라도, 파스타도 듀럼 밀(세몰리나)과 물이 만나서 엉겼을 때 생기는 고운 파스타 입자를 포함하고 있다.

프레골라라는 이름은 이탈리아어 동사인 'fregare', 즉 '비비다'에서 유래하였다. 사르디니아 외의 지역에서는 비교적 최근까지 거의 알려지지 않았으며, 쿠스쿠스와는 달리 말린 뒤에 살짝 구워서 정교한 견과 향미를 내기 때문에 날이 갈수록 인기가 높아지고 있다.

프레골라는 알갱이도 쿠스쿠스보다 굵다. 파스타 프레골라가 어떻게 해서 등장하게 되었는지에 대해서는 알려진 바가 없다. 몇몇 사르디니아 사람들은 프레골라가 자신들의 발명품이라고 우기지만, 아무래도 제노바의 선원들이 마지막 십자군 원정에서 돌아왔을 때 사르디니아로 전해진 듯하다.

프레골라는 믿기지 않을 정도로 쓸모가 많다. 보통 수프나 국물, 특히 조개와 함께 내는데, 쿠스쿠스 대용으로도 쓸 수 있다. **LF**

타야린 Tajarin

타야린은 이탈리아 북부 피에몬테 지방의 구릉지대인 랑게에서 태어난 환상적인 특산 파스타이다. 길고 납작한 면발은 폭이 2밀리미터를 넘지 않으며 탈리아텔레와 비슷하다. 최고의 향미와 아름다운 황금빛 색깔을 뿜낸다. 이탈리아에서는 파스타용으로 유난히 노른자의 색깔이 진한 특수한 달걀을 쉽게 살 수 있다. 이 달걀은 특정 색소를 먹여 키운 닭에게서 얻는다. 그러나 타야린의 색깔은 다른 달걀 파스타 종류보다 달걀 노른자의 비율이 훨씬 높은데서 나온 것이다.

전통적으로 타야린은 언제나 가정에서 손으로 만든다. 반죽하고 면발을 자르는 것도 모두 손으로 한다. 따라서 가장 부유한 여성들만이 타야린 만드는 법을 배울 수 있었다.

랑게 지방의 가장 큰 마을인 알바는 그 섬세한 흰 트러플(송로버섯)로 유명하다. 타야린은 트러플과 환상적으로 잘 어울린다. 그 결합은 도저히 잊을 수가 없다. 싱싱한 화이트 트러플을 갈아서 버터에 버무린 타야린 위에 얹거나 타야린을 트러플 버터에 볶으면 그야말로 천상에서나 먹을 법한 음식이 된다. **LF**

Taste: 아무런 장식 없이 내면 파스타 프레골라는 촉촉하고, 기분 좋게 쫄깃한 느낌과 매력적인 견과 맛을 지닌다. 다른 향미도 기꺼이 빨아들인다.

Taste: 타야린은 우아하고, 달걀 특유의 진한 맛이 희미하게 느껴지며, 최고의 버터 향을 보여준다. 됨직할 때까지 익히면 그 질감은 벨벳처럼 부드러우면서도 우아한 활기를 잃지 않는다.

알바의 시장은 타야린 파스타와 너무나 잘 어울리는 싱싱한 화이트 트러플로 유명하다. ➡

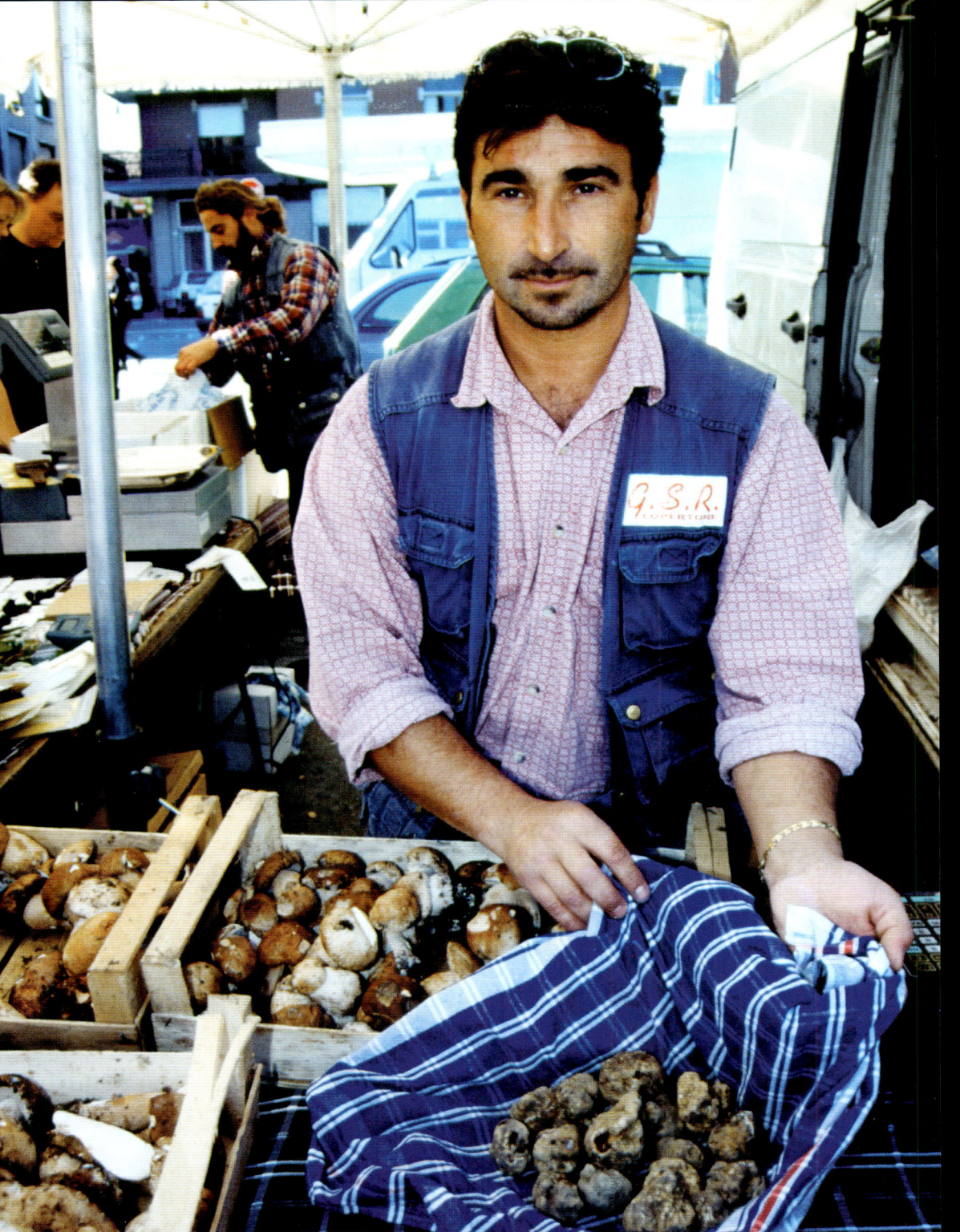

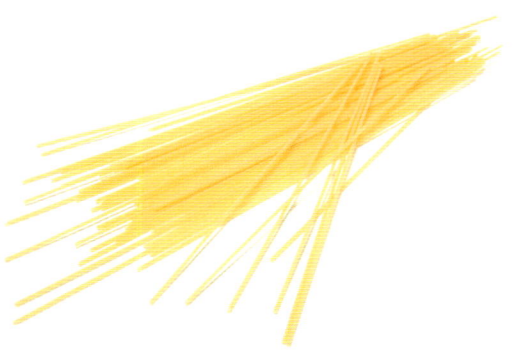

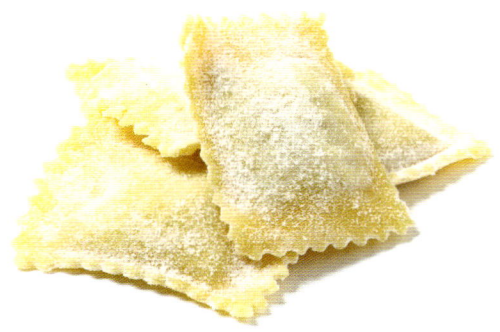

듀럼 밀 스파게티 Durum Wheat Spaghetti

이탈리아인들이 만들어내서 세계적으로 유명해진 파스타에는 크게 두 종류가 있다. 신선한 달걀 파스타와 건조 파스타가 그것이다. 이탈리아인들의 눈에는 어느 쪽이 더 낫다고 할 수가 없다. 그냥 서로 다른 용도로 쓰일 뿐이니까.

건조 파스타는 듀럼 밀가루로 만든다. 'durus'는 라틴어로 '단단하다'는 뜻이다. 1967년 이탈리아에서는 모든 건조 파스타는 달걀을 함유하고 있는 것을 포함하여 무조건 듀럼 밀로만 만들어야 한다는 법안이 통과되었다. 파스타를 익혔을 때 그 특유의 질감과 씹는 맛을 얻을 수 있는 것은 높은 글루텐 함량 때문이다. 이탈리아 국외에서 생산한 파스타는 보통 듀럼 밀이 아닌 다른 종류의 밀가루를 사용하며, 아무리 해도 원조 파스타의 됨직한 맛을 따라올 수가 없다.

대부분의 이탈리아 전통 음식들이 그렇듯이, 파스타도 언제 처음 만들어졌는지 추측만 난무할 뿐이다. 많은 사람들은 마르코 폴로가 중국에서 들어왔다고 한다. 중국인들은 기원전 2,000년부터 이미 국수를 먹었기 때문이다. 반면 로마 인근의 고대 무덤에서 발견된 프레스코화에는 밀가루와 물로 반죽을 만드는 사람들이 묘사되어 있다. 다만 당시에는 반죽을 끓이기보다는 평평한 돌 위에서 구워 먹었을 것으로 추정된다. **LF**

Taste: 좋은 건조 파스타는 단순히 소스를 먹기 위한 수단이 되어서는 안 되고 자신만의 목소리를 낼 수 있어야 한다. 은근하고 거의 견과 향에 가까운 향미와 기분 좋은 씹는 맛이 바로 그것이다.

토르텔리 디 주카 Tortelli di Zucca

토르텔리 디 주카는 호박을 베이스로 한 속을 넣은, 환상적인 이탈리아 파스타로 놓치면 분명히 후회하게 될 것이다. 호박과 함께 섞는 재료는 지방마다 다르지만, 만토바의 토르텔리 디 주카가 가장 유명하다.

만토바에서 속을 만드는 데 쓰는 호박은 마리나 디 치오지아(Marina di Chioggia)라고 하는 이 지방 향토 품종이다. 으깨서 가루로 만든 아마레티 비스킷, 파르메산 치즈 가루, 그리고 이 지역의 명물인 과일과 머스터드 기름으로 만든 달콤짭짤한 과일 조림인 모스타르다(mostarda)와 섞어서 조리한다. 달짝지근하면서도 매콤한 모스타르다의 매력이 호박의 단맛을 아름답게 보완해준다. 토르텔리 디 주카는 녹인 버터와 샐비어에 뒤섞으면 그야말로 센세이셔널한 맛을 내지만, 때로는 토마토 베이컨 소스를 얹어 먹기도 한다.

토르텔리 디 주카는 가을과 겨울에 걸쳐 먹지만, 전통적으로 크리스마스 이브 파티 때 식탁에 오른다. 이탈리아에서는 모든 것이 다 그렇지만, 각 가정마다 전해 내려오는 비밀 레시피가 있어서 어머니에게서 딸에게로 대물림한다. **LF**

Taste: 토르텔리 디 주카는 버터향이 그윽한, 약간 달짝지근하면서도 기분 좋게 짭짤한 속과 머스터드 과일의 즐거운 펀치가 더해진다. 여기에 달걀이 풍부한 파스타가 더해지면 더 바랄 나위가 없다.

토르텔리에 필요한 완벽한 파스타를 만드는 데에는 매우 세심한 주의가 필요하다. ➡

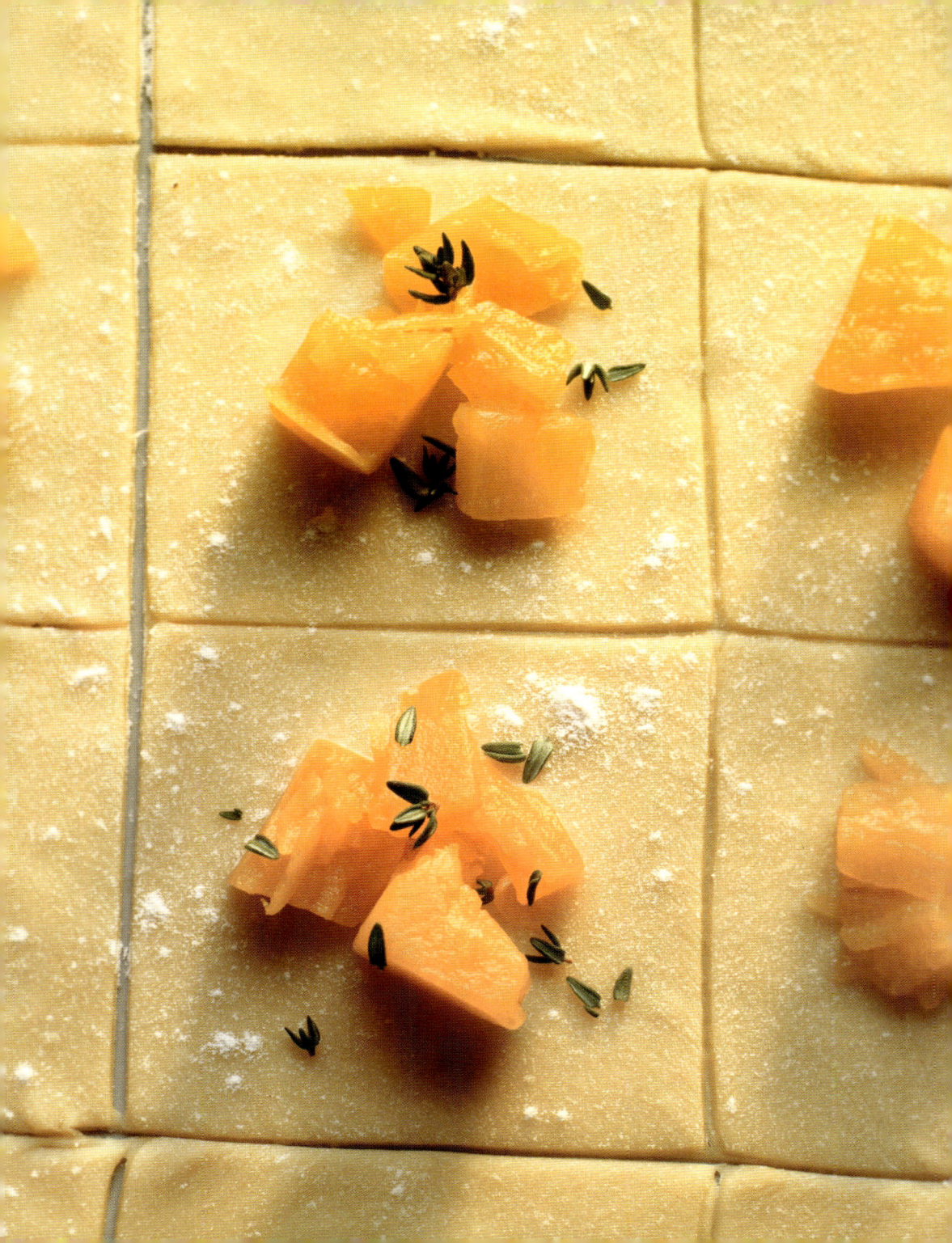

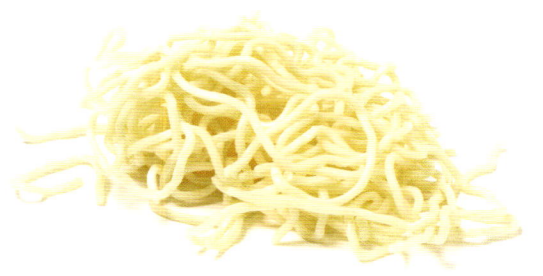

키소바(きそば) Kisoba Noodle

일본의 소바(そば)라고 하면 메밀국수이다. 그러나 메밀만 써서는 찰기가 없어서 제대로 면발을 뽑을 수 없기 때문에, 메밀과 밀가루를 섞어서 만든다. 그러나 소바 애호가들은 최고의 맛은 역시 메밀만을 사용해서 뽑은 면에서 나온다고 믿고 있다. 이 순메밀국수를 키소바(きそば)라고 부른다.

소바 면은 일본에서는 일종의 역설이다. 모든 역마다 소바 가게가 있을 정도로 거의 매일 먹는 음식인 동시에 신사나 절에서 올리는 신성한 음식이기도 하다. 키소바를 가장 자주 볼 수 있는 곳 역시 바로 이런 절이나 신사 근처에 있는 소바 전문점이다.

순수주의자들은 심지어 장국도 없이 차가운 소바만을 먹는다. 이것을 모리소바(盛りそば), 즉 "쌓아올린" 소바라고 부른다. 그러나 보통은 장국에 말아서 김을 약간 올려서 먹는다. 일본에서는 국수를 먹을 때 시끄럽게 후룩후룩 소리를 내면서 먹는 것이 예의이다. 이렇게 소리를 내면 공기를 마시게 되어 국수의 맛을 더 좋게 해준다고 한다. **SB**

사누키 우동 Sanuki Udon Noodle

사누키 우동은 굵은 밀가루 국수로, 일본 사누키 현(오늘날의 카가와 현)에서 탄생하였다. 이 지방은 벼농사를 짓기에는 강우량이 적어 밀과 밀가루 국수가 특산물이 되었다.

사누키 우동은 면발이 매끄럽고, 탱탱하고, 쫄깃쫄깃한 것으로 유명하며, 목구멍을 넘어갈 때의 느낌이 특히 매력적이라고 한다. 그 밖에 사누키 우동의 매력에 핵심적인 요소가 있다면 국수를 반죽할 때 소금과 물의 비율이다. 이 비율은 계절마다 다른데, 여름에는 1:3이다가 날이 추워질수록 소금의 비율이 높아져 겨울에는 1:6까지 올라간다.

전통적으로 일본 서부에서는 우동을 동부에서는 소바(메밀국수)를 즐겨 먹는다. 그러나 2002년에 출간되어 대히트를 친 『대단한 사누키 우동恐るべきさぬきうどん』이라는 사누키 우동 여행 가이드 덕분에 사누키 우동 붐이 일어나기도 했다. 사누키 우동 전문점이 도쿄는 물론 일본 전국, 심지어 해외에까지 생겨나고 있는 추세다. **SB**

Taste: 진하고 향긋하며 만족스러운 단맛이 난다. 약간 됨직하게 익힌 키소바는 통밀 파스타와 비견될 만큼 견고하다.

Taste: 비단처럼 매끄럽고 쫄깃한 씹는 맛이 일품이다. 약간 짭짤하고 빵 같은 맛이 향긋한 다시와 간장 국물을 더욱 돋보이게 한다.

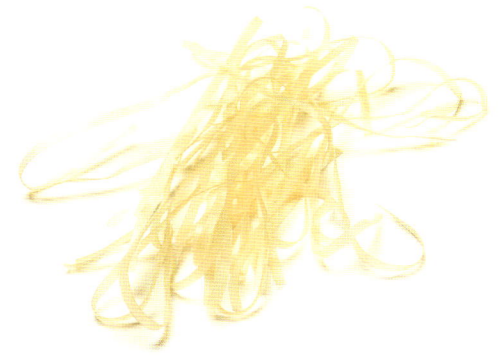

당면 Fen Si Ncodle

당면은 영어로 '셀로판 누들(cellophane noodle)', 또는 '글라스 누들(glass noodle)'이라고 부른다. 유리나 셀로판처럼 보이는 성질은 물에 담가서 불리면 더욱 두드러진다—하얗고 낭창낭창하고, 약간 주름진 국수 면발이 매끄럽고 반투명해지는 것이다.

당면은 딱히 특유의 맛은 없지만 기분 좋게 말캉한 "씹는 맛"이 있으며, 함께 조리하는 재료가 무엇이든 그 풍미를 흡수한다. 당면은 보통 쓰임새가 많기로 유명한 녹두로 만든다.(우리나라에서 사용하는 당면은 고구마 전분으로 만든다.) 녹두를 갈아서 매끄럽고 고운 반죽을 만든 뒤 모양을 빚어서 말린다. 보통 가정 요리에 적합한 편리한 포장으로 판매되고 있으며, 커다란 면발 덩어리를 나누는 가장 깔끔한 방법은 봉지 안에서 꺼내지 말고 잡아당기는 것이다. 그렇지 않으면 자잘한 면발 조각들이 사방으로 날린다.

필요한 만큼만 뜨거운 물에 10분쯤 담가놓으면 조리 준비 완료이다. 흔한 경우는 아니지만 물에 불리지 않은 마른 당면을 그대로 볶는 경우도 있다. 이렇게 하면 약간 부풀어올랐다가 하얗게 변하면서 아삭아삭해진다. 보통은 장식으로 사용한다. **KKC**

라크사 누들 Laksa Noodle

오늘날 라크사 누들 하면, 화교 요리와 말레이 요리가 결합한 '논야(Nonya)' 요리를 떠올린다. 쌀로 만든 둥글고, 미끈미끈한 라크사 누들은 간식으로 먹는 스파이시한 수프의 베이스로 쓰인다. 고전적인 길거리 음식으로, 밤낮을 가리지 않고 아무 때나 사 먹을 수 있다. 이 수프는 두부와 새우를 넣고, 칠리 고추, 쿠쿠이 열매, 그리고 생선 페이스트로 만든 렘파(rempah)로 양념한 커리처럼 걸쭉한 것이 있는가 하면, 매콤새콤한 태국 수프와 농도가 비슷한, 더 묽은 것도 있다.

라크사는 오스트레일리아와 뉴질랜드의 퓨전 레스토랑에까지 퍼져나가 이 곳 셰프들의 개인적인 취향까지 더해지게 되었다. 지방마다 수많은 레시피가 존재하지만, 국물은 보통 코코넛 밀크와 칠리 고추로 만든다. 예를 들면 페낭 섬은 고등어 살을 찢어 넣고 타마린드, 양강근, 레몬그라스, 박하로 맛을 낸 아삼 라크사(assam laksa)로 유명하다.

전통적인 라크사 누들 대신, 쌀 베르미첼리(vermicelli, 스파게티보다 가는 파스타)나 심지어 밀가루로 만든 국수를 선호하는 요리사들도 있다. **MR**

Taste: 당면 자체에는 사실상 아무 맛도 없지만, 그 질감과 밀도 덕분에 수프에서부터 스프링롤에 이르기까지 다양한 아시아 요리의 베이스로 쓰인다.

Taste: 커리 스타일의 라크사의 경우 누들이 거의 소스에 묻혀 있으며, 숟가락 없이도 먹을 수 있다. 그러나 더 묽은 수프 스타일의 라크사는 농도가 거의 고기국물에 가깝다.

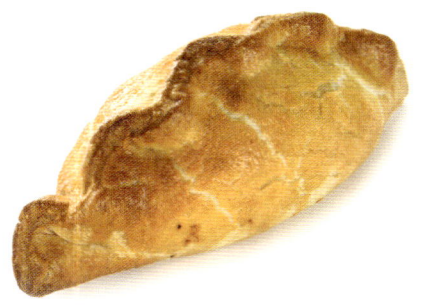

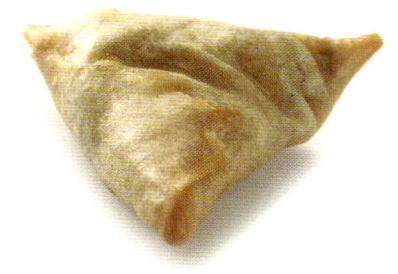

코니쉬 패이스티 Cornish Pasty

코니쉬 패이스티는 이름에서도 알 수 있듯이 잉글랜드의 남서쪽 끝에 위치한 콘월 지방에서 태어났다. 이 풍성하게 속을 채운 패스트리는 한때 이 지방 고유의 전통적인 노동자 음식이었지만, 오늘날에는 여러 지역에서 즐겨 만들어 먹는다. 가지고 다니면서 먹기에 쉬운 패이스티는 역사적으로 콘월 지방의 주석과 구리 광산 광부들의 점심 식사였다. 전설에 따르면 코니쉬 패이스티의 특징이라 할 수 있는 반으로 접어 아물린 두꺼운 솔기는 광부들에게는 편리한 손잡이였던 셈이다. 광부들의 부인은 코니쉬 패이스티를 만들 때 반죽에 남편의 이름 머릿글자를 새겨두곤 했다고 한다.

반죽 모양은 둥근 것부터 타원형에 이르기까지 다양하며, 주로 쇼트크러스트 패스트리로 만든다. 고기를 넣은 것이 가장 널리 알려져 있는데, 쇠고기 양지나 목심 스테이크에 스웨덴 순무, 양파, 감자 등을 다지거나 잘게 썰어 소금으로만 간을 하고 후추를 넉넉히 뿌려서 만든 속을 채운다. 치즈와 감자, 치즈와 리크, 달걀과 베이컨 등을 대신 쓴 변종도 있다. 패이스티를 만들 때에는 속 재료를 익히지 않은 상태로 넣은 뒤, 반죽을 아물려 구워낸다. 코니쉬 패이스티는 오븐에서 막 꺼내 따끈따끈할 때 먹는 것이 가장 맛있다. **JL**

사모사 Samosa

남아시아의 수많은 간식거리 중에서도 가장 유명한 것은 이 속을 채워 튀기거나 구운 패스트리일 것이다. 인도, 파키스탄, 방글라데시, 스리랑카에서 인기있는 길거리 음식인 사모사는 남아시아인들의 대규모 이민을 반영하듯 세계 곳곳에서 찾아볼 수 있다. 중동의 삼부사크(sambusak) 등 여러 지역에서 즐겨 먹는 속을 채운 패스트리 대가족의 일원이라 할 수 있다.

사모사는 전통적으로 세모꼴이지만, 크기는 간단한 술 파티에서 내는 맛있는 한 입 크기서부터 더 커다란 것까지 제각각이다. 사모사의 인기는 그 다재다능에 있다. 일단 여러 가지 형태로 만들 수 있다. 속도 생강과 마늘로 맛을 낸 감자, 콜리플라워, 양념한 다진 양고기, 다진 생선, 또는 닭고기 등으로 다양하게 만들 수 있으며, 순한 맛, 향이 진한 스파이스의 맛, 또는 입이 화끈거릴 정도로 매운 맛, 혹은 그린 또는 레드 칠리의 맛이 가미된 맛 등 온갖 맛을 낼 수 있다. 바삭거리고 잘 부스러지는 겉껍질이 특징이지만, 패스트리의 질감 또한 달라질 수 있다. 남아시아에서는 사모사에 종종 신선한 박하나 코리앤더 잎 처트니를 곁들여 먹는다. 가정에서 소규모로 만드는가 하면 아예 공장에서 대량으로 생산하기도 하기 때문에 냉동 사모사도 구할 수 있다. **JL**

Taste: 최고의 패이스티는 잘 부스러지는 얇은 황금빛 갈색의 패스트리가 후추 향이 물씬 나는 스테이크, 감자, 양파, 스웨덴 순무의 촉촉한 속을 감싸고 있는 것이다.

Taste: 사모사가 그토록 맛있는 이유는 대조적인 질감이다. 섬세하고 바삭바삭한 황금빛 패스트리 겉껍질 안에 맛있게 양념한 야채나 고기로 만든 속이 들어 있다.

기름에 튀긴 사모사는 패티, 또는 커리 퍼프라고도 부르며,
남아시아 전역에서 인기가 높다. ➔

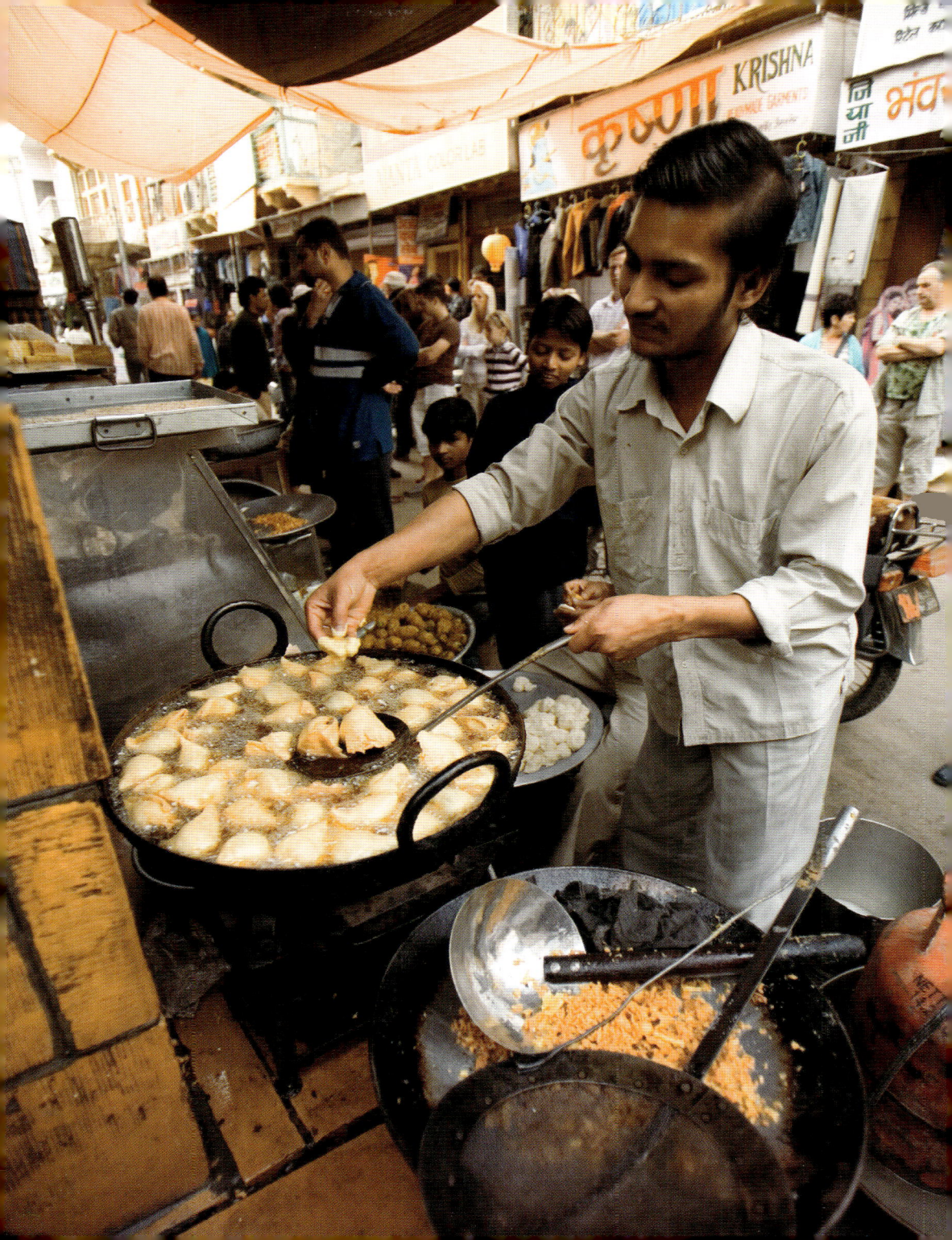

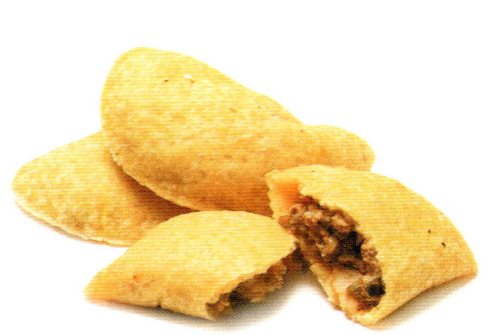

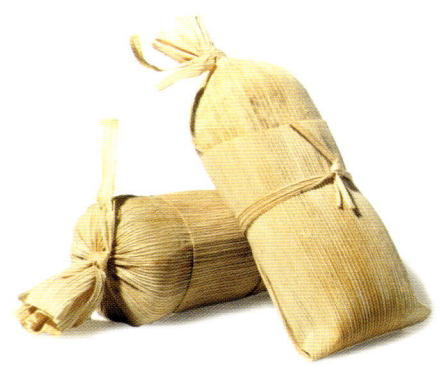

엠파나다
Empanada

타말리
Tamale

스페인의 갈리시아 지방에서 처음 만들었다고 하는 엠파나다는 곱게 다진 고기나 생선살을 두 겹의 패스트리에 싼 것으로, 스페인이 히스패닉 아메리카에 전래한 가장 인기있는 요리 중의 하나이다. 모양은 메디아 루나(media luna, 스페인어로 '반달'이라는 뜻). 전통적으로 하나하나 빚어 오븐에서 굽거나 튀긴다. 크기와 속은 다양하지만 일반적으로 전채, 간식, 혹은 시간이 없을 때 끼니 대용으로 즐긴다.

　볼리비아, 콜롬비아, 페루, 우루과이, 베네수엘라, 멕시코 요리의 자랑거리이지만, 역시 가장 풍부한 표현력을 자랑하는 나라는 아르헨티나이다. 가정에서도, 바나 레스토랑에서도 인기가 높으며, 밀가루와 쇠고기 지방을 사용하는 아르헨티나만의 고유한 패스트리 레시피가 있다. 안에 넣는 속으로는 쇠고기를 칼로 다져서 신선한 양념과 향신료, 칠리, 삶은 달걀, 올리브와 섞어 쇠고기 지방에 튀겨낸 것이 으뜸이다. 닭고기나 흰 옥수수, 햄, 치즈 등도 못지 않게 맛있다. 심지어 엠파나다를 디저트로 먹는 경우도 있는데, 이때에는 아르헨티나의 유명한 둘체 데 레이테(dulce de leite), 즉 달콤한 밀크 시럽으로 속을 대신한다. **AL**

멕시코, 중앙 아메리카, 남아메리카의 별미인 타말리의 기원은 콜럼버스가 신대륙을 발견한 시기보다 더 위로 올라가야 한다. 선사시대 인류가 옥수수를 재나 소석회(消石灰)에 익히는 과정에서 탄생했을 것으로 추측하고 있다. 이렇게 익히면 옥수수가 부드러워져서 갈기도 쉽고 소화에도 좋다. 타말리를 만들기 위해서는 옥수수 가루 반죽을 옥수수 수염이나 바나나 잎에 싸서 찌거나 굽는다.

　평범한 타말리는 아주 간단하게 만들 수 있지만, 보통은 향신료, 호박이나 콩 같은 야채, 쇠고기나 돼지고기나 닭고기 등의 육류, 또는 생선 같은 다른 재료와 섞어 만든다. 대개는 타말리 하나만 내지만, 짭짤하고 매콤한 소스와 먹어도 맛있다. 심지어 디저트로 내도 된다. 타말리 데 둘체(tamales de dulce, 달콤한 타말리라는 뜻)는 설탕, 잼, 과일, 견과류를 넣어 만든다.

　기본적인 타말리 레시피에는 마사 하리나(masa harina, 콘밀 반죽 가루), 소금, 지방(주로 라드), 그리고 닭고기 국물이나 우유, 물 등의 액체가 들어간다. 어느 때나 먹을 수 있는 음식이지만 전통적으로 크리스마스에 명절 요리로 낸다. **JH**

Taste: 튀겨도 맛있지만 역시 즙이 많은 속과 바삭바삭한 패스트리로 만들어 오븐에서 갓 구워낸 따끈따끈한 엠파나다가 가장 좋다. 여기에 칠리 소스라도 몇 방울 떨어뜨리면 그야말로 천상의 맛이다.

Taste: 보통 타말리는 달콤한 옥수수 맛과 부드럽고 스폰지처럼 폭신한 질감을 뽐낸다. 언제라도 따끈하게 먹는 게 가장 맛있으며, 다른 양념으로 맛을 낸 타말리라면 그 밖의 재료의 풍미도 잘 드러나야 한다.

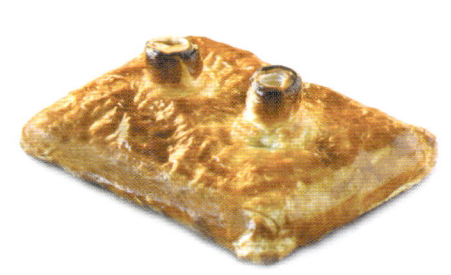

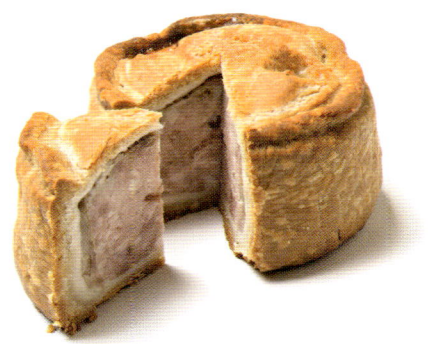

쿨레비아카
Kulebiaka

이 풍성한 러시아 파이의 이름은 종종 논란의 대상이 되곤 한다. 손으로 개서 반죽한다라는 뜻의 러시아어 '쿨레비아키트(kulebyachit)'에서 왔는지(패스트리 부분은 일종의 브리오슈이다), 아니면 석탄에 구웠다는 뜻의 독일어 '콜레바켄(kohlebacken)'에서 유래했는지? 이름은 그렇다 치고, 쿨레비아카는 20세기 초에 '쿨리비아크(coulibiac)'라는 이름으로 인기를 얻기 시작하였으며, 국제적인 오트 퀴진 레퍼토리에 합류하게 되었다.

가장 기본적인 버전은 커다란 연어 파테 앙 크루트(pâté en croûte, 파이에 넣거나 덩어리째 구운 파테)에 완숙 달걀, 그리고 딜로 맛을 낸 쌀을 채워넣은 것이다. 오귀스트 에스코피에르의 『요리 가이드Guide Culinaire』(1903년)에 따르면 철갑상어의 척추 골수를 넣어야 한다고 한다. 그러나 러시아 요리에서는 다양한 종류의 쿨레비아카가 있다. 가장 단순한 형태는 양배추로 속을 채운 것이지만, 대신 고기나 버섯, 또는 다른 짭짤한 재료를 조합하여 넣을 수 있다. 간단한 길거리 음식인 동시에 러시아 황제에게 진상했던 별미이기도 한 피로스키(pirozki)라는 이름의 작은 러시아 고기 파이의 큰형님 격이다. 쿨레비아카는 보통 자르기 쉬운 직사각형 모양이지만, 젖먹이 돼지를 닮았다는 다소 기발한 해석도 있다. **MR**

Taste: 쿨레비아카 패스트리는 바삭바삭하고 버터 향이 진해야 한다. 촉촉하고 두꺼운 야생 연어 필레 조각은 크리미한 달걀 및 딜 향기가 배어 있는 쌀과 대조를 이룬다.

멜튼 모우브레이 포크 파이
Melton Mowbray Fork Pie

최초로 출간된 포크 파이 레시피는 14세기 잉글랜드의 궁정 요리책에 나타난다. 익반죽한 겉껍질 속에 가지거나 잘게 썬 돼지고기를 간단하게 양념하여 둥글게 뭉쳐 넣은 파이로, 가지고 다니기가 쉬워 사냥꾼들 사이에서 인기가 좋았던 것 같다.

포크(돼지고기) 파이 하면 오랫동안 레스터셔의 장 서는 마을인 멜튼 모우브레이인데, 이곳의 파이장이들—그 가운데에는 한 주에 4천 개의 파이를 굽는 디킨슨 앤드 모리스와 각종 수상 경력을 자랑하는 칠슨스 오브 스탬포드도 있다—은 멜튼 모우브레이만의 파이에 자부심을 드러낸다. 돌리(dolly)라는 이름의 나무 도구를 사용해서 패스트리를 눌러 모양을 만들고 거기에 양념해서 잘게 다진 신선한 돼지 고기—익으면 잿빛으로 변하게 된다—를 채워넣어 아물린다. 테로 지탱하지 않고 그대로 오븐에 넣기 넣기 때문에 특유의 옆으로 축 늘어지는 모양이 탄생하게 된다. 파이가 식으면 고기는 다시 오그라들면서 패스트리와 속 사이에 공간이 생기게 된다. 여기에 돼지 족발로 만든 젤리를 채워넣는다. 파이 뚜껑에 두 개의 구멍을 뚫고 그 중 하나로 젤리를 부어넣는데, 원래는 파이를 오래 두고 먹기 위해 고안한 방법이었다. **ES**

Taste: 바삭바삭하고, 라드가 풍부하고, 색깔이 진한 패스트리도 맛있지만, 하얀 후추 양념으로 인해 살짝 매콤한 단단한 돼지고기 속도 일품이다.

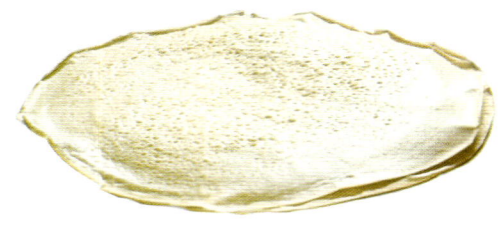

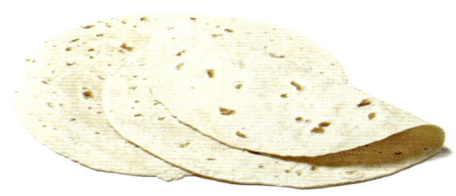

인제라 Injera

인제라는 에티오피아와 에리트레아의 일상 생활에 너무나 중요한 존재이기 때문에, 사람들끼리 흔히 주고받는 인사말이 "오늘 인제라 먹었니?"일 정도이다. 스폰지처럼 폭신폭신한, 팬케이크와 비슷한 플랫브레드로, 매 끼니마다 먹는 주요 식량이다. 매일매일 만드는데, 새로 만들려면 사흘이 걸린다. 인제라는 주로 테프 가루로 만든다. 테프는 에티오피아의 토착 작물로, 에티오피아에서 가장 중요한 곡물이다. 그러나 보리나 옥수수, 수수, 혹은 밀가루로도 만들 수 있다. 곡식 가루에 물, 소금, 그리고 때로는 효모를 넣어 사흘 정도 두어 발효시킨다. 그러고 나서 모고고(mogogo)라는 이름의 토기 접시 위에 반죽을 올려놓고 불이나 특수한 전기 플레이트 위에서 굽는다.

인제라는 거의 매 식사 때마다 식탁에 오르며, 전통적으로 또 다른 에티오피아 고전 요리인 와트(wat), 즉 매콤한 고기나 야채 스튜에 곁들여 먹는다. 인제라를 접시처럼 펼쳐놓고, 숟가락으로 와트를 떠서 올린다. 인제라를 한 장 더 집어 작게 잘라서 와트를 떠먹는 데 쓴다. 다 먹고 나면 '접시'—이때쯤이면 온갖 맛있는 국물에 젖어 있다—까지 마저 먹는다. **SBI**

토티야 Tortilla

16세기 스페인 정복자들이 멕시코 해안에 발을 디뎠을 때, 그들은 아즈텍과 마야인들이 기원전 1,000년부터 수천 년간 재배해온 옥수수라는 작물을 발견하게 된다. '신이 내린 선물' 옥수수는 고대인들에게는 없어서는 안 될 식량이었으며, 전설에 의하면 토티야, 아즈텍인들의 언어인 나후아틀어로는 틀륵사칼리(tlaxcalli)는 한 농부가 굶주린 왕을 위해 만들었다고 한다.

옥수수를 석회수에 담갔다가 갈아서 그 가루로 '마사(masa)', 즉 반죽을 만든다. 그런 다음 납작하게 펴서 번철 위에서 양쪽을 번갈아 굽는다. 토티야, 또는 '작은 케이크'라는 이름을 붙여준 것은 스페인인들이었다. 집에서 만든 옥수수 토티야가 가장 원조에 가까우며 맛도 좋지만, 1700년대에 멕시코인들이 북쪽으로 옮겨가 오늘날의 텍사스, 애리조나, 캘리포니아로 이주하면서, 밀가루로 만든 토티야도 생겨나게 되었다. 이들 지역에서는 옥수수가 밀처럼 풍족하지 않았기 때문이다. 토티야는 음식을 빨아들이는 데 쓰지만, 고기, 치즈, 칠리 소스, 야채 등과 함께 먹을 수도 있다. 또 부리토, 퀘사디야, 엔칠라다 등을 만드는 데도 사용된다. **JH**

Taste: 공기처럼 가볍고, 스폰지 같은 질감의 인제라는 톡 쏘는 시큼한 맛을 지니고 있다. 기본적으로 순한 맛이기 때문에 다른 요리의 스파이시하고 강한 풍미를 흡수하기에 이상적이다.

Taste: 진짜 토티야는 콘밀이나 밀가루, 물, 소금으로만 만든다. 옥수수 토티야는 쫄깃하고 약간 뻑뻑한 질감에, 살짝 단맛이 도는 밋밋한 맛이다.

손으로 토티야 반죽을 빚어 뜨거운 번철 위에 놓고 굽는다. ➔

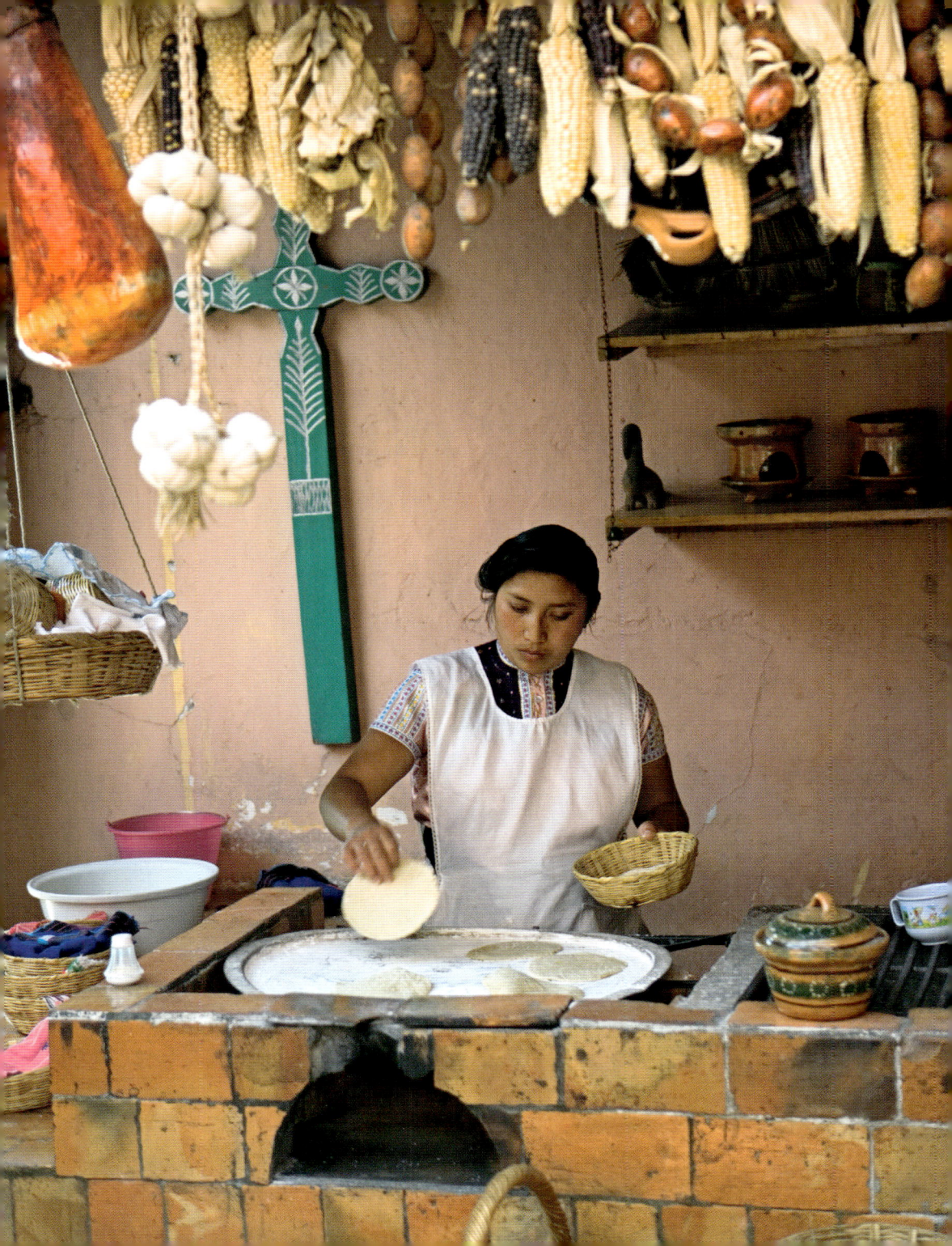

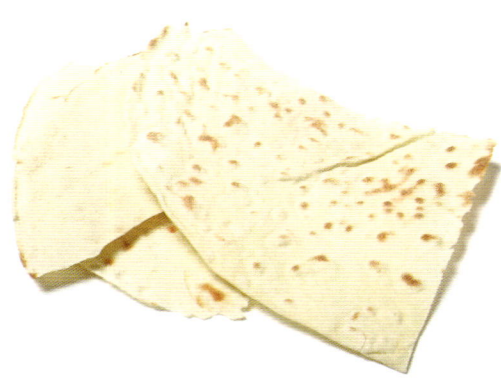

파네 카라사우 Pane Carasau

이 즐거운 사르디니아 플랫브레드는 얼마나 얇은지 '카르타 디 무지카(carta di musica)', 즉 악보용 종이라는 별명으로도 불린다. 오랜 역사를 자랑하는 빵으로, 몇 개월 동안 양떼와 함께 산 속에서 살아야 했던 목동들이 대량으로 먹었다. 그들은 파네 카라사우를 천에 싸서 주머니에 찔러넣었다. 무게가 가벼우므로 길고 외로운 여행길에 가지고 가기에 적합했으며, 몇 가지 안 되는 소중한 식량 중 하나였다. 파네 카라사우는 바삭바삭하고 메마른 질감 덕분에 보관하기에도 아주 좋다. 습기만 피하면 몇 달 동안 두고 먹어도 걱정이 없다.

탐험가들과 은수자들이 아닌 이상 오늘날에는 그렇게 오래 두고 먹을 일은 없지만, 여전히 맛좋고 다재다능한 음식임에는 변함이 없다. 파네 카라사우만 뜯어 먹어도 되고, 올리브유에 적셔서 오븐에 구우면 바삭한 맛이 더욱 두드러지게 된다. 물에 적셔서 속을 넣고 둘둘 말면, 즉석에서 만든 라자냐 속의 파스타와 같은 역할을 한다. 또는 육수에 적셔서 토마토와 페코리노, 그리고 수란(水卵)을 얹으면 환상적인 사르디니아 토착 요리 파네 프라타우(pane frattau)의 주인공이 될 수도 있다. **LF**

Taste: 보통은 깃털처럼 가벼운 원반형에 창백한 양피지 색깔인 파네 카라사우는 기분 좋은, 약간 오톨도톨한 질감에 은근한 짠맛의 바삭함을 지니고 있다.

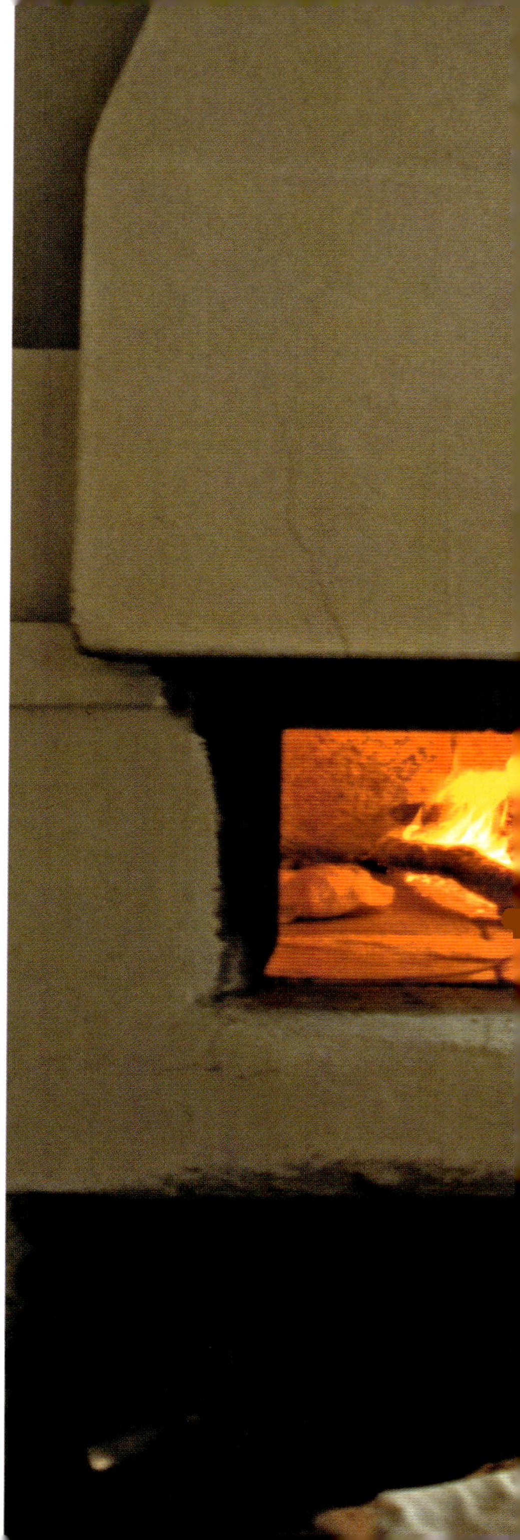

반죽을 오븐 속에서 부풀린 뒤 반으로 쪼갠다. ➡

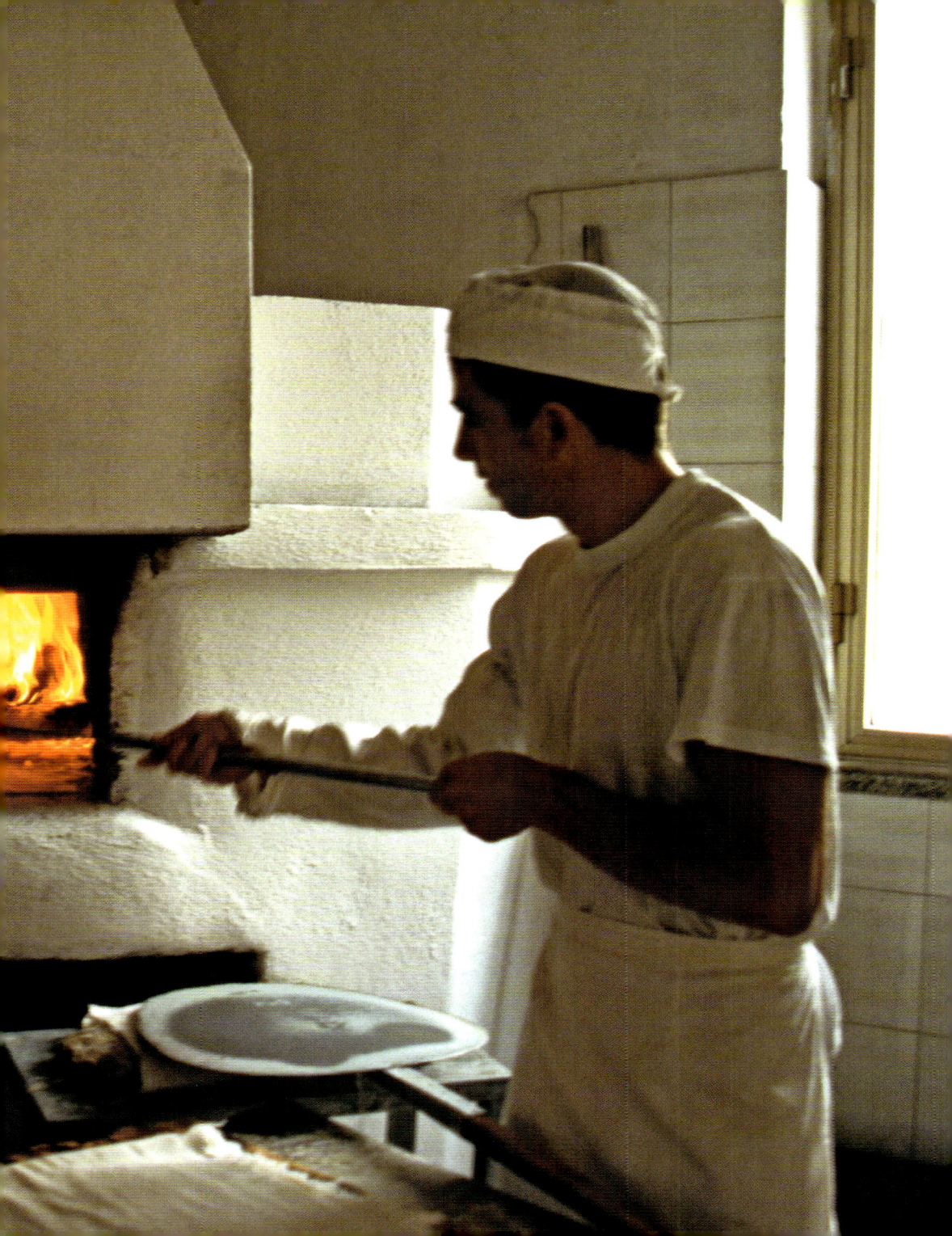

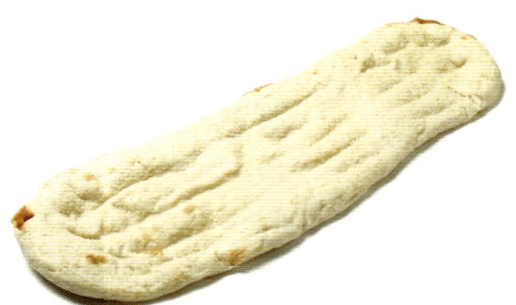

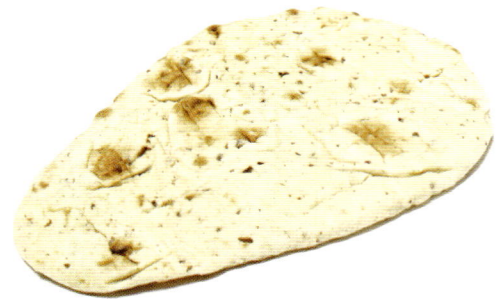

바르바리 Barbari

이 전통적인 페르시아 빵은 이란 전역에서 쉽게 구경할 수 있다. 빵집마다 산더미처럼 쌓여 있는 갓 구운 빵을 사서 집으로 가져가 그 다음 끼니 때 먹는다. 원래 이름 은 난-에-바르바리(nan-e-barbari)로, '바르바르인 들의 빵'이라는 뜻이다. 바르바르인은 이란의 동쪽 국경 가까이에 사는 아프가니스탄 사람들을 가리키며, 이들 이 처음 바르바리 빵을 이란에 전해주었다고 한다.

이란에는 수많은 지역 특산 빵이 있지만, 국민 빵 이라 불릴 만한 플랫브레드는 바르바리를 제외하면 세 가지이다. 산가크(sangak), 라바쉬(lavash), 그리고 타 프툰(taftun)이며, 빵집들은 보통 이 중 하나를 전문으 로 만든다. 바르바리는 플랫브레드 중에서 두 번째로 흔 한 빵이다. 하얀 밀가루나 통밀가루로 만들며, 긴 타원 형에 두께는 약 2.5센티미터, 가볍게 구워내면 희끄무 레한 금빛을 띤다.

굽기 전에 반죽에 긴 쪽 방향으로 홈을 낸다. 전 통적으로 석탄으로 불을 때는 반구형 벽돌 오븐에서 아 주 빠른 시간—5분 안팎—안에 구워낸다. 바르바리 는 아침 식사 때 주로 먹으며, 페타와 비슷한 타브리즈 (tabriz) 치즈와 함께 먹는 것이 인기가 좋다. **SBI**

난 Nan

'난'은 원래 빵이라는 뜻의 페르시아어이지만 지금은 인 도, 파키스탄, 아프가니스탄, 중앙 아시아에서까지 쓰 고 있다. 서양사람들에게는 인도 레스토랑에서 주로 내 는 부풀리지 않은 빵을 의미한다. 납작하게 누른 반죽 을 진흙으로 지은 탄두르 화덕의 벽에 붙여서 익히는데, 구워지는 동안 점점 아래로 처지면서 특유의 물방울 모 양이 생긴다. 반죽에 부피를 더하기 위해 종종 요구르 트와 밀크를 더하기도 한다. 난만 먹을 수도 있고, 기 (ghee, 인도 요리에 사용되는 정제 버터의 일종)를 바르 거나 깨 같은 양념을 뿌려서 먹어도 된다. 때로는 속을 채워서 먹기도 한다. 키마(keema) 난은 다진 고기를, 페 쉬와리(Peshwari)와 카쉬미리(Kashmiri) 난은 견과류 와 건포도를 넣는다. 그러나 그 밖에도 난의 종류는 수 없이 많다. 우즈베키스탄에서는 다진 고기를 채운 고쉬 틀리 난(goshtli nan)과 병아리콩을 넣은 쉬르메이 난 (shirmay nan), 그리고 밀기울로 만든 지리쉬 난(jirish nan)을 먹는다.

이란에서는 난-에-쉬르(nan-e-shir)라는 달콤 한 난을 만든다. 어떻게 만들든지, 난은 중앙 아시아와 남아시아의 기본 식량으로, 보통 조각조각 잘라 음식을 떠서 먹는다. **SBI**

Taste: 바삭바삭한 황금빛으로 종종 겉에 소금이나 깨를 쳐서 먹는 바르바리는 부드럽고 말랑말랑하다.

Taste: 맛과 질감은 다양하지만, 인도에서 먹는 것과 같은 아무 것도 첨가하지 않은 고전적인 난은 살짝 스모키한 향미를 지니고 있으며 겉은 바삭거리고 안은 부드럽다.

펼쳐놓은 난 반죽을 화덕의 진흙 벽에 찰싹 때려 붙이고,
열기가 새어나가지 않도록 뚜껑을 덮는다. ➲

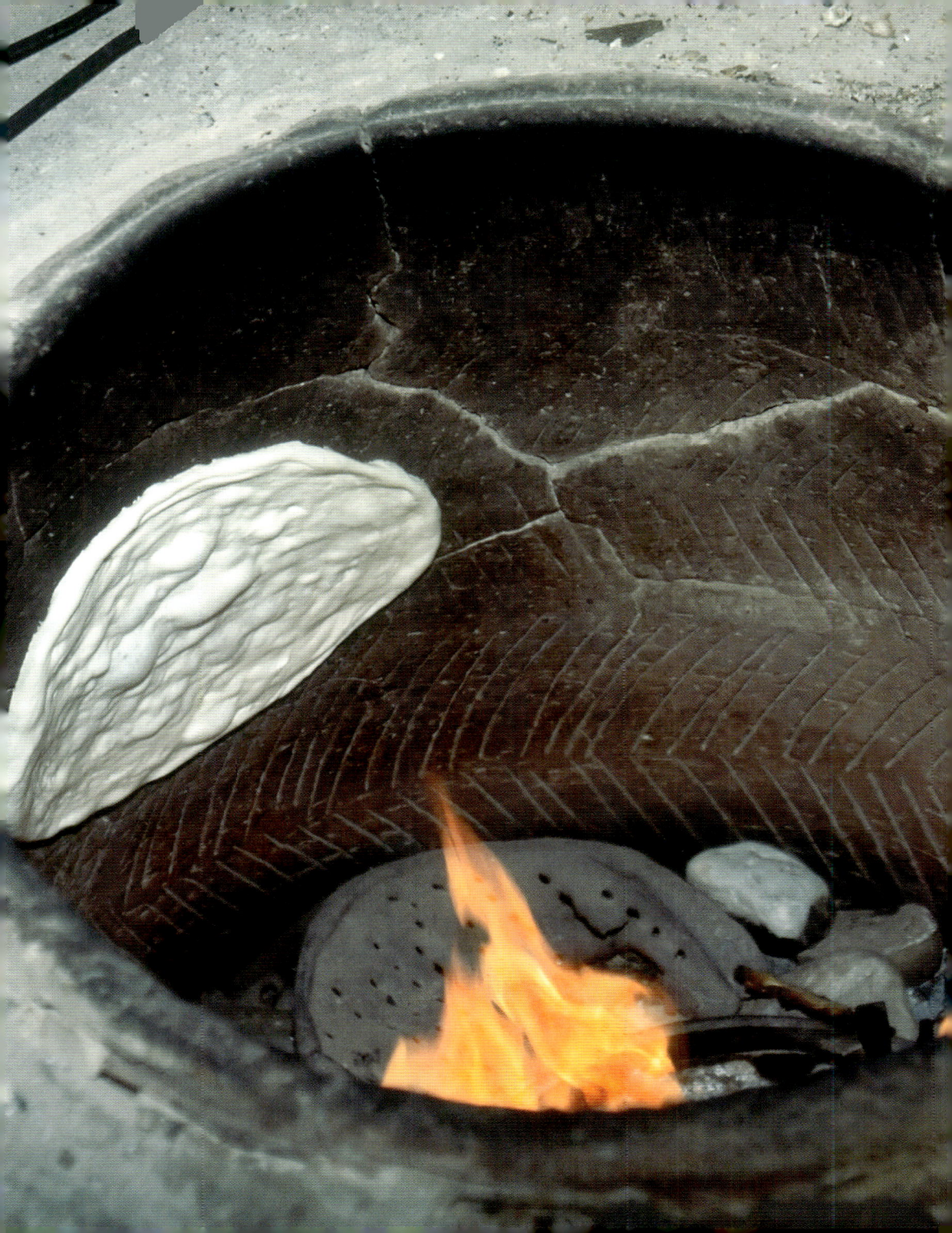

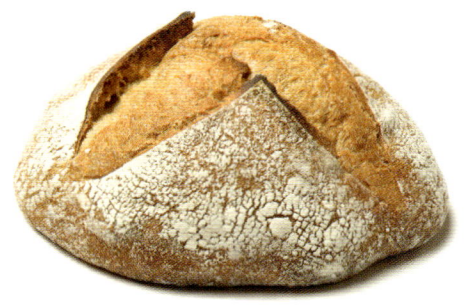

샌프란시스코 사워도우
San Francisco Sourdough

거의 금문교만큼이나 유명한 샌프란시스코의 상징인 사워도우 빵은 1849년, '골드 러쉬어'들이 밀려들어오고 빵집이 크게 늘어나면서 유명해지기 시작했다. 제빵용 효모(이스트)가 발명되기 전인 이 시대에 빵을 부풀려 구우려면 '첫반죽(starter)'이 필요했다. 즉 물과 밀가루로 만들어 발효시킨 반죽을 한번에 다 구워내지 않고 조금 남겨두었다가 그 다음 번 반죽을 만들 때 섞는 것이다. 부풀려 구운 빵은 아마도 수천년 전에 이집트인들이 우연히 발견한 것 같다.

샌프란시스코로 온 빵장이들은 자신들이 구운 빵에서 어딘가 다르고 정의할 수 없는 맛이 난다는 것을 알아차렸다. 누구는 그것이 샌프란시스코의 안개 때문이라고 했다. 누구는 인근의 포도 재배 지역에서 가져온 야생 효모 때문에 빵 맛이 바뀐 것이라고 의심했다. 그들이 붙인 사워도우(시큼한 반죽)라는 이름이 그대로 오늘날까지 살아남은 것이다. 샌프란시스코는 물론 다른 지역에도 사워도우를 만드는 빵집은 많지만, 진짜 원조 샌프란시스코 사워도우는 프랑스의 부댕 가에서 만든다. 이 전설적인 빵집에서는 1849년에 처음 만들어진 '첫반죽'으로부터 오늘날까지 이어져내려오는 사워도우 빵을 만든다. **SH**

Taste: 사워도우 빵은 살짝 시큼하면서도 밀 맛이 난다. 덕분에 해산물 스튜에 찍어 먹으면 정말 근사하다. 쫄깃한 껍질과 단단한 질감을 지니고 있다.

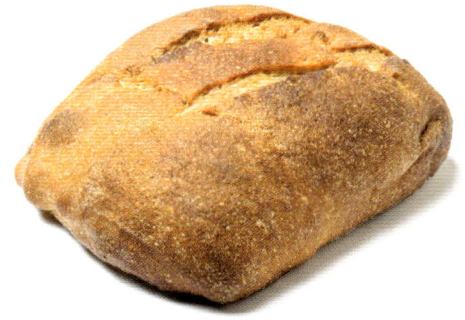

팽 오 르뱅 나튀렐
Pain au Levain Naturel

팽 오 르뱅은 시판하는 이스트가 아닌 발효시킨 '첫반죽'으로 만드는 맛좋고 기세좋은 사워도우 빵이다. 기원전 2,300년경 이집트인들이 덮어 두지 않고 며칠 동안 내버려둔 반죽이 부풀어오르기 시작하는 것(아마도 공기 중의 효모 포자에 감염된 결과)을 발견하면서 우연히 최초의 부풀려 구운 빵을 만들기 시작한 것으로 알려져 있다. 그들은 아랑곳하지 않고 이 반죽으로 빵을 만들어 구웠고, 그 결과 환상적으로 가벼운 빵이 탄생했다. 시판하는 이스트로는 한두 시간이면 빵을 부풀릴 수 있지만, 자연적으로 부풀리려면 훨씬 많은 시간이 걸린다. '첫반죽'에 통밀가루와 소금을 섞으면, 이산화탄소가 생성되면서 발효가 시작된다. 반죽이 천천히 부풀어오르면서 맛있는 고풍스러운 풍미를 내게 된다.

푸알란(Poilâne)이라는 이름은 팽 오 르뱅 나튀렐과는 거의 동의어와 같다. 1932년 피에르 폴리안은 파리에 빵집을 열고 맷돌에 간 밀가루와 자연 발효, 그리고 나무를 때는 오븐을 사용하여 빵을 굽기 시작했다. 천천히, 그러나 확고하게, 그는 한때는 시골에서나 먹는 빵이었던 사워도우를 진정한 사치품으로 변신시켰다. 그의 작품은 오늘날에도 전 세계에서 팔리고 있다. **LF**

Taste: 쫀쫀하고, 쫄깃쫄깃하고, 향긋하다. 두꺼운 황금빛 겉껍질의 팽 오 르뱅 나튀렐은 기분좋은 시큼한 맛으로 짭짤한 요리나 달콤한 음식 모두에 잘 어울린다.

파리에 있는 푸알란 빵집에서는 각각의 빵마다 트레이드마크인 구부러진 머릿글자 "P"를 새겨넣는다. ➡

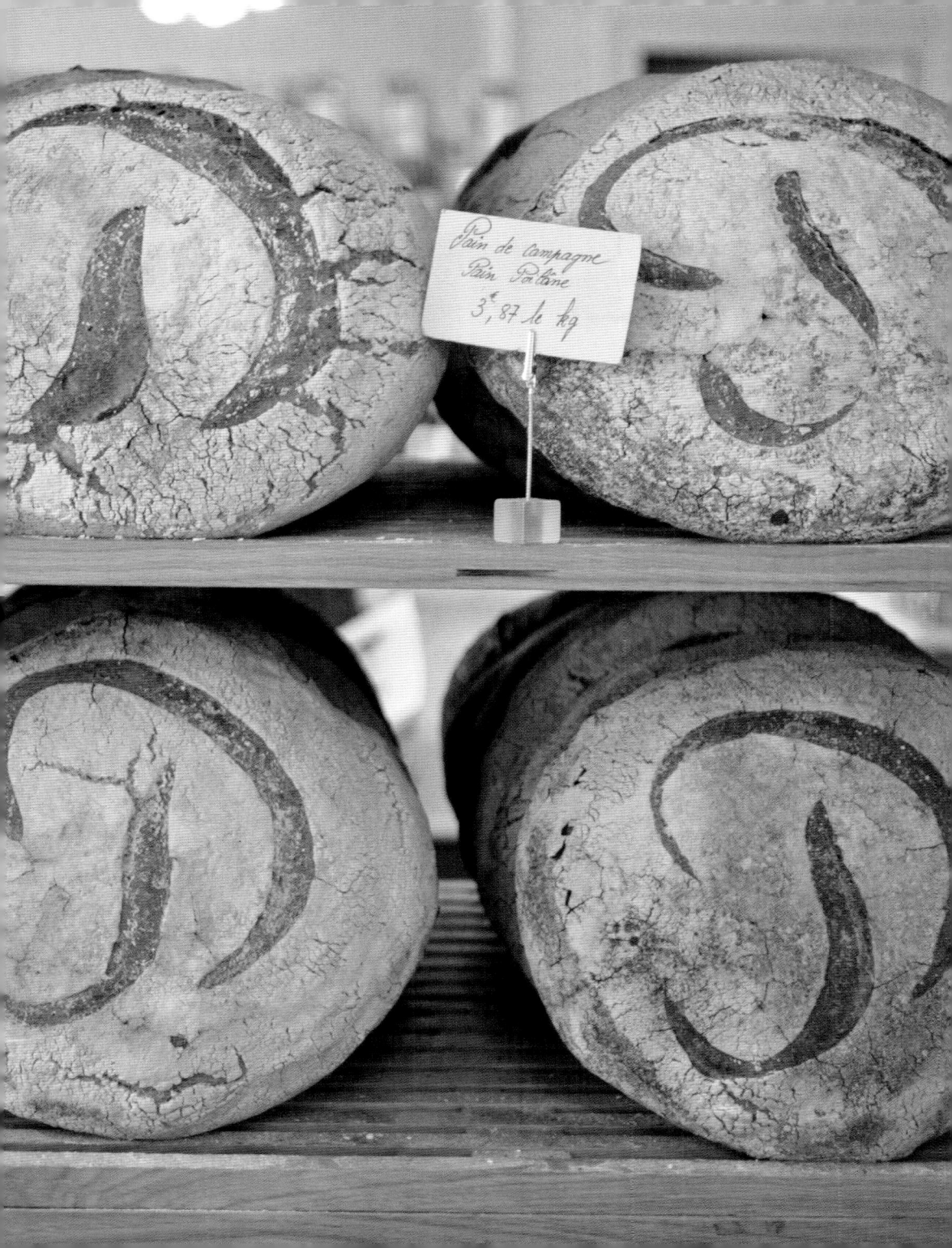

Pain de Campagne
Pain Poilâne
3,^e 87 le kg

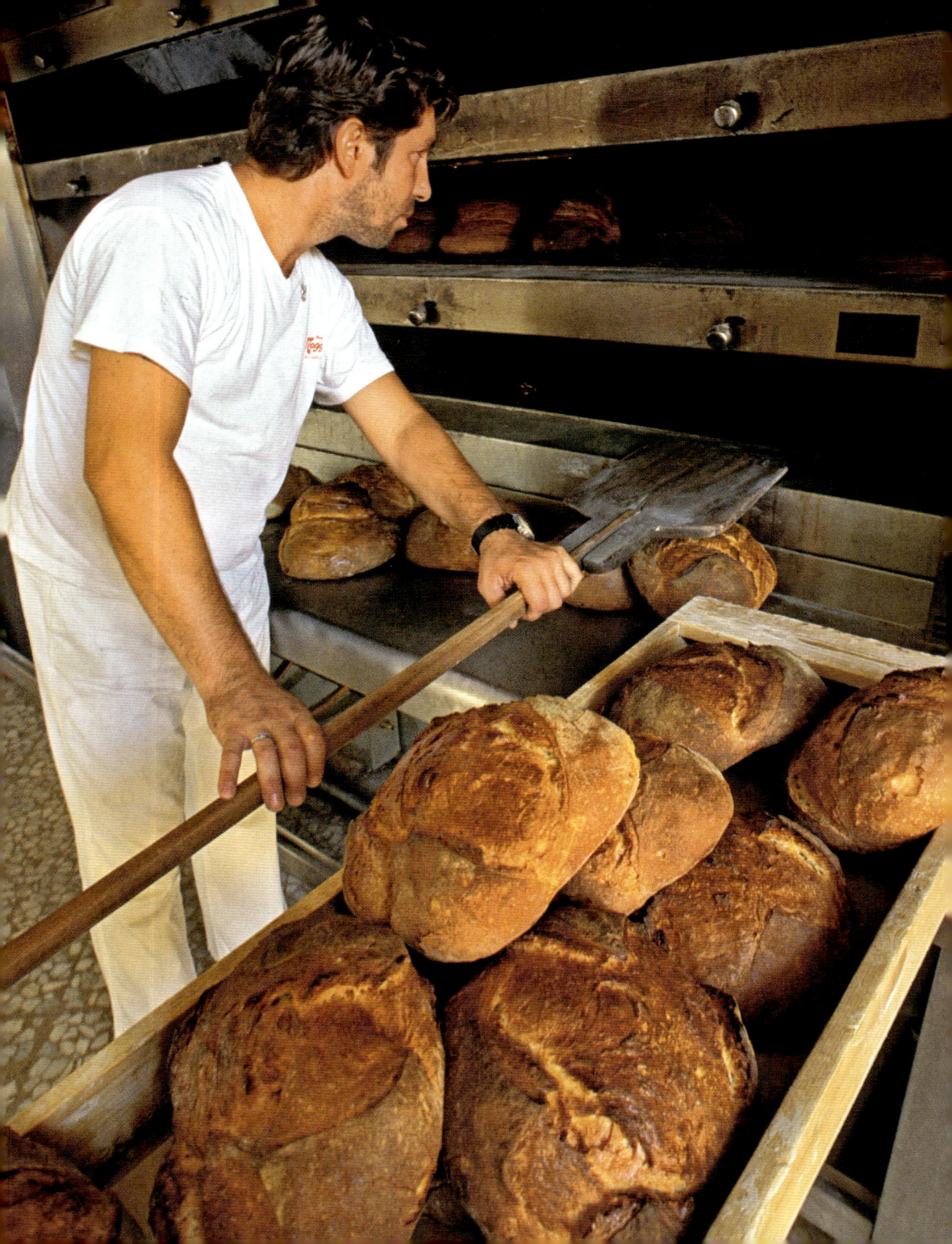

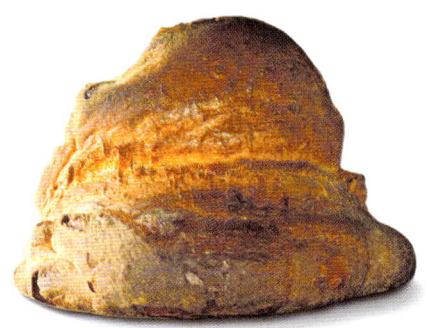

파네 디 알타무라 Pane di Altamura

파네 디 알타무라(DOP)는 특유의 밀짚 색깔 속살을 품은, 바삭바삭하고 향긋한, 그야말로 환상적인 빵이다. 이탈리아 풀리아 지방 알타 무르지아에서, 특정한 품종의 듀럼 밀—마카로니 밀이라고도 한다—을 빻은 가루로 엄격한 기준에 따라 만든다.

파네 디 알타무라는 발효시킨 '첫반죽'을 사용하여, 일설에 따르면 기원전 1세기부터 전해 내려온다는 방법대로 만드는 부풀린 빵이다. 이 무렵 활약한 로마의 시인 호라티우스는 「풍자시」에서 이 지역의 빵을 찬미하기도 했다. 전통적으르 가정에서 반죽을 만들고, 개고, 커다란 덩어리로 빚어서 마을의 공공 화덕에서 굽는다. 각각의 덩어리에는 가장의 이름 머릿글자를 새겨서 꺼냈을 때 어느 집 빵인지 금방 알아볼 수 있도록 했다.

이탈리아의 산지와 구릉지대에서 전통 방식대로 만드는 많은 빵들처럼 파네 디 알타무라도 보관성이 좋다. 알타 무르지아의 언덕 위에 드문드문 외따로이 떨어져 있는 농가에서 살면서 일하는 농부들과 목동들에게는 무엇보다도 중요한 요소였기 때문이다. 먹기 직전에 살짝 끓는 물에 담갔다가 올리브유와 소금을 쳐서 먹는다. **LF**

소다 브레드 Soda Bread

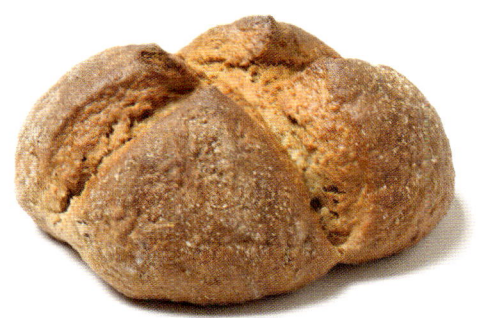

아일랜드 식탁에서 없어서는 안 되는 필수품이자, 진수성찬의 전령이기도 한 소다 브레드의 역사는 의외로 짧다. 산패유(사워밀크)나 버터밀크와 반응하여 빵을 부풀리는 작용을 하는 탄산수소나트륨(베이킹 소다)은 아일랜드에서는 19세기 초에서 중반에나 구할 수 있었다. 처음에는 뚜껑 덮은 주물 냄비(바스터블(bastible))에 넣어 불 위에서 구웠다.

소다 브레드는 전통적으로 둥근 모양이며, 한가운데에 깊이 십자 모양으로 파서 '축복'을 한다. 많은 아일랜드 요리사들은 이렇게 해서 생긴 네 부분의 바둑판 모양을 각각 칼로 찍어 "요정을 내쫓는다." 그렇게 하지 않으면 빵에 재수가 옴 붙는다고 믿기 때문이다.

최고급 소다 브레드는 아일랜드 밀가루—흰 밀가루여도 좋고, 갈색 밀가루와 흰 밀가루를 섞은 것이어도 좋다—로 만들어야 하며, 부드럽기로 유명하다. 만들어진 당일에 먹어야 한다. 만들기는 쉽지만 (반죽을 따로 할 필요가 없다) 막 새로 만들어낸 소다 브레드는 집주인의 호의를 보여주는 상징이기도 하다. 말린 과일이나 초콜릿처럼 비교적 비싼 재료를 넣은 변형도 있다(말린 과일을 넣은 것은 '스포티 도그(spotty dog)', 즉 점박이 개라고 부른다). 크기가 작은 소다 스콘도 있다. **ES**

Taste: 파네 디 알타무르는 맛좋은 바삭바삭한 겉껍질과, 잘 균형잡힌 고른 속살을 지니고 있다. 좋은 엑스트라 버진 올리브유와 소금을 곁들이면 밀의 독특한 풍미를 이끌어낼 수 있다.

Taste: 살짝 온기가 남아 있을 때 아일랜드 가염 버터를 발라 먹는 게 가장 맛있다. 속은 꽉 차 있지만 무겁지는 않으며, 겉은 바삭바삭하다. 산패유나 버터밀크는 희미하게 짜릿한 신맛을 이끌어낸다.

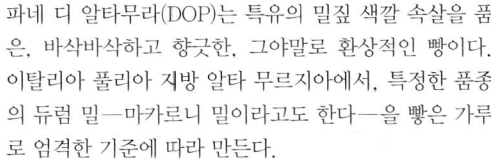
파네 디 알타무라는 돌 화덕에서 구워야 제맛이며 겉껍질의 두께가 적어도 3밀리미터는 되어야 한다.

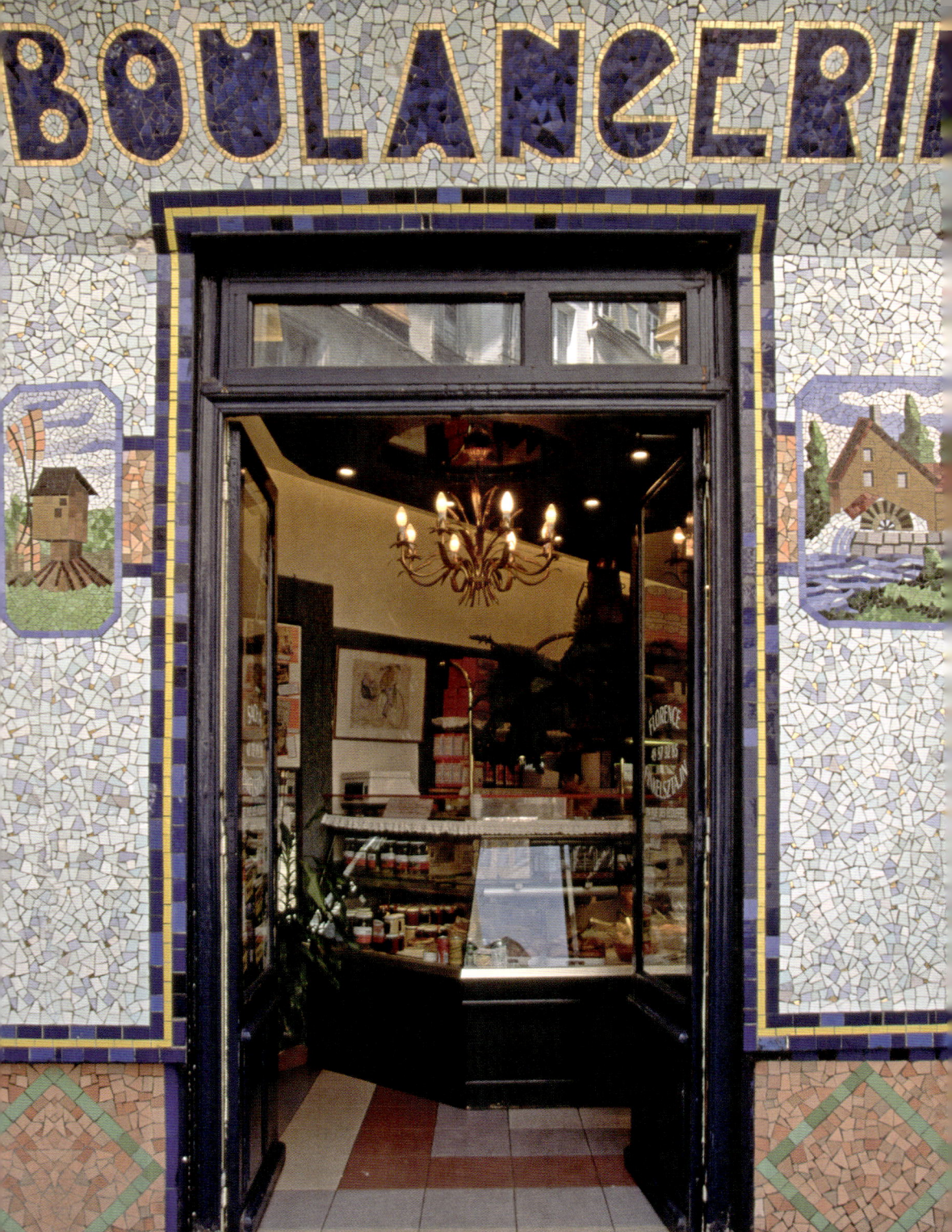

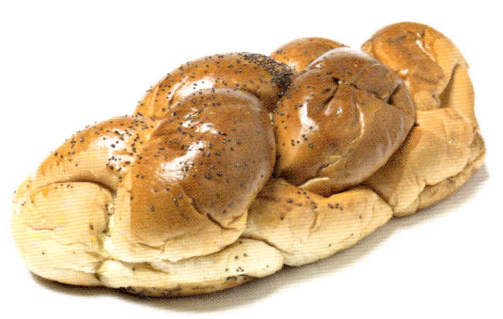

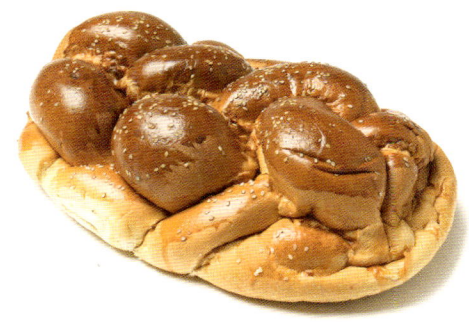

찰라 Challah

찰라는 유태인들의 전통적인 안식일 빵이다. 흰 밀가루에 달걀을 여러 개 풀어넣고 살짝 단맛을 낸 반죽을 땋고, 시럽을 바르고, 깨나 양귀비 씨를 뿌린 뒤 오븐에 넣어 구워낸다. 안식일의 세 끼 식사에 한 번에 두 덩어리씩 내놓는다. 두 덩어리의 빵은 성경에 나오는 만나를 두 배로 올린 것을 상징한다. 만나는 이스라엘 인들이 광야를 헤매던 엿새째 날, 하늘에서 떨어져 그날과 다음 날인 안식일에 먹을 수 있었던 음식이다.

몇몇 축일이나 축제 때는 다른 모양으로 만들 수도 있다. 로쉬 하샤나(유태인들의 신년)에는 둥근 모양이나 왕관 모양으로 만든다. 각각의 작은 찰라 롤은 불카(boulka)라고 부르며, 결혼식 피로연에서 주로 내는데, 둥근 모양, 땋은 모양, 나선 모양 등으로 만든다. 세파르디—이베리아 반도에서 기원한 유태인의 한 갈래로, 15세기 말 스페인과 포르투갈의 유태인 추방령으로 인해 이산하였다—전통을 따른 고전적인 안식일 빵 가운데에는 알제리 유태인들이 만드는 속에 잼을 넣은 모우나(mouna)와 예멘 유태인들이 만드는 돌돌 감아서 쪄낸 아침식사용 쿠바네(kubaneh)가 있다. **SBI**

부터촙프 Butterzopf

찰라와 생김새가 비슷한 부터촙프는 스위스에서 유래한, 땋은 모양의 버터 빵이다. 스위스 중서부 베른 주의 에멘탈 계곡의 농장에서 처음 생산한 것으로 알려져 있다. 단순히 '춥페(zupfe)' 또는 '촙프(zopf)'라고도 부르는데, 촙프란 독일어로 '땋은 머리'라는 뜻이다. 부터촙프는 보통 일요일에 아침식사나 브런치로 먹으며, 버터, 과일 잼, 치즈 등과 함께 먹는다.

부터촙프는 빵집에서도 팔지만 주로 가정에서 만들어 먹는다. 이 풍성한 빵은 90퍼센트의 흰 밀가루에 10퍼센트의 흰 스펠트 가루를 섞은 '촙프 가루'로 만든다. 그 밖에 버터, 우유, 달걀, 소금, 이스트가 들어간다. 때에 따라 키르쉬나 씨 없는 술타나 포도, 견과류, 해바라기 씨, 다크 초콜렛 칩 등을 넣기도 한다. 뜨겁게 녹인 버터를 사용하며, 땋기 위해 두 가닥이나 네 가닥으로 나누기 전에 부피가 두 배로 부풀도록 한동안 그대로 둔다. 그런 다음 30분에서 한 시간 정도 천으로 덮어 둔다. 빵을 굽기 전에 반죽에 달걀 노른자를 칠해 반짝이는 황금빛 겉껍질을 얻는다. **CK**

Taste: 부드럽고, 달콤하고, 연한 찰라는 맛이나 질감이 프랑스의 브리오슈와 크게 다르지 않다. 다만 맨 위에 뿌리는 씨에 따라 약간 다른 맛이 날 수 있다.

Taste: 부터촙프 빵은 매우 풍성한 흰 빵으로, 속 질감은 가볍고 겉은 바삭바삭하다. 오븐에서 막 꺼낸 따끈따끈한 빵에 잼이나 벌꿀을 발라 먹는 것이 가장 맛있다.

프랑스의 유태인 빵집에서 파는 코셔 찰라는
유제품 재료를 사용하지 않고 만든다.

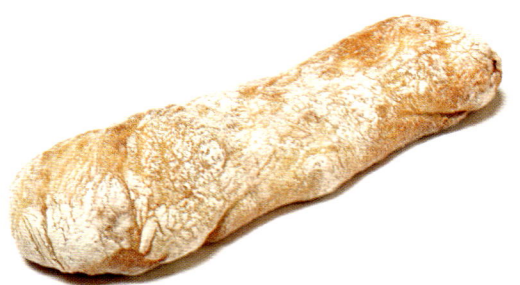

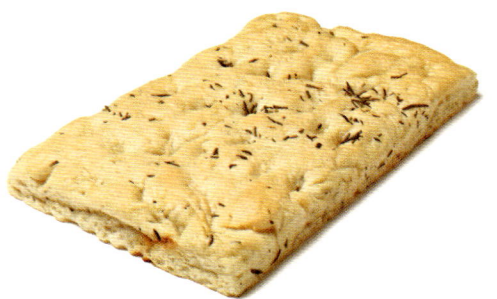

치아바타 Ciabatta

치아바타는 해외에서 가장 널리 알려져 있는 이탈리아 빵 가운데 하나이다. 직역하면 '슬리퍼'라는 뜻인데, 실제로도 납작하고 길게 늘어놓은 슬리퍼를 닮았다. 겉껍질은 바삭바삭하며, 질감은 쫄깃하고 종종 구멍이 숭숭 뚫려 있다.

이탈리아에서는 흔히 있는 일이지만, 치아바타 레시피는 지방마다 다르다. 그러나 대부분은 흰 밀가루에 '비가(biga)'라고 부르는 발효시킨 첫반죽을 섞어서 만든다. 비가는 수천 년 동안 이탈리아에서 빵을 부풀리는 데 쓰여왔다. 보통 비가를 사용하여 만든 빵은 촉촉하고 구멍이 뚫려 있는 걸에, 맛있게 두드러지는 향미가 특징이다. 오늘날에는 완전히 패셔너블한 음식에 드는 이 빵은 그러나 아이러니컬하게도 한때는 가난한 이들의 식량이었다. 제2차 세계대전 직후 곡물 부족으로 인해 최상류 부유층이 아니고서는 흰 밀가루 반죽은 구경도 할 수 없었다. 빵을 만들 때마다 조금씩 남은 반죽을 슬리퍼 모양으로 늘여서 치아바타가 탄생하게 되었다.

좋은 이탈리아 치즈나 소금에 절인 고기와 함께 따끈따끈한 치아바타를 내면 최고지만, 좋은 엑스트라 버진 올리브유와 함께 먹어도 좋다. **LF**

포카치아 Focaccia

치아바타처럼 포카치아도 세계적으로 유명해진 이탈리아 전통 빵이다. 그러나 포카치아는 오븐이 발명되기도 전에 태어난 빵이다. 피자의 전조 격인 포카치아는 이탈리아에서 가장 오래된 빵 종류 중 하나이며, 에트루리아인들이 처음 만든 것으로 알려져 있다. 최초의 포카치아는 밀가루, 물, 소금으로 만든, 부풀리지 않은 플랫브레드였다. 이렇듯 들어가는 재료가 간단하기 때문에 불만 있으면 언제 어디서든 구워 먹을 수 있었으며, 주로 집 안의 화덕에서 만들어 먹었다. 판판한 돌 위에 반죽을 놓고 누른 뒤, 뜨거운 재에 묻어 구웠기 때문에 라틴어로 '파니스 포카치우스(panis focacius)', 즉 '화덕 빵'이라는 이름이 붙었다.

수세기에 걸쳐 포카치아 레시피는 더욱 정교해졌다. 오늘날에는 보통 이스트를 더하며, 기본적인 반죽에는 올리브유가 들어간다. 또한 허브, 베이컨, 치즈, 그 밖의 재료와 함께 굽는다. 고향인 이탈리아에서 포카치아 하면 보통 제노바를 떠올리는데, 제노바에서는 포카치아 대신 제노바 피자(Pizza Genovese)라고 부르며, 얇게 썰어서 재빨리 볶은 양파를 얹어 먹는다. 볼로냐 인근에서는 크레센티나(crescentina), 토스카나와 이탈리아 중부 일대에서는 '스키아치아타(schiacciata)'라고 부른다. **LF**

Taste: 장인의 솜씨가 발휘된 치아바타는 바삭바삭한 황금빛 겉껍질에, 기분 좋게 쫄깃쫄깃하면서도 구멍이 숭숭 뚫려 있는 속. 그리고 거의 샴페인을 연상시키는 미묘한 이스트 향을 지니고 있다.

Taste: 가장 유명한 포카치아는 잔물결 모양으로 옴폭옴폭 들어간, 살짝 짭짤한 황금빛 겉껍질에 부드러운 속살을 지니고 있다. 그러나 질감은 지방마다 다양하며, 향미도 어떤 재료를 쓰느냐에 따라 달라진다.

굽기 전에 포카치아 반죽에 금을 내고 허브나 다른 재료들을 채워 넣기도 한다. ➲

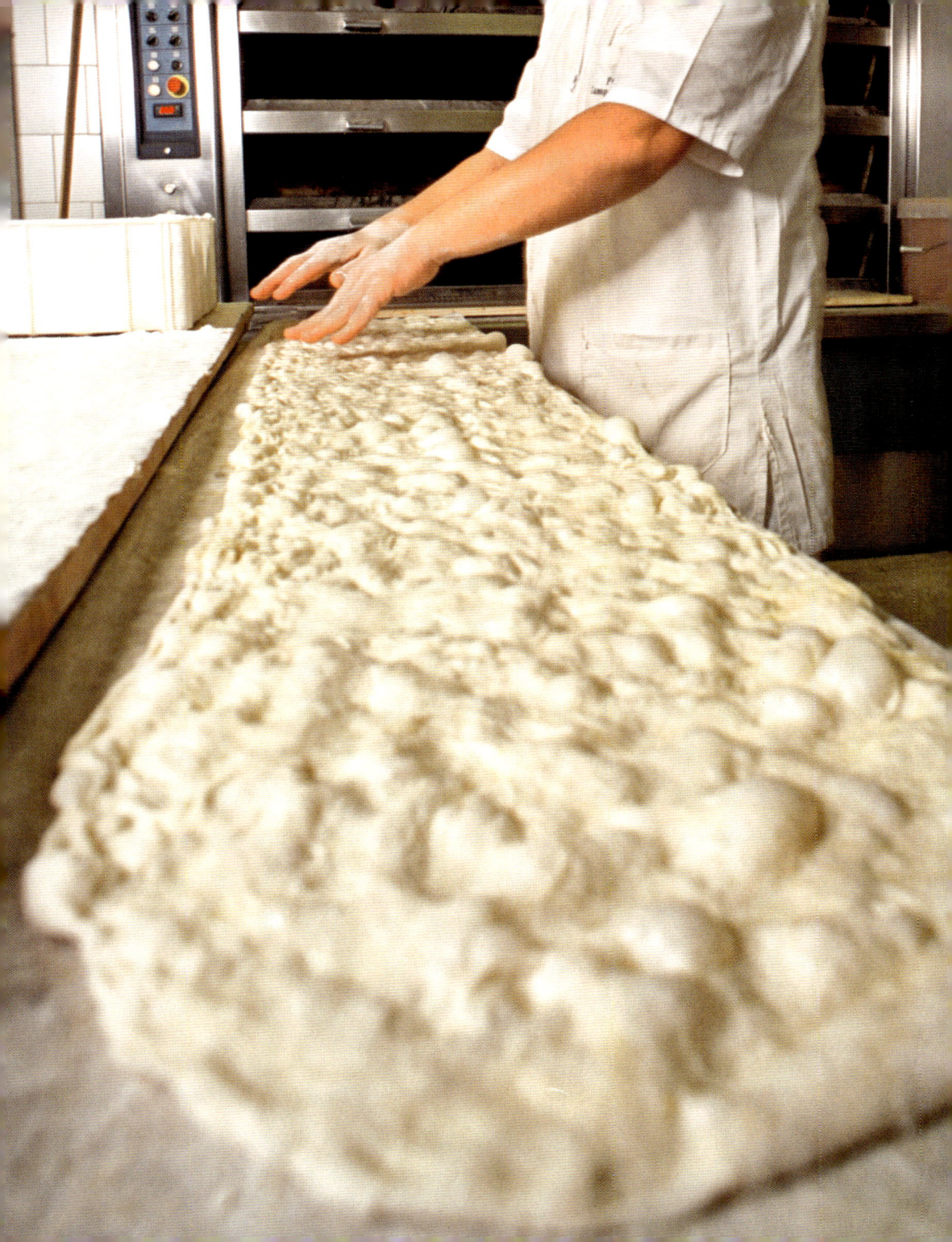

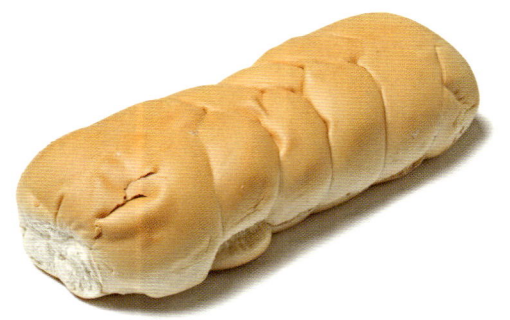

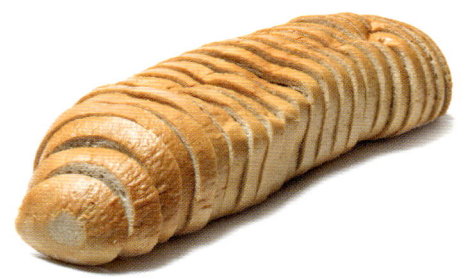

하도우 Hardough

이 고전적인 빵—보통 자메이카 빵이라고 알려져 있다—은 카리브해의 섬나라들에서 가장 인기있는 빵이다. 흰 밀가루로 만든 단순한 하얀 빵으로 양철 빵틀에서 구워내거나 혹은 반죽을 땋아서 만들기도 한다. 뻑뻑하고 쫄깃쫄깃한 질감에, 살짝 단맛이 돌며, 부드럽고 희미한 황금빛 겉껍질에 싸여 있다. 카리브해 외부 세계에서는 카리브해 이주민들이 많이 사는 미국과 영국에서 찾아볼 수 있다.

한 덩어리를 통째로 팔기도 하고 작은 덩어리로 잘라서 팔기도 한다. 하도우는 부스러지지도 않고 버터를 바르거나 수프, 스튜 같은 젖은 음식을 곁들여도 푹 젖어버리지 않는 단단한 질감으로 인기가 좋다. 카리브해에서는 밀이 필수 식량 곡물이 아니기 때문에, 수입 밀을 갈아서 빵이나 다른 식품을 만든다는 사실을 눈여겨둘 필요가 있다.

캐리비언 번(Caribbean bun)도 질감은 뻑뻑하지만 그보다 약간 더 끈끈하고, 당밀, 올스파이스, 촉촉한 건과일을 더하기 때문에 색깔은 더 짙으며, 덕분에 특유의 향미가 생긴다. **SBI**

림파 빵 Limpa Bread

림파 빵은 색깔이 짙고, 달콤하고, 맛있는 향기가 담뿍 배어 있는 빵으로, 스웨덴 호밀빵이라고도 부른다. 당밀, 아니스, 회향 씨, 그리고 오렌지 껍질 등으로 향미를 낸다. 크게 보르트 림파(vort limpa)와 스톡홀름 림파(Stockholm limpa)의 두 종류로 나뉜다. 보르트 림파는 가벼운 호밀 가루로 만드는 흰 밀가루와 호밀 가루를 섞어서 만들며, 스톡홀름 림파는 오븐에서 구워낸 뒤 종종 버터를 칠해서 부드럽고 향이 좋은 겉껍질이 매력적이다.

림파 빵의 기원에 대해서는 알려진 것이 별로 없지만, 호밀은 수천 년의 역사를 거슬러 올라간다. 고대 그리스인과 로마인들은 대체로 호밀을 기피했으며, 호밀은 곧 빈곤과 동의어였다. 호밀은 그러나 스칸디나비아와 동유럽에 널리 퍼졌으며, 요리에서도 오랫동안 높은 평가를 받아왔다.

스웨덴 요리는 보존과 저장의 필요성에 특히 초점이 맞춰져 있다. 여름이 짧은 반면 겨울은 길고 혹독하므로, 피클이나 조림 음식을 즐겨 만들며, 호밀빵을 서서히 덩어리로 구워 장시간 두고 먹는다. 아이러니컬한 점은 림파 빵이 너무나 맛있기 때문에 오래 보관할 만한 기회가 별로 없다는 사실이다. **LF**

Taste: 하도우는 단단하고 촉촉하며, 결이 촘촘하기 때문에 샌드위치를 만들거나 생선 요리, 수프 등 카리브해 전통 음식과 곁들여 내기에 아주 좋다.

Taste: 향긋하고, 색이 진하고, 달콤한 림파 빵은 촘촘한 쫄깃함과 환상적인 조화의 스파이시함을 지니고 있다. 버터와 링곤베리 잼을 발라서 먹어보자.

스톡홀름의 티스카 퀴르카에 있는 1909년작 스테인드 글라스. 빵을 자르기 전에 한 가족이 기도를 드리고 있다. ➡

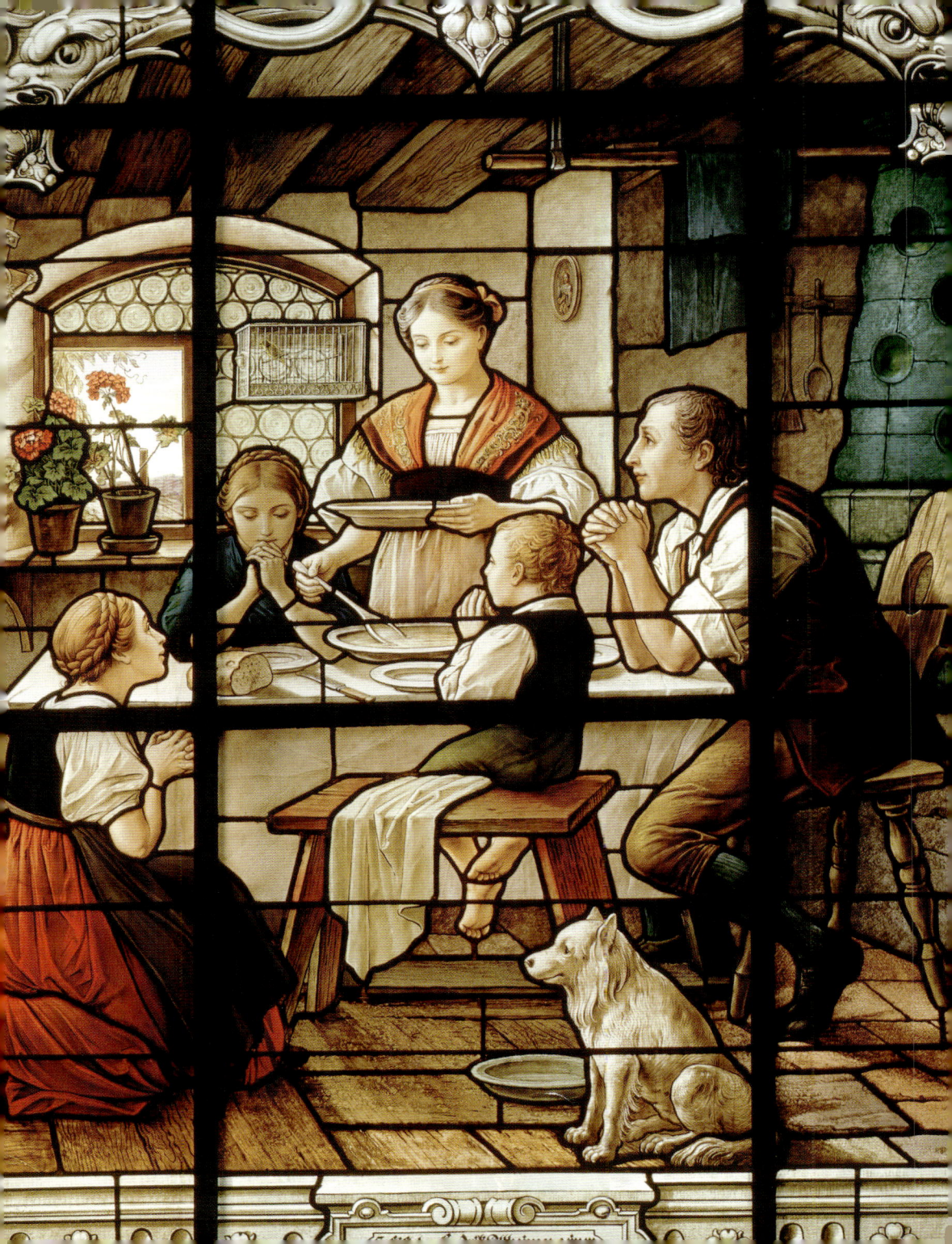

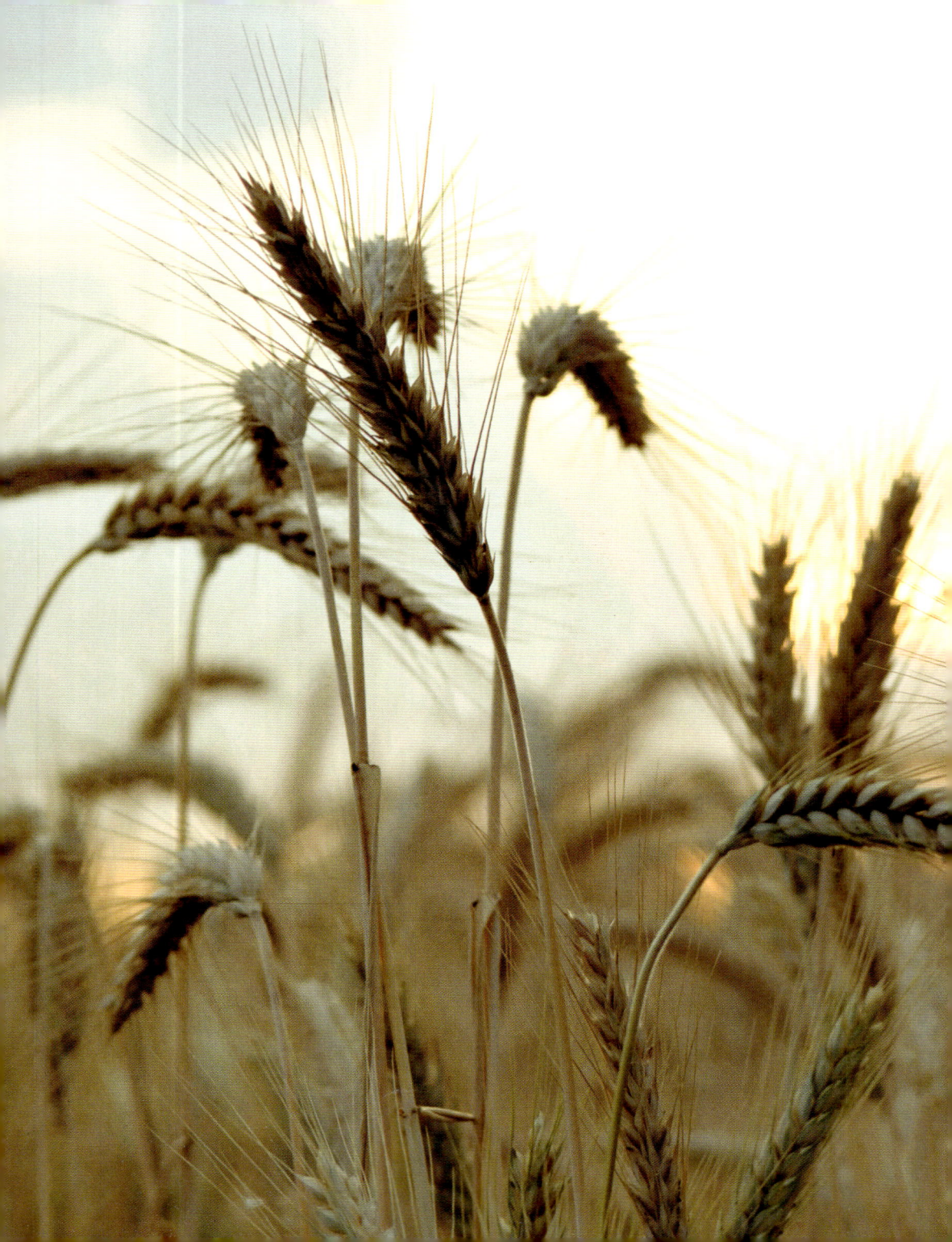

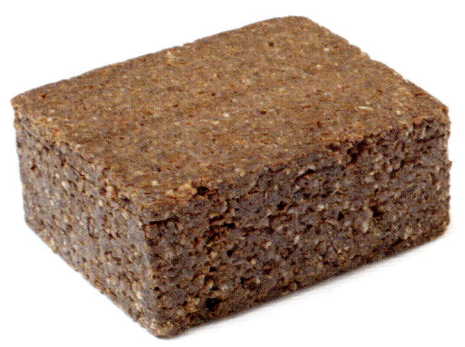

품퍼니켈 Pumpernickel

품퍼니켈은 독일 베스트팔렌 지방에서 기원한 통호밀 빵의 일종이다. 색깔이 어둡고 결이 촘촘한 흔치 않은 빵으로, 자르면 작고 견고한 코르크 타일처럼 보이지만 놀랄 만큼 맛이 좋다. 캐비어나 훈제 연어 같은 사치스런 해산물과 특히 잘 어울리며, 그 때문에 오르되브르 등의 베이스로 쓰이는 경우가 많다. 당밀이나 캐러멜 색깔을 띠는 몇몇 비슷하게 흉내낸 빵들과는 달리 진짜 전통 품퍼니켈은 화학 반응으로 인해 거의 검정에 가까운 어두운 색깔을 띤다. 오랜 시간 동안 서서히 구워냄으로서 이런 색깔을 얻는다(품퍼니켈은 거의 24시간까지 굽거나 쪄낸다).

베스트팔렌 지방의 모래흙은 호밀이 잘 자라기에 좋은 땅이다. 그런 다음 거칠게 갈아서 굵은 가루로 만든 뒤, 속을 파낸 나무 그루터기에 넣고 말랑말랑해질 때까지 맨발로 밟아서 반죽한다. 50킬로그램이 넘는 무거운 덩어리를 커다란 오븐에 넣고 구워낸다. 요즈음에는 발로 밟지 않고 기계를 사용하지만, 품퍼니켈의 독특한 개성은 변치 않고 남아 있다. **LF**

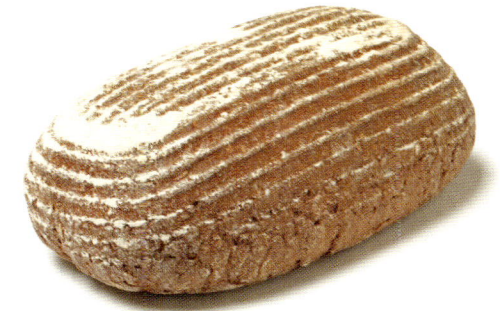

로겐폴콘브로트 Roggenvollkornbrot

로겐폴콘브로트는 사워도우 첫반죽을 사용하여 만드는 독일의 통호밀빵이다. 매우 영양가가 높으며, 무겁고 촘촘한 질감에 코를 찌르는 시큼한 향미를 지니고 있다. 익숙해지기 전에는 맛들이기가 쉽지 않은 빵이지만, 잼이나 벌꿀 같이 달콤한 음식과 곁들이면 좋은 균형을 이루며, 훈제 연어나 장어 같은 기름진 생선 토핑을 올려 카나페를 만들면 환상적인 베이스가 된다. 캐비어와의 궁합은 한 마디로 더 말할 필요도 없다.

로겐폴콘브로트는 다이어트를 하고 싶어 하는 사람들에게 좋은 빵인데, 소화에 오랜 시간이 걸리며 유난히 포만감이 크기 때문이다. 독일에는 워낙 맛있는 빵이 많지만, 호밀빵 종류는 언제나 인기 조사에서 상위를 달린다. 품퍼니켈처럼 솜씨 좋은 빵 장인이 구운 로겐폴콘브로트는 열을 가했을 때 자연적으로 일어나는 화학 작용으로 인해 검은 빛을 띤다. 빵으로 토스트를 만들면 색깔이 갈색으로 변하는 것과 같은 이치이다. 공장에서 만든 것은 아무래도 질이 떨어지는데, 보통 훨씬 짧은 시간 동안 구워내며, 따라서 사탕무와 캐러멜 시럽을 써서 향미와 색깔을 낸다. **LF**

Taste: 비터 초콜릿이 희미하게 느껴지고, 약간 시큼한 풍미가 감도는 독일 품퍼니켈은 크고, 거칠고, 원기 왕성한 향미를 지니고 있어 짭짤한 햄이나 기름진 생선, 맥주 등과 잘 어울린다.

Taste: 로겐폴콘브로트는 흙 냄새와 시큼한 향미에 희미하게 달콤한 뒷맛이 균형을 이루고 있다. 기름진 생선, 크리미한 치즈, 달콤한 과일 조림 등과 함께 먹으면 맛있다.

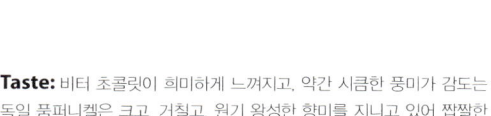

호밀빵은 북유럽 국가들에서 흔히 먹는데, 이는 호밀이 한랭한 위도에서 잘 자라기 때문이다.

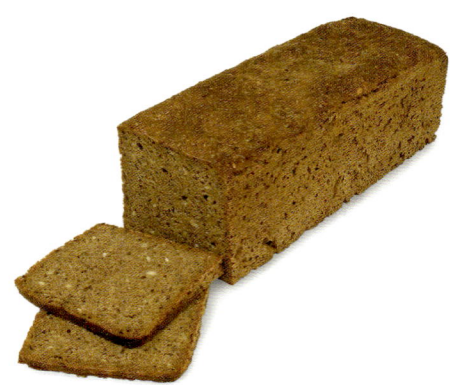

룩브라우트 Rúgbraud

당밀이 듬뿍 들어 있고 푸석푸석한 질감의 룩브라우트는 아이슬란드의 검은 호밀빵이다. '더운 봄 빵'이라는 별칭이 붙어 있는 이 빵이 독특한 이유는 찜기에 넣어 아이슬란드의 황량한 자연 곳곳에서 부글부글 끓어오르는 간헐 온천에 담가 익히기 때문이다.

아이슬란드 요리는 이 나라 사람들의 솜씨와 재치에서 발전하였다. 자연광이 부족하고 환경은 혹독하다. 땅에서 자랄 수 있는 작물이 거의 없으며, 신선한 식재료를 얻기도 어렵다. 한때는 연료 공급마저 모자랐던 적도 있었다. 따라서 아이슬란드 사람들은 음식을 건조시키거나 절이거나, 발효시켜서 가혹한 겨울 내내 두고 먹을 수 있는 방법을 연구해냈다. 또한 화산 토양의 분출구에서 내뿜는 지열(地熱)의 힘을 이용하여 음식을 익힌다는 천재적인 아이디어까지 고안해냈다.

한때 아이슬란드의 식탁에서 핵심적인 역할을 했던 룩브라우트('천둥 빵'이라고도 부른다)는 오늘날에도 여전히 사랑을 받고 있다. 아이슬란드인들은 보통 룩브라우트에 가염버터, 생선, 감자를 함께 낸다. 그러나 치즈, 절인 청어, 소금에 절인 고기 등과 함께 먹어도 맛있다. 관광객들에게는 빵을 찌는 과정도 스펙터클한 볼거리다. **LF**

Taste: 생김새나 질감은 전통적인 품퍼니켈과 비슷하지만, 룩브라우트는 달콤하고, 살짝 탄 토피의 맛이 나며 비터 초콜릿의 힌트도 느낄 수 있다.

아이슬란드의 룩브라우트는 간헐천의 지열을 사용하여 익힌다. ➲

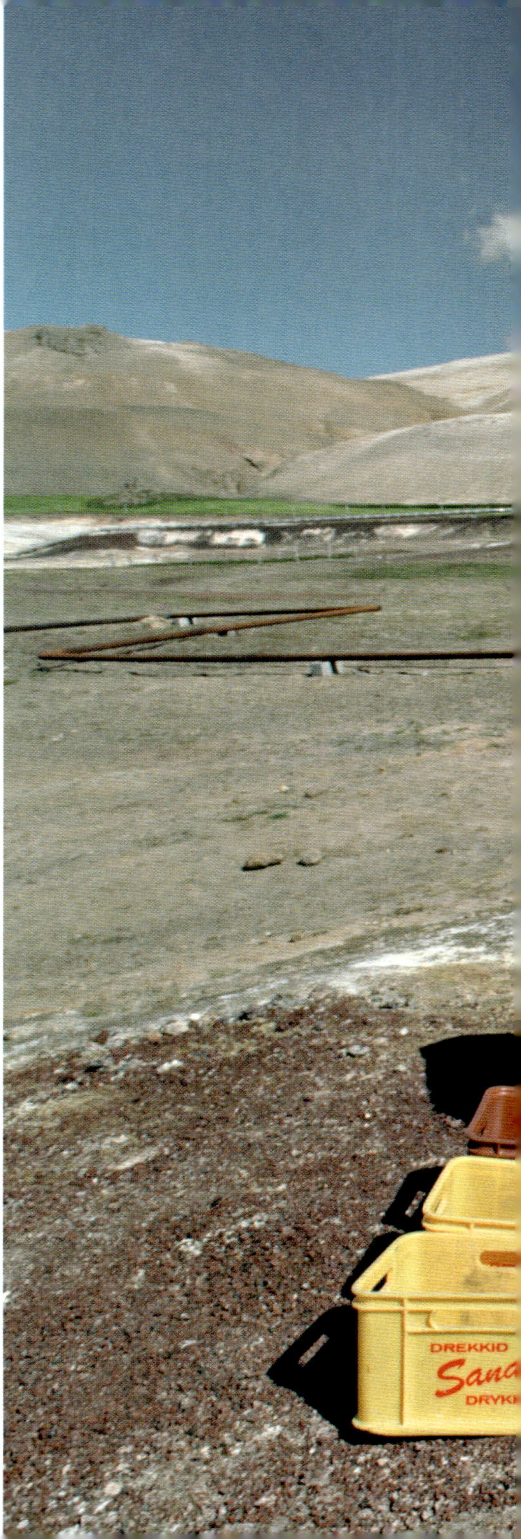

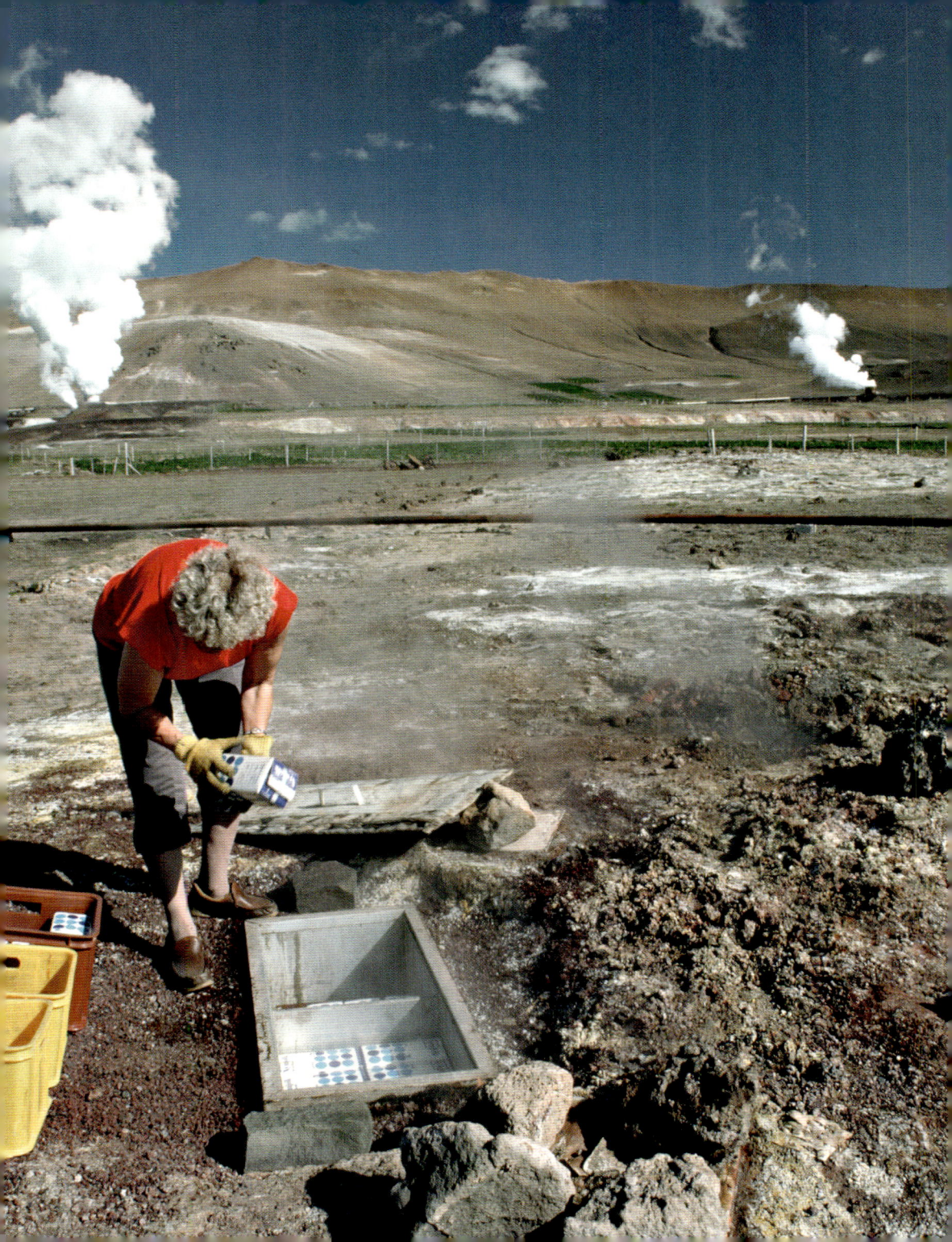

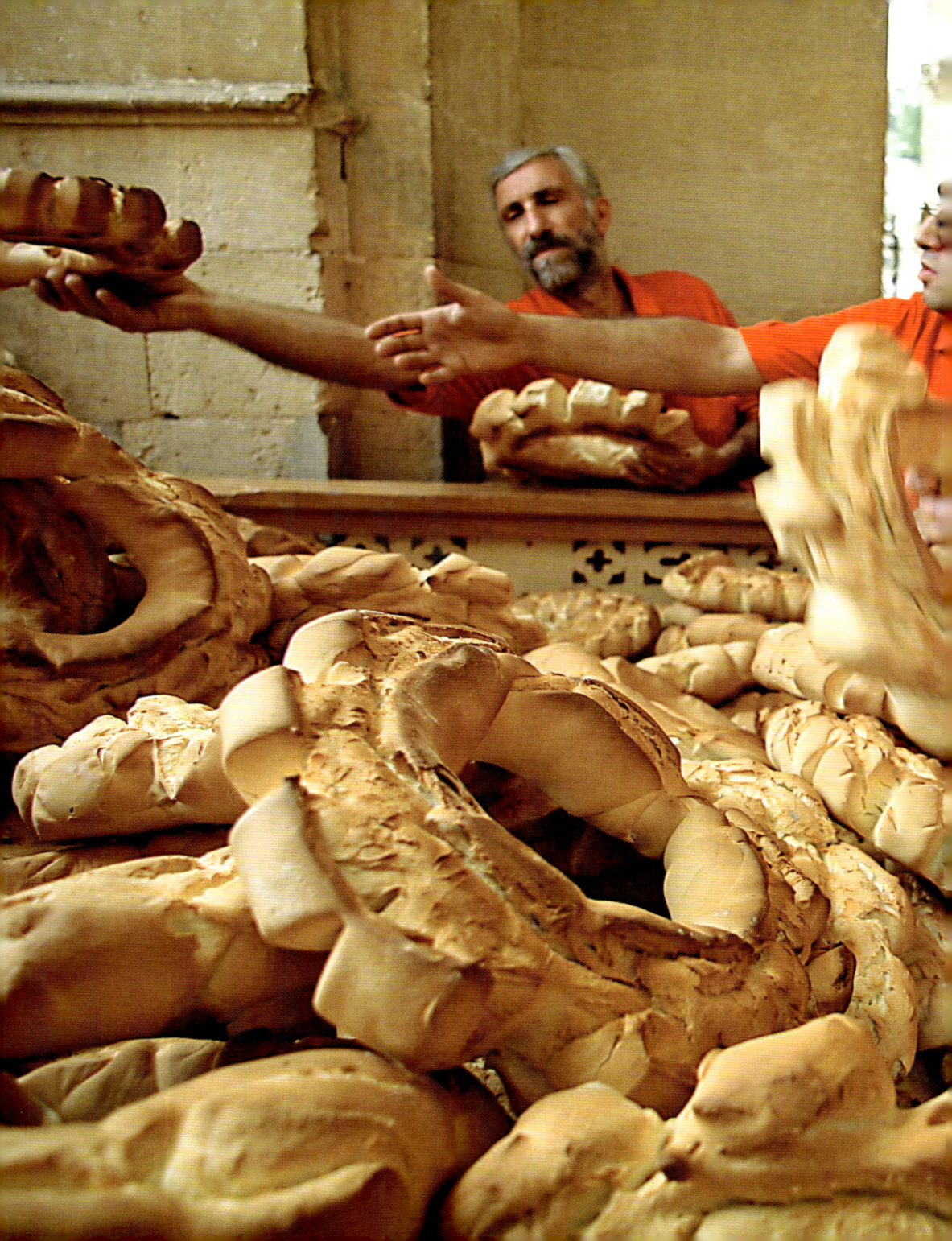

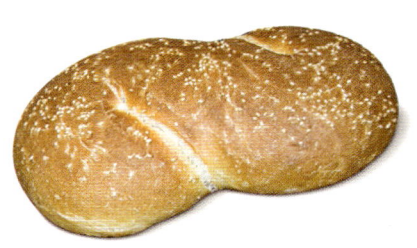

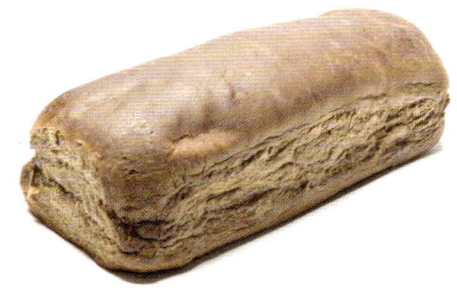

파네 시칠리아노 Pane Siciliano

파네 시칠리아노는 맛좋은 시칠리아 별미 빵으로, 세몰
리나를 듬뿍 써서 만들며, 종종 깨를 뿌린다. 파네 시칠
리아노의 기원에 대해서는 별다른 기록이 남아 있지 않
지만, 빵 위에 깨를 뿌리는 것은 어제오늘의 일이 아니
다. 지금으로부터 약 4,000년 전에 지어진 고대 이집트
귀족의 무덤에는 빵장이가 빵 반죽에 깨를 뿌리는 모습
이 묘사되어 있다. 고대 그리스인들도 빵에 깨를 사용했
다고 한다. 그러나 빵에 깨를 뿌리는 전통이 시칠리아로
전해진 것은 아랍인들의 영향이 아닌가 싶다.

　　보통 아침이나 점심식사 때 먹으며 잼, 햄, 치즈 등
무엇이나 곁들여 먹을 수 있는 파네 시칠리아노는 시칠
리아에서 가장 인기있는 빵 중의 하나이며, 시칠리아 아
낙네들에 의해 수세기에 걸쳐 전해 내려온 전통 레시피
대로 만들어진다. 다양한 모양에 따라 '오키 디 산타 루
치아(occhi di Santa Lucia, 성녀 루치아의 눈)', '코로
나(corona, 왕관)' 등으로 부르지만, 가장 인기가 좋은
것은 길다란 반죽을 뱀처럼 구불구불하게 꼬아놓은 모
양이다. **LF**

카브링 Kavrng

카브링은 저장이 용이하고 오랫동안 보관해도 여전히 신
선한 여러 종류의 스웨덴 빵들을 아울러 일컫는 통칭이
다. 카브링 빵은 심지어 며칠 묵혀 두면 그 맛이 더 좋
아지기까지 한다.

　　스웨덴은 기후 때문에 작물의 수확이 비교적 날씨
가 따뜻한 짧은 기간에만 가능하기 때문에, 식량을 어떻
게 보관하느냐가 언제나 중요한 문제이다. 카브링의 긴
수명 덕분에 스웨덴 식탁에서 빵은 중요한 필수품이 되
었으며, 어떤 이들에게는 정말 죽느냐 사느냐의 문제이
기도 하다.

　　중세에 카브링은 당시에 주로 재배하던 곡물인 호
밀로 만들었지만, 오늘날에는 어떤 종류의 곡식 가루라
도 모두 사용할 수 있다. 호밀 가루를 끓는 물에 반죽하
고, 여기에 사워도우를 더해 촉촉한 느낌과 살짝 시큼한
맛을 낸다. 커민, 아니스 열매, 혹은 쌉쌀한 오렌지 같은
스파이스의 향미로 특징짓기도 한다. 딱딱한 겉껍질을
얻기 위해 두 번 구워내면 빵이 마르지 않게 될 뿐만 아
니라 특유의 촘촘한 밀도가 생기게 된다. 사워도우와 통
밀가루 덕분에 우리 몸이 보다 효과적으로 무기질을 흡
수할 수 있다. 카브링은 크리스마스 스뫼르고스부르트
(스칸디나비아에서 먹는 스웨덴식 뷔페 스타일 식사)의
주인공 중 하나이기도 하다. **CC**

Taste: 향긋한 파네 시칠리아노를 한 입 베어물면 부드러운 황금빛
겉껍질에 아삭아삭한 깨가 크리미하고 마치 땅콩 같은 향미를 전한다.

Taste: 검은 시럽 때문에 빵에서 살짝 토피와 비슷한 맛이 나며 딱딱한
겉껍질에서는 기분 좋은 토스트 향이 난다. 파테, 혹은 딜, 새우, 마요
네즈를 섞은 '스카겐로라'를 발라 먹으면 맛있다.

시칠리아의 산 파울로 축제에서
🄖 사람들이 왕관 모양의 파네 시칠리아노를 사고 있다.

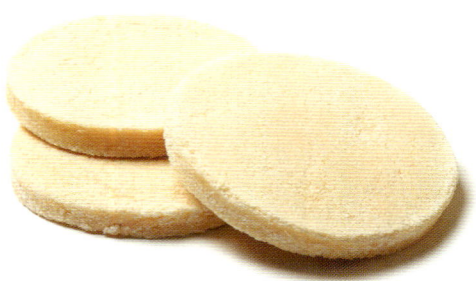

바미 Bammy

1990년대, 자메이카에서는 밀가루로 만든 빵의 인기가 올라가고 구하기도 쉬워지면서, 자메이카의 국민 플랫브레드는 "옛날" 음식이 되어버리고 말았다. 다행히도 바미의 팬들은 이 음식을 되살렸고, 농업 당국도 개입하여 카사바 농부들과 산업을 지원하겠다고 나섰다.

바미는 한때 서인도제도에 거주했던 아라와크 인디언들이 처음 만들었다고 전해진다. 그들은 카리브해, 남아메리카, 서아프리카의 더운 기후에서 자라는 카사바의 덩이뿌리를 수확한다. 카사바 덩이뿌리는 플랫브레드를 만드는 천연 재료이다.

카사바는 타피오카의 원료이다. 타피오카는 농축제로 쓰이며, 푸딩을 만드는 데에 사용한다. 카사바는 그 종류에 따라 독성의 함량이 다르기 때문에 먹기 전에 덩이뿌리의 껍질을 벗겨 씻어서 익혀야 한다. 바미를 만들기 위해서는 카사바를 갈아서 물기를 짜낸다. 거기에 소금으로 간을 한 뒤 납작한 케이크를 만들어 끓는 기름에 튀기거나 프라이팬에서 튀기거나 오븐에서 굽는다. 구워낸 바미에 버터를 곁들여 전통적으로 생선 튀김이나 다른 튀김 요리와 함께 낸다. **SH**

Taste: 질감과 향미는 다소 밋밋하다. 살짝 단맛이 도는 빵맛에, 갈색 감자로 만든 해쉬 요리와 비슷하다. 사용한 기름의 향미도 약간 흡수한다.

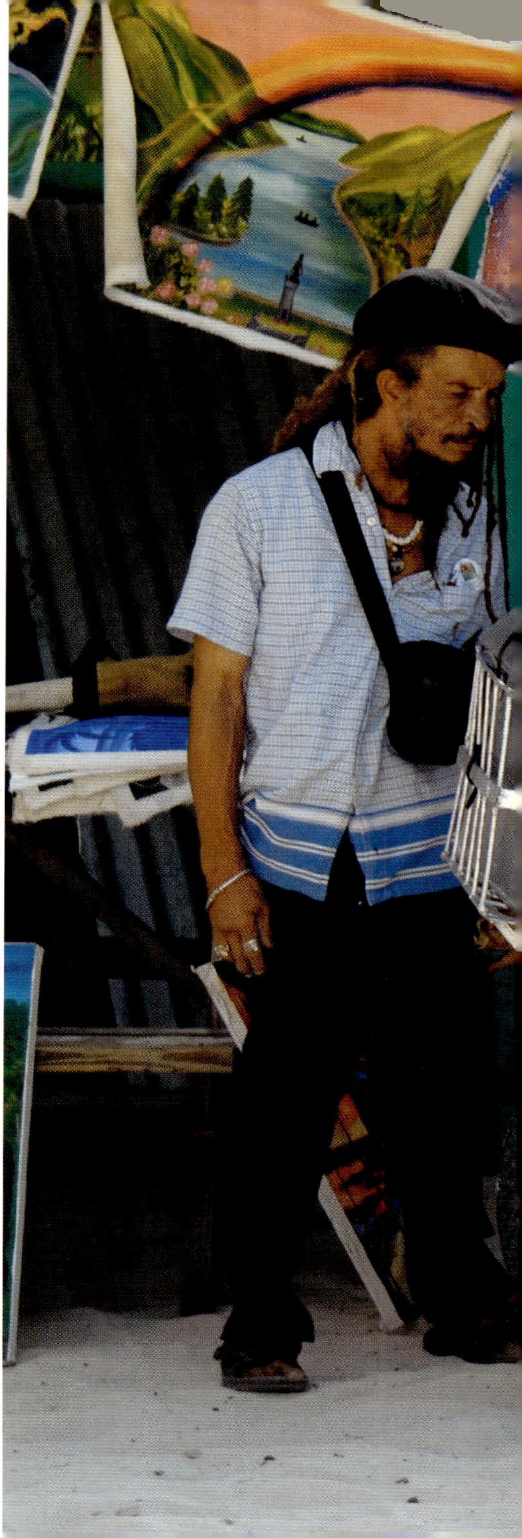

자메이카의 배고픈 길거리 상인에게 바미 장수가 바미를 팔고 있다. ➲

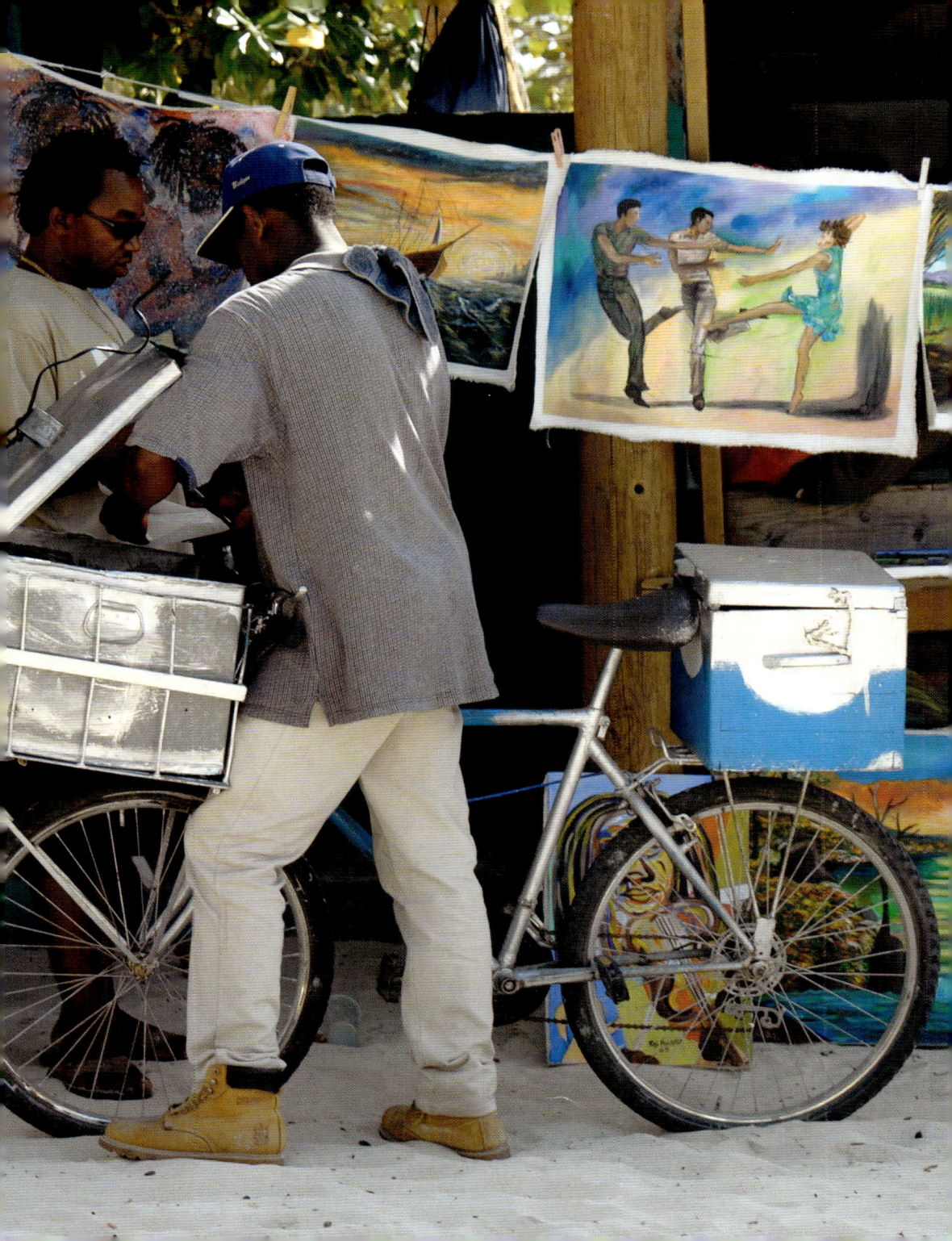

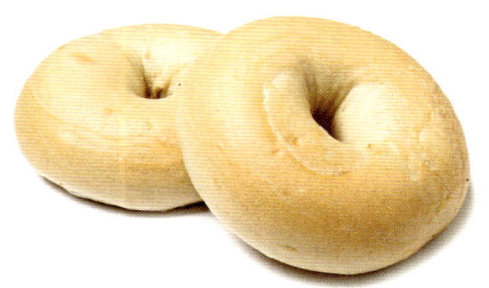

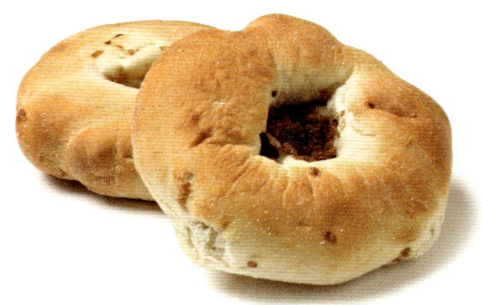

베이글 Bagel

중앙 유럽의 유태인들의 손에서 태어난 베이글은 그 역사가 불분명하다. 1610년에 폴란드에서 제정된 법령에는 아이를 낳은 여인들이 베이글을 먹었다는 기록이 포함되어 있다. 그러나 2세기 후 동유럽의 유태인 이주민들이 미국과 캐나다로 베이글을 전했다는 것은 확실하다. 비교적 유태인 인구가 많았던 뉴욕이나 몬트리올은 금방 북아메리카 베이글의 수도가 되었다.

이 가운데 구멍이 뚫린 둥근 이스트 빵은 두 번 구워내는 몇 안 되는 빵 종류 중의 하나이다. 한때는 모든 베이글을 수작업으로 만들었던 뉴욕 시티에서는, 우선 반죽을 재빨리 끓는 물에 떨어뜨렸다가, 중온의 오븐에서 구워낸다. 몬트리올에서 베이글(또는 보이겔(beugel))은 크기가 더 작고, 구멍은 더 크다. 벌꿀로 간을 한 끓는 물에 반죽을 떨어뜨린 뒤, 나무를 때는 화덕에서 구워낸다. 보통 마무리 단계에서 깨나 양귀비 씨앗을 뿌린다.

베이글은 전통적으로 크림 치즈를 발라(영어로는 베이글에 크림 치즈를 바르는 것을 'shmear'라고 부른다) 록스(훈제 연어), 빨간 양파, 토마토, 케이퍼와 함께 먹는다. **SH**

비알리 Bialy

버터를 듬뿍 바른 따끈하고 향긋한 양파 롤을 뜨거운 레몬 티나 커피와 함께 먹으면, 뉴요커들이 가장 좋아하는 아침식사가 된다. 지름은 15센티미터 정도, 베이글과 비슷하게 생겼다. 그러나 구멍이 뚫려 있는 대신, 가운데가 푹 꺼져 있고 거기에 종종 양귀비 씨와 으깬 마늘도 조금 넣은 주사위꼴로 썬 맛있는 양파 양념을 채운다.

『비알리 먹는 사람들The Bialy Eaters』(2000년)에서, 푸드 작가 미미 셰라톤은 폴란드의 작은 도시 비아위스토크에서 맨해튼에 이르는 비알리의 여정을 거슬러 올라간다. 오랜 옛날 이 곳에서 비알리(이디쉬어에서 유래한 이름이다)는 '비아위스토크 쿠헨(Białystok kuchen, 비아위스토크 케이크라는 뜻)'으로 알려진 유태인들의 별미였다. 그러나 20세기 초 아슈케나지 유태인 이민자들이 미국으로 가지고 오면서 비알리로 부르게 되었다. 비아위스토크에 남았던 유태인 빵장이들은 제2차 세계대전 때 나치의 강제수용소에서 몰살 당하고 말았다. 오늘날 폴란드에서 찾아볼 수 있는 비알리와 가장 비슷한 빵은 일종의 양파 케이크인 체불라크(cebulak)이다. 베이글 빵집의 주인이었던 해리 코헨이 미국에서 처음으로 비알리를 만들어 판 것으로 알려져 있다. **RS**

Taste: 아무것도 들어 있지 않은 베이글은 기분 좋게 새큼하며, 뻑뻑하고, 약간 촉촉한 빵과 흡사한 맛이다. 몬트리올 베이글은 뉴욕 베이글보다 단맛이 더하며, 보통 씨가 들어 있다.

Taste: 비알리는 굽기 전에 삶지 않기 때문에 베이글보다 가볍고 덜 쫄깃쫄깃하다(그래도 쫄깃한 맛이 있긴 있다). 은은한 이스트의 향미가 난다.

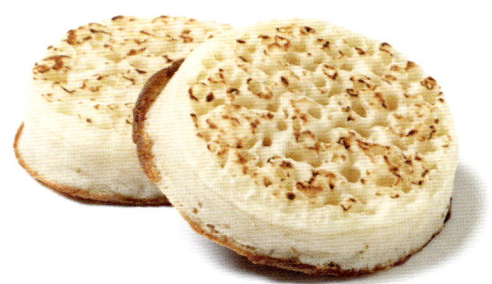

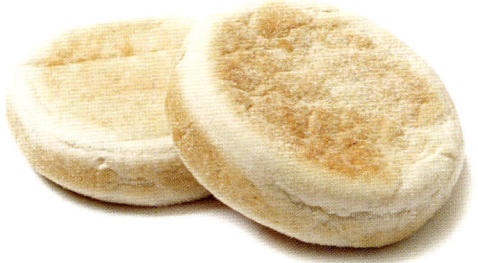

크럼펫 Crumpet

애프터눈 티타임에 곁들여 내는 이 인기있는 잉글랜드 전통 팬케이크는 18세기 이래 그 레시피가 전해져 내려오고 있지만, 실제로 그 기원은 그보다 더 오래 전으로 거슬러 올라간다. 크럼펫의 조상은 14세기의 크롬피드 케이크, 그리고 '크럼핏'이라고 알려진 17세기 이래 등장한 메밀가루 팬케이크이다. 또 웨일즈의 팬케이크인 '크렘포그(crempog)', 그리고 브르타뉴의 메밀가루 팬케이크인 '크람포쉬(krampoch)'와도 연관지어지곤 한다.

크럼펫은 이스트 반죽으로 만든다. 일단 반죽이 발효하도록 놓아둔 뒤, 조리 직전에 반드시 베이킹파우더(또는 탄산수소나트륨과 타타르 크림 섞은 것)를 더한다. 역시 번철에서 구워내며 잉글랜드 북부에서 인기가 높은 비슷한 팬케이크인 피켈렛(pikelet)과는 달리, 크럼펫은 둥근 모양을 내기 위해 테 안에 넣어 굽는다. 익힌 크럼펫은 황금빛으로, 아랫면은 납작하고 윗면은 깊은 구멍이 패어 있어 특유의 질감을 선사한다. 크럼펫은 언제나 먹기 전에 한번 토스트하며, 뜨겁고 버터가 뚝뚝 떨어져야 맛있다. **SBI**

잉글리쉬 머핀 English Muffin

케이크 같은 미국 머핀과는 달리, 잉글리쉬 머핀은 단맛을 내지 않고 우유와 버터로 맛을 진하게 한 둥근 이스트 반죽 덩어리를 번철 위에서 구워 양면이 납작하고 바삭거리면서 속은 폭신폭신하고 이스트 향이 물씬한 원반형이다. 구멍이 숭숭 뚫린 사촌들, 크럼펫이나 피켈렛보다는 좀더 빵 느낌이 난다.

가정에서 만든 머핀은 번철에서 구워낸 즉시 따끈따끈하게 먹지만, 가게에서 파는 머핀은 양면을 뒤집어가며 토스트해서 데운다. 전통적으로 손가락을 사용하여 지름을 따라 옆면을 반으로 자르는데, 칼을 쓰면 더 무거워진다는 옛 믿음 때문이다. 주로 버터를 발라 먹으며, 베이컨이나 햄, 달걀 프라이, 홀랜다이스 소스 등을 올려 아침식사 요리인 에그 베네딕트를 만들기도 한다.

머핀의 전성기는 19세기였다. 길거리에서는 따끈한 머핀 바구니를 들고 다니는 머핀 장수들의 종소리가 울려퍼졌다. 영국의 너저리 라임(nursery rhyme)에 "머핀 장수를 보았니?"라는 구절이 나오는 것을 보아 그 인기를 짐작할 수 있다. **ES**

Taste: 크럼펫은 밋밋하고 살짝 짭짤한 맛이다. 크럼펫의 진짜 매력은 그 폭신폭신한 질감에 있다. 토스트해서 내며, 버터, 때로는 잼을 듬뿍 발라 먹으면 맛있다.

Taste: 잉글리쉬 머핀은 겉은 바삭바삭하고, 안은 보드랍고 상당히 촉촉하다. 가염 버터를 바르면 잉글랜드 식탁에서 가장 간단한 별미가 된다.

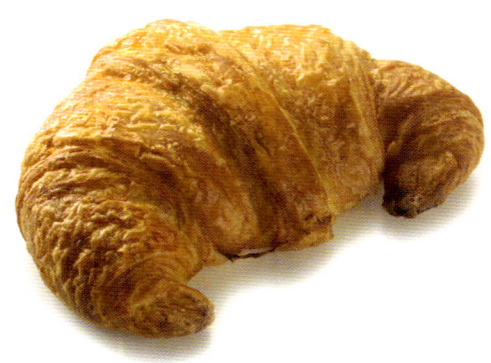

크루아상 Croissant

'크루아상'에 대한 기록은 그 전에도 찾아볼 수 있지만, 오늘날 우리가 아는 크루아상의 첫 번째 레시피는 1906년에야 처음 등장했으며, 이 환상적인 패스트리의 인기가 폭발한 것은 20세기에나 들어서이다.

　　이 고전적인 초승달 모양의 프랑스 패스트리는 이스트를 베이스로 한 반죽을 겹쳐서 말기를 반복하며 버터를 섞어 넣는다. 비싼 버터 대신 마가린처럼 좀더 저렴한 대용품을 쓰기도 하므로, 프랑스의 빵집에서는 대부분 두 가지 크루아상—보통 크루아상과 크루아상 오 뵈르—을 찾아볼 수 있다. 그냥 크루아상은 좀더 빵에 가깝지만, 크루아상 오 뵈르의 경우는 맛이 더 진하며 예상할 수 있듯이 버터가 더 많이 들어 있다. 빵장이들은 버터를 넣지 않은 크루아상은 눈에 띄게 구부리고, 크루아상 오 뵈르는 좀 곧게 만들어서 둘을 쉽게 구별할 수 있도록 한다. 또 달콤한, 혹은 짭짤한 속을 채운 크루아상도 찾아볼 수 있다. 달콤한 속을 채운 크루아상의 고전적인 예로는 아몬드 크루아상이 있으며, 짭짤한 속의 경우는 치즈, 시금치, 또는 햄 등 다양하다. **SBI**

Taste: 황금빛 버터 크루아상은 겉은 파삭파삭하고 잘 부서져야 하고, 속은 환상적으로 부드러워야 한다.

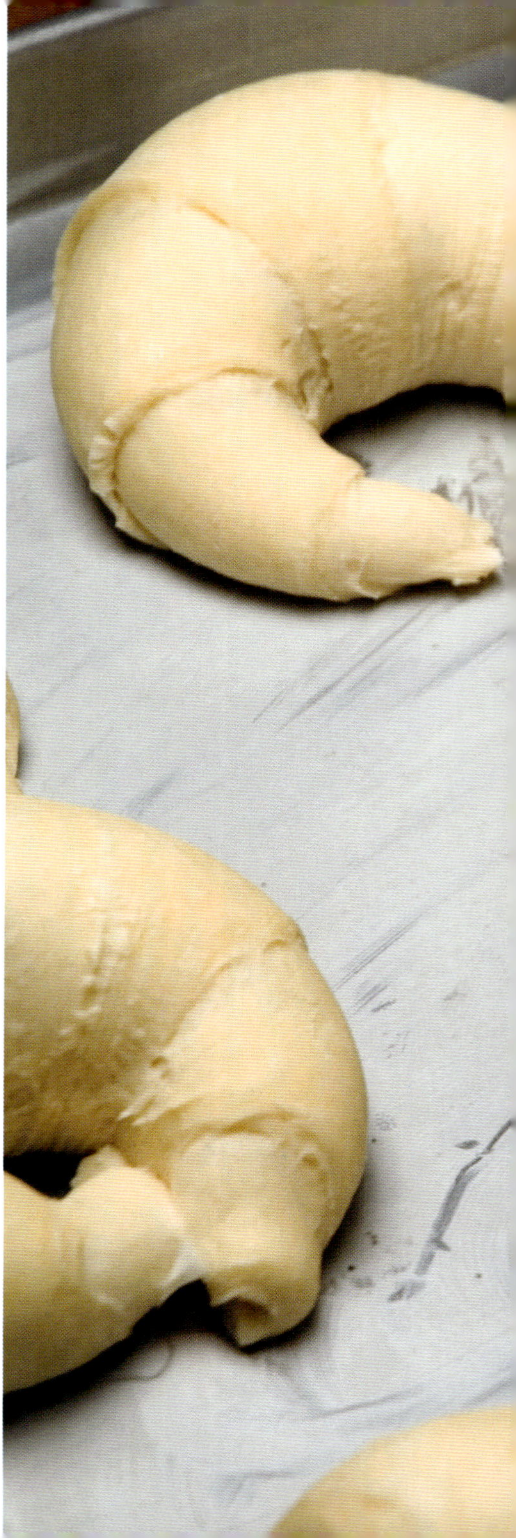

보기 드문 초승달 모양도 크루아상의 매력 중 하나이다. ➲

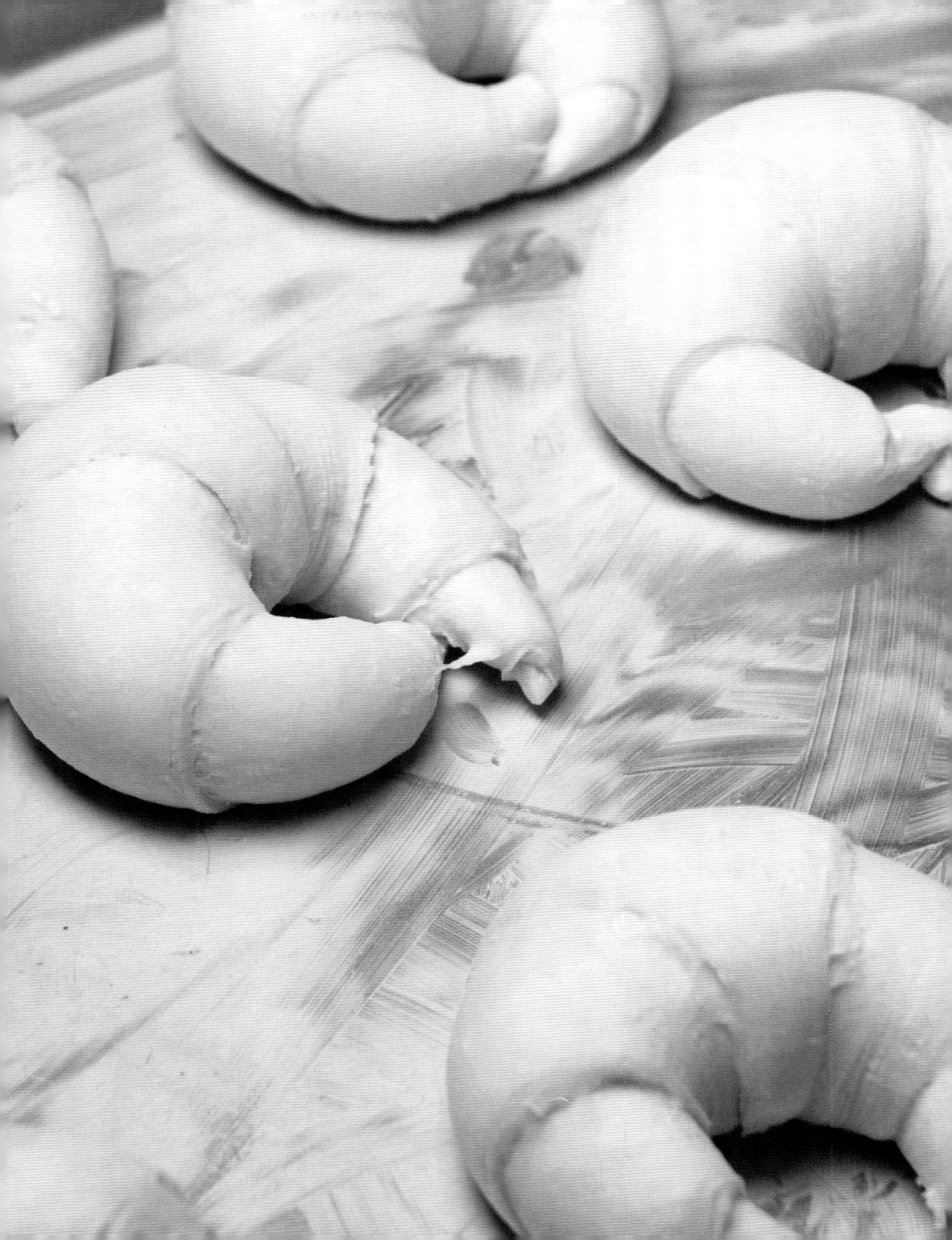

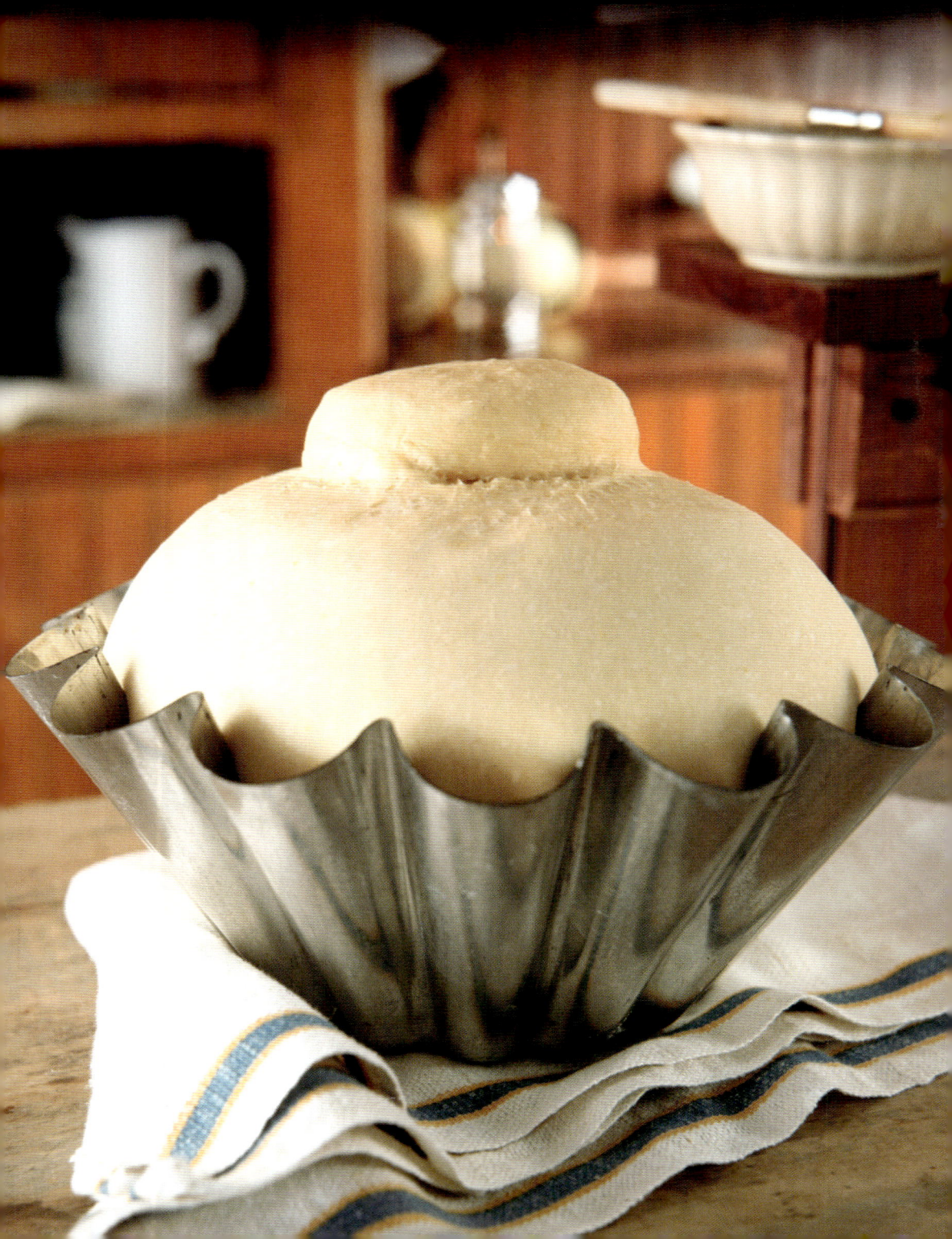

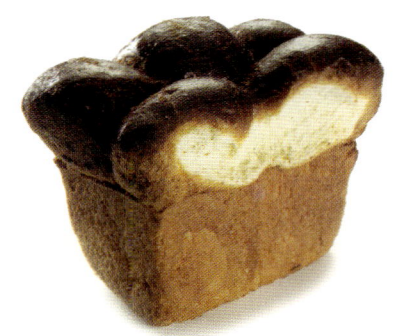

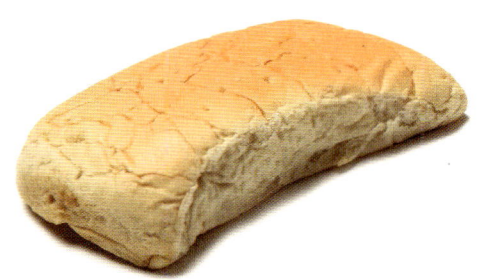

브리오슈 Brioche

판 데 코코 Pan de Coco

이 맛있는 프랑스 베이커리의 별미가 파리에 당도한 것은 17세기 이전인 듯하며, '브리오슈'라는 이름은 적어도 15세기부터 쓰이고 있었다. 이스트로 부풀린 빵에 버터, 달걀, 우유, 약간의 설탕을 더하여 맛을 진하게 하는 것은 물론 환상적으로 부드럽고 파삭파삭한 질감을 만들어 냈다. 버터 함량이 매우 높으며—버터 대 밀가루의 비율이 1:2에서 3:4 정도 된다—보통 세 번은 치대서 반죽한다(보통 다른 빵들은 두 번으로도 충분하다).

가장 유명한 브리오슈 종류는 브리오슈 아 테트로, 가장자리가 기울어져 있고 세로로 홈이 파인 팬에서 구우며, 맨 위에는 조그만 덩어리를 동그랗게 올린다. 브리오슈 낭테르는 빵 굽는 틀의 가장자리를 따라 반죽 덩어리를 늘어놓아 만든다. 비슷한 브리오슈 파리지엔은 덩어리를 원형으로 배열하여 만든다. 생피에르-달비뇌 마을에서 만드는 특산 브리오슈도 있는데, '성 아가타의 손'이라는 별명으로 부르며, 사프란이나 아니스로 맛을 낸다(성 아가타는 젊은 어머니들과 유모들의 수호 성인이다). 이렇듯 자미있는 모양 외에도 평범한 모양과 단순한 브리오슈 롤도 있다. **SBI**

카리브해와 라틴아메리카 나라들은 저마다 고유한 스타일의 코코넛 빵이 있다. 혹자에 의하면 판 데 코코는 가리푸나인들(18세기 이래 벨리즈와 온두라스의 해안 지방에서 살아온 아프리카인들과 서인도제도인들의 문화적 혼합)이 도착한 때로 거슬러 올라간다. 그로부터 한 세기 전, 그들의 조상들은 노예제도로부터 도망쳐 자유인으로 세인트빈센트 섬에 정착하였고, 섬 원주민들과의 혼인으로 섞이게 되었다. 훗날 그들은 세인트빈센트에 노예 플랜테이션을 설립하려는 영국인들에게 저항하였으며, 결국 벨리즈와 온두라스에 정착하게 되었다.

이 지방에는 코코넛 나무가 많았으므로, 이글거리는 숯불 위에서 구운 초기의 판 데 코코는 새로운 정착자들의 식량이 되어 주었다. 오늘날에도 거의 매 끼니마다 식탁에 오르기는 하지만, 전통적인 화덕에서 구우며 밀가루, 코코넛 밀크, 신선한 코코넛 간 것, 그리고 이스트나 베이킹파우더로 만든다. 그러나 외딴 지방에서는 여전히 코코넛 밀크와 밀가루만으로 플랫브레드를 만드는 원시적인 레시피가 그대로 전해내려온다. 뜨거운 쇠 프라이팬에 옥수수 토티야와 비슷한 방법으로 굽는다. **WS**

Taste: 브리오슈는 부드러운 황금빛 속살과 살짝 단맛을 지니고 있다. 프랑스에서는 아침식사 메뉴로 인기가 높으며, 커피나 핫초콜릿을 곁들여 티타임에 먹는다.

Taste: 판 데 코코는 바삭거리는 갈색의 겉껍질과 촉촉하고 희끄무레하고, 상당히 무거운 속살을 지니고 있다. 신선한 코코넛의 달콤한 크리미함이 느껴진다.

완벽한 모양의 브리오슈 아 테트는 특유의 작은 반죽 덩어리가 꼭대기에 올라앉아 있다.

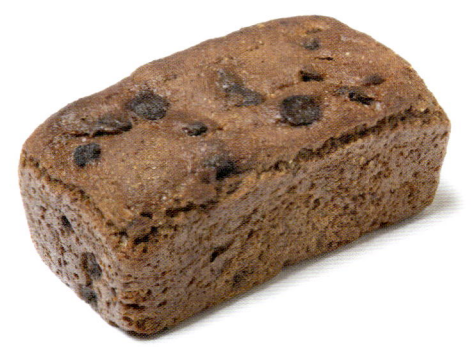

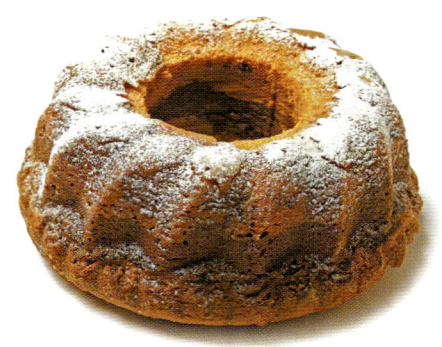

몰트 로프 Malt Loaf

이 뼛속까지 영국적인 빵은 보통 밀가루와 보리 맥아(몰트)를 섞어 이스트로 부풀리며, 전통적으로 작은 벽돌 크기에 검은 빛깔과 퍽퍽한 질감, 그리고 군데군데 쥬이시한 술타나(백포도의 일종) 건포도를 박아 넣어 만든다. 몰트 로프는 상당히 부드러우므로 날이 톱니 모양인 칼로 자르는 것이 좋다. 살살 낱알의 결을 생각하며 자르지 않으면 빵이 찌부러지므로 조심할 것. 맥아 추출물과 당밀을 넣은 결과, 검은 색깔과 촘촘한 질감은 물론 맛있는 풍미도 함께 따라온다. 맥아 추출물은 맥아에서 뽑아낸 짙은 갈색의 끈끈한 농축액이다. 보리 낱알을 싹 틔운 뒤 말려서 간다. 간 맥아에 뜨거운 물을 부어 술장이들이 쓰는 걸쭉한 맥아즙을 만든다. 이것을 가지고 부분 진공 상태에서 증발 과정을 거쳐 맥아 추출물을 뽑아낸다.

몰트 로프의 역사는 불분명하지만 빵에 맥아 추출물을 넣는 습관은 19세기 말에 시작된 것 같다. 맥아는 강장제로 명성을 얻으면서 식재료로 믿겨지지 않을 만큼 인기가 높아졌다. 몰트 코코아, 몰트 잼, 몰트 잴리, 그리고 몰트 로프까지 등장하게 된 것이다. **SBI**

쿠겔홉프 Kugelhopf

쿠겔홉프는 이스트로 부풀린 영양가가 풍부한 케이크빵으로, 프랑스의 알자스 지방에서 독일을 거쳐, 폴란드, 오스트리아에서까지 즐겨 먹는다. 그 이름도 지방에 따라 달라진다. 서쪽에서는 쿠겔홉프(kugelhopf), 동쪽에서는 구겔후웁프(gugelhupf)라고 부른다. 알자스의 작은 마을 리보빌에서는 특히 높은 평가를 받으며, 해마다 여름이면 쿠겔홉프 축제까지 열린다.

쿠겔홉프의 특징은 그 모양이다. 쿠겔홉프는 주석 틀에 넣어 굽는데, 높고 둥글고, 한가운데에 굴뚝이 서 있는 세로 홈이 파진 냄비이다. 높고 고리 모양에 분트 케이크—동그란 고리 모양의 분트 팬에 구워낸 도넛 모양의 디저트 케이크—와 비슷하다. 종종 슈거파우더를 뿌려서 세로 홈 무늬를 강조하고 때로는 하얗게 깎아낸 아몬드로 장식하기도 한다.

쿠겔홉프에는 밀가루와 이스트 외에도 달걀, 버터, 설탕이 들어가며, 그런 면에서는 프랑스의 브리오슈와도 비슷하다. 비록 종종 레몬 껍질이나 건포도로 맛을 내기도 하지만 말이다. 알자스에는 베이컨, 라드, 프로마쥬 프레나 크림 치즈를 넣어 만든 짭짤한 쿠겔홉프도 있다. **SBI**

Taste: 생김새는 별볼일 없지만, 몰트 로프는 쫄깃하고, 거의 물렁한 질감을 지니고 있다. 과일 향이 나지만 너무 달지는 않으며, 보통 잘라서 버터를 발라 티타임 다과나 간식으로 먹는다.

Taste: 달콤한 쿠겔홉프는 맛을 제대로 낸 브리오슈와 맛이나 질감이 흡사하다. 그보다는 덜 흔하지만 짭짤한 쿠겔홉프는 속살이 부드럽고, 풍성하지만 베이컨 조각이 점점이 박혀 있다.

알자스의 리보빌에서 이런 주물 간판이 달려 있으면 이 빵집에서 쿠겔홉프를 판다는 뜻이다. ➔

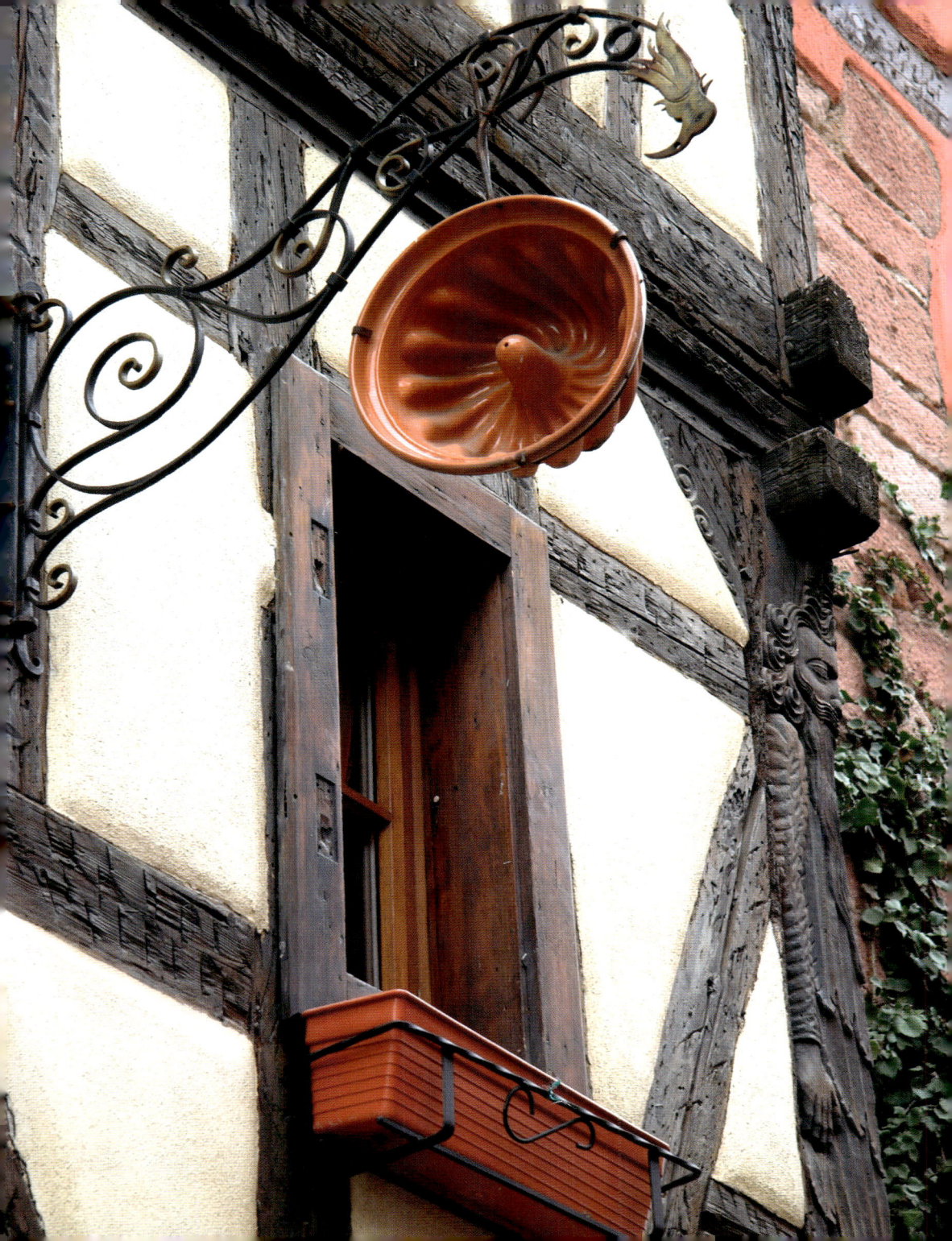

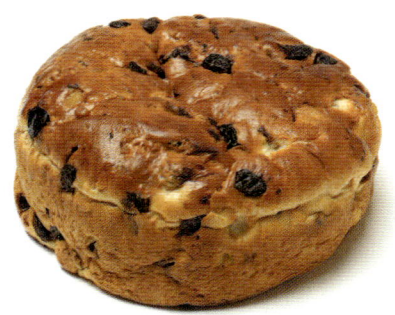

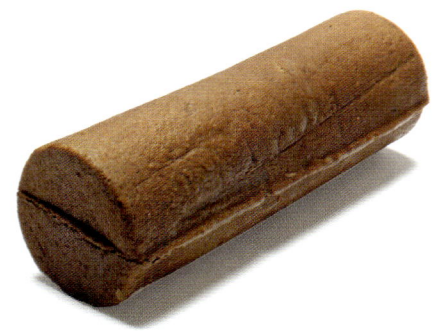

배라 브리스 Bara Brith

가장 널리 알려진 웨일스 과일 빵 가운데 하나인 배라 브리스는 직역하면 '얼룩이 빵'이라는 뜻이다. 커런트, 건포도, 술타나, 또는 설탕에 절인 과일 껍질 같은 건과일로 가득 차 있다. 종종 빵반죽에 넣기 전에 차에 담그기 때문에 매우 촉촉하다. 전통적으로 배라 브리스는 언제나 이스트를 사용하여 부풀리지만, 오늘날에는 베이킹파우더나 탄산수소나트륨 등을 사용하여 부풀리기 때문에 완성품의 향미나 질감에도 차이가 난다.

웨일스의 상점, 빵집, 가정에서는 수많은 다양한 변형 배라 브리스를 볼 수 있는데, 대부분의 가정에서는 집안 대대로 소중하게 지켜오는 레시피가 있기 마련이다. 그러나 배라 브리스를 웨일스와 영국 제도에서만 먹는 것은 아니다. 멀리 아르헨티나령 파타고니아에서도 이 촉촉한 웨일스 빵을 여러 종류 찾아볼 수 있다. 1865년 이래 캐벗 지방에 정착한 웨일스인들에 의해 전래된 것이다. 이 곳에서는 '검은 케이크'라는 뜻의 '토르타 네그라(torta negra)'라는 이름으로 부른다. 먼 거리를 여행하여 이름마저 바뀌었지만, 토르타 네그라는 여전히 오리지널 배라 브리스와 놀랄 만큼 닮았다. **SBI**

파시아이슬레피아 Paasiaisleipa

다른 부활절 빵과 마찬가지로, 핀란드 사람들이 먹는 풍성한 파시아이슬레이파에는 사순절 기간 동안 절제해 왔던 모든 것이 다 들어 있다. 반죽은 달걀, 버터, 우유로 진하게 만들고, 카르다몸, 오렌지와 레몬의 껍질, 견과류, 견과일 등을 반죽에 넣어 함께 개어서 향미를 낸다. 그런 다음 전통적으로 우유 짜는 들통에 넣어 구워내기 때문에 완성품은 경사진 원통형이 된다(요즘에는 우유 짜는 들통이 아니라 둥근 케이크 틀을 사용한다).

파시아이슬레피아의 뿌리는 기독교가 전해지기 전으로 거슬러 올라간다. 원통형 빵은 이교도의 축제에서 긴 역사를 자랑한다. 그 남근과 유사한 형태 때문에 봄의 축제 때 중요한 역할을 했다는 설도 있다. 또 다른 설에 의하면 여성의 긴 스커트를 본뜬 모양으로 다산을 상징한다고도 한다.

파시아이슬레피아는 부활절 뷔페 때 한가운데 높이는 영광을 누린다. 집에서 구운 다른 빵들과 함께 산더미처럼 쌓여 있는 곁에는 진한 봄 버터, 크림, 치즈, 그리고 핀란드에서 가장 오래된 부활절 음식 중의 하나인 맘미(mammi)—당밀, 물, 호밀가루를 섞고 오렌지 껍질과 건포도로 맛을 낸 것—를 늘어놓는다. **SBI**

Taste: 배라 브리스는 촉촉하고, 가볍게 스파이시하며, 상당히 촘촘하고 과일로 가득한 질감을 자랑한다. 버터를 발라도 맛있지만, 순수한 맛을 선호하는 정통주의자들은 아무 것도 바르지 않은 배라 브리스만을 즐긴다.

Taste: 살짝 풍미를 내어 감귤류의 톡 쏘는 맛이 느껴지는 파시아이슬레피아는 파네토네와도 비슷하다. 살짝 케이크를 닮았는데, 맛과 질감은 브리오슈와 유사하다.

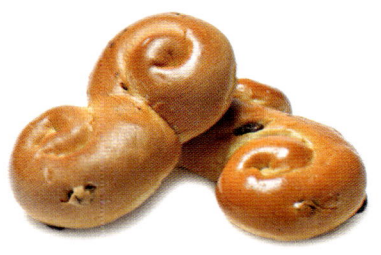

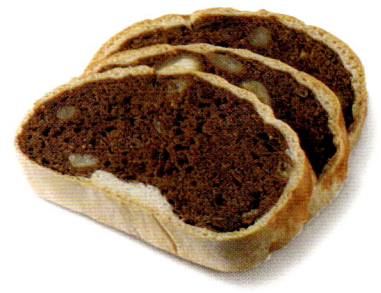

루세카터 Lussekatter

스웨덴에서는 루세카터가 없으면 진정한 크리스마스라고 할 수 없다. 루세카터는 달콤한 샛노란색의 둥근 빵으로, '성 루치아의 고양이들'이라는 뜻이다. 성 루치아 축일(12월 13일)을 축하하는 풍습은 18세기부터 스웨덴의 젠트리들 사이에서 있었다. 오늘날에도 스칸디나비아 전역의 가정, 교회, 학교, 콘서트홀 등에서 이 풍경을 볼 수 있으며, 종종 흰 옷을 입은 소녀들이 촛불로 만든 왕관을 쓰고 행진을 한다. 루세카터는 이 시기에 독일에서 성 니콜라스의 뒤를 따라다니며 말썽쟁이 어린아이들의 엉덩이를 때려주는 악마의 이름을 딴 '도벨스카터(dövelskatter, '악마의 고양이들'이라는 뜻)'라는 빵이 건너오면서 탄생한 것으로 여겨지고 있다.

　　루세카터는 이스트, 밀가루, 우유, 버터, 설탕, 건포도, 그리고 값비싼 사프론을 넉넉히 넣어 만든다(특별한 때이므로 일부러 귀한 사프론을 넣는 이유도 있다). 전통적으로 반죽은 수세기 동안 전해 내려오는 모양과 문양들—십자가, 바퀴, '사제의 머리카락', '강보에 싼 아기', '황금 손수레' 등등—에 따라 만든다. 미국과 영국에서 칠면조를 들듯이, 스웨덴에서는 크리스마스 명절 음식 하면 돼지이다. 따라서 오늘날 가장 인기있는 형태는 'S'자 모양의 '크리스마스 돼지'이다. **CC**

비른브로트 Birnbrot

과일과 견과류를 넣어 만든 이 촘촘한 빵은 스위스 전역에서 크리스마스 음식으로 인기가 높다. 이름은 직역하면 '배(梨) 빵'이라는 뜻이지만 온갖 종류의 견과일이 다 들어간다. 농부들이 만들어 먹던 시골 빵이지만, 그 소박한 유래 치고는 의외로 맛있는 향미를 지니고 있다. 말린 배, 프룬, 대추야자, 무화과, 술타나, 건포도 등이 꽉 차 있어 빵을 자르면 짓궂을 정도로 검은 색깔의 속살이 드러난다. 또 설탕에 절인 오렌지와 레몬, 잣, 견과류, 키르쉬 등도 들어 있으며, 반죽은 각종 스파이스, 바닐라, 그리고 약간의 설탕으로 맛을 낸다.

　　우선 반죽에 과일과 견과를 섞은 뒤, 아무것도 섞지 않은 반죽을 얇게 펴서 감싸, 단단하게 싼 덩어리를 만든다. 비른브로트는 보관성이 뛰어나며, 전통적으로 크리스마스 전에 캔들마스(성모 마리아가 아기 예수를 예루살렘 성전에 바친 날. 2월 2일) 때까지 두고 먹을 수 있을 정도로 넉넉히 만든다. 비른브로트는 프랑스의 알자스 지방에서 유래한 크리스마스 스파이스 케이크인 '베라베카(berawecka)'에 비견되기도 한다. 베라베카는 비른브로트와 향미와 질감은 비슷하지만, 아무것도 넣지 않은 진한 빵반죽으로 겉을 감싸지는 않는다. **SB**

Taste: 오븐에서 막 꺼낸 따끈따끈한 루세카터가 가장 맛있다. 환상적인 사프론의 향기와 맛이 더해져 살짝 달콤하다. 보통 차나 커피와 함께 낸다.

Taste: 묵직하고, 쫄깃하고, 향신료로 맛을 낸 비른브로트는 그 안에 들어 있는 온갖 과일 때문에 달콤할 수밖에 없다. 얇게 썰어서 그냥 내거나 버터를 얇게 발라서 낸다.

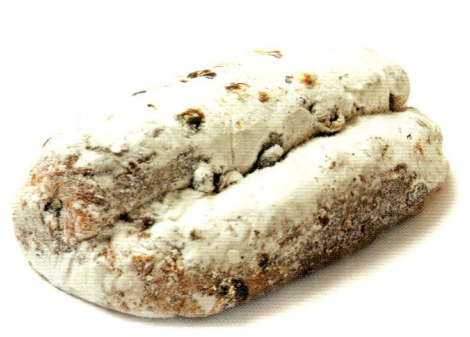

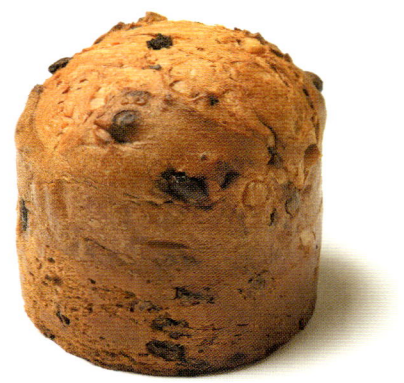

슈톨른 Stollen

독일에서 유래한 이 고전적인 빵 케이크는 세계 각지로 퍼져나가 이제는 전통적인 크리스마스 별미로 어디에서나 구할 수 있게 되었다. 슈톨른의 기원은 중세 드레스덴으로 거슬러 올라가는데, 사실 초기 슈톨른은 오늘날 우리가 아는 것처럼 호화로운 별미가 아니었다. 중세의 슈톨른은 훨씬 간소한 레시피에 따라 만들어졌으며, 반죽에는 오직 밀가루, 귀리, 물만이 들어갔다―당시 기독교 교회는 크리스마스 기간 동안 풍부한 재료를 사용하는 것을 허락하지 않았다.

그러나 오늘날의 슈톨른은 그야말로 진미이다. 달걀, 버터, 우유, 설탕, 향신료로 이미 진해진 이스트 반죽에 커런트, 술타나, 설탕에 절인 과일 껍질 등을 함께 넣어 개어 반죽한다. 때로는 아몬드를 곱게 다져 반죽에 넣기도 하고, 갈아서 마르치판과 비슷한 반죽으로 만들어 동그랗게 뭉쳐 반죽 한가운데에 넣어서 촉촉하고 달콤한 속살이 되기도 한다. 그런 다음 반죽 덩어리를 타원형이나 양쪽이 좁아지는 길쭉한 모양으로 만들어 강보에 싸인 아기 예수를 연상시키는 형태로 빚어낸다. 때때로 슈톨른이 '크리스트슈톨른(Christstollen)'이라 불리는 이유이다. **SBI**

파네토네 Panettone

화려한 향과 버터, 달걀, 설탕, 건포도, 설탕에 절인 과일로 진한 맛을 낸 파네토네는 원래 이탈리아의 크리스마스 케이크로, 전통적으로 연말연시 명절 시즌에 먹었다. 발효시킨 첫반죽으로 반죽을 부풀리는 등 빵처럼 만들며, 식히기 위해 거꾸로 매달아 놓는 과정에서 특유의 반구형 모양이 된다.

파네토네에는 그 케이크만큼이나 풍부한 전설이 따라온다. 그러나 어느 것이나 파네토네의 고향이 밀라노라는 데에는 이견이 없으며, 대다수의 이탈리아인들은 파네토네라는 이름이 '토니의 빵'이라는 뜻인 '판 디 토니(pan di Toni)'에서 유래했다고 믿는다. 일설에 따르면 밀라노의 젊은 귀족이 빵장이의 딸인 토니와 사랑에 빠졌다. 그는 빵장이의 도제로 변장하고 부엌에 숨어들어가 커다란 반구형 케이크를 만들어 그녀의 마음을 얻었다. 또 다른 이야기에는 밀라노 대공 루도비코 일 모로의 궁정 주방에서 일하던 토니라는 이름의 젊은 이가 등장한다. 셰프가 크리스마스 디저트를 망쳐버리자, 토니가 빵을 만들고 남은 반죽에 달걀과 과일, 버터를 넣어 만든 케이크로 위기를 모면하고, 대공을 감탄하게 했다고 한다. **LF**

Taste: 슈톨른은 너무 달지 않은 빵 베이스에 건과일을 가득 채우고, 슈거파우더를 뿌린다. 상당히 맛이 진하고 속이 꽉 차 있기 때문에 얇게 썰어서 낸다.

Taste: 파네토네는 겉은 단단하고, 속은 부드럽다. 버터 향이 그윽한 섬세한 속살에는 과일이 곳곳에 박혀 있으며, 매혹적인 바닐라 향이 자욱하다.

파네토네 특유의 가벼운 질감은 반죽을 유례없이 오랫동안 부풀림으로써 얻어진다. ◑

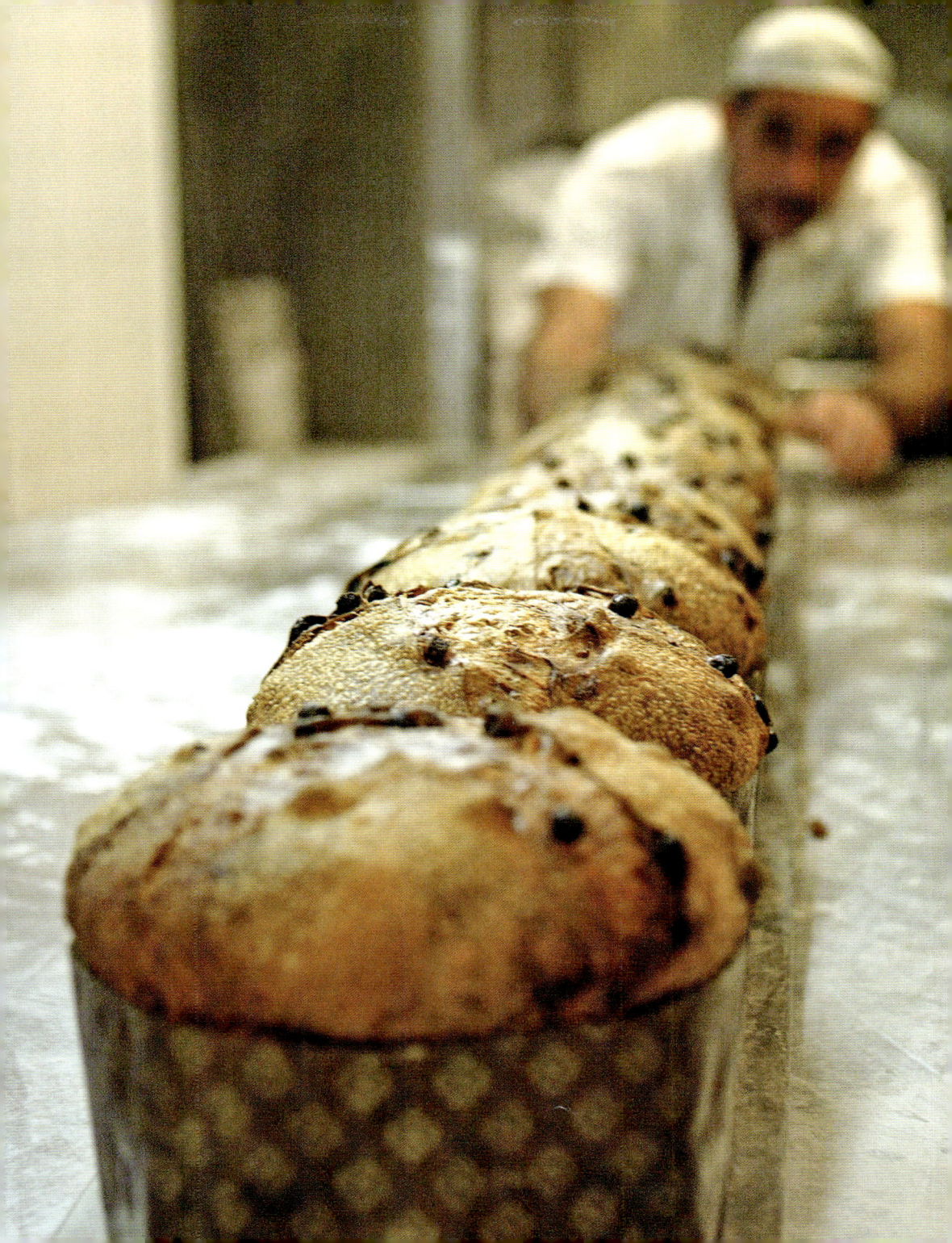

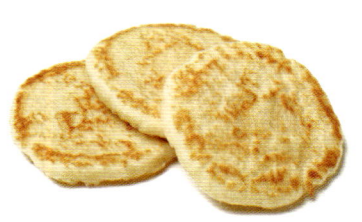

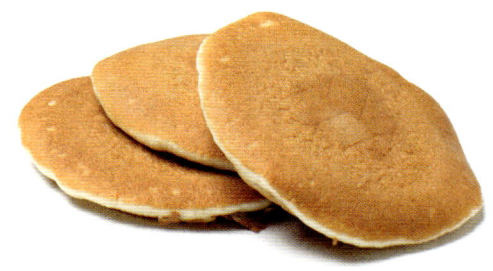

블리니 Blini

러시아의 시인 알렉산드르 쿠프린(1870~1938년)에게 블리니는 "마치 태양처럼 뜨겁고 노란 황금빛이며, 찬란한 날들, 풍성한 수확, 조화로운 결혼, 건강한 아이들의 상징이다." 오늘날 이 팬케이크는 너무나 인기가 높아서 상트페테르부르크에서는 시민들이 패스트푸드 블리니를 파는 레스토랑에 '블린도날드'라는 애칭까지 붙여주었다. 전통적으로 메밀가루로 만드는 블리니는 '크라스니예 블리니(krasnyj blini, 붉은 블리니)'라고 불리며, 기장이나 보리 같은 다른 곡물 가루를 써서 만들 수도 있다. 현대의 레시피는 메밀가루와 일반적인 밀가루를 섞어 보다 가볍고 덜 쉽게 부서지는 블리니를 만들어낸다.

블리니를 낼 때에는 여러 장을 포개 사이사이에 속을 채우거나, 안에 속을 넣어서 둥글게 만다. 속의 재료로는 요리사의 상상력이 총동원되며 캐비어, 사워크림, 완숙 달걀, 다진 청어, 벌꿀, 잼, 또는 과일 등이 들어간다. 모든 팬케이크가 그렇듯이, 블리니도 만들자마자 먹는 것이 좋으며, 러시아 가정집에 초대받은 손님이라면 부엌에 앉아서 여주인이 가볍게 부푼 반죽을 뜨거운 주물 번철 위에서 홀딱 뒤집는 즐거운 광경을 구경할 수 있다. **WS**

스코츠 팬케이크 Scots Pancake

이 작은 팬케이크는 만들기는 쉬워도 정말 팔방미인이다. 잉글랜드와 스코틀랜드 일부 지역에서는 '드롭(drop)' 또는 '드롭트 스콘(dropped scone)'이라고 불리기도 하며, 전통적으로 달콤한 맛이다. 스코츠 팬케이크는 평범한 밀가루, 타타르 크림, 탄산수소나트륨, 설탕, 달걀, 우유 등으로 만든다. 반죽을 불 위에서 뜨겁게 달군 번철 위에 떨어뜨린다. 팬케이크에서 거품이 터지는 소리가 나면 뒤집는다. 스코츠 팬케이크는 다른 팬케이크에 비해 두꺼우므로 한쪽을 굽는 데에 보통 1분 정도가 걸린다.

반죽을 만들어서 굽는 데 시간이 별로 걸리지 않기 때문에, 뜻하지 않은 손님이 왔을 때 인기있는 음식이다. 따끈한 팬케이크에 버터와 잼을 함께 낸다. 갈색 밀가루나 메밀가루로 대신하고 설탕을 넣지 않은 짭짤한 버전도 가능하다. 블리니와 비슷하며 크렘 프레슈, 훈제연어, 그 밖의 짭짤한 음식을 곁들여 먹을 수 있다.

시판하는 스코츠 팬케이크도 있지만, 워낙 레시피가 간단한데다 역시 번철에서 막 구워낸 따끈따끈한 것이 맛있으므로 집에서 만들어 먹는 것이 좋다. **CTr**

Taste: 메밀의 원기왕성한 견과류 맛을 지닌 블리니는 따뜻할 때 먹어야 한다. 그렇지 않으면 질겨져서 좀 두꺼운 프랑스 크레페가 살짝 부푼 것처럼 되어버린다.

Taste: 스코츠 팬케이크, 또는 스카치 팬케이크는 사실 그 자체의 풍미는 별로 없고, 다른 음식과 곁들여 먹는 용도이다. 그러나 그 질감은 가볍고 폭신폭신하며 달콤한 뒷맛을 남긴다.

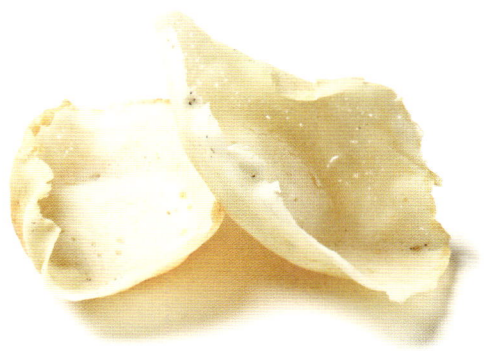

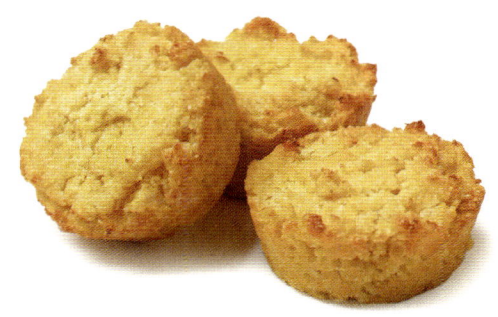

호퍼 Hopper

스리랑카의 열대의 매혹 속에서는 호퍼라 부르고, 인도 남부의 케랄라에서는 아팜(appam)이라 부른다. 그러나 둘은 똑같은 쌀가루 팬케이크로, 일종의 웍에서 튀겨내며 주로 아침식사로 먹는다. 야자술을 약간 뿌려 하룻밤 동안 발효시킨 가벼운 반죽으로 만든다. 스펀지처럼 부풀어오르면 코코넛 크림을 섞어 가라앉힌다. 뜨겁게 달군 둥근 주물 팬(cheena chatti)에 반죽을 조금씩 부어, 바삭바삭한 가장자리는 말려 올라가고, 속은 폭신폭신할 때까지 굽는다.

호퍼를 먹는 방법은 여러 가지가 있는데, 매운 삼발, 칠리 렐리쉬, 간 코코넛, 또는 커리 등과 함께 먹는다. 인도에서는 보통 노른자를 터뜨리지 않고 한쪽만 익힌 달걀 프라이와 함께 먹는다. 팬케이크처럼 호퍼도 잔뜩 쌓아놓고 먹으며, 스리랑카 사람들은 크리켓 경기를 보면서 대여섯 장쯤 앉은 자리에서 먹어치우는 것은 일도 아니다.

'호퍼'라는 이름은 영국계 인도인들의 작품으로, 타밀어로 '아팜(appam)'은 튀긴 스낵을 의미한다. '이디아팜(iddiappam)' 또는 스트링 호퍼는 스낵 겸 아침식사 음식으로 역시 쌀가루로 만들지만 면발로 뽑아내서 쪄 먹는다. **MR**

Taste: 가장자리는 부서지기 쉬우며, 거의 레이스와 흡사한 호퍼는 가운데로 갈수록 부드러워지며, 한가운데는 거의 스펀지처럼 폭신폭신하다. 순한 쌀 맛이다.

아레파 데 초클로 Arepa de Choclo

베네수엘라를 찾은 관광객이라면 몇 걸음 가기도 전에 이 달콤한 옥수수 케이크를 파는 작은 아레페라(arepera) 레스토랑이나 바를 찾을 수 있다. 노란 아레파 가루(마사레파(masarepa) 또는 마사 하리나(masa harina))—익힌 옥수수를 갈아 만든, 글루텐을 함유하고 있지 않은 녹말질 가루로, 콘밀이나 옥수수 가루, 폴렌타, 또는 호미니 그리츠와는 다르다—로 만드는 아레파 데 초클로는 원래 빈민들의 필수 식량이었지만, 현재는 베네수엘라의 극민 음식이 되었다. 기술이 탈달하기 전에는 아레파 가루를 만들기란 보통 시간이 걸리는 작업이 아니었다. 말린 옥수수 알갱이를 물과 석호에 불린 뒤 껍질을 벗긴다. 그런 다음 익혀서 물기를 빼고 건조시켜 맷돌로 간다. 전통적으로 정제하지 않은 흑설탕 덩어리인 '파펠론(papelón)'으로 단맛을 내지만, 으늘날에는 간단하게 설탕을 사용한다.

아레파 데 초클로는 간식으로도, 애피타이저로도, 혹은 빵 대신 식사에 곁들여 먹을 수도 있다. 프라이팬에 튀기거나, 오븐에서 굽거나, 번철에서 굽는다. 그냥 먹을 수도 있지만, 퀘소 프레스코(queso fresco)나 다진 칠리를 반죽에 섞기도 한다. 반으로 잘라서 닭고기나 그밖의 육류, 맛이 강한 치즈 등을 끼워넣어 샌드위치를 만들어 먹거나 혹은 과카몰레를 얹어서 먹기도 한다. **WS**

Taste: 따끈할 때 먹는 것이 가장 좋다. 황금빛 겉껍질은 바삭바삭하며, 속살은 가볍고 부드럽다. 갓 익은 옥수수 낱알 가루가 크리미 한 질감과 한층 더 달콤한 맛을 더해준다.

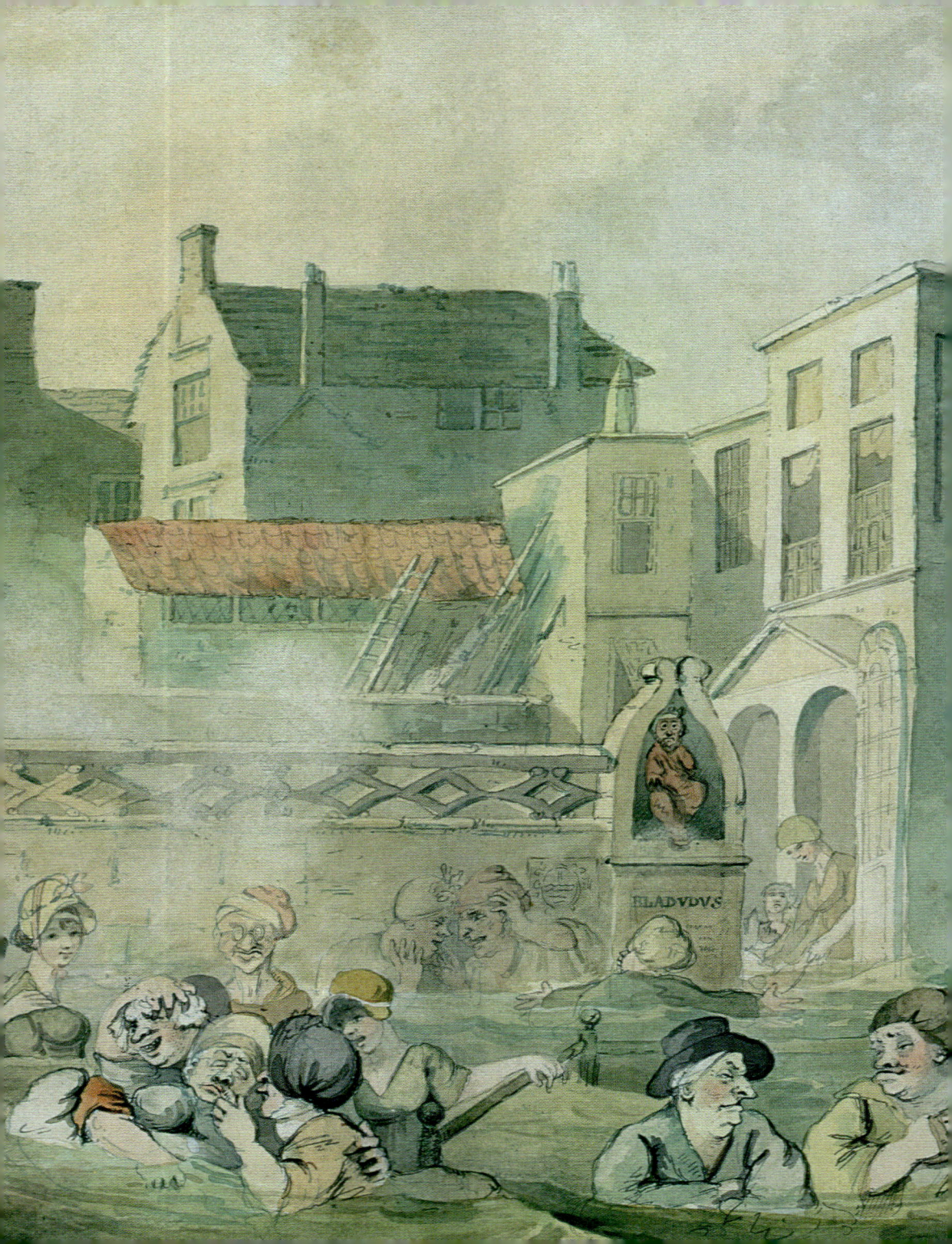

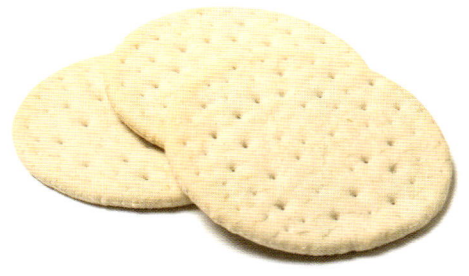

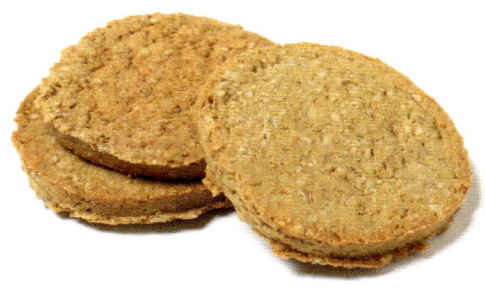

배스 올리버 Bath Oliver

18세기 중반, 윌리엄 올리버는 패셔너블한 배스—잉글랜드의 유명한 온천 휴양 도시로, 런던의 악취와 오물로부터 피신한 부유층 명사들이 몰려가던 곳—에서도 가장 패셔너블한 외과의사였다. 배스의 유황과 광물질이 풍부한 온천수는 로마 시대부터 유명했지만 18세기 들어서 그 의학적 효과에 다시 관심이 쏠리기 시작했고, 올리버 박사가 만든 이 평범하고 단맛도 없는 비스킷은 온천에 가져가는 간식이 되었다. 오늘날에도 물론—비록 요즘은 존 레논이 가장 좋아하는 비스킷이었다고도 하는 초콜릿을 입힌 버전이 더 인기가 높지만—치즈를 곁들여 즐겨 먹는다.

평범한 배스 올리버는 올리버 박사가 1764년 세상을 떠난 이후에도 지속적으로 생산되었다. 일설에 따르면, 올리버 박사는 마부인 앳킨스에게 자신의 유명한 레시피와 함께 밀가루 한 부대와 거액의 돈을 남겼다고 한다. 앳킨스는 즉시 빵가게를 열고 엄청난 돈을 벌었다. 이후 배스 올리버의 상표권은 여러 명의 손을 거쳤으며, 현재는 더 이상 배스에서 생산되지 않는다. **AMS**

오트케이크 Oatcake

스코틀랜드 오트케이크의 그 독특한 푸석푸석함은 세계적으로 유명하다. 스코틀랜드에서 귀리가 보리 대신 주요 작물의 자리를 꿰찬 17세기에 처음 만들어졌으며, 불만 있으면 빠르고 쉽게 만들 수 있는 장점이 있다.

오트케이크는 귀리 가루에 물을 섞어 반죽한 뒤 뜨거운 화덕의 바닥돌 위에서 굽는다. 역사적인 기록도 많이 남아 있다. 14세기 프랑스의 연대기 작가 쟝 프루아사르는 스코틀랜드 군인들이 어떻게 물과 귀리 가루를 섞어서 불 위에서 그슬려 "비스킷"을 만드는지를 기록하였다. 잉글랜드의 일기 작가 도로시 워즈워스 역시 1803년에 "크림을 넣어 반죽하였으며 맛이 훌륭하다"고 적고 있다.(오늘날에는 크림 대신 데운 라드를 주로 사용한다.)

시중에서 판매하는 오트케이크는 재료를 고정시키기 위해 밀가루를 넣어서 만든다. 빵 대신 여러 요리에 곁들여 먹기 좋기 때문에 여전히 높은 인기를 누리고 있으며, 글루텐 함량이 낮고 콜레스테롤을 흡수하는 것으로 알려져 있어 건강에도 좋다고 여겨진다. 기름기 많은 생선, 치즈, 잼, 버터, 벌꿀, 수프 등과 함께 먹는다. **CTr**

Taste: 특별한 풍미가 없이 바삭하다기보다는 약간 부드럽고, 고운 곡물 알갱이가 느껴진다. 매끄럽고 거의 크리미한 질감과 향미 덕분에 치즈를 곁들여 먹으면 이상적이다.

Taste: 시중에서 파는 오트케이크는 더 매끄럽고 견과류의 바삭함이 느껴진다. 집에서 구운 것은 매우 얇고 잘 부서지며, 향미가 더욱 풍성하고 기분 좋은 토스트의 뒷맛이 느껴진다.

치유 효과가 뛰어난 배스의 온천수를 즐기고 있는 모습을 묘사한
18세기의 삽화.

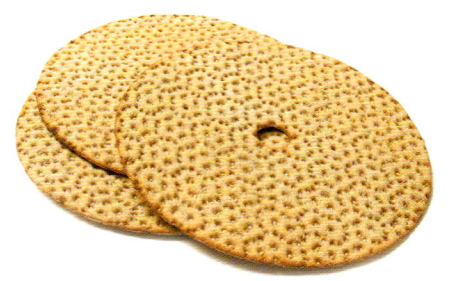

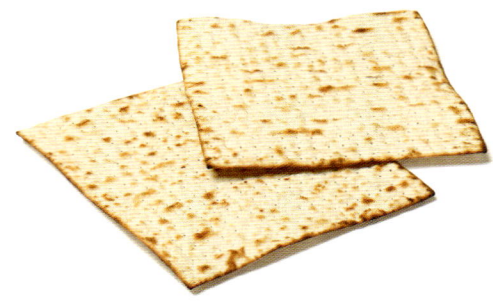

크내케브뢰트 Knäckebröd

스웨덴에서는 6세기 이래 얇고 딱딱한 플랫브레드를 구워먹었다. 이 무렵에는 당시에 보편적인 작물이었던 보리로 만들었다. 지난 1천 년 동안은 호밀을 주로 사용했지만, 밀, 보리, 귀리 등으로 만든 크내케브뢰트도 찾아볼 수 있다. 크내케브뢰트는 오늘날까지도 스웨덴은 물론 국외에서도 놀랄 정도로 인기가 높으며, 외국에서는 크리스프브레드(crispbread)라고 부른다.

　레시피와 스타일은 지방마다 다르다. 크내케브뢰트를 만들 때에는 밀가루, 물, 이스트, 소금으로 만든 반죽을 밀대로 밀어 둥근 모양으로 얇고 평평하게 편다. 특수한 밀대를 사용하면 독특한 구멍 무늬를 만들 수도 있으며, 높은 온도에서 굽기 때문에 한 가운데에 커다란 구멍을 뚫는다. 굽고 나면 여러 개의 빵을 긴 나무 장대에 꿰어서 매달아놓고 식힌다. 이렇게 하면 그 특유의 메마른 느낌을 얻을 수 있는 것은 물론 오랫동안 두고 먹을 수 있다. 과거에는 이러한 보관성이 무엇보다 중요한 요소였다. 오늘날 크내케브뢰트는 가정에서는 거의 굽지 않지만, 스웨덴의 스모르가스보르트에서는 핵심적인 위치를 차지한다. 크기가 더 작고 직사각형인 것도 있다. **CC**

맛초 Matzo

히브리어 'matzah'에서 유래한 납작하고 잘 부스러지는 맛초는 유태인들이 유월절(또는 과월절, 무교절이라고도 한다)에 먹는, 이스트를 넣지 않은 전통 플랫브레드이다.

　맛초는 히브리인들이 빵을 부풀릴 시간도 없이 급히 이집트에서 탈출한 것을 상징하며, 해마다 어드레 간 계속되는 유월절 축제 때면 유태인들은 이스트로 부풀리지 않은 맛초를 먹는다. 맛초는 유월절 기간 동안 먹을 수 있는 유일한 밀가루 음식이다.

　맛초를 만드는 방법 역시 엄격하게 정해져 있으며, 일단 밀가루에 물을 섞고 나서 18분 안에 구워진 맛초를 오븐에서 꺼내야만 한다. 이러한 규율을 제대로 지킬 수 있도록 요즘은 아예 '유월절 코셔'라고 이름 붙인 패키지 상품이 나오기도 한다. 그 밖의 맛초 제품으로는 맛초 가루가 있다. 맛초 가루로 케이크나 비스킷은 물론 유대인의 고전 요리인 크나이드라크(knaidlach, 닭고기 수프에 넣는 맛초 볼)도 만들며, 생선 볼(gefilte fish)이나 라트케(감자 팬케이크) 같은 요리에도 반드시 들어간다. 맛초 파르펠은 가볍게 으깬 맛초를 가리킨다. **SBI**

Taste: 크내케브뢰트는 바삭하고 딱딱해야 한다. 특징적인 맛이 없으며, 때때로 희미한 스모크 향이 난다. 치즈, 소시지, 절인 청어 등과 함께 샌드위치로 낸다.

Taste: 바삭바삭하고 메마른 맛초는 크고 길쭉하고 얇다. 크림색에 갈색 반점이 곳곳에 보인다. 매우 쓰임새가 많으며 워터비스킷과 비슷한 맛이 난다.

14세기 히브리어 필사본.
유대인 가정의 어머니가 막 맛초 꾸러미를 풀고 있다. ➔

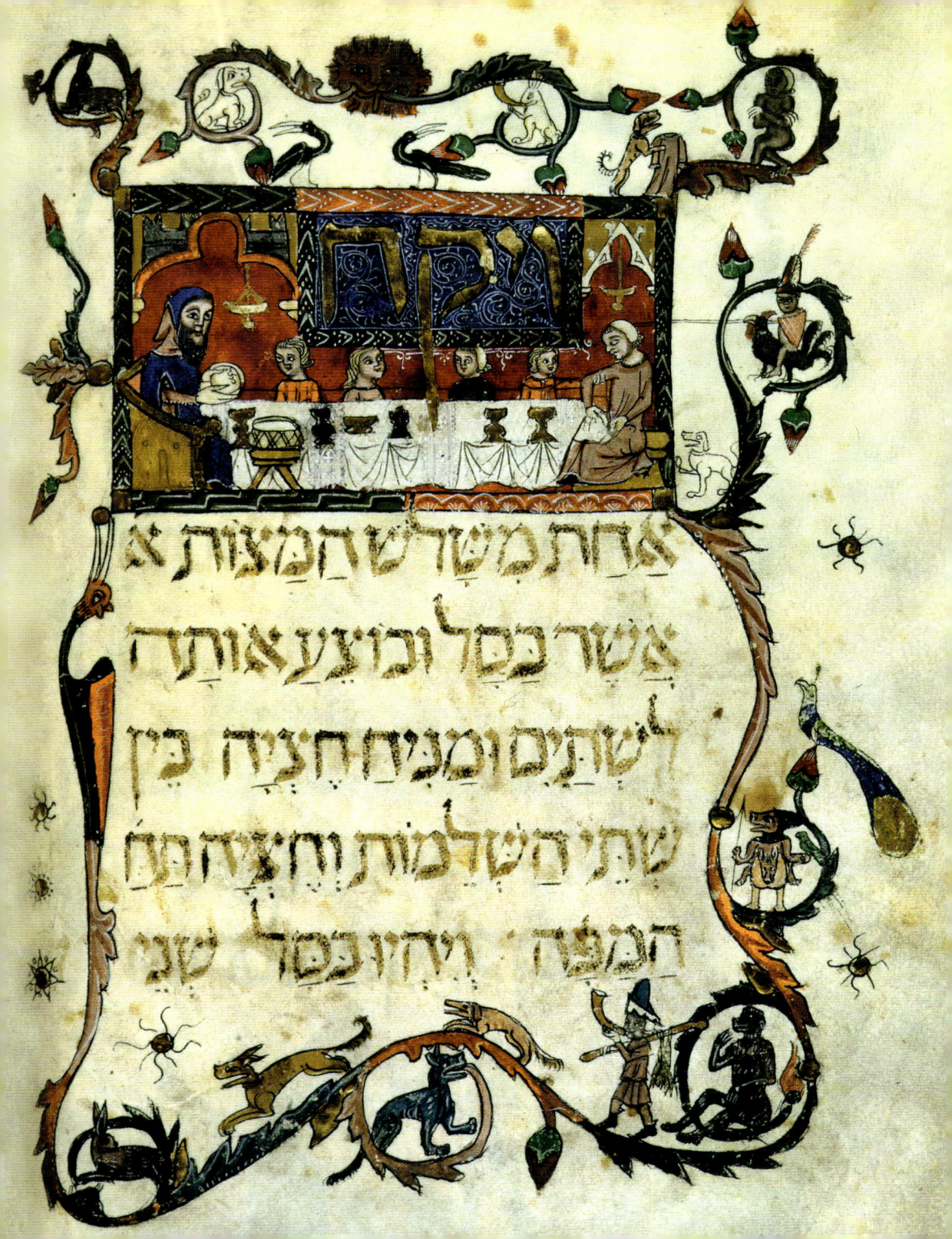

אַחַת מִשֶּׁהַמַּצּוֹת א

אֲשֶׁר כָּסֶל וּמוֹצִיאוֹתָהּ

לִשְׁתַּיִם וּמַנִּיחַ חֶצְיָהּ בֵּין

שְׁתֵּי הַשְּׁלֵמוֹת וְהֵצְיָהּ

הַמַּצָּה · וְיַחֲזוֹר כְּסָל שֵׁנִי

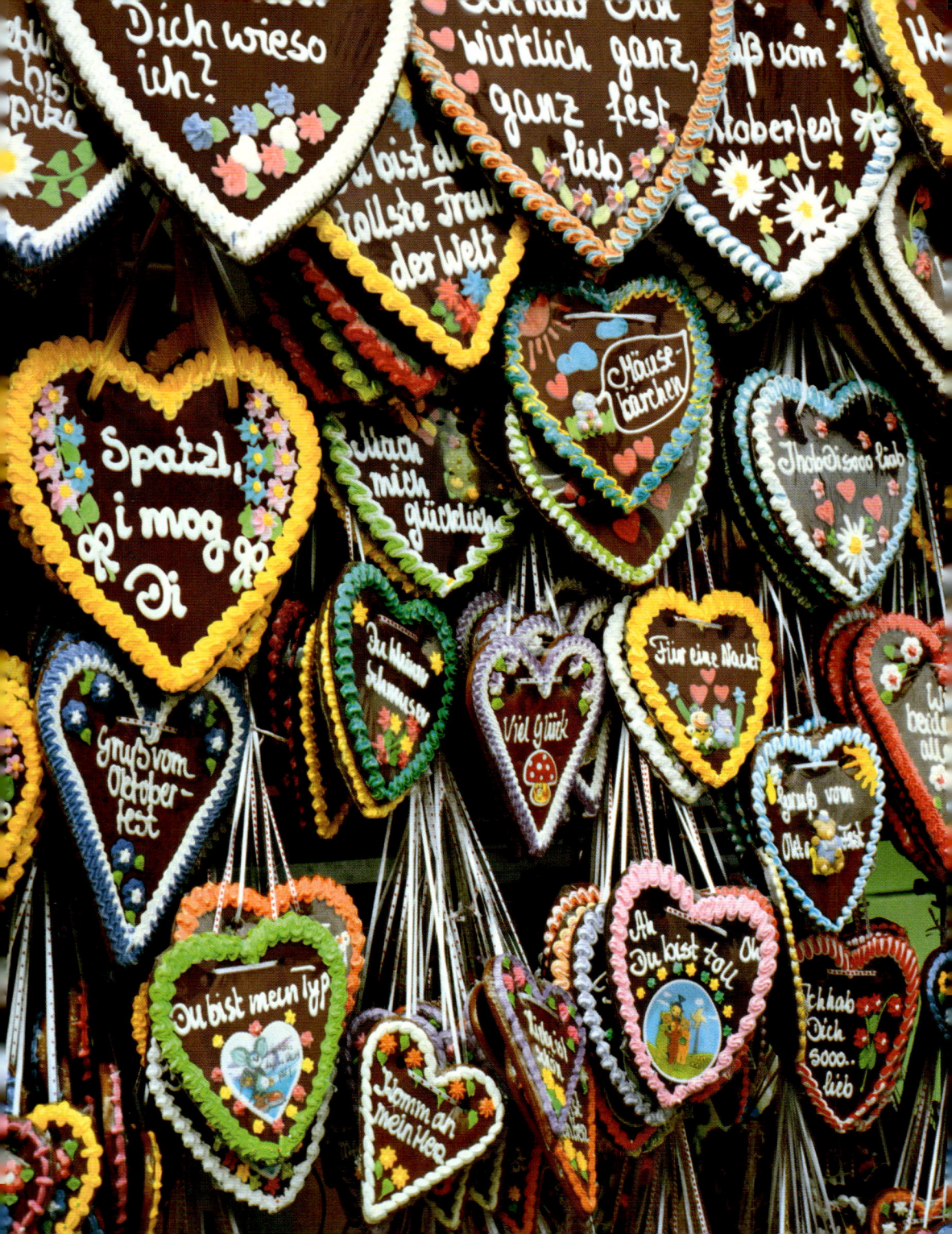

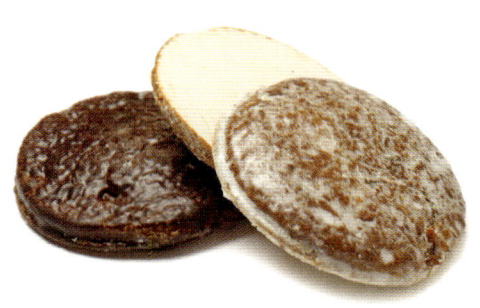

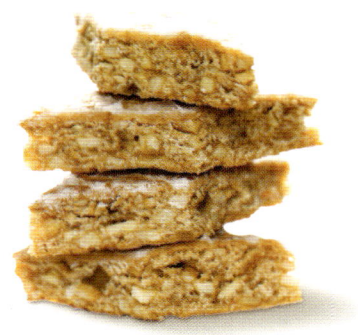

뉘른베르거 엘리젠렙쿠헨

Nürnberger Elisenlebkuchen

독일 최초의 크리스마스 비스킷이라 할 수 있는 렙쿠헨
은 13세기에 독일 프랑켄 지방의 수도사들이 처음 만들
었다고 하지만, 오늘날 가장 유명한 렙쿠헨은 1395년에
뉘른베르크에서 태어났다. 1808년 이래 최고의 렙쿠헨
은 엘리젠렙쿠헨(PDO)으로, 뉘른베르크에서도 가장 명
망있는 렙쿠헨 베이커리는 렙쿠헨 슈미트(Lebkuchen
Schmidt)이다.

다른 진저브레드와는 달리 이 최고급 비스킷은 밀
가루가 거의, 또는 전혀 들어가지 않는다. 가장 중요
한 재료는 견과류(헤이즐넛 또는 아몬드, 혹은 둘 다)
와 특별한 혼합 스파이스이다. 베이커리마다 그 집 고
유의 블렌드와 스파이스 혼합 비율이 있어, 아무에게
도 가르쳐주지 않는다. 일부 옛 레시피에서는 설탕 대
신 벌꿀을 사용하기도 한다. 오늘날 렙쿠헨의 원조는 벌
꿀 케이크라고 하며, 고대 이집트, 그리스, 로마로 거슬
러 올라간다.

엘리젠 렙쿠헨은 평범한 둥근 모양으로 만들어서
견과류를 통째로 붙이거나 혹은 아이싱 설탕을 뿌린다.
예쁜 모양으로 잘라서 설탕을 입히거나 웨이퍼 위에 놓
고 윤기있고 매끄러운 다크 초콜릿을 바른다. **WS**

바즐러 레커를리

Basler Leckerli

14세기 중반 이래 이 스파이시한 벌꿀 비스킷은 스위스
바젤에서 열리는 모든 축제와 행사에 빠짐없이 등장했
다. 최초의 레시피는 바젤의 향신료 상인들이 고안했
고 한다. 렙쿠헨이 스트라스부르, 뉘른베르크, 메밍엔
등으로 퍼져나가면서, 레커를리는 렙쿠헨과의 불꽃 튀
기는 경쟁을 피할 수 있게 되었다. 그리고 한 빵장이가
바젤로 이주하여 레커를리를 전문으로 파는 작은 가게
를 열었다. 바젤의 상류층들은 이 설탕 입힌 비스킷을
마음에 들어 했다. 이렇게 해서 또 하나의 명물이 탄생
하였다. 레커를리가 바젤의 시의회 기록에 처음 등장하
는 것은 1720년이다.

오늘날 가장 유명한 레커를리 가게로는 1903년에
세워진 래커를리-후스(Läckerli-Huus)가 있다. 이 곳
에서는 대량 생산한 오리지널 레커를리는 물론 설탕에
절인 레몬과 오렌지껍질, 견과류, 벌꿀, 스파이스, 키르
쉬가 들어간 레커를리도 구할 수 있으며, 심지어 고객들
이 자신이 원하는 맛을 주문할 수도 있다. 질감과 향미
는 판포르테 디 시에나(panforte di Siena)와 흡사하며,
특수한 절단기나 아니면 그냥 칼을 사용해서 자른다. 레
커(Lecker)는 독일어로 '맛있다'는 뜻으로, 이 비스킷은
온갖 향미의 결정판이라 할 수 있다. **WS**

Taste: 계피, 코리앤더, 너트멕, 정향, 올스파이스, 카르다몸, 생강 등의
향신료가 부드럽고 푸석푸석한 엘리젠렙쿠헨에 따스하고 스파이시한
반짝임을 더해준다.

Taste: 벌꿀 덕분에 달콤하고 부드러운 향미가 나며, 설탕에 절인 과일
껍질은 톡 쏘는 시트러스 향을 전해준다. 아몬드는 견과류 특유의 바
삭바삭함을, 계피는 이국적인 스파이스의 따스함을 더한다.

독일에서는 다양한 메시지를 새겨넣은 하트 모양의 렙쿠헨이
⊙ 널리 팔린다.

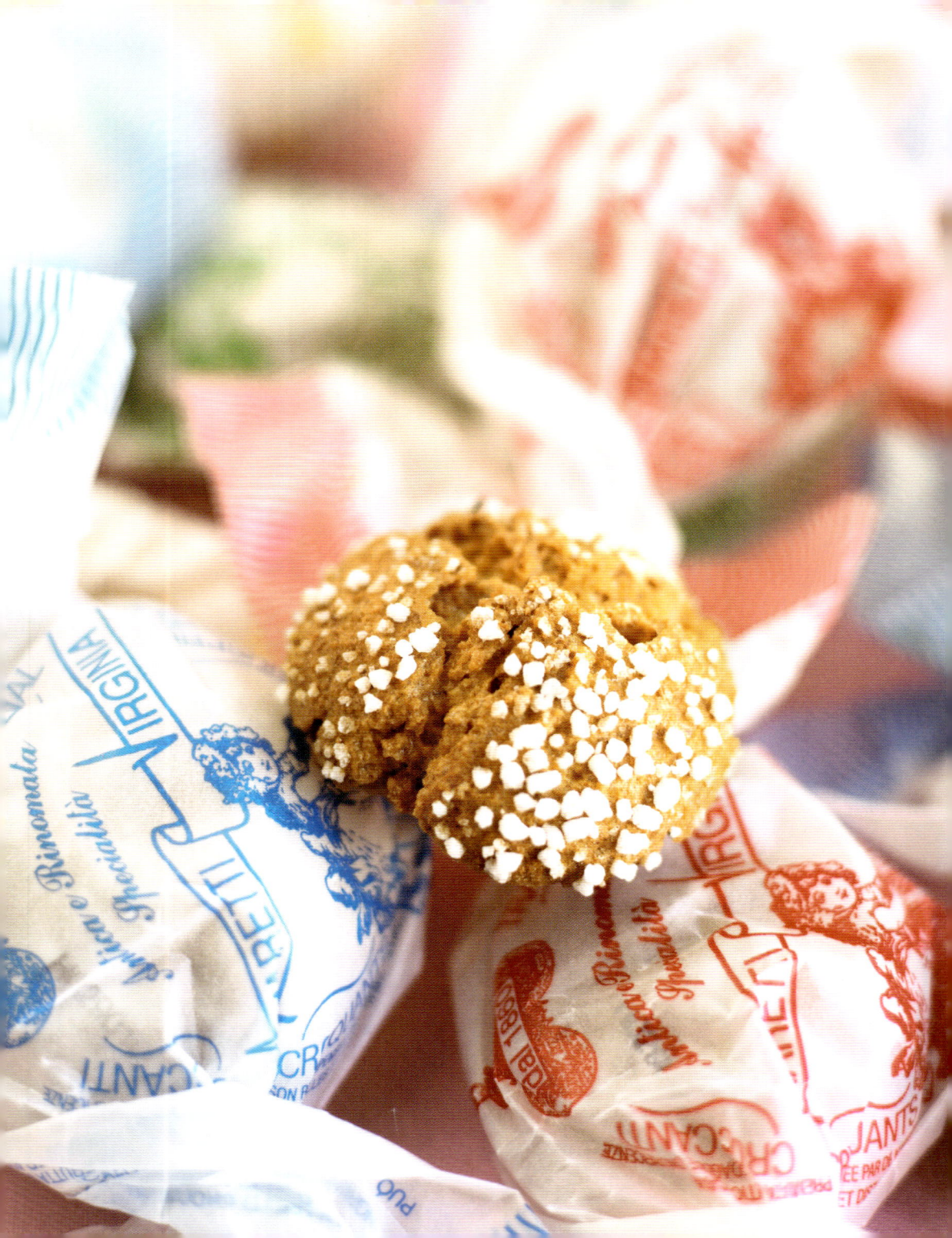

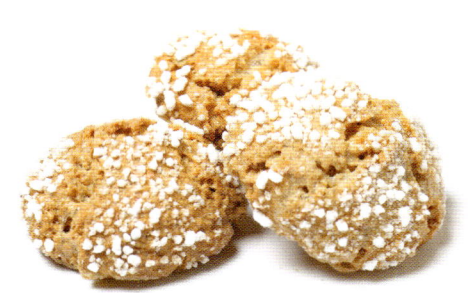

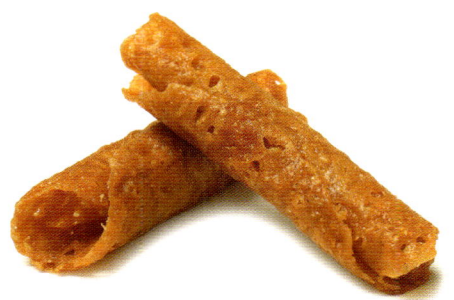

아마레토 디 사로노 Amaretto di Saronno

브랜디 스냅 Brandy Snap

아마레티—'작은 쌉쌀한 것들'이라는 뜻—는 이탈리아의 모든 비스킷 중에서 가장 유명할 것이다. 대부분의 이탈리아 레시피가 그렇지만, 지역에 따라 각양각색이며 그 지역의 관습, 전통, 입맛을 담아낸 명물인 경우가 많다. 부드럽고 달콤한 것부터 딱딱하고 바삭바삭한 것까지 다양하며, 대개는 달콤쌉싸름한 아몬드가 들어 있다.

그러나 이 모든 아마레티 중에서도 가장 유명한 것은 롬바르디아 지방 사로노에서 만든 것이다. 라자로니 브랜드는 전 세계에서 찾아볼 수 있으며, 아마레티의 역사는 이 과자를 싸는 종이의 색깔만큼이나 컬러풀하다. 전설에 따르면 약 3세기 전, 밀라노의 추기경이 사로노를 방문했다고 한다. 추기경에게 경의를 표하기 위해 두 젊은 연인인 주세페와 오솔리나가 설탕과 살구 씨, 달걀 흰자로 달콤쌉싸름한 비스킷을 만들었으며, 자신들의 사랑을 상징하기 위해 두 개를 한 묶음으로 포장하였다. 두 사람은 추기경의 축복을 받았으며 결국 결혼하게 되었다. 이 후 이들의 레시피는 오늘날까지 비밀로 남아 있다.

아마레티는 커피, 디저트 와인, 리큐르와 함께 낸다. 부스러뜨려서 이탈리아 디저트에 쓰이기도 한다. 복숭아와 특히 잘 어울린다. **LF**

이 바삭바삭하고 웨이퍼처럼 얇고, 레이스와도 같은 모양의 비스킷은 잉글랜드의 전통 과자로 한 입 깨무는 순간 말그대로 딱 소리 나게 부러질 것(영어로 'snap')이다. 브랜디 스냅은 버터, 사탕수수 시럽, 흑탕, 밀가루를 섞어 생강으로 맛을 내서 만든다. 반죽을 프라이팬에서 녹인 다음 지빵용 기름 종이 위에 뚝뚝 떨어뜨리고 오븐에 넣어 굽는다. 반죽이 익으면서 옆으로 퍼져 마치 보조개가 패인 듯한 매우 독특한 질감이 생긴다. 아직 따뜻하고 부드러울 때 쟁반에서 떼어내어 숟가락 손잡이에 감고 돌려서 속이 텅 빈 파이프 모양을 만든다. 일단 식고 나면 그냥 먹어도 되고, 안에 휘핑 크림을 넣어서 먹어도 좋다.

브랜디 스냅은 '페어링(fairings)'과 함께 잉글랜드의 장터에서 흔히 팔던 과자이다. 납작한 모양과 돌린 모양 두 가지로 살 수 있었다. 이름은 브랜디 스냅이지만, 언제나 브랜디로 맛을 내는 것은 아니다. 처음에는 브랜디를 썼다고 하지만, 브랜디가 너무나 비싼데다 그 맛이 거의 느껴지지 않기 때문에 차츰 레시피에서 사라지게 되었다. 또다른 초기의 브랜드 스냅 레시피는 트리클을 쓰기도 한다.

오늘날에는 바구니 모양으로 만들어서 속에 다른 디저트를 채워서 내기도 한다. **SBI**

Taste: 한입 깨물면 아마레티 디 사로노는 바삭하고 달콤하지만. 그 질감은 곧 쫄기한 부드러움으로 바뀐다. 마치판을 연상시키는 아몬드의 향미가 난다.

Taste: 달콤하고 버터 향이 진한 브랜디 스냅은. 토피 비슷한 웨이퍼와 비스킷의 중간으로 입에서 사르르 녹으며 씹으면 오도독 부서진다. 차 한 잔을 곁들이면 더욱 맛있다.

커피와 함께 먹기 위해 아마레티의 포장을 벗기는 행위 자체도 먹는 것만큼이나 즐겁다.

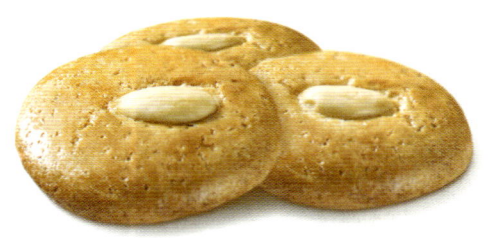

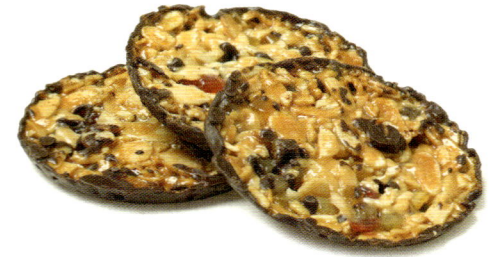

아펜젤러 비버 Appenzeller Biber

그 정교한 자수와 맛좋은 치즈로 유명한 스위스의 아펜젤 주는 또 하나의 중독성 있는 패스트리, 아펜젤러 비버(또는 아펜젤러 배얼리–비버)의 고향이기도 하다. 아펜젤러 비버는 속에 아몬드 페이스트를 넣은 독특한 진저브레드이다.

아펜젤러 비버는 수백 년 전에 처음 만들어졌으며, 오늘날에도 아펜젤 지방의 빵집에서 여전히 팔고 있다. 독일의 렙쿠헨(lebkuchen)과 여러 면에서 비슷하지만, 한 겹의 반죽을 장식용 틀(주로 곰 문양)에 눌러서 만들었다는 점에서 독특하다. 이 반죽 위에 마치 판이나 집에서 만든 아몬드 페이스트를 한 겹 바른 뒤, 또 한 겹의 반죽을 올려 완성한다.

아펜젤러 비버에는 종종 벌꿀이 들어가며, 때때로 리큐르를 넣기도 한다. 스파이스는 항상 들어가지만, 어떤 스파이스를 얼마나 넣느냐는 전적으로 셰프의 마음이다. 대개는 생강, 계피, 육두구, 그리고 때때로 장미수를 더할 때도 있다. 플라덴(fladen)이라는 커다란 케이크로 굽기도 하고, 비베를리(biberli) 쿠키로 만들어 크리스마스 때 먹기도 한다. **JH**

플로렌틴 Florentine

'플로렌틴'이라는 단어는 피렌체를 가리키는 뜻으로 흔히 쓰이며, 종종 시금치가 들어간 요리를 이렇게 부르기도 한다. 그러나 이 섬세하고 달콤한 작은 비스킷으로 말할 것 같으면 전혀 이야기가 다르다.

플로렌틴의 정확한 기원은 세월 속에서 사라지고 말았지만, 확실한 것은 피렌체에서만 먹는 것은 아니고 유럽 전역, 아니 그 너머에서까지 사랑을 받고 있다는 사실이다. 이 진하고 쫀득한 견과 비스킷은 부스러뜨린 아몬드와 설탕에 절인 과일로 만들며, 보통 초콜릿을 입혀 겉에 특유의 물결무늬를 낸다.

플로렌틴은 인기있는 프티푸르(마카롱이나 머랭처럼 크기가 작은 케이크나 비스킷의 통칭) 가운데 하나이다. 과일과 견과류와 초콜릿 코팅—다크, 밀크, 또는 화이트—에 이르면, 수없이 많은 종류의 플로렌틴이 있다. 클래식 플로렌틴은 부스러뜨린 아몬드를 사용하지만, 피스타치오, 호두, 그 밖의 견과류를 사용한 버전도 찾아볼 수 있다. 설탕에 절인 과일 역시 시트러스, 살구, 파인애플, 망고, 무화과, 버찌 등 다양하다. **SBI**

Taste: 아펜젤러 비버는 메마르고, 케이크와 비슷한 질감을 지니고 있으며, 지나치게 달지 않다. 매우 달콤한 아몬드 페이스트를 속에 넣으면 잘 어울린다. 뜨거운 핫초콜릿 한 잔을 곁들이면 완벽하다.

Taste: 플로렌틴은 거부할 수 없이 달콤하고, 쫀득하고, 입에서 군침이 돌게 한다. 저녁 식사 후에 커피와 함께 디저트로 내든지, 아니면 애프터눈 티의 다과로 내든지 아무리 먹어도 계속 먹고 싶어진다.

길을 가다가 배가 고파지면, 이탈리아의 파스티체리아(pasticceria)만큼 반가운 간판도 없다. ➔

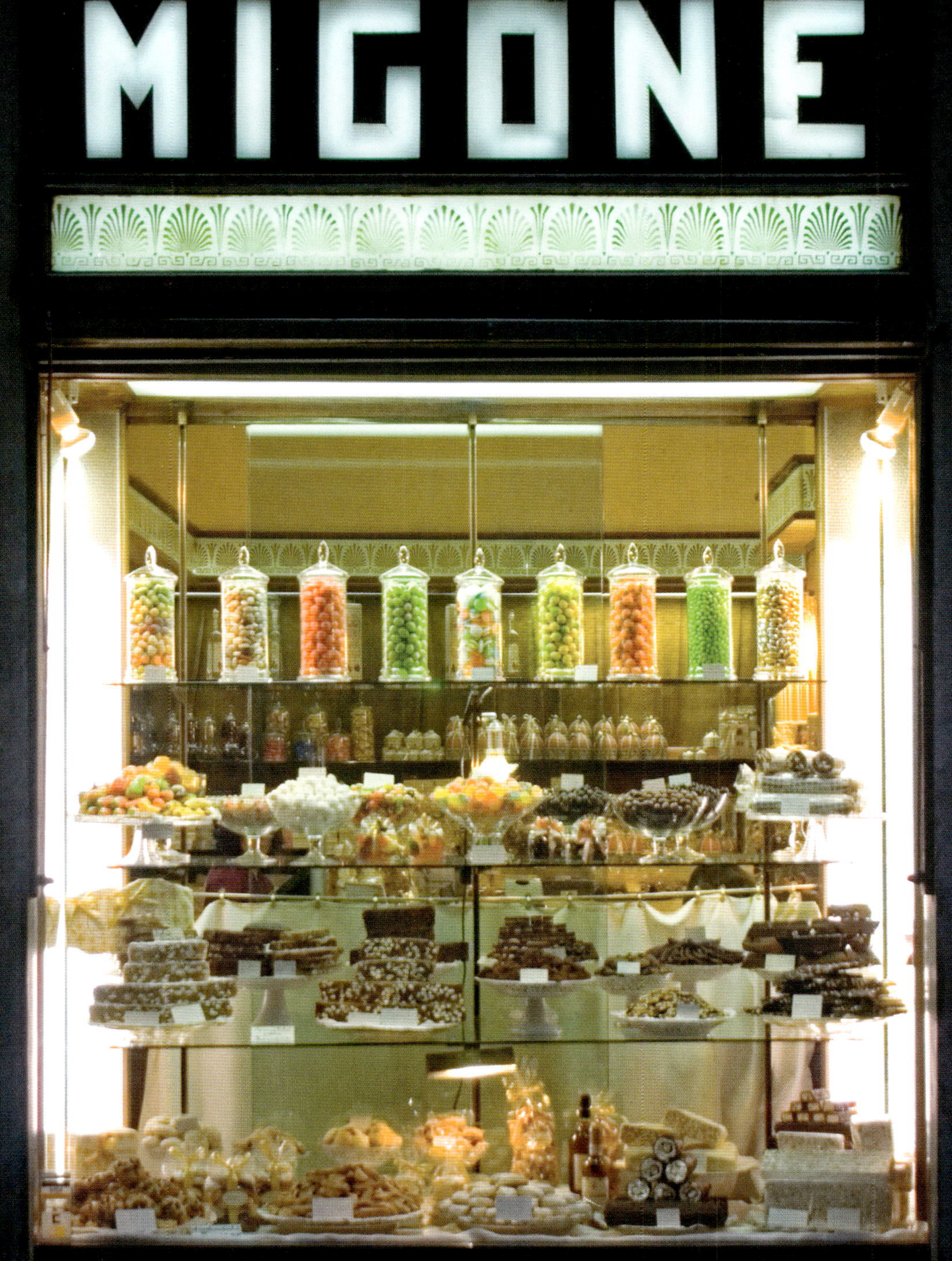

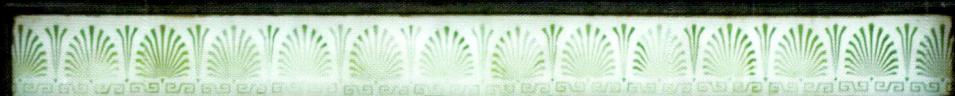

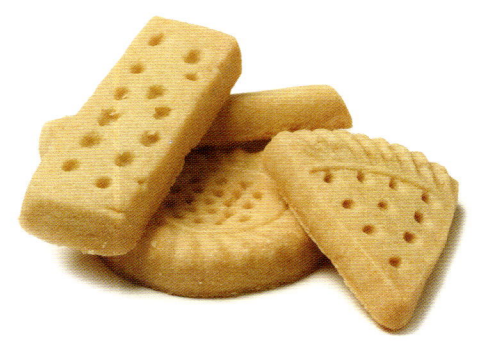

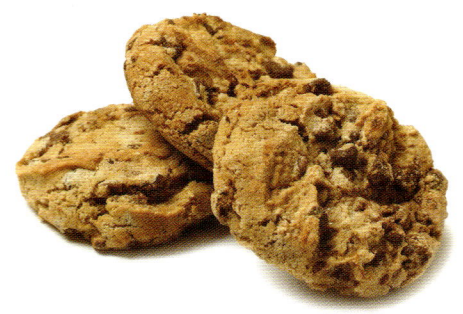

쇼트브레드 Shortbread

다른 지역에서도 유사한 스타일의 비스킷이 만들어지지만, 쇼트브레드 하면 아무래도 스코틀랜드다. 쇼트브레드는 1736년 스코틀랜드 최초의 요리책인 맥클린톡 부인의 『요리와 패스트리를 위한 레시피Recipes for Cookery and Pastry-work』에 실렸다. 맥클린톡 부인은 밀가루, 버터, '밤(barm, 이스트)'을 사용하였다. 90년의 세월이 흘러 멕 도즈가 『요리사와 가정주부 지침서The Cook and Housewife's Manual』를 썼을 때에는 이미 오늘날 우리가 먹는 쇼트브레드가 되어 있었다.

쇼트브레드는 특유의 푸석푸석한 질감을 지니고 있으며, 크게 세 가지 재료—밀가루, 버터, 설탕—로 만든다. 반죽을 밀대로 밀어서 알맞은 모양으로 자른 다음 오븐에서 황금빛이 될 때까지 천천히 구워낸다. 오늘날 쇼트브레드 생산자들은 때때로 초콜릿과 생강을 넣기도 하고, 아몬드를 갈아 넣거나, 다른 종류의 밀가루를 사용하기도 하지만, '페티코트 테일(petticoat tails)'이라 불리는 세모꼴로 부서지는 둥근 모양의 전통 쇼트브레드는 캐러웨이 씨 외에는 아무것도 들어가지 않는다.

관광 상품이 모두 그렇듯이 품질도 제각각이다. 일단 버터가 아닌 지방을 사용한 제품은 무조건 피하는 것이 좋다. 스코틀랜드 애벌루어의 워커스 社는 환상적인 페티코트 테일을 생산한다. **CTr**

초콜릿 칩 쿠키 Chocolate Chip Cookie

북미의 쿠키는 일반적으로 잉글랜드의 비스킷보다 맛이 더 진하고 쫄깃하며, 18세기 초, 아니 어쩌면 그보다 훨씬 전부터 '쿠키'라는 이름으로 불렸다. 그러나 초콜릿 칩 쿠키—쿠키 가운데서도 가장 유명한—는 1930년대에 들어와서야 처음 만들어졌다.

루스 그레이브스 웨이크필드와 그녀의 남편은 1930년에 매사추세츠 주 휘트먼에 있는 톨 하우스 여관을 사들였다. 루스가 요리를 맡았는데, 그녀는 곧 근방에서 맛있는 디저트를 만들기로 유명해졌다. 버터 드롭 두(Butter Drop Do)라는 옛 쿠키 레시피를 실험하던 그녀는 약간 달콤한 초콜릿 하나를 으깨서 잘게 부스러뜨린 뒤 쿠키 반죽에 넣었다. 초콜릿 조각은 녹지 않고 원래의 형태를 그대로 유지하면서, 크리미하게 느껴질 정도로 약간만 부드러워졌다.

대규모 제빵용 초콜릿 생산업자가 발빠르게 이 레시피에 대한 권리를 사들여 제품 포장에 인쇄해서 팔았다. 그리고 머지 않아 특별히 이 레시피에 사용하기에 적합한 '칩'까지 만들어냈다. 오늘날 톨 하우스 쿠키 등록상표는 네슬레 社가 소유하고 있다. 그 외의 홈메이드 초콜릿 칩 쿠키는 다양한 모양과 크기로 팔리고 있다. **SH**

Taste: 얇은 페티코트테일은 바삭바삭하고 거의 부서지기가 쉽다. 그러나 버터향이 풍부한 질감에 달콤한 향미를 지니고 있다. 두꺼울수록 퍽퍽하지만 그 특유의 진한 향미는 변하지 않는다.

Taste: 초콜릿 칩 쿠키의 질감은 바삭한 것, 심지어 오도독 부서지는 것부터 쫄깃한 것까지 다양하다. 견과와 초콜릿의 맛에 흑설탕 향기가 난다.

걸프 지역에 주둔하고 있는 전방의 미국 군인들이 공수해온 초콜릿 칩 쿠키를 즐기고 있다. ➜

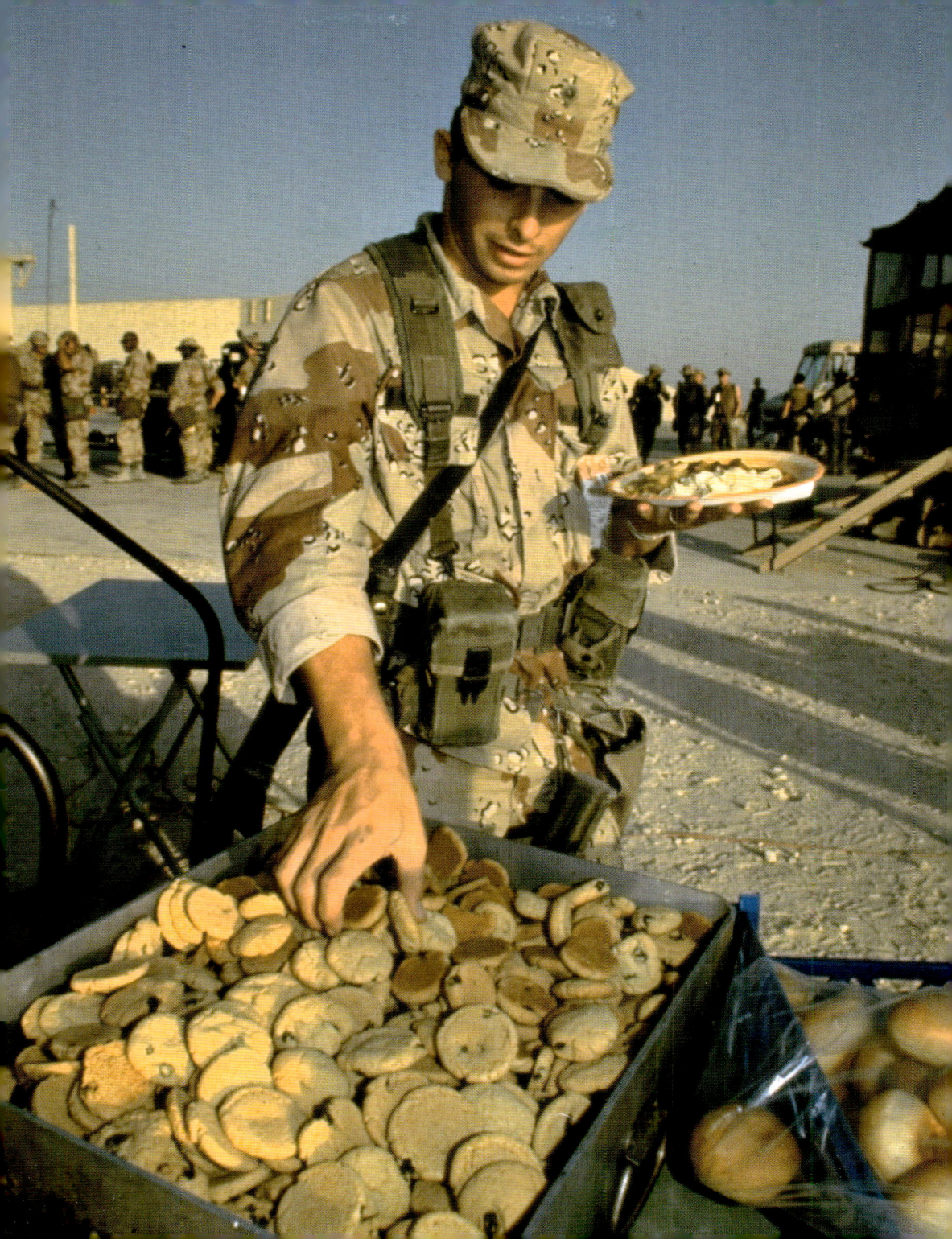

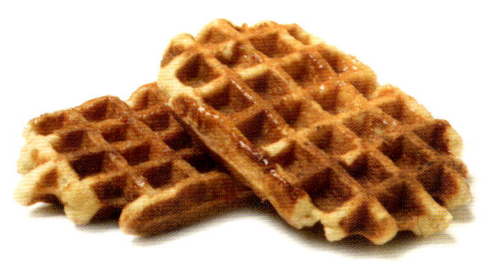

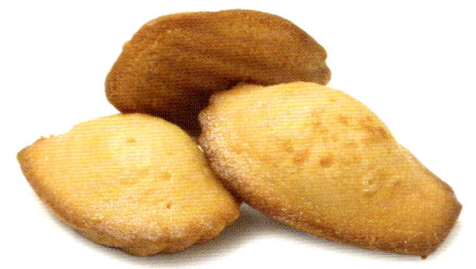

리에주 와플 Liège Waffle

고프레(gauffres)라고도 불리는 와플은 가장 널리 알려진 벨기에 음식이다. 그 중에서도 리에주 와플은 더 유명한 또 하나의 와플, 즉 브뤼셀 와플과 어떻게 다른지를 설명하는 것이 이해하기 쉬울 것이다.

브뤼셀 와플은 직사각형으로 이스트 반죽을 와플 번철에서 익힌 뒤 아이싱 설탕이나 휘핑 크림, 딸기, 초콜릿 소스 같은 토핑을 올리며, 보통 접시에 담아 포크와 나이프와 함께 낸다. 미국에 전래되어 아침식사 메뉴로 널리 보급된 와플은 바로 이 벨기에 와플이다. 그러나 벨기에에서는 아무 때나 즐겨 먹는 간식으로 통한다.

반면 리에주 와플은 크기가 더 작고 둥글다. 반죽에는 이스트를 넣지 않으며, 따라서 황금빛으로 구워낸 와플은 질감이 더 조밀하다. 반죽에 작은 설탕 덩어리를 넣기 때문에, 눌어서 캐러멜처럼 엉긴 설탕이 더욱 달콤한 향미를 자아낸다. 리에주 와플은 벨기에 전역의 작은 가게와 길거리 노점상에서 맛볼 수 있으며, 종이에 싸주면 받아서 손에 들고 스낵처럼 먹는다. **SBI**

마들렌 드 코메르시 Madeleine de Commercy

마들렌은 프루스트의 『잃어버린 시간을 찾아서À la Recherche du Temps Perdu』에 반짝이는 영감을 주었던 과자로 유명하다. 이 조가비 모양의 작은 스폰지 케이크는 정말로 맛있다. 그러나 그 레시피의 정확한 기원에 대해서는 의견이 엇갈린다. 우선 18세기에 코메르시에 있는 성 마리아 막달레나(프랑스어로 마리 마들렌(Sainte Marie-Madeleine)) 수녀원에서 태어났다는 설이 있다. 이 곳의 수녀들은 생계를 위해 케이크와 과자를 만들어서 팔았다. 프랑스 대혁명이 일어나면서 수도원과 수녀원이 철폐되자 수녀들은 마을의 빵장이들에게 썩 나쁘지 않은 값을 받고 레시피를 팔았다.

다른 이야기에도 역시 마들렌이 등장한다. 이번에는 18세기 로렌 공작의 저택에서 일하던 어린 하녀이다. 그녀가 만든 마들렌을 먹고 감탄한 로렌 공작은 루이 15세의 왕비였던 자신의 딸 마리에게도 맛을 보라고 주었다. 마리는 베르사유로 돌아갈 때 마들렌을 가지고 갔고, 이것이 대히트를 쳤다. 또다른 이야기에 따르면 유명한 패스트리 셰프였던 쟝 아비스(1754~1838년)가 그 독특한 모양을 만들어냈다고도 한다. 누가 처음 만들었든지 간에, 그 섬세하고 향긋한 향미는 차나 커피를 곁들이거나, 크림이 들어간 디저트와 스위트 와인과 함께 내도 좋다. **LF**

Taste: 리에주 와플은 따끈따끈할 때 먹어야 바삭한 겉과 폭신한 속을 만끽할 수 있다. 원래 달콤하기 때문에 굳이 따로 토핑을 올려 먹을 필요가 없다.

Taste: 마들렌의 바삭하고 약간 갈색을 띠는 가장자리는 폭신폭신하고 촘촘한 황금빛으로 봉긋하게 솟아오른다. 가볍고, 촉촉하고, 버터 맛이 나며 레몬과 바닐라 향기가 살짝 느껴진다.

전통적으로 마들렌은
조가비 모양의 틀로 구워낸다. ➲

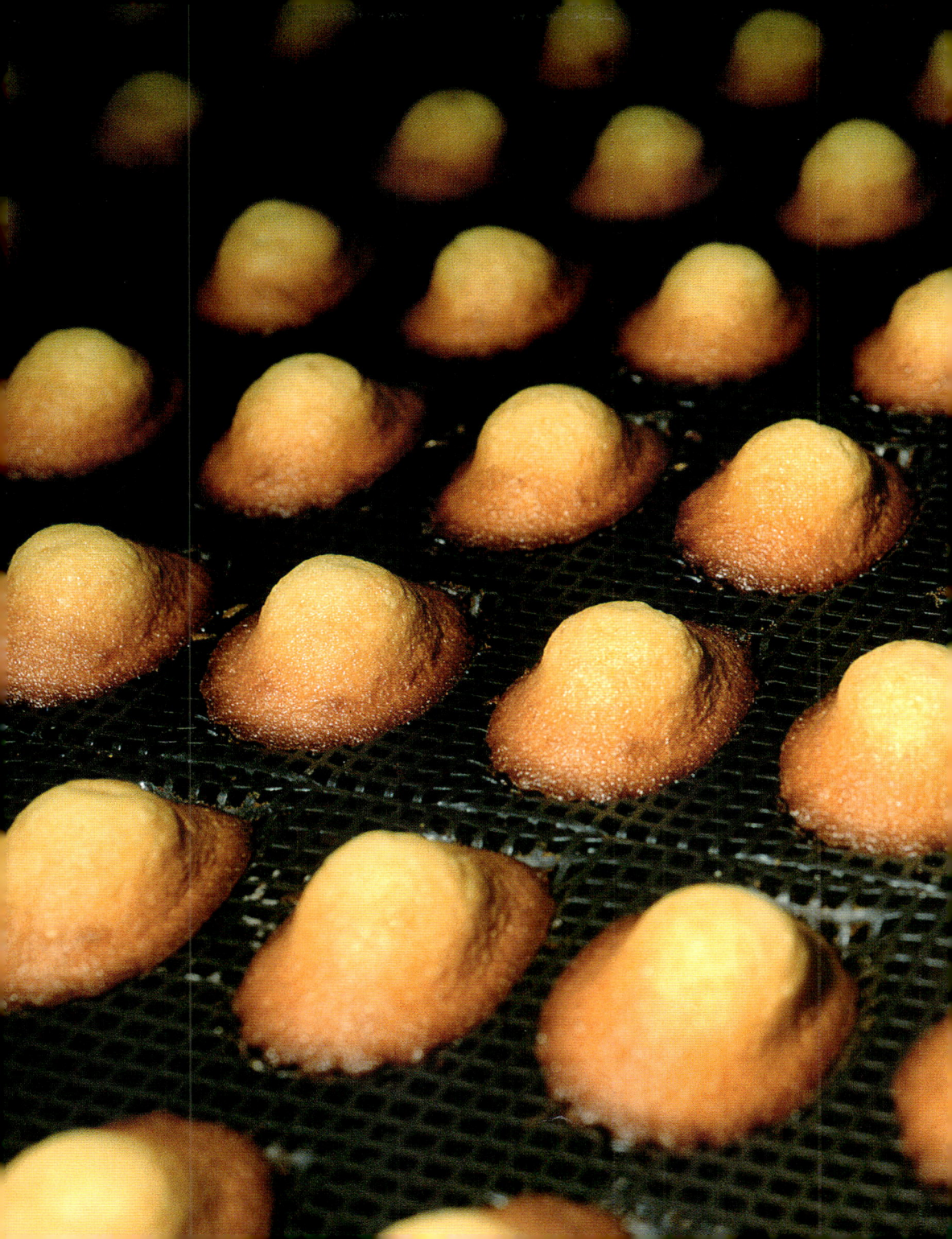

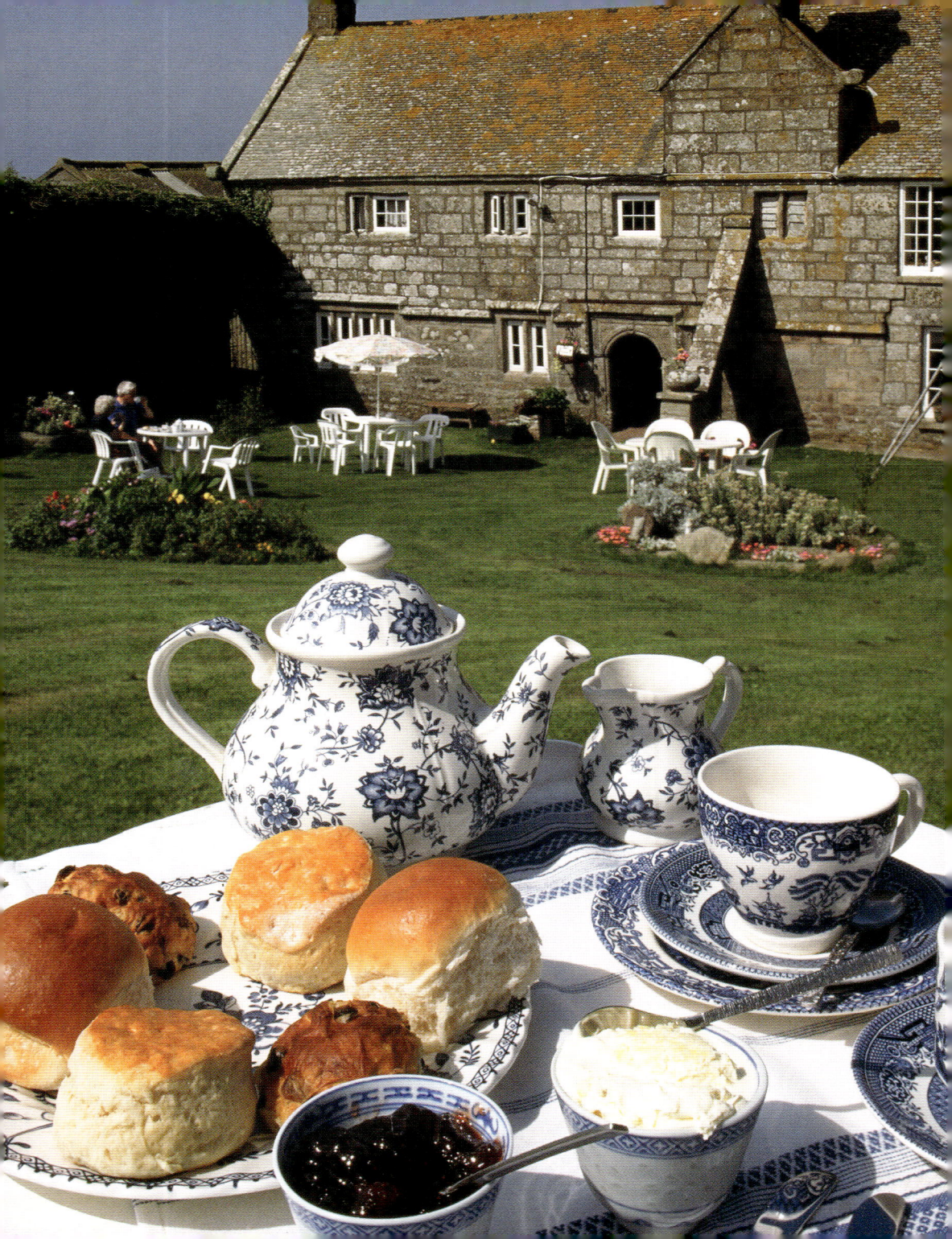

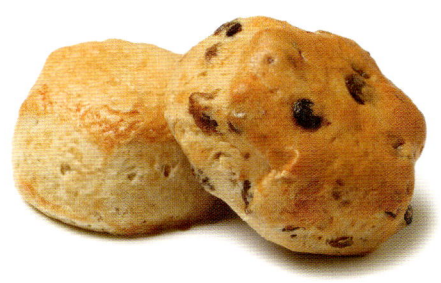

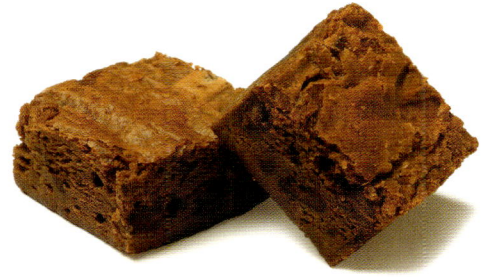

스콘 Scone

스콘은 커다란 것도 있고, 짭짤한 것도 있고, 소다브레드 반죽으로 만들거나 팬케이크처럼 굽는 것도 있지만 현재 영국 가정에서는 차와 함께 내는 작고, 살짝 단맛이 돌면서도 매우 간단한 과자라는 인상이 강하다. 스콘이라는 이름 자체는 스코틀랜드어에서 유래하였으며, 스코틀랜드에는 아직도 스콘 만드는 전통이 강하게 남아 있다. 다른 스코틀랜드 전통 과자처럼, 스콘 역시 무거운 쇳덩어리 '번철(girdle 또는 griddle)'에서 구워낸다.

오늘날 가장 흔한 레시피는 흰 밀가루, 베이킹파우더, 버터, 달걀, 우유가 들어간다. 반죽을 두껍고 둥글게 빚거나 때로는 세모꼴로 만들어 뜨거운 오븐에서 굽는다. 달콤한 스콘을 클로티드 크림 및 잼과 함께 내면 바로 크림 티(cream tea)가 된다. 크림 티는 데본과 잉글랜드 남서부에서 생겨난 풍습으로 다른 주의 좀 예스러운 동네에서도 점점 찾아볼 수 있게 되어 관광객들의 즐거움이 되고 있다. 반죽이 간단한 과자가 흔히 그러하듯 스콘 역시 곁들이는 다른 재료—예를 들면 말린 과일, 갈아 넣는 치즈, 또는 바삭바삭한 설탕 토핑—의 맛을 기쁘게 흡수해 주지만, 그렇다고 이것저것 너무 많이 넣는 것은 좋지 않다. 스콘은 금방 상하기 때문에 굽자마자 곧 먹는 것이 좋다. **ES**

브라우니 Brownie

이 검고, 진한 정사각형의 초콜릿 과자는 퍼지처럼 촘촘하지도 않고, 케이크처럼 가볍지도 않지만, 이 둘 사이에서 완벽한 균형을 이끌어낸다. 미국에서는 견과류, 특히 호두를 써서 바삭한 맛을 더한 것이 인기가 높지만, 사실 브라우니는 장식 자체가 불필요하다. 부스러진 토피부터 말린 과일, 초콜릿 칩에 이르기까지 무엇이나 반죽에 넣을 수 있다.

'브라우니'는 오늘날의 브라우니의 이름으로 굳어지기 전에는 다양한 과자의 명칭으로 쓰였다. 요리 강사이자 작가인 패니 파머는 자신의 1906년판 『보스턴 요리학교 요리책Boston Cooking School Cook Book』에서 최초의 브라우니 레시피를 출간했다. 20세기에 접어들면서 날이 갈수록 시간에 쫓기는 가정주부들에게 집에서 굽는 케이크나 파이보다 훨씬 간단한 대용품으로 인기를 끌었다. 오늘날에도 아이들의 점심 도시락이나 소풍 바구니에 종종 넣는가 하면 약식 만찬에 내기도 한다. 아이스크림과 초콜릿 소스, 또는 캐러멜 소스를 토핑으로 얹으면 언제나 사랑받는 브라우니 선데(brownie sundae)가 된다. **CN**

Taste: 갓 구워낸 스콘은 말랑말랑하고 너무 바삭해서는 안 된다. 케이크보다는 소다브레드에 가까운 부드러운 질감을 내야 한다. 잘라서 버터를 발라 먹는다. 스콘은 그 간단함이 미덕이다.

Taste: 브라우니는 무엇보다 그 진한 초콜릿 향미로 대표된다. 질감은 개인의 취향일 뿐이다. 쫄깃하고 촘촘한 쪽을 선호하는 사람도 있고, 그보다 가벼운 쪽을 좋아하는 사람도 있다.

클로티드 크림과 잼을 곁들인 스콘은 잉글리쉬 크림 티에 고정으로 등장한다.

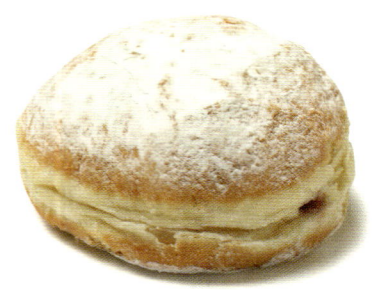

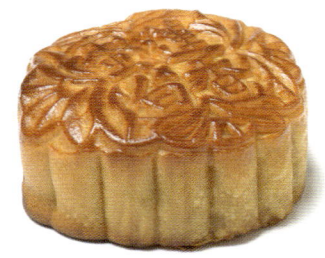

베를리너 도넛 Berliner Doughnut

적어도 1800년대 초까지 그 기원을 거슬러 올라가는 베를리너 도넛은 독일에서는 지방마다 다양한 이름으로 불린다. 베를린 외의 지역에서는 그냥 '베를리너'라고 불리지만, 베를린에서는 '베를리너 판쿠헨(Berliner pfannkuchen)' 또는 '판쿠헨(pfannkuchen)'이라고 부른다. (pfannkuchen은 독일어로 '팬케이크'란 뜻이다.)

　이름은 그렇다 치고, 베를리너 도넛은 기본적으로 달콤한 이스트 반죽을 끓는 오일에 튀겨서 잼이나 자두 소스를 채운 다음 설탕을 뿌리거나 굴려서 만든 고전적인 잼 도넛이다. 그 밖의 레시피로는 커스터드를 채운 것도 있고, 파스트나하츠(fastnachts)라 하여, 재의 수요일 전날에 먹는 도넛도 있다. 이러한 종류들은 둥글거나 다이아몬드꼴이며, 이스트로 부풀린 감자가루 반죽으로 만든다는 점에서 베를리너 도넛과는 다르다.

　베를리너 도넛은 전통적으로 설탕을 뿌린 뒤 시럽을 곁들여 낸다. 1961년 이래 베를리너 도넛 하면 자동으로 J. F. 케네디 대통령을 떠올리게 되어버렸다. 케네디는 저 유명한 베를린 연설에서 "Ich bin ein Berliner"라고 외쳤는데, 원래는 "나는 베를린 시민입니다"라고 말하려 했던 것이지만, 사실 이 말을 제대로 옮긴다면 "나는 도넛입니다"가 된다. **SBI**

유에삥 (月餠, 월병) Mooncake

유에삥은 등불, 촛불, 보름달 구경과 함께 중국의 중추절에 빼놓을 수 없는 음식이다. 전통적으로 유에삥은 원형 또는 정사각형으로, 만드는 방법도 상당히 간단했다. 얇고 살짝 단맛이 도는 과자 반죽에 주로 연밥을 이겨서 반죽한 소를 듬뿍 넣는다. 그 과정에서 보름달을 상징하는 소금 친 달걀 노른자 한 개가 통째로 들어간다.

　오늘날에는 베이징에서 싱가포르에 이르기까지 최고급 호텔과 레스토랑에서 이국적인 (그리고 값 비싼) 새로운 버전의 유에삥을 경쟁적으로 선보이고 있어, 더욱 많은 종류의 다양한 유에삥을 맛볼 수 있다. 어떤 빵집에서는 네 개 이상의 소금 친 달걀을 사용하며, 소에 단팥, 견과, 종자류, 소금에 절인 햄, 두리안 반죽, 짓이긴 타로토란, 심지어 새둥지까지 넣기도 한다.

　"눈 내린" 유에삥은 달콤한 쌀가루 반죽을 사용했으며, 아이스크림 유에삥은 달걀 노르자 대신 망고 소르베와 다양한 향미가 들어간다.

　전설에 따르면 유에삥은 14세기에 중국을 지배했던 몽고족의 원나라를 무너뜨리는 데에 결정적인 역할을 했다고 한다. 반란 계획을 적은 통문을 유에삥 속에 숨겨 동지들에게 선물로 나누어 주었다는 것이다. **KKC**

Taste: 한 입 베어물면 잼이 흘러나오는, 부드러운 황금빛 베를리너 도넛은 그야말로 별미이다. 갓 만들어서 따끈따끈할 때가 가장 맛있다. 도넛을 제대로 뒤집을 줄 아는 빵집에서 사도록 한다.

Taste: 유에삥은 작지만 통째로 먹는 일은 거의 없다. 워낙 소가 진하기 때문이다. 대신 한가운데 있는 '달'을 제대로 즐기기 위해 쐐기 모양으로 잘라서 먹는다.

2007년 중국에서는 무게가 13톤 나가는 유에삥이 구워졌다. 그보다 작은 크기의 유에삥 10개를 한데 합친 것이다. ➡

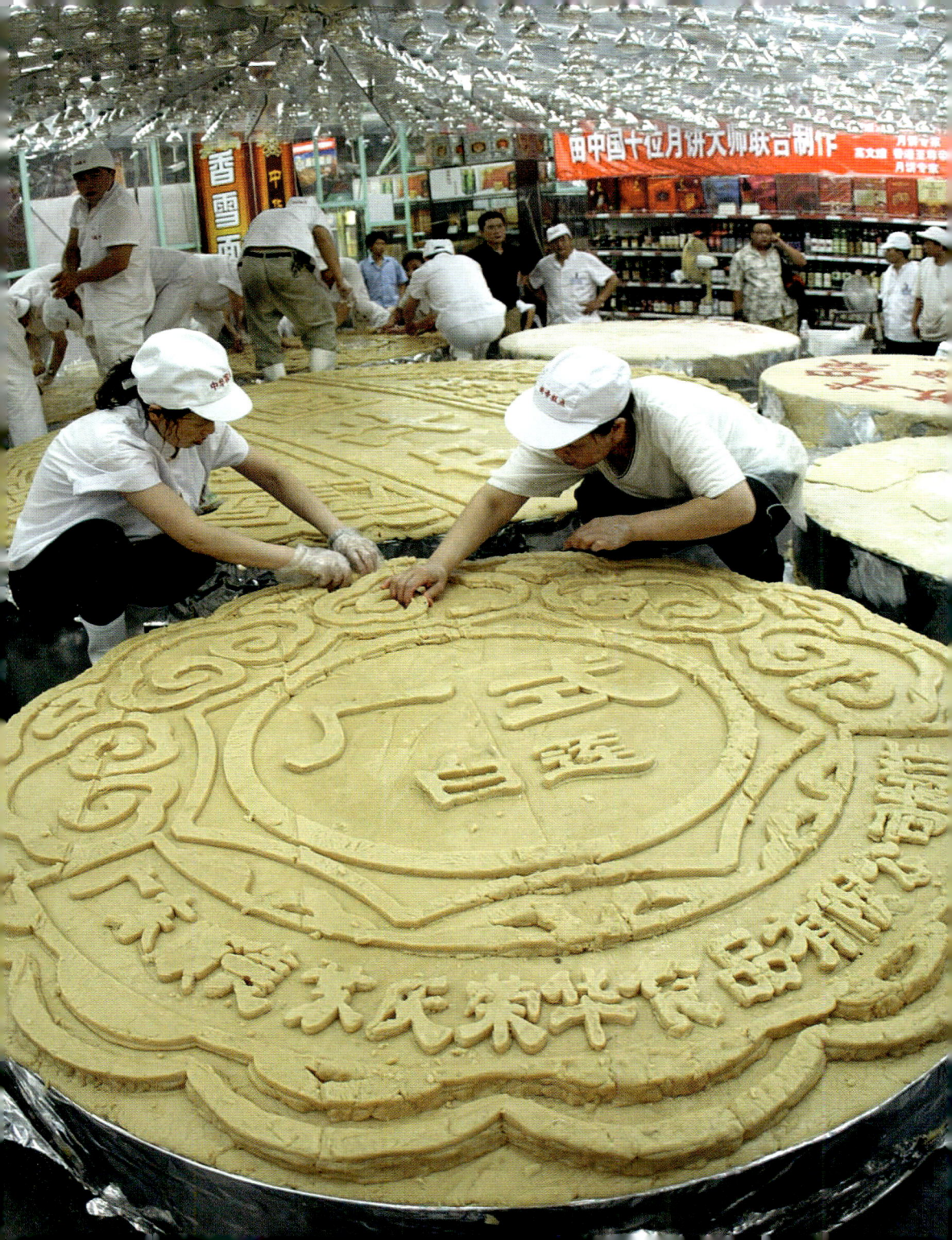

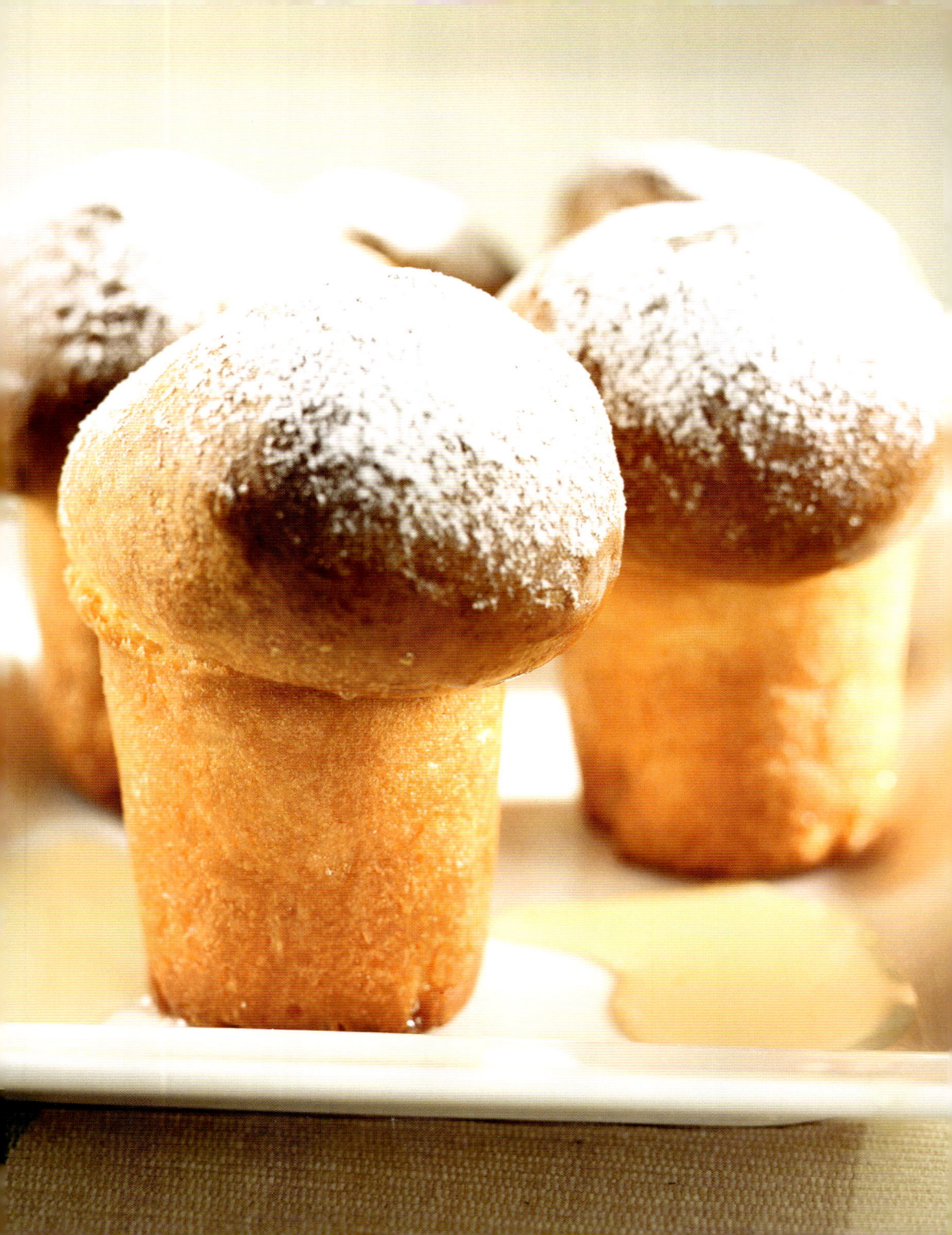

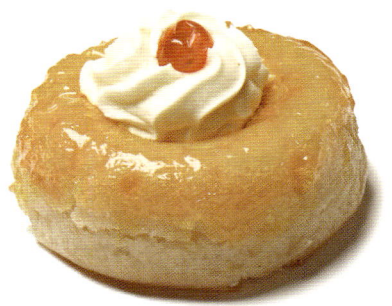

바바 Baba

이탈리아, 우크라이나, 폴란드(폴란드에서는 바브카(ba-bka)라고 부른다)는 저마다 자기네가 바바를 처음 만들었다고 우긴다. 바바는 노파, 또는 할머니라는 뜻인데, 위로 올라갈수록 좁아지는 케이크의 모양이 한때 농부 아낙들이 입었던 폭 넓은 스커트를 연상시키기 때문에 이런 이름이 붙은 듯하다.

바바의 모양은 슬라브족에서 기원한 듯하지만, 그 레시피는 유럽으로 퍼져나가 그 과정에서 다양한 식문화의 영향을 받았다. 레시피는 이스트로 부풀린 간단한 케이크와 과일을 넣은 빵에서, 프랑스에서 만들어진 알코올을 첨가한 인기 높은 바바 아우 룸(baba au rhum)에 이르기까지 다양하다.(18세기에 프랑스로 망명한 폴란드 군주 덕분에 바브카가 전해진 듯하다.)

러시아와 폴란드에서는 전통적으로 부활절에는 아이싱이나 설탕을 뿌린 바바를 먹는다. 그 관능적인 황금빛 반죽에 사프란으로 향을 내거나, 통통한 건포도를 박아 넣는다. 양 옆으로 흘러내리는 새하얀 아이싱에 얇고 가늘게 썬 아몬드를 곁들이기도 한다. 그러나 원조 바바는 사뭇 평범하고 아무 장식도 없다. **RS**

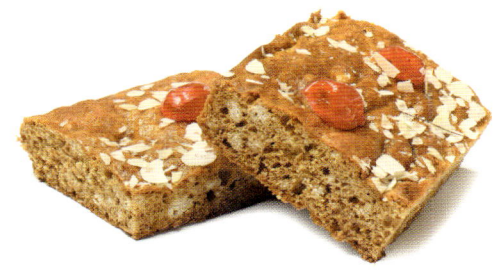

벌꿀 케이크 Honey Cake

이 헝가리 전통 과자는 헝가리어로는 'mézeskalács'이라 부르며, 케이크보다는 비스킷에 가깝다. 오늘날에는 잔뜩 장식한 벌꿀 케이크—진저브레드와 다소 비슷하다—를 헝가리는 물론 중앙 유럽 전역에서 맛볼 수 있으며, 보통 우정 또는 사랑의 징표로 주고받기도 한다.

최초의 벌꿀 케이크는 14세기 이전으로 거슬러 올라간다. 따뜻하게 데운 벌꿀, 설탕, 밀가루를 섞은 부드러운 반죽을 복잡하게 생긴 틀에 넣고 구워냈다. 틀에는 보통 종교적인 인물들이 새겨져 있어, 원래는 이 케이크가 특별한 날 성인들에게 바치는 음식이었음을 짐작할 수 있다. 후에는 무법자, 짐승, 춤추는 남녀 등을 묘사한 틀도 나오게 되었다. 틀의 형태가 너무 아름다워 사실 더 이상의 장식이 필요없다.

오늘날에는 더 이상 틀에 부어서 만들지 않고, 구워낸 케이크를 깎아서 모양을 낸 뒤 아이싱과 정교한 장식으로 꾸민다. 인기 있는 색깔은 빨간색으로, 종종 거울도 사용한다. 오늘날까지도 가장 인기가 높은 모양은 하트이다. 'szívküldi szívnek', 즉 '마음에서 마음으로'라는 글귀가 새겨진 벌꿀 케이크도 자주 볼 수 있다. **SBI**

Taste: 가볍고, 구멍이 숭숭 뚫려 있고, 버터 맛이 진하며, 이스트 향이 깔려 있는 바바는 때로로 사용한 향미료에 따라 사프란, 바닐라, 아몬드 또는 럼의 풍미가 느껴지기도 한다.

Taste: 벌꿀 케이크는 맛이나 질감이 진저브레드와 매우 비슷하지만, 좀더 가볍고 벌꿀 맛이 진하다. 종종 보는 이의 입에서 찬사를 이끌어내곤 한다.

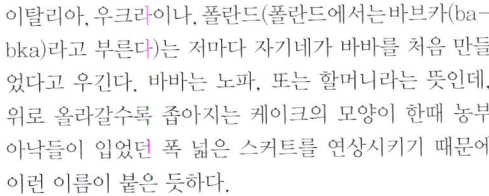

원통형 틀을 사용하여 그 특유의 모양을 만들어지만, 하나하나 작은 원형으로 만들기도 한다.

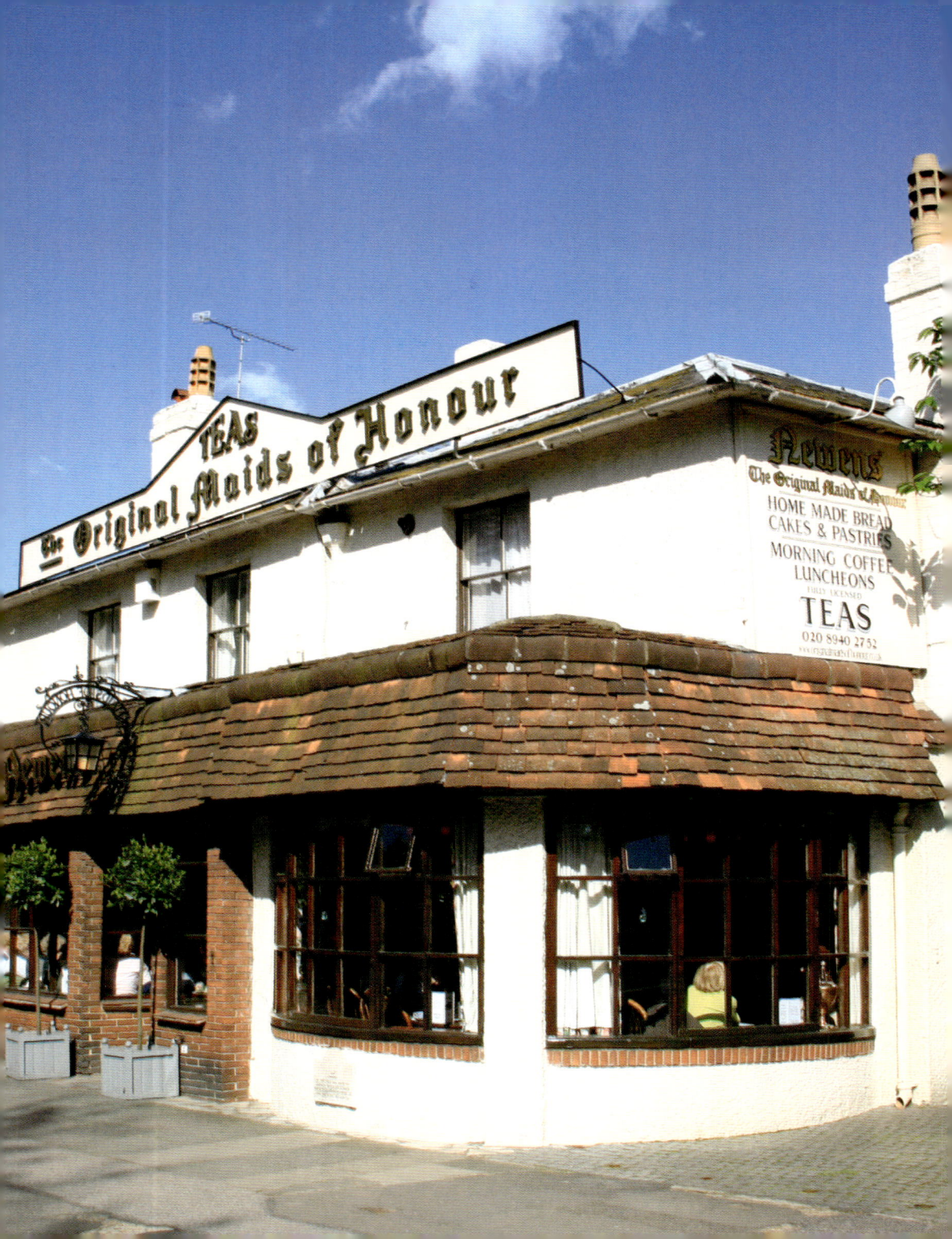

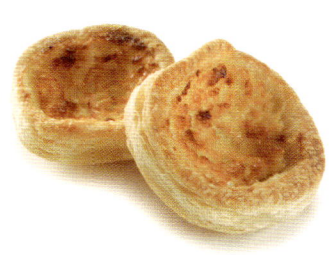

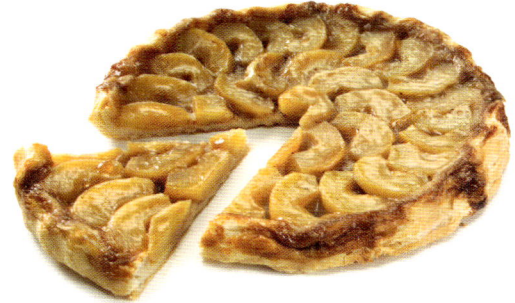

메이드 오브 아너 Maid of Honour

이 황금빛의 아돈드맛 커드 타르틀렛(tartlet, 작은 타르트)은 유서깊은 역사를 자랑한다. 그 이름에서 짐작할 수 있듯이, 왕실과 관련된 이야기이다.(영어로 maid of honour는 궁정 여관(女官) 또는 시녀를 의미한다.)

전설에 따르면 튜더 왕조의 국왕 헨리 8세는 앤 볼린과 다른 시녀들이 이 타르틀렛을 먹고 있는 것을 처음 보았다고 한다. 왕은 이 타르틀렛을 어찌나 좋아했던지, 그 레시피를 리치몬드 궁전 밖으로 가지고 나가지 못하게 하였다. 또 다른 이야기에서는 햄튼 코트 궁전이라고도 한다.

역사적으로 메이드 오브 아너는 서리 주의 리치몬드 마을과 연관지어졌는데, 이 곳에는 18세기에 메이드 오브 아너로 유명했던 가게가 있다. 오늘날 메이드 오브 아너를 만드는 전통은 큐 왕립 식물원 근처의 뉴언즈(Newens)라는 이름의 매력적인 빵집 겸 찻집에서 이어져내려오고 있다. 뉴언즈 일가가 메이드 오브 아너를 만들기 시작한 것은 19세기 중반으로, 당시 로버트 뉴언즈는 리치몬드의 가게에서 도제로 일하고 있었는데, 훗날 자신의 가게를 내고 타르틀렛을 구워서 팔게 되었다. **JL**

타르트 타탱 Tarte Tatin

이 전설적인 프랑스 사과 파이에는 수많은 일화가 전해내려온다. 일설에 따르면 루아르 지방 라모트-쾨브롱에서 테르미뉘 호텔을 경영하던 타탱 가 자매 중 스테파니라는 여인이 실수로 파이 접시에 패스트리 반죽을 깔기도 전에 그만 사과를 놓아버렸다. 그녀는 사과 위에 패스트리를 덮고 그냥 구워버린 뒤 나중에 파이를 뒤집어서 내었다고 한다

또 다른 이야기로는 타탱 자매가 이 지방에서 전통적으로 전해내려오는 타르트를 특별히 멋지게 만들어보였을 뿐이라고 한다. 어느 쪽이 진실이든 간에, 타르트 타탱은 프랑스인들에게 매우 중요한 의미를 가지는 음식으로, 프랑스의 레스토랑들은 타르트 타탱을 얼마나 맛있게 만드는지를 겨룰 정도이다.

타르트 타탱의 고전은 디저트용 사과를 잘라서 버터와 설탕에 튀긴 다음 그 위에 패스트리 반죽을 덮고 오븐에서 구워낸다. 오븐에서 꺼내서 뒤집으면 당의를 입은 사과가 섬세한 황금빛 패스트리 베이스 위에서 반짝반짝 빛난다. 타탱은 오븐에서 갓 구워서 낸다. 사과 대신 파인애플, 배, 퀸스를 넣는 등 여러 가지 변형이 있지만 기본적인 조리 방법은 같다. **JL**

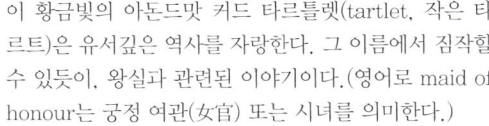

Taste: 이 작은 오픈 타르트는 겉은 바삭한 퍼프-패스트리, 속은 아몬드 향미가 물씬한 달콤한 커드이다. 촉촉한 동시에 약간 푸석하다.

Taste: 캐러멜의 쌉쌀한 맛과 사과의 달콤한 맛이 환상적인 대비를 이루며, 패스트리의 녹는 듯한 풍성한 버터 맛이 이를 더욱 돋구어 준다.

메이드 오브 아너로 유명한 뉴언즈 가족의 찻집은 1887년
❻ 현재의 위치인 큐로 터를 옮겼다.

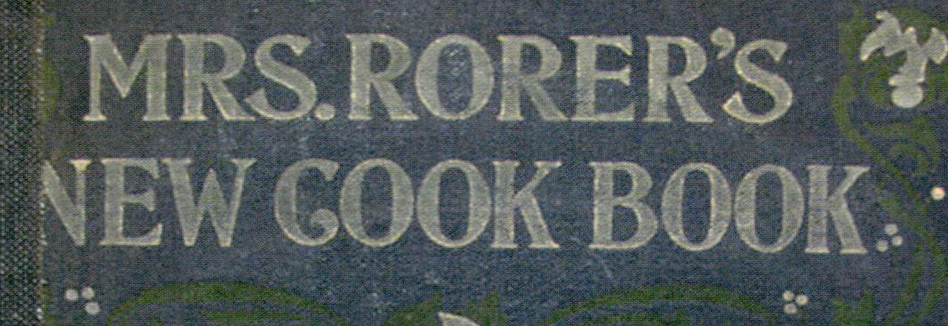

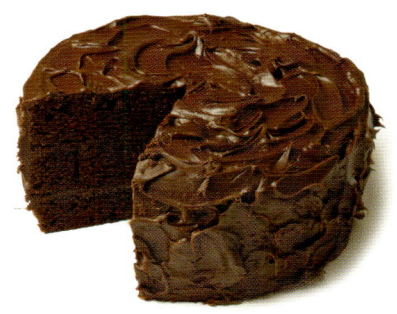

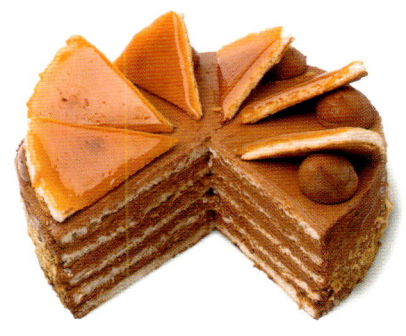

데블스 푸드 케이크 Devil's Food Cake

초콜릿 팬들의 사랑을 한몸에 받는 이 케이크는 1900년대 초에 미국에서 인기가 높았다. 다양한 버전의 레시피가 있지만, 처음에 누가 만들었는지는 알려져 있지 않으며, 1902년 『로러 부인의 새 요리책Mrs. Rorer's New Cook Book』에 처음 등장하였다. 그 밖의 레시피도 곧 뒤따라 나왔다.

　데블스 푸드 케이크는 베이킹소다와 코코아를 섞어서 적갈색을 띠는데, 이 때문에 월도프 아스토리아 케이크, 또는 레드 벨벳 케이크와 혼동되기도 한다. 오늘날에도 순수주의자들은 코코아로 만들지만, 천연 코코아로는 케이크를 부풀리지 못하기 때문에 알칼리화시킨 유럽 코코아를 사용해야만 한다. 어떤 레시피에 따라 만들어졌든 간에, 데블스 푸드 케이크는 초콜릿 스폰지를 층층이 쌓고 그 위에 화이트 또는 초콜릿 아이싱을 얹은, "죄스러울 정도로" 맛있는 케이크이다. 이 케이크는 아마도 1870년대에 미국에서 등장한 가볍고, 폭신폭신하고, 새하얀 에인젤 푸드 케이크(angel food cake)와 대조적인 데서 그 이름을 얻었을 것이다.

　데블스 푸드 케이크는 바닐라 아이스크림을 한 주걱 떠서 얹고, 얼음처럼 차가운 우유나 진하고 풍성한 커피를 곁들여 먹으면 환상적이다. 하루 정도 냉장고에 넣어두었다 먹으면 더욱 맛있다고들 한다. **SH**

Taste: 데블스 푸드 케이크는 진한 초콜릿 맛과 부드럽고 촉촉한 빵이 어우러져 있다. 코코아를 사용하기 때문에 아주 달지 않지만, 대신 약간 쌉쌀한 맛이 깔려 있다.

도보스 토르테 Dobos Torte

오귀스트 에스코피에와 동시대에 활약한 요제프 도보스는, 에스코피에가 고향인 프랑스 밖에서 이름을 날렸듯이, 고국인 헝가리 밖에서 그에 못지 않은 명성을 누렸다. 1847년 대대로 요리사 가문에 태어난 도보스는 1887년에 탄생시킨 호화로운 레이더드 케이크로 특히 유명해졌다.

　미식가들은 적어도 다섯 겹 이상의 얇디 얇은 스폰지 층―하나하나 따로따로 구워낸다―을 보고 벌린 입을 다물지 못한다. 그 사이사이에 진한 버터 크림을 바르고, 때로는 맨 위에 바삭바삭한 설탕 캐러멜을 한 겹 바른다. 도보스 토르테는 세상에 나오자마자 즉각적인 반향을 불러일으켰으며, 1896년 밀레니엄 엑스포에 출품된 것을 계기로 헝가리의 명물이 되었다. 도보스는 현명하게도 자신의 걸작을 망치지 않고도 해외로 모셔갈 수 있는 튼튼한 포장도 함께 만들었다. 그러나 질이 떨어지는 모방품이 넘쳐나게 되자, 그는 자신의 비밀 레시피를 공개하기로 결심하였다. 1906년에 은퇴하면서 그는 도보스 토르테 레시피를 부다페스트의 패스트리와 허니브레드 장인 조합에 기증하였다. 1962년 헝가리의 패스트리 셰프들은 이 고전적인 케이크의 탄생을 축하하는 의미에서 어마어마하게 큰 도보스 토르테의 부다페스트 거리 행진을 벌였다. **WS**

Taste: 도보스 토르테의 얇은 바닐라 스폰지 층은 유난히 미말라서, 입에서 사르르 녹는 초콜릿 버터 크림 아이싱을 바르기에 완벽한 바탕이 된다.

로러 부인의 요리책은 그녀가 필라델피아 요리학교에서 얻은 경험을 담고 있다.

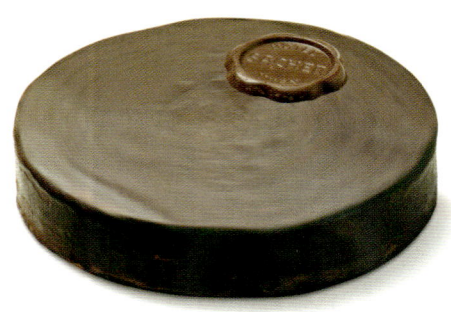

자허-토르테 Sacher-Torte

자허-토르테는 오스트리아 빈에서 탄생한 초콜릿 케이크로. 정말이지 둘이 먹다가 하나가 죽어도 모를 정도이다. 두 겹의 진하고 강렬한 향미의 초콜릿 스펀지 사이에 살구 잼을 듬뿍 바르고 겉에는 윤기가 반짝반짝하는 초콜릿을 입힌다.

자허-토르테는 1832년, 오스트리아의 전설적인 외교관 메테르니히의 궁정 주방에서 일하던 16살 난 도제 프란츠 자허가 처음 만들었다. 메테르니히가 그의 거물급 손님들에게 대접할 웅장한 디저트를 내오도록 주문했을 때, 마침 수석 주방장이 병이 났고, 자허가 대신 솜씨를 발휘해 멋진 초콜릿 케이크를 만들었다고 한다. 오늘날까지도 자허-토르테는 원조 그대로 지켜져 내려오는 레시피대로 만들어진다.

1876년 자허의 아들 에두아르트는 빈에 호텔 자허를 열었으며, 진품 자허-토르테는 초콜릿으로 만든 호텔 공식 문양이 얹어져 있어야 한다. 포장용 나무 상자는 뚜껑에 등록 상표인 '호텔 자허 빈(Hotel Sacher Wien)'이라고 찍혀 있으며, 뚜껑 안쪽에는 호텔 자허 빈이 나무로 새겨져 있고, 네 모퉁이는 금으로 장식했다. 상자에 케이크를 넣어 와인색 종이에 싼 다음 비더마이어 양식 디자인으로 장식한다. **LF**

Taste: 촘촘하면서도 맛있게 녹아내리는, 훌륭한 코코아맛 빵부스러기와 실크 같은 글레이즈에 짜릿한 살구의 과일 향까지 어우러진다. 휘핑 크림을 듬뿍 곁들여 낸다.

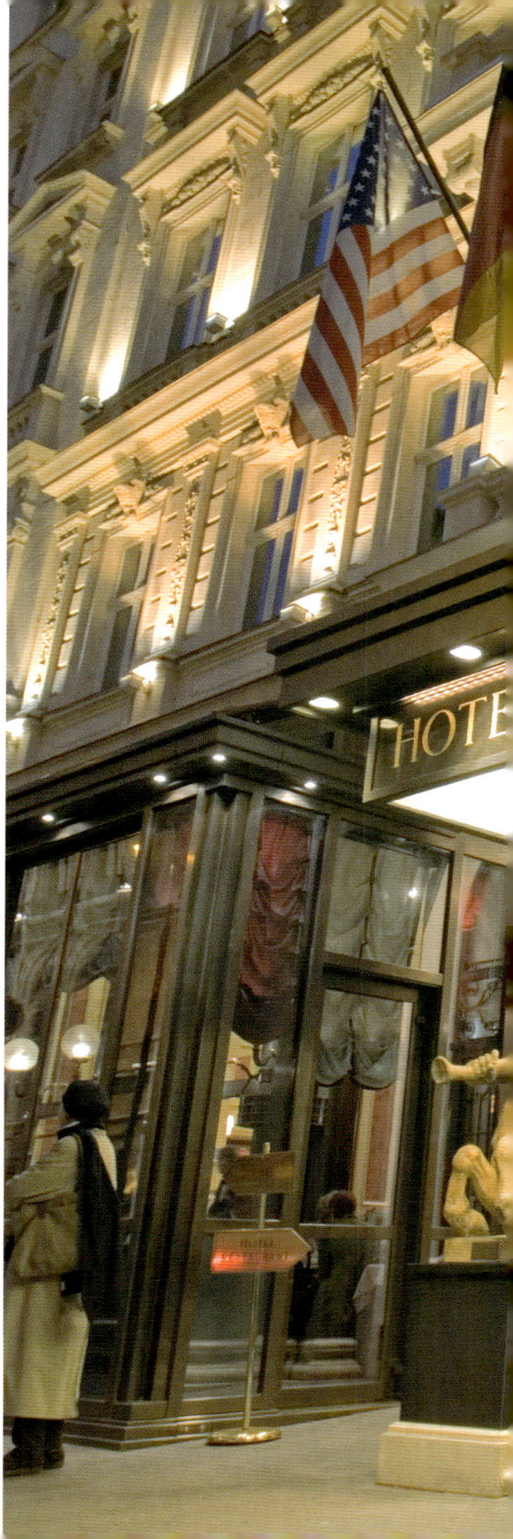

호텔 자허에서는 오늘날에도 자허-토르테를 만들고 있다. ◐

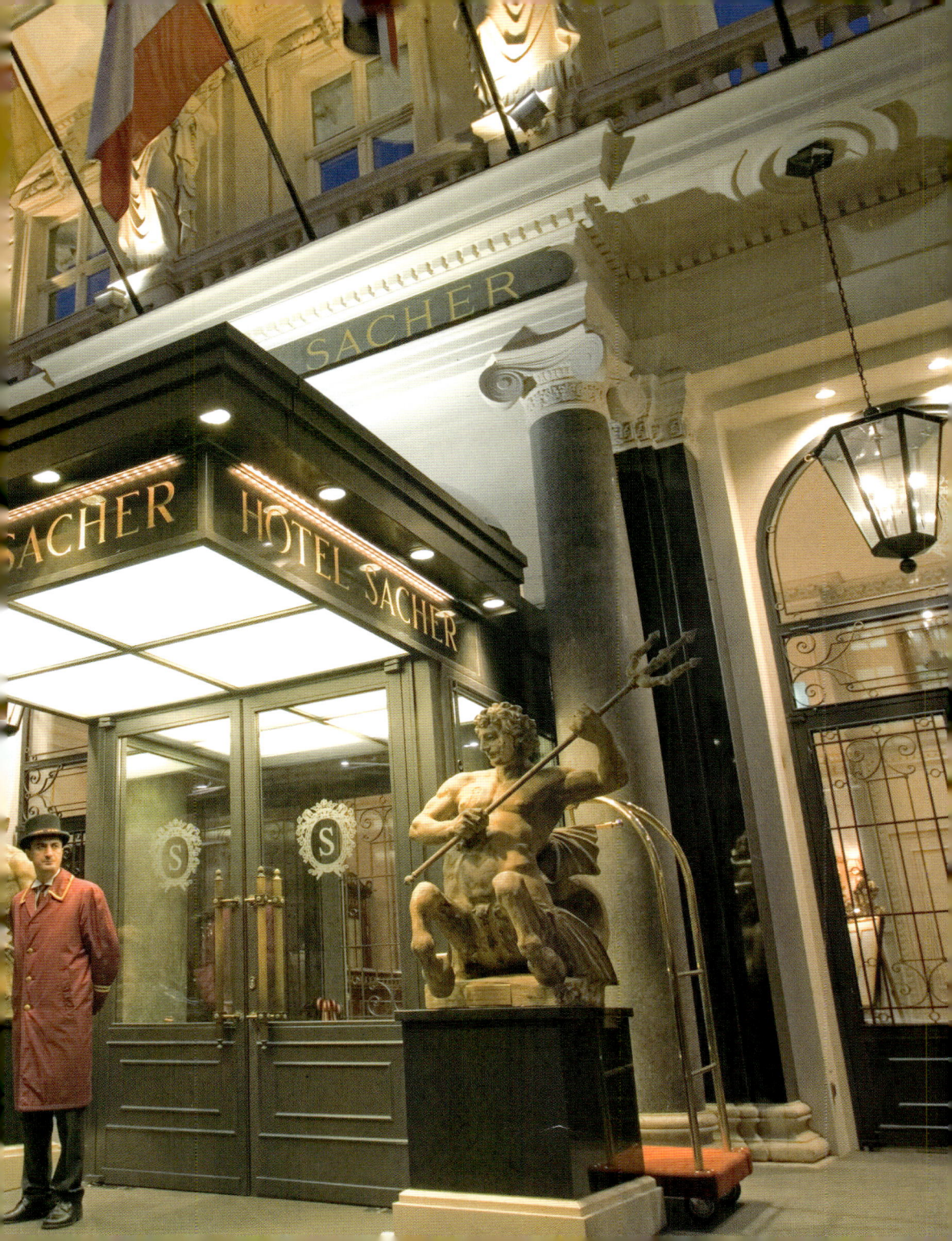

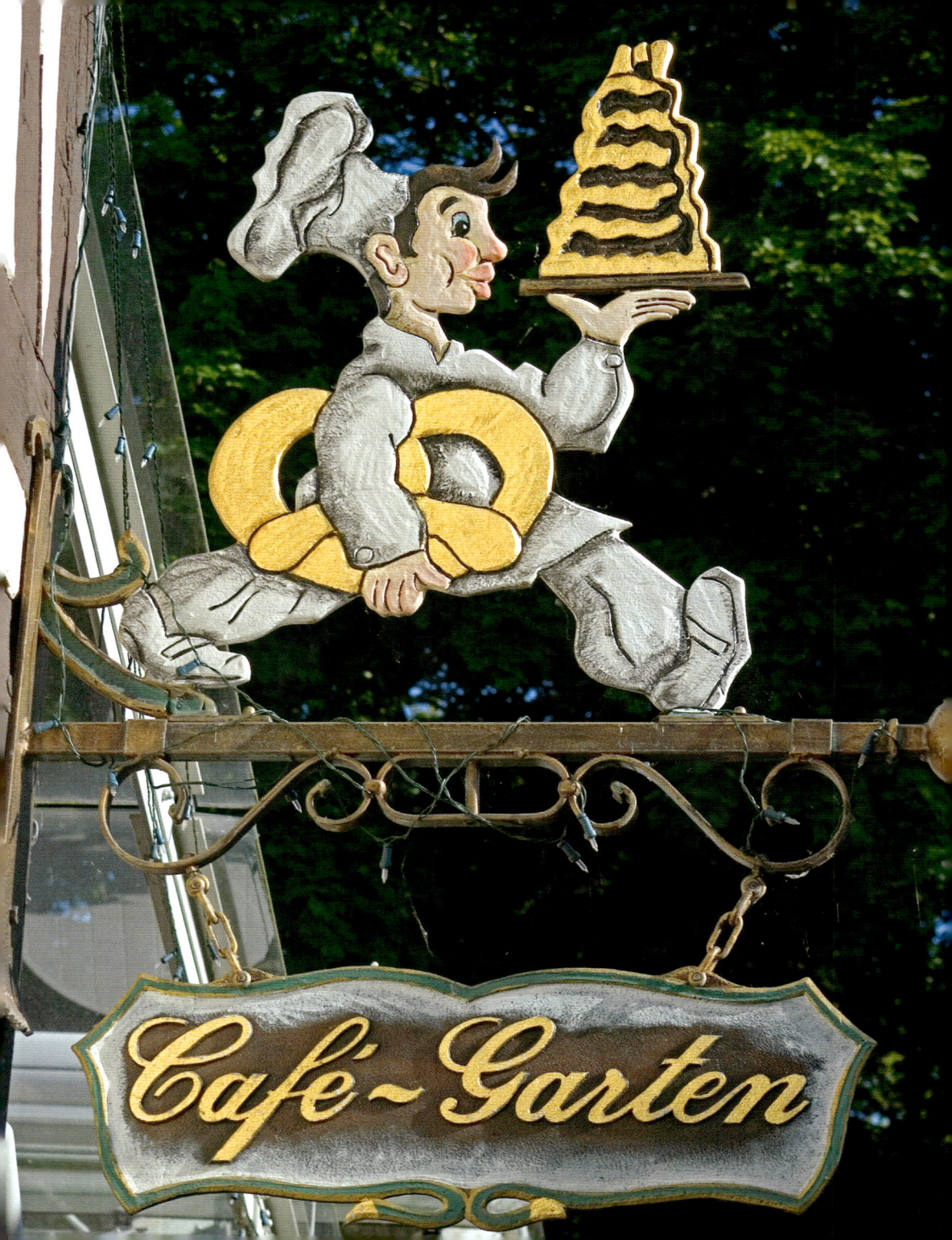

Café~Garten

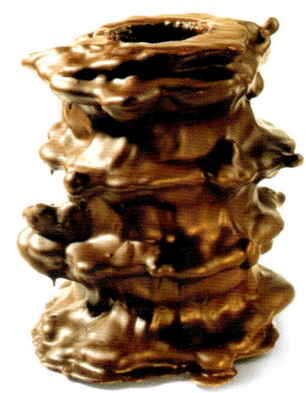

바움쿠헨
Baumkuchen

슈바르츠밸더 키르쉬토르테
Schwarzwälder Kirschtorte

200년 넘게 독일 빵장이들의 명물이었던 바움쿠헨은 직역하면 '나무 케이크'라는 뜻이다. 케이크를 자르면 꼭 통나무의 나이테와 흡사한 황금빛 고리가 겹겹이 보인다 하여 이러한 이름이 붙었다.

당연히 이런 흔치않은 작품을 만들어내려면 엄청나게 손이 많이 간다. 꼬챙이에 반죽을 얇게 칠해서 황금빛이 될 때까지 굽는다.(원래는 장작불 위에서 구웠지만, 오늘날에는 주로 그릴을 사용한다.) 케이크 위에 또 한 겹의 반죽을 칠해서 익히고, 이러한 과정을 열 겹에서 스무 겹까지 반복해서 쌓으면 케이크가 완성된다. 특별한 날에는 두께가 45킬로그램이나 나가는 어마어마하게 큰 케이크를 굽기도 한다.

완성된 바움쿠헨에 설탕이나 초콜릿 글레이즈를 바른다. 룩셈부르크에서는 '밤쿠흐(baamkuch)'라고 부르며, 특별한 축하 행사, 특히 결혼식의 전통 음식이다. 그 밖에도 폴란드에서는 '세카스(sekacz)'라고 하여, 특유의 튀어나온 손가락 모양 때문에 케이크가 얼음 구조물처럼 보이기도 한다. **SBI**

슈바르츠밸더 키르쉬토르테는 직역하면 '슈바르츠발트 버찌 케이크'라는 뜻이다. 이 환상적으로 사치스러운 디저트는 전 세계에서 사랑을 받고 있으며, 특히 1970년대에는 하나의 아이콘과도 같았다.

얇은 초콜릿 케이크 층을 켜켜이 쌓고, 여기에 종종 버찌 리큐르인 키르쉬를 뿌려준 뒤, 씨를 발라내고 데쳐서 설탕에 절인 새콤한 버찌와 휘핑 크림을 사이사이에 넣어준다. 케이크 전체에 휘핑 크림을 발라주고 초콜릿 조각으로 장식한다. 겉에도 버찌를 붙이기도 한다. 버찌의 신맛과 크림의 진한 맛, 그리고 초콜릿의 다크한 쓴맛이 서로를 돋보이게 하며, 거기다 키르쉬의 정의할 수 없는 짜릿한 펀치까지 더해지면, 한 조각만으로도 완벽하게 호화로운 미각의 센세이션이 된다.

슈바르츠밸더 키르쉬토르테의 역사는 모호하지만 일반적으로 1930년대 베를린으로 거슬러 올라간다. 독일에서는 클래식 레시피 외에 변형은 거의 찾아볼 수 없지만, 오스트리아에서는 럼을 사용한 버전을 맛볼 수 있다. **SBI**

Taste: 바움쿠헨은 오랫동안 서서히 굽는다. 반죽에 갈아 넣은 견과류가 매우 독특한 맛과 질감을 선사한다. 잘라서 커피와 함께 낸다.

Taste: 원조 슈바르츠밸더 키르쉬토르테는 완벽한 향미의 균형을 보여주는 단연 최고의 경험이다. 샅샅이 뒤져서라도 먹어볼 가치가 있다.

전통적으로 독일 남부에서는 프레첼과 바움쿠헨을 나르고 있는 소년의 형상은 빵집을 가리킨다.

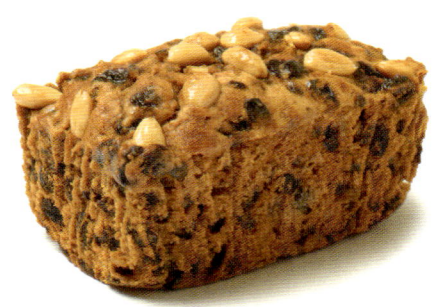

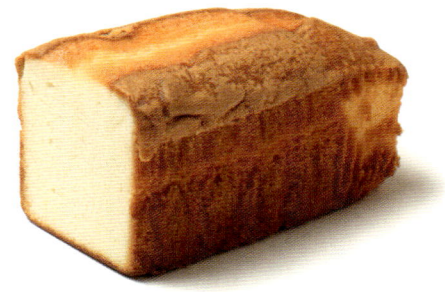

과일 케이크 Fruit Cake

영국에는 수많은 종류의 과일 케이크가 있으며, 대부분 훌륭한 맛을 자랑한다. 말린 과일과 견과류, 설탕에 절인 시트러스 껍질로 만드는 이 튼실한 케이크는 거의 3백 년 동안 축하 행사에 즐겨 등장하는 과자였다. 아마도 그 재료 때문이었겠지만―과일 케이크에 들어가는 재료들은 한때는 호화롭기 그지없는 사치품이었으며, 오늘날에도 비교적 비싼 편이다―보통 크리스마스와 결혼식에 주로 낸다. 수개월, 심지어 몇 년간 보관이 가능한데, 그 동안 향미가 더욱 좋아진다고들 한다―그래서 웨딩 케이크의 가장 윗층을 따로 보관해두었다가 신혼부부의 첫 아이 세례식 때 먹는 풍습까지 생겼다.

언제나 부풀리는데도 불구하고 과일 케이크는 절대 가볍지 않다. 아마도 그 기원은 중세에 이스트를 넣어 부풀린 과일 빵이었을 것이다. 18세기로 넘어오면서 달걀이 이스트를 대신하게 되었고, 다시 베이킹 소다가 그 자리를 차지하게 되었다.

과일 케이크는 워낙 단단해서 장식을 입히기에 좋다. 케이크를 보호하기 위해 마지판을 한 겹 바르고, 전통적인 새하얀 아이싱을 과일로 얼룩지지 않을 정도로 뿌려준다. 또는 당의를 입힌 과일이나 견과류를 토핑으로 얹기도 한다. 촉촉한 질감이 아주 일품이다. ES

마데이라 케이크 Madeira Cake

마데이라 케이크는 마데이라와는 아무 관계없는 19세기 잉글랜드에서 태어났다. 촉촉하고 꽉 찬 질감에 버터 맛이 풍부한 이 과자는 보통 레몬 껍질로 맛을 내며, 빵 덩어리 모양으로 구워낸다. 마데이라산 포트 와인 한 잔을 곁들이면 그 맛이 환상적이라 하여 이런 이름이 붙었다.

와인과 케이크의 결합은 잉글랜드 상류 사회의 귀부인들 사이에서 유행하였는데, 아침에 늦게까지 자고 따라서 아침식사도 늦어졌기 때문에 생겨난 풍습이다. 만찬은 주로 저녁 일찍 열렸기 때문에, 그 사이에 배고픔을 달래줄 가벼운 간식이 필요했다. 일종의 전주였던 셈인데, 이것이 훗날 점심으로 발전하였다.(노동자 계급은 이미 빵과 에일 맥주를 먹는 습관이 정착해 있었으나, 유한 계급의 느긋한 라이프스타일이 이를 따라가기에는 시간이 좀 필요했다.)

마침내 점심이 끼니로 자리잡자 오전이나 오후 시간에 방문하는 손님에게 케이크 한 조각과 마실 것(와인이나 차)을 대접하는 관습이 생겨나게 되었다. LF

Taste: 레시피는 그 수가 무궁무진하지만, 예를 들면 크리스마스에 먹는 과일 케이크는 검고, 진하고 촉촉하다. 브랜디, 견과류, 설탕에 절인 과일 껍질, 말린 과일의 향미가 한꺼번에 솟아오른다.

Taste: 황금빛의 부드러운 겉 겹 아래로 촉촉하고 꽉 찬 속이 드러난다. 보통은 레몬 껍질로 만들지만, 주된 향미는 바닐라와 버터이다.

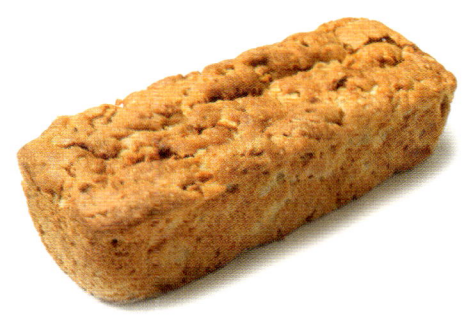

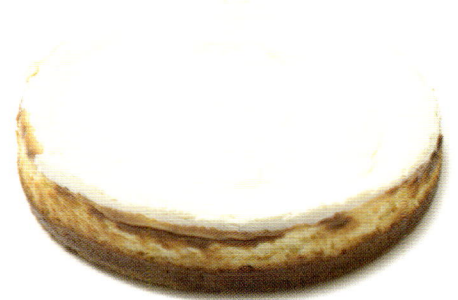

포테이토 애플 케이크 Potato Apple Cake

포테이토 애플 케이크는 고대에서 기원한 고대의 음식이지만, 현대에도 여전히 세련된 풍미를 자랑한다. 으깬 감자에 버터와 생강 그리고 밀가루를 반죽하여 부드러운 도우를 만들고, '팔'(farl, 세모꼴에 가장자리가 둥근 틀)로 모양을 내거나, 덩어리로 만들어 사과, 설탕, 버터와 함께 켜켜이 쌓는다. 그런 후, 번철에 올려 사과 조각이 황금빛을 띠고 버터와 설탕이 한데 어우러진 걸쭉한 소스의 냄새가 날 때까지 굽는다.

포테이토 애플 케이크는 전통적으로 핼로윈에 먹는 요리이다. 핼로윈은 기독교인, 켈트족, 그리고 로마 문화가 한데 녹아들었다고 할 수 있는 날로, 매년 10월의 마지막 날을 기념하는 켈트족의 축제이다. 서기 43년경에 로마가 켈트족의 영토 대부분을 정복하면서, 사과를 상징물로 하는 포모나 축제와 핼로윈이 결합되었다.

전통적으로 만성절(모든 성인의 날, 11월 1일)에는 금욕을 엄격하게 지켜야 했고, 고기가 들어가지 않은 감자 요리를 즐겨 먹게 되었다. 이 독특한 포테이토 애플 케이크는 곧 이 기념일의 인기 요리가 되었다. **SBI**

치즈케이크 Cheesecake

수많은 버전을 자랑하는 이 미국 고전 케이크 가운데서도 가장 인기가 높은 것은 뉴욕 스타일이다. 사실 치즈케이크는 뉴욕의 발명품이라고는 할 수 없다―가 아니라 사실 전혀 아니다. 유럽에서 건너온 이민자들이 치즈를 기본 재료로 한 커스터드 풍의 달콤한 케이크를 뉴욕에 전해주었고, 고대 로마에서도 비슷한 요리를 즐겨 먹었다. 하지만, 진하고 크리미한 오늘날 스타일의 치즈케이크를 만들어 낸 것은 역시 뉴욕의 솜씨이다.

클래식한 치즈케이크 레시피는 크림 치즈에 달걀, 설탕을 섞어, 보통 다이제스티브 비스킷으로 만드는 겉껍질 위에 올린다. 하지만 이는 가장 단순한 방식이며, 알려지지 않은 수많은 창조적인 요리법이 존재한다. 뉴욕 버전 치즈 케이크에는 전통적으로 크림 치즈가 들어가지만, 리코타 치즈, 사우어 크림, 커티지 치즈 등 다른 어떤 것으로든 대체될 수 있다. 베이스는 패스트리나 비스킷으로 만든다. 치즈 토핑은 기호에 따라 결정되며, 마지막에 장식으로 첨가하는데, 종종 과일로 대신하기도 한다.

다양한 치즈 케이크 중 블루 치즈로 만든 치즈케이크는 식전, 또는 식후 요리로 먹는다. **CN**

Taste: 포테이토 애플 케이크는 향긋한 풍미를 지닌 그리들 케이크이다. 조각 내어 크림을 뿌려 먹으면 매우 맛있으며, 진한 차와 곁들여도 훌륭하다.

Taste: 뉴욕 스타일의 치즈케이크는 크림 치즈 특유의 살짝 톡 쏘는 진한 풍미와 달콤함을 지니고 있으며, 기호에 따라 바닐라나 러몬 조각을 곁들이기도 한다.

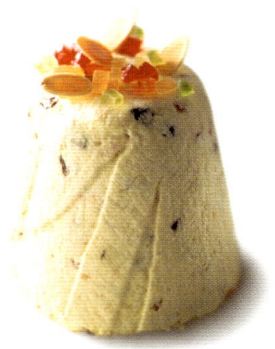

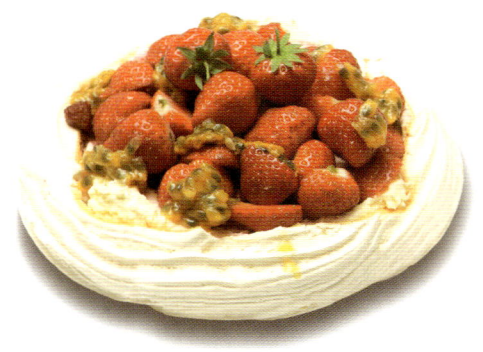

파슈카 Pashka

커드 치즈로 만든 과자, 레몬 조각, 견과류(보통은 아몬드), 말린 과일로 만든 이 크리미한 디저트는 러시아 정교 교인들이 사순절의 마지막 날 디저트로 먹기 위해 만든 음식이다. 그 이름은 유월절을 뜻하는 히브리어 '파스카(Pascha)'에서 유래하였다.

파슈카는 굽기 전의 치즈 케이크와 비슷하지만, 크러스트가 들어 있지 않다는 점이 다르다. 커드 치즈는 봄에 처음으로 진한 젖을 짜는 것을 기념하기 위해 만든다. 커드 치즈가 크림과 섞여 부드럽고 달콤하며, 레몬 조각으로 새콤한 맛을 낸 뒤, 견과와 과일을 섞어 틀에 떠 넣는다.(전통적으로 틀은 피라미드 모양이며, 파슈카 표면에는 러시아 정교식 십자가를 새긴다.) 틀에 넣은 후 12시간에서 24시간 정도 그대로 두는데, 훼이가 빠져나가기 위한 시간을 벌기 위해서이다.

파슈카가 완성되면 틀을 벗겨내고 옆면에 견과와 과일로 'XB'—'예수께서 부활하셨다'라는 뜻—라고 새긴다. 부활절에는 전통적으로, 설탕에 절인 과일을 넣은 길쭉한 빵인 '쿨리크(kulich)'가 파슈카와 함께 나오는데 이탈리아의 파네토네와 비슷하며 삶은 달걀의 색을 띤다. **WS**

패블로바 Pavlova

패블로바는 크고 두꺼운 원형의 머랭으로, 한가운데 부분은 매우 부드러운 마시멜로와 비슷하다. 뉴질랜드와 오스트레일리아에서 사랑 받는 디저트로, 두 나라 모두 패블로바의 고향임을 자처한다. 모든 요리법 중에서도 가장 까다로운 레시피를 자랑하는 패블로바는 가운데에 들어가는 아주 얇고 부드러운 층이 무엇보다 중요한데, 식초와 콘밀 또는, 여기에 달걀 흰자와 설탕까지 섞어주지 않으면 머랭이 푸석푸석해져 버린다.

패블로바라는 이름은, 1926년과 1929년 오스트레일리아에 공연차 방문한 러시아의 발레리나인 안나 파블로바의 튜튜 스커트에서 유래하였다. 오스트레일리아와 뉴질랜드 가운데 어디가 패블로바의 본고장이냐 하는 문제는 계속 논란이 되어왔는데, 헬렌 리치 교수는 〈오스트레일리아의 맛 2007〉에서 패블로바 레시피는 1929년경 뉴질랜드에서 처음 등장했다고 기술하였다.

오늘날, 패블로바 전문 제과점에 가면 다양한 크기의 패블로바를 살 수 있는데, 상상력이 풍부한 셰프들은 이 고전적인 디저트에 구운 복숭아, 오렌지 플라워 워터, 로건베리—심지어는 초콜릿까지 더한 최신 버전을 계속해서 선보이고 있다. **GC**

Taste: 톡 쏘는 맛의 커드 치즈와 레몬 조각이 약간의 새콤한 맛과 크리미한 풍미를 더한다.

Taste: 무스와 흡사한 머랭의 진한 맛과 휘핑 크림이 교차하는 소용돌이에 바삭한 크러스트와 과일 토핑이 어우러진다.

1912년 임패리얼 팰리스에서 열린 무대에 선 프리마 발레리나 안나 파블로바. 아래쪽에 그녀의 친필 사인이 보인다. ➔

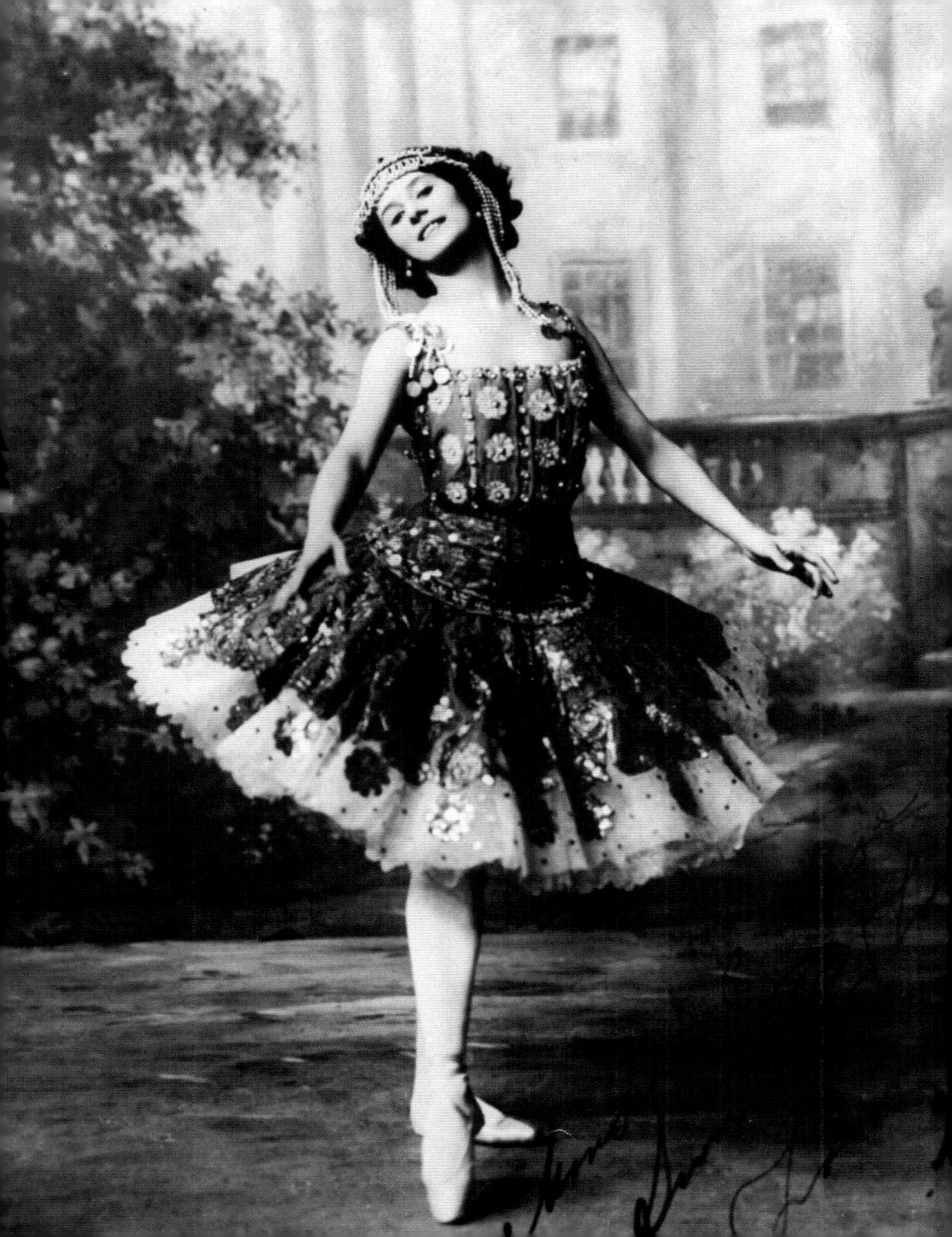

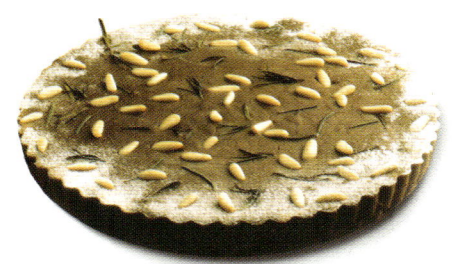

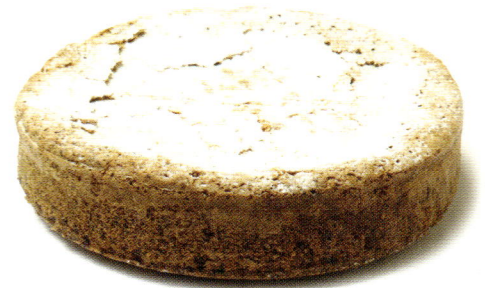

토르타 디 카스타녜
Torta di Castagne

아펜니노 산맥에는 옛날부터 밤나무가 많았다. 고대 그리스인들은 밤을 찌거나 구워 먹었다. 로마인들은 밤을 밀가루에 넣어서 오늘날의 빵과 비슷한 형태로 만들었다. 오늘날 이탈리아에는 300종이 넘는 밤나무가 있다.

토스타 디 카스타녜는 이탈리아 북부의 전통적인 밤 케이크로, 피에몬테의 폰테스투라 지역에서 기원한 것으로 알려져 있다. 이 케이크가 처음 기록에 등장한 것은 1800년으로, 마을의 제빵사들이 부활절 기간에 이 케이크를 만들어 팔았다고 한다.(또 집으로 돌아가면 그다지 좋다고는 할 수 없는 오븐을 사용해 가족들과 함께 이 케이크를 굽기도 했다.)

가장 기본적인 재료는 밤 퓌레, 버터, 달걀, 설탕, 그리고 현대에 와서 추가된 바닐라이지만, 요리사의 기호에 따라 무엇이든 더 넣을 수 있다. 전형적으로 첨가하는 재료는 감귤 껍질, 아마레토, 코코아, 육두구이며, 보통 마르살라 와인이나 럼 같은 술이 들어간다. 달걀 흰자는 케이크에 넣기 전에 미리 거품을 내서 준비해 두어야 하며, 케이크가 가벼운 감촉을 내도록 도와준다. 토르타 디 카스타녜는 얇게 잘라 커피와 곁들여 먹으면 매우 훌륭하다. 커피가 토르타 디 카스타녜의 기분 좋은 풍미를 배가시킨다. **LF**

Taste: 토르타 디 카스타녜는 매우 진하면서도, 부드러운 질감을 가지고 있어서 전혀 질리거나 무겁게 느껴지지 않는다. 밤은 다른 재료들과 섞여 고소하고 달콤한 풍미를 더한다.

토르타 카프레제 디 만도를레
Torta Caprese di Mandorle

어두운 색감과 진한 풍미를 지닌 토르타 마프레제 디 만도를레를 한 조각 먹는 순간이 신성한 디저트와 사랑에 빠지게 될 것이다. 이탈리아인들은 환상적인 초콜릿은 만들었어도, 이탈리아 요리 전통에 커다란 초콜릿 케이크는 존재하지 않았다. 그러나 이 영광스러운 예외는 양보다 질이 중요하다는 것을 확인시켜주었다.

토르타 카프레제 디 만도를레는 정말이지 대단하다. 나폴리 만에 위치한 아름다운 섬인 카프리에서 그 이름이 유래한 이 케이크는 최고급 비터 초콜릿, 버터, 달걀, 아몬드 가루 등을 밀가루에 섞어서 만든다. 때로는 스트레가 리큐르가 첨가되기도 하며, 카프리 섬과 종려나무의 이미지를 표면에 스텐실하여 장식한다. 토르타 카프레제 디 만도를레는 카프리와, 나폴리 만에서 카프리로 향하는 페리들이 정박해 있는 부두의 훌륭한 제과점에서 가장 인기있는 메뉴이기도 하다.

전해 내려오는 이야기에 따르면 요리사가 반죽에 밀가루와 베이킹 파우더를 넣는 것을 잊어버리는 행복한 실수를 저지르는 바람에 이 케이크가 탄생하게 되었다고 한다. 기원이야 어찌됐든, 이 케이크는 반드시 먹어봐야 할 가치가 있다. **LF**

Taste: 밀가루를 약간, 혹은 전혀 넣지 않은 상태에서 아몬드 가루 덕분에 매우 농밀한 질감을 얻을 수 있다. 농축 코코아는 깊은 맛을 자아내며, 견과류의 맛은 심하게 두드러지지 않는다.

토르타 카프레제는 카프리에서 휴식을 취하는 여행객들의 커피 타임에 최상의 선택이다. ➡

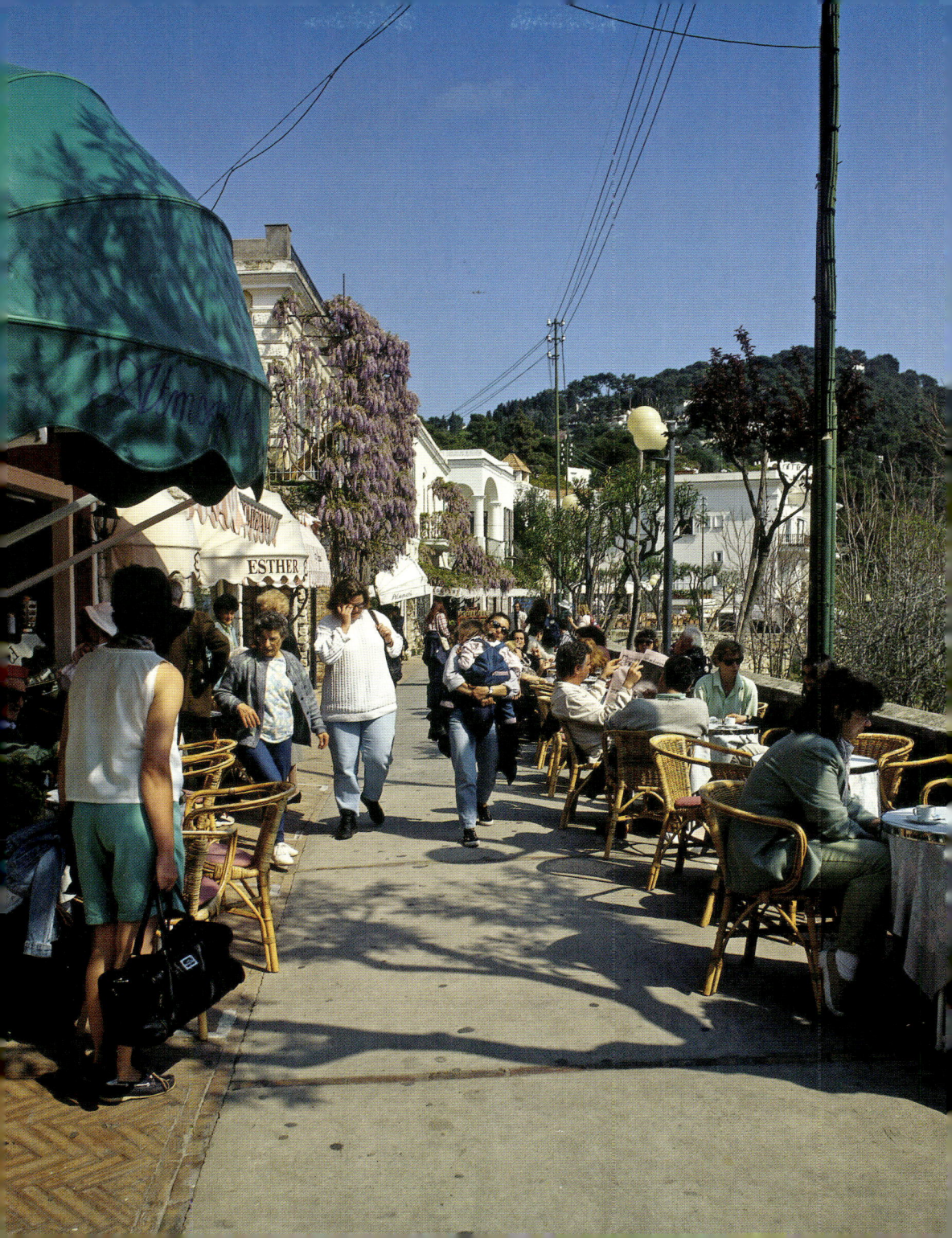

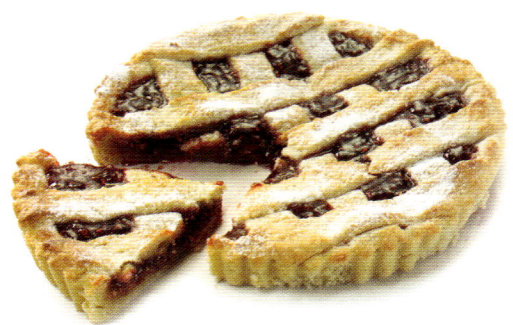

린처 토르테 Linzer Torte

이 고전적인 과일 타르트는 오스트리아의 린츠에서 기원하였으며, 그 레시피의 역사는 17세기까지 거슬러 올라간다. 초기에는 버터, 아몬드, 설탕, 밀가루와 스파이스를 사용하였지만 세월이 흐르면서 약간의 변화가 있었다. 린처 토르테는 바로크 시대에 큰 사랑을 받았으며, 현대에도 그 명성을 이어오고 있다.

둥근 린처 토르테는 황금빛 격자무늬 안에 부드러운 과일 소가 드문드문 특유의 모양으로 쉽게 알아볼 수 있다. 황금색의 바삭바삭한 패스트리는 보통 아몬드 가루, 버터, 설탕, 밀가루, 달걀 노른자를 섞어서 만든다. 이 반죽으로 가장자리를 움푹하게 만든 후, 달콤한 레드커런트, 혹은 블랙커런트를 넣어 채워준다. 그런 후에 여분의 패스트리로 띠를 만들어 위에 격자무늬를 만들어 장식한다.

패스트리는 바삭바삭하지만 전혀 퍽퍽하지 않고, 한가운데 과일 층의 촉촉한 질감을 한껏 느낄 수 있다. 전통적으로 레드커런트를 넣는데, 사실 어떤 과일이든 상관은 없다. 라즈베리 또한 인기가 높다. 고전적인 패스트리에는 아몬드가 들어가지만, 헤이즐넛 등 다양한 재료를 넣을 수도 있다. **SBI**

Taste: 린처 토르테는 단순함 속에서 깊은 풍미를 발휘한다. 풍부하고 고소한 맛의 패스트리와 과일의 맛이 그대로 전해진다. 이 타르트는 늦은 아침이나 늦은 오후에 크림을 곁들여 먹는 것이 가장 이상적이다.

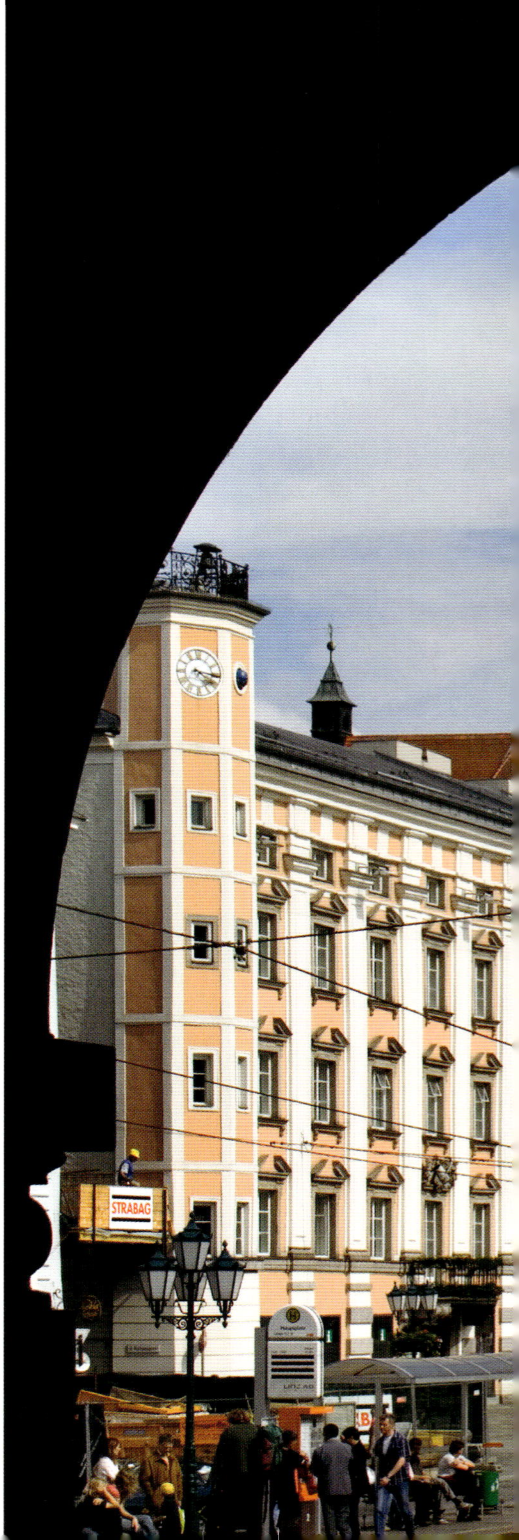

베이커리와 다른 상점들이 줄지어 서 있는 린츠의 구시가지. ➡

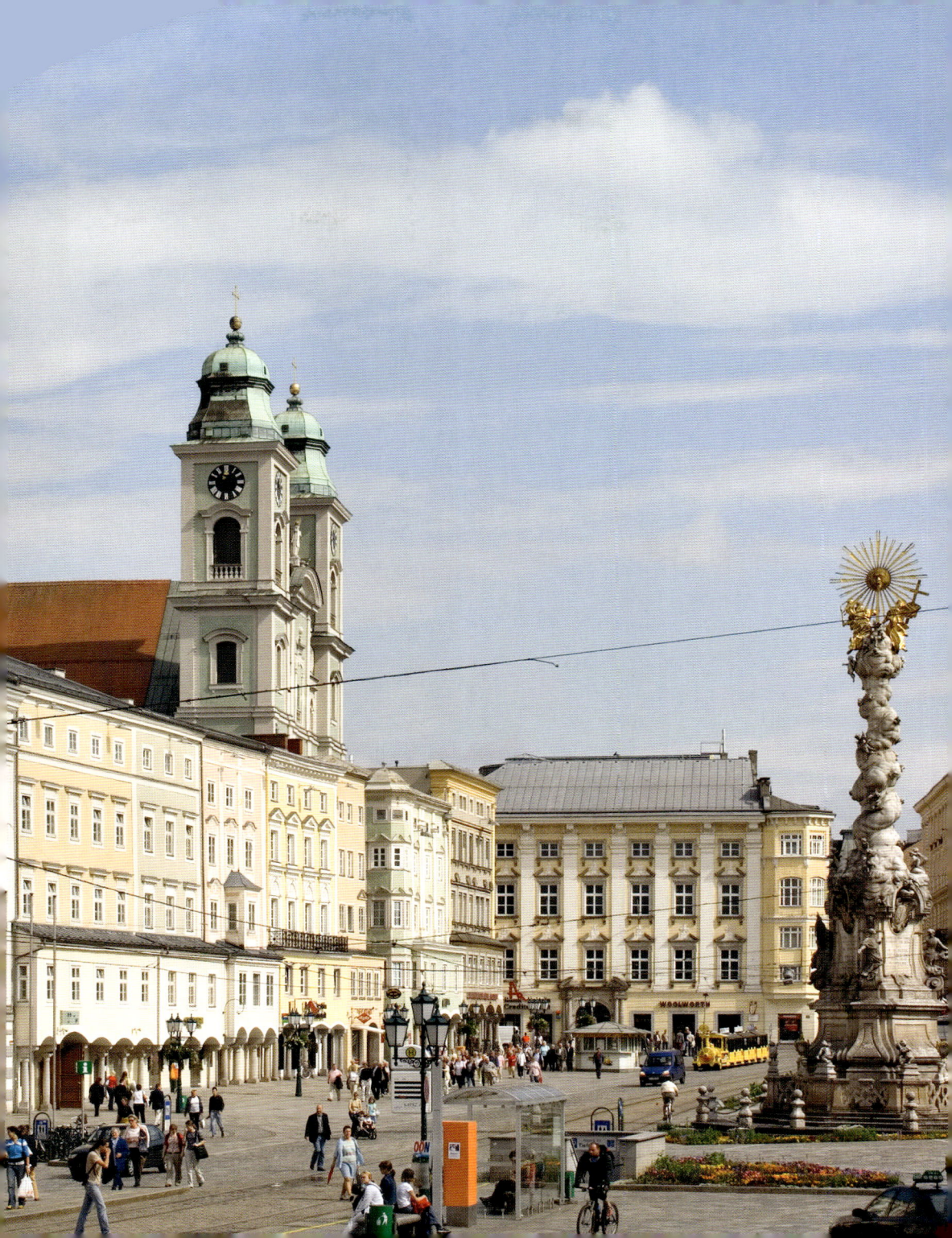

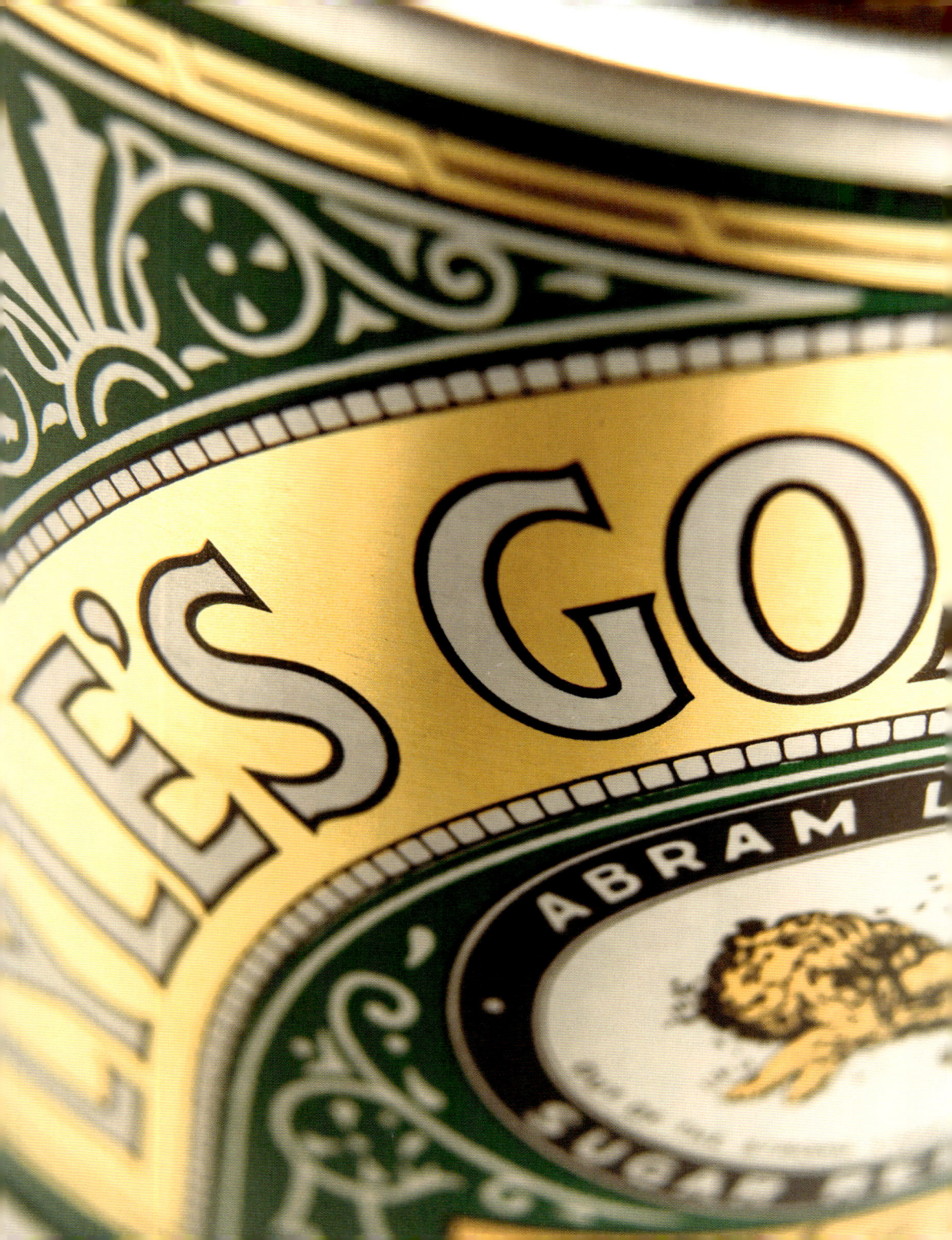

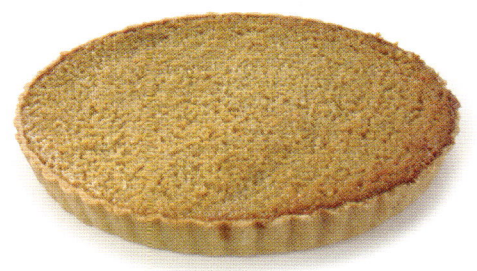

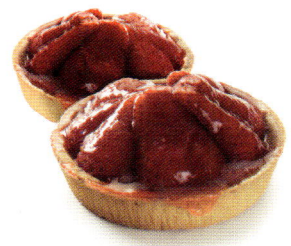

트리클 타르트 Treacle Tart

단순하고 편안한 맛을 자랑하는 영국의 전통 디저트인 트리클 타르트의 기원은 빅토리아 시대로 거슬러 올라간다. 보육원에서 인기 있는 메뉴였던 이 타르트는 젠틀맨 클럽과 오래된 영국식 레스토랑에서도 사랑 받았다.

　오늘날 이 이름에는 다소 혼란의 소지가 있다. 영어로 트리클은 설탕을 가공할 때 생기는, 검고 끈적끈적하고 풍미가 강한 단맛을 내는 블랙 트리클(black treacle) 또는 당밀(molasses)을 뜻하는 말이다. 그러나 트리클 타르트에는 골든 시럽이라고도 불리는 페일 트리클(pale treacle)을 사용한다. 페일 트리클 역시 설탕 정제 과정에서 나오는 부산물이다. 영국의 골든 시럽, 혹은 '골디' 시장은 사업가 에이브럼 라일이 1885년 달콤하고 끈적한 시럽을 제조 및 판매하면서부터 발전하기 시작했다.

　트리클 타르트는 간단한 재료로 손님을 접대하는 검소한 전통의 산물이다. 오리지널 레시피는 갓 구운 빵 부스러기에 골든 시럽을 넉넉히 부은 다음, 약간의 레몬 즙과 으깬 레몬 껍질을 더한다. 이 끈적한 반죽을 쇼트크러스트 패스트리에 펴 바르고 구워낸다. 또 다른 버전에서는 반죽에 크림이나 달걀을 넣기도 한다. 윗부분은 종종 격자무늬 패스트리로 장식한다. **JL**

타르토프레즈 Tarte aux Fraises

빛나는 빨간색 베리가 들어간 이 프랑스 전통 딸기 타르트는 프랑스의 모든 마을과 도시의 제과점 진열장에서 찾아볼 수 있는 맛있는 디저트이다. 이 아름다운 창조물은 프랑스의 수많은 다양한 과일 타르트 중 하나이다.

　진짜 훌륭한 타르토프레즈의 비밀은 의외로 단순하다. 최고의 재료를 사용하는 것이다. 재료와 만드는 방식에 따라 다양한 버전이 있는데, 패스트리를 예로 들자면, 단순한 쇼트크러스트, 혹은 좀더 풍부한 맛을 즐기고 싶다면 파테 쉬크레(제과점에서 흔히 사용하는 과자 반죽. 크러스트 패스트리를 만들 때 사용한다)에 달걀 노른자와 설탕을 섞어서 사용한다.

　또, 패스트리는 매우 곱고 고르게 펴야 하며, 미리 구워놓은 패스트리 케이스를 사용하기도 한다. 딸기를 통째로 패스트리 케이스에 담은 뒤 레드커런트 젤리를 바르는 경우도 있다. 하지만 타르트의 바닥에는 항상 커스터드 크림을 바르는데, 이 크림은 달걀, 설탕, 버터, 밀가루와 우유를 섞은 후, 바닐라 꼬투리를 넣어서 만든 것으로, 매우 진하고 크리미한 질감을 가지고 있다. 커스터드 크림과 신선한 딸기는 환상적으로 조화를 이룬다. **JL**

Taste: 트리클 타르트를 맛보는 즐거움 중 하나는 특유의 질감에 있다. 반죽의 끈적한 촉감이 레몬 향 감도는 버터의 달콤함 속으로 녹아 사라진다.

Taste: 잘 익어서 달콤한 맛을 내는 딸기는 바닐라를 넣은 풍부한 커스터드 크림, 기분 좋게 바삭바삭한 질감의 패스트리와 잘 더우러진다.

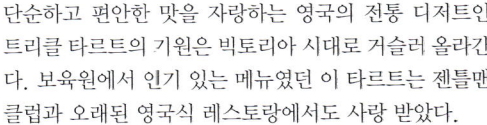

트리클 타르트에 들어가는 라일즈 골든 시럽.
그 고유의 포장 디자인은 1885년 이래 거의 바뀌지 않았다.

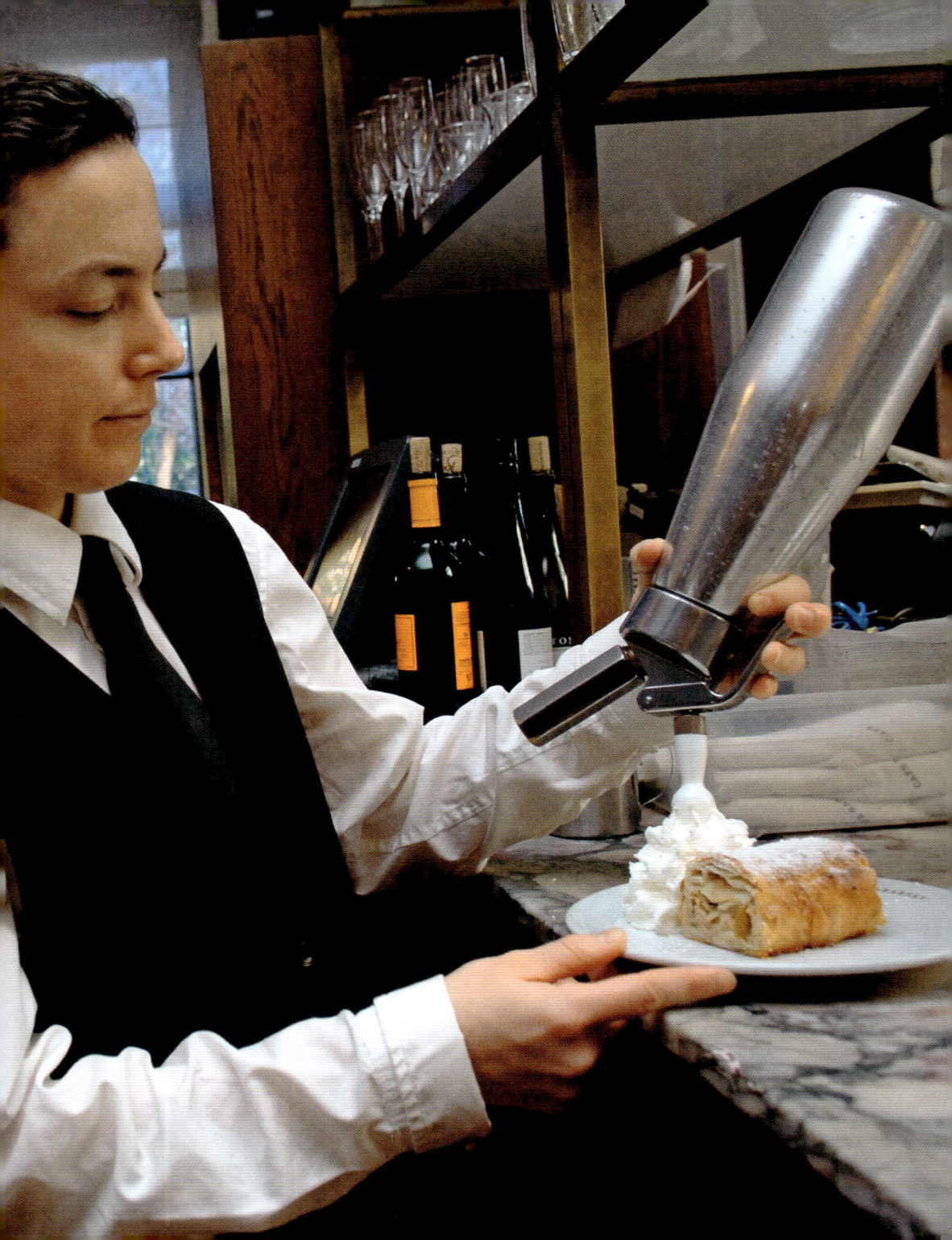

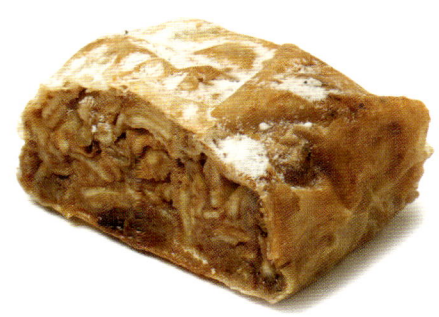

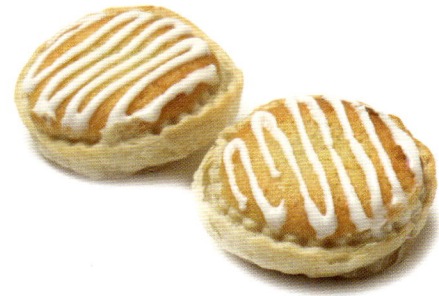

아펠슈트루델
Apple Strudel

아펠슈트루델 하면 보통 독일과 오스트리아를 떠올리지만 실제로는 중앙 유럽 어디에서나 사랑 받는 디저트이다. 종잇장처럼 얇은 패스트리를 겹겹이 쌓고 그 안에 사과와 씨 없는 건포도를 채워넣었다. 전통 레시피를 따르자면 패스트리를 소시지 모양으로 만들어 주위를 한번 빙 둘러싼 후, 굽기 전에 U자형으로 꼬아주어야 한다. '슈트루델'은 독일어로 '소용돌이'를 뜻하는데, 마치 소용돌이를 치는 듯한 특유의 모양에 빗댄 것이다.

슈트루델은 무엇보다 패스트리가 가장 중요하며, 패스트리를 만드는 솜씨는 거의 예술의 경지로 평가받는다. 슈트루델의 패스트리는 밀가루, 달걀, 버터와 물을 섞어서 만든다. 부드럽고 찰진 질감이 될 때까지 반죽하여 숙성시킨다. 그런 다음 반죽을 넓은 테이블 위에 편편하게 밀어놓고 거의 반대편이 비칠 정도로 얇게 손으로 잡아 늘린다. 이 정도가 되어야만 비로소 슈트루델을 만들 준비가 된 것이다.

아펠슈트루델은 모든 종류의 슈트루델 중에서 가장 사랑 받는 메뉴이지만, 사과 대신 다른 소를 넣은 슈트루델 또한 매우 유명하다. 버찌 슈트루델 또한 오랜 전통을 자랑하는데, 이 외에도 시금치 등 여러 종류의 맛있는 재료들을 사용할 수 있다. **SBI**

Taste: 아펠슈트루델은 속 재료와 패스트리 껍질의 맛이 어우러져서 적당히 기분 좋게 달콤하다. 뜨겁게 데워 먹어도 좋고 차게 식은 것도 맛있다. 보통 커피와 함께 먹는다.

벨기에 프렌지페인 패스트리
Belgian Frangipane Pastry

다양한 종류의 프렌지페인은 수세기에 걸쳐서 사랑 받아왔다—최초의 조리법은 17세기 프랑스로 거슬러 올라간다. 프렌지페인 패스트리는 유럽 전역에서 찾아볼 수 있지만, 벨기에 버전은 그 중에서도 매우 특별하다. 대부분 집에서 만들어먹는데, 바삭하고 노릇한 패스트리 껍질 속에 달콤하고 부드러운 프렌지페인—아몬드 가루, 버터, 설탕을 섞어서 만든다—이 들어 있다. 패스트리 윗면에 줄무늬를 새기거나, 설탕을 물결 모양으로 입혀서 완성한다.

인기 있는 또다른 버전은 프랑스의 '아망딘(amandine)'과 비슷한데, 반짝이는 아몬드를 뿌리고 난투명한 글레이즈를 칠한 것이다. 갈레트 드 루아(Gallette de Rois, '왕의 케이크'라는 뜻)는 좀더 큰 프랑스식 프렌지페인 타르트이다. 이것은 공현절(세 명의 동방박사가 아기 예수를 경배한 것을 기념하는 기독교 축일) 축제 때 먹는다. 보통 퍼프 패스트리로 만드는데, 속을 프렌지페인으로 채우고 윗면에 패스트리 조각과 콩을 뿌려 장식하거나, 콩을 패스트리 안에 숨기기도 한다. 숨겨진 콩을 먹는 행운의 사람이 그날의 왕이 된다. **SBI**

Taste: 달콤하고 바삭 삭한 이 패스트리는 먹으면 먹을수록 계속 먹고 싶어진다. 건과와 설탕, 버터가 어우러져 풍부한 맛을 자아내지만, 너무 달거나 너무 강하지는 않다.

독일 모젤의 한 레스토랑에서 아펠슈트루델에 풍부한 휘핑 크림을 올리고 있다.

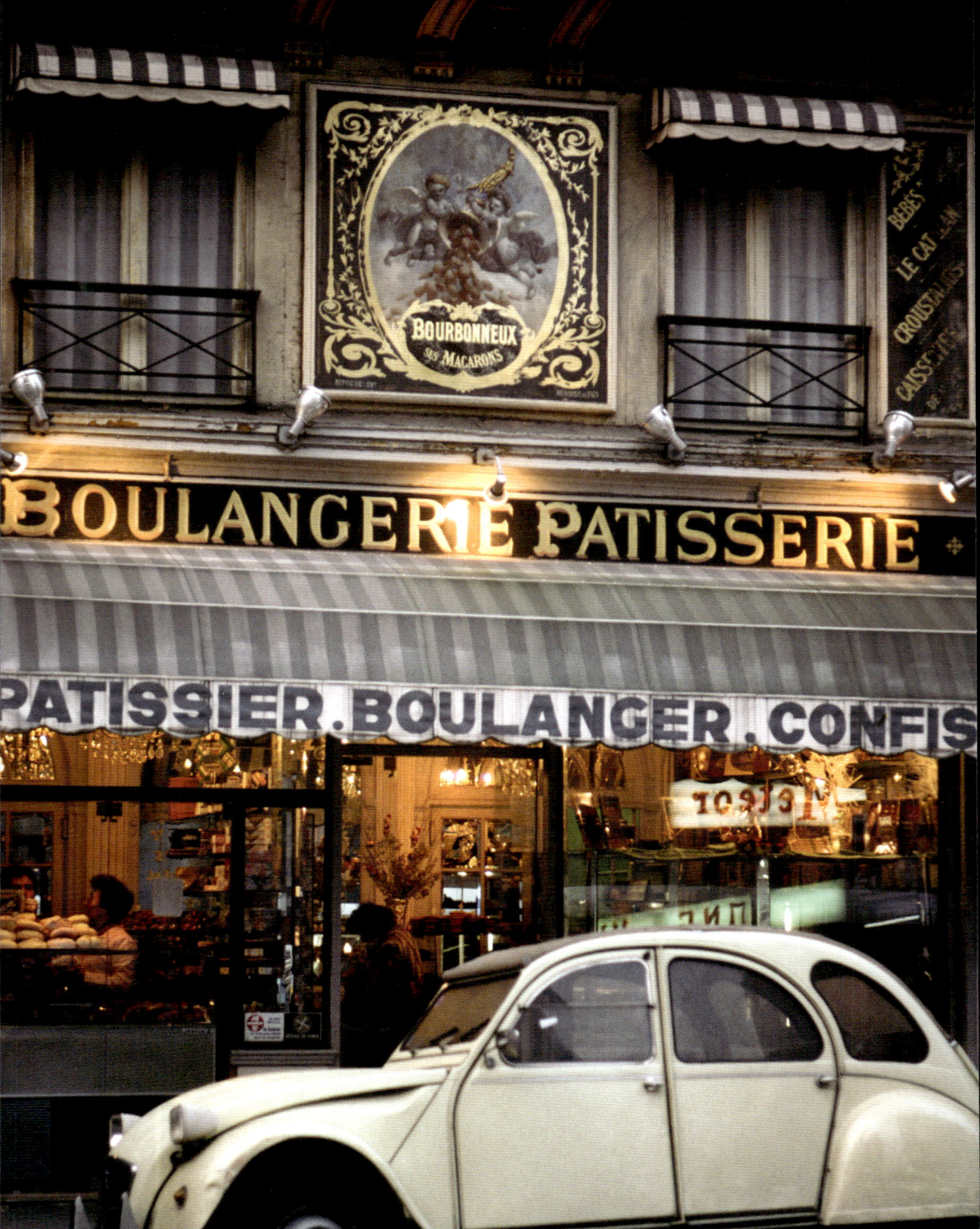

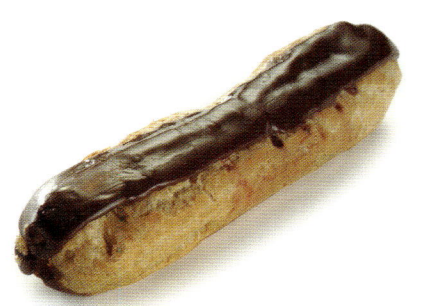

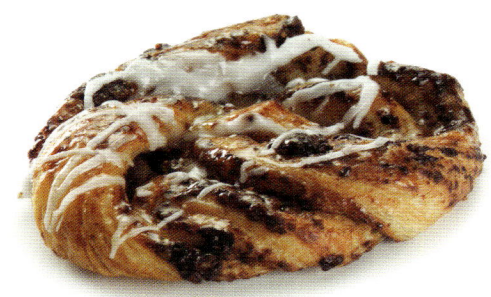

에클레르 *Éclair*

속은 크림으로 채우고, 겉에는 초콜릿이나 설탕을 입힌 이 슈 패스트리의 기원은 모호하기 짝이 없다. 그저 오래 전부터 맛있는 과자였다고 추측할 뿐이다. 확실한 것은—옥스포드 영어 사전에 따르면—에클레르라는 단어가 1861년에도 존재했다는 것이다.

고전적인 에클레르는 손가락 굵기의 파이프 모양 슈 패스트리로 만들며, 가운데 부분이 뚫려 있는 채로 굽는다. 프랑스에는 두 종류의 에클레르가 있다. 에클레르 오 쇼콜라는 초콜릿 크림을 채우고 겉에도 초콜릿을 발랐고, 커피 버전은 커피 향을 넣고 커피 토핑을 입혔다. 영국에서는 대조적으로 휘핑 크림을 속에 채우고, 겉에는 녹인 초콜릿을 입힌다.

슈를 베이스로 한 비슷한 패스트리로는 프로피트롤이 있다. 작고 둥근 슈 번 속에 크림을 채우고 초콜릿을 씌우는데, 보통 디저트로 먹는다. 프랑스의 또 다른 과자로는 렐리즈외즈(religieuse, '수녀'라는 뜻)가 있는데, 커피나 초콜릿의 향미를 채웠으며, 두 개의 슈 번을 눈사람 모양으로 겹쳐 놓았다. 모양이 작고 통통한 수녀를 닮았다 하여 이런 이름이 붙었다. **SBI**

데니쉬 패스트리 *Danish Pastry*

"데니쉬" 패스트리는 덴마크에서 기원하기는 했으나 스칸디나비아 전용 디저트는 아니다. 덴마크에서는 이 패스트리를 '빈의 빵'이라는 뜻인 비너브뢰트라고 부른다. 반면 오스트리아에서는 코펜하게너라고 부르니 재미있다. 일설에 따르면, 19세기 중반에 덴마크의 제빵사들이 파업을 했을 때 오스트리아의 제빵사들이 일자리를 얻기 위해 이주해오면서 플룬더게백으로 알려진 패스트리의 조리법을 들고 왔고, 덴마크인들이 복귀했을 때 그 조리법을 다듬어서 도우와 버터가 겹겹이 쌓인 패스트리를 만들었다고 한다.

오늘날 데니쉬 패스트리는 다양한 모양과 크기로 만든다.(큰 패스트리는 '크링글레(kringle)'라고 부르는, 덴마크에서 제과점의 상징인 프레첼과 비슷한 모양이다.) 패스트리 속에는 커스터드, 잼, 그리고 가장 전형적으로 리몬스(remonce)—설탕, 견과, 또는 시나몬이 들어간 버터 크림—로 채운다. 그리고 표면에는 대체로 설탕을 입힌다. 덴마크 가정에서는 전통적으로 일요일 아침식사로 먹는다. 젊은이들이 밤새 밖에서 놀다가 이른 새벽 집으로 돌아가는 길에, 갓 구워진 패스트리를 사러 동네 빵집 뒷문을 두드리는 것은 거의 의례와도 같다. **CTj**

Taste: 패스트리는 매우 가벼운 질감이다. 입 속에서 모든 재료들이 뒤섞이면, 매우 풍부하고 달콤하며 크리미한 풍미를 즐길 수 있다. 에클레르는 갓 구워냈을 때 먹는 것이 가장 환상적이다.

Taste: 갓 구워진 데니쉬 패스트리를 씹는다는 것은 아주 달콤한 경험이다. 속에 들어 있는 리몬스의 부드러운 버터 풍미 덕분에 질감은 매우 폭신폭신하면서도 한편으로는 바삭바삭하다.

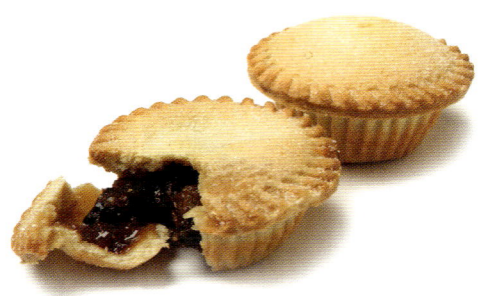

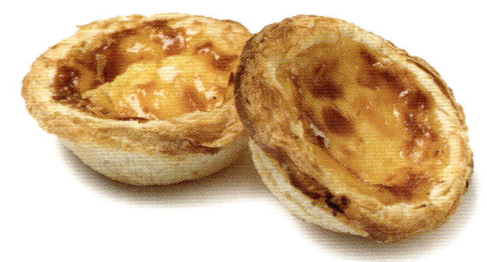

민스 파이 Mince Pie

이 작고 달콤한 파이는 영국에서 크리스마스를 의미한다―비록 보통 크리스마스 만찬 메뉴에 포함되지는 않지만, 이 기간에 방문하는 손님들을 위해 작은 깡통에 넣어 보관한다. 특히 크리스마스 이브에 아이들이 자러 가기 전에 산타클로스를 위해 민스 파이와 셰리 주 한 잔을 놓아두는 것으로 유명하다.

민스 파이는 치웨트(chewette)라는 중세의 패스트리에 그 기원을 두고 있다. 치웨트는 처음에 고기와 스파이스로 만들었으나 후에는 말린 과일을 넣게 되었다. 오늘날의 민스파이는 쇼트크러스트나 퍼프패스트리로 겉을 만들고 민스미트(mincemeat)―말린 과일과 스파이스, 으깬 사과, 시트러스, 견과, 그리고 때로 약간의 브랜디―로 속을 채운다. 고기를 베이스로 하는 옛 레시피에서는 전통적으로 소의 지방이 민스미트의 기본이 된다.

19세기 들어서 고기로 속을 채우는 버전은 인기가 시들해졌지만, 프랑스 랑그도크 지방의 에로(Herault)에서 만드는 달콤한 고기 패스트리인 'petits pâtés de Pézena'는 초기 민스파이와 비슷하다. 이 지역 전승에 의하면, 영국의 식민주의자였던 로버트 클리브 장군이 1768년 페세나스를 방문했을 때, 그 조리법이 전해졌다고 한다. **ES**

파스테이스 데 나타 Pastéis de Nata

계핏가루와 슈거파우더로 몸을 감싼 이 크리미하고 버터 향이 강한 작은 패스트리 타르트는 포르투갈을 대표하는 음식이다. 포르투갈 전역의 제과점 또는 세계 어느 곳이든지 포르투갈인들이 모이는 곳이라면 쉽게 찾아볼 수 있다.

다른 수많은 전통 패스트리나 사탕과자처럼, 파스테이스 데 나타 또한 수녀들이 처음 만들었다고 전해진다. 파스테이스 데 나타의 경우 리스본에서 가까운 벨렘 지방의 성 예로니모 수도회에서 18세기 초에 탄생하였다. 그래서 리스본에서는 '파스테이스 데 벨렘'이라고도 부른다. 그리고 1837년, 카사 파스테이스 데 벨렘이 문을 열었다. 이 곳은 수녀원에서 최초로 외부에 케이크를 판매한 장소였다. 이 지역 주민들과 여행객들은 수녀들의 오븐에서 갓 나온 따끈한 파스테이스를 먹기 위해 아직도 이 곳으로 모여든다.

버터 향이 강하고 바삭바삭한 패스트리 안에 부드럽고 풍부한 커스터드가 들어 있고, 위에는 계피와 슈거파우더를 곱게 뿌린다. **LF**

Taste: 민스파이는 민스미트와 패스트리에서 성공 여부가 결정된다. 검고 과일의 풍미가 진하며, 계피와 생강의 향을 지니고 있어야 한다. 패스트리는 바삭바삭해야 한다.

Taste: 따끈할 때 먹는 것이 가장 맛있다. 버터 맛이 진한 층층의 퍼프 패스트리는 입에 넣자마자 녹아내리며, 미끄러지듯 부드럽고 밝은 햇살 빛의 노란 커스터드에게 그 자리를 양보한다.

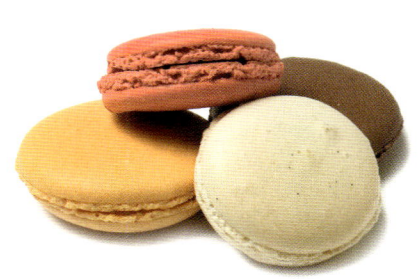

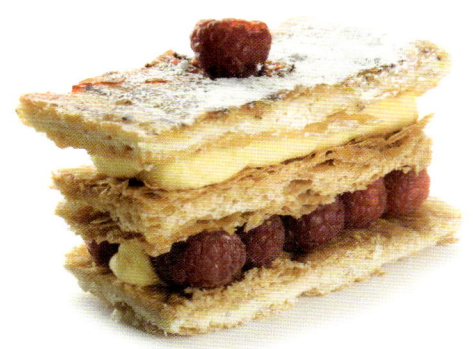

제르베 마카롱 Gerbet Macaroon

파리를 열광시킨 이 색색의 사탕과자는 아몬드와 달걀 흰자로 향미를 내며, 속 재료에 따라 천의 얼굴을 보여준 다. 벨 에포크 시대 파리의 한 제과점에서 태어났는데, 그 이름으로 보아 루아얄 거리에서 저 유명한 살롱 드 테를 운영했던 라뒤레 가문과 연관이 있는 듯하다. 살롱 드 테는 오늘날까지도 성황을 이루고 있다.

탄생과 동시에 인기를 얻은 마카롱은, 젊은 시절부터 라 뒤레 가문에서 일했던 저명한 페스트리 셰프 피에르 에르메가, 파리에서 가장 유명한 식료품점인 포숑에서 일하는 동안 실험을 거듭한 끝에 지금의 모양을 가지게 되었다. 에르메가 그만의 레시피를 발명하기 전까지, 제르베는 부드럽고 건조했으며, 약간 쫄깃한 질감이었다. 얇은 버터 크림이나 가나슈로 한 쌍의 비스킷을 맞붙였다.

에르메는 속에 들어가는 재료 역시 크게 다양화하여, 과일과 견과를 쓰는가 하면, 질감과 맛을 크게 향상시켰다. 그가 만들어낸 제르베—이스파한(Ispahan)—는 로즈워터의 향기를 풍기며, 신선한 라즈베리를 채웠다. 에르메는 여기에서 멈추지 않고, 패션 디자이너들이 새로운 컬렉션을 선보이듯이 매년 제르베의 영역을 새롭게 확장시켜 나갔다. **MR**

밀푀유 Millefeuille

이 맛있는 고전 페스트리의 이름은 프랑스어로 직역하면 '천 개의 잎사귀'라는 뜻이다. 한 조각만으로도 천상의 맛을 내는, 웨이퍼처럼 얇은 퍼프 페스트리르 인해 이러한 이름이 붙었다. 이 이름은 결코 과장이 아니다. 보통의 퍼프 페스트리 시트 한 장은 729개의 층으로 구성되는데, 밀푀유에는 두 장 또는 그보다 많은 페스트리 시트가 들어가기 때문이다.

이 과자는 보통 사각형이며, 바삭바삭하고 황금빛을 띠는 세 장의 퍼프 페스트리와 그 사이사이에 바른, 진하고 크리미한 속 재료로 이루어진다. 먹기 좋은 크기로 자르기 전이 윗표면에 슈거파우더를 뿌려준다. 속 재료는 과일에 휘핑 크림이나 때때로 커스터드 크림을 곁들인다.

프랑스에서는 '나폴레옹'이라는 타원형 밀푀유가 있는데, 두 장의 페스트리 사이에 크리미한 아몬드 속을 넣은 샌드위치 형상이다.(하지만, 미국에서는 모든 종류의 밀푀유를 나플레옹이라고 부른다.) 캐러멜이 코팅된 버전은 '세게디너토르테(Szegedinertorte)'라고 부르는데, 밀푀유의 고향이라고 일각에서 주장하는 헝가리의 세게트(Szeged) 마을에서 유래한 별칭이다. **SBI**

Taste: 마카롱은 표면은 바삭바삭하고, 안쪽은 부드럽고 쫄깃해야 한다. 속 재료의 수분을 흡수하기 위해 24시간 정도 숙성시키는 것이 이상적이다.

Taste: 바삭바삭하고 버터 맛이 진하게 느껴지는 페스트리가 부드럽고 달콤한 크림과 환상적인 대비를 이룬다. 진한 크림 맛을 뚫고 새콤한 딸기가 입 안에 퍼진다.

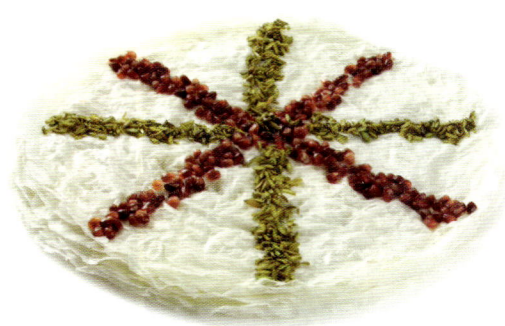

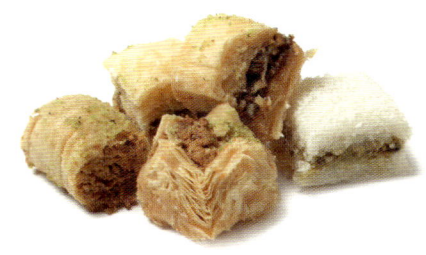

쥘라취 Güllaç

라마단 기간 중 모든 베이커리에서 찾아 볼 수 있는 쥘
라취의 역사는 오스만 투르크 제국 시대로 거슬러 올라
간다. 쥘라취는 1520년부터 1566년까지 제국을 통치했
던 슐레이만 대제의 아들의 할례 의식에 나왔다는 기록
이 남아 있다. 쥘라취가 필로 패스트리와 견과, 설탕 시
럽을 층층이 쌓아 만든 사탕과자인 바클라바의 초기 버
전이라고 말하는 이들도 있다.

　우유를 베이스로 한 이 달콤한 과자는 우유와 설
탕, 아몬드 가루에 적신 쥘라치 잎사귀(전분, 밀가루,
물로 반죽해서 만든 얇은 웨이퍼)를 겹겹이 쌓아서 만
든다. 전통 레시피에서는 호두를 사용하지만, 이슬람에
서 선호하는 흰색을 내기 위해 아몬드를 가공하여 쓰기
도 한다.

　쥘라치는 로즈 워터나 바닐라의 향기를 내며, 붉
은 석류 씨 또는 희끄무레한 녹색의 피스타치오로 장식
한다. 하루 종일 단식한 뒤 먹는 만찬(iftar) 뒤에 후식
으로 나온다. 쥘라치는 가정에서 만든 것을 최고로 치
지만, 터키 식료품점에 가면 시판되는 쥘라치 잎사귀를
살 수 있다. **SBI**

가지안테프 바클라바 Gaziantep Baklava

가지안테프는 터키 남동부에서 가장 큰 도시이며, 터키
에서도 미식의 고장으로 손꼽히는 곳이다. 또한 달콤하
고, 끈적하고, 견과 향이 나는 얇은 패스트리의 고향이
기도 하다. 중앙 아시아와 발칸 반도를 거쳐 넘어오면서
바클라바는 계속하여 그 특징이 바뀌었다. 어느 곳에서
는 더 커지고, 어느 곳에서는 더 메마르며, 더 달거나 끈
적이기도 했다.

　가지안테프 바클라바는 하나하나가 작고, 촉촉하
고, 이 지역에서 재배하는 최고급 피스타치오로 싸여 있
다. 무엇보다, 양쪽 끝으로 갈수록 가늘어지는 배(梨) 모
양의 긴 밀대로 평평하게 민 패스트리는 그 섬세함을 당
할 자가 없다. 이 패스트리는 '유프카(yufka)'라고 부르
는데, 가장 얇은 슈트루델 패스트리보다 더욱 얇고 투명
하다. 구워낸 후에는 부서지기 쉬운 패스트리 층이 켜
켜이 쌓여 있는 모양이 된다. 그것들을 오븐에서 꺼내
끓는 시럽을 골고루 뿌려주면 각각의 층이 하나씩 따
로 떨어진다.

　이 패스트리의 기원은 불분명하지만, 가지안테프
인근 쿠르디스탄 지역의 유목민들이 먹었던, 견과가 들
어간 평평한 빵에서 진화한 것으로 추측된다. 실제로,
이스탄불에서 가장 유명한 패스트리 가게 주인은 쿠르
드인이다. **MR**

Taste: 풍부한 우유의 질감과 달콤한 맛이 일품인 쥘라치는 바클라바
등 그 밖의 비슷한 전통 디저트보다 확실히 가벼운 느낌이어서 라마단
식단에 딱 어울린다.

Taste: 바클라바에는 다양한 질감과 맛이 복잡하게 섞여 있다. 바삭
바삭하고 버터 맛이 강한 윗층과 촉촉한 아랫층이 피스타치오와 시럽에
부드럽게 어우러진다.

막 완성된 바클라바 패스트리를
진열창에 내가기 전에 자르고 있다. ➲

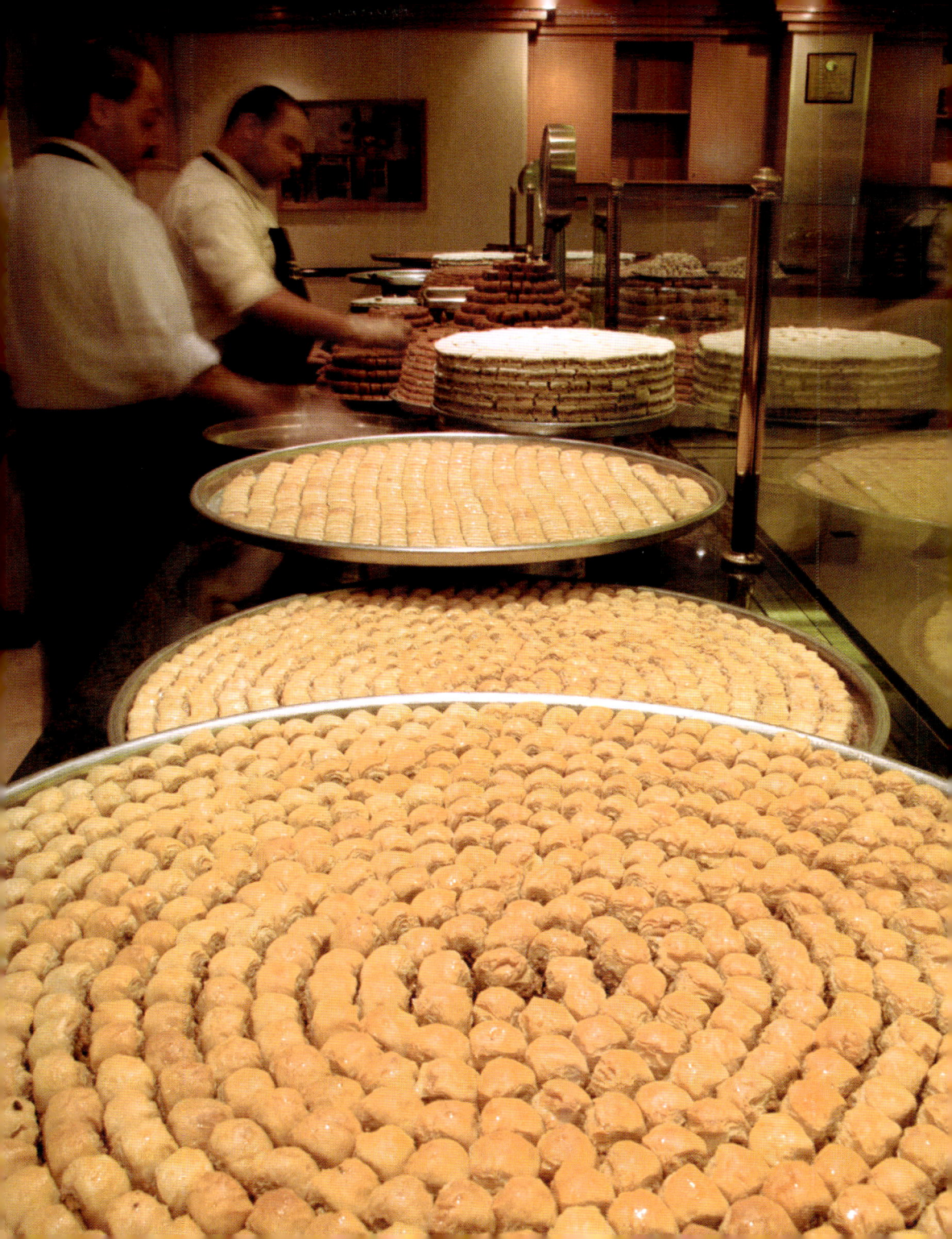

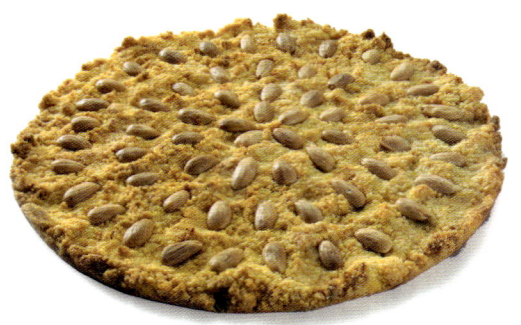

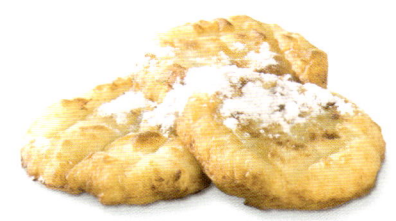

스브리솔로나 Sbrisolona

스브리치올로나(sbriciolona)라고도 하는 스브리솔로나는 이탈리아 북부 롬바르디아 주 만토바 지역에서 만드는 바삭바삭하고 버터 맛이 풍부한 케이크이다. '부서지기 쉬운'이라는 뜻의 이름은 이 케이크—동시에—쿠키를 정확하게 설명하고 있다. 너무나도 부서지기 쉽기 때문에 칼로 자르는 대신 보통 조각조각으로 뜯어서 커피나 말바시아, 혹은 빈 산토 같은 달콤한 디저트 와인과 함께 먹는다. 연중 언제나 즐겨 먹지만, 특히 크리스마스 때에 사랑 받는 디저트이다.

스브리솔로나는 전통적으로 값싸고 구하기 쉬운 재료로 만든, 서민들을 위한 검소한 음식이었다. 콘밀과 헤이즐넛이 어우러진 전형적인 단맛에 라드로 파삭하게 만든 스브리솔로나는 부유층이 즐기던 비싼 케이크와는 거리가 멀었다. 헤이즐넛이 아몬드로 대체되고, 버터가 라드의 자리를 대신하게 되고 나서야 만토바의 상류층이 먹는 음식으로 자리잡게 되었다.

펠레그리노 아르투시의 『요리의 기술과 음미의 예술La Scienza in Cucina e l'Arte die Mangiar Bene』 초판이 출간된 지 백 년도 넘었지만, 여전히 널리 읽히는 대표적인 요리책으로, 한층 호화로운 스브리솔로나 레시피가 실려 있다. **LF**

바트루슈카 Vatrushka

바트루슈카는 슬라브족, 특히 러시아와 우크라이나에서 전통적으로 내려오는 달콤한 치즈 패스트리다. 그 이름은 체코어, 폴란드어, 우크라이나어, 세르비아어, 크로아티아어 등 수많은 슬라브 언어로 불, 또는 화덕을 뜻하는 'vatra'에서 기원한 것이다.

보통 이스트로 부풀린 밀가루 반죽에 브리오슈처럼 버터, 달걀, 설탕을 섞는다. 반죽을 평평하게 밀고 윗부분을 꼬집어 올려 부풀리고 안쪽에 트보로그(tvorog)—독일의 쿼크, 이탈리아의 리코타와 비슷한 커드 치즈—를 채워 넣는다. 트보로그에 설탕이나 꿀을 더해 좀더 달콤하게 만들거나 바닐라향, 또는 레몬 껍질을 넣기도 한다. 흔하지는 않지만 건포도나 잼을 넣은 바트루슈카도 있다.

집집마다 대대로 내려오는 맛있는 바트루슈카 레시피가 있다. 반죽은 대부분 밀가루, 또는 호밀가루로 만들고, 소에는 양파가 들어간다. 시베리아 지방에도 이와 비슷한 샹기(shangi)라는 패스트리가 있는데, 사워도우에 감자와 사워크림을 채워 구워낸다. **SBI**

Taste: 크리미한 지발리오네 다음 순서로 많이 내는 스브리솔로나는 바삭거리는 멋진 질감과 풍부한 버터 향미를 지니고 있다. 아몬드의 풍미 너머로 레몬의 향기가 아련하게 느껴진다.

Taste: 달콤하고 부드러운 바트루슈카는 치즈를 넣은 전원풍의 데니쉬 패스트리와 비슷하며, 보통 진한 블랙 러시안 티와 곁들여 먹는다. 향긋한 바트루슈카는 수프와도 잘 어울린다.

폴란드 바르샤바에서 바트루슈카는 상인들이 빠르고 간편하게 먹을 수 있는 음식으로 인기가 높다. ➔

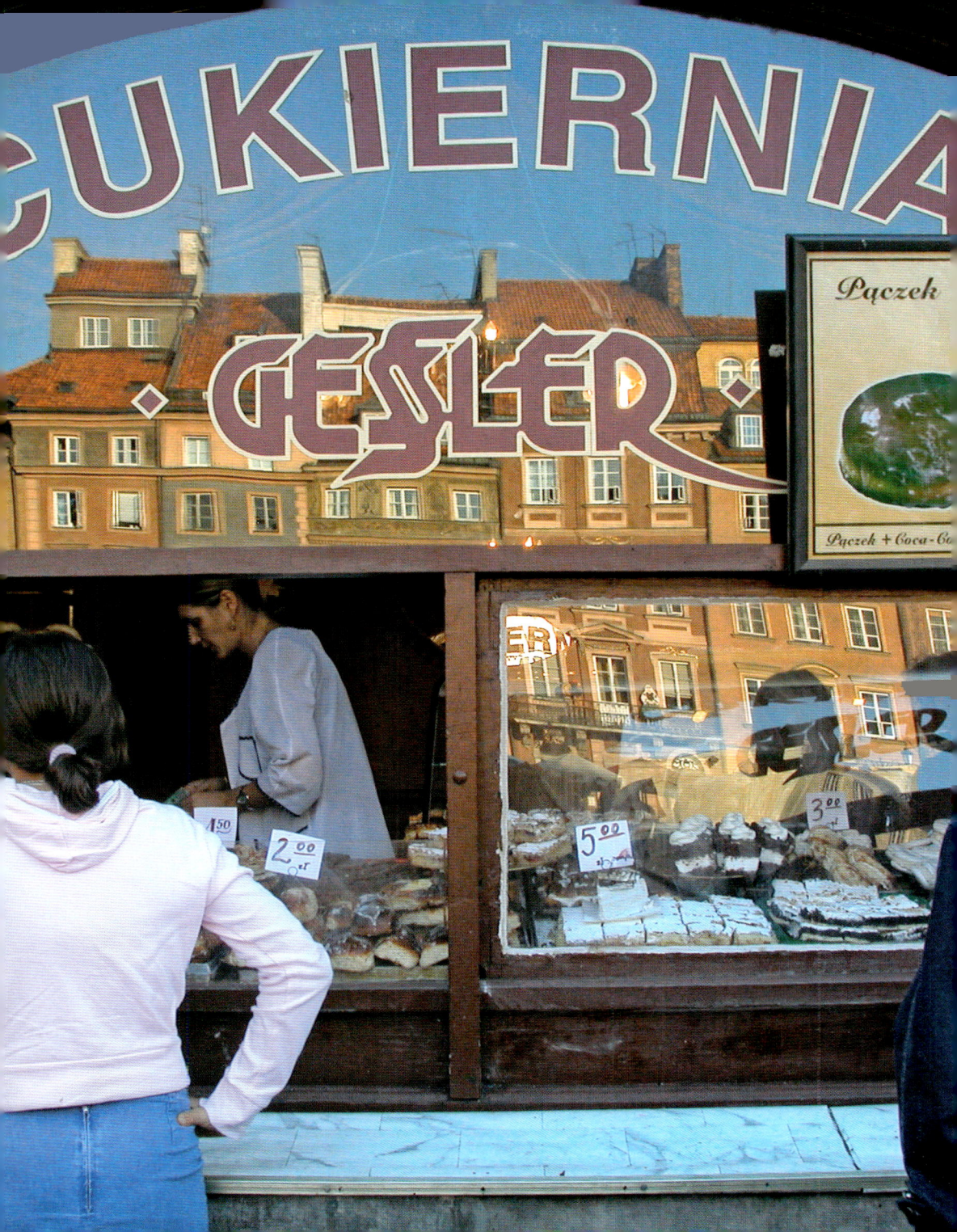

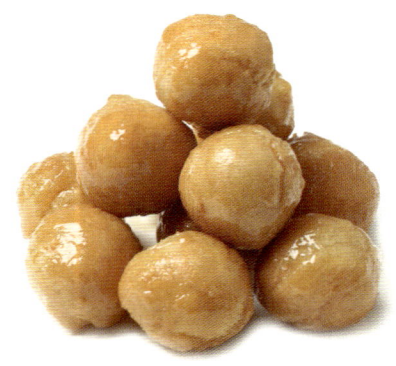

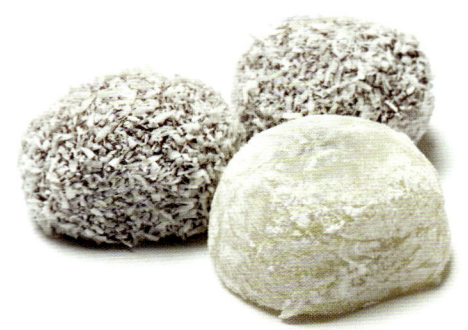

스트루폴리 디 나폴리 Struffoli di Napoli

달짝지근하고 끈적이는 환상적인 디저트를 좋아한다면 그만 책을 덮을 것. 스트루폴리 디 나폴리는 튀겨서 꿀에 적신 작은 황금빛 볼이다. 특히 크리스마스 시즌이 되면 레스토랑 테이블에 산더미처럼 쌓아올린 스트루폴리를 흔히 볼 수 있는데, 이탈리아 남부, 그 중에서도 나폴리 에서 매우 사랑 받는 디저트이다.

고대 로마에 스트루폴리를 전해준 것은 아마도 그 리스인들이었을 것이다. 스트루폴리라는 이름은 '둥그 랗게 굴린'이라는 뜻의 그리스어인 'strongulos'에서 유 래하였다. 중부 이탈리아에는 다진 아몬드와 설탕에 절 인 과일을 넣은 고유의 스트루폴리가 있으며 치체르키아 타(cicerchiata)라고 부른다. 이러한 튀김 과자 종류는 고대 로마의 축제 기간에 즐겨 먹던 프릭틸리아(fric-tilia)에서 기원하였다.

오랫동안 스트루폴리는 수녀원을 후원하는 귀족들 의 자비에 감사하기 위한 선물로 수녀들이 만들었다. 오 늘날 스트루폴리는 제과점에서 팔기도 하지만, 많은 가 정들이 대대로 내려오는 레시피에 따라 직접 만들어 먹 기도 한다. 집안마다 만드는 방식이 모두 다르지만 무엇 보다도 비밀은 꿀을 충분히 묻힐 수 있도록 가능한 작 게 빚는 방법이다. **LF**

모찌(もち) Mochi

《일본의 외교관A Diplomat in Japan》에서 어니스트 사토 경 (1853~1864년)은 이 쫄깃한 찹쌀떡을 가리켜 "세비야 오렌지와 고사리에 어울리는 방식으로 만들었다"고 묘 사하였다. 일본에서 오모찌(존경의 뜻을 담는 お가 앞에 붙는다!)는 오늘날까지도 빼놓을 수 없는 정월 음식으 로, 도코노마에 사츠마 오렌지와 함께 올려놓는다.

모찌 만들기는 겨울 풍습으로, 전통적으로 부부가 함께 한다. 아내는 솜씨좋게 절구 안의 떡을 뒤집고 물 기를 묻히며, 남편은 공이로 떡을 찧는다. 손발이 여간 잘 맞지 않으면 안 되는 일이다.

모찌는 새해 첫 아침식사에 반드시 등장한다. 오조 니라 하여 뜨거운 떡국을 끓여 먹는다. 그러나 모찌는 매 우 쫀득쫀득하기 때문에 조심해서 씹지 않으면 안 된다. 해마다 정월 모찌를 먹다가 목이 메어 죽는 노인들의 숫 자가 다음날 신문 사회면을 장식하기 때문이다. 말린 모 찌는 오랫동안 두고 먹을 수 있으며 하나하나 개별 포장 하여 판매한다. 간단하게 석쇠에 구워 먹거나 국물에 넣 어 말랑하게 먹는다. 언제 먹어도 속이 든든하다. **SB**

Taste: 한 입 크기인 스트루폴리는 부드럽고 가벼운 도우에 꿀의 끈 적한 달콤함이 배어 있다. 겉을 쫄깃하게 만들거나 아삭아삭한 견과를 입힐 수도 있다.

Taste: 갓 찍어서 간장과 와사비를 곁들인 모찌의 맛과 질감은 한번 맛보면 도저히 잊을 수가 없다. 달콤하고 쫀득하며, 구우면 먹음직스러운 황금빛이 된다.

모찌를 만들기 위해 떡을 찧는 풍경. ❍

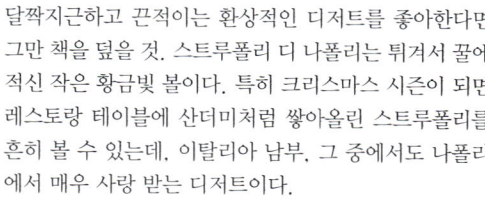

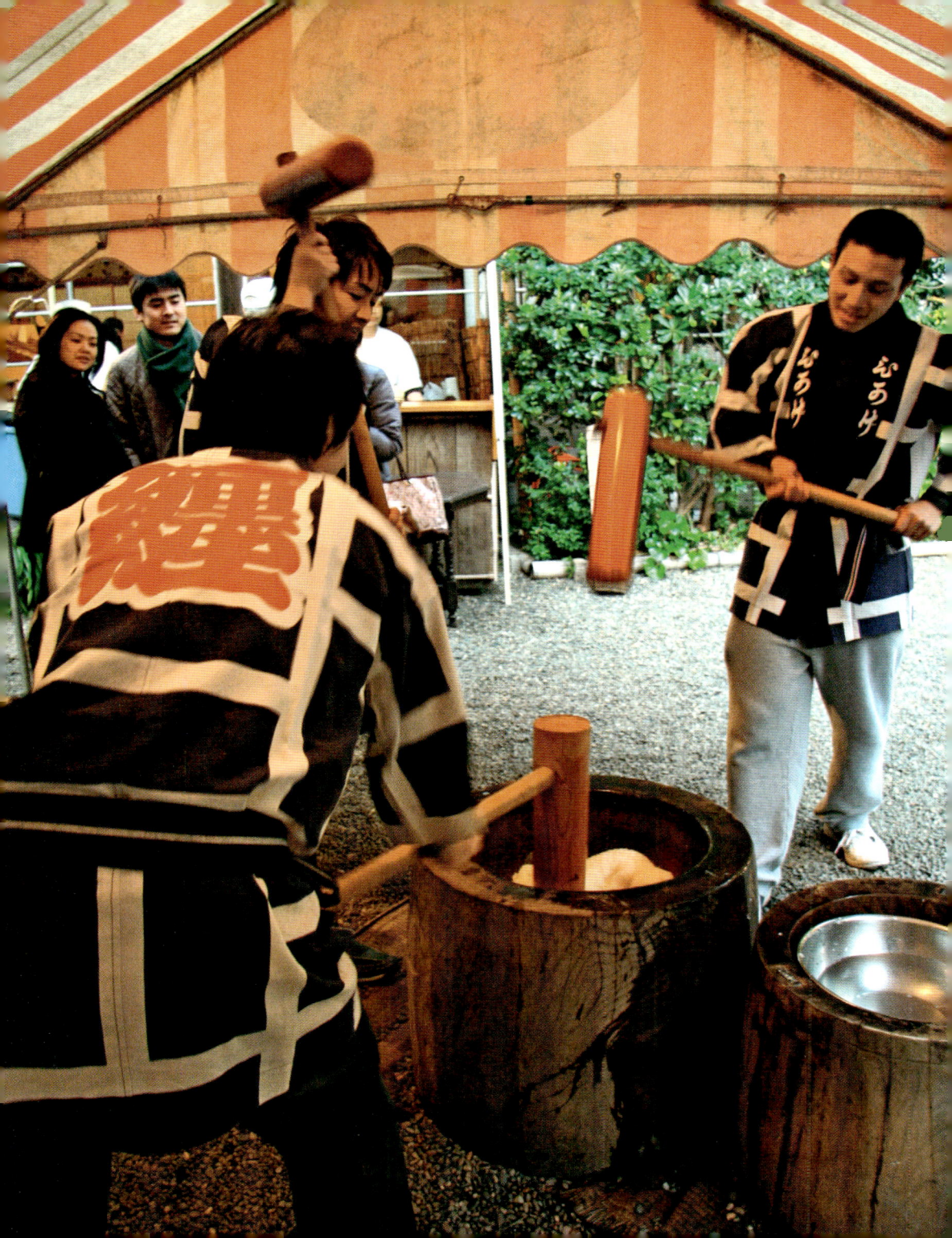

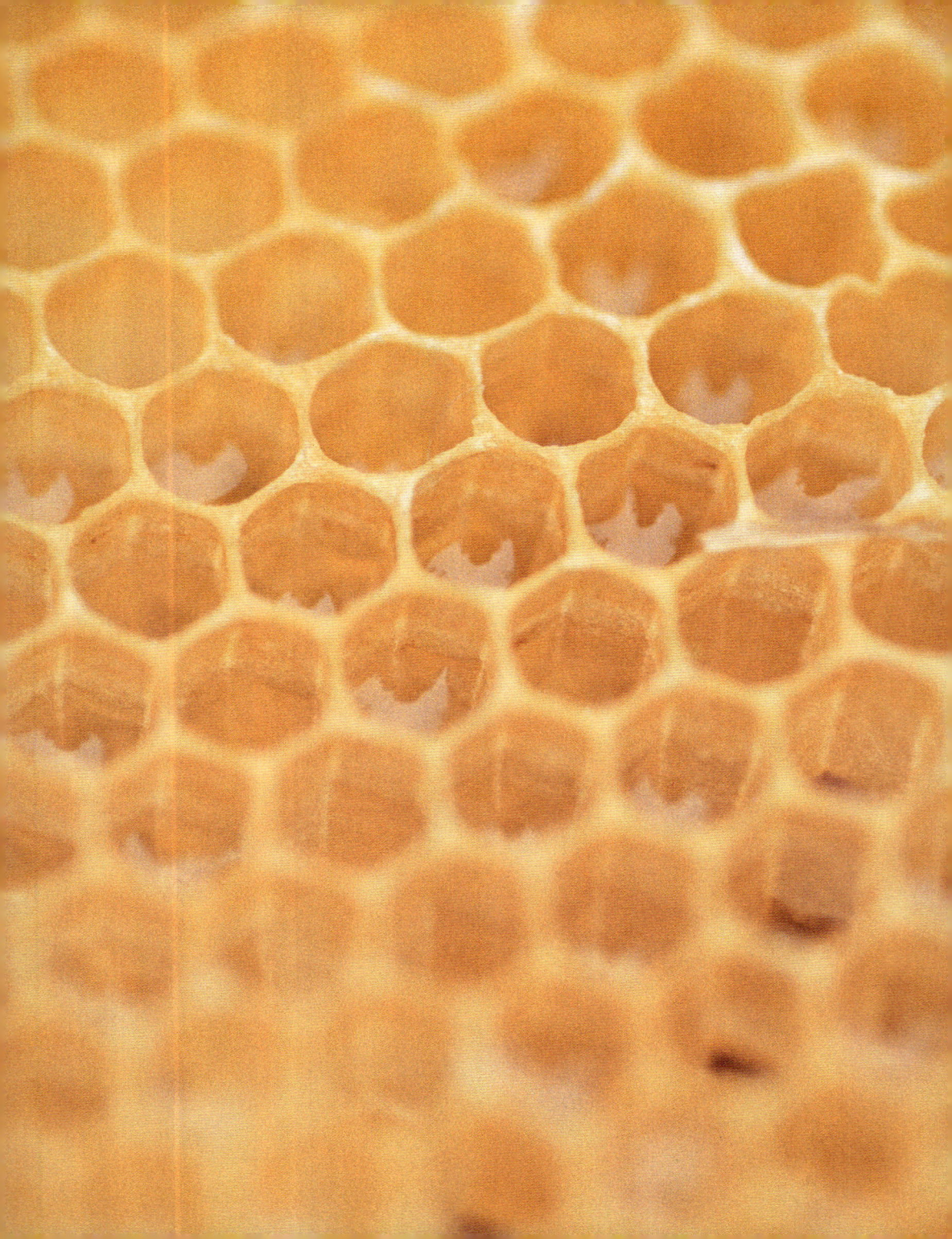

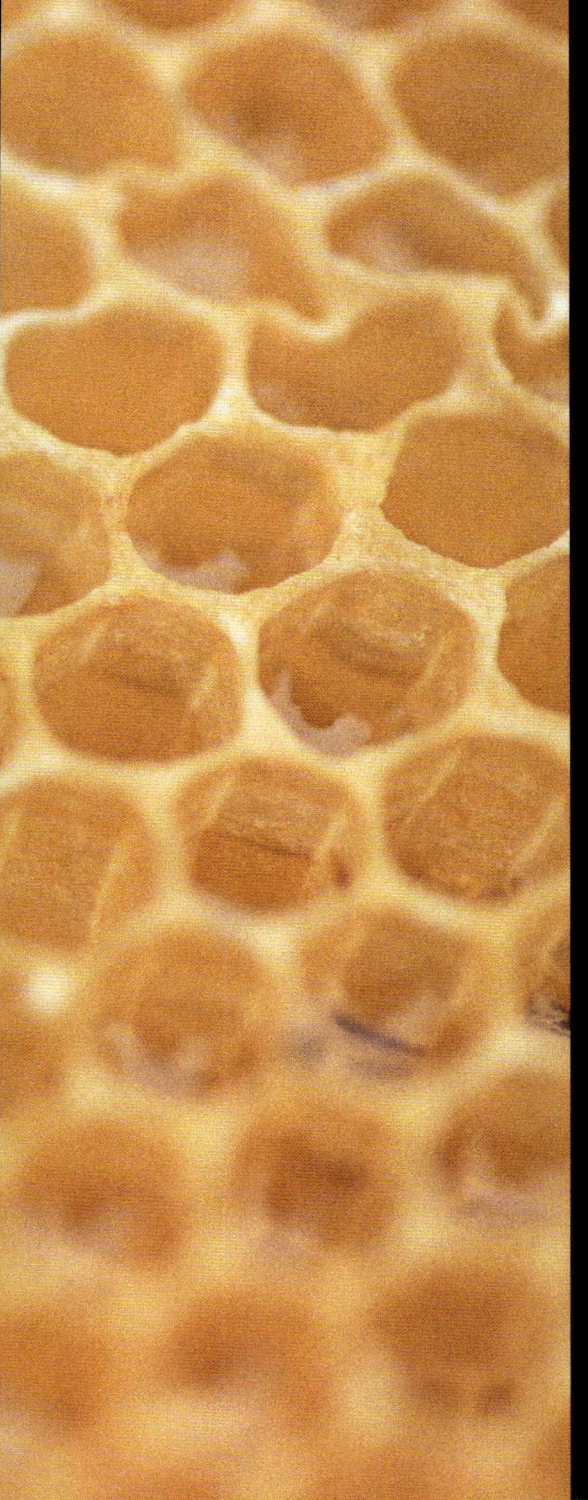

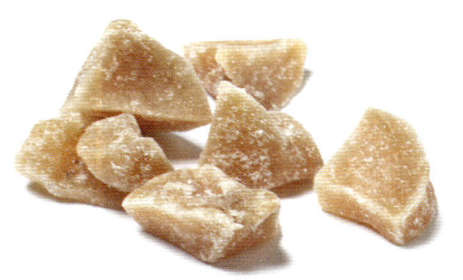

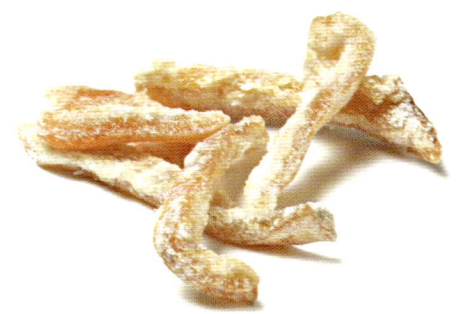

생강 설탕절임 Crystallized Ginger

오스트레일리아 퀸즐랜드 주, 끝없이 펼쳐진 황량한 내륙의 오지에 긴 검은 방수포 아래로 푸른 잎으로 덮인 들판이 보인다. 이 거친 환경에서 살아가고 있는 농부들을 유혹하는 작물은 바로 생강이다.

생강은 추위에 강한 뿌리줄기로, 이렇듯 혹독한 조건에서도 잘 자라며, 유난히 원시적인 "손"—뿌리의 울퉁불퉁한 옹이를 가리킨다—은 설탕절임으로 만들면 맛이 단연 최고이다. 뿌리줄기의 껍질을 벗겨 잘게 다지거나 다양한 모양으로 썰어서 설탕 시럽에 살짝 조린다. 이렇게 하면 생강의 매운맛이 부드러워지고, 캔디와 비슷한 질감으로 변하며, 부분적으로는 보존제의 역할도 해준다. 한번 건조시킨 뒤 설탕에 넣고 굴린다. 때로는 요리용 시럽에 재워서 '줄기 생강(stem ginger)'이라는 이름으로 판매하기도 한다. 강렬함과 달콤함은 수확 당시 뿌리줄기의 나이부터 조리방법과 레시피에 이르기까지 다양한 요소에 따라 달라진다.

생강 설탕절임은 아이스크림부터 초콜릿에 이르기까지 수많은 디저트에 들어가지만, 그냥 사탕처럼 먹을 수도 있다. 생강 설탕절임은 생강빵과 생강 비스킷 같은 고전적인 과자와 특히 잘 어울린다. **TH**

Taste: 후추 향에서 신선한 생강을 엿볼 수 있지만, 사실 생강 맛은 조리 과정에서 이미 상당히 달콤해졌다. 매콤한 맛이 어렴풋이 남아 있다—사실상 생강을 주제로 한 과일 과자에 가깝다.

감귤 껍질 설탕절임 Candied Citrus Peel

한때는 집에서 빵이나 케이크를 구워서 장식할 때 쓰였던 감귤 껍질 설탕절임은 오늘날 호화로운 사탕과자의 대접을 받는다. 예를 들면 맛있게 쫄깃하고 즙이 많은 오렌지 껍질을 조심스럽게 설탕에 절여서 다크 초콜릿에 찍어 먹으면, 정말이지 천사들에게나 어울리는 미각적 경험을 할 수 있다.

설탕에 절인 과일 껍질은 아마도 세계에서 가장 오래된 과자류 가운데 하나일 것이다. 고대 이집트인들, 아랍인들 모두 과일을 벌꿀에 절여 먹었으며, 후에 벌꿀 대신 설탕을 사용하게 되었다. 16세기 무렵에는 이미 설탕에 절인 과일을 단것으로 팔고 있었다. 시럽에 조린 것은 '웨트 서킷(wet sucket)', 말려서 설탕을 입힌 것은 '드라이 서킷(dry sucket)'이라 불렸다. 20세기까지는 이것이 대다수의 사람들이 감귤류 과일을 맛볼 수 있는 방법이었다.

과일 껍질 설탕절임은 유럽에서 아시아에 이르기까지 전 세계에서 인기를 누렸다. 오렌지, 레몬, 그레이프프루트, 시트론 모두 껍질을 설탕에 절이기에 훌륭한 과일들이다. 이탈리아에서는 과일 열매를 통째로 설탕절임으로 만들어 가게에 전시하여 사람들의 탄성을 자아낸다. 감귤 껍질 설탕절임은 카사타, 파네토네, 판포르테 같은 이탈리아 과자류에도 들어간다. **LF**

Taste: 부드럽고, 설탕옷의 기분 좋은 사각사각함이 일품인 최고의 과일 껍질 설탕절임은 과일의 진수와 쓴맛이 전혀 느껴지지 않는 쥬이시한 짜릿함을 그대로 간직하고 있다.

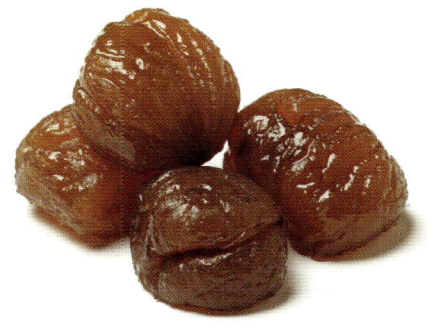

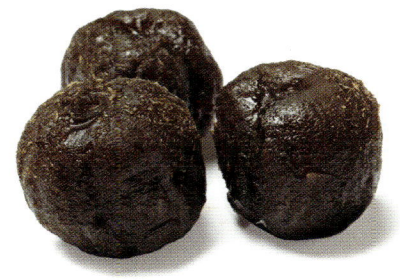

마롱 글라세 Marron Glacé

프랑스 아르데슈 지방의 명물인 마롱 글라세는 단밤을 특별히 진한 설탕 시럽에 조린 뒤, 일반적인 과일 설탕 절임에서 흔히 볼 수 있는 섬세하고 사각거리는 설탕옷을 입힌 것이다. 그러나 마롱 글라세에 쓰이는 밤은 보통 우리가 군불에 구워먹는 그런 종류가 아니다. 따로 특수한 품종이 있다. 보통 밤은 밤송이 하나에 밤알이 두 개 들어 있지만, 마롱은 하나만 들어 있으며, 덕분에 특유의 만족스럽고 꽉 찬 느낌을 얻을 수 있다.

한층 달콤한 맛은 무엇을 해도 되는지와 해서는 안 되는지를 확실하게 보여준다. 설탕에 조리면 마롱의 견과 향이 다소 압도 당하기 때문에, 작은 조각으로 잘라서 아이스크림이나 크리미한 케이크 속으로 넣고 싶으면, 원래 마롱의 맛이 제 목소리를 낼 수 있어야만 한다.

마롱 글라세는 다른 것을 곁들이지 않고 그냥 먹는다. 식사 후에 커피, 리큐르, 또는 브랜디와 함께 즐기는 것이 보통이다. 단약 브랜디나 럼에 마롱 글라세를 한동안 담가놓으면, 설탕의 대부분이 녹아들어 밤 향미가 나는 리큐르와, 풍미가 더 진하고 알코올기가 있는 밤을 맛볼 수 있다. 시럽에 남아 있는 부스러진 밤 조각을 모아 싸게 팔기도 한다. **GC**

아메이사스 델바스 Ameixas d'Elvas

아메이사스 델바스(DOP)—포르투갈 동부의 엘바스에서 생산하는 설탕 입힌 말린 자두—는 믿기지 않을 정도로 달콤하고 감각적인 별미이다. 아메이사스 델바스에 쓰이는 녹색과 호박빛을 띠는 열매—그린게이지 자두와 비슷하다—는 모든 디저트용 자두 가운데서도 최고로 꼽는다.

포르투갈인들은 15세기 이래 자두를 설탕에 절여서 먹어왔다. 아메이사스 델바스는 원래 엘바스 지역에 있는 수도원의 수녀들이 부유층만이 즐길 수 있는 사치품으로 처음 만들었다고 한다. 아메이사스 델타스의 생산은 곧 수녀들에게서 헌신적인 장인들의 손으로 넘어갔으며, 19세기 이래로는 전 세계에서 더 많은 사람들이 즐길 수 있게 되었다. 오늘날 아메이사스 델바스는 DOP 인증 제품이며, 그 제작 기법도 보호 받고 있다. 6월과 8월 사이에 수확한 자두를 처음에는 물에, 그 다음에는 설탕물에 서서히 끓인다. 그런 다음 시럽에 담가두었다가 햇볕 아래서 또는 특수하게 고안된 건조실에서 말린다.

아메이사스 델바스는 저녁 식사 후에 리큐르와 함께 내면 환상적이다. 포르투갈에서는 세리카야(sericaia)라는 달걀 커스터드 스타일의 디저트에 곁들여 나는데, 마법과도 같은 콤비이다. **LF**

Taste: 단단한 질감은 설탕 시럽 덕분에 매끄럽고 반들반들하다. 천천히 음미하면서 먹어야 단맛이 서서히 녹아내리면서 밤 향미가 뒤에 남는다.

Taste: 즙이 많고, 쥬이시하며, 매우 달콤한 아메이사스 델바스는 과일의 신선하고 톡 쏘는 자두 향을 그대로 간직하고 있다. 여기에 설탕옷의 아삭함이 멋진 대비를 이룬다.

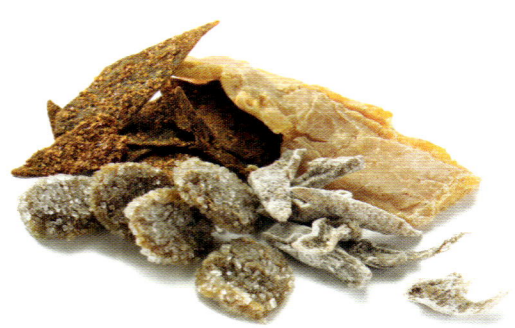

티타우라 Titaura

랍시의 과육으로 만드는 티타우라는 네팔에서 기원하였다. 랍시 나무는 한랭한 기후에서 자라며, 따라서 티타우라 역시 대부분 겨울철에 만들어진다. 랍시를 끓여서 풀어진 과육을 햇볕에 말린다. 여기에 설탕, 소금, 향신료로 양념한다. 카트만두에서는 대체로 가정에서 직접 만들어 먹지만, 네팔의 거의 모든 식품점에서도 살 수 있다. 젊은이나, 늙은이나, 부자나, 가난뱅이나, 티타우라를 즐기는 데는 사회적, 경제적 경계가 없다. 그러나 역시 티타우라를 가장 좋아하는 것은 아이들, 십대들, 여자들이다.

티타우라는 네팔 고유의 명물이지만, 부탄, 인도, 티벳에서도 수입한다. 시중에서 파는 티타우라는 모양, 크기, 향미가 다양하다. 말린 것도, 그레이비 형태로 파는 것도 있으며, 짭짤한 맛, 달콤한 맛, 새콤한 맛, 칠리 맛도 있다. 모양 역시 둥근 것부터 정사각형, 직사각형, 또는 길고 가느다란 것까지 다양하다. 카트만두의 라트나 공원은 티타우라만 전문으로 파는 가게가 많은 것으로 유명하다. 해외에 사는 네팔인들은 네팔을 떠나기 전에 티타우라를 잔뜩 사가지고 떠나며, 여행할 때에는 선물로 인기가 좋다. **TB**

Taste: 처음 먹어보는 사람에게는 꽤 스파이시하게 느껴질 것이다. 티타우라는 네팔산 향신료가 들어 있으며, 구즈베리와 비슷한, 랍시 열매의 톡 쏘는 맛이 주를 이룬다.

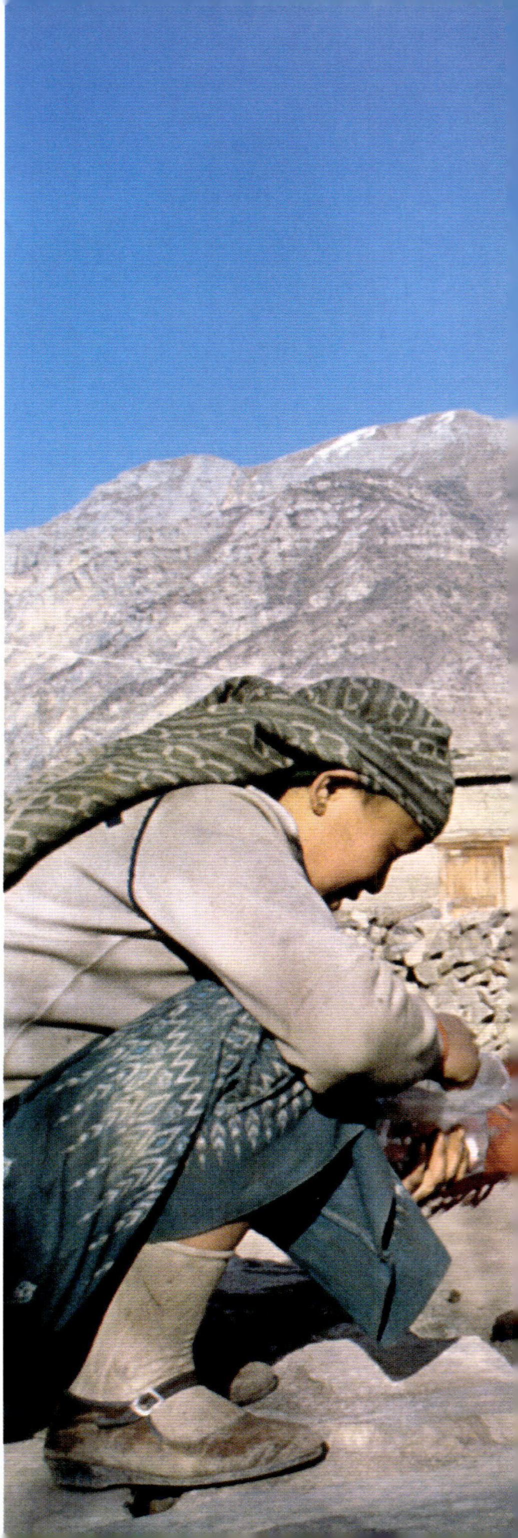

네팔의 마크티나트에서 온갖 단 것을 팔고 있는 여인들. ➡

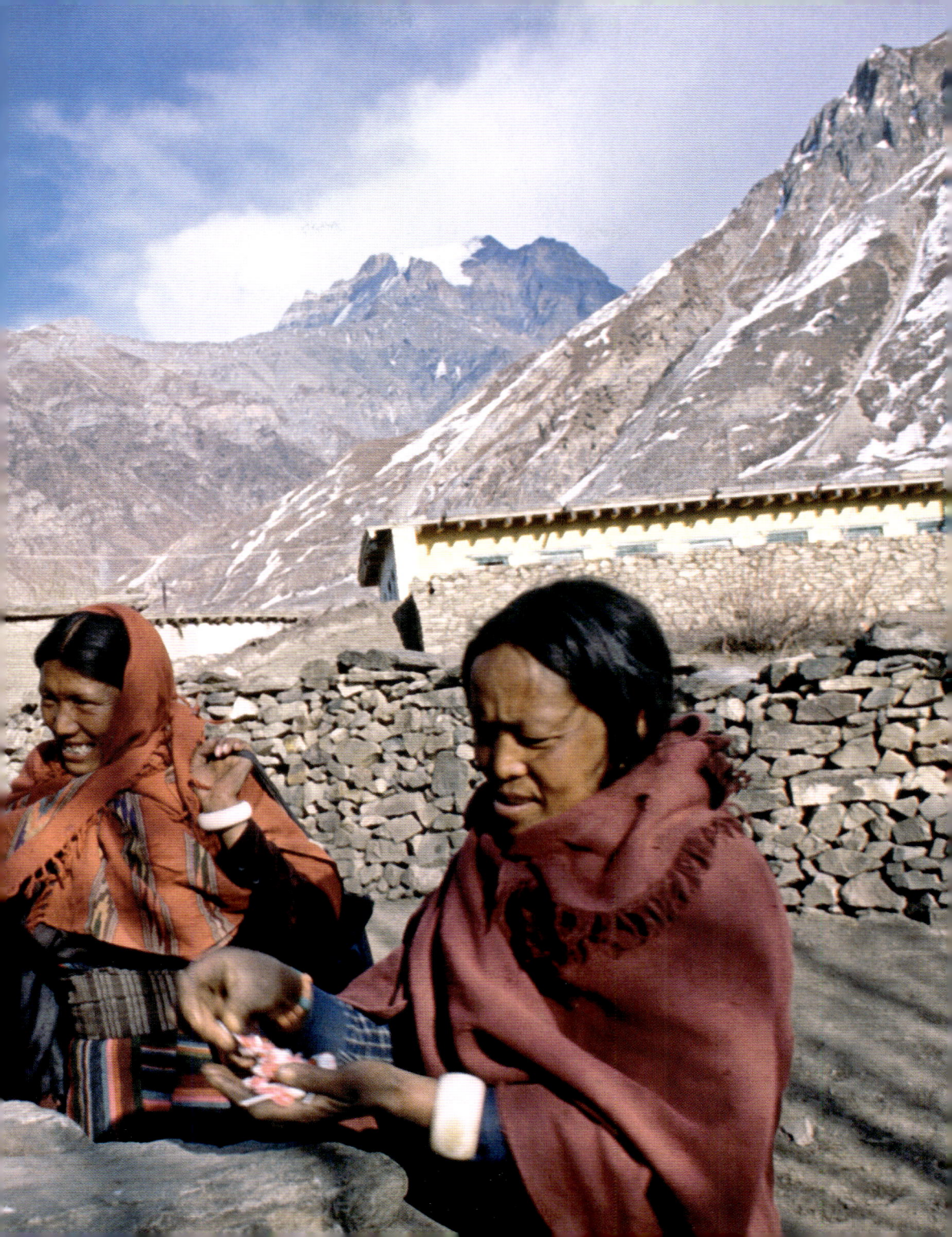

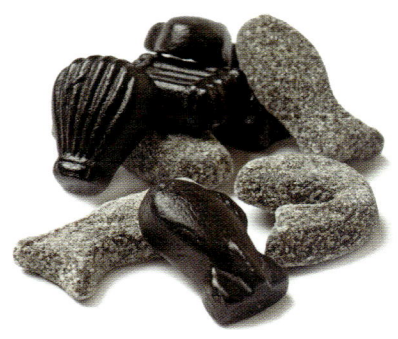

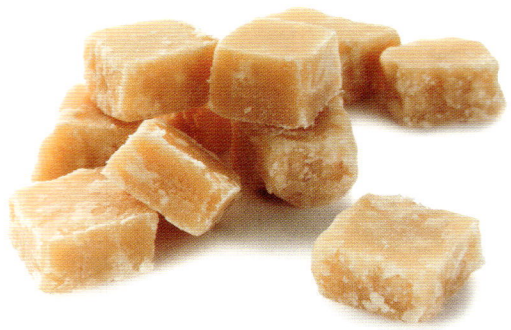

리코리스 드롭 Liquorice Drop

영국 같은 나라에서는 달콤한 리코리스를 선호하지만, 스칸디나비아나 네덜란드에서는 주로 짭짤한 리코리스를 먹는다. '드롭(Drop)'은 네덜란드어로 온갖 모양과 크기로 나오는 수백 가지의 리코리스류를 가리키는 통칭이다. 네덜란드의 리코리스 소비는 거의 국가적 중독에 가깝다.

리코리스 식물은 보라색 꽃이 핀 콩처럼 생겼다. 멋대로 뻗은 나뭇가지처럼 뻣뻣한 뿌리는 글리시리진이라는 달콤한 화합물을 함유하고 있다. 물에 섞으면 펄프처럼 풀어지며, 이것을 끓여서 가공하여 시럽 형태의 추출물로 만든 뒤 틀에 붓는다. 그 결과물이 드롭 덩어리이다. 이것을 다시 재가공하여 딱딱하거나, 토피 또는 고무 같거나, 부드러운 리코리스 드롭으로 만든다. 달콤한 것도 있고 아주 짠 것도 있다.

'동물 농장(Boerderijdrops)'과 '야옹이(Katjes)'와 함께 짠맛이 강한 하링(Haring) 드롭이 꾸준한 인기를 누리고 있다. 그 이름은 물고기 모양과 입에 넣자마자 짠맛을 확 퍼지게 하는 소금가루옷을 가리킨다. 의사들은 저혈압 환자들에게 리코리스 드롭을 처방하기도 하며, 네덜란드에서는 가게와 슈퍼마켓은 물론 약국에서도 리코리스 드롭을 판다. **MR**

메이플 캔디 Maple Candy

미국과 캐나다에 최초의 식민지가 생기기 이전에, 캐나다와 아메리카 원주민들은 "수액이 흐를 때"를 알고 있었다. 이 시기가 되면, 단풍나무에 마개를 꽂아 1년 동안 먹을 설탕을 얻는다. 수액을 끓여서 시럽으로 만드는데, 그 중 일부는 그보다 더 오래 끓여 결정이 생겨서 덩어리로 보관할 수 있도록 한다. 보통 늦겨울에서 이른 봄에 만들기 때문에, 여전히 땅에는 눈이 녹지 않은 채로 남아 있다. 뜨거운 시럽 방울이 차가운 눈 위에 떨어지면 잭 왁스(jack wax) 또는 메이플 인 더 스노우(maple in the snow)라고 불리는 토피 비슷한 사탕과자가 만들어진다.

오늘날에도 사탕단풍나무에 마개를 꽂아 수액을 받는 지역에서는 여전히 메이플 인 더 스노우를 만들지만, 시중에서 판매하는 메이플 캔디는 그보다는 좀더 세련되었다. 단풍나무 수액을 결정이 생길 때까지 끓인다. 그런 다음 휘저어서 틀—보통 단풍나무 잎 모양—에 붓는다. 메이플 시럽으로도 만들 수 있기 때문에, 연중 구할 수 있다.

메이플 캔디는 소프트 캔디로 굉장히 인기가 높다. 그러나 단풍나무 수액이나 시럽으로 딱딱한 캔디나 퍼지 같은 캔디도 만들 수 있으며, 후자는 때때로 오하이오 메이플 크림이라고 불리기도 한다. **SH**

Taste: 리코리스 드롭은 쫄깃한 질감이 마치 와인 껌과 비슷하다. 짭짤한 코팅은 침 분비를 자극해 천연 리코리스 맛을 한층 높인다.

Taste: 메이플 캔디는 다양한 형태의 시럽으로 만든다. 시럽의 색깔이 검을수록 맛도 더 진하다. 최고의 캔디는 너무 달지 않으며 흑설탕과 비슷한 맛이 난다.

캐나다 온타리오 주의 엘마이라 메이플 시럽 페스티벌에서 어린이들이 샘플로 받은 메이플 시럽을 눈 속에서 식히고 있다. ➍

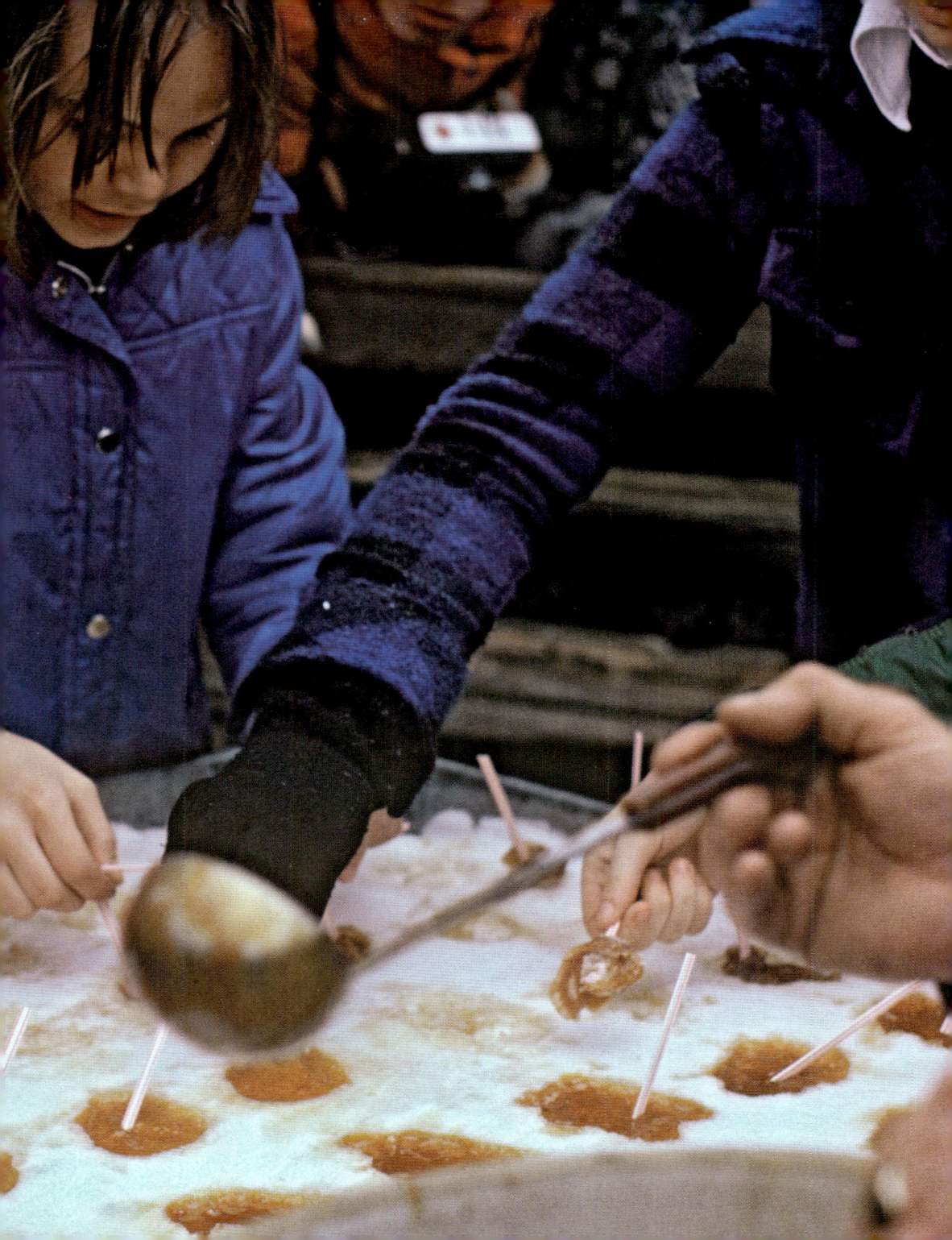

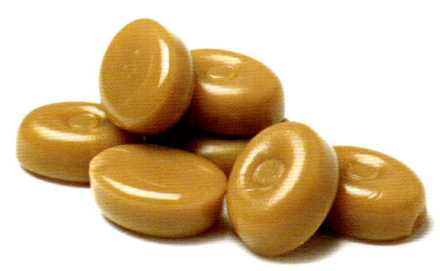

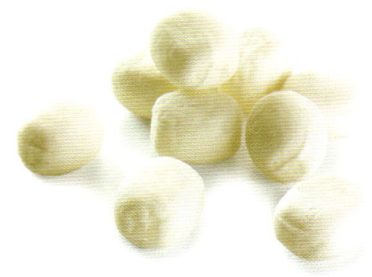

돈캐스터 버터스카치 Doncaster Butterscotch

버터스카치는 매끄럽고 캐러멜과 비슷한 사탕으로 버터와 설탕 시럽에 크림을 섞어 끓여서 만든다. 엄밀하게 말하면 일종의 토피라고 말할 수 있지만, 더 오랜 시간 끓이기 때문에 전통적으로 늘어 당겨서 만드는 토피의 쫄깃함과는 달리 단단하고 바삭한 질감을 얻을 수 있다.

버터스카치에 대한 최초의 기록은 1817년으로, 잉글랜드 북부 돈캐스터에서 과자가게와 식료품점을 운영하던 새뮤얼 파킨슨이 깨지기 쉬운 토피를 만들기 시작하였다. 그리 오래지 않아 그의 발명품은 돈캐스터 최고의 수출품 중 하나로 떠올랐으며, 돈캐스터는 곧 버터스카치와 동의어가 되었다. 1851년 빅토리아 여왕이 저 유명한 세인트레저 경마를 개최했을 때, 여왕에게 한 통의 파킨슨표 버터스카치가 진상되었고, 파킨슨은 곧 왕실의 승인을 얻을 수 있었다. 1893년 회사는 다른 사람의 손에 넘어갔으며, 1977년에는 생산도 중단되었다. 그러나 26년의 세월이 흐른 후, 돈캐스터의 한 사업가가 지하실에서 옛 세인트레저 깡통이 담긴 오래된 상자를 발견하였다. 그의 아내는 이 깡통을 마음에 들어했는데, 그 안에는 곱게 접힌 오리지널 레시피가 들어 있었다. 이로 인해 파킨슨표 버터스카치는 화려하게 부활하였다. **LF**

버터민트 Buttermint

버터민트는 미국에서는 전통적으로 웨딩 리셉션에 내는 과자로, 미국에서는 오랜 역사를 자랑한다. 그러나 시판용 생산이 가능해진 것은 1932년 미국의 과자 제조업자인 캐서린 비처에 의해서였다. 비처의 회사는 1974년 다른 과자회사에 팔렸지만, 비처 버터민트는 오늘날까지도 전 세계에서 팔리고 있는 수많은 브랜드 중 하나이다.

버터, 크림, 페퍼민트 향미료, 슈거 파우더로 만드는 버터민트는 때때로 파티 민트, 디너 민트, 파스텔 민트, 웨딩 민트 등으로 불리기도 한다. 하나하나 포장되어 종종 전통 로고가 찍혀서 다양한 색깔—연녹색, 노란색, 분홍색 등—로 팔린다. 안에 리코리스나 여러 가지 향미의 젤리가 들어 있는 것도 있다. 때때로 보통 민트나 또는 버터민트라고 불리는 딱딱한 캔디와 헷갈릴 수도 있는데, 진짜 버터민트는 작고 베개 모양으로 생겼으며, 다른 것보다 약간 큰것도 있다.

구강청정제로 쓰이기도 하는 버터민트는 설탕 맛이 나며, 입에 넣자마자 순식간에 녹아버리면서 박하향을 뒤에 남긴다. **SH**

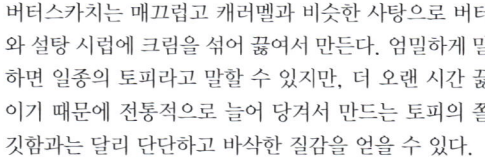

Taste: 매끄럽고 크리미한 돈캐스터 버터스카치는 한번 먹으면 중독되고 마는 달콤하고 버터 같은 캐러멜 향미와 기분 좋게 아삭아삭한 질감을 지니고 있어 토피 팬들을 즐겁게 한다.

Taste: 버터민트의 맛은 페퍼민트에 버터 향이 살짝 난다고 상상하면 된다. 달콤하고 크리미하며, 입안에 상쾌한 서늘함을 남긴다.

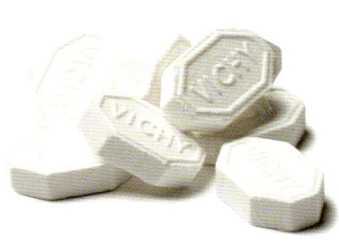

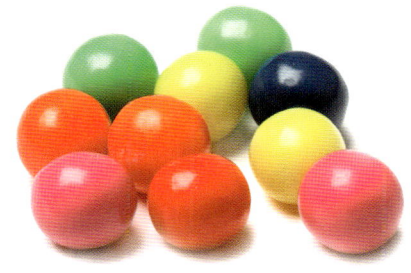

비쉬 민트 Vichy Mint

몸에 활기를 돌게 하는 박하 향을 품고 있는, 이 독특한 팔각형의 파스티유는 1828년에 발명되었다. 프랑스 중부의 유명한 온천 도시 비쉬의 한 약사가 인근 마시프상트랄 산의 화산 활동으로 인해 솟아나오는 마을의 온천수에서 광물질을 추출하는 방법을 발견하였다. 이 광물질에 설탕과 천연 박하를 섞어 민트 파스티유를 만들었는데, 속쓰림 치료제로 쓰였다.

　　비쉬 민트는 누가 뭐래도 그 특이한 상쾌한 박하 맛으로 인기가 좋았다. 특히 19세기에 높은 인기를 누렸는데, 나폴레옹 3세의 황후 으제니가 가장 좋아하는 단것이었다고 한다. 그 탄생지의 이름이 새겨져 있는 이 민트는 오늘날에도 수요가 높으며, 하루에 여덟 알씩 먹으면 스파 치료를 받은 것만큼 건강에 좋다고 한다. 광물질이 풍부한 물은 카로 아 라 비쉬(carrots à la Vichy)의 재료이기도 하다. 얇게 썬 당근을 버터와 설탕과 함께 온천수에 익힌 뒤, 다진 파슬리로 장식해서 낸다. **FP**

치클 껌 Chicle Gum

츄잉 껌은 현대의 포장 도로에는 재앙일지 모르지만, 사실 그 뿌리는 마야와 아즈텍 시대까지 수서기를 거슬러 올라간다. 치클이란 중앙 아메리카가 원산인 사포딜라 나무의 수지(樹脂)이다. 마야어로 츄잉 껌은 '치크틀리(tzictli)'라는 이름의 벌레를 으깨서 얻는 미끈거리는 노란 윤화류, 치클, 레이크아스팔트(땅속에서 뿜어져 나온 천연 아스팔트가 암석 사이에 침투되지 않고 지표면에 호수 모양으로 퇴적되어 있는 아스팔트) 등으로 만들었다고 한다. 스페인어로는 껌을 치클레(chicle)라고 부른다.

　　츄잉 껌의 상용 생산이라는 아이디어를 떠올린 사람은 멕시코의 장군 안토니오 로페스 데 산타 안나였다. 그 뒤를 이은 미국의 사업가 토머스 애덤스는 1869년 설탕과 향미료를 첨가해 츄잉 껌을 만들게 된다. 그러나 츄잉 껌의 베이스로 쓰였던 치클은 그리 오래지 않아 1950년대 1960년대에 츄잉 껌의 수요가 늘어나면서 비용이 더 적게 드는 합성 화합물에 자리를 내주고 말았다. 하지만 멕시코에 가면 아직도 치클로 만든 껌을 찾아볼 수 있다. 수지를 걸러내서 휘저어 불순물을 제거하면, 하얗고 탄력있는 물질이 남는다. 이것을 틀에 부어 껌의 베이스로 쓰는 조그맣고 단단한 덩어리로 찍어낸다. **CK**

Taste: 비쉬 민트는 깔끔하고 상큼한 향미에 입안에서 녹으면서 아련한 박하의 찌릿한 맛과 기분 좋은 백악질 질감을 낸다. 정말로 독특한 민트이다.

Taste: 쫄깃하고, 끈끈하고, 탄력있는 질감에 은근한 맛을 지니고 있지만, 향미는 베이스 껌에 무엇을 첨가했느냐—예를 들면 정향이나 박하—에 따라 달라진다.

로지나 Lowzina

오늘날의 이라크에 해당하는 고대의 우르(Ur)는 지구상에서 가장 오래된 국가이며, 인류가 아몬드나무를 비롯한 최초의 작물을 재배한 곳 역시 유프라테스 강과 티그리스 강 사이에 있는 이 초승달 모양의 땅에서였다. 오늘날 아몬드나무는 전 세계에서 키우며, 그 크리미한 타원형의 열매는 거의 모든 나라 음식에 쓰인다. 고향이라 할 수 있는 이라크에서 아몬드는 여전히 높은 인기를 누리며, 로지나처럼 특별한 날에 먹는 음식은 물론 매일매일의 식탁에도 흔히 올라온다.

이라크어로 정확하게는 로지나 브샤카르(Lowzina b'Shakar)—샤카르(shaker)는 아랍어로 '감사하다'는 뜻이자, 사람의 이름이기도 하다—는 다이아몬드형 또는 삼각형의 하얀 설탕 과자로 아몬드와 장미수, 레몬즙, 그리고 따스한 향을 내는 스파이스인 카르다몸으로 만든다. 장미수와 레몬즙에 물과 설탕을 섞어서 끓여 농축 시럽을 만든다. 적절한 농도가 되면 식힌 뒤 갓 갈아낸 아몬드와 카르다몸—카르다몸 꼬투리에서 얻은 씨알이든, 가루로 만든 스파이스든—을 넣어 휘젓는다. 그런 다음 얕은 쟁반에 펼쳐 바른다. 조각조각 자를 수 있을 정도로 단단해지되, 여전히 말랑말랑한 느낌을 그대로 지니고 있어야 한다.

이 특별한 음식은 결혼식 같은 특별한 행사 때 먹는 음식이다. 결혼식 때 신부 측에서는 로지나 위에 얇디얇은 금박을 섬세하게 발라 친지와 친구들에게 선물로 보낸다. 식용 금박은 터키에서 일본에 이르기까지 아시아 전역의 축하용 음식에서 인기가 높다. 물론 진짜 금이기는 하지만, 워낙 얇아서 그 값은 그리 비싸지 않다. 아시아에서는 축하용 음식에 금가루를 뿌리기도 한다. **WS**

페퍼민트 록 Peppermint Rock

외설스러운 엽서와 광적인 골프 열풍 외에도 해변에서의 전통적인 영국식 휴가를 대표하는 것이 하나 더 있다. 바로 이 야한 과자이다. 해변의 휴양지에서 파는 페퍼민트 록은 그 도시의 이름이 가로로 쓰여진 막대 모양이다. 전통적으로 해변에서 휴가를 보낸 사람들은 집으로 돌아갈 때 페퍼민트 록을 휴양지에서의 선물로 사가지고 간다.

말이 나왔으니 말인데 막대 사탕의 고향은 영국과는 지구 반대편에 있다. 바로 오스트레일리아의 시드니와 태즈메이니아이다. 페퍼민트 록은 1859년 이래 스웨덴의 그래나에서도 만들어졌으며, 폴카 춤의 이름을 따서 '폴카그리스(polkagris)'라고 불렸다. 처음에는 여자 혼자서 막대 사탕을 만들었지만, 오늘날 그래나를 찾은 관광객들은 여러 제과점에서 막대 사탕을 만드는 광경을 볼 수 있다.

막대 사탕을 먹는 아이들은 하나같이 약속이라도 한 것처럼 "어떻게 사탕 안에 글씨가 들어가?" 하고 묻는데, 이 질문은 전통 막대 사탕 가게에서 뜨겁고, 힘들고, 때때로 위험하기까지 한 작업을 지켜보면 대답할 수 있게 된다. 설탕, 물엿, 그리고 거품이 생기는 것을 방지하는 용제를 함께 넣고 끓이다가 일부를 덜어내서 색소로 물을 들인다. 이것은 바깥쪽에 쓸 것이다. 나머지는 향미를 낸 뒤 식혀서 심으로 쓰게 된다. 길쭉한 물들인 설탕 막대를(각각의 가로 단면이 하나의 글자이다) 하얀 막대에 끼워넣어 글자가 흐르듯이 이어지며 막대의 심을 둘러 감도록 한다. 그런 다음 겉겹을 씌우면 커다란 원통형이 되는데 이것을 늘여서 막대를 만드는 것이다.

스코틀랜드에서 생산하는 에든버러 막대 사탕은 약간 다른 종류이다. 부드럽고 푸슬푸슬하며, 입안에서 사르르 녹으면서 여러 가지 향미가 퍼진다. 사실 이것이 원조 막대 사탕이지만, 인기는 일반 막대 사탕보다 못하다. **ES**

Taste: 부드럽고 크리미한 로지나는 섬세한 견과 향을 지니고 있다. 그 달콤함은 카르다몸의 따스한 스파이스 풍미, 장미수의 이국적인 향기, 그리고 살짝 느껴지는 시트러스의 향으로 균형이 잡힌다.

Taste: 단단하고, 박하향이 나고, 달디단 페퍼민트 록은 깨물면 산산 조각나서 입안의 부드러운 조직을 다칠 수도 있다. 물론 이것도 페퍼민트 록을 먹는 즐거움의 일부이기는 하지만 말이다.

고전적인 페퍼민트 록은 선명한 핑크색이지만, 오늘날에는 다양한 색과 향미의 페퍼민트 록을 살 수 있다. ❯

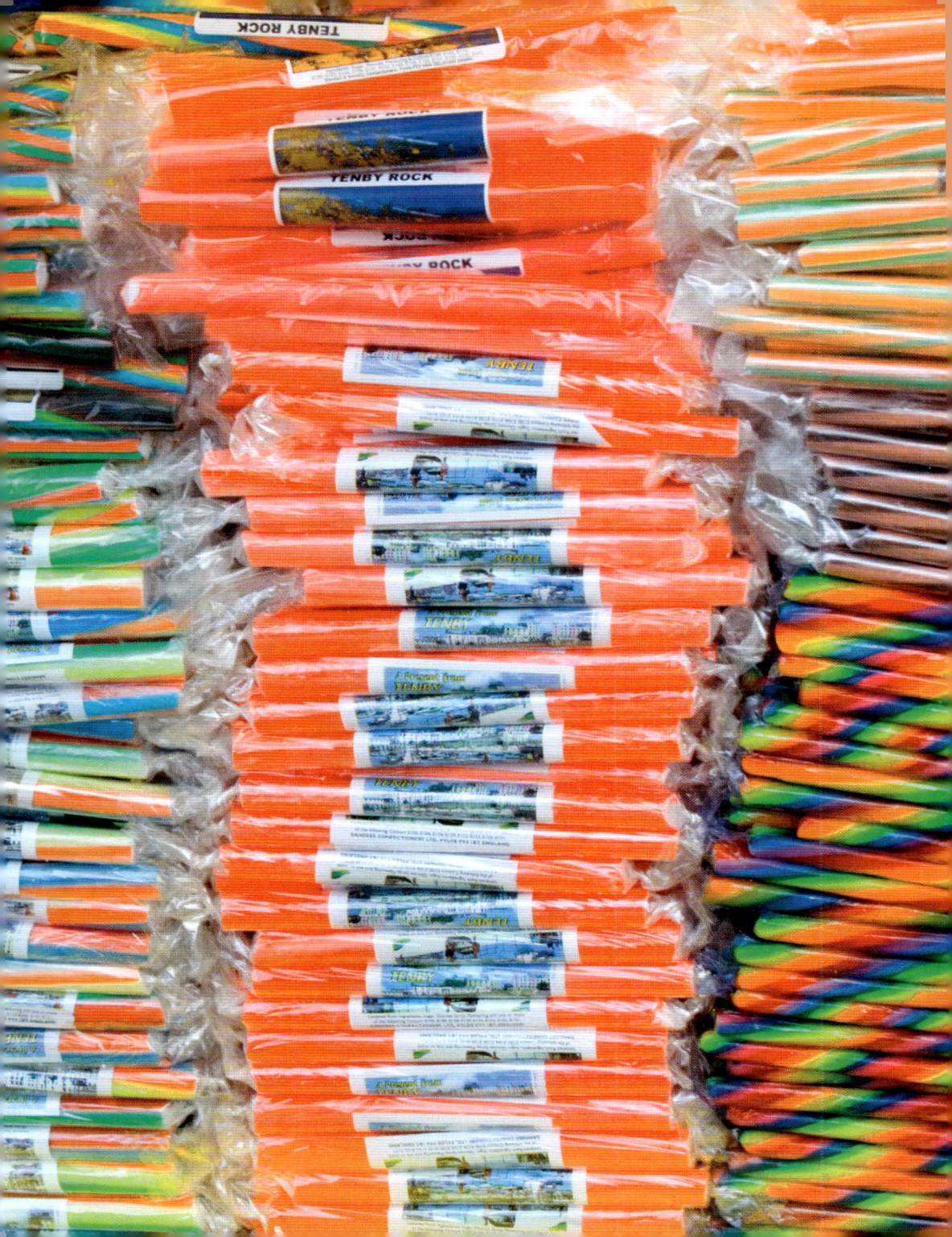

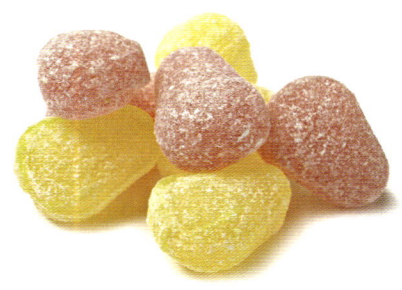

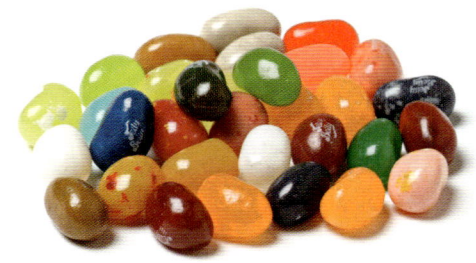

배 드롭 Pear Drop

배(梨) 모양으로, 마치 떨어지는 물방울처럼 생긴 배 드롭은 영국에서 만들어진 구식 과자이다. 전통적으로 과자 가게에 가면 카운터 뒤에 줄지어 늘어선 커다란 단지에서 1/4 파운드(115그램) 단위로 덜어서 판다. 21세기 초에 과거에 대한 향수 덕분에 그 인기가 되살아났지만, 신문이나 과자 따위를 파는 가판점이 점점 사라지면서, 요즘은 온라인 쇼핑몰을 통해 더 많이 구매하는 것 같다.

배 드롭은 설탕, 포도당 시럽, 물, 시트러스산으로 만든다. 재료들을 섞어서 끓인 뒤 맛과 색을 내고, 잘라서 모양을 빚은 뒤 가루 설탕에 굴려서 다수 울퉁불퉁한 코팅을 입힌다. 완성되면 주로 핑크색을 띤 빨강, 노랑, 또는 주황색으로 모양은 납작하고 길쭉한 것부터 땅딸막하고 통통한 것까지 다양하다. 자르고넬(jargonelle) 배 농축액이나 그보다는 덜 매력적이지만 초산펜틸을 사용하기도 한다.

애시드 드롭이라고 불리는 새콤한 사탕과자와는 달리 배 드롭은 17세기부터 전해내려오는 설탕을 끓인 레시피에서 발전한 것이다. 이 레시피에서는 산이 많은 과일즙을 사용하여 끓는 설탕 시럽이 식혔을 때 단단하고 투명해지도록 했다. **ES**

젤리 빈 Jelly Bean

전 세계의 젤리 빈 애호가들은 천(千)의 향미를 자랑하는 이 미국 국적의 과자에 대해 터키인들과 프랑스인들에게 감사해야 한다. 쫄깃한 속은 아마도 터키쉬 딜라이트에서 온 것이며, 단단한 겉은 프랑스의 아몬드 설탕절임에서 영감을 받았을 것이다. 젤리 빈이라는 이름이 처음 등장한 것은 1861년으로, 남북전쟁에 나간 군인들에게 젤리 빈을 보내자는 광고가 남아 있다.

달걀 모양에, 크기는 붉은 강낭콩만한 젤리 빈은 처음에는 크리스마스 과자로, 1930년대 이후로는 부활절 과자로 팔렸다. 처음에는 과일을 주로 하는 몇 가지 향미밖에 없었는데, 그 가운데서도 리코리스가 인기가 가장 좋았다. 물론 1976년 최초의 "미식가용" 젤리 빈을 만든 것은 미국 회사였다. 전통적인 젤리 빈보다 크기가 작은 젤리 빈®은 향미가 더 진하고, 속과 겉의 맛과 색깔을 뒤바꾸어 놓았다. 오늘날에는 50가지가 넘는 맛의 젤리 빈®을 살 수 있는데, 개중에는 스트로베리 치즈케이크, 마르가리타, 그리고 겉은 녹색이고 속은 빨간 수박맛도 있다. **SH**

Taste: 배 드롭의 팬이라면 이 단단한 과자에서 설탕을 빨아먹는 것은 그야말로 순수한 즐거움일 것이다. 맛은 달콤하고, 새콤하고, 인공적이다—배보다는 배 향료 맛이 난다.

Taste: 미식가용 젤리 빈은 쫄깃하고, 퍽 달콤하고, 일반 젤리 빈보다 향미가 더 강렬하다. 못말릴 정도로 인공적인 즐거움이 짜릿하게 입안을 채운다.

로널드 레이건 대통령이 1983년 우주선에 젤리 빈®을 보낸 것을 기념하여 제작한 초상화. ➔

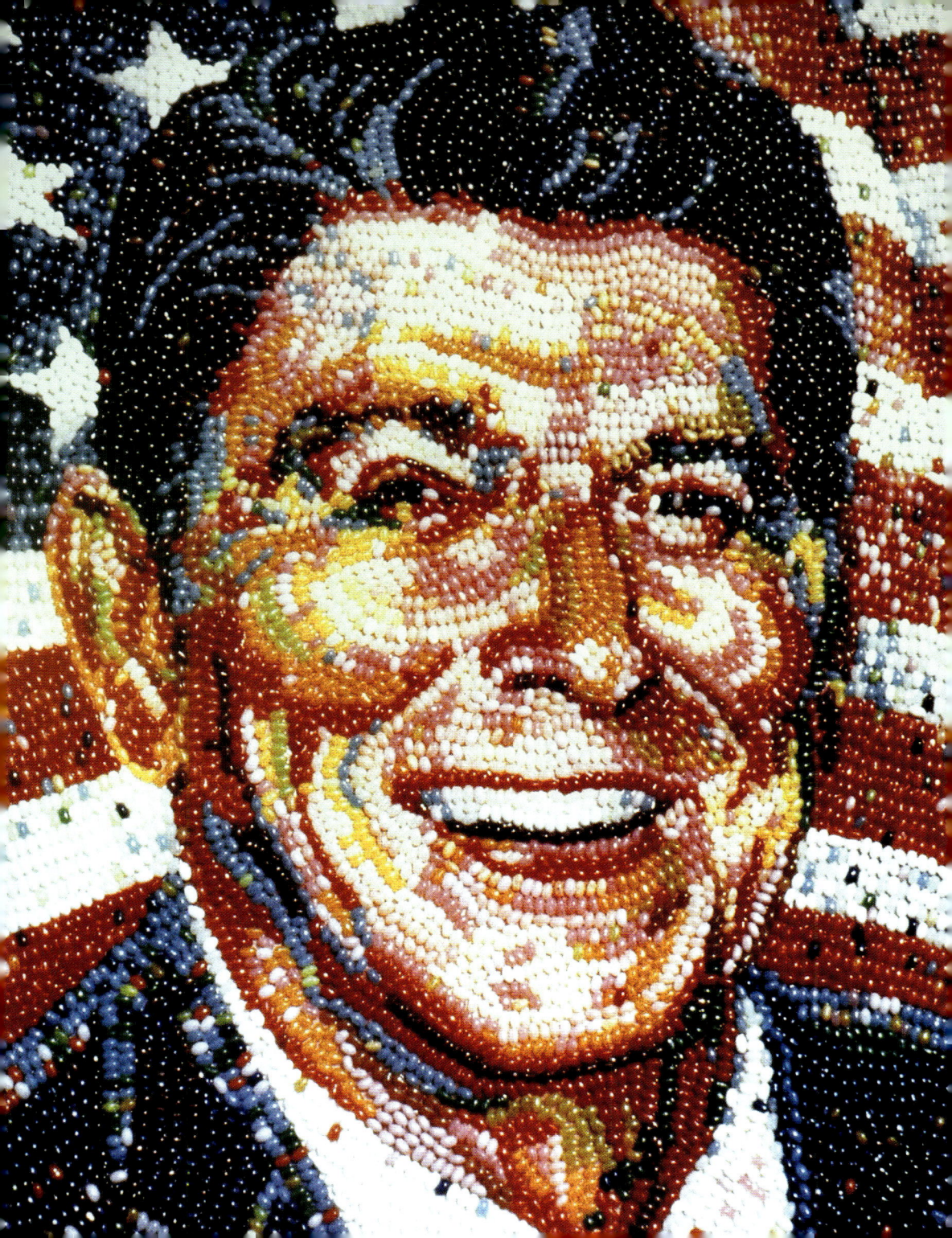

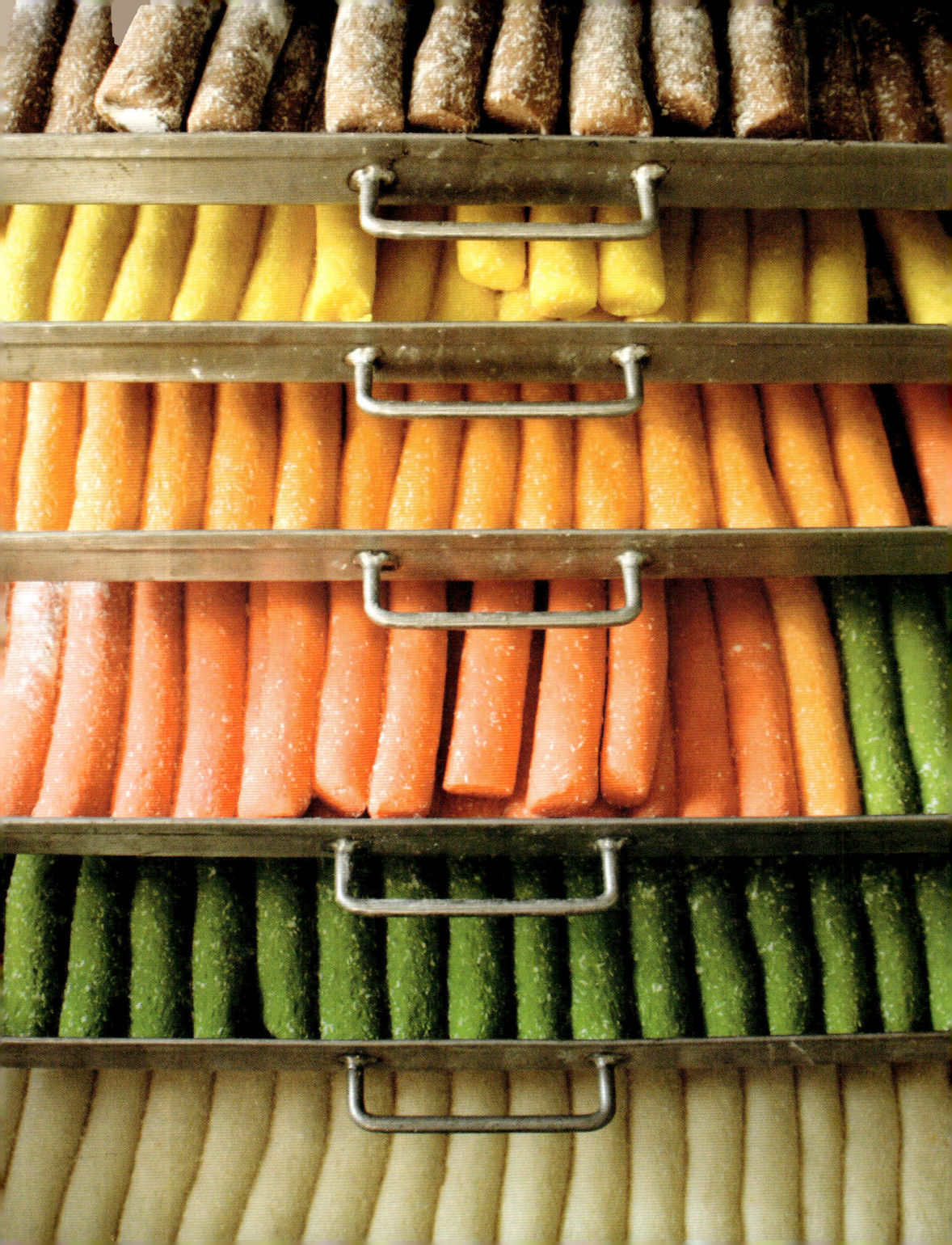

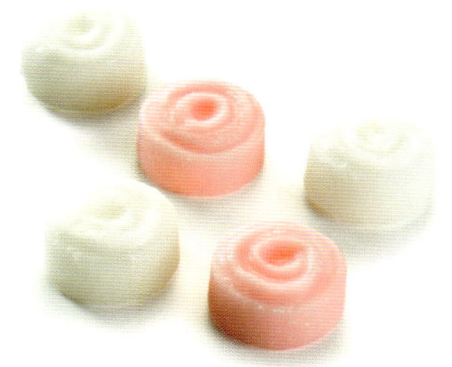

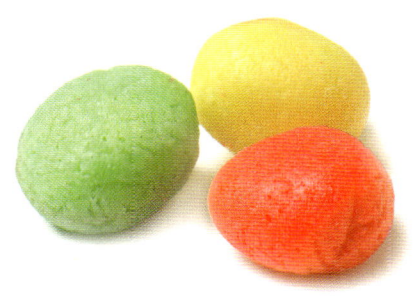

폰던트 Fondant

라스굴라 Rasgulla

제노바는 멋진 캔디를 만들어내기로 오랜 명성을 자랑한다. 18세기에 안토니오 마리아 로마넨고는 우아한 과일 설탕절임과 설탕옷을 입힌 사탕(dragées)을 만들기 시작했다. 같은 세기(世紀)에 파리의 과자점들이 숍을 열자, 로마넨고는 자신의 레퍼토리를 확장하기로 마음먹었다. 그의 팬 가운데에는 주세페 베르디와 움베르토 공 같은 상류층 명사들도 포함되어 있었는데, 1868년 움베르토 공의 결혼 피로연에는 로마넨고의 작품들이 대거 등장하여 그 화려함을 뽐냈다.

폰던트는 특히 높은 평가를 받는데, 그 제작 과정은 상당히 복잡하다. 물에 설탕과 포도당 시럽을 풀어 섞은 용액을 끓인다. 이것을 주걱으로 휘저어 푸슬푸슬한 고체로 만든 뒤 매끄러워질 때까지 개어서 반죽한 다음 하룻밤 정도 그대로 둔다.

폰던트는 그 밀도 덕분에 작고 싱싱한 과일의 코팅으로 쓰기에 이상적이며, 과일의 새콤한 맛에 폰던트의 어마어마한 단맛이 결합하여 더욱 특별한 무엇을 만들어낸다. 제노바를 찾은 관광객들이라면 옛 가게를 꼭 찾아가 볼 것. **LF**

수세기 동안 인도인들은 우유가 시큼해지는 것을 막기 위해 끓였는데, 그 와중에 일련의 독특한 단것들이 탄생하였다. 신선하고 푸슬푸슬한 커드 치즈인 체나(chhenna)는 라스굴라를 비롯한 여러 인도 과자류에 들어간다.

라스굴라는 부드럽고 폭신폭신한 커드 치즈 볼과 세몰리나로, 끓어서 종종 장미수를 부은 설탕 시럽에 담근다. 말려서 견과류와 과일로 속을 채운 라스굴라도 있다. 인도 동부 오리사 주의 푸리에서 처음 만든 것으로 추정되며, 오리사에서는 주로 사원에 봉헌물로 내지만, 벵골의 대표적인 디저트이기도 하다. 인도 대륙 전역에서 결혼식, 생일, 디왈리 드의 힌두교 축제 때 널리 사랑을 받는다.

라스굴라의 변형인 라스말라이(rasmalai)는 설탕 시럽 대신 판다누스 나무의 향을 우려내어 단맛을 낸 우유로 만든다. 라스굴라는 금방 상해버리기 때문에 빨리 먹어치워야 한다 슈퍼마켓에 가면 통조림 라스굴라도 살 수 있다. 인도인 사회가 있는 곳이라면 세계 어디에나 인도 과자점이 있으며, 이 곳에 가면 이 맛있는 덤플링을 얼마든지 살 수 있다. **TB**

Taste: 달콤하고, 부드럽고, 설탕으로 가득하고, 매끄럽고, 입에서 사르르 녹는 폰던트는 혀를 천국으로 이끈다—아주 고지식한 치과 의사만이 그 유혹을 뿌리칠 수 있을 것이다.

Taste: 라스굴라는 가볍고 스폰지 같으며, 다소 끽끽거리는 질감이다. 보통 달콤하고 밀키하며, 상큼한 장미 향이 느껴진다. 향미는 레시피에 따라 다르다.

터키 이스탄불에 있는 과자점에서 한입 크기로 잘라지기를 기다리고 있는 폰던트 막대들.

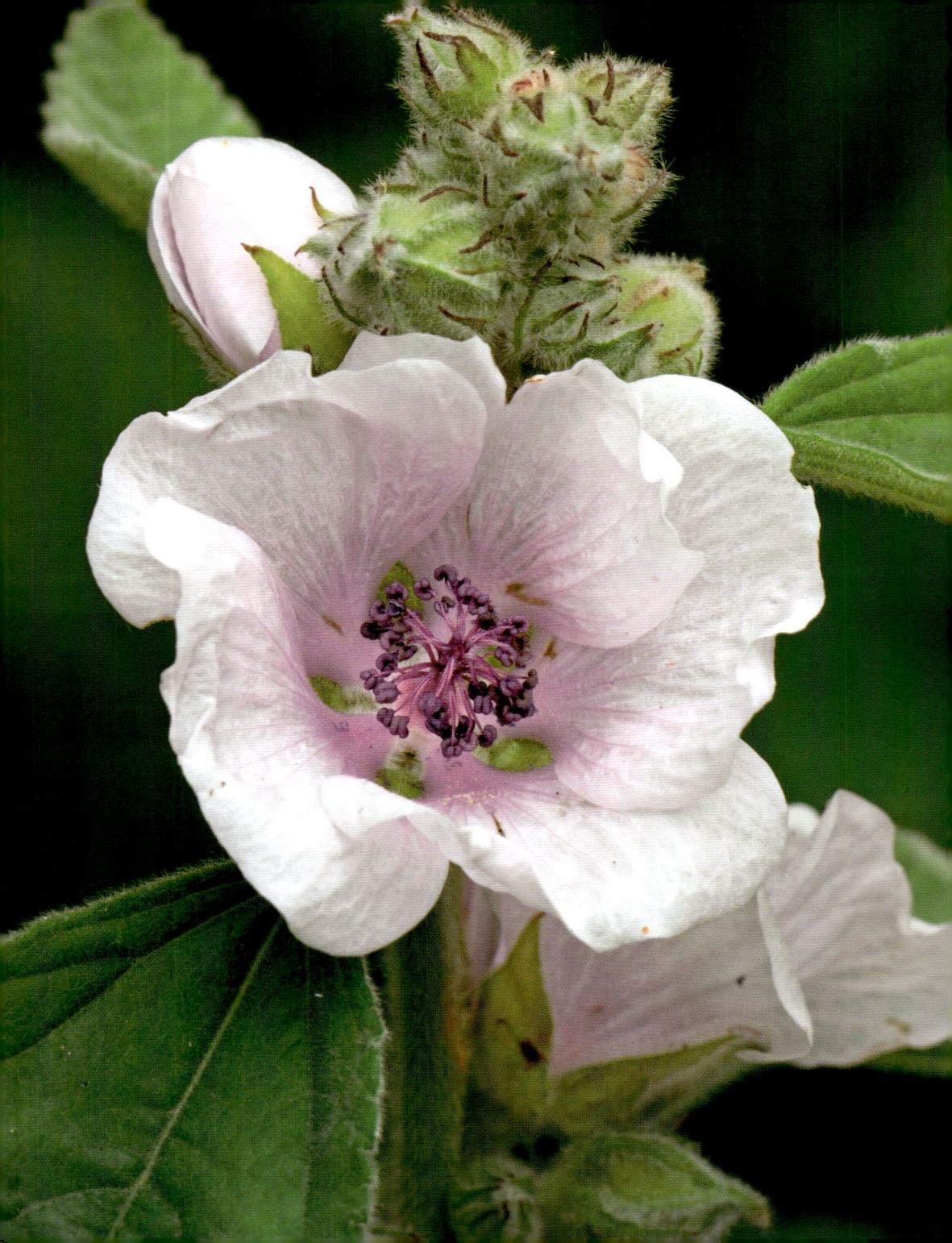

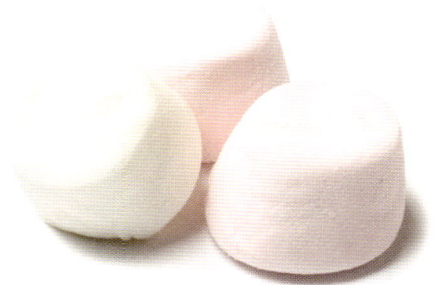

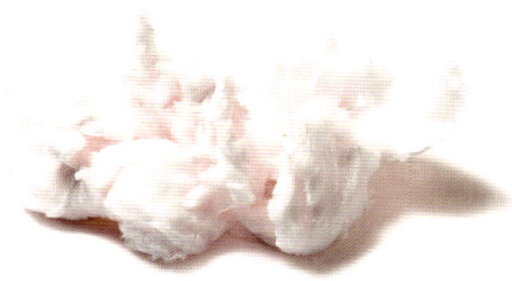

마시멜로 Marshmallow

솜사탕 Candyfloss

음식을 주제로 한 전설에 따르면 마시멜로를 발명해낸 것은 고대 이집트인들이라고 한다. 그러나 마시멜로라는 단어가 사탕과자를 지칭하게 된 것은 19세기에 들어서 이다. 이 무렵에는 야생 마시멜로(Althaea officinalis, 아욱목 아욱과에 속하는 허브) 추출물로 만들었다. 오늘날에는 젤라틴을 써서 그 스폰지 같은 질감을 얻는다.

마시멜로의 주 원료는 설탕, 시럽, 향미료인데, 향미료로 말할 것 같으면 초콜릿, 딸기, 바닐라 외에도 피에르 가녜르 같은 유명한 셰프들은 장미나 로즈마리를 사용하기도 한다. 여기에 젤라틴, 녹말을 함께 넣고 휘저어서 구워낸 뒤 먹기 좋게 잘라 고운 슈거 파우더나 옥수수 가루에 굴린다. 마시멜로는 '처비 버니(Chubby Bunny, 토실토실 토끼)'라는 게임에도 등장한다. 어린아이들이 입에 마시멜로를 잔뜩 물고 발음하기 어려운 단어들을 말하는 놀이이다. 이 놀이는 보기보다 위험해서 지금까지 적어도 두 명이 질식사한 것으로 알려졌다.

세계에서 마시멜로를 요리에 가장 많이 사용하는 곳은 미국이다. 미국인들은 케이크와 쿠키는 물론 유명한 로키 로드(Rocky Road, 밀크 초콜릿과 마시멜로를 섞어 컵케이크 모양으로 담아낸 디저트) 아이스크림에도 마시멜로를 넣는다. **MR**

설탕으로 자아낸 실이라고밖에 더 설명할 길이 없는 원조 솜사탕은 아마도 1400년경 이탈리아에서 만들어진 듯하다. 그러나 오늘날처럼 축제나 장터의 눈요기가 된 것은 1897년 두 과자 제조업자인 윌리엄 J. 모리슨과 존 C. 와튼이 설탕에 향미료와 색소를 첨가하여 가열한 뒤 원심력을 사용하여 그 혼합물을 작은 구멍으로 밀어내서 빽빽한 설탕 고치를 만들어내면서부터다. 더 폭신폭신한 설탕 덩어리는 1900년 파리 박람회에서 '요정의 솜(fairy floss)'이라는 이름으로 전 세계에 소개되었다.

세상에 나오자마자 대히트를 친 솜사탕은 곧 미국으로 전해져서 1904년 세인트루이스 만국 박람회에서 수천 명에게 팔렸다. 장터나 축제에서 빼놓을 수 없는 존재가 되었으며, 노점상들은 재빨리 솜사탕을 너도밤나무 막대나 판자로 만든 고깔에 감는 법을 터득했다. 매력적인 돈을 벌 수 있는 기회를 이들이 놓칠 리 없었던 것이다.

보통 솜사탕 하면 대중 음식 문화와 떼려야 뗄 수 없지만, 스페인의 천재 셰프 페란 아드리아는 솜사탕 기계를 들여다 그의 엘 불리 레스토랑에서 제공하는 미식 레시피에 솜사탕을 포함시켰다. **MR**

Taste: 마시멜로의 매력은 그 질감에 있다. 바비큐에서 깜부기불 위에 구우면 바삭한 겉과 그 안의 뜨거운 시럽, 그리고 폭신하고 쫄깃한 속을 즐길 수 있다.

Taste: 첫입이 가장 맛있다. 입에 넣으려는 순간 고운 설탕실이 와작 무너지면서 설탕이 입술에 달라 붙는다. 달콤하고 인공적인 맛이다.

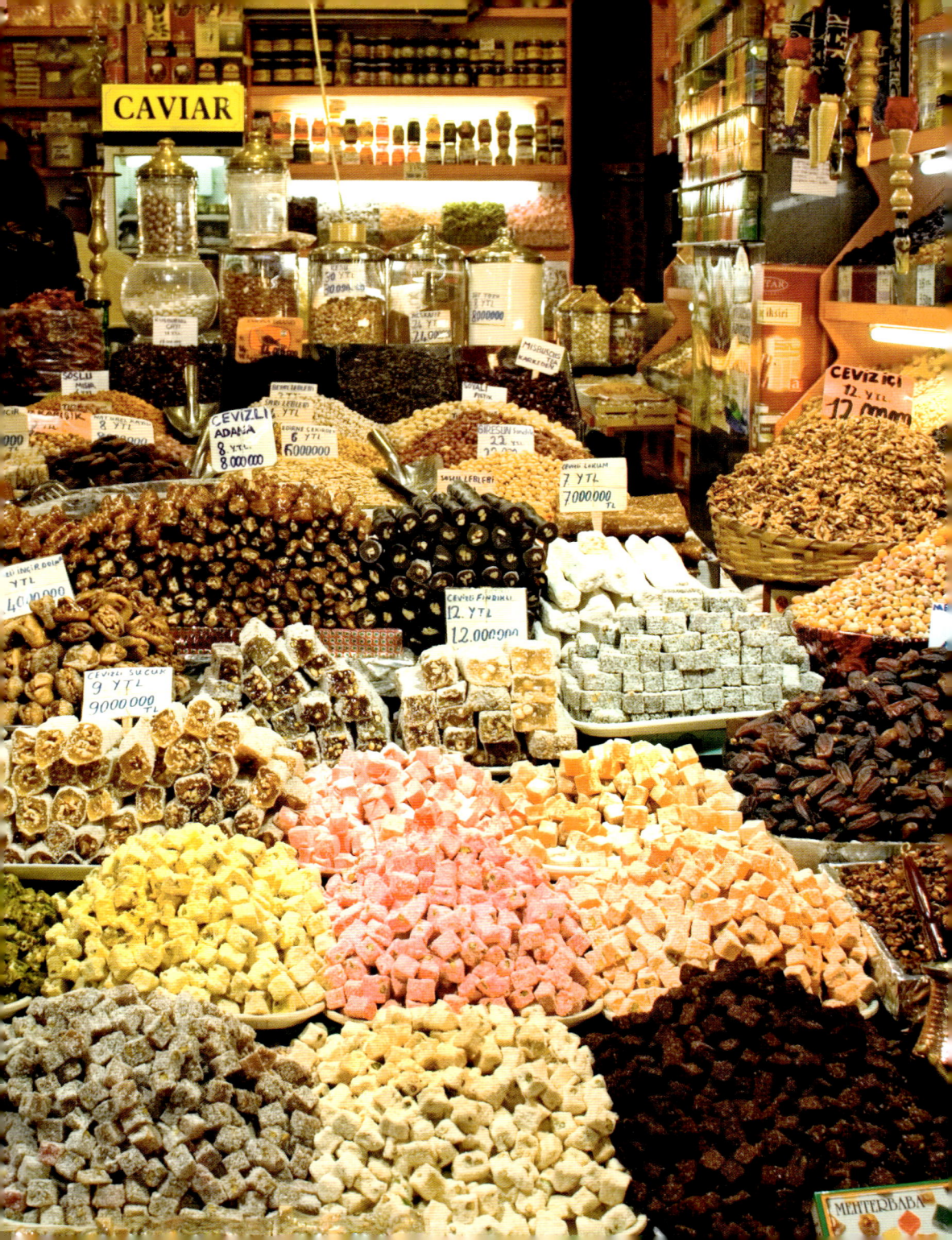

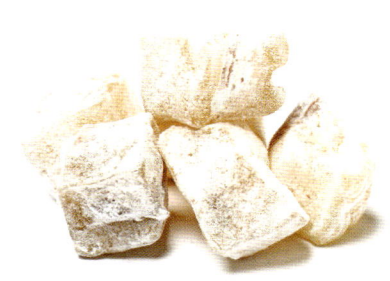

터키쉬 딜라이트 Turkish Delight

이 부드럽고 보석과도 같은 설탕 폭탄은 19세기에 접어들 무렵 터키에서 인기를 얻었다.(터키에서는 로쿰(lokum)이라고 부른다.) 1776년 아나톨리아에서 이스탄불로 온 과자장이 하지 베키르가 처음 만들었다고 전해진다. 일설에 따르면 술탄은 이 과자에 흠뻑 반해 하지 베키르를 궁전의 수석 제과장으로 임명했다고도 한다.

터키에 정제당이 전해진 19세기까지는 벌꿀이나 말린 과일에 밀가루를 섞은 끈적한 과자였다. 로쿰은 요리의 역사를 바꾸어놓았다. 1830년대에 영국인 여행자들이 '터키쉬 딜라이트('터키의 즐거움'이라는 뜻)'를 가지고 돌아오면서 세계적인 명성을 얻게 되었다. 작가 C. S. 루이스는 자신의 작품 『사자, 마녀, 그리고 옷장The Lion, the Witch and the Wardrobe』(1950년)에서 터키쉬 딜라이트의 매력을 십분 활용하여 중요한 역할을 맡기기까지 했다. 어린 에드먼드가 터키쉬 딜라이트에 너무나 빠져든 나머지 더 먹고 싶어서 형제들을 배신하는 것이다.

오늘날에는 베키르의 5대손 가족이 이스탄불의 알리 무히딘 하지 베키르 과자점을 경영하며, 전 세계로 터키쉬 딜라이트를 수출하고 있다. **DV**

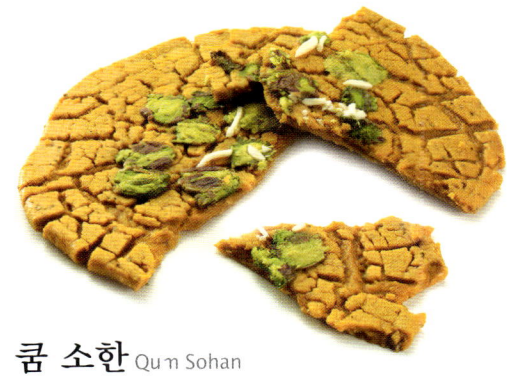

쿰 소한 Qu'm Sohan

이란의 수도 테헤란에서 남쪽으로 약 155킬로미터 떨어진 성스러운 도시 쿰은 세 가지로 유명하다. 우선 시아파 이슬람의 총본산으로서 이란에서 가장 성스러운 사원이 있다. 쿰의 카펫장이들은 전 세계의 컬렉터들이 열광하는 아름다운 수제 실크 러그를 짜내는 동안 쿰의 과자장이들은 벌꿀과 견과로 만드는, 도저히 거부할 수 없는 과자 소한을 판다. 소한은 땅콩 브리틀(Brittle, 캐러멜 또는 설탕 시럽과 견과류로 만든 매우 딱딱하고 잘 부서지는 과자)과 비슷한데, 애호가들은 쿰에서 만든 소한이 최고라는 데 입을 모은다. 이란 사람들은 케이크와 패스트리라면 사족을 못 쓰며, 단것을 좋아하기로는 거의 전설적이다.

쿰에 가면 바자는 물론 거의 길모퉁이를 하나 돌 때마다 하나씩 제과점이 있으며, 가정에서도 그리 어렵지 않게 뚝딱 소한을 만들어 먹는다. 납작한 직사각형으로 벌꿀, 설탕, 버터, 사프란, 카르다몸, 견과류를 섞은 향긋한 반죽으로 만든다. 보통 구운 아몬드와 이 지역에서 재배하는 피스타치오도 함께 넣는다. 대부분의 이란 과자보다는 덜 물리는 쿰 소한은 모닝 커피나 어프터눈 티와 함께 먹거나 식사 후에 다른 사탕과자와 함께 먹는다. "바삭바삭한 매력"이 일품인 소한은 한번 그 맛을 보면 중독에 빠질 정도로 맛있다. **WS**

Taste: 설탕옷을 입힌 젤리가 입에 넣으면 끈적한 곤죽으로 무너져 내린다. 장미수가 아찔한 향기와 꽃을 먹는 듯한 맛을 낸다. 흔히 레몬, 박하, 견과도 더해진다.

Taste: 쿰 소한은 카르다몸과 사프란의 감칠나는 향 에 버터 맛이 나고 바삭바삭하다. 벌꿀의 감미로운 달콤함과 구운 견과류의 따스함도 빼놓을 수 없다.

이스탄불의 바자에 산더미처럼 쌓여 있는 터키쉬 딜라이트와 그 밖의 군침도는 사탕 과자들.

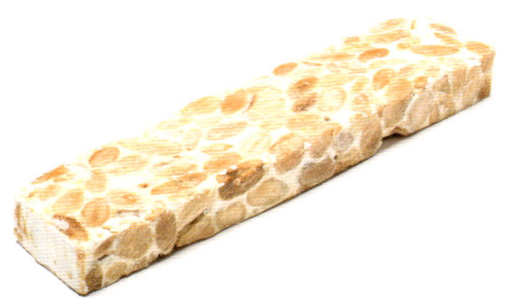

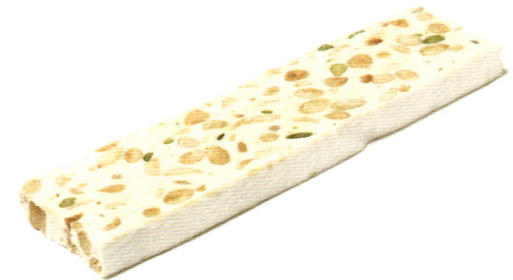

투론 데 히호나 Turrón de Jijona

투론 데 히호나(IGP)는 스페인 중부 발렌시아 지방의 알리칸테 인근의 작은 마을에서 만드는 부드러운 누가이다. 마르코나 아몬드를 갈아서 달걀 흰자와 설탕, 벌꿀을 섞어서 만들며, 질감이 땅콩 버터와 비슷하다. 딱딱한 버전―투론 데 알리칸테(turrón de Alicante)―도 있는데 이것은 땅콩 브리틀과 흡사하다.

투론 데 히호나를 만들려면 아몬드를 통째로 겉껍질에서 빼낸 뒤 속껍질을 까서 특수한 드럼통에서 볶는다. 벌꿀을 아몬드와 함께 데우고, 달걀 흰자로 버무려 뭉친 다음 식힌다. 이것을 맷돌로 갈아 큰 냄비에 옮겨 담은 뒤 특유의 매끄러운 밀도와 황금빛 색깔이 나올 때까지 익히면서 동시에 치대며 반죽한다. 최고의 투론 데 히호나는 '수프레마(Suprema)'라고 부르며, 아몬드 함량이 적어도 60퍼센트가 되어야 한다.

투론은 역사가 깊은 과자로, 500년도 더 전에 아랍인들에 의해 스페인에 전래되었다. 전통적으로 크리스마스 때 먹는다. 투론 데 히호나 공장에서는 이 독특한 누가의 최고로 꼽히는 엘 로보와 1880 브랜드를 생산하며, 투론 박물관이 있다. **LF**

몽텔리마르 누가 Montelimar Nougat

과자의 귀족이라 할 수 있는 프랑스 몽텔리마르산 누가는 그리스와 지중해 동부의 옛 레시피에 뿌리를 두고 있다. 이 레시피에 따르면 벌꿀과 견과를 함께 익혀야 한다. 이러한 방식은 아마도 로마인들에 의해 지중해 연안의 프로방스로 전해졌을 것이다. 17세기 들어 아몬드 나무를 내륙에서도 재배하게 되자 몽텔리마르는 누가를 만들어냈다.

누가를 만드는 데에는 몇 가지 방법이 있다. 아몬드와 피스타치오를 넣고 오랫동안 졸인 벌꿀 시럽을 거품낸 달걀 흰자에 넣고 휘젓는다. 또는 벌꿀과 달걀 흰자를 서서히 익힌 뒤 맨 마지막에 견과를 넣는다. 맛을 결정짓는 것은 재료와 재료 사이의 비율인데, 28퍼센트의 아몬드와 16퍼센트의 벌꿀이 황금비라고 한다. 최종 온도에 따라 부드러운 누가냐 딱딱한 누가냐가 갈린다. 라벤더 꿀, 시칠리아나 그리스 피스타치오 등을 사용한 변형을 놓고 서로 최고의 누가 장인임을 다투지만, 오직 최고의 몽텔리마르산 아몬드만이 그 오랜 여운과 기분 좋은 향미로 진정한 누가 드 몽텔리마르(nougats de Montelimar)를 만들 수 있다는 데에는 누구도 토를 달지 않는다. **GC**

Taste: 달콤하고, 부드럽고, 기분 좋게 까끌까끌한 질감의 투론 데 히호나는 혀 위로 퍼져나가는 최고의 벌꿀 맛과 가벼운 캐러멜의 뒷맛이 일품이다.

Taste: 벌꿀이 수수한 맛의 배경에 독특한 진한 맛을 더한다. 따라서 서서히 씹거나 빨아 먹으면 예상하는 것보다 훨씬 폭넓은 향미의 스펙트럼을 얻을 수 있다.

좋은 과자장이라면 한번에 소량씩만을 잘라
고객에게 신선한 누가를 판다. ➲

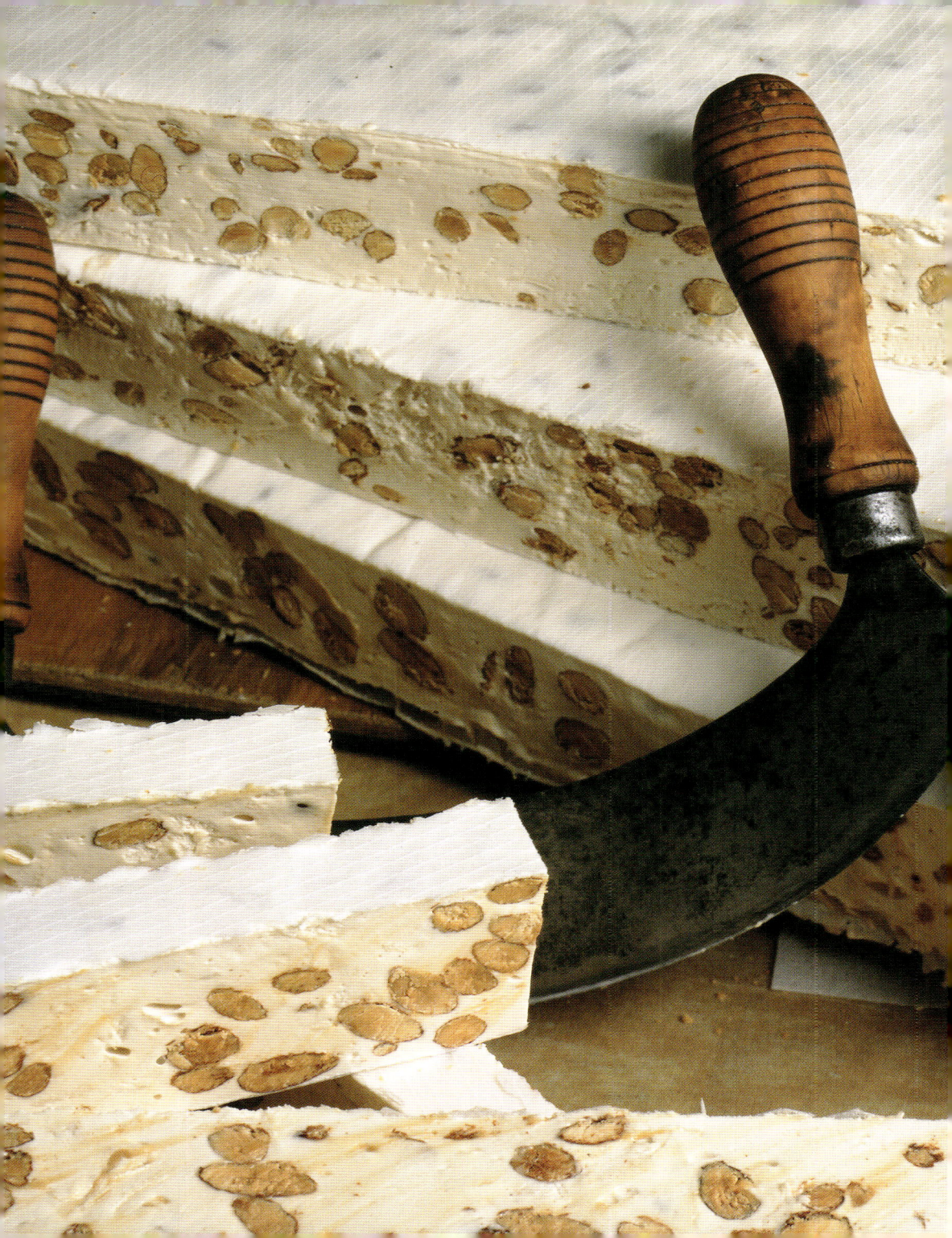

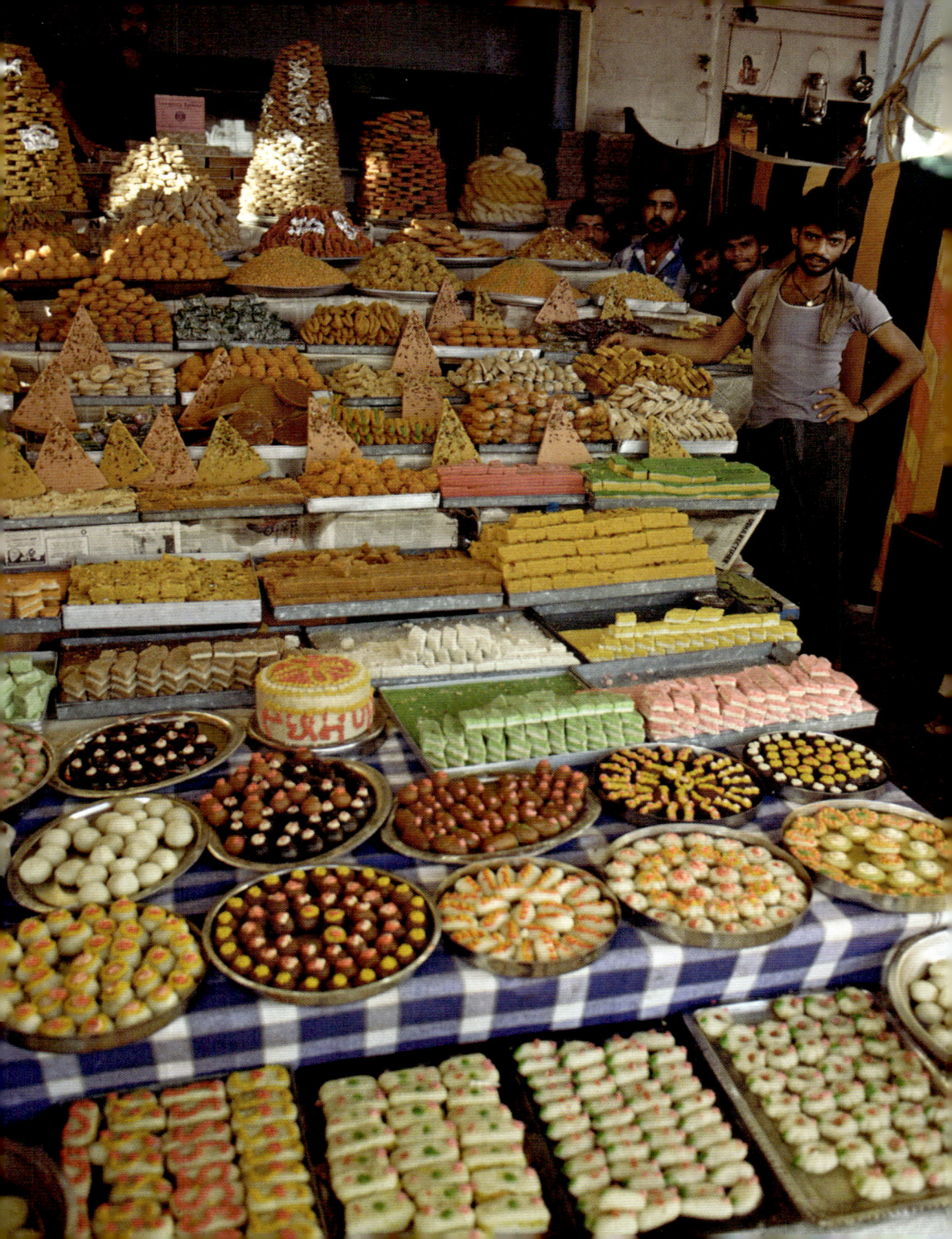

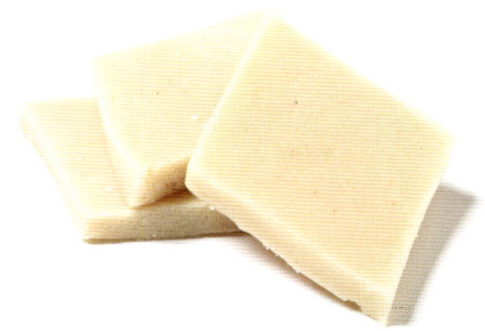

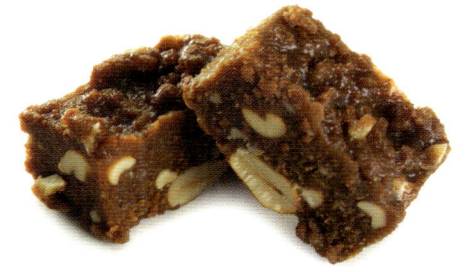

카주 카틀리 Kaju Katli

반짝이는 은박이 퍼지처럼 속이 꽉 찬 이 캐슈 과자의
풍성함의 화룡점정이다. 인도의 수많은 끈끈한 과자(미
타이(mithai) 중 하나인 카주 카틀리는 인도 남부 케랄
라와 타밀 나두. 그리고 서부의 고안과 구자라티 지방
에서 만든다. 북부에서는 캐슈 대신 아몬드로 대체하
는 경우가 많다.

　생 캐슈를 으깨 부드럽게 갈아서, 카르다몸과 장미
정유(精油)를 섞은 야자 설탕 시럽에 넣고, 발라 먹을 수
있을 정도로 걸쭉한 페이스트가 될 때까지 함께 빻는다.
기름기가 많고 쿠드러운 덩어리를 잘 펼쳐 놓고 다이아
몬드 꼴로 자른 뒤, 식용 은박으로 장식한다. 디왈리 같
은 축제에서는 은박 대신 금박을 사용하기도 한다.

　카주 카틀리는 식사 후의 입가심이라기보다는 손
님 환대의 표시로 더 자주 낸다. 축하 행사에서 없어서
는 안 되는 존재로, 주로 채식 위주인 농촌의 식단에서
매우 중요한 기능을 한다. 견과, 우유, 설탕으로 만든 풍
성한 디저트는 인도의 어떤 주요 종교와도 충돌하지 않
기 때문에 선물로도 완벽하다. **RH**

합쉬 할와 Habshi Halwa

인도 음식 애호가들은 합쉬 할와가 인도 최고의 별미 디
저트 가운데 하나라고 입을 모은다. 할와는 인도 과자
의 일종으로, 졸여서 캐러멜처럼 끈적하고 덜짝지근해
진 우유와 설탕, 기(ghee), 그리고 밀가루로 만든 일종
의 걸쭉한 푸딩이다.

　할와에도 종류가 많지만 그 중에서도 합쉬 할와는
할와의 셰자다(shezhada), 즉 황태자라고 불린다. 참깨
페이스트로 만드는 중동의 디저트 역시 합쉬 할와라는
이름으로 불리지만, 이 터키식 캔디와는 전혀 다른 디저
트이니 헷갈리지 말 것.

　견과, 특히 아몬드, 캐슈, 피스타치오에 매끄럽고
거의 폴렌타 수준의 밀도를 자랑하는 푸딩을 섞는다. 때
때로 건포도를 넣기도 한다. 그 향미를 더욱 높이기 위
해 카르다몸, 메이스, 육두구, 심지어 사프란까지 넣기
도 한다. 어떤 것은 아주 달지만, 어떤 것은 설탕 맛이 살
짝 느껴지는 정도이다. 할와는 전통적으로 여름보다는
겨울철—9월부터 3월까지—에 많이 먹지만, 미국과 영
국의 인도 과자점에서는 연중 살 수 있다. **RD**

Taste: 카주 카틀리는 부드러우면서도 약간 알갱이가 씹히는 생
견과류의 맛이 나며, 인도의 일부 디저트처럼 설탕 덩어리는 아니다.
풍미가 진하지 않은 견과가 장미와 카르다몸의 향미를 빨아들인다.

Taste: 실키한 질감의 합쉬 할와는 거의 혀 위에서 미끄려진다. 겹겹의
달콤함과 약간의 스파이스 향이 퍼져나간다. 삶은 견고가 부드러운
아삭함을 더해준다.

인도의 멋진 노점. 카주 카틀리는 이 곳에서 파는 수많은 사탕 과자
가운데 하나에 불과하다.

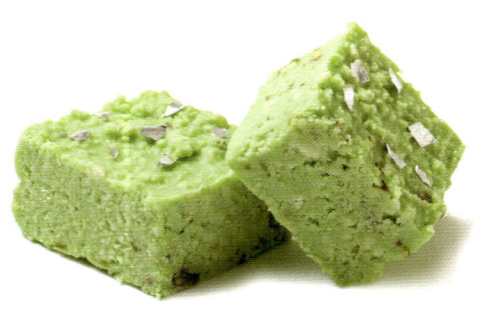

피스타 부르피 Pista Burfi

부르피(또는 바르피(barfi)라고도 한다)는 인도에서 인기있는 과자로, 인도에서 가장 특별한 행사를 가리키는 말이기도 하다. 인도에서 기원했지만 오늘날에는 파키스탄, 네팔, 방글라데시의 전통과 문화의 일부이기도 하다. 인도에서는 디왈리 같은 특별한 명절에는 과자를 만들어서 가족, 친구, 이웃에게 선물하는 것이 흔한 전통으로, 부르피가 빠지면 미타이(mithai) 상자라 말할 수 없다. 결혼식 때 신랑신부의 가족이 서로에 대한 호의의 표시로 부르피를 주고받기도 한다.

부르피에 입히는 은은 진짜 은으로, 먹을 수 있는 은박 형태로 만든다. 다른 인도의 과자에도 은박이 쓰이는 경우가 많다. 사실 인도에서는 제과용으로만 해마다 수톤의 은이 소비된다.

부르피는 우유에 설탕, 물, 정제 버터, 피스타치오 가루, 분유를 넣고 걸쭉한 곤죽이 될 때까지 끓여서 만든다. 이것을 잘 펴서 식힌 다음 다이아몬드꼴이나 정사각형으로 잘라서 은박(varak)으로 장식하여 반짝반짝 빛나게 한다. 이 값 비싼 사탕과자는 코코넛, 캐슈 등 다양한 향미로 즐길 수 있다. **TB**

Taste: 피스타 부르피는 달콤하고 크리미한 맛이 난다. 피스타치오 덕분에 가벼운 견과 향과 묵직한 질감이 더해진다. 은박 덕분에 서늘한 금속 맛이 살짝 나기도 한다.

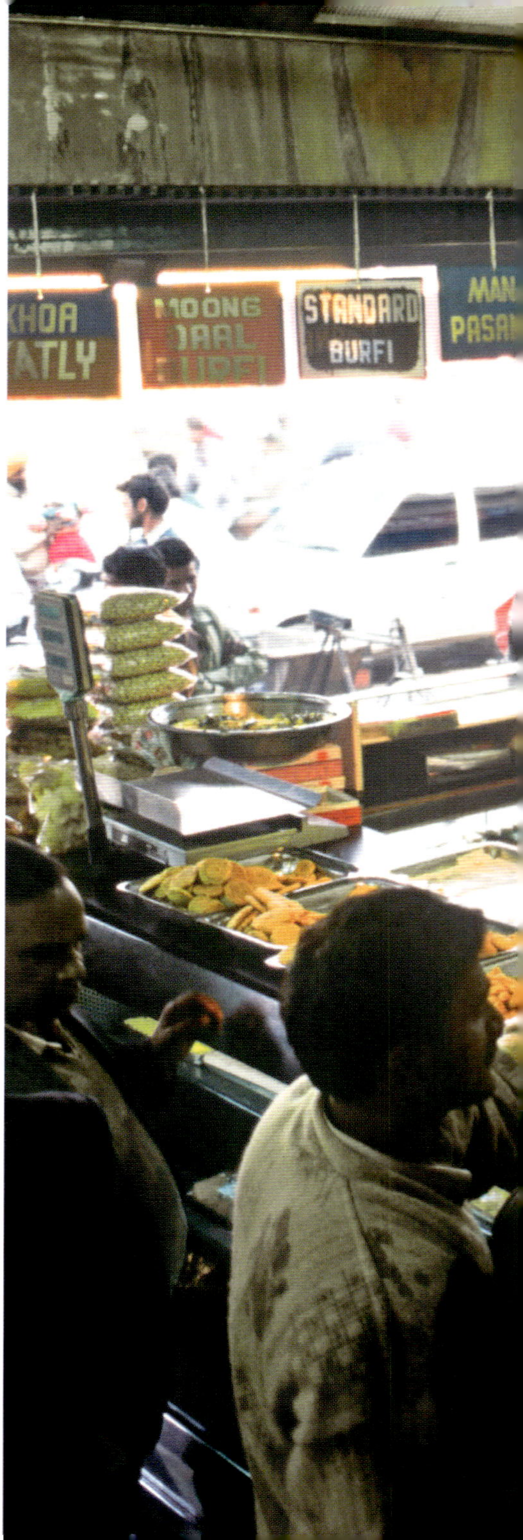

델리에서 가장 바쁜 상인들은 다름아닌 과자장이들이다. ➜

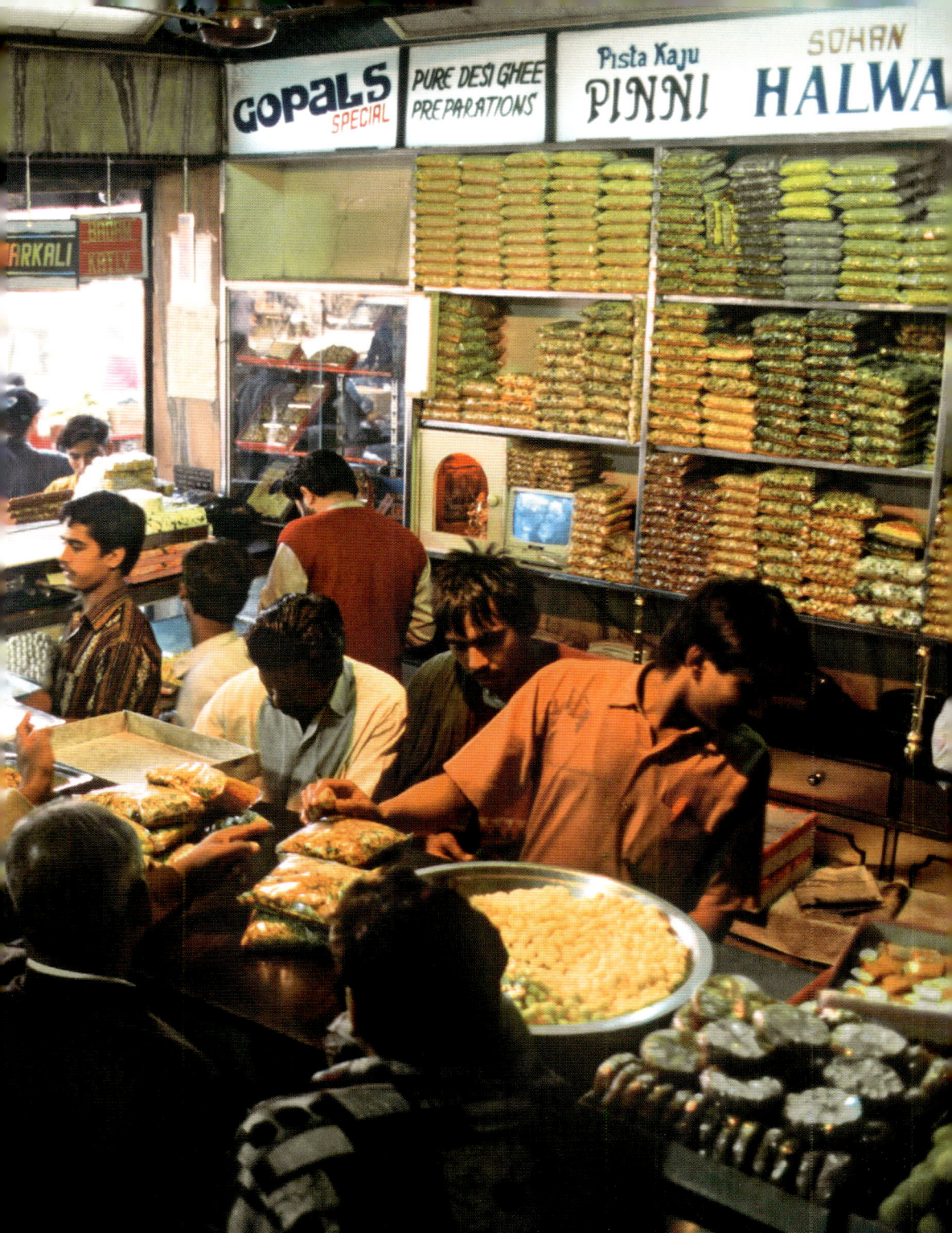

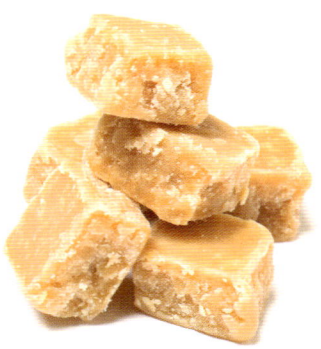

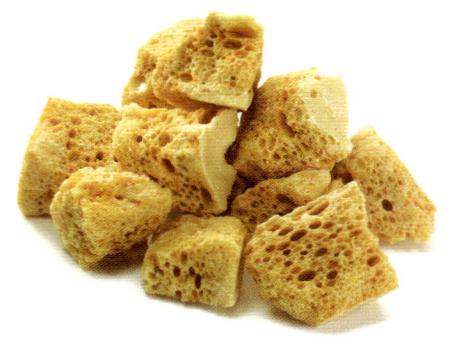

코니쉬 퍼지 Cornish Fudge

시간을 초월한 달콤함을 선사하는 퍼지는 놀랍게도 역사가 비교적 짧다. 이 크리미하고 쫀득한 과자는 1880년대 미국의 여대생들이 처음 만들었다고 한다. 그 밖에 스코틀랜드 사탕—19세기 초에 처음 기록에 등장한 딱딱한 과자—또는 멕시코의 견과 퍼지인 페누체(penuche)에서 기원하였다는 설도 있다. 인도에도 퍼지와 비슷한 과자가 몇 종류 있다.

많은 나라에서 설탕, 우유, 버터를 끓여서 퍼지를 만든다. 이것을 식혀서 두들기면 더 부드럽고 크리미해진다. 아직 뜨거울 때 두드리면 딱딱하고 알갱이가 씹히는 질감을 얻게 된다. 퍼지는 보통, 바닐라 초콜릿, 커피, 과일, 견과류 등으로 맛을 내서 초콜릿을 입힌다.

퍼지 하면 가장 먼저 떠오르는 지방은 아무래도 영국 콘월일 것이다. 콘월의 퍼지(또는 타블렛이라고도 한다)는 옛 스코틀랜드 풍으로 딱딱하고 알갱이가 씹히며 전통적으로 높은 인기를 자랑한다. 클로티드 크림을 베이스로 사용하는 부드러운 스타일은 오늘날 관광객을 상대로 한 시장을 장악하고 있다. 콘월의 명물인 이 클로티드 크림 덕분에 보드라운 크리미함과 엷은 색깔이 나오는 것이다. **ES**

허니콤 토피 Honeycomb Toffee

허니콤 토피는, 잉글랜드에서는 신더(cinder, '재'라는 뜻) 토피, 스코틀랜드에서는 퍼프 캔디, 그리고 미국 일부 지역에서는 스폰지 캔디라고 부르며, 그 진정한 맛을 알고 싶다면 반드시 직접 먹어봐야 하는 과자 중의 하나이다. 많은 영국인에게 어린 시절의 향수를 불러일으키는 주인공으로, 오늘날에도 영국에서 가장 인기있는 과자 중 하나이다.

토피가 처음 인기를 끌게 된 것은 1800년대로, 이 무렵에는 설탕과 트리클(treacle, 설탕의 재정제 과정에서 부산물로 생산되는, 당밀과 유사한 시럽)이 더 이상 예전처럼 비싸지 않았으므로 과자를 만들어 먹을 수 있게 되었다. 허니콤 토피는 일반적인 토피에 약간의 식초와 베이킹소다를 섞은 것이다. 식초와 베이킹소다는 토피의 맛에는 아무런 영향을 미치지 않지만, 대신 가볍기 그지없는 벌집(허니콤) 같은 질감을 더해준다.

뉴질랜드에서 허니콤 토피는 호키포키 아이스크림의 향미로 쓰이며, 영국에서는 초콜릿을 입혀 인기있는 캐드버리 크런치(Cadbury's Crunchie) 바를 만든다. 미국, 특히 뉴욕 주 버팔로의 과자장이들은 캐러멜을 입힌 바삭바삭한 캔디를 크리미한 밀크 초콜릿에 담가 스폰지 바(sponge bar)라는 과자를 만든다. **SH**

Taste: 코니쉬 버터 타블렛은 단단하고, 알갱이가 씹히며, 가장자리는 푸석푸석하다. 퍼지는 이보다 훨씬 부드러우며, 크리미함이 두드러진다. 둘 다 몸서리가 쳐질 정도로, 정말 이루 말할 수 없이 달다.

Taste: 설탕처럼 달콤하고 거품 같은 질감의 허니콤 토피는 한 입 깨물면 이루 말할 수 없이 바삭바삭하지만 입안에서는 사르르 녹는다. 당밀과 가벼운 버터스카치의 향미를 느낄 수 있다.

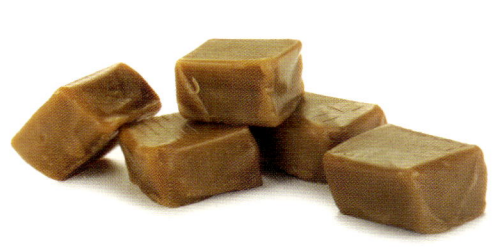

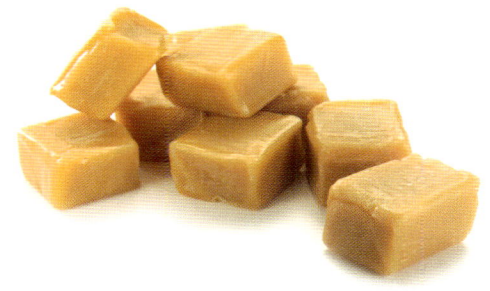

소프트 캐러멜 Soft Caramel

소프트 캐러멜은 단단한 토피와 부드러운 버터스카치, 또는 버터크런치(미국의 명물이다) 중간 어디쯤이라 할 수 있는 맛좋은 자리를 차지하고 있다. 그 기원은 서유럽과 영국인 것으로 보이며, 각 나라마다 저마다의 취향을 반영한 다양한 버전을 선보인다.

주 원료는 토피를 만들 때 들어가는 재료에 버터, 설탕, 그리고 우유나 크림을 더한다. 버터나 설탕의 종류, 우유와 크림의 비율을 달리하거나 아예 우유나 크림 둘 중 하나만 사용하면 쉽게 전혀 다른 질감이나 향미를 얻을 수 있다. 토피처럼 우선 가벼운 버터/설탕 캐러멜을 만든 다음 우유나 크림을 붓고 단단한 볼 형태가 될 때까지 가열한다.

캐러멜은 카카오 유지 함량이 높은 다크 초콜릿으로 만들면 특히 좋다. 카카오 유지가 신맛과 약간의 쓴맛을 더해주어 보다 폭넓고 만족스러운 미각적 경험을 선사하기 때문이다. 소프트 캐러멜의 진한 단맛은 거의 모든 과일과 시트러스 향미를 완벽하게 보완하며, 여러 가지 초이스를 실험해 보는 것은 일생에 걸친 즐거움이 될 것이다. **GC**

소금 캐러멜 Salt Caramel

이 사탕과자는 소금 친 캐러멜, 또는 천일염 캐러멜로 알려져 있다.(물론 실제로 천일염을 사용한다면 말이지만.) 모든 캐러멜과 마찬가지로 베이스는 버터와 설탕으로 만든 단단한 토피이지만, 여기에 우유나 크림을 섞어 더 부드럽고 순하다. 또 토피보다 훨씬 저온에서 단단한 볼 상태가 될 때까지만 가열한다. 그 기원은 프랑스에서 캐러멜을 만들 때 때때로 가염버터를 사용하던 습관이라고 한다. 가염버터로 만든 캐러멜(caramels au beurre salé)은 여전히 단맛이 주를 이루지만, 짠맛도 은은하게 느껴진다.

소금 캐러멜이 느닷없이 전 세계적인 인기를 얻게 된 것은 아마도 단일 원산지 소금과, 해풍에 의해 자연적으로 결정이 생겨 손으로 채취한 최고급 천연 소금인 플뢰르 드 셀(fleur de sel)을 구하기가 예전보다 쉬워져서일 것이다. 소금 캐러멜의 종류가 점점 많아지면서 셰프들의 모험도 더욱 그 한계를 넓혀나가고 있다. 요즘은 소금 캐러멜에 초콜릿을 곁들여 내는가 하면, 레몬, 오렌지, 커피, 또는 라벤더 같은 온갖 향미를 사용하기도 하고, 납작하고 하얀 맬든 소금부터 하와이오·오스트레일리아 머레이 리버의 분홍색 소금에 이르기까지 소금이란 소금은 다 사용한다. **GC**

Taste: 버터 같은 달콤함과 새틴처럼 매끄러운 질감 뒤에 졸인 설탕의 쌉쌀한 맛이 살짝 더해진다. 알갱이가 느껴져서는 절대로 안 된다.

Taste: 달콤하고 새틴처럼 매끄러운 맛이 녹아내리면서 짭짤한 소금기가 등장한다. 소금은 맛의 지각 능력을 배가시켜주므로, 캐러멜이나 다른 재료들의 개성이 더욱 돋보이게 된다.

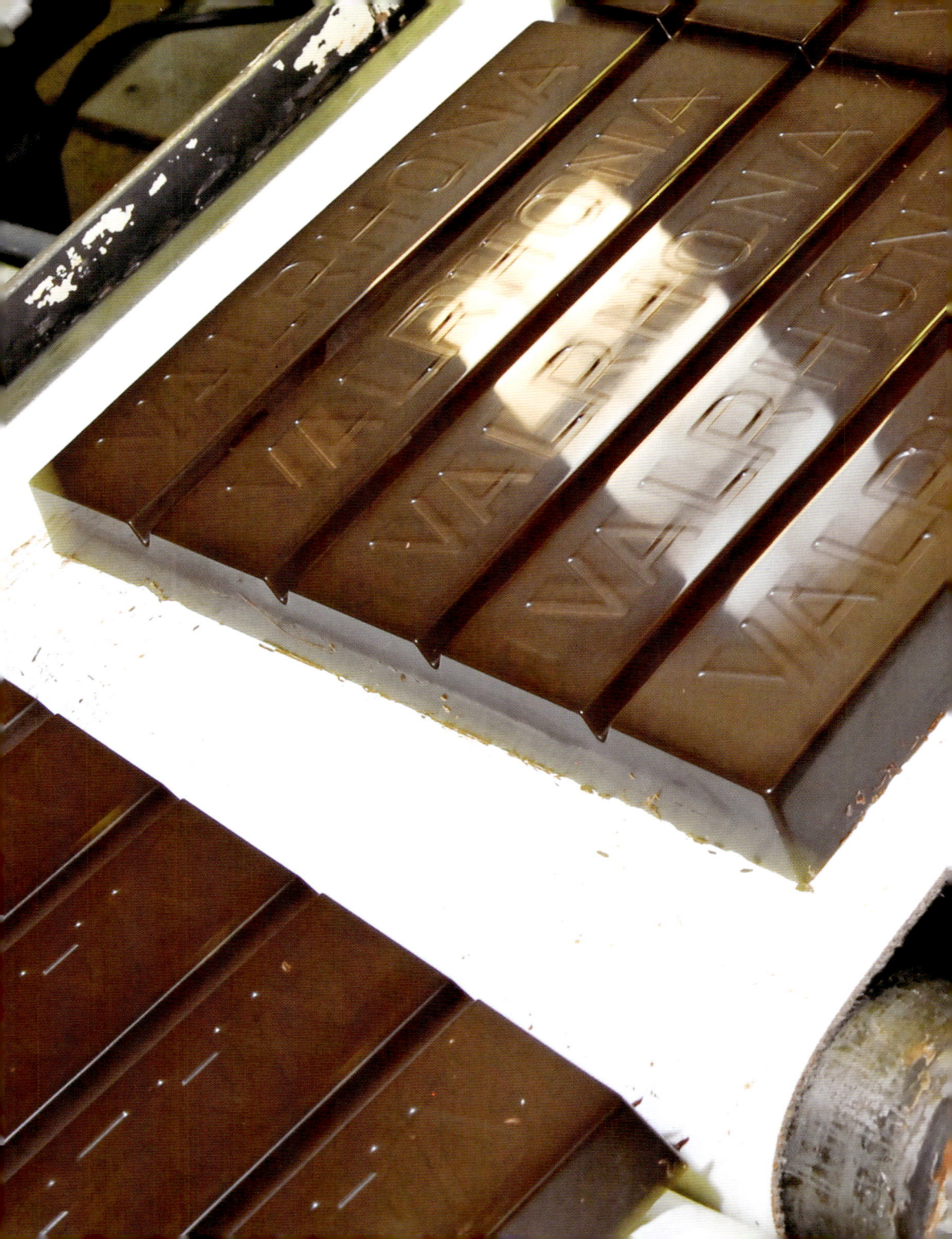

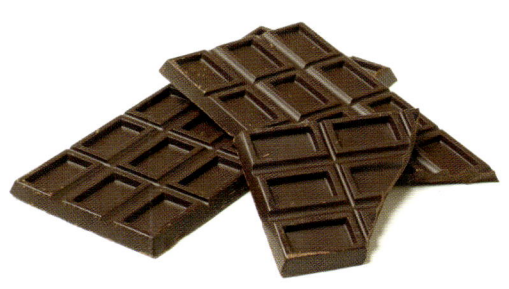

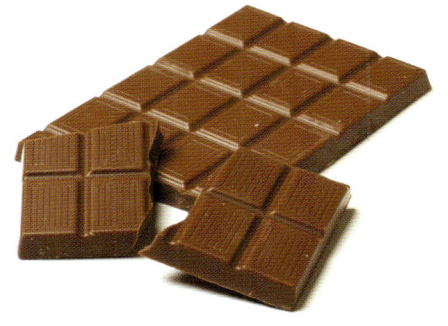

싱글 에스테이트 초콜릿
Single Estate Chocolate

한번도 싱글 에스테이트 초콜릿을 먹어본 적이 없는 사람이라면 한 입 먹는 순간 거의 전율을 느낄 것이다. 시판되는 카카오 열매를 섞어 만든 대량 판매용 초콜릿과는 달리, 진짜 쇼콜라티에들은 플랜테이션과 구매 또는 제휴 계약을 맺고 초콜릿을 만든다. 이 정도 수준이 되면 초콜릿은 와인과 다를 것이 없다. 카카오 품종, 카카오나무가 자라는 테루아, 그리고 카카오나무에서 따낸 꼬투리를 가공하는 방법 등등 모든 것이 최종 완제품에 지대한 영향을 미친다.

프랑스의 명장 쇼콜라티에 보나(Bonnat)는 1996년 최초로 싱글 에스테이트 초콜릿을 선보였지만, 그의 아이디어가 진정 빛을 발한 것은 1998년 프랑스의 발로나 社가 그랑 쿠바(Gran Couva)를 생산하기 시작하면서부터이다. 오늘날에는 그 밖에도 여러 훌륭한 브랜드가 있는데, 그 중에서도 오직 배를 저어서만 닿을 수 있는 베네수엘라의 전설적인 플랜테이션에서 만든 아메데이의 추아오(Chuao)가 가장 유명하다. 미셸 클뤼젤은 도미니카 공화국에서 공급받는 카카오 열매로는 로스 앙코네스(Los Anconès)를, 파푸아 뉴기니에서 들어오는 열매로는 마랄루미(Maralumi)를 만든다. 마랄루미는—보기 드물게도—밀크 초콜릿 버전도 있다. **MC**

밀크 초콜릿
Milk Chocolate

남녀노소를 불문하고 좋아하는 밀크 초콜릿은 가장 먹기 쉬운 초콜릿이다. 우유가 카카오 열매의 쓴맛과 강렬한 향미를 누그러뜨려주기 때문이다. 대영 박물관을 세운 과학자 한스 슬론 경은 17세기 말, 자메이카를 여행하다가 초콜릿 음료에 뜨거운 우유를 섞을 아이디어를 떠올렸다. 단단한 밀드 초콜릿이 만들어진 것은 1879년으로, 대니얼 피터는 헨리 네슬레가 막 발명한 분유 가루를 코코아 버터와 카카오 열매 가루에 섞어서 저 유명한 스위스의 전통을 열었다. 스위스 밀크 초콜릿은 영국이나 미국의 밀크 초콜릿처럼 매우 달콤하다. 아마 순수주의자들의 입맛에는 지나치게 달지도 모르겠다.

최근에는 강력 밀크 초콜릿이 유행하였다. 프랑스의 발로나 社는 최고의 밀크 초콜릿을 생산하기로 유명하다. 발로나의 지바라(Jivara)에는 40퍼센트의 고형 카카오가 들어가며, 이는 심지어 대량 생산되는 일부 다크 초콜릿보다 더 높은 수치이다. 프랑스의 장인 쇼콜라티에 보나(Bonnat)와 이탈리아의 슬리티 社는 65퍼센트 이상의 고형 카카오를 함유한 밀크 초콜릿을 실험하고 있다. **MC**

Taste: 담배, 베리류, 풀, 시트러스 같은 향미는 흔하다. 초콜릿은 입안에서 잘 녹고 촉감이 좋아야 한다. "여운" 역시 40분 가까이 남아 있을 수 있다.

Taste: 좋은 밀크 초콜릿은 잘 녹으며 절대 기름지지 않다. 크리미한 유제품과 카카오 열매의 떫은 맛 사이에서 섬세한 균형을 이루고 있다.

발로나 공장의 컨베이어 벤트 위에서, 아직 아무도 손댄 적 없는 초콜릿 덩이들이 틀에서 틀로 움직이고 있다.

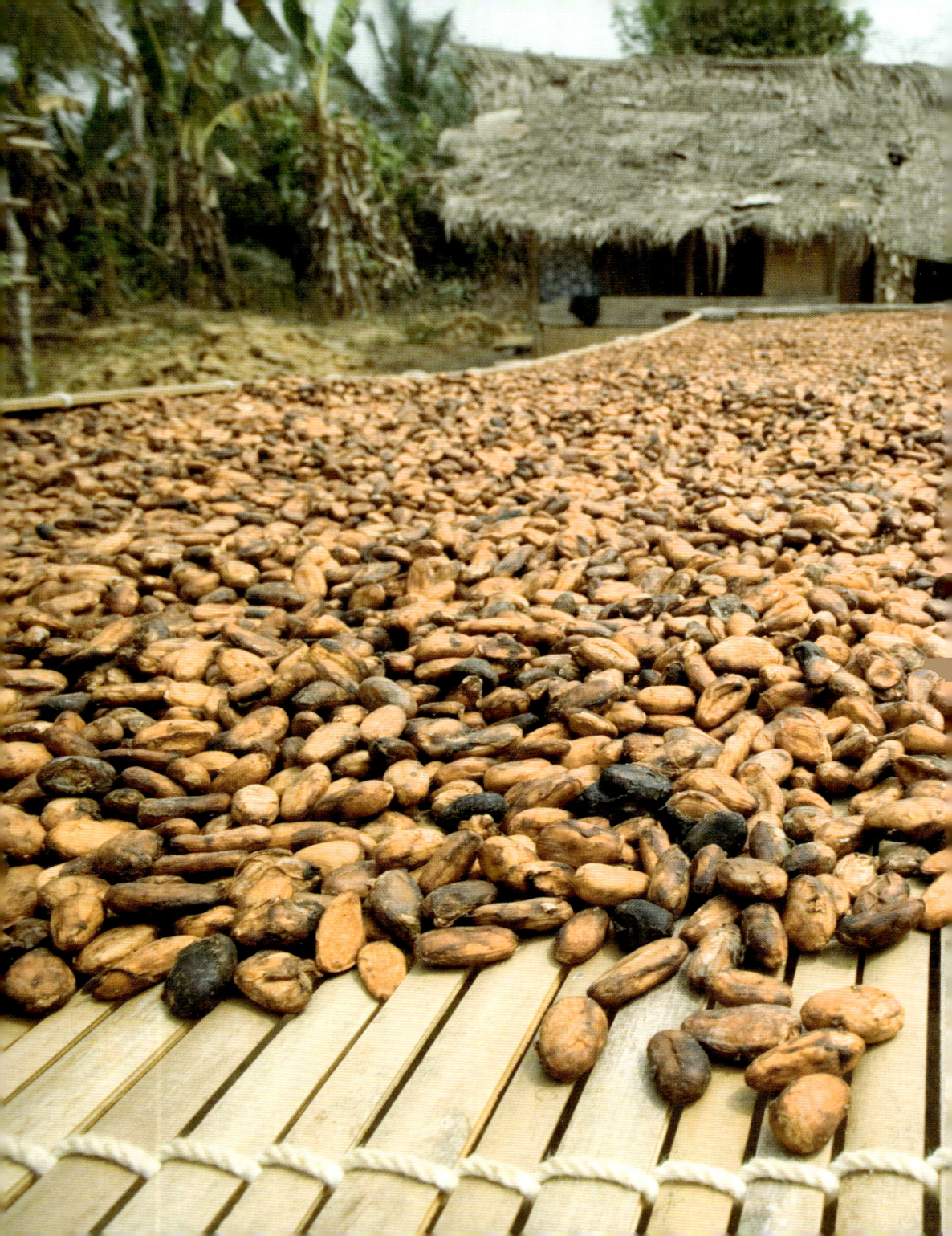

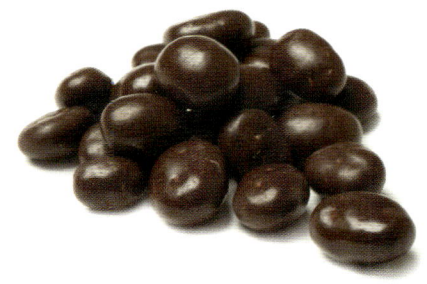

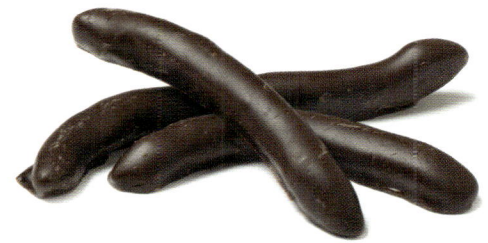

코코아 열매
Cocoa Bean

초콜릿의 정수인 코코아 열매는 열대 식물인 카카오 나무의 꼬투리 속에서 자란다. 사실 카카오 나무의 학명 (Theobroma cacao)은 '신들의 음식'이라는 의미를 지니고 있다. 아즈텍인들은 코코아 열매를 너무나 소중히 여긴 나머지, 화폐로 사용하기까지 했다. 코코아 열매로 만든 음료수는—마치 오늘날 우리가 황금 액체를 떠올리듯—황제와 귀족들만이 마실 수 있다. 처음에는 무관심했지만 스페인 정복자들도 곧 코코아로 실험을 시작했다. 진한 칠리코코아 소스인 몰레 포블라노(mole poblano)는 그 초기 예 중의 하나이다.

코코아가 유럽에 전해지자, 이탈리아인들은 앞장서서 짭짤한 요리에 이 새로운 향신료를 사용하기 시작하였으며, 최초의 초콜릿 디저트를 만들어냈다. 최근 셰프들은 코코아 열매를 으깨거나 다져서('닙(Nib)'이라고 부른다) 그 질감과 향미를 활용한다. 닙을 발사믹 식초에 섞으면 샐러드 드레싱으로 쓰거나 아이스크림 위에 뿌려 먹을 수 있다. 또 소스를 더 걸쭉하게 만들거나 케이크에 질감을 더하기에도 좋다. 미국의 새러펀 버거 社 등에서 닙을 생산한다. 이탈리아의 도모리 社는 카샤야 (Kashaya)라고 하여, 특별히 먹을 수 있도록 볶은 코코아 열매를 생산한다. **MC**

Taste: 코코아 열매를 통째로 먹는 것은 비터 초콜릿 아몬드를 먹는 것과 비슷하다. 향미는 짜릿하고 거칠며, 그 개성이 매우 뚜렷하다.

초콜릿 속에 들어가는 말린 과일
Dried Fruit in Chocolate

초콜릿에 넣는 속 가운데 가장 간단한 형태인 말린 과일 또는 설탕에 절인 과일은 자꾸만 먹고 싶고, 입에 군침이 돌게 하는 별미이다. 설탕에 절인 오렌지 껍질은 쇼콜라티에 사이에서도 매우 인기가 높다. 과일 껍질의 질감과 씹는 맛에 서서히 녹아내리는 초콜릿이 겹겹의 미각적 센세이션을 일으킨다. 그러나 어떤 제품은 저급 초콜릿 또는 심지어 식물성 유지로 만든 초콜릿 대용품을 사용하기도 한다.

조리거나, 설탕에 절이거나, 말린 과일은 숙성되는 과정에서 향미를 잃기 때문에 갓 만든 초콜릿을 먹는 것이 가장 좋다. 거의 모든 과일이 한번쯤은 초콜릿과 만났지만, 그 중에서도 가장 흥미로운 콤비는 보드카에 담근 프룬, 키르쉬에 담근 체리, 그리고 이탈리아산 어린 시트러스 열매인 치노토(chinotto)이다. 설탕에 절인 오렌지나 레몬은 고전적인 원료로, 보통 가늘게 찢어서 사용한다. 브뤼셀의 쇼콜라티에 토랑 제르보는 달콤한 초콜릿을 좋아하는 벨기에인들의 취향에 반기를 들고 중국에서 말린 금감을 수입해 이탈리아산 도모리 초콜릿을 입혔다. 그가 만드는, 햇볕에서 말린 페르시아 크랜베리를 뿌린 정사각형의 초콜릿바는 엄밀하게 말해서 초콜릿을 입힌 과일이라고는 말할 수 없지만, 정말 목숨을 걸 만한 가치가 있다. **MC**

Taste: 발로나처럼 카카오 함량이 높은 다크 초콜릿 설탕에 절인 오렌지의 톡 쏘는 맛과 가장 잘 어울리며, 시트러스 향을 끌어내고 향미의 깊이를 더한다.

🌣 가나의 아신 아다디엔템 마을 근교의 농장에서 코코아 열매를 햇볕에 말리고 있다.

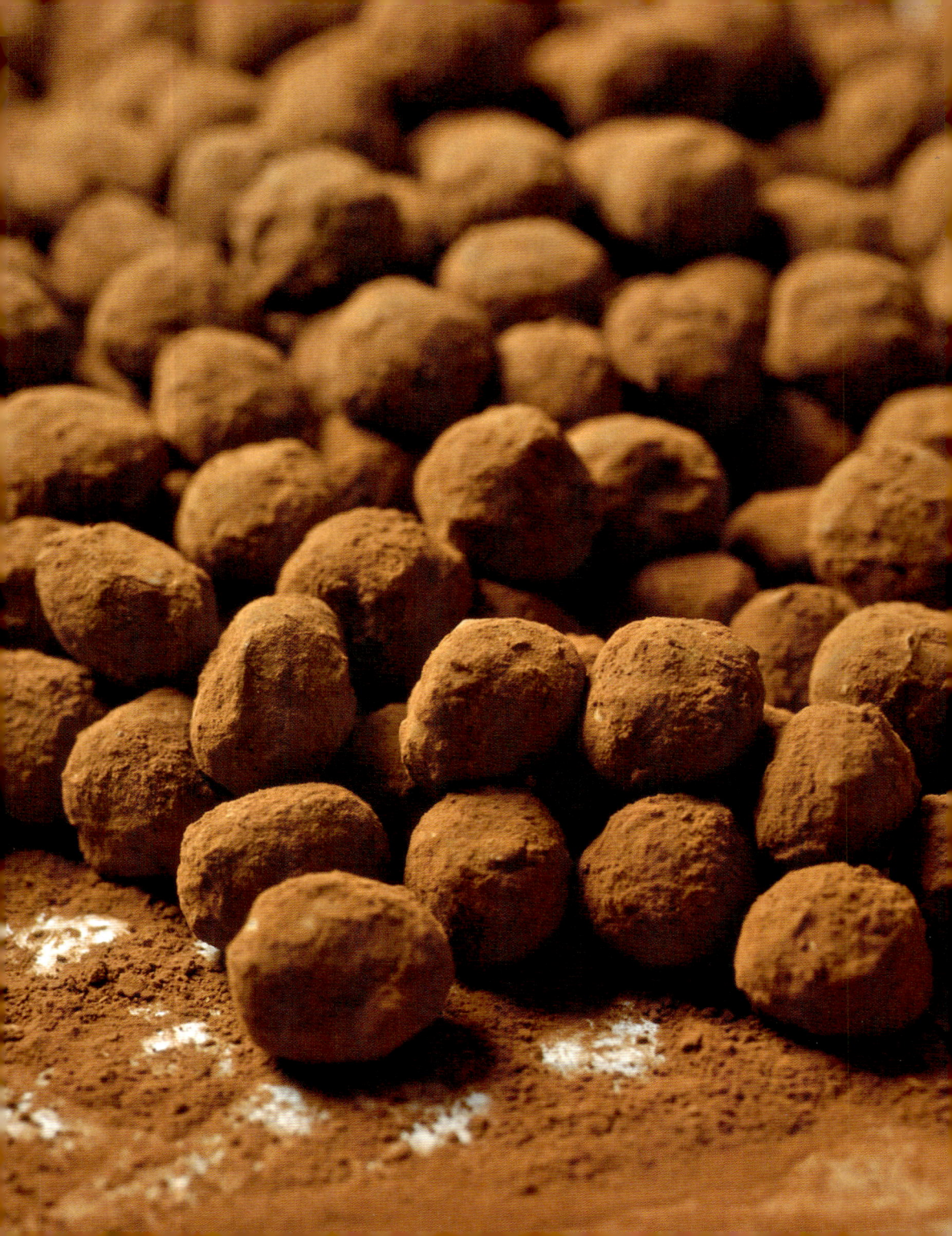

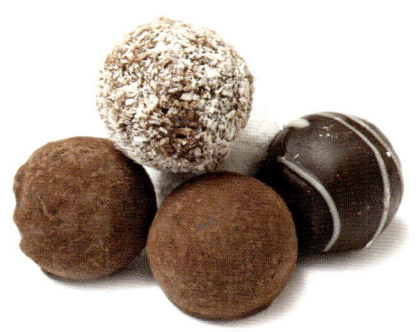

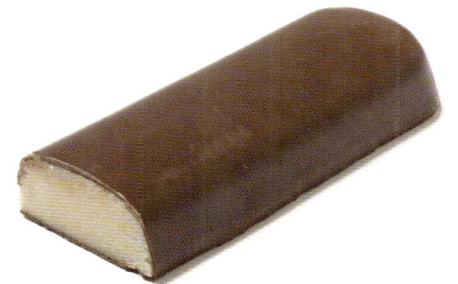

트러플 Truffle

초콜릿 애호가들이 가장 좋아하는 이 고전적인 과자는 바삭바삭한 초콜릿 안에 초콜릿 크림을 넣고 코코아 파우더를 살짝 뿌린 것으로 입안에 넣으면 환희의 물결을 일으킨다. 귀한 버섯을 본 따 만든 초콜릿 트러플은 20세기 초엽에 현대적인 단단한 초콜릿의 뒤를 이어 프랑스에서 처음 만들어진 듯하다.

속에 들어가는 재료는 겨우 몇 주밖에 보관할 수 없는 신선한 초콜릿과 크림 가나슈부터 식물성 유지, 설탕, 보존재를 뒤섞은 공장판 혼합물에 이르기까지 다양하다. 최고의 트러플은 장−폴 에방이나 피에르 에르메 같은 파리의 쇼콜라티에 숍에서 구할 수 있다. 시애틀의 프란스 같은 북미의 장인들도 훌륭한 트러플을 선보인다.

"샴페인" 트러플은 세월을 초월한 인기를 자랑하며 호화 디저트로 평가받고 있지만, 진짜 샴페인이 들어가는 것은 아니다. 샹파뉴 지방에서 생산되는 어린 브랜디인 마르크 드 샹파뉴를 대신 쓰거나 최악의 경우에는 인공 향미료를 사용하기도 한다. 진짜 샴페인을 넣어서 만들기란 매우 어렵기 때문이다. 진짜 샴페인을 사용하는 보기 드문 쇼콜라티에로는 런던의 폴 A. 영이 있다. **MC**

뤼베커 마치판 Lübecker Marzipan

아몬드 향이 이루 말할 수 없이 강렬한, 천국에나 어울릴 법한 뤼베커 마치판(PGI)은 세계 최고의 마치판으로 꼽히기에 손색이 없다. 독일 북부의 예쁜 옛 한자 동맹 도시 뤼벡은 아몬드로 만드는 이 과자가 처음 탄생한 곳으로도 알려져 있지만, 사실은 동방에서 전래되었을 가능성이 더 높다.

마치판은 십자군 원정 시대에 베네치아를 통해 유럽에 전해졌으며, 곧 스페인, 포르투갈, 독일로 전파되었다. 아몬드와 설탕을 갈아서 만든 간단한 페이스트로, 처음에는 약사들이 의료용으로 만들었다. 14세기 들어서야 호화 디저트로 귀족들의 식탁 위에 올려지기 시작했다. 신대륙의 발견과 함께 유럽에 설탕이 들어오면서 과자장이들도 마치판을 만들기 시작했다. 이들은 기본적인 마치판을 온갖 형태로 조각하여 우아한 예술로 바꾸어놓았다.

뤼벡의 마치판 제조업자들, 예를 들면 니더레거社나 카르스텐스社가 생산하는 다크초콜릿을 입힌 마치판은 식후에 다크로스트 커피와 함께 먹으면 환상적이다. **LF**

Taste: 초콜릿을 깨무는 순간 코코아 가루가 혀 위에 떨어지며 부드럽고 크리미한 속이 녹아내린다. 겉과 속의 질감이 결합하면서 초콜릿 향미가 물밀듯이 밀려온다.

Taste: 뤼베커 마치판은 알갱이가 살짝 씹히는 기분 좋은 질감에 맛좋은 아몬드 향기를 품고 있다. 향미는 너무 달지 않으면서 균형잡힌 달콤함을 보여준다.

⊙ 트러플에 입히는 코코아 가루는 그 매끄러운 질감과 달콤한 맛에 좋은 대비를 이룬다.

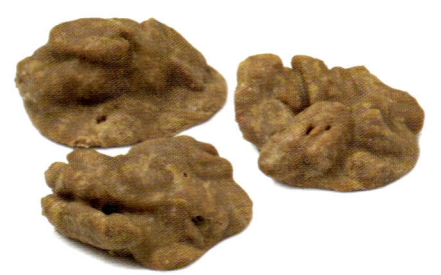

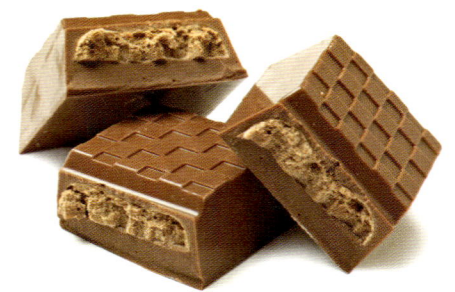

크레올 프랄린 Creole Praline

뉴올리언즈에서 기념품으로 인기가 좋은 프랄린은 사실 (아마도 17세기) 프랑스에서 유래하였다. 프랑스에서는 설탕을 입힌 아몬드로 만들었지만, 신대륙의 입맛과 재료는 전통을 뒤엎었고, 크레올 프랄린은 또 하나의 뉴올리언즈 명물이 되었다.

　　뉴올리언즈에서는 가게의 쇼윈도에서 프랄린을 만들고 있는 광경을 심심치 않게 볼 수 있다. 관광객들은 줄지어 늘어서서, 여인들이 커다란 통에 옥수수 시럽, 설탕, 우유, 버터, 바닐라 엑기스, 피칸을 휘젓다가 숟가락으로 떠서 기름 종이 위에 떨어뜨려 식히는 모습을 구경한다. 결과물은 달콤하고 퍼지와 비슷한 과자로, 언뜻 보기에는 꼭 비스킷처럼 생겼다.

　　진정한 크레올 프랄린은 뉴올리언즈 방식으로 만들지만, 프랄린에도 여러 가지 형태가 있으며, 흑설탕, 메이플 시럽, 또는 그 밖의 감미료를 사용하기도 한다. 상업용 생산자들은 심지어 초콜릿이나 바나나 같은 향미를 첨가하기도 한다. 최고의 원조 프랄린은 그러나 어디까지 옛 방식대로 만들어진다. **SH**

프랄린 Praline

전설에 의하면 1671년, 서투른 주방 조수가 아몬드를 바닥에 떨어뜨리자 화가 난 셰프가 그 위에 끓는 설탕을 들이부었다고 한다. 주인―뒤 플레시-프랄린 원수―에게 내갈 디저트가 없자 셰프는 설탕을 뒤집어쓴 아몬드를 대신 냈는데 이것이 의외로 대성공을 거두었다. 원수의 이름 뒷부분이 '프랄린'이라는 명칭의 기원이 되었다. 원래 프랄린이라고 하면 녹인 설탕으로 싼 아몬드 한 알을 가리켰지만, 시간이 흐르면서 케이크와 패스트리에 쓰이는 아몬드 가루 혼합물을 지칭하게 되었다.

　　단단한 초콜릿이 발명되면서, 여기에 견과류 가루가 더해지고 종내는 초콜릿 봉봉의 속으로 인기가 높아졌다. 너무나 인기가 높아진 나머지, 벨기에 같은 나라에서는 혼란스럽게도 속을 넣은 초콜릿을 모조리 프랄린이라고 부르기까지 한다.

　　최고의 프랄린은 갓 볶은 견과류를 사용하여 손으로 만든다. 유럽에서는 거의 항상 아몬드나 헤이즐넛을 사용하지만, 미국에서는 피칸이나 피스타치오를 즐겨 넣는다. 신인 축에 속하는 뉴욕의 쇼콜라 모데른의 경우 땅콩을 사용하여 환상적인 작품을 선보이기도 했지만, 유럽에서 그런 시도를 했다가는 눈살을 찌푸릴 것임에 틀림없다. **MC**

Taste: 크레올 프랄린은 가볍고 바삭바삭한 비스킷과 그 맛과 질감이 비슷하다. 겉은 약간 바삭하지만 속은 크리미한 퍼지 같다. 피칸의 견과 향이 단맛에 균형을 잡아준다.

Taste: 강한 견과류의 구운 향미에 살짝 태운 설탕이 결합하여 프랄린을 자꾸 또 먹고 싶게 만든다. 다크 초콜릿을 입히면 더욱 맛있다.

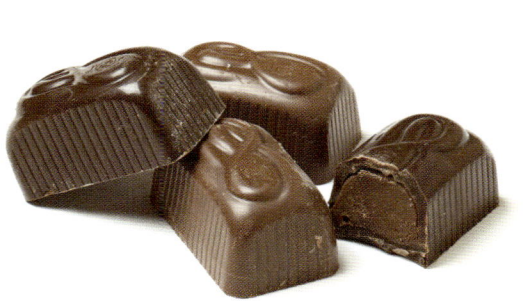

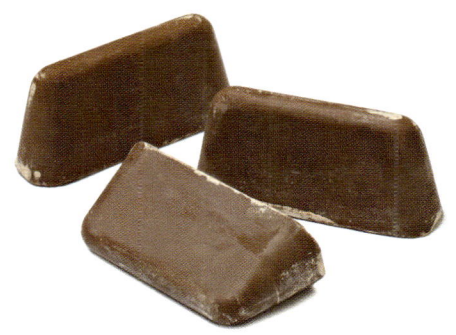

가나슈 초콜릿 Ganache Chocolate

초콜릿 애호가들에게 가나슈를 속에 넣은 초콜릿은 쇼콜라티에의 예술의 궁극적인 표현이라 할 수 있다. 갓 만들어낸, 최고의 솜씨를 발휘한 작품에, 이들은 초콜릿과 크림, 그리고 때때로 여기에 약간의 버터를 더해 만든 거의 액체에 가까운 속을 넣는다. 이 속은 초콜릿 본연의 향미가 혀 위에서 감각적 쾌락의 파도로 밀려오게끔 해준다.

가나슈는 전통적인 향미와 이국적인 향미를 결합시키기에 완벽한 베이스이다. 최고는 손으로 직접 천연 재료들을 집어넣는 것이다. 계피, 칠리는 물론 독특하게도 일본 유자, 또는 스웨덴의 리코리스로 향미를 낸 가나슈도 시도해볼 만한 가치가 충분하다. 가나슈 레시피는 19세기 중반에 처음 만들어졌지만, 20세기 들어서 유행이 시들해졌다가, 1970년대에 로베르 링크스가 파리에 라 메종 뒤 쇼콜라를 열면서 부활하였다. 오늘날까지도 최고의 가나슈는 프랑스인들의 손에서 빚어진다. 파리, 바욘, 리옹—전설적인 베르나숑 초콜릿 하우스가 있는—이 그 중에서도 유명하다. 가나슈의 예술은 최근 북미, 스칸디나비아, 런던으로 퍼져나가고 있는 추세이다. **MC**

지안두야 Gianduja

초콜릿과 견과류의 완벽한 조합이라 할 수 있는 지안두야는 초콜릿에 저 유명한 피에몬테 지방 랑게 산 톤다 젠틸레(Tonda gentile) 헤이즐넛을 짝지웠다. 이탈리아의 명물이지만, 영국인들도 그 탄생에 일조했다—나폴레옹 전쟁 당시 해상 봉쇄로 19세기 전반 내내 유럽에 카카오 품귀 현상을 일으켰던 것이다. 창조 정신이 풍부한 이탈리아 북부의 초콜릿 장인들은 헤이즐넛을 구워서 갈아 만든 페이스트를 초콜릿에 더해, 카카오를 조금이라도 아끼고자 했고 그 과정에서 새로운 전통을 만들어냈다. 그들은 여기에 피에몬테를 상징하는 코믹한 카니발 캐릭터의 이름을 붙였다. 피에레 파울 카파렐은 최초의 지안두야 상용 생산자 중 하나로 1865년 자신만의 레시피를 완성하여, 저 유명한 "뒤집어진 배" 모양의 지안두야를 금박 종이에 싸서 팔기 시작하였다. 곧 유사한 제품들이 나오기 시작했는데, 그 중에서도 페레로 社의 지안두야로 속을 채운 로셰(Rocher)는 오늘날 세계 어디서나 찾아볼 수 있다. (다만 맛은 오리지널 레시피를 아주 살짝 흉내냈을 뿐이다.) 우아한 시가 모양으로 만든 벤치의 막대 모양 지안두야는 애호가들 사이에서 인기가 높다. **MC**

Taste: 질감은 부드럽고 버터와 흡사한 것부터 퍼지처럼 단단한 것까지 다양하다. 좋은 가나슈는 초콜릿의 향미를 확 열어주며, 깔끔한 뒷맛을 전달한다.

Taste: 최고의 지안두야는 바삭바삭한 구운 견과류의 향미와 실크처럼 매끄러운 질감, 그리고 기분 좋은 초콜릿 맛을 지니고 있으며, 대량생산한 제품의 물리는 단맛을 전혀 찾아볼 수 없다.

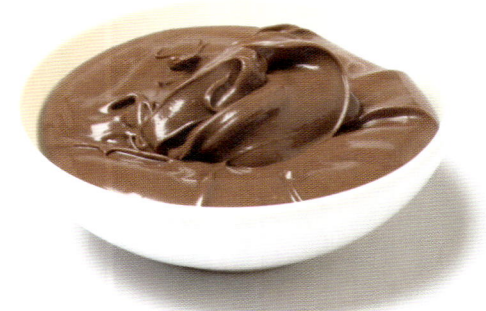

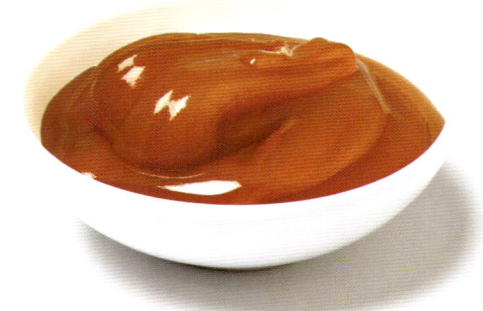

초콜릿 스프레드 Chocolate Spread

둘쎄 데 레체 Dulce de Leche

나이프에 진하고 풍성한 초콜릿을 듬뿍 올려 뜨거운 버터 바른 토스트에 바르든, 아니면 몰래 부엌에서 퍼 먹다가 들켜 버리든, 초콜릿 스프레드는 많은 어른들이 쉽게 떨쳐버릴 수 없는 어린 시절의 매력을 지니고 있다. 초콜릿을 발라먹는 풍습은 꽤 오래전부터—200년도 넘게—있었지만, 초콜릿 스프레드 자체는 최근에 발명되었다. 제2차 세계대전 동안 배급으로 인해 코코아 공급이 줄어들자, 이탈리아 북부의 페레로 社는 식물성 지방을 사용하여 일종의 지안두야(gianduja)—이 지역에서 생산하는 헤이즐넛을 갈아서 초콜릿을 섞은 것—를 생산하기 시작하였다.

약 20년 후 페레로 社는 이를 보다 발전시킨 버전을 시장에 내놓았고, 이렇게 해서 누텔라(Nutella) 브랜드가 탄생하였다. 현재 시판되는 대부분의 초콜릿 스프레드는 누텔라를 모방한 것이지만, 지나치게 달거나 식물성 경화유를 사용하였다. 심지어 유기농 브랜드조차 식물성 유지 함량이 매우 높다. 그러나 많은 고급 쇼콜라티에—그 중에는 벤치(Venchi)나 폴 A. 영(Paul A. Young)도 있다—는 그보다 품질이 훨씬 좋은 초콜릿 스프레드를 선보이며, 이들은 대게 그 자리에서 갓 만든 제품이므로 오래 두고 먹지는 못한다. **MC**

이 맛좋은 "밀크 잼"은 남아메리카, 특히 아르헨티나와 우루과이의 플라타 강 유역에서는 거의 강박에 가까운 사랑을 받는다. 두 나라 모두 둘쎄 데 레체에 거의 국가적 자존심을 걸다시피 하고 있지만, 어느 쪽도 DOC 승인을 받지는 못했다.(2001년 아르헨티나는 유네스코로부터 둘쎄 데 레체를 아르헨티나 고유 음식으로 인증받으려 했으나 실패했다.)

우유와 설탕을 서서히 끓인 뒤, 약간의 바닐라와 베이킹 소다를 넣은 둘쎄 데 레체는 그 기원이 불분명하다. 아르헨티나의 전설에 따르면, 19세기 초에 한 하녀가 설탕을 넣은 우유를 화덕 위에 놓아둔 채 잠시 나갔다 와보니 걸쭉하고 크리미한 곤죽으로 변해 있었다고 한다. 둘쎄 데 레체는 또한 우유를 끓여서 달짝지근하게 만든 일련의 과자들—예를 들면 페루, 칠레, 콜롬비아에서 널리 인기가 높은 만하르 블랑코(manjar blanco)나 프랑스의 콩피튀르 드 레(confiture de lait)—과 밀접한 연관이 있다. 남아메리카에서는 둘쎄 데 레체를 응용하여 팬케이크부터 아이스크림과 케이크에 이르기까지 온갖 종류의 디저트를 만든다. 전통적으로 '알파호르(alfajor)'라 불리는 남아메리카의 비스킷 샌드위치에 속으로 넣기도 한다. **IA**

Taste: 최고의 초콜릿 스프레드는 멋진 초콜릿 향미와 견과류의 토스트 향이 균형을 맞추어야 한다. 질감은 걸쭉하면서 입에서 왁스 같은 느낌이 나서는 안 된다.

Taste: 이 걸쭉하고 밀키한 갈색 소스는 환상적으로 달콤하고, 실크처럼 매끄럽고, 윤기가 흐르며 우유의 향미가 난다. 설탕 캐러멜의 강렬함이나 탄내는 전혀 느낄 수 없다.

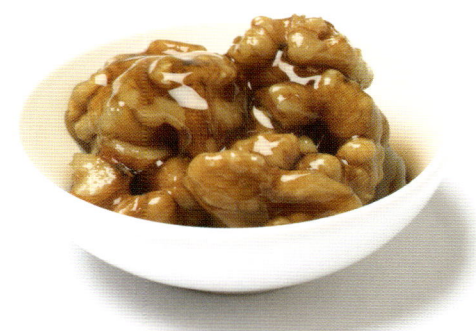

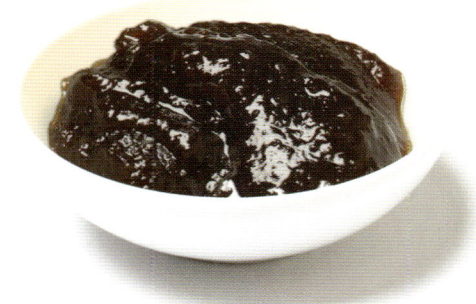

그린 월넛 글리코 Green Walnut Gliko

블랙 버터 Black Butter

그리스의 명물인 글리코는 '스푼 스위트(spoon swee-ts)'라고 불리며, 그 종류가 매우 많다. 글리코는 약간 덜 익은 과일과 견과류를 걸쭉하고 달콤한 시럽에 조린 환상적인 보존 식품이다. 그린 월넛 글리코는 그 가운데 하나일 뿐이지만, 그리스 펠로폰네소스 반도의 아르카디아에서 생산한 유명한 호두로 만들었다는 점에서 특별 취급을 받는다.

호두가 아즈 어릴 때, 내피가 생성되기도 전에 보송보송한 녹색의 솜털 같은 껍질로 덮여 있을 무렵 수확한다. 설탕 시럽에는 종종 계피와 정향을 넣어 맛을 낸다. 견과류나 과일을 시럽에 조려서 두고 먹는 전통은 오랜 역사를 자랑한다. 고대 그리스인들은 특히 벌꿀에 조린 견과류를 좋아했다. '스푼 스위트'라는 이름은 환영과 환대의 표시로 작은 숟갈을 함께 낸 데서 유래하였지만, 일설에 의하면 ㅇ 과자에 독이 들어 있지 않으며 먹어도 안전하다는 것을 증명하기 위해 한 숟갈 떠서 먹어보이던 풍습에서 기원하였다고 한다. 여전히 장인들이 소규모로 생산하기 때문에 그 본연의 환상적인 맛을 즐기는 것이 가능하다. **LF**

잉글랜드의 '블랙 버터'와 프랑스의 '뵈르 누아(beurre noir)'를 헷갈리지 말 것. 후자는 눌어서 탄 버터로 홍어 등의 생선에 곁들인다. 블랙 버터는 사과를 끓여서 만든 일종의 시럽으로 영국에서는 1810년대에 특히 인기가 높았으며, 저지 의 채널 제도에서는 오늘날까지도 만들어 먹는다. 작가 제인 오스틴의 집에서도 블랙 버터를 만들어 먹었는데, 1808년 동생 카산드라에게 보내는 편지에서 오스틴은 블랙 버터를 한 단지나 먹었다고 기술하고 있다. "제대로 만든 것은 아니었지만, 아주 잘 만든 것도 있었어."

감자가 이 지역의 농업을 휩쓸기 전까지 저지는 과수원 천지였다. 저지의 중심부에 있는 라 마르 빈야즈 앤 디스틸러리(Le Mare Vineyards and Distillery)에서는 여전히 애플 사이다를 생산하고 있다. 블랙 버터는 사과(그리고 전통적으로 사과 주스와 향신료, 특히 리코리스를 더해서)를 끈적한 갈색의 덩어리가 될 때까지 끓여서 으깨어 만든다. 한동안 숙성시킨 시럽의 색깔은 거의 당밀처럼 검게 변한다. 저지의 젊은 농부들은 해마다 블랙 버터 파티(la séthée d'nièr beurre)를 연다. 밤새 모닥불 위에 걸어놓은 큰 냄비에 사과를 끓이는 것이다. 그 레시피는 중세의 사과 소스에서 발전했을 가능성이 높다. **MR**

Taste: 윤기있고 매끄러우며, 독특한 매력을 지니고 있다. 이 시럽에 조린 호두의 이국적인 향은 따스한 스파이스의 가장 부드러운 표현으로 한결 돋보이게 된다.

Taste: 블랙 버터는 희미한 스모키 향에 사과의 달콤함이 섞여 있다. 토피와 과일을 섞어놓은 듯한 그 맛은 입안에서 오래 머물며 더더욱 먹고 싶어진다.

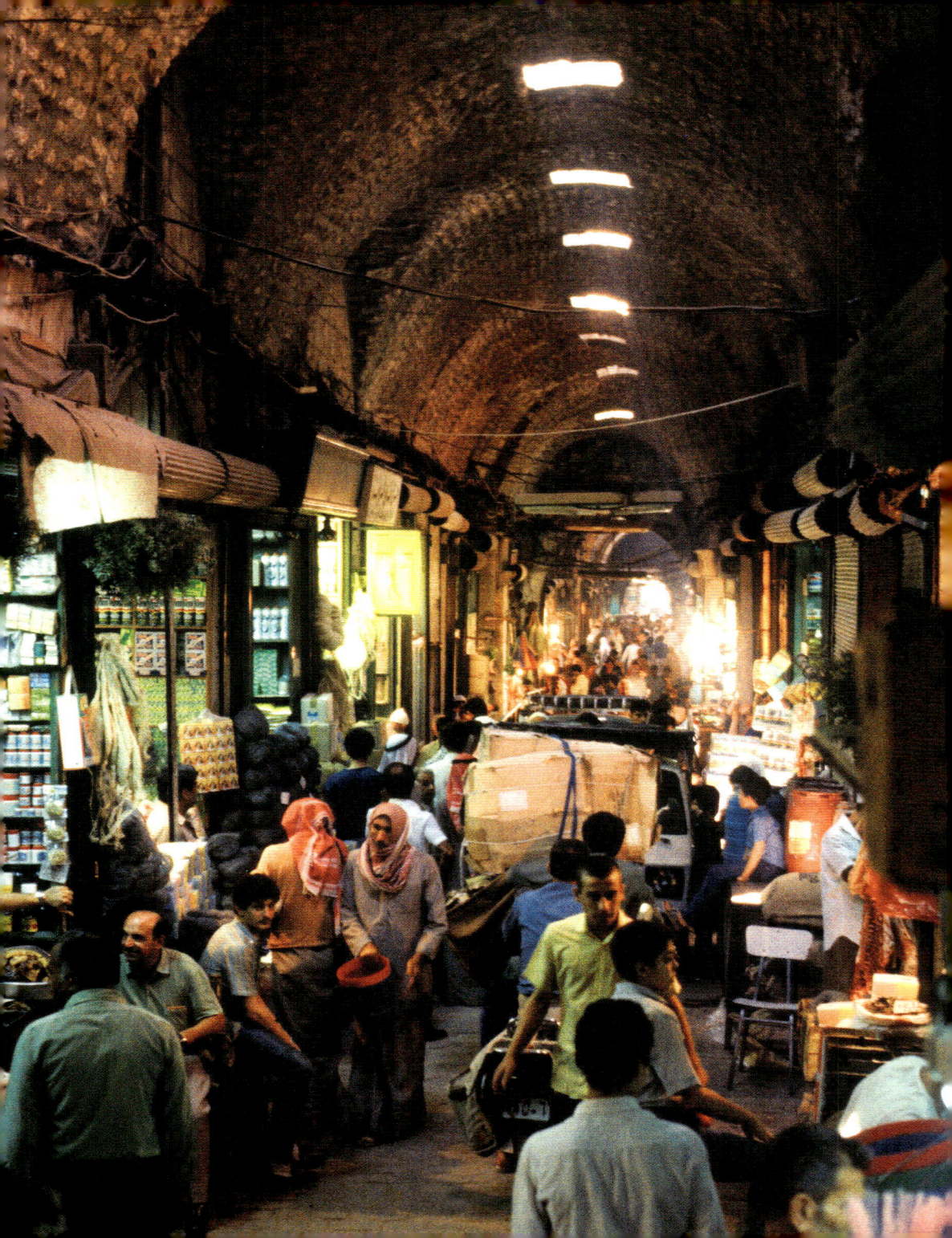

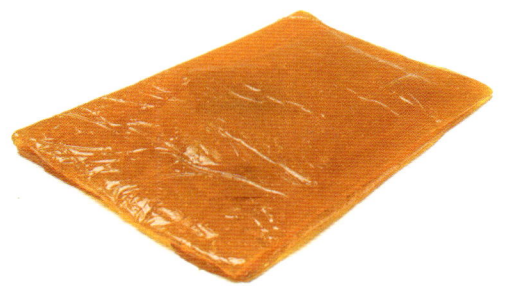

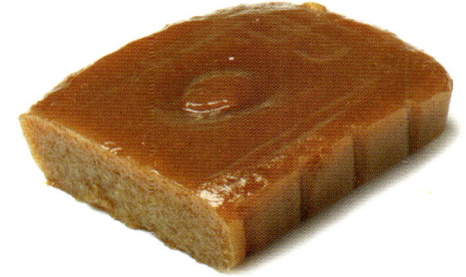

아마르디네 Amardine

중동 지역 음식에서 말린 과일은 기본 식품이며, 대부분 달콤하고 즙이 많지만, 시리아산 말린 살구의 촉촉하니 반짝거리는 오렌지빛 풍성함은 그 무엇도 따라갈 수 없다.

해마다 7월이면 잘 익은 살구를 수확하는데, 시리아 북쪽 국경 지대의 말라티아 마을 주변 과수원에서 딴 것을 최고로 친다. 이 곳의 흙과 기후가 변덕스러운 살구 나무에 완벽하게 잘 맞기 때문이다. 과수원에서 공방으로 조심스레 운반해오면, 살살 으깨서 커다란 통에 넣은 뒤 물을 약간 붓고 걸쭉해질 때까지 보글보글 끓인다. 이것을 체에 부어 겉껍질과 씨를 걸러낸 뒤 걸쭉한 퓌레에 설탕을 넣고 페이스트가 될 때까지 졸인다. 얇은 직사각형 쟁반에 올리브 오일을 바른 뒤, 살구 페이스트를 그 위에 붓고 햇볕이 내리쬐는 지붕 위에 48시간 동안 올려놓아 건조시킨다.

아마르디네는 얇은 종이처럼 잘라서 파는데, 단것을 좋아하는 사람들은 간식으로 먹고, 부엌에서는 음료수나 디저트, 또는 양고기와 야채 스튜에 넣는다. **WS**

멤브리요 Membrillo

멤브리요는 환상적인 분홍빛 호박색의 스페인 과일 조림으로, 종종 '과일 치즈'라 불리는 단단한 페이스트 형태이다. 스페인에서 '멤브리요(membrillo, 퀸스)'라고 부르는 과일의 과육으로 만든다. 퀸스(Cydonia oblonga)는 너무 딱딱하고 시어서 생과일로는 먹지 못하지만, 설탕을 넣어 몇 시간 동안 조리면, 과육이 부드러워지면서 불타는 듯한 선명한 빨강색에 사과와 배의 향미를 띠게 된다.

퀸스는 과육을 응고시키는 성질이 있는 펙틴을 많이 함유하고 있어 저장 식품으로 만들기에 적당하다. 사실 멤브리요 페이스트는 원조 '마멀레이드'이다(오늘날 우리가 마멀레이드라고 부르는 오렌지 잼이 아니다).

멤브리요는 스페인의 맛좋은 양젖 치즈인 만체고(manchego)와 곁들여내는 것이 특징이다. 달콤한 퀸스와 알싸한 만체고의 조합은 마법과도 같다. 국제적으로 명성이 높아지면서, 점차 다른 딱딱한 치즈와 함께 먹는 경우가 많아지고 있다. 멤브리요는 새끼양이나 오리고기처럼 진하고 기름기가 많은 음식을 덜 느끼하게 하는 데 특히 좋으며, 천사들이나 먹는 것 같은 글레이즈나 간단한 소스를 만들기에도 아주 좋다. **LF**

Taste: 쫄깃한 아마르디네는 농도 짙은 과일 향을 풍기며, 아주 달콤하다. 간식으로 먹을 수도 있지만 그 외에도 쓸모가 다양하다.

Taste: 달콤하고 섬세한 꽃향기가 나며, 단단하고 속이 꽉 찬 젤리 같은 밀도를 자랑하는 멤브리요는 짭짤하고 풍미가 강한 음식과 곁들여 먹으면 환상적이다.

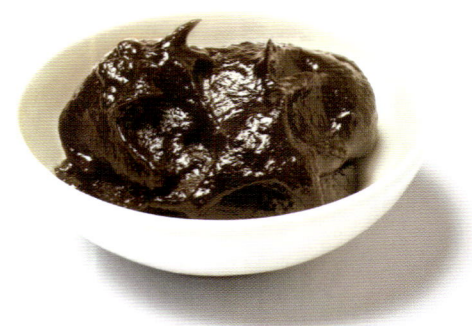

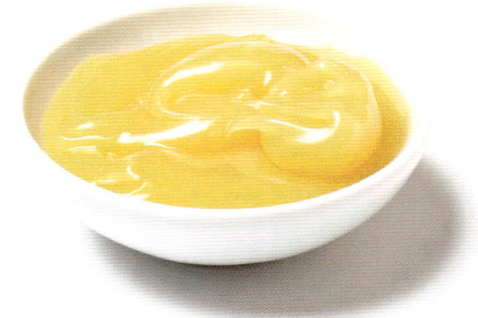

레크바르 Lekvar

유럽 자두는 고대부터 재배되어왔으며, 유럽 중부와 남동부에서 처음 자라기 시작한 것으로 보인다. 이들 지역에서는 해마다 새로 수확한 자두로 걸쭉한 과일 버터를 만든다. 잼과 비슷한 이 과일 조림이 처음으로 기록상에 등장한 것은 1350년이지만, 오늘날까지도 동유럽의 일부 마을들에서는 레크바르 축제를 연다. 여기서는 자두를 퓌레로 만들어 빵에 발라 먹을 수 있을 만큼 걸쭉해질 때까지 커다란 구리 냄비에서 서서히 졸인다.

레크바르는 전통적으로 밀랍을 먹인 종이를 두른 작은 나무통에 담으며, 먹을 때에는 나무 주걱으로 떠낸다. 자두에는 천연 방부 성분이 들어 있기 때문에 레크바르는 오랫동안 두고 먹을 수 있으며, 따라서 통에 담긴 채로 전 세계로 수출이 가능하다. 그러나 오늘날에는 보통 단지에 담아서 델리카트슨이나 슈퍼마켓 잼 코너 옆 선반에 늘어놓고 판다.

레크바르는 피로기(pierogie, 효모를 넣어 부풀리지 않은 반죽에 다양한 재료로 만든 소를 넣어 삶은 슬라브식 만두)나 오스트리아의 크루아상 모양 과자인 킵펠(kipfel) 같은 패스트리에 소로 넣는다. 유태인의 퓨림 축제 때 먹는 세모꼴의 전통 패스트리인 '하만타센(hamantashen)'에는 프룬 버터를 소로 넣기도 한다. **WS**

Taste: 자두 퓌레를 오랫동안 서서히 졸이면 프룬과 비슷한 강렬한 향미의 레크바르 버터를 얻을 수 있다. 얼마나 강렬한지 빵에 아주 약간만 발라도 오랫동안 그 향미가 입안에 맴돈다.

레몬 커드 Lemon Curd

커스터드 스타일의 타르트나 파이의 소(오늘날에는 발라 먹는 스프레드로 알려져 있기는 하지만) 중에서도 가장 호화로운 레몬 커드는 해나 글라스의 18세기 요리책인 『요리의 예술Art of Cookery』에 등장하는 레몬 크림과 오렌지 버터의 직계손이라 할 수 있다. 레몬, 달걀, 버터, 설탕만으로 만들며, 따라서 저온 살균을 한다 할지라도 몇 주씩 두고 먹지는 못하며, 반드시 냉장 보관해야 한다.

슈퍼마켓에서 파는 '레몬 커드'는 원조 레몬 커드를 우스꽝스럽게 흉내낸 것에 불과하며, 옥수수 녹말과 달걀 분말을 약간 넣어 걸쭉하게 만든 것이다. 이렇게 하면 냉장 보관하지 않아도 저장은 용이하겠지만, 꼭 먹어보아야 할 가치는 없다.

리메스와 세비야의 오렌지를 쓰기도 하며, 몇몇 미식가들은 오렌지 커드가 레몬 커드보다 더 맛이 좋다고 주장한다. 어찌되었건 굳는 것을 막기 위해 아주 약한 불에서 졸이는 것이 중요하다. 해나 글라스의 레몬 치즈케이크는 속에 레몬 커드를 넣어 굽는다―현대의 치즈케이크와는 완전히 다르다. 호화롭기 그지없는 그녀의 레시피에는 두 개의 레몬, 설탕과 버터 각 500그램, 그리고 12개의 달걀 노른자와 8개의 달걀 흰자가 들어간다! **AMS**

Taste: 레몬 커드는 스콘에 발라 먹거나 푸딩에 넣는다. 옥수수 녹말로 걸쭉하게 만든 것보다 진짜 레몬 커드를 레몬 머랭 파이에 넣으면 훨씬 맛있다.

레몬 커드는 오래 두고 먹을 수 없기 때문에,
집에서 만들 때에는 조금씩 만들어 먹는 것이 좋다. ❯

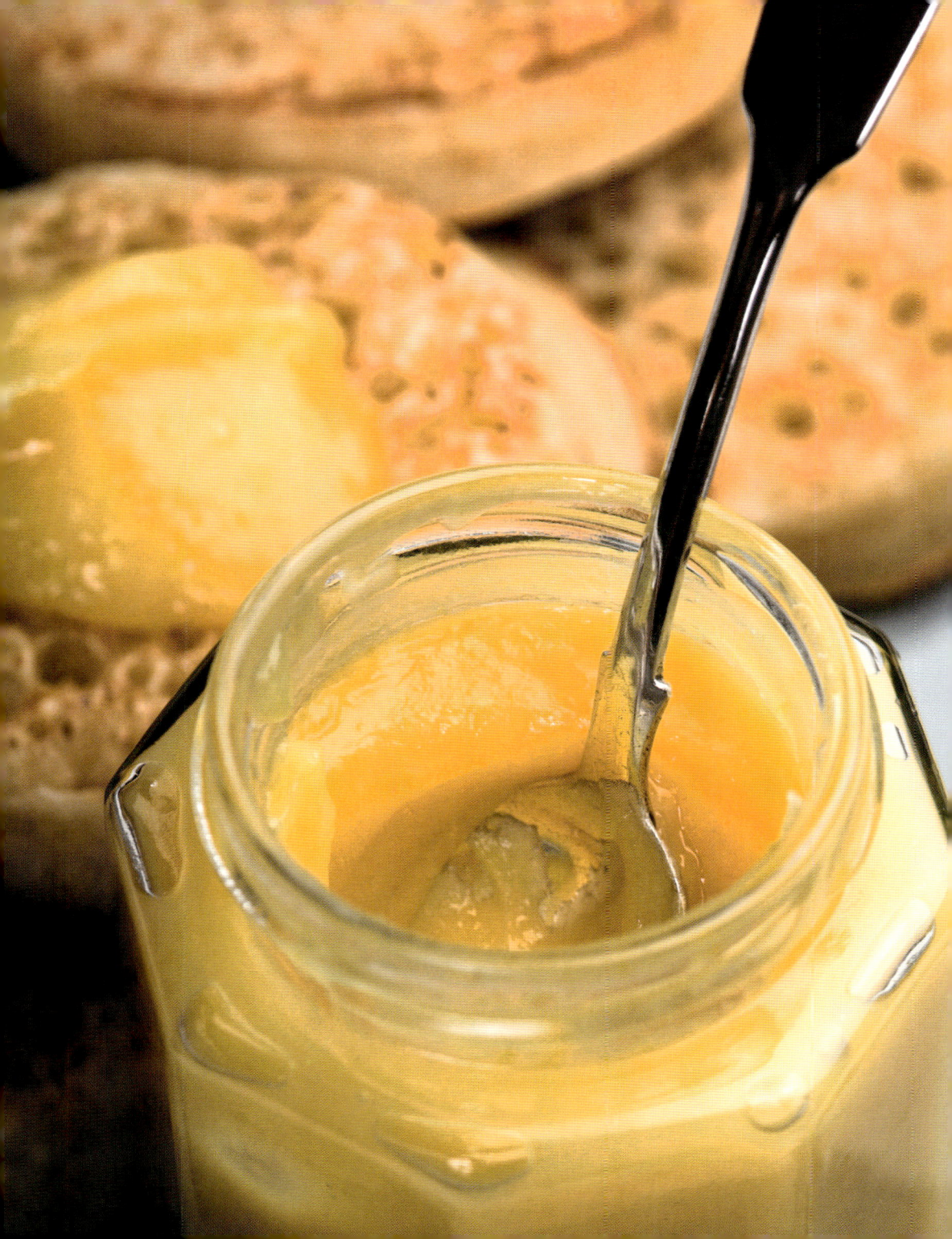

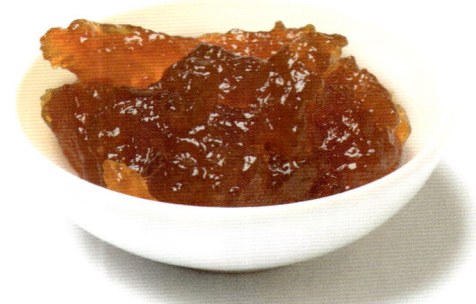

세비야 오렌지 마멀레이드
Seville Orange Marmalade

세비야 오렌지가 마멀레이드를 만들기에 이상적이라는 장점은 그대로 생과일로 먹기에 적합하지 않다는 단점이기도 하다. 두껍고 거친 껍질에 속살은 몸서리가 쳐질 정도로 시며 심지어 쓰기까지 하다. 게다가 씨로 가득 차 있다.

쌉쌀한 오렌지(Citrus aurantium)는 중국과 인도가 원산인 것으로 추정되나 12세기 무렵에는 무어인들에 의해 남부 스페인에도 오렌지와 관개 기술이 전래되어 있었다. 안달루시아의 건조한 기후에도 불구하고 오렌지나무는 널리 퍼져나갔다. 덕분에 안달루시아의 주도 이름을 따 세비야 오렌지라는 별명이 붙었다.

마멀레이드라는 명칭은 퀸스 페이스트를 가리키는 포르투갈어 '마르멜라다(marmelada)'에서 유래했으며, 오렌지는 스페인에서 수입하지만, 오늘날 우리가 먹는 마멀레이드는 어디까지나 영국식이며, 로스트 비프, 요크셔 푸딩, 그리고 피쉬앤드칩스와 함께 영국의 대표적인 음식으로 손꼽힌다. 오늘날의 마멀레이드 형태—오렌지 껍질로 향미를 더욱 풍부하게 한, 투명하고 발라먹기에 적당한 젤리—는 18세기 스코틀랜드에서 생겨났다는 것이 공통된 의견이다. 던디의 제임스 케일러가 발명했다고 주장하는 사람들도 있다. **LF**

Taste: 과일 향이 진하고 젤리 같은 세비야 오렌지 마멀레이드는 강렬하고 달콤쌉싸름한 오렌지의 톡 쏘는 맛과 껍질의 쫄깃한 질감이 더해져 버터 바른 뜨거운 토스트에 발라 먹으면 완벽하다.

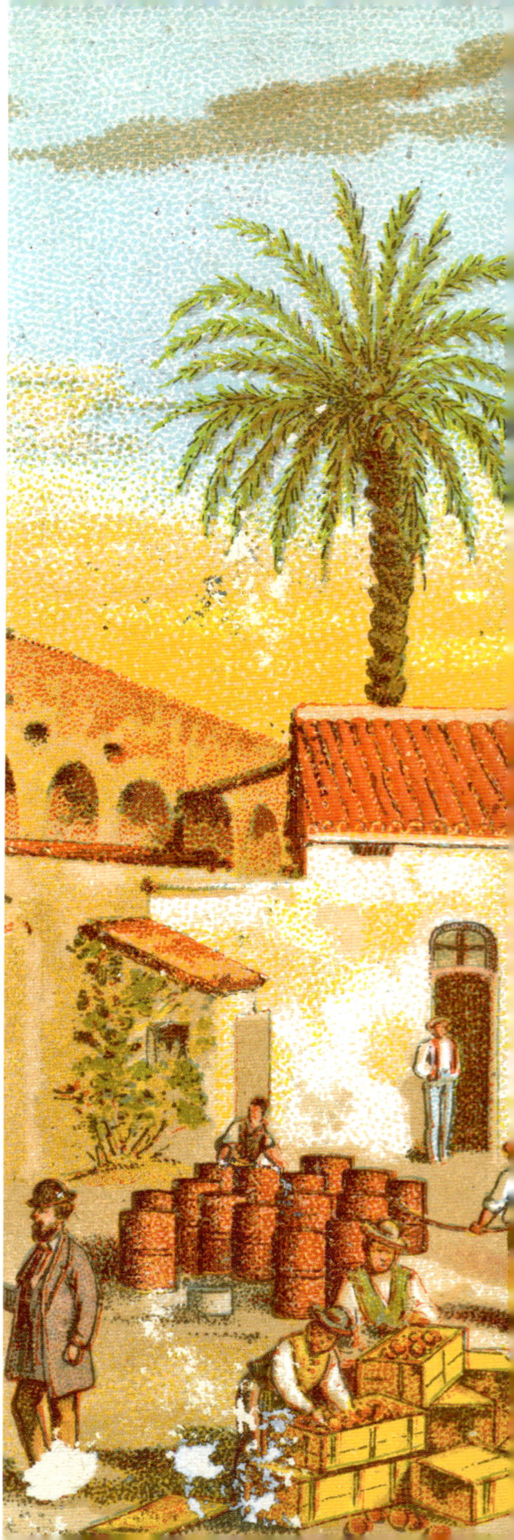

스페인 세비야에 있는 빅토리아 시대 마멀레이드 공장. ➡

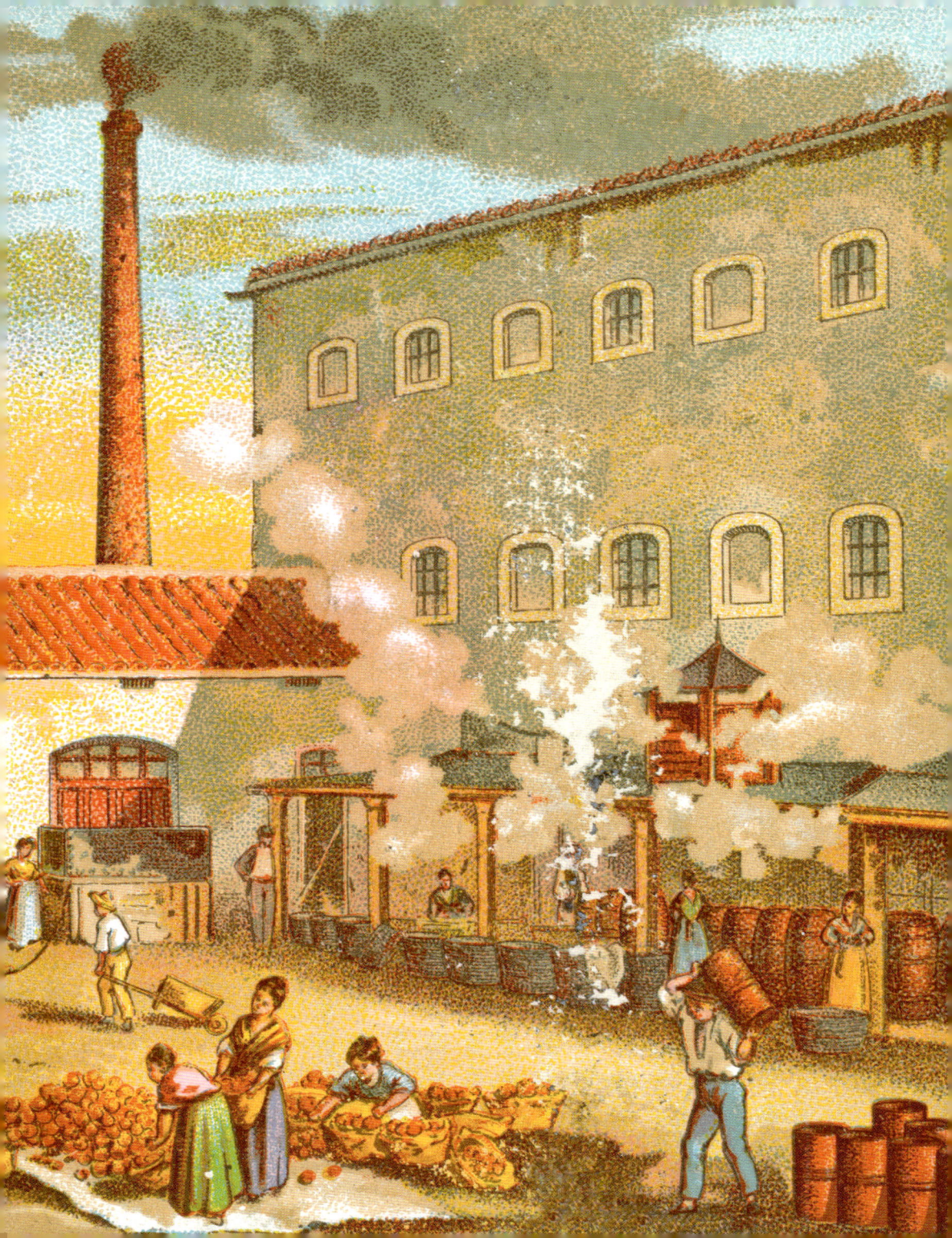

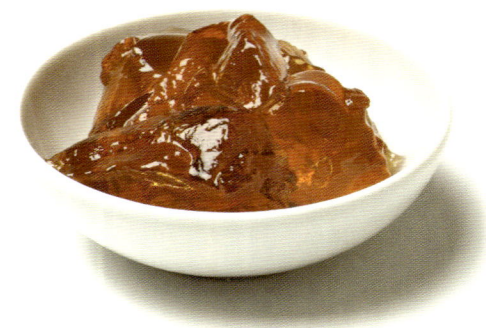

로완 젤리 Rowan Jelly

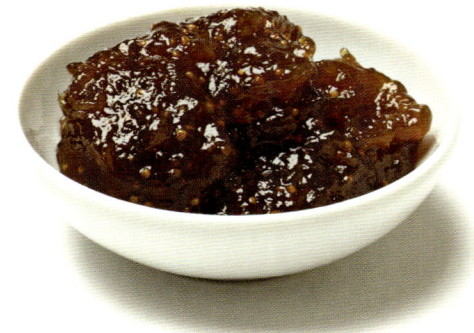

무화과 잼 Fig Jam

잉글랜드 서부에서는 선명한 주홍색의 로완 열매를 '포이즌 베리(poison berries)'라 부른다. 로완나무(Sorbus aucuparia)는 유럽과 북아시아에서 야생으로 자라며, 실제로 열매에 독성이 있다. 생 로완 열매는 파라소르브 산을 함유하고 있지만, 조리하면 무해하고 소화가 쉬운 소르브산으로 바뀐다.

로완 열매는 가을에 익지만 첫서리가 내리기 전에는 수확하지 않는다. 날로 먹으면 쓰고 떫으며, 새들이 즐겨 먹는다. 설탕을 넣어 젤리로 만들면 거의 시트러스와 비슷한 독특한 향미가 나며, 여전히 원래의 쌉쓸한 맛이 느껴진다.

응고 작용을 하는 펙틴 함량이 매우 낮아서 로완 젤리를 만들 때는 제대로 굳히기 위해 크랩애플과 1:1의 비율로 섞는다. 로완 열매를 부드러워질 때까지 송이째 약한 불에 끓여서 흘러나오는 즙을 설탕과 함께 끓인다. 젤리를 고기와 함께 먹는 풍습이 있는 영국에서는 양고기나, 특히 사슴고기와 함께 낸다. **MR**

지중해 연안에서는 세계 최고의 무화과가 자란다. 이 지역의 무화과 나무들은 일년에 두 번 열매를 맺는데, 첫 번째는 6~7월에, 두 번째는 8월 말경이다. 이 두 번째로 수확하는 열매가 즙도 많고 달콤해서 잼을 만들기에는 최고다. 무화과는 품종이 다양하지만 크게 (헷갈리게도) 녹색이나 노르스름한 껍질의 '하얀' 무화과와, 짙은 보라색 껍질의 '까만' 무화과로 나뉜다. 두 종류 다 잼으로 만들기에 좋으며, 레시피도 무궁무진하다. 바닐라, 호두, 레몬 즙 같은 재료들을 첨가하기도 한다. 스페인의 메르멜라다 데 히고(mermelada de higo)는 엄밀하게 말하면 이탈리아의 콘페투라 데 피치(confettura de fichi)와 같다고 보아야 한다(그러나 시칠리아의 피치 딘디아(fichi d'India)는 프리클리페어 선인장으로 만든다).

잼 만드는 경험이 풍부하다면 과일에 들어 있는 펙틴의 양에 따라 응고가 결정된다는 사실을 알 것이다. 여기에서 무화과는 좀 웃긴다. 펙틴이 없어도 굳힐 수 있지만, 항상 그런 것은 아니다. 토스카나 피렌체 근교의 카르미냐노 마을은 말린 무화과로 유명하며, 토착 품종—도타토, 베르디노, 브로지오토, 네로, 산 피에트로 등—으로 잼도 만든다. 이탈리아인들은 흰 육류와 고르곤촐라 같은 치즈에 무화과 잼을 곁들여 먹는다. **MR**

Taste: 로완 젤리는 레드커런트 젤리와 비슷하며, 투명하고 선명하고 오렌지빛이다. 색깔과 향미 모두 독특한 마멀레이드에 비견할 만하다.

Taste: 농도가 짙고, 선명한 색깔에 씨로 인해 알갱이가 씹히는 무화과 잼은 달콤하고, 과일 맛이 나고, 향긋하다. 향미는 진하고, 강렬하고, 오래 남는다.

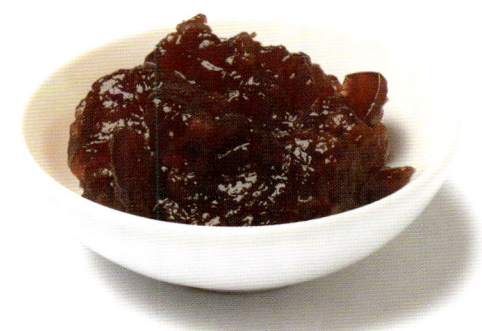

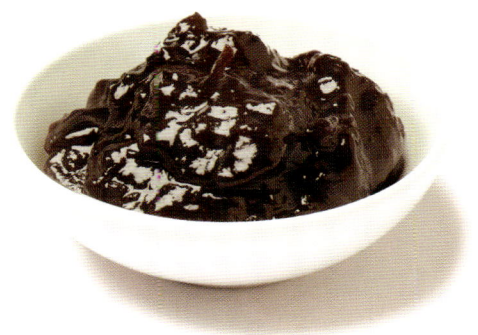

사워 체리 잼 Sour Cherry Jam

발칸 반도, 터키, 이란, 그리고 멀리 동쪽으로 러시아에 이르기까지 수없이 많은 종류의 사워 체리 잼이 만들어진다. 각각의 음식 문화권마다 보존제 역할을 하는 설탕이나 벌꿀의 달콤함과 과일의 신맛 사이의 대비를 잘 잡아내왔다. 그리스의 '비시노 글리코(víssino glikó)'는 씨를 발라낸 체리(보통 모렐로나 그 유사 품종)에 설탕을 섞어 끓인다는 점에서 터키의 '비스 네 레첼리(vi§ne reçeli)'와 거의 똑같다. 체리를 묽은 시럽에 끓여서 하룻밤 동안 두었다가 다시 시럽이 걸쭉해질 때까지 끓인다. 그러면 잼처럼 두고 먹을 수 있게 된다. 그러나 그 결과물은 일부 잼과는 다르다. 체리는 펙틴 함량이 낮지만 대신 그 형태는 그대로 유지하는 것이다.

19세기 러시아 요리계의 여왕이었던 엘레나 몰로코베츠는 비쉬니(vishni, 신 체리)와 체레쉬니(chereshni, 달콤한 체리)를 함께 넣고 끓인 '비쉬니 이 체레쉬니(vishni i chereshni)'를 추천한다. 빵에 발라 먹는 대신 숟가락으로 조금씩 떠서 먹기 위해 만든 과일 조림이다. 페르시아에서는 간 얼음에 시럽을 부어 셔벗(sharbate albaloo)으로 먹는데, 현대의 소르베의 원조격이다. **MR**

댐슨자두 잼 Damson Jam

댐슨자두 잼은 본질적으로 잉글랜드 음식이다. 중세에는 이 작고 파란 빛이 도는 보라색 자두를 '다마신(Damascene)'이라고 부르기도 한 것으로 보아 시리아의 다마스커스와 연관이 있는 듯하다. 그러나 댐슨자두는 더 둥근 벌킥스(bullace) 자두나 떫은 맛이 나는 야생 슬루(sloe) 자두와 함께 유럽 원산 종(Frunus instititia)에 속한다. 완전히 무르익고 난 뒤에도 신 맛이 나며, 시골에서 정원수로 인기가 좋은 것은 순전히 그 열매로 잼을 만들기 위해서이다.

잉글랜드의 컴브리아 지방에서는 제2차 세계대전이 발발할 때까지 해마다 댐슨 토요일(Damson Saturday)을 지냈다. 손수레와 리어카에 반야생 자두와 재배한 자두를 가득 실고 와 인근 랭카셔의 잼 공장으로 보내는 것이다. 전통적으로 가난한 농촌에서 소작농들이 자두를 팔아 올리는 수익은 종종 소작료를 내는 데 보탬이 되곤 했다.

오늘날 댐슨자두 잼은 주로 가정에서 취미 삼아 만든다. 자연적으로 펙틴 함량이 높아 잘 응고되며, 다른 자두 잼보다 밀도가 높다. 댐슨자두는 조리하기 전에 씨를 발라내는 대신, 냄비에 넣고 끓여서 씨가 수면으로 떠오르면 숟가락으로 건져내면 된다. **MR**

Taste: 시럽의 색깔은 사용한 체리의 품종을 반영한다. 어둡거나 또는 선명한 빨강색이다. 체리의 맛은 설탕에 가려지지 않고, 원래의 신 맛을 그대로 간직하고 있다.

Taste: 댐슨자두 잼은 거의 검은색에 가까운 짙은 자주색이다. 껍질 함유량이 높아 질감과 밀도가 풍성하다. 파워풀하고 뻑뻑한 야산 자두의 맛이 난다.

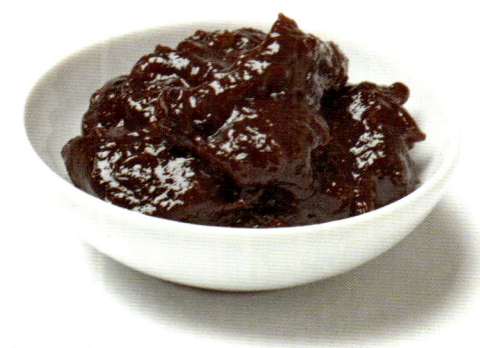

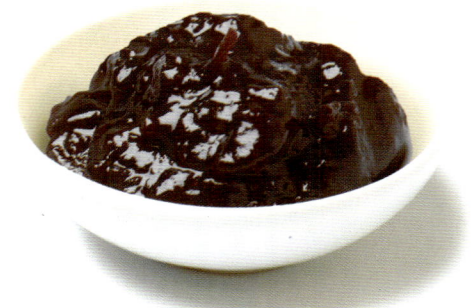

자두 슬라트코
Plum Slatko

자두 슬라트코는 보스니아–헤르체고비나의 과일조림이다. 이웃 나라에서는 딸기, 라스베리, 블루베리, 버찌 같은 과일로 만든다. 보통 가정에서 만드는 슬라트코는 전통적으로 특별한 때에 숟가락으로 떠서 특별한 컵에 담아 손님들에게 대접한다. 그러나 보스니아–헤르체고비나의 들이나 계곡 상류에서는 토착 품종인 포체가차 자두를 사용하여 전통적인 레시피를 따라 슬라트코를 생산 및 판매하기 시작하였다. 경제를 되살리기로 마음먹은 이 지역 여성들이 앞장 서서 오래된 자두나무 과수원을 다시 심고, 새로운 과수원들을 조성하였다.

9월 중순경의 두 번째 수확 때 딴 자두로 슬라트코를 만든다. 자두의 껍질을 벗기고 씨를 빼낸 뒤 물과 라임 즙을 섞은 용액에 담가 과육을 단단하게 한다. 그런 다음 레몬 조각을 넣은 맑은 설탕 시럽에 넣고 끓인다. 때로는 정향, 호두, 아몬드를 넣기도 한다.

자두 슬라트코는 보통 어린 치즈, 카이마크(kay-mak, 발칸반도, 터키, 중동, 중앙아시아, 이란, 아프가니스탄, 인도에서 만들어 먹는, 클로티드 크림과 유사한 크리미한 유제품), 터키 커피, 염소젖 차 등과 함께 먹으며, 아이스크림, 팬케이크, 와플에 얹어 먹어도 맛있다. **CK**

Taste: 슬라트코는 가볍고 크리미한 질감에 터키의 장미꽃잎 조림을 연상시키는 향긋한 단맛을 지니고 있다.

야생 비치 플럼 프리저브
Wild Beach Plum Preserve

비치 플럼(Prunus maritime)은 북아메리카의 동해안의 모래 언덕과 길가에 야생으로 자란다. 탐험가 헨리 허드슨이 1609년 오늘날의 뉴욕 주 롱 아일랜드에 상륙했을 때 발견하였다. 그러나 아메리카 원주민들은 허드슨과 다른 유럽인들이 아메리카 땅을 밟기 훨씬 전부터 비치 플럼을 먹어왔다.

장미과에 속하는 비치 플럼은 향기가 좋은 흰 꽃을 피우며, 진홍색부터 푸른빛 또는 검은색에 이르는 열매가 열린다. 다만, 뉴잉글랜드 지방이 원산인 품종은 열매가 노란색이다. 비치 플럼이 자라는 뉴잉글랜드와 그 밖의 지역에 자리잡은 초기 정착민들은 그 열매로 잼, 젤리, 병조림(프리저브)을 만들었다. 그러나 상품화하려는 시도는 한번도 성공하지 못했다. 재배 자체가 까다롭기 때문이다. 따라서 비치 플럼 프리저브 생산은 대부분 가내 산업의 규모를 벗어나지 못했다.

야생 비치 플럼 프리저브와 젤리는 그 나무가 자라는 지역 외에서는 거의 찾아보기가 어렵다. 그러나 몇몇 생산자들은 우편으로 주문을 받기도 하며, 인터넷 특수 식품 쇼핑몰을 통해서도 구할 수 있다. **SH**

Taste: 야생 비치 플럼은 날로 먹으면 떫으며, 달콤하든가 아주 시든가 둘 중 하나이다. 그러나 프리저브는 그 사이의 균형을 이루며, 평범한 자두 맛이 난다.

비치 플럼의 멋진 꽃은 벚꽃을 닮았다.
이 관목에서 버찌 크기의 열매가 열린다. ➡

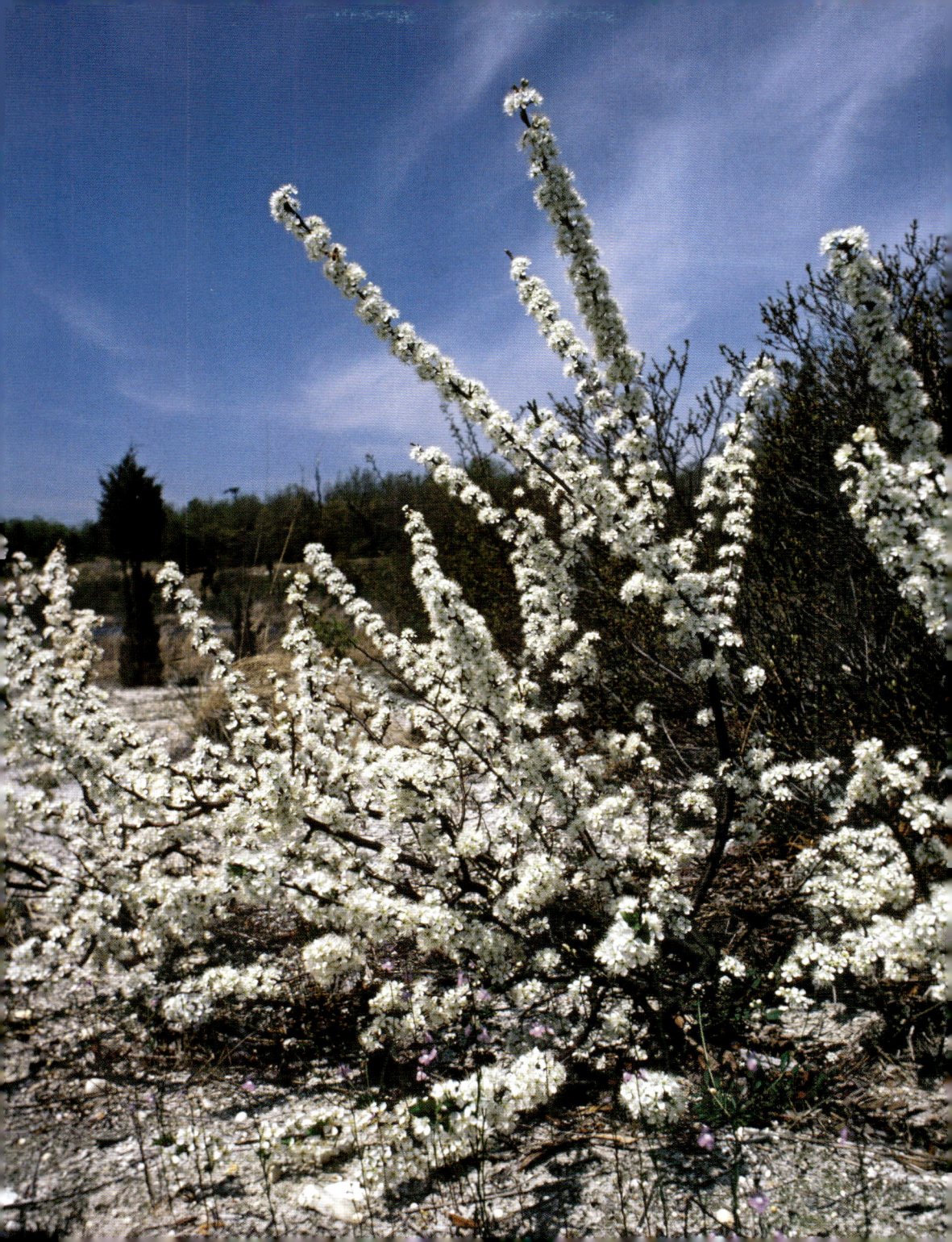

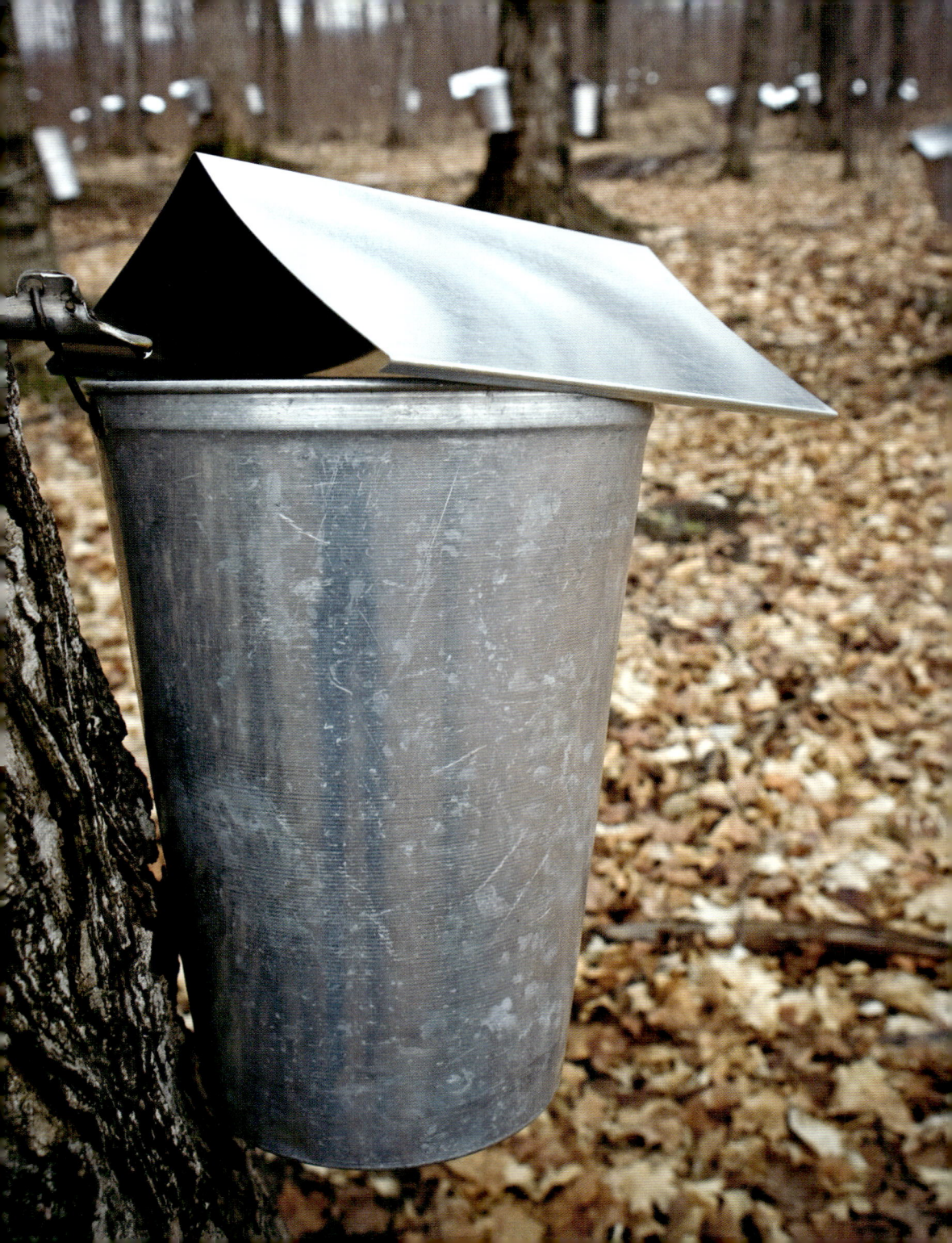

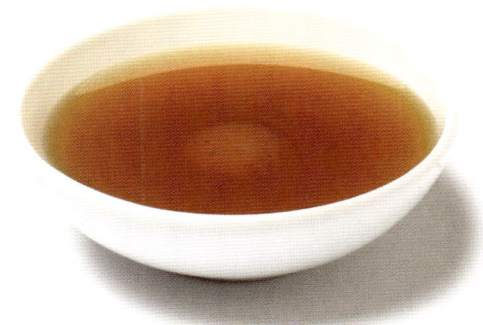

메이플 시럽 Maple Syrup

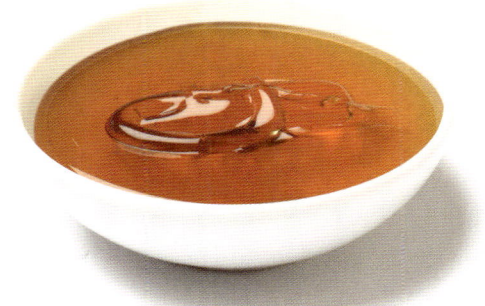

너도밤나무 허니듀 Beech Honeydew

늦겨울부터 이른 봄까지 뉴잉글랜드와 미국의 북부 주들, 캐나다의 동부 지방에서는 따뜻한 낮기온 덕분에 설탕단풍나무(Acer saccharum)가 겨울잠에서 깨어나 그 수액이 흐르기 시작한다. 나무 한 그루에서 1년에 십여 리터의 수액을 얻을 수 있다. 자연 상태에서는 희미한 단맛이 느껴지는 묽고 맑은 액체지만 끓여서 졸이면 짙고 달콤한 시럽이 된다. 이 시럽은 팬케이크나 와플에 뿌려 먹어도 좋고, 메이플 월넛 아이스크림을 만들어 먹을 수도 있으며, 당근에 글레이즈를 입히는 데 쓸 수도 있다. '눈 속의 단풍(maple in the snow)'이라는 특별한 별미도 있다. 시럽을 잔뜩 졸여서 신선한 눈 위에 뿌리는 것이다. 이렇게 하면 시럽이 굳어서 쫄깃하고 토피와 비슷한 과자가 된다.

메이플 시럽의 등급을 매기는 과정은 매우 복잡하며 지방마다 기준이 다르다. 그러나 밝은 노란색부터 짙은 호박색에 이르는 색깔이 기본적인 잣대 중 하나라는 것은 어디에서나 공통점이다. 향미의 강렬함이 색깔을 반영하기 때문이다. 색깔이 옅은 시럽은 단풍의 풍미가 보다 섬세하며, 짙은 색의 시럽은 향미 역시 뚜렷하다. 버몬트 주의 메이플 시럽은 끈끈하기로 유명하여 특히 높이 치지만, 사실 '최고'의 메이플 시럽은 어디까지나 개인의 취향 나름이다. **CN**

거의 태고 때와 같은 모습으로 남아 있는 뉴질랜드 남부의 야생 자연에는 검고 붉은 너도밤나무들이 자라고 있다. 이 나무들에 기생하는 두 종류의 진디가 그 향긋한 수액을 부분적으로 정제해주는 것이나 마찬가지다. 이 진디가 만들어내는 달콤한 액체를 허니듀라고 부르며, 꽃의 넥타 대신 허니듀를 먹는 벌들은 독특한 꿀을 만든다.

'너도밤나무 허니듀'는 뉴질랜드 최대의 별꿀 상품으로, 독일에서 인기가 높다. 허니듀 꿀은 꽃에서 얻는 벌꿀과 그 성분이 확연히 다르다. 무기질 함량이 높고, 단순 과당과 포도당은 적고 올리고당을 많이 함유하고 있어 결정이 잘 생기지 않는다. 올리고당은 소화 기관이 우리 몸에 좋은 박테리아를 증진시키는 것을 돕는다고 알려져 있으며, 허니듀 꿀은 마누카 꿀에 비해 항산화 물질과 방부 성분이 더 많다고도 한다.

너도밤나무 허니듀는 독특한 짙은 색인데, 이는 벌집에서 애벌레 방에 가까운 더 색깔이 짙은 집에 들어 있기 때문이기도 하고, 진짜 허니듀 꿀의 전형적인 표식이라고도 할 수 있는 숲의 그을음병균이 남아 있어서이기도 하다. **GC**

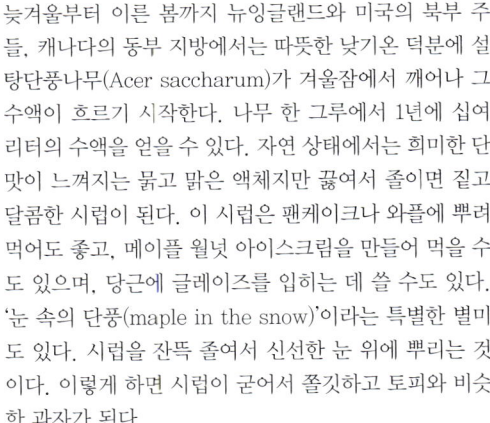

Taste: 달콤함은 메이플 시럽의 두드러진 특징이지만, 단풍의 그 강렬한 첫인상 너머에는 입안에서 오래도록 머무르는 스모키한 향미가 있다.

Taste: 엿기름 맛이 나고, 강렬하며, 호박빛에서 황금빛이 도는 이 꿀은 짜릿한 흙 맛이 두드러진다. 발라먹기도 하고, 요리에 사용하기도 하며, 유럽의 민간 요법으로도 쓰인다.

단풍나무에서 수액을 뽑아내는 과정은 매우 돈이 많이 든다.
값싼 원료를 사용한 질이 떨어지는 모방 제품도 있다.

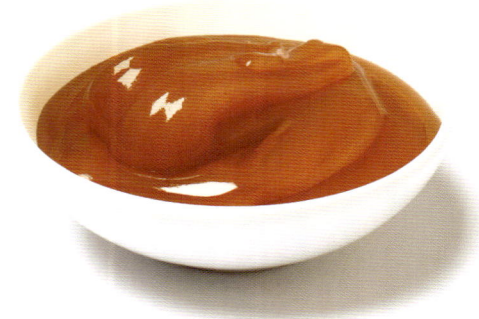

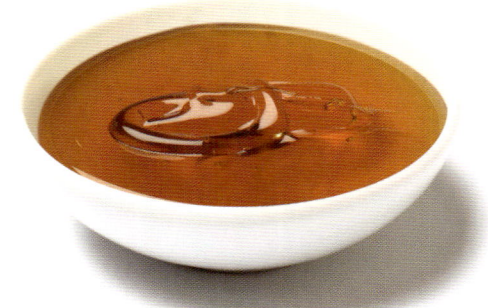

헤더 꿀 Heather Honey

여름이 물러가고 겨울이 찾아오면, 북유럽의 황야를 덮고 있는 헤더가 스코틀랜드의 산골짜기와 스칸디나비아의 언덕에 얼룩덜룩한 자줏빛 카펫을 깔아놓는다. 이 늦게 피는 꽃의 넥타를 먹는 벌들은 여름 꽃 꿀보다 그 향미가 훨씬 강렬한 꿀을 만들어낸다.

헤더는 스코틀랜드와 노르웨이의 상징적인 식물이지만, 이언 플레밍이 연기한 제임스 본드가 아침 식사 때 즐겨먹는 것은 노르웨이 헤더 꿀이다. 스칸디나비아와 스코틀랜드에서는 수세기 동안 야생에서 헤더 꿀을 채취하여 값비싼 설탕 대신 단맛을 내는 데 썼다. 헤더 꿀의 향미는 특히 스코틀랜드 음식, 그 중에서도 오트밀과 위스키와 잘 어울린다.

벌들이 꿀을 만드는 가장 흔한 헤더는 세 종류이다. 링 헤더(Calluna vulgaris)는 향기와 풍미가 강한 끈끈한 꿀을 만들어낸다. 벨 헤더(Erica cinerea)는 더 묽고 뒷맛이 쌉쌀하다. 크로스리브드 헤더(Erica tetralix)는 묽고, 향미도 가볍다. **CTr**

휘메토스 꿀 Hymettus Honey

아테네 남동쪽으로 뻗어 있는 휘메토스 산에서 채집한 벌꿀은 3,000년 가까운 세월 동안 높은 명성을 누려왔다. 로마의 비아 사크라(Via Sacra, 고대 로마 시가지의 중심 거리)에서 팔렸으며 수많은 시와 전설에 불을 지폈다. 로마의 변론가였던 키케로는 철학자 플라톤이 갓난 아기였을 때 휘메토스 산에 버려졌으며, 벌들이 날아와 그 입에 벌집을 넣어주었다고 주장하였다. 이에 대해 시인 호메로스는 "그의 혀에서 흐르는 벌꿀보다 더 달콤한 연설"이라고 기록하였다.

휘메토스 꿀은 벌들이 오직 한 종류의 꽃에서만 꿀을 얻는 '유니플로라(uniflora)'로 분류된다. 이 경우 케크롭피안 꿀벌─전설 속의 아테네 왕 케크롭스의 이름을 땄다─들은 야생 타임의 일종(Thymus capitatus)에서 넥타를 모은다. 이렇게 만든 꿀은 강렬하면서도 뚝뚝 흐를 정도로 묽지만, 대부분의 품종보다는 훨씬 끈끈하다.

그리스의 수도인 아테네에서 가깝기 때문에 미식가들의 레스토랑 메뉴는 물론 아이스크림 가게에서도 찾아볼 수 있다. 최고의 바클라바와 그 밖의 끈적한 디저트의 재료로 쓰이며, 아침식사 때 진한 요구르트와 곁들여 먹기도 한다. **MR**

Taste: 수지 냄새가 나며, 밀랍 같은 견고한 질감으로 입안에서 서서히 녹는다. 향미는 강렬하고 달콤하며, 물리지 않는다. 풍부하고, 입안을 가득 채우며, 오래도록 머문다.

Taste: 휘메토스는 뚝뚝 흐르는 액상 꿀로 갈색을 띤다. 자연 상태에서는 야생 허브의 향기가 가볍게 느껴지지만, 조리하면 금방 사라져버린다.

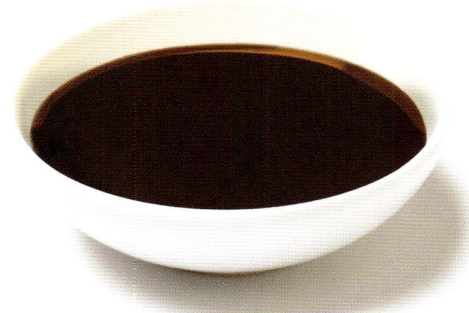

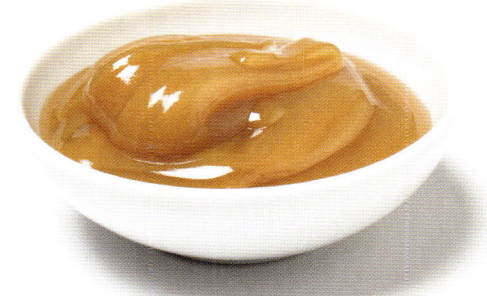

시드르 꿀 Sidr Honey

세계에서 가장 비싼 꿀인 시드르 꿀은 일 년에 딱 두 번, 예멘과 사우디 아라비아의 외딴 하드라마우트 산맥에서 채집한다. 그 진한 향미와 이름난 의학적 효능으로 인해 높은 평가를 받는 이 유기농 벌꿀은 종종 선물할 때 쓰인다.

7,000년의 세월 동안 유목민 양봉가들이 채집해온 이 꿀은 시드르나무(Ziziphus spina-christi)의 화분을 먹는 벌들이 만들어낸다. 시드르나무는 로테나무, 또는 '그리스도의 가시'라고도 불리는데, 신성한 나무로 취급받으며 코란에도 등장한다. 예멘에서는 40여 일 동안 벌꿀을 따기 위해 양봉가들이 고생을 무릅쓴다. 말린 낙타 가죽을 태워서 연기를 피워 야생에서 포획한 벌들을 벌집에서 쫓아낸 뒤 칼로 벌집을 따낸다. 이러한 채집 방법은 물론 벌들이 넥타를 먹지 않고 죽어버리는 습성 때문에 값이 비쌀 수밖에 없다. 벌들은 강력한 시드르 꽃의 넥타만을 먹으며, 세 번 왕래하고 나면 죽어버린다—보통 0.5킬로그램의 꿀을 만들기 위해서는 꽃과 벌집 사이를 37,000번 왕래해야 한다. **CK**

마누카 꿀 Manuka Honey

단시간에 뉴질랜드의 가장 유명한 수출 식품 중 하나가 된 마누카 꿀은 벌들이 그 넥타를 먹고 꿀을 만들어내는 특별한 토착 식물들의 이름을 딴 것이다. 마누카나무, 또는 뉴질랜드 차나무(Leptospermum scoparium)는 작은 잎이 달리는 무성한 관목으로, 하얀색에서 분홍색의 꽃을 피운다. 마음을 안정시키는 효과가 있는 특유의 향기 위에 유칼립투스 향이 배어 있어 마누카나무는 냉훈용으로 인기있는 장작이다.

오스트레일리아 차나무(Melaleuca)를 비롯, 해외에서 '차나무'라고 알려져 있는 다른 온갖 관계없는 식물들처럼 마누카에서 얻은 기름 역시 곤충들을 쫓고 살균하는 데에 쓰인다. 마누카 넥타로 만든 꿀은 살균 효과가 매우 커서 상처를 치료할 수 있을 정도이다. 이것을 '액티브 마누카 허니'라고 광고하는데, 그 효능은 UMF(Unique Manuka Factor의 약자)로 수치화한다. UMF10 이상이면 만족할 만하다. 와이타코 대학교는 마누카 꿀의 치유 효과 연구에 있어 선봉 역할을 하고 있는데, 균으로 인한 피부병과 궤양은 물론 내과 질환 및 소화불량에도 효험이 있다고 한다. **GC**

Taste: 시드르 벌꿀은 유난히 점성이 강하며, 진하고 독특하고 달콤한 꽃 향기를 지녔다. 가을에 수확한 벌꿀을 최고로 친다.

Taste: 마누카 꿀은 그 풍부한 검은 빛깔과 간혹 유칼릅투스 냄새가 나는 남성적이고 향이 강한 풍미로 사랑을 받고 있다. 스프레드, 감미료, 또는 음료수로 만들어 먹어도 맛있다.

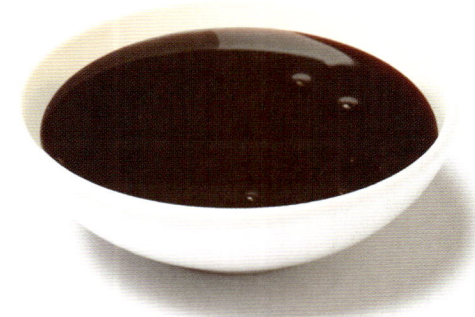

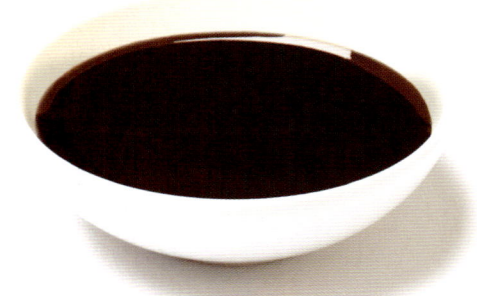

디비스 Dibis

블랙스트랩 당밀 Blackstrap Molasses

수천 년 동안 인류는 대추야자를 재배해 왔으며, 그에 못지 않은 세월 동안 대추야자를 사용하여 달콤한 시럽을 만들었다. 모세가 이스라엘인들을 이끌고 이집트를 탈출하여 당도한 '젖과 꿀이 흐르는 땅'에서는 이것을 '꿀'이라고 믿었다.

디비스라고 부르는 이 시럽은 오늘날 중동에서 생산하는 대추야자 제품 가운데 가장 인기가 좋다. 대추야자 시럽, 또는 대추야자 꿀이라고도 알려져 있으며, 당밀처럼 진득하다. 패스트리의 맛을 내거나 숟가락으로 떠서 잼 대신 빵에 발라먹거나, 타히니와 섞어서 스프레드(dibis w'rashi)를 만들기도 한다. 아이스크림이나 요구르트에 얹어 먹거나 팬케이크에 메이플 시럽 대신 뿌려 먹을 수도 있다. 따뜻하거나 찬 우유에 넣으면 맛있는 간식이 된다. 때로는 대추야자를 연하게 해서 병조림으로 만드는 데 쓰기도 한다.

대부분의 시판 디비스는 공장에서 대량 생산한 제품이지만, 전통적으로 가정에서 대추야자 즙을 내서 졸여서 만든다. 농촌에서는 아기의 탄생이나 선지자 무하마드의 탄신일 같은 특별한 날을 축하하기 위해 만든다. 이런 때면, 아시다(asseeda)라는 익힌 빵반죽에 부어서 먹는다. **JH**

설탕은 복잡한 괴물이다. 기계식 제당 과정은 그 구성성분 하나하나를 분해하여 소비자들의 입맛을 맞추려고 갖은 애를 쓰지만, 가공하지 않은 설탕에서 가장 흥미로운 부분 중 하나는 맨 마지막에 남는 블랙스트랩 당밀이다.

사탕수수 주스를 만드는 재미있는 역(逆)설계 공학에 따르면, 설탕을 여러 번 끓이면서 그때마다 정제된 백설탕 결정을 걷어낸다. 세 번째로 끓이고 나면, 남아 있는 것은 짙고 끈끈하다. 종종 황을 더해서 이 과정을 촉진시키기도 하지만, 그 가루가 변하지 않을 정도로 소량만 사용한다. 라이트 당밀, 다크 당밀, 블랙스트랩 당밀은 영국에서 파는 라이트 트리클, 다크 트리클, 블랙스트랩 트리클과 그 맛과 용도가 유사하다.

블랙스트랩 당밀은 정백당이 비쌌던 미국 남부의 농부들이 즐겨 먹었다. 레시피에서는 흔히 다른 감미료 대신 당밀을 사용하였다. 가장 유명한 것은 아마도 보스톤의 삶은 콩 요리로, 그 깊은 맛이 당밀에 좌우된다. 현대의 사탕수수 생산자들 역시 블랙스트랩의 상업적 가치를 알아보고 고급 제품으로 판매하고 있다. **TH**

Taste: 진하고 끈끈한 디비스는 대부분의 벌꿀보다 색깔이 검다. 그 단맛은 신맛과 혹자에 의하면 약간 쌉쌀한 맛으로 인해 다소 누그러진다.

Taste: 블랙스트랩 당밀은 달지만, 다른 설탕에서는 찾아볼 수 없는 쌉쓸한 맛이 뚜렷하다. 만드는 과정에서 바로 먹어보면 무기질의 맛이 두드러진다.

정제하지 않은 날 사탕수수를 쪼갠 뒤 압착기에서 즙을 뽑아내고 있다. ➔

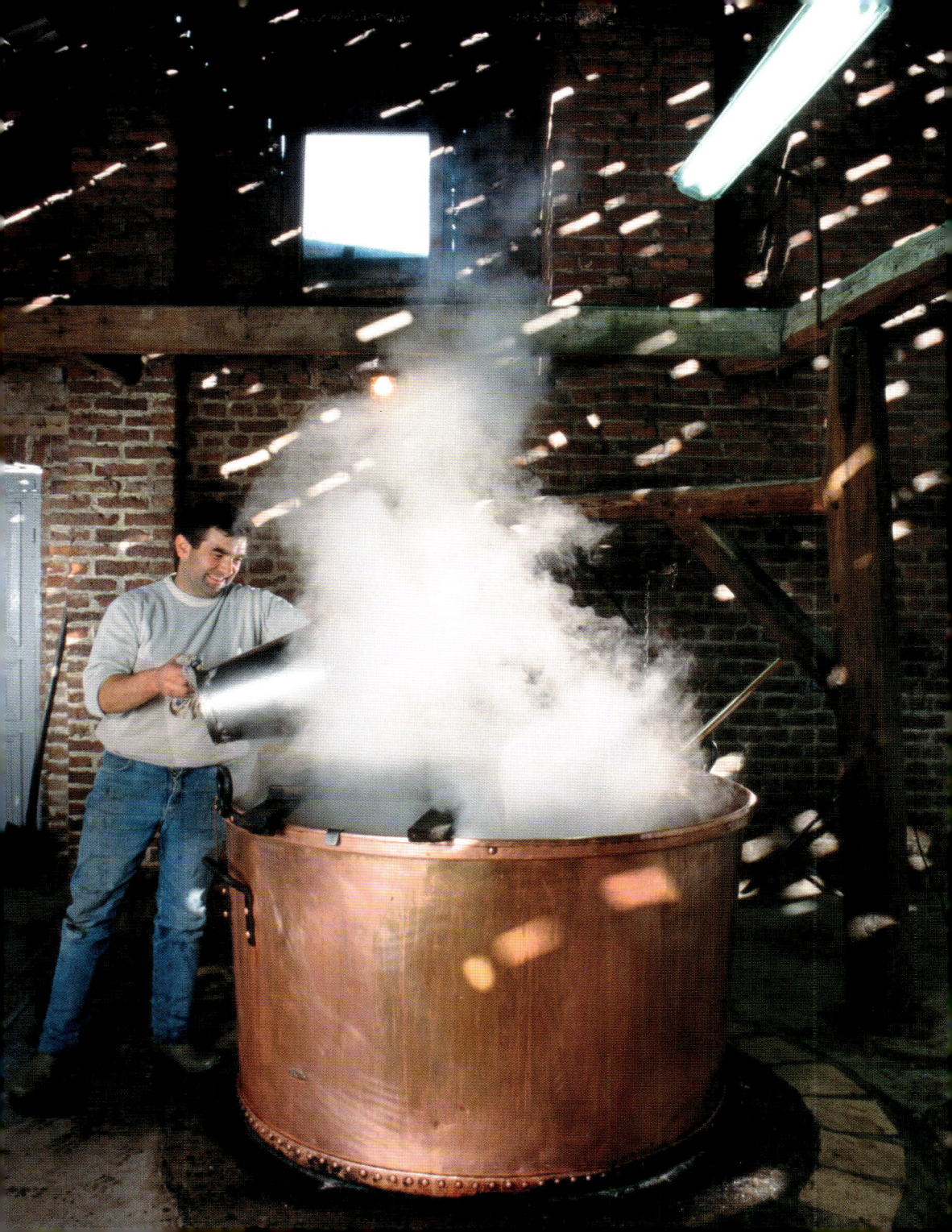

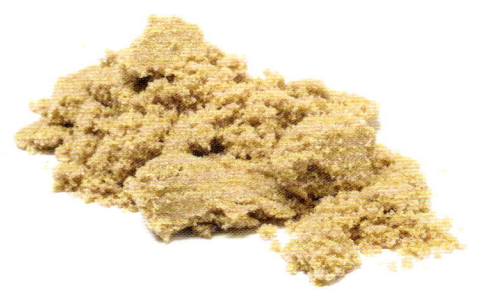

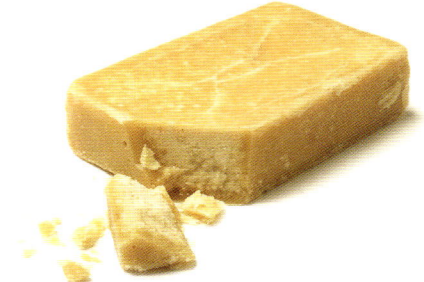

무스코바도 설탕 Muscovado Sugar

사탕수수는 그 대표적인 단맛 외에도 여러 향미가 있다. 대부분은 과거의 거친 사탕수수 설탕에서 생겨난 맛들이다. 문제는, 이러한 맛들이 현대적인 기준에 맞춘 정제 과정에서 사라지고 있다는 점이다. 무기질이 풍부한 토양에서 자라는 동안 사탕수수가 흡수하는 풍부한 향미는 자취를 감추고, 남아 있는 것 중에는 미각을 자극할 만한 것이 거의 없다.

다행히 무스코바도 설탕의 경우 전통 제당 방식이 완전히 잊혀진 것은 아니다. 겉보기에 비슷한 흑설탕과는 달리 무스코바도는 사탕수수 즙에서 얻은 검은 당밀을 추출해서 나중에 다시 섞는 것이 아니라, 그대로 즙에 남아 있다. 덕분에 지역적인 조건에서 기인한 미묘한 특징들이 그대로 살아남아 보다 다양한 풍미를 만들어낸다.

끈적한 무스코바도 설탕은 종종 정제한 흑설탕보다 입자가 거칠지만, 흑설탕을 사용하는 데라면 어디나 대신 쓸 수 있다. 생강이나 계피로 맛을 낸 진한 과일 케이크나 비스킷은 무스코바도의 어찔한 맛과 가장 잘 어울린다. **TH**

재거리 Jaggery

인도에서 설탕을 만드는 사람들은 활활 타오르는 불 위에 커다란 얕은 냄비를 걸어놓은 곁에서 웅크리고 앉아 끊임없이 불을 지펴댄다. 증기와 열기를 가득 피우는 것으로 시작해 바닥에 남아 있는 짙고 끈끈한 시럽으로 끝난다. 이 시럽을 단단한 형태로 만든다. 이렇듯 가내 수공업에서 탄생한, 원기 왕성한 천연 향미로 가득찬 설탕이 인도 음식의 기둥이 되어 왔다.

대추야자와 사탕수수 즙 모두 증류해서 정제하지 않은 설탕 덩어리인 재거리 또는 '구르(gur)'를 만든다. 둘 다 만드는 방법은 비슷하지만, 원료가 무엇이냐에 따라 향미는 확연히 달라진다. 재거리는 거칠고 푸슬푸슬한 것부터 바위처럼 단단한 것까지 다양하며, 정사각형 모양도 있고 원뿔형도 있다. 색깔에 따라 등급이 매겨진다.

인도 음식에서 재거리는 단 것은 물론 그릴에 구운 고기에 곁들이는 처트니와 소스에 이르기까지 널리 쓰인다. 재거리와 향신료가 설탕 특유의 맛을 잃지 않으면서도 커리의 강렬하고 매운 맛과 균형을 이루면 심지어 간단한 쌀밥조차 무언가 특별한 음식이 된다. **TH**

Taste: 밋밋하기 짝이 없는 백설탕에 길들여져 있었던 사람이라면 누구나 이 깊고 검은 당밀에 눈이 번쩍 뜨일 것이다. 야생 벌꿀의 맛이 지배적이며 뒷맛은 흙 향미가 두드러진다.

Taste: 재거리의 향미는 일반적인 흑설탕을 희미하게 연상시킬 뿐. 색깔이 짙은 것일수록 거의 초콜릿에 가깝다. 풍부한 광물질의 뒷맛이 오래도록 남는다.

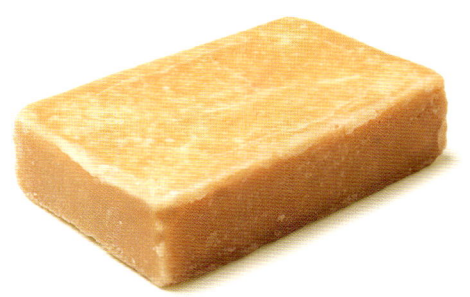

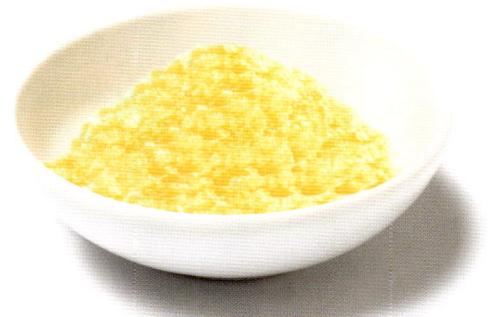

라파두라 Rapadura

감미료로 쓰이는 동시에 디저트로도 먹는 라파두라는 사탕수수로 만든 가장 원시적인 제품 중의 하나이다. 열량이 높아 브라질 북동부의 바히아, 페르남부코, 세아라와 남동부의 미나스 헤라이스 등 농촌 지역에서 인기가 높다. 1500년경 처음 브라질을 발견한 유럽인들은 드넓은 식민 정착지의 방앗간에서 노예들의 힘을 빌려 처음 생산하였다. 노예 대신 기계를 사용한다는 점을 제외하면 그때부터 지금까지 만드는 과정은 거의 변하지 않았다.

사탕수수를 압착하여 '가라파(garapa)'라고 부르는 즙을 짜낸다. 달디단 녹색의 뿌연 액체를 모아서 구리 냄비에 부어 난로 위에서 끓인다. 그런 다음 걸쭉한 당밀을 커다란 나무 틀에 부어 굳히면 라파두라가 된다.

이 지역 주민들은 직감적으로 계피, 정향, 회향 씨 등을 더해 그 기본적인 단맛을 더욱 개선시켰다. 라파두라가 딱딱해지기 전에 오렌지, 파인애플, 파파야, 구아바, 바나나, 코코넛 등 과일 조각을 넣는 것이 보통이다. 오늘날 전통적인 커다란 판 모양 대신 먹기에 좋은 미니 사이즈로 나오고 있다. **AL**

그라니타 시칠리아나 Granita Siciliana

그라니타는 이탈리아의 얼음 디저트로, 물과 설탕으로 만들며 젤라토나 소르베와 같은 인기있는 얼음과자류에 속한다. 그라니타 시칠리아나는 세계 최고로, 특히 팔레르모에서 만드는 특유의 수정 같은 그라니타는 전설에 가깝다.

그라니타를 만드는 방법은 시칠리아 섬 안에서도 지역에 따라 다른데, 어떤 곳에서는 기계를 사용하여 얼음을 갈기 때문에 질감이 소르베처럼 더 매끄러우며, 또 어떤 지역에서는 그냥 문자 그대로 얼음을 부서뜨려 만든다. 전통적으로 시칠리아산 레몬즙, 커피, 초콜릿, 아몬드 등으로 맛을 내며, 철마다 나오는 계절 과일도 넣는다. 팔레르모의 환상적인 아이스크림 가게에 가면 그라니타에 브리으슈를 곁들여 먹으며, 이는 전통적인 아침식사 메뉴이다.

그라니타 시칠리아나는 고대 로마인들이 즐겨 먹던 얼음 후식이 발전한 것으로 추정된다. 상류층들은 특수한 심부름꾼들을 시켜 에트나 산 꼭대기에서 날라 온 눈에 벌꿀과 베리류, 견과류 등을 얹어 먹었다. 감사하게도 오늘날에는 시칠리아를 방문하는 이라면 사회적 지위와 관계없이 누구나 최고의 그라니타를 맛볼 수 있다—아니, 꼭 맛보아야만 한다. **LF**

Taste: 라파두라는 입에서 사르르 녹으면서 캐러멜의 뒷맛을 남긴다. 즙이 많은 열대 과일 조각을 박아 넣으면 그 맛은 더욱 훌륭하다.

Taste: 그라니타 시칠리아나는 수정처럼 반짝이는, 눈과도 같은 질감으로 혀 위에서 사르르 녹으며 시원하고 상큼한 향미가 온 입안으로 퍼져나간다.

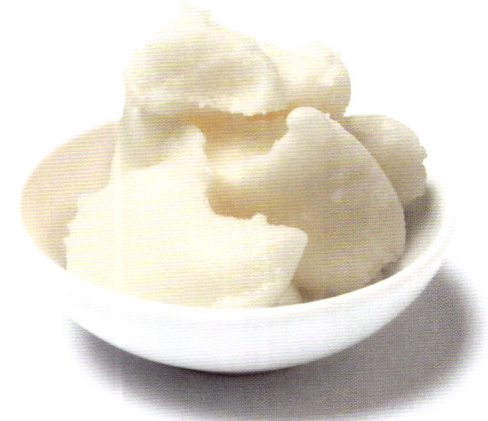

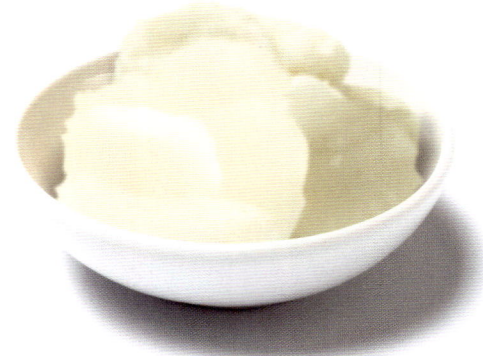

레몬 소르베 Lemon Sorbet

어떤 이들은 가볍고 관능적인 레몬 소르베를 짜릿하고 군침이 도는 디저트라고 생각한다. 또 어떤 이들은—예를 들면 19세기의 요리 거장인 오귀스트 에스코피에—짭짤한 코스 요리 사이사이에 내어 입을 헹구는 용도로 사용한다.

소르베의 정확한 기원에 대해서는 확실한 증거가 없지만, 약 1,000년의 역사를 자랑하는 것으로 보이며 사촌격인 아이스크림보다는 더 오래되었다. 많은 사람들은 서기 1세기에 처음 소르베를 만들었다고 주장한다. 하인들을 시켜 산에 가서 눈을 날라오게 하여 벌꿀과 와인을 섞어 디저트로 냈다는 것이다. 중국과 극동 지방에서 이탈리아로 전해진 음식이라고 하는 이들도 있다.

소르베라는 이름은 신선한 음료수를 가리키는 투르크어인 '셔벗(sherbet)'에서 유래하였다. 소르베는 터키에서 시칠리아로 전해졌으며, 이번에는 에트나 산에서 가져온 얼음이 쓰여졌다. 천상의 맛을 자랑하는 달콤한 시칠리아 레몬의 즙을 얼음에 더하면 레몬 소르베가 완성된다. **LF**

아그라즈 Agraz

아그라즈는 아마도 특이한 아이스를 좋아하는 이라면 반드시 먹어봐야 할 리스트의 1순위로 꼽힐 것이다. 북아프리카에서 매우 인기가 높은, 강렬하고도 독특한 소르베로, 아랍 문화의 영향을 받은 스페인 남부에서도 즐겨 먹는다.

아그라즈는 원래 이 지역에서 덜 익은 포도 즙으로 만든 요리용 양념을 가리킨다(다른 나라에서는 보통 버주스라고 부른다). 짭짤한 음식과 달콤한 음식에 모두 쓰이며, 환상적인 풍미의 깊이와 기분 좋은 톡 쏘는 맛을 선사한다. 아그라즈 소르베는 단순히 버주스와 아몬드를 섞은 것으로, 여기에 설탕으로 단맛을 내서 얼린다.

처음에 어떻게 해서 아그라즈가 아이스 디저트의 맛을 내게 되었는지에 대해서는 거의 알려진 바가 없다. 아그라즈는 와인을 재배할 때 포도 열매의 향미를 더욱 농축시키기 위해 가지치기를 하면서 생겨난 부산물이었다. 덜 익은 포도 열매를 버리기보다는 압착해서 아그라즈를 만든 것이다. 소르베도 인기가 좋지만 주로 진한 수프나 스튜에 활기를 더하기 위해 넣는다. **LF**

Taste: 레몬 소르베는 톡 쏘고, 한 입 먹고 나면 입맛을 다시게 된다. 가볍고 매끄러운 질감에 풍부한 향미, 그리고 미뢰를 자극하며 활기를 주는 상큼함이 매력이다.

Taste: 아그라즈 소르베는 보기 드문. 그러나 매력적인 풍미와 향기를 지니고 있다. 떫은 동시에 달콤하며, 독특하고도 즐거운 향기를 입안에 선사한다.

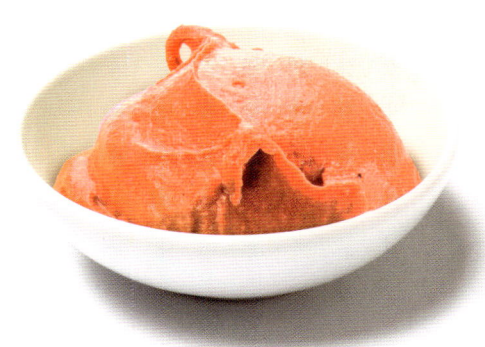

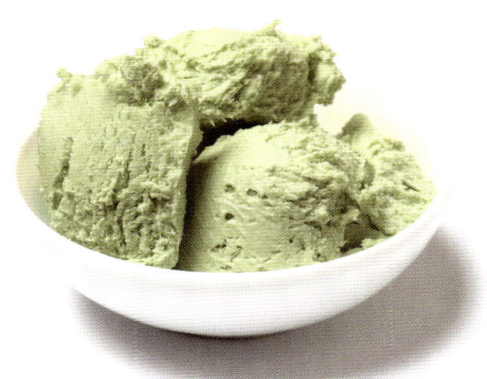

젤라토 Ge ato

녹차 아이스크림 Green Tea Ice Cream

인류는 고대부터 눈과 얼음으로 차게 식힌 음료수와 디저트를 먹었으며, 인도의 고깔 모양 쿨피(kulfi)부터 터키의 살렙 돈두르마(salep dondurma)에 이르기까지 세계 어느 지역이나 고유한 아이스 디저트의 역사를 지니고 있다. 그러나 최초로 젤라토가 만들어진 곳은 16세기 이탈리아일 것이다.

1595년에 피렌체에서 열린 연회의 기록에 메디치 대공의 궁정에서 환상적인 소르베티와 젤라티를 먹었다는 회고가 남아 있다. 이탈리아의 젤라토 장인들이 해외로 이주하면서 그들의 레시피는 유럽을 넘어 전 세계로 빠르게 퍼져나갔다. 젤라토(이탈리아어로 '얼린'이라는 뜻)는 전유(全乳), 설탕, 그 밖의 향미료—주로 과일, 초콜릿, 견과류—를 써서 손으로 만든다. 질이 좋은 신선한 재료를 사용하며, 얼리는 과정에서 서서히 공기를 주입하기 때문에 서서히 녹아내리는 짙으면서도 부드러운 질감에 뚜렷한 맛과 빛깔을 얻게 된다.

젤라토는 미국에서 생산하는 아이스크림보다 공기 함유량이 (그리그 유지방 함량도) 낮아서 밀도가 더 높고 향미가 보다 강렬하다. 보통 분유로 만드는 공장 생산 아이스크림은 진짜 젤라토와는 완전히 다른 맛이다. **HFa**

일본의 다도는 12세기에 선사 에이사이(榮西, 1141~1215년)에 의해 개창되었다. 녹차는 카페인이 풍부하여 오랜 수련 시간 동안 깨어 있는 데에 도움이 되었기 때문에 곧 불교 승려들 사이에서 인기를 끌게 되었다. 16세기 무렵에는 센노리큐(千利休, 1522~1591년)라는 다인이 다도를 하나의 의식—계절, 예술, 자연, 그리고 깨달음으로의 길 등을 기념하는—으로 한 단계 끌어올렸다. 그 중심은 풍미가 강한 가루녹차(말차)였다.

말차는 재배하는 동안 잎부터 강한 햇볕으로부터 그 잎을 보호한다. 잎을 말리고 나면 줄기와 잎맥을 제거한 뒤 갈아서 고운 가루로 만든다. 이것이 말차이다. 이것으로 아이스크림을 만드는 것이다. 일본인들은 오랫동안 말차를 사용하여 케이크, 젤리, 소바 등을 만들었지만, 녹차 아이스크림은 제2차 세계대전 이후에 등장한 비교적 최근의 발명품이다. 아이스크림은 전통 일본 음식은 아니지만, 그 맛이 달다—그리고 녹차는 그 쓴맛을 상쇄시키기 위해 항상 단것과 함께 먹는다. 오늘날에는 세계 각지의 레스토랑 메뉴에 녹차 아이스크림이 올라 있어, 하나의 보편적인 디저트로 자리잡았다. **SB**

Taste: 최고의 장인이 만드는 젤라토에는 얼음 결정이 전혀 들어 있지 않으며, 지나치게 달지 않으면서도 향미와 크리미함의 조화로운 강렬함이 느껴진다.

Taste: 입에서는 달큼한 동시에 쌉쌀하다. 녹차 아이스크림의 스모키한 풀 향기는 크리미하고 매끄러운 질감으로 누그러진다.

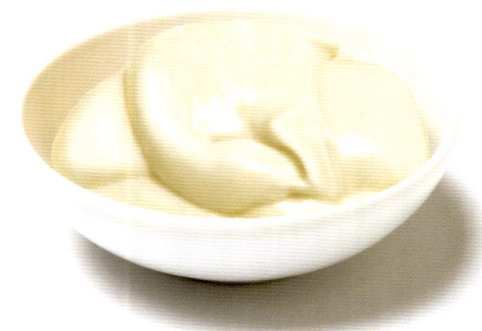

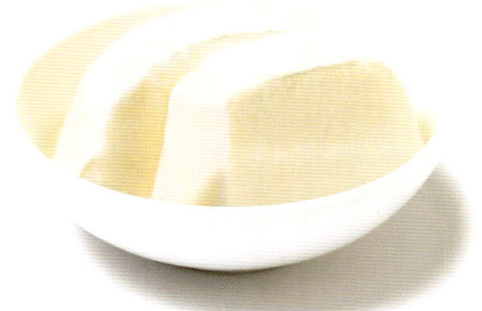

카쉬타 Kashta

과거 오스만 투르크 제국의 일부였던 레바논은 터키와 그 음식 전통을 일부 공유하고 있다. 터키에서는 카이마크(kaymak)라고 부르는 카쉬타, 또는 키쉬타(kishta)는 종종 진한 패스트리 위에 얹어 먹는 짙은 화이트 크림이다. 최고는 물소 젖으로 만들지만, 오늘날 레바논에서는 보통 소젖을 사용한다.

　분유를 원유에 섞어 녹인 뒤 약한 불에서 여러 시간 동안 천천히 끓인다(코니쉬 클로티드 크림을 만드는 방식과 비슷하다). 표면에 하얗고 쫀득한 막이 생기면 잡아당겨 쟁반 뒷면에 펼쳐놓고 계속 끓인다. 이렇게 몇 겹이 쌓일 때까지 같은 과정을 반복한다. 맨 마지막에 이것을 긁어 모은 것이 바로 카쉬타이다.

　유지방 함량이 50퍼센트가 넘는데도 때때로 벌꿀만 쳐서 그냥 먹는다. 그러나 보통은 디저트나 패스트리의 재료로 쓴다. 1881년에 트리폴리에 문을 연 유명한 과자점인 압둘 라흐만 할라브에서는 쌀가루로 만든 '할라 웨트 엘 리즈'라는 일종의 달콤한 떡에 소로 넣는다. 장미수나 오렌지꽃 워터로 향미를 낸 카쉬타로 장식한 패스트리를 아예 카쉬타라고 부르기도 한다. **MR**

살렙 아이스크림 Salep Ice Cream

나무를 쇠붙이에 던지는 리드미컬한 쿵쿵 소리를 상상해보자. 그리고 그것이 사실은 차갑고 쫀득한 아이스크림이 만들어내는 둔탁한 소리라고 생각해보자. 쫀득하다고? 터키에서는 우유와 설탕에 살렙—야생 난초의 구근을 말려 가루로 만든 것—을 섞어 짙은 아이스크림을 만드는 비법이 300년의 역사를 자랑한다. 일부러 녹이는 과정을 늦춰서 그 환상적인 질감을 만들어낸다. 구근에 들어 있는 다당류(바소린)가 응고제로 작용하여 조밀하고 쫄깃한 아이스크림이 탄생한다. 이것을 갈고리에 매달아서 쭉 잡아당긴 뒤 모양을 만들어 피스타치오 가루를 묻힌 뒤 먹으면, 녹아내려 뒤범벅이 되는 일은 전혀 없이 입안에서 녹아든다.

　살렙은 아랍어로 '여우의 불알'이라는 뜻이다. 난초의 알모양 구근을 아주 적나라하게 표현한 이름이라고 할 수 있으며, 미약 효과가 있다는 명성과도 어울린다. 살레피 돈두르마(salepi dondurma)라고 불리는데—돈두르마는 터키어로 '아이스크림'이라는 뜻—터키 남동부의 카흐라만마라 마을에서 처음 만들어져서 터키, 시리아, 레바논(레바논에서는 부자 비 할리브(bouza bi haleeb)라고 부른다)으로 퍼져나갔다. 전통 아이스크림 가게에서 사 먹을 수 있다. **RH**

Taste: 카쉬타는 매끄럽고 짙은 하얀 포마드의 질감으로, 숟가락으로 뜨면 그 모양이 그대로 남는다. 진한 밀크 맛은 두드러진 풍미가 없어 다른 향미를 아주 잘 흡수한다.

Taste: 살렙 아이스크림은 쫀득하고 누가 같은 질감 때문에, 때로는 포크와 나이프로 먹어야 한다. 달콤한 견과 맛에 흙 향기가 난다.

터키 부르사의 아이스크림 가게.
긴 주걱을 사용해서 살렙 아이스크림을 늘어뜨리고 있다. ➲

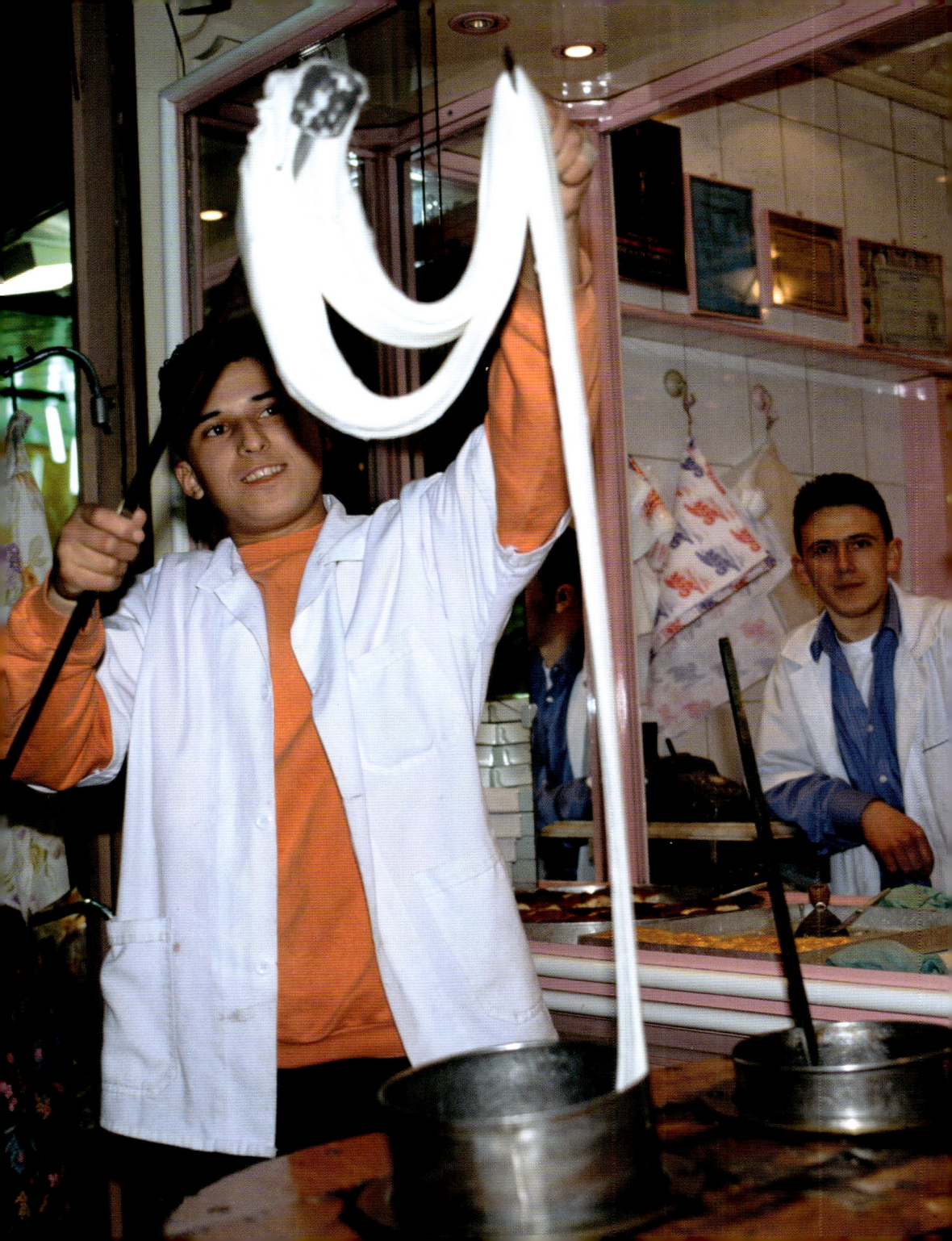

필자 소개

이스메이 앳킨스 Ismay Atkins (IA)
아르헨티나 부에노스 아이레스에서 활동하는 편집자. 저널리스트이자 레스토랑 비평가. 『Time Out City Guides』에 여러 편을 기고하고 있다.

타라 배스넷 Tara Basnet (TB)
웨스트민스터 킹스웨이 대학에서 조리학을 전공했다. 런던 사보이 호텔에서 근무한 뒤 잡지 『Dubai Means Business and Tandoori』의 편집자로 일했다. 현재는 런던에서 음식과 음료의 PR을 업으로 삼고 있다.

스티븐 보몬트 Stephen Beaumont (SBe)
맥주와 음식에 대한 열정을 지녀 맥주 비스트로를 소유한 것으로 유명한 그는 맥주라는 주제에 대한 선도적인 필자이기도 하다. 『Flavor & the Menu』, 『The Malt Advocate』, 『Cite Bites』에 기고하고 있다.

호세 루이스 알바레즈 베르날 Jose Luis Alvarez Bernal (JAB)
스페인 음식에 대한 정열을 가진 사람으로, 요리사였던 아버지의 지식과 스페인 전역을 여행하며 체득한 경험을 결합하여 온라인 조제 식품 사이트인 Delicioso를 운영하고 있다.

윌리엄 블랙 William Black (WB)
『Al Dente』를 집필하였으며 『Sophie Grigson』과 『Fish』, 『Organic』 등의 여러 책을 공저하였다. TV 프로그램 <A Question of Taste>로 글렌피딕 상을 수상하였으며 영국 최상급 레스토랑 몇 곳에 식재료를 납품하고 있다.

수잔나 블레이크 Susannah Blake (SBl)
음식 전문 기고가이자 편집자. 10권 이상의 책을 집필하였으며 그 때마다 Daily Express, New York Daily News, Food and Travel 같은 언론에 소개된다.

셜리 부스 Shirley Booth (SB)
권위 있는 상을 수상한 작가. 다큐멘터리 감독이며 일본 음식의 권위자이다. 『Food of Japan』의 작가이며 하루미 쿠리하라의 『Japanase Cooking』(2006년)의 출판에 편집자로 참여했다.

프랜시스 케이스 Frances Case (FC)
가디언 등의 언론에 음식에 관해 기고하고 있다. 그녀는 라디오, TV의 요리 관련 프로그램에 참여하며 주요 브랜드의 카피를 만들었고 이 책에서는 5대륙에 걸쳐 20군데의 도시의 음식 사진을 찍는 수고를 하였다.

샬롯 첼싱 Charlotte Celsing (CC)
스톡홀름에서 활동하는 저널리스트이자 작가. 그녀는 인도네시아, 피지 섬, 호주에서 살아왔으며 여행과 음식에 대한 열정을 지니고 있다.

빅터 체리코프 Victor Cherikoff (VC)
호주 재래 식물의 상업화에 대한 선구자적인 작업과 식품 산업의 새로운 영역을 개척하고 호주 원주민(애보리진)을 위한 기회를 만드는 동시에 호주의 요리업 개발에 기여한 공로로 2007년 '올해의 호주인'에 지명된 바 있다.

글린 크리스티안 Glynn Christian (GC)
British TV에서 1982년부터 요리 프로그램을 진행하고 있다. 그의 최근 저서인 『Real Flavours: The Handbook of Gourmet and Deli Inredients』는 르 코르동 블루의 세계 음식 매체 시상식에서 올해의 음식 가이드 상을 수상했고 Gourmand World Cookbook 시상식(2007년)에서 판정관 특별상을 수상한 바 있다.

마틴 크리스티 Martin Christy (MC)
초콜릿 감별사 웹사이트인 Seventy percent.com의 편집자이며 Academy of Chocolate의 창립 멤버이기도 하다. 그는 수백 종의 초콜릿 바를 샘플링하고 검토하였으며 온라인 및 잡지에 여러 글을 기고하고 있다.

K. K. 추 K. K. Chu (KKC)
홍콩, 미국, 유럽에서 온라인, 신문, 도서, 잡지에 음식 관련 컬럼을 기고하고 있는 작가.

스테파니 클리포드 스미스
Stephanie Clifford-Smith (SCS)
음식과 레스토랑 리뷰에 대한 글을
전문으로 하는 저널리스트이자 작가.
시드니에서 가장 오래된 독립 레
스토랑 가이드인 『Sydney Eats』의 공동
편집자이며 호주의 첫 유명 요리사인
버나드 킹의 전기를 집필하기도 했다.

레쉬미 다스굽타 Reshmi Dasgupta (RD)
인도의 가장 큰 일일 경제 신문인 The
Economic Times에서 편집자로 활
동하며 식음료어 대한 컬럼을 기고
하고 있다.

안나 마리아 에스프새터
Anna Maria Espsäter (AME)
스웨덴의 음식 및 여행 관련 저널
리스트. 라틴 아메리카와 멕시코를 여
행하며 mole poblano가 무엇을 의
미하는지 배울 수 있었다고 한다.

헬무트 파이로니 Helmut Failoni (HFa)
볼로냐 대학에서 식품학, 음식 및 주류
비평을 가르치고 있다. 잡지 『L'Espresso』
에 요리 관련 비평을 기고하고 있기도
하다.

헤니 피셔 Hennie Fisher (HFi)
남아프리카 프레토리아에서 활동하는
와인 전문 집필가 매년 출시되는 레
스토링 가이드 『DINE』에도 기고하고

있으며 전문 요리 강사로도 활동한다.

리즈 프랭클린 Liz Franklin (LF)
11권의 요리 도서를 집필하였으며 많은
상을 수상했다. 이탈리아에 살면서 요리
학원을 운영한다.

바브 프레다 Barb Freda (BF)
뉴욕의 유니언 스퀘어 카페 등 여러
레스토랑의 주방에서 10년 가까이 일한
다음 음식에 대한 집필을 시작했다.
『Florida Table』의 음식 부문 편집자이다.

하이디 풀러 러브 Heidi Fuller-Love (HFL)
프랑스, 스페인, 그리스에서 여행 작가
이자 사진가로 활동하고 있다. 『Crossing
the Loire』를 집필하기도 했다.

마크 길크리스트 Mark Gilchrist (MG)
게임(사냥한 동물 요리) 요리사로 그가
운영하는 케이터링 회사인 Game For
Everytihng은 다양한 비즈니스 상을
수상했다.

수잔 홀 Suzanne Hall (SH)
미국에서 활동하는 음식, 와인, 영양,
건강, 여행 관련 집필가로 여러 도서와
온라인에 기고하고 있다.

레베카 해리스 Rebecca Harris (RH)

A.B. 헤인스 A. B. Heyns (ABH)
남아프리카 프레토리아에서 음식 관련
작가이자 레스토랑 소유주로 활동
하고 있다. 마음이 맞는 사람들과 훌
륭한 음식을 즐기는 것을 사랑한다.

토니 힐 Tony Hill (TH)
시애틀의 『World Spice Merchants』의
창립자이자 기고가이기도 하다. 그의 저
서인 『The SpiceLover's Guide to Herbs
and Spices』(2005년)는 IACP의 최우수
상을 수상하기도 했다.

제이닛 허트 Jeanette Hurt (JH)
음식, 와인, 여행에 대한 글을 기고하
고 있다. 그녀는 『The Complete Idiot's
Guideto the Cheeses of the World』
외에 여러 권의 저서가 있다.

캐롤 킹 Carol King (CK)
런던과 시칠리아를 기반으로 활동하는
프리랜서 저널리스트로 여행 중에
되도록 많은 음식을 경험하려 하고
있다.

비버리 르블랑 Beverly LeBlanc (BLeB)
프랑스, 인도, 스페인 요리어 대해 기고
하고 있으며 『The Student Cookbook』
등 9권의 요리 도서의 저자이기도 하다.

클레어 레신 호어
Clare Leschin-Hoar (CLH)
미국의 다양한 신문과 잡지에 식품 및 농업에 대한 글을 기고하는 프리랜서 기고가.

제니 린포드 Jenny Linford (JL)
런던에서 활동하는 음식 전문 집필자. 런던의 식당 및 먹거리에 대한 가이드인 『Food Lovers' London』 등 여러 책을 저술했다.

루퍼트 린튼 Rupert Linton (RL)
스페인 식품 제조회사에서 번역자로 활동하고 있다. 그는 Brindisa Ltd. 사를 대표하여 여러 소규모 식품 장인 기업을 방문하고 있다.

아르날도 로렌카토
Arnaldo Lorençato (AL)
브라질의 가장 유명한 음식 전문 작가이자 『Veja Sao Paulo』 잡지의 요식 부문 편집자이다.

자일스 맥도너 Giles MacDonogh (GM)
와인과 프랑스 요리에 대한 도서를 집필하였으며 중부 유럽 음식의 전문가이다.

케이트 매직 우드
Kate Magic Wood (KMW)
『Eat Smart Eat Raw』와 『Raw Living』 등의 책을 집필하였다. 현재는 자신의 회사인 Raw Living을 운영하고 있다.

줄리안 마테우치 Julian Matteucci (JM)
이탈리아의 움브리아와 런던에 거주하고 있는 변호사이자 프리랜서 작가. 음식, 영화, 예술, 법률, 비즈니스에 대한 책을 집필하였다.

도라 밀러 Dora Miller (DM)
음식에 대한 열정을 지닌 포르투갈인 저널리스트. 여러 곳을 여행하고 있으며 호텔과 스파에 대한 글도 기고하고 있다.

제이드 응 Jade Ng (JN)
말레이시아에서 태어나 현재는 호주 시드니에 거주하고 있다. 그녀는 어린 시절에 경험한 음식들에 대한 건강한 애착을 지니고 있으며 새로운 요리를 즐긴다.

신시아 님스 Cynthia Nims (CN)
시애틀에 살고 있는 음식 및 여행 기고가이다. 10권의 요리 도서를 집필했으며 미국의 여러 잡지에 기고하고 있다.

마이클 라파엘 Michael Raffael (MR)
작가로 그의 저서 『West Country Chee-se makers』는 2006년 British Cheese Awards를 수상한 바 있다. 또 다른 작품 『Truffles』는 2002년 World Gourmand Cookbook 상을 수상했다.

제네비브 라제스키
Genevieve Rajewski (GR)
『Washington Post Magazine』, 『The Boston Globe』, 『Edible Boston』 등에 스낵과 음료에 대한 글을 기고하고 있다.

주디 리지웨이 Judy Ridgway (JR)
올리브유 전문가이며 와인, 치즈, 식초, 겨자, 조미료, 양념에 대한 권위를 갖고 있다. 그녀는 55권 이상의 도서를 집필하였으며 최근에는 『JudyRidgway's Best Olive Oil Buys Round the World: The New Edition』(2005년)을 집필하였다.

씨푸드 트라이닝 스쿨
Seafood Training School (STS)
런던의 빌링스게이트 수산 시장에 위치한 자선 단체이다. 이 단체는 수산 시장의 상인들과 일반 대중을 상대로 교육 훈련을 제공하고 있다. 간사를 맡고 있는 C. J. Jackson은 잘 알려진 음식 전문 작가이기도 하다.

에마 스터게스 Emma Sturgess (EM)
아일랜드 컨트로 코크에 위치한 밸

리맬로우 조리 학교에서 대리나 앨런과 함께 공부한 작가이자 레스토랑 비평가이다.

롭 스트리벨 Rot Strybel (RS)

앤-마리 서클리프
Anne-Marie Sutcliffe (AMS)
노포크와 마니에서 살고 있다. 영국의 샘파이어나 그리스의 호르타처럼 특별한 시기에 먹는 음식을 좋아하며 이러한 기호에 따라 영국과 그리스 중 어디에서 살지 늘 고민중이다.

웬디 스위처 Wendy Sweetser (WS)
음식, 와인, 여행 집필가. 14권의 요리 도서를 집필하였으며 연구를 목적으로 이곳저곳을 여행하며 먹고 마시는 인생을 즐긴다.

크리스토퍼 탄 유 웨이
Christopher Tan Yu Wei (CTa)
작가, 음식 컨설턴트, 요리 도서 저자로 싱가폴. 런던에서 성장기를 일부 보냈고 대부분은 주방이 자신을 키웠다고 한다. 『Inside the South East Asian Kitchen』 외에 여러 책을 집필했다.

카밀라 트옐레선 Camilla Tjellesen (CTj)
런던에서 활동하는 덴마크인 저널리스트이자 작가이며 다양한 라이프

스타일 잡지에 기고하고 있다.

크리스토퍼 트로터
Christopher Trotter (CTr)
요리사, 컨설턴트, 음식 전문 기고가. 『Scottish Cookery』, 『The Scottish Kitchen』, 『Scottish Heritage Food and Cooking』의 저자이다.

대니 발렌트 Dani Valent (DV)
호주 멜번에서 활동하는 저널리스트이며 영화 극작가로도 활동하고 있다. 그녀는 『Sunday Age』에 레스토랑 비평을 기고하고 있다. Lonely Planet에서 『World Food: Turkey』 등 여러 책을 집필했다.

린디 윌스미스 Lindy Wildsmith (LW)
음식 전문작가이며 『Preserves』 등 몇 권의 책을 집필했다.

캐롤 윌슨 Carol Wilson (CW)
프리랜서 음식 작가, 식당 비평가이자 Guild of Food Writers의 회원이기도 하다. 여러 권의 요리 도서를 집필하였으며 Slow Food Biodiversity Awards의 심사위원으로 활동하고 있다.

일반 색인

사진 출처

Every effort has been made to credit the copyright holders of the images used in this book. We apologise for any unintentional omissions or errors and will insert the appropriate acknowledgement to any companies or individuals in any subsequent edition of the work.

20-21 Photolibrary **22** Numb/ Alamy **23** Michael Freeman/CORBIS **24** Istockphoto **25** Getty Images/StockFood UK **26** Corbis, Photolibrary **28** Istockphoto **29** Ilan Rosen/Alamy **30** D. Hurst/Alamy **31** Photolibrary **32** Photolibrary **34** Foodcollection/StockFood UK **35** Roland Krieg/StockFood UK **37** Olaf Doering/Alamy **38** Photolibrary **39** Paul Williams/Alamy **40** AfriFics.com/Alamy **42** Photolibrary **47** STR/AFP/Getty Images **48** CSIRO Australia **48** Flávio Coelho/StockFood UK **49** Christine Sohns, Photolibrary **51** LOOK Die Bildagentur der Fotografen GmbH/Alamy **52** Jon Arnold Images Ltd/Alamy **56-7** Martial Colomb/Getty Images **58** Pawan Kumar/Reuters/Corbis **60** Istockphoto **60** AGStockUSA, Inc./Alamy **62** MERVYN REES/Alamy **64** Photolibrary **66** Steven Lee/Alamy **67** Gerson Sobreira/Terrastock **68** Photofrenetic/Alamy **71** Edwin Remsberg/Alamy **73** Peter Titmuss/Alamy **74** Profimedia International s.r.o./Alamy **76** Luca Tettoni/Corbis **78** Gerson Sobreira/Terrastock **79** Schieren, Bodo A./StockFood UK **80** The Art Archive/Dagli Orti **83** Photolibrary **85** Photolibrary **86** FoodStock/Alamy **88** J.Garcia/photocuisine/Corbis **90** Paul Collis/Alamy **92** Gerson Sobreira/Terrastock **95** Zach Holmes/Alamy **97** Walter Pietsch/Alamy **99** Nigel J. Dennis; Gallo Images/CORBIS **101** Photolibrary **102** ricardo azoureira/Alamy **104** Beaconstox/Alamy **107** adam eastland/Alamy **110** PhotoStock-Israel/Alamy **113** Asia/Alamy **115** Paulo Fridman, Corbis **116** Cephas Picture Library/Alamy **118** Gerhard Bumann/StockFood UK **119** Bob Sacha/Corbis **120** Jonathan Blair/CORBIS **123** Yogesh More/Alamy **125** blickwinkel/Alamy **126-7** Photolibrary **129** FoodPhotography Eising/StockFood UK **130** Tony Arruza/CORBIS **133** Phil Degginger/Alamy **134** Photolibrary **139** Photolibrary **140** Scenics & Science/Alamy **143** Natural Visions/Alamy **146-147** dbimages/Alamy **148** Robert Harding Picture Library Ltd/Alamy **151** Ulrich Doering/Alamy **155** Stockbyte/Alamy **156** Gunter Marx Photography/CORBIS **157** MIXA Co., Ltd./Alamy **158** J. Schwanke/Alamy **162** The Garden Picture Library/Alamy **163** Stefan Braun/StockFood UK **165** J.Garcia/photocuisine/Corbis **167** Photolibrary **168** Sebun/Getty Images **169** MIXA Co., Ltd./Alamy **170** Ulana Switucha/Alamy **172** Tim Hill/Alamy **173** Clynt Garnham/Alamy **175** Bryn Colton/Assignments Photographers/CORBIS **176** Julian Nieman/Alamy **178** Istock **179** Photolibrary **182** TOM MARESCHAL/Alamy **185** Photolibrary **187** David Boag/Alamy **191** Bob Krist/CORBIS **192** julian marshall/Alamy **194** Thomas R. Fletcher/Alamy **195** Photolibrary **197** Alberto Moretto/StockFood UK **199** Photolibrary **200** Picture Box/StockFood UK **202** Photolibrary **203** Rodrigo Aliaga Ibargüen/Fotolibra **204** Photolibrary **209** Chao-Yang Chan/Alamy **211** CHARLES JEAN MARC/CORBIS SYGMA **212** Arco Images GmbH/Alamy **215** Greg Vaughn/Alamy **217** Stockbyte/Alamy **219** Photolibrary **220** ASTRID & HANNS-FRIEDER MICHLER/SCIENCEPHOTO LIBRARY **221** WILDLIFE GmbH/Alamy **222** MIXA Co., Ltd./Alamy **223** Jeremy Hoare/Alamy **225** Nic Hamilton/Alamy **226** Marc O'Finley/StockFood UK **226** Ottomar Deiz/StockFood UK **227** Star Kujawa/Alamy **228** Herbert Lehmann/StockFood UK **229** Foodcollection.com/Alamy **230** Michael S. Yamashita/CORBIS **235** Craig Lovell/Eagle Visions Photography/Alamy **237** blickwinkel/Alamy **238** PhotoAlto/Alamy **241** Bernd Euler/StockFood UK **242** David R. Frazier Photolibrary, Inc./Alamy **244** Peter Widmann/Alamy **245** Rodrigo Aliaga Ibargüen/Fotolibra **247** Karin Lau/Alamy **249** Aqua Image/Alamy **250** john lander/Alamy **251** FoodPhotogr. Eising/StockFood UK **257** JTB Photo Communications, Inc./Alamy **258-9** Photolibrary **260** Photolibrary **262** Iain Masterton/Alamy **265** wronaphoto/Alamy **266** Bob Krist/CORBIS **269** Jason Hosking/zefa/Corbis **271** Joan Vendrell Marcé/Alamy **275** Bob Krist/Corbis **279** Bon Appetit/Alamy **280** Franz-Marc Frei/Corbis **282** Adam Woolfitt/CORBIS **285** Cephas Picture Library/Alamy **287** Hemis/Alamy **289** Kevin Galvin/Alamy **291** Adrian Sherratt/Alamy **293** LOOK Die Bi dagentur der Fotografen GmbH/Alamy **295** Bon Appetit/Alamy **296** Photolibrary **301** Ingolf Pompe **22**/Alamy **303** Robert Harding Picture Library Ltd/Alamy **304** CuboImages srl/Alamy **307** Huw Jones/Alamy **309** Michael Maslan Historic Photographs/CORBIS **310** Martin Ruetschi/Keystone/Corbis **314** Hemis/Alamy **317** Cephas Picture Library/Alamy **321** Panoramic Images/Getty Images **322** Michael S. Yamashita/CORBIS **327** Allison Dinner/StockFood UK **329** PSL Images/Alamy **332** Iconotec/Alamy **334** jack sparticus/Alamy **337** CuboImages srl/Alamy **339** Atlantide Phototravel/Corbis **341** Reino Hanninen/Alamy **342** Anna Stowe Travel/Alamy **343** A&P/Alamy **343** birdpix/Alamy **347** China Photos/Getty Images **348-9** Photolibrary **350** J Marshall - Tribaleye Images/Alamy **352** The Art Archive/Gianni Dagli Orti **354** Photolibrary **355** piluhin/Alamy **356** john lander/Alamy **357** Bon Appetit/Alamy **358** allOver photography/Alamy **361** Steven J. Kazlowski/Alamy **362** Tanya Zouev/StockFood UK **364** Michael Busselle/CORBIS **365** FoodPhotogr. Eising/StockFood UK **366** Garry Gay/Alamy **368** Mark Bassett/Alamy **370** Ashley Mackevicius/StockFood UK **371** Simon Reddy/Alamy **373** terry harris just greece photo library/Alamy **375** Tony Arruza/CORBIS **377** WILDLIFE GmbH/Alamy **379** Mikael Utterström/Alamy **380** Nikolai Buroh/StockFood UK **383** B.A.E. Inc./Alamy **387** Amos Schliack/StockFood UK **388** canadabrian/Alamy **391** Robert Estall photo agency/Alamy **392** Douglas Pearson/Corbis **394** Corbis **396-7** Simon Price/Alamy **399** CuboImages srl/Alamy **396** Brigitte Krauth/StockFood UK **397** Visual&Written SL/Alamy **401** Phillip Augustavo/Alamy **402** Steven Morris/StockFood UK **403** Per Karlsson - BKWine.com/Alamy **405** Doug Houghton/Alamy **406** Bon Appetit/Alamy **411** Werner Otto/Alamy **412-3** Vagid Levy/Alamy **416** CuboImages srl/Alamy **417** Alain Caste/StockFood UK **419** Gerry McLoughlin/Alamy **420** Eric James/Alamy **423** FoodPix/Alamy **424** Rolf Hicker Photography/Alamy **426** Ulana Switucha/Alamy **428** Foodcollection.com/Alamy **429** Bon Appetit/Alamy **430** Shutterstock **431** Ulana Switucha/Alamy **432** Peter L Hardy/Alamy **435** orkneypics/Alamy **436** Jeff Greenberg/Alamy **438** Lew Robertson/StockFood UK **439** Photo Agency EYE/Alamy **440** Andy Newman/epa/Corbis **441** Lew Robertson/StockFood UK **441** Photolibrary **442** Tony May Images/Alamy **445** David Hobart/Alamy **447** Michael T. Sedam/CORBIS **451** an Waldie/Getty Images **452** Michael S. Yamashita/CORBIS **453** Riviere Rauzier/StockFood UK **454** Henrik Freek/StockFood UK **457** john lander/Alamy **459** B&Y Photography/Alamy **460** MIXA Co., Ltd./Alamy **461** J.Riou/photocuisine/Corbis **461** Frans Lanting/Corbis **463** Inspirestock Inc./Alamy **465** Gerson Sobreira - Terrastock **466** Nik Wheeler/Corbis **468-9** Photolibrary **471** Photolibrary **473** Shenval/Alamy **474** Jon Arnold Images Ltd./Alamy **475** Bon Appetit/Alamy **477** Food Image Source/StockFood UK **479** Debi Treloar/StockFood UK **480** Tim Graham/Alamy **481** Tim Hill/Alamy **482** Brigitte Krauth/StockFood UK **482** Teubner Foodfoto/StockFood UK **483** Jack Hobhouse/Alamy **484** Jochen Tack/Alamy **487** Bryan & Cherry Alexander Photography/Alamy **488** Peter Johnson/CORBIS **490** Photolibrary **492** Brigitte Krauth/StockFood UK **492** Brigitte Krauth/StockFood UK **493** Peter Medilek/StockFood UK **495** Winfried Heinze/StockFood UK **496** Per Magnus Persson/StockFood UK **499** BRIAN HARRIS/Alamy **500** Michael Freeman/CORBIS **503** Dierdre Rooney/StockFood UK **505** Photolibrary/ Digital Vision **508-9** Mary Evans Picture Library/Alamy **511** Chloe Johnson/Alamy **512** Glenn Harper/Alamy **515** FoodPhotogr. Eising/StockFood UK **516** Sandro Vannini/CORBIS **518** Peter Widmann/Alamy **521** Winfried Heinze/StockFood UK **523** Kevin Foy/Alamy **527** Trevor Hyde/Alamy **528** Glenn Harper/Alamy **530** Tim Hill/Alamy **532** John Ferro Sims/Alamy **534-5** CuboImages srl/Alamy **537** Joe Tree/Alamy **539** Jacques deLacroix/Alamy **540-1** Peter Adams/zefa/Corbis **543** Travelshots.com/Alamy **544-5** Michael Freeman/CORBIS **546** Iugris/Alamy **549** Shenval/Alamy **550** Photolibrary **552** Robert Fried/Alamy **554** M. Fonseca Da Costa/StockFood UK **557** Photolibrary **559** JoeFoxBerlin/Alamy **560** MELBA PHOTO AGENCY/Alamy **562** Crispin Rodwell/Alamy **565** Alberto Paredes/Alamy **566** Winfried Heinze/StockFood UK **567** Radius Images/Alamy **569** Dave G. Houser/Corbis **570** Bon Appetit/Alamy **571** Karen Kasmauski/Corbis **572** DK Images **573** Arco Images GmbH/Alamy **574** Bob Sacha/Corbis **576** mike disney/Alamy **579** Photolibrary **580-1** allOver photography/Alamy **582** Bon Appetit/Alamy **582** Bon Appetit/Alamy **583** Rough Guides/Alamy **586-7** Gareth McCormack/Alamy **588** Edith Gerlach/StockFood UK **590** FoodPhotogr. Eising/StockFood UK **591** Gareth McCormack/Alamy **593** Brian Seed/Alamy **595** Genevieve Vallee/Alamy **596-7** Photolibrary **599** Kathy Collins/Getty Images **601** blickwinkel/Alamy **603** Pep Roig/Alamy **605** Photolibrary **606** TH Photo/StockFoto UK **603-9** Arco Images GmbH/Alamy **610** MIXA Co., Ltd./Alamy **611** Teubner Foodfoto//StockFood UK **613** Chris Dennis/Alamy **614** IN ERFOTO Pressebildagentur/Alamy **617** sébastien Baussais/Alamy **618** DEA/A. MORESCHI/Getty Images **619** Powered by Light/Alan Spencer/Alamy **620** Eising. FoodPhotogr/StockFood UK **620** Westend61/Alamy **621** IStock **622** Bon Appetit/Alamy **624** TH Foto/Alamy **625** blickwinkel/Alamy **626** Shutterstock **629** Neil Sutherland/Alamy **630-1** Michael Freeman/CORBIS **633** amana images inc./Alamy **636-7** Deborah Dennis/Alamy **638** David Noton/Getty Images **640** Shutterstock **643** Photolibrary **646** Organics image library/Alamy **647** Istock **649** Bon

Acknowledgments

Appetit/Alamy **650** Steve Atkins Photography/Alamy **652** Rob Walls/Alamy **654** Pat O'Hara/CORBIS **655** Jignesh Jhaveri/StockFood UK **657** blickwinkel/Alamy **658** Vibrant Pictures/Alamy **661** Photolibrary **663** Simon Grosset/Alamy **664-5** Owen Franken/CORBIS **666** Bill Bachmann/Alamy **671** Bob Sacha/Corbis **673** Lindsay Hebberd/CORBIS **674** Hemis/Alamy **677** CHRIS LEWINGTON/Alamy **681** Jeremy Horner/Corbis **683** Sergio Pitamitz/CORBIS **685** JUPITERIMAGES/ Agence Images/Alamy **687** Felix Stensson/Alamy **688-9** Paul Cowan/Alamy **691** WoodyStock/Alamy **692** World Religions Photo Library/Alamy **697** Edward Parker/Alamy **701** Mark Bolton Photography/Alamy **702** ZenShui/Laurence Mouton/Getty Images **705** Andrea Matone/Alamy **706** Russell Kord/Alamy **709** AA World Travel Library/Alamy **710** Radius Images/Alamy **713** Danita Delimont/Alamy **715** Bon Appetit/Alamy **717** Fabian Gonzales Editorial/Alamy **719** Iconotec/Alamy **720** Wolfgang Kaehler/Alamy **723** Owen Franken/CORBIS **724** cesare dagliana/Alamy **726-7** Danita Delimont/Alamy **728** foodfolio/Alamy **730** Richard Bickel/CORBIS **735** Burt Hardy/Getty Images **738** dbimages/Alamy **742-3** Javier Etcheverry/Alamy **744** Goss Images/Alamy **746-7** Photolibrary **748** Photolibrary **751** Photolibrary **752** Vincenzo Lombardo/Getty Images **754** Frederick Fearn/Alamy **757** Nature Picture Library/Alamy **758** Photolibrary **761** foodfolio/Alamy **763** Jacques Jangoux/Alamy **764** Alison Wright/Corbis **765** Photolibrary **766** Holt Studios International Ltd/Alamy **770-1** DAVID NOBLE PHOTOGRAPHY/Alamy **775** Joel Sartore/National Geographic/Getty Images **776-7** JTB Photo Communications, Inc./Alamy **778** David Cairns/Alamy **781** World Pictures/Photshot **783** Photolibrary **785** Walter Cimbal/StockFood UK **788-9** Photolibrary **791** Neil McAllister/Alamy **792** Cynthia Brown/StockFood UK **795** Woman Making Tortillas **796-7** Nick Haslam/Alamy **799** Photolibrary **801** Owen Franken/CORBIS **802** CuboImages srl/Alamy **804** Robert Holmes/ CORBIS **807** CuboImages srl/Alamy **809** The Art Archive/Corbis **810** Photolibrary **812-3** Bob Krist/CORBIS **814** CuboImages srl/Alamy **816-7** Cris Haigh/Alamy **820-1** Istock **822** Alan Richardson/Getty Images **825** imagebroker/Alamy **829** Cristofani/ANSA/Corbis **832** Victoria Art Gallery, Bath and North East Somerset Council/Bridgeman Art Library **835** The Art Archive/British Library **836** Amazing Images/Alamy **838** Jo Kirchherr/StockFood UK **841** Anne-Marie Palmer/Alamy **843** Tsgt. H. H. Deffner/Department of Defense (DOD)/Time Life Pictures/Getty Images **845** Iconotec/Alamy **846** Adam Woolfitt/CORBIS **849** Zhang Wenkui/ ChinaFotoPress/Getty Images **850** Alberto Moretto/StockFood UK **852** Travelshots. com/Alamy **856-7** Photolibrary **858** imagebroker/Alamy **859** Gaby Bohle/ StockFood UK **863** Mansell/Time Life Pictures/Getty Images **865** Travel-Ink/Chris Stock **866-7** Photolibrary **868** Redfx/Alamy **870** Frances M. Roberts/Alamy **872** Barry Lewis/Corbis **877** IML Image Group Ltd/Alamy **879** john norman/Alamy **881** john lander/Alamy **882-3** Photolibrary **886-7** Michael S. Lewis/CORBIS **889** Bill Brooks/Alamy **893** Manor Photography/Alamy **895** David Paul Morris/Getty Images **896** Rebecca Erol/Alamy **898** keith burdett/Alamy **900** OJPHOTOS/Alamy **903** J-Charles Gèrard/Photononstop **904** Photolibrary **906-7** John Birdsall/Alamy **910** Jean Pierre Amet/BelOmbra/Corbis **912** Olivier Asselin/Alamy **914** Photolibrary **920** Bill Lyons/Alamy **923** Jonathan Little/Alamy **924-5** Mary Evans Picture Library/ Alamy **929** Photolibrary **930** Rogan Coles/Alamy **935** Arco Images GmbH/Alamy **941** JTB Photo Communications, Inc./Alamy

Additional commissioned photography by:
Masami Bornoff **254**
Craig Fraser **377, 414**
Kenzaburo Fukuhara **198, 345, 370, 438, 718**
John Hollingshead **39, 46, 108, 121, 750**
Ricardo Lagos **45, 132, 353**
Simon Pask **180, 208, 246, 253, 254, 254, 264, 311, 328, 330, 357, 359, 360, 363, 367, 369, 372, 381, 386, 396, 400, 410, 414, 422, 443, 445, 455, 458, 474, 514, 529, 533, 553, 592, 790, 820, 823, 853, 866, 869, 873, 875, 876, 878, 886, 890, 897, 905, 909, 940**
Gerson Sobreira **39, 45, 67, 92, 98, 354, 437, 465, 641, 937**
Jeremy Sutton-Hibbert **92, 96, 105, 214, 221, 224, 400, 404, 453, 458, 470, 510, 610, 632, 634, 717, 740**

We would like to express our gratitude to the following:

The Ice Box, New Covent Garden Market, London
Zaffarano restaurant, 15 Lowndes Street, London
Kipferl Ltd, 70 Long Lane, London
Kai Mayfair, 65 South Audley Street, London
Jonas Aurell, Scandinavian Kitchen, 61 Great Titchfield Street, London

Editors:	Phil Hall
	David Hutter
	Felicity Jackson
Indexer:	Kay Ollerenshaw
Food Sourcing:	Masami Bornoff
	Wendy Sweetser
Artworking:	Don Ward
	Chris Taylor

Image Libraries

Alamy	Maria Kuzim
Corbis	John Moelwyn-Hughes
Getty	Hayley Newman
Photolibrary	Tim Kantoch
StockFood	Kathy Sinclaire